钢铁企业电力设计手册

《钢铁企业电力设计手册》编委会　编

下　册

北　京
冶　金　工　业　出　版　社
2019

内 容 提 要

《钢铁企业电力设计手册》分上、下两册，共四十一章，上册有二十二章，主要内容为高压供配电，下册有十九章，内容包括低压配电、电力传动、电气照明设计等。

书中详细介绍了工程规划、设计各阶段电力设计原则、方案确定、技术经济比较、设备选择、传动与控制、补偿及保护、设备安装、线路敷设等。本书附有常用计算公式、数据、图表、曲线，并列举若干实例，可供从事钢铁企业电力设计人员和有关专业技术人员参考。

图书在版编目(CIP)数据

钢铁企业电力设计手册．下册/《钢铁企业电力设计手册》编委会编．—北京：冶金工业出版社，1996.1（2019.11 重印）

ISBN 978-7-5024-1535-8

Ⅰ.钢…　Ⅱ.钢…　Ⅲ.钢铁工业—电力系统—设计—技术手册　Ⅳ.TF083.2-62

中国版本图书馆 CIP 数据核字(2007)第 164247 号

出 版 人　陈玉千
地　　址　北京市东城区嵩祝院北巷 39 号　邮编　100009　电话　(010)64027926
网　　址　www.cnmip.com.cn　电子信箱　yjcbs@cnmip.com.cn
ISBN 978-7-5024-1535-8
冶金工业出版社出版发行；各地新华书店经销；三河市双峰印刷装订有限公司印刷
1996 年 1 月第 1 版，2019 年 11 月第 15 次印刷
787mm×1092mm　1/16；90.25 印张；1 插页；2943 千字；1419 页
190.00 元

冶金工业出版社　投稿电话　(010)64027932　投稿信箱　tougao@cnmip.com.cn
冶金工业出版社营销中心　电话　(010)64044283　传真　(010)64027893
冶金工业出版社天猫旗舰店　yjgycbs.tmall.com
（本书如有印装质量问题，本社营销中心负责退换）

《钢铁企业电力设计手册》编委会

各章编审人员

章	编写人	审核人	审定人
1	张述志　王正雄	夏传泰	王敬义
2	吕一堂	张炳炎	濮松夫
3	章顺祯	夏传泰	万述章
4	黄迪生	张述志	邢顺录
5	陈锡昆	赫福林	张之忠
6	万吉昆	陈锡昆	魏志刚
7	赫福林　周本华	万吉昆	王敬义
8	张述志	夏传泰	王敬义
9	郑希湘		王邦俊
10	郭礼生	孙国涵	赫福林
11	陆济仁	夏　华	赫福林
12	唐昭玉	孙国涵	郝福林
13	季人杰	吴天呈	邢顺录
14	王敬义	刘懋功	陈尊民
15	孔宪桧	濮松夫	崔全胜
16	陈绍祖	吴天呈	崔全胜
17	吴天呈	陈绍祖	赫福林
18	陈益民　孙伯康	周柏春	陈尊民
19	陈尊民	周柏春	吕光波
20	陈尊民	周柏春	董文权
21	邵成杰　段玉玺	王邦俊	陈尊民
22	邵成杰	王邦俊	张之忠
23	刘懋功　聂　西	肖晓明	魏志刚
24	肖晓明　石　珊 张　澍　刘映喜	刘懋功	朱鸿贻

章	编写人		审核人		审定人
25	白　勇		濮汝琳		魏志刚
26	濮汝琳	顾旭庭	陆乃城		万述章
27	吴　俊		刘懋功		朱鸿贻
28	郑希湘				肖诗凡
29	文执中		彭竞存		吕光波
30	朱文彬		张炳炎		董文权
31	朱文彬	罗勇存	张炳炎		朱鸿贻
32	文执中		张炳炎		陆锡荣
33	李文信		段玉玺		董文权
34	王邦俊		段玉玺		吕光波
35	徐绍维	刘凤英	于兆忠		陆锡荣
36	徐绍维	刘凤英	于兆忠		陆锡荣
37	万述章		张炳炎		吕光波
38	张广启		王道仁	董文权	王邦俊
39	张广启	张家彬	王道仁	董文权	王邦俊
40	吕光波		王道仁	董文权	王邦俊
41	吕光波		王道仁	董文权	崔全胜
总附录	董文权	金文蕴	王道仁		魏志刚
	马克有				

《钢铁企业电力设计手册》总目录

上　　册

下　　册

目　录

第 29 章 低压电器设备选择

第 30 章 干线及滑触线选择

第23章

电动机选择与容量校验

23.1 概述

23.1.1 电动机的类型及其机械特性

电动机的类型如下：

- 直流电动机
  - 励磁直流电动机
    - 他励电动机
    - 串励电动机
    - 复励电动机
  - 永磁直流电动机（小功率）
- 交流电动机
  - 异步电动机
    - 鼠笼型电动机
    - 绕线型电动机
  - 同步电动机
    - 普通同步电动机
    - 无换向器电动机
      - 励磁式
      - 永磁式
    - 磁阻电动机

各类电动机的机械特性、计算公式及主要性能见表 23-1。

表 23-1 电动机的机械特性、计算公式及主要性能

类型		特性公式	符号	特性曲线	性能
交流电动机	异步电动机	$P=m_1U_1I_1\cos\varphi$ $M=\dfrac{m_1}{\omega_s}\dfrac{U_1^2r_2's}{(r_1s+r_2')^2+s^2x_k^2}$ $s_{cr}=\dfrac{r_2'}{\sqrt{r_1^2+x_k^2}}$ $x_k=x_1+x_2'$ $M_{cr}=\dfrac{m_1U_1^2}{2\omega_s(\sqrt{r_1^2+x_k^2}+r_1)}$ $M=\dfrac{2M_{cr}(1+q)}{\dfrac{s}{s_{cr}}+\dfrac{s_{cr}}{s}+2q}$ $s_{cr}=s_N(\lambda_M+\sqrt{\lambda_M^2-1})$ $\lambda_M=\dfrac{M_{cr}}{M_N}$ $M_s=\dfrac{m_1}{\omega_s}\dfrac{U_1^2r_2'}{(r_1+r_2')^2+x_k^2}$	P——电磁功率，kW m_1——相数 U_1——定子相电压，V I_1——定子相电流，A $\cos\varphi$——功率因数 M——电磁转矩，N·m r_1——定子相电阻，Ω r_2'——折算到定子侧的转子相电阻，Ω x_1——定子电抗，Ω x_2'——折合到定子侧的转子电抗，Ω	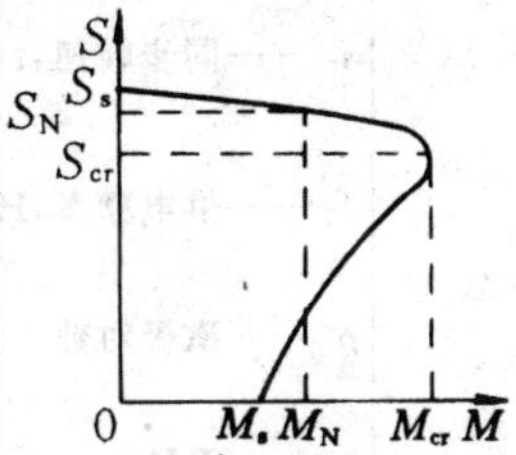 自然特性 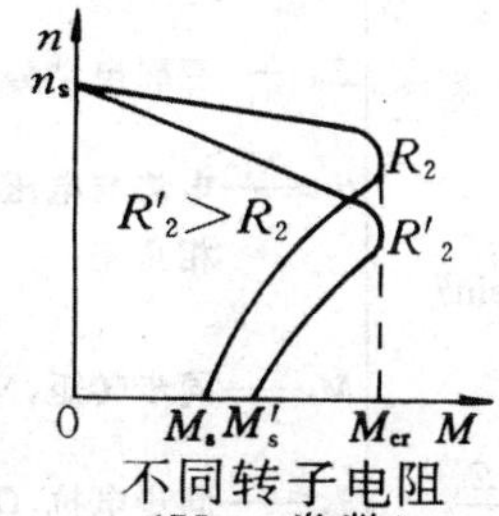 不同转子电阻 (U_1=常数)	笼型电动机： 简单、耐用、可靠、易维护、价格低、特性硬，但起动和调速性能差，轻载时功率因数低。一般无调速要求的机械广泛采用。在变频电源供电下可平滑调速。变极数多速电动机，可分级变速调节，但体积大，价格较贵

续表 23-1

类型		特性公式	符号	特性曲线	性能
交流电动机	异步电动机	$s=\frac{\omega_s-\omega}{\omega_s}$ $\omega_s=\frac{2\pi n_s}{60}$ $n_s=\frac{60f_1}{p}$ $q=\frac{r_1}{\sqrt{r_1^2+x_k^2}}$ 大电机的 r_1 很小，可以忽略，则 $s_{cr}\approx\frac{r_2'}{x_k}$ $M_{cr}\approx\frac{m_1U_1^2}{2\omega_s x_k}$ $M\approx\frac{2M_{cr}}{\frac{s}{s_{cr}}+\frac{s_{cr}}{s}}$ $M_s\approx\frac{m_1}{\omega_s}\frac{U_1^2r_2'}{r_2'^2+x_k^2}$	x_k——短路电抗，Ω s——转差率 s_N——额定转差率 s_{cr}——临界转差率 λ_T——转矩过载倍数 M_N——额定转矩，N·m M_{cr}——临界转矩，N·m M_s——起动转矩，N·m ω——角速度，1/s ω_s——同步角速度，1/s n_s——同步转速，r/min f_1——供电频率，Hz p——磁极对数 q——系数	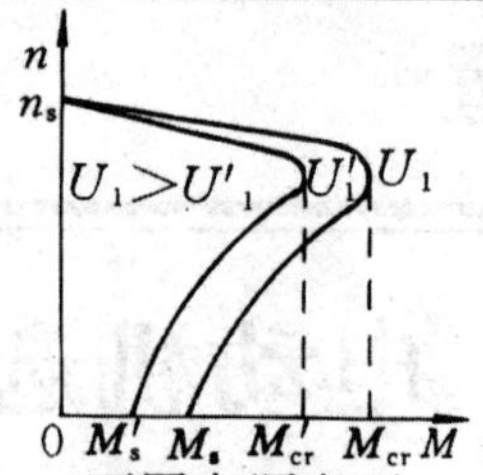 不同电源电压 （R_2=常数） 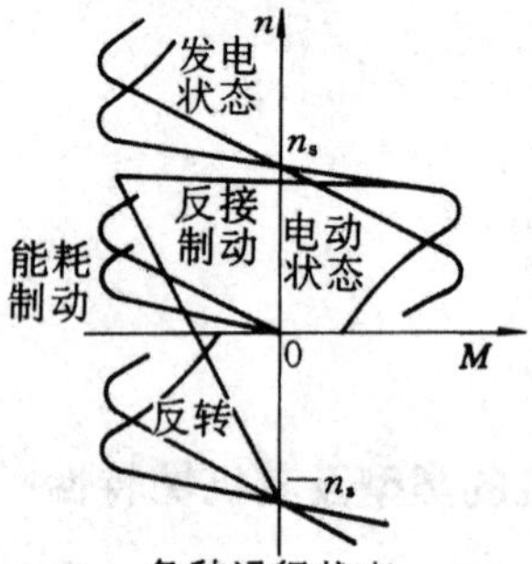 各种运行状态 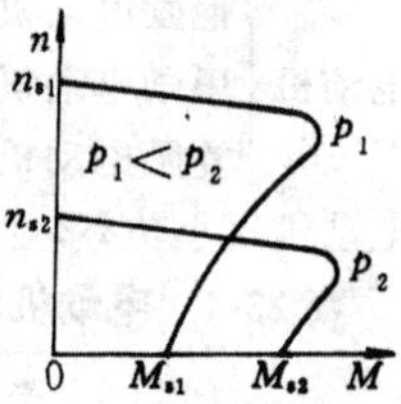 不同极对数 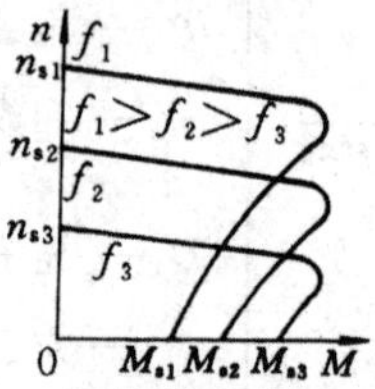 不同供电频率 （当 U_1/f=常数）	绕线型电动机： 因有滑环，比笼型电动机维护较麻烦，价格也稍贵，但由于它起动转矩大，起动时功率因数高，且可进行小范围的速度调节，控制设备简单，故广泛用于各种生产机械，尤其适用于电网容量小、起动次数多的机械，如提升机、起重机及轧钢机械等
	同步电动机	$n_s=\frac{60f}{p}$ $M_s=\frac{9.56m_1U_1E_0}{n_sx_s}\sin\theta$ $M_{max}=\frac{9.56m_1U_1E_0}{n_sx_s}$	E_0——空载电动势，V θ——电势与电压的相角差 M_s——同步转矩，N·m x_s——同步电抗，Ω	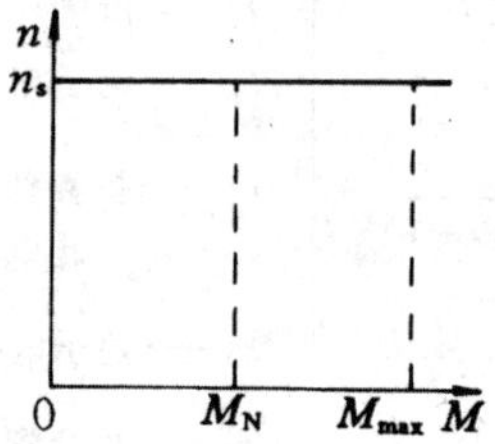 	恒转速，功率因数可调节，价格贵，一般只在不需调速的高压、低速、大容量的机械上采用，能提高功率因数

续表 23-1

类型	特性公式	符号	特性曲线	性能
直流电动机	$E=K_e\Phi n=C_e n$ $K_e=\frac{pN}{60a}$ $M=K_m\Phi I_a=C_m I_a$ $K_m=\frac{K_e}{1.03}$ $n=\frac{U-I_a(R_a+R)}{K_e\Phi}$ $n_s=\frac{U}{K_e\Phi}$ $n=\frac{U}{K_e\Phi}-\frac{R_a+R}{K_eK_m\Phi^2}M$ $M_N=9565\frac{P_N}{n_N}$	E ——反电动势，V Φ ——磁通，Wb K_e ——电机电动势结构常数 K_m ——电机转矩结构常数 N ——电枢绕组的导体总数 a ——电枢绕组的支路对数 I_a ——电枢电流，A U ——电枢电压，V M ——电磁转矩，N·m R_a ——电枢电阻，Ω R ——电枢回路附加电阻，Ω M_N——额定转矩，N·m M_1——负载转矩，N·m P_N——额定功率，kW C_e ——电机电动势常数 C_m ——电机转矩常数	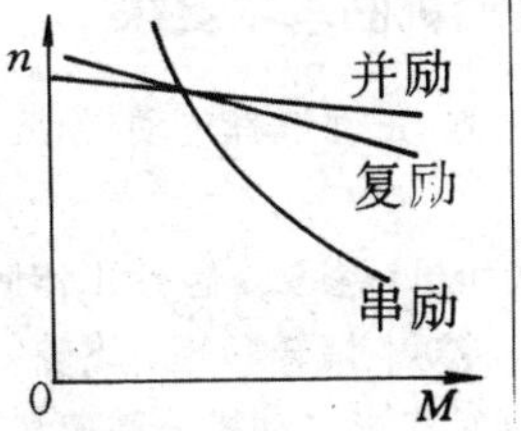 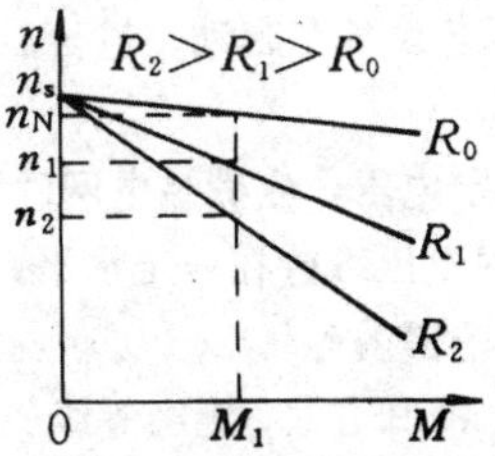 他励电动机改变电枢回路附加电阻 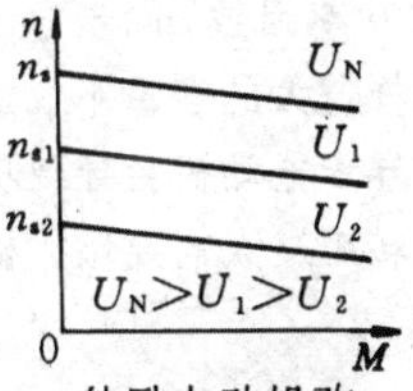 他励电动机改变电枢端电压 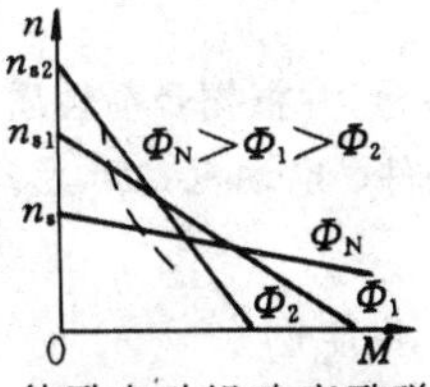 他励电动机改变励磁（虚线为恒功率调速） 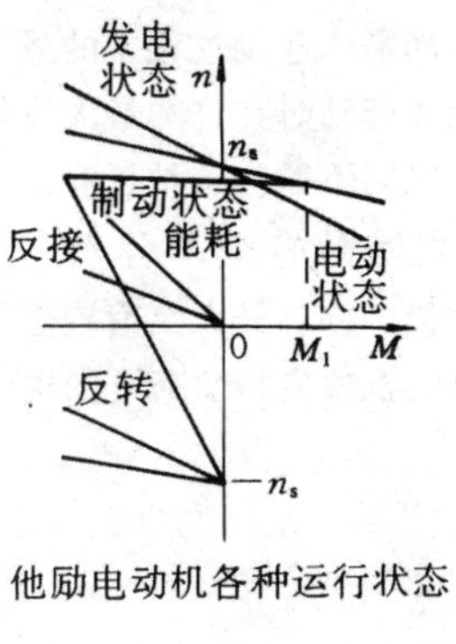 他励电动机各种运行状态	调速性能好，范围宽，采用电子控制下，能充分适应各种机械负载特性的需要，但它的价格贵、维护复杂，且需直流电源，因此只在交流电动机不能满足调速要求时才采用它。串励电动机的特点是起动转矩大、过载能力大、特性软，适用于电力牵引机械和起重机等。复励电动机的起动转矩和过载能力比并励电动机大，但调速范围稍窄。接成积复励时，适用于起动转矩很大，负载具有强烈变化的设备上

23.1.2 对所选电动机的基本要求

按照技术经济合理的原则，正确选择电动机，应满足以下要求：

(1) 电动机的全部电气和机械参数，包括工作制、额定功率、最大转矩、最小转矩、堵转转矩、飞轮矩、同步机的牵入转矩、转速（对直流电动机分基速和高速)、调速范围等，应满足工艺设备在起动、制动、运行等各种运行方式的要求。

(2) 电动机的类型和额定电压，应满足电网的要求，如电动机起动时保持电网电压维持在一定水平，运行中保持功率因数在合理的范围内等。

(3) 电动机的结构型式、冷却方式、绝缘等级、允许的海拔高度等，应符合工作环境要求。

(4)电机的额定容量应留有适当裕量，负荷率一般在0.8～0.9范围内。但为改善功率因数，同步电动机的容量不受此限。应当指出，选择过大的容量不仅造价增加且电机效率降低，同时对异步电动机会导致功率因数降低；此外，还可能因最大转矩过大需要增大机械设备的强度而提高设备造价。

23.1.3 各种工作制电动机容量校验要求

一般按发热校验电动机容量，并根据负荷性质、电动机类型作过载能力、起动条件、电动机 GD^2 及打滑转矩校验。

23.1.3.1 稳定连续工作制

一般按生产机械的轴功率选择电动机容量，并留有一定裕量。对鼠笼型电动机及同步电动机，在带负荷起动或机械飞轮矩较大时，尚需作起动过程中的最小起动转矩是否大于负载转矩和起动时允许的最大飞轮矩校验，而绕线型异步电动机则不需作这种校验。

23.1.3.2 周期性波动的连续工作制

按发热校验电动机的容量，并以最大负荷转矩校验电动机过载能力。同步电动机按尖峰负荷下的电动机过载能力确定其容量。对鼠笼型异步电动机及同步电动机的校验要求与连续工作制相同。同样绕线型异步电动机不需作此校验。

23.1.3.3 短时工作制

一般按电动机的过载能力选择电机容量，当接电时间较长且电机容量较小时，还需校验短时发热。一般选用短时定额电动机，也可选用断续定额或连续定额电动机。

23.1.3.4 反复短时工作制

按发热校验电动机容量，对辊道电动机需作打滑转矩校验。

当选择反复短时工作制电动机，交流电动机一般选择冶金型起重电动机（YZ、YZR 型），直流电机则选择 ZZJ 型电动机。当工作繁重、接电次数较多时，可选用 YZR 绕线型电动机；接电次数少时，可选用 YZ 鼠笼型电动机。起动次数很少，稳定运行时间较长的机械，也可选用连续定额的 Y 型电动机。对于工作十分繁重，接电次数很多且电机安装的环境条件恶劣，对电机散热不利的机械，应采用带强迫通风冶金型起重用绕线型电动机（YZRQ 型）或采用由晶闸管变流装置供电的 ZZJ 型直流电动机。

23.1.4 电动机的工作制的定义（GB755—81 摘抄）

对应于生产机械的各种工作制，通常将传动电动机的工作类型分为 8 类，见表 23-2。

表 23-2 中，工作制 S1 可以按照电动机铭牌给出的连续定额作长期运行。对于工作制 S2，电动机应在一定状态下起动，并在规定的时限内运行。短时定额时限一般规定为 10、30、60 或 90min，具体视电动机而定。

对于工作制 S3 和 S6，每一个工作周期为 10min。

对于 S3、S4、S5、S6 和 S8 等 5 种工作制，其负载暂载率均为 15%、25%、40%和 60%。

对于 S4、S5、S7 和 S8 等 4 种工作制，每小时的等效起动次数一般分为 150、300 或 600 次。

表 23-2 电动机的工作制类型

序号	工作制类别	定义	示意图
1	连续工作制 S1	在恒定负载下连续运行至热稳定状态	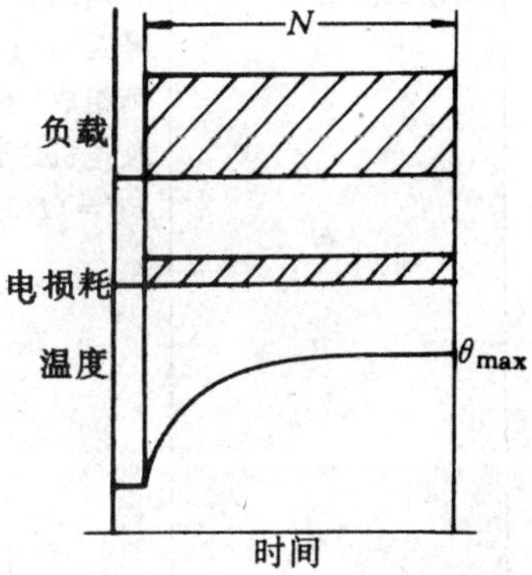
2	短时工作制 S2	在恒定负载下按给定的时间运行，未达到热稳定状态时即停机和断能一段时间，使电机再度冷却到与冷却介质温度之差在 2K 以内	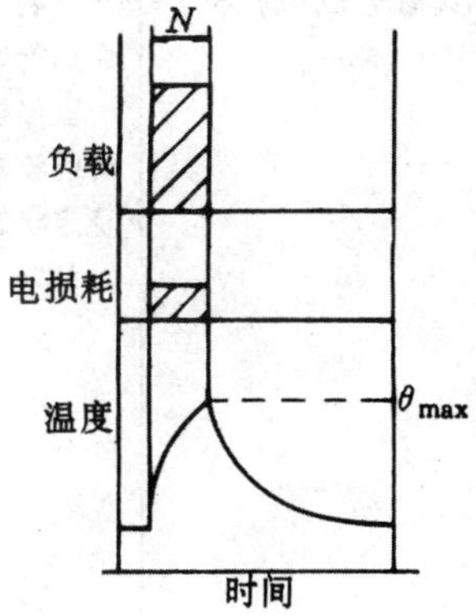
3	断续周期工作制 S3	按一系列相同的工作周期运行，每一周期由一段恒定运行时间及一段停机和断能时间所组成，但这些时间较短，均不足以使电机达到热稳定状态，且每一周期的起动电流对温升无明显的影响 $FC=(N/N+R)\ 100\%$	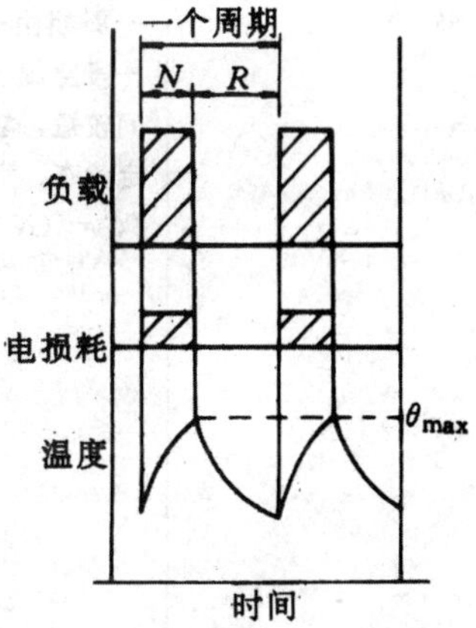

续表 23-2

序号	工作制类别	定　义	示 意 图
4	包括起动的断续周期工作制 S4	按一系列相同的工作周期运行，每一周期由一段起动时间、一段恒定负载运行时间及一段停机和断能时间所组成，但这些时间较短，均不足以使电机达到热稳定状态 FC=(D+N/D+N+R) 100%	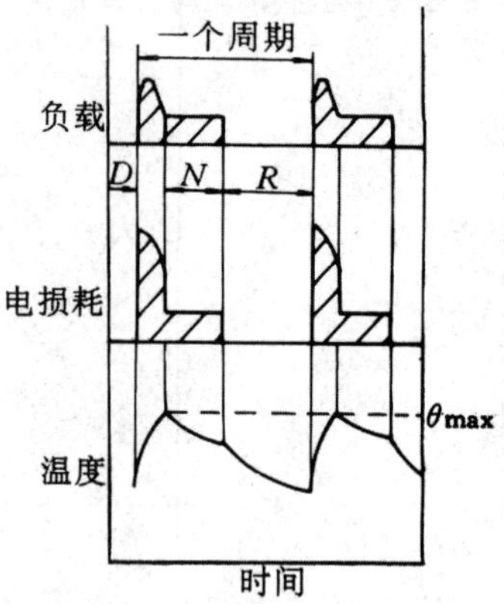
5	包括电制动的断续周期工作制 S5	按一系列相同的工作周期运行，每一周期由一段起动时间、一段恒定负载运行时间、一段快速电制动时间、一段停机和断能时间所组成，但这些时间较短，均不足以使电动机达到热稳定状态 FC=(D+N+F/D+N+F+R)×100%	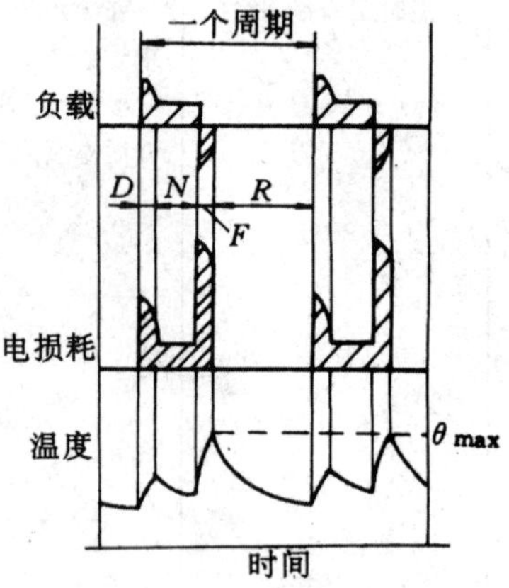
6	连续周期工作制 S6	按一系列相同的工作周期运行，每一周期由一段恒定负载运行时间和一段空载运行时间所组成，但这些时间较短，均不足以使电动机达到热稳定状态 FC=ˆ(N/N+V) 100%	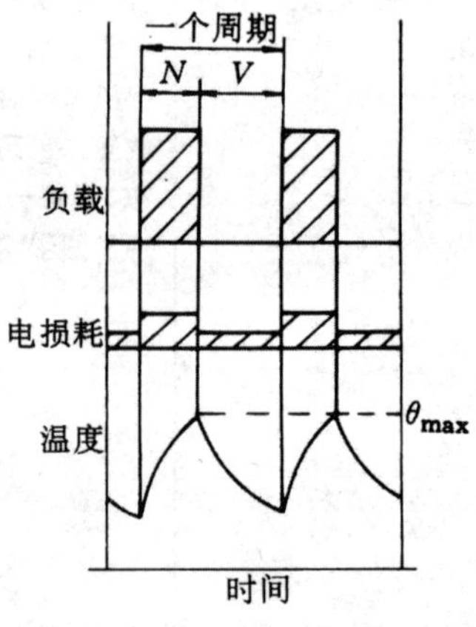

续表 23-2

序号	工作制类别	定　　义	示　意　图
7	包括电制动的连续周期工作制 S7	按一系列相同的工作周期运行，每一周期由一段起动时间、一段恒定负载运行时间和一段电制动时间所组成，但这些时间较短均不足以使电动机达到热稳定状态 $FC=1$	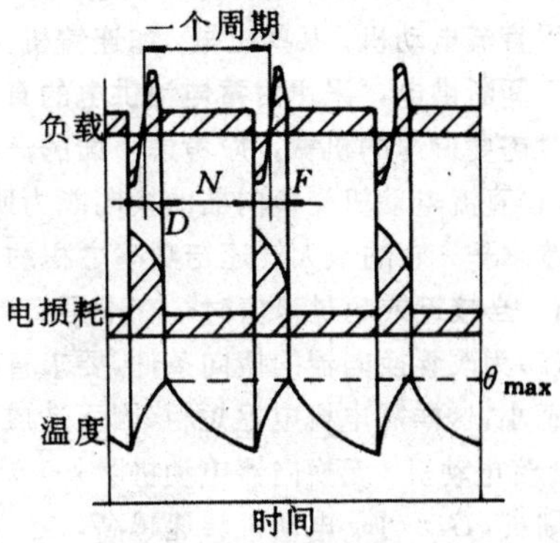
8	包括负载与转速相应变化的连续周期工作制 S8	按一系列相同的工作周期运行，每一周期由一段加速时间、一段按预定转速的恒定负载运行时间及再按一个或几个不同转速的其它恒定负载运行时间所组成，但这些时间较短，均不足以使电机达到热稳定状态 $FC_1=[(D+N_1)/(D+N_1+F_1+N_2+F_2+N_3)]100\%$ $FC_2=[(F_1+N_2)/(D+N_1+F_1+N_2+F_2+N_3)]100\%$ $FC_3=[(F_2+N_3)/(D+N_1+F_1+N_2+F_2+N_3)]100\%$	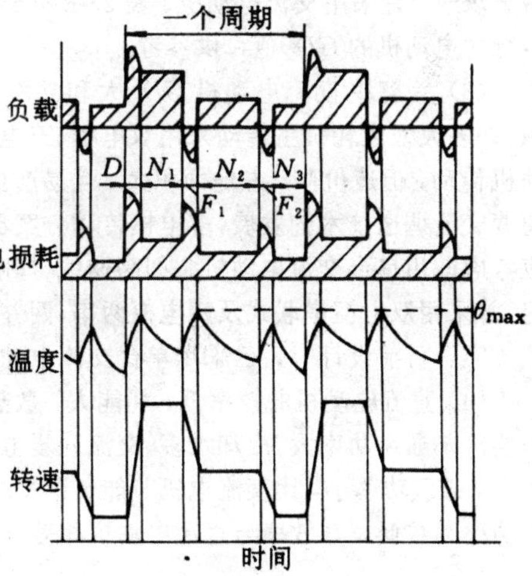

注：FC——负载暂载率；
N、N_1、N_2、N_3——在额定条件下运行的时间；
θ_{max}——在工作周期中达到的最高温度；
R——停机和断能时间；
D——起动（或加速）时间；
F、F_1、F_2——电制动时间。

23.2　电动机类型、转速、电压及结构型式的选择

23.2.1　电动机类型的选择

23.2.1.1　交流电动机与直流电动机的比较

交流电动机结构简单，价格便宜，维护方便，但起动及调速特性不如直流电动机。因此当生产机械起动、制动及调速无特殊要求时，应采用交流电动机；仅在起、制动及调速等方面不能满足工艺要求时，才考虑采用直流电动机。但近年来，随着电力电子技术及微电子技术的发展，交流调速装置的性能与成本已能和直流调速装置竞争，越来越多的直流调速领域被交流调速所占领。

不需调速的机械，包括连续工作制、短时工作制和重复短时工作制机械，应采用交流电动机。在某些操作特别频繁、交流电动机在发热和起动特性不能满足工艺要求时，如可逆轧机前后工作辊道、机架辊等，才考虑采用直流电动机。某些机械，如连铸机大包回转台，为了不间断供电，采用由蓄电池供电的直流电动机。

对需要调速的机械，应考虑下面的一些问题：

(1)直流电动机受换向器的换向能力所限，按目前的制造水平，它的最大转速与功率之积约为 10^6kW·r/min。当接近或超过该值时，宜采用交流电动机。

(2)为改善换向器的换向条件，要求直流电动机电枢漏感小，这样需电机电枢短粗，因而造成飞轮矩 GD^2 大。交流电动机（无换向器电动机除外）无此限制，转子可细长，GD^2 小。电动机转速越高，交、直流电动机 GD^2 之差越大。当直流电动机的 GD^2 不能满足生产机械要求时，宜采用交流电动机。表 23-3 列出几台实际运行的电动机的 GD^2 值，供参考。

(3) 为解决直流电动机 GD^2 大和功率受限制问题，许多大型连轧机主传动采用双电枢、三电枢直流电动机传动，但造价高、占地面积大，且易产生轴扭振。随着交流调速技术的发展，多电枢传动方案已不可取，应考虑改用单台交流电动机。如高速线材轧机精轧机组，曾采用双电枢串联式及四电枢两串、两并式直流传动方案，目前设计时，已采用单台交流电动机方案。

(4) 直流电动机的效率低，耗能大，散热条件差，需要冷却通风功率大，冷却水多。交流同步电动机的效率高，通风功率小，比直流电机节能、节水。异步电动机功率因数低，其效率与直流电动机相差不多。

表 23-3 交、直流电动机 GD^2 值

功率 (kW)	转速 (r/min)	GD^2(kN·m²)	
		交流	直流
9500	70/140	441	794
9000（交流）(2×4500)（直流）	250/578	42	188
6000 (2×3000) (双电枢)	195/400	32	154 (81)

表 23-4 列出几台同步电动机与直流电动机的效率与损耗值，仅供参考。

表 23-4 交、直流电动机效率与损耗

功率 (kW)	转速 (r/min)	效率（%）		总损耗① (kW)	
		交流	直流	交流	直流
4000	60/120	95.2	91.5	297	497
6000	195/400	97	93.4	326	613

①总损耗中包括励磁回路损耗。

(5) 在环境恶劣场合，如高温、多尘、多水汽、易燃等场合，应采用无换向器、无火花、密闭的交流电动机。

(6) 交、直流电动机的调速性能差不多。交流电动机本身较直流电动机的维护工作量小。就其控制系统而论，交流调速系统需要采用带矢量控制的系统，比直流调速系统复杂，要求较高的调整和维护水平。但目前交流调速系统有发展为全数字控制系统的趋势，并且国外已有产品。因全数字交流调速系统由软件支持，而软件又是模块化结构，调整简单，可靠性高，对维护水平要求也比模拟量系统低。

(7) 直流调速装置与交-直-交变频调速装置对电网产生 5、7、11、13…高次谐波电流的影响相同。

交-交变频调速装置除产生 5、7、11、13…等次谐波外，还有旁频谐波，谱线数目增加，但幅值减少。某厂 1150 初轧机主传动两台 5000kW 同步电动机的交-交变频矢量控制调速装置投入运行后，没有增设高次谐波滤波装置。

GTR 和 GTO 的 PWM 变频交流调速装置的输入功率因数接近于“1”，高性能 SPWM 变频器的输入功率因数等于“1”，且输入电流为正弦波。

(8) 在选择电动机时，应连同调速装置的成本、谐波滤波装置等设备的成本一并考虑。应当指出，用于交流调速的电动机，必须选择与调速装置相适应的电动机。

23.2.1.2 交流电动机的选择

笼型电动机结构简单、价格低、易维护。绕线型电动机可以通过转子回路串加电阻、频敏变阻器或通过双馈供电改变电机特性，改善起动性能或实现调速。异步电动机的功率因数低，在采用变频调速时需加大变频器容量。

生产机械为连续运行、不调速、操作不频繁的场合，如风机、水泵等，采用笼型电动机；仅要求数级断续调速的，可采用变极鼠笼型电动机。

凡符合下列条件之一者，宜采用绕线型电动机：

(1) 周期性波动负荷连续工作制且带有飞轮的机械，如中小型型钢初轧机（当经过过载转矩及起动条件校验，可以选用高转差率鼠笼型电动机）。

(2)按起动条件校验，采用鼠笼型电动机不能满足要求或起动时电网电压降过大的机械（但经过起动校验通过时，也可以选择能够限制起动电流、加大起动转矩的双鼠笼式或深槽式鼠笼型电动机）。

(3) 调速范围小，调速质量要求不高的机械。

绕线型电动机可以进行串级调速或双馈调速（详见25章）。国内新开发的定子侧具有双套绕组的Y(J) RNT系列绕线型异步电动机，可用于新型的内反馈晶闸管串级调速系统。

功率大、无调速要求的连续工作制机械，经过技术经济比较后，可以采用普通型同步电动机。

23.2.1.3 直流电动机的选择

钢铁企业内使用的直流电动机，一般采用带补偿绕组并适应于晶闸管变流装置供电的他励直流电动机。对于要求在弱磁下调速的生产机械，如卷取机，要考虑弱磁深度能满足要求。对于起、制动有严格要求的生产机械，如起制动式飞剪，应选择过载能力大、转动惯量小的直流电动机。对于交流电源消失后，仍需要继续工作的机械，可采用直流电动机用蓄电池供电。

23.2.2 电动机转速的选择

合理地选择电动机的转速，应从技术经济多方面考虑：

(1)对于不需要调速的高转速或中转速机械，如水泵、压缩机、鼓风机一般应选用相应转速的异步或同步电动机直接与机械相连接。

(2)不需要调速的低转速机械，如球磨机、轧钢机，一般选用适当转速的电动机通过减速机来传动。对于大功率设备的传动，应注意电动机的转速不宜过高，因为制造速比大的减速机比较困难。

(3)对于需要调速的机械，如轧钢机，电动机的转速与生产机械要求的最高速度相适应，并留有10～15%向上调速的裕量，连接方法可直接连或者通过减速机传动。如选用直流电动机，应从充分利用电动机功率出发，合理选择电动机的基速。对于恒功率调速的某些机械，应适当选择减速机传动比及电动机的基速，使电动机在基速附近或以上运行。在机械允许条件下，减速机速比宜适当大些，这样便可选择较高基速的直流电动机，以减少电机造价。

(4)反复短时工作的机械，电动机的转速除去能满足最高速度要求外，还需从保证生产机械达到最大的加、减速度而选择最合适的传动比，使生产机械获得最高生产率。

(5)钢铁企业某些低速反复短时工作机械，如初轧机主传动，在电机制造可能条件下，宜采用无减速机直接传动，以提高传动系统的效率，减少能耗，并提高传动系统的动态性能（减小机械传动系统的飞轮矩，缩短正、反转过渡历程）。

23.2.3 电动机电压的选择

交流电动机的额定电压应根据下列条件经技术经济比较后确定：

(1)工业企业供电电压一般为10kV、6kV、380V。

(2) 电动机额定电压和容量范围见表23-5及表23-6。

电动机额定电压选择与工业企业供电电压有关，应经技术经济比较后确定。

当企业供电电压为10kV时，大容量电动机采用10kV直接供电；中等容量电动机，如果有10kV电压者，应优先采用；当总降具有6kV电压的三线圈主变压器时，应采用6kV电机，并设6kV母线。当只有10kV电源时，电动机的额定电压采用6kV还是3kV，在经过技术经济比较后，采用10/3kV比10/6kV中间变压器供电在技术经济上如果更加合理时，才可以采用3kV电动机。

表23-5 交流电动机额定电压和容量范围表

额定电压(V)	容量范围(kW)					
	同步电动机		异步电动机			
			鼠笼型		绕线型	
	最小	最大	最小	最大	最小	最大
～380	3	320	0.37	320	0.6	320
～3000	250	2200	90	2500	75	3200
～6000	250	10000	200	5000	200	5000
～10000	1000					

注：电动机额定电压和容量范围应按近期产品样本，本表仅供参考。

当企业供电电压为6kV时，中等容量的电动机应采用6kV电动机。

对于200～300kW额定容量的电动机，其额定电压采用低压或高压，应经技术经济比较后确定。

上述技术经济比较的内容包括：

(1)设备费及其建筑费、安装费，设备费包括变压器、电动机、电缆、开关设备等。

(2)维护费，尚包括变压器、电机、电缆中的电能损耗。

直流电动机额定电压与容量范围见表23-6。

表23-6 直流电动机额定电压与容量范围

额定电压（V）	容量范围（kW）
－110	0.25～110
－220	0.25～320
－440	1.0～500
－500～－1000	300～4600

随着电力电子元件与直流电机制造技术水平的提高，直流电动机电枢电压有提高的趋势。如70年代引进的5000kW直流电动机电枢电压为750V，80年代以来提高到1200V。因此，在选择直流电动机电枢电压时，宜在容量范围内，采用较高电压，以减小损耗，减少变流装置桥臂的晶闸管并联支路数或提高变流装置的电流储备系数，提高可靠性。

23.2.4 电动机结构形式与冷却方式的选择

电动机结构形式应按下列环境条件确定：

(1)在采暖的干燥厂房中，采用开启式、防护式电机。如IP21结构。

(2)在不采暖的干燥厂房，或潮湿而无潮气凝结的厂房中，采用开启式和防护式如IP21或IP23结构电机。但在潮湿厂房的电动机需具有能耐潮的绝缘。

(3)在特别潮湿的厂房中，由于空气中的水蒸气经常饱和，并可能凝成水滴，需用防滴式、防溅式或封闭式如IP44结构电动机，并带耐潮绝缘。

(4)在有非导电灰尘的厂房中，当灰尘易除掉并对电机无害，且电机采用滚珠轴承时，可采用开启式或防护式电动机；当灰尘不易除掉，对绝缘有害时，采用封闭式如IP44结构电动机；当落在电机绕组上的灰尘或纤维妨碍电机正常冷却时，宜采用如IP44型封闭式电动机。

(5)在有导电灰尘或不导电灰尘，但同时有潮气存在的厂房中，应采用如IP44结构封闭式电动机。

(6)当对电机绝缘有害的灰尘或化学成分不多时，如果通风良好，可不用封闭式电动机，采用防护式如IP21结构的电动机。

(7)在有腐蚀性蒸气或气体的厂房中，应采用密闭式如IP54结构电动机或耐酸绝缘的封闭风冷式电动机。

(8)在21区及22区有火灾危险的厂房中，应按现行规程选择电机，表23-7仅供参考。

(9)在0区及1区有爆炸危险厂房中，应按现行规程选择电机，表23-7仅供参考。

(10)电动机安装在户外时，无论直接露天装设或装在棚子下面，均须保护电动机的绝缘不受大气、潮气的破坏。在露天装设时，应采用封闭式如IP44结构电动机。装在棚子下时，可采用防护式或封闭式电动机。

按照以上各条，厂房内电动机结构形式选择可见表23-7。钢铁企业内交流电动机一般采用YZ、YZR型且具有IP44，IP54防护等级；直流电动机一般采用ZZJ系列IP44防护等级。安装在露天的电动机一般采用IP44防护等级。

钢铁企业常用的电动机冷却方式有：自然冷却式、自带冷却鼓风机式、管道通风式(包括IC11与IC37两种形式)及背包风水冷却式。由于电动机的冷却方式与电机结构密切相关，所以在选择电动机形式时，应针对不同的生产机械与具体的安装环境，确定合适的冷却方式。当电动机需要密闭循环冷却时，首先考虑选择背包风水冷却式（ICW37A71）电动机。当大型电动机没有此种冷却方式时，选择管道密封通风式（IC37）。自带冷却鼓风机式电动机，只适应安装于无水气、无灰尘的干燥厂房内，热轧车间内不宜采用。对用于交流调速的电动机，还要注意有低速运行时的冷却问题。

与电机结构有关的国标见23.3节。

表 23-7 厂房内电动机结构形式选择表

序号	厂房内部环境条件的特征		电动机的外壳结构形式							
			IP21	IP23	IP44③				IP54	防爆
					IC0041 IC0141	IC0151	ICW37 A71	IC11 IC37		
1	干燥采暖		●							
2	非采暖或潮湿		●	●						
3	特别潮湿			●	●					
4	有非导电灰尘	灰尘易除掉且对绝缘无害	●							
5		灰尘易除掉且对绝缘有害			●	●	●	○		
6	有导电灰尘				●	●	●	○	●	
7	有腐蚀性气体				●	●	●	○	●	
8	炎热的	温度在35℃以下	●		●					
9		温度在35℃以上	●			●	●	●		
10	有火灾危险	21 区	①		●	●				
11		22 区	①		●	●				
12	有爆炸危险②	0 区						○		●
13		1 区						○		●
14		2 区			●	●			●	

注：●适于采用，○允许采用。

①仅适用鼠笼型电动机。

②按规程确定相适应的防爆类型。管道通风压力值按规程规定。

③IC0041 等系指电动机冷却方式分类，见 23.3 节。

23.2.5 电动机绝缘等级、海拔高度的选择

环境温度在 40℃以下且在正常环境工作，可选用 A 级、E 级绝缘等级的电动机；湿热带环境宜选用 E 级绝缘等级的电动机。

环境温度在 40℃以上，如冶金车间生产线上的电动机宜选用 F 级或 B 级绝缘等级的电动机。

只有在环境温度高，环境条件恶劣，才选用 H 级绝缘等级的电动机。如连铸机的拉矫机可选用 H 级绝缘等级的直流电动机；热轧车间生产线上选 H 级绝缘等级 YZ 及 YZR 型交流电动机。

电动机工作地点应符合电动机铭牌规定的海拔要求或提出特别订货。

23.2.6 常用电动机性能及应用范围

常用电动机性能及适用范围见表 23-8。表 23-8 中的技术资料应以近期产品样本为准，本表仅供参考。

表 23-8 常用电动机性能及应用范围

型号	名称	容量范围 (kW)	转速范围 (r/min)	电压 (V)	结构形式及性能	应用范围
Y	三相异步电动机	0.75～90	750～3000	380	全封闭自带风扇冷却式，有较好的起动性能	用于机床、水泵、鼓风机、起重卷扬、运输机械及一般机械
YZ	冶金型起重用笼型异步电动机	1.5～30	681～943	380	断续定额、封闭自冷式，起动转矩大、转矩过载能力大、有较高的转差率	适用于起重机械及冶金设备中辅助机械
YZR	冶金型起重用绕线型异步电动机	1.5～200	571～966	380	断续定额、封闭式自然冷却或强迫通风，其余与YZ相同	同上
JQ2 JQO2	高起动转矩笼型异步电动机	13～100	720～1470	380	防滴式，起动转矩较大	适用于需要起动转矩较大的静止负载或惯性负载的机械，如压缩机、粉碎机及某些小型起重运输机械
JHO2	高转差率笼型异步电动机	0.6～100	603～2730	380	能防止灰尘、铁屑或其它杂物侵入电动机内部，具有高起动转矩、低起动电流及额定负载转差率提高的特性	适用于传动飞轮矩较大，冲击性负载及起动、运转次数较多的机械，如冲床、剪床、电镀、锻冶机械等
JDG	高速同步电动机	5000	3000		转子为隐极结构或者凸极而用实心磁极结构	用于高炉鼓风机和炼焦用鼓风机
Y (J) RNT	反馈晶闸管串级调速电动机	200～2500	500，600，750，1000，1500	380，6000	可将转差功率反馈到电机本身，达到无级调速	用于风机、水泵调速，节电率可达 20～70%
JS	双笼型异步电动机	45～410	490～1480	380，3000，6000	防护式或管道通风式，起动转矩较大	用于通风机、压缩机水泵，破碎机、磨煤机切削车床、运输机械
JSQ		140～1250	485～1485	3000，6000		
ZT2	宽调速直流电动机	0.3～55	300/1200、750/3000	110，220	防护式自扇冷，弱磁调速范围分 1∶3、1∶4 两种	用于传动调速范围较宽的生产机械，如卷取机
YR	高压绕线型异步电动机	250～2500	241～993	3000，6000	一般为开启式，也可制成封闭或管道通风式	用以传动轧钢机、提升机、水泵、通风机及其它通用机械

续表 23-8

型号	名称	容量范围 (kW)	转速范围 (r/min)	电压 (V)	结构形式及性能	应用范围
JZT	电磁调速异步电动机	0.6～100	580～2960	220/380	由封闭式异步电动机和电磁转差离合器组成，系交流恒转矩调速电机，无制动转矩	用于纺织、印染、造纸、船舶等要求调速而不需要电气制动的机械
YD	变极多速三相异步电动机	0.35～22		380	系 Y 系列电机派生系列，有双速、三速、四速共九种速比	主要用于各种万能和专用切削机床、木工机床，也适用于分级调速的一般机械上，如印刷机
Z	中型直流电动机	50～750	72～1266	220，440，(330，550，660)	防护式及封闭式，连续工作制	用于非可逆轧机及其它机械
ZZJ	轧机辅传动用直流电动机	3.75～186	435～1025	220，440	外通风式连续工作制或全封闭式短时工作制 GD^2 小，过载能力大	适用起重及冶金工厂辅助机械
Z_4	中小型直流电动机	1.5～450	400～3000/3600	220，440	连续工作制，用于六脉波整流电路，主回路可不串平波电抗器	
ZD	大型直流电动机	800～5500	25～160 100～500	660，750，800，1000	防护式及管道通风式	用于大型轧机、矿井提升机、有可逆和不可逆两种
TD	同步电动机	250～10000	166～1500	3000，6000，10000	密闭循环通风管道	用于风机、水泵
TDK	压缩机用同步电动机	200～4000	125～500	3000，6000，10000	防护管道抽风型、防爆安全型、防护式自冷通风、开启式	用于传动活塞式压缩机和对称平衡式压缩机

23.3 常用公式及机械、电机资料

23.3.1 常用公式

23.3.1.1 质量

(1) 物体的质量

$$m=\frac{G}{g} \tag{23-1}$$

式中 m——物体的质量，kg；

G——物体的重力，N；

g——重力加速度，m/s^2 ($g=9.81m/s^2$)。

(2) 旋转物体转速为 n，飞轮矩为 GD^2，换算到速度为 v 的质量

$$m=\frac{GD^2n^2}{3600v^2} \tag{23-2}$$

式中 GD^2——飞轮矩，$N\cdot m^2$；

n——物体转速，r/min；

v——物体速度，m/s；

m——飞轮矩 GD^2 换算到速度为 v 的质量，kg。

23.3.1.2　力

力的单位为N。1N是使质量为1kg的物体产生 $1m/s^2$ 加速度的力。kgf与N的换算：

$$1kgf = 9.81N \tag{23-3}$$

（1）摩擦静阻力

$$F_m = \mu G \tag{23-4}$$

式中　F_m——静阻力，N；

μ——滑动摩擦系数，见表23-11。

（2）运动物体的动力

$$F_d = m\frac{dv}{dt} = ma \tag{23-5}$$

式中　F_d——物体的动力，N；

a——均匀加速度，m/s^2。

23.3.1.3　功率

（1）直线运动的物体

$$P = \frac{Fv}{1000} \tag{23-6}$$

式中　P——运动物体的功率，kW；

F——力，N；

v——物体的均匀速度，m/s，与 F 的方向重合。

（2）旋转物体

$$P = \frac{M\omega}{1000} = \frac{Mn}{9550} \tag{23-7}$$

式中　P——旋转物体的功率，kW；

M——旋转物体的转矩，N·m；

ω——旋转物体均匀角速度，rad/s；

n——旋转物体的均匀转速，r/min。

23.3.1.4　功与能

功与能的单位为J

$$1J = 1N\cdot m = 1W\cdot s \tag{23-8}$$

$$1J = 0.24\times 10^{-3}kcal \tag{23-9}$$

（1）功率 P 在 t 秒内所做的功

$$A = \frac{Pt}{3600} \tag{23-10}$$

式中　A——功，kWh；

P——功率，kW；

t——时间，s。

（2）直线运动物体的动能

$$E = \frac{mv^2}{2} \tag{23-11}$$

式中　E——物体的动能，J。

（3）旋转物体的动能

$$E = \frac{I\omega^2}{2} = \frac{GD^2n^2}{7200} \tag{23-12}$$

式中　E——物体的动能，J；

I——物体的惯性矩，$kg\cdot m^2$；

ω——物体的角速度，rad/s；

GD^2——物体的飞轮矩，$N\cdot m^2$；

n——物体的转速，r/min。

23.3.1.5　转矩

转矩单位为N·m。

$$1kg\cdot m = 9.81N\cdot m \tag{23-13}$$

（1）滑动摩擦的静阻转矩

$$M_\mu = G\mu\frac{d_z}{2}\times 10^{-2} \tag{23-14}$$

式中　M_μ——静阻转矩，N·m；

G——移动物体的正压力或重力，N；

μ——滑动摩擦系数，见表23-11；

d_z——轴颈直径，cm。

（2）滚动摩擦静阻转矩

$$M_f = Gf\times 10^{-2} \tag{23-15}$$

式中　M_f——静阻转矩，Nm；

f——滚动摩擦系数，单位为cm，见表23-12。

（3）换算到电动机轴上的静阻转矩

$$M_i = \frac{M_e}{i\eta} \tag{23-16}$$

式中　M_i——静阻转矩，N·m；

M_e——静阻转矩，即 M_f 或 M_μ，N·m；

η——机械传动效率，见表23-10；

i——速比。当 ω_M、n_{M1} 与 ω_m、n_m 分别为电动机及机械的角速度、转速时：

$$i = \frac{\omega_M}{\omega_m} = \frac{n_M}{n_m} \tag{23-17}$$

（4）动转矩

$$M_d = I\frac{d\omega}{dt} = \frac{GD^2}{375}\frac{dn}{dt} \tag{23-18}$$

当 GD^2、$\frac{dn}{dt}$ 恒定时

$$M_d = \frac{GD^2}{375}\frac{n}{t} \tag{23-19}$$

式中　M_d——动转矩，N·m；

t——时间，s。

（5）起动、制动时电动机的转矩

$$M_M = M_d \pm M_i \tag{23-20}$$

（6）电动机额定转矩

$$M_N = 9550\frac{P_N}{n_N} \tag{23-21}$$

式中 M_N——电动机额定转矩，N·m；

P_N——电动机额定功率，kW；

n_N——电动机额定转数，r/min。

23.3.1.6 电动机起、制动时间

(1) M_d 恒定，从 n_1 变化到 n_2 的时间

$$t_{12}=\frac{GD^2(n_2-n_1)}{375M_d} \quad (23\text{-}22)$$

用标幺值表示时

$$t_{12}=\frac{GD^2n_N}{375M_N}\frac{(n_{*2}-n_{*1})}{M_{*d}} \quad (23\text{-}23)$$

式中 n_2、n_1——转速，r/min。

(2) 动转矩 M_d 按直线变化时，从 n_1 变化到 n_2 的时间

$$t_{12}=\frac{GD^2}{163}\left(\frac{n_2-n_1}{M_{d1}-M_{d2}}\right)\lg\frac{M_{d1}}{M_{d2}} \quad (23\text{-}24)$$

或 $$t_{12}=\frac{GD^2(n_2-n_1)}{375(M_{d1}-M_{d2})}\ln\frac{M_{d1}}{M_{d2}} \quad (23\text{-}25)$$

用标幺值表示时

$$t_{12}=\frac{GD^2n_N(n_{*2}-n_{*1})}{375M_N(M_{*d1}-M_{*d2})}\ln\frac{M_{*d1}}{M_{*d2}} \quad (23\text{-}26)$$

式中 n_{*2}、n_{*1}——转速，标幺值，$n_{*2}=\frac{n_2}{n_N}$，$n_{*1}=\frac{n_1}{n_N}$；

$M_{*d1}=\frac{M_{d1}}{M_N}$，$M_{*d2}=\frac{M_{d2}}{M_N}$

M_{*d1}、M_{*d2}——动转矩标幺值。

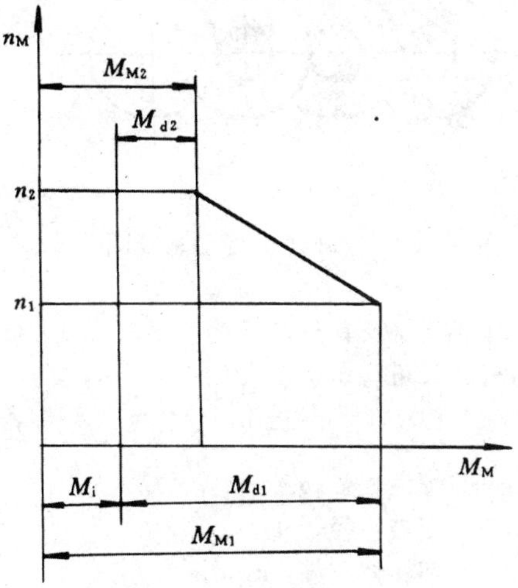

图 23-1 $M_M=f(n_M)$ 曲线

$M_M=f(n_M)$ 曲线见图 23-1，如 $M_M=f(n_M)$ 曲线不是直线，可将其分成几个线段，每段的 $M_M=f(n_M)$ 曲线可以认为是直线。

(3) 等变速旋转的起动、制动时间（M_d 恒定）

起动时间 $$t_s=\frac{GD^2n}{375M_d} \quad (23\text{-}27)$$

制动时间 $$t_b=\frac{GD^2n}{375M_d} \quad (23\text{-}28)$$

式中 M_d——起动或制动的动态转矩，N·m，起动时，$M_d=M_M-M_i$，制动时，$M_d=M_M+M_i$；

M_M——电动机转矩，N·m；

M_i——静阻转矩，N·m。

23.3.1.7 速度、行程

$$1^\circ=\frac{\pi}{180}(\text{rad})$$

$$1\text{转}=2\pi(\text{rad})$$

(1) 转速 n (r/min)

(2) 角速度 $\omega=\frac{\phi}{t}=\frac{2\pi n}{60}$ (23-29)

式中 ω——角速度，rad/s。

(3) 线速度 $v=\omega R=\frac{\pi Dn}{60}$ (23-30)

式中 R、D——半径、直径，m；

v——速度，m/s。

(4) 等变速转速

$$n_1=n_0\pm at$$

式中 n_0、n_1——初速及终速，r/min。

(5) 等变速的角加速度

$$\pm a=\frac{n_1-n_0}{t} \quad (23\text{-}31)$$

式中 $+a$——加速度，r/min·s；

$-a$——减速度，r/min·s。

(6) 等变速运动的行程

$$S=n_0t\pm\frac{at^2}{2} \quad (23\text{-}32)$$

式中 S——等变速运动的行程，r（转）。

(7) 动转矩 M_d 恒定，起动、制动过程的电动机行程

$$S_{12}=\frac{GD^2(n_2^2-n_1^2)}{45000M_d} \quad (23\text{-}33)$$

式中 S_{12}——起动、制动过程的电动机行程，r（转）。

用标幺值表示时

$$S_{12}=\frac{GD^2n_N^2(n_{*2}^2-n_{*1}^2)}{45000M_NM_{*d}} \quad (23\text{-}34)$$

由 n_1 至 n_2 的时间 t_{12} 已知时

$$S_{12}=\frac{n_1+n_2}{2\times60}t_{12} \quad (23\text{-}35)$$

式中 n_1、n_2——开始及终了时的转速，r/min；

n_N——额定转速，r/min；

M_d——动态转矩，N·m；

n_{*1}、n_{*2}——n_1、n_2的标幺值，

$$n_{*1}=\frac{n_1}{n_N},n_{*2}=\frac{n_2}{n_N};$$

M_{*d}——M_d的标幺值，$M_{*d}=\frac{M_d}{M_N}$。

（8）动转矩M_d与转速n成直线变化时，起动、制动过程的电动机行程（见图 23-1）为

$$S_{12}=\frac{GD^2(n_2-n_1)}{22500(M_{d1}-M_{d2})}\left[\left(\frac{(n_2-n_1)}{M_{d1}-M_{d2}}M_{d1}+n_1\right)\ln\frac{M_{d1}}{M_{d2}}-(n_2-n_1)\right] \tag{23-36}$$

用标幺值表示时

$$S_{12}=\frac{GD^2n_N^2(n_{*2}-n_{*1})}{22500M_N(M_{*d1}-M_{*d2})}\left[\left(\frac{n_{*2}-n_{*1}}{M_{*d1}-M_{*d2}}M_{*d1}+n_{*1}\right)\ln\frac{M_{*d1}}{M_{*d2}}-(n_{*2}-n_{*1})\right] \tag{23-37}$$

式中　S_{12}——行程，r（转）；

M_{d1}、M_{d2}——开始及终了的动态转矩，N·m，其余各量同（7）项。

23.3.1.8　飞轮矩GD^2、惯性矩I

（1）转速为n_m、飞轮矩为GD_m^2的旋转体换算到转速为n的飞轮矩

$$GD_n^2=GD_m^2\frac{n_m^2}{n^2}=\frac{GD_m^2}{i^2} \tag{23-38}$$

式中　i——减速比，$i=\frac{n}{n_m}$。

（2）速度为v_m（m/s）、重力为G_m（N）的直线运动体，换算到转速为n（r/min）的飞轮矩，见图 23-2。

$$GD_n^2=\frac{365G_mv_m^2}{n^2} \tag{23-39}$$

式中　G_m——直线移动物体重力，N；

v_m——直线移动物体速度，m/s；

n——转速，r/min；

GD_n^2——飞轮矩，N·m²。

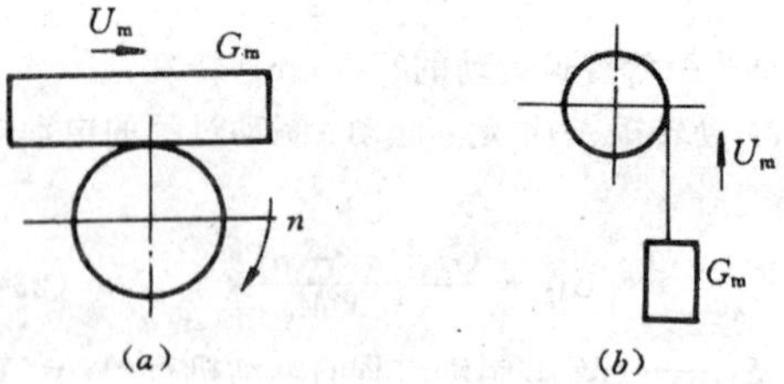

图 23-2　换算用的水平及垂直移动系统图
（a）—水平移动；（b）—垂直移动

（3）减速机传动系统的总飞轮矩，见图 23-3。

$$GD^2=GD_M^2+\frac{GD_1^2}{i_1^2}+\frac{GD_2^2}{i_2^2}+\cdots+\frac{GD_m^2}{i_m^2} \tag{23-40}$$

式中　GD^2——换算到电动机轴上的总飞轮矩，N·m²；

GD_M^2——电动机转子飞轮矩，N·m²；

GD_1^2、GD_2^2、…GD_m^2——相应于速度n_1、n_2、…、n_m轴上减速机的飞轮矩，N·m²；

i_1、i_2、…、i_m——各轴对电动机轴的减速比，$i_1=n_M/n_1$，$i_2=n_M/n_2$，…，$i_n=n_M/n_m$；

n_M——电动机转速，r/min。

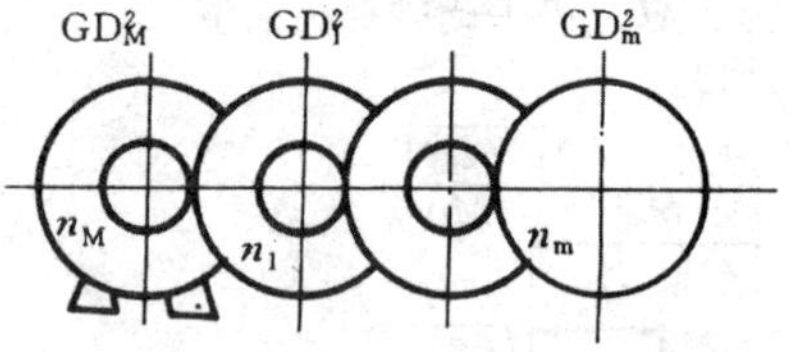

图 23-3　减速机传动系统图

（4）惯性矩I及其与GD^2的关系

惯性矩I又可写作J

$$I=mR^2 \tag{23-41}$$

式中　I——惯性矩，kg·m²；

R——回转半径，m；

m——回转体质量，kg。

飞轮矩GD^2，单位为N·m²。

$$GD^2=4gI=39.2I \tag{23-42}$$

如GD^2单位为kgm²

$$GD^2=4I \tag{23-43}$$

（5）各种几何形状物体的飞轮矩计算见表 23-9。

表 23-9 飞轮矩的计算

实心圆柱体 $GD^2=\frac{mD_1^2}{2}g=\gamma\frac{\pi}{8}lD_1^4g$	$(N\cdot m^2)$	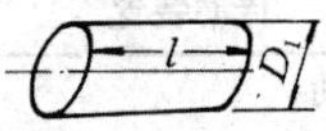
空心圆柱体 $GD^2=mg\left(\frac{D_2^2-D_1^2}{2}\right)=\gamma\frac{\pi}{8}(D_2^4-D_1^4)gl$ 或 $GD^2=mg(D_j^2+\delta^2)=\gamma\pi(D_j^3\delta+D_j\delta^3)gl$	$(N\cdot m^2)$ $(N\cdot m^2)$	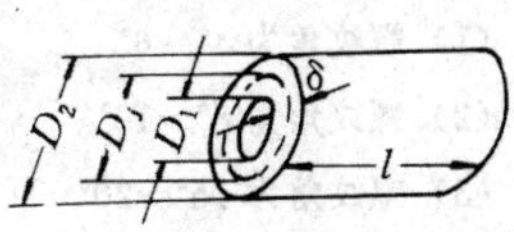
六面体（对轴线 01-01 经重心的飞轮矩） $GD_{01}^2=mg\left(\frac{a^2+b^2}{3}\right)=\gamma abl\left(\frac{a^2+b^2}{3}\right)g$	$(N\cdot m^2)$	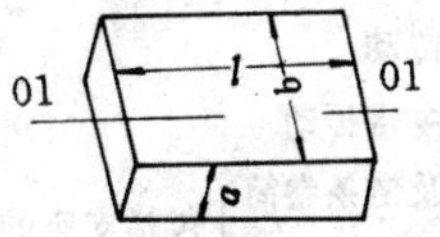
圆环 $GD^2=mg(D_1^2+0.75d^2)=\gamma\frac{\pi^2}{4}(D_1^3d^2+0.75D_1d^4)g$	$(N\cdot m^2)$	
六面体（对轴线 02-02 的飞轮矩） $GD_{02}^2=GD_{01}^2+4ma^2g$	$(N\cdot m^2)$	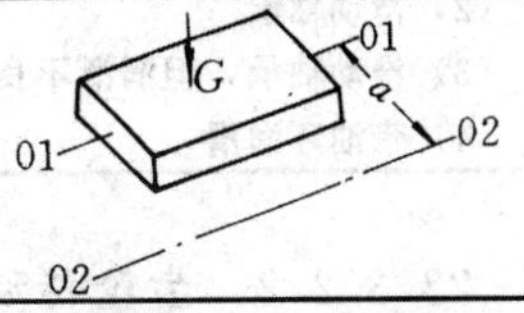

注：m——质量，kg；γ——密度，kg/m^3；D——直径，m；a，l——长度，m；g——重力加速度，m/s^2，其值为 9.81。

23.3.1.9 最佳速比 i_0

（1）加速

$$i'_0=\frac{M_m}{\eta M_M}+\sqrt{\left(\frac{M_m}{\eta M_M}\right)^2+\frac{J_m}{J_M}} \tag{23-44}$$

（2）减速

$$i''_0=-\frac{\eta M_m}{M_M}+\sqrt{\left(\frac{\eta M_m}{M_M}\right)^2+\frac{J_m}{J_M}} \tag{23-45}$$

（3）近似的最佳速比

$$i_0\approx\frac{i'_0+i''_0}{2} \tag{23-46}$$

（4）较准确的最佳速比

$$i_0\approx\frac{i'_0t_a+i''_0t_b}{t_a+t_b} \tag{23-47}$$

（5）当略去很小的静转矩 M_m 时

$$i_0\approx\sqrt{\frac{J_m}{J_M}} \tag{23-48}$$

式中 M_m——机械轴上的静转矩，N·m；

M_M——起动时电机轴上的电机起动平均转矩 N·m；制动时，则为电动机轴上转矩（有抱闸时，为平均电气制动转矩加机械闸制动转矩），N·m；

η——机械传动效率；

J_m——机械轴上的机械的惯性矩，$kg\cdot m^2$；

J_M——电动机轴上电动机的惯性矩，$kg\cdot m^2$；

t_a、t_b——起动、制动时间，s。

23.3.2 机械资料

23.3.2.1 机械传动效率

机械传动效率平均值见表 23-10。

表 23-10 机械传动效率（平均值）

传动装置	效率 η
齿轮传动（圆锥形、圆柱形、伞形）一般数据	0.96～0.98
圆柱形齿轮传动	
（1）磨制过的正齿轮	0.99
（2）车削加工的正齿轮	0.98
（3）未加工的正齿轮	0.96
（4）人字齿轮	0.985
伞齿轮减速机	0.97～0.98
链条传动	0.98

续表 23-10

传动装置	效率 η
摩擦传动	0.70～0.80
蜗轮传动（μ=0.1）	
（1）螺纹角为 4°～6°	0.41
（2）螺纹角为 8°～10°	0.55
（3）螺纹角为 15°～20°	0.66
钢索传动	0.90
皮带传动	0.94～0.98
三角皮带传动	0.90
绳索及链条卷筒（包括支座的摩擦损耗）	0.96
绳索及链条滑车（包括支座的摩擦损耗）	0.94～0.96
复式滑车（包括支座的摩擦损耗）	0.92～0.98
支座轴颈	
（1）滚动轴承	0.99
（2）滑动轴承	0.97
（3）滑动轴承，但润滑不良	0.94
（4）带油环润滑	0.98

23.3.2.2 齿轮传动效率

齿轮传动效率 η 与负载率 $K_f=M/M_N$ 的关系曲线见图 23-4，用于额定效率 η_N 的 65～90%。

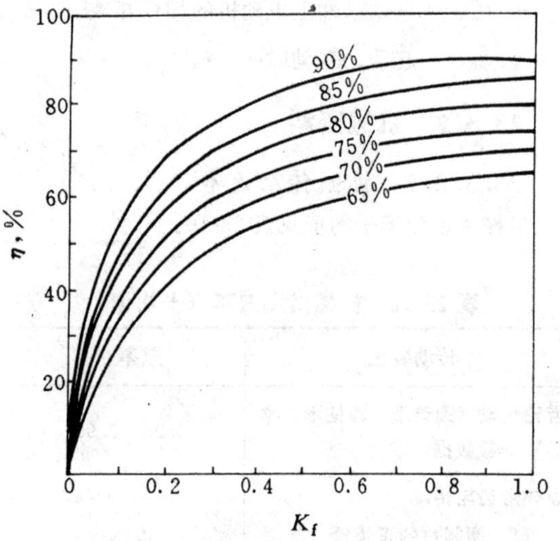

图 23-4 齿轮减速机效率与负载率的关系曲线

23.3.2.3 滑动摩擦系数

滑动摩擦系数 μ_0 及 μ 见表 23-11。

表 23-11 滑动摩擦系数 μ_0 及 μ

材料	滑动摩擦系数	
	静止的 μ_0	运动中 μ
轮缘与钢轨间		
（1）起动时	0.20	
（2）v=5m/s 时		0.15
钢锭与钢制辊子间		
（1）热金属	0.3～0.25	
（2）冷金属	0.15	
滑动轴承		
（1）热轧机，带有金属轴衬		0.07～0.10
（2）冷轧机，带有金属轴衬		0.05～0.07
（3）带有木质塑料制轴衬		0.01～0.03
（4）液体摩擦系数		0.003～0.005
（5）青铜对青铜	0.11	0.06
（6）铁对铁	0.11	0.08～0.01
（7）钢对青铜	0.105	0.09
（8）生铁对青铜	0.15～0.20	0.07～0.08
滚动轴承①		
（1）减速机		0.005
（2）吊车车轮		0.008
（3）辊道辊子与热金属		0.015
（4）辊道辊子与冷金属		0.010

①有润滑时的数值。

23.3.2.4 滚动摩擦系数

滚动摩擦系数 f 见表 23-12。

表 23-12 滚动摩擦系数 f

辊子、轮子或车轮型式	f (cm)
车轮与钢轨间（起重机大车行走等）	
（1）车轮加工良好	0.08～0.05
（2）车轮未加工	0.10
（3）平均值	0.08
铁路轮对	0.025～0.015
滚动轴承中的滚柱和滚珠	0.001～0.003
辊道的辊子，在运输：	
（1）900～1200℃热钢锭，包覆一层厚氧化铁皮	0.25
（2）冷钢锭，包覆氧化铁皮	0.20
（3）500～1000℃的轧件	0.15
（4）冷轧件	0.10
汽车轮胎	
（1）对沥青路面	0.25
（2）对土路面	1.00～1.50

23.3.2.5 轧机的空转转矩（功率）及飞轮矩

各种轧机的空载转矩（功率）及飞轮矩，见表 23-13 及表 23-14。

表 23-13 各种轧机的空转转矩及飞轮矩 GD^2 值

轧机	GD^2（kN·m²）		轧机空载转矩（kN·m）	备注
	带电动机的轧机	不带电动机的轧机		
1100mm 初轧机	5000		48	
750mm 万能式轧机		355	48	
900mm 轨梁轧机	3260		20	
750mm 轨梁轧机	3425	380	36	
900mm 初轧机			41	4 机架
750mm 轨梁轧机			48	

表 23-14 各种轧机的空转功率表

轧机名称	机架数	空转功率（kW）
250mm 小型轧机	4	200
300mm 线材轧机	20	300
900mm 钢板轧机	1	400
中型轧机（钢轨）	4	200～260
中型轧机（钢轨）	5	180～200
粗轧机（直接传动）	2	200～260
粗轧机（直接传动）	1	150～250
450mm 连续钢坯轧机	6	100～150

23.3.2.6 最大加速度

根据滑动条件的最大加速度

$$a_{max} \leqslant g\mu \quad (23\text{-}49)$$

式中 a_{max}——最大加速度，m/s²；

μ——摩擦面间最小可能的摩擦系数，见表 23-11；

g——重力加速度，$g=9.81\text{m/s}^2$。

23.3.3 电机通用资料

23.3.3.1 绝缘材料及允许温升

各种绝缘等级材料，允许的工作温度及允许温升见表 23-15。

表 23-15 各种绝缘材料的允许工作温度、允许温升

绝缘等级	允许工作温度（℃）	环境温度为 40℃时允许温升（℃）（电阻法）
Y	90	
A	105	60
E	120	75
B	130	80
F	155	100
H	180	125
C	>180	

冷却空气小于等于 40℃时，电机各部件的允许温升见表 23-16。

表 23-16 电机各部件允许温升

电机各部件	允许温升 τ（℃）	
	A 级绝缘	B 级绝缘
大型（S_N>5000kVA）交流电机的线圈	60①	80①
功率较上述电机小的交流电机的线圈、多层	50③	70③
励磁线圈、与整流子连接的电枢线圈	60②	80②
单层励磁线圈、异步电动机转子的棒状线圈	65②	90①
铁芯及与绝缘线圈接触的其他部分	60③	80③
滑环	65③	85③
整流子	60③	80③
滑动轴承	40③	40③
滚动轴承	55③	55③

①用埋入测温器测量；
②用电阻法测量；
③用温度计测量。

23.3.3.2 电动机的温升时间常数 T

电动机的温升时间常数 T 值，对小型电机一般为 0.5h；对大型电机一般为 3～4h；对冶金型电动机为 40～60min，见表 23-43。

23.3.3.3 电动机转矩过载倍数

电动机的转矩过载倍数见表 23-17。

表 23-17 电动机的转矩过载倍数

电动机类型	工作制	过载倍数 λ
绕线型异步电动机	连续工作制	≥1.8
	冶金型(10kW 及以下)	≥2.5①
	冶金型(大于 10kW)	≥2.8①
鼠笼型异步电动机	连续工作制	≥1.65
	冶金型(10kW 及以下)	≥2.5①
	冶金型(大于 10kW)	≥2.8①
同步电动机	cosφ=0.8 (超前)	≥1.65
	强励时	3~3.5
直流电动机 (一般型)	额定励磁时	1.5

①是保证值。

为了减小电网冲击、电机绕组的电动应力、传动系统的机械摩擦损失及消除打滑(如钢材在辊子上打滑、车轮打滑),断续工作制的电动机通常不用到最大过载能力。

23.3.3.4 电动机的机械时间常数

电动机的机械时间常数

$$T_{CM}=\frac{GD_M^2 n_0}{375M_{max}} \tag{23-50}$$

式中 T_{CM}——机械时间常数，s；

GD_M^2——电动机转子飞轮矩，N·m²；

n_0——电动机的同步转速，r/min；

M_{max}——电动机的最大转矩，N·m。

冶金型起重用电动机的 T_{CM} 值见表 23-18。

表 23-18 冶金型起重用电动机的 T_{CM} 值

电动机类型	额定容量 (kW)	T_{CM} (s)
串激直流电动机	50kW 及以下	≤0.07
电动机	大于 50kW	≤0.10
三相异步电动机	25kW 及以下	≤0.10
	25~75kW	≤0.12
	大于 75kW	≤0.15

23.3.3.5 电动机的平均起动转矩

电动机的平均起动转矩：

(1) 同步电动机

$M_s > M_i$ 时，$M_{sar}=0.5(M_s+M_i)$ (23-51)

$M_s \leqslant M_i$ 时，$M_{sar}=(1.0\sim1.1)M_s$ (23-52)

式中 M_s——起动转矩，N·m；

M_i——牵入转矩，N·m；

M_{sar}——平均起动转矩，N·m。

(2) 鼠笼型电动机

普通型鼠笼电动机

$$M_{sar}=(0.45\sim0.5)(M_s+M_{max}) \tag{23-53}$$

式中 M_{max}——电动机最大转矩，N·m。

冶金型起重用笼型电动机

$$M_{sar}=0.9M_s \tag{23-54}$$

(3) 冶金型起重用绕线型电动机

$$M_{sar}=(1.0\sim2.0)M_{N25} \tag{23-55}$$

式中 M_{N25}——负载暂载率 $FC_N=25\%$ 时电动机的额定转矩，N·m。

式中较大值用于要求快速起动的场合。

23.3.3.6 可采用的电动机最大转矩

考虑到电网电压降低及计算偏差，电动机可采用的最大转矩为

直流电动机 $M'_{max}=0.9M_{max}$

异步电动机 $M'_{max}=0.75M_{max}$

同步电动机 $M'_{max}=0.85M_{max}$

式中 M_{max}——电动机的最大转矩，可查电动机产品样本；或参考表 23-17。

23.3.3.7 梯形负荷曲线的有效值(均方根值)

梯形负荷曲线的有效值

$$I_{rms}^2=\frac{I_1^2+I_2^2+I_1I_2}{3} \tag{23-56}$$

若 $I_2=0$，则三角形的 I_{rms}

$$I_{rms}^2=\frac{I_1^2}{3} \tag{23-57}$$

梯形和三角形负荷曲线见图 23-5。

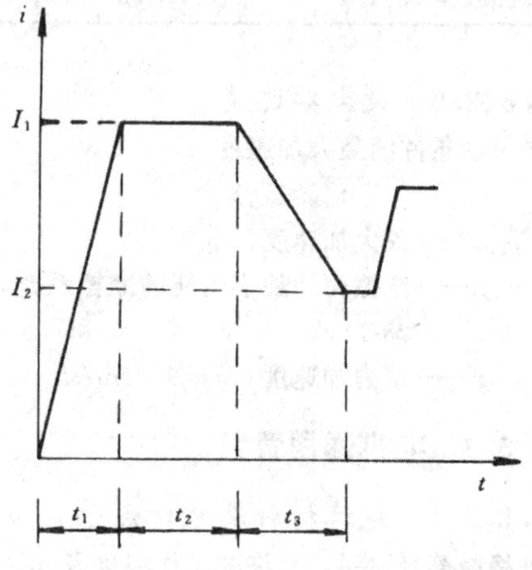

图 23-5 梯形和三角形负荷曲线

23.3.3.8 电机外壳防护分级 (GB4942.1—85 摘抄)

第一种防护：防止人体触及或接近壳内带电部分和触及壳内转动部件（光滑的旋转轴和类似部件除外），以及防止固体异物进入电机。

第二种防护：防止由于电机进水而引起的有害影响。

代号：

表示防护等级的代号由表征字母“IP”及附加在后面的两个表征数字组成。第一位数字表示第一种防护的各个等级，第二位数字则表示第二种防护的各个等级。数字的含义分别见表 23-19、表 23-20。

表 23-19 第一位表征数字表示的防护等级

第一位表征数字	防护等级	
	简述①	含义
0	无防护电机	无专门防护
1②	防护大于 50mm 固体的电机	能防止大面积的人体（如手）偶然或意外地触及或接近壳内带电或转动部件（但不能防止故意接触）能防止直径大于 50mm 的固体异物进入壳内
2②	防护大于 12mm 固体的电机	能防止手指或长度不超过 80mm 的类似物体触及或接近壳内带电或转动部件 能防止直径大于 12mm 的固体异物进入壳内
3②	防护大于 2.5mm 固体的电机	能防止直径大于 2.5mm 的工具或导线触及或接近壳内带电或转动部件 能防止直径大于 2.5mm 的固体异物进入壳内
4②	防护大于 1mm 固体的电机	能防止直径或厚度大于 1mm 的导线或片条触及或接近壳内带电或转动部件 能防止直径大于 1mm 的固体异物进入壳内
5③	防尘电机	能防止触及或接近壳内带电或转动部件，进尘量不足以影响电机的正常运行

①本表中“简述”一栏不作为防护型式的规定。

②第一位表征数字为 1 至 4 的电机所能防止的固体异物，系包括形状规则或不规则的物体，其 3 个相互垂直的尺寸均超过“含义”栏中相应规定的数值。

③第 5 级防尘是一般的防尘，当尘的颗粒大小、纤维状或粒状已作规定时，试验条件应由制造厂和用户协商确定。

表 23-20 第二位表征数字表示的防护等级

第二位表征数字	防护等级	
	简述	含义
0	无防护电机	无专门防护
1	防滴电机	垂直滴水应无有害影响
2	15°防滴电机	当电机从正常位置向任何方向倾斜 15°以内任一角度时，垂直滴水应无有害影响
3	防淋水电机	与垂直线成 60°角范围内的淋水应无有害影响
4	防溅水电机	承受任何方向的溅水应无有害影响
5	防喷水电机	承受任何方向的喷水应无有害影响
6	防海浪电机	承受猛烈的海浪冲击或强烈喷水时，电机的进水量应不达到有害的程度
7	防浸水电机	当电机浸入规定压力的水中经规定时间后，电机的进水量应不达到有害的程度
8	潜水电机	电机在制造厂规定的条件下能长期潜水。电机一般为水密型，但对某些类型电机也可允许水进入，但应不达到有害的程度

注：本表中“简述”一栏不作为防护型式的规定。

代号举例：

```
IP  4  4
       └──────第二位表征数字(无要求写 ×)
    └─────────第一位表征数字(无要求写 ×)
└─────────────表征字母
```

23.3.3.9 电机冷却方法 (GB1993—80 摘抄)

A　冷却介质代号

冷却介质代号为：

气体	空气	A
	氢气	H
	氮气	N
	二氧化碳	C
	氟里昂	F
液体	水	W
	油	U

如用其它冷却介质，应列出其全名。

B　冷却回路

一台电机可以有一个以上的冷却回路。如某台电机外部带水冷冷却器，内部可以是空气冷却也可以是氢气冷却，这内部的空气或氢气回路称为第一冷却回路，外部的冷却器称为第二冷却回路。

又如某台电机外部有水冷冷却器，定子铁芯为空气冷却，定子绕组为水内冷，转子绕组也是水内冷，该水内冷转子绕组为第一冷却回路，水内冷定子绕组为第二冷却回路，铁芯空冷为第三冷却回路，外部的冷却器为第四冷却回路。

但冷却方法代号的写法必须按从电机外部（低温区）向电机内部（高温区）的顺序，如上例首先写第四冷却回路再写第三，第二，最后写第一冷却回路。

C　电机冷却方法代号

电机冷却方法代号按以下规定：

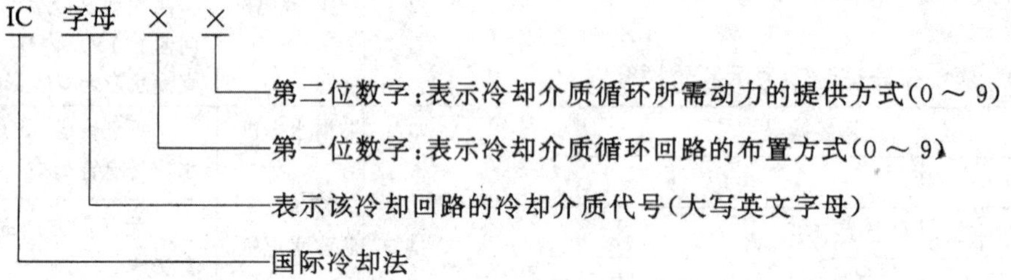

如有两个以上冷却回路的电机，冷却方法的写法如下：

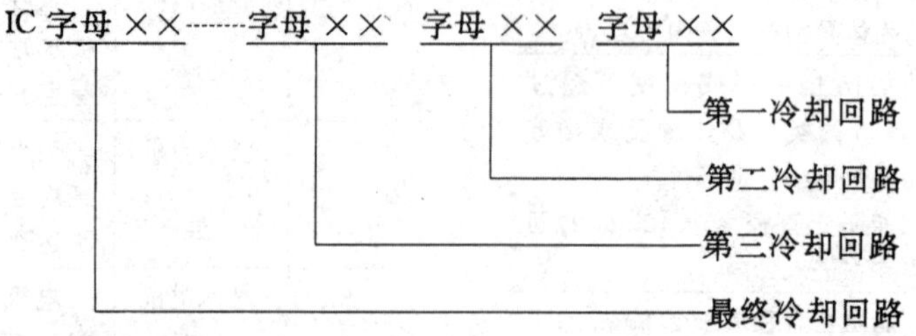

电机使用内冷（直接冷却）绕组，有关冷却回路这一部分的代号应加括弧。

同一台电机可以在不同部位使用不同的冷却介质或不同的冷却介质循环方式，则代号应按上述包括字母与数字的组合，按如下不同可能性组成。

单台电机一般结构方式，在电机的相应部分名称之后紧跟相应的字母和数字。

以不同冷却方式的主机辅机组成的一个合成机组在相应电机名称后面紧跟相应的字母与数字。

备用或紧急冷却　在一般冷却方法代号之后，紧跟备用或紧急冷却系统的代号，该代号应包括 IC 一并写在括弧内。

如上述情况的三种或两种以上同时存在，则上述相应的代号应同时采用。

电机全部空冷，冷却介质代号可以不写。

电机是空冷，并且第二位数字为 1，即冷却介质循环是靠风扇或者是靠转子的风扇作用，则第二位数字“1”可不写，如一台开启式有内风扇的电机的冷却方法可写成 ICO，则不必完整地写为 ICA01。

如电机用液体蒸发冷却，则在液体的全套代号之前加“E”字。

第一位数字(0～9)表示冷却介质循环回路的布置方式，见表 23-21。

表 23-21 表示冷却介质循环回路布置方式表

第一位数字	名称及图形	定　义
0	自由循环 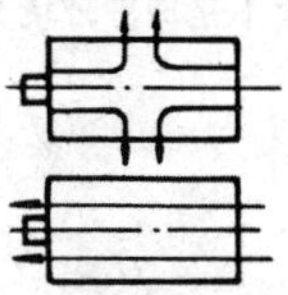	冷却介质由周围自由流入电机或流过电机表面并自由返回
1	进口管或进口孔道循环 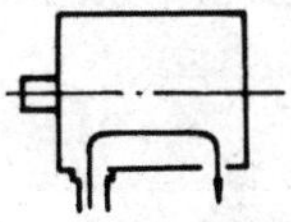	冷却介质由电机周围介质以外的来源通过进口管或孔道流入电机，然后自由流入周围环境
2	出口管或出口孔道循环 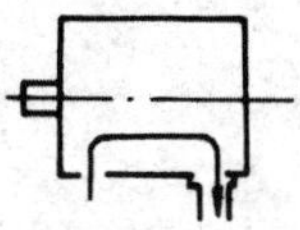	冷却介质由周围自由流入电机，然后通过出口管或孔道送至离电机周围介质较远的地点
3	进出口管或进出孔道循环 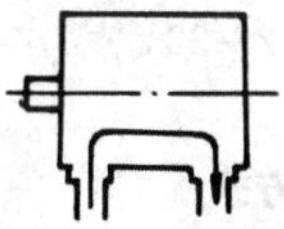	冷却介质由电机周围介质以外的来源通过进口管或孔道流入电机，然后通过出口管或孔道送至离电机周围介质较远的地点
4	机壳表面冷却（用周围环境介质） 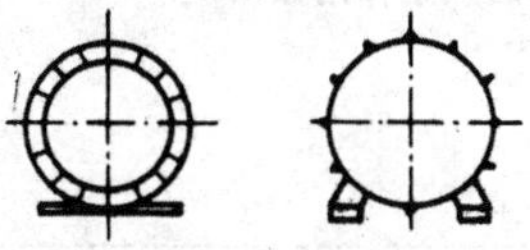	初级冷却介质在闭合回路内循环，并通过机壳表面把热量送交周围介质，机壳表面可以是光的，也可以是为了改进导热效率而加冷却筋
5	装入式冷却器（用周围环境介质） 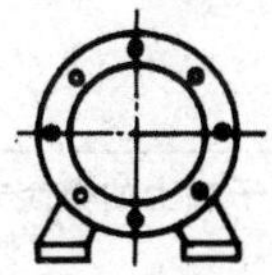	初级冷却介质在闭合回路内循环，并通过与电机成为一体的装入式冷却器把热量交给次级冷却介质，后者就是周围环境介质
6	装在电机上面的冷却器（用周围环境介质） 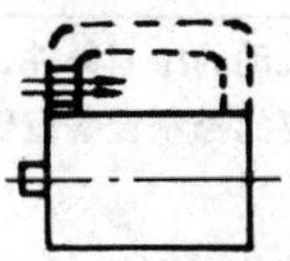	初级冷却介质在闭合回路内循环，并通过独立但装在电机上的冷却器把热量交给次级冷却介质，后者就是周围环境介质

续表 23-21

第一位数字	名称及图形	定　　义
7	装入式冷却器 (不用周围循环介质) 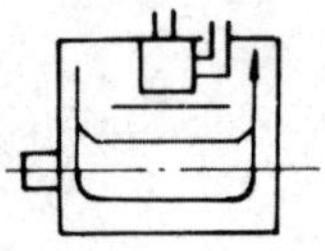	初级冷却介质在闭合回路内循环，并通过与电机成为一体的装入式冷却器，把热量交给次级冷却介质，后者不是周围环境介质
8	装在电机上面的冷却器 (不用周围环境介质) 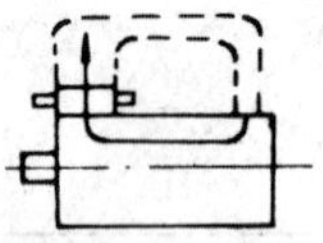	初级冷却介质在闭合回路内循环，并通过独立但装在电机上的冷却器，把热量交给次级冷却介质，后者不是周围环境介质
9	独立安装的冷却器 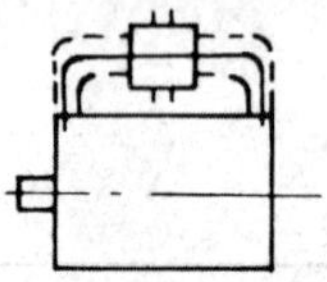	初级冷却介质在闭合回路内循环，并通过完全独立安装的冷却器，把热量交给次级冷却介质

第二位数字(0～9)表示使冷却介质循环所需动力的提供方式，见表 23-22。

表 23-22　表示使冷却介质循环所需动力提供方式

第二位数字	名称及图形	定义
0	自由交流 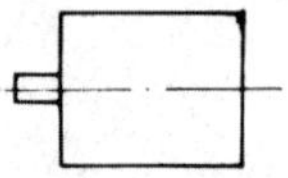	冷却介质运动依靠温差，转子的风扇作用极微
1	自循环 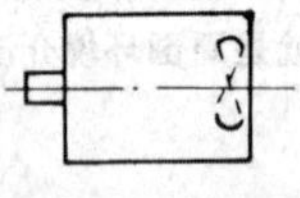	冷却介质运动，依靠转子的风扇作用或直接装在转子轴上的风扇
2	整装式非独立传动循环 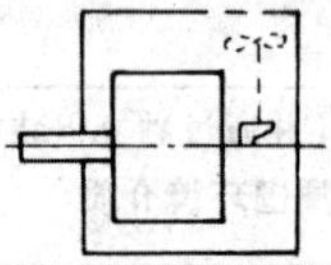	冷却介质运动，依靠不直接装在转子轴上的整装式部件的作用，例如由齿轮或皮带拖动的内风扇
3	装在电机上的非独立部件循环 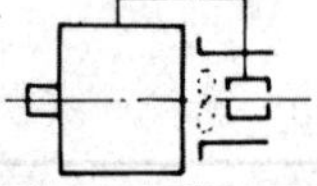	冷却介质运动依靠电机上电动或机动的中间部件。例如一只由主机线端供电的电动机拖动的风扇（所有必要的控制设备应随机供给）

续表 23-22

第二位数字	名称及图形	定　　义
4		备用
5	整装式独立部件循环 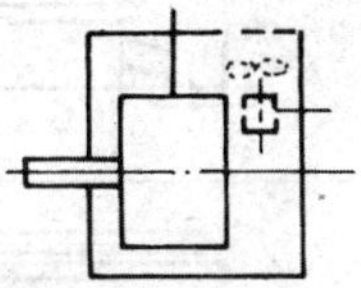	冷却介质运动依靠与主机动力无关的整体部件，例如由一只电动机带动的内风扇，电动机与主机不是同一电源
6	装在电机上的独立部件循环 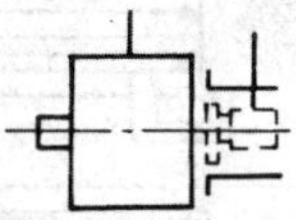	冷却介质运动，依靠在电机上的中间部件，其动力与主机无关
7	用完全分开和独立的部件促成循环或由冷却系统压力促成循环 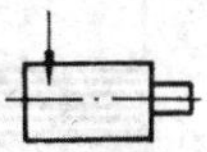	冷却介质运动，依靠一个电动或机动部件，它不装在电机上与电机并无关连或依靠冷却介质系统的压力，例如有压力的供水系统或供气系统
8	由相对运动循环 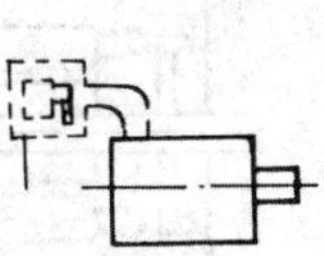	冷却介质运动，依靠电机在冷却介质中的相对运动，例如一只牵引电机由周围大气冷却，一只风扇电机由气流冷却
9	由任何其它部件循环 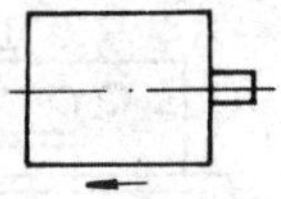	用数字"9"在： —如冷却回路已说明，则跟在第一位数字后 —如回路未作说明，则第一位数字处用一横线，然后跟在后面

注：如经协商控制设备也可不作为交货部分。

各类电机典型冷却方式标注示例见表 23-23。

表 23-23　各类旋转电机典型的冷却方式标注示例表

IC01	自冷开启式，风扇装在轴上	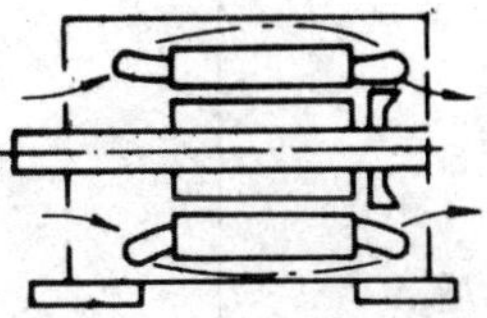

续表 23-23

IC0041	全封闭电机，机壳冷却、无外风扇	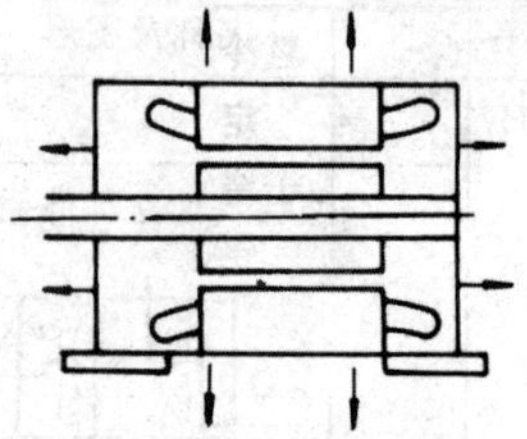
IC0141	全封闭电机，机壳有或无冷却筋，有内风扇或轴上装某种风叶	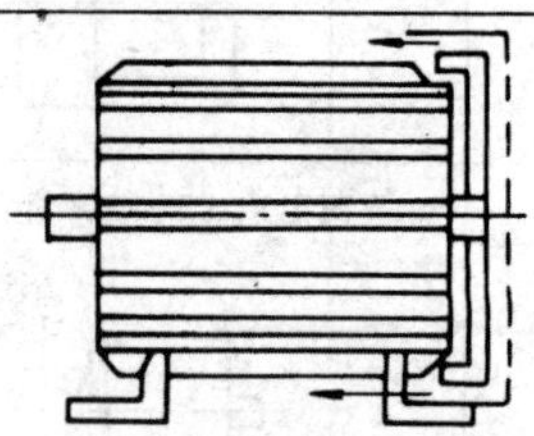
IC0151	全封闭电机，机壳有管子，有内风扇、外风扇	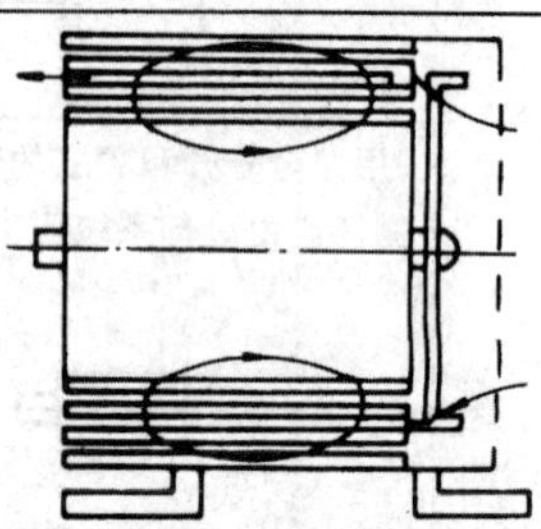
IC11	有进口管 自通风电机风扇装在轴上	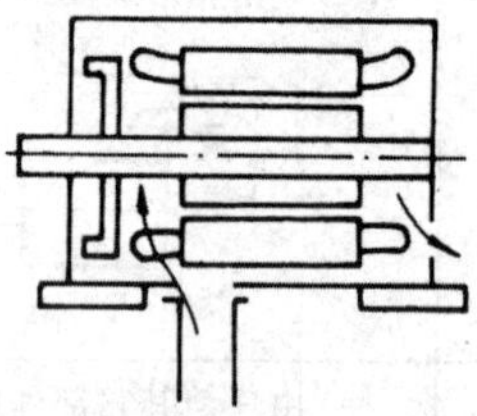
IC37	有进出口管 电动鼓风机不装在电机上，亦不用主机电源	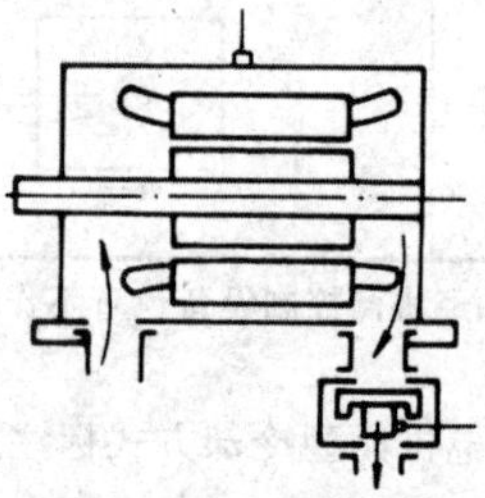
ICW37A71	空气冷却电机，电机上有水冷冷却器，水循环由独立水泵或水系统供给动力	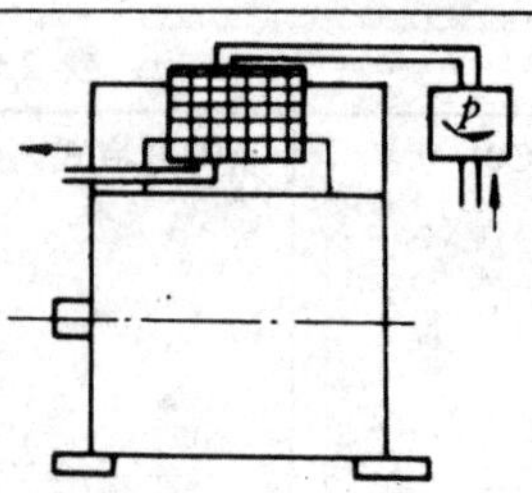

续表 23-23

ICW37H71 转子（H71）	氢冷电机 定子绕组氢外冷，冷却介质循环动力为内风扇，转子绕组气隙取气，直接内冷绕组 定子铁芯氢冷，水冷冷却器装在电机内部，水循环由独立水泵或水系统供给动力	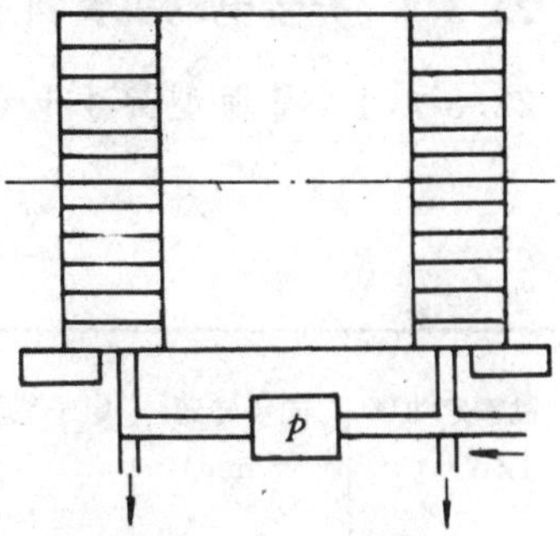
ICW37A91 定子（W37） 转子（W39）	定子绕组水内冷，转子绕组水内冷，铁芯空冷，冷却介质循环动力为内风扇，水冷冷却器在地坑	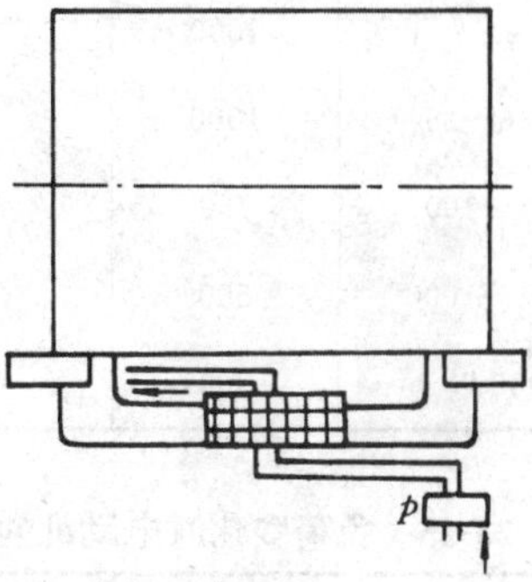
ICW37A81 定子（W37） 转子（W39）	定子绕组水内冷，转子绕组水内冷，铁芯空冷，轴上装有风扇，水冷冷却器挂在电机周围	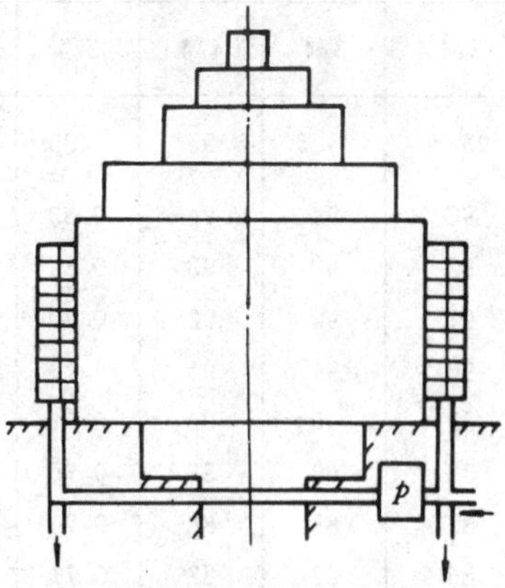
ICW08U40	电机由闭合回路的油冷却，并浸在水内	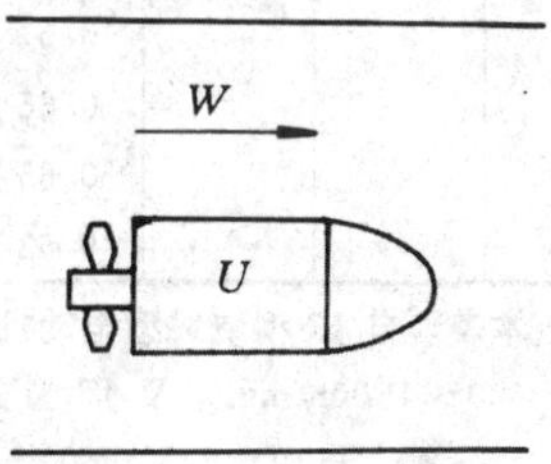

23.3.4 异步电动机资料

23.3.4.1 普通型异步电动机技术资料

普通型异步电动机的技术资料见表23-24、表23-25、表23-26、表23-27及图23-6、图23-7。

表 23-24 技 术 指 标

电动机额定功率 (kW)	同步转速 (r/min)	定子线圈电压降 (%)	电流密度 (A/mm^2)		实 际 值	
			定子线圈	转子线圈	效率	cosφ
0.1～1.0	3000	11～6	4.4～4	6.7～5.8	0.70～0.81	0.70～0.8
1.1～7.5	1500	6～4	4～3.7	5.8～5.1	0.80～0.86	0.80～0.85
7.6～25	1000	4～3	3.7～3.5	5.1～4.8	0.86～0.89	0.83～0.88
26～100	750	3～2	3.5～3.3	4.8～4.5	0.88～0.91	0.87～0.91
101～1000	500	～2	～3.2	4.5～4.4	0.92～0.93	0.9～0.93
1000以上	300	～1.5	～3	4.4～4.2	0.93～0.94	～0.93

表 23-25 负荷变化时电动机的效率及cosφ值

效率η，当负荷为			cosφ，当负荷为		
2/4	3/4	4/4	2/4	3/4	4/4
93.5	94.5	95	0.85	0.90	0.92
93	94	94	0.83	0.89	0.91
92	93	93	0.82	0.88	0.90
91	92	92	0.80	0.87	0.89
90	91	91	0.78	0.85	0.88
89	90	90	0.77	0.84	0.87
88	89	89	0.75	0.83	0.86
87	88	88	0.74	0.82	0.85
86	87	87	0.71	0.81	0.84
			0.70	0.80	0.83
			0.67	0.77	0.82
			0.66	0.76	0.81
			0.65	0.75	0.80
			0.63	0.74	0.79

注：本表录自JR型绕线型电动机（45～300kW、380V、600～1500r/min）及JS型鼠笼型电动机（45～410kW、380V～6kV、600～1500r/min）资料。

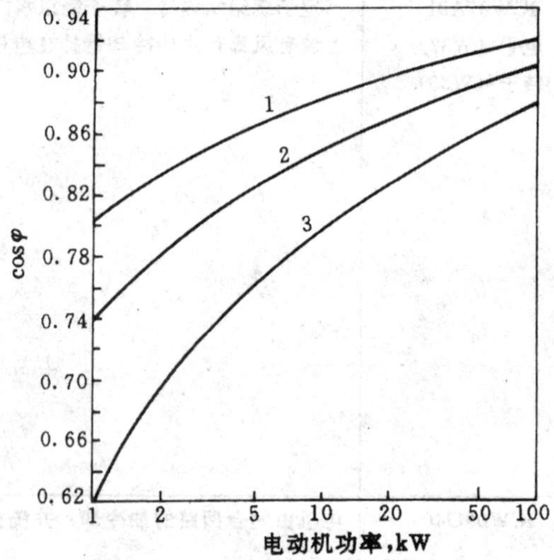

图 23-6 三相异步电动机满载时的cosφ与功率间的典型关系曲线

1—1500r/min；2—1000r/min；3—750r/min

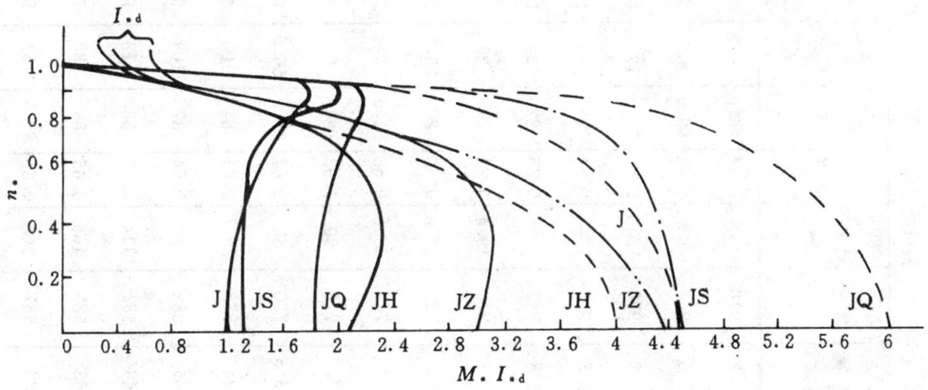

图 23-7 鼠笼型异步电动机的机械特性（实线）及定子电流（虚线）特性曲线

表 23-26 中等容量鼠笼型异步电动机的主要技术指标

项目	转速（r/min）			
	600	750	1000	1500
容量范围（kW）	45～180	60～245	75～280	90～410
效率 η_r（%）	88.5～92.6	89.2～93.2	89～93.9	91.1～94
功率因数 $\cos\varphi_N$	0.78～0.87	0.82～0.88	0.86～0.91	0.86～0.92
起动电流倍数 I_{*s}	4.0～5.4	4.2～5.5	4.9～6.7	5.2～6.7
起动转矩倍数 M_{*s}	1.1～1.7	1.1～1.5	1.1～1.6	1.1～1.6
最大转矩倍数 M_{*max}	2.0～2.3	1.8～2.3	2.0～2.6	2.0～2.7

注：本表录自 JS 型电动机（380V、3kV、6kV）资料。

表 23-27 异步电动机的功率与其外壳构造的关系（以开启式电机功率为 1）

同步转速（r/min）	开启式的功率	带风扇的保护式		带风扇的封闭式		完全封闭式	
		100kW 以下	100～1000kW	100kW 以下	100～1000kW	3kW 以下	3～50kW
3000	1	1	0.9	0.85	0.85	0.4	
1500	1	1	0.9	0.85	0.8	0.4	0.25
1000	1	1	0.85	0.85	0.75	0.45	0.3
750	1	0.95	0.85	0.8	0.75	0.5	0.45
500 及以下	1	0.95	0.85	0.8	0.7	0.5	0.45

表 23-28 绕线型异步电动机技术数据（供参考用）

电动机型号	暂载率 $FC_N=15\%$							暂载率 $FC_N=25\%$							暂载率 $FC_N=40\%$						
	容量 (kW)	转速 (r/min)	380V时定子电流 (A)	cosφ	效率 η (%)	转子电流 (A)	总损耗 (kW)	容量 (kW)	转速 (r/min)	380V时定子电流 (A)	cosφ	效率 η (%)	转子电流 (A)	总损耗 (kW)	容量 (kW)	转速 (r/min)	380V时定子电流 (A)	cosφ	效率 η (%)	转子电流 (A)	总损耗 (kW)
JZR-11-6	2.7	855	8.3	0.78	63	16.3	1.58	2.2	885	7.2	0.72	64	12.8	1.23	1.8	910	6.6	0.64	64.5	10.2	0.99
JZR-12-6	4.2	885	11.6	0.79	69.5	15.5	1.8	3.5	910	10.3	0.73	70.5	12.2	1.46	2.5	940	8.8	0.62	69.5	8.5	1.1
JZR-21-6	6.5	922	17.5	0.75	75	28	2.17	5.0	940	14.9	0.68	74.5	20.6	1.69	4.2	950	13.8	0.62	74.5	17.3	1.45
JZR-22-6	9.5	928	24.3	0.76	78	28.8	2.7	7.5	945	20.9	0.69	78.5	21.6	2.03	6.3	957	19.1	0.64	78	18.1	1.77
JZR-31-6	13.2	944	32.1	0.76	82	43.6	2.9	11	953	28.4	0.71	82.5	35.6	2.3	8.8	962	25	0.65	82	28	1.91
JZR-31-8	9.3	688	24.5	0.75	76.5	36	2.85	7.5	702	21.2	0.69	77.5	28	2.16	6.3	712	19.4	0.63	78	23	1.78
JZR-41-8	13.2	703	34.1	0.73	80.5	57.3	3.25	11	715	30.8	0.67	81	46.7	2.62	8.8	722	27.8	0.60	80	36.5	2.22
JZR-42-8	18	713	45.3	0.73	82.5	52.5	3.85	16	718	42.5	0.69	82.5	46.3	3.35	13	724	38.5	0.62	82.5	37	2.77
JZR-51-8	26.5	716	63.8	0.75	84	86.2	5.1	22	723	56.5	0.70	84.5	70.5	4.1	17.5	728	50	0.63	84	55	3.3
JZR-52-8	36.0	720	82	0.78	85	90.5	6.2	30	725	71.6	0.74	86	74.3	5.0	23.5	730	62	0.67	85.5	56.5	3.9
JZR-61-10	36	569	89.5	0.72	84.5	164	6.5	30	574	80	0.67	84.5	133	5.5	24	579	70.7	0.61	84	105	4.6
JZR-62-10	55	572	126	0.76	87	170	8.2	45	577	110	0.71	87.5	138	6.5	36	582	98	0.64	87	109	5.4
JZR-63-10	72	572	153	0.81	87.5	183	10.3	60	577	133	0.77	88.5	160	7.75	48	581	114	0.72	88	118	6.5
JZR-71-10	96	578	214	0.76	89.5	204	11.2	80	582	190	0.71	89.5	167	9.5	63	585	165	0.65	89	130	7.7
JZR-72-10	120	581	267	0.75	90	203	13.2	100	584	239	0.71	89.5	170	11.8	80	587	208	0.65	89.5	132	9.5
JZR-73-10	150	582	326	0.77	90.5	212	15.8	125	585	286	0.73	90.5	175	13.0	100	588	246	0.68	90.5	136	10.5

续表 23-28

电动机型号	暂载率 $FC_N=60\%$							暂载率 $FC_N=100\%$							强迫通风的电动机额定容量(kW) $FC_N=100\%$	1小时定额						
	容量(kW)	转速(r/min)	380V时定子电流(A)	cosφ	效率η(%)	转子电流(A)	总损耗(kW)	容量(kW)	转速(r/min)	380V时定子电流(A)	cosφ	效率η(%)	转子电流(A)	总损耗(kW)		容量(kW)	转速(r/min)	380V时定子电流(A)	cosφ	效率η(%)	转子电流(A)	总损耗(kW)
JZR-11-6	1.5	925	6.2	0.58	63	8.4	0.87	1.1	945	5.8	0.49	58.5	5.8	0.78		1.8	910	6.6	0.64	64.5	10.2	0.99
JZR-12-6	2.0	955	8.3	0.54	67.5	6.8	0.96	1.7	960	8.0	0.49	65.5	5.7	0.89		2.5	940	8.8	0.62	69.5	8.5	1.1
JZR-21-6	3.4	960	12.8	0.55	73	14	1.25	2.3	972	11.9	0.43	68	9.6	1.08		4.2	950	13.8	0.62	74.5	17.3	1.45
JZR-22-6	5.0	966	17.6	0.56	77	14.4	1.51	3.6	978	16.4	0.46	77	10.3	1.38		6.3	957	19.1	0.64	73	18.1	1.77
JZR-31-6	7.0	970	23	0.57	81	22.5	1.66	5.0	980	21.2	0.46	77.5	16	1.44		8.8	962	25	0.65	82	28	1.91
JZR-31-8	5.0	720	17.8	0.55	77	18	1.47	3.6	728	16.6	0.45	73	12.8	1.33		6.3	712	19.4	0.63	78	23	1.78
JZR-41-8	7.0	728	26.2	0.52	77.5	29	2.0	5.0	735	24.4	0.42	73.5	20.7	1.78		8.8	722	27.8	0.60	80	36.5	2.22
JZR-42-8	10.5	729	35.7	0.55	81	29.6	2.47	7.0	735	32.5	0.42	77.5	19.5	2.01		13	724	38.5	0.62	82.5	37	2.77
JZR-51-8	14.5	732	47.2	0.56	83	45.5	2.95	10	738	43	0.44	80	30.8	2.5	22	17.5	728	50	0.63	84	55	3.3
JZR-52-8	19	734	56.5	0.60	85	45.6	3.4	14	738	51.3	0.50	82.5	32.5	2.95	30	23.5	730	62	0.67	85.5	56.5	3.9
JZR-61-10	20	583	66	0.55	83.5	87	3.95	15	587	62	0.45	81.5	65	3.4	30	26	578	74.8	0.69	84.5	115	4.8
JZR-62-10	30	585	91	0.58	86	90	4.9	24	588	84	0.51	85	72	4.2	45	43	578	107	0.70	87	131	6.45
JZR-63-10	40	584	104	0.67	88	98	5.45	30	588	92	0.57	86.5	74	4.7	60	55	579	125	0.75	88.5	138	7.1
JZR-71-10	52	588	151	0.59	88	107	7.0	42	590	141	0.52	86.5	85	6.5	80	75	583	182	0.70	89	155	9.2
JZR-72-10	65	590	192	0.58	88.5	107	8.5	53	592	180	0.51	87.5	89	7.5	100	100	584	239	0.71	89.5	170	11.8
JZR-73-10	86	590	230	0.63	90	116	9.5	65	592	206	0.54	88.5	89	8.5	125	125	585	280	0.73	90.5	175	13

续表 23-28

电动机型号	暂载率 $FC_N=25\%$ 空载定子相电流 (A)	换算到定子侧的转子相电流 (A)	转子相电流 (A)	变压比平方 K^2	75℃时的定子有效电阻 r_d (Ω)	定子电抗 X_d (Ω)	75℃时转子有效电阻 r_x (Ω)	换算到定子的转子有效电阻 r'_z(Ω)	转子电抗 X_z (Ω)	换算到定子的转子电抗 X'_z(Ω)	固定损耗 P_c (W)	定子铜损 P_{1m} (W)	转子铜损 P_{2m} (W)	最大转矩倍数 λ	转子滑环电压 U_{ze} (V)	飞轮矩 GD^2_m $(N\cdot m^2)$	电动机总重 (kg)	最大转差率 s_m (%)	无载起动时间 (s)
JZR-11-6	5.2	4.53	12.8	7.05	3.67	2.47	0.61	4.3	0.506	3.57	358	572	300	2.3	135	1.67	90	60.8	0.188
JZR-12-6	7.5	6.55	12.2	3.12	2.09	1.565	0.77	2.4	0.73	2.28	453	665	342	2.5	204	2.65	109	55	0.192
JZR-21-6	10.9	8.85	20.6	4.86	1.11	1.07	0.24	1.165	0.406	1.975	644	740	306	2.9	164	4.02	145	36	0.212
JZR-22-6	15	12.9	21.6	2.54	0.585	0.735	0.29	0.736	0.544	1.38	729	896	405	2.8	227	5.59	163	33.1	0.197
JZR-31-6	19.2	18.6	35.6	3.38	0.415	0.465	0.132	0.446	0.27	0.913	800	1000	500	3.1	200	10.3	218	31.2	0.25
JZR-31-8	16.7	13.45	28	3.79	0.788	0.898	0.211	0.8	0.33	1.25	601	1065	495	2.6	185	10.3	218	35	0.202
JZR-41-8	22.2	18.9	46.7	5.43	0.43	0.515	0.0835	0.453	0.171	0.93	844	1230	546	2.9	155	18.2	300	30	0.248
JZR-42-8	29.6	27.1	46.3	2.67	0.271	0.354	0.105	0.28	0.239	0.64	1215	1460	675	3.0	222	26.5	365	27.2	0.248
JZR-51-8	36.1	36.4	70.5	3.38	0.179	0.297	0.0496	0.108	0.136	0.45	1640	1720	740	3.0	197	43.2	435	21.6	0.296
JZR-52-8	44	50.2	74.3	2.0	0.136	0.225	0.0593	0.1186	0.174	0.348	1940	2080	980	3.0	257	55.9	510	20.2	0.282
JZR-61-10	55	50.0	133	6.14	0.113	0.273	0.0225	0.138	0.0382	0.2345	2150	2160	1190	3.3	142	128	785	26.6	0.408
JZR-62-10	71	75.0	138	3.01	0.065	0.186	0.0280	0.0843	0.0547	0.1646	2530	2370	1600	3.2	206	172	945	23.7	0.368
JZR-63-10	73.8	106.6	160	2.02	0.055	0.16	0.0332	0.067	0.0704	0.142	2310	2900	2540	2.9	253	216	1100	22	0.349
JZR-71-10	119	129.5	167	1.47	0.0275	0.113	0.0266	0.0391	0.068	0.10	4300	2970	2230	3.3	294	392	1500	18.4	0.477
JZR-72-10	149	165.0	170	0.943	0.0199	0.0877	0.0299	0.0282	0.0817	0.0771	5810	3410	2580	3.3	368	471	1650	17.1	0.46
JZR-73-10	170	202.5	175	0.654	0.0151	0.0731	0.0337	0.022	0.098	0.0641	6195	3720	3085	3.4	442	559	1800	15.95	0.44

注：定子接线，星形/三角形；转子接线星形。

表 23-29 鼠笼型异步电动机技术数据（供参考用）

电动机型号	暂载率 $FC_N=15\%$						暂载率 $FC_N=25\%$						暂载率 $FC_N=40\%$					
	容量 (kW)	转速 (r/min)	380V 的定子线电流 (A)	cosφ	效率 η (%)	总损耗 (kW)	容量 (kW)	转速 (r/min)	380V 的定子线电流 (A)	cosφ	效率 η (%)	总损耗 (kW)	容量 (kW)	转速 (r/min)	380V 的定子线电流 (A)	cosφ	效率 η (%)	总损耗 (kW)
JZ-11-6	2.7	837	7.6	0.82	65.5	1.42	2.2	883	6.4	0.76	68.5	1.01	1.8	910	5.7	0.69	69	0.8
JZ-12-6	4.0	852	10.7	0.82	69	1.8	3.5	875	9.6	0.78	70.5	1.45	2.8	907	8.4	0.70	72	1.08
JZ-21-6	6.2	880	15.7	0.81	73.5	2.2	5.0	910	13.4	0.75	75	1.64	4.2	925	12	0.70	75.5	1.35
JZ-22-6	9.0	880	22.2	0.81	76	2.87	7.5	905	19.3	0.76	77.5	2.19	6.3	922	17.3	0.71	77.5	1.81
JZ-31-6	13.5	896	31.1	0.83	79	3.55	11	920	26.4	0.78	81	2.6	9.5	930	23.9	0.74	81.5	2.17
JZ-31-8	9.3	657	23	0.82	74.5	3.10	7.5	682	19.1	0.76	78	2.09	6.5	693	17.5	0.71	79.5	1.7
JZ-41-8	13.5	665	34	0.78	77	4.0	11	685	28.8	0.73	79	2.92	9.5	695	26.6	0.68	79.5	2.44
JZ-42-8	19.5	667	46.2	0.81	79	5.2	16	685	39.6	0.76	80.5	3.86	13	700	34.9	0.69	81.5	2.95
JZ-51-8	26.5	625	61.3	0.81	80.5	6.3	22	692	52.6	0.77	82.5	4.75	17.5	705	45	0.71	83	3.55
JZ-52-8	33.5	681	74.5	0.83	82	7.4	28	695	64.6	0.79	83.5	5.7	22	708	54	0.73	84	4.1

电动机型号	暂载率 $FC_N=60\%$						暂载率 $FC_N=100\%$						1 小时定额						与 $FC_N=25\%$ 的额定值相比		
	容量 (kW)	转速 (r/min)	380V 的定子线电流 (A)	cosφ	效率 η (%)	总损耗 (kW)	容量 (kW)	转速 (r/min)	380V 的定子线电流 (A)	cosφ	效率 η (%)	总损耗 (kW)	容量 (kW)	转速 (r/min)	380V 的定子线电流 (A)	cosφ	效率 η (%)	总损耗 (kW)	最大转矩倍数	起动转矩倍数	起动电流倍数
JZ-11-6	1.5	926	5.3	0.63	68	0.7	1.1	947	5.0	0.52	64	0.62	1.8	910	5.7	0.69	69	0.8	2.6	2.6	3.3
JZ-12-6	2.3	923	7.7	0.63	72	0.9	1.8	940	7.1	0.55	70	0.78	2.8	907	8.4	0.70	72	1.08	2.6	2.6	3.6
JZ-21-6	3.5	938	11	0.64	75	1.15	2.5	955	10.1	0.52	72	0.97	4.2	925	12	0.70	75.5	1.35	3.1	2.9	4.3
JZ-22-6	5.0	938	15.5	0.63	77.5	1.45	3.6	955	14	0.52	75	1.20	6.3	922	17.3	0.71	77.5	1.81	3.1	3.0	4.4
JZ-31-6	7.5	945	21.1	0.66	81.5	1.7	6.0	955	19.5	0.58	80	1.47	9.5	930	23.9	0.74	81.5	2.17	3.4	3.2	5.1
JZ-31-8	5.3	705	16	0.63	79.5	1.36	3.7	720	14.2	0.51	77	1.05	6.0	698	16.8	0.68	79.5	1.56	3.0	2.9	4.5
JZ-41-8	8.0	705	24.2	0.63	79.5	2.05	5.3	722	21.5	0.48	77.5	1.52	9.2	697	26.1	0.67	79.5	2.36	3.2	3.0	4.5
JZ-42-8	10.5	710	31.6	0.62	81	2.55	7.0	723	27.9	0.48	79	1.85	13	700	34.9	0.69	81.5	2.95	3.3	3.1	4.8
JZ-51-8	14.5	713	40.6	0.65	83	2.95	10	726	35.3	0.53	81	2.35	17.5	705	45	0.71	83	3.55	3.1	2.8	5.0
JZ-52-8	19	715	50.3	0.68	84	3.60	14	725	44	0.58	83	2.86	24	704	57.6	0.75	84	4.55	3.2	2.8	5.2

续表 23-29

电动机型号	飞轮矩 (N·m²)	电动机总重 (kg)	空载定子相电流 (A)	起动功率因数	换算到定子的转子电流 (A)	变压比的平方 K^2	75℃时定子有效电阻 r_d (Ω)	定子电抗 X_d (Ω)	75℃时转子有效电阻 r_z (Ω)	换算到定子的转子有效电阻 r'_z (Ω)	转子电抗 X_z (10^{-4} Ω)	换算到定子的转子电抗 X'_z (Ω)	$FC_N=25\%$时 定子铜损 P_{1m} (W)	转子铜损 P_{2m} (W)	固定损耗 P_c (W)	最大转差率 s_m (%)	无载起动时间 (s)	$FC_N=$25 时额定转矩 M_N (N·m)	每小时允许起动次数
JZ-11-6	1.57	79	4.7	0.858	4.2	5.3	3.67	2.54	0.947	5.02	0.544	2.88	451	265	294	76.6	0.173	23.8	1600
JZ-12-6	2.45	98	6.8	0.84	6.85	2.35	2.09	1.605	1.43	3.36	0.815	1.915	578	475	397	82	0.171	38.3	1600
JZ-21-6	3.83	130	9.2	0.755	9.2	1.92	1.11	1.072	0.97	1.862	0.78	1.5	600	473	567	66.4	0.195	52.5	1100
JZ-22-6	5.40	153	12	0.74	13.6	1.005	0.685	0.738	1.325	1.33	1.065	1.07	765	738	687	68.8	0.181	79.3	900
JZ-31-6	9.81	205	16.2	0.72	19.2	0.595	0.415	0.467	1.385	0.824	1.19	0.708	870	910	820	74.6	0.229	114.5	750
JZ-31-8	9.81	205	13.5	0.775	13.2	1.087	0.788	0.898	1.192	1.296	0.73	0.794	864	675	551	85	0.186	105	1200
JZ-41-8	17.46	267	19.4	0.698	19.5	0.94	0.43	0.526	0.894	0.84	0.705	0.662	1070	968	882	66.6	0.226	154	900
JZ-42-8	25.5	332	25.8	0.715	28.6	0.46	0.271	0.36	1.3	0.598	1.01	0.466	1270	1465	1125	69	0.228	224	800
JZ-51-8	41.2	415	28.8	0.612	38.4	0.397	0.179	0.302	0.964	0.383	0.982	0.39	1480	1695	1575	54	0.27	304	550
JZ-52-8	54.0	490	35.9		49	0.234	0.137	0.229	1.266	0.297	1.285	0.301	1720	2140	1840	54	0.28	386	550

注：定子接线星形/三角形。

23.3.4.2 冶金型起重用异步电动机的参考资料

本小节所用曲线、表格、数据，虽属旧型号电机的技术资料，但在尚无新型号电机的技术资料之际，仍有参考价值，并为下一节的例题计算提供数据。

绕线型异步电动机的机械特性曲线见图 23-8，能耗制动特性见图 23-9，转子电流的特性曲线见图 23-10；鼠笼型异步电动机的能耗制动的特性曲线见图 23-11，允许损耗与运转率 FC 的关系曲线见图 23-12。电动机的技术数据见表 23-28 和表 23-29。

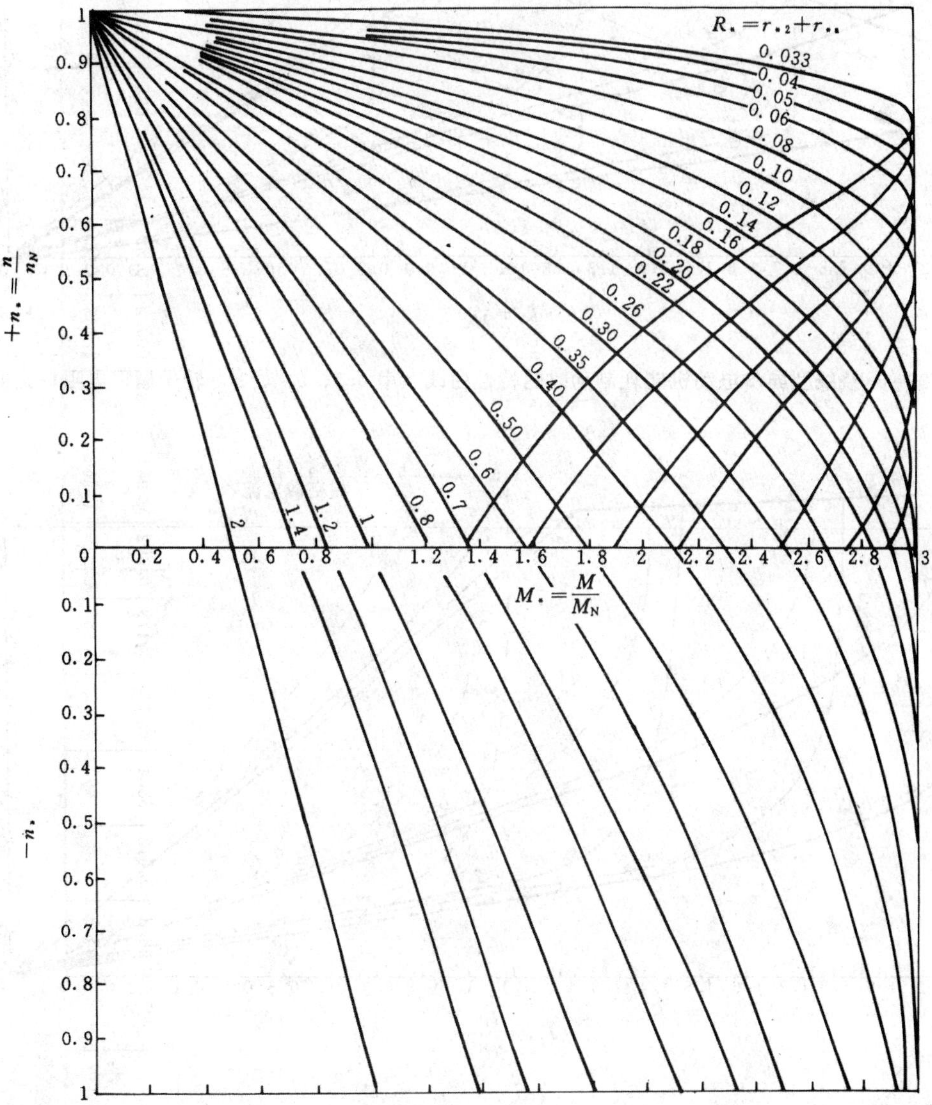

图 23-8　绕线型异步电动机机械特性曲线

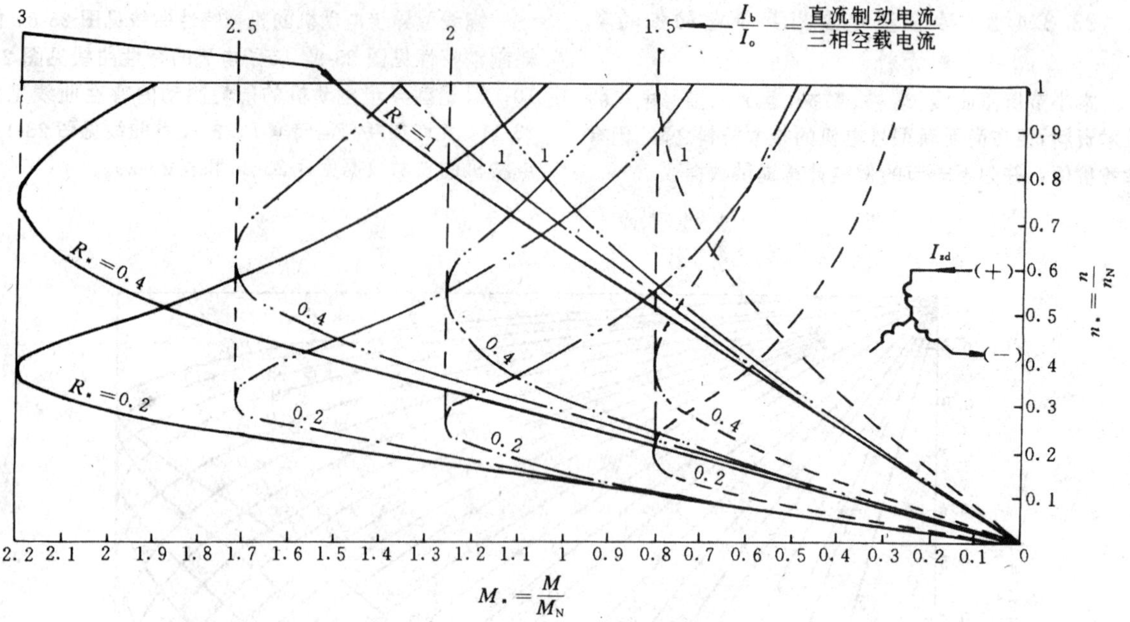

图 23-9 绕线型异步电动机能耗制动时的特性曲线（串 0.2、0.4、1.0 转子额定电阻标幺值）

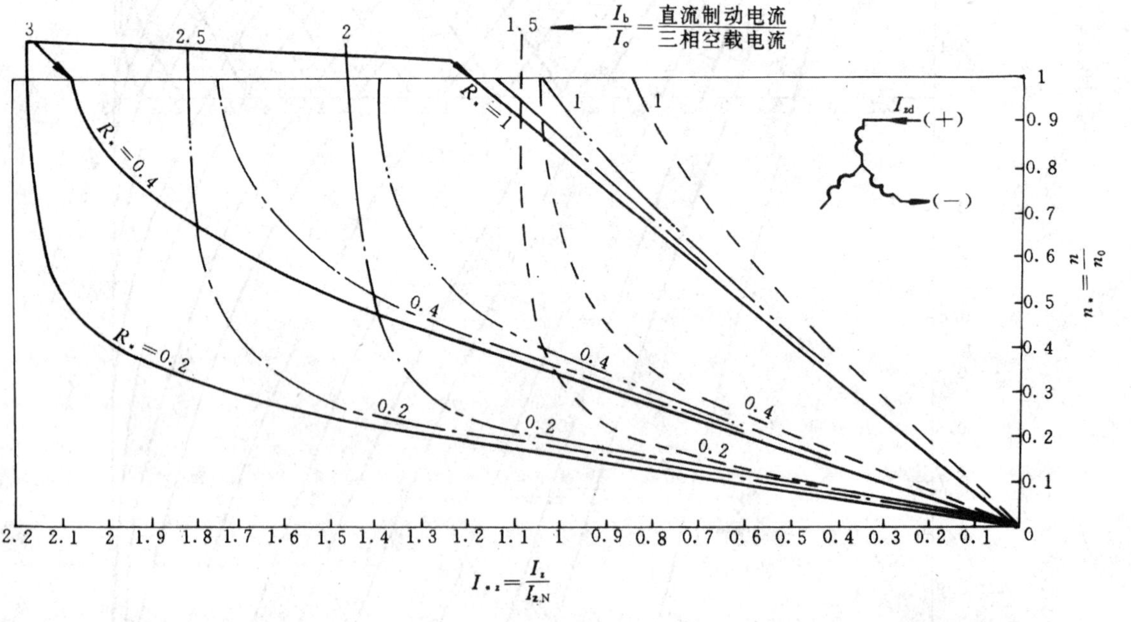

图 23-10 绕线型异步电动机能耗制动时转子电流的特性曲线（串 0.2、0.4、1.0 转子额定电阻标幺值）

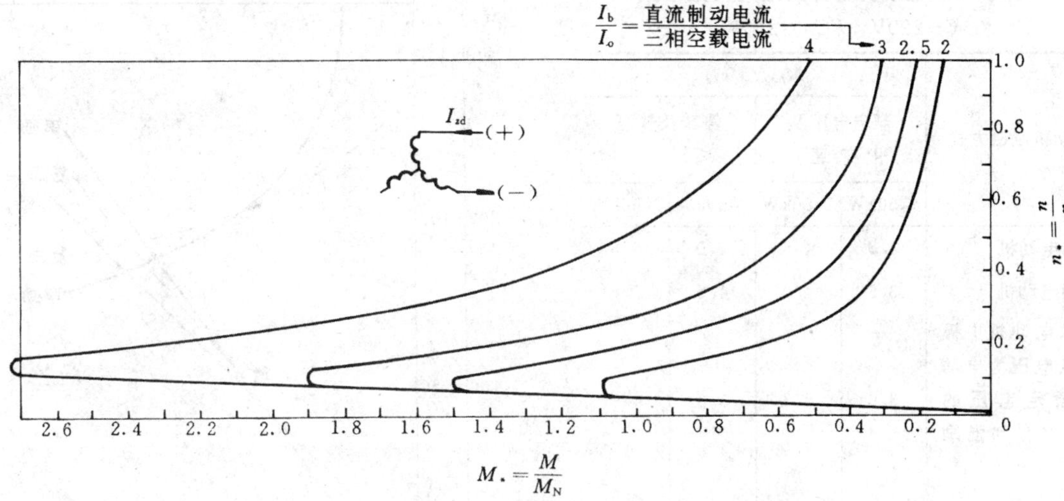

图 23-11 鼠笼型异步电动机能耗制动时的特性曲线
(s_N=0.08 时)

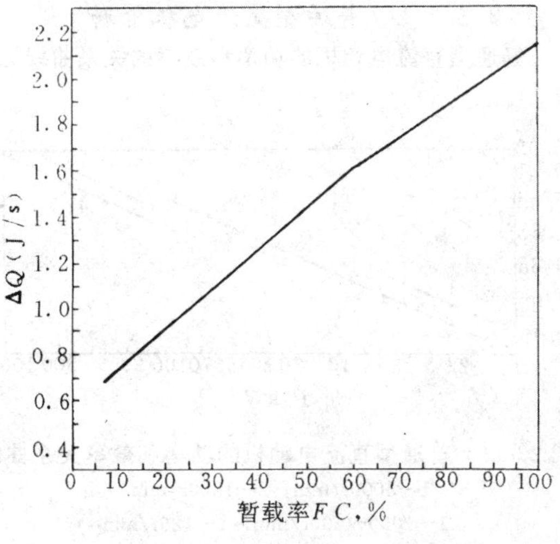

图 23-12 鼠笼型异步电动机允许损耗 ΔQ 与运转率 FC 的关系曲线

23.3.5 直流电动机资料

23.3.5.1 冶金型起重用直流电动机一般资料

电机的允许温升 τ_N 见表 23-30，B 级绝缘，冷却空气温度为 40℃。电机的并励绕组及复励电动机的并励绕组制成连续工作方式，型号为 ZZ、ZZK 系列。

表 23-30 电机的允许温升 τ_N

部件	τ_N(℃)
电枢绕组	85①
串励绕组	85①
并励绕组	95①
换向极绕组	85①
换向器	80②
轴承	55②

①电阻法；
②温度计法。

ZZ、ZZK 系列电动机有全封闭自冷式和外加通风式两种型式。断续工作制有 FC_N 为 15%、25%、40%、60% 4 种；连续工作制有 FC_N=100%；短时工作制为 1h。可满足下列工作要求：(1) 经常需要快速起动、反转的机械；(2) 经常进行电气及机械制动的机械；(3) 具有显著的机械震动冲击的机械；(4)需承受频繁的过载及冲击性负载的机械。

电动机允许的最大转矩倍数见表 23-31。

表 23-31 电动机允许的最大转矩倍数

（－220V，$FC_N=25\%$）

电动机励磁方式	M_{max}/M_{N25}			
	额定电压及相应转速下		停转及转速$\leqslant 20\% n_N$	
	≤50kW	＞50kW	≤50kW	＞50kW
串励电动机	4.0	4.5	5.0	5.5
复励电动机	3.5	4.0	4.5	5.0
并励电动机主极励磁电压为电动机额定电压的50%（有加强励磁）	3.0	3.3	3.6	4.0
并励电动机主极励磁电压为电动机的额定电压	2.5	2.8	3.0	3.3

注：当电压为 440V 时，上述转矩倍数值应减少 20%。

在额定电压及相应转速下，电动机应能承受表 23-32 所规定的过载电流，此时，换向器上允许有三级火花。

表 23-32 电动机（$FC_N=25\%$）短时允许的过载电流

励磁方式	自然冷却方式过载试验电流倍数 I_*	
	220V	440V
串励	3.2	2.55
复励	3.0	2.4
并励	2.8	2.25

注：$I_{*N}=\frac{I_{01}}{I_{N25}}$

I_{01}——过载试验电流；

I_{N25}——FC_N 为 25%时的额定电流。

图 23-13 为暂载率 $FC_N=25\%$时，以标幺值表示的典型特性曲线。

当 FC_N 为其他值时，电动机的电流和功率按下式近似换算

$$I_{15}=I_{25}\sqrt{\frac{25}{15}}\approx 1.3I_{25}\text{，同样 } P_{15}=1.3P_{25}$$

$$I_{40}=I_{25}\sqrt{\frac{25}{40}}\approx 0.8I_{25}\text{，同样 } P_{40}=0.8P_{25}$$

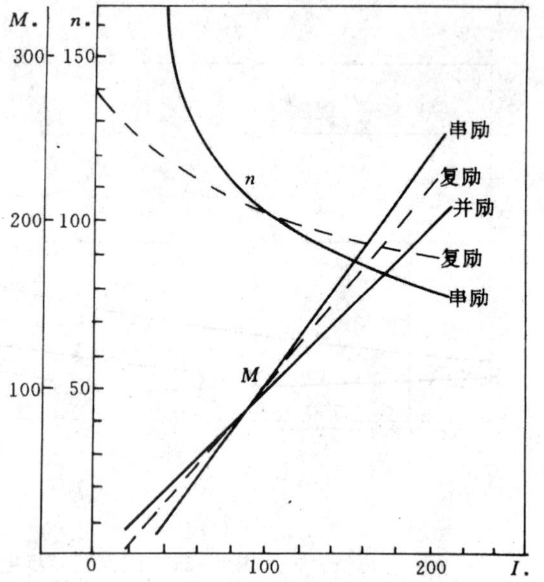

图 23-13 冶金型起重用直流电动机特性曲线

23.3.5.2 普通型直流电机资料

普通型直流电动机的功率和效率的关系曲线见图 23-14。

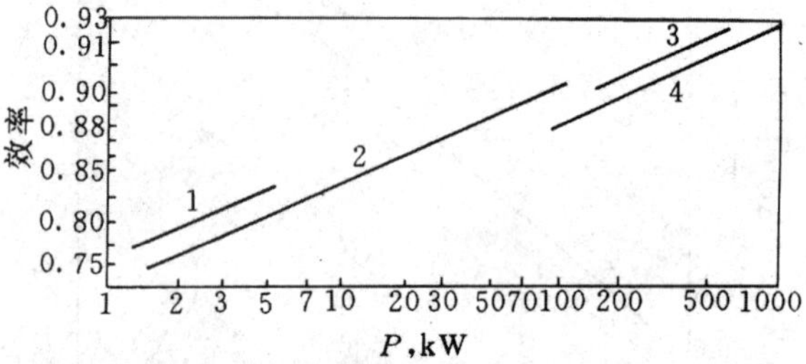

图 23-14 普通型直流电动机的功率和效率关系曲线

1—3000r/min；2—1500r/min；

3—1000～600r/min；4—125r/min

并励直流电动机需要的励磁功率见表 23-33。

表 23-33 并励直流电动机的励磁功率

电动机功率（kW）	励磁功率占电机额定功率的（%）	电动机功率（kW）	励磁功率占电机额定功率的（%）
0.5～1	20～10	6～10	5～3
1～2	10～8	10～100	3～2
2～6	8～5	100～1000	2～1

直流并励电动机由空载过渡到满载时的速度降低值（%），见表 23-34。

表 23-34 速度降低值（%）

电动机功率（kW）	无补极的电动机（%）	有补极的电动机（%）
1 以下	6～9	8～12
5	3～5	6～10
25	1～2	4～6
50	1	
100	0～1	

直流发电机空载及满载间的电压变化（%）见表 23-35。

表 23-35 电压变化（%）

发电机型式	他励发电机	自励发电机
无补极	8～12	15～20
有补极	6～12	10～16

直流电动机的允许尖峰电流 I_{max}，考虑实际电流和计算电流值的偏差，建议 I_{max} 标幺值采用表 23-36 中的数据。

表 23-36 直流电动机的允许尖峰电流 I_{max} 标幺值

转速	电动机功率（kW）	I_{max} 标幺值
额定转速时	1～10	3.0
	10～150	2.5
	150 以上	2.0
转速低于额定转速时	最好不大于额定转速时的数值	
转速高于额定转速时		$I'_{*max}=I_{*max}\frac{n_N}{n}$

注：I_{*max}——额定转速下的允许尖峰电流标幺值；
n_N——额定转速。

直流电动机的允许尖峰电流与转速之间的关系曲线见图 23-15。

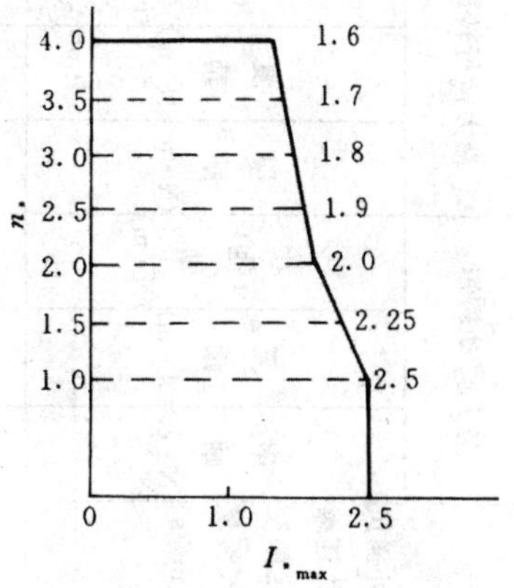

图 23-15 直流电动机的允许尖峰电流与转速之间的关系曲线

23.3.5.3 ZZJ-800 系列轧机辅助传动直流电动机资料

ZZJ-800 系列直流电动机的资料见表 23-37。

电动机工作制分为：S1 连续工作制；
S2 短时工作制；
S3 断续周期工作制。

电机外壳防护等级分为：IP23 及 IP44。

电机冷却方法分为：

IC0040 或 IC0041（全封闭式靠机壳表面自然冷却或由本身传动的内风扇进行冷却）；

IC16 或 IC17（外通风式自带风机或管道进风自然出风进行冷却）；

IC37（外通风式管道进风管道出风进行冷却）。

电机工作条件为：

（1）海拔不超过 1000m；

（2）环境工作气温－30℃到＋40℃；

（3）本电机适用于晶闸管变流电源供电，并允许在 6 脉波整流电路供电下，电动机电枢回路不串平波电抗器；

（4）允许电枢回路在恒励磁条件下，双倍调速；

（5）励磁电压为 220V；

（6）过载能力 2.8 倍于额定电流。

表 23-37　ZZJ-800 系列电动机标准机座号的额定值

机座号①	外通风式连续工作制(S1)或全封闭式短时工作制(S2)1h 定额 功率 (kW)	额定电压时的转速 串励 (r/min)	额定电压时的转速 复励 (r/min)	并励、他励 基速 (r/min)	并励、他励 弱磁调速② 220V (r/min)	并励、他励 弱磁调速② 440V (r/min)	全封闭式串励短时工作制(S2) 30min 定额 功率 (kW)	全封闭式串励短时工作制(S2) 30min 定额 额定电压时的转速 (r/min)	全封闭断续周期工作制(S3)③ 负载持续率 $FC=30\%$ 串励 功率 (kW)	串励 转速 (r/min)	复励 功率 (kW)	复励 转速 (r/min)	并励 功率 (kW)	并励 转速 (r/min)	外通风式连续定额空气流量 (m^3/s)	最大起动转矩 串励 (N·m)	最大起动转矩 复励 (N·m)	最大起动转矩 并(他)励 (N·m)	最大运行转矩 串励 (N·m)	最大运行转矩 复励 (N·m)	最大运行转矩 并(他)励 (N·m)	电枢的最大飞轮矩 GD^2 ($N\cdot m^2$)	最大安全转速 (r/min)
802A	3.75	900	1025	1025	1025/2050	1025/2050	5	750	4.1	810	3.75	1080	3.75	1130	0.052	198	157	126	158	123	102	4.9	3600
802B	5.6	800	900	900	900/1800	900/1800	7.5	675	6	780	5.6	950	5.6	1000	0.052	330	270	216	268	210	177	5.89	3600
802C	7.5	800	900	900	900/1800	900/1800	10	620	7.5	800	7.1	910	6.7	1000	0.076	450	360	237	360	280	220	7.36	3600
803	11.2	725	800	800	800/2000	800/1600	14.1	580	11.2	725	10.8	810	10.5	880	0.094	740	610	400	600	470	360	13.54	3300
804	15	650	725	725	725/1800	725/1450	19.5	500	15	650	13.8	775	12.7	800	0.12	1100	880	590	880	685	530	23.5	3000
806	22.4	575	650	650	650/1950	650/1300	29	450	22.4	575	21.2	690	18.6	715	0.16	1870	1500	980	1490	1170	880	41.2	2600
808	37.3	525	575	575	575/1725	575/1150	29.5	440	30	570	28	635	26	630	0.2	3400	2800	1860	2700	2150	1650	90.3	2300
810	52	500	550	550	550/1650	550/1100	67	420	45	550	39	615	33.5	600	0.25	5000	4000	2700	4000	3100	2450	132	2200

续表 23-37

机座号①	外通风式连续工作制(S1)或全封闭式短时工作制(S2)1h 定额						全封闭式串励短时工作制(S2) 30min 定额		全封闭断续周期工作制(S3)③ 负载持续率 $FC=30\%$						外通风式连续定额空气流量 (m^3/s)	最大起动转矩			最大运行转矩			电枢的最大飞轮矩 GD^2 ($N\cdot m^2$)	最大安全转速 (r/min)
	功率 (kW)	额定电压时的转速							串励		复励		并励										
		串励 (r/min)	复励 (r/min)	并励、他励																			
				基速 (r/min)	弱磁调速②																		
					220V (r/min)	440V (r/min)	功率 (kW)	额定电压时的转速 (r/min)	功率 (kW)	转速 (r/min)	功率 (kW)	转速 (r/min)	功率 (kW)	转速 (r/min)		串励 (N·m)	复励 (N·m)	并(他)励 (N·m)	串励 (N·m)	复励 (N·m)	并(他)励 (N·m)		
812	75	475	515	515	515/1300	515/1050	100	420	63.5	525	56	580	45	565	0.35	7450	6250	4150	6000	4900	3750	245	1900
814	112	460	500	500	500/1250	500/1000	149	400	86	515	82	565	63.5	560	0.42	11600	9600	6400	9300	7500	5800	392	1700
816	150	450	480	480	480/1200	190/960	200	400	112	500	101	540	82	535	0.57	16000	13300	8900	12600	10400	8000	589	1600
818	186	410	435	435	435/1100	435/870	243	360	138	485	123	490	97	470	0.75	21700	18400	12300	17400	14400	11000	863	1500

①非表格内规格产品及表内容以外数据与厂方联系。

②为获得这些转速范围，允许采用少量的稳定励磁绕组。

③断续周期工作制(S3)指在周期 5min 之内，负载时间 1.5min 不通电停车 3.5min 等一系列相同的工作周期运行。但并、他励磁场线圈连续通电。

本表资料为大连电机厂数据。

23.4 几种常用机械的功率和静阻转矩计算

23.4.1 风机、水泵、压缩机的功率和静阻转矩计算

23.4.1.1 离心式风机

离心式风机，其电动机功率计算公式

$$P=\frac{KQH}{\eta\eta_c}\times10^{-3} \tag{23-58}$$

式中 P——电动机功率，kW；

Q——送风量，m^3/s；

H——空气压力，Pa；

η_c——传动效率，直接传动时为 1；

η——风机效率，约为 0.4～0.75；

K——裕量系数，其值见表 23-38。

表 23-38 电动机容量裕量系数 K

功率（kW）	1.0 以下	1～2	2～5	大于 5
裕量系数	2	1.5	1.25	1.15～1.10

23.4.1.2 离心泵及活塞泵

离心泵及活塞泵，其电动机功率的计算公式

$$P=\frac{K\gamma Q(H+\Delta H)}{102\eta\eta_c}\times10^3 \tag{23-59}$$

式中 P——电动机功率，kW；

γ——液体密度，t/m^3；

Q——泵的出水量，m^3/s；

H——水头，m；

ΔH——主管损失水头，m；

η——水泵效率，一般取 0.6～0.84；

η_c——传动效率，与电动机直接连接时为 1；

K——裕量系数，见表 23-39。

表 23-39 裕量系数，K

功率（kW）	2 以下	2～5	5～50	50～100	100 以上
裕量系数	1.7	1.5～1.3	1.15～1.10	1.08～1.05	1.05

当管道长、流速高、弯头与阀门的数量多时，裕量系数还要适当放大。

为离心泵选配电动机时，须注意电动机的转速。因离心泵的水头、流量与转速之间存在下面关系

$$\frac{H_1}{H_2}=\frac{n_1^2}{n_2^2}\qquad\frac{Q_1}{Q_2}=\frac{n_1}{n_2}\qquad\frac{P_1}{P_2}=\frac{n_1^3}{n_2^3}$$

23.4.1.3 离心式压缩机

离心式压缩机，其电动机功率计算公式为

$$P=\frac{Q(A_d+A_r)}{2\eta}\times10^{-3} \tag{23-60}$$

式中 P——电动机功率，kW；

Q——压缩机生产率，m^3/s；

A_d——压缩 $1m^3$ 空气至绝对压力 P_1 的等温功，N·m；

A_r——压缩 $1m^3$ 空气至绝对压力 P_1 的绝热功，N·m；

η——压缩机总效率，约为 0.62～0.8。

A_d、A_r 与终点压力的关系见表 23-40。

表 23-40 A_d、A_r 值与终点压力 P_1 的关系

$P_1$①	1.5	2.0	3.0	4.0	5.0	6.0	7.0	8.0	9.0	10
A_d (N·m)	39717	67666	107873	136312	157887	175539	191230	203978	215746	225553
A_r (N·m)	42169	75511	126506	167694	201036	230456	255954	280470	301064	320677

①大气压的倍数值。

23.4.2 轧钢机辅助机械的功率和静阻转矩计算

23.4.2.1 推钢机

推力 $F=\mu G$ (23-61)

电动机转矩

$$M=\frac{D}{2}F\frac{1}{i\eta} \tag{23-62}$$

线速度

$$v=\frac{\pi Dn}{60i} \tag{23-63}$$

电动机功率

$$P = \frac{Fv}{\eta} \times 10^{-3} \qquad (23\text{-}64)$$

式中 F——力，N，下同；

M——转矩，N·m，下同；

v——线速度，m/s，下同；

P——功率，kW；下同；

G——被推物重力，N，下同；

μ——移动面摩擦系数，冷钢对冷钢 0.1～0.2；热钢对冷钢 0.2～0.35；热钢对炉底砖 0.6～1.0；热钢对钢导轨 0.4～0.7；

D——推力齿轮直径，m；

n——电动机转速，r/min；

i——减速机速比；

η——减速机效率。

24.4.2.2 集体传动辊道

空载转矩

$$M_0 = \frac{ZG_R d\mu \times 10^{-3}}{2i\eta} \qquad (23\text{-}65)$$

送钢转矩

$$M_f = M_0 + \frac{G\left(\frac{d\mu}{2} \times 10^{-3} + \rho \times 10^{-2}\right)}{i\eta} \qquad (23\text{-}66)$$

打滑转矩

$$M_h = M_0 + \frac{G\mu_h D}{2i\eta} \qquad (23\text{-}67)$$

不打滑加速转矩

$$M_{a1} = \frac{1}{2\eta}(GD_1^2 + GD_2^2)\frac{i}{D}\mu_h + M_f \qquad (23\text{-}68)$$

不打滑减速转矩

$$M_{a2} = \frac{\eta}{2}(GD_1^2 + GD_2^2)\frac{i}{D}\mu_h - M_f \qquad (23\text{-}69)$$

送钢线速度

$$v = \frac{\pi Dn}{60i} \qquad (23\text{-}70)$$

连续运转辊道电动机功率

$$P = \frac{M_h n}{9550K} \qquad (23\text{-}71)$$

断续运转辊道电动机功率

$$P = \frac{M_{a1} n}{9550} \qquad (23\text{-}72)$$

式中 M_0——空载转矩，N·m；

M_f——送钢转矩，N·m；

M_h——打滑转矩，N·m；

M_{a1}——不打滑加速转矩，N·m；

M_{a2}——不打滑减速转矩，N·m；

v——送钢线速度，m/s；

P——连续运转辊道电动机功率，kW；

Z——辊子数量；

G_R——辊子重力，N；

G——钢材重力，N；

d——辊子轴颈直径，mm；

D——辊子直径，m；

μ——轴颈摩擦系数；

μ_h——钢与辊面滑动摩擦系数；

ρ——钢与辊面滚动摩擦系数，取 0.15cm；

GD_1^2——辊道飞轮矩，N·m²；

GD_2^2——钢材飞轮矩，N·m²；

n——电动机转速，r/min

K——电动机允许过载倍数；

i——减速机速比；

η——减速机效率。

23.4.2.3 单独传动辊道

单独传动辊道计算公式与集体传动辊道相同，每个辊子所承担的钢材重力作如下考虑：

钢材长度小于 3 个辊距，承担总质量的 75%；

钢材长度小于 4 个辊距，承担总质量的 50%；

钢材长度大于 4 个辊距，承担总质量的 30%。

23.4.2.4 轧辊抛钢时钢材沿辊道面滑动的距离

抛钢距离

$$S = \frac{v^2}{2\mu_h g} \qquad (23\text{-}73)$$

式中 v——抛钢速度，m/s；

S——抛钢距离，m；

μ_h——钢材沿辊道表面的滑动摩擦系数，热钢约 0.3；

g——重力加速度，g=9.81，m/s²。

23.4.2.5 运输车

牵引力

$$F = 9.81K_T m \qquad (23\text{-}74)$$

式中 F——牵引力，N；

m——车体和货物质量之和，t；

K_T——牵引系数，起动时取 15kg/t，运行时取 10kg/t，或者

$$K_T = \frac{2\left(\mu\frac{d}{2} \times 10^{-3} + \rho \times 10^{-2}\right)}{D \times 10^3} \qquad (23\text{-}75)$$

运行转矩

$$M = F\frac{D}{2}\frac{1}{i\eta} \tag{23-76}$$

不打滑加速转矩

$$M_{a1} = \frac{1}{2}\frac{i}{D\eta}GD^2\mu_h\frac{G_c}{m} + M \tag{23-77}$$

不打滑减速转矩

$$M_{a2} = \frac{1}{2}\frac{i\eta}{D}GD^2\mu_h\frac{G_c}{m} - M \tag{23-78}$$

运行速度

$$v = \frac{\pi Dn}{60i} \tag{23-79}$$

电动机功率

$$P = \frac{M_{a1}n}{9550K} \tag{23-80}$$

式中 m——车体和货物质量之和，t；

G_c——传动轮轮压，t；

GD^2——车和货物飞轮矩，$N \cdot m^2$；

D——车轮直径，m；

d——轮轴轴颈直径，mm；

μ——轴颈摩擦系数；

μ_h——车轮与轨面滑动摩擦系数；

ρ——车轮与轨面滚动摩擦系数，取 0.15cm；

n——电动机转速，r/min；

K——电动机允许过载倍数；

i——减速机速比；

η——减速机效率；

M——运行转矩，N·m；

M_{a1}——不打滑加速转矩，N·m；

M_{a2}——不打滑减速转矩，N·m；

v——运行速度，m/s；

P——电动机功率，kW。

23.4.2.6 转盘

运行转矩

$$M = 9.81\frac{D_c}{D_k}\frac{m\left(\mu\frac{d}{2}\times 10^{-3} + \rho\times 10^{-2}\right)}{i\eta} \tag{23-81}$$

运行角速度（单位为°/s）

$$\omega = \frac{\pi n}{60i}(\text{rad/s}) = \frac{n}{60i}\times 360° \tag{23-82}$$

电动机功率

$$P = \frac{Mn}{9550} \tag{23-83}$$

式中 M——运行转矩，N·m；

ω——运行角速度，rad/s,°/s；

P——电动机功率，kW；

m——转盘总质量，t；

D_c——托轮直径，m；

D_k——托轮轨道直径，m；

d——托轮轴颈直径，mm；

μ——轴颈摩擦系数；

ρ——托轮与轨面滚动摩擦系数，cm；

n——电动机转速，r/min；

i——减速机速比；

η——减速机效率。

23.4.2.7 压下螺丝

逆作用力移动所需转矩

$$M_1 = F\left[\text{tg}(\rho + 2)\frac{d_1}{2} + \mu_2\frac{d_2}{3}\right]\times\frac{10^{-3}}{i\eta} \tag{23-84}$$

顺作用力移动所需转矩

$$M_2 = F\left[\text{tg}(\rho - 2)\frac{d_1}{2} + \mu_2\frac{d_2}{3}\right]\times\frac{10^{-3}}{i\eta} \tag{23-85}$$

移动速度

$$v = \frac{nH}{60i} \tag{23-86}$$

电动机功率

$$P = \frac{M_1 n}{9550} \tag{23-87}$$

式中 F——螺丝轴向作用力，N；

ρ——螺纹摩擦角，

$$\rho = \text{tg}^{-1}\mu_1 \tag{23-88}$$

μ_1——螺纹摩擦系数；

α——螺纹上升角，

$$\alpha = \text{tg}^{-1}\frac{H}{2\pi d_1} \tag{23-89}$$

d_1——螺丝平均直径，mm；

H——螺纹节距，mm；

μ_2——螺丝顶头摩擦系数；

d_2——螺丝顶头直径，mm；

n——电动机转速，r/min；

i——减速机速比；

η——减速机效率；

M_1——逆作用力移动所需转矩，N·m；

M_2——顺作用力移动所需转矩，N·m；

v——移动速度，mm/s；

P——电动机功率，kW。

23.4.2.8 卷取机

张力转矩

$$M_t = T\frac{D}{2}\times 10^{-2} \tag{23-90}$$

塑性弯曲转矩

$$M_w = \frac{Bh^2}{4}\sigma_s \times 10^{-2} \tag{23-91}$$

损耗转矩

$$M_f = \mu F \frac{d}{2} \times 10^{-2} \tag{23-92}$$

动态转矩

$$M_d = \frac{GD_1^2 + GD_2^2}{2gD \times 10^{-2}} \frac{dv}{dt} \tag{23-93}$$

卷取机转矩

$$M_1 = \frac{1}{i\eta}(M_t + M_w + M_f \pm M_d) \tag{23-94}$$

式 23-94 中，M_d 加速时取"+"号，减速时取"−"号。

开卷机转矩

$$M_2 = \frac{\eta}{i}(M_t - M_w - M_f \mp M_d) \tag{23-95}$$

式 23-95 中，M_d 加速时取"−"号，减速时取"+"号。

带钢运行速度

$$v = \frac{\pi Dn \times 10^{-2}}{60i} \tag{23-96}$$

电动机功率

$$P = \frac{M_1 n}{9550} \text{ 或 } P = \frac{M_2 n}{9550} \tag{23-97}$$

式中 T——带钢张力，N；
卷取时与运行速度方向相反；
开卷时与运行速度方向相同；
D——钢卷直径，cm；
B——带钢宽度，cm；
h——带钢厚度，cm；
σ_s——屈服极限，N/cm^2；
F——卷重和张力的合力，N；
d——轴颈直径，cm；
μ——轴颈摩擦系数；
$\frac{dv}{dt}$——带钢线加速度，m/s^2；
n——电动机转速，r/min；
g——重力加速度 $g=9.81 m/s^2$；
GD_1^2——卷筒飞轮矩，$N \cdot m^2$；
GD_2^2——钢卷飞轮距，$N \cdot m^2$；

$$GD_2^2 = \frac{\pi \gamma Bg \times 10^{-10}}{8}(D^4 - D_0^4) \tag{23-98}$$

式中 γ——材料密度，kg/m^3；
D_0——钢卷内径，cm；
i——减速机速比；
η——减速机效率；
g——重力加速度，$g=9.81 m/s^2$；
M_t——张力转矩，N·m；
M_w——塑性弯曲转矩，N·m；
M_f——损耗转矩，N·m；
M_d——动态转矩，N·m；
M_1——卷取机转矩，N·m；
M_2——开卷机转矩，N·m；
v——带钢运行速度，m/s；
P——电动机功率，kW。

23.4.2.9 夹送辊

夹送辊的传动示意图见图 23-16。

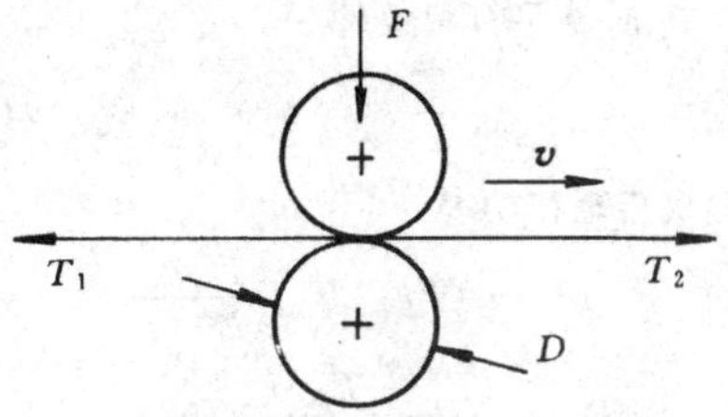

图 23-16 夹送辊传动示意图

不打滑条件

$$|T_2 - T_1| < \mu F \tag{23-99}$$

带钢线速度

$$v = \frac{\pi Dn}{60i} \tag{23-100}$$

$T_1 > T_2$ 时，电动机转矩和功率为

$$M_1 = (T_1 - T_2)\frac{D}{2}\frac{1}{i\eta} \tag{23-101}$$

$$P_1 = \frac{(T_1 - T_2)v}{\eta} \times 10^{-3} \tag{23-102}$$

$T_1 < T_2$ 时，电动机转矩和功率为

$$M_2 = (T_1 - T_2)\frac{D}{2}\frac{\eta}{i} \tag{23-103}$$

$$P_2 = (T_1 - T_2)v\eta \times 10^{-3} \tag{23-104}$$

式中 v——带钢线速度，m/s；
M_1、M_2——电动机转矩，N·m；
P_1、P_2——电动机功率，kW；
T_1——辊前带钢张力，与线速度方向相反，N；
T_2——辊后带钢张力，与线速度方向相同，N；
F——辊间夹紧力，N；
μ——带钢与辊间摩擦系数；
D——夹送辊辊径，m；
n——电动机转速，r/min；

i——减速机速比；

η——减速机效率。

23.4.2.10 张力辊

张力辊传动示意图如图 23-17。

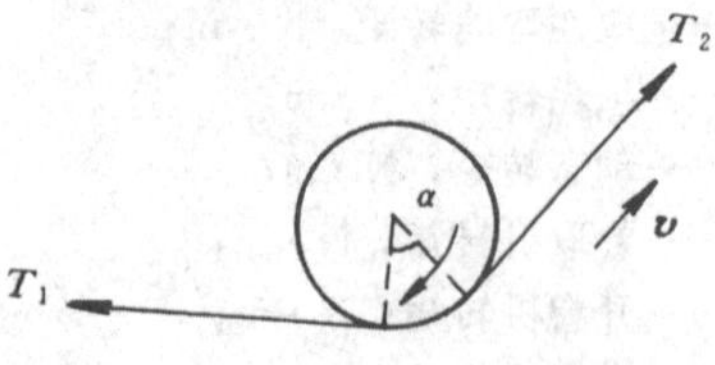

图 23-17 张力辊传动示意图

带钢线速度

$$v = \frac{\pi D n}{60 i} \tag{23-105}$$

$T_1 > T_2$ 时，不打滑条件

$$\frac{T_1}{T_2} \leqslant e^{\mu\alpha} \tag{23-106}$$

电动机转矩和功率

$$M_1 = (T_1 - T_2)\frac{D}{2}\frac{1}{i\eta} \tag{23-107}$$

$$P_1 = \frac{(T_1 - T_2)v}{\eta} \times 10^{-3} \tag{23-108}$$

$T_1 < T_2$ 时，不打滑条件

$$\frac{T_2}{T_1} \leqslant e^{\mu\alpha} \tag{23-109}$$

电动机转矩和功率

$$M_2 = (T_1 - T_2)\frac{D}{2}\frac{\eta}{i} \tag{23-110}$$

$$P_2 = (T_1 - T_2)v\eta \times 10^{-3} \tag{23-111}$$

式中 T_1——辊前带钢张力，与线速度方向相反，N；

T_2——辊后带钢张力，与线速度方向相同，N；

D——张力辊直径，m；

α——带钢在辊上的包角，rad；

μ——带钢与辊面摩擦系数；

n——电动机转速，r/min；

i——减速机速比；

η——减速机效率；

v——带钢线速度，m/s；

M_1、M_2——电动机转矩，N·m；

P_1、P_2——电动机功率，kW。

23.4.2.11 热锯

锯片转动所需功率

$$P = pShv \times 10^{-6} \tag{23-112}$$

式中 S——锯片厚度，mm；

h——切件截面高度，mm；按进锯垂直方向计算；

v——进锯速度，mm/s；

p——锯切 $1mm^2$ 截面的切断压力，MPa；$p = 120 \sim 130\sigma_m$；

σ_m——切件最大应力，MPa；

P——锯片转动所需功率，kW。

23.4.2.12 剪断机（不带飞轮）

剪切力

$$F = \frac{\tau Q}{1000} \tag{23-113}$$

电动机转矩

$$M = \frac{FR}{i\eta} + M_0 \tag{23-114}$$

曲柄角速度

$$\omega = \frac{2\pi n}{60 i} \tag{23-115}$$

电动机功率

$$P = \frac{Mn}{9550K} \tag{23-116}$$

式中 F——剪断力，kN；

M——剪断机转矩，N·m；

ω——曲柄角速度，rad/s；

P——电动机功率，kW；

Q——被剪钢材截面积，mm^2；

τ——剪切应力，MPa；

R——曲柄等效半径，mm；

n——电动机转速，r/min；

K——电动机允许过载倍数；

M_0——空载转矩，N·m，约为电动机额定转矩的 5%；

i——减速机速比；

η——减速机效率。

23.4.3 轧钢机主传动

23.4.3.1 轧制转矩

有两种计算轧制转矩的方法：理论法和能耗法。这里只介绍能耗法。能耗法需利用能耗曲线。

能耗曲线是根据现有轧机的试轧数据编制的，供设计新轧机时使用。能耗曲线的纵坐标是每吨产品所需要的能量 kW·h，横坐标是以对数尺表示的延伸率 λ。目前已积累了丰富的能耗曲线（见文献［1］），还不断有新的能耗曲线在刊物上发表。有些设计研究单位也保存有专供本单位使用的能耗曲线。

单位能耗与轧制转矩的关系

单位能耗定义为

$$\Delta W = \frac{\text{在}\,t\,\text{秒时间内消耗的能量(kW·h)}}{\text{在}\,t\,\text{秒时间内生产的产品(t)}}$$

$$= \frac{\dfrac{Mn}{9.55} \times \dfrac{t}{3600}}{t\gamma F \dfrac{\pi Dn}{60} \times 10^{-6}} \tag{23-117}$$

$$M = \frac{9.55}{n} \times \frac{3600}{t} \times \frac{t\gamma F\pi Dn \times 10^{-6}}{60}\Delta W = 1800\gamma FD \times 10^{-6}\Delta W \tag{23-118}$$

式中 M——轧制转矩，kN·m；
γ——材料密度，钢为 7.85，t/m³；
F——出口断面，$F=h\times b$，mm²；
h——材料厚度，mm；
b——材料宽度，mm；
D——轧辊直径，m；
ΔW——单位能耗，kW·h/t。

例 某连轧机由五个机架组成，把 $127\times127\text{mm}^2$ 的方坯轧成 $44.4\times44.4\text{mm}$ 的方钢。根据各架轧后断面确定各架转矩。来料和各架轧后断面如下：

来料断面 $F_0=0.01613\text{m}^2$ 轧辊直径
第 1 架轧后断面 $F_1=0.01239\text{m}^2$ $D_1=0.475\text{m}$
第 2 架轧后断面 $F_2=0.00787\text{m}^2$ $D_2=0.502\text{m}$
第 3 架轧后断面 $F_3=0.0054\text{m}^2$ $D_3=0.505\text{m}$
第 4 架轧后断面 $F_4=0.0031\text{m}^2$ $D_4=0.413\text{m}$
第 5 架轧后断面 $F_5=0.00197\text{m}^2$ $D_5=0.413\text{m}$

选用文献 [1] 第 756 页上的曲线 3。此曲线复制在图 23-18 上。曲线起始断面 $F_{00}=203\times203\text{mm}^2=0.0412\text{m}^2$。

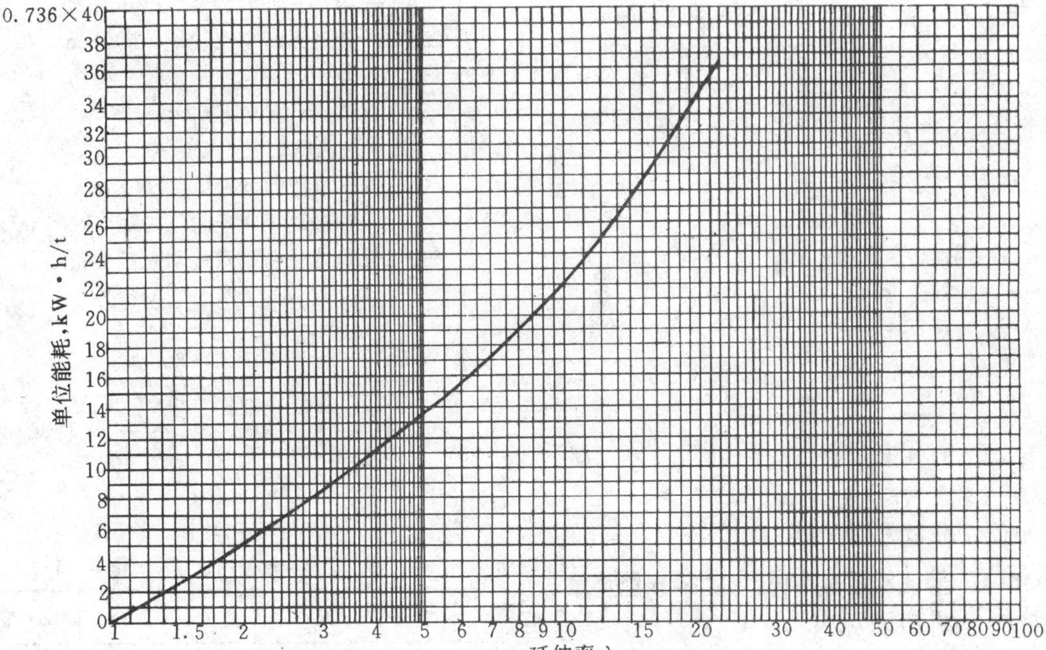

图 23-18 535/460 12 机架钢坯连轧机的能耗曲线

计算各机架延伸率

$$\lambda_0 = \frac{F_{00}}{F_0} = 2.55$$

$$\lambda_1 = \frac{F_{00}}{F_1} = 3.33$$

$$\lambda_2 = \frac{F_{00}}{F_2} = 5.24$$

$$\lambda_3 = \frac{F_{00}}{F_3} = 7.63$$

$$\lambda_4 = \frac{F_{00}}{F_4} = 13.3$$

$$\lambda_5 = \frac{F_{00}}{F_5} = 20.9$$

根据各 λ 值在曲线上查出相应的 W 并算出 ΔW

$$W_0 = 5.23(\text{kW}\cdot\text{h/t})$$

$$W_1 = 6.92(\text{kW}\cdot\text{h/t}),\Delta W_1 = W_1 - W_0 = 1.69(\text{kW}\cdot\text{h/t})$$

$$W_2 = 10.3(\text{kW}\cdot\text{h/t}),\Delta W_2 = W_2 - W_1 = 3.39(\text{kW}\cdot\text{h/t})$$

$$W_3 = 13.5(\text{kW}\cdot\text{h/t}),\Delta W_3 = W_3 - W_2 = 3.16(\text{kW}\cdot\text{h/t})$$

$W_4 = 19.6(\text{kW}\cdot\text{h/t}), \Delta W_4 = W_4 - W_3$
$= 6.11(\text{kW}\cdot\text{h/t})$
$W_5 = 26.0(\text{kW}\cdot\text{h/t}), \Delta W_5 = W_5 - W_4$
$= 6.40(\text{kW}\cdot\text{h/t})$

最后计算各机架轧制转矩，因 $\gamma=7.85\text{t/m}^3$，故 $1800\times\gamma=14130$

$M_1 = 14130F_1D_1\Delta W_1 = 14130 \times 0.01239 \times 0.475 \times 1.69 = 141(\text{kN}\cdot\text{m})$

$M_2 = 14130F_2D_2\Delta W_2 = 14130 \times 0.00787 \times 0.502 \times 3.39 = 189(\text{kN}\cdot\text{m})$

$M_3 = 14130F_3D_3\Delta W_3 = 14130 \times 0.0054 \times 0.505 \times 3.16 = 122(\text{kN}\cdot\text{m})$

$M_4 = 14130F_4D_4\Delta W_4 = 14130 \times 0.0031 \times 0.413 \times 6.11 = 110(\text{kN}\cdot\text{m})$

$M_5 = 14130F_5D_5\Delta W_5 = 14130 \times 0.00197 \times 0.413 \times 6.40 = 73.5(\text{kN}\cdot\text{m})$

23.4.3.2 电机功率

根据要求轧制速度 v 和轧辊直径 D 算出轧辊转速

$$n = \frac{60v}{\pi D} \qquad (23\text{-}119)$$

式中 n——轧辊转速，r/min；
v——轧制速度，m/s；
D——轧辊直径，m。

电机功率

$$P = \frac{Mn}{9.55} \qquad (23\text{-}120)$$

式中 P——电机功率，kW；
M——轧制转矩，kN·m；
n——轧辊转速，r/min。

23.4.4 带飞轮的轧钢机（由绕线型电动机传动）

23.4.4.1 初选电动机的额定转矩

电动机的额定转矩

$$M_N = (1.1 \sim 1.5)M_{av} \qquad (23\text{-}121)$$

式中 M_{av}——轧钢机轧制转矩的平均值，kN·m。

(1.1～1.5) 系数与负荷性质、电动机备用容量和飞轮矩的大小有关，负荷曲线波动大的应取较大值。

轧制平均转矩

$$M_{av} = \frac{\sum_0^{t_c} M_x t_x}{t_c} \qquad (23\text{-}122)$$

式中 $\sum_0^{t_c} M_x t_x$——一个工作周期内转矩与时间乘积之和，kN·m·s；
t_c——周期时间，s。

23.4.4.2 确定飞轮的飞轮矩 GD_f^2

传动系统总飞轮矩

$$GD_\Sigma^2 = \frac{7200\Delta A}{n_0^2(2 - s_m)s_m} \qquad (23\text{-}123)$$

式中 ΔA——在尖峰负荷作用下飞轮释放的能量，kJ。

$$\Delta A = P_m t_m \qquad (23\text{-}124)$$

式中 P_m——尖峰负荷，kW；
t_m——尖峰负荷持续时间，s；
s_m——尖峰负荷后期电动机的最大转差率，一般取 0.12～0.15；
n_0——电动机同步转速，r/min；
GD_Σ^2——传动系统总飞轮矩，kN·m²。

飞轮的飞轮矩

$$GD_f^2 = GD_\Sigma^2 - GD_m^2 - GD_M^2 \qquad (23\text{-}125)$$

式中 GD_f^2——飞轮的飞轮矩，kN·m²；
GD_m^2——机械的飞轮矩，kN·m²；
GD_M^2——电动机转子的飞轮矩，kN·m²。

根据经验公式也可确定传动系统飞轮矩

$$GD_\Sigma^2 = 7200\frac{A}{n_0^2} \qquad (23\text{-}126)$$

式中 GD_Σ^2——传动系统飞轮矩，kN·m²；
n_0——电动机同步转速，r/min；
A——飞轮储能，kJ，按表 23-41 求出。

$$A = P_N\left(\frac{A}{P_N}\right)$$

表 23-41 (A/P_N) 值

轧 机	A/P_N
型钢及薄板轧机（无转差率调节器）	20～30
型钢及薄板轧机（有转差率调节器）	15～25
双辊薄板轧机	10～20
带飞轮的变流机组传动电动机	30～40

23.4.4.3 确定飞轮的质量

$$m = \frac{GD_f^2}{gD_f^2k_f^2} \qquad (23\text{-}127)$$

式中 D_f——飞轮外径，m；
k_f——惯性直径比，见表 23-42。
m——飞轮质量，t。

表 23-42　k_f 值

飞轮结构	采用条件		惯性直径/外径 $k_f=D/D_f$
	直径 D_f (m)	速度 v (m/s)	
带轮缘的整块轮盘	1～3	70～90	0.75～0.8
由轧板作的轮盘	2～4.5	100～120	0.71
由轮缘与辐板组成	3～4.5		0.75～0.8
由辐条组成	4.5～12		0.8～0.85

圆盘式飞轮的质量及 GD^2 与其直径的关系曲线见图 23-19。

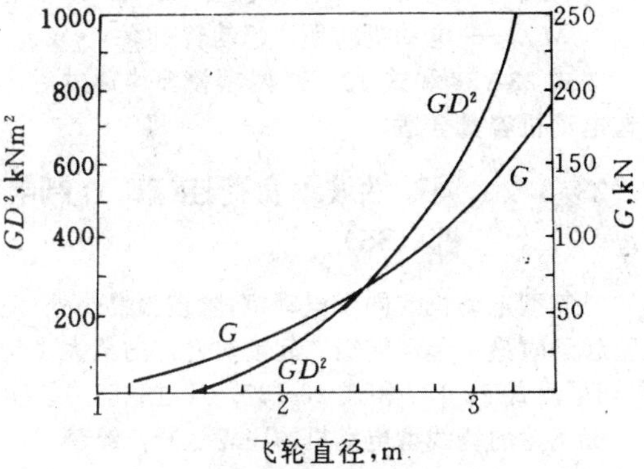

图 23-19　圆盘式飞轮的质量及 GD^2 与其直径的关系曲线

23.4.4.4　电动机实际负荷曲线的绘制

A　由指数曲线式求电动机轴转矩

电动机的转矩为

$$M_M = M_l(1 - e^{-t/T}) + M_0 e^{-t/T} \quad (23\text{-}128)$$

式中　M_M——电动机的转矩，N·m；

M_l——负荷转矩，N·m，即矩形负荷曲线各段的转矩值；

M_0——相应区段电动机的起始转矩，N·m；

T——电气机械时间常数，s，由下式求得

$$T = \frac{GD_{\Sigma}^2 n_0 s_N}{375 M_N} \quad (23\text{-}129)$$

式中　n_0——电动机的同步转速，r/min；

s_N——电动机的额定转差率，当转子回路外接常接电阻时，$s_N=0.05～0.08$，当转差率调节器动作后，$s_N=0.10$，所以对应于 s_N 有两个 T 值；

M_N——电动机的额定转矩，kN·m。

将求得的每一区段 M_1（即 M_0）、M_2（由式 23-128 算得的 M_M）两点近似地以直线连接成电动机负荷曲线，每一区段的等效转矩为

$$M_l^2 = M_1 M_2 + \frac{(M_1 - M_2)^2}{3} \quad (23\text{-}130)$$

将 M_l^2 值代入式 23-132 中校验电动机容量。

B　样板法

一切时间常数相同但振幅不同的指数函数曲线，可用同一指数曲线的不同区段来代表，此曲线应以最大振幅值点绘，即按下式点绘

$$M = M_{ml}(1 - e^{-t/T}) \quad (23\text{-}131)$$

式中　M_{ml}——负荷曲线中的最大负荷转矩，N·m；

T——电气机械时间常数，s，见式 23-129。

通常求出下列四点即可连成此曲线的样板。

t	T	$2T$	$3T$	$4T$
M	$0.63M_{ml}$	$0.86M_{ml}$	$0.95M_{ml}$	M_{ml}

实际负荷曲线绘制步骤如下（见图 23-20）：

（1）第一段开始时，转矩为 M_0，样板曲线部分必须经过 A 点，样板的顶部必须放在 DE 的延长线上，绘制曲线 AC；

（2）第一段工作后，转矩由 M_{ml} 降至 M_0，样板须倒置，样板曲线部分经过 C 点，样板的顶部须在 BF 的延长线上，绘制曲线 CG。

根据样板绘制的 $M=f(t)$ 曲线，按式 23-130 求出每一区段的等效转矩 M_l，再代入式 23-132，校验电动机的容量。

23.4.4.5　电动机的转矩校验

由式 23-130 求得各个 M_l^2 及相应时间 t_l，代入下式求电动机的等效转矩

$$M_{rms} = \sqrt{\frac{\sum_{0}^{t_T} M_l^2 t_l}{t_T}} \quad (23\text{-}132)$$

若 $M_{rms} \leqslant M_N$ 时，则表示所选电动机适宜，一般 $\frac{M_{rms}}{M_N}=0.8～0.9$，否则应另选一台电动机重新进行校验。

此外，还应校验电动机的过载能力，即在最大负荷转矩 M_{ml} 作用后期所达到的最大转矩 M_{mM} 应小于电动机的过载能力，其表达式为

$$M_{mM} \leqslant K\lambda M_N \quad (23\text{-}133)$$

式中　λ——电动机的最大转矩与额定转矩之比，由设备资料查得；

K——系数，一般取0.9。

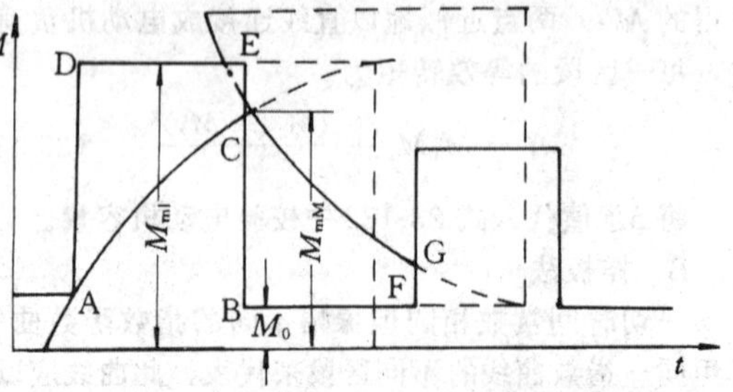

图 23-20 利用样板法绘制电动机的负荷曲线

23.5 电动机容量计算及选择

钢铁企业各种生产机械的电动机容量一般由工艺或机械初选后，电力专业再进行容量校验。

23.5.1 负荷平稳的连续工作制电动机（S1）

（1）按轴功率确定电动机的额定功率。

$$P_N \geqslant P_l = \frac{M_l n_N}{9550} \quad (23\text{-}134)$$

式中 P_N——额定功率，kW；

P_l——折算到电动机轴上的负荷功率，kW；

M_l——折算到电动机轴上的负荷转矩，N·m；

n_N——电动机的额定转速，r/min。

当负荷转矩恒定且需要在基速以上调速时，直流电动机的额定功率应按要求的最高工作转速计算，即

$$P_N \geqslant \frac{M_l n_{max}}{9550} \quad (23\text{-}135)$$

式中 P_N——额定功率，kW；

n_{max}——电动机的最高工作转速，r/min。

（2）按起动时最小转矩和允许的最大飞轮矩校验鼠笼型电动机或同步电动机的额定功率。

对于起动转矩较大或带有较大的飞轮矩而采用笼型电动机或同步电动机的场合，在选择电动机容量后，还要按式23-136与式23-137分别校验起动过程中的最小转矩和允许的最大飞轮矩，以保证生产机械能顺利地起动和在起动过程中电动机不致过热。

电动机的最小起动转矩

$$M_{Mmin} \geqslant \frac{M_{lmax} K_s}{K_u^2} \quad (23\text{-}136)$$

式中 M_{Mmin}——最小起动转矩，N·m；

M_{lmax}——起动过程中可能出现的最大负荷转矩，N·m；

K_s——保证起动时有足够加速转矩的系数，一般取K_s=1.15～1.25；

K_u——电压波动系数，即起动时电动机端电压与电动机额定电压之比，全压起动时K_u=0.85。

允许的最大飞轮矩GD^2_{xm}

$$GD^2_{mec} \leqslant GD^2_{xm} = GD^2_0\left(1-\frac{M_{lmax}}{M_{sav}K_u^2}\right) - GD^2_M \quad (23\text{-}137)$$

式中 GD^2_{mec}——折算到电动机轴上的传动机械的最大飞轮矩，N·m²；

GD^2_0——包括电动机在内的整个传动系数所允许的最大飞轮矩（N·m²），折算到电动机轴上数值，由电机资料查取；

GD^2_M——电动机转子飞轮矩，N·m²；

M_{sav}——电动机的平均起动转矩，N·m。

按式23-136和式23-137两项校验均通过后，则所选电动机容量合适。

23.5.2 周期性波动负荷连续工作制电动机（S6）

对笼型电动机或同步电动机，除校验发热外，还需校验起动时最小起动转矩，起动时允许的最大飞轮矩（同样可用式23-136和式23-137）及过载能力校验。

带飞轮的绕线型电动机的飞轮选择、绘制负荷曲线及容量计算见23.4.4节。

连续工作制负荷，按等效电流法或等效转矩法校验电动机的发热比较简便，无需详细的电动机资料，并且结果准确。

23.5.2.1 等效电流法

由转矩曲线$M=f(t)$绘出电流曲线$I=f(t)$。

将电流曲线$I=f(t)$分成若干个面积相等的阶形曲线，如图23-21或绘成若干个梯形曲线，见图23-22。

梯形曲线的每一梯形的等效电流为

$$I^2_{rms} = I_1 I_2 + \frac{(I_1 - I_2)^2}{3}$$

三角形曲线的等效电流（I_2=0）为

$$I^2_{rms} = \frac{I_1^2}{3}$$

电动机的等效电流为

$$I_{Mrms} = \sqrt{\frac{I^2_{1rms}t_1 + I^2_{2rms}t_2 + \cdots + I^2_{nrms}t_n}{T_c}} \quad (23\text{-}138)$$

$I_N > I_{Mrms}$时，则表示电动机按发热校验可以通过。

式中 I_{1rms}～I_{nrms}——负荷曲线中各阶形或梯形曲线的等效电流，A；

$t_1 \sim t_n$——对应于 $I_{1rms} \sim I_{nrms}$ 的时间，s；

I_N——电动机的额定电流，A；

T_c——周期时间，$T_c = t_1 + t_2 + \cdots + t_n$，s。

23.5.2.2 等效转矩法

根据负荷转矩曲线 $M = f(t)$ 直接验算电动机的功率。

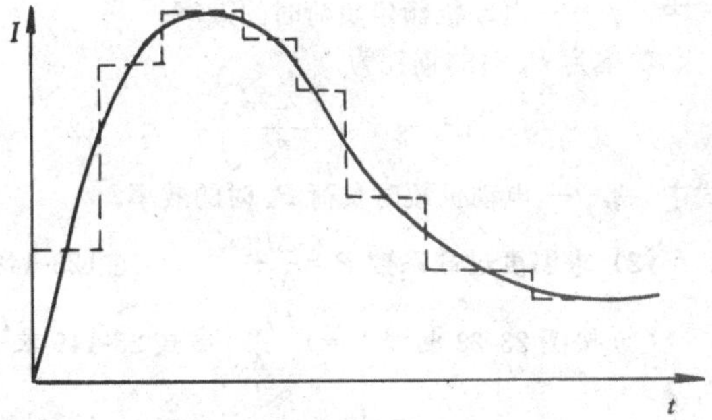

图 23-21 以阶形曲线代替负荷电流 $I = f(t)$ 曲线

等效转矩为

$$M_{Mrms} = \sqrt{\frac{M_{1dx}^2 t_1 + M_{2dx}^2 t_2 + \cdots + M_{ndx}^2 t_n}{T_c}} \tag{23-139}$$

M_{Mrms} 小于电动机的额定转矩时，则表示电动机按发热校验可以通过。

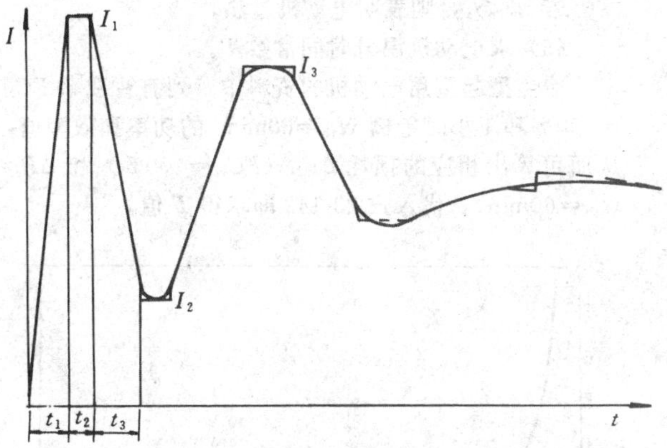

图 23-22 以梯形曲线代替负荷电流 $I = f(t)$ 曲线

式中 $M_{1dx} \sim M_{ndx}$——阶形或梯形负荷转矩的有效值，N·m；

T_c——周期时间，s。

式 23-139 可用于磁通恒定的直流电动机、稳速工作的绕线型和鼠笼型电动机以及同步电动机，但不能用于直流串励电动机等。

同步电动机及带飞轮的绕线型异步电动机的计算实例见 23.6.2 节。

工作在高于额定转速的直流电动机（弱磁），应绘制经修正的计算转矩 $M'_1 = f(t)$ 曲线，并以此计算电动机的容量，M'_1 和实际负荷转矩 M_1 的关系为

$$M'_1 = M_1 \frac{n_m}{n_N} \tag{23-140}$$

式中 n_N——额定转速，r/min；

n_m——高于 n_N 的工作转速，r/min。

23.5.2.3 单位产品耗电量法

单位产品耗电量法用于初步估算电动机容量，或与其他方法共同确定电动机容量。这种方法简单，在正确选择单位产品耗电量 Δ(kWh/t) 值及其他条件符合时，计算结果比较准确。

计算步骤如下：

(1) 原始资料。

产量——Q (t/h)；

品种——普通低碳钢；

原料——钢坯 90×90×800cm；

产品——38×38cm；

轧机规格——线材轧机的粗轧机架，辊径 380mm，三辊式单机架；

开轧温度——1200℃；

终轧温度——850℃；

传动方式——齿轮传动，带飞轮及滑差率调节器。

(2) 计算：

选择单位产品耗电量 Δ (kW·h/t) 值，Δ 值是工厂实测积累的数据，是决定计算结果准确性的关键，必须根据相同的工艺轧制条件选择，若条件不同应修正 Δ 值。影响 Δ 值的因素为：

1) 轧机规格；

2) 钢种、原料规格、产品规格、轧制温度等工艺条件；

3) 传动方式，如直接传动或带齿轮减速机；是否带飞轮及滑差率调节器。

Δ 值中应包括转子回路外接电阻损耗、飞轮损耗（包括风磨损）、电机损耗、传动机构（减速机等）损耗。

电动机小时平均功率为

$$P_{av} = Q\Delta\eta \tag{23-141}$$

式中 P_{av}——电动机小时平均功率，kW；

Q——轧制产量，t/h；

η——Δ 值是从电源一次侧测得的，应从 Δ 值中减去电机本身等损耗，η 一般取 0.9～0.95。

有效功率为

$$P_{rms}=K_xP_{av} \tag{23-142}$$

式中 P_{rms}——有效功率，kW；

K_x——负载曲线的形状系数，K_x 等于均方根值与平均值之比，一般 $K_x=1.05\sim1.40$，K_x 与轧机类型、原料、产品、传动方式及电机类型等有关，多机架轧机 K_x 取较小值；开坯用单机架轧机，K_x 取较大值。同样轧机的负荷转矩曲线，当由带飞轮的异步电动机传动时，K_x 取较小值，由同步电动机传动时，K_x 取较大值。

电动机的额定功率

$$P_N=\frac{P_{rms}}{K_P} \tag{23-143}$$

式中 K_P——容量后备系数，一般取 0.8～0.9，对于以过载转矩选择的同步电动机则不受此值限制。

23.5.2.4 校验过载转矩

不带飞轮的异步电动机或同步电动机除按发热选择电动机的额定功率外，尚应根据最大负荷转矩 M_{lmax}，校验电动机的过载能力，即

$$M_{lmax}\leqslant k_1k_u\lambda M_N \tag{23-144}$$

式中 M_N——电动机额定转矩，N·m；

λ——电动机的最大转矩与额定转矩之比，由电机资料、样本中查得；

k_u——电压降低系数，同步电动机的 k_u 取 0.85，异步电动机的 k_u 取 0.85^2；

k_1——系数，一般取 0.9。

带飞轮的异步电动机的过载转矩校验见式 23-133。

23.5.3 短时工作制电动机（S2）

短时工作制电动机应按过载能力和短时发热选择。

23.5.3.1 按过载能力选择电动机

对于异步电动机：

$$P_N=\frac{P_{lmax}}{0.75\lambda} \tag{23-145}$$

式中 P_N——电动机的额定功率，kW；

P_{lmax}——短时负荷功率最大值，kW；

λ——电动机的过载倍数。

23.5.3.2 按短时发热校验电动机

接电时间短且容量较大的电动机，可以只按过载能力选择电动机；接电时间较长（例如 30min 以上）且容量较小时，还需校验短时发热，以保证在接电时间内不超过电动机绝缘的允许温度。

计算步骤如下：

（1）按式 23-145 预选的电动机，其额定损耗为

$$\Delta P_N=P_N\left(\frac{1-\eta_N}{\eta_N}\right) \tag{23-146}$$

式中 η_N——电动机额定负荷时的效率。

功率为 P_x 时的损耗为

$$\Delta P_x=P_x\left(\frac{1-\eta_x}{\eta_x}\right) \tag{23-147}$$

式中 η_x——电动机短时负荷 P_x 时的效率。

（2）求温度过载系数 $P=\dfrac{\Delta P_x}{\Delta P_N}$ （23-148）

（3）按图 23-23 曲线 $P=f\left(\dfrac{t_{xu}}{T}\right)$ 或式 23-149 求 $\dfrac{t_{xu}}{T}$

$$\frac{t_{xu}}{T}=\ln\frac{P}{P-1} \tag{23-149}$$

（4）已知 T 可求得在短时负荷 P_x 下电动机的允许接电时间 t_{xu}。

$$t_{xu}=T\ln\frac{P}{P-1} \tag{23-150}$$

若满足下式，则电动机按短时发热校验可以通过

$$t_{xu}\geqslant t_x$$

式中 t_x——短时负载 P_x 下电动机的实际接电时间，min。

若 $t_{xu}<t_x$，则表明电动机过热。

（5）求电动机温升时间常数 T。

冶金型起重用电动机的资料中，列有暂载率 $FC_N=100\%$ 和 1 小时定额（$t_{1h}=60\text{min}$）的功率和效率值，从而可算出相应的损耗 ΔP_N（$FC_N=100\%$）和 ΔP_{1h}（$t_{1h}=60\text{min}$），代入式 23-149 即求得 T 值。

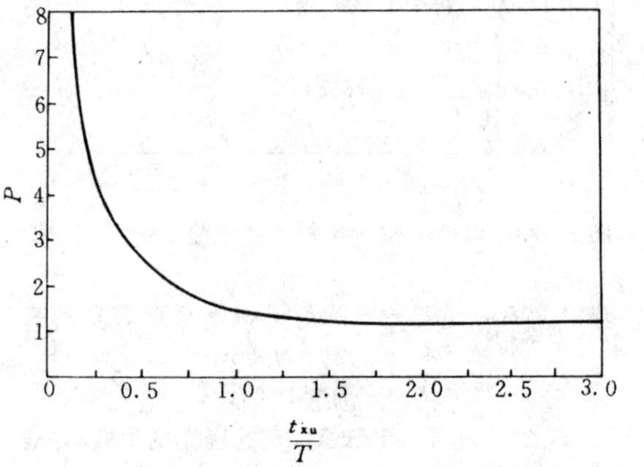

图 23-23 温度过载系数 p 与 t_{xu}/T 的关系曲线

JZ 型电动机的温升时间常数 T（计算值）见表 23-43。

表 23-43 JZ 型电动机温升时间常数 T 值

型号	T (min)	型号	T (min)
JZ-11-6	40.3	JZ-31-8	56
JZ-12-6	46.9	JZ-41-8	58
JZ-21-6	47.3	JZ-42-8	60.8
JZ-22-6	55	JZ-51-8	61
JZ-31-6	55	JZ-52-8	62

23.5.4 反复短时工作制电动机（S3，S4，S5，S7，S8）

对于 S3～S5 断续周期工作制（如图 23-24 所示），应尽量选用断续定额电动机（如 YZ，YZR，ZZJ 等系列）；所选用的负载暂载率额定值 FC_N，应尽量接近实际工作条件下的 FC 值。在各种反复短时工作制，当实际工作的 FC 值大于 60%时，应采用强迫通风或选用连续定额电动机。

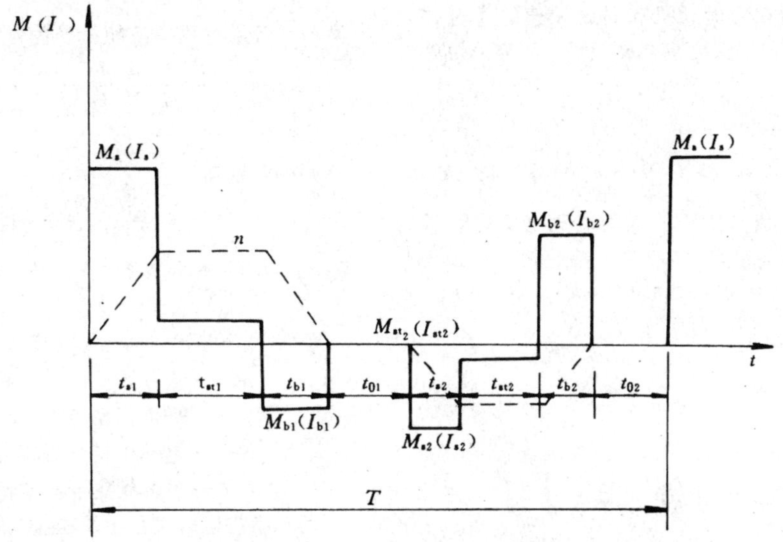

图 23-24 反复短时工作制电动机的速度和负载图

在各种反复短时工作制下，电动机的校验均可采用等效电流法(或等效转矩法)，亦可采用平均损耗法。由于前者较简便，通常较多采用。

23.5.4.1 等效电流法及等效转矩法

选用断续定额电动机的等效电流为

$$I_{rms}=\sqrt{\frac{\Sigma I_s^2t_s+\Sigma I_{st}^2t_{st}+\Sigma I_b^2t_b}{\alpha(\Sigma t_s+\Sigma t_b)+\Sigma t_{st}}}\quad(23\text{-}151)$$

等效转矩为

$$M_{rms}=\sqrt{\frac{\Sigma M_s^2t_s+\Sigma M_{st}^2t_{st}+\Sigma M_b^2t_b}{\alpha(\Sigma t_s+\Sigma t_b)+\Sigma t_{st}}}\quad(23\text{-}152)$$

选用连续定额电动机的等效电流为

$$I_{rms}=\sqrt{\frac{\Sigma I_s^2t_s+\Sigma I_{st}^2t_{st}+\Sigma I_b^2t_b}{\alpha(\Sigma t_s+\Sigma t_b)+\Sigma t_{st}+\beta\Sigma t_0}}\quad(23\text{-}153)$$

等效转矩为

$$M_{rms}=\sqrt{\frac{\Sigma M_s^2t_s+\Sigma M_{st}^2t_{st}+\Sigma M_b^2t_b}{\alpha(\Sigma t_s+\Sigma t_b)+\Sigma t_{st}+\beta\Sigma t_0}}\quad(23\text{-}154)$$

式中 M_s、I_s——起动转矩，N·m；起动电流，A；

M_b、I_b——制动转矩，N·m；制动电流，A；

M_{st}、I_{st}——稳态转矩，N·m；稳态电流，A；

Σt_s——一个周期中起动时间总和，s；

Σt_b——一个周期中制动时间总和，s；

Σt_{st}——一个周期中稳态运转时间总和，s；

Σt_0——一个周期中停歇时间总和，s；

$\alpha=\frac{1+\beta}{2}$电动机起、制动过程中的散热恶化系数；

β——停止时电动机散热恶化系数，见表 23-44。应以制造厂资料为准，本表仅供参考。

表 23-44　β值

电动机冷却方式	β值
封闭式电动机（无冷却风扇）	0.95～0.98
封闭式电动机（强迫风扇）	0.9～1.0
封闭式电动机（自带内冷风扇）	0.45～0.55
防护式电动机（自带内冷风扇）	0.25～0.35

对于笼型和绕线型异步电动机及恒定励磁的并（他）励直流电动机，采用等效电流法或等效转矩法均可以。但对于串励直流电动机和弱磁调速的直流并（他）励电动机，则不能采用等效转矩法，而应采用等效电流法。

实际的负载暂载率FC_s值为

$$FC_s=\frac{\Sigma t_s+\Sigma t_b+\Sigma t_{st}}{T_c}\times 100\% \quad (23\text{-}155)$$

当求出的FC_s值与所需的电动机额定负载暂载率FC_N值不相等（但相差不多）时，应将按上述公式计算出的I_{rms}（或M_{rms}）值折算到与所选电动机的FC_N值下相等效的数值，即

$$I'_{rms}=\sqrt{\frac{FC_s}{FC_N}}I_{rms} \quad (23\text{-}156)$$

或

$$M'_{rms}=\sqrt{\frac{FC_s}{FC_N}}M_{rms} \quad (23\text{-}157)$$

如果求出的FC_s与所选FC_N值相差较大，例如实际算出FC_s值为35%，而初选的电动机定额FC_N为25%，则应再选$FC_N=40\%$的额定值，重新进行校验。

当所选电动机的额定转矩$M_N\geqslant M'_{rms}$或$I_N\geqslant I'_{rms}$时，若再按式23-144校验最大过载转矩也能通过，则所选电动机可以采用。

23.5.4.2　平均损耗法

平均损耗法，是以每一工作周期中的平均总损耗表征电动机温升来进行发热校验。它是一种较为准确的计算方法，适用于所有类型电动机的各种工作制下的发热校验。由于计算方法很繁琐，所以较少使用。但是，对于频繁起、制动下工作的笼型电动机，因其铁耗增大且不固定，若仍采用等效法校验，则误差较大，因此采用平均损耗法校验。

电动机在一个工作周期中的平均总损耗为（单位为J）

$$\Delta P_{av}=\frac{\Sigma\Delta A_s+\Sigma\Delta A_{st}+\Sigma\Delta A_b+\Sigma\Delta A_0}{T_c} \quad (23\text{-}158)$$

式中　$\Sigma\Delta A_s$——电动机起动过程中能量损耗总和，J；

$\Sigma\Delta A_{st}$——稳定运行时电动机能量损耗总和，J；

$\Sigma\Delta A_0$——停转时的电动机损耗总和（直流电动机为励磁损耗，交流电动机无此损耗），J；

$\Sigma\Delta A_b$——电动机在制动过程中能量损耗总和，J；

T_c——周期时间，s，$T_c=\Sigma t_s+\Sigma t_{st}+\Sigma t_b+\Sigma t_0$

（1）起动过程中的能量损耗为

$$\Delta A_s\approx\left(\frac{GD_\Sigma^2 n_D^2}{7200}+\frac{M_l n_D t_s}{19.1}\right)\left(1+\frac{r_1}{r_2'}\right) \quad (23\text{-}159)$$

起动时间为

$$t_s=\frac{GD_\Sigma^2 n_D}{375(M_{sav}-M_l)} \quad (23\text{-}160)$$

式中　GD_Σ^2——折算到电动机转子轴上的总飞轮矩，$N\cdot m^2$；

n_D——电动机工作转速，r/min；

M_l——负载转矩，N·m；

M_{sav}——平均起动转矩，N·m；

r_1——电动机定子每相电阻，Ω；

r'_2——折算到定子侧的转子每相电阻，Ω。

（2）稳态运转过程中的能量损耗。

对于冶金起重机用异步电动机为

$$\Delta A_{st}\approx\left[\Delta P_{1m}\left(\frac{I_{st}}{I_{N25}}\right)^2+\Delta P_{2m}\left(\frac{M_{st}}{M_{N25}}\right)^2+\Delta P_c\right]t_{st} \quad (23\text{-}161)$$

稳态时定子电流为

$$I_{st}=I_{N25}\left[I_{*0}+(1-I_{*0})\frac{M_{st}}{M_{N25}}\right] \quad (23\text{-}162)$$

式中　ΔP_{1m}、ΔP_{2m}——$FC_N=25\%$时的电动机定子和转子损耗功率，W；

ΔP_c——电动机的固定损耗功率，W；

I_{N25}——$FC_N=25\%$时电动机的额定电流，A；

I_{st}——稳态运转时的定子电流，A；

M_{N25}——$FC_N=25\%$时电动机的额定转矩，N·m；

M_{st}——稳态运转时的转矩，N·m；

t_{st}——稳态运转的时间，s；

I_0^*——电动机空载电流标幺值，

$$I_{*0}=\frac{I_0}{I_{N25}};$$

I_0——电动机的空载电流，A。

(3) 反接制动过程中的能量损耗为

$$\Delta A_b \approx \left(\frac{3GD_\Sigma^2 n_D^2}{7200}-\frac{M_l n_D t_b}{19.1}\right)\left(1+\frac{r_1}{r_2'}\right) \quad (23\text{-}163)$$

能耗制动过程中的能量损耗为

$$\Delta A_b \approx \left(\frac{GD_\Sigma^2 n_D^2}{7200}-\frac{M_l n_D t_b}{19.1}\right)+2I_{1b}^2\gamma_1 t'_b \quad (23\text{-}164)$$

反接和能耗制动时间为

$$t_b=\frac{GD_\Sigma^2 n_D}{375(M_{bav}+M_l)} \quad (23\text{-}165)$$

式中 GD_Σ^2——包括电动机转子在内的总飞轮矩，$N \cdot m^2$；

n_D——开始制动时的转速，r/min；

M_{bav}——平均制动转矩，N·m；JZR型电动机的M_{bav}值一般为$(1.0\sim2.0)M_{N25}$，JZ型电动机取$M_{bav}=0.4\ (M_s+M_{N25})$；

I_{1b}——能耗制动时电动机定子中流入的直流电流，A；

t'_b——定子中通入I_{1b}电流的时间，s。

按23-158计算出的平均总损耗ΔP_{av}，还应折算到相应标准负载暂载率下的损耗ΔP_{FC}中去。只有当ΔP_{FC}小于或等于电动机的额定损耗ΔP_{NFC}时，所选电动机才可以采用，即

$$\Delta P_{FC}=\frac{\Delta P_{av}}{C(FC_s+FC_0\beta)}\leqslant \Delta P_{NFC} \quad (23\text{-}166)$$

式中 ΔP_{FC}——折算到相应的标准负载暂载率下的总损耗，W；

ΔP_{NFC}——电动机在相应标准负载暂载率下规定的额定损耗，W，由制造厂取得资料，或按23-167式求得；

C——负载暂载率所折算系数。

$$C=\frac{FC_N}{FC_N+(1-FC_N)\beta}$$

式中 β——电动机停转时的散热恶化系数，一般数据，由表23-44取得；

FC_s——电动机实际的负载暂载率。

$$FC_s=\frac{C_d(\Sigma t_s+\Sigma t_b)+\Sigma t_{st}}{T_c}$$

式中 C_d——起动、制动过程电动机的散热恶化系数。

$$C_d=\frac{1+\beta}{2}$$

FC_0——空载时间停转率。

$$FC_0=\frac{\Sigma t_0}{T_c}$$

式中 t_0——电动机在一个工作周期中的停转时间，s；

T_c——周期时间，s。

当采用$FC_N=100\%$定额的断续工作电动机或连续定额电动机时，式23-166应改为

$$\Delta P_{FC100\%}=\frac{\Delta P_{av}}{FC_s+\beta FC_0}\leqslant \Delta P_{N100\%}$$

当$\Delta P_{FC100\%}\leqslant\Delta P_{N100\%}$时，则表示电动机按发热校验可以通过。

(4) 电动机的损耗计算。

反接制动时的损耗最大，自冷却电动机采取自由停车方式对散热最有利。

电动机的额定损耗为

$$\Delta P_N=P_N\frac{1-\eta_N}{\eta_N} \quad (23\text{-}167)$$

固定损耗为

$$\Delta P'_N=\Delta P_c=\Delta P_N\frac{\gamma}{1+\gamma} \quad (23\text{-}168)$$

额定可变损耗为

$$\Delta P''_N=\Delta P'_N\frac{1}{\gamma}=\Delta P_N\frac{1}{1+\gamma} \quad (23\text{-}169)$$

$$\Delta P''_N=\Delta P_{1m}+\Delta P_{2m}$$

式中 ΔP_N——电动机的额定损耗，kW，对于断续定额电动机，应取相应暂载率FC_N的ΔP_{NFC}值；

P_N——电动机的额定功率，kW，对于断续定额电动机，P_N应为相应暂载率FC_N的P_{NFC}值；

ΔP_{1m}、ΔP_{2m}——FC_N为0.25时电动机的定子额定铜损和转子额定铜损，kW；对以$FC_N=0.40$为基准的电动机取$FC_N=0.40$的数据；

η_N——电动机的额定效率；

γ——额定负荷时，电动机的固定损耗与可变损耗之比，一般数据见表23-45；JZR、JZ型电动机的损耗见表23-46。

23.5.4.3 允许小时接电次数法

允许小时接电次数法适用于经常处于起动、制动状态的鼠笼型电动机。考虑电动机在一个工作周期中的发热量和散热量相互平衡的原则，确定允许小时接电次数为

表 23-45 固定损耗与可变损耗的比值 γ

电动机类型	γ
直流电动机	
一般用途的他励电动机	1～1.5
冶金起重机用电动机	0.5～0.9
交流电动机	
一般用途的鼠笼型电动机	0.5～0.7
冶金起重机用鼠笼型电动机	0.4～0.5
冶金起重机用中小容量绕线型电动机	0.45～0.6
冶金起重机用大容量绕线型电动机	0.9～1.0

表 23-46 JZR、JZ 型电动机主要参数

电动机代号	电动机型号	允许的平均损耗（kW）		空载电流 $I_0^*=\frac{I_0}{I_{N25}}$	$\frac{r_1}{r_2^1}$	$\gamma=\frac{固定损耗}{可变损耗}$	$K_m=\frac{\Delta P_{1m}}{\Delta P_{2m}}$
		$\Delta P_{N25}\times0.25$	$\Delta P_{N60}\times0.60$				
1	JZR-11-6	0.308	0.522	0.723	0.853	0.41	1.91
2	JZR-12-6	0.366	0.576	0.728	0.872	0.451	1.94
3	JZR-21-6	0.423	0.75	0.732	0.955	0.615	2.42
4	JZR-22-6	0.508	0.905	0.718	0.795	0.56	2.21
5	JZR-31-6	0.575	0.995	0.676	0.932	0.533	2.00
6	JZR-31-8	0.54	0.883	0.788	0.985	0.386	2.15
7	JZR-41-8	0.655	1.20	0.722	0.948	0.475	2.25
8	JZR-42-8	0.836	1.485	0.697	0.968	0.568	2.16
9	JZR-51-8	1.025	1.77	0.64	1.065	0.665	2.32
10	JZR-52-8	1.25	2.04	0.615	1.26	0.634	2.13
11	JZR-61-10	1.375	2.37	0.688	0.815	0.642	1.81
12	JZR-62-10	1.625	2.94	0.646	0.774	0.638	1.48
13	JZR-63-10	1.94	3.27	0.555	0.82	0.425	1.14
14	JZR-71-10	2.37	4.20	0.627	0.705	0.828	1.33
15	JZR-72-10	2.95	5.10	0.623	0.707	0.972	1.32
16	JZR-73-10	3.25	5.70	0.594	0.688	0.91	1.21
17	JZ-11-6	0.253	0.42	0.734	0.732	0.411	1.70
18	JZ-12-6	0.362	0.54	0.708	0.623	0.376	1.22
19	JZ-21-6	0.41	0.69	0.687	0.596	0.53	1.27
20	JZ-22-6	0.548	0.87	0.622	0.515	0.458	1.04
21	JZ-31-6	0.65	1.02	0.614	0.577	0.46	0.958
22	JZ-31-8	0.523	0.815	0.707	0.608	0.358	1.28
23	JZ-41-8	0.728	1.23	0.673	0.512	0.433	1.10
24	JZ-42-8	0.965	1.53	0.652	0.453	0.411	0.867
25	JZ-51-8	1.19	1.77	0.548	0.468	0.495	0.873
26	JZ-52-8	1.425	2.16	0.556	0.462	0.477	0.803

注：r_1、r'_2——定子及换算到定子侧的转子相电阻，Ω；

ΔP_{1m}、ΔP_{2m}——FC_N 为 0.25 时的额定定子铜耗、转子铜耗。

$$\left.\begin{aligned} Z_{xu} &= \frac{B}{C+D} \geqslant Z_s \\ B &= 3600Z(FC_s+\beta FC_0) \\ C &= \frac{\Delta A_s+\Delta A_b}{\Delta P_{N100}}Z \\ D &= \frac{\gamma+x^2}{\gamma+1}t_{st}K_{av} \\ X^2 &= \frac{M_{*st}^2+K_m I_{*st}^2}{1+K_m} \\ &\text{(对于异步电动机)} \end{aligned}\right\} \tag{23-170}$$

式中 Z_s——1h 实际接电次数；

FC_s——电动机的实际运转率，$FC_s=[\alpha(t_s+t_b)+t_{st}]/t_c$；

FC_0——电动机的停转率，$FC_0=t_0/t_c$；

α——系数，$\alpha=(1+\beta)/2$；

β——电动机停转时的散热恶化系数，见表 23-44；

γ——固定损耗与可变损耗之比，$\gamma=\Delta P'_N/\Delta P''_N$，JZ 型电动机的 γ 值见表 23-46；

K_{av}——暂载率 $FC_N=25\%$时与 $FC_N=100\%$时的电动机的额定损耗之比，$K_{av}=\Delta P_{N25}/\Delta P_{N100}$；

M_{*st}——静阻转矩标幺值，$M_{*st}=M_{st}/M_{N25}$；

K_m——$FC_N=25\%$时，电动机的额定定子铜损与转子铜损之比，$K_m=\Delta P_{1m}/\Delta P_{2m}$，JZ 型电动机的 K_m 值见表 23-46；

$\Delta P'_N$、$\Delta P''_N$——$FC_N=25\%$时，额定负荷下的电动机的固定损耗和可变损耗，W；

t_s、t_b、t_{st}——一个工作周期内的起动、制动及稳速时间，s；

ΔA_s、ΔA_b——一个工作周期内，接电次数为 Z 时的起动，制动损耗，W；

I_{*st}——稳速运转时的定子电流标幺值，$I_{*st}=I_{st}/I_{N25}$；

ΔP_{N100}、ΔP_{N25}——$FC_N=100\%$和 $FC_N=25\%$时，电动机额定损耗，kW；

M_{st}——稳速运转时静阻转矩，N·m；

M_{N25}——$FC_N=25\%$时电动机额定转矩，N·m；

X——对于直流电动机，X 为电流负载系数，即 $X=I_{st}/I_{N25}$；对于异步电动机，见式 23-170；

Z——一个工作周期 t_c 内，电动机实际接电次数。

23.5.4.4 按电动机允许的动态时间常数校验

按电动机允许的动态时间常数校验适用于经常工作在起动、制动状态的辊道用鼠笼型电动机的容量校验。

电动机的实际动态常数 D_s 为

$$D_s = m_1\delta_1 GD_1^2 + m_2\delta_2 GD_2^2 + m_3\delta_3 GD_3^2 \quad (23\text{-}171)$$

式中 m_1、m_2、m_3——电动机起动次数、能耗制动次数、反接制动次数；

δ_1、δ_2、δ_3——起动、能耗制动、反接制动工作制系数，见表 23-47；

GD_1^2、GD_2^2、GD_3^2——起动、能耗制动、反接制动时的总飞轮矩，N·m²。

实际暂载率 FC_s 不同于标准暂载率 FC_1 或 FC_2 时，允许的动态常数 D_d 可由两个标准暂载率 FC_1、FC_2 的允许动态常数 D_1 和 D_2 求得

表 23-47 δ值

工作制	工作制系数 δ	
	滑差率为 s 时	$s=0$ 时
电动机起动	$(1-s)$	1
电动机能耗制动	1	1
电动机反接制动	$3(1-s)$	3
电动机反接制动并反转	$4(1-s)$	4

$$D_d = a - bFC_s \quad (23\text{-}172)$$

式中

$$a = \frac{D_1FC_2 - D_2FC_1}{FC_2 - FC_1} \quad (23\text{-}173)$$

$$b = \frac{D_1 - D_2}{FC_2 - FC_1} \quad (23\text{-}174)$$

允许的动态常数 D_d 大于给定工作制的实际动态常数 D_s 时，电动机按发热校验可以通过（$D_d>D_s$）。D_1、D_2 值由制造厂提供。

23.5.5 电动机容量的修正

23.5.5.1 环境温度变化时的修正

当环境温度 t_s 和额定环境温度 t_N（例如 $t_N=40℃$）不同时，电动机的可用功率 P 修正为

$$P = XP_N \quad (23\text{-}175)$$

式中 P_N——额定环境温度下的电动机额定功率，kW；

X——环境温度改变时的修正系数。

假定电动机的温升正比于它的损耗，则环境温度变化时电动机的稳定温升也相应变化，可得

$$X = \sqrt{1 \pm \frac{\Delta\tau}{\tau_N}(\gamma + 1)} \quad (23\text{-}176)$$

式中 $\Delta\tau$——环境温度改变值，℃；

τ_N——额定环境温度 t_N 时的电机额定温升，℃；

γ——电动机的固定损耗和额定可变损耗之比，见表 23-45 或表 23-46；

"+"——环境温度低于额定环境温度；

"−"——环境温度高于额定环境温度。

由设备资料可知，某些电动机当环境温度低于额定值 t_N 时，其容量不需修正；某些电动机当环境温度高于额定环境温度时，则应按式 23-175 修正其容量，但当环境温度高于额定环境温度 10℃时，电动机容量的降低值由电机厂规定，不能按式 23-175 计算。因此，按环境温度修正电动机的容量应根据具体情况确定。

例 电动机额定功率为 30kW，A 级绝缘，额定环

境温度 $t_N=40℃$，实际环境温度 $t_s=50℃$，求电动机可用功率。

A 级绝缘的额定温升 τ_N 为 60℃，取 $\gamma=1$，$\Delta\tau=10℃$，修正系数为

$$X=\sqrt{1-\frac{10}{60}(1+1)}\approx 0.815$$

电动机可用容量

$$P=0.815\times 30=24.5\text{kW}$$

23.5.5.2 散热条件恶化的影响

自冷却式电动机随转速降低散热条件显著恶化，计算电动机容量时须计入修正系数。但在上述各种工作制电动机容量校验中已含有这一因素。换算到暂载率为 100% 的等效力矩为

$$M_{rms}=\sqrt{\frac{\Sigma M_s^2t_s+\Sigma M_{st}^2t_{st}+\Sigma M_b^2t_b}{\alpha(\Sigma t_s+\Sigma t_b)+\Sigma t_{st}+\beta\Sigma t_0}} \tag{23-177}$$

式中 β——电动机停转时的散热恶化系数，见表 23-44；

α——电动机起动制动过程的散热恶化系数，$\alpha=(1+\beta)/2$；

t_{st}、t_0——稳速及停转时间，s；

t_s、t_b——起动及制动时间，s。

23.6 电动机容量计算实例

23.6.1 负荷平稳连续工作制电动机容量计算实例

机械工艺参数：负荷转矩 $M_l=1447\text{N}\cdot\text{m}$，起动过程中的最大静阻转矩 $M_{lmax}=562\text{N}\cdot\text{m}$；要求电动机的转速 $n=2900\sim3000\text{r/min}$，传动机械折算到电动机轴上的总飞轮矩 $GD_{mec}^2=1962\text{N}\cdot\text{m}^2$。

(1) 计算负荷功率。按式 23-7 中的公式计算负荷功率如下：

初选 JK-500 笼型电动机，其技术数据为 500kW，$n_N=2975\text{r/min}$，$\lambda=2.5$，最小起动转矩倍数

$$M_{*Mmin}=\frac{M_{Mmin}}{M_N}=0.73$$

电动机转子飞轮矩：$GD_M^2=441\text{N}\cdot\text{m}^2$；整个传动系统所允许最大的飞轮矩按设备资料查得：

$$GD_0^2=3826\text{N}\cdot\text{m}^2$$

按式 23-134，电动机的额定转矩

$$M_N=\frac{9550P_N}{n_N}=\frac{9550\times500}{2975}=1605\text{N}\cdot\text{m}$$

电动机的负荷率为

$$FC=\frac{450}{500}=0.9$$

(2) 校验最小起动转矩。假定电动机全压起动，按式 23-136 计算最小起动转矩为

$$M_{min}=\frac{M_{lmax}K_s}{K_u^2}=\frac{562\times1.25}{0.85^2}=972\text{N}\cdot\text{m}$$

电动机的最小起动转矩

$$M_{Mmin}=M_{*Mmin}M_N=0.73\times1605=1171\text{N}\cdot\text{m}$$

$$M_{Mmin}>M_{min}$$

计算校验最小起动转矩通过。

(3) 校验允许最大飞轮矩。

电动机的平均起动转矩，按式 23-53 可得

$$M_{sav}=0.45(M_{*s}+M_{*max})M_N=0.45(0.73+2.5)\times1605=2333\text{N}\cdot\text{m}$$

按式 23-137 校验允许的最大飞轮矩

$$GD_{xm}^2=GD_0^2\left(1-\frac{M_{lmax}}{M_{sav}K_u^2}\right)-GD_M^2=3826\left(1-\frac{562}{2333\times0.85^2}\right)-441=2109\text{N}\cdot\text{m}^2$$

由于 GD_{xm}^2 ($2109\text{N}\cdot\text{m}^2$) $>GD_{mec}^2$ ($1962\text{N}\cdot\text{m}^2$)，所允许的最大飞轮矩校验通过。

综上各项校验结果，均得到通过，故初选 JK-500 型笼型电动机可以采用。

23.6.2 周期性波动负荷连续工作制电动机容量计算实例（500mm 轧机主传动电动机）

机械及工艺参数：轧机的轧制负荷转矩，见表 23-48，500mm 型钢轧机尖峰负荷转矩 $M_m=19.6\text{kN}\cdot\text{m}$，尖峰负荷转矩持续时间 $t_m=1.8\text{s}$；机械折算到电动机轴的飞轮矩 $GD_m^2=4.9\text{kN}\cdot\text{m}^2$，电机转速 $=1000\text{r/min}$。

(1) 不带飞轮的同步电动机的容量计算。电动机轴上的轧制负荷转矩值见表 23-48。

按式 23-139 求等效转矩

$$M_{rms}=\sqrt{\frac{\Sigma M_i^2t}{\Sigma t}}=\sqrt{\frac{2044}{34.06}}=7.75\text{kN}\cdot\text{m}$$

相应等效转矩的功率为

$$P_{rms}=\frac{M_{rms}n_0}{9550}=\frac{7.750\times10^3\times1000}{9550}\doteq 810\text{kW}$$

表 23-48 轧制负荷转矩表

负荷转矩 M_l(kN·m)	时间 t(s)	M_l^2t (kN²·m²·s)	M_lt (kN·m·s)
3.924	0.51	7.84	2.0
1.81	6.07	19.9	11.0
7.55	2.94	168.0	22.2
5.98	1.96	70	11.7
14.7	1.54	333	22.6
11.8	2.42	337	28.6
19.6	1.8	691	35.3
3.92	2.02	31	7.92
7.85	2.4	148	18.8
3.92	7.58	116	29.7
6.87	1.52	71.7	10.4
3.924	3.3	50.7	12.9
小计 91.84	34.06	2044	213

平均静阻转矩为

$$M_{lav}=\frac{\Sigma M_lt}{\Sigma t}=\frac{213}{34.06}=6.25\text{kN}\cdot\text{m}$$

负荷曲线的形状系数

$$K_x=\frac{M_{rms}}{M_{lav}}=\frac{7.75}{6.25}=1.24$$

需要的电动机转矩和功率

$$M_M=1.2M_{rms}=1.2\times7.75=9.3\text{kN}\cdot\text{m}$$

$$P_M=\frac{M_Mn_0}{9550}=\frac{9.3\times10^3\times1000}{9550}=974\text{kW}$$

初选 TZ 型同步电动机，1170kW，1000r/min，过载能力 $\lambda=2.1$，$M_N=9550\times\frac{1170}{1000}=11173.5\text{N}\cdot\text{m}=11.17\text{kN}\cdot\text{m}$

(2) 过载能力校验。

按式 23-144 电动机可用的最大转矩

$$M'_{Mmax}=k_1K_u\lambda M_N=0.9\times0.85\times2.1\times11173.5=17950\text{N}\cdot\text{m}\ 或\ 18\text{kN}\cdot\text{m}$$

而轧机的尖峰负荷转矩 $M_m=19.6\text{kN}\cdot\text{m}$，即 $M'_{Mmax}<M_m$，电动机最大转矩校验不能通过。为此需另选电动机或要求制造厂提高电动机的过载能力。

23.6.3 带飞轮的绕线型异步电动机容量计算

(1) 初选电动机（机械及工艺资料同 23.6.2）。

带飞轮的电动机负荷曲线形状系数 K_x 为 1.05～1.3，取 K_x 为 1.15；

平均静阻转矩 $M_{lav}=6.25\text{kN}\cdot\text{m}$，所以负荷转矩等效值为 $M_{rms}=1.15\times6.25=7.18\text{kN}\cdot\text{m}$。

初选一台绕线型异步电动机，其参数为 932kW，992r/min，过载能力 λ 为 2.1 倍，转子飞轮矩 $GD_M^2=9.03\text{kN}\cdot\text{m}^2$，额定转矩 $M_N=9\text{kN}\cdot\text{m}$。电动机的负荷率为

$$FC=\frac{M_{rms}}{M_N}=\frac{7.18}{9.0}=0.80$$

(2) 计算飞轮的飞轮矩 GD_f^2 并选择飞轮。

按式 23-123 计算传动系统的总飞轮矩。

$$GD_\Sigma^2=(GD_f^2+GD_m^2+GD_M^2)=\frac{7200\Delta A}{n_0^2(2-s_m)s_m}$$

$$尖峰负荷\ P_m=\frac{M_mn_N}{9550}=\frac{19.6\times10^3\times992}{9550}\approx2000\text{kW}$$

$$\Delta A=P_mt_m=2000\times1.8=3600\text{kJ}$$

将 $\Delta A=3600$ 代入上式得

$$GD_\Sigma^2=\frac{7200\times3600}{1000^2(2-0.15)\times0.15}=93.4\text{kN}\cdot\text{m}^2$$

式中 s_m——最大转差率，取 0.15

GD_m^2——机械飞轮矩，为 $4.9\text{kN}\cdot\text{m}^2$

GD_M^2——电动机飞轮矩，为 $9.03\text{kN}\cdot\text{m}^2$

飞轮的飞轮矩

$$GD_f^2=GD_\Sigma^2-GD_m^2-GD_M^2=93.4-4.9-9.03=79.5\text{kN}\cdot\text{m}^2$$

按经验公式计算飞轮的飞轮矩时，由表 23-41 可知，带转差率调节器的 (A/P_N) 值为 15～25，取 $A/P_N=20$，则

$$A=(A/P_N)P_N=20\times932=18640\text{kJ}$$

由式 23-126 求得

$$GD_\Sigma^2=\frac{7200A}{n_0^2}=\frac{7200\times18640}{1000^2}=134\text{kN}\cdot\text{m}^2$$

飞轮的飞轮矩

$$GD_f^2=134-4.9-9.03=120\text{kN}\cdot\text{m}^2$$

决定取飞轮的飞轮矩 GD_f^2 为 $100\text{kN}\cdot\text{m}^2$，并将此值提供给机械设计人员进行飞轮设计。

(3) 编制带飞轮的电动机负荷转矩值表及其曲线（图从略）。

传动系统总飞轮矩

$$GD_\Sigma^2=GD_f^2+GD_m^2+GD_M^2=100+4.9+9.03=113.9\text{kN}\cdot\text{m}^2$$

传动系统的机电时间常数，由式 23-129 得

$$T=\frac{GD_{\Sigma}^{2}n_{0}s_{N}}{375M_{N}}$$
$$=\frac{113.9\times10^{3}\times1000\times0.05}{375\times9\times10^{3}}=1.69s$$

式中 s_N——转子回路外接常接电阻的电动机额定转差率，一般为 0.05～0.08，取 0.05。

转差率调节器动作后的机电时间常数

$$T'=\frac{GD_{\Sigma}^{2}n_{0}s'_{N}}{375M_{N}}$$
$$=\frac{113.9\times10^{3}\times1000\times0.1}{375\times9\times10^{3}}$$
$$=3.38s$$

式中 s'_N——转差率调节器动作后的电动机额定转差率，取 $s'_N=0.1$。

在负荷转矩 M_1 作用下，经 t 秒后的电动机转矩，由式 23-128 计算可得。

$$M_M=M_1(1-e^{-t/T})+M_0e^{-t/T}\quad kN\cdot m$$

式中 M_0——过程开始时的电动机转矩，kN·m。

利用上式可计算出相应于轧机负荷转矩的电动机转矩 M_1、M_2，列表 23-49。表 23-49 中的 M_1、M_2 值也可利用模板绘制曲线求出，制作模板及绘制曲线的方法见 23.4.4 节。

表 23-49 中的 M_1、M_2 值按梯形计算，由式 23-130 得等效值为

$$M_x^2=\frac{M_1^2+M_2^2+M_1M_2}{3}$$
$$=M_1M_2+\frac{(M_1-M_2)^2}{3}$$

（4）校验电动机的容量。

等效转矩

$$M_{rms}=\sqrt{\frac{\Sigma M_x^2t}{\Sigma t}}=\sqrt{\frac{1641}{34}}$$
$$=6.95kN\cdot m$$

负荷曲线形状系数

$$K_x=\frac{6.95}{6.25}=1.11$$

电动机负荷率 $FC=\frac{M_{rms}}{M_N}=\frac{6.95}{9}=0.772$

932kW 绕线型电动机的发热校验通过。

表 23-49 相应于轧机负荷转矩的电动机 M_1、M_2 表

M_1 (kN·m)	M_2 (kN·m)	M_x^2 (kN²·m²)	t (s)	M_x^2t (kN²·m²·s)	备注
3.924	6.278	26.46	1.52	40.2	
6.28	4.159	27.61	3.81	105	
4.16	3.394	14.31	0.67	9.59	
3.39	6.857	27.25	2.94	80.12	
6.56	6.494	42.6	0.88	37.48	
6.49	11.47	82.7	1.54	127.36	
11.5	8.73	10.3	1.08	111	
8.73	10.96	97.3	2.42	235.6	
10.96	13.5	150.1	0.6	90	
6.77	10.6	76.6	1.2	91.92	转差率调节器动作
10.6	7.02	78.68	2.90	228	
7.02	6.08	43.01	1.07	46	
12.2	8.67	110	0.95	104	转差率调节器返回
8.07	8.02	64.7	2.4	155.3	
8.02	3.24	33.6	2.42	81.3	
3.24	3.924	12.9	7.58	97.6	

注：表中 $\Sigma M_x^2t\cong1641kN^2\cdot m^2\cdot s$，$\Sigma t\cong34s$。

（5）电动机过载能力校验。

由表 23-49 可知，最大负荷转矩为 13.5kN·m，按式 23-133 可得过载倍数为

$$\lambda=\frac{M_{mM}}{M_NK}$$
$$=\frac{13.5}{9\times0.9}=1.67<2.1$$

电动机过载能力通过。

绕线型电动机无需校验最大允许飞轮矩和起动最小转矩。

结论：932kW，992r/min 绕线型异步电动机，按发热校验满足需要，并有一定裕量，过载校验也通过，决定选用此电动机，带 100kN·m² 飞轮及转差率调节

器运行。

由本计算实例可以看出，采用带飞轮的轧机主传动电动机容量可以减小10～20%。这是由于外加飞轮能起到削平尖峰负荷转矩作用。必须指出，采用带飞轮及转差率调节器运行的周期性波动负荷连续工作制的轧钢主传动电动机，有大量的转差能量损失，从节能观点考虑是不经济的。新设计类似轧机机电设备时，宜从上述两种传动方案，即不带飞轮与带飞轮两种方案进行技术经济比较后确定。

23.6.4 用单位产品耗电量法选择电动机容量的实例

例1 工艺及机械资料：线材轧机的粗轧机架，辊径380mm，单机架，齿轮减速机传动，由100×100mm² 钢坯经7道次轧成32.5×32.5mm²，小时产量Q为16.7t。

计算：

(1) 单位产品耗电量Δ为19.35kW·h/t。

(2) 效率η取0.9，因Δ中已包括电机本身的损耗，故计算时应扣除。

(3) 单机架带飞轮及滑差率调节器工作的绕线型电动机，其负荷曲线的形状系数K_x取1.2。

(4) 负荷系数即容量后备系数K_f取0.8。

(5) 需要的电动机功率。

$$P_N=\frac{Q\Delta\eta K_x}{K_f}=\frac{16.7\times19.35\times0.9\times1.2}{0.8}=436\text{kW}$$

例2 机械设备与例1相同，选用同步电动机传动，因此除按单位产品耗电量选择电动机的容量外，还应校验其过载能力及校验起动条件。

(1) 负荷曲线形状系数K_x取1.4。

(2) 电动机负荷系数K_f取0.8。

(3) 电动机按发热校验所需的功率

$$P_1=\frac{Q\Delta\eta K_x}{K_f}=\frac{16.7\times19.35\times0.9\times1.4}{0.8}\doteq510\text{kW}$$

(4)以最大尖峰转矩校验电动机的过载能力，当电动机的过载能力不够时，则应增大电动机的容量或要求制造厂提高电动机的过载能力。

23.6.5 短时工作制电动机容量计算实例

机械及工艺资料：

(1) 短时工作制，每次接电时间$t_x=15\text{min}$；

(2) 静阻力矩$M_l=44.1\text{N}\cdot\text{m}$

初选电动机为JZ-11-6型，其数据如下：

(1) FC_N为25%时的额定转矩

$$M_{N25}=23.8\text{N}\cdot\text{m}$$

(2) 过载转矩

$$M_{max}=2.6M_{N25}=2.6\times23.8=61.9\text{N}\cdot\text{m}$$

(3) 固定损耗 $\Delta P_0=294\text{W}$

(4) 转子铜损 $\Delta P_{2m}=265\text{W}$

(5) 定子铜损 $\Delta P_{1m}=451\text{W}$

(6) FC_N为1.00时的允许损耗

$\Delta P_{l100}=0.62\text{kW}$

(7) 1h的允许损耗

$$\Delta P_{1h}=0.8\text{kW}$$

校验电动机的过载能力。

参照式23-145 求电动机的最大允许转矩为

$$M'_m=0.75\lambda M_{N25}=0.75\times2.6\times23.8=46.4\text{N}\cdot\text{m}$$

$$M'_m>M_l=44.1\text{N}\cdot\text{m}$$

按过载能力校验，JZ-11-6型电动机可以通过。

按短时发热校验JZ-11-6型电动机。

(1) 短时负荷转矩标幺值

$$M_{*l}=\frac{M_l}{M'_{N25}}=\frac{44.1}{23.8}=1.85$$

(2) 电动机温升时间常数T可由表23-43查得或按下式计算

$$T=\frac{t_{1h}}{\ln\frac{\Delta P_{1h}}{\Delta P_{1h}-\Delta P_{N100}}}=\frac{60}{\ln\frac{0.8}{0.8-0.62}}=40.2\text{min}$$

(3) $M_l=44.1\text{N}\cdot\text{m}$时的损耗

$$\Delta P_c=294\text{W},\frac{M_l}{M_{N25}}=\frac{44.1}{23.8}=1.85$$

$$\Delta P'_{2m}=M_{*l}^2\Delta P_{2m}=1.85^2\times265=906\text{W}$$

$$\Delta P'_{1m}=M_{*l}^2\Delta P_{1m}=1.85^2\times451\doteq1540\text{W}$$

总损耗

$$\Delta P_x=\Delta P_c+\Delta P'_{2m}+\Delta P'_{1m}=294+906+1540=2740\text{W};$$

（4）JZ-11-6 型电动机在 $M_l=44.1\text{N}\cdot\text{m}$ 时的允许接电时间为

$$t_{xu}=T\ln\frac{\Delta P_x}{\Delta P_x-\Delta P_{N100}}$$

$$=40.2\times\ln\frac{2740}{2740-620}$$

$$=10.35\text{min}$$

即 $t_{xu}<t_x=15\text{min}$

所以 JZ-11-6 型电动机按过载能力校验则不能通过，故需另选一台容量较大的电动机。

另选 JZ-12-6 型电动机重新进行短时发热校验，其数据为：

（1）FC_N 为 25%时的额定转矩 $M_{N25}=38.3\text{N}\cdot\text{m}$；

（2）过载转矩 $M_m=2.6M_{N25}$；

（3）FC_N 为 1.00 时的允许损耗 $\Delta P_{N100}=0.78\text{kW}$；

（4）1h 的允许损耗 $\Delta P_{1h}=1.08\text{kW}$；

（5）固定损耗 $\Delta P_c=397\text{W}$；

（6）转子铜损 $\Delta P_{2m}=475\text{W}$；

（7）定子铜损 $\Delta P_{1m}=578\text{W}$；

按短时发热校验 JZ-12-6 型电动机。

（1）电机温升时间常数 T，由表 23-43 查得

$$T=46.9\text{min}$$

（2）短时负荷转矩标幺值

$$M_{*l}=\frac{M_l}{M_{N25}}=\frac{44.1}{38.3}=1.15$$

（3）$M_l=44.1\text{N}\cdot\text{m}$ 时的电动机损耗：

固定损耗

$$\Delta P_l=397\text{W}$$

转子铜损

$$\Delta P'_{2m}=M_{*l}^2\Delta P_{2m}=1.15^2\times475=628\text{W}$$

定子铜损

$$\Delta P'_{1m}=M_{*l}^2\Delta P_{1m}=1.15^2\times578=764\text{W}$$

总损耗

$$\Delta P_z=\Delta P_c+\Delta P'_{2m}+\Delta P'_{1m}$$

$$=397+628+764$$

$$=1789\text{W}$$

（4）JZ-12-6 型电动机在 $M_l=44.1\text{N}\cdot\text{m}$ 时的允许接电时间为

$$t_{xu}=T\ln\frac{\Delta P_z}{\Delta P_z-\Delta P_{N100}}$$

$$=46.9\times\ln\frac{1789}{1789-780}$$

$$=26.8\text{min}$$

即 $t_{xu}>t_x=15\text{min}$

结论 JZ-12-6 型电动机按过载能力及短时发热校验均可通过，决定选用此电动机。

23.6.6 用平均损耗法校验反复短时工作制电动机的计算实例

例 1

机械及工艺资料：

（1）静阻转矩 $M_l=39.6\text{N}\cdot\text{m}$；

（2）机械飞轮矩 $GD_m^2=10.8\text{N}\cdot\text{m}^2$；

（3）要求电动机的转速为 950r/min 左右；

（4）机械闸制动；

（5）工作周期 $T_l=20\text{s}$，每周期起动 1 次；

（6）稳速时间 $t_{st}=4\text{s}$。

JZ-22-6 型电动机的技术数据（FC_N 为 25%时）：

（1）额定功率 $P_{N25}=7.5\text{kW}$；

（2）定子额定电流 $I_N=19.3\text{A}$；起动电流 $I_s=86\text{A}$；

（3）额定转速 $n_N=950\text{r/min}$；

（4）起动转矩 $M_s=3M_{N25}=3\times79.3=238\text{N}\cdot\text{m}$；

（5）电动机的飞轮矩 $GD_M^2=5.4\text{N}\cdot\text{m}^2$；

（6）固定损耗 $\Delta P_c=687\text{W}$；

（7）定子铜损 $\Delta P_{1m}=765\text{W}$；

（8）转子铜损 $\Delta P_{2m}=738\text{W}$；

（9）75℃的定子电阻 $r_1=0.685\Omega$；

（10）75℃的转子电阻（换算到定子侧）$r'_2=1.33\Omega$。

电动机损耗计算

（1）起动时间 $t_s=\dfrac{GD_\Sigma^2n_l}{375(0.9M_s-M_l)}$

$$=\frac{16.2\times950}{375\times(0.9\times238-39.6)}$$

$$=0.24\text{s}$$

（2）制动时间，调整电磁闸使 $t_b=0.15\text{s}$；

（3）电动机实际负载暂载率为

由表 23-44 查得 β 为 0.45，故

$$\alpha=\frac{1+\beta}{2}=\frac{1+0.45}{2}=0.725$$

$$FC_s=\frac{\alpha(t_s+t_b)+t_{st}}{T_c}$$

$$=\frac{0.725(0.24+0.15)+4}{20}$$

$$=0.214$$

（4）起动损耗，由式 23-159 得

$$\Delta A_s=\left[\frac{GD_\Sigma^2n_D^2}{7200}+\frac{M_ln_Dt_s}{19.1}\right]\left[1+\frac{r_1}{r'_2}\right]$$

$$= \left[\frac{16.2\times950^2}{7200}+\frac{39.6\times950\times0.24}{19.1}\right]\times\left(1+\frac{0.685}{1.33}\right)$$
$$= 3800\text{J}$$

(5) 稳态损耗

$$I_{*0}=\frac{I_0}{I_{N25}}=\frac{12}{19.3}=0.622\text{A}$$
$$M_{st}=M_l=39.6\text{N}\cdot\text{m}$$

由式 23-162 得

$$I_{st}=I_{N25}\left[I_{*0}+(1-I_{*0})\frac{M_{st}}{M_{N25}}\right]$$
$$=19.3\left[0.622+(1-0.622)\frac{39.6}{79.3}\right]$$
$$=15.6\text{A}$$

由式 23-161 得

$$\Delta A_{st}=\left[\Delta P_{1m}\left(\frac{I_{st}}{I_{N25}}\right)^2+\Delta P_{2m}\left(\frac{M_{st}}{M_{N25}}\right)^2+\Delta P_c\right]t_{st}$$
$$=\left[765\left(\frac{15.6}{19.3}\right)^2+738\left(\frac{39.6}{79.3}\right)^2+687\right]\times4$$
$$=5483\text{J}$$

(6) 制动损耗为零（因全用机械制动，故 $\Delta A_b=0$）；

(7) 总损耗

$$\Sigma\Delta A=\Delta A_s+\Delta A_{st}+\Delta A_b$$
$$=3800+5483+0$$
$$=9283\text{J}$$

(8) 平均损耗

$$\Delta P_{av}=\frac{\Sigma\Delta A}{T_c}=\frac{9283}{20}=464\text{W}$$

发热校验

(1) 折算系数 $C=\frac{FC_N}{FC_N+(1-FC_N)\beta}$

$$C=\frac{0.25}{0.25+(1-0.25)\times0.5}=0.4$$

(2) 停转率 $FC_0=\frac{t_0}{T_c}$

$$FC_0=\frac{20-(4+0.24+0.15)}{20}=0.78$$

(3) 折算至 $FC_N=25\%$ 时的平均损耗

$$\Delta P_{FC25}=\frac{\Delta P_{av}}{C(FC_s+FC_0\beta)}$$
$$=\frac{465}{0.4(0.213+0.78\times0.5)}$$
$$\doteq 1930\text{W}$$

(4) 电动机在 $FC_N=25\%$ 时允许的总损耗

$$\Delta P_{N25}=\Delta P_c+\Delta P_{1m}+\Delta P_{2m}$$
$$=687+765+738$$
$$=2190\text{W}$$

(5) 电动机的负荷率为

$$FC=\frac{\Delta P_{FC25}}{\Delta P_{N25}}=\frac{1930}{2190}=0.88$$

通过上述计算可知，所选电动机发热校验通过，可以采用。

例 2

机械及工艺数据：

同例 1，但每周期有一次反接制动，取消机械闸。

损耗计算：

(1) 反接制动平均转矩

$$M_{bav}=0.4(M_s+M_{N25})$$
$$=0.4(238+79.3)=127\text{N}\cdot\text{m}$$

(2) 反接制动时间

$$t_b=\frac{GD_\Sigma^2n_N}{375(M_{bav}+M_l)}$$
$$=\frac{16.2\times950}{375(127+39.6)}$$
$$=0.246\text{s}$$

(3) 稳速损耗 $\Delta A_{st}=5483\text{J}$

(4) 起动损耗 $\Delta A_s=3800\text{J}$

(5) 反接制动损耗由式 23-163

$$\Delta A_b=\left(\frac{3GD_\Sigma^2n_N^2}{7200}-\frac{M_ln_Nt_b}{19.1}\right)\left(1+\frac{r_1}{r'_2}\right)$$
$$=\left(\frac{3\times16.2\times950^2}{7200}-\frac{39.6\times950\times0.246}{19.1}\right)\times(1+0.515)$$
$$=8495\text{J}$$

利用平均损耗法校验电动机：

(1) 总损耗

$$\Sigma\Delta A=\Delta A_s+\Delta A_{st}+\Delta A_b$$
$$=3800+5483+8495$$
$$=17778\text{J}$$

(2) 平均损耗

$$\Delta P_{av}=\frac{\Sigma\Delta A}{T_c}=\frac{17778}{20}=889\text{W}$$

(3) 停转时间

$$t_0=20-(0.24+0.246+4)=15.51\text{s}$$

(4) 停转率 $FC_0=\frac{t_0}{T_c}=\frac{15.51}{20}=0.775$

(5) 折算系数 $C=\frac{FC_N}{FC_N+(1-FC_N)\beta}$

$$=\frac{0.25}{0.25+(1-0.25)0.45}$$
$$=0.426$$

(6) 系数 $\alpha=\frac{1+\beta}{2}=\frac{1+0.45}{2}=0.725$

(7) 实际负荷暂载率

$$FC_s = \frac{\alpha(t_s + t_b) + t_{st}}{T_c}$$
$$= \frac{0.725(0.24 + 0.246) + 4}{20}$$
$$= 0.218$$

（8）折算至 $FC=25\%$ 时的平均损耗

$$\Delta P_{N25} = \frac{\Delta P_{av}}{C(FC_s + \beta FC_0)}$$
$$= \frac{889}{0.426(0.218 + 0.45 \times 0.775)}$$
$$= 3700\text{J}$$

（9）电动机在 $FC_N=25\%$ 时允许损耗

$$\Delta P_{N25} = 2190\text{W}$$

（10）电动机负荷率

$$\lambda = \frac{\Delta P_{25}}{\Delta P_{N25}} = \frac{3700}{2190}$$
$$=1.69$$

结论：JZ-22 型 7.5kW 笼型电动机增加反接制动时的发热校验不能通过。

23.6.7 用等效电流法校验反复短时工作制电动机的计算实例

机械及工艺数据：

与平均损耗法计算实例之一相同，初选电动机型号为 JZ-22-6。

计算：

由于本电动机参数为 $FC_N=25\%$ 断续定额数据，因此应按式 23-151 计算等效电流，即

$$I_{rms} = \sqrt{\frac{\Sigma I_s^2 t_s + \Sigma I_{st}^2 t_{st} + \Sigma I_b^2 t_b}{\alpha(\Sigma t_s + \Sigma t_b) + \Sigma t_{st}}}$$

本计算实例，采用机械制动，所以 $I_b=0$。

起动时 I_s 等效电流

$$I_s = \sqrt{\frac{I_s^2 + I_N^2 + I_s I_N}{3}}$$
$$= \sqrt{\frac{86^2 + 19.3^2 + 86 \times 19.3}{3}}$$
$$= 56.1\text{A}$$

起动时间由 23.6.5 节例 1 计算，可知 $t_s=0.24\text{s}$

稳态电流由以上计算，$I_{st}=15.6\text{A}$

稳态时间 $t_{st}=4\text{s}$

通风恶化系数 β 查表 23-44，$\beta=0.45$

$$\alpha = \frac{1+\beta}{2} = \frac{1+0.45}{2} = 0.725$$

将以上数据代入 I_{rms} 算式得

$$I_{rms} = \sqrt{\frac{56.1^2 \times 0.24 + 15.6^2 \times 4}{0.725(0.24 + 0.15) + 4}} = 20\text{A}$$

电动机的负荷率

$$FC = \frac{I_{rms}}{I_{N25}} = \frac{20}{19.3} = 1.04$$

结论：考虑到该电动机的实际暂载率小于 25%，虽然等效电流（20A）稍超过 $FC_N=25\%$ 时的电动机额定电流（19.3A），电动机发热可通过。由此可以看出，等效电流法的计算结果比平均损耗法偏大。

23.6.8 用等效转矩法校验反复短时工作制电动机的计算实例

原始数据与平均损耗法计算实例之一相同，初选电动机型号为 JZ-22-6。

按式 23-152 计算等效转矩

$$M_{rms} = \sqrt{\frac{\Sigma M_s^2 t_s + \Sigma_{st}^2 M_{st} t_{st} + \Sigma M_b^2 t_b}{\alpha(\Sigma t_s + \Sigma t_b) + \Sigma t_{st}}}$$

起动平均转矩按式 23-54 可得

$$M_{sav} = 0.9M_s = 0.9 \times 3 \times 79.3 = 214\text{N}\cdot\text{m}$$

起动时间 $t_s=0.24\text{s}$

稳态负荷转矩

$$M_{st} = 39.6\text{N}\cdot\text{m} \qquad t_{st} = 4\text{s}$$

$$M_{rms} = \sqrt{\frac{214^2 \times 0.24 + 39.6^2 \times 4}{0.725 \times (0.24 + 0.15) + 4}}$$
$$= 63.5\text{N}\cdot\text{m}$$

电动机负荷率

$$FC = \frac{M_{rms}}{M_{N25}} = \frac{63.5}{79.3} = 0.8$$

结论：电动机按发热校验通过。

23.6.9 按允许小时接电次数法校验反复短时工作制鼠笼型电动机的计算实例（用于拨料机）

机械及工艺资料：

（1）小时接电次数 $Z=400$ 次/h；

（2）机械制动；

（3）换算至电机轴上的机械飞轮矩 $GD_m^2=5\text{N}\cdot\text{m}^2$；

（4）工作周期（包括拨料机构升起一次，降落一次）$T_c=18\text{s}$；

（5）总静阻转矩：$M_l=6\text{N}\cdot\text{m}$

（6）起动时间：架升起 $t_{s1}=0.19\text{s}$；

架下降 $t_{s2}=0.17\text{s}$；

（7）制动时间：架升起 $t_{b1}=0.19\text{s}$

架下降 $t_{b2}=0.21\text{s}$

(8) 稳速时间：架升起 $t_{st1}=0.41s$

架下降 $t_{st2}=0.41s$

预选电动机的技术数据：

(1) 型号：JZ-21-6；

(2) $P_{N25}=5kW$；

(3) $n_N=910r/min$；

(4) $I_{N25}=13.4A$；

(5) $M_{N25}=52.5N\cdot m$；

(6) $I_0=9.2A$；

(7) $M_s=2.9M_{N25}=2.9\times52.5=152N\cdot m$；

(8) $I_s=4.3I_{N25}=4.3\times13.4=57.6A$；

(9) $GD_M^2=3.83N\cdot m^2$；

(10) $FC_N=25\%$时的固定损耗 $\Delta P_c=567W$；

(11) $FC_N=25\%$时的定子铜损 $\Delta P_{1m}=600W$；

(12) $FC_N=25\%$时的转子铜损 $\Delta P_{2m}=473W$。

计算：

(1) 运转率

$$FC_s=\frac{\alpha(t_s+t_b)+t_{st}}{T_c}=\frac{0.725\times(0.36+0.4)+0.82}{18}=0.076$$

其中 $t_s=t_{s1}+t_{s2}=0.19+0.17=0.36s$

$t_b=t_{b1}+t_{b2}=0.19+0.21=0.4s$

$t_{st}=t_{st1}+t_{st2}=0.41+0.41=0.82s$

$$\alpha=\frac{1+\beta}{2}=\frac{1+0.45}{2}=0.725$$

(2) 停转率 $FC_0=\frac{t_0}{T_c}=\frac{16.42}{18}=0.91$

(3) 固定损耗与可变损耗比

$$\gamma=\frac{\Delta P_c}{\Delta P_{1m}+\Delta P_{2m}}=\frac{567}{600+473}=0.53$$

(4) 定子与转子铜损比

$$K_m=\frac{\Delta P_{1m}}{\Delta P_{2m}}=\frac{600}{473}=1.27$$

(5) 空载电流

$$I_{*0}^2=\left(\frac{I_0}{I_{N25}}\right)^2=\left(\frac{9.2}{13.4}\right)^2=0.472$$

(6) $$X^2=\frac{M_{*st}^2+K_mI_{*st}^2}{1+K_m}=\frac{1.27\times0.472}{1+1.27}=0.264$$

因静阻转矩 M_{st} 较小，$M_{*st}=\frac{M_{st}}{M_{N25}}=\frac{6}{52.5}=0.114$，上式中 M_{*st}^2 可忽略不计，且令 $I_{*st}^2\doteq I_{*0}^2=0.472$。

(7) 由表 23-29 查得 $FC_N=1.00$ 及 $FC_N=0.25$ 的损耗各为

$$\Delta P_{N100}=970W$$
$$\Delta P_{N25}=1640W$$

(8) 当忽略静阻转矩的影响时，起动过程中电动机损耗为

$$\Delta A_s\approx\frac{GD_2^2n_0^2}{7200}\left(1+\frac{r_1}{r'_2}\right)=\frac{(5+3.83)\times910^2}{7200}\times\left(1+\frac{1.11}{1.862}\right)=1621J$$

(9) 损耗比

$$K_p=\frac{\Delta P_{N25}}{\Delta P_{N100}}=\frac{1640}{970}=1.69$$

(10) $$B=3600Z(FC_s+\beta FC_0)=3600\times2\times(0.076+0.45\times0.91)=3500$$

(11) $$C=\frac{Z(\Delta A_s+\Delta A_b)}{\Delta P_{N100}}=\frac{2\times1621}{970}=3.34\quad \Delta A_b=0$$

(12) $$D=\frac{\gamma+X^2}{\gamma+1}t_{st}K_p=\frac{0.53+0.264}{0.53+1}\times0.82\times1.69=0.72$$

(13) 允许接电次数

$$Z_{xu}=\frac{B}{C+D}=\frac{3500}{3.34+0.72}=862\text{次}/h$$

$Z_{xu}>Z_s=400$ 次 /h

(14) 电动机的负荷率

$$\lambda=\frac{Z_s}{Z_{xu}}\times100\%=\frac{400}{862}\times100\%=46\%$$

结论：JZ-21-6 型电动机按发热校验可以通过。

23.6.10 按动态常数法校验反复短时工作制鼠笼型电动机的计算实例（500mm 开坯机剪后单独传动辊道）

机械及工艺数据：

(1) 工艺数据见表 23-50。各种飞轮矩见表 23-51。

表 23-50 工艺数据

工艺资料	钢坯断面 (mm²)			
	150×150	200×200	250×250	250×250
钢锭质量(kg)	2000	2000	2000	2000
钢坯产量(t/h)	59	78.5	93	93
剪切前的长度 L(m)	11.5	6.5	4.2	4.2
最大剪切定尺 L_j(m)	1.2	1.2	1.2	2.4
最多剪切次数 Z_j	10	6	4	2
剪一块钢坯的周期时间 T_c(s)	120.2	91.7	77.4	77.4
钢坯移动速度 v(m/s)	2.54	2.54	2.54	2.54
辊子转速 n_g(r/min)	138	138	138	138
换算到电动机轴上的钢坯飞轮矩(N·m²)	70.3	89	94.6	107

表 23-51 飞轮矩

名称	符号	换算到电动机轴上的飞轮矩(N·m²)
电动机转子	GD^2_M	32.4
减速机	GD^2_R	0.98
辊子	GD^2_r	23.5
总飞轮矩，空载时	GD^2_0	56.9
总飞轮矩，带钢坯150×150	GD^2_1	127
总飞轮矩，带钢坯200×200	GD^2_2	146
总飞轮矩，带钢坯250×250，定尺长1.2m	GD^2_3	151
总飞轮矩，带钢坯250×250，定尺长2.4m	GD^2_4	164

(2) 最繁重工作制：钢坯断面为150×150mm²，最多剪切次数 Z_1 为10次，定尺长 L_1 为1.2m。

换算到电动机轴上的静阻转矩 M_l 见表23-52。

表 23-52 电动机轴上静阻转矩 (N·m)

钢坯断面 (mm²)	钢坯长 (mm)	空载转矩 M_0	输送转矩 M_s	附加转矩 M_{f1}	附加转矩 M_{f2}	总静阻转矩 M_l	打滑转矩 M_h	极限加速转矩 M_{ja}	极限减速转矩 M_{ji}
150×150	1200	5.9	1.67	19.9	7.68	35.1	28.3	239	169
200×200	1200	5.9	2.94	35.3	13.5	57.7	45.6	291	176
250×250	1200	5.9	4.61	54.5	21.0	86.0	62.3	329	157
250×250	2400	5.9	6.10	73.1	28.1	113	88	375.5	149

注：M_{f1}——输送扁钢时的附加转矩；M_{f2}——钢坯和侧边部件摩擦引起的附加转矩；M_l——计及附加阻力时的输送转矩，$M_l=M_0+M_s+M_{f1}+M_{f2}$。

预选辊道用笼型电动机的技术数据：

(1) $U_N=380$V，封闭式；

(2) $P_N=5$kW，$FC_N=100\%$；

(3) $n_N=516$r/min；

(4) $M_s=196$N·m；

(5) $I_s=46$A；

(6) $I_{N100}=13.5$A

(7) 空载电流 $I_0=7.8$A

(8) 允许的动态常数：

$FC_N=15\%$时，$D_1=117720$；

$FC_N=25\%$时，$D_2=115760$；

$FC_N=40\%$时，$D_3=113800$；

(9) $GD^2_M=32.4$N·m²。

计算：

(1) 相应于最大静阻转矩 $M_l=113$N·m 的电动机最大功率

$$P_m=\frac{M_l n_N}{9550}=\frac{113\times 516}{9550}=6.1\text{kW}$$

P_m 接近于预选电动机的功率 ($P_N=5$kW)，$M_l=113$N·m 及打滑转矩均小于电动机的起动转矩 (196N·m)，有足够的转矩裕量。

(2) 平均起动转矩

$$M_{sav}=0.7M_s=0.7\times196=137\text{N·m}$$

(3) 平均制动转矩

$M_{bav}=0.7M_s=0.7\times196=137\text{N}\cdot\text{m}$

(4) 空载起动时间 $t_{s0}=0.6\text{s}$

(5) 空载制动时间 $t_{b0}=0.55\text{s}$

(6) 输送一块钢坯（长 1.2m，速度 $v=2.54\text{m/s}$）时间 $t_s=0.47\text{s}$

(7) 接电时间

$$t_1=t_{s0}+t_{b0}+t_s+t_{01}+t_{02}=0.6+0.55+0.47+1.5+1.5=4.62\text{s}$$

式中 t_{01}——受料前空载运行时间，$t_{01}=1.5\text{s}$；

t_{02}——送料后制动前空载运行时间，$t_{02}=1.5\text{s}$；

(8) 150×150mm² 钢坯每周期剪切 10 次的暂载率

$$FC_s=\frac{T_1}{t_c}Z=\frac{4.62}{120.2}\times10=0.384$$

(9) 每小时起动次数 m_1、制动次数 m_2

$$m_1=m_2=\frac{3600}{t_c}Z_j=\frac{3600}{120.2}\times10\approx300\text{ 次 /h}$$

(10) 动力制动下的动态常数

$$D'_b=m_1\delta_1GD_0^2+m_2\delta_2GD_0^2=300\times1\times56.9+300\times1\times56.9=34140\text{N}\cdot\text{m}^2\text{ 次 /h}$$

(11) 反接制动下的动态常数

$$D''_s=m_1\delta_1GD_0^2+m_2\delta_2GD_0^2=300\times1\times56.9+300\times3\times56.9=68280\text{N}\cdot\text{m}^2\text{ 次 /h}$$

(12) 暂载率为 FC_s 时的允许动态常数

$$D_{xu}=\frac{D_1FC_2-D_2FC_1}{FC_2-FC_1}-\frac{D_1-D_2}{FC_2-FC_1}FC_s=\frac{115760\times0.4-113800\times0.25}{0.4-0.25}-\frac{115760-113800}{0.4-0.25}\times0.384=114009\text{N}\cdot\text{m}^2\text{ 次 /h}$$

(13) $D_{xu}=114009>D''_s=68280$

$D_{xu}=114009>D'_s=34140$

电动机按发热校验可以通过。

23.6.11 最佳减速比计算实例（800mm 轨梁轧机压下装置）

机械轴上的静阻转矩 $M_l=3129\text{N}\cdot\text{m}$。

采用两台机械闸，每台制动转矩 2207N·m，系数取 0.7，机械闸制动转矩 $M_{fz}=3090\text{N}\cdot\text{m}$。

采用平均起动转矩

$$M_{sav}=1.7M_N=1.7\times4022=6838\text{N}\cdot\text{m}$$

采用平均电气制动转矩

$$M_{bav}=2.0M_N=2\times4022=8044\text{N}\cdot\text{m}$$

总制动转矩 $M_b=8044+3090=11134\text{N}\cdot\text{m}$

惯性矩比

$$\frac{I_m}{I_M}=\frac{GD_m^2}{GD_M^2}=\frac{(GD_2^2-GD_M^2)i^2}{GD_M^2}=\frac{(4940-2770)\times3.2^2}{2770}=8$$

(7) 加速时的最佳速比。由式 23-44 求得

$$i'_0=\frac{M_l}{\eta M_{sav}}+\sqrt{\left(\frac{M_l}{\eta M_{sav}}\right)^2+\frac{J_m}{J_M}}=\frac{3129}{0.7\times6838}+\sqrt{\left(\frac{3129}{0.7\times6838}\right)^2+8}=3.56$$

减速时的最佳速比由式 23-45 求得

$$i''_0=\frac{\eta M_l}{M_b}+\sqrt{\left(\frac{\eta M_l}{M_b}\right)^2+\frac{J_m}{J_M}}=-\frac{0.7\times3129}{11134}+\sqrt{\left(\frac{0.7\times3129}{11134}\right)^2+8}=2.64$$

最佳速比

$$i_0=\frac{i'_0+i''_0}{2}=\frac{3.56+2.64}{2}=3.1\text{ 取 }3.1$$

23.7 YZ、YZR 型起重冶金用异步电动机资料及 YZR 型电动机容量验算表格

23.7.1 YZ、YZR 型电动机资料

YZR 型绕线型电动机资料见表 23-53～表 23-56。电动机额定电压为 380V，以 S3，$FC_N=40\%$为基准。

YZ 型鼠笼型电动机资料见表 23-57～表 23-60。电动机额定电压为 380V，以 S3，$FC_N=40\%$为基准。

上述资料是由佳木斯防爆电机研究所提供与摘自佳木斯电机厂样本，部分资料摘自“起重冶金”杂志，并在 1992 年 11 月由佳木斯防爆电机研究所认定。但由于同一规格的电机，制造后的数据有差别，制造厂不同其差别很大，故应以制造厂提供的资料为准。在未取得制造厂资料时，上述资料可供参考。

23.7.2 利用 $P=f$（FC，CZ）数据表对 YZR 型电动机进行容量校验

YZR 型电动机 $P=f(FC,CZ)$ 数据，见表 23-61。

表 23-53 YZR 型电动机资料（一）

电动机型号	工作方式 S3 $FC_N=40\%$													
	功率（kW）	转速（r/min）	定子电流（A）	转子电流（A）	换算到定子的转子电流（A）	cosφ	效率 η（%）	额定转矩（N·m）	最大转矩倍数	定子铜损（kW）	转子铜损（kW）	固定损耗（kW）	空载损耗（kW）	总损耗（kW）
1000r/min														
YZR112M-6	1.5	866	4.8	11.2	3.39	0.76	62.1	16.5	2.2	0.450	0.298	0.153	0.306	0.916
YZR132M1-6	2.2	908	6.0	11.5	4.51	0.76	73.1	23.1	2.9	0.360	0.195	0.207	0.338	0.784
YZR132M2-6	3.7	908	9.12	12.8	7.37	0.78	79	38.9	2.5	0.439	0.308	0.196	0.336	0.98
YZR160M1-6	5.5	930	14.9	27.5	9.62	0.77	73	56.5	2.6	0.968	0.572	0.432	0.610	2.03
YZR160M2-6	7.5	940	18	26.5	13.25	0.79	79.6	76.2	2.8	0.862	0.543	0.431	0.690	1.911
YZR160L-6	11	945	25.5	28.6	18.82	0.82	80	111.2	2.5	1.150	0.903	0.624	0.662	2.787
YZR180L-6	15	962	32.8	44.4	27.12	0.834	83.4	148.9	3.2	1.259	0.741	0.838	1.160	2.988
YZR200L-6	22	964	48.0	58	37.69	0.787	87.2	217.9	2.88	1.378	1.010	0.764	1.102	3.372
YZR225M-6	30	962	63.0	74.4	50.51	0.83	87.3	297.8	3.3	1.608	1.202	1.240	1.557	4.55
YZR250M1-6	37	960	70.4	93.1	60.86	0.892	89.4	368.1	3.1	1.631	1.402	1.142	1.293	4.36
YZR250M2-6	45	965	84.3	95.4	74.0	0.91	89	445	3.5	1.846	1.725	1.518	1.700	5.539
YZR280S-6	55	969	101	119.8	89.54	0.91	90.2	542	3.0	2.000	1.915	1.480	1.672	5.945
YZR280M-6	75	970	138.6	122.8		0.905	90.9		3.2	2.369	2.363	2.045	2.291	7.527
750r/min														
YZR160L-8	7.5	705	20.8	24.4	13.17	0.72	76	101.3	2.7	1.141	0.573	0.568	0.706	2.357
YZR180L-8	11	700	26	42	20.88	0.794	81	150	2.7	1.137	0.865	0.462	0.670	2.574
YZR200L-8	15	712	33.5	52.4	26.11	0.793	85.9	210	2.9	0.986	0.733	0.575	0.780	2.444
YZR225L-8	22	715	48.7	59.2	37.76	0.800	86	294	2.9	1.383	1.158	0.830	1.102	3.591
YZR250M1-8	30	720	67.4	67	51.42	0.78	87	398	2.6	2.030	1.174	0.990	1.539	4.494
YZR250M2-8	37	720	77.5	70	62.86	0.837	86.6	491	2.7	2.104	1.683	1.547	1.960	5.704

续表 23-53

电动机型号	工作方式 S3 $FC_N=40\%$												
	功率 (kW)	转速 (r/min)	定子电流 (A)	转子电流 (A)	换算到定子的转子电流 (A)	cosφ	效率 η (%)	额定转矩 (N·m)	最大转矩倍数	定子铜损 (kW)	转子铜损 (kW)	固定损耗 (kW)	空载损耗 (kW)	总损耗 (kW)
750r/min														
YZR280S-8	45	723	93.6	94		0.819	98		3.3	2.024	1.817	1.280	1.680	5.571
YZR280M-8	55	725	111.8	95.7	90.27	0.835	89.5	724	2.8	2.385	2.218	1.330	1.720	6.483
YZR315S-8	75	727	150.6	155.3	126.49	0.840	89.2	985	2.74	2.850	2.782	2.738	3.192	9.12
YZR315M-8	90	720	175.8	147.7	149.39	0.865	90	127.3	3.1	3.168	2.509	3.650	4.033	10.227
600r/min														
YZR280S-10	37	572	83.7	144.3	63.61	0.77	87	618	2.8	2.223	1.659	1.288	1.824	5.54
YZR280M-10	45	560	99.3	158.8	79.02	0.78	89.1	767	3.2	2.400	1.897	1.270	1.830	6.017
YZR315S-10	55	580	118.2	139.2	91.86	0.79	89.1	906	3.1	2.919	1.857	1.406	2.218	6.732
YZR315M-10	75	579	164	148.2	127.09	0.776	89.5	1237	3.4	3.824	2.314	1.930	2.899	8.82
YZR355M-10	90	589	184.2	167	148.42	0.822	90.34	1459	3.3	3.640	2.492	2.590	3.184	9.622
YZR355L1-10	110	582	223.2	173.4	181.30	0.82	91.2	1805	3.1	4.469	2.914	2.070	2.708	10.55
YZR355L2-10	132	588	264	165.5	216.24	0.831	91.3	2144	3.5	4.579	3.267	3.335	4.106	12.5
YZR400L1-10①	160	587	333.5	250		0.798	91.4		3.0	5.090	3.577	5.360	6.472	15.63
YZR400L2-10①	200	586	426.8	263.3		0.781	91.1		2.7	6.152	4.791	6.640	7.971	19.58

注：总损耗＝定子铜损＋转子铜损＋固定损耗＋杂耗，杂耗取功率的1%，固定损耗＝铁耗＋机械损耗

①定子为三角形接线。

表 23-54 YZR 型电动机资料（二）

电动机型号	空载定子电流 (A)	定子滑环电压 (V)	变比平方 K_e^2	115℃定子有效电阻 (Ω)	定子电抗 (Ω)	换算到定子的转子有效电阻 (Ω)	115℃转子有效电阻 (Ω)	转子电抗 (Ω)	换算到定子的转子电抗 (Ω)	最大转差率 s_m	电机温升时间常数 T (min)	转速为零时冷却系数 h_0	飞轮矩 (N·m²)	质量 (kg)
1000r/min														
YZR112M-6	3.2	100	13.6	6.5	3.165	3.92	0.288		4.34		88	0.450	1.03	73.5
YZR132M1-6	4.11	130	7.8	3.35	2.25	3.12	0.40		3.04			0.380	1.75	96.5
YZR132M2-6	5.99	190	3.87	1.76	1.57	1.94	0.50		2.17			0.510	2.39	107.5
YZR160M1-6	7.4	132	7.13	1.45	1.04	1.18	0.17		1.99			0.210	4.50	153.5
YZR160M2-6	10.8	182	4.0	0.89	0.705	0.76	0.19		1.40			0.220	5.53	159.5
YZR160L-6	13.4	252	2.15	0.60	0.50	0.49	0.23		1.09			0.250	7.36	174
YZR180L-6	18.8	215	2.94	0.39	0.35	0.31	0.11		0.70			0.270	14.4	230
YZR200L-6	27.8	200	3.44	0.19	0.265	0.16	0.47		0.50		36.8	0.290	24.2	
YZR225M-6	31.7	250	2.17	0.135	0.20	0.12	0.53		0.40			0.268	30.2	398
YZR250M1-6	25.5	250	2.26	0.105	0.167	0.15	0.064		0.28			0.285	56.1	512
YZR250M2-6	29.6	290	1.65	0.09	0.14	0.085	0.052		0.24			0.260	64.6	559
YZR280S-6	33.0	280	1.79	0.065	0.146	0.065	0.037		0.194			0.293	67.2	746.5
YZR280M-6	51.6	370	1.00	0.041	0.097	0.21	0.042		0.13			0.305	105	
750r/min														
YZR160L-8	13.1	203	3.05	0.85	0.75	1.30	0.26		1.49			0.245	7.36	172
YZR180L-8	14.5	170	4.44	0.562	0.6	0.51	0.12		0.92			0.285	14.4	230
YZR200L-8	18	180	4.20	0.294	0.5	0.32	0.075		0.70			0.280	24.4	317
YZR225L-8	24.2	230	2.45	0.194	0.35	0.21	0.087		0.50			0.270	30.1	390
YZR250M1-8	41.2	280	1.79	0.150	0.24	0.13	0.076		0.37			0.270	56	515
YZR250M2-8	40.4	332	1.24	0.117	0.21	0.11	0.089		0.32			0.260	68	563
YZR280S-8	48.5	295	1.45	0.078	0.15	0.081	0.056		0.21		62	0.295	87.2	

续表 23-54

电动机型号	空载定子电流 (A)	转子滑环电压 (V)	变比平方 K_e^2	115℃转子有效电阻 (Ω)	定子电抗 (Ω)	换算到定子的转子有效电阻 (Ω)	115℃转子有效电阻 (Ω)	转子电抗 (Ω)	换算到定子的转子电抗 (Ω)	最大转差率 s_m	电机温升时间常数 T (min)	转速为零时冷却系数 h_0	飞轮矩 (N·m²)	质量 (kg)
750r/min														
YZR280M-8	53.3	355	1.05	0.064	0.137	0.067	0.065		0.195			0.300	106	847.5
YZR315S-8	69.8	300	1.58	0.042	0.093	0.043	0.027		0.145			0.295	265	
YZR315M-8	80.5	375	1.16	0.034	0.087	0.034	0.029		0.133			0.305	325	1170
600r/min														
YZR280S-10	47.5	160	5.8	0.106	0.22	0.11	0.018		0.29			0.285	136	766
YZR280M-10	53.6	176	4.36	0.081	0.185	0.081	0.020		0.24			0.270	153	840
YZR315S-10	67.5	342	2.28	0.070	0.11	0.053	0.023		0.184			0.260	264	1026
YZR315M-10	94.7	310	1.38	0.047	0.082	0.036	0.027		0.137			0.270	323	1156
YZR355M-10	87.8	330	1.26	0.036	0.073	0.029	0.023		0.120			0.290	527	1520
YZR355L1-10	99.5	385	0.9	0.030	0.063	0.023	0.025		0.105			0.300	634	1764
YZR355L2-10	131	485	0.6	0.022	0.046	0.017	0.028		0.077			0.310	714	1810
YZR400L1-10①	182.4	390	2.59	0.046	0.137	0.037	0.014		0.24			0.305	912	
YZR400L2-10①	221	464	1.9	0.034	0.116	0.031	0.017		0.21			0.315	1043	

①定子为三角形接线。

表 23-55 YZR 型电动机资料（三）

电动机型号	工作方式 S3																			
	FC_N=15%					FC_N=25%					FC_N=60%					FC_N=100%				
	功率(kW)	转速(r/min)	定子电流(A)	转子电流(A)	效率η(%)	功率(kW)	转速(r/min)	定子电流(A)	转子电流(A)	效率η(%)	功率(kW)	转速(r/min)	定子电流(A)	转子电流(A)	效率η(%)	功率(kW)	转速(r/min)	定子电流(A)	转子电流(A)	效率η(%)
1000r/min																				
YZR112M-6	2.2	725	6.6	18.4		1.8	815	5.3	13.4	62	1.1	912	3.8	7.3	66	0.8	940	3.5	5.16	68
YZR132M1-6	3.0	855	8	16.1		2.5	892	6.5	12.9		1.8	924	5.4	9		1.5	940	5	7.3	
YZR132M2-6	5.0	875	12.3	18.2		4	900	9.7	14.2		3.0	937	7.9	10.2		2.5	950	7.2	8.4	
YZR160M1-6	7.5	910	18.5	35.4		6.3	921	16.4	29.4	73.5	5.0	935	14	22.9	76.5	4	944	12.5	18.2	
YZR160M2-6	11	908	24.6	39.6		8.5	930	19.6	29.8		6.3	949	16	21.7		5.5	956	15	18.8	
YZR160L-6	15	920	34.7	39		13	942	28.6	31.6		9	952	21	22.3		7.5	970	18.8	18.5	
YZR180L-6	20	946	42.6	58.7		17	955	36.7	49.6	82	13	968	29.7	37.3	83	11	975	25.5	31.4	
YZR200L-6	33	942	62	68	84	26	956	56.1	82.4	85	19	969	44.5	60.5	86	17	973	40.5	52.6	85.5
YZR225M-6	40	947	80	101		34	957	70	85	84	26	968	55	64.5	87	22	975	50	54.2	
YZR250M1-6	50	950	99	123		42	960	80	103		32	970	61	79		28	975	55	69	
YZR250M2-6	63	947	121	134		52	958	97	110	88	39	969	73	83	89.5	33	974	64	71	
YZR280S-6	75	960	144	169.5		63	966	118	142		48	972	88	107.1		40	976	76	88.9	
YZR280M-6	100					85					63					50				
750r/min																				
YZR160L-8	11	676	27.5	35.3		9	694	22.4	28.1	83	6	717	16.4	18.2	82.5	5	724	14	15	
YZR180L-8	15	690	34	56		13	700	29.1	47.8	80	9	720	21.9	32.1	83	7.5	726	19.6	36.6	
YZR200L-8	22	690	48	81		18.5	701	40	67.2		13	718	30	46.1		11	723	27	38.7	
YZR225L-8	33	696	70	92		26	708	55	71.2	84.5	18.5	721	41	49.5	86.5	17	723	38	45	
YZR250M1-8	42	710	75	97.5		35	715	64	80		26	725	52	59.1		22	729	46	46.7	
YZR250M2-8	52	706	103	98		42	716	86	79	86	32	725	68	60	87	27	729	60	51	

续表 23-55

电动机型号	工作方式 S3																			
	$FC_N=15\%$					$FC_N=25\%$					$FC_N=60\%$					$FC_N=100\%$				
	功率 (kW)	转速 (r/min)	定子电流 (A)	转子电流 (A)	效率η (%)	功率 (kW)	转速 (r/min)	定子电流 (A)	转子电流 (A)	效率η(%)	功率 (kW)	转速 (r/min)	定子电流 (A)	转子电流 (A)	效率η(%)	功率 (kW)	转速 (r/min)	定子电流 (A)	转子电流 (A)	效率η (%)
750r/min																				
YZR280S-8	63				87.5	51				88.5	38				89.5	34				89.5
YZR280M-8	75	715	150	132		63	722	126	110		48	730	103	82.8		40	732	93	68.7	
YZR315S-8	100	719	172	213		85	724	148	180		63	731	116	132		55	734	104	115	
YZR315M-8	125	717	250	232		100	715	190	183.5		75	725	140	136		63	728	124	113.8	
600r/minn																				
YZR280S-10	55	564	112	235.2		42	571	92	177.1	85.5	32	578	77	133.4	88	27	582	69	111.8	
YZR280M-10	63	548	146	241		55	556	127	207	86.5	37	569	90	136	88	33	587	89.6	118	
YZR315S-10	75	574	154	194		63	580	132.5	161.9		48	585	106.6	122		40	588	95.2	101	
YZR315M-10	100	570	210	205		85	576	179	171		63	584	140	124.8		50	587	125	98.5	
YZR355M-10	132	576	266	252		110	581	218	207		75	588	154	140		63	589	136	117	
YZR355L1-10	160	571	314	261		132	578	257	213		90	585	181	143		75	588	157	119	
YZR355L2-10	185	585	353	241		150	588	293	194		110	591	226	141.8		90	592	191	115.6	
YZR400L1-10						190				90	135				91	110				91
YZR400L2-10						240				91	177				91	145				90.5

该表录自《起重冶金》杂志1990年1期。表中$CZ=CXZ$。

$$C=\frac{GD_M^2+GD_m^2}{GD_M^2} \tag{23-178}$$

式中 C——传动装置惯性增大率；

GD_M^2——电动机转子飞轮矩，N·m²；

GD_m^2——折算到电动机轴上机械及负载的飞轮矩，N·m²。

$$Z=d_c+0.25d_i+0.8Z_h+1.8f \tag{23-179}$$

式中 d_c——电动机每小时全起动次数；

d_i——电动机每小时点动次数；

Z_h——电动机每小时动力制动次数；

f——电动机每小时反接制动次数；

Z——折算的电动机每小时起动次数。

表23-61中的数据是在起动平均转矩为1.7倍额定转矩下计算得出。表中P为电动机允许的输出功率，单位为kW。

计算实例：

机械及工艺资料同23.6.8实例，P_j为机械所需功率，kW，采用动力制动

$$P_j=\frac{Mn}{9550}=\frac{6\times 900}{9550}=0.57\text{kW}$$

$$FC=\frac{\Sigma t_s+\Sigma t_{st}}{t_c}$$

$$=\frac{0.19+0.17+0.19+0.21+0.41+0.41}{18}$$

$$=\frac{1.58}{18}=8.8\%$$

$$Z=200\times(2+2\times 0.8)=200\times 3.6=720$$

按上述计算结果并估计CZ值后，查表23-61初选电动机YZR112M-6；

$$C=\frac{GD_M^2+GD_m^2}{GD_M^2}=\frac{1.03+5}{1.03}=5.85$$

$$CZ=5.85\times 720=4212$$

查表23-61$P=0$即按发热校验不能通过。再试选YZR132M1-6，按上述步骤计算并查表23-61，$P=0$，仍不能通过（步骤略）。再选YZR160M2-6电动机；

$$C=\frac{5.53+5}{5.53}=\frac{10.53}{5.53}=1.9$$

$$CZ=1.9\times 720=1368$$

查表23-61，$P=0.738>P_j=0.57$，该电动机按发热可以通过。

表23-56 YZR型电动机资料（四）

电动机型号	工作方式S2									
	60min定额					30min定额				
	功率（kW）	转速（r/min）	定子电流（A）	转子电流（A）	效率 η（%）	功率（kW）	转速（r/min）	定子电流（A）	转子电流（A）	效率 η（%）
1000r/min										
YZR112M-6	1.5	866	4.63	12.5	66	1.8	815	5.3	13.4	62
YZR132M1-6	2.2	908	6.05	12.6	73.5	2.5	892	6.5	12.9	
YZR132M2-6	3.7	908	9.2	14.5	79	4.0	900	9.7	14.2	
YZR160M1-6	5.5	930	15	25.7	75	6.3	921	16.4	29.4	73.5
YZR160M2-6	7.5	940	18	26.5	79.5	8.5	930	19.6	29.8	
YZR160L-6	11	957	24.5	27.6	80	13	942	28.6	31.6	
YZR180L-6	15	962	33.8	46.5	83	17	955	36.7	49.8	82
YZR200L-6	22	964	49.1	69.9	86	26	956	56.1	82.4	85
YZR225M-6	30	962	62	74.4	87	34	957	70	85	84
YZR250M1-6	37	965	70.5	91.5	85	42	960	80	103	
YZR250M2-6	45	965	84.5	95	89	52	958	97	110	88
YZR280S-6	55	969	101.5	129.8	90	63	966	118	142	

续表 23-56

电动机型号	工作方式 S2									
	60min 定额					30min 定额				
	功率 (kW)	转速 (r/min)	定子电流 (A)	转子电流 (A)	效率 η (%)	功率 (kW)	转速 (r/min)	定子电流 (A)	转子电流 (A)	效率 η (%)
1000r/min										
YZR280M-6	75				90	88				
750r/min										
YZR160L-8	7.5	705	19.1	23	76	9	694	22.4	28.1	83
YZR180L-8	11	700	27	44	81	13	700	29.1	47.8	80
YZR200L-8	15	712	33.5	53.5	85	18.5	701	40	67.2	
YZR225L-8	22	715	46.9	59.1	86	26	708	55	71.2	
YZR250M1-8	30	720	63.4	67.7	86	35	715	64	80	
YZR250M2-8	37	720	78	70	86.6	42	716	86	79	86
YZR280S-8	45				87.5	55				88.5
YZR280M-8	55	725	110.5	92.5	89	63	722	126	110	
YZR315S-8	75	727	134	159	89	85	724	148	180	
YZR315M-8	90	720	172	160.9	90	100	715	190	183.5	
600r/min										
YZR280S-10	37	560	84.8	153.2	87	42	571	92	177.1	85.5
YZR280M-10	45	560	103.8	165	88	55	556	127	207	86.5
YZR315S-10	55	580	118.3	138.7	89.5	63	580	132	161.9	
YZR315M-10	75	679	160	149.3	89	85	576	179	171	
YZR355M-10	90	585	180	166.6	91	110	581	218	207	
YZR355L1-10	110	582	217	172	91	132	576	257	213	
YZR355L2-10	132	588	262	167.5	91	150	588	275	194	
YZR400L1-10	160				91	190				91
YZR400L2-10	200				91	240				92

表 23-57　YZ 型电动机资料（一）

电动机型号	工作方式 S3														
	$FC_N=40\%$														
	功率（kW）	转速（r/min）	定子电流（A）	cosφ	效率 η（%）	额定转矩（N·m）	最大转矩倍数	起动转矩倍数	换算到定子的转子电流（A）	转子电流（A）	定子铜损（kW）	转子铜损（kW）	空载损耗（kW）	固定损耗（kW）	总损耗（kW）	起动电流倍数
1000r/min																
YZ112M-6	1.5	902	4.1	0.775	71.7	15.6	2.7	2.44	1.50	15.5	0.291	0.168	0.248	0.126	0.600	4.47
YZ132M1-6	2.2	935	6.0	0.724	76.9	22.5	2.8	2.1	1.91	16.1	0.377	0.165	0.236	0.09	0.654	4.5
YZ132M2-6	3.7	930	9.8	0.733	78.4	38.7	2.6	3.0	3.10	18.5	0.455	0.28	0.383	0.24	1.012	4.5
YZ160M1-6	5.5	955	12.4	0.835	80.7	56.3	2.6	2.5	3.73	22.0	0.578	0.267	0.630	0.44	1.34	4.9
YZ160M2-6	7.5	930	16.5	0.853	80.6	75.6	2.9	2.4	5.02	22.2	0.71	0.586	0.600	0.435	1.806	5.2
YZ160L-6	11	930	24.4	0.836	82	110	2.9	2.7	7.81	25.3	0.98	0.839	0.650	0.491	2.32	5.4
750r/min																
YZ160L-8	7.5	705	19	0.734	81.9	101.6	2.7	2.5	5.09	21.0	0.83	0.485	0.600	0.296	1.686	5.0
YZ180L-8	11	710	25.6	0.814	80	151	2.9	2.6	8.33	32.9	1.09	1.121	0.680	0.431	2.755	4.7
YZ200L-8	15	700	33.2	0.805	85	201.8	2.8	2.7	11.0	36.2	0.92	1.11	0.665	0.46	2.639	6.1
YZ225M-8	22	695	47	0.836	87	295	2.9	2.7	14.0	40.5	1.27	1.762	0.908	0.696	3.923	6.2
YZ250M1-8	30	690	63.6	0.842	85	413	2.6	2.2	21.9	43.2	1.77	2.42	1.180	0.816	5.312	5.47

注：总损耗＝定子铜损＋转子铜损＋固定损耗＋杂耗，杂耗取功率的 1%固定损耗＝铁耗＋机械损耗。
定子为三角形接线。

表 23-58　YZ 型电动机资料（二）

电动机型号	空载定子电流 (A)	变压比平方 K_e^2	115℃定子有效电阻 (Ω)	定子电抗 (Ω)	换算到定子的转子有效电阻 (Ω)	115℃转子有效电阻 (Ω)	换算到定子的转子电抗 (Ω)	转子电抗 (Ω)	最大转差率 s_m	电机温升时间常数 T (min)	转速为 0 时冷却系数 h_0	飞轮矩 (N·m²)	质量 (kg)
1000r/min													
YZ112M-6	2.8	107.5	5.8	3.3						61		0.98	58
YZ132M1-6	4.0	70.7	3.5	2.3						78		2.06	80
YZ132M2-6	5.7	35.2	1.58	1.58						42		2.26	91.5
YZ160M1-6	7.1	34.7	1.26	1.09						48		4.02	118.5
YZ160M2-6	9.0	19.5	0.87	0.74						33		5.10	131.5
YZ160L-6	13.0	10.5	0.645	0.53						49		6.97	152
750r/min													
YZ160L-8	12.5	17		0.71						59		7.46	152
YZ180L-8	13.7	15.6	0.56	0.66						53		11.49	205
YZ200L-8	17.5	10.8	0.28	0.52						53		22.5	276
YZ225M-8	23.7	8.3	0.19	0.38						55		28.3	347
YZ250M1-8	33.5	3.9	0.145	0.26						62		51.8	462

表 23-59 YZ 型电动机资料（三）

电动机型号	工作方式 S3															
	FC_N=15%				FC_N=25%				FC_N=60%				FC_N=100%			
	功率（kW）	转速（r/min）	定子电流（A）	效率 η（%）	功率（kW）	转速（r/min）	定子电流（A）	效率 η（%）	功率（kW）	转速（r/min）	定子电流（A）	效率 η（%）	功率（kW）	转速（r/min）	定子电流（A）	效率 η（%）
1000r/min																
YZ112M-6	2.2	810	6.5	58	1.8	892	4.9	68	1.1	946	2.7	71.5	0.8	980	2.5	68
YZ132M1-6	3.0	804	7.5	73	2.5	920	6.5	76	1.8	950	5.3	77.6	1.5	960	4.9	78.5
YZ132M2-6	5.0	890	11.6	75.5	4.0	915	9.2	78	3.0	940	7.5	79	2.8	945	7.2	79
YZ160M1-6	7.5	903	16.8	77	6.3	922	14.1	79.5	5.0	940	11.5	81	4.0	953	10	81
YZ160M2-6	11.0	926	25.4	77	8.5	943	18.0	79.0	6.3	956	14.2	81	5.5	961	13	81
YZ160L-6	15.0	920	32	78	13.0	936	28.7	80.0	9.0	964	20.6	83	7.5	972	18.8	83.5
750r/min																
YZ160L-8	11	675	27.4	77	9.0	694	21.1	80	6.0	717	15.6	82	5	724	14.2	82.5
YZ180L-8	15	654	35.3	74	13.0	675	30	77.5	9.0	710	21.5	80	7.5	718	19.2	81
YZ200L-8	22	686	47.5	80	18.5	697	40	82	13.0	714	28.1	85	11	720	26	86
YZ225M-8	33	687	69	81	26.0	701	53.5	83	18.5	718	40	85	17	720	37.5	86
YZ250M1-8	42	663	89	82.5	35.0	681	74	84	26.0	704	56	86	22	717	45	87

表 23-60 YZ 型电动机资料（四）

工作方式 FC_N 项目 机座号	S2							
	60min 定额				30min 定额			
	容量（kW）	转速（r/min）	定子电流（A）	效率 η（%）	容量（kW）	转速（r/min）	定子电流（A）	效率 η（%）
1000r/min								
YZ112M-6	1.5	920	4.25	71.5	1.8	892	4.9	68
YZ132M1-6	2.2	935	5.9	74	2.5	920	6.5	76
YZ132M2-6	3.7	912	8.8	79	4.0	915	9.2	78
YZ160M1-6	5.5	933	12.5	80.6	6.3	922	14.1	79.5
YZ160M2-6	7.5	948	15.9	83	8.5	943	18.0	79
YZ160L-6	11.0	953	24.6	84	15.0	920	32.0	80
750r/min								
YZ160L-8	7.5	705	18	82	9.0	694	21.1	80
YZ180L-8	11.0	694	25.8	80.9	13	675	30	77.5
YZ200L-8	15.0	710	33.1	85	18.5	697	40	82
YZ225M-8	22.0	712	45.8	84	26.0	701	53.5	83
YZ250M1-8	30.0	694	63.3	85	35.0	681	74	84

表 23-61 YZR 型电动机 $P=f$（FC，CZ）数值表

$CZ=$	6	50	100	150	300	450	600	800	1000	1250	1500	2000	3000	4000
YZR112M-6														
$FC=15\%$	2.200	2.172	2.139	2.107	2.013	1.919	1.826	1.703	1.579	1.424	1.266	0.936	0.125	0.000
$FC=25\%$	1.800	1.778	1.753	1.728	1.655	1.583	1.511	1.416	1.321	1.202	1.082	0.832	0.246	0.000
$FC=40\%$	1.500	1.485	1.468	1.451	1.401	1.352	1.303	1.238	1.174	1.094	1.013	0.849	0.497	0.045
$FC=60\%$	1.100	1.087	1.073	1.059	1.017	0.976	0.936	0.882	0.829	0.763	0.696	0.558	0.252	0.000
$FC=100\%$	0.800	0.791	0.781	0.771	0.741	0.712	0.683	0.646	0.608	0.562	0.515	0.420	0.212	0.000
YZR132M1-6														
$FC=15\%$	3.000	2.908	2.806	2.706	2.410	2.117	1.822	1.416	0.978	0.332	0.000	0.000	0.000	
$FC=25\%$	2.500	2.438	2.369	2.301	2.100	1.904	1.707	1.443	1.169	0.802	0.380	0.000	0.000	
$FC=40\%$	2.200	2.157	2.109	2.062	1.923	1.787	1.652	1.473	1.291	1.058	0.813	0.233	0.000	
$FC=60\%$	1.800	1.770	1.735	1.702	1.603	1.506	1.411	1.284	1.158	0.998	0.833	0.474	0.000	
$FC=100\%$	1.500	1.480	1.457	1.434	1.367	1.302	1.238	1.154	1.070	0.966	0.860	0.642	0.114	
YZR132M2-6														
$FC=15\%$	5.000	4.906	4.800	4.696	4.385	4.077	3.770	3.358	2.939	2.397	1.822	0.453	0.000	0.000
$FC=25\%$	4.000	3.939	3.870	3.801	3.598	3.397	3.198	2.932	2.665	2.326	1.976	1.220	0.000	0.000
$FC=40\%$	3.700	3.659	3.613	3.567	3.430	3.295	3.161	2.984	2.807	2.585	2.361	1.902	0.875	0.000
$FC=60\%$	3.000	2.971	2.938	2.905	2.807	2.711	2.615	2.489	2.364	2.207	2.050	1.731	1.048	0.197
$FC=100\%$	2.500	2.481	2.460	2.438	2.374	2.312	2.249	2.167	2.086	1.985	1.884	1.682	1.268	0.819
YZR160M1-6														
$FC=15\%$	7.500	7.278	7.032	6.791	6.087	5.399	4.712	3.778	2.791	1.396	0.000	0.000	0.000	0.000
$FC=25\%$	6.300	6.168	6.020	5.874	5.450	5.036	4.629	4.088	3.542	2.838	2.089	0.240	0.000	0.000
$FC=40\%$	5.500	5.412	5.313	5.216	4.930	4.652	4.380	4.021	3.664	3.215	2.757	1.782	0.000	0.000
$FC=60\%$	5.000	4.938	4.868	4.799	4.595	4.397	4.203	3.948	3.696	3.383	3.069	2.428	0.987	0.000
$FC=100\%$	4.000	3.956	3.906	3.857	3.713	3.573	3.435	3.255	3.078	2.859	2.640	2.201	1.264	0.040

续表 23-61

CZ=	6	50	100	150	300	450	600	800	1000	1250	1500	2000	3000	4000
YZR160M2-6														
FC=15%	11.000	10.703	10.372	10.048	9.089	8.168	7.242	5.990	4.686	2.906	0.738	0.000	0.000	0.000
FC=25%	8.500	8.307	8.091	7.878	7.257	6.651	6.052	5.251	4.436	3.370	2.206	0.000	0.000	0.000
FC=40%	7.500	7.375	7.234	7.096	6.689	6.292	5.902	5.388	4.873	4.224	3.557	2.116	0.000	0.000
FC=60%	6.300	6.210	6.109	6.010	5.717	5.432	5.152	4.783	4.418	3.961	3.498	2.535	0.100	0.000
FC=100%	5.500	5.443	5.378	5.315	5.127	4.943	4.763	4.526	4.293	4.004	3.716	3.136	1.910	0.390
YZR160L-6														
FC=15%	15.000	14.617	14.190	13.770	12.540	11.336	10.138	8.523	6.853	4.608	1.994	0.000	0.000	0.000
FC=25%	13.000	12.758	12.486	12.218	11.432	10.664	9.906	8.901	7.890	6.599	5.251	2.184	0.000	0.000
FC=40%	11.000	10.837	10.654	10.473	9.941	9.422	8.910	8.236	7.564	9.721	5.864	4.060	0.000	0.000
FC=60%	9.000	8.882	8.749	8.618	8.231	7.854	7.483	6.995	6.512	5.908	5.301	4.048	1.107	0.000
FC=100%	7.500	7.422	7.335	7.248	6.992	6.742	6.497	6.175	5.857	5.463	5.070	4.280	2.608	0.538
YZR180L-6														
FC=15%	20.000	19.189	18.292	17.414	14.842	12.284	9.653	5.838	1.093	0.000	0.000	0.000	0.000	
FC=25%	17.000	16.498	15.940	15.393	13.793	12.226	10.658	8.521	0.260	3.050	0.000	0.000	0.000	
FC=40%	15.000	14.670	14.302	13.939	12.879	11.845	10.823	9.461	8.078	6.279	4.337	0.000	0.000	
FC=60%	13.000	12.767	12.507	12.250	11.499	10.767	10.047	9.096	8.144	6.937	5.688	2.926	0.000	
FC=100%	11.000	10.846	10.674	10.504	10.005	9.518	9.041	8.415	7.794	7.019	6.237	4.618	0.657	
YZR200L-6														
FC=15%	33.000	31.639	30.133	28.659	24.332	20.018	15.562	9.055	0.741	0.000	0.000	0.000		
FC=25%	26.000	25.120	24.144	23.187	20.391	17.638	14.861	11.002	6.753	0.000	0.000	0.000		
FC=40%	22.000	21.408	20.750	20.104	18.218	16.376	14.545	12.074	9.506	6.016	1.813	0.000		
FC=60%	19.000	18.585	18.123	17.669	16.342	15.050	13.777	12.084	10.369	8.148	5.763	0.000		
FC=100%	17.000	16.736	16.440	16.149	15.294	14.463	13.647	12.574	11.508	10.171	8.811	5.940		

续表 23-61

YZR225M-6												
CZ=	6	50	100	150	300	450	600	800	1000	1250	1500	2000
FC=15%	40.000	38.219	36.252	34.329	28.688	23.038	17.141	8.268	0.000	0.000	0.000	0.000
FC=25%	34.000	32.874	31.625	30.400	26.823	23.305	19.762	14.858	9.503	1.134	0.000	0.000
FC=40%	30.000	29.267	28.449	27.646	25.299	23.007	20.736	17.691	14.565	10.422	5.755	0.000
FC=60%	26.000	25.484	24.908	24.340	22.680	21.064	19.471	17.360	15.234	12.511	9.648	2.932
FC=100%	22.000	21.666	21.291	20.922	19.840	18.786	17.751	16.391	15.040	13.347	11.629	8.016
YZR250M1-6												
FC=15%	50.000	46.861	43.416	40.046	30.012	19.426	6.881	0.000	0.000	0.000	0.000	0.000
FC=25%	42.000	40.038	37.873	35.756	29.537	23.277	16.680	6.475	0.000	0.000	0.000	0.000
FC=40%	37.000	35.729	34.320	32.940	28.903	24.924	20.903	15.301	0.095	0.000	0.000	0.000
FC=60%	32.000	31.104	30.107	29.130	26.273	23.479	20.695	16.922	12.972	7.515	0.593	0.000
FC=100%	28.000	27.433	26.800	26.177	24.355	22.579	20.829	18.506	16.165	13.158	9.982	2.404
YZR250M2-6												
FC=15%	63.000	59.289	55.215	51.234	39.436	27.174	13.237	0.000	0.000	0.000	0.000	0.000
FC=25%	52.000	49.656	47.071	44.544	37.133	29.708	21.947	10.213	0.000	0.000	0.000	0.000
FC=40%	45.000	43.474	41.782	40.125	35.285	30.523	25.720	19.051	11.710	0.000	0.000	0.000
FC=60%	39.000	37.936	36.753	35.593	32.205	28.895	25.604	21.158	16.529	10.205	2.484	0.000
FC=100%	33.000	32.321	31.564	30.819	28.641	26.522	24.435	21.667	18.875	15.288	11.491	2.339
YZR280S-6												
FC=15%	75.000	70.172	64.869	59.678	44.174	27.689	7.695	0.000	0.000	0.000	0.000	0.000
FC=25%	63.000	59.993	56.674	53.426	43.866	34.207	23.969	7.843	0.000	0.000	0.000	0.000
FC=40%	55.000	53.069	50.927	48.827	42.678	36.605	30.448	21.826	12.159	0.000	0.000	0.000
FC=60%	48.000	46.661	45.170	43.706	39.424	35.230	31.046	25.369	19.422	11.195	0.734	0.000
FC=100%	40.000	39.148	38.197	37.261	34.521	31.851	29.214	25.705	22.152	17.555	12.636	0.154

续表 23-61

YZR280M-6														
$CZ=$	6	50	100	150	300	450	600	800	1000	1250	1500	2000	3000	4000
$FC=15\%$	100.000	94.053	87.517	81.123	62.135	42.321	19.625	0.000	0.000	0.000	0.000			
$FC=25\%$	85.000	81.260	77.130	73.088	61.227	49.350	36.972	18.437	0.000	0.000	0.000			
$FC=40\%$	75.000	72.574	69.880	67.240	59.519	51.927	41.290	33.751	22.320	4.900	0.000			
$FC=60\%$	63.000	61.291	59.391	57.526	52.082	46.764	41.476	34.336	26.908	16.781	4.485			
$FC=100\%$	50.000	48.866	47.608	46.363	42.749	39.238	35.775	31.176	26.507	20.131	13.854			
YZR160L-8														
$FC=15\%$	11.000	10.780	10.533	10.290	9.578	8.882	8.195	7.281	6.358	5.170	3.914	0.910	0.000	0.000
$FC=25\%$	9.000	8.856	8.694	8.535	8.066	7.608	7.157	6.562	5.968	5.220	4.454	2.813	0.000	0.000
$FC=40\%$	7.500	7.404	7.297	7.191	6.878	6.573	6.273	5.878	5.487	5.000	4.510	3.503	1.187	0.000
$FC=60\%$	6.000	5.929	5.849	5.770	5.537	5.309	5.086	4.794	4.505	4.116	3.786	3.056	1.446	0.000
$FC=100\%$	5.000	4.952	4.898	4.845	4.687	4.533	4.382	4.185	3.990	3.750	3.511	3.034	2.047	0.914
YZR180L-8														
$FC=15\%$	15.000	14.586	14.123	13.669	12.336	11.026	9.716	7.236	6.067	3.479	0.183	0.000	0.000	0.000
$FC=25\%$	13.000	12.740	12.448	12.160	11.315	10.487	9.669	8.578	7.475	6.053	4.544	0.906	0.000	0.000
$FC=40\%$	11.000	10.834	10.648	10.463	9.920	9.389	8.865	8.173	7.483	6.613	5.727	3.849	0.000	0.000
$FC=60\%$	9.000	8.877	8.739	8.602	8.199	7.806	7.418	6.907	6.400	5.765	5.122	3.788	0.515	0.000
$FC=100\%$	7.500	7.421	7.332	7.243	6.983	6.727	6.476	6.146	5.820	5.415	5.011	4.196	2.453	0.217
YZR200L-8														
$FC=15\%$	22.000	21.276	20.471	19.680	17.364	15.079	12.771	9.570	6.064	0.550	0.000	0.000	0.000	
$FC=25\%$	18.500	18.040	17.527	17.022	15.542	14.092	12.651	10.711	8.710	6.036	2.974	0.000	0.000	
$FC=40\%$	15.000	14.691	14.346	14.007	13.010	12.037	11.076	9.797	8.503	6.833	5.058	0.705	0.000	
$FC=60\%$	13.000	12.784	12.541	12.301	11.599	10.913	10.238	9.346	8.456	7.330	6.175	3.675	0.000	
$FC=100\%$	11.000	10.861	10.706	10.551	10.098	9.655	9.221	8.649	8.083	7.379	6.671	5.221	1.911	

续表 23-61

CZ=	6	50	100	150	300	450	600	800	1000	1250	1500	2000	3000	4000
YZR225M-8														
FC=15%	33.000	32.087	31.069	30.069	27.136	24.257	21.380	17.472	13.373	7.699	0.488	0.000	0.000	0.000
FC=25%	26.000	25.408	24.747	24.096	22.188	20.321	18.471	15.996	13.468	10.154	6.517	0.000	0.000	0.000
FC=40%	22.000	21.614	21.182	20.756	19.503	18.280	17.075	15.479	13.880	11.849	9.749	5.112	0.000	0.000
FC=60%	18.500	18.230	17.927	17.628	16.747	15.888	15.043	13.930	12.823	11.435	10.026	7.074	0.000	0.000
FC=100%	17.000	16.832	16.642	16.453	15.898	15.354	14.818	14.115	13.420	12.559	11.700	9.975	6.341	1.992
YZR250M1-8														
FC=15%	42.000	40.190	38.190	36.233	30.493	24.755	18.797	9.959	0.000	0.000	0.000	0.000		
FC=25%	35.000	33.863	32.602	31.365	27.750	24.196	20.621	15.687	10.330	2.141	0.000	0.000		
FC=40%	30.000	29.248	28.410	27.586	25.181	22.832	20.502	17.373	14.153	9.857	4.951	0.000		
FC=60%	26.000	25.472	24.883	24.303	22.608	20.956	19.329	17.170	14.994	12.199	9.248	2.198		
FC=100%	22.000	21.659	21.278	20.901	19.798	18.724	17.671	16.285	14.909	13.181	11.426	7.720		
YZR250M2-8														
FC=15%	52.000	49.910	47.598	45.335	38.703	32.107	25.325	15.516	3.423	0.000	0.000	0.000		
FC=25%	42.000	40.674	39.201	37.757	33.537	29.393	25.232	19.512	13.355	4.199	0.000	0.000		
FC=40%	37.000	36.134	35.168	34.218	31.440	28.728	26.043	22.452	18.783	13.961	8.633	0.000		
FC=60%	32.000	31.391	30.710	30.040	28.077	26.164	24.281	21.786	19.281	16.085	12.747	5.127		
FC=100%	27.000	26.609	26.170	25.737	24.467	23.229	22.014	20.416	18.831	16.849	14.843	10.659		
YZR280S-8														
FC=15%	60.000	57.305	54.326	51.409	42.825	34.195	25.151	11.420	0.000	0.000	0.000	0.000	0.000	
FC=25%	51.000	49.310	47.432	45.590	40.193	34.870	29.497	22.039	13.862	0.923	0.000	0.000	0.000	
FC=40%	45.000	43.906	42.685	41.483	37.963	34.518	31.098	26.503	21.778	15.501	8.412	0.000	0.000	
FC=60%	38.000	37.227	36.362	35.510	33.014	30.578	28.172	24.974	21.743	17.582	13.171	2.501	0.000	
FC=100%	34.000	33.517	32.974	32.437	30.860	29.320	27.806	25.811	23.829	21.346	18.832	13.582	0.217	

续表 23-61

YZR280M-8												
CZ=	6	50	100	150	300	450	600	800	1000	1250	1500	2000
FC=15%	75.000	71.739	68.130	64.592	54.185	43.739	32.843	16.539	0.000	0.000	0.000	0.000
FC=25%	63.000	60.954	58.679	56.445	49.897	43.438	36.922	27.900	18.063	2.843	0.000	0.000
FC=40%	55.000	53.692	52.232	50.794	46.580	42.453	38.355	32.855	27.210	19.741	11.387	0.000
FC=60%	48.000	47.080	46.050	45.034	42.054	39.141	36.266	32.447	28.600	23.674	18.506	6.546
FC=100%	40.000	39.417	38.763	38.116	36.215	34.359	32.532	30.125	27.732	24.729	21.682	15.295
YZR315S-8												
FC=15%	100.000	91.705	82.649	73.767	46.617	14.525	0.000	0.000	0.000	0.000	0.000	
FC=25%	85.000	79.754	74.003	68.385	51.706	34.218	13.818	0.000	0.000	0.000	0.000	
FC=40%	75.000	71.583	67.817	64.137	53.351	42.540	31.228	14.045	0.000	0.000	0.000	
FC=60%	63.000	60.582	57.912	55.303	47.691	40.175	32.519	21.644	8.925	0.000	0.000	
FC=100%	55.000	53.457	51.744	50.066	45.179	40.413	35.677	29.276	22.598	13.414	1.926	
YZR315M-8												
FC=15%	125.000	115.005	104.084	93.378	60.796	23.174	0.000	0.000	0.000	0.000		
FC=25%	100.000	93.597	86.587	79.743	59.392	37.897	12.179	0.000	0.000	0.000		
FC=40%	90.000	85.777	81.127	76.587	63.279	49.915	35.860	14.165	0.000	0.000		
FC=60%	75.000	72.019	68.731	65.523	56.168	46.924	37.483	23.964	7.752	0.000		
FC=100%	63.000	61.057	58.908	56.807	50.702	44.752	38.822	30.746	22.180	9.888		
YZR280S-10												
FC=15%	55.000	52.397	49.524	46.712	38.438	30.086	21.251	7.423	0.000	0.000	0.000	0.000
FC=25%	42.000	40.342	38.508	36.713	31.462	26.251	20.912	13.240	3.984	0.000	0.000	0.000
FC=40%	37.000	35.909	34.697	33.509	30.037	26.636	23.238	18.608	13.713	6.782	0.000	0.000
FC=60%	32.000	31.231	30.374	29.532	27.075	24.679	22.308	19.137	15.892	11.612	6.845	0.000
FC=100%	27.000	26.502	25.946	25.398	23.796	22.239	20.710	18.689	16.668	14.101	11.440	5.501

续表 23-61

YZR280M-10												
$CZ=$	6	50	100	150	300	450	600	800	1000	1250	1500	2000
$FC=15\%$	63.000	60.242	57.195	54.211	45.451	36.674	27.530	13.851	0.000	0.000	0.000	0.000
$FC=25\%$	55.000	53.259	51.324	49.425	43.867	38.399	32.900	25.326	17.150	4.902	0.000	0.000
$FC=40\%$	45.000	43.794	42.450	41.131	37.273	33.497	29.740	24.662	19.379	12.185	3.495	0.000
$FC=60\%$	37.000	36.175	35.255	34.350	31.704	29.125	26.578	23.181	19.731	15.238	10.371	0.000
$FC=100\%$	33.000	32.474	31.884	31.303	29.597	27.935	26.302	24.149	22.006	19.309	16.556	10.691
YZR315S-10												
$FC=15\%$	75.000	69.442	63.377	57.448	39.614	19.879	0.000	0.000	0.000	0.000	0.000	
$FC=25\%$	63.000	59.496	55.653	51.904	40.860	29.537	17.048	0.000	0.000	0.000	0.000	
$FC=40\%$	55.000	52.694	50.152	47.670	40.421	33.222	25.808	14.992	1.139	0.000	0.000	
$FC=60\%$	48.000	46.390	44.608	42.865	37.791	32.818	27.821	20.920	13.391	1.620	0.000	
$FC=100\%$	40.000	38.957	37.798	36.664	33.362	30.154	26.980	22.725	18.344	12.480	5.696	
YZR315M-10												
$FC=15\%$	100.000	93.441	86.260	79.243	58.320	36.072	8.815	0.000	0.000	0.000	0.000	
$FC=25\%$	85.000	80.865	76.295	71.840	58.761	45.563	31.555	9.286	0.000	0.000	0.000	
$FC=40\%$	75.000	72.265	69.238	66.277	57.629	49.099	40.447	28.277	14.448	0.000	0.000	
$FC=60\%$	63.000	61.082	58.954	56.871	50.799	44.863	38.933	30.842	22.251	9.920	0.000	
$FC=100\%$	50.000	48.732	47.323	45.943	41.928	38.029	34.177	29.025	23.742	16.725	8.760	
YZR355M-10												
$FC=15\%$	132.000	121.499	110.021	98.768	64.532	25.099	0.000	0.000	0.000	0.000		
$FC=25\%$	110.000	103.330	96.012	88.860	67.636	45.450	19.826	0.000	0.000	0.000		
$FC=40\%$	90.000	85.571	80.699	75.942	61.977	47.878	32.888	8.895	0.000	0.000		
$FC=60\%$	75.000	71.885	68.451	65.100	55.317	45.617	35.646	21.160	2.895	0.000		
$FC=100\%$	63.000	60.989	58.763	56.588	50.262	44.084	37.908	29.452	20.391	7.020		

续表 23-61

YZR355L1-10											
CZ=	6	50	100	150	300	450	600	800	1000	1250	1500
FC=15%	160.000	147.482	133.794	120.376	79.629	33.116	0.000	0.000	0.000	0.000	
FC=25%	132.000	124.013	115.250	106.688	81.287	54.753	24.150	0.000	0.000	0.000	
FC=40%	110.000	104.712	98.892	93.211	76.543	59.763	42.021	14.168	0.000	0.000	
FC=60%	90.000	86.224	82.066	78.010	66.179	54.450	42.387	24.823	2.454	0.000	
FC=100%	75.000	72.534	69.809	67.148	59.420	51.876	44.329	33.968	22.790	5.917	
YZR355L2-10											
FC=15%	185.000	170.829	155.319	140.111	94.012	41.900	0.000	0.000	0.000	0.000	
FC=25%	150.000	140.930	130.977	121.249	92.384	62.224	27.441	0.000	0.000	0.000	
FC=40%	132.000	126.107	119.606	113.252	94.625	75.979	56.528	27.268	0.000	0.000	
FC=60%	110.000	105.827	101.218	96.713	83.567	70.593	57.393	38.691	16.985	0.000	
FC=100%	90.000	87.273	84.353	81.299	72.708	64.332	55.986	44.632	32.625	15.543	
YZR400L1-10											
FC=15%	236.000	216.266	194.726	173.595	108.928	32.036	0.000	0.000	0.000		
FC=25%	190.000	177.584	164.001	150.738	111.263	69.366	18.372	0.000	0.000		
FC=40%	160.000	151.807	142.814	134.047	108.323	82.290	54.388	8.165	0.000		
FC=60%	135.000	129.158	122.734	116.476	98.238	80.146	61.481	34.047	0.000		
FC=100%	110.000	106.114	101.834	97.664	85.578	73.781	61.940	45.538	27.455		
YZR400L2-10											
FC=15%	270.000	248.423	224.848	201.735	131.406	50.225	0.000	0.000	0.000	0.000	0.000
FC=25%	240.000	226.587	211.846	197.438	154.855	111.002	62.343	0.000	0.000	0.000	0.000
FC=40%	200.000	191.158	181.411	171.889	144.009	116.158	87.187	43.891	0.000	0.000	0.000
FC=60%	177.000	170.829	164.002	157.323	137.845	118.699	99.379	72.480	42.638	0.000	0.000
FC=100%	145.000	140.963	136.485	132.102	119.349	106.938	94.625	78.021	60.750	37.133	8.093

参考文献

[1] 北京钢铁设计院等编，钢铁企业电力设计参考资料，冶金工业出版社，1976.

[2] В. Ф. Бурьянов; Е. С. Рокотян; А. Е. Гуревич, Расчет мощности ДВИГАТЕЛЕЙ главных приводов прокатных станов р256, Металлургиздат, 1962.

[3]机械电子工业部天津电气传动设计研究所，电气传动自动化技术手册，机械工业出版社，1992.

[4] 裘为章等，起重运输机械，(1977)，1.

第24章

交流电动机的起动和制动

24.1 交流电动机各种起动和制动方式概述

24.1.1 交流电动机的各种起动方式

笼型异步电动机和同步电动机的起动方式一般有全压起动、降压起动和变频起动三种。其中降压起动又分为：

(1) 星形—三角形降压起动；

(2) 延边三角形降压起动；

(3) 电阻降压起动；

(4) 电抗器降压起动；

(5) 自耦变压器降压起动；

(6) 晶闸管降压软起动。

同步电动机和高压笼型电动机一般只采用（4）、（5）两种降压起动方式。

绕线型异步电动机的起动方式一般有频敏变阻器起动，电阻分级起动和交流电力电子开关起动（交流电力电子开关只用于交流低压电动机）。

24.1.1.1 全压起动

笼型电动机和同步电动机应优先采用全压起动。全压起动时应满足下列条件：

(1) 起动时电压降不得超过允许值。一般经常起动的电动机其电压降不得超过10%；不经常起动的电动机其电压降不得超过15%；在保证生产机械所要求的起动转矩，而又不影响其它用电设备的正常运行时，起动时电压降可允许为20%或更大一些。

由单独变压器供电的电动机，起动时电压降的允许值由生产机械所要求的起动转矩决定。

(2) 起动容量不得超过电源容量和供电变压器的过负荷能力。笼型电动机允许全压起动的功率与电源容量之间的关系见表24-1，与供电变压器容量之间的关系见表24-2。表24-2中所列的数据是根据以下条件求得的：

1) 电动机与低压母线直接相连；

2) 电动机起动电流倍数 $K_{iq}=7$；额定功率因数 $\cos\varphi_e=0.85$；额定效率 $\eta_e=0.9$；

3) 变压器的其它负荷为：$S_{fh}=0.5S_b$，$\cos\varphi_{fh}=0.7$；或 $S_{fh}=0.6S_b$，$\cos\varphi_{fh}=0.8$（由这两种情况计算出的 Q_{fh} 值相差很少，故在表24-2中只列出前一种情况时的计算值）；

4) 变压器高压侧的短路容量 $S_{dl}=50S_b$，S_b 为变压器额定容量。

表24-1 按电源容量允许全压起动的笼型电动机功率

电源	允许全压起动的笼型电动机功率
小容量发电厂	每1kVA发电机容量为0.1～0.12kW
6（10）/0.4kV变压器	经常起动时，不大于变压器额定容量的20% 不经常起动时，不大于变压器额定容量的30%
高压线路	不超过电动机供电线路上的短路容量的3%
变压器-电动机组	电动机功率不大于变压器额定容量的80%

表 24-3　各种降压起动方式的比较

<table>
<tr><td colspan="2" rowspan="3">起动方式</td><td colspan="8">笼型电动机</td><td colspan="2">同步电动机</td></tr>
<tr><td rowspan="2">电阻降压起动</td><td rowspan="2">星形-三角形降压起动</td><td colspan="5">延边三角形降压起动
抽头比 $K=a/b$</td><td rowspan="2">自耦变压器降压起动</td><td rowspan="2">自耦变压器降压起动</td><td rowspan="2">电抗器降压起动</td></tr>
<tr><td>3∶1</td><td>2∶1</td><td>1∶1</td><td>1∶2</td><td>1∶3</td></tr>
<tr><td colspan="2">接线方式</td><td>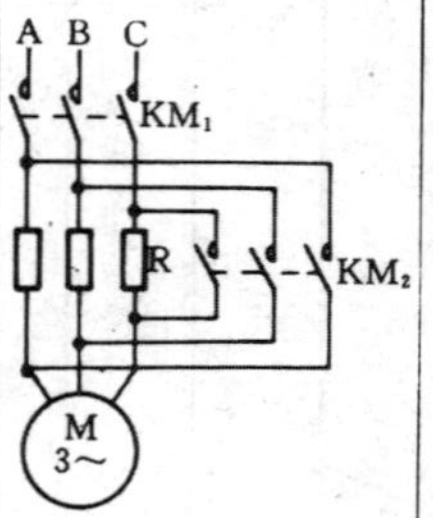
（起动时，KM_1 闭合；起动后，KM_1 和 KM_2 闭合）</td><td>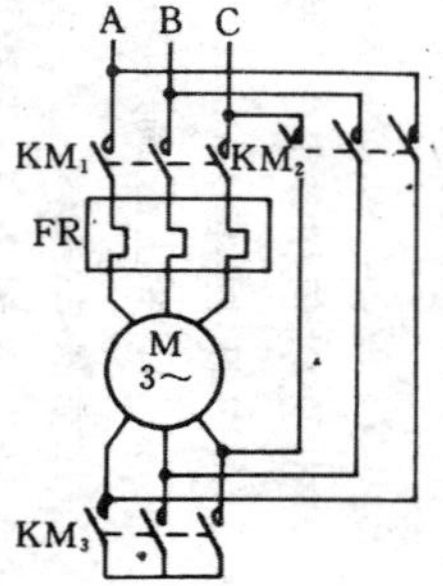
（起动时，KM_1，KM_3 闭合；KM_2 断开；起动后，KM_1，KM_2 闭合，KM_3 断开）</td><td colspan="5">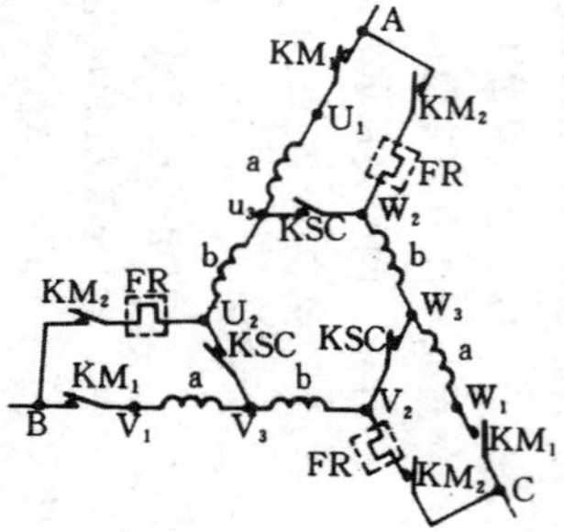
（起动时，KM_1 和 KSC 闭合，KM_2 断开；起动后，KM_1 和 KM_2 闭合，KSC 断开）</td><td colspan="2">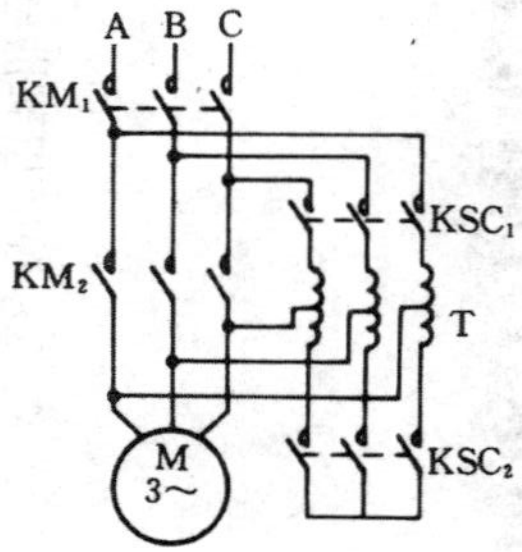
（起动时，KM_1，KSC_1，KSC_2 闭合；KM_2 断开；起动后，KM_1，KM_2 闭合，KSC_1，KSC_2 断开）</td><td>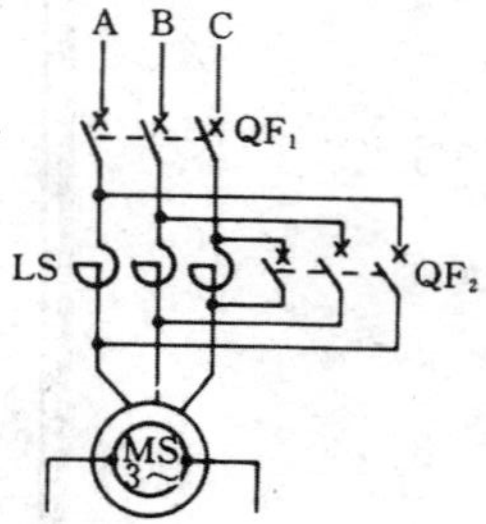
（起动时，QF_1 闭合，QF_2 断开；起动后，QF_1 和 QF_2 闭合）</td></tr>
<tr><td rowspan="3">起动性能</td><td>$\frac{起动电压}{额定电压}$</td><td>a</td><td>$\frac{1}{\sqrt{3}}$</td><td>0.62</td><td>0.64</td><td>0.68</td><td>0.75</td><td>0.8</td><td>a</td><td>a</td><td>a</td></tr>
<tr><td>$\frac{起动电流}{全压起动电流}$</td><td>a</td><td>$\frac{1}{3}$</td><td>0.4</td><td>0.43</td><td>0.5</td><td>0.6</td><td>0.67</td><td>a^2</td><td>a^2</td><td>a</td></tr>
<tr><td>$\frac{起动转矩}{全压起动转矩}$</td><td>a^2</td><td>$\frac{1}{3}$</td><td>0.4</td><td>0.43</td><td>0.5</td><td>0.6</td><td>0.67</td><td>a^2</td><td>a^2</td><td>a^2</td></tr>
</table>

续表 24-3

起动方式	笼型电动机								同步电动机	
	电阻降压起动	星形-三角形降压起动	延边三角形降压起动 抽头比 $K=a/b$					自耦变压器降压起动	自耦变压器降压起动	电抗器降压起动
			3∶1	2∶1	1∶1	1∶2	1∶3			
适用的电动机类型	低压电动机	具有6个出线头的低压电动机，正常运行为三角形接线	具有9个出线头的低压电动机					高压、低压电动机		高压电动机
起动特点	起动电流较大，起动转矩较小，起动时电阻消耗能量较大	起动电流小，起动转矩较小	起动电流小，起动转矩较大，兼有自耦变压器和星形-三角形两种降压起动方式的优点					起动电流较小，起动转矩较大		起动电流较大，起动转矩较小

表 24-2 6（10）/0.4kV 变压器允许全压起动笼型电动机的最大功率

起动时的电压降 ΔU（%）	供电变压器的额定容量 S_b（kVA）												
	100	125	160	200	250	315	400	500	630	800	1000	1250	1600
	起动笼型电动机的最大功率 P_d（kW）												
10	20	25	30	40	50	65	80	100	120	150	190	235	300
15	30	40	50	65	80	100	130	160	190	240	300	375	480

电动机起动时，应对变压器过负荷进行校验。若每昼夜起动 6 次，每次起动持续时间不超过 15s，变压器的负荷率小于 90%时（或每次起动持续时间不超过 30s，变压器负荷率小于 70%时），最大起动电流允许值为变压器额定电流的 4 倍。若每昼夜起动 10～20 次（每次起动持续时间和变压器的负荷率同前），则允许最大起动电流相应减小为变压器额定电流的 2～3 倍。当不符合上述条件时，应加大变压器的容量，而不应采用进一步降低起动电压的方法。这样会延长电动机的起动时间，使变压器更加过热。电动机起动电流对变压器过负荷的影响见附录 24.1。

(3)大型电动机起动时，应保证电动机及其起动设备的动稳定和热稳定。

起动时的动稳定电流和热稳定电流应符合制造厂的规定。例如，电动机的允许起动条件（全压起动或降压起动）和连续起动次数（一般轧钢电动机连续起动次数为冷态 3 次，热态 2 次）以及起动设备的热稳定等。对于同步电动机还应考虑阻尼笼条的温度不超过制造厂的规定。

24.1.1.2 降压起动

当不能满足 24.1.1.1 所列的条件时，则采用降压起动。各种降压起动方式的比较见表 24-3（晶闸管降压软起动方式的起动性能可调，未列入本表内）。

降压起动时应满足下列条件：

(1) 降压起动时电动机的端电压应保证其起动转矩大于生产机械的静阻转矩，即

$$U_{*qd} \geqslant \sqrt{\frac{1.1M_{*j}}{M_{*qd}}} \qquad (24\text{-}1)$$

式中 U_{*qd}——起动时电动机端电压的标幺值；

M_{*j}——生产机械静阻转矩的标幺值。

M_{*qd}——电动机起动转矩的标幺值。

生产机械所需的静阻转矩应由工艺或设备专业提供，在未取得工艺资料，而又要进行估算时，可参照表 24-4，该表所列数据仅供参考。

表 24-4 各种机械所需的转矩

传动机械名称	所需转矩（$M/M_e\times100\%$）			传动机械名称	所需转矩（$M/M_e\times100\%$）		
	起动转矩	牵入转矩	最大转矩		起动转矩	牵入转矩	最大转矩
初轧机	40	30	250	圆锥型破碎机（空载起动）	100	100	250
三辊式方坯、板坯轧机	35	25	300	对辊破碎机（空载起动）	100	100	250
小型轧机	60	40	250	圆盘给料机	60	60	175
成组传动的连续式轧机	50	40	250	皮带运输机	140～150	110～120	
钢轨初轧机	35	25	300	离心式鼓风机、压缩机和水泵；			
厚板轧机	35	25	300	透平鼓风机和压缩机：			
薄板和带钢热轧机	100	50	350	管道阀门关闭时起动	30	60	150
薄板和带钢冷轧机	200	150	250	管道阀门开启时起动	30	100	150
轧管机	40	30	300	往复式真空泵：			
穿孔机和自动穿孔机	40	30	250	阀门关闭时起动	40	20	160
均整轧管机	60	40	250	烧结机、离心式鼓风机：			
球磨机	120～130	110～120	175	阀门关闭时起动	30	100	150
棒磨机	140～150	110～120	175	往复式空气压缩机、氨压机和煤气压缩机	40	20	140
磨碎机	50	50	150	交流或直流发电机组：			
颚式破碎机（空载起动）	100	100	250	在额定功率下运行	12	8	150
锤形破碎机（空载起动）	150	100	250	允许过载 25%下运行	18	10	200

(2) 大型电动机降压起动时，其端电压除应保证电动机的起动转矩大于生产机械的静阻转矩外，还应符合制造厂对电动机最低端电压的要求。

24.1.1.3 频敏变阻器起动

频敏变阻器是一种铁芯由铸铁片或钢板叠成，外面套有线圈的三相电抗器。其等效阻抗由线圈电抗和铁芯损耗(主要是涡流损耗)决定。阻抗值随电流频率变化而变化。

绕线型电动机在起动过程中转子电流频率随转差率变化而变化。在转子回路中接入频敏变阻器，其等效阻抗随转差率减小(转速增高)而相应减小，从而达到限制起动电流，并且获得起动转矩近似恒定的起动特性，见图 24-1。它具有不需要改变外接阻抗而可以很容易地实现电动机反接制动的特点。对 要求工作特性软的机械(如轧机的辊道等)，也 可以将频敏变阻器常接在转子回路中。

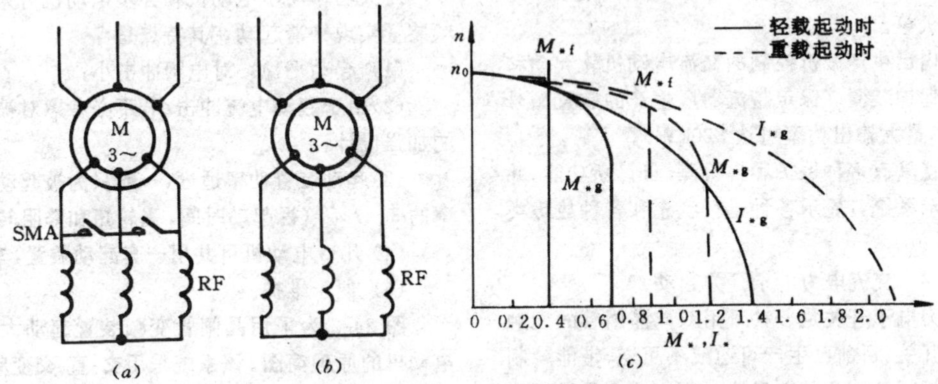

图 24-1 绕线 型电动机采用频敏变阻器起动

(a) —起动后切除频敏变阻器；(b) —转子常接频敏变阻器；(c) —起动特性

M_{*f}—负载转矩标幺值；M_{*q}—起动转矩标幺值；I_{*q}—起动电流标幺值

采用频敏变阻器起动，其优点是可以省去庞大的起动电阻器，线路简单，维护方便。缺点是功率因数低(一 般为 0.5～0.75)，起动转矩小。对要求在低转速下运转和起动转矩大的场合不宜采用。

24.1.1.4 电阻分级起动

某些大功率传动装置要求重载起动，而某些小功率传动装置要求频繁起、制动。为减小起动损耗和起动电流，并满足某些生产机械对加、减速度的特定要求，可采用电阻分级起动，其起动特性见表 24-5。

表 24-5 电阻分级起动的特性

接线方式	起动特性	电动机功率和起动级数	
		电机功率 (kW)	级数
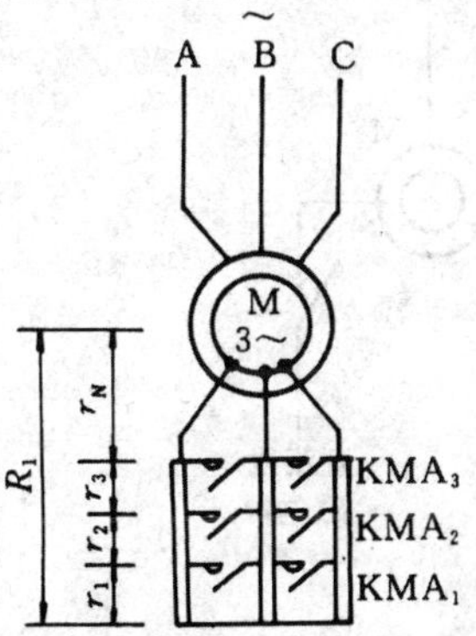	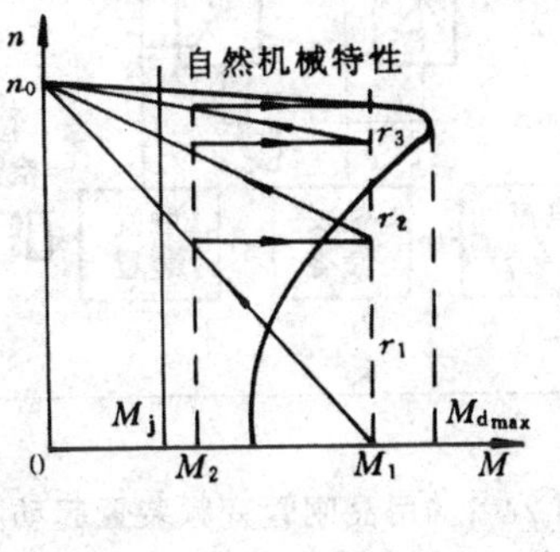	0.75～7.5	1
		10～20	2
		20～35	2～3
		35～55	3
		60～95	4～5
		100～200	4～5
		200～270	6

24.1.1.5　晶闸管降压软起动

晶闸管降压软起动和电动机综合保护装置是一种采用晶闸管的无触点强电电路开关。通过控制晶闸管的导通角，调节交流电动机的端电压，以实现电动机的软起动和软停止。这种起动方式的起动电流可调，对电网无大的电流冲击，在供电系统容量一定时，可以增大起动电动机的单机容量（与全压起动情况比较），并能获得平滑、稳定的起动特性。但由于系统为压降起动，其起动转矩较小，因此只适用于轻载起动的场所，如水泵、空压机等。

目前国内已生产微机控制的交流电动机软起动和电动机综合保护装置（保定整流器厂生产的装置型号为 KTR 型，最大输出功率可达 320kW）。

这种装置具有多种保护和自检测、自诊断功能，并具有数字显示系统，显示各种运行状态和各种故障类别的功能。

24.1.1.6　交流电力电子开关起动

交流电力电子开关是一种采用双向晶闸管的无触点强电电路开关，目前已生产可逆或不可逆，带能耗制动或不带能耗制动等多种方案的产品。该产品适用于频繁正反向起、制动的场所，如轧钢车间交流辅传动（如辊道、升降台等）电动机的控制。

由于其能耗制动采用交直流合一线路，无需制动用直流电源，且能耗制动回路的双向晶闸管的输出电压可调，故在能耗制动回路中无需串接制动电阻。

该产品结构型式为组合柜式抽屉结构，每柜最多有 5 个主件抽屉，一个辅助抽屉。每个主件抽屉的容量有 200A、300A、400A、600A、1000A 五种。当容量为 1000A 时，每柜最多只能有 4 个主件抽屉。目前国内已经生产 CJW1，QW1 及 KTZN 等型式的交流电力电子开关装置，并已在钢铁企业得到较广泛应用。

24.1.1.7　变频起动

对大功率同步电动机和异步电动机可采用静止变频装置实现平滑起动，其特点是：

(1) 起动平稳，对电网冲击小；

(2)由于起动电流冲击小，不必考虑对被起动电机的加强设计；

(3)起动装置功率适度，一般只为被起动电动机功率的 3～7%，(视起动时间，飞轮矩和静阻转矩而异)；

(4) 几台电动机可共用一套起动装置，较为经济；

(5) 便于维护。

图 24-2 为采用晶闸管变频装置起动大功率同步电动机的原理简图。该系统采用交-直-交变频电路，通过电流控制实现恒加速度起动。当电动机接近同步转速时，进行同步协调控制，直至达到同步转速后，通过开关切换使电动机直接投入电网运行。用此方法可起动功率达数千至数万千瓦的同步电动机。有关变频起动的详细论述见第 25 章有关变频起动部分。

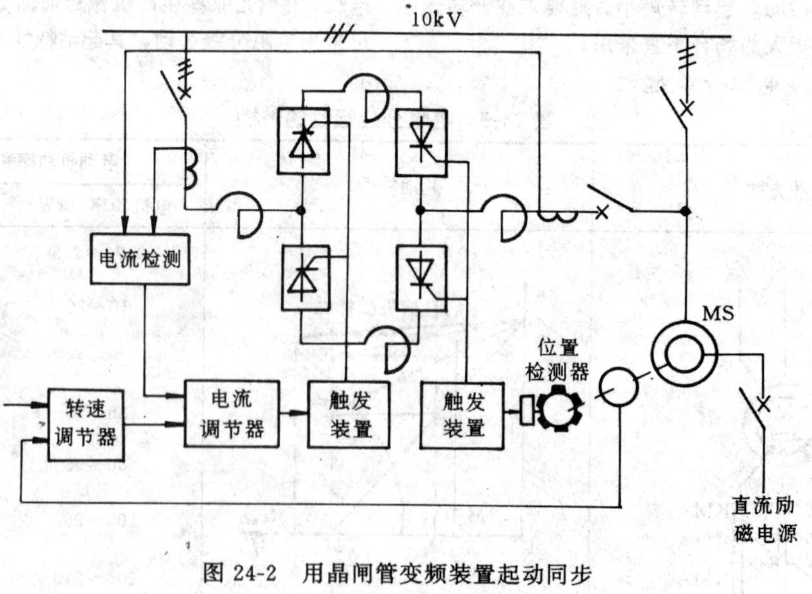

图 24-2　用晶闸管变频装置起动同步电动机原理简图

24.1.2 交流电动机各种制动方式

交流电动机的制动分机械制动和电制动两类。常用的电制动有：能耗制动、反接制动和再生制动。起重机也有采用涡流制动的。

经常正反向运转的绕线型电动机（如起重电动机）常采用反接制动。需要准确停止在零位的机械，不宜采用反接制动，而应采用能耗制动。

笼型电动机为了避免大的反接制动电流，反接制动一般只用于小功率电动机（10kW 以下），较大功率的笼型电动机需要准确停机时，宜采用能耗制动。

同步电动机不用反接制动，而采用能耗制动。工作于位能负载场合的异步电动机常采用再生制动。

下面将各种制动方式进一步加以叙述。

24.1.2.1 能耗制动

异步电动机的能耗制动是将运转中的电动机定子绕组从交流电源断开后，改接到能耗制动用的直流电源上。此时在定子绕组内产生一个恒定不动的磁场，在旋转的转子绕组内产生感应电流。定子恒定磁场与转子感应电流相互作用，产生制动转矩，使电动机迅速停止。

同步电动机的能耗制动是将运转中的同步电动机定子绕组从交流电源断开，保持其转子励磁的供电，并将定子绕组改接在一外加电阻器（或频敏变阻器）上。此时同步电动机作为一台发电机运转。由于转子磁场与定子感应电流相互作用，产生制动转矩，使电动机迅速停止。

交流电动机能耗制动的性能见表 24-6。

表 24-6 交流电动机能耗制动的性能

电动机类型	异步电动机	同步电动机
接线方式	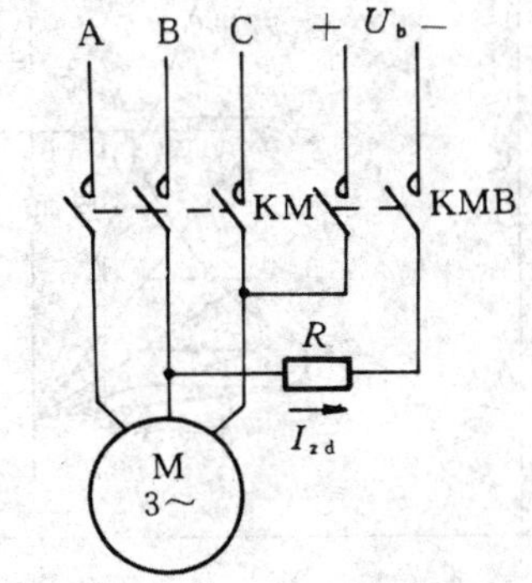 (a)	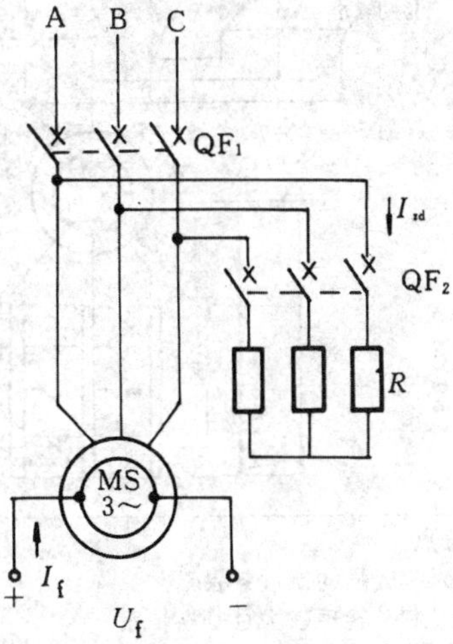 (c)
制动特性	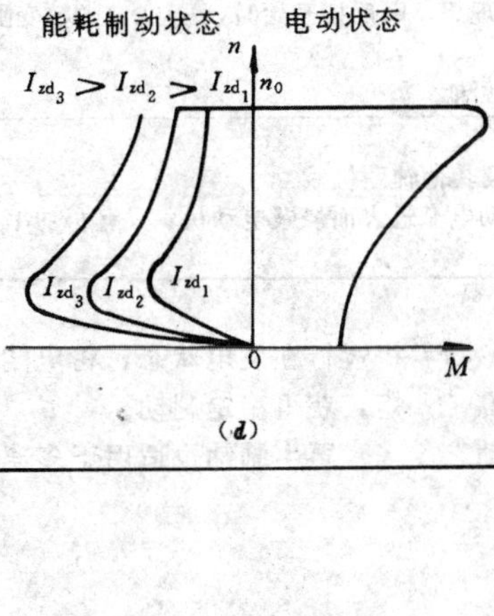 (d)	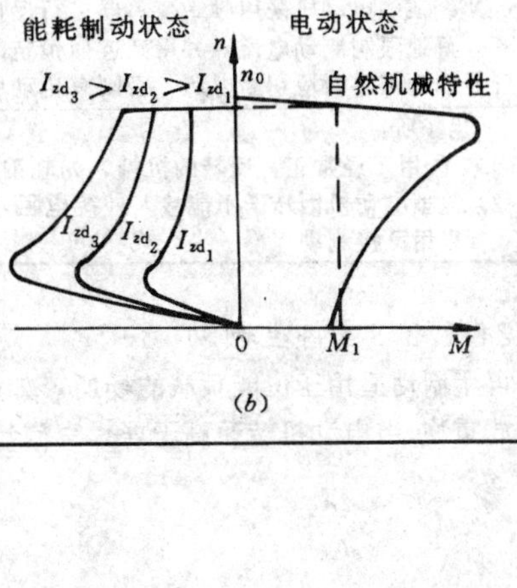 (b)

续表 24-6

电动机类型	异步电动机	同步电动机
特点	(1) 制动转矩较平滑，可方便地改变制动转矩 (2) 制动转矩随转速的降低而减小 (3) 可使生产机械较可靠地停止 (4) 能量不能回馈电网，效率较低	
适用场所	(1) 适用于经常起动、频繁逆转并要求迅速准确停车的机械，如轧 钢车间升降台等 (2) 同步电动机和大功率笼 型电动机因反接制动冲击电流太大，功率因数低，亦多用能耗制动 (3) 交流高压绕线型电动机为防止滑环上感应高压，亦多采用能耗制动 (4) 采用单变流器的不可逆晶闸管供电系统，为获得电制动，亦多用能耗制动	

24.1.2.2 反接制动

反接制动是将交流电动机的电源相序反接，产 生制动转矩的一种电制动方式。反接制动的性能见表 24-7。

表 24-7 绕线型异步电动机反接制动的性能

接线方式	制动特性
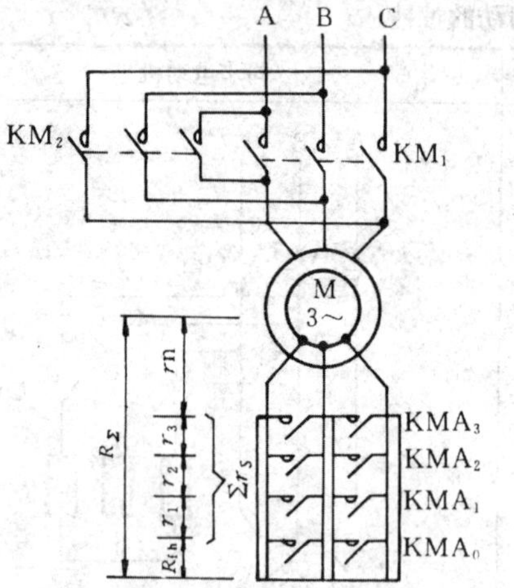	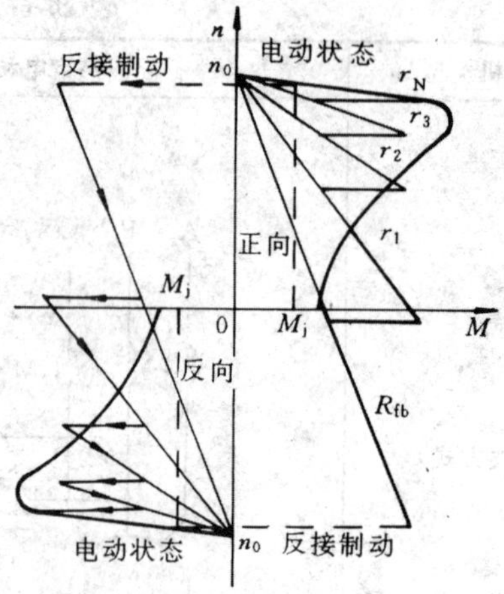

特点：

(1) 有较强的制动效果

(2) 制动转矩较大且基本恒定

(3) 制动开始时，电动机定子上相当于施加二倍额定电压，为防止初始制动电流过大，应串入较大阻值的电阻，能量损耗较大，不经济

(4) 绕线型电动机采用频敏变阻器进行反接制动最为理想，因反接开始时，$s_{fi}=2$，频敏变阻器阻抗增大一倍，可以较好地限制制动电流，并得到近似恒定的制动转矩

(5) 制动到零时应切断电源，否则有自动反向起动的可能

适用场所：

(1) 适 用于经常正、反转的机械，如轧钢车间辊 道及其他辅助机械

(2) 笼型电动机因转子不能接入外接电阻，为防止制动电流过大而烧毁电动机，只有小功率（10kW 以下）电动机才能采用反接制动

24.1.2.3 再生制动

再生制动适用于位能负载的场所，如起重机以高速下放重物。当电动机转速高于理想空载转速时，电动机运行在发电状态，将电能回馈给电网，产生制动转矩，获得稳定制动。

再生制动也适用于多速笼型电动机，当变极调速

时，电动机由高速切换至低速的过程中，将电能回馈电网，产生制动转矩，使电动机迅速由高速变为低速。再生制动的性能见表 24-8。

表 24-8 异步电动机再生制动的性能

接线方式	制动特性
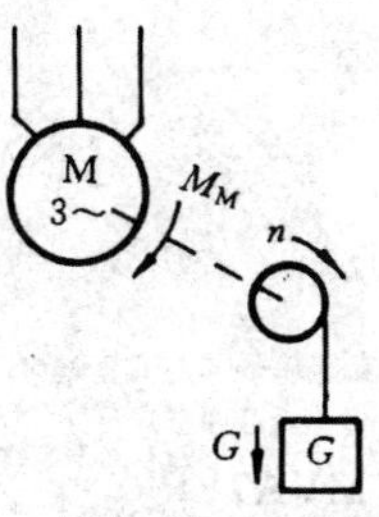	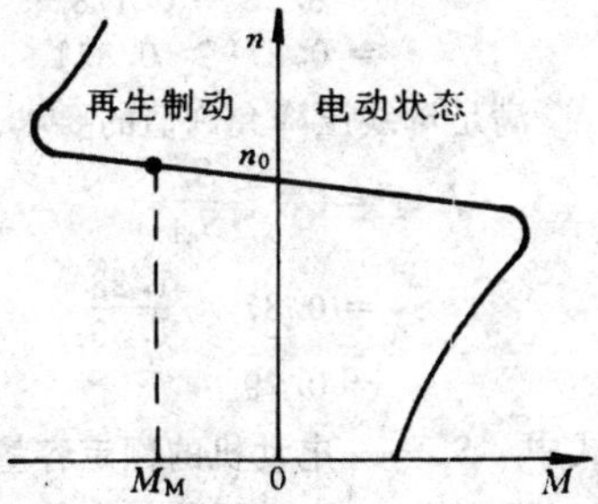
特点： (1) 能量可回馈电网，效率高、经济 (2) 只能在 $n>n_0$ 时得到制动转矩 (3) 低速时不宜采用再生制动 适用场所： 适用于位能负载场所，如起重机高速下放重物，获得稳定制动	

续表 24-8

24.1.2.4 机械制动

电动机需要迅速而准确停机时，尤其是对某些位能负载的机械，如起重机、提升机和电梯等，为防止停机时产生滑动，除采用电制动外，还广泛采用利用摩擦阻力的机械制动。一般生产机械常用的几种机械制动方式见表 24-9。机械制动用的制动器由设备专业设计并随设备成套供货，电力专业只配电控设备。

表 24-9 几种常用机械制动器的制动方式

类别	结构示意	制动力	特点
电磁制动器	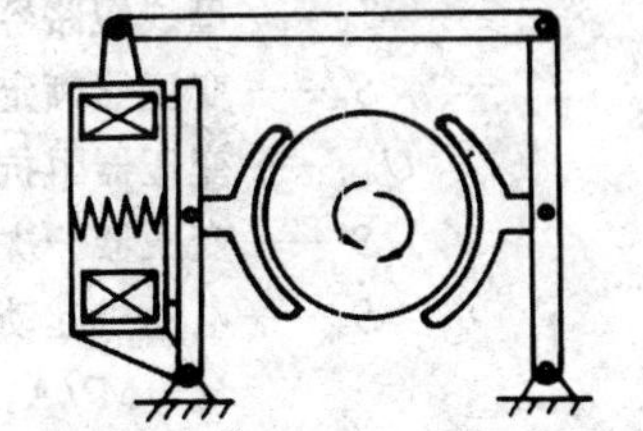	弹簧力	行程小，机械部分的冲击小，能承受频繁动作
电动-液压制动器	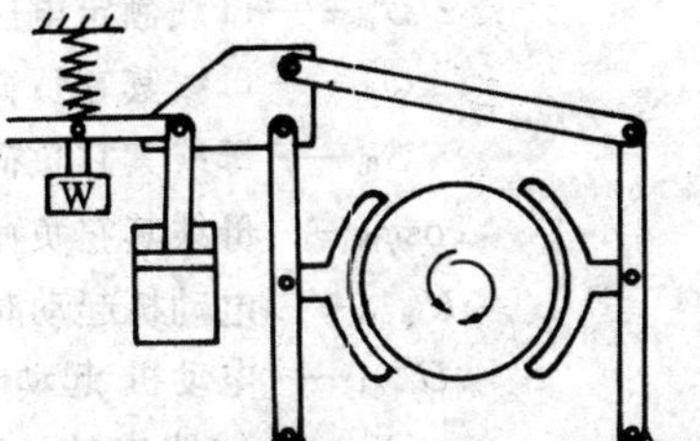	弹簧力 重锤力	制动时的冲击小，通过调节液压缸行程，可用于缓慢停机需要独立电源
带式制动器	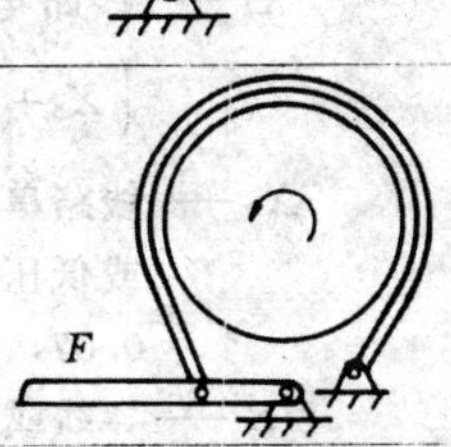	弹簧力 手动力 液压力	摩擦转矩大，用于紧急制动
圆盘式制动器	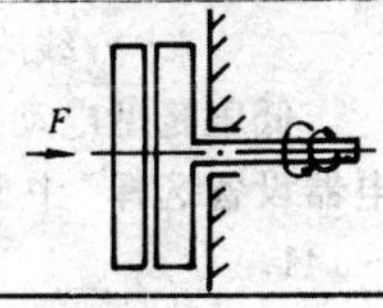	弹簧力 电磁力 液压力	能悬吊在小型的机器上

24.2 低压笼型电动机的起动和制动

24.2.1 全压起动

低压笼型电动机应优先采用全压起动。当条件不允许全压起动时，才考虑采用降压起动。

低压笼型电动机允许全压起动的最大功率和供电设备容量之间的参考值见表 24-1 和表 24-2。当电动机功率接近于表 24-1 和表 24-2 中最大功率时，应根据实际情况（如变压器高压侧实际的短路容量，接至电动机的电缆截面和长度，母线已有负荷及其功率因数，以及电动机的技术数据等）进行核算，计算时采用有名值较为方便。

例 一台 Y315M2-4 笼型电动机（160kW，380V，294A，1480r/min，$\cos\varphi_{ed}=0.89$，$\eta_{ed}=0.93$，$K_{iq}=7$），由一台 SL7-500/10 （$U_d\%=4$）变压器供电，接至电动机的线路为两根长 150m，截面为 120mm² 铝芯电缆。变压器一次侧的短路容量为 25MVA。母线已有负荷为 250kVA，功率因数 $\cos\varphi_{fh}=0.7$。计算电动机起动时低压母线电压和电动机端电压。

解 电动机功率已接近表 24-2 中所列最大功率，故需要对低压母线和电动机端电压进行核算。

$$S_{ed}=\frac{P_{ed}}{\cos\varphi_{ed}\eta_{ed}}=\frac{0.160}{0.89\times0.93}=0.193\text{MVA}$$

$$S_{qd}=K_{iq}S_{ed}=7\times0.193=1.35\text{MVA}$$

$$S_{dl}=\frac{S_b}{U_d\%+\frac{S_b}{S''}}=\frac{0.5}{0.04+\frac{0.5}{25}}=8.33\text{MVA}$$

$$X_l=\left(X_0+\frac{8}{S}\right)l=\left(0.07+\frac{8}{120}\right)\frac{0.150}{2}=0.01\Omega$$

$$S_q=\frac{1}{\frac{1}{S_{qd}}+\frac{X_l}{U_m^2}}=\frac{1}{\frac{1}{1.35}+\frac{0.01}{0.382}}=1.23\text{MVA}$$

$$Q_{fh}=S_{fh}\sqrt{1-\cos^2\varphi_{fh}}=0.25\sqrt{1-0.7^2}=0.178\text{Mvar}$$

$$U_{*qm}=\frac{S_{dl}+Q_{fh}}{S_{dl}+Q_{fh}+S_q}=\frac{8.33+0.178}{8.33+0.178+1.23}=0.87(>0.85)$$

满足母线压降允许值的要求。

$$U_{*qd}=U_{*qm}\frac{S_q}{S_{qd}}=0.87\times\frac{1.23}{1.35}=0.79$$

式中 S_{ed}——电动机的额定容量，MVA；

P_{ed}——电动机的额定功率，MW；

$\cos\varphi_{ed}$——电动机额定功率因数；

η_{ed}——电动机额定效率；

S_{qd}——电动机额定起动容量，MVA；

K_{iq}——电动机额定起动电流倍数；

S_{dl}——母线短路容量，MVA；

S_b——变压器额定容量，MVA；

$U_{d\%}$——变压器阻抗电压百分数；

S''——变压器一次侧短路容量，MVA；

S_q——电动机起动时，起动回路的额定输入容量，MVA；

U_m——母线额定电压，kV；

Q_{fh}——母线其它负荷的无功功率，Mvar；

S_{fh}——母线其它负荷，MVA；

$\cos\varphi_{fh}$——母线其它负荷的功率因数；

U_{*qm}——电动机起动时的母线电压相对值；

U_{*qd}——电动机 起动时的端电压相对值；

X_l——线路电抗，Ω，计入电阻后，铝线取 $\left(X_0+\frac{8}{S}\right)l$，铜线取 $\left(X_0+\frac{5}{S}\right)l$；

X_0——线路单位长度的电抗，Ω/km，高压电缆或低压电线穿管取 0.08，低压电缆取 0.07，架空线路取 0.35；

S——导线或电缆芯的 截面，mm²；

l——线路长度，km。

低压笼型电动机起动用电控设备见第 29 章“低压电器设备选择”中 JK 型交流低压电控设备方案号 101～141。

24.2.2　星形-三角形降压起动

星形-三角形降压起动适用于正常运行时绕组为三角形接线，且具有6个出线端子的低压笼型电动机。起动时电动机定子绕组接成星形，（此时绕组电压为额定线电压的$\frac{1}{\sqrt{3}}$，起动转矩和起动电流为全压起动时的$\frac{1}{3}$），随后将三相绕组转接成三角形。这种起动方式的起动转矩小，一般只适用于轻载起动的场合。

星形-三角形降压起动用电控设备甚多，现列出较新的两种。

24.2.2.1　QX4系列星形-三角形起动器

QX4系列星形-三角形起动器适用于交流50Hz，电压380V，功率125kW及以下的笼型电动机，起动过程中，定子绕组由起动时的星形接线，自动切换为正常运行时的三角形接线。切换由时间继电器控制，时间可以在0.4s～60s之间调整。

起动器有断续长期工作制和断续周期工作制两种。在断续周期工作制条件下，其最大操作频率为30次/h，两次连续起动的间隔时间不小于90s。

QX4系列星形-三角形起动器的原理图见图24-3（在QX4-125型的主电路中，需要增加一个电流互感器和一个电流表，此时RT接在互感器回路中），其型号及所控制的电动机功率见表24-10。

表24-10　QX4系列星形-三角形起动器的型号及所控制的电动机功率

起动器型号	QX4-17	QX4-30	QX4-55	QX4-75	QX4-125
被控制电动机功率（kW）	13～17	22～30	40～55	75	125

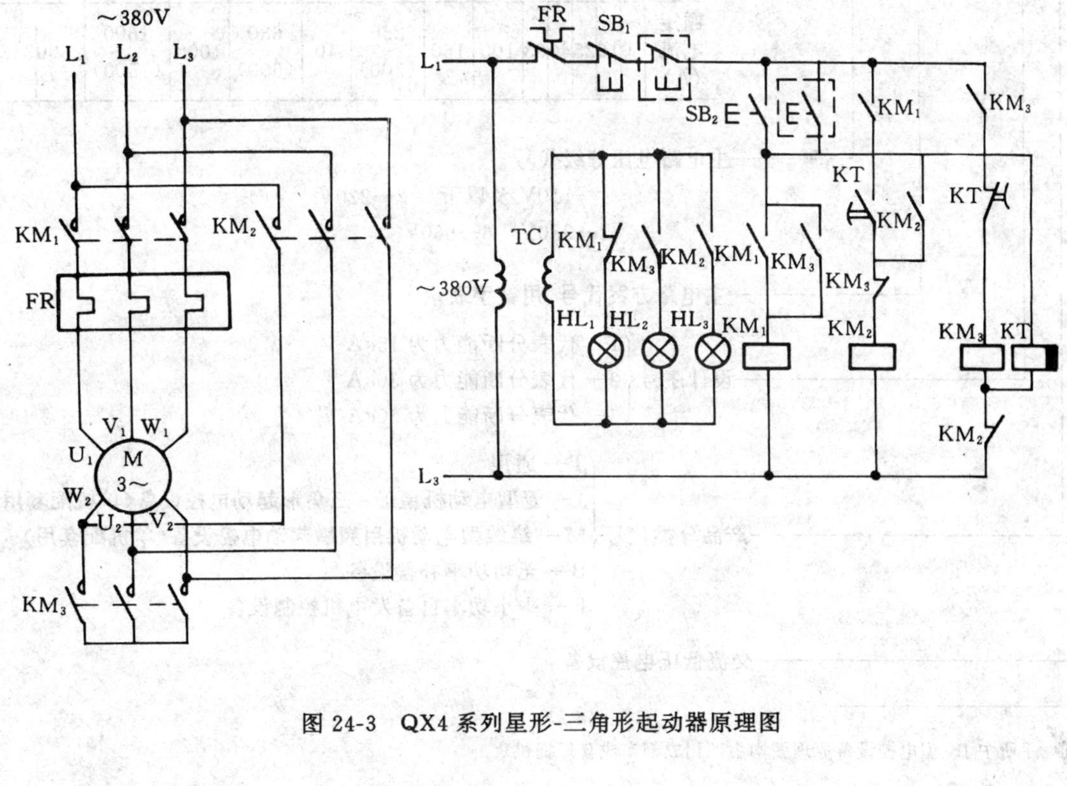

图24-3　QX4系列星形-三角形起动器原理图

24.2.2.2　JKT-124 及 JKJ1-01 型星形-三角形起动电控设备

JKT-124 及 JKJ-01 型星形-三角形起动电控设备适用于交流 50Hz，电压 380V，额定电流为 40A～630A 的笼型电动机。起动过程中，定子绕组的星形-三角形转换由电流时间转换器 DJ1-A 完成。电流时间转换器的动作电流（释放值）整定值为电动机额定电流的 1.5 倍，延时时间应略大于（一般大 1～2s）电动机 的实际起 动时间。

JKT-124 型为集中组合安装的通用电控设备，可与其它 JKT 型电控设备配套。JKJ1-01 型用于单机配套，二者均属轻载断续工作制，其最大操作频率为 30 次/h。

JKT-124 型星形-三角形起动电控设备原理图见 24-4❶。

(1) KM_1、KM_2 小于 160A 时不加节电器。

(2) 控制电路电压为～220V 时按虚线接线，控制电路电压由用户选定。

(3) 转换器 KAT 动作电流（释放）值整定为电动机额定电流值 1.5 倍，其延时时间应略大于电动机实际起动时间（一般大 1～2s）。

JKT1-01 型星形-三角形起动电控设备原理图见 24-5。

(1) 控制电压为～220V 时，按虚线接线，控制电压由用户选定。

(2) 接触器 KM_1、KM_2 在 160A 及以上时加装节电器。

(3) 转换器 KAT 动作电流（释放）值整定为电动机额定电流值的 1.5 倍，其延时时间应略大于（一般大 1～2s）实际起动时间。

JK 型电控设备全型号的含义如下：

JK□□—□□/□□—□

- □（最后）——辅助代号（二次电路代号），用数字表示
- 电流等级代号，用字母表示，（右下角加 Z 为加强型）。见下表

代号	A	B	C	D	E	F	G	H	I	J	K	L	M	N
额定电流(A)	10	16	25	40	63	100	160	250 (200)	40	630 (600)	1000	1600 (1500)	2500	3150

- 主电路电压等级代号
  - 1—110V 及以下　2—220V
  - 3—380V　6—660V
- 主电路方案代号，用数字表示
- 设计序号
  - 1— 代表分断能力为 15kA
  - 2— 代表分断能力为 30kA
  - 3— 代表分断能力为 50kA
- 产品分类代号
  - T— 通用
  - J— 笼型电动机星形 - 三角形起动电控设备（单机配套用）
  - M— 绕线型电动机用频敏起动电控设备（单机配套用）
  - B— 无功功率补偿设备
  - F— 中小功率自备发电机控制设备
- JK——交流低压电控设备

❶ 手册中 JK 型电控设备原理图均由四川成都市成套厂提供。

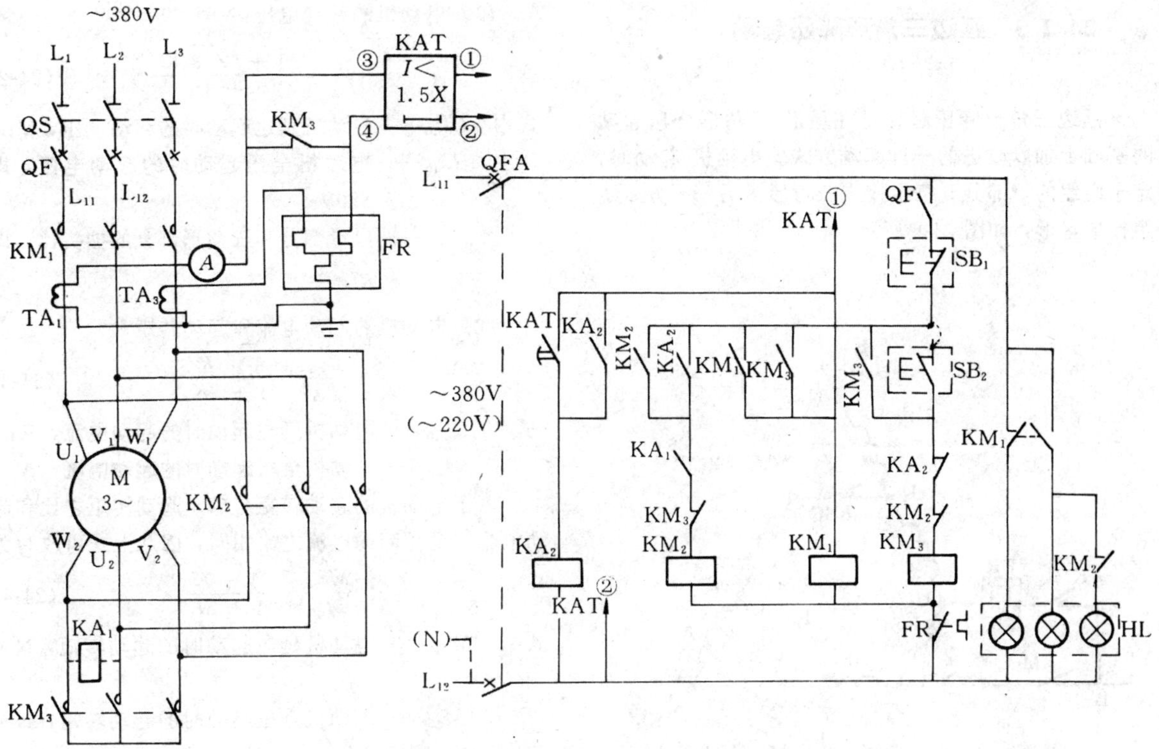

图 24-4 JKT-124 型星形-三角形起动电控设备原理图

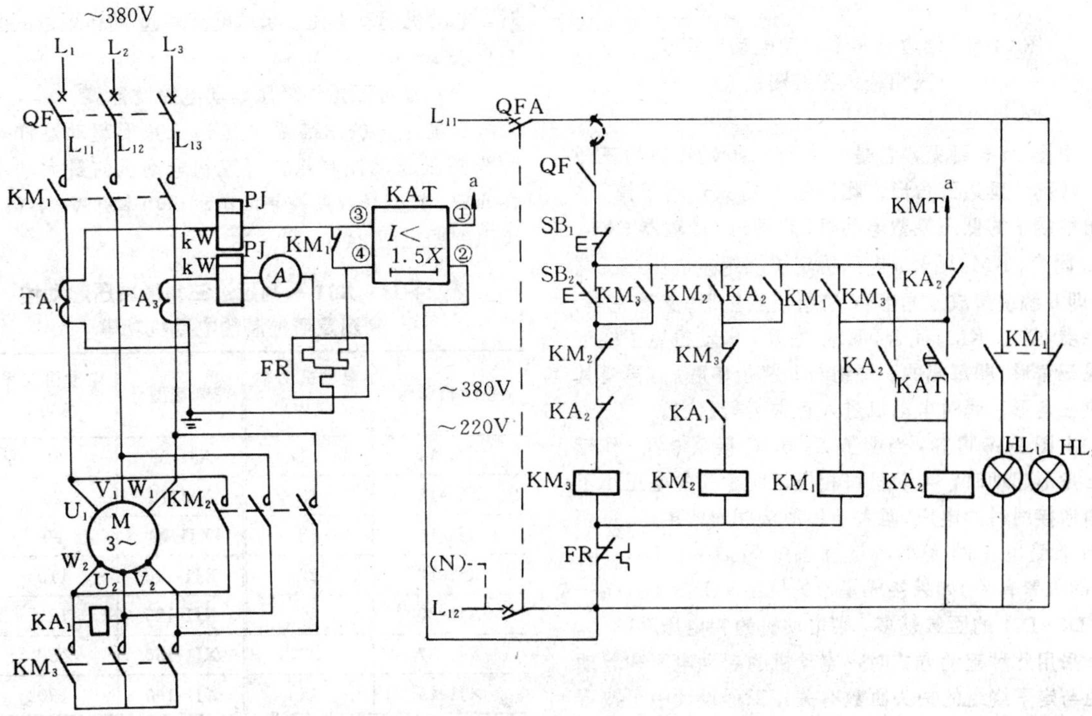

图 24-5 JKJ1-01 型星形-三角形起动电控设备原理图

24.2.3 延边三角形降压起动

延边三角形降压起动是在星形-三角形降压起动的基础上加以改进的一种起动方式。电动机起动时，定子绕组的一部分b绕组接成三角形，另一部分a绕组接成星形，如图24-6所示。

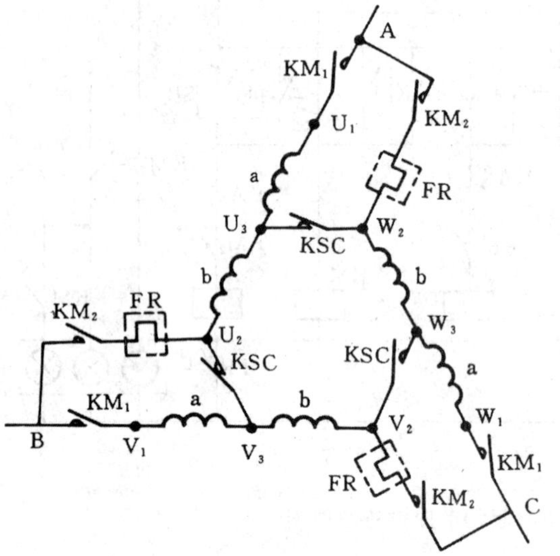

图24-6 延边三角形起动电动机定子三相绕组接线图

由图24-6可见，它是一个有三条延长边的三角形，故称作延边三角形。此种起动方式适用于具有9个出线端子的低压笼型电动机。起动时，接触器KM_1、KSC闭合，KM_2断开，电动机定子绕组接成延边三角形，即b绕组接成三角形，a绕组接成星形。起动完毕，接触器KM_1、KM_2闭合，KSC断开，电动机定子绕组接成三角形，即每相的a绕组与b绕组串联后，再将其接成三角形。此时电动机进入正常运行状态。

由图24-6可知，当端子A、B、C接至电源，作延边三角形起动时，电动机每相绕组所承受的电压小于三角形接线时的电压，而大于星形接线时的电压。每相绕组承受电压的大小，与绕组中间抽头（D_7，D_8，D_9）的位置有关。如果接成星形的绕组a（D_1—D_7，D_2—D_8，D_3—D_9）的匝数越多，则电动机的相电压就越低。

采用此种起动方式时，电动机的起动电压和起动转矩与定子绕组的抽头匝数有关，工程设计中可按下述方法估算：

（1）电动机的起动电压：

$$\frac{U'_{q\Delta}}{U_{q\Delta}}=\frac{1+\sqrt{3}K}{1+3K} \tag{24-2}$$

式中 $U'_{q\Delta}$——电动机延边起动时的起动电压，V；

$U_{q\Delta}$——电动机全压起动时的起动电压，即380V；

K——星形部分和三角形部分的抽头比，即$K=\frac{a}{b}$。

（2）电动机的起动电流和起动转矩：

$$\frac{I'_{q\Delta}}{I_{q\Delta}}=\frac{1+K}{1+3K} \tag{24-3}$$

式中 $I'_{q\Delta}$——电动机延边起动时的起动电流，A；

$I_{q\Delta}$——电动机全压起动时的起动电流，A。

由于电动机的起动转矩与额定起动转矩之比和起动电流与全压起动电流之比相同，因此上式可改写为

$$\frac{M'_{q\Delta}}{M_{q\Delta}}=\frac{1+K}{1+3K} \tag{24-4}$$

式中 $M'_{q\Delta}$——电动机延边起动时的起动转矩，N·m；

$M_{q\Delta}$——电动机全压起动时的起动转矩，N·m。

按照式24-2～式24-4估算，各种不同的抽头比时，电动机起动电压、起动电流和起动转矩之间的关系见表24-3。

（3）延边三角形降压起动电控设备。

目前生产的XJ1系列延边三角形起动器样本中称为减压起动控制箱。可控制电动机的最大功率达190kW，其型号及所控制的电动机功率见表24-11。系统原理图见图24-7。

表24-11 XJ1系列延边三角形减压起动控制箱及所控制的电动机功率

控制箱型号	电动机功率（kW）	控制箱型号	电动机功率（kW）
XJ1-11	11	XJ1-55	55
XJ1-15	15	XJ1-75	75
XJ1-18	18	XJ1-90	90
XJ1-22	22	XJ1-110	110
XJ1-30	30	XJ1-125	125
XJ1-37	37	XJ1-150	150
XJ1-45	45	XJ1-190	190

注：1.本系列控制箱可作频繁起动

2. 控制箱的热继电器整定值为：

（1）45kW 及以下者整定值为$\frac{1}{\sqrt{3}}I_e$；

（2）55～110kW 整定值为$\frac{1}{\sqrt{3}K}I_e$；

（3）132～190kW 整定值为$\frac{1}{K}I_e$。

式中 I_e——电动机的额定电流，A；

K——控制箱内电流互感器变比。

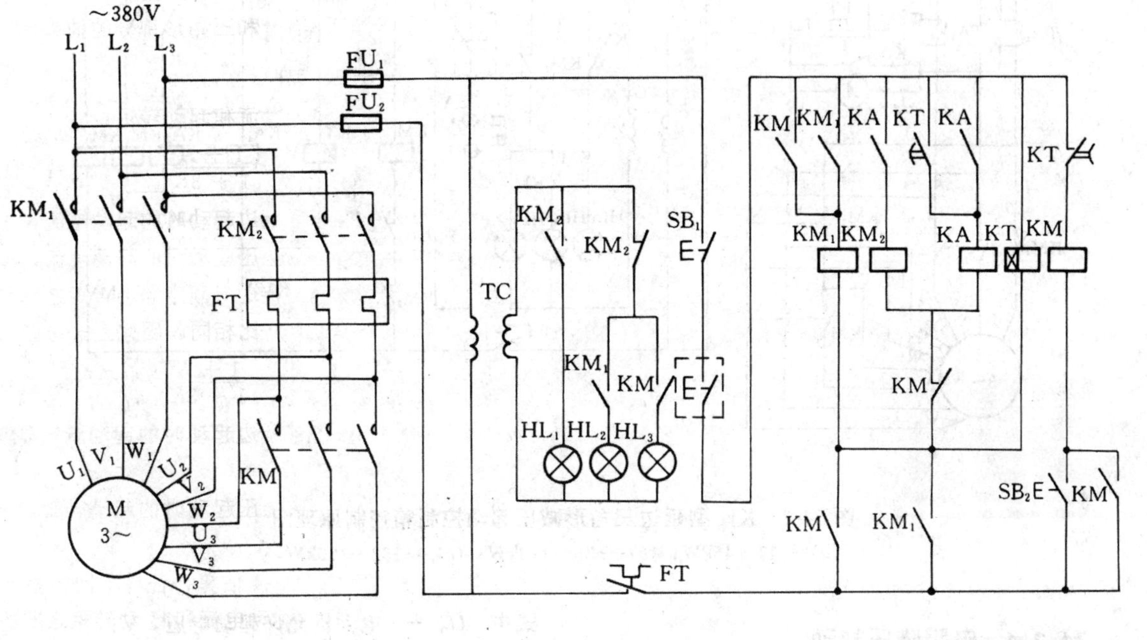

(*a*)

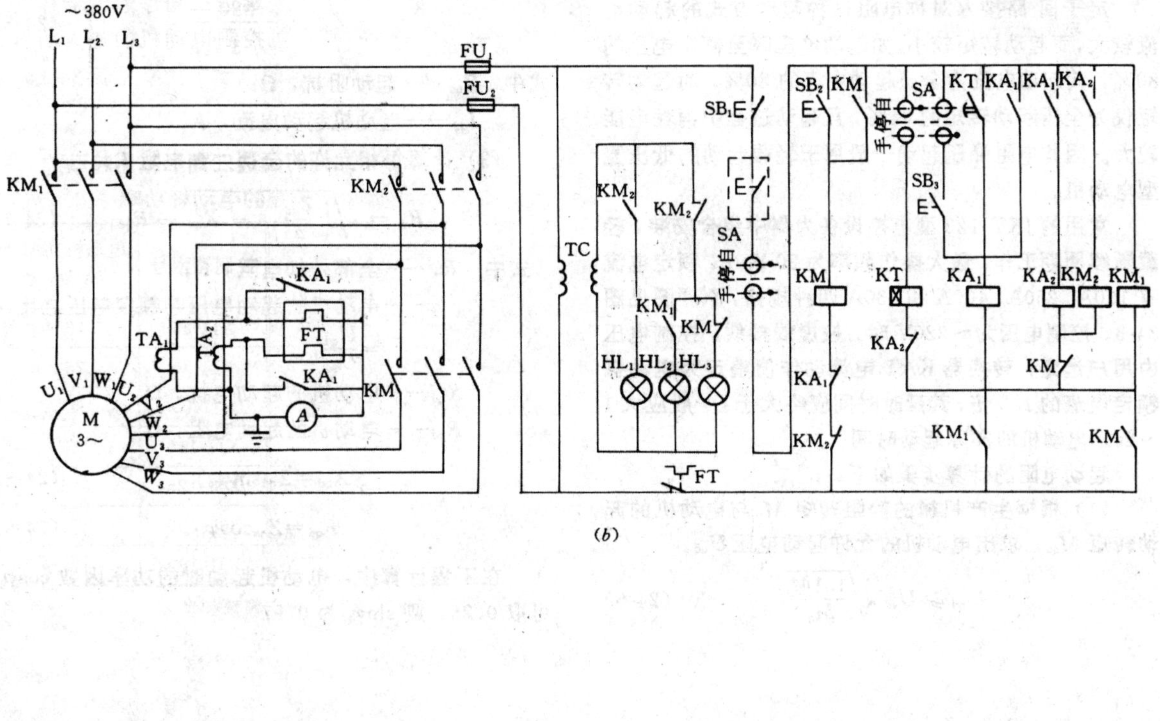

(*b*)

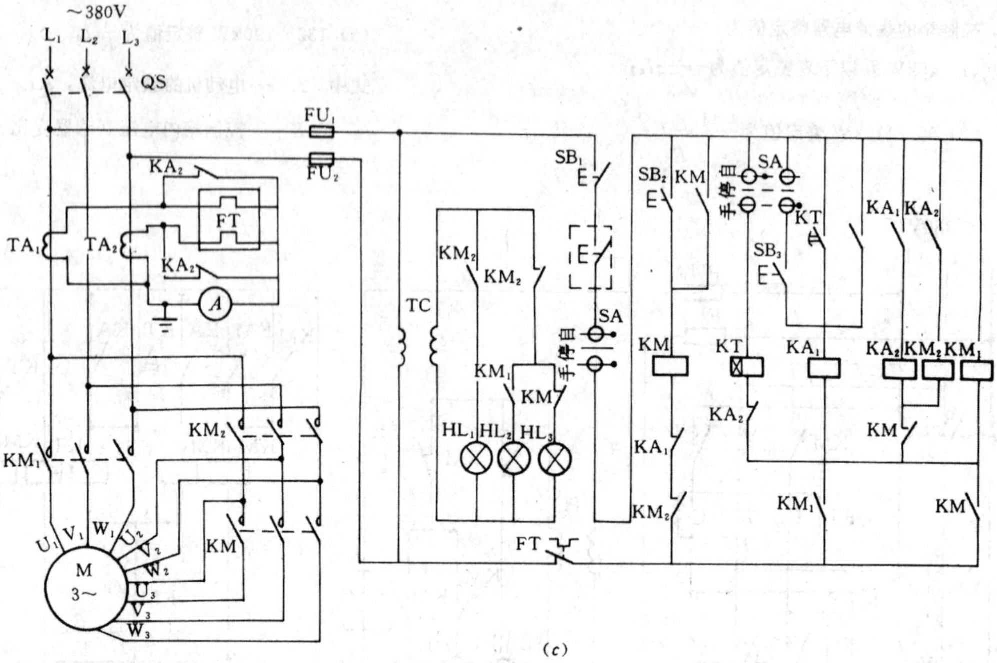

图 24-7 XJ1 型延边三角形减压起动控制箱控制原理图

(a) —11～45kW；(b) —55～110kW；(c) —132～190kW

24.2.4 电阻降压起动

24.2.4.1 定子回路接入对称电阻起动

定子回 路接入对称电阻这种起动方式的起动电流较大，而起动转矩较小。如起动电压降至额定电压的80%，其起动电流为全压起动电流的80%，而起动转矩仅为全压起动转矩的64%，且起动过程中消耗电能较大。因此电阻降压起动一般用于轻载起动的低压笼型电动机。

常用的JKT-123型电控设备为集中组合安装，轻载断续周期工作，最大操作频率为30次/h，额定电流有160A、250A、400A和630A四种规格，原理图见图24-8。控制电压为～220V时，按虚线接线，控制电压由用户选定；转换器KAT电流动作值整定为电动机额定电流的1.5倍，其延时时间应略大于（一般应大1～2s）电动机的实际起动时间。

起动电阻的计算步骤如下：

(1) 根据生产机械的静阻转矩 M_j 与电动机的起动转矩 M_{qd}，求出电动机的允许起动电压 U_{qd}。

$$U_{qd} \geqslant U_{ed}\sqrt{\frac{1.1M_j}{M_{qd}}} \tag{24-5}$$

式中 U_{qd}——电动机允许起动电压，V；

U_{ed}——电动机额定电压，V。

(2) 计算电动机的起动阻抗 Z_{qd}。

$$Z_{qd} = \frac{380}{\sqrt{3}\,I_{qd}} \tag{24-6}$$

式中 Z_{qd}——起动阻抗，Ω；

I_{qd}——电动机起动电流，A。

(3) 计算每相允许的全部外加电阻 R_w。

$$R_w = \sqrt{\left(\frac{Z_{qd}}{a}\right)^2 - X_{qd}^2} - R_{qd} \tag{24-7}$$

式中 R_w——全部外加电阻，Ω；

a——电动机的起动电压与额定电压之比，$a=\frac{U_{qd}}{U_{ed}}$；

X_{qd}——电动机的起动电抗，Ω

R_{qd}——电动机的起动电阻，Ω

$$X_{qd}=Z_{qd}\sin\varphi_{qd}; \tag{24-8}$$

$$R_{qd}=Z_{qd}\cos\varphi_{qd}。 \tag{24-9}$$

在工程计算中，电动机起动时的功率因数 $\cos\varphi_{qd}$ 可取0.25，则 $\sin\varphi_{qd}$ 为0.97。

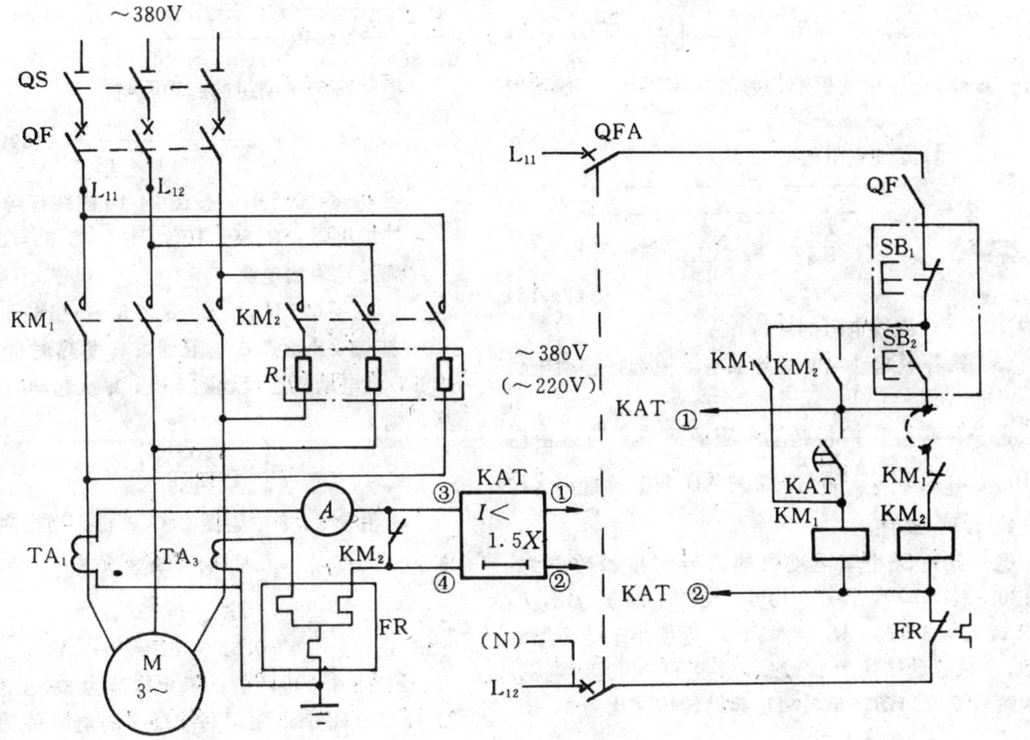

图 24-8 JXT-123 型电阻降压起动电控设备原理图

(4) 计算外加降压电阻 R。

$$R = R_w - R_l$$

式中 R——外加降压电阻，Ω。

R_l——线路电阻，Ω，当线路较短时可忽略不计。

(5) 按等效起动电流及外加降压电阻值选择起动电阻器。

24.2.4.2 定子回路接入单相电阻起动

笼型电动机的定子回路接入单相电阻起动，可以限制起动转矩，但不能减少未接电阻的其它两相的起动电流。所以只适用于要求降低起动转矩而对起动电流并无限制的生产机械。定子回路接入单相电阻的主接线如图 24-9 所示。

起动电阻计算步骤如下：

(1) 生产机械所允许的起动转矩 M'_{qd} 与电动机的额定起动转矩 M_{qd} 之比 μ_q 为

$$\mu_q = \frac{M'_{qd}}{M_{qd}} \quad (24\text{-}10)$$

(2) 计算电动机的起动阻抗 Z_{qd}。

$$Z_{qd} = \frac{380}{\sqrt{3}\, I_{qd}}$$

(3) 求外加电阻 R_w。

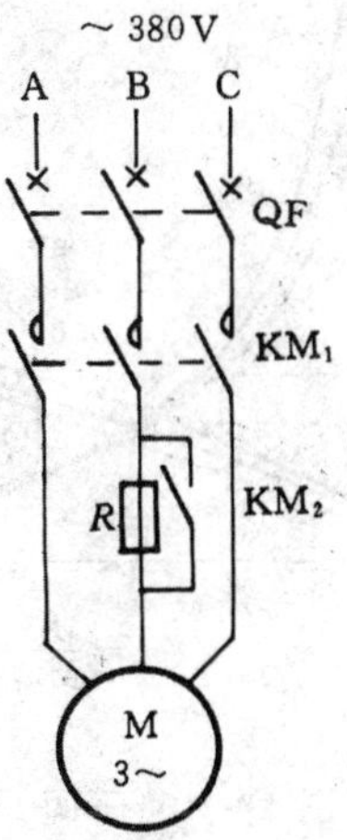

图 24-9 定子回路接入单相电阻起动的主接线图

$$R_w=\frac{3}{2}Z_{qd}\left[\frac{1-2\mu_q}{2\mu_q}\cos\varphi_{qd}+\sqrt{\left(\frac{1-2\mu_q}{2\mu_q}\right)^2\cos^2\varphi_{qd}+\frac{1-\mu_q}{\mu_q}}\right] \tag{24-11}$$

式中 $\cos\varphi_{qd}$——电动机起动时的功率因数，一般可取 $\cos\varphi_{qd}=0.25$。

(4) 计算流过电阻的电流 I'_{qd}。

$$I'_{qd}=I_{qd}\sqrt{\frac{9}{4\left(\frac{R_w}{Z_{qd}}\right)^2+12\frac{R_w}{Z_{qd}}\cos\varphi_{qd}+9}} \tag{24-12}$$

式中 I'_{qd}——流过电阻的电流，A。

(5) 按等效起动电流及外加电阻值选择起动电阻器。

定子回路接入单相起动电阻的阻值也可以由图 24-10 所示的 μ_q 与 $\frac{R_w}{Z_{qd}}$ 和 $\frac{I'_{qd}}{I_{qd}}$ 的关系曲线中查得，这种方法比 计算法简捷。

例 某过跨小车电动机的型号和技术数据为：YZ160L-8，7.5kW，$FC=40\%$，380V，705r/min，$I_{ed}=18$A，$I_{qd}=5.1I_{ed}$，$M_{qd}=2.5M_{ed}$。为使小车能平稳地起动，要求起动转矩为 $1.5M_{ed}$，求定子单相起动电阻。

解 要求起动转矩与额定起动转矩之比为

$$\mu_q=\frac{M'_{qd}}{M_{qd}}=\frac{1.5}{2.5}=0.6$$

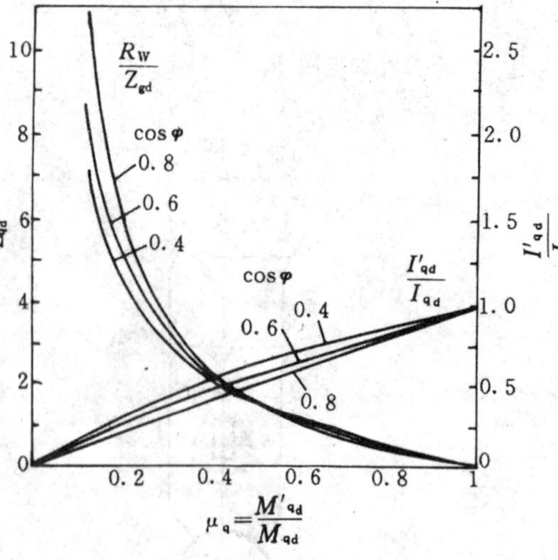

图 24-10 不同 $\cos\varphi_{qd}$时，μ_q 与 $\frac{R_w}{Z_{qd}}$ 和 $\frac{I'_{qd}}{I_{qd}}$ 关系曲线

电动机定子绕组的起动阻抗

$$Z_{qd}=\frac{380}{\sqrt{3}\times5.1\times18}=2.39\Omega$$

当 $\cos\varphi=0.5$ 时，按图 24-10 曲线查得

外加电阻：$R_w=1.1Z_{qd}=1.1\times2.39=2.63\Omega$

流过电阻的电流

$$I'_{qd}=0.73I_{qd}=0.73\times5.1\times18=67\text{A}$$

初选 ZX12-3.0 电阻器，其发热时间常数 $T=136$s，设电动机连续起动 3 次，每次起动时间以 5s 计算，则

$$\frac{t}{T}=\frac{3\times5}{136}=0.11$$

由附录 24.2 中附图 24-2 查得，当电阻接电持续率 $FC_r=0$，$\frac{t}{T}=0.11$ 时。等效电流为：

$$I_{dx}=0.32I'_{qd}=0.32\times67=21.5\text{A}$$

ZX12-3.0 电阻器的额定电流为 39A，可供使用。ZX12-3.0 每个电阻元件 ZJ1-7 的电阻值为 0.124Ω，接入电动机定子的单相电阻片数为

$$n=\frac{2.63}{0.124}=21.2 \text{ 片，取 21 片。}$$

ZX12-3.0 电阻箱内装 ZJ1-7 元件 24 片，其中 3 片备用。

24.2.5 自耦变压器降压起动

自耦变压器降压起动通常用于要求起动转矩较高而起动电流较小的场合。

起动用的自耦变压器的容量可按下式计算

$$S_{bz}=\frac{S_{qd}Nt_q}{2} \tag{24-13}$$

或
$$S_{bz}=\frac{S_{qd}t_{js}}{2} \tag{24-14}$$

$$S_{qd}=\left(\frac{U_{qd}}{U_{ed}}\right)^2K_{iq}S_{ed} \tag{24-15}$$

式中 S_{qd}——电动机起动容量，kVA；
U_{qd}——电动机起动电压，V；
U_{ed}——电动机额定电压，V；
K_{iq}——电动机起动电流倍数；
S_{ed}——电动机额定容量，kVA；
N——电动机允许连续起动次数；
t_q——电动机一次起动时间，min；

t_{js}——电动机计算起动时间，$t_{js}=t_q N$，min；

S_{bz}——自耦变压器容量，kVA。

自耦变压器均具有65%和80%额定电压的两组抽头，相应的起动转矩和起动电流分别为其额定值的42.3%及64%。

自耦变压器随自耦减压起动控制柜成套供货。

自耦减压电控设备新产品有以下两种：

(1) JJ1系列自耦减压起动控制柜。其主要技术性能如下：

1）适用于交流50Hz，（或60Hz），～380V（或～660V，表24-12中未列出660V控制柜的主要技术数据），11～300kW的笼型电动机。

2）具有两种工作制。

第一种工作制包括：8小时工作制、不间断工作制、短时工作制、断续周期工作制和断续非周期工作制。断续周期工作制允许每小时操作3次，断续非周期工作制允许每小时操作6次（时间间隔均匀），热态冷却到周围空气温度。

第二种工作制包括的内容与第一种工作制相同，只是断续周期工作制允许每小时操作6次，断续非周期工作制允许每小时操作12次。

3）允许从冷态连续起动两次，每次起动时间约为15s，间隔时间为30s

4）允许一次或数次连续起动，但总的起动时间不得超过表24-12的规定值，再次起动时，应使自耦变压器冷却到周围空气温度。

5）运行转换方式一般采用电流转换，当起动电流下降到1.5倍电动机额定电流时（约相当于80%额定转速时）；由起动状态转换到运行状态。电流时间转换器DJ1-A的释放电流整定值参见表24-12。为了保证工作可靠，电流时间转换器可采用电流和时间双重控制转换方式，即先整定电流动作值，然后将延时动作值整定在略大于电动机的实际起动时间，并将面板上的开关K搬到“工作”位置。一般都是电流转换先动作，延时基本不起作用。只有当电流转换电路发生故障时，或由于负荷发生变化，起动电流在规定时间内尚未衰减到1.5倍电动机额定电流时，时间转换电路才起作用，并发出转换信号。

表24-12 JJ1系列自耦减压起动控制柜主要技术数据

序号	型号规格	工作电流参考值（A）	电流转换器整定参考值（A）	热继电器整定电流参考值(A)	最大起动时间总和（s）	自动开关电磁脱扣器额定电流（A）	电流互感器变比
1	JJ1B-11/380-1	22	3.3	22	30	32	50/5
2	JJ1B-15/380-1	29	4.4	29	30	40	
3	JJ1B-18.5/380-1	36	5.3	36	40	40	
4	JJ1B-22/380-1	42	4.2	42	40	50	75/5
5	JJ1B-30/380-1	57	5.7	57	40	63	
6	JJ1B-37/380-1	70	5.3	70	60	80	100/5
7	JJ1B-45/380-1	84	6.3	84	60	100	
8	JJ1B-55/380-1	103	3.8	103	60	125	200/5
9	JJ1B-75/380-1	140	5.2	140	60	180	
10	JJ1B-100/380-2	184	4.6	3.0	90	200	300/5
11	JJ1B-115/380-2	219	5.4	3.7	90	250	
12	JJ1B-135/380-2	252	3.1	2.1	90	315	600/5
13	JJ1B-190/380-2	351	4.3	2.9	90	400	

续表 24-12

序号	型号规格	工作电流参考值（A）	电流转换器整定参考值（A）	热继电器整定电流参考值(A)	最大起动时间总和（s）	自动开关电磁脱扣器额定电流（A）	电流互感器变比
14	JJ1B-225/380-2	407	3.8	2.5	90	500	800/5
15	JJ1B-260/380-2	469	4.4	2.9	90	500	
16	JJ1B-300/380-2	537	5.0	3.4	90	630	

JJ1 系列自耦 减压起动控制柜的主要技术数据见表 24-12。表中型号含义如下。

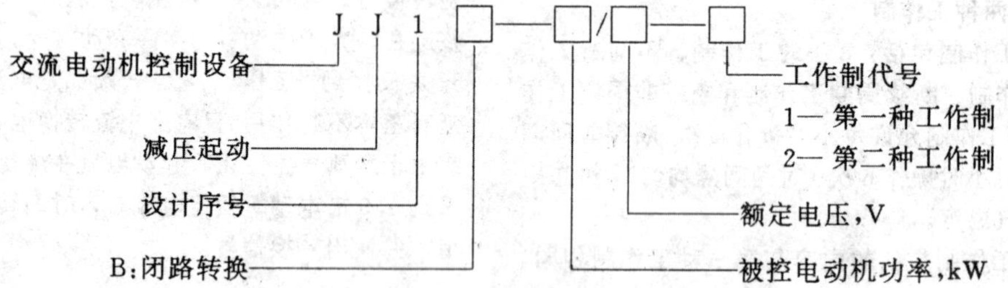

JJ1 系列自耦减压起动控制柜的原理图见图 24-11。

(2)JKT-125 型自耦减压起动电控设备。这种起动设备是集中组合安装的通用电控设备，属轻载断续周期工作，操作频率不大于 30 次/h，额定电流为 25～630A，8 种规格，原理图见图 24-12。40A 及以上控制柜安装电流表；控制电压为～220V 时，按虚线接线，电压由用户选定；转换器 KAT 动作电流（释放）值整定为电动机额定电流的 1.5 倍，其延时时间应略大于(一般应大 1～2s）实际起动时间。

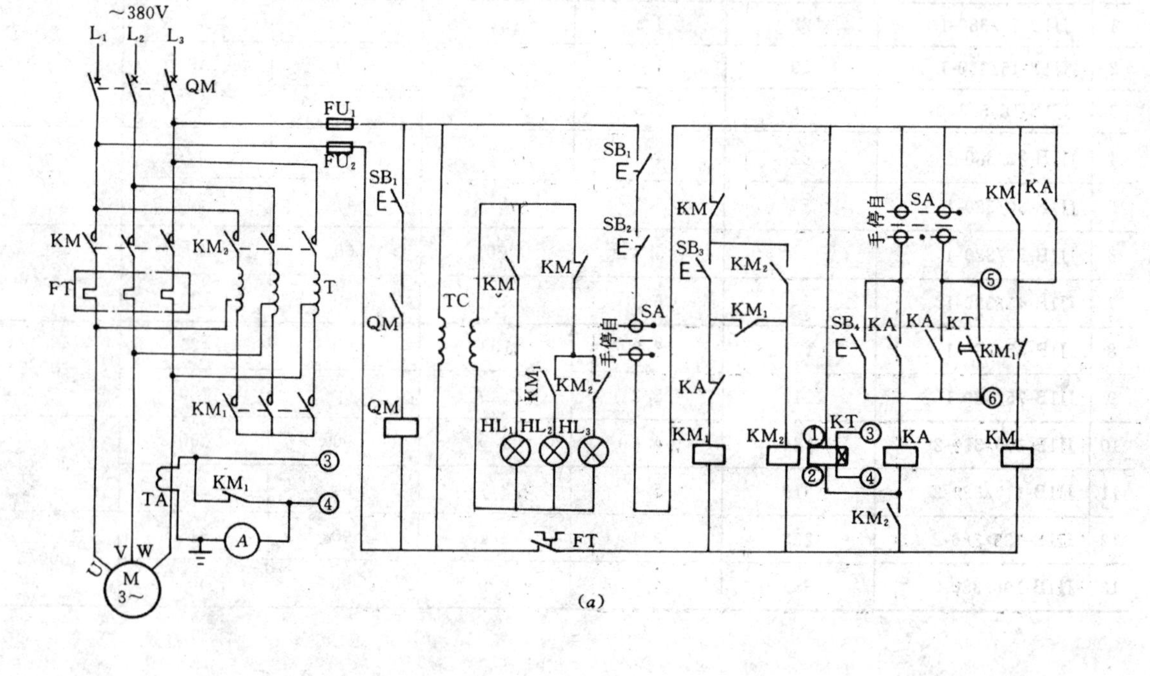

(a)

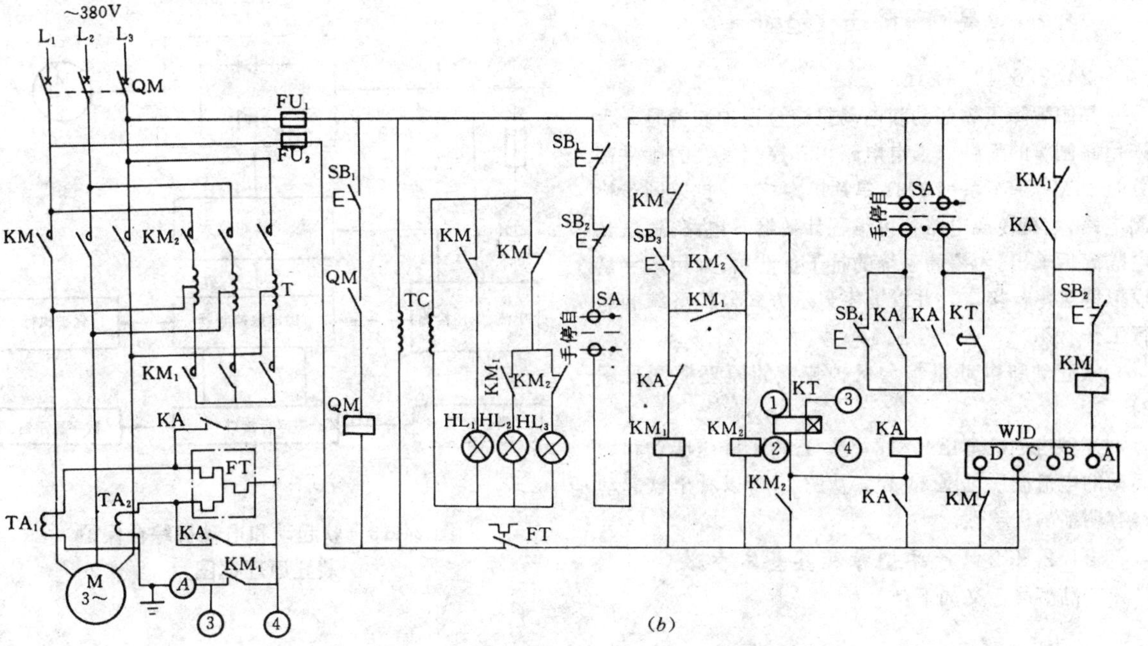

(b)

图 24-11 JJ1B-(11～300)/380 型自耦减压起动控制柜原理图
(a)—11～75kW；(b)—100～300kW

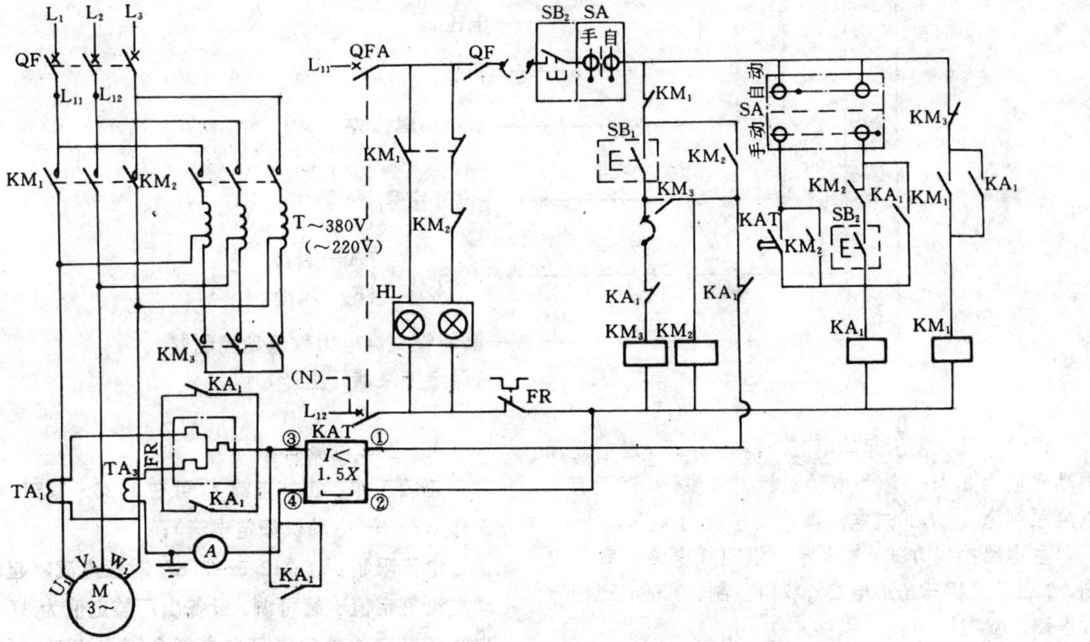

图 24-12 JKT-125 型自耦减压起动电控设备原理图

24.2.6 晶闸管降压软起动

24.2.6.1 概述

晶闸管降压软起动和电动机综合保护装置是一种采用晶闸管的无触点强电电路，其控制系统的硬件部分是以MCS-51系列8031单片机为核心，扩以同步检测电路，数模转换电路和可编程计数器等电路，通过光电隔离后输出。为提高系统的抗干扰能力，采用数字量模拟键盘串行接口，并以数字显示方式监控系统的运行工作状态。

软起动和电动机综合保护装置的原理框图见图24-13。

笼型电动机全压起动，星形-三角形降压起动和软起动的电流波形见图24-14，从图中可以看出软起动具有明显的优越性。

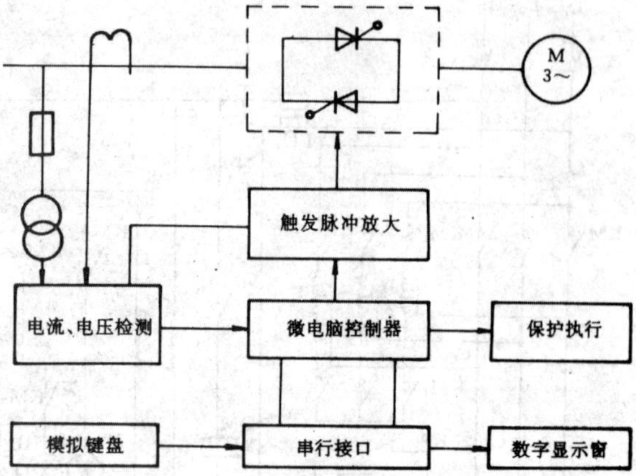

图 24-13 软起动和电动机综合保护装置原理框图

24.2.6.2 产品型号及其基本参数

产品型号含义如下：

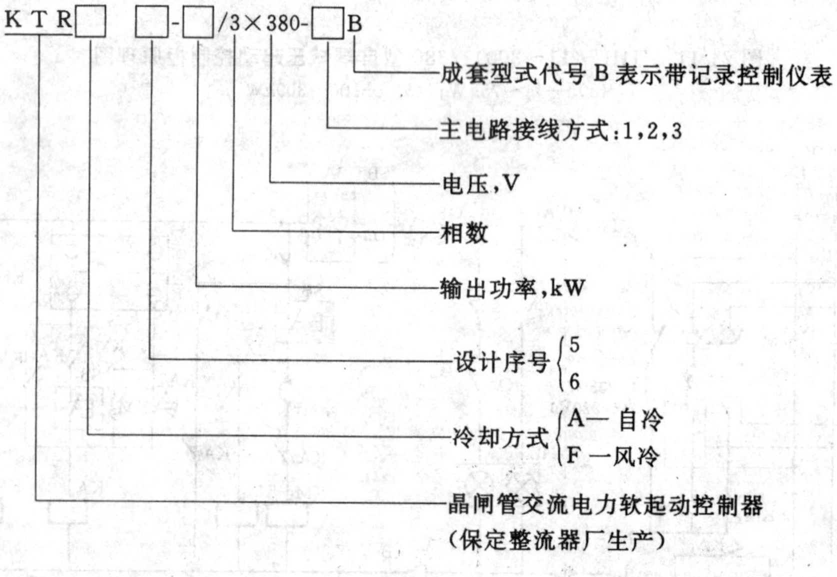

设计序号5表示起动电流限制为 $2.5I_e$，过电流保护动作值为 $3.0I_e$，I_e 为电动机额定电流；6表示起动电流限制为 $3.6I_e$，过电流保护动作值为 $4.0I_e$。

主电路接线方式：1表示三相四线电路，双向控制；2表示三相三角形电路，双向控制；3表示三相三线电路，双向控制。

基本参数见表24-13。

24.2.6.3 主要技术性能指标

A 工作电流指标

连续工作：工作电流 I_2 可在 $1.25\sim1.5I_e$ 时连续工作（I_e——电动机额定电流）；

电流限制：I_2 在 $2.5\sim3.6I_e$ 时恒电流软起动，起动电流整定值连续可调。设备出厂整定值为 $3I_e$，如用户需要其它的整定值可在定货合同中注明。在 $3.5I_e$ 起动电流的情况下，每小时起动次数不大于10次，如需频繁起动，可在订货合同中注明。

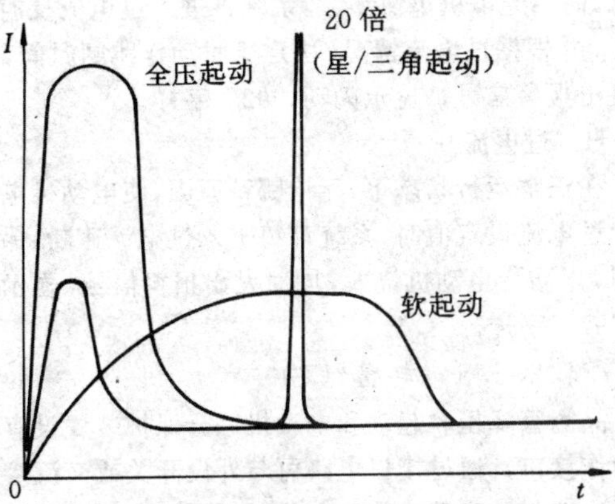

图 24-14 笼型电动机全压起动，星形-三角形降压起动和软起动的电流波形图

表 24-13 KTR 系列晶闸管软起动装置基本参数

输出功率 P_e (kW)	相数 m	频率 f (Hz)	额定输入电压 U_{1e} (V) 有效值	额定输出电压 U_{2e} (V) 有效值	额定输出电流 I_{2e} (A) 有效值
22	3	50	380	375	50
40	3	50	380	375	90
60	3	50	380	375	130
80	3	50	380	375	170
110	3	50	380	375	215
135	3	50	380	375	260
185	3	50	380	375	340
240	3	50	380	375	430
320	3	50	380	375	565

过电流反时限：在正常运行状态下，$I_2 > 1.5I_e$ 时过电流反时限保护将动作，动作曲线见图 24-15。

过电流速断：$I_2 \geqslant 3.0 \sim 4.0I_e$ 时，过电流速断保护将动作，动作整定值连续可调，设备出厂前整定值为 $3.5I_e$，如用户要求其它整定值可在订货合同中注明。

B 工作电压指标

缺相：三相输入电压中最低相 $U_{1min} < 20\%U_e$ 时，系统保护动作（$U_e = 220V$）。

三相不平衡：三相输入电压中最高相与最低相差值 $U_{1max} - U_{1min} > 20\%U_e$ 时，系统保护动作（$U_e = 220V$）。

C 软起动、软停止指标

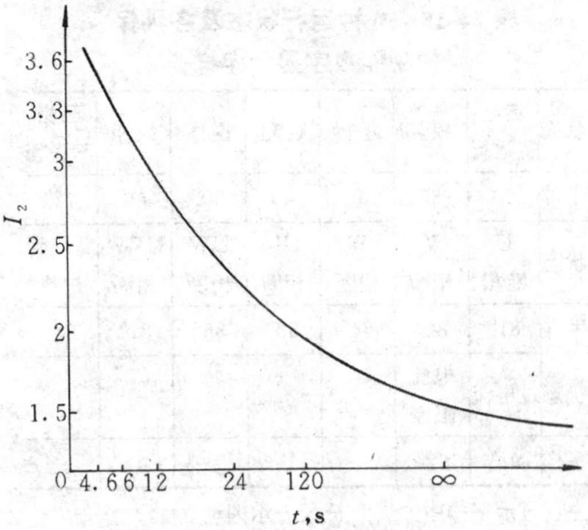

图 24-15 过电流反时限动作曲线

软起动：不带电流限制时线性软起动上升时间 0.6～150s 连续可调，设备出厂整定值为 10s。

软停止：线性软停止下降时间 0.6～150s 连续可调（可投入也可切除）。

D 系统故障类别及相应保护动作

系统故障类别及相应保护动作见表 24-14。

表 24-14 故障类别及相应保护动作

故障类别	保护动作
进线电源逆序	数码显示，系统闭锁，报警，拒绝操作
进线电源缺相	数码显示，跳闸，报警
三相不平衡	数码显示，跳闸，报警
某相快熔熔丝断	数码显示，跳闸，报警
起动过程的电流限制	显示起动，自动限制起动电流
过电流速断	数码显示，跳闸，报警
过电流反时限保护	数码显示，根据过流情况延时跳闸，报警
晶闸管过热	数码显示，跳闸，报警

E 数字显示

各种运行状态及各种保护功能数字显示字样见表 24-15。

F 冷却方式

A 为自然冷却，F 为强迫风冷，风速不小于 6m/s。

24.2.6.4 各种保护功能

表 24-15 各种运行状态及各种保护功能数字显示字样

运行状态	送电待运行	软起动	运行	软停止	逆序	缺相	三相不平衡
显示字样	00	60	50	40	00″	71″	72″
运行状态	U 断相	V 相断	W 相断	UV 相断	UW 相断	UVW 相断	晶闸管过热
显示字样	81″	82″	84″	83″	85″	87″	88″
运行状态	过电流	电流限制					
显示字样	91″	92″					

注：显示字样中“″”符号表示闪动。

A 带电流限制的软起动

在起动过程中系统进入恒电流软起动状态，可根据负载情况设定起动所需要的最小起动电流和合适的起动时间。起动时间可调。在软起动过程中显示“60”字样。

B 软停止

软停止时电压线性下降，下降时间可调（也可以不投入），水泵负载时为防止“水锤效应”最好使用软停止，其下降时间为起动时间的两倍。在软停止过程中显示“40”字样。

C 逆序

当进线电源逆序时，系统闭锁拒绝执行其它操作，同时发出报警信号。为不能逆序反转的负载提供了可靠的保证。电源逆序时显示闪动“00”字样。

D 缺相

当三相进线电源缺相时，系统跳闸，同时发出报警信号，以防止缺相造成电机的电流过大，致使过热进而烧坏电机。电源缺相时，显示闪动“71”字样。

E 三相不平衡

当三相进线电源严重不平衡时，系统跳闸，同时发出报警信号，以防止长期工作在电源不平衡状态下，造成电机的电流过大，致使过热而烧毁电机。电源三相不平衡时显示闪动“72”字样。

F 快熔熔丝断

快熔熔丝断保护功能的目的及动作与缺相保护相同，当某相主电路快熔熔丝断时，分别显示闪动“81”（U 相断）、“82”（V 相断）、“84”（W 相断）、“83”（UV 相断）、“85”（UW 相断）、“87”（UVW 相断）。

G 过电流反时限

在正常运行状态下，由于超负荷或机械传动部分故障，而引起电机电流增大，系统将进入过电流反时限状态，并根据过电流情况，决定延时动作跳闸时间，同时发出报警信号，显示闪动“92”字样。

H 过电流

在正常运行状态下，无论哪种原因，使电动机电流大于过电流设定值时，系统都将进入过电流速断，保护跳闸，以防止电动机烧毁，同时发出报警信号，显示闪动“91”字样。

24.2.6.5 电路结构

晶闸管降压软起动和电动机综合保护装置设有外部操作接口，通过接口电路可与外设开关或交流接触器实现控制及联动。装置内部一般不设进线隔离开关或交流接触器，如用户需要，可在定货合同中说明。

22kW 及以下的小型装置，内部均不设隔离开关和快速熔断器，可由接口电路连接外设开关实行控制。

三相交流 380V 电源，经快速熔断器 $FU_1 \sim FU_3$ 接于晶闸管 $KP_1 \sim KP_6$ 组成的开关上，以控制交流电动机。

主电路设有阻容吸收和压敏电阻 $R_{V1} \sim R_{V3}$，以防止可能出现的过电压击穿晶闸管。

主电路设有电流检测装置 $TA_1 \sim TA_3$，用以检测电流信号，通过 A/D 转换供单片机处理。

控制电路由微机控制单元、接口单元、反馈功放单元三部分组成。

软起动和电动机综合保护装置原理图见图 24-16。

24.2.6.6 使用方法和参数整定

A 电源和负载连接

将三相工频 380V 交流电源接于输入端（可不考虑相序），零线接于零线接线柱上，并将电动机负载按旋转方向接于设备的输出端上，输出端标有 U、V、W 各相位标记。

B 相序校核

设备送电后，蜂鸣器响数秒后停止，表示设备送电，同时显示窗显示“00”字样，表示相序正确。

如果设备送电后，蜂鸣器响而不停，同时显示闪动“00”字样，表示逆序，断电后将任意二相对调即可。

C 软起动软停止的操作和时间的整定

整定前先将串行单元中的八位模拟调试开关的第 6 位拨至“ON”位置，同时按动面板上软起动和联锁按钮，显示窗显示“60”字样，表示软起动开始，直至显示“50”字样时为止，表示起动过程（时间）结束。

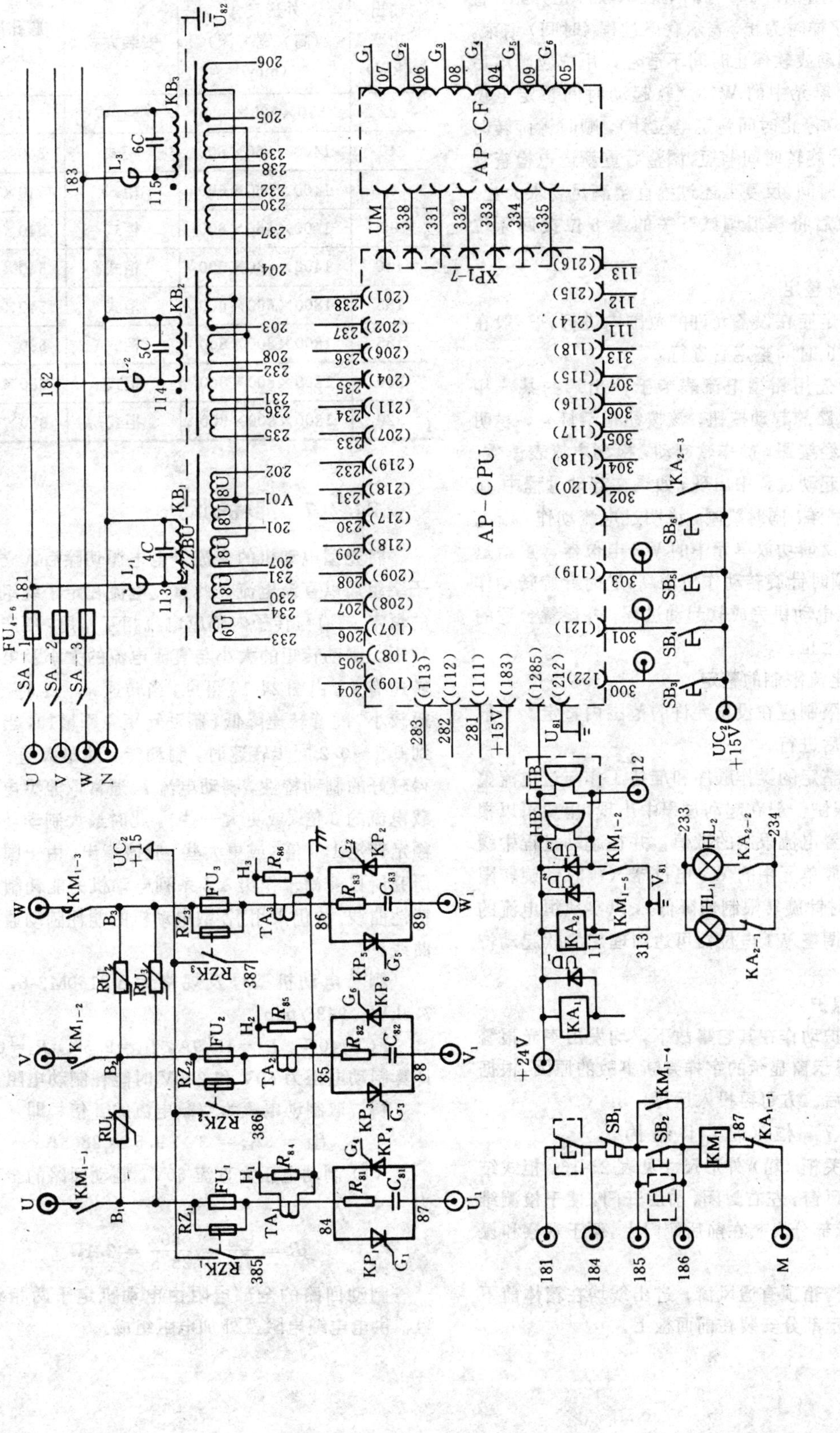

图 24-16 软起动和电动机综合保护装置原理图

在“50”工作状态下，同时按动面板上软停止和联锁按钮，显示窗显示“40”字样，表示软停止开始，直至显示“00”字样时为止，表示软停过程（时间）结束。

如果软起动或软停止时间不适合，用户应断电后调整微机控制单元中的W13（软起动时间整定电位计）和W14（软停止时间整定电位计），顺时针旋转时间增长，逆时针旋转时间缩短，调整后重新送电检查软起动和软停止时间。反复上述过程直至满足要求为止。

整定结束后将模拟调试开关的第6位拨回原位置。

D 过电流整定

过电流整定应在设备允许的范围内进行，一般在软起动，软停止时间整定后进行。

整定前应先用钳型电流表卡于输出端的某一相线。按动主电路的起动按钮，该按钮指示灯亮，表明交流接触器已经接通，操作软起动，检测电流表读数。过电流一般在起动过程中出现，如果在起动过程中显示闪动“91”字样，同时跳闸，说明过电流动作，断电后顺时针调整反馈功放单元中的W2电位器，重新重复上述过程（顺时针旋转动作值增高，逆时针旋转动作值降低），直至电动机完成软起动过程，并设置合适的过电流动作值为止。

E 起动电流限制的整定

起动电流限制应在设备允许的范围内整定，一般在过电流整定后进行。

这一指标整定的操作顺序和准备工作与过电流整定一样，电流限制一般在起动过程中出现，用户可以根据负载情况设置电流限制的数值，并在起动过程中缓慢调整反馈功放单元中的W1电位器（顺时针旋转限制值增加，逆时针旋转限制值降低），以实现恒电流的软起动。反复调整W1电位器可达到理想的软起动特性。

F 其它保护

当设备保护动作在其它事故下，均发出声光报警信号，并通过显示窗显示的字样判断事故的原因，根据事故原因处理后。方可再投入运行。

24.2.6.7 柜（箱）体结构

软起动开关柜（箱）外形尺寸见表24-16。柜式结构的顶部有通风窗，左右封闭，前后开门，便于检测维修，操作和显示部分安装在前后侧门上，便于观察和操作。

壁挂式结构箱顶有通风窗，进出线均在箱体前下方，操作和显示部分安装在前面板上。

表 24-16 软起动开关柜（箱）外形尺寸

输出功率(kW)	外形尺寸(高×宽×深)(mm)	安装方式	底孔尺寸($D\times C$)
22	550×225×300	壁挂式	520×200
40	1400×660×600	柜式	540×400
60	1400×660×600	柜式	540×400
80	1400×660×600	柜式	540×400
110	1400×660×600	柜式	540×400
135	1800×660×600	柜式	540×400
185	1800×800×800	柜式	680×640
240	1800×800×800	柜式	680×640
320	1800×800×800	柜式	680×640

24.2.7 能耗制动

将笼型电动机的交流供电电源切除后，立即向定子绕组通以直流电流，此直流电流在定子绕组内产生的恒定磁通与转子内感应电流相互作用，便产生制动转矩。制动转矩的大小与直流电流的大小及电动机的转速有关。由图24-17可见，当转速$n_*=1$时，制动转矩较小，随着转速降低，制动转矩急剧增加，当转速降到0.1～0.2同步转速时，制动转矩达最大值。为了取得较好的制动特性，制动电流I_{zd}通常取笼型电动机空载电流的3倍（或更大一些）。此时最大制动转矩可达额定转矩1.9倍（或更大些）应该指出，由于国内电机研究所目前尚未作出YZ系列电动机的能耗制动通用特性曲线。故仍采用JZ型电动机的能耗制动通用特性曲线。

例 电动机型号及规格为YZ160M2-6，380V，7.5kW，948r/min

$FC=40\%$，$I_{ed}=15.9\text{A}$，$I_{kz}=9.5\text{A}$，$R_d=0.87\Omega$。计算制动电压为60V和220V时能耗制动电阻。

解 取制动电流为空载电流的3倍，即

$$I_{zd}=3I_{kz}=3\times9.5=28.5\text{A}$$

(1) 制动电压为直流60V，制动回路的全部电阻为

$$R=\frac{U_{zd}}{I_{zd}}=\frac{60}{28.5}=2.1\Omega$$

制动回路的全部电阻由电动机定子两相绕组电阻、供电电缆电阻及外加电阻组成。

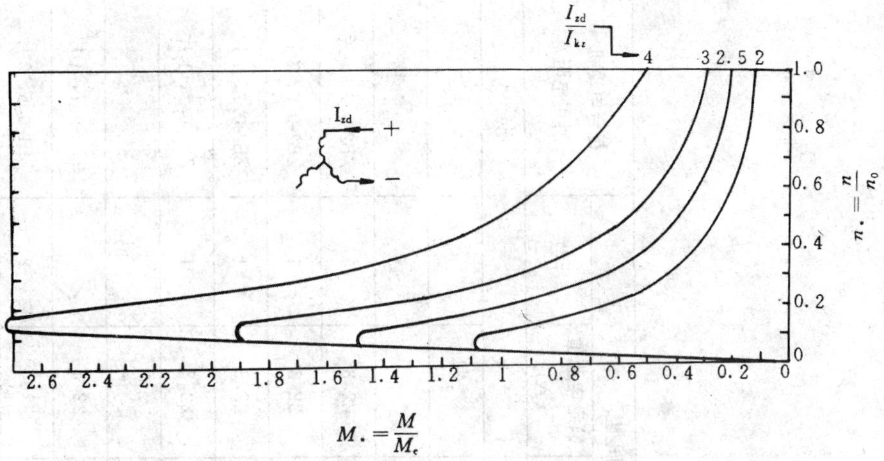

图 24-17 $S_e=0.08$ 时，JZ 型笼型电动机能耗制动通用特性曲线

定子两相电阻为

$$2R_d = 2 \times 0.87 = 1.74\Omega$$

供电电缆采用截面为 $6mm^2$，长 30m 的铝芯电缆，其电阻为

$$R_l = \rho \frac{l}{A} = 0.031 \times 10^{-6} \times \frac{2 \times 30}{6 \times 10^{-6}} = 0.31\Omega$$

式中 ρ——铝线电阻系数，$\Omega \cdot m$；$\rho = 0.031 \times 10^{-6} \Omega \cdot m$；

l——电缆长度，m；

A——电缆截面，m^2。

制动回路的外加电阻为

$$R_{zd} = R - (2R_d + R_l) = 2.1 - (1.74 + 0.31) = 0.05\Omega$$

所需外加电阻甚小，可以不加电阻。

(2) 制动电压为直流 220V，则制动回路的全部电阻为

$$R = \frac{220}{28.5} = 7.72\Omega$$

制动回路的外加电阻为

$$R_{zd} = 7.72 - (1.74 + 0.31) = 5.67\Omega$$

设电动机每小时最大接电次数为 300 次/h，每次制动持续时间 t_s 为 1.9s，则制动电阻接电持续率为

$$FC_r = \frac{300 \times 1.9}{3600} = 15.8\%$$

初选电阻 ZB2-1.95，其额定电流为 13.8A，发热时间常数 $T=132s$

$$\frac{t_s}{T} = \frac{1.9}{132} = 0.015$$

由附录 24-2 附图 24-2 查得

$$\frac{I_{dx}}{I_{zd}} = 0.4$$

所以 $I_{dx} = 0.4 \times 28.5 = 11.4A$

ZB2-1.95 型电阻的额定电流为 13.8A。每片电阻值为 1.95Ω 选用电阻片数为

$$\frac{5.67}{1.95} = 2.9 \text{ 取 3 片}$$

由以上 (1) 和 (2) 计算可见，制动电压取 60V 时，可以大大减少甚至省掉制动电阻。因此，一般情况下，能耗制动用的直流电源取 60V 为宜。

YZ 系列笼型电动机在 $FC=40\%$ 时，能耗制动外加电阻选用表见表 24-17。

笼型电动机能耗制动用的 JK 系列电控设备有如下方案：

(1) JKT-122：重载断续周期工作，不可逆，带机械制动及能耗制动。

(2) JKT-140：重载断续周期工作，可逆，带堵转保护，带能耗制动。

(3) JKT-141：与 JKT-140 相同，但增加机械制动。

JKT-141 方案电控设备原理图见 24-18。40A 及以上控制设备带电流表；堵转电流保护装置 DSJ 动作电流（吸合）整定值为电动机额定电流的 1.5 倍，其延时时间应略大于（一般大 1～2s）电动机的实际起动时间。

表 24-17 YZ 型电动机能耗制动外加电阻选用表

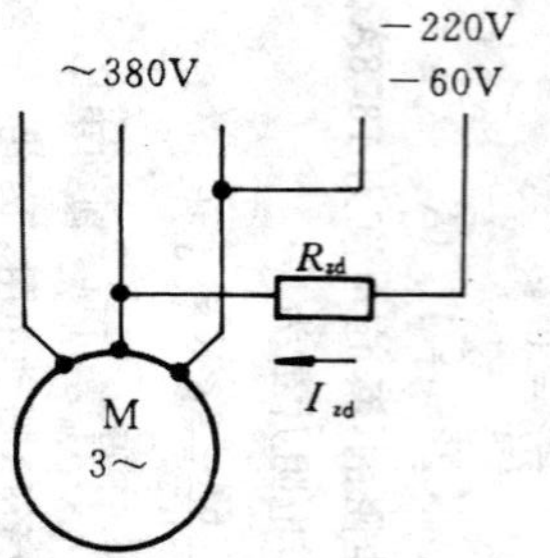

$I_{zd}=3I_{kz}$

$I_{dl}=0.4I_{zd}$

$U_{zd}=2I_{zd}R_d$

电动机型号及技术数据				制动电阻 R_{zd} 计算值		选用电阻				每台电动机所用电阻
型号	空载电流 I_{kz}（A）	定子相电阻 R_d（Ω）	制动电压 U_{zd}（V）	电阻值（Ω）	电流值（A）	电阻元件型号	电阻值（Ω）	额定电流值（A）	片数	
直流制动电源电压 60V										
YZ112M-6	2.8	5.8	97.4							
YZ132M1-6	4	3.5	84							
YZ132M2-6	5.7	1.58	54	0.35	6.84	ZB2-0.7	$\frac{0.35}{0.7}$	22.3	1	ZB2-0.7，1 片
YZ160M1-6	7.1	1.26	53.7	0.30	8.52	ZB2-0.7	$\frac{0.3}{0.7}$	22.3	1	ZB2-0.7，1 片
YZ160M2-6	9.5	0.87	49.6	0.37	11.4	ZB2-0.7	$\frac{0.37}{0.7}$	22.3	1	ZB2-0.7，1 片
YZ160L-6	12.5	0.65	48.8	0.30	15	ZB2-0.7	$\frac{0.3}{0.7}$	22.3	1	ZB2-0.7，1 片
YZ160L-8	12.5	0.87	65.3							
YZ180L-8	12.5	0.56	42	0.48	15	ZB2-0.7	$\frac{0.48}{0.7}$	22.3	1	ZB2-0.7，1 片
YZ200L-8	17.5	0.28	29.4	0.58	21	ZB1-0.5	$\frac{0.58}{0.5\times2}$	26	2	ZB1-0.5，2 片
YZ225M-8	23	0.19	26.2	0.49	27.6	ZB1-0.25	$\frac{0.49}{0.25\times2}$	38	2	ZB1-0.25，2 片
YZ250M1-8	33.5	0.145	29.1	0.31	40.2	ZB1-0.33	$\frac{0.33}{0.33\times2\ (2)}$	32×2	4	ZB1-0.33，4 片

续表 24-17

电动机型号及技术数据				制动电阻 R_{zd} 计算值		选用电阻				每台电动机所用电阻
型号	空载电流 I_{kz}（A）	定子相电阻 R_d（Ω）	制动电压 U_{zd}（V）	电阻值（Ω）	电流值（A）	电阻元件型号	电阻值（Ω）	额定电流值（A）	片数	
直流制动电源电压 220V										
YZ112M-6	2.8	5.8	97.4	14.59	3.36	ZB2-8	$\frac{14.59}{8\times2}$	6.6	2	ZB2-8，2 片
YZ132M1-6	4	3.5	84	11.33	4.8	ZB2-5.8	$\frac{11.33}{8\times2}$	7.7	2	ZB2-5.8，2 片
YZ132M2-6	5.7	1.58	54	9.7	6.84	ZB2-4.4	$\frac{9.7}{4.4\times3}$	8.9	3	ZB2-4.4，3 片
YZ160M1-6	7.1	1.26	53.7	7.81	8.52	ZB2-2.8	$\frac{7.81}{2.8\times3}$	11.2	3	ZB2-2.8，3 片
YZ160M2-6	9.5	0.87	49.6	5.98	11.4	ZB2-1.45	$\frac{5.98}{1.45\times5}$	15.4	5	ZB2-1.45，5 片
YZ160L-6	12.5	0.65	48.8	4.57	15	ZB2-0.9	$\frac{4.57}{0.9\times6}$	19.9	6	ZB2-0.9，6 片
YZ160L-8	12.5	0.87	65.3	4.12	15	ZB2-0.9	$\frac{4.12}{0.9\times5}$	19.9	5	ZB2-0.9，5 片
YZ180L-8	12.5	0.56	42	4.75	15	ZB2-0.9	$\frac{4.75}{0.9\times6}$	19.9	6	ZB2-0.9，6 片
YZ200L-8	17.5	0.28	29.4	3.63	21	ZB1-0.5	$\frac{3.63}{0.5\times8}$	26	8	ZB1-0.5，8 片
YZ225M-8	23	0.19	26.2	2.81	27.6	ZB1-0.33	$\frac{2.81}{0.33\times9}$	32	9	ZB1-0.33，9 片
YZ250M1-8	33.5	0.145	29.1	1.90	40.2	ZB1-0.5	$\frac{1.9}{0.5\times8\ (2)}$	26×2	16	ZB1-0.5，16 片

注：1. 表中电动机空载电流 I_{kz}（A）和定子相电阻 R_d（Ω）摘自佳木斯电机研究所资料；

2. 表中选用电阻的电阻值栏中，用分数表示的数字含义如下：

分子表示电阻计算值（本表中即为选用值），分母表示选用电阻的总电阻值及其接法，如 0.33×4（2）表示选用电阻每片为 0.33Ω，4 片串联，两组并联（无括号则表示无并联），总电阻值为 0.66Ω。

3. 当每台电动机选用电阻片数较少时，可将几台电动机所用电阻元件组装在一个电阻箱内（ZB1 和 ZB2 电阻元件每箱只能安装 10 片，电阻箱型号为 Z×2）。

4. 表中电阻值未考虑连接导线的电阻。

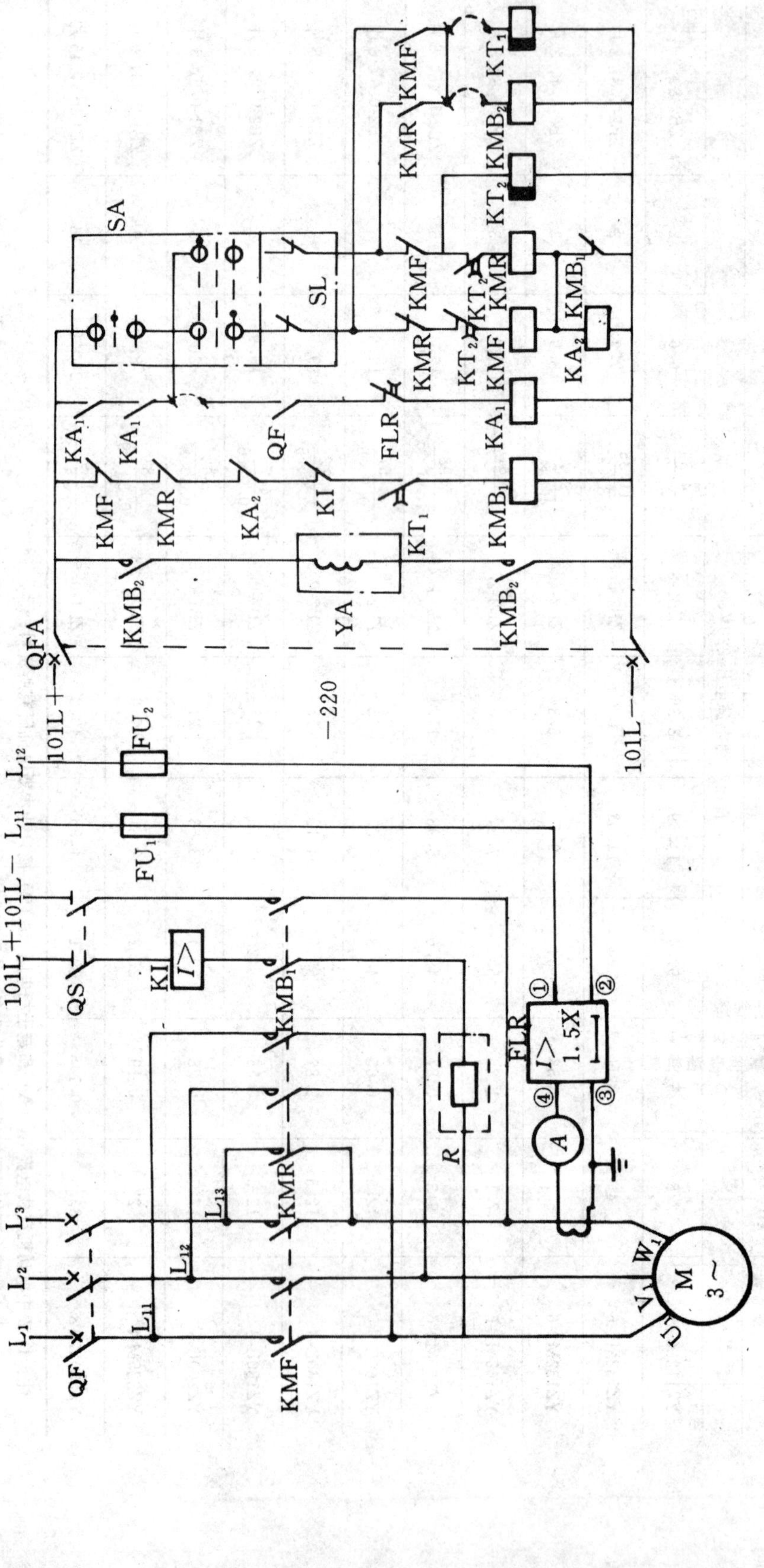

图 24-18 JKT-141 方案电控设备原理图

24.3 低压绕线型电动机的起动和制动

24.3.1 频敏变阻器的选择和计算

频敏变阻器能平滑、无级、自动地起、制动各种功率的交流绕线型电动机。它的结构简单，坚固耐用、维修方便，起、制动性能良好，因此，除下列情况外，均应采用频敏变阻器：

(1) 有低速要求的传动装置；

(2) 起动时阻转矩很大的传动装置。

交流绕线型电动机的起、制动分偶尔起、制动和断续周期工作起、制动两种工作制。

本节所述的频敏变阻器为小型片式三相结构。

24.3.1.1 偶尔起动用频敏变阻器的选择和计算❶

A 偶尔起动用频敏变阻器的选择

根据生产机械的负载特性(见图 24-19)，按表 24-18 确定起动负载的类别。

表 24-18 生产机械起动负载分类及有关参数

起动负载类别	特征	传动设备举例	注
轻载	阻转矩 $M_j<0.5M_e$ 起动转矩 $M_q=(0.6\sim0.8)M_e$ 折算至电动机轴上的飞轮矩 GD^2 较小，起动时间较短	空压机、水泵、变流机组等	
重轻载	阻转矩 $M_j=(0.5\sim0.8)M_e$ 起动转矩 $M_q=(0.9\sim1.1)M_e$ 折算至电动机轴上的飞轮矩 GD^2 大，起动时间长	锯床、真空泵、带飞轮的轧钢机等	
重载	阻转矩 $M_j=(0.7\sim0.8)M_e$ 起动转矩 $M_q=(1.2\sim1.4)M_e$ 折算到电动机轴上的飞轮矩 GD^2 不太大，起动时间介于轻载与重轻载之间	皮带运输机、轴流泵等	轻重载生产机械选择频敏变阻器按重载考虑

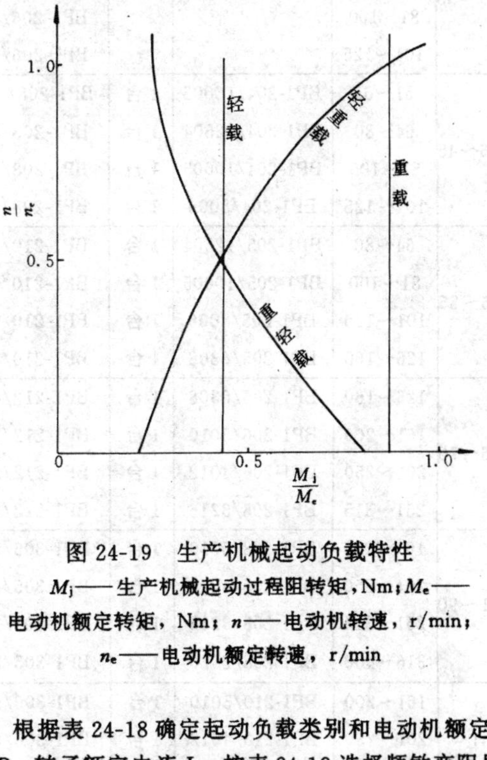

图 24-19 生产机械起动负载特性

M_j——生产机械起动过程阻转矩，Nm；M_e——电动机额定转矩，Nm；n——电动机转速，r/min；n_e——电动机额定转速，r/min

根据表 24-18 确定起动负载类别和电动机额定功率 P_e，转子额定电流 I_{2e}，按表 24-19 选择频敏变阻器。表 24-19 中频敏变阻器型号的含义如下：

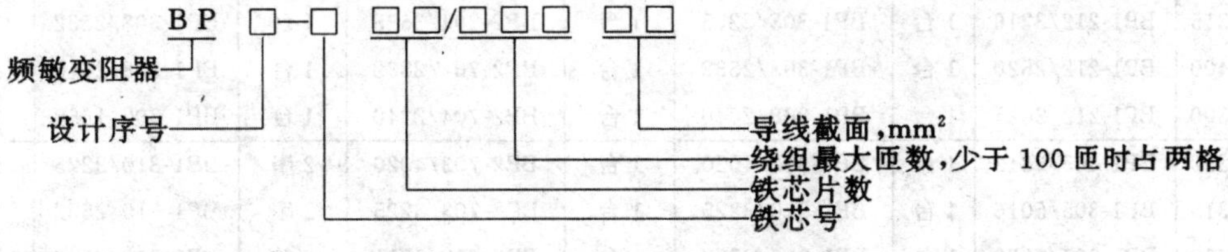

❶ 本节 24.3.1.1 和 24.3.1.2 内容为包头钢铁设计研究院提供稿，只在文字和编排上做了些修改。

表 24-19 偶尔起动用频敏变阻器选择表

电动机		轻载起动		重轻载起动				重载起动	
P_e (kW)	I_{2e}(A)	型号	台数及接法	型号	台数及接法	型号	台数及接法	型号	台数及接法
22～28	51～63			BP1-205/10005	1台			BP1-205/8006	1台
	64～80			BP1-205/8006	1台			BP1-205/6308	1台
	81～100			BP1-205/6308	1台			BP1-205/5010	1台
	101～125			BP1-205/5010	1台			BP1-205/4012	1台
29～35	51～63			BP1-206/10005	1台			BP1-206/8006	1台
	64～80			BP1-206/8006	1台			BP1-206/6308	1台
	81～100			BP1-206/6308	1台			BP1-206/5010	1台
	101～125			BP1-206/5010	1台			BP1-206/4012	1台
36～45	51～63	BP1-204/16003	1台	BP1-208/10005	1台			BP1-208/8006	1台
	64～80	BP1-204/12504	1台	BP1-208/8006	1台			BP1-208/6308	1台
	81～100	BP1-204/10005	1台	BP1-208/6308	1台			BP1-208/5010	1台
	101～125	BP1-204/8006	1台	BP1-208/5010	1台			BP1-208/4012	1台
46～55	64～80	BP1-205/12504	1台	BP1-210/8006	1台			BP1-210/6308	1台
	81～100	BP1-205/10005	1台	BP1-210/6308	1台			BP1-210/5010	1台
	101～125	BP1-205/8006	1台	BP1-210/5010	1台			BP1-210/4012	1台
	126～160	BP1-205/6308	1台	BP1-210/4012	1台			BP1-210/3216	1台
56～70	126～160	BP1-206/6308	1台	BP1-212/4012	1台			BP1-212/3216	1台
	161～200	BP1-206/5010	1台	BP1-212/3216	1台			BP1-212/2520	1台
	201～250	BP1-206/4012	1台	BP1-212/2520	1台			BP1-212/2025	1台
	251～315	BP1-206/3216	1台	BP1-212/2025	1台			BP1-212/1632	1台
71～90	161～200	BP1-208/5010	1台	BP1-305/5016	1台			BP1-305/4020	1台
	201～250	BP1-208/4012	1台	BP1-305/4020	1台			BP1-305/3225	1台
	251～315	BP1-208/3216	1台	BP1-305/3225	1台			BP1-305/2532	1台
	316～400	BP1-208/2520	1台	BP1-305/2532	1台			BP1-305/2040	1台
91～115	161～200	BP1-210/5010	1台	BP1-306/5016	1台	BP2-704/5016	1台	BP1-306/4020	1台
	201～250	BP1-210/4012	1台	BP1-306/4020	1台	BP2-704/4020	1台	BP1-306/3225	1台
	251～315	BP1-210/3216	1台	BP1-306/3225	1台	BP2-704/3225	1台	BP1-306/2532	1台
	316～400	BP1-210/2520	1台	BP1-306/2532	1台	BP2-704/2532	1台	BP1-306/2040	1台
120～140	201～250	BP1-212/4012	1台	BP1-308/4020	1台	BP2-704/4520	1台	BP1-308/3225	1台
	251～315	BP1-212/3216	1台	BP1-308/3225	1台	BP2-704/3625	1台	BP1-308/2532	1台
	316～400	BP1-212/2520	1台	BP1-308/2532	1台	BP2-704/2832	1台	BP1-308/2040	1台
	401～500	BP1-212/2025	1台	BP1-308/2040	1台	BP2-704/2240	1台	BP1-308/1650	1台
145～180	201～250	BP1-305/6312	1台	BP1-310/4020	1台	BP2-703/4020	2串	BP1-310/3225	1台
	251～315	BP1-305/5016	1台	BP1-310/3225	1台	BP2-703/3225	2串	BP1-310/2532	1台
	316～400	BP1-305/4020	1台	BP1-310/2532	1台	BP2-703/5016	2并	BP1-310/2040	1台
	401～500	BP1-305/3225	1台	BP1-310/2040	1台	BP2-703/4020	2并	BP1-310/1650	1台

续表 24-19

电动机		轻载起动		重轻载起动				重载起动	
P_e (kW)	I_{ze}(A)	型号	台数及接法	型号	台数及接法	型号	台数及接法	型号	台数及接法
185~225	201~250	BP1-306/6312	1台	BP1-312/4020	1台	BP2-704/4020	2串	BP1-312/3225	1台
	251~315	BP1-306/5016	1台	BP1-312/3225	1台	BP2-704/3225	2串	BP1-312/2532	1台
	316~400	BP1-306/4020	1台	BP1-312/2532	1台	BP2-704/5016	2并	BP1-312/2040	1台
	401~500	BP1-306/3225	1台	BP1-312/2010	1台	BP2-704/4020	2并	BP1-312/1650	1台
230~280	201~250	BP1-308/6312	1台	BP1-316/4020	1台	BP2-704/4520	2串	BP1-316/3225	1台
	251~315	BP1-308/5016	1台	BP1-316/3225	1台	BP2-704/3625	2串	BP1-316/2532	1台
	316~400	BP1-308/4020	1台	BP1-316/2532	1台	BP2-704/5016	2并	BP1-316/2040	1台
	401~500	BP1-308/3225	1台	BP1-316/2040	1台	BP2-704/4520	2并	BP1-316/1650	1台
285~355	251~315	BP1-310/5016	1台	BP1-310/6312	2并	BP2-704/1008	3并	BP1-310/5016	2并
	316~400	BP1-310/4020	1台	BP1-310/5016	2并	BP2-704/8010	3并	BP1-310/4020	2并
	401~500	BP1-310/3225	1台	BP1-310/4020	2并	BP2-704/7112	3并	BP1-310/3225	2并
	501~630	BP1-310/2532	1台	BP1-310/3225	2并	BP2-704/5616	3并	BP1-310/2532	2并
360~450	251~315	BP1-312/5016	1台	BP1-312/6312	2并	BP2-704/6312	2并2串	BP1-312/5016	2并
	316~400	BP1-312/4020	1台	BP1-312/5016	2并	BP2-704/5016	2并2串	BP1-312/4020	2并
	401~500	BP1-312/3225	1台	BP1-312/4020	2并	BP2-704/4020	2并2串	BP1-312/3225	2并
	501~630	BP1-312/2532	1台	BP1-312/3225	2并	BP2-704/3225	2并2串	BP1-312/2532	2并
460~560	316~400	BP1-316/4020	1台	BP1-316/5016	2并	BP2-704/5616	2并2串	BP1-316/4020	2并
	401~500	BP1-316/3225	1台	BP1-316/4020	2并	BP2-704/4520	2并2串	BP1-316/3225	2并
	501~630	BP1-316/2532	1台	BP1-316/3225	2并	BP2-704/3625	2并2串	BP1-316/2532	2并
	631~800	BP1-316/2040	1台	BP1-316/2532	2并	BP2-704/2832	2并2串	BP1-316/2040	2并
570~710	316~400	BP1-310/4020	2串	BP1-310/5016	2串2并	BP2-704/8010	3并2串	BP1-310/4020	2串2并
	401~500	BP1-310/3225	2串	BP1-310/4020	2串2并	BP2-704/6312	2并2串	BP1-310/3226	2串2并
	501~630	BP1-310/5016	2并	BP1-310/3225	2串2并	BP2-704/5016	2并2串	BP1-310/2532	2串2并
	631~800	BP1-310/4020	2并	BP1-310/2532	2串2并	BP2-704/4020	2并2串	BP1-310/2040	2串2并
720~900	401~500	BP1-312/3225	2串	BP1-316/6312	3并	BP2-704/8010	4并2串	BP1-316/5016	3并
	501~630	BP1-312/2532	2串	BP1-316/5016	3并	BP2-704/6312	4并2串	BP1-316/4020	3并
	631~800	BP1-312/4020	2并	BP1-316/4020	3并	BP2-704/5016	4并2串	BP1-316/3225	3并
	801~1000	BP1-312/3225	2并	BP1-316/3225	3并	BP2-704/4020	4并2串	BP1-316/2532	3并
910~1120	401~500	BP1-316/3225	2串	BP1-316/4020	2串2并	BP2-704/9010	4并2串	BP1-316/3225	2串3并
	501~630	BP1-316/2532	2串	BP1-316/3225		BP2-704/7112	4并2串	BP1-316/2532	2串2并
	631~800	BP1-316/4020	2并	BP1-316/5016	4并	BP2-704/5616	4并2串	BP1-316/4020	4并
	801~1000	BP1-316/3225	2并	BP1-316/4020		BP2-704/4520	4并2串	BP1-316/3225	4并

注：表中BP1-200，BP1-300由上海起重电器厂等厂生产。BP2-700由天津第三开关厂等厂生产。

电动机的功率与转子电流在选择表相应的档次中，当功率接近本档次的上限，转子电流接近本档次的下限，则所选的频敏变阻器绕组匝数应按表24-19提高一档，导线截面应降低一档。如 $P_e=138kW$，$I_{ze}=256A$，轻载起动，所选的频敏变阻器为BP1-212/3216，应改为BP1-212/4012。

B　偶尔起动用频敏变阻器的计算

频敏变阻器也可以按下述步骤计算：

(1) 已知电动机技术数据（额定功率 P_e，转子额定电压 U_{ze} 和转子额定电流 I_{ze}）和拖动机械设备名称，确定起动负荷类别（轻载，重轻载，重载）。

(2)确定铁芯规格：用于偶尔起动的频敏变阻器铁芯号为2号、3号、7号。轻载、重载偶尔起动，功率因数不宜过高，可选用叠片式结构，即2号铁芯或3号铁芯；重轻载偶尔起动，对功率因数有一定要求，宜选用方柱式结构，即7号铁芯。

小功率电动机选用2号铁芯。当铁芯片数超过12片后，则选用3号铁芯。

(3) 计算铁芯总片数 ΣN：

$$\Sigma N = K_N P_e \tag{24-16}$$

系数 K_N 值按表24-20查得。

表24-20　系数 K_N 值选用表

铁芯号	负载类别		
	轻载	重轻载	重载
	K_N		
2号铁芯	0.0897	0.177	0.177
3号铁芯	0.0287	0.0565	0.0567
7号铁芯		0.03356	

计算出铁芯的总片数应按表24-23档次就近取整。如果2号铁芯超过12片，则改选用3号铁芯重算。如果3号铁芯片数超过16片，则采用两台或数台，并且确定并联数b或串联数c。

(4) 计算绕组匝数 W：

$$W = K_w \frac{P_e}{CNI_{ze}} \tag{24-17}$$

式中　K_w——系数；

C——频敏变阻器串联数；

N——铁芯片数。

系数 K_w 值按表24-21查得。

表24-21　K_w 值选用表

铁芯号	负载类别		
	轻载	重轻载	重载
	K_w		
2号铁芯	868.8	1057	877.1
3号铁芯	434.4	528.6	438.6
7号铁芯		356.6	

计算出的绕组匝数 W，应按表24-23中档次就近取整，并且在其90%和20%处留出抽头。

(5) 计算导线截面 S。

$$S = \frac{I_{ze}}{bj_e} \tag{24-18}$$

式中　S——导线截面，mm^2；

j_e——电流密度，A/mm^2；

b——并联数；

I_{ze}——转子额定电流，A。

不同负载类别铜导线的电流密度 j_e 值见表24-22。

表24-22　不同负载类别铜导线电流密度 j_e 值选用表

电流密度	负载类别		
	轻载	重轻载	重载
j_e (A/mm^2)	20	12	10

计算出的导线截面 S，应按表24-23中档次就近取整。

上述计算的频敏变阻器，如果不是向制造厂订货，其铁芯片数 N，绕组匝数 W，导线截面 S，也可以不按表24-23取整。

表24-23　偶尔起、制动用频敏变阻器 N、W、S 参数分档表

铁芯分档	2号铁芯	N(片)	4,5,6,8,10,12
	3号铁芯	N(片)	5,6,8,10,12,16
	7号铁芯	N(片)	2,3,4

续表 24-23

绕组分档	2 号铁芯	W(匝)	16,20,25,32,40,50,63,80,100,125,160
		S(mm²)	32,25,20,16,12,10,8,6,5,4,3
	3 号铁芯	W(匝)	16,20,25,32,40,50,63
		S(mm²)	50,40,32,25,20,16,12
	7 号铁芯	W(匝)	16,18,20,22,25,28,32,36,40,45,50
		S(mm²)	50,50,40,40,32,32,25,25,20,20,16
		W(匝)	56,63,71,80,90,100,112
		S(mm²)	16,12,12,10,10,8,8

例 1 某空压机传动电动机的型号及技术数据为：JR-127-8，$P_e=130\text{kW}$，$U_{ze}=285\text{V}$，$I_{ze}=270\text{A}$，属于轻载起动。试计算起动频敏变阻器参数。

解 (1) 选 2 号铁芯。

(2) 计算铁芯片数 ΣN

$$\Sigma N = K_N P_e = 0.0897 \times 130 = 11.66 \text{ 片}$$

进整取 12 片。

(3) 计算绕组匝数 W

$$W = K_w \frac{P_e}{CNI_{ze}}$$

$$= 868.8 \times \frac{130}{1 \times 12 \times 270} = 34.8 \text{ 匝}$$

进整为 32 匝。

(4) 计算导线截面 S。

$$S = \frac{I_{ze}}{bj_e} = \frac{270}{1 \times 20} = 13.5\text{mm}^2$$

进整为 16mm²

例 2 某轧钢机带飞轮，其传动电动机型号及技术数据为：YR118/54-12，$P_e=630\text{kW}$，$U_{ze}=923\text{V}$，$I_{ze}=427\text{A}$。属重轻载起动，试计算起动频敏变阻器参数。

解 (1) 选 7 号铁芯。

(2) 计算铁芯总片数 ΣN

$$\Sigma N = K_N P_e = 0.03356 \times 630 = 21.14 \text{ 片}$$

进整为 24 片，分 6 台，每台 4 片，三并两串。

(3) 计算绕组匝数 W。

$$W = K_w \frac{P_e}{CNI_{ze}}$$

$$= 356.6 \times \frac{630}{2 \times 4 \times 427}$$

$$= 65.7 \text{ 匝}$$

进整为 63 匝。

(4) 计算导线截面 S。

$$S = \frac{I_{ze}}{bj_e} = \frac{427}{3 \times 12} = 11.86\text{mm}^2$$

进整为 12mm²。

例 3 某皮带运输机，其传动电动机型号及技术数据为：JR-126-6，$P_e=130\text{kW}$，$U_{ze}=187\text{V}$，$I_{ze}=445\text{A}$。属于重载起动。试计算起动频敏变阻器参数。

解 (1) 选 3 号铁芯。

(2) 计算铁芯总片数 ΣN。

$$\Sigma N = K_N P_e = 0.0567 \times 130 = 7.37 \text{ 片}$$

取 8 片，一台。

(3) 计算绕组匝数 W

$$W = K_w \frac{P_e}{CNI_{ze}}$$

$$= 438.6 \times \frac{130}{1 \times 8 \times 445} = 16 \text{ 匝}$$

取 16 匝。

(4) 计算导线截面 S。

$$S = \frac{I_{ze}}{bj_e} = \frac{445}{1 \times 10} = 44.5\text{mm}^2$$

取 50mm²

C 有关说明

当电动机转子额定电压超过 500V 时，所选频敏变阻器在订货时应向制造厂说明转子电压，并要求加强绝缘。

当电动机功率超过 1000kW 时，因选用小型频敏变阻器串并联数较多，建议选用大型频敏变阻器，这样选用台数少，占地面积小，接线方便。有关选用大型频敏变阻器的技术问题可与包头钢铁设计研究院联系。

24.3.1.2 断续周期工作制用频敏变阻器的选择和计算

A 断续周期工作制用频敏变阻器的选择

断续周期工作制生产机械的特点是：电动机常处于起动、制动状态，有的需要反接，操作频繁。所以，频敏变阻器可常接于电动机转子电路中。不同生产机械操作频繁程度相差很大，每小时操作次数从几十次到几百次不等。频繁者，电动机基本上运行在起制动及反接过程中，稳速运行时间极短。因此，应按电动机操作频繁程度分类选配频敏变阻器。

按操作频繁程度将生产机械分为四类，如表 24-24 所示。

表 24-24 生产机械分类表

分类	第一类	第二类	第三类	第四类	注
操作频繁程度	不频繁	较频繁	很频繁	极频繁	
每小时折算起动次数 Z	<150	150～300	300～600	>600	Z 是折算值，起动一次算一次，反接制动一次算 3 次，能耗制动一次算一次 t_qZ 为 Z 与起动时间 t_q 的乘积
每小时折算起动时间 t_qZ (s/h)	≤400	≤630	≤1000	≤1600	
工作特点	电动机小时起、制动次数较少	电动机多为有规律的起制动，且小时起制动次数较多，很少反接	电动机经常处于起制起状态，有时反接	电动机经常处于起、制动状态经常反接，稳定运转和停车很少	
生产机械举例	拉钢机轧线定尺移动	轧机出炉辊道，延伸辊道，检修吊车大小车	轧机升降台、升降台辊道、生产吊车大小车	拨钢机、翻钢机、定尺辊道	

用于断续周期工作制的电动机为 YZR 型，表 24-25 为 YZR 型电动机所配频敏变阻器选择表（频敏变阻器型号含义见 24.3.1.1 节），JZR、JZR2 型为老型号电动机，应予淘汰。但考虑当前有不少机械上仍在使用，故也列出其频敏变阻器选择表，见表 24-26。

B 断续周期工作制用频敏变阻器的计算

计算工作包括计算铁芯片数，绕组匝数，导线截面等。

(1)确定生产机械操作频繁程度属于第几类，一般可按每小时折算起动次数确定，查表 24-24 得出 t_qZ 上限值。已知电动机技术数据，P_e，U_{ze}，I_{ze}，（意义，单位同前）。

(2) 确定铁芯。

用于断续周期工作制的频敏变阻器铁芯为 0 号，6 号，5 号，4 号等较薄铁芯，以利散热。选择原则通常为；

$P_et_qZ\leqslant 3700$，选 0 号铁芯（优先）
$P_et_qZ=2000\sim 8000$，选 5 号铁芯；} 或选 6 号铁芯；

$P_et_qZ\geqslant 8000$，选 4 号铁芯。

(3) 计算铁芯总片数 ΣN。

$$\Sigma N = K_N C_z P_e \tag{24-19}$$

式中 C_z——电动机系数。

$$C_z = \frac{\sqrt{3}\,U_{ze}I_{ze}}{10^3 P_e} \tag{24-20}$$

K_N——计算片数系数，查表 24-27。

表 24-27 系数 K_N 值选用表

t_qZ（上限值）(s/h)		400	630	1000	1600
K_N	0 号铁芯			2.65	4.23
	6 号铁芯		2.4	3.0	4.8
	5 号铁芯	0.53	0.83	1.32	2.12
	4 号铁芯	0.23	0.36	0.57	0.92

算出的 ΣN 应按表 24-30 所列档次取整。对于 4 号铁芯，若 $\Sigma N>16$ 片时，可采用 2 台或 4 台。设台数为 n，每台片数为 N，则有 $\Sigma N=nN$

(4) 计算绕组匝数 W。

$$W = K_w \frac{U_{ze}}{C}\sqrt{\frac{n}{C_z P_e N}} \tag{24-21}$$

式中 C——串联数，两串时 $C=2$；

K_w——计算匝数系数，查表 24-28。

表 24-25　YZR 型电动机配用的频敏变阻器选择表

电动机型号	第一类 $t_qZ\leqslant400s/h$ P_e (kW)	频敏变阻器型号、台数				第二类 $t_qZ\leqslant630s/h$ P_e (kW)	频敏变阻器型号、台数				第三类 $t_qZ\leqslant1000s/h$ P_e (kW)	频敏变阻器型号、台数				第四类 $t_qZ\leqslant1600s/h$ P_e (kW)	频敏变阻器型号、台数			
		BP1-		BP2-			BP1-		BP2-			BP1-		BP2-			BP1-		BP2-	
YZR-112M-6	1.5～1.3					1.3～1.2			604/11204	1	1.2	006/10004	1	604/11204	1	0.7	006/12504	1	608/10004	1
132M1-6	2.2～2					2～1.8			608/9004	1	1.8	006/10004	1	608/9004	1	1.35	008/10004	1	608/10004	1
132M2-6	3.7～3.5					3.5～3.3			612/7105		3.3	012/8005	1	612/7105	1	2.3	012/10005	1	612/9005	1
160M1-6	5.5～5	504/9008	1			5～4.8	506/7108	1	616/4008		4.8	508/6308	1	616/4008	1	3.8	510/6308	1	620/4008	1
160M2-6	7.5～7	506/8008	1			7～6	508/8008	1	620/4008		6	510/7108	1	620/4008	1	4	512/8008	1	624/4508	1
160L-6	11～10	508/8008	1			10～8	510/8008	1	628/4508	1	8	512/8008	1	628/4508	1	5.6	406/11208			1
180L-6	15～13	510/5612	1			13～12	406/6312			1	12	408/5612			1	9	410/6312			1
200L-6	22～18.5	406/5020			1	18.5～17	408/4520			1	17	412/3620			1	11	412/5020			1
225M-6	30～25	408/4520			1	25～22	410/4520			1	22	416/3620			1	15	416/4020			1
250M1-6	37～30	410/3625			1	30～26	412/3625			1	26	416/3225			1	17.5	410/7112			2
250M2-6	45～37	412/3625			1	37～31	416/3225			1	31	410/6312			2	24	412/6312			2
280S-6	55～45	416/2532			1	45～40	410/5016			2	40	416/4516			2	30	416/4516			2
280M-6	75～62	402/5616			2	62～52	412/5616			2	52	416/5016			2	37	410/5016			4
160L-8	7.5～7	506/9008	1			7～6	508/9008	1	620/5008	1	6	510/8008	1	620/5008	1	3.8	512/9008	1	624/5608	1
180L-8	11～10	508/5612	1			10～8	510/5612	1	628/3212	1	8	512/5012	1	628/3212	1	5.8	406/8012			1
200L-8	15～13	510/4516	1			13～12	406/5616			1	12	408/4516			1	8	410/5016			1
225M-8	22～18.5	406/5616			1	18.5～17	408/5016			1	17	412/4016			1	11	412/5016			1
250M1-8	30～25	408/5020			1	25～22	410/4520			1	22	416/3620			1	15	416/4520			1

续表 24-25

电动机型号	第一类 $t_qZ\leqslant400s/h$			第二类 $t_qZ\leqslant630s/h$			第三类 $t_qZ\leqslant1000s/h$			第四类 $t_qZ\leqslant1600s/h$		
	P_e (kW)	频敏变阻器型号、台数		P_e (kW)	频敏变阻器型号、台数		P_e (kW)	频敏变阻器型号、台数		P_e (kW)	频敏变阻器型号、台数	
250M2-8	37～30	410/5020	1	30～26	412/5020	1	26	416/4520	1	18.5	410/9010	2
280S-8	45～37	412/3625	1	37～31	416/3625	1	31	410/6312	2	24	412/6312	2
280M-8	55～45	416/3625	1	45～42	410/6312	2	42	416/5012	2	30	416/6312	2
315S-8	75～60	410/4520	2	60～52	412/4520	2	52	416/4020	2	35	410/4020	4
315M-8	90～72	412/4520	2	72～60	416/4020	2	60	410/3620	4	41	412/4020	4
280S-10	37～30	410/2240	1	30～26	412/2240	1	26	416/2040	1	17	410/4020	2
280M-10	45～37	412/2050	1	37～31	416/2050	1	31	410/3625	2	22	412/4025	2
315S-10	55～45	416/2240	1	45～40	410/4520	2	40	416/3620	2	30	416/4020	2
315M-10	75～60	410/4520	2	60～50	412/4520	2	50	416/4020	2	37	410/4520	4
355M-10	90～72	412/4025	2	72～60	416/4025	2	60	410/3625	4	41	412/4025	4
355L1-10	110～90	416/3625	2	90～75	410/3625	4	75	412/3225	4	50	416/3625	4
355L2-10	132～110	416/4025	2	110～90	410/4025	4	90	416/3225	4	60	416/4025	4
400L1-10	160～132	410/2832	4	132～110	412/2832	4	110			75		
400L2-10	200～165	412/2832	4	165～140	416/2832	4	140			95		

注：1. 第一类机械所配频敏变阻器考虑适用电机 S3 工作方式，6 次/h，负载持续率 $FC=40\%$ 和 S4、S5 工作方式，150 次/h，$FC=40\%$ 的情况。

第二类机械所配频敏变阻器，考虑适用电机 S4，S5 工作方式，150 次/h，$FC=40\%$ 和 300 次/h，$FC=40\%$ 的情况。

第三类机械所配频敏变阻器，考虑适用电机 S4 及 S5 工作方式，300 次/h，$FC=40\%$ 的情况。

第四类机械所配频敏变阻器考虑适用电机 S4 及 S5 工作方式，600 次/h，$FC=60\%$ 的情况。

2. 表中 P_e 为相应情况下的电动机额定功率（按佳木斯电机厂样本）。

3. 频敏变阻器 1 台为星形接线，2 台为并联星形接线，4 台为 2 串 2 并星形接线。

表 24-26 JZR，JZR2 型电动机配用的频敏变阻器选择表

电动机型号	第一类 $t_qZ\leqslant400s/h$			第二类 $t_qZ\leqslant630s/h$			第三类 $t_qZ\leqslant1000s/h$			第四类 $t_qZ\leqslant1600s/h$		
	P_e (kW)	频敏变阻器型号、台数		P_e (kW)	频敏变阻器型号、台数		P_e (kW)	频敏变阻器型号、台数		P_e (kW)	频敏变阻器型号、台数	
JZR、JZR2-11-6	1.8	BP1-		1.8	BP1-		1.8	BP1-008/9004	1	1.5	BP1-010/9004	1
12-6	2.5			2.5			2.5	010/10004	1	2	012/10004	1
21-6	4.2			4.2	504/12506	1	4.2	508/9008	1	3.4	510/9008	1
22-6	6.3			6.3	506/11206	1	6.3	510/9008	1	5	BP1-、BP2-406/11208	1
31-6	8.8	506/9008	1	8.8	510/7110	1	8.8	BP1-、BP2-406/8012	1	7	410/6312	1
31-8	6.3	504/10006	1	6.3	506/8008	1	6.3	BP1-510/6310	1	5	406/8010	1
41-8	8.8	506/6310	1	8.8	510/5012	1	8.8	BP1-、BP2-406/5016	1	7	410/5016	1
42-8	13	508/6310	1	13	BP1-、BP2-406/6312	1	13	410/5016	1	10.5	416/4516	1
51-8	17.5	512/4016	1	17.5	408/4520	1	17.5	412/3620	1	14.5	410/6312	2
52-8	23.5	BP1-、BP2-406/5616	1	23.5	410/4520	1	23.5	416/3620	1	19	412/6312	2
61-10	24	406/3232	1	24	410/2540	1	24	416/2040	1	20	412/3225	2
62-10	36	410/2832	1	36	416/2240	1	36	412/3620	2	30	410/3225	4
63-10	48	412/2832	1	48	410/4020	2	48	416/3225	2	40	412/3225	4
71-10	63	416/2540	1	63	412/4025	2	63	410/3225	2	52	416/2832	4
72-10	80	410/5020	2	80	416/3625	2	80	416/2825	2	65		
73-10	100	412/5020	2	100	410/3625	4	100	416/3225	4	86		

注：1. 第一类，第二类，第三类机械所配频敏变阻器考虑适用电动机负载持续率 $FC=40\%$ 的情况，第四类则考虑适用 $FC=60\%$ 的情况；

2. 表中 P_e 为相应电动机功率；

3. 频敏变阻器 1 台为星形接线，2 台为并联星形接线，4 台为 2 串 2 并星形接线。

表 24-28 系数 K_w 值选用表

铁芯号	0 号	6 号	5 号	4 号
K_w	2.79	2.58	2.99	2.62

计算出的 W 按表 24-30 所列档次取整。并留出两个中间抽头（90%W 和 20%W）。

如果计算出的 W 大于 125 匝，可增加铁芯片数，重算 W。

（5）计算导线截面 S。

$$S=\frac{I_{ze}}{bj_e} \tag{24-22}$$

式中 b——并联数，两并时 $b=2$；

j_e——电流密度，A/mm²，通常采用铜导线，其中 j_e 可按表 24-29 取值；

S——导线截面，mm²。

表 24-29 铜导线 j_e 值选用表

t_qZ (s/h)	400	630	1000	1600
j_e (A/mm²)	3.6	3.2	2.8	2.2

计算出的 S 按表 24-30 所列档次取整。

上述计算 W 和 S 是按星形接线考虑。

表 24-30 断续周期工作制用频敏变阻器 N，W，S 参数分档表

N（片）	0 号铁芯	6，8，10，12
	6 号铁芯	4，8，12，16，20，24，28
	5 号铁芯	4，6，8，10，12
	4 号铁芯	6，8，10，12，16
W（匝）		125，112，100，90，80，71，63，56，50，45，40，36，32，28，25，22，20
S (mm²)		4，5，6，8，10，12，16，20，25，32，40，50

例 1 轧机输入辊道传动电动机的型号及技术数据为：$P_e=50$kW，$FC=40\%$，$U_{ze}=325$V，$I_{ze}=98.7$A，按 S4 及 S5 工作制 $Z=300$ 次/h，选配频敏变阻器。

解 （1）按表 24-24 确定为第三类负载，$t_qZ\leqslant 1000$s/h。

（2）$P_et_qZ=50\times1000=50000$，选 4 号铁芯。

（3）$C_z=\dfrac{\sqrt{3}U_{ze}I_{ze}}{10^3P_e}=\dfrac{\sqrt{3}\times325\times98.7}{1000\times50}=1.11$

由表 24-27 查得 $K_N=0.57$，则：

$\Sigma N=K_NC_zP_e=0.57\times1.11\times50=31.6$ 片

取 $\Sigma N=32$ 片，分为 2 台，并联星形接线，则 $n=2$，$N=16$ 片，$C=1$，$b=2$。

（4）查表 24-28，得 $K_W=2.62$。

$$W=K_W\frac{U_{ze}}{C}\sqrt{\frac{n}{C_zP_eN}}=2.62\times\frac{325}{1}\times\sqrt{\frac{2}{1.11\times50\times16}}=40.4\text{ 匝}$$

取 $W=40$ 匝，在 36 匝和 8 匝处留两个抽头。

（5）用铜导线，查表 24-29 得 $j_e=2.8$A/mm²。

$$S=\frac{I_{ze}}{b\,j_e}=\frac{98.7}{2\times2.8}=17.6\text{mm}^2$$

取 $S=20$mm²。

算得频敏变阻器为 BP1（或 BP2）-416/4020，2 台（并联星形接线）。

例 2 机械车间桥式起重机大车传动电动机的型号及技术数据为：YZR160L-6，$U_{ze}=250$V，按 S4 及 S5 工作制，150 次/h，$FC=40\%$，$P_e=10$kW，$I_{ze}=25$A，选配频敏变阻器。

解 （1）按表 24-24 确定为第二类负载，$t_qZ=630$s/h。

（2）$P_et_qZ=10\times630=6300$，选 6 号铁芯。

（3）$C_z=\dfrac{\sqrt{3}U_{ze}I_{ze}}{10^3P_e}=\dfrac{\sqrt{3}\times250\times25}{1000\times10}=1.08$

由表 24-27 查得 $K_N=2.4$

$\Sigma N=K_NC_zP_e=2.4\times1.08\times10=26$ 片

取 $\Sigma N=28$ 片，1 台，即 $n=1$，$N=28$ 片，$C=1$，$b=1$。

（4）用星形接线，查表 24-28 得 $K_W=2.58$。

$$W=K_W\frac{U_{ze}}{C}\sqrt{\frac{n}{C_zP_eN}}=2.58\times\frac{250}{1}\sqrt{\frac{1}{1.08\times10\times28}}=37\text{ 匝}$$

取 $W=40$，在 36 匝和 8 匝处抽头。

(5) 采用铜导线，查表 24-29 得 $j_e=3.2\text{A/mm}^2$。

$$S=\frac{I_{ze}}{b\,j_e}=\frac{25}{1\times3.2}=7.8\text{mm}^2$$

取 $S=8\text{mm}^2$ 铜导线。

算得频敏变阻器为 BP2-628/4008，1 台。

24.3.1.3 频敏变阻器起动用 JK 系列电控设备

JK 系列电控设备有如下方案：

(1) JKT-144：轻载断续周期工作，不可逆，频敏变阻器起动交流操作。

(2) JKT-145：同 JKT-144 方案，但为直流操作。

(3) JKT-147：轻载断续周期工作，不可逆，频敏变阻器起动，带机械制动。

(4) JKT-148：同 JKT-147 方案，但增加能耗制动。

(5) JKT-150：轻载断续周期工作，可逆，频敏变阻器起动。

(6) JKT-153：重载断续周期工作，可逆，频敏变阻器起动，带机械制动和反接制动。

(7) JKT-154：同 JKT-153 方案，但增加能耗制动。

(8) JKM1-01：轻载断续周期工作，不可逆，频敏变阻器起动。

(9) JKM1-02：轻载断续周期工作，可逆，频敏变阻器起动。

JKT 型为集中组合安装的通用电控设备。JKM 型为单机配套电控设备。JKT-148 方案原理图见图 24-20，JKT-153 方案原理图见图 24-21，JKT-154 方案原理图见图 24-22，其余各方案见第 29 章“低压电气设备选择”中有关 JK 系列电控设备部分。

在图 24-20～图 24-22 中：

(1) 40A 及以上控制设备才带电流表。

(2) 转换器 KAT 电流动作（释放）值应整定为电动机额定电流值的 1.5 倍，其延时时间应略大于（一般大 1～2s）电动机实际起动时间。

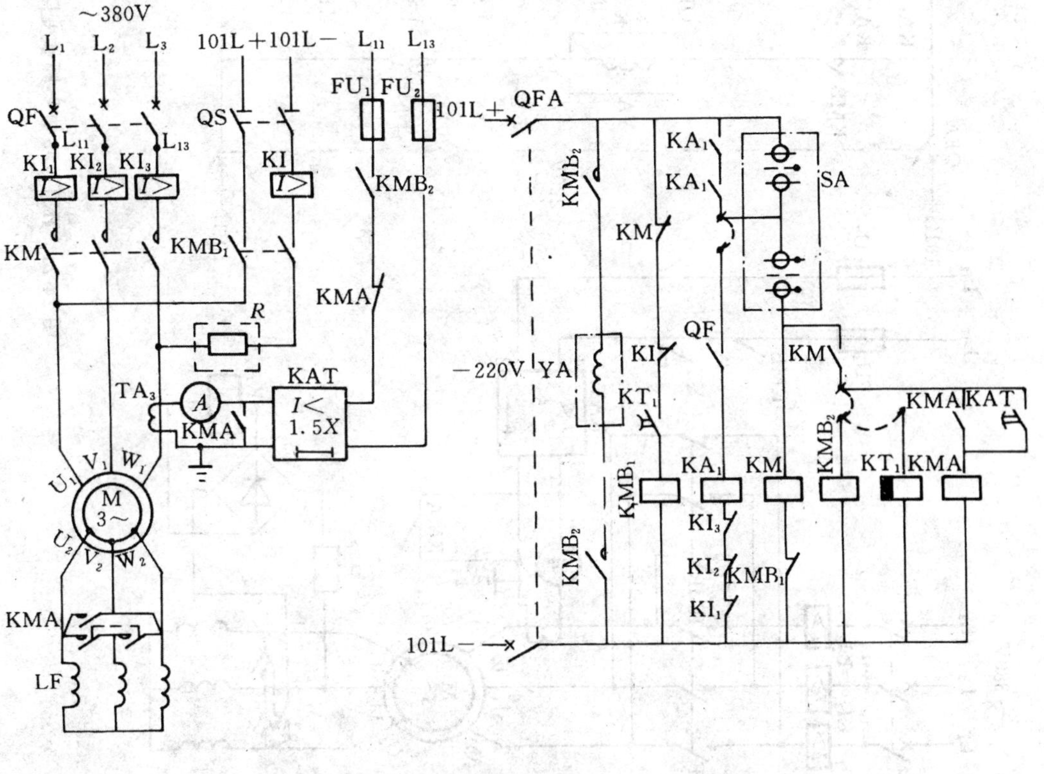

图 24-20 JKT-148 方案频敏变阻器起动电控设备原理图

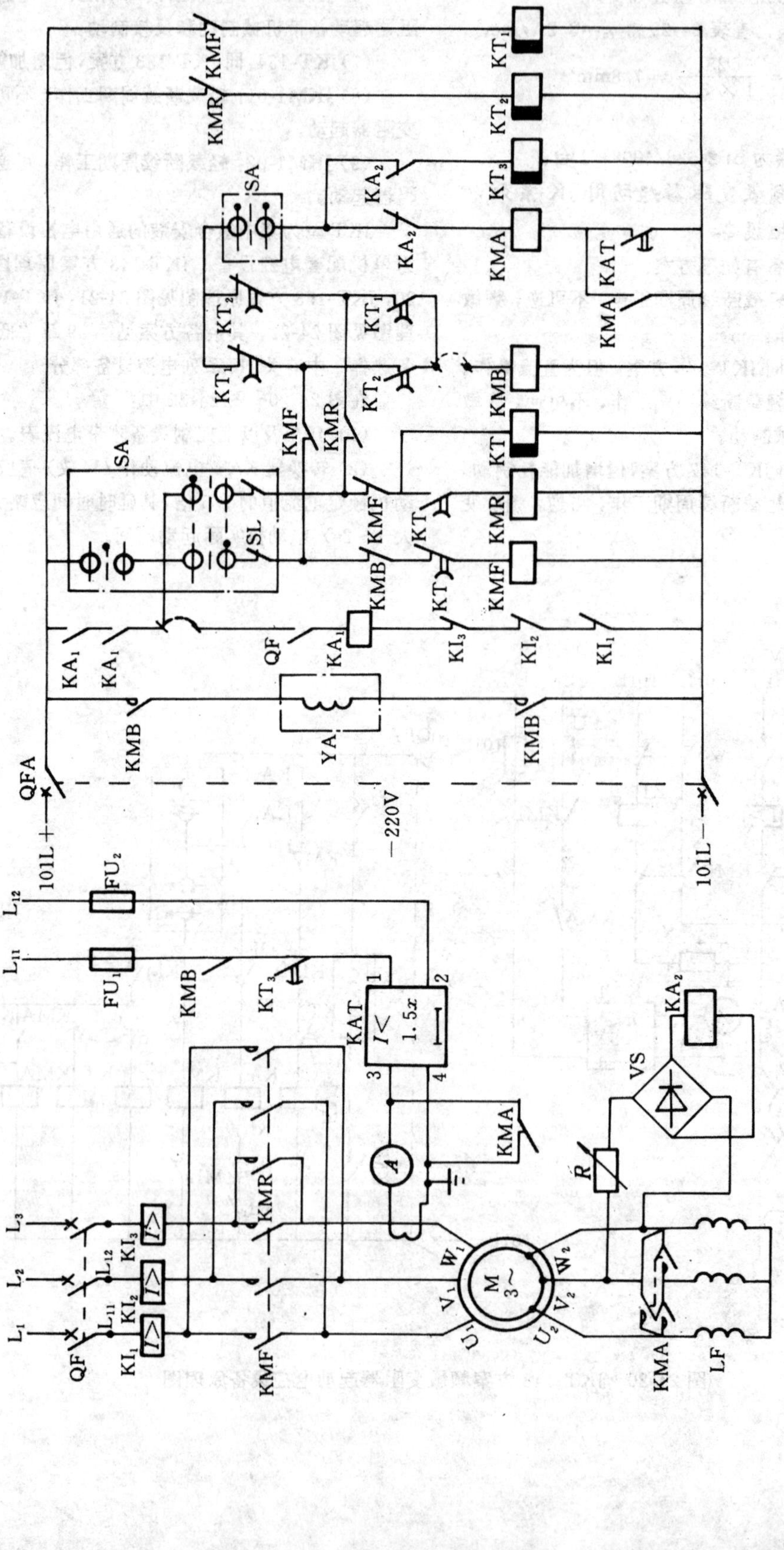

图 24-21 JKT-153 方案频敏变阻器起动电控设备原理图

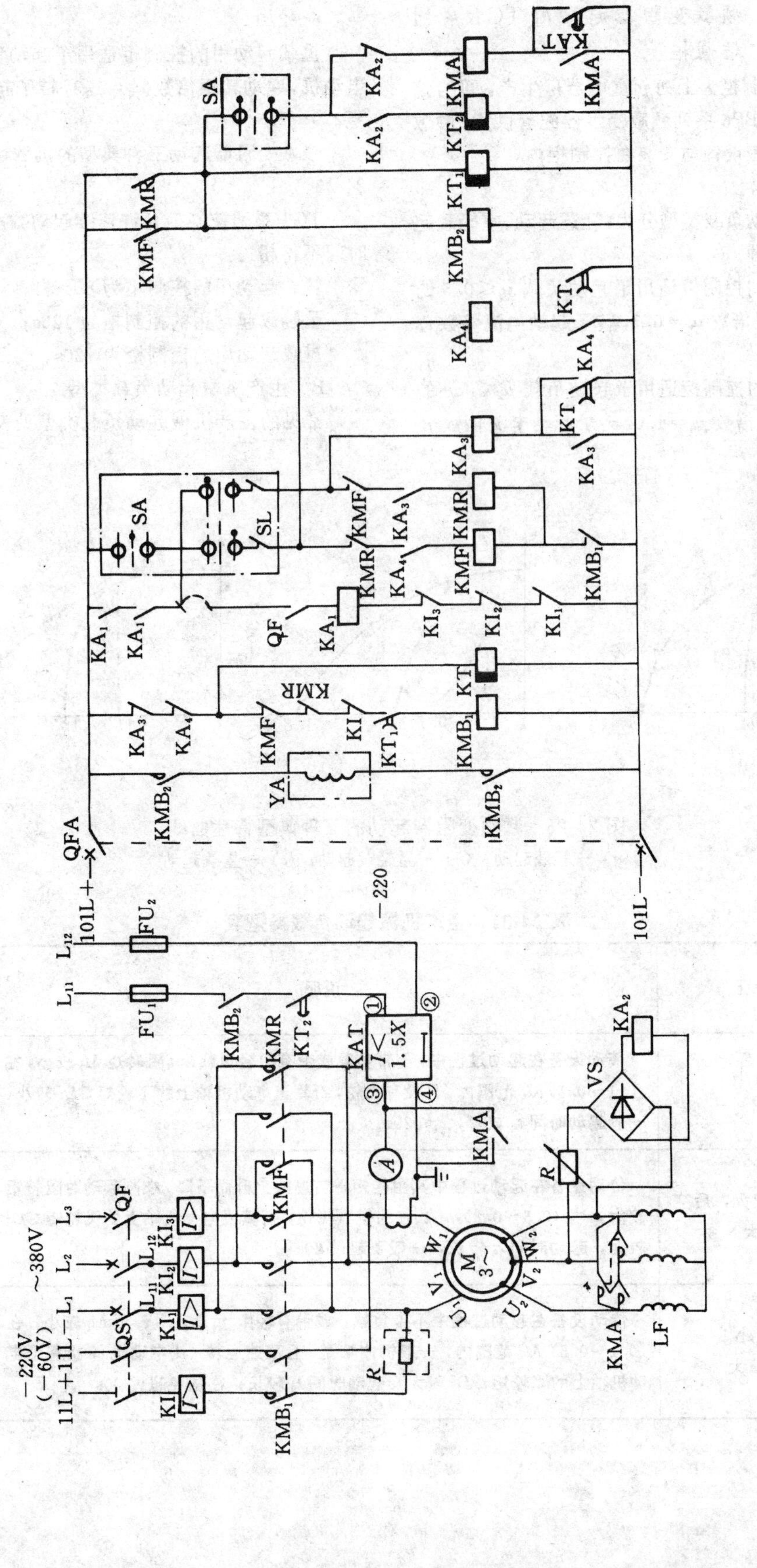

图 24-22 JKT-154 方案频敏变阻器起动电控设备原理图

24.3.1.4 频敏变阻器起动用TG1系列控制柜

TG1系列控制柜为上海起重电器厂生产，可与该厂生产的BP1和BP6系列频敏变阻器配套供货。频敏变阻器和起动电控设备均安装在控制柜内。

A 起动性能

控制柜按起动负载类型分为：轻载起动，重轻载起动和重载起动三种。

轻载起动用的控制柜适用于起动负载 $\mu_j \leqslant 0.5$ 的电动机，起动转矩倍数 $\mu_q = 0.7$，转子起动电流倍数 $i_{zq} = 1.2 \sim 1.6$。

重轻载起动的控制柜适用于起动负载 $\mu_j \leqslant 0.8$ 的电动机，起动转矩倍数 $\mu_q = 1.0$，转子起动电流倍数 $j_{zq} = 1.6 \sim 2.0$。

重载起动用的控制柜适用于起动负载 $\mu_j = 1.0$ 的电动机，起动转矩倍数 $\mu_q = 1.3$，转子起动电流倍数 $j_{zq} = 2.0 \sim 2.5$。

频敏变阻器起动三种典型的机械特性曲线，见图24-23。

TG1系列控制柜允许连续起动数次，但总的起动时间不得超过：

轻载起动用的控制柜为80s；

重轻载起动用的控制柜为120s；

重载起动用的控制柜为120s。

B 生产机械起动负载类型

常见的生产机械起动负载类型见表24-31。

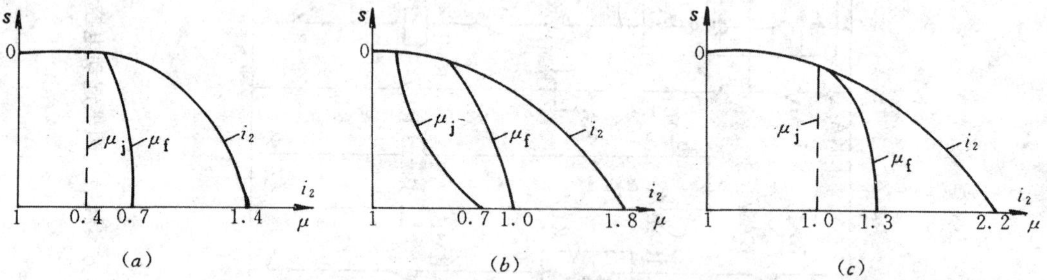

图24-23 频敏变阻器起动的三种典型特性曲线
(a)—轻载起动；(b)—重轻载起动；(c)—重载起动

表24-31 生产机械起动负载类型表

起动负载类型	特征	说明	传动设备举例
轻载	M_j 小 GD^2 小	传动设备在起动过程中，不带负载或带有较轻负载，其阻转矩 M_j 较小，在 $(0.1 \sim 0.5) M_e$ 范围内，且没有飞轮，折算至电动机轴上的飞轮矩 GD^2 较小，一般起动时间 t_q 较短，$t_q \leqslant 20s$	空压机 水泵等
重轻载	M_j 开始较大，后变小，GD^2 大	传动设备在起动过程中其阻转矩随转速的上升而下降，在刚起动时阻转矩较大，达 $(0.5 \sim 0.8) M_e$，往往带有飞轮，折算至电动机轴上的飞轮矩 GD^2 较大，起动时间 t_q 较长，一般要超过20s	带飞轮的轧钢主电机
	M_j 小 GD^2 大	传动设备在起动过程中不带负载，或带有轻微负载，阻转矩 M_j 较小，在 $(0.1 \sim 0.5) M_e$ 范围内，一般机体笨重，且高速运转（比电动机），折算至电动机轴上的飞轮矩 GD^2 较大，起动时间 t_q 较长，往往要超过20s	锯床、 真空泵等

续表 24-31

起动负载类型	特征	说明	传动设备举例
重载	M_j 大 GD^2 不太大	传动设备带负载起动，负载转矩 M_j 达（0.6～1.0）M_e 一般低速运转（比电动机），折算至电动机轴上的飞轮矩 GD^2 不太大，起动时间介于轻载和重轻载起动之间	运输皮带某些球磨机等
	M_j 开始时小，后变大，GD^2 不太大	在起动过程中其阻转矩随转速的上升而迅速上升，当起动完毕时，阻转矩 M_j 达（0.6～1.0）M_e，一般不带飞轮，折算至电动机轴上的飞轮矩 GD^2 不太大，起动时间介于轻载和重轻载之间	轴流泵、鼓风机、（起动时排气阀门打开）

C TG1 系列控制柜原理图及其产品型号

TG1 系列控制柜原理图见图 24-24 及图 24-25❶，图 24-24 用于轻载起动和重轻载起动，图 24-25 用于重载起动。

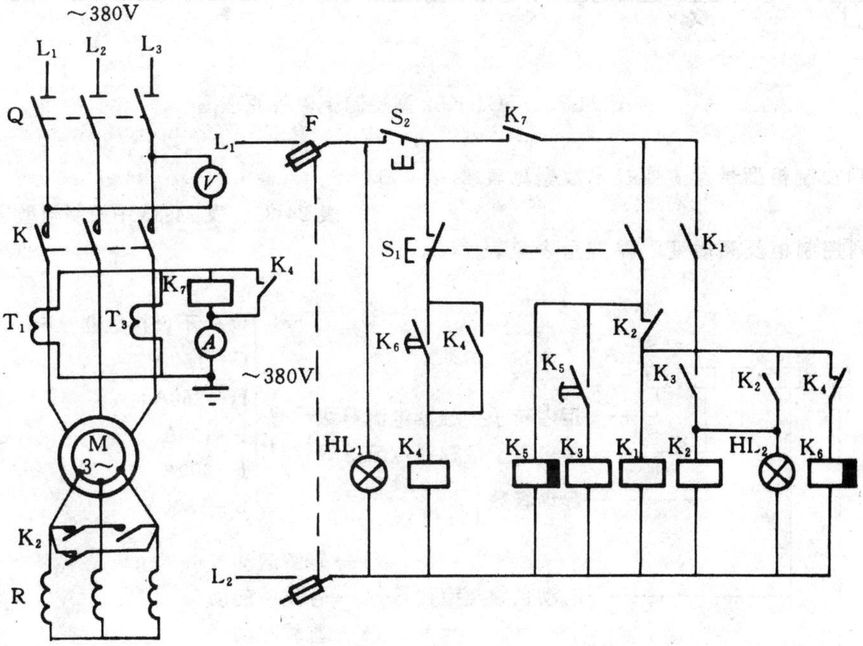

图 24-24 TG1$\frac{K11}{K21}$型控制柜电气原理图

❶ 图 24-24、图 24-25 为上海起重电器厂资料。

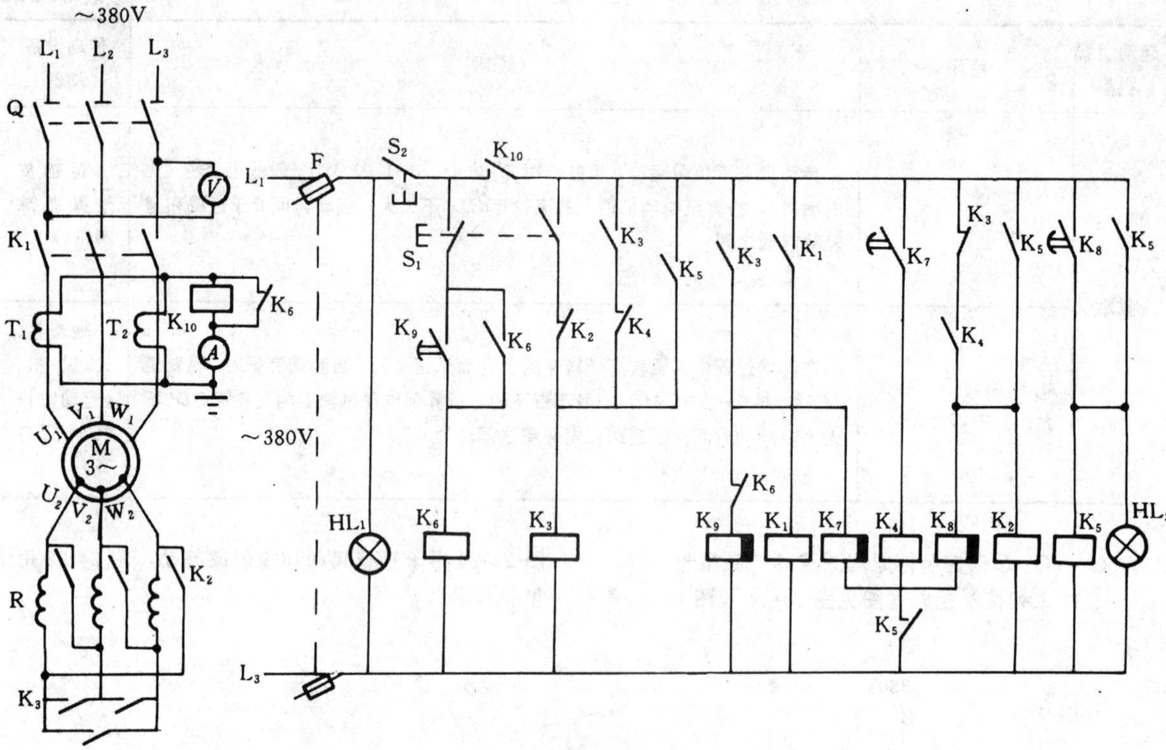

图 24-25 TG1-K32 型控制柜电气原理图

TG1 系列控制柜型号及主要技术数据见表 24-32。

TG1 系列控制柜及频敏变阻器选用表见表 24-33。

表 24-32、表 24-33 中控制柜型号含义如下：

TG 1-□ □ □/□ □

- 柜内转子接触器电流等级代号：O— 不设接触器；G—150A；H—250A；I—400A；J—600A；L—1800A
- 柜内定子接触器电流等级代号
- 起动级数：1—1 级；2—2 级
- 起动负载类型代号：1— 轻载起动；2— 轻重载起动；3— 重载起动
- 分类代号：K— 低压绕线型电动机用频敏变阻器起动的电控设备；Q— 高压绕线型电动机用频敏变阻器起动的起动设备（转子部分）
- 设计序号
- 通用控制柜

表 24-32 TG1 系列控制柜型号及主要技术参数表

型号	定子回路		转子回路		控制回路电压(V)	电机拖动起动负载性质	主要元器件					电气原理图图号
	电压(V)	电流(A)	电压(V)	电流(A)			自动开关	定子接触器	转子接触器	频敏变阻器	电流互感器	
TG1-K11/GG	380	150	<1200	200	380	轻载	DJ10-250	CJ12-150	CJ12-150	BP1-2	LM-0.5 (150/5)	图 24-24
TG1-K11/GH				315					CJ12-250			
TG1-K11/HG		250		200				CJ12-250	CJ12-150		LM-0.5 (250/5)	
TG1-K11/IIH				315					CJ12-250			
TG1-K11/HI				600					CJ12-400			
TG1-K11/IH		400		315			DZ10-600	CJ12-400	CJ12-250	BP1-2 BP1-3	LM-0.5 (400/5)	
TG1-K11/II				600					CJ12-400			
TG1-K11/JH		600		315				CJ12-500	CJ12-250	BP1-3	LM-0.5 (600/5)	
TG1-K11/JI				500					CJ12-400			
TG1-K11/JJ				800					CJ12-600			
TG1-K21/GG	380	150	<1200	200	380	重轻载	DZ10-250	CJ12-160	CJ12-150	BP1-2	LM-0.5 (150/5)	
TG1-K21/GH				315					CJ12-250			
TG1-K21/HG		250		200				CJ12-150	CJ12-150	BP1-3	LM-0.5 (250/5)	
TG1-K21/HH				315					CJ12-250			
TG1-K21/HI		400		500					CJ12-400			
TG1-K21/IH				310			DZ10-600	CJ12-400	CJ12-250		LM-0.5 (400/6)	
TG1-K21/JI				600					CJ12-400			
TG1-K21/JH		600		315				CJ12-600	CJ12-250		LM-0.5 (600/5)	
TG1-K21/JI				500					CJ12-400			
TG1-K21/JJ				300					CJ12-600			
TG1-K32/GH	380	150	<1200	250	380	重载	DZ10-250	CJ12-150	CJ12-250	BP6-1	LM-0.5 (150/5)	图 24-25
TG1-K32/GI				400					CJ12-400			
TG1-K32/GJ				600					CJ12-500			
TG1-K32/HH		250		250				CJ12-250	CJ12-250		LM-0.5 (150/5)	
TG1-K32/HI				400					CJ12-400			
TG1-K32/HJ				600					CJ12-600			
TG1-K32/IH		400		250			DZ10-600	CJ12-400	CJ12-250		LM-0.5 (400/6)	
TG1-K32/JI				400					CJ12-400			
TG1-K32/IJ				600					CJ12-600			
TG1-K32/JH		600		250				CJ12-600	CJ12-250	BP8-2	LM-0.5 (600/5)	
TG1-K32/JI				400					CJ12-400			
TG1-K32/JJ				600					CJ12-600			

注：本表系上海起重电器厂资料。

表 24-33 低压绕线型电动机用频敏变阻器及控制柜选用表

额定电压为380V的低压电动机		轻载起动的控制柜			
P_e (kW)	I_{ze} (A)	控制柜型号	柜内频敏变阻器及接法		柜外形尺寸 (mm)
45～55	64～80	TG1-K11/GG	BP1-205/12504	1组星形接	800×600×1600
	81～100	TG1-K11/GG	BP1-205/10005		
	101～125	TG1-K11/GG	BP1-205/8006		
	126～160	TG1-K11/GG	BP1-205/6308		
56～70	126～160	TG1-K11/GG	BP1-206/6308		
	161～200	TG1-K11/GG	BP1-206/5010		
	201～250	TG1-K11/GH	BP1-206/4012		
	251～315	TG1-K11/GH	BP1-206/3216		
71～90	161～200	TG1-K11/HG	BP1-208/5010		
	201～250	TG1-K11/HH	BP1-208/4012		
	251～315	TG1-K11/HH	BP1-208/3216		
	316～400	TG1-K11/HI	BP1-208/2520		
91～115	161～200	TG1-K11/HG	BP1-210/5010		
	201～250	TG1-K11/HH	BP1-210/4012		
	251～315	TG1-K11/HH	BP1-210/3216		
	316～400	TG1-K11/HI	BP1-210/2520		
120～140	201～250	TG1-K11/IH	BP1-212/4012		800×600×2000
	251～315	TG1-K11/IH	BP1-212/3216		
	316～400	TG1-K11/II	BP1-212/2520		
	401～500	TG1-K11/II	BP1-212/2025		
145～180	201～250	TG1-K11/IH	BP1-305/6312		
	251～315	TG1-K11/IH	BP1-305/5018		
	316～400	TG1-K11/II	BP1-305/4020		
	401～500	TG1-K11/II	BP1-305/3225		
185～225	201～250	TG1-K11/JH	BP1-306/6312		
	251～315	TG1-K11/JH	BP1-306/5016		
	316～400	TG1-K11/JI	BP1-306/4020		
	401～500	TG1-K11/JI	BP1-306/3225		
230～280	201～250	TG1-K11/JH	BP1-308/6312		
	251～315	TG1-K11/JH	BP1-308/5016		
	316～400	TG1-K11/JI	BP1-308/4020		
	401～500	TG1-K11/JI	BP1-308/3225		

续表 24-33

额定电压为 380V 的低压电动机		重轻载起动的控制柜			
P_e (kW)	I_{ze} (A)	控制柜型号	柜内频敏变阻器及接法		柜外形尺寸 (mm)
46～55	64～80	TG1-K21/GG	BP1-210/8006	1组星形接	800×600×1600
	81～100	TG1-K21/GG	BP1-210/6308		
	101～125	TG1-K21/GG	BP1-210/5010		
	126～160	TG1-K21/GG	BP1-210/4012		
56～70	126～160	TG1-K21/GG	BP1-212/4012		
	161～200	TG1-K21/GG	BP1-212/3216		
	201～250	TG1-K21/GH	BP1-212/2520		
	251～315	TG1-K21/GH	BP1-212/2025		
71～90	161～200	TG1-K21/HG	BP1-305/5016		
	201～250	TG1-K21/HH	BP1-305/4020		
	251～315	TG1-K21/HH	BP1-305/3225		
	316～400	TG1-K21/HI	BP1-305/2532		
91～115	161～200	TG1-K21/HG	BP1-306/5016		
	201～250	TG1-K21/HH	BP1-306/4020		
	251～315	TG1-K21/HH	BP1-306/3225		
	316～400	TG1-K21/HI	BP1-306/2532		
120～140	201～250	TG1-K21/IH	BP1-308/4020		800×600×2000
	251～315	TG1-K21/IH	BP1-308/3225		
	316～400	TG1-K21/II	BP1-308/2532		
	401～500	TG1-K21/II	BP1-308/2040		
145～180	201～250	TG1-K21/IH	BP1-310/4020		
	251～315	TG1-K21/IH	BP1-310/3225		
	316～400	TG1-K21/II	BP1-310/2532		
	401～500	TG1-K21/II	BP1-310/2040		
185～225	201～250	TG1-K21/JH	BP1-312/4020		
	251～315	TG1-K21/JH	BP1-312/3225		
	316～400	TG1-K21/JI	BP1-312/2532		
	401～500	TG1-K21/JI	BP1-312/2040		
230～280	201～250	TG1-K21/JH	BP1-316/4020		
	251～315	TG1-K21/JH	BP1-316/3225		
	316～400	TG1-K21/JI	BP1-316/2532		
	401～500	TG1-K21/JI	BP1-316/2040		

续表 24-33

额定电压为 380V 的低压电动机			重载起动的控制柜			
P_e (kW)	$\frac{E_{z0}}{I_{ze}}$ (Ω)	I_{ze} (A)	控制柜型号	柜内频敏变阻器及接法		柜外形尺寸 (mm)
45～71	2.0～1.26	160～200	TG1-K32/GH	BP6-1/8020	1组星形接线转成三角形接线	800×600×2000
		201～250		BP6-1/8025		
	1.25～0.81	200～250		BP6-1/6325		
		251～315	TG1-K32/GI	BP6-1/6332		
	0.80～0.51	250～315		BP6-1/5032		
		316～400		BP6-1/5040		
	0.5～0.31	315～400		BP6-1/4040		
		401～500	TG1-K32/GJ	BP6-1/4050		
72～112	2.0～1.26	160～200	TG1-K32/HH	BP6-1/8020		
		201～250		BP6-1/8025		
	1.25～0.81	200～250		BP6-1/6325		
		251～315	TG1-K32/HI	BP6-1/6332		
	0.80～0.51	250～315		BP6-1/5032		
		316～400		BP6-1/5040		
	0.51～0.31	315～400		BP6-1/4040		
		401～500	TG1-K32/HJ	BP6-1/4050		
113～180	2.0～1.26	160～200	TG1-K32/IH	BP6-1/8020		
		201～250		BP6-1/8025		
	1.25～0.81	200～250		BP6-1/6325		
		251～315	TG1-K32/II	BP6-1/6332		
	0.80～0.51	250～315		BP6-1/5032		
		316～400		BP6-1/5040		
	0.50～0.31	315～400		BP6-1/4040		
		401～500	TG1-K32/IJ	BP6-1/4050		
181～280	2.5～1.61	200～250	TG1-K32/JH	BP6-2/6325		
		251～315	TG1-K32/JI	BP6-2/6332		
	1.60～1.01	250～315		BP6-2/5032		
		316～400		BP6-2/5040		
	1～0.64	315～400		BP6-2/4040		

注：本表系上海起重电器厂资料。

24.3.2 分级起动电阻的选择和计算

绕线型电动机分级起动电阻的选择和计算，一般采用百分比分级法和分析法两种方法。

24.3.2.1 百分比分级法

绕线型电动机的转子额定电阻 R_{ze} 按下式计算

$$R_{ze}=\frac{U_{ze}}{\sqrt{3}\,I_{ze}} \tag{24-23}$$

式中 U_{ze} ——电动机转子额定电压，V；

I_{ze}——电动机转子额定电流，A；

R_{ze}——电动机转子额定电阻，Ω。

各种功率 的绕线型电动机，其起动电阻级数参考值见表 24-34。

表 24-34 绕线型电动机的功率和起动电阻级数

电动机功率(kW)	手动控制器控制时(每相)	接触器继电器控制时		
		全负荷	半负荷	通风机离心泵
0.75～7.5	2	1	1	1
10～20	2～3	2	1	2
22～35	3～4	2	2	2
35～55	3～4	3	2	3
60～95	4～5	4	3	3
100～200	4～5	5	3	4
220～370	4～5	6	4	5

YZR 系列绕线型电动机采用不同型式的电控设备时，各级起制动电阻的标幺值和电阻选用表见表 24-35～表 24-48。

(1) 采用 JK 型电控设备时，各级起制动电阻及其等效电流标幺值见表 24-35～表 24-38。

(2) 采用凸轮控制器时，各级起制动电阻（RTS 型电阻器）标幺值及其接电持续率 $FC_r\%$ 见表 24-39。

(3) 采用起重机控制屏时各级起制动电阻（升降屏为 RS5，RSf5，RQ5 型；平移屏为 RY5 型；抓斗屏为 RZ5，RZe5 型）标幺值及其接电持续率 $FC_r\%$ 见 表 24-40。

(4) YZR 系列绕线型电动机等效转差率 S_{dx} 计算表见表 24-41（设转子导线长度为 30m）及表 24-42（设转子导线长度为 15m）。

(5) YZR 系列绕线型电动机转子技术参数见表 24-43。

(6) 65A 以下凸轮控制器的各段电阻标幺值数据见表 24-44。

(7) 采用凸轮控制器时，各级起、制动电阻（RT5 型电阻器）选用表见表 24-45。

(8) 采用起重机升降控制屏时，各级起制动电阻（RS5，RSf5 和 RQ5 型电阻器）选用表见表 24-46。

(9) 采用起重机平移控制屏时，各级起制动电阻（RY5 型电阻器）选用表见表 24-47。

(10) 采用抓斗控制屏时，各级起制动电阻（RZ5 和 RZ_e5 型电阻器）选用表见表 24-48。

表 24-39～表 24-48 中电阻器的接电持续率 $FC_r\%$ 应按附录 24.2 中附表 24-4 及附表 24-5 中的数据选取。表 24-39～表 24-48 摘自上海起重电器厂提供的资料。表 24-45～表 24-48 电阻选用表中电阻器型号的含义如下：

表 24-35 二级起动时各级起动电阻及其等效电流标幺值

电阻段号	电阻值(标幺值)	等效电流值(标幺值)
r_{1JC}	0.10	0.4 (0.7)
r_{2JC}	0.27	0.3 (0.6)

注：1. 括号内的数字为 $Z=300$ 次/h 时的标幺值；
2. 括号外的数字为 $Z=30$ 次/h 时的标幺值。

表 24-36 三级起动时各级起动电阻及其等效电流标幺值

电阻段号	电阻值(标幺值)	等效电流值(标幺值)
r_{3JC}	0.06	0.5 (0.8)
r_{2JC}	0.11	0.4 (0.7)
r_{1JC}	0.21	0.3 (0.6)

注：1. 括号外的数字为 $Z=30$ 次/h 时标幺值；
2. 括号内的数字为 $Z=300$ 次/h 时标幺值。

R □ 5 □—□—□/ □ □—□

- 带有外壳的代号为“X”防护等级为 IP12 适用于户外防雨及户内安全防护(不带外壳则无“X”的代号)
- 选用电阻元件代号
  B—ZB1 及 ZB2 康铜板形元件
  J—ZJI 铁铬铝齿形元件
- 电阻器箱数
- 电动机的极数
  “6”为 6 极，“8”为 8 极，“10”为 10 极
- 电动机的机身号
- 接电持续率代号：
  $FC=15\%$ 为“1”；$FC=25\%$ 为“2”
  $FC=40\%$ 为“4”；$FC=60\%$ 为“6”
- 设计序号
- 控制系统代号
  T— 凸 轮控制器
  K— 凸轮控制器有一相开路
  Q—PQR10 型，PQD6402 型升降控制屏
  S—PQS 型升降控制屏(五段电阻)
  Sf—PQS 型升降控制屏(六段电阻)
  Y—PQY 型、PQR9 型 PQD6401 平移控制屏(注)
  Z—PQZ 型抓斗控制屏(四段电阻)
  Ze—PQZ 型抓斗控制屏(五段电阻器)
- 电阻器(PQY、PQR9、PQD6401 控制线路不同，但选用电阻器相同)

表 24-37 二级起动，一级反接制动时各级起制动电阻及其等效电流标幺值

电阻段号	电阻值(标幺值)	等效电流值(标幺值)
r_{2JC}	0.10	0.7 (1.0)
r_{1JC}	0.27	0.6 (0.9)
r_{FJ}	0.70	0.4 (0.6)

注：1. 括号内的数字为 $Z=600$ 次/h 时标幺值；
2. 括号外的数字为 $Z=300$ 次/h 时标幺值。

表 24-38 三级起动，一级反接制动时各级起、制动电阻及其等效电流标幺值

电阻段号	电阻值(标幺值)	等效电流值(标幺值)
r_{3JC}	0.06	0.8 (1.1)
r_{2JC}	0.11	0.7 (1.0)
r_{1JJ}	0.21	0.6 (0.9)
r_{FJ}	0.70	0.4 (0.6)

注：1. 括号内的数字为 $Z=600$ 次/h 时标幺值；
2. 括号外的数字为 $Z=300$ 次/h 时标幺值。

表 24-39 RT5 型电阻器的电阻标幺值及其接电持续率 FC_r

控制设备	凸轮控制器					
	RT5 型电阻器					
接线图及机械特性	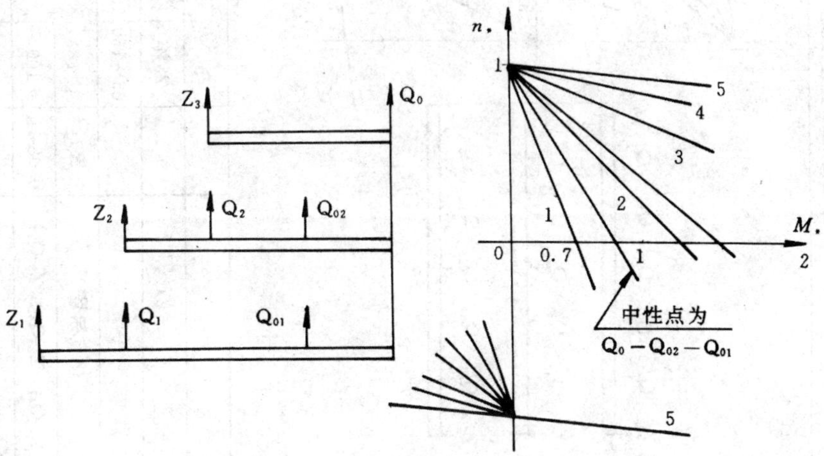					
电动机 S3	绝缘等级		F 级			
	$FC_{\%}$		15%	25%	40%	
	功率（kW）		2.2～40	1.8～34	1.5～30	
电阻器	接点标号	R_*	FC_r			表中： $r_1=(\lambda^2-1)s_{dx}+s_{dx}$ $r_2=(Z_2-Q_{02})+s_{dx}$ $r_3=(\lambda^3-1)s_{dx}+s_{dx}$
	Z_2-Q_2	$(\lambda-1)\ s_{dx}$	25	35	50	
	Z_1-Q_1	$(\lambda^2-1)\ s_{dx}$	25	35	50	
	Z_3-Q_0	$(\lambda^3-1)\ s_{dx}$	17.5	25	35	
	Q_2-Q_0	$(\lambda^4-\lambda)\ s_{dx}$	12.5	17.5	25	
	Q_1-Q_0	$(\lambda^5-\lambda^2)\ s_{dx}$	4.4	6.25	0.0	
	Z_2-Q_{02}	$\dfrac{\dfrac{1}{\sqrt{0.7\lambda}}(r_1+r_3)-r_3r_1}{r_1+r_3-\dfrac{1}{\sqrt{0.7\lambda}}}-s_{dx}$				
	Z_1-Q_{01}	$\dfrac{r_2+r_3-r_3r_2}{r_2+r_3-1}-s_{dx}$				

注：表中 λ——最大起动转矩和切换转矩之比，$\lambda=M_1/M_2$；

s_{dx}——等效转差率，$s_{dx}=R^*+S_e$，（见表 24-41）。

表 24-40 RS5、RSf5 和 RQ5 型电阻器的电阻标幺值及其接电持续率 FC_r

控制设备	PQS 型起升控制屏	
	五级（RS5 型电阻器）	六级（RSf5 型电阻器）
接线图及机械特性	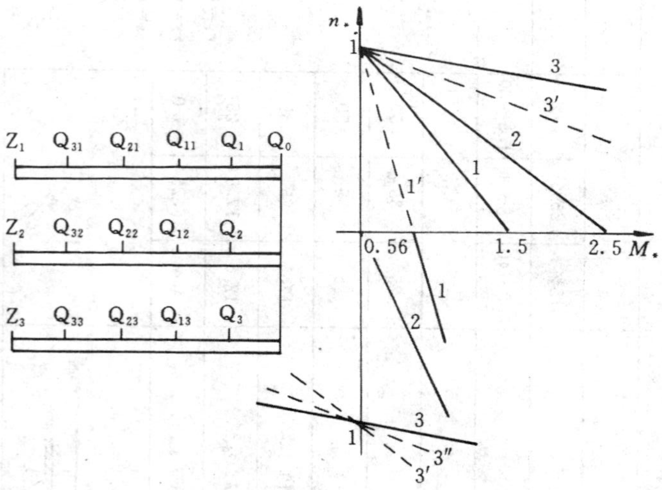 (a)	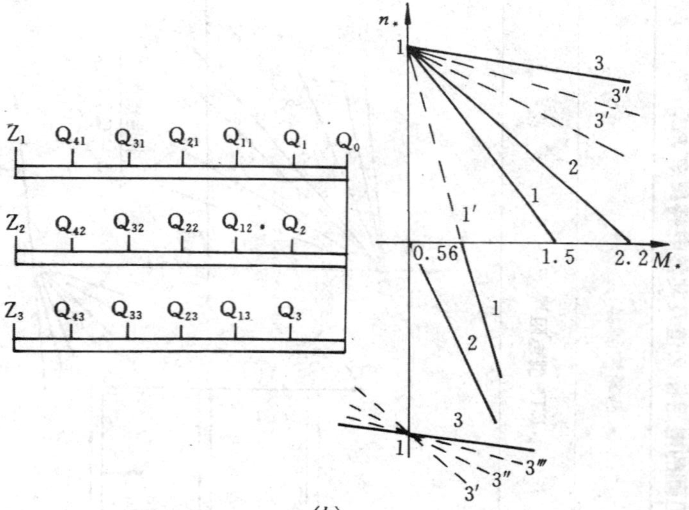 (b)

五级（RS5 型电阻器）：

电动机 S3	绝缘等级		F 级			
	FC			25%	40%	60%
	功率(kW)			6.3～132	5.5～110	5.0～90
电阻器	接点标号	R_*	FC_r			
	Z_1-Q_{31} Z_2-Q_{32} Z_3-Q_{33}	0.1-s_{dx}	100	100	100	
	Q_{31}-Q_{21} Q_{32}-Q_{22} Q_{33}-Q_{23}	0.1	35	50	70	
	Q_{21}-Q_{11} Q_{22}-Q_{12} Q_{23}-Q_{13}	0.2	25	35	50	
	Q_{11}-Q_1 Q_{12}-Q_2 Q_{13}-Q_3	0.27	17.5	25	35	
	Q_1-Q_0 Q_2-Q_0 Q_3-Q_0	1.13	0.8	12.5	17.5	

六级（RSf5 型电阻器）：

电动机 S3	绝缘等级		F 级		
	FC		25%	40%	60%
	功率(kW)		63～150	55～132	48～110
电阻器	接点标号	R_*	FC_r		
	Z_1-Q_{41} Z_2-Q_{42} Z_3-Q_{43}	0.08-s_{dx}	100	100	100
	Q_{41}-Q_{31} Q_{42}-Q_{32} Q_{43}-Q_{33}	0.06	35	50	70
	Q_{31}-Q_{21} Q_{32}-Q_{22} Q_{33}-Q_{23}	0.11	35	50	70
	Q_{21}-Q_{11} Q_{22}-Q_{12} Q_{23}-Q_{13}	0.2	25	35	50
	Q_{11}-Q_1 Q_{12}-Q_2 Q_{13}-Q_3	0.22	17.5	25	35
	Q_1-Q_0 Q_2-Q_0 Q_3-Q_0	1.13	0.8	12.5	17.5

续表 24-40

控制设备	PQR 型升降控制屏				
	七级(RQ5 型电阻器)				
接线图及机械特性	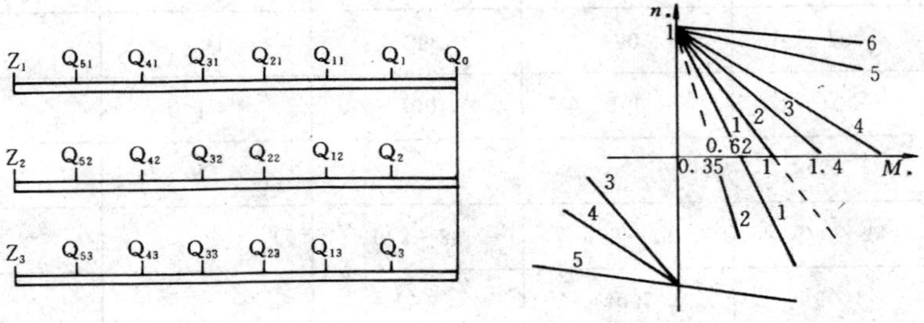 (c)				
电动机工作制 S3	功率(kW)		30～200		
	FC		25%	40%	60%
电阻器	接点标号	R_*	FC_r	FC_r	FC_r
	Z_1-Q_{51};Z_2-Q_{52};Z_3-Q_{53}	0.1-S_{dx}	100	100	100
	Q_{51}-Q_{41};Q_{52}-Q_{42};Q_{53}-Q_{43}	0.11	25	35	70
	Q_{41}-Q_{31};Q_{42}-Q_{32};Q_{43}-Q_{33}	0.19	35	50	70
	Q_{31}-Q_{21};Q_{32}-Q_{22};Q_{33}-Q_{23}	0.23	25	35	50
	Q_{21}-Q_{11};Q_{22}-Q_{12};Q_{23}-Q_{13}	0.36	25	35	50
	Q_{11}-Q_1;Q_{12}-Q_2;Q_{13}-Q_3	0.5	8.8	12.5	17.5
	Q_1-Q_0;Q_2-Q_0;Q_3-Q_0	1.50	44	6.25	88

续表 24-40

控制设备	PQY 型平移控制屏					
	RY5 型电阻器					
接线图及机械特性	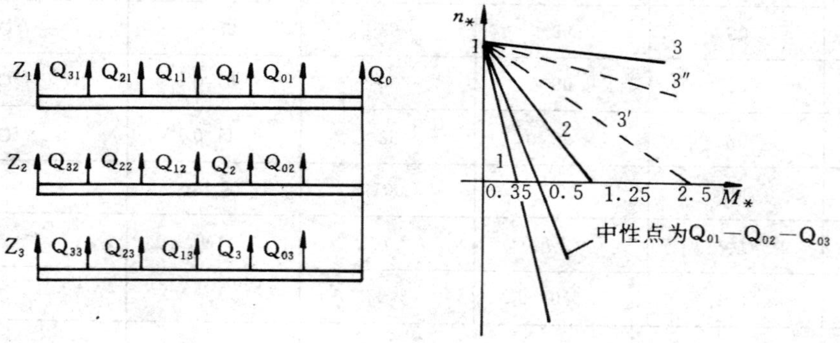 (*d*)					
电动机 S3	绝缘等级		F 级			
	FC		25%	40%	60%	
	功率(kW)		6.3～85	5.5～75	5.0～63	
电阻器	接点标号	R_*	FC_r			
	Z_1-Q_{31} Z_2-Q_{32} Z_3-Q_{33}	0.1-s_{dx}	100	100	100	
	Q_{31}-Q_{21} Q_{32}-Q_{22} Q_{33}-Q_{23}	0.1	35	50	70	
	Q_{21}-Q_{11} Q_{22}-Q_{12} Q_{23}-Q_{13}	0.2	25	35	50	
	Q_{11}-Q_1 Q_{12}-Q_2 Q_{13}-Q_3	0.4	17.5	25	35	
	Q_1-Q_{01} Q_2-Q_{02} Q_3-Q_{03}	1.2	4.4	6.25	8.8	
	Q_{01}-Q_0 Q_{02}-Q_0 Q_{03}-Q_0	0.86	4.4	6.25	8.8	

续表 24-40

控制设备	RQZ 型抓斗控制屏								
	四级（RZ5 型电阻器）				五级（QZe5 型电组器）				
接线图及机械特性	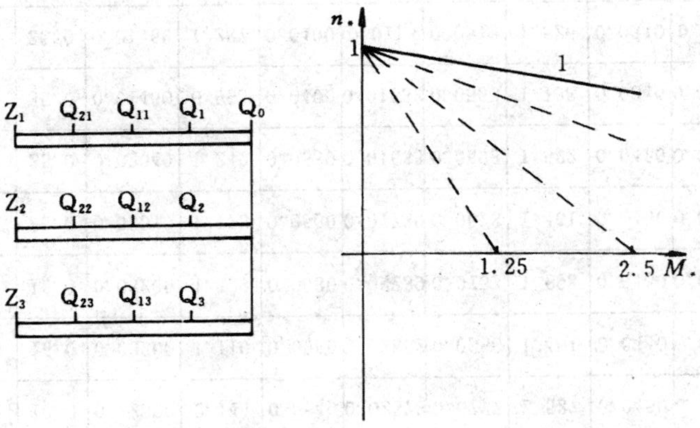 (*e*)				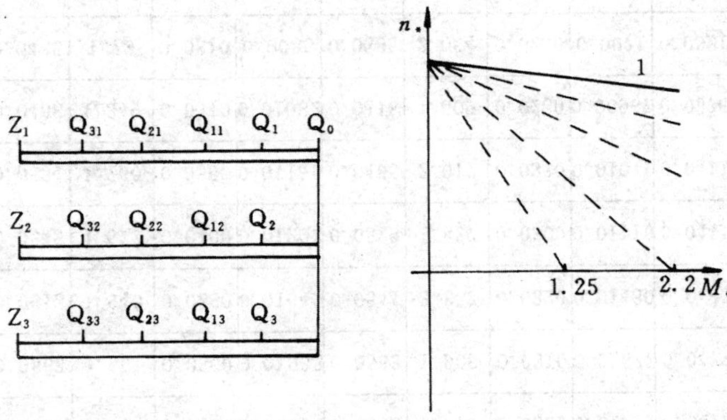 (*f*)				
电动机 S3	绝缘等级		F 级				F 级		
	FC		40%	60%			40%	60%	
	功率(kW)		5.5～75	5.0～63			55～132	48～110	
电阻器	接线标号	R_*	FC_r		接点标号	R_*	FC_r		
	Z_1-Q_{21} Z_2-Q_{22} Z_3-Q_{23}	0.1-s_{dx}	100	100	Z_1-Q_{31} Z_2-Q_{32} Z_3-Q_{33}	0.08-s_{dx}	100	100	
	Q_{21}-Q_{11} Q_{22}-Q_{12} Q_{23}-Q_{13}	0.1	50	70	Q_{31}-Q_{21} Q_{32}-Q_{22} Q_{33}-Q_{23}	0.06	50	70	
	Q_{11}-Q_1 Q_{12}-Q_2 Q_{13}-Q_3	0.2	35	50	Q_{21}-Q_{11} Q_{22}-Q_{12} Q_{23}-Q_{13}	0.11	50	70	
	Q_1-Q_0 Q_2-Q_0 Q_3-Q_0	0.4	25	35	Q_{11}-Q_1 Q_{12}-Q_2 Q_{13}-Q_3	0.2	35	50	
					Q_1-Q_0 Q_2-Q_0 Q_3-Q_0	0.35	25	35	

表 24-41 YZR 系列绕线型电动机等效转差率 s_{dx} 计算表

（转子导线长度为 30m 时）

电动机型号	转子导线截面 (mm^2)	30m 长转子导线电阻 $R(\Omega)$	FC=15%				FC=25%				FC=40%				FC=60%			
			R_e (Ω)	s_e	$R_*=R/R_e$	$s_{dx}=R_*+s_e$	R_e (Ω)	s_e	$R_*=R/R_e$	$s_{dx}=R_*+s_e$	R_e (Ω)	s_e	$R_*=R/R_e$	$s_{dx}=R_*+s_e$	R_e (Ω)	s_e	$R_*=R/R_e$	$s_{dx}=R_*+s_e$
YZR112M-6	2.5	0.20400	3.137	0.2750	0.06503	0.3400	4.308	0.1850	0.04735	0.2323	4.618	0.1340	0.04417	0.1781	7.908	0.0880	0.02519	0.1137
YZR132M1-6	2.5	0.20400	4.733	0.1450	0.04310	0.1881	5.907	0.1080	0.03453	0.1425	6.048	0.0920	0.03373	0.1257	8.467	0.0760	0.02409	0.1000
YZR132M2-6	2.5	0.20400	5.868	0.1250	0.03476	0.1597	7.521	0.1000	0.02712	0.1271	7.366	0.0920	0.02769	0.1196	10.471	0.0630	0.01948	0.0824
YZR160M1-6	4.0	0.12800	2.250	0.0900	0.05688	0.1468	2.710	0.0790	0.04723	0.1262	3.100	0.0700	0.04129	0.1112	3.479	0.0650	0.03679	0.1017
YZR160M2-6	4.0	0.12800	2.697	0.0920	0.04746	0.1394	3.584	0.0700	0.03571	0.1057	4.030	0.0600	0.03176	0.0917	4.922	0.0510	0.02600	0.0770
YZR160L-6	4.0	0.12800	3.700	0.0800	0.03459	0.1145	4.567	0.0580	0.02902	0.0860	5.229	0.0550	0.02447	0.0794	6.472	0.0480	0.01977	0.0677
YZR180L-6	10.0	0.12800	2.144	0.0540	0.02378	0.0777	2.527	0.0450	0.02018	0.0651	2.706	0.0380	0.01884	0.0568	3.374	0.0320	0.01511	0.0471
YZR200L-6	16.0	0.03200	1.110	0.0580	0.02882	0.0868	1.401	0.0440	0.02284	0.0668	1.651	0.0360	0.01938	0.0553	1.908	0.0310	0.01677	0.0477
YZR225M-6	16.0	0.03200	1.429	0.0530	0.02239	0.0753	1.698	0.0430	0.01884	0.0618	1.940	0.0380	0.01649	0.0544	2.237	0.0320	0.01430	0.0463
YZR250M1-6	25.0	0.02040	1.173	0.0500	0.01739	0.0673	1.401	0.0400	0.01456	0.0545	1.577	0.0400	0.01293	0.0529	1.827	0.0300	0.01116	0.0411
YZR250M2-6	25.0	0.02040	1.249	0.0530	0.01633	0.0693	1.522	0.0420	0.01340	0.0554	1.760	0.0350	0.01159	0.0465	2.017	0.0310	0.01011	0.0411
YZR280S-6	35.0	0.01460	0.953	0.0400	0.01532	0.0553	1.138	0.0340	0.01282	0.0468	1.349	0.0310	0.01082	0.0418	1.509	0.0280	0.00967	0.0376
YZR280M-6	35.0	0.01460	1.287	0.0400	0.0113	0.0513	1.526	0.0340	0.0095	0.0435	1.72	0.0310	0.0085	0.0385	2.054	0.0250	0.0071	0.0321
YZR160L-8	4.0	0.12800	3.352	0.0987	0.03818	0.1368	4.211	0.0747	0.03839	0.1050	5.145	0.0600	0.02487	0.0848	6.503	0.0440	0.01968	0.0636
YZR180L-8	6.0	0.08500	1.773	0.0800	0.04794	0.1279	2.077	0.0667	0.04092	0.1076	2.856	0.0667	0.03767	0.1043	3.093	0.0400	0.02748	0.0674
YZR200L-8	10.0	0.05100	1.268	0.0800	0.04022	0.1202	1.529	0.0653	0.03335	0.0986	1.920	0.0507	0.02656	0.0772	2.229	0.0427	0.02288	0.0655

续表 24-41

电动机型号	转子导线截面 (mm^2)	30m长转子导线电阻 $R(\Omega)$	FC=15%				FC=25%				FC=40%				FC=60%			
			R_e (Ω)	s_e	$R_*=R/R_e$	$s_{dx}=R_*+s_e$	R_e (Ω)	s_e	$R_*=R/R_e$	$s_{dx}=R_*+s_e$	R_e (Ω)	s_e	$R_*=R/R_e$	$s_{dx}=R_*+s_e$	R_e (Ω)	s_e	$R_*=R/R_e$	$s_{dx}=R_*+s_e$
YZR225M-8	10.0	0.05100	1.455	0.0720	0.03505	0.1070	1.881	0.0560	0.02711	0.0831	2.266	0.0467	0.02250	0.0692	2.705	0.0387	0.01885	0.0575
YZR250M1-8	16.0	0.03200	1.610	0.533	0.01987	0.0731	1.962	0.0467	0.01630	0.0630	2.282	0.8400	0.01402	0.0540	2.657	0.0333	0.01204	0.0453
YZR250M2-8	16.0	0.03200	1.973	0.0587	0.01621	0.0749	2.448	0.0453	0.01307	0.0583	2.763	0.0400	0.01158	0.0515	3.223	0.0333	0.00992	0.0432
YZR280S-8	25.0	0.02040	1.35	0.0613	0.0151	0.0764	1.66	0.0507	0.0123	0.0632	1.91	0.044	0.0107	0.0547	2.22	0.0373	0.0092	0.0465
YZR280M-8	25.0	0.02040	1.574	0.0467	0.01296	0.0596	1.889	0.0373	0.01079	0.0480	2.246	0.0333	0.00908	0.0423	2.534	0.0267	0.000805	0.0347
YZR315S-8	50.0	0.01020	0.834	0.0533	0.01223	0.0655	0.974	0.0347	0.01047	0.0451	1.103	0.0307	0.00924	0.0399	1.330	0.0253	0.00766	0.0329
YZR315M-8	50.0	0.01020	0.925	0.0440	0.01102	0.0550	1.170	0.0467	0.00871	0.0554	1.334	0.0400	0.00764	0.0476	1.579	0.0333	0.00645	0.0397
YZR280S-10	50.0	0.01020	0.368	0.0600	0.02771	0.0877	0.489	0.0483	0.02085	0.0691	0.565	0.0467	0.01805	0.0647	0.649	0.0367	0.01571	0.0524
YZR280M-10	50.0	0.01020	0.412	0.0867	0.02475	0.1114	0.479	0.0733	0.02129	0.0945	0.601	0.0667	0.01697	0.0836	0.730	0.0517	0.01397	0.0656
YZR315S-10	50.0	0.01020	0.720	0.0433	0.01416	0.0574	0.862	0.0333	0.01183	0.0451	1.007	0.0333	0.01012	0.0434	1.145	0.0250	0.00890	0.0339
YZR315M-10	50.0	0.01020	0.924	0.0500	0.01103	0.0610	1.097	0.0400	0.00929	0.0492	1.256	0.0350	0.00812	0.0431	1.503	0.0267	0.00678	0.0334
YZR335M-10	50.0	0.01020	0.756	0.0400	0.01349	0.0534	0.920	0.0317	0.01109	0.0427	1.143	0.0183	0.00892	0.0272	1.360	0.0200	0.00750	0.0275
YZR355L1-10	50.0	0.01020	0.858	0.0483	0.01188	0.0601	1.051	0.0367	0.00970	0.0404	1.302	0.0300	0.00783	0.0378	1.566	0.0256	0.00651	0.0315
YZR355L2-10	50.0	0.01020	1.137	0.0250	0.00897	0.0339	1.413	0.0200	0.00721	0.0272	1.637	0.0200	0.00623	0.0262	1.934	0.0150	0.00527	0.0202
YZR400L1-10	95.0	0.00537	0.705	0.0317	0.0076	0.0393	0.816	0.0267	0.0066	0.0333	0.97	0.0217	0.0055	0.0272	1.15	0.0133	0.0047	0.018
YZR400L2-10	95.0	0.00537	0.815	0.03	0.0066	0.0366	0.918	0.0233	0.0058	0.0291	1.1	0.0200	0.0049	0.0249	1.29	0.015	0.0042	0.0192

表 24-42 YZR 系列绕线型电动机等效转差率 s_{dx} 计算表

（转子导线长度为 15m 时）

电动机型号	转子导线截面 (mm^2)	30m长转子导线电阻 $R(\Omega)$	FC=15%				FC=25%				FC=40%				FC=60%			
			R_e (Ω)	s_e	$R_* = R/R_e$	$s_{dx} = R_* + s_e$	R_e (Ω)	s_e	$R_* = R/R_e$	$s_{dx} = R_* + s_e$	R_e (Ω)	s_e	$R_* = R/R_e$	$s_{dx} = R_* + s_e$	R_e (Ω)	s_e	$R_* = R/R_e$	$s_{dx} = R_* + s_e$
YZR112M-6	2.5	0.10200	3.137	0.02750	0.03251	0.3075	4.308	0.1850	0.02367	0.2086	4.618	0.1340	0.02208	0.1560	7.908	0.0880	0.01289	0.1008
YZR132M1-6	2.5	0.10200	4.733	0.1450	0.02155	0.1665	5.907	0.1080	0.01726	0.1252	6.048	0.0920	0.01686	0.1088	8.467	0.0760	0.01204	0.0880
YZR132M2-6	2.5	0.10200	5.869	0.1250	0.01738	0.1423	7.521	0.1000	0.01356	0.1135	7.366	0.0920	0.01384	0.1058	10.471	0.0630	0.00974	0.0727
YZR160M1-6	4.0	0.06400	2.250	0.0900	0.02844	0.01184	2.710	0.0790	0.02361	0.1026	3.100	0.0700	0.02064	0.0906	3.479	0.0650	0.01839	0.0833
YZR160M2-6	4.0	0.06400	2.697	0.0920	0.02373	0.1157	3.584	0.0700	0.01785	0.0878	4.030	0.0600	0.01588	0.0758	4.922	0.0510	0.01300	0.0640
YZR160L-6	4.0	0.06400	3.700	0.0800	0.01729	0.0972	4.567	0.0580	0.01401	0.0720	5.229	0.0550	0.01223	0.0672	6.472	0.0480	0.00988	0.0578
YZR180L-6	10.0	0.02550	2.144	0.0540	0.01189	0.0658	2.527	0.0450	0.01009	0.0550	2.706	0.0380	0.00942	0.0474	3.374	0.0320	0.00755	0.0395
YZR200L-6	16.0	0.01600	1.110	0.0580	0.01441	0.0724	1.401	0.0440	0.01142	0.0554	1.651	0.0360	0.00969	0.0456	1.908	0.0310	0.00838	0.0393
YZR225M-6	16.0	0.01600	1.429	0.0530	0.01119	0.0641	1.698	0.0430	0.00942	0.0524	1.940	0.0380	0.00824	0.0462	2.237	0.0320	0.00715	0.0391
YZR250M1-6	25.0	0.01020	1.173	0.0500	0.00869	0.0586	1.401	0.0400	0.00728	0.0472	1.577	0.0400	0.00646	0.0464	1.827	0.0300	0.00558	0.0355
YZR250M2-6	25.0	0.01020	1.249	0.0530	0.00816	0.0611	1.522	0.0420	0.00670	0.0487	1.760	0.0350	0.00579	0.0407	2.017	0.0310	0.00505	0.0365
YZR280S-6	35.0	0.00730	0.953	0.0400	0.00766	0.0476	1.138	0.0340	0.00641	0.0404	1.349	0.0310	0.00541	0.0364	1.509	0.0280	0.00483	0.0328
YZR280M-6	35.0	0.00730	1.287	0.0400	0.0057	0.0457	1.526	0.0340	0.0048	0.0388	1.72	0.0310	0.0042	0.0352	2.054	0.0250	0.0036	0.0286
YZR160L-8	4.0	0.06400	3.352	0.0987	0.01909	0.1177	4.211	0.0747	0.01519	0.0898	5.145	0.0600	0.01243	0.0724	6.503	0.0440	0.00984	0.0538
YZR180L-8	6.0	0.04250	1.773	0.0800	0.02397	0.1039	2.077	0.0667	0.02046	0.0871	2.256	0.0667	0.01883	0.0855	3.093	0.0400	0.01374	0.0537
YZR200L-8	10.0	0.02550	1.268	0.0800	0.02011	0.1001	1.529	0.0653	0.01667	0.0819	1.920	0.0507	0.01328	0.0639	2.229	0.0427	0.01144	0.0541

续表 24-42

电动机型号	转子导线截面 (mm^2)	30m长转子导线电阻 $R(\Omega)$	FC=15%				FC=25%				FC=40%				FC=60%			
			R_e (Ω)	s_e	$R_*=R/R_e$	$s_{dx}=R_*+s_e$	R_e (Ω)	s_e	$R_*=R/R_e$	$s_{dx}=R_*+s_e$	R_e (Ω)	s_e	$R_*=R/R_e$	$s_{dx}=R_*+s_e$	R_e (Ω)	s_e	$R_*=R/R_e$	$s_{dx}=R_*+s_e$
YZR225M-8	10.0	0.02550	1.455	0.0720	0.01752	0.0895	1.881	0.0560	0.01355	0.0695	2.266	0.0467	0.01125	0.0579	2.705	0.0387	0.00942	0.0481
YZR250M1-8	16.0	0.01600	1.610	0.0533	0.00993	0.0632	1.962	0.0467	0.00815	0.0548	2.282	0.0400	0.00701	0.0470	2.657	0.0333	0.00602	0.0393
YZR250M2-8	16.0	0.01600	1.973	0.0587	0.00810	0.0668	2.448	0.0453	0.00653	0.0518	2.763	0.0400	0.00579	0.0457	3.223	0.0333	0.00496	0.0382
YZR280S-8	25.0	0.0102	1.35	0.0613	0.0076	0.0689	1.66	0.0507	0.0061	0.0568	1.91	0.044	0.0053	0.0493	2.22	0.0373	0.0046	0.0419
YZR280M-8	25.0	0.01020	1.574	0.0467	0.00648	0.0531	1.889	0.0373	0.00539	0.0426	2.246	0.0333	0.00454	0.0378	2.534	0.0267	0.00402	0.0307
YZR315S-8	50.0	0.00510	0.834	0.0533	0.00611	0.0594	0.974	0.0347	0.00523	0.0399	1.103	0.0307	0.00462	0.0353	1.330	0.0253	0.00383	0.0291
YZR315M-8	50.0	0.00510	0.925	0.0440	0.00551	0.0495	1.170	0.0467	0.00435	0.0510	1.334	0.0400	0.00382	0.0438	1.579	0.0333	0.00322	0.0365
YZR280S-10	50.0	0.00510	0.368	0.0600	0.01385	0.0738	0.489	0.0483	0.01042	0.0587	0.0565	0.0467	0.00902	0.0557	0.649	0.0367	0.00785	0.0445
YZR280M-10	50.0	0.00510	0.412	0.0867	0.01237	0.0990	0.479	0.0733	0.01064	0.0839	0.601	0.0667	0.00848	0.0751	-0.730	0.0517	0.00698	0.0586
YZR315S-10	50.0	0.00510	0.720	0.0433	0.00708	0.0503	0.862	0.0333	0.00591	0.0392	1.007	0.0333	0.00506	0.0383	1.145	0.0250	0.00445	0.0294
YZR315M-10	50.0	0.00510	0.924	0.0500	0.00551	0.0555	1.097	0.0400	0.00464	0.0446	1.256	0.0350	0.00406	0.0390	1.503	0.0267	0.00339	0.0300
YZR355M-10	50.0	0.00510	0.756	0.0400	0.00674	0.0467	0.920	0.0317	0.00554	0.0372	1.143	0.0183	0.00446	0.0227	1.360	0.0200	0.00375	0.0237
YZR355L1-10	50.0	0.00510	0.858	0.0483	0.00594	0.0542	0.51	0.0367	0.00485	0.0415	1.302	0.0300	0.00391	0.0339	1.566	0.0250	0.00325	0.0282
YZR355L2-10	50.0	0.00510	1.137	0.0250	0.00448	0.0294	1.413	0.0200	0.00360	0.0236	1.637	0.0200	0.00311	0.0231	1.994	0.0150	0.00263	0.0176
YZR400L1-10	95.0	0.00268	0.705	0.0317	0.0038	0.0355	0.816	0.0267	0.0033	0.03	0.91	0.0217	0.0028	0.0245	1.15	0.0133	0.0023	0.0156
YZR400L2-10	95.0	0.00268	0.815	0.03	0.0033	0.0333	0.918	0.0233	0.0029	0.026	1.1	0.0200	0.0024	0.0224	1.29	0.015	0.002	0.017

表 24-43 YZR 系列绕线型电动机的转子技术参数

电动机型号	转子开路电压 E_z (V)	S3，FC=15%			S3，FC=25%			S3，FC=40%			S3，FC=60%		
		P_e (kW)	I_{ze}(A)	R_e (Ω)	P_e (kW)	I_{ze}(A)	R_e (Ω)	P_e (kW)	I_{ze}(A)	R_e (Ω)	P_e (kW)	I_{ze}(A)	R_e (Ω)
YZR112M-6	100	2.2	18.4	3.137	1.8	13.4	4.308	1.5	12.5	4.618	1.1	7.3	7.908
YZR132M1-6	132	3.0	16.1	4.733	2.5	12.9	5.907	2.2	12.6	6.048	1.8	9.0	8.467
YZR132M2-6	185	5.0	18.2	5.868	4.0	14.2	7.521	3.7	14.5	7.366	3.0	10.2	10.471
YZR160M1-6	138	7.5	35.4	2.250	6.3	29.4	2.710	5.5	25.7	3.100	5.0	22.9	3.479
YZR160M2-6	185	11.0	39.6	2.697	8.5	29.8	3.584	7.5	26.5	4.030	6.3	21.7	4.922
YZR160L-6	250	15.0	39.0	3.700	13.0	31.6	4.567	11.0	27.6	5.229	9.0	22.3	6.472
YZR180L-6	218	20.0	58.7	2.144	17.0	49.8	2.527	15.0	46.5	2.706	13.0	37.3	3.374
YZR200L-6	200	33.0	104.0	1.110	26.0	82.4	1.401	22.0	69.9	1.651	19.0	60.5	1.908
YZR225M-6	250	40.0	101.0	1.429	34.0	85.0	1.698	30.0	74.4	1.940	26.0	64.5	2.237
YZR250M1-6	250	50.0	123.0	1.173	42.0	103.0	1.401	37.0	91.5	1.577	32.0	79.0	1.827
YZR250M2-6	290	63.0	134.0	1.249	52.0	110.0	1.522	45.0	95.0	1.762	39.0	83.0	2.017
YZR280S-6	280	75.0	169.5	0.953	63.0	1.420	1.138	55.0	119.8	1.349	48.0	107.1	1.509
YZR280M-6	370	100.0	166	1.287	85.0	140	1.526	75.0	124	1.72	63.0	104	2.054
YZR160L-8	205	11.0	35.3	3.352	9.0	28.1	4.211	7.5	23.0	5.145	6.0	18.2	6.503
YZR180L-8	172	15.0	56.0	1.773	13.0	47.8	2.077	11.0	44.0	2.256	9.0	32.1	3.093
YZR200L-8	178	22.0	81.0	1.268	18.5	67.2	1.529	15.0	53.5	1.920	13.0	46.1	2.229
YZR225M-8	232	33.0	92.0	1.455	26.0	71.2	1.881	22.0	59.1	2.266	18.5	49.5	2.705
YZR250M1-8	272	42.0	97.5	1.610	35.0	80.0	1.962	30.0	68.8	2.282	26.0	59.1	2.657
YZR250M2-8	335	52.0	98.0	1.973	42.0	79.0	2.448	37.0	70.0	2.763	32.0	60.0	3.223
YZR280S-8	305	63	130	1.35	52	106	1.66	45.0	92	1.91	39	79.4	2.22
YZR280M-8	360	75.0	132.0	1.574	63.0	110.0	1.889	55.0	92.5	2.246	48.0	82.0	2.534
YZR315S-8	302	100.0	209.0	0.834	85.0	179.0	0.974	75.0	158.0	1.103	63.0	131.0	1.330
YZR315M-8	372	125.0	232.0	0.925	100.0	183.5	1.170	90.0	160.9	1.334	75.0	136.0	1.579
YZR280S-10	150	55.0	235.2	0.368	42.0	177.1	0.489	37.0	153.2	0.565	32.0	133.4	0.649
YZR280M-10	172	63.0	241.0	0.412	55.0	207.0	0.479	45.0	165.0	0.601	37.0	136.0	0.730
YZR315S-10	242	75.0	194.0	0.720	63.0	161.9	0.862	55.0	138.7	1.007	48.0	122.0	1.145
YZR315M-10	325	100.0	203.0	0.924	85.0	171.0	1.097	75.0	149.3	1.256	63.0	124.8	1.503
YZR355M-10	330	132.0	252.0	0.756	110.0	207.0	0.920	90.0	166.6	1.143	75.0	140.0	1.360
YZR355L1-10	388	160.0	261.0	0.858	132.0	213.0	1.051	110.0	172.0	1.302	90.0	143.0	1.566
YZR355L2-10	475	185.0	241.0	1.137	150.0	194.0	1.413	132.0	167.5	1.637	110.0	141.8	1.934
YZR400L1-10	410	220	336	0.705	190	290	0.816	160.0	244	0.97	135	206	1.15
YZR400L2-10	480	270	340	0.815	242	302	0.918	200.0	252	1.1	170	214	1.29

注：$R_e=\dfrac{E_z}{\sqrt{3}\,I_{ze}}$

表 24-44　63A 以下凸轮控制器的各段电阻标幺值数据(RT)

电动机型号	功率 (kW)	负荷持续率 $FC=15\%$(S3)																	
		s_{dx}	$0.7s_{dx}$	λ	λ^2	λ^3	λ^4	λ^5	$\lambda-1$	λ^2-1	λ^3-1	$\lambda^4-\lambda$	$\lambda^5-\lambda^2$	$(\lambda-1)s_{dx}$	$(\lambda^2-1)s_{dx}$	$(\lambda^3-1)s_{dx}$	$(\lambda^4-\lambda)s_{dx}$	$(\lambda^5-\lambda^2)s_{dx}$	$\frac{1}{\sqrt{0.7\lambda}}$
YZR112M-6	2.20	0.3400	0.238	1.43	2.04	2.92	4.18	5.97	0.430	1.04	1.92	2.75	3.93	0.14	0.35	0.65	0.93	1.33	0.83
YZR132M1-6	3.00	0.1881	0.131	1.66	2.75	4.57	7.59	12.60	0.660	1.75	3.57	5.93	9.84	0.12	0.33	0.67	1.11	1.85	0.71
YZR132M2-6	5.00	0.1597	0.111	1.73	2.99	5.17	8.95	15.49	0.730	1.99	4.17	7.22	12.50	0.11	0.31	0.66	1.15	1.99	0.69
YZR160M1-6	7.50	0.1468	0.102	1.77	3.13	5.54	9.81	17.37	0.770	2.13	4.54	8.04	14.23	0.11	0.31	0.66	1.18	2.09	0.67
YZR160M2-6	11.00	0.1394	0.097	1.79	3.20	5.73	10.26	18.37	0.790	2.20	4.73	8.47	15.17	0.11	0.30	0.66	1.18	2.11	0.66
YZR160L-6	15.00	0.1145	0.080	1.88	3.53	6.64	12.49	23.48	0.880	2.53	5.64	10.61	19.95	0.10	0.29	0.64	1.21	2.28	0.63
YZR180L-6	20.00	0.0777	0.054	2.07	4.28	8.86	18.36	38.00	1.070	3.28	7.86	16.29	33.72	0.08	0.25	0.61	1.26	2.62	0.57
YZR200L-6	33.00	0.0868	0.060	2.01	4.04	8.12	16.32	32.80	1.010	3.04	7.12	14.31	28.76	0.08	0.26	0.61	1.24	2.49	0.59
YZR225M-6	40.00	0.0753	0.052	2.09	4.36	9.12	19.08	39.87	1.090	3.36	8.12	16.99	35.50	0.08	0.25	0.61	1.27	2.67	0.57
YZR160L-1	11.00	0.1368	0.095	1.80	3.24	2.83	10.49	18.89	0.800	2.24	4.83	8.69	15.65	0.10	0.30	0.66	1.18	2.14	0.66
YZR180L-8	15.00	0.1279	0.089	1.83	3.34	6.12	11.21	20.52	0.830	2.34	5.12	9.38	17.17	0.10	0.30	0.65	1.20	2.19	0.65
YZR200L-8	22.00	0.1202	0.084	1.86	3.45	6.43	11.96	22.28	0.860	2.45	5.43	10.10	18.80	0.10	0.29	0.65	1.21	2.26	0.64
YZR225M-8	33.00	0.1070	0.074	1.91	3.64	6.96	13.30	25.41	0.910	2.64	5.96	11.39	21.77	0.09	0.28	0.63	1.21	2.32	0.62
YZR250M1-8	42.00	0.0731	0.051	2.10	4.41	9.26	19.44	40.84	1.100	3.41	8.26	17.34	36.43	0.08	0.24	0.60	1.26	2.66	0.56
YZR112M-6	1.80	0.2323	0.162	1.57	2.46	3.86	6.07	9.53	0.570	1.46	2.86	4.50	7.07	0.13	0.34	0.66	1.04	1.64	0.76
YZR132M1-6	2.50	0.1425	0.099	1.78	3.16	5.63	10.03	17.86	0.780	2.16	4.63	8.25	14.70	0.11	0.30	0.66	1.17	2.09	0.67
YZR132M2-6	4.00	0.1271	0.088	1.83	3.34	6.12	11.21	20.52	0.830	2.34	5.12	9.38	17.17	0.10	0.29	0.65	1.19	2.18	0.65
YZR160M1-6	6.30	0.1262	0.088	1.83	3.34	6.12	11.21	20.52	0.830	2.34	5.12	9.38	17.17	0.10	0.29	0.64	1.18	2.16	0.65
YZR160M2-6	8.50	0.1057	0.073	1.92	3.68	7.07	13.58	26.09	0.920	2.68	6.07	11.66	22.40	0.09	0.28	0.64	1.23	2.36	0.62
YZR160L-6	13.00	0.0860	0.060	2.02	4.08	8.24	16.64	33.63	1.020	3.08	7.24	14.62	29.55	0.08	0.26	0.62	1.25	2.54	0.59
YZR180L-6	17.00	0.0651	0.045	2.16	4.66	10.07	21.76	47.01	1.160	3.66	9.07	19.60	42.35	0.07	0.23	0.59	1.27	2.75	0.55
YZR200L-6	26.00	0.0668	0.046	2.15	4.62	9.93	21.36	45.94	1.150	3.62	8.93	19.21	41.31	0.07	0.24	0.059	1.28	2.76	0.55

续表 24-44

电动机型号	功率 (kW)	负荷持续率 $FC=15\%$ (S3)																
		s_{dx}	$0.7s_{dx}$	λ	λ^2	λ^3	λ^4	λ^5	$\lambda-1$	λ^2-1	λ^3-1	$\lambda^4-\lambda$	$\lambda^5-\lambda^2$	$(\lambda-1)s_{dx}$	$(\lambda^2-1)s_{dx}$	$(\lambda^3-1)s_{dx}$	$(\lambda^4-1)s_{dx}$	$(\lambda^5-1)s_{dx}$	$\frac{1}{\sqrt{0.7\lambda}}$
YZR225M-6	34.00	0.0618	0.043	2.19	4.79	10.50	23.00	50.37	1.190	3.79	9.50	20.81	45.57	0.07	0.23	0.58	1.28	2.81	0.54
YZR160L-8	9.00	0.1050	0.073	1.92	3.68	7.07	13.58	26.09	0.920	2.68	6.07	11.66	22.40	0.09	0.28	0.63	1.22	2.35	0.62
YZR180L-8	13.00	0.1076	0.075	1.91	3.64	6.96	13.30	25.41	0.910	2.64	5.96	11.39	21.77	0.09	0.28	0.64	1.22	2.34	0.62
YZR200L-8	18.50	0.0986	0.069	1.95	3.80	7.41	14.45	28.19	0.950	2.80	6.41	12.50	24.39	0.09	0.27	0.63	1.23	2.40	0.61
YZR225L-8	26.00	0.0831	0.058	2.04	4.16	8.48	17.31	35.33	1.040	3.16	7.48	15.27	31.16	0.08	0.26	0.62	1.26	2.59	0.58
YZR250M1-8	35.00	0.0630	0.044	2.18	4.75	10.36	22.50	49.23	1.180	3.75	9.36	20.40	44.48	0.07	0.23	0.58	1.28	2.80	0.54
YZR112M-6	1.50	0.1781	0.124	1.68	2.82	4.74	7.96	13.38	0.680	1.82	3.74	6.28	10.56	0.12	0.32	0.66	1.11	1.88	0.71
YZR132M1-6	2.20	0.1257	0.087	1.84	3.38	6.22	11.46	21.05	0.840	2.38	5.22	9.62	17.70	0.10	0.29	0.65	1.20	2.22	0.64
YZR132M2-6	3.70	0.1196	0.083	1.86	3.45	6.43	11.96	22.26	0.860	2.45	5.43	10.10	18.80	0.10	0.29	0.65	1.20	2.24	0.64
YZR160M1-6	5.50	0.1112	0.077	1.89	3.57	6.75	12.75	24.11	0.890	2.57	5.75	10.86	20.54	0.09	0.28	0.63	1.20	2.28	0.63
YZR160M2-6	7.50	0.0917	0.064	1.99	3.96	7.88	15.68	31.20	0.990	2.96	6.88	13.69	27.24	0.09	0.27	0.63	1.25	2.49	0.60
YZR160L-6	11.0	0.0794	0.055	2.06	4.24	8.74	18.00	37.09	1.060	3.24	7.74	15.94	32.85	0.08	0.25	0.61	1.26	2.60	0.58
YZR180L-6	15.00	0.0568	0.039	2.24	5.01	11.23	25.17	56.39	1.240	4.01	10.23	22.93	51.37	0.07	0.22	0.58	1.30	2.91	0.53
YZR200L-6	22.00	0.0553	0.038	2.25	5.06	11.39	25.62	57.66	1.250	4.06	10.39	23.37	52.60	0.06	0.22	0.57	1.29	2.90	0.53
YZR225M-6	30.00	0.0544	0.038	2.26	5.10	11.54	26.08	58.95	1.260	4.10	10.54	23.82	53.85	0.06	0.22	0.57	1.29	2.92	0.52
YZR160L-8	7.50	0.0848	0.059	2.03	4.12	8.36	16.98	34.47	1.030	3.12	7.36	14.95	30.35	0.08	0.26	0.62	1.26	2.57	0.58
YZR180L-8	11.00	0.1043	0.073	1.92	3.68	7.07	13.58	26.09	0.920	2.68	6.07	11.66	22.40	0.09	0.28	0.63	1.21	2.33	0.62
YZR200L-8	15.00	0.0772	0.054	2.07	4.28	8.86	18.36	38.00	1.070	3.28	7.86	16.29	33.72	0.08	0.25	0.60	1.25	2.60	0.57
YZR225L-8	22.00	0.0692	0.048	2.13	4.53	9.66	20.58	43.84	1.130	3.53	8.66	18.45	39.30	0.07	0.24	0.59	1.27	2.71	0.56
YZR250M1-8	30.00	0.0540	0.037	2.27	5.15	11.69	26.55	60.27	1.270	4.15	10.69	24.28	55.12	0.06	0.22	0.57	1.31	2.97	0.52

注：λ值按下式计算：

$$\lambda=\sqrt[4]{\frac{1}{0.7\times s_{dx}}}$$

表 24-45 用 KT14 型凸轮控制器时各级起制动电阻（RT5 型电阻器选用表）

电动机主要技术数据	接点标号	计算值			电阻器代号	选用电阻		选用值	
		R_e%	FC_r（%）	R（Ω）		电阻元件型号	匝数或片数	R（Ω）	I（A）
YZR112M-6 $FC=40\%$ $P_e=1.5kW$ $E_z=100V$ $I_{ze}=12.5A$ $R_e=4.62\Omega$	Z_2-Q_2	12.1	50	0.559	RT54-112M-6/1B	ZB2-0.7	2（29）	0.564	31
	Q_2-Q_{02}	54	25	2.495		ZB2-5.8	32	2.508	15
	Q_{02}-Q_0	57.9	25	2.676		ZB2-5.8	34	2.665	15
	Z_1-Q_1	32.4	50	1.499		ZB2-1.45	2（36）	1.45	21
	Q_1-Q_{01}	92.2	8.8	4.264		ZB2-12	40	4.286	16
	Q_{01}-Q_0	95.7	8.8	4.425		ZB2-12	41	4.393	16
	Z_3-Q_0	66.6	35	3.078		ZB2-3.5	65	3.074	16
YZR132M1-6 $FC=40\%$ $P_e=2.2kW$ $E_z=132V$ $I_{ze}=12.6A$ $R_e=6.06\Omega$	Z_2-Q_2	10.5	50	0.639	RT54-132M1-6/1B	ZB2-3.5	14	0.662	14
	Q_2-Q_{02}	57.6	25	2.493		ZB2-44	59	3.508	17
	Q_{02}-Q_0	63.2	25	3.835		ZB2-44	64	3.805	17
	Z_1-Q_1	29.9	50	1.817		ZB2-2.8	48	1.816	16
	Q_1-Q_{01}	119.6	8.8	7.249		ZB2-18	45	7.232	13
	Q_{01}-Q_0	102.9	8.8	6.237		ZB2-18	39	6.268	13
	Z_3-Q_0	65.7	35	3.983		ZB2-44	67	3.984	15
YZR132M2-6 $FC=40\%$ $P_e=3.7kW$ $E_z=185V$ $I_{ze}=14.5A$ $R_e=7.37\Omega$	Z_2-Q_2	10.2	50	0.758	RT54-132M2-6/1B	ZB2-2.8	20	0.757	16
	Q_2-Q_{02}	59.4	25	4.38		ZB2-5.8	56	4.389	15
	Q_{02}-Q_0	61.4	25	4.529		ZB2-5.8	58	4.546	15
	Z_1-Q_1	29.4	50	2.168		ZB2-2.8	57	2.157	16
	Q_1-Q_{01}	121.9	8.8	8.986		ZB2-8	83	8.973	20
	Q_{01}-Q_0	102.9	8.8	7.586		ZB2-8	70	7.568	20
	Z_3-Q_0	65	35	4.79		ZB2-2.8	127	4.805	18
YZR160M1-6 $FC=40\%$ $P_e=5.5kW$ $E_z=138V$ $I_{ze}=25.7A$ $R_e=3.1\Omega$	Z_2-Q_2	9.8	50	0.306	RT54-160M1-6/1B	ZB2-0.7	2（16）	0.311	31
	Q_2-Q_{02}	61.9	25	1.919		ZB2-1.95	2（36）	1.95	26
	Q_{02}-Q_0	58.9	25	1.827		ZB2-1.95	2（34）	1.842	26
	Z_1-Q_1	28.6	50	0.886		ZB2-0.9	2（35）	0.875	28
	Q_1-Q_{01}	125.3	8.8	3.886		ZB2-4.4	65	3.865	27
	Q_{01}-Q_0	103	8.8	3.195		ZB2-4.4	54	3.211	27
	Z_3-Q_0	63.9	35	1.982		ZB2-0.9 1.1	2（36） 2（36）	2.0	29

续表 24-45

电动机主要技术数据	接点标号	计算值			电阻器代号	选用电阻		选用值	
		R_e%	FC_r（%）	R（Ω）		电阻元件型号	匣数或片数	R（Ω）	I（A）
YZR160M2-6 $FC=40\%$ $P_e=7.5$kW $E_z=185$V $I_{ze}=26.5$A $R_e=4.04\Omega$	Z_2-Q_2	9	50	0.366	RT54-160M2-6/1B	ZB2-0.9	2（15）	0.375	28
	Q_2-Q_{02}	62	25	2.506		ZB2-1.95	2（46）	2.492	26
	Q_{02}-Q_0	63.5	25	2.566		ZB2-1.95	2（47）	2.546	26
	Z_1-Q_1	27.1	50	1.096		ZB2-0.9	2（44）	1.1	28
	Q_1-Q_{01}	143.5	8.8	5.8		ZB2-4.4	98	5.827	27
	Q_{01}-Q_0	106.2	8.8	4.293		ZB2-4.4	72	4.281	27
	Z_3-Q_0	63	35	2.549		ZB2-$\frac{0.33}{1.1}$	$\frac{15}{2(72)}$	253	29
YZR160L-6 $FC=40\%$ $P_e=11$kW $E_z=250$V $I_{ze}=27.6$A $R_e=5.24\Omega$	Z_2-Q_2	8.4	50	0.441	RT54-160L-6/2B	ZB2-0.9	2（18）	0.45	28
	Q_2-Q_{02}	64.4	25	3.375		ZB2-1.45	2（82）	3.303	29
	Q_{02}-Q_0	62.2	25	3.259		ZB2-1.45	2（80）	5.222	29
	Z_1-Q_1	25.7	50	1.349		ZB2-0.9	2（54）	1.35	28
	Q_1-Q_{01}	153.8	8.8	8.062		ZB2-3.5	170	8.041	31
	Q_{01}-Q_0	106.9	8.8	5.606		ZB2-3.5	119	5.628	31
	Z_3-Q_0	61.4	35	3.221		ZB2-1.1	2（105）	3.208	29
YZR180L-6 $FC=40\%$ $P_e=15$kW $E_z=218$V $I_{ze}=46.5$A $R_e=2.71\Omega$	Z_2-Q_2	7	50	0.19	RT54-180L-6/3J	ZJ1-5	2	0.198	76
	Q_2-Q_{02}	66.9	25	1.814		ZJ1-9	8	1.808	58
	Q_{02}-Q_0	63.3	25	1.716		ZJ1-$\frac{8}{9}$	$\frac{1}{7}$	1.754	58
	Z_1-Q_1	22.8	50	0.618		ZJ1-$\frac{4}{7}$	$\frac{2}{4}$	0.635	55
	Q_1-Q_{01}	184.4	8.8	4.997		ZJ1-$\frac{9}{10}$	$\frac{4}{12}$	4.888	80
	Q_{01}-Q_0	107.4	8.8	2.91		ZJ1-$\frac{9}{10}$	$\frac{4}{6}$	2.896	80
	Z_3-Q_0	58.1	35	1.576		ZJ1-$\frac{8}{9}$	$\frac{5}{3}$	1.538	49
YZR200L-6 $FC=40\%$ $P_e=22$kW $E_z=200$V $I_{ze}=69.9$A $R_e=1.65\Omega$	Z_2-Q_2	6.9	50	0.114	RT54-200L-6/3J	ZJ1-$\frac{2}{3}$	$\frac{1}{1}$	0.113	107
	Q_2-Q_{02}	68.5	25	1.131		ZJ1-7	10	1.24	78
	Q_{02}-Q_0	60.6	25	1.001		ZJ1-7	8	0.992	78
	Z_1-Q_1	22.4	50	0.37		ZJ1-4	2	0.139	90
	Q_1-Q_{01}	183.2	8.8	3.023		ZJ1-9	14	3.164	97
	Q_{01}-Q_0	107.6	8.8	1.776		ZJ1-$\frac{9}{10}$	$\frac{2}{4}$	1.78	97
	Z_3-Q_0	57.4	35	0.948		ZJ1-$\frac{5}{6}$	$\frac{4}{4}$	0.936	77

续表 24-45

电动机主要技术数据	接点标号	计算值			电阻器代号	选用电阻		选用值	
		R_e%	FC_r（%）	R（Ω）		电阻元件型号	匝数或片数	R（Ω）	I（A）
YZR225M-6 $FC=40\%$ $P_e=30kW$ $E_z=250V$ $I_{ze}=74.4A$ $R_e=1.94\Omega$	Z_2-Q_2	6.8	50	0.132	RT54-225M-6/3J	ZJ1-4	2	0.139	190
	Q_2-Q_{02}	68.4	25	1.328		ZJ1-6	10	1.35	92
	Q_{02}-Q_0	61.1	25	1.186		ZJ1-7	10	1.24	78
	Z_1-Q_1	22.3	50	0.433		ZJ1-4	6	0.417	90
	Q_1-Q_{01}	185.3	8.8	3.596		ZJ1-$\frac{9}{10}$	$\frac{4}{8}$	3.56	80
	Q_{01}-Q_0	107.5	8.8	2.086		ZJ1-10	6	1.992	80
	Z_3-Q_0	57.3	35	1.112		ZJ1-6	8	1.08	77
YZR160L-8 $FC=40\%$ $P_e=7.5kW$ $E_z=205V$ $I_{ze}=23A$ $R_e=5.15\Omega$	Z_2-Q_2	8.7	50	0.449	RT54-160L-8/1B	ZB2-1.1	2（14）	0.428	25
	Q_2-Q_{02}	62.6	25	3.225		ZB2-1.95	2（58）	3.142	29
	Q_{02}-Q_0	64.1	25	3.304		ZB2-1.95	2（61）	3.304	29
	Z_1-Q_1	26.4	50	1.362		ZB2-1.1	2（45）	1.375	25
	Q_1-Q_{01}	150.4	8.8	7.747		ZB2-5.8	99	7.759	23
	Q_{01}-Q_0	106.9	8.8	5.508		ZB2-5.8	70	5.486	23
	Z_3-Q_0	62.4	35	3.216		ZB2-1.45	2（80）	3.222	25
YZR180L-8 $FC=40\%$ $P_e=11kW$ $E_z=172V$ $I_{ze}=44A$ $R_e=2.26\Omega$	Z_2-Q_2	9.5	50	0.216	RT54-180L-8/2J	ZJ1-7	2	0.248	55
	Q_2-Q_{02}	62.9	25	1.421		ZJ1-$\frac{7}{9}$	$\frac{4}{4}$	1.4	58
	Q_{02}-Q_0	58.8	25	1.329		ZJ1-10	4	1.328	48
	Z_1-Q_1	28	50	0.633		ZJ1-$\frac{7}{8}$	$\frac{1}{3}$	0.64	46
	Q_1-Q_{01}	129.8	8.8	2.935		ZJ1-$\frac{9}{10}$	$\frac{4}{6}$	2.896	80
	Q_{01}-Q_0	103.8	8.8	2.346		ZJ1-$\frac{9}{10}$	$\frac{2}{6}$	2.444	80
	Z_3-Q_0	63.3	35	1.432		ZJ1-$\frac{7}{9}$	$\frac{4}{4}$	1.4	49
YZR200L-8 $FC=40\%$ $P_e=15kW$ $E_z=178V$ $I_{ze}=53.5A$ $R_e=1.92\Omega$	Z_2-Q_2	8.2	50	0.158	RT54-200L-8/2J	ZJ1-$\frac{4}{5}$	$\frac{1}{1}$	0.169	76
	Q_2-Q_{02}	66.1	25	1.269		ZJ1-$\frac{8}{9}$	$\frac{2}{4}$	1.248	58
	Q_{02}-Q_0	59.6	25	1.145		ZJ1-$\frac{8}{9}$	$\frac{3}{3}$	1.194	58
	Z_1-Q_1	25.3	50	0.486		ZJ1-7	4	0.496	55
	Q_1-Q_{01}	153.5	8.8	2.947		ZJ1-$\frac{9}{10}$	$\frac{4}{6}$	2.896	80
	Q_{01}-Q_0	106.8	8.8	2.05		ZJ1-10	6	1.992	80
	Z_3-Q_0	60.7	35	1.166		ZJ1-$\frac{7}{8}$	$\frac{4}{4}$	1.184	55

续表 24-45

电动机主要技术数据	接点标号	计算值 R_e%	计算值 FC_r (%)	计算值 R (Ω)	电阻器代号	选用电阻 电阻元件型号	选用电阻 匝数或片数	选用值 R (Ω)	选用值 I (A)
YZR225M-8	Z_2-Q_2	7.8	50	0.177	RT54-225M-8/3J	ZJ1-$\frac{2}{6}$	$\frac{1}{1}$	0.181	65
$FC=40\%$	Q_2-Q_{02}	66.2	25	1.503		ZJ1-$\frac{7}{8}$	$\frac{5}{5}$	1.48	66
$P_e=22$kW	Q_{02}-Q_0	61.4	25	1.395		ZJ1-$\frac{7}{8}$	$\frac{8}{2}$	1.336	66
$E_z=232$V	Z_1-Q_1	24.4	50	0.555		ZJ1-6	4	0.54	65
$I_{ze}=59.1$A	Q_1-Q_{01}	164.4	8.8	3.733		ZJ1-$\frac{9}{10}$	$\frac{2}{10}$	3.772	80
$R_e=2.27\Omega$	Q_{01}-Q_0	107.5	8.8	2.44		ZJ1-$\frac{9}{10}$	$\frac{2}{6}$	2.444	80
	Z_3-Q_0	59.9	35	1.36		ZJ1-6	10	1.35	77
YZR250M1-8	Z_2-Q_2	6.8	50	0.157	RT54-250M1-6/4J	ZJ1-$\frac{1}{2}$	$\frac{2}{2}$	0.158	128
$FC=40\%$	Q_2-Q_{02}	66.8	25	1.53		ZJ1-$\frac{5}{7}$	$\frac{7}{7}$	1.561	78
$P_e=30$kW	Q_{02}-Q_0	64.3	25	1.472		ZJ1-7	12	1.488	78
$E_z=272$V	Z_1-Q_1	22.4	50	0.513		ZJ1-$\frac{4}{5}$	$\frac{3}{3}$	0.504	76
$I_{ze}=68.8$A	Q_1-Q_{01}	190.6	8.8	4.366		ZJ1-9	20	4.52	97
$R_e=2.29\Omega$	Q_{01}-Q_0	106.9	8.8	2.458		ZJ1-$\frac{8}{9}$	$\frac{4}{8}$	2.496	97
	Z_3-Q_0	57.7	35	1.322		ZJ1-6	10	1.35	77

表 24-46 用起重机升降控制屏时各级起制动电阻（RS5、RSf5 和 RQ5 型电阻器）选用表

电动机主要技术数据	接点标号	计算值 R_e%	计算值 FC_r (%)	计算值 R (Ω)	电阻器代号	选用电阻 电阻元件型号	选用电阻 匝数或片数	选用值 R (Ω)	选用值 I (A)
YZR160M2-6		0.8	100	0.033	RS54-160M2-6/2B				
$FC=40\%$	Z_1/Q_{31}-Q_{21}	10	50	0.403		ZB2-0.9	2 (16)	0.4	28
$P_e=7.5$kW	Q_{21}-Q_{11}	20	35	0.806		ZB2-1.1	2 (26)	0.794	29
$E_z=185$V $I_{ze}=26.5$A	Q_{11}-Q_1	27	25	1.088		ZB2-1.45	2 (27)	1.088	29
$R_e=4.03\Omega$	Q_1-Q_0	113	12.5	4.553		ZB2-2.8	120	4.54	26
YZR160L-6	Z_1-Q_{31}	2	100	0.107	RS54-160L-6/2B	ZB1-0.2	8	0.107	43
$FC=40\%$	Q_{31}-Q_{21}	10	50	0.522		ZB2-0.7	2 (27)	0.525	31
$P_e=11$kW $E_z=250$V	Q_{21}-Q_{11}	20	35	1.045		ZB2-1.1	2 (34)	1.039	29
$I_{ze}=27.6$A	Q_{11}-Q_1	27	25	1.411		ZB2-1.45	2 (35)	1.41	29
$R_e=5.229\Omega$	Q_1-Q_0	113	12.5	5.908		ZB2-2.8	148	5.6	30

续表 24-46

电动机主要技术数据	接点标号	计算值			电阻器代号	选用电阻		选用值	
		R_e%	FC_r（%）	R（Ω）		电阻元件型号	匝数或片数	R（Ω）	I（A）
YZR180L-6	Z_1-Q_{31}	4.3	100	0.116	RS54-180L-6/3J	ZJ1-$\frac{2}{4}$	1 1	0.116	64
FC=40%	Q_{31}-Q_{21}	10	50	0.27		ZJ1-7	2	0.248	55
P_e=15kW	Q_{21}-Q_{11}	20	35	0.541		ZJ1-$\frac{7}{8}$	3 1	0.544	55
E_z=218V	Q_{11}-Q_1	27	25	0.73		ZJ1-$\frac{8}{9}$	3 1	0.742	58
I_{ze}=46.5A R_e=2.706Ω	Q_1-Q_0	113	12.5	3.057		ZJ1-$\frac{9}{10}$	3 7	3.002	67
YZR200L-6	Z_1-Q_{31}	4.4	100	0.073	RS54-200L-6/4J	ZJ1-$\frac{2}{2}$	2 (1) 1	0.069	91
FC=40%	Q_{31}-Q_{21}	10	50	0.165		ZJ1-$\frac{4}{5}$	1 1	0.169	76
P_e=22kW	Q_{21}-Q_{11}	20	35	0.33		ZJ1-$\frac{4}{5}$	2 2	0.337	91
E_z=200V	Q_{11}-Q_1	27	25	0.445		ZJ1-$\frac{5}{7}$	2 2	0.446	78
I_{ze}=69.9A R_e=1.651Ω	Q_1-Q_0	113	12.5	1.865		ZJ1-9	8	1.808	82
YZR225M-6	Z_1-Q_{31}	4.5	100	0.088	RS54-225M-6/4J	ZJ1-2	2	0.092	91
FC=40%	Q_{31}-Q_{21}	10	50	0.194		ZJ1-5	2	0.198	76
P_e=30kW	Q_{21}-Q_{11}	20	35	0.388		ZJ1-5	4	0.396	91
E_z=250V	Q_{11}-Q_1	27	25	0.523		ZJ1-7	4	0.496	78
I_{ze}=74.4A R_e=1.94Ω	Q_1-Q_0	113	12.5	2.192		ZJ1-9	10	2.26	82
YZR250M1-6	Z_1-Q_{31}	4.7	100	0.074	RS54-250M1-6/4J	ZJ1-$\frac{1}{2}$	1 1	0.079	91
FC=40%	Q_{31}-Q_{21}	10	50	0.157		ZJ1-3	2	0.134	107
P_e=37kW	Q_{21}-Q_{11}	20	35	0.315		ZJ1-$\frac{4}{5}$	3 1	0.308	91
E_z=250V	Q_{11}-Q_1	27	25	0.425		ZJ1-$\frac{5}{6}$	3 1	0.432	92
I_{ze}=91.5A R_e=1.577Ω	Q_1-Q_0	113	12.5	1.782		ZJ1-8	10	1.72	93
YZR250M2-6	Z_1-Q_{31}	5.3	100	0.094	RS54-250M2-6/6J	ZJ1-$\frac{1}{1}$	2 (2) 2	0.099	107
FC=40%	Q_{31}-Q_{21}	10	50	0.176		ZJ1-2	4	0.184	128
P_e=45kW	Q_{21}-Q_{11}	20	35	0.352		ZJ1-$\frac{1}{4}$	2 4	0.344	108
E_z=290V	Q_{11}-Q_1	27	25	0.475		ZJ1-$\frac{5}{6}$	2 2	0.468	92
I_{ze}=95A R_e=1.76Ω	Q_1-Q_0	113	12.5	1.988		ZJ1-8	12	2.064	93
YZR280S-6	Z_1-Q_{31}	5.8	100	0.078	RS54-280S-6/6J	ZJ1-4	2 (2)	0.07	128
FC=40%	Q_{31}-Q_{21}	10	50	0.134		ZJ1-1	4	0.132	151
Pe=55kW	Q_{21}-Q_{11}	20	35	0.269		ZJ1-3	4	0.268	128
E_z=280V	Q_{11}-Q_1	27	25	0.364		ZJ1-$\frac{1}{4}$	1 5	0.381	128
I_{ze}=119.8A R_e=1.349Ω	Q_1-Q_0	113	12.5	1.524		ZJ1-$\frac{5}{6}$	2 10	1.548	130

续表 24-46

电动机主要技术数据	接点标号	计算值			电阻器代号	选用电阻		选用值	
		R_e%	FC_r（%）	R（Ω）		电阻元件型号	匝数或片数	R（Ω）	I（A）
YZR280M-6 FC=40% P_e=75kW E_z=370V I_{ze}=124A R_e=1.72Ω	Z_1-Q_{31}	6	100	0.103	RS54-280M-6/8J	ZJ1-$\frac{1}{4}$	$\frac{2(2)}{2(2)}$	0.103	128
	Q_{31}-Q_{21}	10	50	0.172		ZJ1-$\frac{1}{2}$	$\frac{1}{3}$	0.171	128
	Q_{21}-Q_{11}	20	35	0.344		ZJ1-$\frac{2}{3}$	$\frac{2}{4}$	0.36	128
	Q_{11}-Q_1	27	25	0.464		ZJ1-4	6	0.417	128
	Q_1-Q_0	113	12.5	1.944		ZJ1-6	14	1.89	130
YZR160L-8 FC=40% P_e=7.5kW E_z=205V I_{ze}=23A R_e=5.145Ω	Z_1-Q_{31}	1.5	100	0.078	RS54-160L-8/2B	ZB1-0.2	6	0.08	43
	Q_{31}-Q_{21}	10	50	0.514		ZB2-0.7	2（26）	0.506	31
	Q_{21}-Q_{11}	20	35	1.029		ZB2-1.45	2（26）	1.047	25
	Q_{11}-Q_1	27	25	1.389		ZB2-1.95	2（26）	1.408	26
	Q_1-Q_0	113	12.5	5.813		ZB2-4.4	96	5.708	23
YZR180L-8 FC=40% P_e=11kW E_z=172V I_{ze}=44A R_e=2.256Ω	Z_1/Q_{31}-Q_{21}	−0.4	100	−0.009	RS54-180L-8/2J				
		10	50	0.225		ZJ1-$\frac{5}{7}$	$\frac{1}{1}$	0.223	55
	Q_{21}-Q_{11}	20	35	0.451		ZJ1-9	2	0.452	49
	Q_{11}-Q_1	27	25	0.609		ZJ1-$\frac{9}{10}$	$\frac{1}{1}$	0.558	48
	Q_1-Q_0	113	12.5	2.549		ZJ1-10	8	2.656	67
YZR200L-8 FC=40% P_e=15kW E_z=178V I_{ze}=53.5A R_e=1.92Ω	Z_1-Q_{31}	2.2	100	0.043	RS54-200L-8/3J	ZJ1-2	2（2）	0.046	181
	Q_{31}-Q_{21}	10	50	0.192		ZJ1-5	2	0.198	76
	Q_{21}-Q_{11}	20	35	0.384		ZJ1-8	2	0.344	55
	Q_{11}-Q_1	27	25	0.518		ZJ1-7	4	0.496	78
	Q_1-Q_0	113	12.5	2.169		ZJ1-$\frac{9}{10}$	$\frac{5}{3}$	2.126	67
YZR225M-8 FC=40% P^e=2.2kW E_z=232V I_{ze}=59.1A R_e=2.266Ω	Z_1-Q_{31}	3	100	0.07	RS54-225M-8/3J	ZJ1-4	2（2）	0.07	128
	Q_{31}-Q_{21}	10	50	0.226		ZJ1-$\frac{5}{6}$	$\frac{1}{1}$	0.234	65
	Q_{21}-Q_{11}	20	35	0.453		ZJ1-$\frac{5}{7}$	$\frac{1}{3}$	0.471	65
	Q_{11}-Q_1	27	25	0.611		ZJ1-$\frac{7}{8}$	$\frac{2}{2}$	0.592	66
	Q_1-Q_0	113	12.5	2.56		ZJ1-$\frac{9}{10}$	$\frac{1}{7}$	2.55	67
YZR250M1-8 FC=40% P_e=30kW E_z=272V I_{ze}=68.8A R_e=2.282Ω	Z_1-Q_{31}	4.6	100	0.105	RS54-250M1-8/4J	ZJ1-$\frac{1}{3}$	$\frac{1}{1}$	0.1	76
	Q_{31}-Q_{21}	10	50	0.228		ZJ1-5	2	0.198	76
	Q_{21}-Q_{11}	20	35	0.456		ZJ1-$\frac{5}{6}$	$\frac{2}{2}$	0.468	153
	Q_{11}-Q_1	27	25	0.616		ZJ1-$\frac{4}{7}$	$\frac{2}{4}$	0.635	78
	Q_1-Q_0	113	12.5	2.578		ZJ1-10	8	2.656	67

续表 24-46

电动机主要技术数据	接点标号	计算值			电阻器代号	选用电阻		选用值	
		$R_e\%$	FC_r（%）	R（Ω）		电阻元件型号	匝数或片数	R（Ω）	I（A）
YZR250M2-8	Z_1-Q_{31}	4.8	100	0.134	RS54-250M2-8/5J	ZJ1-3	2	0.134	152
$FC=40\%$	Q_{31}-Q_{21}	10	50	0.276		ZJ1-4	4	0.278	90
$P_e=37kW$	Q_{21}-Q_{11}	20	35	0.552		ZJ1-6	4	0.54	77
$E_z=335V$									
$I_{ze}=70A$	Q_{11}-Q_1	27	25	0.746		ZJ1-7	6	0.744	78
$R_e=2.763\Omega$	Q_1-Q_0	113	12.5	3.122		ZJ1-9	14	3.164	82
YZR280S-8	Z_1-Q_{31}	4.5	100	0.087	RS54-280S-8/5J	ZJ1-$\frac{1}{2}$	$\frac{1}{1}$	0.079	91
$FC=40\%$	Q_{31}-Q_{21}	10	50	0.191		ZJ1-2	4	0.184	128
$P_e=45kW$	Q_{21}-Q_{11}	20	35	0.383		ZJ1-5	4	0.396	91
$E_z=305V$									
$I_{ze}=92A$	Q_{11}-Q_1	27	25	0.516		ZJ1-6	4	0.54	92
$R_e=1.91\Omega$	Q_1-Q_0	113	12.5	2.16		ZJ1-$\frac{7}{8}$	$\frac{6}{8}$	2.12	93
YZR280M-8	Z_1-Q_{31}	5.7	100	0.129	RS54-280M-8/6J	ZJ1-1	4	0.132	107
$FC=40\%$	Q_{31}-Q_{21}	10	50	0.224		ZJ1-$\frac{2}{3}$	$\frac{2}{2}$	0.226	107
$P_e=55kW$	Q_{21}-Q_{11}	20	35	0.449		ZJ1-$\frac{4}{5}$	$\frac{5}{1}$	0.447	91
$E_z=360V$									
$I_{ze}=92.5A$	Q_{11}-Q_1	27	25	0.606		ZJ1-5	6	0.594	108
$R_e=2.246\Omega$	Q_1-Q_0	113	12.5	2.537		ZJ1-8	14	2.408	93
YZR315S-8	Z_1-Q_{31}	6	100	0.066	RS54-315S-8/9J	ZJ1-3	2 (2)	0.067	152
$FC=40\%$	Q_{31}-Q_{21}	10	50	0.11		ZJ1-$\frac{2}{3}$	$\frac{2\ (2)}{2\ (2)}$	0.113	214
$P_e=75kW$	Q_{21}-Q_{11}	20	35	0.22		ZJ1-$\frac{1}{1}$	$\frac{2\ (2)}{6}$	0.231	180
$E_z=302V$									
$I_{ze}=158A$	Q_{11}-Q_1	27	25	0.297		ZJ1-3	4	0.268	152
$R_e=1.103\Omega$	Q_1-Q_0	113	12.5	1.246		ZJ1-5	12	1.188	152
YZR315M-8	Z_1-Q_{31}	5.2	100	0.069	RS54-315M-8/12J	ZJ1-1	2 (4)	0.066	215
$FC=40\%$	Q_{31}-Q_{21}	10	50	0.133		ZJ1-4	2 (4)	0.139	181
$P_e=90kW$	Q_{21}-Q_{11}	20	35	0.266		ZJ1-1	8	0.264	180
$E_z=372V$									
$I_{ze}=160.9A$	Q_{11}-Q_1	27	25	0.359		ZJ1-2	8	0.368	182
$R_e=1.33\Omega$	Q_1-Q_0	113	12.5	1.5		ZJ1-4	22	1.529	181
YZR280S-10	Z_1-Q_{31}	3.5	100	0.02	RS54-280S-10/6J	ZJ1-1	3 (2)	0.022	321
$FC=40\%$	Q_{31}-Q_{21}	10	50	0.056		ZJ1-$\frac{2}{4}$	$\frac{2\ (1)}{2\ (1)}$	0.058	181
$P_e=37kW$	Q_{21}-Q_{11}	20	35	0.113		ZJ1-1	4	0.132	180
$E_z=150V$									
$I_{ze}=153.2A$	Q_{11}-Q_1	27	25	0.152		ZJ1-$\frac{1}{2}$	$\frac{2}{2}$	0.158	182
$R_e=0.565\Omega$	Q_1-Q_0	113	12.5	0.638		ZJ1-$\frac{4}{5}$	$\frac{4}{4}$	0.674	152

续表 24-46

电动机主要技术数据	接点标号	计算值			电阻器代号	选用电阻		选用值	
		R_e%	FC_r (%)	R (Ω)		电阻元件型号	匝数或片数	R (Ω)	I (A)
YZR280M-10		1.6	100	0.009					
$FC=40\%$	Z_1/Q_{31}-Q_{21}	10	50	0.06		ZJ1-$\frac{2}{3}$	2 (1) 2 (1)	0.057	214
$P_e=45$kW	Q_{21}-Q_{11}	20	35	0.12	RS54-280M-10/5J	ZJ1-1	4	0.132	180
$E_z=172$V	Q_{11}-Q_1	27	25	0.162		ZJ1-$\frac{1}{2}$	2 2	0.158	182
$I_{ze}=165$A $R_e=0.601\Omega$	Q_1-Q_0	113	12.5	0.679		ZJ1-4	10	0.695	181
YZR315S-10	Z_1-Q_{31}	5.6	100	0.057		ZJ1-$\frac{2}{3}$	2 (1) 2 (1)	0.057	152
$FC=40\%$	Q_{31}-Q_{21}	10	50	0.1		ZJ1-1	4	0.132	151
$P_e=55$kW	Q_{21}-Q_{11}	20	35	0.201	RS54-315S-10/6J	ZJ1-2	4	0.184	153
$E_z=242$V	Q_{11}-Q_1	27	25	0.271		ZJ1-3	4	0.268	152
$I_{ze}=138.7$A $R_e=1.007\Omega$	Q_1-Q_0	113	12.5	1.137		ZJ1-5	12	1.188	152
YZR315M-10	Z_1-Q_{31}	5.7	100	0.071		ZJ1-3	2 (2)	0.067	152
$FC=40\%$	Q_{31}-Q_{21}	10	50	0.125		ZJ1-1	4	0.132	151
$P_e=7.5$kW	Q_{21}-Q_{11}	20	35	0.251	RS54-315M-10/8J	ZJ1-$\frac{1}{2}$	2 4	0.25	153
$E_z=325$V	Q_{11}-Q_1	27	25	0.339		ZJ1-2	6	0.276	182
$I_{ze}=149.3$A $R_e=1.256\Omega$	Q_1-Q_0	113	12.5	1.419		ZJ1-5	14	1.386	152
YZR355M-10	Z_1-Q_{31}	7.3	100	0.083		ZJ1-$\frac{1}{2}$	2 (2) 2 (2)	0.079	181
$FC=40\%$	Q_{31}-Q_{21}	10	50	0.114		ZJ1-$\frac{2}{4}$	2 (2) 2 (2)	0.116	181
$P_e=90$kW	Q_{21}-Q_{11}	20	35	0.228	RS54-355M-10/10J	ZJ1-1	8	0.264	180
$E_z=330$V	Q_{11}-Q_1	27	25	0.308		ZJ1-$\frac{1}{2}$	4 4	0.316	182
$I_{ze}=167$A $R_e=1.14\Omega$	Q_1-Q_0	113	12.5	1.29		ZJ1-5	12	1.188	181
YZR355L1-10	Z_1-Q_{31}	6.2	100	0.081		ZJ1-$\frac{1}{2}$	2 (2) 2 (2)	0.079	181
$FC=40\%$	Q_{31}-Q_{21}	10	50	0.13		ZJ1-3	2 (2)	0.134	214
$P_e=110$kW	Q_{21}-Q_{11}	20	35	0.26	RS54-355L1-10/11J	ZJ1-1	8	0.264	180
$E_z=388$V	Q_{11}-Q_1	27	25	0.351		ZJ1-2	8	0.368	182
$I_{ze}=172$A $R_e=1.3\Omega$	Q_1-Q_0	113	12.5	1.47		ZJ1-$\frac{4}{5}$	2 14	1.525	152
YZR280S-6	Z_1-Q_{41}	3.8	100	0.051		ZJ1-2	2 (2)	0.046	181
$FC=40\%$	Q_{41}-Q_{31}	6	50	0.08		ZJ1-$\frac{1}{2}$	1 1	0.079	128
$P_e=55$kW	Q_{31}-Q_{21}	11	50	0.148	RSf54-280S-6/6J	ZJ1-$\frac{1}{2}$	3 1	0.145	128
$E_z=280$V	Q_{21}-Q_{11}	20	35	0.269		ZJ1-3	4	0.268	128
$I_{ze}=119.8$A	Q_{11}-Q_1	22	25	0.296		ZJ1-4	4	0.278	128
$R_e=1.349\Omega$	Q_1-Q_0	113	12.5	1.524		ZJ1-7	12	1.488	120

续表 24-46

电动机主要技术数据	接点标号	计算值 R_e%	计算值 FC_r（%）	计算值 R（Ω）	电阻器代号	选用电阻 电阻元件型号	选用电阻 匣数或片数	选用值 R（Ω）	选用值 I（A）
YZR280M-8	Z_1-Q_{41}	3.7	100	0.084	RSf54-280M-8/7J	ZJ1-$\frac{1}{2}$	$\frac{1}{1}$	0.079	91
$FC=40\%$	Q_{41}-Q_{31}	6	50	0.134		ZJ1-3	2	0.134	107
$P_e=55$kW	Q_{31}-Q_{21}	11	50	0.247		ZJ1-$\frac{2}{3}$	$\frac{1}{3}$	0.247	107
$E_z=360$V	Q_{21}-Q_{11}	20	35	0.449		ZJ1-4	6	0.417	108
$I_{ze}=92.5$A	Q_{11}-Q_1	22	25	0.494		ZJ1-$\frac{4}{5}$	$\frac{4}{2}$	0.474	108
$R_e=2.246\Omega$	Q_1-Q_0	113	12.5	2.537		ZJ1-7	20	2.48	110
YZR315S-8	Z_1-Q_{41}	4	100	0.044	RSf54-315S-8/8J	ZJ1-2	2 (2)	0.046	181
$FC=40\%$	Q_{41}-Q_{31}	6	50	0.066		ZJ1-1	2	0.066	151
$P_e=75$kW	Q_{31}-Q_{21}	11	50	0.121		ZJ1-1	4	0.132	151
$E_z=302$V	Q_{21}-Q_{11}	20	35	0.22		ZJ1-$\frac{1}{2}$	$\frac{4}{2}$	0.224	153
$I_{ze}=158$A	Q_{11}-Q_1	22	25	0.242		ZJ1-$\frac{1}{2}$	$\frac{2}{4}$	0.25	182
$R_e=1.103\Omega$	Q_1-Q_0	113	12.5	1.246		ZJ1-5	12	1.188	152
YZR315M-8	Z_1-Q_{41}	3.2	100	0.043	RSf54-315M-8/12J	ZJ1-2	2 (2)	0.046	181
$FC=40\%$	Q_{41}-Q_{31}	6	50	0.08		ZJ1-$\frac{1}{2}$	$\frac{2\,(2)}{2\,(2)}$	0.079	255
$P_e=90$kW	Q_{31}-Q_{21}	11	50	0.146		ZJ1-4	2 (4)	0.139	214
$E_z=372$V	Q_{21}-Q_{11}	20	35	0.266		ZJ1-1	8	0.264	180
$I_{ze}=160.9$A	Q_{11}-Q_1	22	25	0.293		ZJ1-$\frac{1}{2}$	$\frac{6}{2}$	0.29	182
$R_e=1.334\Omega$	Q_1-Q_0	113	12.5	1.507		ZJ1-4	20	1.39	181
YZR315S-10	Z_1-Q_{41}	3.6	100	0.036	RSf54-315S-10/8J	ZJ1-1	2 (2)	0.033	215
$FC=40\%$	Q_{41}-Q_{31}	6	50	0.06		ZJ1-$\frac{2}{3}$	$\frac{2\,(1)}{2\,(1)}$	0.057	214
$P_e=55$kW	Q_{31}-Q_{21}	11	50	0.11		ZJ1-1	4	0.132	151
$E_z=242$V	Q_{21}-Q_{11}	20	35	0.201		ZJ1-1	6	0.198	180
$I_{ze}=138.7$A	Q_{11}-Q_1	22	25	0.221		ZJ1-$\frac{2}{3}$	$\frac{2}{2}$	0.226	152
$R_e=1.007\Omega$	Q_1-Q_0	113	12.5	1.137		ZJ1-5	12	1.188	152
YZR315M-10	Z_1-Q_{41}	3.7	100	0.046	RSf54-315M-10/9J	ZJ1-2	2 (2)	0.046	181
$FC=40\%$	Q_{41}-Q_{31}	6	50	0.075		ZJ1-$\frac{1}{2}$	$\frac{2\,(2)}{2\,(2)}$	0.079	255
$P_e=75$kW	Q_{31}-Q_{21}	11	50	0.138		ZJ1-1	4	0.132	151
$E_z=325$V	Q_{21}-Q_{11}	20	35	0.251		ZJ1-$\frac{1}{2}$	$\frac{2}{4}$	0.25	153
$I_{ze}=149.3$A	Q_{11}-Q_1	22	25	0.276		ZJ1-3	4	0.268	152
$R_e=1.256\Omega$	Q_1-Q_0	113	12.5	1.419		ZJ1-5	14	1.386	152

续表 24-46

电动机主要技术数据	接点标号	计算值			电阻器代号	选用电阻		选用值	
		R_e%	FC_r (%)	R (Ω)		电阻元件型号	匣数或片数	R (Ω)	I (A)
YZR355M-10 $FC=40\%$ $P_e=90$kW $E_z=330$V $I_{ze}=166.6$A $R_e=1.143$Ω	Z_1-Q_{41}	5.2	100	0.06	RSf54-355M-10/11J	ZJ1-1	2 (4)	0.066	215
	Q_{41}-Q_{31}	6	50	0.068		ZJ1-4	2 (4)	0.07	181
	Q_{31}-Q_{21}	11	50	0.128		ZJ1-4	2 (4)	0.139	181
	Q_{21}-Q_{11}	20	35	0.228		ZJ1-1	6	0.198	180
	Q_{11}-Q_1	22	25	0.251		ZJ1-$\frac{1}{2}$	$\frac{2}{4}$	0.251	182
	Q_1-Q_0	113	12.5	1.291		ZJ1-4	18	1.251	181
YZR355L1-10 $FC=40\%$ $P_e=110$kW $E_z=388$V $I_{ze}=172$A $R_e=1.302$Ω	Z_1-Q_{41}	4.2	100	0.054	RSf54-355L1-10/12J	ZJ1-2	2 (2)	0.046	181
	Q_{41}-Q_{31}	6	50	0.078		ZJ1-4	2 (2)	0.07	181
	Q_{31}-Q_{21}	11	50	0.143		ZJ1-4	2 (4)	0.139	181
	Q_{21}-Q_{11}	20	35	0.26		ZJ1-1	8	0.264	180
	Q_{11}-Q_1	22	25	0.286		ZJ1-2	6	0.276	182
	Q_1-Q_0	113	12.5	1.471		ZJ1-4	22	1.529	181
YZR355L2-10 $FC=40\%$ $P_e=132$kW $E_z=475$V $I_{ze}=167.5$A $R_e=1.637$Ω	Z_1-Q_{41}	5.3	100	0.088	RSf54-355L2-10/15J	ZJ1-2	2 (4)	0.092	181
	Q_{41}-Q_{31}	6	50	0.098		ZJ1-$\frac{1}{4}$	2 (2) 2 (2)	0.103	181
	Q_{31}-Q_{21}	11	50	0.18		ZJ1-$\frac{2}{4}$	2 (2) 2 (4)	0.185	181
	Q_{21}-Q_{11}	20	35	0.327		ZJ1-1	10	0.33	180
	Q_{11}-Q_1	22	25	0.36		ZJ1-2	8	0.368	182
	Q_1-Q_0	113	12.5	1.849		ZJ1-4	24	1.668	181
YZR180L-6 $FC=40\%$ $P_e=15$kW $E_z=218$V $I_{ze}=46.5$A $R_e=2.707$Ω	Z_1-Q_{51}	4.9	100	0.133	RQ54-180L-6/5J	ZJ1-4	2	0.139	64
	Q_{51}-Q_{41}	11	50	0.298		ZJ1-7	2	0.248	55
	Q_{41}-Q_{31}	19	50	0.514		ZJ1-7	4	0.496	55
	Q_{31}-Q_{21}	23	35	0.623		ZJ1-$\frac{7}{8}$	$\frac{1}{3}$	0.64	55
	Q_{21}-Q_{11}	36	35	0.974		ZJ1-$\frac{7}{9}$	$\frac{4}{2}$	0.948	49
	Q_{11}-Q_1	50	12.5	1.353		ZJ1-10	4	1.328	67
	Q_1-Q_0	150	6.25	4.06		ZJ1-10	12	3.984	96
YZR200L-6 $FC=40\%$ $P_e=22$kW $E_z=200$V $I_{ze}=69.9$A $R_e=1.651$Ω	Z_1-Q_{51}	4.5	100	0.074	RQ54-200L-6/5J	ZJ1-$\frac{1}{2}$	$\frac{1}{1}$	0.079	91
	Q_{51}-Q_{41}	11	50	0.182		ZJ1-5	2	0.198	76
	Q_{41}-Q_{31}	19	50	0.314		ZJ1-$\frac{4}{5}$	$\frac{2}{2}$	0.337	76
	Q_{31}-Q_{21}	23	35	0.38		ZJ1-5	4	0.396	91
	Q_{21}-Q_{11}	36	35	0.595		ZJ1-6	4	0.54	77
	Q_{11}-Q_1	50	12.5	0.826		ZJ1-$\frac{8}{9}$	$\frac{1}{3}$	0.85	82
	Q_1-Q_0	150	6.25	2.478		ZJ1-$\frac{7}{10}$	$\frac{1}{7}$	2.448	96

续表 24-46

电动机主要技术数据	接点标号	计算值			电阻器代号	选用电阻		选用值	
		R_e%	FC_r (%)	R (Ω)		电阻元件型号	匝数或片数	R (Ω)	I (A)
YZR225M-6 $FC=40\%$ $P_e=30$kW $E_z=250$V $I_{ze}=74.4$A $R_e=1.94\Omega$	Z_1-Q_{51}	4.6	100	0.089	RQ54-225M-6/6J	ZJ1-2	2	0.092	91
	Q_{51}-Q_{41}	11	50	0.213		ZJ1-$\frac{1}{4}$	2 2	0.205	90
	Q_{41}-Q_{31}	19	50	0.369		ZJ1-$\frac{4}{5}$	1 3	0.367	76
	Q_{31}-Q_{21}	23	35	0.446		ZJ1-$\frac{5}{6}$	3 1	0.432	77
	Q_{21}-Q_{11}	36	35	0.698		ZJ1-$\frac{4}{6}$	2 4	0.679	77
	Q_{11}-Q_1	50	12.5	0.970		ZJ1-$\frac{7}{8}$	1 5	0.984	93
	Q_1-Q_0	150	6.25	2.910		ZJ1-$\frac{8}{10}$	3 7	2.54	96
YZR250M1-6 $FC=40\%$ $P_e=37$kW $E_z=290$V $I_{ze}=91.5$A $R_e=1.577\Omega$	Z_1-Q_{51}	4.7	100	0.074	RQ54-250M1-6/6J	ZJ1-$\frac{1}{2}$	1 1	0.079	91
	Q_{51}-Q_{41}	11	50	0.174		ZJ1-$\frac{1}{2}$	1 3	0.171	128
	Q_{41}-Q_{31}	19	50	0.300		ZJ1-4	4	0.278	90
	Q_{31}-Q_{21}	23	35	0.363		ZJ1-$\frac{4}{5}$	2 2	0.337	91
	Q_{21}-Q_{11}	36	35	0.568		ZJ1-5	6	0.594	91
	Q_{11}-Q_1	50	12.5	0.789		ZJ1-$\frac{7}{8}$	5 1	0.792	93
	Q_1-Q_0	150	6.25	2.366		ZJ1-$\frac{9}{10}$	3 5	2.338	96
YZR250M2-6 $FC=40\%$ $P_e=45$kW $E_z=290$V $I_{ze}=95$A $R_e=1.760\Omega$	Z_1-Q_{51}	5.3	100	0.093	RQ54-250M2-6/9J	ZJ1-1	2 2 (2)	0.099	107
	Q_{51}-Q_{41}	11	50	0.194		ZJ1-$\frac{1}{3}$	2 2	0.2	107
	Q_{41}-Q_{31}	19	50	0.335		ZJ1-$\frac{2}{3}$	3 3	0.339	107
	Q_{31}-Q_{21}	23	35	0.405		ZJ1-4	6	0.417	108
	Q_{21}-Q_{11}	36	35	0.634		ZJ1-$\frac{2}{4}$	2 8	0.648	108
	Q_{11}-Q_1	50	12.5	0.881		ZJ1-$\frac{7}{8}$	3 3	0.888	93
	Q_1-Q_0	150	6.25	2.644		ZJ1-10	8	2.656	96
YZR280S-6 $FC=40\%$ $P_e=55$kW $E_z=280$V $I_{ze}=119.8$A $R_e=1.349\Omega$	Z_1-Q_{51}	5.8	100	0.079	RQ54-280S-6/9J	ZJ1-4	2 (2)	0.07	128
	Q_{51}-Q_{41}	11	50	0.148		ZJ1-$\frac{1}{2}$	2 2	0.158	128
	Q_{41}-Q_{31}	19	50	0.256		ZJ1-$\frac{1}{2}$	2 4	0.25	128
	Q_{31}-Q_{21}	23	35	0.310		ZJ1-$\frac{1}{3}$	3 3	0.3	128
	Q_{21}-Q_{11}	36	35	0.486		ZJ1-$\frac{1}{3}$	2 6	0.468	128
	Q_{11}-Q_1	50	12.5	0.675		ZJ1-$\frac{5}{6}$	4 2	0.666	130
	Q_1-Q_0	150	6.25	2.024		ZJ1-$\frac{7}{9}$	2 8	2.056	116

续表 24-46

电动机主要技术数据	接点标号	计算值			电阻器代号	选用电阻		选用值	
		R_e%	FC_r（%）	R（Ω）		电阻元件型号	匝数或片数	R（Ω）	I（A）
YZR160L-8 $FC=40\%$ $P_e=7.5kW$ $E_z=205V$ $I_{ze}=23A$ $R_e=5.15\Omega$	Z_1-Q_{51}	1.5	100	0.077	RQ54-160L-8/3B	ZB1-0.2	6	0.08	43
	Q_{51}-Q_{41}	11	50	0.566		ZB2-0.7	2（29）	0.564	31
	Q_{41}-Q_{31}	19	50	0.978		ZB2-1.1	2（32）	0.978	25
	Q_{31}-Q_{21}	23	35	1.184		ZB2-145	2（28）	1.128	25
	Q_{21}-Q_{11}	36	35	1.852		ZB2-1.45	2（44）	1.772	25
	Q_{11}-Q_1	50	12.5	2.573		ZB2-44	43	2.557	23
	Q_1-Q_0	150	6.25	7.719		ZB2-5.6	98	7.681	27
YZR180L-8 $FC=40\%$ $P_e=11kW$ $E_z=172V$ $I_{ze}=44A$ $R_e=2.26\Omega$	Z_1/Q_{51}-Q_{41}	11	50	0.248	RQ54-180L-8/4J	ZJ1-$\frac{5}{6}$	$\frac{1}{1}$	0.234	65
	Q_{41}-Q_{31}	19	50	0.429		ZJ1-$\frac{4}{7}$	$\frac{1}{3}$	0.442	55
	Q_{31}-Q_{21}	23	35	0.519		ZJ1-7	4	0.496	65
	Q_{21}-Q_{11}	36	35	0.812		ZJ1-$\frac{8}{9}$	$\frac{2}{2}$	0.796	49
	Q_{11}-Q_1	50	12.5	1.128		ZJ1-$\frac{9}{10}$	$\frac{2}{2}$	1.116	67
	Q_1-Q_0	150	6.25	3.385		ZJ1-10	10	3.32	96
YZR225M-8 $FC=40\%$ $P_e=22kW$ $E_z=232V$ $I_{ze}=59.1A$ $R_e=2.266\Omega$	Z_1-Q_{51}	3.1	100	0.07	RQ54-225M-8/6J	ZJ1-1	2	0.066	107
	Q_{51}-Q_{41}	11	50	0.249		ZJ1-$\frac{2}{3}$	$\frac{1}{3}$	0.247	107
	Q_{41}-Q_{31}	19	50	0.431		ZJ1-$\frac{5}{6}$	$\frac{3}{1}$	0.432	65
	Q_{31}-Q_{21}	23	35	0.521		ZJ1-6	4	0.54	77
	Q_{21}-Q_{11}	36	35	0.816		ZJ1-6	6	0.81	77
	Q_{11}-Q_1	50	12.5	1.133		ZJ1-$\frac{9}{10}$	$\frac{2}{2}$	1.116	67
	Q_1-Q_0	150	6.25	3.4		ZJ1-10	10	3.32	96
YZR250M1-8 $FC=40\%$ $P_e=30kW$ $E_z=272V$ $I_{ze}=68.8A$ $R_e=2.28\Omega$	Z_1-Q_{51}	4.6	100	0.105	RQ54-250M1-8/6J	ZJ1-$\frac{1}{3}$	$\frac{1}{1}$	0.1	76
	Q_{51}-Q_{41}	11	50	0.251		ZJ1-$\frac{2}{4}$	$\frac{1}{3}$	0.255	90
	Q_{41}-Q_{31}	19	50	0.434		ZJ1-5	4	0.396	76
	Q_{31}-Q_{21}	23	35	0.525		ZJ1-6	4	0.54	77
	Q_{21}-Q_{11}	36	35	0.822		ZJ1-6	6	0.81	77
	Q_{11}-Q_1	50	12.5	1.141		ZJ1-$\frac{8}{9}$	$\frac{4}{2}$	1.14	82
	Q_1-Q_0	150	6.25	3.424		ZJ1-10	10	3.32	96

续表 24-46

电动机主要技术数据	接点标号	计算值 R_e%	计算值 FC_r（%）	计算值 R（Ω）	电阻器代号	选用电阻 电阻元件型号	选用电阻 匣数或片数	选用值 R（Ω）	选用值 I（A）
YZR250M2-8 $FC=40\%$ $P_e=37$kW $E_z=335$V $I_{ze}=70$A $R_e=2.76\Omega$	Z_1-Q_{51}	4.9	100	0.134	RQ54-250M2-8/8J	ZJ1-3	2	0.134	76
	Q_{51}-Q_{41}	11	50	0.304		ZJ1-$\frac{4}{5}$	3 1	0.308	76
	Q_{41}-Q_{31}	19	50	0.525		ZJ1-$\frac{4}{5}$	2 4	0.535	76
	Q_{31}-Q_{21}	23	35	0.635		ZJ1-$\frac{5}{6}$	5 1	0.63	77
	Q_{21}-Q_{11}	36	35	0.995		ZJ1-$\frac{5}{6}$	2 6	1.008	77
	Q_{11}-Q_1	50	12.5	1.381		ZJ1-9	6	1.356	82
	Q_1-Q_0	150	6.25	4.144		ZJ1-10	12	3.984	96
YZR280S-8 $FC=40\%$ $P_e=45$kW $E_z=305$V $I_{ze}=92$A $R_e=1.91\Omega$	Z_1-Q_{51}	4.5	100	0.087	RQ54-280S-8/7J	ZJ1-$\frac{1}{2}$	1 1	0.079	91
	Q_{51}-Q_{41}	11	50	0.211		ZJ1-$\frac{2}{3}$	3 1	0.205	107
	Q_{41}-Q_{31}	19	50	0.364		ZJ1-$\frac{1}{4}$	1 5	0.381	90
	Q_{31}-Q_{21}	23	35	0.44		ZJ1-5	4	0.396	91
	Q_{21}-Q_{11}	36	35	0.689		ZJ1-$\frac{4}{5}$	4 4	0.674	91
	Q_{11}-Q_1	50	12.5	0.957		ZJ1-$\frac{7}{8}$	1 5	0.984	93
	Q_1-Q_0	150	6.25	2.871		ZJ1-$\frac{7}{10}$	2 8	2.904	96
YZR280M-8 $FC=40\%$ $P_e=55$kW $E_z=360$V $I_{ze}=92.5$A $R_e=2.247\Omega$	Z_1-Q_{51}	5.8	100	0.13	RQ54-280M-8/7J	ZJ1-1	4	0.132	107
	Q_{51}-Q_{41}	11	50	0.247		ZJ1-$\frac{1}{4}$	1 3	0.255	90
	Q_{41}-Q_{31}	19	50	0.427		ZJ1-4	6	0.417	90
	Q_{31}-Q_{21}	23	35	0.517		ZJ1-$\frac{4}{5}$	2 4	0.54	91
	Q_{21}-Q_{11}	36	35	0.809		ZJ1-5	8	0.792	91
	Q_{11}-Q_1	50	12.5	1.123		ZJ1-8	6	1.032	93
	Q_1-Q_0	150	6.25	3.370		ZJ1-10	8	2.656	96
YZR315S-8 $FC=40\%$ $P_e=75$kW $E_z=302$V $I_{ze}=157.9$A $R_e=1.1\Omega$	Z_1-Q_{51}	6	100	0.066	RQ54-315S-8/12J	ZJ1-3	2（2）	0.067	152
	Q_{51}-Q_{41}	11	50	0.121		ZJ1-$\frac{1}{4}$	2（1） 2（3）	0.121	181
	Q_{41}-Q_{31}	19	50	0.21		ZJ1-1	6	0.198	151
	Q_{31}-Q_{21}	23	35	0.254		ZJ1-1	8	0.264	180
	Q_{21}-Q_{11}	36	35	0.398		ZJ1-1	12	0.396	180
	Q_{11}-Q_1	50	12.5	0.552		ZJ1-$\frac{4}{5}$	2 4	0.535	152
	Q_1-Q_0	150	6.25	1.656		ZJ1-7	14	1.736	156

续表 24-46

电动机主要技术数据	接点标号	计算值			电阻器代号	选用电阻		选用值	
		R_e%	FC_r（%）	R（Ω）		电阻元件型号	匣数或片数	R（Ω）	I（A）
YZR315M-8 $FC=40\%$ $P_e=90kW$ $E_z=372V$ $I_{ze}=160.9A$ $R_e=1.34\Omega$	Z_1-Q_{51}	5.2	100	0.07	RQ54-315M-8/13J	ZJ1-3	2（2）	0.067	152
	Q_{51}-Q_{41}	11	50	0.147		ZJ1-4	2（4）	0.139	181
	Q_{41}-Q_{31}	19	50	0.254		ZJ1-1	8	0.264	151
	Q_{31}-Q_{21}	23	35	0.307		ZJ1-1	10	0.33	180
	Q_{21}-Q_{11}	36	35	0.481		ZJ1-2	10	0.46	153
	Q_{11}-Q_1	50	12.5	0.667		ZJ1-5	6	0.594	152
	Q_1-Q_0	150	6.25	2.002		ZJ1-7	16	1.984	156
YZR280S-10 $FC=40\%$ $P_e=37kW$ $E_z=150V$ $I_{ze}=153.2A$ $R_e=0.565\Omega$	Z_1-Q_{51}	3.5	100	0.02	RQ54-280S-10/8J	ZJ1-1	4（2）	0.017	428
	Q_{51}-Q_{41}	11	50	0.062		ZJ1-1	2	0.066	151
	Q_{41}-Q_{31}	19	50	0.107		ZJ1-1	2（1） 3	0.116	151
	Q_{31}-Q_{21}	23	35	0.13		ZJ1-1	4	0.132	180
	Q_{21}-Q_{11}	36	35	0.203		ZJ1-2	4	0.184	153
	Q_{11}-Q_1	50	12.5	0.283		ZJ1-4	4	0.278	181
	Q_1-Q_0	150	6.25	0.848		ZJ1-$\frac{4}{7}$	3 5	0.83	156
YZR280M-10 $FC=40\%$ $P_e=45kW$ $E_z=172V$ $I_{ze}=165A$ $R_e=0.602\Omega$		1.6	100	0.0096	RQ54-280M-10/9J				
	Z_1/Q_{51}-Q_{41}	11	50	0.066		ZJ1-3	2（2）	0.067	214
	Q_{41}-Q_{31}	19	50	0.114		ZJ1-$\frac{2}{3}$	2（2） 2（2）	0.113	181
	Q_{31}-Q_{21}	23	35	0.138		ZJ1-1	4	0.132	180
	Q_{21}-Q_{11}	36	35	0.217		ZJ1-$\frac{1}{4}$	2 2（4）	0.205	180
	Q_{11}-Q_1	50	12.5	0.301		ZJ1-$\frac{2}{3}$	4 2	0.318	214
	Q_1-Q_0	150	6.25	0.903		ZJ1-$\frac{5}{6}$	5 3	0.9	180
YZR315S-10 $FC=40\%$ $P_e=55kW$ $E_z=242V$ $I_{ze}=138.7A$ $R_e=1.007\Omega$	Z_1-Q_{51}	5.7	100	0.057	RQ54-315S-10/10J	ZJ1-$\frac{2}{3}$	2（1） 2（1）	0.057	151
	Q_{51}-Q_{41}	11	50	0.111		ZJ1-$\frac{1}{1}$	2（1） 3	0.116	151
	Q_{41}-Q_{31}	19	50	0.191		ZJ1-1	6	0.198	151
	Q_{31}-Q_{21}	23	35	0.232		ZJ1-$\frac{1}{2}$	3 3	0.237	153
	Q_{21}-Q_{11}	36	35	0.363		ZJ1-2	8	0.368	153
	Q_{11}-Q_1	50	12.5	0.504		ZJ1-$\frac{4}{5}$	3 3	0.506	152
	Q_1-Q_0	150	6.25	1.511		ZJ1-7	12	1.488	156

续表 24-46

电动机主要技术数据	接点标号	计算值			电阻器代号	选用电阻		选用值	
		R_e%	FC_r（%）	R（Ω）		电阻元件型号	匝数或片数	R（Ω）	I（A）
YZR315M-10 $FC=40\%$ $P_e=75kW$ $E_z=325V$ $I_{ze}=149.3A$ $R_e=1.257\Omega$	Z_1-Q_{51}	5.7	100	0.072	RQ54-315M-10/12J	ZJ1-3	2 (2)	0.067	152
	Q_{51}-Q_{41}	11	50	0.138		ZJ1-1	4	0.132	151
	Q_{41}-Q_{31}	19	50	0.239		ZJ1-1	8	0.264	151
	Q_{31}-Q_{21}	23	35	0.289		ZJ1-2	6	0.276	153
	Q_{21}-Q_{11}	36	35	0.452		ZJ1-2	10	0.46	153
	Q_{11}-Q_1	50	12.5	0.628		ZJ1-5	6	0.594	152
	Q_1-Q_0	150	6.25	1.885		ZJ1-$\frac{4}{7}$	2 14	1.875	156
YZR355M-10 $FC=40\%$ $P_e=90kW$ $E_z=330V$ $I_{ze}=166.6A$ $R_e=1.144\Omega$	Z_1-Q_{51}	7.3	100	0.083	RQ54-355M-10/16J	ZJ1-$\frac{1}{2}$	2 (2) 2 (2)	0.079	181
	Q_{51}-Q_{41}	11	50	0.126		ZJ1-4	2 (4)	0.139	181
	Q_{41}-Q_{31}	19	50	0.217		ZJ1-$\frac{4}{1}$	2 (4) 2 (4)	0.205	181
	Q_{31}-Q_{21}	23	35	0.263		ZJ1-1	8	0.264	180
	Q_{21}-Q_{11}	36	35	0.412		ZJ1-1	12	0.396	180
	Q_{11}-Q_1	50	12.5	0.572		ZJ1-4	8	0.556	181
	Q_1-Q_0	150	6.25	1.715		ZJ1-6	12	1.62	180
YZR355L1-10 $FC=40\%$ $P_e=110kW$ $E_z=388V$ $I_{ze}=172A$ $R_e=1.302\Omega$	Z_1-Q_{51}	6.2	100	0.081	RQ54-355L1-10/18J	ZJ1-$\frac{1}{2}$	2 (2) 2 (2)	0.079	181
	Q_{51}-Q_{41}	11	50	0.143		ZJ1-4	2 (4)	0.139	181
	Q_{41}-Q_{31}	19	50	0.247		ZJ1-$\frac{4}{1}$	2 (6) 2 (2)	0.242	181
	Q_{31}-Q_{21}	23	35	0.300		ZJ1-$\frac{1}{1}$	2 (2) 8	0.297	180
	Q_{21}-Q_{11}	36	35	0.469		ZJ1-1	14	0.462	180
	Q_{11}-Q_1	50	12.5	0.651		ZJ1-$\frac{1}{4}$	1 9	0.659	181
	Q_1-Q_0	150	6.25	1.954		ZJ1-6	14	1.89	180
YZR355L2-10 $FC=40\%$ $P_e=132kW$ $E_z=475V$ $I_{ze}=167.5A$ $R_e=1.637\Omega$	Z_1-Q_{51}	7.4	100	0.121	RQ54-355L2-10/24J	ZJ1-1	2 (8)	0.132	181
	Q_{51}-Q_{41}	11	50	0.180		ZJ1-$\frac{2}{3}$	2 (2) 2 (4)	0.180	214
	Q_{41}-Q_{31}	19	50	0.311		ZJ1-$\frac{1}{4}$	2 (2) 2 (8)	0.311	181
	Q_{31}-Q_{21}	23	35	0.377		ZJ1-1	12	0.396	180
	Q_{21}-Q_{11}	36	35	0.589		ZJ1-1	18	0.594	180
	Q_{11}-Q_1	50	12.5	0.819		ZJ1-4	12	0.834	181
	Q_1-Q_0	150	6.25	2.456		ZJ1-6	18	2.43	180

续表 24-46

电动机主要技术数据	接点标号	计算值			电阻器代号	选用电阻		选用值	
		R_e%	FC_r（%）	R（Ω）		电阻元件型号	匝数或片数	R（Ω）	I（A）
YZR400L1-10 $FC=40\%$ $P_e=160kW$ $E_z=395V$ $I_{ze}=244A$ $R_e=0.97\Omega$	Z_1-Q_{51}	7.3	100	0.071	RQ54-400L1-10/27J	ZJ1-1	3（6）	0.066	321
	$Q_{51}-Q_{41}$	11	50	0.107		ZJ1-$\frac{1}{2}$	2（4） 2（2）	1.112	255
	$Q_{41}-Q_{31}$	19	50	0.184		ZJ1-2	2（8）	0.184	255
	$Q_{31}-Q_{21}$	23	35	0.223		ZJ1-$\frac{2}{3}$	2（4） 2（4）	0.226	256
	$Q_{21}-Q_{11}$	36	35	0.349		ZJ1-3	2（10）	0.335	256
	$Q_{11}-Q_1$	50	12.5	0.485		ZJ1-2	10	0.46	257
	Q_1-Q_0	150	6.25	1.455		ZJ1-4	20	1.39	256
YZR400L2-10 $FC=40\%$ $P_e=200kW$ $E_z=460V$ $I_{ze}=252A$ $R_e=1.1\Omega$	Z_1-Q_{51}	7.5	100	0.083	RQ54-400L2-10/29J	ZJ1-$\frac{1}{2}$	3（2） 3（4）	0.083	321
	$Q_{51}-Q_{41}$	11	50	0.121		ZJ1-$\frac{1}{2}$	2（2） 2（4）	0.125	255
	$Q_{41}-Q_{31}$	19	50	0.209		ZJ1-2	2（8）	0.184	255
	$Q_{31}-Q_{21}$	23	35	0.253		ZJ1-3	2（8）	0.268	256
	$Q_{21}-Q_{11}$	36	35	0.396		ZJ1-3	2（12）	0.402	256
	$Q_{11}-Q_1$	50	12.5	0.55		ZJ1-2	12	0.552	257
	Q_1-Q_0	150	6.25	1.65		ZJ1-4	22	1.529	256

表 24-47　用起重机平移控制屏时各级起制动电阻（RY5 型电阻器）选用表

电动机主要技术数据	接点标号	计算值			电阻器代号	选用电阻		选用值	
		R_e%	FC_r（%）	R（Ω）		电阻元件型号	匝数或片数	R（Ω）	I（A）
YZR160M1-6 $FC=40\%$ $P_e=5.5kW$ $E_z=138V$ $I_{ze}=26.7A$ $R_e=3.1\Omega$		1	100	0.027	RY54-160M1-6/2B				
	$Z_1/Q_{31}-Q_{21}$	10	50	0.31		ZB2-0.9	2（12）	0.3	28
	$Q_{21}-Q_{11}$	20	35	0.62		ZB2-1.1	2（20）	0.61	29
	$Q_{11}-Q_1$	40	25	1.24		ZB2-1.45	2（31）	1.249	29
	Q_1-Q_{01}	120	6.25	3.72		ZB2-4.4	63	3.746	32
	$Q_{01}-Q_0$	86	6.25	2.67		ZB2-2.8	71	2.686	40
YZR160M2-6 $FC=40\%$ $P_e=7.5kW$ $E_z=180V$ $I_{ze}=26.5A$ $R_e=4.03\Omega$	Z_1-Q_{31}	2.4	100	0.096	RY54-160M2-6/2B	ZB1-0.2	7	0.093	43
	$Q_{31}-Q_{21}$	10	50	0.403		ZB2-0.9	2（16）	0.4	28
	$Q_{21}-Q_{11}$	20	35	0.806		ZB2-1.1	2（26）	0.794	29
	$Q_{11}-Q_1$	40	25	1.612		ZB2-1.45	2（40）	1.611	29
	Q_1-Q_{01}	120	6.25	4.836		ZB2-5.8	62	4.859	27
	$Q_{01}-Q_0$	86	6.25	3.465		ZB2-3.5	73	3.453	36

续表 24-47

电动机主要技术数据	接点标号	计算值			电阻器代号	选用电阻		选用值	
		R_e%	FC_r（%）	R（Ω）		电阻元件型号	匝数或片数	R（Ω）	I（A）
YZR160L-6	Z_1-Q_{31}	3.2	100	0.171		ZB1-0.2	15	0.2	43
$FC=40\%$	Q_{31}-Q_{21}	10	50	0.522		ZB2-0.9	2（21）	0.525	31
$P_e=11$kW	Q_{21}-Q_{11}	20	35	1.045	RY54-160L-6/3B	ZB2-1.1	2（34）	1.039	29
$E_z=250$V	Q_{11}-Q_1	40	25	2.091		ZB2-1.45	2（52）	2.094	29
$I_{ze}=27.6$A	Q_1-Q_{01}	120	6.25	6.274		ZB2-4.4	106	6.303	32
$R_e=5.229\Omega$	Q_{01}-Q_0	86	6.25	4.496		ZB2-4.4	74	4.4	32
YZR180L-6	Z_1-Q_{31}	5.2	100	0.142		ZJ1-4	2	0.139	64
$FC=40\%$	Q_{31}-Q_{21}	10	50	0.271		ZJ1-7	2	0.248	55
$P_e=15$kW	Q_{21}-Q_{11}	20	35	0.541	RY54-180L-6/4J	ZJ1-$\frac{7}{8}$	$\frac{3}{1}$	0.544	55
$E_z=218$V	Q_{11}-Q_1	40	25	1.083		ZJ1-9	4	0.904	58
$I_{ze}=46.5$A	Q_1-Q_{01}	120	6.25	3.248		ZJ1-10	8	2.656	96
$R_e=2.706\Omega$	Q_{01}-Q_0	86	6.25	2.33		ZJ1-$\frac{9}{10}$	$\frac{3}{5}$	2.338	96
YZR200L-6	Z_1-Q_{31}	5.4	100	0.089		ZJ1-2	2	0.092	91
$FC=40\%$	Q_{31}-Q_{21}	10	50	0.165		ZJ1-$\frac{4}{5}$	$\frac{1}{1}$	0.168	76
$P_e=22$kW	Q_{21}-Q_{11}	20	35	0.33	RY54-200L-6/4J	ZJ1-$\frac{4}{5}$	$\frac{2}{2}$	0.337	91
$E_z=200$V	Q_{11}-Q_1	40	25	0.661		ZJ1-$\frac{4}{7}$	$\frac{1}{5}$	0.69	78
$I_{ze}=69.9$A	Q_1-Q_{01}	120	6.25	1.982		ZJ1-10	6	1.992	96
$R_e=1.651\Omega$	Q_{01}-Q_0	86	6.25	1.42		ZJ1-9	6	1.356	116
YZR225M-6	Z_1-Q_{31}	5.3	100	0.104		ZJ1-$\frac{1}{3}$	$\frac{1}{1}$	0.1	76
$FC=40\%$	Q_{31}-Q_{21}	10	50	0.194		ZJ1-5	2	0.198	76
$P_e=30$kW	Q_{21}-Q_{11}	20	35	0.388	RY54-225M-6/5J	ZJ1-5	4	0.396	91
$E_z=250$V	Q_{11}-Q_1	40	25	0.776		ZJ1-$\frac{5}{6}$	$\frac{1}{5}$	0.774	92
$I_{ze}=74.4$A	Q_1-Q_{01}	120	6.25	2.328		ZJ1-$\frac{9}{10}$	$\frac{2}{6}$	2.44	96
$R_e=1.94\Omega$	Q_{01}-Q_0	86	6.25	1.67		ZJ1-$\frac{9}{10}$	$\frac{3}{3}$	1.67	96
YZR250M1-6	Z_1-Q_{31}	5.3	100	0.084		ZJ1-$\frac{1}{2}$	$\frac{1}{1}$	0.079	91
$FC=40\%$	Q_{31}-Q_{21}	10	50	0.157		ZJ1-3	2	0.134	107
$P_e=37$kW	Q_{21}-Q_{11}	20	35	0.315	RY54-250M1-6/5J	ZJ1-$\frac{4}{5}$	$\frac{2}{2}$	0.337	91
$E_z=250$V	Q_{11}-Q_1	40	25	0.63		ZJ1-$\frac{4}{6}$	$\frac{3}{3}$	0.614	92
$I_{ze}=91.5$A	Q_1-Q_{01}	120	6.25	1.892		ZJ1-10	6	1.992	96
$R_e=1.577\Omega$	Q_{01}-Q_0	86	6.25	1.356		ZJ1-10	4	1.328	96

续表 24-47

电动机主要技术数据	接点标号	计算值			电阻器代号	选用电阻		选用值	
		R_e%	FC_r（%）	R（Ω）		电阻元件型号	匝数或片数	R（Ω）	I（A）
YZR250M2-6	Z_1-Q_{31}	5.9	100	0.104	RY54-250M2-6/6J	ZJ1-1	$2\ \frac{(1)}{3}$	0.116	107
$FC=40\%$	Q_{31}-Q_{21}	10	50	0.176		ZJ1-$\frac{1}{2}$	$\frac{1}{3}$	0.171	128
$P_e=45\text{kW}$	Q_{21}-Q_{11}	20	35	0.352		ZJ1-$\frac{2}{4}$	$\frac{2}{4}$	0.37	108
$E_z=290\text{V}$	Q_{11}-Q_1	40	25	0.704		ZJ1-$\frac{5}{6}$	$\frac{3}{3}$	0.702	92
$I_{ze}=95\text{A}$	Q_1-Q_{01}	120	6.25	2.112		ZJ1-10	6	1.992	96
$R_e=1.76\Omega$	Q_{01}-Q_0	86	6.25	1.513		ZJ1-$\frac{9}{10}$	$\frac{4}{2}$	1.568	96
YZR280S-6	Z_1-Q_{31}	6.3	100	0.085	RY54-280S-6/8J	ZJ1-$\frac{1}{2}$	$\frac{2\ (2)}{2\ (2)}$	0.079	181
$FC=40\%$	Q_{31}-Q_{21}	10	50	0.134		ZJ1-1	4	0.132	151
$P_e=55\text{kW}$	Q_{21}-Q_{11}	20	35	0.269		ZJ1-3	4	0.268	128
$E_z=280\text{V}$	Q_{11}-Q_1	40	25	0.539		ZJ1-4	8	0.556	128
$I_{ze}=119.8\text{A}$	Q_1-Q_{01}	120	6.25	1.618		ZJ1-8	10	1.72	132
$R_e=1.349\Omega$	Q_{01}-Q_0	86	6.25	1.16		ZJ1-$\frac{7}{8}$	$\frac{4}{4}$	1.184	132
YZR280M-6	Z_1-Q_{31}	6.6	100	0.113	RY54-280M-6/9J	ZJ1-$\frac{2}{3}$	$\frac{2\ (2)}{2\ (2)}$	0.113	152
$FC=40\%$	Q_{31}-Q_{21}	10	50	0.172		ZJ1-$\frac{1}{2}$	$\frac{1}{3}$	0.171	128
$P_e=75\text{kW}$	Q_{21}-Q_{11}	20	35	0.345		ZJ1-$\frac{2}{3}$	$\frac{3}{3}$	0.339	128
$E_z=370\text{V}$	Q_{11}-Q_1	40	25	0.689		ZJ1-4	10	0.695	128
$I_{ze}=124\text{A}$	Q_1-Q_{01}	120	6.25	2.067		ZJ1-8	12	2.064	132
$R_e=1.72\Omega$	Q_{01}-Q_1	86	6.25	1.482		ZJ1-8	8	1.376	132
YZR160L-8	Z_1-Q_{31}	2.7	100	0.142	RY54-160L-8/2B	ZB2-0.7	2（8）	0.156	22.3
$FC=40\%$	Q_{31}-Q_{21}	10	50	0.514		ZB2-0.7	2（26）	0.506	31
$P_e=7.5\text{kW}$	Q_{21}-Q_{11}	20	35	1.029		ZB2-1.45	2（26）	1.047	25
$E_z=205\text{V}$	Q_{11}-Q_1	40	25	2.058		ZB2-1.95	2（38）	2.058	26
$I_{ze}=23\text{A}$	Q_1-Q_{01}	120	6.25	6.174		ZB2-5.8	79	6.192	27
$R_e=5.145\Omega$	Q_{01}-Q_0	86	6.25	4.424		ZB2-5.8	57	4.468	27
YZR180L-8		1.4	100	0.032	RY54-180L-8/3J				
$FC=40\%$	Z_1/Q_{31}-Q_{21}	10	50	0.226		ZJ1-$\frac{5}{7}$	$\frac{1}{1}$	0.223	55
$P_e=11\text{kW}$	Q_{21}-Q_{11}	20	35	0.451		ZJ1-9	2	0.452	49
$E_z=172\text{V}$	Q_{11}-Q_1	40	25	0.903		ZJ1-9	4	0.904	58
$I_{ze}=44\text{A}$	Q_1-Q_{01}	120	6.25	2.708		ZJ1-10	8	2.656	96
$R_e=2.256\Omega$	Q_{01}-Q_0	86	6.25	1.94		ZJ1-10	6	1.992	96

续表 24-47

电动机主要技术数据	接点标号	计算值			电阻器代号	选用电阻		选用值	
		R_e%	FC_r（%）	R（Ω）		电阻元件型号	匣数或片数	R（Ω）	I（A）
YZR200L-8	Z_1-Q_{31}	3.6	100	0.069	RY54-200L-8/3J	ZJ1-1	2	0.066	107
$FC=40\%$	Q_{31}-Q_{21}	10	50	0.192		ZJ1-5	2	0.198	76
$P_e=15kW$	Q_{21}-Q_{11}	20	35	0.384		ZJ1-8	2	0.344	55
$E_{2}=178V$	Q_{11}-Q_1	40	25	0.768		ZJ1-$\frac{8}{9}$	$\frac{2}{2}$	0.796	58
$I_{2e}=53.5A$	Q_1-Q_{01}	120	6.25	2.304		ZJ1-$\frac{9}{10}$	$\frac{4}{4}$	2.232	96
$R_e=1.92\Omega$	Q_{01}-Q_0	86	6.25	1.651		ZJ1-10	4	1.328	96
YZR225M-8	Z_1-Q_{31}	4.2	100	0.095	RY54-225M-8/4J	ZJ1-$\frac{1}{4}$	$\frac{1}{1}$	0.103	64
$FC=40\%$	Q_{31}-Q_{21}	10	50	0.226		ZJ1-$\frac{5}{6}$	$\frac{1}{1}$	0.234	65
$P_e=22kW$	Q_{21}-Q_{11}	20	35	0.453		ZJ1-7	4	0.496	65
$E_{2}=232V$	Q_{11}-Q_1	40	25	0.906		ZJ1-$\frac{7}{8}$	$\frac{3}{3}$	0.888	66
$I_{2e}=59.1A$	Q_1-Q_{01}	120	6.25	2.719		ZJ1-10	8	2.656	96
$R_e=2.266\Omega$	Q_{01}-Q_0	86	6.25	1.948		ZJ1-10	6	1.992	96
YZR250M1-8	Z_1-Q_{31}	5.3	100	0.120	RY54-250M1-8/5J	ZJ1-$\frac{2}{3}$	$\frac{1}{1}$	0.113	76
$FC=40\%$	Q_{31}-Q_{21}	10	50	0.228		ZJ1-5	2	0.198	76
$P_e=30kW$	Q_{21}-Q_{11}	20	35	0.456		ZJ1-$\frac{5}{6}$	$\frac{2}{2}$	0.468	77
$E_{2}=272V$	Q_{11}-Q_1	40	25	0.913		ZJ1-$\frac{5}{7}$	$\frac{3}{5}$	0.917	78
$I_{2e}=68.3A$	Q_1-Q_{01}	120	6.25	2.738		ZJ1-10	8	2.656	96
$R_e=2.282\Omega$	Q_{01}-Q_0	86	6.25	1.962		ZJ1-10	6	1.992	96
YZR250M2-8	Z_1-Q_{31}	5.4	100	0.15	RY54-250M2-8/6J	ZJ1-$\frac{1}{2}$	$\frac{3}{1}$	0.145	91
$FC=40\%$	Q_{31}-Q_{21}	10	50	0.276		ZJ1-4	4	0.278	90
$P_e=37kW$	Q_{21}-Q_{11}	20	35	0.552		ZJ1-6	4	0.54	77
$E_{2}=335V$	Q_{11}-Q_1	40	25	1.105		ZJ1-$\frac{4}{7}$	$\frac{2}{8}$	1.131	78
$I_{2e}=70A$	Q_1-Q_{01}	120	6.25	3.315		ZJ1-10	10	3.32	96
$R_e=2.763\Omega$	Q_{01}-Q_0	86	6.25	2.376		ZJ1-$\frac{9}{10}$	$\frac{3}{5}$	2.338	96
YZR280S-8	Z_1-Q_{31}	5.1	100	0.097	RY54-280S-8/6J	ZJ1-2	2	0.092	91
$FC=40\%$	Q_{31}-Q_{21}	10	50	0.191		ZJ1-2	4	0.184	128
$P_e=45kW$	Q_{21}-Q_{11}	20	35	0.382		ZJ1-$\frac{2}{4}$	$\frac{2}{4}$	0.37	108
$E_{2}=305V$	Q_{11}-Q_1	40	25	0.764		ZJ1-6	6	0.81	92
$I_{2e}=92A$	Q_1-Q_{01}	120	6.25	2.292		ZJ1-$\frac{7}{10}$	$\frac{2}{6}$	2.24	96
$R_e=1.91\Omega$	Q_{01}-Q_0	86	6.25	1.64		ZJ1-$\frac{8}{10}$	$\frac{2}{4}$	1.672	96

续表 24-47

电动机主要技术数据	接点标号	计算值			电阻器代号	选用电阻		选用值	
		R_e%	FC_r (%)	R (Ω)		电阻元件型号	匝数或片数	R (Ω)	I (A)
YZR280M-8 $FC=40\%$ $P_e=55kW$ $E_z=360V$ $I_{ze}=92.5A$ $R_e=2.25\Omega$	Z_1-Q_{31}	6.2	100	0.139	RY54-280M-8/8J	ZJ1-1	4	0.132	107
	Q_{31}-Q_{21}	10	50	0.224		ZJ1-$\frac{2}{3}$	$\frac{2}{2}$	0.226	107
	Q_{21}-Q_{11}	20	35	0.449		ZJ1-4	6	0.417	108
	Q_{11}-Q_1	40	25	0.898		ZJ1-$\frac{4}{5}$	$\frac{4}{6}$	0.872	108
	Q_1-Q_{01}	120	6.25	2.695		ZJ1-9	12	2.712	116
	Q_{01}-Q_0	86	6.25	1.931		ZJ1-$\frac{8}{9}$	$\frac{4}{6}$	1.936	116
YZR315S-8 $FC=40\%$ $P_e=75kW$ $E_z=302V$ $I_{ze}=157.9A$ $R_e=1.1\Omega$	Z_1-Q_{31}	6.4	100	0.066	RY54-315S-8/11J	ZJ1-1	2 (4)	0.066	215
	Q_{31}-Q_{21}	10	50	0.11		ZJ1-$\frac{1}{4}$	2 (2) 2 (2)	0.103	181
	Q_{21}-Q_{11}	20	35	0.221		ZJ1-$\frac{1}{1}$	2 (2) 6	0.231	180
	Q_{11}-Q_1	40	25	0.442		ZJ1-2	10	0.46	182
	Q_1-Q_{01}	120	6.25	1.325		ZJ1-7	10	1.24	156
	Q_{01}-Q_0	86	6.25	0.95		ZJ1-7	8	0.992	156
YZR315M-8 $FC=40\%$ $P_e=90kW$ $E_z=372V$ $I_{ze}=160.9A$ $R_e=1.34\Omega$	Z_1-Q_{31}	6	100	0.075	RY54-315M-8/13J	ZJ1-$\frac{1}{2}$	2 (2) 2 (2)	0.079	181
	Q_{31}-Q_{21}	10	50	0.133		ZJ1-3	2 (4)	0.134	214
	Q_{21}-Q_{11}	20	35	0.267		ZJ1-1	8	0.264	180
	Q_{11}-Q_1	40	25	0.534		ZJ1-2	12	0.552	182
	Q_1-Q_{01}	120	6.25	1.602		ZJ1-6	12	1.62	180
	Q_{01}-Q_0	86	6.25	1.15		ZJ1-6	8	1.08	180
YZR280S-10 $FC=40\%$ $P_e=37kW$ $E_z=150V$ $I_{ze}=153.2A$ $R_e=0.57\Omega$	Z_1-Q_{31}	4.4	100	0.025	RY54-280S-10/6J	ZJ1-1	3 (2)	0.022	321
	Q_{31}-Q_{21}	10	50	0.057		ZJ1-$\frac{2}{3}$	2 (1) 2 (1)	0.057	214
	Q_{21}-Q_{11}	20	35	0.113		ZJ1-1	4	0.132	180
	Q_{11}-Q_1	40	25	0.226		ZJ1-$\frac{2}{3}$	$\frac{2}{2}$	0.226	152
	Q_1-Q_{01}	120	6.25	0.678		ZJ1-$\frac{4}{7}$	$\frac{1}{5}$	0.69	156
	Q_{01}-Q_0	86	6.25	0.485		ZJ1-7	4	0.496	156
YZR280M-10 $FC=40\%$ $P_e=45kW$ $E_z=172V$ $I_{ze}=165A$ $R_e=0.6\Omega$		2.4	100	0.014	RY54-280M-10/6J				
	Z_1/Q_{31}-Q_{21}	10	50	0.06		ZJ1-1	2 (2)	0.066	304
	Q_{21}-Q_{11}	20	35	0.12		ZJ1-$\frac{1}{2}$	3 2 (1)	0.122	180
	Q_{11}-Q_1	40	25	0.24		ZJ1-$\frac{1}{2}$	$\frac{2}{4}$	0.25	182
	Q_1-Q_{01}	120	6.25	0.721		ZJ1-$\frac{5}{6}$	$\frac{2}{4}$	0.738	180
	Q_{01}-Q_0	86	6.25	0.516		ZJ1-6	4	0.54	180

续表 24-47

电动机主要技术数据	接点标号	计算值			电阻器代号	选用电阻		选用值	
		R_e%	FC_r（%）	R（Ω）		电阻元件型号	匝数或片数	R（Ω）	I（A）
YZR315S-10	Z_1-Q_{31}	6.1	100	0.062	RY54-315S-10/8J	ZJ1-3	2（2）	0.067	152
FC=40%	Q_{31}-Q_{21}	10	50	0.101		ZJ1-$\frac{1}{1}$	$\frac{2}{2（2）}$	0.099	151
P_e=55kW	Q_{21}-Q_{11}	20	35	0.201		ZJ1-1	6	0.198	180
E_z=242V	Q_{11}-Q_1	40	25	0.402		ZJ1-3	6	0.402	152
I_{ze}=138.7A	Q_1-Q_{01}	120	6.25	−1.209		ZJ1-7	10	1.24	156
R_e=1.007Ω	Q_{01}-Q_0	86	6.25	0.866		ZJ1-$\frac{7}{8}$	$\frac{4}{2}$	0.84	132
YZR315M-10	Z_1-Q_{31}	6.1	100	0.076	RY54-315M-10/9J	ZJ1-$\frac{1}{2}$	$\frac{2（2）}{2（2）}$	0.079	181
FC=40%	Q_{31}-Q_{21}	10	50	0.125		ZJ1-1	4	0.132	151
P_e=75kW	Q_{21}-Q_{11}	20	35	0.251		ZJ1-$\frac{1}{2}$	$\frac{2}{4}$	0.25	153
E_z=325V	Q_{11}-Q_1	40	25	0.502		ZJ1-$\frac{2}{3}$	$\frac{2}{6}$	0.494	152
I_{ze}=149.3A	Q_1-Q_{01}	120	6.25	1.507		ZJ1-7	12	1.488	156
R_e=1.256Ω	Q_{01}-Q_0	86	6.25	1.08		ZJ1-7	8	0.992	156

表 24-48 用抓斗控制屏时各级起制动电阻（RZ5 和 RZe5 型电阻器）选用表

电动机主要技术数据	接点标号	计算值			电阻器代号	选用电阻		选用值	
		R_e%	FC_r（%）	R（Ω）		电阻元件型号	匝数或片数	R（Ω）	I（A）
YZR160M2-6		0.8	100	0.033	RZ54-160M2-6/1B				
FC=40% P_e=7.5kW	Z_1/Q_{21}-Q_{11}	10	50	0.403		ZB2-0.7	2（21）	0.408	31
E_z=185V I_{ze}=26.5A	Q_{11}-Q_1	20	35	0.806		ZB2-1.1	2（26）	0.794	29
R_e=4.03Ω	Q_1-Q_0	40	25	1.612		ZB2-1.45	2（40）	1.611	29
YZR160L-6 FC=40%	Z_1-Q_{21}	2	100	0.107	RZ54-160L-6/2B	ZB1-0.2	8	0.107	43
P_e=11kW	Q_{21}-Q_{11}	10	50	0.522		ZB2-0.7	2（27）	0.525	31
E_z=250V I_{ze}=27.6A	Q_{11}-Q_1	20	35	1.045		ZB2-1.1	2（34）	1.039	29
R_e=5.229Ω	Q_1-Q_0	40	25	2.091		ZB2-1.45	2（52）	2.094	29
YZR180L-6 FC=40%	Z_1-Q_{21}	4.3	100	0.116	RZ54-180L-6/2J	ZJ1-$\frac{2}{4}$	$\frac{1}{1}$	0.116	64
P_e=15kW	Q_{21}-Q_{11}	10	50	0.271		ZJ1-$\frac{7}{8}$	$\frac{1}{1}$	0.296	46
E_z=218V I_{ze}=46.5A	Q_{11}-Q_1	20	35	0.541		ZJ1-$\frac{7}{8}$	$\frac{3}{1}$	0.544	55
R_e=2.706Ω	Q_1-Q_0	40	25	1.082		ZJ1-$\frac{9}{10}$	$\frac{2}{2}$	1.116	48

续表 24-48

电动机主要技术数据	接点标号	计算值			电阻器代号	选用电阻		选用值	
		R_e%	FC_r (%)	R (Ω)		电阻元件型号	匝数或片数	R (Ω)	I (A)
YZR200L-6 $FC=40\%$ $P_e=22kW$ $E_z=200V$ $I_{ze}=69.9A$ $R_e=1.651\Omega$	Z_1-Q_{21}	4.4	100	0.073	RZ54-200L-6/3J	ZJ1-$\frac{1}{2}$	$\frac{1}{1}$	0.079	91
	Q_{21}-Q_{11}	10	50	0.165		ZJ1-$\frac{4}{5}$	$\frac{1}{1}$	0.169	76
	Q_{11}-Q_1	20	35	0.33		ZJ1-$\frac{4}{5}$	$\frac{2}{2}$	0.337	91
	Q_1-Q_0	40	25	0.66		ZJ1-$\frac{4}{7}$	$\frac{2}{4}$	0.635	78
YZR225M-6 $FC=40\%$ $P_e=30kW$ $E_z=250V$ $I_{ze}=74.4A$ $R_e=1.94\Omega$	Z_1-Q_{21}	4.5	100	0.088	RZ54-225M-6/3J	ZJ1-2	2	0.092	91
	Q_{21}-Q_{11}	10	50	0.194		ZJ1-5	2	0.198	76
	Q_{11}-Q_1	20	35	0.388		ZJ1-5	4	0.396	91
	Q_1-Q_0	40	25	0.776		ZJ1-6	6	0.81	92
YZR250M1-6 $FC=40\%$ $P_e=37kW$ $E_z=250V$ $I_{ze}=91.5A$ $R_e=1.577\Omega$	Z_1-Q_{21}	4.7	100	0.074	RZ54-250M1-6/3J	ZJ1-$\frac{1}{2}$	$\frac{1}{1}$	0.079	91
	Q_{21}-Q_{11}	10	50	0.157		ZJ1-3	2	0.134	107
	Q_{11}-Q_1	20	35	0.315		ZJ1-$\frac{4}{5}$	$\frac{3}{1}$	0.308	91
	Q_1-Q_0	40	25	0.63		ZJ1-$\frac{5}{6}$	$\frac{5}{1}$	0.63	92
YZR250M2-6 $FC=40\%$ $P_e=45kW$ $E_z=290V$ $I_{ze}=95A$ $R_e=1.76\Omega$	Z_1-Q_{21}	5.3	100	0.094	RZ54-250M2-6/4J	ZJ1-2	2	0.092	91
	Q_{21}-Q_{11}	10	50	0.176		ZJ1-3	2	0.134	107
	Q_{11}-Q_1	20	35	0.352		ZJ1-$\frac{1}{4}$	$\frac{2}{4}$	0.344	108
	Q_1-Q_0	40	25	0.704		ZJ1-$\frac{4}{5}$	$\frac{3}{5}$	0.704	108
YZR280S-6 $FC=40\%$ $P_e=55kW$ $E_z=280V$ $I_{ze}=119.8A$ $R_e=1.349\Omega$	Z_1-Q_{21}	5.8	100	0.078	RZ54-280S-6/5J	ZJ1-4	2 (2)	0.07	128
	Q_{21}-Q_{11}	10	50	0.134		ZJ1-1	4	0.132	151
	Q_{11}-Q_1	20	35	0.269		ZJ1-3	4	0.268	128
	Q_1-Q_0	40	25	0.539		ZJ1-4	8	0.556	128
YZR280M-6 $FC=40\%$ $P_e=75kW$ $E_z=370V$ $I_{ze}=124A$ $R_e=1.72\Omega$	Z_1-Q_{21}	6.2	0.106		RZ54-280M-6/6J	ZJ1-$\frac{1}{4}$	$\frac{2\ (2)}{2\ (2)}$	0.103	128
	Q_{21}-Q_{11}	10	0.172			ZJ1-$\frac{1}{2}$	$\frac{1}{3}$	0.171	128
	Q_{11}-Q_1	20	0.344			ZJ1-$\frac{2}{3}$	$\frac{2}{4}$	0.36	128
	Q_1-Q_0	40	0.688			ZJ1-4	10	0.695	128
YZR160L-8 $FC=40\%$ $P_e=7.5kW$ $E_z=205V$ $I_{ze}=23A$ $R_e=5.145\Omega$	Z_1-Q_{21}	1.5	100	0.078	RZ54-160L-8/1B	ZB2-0.7	2 (4)	0.078	22.3
	Q_{21}-Q_{11}	10	50	0.514		ZB2-1.1	2 (17)	0.519	31
	Q_{11}-Q_1	20	35	1.029		ZB2-1.45	2 (26)	1.047	25
	Q_1-Q_0	40	25	2.058		ZB2-1.95	2 (36)	1.95	26
YZR180L-8 $FC=40\%$ $P_e=11kW$ $E_z=172V$ $I_{ze}=44A$ $R_e=2.256\Omega$		−0.4	100	−0.009	RZ54-180L-8/2J				
	Z_1/Q_{21}-Q_{11}	10	50	0.225		ZJ1-$\frac{2}{4}$	$\frac{2}{2}$	0.231	90
	Q_{11}-Q_1	20	35	0.451		ZJ1-$\frac{5}{7}$	$\frac{2}{2}$	0.446	65
	Q_1-Q_0	40	25	0.902		ZJ1-9	4	0.904	58

续表 24-48

电动机主要技术数据	接点标号	计算值			电阻器代号	选用电阻		选用值	
		R_e%	FC_r（%）	R（Ω）		电阻元件型号	匣数或片数	R（Ω）	I（A）
YZR200L-8 $FC=40\%$ $P_e=15kW$ $E_z=178V$ $I_{ze}=53.5A$ $R_e=1.92\Omega$	Z_1-Q_{21}	2.2	100	0.043	RZ54-200L-8/2J	ZJ1-$\frac{1}{4}$	$\frac{2(1)}{2(1)}$	0.051	128
	Q_{21}-Q_{11}	10	50	0.192		ZJ1-$\frac{4}{7}$	$\frac{1}{1}$	0.194	55
	Q_{11}-Q_1	20	35	0.384		ZJ1-8	2	0.344	55
	Q_1-Q_0	40	25	0.768		ZJ1-$\frac{8}{9}$	$\frac{2}{2}$	0.796	58
YZR225M-8 $FC=40\%$ $P_e=22kW$ $E_z=232V$ $I_{ze}=59.1A$ $R_e=2.266\Omega$	Z_1-Q_{21}	3	100	0.07	RZ54-225M-8/3J	ZJ1-4	2 (2)	0.07	64
	Q_{21}-Q_{11}	10	50	0.226		ZJ1-$\frac{5}{6}$	$\frac{1}{1}$	0.234	65
	Q_{11}-Q_1	20	35	0.453		ZJ1-$\frac{5}{6}$	$\frac{2}{2}$	0.468	77
	Q_1-Q_0	40	25	0.906		ZJ1-9	4	0.904	58
YZR250M1-8 $FC=40\%$ $P_e=30kW$ $E_z=272V$ $I_{ze}=68.8A$ $R_e=2.282\Omega$	Z_1-Q_{21}	4.6	100	0.105	RZ54-250M1-8/3J	ZJ1-$\frac{1}{3}$	$\frac{1}{1}$	0.1	76
	Q_{21}-Q_{11}	10	50	0.228		ZJ1-$\frac{5}{6}$	$\frac{1}{1}$	0.234	65
	Q_{11}-Q_1	20	35	0.456		ZJ1-$\frac{5}{6}$	$\frac{3}{1}$	0.432	77
	Q_1-Q_0	40	25	0.912		ZJ1-$\frac{5}{6}$	$\frac{4}{4}$	0.936	128
YZR250M2-8 $FC=40\%$ $P_e=37kW$ $E_z=335V$ $I_{ze}=70A$ $R_e=2.763\Omega$	Z_1-Q_{21}	4.8	100	0.134	RZ54-250M2-8/3J	ZJ1-3	2	0.134	76
	Q_{21}-Q_{11}	10	50	0.276		ZJ1-$\frac{3}{4}$	$\frac{1}{3}$	0.276	90
	Q_{11}-Q_1	20	35	0.552		ZJ1-6	4	0.54	77
	Q_1-Q_0	40	25	1.105		ZJ1-7	8	0.992	66
YZR280S-8 $FC=40\%$ $P_e=45kW$ $E_z=305V$ $I_{ze}=92A$ $R_e=1.91\Omega$	Z_1-Q_{21}	4.5	100	0.086	RZ54-280S-8/3J	ZJ1-$\frac{1}{2}$	$\frac{1}{1}$	0.079	91
	Q_{21}-Q_{11}	10	50	0.19		ZJ1-$\frac{1}{4}$	$\frac{2}{2}$	0.205	90
	Q_{11}-Q_1	20	35	0.38		ZJ1-5	4	0.396	91
	Q_1-Q_0	40	25	0.76		ZJ1-$\frac{5}{6}$	$\frac{1}{5}$	0.774	92
YZR280M-8 $FC=40\%$ $P_e=55kW$ $E_z=360V$ $I_{ze}=92.5A$ $R_e=2.246\Omega$	Z_1-Q_{21}	5.7	100	0.129	RZ54-280M-8/4J	ZJ1-1	4	0.132	107
	Q_{21}-Q_{11}	10	50	0.224		ZJ1-$\frac{2}{3}$	$\frac{2}{2}$	0.226	107
	Q_{11}-Q_1	20	35	0.449		ZJ1-5	4	0.396	91
	Q_1-Q_0	40	25	0.9		ZJ1-6	6	0.81	92
YZR315S-8 $FC=40\%$ $P_e=75kW$ $E_z=302V$ $I_{ze}=158A$ $R_e=1.103\Omega$	Z_1-Q_{21}	6	100	0.066	RZ54-315S-8/6J	ZJ1-3	2 (2)	0.067	152
	Q_{21}-Q_{11}	10	50	0.11		ZJ1-$\frac{2}{3}$	$\frac{2(2)}{2(2)}$	0.113	214
	Q_{11}-Q_1	20	35	0.22		ZJ1-$\frac{1}{2}$	$\frac{4}{2}$	0.224	153
	Q_1-Q_0	40	25	0.44		ZJ1-3	6	0.402	152
YZR280S-10 $FC=40\%$ $P_e=37kW$ $E_z=150V$ $I_{ze}=153.2A$ $R_e=0.565\Omega$	Z_1-Q_{21}	3.5	100	0.02	RZ54-280S-10/4J	ZJ1-1	3 (2)	0.022	322
	Q_{21}-Q_{11}	10	50	0.056		ZJ1-1	2	0.066	151
	Q_{11}-Q_1	20	35	0.113		ZJ1-1	4	0.132	180
	Q_1-Q_0	40	25	0.226		ZJ1-$\frac{2}{3}$	$\frac{2}{2}$	0.226	152

续表 24-48

电动机主要技术数据	接点标号	计算值			电阻器代号	选用电阻		选用值	
		R %	FC_r (%)	R (Ω)		电阻元件型号	匣数或片数	R (Ω)	I (A)
YZR280M-10 $FC=40\%$ $P_e=45kW$ $E_z=172V$ $I_{ze}=165A$ $R_e=0.601\Omega$		1.6	100	0.009	RZ54-280M-10/4J				
	Z_1/Q_{21}-Q_{11}	10	50	0.06		ZJ1-$\frac{2}{4}$	$\frac{2\ (1)}{2\ (1)}$	0.058	181
	Q_{11}-Q_1	20	35	0.12		ZJ1-1	4	0.132	180
	Q_1-Q_0	40	25	0.24		ZJ1-$\frac{1}{2}$	$\frac{2}{4}$	0.25	182
YZR315S-10 $FC=40\%$ $P_e=55kW$ $E_z=242V$ $I_{ze}=138.7A$ $R_e=1.007\Omega$	Z_1-Q_{21}	5.6	100	0.057	RZ54-315S-10/5J	ZJ1-$\frac{2}{3}$	$\frac{2\ (1)}{2\ (1)}$	0.057	152
	Q_{21}-Q_{11}	10	50	0.1		ZJ1-1	4	0.132	151
	Q_{11}-Q_1	20	35	0.201		ZJ1-2	4	0.184	153
	Q_1-Q_0	40	25	0.402		ZJ1-3	6	0.402	152
YZR315M-10 $FC=40\%$ $P_e=75kW$ $E_z=325V$ $I_{ze}=149.3A$ $R_e=1.256\Omega$	Z_1-Q_{21}	5.7	100	0.071	RZ54-315M-10/6J	ZJ1-3	2 (2)	0.067	152
	Q_{21}-Q_{11}	10	50	0.125		ZJ1-1	4	0.132	151
	Q_{11}-Q_1	20	35	0.251		ZJ1-$\frac{1}{2}$	$\frac{2}{4}$	0.25	153
	Q_1-Q_0	40	25	0.502		ZJ1-$\frac{2}{3}$	$\frac{8}{2}$	0.502	152
YZR280S-6 $FC=40\%$ $P_e=55kW$ $E_z=280V$ $I_{ze}=119.8A$ $R_e=1.349\Omega$	Z_1-Q_{31}	3.8	100	0.051	RZe54-280S-6/5J	ZJ1-$\frac{1}{3}$	$\frac{2\ (1)}{2\ (1)}$	0.05	152
	Q_{31}-Q_{21}	6	50	0.08		ZJ1-$\frac{1}{2}$	$\frac{1}{1}$	0.079	128
	Q_{21}-Q_{11}	11	50	0.148		ZJ1-$\frac{1}{2}$	$\frac{3}{1}$	0.145	128
	Q_{11}-Q_1	20	35	0.269		ZJ1-3	4	0.268	128
	Q_1-Q_0	35	25	0.472		ZJ1-4	6	0.417	128
YZR280M-8 $FC=40\%$ $P_e=55kW$ $E_z=360V$ $I_{ze}=92.5A$ $R_e=2.246\Omega$	Z_1-Q_{31}	3.7	100	0.084	RZe54-280M-8/6J	ZJ1-$\frac{1}{3}$	$\frac{2\ (3)}{2\ (1)}$	0.083	152
	Q_{31}-Q_{21}	6	50	0.134		ZJ1-3	2	0.134	107
	Q_{21}-Q_{11}	11	50	0.247		ZJ1-$\frac{2}{3}$	$\frac{1}{3}$	0.247	107
	Q_{11}-Q_1	20	35	0.449		ZJ1-$\frac{4}{5}$	$\frac{5}{1}$	0.447	91
	Q_1-Q_0	35	25	0.786		ZJ1-6	6	0.81	92
YZR315S-8 $FC=40\%$ $P_e=75kW$ $E_z=302V$ $I_{ze}=158A$ $R_e=1.103\Omega$	Z_1-Q_{31}	4	100	0.044	RZe54-315S-8/7J	ZJ1-2	2 (2)	0.046	181
	Q_{31}-Q_{21}	6	50	0.066		ZJ1-3	2 (2)	0.067	214
	Q_{21}-Q_{11}	11	50	0.121		ZJ1-$\frac{2}{4}$	$\frac{2\ (2)}{2\ (2)}$	0.116	181
	Q_{11}-Q_1	20	35	0.22		ZJ1-$\frac{4}{1}$	$\frac{1}{5}$	0.235	180
	Q_1-Q_0	35	25	0.386		ZJ1-3	6	0.402	152
YZR315M-8 $FC=40\%$ $P_e=90kW$ $E_z=372V$ $I_{ze}=160.9A$ $R_e=1.334\Omega$	Z_1-Q_{31}	3.2	100	0.043	RZe54-315M-8/9J	ZJ1-2	2 (2)	0.046	181
	Q_{31}-Q_{21}	6	50	0.08		ZJ1-$\frac{1}{2}$	$\frac{2\ (2)}{2\ (2)}$	0.079	255
	Q_{21}-Q_{11}	11	50	0.146		ZJ1-4	2 (4)	0.14	181
	Q_{11}-Q_1	20	35	0.266		ZJ1-1	8	0.264	180
	Q_1-Q_0	35	25	0.466		ZJ1-2	10	0.46	182

续表 24-48

电动机主要技术数据	接点标号	计算值			电阻器代号	选用电阻		选用值	
		R_e%	FC_r（%）	R（Ω）		电阻元件型号	匝数或片数	R（Ω）	I（A）
YZR315S-10	Z_1-Q_{31}	3.6	100	0.036		ZJ1-1	2（2）	0.033	215
FC=40%	Q_{31}-Q_{21}	6	50	0.06		ZJ1-1	2	0.066	151
P_e=55kW	Q_{21}-Q_{11}	11	50	0.11	RZe54-315S-10/6J	ZJ1-$\frac{1}{1}$	2（1） 3	0.116	151
E_z=242V	Q_{11}-Q_1	20	35	0.201		ZJ1-1	6	0.198	180
I_{ze}=138.7A									
R_e=1.007Ω	Q_1-Q_0	35	25	0.352		ZJ1-$\frac{2}{3}$	2 4	0.36	152
YZR315M-10	Z_1-Q_{31}	3.7	100	0.046		ZJ1-2	2（2）	0.046	181
FC=40%	Q_{31}-Q_{21}	6	50	0.075		ZJ1-4	2（2）	0.07	181
P_e=75kW	Q_{21}-Q_{11}	11	50	0.138	RZe54-315M-10/7J	ZJ1-1	4	0.132	151
E_z=325V	Q_{11}-Q_1	20	35	0.251		ZJ1-$\frac{1}{2}$	$\frac{1}{5}$	0.263	153
I_{ze}=149.3A									
R_e=1.256Ω	Q_1-Q_0	35	25	0.439		ZJ1-$\frac{1}{3}$	$\frac{3}{5}$	0.434	152
YZR355M-10	Z_1-Q_{31}	5.2	100	0.06		ZJ1-1	2（4）	0.066	215
FC=40%	Q_{31}-Q_{21}	6	50	0.068		ZJ1-4	2（2）	0.07	181
P_e=90kW	Q_{21}-Q_{11}	11	50	0.125	RZe54-355M-10/8J	ZJ1-4	2（4）	0.139	181
E_z=330V	Q_{11}-Q_1	20	35	0.228		ZJ1-$\frac{4}{1}$	2（2） 4	0.202	180
I_{ze}=166.6A									
R_e=1.143Ω	Q_1-Q_0	35	25	0.4		ZJ1-2	8	0.368	182
YZR355L1-10	Z_1-Q_{31}	4.2	100	0.054		ZJ1-$\frac{1}{1}$	3（2） 2（2）	0.055	215
FC=40%	Q_{31}-Q_{21}	6	50	0.078		ZJ1-4	2（2）	0.07	181
P_e=110kW	Q_{21}-Q_{11}	11	50	0.143	RZe54-355L1-10/9J	ZJ1-4	2（4）	0.14	181
E_z=388V	Q_{11}-Q_1	20	35	0.26		ZJ1-1	8	0.264	180
I_{ze}=172A									
R_e=1.302Ω	Q_1-Q_0	35	25	0.455		ZJ1-2	10	0.46	182
YZR355L2-10	Z_1-Q_{31}	5.3	100	0.088		ZJ1-2	2（4）	0.092	181
FC=40%	Q_{31}-Q_{21}	6	50	0.098		ZJ1-$\frac{1}{4}$	2（2） 2（2）	0.103	181
P_e=132kW	Q_{21}-Q_{11}	11	50	0.18	RZe54-355L2-10/11J	ZJ1-$\frac{4}{2}$	2（4） 2（2）	0.185	181
E_z=475V	Q_{11}-Q_1	20	35	0.327		ZJ1-1	10	0.33	180
I_{ze}=167.5A									
R_e=1.637Ω	Q_1-Q_0	35	25	0.572		ZJ1-2	10	0.46	182

24.3.2.2　分析法

A　对称切除各级起动电阻值计算

$$\lambda=\sqrt[m]{\frac{1}{s_e M_{*1}}} \qquad (24\text{-}24)$$

式中　λ——最大起动转矩与切换转矩之比。即 $\lambda=\frac{M_{*1}}{M_{*2}}$；

m——起动电阻的级数（不包括反接制动电阻）；

s_e——额定转差率；

M_{*1}——最大起动转矩标幺值，一般取 $M_{*1}\leqslant 0.8\sim 0.9M_{*max}$，$M_{*max}$为电动机的最大转矩标幺值，比值可从电机产品样本中查得；

M_{*2}——切换转矩标幺值，应大于传动机械的静阻转矩标幺值 M_{*j}，一般取 $M_{*2}\geqslant 1.1\sim 1.2M_{*j}$。

转子电阻对称切除时的主回路接线和起动特性见图 24-26。

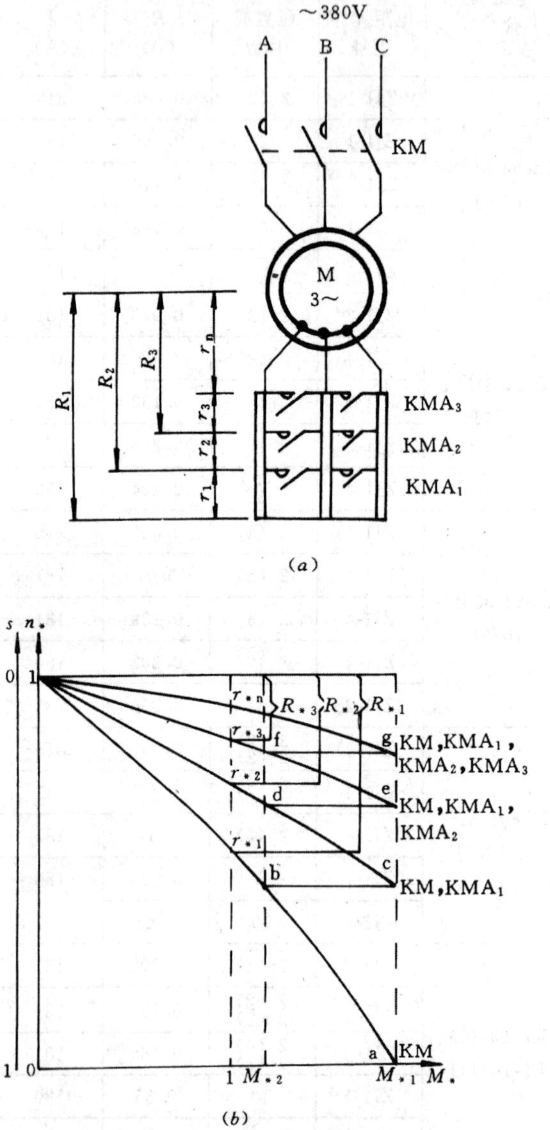

图 24-26 绕线型电动机转子电阻对称切除时的主回路接线图和起动特性

(a) —主回路；(b) —起动特性

转子回路总电阻标幺值按下式求得：

$$\left.\begin{aligned} R_{*m} &= r_{*n}\lambda \\ &\cdots\cdots \\ R_{*2} &= R_{*3}\lambda \\ R_{*1} &= R_{*2}\lambda \end{aligned}\right\} \qquad (24\text{-}25)$$

各级起动电阻标幺值按下式求得：

$$\left.\begin{aligned} r_{*m} &= r_{*n}(\lambda - 1) \\ &\cdots\cdots \\ r_{*2} &= r_{*3}\lambda \\ r_{*1} &= r_{*2}\lambda \end{aligned}\right\} \qquad (24\text{-}26)$$

式中 r_{*n}——转子内电阻标幺值($r_{*n}=s_e$)，换算为有名值时：

$$r_n = s_e R_{ze}$$

$$R_{ze} = \frac{U_{ze}}{\sqrt{3}\,I_{ze}} \qquad (24\text{-}27)$$

式 24-24 和式 24-27，以及式 24-28 和式 24-29 中，s_e 为电动机的额定转差率。实际计算时，应加入转子导线电阻标幺值 R_*，即应以等效转差率 $s_{dx}=R_*+s_e$ 代替上述各式中的 s_e。表 24-41 和表 24-42 列出了 YZR 系列绕线型电动机工作制为 S3，转子导线长度为 30m 和 15m 两种情况时的等效转差率 s_{dx}，可供参考。如果设计中，电动机工作制不是 S3，则应按所选电动机的实际工作制计算 s_e。如果转子导线长度与表中所列 30m 和 15m 相差较大，则应重新计算导线电阻 R_*。

B 不对称切除各级起动电阻值计算

$$\lambda = \sqrt[m+1]{\frac{1}{s_e M_{*2}}} \qquad (24\text{-}28)$$

式中各符号的意义与式 24-24 相同。

起动电阻级数 m 未知时，可由传动设备所要求的最大起动转矩与切换转矩的标幺值，按下式求得：

$$m = \frac{\lg \dfrac{1}{s_e M_{*1}}}{\lg \dfrac{M_{*1}}{M_{*2}}} \qquad (24\text{-}29)$$

如果求得的 m 值不是整数，可以改变 M_{*1} 或 M_{*2} 的值，使 m 值为整数。

如果凸轮控制器已选定，则起动电阻级数已知。按式 24-23 和式 24-27 求出电动机的转子额定电阻 R_{ze} 和内阻 r_n。按式 24-30 求出各级起动电阻值。

转子电阻不对称切除时的主回路接线图见图 24-27。

从表 24-49 和图 24-27 中可得

$$\left.\begin{aligned} r_{*(Q_0-Q_1)} &= (\lambda^5 - \lambda^2)r_{*n} \\ r_{*(Q_0-Q_2)} &= (\lambda^4 - \lambda)r_{*n} \\ r_{*(Q_0-Z_3)} &= (\lambda^3 - 1)r_{*n} \\ r_{*(Q_1-Z_1)} &= (\lambda^2 - 1)r_{*n} \\ r_{*(Q_2-Z_2)} &= (\lambda - 1)r_{*n} \end{aligned}\right\} \qquad (24\text{-}30)$$

表 24-49 转子电阻不对称切除时各级电阻标幺值

控制器挡数	电阻级数	转子对称总电阻标幺值	转子不对称总电阻标幺值			各级电阻标幺值		
			A	B	C	A	B	C
1	4	$R_{*1}=\lambda R_{*2}=\lambda^4 r_{*n}$	$\lambda R_{*1}=\lambda^5 r_{*n}$	$R_{*1}=\lambda^4 r_{*n}$	$R_{*2}=\lambda^3 r_{*n}$	$(\lambda^5-\lambda^2)\ r_{*n}$		
2	3	$R_{*2}=\lambda R_{*3}=\lambda^3 r_{*n}$	$R_{*3}=\lambda^2 r_{*n}$	$R_{*1}=\lambda^4 r_{*n}$	$R_{*2}=\lambda^3 r_{*n}$		$(\lambda^4-\lambda)\ r_{*n}$	
3	2	$R_{*3}=\lambda R_{*4}=\lambda^2 r_{*n}$	$R_{*3}=\lambda^2 r_{*n}$	$R_{*4}=\lambda r_{*n}$	$R_{*2}=\lambda^3 r_{*n}$			$(\lambda^3-1)\ r_{*n}$
4	1	$R_{*4}=\lambda R_{*5}=\lambda r_{*n}$	$R_{*3}=\lambda^2 r_{*n}$	$R_{*4}=\lambda r_{*n}$	$R_{*5}=r_{*n}$	$(\lambda^2-1)\ r_{*n}$	$(\lambda-1)\ r_{*n}$	
5	0	$R_{*5}=r_{*n}$	r_{*n}	r_{*n}	r_{*n}			

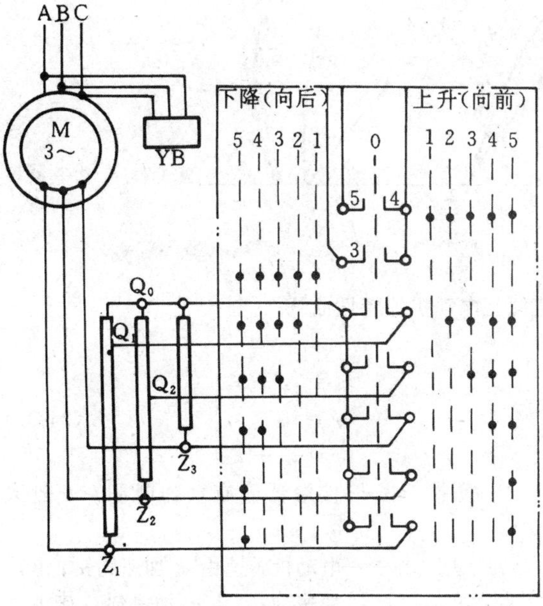

图 24-27 绕线型电动机转子电阻不对称切除时的主回路接线图

表 24-49 和图 24-27 是假定凸轮控制器为 5 挡时的计算公式。如果凸轮控制器的挡数较多，也可按表 24-49 的计算方法求出各级电阻值。

表 24-49 中不对称切除电阻的计算步骤如下：

(1)按对称电阻的计算方法，计算出转子回路中控制器每一位置的对称总电阻。

(2) 确定控制器每一位置上转子回路每相 (A、B、C) 的实际不对称总电阻，使电动机的机械特性曲线近似于在转子回路中接入等效电阻所得到的机械特性曲线。

(3)把相邻的每相转子总电阻相减，即为每相的各级电阻。

确定转子回路每相实际不对称总电阻时，在控制器的每一位置上，取三个电阻使其平均值等于对称总电阻值，即最大和最小的电阻分别为平均值的$\frac{1}{\lambda}$和λ倍。λ为最大起动转矩与切换转矩之比。不难证明，这样的平均电阻R_b即等于发热等效电阻R_{dx}。

在控制器的每一位置上，在转子回路 A、B、C 三相中最小电阻等于前一级对称电阻，最大电阻等于后一级对称电阻。但在控制器第一位置时，其最大电阻为平均电阻乘以λ。

不用发热等效电阻R_{dx}而用算术平均电阻$\left(R_p=\frac{R_a+R_b+R_c}{3}\right)$也可以进行不对称切除电阻的计算，但用发热等效电阻计算较方便。

采用凸轮控制器不对称切除转子电阻时，电动机的机械特性示于图 24-28。

由图 24-28 可见，不对称切除转子电阻起动时，电动机的机械特性曲线有凹口。转子电阻不对称度越大，则凹口越大。在$R_a=0.18$，$R_b=0.19$，$R_c=1.04$，(此时平均电阻$R_p=0.47$，等效电阻$R_{dx}=0.30$) 的情况下，特性曲线的差异较大。在$0.6n_0$以下，以R_p画出的曲线接近于实际曲线；在$0.6n_0$以上，以R_{dx}画出的曲线接近于实际曲线。当起动电阻级数较多时，转子电阻不对称度越小，转矩凹口越不显著，以R_p和R_{dx}画出的曲线与实际曲线非常相近。

可见采用凸轮控制器不对称切除转子电阻起动电动机时，如果起动电阻级数较少，转矩特性凹口较大，电动机将不能获得平稳的加速。如果负载的静阻转矩大于凹口处的最小转矩，则电动机只能加速到约$0.5n_0$

时的转速，而达不到额定转速。

因此采用凸轮控制器起动电动机时，必须避免上述情况，具体措施是：增加起动电阻级数，可以使转矩凹口减小，起动时将凸轮控制器的最后2级，甚至3级同时短接，可以减小转矩特性的不对称度。

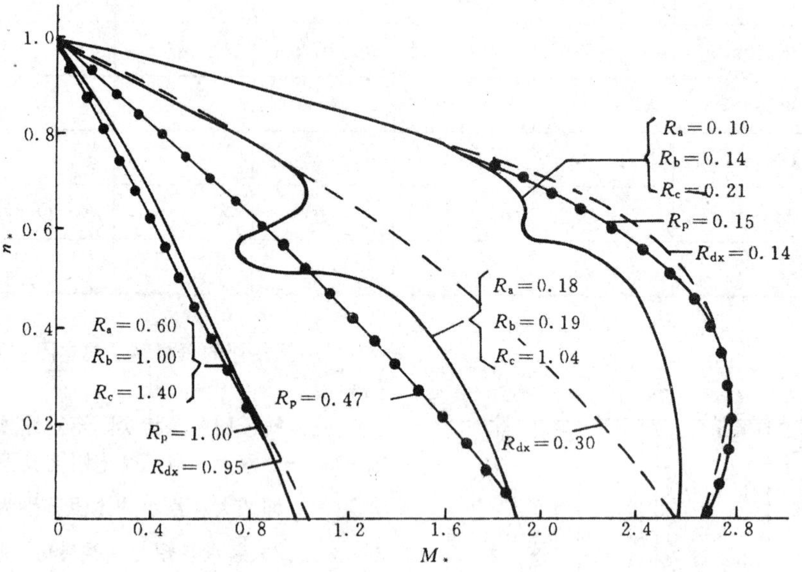

图 24-28 采用凸轮控制器起动绕线型电动机的特性曲线

由于凸轮控制器能以较少的起动设备，获得较多的加速级数，能节约投资。因此在静阻转矩不大，又无特殊要求的交流起重机上仍有采用凸轮控制器作为起动和换向之用。

C 起动时间计算

逐级对称切除电动机转子回路电阻的主回路接线图见图 24-26。加速继电器的延时整定值按式 24-31 求得

$$\left.\begin{aligned} t_{j1} &= t_{ab} - t_c \\ t_{j2} &= t_{cd} - t_c \\ t_{j3} &= t_{ef} - t_c \end{aligned}\right\} \tag{24-31}$$

式中 t_c——接触器固有动作时间，一般取0.15s；

t_{ab}、t_{cd}、t_{ef}——电动机转速由 n_a 加速到 n_b；由 n_c 加速到 n_d；由 n_e 加速到 n_f 所需要的时间，s。

各级加速时间 t_{ab}、t_{cd}、t_{ef} 按式 24-32 计算

$$\left.\begin{aligned} t_{ab} &= \frac{\Sigma GD^2}{163}\frac{n_e}{M_e}\frac{(s_{1a}-s_{1b})}{(M_{*1}-M_{*2})}\lg\frac{M_{*1}-M_{*j}}{M_{*2}-M_{*j}} \\ t_{cd} &= \frac{\Sigma GD^2}{163}\frac{n_e}{M_e}\frac{(s_{2c}-s_{2d})}{(M_{*1}-M_{*2})}\lg\frac{M_{*1}-M_{*j}}{M_{*2}-M_{*j}} \\ &= t_{ab}\frac{(s_{2c}-s_{2d})}{(s_{1a}-s_{1b})} \\ t_{ef} &= \frac{\Sigma GD^2}{163}\frac{n_e}{M_e}\frac{(s_{3e}-s_{3f})}{(M_{*1}-M_{*2})}\lg\frac{M_{*1}-M_{*j}}{M_{*2}-M_{*j}} \\ &= t_{ab}\frac{(s_{3e}-s_{3f})}{(s_{1a}-s_{1b})} \end{aligned}\right\} \tag{24-32}$$

$$\Sigma GD^2 = GD_d^2 + GD_s^2\left(\frac{n_s}{n_d}\right)^2 + GD_c^2\left(\frac{n_c}{n_d}\right)^2 \tag{24-33}$$

式中 ΣGD^2——折算到电动机轴上的传动装置的飞轮矩，N·m²；

GD_d^2——电动机转子飞轮矩，N·m²；

GD_s^2——生产机械的飞轮矩，N·m²；

GD_c^2——传动机构(如齿轮)的飞轮矩，N·m²；

n_e——电动机的额定转速，r/min；

n_d，n_s，n_c——分别为电动机，生产机械及传动机构的转速，r/min；

M_e——电动机额定转矩，N·m；

M_{*1}，M_{*2}——最大起动转矩和切换转矩标幺值；

M_{*j}——生产机械在起动时的静阻转矩标幺值；

s_{1a}，s_{1b}——第1级加速开始和加速终止时的转差率；

s_{2c}，s_{2d}——第2级加速开始和加速终止时的转差率；

s_{3e}，s_{3f}——第3级加速开始和加速终止时的转差率。

各级转差率可按下式求得

$$\left.\begin{aligned} s_{1a} &= M_{*1}\frac{R_1}{R_{ze}}, s_{1b} = M_{*2}\frac{R_1}{R_{ze}} \\ s_{2c} &= M_{*1}\frac{R_2}{R_{ze}}, s_{2d} = M_{*2}\frac{R_1}{R_{ze}} \\ s_{3e} &= M_{*1}\frac{R_3}{R_{ze}}, s_{3f} = M_{*2}\frac{R_3}{R_{ze}} \end{aligned}\right\} \qquad (24\text{-}34)$$

式中 R_{ze}——电动机转子额定电阻，Ω；

R_1，R_2，R_3——各加速级的总电阻，Ω，如图24-26所示。

D 各级起动电阻的发热等效电流计算

根据机械电子工业部天津电气传动研究所编《JK型交流低压电控设备主电路及辅助电路图册》中，有关断续周期工作制有下述情况：

(1) 轻载断续周期工作制：最大操作频率为30次/h，不允许进行反接制动和点动。

(2)重载断续周期工作制：笼型电动机最大操作频率为300次/h，绕线型电动机最大操作频率为600次/h（额定电流160A及以下，为300次/h或600次/h；160A以上为300次/h)，允许反接制动，反向和点动。

图册中又规定采用电阻分级起动时，不论是轻载断续周期工作制或重载断续周期工作制，也不论主电路是可逆或不可逆。当额定电流为160A及以下时为二级起动，当160A以上时为三级起动。

根据上述原则，采用JK型电控设备对称切除电阻起动时，电阻器的发热等效电流应分为下列几种情况计算：

(1) 重载断续周期工作制 $Z=300$ 次/h。

1) 三级起动；

2) 二级起动；

(2) 重载断续周期工作制 $Z=600$ 次/h。

1) 三级起动；

2) 二级起动。

(3) 轻载断续周期工作制 $Z=30$ 次/h。

1) 三级起动；

2) 二级起动。

采用JK型电控设备起动电阻器发热等效电流计算方法：

(1) 重载断续周期工作制 $Z=300$ 次/h时起动电阻发热等效电流计算。

一般取 $M_{*1}=2.4$，$M_{*2}=1.1$（具体计算时，可能略有出入)，设电动机的转矩 M_{*d} 与转子电流 I_{*2} 成正比，则起动时转子电流为

$I_{*zq_1}=2.4$，$I_{*zq_2}=1.1$，其发热等效电流为

$$I_{*dx}=\sqrt{\frac{2.4^2+1.1^2+2.4\times1.1}{3}}=1.8$$

1) 设电动机采用三级电阻起动，第1，2，3级起动电阻切除时间分别为1.3s，0.7s，0.5s，最大操作频率为300次/h，则各级起动电阻的接电持续率分别为

$$FC_{r_1}=\frac{300\times1.3}{3600}=10.8\%$$

$$FC_{r_2}=\frac{300(1.3+0.7)}{3600}=16.7\%$$

$$FC_{r_3}=\frac{300(1.3+0.7+0.5)}{3600}=20.8\%$$

选ZX12系列铁铬铝电阻器，取时间常数平均值 $T_p=134$s，则通过电阻器的实际短时电流的时间与电阻器时间常数之比为

第1级起动电阻：$\frac{t_{sr_1}}{T_p}=\frac{1.3}{134}=0.01$

第2级起动电阻：$\frac{t_{sr_2}}{T_p}=\frac{2.0}{134}=0.015$

第3级起动电阻：$\frac{t_{sr_3}}{T_p}=\frac{2.5}{134}=0.019$

从附录24.2，附图24-2查得

$$\frac{I_{dxr_1}}{I_s}=0.32$$

$$\frac{I_{dxr_2}}{I_s}=0.4$$

$$\frac{I_{dxr_3}}{I_s}=0.46$$

从而求得三级起动时，各级起动电阻的发热等效电流标幺值为

$$I_{*dxr_1}=0.32\times1.8=0.576$$

$$I_{*dxr_2}=0.4\times1.8=0.72$$

$$I_{*dxr_3}=0.46\times1.8=0.828$$

取，
$$\left.\begin{array}{l}I_{*dxr_1}=0.6\\I_{*dxr_2}=0.7\\I_{*dxr_3}=0.8\end{array}\right\}\qquad(24\text{-}35)$$

2）设电动机采用二级电阻起动，第1，2级起动电阻切除时间分别为1.5s，0.5s，最大操作频率为300次/h，则各级起动电阻的接电持续率为

$$FC_{r_1}=\frac{300\times1.5}{3600}=12.5\%$$

$$FC_{r_2}=\frac{300\times2.0}{3600}=16.7\%$$

选用ZX12系列铁路铝电阻，取$T_p=134s$，则通过电阻器的实际短时电流的时间与电阻器时间常数之比为

第1级起动电阻 $\frac{t_{sr_1}}{T_p}=\frac{1.5}{134}=0.011$

第2级起动电阻 $\frac{t_{sr_2}}{T_p}=\frac{2.0}{134}=0.015$

从附录24.2，附图24-2查得

$$\frac{I_{dxr_1}}{I_s}=0.35$$

$$\frac{I_{dxr_2}}{I_s}=0.4$$

从而求得二级起动时各级起动电阻的发热等效电流标幺值为

$$I_{*dxr_1}=0.35\times1.8=0.63$$

$$I_{*dxr_2}=0.4\times1.8=0.72$$

取
$$\left.\begin{array}{l}I_{*dxr_1}=0.6\\I_{*dxr_2}=0.7\end{array}\right\}\qquad(24\text{-}36)$$

（2）重载断续周期工作制$Z=600$次/h时起动电阻发热等效电流计算。

一般取$M_{*1}=2.4$，$M_{*2}=1.1$（具体计算时，可能略有出入），设电动机的转矩M_{*d}与转子电流I_{*z}成正比，则起动时转子电流为：$I_{*zq_1}=2.4$，$I_{*zq_2}=1.1$，则其发热等效电流为

$$I_{*dx}=\sqrt{\frac{2.4^2+1.1^2+2.4\times1.1}{3}}=1.8$$

1）设电动机采用三级起动，第1，2，3级起动电阻切除时间分别为：1.5s，0.7s，0.5s，最大操作频率为600次/h，则各级起动电阻的接电持续时间为

$$FC_{r_1}=\frac{600\times1.3}{3600}=21.7\%$$

$$FC_{r_2}=\frac{600\times(1.3+0.7)}{3600}=33.3\%$$

$$FC_{r_3}=\frac{600\times(1.3+0.7+0.5)}{3600}=41.7\%$$

选用ZX12系列铁铬铝电阻器，取时间常数平均值$T_p=134s$，则通过电阻器的实际短时电流的时间与电阻器时间常数之比为

第1级起动电阻$\frac{t_{sr_1}}{T_p}=\frac{1.3}{134}=0.01$

第2级起动电阻$\frac{t_{sr_2}}{T_p}=\frac{2}{134}=0.015$

第3级起动电阻$\frac{t_{sr_3}}{T_p}=\frac{2.5}{134}=0.019$

从附录24.2，附图24-2查得

$$\frac{I_{dxr_1}}{I_s}=0.47$$

$$\frac{I_{dxr_2}}{I_s}=0.57$$

$$\frac{I_{dxr_3}}{I_s}=0.65$$

从而求得三级起动时各级起动电阻的发热等效电流标幺值为

$$I_{*dxr_1}=0.47\times1.8=0.846$$

$$I_{*dxr_2}=0.57\times1.8=1.026$$

$$I_{*dxr_3}=0.65\times1.8=1.17$$

取
$$\left.\begin{array}{l}I_{*dxr_1}=0.9\\I_{*dxr_2}=1.0\\I_{*dxr_3}=1.1\end{array}\right\}\qquad(24\text{-}37)$$

2）设电动机采用二级起动时，第1，2级起动电阻切除时间分别为1.5s，0.5s，最大操作频率为600次/h，则各级起动电阻的接电持续率为

$$FC_{r_1}=\frac{600\times1.5}{3600}=25\%$$

$$FC_{r_2}=\frac{600(1.5+0.5)}{3600}=33.3\%$$

选用ZX12系列铁铬铝电阻器，取$T_p=134s$，则通

过电阻器的实际短时电流的时间与电阻器时间常数之比为

第 1 级起动电阻 $\frac{t_{sr_1}}{T_p}=\frac{1.5}{134}=0.011$

第 2 级起动电阻 $\frac{t_{sr_2}}{T_p}=\frac{2.0}{134}=0.15$

从附录 24.2，附图 24-2 查得

$$\frac{I_{dxr_1}}{I_s}=0.5$$

$$\frac{I_{dxr_2}}{I_s}=0.57$$

从而求得二级起动时各级起动电阻的发热等效电流标幺值为

$$I_{*dxr_1}=0.5\times1.8=0.9$$

$$I_{*dxr_2}=0.57\times1.8=1.026$$

取

$$\left.\begin{aligned}I_{*dxr_1}&=0.9\\I_{*dxr_2}&=1.0\end{aligned}\right\}\qquad(24\text{-}38)$$

(3)轻载断续周期工作制 $Z=30$ 次/h 时起动电阻发热等效电流计算。

1)起动转矩和起动时间均按重载断续周期工作制选取，采用三级起动时，各级起动电阻的接电持续率分别为

$$FC_{r_1}=\frac{30\times1.3}{3600}=1.08\%$$

$$FC_{r_2}=\frac{30\times2.0}{3600}=1.67\%$$

$$FC_{r_3}=\frac{30\times2.5}{3600}=2.08\%$$

选 ZX12 系列铁铬铝电阻器，取 $T_p=134$s，则通过电阻器的实际短时电流的时间与电阻器时间常数之比为

第 1 级起动电阻 $\frac{t_{sr_1}}{T_p}=\frac{1.3}{134}=0.01$

第 2 级起动电阻 $\frac{t_{sr_2}}{T_p}=\frac{2.0}{134}=0.015$

第 3 级起动电阻 $\frac{t_{sr_3}}{T_p}=\frac{2.5}{134}=0.019$

从附录 24.2，附图 24-2 查得

$$\frac{I_{dxr_1}}{I_s}=0.10$$

$$\frac{I_{dxr_2}}{I_s}=0.15$$

$$\frac{I_{dxr_3}}{I_s}=0.19$$

从而求得三级起动时，各级起动电阻的发热等效电流标幺值为

$$I_{*dxr_1}=0.1\times1.8=0.18$$

$$I_{*dxr_2}=0.15\times1.8=0.27$$

$$I_{*dxr_3}=0.19\times1.8=0.34$$

考虑到起动时间可能大于假定起动时间，将 I_{*dx} 值适当加大，取

$$\left.\begin{aligned}I_{*dxr_1}&=0.3\\I_{*dxr_2}&=0.4\\I_{*dxr_3}&=0.5\end{aligned}\right\}\qquad(24\text{-}39)$$

2）采用二级起动时，各级起动电阻的接电持续率为

$$FC_{r_1}=\frac{30\times1.5}{3600}=1.75\%$$

$$FC_{r_2}=\frac{300\times2.0}{3600}=1.67\%$$

选 ZX12 系列铁铬铝电阻器，取 $T_p=134$s，则通过电阻器的实际短时电流的时间与电阻器时间常数之比为

第 1 级起动电阻 $\frac{t_{sr_1}}{T_p}=\frac{1.5}{134}=0.011$

第 2 级起动电阻 $\frac{t_{sr_2}}{T_p}=\frac{2.0}{134}=0.015$

从附录 24.2，附图 24-2 查得

$$\frac{I_{dxr_1}}{I_s}=0.14$$

$$\frac{I_{dxr_2}}{I_s}=0.16$$

从而求得二级起动时，各级起动电阻的发热等效电流标幺值为

$$I_{*dxr_1}=0.14\times1.8=0.25$$

$$I_{*dxr_2}=0.16\times1.8=0.29$$

考虑到起动时间可能大于假定的起动时间，将 I_{*dx} 值均适当加大取

$$\left.\begin{aligned}I_{*dxr_1}&=0.3\\I_{*dxr_2}&=0.4\end{aligned}\right\}\qquad(24\text{-}40)$$

(4) 不对称切除电阻起动时电阻器发热等效电流计算。

采用凸轮控制器不对称切除电阻起动时，电阻器的发热等效电流 I_{*dx} 可参照表 24-39 中接电持续率 FC_r 的百分数选取。

但应注意，接电持续率 FC_r 的百分数不等于发热

等效电流的标幺值 I_{*dx}。二者的关系为（当 $t_s/T\to 0$ 时，见附录 24.2）：

$$I_{*dx}=\sqrt{FC_r}$$

设凸轮控制器共5挡，其中1挡为反接制动，其余几挡为起动级。各级起制动电阻的发热等效电流标幺值 I_{*dx}，取（设电动机的负载持续率 $FC=40\%$）：

$$\left.\begin{array}{ll}\text{反接制动级} & I_{*dxfj}=0.3\\ \text{第一起动级} & I_{*dx1j}=0.5\\ \text{第二起动级} & I_{*dx2j}=0.6\\ \text{第三起动级} & I_{*dx3j}=0.7\\ \text{第四起动级} & I_{*dx4j}=0.7\end{array}\right\}\qquad(24\text{-}41)$$

例1 某机械每小时起动300次，选用S4及S5工作制，负荷持续率 $FC=40\%$ YZR355M-10型绕线型电动机，其额定功率 $P_e=60\text{kW}$，额定转速 $n_e=590\text{r/min}$，转子额定电压 $U_{ze}=330\text{V}$，转子额定电流 $I_{ze}=112\text{A}$，机械静阻转矩 $M_{*j}=0.8$。求采用三级电阻起动时，各级起动电阻值及其发热等效电流值。

解 (1) 求各级起动电阻值：

取最大起动转矩 $M_{*1}=0.8M_{*d_{max}}$

$$=0.8\times3.1=2.5$$

额定转差率 $s_e=\dfrac{n_0-n_e}{n_0}=\dfrac{600-590}{600}=0.0167$

转子额定电阻 $R_{ze}=\dfrac{U_{ze}}{\sqrt{3}\,I_{ze}}=\dfrac{330}{\sqrt{3}\times112}=1.7\Omega$

设转子导线长30m，由表24-41查得：

转子导线电阻 $R=0.0102\Omega$

转子导线电阻标幺值 $R_*=\dfrac{0.0102}{1.7}=0.006$

等效转差率 $s_{dx}=R_*+s_e$

$$=0.006+0.0167=0.0227$$

按式24-24，求 λ

$$\lambda=\sqrt[m]{\frac{1}{s_{dx}M_{*1}}}=\sqrt[3]{\frac{1}{0.0227\times2.5}}=2.6$$

切换转矩 $M_{*2}=\dfrac{M_{*1}}{\lambda}=\dfrac{2.5}{2.6}=0.96>M_{*j}\ (=0.8)$

转子内电阻（含转子导线电阻）为

$$r_{*n}=s_{dx}=0.0227$$

各级起动电阻标幺值按式24-26求得

$$r_{*3}=r_{*n}(\lambda-1)$$
$$=0.0227(2.6-1)$$
$$=0.036$$
$$r_{*2}=r_{*3}\lambda=0.036\times2.6=0.094$$
$$r_{*1}=r_{*2}\lambda=0.094\times2.6=0.24$$

换算为有名值

$$r_1=r_{*1}R_{ze}=0.24\times1.7=0.41\Omega$$
$$r_2=r_{*2}R_{ze}=0.094\times1.7=0.16\Omega$$
$$r_3=r_{*3}R_{ze}=0.036\times1.7=0.06\Omega$$

(2) 求各级起动电阻的发热等效电流。

因电动机每小时起动300次，各级起动电阻的发热等效电流标幺值按式24-35选取

$$I_{*dxr_1}=0.6$$
$$I_{*dxr_2}=0.7$$
$$I_{*dxr_3}=0.8$$

换算为有名值

$$I_{dxr_1}=0.6\times112=67.2\text{A}$$
$$I_{dxr_2}=0.7\times112=78.4\text{A}$$
$$I_{dxr_3}=0.8\times112=89.6\text{A}$$

例2 某机械每小时起动30次，经计算选用S3工作制及负荷持续率 $FC=40\%$ YZR355M-10型绕线型电动机，其额定功率 $P_e=90\text{kW}$，额定转速 $n_e=589\text{r/min}$，转子额定电压 $U_{ze}=330\text{V}$，转子额定电流 $I_{ze}=166.6\text{A}$，机械静阻转矩 $M_{*j}=0.8$，求采用三级电阻起动时，各级起动电阻值及其发热等效电流值。

解 (1) 求各级起动电阻。

取最大起动转矩 $M_{*1}=0.8M_{*d_{max}}$

$$=0.8\times3.1=2.5$$

转子导线长度为30m，按表24-41查得：电动机的等效转差率 $s_{dx}=0.0275$，按式24-24求得 λ

$$\lambda=\sqrt[m]{\frac{1}{s_{dx}M_{*1}}}=\sqrt[3]{\frac{1}{0.0275\times2.5}}=2.44$$

切换转矩为

$$M_{*2}=\frac{M_{*1}}{\lambda}=\frac{2.5}{2.44}=1.02>M_{*j}(=0.8)$$

转子内电阻（含转子导线电阻）为

$$r_{*n}=s_{dx}=0.0275$$

各级起动电阻标幺值按式24-26求得

$$r_{*3}=r_{*n}(\lambda-1)$$
$$=0.0275(2.44-1)=0.04$$
$$r_{*2}=r_{*3}\lambda=0.04\times2.44=0.1$$
$$r_{*1}=r_{*2}\lambda=0.1\times2.44=0.244$$

转子额定电阻为

$$R_{ze}=\frac{U_{ze}}{\sqrt{3}\,I_{ze}}$$
$$=\frac{330}{\sqrt{3}\times166.6}=1.14\Omega$$

换算成有名值

$$r_1=0.244\times1.14=0.278\Omega$$

$$r_2 = 0.1 \times 1.14 = 0.114\Omega$$

$$r_3 = 0.04 \times 1.14 = 0.046\Omega$$

（2）求各级起动电阻的发热等效电流。

因电动机每小时起动30次，各级起动电阻的发热等效电流按式24-39选取。

$$I_{*dxr_1} = 0.3$$

$$I_{*dxr_2} = 0.4$$

$$I_{*dxr_3} = 0.5$$

换算成有名值

$$I_{dxr_1} = 0.3 \times 166.6 = 50A$$

$$I_{dxr_2} = 0.4 \times 166.6 = 67A$$

$$I_{dxr_3} = 0.5 \times 166.6 = 84A$$

例3 某机械每小时起动300次，选用S4和S5工作制，负荷持续率$FC=40\%$的YZR315S-10绕线型电动机，额定功率$P_e=40kW$，额定转速$n_e=587r/min$，转子额定电压$U_{ze}=242V$，转子额定电流$I_{ze}=102.2A$，机械静阻转矩$M_{*j}=0.6$，求采用二级起动时，各级起动电阻值及其发热等效电流。

解

（1）求各级起动电阻值。

取$M_{*1}=0.85M_{*d_{max}}=0.85\times3.1=2.64$

额定转差率$s_e=\frac{n_0-n_e}{n_0}=\frac{600-587}{600}=0.0217$

转子额定电阻$R_{ze}=\frac{U_{ze}}{\sqrt{3}I_{ze}}=\frac{242}{\sqrt{3}\times102.2}$

$=1.367\Omega$

转子导线长度为30m，由表24-41查得：

转子导线电阻$R=0.0102\Omega$，转子导线电阻标幺值$R_*=\frac{0.0102}{1.367}=0.0075$

等效转差率$s_{dx}=R_*+s_e$

$=0.0075+0.0217=0.0292$

按式24-24，求λ

$$\lambda=\sqrt[m]{\frac{1}{s_{dx}M_{*1}}}=\sqrt{\frac{1}{0.0292\times2.64}}=3.6$$

切换转矩$M_{*2}=\frac{M_{*1}}{\lambda}=\frac{2.64}{3.6}=0.73>M_{*j}$（$=0.6$）

转子内电阻（含转子导线电阻）为

$$r_{*n}=s_{dx}=0.0292$$

各级起动电阻标幺值按式24-26求得

$$r_{*2}=r_{*n}(\lambda-1)$$

$$=0.0292(3.6-1)=0.076$$

$$r_{*1}=r_{*2}\lambda$$

$$=0.076\times3.6=0.274$$

换算为有名值

$$r_2=0.076\times1.367=0.104\Omega$$

$$r_1=0.274\times1.367=0.375\Omega$$

（2）求各级起动电阻的发热等效电流。

因电动机每小时起动300次，各级起动电阻的发热等效电流标幺值按式24-36选取

$$I_{*dxr_1}=0.6$$

$$I_{*dxr_2}=0.7$$

换算为有名值

$$I_{dxr_1}=0.6\times102.2=61.3A$$

$$I_{dxr_2}=0.7\times102.2=71.5A$$

例4 某机械每小时起动30次，选用S3工作制，负荷持续率$FC=40\%$YZR315S-10绕线型电动机，额定功率$P_e=55kW$，额定转速$n_e=580r/min$，转子额定电压$U_{ze}=242V$，转子额定电流$I_{ze}=138.7A$，机械静阻转矩$M_{*j}=0.7$，求采用二级起动时各级起动电阻值及发热等效电流值。

解（1）求各级起动电阻。

取$M_{*1}=0.85M_{*d_{max}}=0.85\times3.1=2.64$

转子导线长度为30m，由表24-41查得电动机的等效转差率$s_{dx}=0.0434$。按式24-24求λ

$$\lambda=\sqrt[m]{\frac{1}{s_{dx}M_{*1}}}=\sqrt{\frac{1}{0.0434\times2.64}}=2.95$$

切换转矩为

$$M_{*2}=\frac{M_{*1}}{\lambda}=\frac{2.64}{2.95}$$

$$=0.89>M_{*j}(=0.7)$$

转子内电阻（含转子导线电阻）为$r_{*n}=s_{dx}=0.0434$，各级起动电阻的标幺值按式24-26求得。

$$r_{*2}=r_{*n}(\lambda-1)$$

$$=0.0434(2.95-1)=0.085$$

$$r_{*1}=r_{*2}\lambda=0.085\times2.95=0.25$$

转子额定电阻为

$$R_{ze}=\frac{U_{ze}}{\sqrt{3}I_{ze}}=\frac{242}{\sqrt{3}\times138.7}=1.01\Omega$$

换算为有名值

$$r_2=0.085\times1.01=0.086\Omega$$

$$r_1=0.25\times1.01=0.25\Omega$$

（2）求各级起动电阻的发热等效电流。

因电动机每小时起动30次，各级起动电阻的发热

等效电流标幺值按 24-40 选取

$$I_{*dxr_1}=0.3$$

$$I_{*dxr_2}=0.4$$

换算为有名值

$$I_{dxr_1}=0.3\times138.7=42\text{A}$$

$$I_{dxr_2}=0.4\times138.7=56\text{A}$$

例 5 电动机技术数据同例 1，折算到电动机轴上总飞轮转矩：$\Sigma GD^2=1700\text{N}\cdot\text{m}^2$。机械静阻转矩 $M_{*j}=0.8$，求各加速级时间和加速继电器的整定时间。

解 (1) 由例 1 已求出：

最大起动转矩 $M_{*1}=2.5$

切换转矩 $M_{*2}=0.96$，$\lambda=\dfrac{2.5}{0.96}=2.6$

转子额定电阻 $R_{ze}=1.7\Omega$

转子内电阻 $r_{*n}=0.0227$

各级加速总电阻按 24-25 求得

$$R_{*3}=r_{*n}\lambda=0.0227\times2.6=0.059$$

$$R_{*2}=R_{*3}\lambda=0.059\times2.6=0.153$$

$$R_{*1}=R_{*2}\lambda=0.153\times2.6=0.398$$

换算为有名值

$$R_3=0.059\times1.7=0.10\Omega$$

$$R_2=0.153\times1.7=0.26\Omega$$

$$R_1=0.398\times1.7=0.677\Omega$$

各加速级在加速开始和加速终止时的转差率按式 24-34 计算：

第 1 级加速开始和加速终止时的转差率

$$S_{1a}=M_{*1}\frac{R_1}{R_{ze}}=2.5\times\frac{0.677}{1.7}=1.0$$

$$S_{1b}=M_{*2}\frac{R_1}{R_{ze}}=0.96\times\frac{0.677}{1.7}=0.38$$

第 2 级加速开始和加速终止时的转差率

$$S_{2c}=M_{*1}\frac{R_2}{R_{ze}}=2.5\times\frac{0.26}{1.7}=0.38$$

$$S_{2d}=M_{*2}\frac{R_2}{R_{ze}}$$

$$=0.96\times\frac{0.26}{1.7}=0.15$$

第 3 级加速开始和加速终止时的转差率

$$S_{3e}=M_{*1}\frac{R_3}{R_{ze}}$$

$$=2.5\times\frac{0.1}{1.7}=0.15$$

$$S_{3f}=M_{*2}\frac{R_3}{R_{ze}}$$

$$=0.96\times\frac{0.1}{1.7}=0.056$$

电动机额定转矩 $M_e=9550\dfrac{P_e}{n_e}$

$$=9550\frac{60}{590}=971\text{N}\cdot\text{m}$$

各加速级时间按式 24-32 计算

$$t_{ab}=\frac{\Sigma GD^2}{163}\frac{n_e}{M_e}\frac{(s_{1a}-s_{1b})}{(M_{*1}-M_{*2})}\lg\frac{M_{*1}-M_{*j}}{M_{*2}-M_{*j}}$$

$$=\frac{1700}{163}\times\frac{590}{971}\times\frac{(1.0-0.38)}{(2.5-0.96)}\lg\frac{2.5-0.8}{0.96-0.8}$$

$$=2.62\text{s}$$

$$t_{cd}=t_{ab}\frac{(s_{2c}-s_{2d})}{s_{1a}-s_{1b}}$$

$$=2.62\times\frac{0.38-0.15}{1.0-0.38}$$

$$=0.97\text{s}$$

$$t_{ef}=t_{ab}\frac{s_{3e}-s_{3f}}{s_{1a}-s_{1b}}$$

$$=2.62\times\frac{0.15-0.056}{1.0-0.38}$$

$$=0.4\text{s}$$

各加速继电器的延时整定时间按式 24-31 计算

$$t_{js1}=2.62-0.15=2.47\text{s}$$

$$t_{js2}=0.97-0.15=0.82\text{s}$$

$$t_{js3}=0.4-0.15=0.25\text{s}$$

例 6 绕线型电动机 YZR225M-8，S3 工作制，$FC=40\%$额定功率 $P_e=22\text{kW}$，额定转速 $n_e=715\text{r/min}$，转子额定电压 $U_{ze}=232\text{V}$，转子额定电流 $I_{ze}=59.1\text{A}$。采用 KT14-60J/1 型凸轮控制器起动(见图 24-24 和表 24-39)，控制器共五挡，其中一挡用于反接制动。求各挡起制动电阻值及其发热等效电流值。

解 电动机为轻载起动，切换转矩 $M_{*2}=0.70$，第一挡机械特性。

当 $n_*=0$，$M_{*2}=0.70$，如果电动机满载起动，则利用第二挡机械特性。由于第 4 挡和第 5 挡同时切除，故实际起动电阻级数为 3 级。

设转子导线长度为 30m，由表 24-41 查得该电动机的等效转差率为 $s_{dx}=0.0692$，按式 24-28，求 λ。

$$\lambda=\sqrt[3+1]{\frac{1}{s_{dx}M_{*2}}}$$

$$=\sqrt[4]{\frac{1}{0.0692\times0.7}}=2.1$$

按式 24-30 求出各级起动电阻标幺值：

($r_{*n}=s_{dx}$)：

$$r_{*(Q_0-Q_1)}=(\lambda^5-\lambda^2)r_{*n}$$

$$=(2.1^5-2.1^2)\times0.0692$$

$$= 2.52$$

$$r_{*(Q_0-Q_2)} = (\lambda^4 - \lambda) r_{*n} = (2.1^4 - 2.1) \times 0.0692 = 1.2$$

$$r_{*(Q_0-Z_3)} = (\lambda^3 - 1) r_{*n} = (2.1^3 - 1) \times 0.0692 = 0.57$$

$$r_{*(Q_1-Z_1)} = (\lambda^2 - 1) r_{*n} = (2.1^2 - 1) \times 0.0692 = 0.24$$

$$r_{*(Q_2-Z_2)} = (\lambda - 1) r_{*n} = (2.1 - 1) \times 0.0692 = 0.076$$

转子额定电阻

$$R_{ze} = \frac{U_{ze}}{\sqrt{3} I_{ze}} = \frac{232}{\sqrt{3} \times 59.1} = 2.27\Omega$$

各级起动电阻有名值

$$r_{Q_0-Q_1} = 2.52 \times 2.27 = 5.72\Omega$$

$$r_{Q_0-Q_2} = 1.2 \times 2.27 = 2.72\Omega$$

$$r_{Q_0-Z_3} = 0.57 \times 2.27 = 1.29\Omega$$

$$r_{Q_1-Z_1} = 0.24 \times 2.27 = 0.54\Omega$$

$$r_{Q_2-Z_2} = 0.076 \times 2.27 = 0.17\Omega$$

按式 24-41 求出各级起动电阻的发热等效电流

$$I_{dxfj} = 0.3 \times 59.1 = 17.7\text{A}$$

$$I_{dx1j} = 0.5 \times 59.1 = 29.6\text{A}$$

$$I_{dx2j} = 0.6 \times 59.1 = 35.5\text{A}$$

$$I_{dx3j} = 0.7 \times 59.1 = 41.4\text{A}$$

$$I_{dx4j} = 0.7 \times 59.1 = 41.4\text{A}$$

E　常接电阻计算

轧钢车间某些传动装置用的绕线型电动机，由于发热条件的限制，或由于生产机械要求机械特性软化，设计时常采用常接电阻的控制系统，这种系统一般应用于：

(1) 按 0°～180°或 0°～360°停车的周期工作制的曲柄机械，如升降台，翻钢机等；

(2) 负荷持续率 *FC* 值较小的机械，如输入辊道，回转台等；

(3) 带有飞轮的机械。

常接电阻的阻值一般取 $R=0.3R_{ze}$，其发热等效电流一般取 $I_{dx}=I_{ze}$。如起动特别频繁，其发热等效电流应取 $I_{dx}=1.1\sim1.2I_{ze}$。

绕线型电动机采用常接电阻控制系统时，可采用 JK 系列笼型电动机控制设备。控制方案有：

(1) JKT-136、JKT-137：轻载断续周期工作，可逆。

(2) JKT-138、JKT-139：重载断续周期工作，可逆，带堵转保护。

(3) JKT-140、JKT-141：重载断续周期工作，可逆，带堵转保护及能耗制动。

控制系统详见第 29 章“低压电气设备选择”中有关 JK 系列笼型电动机的电控设备。

F　YZR 绕线型电动机各级起制动电阻和常接电阻选用表

YZR 绕线型电动机，（最大操作频率为 30 次/h）采用二级起动时，各级起动电阻选用表见表 24-50。

YZR 绕线型电动机，（最大操作频率为 30 次/h），采用三级起动时，各级起动电阻选用表见表 24-51。

YZR 绕线型电动机，（最大操作频率为 300 次/h），采用二级起动和一级反接制动时，各级起制动电阻选用表见表 24-52。

YZR 绕线型电动机，（最大操作频率为 300 次/h），采用三级起动和一级反接制动时，各级起制动电阻选用表见表 24-53。

YZR 绕线型电动机常接电阻选用表见表 24-54。

表 24-50～表 24-53 中，电动机参数均为折算到 S3，*FC*=40%时的数据。反接制动电阻计算见 24.3.3 节内容。

G　电阻分级起动用 JK 系列电控设备

电阻分级起动 JK 系列电控设备有如下方案：

(1) JKT-142：轻载断续周期工作，不可逆，电阻分级起动交流操作。

(2) JKT-143：同 JKT-142 方案，但为直流操作。

(3) JKT-146：重载断续周期工作，不可逆，电阻分级起动，带机械制动。

(4) JKT-149：轻载断续周期工作，可逆，电阻分级起动。

(5) JKT-151：重载断续周期工作，可逆，电阻分级起动，带机械制动及反接制动。

(6)JKT-152：同 JKT-151 方案，但增加能耗制动。

JKT-146 方案原理图见图 24-29。JKT-151 方案原理图见图 24-30。JKT-152 方案原理图见图 24-31。其余方案见第 29 章“低压电气设备选择”，有关 JK 系列电阻分级起动部分。

表 24-50 YZR 绕线型电动机采用二级起动时各级电阻选用表（S3，$FC=40\%$，$Z=30$ 次/h）

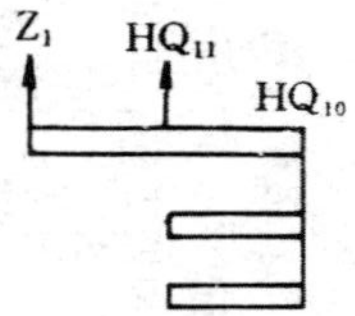

转子回路简图

电动机型号及技术数据				电阻计算值					选用电阻值（每相）				每台电动机所用电阻
型号	转子额定电压 U_{ze} (V)	转子额定电流 I_{ze} (A)	转子额定电阻 R_{ze} (Ω)	电阻段号	电阻值 标幺值	电阻值 (Ω)	电流值 标幺值	电流值 (A)	电阻元件型号	电阻值（Ω）	额定电流值 (A)	片数	
YZR112M-6	100	12.5	4.62	Z_1-HQ_{11}	0.133	0.615	0.4	5	ZB2-3.5	$\frac{0.615+1.074}{3.5}$	10.1	1	ZB2-3.5，3×1 片
				HQ_{11}-HQ_{10}	0.232	1.074	0.3	3.750					
YZR132M1-6	132	12.6	6.05	Z_1-HQ_{11}	0.107	0.648	0.4	5.040	ZB2-3.5	$\frac{0.648+1.200}{3.5}$	10.1	1	ZB2-3.5，3×1 片
				HQ_{11}-HQ_{10}	0.198	1.200	0.3	3.78					
YZR132M2-6	185	14.5	7.37	Z_1-HQ_{11}	0.125	0.921	0.4	5.800	ZB2-3.5	$\frac{0.921+1.883}{3.5}$	10.1	1	ZB2-3.5，3×1 片
				HQ_{11}-HQ_{10}	0.255	1.883	0.3	4.350					
YZR160M1-6	138	25.7	3.10	Z_1-HQ_{11}	0.120	0.372	0.4	10.280	ZB2-1.45	$\frac{0.372+0.250}{1.45}$	15.4	1	ZB2-1.45，3×1 片
				HQ_{11}-HQ_{10}	0.250	0.774	0.3	7.710					
YZR160M2-6	185	26.5	4.03	Z_1-HQ_{11}	0.111	0.446	0.4	10.600	ZB2-1.45	$\frac{0.446+0.984}{1.45}$	15.4	1	ZB2-1.45，3×1 片
				HQ_{11}-HQ_{10}	0.244	0.984	0.3	7.950					
YZR160L-6	250	27.6	5.23	Z_1-HQ_{11}	0.120	0.627	0.4	11.040	ZB2-1.95	$\frac{0.627+1.573}{1.95\times2}$	13.8	2	ZB2-1.95，3×2 片
				HQ_{11}-HQ_{10}	0.301	1.573	0.3	8.280					
YZR180L-6	218	46.5	2.71	Z_1-HQ_{11}	0.092	0.250	0.4	18.600	ZB2-0.7	$\frac{0.25+0.655}{0.7\times2}$	22.3	2	ZB2-0.7，3×2 片
				HQ_{11}-HQ_{10}	0.242	0.655	0.3	13.950					
YZR200L-6	200	69.9	1.65	Z_1-HQ_{11}	0.100	0.164	0.4	27.960	ZB1-0.25	$\frac{0.164+0.461}{0.25\times3}$	38	3	ZB1-0.25，3×3 片
				HQ_{11}-HQ_{10}	0.279	0.461	0.3	20.970					

续表 24-50

电动机型号及技术数据				电阻计算值					选用电阻值（每相）				每台电动机所用电阻
型号	转子额定电压 U_{2e} (V)	转子额定电流 I_{2e} (A)	转子额定电阻 R_{2e} (Ω)	电阻段号	电阻值 标幺值	电阻值 (Ω)	电流值 标幺值	电流值 (A)	电阻元件型号	电阻值 (Ω)	额定电流值 (A)	片数	
YZR225M-6	251	74.4	1.94	Z_1-HQ_{11}	0.094	0.182	0.4	29.760	ZB1-0.25	$\frac{0.182+0.495}{0.25\times 3}$	38	3	ZB1-0.25，3×3 片
				HQ_{11}-HQ_{10}	0.255	0.495	0.3	22.320					
YZR250M1-6	250	91.5	1.57	Z_1-HQ_{11}	0.093	0.146	0.4	36.60	ZJ1-4	$\frac{0.146}{0.07\times 2}$	64	2	ZJ1-4，3×2 片
				HQ_{11}-HQ_{10}	0.257	0.404	0.3	27.450	ZJ1-6	$\frac{0.404}{0.135\times 3}$	46	3	ZJ1-6，3×3 片
YZR250M2-6	290	95	1.76	Z_1-HQ_{11}	0.090	0.159	0.4	38.00	ZJ1-3，ZJ1-5	$\frac{0.159}{0.067+0.099}$	54	1+1	ZJ1-3，3×2 片
				HQ_{11}-HQ_{10}	0.266	0.469	0.3	28.50	ZJ1-3，ZJ1-6	$\frac{0.469}{0.067+0.135\times 3}$	46	1+3	ZJ1-5，3×1 片 ZJ1-6，3×3 片
YZR280S-6	280	119.8	1.35	Z_1-HQ_{11}	0.090	0.122	0.4	47.920	ZJ1-3	$\frac{0.122}{0.067\times 2}$	64	2	ZJ1-3，3×2 片
				HQ_{11}-HQ_{10}	0.285	0.384	0.3	35.940	ZJ1-5，ZJ1-6	$\frac{0.384}{0.099+0.135\times 2}$	46	1+2	ZJ1-5，3×1 片 ZJ1-6，3×2 片
YZR280M-6	370	122.6	1.72	Z_1-HQ_{11}	0.086	0.148	0.4	49.04	ZJ1-2，ZJ1-5	$\frac{0.148}{0.047+0.099}$	54	1+1	ZJ1-2，3×1 片 ZJ1-4，3×1 片
				HQ_{11}-HQ_{10}	0.279	0.479	0.3	36.78	ZJ1-4，ZJ1-6	$\frac{0.479}{0.07+0.135\times 3}$	46	1+3	ZJ1-5，3×1 片 ZJ1-6，3×3 片
YZR160L-8	205	23	5.15	Z_1-HQ_{11}	0.113	0.584	0.4	9.200	ZB2-1.95	$\frac{0.584+1.364}{1.95}$	13.8	1	ZB2-1.95，3×1 片
				HQ_{11}-HQ_{10}	0.265	1.364	0.3	6.900					
YZR180L-8	172	44	2.26	Z_1-HQ_{11}	0.115	0.261	0.4	17.600	ZB2-0.7	$\frac{0.261+0.550}{0.7\times 2}$	22.3	2	ZB2-0.7，3×2 片
				HQ_{11}-HQ_{10}	0.243	0.550	0.3	13.200					
YZR200L-8	178	53.5	1.92	Z_1-HQ_{11}	0.105	0.202	0.4	21.400	ZB1-0.5	$\frac{0.202+0.477}{0.5\times 2}$	26	2	ZB1-0.5，3×2 片
				HQ_{11}-HQ_{10}	0.249	0.477	0.3	16.050					
YZR225M-8	232	59.1	2.27	Z_1-HQ_{11}	0.104	0.235	0.4	23.640	ZB1-0.4	$\frac{0.235+0.586}{0.4\times 3}$	29	3	ZB1-0.4，3×3 片
				HQ_{11}-HQ_{10}	0.258	0.586	0.3	17.730					

续表 24-50

电动机型号及技术数据				电阻计算值					选用电阻值（每相）				每台电动机所用电阻
型号	转子额定电压 U_{ze} (V)	转子额定电流 I_{ze} (A)	转子额定电阻 R_{ze} (Ω)	电阻段号	电阻值 标幺值	电阻值 电阻值 (Ω)	电流值 标幺值	电流值 电流值 (A)	电阻元件型号	电阻值 (Ω)	额定电流值 (A)	片数	
YZR250M1-8	272	68.8	2.28	Z_1-HQ_{11}	0.101	0.231	0.4	27.520	ZB1-0.25	$\frac{0.231+0.664}{0.25\times4}$	38	4	ZB1-0.25，3×4 片
				HQ_{11}-HQ_{10}	0.291	0.664	0.3	20.640					
YZR250M2-8	335	70	2.76	Z_1-HQ_{11}	0.100	0.276	0.4	28.000	ZB1-0.25	$\frac{0.276+0.814}{0.25\times5}$	38	5	ZB1-0.25，3×5 片
				HQ_{11}-HQ_{10}	0.295	0.814	0.3	21.000					
YZR280S-8	305	92	1.91	Z_1-HQ_{11}	0.094	0.179	0.4	36.800	ZJ1-2，ZJ1-6	$\frac{0.179}{0.047+0.135}$	46	1+1	ZJ1-2，3×1 片 ZJ1-4，3×1 片 ZJ1-6，3×4 片
				HQ_{11}-HQ_{10}	0.255	0.487	0.3	27.600	ZJ1-4，ZJ1-6	$\frac{0.487}{0.07+0.135\times3}$	46	1+3	
YZR280M-8	360	92.5	2.25	Z_1-HQ_{11}	0.095	0.214	0.4	37.000	ZJ1-5，ZJ1-6	$\frac{0.214}{0.099+0.135}$	46	1+1	ZJ1-5，3×1 片 ZJ1-6，3×1 片 ZJ1-8，3×4 片
				HQ_{11}-HQ_{10}	0.309	0.695	0.3	27.750	ZJ1-8	$\frac{0.695}{0.172\times4}$	33	4	
YZR315S-8	302	159	1.10	Z_1-HQ_{11}	0.091	0.100	0.4	63.600	ZJ1-1，ZJ1-3	$\frac{0.10}{0.033+0.067}$	76	1+1	ZJ1-1，3×1 片 ZJ1-2，3×1 片 ZJ1-3，3×1 片 ZJ1-4，3×4 片
				HQ_{11}-HQ_{10}	0.300	0.330	0.3	47.700	ZJ1-2，ZJ1-4	$\frac{0.33}{0.047+0.07\times4}$	64	1+4	
YZR315M-8	372	160.9	1.34	Z_1-HQ_{11}	0.090	0.122	0.4	64.360	ZJ1-3	$\frac{0.122}{0.067\times2}$	76	2	ZJ1-3，3×2 片
				HQ_{11}-HQ_{10}	0.265	0.355	0.3	48.270	ZJ1-4	$\frac{0.355}{0.07\times5}$	64	5	ZJ1-4，3×5 片
YZR280S-10	150	153.2	0.57	Z_1-HQ_{11}	0.105	0.060	0.4	61.280	ZJ1-3	$\frac{0.06}{0.067}$	76	1	ZJ1-3，3×2 片 ZJ1-5，3×1 片
				HQ_{11}-HQ_{10}	0.277	0.158	0.3	45.960	ZJ1-3，ZJ1-5	$\frac{0.158}{0.067+0.099}$	54	1+1	
YZR280M-10	172	165	0.60	Z_1-HQ_{11}	0.097	0.058	0.4	66.000	ZJ1-3	$\frac{0.058}{0.067}$	76	1	ZJ1-3，3×3 片
				HQ_{11}-HQ_{10}	0.210	0.126	0.3	49.500	ZJ1-3	$\frac{0.126}{0.067\times2}$	76	2	
YZR315S-10	242	138.7	1.01	Z_1-HQ_{11}	0.089	0.090	0.4	55.480	ZJ1-1，ZJ1-3	$\frac{0.09}{0.033+0.067}$	76	1+1	ZJ1-1，3×1 片 ZJ1-3，3×1 片 ZJ1-4，3×1 片 ZJ1-5，3×2 片
				HQ_{11}-HQ_{10}	0.271	0.274	0.3	41.610	ZJ1-4，ZJ1-5	$\frac{0.274}{0.07+0.099\times2}$	54	1+2	

续表 24-50

电动机型号及技术数据				电阻计算值					选用电阻值（每相）				每台电动机所用电阻
型号	转子额定电压 U_{ze} (V)	转子额定电流 I_{ze} (A)	转子额定电阻 R_{ze} (Ω)	电阻段号	电阻值 标幺值	电阻值 电阻值 (Ω)	电流值 标幺值	电流值 电流值 (A)	电阻元件型号	电阻值 (Ω)	额定电流值 (A)	片数	
YZR315M-10	325	149.3	1.26	Z_1-HQ_{11}	0.089	0.112	0.4	59.720	ZJ1-2，ZJ1-3	$\frac{0.112}{0.047+0.067}$	76	1+1	ZJ1-2，3×2 片 ZJ1-3，3×1 片 ZJ1-5，3×3 片
				HQ_{11}-HQ_{10}	0.271	0.342	0.3	44.790	ZJ1-2，ZJ1-5	$\frac{0.342}{0.047+0.099\times3}$	54	1+3	
YZR355M-10	330	166.6	1.14	Z_1-HQ_{11}	0.078	0.088	0.4	66.640	ZJ1-2	$\frac{0.088}{0.047\times2}$	91	2	ZJ1-2，3×2 片 ZJ1-4，3×5 片
				HQ_{11}-HQ_{10}	0.299	0.340	0.3	49.980	ZJ1-4	$\frac{0.34}{0.07\times5}$	64	5	
YZR355L1-10	388	172	1.30	Z_1-HQ_{11}	0.090	0.117	0.4	68.800	ZJ1-1，ZJ1-2	$\frac{0.117}{0.033\times2+0.047}$	91	2+1	ZJ1-1，3×2 片 ZJ1-2，3×2 片 ZJ1-4，3×5 片
				HQ_{11}-HQ_{10}	0.303	0.394	0.3	51.600	ZJ1-2，ZJ1-4	$\frac{0.394}{0.047+0.07\times5}$	64	1+5	
YZR355L2-10	475	167.5	1.64	Z_1-HQ_{11}	0.073	0.120	0.4	67.000	ZJ1-1，ZJ1-2	$\frac{0.12}{0.033+0.047\times2}$	91	1+2	ZJ1-1，3×2 片 ZJ1-2，3×2 片 ZJ1-4，3×6 片
				HQ_{11}-HQ_{10}	0.279	0.458	0.3	50.250	ZJ1-1，ZJ1-4	$\frac{0.458}{0.033+0.07\times6}$	64	1+6	
YZR400L1-10	395	250	0.97	Z_1-HQ_{11}	0.079	0.077	0.4	100	ZJ1-1，ZJ1-2	$\frac{0.077}{0.033\times2\ (2)+0.047\times2\ (2)}$	91×2	4+4	ZJ1-1，3×6 片 ZJ1-2，3×9 片
				HQ_{11}-HQ_{10}	0.310	0.300	0.3	75	ZJ1-1，ZJ1-2	$\frac{0.30}{0.033\times2+0.047\times5}$	91	2+5	
YZR400L2-10	460	258	1.10	Z_1-HQ_{11}	0.080	0.088	0.4	103.2	ZJ1-2	$\frac{0.088}{0.047\times4\ (2)}$	91×2	8	ZJ1-1，3×1 片 ZJ1-2，3×15 片
				HQ_{11}-HQ_{10}	0.334	0.368	0.3	77.4	ZJ1-1，ZJ1-2	$\frac{0.368}{0.033+0.047\times7}$	91	1+7	

注：1. 表中电动机转子额定电压 U_{ze}（V）和转子额定电流 I_{ze}（A）摘自佳木斯电机研究所资料。

2. 表中选用电阻的电阻值栏中，用分数表示的数字含义如下：

（1）选用 ZB1（或 ZB2）康铜元件时，分子表示各级电阻计算值，（本表中即为电阻的选用值），分母表示选用电阻的总电阻及其接法，如 0.4×4（2）表示选用电阻每片为 0.4Ω4 片串联，2 组并联（无括号则表示无并联），总电阻值为 0.8Ω。

（2）选用 ZJ1 铁铬铝元件时，分子表示电阻计算值，分母表示电阻选用值，如 0.033×4（2）表示选用电阻每片为 0.033Ω，4 片串联，两组并联（无括号则表示无并联），选用电阻值为 0.066Ω。

3. 当每台电动机选用电阻片数较少时，可将几台电动机所用电阻元件组装在一个电阻箱内。

4. 只有同型号的电阻元件才能组装在一个电阻箱内，ZB 型康铜元件（ZB1 和 ZB2 型）组装成的电阻箱为 ZX2 型，每箱安装 10 片电阻。ZJ1 型铁铬铝元件组装成的电阻箱为 ZX12 型，每箱允许安装电阻元件的数量视其负荷电流而定。（76A～107A 的元件，每箱可装 12 片；46A～64A 的元件每箱可装 16 片；24A～39A 的元件，每箱可装 24 片）。

表 24-51 YZR 绕线型电动机采用三级起动时各级电阻选用表（$S3$，$FC=40\%$，$Z=30$ 次/h）

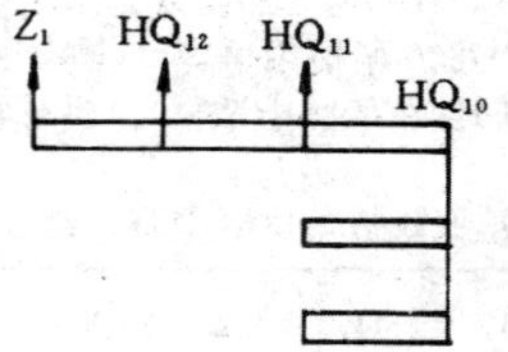

转子回路简图

电动机型号及技术数据				电阻计算值					选用电阻值（每相）				每台电动机所用电阻
型号	转子额定电压 U_{ze} (V)	转子额定电流 I_{ze} (A)	转子额定电阻 R_{ze} (Ω)	电阻段号	电阻值		电流值		电阻元件型号	电阻值（Ω）	额定电流值 (A)	片数	
					标幺值	电阻值 (Ω)	标幺值	电流值 (A)					
YZR112M-6	100	12.5	4.62	Z_1-HQ_{12}	0.080	0.371	0.5	6.25	ZB2-3.5	$\frac{0.371+0.538+0.780}{3.5}$	10.1	1	ZB2-3.5，3×1 片
				HQ_{12}-HQ_{11}	0.116	0.538	0.4	5.00					
				HQ_{11}-HQ_{10}	0.169	0.780	0.3	3.75					
YZR132M1-6	132	12.6	6.05	Z_1-HQ_{12}	0.064	0.386	0.5	6.30	ZB2-3.5	$\frac{0.386+0.583+0.878}{3.5}$	10.1	1	ZB2-3.5，3×1 片
				HQ_{12}-HQ_{11}	0.096	0.583	0.4	5.04					
				HQ_{11}-HQ_{10}	0.145	0.878	0.3	3.78					
YZR132M2-6	185	14.5	7.37	Z_1-HQ_{12}	0.073	0.539	0.5	7.25	ZB2-3.5	$\frac{0.539+0.868+1.398}{3.5}$	10.1	1	ZB2-3.5，3×1 片
				HQ_{12}-HQ_{11}	0.118	0.868	0.4	5.80					
				HQ_{11}-HQ_{10}	0.190	1.398	0.3	4.35					
YZR160M1-6	138	25.7	3.10	Z_1-HQ_{12}	0.070	0.217	0.5	12.85	ZB2-1.45	$\frac{0.217+0.353+0.576}{1.45}$	15.4	1	ZB2-1.45，3×1 片
				HQ_{12}-HQ_{11}	0.114	0.353	0.4	10.28					
				HQ_{11}-HQ_{10}	0.186	0.576	0.3	7.71					

续表 24-51

电动机型号及技术数据				电阻计算值					选用电阻值（每相）				每台电动机所用电阻
型号	转子额定电压 U_{ze} (V)	转子额定电流 I_{ze} (A)	转子额定电阻 R_{ze} (Ω)	电阻段号	电阻值 标幺值	电阻值 (Ω)	电流值 标幺值	电流值 (A)	电阻元件型号	电阻值 (Ω)	额定电流值 (A)	片数	
YZR160M2-6	185	26.5	4.03	Z_1-HQ_{12}	0.064	0.257	0.5	13.25	ZB2-1.1	$\frac{0.257+0.435+0.738}{1.1\times2}$	17.7	2	ZB2-1.1，3×2 片
				HQ_{12}-HQ_{11}	0.108	0.435	0.4	10.60					
				HQ_{11}-HQ_{10}	0.183	0.738	0.3	7.95					
YZR160L-6	250	27.6	5.23	Z_1-HQ_{12}	0.067	0.352	0.5	13.800	ZB2-1.1	$\frac{0.352+0.649+1.199}{1.1\times2}$	17.7	2	ZB2-1.1，3×2 片
				HQ_{12}-HQ_{11}	0.124	0.649	0.4	11.041					
				HQ_{11}-HQ_{10}	0.229	1.199	0.3	8.28					
YZR180L-6	218	46.5	2.71	Z_1-HQ_{12}	0.051	0.139	0.5	23.25	ZB1-0.4	$\frac{0.139+0.264+0.502}{0.4\times3}$	29	3	ZB1-0.4，3×3 片
				HQ_{12}-HQ_{11}	0.097	0.264	0.4	18.60					
				HQ_{11}-HQ_{10}	0.185	0.502	0.3	13.95					
YZR200L-6	200	69.9	1.65	Z_1-HQ_{12}	0.055	0.090	0.5	34.95	ZB1-0.2	$\frac{0.090+0.179+0.356}{0.2\times4}$	43	4	ZB1-0.2，3×4 片
				HQ_{12}-HQ_{11}	0.109	0.179	0.4	27.96					
				HQ_{11}-HQ_{10}	0.216	0.356	0.3	20.97					
YZR225M-6	251	74.4	1.94	Z_1-HQ_{12}	0.052	0.100	0.5	37.20	ZJ1-5	$\frac{0.10}{0.099}$	54	1	ZJ1-5，3×3 片 ZJ1-8，3×1 片 ZJ1-9，3×1 片
				HQ_{12}-HQ_{11}	0.101	0.195	0.4	29.76	ZJ1-5	$\frac{0.195}{0.099\times2}$	54	2	
				HQ_{11}-HQ_{10}	0.196	0.381	0.3	22.32	ZJ1-8，ZJ1-9	$\frac{0.381}{0.172+0.226}$	29	1+1	
YZR250M1-6	250	91.5	1.57	Z_1-HQ_{12}	0.051	0.080	0.5	45.75	ZJ1-1，ZJ1-2	$\frac{0.08}{0.033+0.047}$	91	1+1	ZJ1-1，3×1 片 ZJ1-2，3×1 片 ZJ1-4，3×1 片 ZJ1-5，3×1 片 ZJ1-6，3×1 片 ZJ1-8，3×1 片
				HQ_{12}-HQ_{11}	0.101	0.158	0.4	36.60	ZJ1-4，ZJ1-5	$\frac{0.158}{0.07+0.099}$	54	1+1	
				HQ_{11}-HQ_{10}	0.198	0.311	0.3	27.45	ZJ1-6，ZJ1-8	$\frac{0.311}{0.135+0.172}$	33	1+1	

续表 24-51

电动机型号及技术数据				电阻计算值					选用电阻值（每相）				
型号	转子额定电压 U_{ze} (V)	转子额定电流 I_{ze} (A)	转子额定电阻 R_{ze} (Ω)	电阻段号	电阻值		电流值		电阻元件型号	电阻值（Ω）	额定电流值 (A)	片数	每台电动机所用电阻
					标幺值	电阻值 (Ω)	标幺值	电流值 (A)					
YZR250M2-6	290	95	1.76	Z_1-HQ_{12}	0.049	0.086	0.5	47.50	ZJ1-1，ZJ1-2	$\frac{0.086}{0.033+0.047}$	91	1+1	ZJ1-1，3×1片 ZJ1-2，3×2片 ZJ1-5，3×1片 ZJ1-6，3×3片
				HQ_{12}-HQ_{11}	0.101	0.177	0.4	38.00	ZJ1-2，ZJ1-6	$\frac{0.177}{0.047+0.135}$	46	1+1	
				HQ_{11}-HQ_{10}	0.207	0.364	0.3	28.50	ZJ1-5，ZJ1-6	$\frac{0.364}{0.099+0.135\times 2}$	46	1+2	
YZR280S-6	280	119.8	1.35	Z_1-HQ_{12}	0.048	0.065	0.5	59.90	ZJ1-2	$\frac{0.065}{0.067}$	91	1	ZJ1-2，3×1片
				HQ_{12}-HQ_{11}	0.104	0.140	0.4	47.92	ZJ1-4	$\frac{0.14}{0.07\times 2}$	64	2	ZJ1-4，3×2片
				HQ_{11}-HQ_{10}	0.223	0.301	0.3	35.94	ZJ1-5	$\frac{0.301}{0.099\times 3}$	54	3	ZJ1-5，3×3片
YZR280M-6	370	122.6	1.72	Z_1-HQ_{12}	0.046	0.079	0.5	61.30	ZJ1-1，ZJ1-2	$\frac{0.079}{0.033+0.047}$	91	1+1	ZJ1-1，3×2片 ZJ1-2，3×1片 ZJ1-4，3×2片 ZJ1-5，3×1片 ZJ1-6，3×2片
				HQ_{12}-HQ_{11}	0.100	0.172	0.4	49.04	ZJ1-1，ZJ1-4	$\frac{0.172}{0.033+0.07\times 2}$	64	1+2	
				HQ_{11}-HQ_{10}	0.219	0.377	0.3	36.78	ZJ1-5，ZJ1-6	$\frac{0.377}{0.099+0.135\times 2}$	46	1+2	
YZR160L-8	205	23	5.15	Z_1-HQ_{12}	0.065	0.332	0.5	11.50	ZB2-1.95	$\frac{0.332+0.585+1.030}{1.95}$	13.8	1	ZB2-1.95，3×1片
				HQ_{12}-HQ_{11}	0.114	0.585	0.4	9.20					
				HQ_{11}-HQ_{10}	0.200	1.030	0.3	6.90					
YZR180L-8	172	44	2.26	Z_1-HQ_{12}	0.067	0.152	0.5	22.00	ZB1-0.5	$\frac{0.152+0.249+0.410}{0.5\times 2}$	26	2	ZB1-0.5，3×2片
				HQ_{12}-HQ_{11}	0.110	0.249	0.4	17.60					
				HQ_{11}-HQ_{10}	0.181	0.410	0.3	13.20					

续表 24-51

电动机型号及技术数据				电阻计算值					选用电阻值（每相）				每台电动机所用电阻
型号	转子额定电压 U_{ze}（V）	转子额定电流 I_{ze}（A）	转子额定电阻 R_{ze}（Ω）	电阻段号	电阻值 标幺值	电阻值 电阻值（Ω）	电流值 标幺值	电流值 电流值（A）	电阻元件型号	电阻值（Ω）	额定电流值（A）	片数	
YZR200L-8	178	53.5	1.92	Z_1-HQ_{12}	0.060	0.115	0.5	26.75	ZB1-0.33	$\frac{0.115+0.204+0.361}{0.33\times2}$	32	2	ZB1-0.33，3×2片
				HQ_{12}-HQ_{11}	0.106	0.204	0.4	21.40					
				HQ_{11}-HQ_{10}	0.188	0.361	0.3	16.05					
YZR225M-8	232	59.1	2.27	Z_1-HQ_{12}	0.058	0.132	0.5	29.55	ZB1-0.25	$\frac{0.132+0.243+0.447}{0.25\times4}$	37	4	ZB1-0.25，3×4片
				HQ_{12}-HQ_{11}	0.107	0.243	0.4	23.64					
				HQ_{11}-HQ_{10}	0.197	0.447	0.3	17.73					
YZR250M1-8	272	68.8	2.28	Z_1-HQ_{12}	0.055	0.126	0.5	34.40	ZB1-0.2	$\frac{0.126+0.254+0.515}{0.2\times5}$	43	5	ZB1-0.2，3×5片
				HQ_{12}-HQ_{11}	0.112	0.254	0.4	27.52					
				HQ_{11}-HQ_{10}	0.226	0.515	0.3	20.64					
YZR250M2-8	335	70	2.76	Z_1-HQ_{12}	0.054	0.150	0.5	35.00	ZB1-0.2	$\frac{0.150+0.308+0.632}{0.2\times6}$	43	6	ZB1-0.2，3×6片
				HQ_{12}-HQ_{11}	0.112	0.308	0.4	28.00					
				HQ_{11}-HQ_{10}	0.229	0.632	0.3	21.00					
YZR280S-8	305	92	1.91	Z_1-HQ_{12}	0.052	0.099	0.5	46.00	ZJ1-5	$\frac{0.099}{0.099}$	54	1	ZJ1-5，3×3片
				HQ_{12}-HQ_{11}	0.101	0.192	0.4	36.80	ZJ1-5	$\frac{0.192}{0.099\times2}$	54	2	
				HQ_{11}-HQ_{10}	0.196	0.374	0.3	27.60	ZJ1-7	$\frac{0.374}{0.124\times3}$	39	3	ZJ1-7，3×3片
YZR280M-8	360	92.5	2.25	Z_1-HQ_{12}	0.051	0.114	0.5	46.25	ZJ1-2，ZJ1-3	$\frac{0.114}{0.047+0.067}$	76	1+1	ZJ1-2，3×1片 ZJ1-3，3×1片
				HQ_{12}-HQ_{11}	0.111	0.249	0.4	37.00	ZJ1-6	$\frac{0.249}{0.135\times2}$	46	2	ZJ1-6，3×6片
				HQ_{11}-HQ_{10}	0.243	0.547	0.3	27.75	ZJ1-6	$\frac{0.547}{0.135\times4}$	46	4	

续表 24-51

电动机型号及技术数据				电阻计算值					选用电阻值（每相）				每台电动机所用电阻
型号	转子额定电压 U_{ze} (V)	转子额定电流 I_{ze} (A)	转子额定电阻 R_{ze} (Ω)	电阻段号	电阻值		电流值		电阻元件型号	电阻值（Ω）	额定电流值 (A)	片数	
					标幺值	电阻值 (Ω)	标幺值	电流值 (A)					
YZR315S-8	302	159	1.10	Z_1-HQ_{12}	0.048	0.053	0.5	79.50	ZJ1-1	0.053/(0.033×2)	107	2	ZJ1-1，3×2片
				HQ_{12}-HQ_{11}	0.107	0.117	0.4	63.60	ZJ1-2，ZJ1-3	0.117/(0.047+0.067)	76	1+1	
				HQ_{11}-HQ_{10}	0.236	0.260	0.3	47.70	ZJ1-3	0.26/(0.067×4)	76	4	ZJ1-2，3×1片 ZJ1-3，3×5片
YZR315M-8	372	160.9	1.34	Z_1-HQ_{12}	0.049	0.066	0.5	80.45	ZJ1-1	0.066/(0.033×2)	107	2	ZJ1-1，3×2片
				HQ_{12}-HQ_{11}	0.101	0.135	0.4	64.36	ZJ1-2	0.135/(0.047×3)	91	3	ZJ1-2，3×3片
				HQ_{11}-HQ_{10}	0.205	0.275	0.3	48.27	ZJ1-4	0.275/(0.07×4)	64	4	ZJ1-4，3×4片
YZR280S-10	150	153.2	0.57	Z_1-HQ_{12}	0.059	0.033	0.5	76.60	ZJ1-1	0.033/0.033	107	1	ZJ1-1，3×1片
				HQ_{12}-HQ_{11}	0.111	0.063	0.4	61.28	ZJ1-3	0.063/0.067	76	1	
				HQ_{11}-HQ_{10}	0.212	0.121	0.3	45.96	ZJ1-3	0.121/(0.067×2)	76	2	ZJ1-3，3×3片
YZR280M-10	172	165	0.60	Z_1-HQ_{12}	0.056	0.034	0.5	82.50	ZJ1-1	0.034/0.033	107	1	ZJ1-1，3×1片
				HQ_{12}-HQ_{11}	0.094	0.056	0.4	66.00	ZJ1-3	0.056/0.067	76	1	ZJ1-3，3×1片
				HQ_{11}-HQ_{10}	0.157	0.094	0.3	49.50	ZJ1-5	0.094/0.099	54	1	ZJ1-5，3×1片

续表 24-51

电动机型号及技术数据				电阻计算值					选用电阻值（每相）				每台电动机所用电阻
型号	转子额定电压 U_{ze} (V)	转子额定电流 I_{ze} (A)	转子额定电阻 R_{ze} (Ω)	电阻段号	电阻值 标幺值	电阻值 电阻值 (Ω)	电流值 标幺值	电流值 电流值 (A)	电阻元件型号	电阻值（Ω）	额定电流值 (A)	片数	
				Z_1-HQ_{12}	0.048	0.048	0.5	69.35	ZJ1-2	$\frac{0.048}{0.047}$	91	1	ZJ1-1，3×1片 ZJ1-2，3×1片
YZR315S-10	242	138.7	1.01	HQ_{12}-HQ_{11}	0.101	0.101	0.4	55.48	ZJ1-1，ZJ1-3	$\frac{0.101}{0.033+0.067}$	76	1+1	ZJ1-3，3×1片
				HQ_{11}-HQ_{10}	0.211	0.214	0.3	41.61	ZJ1-4	$\frac{0.214}{0.07\times3}$	64	3	ZJ1-4，3×3片
				Z_1-HQ_{12}	0.048	0.060	0.5	74.65	ZJ1-1	$\frac{0.06}{0.033\times2}$	107	2	ZJ1-1，3×2片
YZR315M-10	325	149.3	1.26	HQ_{12}-HQ_{11}	0.101	0.127	0.4	59.72	ZJ1-3	$\frac{0.127}{0.067\times2}$	76	2	ZJ1-3，3×3片
				HQ_{11}-HQ_{10}	0.212	0.267	0.3	44.79	ZJ1-3，ZJ1-5	$\frac{0.267}{0.067+0.099\times2}$	54	1+2	ZJ1-5，3×2片
				Z_1-HQ_{12}	0.040	0.045	0.5	83.30	ZJ1-2	$\frac{0.045}{0.047}$	91	1	ZJ1-2，3×2片
YZR355M-10	330	166.6	1.14	HQ_{12}-HQ_{11}	0.097	0.111	0.4	66.64	ZJ1-2，ZJ1-3	$\frac{0.111}{0.047+0.067}$	76	1+1	ZJ1-3，3×1片
				HQ_{11}-HQ_{10}	0.239	0.273	0.3	49.98	ZJ1-4	$\frac{0.273}{0.07\times4}$	64	4	ZJ1-4，3×4片
				Z_1-HQ_{12}	0.047	0.062	0.5	86.00	ZJ1-1	$\frac{0.062}{0.033\times2}$	107	2	ZJ1-1，3×2片
YZR355L1-10	388	172	1.30	HQ_{12}-HQ_{11}	0.106	0.138	0.4	68.80	ZJ1-2	$\frac{0.138}{0.047\times3}$	91	3	ZJ1-2，3×4片
				HQ_{11}-HQ_{10}	0.240	0.311	0.3	51.60	ZJ1-2，ZJ1-3	$\frac{0.311}{0.047+0.067\times4}$	76	1+4	ZJ1-3，3×4片

续表 24-51

电动机型号及技术数据				电阻计算值					选用电阻值（每相）				每台电动机所用电阻
型号	转子额定电压 U_{ze} (V)	转子额定电流 I_{ze} (A)	转子额定电阻 R_{ze} (Ω)	电阻段号	电阻值 标幺值	电阻值 电阻值 (Ω)	电流值 标幺值	电流值 电流值 (A)	电阻元件型号	电阻值 (Ω)	额定电流值 (A)	片数	
				Z_1-HQ_{12}	0.038	0.062	0.5	83.75	ZJ1-1	$\frac{0.062}{0.033\times2}$	107	2	ZJ1-1，3×3 片
YZR355L2-10	475	167.5	1.64	HQ_{12}-HQ_{11}	0.092	0.150	0.4	67.00	ZJ1-2	$\frac{0.15}{0.047\times3}$	91	3	ZJ1-2，3×3 片
				HQ_{11}-HQ_{10}	0.223	0.366	0.3	50.25	ZJ1-1，ZJ1-3	$\frac{0.366}{0.033+0.067\times5}$	76	1+5	ZJ1-3，3×5 片
				Z_1-HQ_{12}	0.040	0.039	0.5	125.00	ZJ1-1，ZJ1-2	$\frac{0.039}{0.033\ (2)\ +0.047\ (2)}$	91×2	2+2	ZJ1-1，3×5 片
YZR400L1-10	395	250	0.97	HQ_{12}-HQ_{11}	0.100	0.097	0.4	100.00	ZJ1-2	$\frac{0.097}{0.047\times4\ (2)}$	91×2	8	
				HQ_{11}-HQ_{10}	0.249	0.241	0.3	75.00	ZJ1-1，ZJ1-2	$\frac{0.241}{0.033\times3+0.047\times3}$	91	3+3	ZJ1-2，3×13 片
				Z_1-HQ_{12}	0.040	0.044	0.5	129.00	ZJ1-2	$\frac{0.044}{0.047\times2\ (2)}$	91×2	4	ZJ1-1，3×2 片
YZR400L2-10	460	258	1.10	HQ_{12}-HQ_{11}	0.104	0.114	0.4	103.20	ZJ1-2，ZJ1-3	$\frac{0.114}{0.047\times2\ (2)\ +0.067\times2\ (2)}$	76×2	4+4	ZJ1-2，3×13 片
				HQ_{11}-HQ_{10}	0.270	0.297	0.3	77.40	ZJ1-1，ZJ1-2	$\frac{0.297}{0.033\times2+0.047\times5}$	91	2+5	ZJ1-3，3×4 片

注：注释内容与表 24-50 表下注相同。

表 24-52 YZR 绕线型电动机采用二级起动一级反接时各级电阻选用表（$S3$，$FC=40\%$，$Z=300$ 次/h）

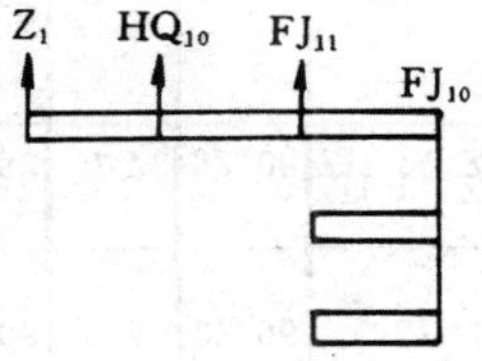

转子回路简图

电动机型号及技术数据：型号	转子额定电压 U_{ze} (V)	转子额定电流 I_{ze} (A)	转子额定电阻 R_{ze} (Ω)	电阻计算值：电阻段号	电阻值：标幺值	电阻值：电阻值 (Ω)	电流值：标幺值	电流值：电流值 (A)	选用电阻值（每相）：电阻元件型号	电阻值 (Ω)	额定电流值 (A)	片数	每台电动机所用电阻
YZR112M-6	100	12.5	4.62	Z_1-HQ_{10}	0.133	0.615	0.7	8.75	ZB2-1.95，	$\frac{0.615+1.07}{1.95}$	13.8	1	ZB2-1.95，3×1 片
				HQ_{10}-FJ_{11}	0.232	1.074	0.6	7.5	ZB2-3.5	$\frac{3.163}{3.5}$	10.1	1	ZB2-3.5，3×1 片
				FJ_{11}-FJ_{10}	0.685	3.163	0.4	5					
YZR132M1-6	132	12.6	6.05	Z_1-HQ_{10}	0.107	0.648	0.7	8.82	ZB2-1.95	$\frac{0.648+1.200}{1.95}$	13.8	1	ZB2-1.95，3×1 片
				HQ_{10}-FJ_{11}	0.198	1.200	0.6	7.56	ZB2-5.8	$\frac{4.505}{5.8}$	7.7	1	ZB2-5.8，3×1 片
				FJ_{11}-FJ_{10}	0.745	4.505	0.4	5.04					
YZR132M2-6	185	14.5	7.37	Z_1-HQ_{10}	0.125	0.921	0.7	10.15	ZB2-1.95	$\frac{0.921+1.883}{1.95\times2}$	13.8	2	ZB2-1.95，3×2 片
				HQ_{10}-FJ_{11}	0.255	1.883	0.6	8.7	ZB2-5.8	$\frac{4.935}{5.8}$	7.7	1	ZB2-5.8，3×1 片
				FJ_{11}-FJ_{10}	0.67	4.935	0.4	5.8					
YZR160M1-6	138	25.7	3.10	Z_1-HQ_{10}	0.120	0.372	0.7	17.99	ZB2-0.7	$\frac{0.372+0.774}{0.7\times2}$	22.3	2	ZB2-0.7，3×2 片
				HQ_{10}-FJ_{11}	0.250	0.774	0.6	15.42	ZB2-1.45	$\frac{2.109}{1.45\times2}$	15.4	2	ZB2-1.45，3×2 片
				FJ_{11}-FJ_{10}	0.68	2.109	0.4	10.28					

续表 24-52

电动机型号及技术数据				电阻计算值					选用电阻值（每相）				每台电动机所用电阻
型号	转子额定电压 U_{2e} (V)	转子额定电流 I_{2e} (A)	转子额定电阻 R_{2e} (Ω)	电阻段号	电阻值 标么值	电阻值 (Ω)	电流值 标么值	电流值 (A)	电阻元件型号	电阻值（Ω）	额定电流值 (A)	片数	
YZR160M2-6	185	26.5	4.03	Z_1-HQ_{10}	0.111	0.446	0.7	18.55	ZB2-0.7	$\frac{0.446+0.984}{0.7\times2}$	22.3	2	ZB2-0.7，3×2 片
				HQ_{10}-FJ_{11}	0.244	0.984	0.6	15.9					
				FJ_{11}-FJ_{10}	0.695	2.802	0.4	10.6	ZB2-1.95	$\frac{2.802}{1.95\times2}$	13.8	2	ZB2-1.95，3×2 片
YZR160L-6	250	27.6	5.23	Z_1-HQ_{10}	0.120	0.627	0.7	19.32	ZB1-0.56	$\frac{0.627+1.573}{0.56\times4}$	23	4	ZB1-0.56，3×4 片
				HQ_{10}-FJ_{11}	0.301	1.573	0.6	16.56					
				FJ_{11}-FJ_{10}	0.629	3.292	0.4	11.04	ZB2-1.95	$\frac{3.92}{1.95\times2}$	18.3	2	ZB2-1.95，3×2 片
YZR180L-6	218	46.5	2.71	Z_1-HQ_{10}	0.092	0.250	0.7	32.55	ZB1-0.2	$\frac{0.250+0.655}{0.2\times5}$	43	5	ZB1-0.2，3×5 片
				HQ_{10}-FJ_{11}	0.242	0.655	0.6	27.9					
				FJ_{11}-FJ_{10}	0.716	1.941	0.4	18.6	ZB1-0.7	$\frac{1.941}{0.7\times3}$	22.3	3	ZB1-0.7，3×3 片
YZR200L-6	200	69.9	1.65	Z_1-HQ_{10}	0.100	0.164	0.7	48.93	ZJ1-1，ZJ1-3	$\frac{0.164}{0.033+0.067\times2}$	76	1+2	ZJ1-1，3×1 片 ZJ1-3，3×2 片
				HQ_{10}-FJ_{11}	0.279	0.461	0.6	41.94	ZJ1-4，ZJ1-5	$\frac{0.461}{0.07+0.099\times4}$	54	1+4	ZJ1-4，3×1 片 ZJ1-5，3×4 片
				FJ_{11}-FJ_{10}	0.671	1.108	0.4	27.96	ZJ1-6	$\frac{1.108}{0.135\times8}$	46	8	ZJ1-6，3×8 片
YZR225M-6	251	74.4	1.94	Z_1-HQ_{10}	0.094	0.182	0.7	52.08	ZJ1-2，ZJ1-3	$\frac{0.182}{0.047+0.067\times2}$	76	1+2	ZJ1-2，3×1 片 ZJ1-3，3×2 片
				HQ_{10}-FJ_{11}	0.255	0.495	0.6	44.64	ZJ1-5	$\frac{0.495}{0.099\times5}$	54	5	ZJ1-5，3×5 片
				FJ_{11}-FJ_{10}	0.701	1.360	0.4	29.76	ZJ1-6	$\frac{1.360}{0.135\times10}$	46	10	ZJ1-6，3×10 片

续表 24-52

电动机型号及技术数据				电阻计算值					选用电阻值（每相）				每台电动机所用电阻
型号	转子额定电压 U_{2e} (V)	转子额定电流 I_{2e} (A)	转子额定电阻 R_{2e} (Ω)	电阻段号	电阻值 标幺值	电阻值 电阻值 (Ω)	电流值 标幺值	电流值 电流值 (A)	电阻元件型号	电阻值 (Ω)	额定电流值 (A)	片数	
YZR250M1-6	250	91.5	1.57	Z_1-HQ_{10}	0.093	0.146	0.7	64.05	ZJ1-2	$\frac{0.146}{0.047\times3}$	91	3	ZJ1-2，3×3片
				HQ_{10}-FJ_{11}	0.257	0.404	0.6	54.9	ZJ1-3	$\frac{0.404}{0.067\times6}$	76	6	ZJ1-3，3×6片
				FJ_{11}-FJ_{10}	0.700	1.099	0.4	36.6	ZJ1-6	$\frac{1.099}{0.135\times8}$	46	8	ZJ1-6，3×8片
YZR250M2-6	290	95	1.76	Z_1-HQ_{10}	0.090	0.159	0.7	66.5	ZJ1-1，ZJ1-2	$\frac{0.159}{0.033\times2+0.047\times2}$	91	1+2	ZJ1-1，3×2片 ZJ1-2，3×2片
				HQ_{10}-FJ_{11}	0.266	0.469	0.6	57	ZJ1-3	$\frac{0.469}{0.067\times7}$	76	7	ZJ1-3，3×7片
				FJ_{11}-FJ_{10}	0.694	1.220	0.4	38	ZJ1-6	$\frac{1.22}{0.135\times9}$	46	9	ZJ1-6，3×9片
YZR280S-6	280	119.8	1.35	Z_1-HQ_{10}	0.09	0.122	0.7	83.86	ZJ1-1	$\frac{0.122}{0.033\times4}$	107	4	ZJ1-1，3×4片
				HQ_{10}-FJ_{11}	0.285	0.384	0.6	71.88	ZJ1-2	$\frac{0.384}{0.047\times8}$	91	8	ZJ1-2，3×8片
				FJ_{11}-FJ_{10}	0.675	0.911	0.4	47.92	ZJ1-4	$\frac{0.911}{0.07\times13}$	64	13	ZJ1-4，3×13片
YZR280M-6	370	122.6	1.72	Z_1-HQ_{10}	0.086	0.148	0.7	85.82	ZJ1-6	$\frac{0.148}{0.099\times3\ (2)}$	54×2	6	ZJ1-2，3×10片 ZJ1-4，3×17片 ZJ1-6，3×6片
				HQ_{10}-FJ_{11}	0.279	0.479	0.6	73.56	ZJ1-2	$\frac{0.479}{0.047\times10}$	91	10	
				FJ_{11}-FJ_{10}	0.685	1.179	0.4	49.04	ZJ1-4	$\frac{1.179}{0.07\times17}$	64	17	

续表 24-52

电动机型号及技术数据				电阻计算值					选用电阻值（每相）				每台电动机所用电阻
型号	转子额定电压 U_{ze} (V)	转子额定电流 I_{ze} (A)	转子额定电阻 R_{ze} (Ω)	电阻段号	电阻值 标幺值	电阻值 电阻值 (Ω)	电流值 标幺值	电流值 电流值 (A)	电阻元件型号	电阻值（Ω）	额定电流值 (A)	片数	
YZR160L-8	205	23	5.15	Z_1-HQ_{10}	0.113	0.584	0.7	16.1	ZJ1-9，ZJ1-10	$\frac{0.584}{0.226+0.332}$	24	1+1	ZJ1-9，3×2 片 ZJ1-10，3×15 片
				HQ_{10}-FJ_{11}	0.265	1.364	0.6	13.8	ZJ1-10	$\frac{1.364}{0.332\times4}$	24	4	
				FJ_{11}-FJ_{10}	0.672	3.460	0.4	9.2	ZJ1-9，ZJ1-10	$\frac{3.460}{0.226+0.332\times10}$	24	11	
YZR180L-8	172	44	2.26	Z_1-HQ_{10}	0.115	0.261	0.7	30.8	ZJ1-6	$\frac{0.261}{0.135\times2}$	46	2	ZJ1-6,3×2 片 ZJ1-7,3×3 片 ZJ1-8,3×1 片
				HQ_{10}-FJ_{11}	0.243	0.550	0.6	26.4	ZJ1-7，ZJ1-8	$\frac{0.55}{0.124\times3+0.172}$	33	3+1	
				FJ_{11}-FJ_{10}	0.692	1.562	0.4	17.6	ZJ1-9，ZJ1-10	$\frac{1.562}{0.226+0.332\times4}$	24	1+4	ZJ1-9,3×1 片 ZJ1-10,3×4 片
YZR200L-8	178	53.5	1.92	Z_1-HQ_{10}	0.105	0.202	0.7	37.45	ZJ1-4	$\frac{0.202}{0.07\times3}$	64	3	ZJ1-4，3×3 片 ZJ1-5，3×1 片 ZJ1-7，3×3 片 ZJ1-9，3×6 片
				HQ_{10}-FJ_{11}	0.249	0.477	0.6	32.1	ZJ1-5，ZJ1-7	$\frac{0.477}{0.099+0.124\times3}$	39	4	
				FJ_{11}-FJ_{10}	0.696	1.337	0.4	21.4	ZJ1-9	$\frac{1.337}{0.226\times6}$	29	6	
YZR225M-8	232	59.1	2.27	Z_1-HQ_{10}	0.104	0.235	0.7	41.37	ZJ1-1，ZJ1-5	$\frac{0.235}{0.033+0.099\times2}$	54	1+2	ZJ1-1，3×1 片 ZJ1-2，3×1 片 ZJ1-5，3×2 片 ZJ1-6，3×4 片 ZJ1-9，3×6 片
				HQ_{10}-FJ_{11}	0.258	0.586	0.6	35.46	ZJ1-2，ZJ1-6	$\frac{0.586}{0.047+0.135\times4}$	46	1+4	
				FJ_{11}-FJ_{10}	0.688	1.562	0.4	23.64	ZJ1-9	$\frac{1.562}{0.226\times6}$	29	6	

续表 24-52

电动机型号及技术数据				电阻计算值					选用电阻值（每相）				每台电动机所用电阻
型号	转子额定电压 U_{ze} (V)	转子额定电流 I_{ze} (A)	转子额定电阻 R_{ze} (Ω)	电阻段号	电阻值 标幺值	电阻值 电阻值 (Ω)	电流值 标幺值	电流值 电流值 (A)	电阻元件型号	电阻值 (Ω)	额定电流值 (A)	片数	
YZR250M1-8	272	68.8	2.28	Z_1-HQ_{10}	0.101	0.231	0.7	48.16	ZJ1-2，ZJ1-4	$\frac{0.231}{0.047\times2+0.07\times2}$	64	1+2	ZJ1-2，3×1片 ZJ1-4，3×3片
				HQ_{10}-FJ_{11}	0.291	0.664	0.6	41.28	ZJ1-4，ZJ1-5	$\frac{0.664}{0.07+0.099\times6}$	54	1+6	ZJ1-5，3×6片
				FJ_{11}-FJ_{10}	0.658	1.499	0.4	27.52	ZJ1-7，ZJ1-8	$\frac{1.499}{0.124+0.172\times8}$	33	1+8	ZJ1-7，3×1片 ZJ1-8，3×8片
YZR250M2-8	335	70	2.76	Z_1-HQ_{10}	0.100	0.276	0.7	49	ZJ1-4	$\frac{0.276}{0.07\times4}$	64	4	ZJ1-1，3×1片
				HQ_{10}-FJ_{11}	0.295	0.814	0.6	42	ZJ1-1，ZJ1-5	$\frac{0.814}{0.033+0.099\times8}$	54	1+8	ZJ1-4，3×4片 ZJ1-5，3×9片
				FJ_{11}-FJ_{10}	0.655	1.808	0.4	28	ZJ1-5，ZJ1-8	$\frac{1.808}{0.099+0.172\times10}$	33	1+10	ZJ1-8，3×10片
YZR280S-8	305	92	1.91	Z_1-HQ_{10}	0.094	0.179	0.7	64.4	ZJ1-2，ZJ1-3	$\frac{0.179}{0.047+0.067\times2}$	76	1+2	ZJ1-2，3×1片 ZJ1-3，3×2片
				HQ_{10}-FJ_{11}	0.255	0.487	0.6	55.2	ZJ1-4	$\frac{0.487}{0.07\times7}$	64	7	ZJ1-4，3×7片
				FJ_{11}-FJ_{10}	0.701	1.340	0.4	36.8	ZJ1-6	$\frac{1.340}{0.135\times10}$	46	10	ZJ1-6，3×10片
YZR280M-8	360	92.5	2.25	Z_1-HQ_{10}	0.095	0.214	0.7	64.75	ZJ1-3	$\frac{0.214}{0.067\times3}$	76	3	ZJ1-3，3×3片
				HQ_{10}-FJ_{11}	0.309	0.695	0.6	55.5	ZJ1-4	$\frac{0.695}{0.07\times10}$	64	10	ZJ1-4，3×10片
				FJ_{11}-FJ_{10}	0.646	1.453	0.4	37	ZJ1-5，ZJ1-6	$\frac{1.453}{0.099+0.135\times10}$	46	1+10	ZJ1-5，3×1片 ZJ1-6，3×10片

续表 24-52

电动机型号及技术数据				电阻计算值					选用电阻值（每相）				每台电动机所用电阻
型号	转子额定电压 U_{ze} (V)	转子额定电流 I_{ze} (A)	转子额定电阻 R_{ze} (Ω)	电阻段号	电阻值 标幺值	电阻值 电阻值 (Ω)	电流值 标幺值	电流值 电流值 (A)	电阻元件型号	电阻值 (Ω)	额定电流值 (A)	片数	
YZR315S-8	302	159	1.10	Z_1-HQ_{10}	0.091	0.100	0.7	111.3	ZJ1-5	$\frac{0.100}{0.099\times3\ (3)}$	54×3	9	ZJ1-3，3×31 片 ZJ1-5，3×9 片
				HQ_{10}-FJ_{11}	0.300	0.330	0.6	95.4	ZJ1-3	$\frac{0.330}{(0.067\times5)\ \times2(2)}$	76×2	20	
				FJ_{11}-FJ_{10}	0.659	0.725	0.4	63.6	ZJ1-3	$\frac{0.725}{0.067\times11}$	76	11	
YZR315M-8	372	160.9	1.34	Z_1-HQ_{10}	0.090	0.122	0.7	112.63	ZJ1-3	$\frac{0.122}{(0.067\times2)\ \times2\ (2)}$	76×2	8	ZJ1-3，3×22 片 ZJ1-4，3×20 片
				HQ_{10}-FJ_{11}	0.265	0.355	0.6	96.54	ZJ1-4	$\frac{0.355}{(0.07\times5)\ \times2\ (2)}$	64×2	20	
				FJ_{11}-FJ_{10}	0.695	0.931	0.4	64.36	ZJ1-3	$\frac{0.931}{0.067\times14}$	76	14	
YZR280S-10	150	153.2	0.57	Z_1-HQ_{10}	0.105	0.060	0.7	107.24	ZJ1-3	$\frac{0.060}{0.067\times2\ (2)}$	76×2	4	ZJ1-2，3×1 片 ZJ1-3，3×13 片 ZJ1-5，3×4 片
				HQ_{10}-FJ_{11}	0.277	0.158	0.6	91.92	ZJ1-3，ZJ1-5	$\frac{0.158}{(0.099+0.067)\ \times2\ (2)}$	54	4+4	
				FJ_{11}-FJ_{10}	0.688	0.381	0.4	61.28	ZJ1-2，ZJ1-3	$\frac{0.381}{0.047+0.067\times5}$	76	1+5	
YZR280M-10	172	165	0.60	Z_1-HQ_{10}	0.097	0.058	0.7	115.5	ZJ1-3	$\frac{0.058}{0.067\times2\ (2)}$	76×2	4	ZJ1-1，3×2 片 ZJ1-2，3×8 片 ZJ1-3，3×12 片
				HQ_{10}-FJ_{11}	0.210	0.126	0.6	99	ZJ1-3	$\frac{0.126}{(0.067\times2)\ \times2\ (2)}$	76×2	8	
				FJ_{11}-FJ_{10}	0.743	0.446	0.4	66	ZJ1-1，ZJ1-2	$\frac{0.446}{0.033\times2+0.047\times8}$	91	2+8	

续表 24-52

电动机型号及技术数据				电阻计算值					选用电阻值（每相）				每台电动机所用电阻
型号	转子额定电压 U_{ze} (V)	转子额定电流 I_{ze} (A)	转子额定电阻 R_{ze} (Ω)	电阻段号	电阻值		电流值		电阻元件型号	电阻值（Ω）	额定电流值（A）	片数	
					标幺值	电阻值（Ω）	标幺值	电流值（A）					
YZR315S-10	242	138.7	1.01	Z_1-HQ_{10}	0.089	0.090	0.7	97.09	ZJ1-2	$\frac{0.090}{(0.047\times2)\times2(2)}$	91×2	8	ZJ1-2,3×8 片
				HQ_{10}-FJ_{11}	0.271	0.274	0.6	83.22	ZJ1-4	$\frac{0.274}{(0.07\times4)\times2(2)}$	64×2	16	
				FJ_{11}-FJ_{10}	0.69	0.697	0.4	55.48	ZJ1-4	$\frac{0.697}{0.07\times10}$	64	10	ZJ1-4,3×26 片
YZR315M-10	325	149.3	1.26	Z_1-HQ_{10}	0.089	0.112	0.7	104.51	ZJ1-2,ZJ1-3	$\frac{0.112}{(0.047+0.067)\times2(2)}$	76×2	4+4	ZJ1-2,3×16 片
				HQ_{10}-FJ_{11}	0.271	0.342	0.6	89.58	ZJ1-2,ZJ1-5	$\frac{0.342}{(0.047+0.099\times3)\times2(2)}$	54×2	12+12	ZJ1-3,3×17 片
				FJ_{11}-FJ_{10}	0.69	0.869	0.4	59.72	ZJ1-3	$\frac{0.869}{0.067\times13}$	76	13	ZJ1-5,3×12 片
YZR355M-10	330	166.6	1.14	Z_1-HQ_{10}	0.078	0.088	0.7	116.62	ZJ1-1,ZJ1-2	$\frac{0.088}{(0.033+0.047)\times2(2)}$	91×2	4+4	ZJ1-1,3×4 片
				HQ_{10}-FJ_{11}	0.299	0.340	0.6	99.96	ZJ1-4	$\frac{0.340}{(0.07\times5)\times2(2)}$	64×2	20	ZJ1-2,3×20 片
				FJ_{11}-FJ_{10}	0.673	0.768	0.4	66.64	ZJ1-2	$\frac{0.768}{0.047\times16}$	91	16	ZJ1-4,3×20 片
YZR355L1-10	388	172	1.30	Z_1-HQ_{10}	0.090	0.117	0.7	120.4	ZJ1-2,ZJ1-3	$\frac{0.117}{(0.047+0.067)\times2(2)}$	76×2	4+4	ZJ1-2,3×22 片
				HQ_{10}-FJ_{11}	0.303	0.394	0.6	103.2	ZJ1-3	$\frac{0.394}{(0.067\times6)\times2(2)}$	76×2	24	ZJ1-3,3×28 片
				FJ_{11}-FJ_{10}	0.657	0.854	0.4	68.8	ZJ1-2	$\frac{0.854}{0.047\times18}$	91	18	

续表 24-52

电动机型号及技术数据				电阻计算值					选用电阻值（每相）				每台电动机所用电阻
型号	转子额定电压 U_{2e} (V)	转子额定电流 I_{2e} (A)	转子额定电阻 R_{2e} (Ω)	电阻段号	电阻值		电流值		电阻元件型号	电阻值 (Ω)	额定电流值 (A)	片数	
					标幺值	电阻值 (Ω)	标幺值	电流值 (A)					
YZR355L2-10	475	167.5	1.64	Z_1-HQ_{10}	0.073	0.120	0.7	117.25	ZJ1-2,ZJ1-3	$\frac{0.120}{(0.047+0.067)\times2(2)}$	76×2	4+4	ZJ1-1,3×4 片
				HQ_{10}-FJ_{11}	0.279	0.458	0.6	100.5	ZJ1-1,ZJ1-4	$\frac{0.458}{(0.033+0.07\times6)\times2(2)}$	64×2	4+24	ZJ1-2,3×28 片 ZJ1-3,3×4 片
				FJ_{11}-FJ_{10}	0.698	1.144	0.4	67	ZJ1-2	$\frac{1.144}{0.047\times24}$	91	24	ZJ1-4,3×24 片
YZR400L1-10	395	250	0.97	Z_1-HQ_{10}	0.079	0.077	0.7	175	ZJ1-4	$\frac{0.077}{0.07\times4(4)}$	64×4	16	
				HQ_{10}-FJ_{11}	0.310	0.300	0.6	150	ZJ1-1	$\frac{0.300}{(0.033\times10)\times2(2)}$	107×2	40	ZJ1-1,3×40 片 ZJ1-4,3×52 片
				FJ_{11}-FJ_{10}	0.661	0.641	0.4	100	ZJ1-4	$\frac{0.641}{(0.07\times9)\times2(2)}$	64×2	36	
YZR400L2-10	460	258	1.10	Z_1-HQ_{10}	0.080	0.088	0.7	180.6	ZJ1-1,ZJ1-2	$\frac{0.088}{(0.033+0.047)\times3(3)}$	91×3	9+9	ZJ1-1,3×53 片
				HQ_{10}-FJ_{11}	0.334	0.368	0.6	154.8	ZJ1-1	$\frac{0.368}{(0.033\times11)\times2(2)}$	107×2	44	ZJ1-2,3×9 片
				FJ_{11}-FJ_{10}	0.636	0.700	0.4	103.2	ZJ1-4	$\frac{0.700}{(0.07\times10)\times2(2)}$	64×2	40	ZJ1-4,3×40 片

注:注释内容与表 24-50 表下注相同。

表 24-53 YZR 绕线型电动机采用三级起动一级反接时各级电阻选用表($S3, FC=40\%, Z=300$ 次/h)

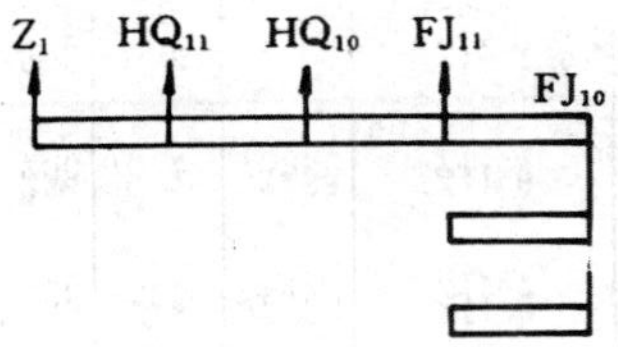

转子回路简图

电动机型号及技术数据				电阻计算值					选用电阻值(每相)				每台电动机所用电阻
型号	转子额定电压 U_{ze} (V)	转子额定电流 I_{ze} (A)	转子额定电阻 R_{ze} (Ω)	电阻段号	电阻值 标幺值	电阻值 电阻值 (Ω)	电流值 标幺值	电流值 电流值 (A)	电阻元件型号	电阻值 (Ω)	额定电流值 (A)	片数	
YZR112M-6	100	12.5	4.62	Z_1-HQ_{11}	0.080	0.371	0.8	10.00					
				HQ_{11}-HQ_{10}	0.116	0.538	0.7	8.75	ZB2-1.95	$\frac{0.371+0.538+0.780}{1.95}$	13.8	1	ZB2-1.95,3×1 片
				HQ_{10}-FJ_{11}	0.169	0.780	0.6	7.50	ZB2-3.5	$\frac{3.163}{3.5}$	10.1	1	ZB2-3.5,3×1 片
				FJ_{11}-FJ_{10}	0.685	3.163	0.4	5.00					
YZR132M1-6	132	12.6	6.05	Z_1-HQ_{11}	0.064	0.386	0.8	10.08					
				HQ_{11}-HQ_{10}	0.096	0.583	0.7	8.82	ZB2-1.95	$\frac{0.386+0.583+0.878}{1.95}$	13.8	1	ZB2-1.95,3×1 片
				HQ_{10}-FJ_{11}	0.145	0.878	0.6	7.56	ZB2-5.8	$\frac{4.505}{5.8}$	7.7	1	ZB2-5.8,3×1 片
				FJ_{11}-FJ_{10}	0.745	4.505	0.4	5.04					
YZR132M2-6	185	14.5	7.37	Z_1-HQ_{11}	0.073	0.539	0.8	11.60					
				HQ_{11}-HQ_{10}	0.118	0.868	0.7	10.15	ZB2-1.45	$\frac{0.539+0.868+1.398}{1.45\times 2}$	15.4	2	ZB2-1.45,3×2 片
				HQ_{10}-FJ_{11}	0.190	1.398	0.6	8.70	ZB2-5.8	$\frac{4.94}{5.8}$	7.7	1	ZB2-5.8,3×1 片
				FJ_{11}-FJ_{10}	0.670	4.94	0.4	5.80					

续表 24-53

电动机型号及技术数据				电阻计算值					选用电阻值(每相)				每台电动机所用电阻
型号	转子额定电压 U_{2e} (V)	转子额定电流 I_{2e} (A)	转子额定电阻 R_{2e} (Ω)	电阻段号	电阻值		电流值		电阻元件型号	电阻值 (Ω)	额定电流值 (A)	片数	
					标幺值	电阻值 (Ω)	标幺值	电流值 (A)					
YZR160M1-6	138	25.7	3.10	Z_1-HQ_{11}	0.070	0.217	0.8	20.56					
				HQ_{11}-HQ_{10}	0.114	0.353	0.7	17.99	ZB1-0.5	$\frac{0.217+0.353+0.576}{0.5\times3}$	26	3	ZB2-0.5,3×3片
				HQ_{10}-FJ_{11}	0.186	0.576	0.6	15.42	ZB2-1.45	$\frac{2.109}{1.45\times2}$	15.4	2	ZB2-1.45,3×2片
				FJ_{11}-FJ_{10}	0.680	2.109	0.4	10.28					
YZR160M2-6	185	26.5	4.03	Z_1-HQ_{11}	0.064	0.257	0.8	21.20					
				HQ_{11}-HQ_{10}	0.108	0.435	0.7	18.55	ZB1-0.5	$\frac{0.257+0.435+0.738}{0.5\times3}$	26	3	ZB1-0.5,3×3片
				HQ_{10}-FJ_{11}	0.183	0.738	0.6	15.90	ZB2-1.45	$\frac{2.802}{1.45\times2}$	15.4	2	ZB2-1.45,3×2片
				FJ_{11}-FJ_{10}	0.695	2.802	0.4	10.60					
YZR160L-6	250	27.6	5.23	Z_1-HQ_{11}	0.067	0.352	0.8	22.08	ZB1-0.33	$\frac{0.352}{0.33}$	32	1	ZB1-0.33,3×1片
				HQ_{11}-HQ_{10}	0.124	0.649	0.7	19.32	ZB1-0.66	$\frac{0.649+1.199}{0.66\times3}$	23	3	ZB1-0.66,3×3片
				HQ_{10}-FJ_{11}	0.229	1.199	0.6	16.56	ZB2-1.1	$\frac{3.292}{1.1\times3}$	17.7	3	ZB2-1.1,3×3片
				FJ_{11}-FJ_{10}	0.629	3.292	0.4	11.04					
YZR180L-6	218	46.5	2.71	Z_1-HQ_{11}	0.051	0.139	0.8	37.20	ZJ1-6	$\frac{0.139}{0.135}$	46	1	
				HQ_{11}-HQ_{10}	0.097	0.264	0.7	32.55	ZJ1-6	$\frac{0.264}{0.135\times2}$	46	2	ZJ1-6,3×3片
				HQ_{10}-FJ_{11}	0.185	0.502	0.6	27.90	ZJ1-8	$\frac{0.502}{0.172\times3}$	33	3	ZJ1-8,3×3片
				FJ_{11}-FJ_{10}	0.716	1.941	0.4	18.60	ZJ1-10	$\frac{0.1941}{0.332\times6}$	24	6	ZJ1-10,3×6片

续表 24-53

电动机型号及技术数据				电阻计算值					选用电阻值(每相)				
型号	转子额定电压 U_{ze} (V)	转子额定电流 I_{ze} (A)	转子额定电阻 R_{ze} (Ω)	电阻段号	电阻值 标幺值	电阻值 电阻值(Ω)	电流值 标幺值	电流值 电流值(A)	电阻元件型号	电阻值(Ω)	额定电流值(A)	片数	每台电动机所用电阻
YZR200L-6	200	69.9	1.65	Z_1-HQ_{11}	0.055	0.090	0.8	55.92	ZJ1-2	$\frac{0.090}{0.047\times2}$	91	2	ZJ1-2,3×3 片 ZJ1-3,3×3 片 ZJ1-4,3×1 片 ZJ1-5,3×3 片 ZJ1-8,3×6 片
				HQ_{11}-HQ_{10}	0.109	0.179	0.7	48.93	ZJ1-2,ZJ1-3	$\frac{0.179}{0.047+0.067\times2}$	76	1+2	
				HQ_{10}-FJ_{11}	0.216	0.356	0.6	41.94	ZJ1-3,ZJ1-5	$\frac{0.356}{0.067+0.099\times3}$	54	1+3	
				FJ_{11}-FJ_{10}	0.671	1.108	0.4	27.96	ZJ1-4,ZJ1-8	$\frac{1.108}{0.07+0.172\times6}$	33	1+6	
YZR225M-6	251	74.4	1.94	Z_1-HQ_{11}	0.052	0.100	0.8	59.52	ZJ1-1,ZJ1-3	$\frac{0.100}{0.033+0.067}$	76	1+1	ZJ1-1,3×1 片 ZJ1-3,3×1 片 ZJ1-4,3×3 片 ZJ1-5,3×4 片 ZJ1-6,3×10 片
				HQ_{11}-HQ_{10}	0.101	0.195	0.7	52.08	ZJ1-4	$\frac{0.195}{0.067\times3}$	76	3	
				HQ_{10}-FJ_{11}	0.196	0.381	0.6	44.64	ZJ1-5	$\frac{0.381}{0.099\times4}$	54	4	
				FJ_{11}-FJ_{10}	0.701	1.360	0.4	29.76	ZJ1-6	$\frac{1.360}{0.135\times10}$	46	10	
YZR250M1-6	250	91.5	1.57	Z_1-HQ_{11}	0.051	0.080	0.8	73.20	ZJ1-1,ZJ1-2	$\frac{0.080}{0.047+0.033}$	91	1+1	ZJ1-1,3×2 片 ZJ1-2,3×3 片 ZJ1-3,3×1 片 ZJ1-4,3×4 片 ZJ1-6,3×8 片
				HQ_{11}-HQ_{10}	0.101	0.158	0.7	64.05	ZJ1-2,ZJ1-3	$\frac{0.158}{0.047\times2+0.067}$	76	2+1	
				HQ_{10}-FJ_{11}	0.198	0.311	0.6	54.90	ZJ1-1,ZJ1-4	$\frac{0.311}{0.033+0.07\times4}$	64	1+4	
				FJ_{11}-FJ_{10}	0.700	1.099	0.4	36.60	ZJ1-6	$\frac{1.099}{0.135\times8}$	46	8	

续表 24-53

电动机型号及技术数据				电阻计算值					选用电阻值(每相)				
型号	转子额定电压 U_{2e} (V)	转子额定电流 I_{2e} (A)	转子额定电阻 R_{2e} (Ω)	电阻段号	电阻值 标么值	电阻值 电阻值 (Ω)	电流值 标么值	电流值 电流值 (A)	电阻元件型号	电阻值 (Ω)	额定电流值 (A)	片数	每台电动机所用电阻
YZR250M2-6	290	95	1.76	Z_1-HQ_{11}	0.049	0.086	0.8	76.00	ZJ1-1,ZJ1-2	$\frac{0.086}{0.033+0.047}$	91	1+1	ZJ1-1,3×3 片
				HQ_{11}-HQ_{10}	0.101	0.177	0.7	66.50	ZJ1-1,ZJ1-2	$\frac{0.177}{0.033+0.047\times3}$	91	1+3	ZJ1-2,3×4 片
				HQ_{10}-FJ_{11}	0.207	0.364	0.6	57.00	ZJ1-1,ZJ1-3	$\frac{0.364}{0.033+0.067\times5}$	76	1+5	ZJ1-3,3×5 片
				FJ_{11}-FJ_{10}	0.693	1.220	0.4	38.00	ZJ1-6	$\frac{1.220}{0.135\times9}$	46	9	ZJ1-6,3×9 片
YZR280S-6	280	119.8	1.35	Z_1-HQ_{11}	0.048	0.065	0.8	95.84	ZJ1-3	$\frac{0.065}{0.067\times2(2)}$	76×2	4	ZJ1-1,3×2 片
				HQ_{11}-HQ_{10}	0.104	0.140	0.7	83.86	ZJ1-4	$\frac{0.14}{0.07\times4(2)}$	64×2	8	ZJ1-2,3×5 片
				HQ_{10}-FJ_{11}	0.223	0.301	0.6	71.88	ZJ1-4,ZJ1-5	$\frac{0.301}{0.033\times2+0.047\times5}$	91	2+5	ZJ1-3,3×4 片
				FJ_{11}-FJ_{10}	0.675	0.911	0.4	47.92	ZJ1-4	$\frac{0.911}{0.07\times13}$	64	13	ZJ1-4,3×21 片
YZR280M-6	370	122.6	1.72	Z_1-HQ_{11}	0.046	0.079	0.8	98.08	ZJ1-1,ZJ1-2	$\frac{0.079}{(0.033+0.047)\times2(2)}$	91×2	4+4	ZJ1-1,3×4 片
				HQ_{11}-HQ_{10}	0.100	0.172	0.7	85.82	ZJ1-4,ZJ1-5	$\frac{0.172}{(0.099+0.07)\times2(2)}$	54×2	4+4	ZJ1-2,3×12 片
				HQ_{10}-FJ_{11}	0.219	0.377	0.6	73.56	ZJ1-2	$\frac{0.377}{0.047\times8}$	91	8	ZJ1-4,3×21 片
				FJ_{11}-FJ_{10}	0.685	1.179	0.4	49.04	ZJ1-4	$\frac{1.179}{0.07\times17}$	64	17	ZJ1-5,3×4 片

续表 24-53

电动机型号及技术数据				电阻计算值					选用电阻值(每相)				
型号	转子额定电压 U_{2e} (V)	转子额定电流 I_{2e} (A)	转子额定电阻 R_{2e} (Ω)	电阻段号	电阻值 标幺值	电阻值 电阻值(Ω)	电流值 标幺值	电流值 电流值(A)	电阻元件型号	电阻值(Ω)	额定电流值(A)	片数	每台电动机所用电阻
YZR160L-8	205	23	5.15	Z_1-HQ_{11}	0.065	0.332	0.8	18.40	ZJ1-10	$\frac{0.332}{0.332}$	24	1	ZJ1-8,3×1 片 ZJ1-9,3×4 片 ZJ1-10,3×13 片
				HQ_{11}-HQ_{10}	0.114	0.585	0.7	16.10	ZJ1-9,ZJ1-10	$\frac{0.585}{0.332+0.226}$	24		
				HQ_{10}-FJ_{11}	0.200	1.030	0.6	13.80	ZJ1-9,ZJ1-10	$\frac{1.030}{0.226\times3+0.332}$	24	3+1	
				FJ_{11}-FJ_{10}	0.672	3.460	0.4	9.20	ZJ1-8,ZJ1-10	$\frac{3.460}{0.172+0.332\times10}$	24	1+10	
YZR180L-8	172	44	2.26	Z_1-HQ_{11}	0.067	0.152	0.8	35.20	ZJ1-2,ZJ1-5	$\frac{0.152}{0.047+0.099}$	54	1+1	ZJ1-2,3×1 片 ZJ1-4,3×1 片 ZJ1-5,3×1 片 ZJ1-7,3×2 片 ZJ1-8,3×2 片 ZJ1-9,3×1 片 ZJ1-10,3×4 片
				HQ_{11}-HQ_{10}	0.110	0.249	0.7	30.80	ZJ1-7	$\frac{0.249}{0.124\times2}$	39	2	
				HQ_{10}-FJ_{11}	0.181	0.410	0.6	26.40	ZJ1-3,ZJ1-8	$\frac{0.410}{0.07+0.172\times2}$	33	1+2	
				FJ_{11}-FJ_{10}	0.691	1.562	0.4	17.60	ZJ1-9,ZJ1-10	$\frac{1.562}{0.226+0.332\times4}$	24	1+4	
YZR200L-8	178	53.5	1.92	Z_1-HQ_{11}	0.060	0.115	0.8	42.80	ZJ1-2,ZJ1-4	$\frac{0.115}{0.047+0.07}$	64	1+1	ZJ1-2,3×1 片 ZJ1-4,3×2 片 ZJ1-5,3×1 片 ZJ1-6,3×3 片 ZJ1-9,3×6 片
				HQ_{11}-HQ_{10}	0.106	0.204	0.7	37.45	ZJ1-4,ZJ1-6	$\frac{0.204}{0.07+0.135}$	46	1+1	
				HQ_{10}-FJ_{11}	0.188	0.361	0.6	32.10	ZJ1-5,ZJ1-6	$\frac{0.361}{0.099+0.135\times2}$	46	1+2	
				FJ_{11}-FJ_{10}	0.696	1.337	0.4	21.40	ZJ1-9	$\frac{1.337}{0.226\times6}$	29	6	

续表 24-53

电动机型号及技术数据				电阻计算值					选用电阻值(每相)				每台电动机所用电阻
型号	转子额定电压 U_{ze} (V)	转子额定电流 I_{ze} (A)	转子额定电阻 R_{ze} (Ω)	电阻段号	电阻值 标幺值	电阻值 (Ω)	电流值 标幺值	电流值 (A)	电阻元件型号	电阻值 (Ω)	额定电流值 (A)	片数	
YZR225M-8	232	59.1	2.27	Z_1-HQ_{11}	0.058	0.132	0.8	47.28	ZJ1-3	$\frac{0.132}{0.067\times2}$	76	2	ZJ1-2,3×2 片 ZJ1-3,3×2 片 ZJ1-5,3×2 片 ZJ1-6,3×3 片 ZJ1-9,3×7 片
				HQ_{11}-HQ_{10}	0.107	0.243	0.7	41.37	ZJ1-2,ZJ1-5	$\frac{0.243}{0.047+0.099\times2}$	54	1+2	
				HQ_{10}-FJ_{11}	0.197	0.447	0.6	35.46	ZJ1-2,ZJ1-6	$\frac{0.447}{0.047+0.135\times3}$	46	1+3	
				FJ_{11}-FJ_{10}	0.688	1.562	0.4	23.64	ZJ1-9	$\frac{1.562}{0.226\times7}$	29	7	
YZR250M1-8	272	68.8	2.28	Z_1-HQ_{11}	0.055	0.126	0.8	55.04	ZJ1-3	$\frac{0.126}{0.067\times2}$	76	2	ZJ1-1,3×1 片 ZJ1-2,3×1 片 ZJ1-3,3×2 片 ZJ1-4,3×3 片 ZJ1-5,3×5 片 ZJ1-7,3×1 片 ZJ1-8,3×8 片
				HQ_{11}-HQ_{10}	0.112	0.254	0.7	48.16	ZJ1-2,ZJ1-4	$\frac{0.254}{0.07\times3+0.047}$	64	3+1	
				HQ_{10}-FJ_{11}	0.226	0.515	0.6	41.28	ZJ1-1,ZJ1-5	$\frac{0.515}{0.033+0.099\times5}$	54	1+5	
				FJ_{11}-FJ_{10}	0.658	1.499	0.4	27.52	ZJ1-7,ZJ1-8	$\frac{1.499}{0.172\times8+0.124}$	33	8+1	
YZR250M2-8	335	70	2.76	Z_1-HQ_{11}	0.054	0.150	0.8	56.00	ZJ1-1,ZJ1-2,ZJ1-3	$\frac{0.150}{0.033+0.047+0.067}$	76	1+1+1	ZJ1-1,3×2 片 ZJ1-2,3×2 片 ZJ1-3,3×1 片 ZJ1-4,3×4 片 ZJ1-5,3×7 片 ZJ1-8,3×10 片
				HQ_{11}-HQ_{10}	0.112	0.308	0.7	49.00	ZJ1-1,ZJ1-4	$\frac{0.308}{0.033+0.07\times4}$	64	1+4	
				HQ_{10}-FJ_{11}	0.229	0.632	0.6	42.00	ZJ1-2,ZJ1-5	$\frac{0.632}{0.047+0.099\times6}$	54	1+6	
				FJ_{11}-FJ_{10}	0.655	1.808	0.4	28.00	ZJ1-5,ZJ1-8	$\frac{1.808}{0.099+0.172\times10}$	33	1+10	

续表 24-53

电动机型号及技术数据				电阻计算值					选用电阻值(每相)				每台电动机所用电阻
型号	转子额定电压 U_{ze} (V)	转子额定电流 I_{ze} (A)	转子额定电阻 R_{ze} (Ω)	电阻段号	电阻值 标幺值	电阻值 (Ω)	电流值 标幺值	电流值 (A)	电阻元件型号	电阻值 (Ω)	额定电流值 (A)	片数	
YZR280S-8	305	92	1.91	Z_1-HQ_{11}	0.052	0.099	0.8	73.60	ZJ1-1	$\frac{0.099}{0.033\times3}$	107	3	ZJ1-1,3×4 片 ZJ1-2,3×4 片 ZJ1-3,3×1 片 ZJ1-4,3×4 片 ZJ1-6,3×10 片
				HQ_{11}-HQ_{10}	0.101	0.192	0.7	64.40	ZJ1-1,ZJ1-2,ZJ1-3	$\frac{0.192}{0.033+0.047\times2+0.067}$	76	1+2+1	
				HQ_{10}-FJ_{11}	0.196	0.374	0.6	55.20	ZJ1-2,ZJ1-4	$\frac{0.374}{0.047\times2+0.07\times4}$	64	2+4	
				FJ_{11}-FJ_{10}	0.702	1.340	0.4	36.80	ZJ1-6	$\frac{1.34}{0.135\times10}$	46	10	
YZR280M-8	360	92.5	2.25	Z_1-HQ_{11}	0.051	0.114	0.8	74.00	ZJ1-1,ZJ1-2	$\frac{0.114}{0.033\times2+0.047}$	91	2+1	ZJ1-1,3×2 片 ZJ1-2,3×5 片 ZJ1-3,3×9 片 ZJ1-5,3×1 片 ZJ1-6,3×10 片
				HQ_{11}-HQ_{10}	0.111	0.249	0.7	64.75	ZJ1-2,ZJ1-3	$\frac{0.249}{0.047+0.067\times3}$	76	1+3	
				HQ_{10}-FJ_{11}	0.243	0.547	0.6	55.50	ZJ1-2,ZJ1-3	$\frac{0.547}{0.047\times3+0.067\times6}$	76	3+6	
				FJ_{11}-FJ_{10}	0.646	1.453	0.4	37.00	ZJ1-5,ZJ1-6	$\frac{1.453}{0.099+0.135\times10}$	46	1+10	
YZR315S-8	302	159	1.10	Z_1-HQ_{11}	0.048	0.053	0.8	127.20	ZJ1-2,ZJ1-3	$\frac{0.053}{(0.047+0.067)\times1(2)}$	76×2	2+2	ZJ1-2,3×10 片 ZJ1-3,3×17 片 ZJ1-4,3×12 片
				HQ_{11}-HQ_{10}	0.107	0.117	0.7	111.30	ZJ1-2,ZJ1-3	$\frac{0.117}{(0.047+0.067)\times2(2)}$	76×2	4+4	
				HQ_{10}-FJ_{11}	0.236	0.260	0.6	95.40	ZJ1-2,ZJ1-4	$\frac{0.260}{(0.047+0.07)\times2(2)}$	64×2	4+4	
				FJ_{11}-FJ_{10}	0.659	0.725	0.4	63.60	ZJ1-3	$\frac{0.725}{0.067\times11}$	76	11	

续表 24-53

电动机型号及技术数据				电阻计算值					选用电阻值(每相)				每台电动机所用电阻
型号	转子额定电压 U_{ze} (V)	转子额定电流 I_{ze} (A)	转子额定电阻 R_{ze} (Ω)	电阻段号	电阻值 标幺值	电阻值 电阻值 (Ω)	电流值 标幺值	电流值 电流值 (A)	电阻元件型号	电阻值 (Ω)	额定电流值 (A)	片数	
YZR315M-8	372	160.9	1.34	Z_1-HQ_{11}	0.049	0.066	0.8	128.72	ZJ1-3	$\frac{0.066}{0.067\times2(2)}$	76×2	4	
				HQ_{11}-HQ_{10}	0.101	0.135	0.7	112.63	ZJ1-6	$\frac{0.135}{0.135\times3(3)}$	46×3	9	ZJ1-3,3×18 片
				HQ_{10}-FJ_{11}	0.205	0.275	0.6	96.54	ZJ1-4	$\frac{0.275}{(0.07\times4)\times2(2)}$	64×2	16	ZJ1-4,3×16 片 ZJ1-6,3×9 片
				FJ_{11}-FJ_{10}	0.694	0.931	0.4	64.36	ZJ1-3	$\frac{0.931}{0.067\times14}$	76	14	
YZR280S-10	150	153.2	0.57	Z_1-HQ_{11}	0.059	0.033	0.8	122.56	ZJ1-3	$\frac{0.033}{0.067(2)}$	76×2	2	
				HQ_{11}-HQ_{10}	0.111	0.063	0.7	107.24	ZJ1-3	$\frac{0.063}{0.067\times2(2)}$	76×2	4	ZJ1-2,3×5 片
				HQ_{10}-FJ_{11}	0.212	0.121	0.6	91.92	ZJ1-2,ZJ1-4	$\frac{0.121}{(0.047+0.07)\times2(2)}$	64×2	4+4	ZJ1-3,3×11 片 ZJ1-4,3×4 片
				FJ_{11}-FJ_{10}	0.668	0.381	0.4	61.28	ZJ1-2,ZJ1-3	$\frac{0.381}{0.047+0.067\times5}$	76	1+5	
YZR280M-10	172	165	0.60	Z_1-HQ_{11}	0.056	0.034	0.8	132.00	ZJ1-3	$\frac{0.034}{0.067(2)}$	76×2	2	
				HQ_{11}-HQ_{10}	0.094	0.056	0.7	115.50	ZJ1-2,ZJ1-3	$\frac{0.056}{(0.047+0.067)(2)}$	76×2	2+2	ZJ1-1,3×2 片
				HQ_{10}-FJ_{11}	0.157	0.094	0.6	99.00	ZJ1-2	$\frac{0.094}{(0.047\times2)\times2(2)}$	91×2	8	ZJ1-2,3×18 片 ZJ1-3,3×4 片
				FJ_{11}-FJ_{10}	0.743	0.446	0.4	66.00	ZJ1-1,ZJ1-2	$\frac{0.446}{0.033\times2+0.047\times8}$	91	2+8	

续表 24-53

电动机型号及技术数据				电阻计算值					选用电阻值(每相)				
型号	转子额定电压 U_{ze} (V)	转子额定电流 I_{ze} (A)	转子额定电阻 R_{ze} (Ω)	电阻段号	电阻值		电流值		电阻元件型号	电阻值 (Ω)	额定电流值 (A)	片数	每台电动机所用电阻
					标幺值	电阻值 (Ω)	标幺值	电流值 (A)					
YZR315S-10	242	138.7	1.01	Z_1-HQ_{11}	0.048	0.048	0.8	110.96	ZJ1-2	$\frac{0.048}{0.047\times2(2)}$	91×2	4	ZJ1-1,3×7 片 ZJ1-2,3×6 片 ZJ1-3,3×9 片 ZJ1-4,3×6 片
				HQ_{11}-HQ_{10}	0.101	0.102	0.7	97.09	ZJ1-4	$\frac{0.102}{0.07\times3(2)}$	64×2	6	
				HQ_{10}-FJ_{11}	0.211	0.214	0.6	83.22	ZJ1-1	$\frac{0.214}{0.033\times7}$	107	7	
				FJ_{11}-FJ_{10}	0.690	0.697	0.4	55.48	ZJ1-2,ZJ1-3	$\frac{0.697}{0.047\times2+0.067\times9}$	76	2+9	
YZR315M-10	325	149.3	1.26	Z_1-HQ_{11}	0.048	0.060	0.8	119.44	ZJ1-3	$\frac{0.06}{0.067\times2(2)}$	76×2	4	ZJ1-1,3×8 片 ZJ1-3,3×25 片
				HQ_{11}-HQ_{10}	0.101	0.127	0.7	104.51	ZJ1-3	$\frac{0.127}{0.067\times4(2)}$	76×2	8	
				HQ_{10}-FJ_{11}	0.212	0.267	0.6	89.58	ZJ1-1	$\frac{0.267}{0.033\times8}$	107	8	
				FJ_{11}-FJ_{10}	0.690	0.869	0.4	59.72	ZJ1-3	$\frac{0.869}{0.067\times13}$	76	13	
YZR355M-10	330	166.6	1.14	Z_1-HQ_{11}	0.040	0.045	0.8	133.28	ZJ1-2	$\frac{0.047}{0.047\times2(2)}$	91×2	4	ZJ1-1,3×2 片 ZJ1-2,3×23 片 ZJ1-3,3×4 片 ZJ1-4,3×16 片
				HQ_{11}-HQ_{10}	0.097	0.111	0.7	116.62	ZJ1-1,ZJ1-3	$\frac{0.097}{(0.047+0.067)\times2(2)}$	76×2	4+4	
				HQ_{10}-FJ_{11}	0.239	0.273	0.6	99.96	ZJ1-4	$\frac{0.273}{0.07\times8(2)}$	64×2	16	
				FJ_{11}-FJ_{10}	0.674	0.768	0.4	66.64	ZJ1-1,ZJ1-2	$\frac{0.768}{0.033\times2+0.047\times15}$	91	2+15	

续表 24-53

电动机型号及技术数据				电阻计算值					选用电阻值(每相)				每台电动机所用电阻
型号	转子额定电压 U_{ze} (V)	转子额定电流 I_{ze} (A)	转子额定电阻 R_{ze} (Ω)	电阻段号	电阻值 标幺值	电阻值 (Ω)	电流值 标幺值	电流值 (A)	电阻元件型号	电阻值 (Ω)	额定电流值 (A)	片数	
YZR355L1-10	388	172	1.30	Z_1-HQ_{11}	0.047	0.062	0.8	137.60	ZJ1-1	$\frac{0.062}{(0.033\times2)\times2(2)}$	107×2	8	ZJ1-1,3×8 片 ZJ1-2,3×22 片 ZJ1-3,3×24 片
				HQ_{11}-HQ_{10}	0.106	0.138	0.7	120.40	ZJ1-3	$\frac{0.138}{(0.067\times2)\times2(2)}$	76×2	8	
				HQ_{10}-FJ_{11}	0.240	0.311	0.6	103.20	ZJ1-2,ZJ1-3	$\frac{0.311}{(0.047+0.067\times4)\times2(2)}$	76×2	4+16	
				FJ_{11}-FJ_{10}	0.657	0.854	0.4	68.80	ZJ1-2	$\frac{0.854}{0.047\times18}$	91	18	
YZR355L2-10	475	167.5	1.64	Z_1-HQ_{11}	0.038	0.062	0.8	134.00	ZJ1-1	$\frac{0.062}{(0.033\times2)\times2(2)}$	107×2	8	ZJ1-1,3×14 片 ZJ1-2,3×27 片 ZJ1-3,3×4 片 ZJ1-4,3×20 片
				HQ_{11}-HQ_{10}	0.092	0.150	0.7	117.25	ZJ1-1,ZJ1-2,ZJ1-3	$\frac{0.150}{(0.033+0.047+0.067)\times2(2)}$	76×2	4+4+4	
				HQ_{10}-FJ_{11}	0.223	0.366	0.6	100.50	ZJ1-4	$\frac{0.366}{0.07\times10(2)}$	64×2	20	
				FJ_{11}-FJ_{10}	0.697	1.144	0.4	67.00	ZJ1-1,ZJ1-2	$\frac{1.144}{0.033\times2+0.047\times23}$	91	2+23	
YZR400L1-10	395	250	0.97	Z_1-HQ_{11}	0.040	0.039	0.8	200.00	ZJ1-5	$\frac{0.039}{0.099\times2(5)}$	54×5	10	ZJ1-1,3×12 片 ZJ1-2,3×20 片 ZJ1-4,3×36 片 ZJ1-5,3×10 片
				HQ_{11}-HQ_{10}	0.100	0.097	0.7	175.00	ZJ1-1	$\frac{0.097}{(0.033\times3)\times2(2)}$	107×2	12	
				HQ_{10}-FJ_{11}	0.249	0.241	0.6	150.00	ZJ1-2	$\frac{0.241}{0.047\times10(2)}$	91×2	20	
				FJ_{11}-FJ_{10}	0.661	0.641	0.4	100.00	ZJ1-4	$\frac{0.641}{(0.07\times9)\times2(2)}$	64×2	36	
YZR400L2-10	460	258	1.10	Z_1-HQ_{11}	0.040	0.044	0.8	206.40	ZJ1-2	$\frac{0.044}{0.047\times3(3)}$	91×3	9	ZJ1-2,3×38 片 ZJ1-3,3×9 片 ZJ1-4,3×40 片
				HQ_{11}-HQ_{10}	0.104	0.114	0.7	180.60	ZJ1-2,ZJ1-3	$\frac{0.114}{(0.047+0.067)\times3(3)}$	91×3	9+9	
				HQ_{10}-FJ_{11}	0.270	0.297	0.6	154.80	ZJ1-1,ZJ1-2	$\frac{0.297}{(0.033\times2+0.047\times5)\times2(2)}$	91×2	8+20	
				FJ_{11}-FJ_{10}	0.636	0.700	0.9	103.20	ZJ1-4	$\frac{0.700}{(0.07\times10)\times2(2)}$	64×2	40	

注:注释内容与表 24-50 表下注相同。

表 24-54 YZR 绕线型电动机常接电阻选用表（S3，$FC=40\%$）

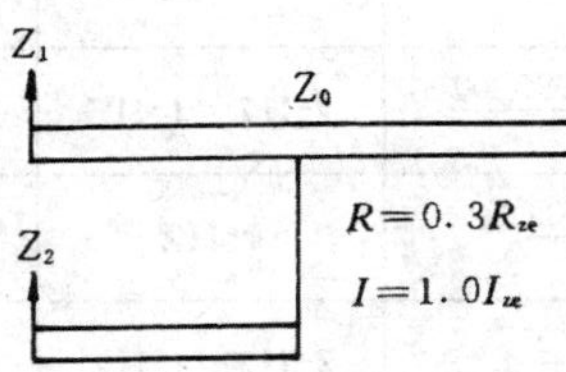

转子回路简图

电动机型号及技术数据				常接电阻 R 计算值		选用电阻值（每相）				每台电动机所用电阻
型　号	转子额定电压 U_{ze}（V）	转子额定电流 I_{ze}（A）	转子额定电阻 R_{ze}（Ω）	电阻值（Ω）	电流值（A）	电阻元件型号	电阻值（Ω）	额定电流值（A）	片数	
YZR112M-6	100	12.5	4.62	1.386	12.5	ZB2-1.45	$\frac{1.386}{1.45}$	15.4	1	ZB2-1.45，3×1 片
YZR132M1-6	132	12.6	6.05	1.815	12.6	ZB2-0.9	$\frac{1.815}{0.9\times2}$	19.9	2	ZB2-0.9，3×2 片
YZR132M2-6	185	14.5	7.37	2.211	14.5	ZB2-0.9	$\frac{2.211}{0.9\times3}$	19.9	3	ZB2-0.9，3×3 片
YZR160M1-6	138	25.7	3.10	0.93	25.7	ZB1-0.33	$\frac{0.93}{0.33\times3}$	32	3	ZB1-0.33，3×3 片
YZR160M2-6	185	26.5	4.03	1.209	26.5	ZB1-0.25	$\frac{1.209}{0.25\times5}$	38	5	ZB1-0.25，3×5 片
YZR160L-6	250	27.6	5.23	1.569	27.6	ZB1-0.33	$\frac{1.569}{0.33\times5}$	32	5	ZB1-0.33，3×5 片
YZR180L-6	218	46.5	2.71	0.813	46.5	ZJ1-1，ZJ1-5	$\frac{0.813}{0.033+0.099\times8}$	54	1+8	ZJ1-1，3×1 片 ZJ1-5，3×8 片
YZR200L-6	200	69.9	1.65	0.495	69.9	ZJ1-1，ZJ1-2	$\frac{0.495}{0.033+0.047\times10}$	91	1+10	ZJ1-1，3×1 片 ZJ1-2，3×10 片
YZR225M-6	251	74.4	1.94	0.582	74.4	ZJ1-1，ZJ1-2	$\frac{0.582}{0.033\times2+0.047\times11}$	91	2+11	ZJ1-1，3×1 片 ZJ1-2，3×11 片

续表 24-54

电动机型号及技术数据				常接电阻 R 计算值		选用电阻值（每相）				每台电动机所用电阻
型　号	转子额定电压 U_{ze}（V）	转子额定电流 I_{ze}（A）	转子额定电阻 R_{ze}（Ω）	电阻值（Ω）	电流值（A）	电阻元件型号	电阻值（Ω）	额定电流值（A）	片数	
YZR250M1-6	250	91.5	1.57	0.471	91.5	ZJ1-1	$\frac{0.471}{0.033\times14}$	107	14	ZJ1-1，3×4 片
YZR250M2-6	290	95	1.76	0.528	95	ZJ1-1，ZJ1-4	$\frac{0.528}{(0.033+0.07\times7)\times2\ (2)}$	64×2	4+28	ZJ1-1，3×4 片 ZJ1-4，3×28 片
YZR280S-6	280	119.8	1.35	0.405	119.8	ZJ1-3	$\frac{0.405}{(0.067\times6)\times2\ (2)}$	76×2	24	ZJ1-3，3×24 片
YZR280M-6	370	122.6	1.72	0.516	122.6	ZJ1-2，ZJ1-3	$\frac{0.516}{(0.047+0.067\times7)\times2\ (2)}$	76×2	4+28	ZJ1-2，3×4 片 ZJ1-3，3×28 片
YZR160L-8	205	23	5.15	1.545	23	ZB1-0.4	$\frac{1.545}{0.4\times4}$	29	4	ZB1-0.4，3×4 片
YZR180L-8	172	44	2.26	0.678	44	ZJ1-4，ZJ1-5	$\frac{0.678}{0.07+0.099\times6}$	64	1+6	ZJ1-4，3×1 片 ZJ1-5，3×6 片
YZR200L-8	178	53.5	1.92	0.576	53.5	ZJ1-4	$\frac{0.576}{0.07\times8}$	64	8	ZJ1-4，3×8 片
YZR225M-8	232	59.1	2.27	0.681	59.1	ZJ1-3	$\frac{0.681}{0.067\times10}$	76	10	ZJ1-3，3×10 片
YZR250M1-8	272	68.8	2.28	0.684	68.8	ZJ1-1，ZJ1-2	$\frac{0.684}{0.033+0.047\times14}$	91	1+14	ZJ1-1，3×1 片 ZJ1-2，3×14 片
YZR250M2-8	335	70	2.76	0.828	70	ZJ1-1，ZJ1-2	$\frac{0.828}{0.033+0.047\times17}$	91	1+17	ZJ1-1，3×1 片 ZJ1-2，3×17 片
YZR280S-8	305	92	1.91	0.573	92	ZJ1-4	$\frac{0.573}{(0.07\times8)\times2\ (2)}$	64×2	32	ZJ1-4，3×32 片
YZR280M-8	360	92.5	2.25	0.675	92.5	ZJ1-1，ZJ1-4	$\frac{0.675}{(0.033+0.07\times9)\times2\ (2)}$	64×2	4+36	ZJ1-1，3×1 片 ZJ1-4，3×36 片
YZR351S-8	302	159	1.10	0.33	159	ZJ1-1	$\frac{0.33}{(0.033\times10)\times2\ (2)}$	107×2	40	ZJ1-1，3×40 片
YZR315M-8	372	160.9	1.34	0.402	160.9	ZJ1-1	$\frac{0.402}{(0.033\times12)\times2\ (2)}$	107×2	48	ZJ1-1，3×48 片

续表 24-54

电动机型号及技术数据				常接电阻 R 计算值		选用电阻值（每相）				每台电动机所用电阻
型　号	转子额定电压 U_{2e}（V）	转子额定电流 I_{2e}（A）	转子额定电阻 R_{2e}（Ω）	电阻值（Ω）	电流值（A）	电阻元件型号	电阻值（Ω）	额定电流值（A）	片数	
YZR280S-10	150	153.2	0.57	0.171	153.2	ZJ1-2	$\frac{0.171}{(0.047\times4)\times2\ (2)}$	91×2	16	ZJ1-2，3×16 片
YZR280M2-10	172	165	0.60	0.18	165	ZJ1-1	$\frac{0.18}{(0.033\times6)\times2\ (2)}$	107×2	24	ZJ1-1，3×24 片
YZR315S-10	242	138.7	1.01	0.303	138.7	ZJ1-1，ZJ1-4	$\frac{0.303}{(0.033+0.047\times6)\times2\ (2)}$	91×2	4+24	ZJ1-1，3×1 片 ZJ1-2，3×24 片
YZR315M-10	325	149.3	1.26	0.378	149.3	ZJ1-2	$\frac{0.378}{(0.047\times8)\times2\ (2)}$	91×2	32	ZJ1-2，3×32 片
YZR355M-10	330	166.6	1.14	0.342	166.6	ZJ1-1	$\frac{0.342}{(0.033\times10)\times2\ (2)}$	107×2	40	ZJ1-1，3×40 片
YZR355L1-10	388	172	1.30	0.39	172	ZJ1-1	$\frac{0.39}{(0.033\times12)\times2\ (2)}$	107×2	48	ZJ1-1，3×48 片
YZR355L2-10	475	167.5	1.64	0.492	167.5	ZJ1-1	$\frac{0.492}{(0.033\times15)\times2\ (2)}$	107×2	60	ZJ1-1，3×60 片
YZR400L1-10	395	250	0.97	0.291	250	ZJ1-1	$\frac{0.291}{(0.033\times9)\times3\ (3)}$	107×3	81	ZJ1-1，3×81 片
YZR400L2-10	460	258	1.10	0.33	258	ZJ1-1	$\frac{0.33}{(0.033\times10)\times3\ (3)}$	107×3	90	ZJ1-1，3×90 片

注：注释内容与表 24-50 表下注相同。

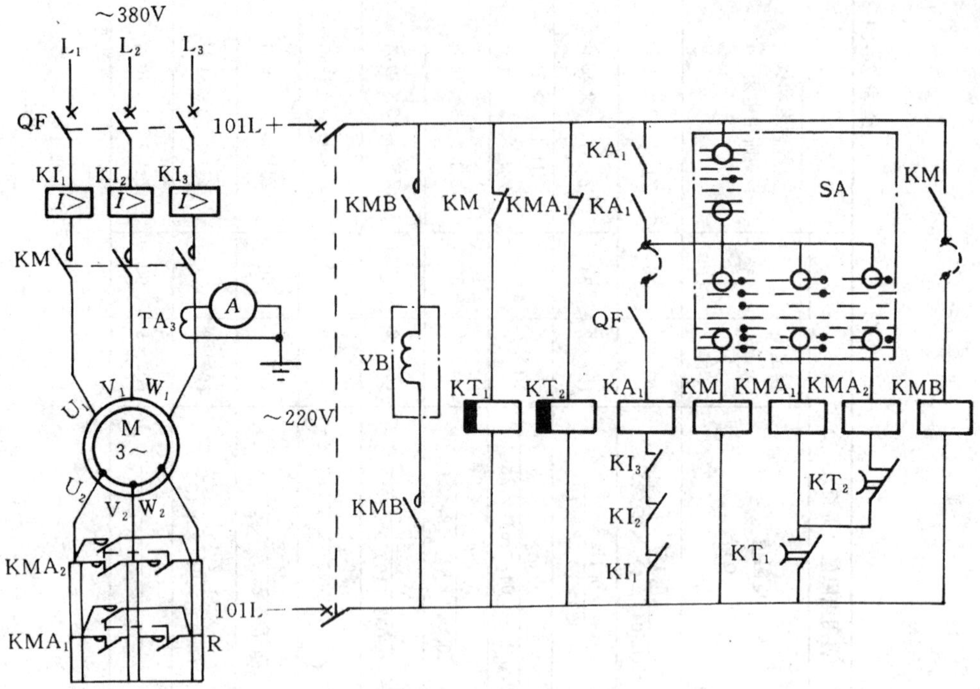

图 24-29 JKT-146 方案电阻分级起动电控设备原理图

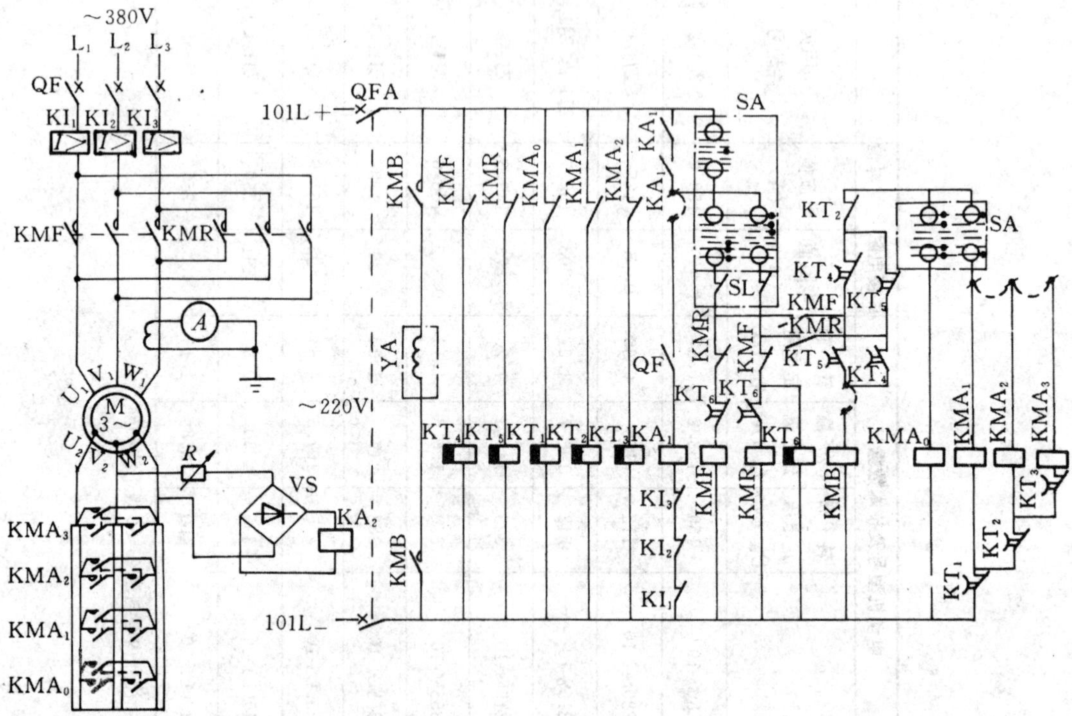

图 24-30 JKT-151 方案电阻分级起动并带反接制动电控设备原理图

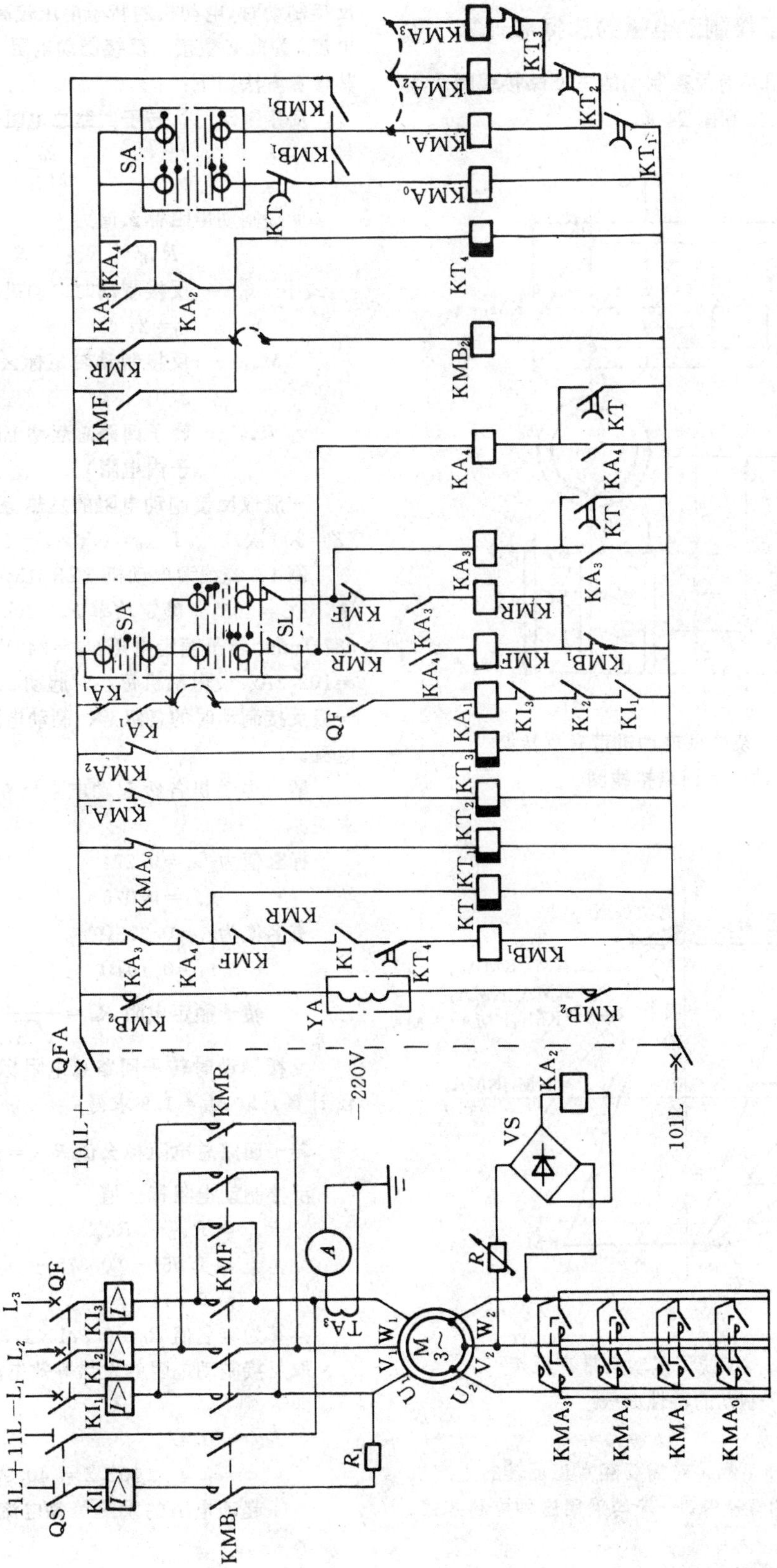

图 24-31 JKT-152 方案电控设备原理图

24.3.3 反接制动电阻的选择和计算

绕线型电动机带有反接制动的主回路接线图及其特性曲线见图 24-32 和图 24-33。

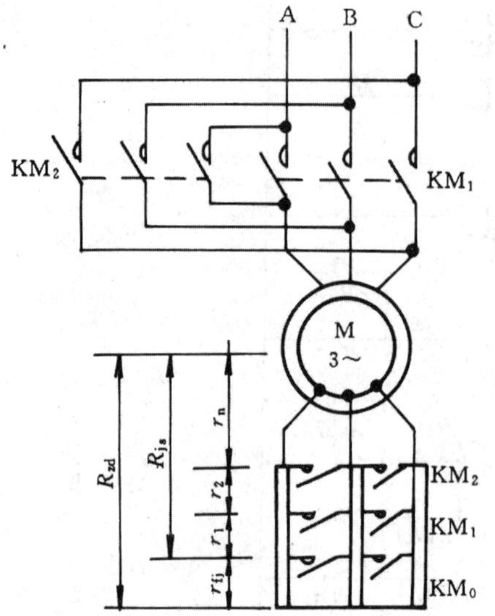

图 24-32 绕线型电动机带有反接制动的主回路接线图

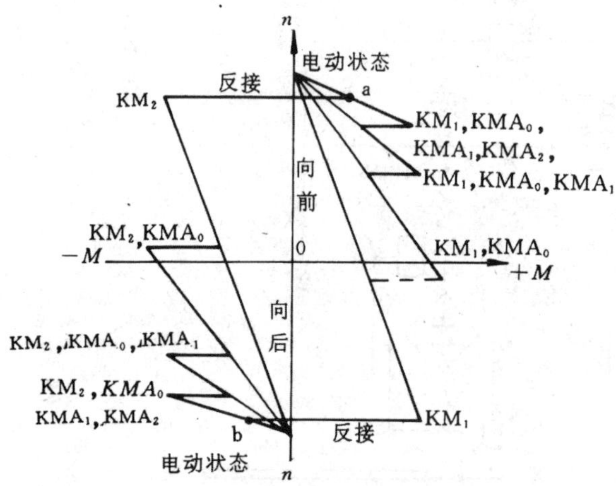

图 24-33 绕线型电动机带有反接制动的特性曲线

反接制动简便可靠，对需要经常正反转的生产机械，如轧钢车间的辊道等，一般均采用这种控制方式。反接制动时，电动机的转子电压较高，并有很大的制动电流，为此必须接入反接制动电阻，以限制制动电流。其计算方法如下：

反接制动时，转子回路总电阻标幺值为

$$R_{*\Sigma}=\frac{s_{fj}}{M_{*fj}} \tag{24-42}$$

反接制动电阻标幺值为

$$R_{*fj}=R_{*\Sigma}-R_{*q} \tag{24-43}$$

式中 s_{fj}——反接制动时电动机的转差率，一般取 $s_{fj}=2$；

M_{*fj}——反接制动转矩标幺值，一般取 1.5～2.0；

R_{*q}——转子回路总起动电阻标幺值（包括转子内电阻）。

一般取反接制动电阻的发热等效电流 $I_{*dxfj}=0.4$（$Z=300$ 次/h）、$I_{*dxfj}=0.6$（$Z=600$ 次/h）。

例 1 绕线型电动机 YZR315s-10，S4 及 S5 工作制，$FC=40\%$，额定功率 $P_e=40$kW，额定转速 $n_e=587$r/min，转子额定电压 $U_{ze}=242$V，转子额定电流 $I_{ze}=102.2$A。设电动机每小时起动 300 次。求二级起动一级反接制动时的各级起、制动电阻值及其发热等效电流。

解 电动机各级起动电阻已在 24.3.2 节例 3 中求得。

标幺值为 $r_{*1}=0.274$

$r_{*2}=0.076$

有名值为 $r_1=0.375\Omega$

$r_2=0.104\Omega$

转子额定电阻 $R_{ze}=\dfrac{242}{\sqrt{3}\times102.2}=1.367\Omega$

反接制动时转子回路总电阻标幺值 $R_{*\Sigma}$ 按式 24-42 计算，取 $M_{fj}=1.9$ 求得：

转子回路总电阻标幺值 $R_{*\Sigma}=\dfrac{s_{fj}}{M_{fj}}=\dfrac{2}{1.9}=1.05$

反接制动电阻标幺值

$$\begin{aligned}R_{*fj}&=R_{*\Sigma}-R_{*q}\\&=1.05-(0.375+0.104)\\&=0.571\end{aligned}$$

换算为有名值 $R_{fj}=0.571\times1.367=0.78\Omega$

取反接制动电阻的发热等效电流 $I_{*dxfj}=0.4$

即

$$\begin{aligned}I_{dxfj}&=0.4I_{ze}\\&=0.4\times102.2=40.9\text{A}\end{aligned}$$

起动电阻的发热等效电流已在 24.3.2 节例

3 中求得。

$$I_{dxr_1} = 61.3\text{A}$$

$$I_{dxr_2} = 71.5\text{A}$$

YZR 系列绕线型电动机反接制动电阻选用表见表 24-52 和 24-53。

绕线型电动机采用 JK 系列带反接制动的电控设备有如下方案：

(1) JKT-151：重载断续周期工作，可逆，电阻分级起动，带机械制动及反接制动。

(2) JKT-152：较 JKT-151 方案增加了能耗制动。

(3) JKT-153：重载断续周期工作，可逆，频敏变阻器起动带机械制动及反接制动。

(4) JKT-154：较 JKT-153 方案增加了能耗制动。

JKT-151 方案原理图见图 24-30，JKT-152 方案原理图见图 24-31，JKT-153 方案原理图见图 24-21，JKT-154 方案原理图见图 24-22。

24.3.4 能耗制动电阻的选择和计算

对经常起动，频繁逆转并要求迅速和准确停车的机械，如轧钢车间的升降台等应设能耗制动。能耗制动转矩的大小与通入定子绕组内的直流电流和转子回路中的电阻有关。

YZR 绕线型电动机采用能耗制动时，应在转子回路中接入 (0.3～0.4) R_{2e}的电组，以增大制动转矩。能耗制动转矩随转速的降低而逐渐减小，因此常与机械制动器同时使用。

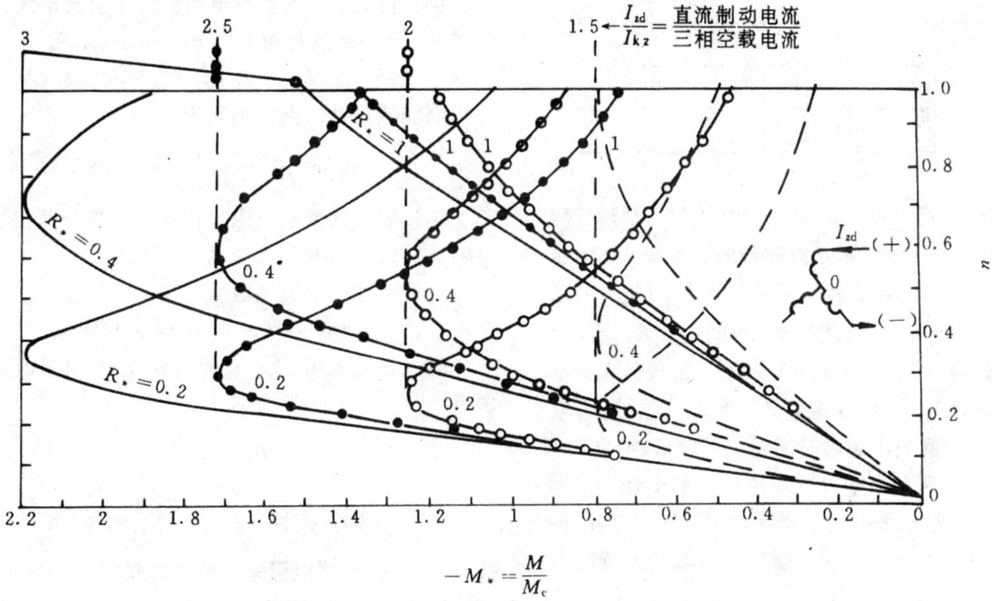

图 24-34 JZR 绕线型电动机的能耗制动通用特性曲线

图 24-34 为 JZR 系列绕线型电动机能耗制动通用特性曲线，(到目前为止，国内电机研究所尚未作 YZR 系列绕线型电动机的能耗制动通用特性曲线，暂以 JZR 系列绕线型电动机能耗制动通用特性曲线代用)，从图中可知，当直流制动电流 I_{zd}为 2～3 倍电动机的空载电流 I_{kz}时，最大制动转矩达到电动机额定转矩 M_e的 1.25～2.2 倍。图 24-34 中绘出了不同制动电流 (I_{zd}=1.5，2.0，2.5 和 3.0I_{kz}) 和不同转子回路电阻 (R_x=1.0，0.4 和 0.2) 时三组特性曲线，从特性曲线可见：当 R_*=0.4 时制动转矩最大，R_*=0.2 时制动曲线次之，R_*=1.0 时，制动转矩最小。因此，绕线型电动机采用能耗制动时，一般取制动电流 I_{zd}=2.5I_{kz}，转子回路电阻 R_*最好为 0.3～0.4。绕线型电动机转子回路中接入的电阻已按起动和反接制动要求计算确定。如何满足能耗制动时转子回路电阻 R_*=0.3～0.4 的要求，这需要对绕线型电动机的起动电阻计算值和带能耗制动的电阻分级起动的原理图进行分析。

从表 24-50～表 24-53 中可知，绕线型电动机采用电阻分级起动时，不论三级或二级电阻起动，也不论是否带反接制动，其总的起动电阻标幺值均约为 0.3～0.4。从图 24-31（绕线型电动机采用电阻分级起动带能耗制动时电控设备原理图）可知，当进行能耗制动时，控制系统自动将反接制动电阻切除，而将总的起动电阻接入转子回路内，满足了能耗制动对转子回路电阻 $R_*\approx 0.4$ 的要求。

表 24-55 中列出了一台 30kW，720r/min，$FC=25\%$，绕线型电动机的能耗制动特性。其计算条件为：$I_{zd}=3I_{kz}$，$\Sigma GD^2=2GD_d^2$，$M_j=0.1M_e$。

表 24-55 绕线型电动机能耗制动时间与行程比较表

转子回路总电阻 R_*	制动时间 (s)	制动行程（电动机转数）
0.2	1.0	4.5
0.4	1.2	4.0
1.0	2.1	8.3

由表 24-55 可以看出，当 $R_*=0.4$ 时，制动行程最小，当 $R_*=0.2$ 时，制动时间最短。从图 24-34 也可知，当 $R_*=0.4$，在高速时制动转矩大，（最大制动转矩出现在 $n_*=0.6$），因此制动行程小；当 $R_*=0.2$，在高速时制动转矩小，在 $n_*=0.3$ 时，出现最大制动转矩，因此制动时间短。当需要最小制动行程时，可取 $R_*=0.4$，当需要最小制动时间时，可取 $R_*=0.2$。

能耗制动电阻的发热等效电流按下列步骤计算：

(1) 如果电动机每小时起动次数 $Z=300$ 次/h，每次制动持续时间为 $t_s=1.9$s，则制动电阻接电持续率为

$$FC_r=\frac{300\times1.9}{3600}=15.8\%。$$

选 ZX12 系列电阻器，其时间常数平均值 $T_p=134$s，

则 $\frac{t_s}{T_p}=\frac{1.9}{134}=0.014$

由附录 24.2 附图 24-2 查得

$$\frac{I_{dx}}{I_s}=\frac{I_{dx}}{I_{zd}}=0.4$$

$$I_{dx}=0.4I_{zd}$$

(2) 如果电动机每小时起动次数 $Z=600$ 次/h，每次制动持续时间

$t_s=1.9$s，则

$$FC_r=\frac{600\times1.9}{3600}=31.6\%$$

$$\frac{t_s}{T_p}=\frac{1.9}{134}=0.014$$

由附录 24.2，附图 24-2 查得

$$\frac{I_{dx}}{I_s}=\frac{I_{dx}}{I_{zd}}=0.56$$

取 $I_{dx}=0.6I_{zd}$

例 1 绕线型电动机 YZR315S-10，每小时起动 300 次/h，额定功率 $P_e=55$kW，额定转速 $n_e=580$r/min，负荷持续率 $FC=40\%$，转子额定电压 $U_{ze}=242$V，转子额定电流 $I_{ze}=138.7$A。电动机采用能耗制动的原理图见图 24-31，制动电压采用直流 60V。求能耗制动回路外加电阻的电阻值及其发热等效电流值。

解 由表 24-56 查得电动机定子空载电流，$I_{kz}=62.5$A，定子绕组每相电阻 $R_d=0.07\Omega$，取

$$I_{zd}=2.5I_{kz}=2.5\times62.5=156.3\text{A}$$

则能耗制动回路总电阻为

$$R_\Sigma=\frac{U_{zd}}{I_{zd}}=\frac{60}{156.3}=0.38\Omega$$

能耗制动回路总电阻包括电动机定子两相绕组的电阻，导线电阻及外加制动电阻 R_{zd}。

定子两相绕组的电阻为

$$2R_d=2\times0.07=0.14\Omega$$

供电导线采用 50mm^2 的铝导线，其电阻值按下式求得

$$R_l=\rho\frac{L}{S}\tag{24-44}$$

$$R_l=0.031\times10^{-6}\times\frac{2\times50}{50\times10^{-6}}=0.062\Omega$$

式中 ρ——导线电阻率，铝导线取 $0.031\times10^{-6}\Omega$m；

S——导线截面，m^2；

L——导线长度，m，假定供电线路长 50m，来回应乘以 2。

所以外加制动电阻为

$$R_{zd}=R_\Sigma-(2R_d+R_l)$$
$$=0.38-(0.14+0.062)=0.178\Omega$$

因 $Z=300$ 次/h，取能耗制动电阻的发热等效电流 $I_{dx}=0.4I_{zd}$

即 $I_{dx}=0.4\times156.3=65.52$A

YZR 系列绕线型电动机能耗制动电阻选用表见表 24-56。

绕线型电动机采用 JK 系列带能耗制动的电控设备有如下方案：

(1) JKT-148：重载断续周期工作，不可逆，频繁变阻器起动，带机械制动及能耗制动。

(2) JKT-152：重载断续周期工作，可逆，电阻分段起动，带机械制动，反接制动及能耗制动。

(3) JKT-154：重载断续周期工作，可逆，频敏变阻器起动，带机械制动，反接制动及能耗制动。

JKT-148 方案原理图见图 24-20；JKT-152 方案原理图见图 24-31；JKT-154 方案原理图见图 24-22。

表 24-56 YZR 绕线型电动机能耗制动外加电阻选用表

转子回路简图

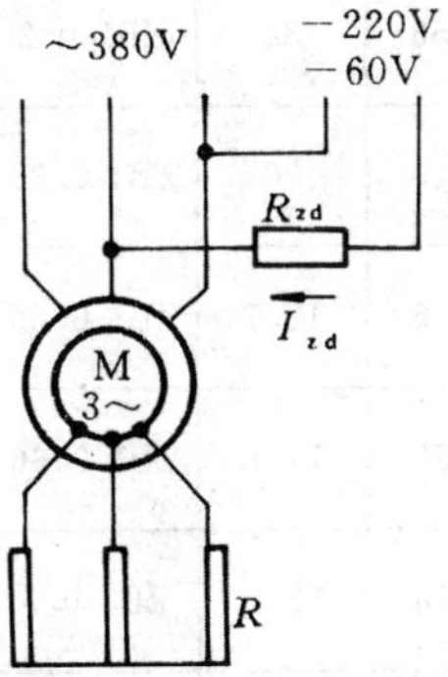

$I_{zd}=2.5I_{kz}$

$I_{dx}=0.4I_{zd}$

$U_{zd}=1I_{zd}R_d$

电动机型号及技术数据				制动电阻 R_{zd} 计算值		选用电阻				每台电动机所用电阻
型号	空载电流 I_{kz} (A)	定子相电阻 R_d(Ω)	制动电压 (V)	电阻值 (Ω)	电流值 (A)	电阻元件型号	电阻值 (Ω)	额定电流值 (A)	片数	
直流制动电源电压 60V										
YZR112M-6	3.37	6.25	105.31							
YZR132M1-6	4.04	3.66	73.93							
YZR132M-6	5.58	1.75	48.83	0.8	5.58	ZB2-1.45	$\frac{0.8}{1.45}$	15.4	1	ZB2-1.45，1片
YZR160M1-6	7.95	1.45	57.6	0.12	7.95	ZB2-1.45	$\frac{0.12}{1.45}$	15.4	1	ZB2-1.45，1片
YZR160M2-6	11.2	0.89	49.84	0.36	11.2	ZB2-1.45	$\frac{0.36}{1.45}$	15.4	1	ZB2-1.45，1片
YZR160L-6	13	0.58	37.7	0.69	13	ZB2-0.7	$\frac{0.69}{0.7}$	22.3	1	ZB2-0.7，1片
YZR180L-6	18.8	0.39	36.66	0.50	18.8	ZB1-0.66	$\frac{0.50}{0.66}$	23	1	ZB1-0.66，1片
YZR200L-6	26.6	0.19	25.27	0.52	26.6	ZB1-0.33	$\frac{0.52}{0.33\times3}$	32	2	ZB1-0.33，2片
YZR225M-6	29.9	0.135	20.18	0.53	29.9	ZB1-0.25	$\frac{0.53}{0.25\times3}$	38	3	ZB1-0.25，3片
YZR250M1-6	26.5	0.145	19.21	0.62	26.5	ZB1-0.33	$\frac{0.62}{0.33\times2}$	32	2	ZB1-0.33，2片
YZR250M2-6	28.2	0.09	12.69	0.67	28.2	ZB1-0.25	$\frac{0.67}{0.25\times3}$	38	3	ZB1-0.25，3片

续表 24-56

电动机型号及技术数据				制动电阻 R_{zd} 计算值		选用电阻				每台电动机所用电阻
型号	空载电流 I_{kz} (A)	定子相电阻 R_d(Ω)	制动电压 (V)	电阻值 (Ω)	电流值 (A)	电阻元件型号	电阻值 (Ω)	额定电流值 (A)	片数	
YZR280S-6	34	0.065	11.05	0.58	34	ZB1-0.2	$\frac{0.58}{0.2\times3}$	43	3	ZB1-0.2，3片
YZR280M-6	50	0.041	10.25	0.40	50	ZB1-0.33	$\frac{0.40}{0.33\times3(2)}$	32×2	6	ZB1-0.33，6片
YZR160L-8	12.7	0.72	45.72	0.45	12.7	ZB1-0.66	$\frac{0.45}{0.66}$	23	1	ZB1-0.66，1片
YZR180L-8	14.8	0.56	41.44	0.50	14.8	ZB1-0.66	$\frac{0.5}{0.66}$	23	1	ZB1-0.66，1片
YZR200L-8	17.7	0.29	26.07	0.78	17.2	ZB1-0.5	$\frac{0.78}{0.5\times2}$	26	2	ZB2-0.5，2片
YZR225M-8	24.2	0.146	17.67	0.70	24.2	ZB1-0.4	$\frac{0.70}{0.4\times2}$	29	2	ZB1-0.4，2片
YZR250M1-8	31.4	0.15	23.55	0.46	31.4	ZB1-0.25	$\frac{0.46}{0.25\times2}$	38	2	ZB1-0.25，2片
YZR250M2-8	36.9	0.117	21.59	0.42	36.9	ZB1-0.2	$\frac{0.42}{0.2\times3}$	43	3	ZB1-0.2，3片
YZR280S-8	48.5	0.062	15.04	0.37	48.5	ZJ1-3	$\frac{0.37}{0.067\times6}$	76	6	ZJ1-3，6片
YZR280M-8	52.3	0.064	16.74	0.33	52.3	ZJ1-3	$\frac{0.33}{0.067\times5}$	76	5	ZJ1-3，5片
YZR315S-8	62	0.042	13.02	0.30	62	ZJ1-3	$\frac{0.30}{0.067\times5}$	76	5	ZJ1-3，5片
YZR315M-8	57.7	0.034	9.81	0.35	57.7	ZJ1-3	$\frac{0.35}{0.067\times5}$	76	5	ZJ1-3，5片
YZR280S-10	44.2	0.105	23.21	0.33	44.2	ZJ1-3	$\frac{0.33}{0.067\times5}$	54	5	ZJ1-3，5片
YZR280M-10	63.6	0.081	25.76	0.22	63.6	ZJ1-2	$\frac{0.22}{0.047\times5}$	91	5	ZJ1-2，5片
YZR315S-10	62.5	0.07	21.88	0.24	62.5	ZJ1-2	$\frac{0.24}{0.047\times5}$	91	5	ZJ1-2，5片
YZR315M-10	85.3	0.047	20.05	0.19	85.3	ZJ1-1	$\frac{0.19}{0.033\times6}$	107	6	ZJ1-1，6片
YZR355M-10	83	0.036	14.94	0.22	83	ZJ1-1	$\frac{0.22}{0.033\times7}$	107	7	ZJ1-1，7片
YZR355L1-10	90	0.03	13.5	0.21	90	ZJ1-1	$\frac{0.21}{0.033\times7}$	107	7	ZJ1-1，7片

续表 24-56

电动机型号及技术数据				制动电阻 R_{zd} 计算值		选用电阻				每台电动机所用电阻
型号	空载电流 I_{kz} (A)	定子相电阻 R_d(Ω)	制动电压 (V)	电阻值 (Ω)	电流值 (A)	电阻元件型号	电阻值 (Ω)	额定电流值 (A)	片数	
YZR355L2-10	126	0.022	13.86	0.15	126	ZJ1-2	$\frac{0.15}{0.047\times6(2)}$	91×2	12	ZJ1-2，12片
YZR400L1-10	182	0.046	41.86	0.04	182	ZJ1-2	$\frac{0.04}{0.047\times3(3)}$	91×3	9	ZJ1-2，9片
YZR400L2-10	213	0.034	36.21	0.04	213	ZJ1-2	$\frac{0.04}{0.047\times3(3)}$	91×3	9	ZJ1-2，9片
直流制动电源电压 220V										
YZR112M-6	3.37	6.25	105.31	13.61	3.37	ZB2-8	$\frac{13.61}{8\times2}$	6.6	2	ZB2-8，2片
YZR132M1-6	4.04	3.66	73.93	14.46	4.04	ZB2-8	$\frac{14.46}{8\times2}$	6.6	2	ZB2-8，2片
YZR132M-6	5.58	1.75	48.83	12.27	5.58	ZB2-4.4	$\frac{12.37}{4.4\times3}$	8.9	3	ZB2-4.4，3片
YZR160M1-6	7.95	1.45	57.6	8.17	7.95	ZB2-3.5	$\frac{8.17}{3.5\times3}$	10.1	3	ZB2-3.5，3片
YZR160M2-6	11.2	0.89	49.84	6.08	11.2	ZB2-1.95	$\frac{6.08}{1.95\times4}$	13.8	4	ZB2-1.95，4片
YZR160L-6	13	0.58	37.7	5.61	13	ZB2-1.45	$\frac{5.61}{1.45\times4}$	15.4	4	ZB2-1.45，4片
YZR180L-6	18.8	0.39	36.66	3.90	18.8	ZB2-0.7	$\frac{3.90}{0.7\times6}$	22.3	6	ZB2-0.7，6片
YZR200L-6	26.6	0.19	25.27	2.93	26.6	ZB1-0.33	$\frac{2.93}{0.33\times9}$	32	9	ZB1-0.33，9片
YZR225M-6	29.9	0.135	20.18	2.67	29.9	ZB1-0.25	$\frac{2.67}{0.25\times11}$	38	11	ZB1-0.25，11片
YZR250M1-6	26.5	0.145	19.21	3.03	26.5	ZB1-0.33	$\frac{3.03}{0.33\times10}$	32	10	ZB1-0.33，10片
YZR250M2-6	28.2	0.09	12.69	2.94	28.2	ZB1-0.25	$\frac{2.94}{0.25\times12}$	38	12	ZB1-0.25，12片
YZR280S-6	34	0.065	11.05	2.46	34	ZB1-0.2	$\frac{2.46}{0.2\times10}$	43	12	ZB1-0.2，12片
YZR280M-6	50	0.041	10.25	1.68	50	ZB1-0.33	$\frac{1.68}{0.33\times10\ (2)}$	32×2	20	ZB1-0.33，20片
YZR160L-8	12.7	0.72	45.72	5.49	12.7	ZB2-1.1	$\frac{5.49}{1.1\times6}$	17.7	5	ZB2-1.1，5片

续表 24-56

电动机型号及技术数据				制动电阻 R_{zd} 计算值		选用电阻				每台电动机所用电阻
型号	空载电流 I_{kz}（A）	定子相电阻 R_d(Ω)	制动电压（V）	电阻值（Ω）	电流值（A）	电阻元件型号	电阻值（Ω）	额定电流值（A）	片数	
YZR180L-8	14.8	0.56	41.44	4.83	14.8	ZB2-1.1	$\frac{4.83}{1.1\times5}$	17.7	5	ZB2-1.1，5片
YZR200L-8	17.7	0.29	26.07	4.39	17.7	ZB2-0.7	$\frac{4.39}{0.7\times7}$	22.3	7	ZB2-0.7，7片
YZR225M-8	24.2	0.146	17.67	3.34	24.2	ZB1-0.4	$\frac{3.34}{0.4\times9}$	29	9	ZB1-0.4，9片
YZR250M1-8	31.4	0.15	23.55	2.50	31.4	ZB1-0.25	$\frac{2.5}{0.25\times10}$	38	10	ZB1-0.25，10片
YZR250M2-8	36.9	0.117	21.59	2.15	36.9	ZB1-0.2	$\frac{2.15}{0.2\times11}$	43	11	ZB1-0.2，11片
YZR280S-8	48.5	0.062	15.04	1.69	48.5	ZJ1-4	$\frac{1.69}{0.07\times24}$	64	24	ZJ1-4，24片
YZR280M-8	52.3	0.064	16.74	1.55	52.3	ZJ1-3	$\frac{1.55}{0.067\times23}$	76	23	ZJ1-3，23片
YZR315S-8	62	0.042	13.02	1.34	62	ZJ1-3	$\frac{1.34}{0.067\times20}$	76	20	ZJ1-3，20片
YZR315M-8	57.7	0.034	9.81	1.46	57.7	ZJ1-3	$\frac{1.46}{0.067\times22}$	76	22	ZJ1-3，22片
YZR280S-10	44.2	0.105	23.21	1.78	44.2	ZJ1-5	$\frac{1.78}{0.099\times18}$	54	18	ZJ1-5，18片
YZR280M-10	63.6	0.081	25.76	1.22	63.6	ZJ1-3	$\frac{1.22}{0.067\times18}$	76	18	ZJ1-3，18片
YZR315S-10	62.5	0.07	21.88	1.27	62.5	ZJ1-3	$\frac{1.27}{0.067\times19}$	76	19	ZJ1-3，19片
YZR315M-10	85.3	0.047	20.05	0.94	85.3	ZJ1-1	$\frac{0.94}{0.033\times28}$	107	28	ZJ1-1，28片
YZR355M-10	83	0.036	14.94	0.99	83	ZJ1-1	$\frac{0.99}{0.033\times30}$	107	30	ZJ1-1，30片
YZR355L1-10	90	0.03	13.5	0.92	90	ZJ1-1	$\frac{0.92}{0.033\times28}$	107	28	ZJ1-1，28片
YZR355L2-10	126	0.022	13.86	0.65	126	ZJ1-3	$\frac{0.65}{0.067\times20\ (2)}$	76×2	40	ZJ1-3，40片
YZR400L1-10	182	0.046	41.86	0.39	182	ZJ1-3	$\frac{0.39}{0.067\times18\ (3)}$	76×3	54	ZJ1-3，54片
YZR400L2-10	213	0.034	36.21	0.35	213	ZJ1-2	$\frac{0.35}{0.047\times23\ (3)}$	91×3	69	ZJ1-2，69片

注：1. 表中电动机空载电流 I_{kz}（A）和定子相电阻 R_d（Ω）摘自佳木斯电机研究所资料。

2. 表中选用电阻的电阻值栏中，用分数表示的数字含义如下：

(1) 选用 ZJ1（或 ZB2）康铜元件时：

分子表示电阻计算值（本表中即为选用电阻值），分母表示选用电阻的总电阻值及其接法，如 0.4×4（2）表示选用电阻每片为 0.4Ω，4 片串联，两组并联，（无括号则表示无并联），总电阻值为 0.8Ω。

(2) 选用 ZJ1 铁铬铝元件时：

分子表示电阻计算值，分母表示电阻选用值及其接法，如 0.033×4（2）表示选用电阻每片 0.033Ω，4 片串联，两组并联（无括号表示无并联），选用电阻值为 0.066Ω。

3. 当每台电动机选用电阻片数较少时，可将几台电动机所用电阻元件组装在一个电阻箱内。

4. 只有同型号的电阻元件才能组装在一个电阻箱内，ZB 型康铜元件（ZB1 型和 ZB2 型）组装成的电阻箱为 ZX2 型，每箱安装 10 片电阻。ZJ1 型铁铬铝元件组装成的电阻箱为 ZX12 型。每箱允许安装电阻元件的数量视其负荷电流而定（76～107A 的元件每箱可装 12 片；46～64A 的元件每箱可装 16 片；24～39A 的元件每箱可装 24 片）。

5. 表中电阻值未考虑连接导线电阻。

24.3.5 交流电力电子开关的选用

24.3.5.1 工作原理

交流电力电子开关是一种采用双向晶闸管的无触点强电电路开关，适用于频繁正反向起制动的场所。有可逆或不可逆，带能耗制动或不带能耗制动等多种控制线路。

目前国内已生产 CJW1，QW1 及 KTZN 等型号的产品。QW1 型交流电力电子开关（可逆，无能耗制动）框图见图 24-35。

KTZN 型交流电力电子开关主电路接线图（可逆，带能耗制动）见图 24-36（控制电路未示出）。

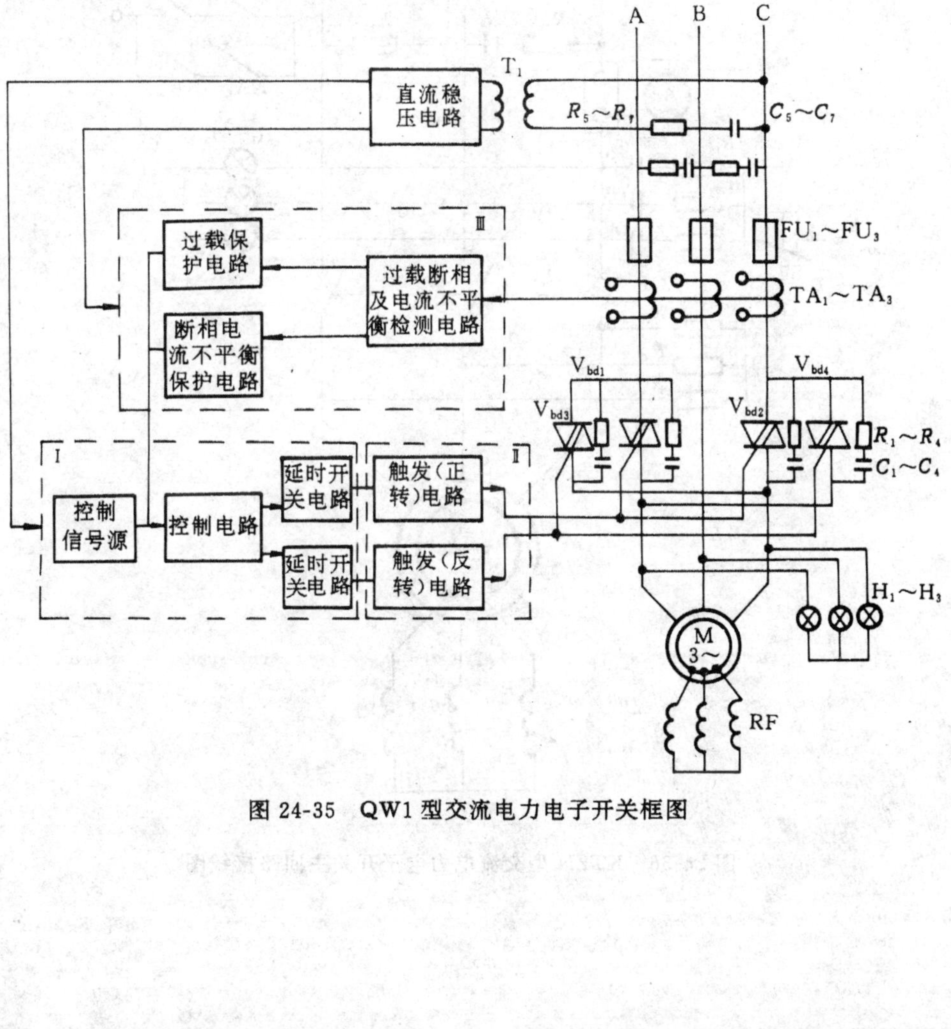

图 24-35 QW1 型交流电力电子开关框图

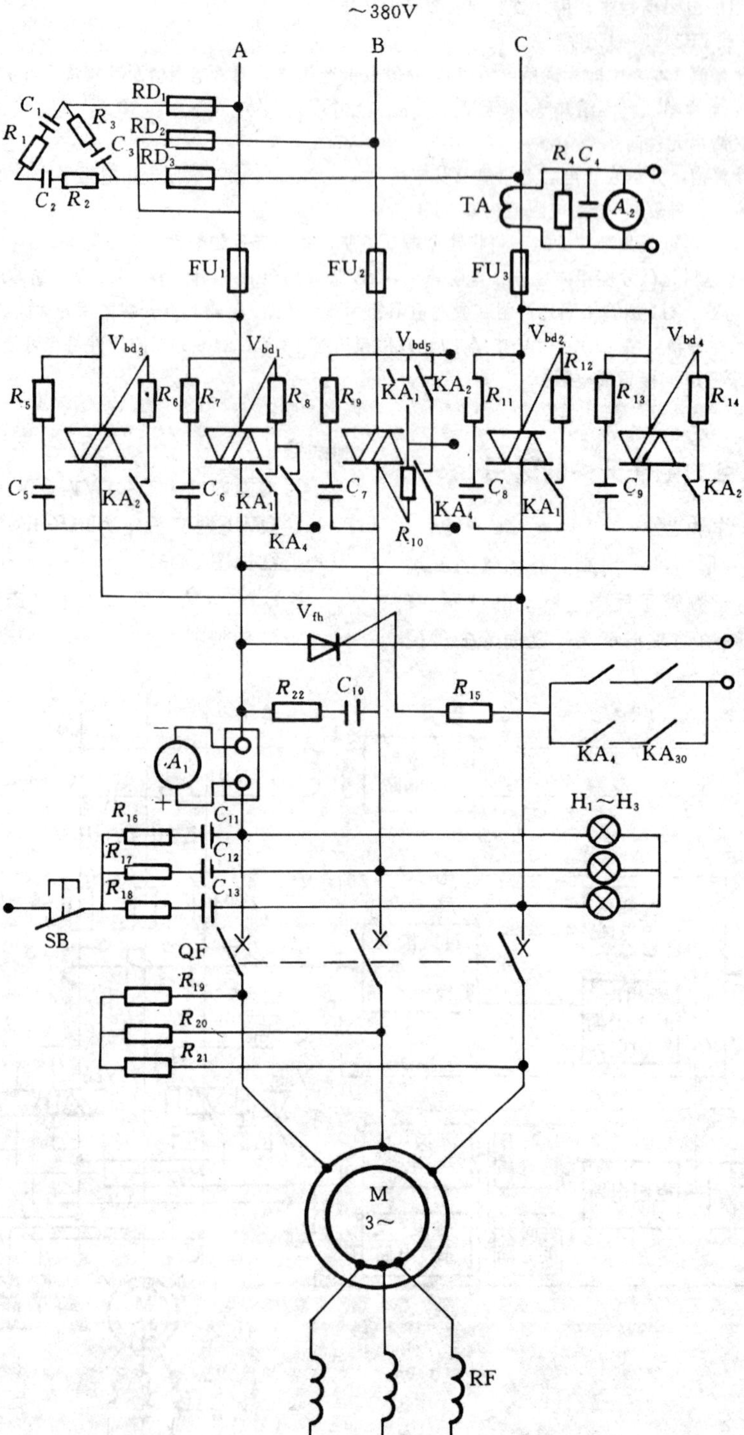

图 24-36 KTZN 型交流电力电子开关主回路接线图

交流电力电子开关均由主电路和控制电路两大部分组成：

A 主电路

QW1 型交流电力电子开关主电路三相交流电源经快速熔断器 FU、电流互感器 TA 和双向晶闸管 V_{bd} 后，接至交流电动机 M。A，C 两相中各接有两只双向晶闸管，B 相直通，当 V_{bd_1} 和 V_{bd_2} 导通时，电动机正转，当 V_{bd_3} 和 V_{bd_4} 导通时，电动机反转。每只双向晶闸管两端均并有旁路阻容吸收装置，三相中的信号灯 H 除用作电路接通的指示外，同时还用作电动机断电或反接制动时的能量泄放电路。

KTZN 型交流电力电子开关的主电路基本上与 QW1 型相似。所不同的是在 B 相中增加了一只双向晶闸管 V_{bd_5}，在 AB 相间增加了一只续流晶闸管 V_{th}，以满足能耗制动的需要。能耗制动时，双向晶闸管 V_{bd_1} 和 V_{bd_5} 单相导通，构成正半周整流电路。负半周时，和 V_{bd_1} V_{bd_5} 反偏截止。电动机电动势使续流管 V_{th} 正偏，在能耗制动线路的触发电平作用下，使续流管 V_{th} 触发导通。形成脉动连续的制动电流，对电动机进行能耗制动。

B 控制电路

QW1 型交流电力电子开关的控制电路主要由三部分构成：

第Ⅰ部分为提供开关接通与分断的控制信号源，以及操作联锁和延时电路，以防止频繁可逆切换和双向晶闸管换向时可能引起的相间短路。

第Ⅱ部分为触发电路，其功能是控制主电路双向晶闸管的导通和截止。

第Ⅲ部分为保护电路，具有过载，断相和三相电流不平衡保护等环节。过载保护具有反时限特性，能与电动机绕组绝缘的过热反时限安秒特性曲线相配合，因此既能保护双向晶闸管又能保护电动机。

变压器和直流稳压电源为控制电路提供稳定的直流工作电压。

保护电路的详细叙述见下面说明。

KTZN 型电力电子开关的控制电路在图 24-36 中未表示出，它主要由继电器电路，能耗制动电路及保护电路等组成。

继电器电路主要由零压继电器 J_0、正反转继电器 J_1、J_2，总控制继电器 J_3，能耗继电器 J_4 和集成电路等组成。它构成一个操作互锁和延时电路，以适应频繁正反转的操作要求。

能耗制动电路主要由能耗制动继电器 J_4，总控制继电器 J_3，续流继电器 J_{30}，能耗指令继电器 J_{40} 和集成电路等组成。能耗指令信号取自主令开关过零时刻。当能耗制动电路接到此指令信号后，使主电路变为能耗制动工作状态。控制系统按运行优先设计，即当主令开关一旦离开零位作向前或向后操作时，能耗制动立即退出工作，系统立即执行正转或反转操作指令。能耗制动电流大小可根据需要，用装置内的电位计进行调整。

保护电路由过流保护，断熔保护，漏电保护，零位保护和故障报警等单元组成。

C 保护电路

短路保护 当运行中发生相间或相对地短路时，用快速熔断器保护双向晶闸管。

过电流保护 电子开关应能短时承受一定过电流（如电动机起动电流）的能力。过电流保护（包括断相和电流不平衡）的目的是当电流过大或过电流持续时间过长时，在一定时间内将主电路切断以保护元件和电动机。

过电流保护动作时间与过载倍数和负载类别有关。通常过电流整定范围为额定电流的 70～150%。断相保护动作值应小于额定工作电流的 45%，检测电流不平衡率应小于 50%。

过电流倍数与动作时间的关系见表 24-57。

断相保护 三相供电电源中缺少一相，或三相绕组中有任一相绕组断开时，为断相运行。三相异步电动机断相运行，极易烧毁，因此应采取相应的保护措施。

若电动机为三角形接线时，当电源断开一相，而负

表 24-57 过电流倍数与动作时间的关系

过电流/额定工作电流	1	1.2	1.5	6	4～12
动作时间	长期不动作	20min	3min	3～30s 可调	瞬动

载率又大于45%时，电动机的相电流已超过三相运行时的额定电流；当负载率小于52%时，线电流低于三相运行时的额定线电流，但其中一相的电流已为额定相电流的1.14倍。因而电动机可能过热烧毁。因此设计断相保护时应予考虑。一般断相保护设计动作值应小于额定电流的45%。

三相电流不平衡保护 三相电流不平衡使电动机绕组发热不均匀，输出功率降低，因此当不平衡率超过一定限值时应使电动机停止运行。一般电流不平衡率小于50%时保护应动作。

过电压保护 过电压是引起电力电子开关故障的一个主要原因。在工作电源进线端并联阻容可抑制电源系统及操作过程中产生的浪涌电压，在双向晶闸管两端并联阻容，可抑制元件换向时产生的过电压。

24.3.5.2 交流电力电子开关的选用

A 负载类别

当负载为三相异步电动机时，电力电子开关的标准使用类别主要有以下两种：

(1) AC-2——起动，反接制动，反向与频繁通断绕线型电动机；

(2) AC-4——起动，反接制动，反向与频繁通断笼型电动机；

AC-2时电动机的起动电流一般为额定电流的2.5倍。AC-4时电动机的起动电流一般为额定电流的7倍。电力电子开关的额定发热电流应大于电动机的起动电流，即$I>KI_e$，I_e为电动机的额定电流，K为起动电流倍数。

B 选用示例

绕线型电动机$P_e=60$kW，$U_e=380$V，$I_e=120$A，电力电子开关的额定电流$I>2.5\times120\text{A}=300\text{A}$，选用300A的电力电子开关；

笼型电动机在$P_e=20$kW，$U_e=380$V，$I_e=40$A，电力电子开关的额定电流$I>7\times40=280$A，选用300A的电力电子开关。

24.4 高压大型同步电动机的起动和制动

大型同步电动机起动时，对电网电压波动有极大影响。因此，必须按照24.1.1.1 (1)节所列的电压降要求进行起动方法的选择和计算。

在电网容量允许时，同步电动机应尽量采用全压起动。只有在电网容量和电动机结构不允许全压起动时，才考虑采用电抗器起动、自耦变压器降压起动或变频起动。

对停车有一定要求的同步电动机，如传动变流机组的同步电动机，宜设置能耗制动。

24.4.1 高压大型同步电动机起动方式的选择和计算

24.4.1.1 选择各种起动方式的条件

A 全压起动

同步电动机是否允许全压起动，除起动时的电压降外，还应符合制造厂对该电动机所规定的起动条件，如电动机结构和起动时电动机端子电压等。

按母线电压水平，电动机是否允许全压起动的计算见式24-45。式中忽略了有效电流及电阻的影响，并假定起动前的电源电压为固定值，母线电压$U_m=U_e$。

电动机全压起动的等值电路如图24-37所示。已知母线上最小短路容量为S_{dl}（并以S_{dl}作基准值），则电动机允许全压起动的条件为：

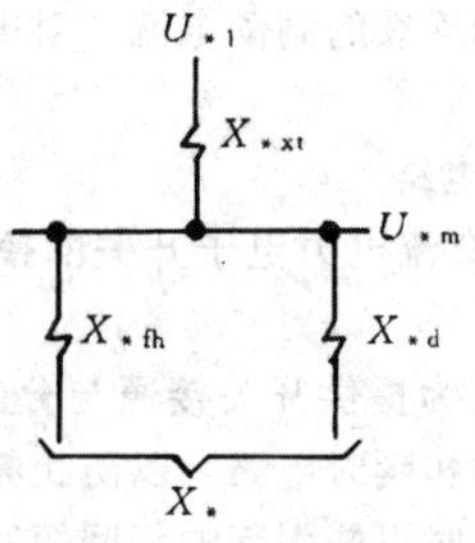

图24-37 电动机全压起动的等值电路图

X_{*xt}——系统电抗标幺值；

U_{*1}——电源电压标幺值；

X_{*fh}——母线上负荷电抗标幺值；

X_{*d}——电动机的起动等值电抗标幺值

$$K_{iq}S_e<\alpha(S_{de}+Q_{fh}) \tag{24-45}$$

$$\alpha=\frac{1}{U_{*m}}-1 \tag{24-46}$$

当$U_{*m}=0.8$，$\alpha=\frac{1}{0.8}-1=0.25$；

$U_{*m}=0.85$，$\alpha=\frac{1}{0.85}-1=0.175$；

$U_{*m}=0.9$，$\alpha=\frac{1}{0.9}-1=0.11$

式中 K_{iq}——额定电压时，电动机的起动电流倍数；

S_e——电动机的额定容量，MVA；

Q_{fn}——母线上负荷的无功功率，Mvar；

S_{dl}——供电系统的短路容量，MVA；

I_{*m}——母线允许电压标幺值。

如果不能满足式 24-45 的要求，则应采用降压起动。

B 电抗器降压起动

如果不能全压起动，则应采用电抗器降压起动，其等值电路如图 24-38 所示，此时应保证

$$(U_{*qe}U_{*q})^2M_{*q} > 1.1M_{*j}$$

即 $$U_{*q} > \frac{1.05}{U_{*qe}}\sqrt{\frac{M_{*j}}{M_{*q}}} \qquad (24\text{-}47)$$

式中 U_{*qe}——电动机的额定起动电压标幺值；

U_{*q}——电动机起动时端子电压标幺值；

M_{*q}——在 U_{*qe} 电压时电动机的起动转矩标幺值；

M_{*j}——机械的静阻转矩标幺值。

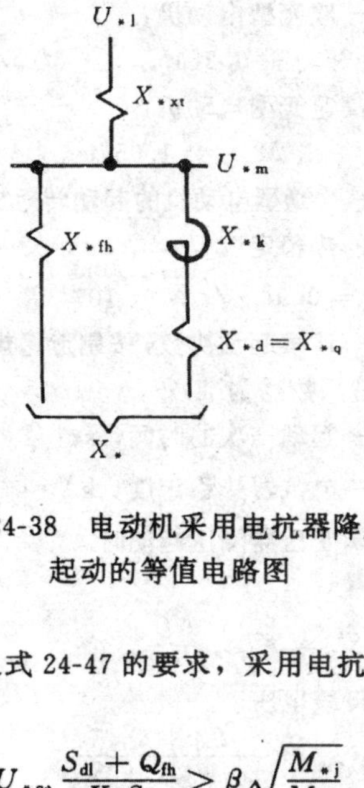

图 24-38 电动机采用电抗器降压起动的等值电路图

为了满足式 24-47 的要求，采用电抗器降压起动的条件为

$$U_{*qe}\frac{S_{dl}+Q_{fh}}{K_{iq}S_e} > \beta\sqrt{\frac{M_{*j}}{M_{*q}}} \qquad (24\text{-}48)$$

$$\beta = \frac{1.05}{1-U_{*m}} \qquad (24\text{-}49)$$

当 $U_{*m}=0.8$，$\beta=\frac{1.05}{1-0.8}=5.25$

$U_{*m}=0.85$，$\beta=\frac{1.05}{1-0.85}=7$

$U_{*m}=0.9$，$\beta=\frac{1.05}{1-0.9}=10.5$

如果不能满足 24-48 的要求，则应采用自耦变压器降压起动。

C 自耦变压器降压起动

采用自耦变压器降压起动的等效电路如图 24-39 所示。

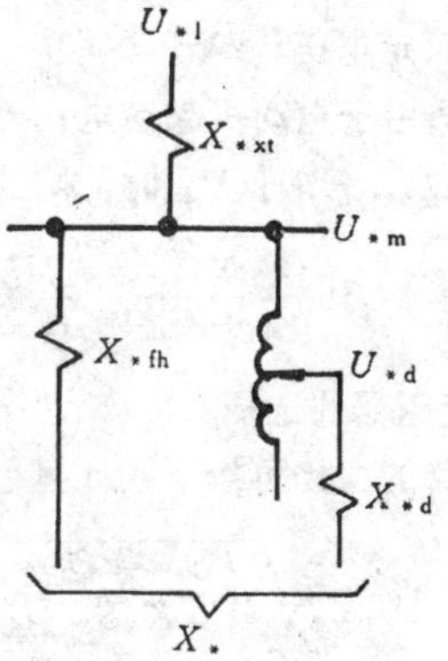

图 24-39 自耦变压器降压起动的等值电路图

自耦变压器降压起动时，必须满足

$$(U_{*m}n_{bz})^2M_{*q} > 1.1M_{*j} \qquad (24\text{-}50)$$

式中 n_{bz}——自耦变压器的变比

为了满足式 24-50 的要求，采用自耦变压器降压起动条件为

$$\delta = \frac{S_{dl}+Q_{fh}}{K_{iq}S_e} > 1.1\frac{M_{*j}}{M_{*q}} \qquad (24\text{-}51)$$

$$\delta = U_{*m}(1-U_{*m}) \qquad (24\text{-}52)$$

当：$U_{*m}=0.8$，$\delta=0.8\ (1-0.8)\ =0.16$

$U_{*m}=0.85$，$\delta=0.85\ (1-0.85)\ =0.127$

$U_{*m}=0.9$，$\delta=0.9\ (1-0.9)\ =0.09$

24.4.1.2 起动设备的选择

A 电抗器的选择

电抗器的电抗标幺值按下式计算

$$X_{*k} = \frac{\gamma S_{dl}}{S_{dl}+Q_{fh}} - \frac{S_{dl}}{K_{iq}S_e} \qquad (24\text{-}53)$$

$$\gamma = \frac{U_{*m}}{1-U_{*m}} \qquad (24\text{-}54)$$

当 $U_{*m}=0.8$，$\gamma=\frac{0.8}{1-0.8}=4$

$U_{*m}=0.85$，$\gamma=\frac{0.85}{1-0.85}=5.67$

$U_{*m}=0.9$，$\gamma=\frac{0.9}{1-0.9}=9$

电抗器的电抗值 X_k，按下式计算

$$X_k = \frac{U_e^2}{S_{dl}}\left(\frac{\gamma S_{dl}}{S_{dl}+Q_{fh}} - \frac{S_{dl}}{K_{iq}S_e}\right) \qquad (24\text{-}55)$$

或 $$X_k = U_e^2\left(\frac{\gamma}{S_{dl}+Q_{fh}}-\frac{1}{K_{iq}S_e}\right) \tag{24-56}$$

式中 X_k——电抗器电抗值，Ω。

U_e——额定电压，kV。

式 24-56 适用于电动机起动电压 $U_{*qe}=U_e=1$ 时的情况。如果 U_{*qe}不等于 U_{*e}时，则式 24-56 应改为

$$X_k = U_e^2\left(\frac{\gamma}{S_{dl}+Q_{fh}}-\frac{U_{qe}^2}{K_{iq}S_e}\right) \tag{24-57}$$

B 自耦变压器的选择

自耦变压器的变比可按下式计算

$$N_{bz}=\sqrt{\alpha\left(\frac{S_{dl}+Q_{fh}}{K_{iq}S_e}\right)} \tag{24-58}$$

式中 $\alpha=\frac{1}{U_{*m}}-1$ 与式 24-46 相同。

U_{*m}值应与式 24-52 中计算 δ 值时的 U_{*m}值相一致。

式 24-58 适用于 $U_{*qe}=U_{*e}=1$ 时的情况，若 U_{*qe}不等于 U_{*e}，归算到 U_e 为基准值时的 $K_{iq}S_e$ 应等于 $\frac{K_{iq}S_e}{U_{qe}^2}$，故式 24-58 应改为

$$N_{bz}=U_{*qe}\sqrt{\alpha\left(\frac{S_{dl}+Q_{fh}}{K_{iq}S_e}\right)} \tag{24-59}$$

式中 K_{iq}——相当于 U_{*qe}时的起动电流倍数。

24.4.1.3 起动设备的校验

电动机采用电抗器或自耦变压器降压起动时，应对起动容量，起动时母线电压和电动机端子电压等进行校验。校验公式如下：

(1) 电抗器降压起动时。

起动容量 $$S'_q=\frac{1}{\frac{U_{*qe}^2}{K_{iq}S_e}+\frac{X_k}{U_e^2}} \tag{24-60}$$

起动时母线电压

$$U_{*m}=\frac{S_{dl}+Q_{fh}}{S_{dl}+Q_{fh}+S'_q} \tag{24-61}$$

起动时电动机端子电压

$$U_{*q}=U_{*qe}(1-U_{*m})\frac{S_{dl}+Q_{fh}}{K_{iq}S_e} \tag{24-62}$$

电动机起动电流

$$I_q=U_{*q}K_{iq}I_e \tag{24-63}$$

电动机起动转矩

$$M_{*q}=U_{*q}^2M_{*e} \tag{24-64}$$

电动机起动时间 t_q，

$$t_q=\frac{GD^2n_e^2}{3580P_e}\frac{1}{(U_{*qe}^2M_{*qp}-M_{*j})} \tag{24-65}$$

式中 GD^2——折算到电动机轴上总的飞轮转矩，$kN\cdot m^2$

P_e——电动机的额定功率，kW；

t_q——电动机起动时间，s；

n_e——电动机的额定转速，r/min；

M_{*qp}——电动机的平均起动转矩标幺值。

M_{*qp}可用下面公式计算：

对同步电动机：

当 $M_{*q}\geqslant M_{*yr}$ 时，$M_{*qp}=0.5(M_{*q}+M_{*yr})$ (24-66)

当 $M_{*q}<M_{*yr}$ 时，$M_{*qp}=(1.1\sim1.0)M_{*q}$ (24-67)

式中 M_{*yr}——同步电动机的牵入转矩标幺值。

对一般笼型电动机：

$$M_{*qp}=M_{*q}+0.2(M_{*max}-M_{*q}) \tag{24-68}$$

对高速笼型电动机：

$$M_{*qp}=1.05M_{*q} \tag{24-69}$$

式中 M_{*q}——笼型电动机的起动转矩标幺值。

电抗器的热稳定度

$$I\sqrt{t}=0.9I_q\sqrt{t_qN}\times10^{-3} \tag{24-70}$$

式中 N——连续起动次数，按制造厂规定，一般取 2 或 3（以制造厂数据为准）；

t_q——起动一次的时间，s；

$I\sqrt{t}$——电抗器热稳定度，$kA\cdot s^{\frac{1}{2}}$；

(2) 自耦变压器降压起动时。

起动容量

$$S'_q=K_{iq}S_e\frac{N_{bz}^2}{U_{*qe}^2} \tag{24-71}$$

起动时母线电压

$$U_{*m}=\frac{S_{dl}+Q_{fh}}{S_{dl}+Q_{fh}+S'_q} \tag{24-72}$$

电动机端子电压

$$U_{*d}=U_{*m}N_{bz} \tag{24-73}$$

电动机起动电流

$$I_q=U_{*d}K_{iq}I_e \tag{24-74}$$

电动机起动转矩

$$M_{*q}=\left(\frac{U_{*d}}{U_{*qe}}\right)^2M_{*qe} \tag{24-75}$$

24.4.14 计算实例

例 1 1450kW 轧钢电动机起动条件计算见表 24-58。

表 24-58 1450kW 轧钢电动机起动条件计算

序号	名 称	计算公式及符号	数 据	备 注
		(1) 原始数据		
1	变电所 6kV 母线上短路容量 (MVA)	S_{dl}	46	
2	电动机静阻转矩	M_{*j}	0.16	
3	母线上的无功负荷 (Mvar)	Q_{fh}	2.95	
4	机组的总飞轮转矩 (kN·m²)	GD^2	80	
5	电动机额定容量 (MVA)	S_e	1.9	
6	电动机额定功率 (kW)	P_e	1450	
7	电动机额定电流 (A)	I_e	183	
8	电动机额定电压 (kV)	U_e	6	
9	电动机的全起动电压	U_{*qc}	1	
10	电动机全电压起动时的电流倍数	K_{iq}	5.9	
11	电动机全电压起动时的转矩	M_{*q}	1	
12	最小电压 ($U'_{qe}=0.6U_e$) 起动时电动机的起动转矩	M'_q		
13	电动机在全电压起动时的牵入转矩	M_{*yr}		
14	电动机 $0.6U_e$ 起动时的牵入转矩	M_{*qyr}		
15	电动机起动时的平均转矩	M_{*qp}	1.1	
16	电动机的功率因数	$\cos\varphi$	−0.8	
17	电动机的额定转速 (r/min)	n_e	500	
18	连续起动次数	N	3	
		(2) 计算全压起动的可能性		
19	计算系数	$\alpha=\frac{1}{U_{*m}}-1$	0.175	$U_{*m}=0.85$
20	采用全压起动的条件	$K_{iq}S_e<\alpha\ (S_{dl}+Q_{fh})$ $5.9\times1.9=11.2$ $0.175\ (46+2.95)=8.55$	11.2>8.55	不可以
		(3) 计算电抗器起动的可能性		
21	计算系数	$\beta=\frac{1.05}{1-U_{*m}}$	7	$U_{*m}=0.85$
22	采用电抗器降压起动条件	$U_{*qe}\frac{S_{dl}+Q_{fh}}{K_{iq}S_e}>\beta\sqrt{\frac{M_{*j}}{M_{*q}}}$ $1\times\frac{46+2.95}{5.9\times1.9}=4.37$ $7\times\sqrt{\frac{0.16}{1}}=2.8$	4.37>2.8	可以
23	计算系数	$\gamma=\frac{U_{*m}}{1-U_{*m}}$	5.67	$U_{*m}=0.85$

续表 24-58

序号	名称	计算公式及符号	数据	备注
24	起动电抗器的电抗（Ω）	$X_k=U_e^2\left(\frac{\gamma}{S_{dl}+Q_{fh}}-\frac{U_{qe}^2}{K_{iq}S_e}\right)$ $=6^2\left(\frac{5.67}{48.95}-\frac{1}{11.2}\right)=0.95$	0.95	
25	选用电抗器的型式及电抗	NKL-6-200-6 型水泥电抗器 $X_k=\frac{6}{100}\times\frac{6000}{\sqrt{3}\times 200}=1.04\Omega$	1.04	
		(4) 校　　验		
26.	起动电压降低后的起动容量（MVA）	$S'_q=\frac{1}{\frac{X_k}{U_e^2}+\frac{U_{*qe}^2}{K_{iq}S_e}}$ $=\frac{1}{\frac{1.04}{6^2}+\frac{1}{11.2}}=8.5$	8.5	
27	起动时母线上的电压	$U_{*m}=\frac{S_{dl}+Q_{fh}}{S_{dl}+Q_{fh}+S'_q}$ $=\frac{48.95}{48.95+8.5}=0.85$	0.85	
28	起动时电动机端子上的电压	$U_{*q}=U_{*qe}\ (1-U_{*m})\ \frac{S_{dl}+Q_{fh}}{K_{iq}S_e}$ $=1\ (1-0.85)\ \frac{48.95}{11.2}$ $=0.655$	0.655	
29	起动时电动机的起动电流（A）	$I_q=U_{*q}K_{iq}I_e$ $=0.655\times 5.9\times 183$ $=707$	707	
30	起动时电动机的起动转矩	$M_{*q}=U_{*q}^2M_{*e}$ $=(0.655)^2\times 1=0.429$	0.429	>0.16 可以
31	起动一次时间（s）	$t_q=\frac{GD^2n_e^2}{3580P_e\ (U_{*q}^2M_{*qp}-M_{*j})}$ $=\frac{80\times 500^2}{3580\times 1450\left[(0.655)^2\times 1.1-0.16\right]}$ $=12.4$	12.4	
32	连续起动三次电抗器必需的热稳定度（$kA\cdot s^{1/2}$）	$I\sqrt{t}=0.9I_q\sqrt{t_qN}\times 10^{-3}$ $=0.9\times 707\times\sqrt{12.4\times 3}\times 10^{-3}$ $=3.82$	3.82	
33	电抗器的热稳定度（$kA\cdot s^{1/2}$）	NKL-6-20-6 查产品样本得 9.88	9.88	>3.82 满足要求

例 2 2500kW 变流机组的同步电动机起动条件计算。

2500kW 变流机组的同步电动机起动条件计算见表 24-59。

表 24-59 2500kW 变流机组的同步电动机的起动条件计算

序号	名 称	计算公式及符号	数 据	备 注
		(1) 原始数据		
1	变电所 3kV 母线上短路容量（MVA）	S_{dl}	45	
2	机组的静阻转矩	M_{*j}	0.1	
3	母线上 R 无功负荷（Mvar）	Q_{fh}	1.5	
4	机组的总飞轮转矩（kN·m²）	GD^2	43.6	
5	电动机的额定容量（MVA）	S_e	3.3	
6	电动机的额定功率（kW）	P_e	2500	
7	电动机的额定电流（A）	I_e	626	
8	电动机的额定电压（kV）	U_e	3	
9	3kV 母线电压（kV）	U'_e	3.15	
10	电动机的全起动电压	U_{*qe}	1	
11	电动机全电压起动时的电流倍数	K_{iq}	7.5	
12	电动机全电压起动时的转矩	M_{*qe}	0.9	
13	最小电压（$U'_{qe}=0.6U_e$）起动时电动机的起动转矩	M'_q		
14	电动机全电压起动时的牵入转矩	M_{*yr}	0.7	
15	电动机 $0.6U_e$ 起动时的牵入转矩	M_{*qyr}		
16	电动机起动时的平均转矩	M_{*qp}	0.8	
17	电动机的功率因数	$\cos\varphi$	−0.88	
18	电动机的额定转速（r/min）	n_e	1000	
19	连续起动次数	N	2	
		(2) 计算自耦变压器起动的可能性		
20	计算系数	$\delta=U_{*m}(1-U_{*m})$	0.16	当 $U_{*m}=0.8$
21	采用自耦变压器降压起动的条件	$\delta\dfrac{S_{dl}+Q_{fh}}{K_{iq}S_e}>1.1\dfrac{M_{*j}}{M_{*q}}$ $0.16\times\dfrac{45+1.5}{7.5\times3.3}=0.30$ $1.1\times\dfrac{0.1}{0.9}=0.122$	0.30>0.122	可 以
22	计算系数	$\alpha=\dfrac{1}{U_{*m}}-1$	0.25	当 $U_{*m}=0.80$

续表 24-59

序号	名　　称	计算公式及符号	数　　据	备　　注
23	自耦变压器的变比	$N_{bz}=U_{*qe}\sqrt{\alpha\frac{S_{dl}+Q_{fh}}{K_{iq}S_e}}$ $=1\cdot\sqrt{0.25\frac{46.5}{7.5\times3.3}}$ $=0.683$	0.683	
24	选用自耦变压器的型式	按附录 24.3 选非标准的自耦变压器，其变比为 N_{bz}	0.73	技术条件见附录 24.3
		(3) 校　　验		
25	起动电压降低时的起动容量（MVA）	$S'_q=\left(\frac{N_{bz}}{U_{*qe}}\right)^2K_{iq}S_e$ $=\left(\frac{0.73}{1}\right)^2\times24.8=13.2$	13.2	
26	起动时母线上的电压	$U_{*m}=\frac{S_{dl}+Q_{fh}}{S_{dl}+Q_{fh}+S'_q}=\frac{46.5}{46.5+13.2}$ $=0.78$	0.78	接近 0.8
27	起动时电动机端子电压	$U_{*d}=U_{*m}N_{bz}$ $=0.78\times0.73=0.57$	0.57	接近 0.6
28	起动时电动机的起动容量（MVA）	$S_q=\left(\frac{U_d}{U_e}\right)^2K_{iq}S_e$ $=(0.57)^2\times24.8=8.05$	8.05	
29	起动时电动机的起动电流（A）	$I_q=U_{*q}K_{iq}I_e$ $=0.57\times7.5\times625$ $=2670$	2670	
30	起动时电动机的起动转矩	$M_{*q}=\left(\frac{U_d}{U_{qe}}\right)^2M_{*qe}$ $=(0.57)^2\times0.9=0.292$	0.292	>0.1
31	起动一次的时间（s）	$t_q=\frac{GD^2n_e^2}{3580P_e\ (U_{*q}^2M_{*qp}-M_{*j})}$ $=\frac{43.6\times(1000)^2}{3580\times2500\ [(0.5)^2\times0.8-0.1]}$ $=48.7$	48.7	
32	起动计算时间（s）	$t_{js}=t_qN$ $=48.7\times2\approx97.4$	97.4	或 $t_{js}=1.6\text{min}$
33	必需的自耦变压器容量（MVA）	$S_{bz}=\frac{S_qt_{js}}{2}$ $=\frac{8.05\times1.6}{2}$ $=6.4$	6.4	式 24-14

续表 24-59

序号	名称	计算公式及符号	数据	备注
34	电压降低后所需自耦变压器容量（MVA）	$S'_{bz}=S_{bz}\frac{1}{U_{*m}}$ $=6.4\times\frac{1}{0.78}=8.2$	8.2	
35	选用自耦变压器的容量（MVA）	按照附录 24.3	9	

注：1. 电动机及自耦变压器允许连续起动 2 次，2 次之间的间隔为 2min；

2. 2500kW 同步电动机起动时，电动机端子电压要求不低于 $0.6U_e$，3kV 母线电压要求不低于 $0.8U'_e$；

3. 2500kW 同步电动机起动，用例 1 中的计算顺序进行计算后的结果为：不允许全压起动，允许用电抗器降压起动，但是电动机端子电压只有 $0.47U_e$，3kV 母线电压只有 $0.75U'_e$，不能满足第（2）项对电压的要求，故采用自耦变压器起动；

4. 由于系统短路容量较小，要满足电压要求很困难，因此本表顺序 26 和 27 的数据采用要求数值的近似值；

5. 用此法计算较为准确，2500kW 同步电动机运转时，实测结果为：起动前母线电压为 3kV，起动时 3kV 母线电压为 2.4kV；

6. 表 24-58 和表 24-59 也适用于笼型电动机的起动条件计算。

24.4.2 高压大型同步电动机最低允许起动电压计算

在设计过程中经常遇到同步电动机的最低允许起动电压较高，起动电流不能作较多的限制，致使变电所母线电压降低到规定值以下，有时容量不大的同步电动机亦需要采用复杂的降压系统。为提高变电所母线电压，降低同步电动机最低允许起动电压，以及在选择同步电动机时提出最低起动电压的要求。因此需要对同步电动机最低允许起动电压进行计算。

按照制造厂的经验公式，凸极同步电动机在冷却状态下连续起动两次，或在热状态下连续起动一次的最大允许起动时间 $t_{q_{max}}$ 为

$$t_{q_{max}}=235\frac{G}{P_e M_{*qp} U_{*q}^2} \qquad (24\text{-}76)$$

式中 G——同步电动机阻尼笼中阻尼条的质量，kg；

P_e——同步电动机额定功率，kW；

M_{*qp}——同步电动机的平均起动转矩标幺值；

U_{*q}——起动电压标幺值。

此时阻尼笼条温度为 300℃。

由式 24-76 可以求得在不同起动电压下的最大允许起动时间，电动机的实际起动时间应小于此值。

在不同的起动电压下，同步电动机的实际起动时间 t_q 为

$$t_q=\frac{GD^2 n_e^2}{3580P_e(U_{*q}^2 M_{*qp}-M_{*j})} \qquad (24\text{-}77)$$

式中 GD^2——同步电动机组的飞轮矩，N·m²。

当 $t_q=t_{q_{max}}$，则

$$235\frac{G}{P_e M_{*qp} U_{*q}^2}=\frac{GD^2 n_e^2}{3580P_e(U_{*q}^2 M_{*qp}-M_{*j})} \qquad (24\text{-}78)$$

由此可解得同步电动机的最低允许起动电压

$$U_{*q}=\sqrt{\frac{235GM_{*j}}{M_{*qp}\left(235G-\frac{GD^2 n_e^2}{3580}\right)}}=\sqrt{\frac{235M_{*j}}{M_{*qp}\left(235-\frac{GD^2 n_e^2}{3580G}\right)}} \qquad (24\text{-}79)$$

由上式可见，增加阻尼笼中阻尼条的质量可以降低 U_{*q} 值。因此，在选择同步电动机时，应对最低起动电压有所要求，以便制造厂在设计阻尼笼时，作适当的安排。

不同起动电压时，阻尼笼温度按下式计算

$$t_{q_{max}}=235\frac{G}{P_e M_{*qp} U_{*q}^2}=\frac{2\times10^{-3}C\tau G}{P_e M_{*qp} U_{*q}^2} \qquad (24\text{-}80)$$

式中 C——铜的比热，等于 0.39×10^3J/kg·℃；

τ——阻尼笼的温度，℃。

当 $\tau=300$℃时，$2\times10^{-3}C\tau=235$。

由式 24-80，$t_{q_{max}}=t_q$，代入式 24-77 可解得

$$\tau=\frac{36}{\left(1-\frac{M_{*j}}{M_{*qp}U_{*q}^2}\right)}\frac{GD^2}{G}\frac{n_e^2}{10^5} \qquad (24\text{-}81)$$

求得的 τ 值不应超过 300℃。式 24-81 为一般常用

公式。

例 试求2800kW同步电动机在全压起动时，阻尼笼温度及最低允许起动电压。同步电动机的参数为：

(1) 起动转矩的设计值为额定转矩的1.96倍，试验值为额定转矩的2.16倍；计算值取额定转矩的1.8倍；

(2) 静阻转矩（整套机组的）标幺值为0.15；

(3) 阻尼条铜重64.8kg；

(4) 飞轮转矩（整套机组的）180kN·m²；

(5) 电动机的额定转速500r/min。

解 全压起动时阻尼笼温度按式24-81求得

$$\tau=\frac{36}{1-\dfrac{0.15}{1.8\times 1^2}}\times\frac{180}{64.8}\times\frac{(500)^2}{10^5}$$

$=273℃$（小于300℃允许值）

设最低起动电压为全电压的$U_{*q}\%$，则

$$\frac{300}{273}=\frac{1-\dfrac{0.15}{1.8}}{1-\dfrac{0.15}{1.8U_{*q}^2}}$$

解上式得$U_{*q}=0.709$，即70.9%。

24.4.3 高压大型同步电动机能耗制动电阻（频敏变阻器）计算

24.4.3.1 能耗制动电阻计算

图24-40为同步电动机采用电阻进行能耗制动时的特性曲线。

由特性曲线可以看出，转子励磁电流标幺值$I_{*z}=$

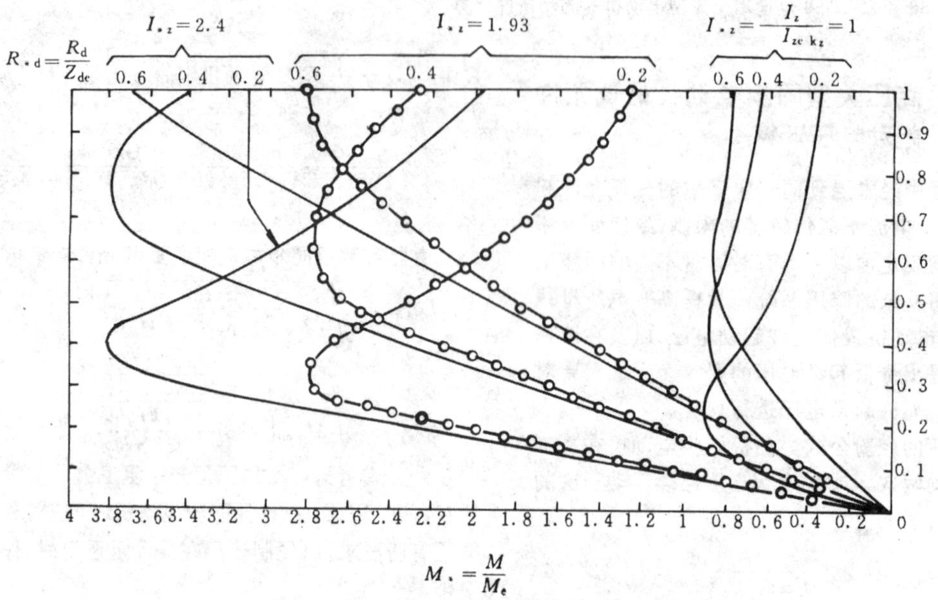

图24-40 同步电动机在不同励磁电流和不同定子回路总电阻时能耗制动特性曲线

R_d—定子回路总电阻；Z_{de}—定子回路额定阻抗；I_{ze}—转子回路额定励磁电流；I_z—转子回路励磁电流；I_{zeks}—转子回路空载额定励磁电流，（即在空载和同步转速时，使定子电压为额定值的转子励磁电流）

1.93相当于在额定状态下（即在额定功率和功率因数cosφ=0.8超前的条件下）运转的同步电动机的额定励磁电流，此时获得最大的制动转矩，其标幺值$M_*=2.8$。当定子回路的总电阻标幺值$R_{*d}=0.4$时，制动特性曲线所占据的面积最大，可获得较短的制动时间；而当$R_{*d}=0.6$时，由于在高速时有较大的制动转矩，故可得到较短的制动行程。

图24-41为同步电动机采用电阻进行能耗制动时的定子电流曲线，根据定子电流曲线，可计算接入定子回路中的制动电阻值。

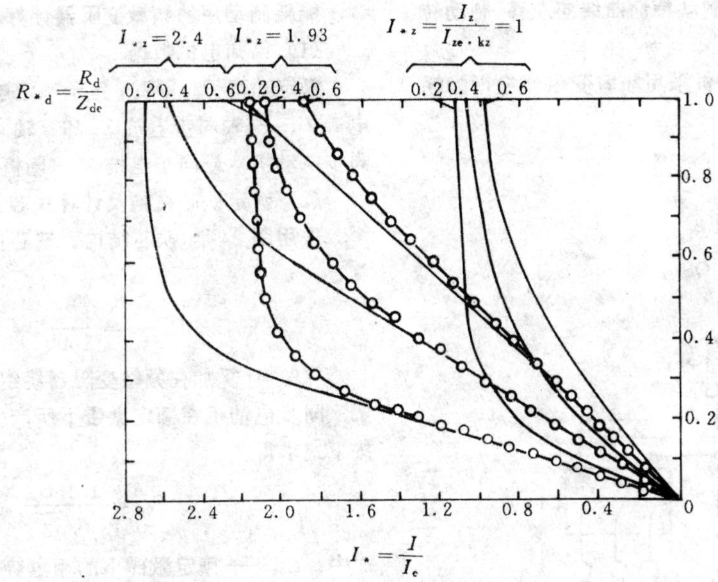

图 24-41 同步电动机在不同励磁电流和不同定子回路总电阻时能耗制动的定子电流曲线

例 试计算同步电动机能耗制动的外接制动电阻。同步电动机的技术数据为：6kV，5200kVA，1000r/min，$I_{de}=500A$，$\cos\varphi=0.8$ 超前，定子绕组电阻为 0.03Ω，星形连接。制动时励磁电流等于 $1.9I_{zekz}$，即 402A。要求制动时间最短。

解 根据以上对同步电动机能耗制动特性曲线的分析，定子回路总电阻 $R_{*d}=0.4$ 时，制动时间最短。因此取 $R_{*d}=0.4$。

定子额定阻抗

$$Z_{de}=\frac{U_{de}}{\sqrt{3}I_{de}}=\frac{6000}{\sqrt{3}\times 500}=6.93\Omega$$

定子每相总电阻 $\Sigma R_d=0.4\times 6.93=2.77\Omega$

每相定子中应接入的能耗制动电阻

$$R_{zd}=\Sigma R_d-R_d=2.77-0.03=2.74\Omega$$

24.4.3.2 能耗制动频敏变阻器计算

同步电动机采用频敏变阻器进行能耗制动，可获得比采用电阻器制动更为优良的制动性能。在制动过程中，同步电动机处于发电工作状态，其磁通的幅值和相位是变化的。定子电流的频率随转速的下降而减小。制动开始时，由于转速高，定子电流频率接近 50Hz，频敏变阻器为电感性负载，定子电流激磁分量大，去磁作用强，合成磁通小，产生的制动转矩小。随着转速的下降，频敏变阻器的感抗值减小，定子电流激磁分量减小，去磁作用减弱，因而电动机的制动转矩逐渐增大，在低速时出现最大制动转矩。图 24-42 为同步电动机采用频敏变阻器进行能耗制动的特性曲线。由图可见，

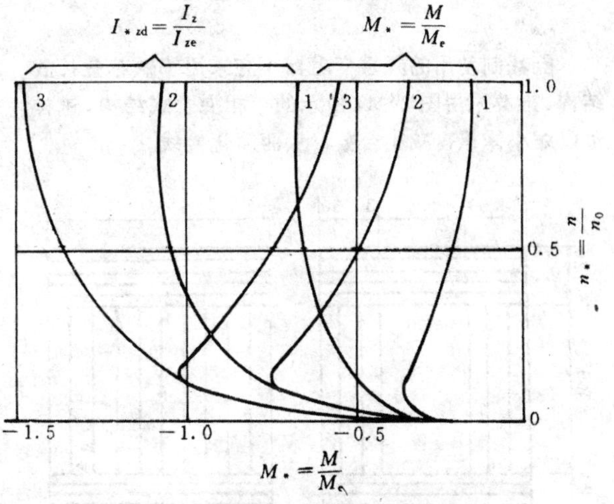

图 24-42 同步电动机采用频敏变阻器进行能耗制动的特性曲线

I_{*zd}—定子回路制动电流标幺值；
I_z—转子激磁电流；
I_{ze}—转子额定激磁电流；
M_*—制动转矩标幺值；
1—$I_z/I_{ze}=1$；2—$I_z/I_{ze}=1.5$；
3—$I_z/I_{ze}=2$

当直流激磁电流增加时，制动特性曲线向左移，制动转矩增加。

图 24-43 为同步电动机采用频敏变阻器进行能耗制动的主回路接线图。

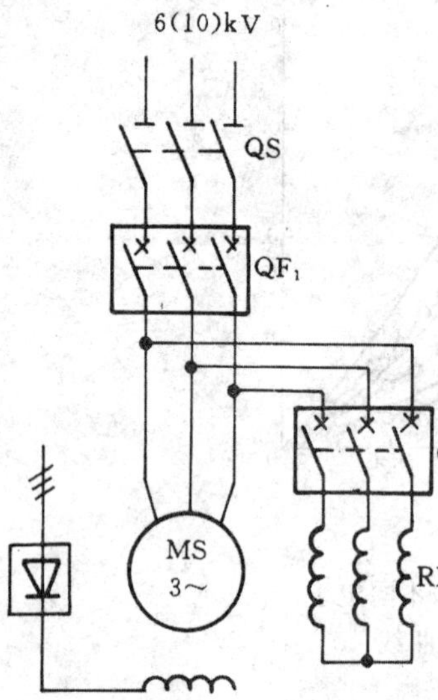

图 24-43　同步电动机采用频敏变阻器进行能耗制动的主回路接线图

能耗制动用的频敏变阻器不宜采用小铁芯叠片式结构，推荐采用图 24-44 所示的单相混合式结构，这样可以缩小体积，减小台数，从而简化接线。

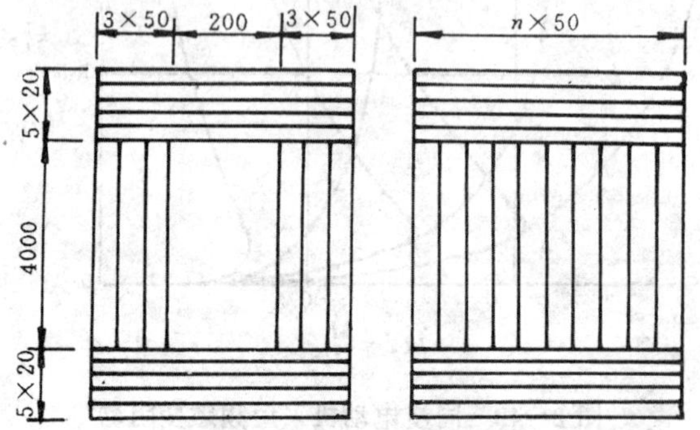

图 24-44　单相混合式铁芯结构图

这种铁芯由每排 6 根 400mm 长的 50×50mm² 方钢及上下轭铁为 5 层 20mm 厚的钢板所组成。

每排铁芯柱重：$g=6\times40\times5^2\times7.85\times10^{-3}=41.7$kg。所需要的排数根据计算确定。

能耗制动用的频敏变阻器计算步骤如下：

(1) 已知电机数据：

额定功率 P_e(kW)，定子额定电压 U_{de}，定子额定电流 I_{de}。交轴同步电抗 X_q 和直轴同步电抗 X_d（凸极同步电动机）或同步电抗 X_s（隐极同步电动机）。

(2) 确定铁芯结构及计算铁芯排数。

采用图 24-44 铁芯结构。铁芯排数 n 可按下式计算

$$n=\frac{P_e}{1000}\tag{24-82}$$

(3) 计算加在频敏变阻器绕组上的电压 U。

同步电动机在额定激磁下所产生的相电势可近似按下式求得

$$E_{0\varphi}=\frac{1.15U_{de}}{\sqrt{3}}\tag{24-83}$$

式中　$E_{0\varphi}$——额定激磁下的相电势，V；

U_{de}——同步电动机额定电压，V。

求得 $E_{0\varphi}$后，利用同步电动机简化向量图（图 24-45），即可计算出加于频敏变阻器绕组上的电压 U。在向量图中忽略了定子绕组电阻，并认为频敏变阻器功率因数 $\cos\varphi$ 等于 0.707，即 φ 等于 45°。

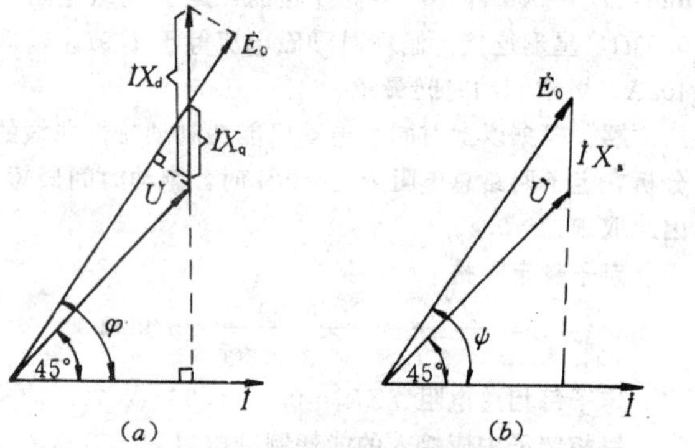

图 24-45　不计定子绕组电阻的同步电动机制动时的向量图

(a)—凸极同步电动机；(b)—隐极同步电动机

先假定一个 U 值，通过下式计算：

对凸极同步电动机

$$E_0=\frac{\dfrac{U}{\sqrt{2}}+IX_q}{\sin\varphi}+(IX_d-IX_q)\sin\varphi\tag{24-84}$$

对隐极同步电动机

$$E_0=\frac{\frac{U}{\sqrt{2}}+IX_s}{\sin\varphi} \quad (24\text{-}85)$$

式中 E_0——同步电动机计算相电动势，V；

I——制动电流，A，可取 I 等于 I_{de}；

U——频敏变阻器绕组电压，V；

X_d——凸极同步电动机直轴同步电抗，Ω；

X_q——凸极同步电动机交轴同步电抗，Ω；

X_s——隐极同步电动机同步电抗，Ω；

φ——同步电动机内功率因数角。

$\sin\varphi$ 可由下式求得

$$\text{tg}\varphi=\frac{IX_q+\frac{U}{\sqrt{2}}}{\frac{U}{\sqrt{2}}} \quad (24\text{-}86)$$

若求得的 E_0 近似等于 $E_{0\varphi}$，则所假定的 U 即为所求的电压；如果两者不符，则需要重新假定 U 值，直到使两者相符为止。

(4) 计算绕组匝数 W。

$$W=\frac{10^4U}{222BQ} \quad (24\text{-}87)$$

式中 B——磁通密度，T，取 $B=1.5$T；

U——频敏变阻的绕组电压，V；

Q——铁芯导磁截面，cm^2，取 $Q=75n$（n 为排数）。

(5) 求导线截面 S。

$$S=\frac{I}{j} \quad (24\text{-}88)$$

式中 j——电流密度，A/mm^2，铜导线取 $16A/mm^2$，铝导线取 $10A/mm^2$；

S——导线截面，mm^2。

例 已知 TZ-286/115-2 型凸极同步电动机，额定容量 14000kVA，额定功率 $P_e=10900$kW，额定电压 $U_{de}=10500$V，额定定子电流 $I_{de}=770$A，额定转速 $n_e=500$r/min，电网频率 $f=50$Hz，额定激磁电流 $I_{ze}=536$A，交轴同步电抗标幺值 $X_{*q}=0.4414$，直轴同步电抗标幺值 $X_{*d}=0.7534$，试选择同步电动机能耗制动用频敏变阻器的结构参数。

解 (1) 铁芯结构采用图 24-42 形式，所需铁芯排数

$$n=\frac{P_e}{1000}=\frac{10900}{1000}=10.9$$

取整数 $n=10$ 排。

(2) 取制动时的激磁电流 $I_{ze}=536$，定子制动电流（制动初始电流）$I=I_{de}=770$A。

(3) 计算频敏变阻器绕组上的电压 U。

同步电动机在额定励磁电流下产生的相电势

$$E_{0\varphi}=\frac{1.15U_{de}}{\sqrt{3}}=\frac{1.15\times10500}{1.73}=6980V$$

求额定阻抗 Z_e 及 X_q、X_d 值

$$Z_e=\frac{U_{de}}{\sqrt{3}I_{de}}=\frac{10500}{1.73\times770}=7.9\Omega$$

$$X_q=X_{*q}Z_e=0.4414\times7.9=3.48\Omega$$

$$X_d=X_{*d}Z_e=0.7534\times7.9=5.95\Omega$$

假定 $U=3000$V，按公式 24-86 计算功率因数角 ψ

$$\text{tg}\psi=\frac{I_{de}X_q+\frac{U}{\sqrt{2}}}{\frac{U}{\sqrt{2}}}=\frac{770\times3.48+3000\times0.707}{3000\times0.707}=2.26$$

$$\psi=66.1°$$

$$\sin\psi=0.915$$

按式 24-84 求得

$$E_0=\frac{\frac{U}{\sqrt{2}}+I_{de}X_q}{\sin\psi}+(I_{de}X_d-I_{de}X_d)\sin\psi$$

$$=\frac{3000\times0.707+770\times3.48}{0.915}+(770\times5.95-770\times3.48)\times0.915$$

$$=6990V$$

$E_0\approx E_{0\psi}$，故 $U=3000$V 即可视为频敏变阻器的绕组电压。

(4) 计算绕组匝数 W，按式 24-87 求得

$$W=\frac{10^4U}{222BQ}=\frac{3000\times10^4}{222\times1.5\times75\times10}=120\text{ 匝}$$

(5) 求导线截面 S。

$$S=\frac{I_{de}}{j}=\frac{770}{10}=77mm^2$$

24.4.4 高压大型同步电动机稳定性计算

高压大型同步电动机起动时，母线压降会影响同一母线上其它电动机稳定运行，因此需要对大型同步电动机作稳定性计算。

同步电动机的转速决定于电网频率和电动机极

数，而与负载大小无关。但当负载转矩达到某一最大值时，电动机的同步运转将被破坏。同步电动机的功率角 δ（即同步电动机激磁电动势和电网电压之间的角度）与负荷有关。当负载为额定负载的 2～2.5 倍时，功率角介于 20°～30°之间。

只有当功率角不超过 90°时，电动机才能稳定运行。在瞬时过负载时，功率角有可能超过 90°，此时同步电动机将因瞬时过负载而失步。

同步电动机的电磁功率 P（MVA）由式 24-89 求得。

$$P = \frac{mEU}{X_z}\sin\delta \qquad (24\text{-}89)$$

式中　U——同步电动机的供电电压，kV；

E——同步机激磁电动势，kV；

m——定子绕组的相数；

X_z——电路总电抗，Ω；

δ——功率角，°。

同步电动机的简化向量图如图 24-46 及图 24-47 所示。

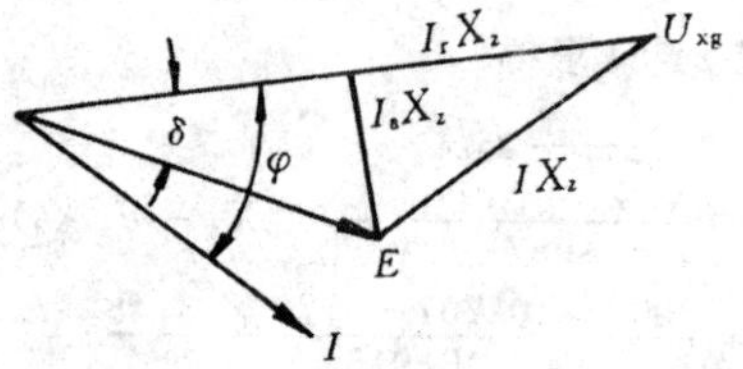

图 24-46　电流滞后时同步电动机简化向量图

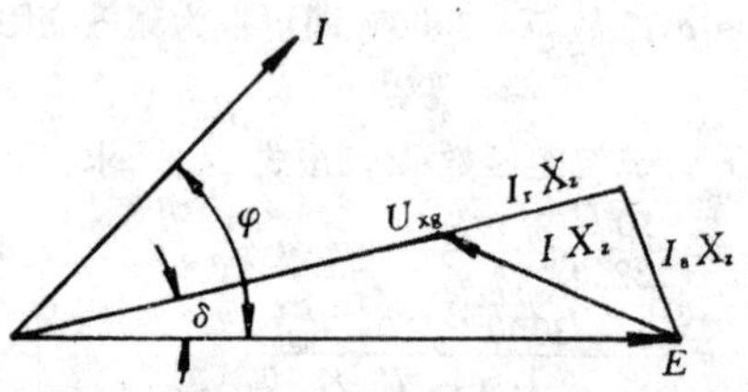

图 24-47　电流超前时同步电动机简化向量图

在计算中通常采用稳定性较低的电流滞后的运行方式。计算网络接线系统如图 24-48 所示。

假定仅有 A 电动机在运行，等值电路见图 24-49a。

计算步骤如下：

（1）电路的总阻抗 X_Σ。

$$X_\Sigma = X_{xt} + X_b + X'_d \qquad (24\text{-}90)$$

式中　X_{xt}——电网电抗，Ω；

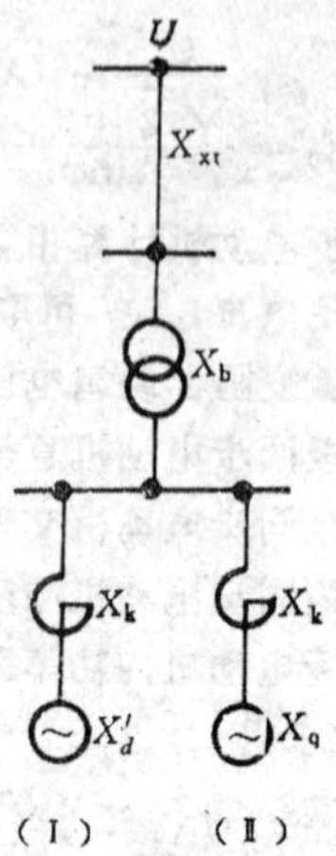

图 24-48　接线系统图

Ⅰ—运行的电动机；

Ⅱ—起动的电动机

X_b——变压器电抗，Ω；

X'_d——运行电动机的电抗，Ω。

（2）电动机的电流。

无功电流　$I_r = I_e\sin\varphi$　　(24-91)

有功电流　$I_a = I_e\cos\varphi$　　(24-92)

（3）运行电动机 A 的电动势（见图 24-46）。

$$E = \sqrt{(U_{xg} - I_r X_z)^2 + (I_a X_z)^2} \qquad (24\text{-}93)$$

式中　U_{xg}——相电压，V；$U_{xg} = \frac{U_x}{\sqrt{3}}$。

（4）$\mathrm{tg}\delta = \frac{I_a X_z}{U_{xg} - I_r X_z}$，根据 $\mathrm{tg}\delta$，求 $\sin\delta$。

（5）运行电动机 A 的电磁功率方程式为

$$P(\mathrm{A}) = \frac{mEU}{X_z}\sin\delta \qquad (24\text{-}94)$$

P（A）$=f$（δ）为正弦曲线函数方程式，按此方程式可以画出 δ 从 0°变化到 180°的曲线，见图 24-50。

假定电动机 A 在运行，电动机 B 在起动：

图 24-49b 是电动机 A 运行，电动机 B 起动时的计算系统图。此星形系统可转换成三角形系统，见图 24-49c。

$$X_3 = X'_d + X_1 + \frac{X'_d X_1}{X_2} \qquad (24\text{-}95)$$

$$X_4 = X_1 + X_2 + \frac{X_1 X_2}{X'_d} \qquad (24\text{-}96)$$

$$X_5 = X'_d + X_2 + \frac{X'_d X_2}{X_1} \qquad (24\text{-}97)$$

$X_1 = X_{xt} + X_b, X_2 = X_k + X_q$

电抗 X_5 和 X_4 与电动势 E' 和电源电压 U 直接相

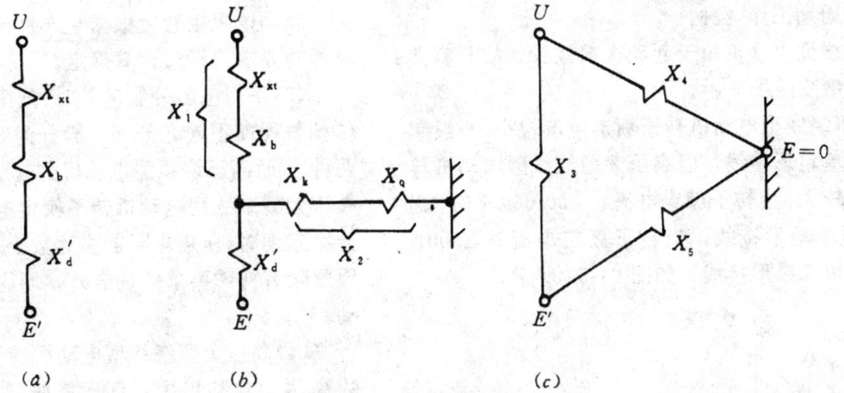

(a) (b) (c)

图 24-49 网路系统图

(a)—电动机A运行；(b)—电动机A运行的电动机B起动；(c)—星形系统转换成三角形系统

联，而不影响由电网输给电动机A的有功功率。故X_4和X_5可忽略不计。这样，所有送给电动机A的有功功率都通过电抗X_3，并由X_3将电动机A的电动势E'与电源电压U相联，因此，这时电动机A的电磁功率方程式可写成下列形式：

$$P(\mathrm{A})=\frac{mEU}{X_3}\sin\delta \qquad (24\text{-}98)$$

由式24-98可见，当电动机A在运行，电动机B在起动时，其电磁功率与δ的关系曲线仍然是正弦曲线，但是由于$X_3>X_z$，故此正弦曲线的振幅较小。电磁功率曲线P（A）变为P（B）。

同理可以画出P（B）$=f$（δ）曲线，如图24-50中虚线所示。从图24-50中可以看到，在正常情况下，电动机的电磁功率为P_0，并在功率角为δ_0的条件下运行。当第二台电动机B起动时，由于供电系统参数的变化，电动机的电磁功率曲线P（A）变为P（B）。

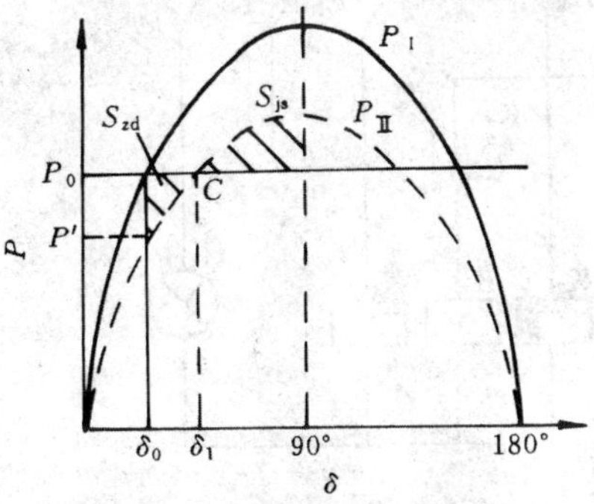

图 24-50 电磁功率曲线

由于电动机转子具有惯性，功率角δ_0不能瞬变到δ_1值，而传动机械的功率保持不变（同步转速不变），因此，由于电磁功率减小，$\Delta P=P_0-P'$，因而在转子轴上产生制动转矩。在此制动转矩的作用下，功率角由δ_0增大到δ_1，使制动转矩减小，C点功率为零，但由于转子惯性将越过此点，此时电动机的功率大于传动机械所需要的功率，因而转子力求减小δ，开始加速。若加速面积S_{js}大于制动面积S_{zd}，则经过等值减幅振荡后，转子便在C点上稳定运行。假如$S_{zd}>S_{js}$，则转子不能达到C点，电动机将失步。

24.5 高压大型异步电动机的起动和制动

高压笼型电动机起动条件的选择和计算可参照24.4.1节有关计算公式和步骤进行。

高压绕线型电动机起动方式的选择详见24.5.1节。

高压异步电动机的制动方式一般采用能耗制动。

由于高压异步电动机一般均用于长期运转的生产机械，如风机、水泵和带飞轮的轧钢机等，这类机械对制动没有要求。目前用高压异步电动机传动的机械，尚未见采用能耗制动的。因此对高压异步电动机的能耗制动本节不作介绍。

24.5.1 高压大型绕线型电动机起动方式的选择

25.5.1.1 起动方式的选择

高压大型绕线型电动机的起动方式有电阻分级起动和频敏变阻器起动两种。这两种起动方式的选择和计算与低压绕线型电动机的基本相同，但有下列不同点：

（1）低压绕线型电动机起动用频敏变阻器有偶尔

起动和断续周期工作两种。

高压绕线型电动机由于起动次数较少，故只有偶尔起动用频敏变阻器一种。

(2)低压绕线型电动机转子额定电流较小，一般起动电阻采用单星形接线，但高压大型绕线型电动机转子额定电流较大，当转子额定电流在 900A 以下时，起动电阻采用单星形接线，当转子额定电流达 1800A 时，则应采用双星形接线，如图 24-51 所示。

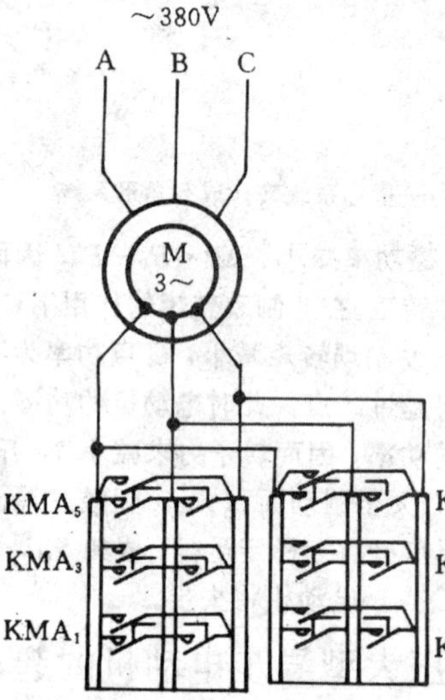

图 24-51 高压绕线型电动机电阻分级起动双星形接线主回路接线图

起动电阻级数应根据生产机械对起动转矩和起动时间的要求，经过计算确定。

(3)采用电阻分级起动时，低压绕线型电动机有操作频繁程度不同之分（一般分为 30 次/h 和 300 次/h 两种），而高压绕线型电动机的起动次数较少，且由于高压大型绕线型电动机转子额定电流较大，采用电阻分级起动时，所需电阻器多达数十箱，占地多，能耗大。因此除有特殊要求的场合外，均应采用频敏变阻器起动。

(4)高压大型绕线型电动机转子额定电压较高，有的高达 1200V 以上，低压绕线型电动机则无此种情况。一般电阻器的额定电压为～660V，因此当转子额定电压大于～660V 时，应在订货图中注明。

24.5.1.2 频敏变阻器及其控制设备选择

高压绕线型电动机起动用频敏变阻器及其控制设备的选择与低压绕线型电动机基本相同，详见 24.3.1.1 及 24.3.1.4 节。

上海起重电器厂生产的 BP1 及 BP6 系列频敏变阻器和 TG1 系列控制柜，也适用于高压绕线型电动机，并配套供货，频敏变阻器安装在柜内控制柜的起动性能详见 24.3.1.4 节。

TG1 系列控制柜原理图见图 24～52～图 24-54。图 24-52 适用于轻载，重轻载和重载起动；图 24-53 适用于重轻载起动；图 24-54 适用于重载起动。

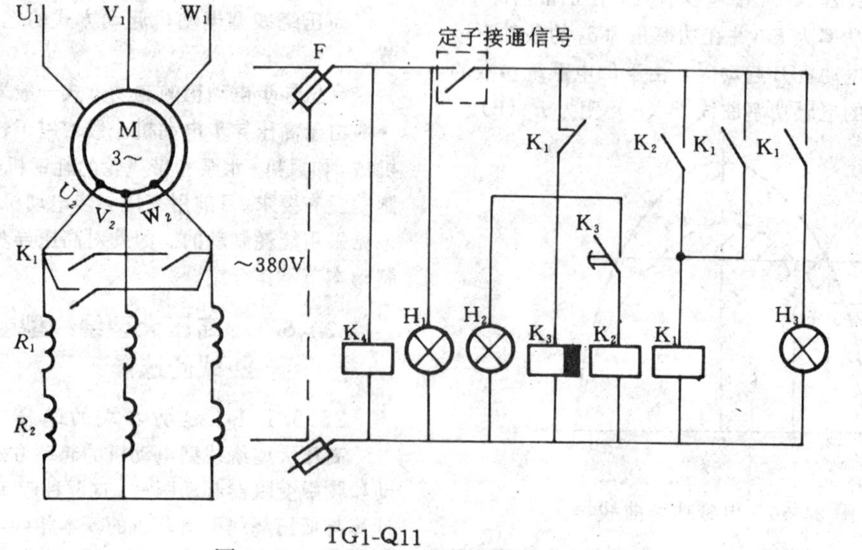

图 24-52 TG1-Q11
TG1-Q21型控制柜电气原理图
TG1-Q31

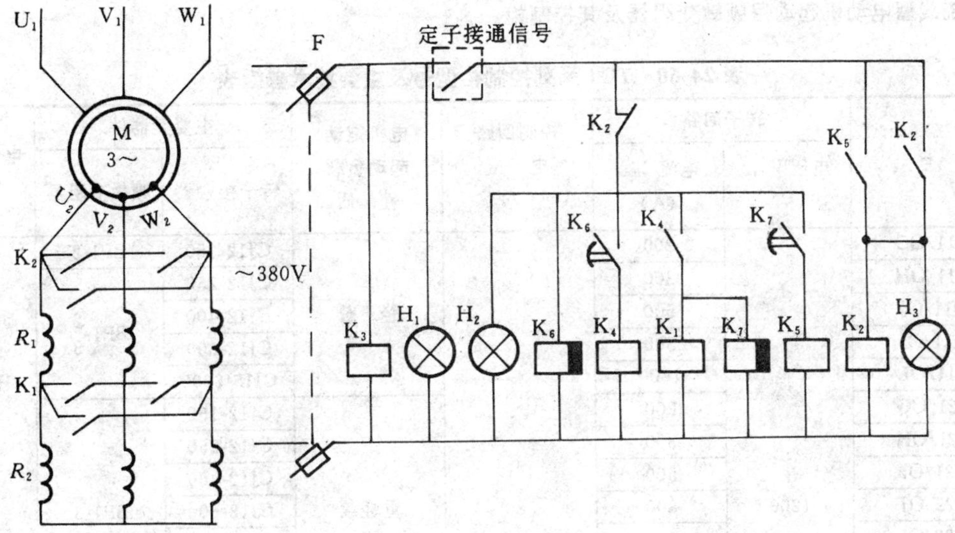

图 24-53 TG1-Q22 型控制柜电气原理图

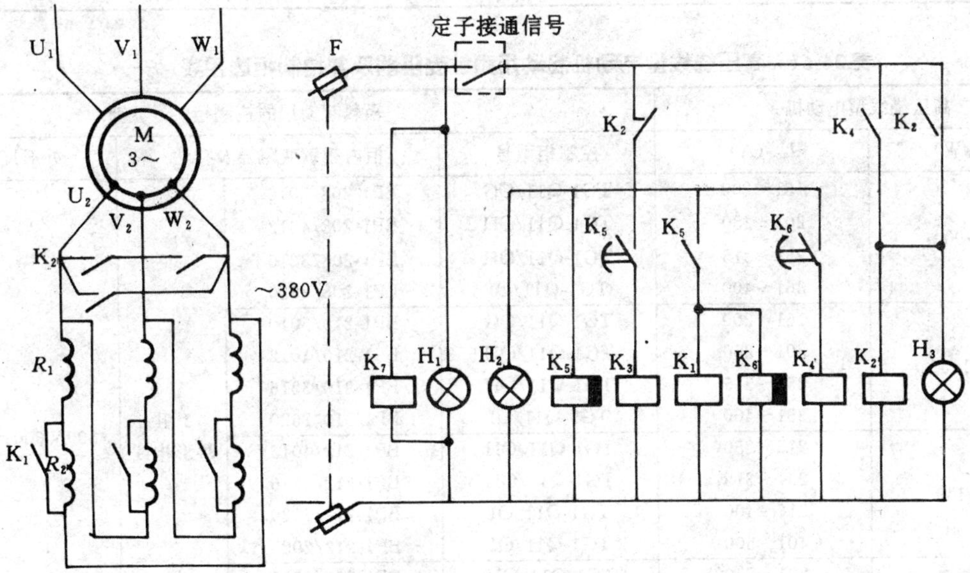

图 24-54 TG1-Q32 型控制柜电气原理图

TG1系列控制柜型号及其主要技术性能表见表24-60。

高压绕线型电动机起动用频敏变阻器及其控制柜选用表见表24-61～表24-63表中产品型号含义见24.3.1.4节。

表24-60　TG1系列控制柜型号及主要技术参数表

型号	转子回路		控制回路电压(V)	电机拖动起动负载性质	主要元器件		电气原理图图号
	电压 V_{max}(V)	电流 I_{max}(A)			转子接触器	频敏变阻器	
TG1-Q11/OG	1200	200	380	轻载	CJ12-150	BP1-2	图24-52
TG1-Q11/OH		300			CJ12-250	BP1-$\frac{2}{3}$	
TG1-Q11/OJ		500			CJ12-400		
TG1-Q11/OJ		800			CJ12-600		
TG1-Q11/OL		1600			CJ15-2000		
TG1-Q21/OG		200		重轻载	CJ12-150	BP1-3	
TG1-Q21/OH		300			CJ12-250		
TG1-Q21/OI		500			CJ12-400		
TG1-Q22/OJ		800			CJ12-600		
TG1-Q22/OI		500			CJ12-400		图24-53
TG1-Q22/OJ		800			CJ12-600		
TG1-Q21/OL		1600			CJ15-2000		
TG1-Q31/OG		200		重载	CJ12-150	BP6-$\frac{1}{2}$	图24-52
TG1-Q31/OH		300			CJ12-250		
TG1-Q31/OI		500			CJ12-400		
TG1-Q32/OI		500			CJ12-400		图24-54
TG1-Q32/OJ		800			CJ12-600		

表24-61　高压绕线型电动机起动用频敏变阻器及其控制柜选用表（一）

高压绕线型电动机		轻载起动用的控制柜			
P_e (kW)	I_{ze} (A)	控制柜型号	柜内频敏变阻器及接法		外形尺寸
71～90	161～200	TG1-Q11/OG	BP1-208/5010	1组星形接线	800×600×1600
	201～250	TG1-Q11/OH	BP1-208/4012		
	251～315	TG1-Q11/OH	BP1-208/3216		
	361～400	TG1-Q11/OI	BP1-208/2520		
91～115	161～200	TG1-Q11/OG	BP1-210/5010		
	201～250	TG1-Q11/OH	BP1-210/4012		
	251～315	TG1-Q11/OH	BP1-210/3216		
	361～400	TG1-Q11/OI	BP1-210/2520		
120～140	215～250	TG1-Q11/OH	BP1-212/4012		
	251～315	TG1-Q11/OH	BP1-212/3216		
	316～400	TG1-Q11/OI	BP1-212/2520		
	401～500	TG1-Q11/OI	BP1-212/2025		
145～180	201～250	TG1-Q11/OH	BP1-305/6312		
	251～315	TG1-Q11/OH	BP1-305/5016		
	361～400	TG1-Q11/OI	BP1-305/4020		
	401～500	TG1-Q11/OI	BP1-305/3225		

续表 24-61

高压绕线型电动机		轻载起动用的控制柜			
P_e（kW）	I_{2e}（A）	控制柜型号	柜内频敏变阻器及接法		外形尺寸
185～225	201～250	TG1-Q11/OH	BP1-306/6312	1组星形接线	800×600×1600
	251～315	TG1-Q11/OH	BP1-306/5016		
	316～400	TG1-Q11/OI	BP1-306/4020		
	401～500	TG1-Q11/OI	BP1-306/3225		
230～280	201～250	TG1-Q11/OH	BP1-308/6312		
	251～315	TG1-Q11/OH	BP1-308/5016		
	316～400	TG1-Q11/OI	BP1-308/4020		
	401～500	TG1-Q11/OI	BP1-308/3225		
285～355	251～315	TG1-Q11/OH	BP1-310/5016		
	316～400	TG1-Q11/OI	BP1-310/4020		
	401～500	TG1-Q11/OI	BP1-310/3225		
	501～630	TG1-Q11/OJ	BP1-310/2532		
360～450	251～315	TG1-Q11/OH	BP1-312/5016		
	316～400	TG1-Q11/OI	BP1-312/4020		
	401～500	TG1-Q11/OI	BP1-312/3225		
	501～630	TG1-Q11/OJ	BP1-312/2532		
460～560	316～400	TG1-Q11/OI	BP1-316/4020		
	401～500	TG1-Q11/OI	BP1-316/3225		
	501～630	TG1-Q11/OJ	BP1-316/2532		
	631～800	TG1-Q11/OI	BP1-316/2040		
570～710	316～400	TG1-Q11/OI	BP1-310/4020	2串星形接线	800×650×2000
	401～500	TG1-Q11/OI	BP1-310/3225		
	501～630	TG1-Q11/OJ	BP1-310/5016	2并星形接线	
	631～800	TG1-Q11/OJ	BP1-310/4020		
720～900	401～500	TG1-Q11/OI	BP1-312/3225	2串星形接线	
	501～630	TG1-Q11/OJ	BP1-312/2532		
	631～800	TG1-Q11/OJ	BP1-312/4020	2并星形接线	
	801～1000	TG1-Q11/OL	BP1-312/3225		
910～1120	401～500	TG1-Q11/OI	BP1-316/3225	2串星形接线	
	501～630	TG1-Q11/OJ	BP1-316/2532		
	631～800	TG1-Q11/OJ	BP1-316/4020	2并星形接线	
	801～1000	TG1-Q11/OL	BP1-316/3225		
1130～1400	631～800	TG1-Q11/OJ	BP1-310/4020	2串2并星形接线	1500×650×2000
	801～1000	TG1-Q11/OL	BP1-310/3225		
	1001～1250	TG1-Q11/OL	BP1-310/2532		
	1251～1600	TG1-Q11/OL	BP1-310/2040		
1410～1800	801～1000	TG1-Q11/OL	BP1-316/5016	3并星形接线	
	1001～1250	TG1-Q11/OL	BP1-316/4020		
	1251～1600	TG1-Q11/OL	BP1-316/3225		
	1601～2000	TG1-Q11/OL	BP1-316/2532		
1810～2240	801～1000	TG1-Q11/OL	BP1-316/3225	2串2并星形接线	
	1001～1250	TG1-Q11/OL	BP1-316/2532		
	1251～1600	TG1-Q11/OL	BP1-316/4020	4并星形接线	
	1601～2000	TG1-Q11/OL	BP1-316/3225		

表 24-62　高压绕线型电动机起动用频敏变阻器及控制柜选用表（二）

高压绕线型电动机		重轻载起动用的控制柜			
P_e (kW)	I_{ze} (A)	控制柜型号	柜内频敏变阻器及接法		外形尺寸
71～90	161～200	TG1-Q21/OG	BP1-305/5016	1组星形接线	800×600×1600
	201～250	TG1-Q21/OH	BP1-305/4020		
	251～315	TG1-Q21/OH	BP1-305/3225		
	361～400	TG1-Q21/OI	BP1-305/2532		
91～115	161～200	TG1-Q21/OG	BP1-306/5016		
	201～250	TG1-Q21/OH	BP1-306/4020		
	251～315	TG1-Q21/OH	BP1-306/3225		
	361～400	TG1-Q21/OI	BP1-306/2532		
120～140	201～250	TG1-Q21/OH	BP1-308/4020		
	251～315	TG1-Q21/OH	BP1-308/3225		
	316～400	TG1-Q21/OI	BP1-308/2532		
	401～500	TG1-Q21/OI	BP1-308/2040		
145～185	201～250	TG1-Q21/OH	BP1-310/4020		
	251～315	TG1-Q21/OH	BP1-310/3225		
	316～400	TG1-Q21/OI	BP1-310/2532		
	401～500	TG1-Q21/OI	BP1-310/2040		
185～225	201～250	TG1-Q21/OH	BP1-312/4020		
	251～315	TG1-Q21/OH	BP1-312/3225		
	316～400	TG1-Q21/OI	BP1-312/2532		
	401～500	TG1-Q21/OI	BP1-312/2040		
230～280	201～250	TG1-Q21/OH	BP1-316/4025		
	251～315	TG1-Q21/OH	BP1-316/3225		
	316～400	TG1-Q21/OI	BP1-316/2532		
	401～500	TG1-Q21/OI	BP1-316/2040		
285～355	251～315	TG1-Q21/OH	BP1-310/6312	2并星形接线	800×600×2000
	316～400	TG1-Q21/OH	BP1-310/5016		
	401～500	TG1-Q21/OI	BP1-310/4020		
	501～630	TG1-Q21/OJ	BP1-310/2532		
360～450	251～315	TG1-Q21/OH	BP1-312/6312		
	316～400	TG1-Q21/OI	BP1-312/5016		
	401～500	TG1-Q21/OI	BP1-312/4020		
	501～630	TG1-Q21/OJ	BP1-312/3225		
460～560	316～400	TG1-Q21/OI	BP1-316/5016	2并星形接线	800×650×2000
	401～500	TG1-Q21/OI	BP1-316/4020		
	501～630	TG1-Q21/OJ	BP1-316/3225		
	631～800	TG1-Q21/OJ	BP1-316/2532		

续表 24-62

高压绕线型电动机		重轻载起动用的控制柜			
P_e (kW)	I_{2e} (A)	控制柜型号	柜内频敏变阻器及接法		外形尺寸
570～710	316～400	TG1-Q21/OI	BP1-310/5016	2并2串星形接线	1500×650×12000
	401～500	TG1-Q21/OI	BP1-310/4020		
	501～630	TG1-Q21/OJ	BP1-310/3225		
	631～800	TG1-Q21/OJ	BP1-310/2532		
720～900	401～500	TG1-Q21/OI	BP1-312/4020		
	501～630	TG1-Q21/OJ	BP1-312/3225		
	631～800	TG1-Q21/OJ	BP1-312/2532		
	801～1000	TG1-Q21/OL	BP1-312/2040		
901～1120	401～500	TG1-Q22/OI	BP1-316/4020		
	501～630	TG1-Q22/OJ	BP1-316/3225		
	631～800	TG1-Q22/OJ	BP1-316/2532		
	801～1000	TG1-Q22/OL	BP1-316/2040		
1130～1400	501～630	TG1-Q22/OJ	BP1-312/3225	3串2并星形接线	1400×1000×2000
	631～800	TG1-Q22/OJ	BP1-312/2532		
	801～1000	TG1-Q22/OL	BP1-312/2040		
	1001～1250	TG1-Q22/OL	BP1-312/1650		
1410～1800	501～630	TG1-Q22/OJ	BP1-316/3225		
	631～800	TG1-Q22/OJ	BP1-316/2532		
	801～1000	TG1-Q22/OL	BP1-316/2040		
	1001～1250	TG1-Q22/OL	BP1-316/1650		
1810～2240	501～630	TG1-Q22/OJ	BP1-316/3225	4串2并星形接线	2000×1000×2000
	631～800	TG1-Q22/OJ	BP1-316/2532		
	801～1000	TG1-Q22/OL	BP1-316/2040		
	1001～1250	TG1-Q22/OL	BP1-316/1650		
2250～2740	501～630	TG1-Q22/OJ	BP1-316/3225	5串2并星形接线	
	631～800	TG1-Q22/OJ	BP1-316/2532		
	801～1000	TG1-Q22/OL	BP1-316/2040		
	1001～1250	TG1-Q22/OL	BP1-316/1650		
2750～3300	501～630	TG1-Q22/OJ	BP1-316/3225	6串2并星形接线	
	631～800	TG1-Q22/OJ	BP1-316/2532		
	801～1000	TG1-Q22/OL	BP1-316/2040		
	1001～1250	TG1-Q22/OL	BP1-316/1650		

表 24-63 高压绕线型电动机起动用频敏变阻器及其控制柜选择表（三）

高压绕线型电动机			重载起动用的控制柜			
P_e (kW)	E_{z0} (Ω) / I_{ze}	I_{ze} (A)	转子起动柜型号	柜内频敏变阻器及接法		外形尺寸
45～180	2.0～1.26	160～200	TG1-Q31/OG	BP6-1/8020	1组星形接线	800×600×1600
		201～250		BP6-1/8025		
	1.25～0.81	200～250	TG1-Q31/OH	BP6-1/6325		
		251～315		BP6-1/6332		
	0.80～0.51	250～315		BP6-1/5032		
		316～400		BP6-1/5040		
	0.50～0.31	315～400	TG1-Q31/OI	BP6-1/4040		
		401～500		BP6-1/4050		
181～355	2.5～1.61	200～250		BP6-2/6325		
		251～315	TG1-Q31/OH	BP6-2/6332		
	1.60～1.01	250～315		BP6-2/5032		
		316～400		BP6-2/5040		
	1～0.64	315～400		BP6-2/4040		
		401～500	TG1-Q31/OI	BP6-2/4050		
	0.63～0.50	315～400		BP6-2/3240		
		401～500		BP6-2/3250		
356～560	1.6～1.01	315～400		BP6-1/8020	2串三角形接线	800×650×2000
				BP6-2/8020		
		401～500	TG1-Q32/OI	BP6-1/8025		
				BP6-2/8025		
	1.0～0.64	400～500		BP6-1/6325		
				BP6-2/6325		
		501～630		BP6-1/6332		
				BP6-2/6332		
	0.63～0.41	500～630		BP6-1/5032		
				BP6-2/5032		
		631～800	TG1-Q32/OJ	BP6-1/5040		
				BP6-2/5040		
	0.40～0.25	500～630		BP6-1/4032		
				BP6-2/4032		
		631～800		BP6-1/4040		
				BP6-2/4040		

续表 24-63

高压绕线型电动机			重载起动用的控制柜			
P_e (kW)	$\frac{E_{z0}\ (\Omega)}{I_{ze}}$	I_{ze} (A)	转子起动柜型号	柜内频敏变阻器及接法		外形尺寸
561～710	2.0～1.26	315～400	TG1-Q32/OI	BP6-2/8020	2串三角形接线	800×650×2000
		401～500		BP6-2/8025		
	1.25～0.81	400～500		BP6-2/6325		
		501～630	TG1-Q23/OJ	BP6-2/6332		
	0.80～0.51	500～630		BP6-2/5032		
		631～800		BP6-2/5040		
	0.50～0.31	500～630		BP6-2/4032		
		631～800		BP6-2/4040		
711～1120	3.15～2.01	315～400	TG1-Q32/OI	BP6-2/8020	3串三角形接线	1500×650×2000
		401～500		BP6-2/8023		
	2.0～1.26	400～500		BP6-2/6325		
		501～630	TG1-Q32/OJ	BP6-2/6332		
	1.25～0.81	500～630		BP6-2/5032		
		631～800		BP6-2/5040		
	0.80～0.5	500～630		BP6-2/4032		
		631～800		BP6-2/4040		
1121～1400	4.0～2.51	315～400	TG1-Q32/OI	BP6-2/8020	4串三角形接线	
		401～500		BP6-2/8025		
	2.50～1.61	400～500		BP6-2/6325		
		501～630	TG1-Q32/OJ	BP6-2/6332		
	1.60～1.01	500～630		BP6-2/5032		
		631～800		BP6-2/5040		
	1.0～0.63	500～630		BP6-2/4032		
		631～800		BP6-2/4040		

24.5.2 高压大型异步电动机起动压降的工程计算

24.5.2.1 概述

大型异步电动机起动压降工程计算，通常采用标幺值，其计算方法可分简化计算法和详细计算法两种。简化计算法只考虑电抗部分。详细计算法则考虑了电阻和电抗两部分。

在详细计算方法中又有串并联校正系数法，阻抗导纳法，阻抗功率法及阻抗复数法等多种计算方法。串并联校正系数法中的串并联校正系数由曲线求得，但有时会因超越出曲线的图示范围而无法确定系数数值，本节不作介绍。阻抗导纳法因不受曲线范围的限制，且由于计入了电阻分量而较简化计算法减少了误差，因此应用较广。阻抗功率法和阻抗复数法系由阻抗导纳法演变而来。本节将详细论述简化计算法和详细计算法中的阻抗导纳法。阻抗功率法和阻抗复数法计算并联阻抗也将作介绍。

本节以图 24-55 中系统为例对各种计算法分别介绍如下。

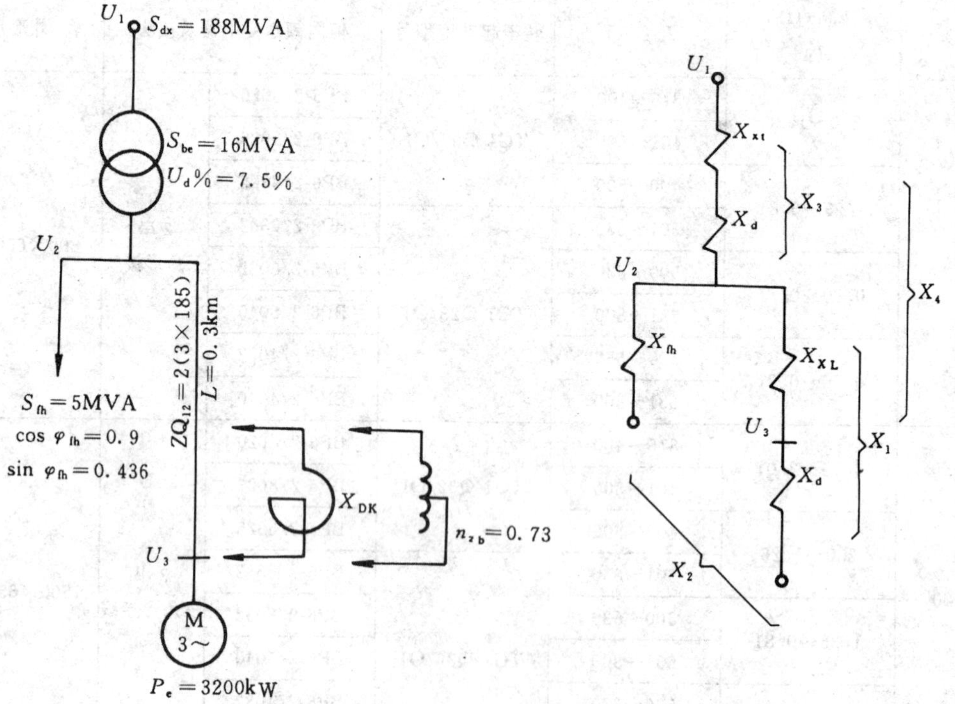

图 24-55　异步电动机全压起动或电抗器降压起动或自耦变压器降压起动的系统图和等值电路图

S_{dx}—电网系统最小短路容量，188MVA；S_{be}—变压器额定容量，16MVA；$U_d\%$—变压器短路电压，7.5%；S_{fh}—变压器二次侧母线其它负载容量，5MVA；$\cos\varphi_{fh}$—变压器二次侧母线其它负载的功率因数，0.9；U_{*3}—起动时电动机端电压标幺值；U_{*2}—变压器二次侧母线电压标幺值；U_{*1}—电网系统电压标幺值；X_{*lk}—电抗器的电抗标幺值；n_{lr}—自耦变压器变比，取 0.73

异步电动机有关技术参数见表 24-64。

表 24-64　异步电动机技术参数

型号	额定容量 P_e (kW)	额定电压 U_e (V)	额定负载时 电流 $\dot{I}_e$ (A)	转速 n_e (r/min)	效率 η_e (%)	功率因数 $\cos\varphi_e$	转差率 s_e	起动电流倍数 $K_{Iq}=\frac{I_q}{I_e}$	起动转矩倍数 $K_{Mq}=\frac{M_q}{M_e}$	最大转矩倍数 $K_{Ms}=\frac{M_s}{M_e}$	转子飞轮转矩 GD^2 (N·m²)
YK-3200	3200	6000	356	2985	96	0.9	0.005	5.3	0.9	2.4	405

选基准容量 S_j 为 100MVA。

选基准电压 U_j 为 6.3kV。

异步电动机起动压降计算步骤归纳如下：

(1) 根据系统图作出系统等值电路图；

(2) 计算电路各元件阻抗；

(3) 计算串联阻抗；

(4) 计算并联阻抗；

(5) 计算总阻抗；

(6) 计算电压。

24.5.2.2 简化计算法

A 全压起动电压计算

(1) 求各元件电抗。

系统 $X_{*xt}=\frac{S_j}{S_{dx}}=\frac{100}{188}=0.53$

变压器 $X_{*b}=\frac{U_d\%S_j}{100S_{be}}=\frac{7.5\times100}{100\times16}=0.47$

负荷 $Z_{*fh}=\frac{S_jU_e^2}{S_{fh}U_j^2}=\frac{100\times6^2}{5\times6.3^2}=18.2$

$$X_{*fh}=Z_{*fh}\sin\varphi$$
$$=18.2\times0.436$$
$$=7.93$$

线路 $X_{*XL}=\frac{1}{2}X_{XL}L\frac{S_j}{U_j^2}$

$$=\frac{1}{2}\times0.08\times0.3\times\frac{100}{6.3^2}$$
$$=0.03$$

电动机 $X_{*d}=\frac{S_jU_e^2}{S_{qd}U_j^2}$

$$=\frac{100\times6^2}{19.6\times6.3^2}$$
$$=4.62$$

式中电动机起动容量：

$$S_{qd}=\frac{P_eK_{Iq}\times10^{-3}}{\cos\varphi\eta_e}$$
$$=\frac{3200\times5.3\times10^{-3}}{0.9\times0.96}$$
$$=19.6\text{MVA}$$

(2) 求串并联阻抗。

$$X_{*1}=X_{*XL}+X_{*d}$$
$$=0.03+4.62$$
$$=4.65$$
$$X_{*2}=X_{*1}\,/\!/\,X_{*fh}$$
$$=\frac{4.65\times7.93}{4.65+7.93}$$
$$=2.93$$
$$X_{*3}=X_{*xt}+X_{*xb}$$
$$=0.53+0.47$$
$$=1.0$$
$$X_{*4}=X_{*3}+X_{*2}$$
$$=1.0+2.93$$
$$=3.93$$

(3) 求各点端电压。

母线电压 $U_{*2}=\frac{U_{*1}X_{*2}}{X_{*4}}$

$$=\frac{1.06\times2.93}{3.93}$$
$$=0.79$$

(求 U_{*1} 见后)

电动机端子电压 $U_{*3}=\frac{U_{*2}X_{*d}}{X_{*1}}$

$$=\frac{0.79\times4.62}{4.65}$$
$$=0.78$$

(4) 求起动时电动机端电压百分数。

$$U_3=U_{*3}\frac{U_j}{U_e}\times100\%$$
$$=0.78\times\frac{6.3}{6}\times100\%$$
$$=82\%$$

(5) 求克服机械静阻转矩 M_{*j} 所需的电动机最低起动端电压 U_{*qd}。

$$U_{*qd}\geqslant\sqrt{\frac{1.1M_{*j}}{M_{*qd}}}=\sqrt{\frac{1.1\times0.3}{0.9}}=0.6$$
$$U_{*3}>U_{*qd}(0.82>0.6)$$

式中 M_{*j}——生产机械静阻转矩标幺值（鼓风机静阻转矩一般取 0.3）；

M_{*qd}——电动机起动转矩标幺值（与额定转矩之比）。

B 电抗器降压起动电压计算

(1) 求各元件电抗。

各元件电抗计算见 A (1)

系统 $X_{*xt}=0.53$

变压器 $X_{*b}=0.47$

负荷 $X_{*fh}=7.93$

线路 $X_{*XL}=0.03$

电动机

$$X_{*d}=4.62$$

电抗器电抗标幺值按下式计算

$$X_{*Dk}=\frac{X_{Dk\%}}{100}\frac{U_e}{\sqrt{3}I_e}\frac{S_j}{U_j^2}$$
$$=\frac{5}{100}\times\frac{6000}{\sqrt{3}\times356}\times\frac{100}{6.3^2}$$
$$=1.23$$

(2) 求串并联电抗。

$$X_{*1}=X_{*XL}+X_{*Dk}+X_{*d}$$
$$=0.03+1.23+4.62$$
$$=5.88$$
$$X_{*2}=X_{*1}\,/\!/\,X_{*fh}$$
$$=\frac{5.88\times7.93}{5.88+7.93}$$

$= 3.38$

$X_{*3} = X_{*xt} + X_{*b} = 0.53 + 0.47 = 1.0$

$X_{*4} = X_{*3} + X_{*2} = 1.0 + 3.38 = 4.38$

（3）求各点端电压。

$U_{*2} = \dfrac{U_{*1}X_{*2}}{X_{*4}} = \dfrac{1.06 \times 3.38}{4.38} = 0.82$

$U_{*3} = \dfrac{U_{*2}X_{*d}}{X_{*1}} = \dfrac{0.82 \times 4.62}{5.88} = 0.64$

$U_3 = U_{*3}\dfrac{U_j}{U_e} \times 100\%$

$= 0.64 \times \dfrac{6.3}{6} \times 100\%$

$= 67.2\%$

$U_3 > U_{*qd}(0.672 > 0.6)$

C　自耦变压器降压起动电压计算

（1）求各元件电抗。

各元件电抗计算见 *A*（1）

系统　　$X_{*xt}=0.53$

变压器　$X_{*b}=0.47$

负荷　　$X_{*fh}=7.93$

线路　　$X_{*XL}=0.03$

自耦变压器起动时电动机的电抗：

$X_{*d} = \dfrac{S_j U_e^2}{S_{qd}U_j^2}\dfrac{1}{n_{zb}^2} = \dfrac{4.62}{0.73^2} = 8.67$

（2）求串并联电抗 $X_{*1} = X_{*XL} + X_{*d}$

$= 0.03 + 8.67$

$= 8.7$

$X_{*1} = X_{*1} \mathbin{/\!/} X_{*fh}$

$= \dfrac{8.7 \times 7.93}{8.7 + 7.93}$

$= 4.15$

$X_{*3} = X_{*xt} + X_{*b} = 0.53 + 0.47$

$= 1.0$

$X_{*4} = X_{*3} + X_{*2}$

$= 1.0 + 4.15$

$= 5.15$

（3）求各点端电压。

$U_{*2} = \dfrac{U_{*1}X_{*2}}{X_{*4}} = \dfrac{1.06 \times 4.15}{5.15} = 0.85$

$U_{*3} = \dfrac{U_{*2}U_{*d}}{X_{*1}n_{zb}} = \dfrac{0.85 \times 4.62}{8.7 \times 0.73} = 0.62$

$U_3 = U_{*3}\dfrac{U_j}{U_e} \times 100\%$

$= 0.62 \times \dfrac{6.3}{6} \times 100\% = 65\%$

$U_3 > U_{*qd}(0.65 > 0.6)$

D　三种起动方式的比较

三种起动方式的比较见表 24-65。

表 24-65　三种起动方式比较

起动方式	全压起动	电抗器降压起动	自耦变压器降压起动
起动电压	U_e	KU_e	KU_e
起动电流	I_{qd}	KI_{qd}	K^2I_{qd}
起动转矩	M_{qd}	K^2M_{qd}	K^2M_{qd}
起动特点	起动方法简便，起动电流大，起动转矩大	起动电流较大，起动转矩较小	起动电流较小，起动转矩较大

注：U_e—额定电压；I_{qd}、M_{qd}—电动机额定起动电流和起动转矩；

K—起动电压/额定电压，对自耦变压器 *K* 为变比。

24.5.2.3　详细计算法

A　用阻抗导纳法计算起动电压

（1）求各元件阻抗。

系统　　$Z_{*xt} = X_{*xt} = 0.53$

变压器　$Z_{*b} = X_{*b} = 0.47$

负荷　　$Z_{*fh} = 18.2$

$R_{*fh} = Z_{*fh}\cos\varphi$

$= 18.2 \times 0.9$

$= 16.38$

$X_{*ft} = Z_{*fh}\sin\varphi = 18.2 \times 0.436 = 7.93$

线路　　$X_{*XL} = \dfrac{1}{2}X_{XL}L\dfrac{S_j}{U_j^2}$

$= \dfrac{1}{2} \times 0.08 \times 0.3 \times \dfrac{100}{6.3^2}$

$= 0.03$

$R_{*XL} = \dfrac{1}{2}R_{XL}\dfrac{S_j}{U_j^2}$

$= \dfrac{1}{2} \times 0.18 \times 0.3 \times \dfrac{100}{6.3^2} = 0.07$

电动机　　$Z_{*qd} = 4.62$

$\cos\varphi_{qd} = \dfrac{2 \cdot K_{mq}n_0\eta_e\cos\varphi_e}{K_{iq}n_e}$

$$=\frac{2\times0.9\times3000\times0.96\times0.9}{5.3\times2985}$$
$$=0.29$$

$$R_{*qd}=Z_{*qd}\cos\varphi_{qd}$$
$$=4.62\times0.29$$
$$=1.33$$

$$X_{*qd}=Z_{*qd}\sin\varphi_{qd}$$
$$=4.62\times0.96$$
$$=4.43$$

电动机及线路串联阻抗

$$R_{*1}=R_{*XL}+R_{*qd}$$
$$=0.07+1.33$$
$$=1.4$$

$$X_{*1}=X_{*XL}+X_{*qd}$$
$$=0.03+4.43$$
$$=4.46$$

$$Z_{*1}=\sqrt{R_{*1}^2+X_{*1}^2}=\sqrt{1.4^2+4.46^2}$$
$$=4.67$$

(2) 求并联阻抗。

电动机支路导纳

电导 $G_{*1}=\frac{R_{*1}}{Z_{*1}^2}=\frac{1.4}{4.67^2}=0.064$

电纳 $B_{*1}=\frac{X_{*1}}{Z_{*1}^2}=\frac{4.46}{4.67^2}=0.205$

负荷支路导纳

电导 $G_{*fb}=\frac{R_{*fh}}{Z_{*fh}^2}=\frac{16.38}{18.2^2}=0.049$

电纳 $B_{*fh}=\frac{X_{*fh}}{Z_{*fh}^2}=\frac{7.93}{18.22^2}=0.024$

并联支路导纳

电导 $G_{*2}=G_{*1}+G_{*fh}$
$=0.064+0.049$
$=0.113$

电纳 $B_{*2}=B_{*1}+B_{*fh}$
$=0.205+0.024$
$=0.229$

导纳 $Y_{*2}=\sqrt{G_{*2}^2+B_{*2}^2}$
$=\sqrt{0.113^2+0.229^2}$
$=0.255$

并联支路阻抗

阻抗 $Z_{*2}=\frac{1}{Y_{*2}}=\frac{1}{0.255}=3.92$

电阻 $R_{*2}=\frac{G_{*2}}{Y_{*2}^2}=\frac{0.113}{0.255^2}=1.74$

电抗 $X_{*2}=\frac{B_{*2}}{Y_{*2}^2}=\frac{0.229}{0.255^2}=3.52$

串联阻抗

$$Z_{*3}=\sqrt{R_{*2}^2+(X_{*xt}+X_{*b}+X_{*2})^2}$$
$$=\sqrt{1.74^2+(0.53+0.47+3.52)^2}$$
$$=4.84$$

(3) 求各点端电压。

$$U_{*2}=\frac{U_{*1}Z_{*2}}{Z_{*3}}=\frac{1.05\times3.92}{4.84}=0.85$$

$$U_{*3}=\frac{U_{*2}Z_{*qd}}{Z_{*1}}=\frac{0.85\times4.62}{4.67}$$
$$=0.84$$

$$U_3=U_{*3}\frac{U_j}{U_e}\times100\%$$
$$=0.85\times\frac{6.3}{6}\times100\%=89\%$$

(4) 结论。

阻抗导纳法考虑了电阻分量，总阻抗大于总电抗，所以阻抗导纳法计算所得的电压降比简化计算法所得的电压降小一些，更接近实际压降。

上述结论非常重要。本系统按简化计算所得的母线电压降 U_{*2} 为 0.79，用阻抗导纳法求得的 U_{*2} 为 0.85 能满足全压起动要求。

B 用阻抗功率法计算起动电压

(1) 求各元件阻抗。

各元件阻抗计算同 24.5.2.3A (1)。

(2) 求并联阻抗。

折算到 U_2 处的起动容量及功率因数

$$S'_{qd}=\frac{S_j}{Z_{*1}}=\frac{100}{4.67}=21.4$$

$$\cos'\varphi_{qd}=\frac{R_{*1}}{Z_{*1}}=\frac{1.4}{4.67}=0.3$$

$$\sin'\varphi_{qd}=\frac{X_{*1}}{Z_{*1}}=\frac{4.46}{4.67}=0.96$$

电动机支路的有功功率及无功功率

$$P_1=S'_{qd}\cos'\varphi_{qd}=21.4\times0.3=6.42\text{MW}$$
$$Q_1=S'_{qd}\sin'\varphi_{qd}=21.4\times0.96=20.5\text{Mvar}$$

负荷支路的有功功率及无功功率

$$P_{fh}=S_{fh}\cos\varphi_{fh}=5\times0.9=4.5\text{MW}$$
$$Q_{fh}=S_{fh}\sin\varphi_{fh}=5\times0.436=2.18\text{Mvar}$$

并联支路功率

$$P_2=P_1+P_{fh}=6.42+4.5=10.92\text{MW}$$
$$Q_2=Q_1+Q_{fh}=20.5+2.18=22.68\text{Mvar}$$
$$S_2=\sqrt{P_2^2+Q_2^2}=\sqrt{10.92^2+22.68^2}$$
$$=25.2\text{MVA}$$

并联支路阻抗

$$Z_{*2}=\frac{S_j}{S_z}=\frac{100}{25.2}=3.97$$

$R_{*2} = Z_{*z}\cos\varphi_z$
$= Z_{*2}\dfrac{P_2}{S_2}$
$= 3.97 \times \dfrac{10.92}{25.2}$
$= 1.72$

$X_{*2} = Z_{*2}\sin\varphi_z$
$= Z_{*2}\dfrac{Q_2}{S_2}$
$= 3.97 \times \dfrac{22.68}{25.2}$
$= 3.57$

串联总阻抗

$Z_{*3} = \sqrt{R^2_{*z} + (X_{*xt} + X_{*b} + X_{*z})^2}$
$= \sqrt{1.72^2 + (0.53 + 0.47 + 3.57)^2}$
$= 4.88$

(3) 求各点端电压

$U_{*2} = \dfrac{U_{*1}Z_{*2}}{Z_{*3}}$
$= \dfrac{1.06 \times 3.97}{4.88} = 0.86$

$U_{*3} = \dfrac{U_{*2}Z_{*qd}}{Z_{*1}}$
$= \dfrac{0.86 \times 4.62}{4.67} = 0.85$

$U_3 = U_{*3}\dfrac{U_j}{U_e} \times 100\%$
$= 0.85 \times \dfrac{6.3}{6} \times 100\%$
$= 89\%$

C 用阻抗复数法计算起动电压

(1) 求各元件阻抗。

各元件阻抗计算同 25.5.2.3A (1)

(2) 求并联支路阻抗。

并联支路阻抗：

$Z_{*1} = R_{*1} + jX_{*1}$
$= 1.4 + j4.46$
$= 4.67\angle 72.57°$

$Z_{*fh} = R_{*fh} + jX_{*fh}$
$= 16.38 + j7.93$
$= 18.2\angle 25.83°$

$\dot{Z}_{*2} = \dfrac{Z_{*1}Z_{*fh}}{Z_{*1} + Z_{*fh}}$
$= \dfrac{4.67\angle 72.57° \times 18.2\angle 25.83°}{1.4 + j4.46 + 16.38 + j7.93}$
$= \dfrac{84.99\angle 98.4°}{17.78 + j12.39}$
$= \dfrac{84.99\angle 98.4°}{21.66\angle 34.87°}$
$= 3.92\angle 63.53°$
$= 1.74 + j3.51$

$Z_{*2} = 3.92$
$R_{*2} = 1.74$
$X_{*2} = 3.51$

串联总阻抗

$Z_{*3} = \sqrt{R^2_{*2} + (X_{*xt} + X_{*b} + X_{*2})^2}$
$= \sqrt{1.74^2 + (0.53 + 0.47 + 3.51)^2}$
$= 4.83$

(3) 求各点端电压。

$U_{*2} = \dfrac{U_{*1}Z_{*2}}{Z_{*3}}$
$= \dfrac{1.06 \times 3.92}{4.83}$
$= 0.86$

$U_{*3} = \dfrac{U_{*2}Z_{*qd}}{Z_{*1}}$
$= \dfrac{0.86 \times 4.62}{4.67}$
$= 0.85$

$U_3 = U_{*3}\dfrac{U_j}{U_e} \times 100\%$
$= 0.85 \times \dfrac{6.3}{6} \times 100\%$
$= 89\%$

24.5.2.4 系统电压 U_{*1} 的计算

起动时 U_2 母线的功率因数 $\cos\varphi = 0.9$，$\sin\varphi = 0.436$，变压器为满载运行，即 $I_{*b} = 1$。

当以变压器容量为基准时：

系统阻抗

$X_{*ext} = \dfrac{X_{*xt}S_b}{S_j}$
$= \dfrac{0.53 \times 16}{100} = 0.084$

变压器阻抗 $X_{*eb} = \dfrac{X_{*b}S_b}{S_j}$
$= \dfrac{0.47 \times 16}{100} = 0.075$

$U_{*1} = 1 + (X_{*ext} + X_{*eb})I_{*e}\sin\varphi$
$= 1 + (0.084 + 0.075) \times 1 \times 0.436$
$= 1.07$

24.5.2.5 堵转功率因数 $\cos\varphi_{qd}$ 的计算

以额定电流表达的堵转阻抗，即转差率 $S=1$ 时的阻抗 Z_{dqe} 按式 24-99 求得。

$$Z_{dqe} = \frac{U_e}{\sqrt{3}\,I_{dqe}} = \frac{U_e}{\sqrt{3}\,K_{iq}I_{de}} \qquad (24\text{-}99)$$

式中 U_e ——额定线电压，V；

I_{de}——额定电流，A；

K_{iq}——额定起动电流倍数。

从异步电动机能量转换关系可知，转子从定子得到的电磁功率 P_{de} 等于转子产生的总机械功率 P_j 与 $\frac{1}{1-S}$ 之积，即 $P_{de}=\frac{P_j}{1-S}$，而电磁转矩 M_{dc} 等于电磁功率 P_{dc} 与同步角速度 ω_0 之商，即 $M_{dc}=P_{dc}/\omega_0$，所以额定状态下电磁转矩 M_{dce} 为

$$M_{dce}=\frac{P_{dce}}{\omega_0}=\frac{P_{je}}{(1-S_e)\omega_0} \tag{24-100}$$

式中 P_{je}——额定总机械功率，W；

P_{dce}——转子额定电磁功率，W；

S_e——额定转差率。

用转子电流与电阻表达的起动状态下电磁转矩 M_{dcq} 为

$$M_{dcq}=\frac{P_{dcq}}{\omega_0}=\frac{3I_{zdqe}^2\frac{r^2}{S}}{\omega_0}$$

$$=\frac{3I_{zdqe}^2r'_2}{\omega_0} \tag{24-101}$$

式中 P_{dcq}——转子堵转电磁功率，W；

I_{zdqe}——转子额定堵转电流，A；

r'_2——转子电阻，Ω；$r'_2=\frac{r_2}{S}$；

s——电机转差率。

M_{dcq} 与 M_{dce} 之比即为额定起动转矩倍数

$$K_{mq}=\frac{M_{dcq}}{M_{dce}}$$

$$=3I_{zdqe}^2\frac{1-S_e}{P_{je}}r'_2 \tag{24-102}$$

电机堵转时，激磁电流与转子电流相比很小，可忽略不计，则转子堵转电流等于定子堵转电流，即

$$I_{zdqe}\approx I_{dqe}=K_{iq}I_{de} \tag{24-103}$$

忽略风阻及轴承损耗的机械功率，则可认为转子产生的总机械功率等于轴输出功率，即

$$P_{je}\approx P_{de}=\sqrt{3}\,U_eI_{de}\eta_e\cos\varphi_{de} \tag{24-104}$$

将式 24-103 及式 24-104 代入式 24-102 中，可以解出以铭牌数据表示的转子电阻方程如式 24-105。

$$r'_2=\frac{U_e\eta_e\cos\varphi_{de}K_{mq}}{\sqrt{3}\,I_{de}K_{iq}^2(1-s_e)} \tag{24-105}$$

若使 r_1 也人为地计入挤流效应时，则 $r_1=r'_2$，则从电机端看进去，以铭牌数据表示的电阻方程为

$$r_d=2r'_2=\frac{2U_e\eta_e\cos\varphi_{de}K_{mq}}{\sqrt{3}\,I_{de}K_{iq}^2(1-s_e)} \tag{24-106}$$

式中 $1-s_e=1-\frac{n_0-n_e}{n_0}=\frac{n_e}{n}$ (24-107)

将式 24-106 除以式 24-99，并将式 24-107 代入，则最终得到以铭牌数据表示的堵转功率因数实用计算公式

$$\cos\varphi_{qd}=\frac{r_d}{Z_{dqe}}=\frac{2K_{mq}n_0\eta_e\cos\varphi_{de}}{K_{iq}n_e} \tag{24-108}$$

式中 n_0——理想空载转速；

n_e——额定转速；

K_{mq}——额定起动转矩倍数；

$\cos\varphi_{de}$——额定功率因数；

η_e——额定效率；

K_{iq}——额定起动电流倍数。

24.5.3 高压大型异步电动机稳定性计算

高压大型异步电动机在母线电压突然降低时，能否继续稳定运行，需要进行稳定性计算。

图 24-56 为异步电动机在不同电压时的特性曲线。曲线 Ⅰ 为电动机在额定电压下的机械特性；曲线 Ⅱ 为电压降低时的机械特性；曲线 Ⅲ 为机械的静阻转矩曲线。

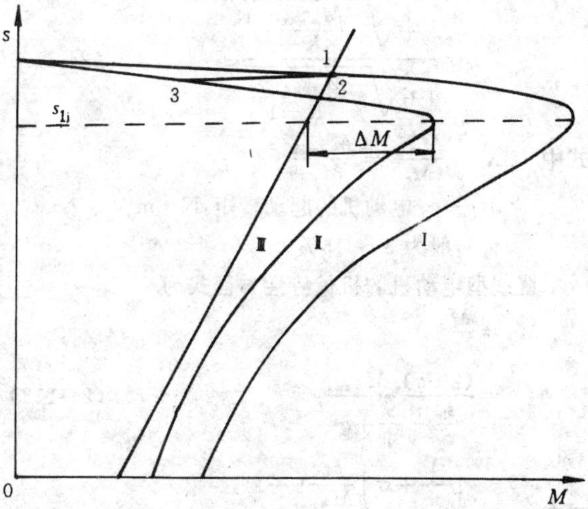

图 24-56 不同电压下异步电动机的特性曲线

电网电压正常时，电动机工作在图 24-56 中点 1。当电网电压突然降低后，由于转速不能突变，电动机工作点由 1 变化到点 3，此时电动机的电磁转矩小于机械的静阻转矩，则电动机的转速沿曲线 Ⅱ 逐渐降低至点 2，并在此点稳定运行。

由以上分析可知，电动机在电网电压降低时能够稳定运行的条件是

$$\Delta M_* = M'_{*max} - M_{*j} \geqslant 0.1 \sim 0.15 \quad (24\text{-}109)$$

中　M'_{*max}—— 电压降低时电动机的最大转矩（临界转矩）标幺值；

M_{*j}—— 电动机在临界转差率 S_{Lj} 时的机械静阻转矩标幺值。

M'_{*max} 可由下式求得

$$M'_{*max} = M_{*max}\left(\frac{U}{U_e}\right)^2 \quad (24\text{-}110)$$

式中　M_{*max}—— 电动机在额定电压下的最大转矩标幺值。

对普通笼型电动机，临界转差率 s_{lj} 可由下式确定

$$s_{lj} = s_e\left(M_{*max} + \sqrt{M^2_{*max} - 1}\right) \quad (24\text{-}111)$$

式中　s_e—— 电动机额定转差率。

$$s_e = \frac{n_0 - n_e}{n_0}, M_{*max} = \frac{M_{max}}{M_e}$$

式中　n_0—— 电动机的同步转速，r/min；

n_e—— 电动机的额定转速，r/min；

M_e—— 电动机的额定转矩，N·m。

如果考虑定子回路电阻和转子回路换算电阻时，则 s_{lj} 的精确计算为

$$s_{lj} = \frac{s_e + \sqrt{s_e \dfrac{M_{*max} - 1}{K - 1}}}{1 + \sqrt{s_e \dfrac{M_{*max} - 1}{K - 1}}} \quad (24\text{-}112)$$

式中　$K = \dfrac{M_{max}}{M_q} = \dfrac{M_{*max}}{M_{*q}}$

M_q—— 电动机的起动转矩，N·m。

s_{lj} 一般为 5～15%。

绕线型电动机的机械特性方程式为

$$M_* = \frac{M}{M_e} = \frac{(2+q)\ M_{*max}}{\dfrac{s_{lj}}{S} + \dfrac{S}{s_{lj}} + q} \quad (24\text{-}113)$$

式中　$q = \dfrac{\left(\dfrac{1}{s_{lj}} + s_{lj}\right)\dfrac{M_{*q}}{M_{*max}} - 2}{1 - \dfrac{M_{*q}}{M_{*max}}}$

$$M_{*q} = \frac{M_q}{M_e}$$

机械静阻转矩可分为两类：

一类为离心式机械，即风机、泵、排风机、鼓风机、破碎机等，这些机械的静阻转矩变化按下式确定

$$M_{*j} = M_{*jcs} + (1 - M_{*jcs})\ n_{*p} \quad (24\text{-}114)$$

式中　M_{*jcs}—— 起始静阻转矩标幺值，对大多数离心机械，$p = 2$，$M_{*jcs} = 0.15$，所以：

$$M_{*j} = 0.15 + 0.85n^2_* \quad (24\text{-}115)$$

应当注意静压离心泵的静阻转矩变化公式比式 24-115 更加复杂；对于大型机械来说，其静阻转矩应采用制造厂提供的数据。

另一类为恒定静阻转矩，即静阻转矩与转速无关的机械，如活塞式压缩机、胶带运输机、球磨机、轧钢机等，这类机械的静阻转矩为：

$$M_{*j} = M_{*jcs} = 常数 \quad (24\text{-}116)$$

例　试验算离心式水泵电动机工作的稳定性。电动机的技术数据为：$M_{max}/M_e = 2$，$I_q/I_e = 5.2$，$M_q/M_e = 1.1$，$p_e = 380\text{kW}$，$U_e = 3000\text{V}$，$n_e = 980\text{r/min}$，$\eta_e = 0.925$，$\cos\varphi_e = 0.86$。当母线电压为 78% 额定值时，电动机能否继续稳定运行。

解　当电压为额定值的 78% 时，电动机所产生的最大转矩为

$$M'_{*max} = M_{*max}\left(\frac{U}{U_e}\right)^2 = 2\times(0.78)^2 = 1.21$$

电动机的临界转差率为

$$s_{lj} = s_e\left(M_{*max} + \sqrt{M^2_{*max} - 1}\right) = \frac{1000-980}{1000}\left(2 + \sqrt{2^2 - 1}\right) = 0.075$$

水泵的静阻转矩为

$$M_{*j} = 0.15 + 0.85n^2_* = 0.15 + 0.85\ (1 - 0.075)^2 = 0.88$$

按电动机能够稳定运行的判别式

$$\Delta M_* = M'_{*max} - M_{*j} = 1.21 - 0.88 = 0.33 > 0.1 \sim 0.15$$

因此电动机能够稳定运行。

附录 24.1　大型电动机的起动电流对变压器过负荷的影响

当变压器二次侧接有全压起动的大型电动机时，若其起动电流等于或大于变压器额定电流的两倍，且起动次数频繁时，应按附图 24-1 中的曲线进行校验。

图中 K 为电动机的起动电流与变压器额定电流之比；m 为变压器额定容量与变压器的计算负荷（包括起动电动机的计算容量，但不包括其起动容量）之比，$\frac{1}{m}$ 即为变压器的负荷率；t 为一次起动时间。从而可从

曲线上查出一昼夜内允许起动的次数 N。

允许起动次数 N 是根据变压器绕组绝缘老化率不大于自然老化率的条件下求出的。

从附图 24-1 中曲线可以看出，电动机的最大起动电流不应超过变压器额定电流的 4 倍。如起动时间 t 为 15s，负荷率为 0.9，起动电流为变压器额定电流的 4 倍时，允许昼夜起动次数 $N=6$。当起动电流超过变压器额定电流的 4 倍，不仅对变压器绕组绝缘的寿命有影响，且绕组的有色金属在反复电动力的作用下，容易受到破坏。因为绕组内的电动力与通过绕组内的电流大小的平方成正比。但对于不经常起动，且起动时间又很短的生产设备（如水泵等），其起动电流可以考虑不受变压器额定电流 4 倍的限制。

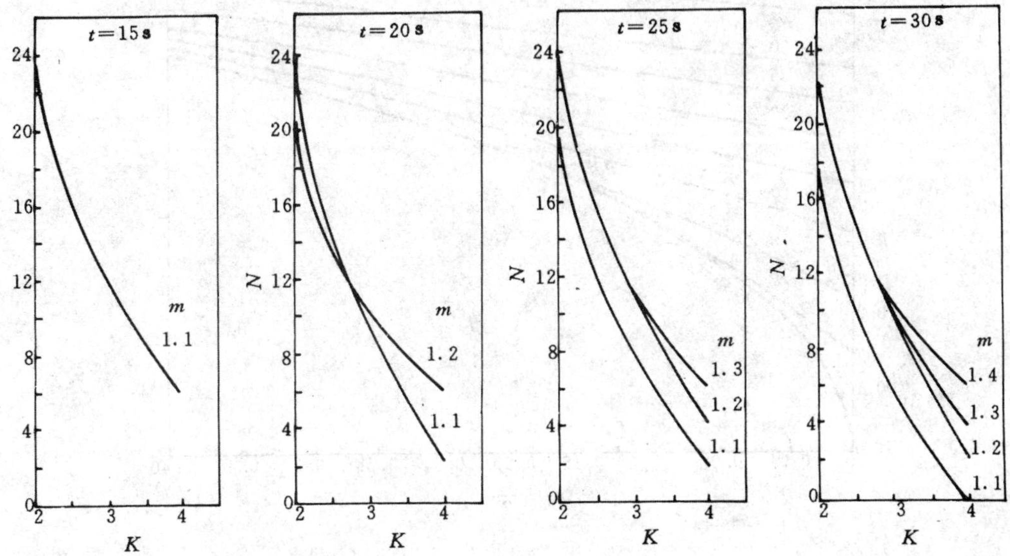

附图 24-1　起动电流倍数，起动时间与昼夜起动次数的关系曲线

附录 24.2　电阻器的选择

(1) 按需要的电阻值选择

电阻值随温度的变化而变化，必要时应计入电阻的温度系数，即 $R_2=R_1[1+\alpha(t_2-t_1)]$

式中　R_2 —— 温度为 t_2℃ 时的电阻值，Ω；

R_1 —— 温度为 t_1℃ 时的电阻值，Ω；

α —— 电阻的温度系数，与电阻材料有关：康铜 $\alpha=-0.000031/℃$；铁铬铝 $\alpha=0.000081/℃$；铸铁 $\alpha=0.001001/℃$

绕线电阻和管型电阻，最大允许温升为 270℃。安装在控制柜或操作台内的电阻，应将其允许温升限制在 150℃ 以下，其长期允许电流应相应降低一半左右。

(2) 按发热条件选择

对断续周期工作制的电阻，应按发热条件选择，即按通过电阻的长期等效电流选择。长期等效电流按下式计算

$$I_{dx}=I_s\sqrt{\frac{1-e^{-\frac{t_s}{T}}}{1-e^{-\frac{t_s}{TFC_r}}}}$$

式中　I_{dx} —— 通过电阻器的发热等效电流，A；

I_s —— 通过电阻器的实际短时电流，A；

t_s —— 实际短时电流通过时间，s；

T —— 电阻器发热时间常数，s，康铜电阻器为 41 ～ 282s，铁铬铝电阻器为 80 ～ 200s，管型电阻器为 200 ～ 300s，铸铁电阻为 400 ～ 850s；

FC_r —— 电阻器的接电持续率。

为了便于计算，将上式按不同的 FC_r 值画出 $\frac{I_{dx}}{I_s}$ 与 $\frac{t_s}{T}$ 的关系曲线，如附图 24-2 所示。

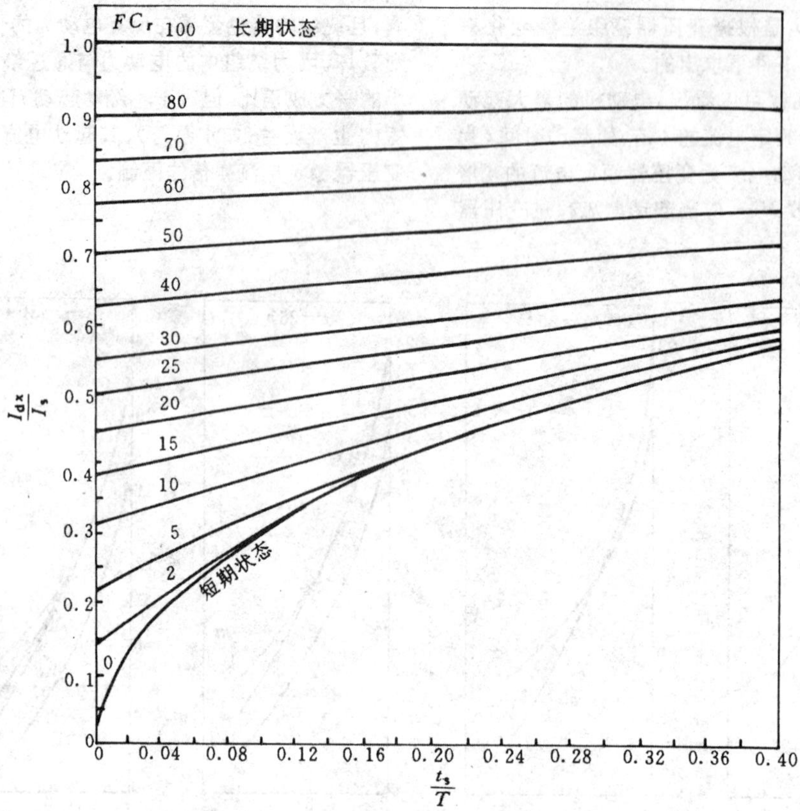

附图 24-2 电阻在不同 FC_r 时的$\frac{I_{dx}}{I_s}=f\left(\frac{t_s}{T}\right)$曲线

当 FC_r 为任意值而$\frac{t_s}{T}\to 0$时，长期等效电流按下式计算：

$$I_{dx}=I_s\sqrt{FC_r}$$

对短时工作制（即 $FC_r\to 0$）的电阻，其长期等效电流计算式为

$$I_{dx}=I_s\sqrt{1-e\frac{t_s}{T}}$$

短时工作制的长期等效电流也可以从附图 24-2，$FC_r=0$ 曲线查出。

对任意电流曲线的等效电流按附表 24-1 计算。

附表 24-1 等值电流计算表

$I_{dx}=\sqrt{\frac{I_1^2+I_2^2+I_1I_2}{3}}$	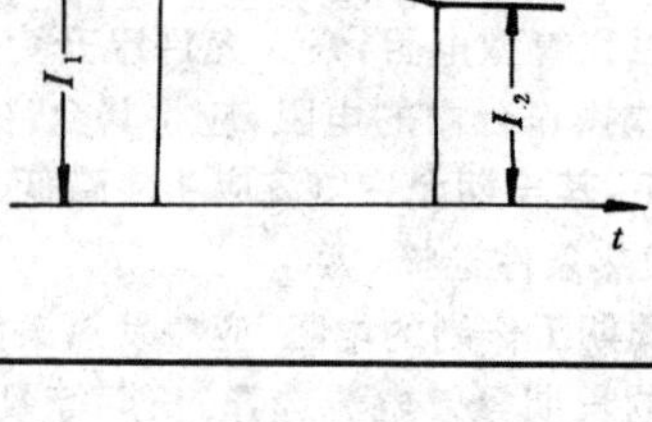

附表 24-1

$I_{dx}=\sqrt{\dfrac{(I_1^2+I_2^2+I_1I_2)\ t_1+\ (I_2^2+I_3^2+I_2I_3)\ t_2}{3\ (t_1+t_2)}}$	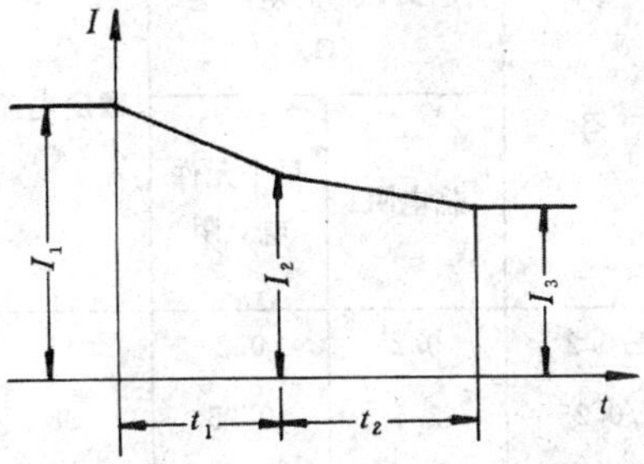

铁铬铝电阻元件的技术数据见附表 24-2。

附表 24-2 ZX12 系列电阻器技术数据

型号	负荷电流 (A)	+20℃时电阻值 (Ω)					发热时间常数 (s)	电阻元件				质量 (kg)
		总的	每级的 1	2	3	4		型号	元件电阻值 (Ω)	数量	接法	
ZX12-0.1	215	0.1	0.033	0.033	0.033		200	ZJ1-1	0.033	12	2并6串	20
ZX12-0.14	181	0.14	0.047	0.047	0.047		150	ZJ1-2	0.047	12	2并6串	18
ZX12-0.2	152	0.2	0.067	0.067	0.067		120	ZJ1-3	0.067	12	2并6串	16
ZX12-0.28	128	0.28	0.07	0.07	0.07	0.07	140	ZJ1-4	0.07	16	2并8串	17
ZX12-0.4	107	0.4	0.133	0.133	0.133		200	ZJ1-1	0.033	12	串	20
ZX12-0.56	91	0.56	0.187	0.187	0.187		150	ZJ1-2	0.047	12	串	18
ZX12-0.8	76	0.8	0.267	0.267	0.267		120	ZJ1-3	0.067	12	串	16
ZX12-1.1	64	1.1	0.275	0.275	0.275	0.275	140	ZJ1-4	0.07	16	串	17
ZX12-1.6	54	1.6	0.4	0.4	0.4	0.4	128	ZJ1-5	0.099	16	串	15
ZX12-2.2	46	2.2	0.55	0.55	0.55	0.55	104	ZJ1-6	0.135	16	串	15
ZX12-3.0	39	3.0	0.75	0.75	0.75	0.75	136	ZJ1-7	0.124	24	串	18
ZX12-4.2	33	4.2	1.05	1.05	1.05	1.05	104	ZJ1-8	0.172	24	串	17
ZX12-5.6	29	5.6	1.4	1.4	1.4	1.4	96	ZJ1-9	0.226	24	串	16
ZX12-8.0	24	8.0	2.0	2.0	2.0	2.0	80	ZJ1-10	0.332	24	串	15

康铜电阻元件的技术数据见附表 24-3。

附表 24-3 ZX2 系列电阻器技术数据

型号	+20℃时的电阻值(Ω)		额定电流(A)	电阻元件			电阻元件数量	质量(kg)
	总电阻	每个元件电阻		型号	发热时间常数(s)	康铜带尺寸或康铜线直径(mm)		
ZX2-1/0.2	0.2	0.2	43	ZB1-0.2	180	10×1.0	10	21.2
ZX2-1/0.25	2.5	0.25	38	ZB1-0.25	160	10×0.8	10	20.5
ZX2-1/0.33	3.3	0.33	32	ZB1-0.33	140	10×0.6	10	19.7
ZX2-1/0.4	4.0	0.4	29	ZB1-0.4	126	10×0.5	10	19.1
ZX2-1/0.5	5.0	0.5	26	ZB1-0.5	113	10×0.4	10	18.8
ZX2-1/0.66	6.6	0.66	23	ZB1-0.66	100	10×0.3	10	18.4
ZX2-2/0.7	7	0.70	22.3	ZB2-0.7	286	2.0	10	22.4
ZX2-2/0.9	9	0.90	19.9	ZB2-0.9	237	1.8	10	21.3
ZX2-2/1.1	11	1.10	17.7	ZB2-1.1	203	1.6	10	20.4
ZX2-2/1.45	14.5	1.45	15.4	ZB2-1.45	169	1.4	10	19.5
ZX2-2/1.95	19.5	1.95	13.8	ZB2-1.95	132	1.2	10	18.8
ZX2-2/2.8	28	2.80	11.2	ZB2-2.8	282	2	10	22.2
ZX2-2/3.5	35	3.50	10.1	ZB2-3.5	235	1.8	10	21.1
ZX2-2/4.4	44	4.40	8.9	ZB2-4.4	202	1.6	10	20.2
ZX2-2/5.8	58	5.80	7.7	ZB2-5.8	168	1.4	10	19.3
ZX2-2/8	80	8.00	6.6	ZB2-8	132	1.2	10	18.6
ZX2-2/12	120	12.00	5.4	ZB2-12	175	1.2	10	20.1
ZX2-2/18	180	18.00	4.4	ZB2-18	132	1.0	10	19.2
ZX2-2/21.6	216	21.60	4.0	ZB2-21.6	112	0.9	10	18.8
ZX2-2/27.6	276	27.60	3.5	ZB2-27.6	104	0.8	10	18.4
ZX2-2/37	370	37.00	3.1	ZB2-37	122	0.8	10	19.1
ZX2-2/48	480	48.00	2.7	ZB2-48	104	0.7	10	18.6
ZX2-2/68	680	68.00	2.3	ZB2-68	86	0.6	10	18.3
ZX2-2/06	960	96.00	1.9	ZB2-96	75	0.5	10	18.0
ZX2-2/140	1400	140.00	1.6	ZB2-140	63	0.4	10	17.7
ZX2-2/188	1880	188.00	1.4	ZB2-138	52	0.35	10	17.6
ZX2-2/260	2600	260.00	1.2	ZB2-260	41	0.3	10	17.5

注：电阻值误差为±10%。

在不同工作制时 ZX12 和 ZX2 系列电阻器的允许负载电流 A，见附表 24-4 和附表 24-5。

附表 24-4 ZX12 系列电阻器在不同工作制时的允许负载电流 A（冷态计算值）

产品型号	连续及间断连续工作制	周期 60s，不同接电持续率 FC_r 的断续周期工作制									不同通电时间（s）的短时工作制					发热时间常数 T（s）
		4.4	6.25	8.8	12.5	17.5	25	35	50	70	5	10	15	20	30	
ZX12-0.1	215	1024	860	724	608	513	430	362	304	256	1359	961	785	679	555	200
ZX12-0.14	181	862	724	610	511	432	362	305	255	216	971	686	560	485	396	150
ZX12-0.2	152	724	608	512	429	363	304	256	214	181	769	543	444	384	313	120
ZX12-0.28	128	610	512	431	362	305	256	216	181	152	667	472	385	333	272	140
ZX12-0.4	107	510	428	360	302	255	214	180	151	127	676	478	390	338	276	200
ZX12-0.56	91	433	364	306	257	217	182	153	128	108	501	354	289	250	204	150
ZX12-0.8	76	362	304	256	214	181	152	128	107	90	372	263	214	186	152	120
ZX12-1.1	64	305	256	215	181	152	128	108	90	76	352	249	203	176	144	140
ZX12-1.6	54	257	216	182	152	129	108	91	76	64	273	193	157	136	111	128
ZX12-2.2	46	219	180	155	130	109	92	77	65	54	209	148	121	104	86	104
ZX12-3.0	39	185	156	131	110	93	78	65	55	46	203	143	117	101	83	136
ZX12-4.2	33	157	132	111	93	78	66	55	46	39	150	106	86	75	61	104
ZX12-5.6	29	138	116	97	82	69	58	49	41	34	127	89	73	63	51	96
ZX12-8.0	24	114	96	80	67	57	48	40	33	28	96	67	55	48	39	80

附表 24-5 ZX2 系列电阻器在不同工作制时的允许负载电流 A（冷却计算值）

产品型号	连续及间断连续工作制	周期 60s，不同接电持续率 FC_r 的断续周期工作制									不同通电时间（s）的短时工作制					发热时间常数 T（s）
		4.4	6.25	88	12.5	17.5	25	35	50	70	5	10	15	20	30	
ZX2-1/0.2	43	190	159	135	113	96	81	69	58	50	260	185	152	132	109	180
ZX2-1/0.25	38	166	140	118	99	84	71	61	51	44	217	154	127	111	92	160
ZX2-1/0.33	32	138	116	98	83	70	59	51	43	37	171	122	100	88	73	140
ZX2-1/0.4	29	124	105	88	74	63	53	45	39	33	147	105	86	76	63	126
ZX2-1/0.5	26	110	92	78	66	56	47	40	34	30	125	89	74	64	54	113
ZX2-1/0.66	23	96	80	68	57	49	41	35	30	26	104	74	62	54	45	100
ZX2-2/0.7	22.3	96	80	69	60	51	43	37	31	27	169	120	99	86	71	286
ZX2-2/0.9	19.9	85	71	62	52	43	39	33	28	24	138	98	80	70	58	237
ZX2-2/1.1	17.7	75	63	54	46	40	34	29	25	21	113	81	66	58	48	203
ZX2-2/1.45	15.4	65	54	47	41	35	29	25	21	18	90	64	53	46	38	169
ZX2-2/1.95	13.8	56	47	41	36	30	26	22	19	16	71	51	42	37	31	132
ZX2-2/2.8	11.2	48	40	35	30	26	22	18	16	14	85	60	49	43	35	282
ZX2-2/3.5	10.1	43	36	31	26	22	20	16	14	12	70	49	41	35	29	235

续附表 24-5

产品型号	连续及间断连续工作制	周期 60s，不同接电持续率 FC_r 的断续周期工作制									不同通电时间（s）的短时工作制					发热时间常数 T（s）
		4.4	6.25	88	12.5	17.5	25	35	50	70	5	10	15	20	30	
ZX2-2/4.4	8.9	38	32	27	23	20	17	15	12	10	57	40	33	29	24	202
ZX2-2/5.8	7.7	32	27	23	21	17	15	13	11	9	45	32	26	23	19	168
ZX2-2/8	6.6	27	22	20	17	14	12	11	9	8	34	24	20	17	14	132
ZX2-2/12	5.4	23	19	16	14	12	10	9	7	6	32	23	19	16	14	175
ZX2-2/18	4.4	18	15	13	11	10	8	7	6	5	23	16	13	12	9.7	132
ZX2-2/21.6	4.0	17	14	12	10	8.6	7.3	6.2	5.3	4.6	19	14	11	10	8	112
ZX2-2/27.6	3.5	15	12	10	8.8	7.5	6.3	5.4	4.6	4	16	11	9.5	8.4	7	104
ZX2-2/37	3.1	13	11	9.4	7.9	6.7	5.7	4.8	4.1	3.6	15	11	9.2	8	6.7	122
ZX2-2/48	2.7	11	9.5	8	6.7	5.7	4.8	4.1	3.6	3.1	12	8.9	7.4	6.4	5.4	1.04
ZX2-2/68	2.3	9.4	7.9	6.7	5.6	4.8	4.1	3.5	3	2.6	9.6	6.9	5.7	5	4.2	86
ZX2-2/96	1.9	7.6	6.4	5.4	4.6	3.9	3.3	2.8	2.4	2.1	7.5	5.4	4.5	3.9	3.3	75
ZX2-2/140	1.6	6.2	5.2	4.4	3.7	3.2	2.7	2.3	2	1.8	5.8	4.2	3.5	3	2.6	63
ZX2-2/188	1.4	5.2	4.4	3.7	3.2	2.7	2.3	2	1.7	1.6	4.6	3.3	2.8	2.5	2.1	52
ZX2-2/260	1.2	4.2	3.6	3	2.6	2.2	1.9	1.7	1.5	1.3	3.5	2.6	2.2	1.9	1.6	41

附录 24.3 电动机起动用油浸自冷式三相自耦变压器的技术条件

变压器的电源频率为 50Hz，安装在温度为 40℃ 以下的室内使用，正接线时有三个二次电压段，反接线时也有三个二次电压段。各电压段的二次电压与一次电压之比应符合附表 24-6 的规定。

附表第一行数字是准确的比值，第二行是大约数，中间比值（0.64 和 0.36）的二次电压为额定值。该值是在变压器无负荷，一次电压为额定值下标定的。

附表 24-6 自耦变压器各种电压段的二次电压与一次电压之比

电压比					
正接线			反接线		
8/11 0.73	7/11 0.64	6/11 0.55	5/11 0.45	4/11 0.36	3/11 0.27

铭牌额定容量系指输入自耦变压器的视在负荷（即一次为额定电压，二次中间级接有额定负荷的电动机的情况）。在正常负荷状态即在 2min 的定期负荷下（冷却时间见后），其所通过的电流应与额定容量相符。自耦变压器的电压和容量见附表 24-7。

附表 24-7 自耦变压器的电压和容量

接线方式	二次与一次电压比	自耦变压器类别	额定一次电压时的额定容量		
			500V	3000V	6000V
			kVA		
正接线	0.64	Ⅰ		260	
		Ⅱ		470	
		Ⅲ	850	850	850
		Ⅳ	1500	1500	1500
		Ⅴ	2700	2700	2700
		Ⅵ		4800	4800
		Ⅶ		9000	9000
		Ⅷ			16000
反接线	0.36	Ⅰ		110	
		Ⅱ		200	
		Ⅲ	360	360	360
		Ⅳ	640	640	640
		Ⅴ	1150	1150	1150
		Ⅵ		2050	2050
		Ⅶ		3800	3800
		Ⅷ			6800

注：额定电压 10kV 或其他变比的自耦变压器可以根据特殊技术条件制造。

不论正接线或反接线，变压器线圈均接成星形。正接线时，一次电压接A、B、C端子，X、Y、Z则接零点，见附图24-3。反接线时，一次电压接X、Y、Z端子，而A、B、C则接零点，见附图24-4。

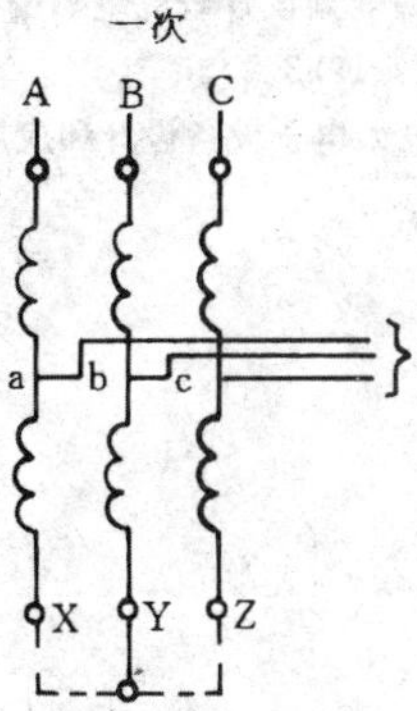

附图24-3 自耦变压器正接线接线图

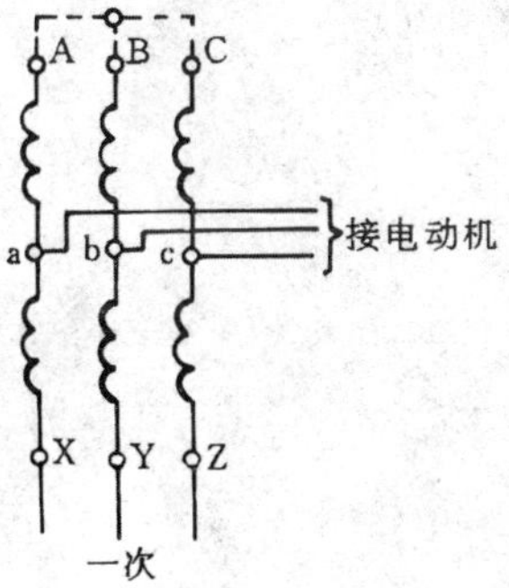

附图24-4 自耦变压器反接线接线图

不论正接线或反接线，自耦变压器二次侧任一分接头的容量和分接头的电压与额定电压的比值的平方成正比，而其容许负荷时间则与该比值的平方成反比。变动系数乘额定容量和负荷时间，即得自耦变压器接于各值电压时的容量和负荷时间。变动系数见附表24-8。

变压器线圈最热点的温度为135℃（环境温度为40℃时），

自耦变压器起动一次后所需的冷却时间规定如下：

(1) 对于Ⅰ～Ⅴ型自耦变压器，不小于4h。

(2) 对Ⅵ～Ⅷ型自耦变压器，不小于6h。

线圈对地绝缘应能承受附表24-9所列的实验电压。实验电压的频率为50Hz，试验时间为1min。

附表24-8 自耦变压器的容量和负荷时间的变动系数

接线方式	二次与一次电压比	额定容量变动系数	允许负荷时间变动系数
正接线	0.73	1.305	0.766
	0.64	1	1
	0.55	0.735	0.36
反接线	0.45	1.56	0.64
	0.36	1	1
	0.27	0.563	1.78

附表24-9 变压器线圈绝缘试验电压

额定一次电压（V）	试验电压（V）
500	3000
3000	15000
6000	22000

变压器的匝间和线圈间的绝缘，应能承受2倍频率，1min时间，2倍额定感应电压的实验。如果技术上无可能性时，容许在提高频率的条件下，采用不小于1.6倍额定电压的感应电压进行实验。

空载损耗、短路损耗、空载电流和线圈电阻值不作规定，短路电压由制造厂提供资料。

自耦变压器各级二次电压变比的容许误差规定如下：

当一次电压500V时，±3%；

当一次电压3000V和6000V时，±1%。

线圈始端A、B、C和终端X、Y、Z以及连接电动机的端子a、b、c均应从变压器外壳的盖板上引出。端子a、b、c的接头与各二次电压的分接头应在变压器油箱内换接。盖板上的端子配置见附图24-5。

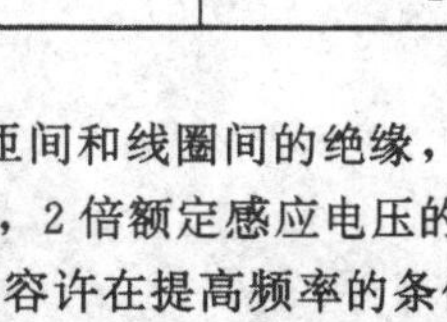

附图24-5 变压器盖板端子配置图

各类变压器均无膨胀器。

附件（如闸门，接管，堵头，滚轮，温度计等），Ⅰ～Ⅴ型自耦变压器与5～180kVA电力变压器相同，Ⅵ～Ⅷ型自耦变压器与320～1000kVA电力变压器相同。

参考文献

[1]北京钢铁设计院等编，钢铁企业电力设计参考资料，冶金工业出版社，1976.

[2]机械工程手册　电机工程手册编辑委员会编，电气工程师手册，机械工业出版社，1987.

[3]C.H. 魏雪涅夫斯基著，电动机的特性与电阻计算，电力工业出版社，1957.

[4]航天工业部第四规划设计研究院等编，工厂配电设计手册，水利电力出版社，1983.

[5]张明勋主编，电力电子设备设计和应用手册，机械工业出版社，1990.

第25章

交流电动机调速系统

25.1 概述

25.1.1 交流电动机调速系统的特点

钢铁企业内有许多要求调速的生产机械，对电气控制系统有一定要求，如调速范围、静差度、动态响应、恒张力等。过去，由于交流电动机控制系统不能满足这些要求，因此直流电动机一直占据主要地位，其系统诸如老式的发电机-电动机传动方式；带有磁放大器、交磁放大机的机组控制系统；以及近些年来发展的晶闸管直流电动机调速系统。但是由于直流电动机的结构上有换向器及电刷，因此有不少缺点及难以克服的难题，如：

(1) 直流电动机的换向器与电刷，需要定期检查、调整与更换，碳刷灰要处理等，这就增加了日常维护工作量并增加经营费用。

(2)电刷与整流子间经常产生火花，且对周围空气的含尘量及温度等均有要求这就限制了直流电动机的安装环境，易燃、易爆以及环境恶劣的场所不能使用。

(3)由于受换向器能力的限制，直流电动机的最大转速与功率之积受到限制，约 10^6kW・r/min，要求制造大容量、高转速以及高电压的直流电动机比较困难。

(4) 与同容量、转速交流电机相比，体积大、质量重、转动惯量大、价格高。

(5) 效率低。比交流电机低 2～3%，本身耗电能多，且冷却电机本身所需电能也多。

交流电动机克服了直流电动机的这些缺点，并且近十多年以来随着电力电子技术、微电子技术的发展，现代控制理论特别是矢量控制技术以及近年来交流调速系统的数字化技术的应用，促进了交流调速系统的迅猛发展。目前交流调速系统克服了直流调速系统一直想解决而未解决的缺点，充分发挥了交流电动机的固有的优点，使交流调速系统的调速性能与直流调速性能完全一样，甚至还优于直流调速，如飞轮力矩小，交流系统的过渡过程快，采用同步电动机时，主回路功率因数高。交流调速系统的成本，一般比直流调速系统贵（详见 23 章）。在选择传动方案时，宜进行细致的技术经济比较后确定。

25.1.2 交流电动机调速方案和比较

交流电动机的转速为

$$n = n_0(1-s) = \frac{60f_1}{p}(1-s) \qquad (25\text{-}1)$$

式中 n——电动机转速，r/min；

n_0——电动机同步转速，r/min；

p——电动机极对数；

s——转差率；

f_1——电源频率，Hz。

因此，交流电动机的调速可以概括为改变极对数，控制电源频率以及通过改变某些参数如定子电压、转子电压等使电机转差率 s 发生变化（即电机转速发生变化）等几种方式。这样交流电动机就有很多不同的调速方法，如表 25-1 所示。钢铁企业常用的交流电动机调速方案比较及应用见表 25-2。

表 25-1 交流电动机调速方案分类

<table>
<tr><th>交流电动机种类</th><th colspan="3">交流电动机调速方案</th></tr>
<tr><td rowspan="11">异步电动机
$n=\frac{60f_1}{p}(1-s)$</td><td colspan="3">变换极对数 p 调速（仅适用于鼠笼型异步电动机）</td></tr>
<tr><td rowspan="2">改变频率 f 调速</td><td colspan="2">交-直-交变频（包括 VVVF 与 PWM 型）</td></tr>
<tr><td colspan="2">交-交变频</td></tr>
<tr><td rowspan="7">变转差率 s 调速</td><td rowspan="2">调定子供电电压</td><td>定子外接电抗器</td></tr>
<tr><td>晶闸管交流调压</td></tr>
<tr><td rowspan="2">调节转子电阻
（仅适用于绕线型电机）</td><td>电阻有级切换</td></tr>
<tr><td>电阻斩波控制</td></tr>
<tr><td rowspan="2">串级调速（双馈调速）
（仅适用于绕线型电机）</td><td>低同步串级 { 普通串级
内反馈串级</td></tr>
<tr><td>超同步串级</td></tr>
<tr><td rowspan="2">离合器调速</td><td colspan="2">电磁转差离合器</td></tr>
<tr><td colspan="2">调速型液力偶合器</td></tr>
<tr><td rowspan="2">同步电动机
$n=\frac{60f_1}{p}$</td><td colspan="3">它控式</td></tr>
<tr><td colspan="3">自控式（无换向器电机）</td></tr>
</table>

交流调速方案按其效率高低，可分为高效和低效两种。

- 高效调速方案
  - 变极数控制
  - 变频变压控制
    - 电流型
    - 电压型
    - 脉宽调制型
  - 无换向器电机控制
  - 串级（双馈）控制
- 低效调速方案
  - 转子串电阻（包括电阻斩波）控制
  - 液力偶合器控制
  - 电磁转差离合器控制
  - 定子变压控制

25.1.3 交流调速系统的应用和发展

交流调速的应用可分为三个方面，第一是以取代直流电机调速系统为目标的高性能交流电机调速技术；第二是以节能为目的，在风机、泵、压缩机类机械中实现简便易行、性能要求不高的调速技术；第三是直流电机调速系统向来无法插足的特殊领域，如特大容量、特高转速、快速响应的场合，见表 25-3。

交流调速在国外已经应用得相当广泛，而在我国目前还刚刚进入发展期，交流调速的发展趋势主要有下面几个方面：

(1)变频调速。这是一种最有发展前途的交流调速方式。70 年代中期以前，变频调速装置是用晶闸管来实现的，但因晶闸管的关断不可控，必须配以大功率的强迫换流线路才能实现可靠的逆变，复杂的换流线路使变频装置的效率、可靠性、体积、成本均无法与同容量的直流电机调速装置相比。随着电力电子器件的发展，门极可关断晶闸管 GTO、电力晶体管 GTR、电力场效应晶体管 P-MOSFET、绝缘门极晶体管 IGBT 等大功率元件的出现，用小功率可开通与关断全控型技术，即可实现复杂的逆变工作。控制方式也在不断改进，由简单的开环控制转为各种方式的闭环控制，控制系统向集成化，全数字化发展，从而使变频调速装置的可靠性、经济性以及系统的性能指标都在不断提高。

(2)无换向器电动机。无换向器电动机实际上是具有磁极位置检测器的变频装置供电的同步电动机。这种电动机由于去掉了换向器，就有可能突破直流电动机在容量、电压、转速、维护等方面的限制，可向大容量、高转速方向发展。它可以采用反电势自然换流方法，省去了强迫换流线路，简化了主回路。无换向器电动机既有与直流电动机相似的优良调速性能，又有交流电动机结构简单，制造容易、没有换向器便于维护、容量不受限制并兼有同步电动机功率因数好等优点，

表 25-2 常用交流调速方案比较

调速方法			电动机类型	控制方法	调速比	特点	应用范围
变极对数 p			变极电动机	用接触器切换，改变定子绕组接线，可获得二～四种成倍数的不同转速	2∶1～4∶1	简单，有级调速，恒转矩或恒功率，转速变化率小	适用于需要分级调速的机械，如小型转炉的吹氧管卷扬机及给料机等
变频率 f	独立控制变频调速		同步电动机或笼型异步电动机	协调控制电动机定子频率和电压以调节电动机的转速	10∶1 或更大	恒转矩，无级调速，可逆或不可逆，效率高，系统较复杂，价格较高，转速变化率小	适用于辊道；高速传动、小功率同步协调运转等机械，如热轧车间成品辊道等
变频率 f	自同步控制变频调速（无换向器电动机）		同步电动机	调节电枢电压 U 以实现同步电动机自控式变频调速的目的	10∶1 或更大	恒转矩，无级调速，可逆或不可逆，效率高，系统复杂，价格较高，转速变化率小	恶劣环境场合，高速传动，如轧机、高炉鼓风机、大型同步电动机的起动装置等
变参数改变转差率 s	串级调速	电机串级	绕线型异步电动机	在转子回路中通以可控直流比较电压 U_c，以改变电动机的转差率，达到平滑调速的目的	2∶1～4∶1	不可逆，无级调速，效率高，功率因数低，电机串级为恒功率，其他为恒转矩，如将硅整流器改为晶闸管可实现超同步速运行，低速时转速变化率大	用于风机、泵、中大功率的压缩机等，装置容量随调速比的加大而增大，调速比不宜太大
变参数改变转差率 s	串级调速	电气串级	绕线型异步电动机	在转子回路中通以可控直流比较电压 U_c，以改变电动机的转差率，达到平滑调速的目的	2∶1～4∶1	不可逆，无级调速，效率高，功率因数低，电机串级为恒功率，其他为恒转矩，如将硅整流器改为晶闸管可实现超同步速运行，低速时转速变化率大	用于风机、泵、中大功率的压缩机等，装置容量随调速比的加大而增大，调速比不宜太大
变参数改变转差率 s	串级调速	静止串级	绕线型异步电动机	在转子回路中通以可控直流比较电压 U_c，以改变电动机的转差率，达到平滑调速的目的	2∶1～4∶1	不可逆，无级调速，效率高，功率因数低，电机串级为恒功率，其他为恒转矩，如将硅整流器改为晶闸管可实现超同步速运行，低速时转速变化率大	用于风机、泵、中大功率的压缩机等，装置容量随调速比的加大而增大，调速比不宜太大
变参数改变转差率 s	串级调速	内反馈串级	具有双定子绕组的绕线型异步电动机	同上，但转差功率不经逆变变压器，而直接反馈到定子的反馈绕组协同传动	1.6∶1～2.0∶1	不可逆，无级调速，系统简单，效率高，功率因数高，恒功率调速，设备少，价格低，定子电流中谐波分量小	适用于风机、水泵调速节能
变参数改变转差率 s	能耗转差调节	转子串接电阻	绕线型异步电动机	用接触器分段控制转子回路电阻	1.5∶1	简单，价廉，有级调速，特性软，效率低，转速变化率大	用于频繁起、制动，短时低速运行的机械，如小型转炉倾动机械及卷扬机、起重机等
				转子回路电阻斩波控制，等效改变电阻			
变参数改变转差率 s	能耗转差调节	定子调压	绕线型或笼型异步电动机	用晶闸管相控或饱和电抗器改变电动机的定子电压从而达到调速	3∶1～10∶1（转速闭环）	恒转矩无级调速，效率随转速降低而成比例下降。转速变化率大	用于要求平滑起动、短时低速运行的机械，如起重机、泵、风机、电弧炉电极提升机械等

续表 25-2

调速方法			电动机类型	控制方法	调速比	特点	应用范围
变参数改变转差率 s	能耗转差调节	转差离合器	电磁调速异步电动机	调节离合器的励磁以实现传动机械的调速	5∶1～10∶1（转速闭环）	恒转矩，无级调速，不能电气制动，效率随转速降低而成比例下降，闭环控制时转速变化率小	适用于中、小功率要求平滑起动、短时低速运行的机械
		调速型液力偶合器	绕线型或笼型异步电动机	调节液力偶合器工作腔里的油量实现传动机械的调速	3∶1～5∶1	平滑起动，无级调速，效率随转速降低而成比例下降	适用于大、中功率风机、泵等要求长期运转，短时低速运行的机械
	双馈变频调速	转子接入交-交变频器	绕线型异步电动机	将转子电流和电压矢量变换到磁链定向的坐标进行矢量控制，实现双馈变频调速	1.6∶1	不可逆，无级调速，可在电动机同步转速的$(1.1\sim0.7)n_0$之间调速，效率高，动态性能好，功率因数可调，造价低	适用于中小型轧机技术改造

因而受到了人们的广泛关注。

(3)矢量控制技术的发展。矢量变换控制是一种新的控制思想、新的控制技术和理论。它的基本思想是利用坐标变换的手段，将交流电动机的控制等效于一台直流电动机，从而得到与直流传动相似的静、动态特性。直流电机以定子作为基准座标轴，其转矩由两个互相垂直且相对静止的电流矢量(指电流产生的磁通势，是一个空间矢量)产生。如果异步电动机以其有效磁通轴（它以同步速旋转）作为基准坐标，则其电流矢量(由三相电流产生)也可分离为互相垂直且相对静止的两个分量，即平行于有效磁通轴的励磁电流分量及垂直于有效磁通轴的有效电流（相当于直流电动机的电枢电流)分量，这样就和直流电动机等效了。这里必须首先知道有效磁通轴的瞬时位置角 φ，这样才能利用座标变换将定子电流的两个分量分离出来，然后组成各自独立的闭环系统，达到控制电动机转矩和转速的目的。

表 25-3 交流调速在冶金企业的应用范围

采用交流调速特殊目的	应用交流调速领域
(1) 替代直流电动机，以提高传动系统的可靠性，减少维护工作量	轧机、辊道、皮带运输机、起重机等
(2) 将恒速运转改为调速，以实现节能	风机、水泵、压缩机等
(3) 直流电动机难以实现的大容量、急变加减速、快速响应等场合	大型轧机主传动、快速压缩机、快速鼓风机等

交流电动机采用矢量变换控制技术，既发挥了交流电动机本身的优点，又有与直流电动机相似的高性能调速特性。因此矢量变换控制技术是交流电动机的一种理想的控制方法，正在迅速发展。模拟量的矢量控制系统正向全数字化过渡，并已有全数字化的矢量控制系统成套装置投入实际运行。国外已有 15000kW 轧机主传动采用交流电动机变频调速传动系统投入生产运行。

(4)微型计算机控制。近年来，在交流调速领域中，出现了以微型计算机为核心的新一代控制系统和单元。微型计算机作为控制系统的核心部件可以按照各种控制思想及数学模型在线地快速算出各种中间结果，在经过比较、分析、判断后提供出最后的指令值，指挥系统中各个环节及时进行工作，从而使十分复杂的控制思想变成为现实。微型计算机控制系统还具有监视、保护、诊断及自复原等多种功能，从而使一个十分复杂的自动化系统变成为一个操作维护简单、调试方便、而运行又十分可靠的具有现实应用价值的产品。采用微型计算机控制是交流调速系统得到发展的一个重要因素。

(5)交流调速在节能方面的应用。对某些交流传动的变动负载，如风机、水泵等运用调速控制，是交流电动机运行中有效的节能措施。据统计风机、水泵每年耗电量约占全国用电量的 31%，占全国工业用电量的 40～45%，因此搞好风机、水泵类机械的节能，具有重要意义。特别是把用挡板和节流阀调节风量、流量的控制改为转速控制，可节省大量电能。

大型交流电动机的软起动是节能的另一个重要方面。大型交流电动机，起动电流大，影响电网电压的稳定，因此一般对大型交流电动机的起动次数往往给予限制。在无负载时，为了减少起动次数，大型同步电动机或笼型异步电动机仍保持恒速运转，浪费了大量电能。因此，大型交流电动机采用变频装置软起动对于节能有着重要意义，是交流调速发展的一个重要方面。如我国目前有数万千瓦的高炉鼓风机传动用的同步电动机，采用自控式变频装置进行软起动。

25.2 简单交流调速

25.2.1 改变转子电阻调速

绕线型异步电动机转子回路串接电阻，除用以限制起动电流外，同时可用以调节其转速。

当忽略转子回路的电感时，电动机的额定转差率表达式为

$$S_N=\frac{\sqrt{3}I_{2N}}{U_{2N}}R_2 \qquad (25\text{-}2)$$

式中 S_N——电动机的额定转差率；

I_{2N}——电动机转子额定电流，A；

U_{2N}——电动机转子额定电压，V；

R_2——电动机转子电阻，Ω。

由式 25-2 可知，转差率与电动机的转子电阻有关，转子电阻增加时转差率也增加，电动机的转速下降；反之电动机的转速增加。

转子串电阻调速效率较低，但系统比较简单，故目前仍用于调速要求不高的机械，如小型转炉的倾动装

置、起重运输机械、交流卷扬机及一些频繁起、制动的机械。

控制转子回路电阻一般采用 JK 型交流低压电控设备切除转子回路外接电阻，也可采用斩波器控制转子回路等效电阻。

当采用 JK 型交流低压电控设备并利用接触器平衡切除转子电阻时，电动机的主回路接线及其起动调速特性如图 25-1 所示。各级电阻计算见 24 章有关内容。

对于转子电流在 900A 以下的绕线型异步电动机

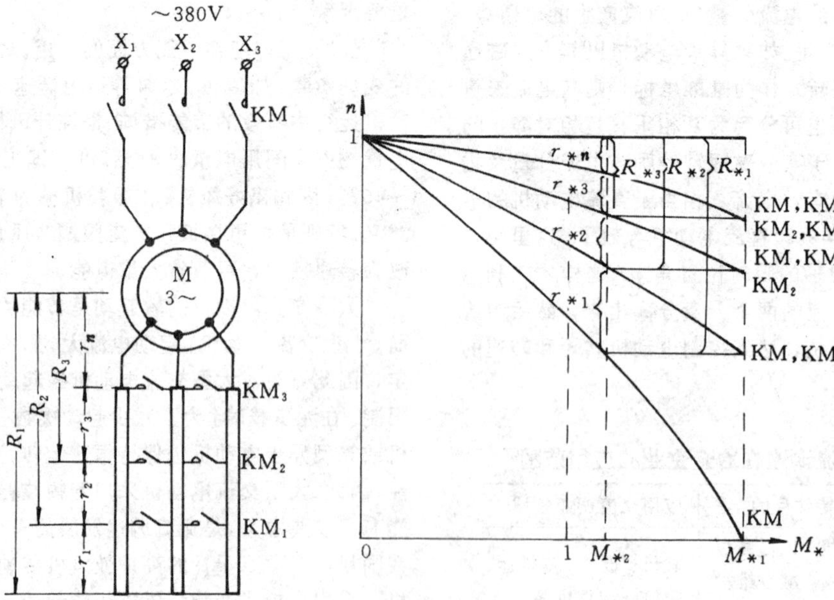

图 25-1 绕线型异步电动机采用平衡切除转子电阻时的主接线和起动特性

一般采用图 25-2 所示的星形联接；当转子电流达到 1800A 时，则宜接成双星形。

按图 25-2*a* 接线，接触器可以采用二极的，通过接触器触头上的电流等于线电流。此接线较方便，应用最广。

按图 25-2*b* 接线，接触器需采用三极的，通过接触器触头上的电流为线电流的 $\frac{1}{\sqrt{3}}$；因此，此接线适用于转子电流大或采用小一级接触器的场合。

按图 25-3 的双星形接法，转子电流分配在两个电阻上，除 KM4、KM5 接触器外，其余接触器均可选用较小容量的。此接线适用于大型绕线型异步电动机。

由图 25-1 可知，低速时的机械特性很软，速度不稳定，因此这种系统也不能深调速，其调速范围一般为 1.3∶1。这种调速方式可用于传动起重机的桥架和行车移动以及其它一些非重力负载场合。当用于传动重力负载机械时，如起重机的提升机构、卷扬机等，重物下降通常是把电动机接成下降而使电动机以超同步转速运转，即全速下降。当需要慢速下降时可以采用反接法，也就是把电动机接成提升，在转子中接入大电阻以较低的转速下降。在反接状态中下降荷重的时候，由于机械特性下倾得很厉害，下降速度就变得非常不稳定。但是具有超同步转速的再生制动的下降特性却是完全可以令人满意的。

采用斩波器控制转子回路等效电阻调速的基本方法是，将绕线型异步电动机的转子绕组接到三相整流桥的交流输入端，而在整流桥的直流输出电路中接入外部电阻 R_0，可以等效为转子串电阻的结构型式。如果在电阻两端并联一个斩波器，改变斩波器的导通和关断的比率就可以改变整流电路中的有效电阻值，从而达到了改变转子电阻调节电机转速的目的。

斩波器是由主晶闸管 VT_1 和辅助晶闸管 VT_2，以及由 L_0、C_0 形成的振荡电路组成，而 L_0、C_0 和 VT_2 组成关断主管 VT_1 的换流电路，斩波器基本电路如图 25-4 所示。

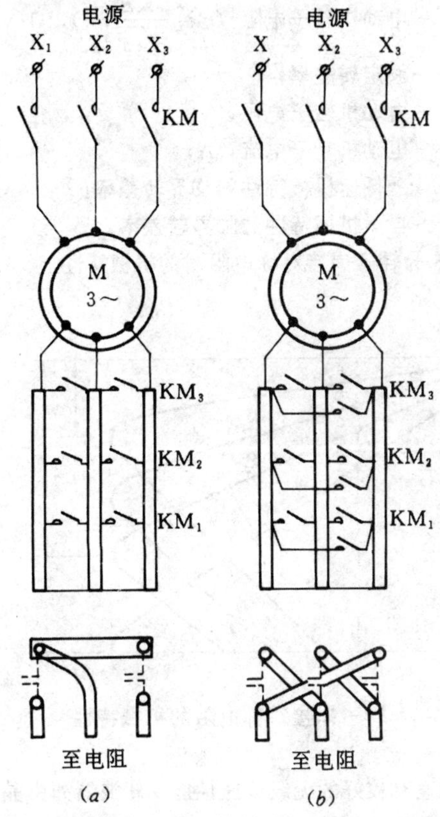

反复运转

	1	2	3	4
KM	×	×	×	×
KM_1		×	×	×
KM_2			×	×
KM_3				×

长期运转

	1	2	3	4
KM	×	×	×	×
KM_1		×	×	
KM_2			×	
KM_3				×

图 25-2　绕线型异步电动机各级起动电阻的短接方式

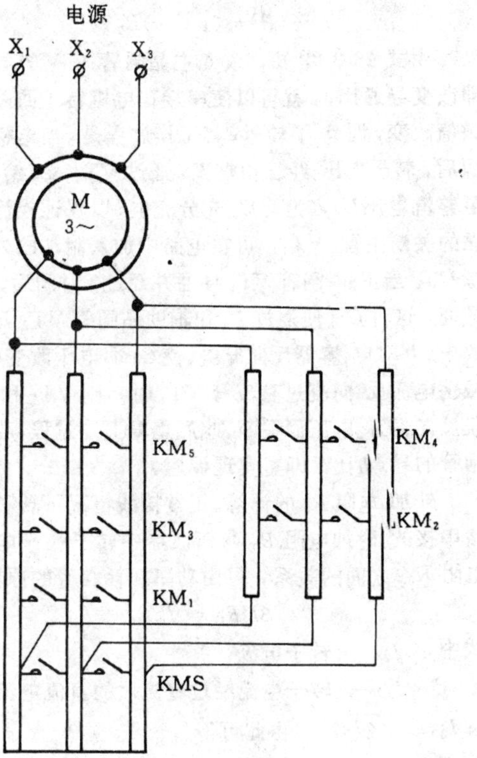

图 25-3　绕线型异步电动机转子电阻双星型接线图

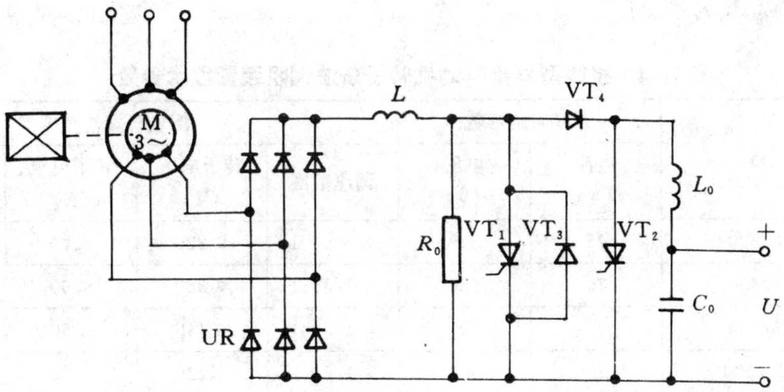

图 25-4　斩波器电路图

斩波器按一定周期不断地导通和关断。设一周期时间为 T，其导通时间为 t，则斩波器的导通率为

$$\alpha = \frac{t}{T} \tag{25-3}$$

此时整流电路中电阻的等效值为

$$R=(1-\alpha)R_0 \tag{25-4}$$

由式25-3可知，改变主晶闸管VT_1的导通时间即改变导通比，就可以使串接在电机转子回路电阻的数值改变，调节了转速。其工作过程是，当电机接通电源后，转子电压经三相整流，通过VT_4，L_0给C_0充电至整流电压U_d（为使C_0充分充电，以保证换流时间可靠的关断主管 VT_1，可在电路中加入附加的外充电电源U）。当主晶闸管VT_1导通并经过t时间后，使VT_2导通，这种C_0便通过L_0和辅助晶闸管VT_2开始振荡放电，并对电容器反向充电，使C_0端电压改变极性，当振荡电流反向流过整流管VT_3时，则VT_1和VT_2因获反向偏置电压而关断。此后重复上述过程，改变主晶闸管的导通比，即可实现调速。

外加电阻R_0的计算。正常接线情况下转子每相电路串接的附加电阻R_Q与斩波器中转子整流电路外加电阻R_0之间的关系，可由功率损耗相等的原则求得

$$3I_2^2R_Q=I_{dc}^2R_0 \tag{25-5}$$

式中 I_2——转子电流，A；

I_{dc}——转子电流经过整流后的直流电流，A。

因$I_2=\sqrt{2/3}I_{dc}$，由此可得

$$R_0=2R_Q \tag{25-6}$$

所以计算R_0时，应首先根据调速范围的大小按正常转子串电阻方式算出每相应串入的附加电阻R_Q值，然后再由式25-6计算出外接电阻R_0的数值。外加电阻也可由式25-7直接求得

$$R_0=2r_2\left(\frac{s'_k}{s_k}-1\right) \tag{25-7}$$

式中 r_2——电动机转子电阻（$r_2=\dfrac{s_N E_{2N}}{\sqrt{3}\,I_{2N}}$），Ω；

s_N——额定转差率；

E_{2N}——电动机转子电压，V；

I_{2N}——电动机转子电流，A；

s'_k——最低速机械特性的临界转差率；

s_k——自然机械特性的临界转差率。

图25-5为转子串接对称电阻时的机械特性。

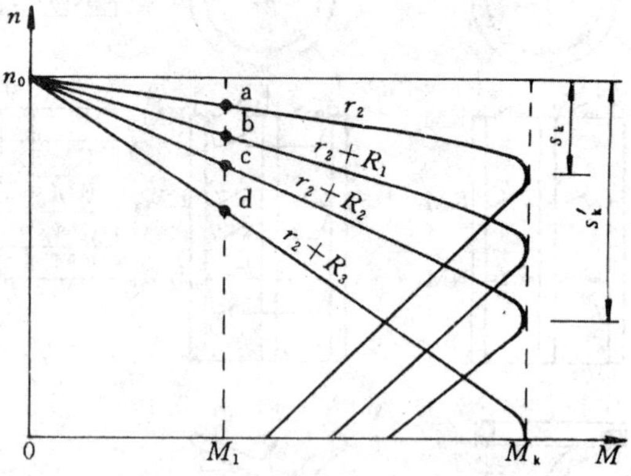

图25-5 转子串接对称电阻的机械特性

斩波调速有较好的无级调速性能，斩波器如由晶闸管改用可关断晶闸管（GTO）则控制线路更简单、可靠。此调速方法与电阻调速相同，转差功率消耗于电阻，效率不高。

绕线型异步电动机转子斩波调阻调速装置的技术参数如表25-4所示。

表25-4 绕线型异步电动机转子斩波调阻装置技术参数

序号	型号规格	直流回路参数		配电机规格范围			
		电流(A)	电压(V)	调速范围	转子电压(V)	转子电流(A)	容量(kW)
1	KJZA-75/300	75	300	≤1.5∶1	≤220	<60	10～22
2	KJZA-75/450	75	450	≤1.5∶1	≤330	<60	22～30
3	KJZA-75/600	75	600	≤1.5∶1	≤440	<60	30～40
4	KJZA-100/300	100	300	≤1.5∶1	≤220	<80	20～30
5	KJZA-100/450	100	450	≤1.5∶1	≤330	<80	40
6	KJZA-100/600	100	600	≤1.5∶1	≤440	<80	55
7	KJZF-150/300	150	300	≤1.5∶1	≤220	<120	30
8	KJZF-150/450	150	450	≤1.5∶1	≤330	<120	45～75

切换转子电阻可实现有级调速。改变定子相序可以实现逆转和进行反接制动，也可采用直流能耗制动，实现四象限运行，满足一般起重运输机、小型交流卷扬机等要求频繁起、制动工作，但由于其转差功率消耗在电阻上，不宜长期低速运转，又因调速范围小以及机械特性软，负载稍有变化转速波动很大等缺点，应用范围在逐步缩小。斩波调速虽然能无级调速，但由于其效率低，也仅适用于功率不大的风机、泵类负载。

25.2.2 变极调速

改变电动机定子绕组的接线来改变磁极对数而实现的调速只能是有级的，且级差较大，仅适用要求几种特定速度的生产机械，如小型氧气转炉，吹氧管卷扬机等，应用受到限制。变极与调压相结合的变极调压调速，变极与电磁转差离合器相结合的变极电磁调速异步电动机调速的出现，可以得到既简单又能在相当范围内平滑调速的调速系统，且转差功率损失少、效率高。

25.2.2.1 变更极对数的方法

变更极对数的方法有：

(1)在定子上设置单一绕组，改变其不同的接线组合，这种方法常用于 2∶1、3∶2、4∶3 的双速电机；

(2)在定子上设置两套不同极数的独立绕组，这种方法用于 4∶3、6∶5 等双速电机；

(3)在定子上设置两套不同极对数的独立绕组，而且每个独立绕组又有不同的接线组合，得到不同的极对数，这种方法用于三速或四速电机。

图 25-6 示出单绕组双速电动机的接线方法。图 25-7 为双绕组三速电动机接线方法，图 25-8 为四速电动机接线方法。

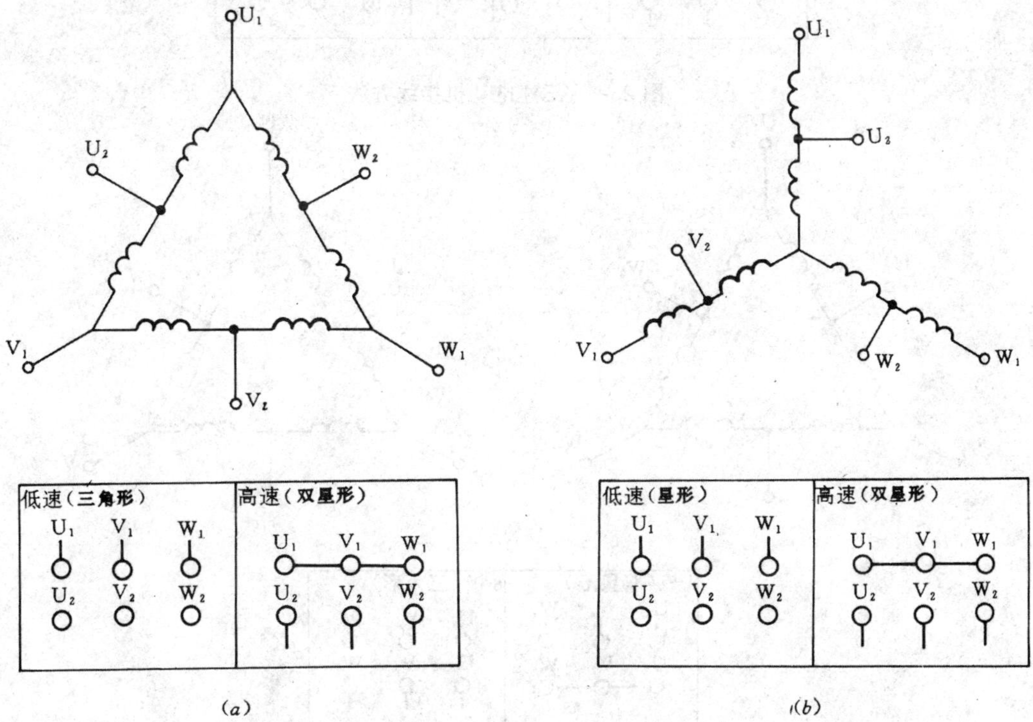

图 25-6　双速电动机接线方法

(a)—三角形/双星形接法；(b)—星形/双星形接法

应当注意，变极绕组有“反转向方案”和“同转向方案”两种方法，用前种方案时，相序相反，若电源相序不变，则电动机反转，若要保持电动机变极后转向不变，必须在变极时改变电源相序。用“同转向方案”变极时则电源不必反相。

25.2.2.2 变极调速的控制线路

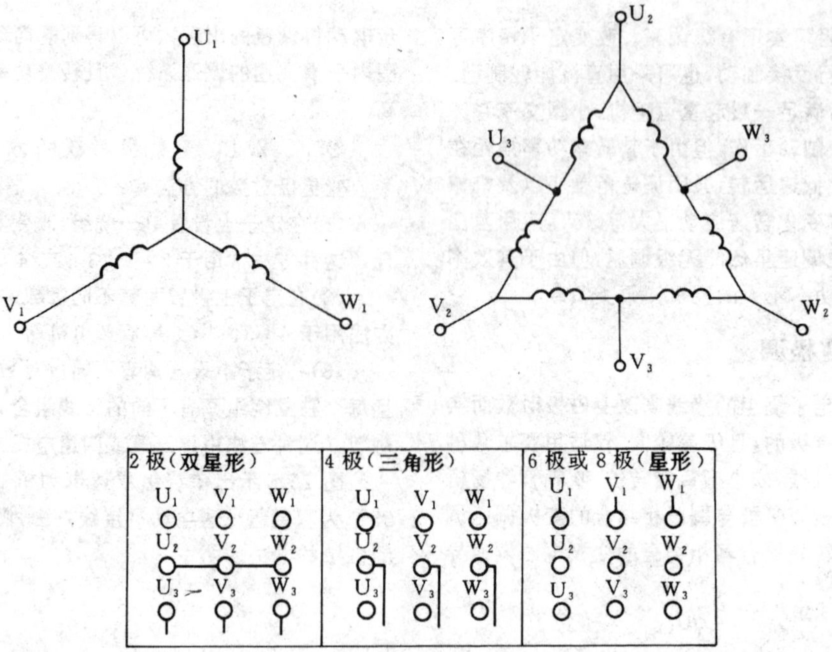

图 25-7 三速电动机接线方法

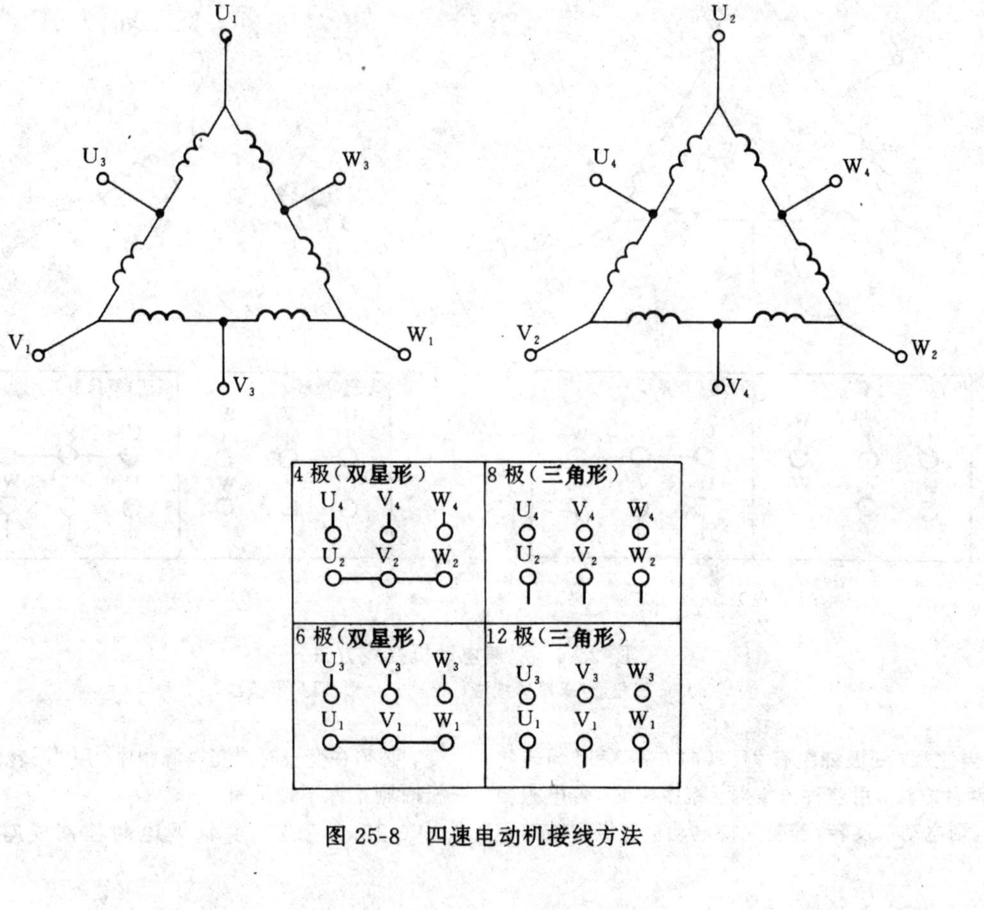

图 25-8 四速电动机接线方法

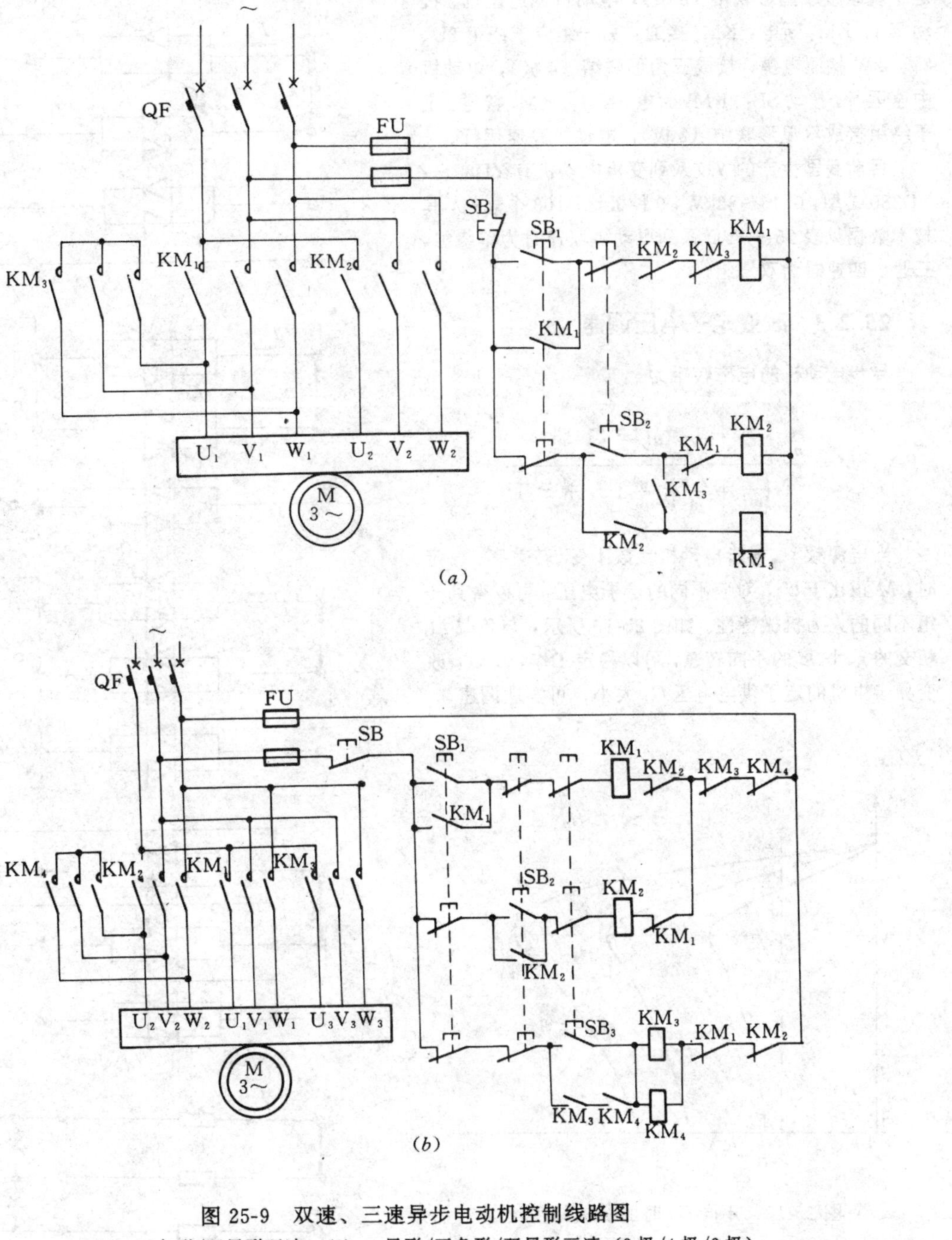

图 25-9　双速、三速异步电动机控制线路图

(*a*)—三角形/双星形双速；(*b*)—星形/三角形/双星形三速（8 极/4 极/2 极）

图 25-9 为双速、三速异步电动机的控制线路图。其中 *a* 三角形/双星形（参见图 25-6*a*）为双速电动机控制线路。当合上断路器 QF，按动按钮 SB_1、接触器 KM_1 接通，电动机定子绕组 1U、1V、1W 接成三角形联结，电动机低速运行。按动 SB_2、KM_1 断电，KM_2、KM_3 接通，定子绕组接成双星形联结，电动机由低速变为高速运行。图中 *b* 星形/三角形/双星形（参见图 25-7）为三速电动机控制线路。按动 SB_1，KM_1 接通，

定子绕组接成星形联接（8 极），电动机低速运行。按动 SB_2，KM_1 断电，KM_2 接通，另一组定子绕组 2U、2V、2W 接通电源，接成三角形联结（4 极），电动机中速运行。按动 SB_3、KM_2 断电，KM_3、KM_4 接通，定子绕组接成双星形联结（2 极），电动机高速运行。

目前我国生产的 YD 系列变极电动机有 YD801～YD280M 型，0.45～82kW，9 种极比，103 个规格，其技术数据见表 25-5，YD 系列电动机双速时为单绕组，三速、四速时为双绕组。

25.2.3 改变定子电压调速

异步电动机的电磁转矩为

$$M=\frac{m_1}{\omega_0}\frac{u_1^2\frac{r'_2}{s}}{\left(r_1+\frac{r'_2}{s}\right)^2+(x_1+x'_2)^2}$$

当电源频率、异步电动机参数不变、转差率 s 一定时，M 正比于 U_1^2，对应不同的定子电压，可以得到一组不同的人为机械特性。如图 25-10 所示，与负载 M_1 相交的 a、b、c 的不同转速，可以稳定工作。所以，改变异步电机的定子供电电压 U_1 大小，可实现调速。

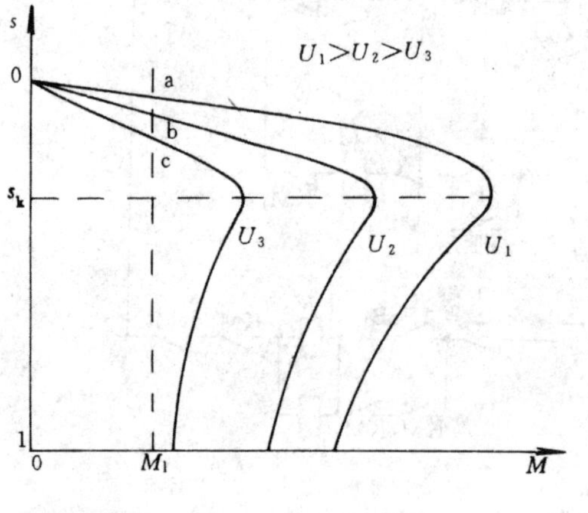

图 25-10　不同 U_1 时的机械特性

25.2.3.1　晶闸管交流调压电路

晶闸管交流调压调速就是在恒定交流电源与电动机定子之间接入晶闸管（或双向晶闸管）作为电压控制器，改变电动机输入电压实现调速。图 25-11 示出了几种典型三相晶闸管交流调压电路。

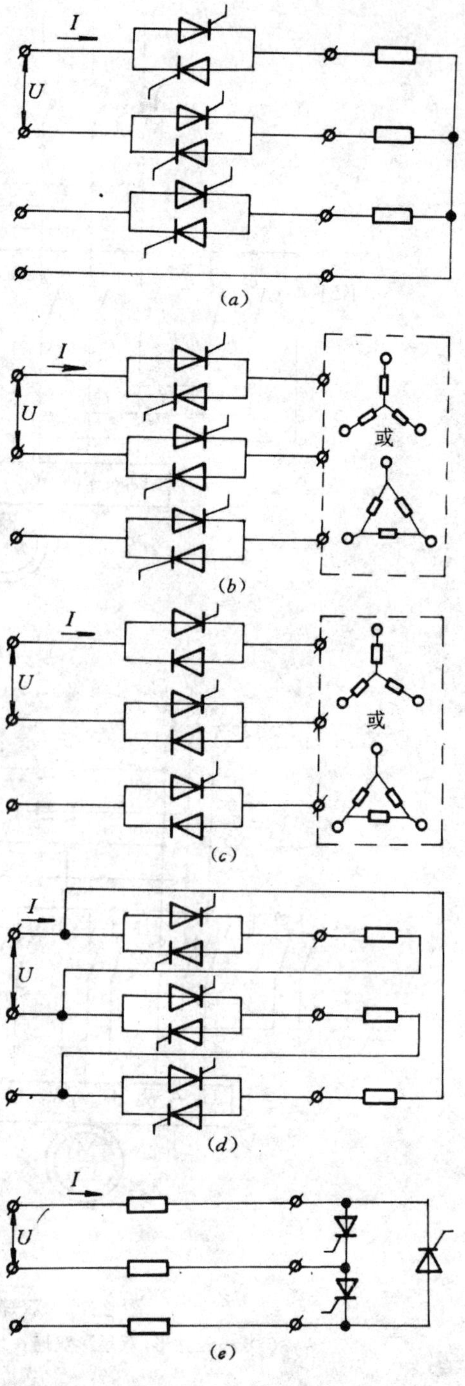

图 25-11　几种常用三相晶闸管交流调压电路

(a) 一带中线星形联结；(b) 一无中线星形联结；(c) 一无中线半控星形联结；(d) 一开三角形联结；(e) 一星形中心控制联结

表 25-5 YD 系列变极电动机技术数据

种类	双速					三速			四速
极数	4/2	6/4	8/4	8/6	12/6	6/4/2	8/4/2	8/6/4	12/8/6/4
同步转数（r/min）	1500/3000	1000/1500	750/1500	750/1000	500/1000	1000/1500/3000	750/1500/3000	750/1000/1500	500/750/1000/1500
接线方式	三角形/双星形					星形/三角形/双星形		三角形/角形/双星形	三角形/三角形/双星形/双星形
出线端数	6					9			12
机座型号	额定功率（kW）								
YD801	0.45/0.55								
YD802	0.55/0.75								
YD90S	0.85/1.1	0.65/0.85		0.35/0.45					
YD90L	1.3/1.8	0.85/1.1	0.45/0.75	0.45/0.65					
YD100L			0.85/1.5	0.75/1.1		0.75/1.3/1.8			
YD100L1	2/2.4	1.3/1.8							
YD100L2	2.4/3	1.5/1.2							
YD112M	3.3/4	2.2/2.8	1.5/2.4	1.3/1.8		1.1/2/2.4	0.65/2/2.4	0.85/1.0/1.3	
YD132S	4.5/5	3/4	2.2/3.3	1.8/2.4		1.8/2.6/3	1/2.6/3	1.1/1.5/1.8	
YD132M	6.5/8	4/4.5	3/4.5	2.6/3.7			1.3/3.7/4.5		
YD132M1						2.2/3.3/4		1.5/1.8/2.2	
YD132M2						2.6/4/5		2/2.6/3	
YD160M	9/11	6.5/8	5/7.5	4.5/6.0	2.5/6	3.7/5/6	2.2/5/6	3.3/4/5.5	
YD160L	11/14	9/11	7/11	6/8	3.7/7	4.5/7/9	2.8/7/9	4.5/6/7.5	
YD180M	15/18.5	11/14		7.5/10					
YD180L	18.5/22	13/16	11/17	9/12	5.5/10			7/9/12	3.3/5/6.5/9
YD200L	26/30	18.5/22						10/13/17	
YD200L1			14/22	12/17	7.5/13				4.5/7/8/11
YD200L2			17/26	15/20	9/15				5.5/8/10/13
YD225S	32/37	22/28						14/18.5/24	
YD225M	37/45	26/34	24/34		12/20			18.5/22/30	7/11/13/20
YD250M	45/55	32/42	30/42		16/24			24/30/37	9/14/16/26
YD280S	60/72	42/55	40/55		20/30			30/37/40	11/18.5/20/34
YD280M	72/82	55/72	47/67		24/37			34/42/55	13/22/24/40

图 25-11a 为带零线的三相调压电路，由三个单相反并联晶闸管或三个双向晶闸管电路组成，要求触发脉冲移相范围 180°，三相对称。这种电路的缺点是三次谐波在零线中电流很大。当 $\alpha=90°$ 时三次谐波电流最大，零线电流近似为相电流，这对线路和电网均不利。

图 25-11b 为不带零线的三相调压电路，负载可以是星形接线，也可以是三角形接线。输出虽有三次谐波电势，但无通路。要求宽脉冲成双脉冲触发，移相范围 150°。这种电路特点是接线灵活，省去了中线，且无三次谐波电流，因此是一种应用较多的三相交流调压主电路接线方式。

图 25-11c 为半控调压电路，每相只用一个晶闸管，设备简单。触发脉冲移相范围 210°。由于其输出电压、电流在 $\alpha<120°$ 时正负半周不对称，高次谐波中有奇次，也有偶次谐波电流，它将产生负序转矩，使电机输出转矩下降，效率降低，因此在电动机调速中很少采用。

图 25-11d 为反并联晶闸管与各相负载串联接成三角形的三相调压电路，原理与 a 图电路相似，在同样容量电动机情况下，流过晶闸管的电流比 a 图电路小，但晶闸管元件承受电压比 a 图电路高，也存在三次谐波电流。但由于该电路只能适用于有 6 个出线头的三角形接线负载，因此限制了其应用范围。

图 25-11e 电路与其它电路比，使用元件最少，电路简单，触发脉冲移相范围 210°。这种电路输出电压正负半周也不对称，因而含有相当的偶次谐波，降低电动机输出转矩，影响效率，另外此电路仅适用于有 6 个出线端星形接线的负载，实际很少使用。

综上所述，用作三相交流电动机的调压调速，要求输出电压三相平衡，波形上下对称，不含偶次谐波，在图 25-11 中只有 a、b、d 主电路能满足要求，但 a、d 主电路接线时负载均要流过三次谐波电流，而 b 电路则只有三次谐波电势，无三次谐波电流，且对于星形或三角形电动机均适用，故在交流调压调速系统中多采用此方案。

25.2.3.2　调压调速特性

笼型异步电动机机械特性工作段 0-s_k 很小，对于恒转矩负载而言调速范围很小，见图 25-10。但对于风机、泵类负荷，由于负载转矩 $M=kn^2$，即与转速平方成比例，采用调压调速可以得到较大的调速范围，如图 25-12 所示。这类负载不仅在电机的线性工作段的交点（如图 25-12 中 a、b 点），可以稳定工作，而且在电机曲线段的交点（图 25-12 中的 c 点）也能稳定工作，其调压原理都是通过控制晶闸管导通角实现。

对于恒转矩负载，调压调速只适用于高阻转子电动机或绕线转子电动机外接电阻。高阻转子电动机（如 JLT 力矩电动机）的调压调速特性见图 25-13。低速工作时，特性很软，工作不易稳定，负载或电源电压稍有波动，会引起转速很大的变化。但对起重机、胶带运输机、金属材料压延机、冲床、车床、刨床、剪床等间歇性负载及轻负载情况下，调压可能达到节能的效果。

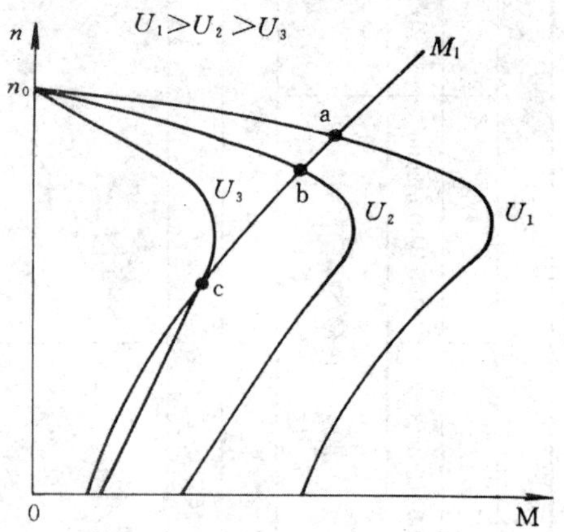

图 25-12　风机、泵类负载调压调速特性

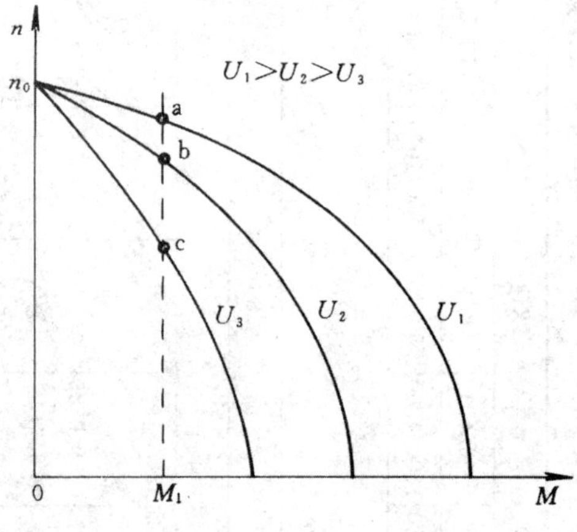

图 25-13　高阻转子电阻调压调速特性

为了提高调压调速特性的硬度，应采用速度闭环控制系统。图 25-14a 为原理图，图 25-14b 为闭环控制特性。这一系统可以克服上述由于负载变化引起速度大幅度变化的缺点。如系统原来工作于 a 点，负载由 M_{11} 增大到 M_{12}，系统开环工作时，U_1 不变，转速由 a 点沿同一机械特性变到 b 点稳定工作，速度变化很大。

转速闭环控制时，当 M_{l1} 增大到 M_{l2} 时，转速下降，由系统速度负反馈的控制作用使 U_1 增加，转速提高，以补偿由于 M_{l1} 增大至 M_{l2} 时引起的速度下降，使系统稳定工作于 c 点，转速变化很小，调速范围可达 10∶1。

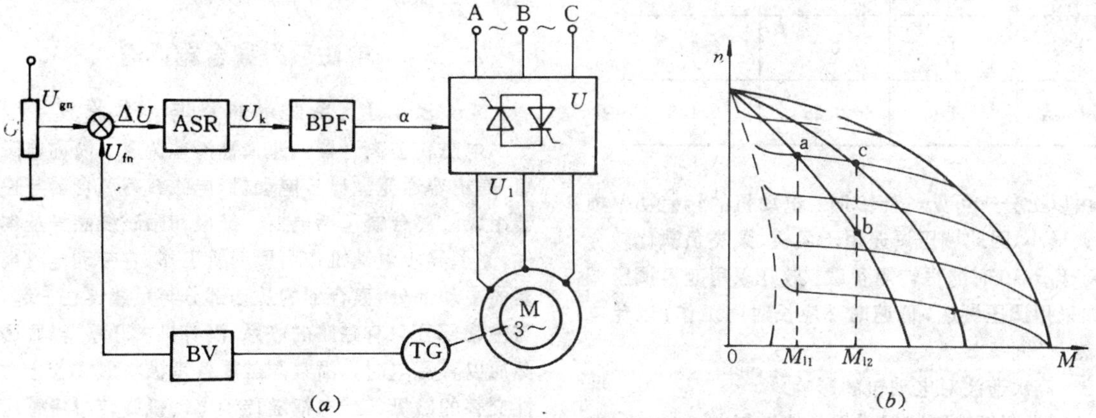

图 25-14　具有速度闭环的调压调速系统

(a) 一原理图；(b) 一闭环控制特性 U—晶闸管调压器；ASR—速度调节器；BPF—触发器；BV—转速变换器；G—给定电位器；TG—测速发电机

25.2.3.3　调压调速的功率损耗

A　转差功率损耗系数

异步电动机的效率为输出功率 P_2 与输入功率 P_1 之比。当忽略定子与转子的一切损耗后，效率可以用电动机输出机械功率 P_m 与电磁功率 P_d 之比表示，即

$$\eta = \frac{P_2}{P_1} \approx \frac{P_m}{P_d} = \frac{KMn}{KMn_1} = 1 - s \tag{25-8}$$

转差功率为

$$P_s = sP_1 = s\frac{P_2}{(1-s)} = \frac{s}{1-s}KM_l n \tag{25-9}$$

式中　M_l——负载转矩。

令不同的负载表达式为：

$$M_l = Cn^{\beta} \tag{25-10}$$

式中 C 为常数，β=0、1、2 分别表示恒转矩负载、转矩与转速成比例的负载及转矩与转速平方成比例的负载（如离心泵、风机负载），所以

$$P_s = \frac{s}{1-s}KCn^{\beta}n = \frac{s}{1-s}KC[n_1(1-s)]^{\beta+1} = KCn_1^{\beta+1}s(1-s)^{\beta} \tag{25-11}$$

电动机的机械输出功率 P_2 为

$$P_2 = KM_l n = KCn^{\beta+1} = KCn_1^{\beta+1}(1-s)^{\beta+1}$$

在 $s=0$ 时从上式得出负载电动机的最大机械功率输出为

$$P_{2\max} = KCn_1^{\beta+1} \tag{25-12}$$

电动机转差功率损耗系数为

$$\frac{P_s}{P_{2\max}} = s(1-s)^{\beta} \tag{25-13}$$

不同负载特性时的转差功率损耗系数曲线如图 25-15。对式 25-13 求极值得：在 $\beta=2$ 下，当 $s=\frac{1}{3}$ 时转差功率出现最大值，即 $P_s/P_{2\max}=0.148$；在 $\beta=1$ 下，当 $s=\frac{1}{2}$ 时转差功率出现最大值，即 $P_s/P_{2\max}=0.25$；见表 25-6。

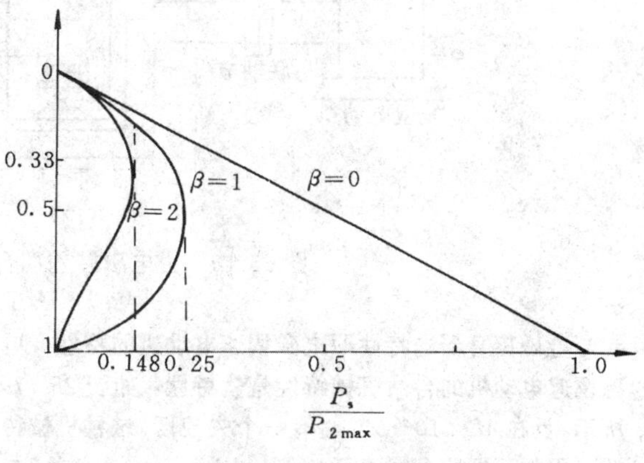

图 25-15　不同负载特性时转差损耗系数曲线

表 25-6 不同负载特性时转差功率损耗

β	0	1	2
s	1	0.5	0.333
P_s/P_{2max}	1	0.25	0.148

由以上分析可见，$\beta=2$ 时，电动机的转差功率损耗系数最小，因此调压调速用于风机、泵类负载比较合适。对于 $\beta=0$ 时的恒转矩负载，最好采用变极调压调速，如采用调压调速，低速时不应长时间工作，以免电机过热。

B 高次谐波对电动机的影响

晶闸管调压控制装置采用相位控制，输出电压、电流都是非正弦波，引起高次谐波电流，影响电机输出功率，其主要原因为：

(1)高次谐波使电动机损耗增加，对于中型电动机效率下降 2%左右；

(2) 由于感抗值与频率成比例变化，谐波电流存在，使电动机的总电抗变大，降低了功率因数，影响转矩输出；

(3) 5 次与 7 次谐波电流产生的脉动转矩会使电动机转速不均匀，影响电机正常工作。

在使用晶闸管调压调速装置时，考虑谐波影响，选用电动机应适当增加容量，当采用三相无中线星形联结时，增加 8%（在 $s=0.33$ 时）。

25.2.4 电磁转差离合器调速

25.2.4.1 系统的组成与工作原理

电磁转差离合器调速又称滑差调速（简称电磁调速)是由普通笼型异步电动机、电磁转差离合器与控制器组成。离合器包括电枢、磁极和励磁线圈等基本部件，笼型异步电动机作为原动机工作，它带动电磁离合器的主动部分，离合器的从动部分与负载连在一起，它与主动部分只有磁路的联系，没有机械联系，当励磁线圈通以直流电时，沿气隙圆周各爪极将形成若干对极性交替的磁极，当电枢随传动电动机旋转时将感应产生涡流，此涡流与磁通相互作用而产生转矩，驱动带磁极的转子同向旋转，见图 25-16。通过控制离合器的励磁电流即可使离合器产生不同的涡流转矩，从而实现调节离合器输出转矩和转速。如负载恒定，励磁电流增大，磁场与电枢只有较小的转差率，可产生足够大的转矩带动负载，使转速升高，反之，转速可降低。如励磁电流恒定，负载增加则转速降低，反之，转速升高。所以，改变励磁电流的大小，即可实现对负载的调速。

25.2.4.2 电磁调速电动机的机械特性

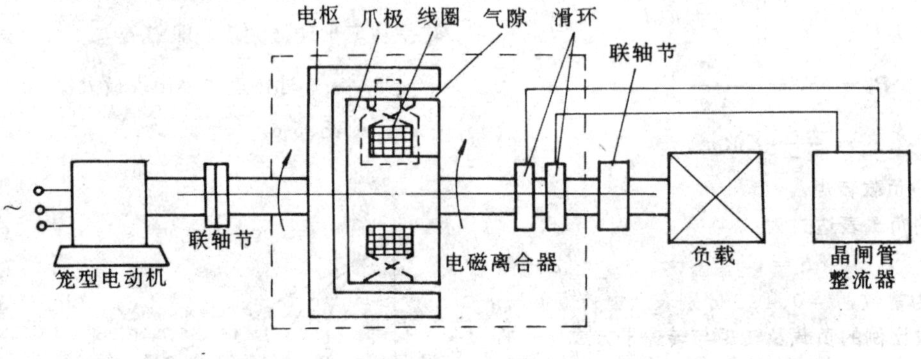

图 25-16 由电磁转差离合器组成的交流电动机调速装置

电磁离合器的特性即电磁调速电动机的特性。电磁调速电动机的自然机械特性是软特性，如图 25-17*a* 所示，且在 $M_1<10\%M_N$ 时有一个失控区。这种机械特性可用如下经验公式表示

$$n_2=n_1-K\frac{M^2}{I_f^4} \tag{25-14}$$

式中 n_1——离合器主动部分转速，r/min；

n_2——离合器从动部分转速，r/min；

M——离合器转矩，N·m；

I_f——励磁电流，A；

K——与离合器类型有关的系数。

采用转速负反馈的闭环控制系统可以获得如图25-17b所示的机械特性。转速负反馈的作用是使负载引起的转速降低由增加励磁电流来补偿。图25-17a中，当系统工作于n_2（$I_f=i_{f2}$，$M=M_{l1}$）时，由于负载增加到M_{l2}，在开环控制时，转速下降到n'_2，而闭环控制时，系统自动将励磁电流从I_{f2}增大到I_{f3}，使转速上升到n_2，保持转速稳定。

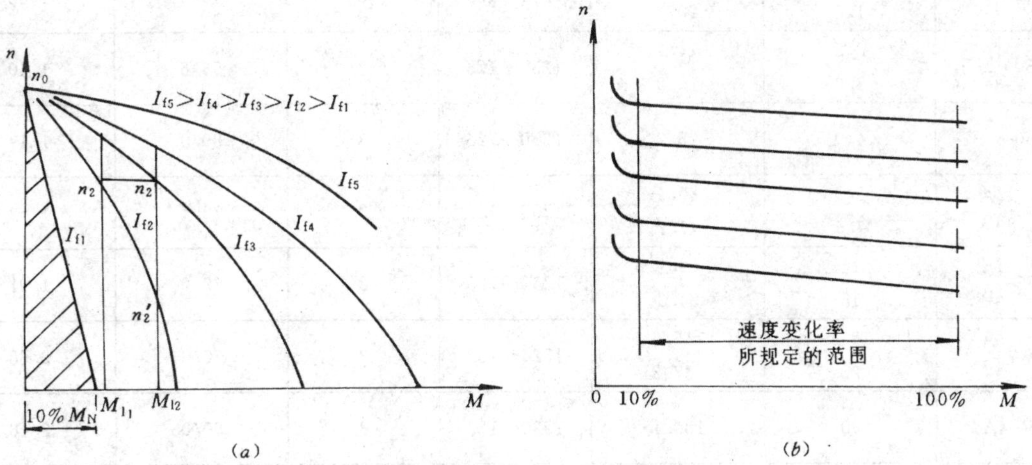

图25-17 电磁调速电动机的机械特性曲线

(a)—自然机械特性曲线；(b)—人为机械特性曲线

25.2.4.3 电磁转差离合器调速系统的特点

电磁转差离合器调速系统的特点为：

(1) 由于电磁转差离合器调速装置的电动机是笼型异步电动机，转差离合器的磁极线圈也是集中绕组，控制系统也比较简单，因而这种调速装置具有较高的可靠性，且价格便宜，维护容易。

(2)调速平滑，可以进行无级调速，调速范围较大，也有一定的调速精度。

(3)运行很平稳，不存在脉动转矩引起负载机械振动或共振问题。而且当负载或原动机受到突然的冲击时，离合器可以起缓冲的作用。

(4) 对电网无谐波影响。

(5)控制装置容量小，一般为电动机容量的1%～2%，因此安装面积占地小。

(6)低速时效率很低，电磁离合器传递效率的最大值约为80%～90%。在任何转速下离合器的传递效率η用下式表示

$$\eta=\frac{n_2}{n_1}=1-s \qquad (25\text{-}15)$$

式中 n_2——离合器的输出转速，r/min；

n_1——传动电动机转速，r/min；

s——转差率，$s=(n_1-n_2)/n_1$。

因此随着输出转速的降低，传递效率亦相应降低，这是因为电枢中的涡流损失与转差成正比的缘故，所以这种调速系统不适于长期处于低速的生产机械。

(7)负载端速度损失大，额定转速仅为电动机同步转速的80%～85%；用低电阻端环的转差离合器时其额定转速可达95%。

(8) 负载小时有10%额定转矩的失控区。

(9)电磁转差离合器调速电机适用于通风机，水泵类负载和恒转矩负载的机械，而不适用于恒功率负载。

目前我国生产的YCT系列电磁调速电动机是Y系列电动机的主要派生系列之一，共有H112～400，标称功率0.55～90kW，共19个规格，其主要技术数据见表25-7。

表 25-7 YCT 电磁调速电动机技术参数表

型号	拖动电动机功率 (kW)	额定转矩 (Nm)	转速范围 (r/min)	转速变化率 (%)	离合器励磁电压 (V)	离合器励磁电流 (A)
YCT112-4A 4B	0.55 0.75	3.6 4.9	1250～125	3	45.4	1.01
YCT132-4A 4B	1.1 1.5	7.13 9.72	1250～125	3	48.5	1.32
YCT160-4A 4B	2.2 3.0	14.1 19.2	1250～125	3	53.6	1.40
YCT180-4A	4.0	25.2	1250～125	3	80.0	1.19
YCT200-4A 4B	5.5 7.5	35.1 47.7	1250～125	3	72.0	1.63
YCT225-4A 4B	11 15	69.1 94.3	1250～125	3	72.0	1.91
YCT250-4A 4B	18.5 22	115.6 137.2	1320～132	3	70.0	2.88
YCT280-4A	30	189.1	1320～132	3	80.0	2.46
YCT315-4A 4B	37 45	232.3 282.2	1320～132	3	73.0	3.39
YCT355-4A 4B 4C	55 75 90	344.0 469.4 563.5	1320～440 1320～600	3		

注：1. 电磁转差离合器最大激磁电压为 90V，激磁绕组为 B 级绝缘；

2. 额定电压、额定频率时的转速变化率公式

$$转速变化率(\%)=\frac{10\%\ 额定负载时转速-额定负载时转速}{额定负载时最高额定转速}\times 100\%。$$

除 YCT 系列外，还有老系列的 JZJ 系列，新系列的 YCTD 系列高效节能型、YCTF 系列风机、泵专用型等多种系列的电磁调速电动机，功率范围为 0.55～250kW，若电磁离合器采用水冷结构，配套的电动机容量最大可达到 2000kW。

目前我国生产的与调速电机配套的控制装置有，ZLK-1、ZLK-2、ZLK-5 及 ZLK-10 系列和 JD1 系列等几种。控制装置的测速发电机与离合器输出轴共轴。测速发电机的电压 U_{n_2} 与给定电压 U_g 相比较，其差值即为控制装置的输入信号，经放大后通过触发器控制晶闸管的导通角，以改变励磁电流的大小，从而改变离合器的转差率，使电动机获得不同转速。电磁调速电动机能在调速范围内保持额定转矩不变，故称为“恒转矩无级调速”。机械特性如图 25-17*b* 所示。ZLK 系列及 JD1 系列转差离合器控制装置主要特性见表 25-8。

ZLK-1 和 ZLK-2 型控制器系手动控制装置，前者

表 25-8 ZLK 系列转差离合器控制装置（滑差电机控制器）

型号	代号	被控电机规格	操作方式	转速变化率	备注
ZLK-1		JZT0.6～30kW	手动	4%以下	一般用于要求不高的手动调速
ZLK-2		40～100kW	手动	4%以下	配有自动换极逻辑切换

续表 25-8

型　号	代号	被控电机规格		操作方式	转速变化率	备　　注
ZLK-5		JZTM0.6～160kW		自动	2.5%以下	可由自动信号控制电机转速
ZLK-10	K1	JZT YCT 或 JZTT JZT2	0.6～11kW	组合式自动控制	2%以下	可与 ZKJ 系列组件任意组合构成 20 种以上速度自动控制方式，结构为墙挂式 180×120×250
ZLK-11	K2		15～40kW	组合式自动控制	2%以下	
ZLK-12	K3		40～200kW	组合式自动控制	2%以下	
JD1A		YCT	0.55～90kW	手动	3%以下	全国联合设计通用型
JD1B		YCT	0.55～90kW	手动	1%以下	全国联合设计精密型
JD1C		YCT	0.55～90kW	组合式自动控制	1%以下	可与 ZKJ 系列组件任意组合

用于控制原动机为 0.6～30kW 的离合器；后者用于控制原动机为 40～100kW 的离合器。为了提高 40kW 以上调速电机在低速运行时的效率，原动机具有四极、六极两套定子绕组。当离合器的转速达 850r/min 左右时，转换到四极运行；减速到 800r/min 以下时为六极运行，为此，在 ZLK-2 型控制装置中设有四、六极自动换极逻辑装置和无触点交流开关。ZLK-1 和 ZLK-2 型控制器最大输出电压为 100V，最大输出电流为 5A，调速范围 10：1（1240～124r/min），系统结构见图 25-18。

ZKL-1、ZLK-2 型控制器的晶闸管供电回路，由交流 220V 单相半波供电。

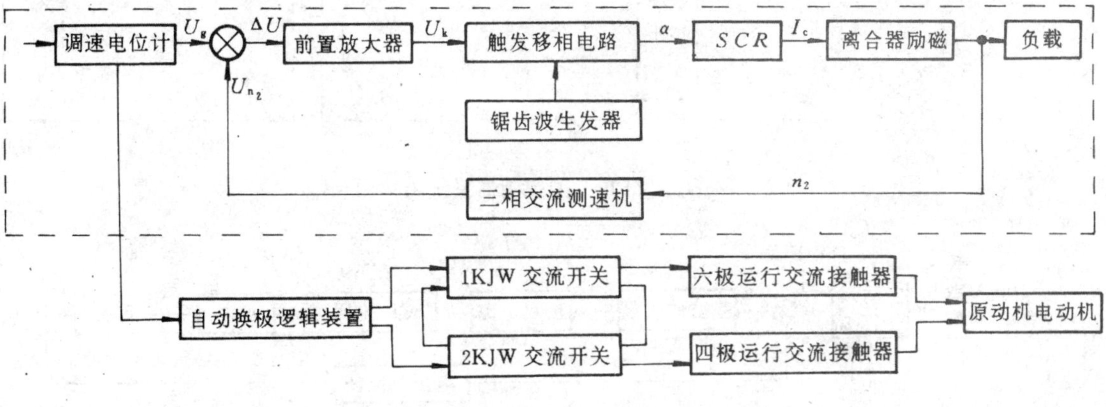

图 25-18　ZLK-1、ZLK-2 系统结构图（虚线外仅 ZLK-2 有）

ZLK-2 型控制器可手动控制原动机容量为 40～100kW 的电磁转差离合器，为提高低速时的运行效率，原动机有四极、六极两套定子绕组，控制系统有自动换极逻辑切换。

ZLK-5 型控制器为自动或同步操作装置，用于控制原动机容量为 0～160kW 的电磁转差离合器，调速范围为 120～1200r/min 最大励磁电流 6A。与 DDZ、QDZ 系列自动调节仪表相配合，由自动信号控制电动机转速，实现远距离控制及远距离测量；与 ZLT 型同步操作器配合后，可实行多台电动机的同步运行或比例转速并联运行。但如果多台同步运行，并对转速稳态精度要求很高，则应采用 ZLK-10 系列的比率运行。ZLK-5 型控制器的系统结构图见图 25-19。

ZLT 型同步操作器是一种由晶闸管供电的高电压小电流可调直流电源装置，可作为自动、同步转差离合器控制装置的信号电源。电源变压器输入电压为交流 220V，输出直流电压为 0～160V，可按需要进行调整。当负载不变时，流经负载的电流可在 0～10mA 之间调节，也可接受 DDZ-Ⅰ或 DDZ-Ⅱ型调节器 0±5mA 或 0～10mA 信号，使输出电压在 0～160V 之间变化。

ZLT 型同步操作器的系统结构如图 25-20 所示。

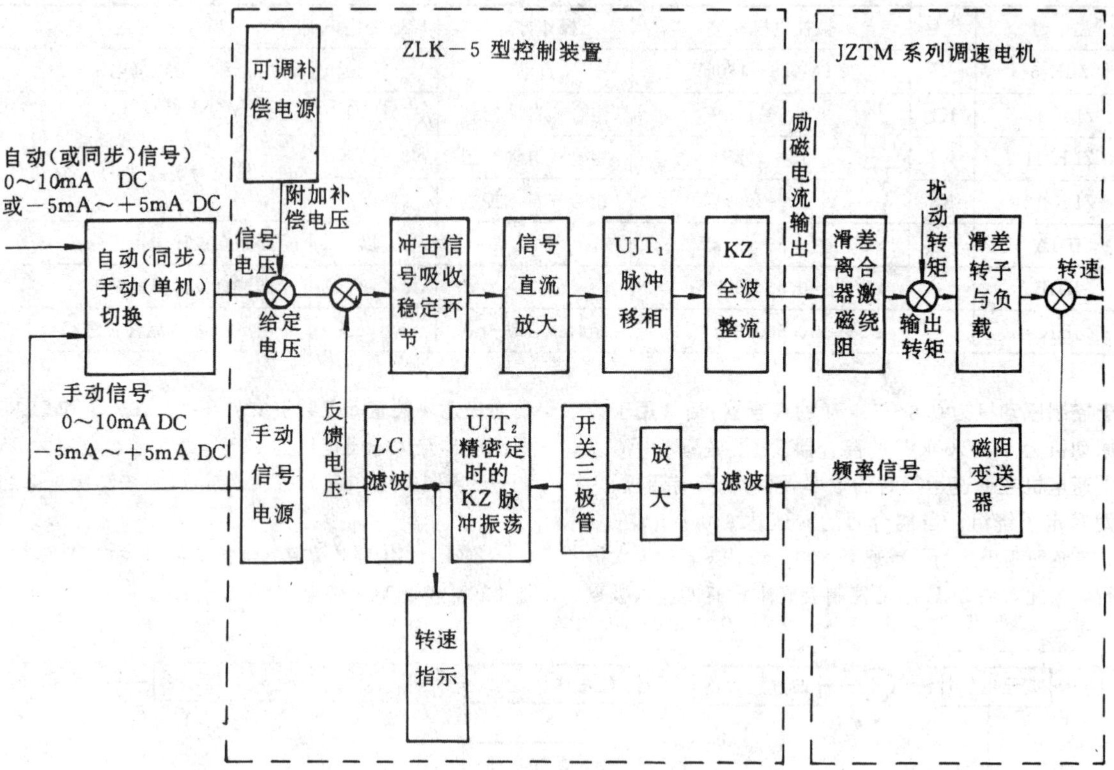

图 25-19 ZLK-5 型控制器系统结构图

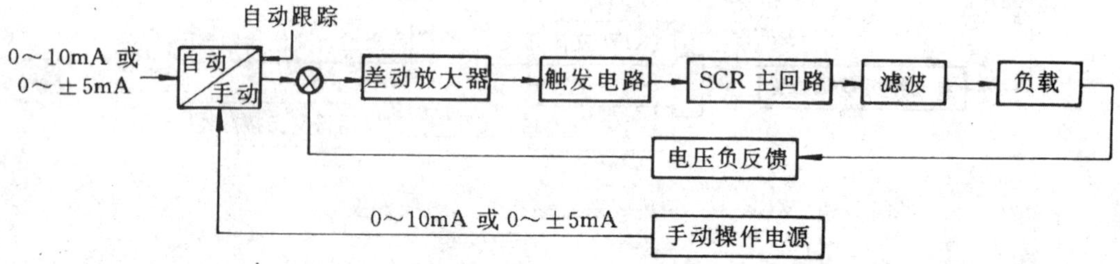

图 25-20 ZLT 型同步操作器系统结构图

ZLK-10 系列控制器是具有 PIDT 调节功能的自动控制装置，用于控制原动机容量为 0.6～200kW 的电磁转差离合器，调速范围为 10：1，转速变化率不大于 2%，稳态精度不低于 0.5%，可与 ZKJ 系列自动控制组件任意组合构成 20 种以上速度自动控制方式。

ZKL-10 系列转差离合器控制装置系统结构见图 25-21。

ZLK-10 系列转差离合器控制装置是由直流稳压电源、速度调节器、移相触发器、晶闸管整流电路及速度负反馈电路等五个环节组成。与 ZLK-1 型相比的改进部分有三点：

(1)采用线性集成电路组成速度调节器，提高了调速精度。

(2) 采用锯齿波触发器提高了线性度。

(3) 采用集成块构成的稳压电源，提高了精度。

ZLK-10 系列控制器可以和 ZKJ 系列自动控制组

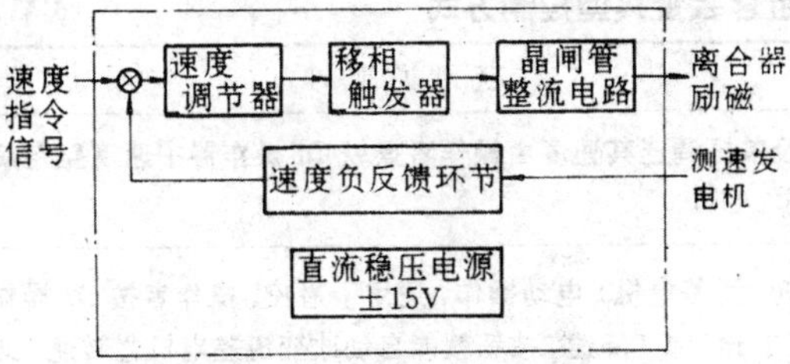

图 25-21 ZLK-10 系列转差离合器控制装置原理方框图

件组合在一起构成电磁调速异步电动机自动组合控制装置。ZKJ 系列组件共有十几个品种，与 ZLK-10 系列控制器可按积木式的结构组成单机调速、电动操作或遥控、多电机并联运转、多电机比率运转、多电机联锁运转、缓冲起动制动运转、齐速运转（线速度控制）、按调节信号运转（0～10mA 或 4～20mA）、自动换极控制、带制动器的滑差电机转矩自动控制、寸动控制和电磁振动器的控制等自动控制系统。

ZKJ 系列自动控制组件及其典型控制方式见表 25-9 和表 25-10。

表 25-9 ZKJ 系列滑差电机自动控制组件（自控组件）

名 称	型 号	代号	用 途	安装形式及外形尺寸（mm）
操作	ZKJ-C1	C1	电源通断，速度指示，手动速度整定	墙挂式 120×120×250
	ZKJ-C1R	C1R		面板嵌入式
	ZKJ-C3	C3	电源通断，速度指示，手动速度整定。自动手动转换	墙挂式 120×120×250
	ZKJ-C3R	C3R		面板嵌入式
	ZKJ-C5	C5	电源通断，速度指示，	墙挂式 120×120×250
	ZKJ-C5R	C5R		面板嵌入式
	ZKJ-C7	C7	电源通断，速度指示，配合 ZKJ-D 作电动（遥控）操作	墙挂 120×120×250
	ZKJ-C7R	C7R		面板嵌入式
	ZKJ-C9	C9	电源通断，速度指示，二级速度控制	墙挂式 120×120×250
电动操作器	ZKJ-D	D	与 C7 配合作电动（遥控）操作	墙挂式 180×120×250
比例控制器	ZKJ-B	B	作比例，联锁运转	墙挂式 120×120×250
主速整定器	ZKJ-Z	Z	作比例联锁运转的主速整定	墙挂式 120×120×250
位移检测器	ZKJ-J	J	张力自动控制（圈绕，恒张力控制，带附件）	墙挂式 120×120×250
缓冲控制器	ZKJ-S	S	缓冲调速，按给定速度起制动	墙挂式 120×120×250
PID 调节器	ZKJ-P	P	两种以上输入量的调节	墙挂式 120×120×250
前置放大器	ZKJ-Q1	Q1	信号转换（0～10mA）转为（0～10V）	墙挂式 120×120×250
	ZKJ-Q2、Q5	Q2，Q5	信号转换，并带手-自动转换，有跟踪	墙挂式 120×120×250
电流检测器	ZKJ-L	L	检测并控制负载转矩（挖土机特性）	墙挂式 120×120×250
寸动控制器	ZKJ-W	W	高低速及点动运转，适于漏斗秤类控制	墙挂式 120×120×250
自动换极控制器	ZKI-H	H	原动机为双极的自动换极配 JZTT 型电机	墙挂式 120×120×250
制动转矩调节器	ZKJ-T1、T2	T1、T2	带制动转矩线圈的调速电机	墙挂式 180×120×250
电磁制动控制器	ZKJ-M1、M2	M1、M2	控制电机振动器的振幅或控制圆盘式制动器	墙挂式 120×120×250

表 25-10 电磁调速自动控制组合装置典型控制方式

运转方式	组成单元	应用说明
单机运转	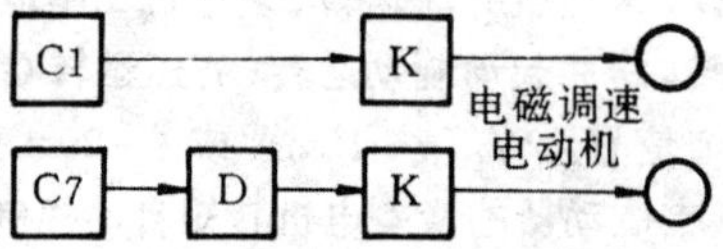	一般单机调速其速度由操作者操纵C1操作器中速度整定旋钮而定 单机（滑差电机）电动操作，适用于遥控。操作者按C7操作器中“升速”或“降速”按钮就能自动改变滑差电机之转速，此操作方法最为普遍
并联运转	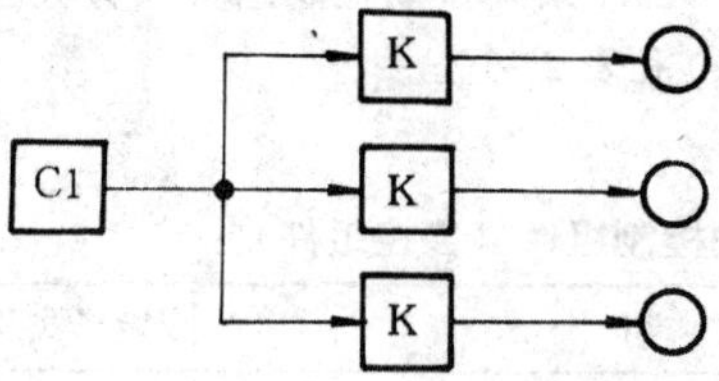	使两台以上滑差电机以同一速度运转，它可以是一个电机拖一个机械，也可以是多台电机拖动同一台机械（即多电机运转）。此种传动可用于长距离的链式输送机或皮带输送机的多电机运转
比率运转	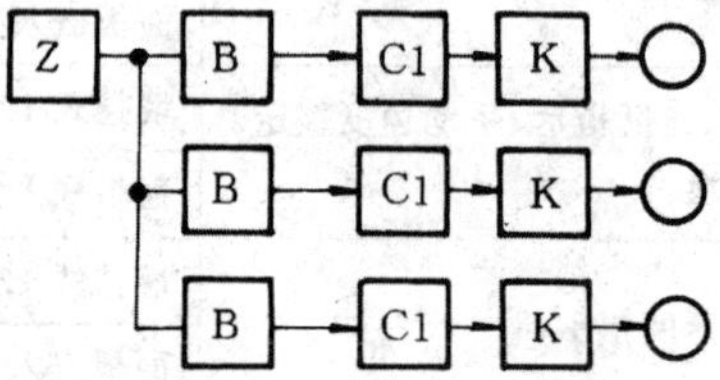	各电机之间的速比，可用B型比例控制器任意加以整定。操作Z型主速整定器就可以使所有滑差电机一面保持一定的速比，一面同时升降速，同时也可实现对单台电机的单独运转
比率运转	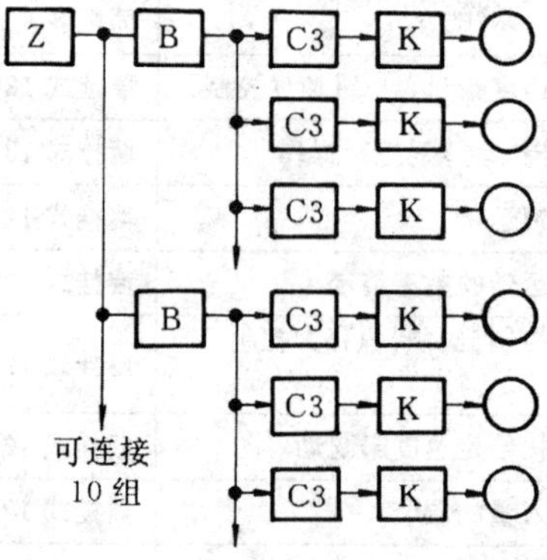	比率控制用途很广，如水泥、玻璃、烧结金属、焦炭等原料的输送配料及拉丝机的多电机比例传动，瓦楞纸板的波纹滚轧和衬纸的胶结工序、摇摆式饼干机及造纸机的分部传动等
联锁运转	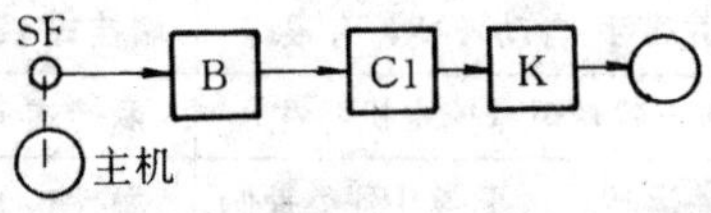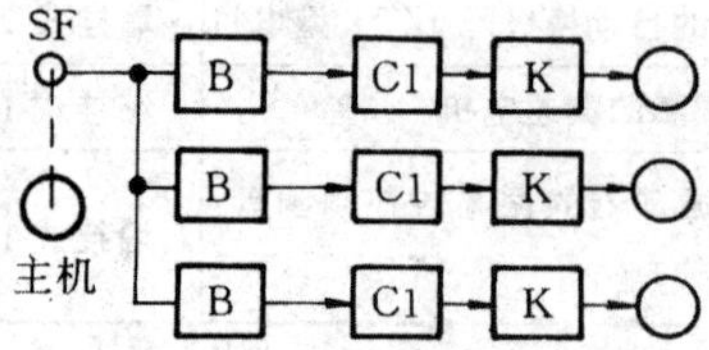	使滑差电动机与主机一面保持一定的速比，一面进行与主机的联锁运转，这种速比可用B型比例控制器任意整定。同时也可实现对单台电机的单独运转（例如在单机调试时）。此方案即为“测速发电机速度自动跟踪系统”，如主机不是JZT型滑差电则要单独装置三相中频测速发电机（即滑差电机上用的测速发电机）

续表 25-10

运转方式	组成单元	应用说明
联锁运转	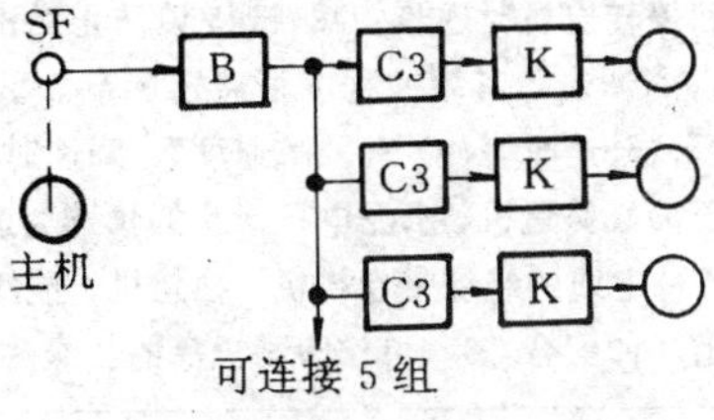 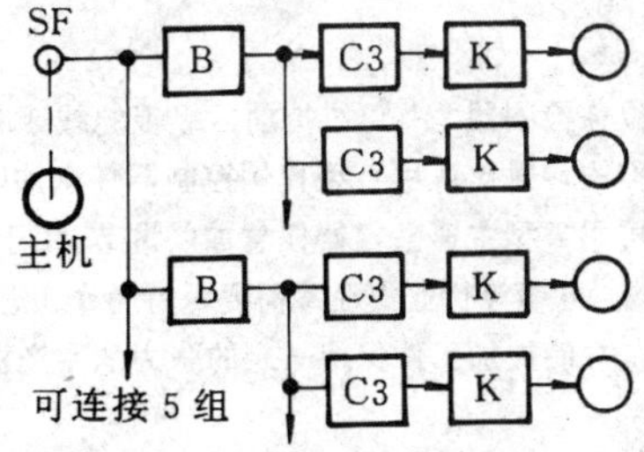	联锁运转的典型用途为水泥窑与装料机的联锁运转，对于印报机与迭报机以及三角带鼓式硫化机等类型需要跟踪主机运转的联锁控制也很合适。如果装置 ZKJ-M 型电磁振动控制器，则可实现振动给料机与皮带输送机上的滑差电机联锁运转
按调节器信号运转	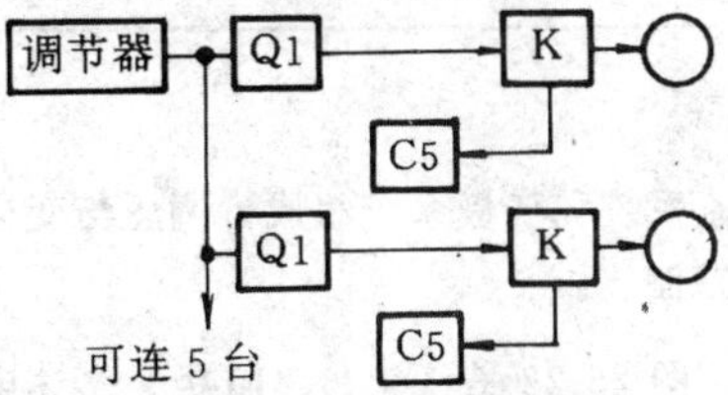	滑差电机根据调节器信号运转，对各台电机不进行单独运转，如化工厂的多点转速观察
	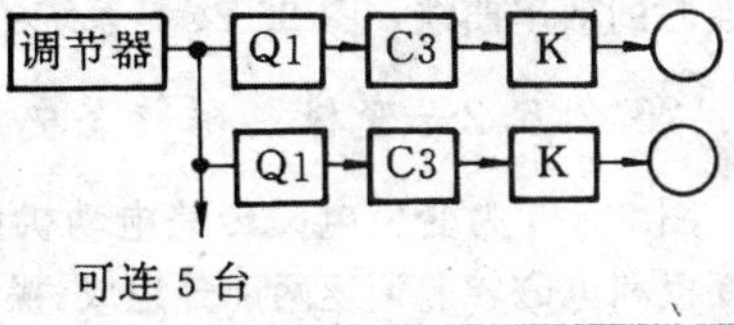 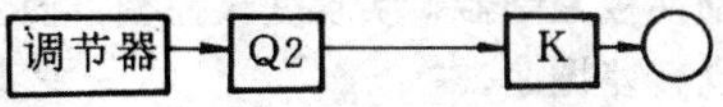	滑差电机根据调节器信号运转，对各台电机可进行单独运转。一般用于泵的流量控制、液面控制、压力控制、温度控制调挤塑机（挤压机）的压力控制、皮带秤的流量控制及通风机风量控制等 Q5 型带手动自动切换开关、双针电流指示表和跟踪信号输出。配合 DDZ-Ⅱ 型组合仪表使用
	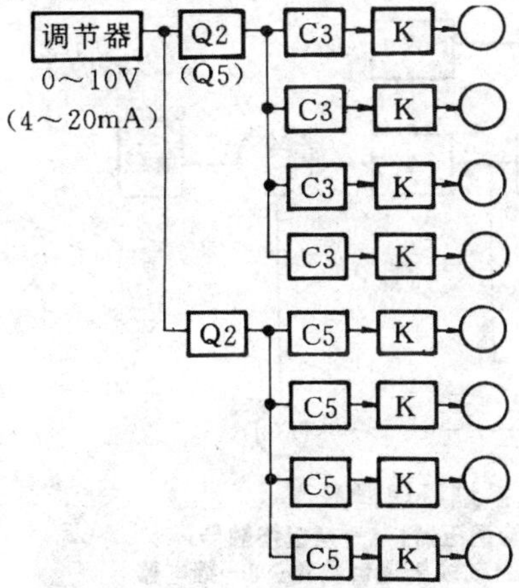	滑差电机根据调节器信号运转，对各台电机可进行单独运转（跟踪输出 0～10V） 各组电动机的单独操作可通过 Q2（Q5）前置放大器的手动-自动开关来实现，如用于火力发电厂的锅炉给粉机的速度自动控制。同时也可用于组成宾馆、工厂、空调系统的温湿度自动控制系统

续表 25-10

运转方式	组成单元	应用说明
缓冲运转	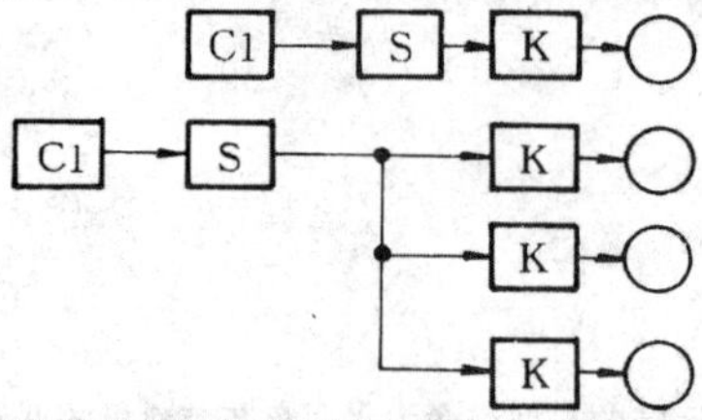	起动和停转电机时逐步加减转速，以防止对机械或生产过程造成有害的冲击，其缓冲程度可通过调节S型缓冲控制器的“加速度”（升速时缓冲）和“减速度”（降速时缓冲）来实现。一般用于离心铸造机、水泥电杆形状的预选变速程序控制、经编机、各种电缆的绝缘带卷绕机、拈丝机、拔丝机等设备的防松装置上。如配合C9，可作印刷机等的二级冲调速
齐速运转	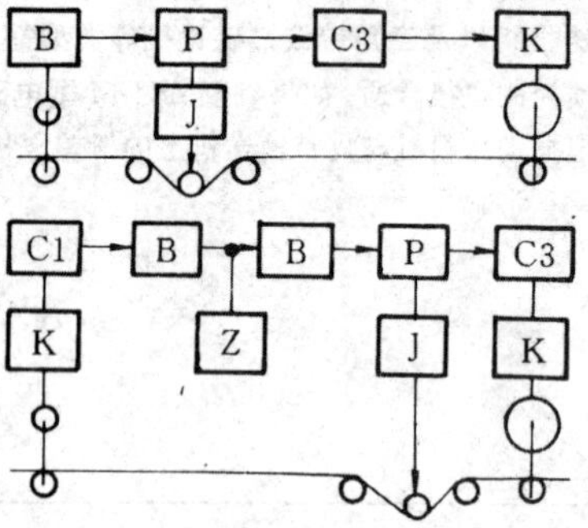	利用位移检测器“J”可维持前后级辊的线速度相等。后级辊对前级辊的转速比可用B型比例控制器任意加以调节。作业线的速度可用Z型主速整定器任意加以调节。用于造纸、化纤、印染、电线、电缆等行业中经常需要保持整个工艺流程作业中速度一致，并使被加工件保持一定的张力的生产机械中

注：表中代号参见表 25-9。

25.2.5 变极调压和变极电磁调速电动机调速

变极调速是高效调速，而调压和电磁调速电动机调速是低效调速，转差功率不能回收利用，效率低。变极调速和调压调速、电磁调速电动机调速相结合，是扩大调压调速、电磁调速电动机调速范围并减少低速损耗的有效方法。

25.2.5.1 变极调压调速

图 25-22 为变极调压调速系统原理框图，由调压调速系统和变极系统组成。调压与变极用同一个指令 n_* 控制。

图 25-23 是（4、6、10 极）多速电动机变极调压调速时的效率曲线，图 25-24 是系统的机械特性。

25.2.5.2 变极电磁转差电动机调速

图 25-25 为变极电磁转差电动机调速系统框图，由变极和电磁转差调速两部分组成，操作箱发出指令，自动换极控制器Ⅱ实现变极控制，而由转差离合器Ⅰ实现转差调速。

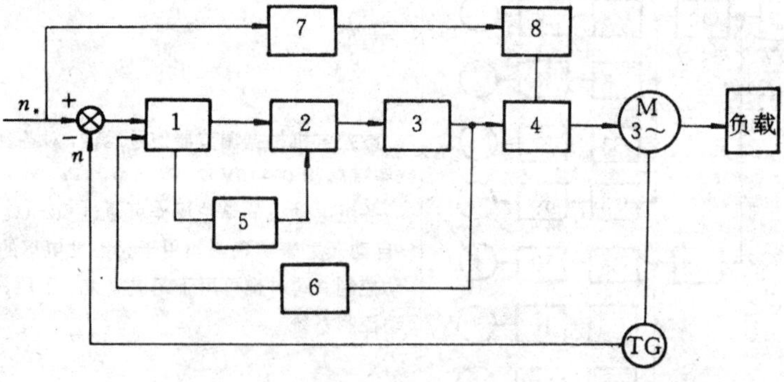

图 25-22 变极调压调速系统原理框图

1—速度调节器；2—触发器；3—晶闸管调压器；4—换极接触器；5—制动控制环节；6—电流截止环节；7—自动换极逻辑装置；8—继电器

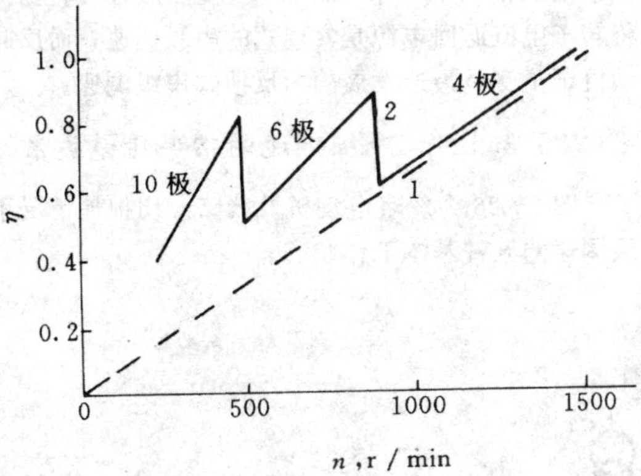

图 25-23 变极调压调速效率曲线

1—调压调速时（4 极）；

2—变极变压调速时（4、6、10 极）

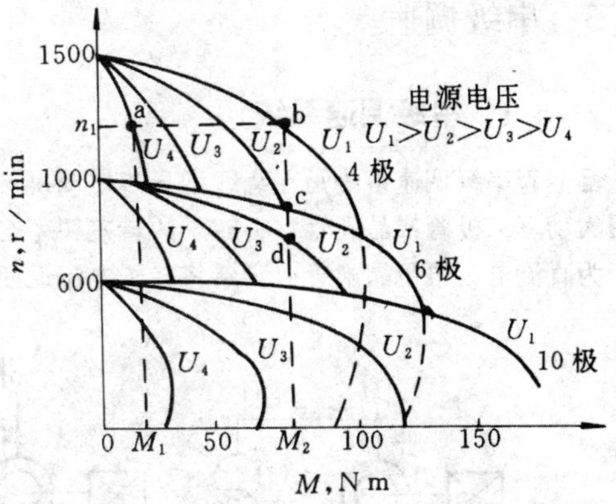

图 25-24 变极调压调速机械特性

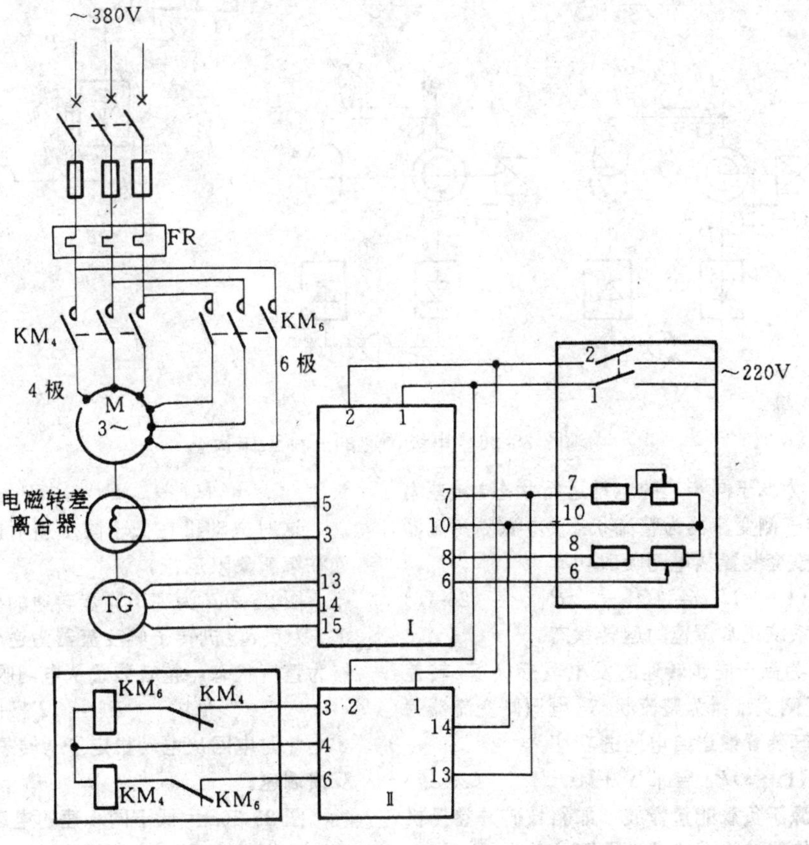

图 25-25 变极电磁转差电动机调速系统框图

Ⅰ—电磁转差离合器控制器；Ⅱ—自动换极控制器

25.3　串级调速

25.3.1　串级调速系统

晶闸管串级调速系统是在绕线型异步电动机转子侧用大功率二极管或晶闸管，将转子的转差频率交流电变为直流电，再用晶闸管逆变器将转子电流返回电源或返回电动机定子侧的反馈绕组的一种调速方式。将转子电流返回电源是常规式的串级调速，而反向电动机定子侧是最近发展的内反馈式串级调速。

25.3.1.1　串级调速的功率传递关系

图 25-26 为忽略电动机及线路一切损耗情况下串级调速的五种基本工作状态。

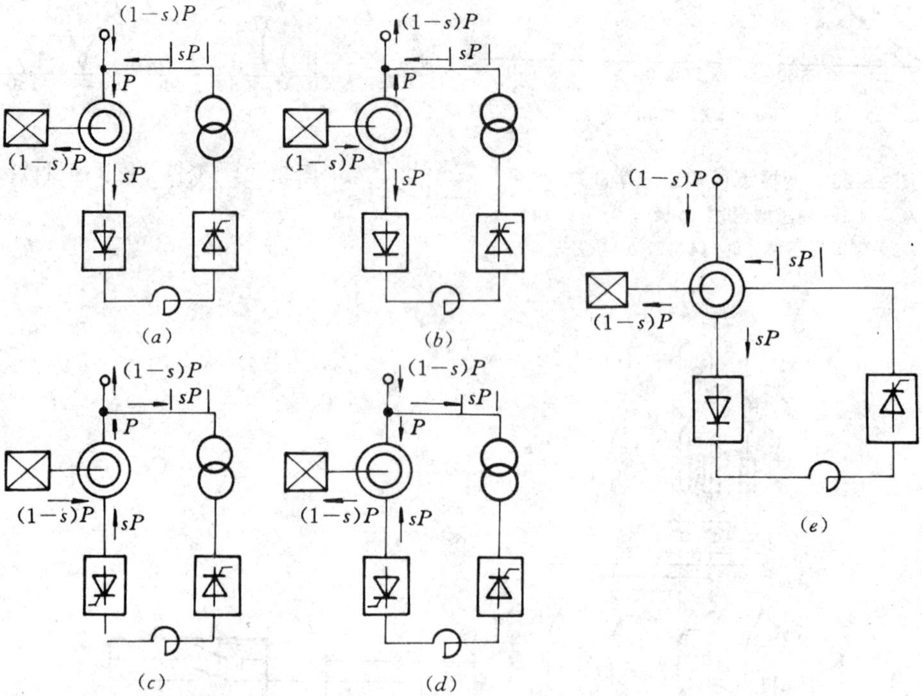

图 25-26　串级调速的五种工作状态

图 25-26*a* 为低于同步速的电动运行状态，转差率 s 为正，电机转子侧变流器为整流状态，电源侧变流器为逆变状态，整套装置从电网吸取功率为

$$|(1-s)P| = |P| - |sP| \qquad (25\text{-}16)$$

这是串调系统正常调速的运转状态。

图 25-26*b* 为高于同步转速的发电运行状态，转差率 s 为负，转子侧变流器为整流状态，电源侧变流器为逆变状态，整套装置馈送给电网的功率为

$$|(1-s)P| = |P| + |sP| \qquad (25\text{-}17)$$

此功率来源于负载能量释放，如斜坡矿井卷扬机下放重物时，势能转为电能馈送电网。

图 25-26*c* 为低同步速的发电运行状态，转差率 s 为正，电机转子侧变流器为逆变状态，电源侧变流器为整流状态，整套装置向电网馈送功率为

$$|(1-s)P| = |P| - |sP| \qquad (25\text{-}18)$$

这时电动机在低于同步速下也能产生制动转矩，处在第Ⅱ象限运行。

图 25-26*d* 为高于同步转速的电动运行状态，转差率 s 为负，电机转子侧变流器为逆变状态，电源侧变流器为整流状态，整套装置从电网吸取的功率为

$$|(1-s)P| = |P| + |sP| \qquad (25\text{-}19)$$

此时电网从电动机定子与转子同时馈电，也可叫双馈调速。

图 25-26*e* 为低于同步速的电动运行状态，转差率 s 为正，电机转子侧变流器为整流状态，电源侧变流器为逆变状态，逆变功率 sP 不回馈电网，而回馈定子的第二个反馈绕组，整套装置（电动机与串级调速装置）从电网吸收的功率为

$$|(1-s)P|+sP-|sP|=(1-s)P \tag{25-20}$$

图 25-26 中 a、b、e 三种状态，电机侧变流器可用二极管整流桥，由于它只能在同步转速以下电动运行，又称低同步串级调速。图 25-26 中 c、d 两种状态，电机侧变流器必须用可控整流桥，它可以用强迫换流或由转子电压进行自然换流。由于它能在第Ⅱ象限作发电制动运行，又称高同步串级调速。

25.3.1.2 串级调速原理及其特点

在绕线型异步电动机的转子回路中通以可控直流比较电压 U_c，其方向与转子回路整流电压的方向相反，改变 U_c 电压值即可改变电动机转子电压 U_2 的大小，亦即改变转差率 s 的大小，从而达到平滑调速的目的。

异步电动机运转于自然特性上时，相当于转子回路的直流比较电压 U_c 为零。这时转子回路的电流 I_2 为

$$I_2=\frac{sE_{2N}/\sqrt{3}}{\sqrt{R_2^2+(sX_{20})^2}} \tag{25-21}$$

式中 E_{2N}——电动机转子开路电压，V

R_2——转子绕组每相电阻，Ω；

X_{20}——$s=1$ 时转子绕组每相漏电抗，Ω。

当电动机转子串入比较电压 U_c 与转子感应电势的相位差 180°时，电机转速即向下调，因为 U_c 电压串入，引起 I_2 值减小，即

$$I_2=\frac{sE_{2N}/\sqrt{3}-U_c}{\sqrt{R_2^2+(sX_{20})^2}} \tag{25-22}$$

I_2 减小，引起电机转矩减小，转速下降。这样，改变比较电压 U_c 的大小，即能调速。

串级调速的特点是：

(1)适合于大容量的绕线型异步电动机，其转差功率可返回电网，或加以利用，效率较高。

(2) 可平滑无级调速。

(3) 转子回路接有整流器，转子电流单方向流动，不能产生制动转矩。

(4) 空载速度能平滑下移，无失控区。

(5)在未采取补偿措施时，功率因数低，但超同步运行时功率因数高。

(6)在未采取保护措施时，电网电压突然大幅度降低，串调装置可能停止运行。

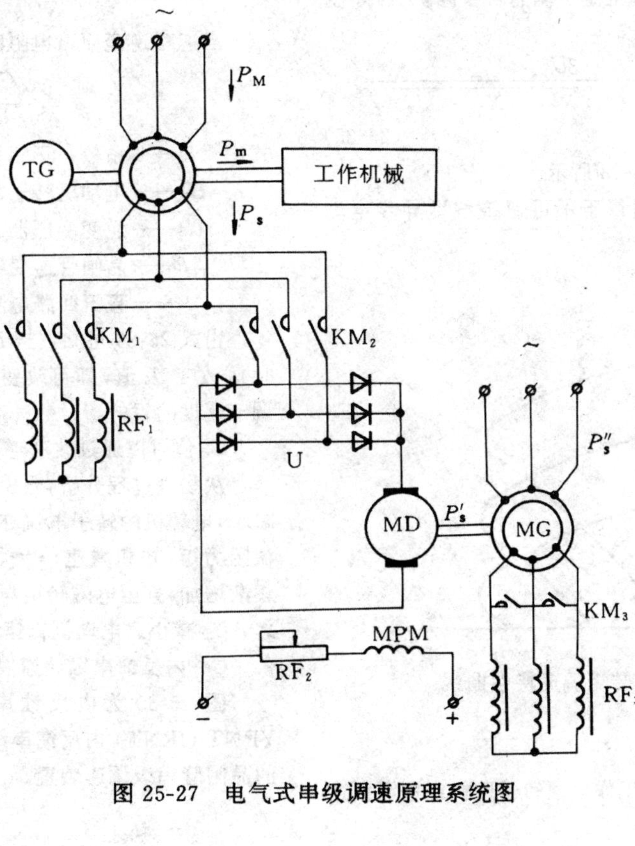

图 25-27 电气式串级调速原理系统图

25.3.1.3 几种串级调速系统

A 电气式串级调速

电气式串级调速主接线见图 25-27。主电动机 M 用频敏变阻器 RF_1 起动，起动完毕后倒换到调速系统。若不计电机的内部损耗，并设主电机的输入功率为 P_M，则 P_M 可分为机械功率 P_m 与转差功率 P_s 两部分。其中 $P_m = P_M(1-s)$，由电动机 M 直接传给工作机械，而 $P_s = sP_M$，则通过整流器 U 和辅助机组（MD 和 MG）转变成电能，送回至电网。

电气式串级调速为恒转矩调速。机械所需的转矩，由主电机产生，在速度下降时，轴功率随速度下降而减小。若定子输入功率 P_M 不变，则电机轴上的角速度与转矩关系为

$$\omega = \omega_0(1-s) \tag{25-23}$$

$$M = \frac{P_m}{\omega} = \frac{P_M(1-s)}{\omega_0(1-s)} = \frac{P_M}{\omega_0} = \text{常数} \tag{25-24}$$

由式 25-24 可见，转矩 M 与转差率 s 无关。在调速过程中，若电源电压 U_1、同步角速度 ω_0 不变，当忽略电动机 MD 的电枢电抗，并假定主电机的定子电阻 R_1、定子漏抗 X_1 及折算至定子侧的转子漏抗 X_2 不变时，电动机的最大转矩为

$$M_{max} = \frac{3U_1^2}{2.98\omega_0[R_1 \pm \sqrt{R_1^2 + (X_1 + X'_2)^2}]} = \text{常数} \tag{25-25}$$

其特性曲线如图 25-28 所示。

电气式串级调速适用于不可逆绕线型异步电动机。

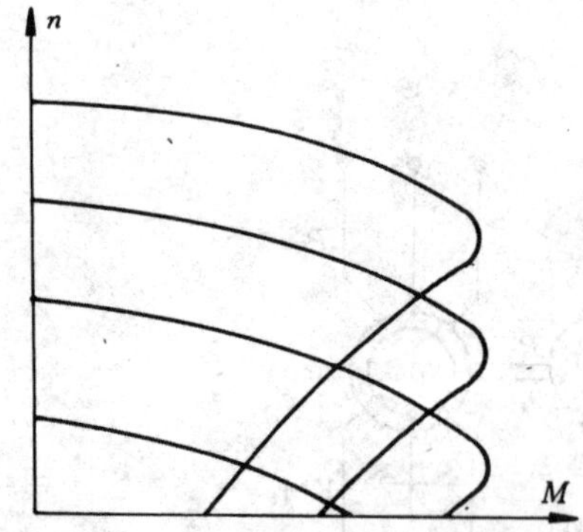

图 25-28 恒转矩调速特性曲线

B 晶闸管串级调速

晶闸管串级调速的工作原理和辅助机组串级调速相同，只是将转差功率的转换装置由辅助机组改成晶闸管逆变器。转差功率 P_s 经整流后，由晶闸管组成的三相逆变器转换成与电网同频率的交流电，回送至电网。晶闸管串级调速所使用的设备都是静止的无触点元件，因此更为可靠，效率更高。晶闸管串级调速目前已取代上述电气式串级调速。

图 25-29 为晶闸管串级调速系统主接线图。在此系统中由于无测速反馈装置，静态误差大，调速特性软，调速范围小。

电动机转子电压经三相桥式整流后的输出电压为

$$U_d = \frac{KsU_R}{\sqrt{3}} \tag{25-26}$$

晶闸管逆变器的电压为

$$U_\beta = KU_2\cos\beta \tag{25-27}$$

逆变回路中的电流可写成下式

$$I_d = \frac{U_d - U_\beta}{R} = \frac{KsU_R - \sqrt{3}KU_2\cos\beta}{\sqrt{3}R} \tag{25-28}$$

或

$$s = \frac{\sqrt{3}KU_2\cos\beta + \sqrt{3}I_dR}{KU_R} \tag{25-29}$$

当忽略逆变回路电阻时

$$s = \frac{\sqrt{3}U_2}{U_R}\cos\beta \tag{25-30}$$

式中 K——系数，三相桥式为 2.34；

U_R——电动机转子额定电压，V；

U_2——逆变变压器二次相电压，V；

β——晶闸管逆变器的逆变角；

R——直流回路电阻，Ω。

由式 25-29 可知，当 I_d 为一定值时（即负载一定时），改变 U_β 值，即可改变电动机的转差率，从而达到调节速度的目的。

U_β 值可以通过改变逆变角 β 来实现。

从物理过程分析：当逆变电压增加时，回路电流 I_d 减小，电动机的转子电流亦相应减小，电磁转矩小于机械阻力矩，电机减速，s 增加，U_d 随之增加，从而 I_d 又逐渐增加，直至电磁转矩与机械阻力矩相平衡为止；反之，U_β 减小，电动机转速增加。

C 内反馈串级调速

图 25-30 为内反馈串级调速系统，系统包括 YRNT（JRNT）内反馈串级调速电动机及与电机配套的晶闸管串级调速装置。

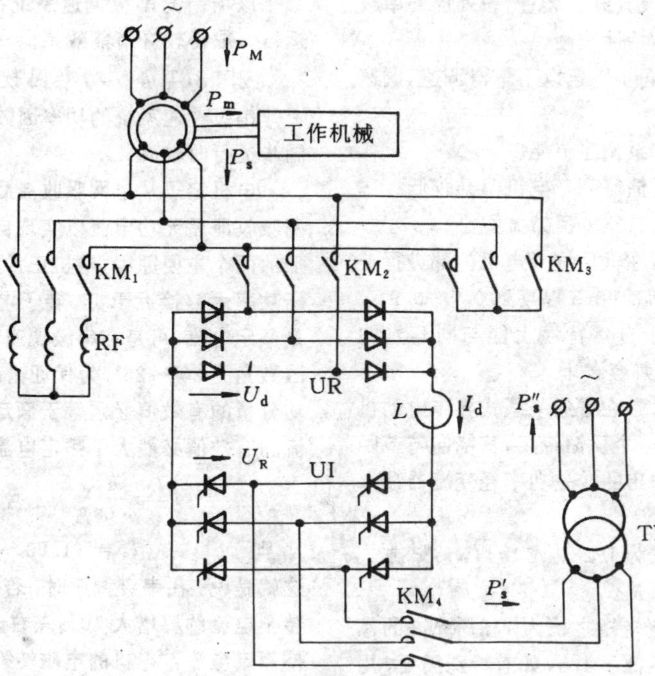

图 25-29 晶闸管串级调速系统主接线图

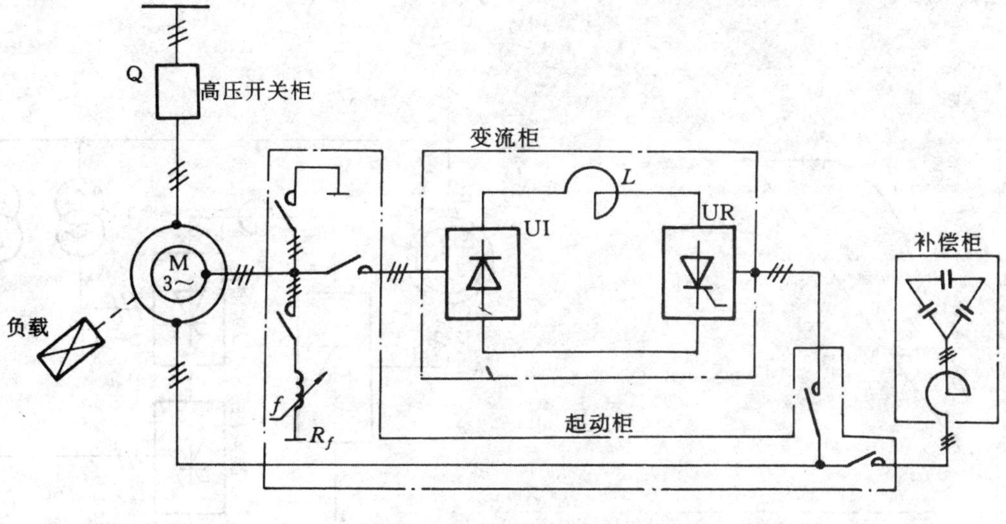

图 25-30 内反馈串级调速系统

Q—高压开关柜或自动开关；M—YRNT 系列内反馈串级调速三相异步电动机；R_f—频敏变阻器；*UI*—整流器；*UR*—逆变器；*L*—平波电抗器

内反馈串级调速原理与外反馈方案大致相同，也是改变逆变器的逆变电压大小，即可实现调速。它与外反馈方案所不同的主要是采用电动机定子附加绕组将转差功率回馈电机本身，使这部分能量以最短的途径参与电磁转换，使定子不必再从电网馈入多余电能作无谓循环。因此具有以下特点：

(1)省去逆变变压器及其开关装置，较外反馈串级调速系统结构简单，机械特性较硬。

(2)调速电机可以在同步转速以下平滑调速，调速比 1.6∶1～2.0∶1。

(3) 适用于风机、水泵调速节能。

(4) 系统效率较外反馈略高，电机温升较低。

(5) 定子电流谐波含量比外反馈方案小。

(6)采用内补偿方式，在低压侧对电机内部进行补偿，功率因数由原系统 0.3～0.5 提高到 0.7～0.9。

(7) 电机可以运行于自然特性上能与同容量的 YR 等绕线型异步电动机兼容。

内反馈串级调速电机是在普通绕线式异步电动机上与定子绕组同槽，嵌入一个反馈绕组。其绕向与节距与定子绕组相同，转子引出的转差功率经变流器馈入反馈绕组。

电机外壳的防护等级为 IP23、或 IP44，冷却方式为自扇风冷式或管道通风式。

电机最大转矩与额定转矩之比为 1.8；允许的额定转速与最低转速之比不低于 1.6，如有特殊需要，用户可与制造厂协商。

电机采用 F 级绝缘，额定及调速状态下温升均按 B 级绝缘考核。

该项新的串级调速系统在 300kW 水泵电动机上运行，取得较好节能效果。

25.3.1.4 **功率因数与效率**

串级调速系统的功率因数较低，只有 0.5，但在超同步运行时较高。

电机定子从电网吸收滞后无功电流，电源侧从电网吸收滞后无功电流以实现自然换流，是功率因数降低的两个主要原因。电机正常接线时，在额定转矩下转子功率因数接近于 1，转子电流的有功分量可认为就是额定电流。可是在串级调速时，额定负载下基波功率因数角为 20°～26°，为保证输出额定转矩，它的基波有功分量的有效值必须等于额定转子电流，这样转子电流的有效值必然大于额定电流，即

$$I_2 = \frac{I_{2N}}{\cos\varphi_2} \qquad \varphi_2 = 20° \sim 26°$$

则
$$I_2 = (1.06 \sim 1.1) I_{2N} \tag{25-31}$$

这就是说，在串级调速时，若要电动机输出额定转矩，转子电流约要增大 10%左右，反之，如果转子电流保持额定电流，电机的电磁转矩要减小 10%左右。

串级调速的变流器不采取任何改善功率因数的措施，其功率因数、效率与电动机转差率的关系如图 25-31。

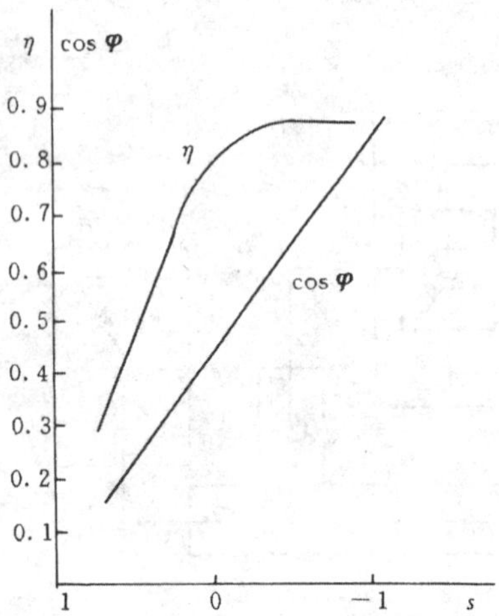

图 25-31 串级调速的功率因数效率曲线

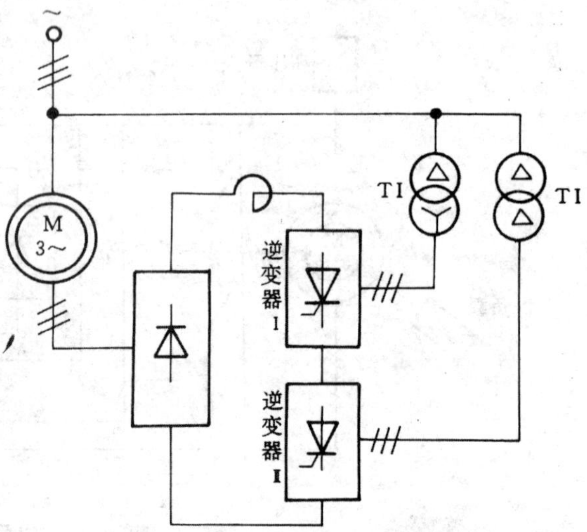

图 25-32 逆变器串联连接的串级调速线路图

改善功率因数的方法有以下几种：

(1) 在电源侧联接能提供超前无功电流的电力电容器或与同步电动机配合使用。内反馈串级调速的配套变流装置中有补偿柜，用以提高功率因数。

(2)采用两组逆变器串联连接方式，如图 25-32 所示。逆变器 I 的逆变角 β 保持在可能的最小值（一般

为 30°) 不变，逆变器Ⅱ则从最小 α 角连续调节到最小 β 角，使逆变电压从零到最大值之间变化。逆变器双桥串联连接，比单组逆变器时无功功率可减少一半，并可改善电网电压的畸变和运行稳定等性能。某厂 1900kW 无缝钢管穿孔机主传动电动机用的串级调速系统采用这种主回路接线方式。

25.3.2 串级调速主回路常用接线方案

25.3.2.1 低同步串级调速主回路

图 25-33 为常用的低同步串级调速主回路几种接线，其中图 a 为三相桥式串级调速电路，使用最多；图 b 为带斩波器的三相桥式电路，电源侧逆变器控制在全逆变状态，系统功率因数高，适用于中小容量电机；图 c 为十二相电路，线路复杂，但功率因数高，谐波分量小，适用于大容量电机。

25.3.2.2 超同步串级调速主回路

图 25-34 为超同步串级调速主回路，其中图 a 为交-直-交强迫换流电路，适用于中小容量电机；图 b 为交-交电流型自然换流电路（亦可用交-交电压型自然换流电路），适用于大容量电机。

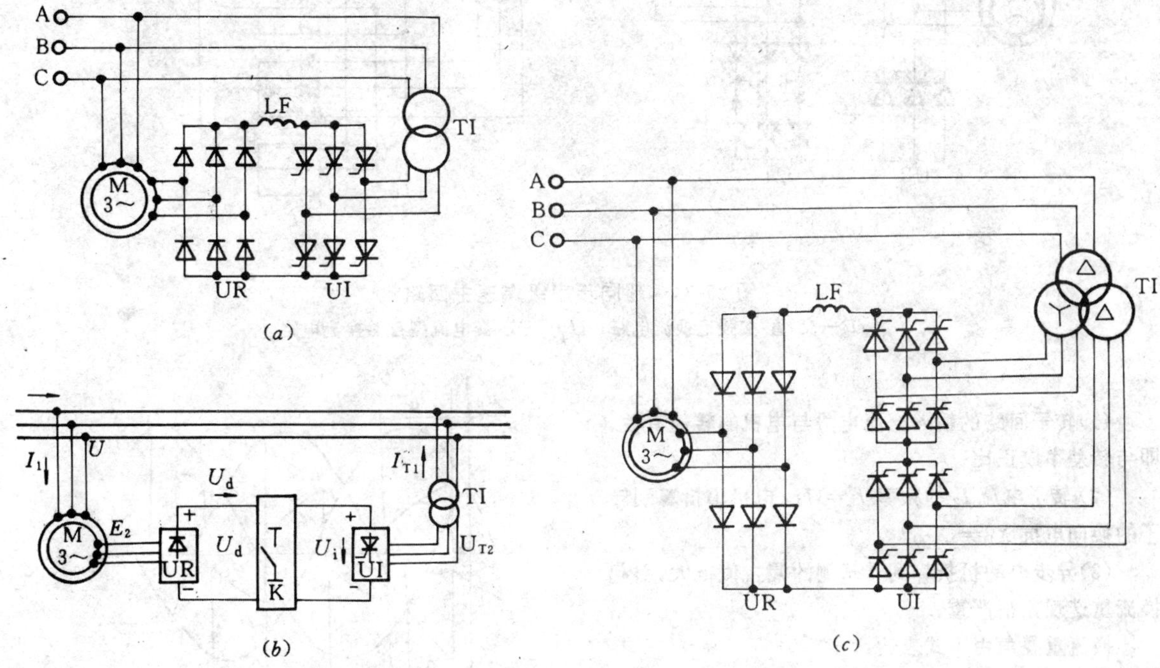

图 25-33 常用的低同步串级调速主回路

(a) —三相桥式电路；(b) —带斩波器的三相桥式电路；(c) —十二相桥式电路

25.3.3 低同步串级调速系统

25.3.3.1 系统主回路典型接线图

外反馈与内反馈低同步串调系统如图 25-29 及图 25-30 所示。电源侧逆变器长期工作在逆变状态，逆变角 β 在 $\beta_{min}=30°$ 到 $\beta_{max}=90°$ 范围内工作。当 $\beta_{max}=90°$ 时，$U_\beta=0$ 电动机在接近额定转速下运转；$\beta_{min}=30°$ 时 $U_{\beta_{max}}=2.34E_2T\cos\beta_{min}$，电机在调速范围的最低转速下运行。

通常变流器的电压按最低速时转子电压设计。起动时，先合上 KM1、KM4，通过 RF 频敏变阻器起动，转速升到接近额定速度后，断开 KM1 接通 KM2，串调系统投入运行。当断开 KM2，合上 KM3 时，电机可在最高转速下运行。

25.3.3.2 转子变流电路的特殊工作状态

串级调速系统中转子回路的整流电路，与一般的三相整流回路不完全相同，有以下差异：

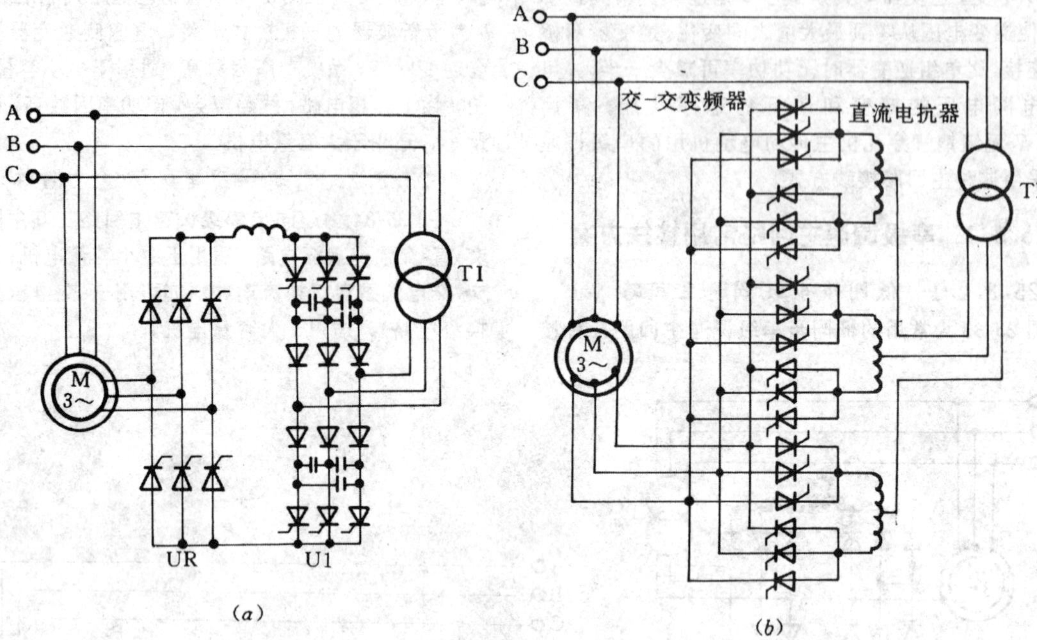

图 25-34 超同步串级调速主回路

(a) —交-直-交强迫换流电路；(b) —交-交电流型自然换流电路

(1)转子回路的输入交流电势与电机的转速有关，即与转差率成正比。

(2) 转子电流 I_2 的频率 $f_2=sf_1$，电机中折算到转子的换向电抗 $X_D=sX_{DO}$。

(3)异步电动机折算到转子侧的漏抗值很大，引起换流重迭现象很严重。

换流重叠角由下式表达：

$$\gamma = \cos^{-1}\left(1 - \frac{2X_{DO}I_d}{\sqrt{6}\,E_{2D}}\right) \qquad (25\text{-}32)$$

式中 E_{2D}——电动机静止时转子开路电势，V；

I_d——转子直流电流，A。

换流重叠角 γ 随直流电流 I_d 增大而增大。当 $\gamma=60°$后，转子电流 I_d 再继续增大，则出现“强迫换流现象”，见图 25-35，此时，在任何时刻有三个元件同时导通，重迭角 $\gamma=60°$保持不变，同时产生一个强迫延迟换流角 α_P。随着 I_d 的增大，α_P 的变化由 0°～30°，见图 25-36。当负载电流大到使整流器出现强迫延迟换流时电机漏抗的直流压降增加，影响其机械特性。

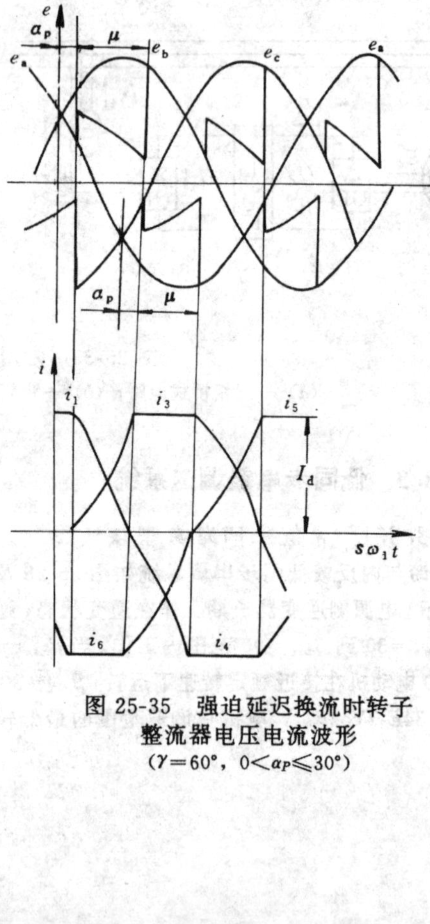

图 25-35 强迫延迟换流时转子整流器电压电流波形

($\gamma=60°$, $0<\alpha_P\leqslant30°$)

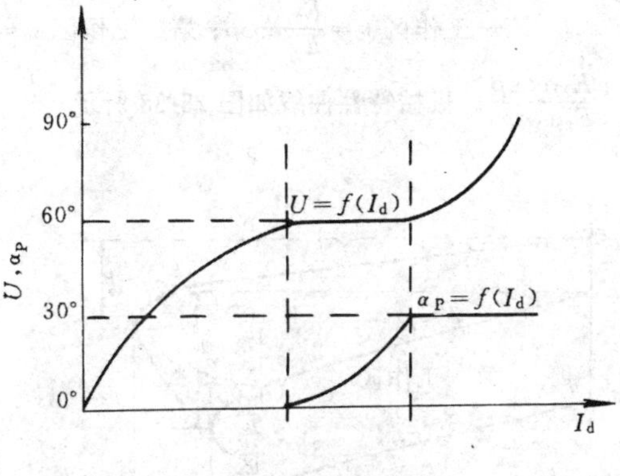

图 25-36 转子整流器的 U 与 α_P 随 I_d 变化曲线

25.3.3.3 串级调速系统的机械特性

A 串级调速系统的调速特性

$$n=n_1\left[\frac{2.34(E_{2o}-E_{2T}\cos\beta)-I_d\left(\frac{3X_M}{\pi}+\frac{3X_T}{\pi}+2R_M+2R_T+R_{LF}\right)}{2.34E_{2o}-\frac{3X_M}{\pi}I_d}\right]$$

$$=\frac{1}{C_e}(U-I_dR_\Sigma) \tag{25-34}$$

式中 $U=2.34\ (E_{2o}-E_{2T}\cos\beta)$

$$R_\Sigma=\frac{3X_M}{\pi}+\frac{3X_T}{\pi}+2R_M+2R_T+R_{LF}$$

$$C_e=\frac{2.34E_{2o}-\frac{3X_M}{\pi}I_d}{n_1}$$

式 25-34 表明，晶闸管串级调速的调速特性类似于他励直流电动机采用晶闸管供电调速时的调速特性，不过 R_Σ 值较大，电势常数 C_e 随电流 I_d 的增大而减小，并不是常数，相当于存在着电枢反应，特性软。

当 I_d 值增大，转子侧整流桥重迭角由 0°增大到 60°而不再增大时，整流元件将延迟导通，导通延迟角 α_P 在 0°～30°范围内变化时，

$$n=n_1\left[\frac{2.34(E_{2o}\cos\alpha_P-E_{2T}\cos\beta)-I_dR_\Sigma}{2.34E_{2o}\cos\alpha_P-\frac{3X_M}{\pi}I_d}\right] \tag{25-35}$$

其特性更软，随着负载增加即 I_d 增大，α_P 亦增加，使转速显著下降。

B 串级调速系统的转矩特性

转矩特性 $M=f\ (I_d)$ 分两种不同工作状态。第一种工作状态（重迭角 $\gamma\leqslant60°$，$\alpha_P=0$）时

当转子整流器的换流角 $\alpha=0$ （$0°<\gamma<60°$）时，$s=f\ (I_d,\ \beta)$ 的关系为

$$s=\frac{2.34E_{2T}\cos\beta+I_d\left(\frac{3X_T}{\pi}+2R_T+2R_M+R_{LF}\right)}{2.34E_{2o}-\frac{3X_M}{\pi}I_d} \tag{25-33}$$

式中 E_{2T}——逆变变压器二次侧相电动势，V；

E_{2o}——电动机静止时转子开路相电势，V；

X_M、R_M——折算到转子侧的电动机每相漏电抗和每相电阻，Ω；

X_T、R_T——折算到二次侧的逆变变压器每相漏电抗和每相电阻，Ω；

R_{LF}——滤波电抗器电阻，Ω；

β——逆变角。

用 $s=\frac{n_1-n}{n_1}$ 代入式 25-33 可得 $n=f\ (I_d,\ \beta)$ 的关系式为

$$M_{\mathrm{I}}=\frac{1}{\omega_1}\left(2.34E_{2o}-\frac{3X_M}{\pi}I_d\right)I_d \tag{25-36}$$

第二种工作状态（重迭角 $\gamma=60°$且 $\alpha_P>0$）时

$$M_{\mathrm{I}}=\frac{1}{\omega_1}\left(2.34E_{2o}\cos\alpha_P-\frac{3X_M}{\pi}I_d\right)I_d \tag{25-37}$$

如果以 M_{max} 与 $\sqrt{\frac{3}{2}}\frac{E_{2o}}{X_M}$ 分别为电动机转矩 M 与整流电流 I_d 的基准值，则以标幺值表示的转矩特性为

$$M_{*\mathrm{I}}=\frac{6}{\pi}I_{*d}-\frac{3}{\pi}I_{*d}^2 \tag{25-38}$$

$$M_{*\mathrm{I}}=\frac{3\sqrt{3}}{\pi}I_{*d}\sqrt{1-I_{*d}^2} \tag{25-39}$$

并且 $M_{*\mathrm{I}\max}=0.716$ (25-40)

$M_{*\mathrm{I}\max}=0.826$ (25-41)

异步电动机串级调速时的转矩特性如图 25-37 所示。

C 串级调速系统的机械特性

异步电动机在正常接线下运行，固有的最大转矩为

$$M_m=\frac{3U_1^2}{2\omega_1[R_1+\sqrt{R_1^2+(X_1+X_2')^2}]}$$

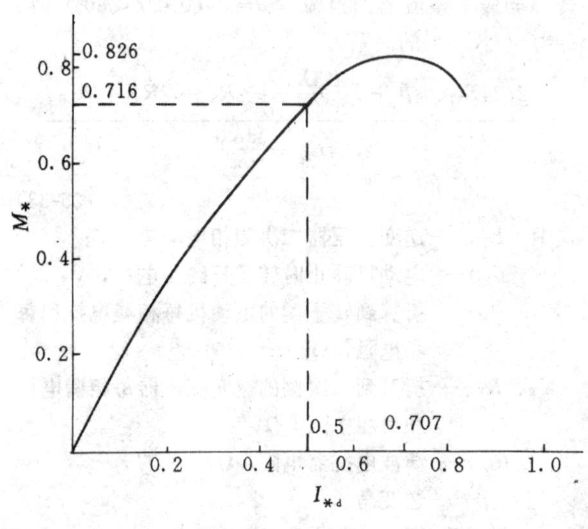

图 25-37 异步电动机串级调速时的转矩特性

对大容量电机，R_1 与 X_1+X_2' 值相比很小，工程计算中可忽略不计，上式可简化成

$$M_m=\frac{3U_1^2}{2\omega_1(X_1+X'_2)}=\frac{3E_{2o}^2}{2\omega_1 X_M} \tag{25-42}$$

异步电动机在串级调速下运行，按理论推导，第一工作区与第二工作区最大转矩值分别为

$$M_{\mathrm{I\,max}}=\frac{27E_{2o}^2}{8\pi\omega_1 X_M} \tag{25-43}$$

$$M_{\mathrm{II\,max}}=\frac{9\sqrt{3}E_{2o}^2}{4\pi\omega_1 X_M} \tag{25-44}$$

由式 25-42～25-44 可计算出

$$M_{\mathrm{I\,max}}=\frac{\left(\dfrac{27E_{2o}^2}{8\pi\omega_1 X_M}\right)}{\left(\dfrac{3E_{2o}^2}{2\omega_1 X_M}\right)}=0.716$$

$$M_{\mathrm{II\,max}}=\frac{\left(\dfrac{9\sqrt{3}E_{2o}^2}{4\pi\omega_1 X_M}\right)}{\left(\dfrac{3E_{2o}^2}{2\omega_1 X_M}\right)}=0.826$$

串级调速情况下异步电动机的机械特性亦可用下式表示

$$\frac{M}{M_{\mathrm{I\,max}}}=\frac{4}{\dfrac{\Delta s}{\Delta s_m}+\dfrac{\Delta s_m}{\Delta s}+2} \tag{25-45}$$

式中 $\Delta s=s-s_0$；

$\Delta s_m=s_m-s_0$；

s_0——第一、二工作区理想空载转差率。

第一工作区 $s_0=\dfrac{E_{2T}}{E_{20}}\cos\beta$；第二工作区 $s_0=\dfrac{E_{2T}\cos\beta}{E_{20}\cos\alpha_P}$；机械特性曲线如图 25-38 所示。

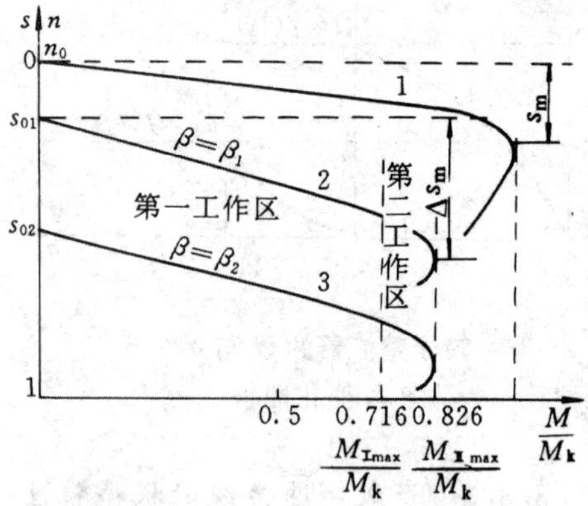

图 25-38 异步电动机串级调速时的机械特性

1—自然特性；2—β_1 控制下串级调速特性；

3—β_2 控制下串级调速特性

25.3.3.4 串级调速控制系统

A 双闭环控制系统

开环的串级调速系统的机械特性很软，只适用于对调速性能要求不高的场合，如风机、泵类。串级调速系统一般采用带有电流内环、速度外环的双闭环控制系统，其框图见图 25-39。

串级调速系统可以采用直流控制系统的控制单元组成，系统比较简单。低同步串级调速系统不能产生制动转矩，但加速特性较好。需要加速时，给定积分器输出信号增加，速度调节器限幅输出，给出加速信号，电流调节器输出信号增加，使逆变器的 β 角加大，逆变电压下降，直流电流（即电动机电流）增加，电机加速，转速升高，转速反馈信号增加，最后电机在与给定积分器输出信号相对应的新转速下稳定运行。

闭环串调系统在钢铁企业成功应用的有 100mm 无缝钢管轧机的穿孔机 1900kW 主传动异步电动机，其它应用的不多。由于此系统没有制动转矩，功率因数低，不能反转，只能在同步速度下无级调速，所以限制了它的使用范围，有的轧机主传动异步电动机采用了此系统后，目前正在逐步改造，改用其它交流调速系统。必须指出：反复短时工作制的生产机械，不适宜采用闭环串级调速系统。

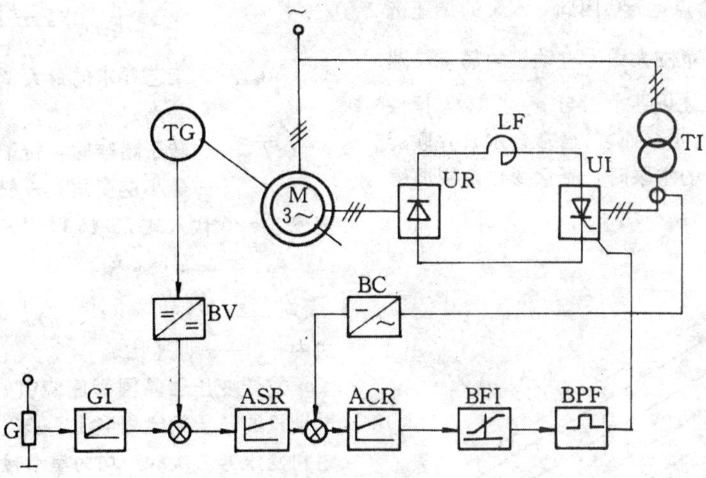

图 25-39 低同步串级调速系统框图

G—给定电位器；GI—给定积分器；ASR—速度调节器；ACR—电流调节器；BFI—触发器输入及保护；BPF—触发器；BV—电压变换器；BC—电流变换器；TG—测速发电机；UR—整流器；UI—逆变器；LF—电抗器

B 参量控制系统

钢铁企业生产用水的水量是变化的，但要求压力恒定。为了节能，钢铁企业的泵类负载可以采用以压力为参量的双闭环串级调速控制系统。图 25-40 为以速度为内环，压力为外环的双环控制系统。参量控制是为了使被控点的压力维持在某一给定值上，当压力降低不能满足要求时，反馈信号（压力）减少，控制系统自动控制，使电机增速，使供水管道水流产生加速度，提高水压，以维持输水管道要求的供水压力。

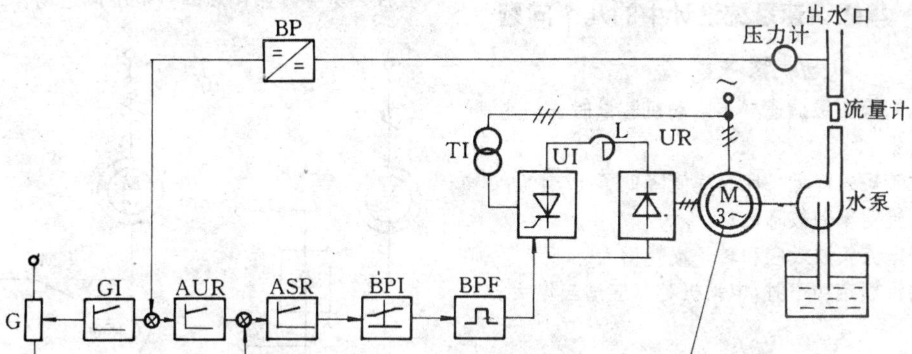

图 25-40 以压力为参量的串级调速系统框图

G—速度给定电位器；GI—给定积分器；AUR—压力调节器；ASR—速度调节器；BFI—触发器输入及保护；BPF—触发器；BP—压力变换器；BV—速度变换器；TG—测速发电机

水泵采用压力闭环控制时，调速范围必须按照水泵的压力与流量的变化关系确定。如图 25-41 所示，根据离心泵的 p-Q 特性曲线，离心泵的压力与流量特性上有 30%左右额定流量的不稳定区。如果工艺要求压力保持在 p_A，流量变化范围只能在 Q_C 与 Q_B 之间调节。如工厂用水量由 Q_A 增加到 Q_D，开环控制时，管内压力降低到 p_B，当压力闭环时，由于控制系统的自动调节作用，将水泵电动机转速由 n_2 上升到 n_1，水压

同时升到 p_A，稳定于 C 点运行。因此，水泵的调速范围为：$D=\frac{n_0}{n_4}$。水泵调速范围大约为电动机的额定转速的 30%。必须指出，上述调速范围与 $p=f(Q)$ 特性曲线的分析，是针对单台水泵而言，当多台水泵并联运行，且其中有恒速运转的水泵时，流量变化范围要缩小，调速范围也要小。

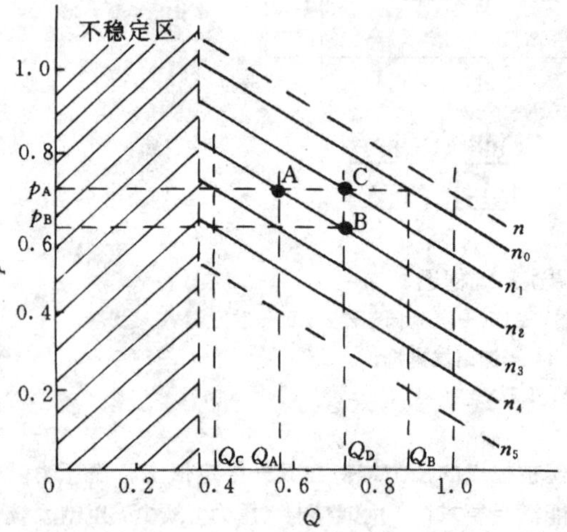

图 25-41 压力与流量的变化关系

25.3.4 串级调速系统设计中的几个问题

25.3.4.1 电动机容量选择

在选择晶闸管串级调速异步电动机容量时，应考虑以下因素的影响：

(1) 最大转矩的降低，比铭牌值降低了 17.4%；

(2) 电动机功率因数降低；

(3) 转子电流集肤效应和转子损耗增大。

确定电动机额定功率时，电动机容量应适当增大，即

$$P = KP_M$$

式中 P——串级调速时电动机所需容量，kW；

P_M——正常计算预选电动机功率，kW；

K——串调系数，一般取 1.2 左右，但长期在较低转速下运行时，K 还应大些。

考虑到串级调速系统的机械特性较软，在选择电动机额定速度时，应比生产机械所需最高转速高 10% 左右。

25.3.4.2 逆变变压器容量计算

逆变变压器晶闸管侧绕组额定相电压按下式计算

$$E_{2T} = \frac{s_{max}E_{2o}}{\cos\beta_{min}} \tag{25-46}$$

式中 s_{max}——工艺要求的最大调速范围对应的最大转差率；

E_{2o}——转子堵转时，转子开路相电压；

β_{min}——最小逆变角，一般取 $\beta_{min}=30°$。

把 $\beta_{min}=30°$代入式 25-46 得

$$\begin{aligned} E_{2T} &= 1.155 s_{max} E_{2o} \\ &= 1.155 E_{2o}\left(1-\frac{1}{D}\right) \end{aligned} \tag{25-47}$$

式中 D——调速比。

逆变变压器晶闸管侧绕组的额定相电流 I_{2T} 可按电动机的转子额定相电流 I_{2M} 来折算。当电动机转子绕组和变压器二次绕组均为星形接法时，可取 $I_{2T}\approx I_{2M}$。

三相逆变变压器的容量可由下式确定

$$\begin{aligned} S_{T1} &= 3E_{2T}I_{2T} = 3E_{2T}I_{2M} \\ &= 3.46E_{2o}I_{2M}\left(1-\frac{1}{D}\right) \end{aligned} \tag{25-48}$$

25.3.4.3 起动方式选择

串级调速起动方式有以下两种：

(1) 利用串级调速装置直接起动方式，如图 25-42a 所示。这种起动方式不另加起动设备，起动时，晶闸管逆变器的逆变角 β 处在 β_{min} 状态，逐渐增大 β 值，逆变电压减小，电机平稳加速在所需转速。这种起动方式适合于从零开始调速的宽范围调速场合。

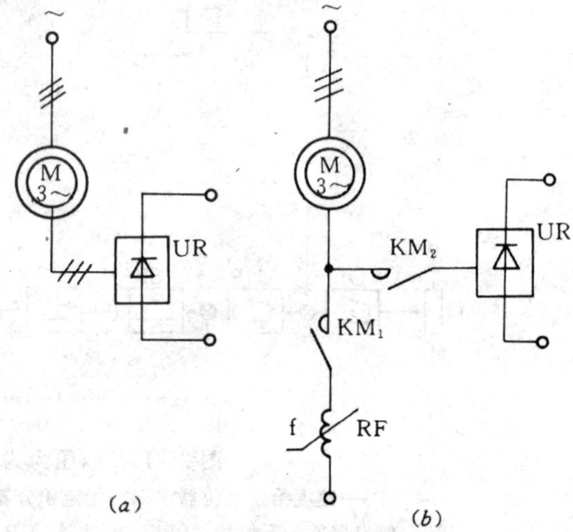

图 25-42 串级调速起动方式

(a) 一串级调速直接起动；

(b) 一频敏变阻器 (RF) 起动

(2) 频敏变阻器起动，见图 25-42b。频敏变阻器与

串级调速装置并联，起动时接通接触器 KM1。当电动机起动在串级调速装置设计的最低速时，投入串级调速装置（接通 KM2，断开 KM1），这时 β 为 β_{min}，即最高逆变反电压 $U_{\beta max}$。然后将 KM1 断开，将 β 逐渐增加，电机加速到所需值。这种起动方式适用于风机、泵类负载调速范围不大的场合，虽然增加了频敏变阻器起动设备，但串级调速设备可以根据调速范围设计，容量小、经济合理。

25.4　双馈调速

25.4.1　三相零式交-交变频器

双馈调速是将绕线型异步电动机的定子接在工频电网上，转子接在三相交-交变频器上构成转子变频调速系统。

交-交变频器有三相零式与三相桥式等形式，经过工程应用与实验认为三相零式交-交变频器能满足一般中小型连轧机主传动工艺控制要求。

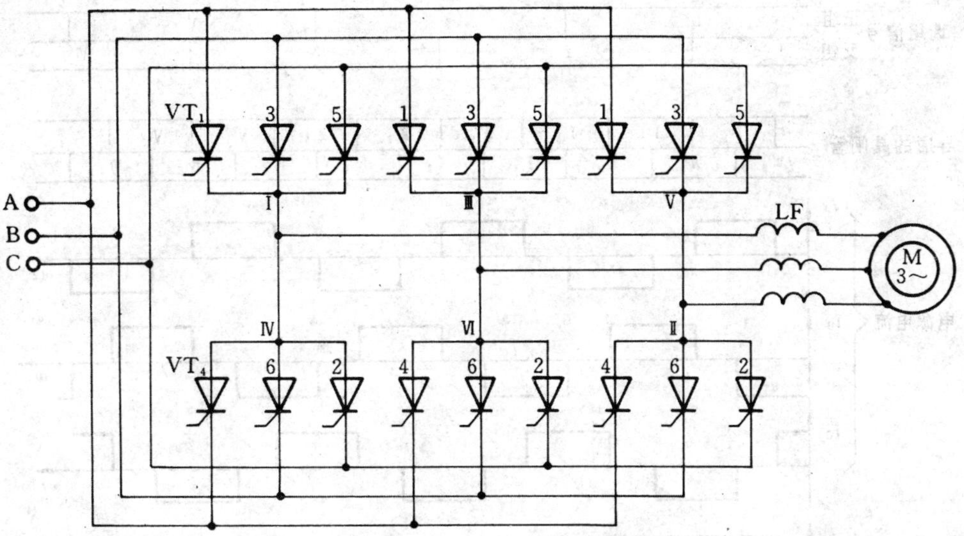

图 25-43　三相零式交-交电流型变频器主回路

三相零式反并联无环流电流型接线如图 25-43 所示。图中Ⅰ、Ⅲ、Ⅴ为正向组，Ⅱ、Ⅳ、Ⅵ为反向组，各组导通顺序为Ⅰ⟶Ⅱ⟶Ⅲ⟶Ⅳ⟶Ⅴ⟶Ⅵ……各组导电时间为 T/3（T 为输出电压周期），同一时刻有一个正组和一个反组两组同时导通，但不允许同一桥臂的两组同时导通，否则会造成电源短路。电抗器 *LF* 用以滤平变频器的输出电流，当电感量足够大时，输出电流为 120°方波。

图 25-44 为输出频率为电源频率 1/3 时晶闸管导通顺序及电流波形。

25.4.2　主回路参数计算与选择

现以窄带钢热连轧主传动电动机参数为例，说明主整流变压器及晶闸管元件选择。

电机型号　JRZ630-16　额定功率 630kW

额定转速　370r/min　定子额定电压 6000V

定子额定电流 89A　转子额定电压　935V

转子额定电流 414A

工艺要求调速范围 250～410r/min

（即亚同步下调 30%，超同步上调 10%）

25.4.2.1　主整流变压器

二次线电压，由下式计算

$$U_{2T}=\frac{s_{m}U_{2P}\left[1+r\left(\frac{I_{M_{max}}}{I_{MN}}-1\right)\right]+nU_{df}}{K_{uv}\gamma\left[\cos\alpha_{min}-C\frac{e}{100}\frac{I_{T_{max}}}{I_{TN}}\right]}\tag{25-49}$$

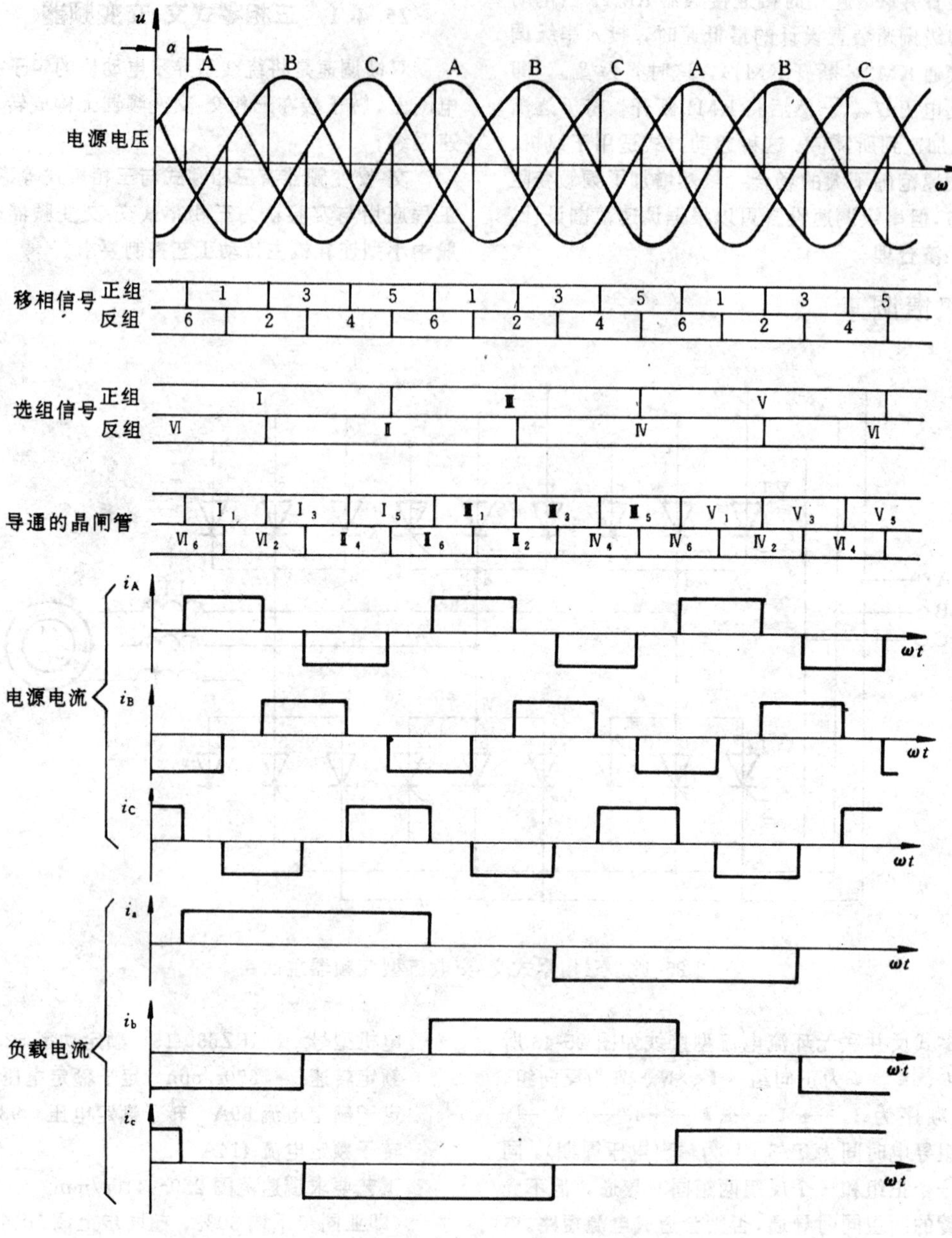

图 25-44 电流型交-交变频器的晶闸管导通顺序及电流波形

式中 U_{2F}——主电机转子额定电压幅值，V；

r——主回路电阻百分数；

$I_{M_{max}}$——电动机最大电流，A；

I_{MN}——电动机额定电流，A；

e——变压器短路电压百分数；

$\frac{I_{T_{max}}}{I_{TN}}$——变压器允许的过载倍数；

U_{df}——晶闸管正向瞬态压降，取 1.5V；

n——电流通过晶闸管的元件数；

K_{uv}——计算系数，此处 $K_{uv}=1.35$；

C——斜率系数；

γ——电压波动系数，取 0.95。

$$U_{2T}=\frac{0.3\times\sqrt{2}\times 935[1+0.04(2-1)]+1.5}{1.35\times 0.95(\cos 30^{\circ}-0.5\times 0.07\times 2)}$$

$=405V$ 取 410V

二次线电流有效值：

由于输出电流为 120°的矩形波，故仅取基波计算输出电流有效值 $I_{\sim}$

$$I_{\sim}=\frac{\pi}{3}I_2=\frac{\pi}{3}\times 414=434A \quad 取 440A$$

输出电流幅值为

$$I_{\sim P}=\sqrt{\frac{3}{2}}\times 434=532A$$

整流变压器容量为

$$S_{TR}=\sqrt{3}\times 410\times 440\times 10^{-3}\approx 320kVA$$

选择 400kVA 6000±5%/410V $e\%=7\%$

D，y11 接线，一次与二次绕组间带屏蔽的油浸整流变压器。

晶闸管元件选择：

元件的反向电压值：

$$U_{RRM}=1.1\times 3\times\sqrt{2}\times 410=1900V$$

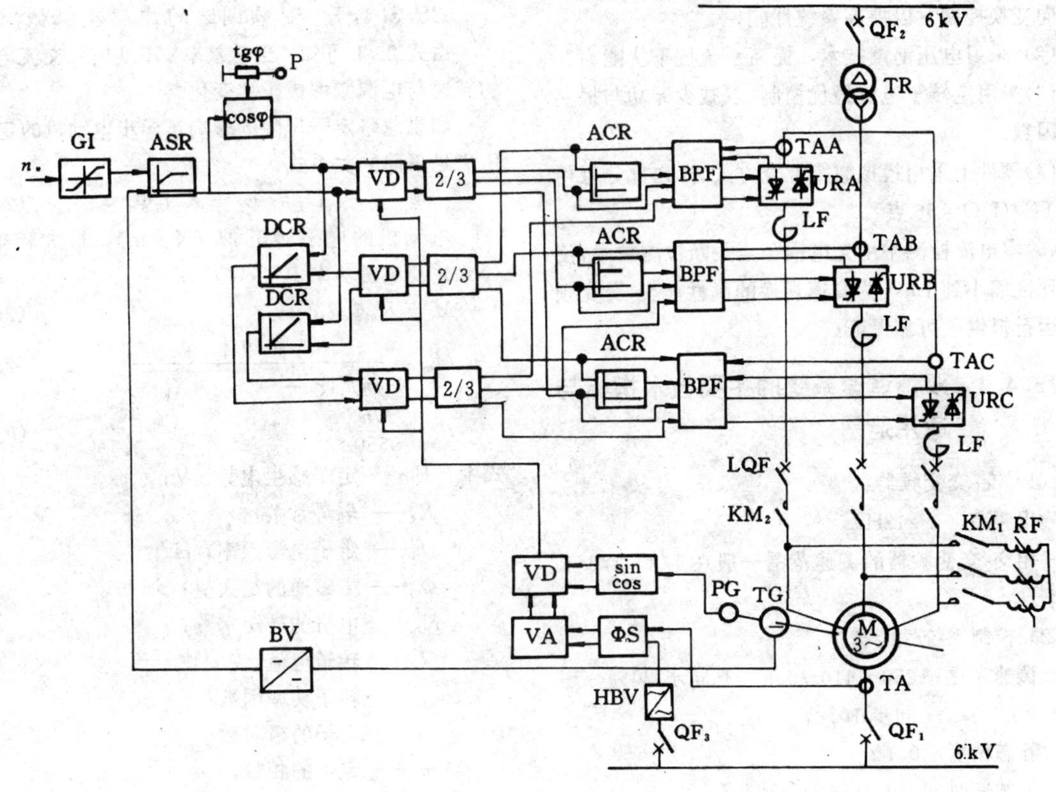

图 25-45 大功率交-交变频矢量控制的自控式双馈电机调速系统框图

TR—整流变压器；BV—电压变换器；TG—测速发电机；DCR—直流电流调节器；PG—脉冲发生器；cosφ—最优控制器；2/3—二相到三相变换；ASR—速度调节器；VD—旋转变换；GI—给定积分器；VA—矢量分析器；BPF—相触发器；SIN—正弦信号发生器；ACR—相电流调节器；ΦS—磁场观测器；HBV—高压变换器

元件平均电流：$I_{Fav}=2\times0.367\times532=390A$

选择 Kp-500/2100 型 500A 2100V 晶闸管 18 只。

25.4.3 矢量变换控制的双馈变频调速系统

矢量变换控制的双馈变频调速系统框图见图 25-45。这种调速系统转子采用频敏变阻器起动，当电动机起动到设计的最低转速后，可自动投入调速方式运转。转子控制系统为带矢量变换控制的双闭环（内环为电流环、外环为速度环）无环流控制系统。

矢量变换控制的双馈变频调速系统主要具有以下特点：

(1)针对大容量冲击负载的特点，采用气隙磁场矢量定向变换控制，以提高系统性能。

(2) 采用电压前馈技术，提高系统抗干扰能力。

(3)采用定转子电流最优控制，以减少无功与提高功率因数。

(4)硬件上采用模拟数字混合方式，操作部分采用小型 PC（I/O=56 点）。

(5)零电流检测采用光电耦合全关断检测技术，使换向死区缩小到 1ms，为高速切换的高性能交-交变频器的运行提供了可靠保证。

25.4.4 双馈调速系统的主要技术指标与适用范围

(1) 交-交变频器：

输出频率 0～18Hz

三相交-交变频器的调速范围一般在 1/2～1/3 工频以下。

(2) 控制系统性能指标：

调速范围 250～410r/min（亚同步 30%～超同步 10%）

静态精度 0.1%

加减速时间 2.4s（可调）

动态速降 3%

恢复时间 小于 400ms

功率因数 0.91

(3) 适用范围：双馈调速系统的技术性能指标，达到了直流调速系统的水平。但调速范围窄，无低速，单方向运转，适合于中小型轧机改造。

25.5 变频调速

25.5.1 变频调速的原理、特性和分类

变频调速是一种高效率、高性能的调速方式，采用异步电动机（或同步机），使其在整个工作范围内保持在正常的小转差率下运转，实现无级平滑调速。随着电力电子技术及微电子技术的发展，静止变频调速在国外已得到了广泛的应用，国内也有较多成功应用的例子。

变频调速在钢铁企业主要应用于轧钢车间、连铸车间单独传动的辊道、轧钢机的主传动、大型风机、泵类负载等传动装置上。静止变频器的容量可以从零点几千瓦直到上万千瓦，能满足各种生产机械的要求。

25.5.1.1 变频调速的原理及机械特性

由式 25-1 可知，当转差率 s 不变时，交流电动机的转速与电源频率成正比变化。

如果忽略定子压降的影响，异步电动机的定子电压满足下面的关系式

$$U_1 \approx E_1 = K_e f_1 \Phi_m \quad (25\text{-}50)$$

电动机的电磁转矩 M（N·m）、最大转矩 M_m（Nm）及电磁功率 P（kW）为

$$M = K_m \Phi_m I_2 \cos\varphi_2 \quad (25\text{-}51)$$

$$M_m = \frac{p m_1 U_1^2}{4\pi f_1 (r_1 + \sqrt{r_1^2 + X_k^2}\ )} \quad (25\text{-}52)$$

$$P = \frac{Mn}{9550} \quad (25\text{-}53)$$

式中 E_1——定子感生电势，V；

K_e——电势常数；

f_1——定子电源频率，Hz；

Φ_m——主磁通的最大值；

K_m——电机的转矩常数；

I_2——转子电流，A；

$\cos\varphi_2$——转子功率因数；

p——定子的极对数；

m_1——定子的相数；

r_1——定子绕组的电阻，Ω；

X_k——电机短路电抗，Ω；

n——电动机转速，r/min。

异步电动机变频调速，当频率较高时，由于 $X_k \gg r_1$，故式 25-52 中 r_1 的影响可忽略，电动机电源电压 U_1，定子电源频率 f_1 与最大转矩 M_m 的变化满足下面的关系式

$$\frac{U_1}{f_1\ \sqrt{M_m}}=\text{常数} \tag{25-54}$$

当频率较低时，$r_1 \gg X_k$，忽略 X_k 的影响，则由式25-52可得

$$\frac{U^2}{f_1 M_m}=\text{常数} \tag{25-55}$$

异步电动机从基速向下调速时，为了不使磁通增加，通常采用 U/f=常数的控制方式。由式25-50可知，在调速过程中电机磁通可基本保持不变，考虑到定子电阻压降的影响，低频时电机磁通实际将略有减小，由式25-54、式25-55可知最大转矩 M_m 也将随频率的降低而减小。异步电动机采用压频比为常数控制时的机械特性如图25-46所示。

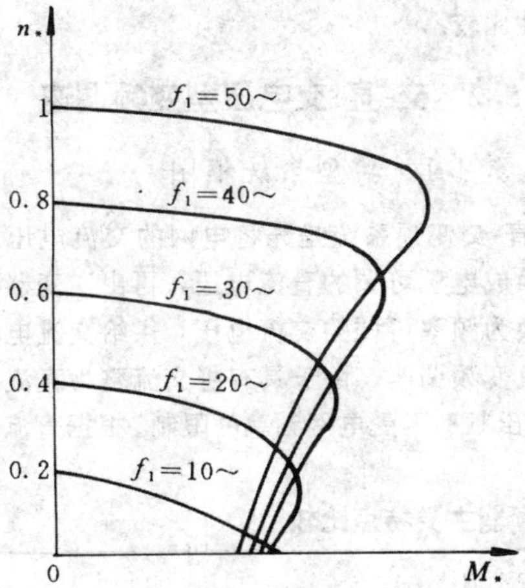

图25-46 U_1/f_1=常数时变频调速机械特性

为了能在低速时输出最大转矩不变，应采用 E_1/f_1=常数的协调控制。由式25-50可知，这时电机磁通保持恒定，因此异步电动机的效率、功率因数、最大转矩倍数均保持不变。但由于感应电势 E_1 难以测量和控制，故在实际应用中，一般可在控制回路中加入一个函数发生器控制环节，以补偿低频时定子电阻所引起的电压降，使电动机在低频时仍能近似保持恒磁通。

图25-47为函数发生器的各种补偿特性。图25-48为电压补偿后的恒转矩变频调速特性曲线。

电动机在额定转速以上运转时，定子频率将大于额定频率，但由于电动机绕组本身不允许耐受过高的电压，电动机电压必须限制在允许值范围内，这样就不能再升高电压采用 U_1/f_1 或 E_1/f_1 协调控制方式了。在这种情况下可以采取恒功率变频调速。由式25-50至25-53可得

$$\frac{U_1}{\sqrt{f_1 P}}=\text{常数} \tag{25-56}$$

如果要求恒功率调速运行，必须使 $U_1/\sqrt{f_1}$=常数，即在频率升高时，要求电压升高相对少些。实际上在额定转速以上调速时，由于电动机定子电压受额定电压的限制，因此升高频率时，磁通减少，转矩也减少，可以得到近似恒功率调速。

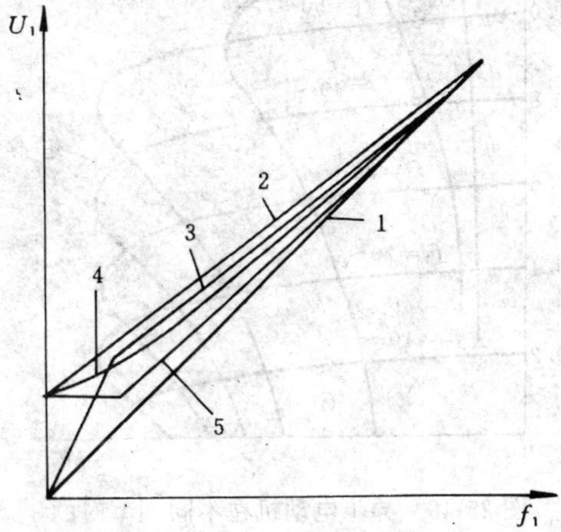

图25-47 恒磁通变频调速时的补偿特性

1—无补偿时 U_1 与 f_1 的关系；

2～5—为有补偿时各种 U_1 与 f_1 的关系

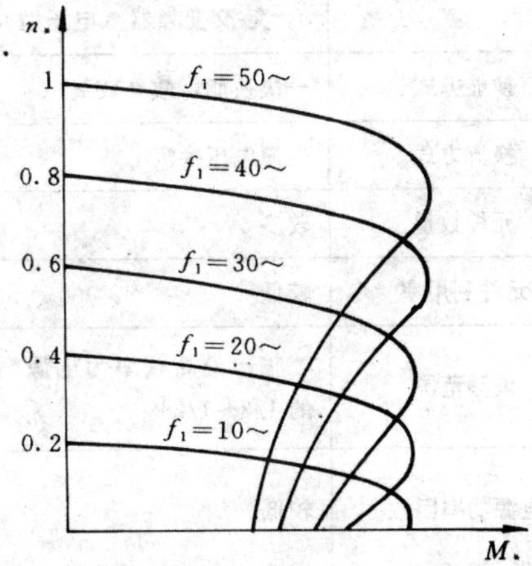

图25-48 补偿后的恒 M_m 变频调速的机械特性

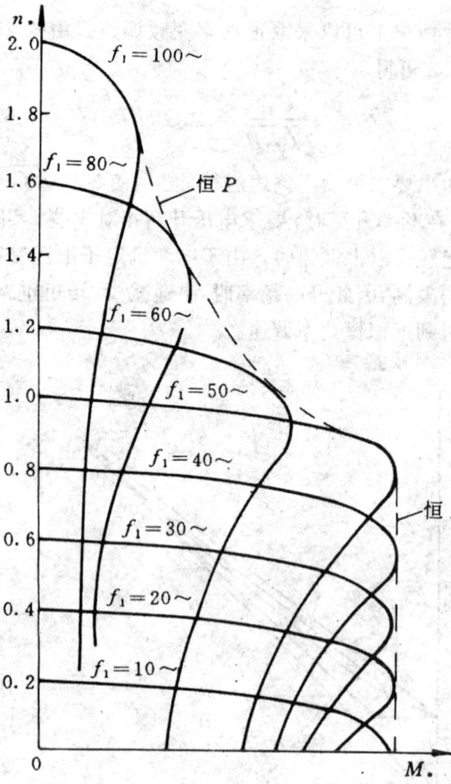

图 25-49　异步电动机在不同频率时的调速特性曲线

25.5.1.2　变频调速的分类

变频调速的变频电源可用旋转变频机组或静止变频装置。旋转变频机组由异步电动机（或同步电动机）——直流发电机和直流电动机——同步发电机两套机组构成。频率恒定的旋转变频机组则由一台恒速的原动机及一台同步发电机组成。由于旋转机组变频设备庞大，效率较低，性能较差，故已被静止变频装置取代。

静止变频可分为交-直-交变频和交-交变频两大类，交-直-交变频又可分为电压型和电流型两大类。交-交变频多为电压型，也有少量采用电流型的。

表 25-11 列出了交-直-交变频与交-交变频的主要特性比较，表 25-12 列出了交-直-交电压型与电流型的主要特性比较。

25.5.2　交-直-交电压型变频调速

25.5.2.1　典型系统框图

交-直-交变频系统是先将电网的交流电压通过整流器变换成电压可调的直流电压，再由逆变器将直流电压变换为频率可调的交流电压，供给交流电动机进行变压及变频调速。由于具有将交流整为直流的中间环节，输出频率不受电网频率的限制。根据直流的中间

表 25-11　交-交变频器与交-直-交变频器主要特点比较

比较内容	变频器类型	
	交-交变频器（电压型）	交-直-交变频器
换能方式	一次换能，效率较高	二次换能，效率略低
换流方式	电源电压换流	强迫换流或负载换流
元件数量	较多	较少
元件利用率	较低	较高
调频范围	输出最高频率为电源频率的 1/3～1/2①	频率调节范围宽
电源功率因数	较低	如用可控整流桥调压，则低频低压时功率因数较低，如用斩波器或是 *PWM* 方式调压，则功率因数高
适用场合	低速大功率传动	各种传动装置，稳频稳压电源和不间断电源

①指一般的采用电源电压换流的交-交变频器。

表 25-12 电流型与电压型交-直-交变频器主要特点比较

比较内容	变频器类型	
	电流型	电压型
直流滤波环节	电抗器	电容器
输出电压波形①	取决于负载，当为异步电动机时，近似正弦形	矩形
输出电流波型①	矩形	取决于逆变器电压与负载电动机电势，有较大的谐波分量
输出动态阻抗	大	小
再生制动	方便，主回路不需附加设备	需要在电源侧设置反并联逆变器
其它	(1) 可用普通晶闸管，但对耐压要求较高 (2) 有电流环控制，即使负载短路，仍可运行。能适应电动机堵转工作状态	(1) 需要快速晶闸管或自关断器件，关断时间短，电压变化率高，但对耐压要求较低 (2) 输出过载或短路时，保护随之动作，停止运行
适用范围	单机，不频繁切换的多机传动	多机传动，稳频稳压电源及不间断电源

①均指简单的三相桥式逆变器，既不用 *PWM*，也不用多重叠加。

环节滤波方法的不同，可分为电压型和电流型两种。电压型的直流环节采用并联电容器滤波，直流电压波形比较平直，等效阻抗较低，较适用于对多台电动机成组供电。输出电压波形为矩形波，而电流是由矩形波与电动机正弦感应电压之差形成的，故电流波形比较复杂。图 25-50 示出了典型交-直-交电压型变频调速系统框图。

图 25-50 是一种比较简单的电流内环、电压外环、频率开环的控制系统，整流器为三相全控桥，而逆变器采用带辅助晶闸管换流的变频器，为 180°导电型。

控制电路分两部分，整流桥的移相控制部分和逆变桥的频率控制部分。图中 GI 为给定积分器，将阶跃输入电压变为斜率可调的斜坡电压，作为变频器输出电压和输出频率的统一指令。GF 为函数发生器，用以产生如图 25-47 所示的 $U/f\approx$常数的协调曲线，在频率达到额定频率（50Hz）时，输出限幅，保证电动机由变频器的额定电压供电。AUR、ACR 分别为电压、电流调节器，BV、BC 分别为电压、电流检测变换器，它们构成如直流传动一样的电压、电流双闭环。BPF_1 为变频器整流侧的触发器。ALF 为频率给定的滤波环节，用以使频率给定回路的动态过程大体与电压闭环系统等效动态过程一致，使其在调频调压过程中电压与频率协调变化。BUF 为电压频率变换器，根据输入电压大小，转换成频率，是一种模-数变换器，要求有一定的频率范围，并且输入电压与输出频率按线性变化。PRC 为环形计数器，用以对输入频率进行分频，然后分为六路，各路在时间上相差 60°，送入逆变器触发器 BPF_2，分别控制各桥臂的开关元件。

必须指出，电压型变频器中的电流检测变换器 BC 输入信号也可以取自整流器 UR 输出端；电压检测变换器 BV 输入信号也可以取自中间直流回路中电抗器的下端头。

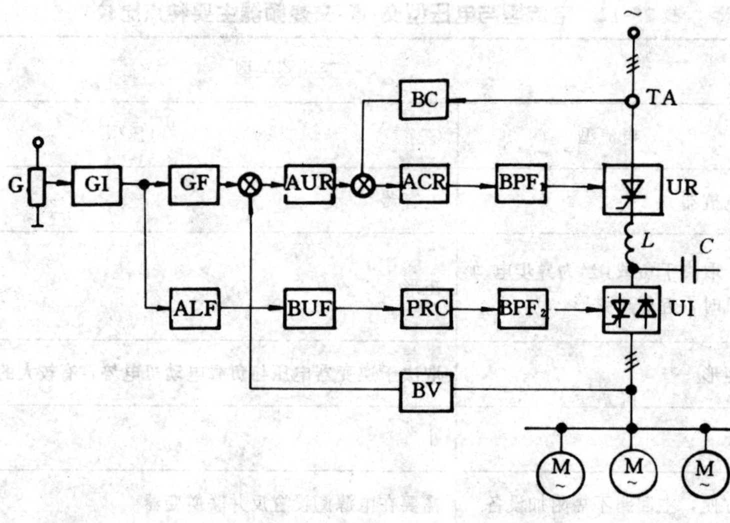

图 25-50 交-直-交电压型变频调速系统框图

G—给定电位器；GI—给定积分器；ALF—频率给定滤波器；GF—函数发生器；AUR—电压调节器；ACR—电流调节器；BUF—电压频率变换器；PRC—环行计数器；BPF_1、BPF_2—触发器；BC—电流变换器；BV—电压变换器；UR—整流器；UI—逆变器；TA—电流互感器

25.5.2.2 逆变器的工作原理

电压型逆变器直流中间环节采用大容量电容器滤波（通常使用电解电容），因此输出电压保持平直，不受负载影响，等值阻抗很小，可以看作电压源，故称之为电压型逆变器，基本电路及输出波形如图 25-51 所示。

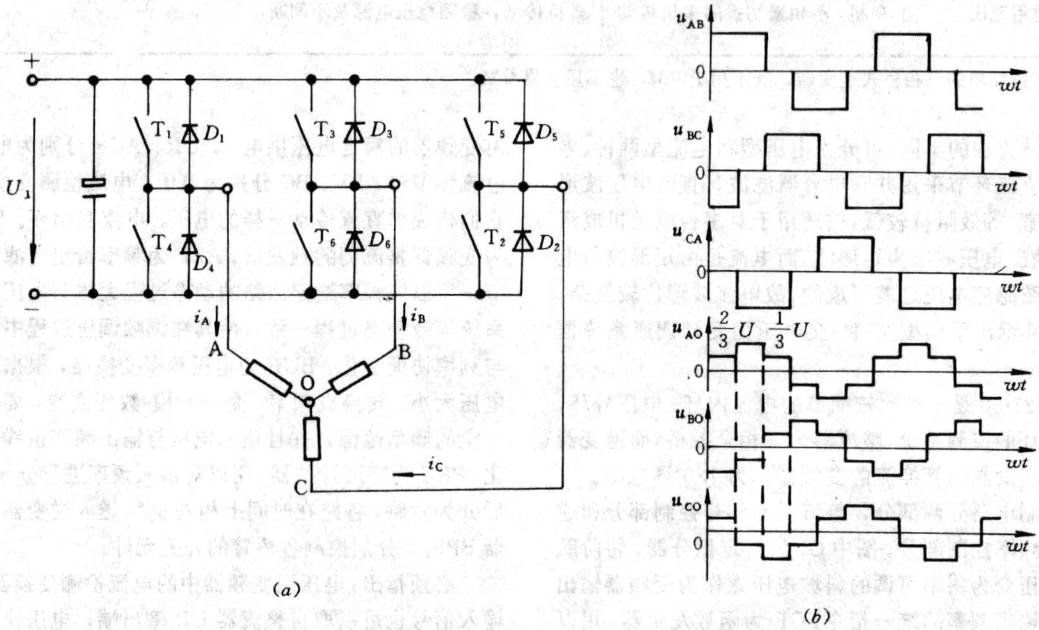

图 25-51 电压型逆变器（$U=U_{AB}=U_{BC}=U_{CA}$）

(a)—电压型逆变器基本电路；(b)—电压波型（180°通电型）

根据电压型逆变器中主逆变开关元件导通时间的不同，三相桥式电压型逆变器可分为180°通电和120°通电两种工作方式。180°通电型的特点，是每只主逆变开关元件的导通时间为180°，在任意瞬间有三只主逆变元件同时导通（每相桥臂有一只元件导通），它们的换流是在同一相桥臂内运行。180°通电型的优点是元件利用率高，输出电压稳定与负载无关。120°通电型的特点是每只主逆变元件的导通时间为120°，在任意瞬间只有两只主逆变元件同时导通，它们的换流是在相邻桥臂中进行。从换流安全的角度看，120°比180°通电型有利，这是因为同一相桥臂上的两只主逆变元件导通之间有60°的间隔。但由于在任意瞬间均有一相的两只主逆变元件都处于关断状态，这点电位受负载影响很难确定，因此对于电动机类负载，输出电压基波的大小及相位均与负载有关，因此很难确定其输出电压波形。由于这个原因目前几乎所有的电压型逆变器都采用180°通电工作方式。180°导通电压型逆变器导通顺序及输出电压值见表25-13。

表25-13　180°导通电压型逆变器导通顺序及相电压值

$\omega_1 t$		0°～60°	60°～120°	120°～180°	180°～240°	240°～300°	300°～360°
导通的晶闸管		T_1 T_2 T_3	T_2 T_3 T_4	T_3 T_4 T_5	T_4 T_5 T_6	T_5 T_6 T_1	T_6 T_1 T_2
负载等值电路		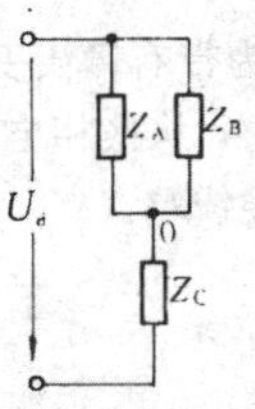	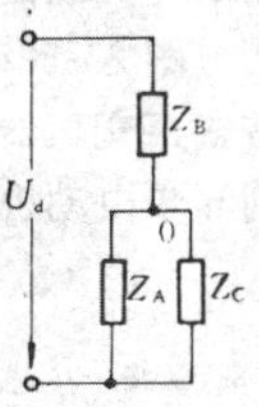	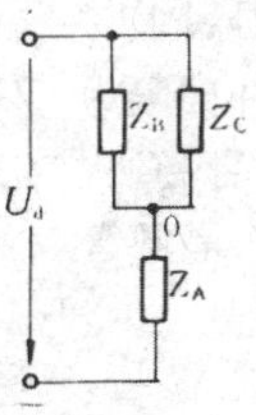	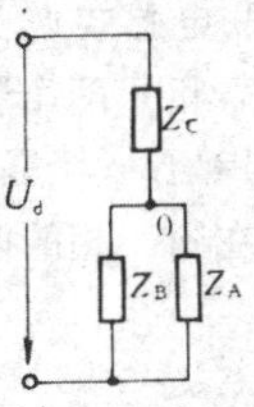	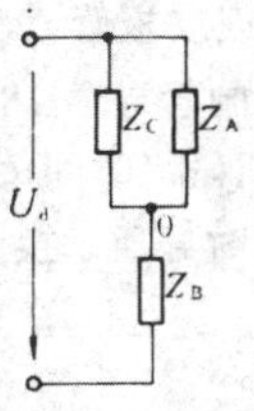	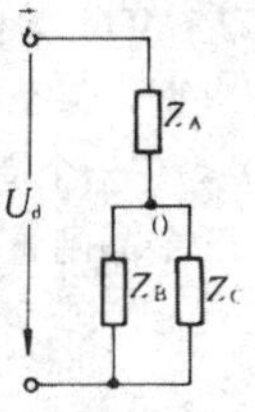
输出相电压值	U_{AO}	$+\frac{1}{3}U_d$	$-\frac{1}{3}U_d$	$-\frac{3}{2}U_d$	$-\frac{1}{3}U_d$	$+\frac{1}{3}U_d$	$+\frac{3}{2}U_d$
	U_{BO}	$+\frac{1}{3}U_d$	$+\frac{2}{3}U_d$	$+\frac{1}{3}U_d$	$-\frac{1}{3}U_d$	$-\frac{2}{3}U_d$	$-\frac{1}{3}U_d$
	U_{CO}	$-\frac{2}{3}U_d$	$-\frac{1}{3}U_d$	$+\frac{1}{3}U_d$	$+\frac{2}{3}U_d$	$+\frac{1}{3}U_d$	$-\frac{1}{3}U_d$
输出线电压值	U_{AB}	0	$-U_d$	$-U_d$	−0	$+U_d$	$+U_d$
	U_{BC}	$+U_d$	$+U_d$	0	$-U_d$	$-U_d$	0
	U_{CA}	$-U_d$	0	$+U_d$	$+U_d$	0	$-U_d$

根据图25-51b的电压波形，可导出180°通电工作方式下的三相桥式电压型逆变器直流输入与交流输出量间的关系

$$U_{AB}=\sqrt{\frac{1}{2\pi}\int_0^{2\pi}U_{AB}^2\mathrm{d}t}=\sqrt{\frac{2}{3}}U_d=0.816U_d \qquad (25\text{-}57)$$

$$U_{A0}=\sqrt{\frac{1}{2\pi}\int_0^{2\pi}U_{AO}^2\mathrm{d}t}=\frac{\sqrt{2}}{3}U_d=0.471U_d \qquad (25\text{-}58)$$

式中　U_{AB}——逆变器输出线电压有效值，V；

U_{A0}——逆变器输出相电压有效值，V；

U_d——直流电压，V。

对逆变器输出电压进行谐波分析，将其分解成傅立叶级数得

$$U_{AB}=\frac{2\sqrt{3}}{\pi}U_d(\sin\omega t-\frac{1}{5}\sin5\omega t-\frac{1}{7}\sin7\omega t+\frac{1}{11}\sin11\omega t+\cdots) \qquad (25\text{-}59)$$

基波电压有效值U_{AB1}与直流电压的关系为

$$U_{AB1}=\frac{\sqrt{6}}{\pi}U_d=0.780U_d \qquad (25\text{-}60)$$

按照能量守恒关系，可得出输出线电流的有效值

I_L 与输入直流电流 I_d 的关系为

$$I_d=\frac{3\sqrt{2}}{\pi}I_L\cos\varphi=1.35I_L\cos\varphi \tag{25-61}$$

式中 $\cos\varphi$——负载的功率因数。

25.5.2.3 电压型逆变器换相电路及参数计算

逆变器输出作为交流电动机的电源时，由于负载呈感性，所以如采用晶闸管做为主逆变开关元件，则必须采用强迫关断线路，并且主逆变开关元件必须采用快速关断晶闸管。常用的晶闸管电压型逆变器线路及其换相电路有以下几种。

(1)串联电感式换相，其换相电路及换相波形如图25-52所示。图中 $VT_1\sim VT_6$ 为主晶闸管，C_O 为直流滤波电容，$L_1\sim L_6$ 为换流电感，$C_1\sim C_6$ 为换流电容，$VD_1\sim VD_6$ 为反馈二极管。串联电感式逆变器属180°导电型，每个晶闸管导通180°，相邻两个脉冲间隔为60°，在一个周期任何时间每相都有一个晶闸管导通，即三个晶闸管同时导通。换向在同一相的两个晶闸管间进行。这种换相电路的特点是借助于换相电容 C_1 和 C_4 及换向电感 L_1 和 L_4 来实现换相的。为在高电感负载时能顺利换流，要求触发脉冲宽度为120°，一般采用脉冲列触发。主晶闸管承受的 $\frac{du}{dt}$ 值较低。换相电路不需要附加辅助的晶闸管，电路简单。但流过晶闸管的电流除负载电流外，还有换相电容的充电电流和放电电流，这个电流和负载电流是同一数量级的。当逆变器输出频率较高时，环流比重较大，故此线路不适用于较高频率下工作。且换相能力受直流电压的影响，当换流参数一定且负载电流一定时，晶闸管的反压时间 t_0 随直流电压 U_d 降低而减少，故不适合调速范围大的场合。由于换相环流较大，换向效率较差，亦不适合用于大功率，频率也不宜太高。一般常用于频率固定或变化较小的变频器。

图25-52*a* 为带有输出变压器的换相电路，也有不带输出变压器的，从换相电路A、B、C三点引出，接到异步电动机接线端。

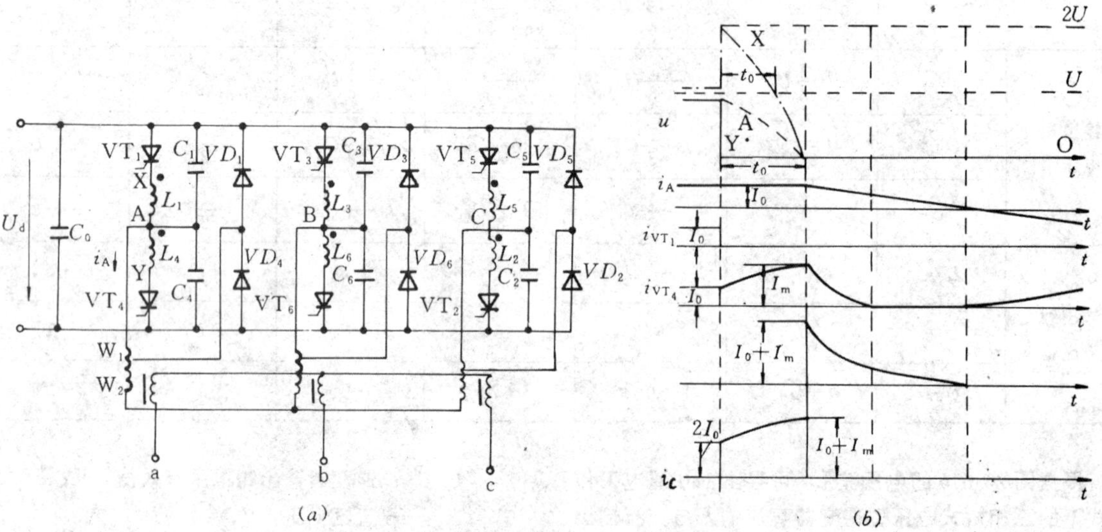

图 25-52 串联电感式换相电路

(*a*) 一电路原理图；(*b*) 一换相波形

(2) 电感储能式换相，其换相电路及换相波形如图25-53所示。其中 $VT_{11}\sim VT_{16}$ 为主晶闸管，$VT_{21}\sim VT_{26}$ 为换流用辅助晶闸管，$VD_{11}\sim VD_{16}$ 为反馈二级管，$C_1\sim C_3$ 为换相电容，$L_{11}\sim L_{16}$ 为换流电感，$L_{21}\sim L_{26}$ 用以限制 $\frac{di}{dt}$，电感量很小。这种电路的换相是靠触发辅助晶闸管完成的，逆变器的损耗小，换相能力受直流电压变化的影响较小，且可随负载电流增大而增强，故调速范围大，对负载有较好的适应能力，换相电容的充电、放电电流由换相辅助晶闸管承受，不流过主晶闸管，辅助晶闸管对 $\frac{di}{dt}$ 及 $\frac{du}{dt}$ 值无严格要求，辅助晶闸管则需要有比主晶闸管高的耐压。系统所用晶闸管数量较多，触发电路复杂，且换相电容的充电电压随负载电流的增加而升高，必须对可能出现的最大负载电流加以限制。这种电路适合于要求过载能力强的逆变器，可作 PWM 方式运行。

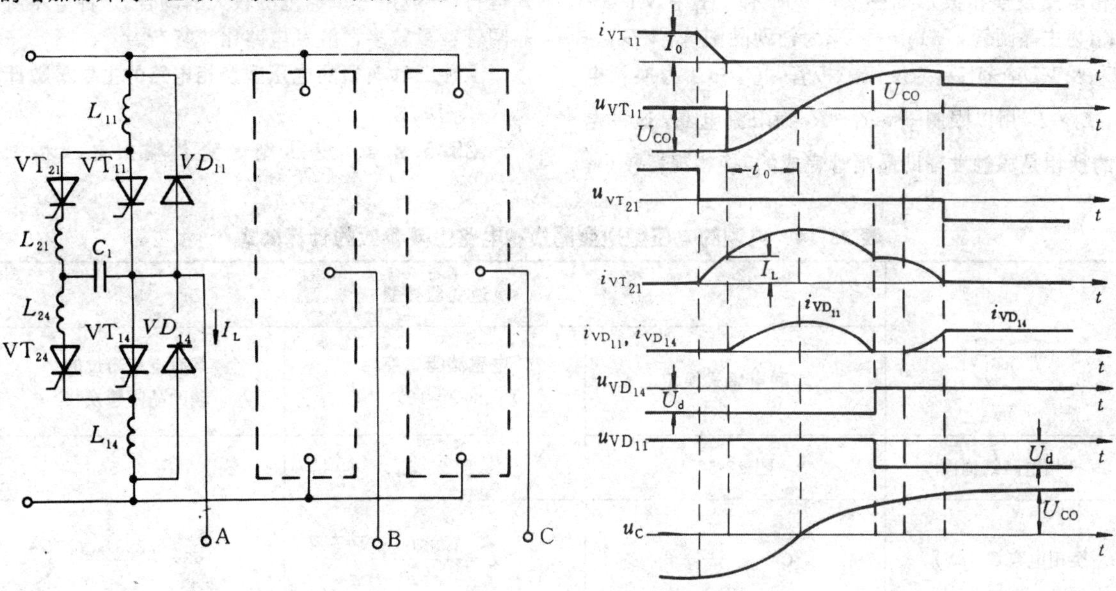

(a) (b)

图 25-53 电感储能式换相电路

(a) —电路原理图；(b) —换相波形

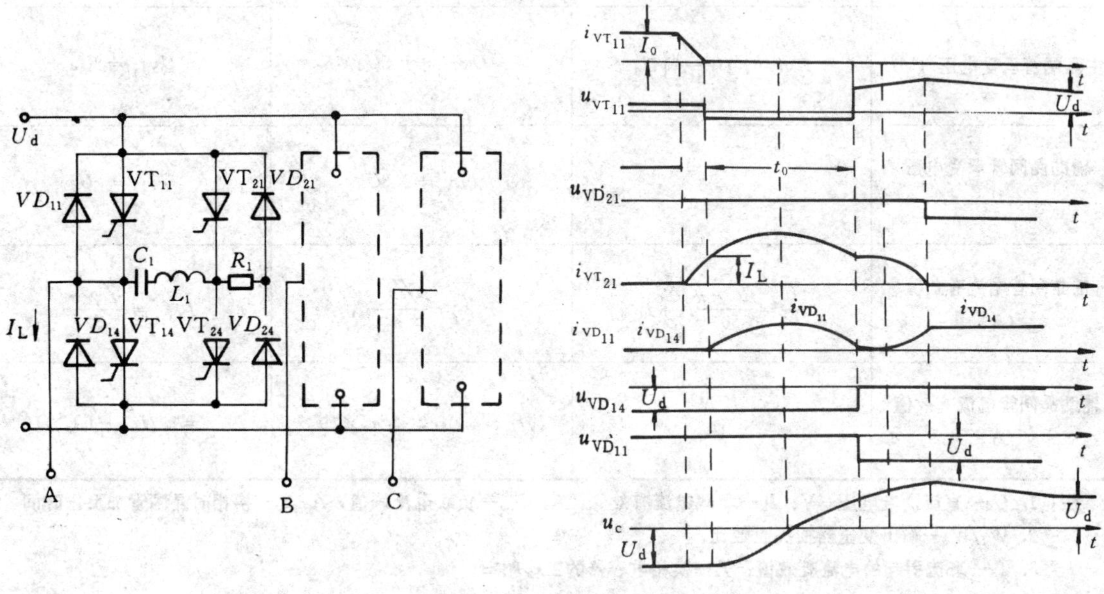

(a) (b)

图 25-54 具有电压箝位的辅助晶闸管换相电路

(a) —电路原理图；(b) —换相波形

(3) 具有电压箝位的改进型辅助晶闸管换相，其换相电路及换相波形如图 25-54 所示。图中 VT_{11}～VT_{16}为主晶闸管，VT_{21}～VT_{26}为辅助晶闸管，VD_{11}～VD_{16}及 VD_{21}～VD_{26}为反馈二极管，C_1～C_3 为换相电容，L_1～L_3 用以限制$\frac{di}{dt}$，R_1～R_3 为限流电阻。这种电路的换相是靠触发辅助晶闸管完成的，换相损耗较小，换相能力受直流供电电压的影响，适合于作 PWM 方式运行，一般用于调速范围较大的场合。这种电路所用晶闸管数量较多，触发电路比较复杂。

上述三种典型的电压型换相电路的主要参数计算见表 25-14。

25.5.2.4　电压型逆变器输出电压控制

表 25-14　典型的电压型逆变器换相电路主要参数的计算公式

项　目	逆变器类型		
	串联电感式换相	电感储能式换相 ($Q=10$)	具有电压箝位的辅助晶闸管换相
换相电路结构图	图 25-52	图 25-53	图 25-54
换相电容 C (μF)	$C=\frac{t_0 I_{Lm}}{0.425U_d}$	$C=\frac{1.80I_{Lm}t_0}{U_d}$	$C=\frac{0.893I_{Lm}t_0}{U_d}$
换相电感 L (μH)	$L=\frac{t_0 U_d}{0.425I_{Lm}}$	$L=\frac{0.34t_0U_d}{I_{Lm}}$	$L=\frac{0.397U_dt_0}{I_{Lm}}$
主晶闸管承受电压 (V)	$U_{VT}=\left(1+\frac{W_1}{W_2}\right)U_d$	$U_{VT_{11}}\doteq 1.5U_d$	$U_{VT_{11}}\doteq 2U_d$
辅助晶闸管承受电压 (V)		$U_{VT_{21}}\doteq 2.3U_d$	$U_{VT_{21}}\doteq 2U_d$
主晶闸管电流有效值 (A)	$I_{VT}=\frac{\sqrt{2}\pi}{6}I_L+I_K$	$I_{VT_{11}}=\frac{\sqrt{2}\pi}{6}I_L$	$I_{VT_{11}}=\frac{\sqrt{2}\pi}{6}I_L$
辅助晶闸管电流有效值 (A)		$I_{VT_{21}}=4.0I_{Lm}\sqrt{f_ct_0}\times10^{-3}$	$I_{VT_{21}}=1.7I_{Lm}\sqrt{f_ct_0}\times10^{-3}$

注：1. U_d—直流供电电压，V；I_L—负载电流有效值，A；I_{Lm}—负载电流峰值，A；t_0—换相时晶闸管加反压时间，μs。
2. W_1/W_2—输出变压器抽头匝数比。
3. I_K—环流引起的电流有效值；f_c—换相电容器的工作频率。

在变频调速中，额定转速以下的调速通常采用恒磁通变频原则，即要求磁通 Φ_m＝常数，其协调控制条件是 U/f＝常数，在变频同时必须改变电压。常用的几种调节输出电压的方法及其特点如表 25-15 所示。

表 25-15 各种调压方式优缺点比较

调压方式	线路结构	特点及适用范围
调节交流输入电压	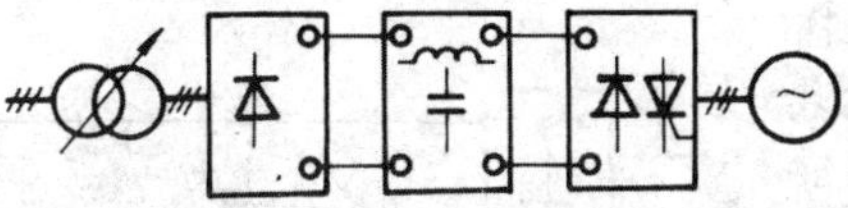	控制简单、所需滤波器体积小、功率因数高。交流调压设备体积和质量大、反应速度慢（变压器也可置于输出侧，但由于变压器按低频设计，体积增大）。适用于小容量，运行频率固定不变或很少改变的场合
相位控制调节直流电压	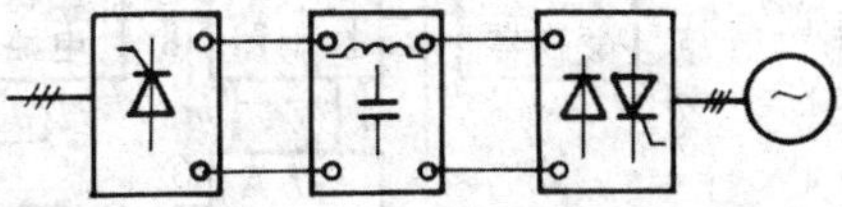	控制简单、体积小、调压速度快。深控时直流电压脉动大、滤波器体积增大、功率因数降低。适合于调速范围不大的场合，不适用于长期处于低速运行
逆变器输出矢量叠加调压	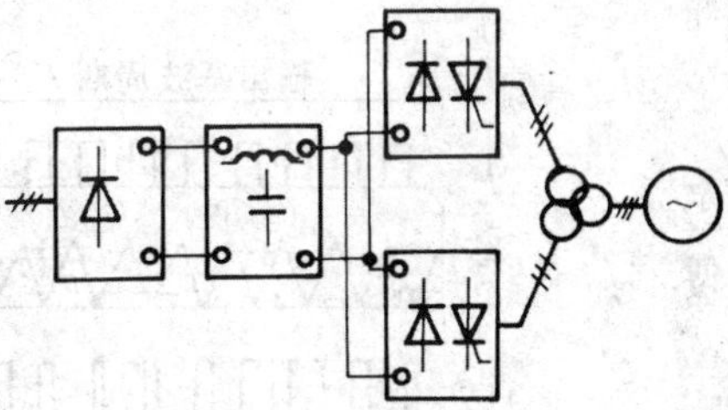	调压速度快、功率因数较高，滤波器体积小。输出电压低时，谐波含量大，控制较复杂，需有特殊的输出变压器。 适用于输出功率较大，调速范围不大的场合。
直流斩波器调压	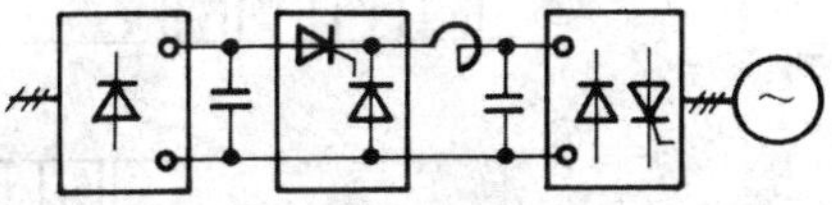	调压速度快、功率因数较高，多个逆变器可接在一个公共的直流母线上工作。较其它调压方式多一个功率变换级，损耗将增加，适用于小容量、调速范围不大的场合
脉宽调制调压	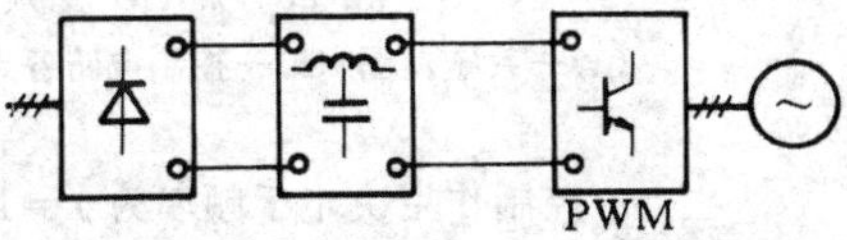	调压速度快，功率因数高，滤波器体积小。即使在很大的调节范围内，输出波形中的低次谐波含量小。控制较复杂，在逆变器中宜用具有自关断能力的电力半导体元件。若采用晶闸管元件，因换相损耗增大，效率将降低。适于高性能要求，调速范围很大的使用场合

25.5.2.5 脉冲宽度调制（PWM）变频调速系统

脉冲宽度调制（PWM）变频器的输出变频变压都是由逆变器承担，通过改变脉宽控制其输出电压，通过改变调制周期来控制输出频率。PWM 逆变器的直流电源可采用不可控整流，使其输出电压恒定不变，这样不但可提高系统的功率因数，而且一套整流器可供多套逆变器共用，在直流母线上得到再生能量的交换，每套装置又可同时传动几台电机以实现多机传动。所以 PWM 型变频器的特点是：主回路简单，功率因数高，由于采用高频调制，输出波形改善，转矩脉动小，但控制回路复杂。然而，随着具有自关断功能的大功率晶体管（GTR）、可关断晶闸管（GTO）以及场效应晶闸管（MOSFET）等新型器件的实用化以及微电子技术的成熟运用，PWM 变频器的应用越来越广，特别适用于轧钢车间的辊道调速传动。其系统框图如图 25-55 所示。

脉宽调制的方法很多，各种方法在逆变器输出电压的谐波含量方面有所不同，系统控制的复杂程度也不同。典型的三种脉冲宽度调制方案为单脉冲、多脉冲和正弦脉冲。

A 单脉冲调制

图 25-56*a* 表示单脉冲调制的输出电压波形。假定脉冲宽度 δ 在 $0\leqslant\delta\leqslant\frac{2\pi}{3}$ 范围内作对称调节，则可用傅氏级数展开图 25-56*a* 中电压 u_0 的波形。

$$u_0=\sum_{n=1,3,5\cdots}^{\infty}a_n\sin\omega t \tag{25-62}$$

式中
$$a_n=\frac{4U_d}{n\pi}\sin\frac{n\delta}{2} \tag{25-63}$$

根据 $n=1$、3、5 和 7 所得的比值 $a_n/a_{1_{max}}$ 对 δ 的关系曲线如图 25-56*b* 所示，其中 $a_{1_{max}}$ 是当 $\delta=\frac{2\pi}{3}$ 时得到的矩形波基波分量的幅值。

B 多脉冲调制

在低输出电压时，使每半周具有多个脉冲的调制法能显著减小谐波含量。由此可得到图 25-57*a* 所示的输出电压波形。每半周的脉冲数为

$$N=\frac{f_p}{2f}=\text{整数} \tag{25-64}$$

式中 f_p——每秒中脉冲数；

f—输出电压频率 $f=1/T$。

为了使输出电压从零变化到最大值 U_d，脉冲宽度 δ 必须在 $0\leqslant\delta\leqslant\pi/N$ 的范围变化。输出电压谐波含量当 $N=3$ 和 $N=10$ 时如图 25-57*b* 所示。

C 正弦脉冲调制

采用正弦脉冲调制的输出电压波形如图 25-58*a* 所示，在此波形中，脉冲宽度是每个脉冲在周期中所处相位角的正弦函数，图 25-58 波形所采用的是单极性正弦波脉冲调制方式，与之相对应的是双极性调制。

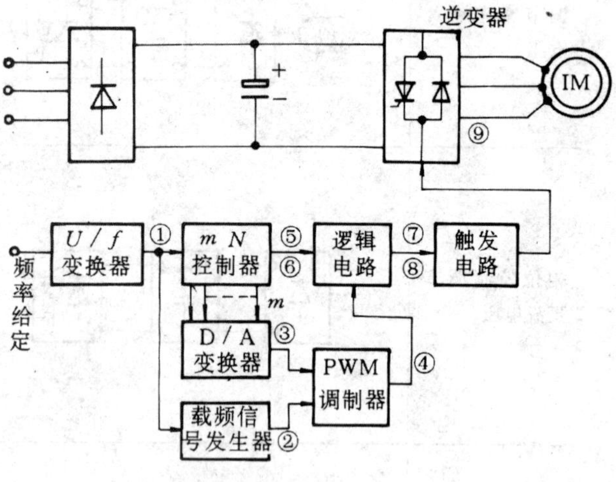

(*a*)

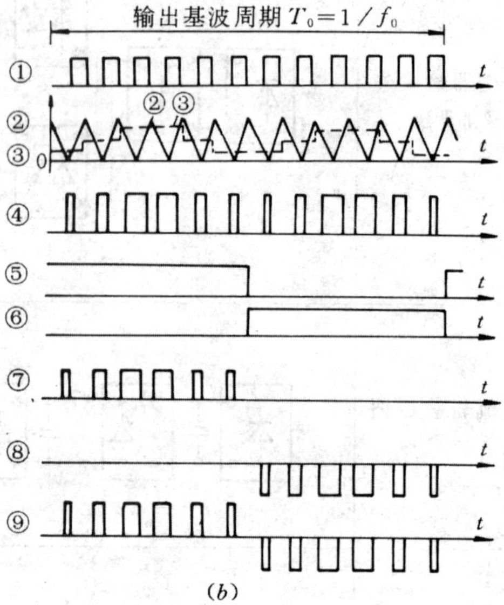

(*b*)

图 25-55 PWM 变频调速系统

(*a*)—系统框图；(*b*)—控制电路各点波形；*m*—调制系数

控制作用决定于频率为 $f=1/T$ 而幅值 A 可调的正弦波，以及具有直流分量值 A_P、频率 f_p 及固定幅值 $2A_P$ 的三角波，N 是每半周电压脉冲的数目。根据正弦波与三角波的交点可确定晶闸管开通和换相的角度。

只要改变幅值 A，就能控制输出电压，A 的调节范围为 $0 \leqslant A \leqslant A_{max}$，其中 $A_{max} > 2A_P$。图 25-59 示出了当 $N=10$，$n=3$、5、7 时 $a_n/a_{1_{max}}$ 与 A/A_P 的函数关系曲线。

当 $0 \leqslant A/A_P \leqslant 2$ 时，所有 $n<2N$ 次的谐波均被消除掉，当 $A/A_P>2$ 时由于脉冲宽度不再是脉冲相位角的正弦函数，就出现了低次谐波。

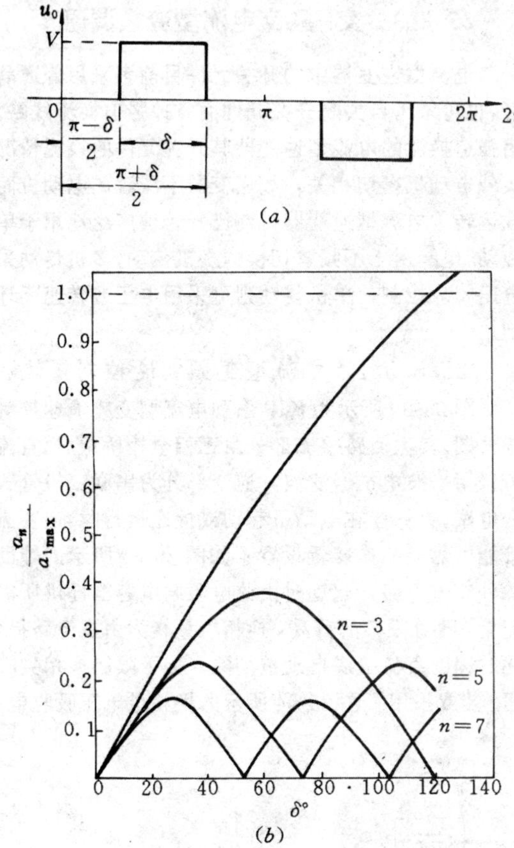

图 25-56 单脉冲调制

(a) 一输出电压；(b) 一谐波含量

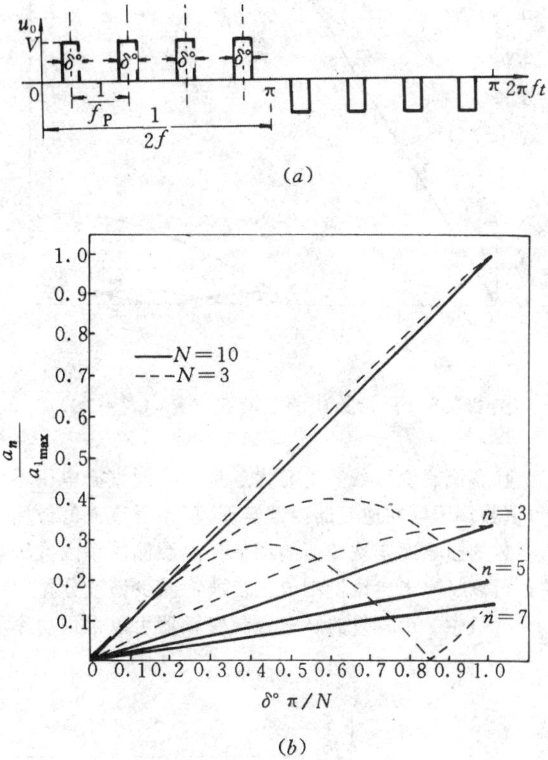

图 25-57 多脉冲调制

(a) 一输出电压；(b) 一谐波含量

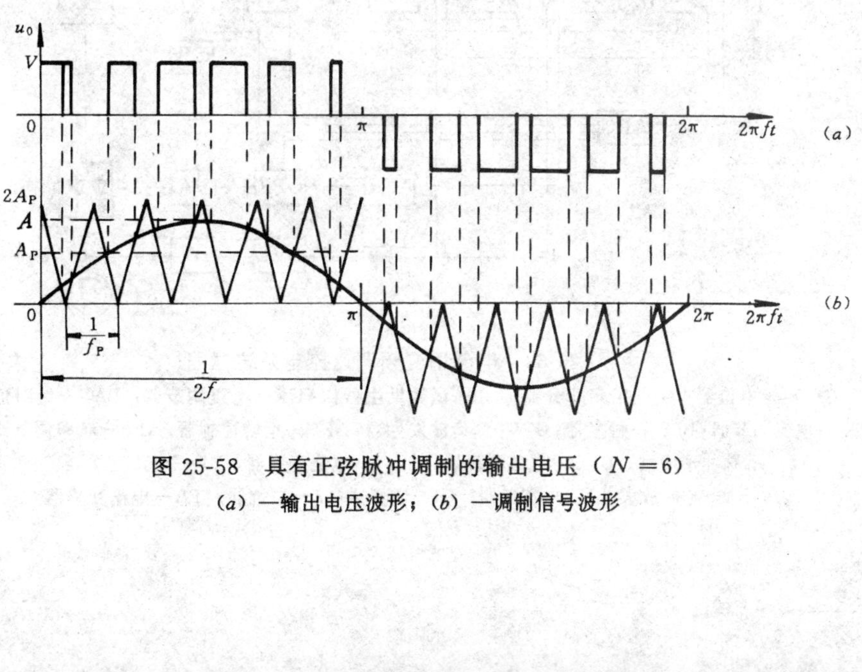

图 25-58 具有正弦脉冲调制的输出电压（$N=6$）

(a) 一输出电压波形；(b) 一调制信号波形

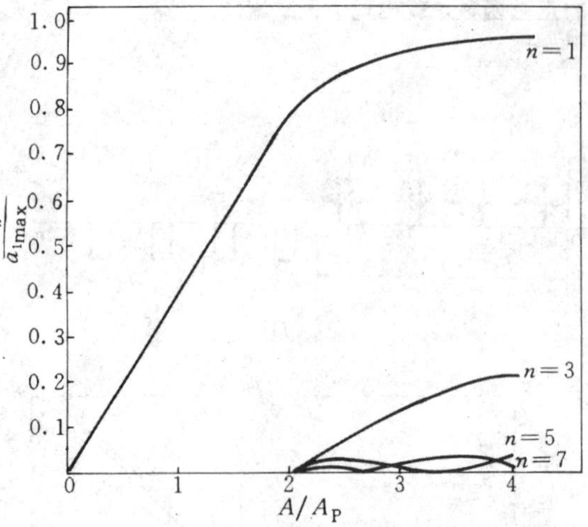

图 25-59 正弦脉冲调制谐波含量（$N=10$）

脉宽调制变频器的主要优点是：中间直流电压不变；调频调压均在逆变器内部实现，可不受直流滤波回路参数的影响而实现快速的调节；电源侧功率因数较高；可以将输出电压调制成正弦波，减少谐波分量。

一般中、小容量的脉宽调制变频器可以采用功率晶体管GTR或IGBT作为逆变器的开关元件，容量较大者则可以采用可关断晶闸管（GTO）。

25.5.3 交-直-交电流型变频调速

电流型逆变器中的开关元件目前多采用普通晶闸管，也可采用自关断开关元件而省掉强迫换流线路。采用强迫换流的电流型逆变器其开关元件的换流情况与负载电动机密切相关，故逆变器不能脱离电动机而空载运转。电流型逆变器目前已开始被广泛地用于单机传动，也能用于不频繁切换的多机传动。多机传动采用电压闭环控制，单机传动则可采用电压或转速闭环控制。

25.5.3.1 电流型变频调速控制系统

图 25-60 所示为KJP系列电流型变频调速控制系统框图。其主回路整流部分由三相全控桥组成，直流环节采用平波电抗器滤波，逆变部分为串联二极管式逆变电路。为保证在电动机起动或低速运行时，逆变晶闸管能可靠换相，装置设置了如图 25-65 所示的辅助电源外充电电路，起动时由此电源向电容器提供所需的能量，随着频率的升高，换相能量转为由主电路提供，此时辅助直流电源自动被切除。为了限制换相尖峰电压，装置采用了图 25-64 所示的换相过电压吸收电路。

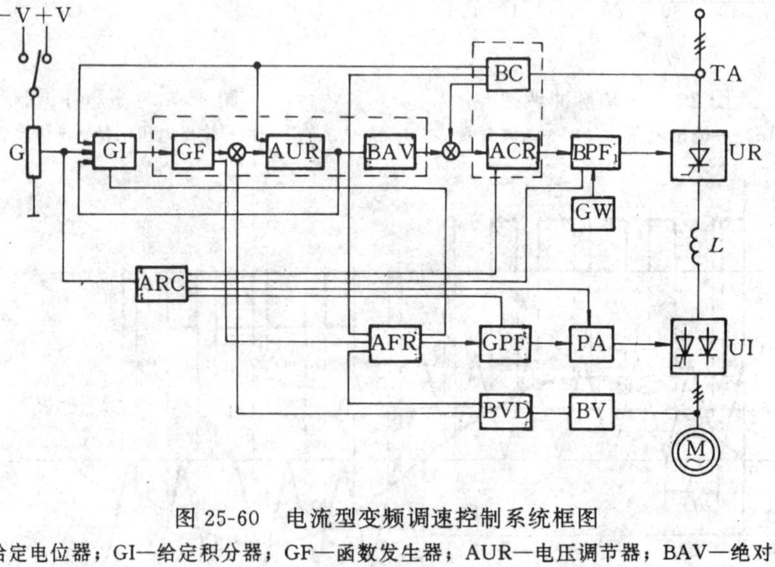

图 25-60 电流型变频调速控制系统框图

G—给定电位器；GI—给定积分器；GF—函数发生器；AUR—电压调节器；BAV—绝对值变换器；ACR—电流调节器；BPF_1—触发器；GW—锯齿波发生器；ARC—运转控制器；AFR—频率调节器；GPF—脉冲形成器；BVD—电压隔离器；BC——电流变换器；BV—电压变换器；PA—脉冲放大；UR—整流器；UI—逆变器；L—电抗器；TA—电流互感器

控制系统工作原理为：

(1)给定积分器GI根据电动机的工作状况自动限制加减速时间和输出频率，防止电动机失控。

(2)电压调节器AUR内部包括函数发生器GF和绝对值变换器BAV函数发生器的作用是在低频时适当提高电机端电压，补偿定子电阻压降，力求做到E/f=常数，在AUR的输入端还引入电流正反馈信号，对受负载影响的电机定子压降运行自动补偿。

(3) 电流调节器ACR将电流反馈信号与输出电流的给定信号进行比较，实现对电机电流的自动控制。

(4) 锯齿波发生器GW将正弦波同频信号转换成锯齿波信号提供给触发脉冲板。

(5) 触发脉冲板BPF1根据电流调节器输出的控制信号U_c，产生整流器的触发脉冲。

(6)电压隔离器BVD的作用是将控制电路与主电路之间进行隔离，为系统提供电压反馈信号。

(7) 频率调节器AFR主要包括：给定滤波器、频率补偿、电压频率变换器、数控分频器和超速检测等。在此环节内，将函数发生器内绝对值运算器的输出信号进行滤波，然后经电压频率变换器转换成输出频率与输入电压大小成比例变化的数字信号，其输出根据需要进行分频以决定逆变器输出的最高频率。

(8)脉冲形成器GPF的核心是一可编程的只读存储器。本装置在低频范围采用PWM控制方式，以削弱低速时由于转矩脉动所引起的转速不匀。PWM工作模式储存在存储器中。PWM切换电路采用数字式带回环的频率比较器，由于回环的存在从而避免了在PWM切换点产生振荡现象。

此环节还可提供正反转控制端、脉冲封锁端、触发脉冲记忆控制端和数字频率表指示信号等。

(9)脉冲放大PA。晶闸管对其控制极脉冲的触发功率和上升沿有一定的要求，另外为缩小脉冲变压器的体积，应将PA输出的宽脉冲进行调制。脉冲放大电路可以满足上述要求。

(10) 运转控制器ARC可提供系统停止、起动时对触发脉冲的封锁与开启信号、强制推β信号、ACR锁零信号、正反转切换信号、电动机堵转信号、外充电控制以及执行各种功能所需要的延时等。

与电压型变频系统不同，电压反馈不能取自中间直流回路而取自逆变器输出端。电流型变频调速系统为可逆系统，可四象限运行，根据正、反转要求，给定积分器输出正、负极性不同电压。

带补偿的E/f恒定控制电流型变频系统适用于中大容量的单机传动，也有用于如轧钢车间辊道等多机传动。

电流型逆变器还可用一套装置，顺序直接起动、制动数台电动机，以保证减少电动机起动时对电网的冲击，并使其能按工艺要求间歇运行，同时达到节能的目的。如某钢铁厂的热轧厂板坯水冷系统安装的4台560kW、3kV水泵笼型电动机，采用一套720kVA电流型VVVF系统，作为变频起动装置。

25.5.3.2 变频器工作原理

交-直-交电流型变频器主要由整流器、滤波器、逆变器及控制触发电路组成。整流器一般采用三相桥式晶闸管整流电路，滤波器采用平波电抗器，逆变器通常采用串联二极管式换相的晶闸管逆变电路。变频器主回路如图25-61所示。

基本的三相桥式电流型逆变电路属于120°通电

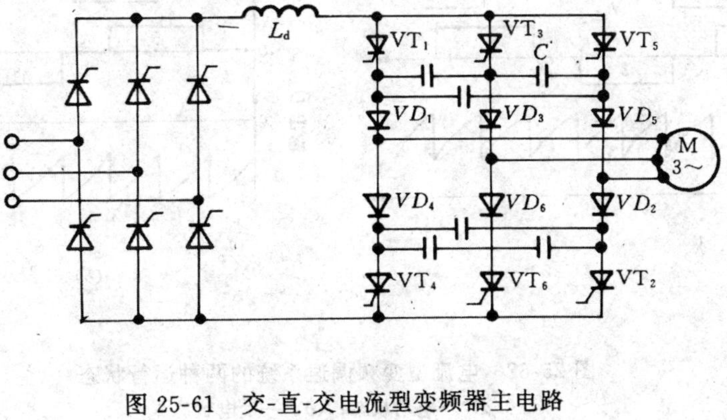

图25-61 交-直-交电流型变频器主电路

型，逆变器在任意瞬间只有两个晶闸管导通，电动机的旋转方向由晶闸管的导通顺序决定，正转时晶闸管VT的触发顺序为1、2、3、4、5、6、1…，反转时触发顺序为6、5、4、3、2、1、6…，各触发脉冲间隔60°电角度，每个晶闸管导通120°，输出电流波形为120°矩形波，当负载为异步电动机时，输出电压由电动机感应电势决定，是具有换相脉冲电压尖峰的正弦波。

电流型变频器与电压型变频器之间的最大区别在于，前者采用大电感滤波，而后者则采用大电容滤波。由于电流型变频器直流回路采用大电感滤波，所以直流电流脉动很小，波形较平直，等值阻抗很高，输出电流为矩形波。由于是采用电流强制，只要改变整流电源电压极性，就能实现回馈制动。由于直流回路的电流流动方向不变，故整流器可采用不可逆三相全控桥整流电路。在电动运行时，整流电压为正极性，电能从电网通过整流器传送给逆变部分，当电动机处于再生发电制动时，整流电压为负极性，电能由逆变部分经整流器回馈到电网，图25-62示出了这两种工作状态。这两种工作状态下的控制特性及整流器与逆变器两者的对应关系如图25-63所示。

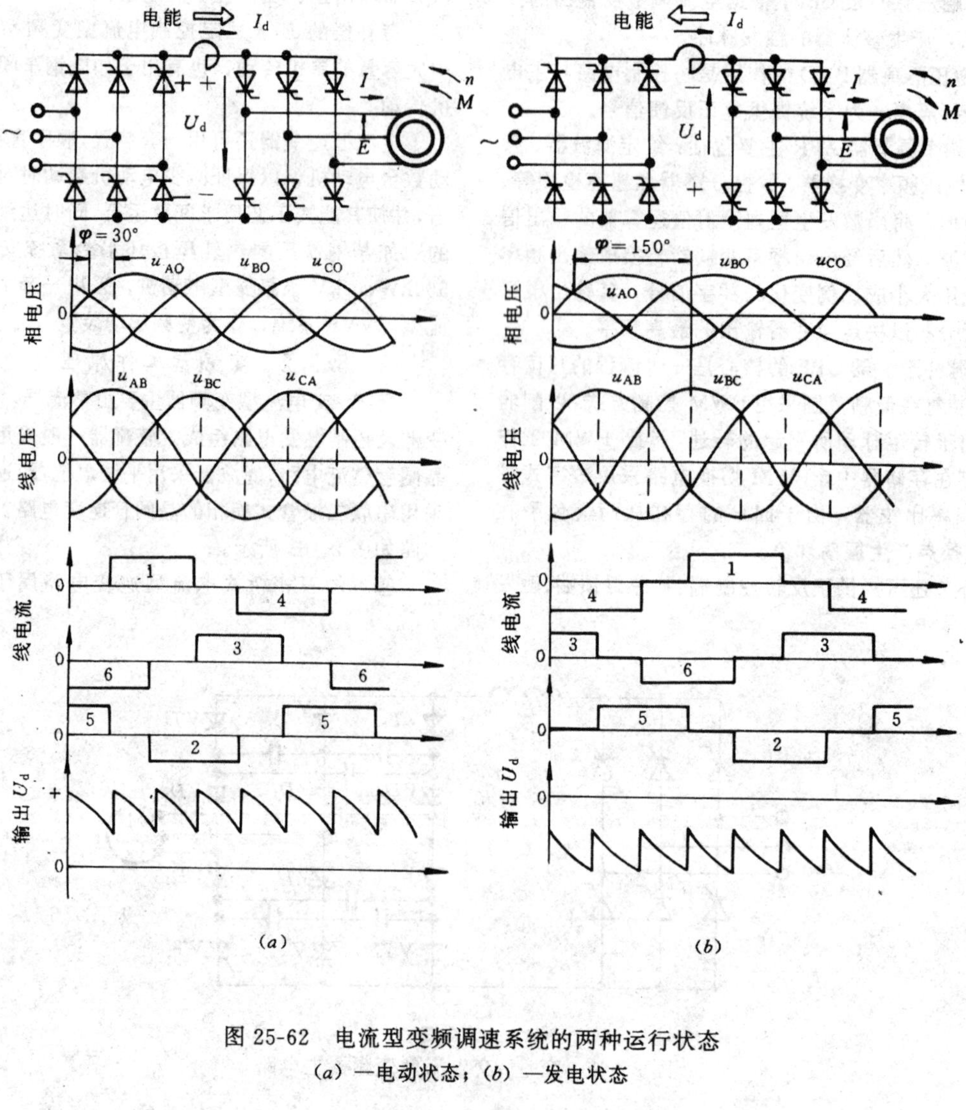

图25-62 电流型变频调速系统的两种运行状态

(a)—电动状态；(b)—发电状态

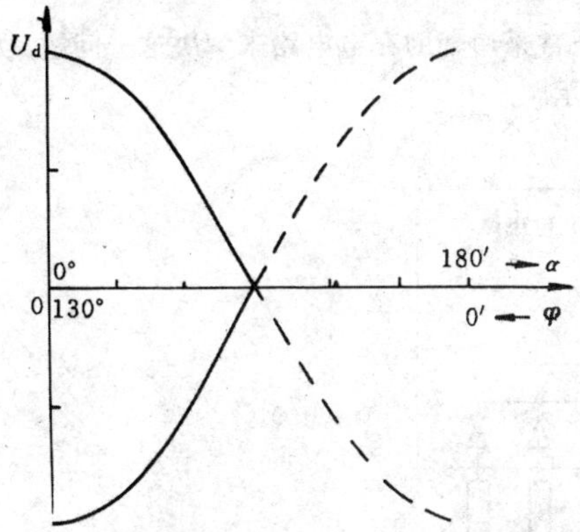

图 25-63　电流型变频调速系统的控制特性

25.5.3.3　电流型逆变器的主回路电路

电流型逆变器最常用的逆变电路如图 25-61 所示。这种串联二极管式电路具有简单、可靠的优点。其缺点是在换相过程中，储存在电动机漏抗中的能量完全依靠换相电容吸收，会引起过高的换相过电压。为了解决这一问题可在逆变器输出设置一过电压吸收环节，如图 25-64 所示。对于大容量的逆变器为减少损耗、提高效率，可采用图 25-64*c* 所示电路，通过附设的逆变装置及变压器将这部分换相能量完全回馈到交流电网。

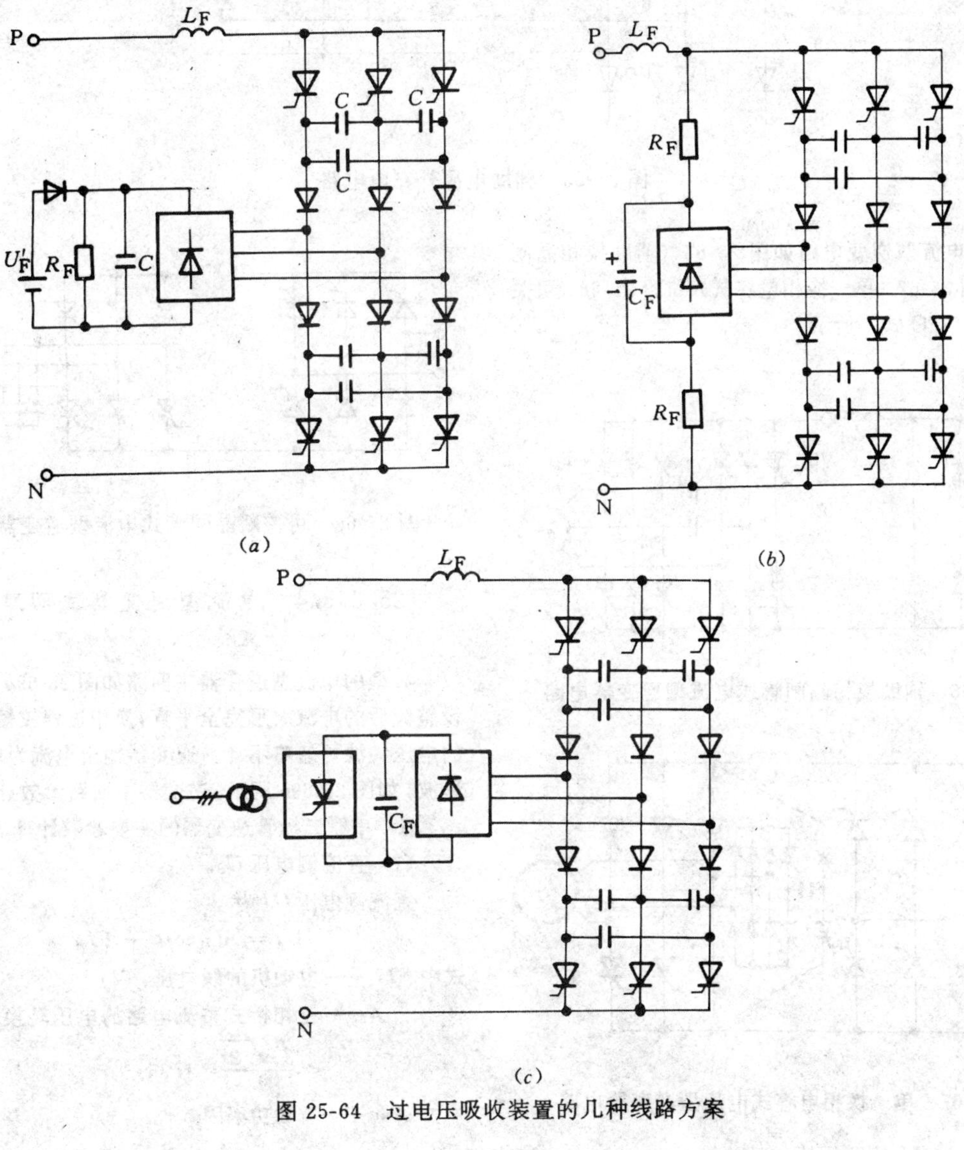

图 25-64　过电压吸收装置的几种线路方案

电动机在低频下起动或低速运行时，由于直流电压降低，随之电容充电电压也降低，使得换相能力降低，通常采用辅助充电电路来解决这一问题，如图25-65所示。

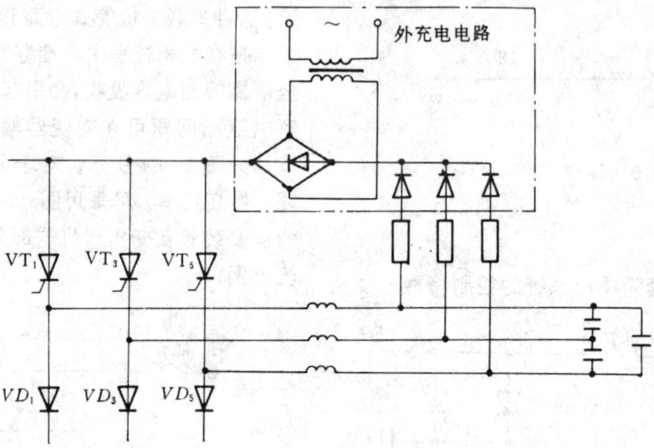

图 25-65　辅助电源外充电电路

其它电流型逆变电路如图25-66（辅助换相晶闸管式）、图25-67（单一换相电容式）和图25-68（可关断晶闸管GTO式）所示。

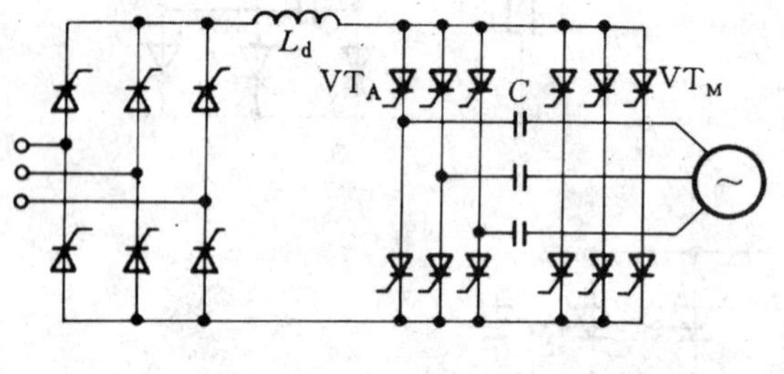

图 25-66　辅助换相晶闸管式电流型逆变器电路

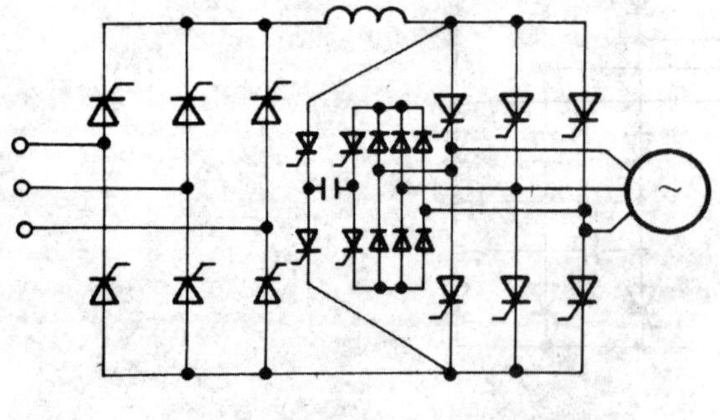

图 25-67　单一换相电容式电流型逆变器电路

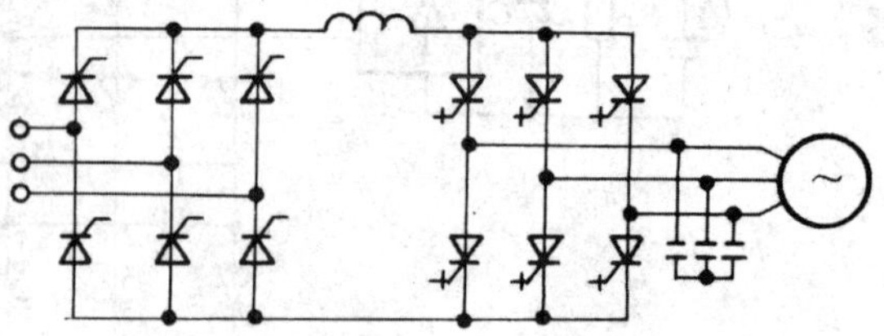

图 25-68　可关断晶闸管式电流型逆变器电路

25.5.3.4　电流型逆变器主回路参数计算

典型的电流型逆变器主回路如图25-69*a*所示。假设整流后的电流波形完全平直，换相过程较短，所引起的电压尖波可忽略不计，逆变器输出电流为理想的矩形波，如图25-69*b*所示。逆变器主回路参数计算如下。

A　串联二极管逆变器的主要参数计算

(1) 直流侧电压 U_d。

直流侧电压 U_d 为

$$U_d = AU_L\cos\varphi + 2U_{df} \tag{25-65}$$

式中　U_L——电动机的线电压，V；

A——三相桥式整流电路的电压转换系数，$A=\frac{3\sqrt{2}}{\pi}=1.35$；

$\cos\varphi$——负载功率因数；

U_{df}——晶闸管管压降，取1.5V。

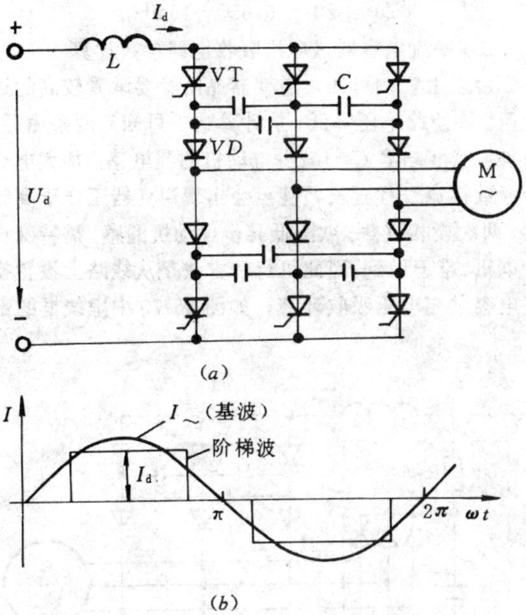

图 25-69 串联二极管式电流型逆变器电路
(a)—逆变电路；
(b)—输出矩形电流及其基波

(2) 直流侧电流 I_d。

逆变器输出电流是矩形波，将输出电流分解成傅氏级数得

$$i_L = \frac{2\sqrt{3}}{\pi} I_d (\sin\omega t - \frac{1}{5}\sin 5\omega t - \frac{1}{7}\sin 7\omega t + \frac{1}{11}\sin 11\omega t + \cdots)$$

输出基波电流的有效值 I_L 为

$$I_L = \frac{2\sqrt{3}}{\sqrt{2}\pi} I_d = \frac{\sqrt{6}}{\pi} I_d = 0.78 I_d$$

基波电流为电机产生有效转矩的电流，电动机实际通过的电流是矩形波电流的有效值 $I_\sim$

$$I_\sim = \sqrt{\frac{2}{3}} I_d = 0.816 I_d$$

所以，直流侧电流 I_d 为

$$I_d = \frac{\pi}{\sqrt{6}} I_L = \sqrt{\frac{3}{2}} I_\sim \qquad (25\text{-}66)$$

式中 I_L——电动机负载电流基波有效值，A；

$I_\sim$——电动机定子电流有效值，A。

对电动机负载，一般要求考虑一定的过载能力，因此要计算出最大直流电流 I_{dm}

$$I_{dm} = K I_d \qquad (25\text{-}67)$$

式中 K——过载倍数（一般取1.5～2.0）。

(3) 换向电容 C 由下式确定。

$$C = \frac{t_0^2}{3L} \qquad (25\text{-}68)$$

式中 C——换相电容，μF；

t_0——晶闸管计算用反压时间，μs；

L——星形接线电动机的每相漏感，μH。

电容器峰值电压 U_{cm}

$$U_{cm} = I_{dm}\sqrt{\frac{4L}{3C}} + \sqrt{2} U_L \sin\varphi \qquad (25\text{-}69)$$

式中 $\sin\varphi$——电动机电流滞后正弦值。

(4) 逆变侧晶闸管的电压、电流值。

逆变侧晶闸管所承受的正、反最大电压为

$$U_{VT} = I_d\sqrt{\frac{4L}{3C}} + \sqrt{2} U_L \sin\varphi \qquad (25\text{-}70)$$

逆变侧晶闸管流过的电流 I_L，考虑到晶闸管导通角为120°，则晶闸管电流有效值 I_{VT} 为

$$I_{VT} = \frac{I_d}{\sqrt{3}} \qquad (25\text{-}71)$$

(5) 隔离二极管的电压与电流。

隔离二极管承受的最大反向电压 U_{VD} 为

$$U_{VD} = I_d\sqrt{\frac{4L}{3C}} + 2\sqrt{2} U_L \sin\varphi \qquad (25\text{-}72)$$

隔离二极管的电流等级选用与主晶闸管相同的电流等级。

(6) 平波电抗器。

平波电抗器用于限制直流电流脉动，较大的平波电感可增加系统运行的稳定性。平波电感的理论计算较复杂，在工程实际中，常采用经验公式计算所需平波电感值 L_d

$$L_d = (10 \sim 20) L \qquad (25\text{-}73)$$

计算实例 负载电动机额定容量 $P=115$kW，额定电压 $U_L=380$V；额定电流 $I_L=215$A，功率因数 $\cos\varphi=0.88$，电动机为星形接线，每相漏感为 $L=650\mu$H，要求调速范围为10～50Hz，机械负载为鼓风机。

选用串联二极管式电流型逆变器，其主回路如图25-61所示，其主要参数计算如下：

(1) 直流电源参数根据式25-65至25-67可得

$U_d = 1.35 U_L \cos\varphi + 2U_{df}$

$$= 1.35 \times 380 \times 0.88 + 2 \times 1.5$$

$$= 453\text{V}$$

$$I_d = \frac{\pi}{\sqrt{6}} I_L = \frac{\pi}{\sqrt{6}} \times 215 = 276\text{A}$$

$$I_{dm} = 1.5 I_d = 1.5 \times 215 = 323\text{A}$$

(2) 换相电容 C 值，可根据式 25-68 计算，取 $t_0 = 400\mu s$

$$C = \frac{t_0^2}{3L} = \frac{400^2}{3 \times 650} = 82\mu\text{F}$$

由式 25-69 计算换相电容器峰值电压 U_{cm}

$$U_{cm} = I_{dm}\sqrt{\frac{4L}{3C}} + \sqrt{2}\, U_L \sin\varphi$$

$$= 323\sqrt{\frac{4 \times 650}{3 \times 82}} + \sqrt{2} \times 380 \times \sin(\arccos 0.88)$$

$$= 1305\text{V}$$

选取换相电容量 $C = 85\mu\text{F}$，交流耐压 1600V。

(3) 逆变晶闸管，根据式 25-70，25-71 可得

晶闸管承受的电压峰值 $U_{VT} = 1305\text{V}$

通过晶闸管的电流有效值 $I_{VT} = \frac{I_d}{\sqrt{3}} = 159\text{A}$。

选取主晶闸管断态峰值耐压为 2000V，电流 200A。

(4) 隔离二极管承受反向电压峰值为

$$U_{VD} = I_{dm}\sqrt{\frac{4L}{3C}} + 2\sqrt{2}\, U_L \sin\varphi$$

$$= 323 \times \sqrt{\frac{4 \times 650}{3 \times 82}} + 2 \times \sqrt{2} \times 380 \times \sin(\arccos 0.88)$$

$$= 1560\text{V}$$

选择隔离二极管反向阻断电压 2600V，电流 200A。

(5) 滤波电感值 L_d，根据式 25-73，取 $L_d = 20L$ 得

$$L_d = 20 \times 0.65 = 13\text{mH}$$

B　换流电容器过电压吸收电路参数计算

由以上实例可知，逆变器晶闸管要承受较高的过电压。欲使此电压降低，从计算式中可知有两条途径，即加大换相电容 C 与减少电动机的漏电感。加大电容会导致换流过程延长，甚至会出现逆变器工作于高频时，两次换相重叠。欲降低异步电动机漏感，需特殊设计电机，难于做到。因此可行的方法是从线路上设置换流电容过充电压吸收环节，如图 25-70 中虚线框的部分。

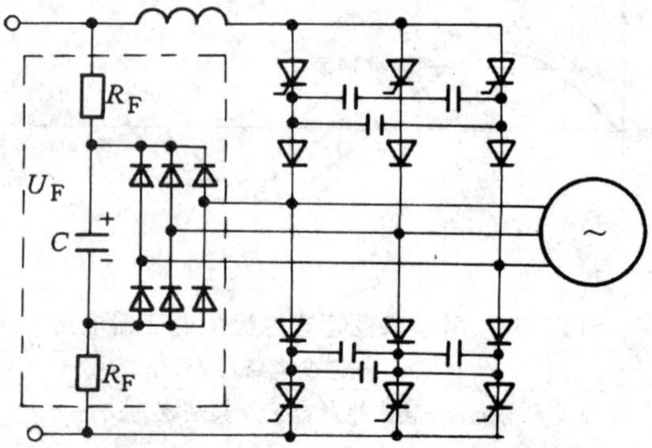

图 25-70　换相过电压吸收电路

(1) 过充电压吸收的限幅电压 U_F。由上述，过充电压吸收限幅，理论上是保证两相换流不发生重叠现象，故需满足下式

$$\omega\left\{\frac{3C}{2I_d}(U_F + \sqrt{2}\, U_L \sin\varphi) + \sqrt{3LC}\left[\sin^{-1}\frac{U_F - \sqrt{2}\, U_L \sin\varphi}{I_d\sqrt{\frac{4L}{3C}}} + \frac{\sqrt{\left(I_d\sqrt{\frac{4L}{3C}}\right)^2 - (U_F - \sqrt{2}\, U_L\cos\varphi)^2}}{U_F - \sqrt{2}\, U_2 \sin\varphi}\right]\right\} < \frac{\pi}{3} \tag{25-74}$$

式中　U_F 可按下式求得

$$U_F = \sqrt{2}\, U_L K_2 \tag{25-75}$$

式中　K_2——过电压倍数，一般选 1.5 左右；

U_L——电动机线电压，V。

若 U_F 选得低些，对晶闸管有利，当然换流电容要增大。因为当 U_C 已达到 U_F 后，若 I_d 增加，则晶闸管反压时间 t_0 减少。因此换流电容 C 的计算要考虑限幅后电流达到最大值时所需的换流能力，C 值为

$$C = \frac{2I_d t_0}{3U_F} \tag{25-76}$$

这样晶闸管的最大反向电压也是 U_F，隔离二极管的最大值为

$$U_R = \frac{3}{2}U_F + \frac{3}{4}\sqrt{2}\, U_L \tag{25-77}$$

(2) 过充电压吸收电源的功率。对三相桥式逆变器，过充电压吸收电源功率 P_F 为

$$P_F=\frac{9}{2}fU_FC\frac{\left(I_d\sqrt{\frac{4L}{3C}}\right)^2-\left(U_F-\sqrt{2}U_L\sin\varphi\right)^2}{U_F-\sqrt{2}U_L\sin\varphi} \tag{25-78}$$

式中 f——逆变器工作频率，Hz；

L——换流电抗值，μH；

C——换流电容值，μF。

(3)过充电压吸收线路方案。常用的过充电压吸收线路见图 25-64。过充电压吸收能量一般为逆变器输出容量 10%；图中方案 a 是将能量消耗在电阻中，方案 b 能量部分反馈，方案 c 则是将其能量通过逆变变压器反馈电网，显然方案 c 最有利，并且换流参数较容易选择。某初轧厂的 720kVA 电流型变频起动装置内，即采用了图 25-64c 方案过充电压吸收线路，对节省电能很有利。

25.5.3.5 电流型变频器的多重化

除 GTO 电流型 PWM 逆变器的输出正弦电压、正弦电流（高次谐波很少）外，其它电流型变频器输出电流波形为 120°方波。由傅氏级数分析，输出电流中含有 5、7、11、13、…次等高次谐波，它使电动机的损耗增加，噪声加剧，产生转矩脉动，导致电机发热使输出功率减少等，因此在大容量的电流型变频器中，常采用将几组具有不同输出相位的逆变器并联运行的多重化技术。多重化不仅可降低输出电流的谐波含量，还可减少转矩脉动和增加输出功率。

A 不完全的电流双重叠加（直接型）

直接型双重电流叠加线路见图 25-71，其中变频器Ⅱ的电流相位较变频器Ⅰ的电流相位滞后 30°，两者的直流电流 I_d 保持一致。电动机的电流 i_A 为两台变频器电流的合成，呈阶梯形。M_1 和 M_2 合成电动机总转矩 M，其最低次脉动频率仍为输出频率的 6 倍，即仍有 5、7 次谐波，但幅值减小了，见表 25-16。

表 25-16 多重化联结及可能达到的最低谐波含量（%）

谐波次数 n	基本型	输出直接并联			经输出变压器后并联		
	逆变器	二重	三重	四重	二重	三重	四重
	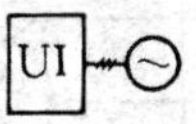	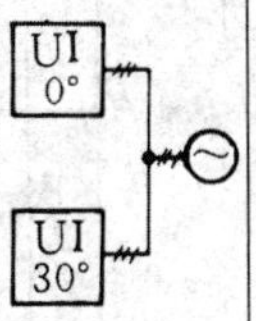	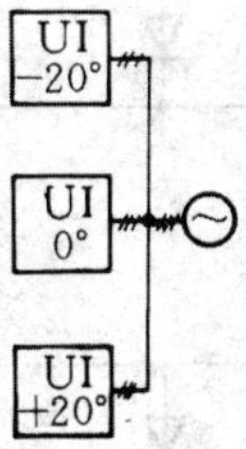	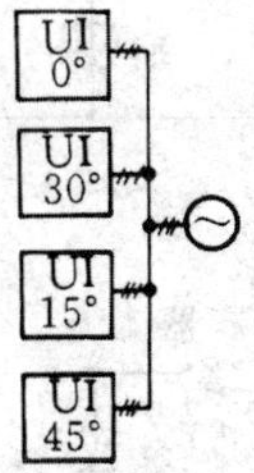	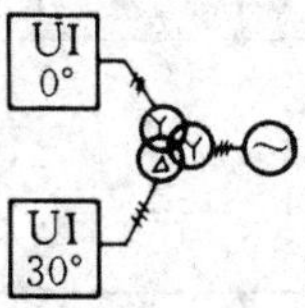	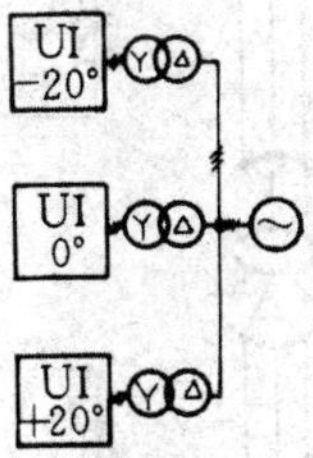	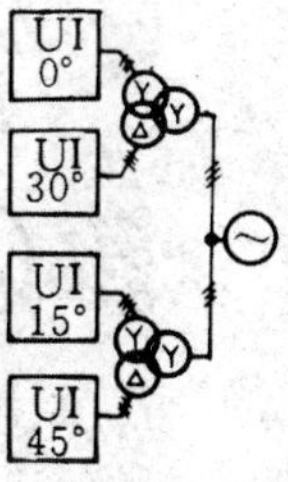
1	100	100	100	100	100	100	100
5	20.00	5.36	4.54	4.28	0	0	0
7	14.30	3.83	2.64	2.35	0	0	0
11	9.10	9.10	1.68	1.20	9.10	0	0
13	7.70	7.70	1.74	1.01	7.70	0	0
17	5.88	1.58	5.88	0.97	0	5.88	0
19	5.26	1.41	5.26	1.13	0	5.26	0
23	4.35	4.35	0.99	4.35	4.35	0	4.35
25	4.00	4.00	0.74	4.00	4.00	0	4.00
29	3.45	0.92	0.64	0.74	0	0	0

续表 25-16

谐波次数 n	基本型逆变器	输出直接并联			经输出变压器后并联		
		二重	三重	四重	二重	三重	四重
31	3.23	0.86	0.73	0.53	0	0	0
35	2.86	2.86	2.86	0.38	2.86	2.86	0
37	2.7	0.27	2.70	0.36	2.70	2.70	0
41	2.44	0.65	0.55	0.40	0	0	0
43	2.33	0.62	0.43	0.50	0	0	0
47	2.13	2.13	0.39	2.13	2.13	0	2.13
49	2.04	2.04	0.46	2.04	2.04	0	2.04

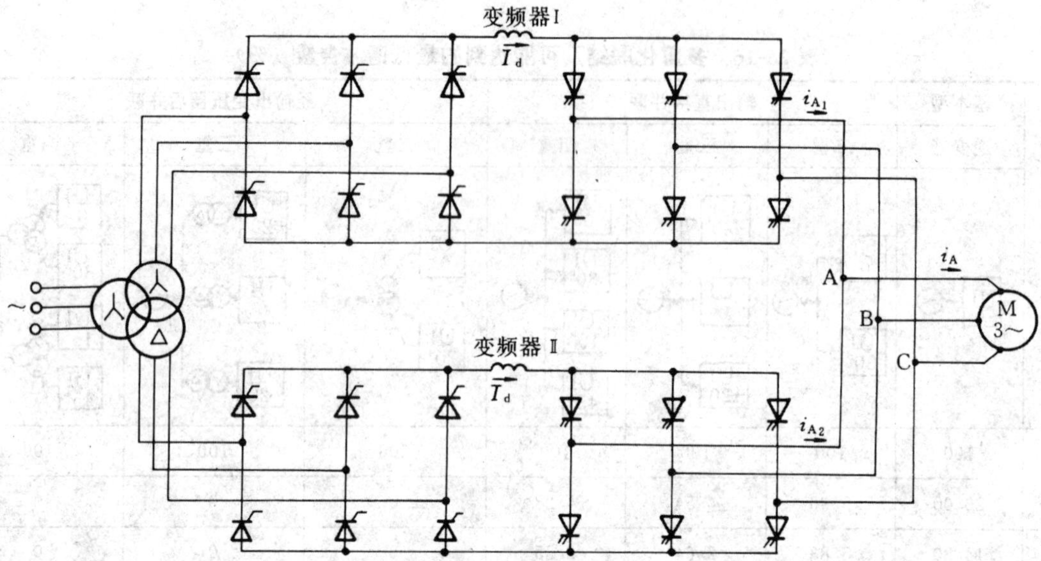

图 25-71　直接型双重电流叠加逆变器

直接多重化接线的缺点，是两个变频器的输出功率不相同。由于i_{A2}滞后于i_{A1}，而输出电压是一个，故变频器Ⅱ的直流电压低于变频器Ⅰ的直流电压，与此相应的变频器Ⅱ的输出功率小于变频器Ⅰ的功率。

B　完全的电流双重叠加（耦合型）

耦合型双重电流叠加线路及其有关波形见图 25-72 和图 25-73。这种采用输出变压器进行耦合双重叠加后，消除合成电流波形中的 5、7 次谐波，使最低次谐波为 11 次，转矩脉动频率升高为输出频率的 12 倍，脉动幅值减小。另外，耦合型双重叠加除减少高次谐波，降低转矩脉动外，还可以降低换流电容的充电电压。因此，与六相电流型变频器相比，耦合型双重叠加方案可以取消过电压吸收环节，使线路简化，设备减少。

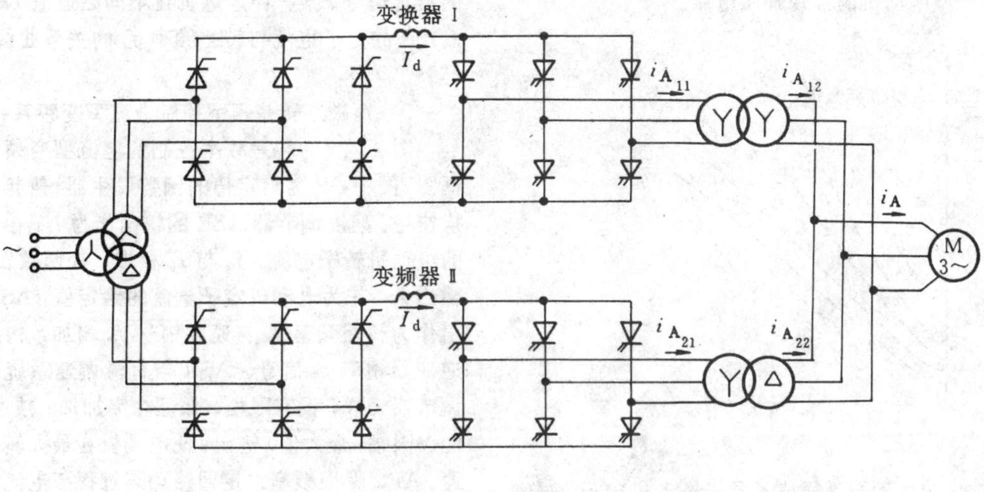

图 25-72 耦合型双重电流叠加逆变器

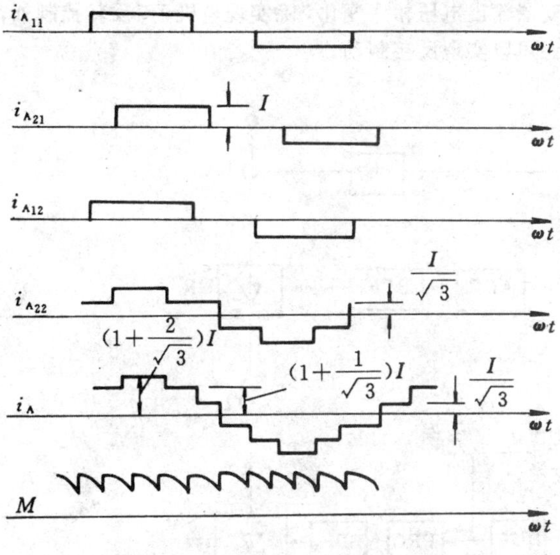

图 25-73 耦合型双重电流叠加的有关波形

为了进一步降低谐波电流与抑制转矩脉动或增大输出功率，对于更大容量的变频器可采用三重叠加或四重叠加的方案。表 25-16 列出了各种多重化联接方式及其可能达到的最低谐波含量。

25.5.3.6 转差频率控制的变频调速系统

A 转差频率控制的原理及其实现

异步电动机的转矩为

$$M = C_M \Phi I_2 \cos\varphi_2 \qquad (25\text{-}79)$$

式中 I_2——转子电流，A；

$\cos\varphi_2$——转子电路的功率因数 $(\varphi_2=\mathrm{tg}^{-1}\frac{sX_2}{r_2})$；

Φ——气隙磁通。

异步电动机的转子电流为

$$I'_2 = \frac{sE_1}{\sqrt{r_2'^2 + (sX'_2)^2}}$$

当 s 很小时，$I'_2 \approx \frac{sE_1}{r'_2} = \frac{\Delta\omega}{\omega_0}\frac{E_1}{r'_2}$，$\cos\varphi \approx 1$

$$I_2 = K_u I'_2$$

式中 K_u——定子与转子电压比。

由式 25-79 得

$$M = C_M \Phi K_u \frac{\Delta\omega}{\omega_0}\frac{E_1}{r'_2} = K_m \Phi \frac{E_1}{\omega_0}\Delta\omega \qquad (25\text{-}80)$$

因为 Φ 与 $\frac{E_1}{\omega_0}$ 成正比，所以

$$M \propto \Phi^2 \Delta\omega$$

由上式可知，当维持气隙磁通 Φ 不变，则异步电机的转矩近似地与转差角频率（或转差频率 f_r）成正比。因此在恒磁通条件下，控制 $\Delta\omega$（或 f_r），可达到控制转矩的目的。即用转差频率作为转矩（即 I_2）给定量，可得到与恒磁通直流系统一样的特性。也可以根据生产机械要求，使电动机在弱磁情况下工作，这可以通过改变转差频率与转子电流的相对关系实现。

异步电动机定子电流与转子电流的关系为

$$I_1 = \sqrt{I_0^2 + I_2^2} \qquad (25\text{-}81)$$

式中 I_0——电动机的空载励磁电流。

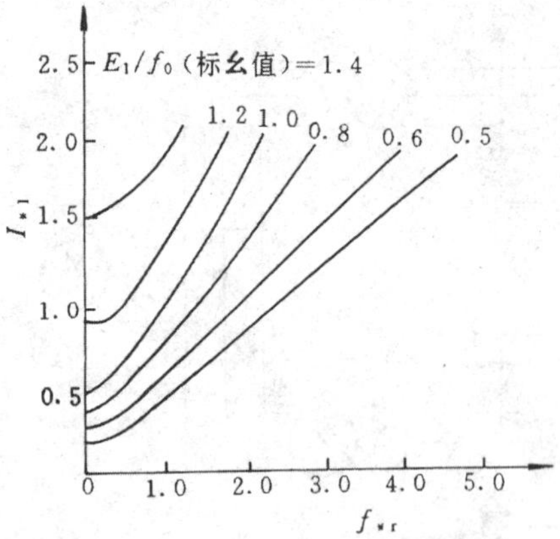

图 25-74 不同磁通值下异步电动机定子电流与转差频率的关系曲线

在电流型变频系统中，可控量是电动机定子电流，故一般按式 25-81 通过一个函数发生器作为定子电流的给定信号。某一特定电机在不同磁通值（即不同 E/f_0）下的定子电流与转差频率 f_r 的关系曲线见图 25-74。

B 恒磁通转差频率控制电流型变频系统

图 25-75 为转差频率控制的电流型变频系统典型框图。图中 GF 为给定值的函数发生器，兼起绝对值变换作用。速度调节器 ASR 的输出作为 I_2，相应于给定的电动机转子电流。I_2 与 I_0 相加，经函数发生器 GF 输出 I_1，作为电动机定子电流的给定值。ASR 另一输出作为转差频率 f_r 与速度信号 f_n 相加，构成所需的逆变器频率 f_0 信号。ASR 与直流调速系统中的速度调节器一样，设有限幅，保证在突加加、减速信号下，能以限幅（最大值）输出，使电动机在最大转矩下加减速。AFL 保证频率给定回路动态过程与电流环等效动态过程大体一致，从而使 I_2 与 f_r 在动态过程中保持一定的比例关系，而保持磁通恒定。借助 AP，实现逆变器输出电压相序变化，除实现电机正、反转控制外，还可以实现反接制动。

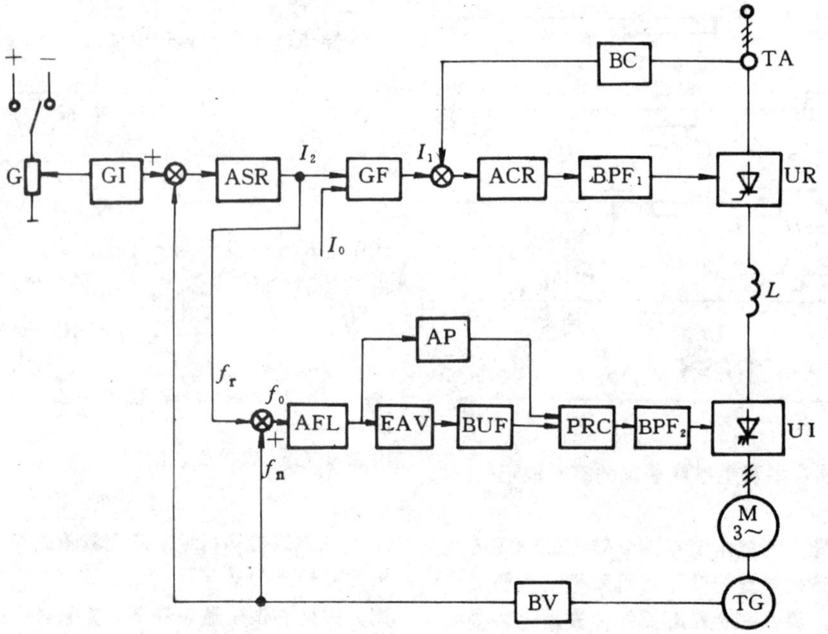

图 25-75 转差频率控制的电流型变频系统框图

GI—给定积分器；ASR—速度调节器；GF—函数发生器；ACR—电流调节器；BPF_1—整流器触发器；BC—电流检测变换器；BPF_2—逆变器触发器；BV—转速检测变换器；AFL—频率给定滤波器；BAV—绝对值变换器；AP—相序鉴别器；BUF—U/f 变换器；PRC—环形计数器

此系统能实现正、反转和再生制动，实现四象限运行。在起、制动时可利用最大转矩，系统的动态性能较好，采用转速反馈，稳态运行可实现无差调节，适用于高性能转速控制场合。此系统要求有良好的测速装置。

25.5.4 交-交变频调速

交-交变频调速系统是一种不经过中间直流环节，直接将较高固定频率的电压变换为频率较低而可变的输出电压的变频调速系统。交-交变频器又称周期变换器 (cycle converter)，是采用晶闸管作为开关元件，借助电源电压进行换流，因此通常其输出频率只能在电源频率的$\frac{1}{3}\sim\frac{1}{2}$及以下。这种系统特别适合于大容量的低速传动装置，例如轧钢机主传动。

25.5.4.1 基本工作原理

交-交变频器单相的工作原理如图 25-76 所示。单相的主回路接线和直流传动中晶闸管桥反并联接线相同，其整流电压可由下式确定

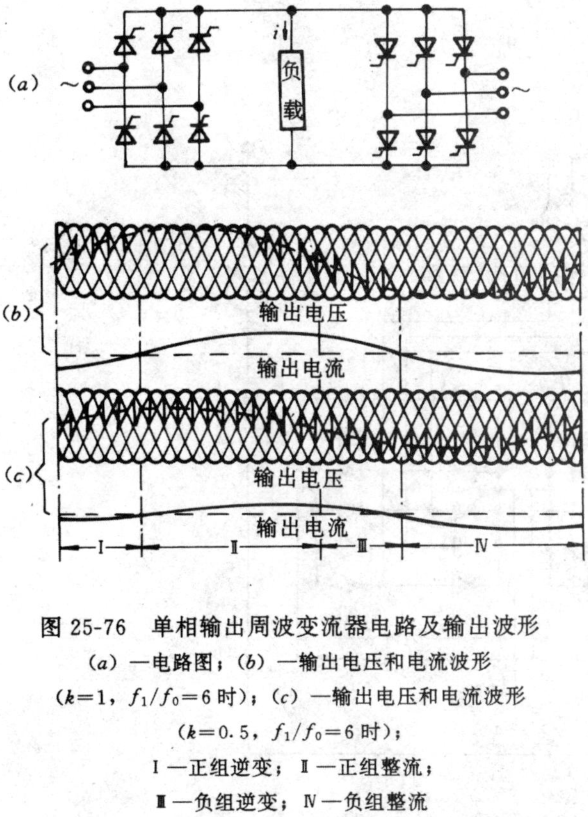

图 25-76 单相输出周波变流器电路及输出波形

(a) —电路图；(b) —输出电压和电流波形 ($k=1$，$f_1/f_0=6$ 时)；(c) —输出电压和电流波形 ($k=0.5$，$f_1/f_0=6$ 时)；

Ⅰ—正组逆变；Ⅱ—正组整流；Ⅲ—负组逆变；Ⅳ—负组整流

$$U_1 = U_{d_{max}}\cos\alpha_P = -U_{d_{max}}\cos\alpha_N \qquad (25\text{-}82)$$

式中 α_P——正组整流器控制角；

α_N——负组整流器控制角，$\alpha_N=\pi-\alpha_P$；

$U_{d_{max}}$——$\alpha=0°$时即最大的整流电压平均值。

在直流传动中，α 角固定，则输出电压不变，控制 α 角，则可改变输出电压。而在交-交变频调速系统中，该输出电压的基波为正弦

$U_1=U_{1m}\sin\omega_1 t$，则由式 25-82，可得

$$\cos\alpha_P = \frac{U_{1m}}{U_{d_{max}}}\sin\omega_1 t = k\sin\omega_1 t \qquad (25\text{-}83)$$

$$\alpha_P = \arccos(k\sin\omega_1 t) \qquad \alpha_N = \pi - \alpha_P \qquad (25\text{-}84)$$

式中 k——输出电压比，$k=U_{1m}/U_{d_{max}}$；

ω——输出电压基波的角频率。

因此，若对正反相桥按式 25-84 控制正、反组桥的触发脉冲，每隔半波正、反组交替工作，通过截取电网电压波形，即可产生所要求的输出电压。在半周中，电压和电流方向相同的期间，向电动机供给能量，电动机工作在Ⅰ、Ⅲ象限（电动状态），在电流和电压相反的区间，电动机向电网回馈能量，电动机工作在Ⅱ、Ⅳ象限（再生状态）。对三相输出的交-交变频器，因三相相位不同，由三相合成决定电动机工作在电动状态还是再生状态，负载功率因数 $\cos\varphi>0$ 为电动状态，$\cos\varphi<0$ 为再生状态。通过改变正、负两组整流器触发角变化的频率 f，即可改变输出电压的频率。改变输出电压比 k 值，即可改变输出电压值。在可逆直流传动中采用的工作方式（逻辑无环流、错位无环流、可控环流等），一般在交-交变频器中均可适用。因此，交-交变频器的主回路及基本控制部分可采用直流传动的相同组件和技术。避免换流失败造成环流是这种主回路的要点，另一方面万一有一组晶闸管柜发生故障，变频器还能以 V 形接线法运行，此时传动装置的电压能达到$\frac{\sqrt{2}}{2}U_N\approx70\%U_N$，电流为全电流。图 25-76 中，所示波形为无环流工作方式时（电流连续）$f_1/f_0=6$，$k=1$ 和 $k=0.5$ 时的输出电压及电流。

变频器的换流方式也是采用电源自然换流。

25.5.4.2 主电路接线方式及环流控制

图 25-77～图 25-79 所示为几种典型的主回路接线方式。

图 25-77 用于中小型轧机主传动双馈矢量控制变频调速系统，图 25-78、25-79 用于大型轧机主传动交-交矢量控制变频调速系统。

交-交变频器通过每两组反并联的晶闸管交替工作来产生一相低频的交流电压和交流电流供给负载。

因此，如同直流可逆传动系统一样，交-交变频也有环流问题。通常处理环流的方式有下面三种：

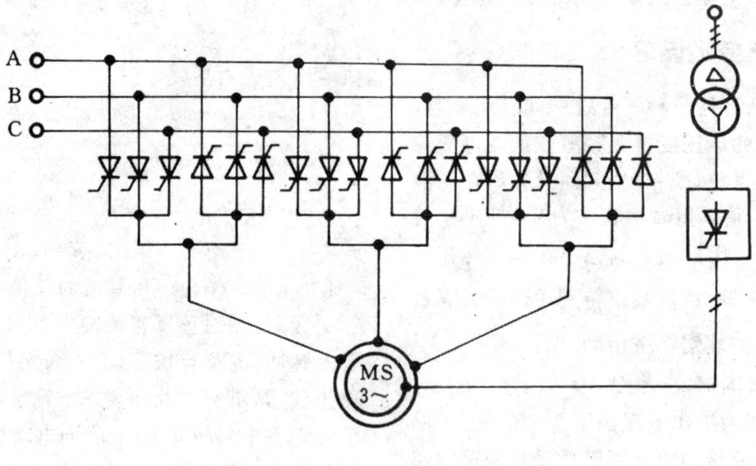

图 25-77 三相零式 3 脉波交-交变频器

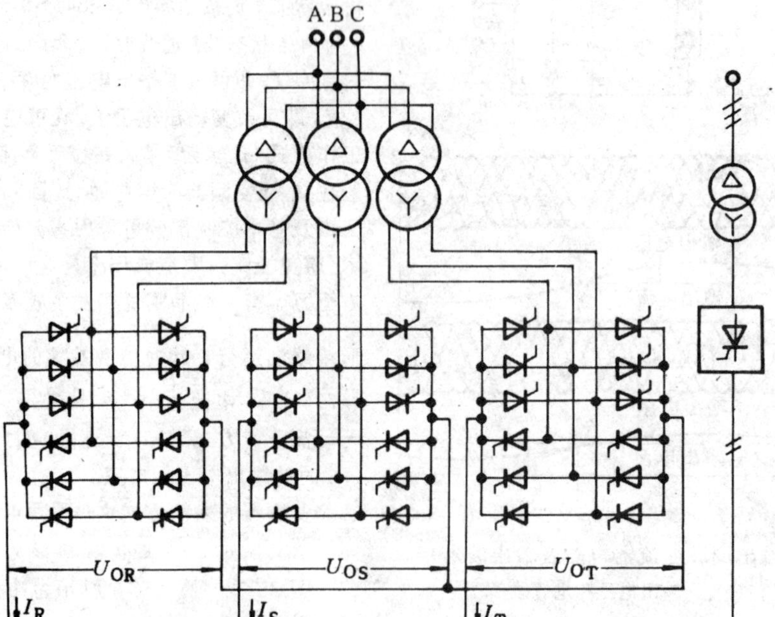

图 25-78 三相桥式 6 脉波接线交-交变频器

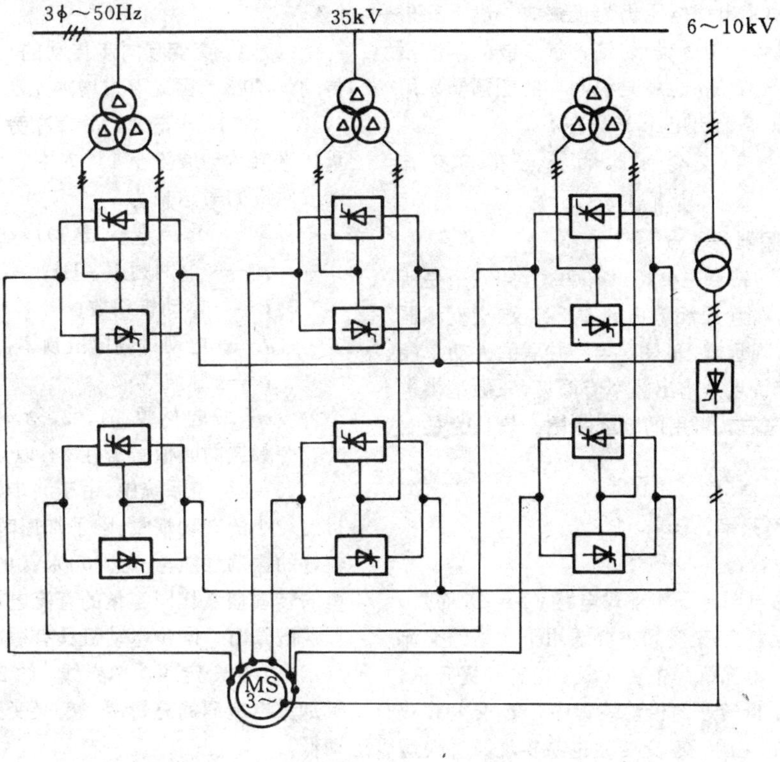

图 25-79　双三相桥式 12 脉波接线交-交变频器

(1)无环流工作方式。无环流系统就是控制正、反两组触发脉冲，使其一组工作，另一组封锁，以实现无环流运行。无环流控制可以类似直流系统一样，采用逻辑无环流或错位无环流控制方式。

(2)可控环流工作方式。可控环流工作方式是在负载电流较小的时间内，让正、反组整流器按有环流方式工作，并设置不太大的限制环流电抗器来限制这个小环流，当负载电流增大到某一设定值时，封锁另一组脉冲。即在每一个周期内采用有环流和无环流方式交替工作。目前，此种控制方式很少采用。

图 25-78 所示的三相桥式 6 脉波接线交-交变频器是由三个单相输出的交-交变频器，通过星形连接构成的。该变频器的输出电压分别为U_{OR}、U_{OS}、U_{OT}，它们彼此相差 120°，作为三相输出的相电压。线电压再增大$\sqrt{3}$倍。这样的联接可使在选用的晶闸管承受的电压较低的情况下，提高装置的输出电压。如果三个相电压U_{OR}、U_{OS}、U_{OT}中都含有同样的直流分量，由于星形接线，线电压中不含有直流分量，变频器输出到负载上的电压波形中也没有直流分量。这通常叫直流偏值，可改善变频器输入功率因数。

如果三个相电压中含有 3、6、9、…等次谐波，由于这些次谐波彼此同相，在星形接线电路中也相互抵消，不反映到负载及线电压中去，这称之为交流偏值。采用交流偏值后的相电压及线电压波形示于图 25-80。

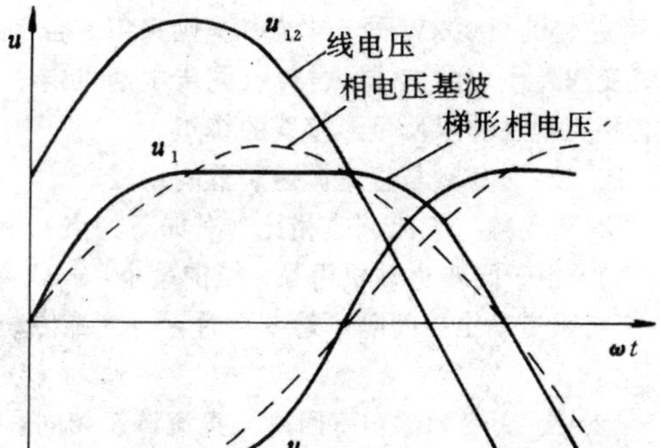

图 25-80　交流偏值三相周期变频器输出电压波形

从图25-80中看出线电压仍为正弦波，没有三倍频谐波；相电压波形近似于梯形，这种梯形波的基波幅值比梯形波高15%左右，也就是说同样的变频器采用交流偏值后，能提高输出电压15%左右。

25.5.4.3 交-交变频器的特点及与直流调速装置比较

A 交-交变频器的特点

交-交变频器的特点主要特点有两个，即一个是所需晶闸管元件多，一个三相输出的6脉冲交-交变频器至少需要36只晶闸管或18只直接反并联的大功率晶闸管组件；另一个特点是输出频率有限度，一般是供电电源频率的1/3左右，可用的频率范围一般认为是

$$f_{max} \approx \frac{pf_0}{15} \tag{25-85}$$

式中 f_0——电网频率，Hz；

p——脉波数。

对于50Hz的电网与三相桥式电路（$p=6$）而言，$f_{max} \approx 20$Hz。因此，交-交变频主要适用于大型的交流电动机，尤以同步电动机为主要对象。在矿井提升机、粗轧机等大功率、低转速的传动装置中，交-交变频获得了越来越广泛的应用。交-交变频也易实现四象限运行，且有良好的起动能力和动态特性。

由于交-交变频应用于大型设备，因此对控制有较高的要求，通常采用无环流的矢量控制系统。

80年代以来，我国从国外引进的用于大型轧机主传动装置上的交-交变频装置，均采用无环流矢量控制系统。主传动电动机容量在5000kW及以下的单台电动机，一般采用由三台油浸式双线圈整流变压器供电的6脉波接线（当采用2台电动机时，两套交-交变频装置对供电电源则等效为12脉波接线）。某厂热轧厂R_3可逆轧机9000kW同步电动机，则采用3台三线圈整流变压器供电的12脉波接线。同步电动机定子内有两套相互独立的双反星形接线的绕组。

B 交-交变频与直流调速装置的比较。

交-交变频与直流调速相比，有如下特点：

(1) 由于同步电动机可靠、维护量小，一般说来，交-交变频传动维护间隔可达6个月，而直流传动仅2个月。

(2) 交-交变频的功率回路与直流调速相同，同样可实现四象限运行，虽然控制部分复杂，但控制模型已经解决，实用性与直流传动相同，仅费用较高。全数字的矢量控制系统已投入运行。

(3) 交-交变频同步电动机的效率比直流电动机高2%。

(4) 交-交变频同步传动的功率因数$\cos\varphi$比直流传动低10%，因此要求增加无功补偿设备。同样存在5，7，11，13次谐波，并存在旁频谐波。高次谐波含量比直流传动装置小1/3左右。旁频谐波频率与正常谐波对应的表达式为：

$$f_r = (pm \pm 1)f_n \pm 2Lmf \tag{25-86}$$

式中 f_n——电网频率，Hz；

L——电动机相数；

f——电动机侧电压频率，Hz；

p——脉波数；

m——自然数，1，2，3，……。

旁频波的幅值一般在2%以下。

(5)在可逆系统中，由于同步机电动机比直流电动机有较小的转动惯量，除了加速时间短可节电外，还有较好的振荡性能。一台6000kW的交-交变频同步电动机的转动惯量比同容量的直流电动机小4.7倍。在有振荡激励时，同步电动机具有缓冲振荡的作用。

(6) 从一定的功率界线（约2000kW）开始，电动机加供电电源的总费用，交-交变频同步传动较直流传动低。

由以上可知交-交变频同步传动往往用于功率大于2000kW以上低转速可逆传动中，用于轧钢机、提升机、碾磨机等设备。

25.5.4.4 交-交变频器主回路参数计算

A 整流变压器参数计算

在整流变压器空载时，最小移相角$\alpha_{min}=0$条件下，交-交变频器输出最大可能的交流线电压有效值为

$$U_{0_{max}} = \frac{1.15 \times 1.35 \times \sqrt{3}}{\sqrt{2}} U_{20} \approx 1.9U_{20} \tag{25-87}$$

式中 U_{20}——整流变压器二次侧线电压有效值，V；

1.35——三相整流桥整流系数；

$\sqrt{3}$——线电压变换系数，三个单相输出的交-交变频器星形连接时，每个变频器只输出相电压；

$\sqrt{2}$——输出电压峰值到有效值的变换系数；

1.15——采用交流偏值，交-交变频器的相电压输出波形是梯形波，提高输出能力15%。

电动机额定线电压有效值U_M为

$$U_M = K_n K_v K_g K_r K_p U_{0_{max}} \tag{25-88}$$

式中 K_n——电网侧（包括整流变压器）线路阻抗引

起的压降系数；

K_v——电动机侧线路压降及晶闸管压降系数；

K_g——$\cos\alpha_{min}$（通常 $\alpha_{min}=5°\sim10°$）；

K_r——调节裕量系数（通常 $K_r=0.95$，给出5%的调节裕量）；

K_p——电网压降系数，如果调节系统弱磁点采用不稳定电源设定时，电网电压降低，弱磁点提前，$K_p=1$。

K_n 可由下式确定

$$K_n = 1 - \frac{\sqrt{2}I_{MN_{max}}}{I_{MN}} - 0.5\times\left(\frac{V_{KT}}{100}+\frac{P_s}{S_k}\right)\frac{\sqrt{2}I_{MN_{max}}P_{V_{Cu}}}{I_{MN}P_{AV}} \tag{25-89}$$

式中 I_{MN}、$I_{M_{max}}$——电动机额定电流及最大电流（有效值），A；

V_{KT}——整流变压器短路比，%；

P_s——估计的变压器容量，VA；

$$P_s = 3\sqrt{3}\times0.82I_{MN}U_{2o} = 4.26I_{MN}U_{2o} \tag{25-90}$$

其中0.82是120°方波电流有效值换算系数；

S_k——电网短路容量，kVA；

$P_{V_{Cu}}$——变压器铜损，kW；

P_{AV}——电动机侧理想输出功率；

$$P_{AV}=3\times1.35U_{20}I_N$$

0.5——三相桥线路系数。

式25-89中，第二项是变频器换相压降，V_{KT}代表变压器电抗，p_s/S_k代表整流变压器一次侧电网线路电抗，第三项是变压器电阻压降。

电动机侧线路及晶闸管压降系数K_V，可由下式计算

$$K_V = 1-\frac{U_L-U_{VT}}{U_{20}} \tag{25-91}$$

式中 U_{VT}——两个晶闸管的压降(桥式线路，电流流过两个桥臂的晶闸管)，一般取3V；

U_L——电动机侧线路压降，V；

$$U_L=\frac{\sqrt{2}LI_{M_{max}}}{\gamma A} \tag{25-92}$$

式中 L——导线长度，m；

A——导线截面，m^2；

γ——电导率，$\gamma=58\times10^6 m/\Omega\cdot mm$。

计算步骤为：

(1) 估算U_{20}：$U_{20}=1.25\times0.526U_M$ (25-93)

(2) 代入U_{20}的计算值，计算K_n和K_V，

(3) 计算U_{20}：$U_{20}=0.526U_M/(K_nK_vK_gK_rK_p)$ (25-94)

如果计算值和估算值相差不大，计算结束，如果差别较大，修改估算再算。

(4) 将U_{20}的计算结果代入式25-90中，计算整流变压器的容量。

B 晶闸管电压、电流的计算

(1) 晶闸管电压裕量校验。

晶闸管电压裕量是用晶闸管电压安全系数f_v来表示的，一般取f_v应大于2。

$$f_v=\frac{U_{dr}}{\sqrt{2}U_{20}} \tag{25-95}$$

式中 U_{dr}——晶闸管转折电压。

(2) 晶闸管并联支路计算。当交-交变频器的输出电流较大时，经常选用晶闸管并联工作，为改善均流，可采用桥并联的方法，利用桥进出导线的阻抗均流，桥均流接线见图25-81。一般情况下，在结构上，每个柜装一组桥时，需要几路并联，就有几个柜，只要每只柜的进出线电缆长度一样，就能保证均流系数在0.9以上。采用上述的均流办法后，并联支路的计算变成并联变流柜N的选择。

$$N\geqslant\frac{\sqrt{2}I_{M_{max}}}{I_{BN}K_B} \tag{25-96}$$

式中 $I_{M_{max}}$——电动机最大电流有效值，A；

K_B——均流系数；

I_{BN}——每柜额定电流（由变流装置制造厂提供，它由管芯尺寸、散热器规格，冷却方式及条件决定），A。

式25-96右方计算值一般不是整数，N取一个比式25-96计算数大的一个整数。

25.5.5 无换向器电动机调速

25.5.5.1 基本结构及其工作原理

无换向器电动机是指具有磁极位置检测器的由变频装置供电的同步电动机系统。它的工作原理与直流电动机类似，无换向器电动机只是将直流电动机的电刷和换向器组成的机械换向装置，换成位置检测器和变频器。图25-82所示为无换向器电动机的基本结构图。

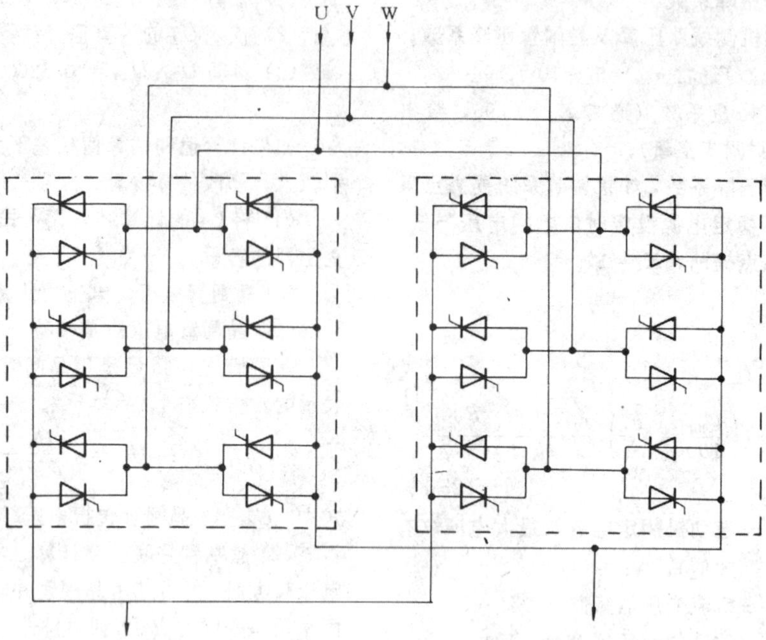

图 25-81　桥并联接线的均流接线图

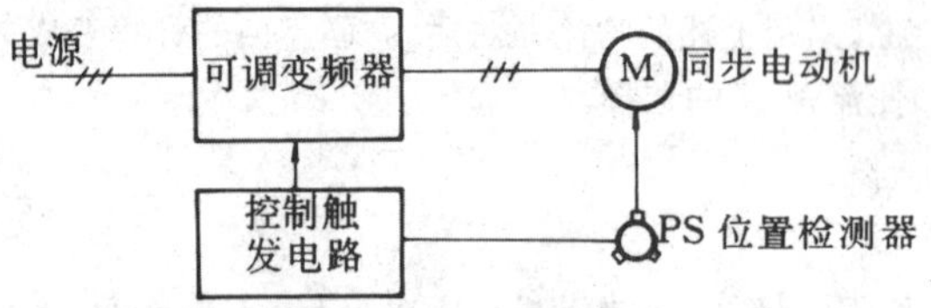

图 25-82　无换向器电动机基本结构图

同步电动机的变频调速有两类本质不同的控制方式。一类如同异步电动机变频调速一样，输出转速可以由人为地给定基准频率控制，这种方式称之为他控式。另一类控制方式，称之为自控式，系统的基准频率不是随意由外部给定的，而是由电动机本身的转速或频率来决定的。无换向器电动机就是利用这种方式变频控制的同步电动机。其工作特点是，检测同步电动机的转子位置，以此为可调变频器的触发信号，即变频器的输出频率由与同步电动机的旋转频率同步的闭环系统决定，而磁场和电枢绕组的相位关系由位置检测器恒定地给出。因此，变频器输出频率与电动机的转速严格保持同步，不存在失步问题。同步电动机的转速与电势成正比，而电势又与变频器输出电压相平衡，由此可知，调节变频器的输出电压即可调节同步电动机的转速。

无换向器电动机与其它几种调速电动机比较，有如下特点：

(1) 调速性能好，与直流电动机特性相似，可均匀调速，调速范围可达 10∶1 或更宽。

(2) 结构简单，无机械换向器，不会产生火花，便于维护，适应恶劣环境和易燃易爆场合，容易做到大容量、高转速和高电压。

(3)起动特性不如直流电动机好，但比一般交流电动机好，起动转矩较大，起动电流不致很大，起动方便，运行稳定。

(4)功率因数和效率与直流系统相似，可方便地实现四象限运行。

由此可见，采用无换向器电动机是一种非常有发展前途的传动方案。目前，国外在轧钢机、水泥管磨机、风机等方面已广泛应用，并可作为大容量同步电动机的软起动设备。我国从国外引进的大型高炉用的数万千瓦的同步电动机，采用无换向器电动机变频起动。

25.5.5.2　无换向器电动机的可调变频器

变频器按其换流方式分为自然换流型和强迫换流型两种。自然换流型又分交-直-交电流型和交-交电压型两种；强迫型又分晶闸管式和晶体管（或 GTO）式两种。各种方式的比较如表 25-17 所示。

25.5.5.3 无换向器电动机的换流

目前，无换向器电动机中的逆变器多利用电动机的反电势进行自然换流。为保证可靠换流，必须使电动机的相电流超前相电压一个角度，通常称为换流超前角 γ_0。如图 25-83 所示，在晶闸管元件 1 上承受的反电压为 e_A-e_B，显然换流超前角 γ_0 越大，被关断的晶闸管 1 上承受的反电压越大，持续时间也越长，关断越可靠。但是 γ_0 太大，则在同样电流下电动机转矩减小，转矩脉动分量增加。实际上，一般取 $\gamma_0=60°$。

表 25-17 各种方式可调变频器比较表

方式		主回路结构	工作原理	特点
自然换流型	I	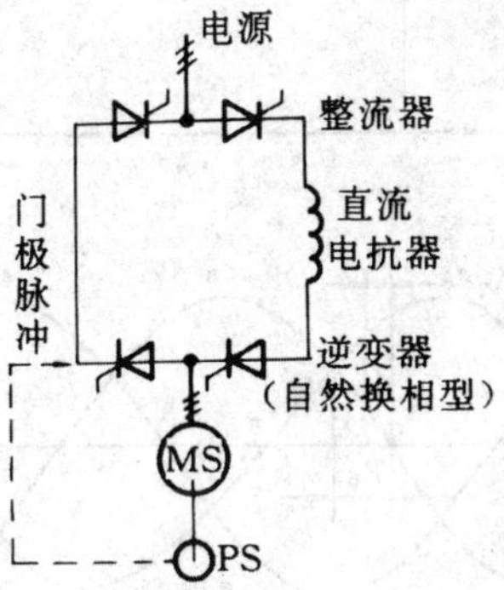	(1) 由电动机的反电势使逆变器换流 (2) 由于逆变器在起动时换流困难，因而须用电流断续起动法 (3) 借控制电源侧整流器的相位来调速	(1) 变频装置的结构简单，与交流式相比所需晶闸管少，晶闸管耐压要求不高 (2) 由于无需强迫换流部分，因而晶闸管少，适用大容量电机 (3) 由于起动转矩不过大，因而对负载随速度提高而增加有利 (4) 和直流供电或不停电电源组合起来使用时，比交流式有利
	Ⅱ	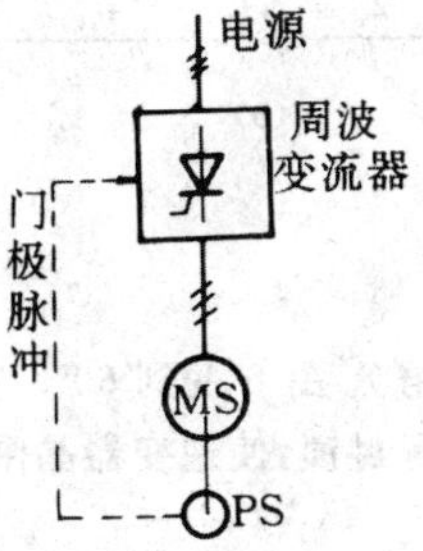	(1) 交-交直接变频 (2) 起动时进行电网换流 (3) 借控制对应于电源侧的相位来调节电枢电压，从而进行调速	(1) 由于在电动机电压还未建立时，也能维持用电源电压换流，因而容易起动 (2) 起动转矩大，快速性好 (3) 用电源频率和电动机频率之间的关系来改变晶闸管的利用率 (4) 适用于低频大容量电机
强迫换流型	Ⅲ	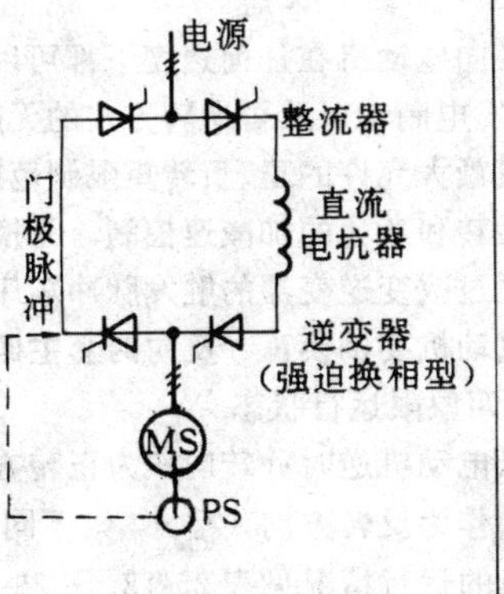	(1) 逆变器换流采用电容器等的强迫换流方式 (2) 借控制电源侧整流器的相位来调速	(1) 起动转矩大 (2) 过载能力强 (3) 需要强迫换相电路 (4) 适用于中、小型电机

续表 25-17

方　式		主回路结构	工作原理	特　点
强迫换流型	Ⅳ	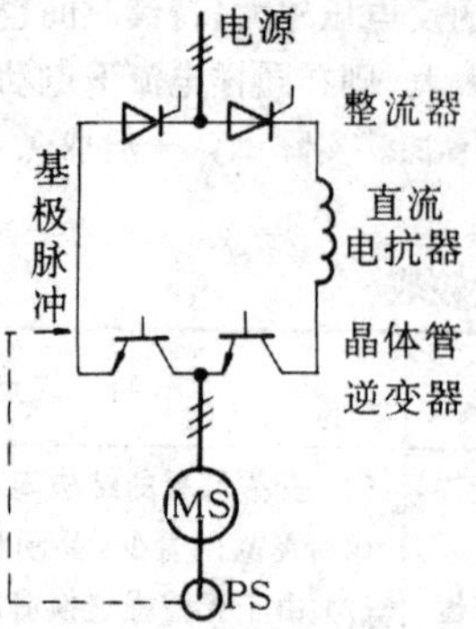	(1) 电枢绕组中的电流靠晶体管的基极电流来通断 (2) 借控制电源侧整流器的相位来调速	(1) 由于能可靠地进行换流，因而过载能力强 (2) 无须换流电路，可靠性高 (3) 对元件本身的容量和耐压有要求 (4) 适用于小型电动机

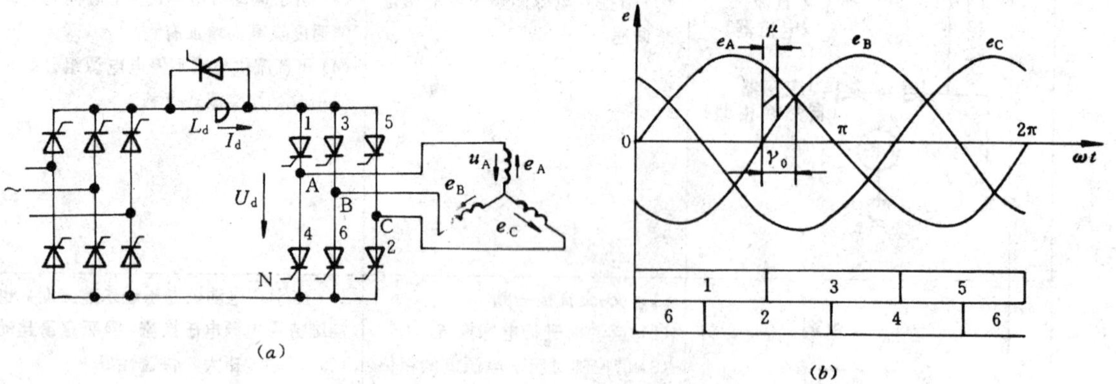

图 25-83　反电势换流原理图

(a) 一逆变电路；(b) 一换相时波形

另外，电动机在起动或低速时反电动势很小，不可能利用反电势换流。解决的办法有两个，即一是采用断续换流法；二是利用电源换流，即采用交-交系统。

断续换流法适用于交-直-交系统，主回路见图 25-83。换流时把整流桥（UR）拉至逆变状态，把滤波器电抗器及电机电枢储存的能量回馈给电网，使电流迅速衰减到零。电流衰减到零后，使系统恢复正常。正常工作时，与电抗器 L_d 并联的晶闸管处于阻断状态，继续换流，整流桥拉逆变时触发该晶闸管，将滤波电抗器短路，减少电流回路的时间常数，加快断流及复流过程，同时减少对电网的无功要求。

继续换流时 γ_0 整定为零，可加大起动转矩，减小转矩脉动。

如上所述，至高速时采用反电势自然换流。当电动机速度高于 10% 额定速度时，即认为进入高速阶段，采用反电势换流，此时，由速度检测器发出信号，一方面使换流超前角 γ_0 由 0°变到 60°，另一方面对断续电流脉冲信号进行封锁，使逆变器晶闸管换流时，电动机不再断流。

25.5.5.4　无换向器电动机四象限运行状态

无换向电动机在任何速度下都可以平滑地实现电动、再生发电制动以及可逆转方式的无触点自动切换。在电动机最大允许的正、负转矩限制范围内，能够进行稳定的运转和急速的加减速控制。无换向器电动机的逆转是通过改变逆变器的触发脉冲顺序而实现的，不象直流电动机要倒换正、反向两套主回路。

A　四象限运行状态

如以电动机逆时针转向作为正转方向（$\gamma_{0逆}$），而顺时针转向作为反转方向（$\gamma_{0顺}$），则不同 γ_0 角时无换向器电动机的运行情况见表 25-18。图 25-84 为无换向器电动机四象限运行状态图。

表 25-18 不同 γ_0 角时无换向器电动机的运行状态

$\gamma_{0逆}$	$\gamma_{0顺}$	转矩方向	运行状态	
			逆时针旋转	顺时针旋转
0°～90°	180°～90°	逆时针	电动（第Ⅰ象限）	再生（第Ⅳ象限）
90°～180°	90°～0°	顺时针	再生（第Ⅱ象限）	电动（第Ⅲ象限）

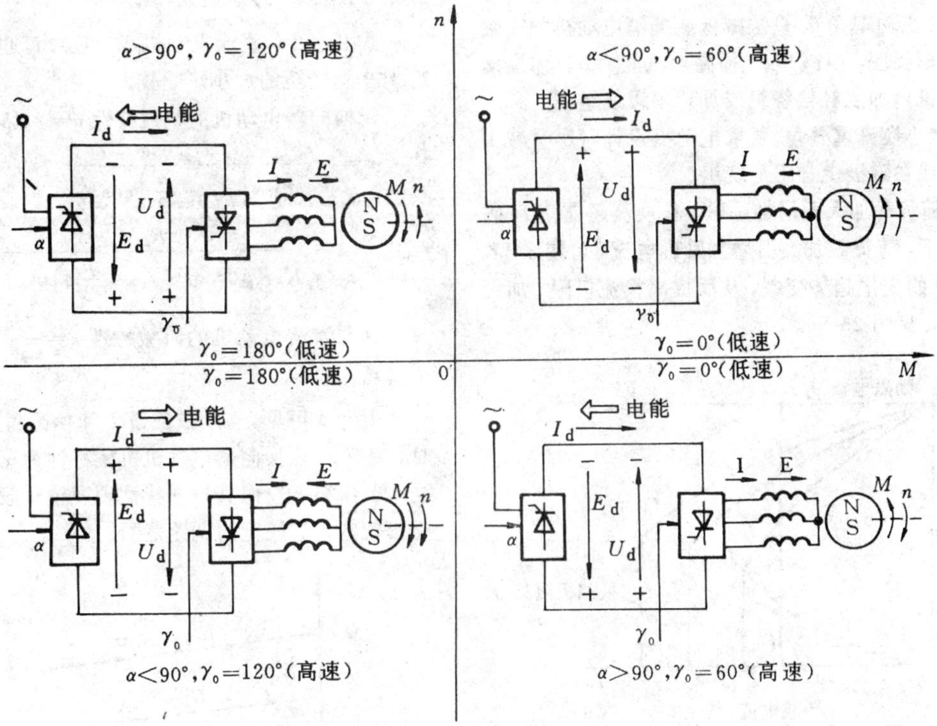

图 25-84 无换向电动机四象限运行状态图

图 25-84 中，Ⅰ、Ⅲ象限分别为正、反转运行状态，其中共同点是 $\alpha<90°$，网侧变流器处于整流状态，且 $E_d>U_d$，相电流 I 与电势方向相反（吸收电能），转矩与转速方向一致（输出机械能）；不同点是反转时 $\gamma_0=180°$（低速）或 120°（高速），因而电动机的转矩 M、速度 n 与正转时相反，正转时，$\gamma_{0逆}=0°$低速，$\gamma_{0逆}=60°$高速。Ⅱ、Ⅳ象限分别为正、反转再生发电状态，其中共同点是 $\alpha>90°$，网侧整流器处于逆变状态，且 $E_d>U'_d$，相电流 I 与电势 E 方向相同（释放电能），转矩与转速方向相反（回馈机械能）；不同是正转制动时，$\gamma_0=180°$（低速），$\gamma_0=120°$（高速）；反转制动时，$\gamma_0=60°$（高速），$\gamma_0=0°$（低速）。

25.5.5.5 增加换流极限，提高过载能力的方法

在直流无换向器电动机中，由于电枢反应和重叠角的影响，γ 将随着负载电流增大而减小，最后得不到换流所必须的电压，因而就不能运行。因此，为了完成换流，应保证换流剩余角 δ 所对应的时间大于晶闸管开关元件的关断时间 t_{off}，即要求 δ 角为

$$\delta=\gamma_0-\theta-\mu\geqslant\omega_1 t_{off} \quad (25\text{-}97)$$

由于同步电动机的功率角 θ、换相重叠角 μ 均随负载电流的增大而增加，所以在 γ_0 恒定的情况下，换相剩余角 δ 将随着负载的增加而减小，如图 25-85 所示。当负载达到一定数量，换相剩余时间 $t_s=\delta/\omega_1$ 接近晶闸管的关断时间 t_{off}时，电动机达到换相极限，这就是电动机的最大负载能力。目前，一般的无换向器电动机，其过载能力仅为 1.5～2 倍。对于爪极式无换向器电动机，其过载能力只有 1.25 倍左右。

提高无换向器电动机的过载能力的方法有以下几种：

(1) γ_0 自动调节（换流剩余角恒定控制）。换流剩余角为 $\delta=\gamma_0-(\theta+\mu)$，$\theta$、$\mu$ 均随负载电流增大而增大。在控制系统中，使 γ_0 角也能随负载电流增大而增大，以补偿 θ 与 μ 的增量，使换流剩余角在一定范围内保持恒定。但 γ_0 不能整定太大，一般不超过 70°。

(2) 减少功率角 θ。设法减低或抵消电动机的交轴或直轴电枢反应，以减小 θ，提高换流能力。具体措施是在电动机内加装补偿绕组或加装串级绕组。

(3)减小换流重叠角。要求电动机设计时尽量减少电机漏抗或在磁极上加阻尼绕组。

(4) 随负载加大而增加励磁。在换流超前角 γ_0 确定的情况下，随负载加大而增加励磁电流，可使 $\delta=\gamma_0-(\theta+\mu)$ 的变化趋势变缓，从而提高换流极限，加大过载能力，见图 25-85。

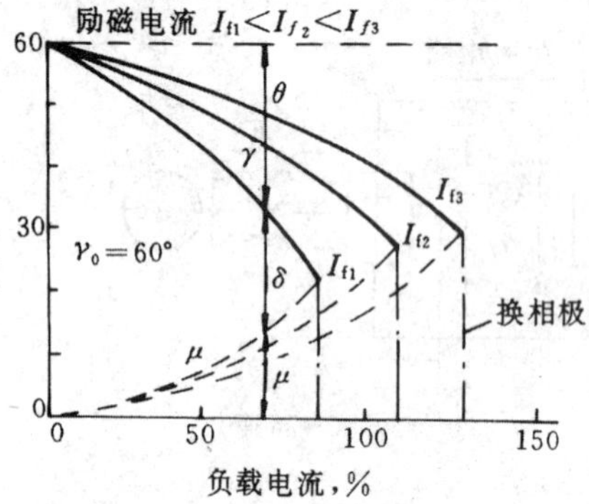

图 25-85 γ、δ、μ 与负载电流、励磁电流的关系

25.5.5.6 无换向器电动机的机械特性

无换向器电动机的转速表达式为

$$n=\frac{2.34U_2\cos\alpha-I_dR_\Sigma}{K_E\Phi\cos\left(\gamma_0-\frac{\mu}{2}\right)\cos\frac{\mu}{2}} \tag{25-98}$$

式中 K_E——电势常数，$K_E=\frac{\sqrt{3}}{10}pW_k$；

p——电动机极对数；

W_k——电动机每相绕组的等效匝数；

Φ——每极磁通；

R_Σ——总等效电阻，Ω；

μ——换流重叠角。

式 25-98 与直流电动机的转速公式 $n=(U-I_dR_\Sigma)/C_e\Phi$ 极为相似。这表明无换向器电动机在基本特性方面与直流电动机一样，改变 α 角即可改变直流电压调节电动机转速；改变磁通 Φ 也可以调速。此外，调 γ_0 角也可达到调速目的，但很少应用。

无换向器电动机的转矩表达式为

$$M=K_M\Phi I_d\cos\left(\gamma_0-\frac{\mu}{2}\right)\cos\frac{\mu}{2} \tag{25-99}$$

式中 K_M——转矩常数，$K_M=\frac{3\sqrt{3}p}{\pi W_k}$。

式 25-99 与直流电动机 $M=C_M\Phi I_d$ 也很相似，但 γ_0 对平均转矩的大小影响较大。

无换向器电动机的机械特性 $n=f(M)$ 表达式为

$$n=\frac{2.34U_2\cos\alpha}{K_M\Phi\cos\left(\gamma_0-\frac{\mu}{2}\right)\cos\frac{\mu}{2}}-\frac{R_\Sigma M}{K_EK_M\Phi^2\cos^2\left(\gamma_0-\frac{\mu}{2}\right)\cos^2\frac{\mu}{2}} \tag{25-100}$$

这与直流电动机的机械特性 $n=\frac{U}{C_e\Phi}-\frac{R_\Sigma M}{C_eC_M\Phi^2}$ 也十分相似。

由上式可见，当励磁磁通 Φ 和换流超前角 γ_0 不变时，调节 α，无换向器电动机机械特性为一组平行的直线，见图 25-86，但其机械特性硬度较一般直流电动机要稍软些，有较宽的调速范围。

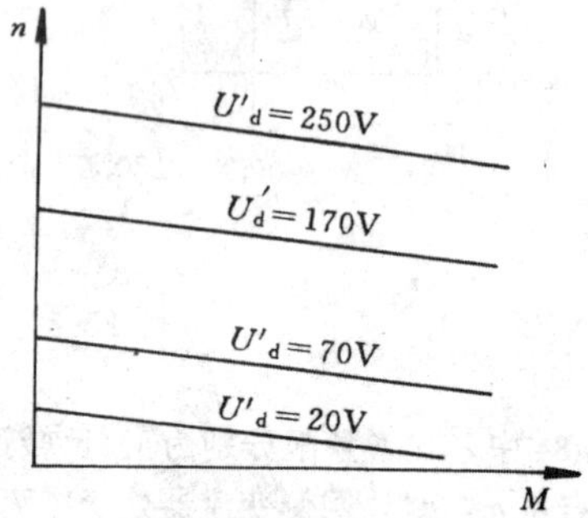

图 25-86 调节直流电压时的机械特性

25.5.5.7 无换向器电动机的调速系统

A 交-直-交无换向器电动机调速系统

图 25-87 为常用的电流、转速双闭环调速系统。虚线框内部是无换向器的特殊控制环节，用以实现变频器的自同步控制以及运行状态切换，以达到和直流传动相同的控制性能。

表 25-19 为在四象限运行状态下各调节器的极性和 α、γ_0 角的控制要求。

B 交-交电流型无换向器电动机调速系统

交-交电流型无换向器电动机调速系统结构见图25-88。其主回路采用三相零式反并联接线，由18个晶闸管分成Ⅰ～Ⅵ组，每三个元件一组，构成类似于交-直-交变频器的逆变电路。

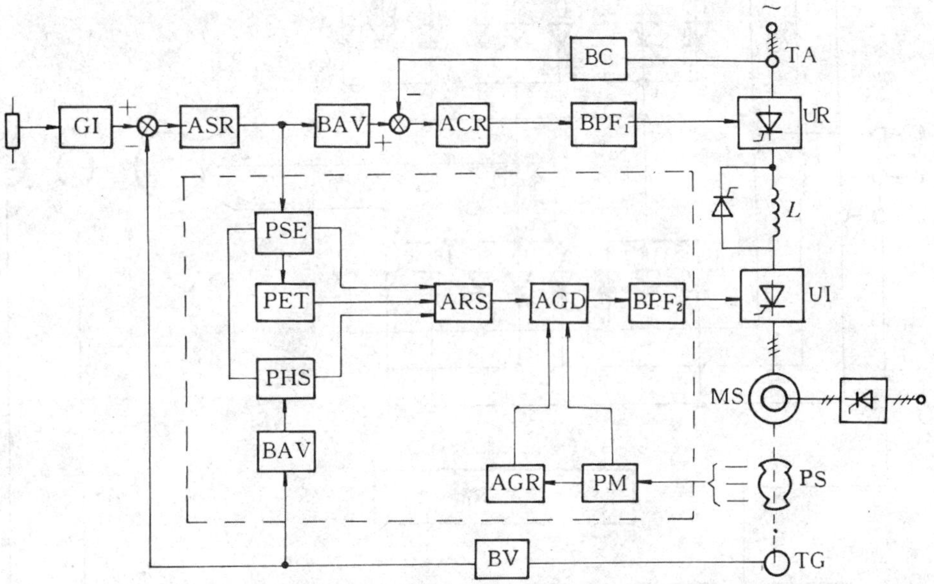

图 25-87 交-直-交电流型无换向器电动机调速系统框图

GI—给定积分器；ASR—速度调节器；BAV—绝对值变换器；BC—电流检测变换器；ACR—电流调节器；BPF_1—整流移相触发器；BPF_2—逆变触发器；PSE—转速差及正反转状态检测器；PET—电制动检测；PHS—高、低速检测环节；ARS—运转状态合成环节；AGD—γ_0脉冲分配器；AGR—γ_0调节器；PM—位置检测变换器；BV—转速检测变换环节

表 25-19 不同运行状态下调节器的极性和 α、γ_0 值

运行状态		速度给定 U_{gn}	ASR 输出 U_{gi}	ACR 输出 U_k	控制角 α	超前角 $\gamma_{0逆}$
第Ⅰ象限运行	低速电动	+	−	+	$0°<\alpha<90°$	0°
	高速电动	+	−	+	$0°<\alpha<90°$	60°
第Ⅱ象限运行	低速制动	+	+	−	$90°<\alpha<180°$	180°
	高速制动	+	+	−	$90°<\alpha<180°$	120°
第Ⅲ象限运行	低速电动	−	+	+	$0°<\alpha<90°$	180°
	高速电动	−	+	+	$0°<\alpha<90°$	120°
第Ⅳ象限运行	低速制动	−	−	−	$90°<\alpha<180°$	0°
	高速制动	−	−	−	$90°<\alpha<180°$	60°

根据不同γ_0的要求，与交-直-交系统的逆变器控制规律相同决定各元件组的导通顺序。元件组中各元件的导通则由电源端判断，即决定于α。任何两组（如Ⅰ、Ⅵ组）导通时都将形成一个三相全控桥整流电路，根据α信号选择应导通的晶闸管。改变α的大小，改变输出电压，调节电动机转速。因此，电流型交-交变频器不仅按γ_0要求对电机各绕组通断进行控制，又按α要求对交流电源进行整流，每个元件既要受γ_0，又要受α控制，所以必须进行α、γ_0的合成。

交-交电流型无换向器电动机在运行原理、特性和四象限运行等方面，与交-直-交型类似，只是其低速时可用电源换流而无需辅助起动环节。

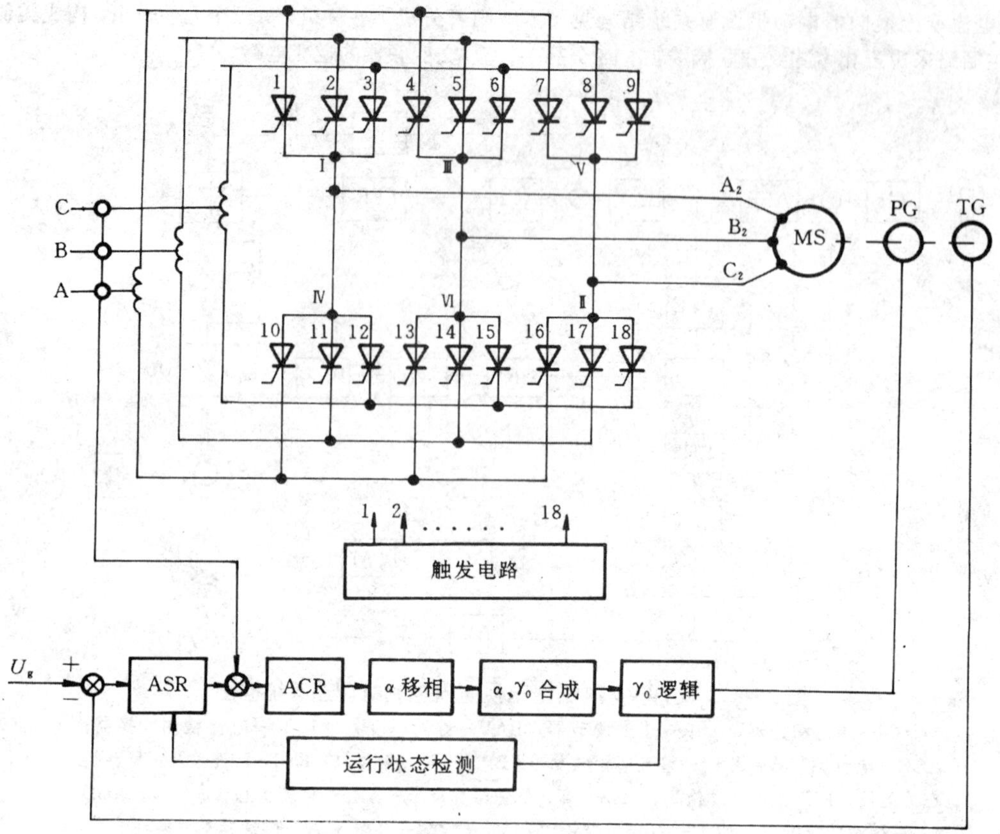

图 25-88 交-交电流型无换向器调速系统
ASR—速度调节器；ACR—电流调节器；
PG—脉冲发生器；TG—测速发电机

25.5.5.8 无换向器电动机的适用范围及特殊问题

A 适用范围

无换向器电动机结构简单、便于维护，容易做到低转速大容量、高转速大容量，调速方便，不失步，与直流电动机有相似的调速特性，故应用范围广泛。

交-直-交高速大容量无换向器电动机多用于风机、泵及压缩机类调速和大型同步电动机、蓄能电站发电——电动机的起动。

交-交电压型大容量低速无换向器电动机多用于大型轧钢机、矿井卷扬机，水泥管磨机等设备的调速传动，具有可直接传动、过载能力大、快速性好、功率因数高和效率高等优点。

B 特殊问题

用于高压大型同步电动机起动的无换向器同步电动机的电源设备，需要解决高压晶闸管的串联及光触发技术。

用于大容量无换向器电动机调速设备的同步电动机，需要根据晶闸管的电压水平特殊设计同步电动机的电压等级。为解决低速脉动问题，可设计双绕组电动机。

交-交型大容量无换向器电动机的电源设备，使用元件多，控制系统复杂，最好使用全数字系统，以简化管理、便于生产维护与提高可靠性、保证系统性能。

25.5.6 大型交流电动机的静止变频起动

大型交流电动机由于其起动电流对电网产生的巨大冲击，影响电网电压的稳定。另外，起动电流在电机绕组里产生的热损耗也是相当大的，电机制造厂对电机的允许起动次数也有严格的限制。在实际应用中，由于上述原因，使得间歇工作制负载的大型交流电动机在无负载期间仍需保持恒速运转，以减少起动次数，这就造成了电能的很大浪费。因此，对多台大容量电动机可切换使用一套静止变频装置，以实行软起动，对于节能有着重要意义。

采用变频装置起动电动机，首先进行变频起动，待加速到某一定转速时再切换到工频运转。切换的控制方式一般有以下两种。

第一种方式是先将电动机加速到变频器容量所允许的速度，然后将变频器断开，在电动机的转速尚未降低很多之前，经过几秒钟的无外加电压期间，再将电动机切换到工频电源，切换时，为了避免产生过大的冲击电流，需要利用现有的起动设备（起动电抗器等）对电流加以限制。这种控制方式一般适用于异步电动机，且允许转矩波动的负载。

第二种方式是同步切换控制。对起动较频繁的设备，变频器与工频电源之间要经常切换，从电动机的寿命来看，须实行软切换以降低切换电流。另一方面，某些设备对电动机转矩波动的限制较为严格，同步切换时必须将变频器输出频率以及输出电压的大小和相位与工频电源取得一致，在不断电的情况下，两个电源一边保持同步运行，一边进行切换。因为切换时变频器输出电压与工频电源电压同步，所以基本上能做到无电流冲击，实现了电源的软切换。

25.5.6.1 交-直-交电流型变频起动装置

某钢铁厂的高炉出铁场有一、二次除尘风机各两台。风机电动机均为3kV、1600kW、6p、50Hz笼型异步电动机，其除尘要求的风量都是周期性的，这样在高风量时两台风机需同时运转，其它时间则一台运转。根据工艺要求，高炉平均每日出铁14次，约每100min起动风机一次，两台风机轮换工作，对电动机来说每200min起动一次，超过电动机制造厂家对起动频繁程度的规定。为了降低电动机起动时的冲击电流和发热量，一、二次除尘风机电动机采用一套变频装置作为共用起动装置，顺序起动四台风机。

变频装置采用晶闸管交-直-交二重化电流型变频器。容量850kVA，电压1750V、频率35Hz。起动时用变频装置先起动至约60%额定速度，然后切除变频装置，改用电抗器降压起动。最后切除电抗器，至额定转速。主回路单线供电系统图如图25-89所示。

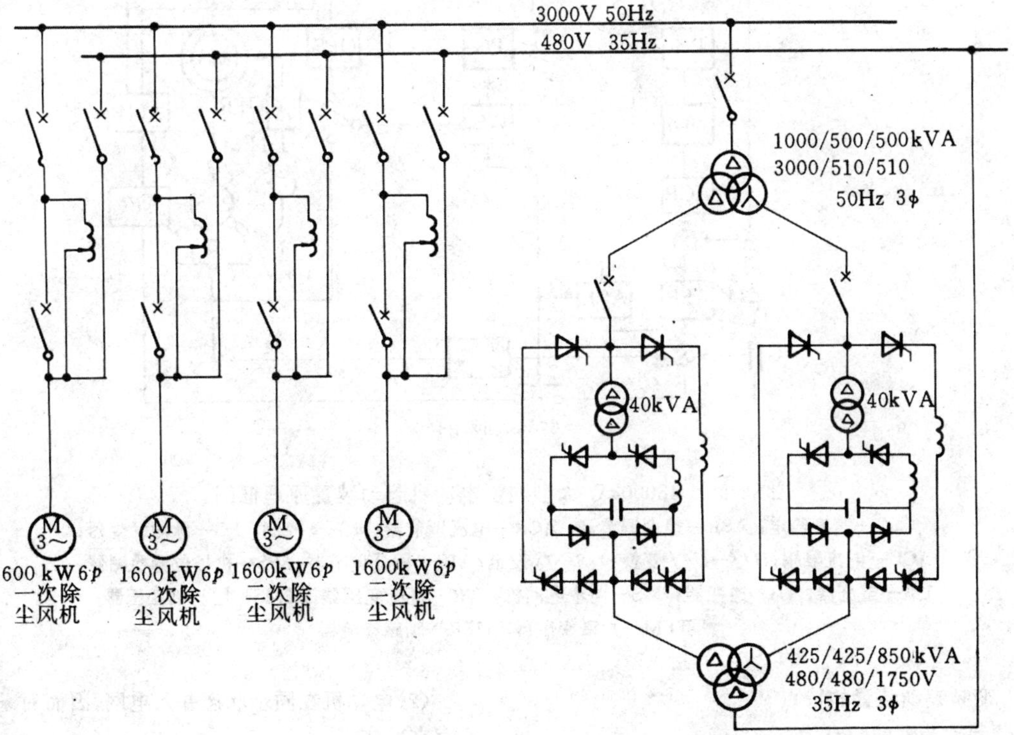

图 25-89 高炉出铁场除尘风机单线系统图

交-直-交电流型变频起动装置具有以下特点：

(1)主回路采用耦合型双重电流叠加多重化技术，从而消除了5、7、17、19等次谐波电流，且降低了转矩脉动，减少换流功率。

(2) 3000V工频电源经过输入变压器后降低为510V工频电源送入变频器主回路，使主回路晶闸管元件不需串联，不仅简化接线且提高可靠性。

(3) 变频器主回路设置了如图25-64c所示的过电压吸收装置（或称能量再生反馈回路），不仅能防止换相过电压，节省电能，且由于能量再生反馈回路采用整流式的能量吸收电路，先将浪涌电压的能量经二极管整流桥储存起来，然后由逆变桥反馈到电网，提高了系统的快速性。

(4) 变频器的控制回路除专门设置必需的各种功能的调节器外，还设置了由PC机构成的运转程序与保护程序，实现自动操作，提高装置的安全可靠性。

25.5.6.2　无换向器电动机变频起动装置

高炉鼓风机选配的48000kW同步电动机采用晶闸管变频起动装置。

某钢铁厂的高炉鼓风机的传动电动机是一台10kV、48000kW，3000r/min的大型同步电动机。它的起动就是采用无换向器电动机的原理进行的。系统采用直流式，控制方式是转速、电流反馈双闭环系统，并采用了“逆变器晶闸管换流裕度角补偿”等措施。这种大型同步电动机起动装置的原理框图如图25-90所示。

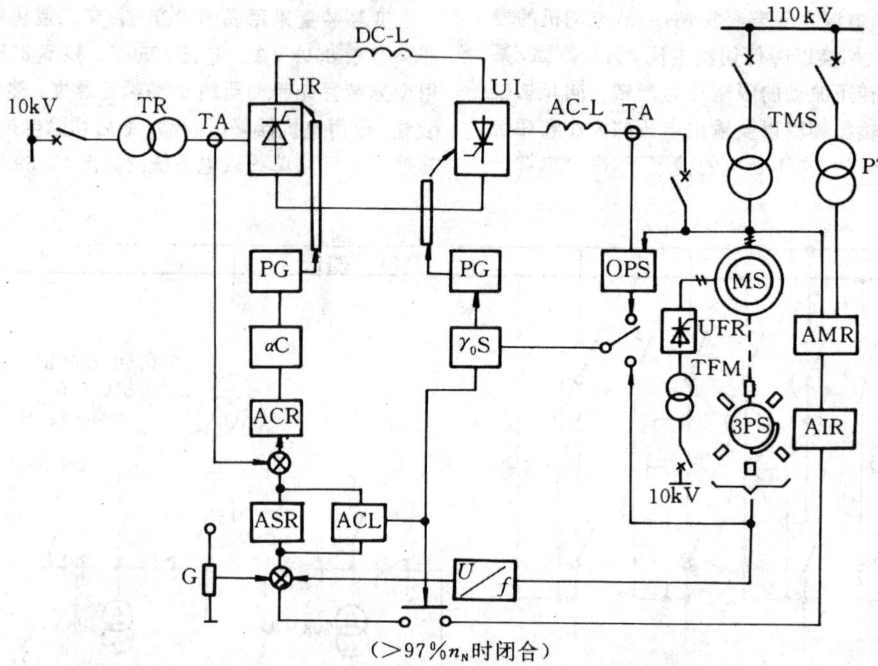

图25-90　48000kW大型同步电动机起动装置原理框图

G—速度给定；ASR—速度调节器；ACR—电流调节器；αC—α控制；PG—脉冲发生器；ACL—电流限幅；U/f—U/f变换；γ_0S—γ_0设定；AIR—积分调节器；3PS—机械位置检测器；UR—整流器；UI—逆变器；MS—同步电动机；TR—整流变压器；TMS—同步机变压器；TFM—励磁变压器；UFR—励磁整流器

A　变频起动装置的特点

变频起动装置的特点为：

(1) 通过调节整流器输出的直流电压用自控式逆变方式，可以使同步电动机起动时线性加速。

(2)电动机在同步状态并入电网，因而对系统电网不存在冲击。

(3)设备安装简便，不需要特别的机械基础，安装面积小；与蒸汽透平传动相比，基建费用约为75～

80%；安装占地约为 70%；冷却水耗用量只有 5%。

(4)采用多台机的场合，可以用一套起动装置顺次起动数台同步电动机，大幅度节省投资。

(5) 属静止起动设备，维护检修方便。

(6) 起动加速功率消耗小。

晶闸管装置可以把换流的 β 角控制在所需的最小值，使电动机在高效率、高功率因数下起动加速，因此起动时间短（15min 以内）。

由于这种系统所具有的突出优点，又有同步电动机的结构简单，制造容易，维修方便等优点，是一种理想的大型起动设备。

B 装置的基本组成及主要参数

(1) 同步电动机（MS）。

额定功率 48000kW　额定电压 10kV，3ϕ

额定电流 3349A　额定频率 50Hz

额定转速 3000r/min　功率因数 0.85（超前）

(2) 整流变压器（TR）。

整流变压器的设置，主要是为了补偿起动装置运行时，由于阻抗引起的电压降和整流器、逆变器的触发控制角的不同而引起的电压差，为使同步电动机最终能获得 10kV 的电压，整流变压器二次电压必须提高，本系统采用 12kV，主要技术参数如下：

额定容量 18000kVA　额定频率 50Hz

额定电压 10kV/12kV　接线方式 三角形/三角形

(3) 直流电抗器（DC-L）。

直流电抗器的作用是将整流器输出的直流脉动值限制在一定数值下，以保证逆变器的工作稳定，主要参数如下：

电感量 60mH　频率 300Hz

额定电压 12kV（DC）　额定电流 1024A

(4) 交流电抗器（AC-L）。

交流电抗器的作用是抑制逆变器换流时的电流骤变，防止晶闸管元件的损坏，同时在发生短路事故时，具有限制电流的功能。主要数据如下：

电感量 1.1mH（每相）　频率 50Hz

额定电压 10kV（AC）　额定电流 836A

(5) 整流器（UR），逆变器（UI）。

整流器和逆变器都由晶闸管三相桥式全控电路组成，整流器以提供逆变器恒电流源为工作原则，将交流整流为直流以供给逆变器，逆变器再将直流变换成频率和电压可变的交流以完成交-直-交变换。主要参数如下：

额定交流电压 整流器 12kV（输入）　逆变器 10kV（输出）

额定直流电压 12kV

额定直流电流 1024A

额定输出功率 12MW

过载能力 120%（10min）

接线方式 三相桥全控

冷却方式 密闭循环，风冷——水冷式

触发方式 间接光触发式

(6) 晶闸管元件的主要参数。

型号 SF1500G×21　平均正向电流 1500A

正反向阻断电压 4000V　维持电流 300mH

导通时间 小于 10μs　关断时间 小于 400μs

$di/dt=250A/\mu s$　$du/dt=1500V/\mu s$

C 整流器、逆变器的基本单元

整流器、逆变器均由三相全控桥式电路组成，各桥臂由 12 个 4000V、1500A 的晶闸管元件串联组成，每一桥臂在结构分为四个单元，每单元各有 6 只晶闸管元件，每个单元又分为两组，每组由 3 只元件组成。晶闸管功率单元示意图如图 25-91 所示。

“单元”的主回路部分包括晶闸管、阳极电抗器与均压电路；触发回路部分包括光电转换、脉冲放大与脉冲变压器等。起动装置采用了双重触发系统，高电位部分电子元件的工作电源也是双重的，从而保证了触发的高可靠性。

触发系统有两个特点，第一采用光导管（LG）组成的间接光电耦合式触发系统，以解决控制系统的低压电路和主回路部分高压（10kV）电路的绝缘隔离问题；第二采用一根流过恒定电流的高压电缆，将它穿过所有的作为电源用的电流互感器，解决工作电源与高压电路的绝缘问题。

D 控制系统及起动过程

图 25-90 是一种典型的直流式无换向器电动机控制系统。电源侧接有整流变压器，而逆变器的输出经交流电抗器 AC-L 接到同步电动机上。系统的控制方式是转速、电流负反馈双闭环控制方式。

同步电动机的起动过程是：盘车⟶起动开始⟶断续换流⟶自然换流⟶电流限幅切换⟶位置检测切换 3PS ⟶CPS ⟶整步控制⟶同步并网⟶起动装置退出，一直到起动结束。三台电动机共用一套变频起动装置。

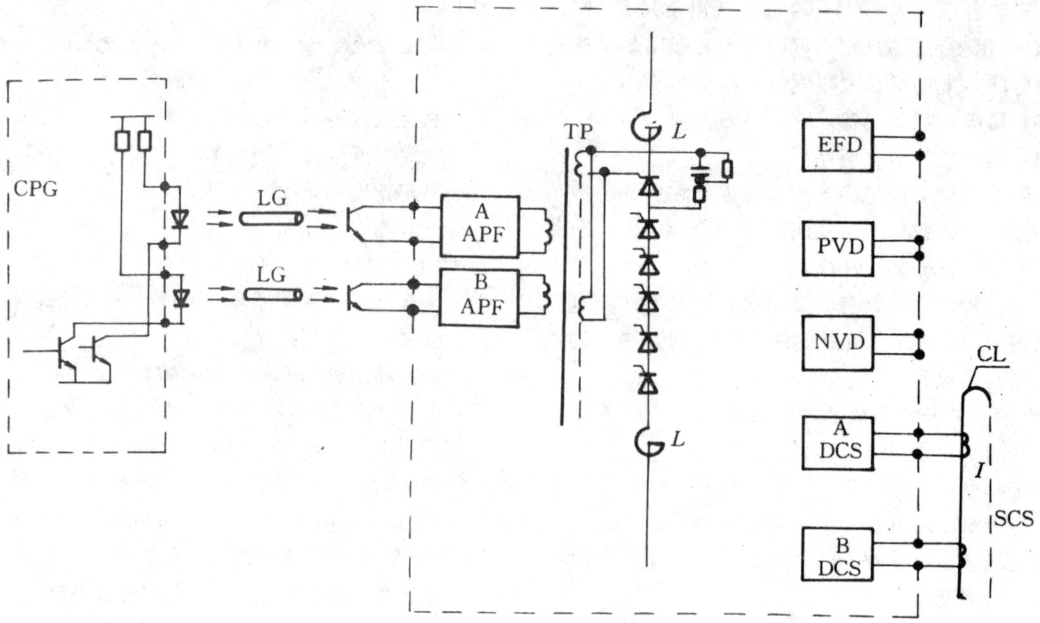

图 25-91　晶闸管功率单元示意图

CPG—脉冲发生电路；LG—光导管；APF—脉冲放大；TP—脉冲变压器；
EFD—元件故障检测；PVD—正向电压检测；NVD—反向电压检测；DCS—直流电源；SCS—恒流源；CL—电缆线

同步机起动时，先由盘车电动机（37kW 异步电动机）将其带动运行于额定转速的 1%。然后发出起动指令，将同步电动机的转子励磁投入，待磁场建立起来后，起动装置输入，输出开关合上，变频装置投入工作。同步电动机以无换向器电动机的方式加速到额定转速的 90%～97%（实际调试为 96%）时，系统转入自整步微调控制。在这个阶段，变频装置根据电网电压和同步机端电压二者频率上的差值，产生一个附加的转速微调信号，对同步电动机转速作微调，以使两者的频率差减小到零。与此同时，励磁系统则由自动电压平衡装置控制同步电动机的转子励磁电流，以使同步电动机端电压和电网电压平衡。

通过对频率和电压的微调，使得同步电动机定子端电压和电网电压之间的频率、相位、幅值差值达到设定指标时，同步并网条件成立，起动装置自动地将整流器触发脉冲控制角 α 移到 135°处，输出电流下降到零，然后封锁整流器和逆变器的全部脉冲。与此同时，合上同步电动机并入电网的开关，电动机并入电网。随后起动装置的电源侧和负载侧开关分闸，结束起动运行。

本系统的特点：

(1) 系统采用了“自控式”方式，避免了“失步”的危险。

(2)设计中采用了换流重叠角补偿调节电路，能改善运行时的功率因数，提高系统运行效率。

(3) 运用电流互感器的原理来解决高电位部分电子线路的低压工作电流，此方案简单价廉，工作可靠。

(4)利用光导纤维传输所组成的双重触发系统，提高了系统工作的可靠性。

(5) 引入“强制脉冲”电路，有利于系统安全可靠运行。

(6)由于控制系统设有电流内环进行调节，并有可靠的电流限制环节，使系统具有很强的限流能力，可承受直至负荷短路等故障，运行可靠性较高。

当然，本装置设备庞大、造价高昂，仅适用于大中容量同步电动机的可逆调速；本装置因为作为起动装置用，主回路采用 6 脉波接线，系统功率因数低，谐波分量大，对电网影响也大，如作为调速装置之用，必须采用多重化技术。

25.5.7　交流电动机的矢量控制系统

25.5.7.1　矢量控制的基本概念

钢铁企业的各种生产机械，根据工艺特点对传动电动机的控制性能有不同的要求。一般分两类，一类只要求简单控制与调速，另一类则要求具有高控制精度与快速动态响应。交流调速系统，对于前一类负载，采用 V/f 协调控制的变频调速系统可以满足要求，而后一类对动态性能有要求的负载，需要进行速度控制。

任何传动控制系统都服从于基本运动方程

$$M - M_f = \frac{GD^2}{3680}\frac{dn}{dt}$$

由此式可以看出，要能随意控制速度，归根结底就是对电动机的转矩控制。

直流他励电动机的转矩 M 与电枢电流 I_a 的关系是

$$M = C_M \Phi I_a$$

对于补偿较好的电机，电枢反应影响很小，当励磁电流不变时，转矩与电枢电流成正比。控制电枢电流就等于控制转矩，所以良好的动态性能是容易实现的。

三相异步电动机转矩与转子电流 I_2 的关系是

$$M = C_M \Phi I_2 \cos\varphi_2 \qquad \varphi_2 = \mathrm{tg}^{-1}\frac{sX_2}{r_2}$$

式中气隙磁通 Φ、转子电流 I_2、转子功率因数 $\cos\varphi_2$ 都是转差率 s 的函数，而且都是难以直接控制的。比较容易控制的是定子电流 I_1，而它又是 I_2 的折合值与励磁电流 I_0 的矢量和。因此，要在动态中准确地控制转矩显然比较困难。矢量变换控制就是解决这一困难，使交流调速系统在高精度、快速响应性能上也赶上直流传动系统的一种新的控制方法。

直流电动机以定子作为参考坐标轴，其转矩由两个互相垂直且相对静止的矢量产生。矢量变换控制的基本思想，是以产生同样的旋转磁场为准则，建立三相交流绕组电流，两相交流绕组电流和在旋转坐标上的正交绕组直流电流之间的等效关系，从而可以按直流电动机的控制规律来控制交流电动机，得到与直流传动一样的动态特性。

转差频率控制的变频调速系统虽然能够维持磁通与转矩恒定。但是，由于基本关系都是从稳态机械特性上推导出来的，没有考虑到电机电磁惯性的影响，所以动态转矩仍未得到控制。

磁场定向式的矢量变换控制，是以在空间旋转的有效磁通（交流电动机的转子磁通）轴线作为参考坐标，通过坐标变换方法，将电动机的定子电流沿有效磁通坐标轴系分解为两个分量：一个是与转子磁场定向的定子磁场电流分量 i_{1M}，相当于直流电动机的励磁电流，另一个是垂直于定向磁场且产生转矩的定子电流分量 i_{1T}，相当于直流电动机的电枢电流 i_a，由于定子电流空间矢量与定向磁场空间矢量同步旋转，只会发生相位上的变化，所以定子电流沿定向磁场方向分解，所得到的两个分量是标量，i_{1M} 和 i_{1T} 可以分别进行调节，从而将交流电动机模拟成与直流电动机相似来加以控制，使其获得优越的调速性能。

25.5.7.2 矢量变换规律及其实现

A 三相——二相变换（$3\phi/2\phi$）或反变换（$2\phi/3\phi$）

图 25-92 为三相 a、b、c 和与之等效的二相 α、β 轴相应的位置及相应的电流时间变量图。

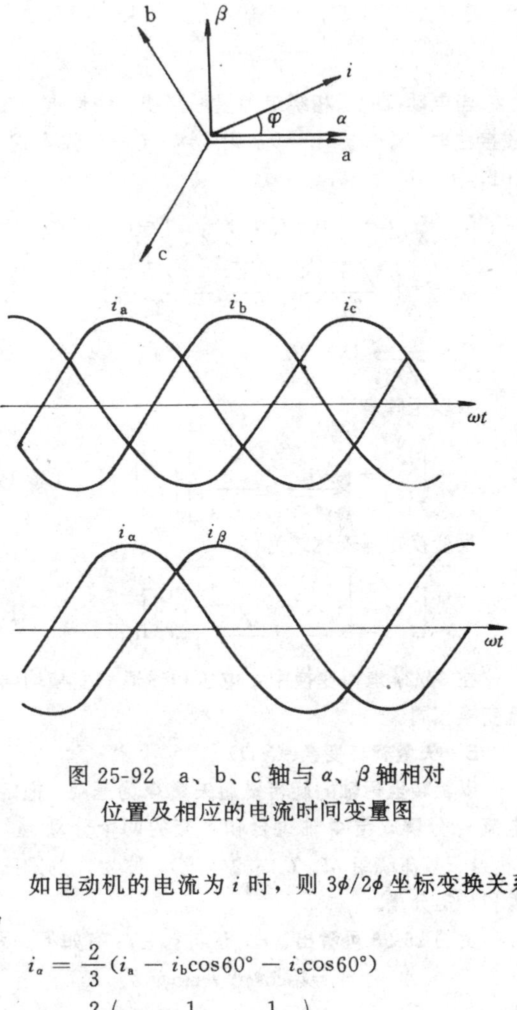

图 25-92 a、b、c 轴与 α、β 轴相对位置及相应的电流时间变量图

如电动机的电流为 i 时，则 $3\phi/2\phi$ 坐标变换关系为

$$i_\alpha = \frac{2}{3}(i_a - i_b\cos60° - i_c\cos60°)$$

$$= \frac{2}{3}\left(i_a - \frac{1}{2}i_b - \frac{1}{2}i_c\right)$$

$$i_\beta = \frac{2}{3}(i_b\sin60° - i_c\sin60°)$$

$$=\frac{2}{3}\left(\frac{\sqrt{3}}{2}i_b-\frac{\sqrt{3}}{2}i_c\right)$$

式中 $\frac{2}{3}$——为了使三相绕组与二相绕组的磁场相等的变换系数。

用矩阵表示为

$$\begin{bmatrix}i_\alpha\\i_\beta\end{bmatrix}=\frac{2}{3}\begin{bmatrix}1 & -\frac{1}{2} & -\frac{1}{2}\\0 & \frac{\sqrt{3}}{2} & -\frac{\sqrt{3}}{2}\end{bmatrix}\begin{bmatrix}i_a\\i_b\\i_c\end{bmatrix}\tag{25-101}$$

把两相坐标变换为三相坐标的矩阵表达式为

$$\begin{bmatrix}i_a\\i_b\\i_c\end{bmatrix}=\begin{bmatrix}1 & 0\\-\frac{1}{2} & \frac{\sqrt{3}}{2}\\-\frac{1}{2} & -\frac{\sqrt{3}}{2}\end{bmatrix}\begin{bmatrix}i_\alpha\\i_\beta\end{bmatrix}\tag{25-102}$$

当电动机的三相绕组为星形接线、中性点不带零线接法时，$i_a+i_b+i_c=0$，则 $i_c=-i_a-i_b$ 代入式 25-101，可化简为

$$i_\alpha=\frac{2}{3}\left(i_a-\frac{1}{2}i_b+\frac{1}{2}i_a+\frac{1}{2}i_b\right)=i_a$$

$$i_\beta=\frac{2}{3}\left(\frac{\sqrt{3}}{2}i_b+\frac{\sqrt{3}}{2}i_a+\frac{\sqrt{3}}{2}i_b\right)$$

$$=\frac{1}{\sqrt{3}}(i_a+2i_b)$$

或以矩阵表示

$$\begin{bmatrix}i_\alpha\\i_\beta\end{bmatrix}=\begin{bmatrix}1 & 0\\\frac{1}{\sqrt{3}} & \frac{2}{\sqrt{3}}\end{bmatrix}\begin{bmatrix}i_a\\i_b\end{bmatrix}\tag{25-103}$$

反变换矩阵表达式为

$$\begin{bmatrix}i_a\\i_b\end{bmatrix}=\begin{bmatrix}1 & 0\\-\frac{1}{2} & \frac{\sqrt{3}}{2}\end{bmatrix}\begin{bmatrix}i_\alpha\\i_\beta\end{bmatrix}\tag{25-104}$$

在 $3\phi/2\phi$ 坐标变换中，电压和磁通的变换均与电流变换相同。

B 矢量旋转变换（VD）

以旋转坐标轴的旋转磁通矢量 Φ 为基础，把定子电流 i_1 分解成与 Φ 轴重合和正交的两个分量 i_M、i_T（相当于直流绕组 M、T 中的电流），称为 i_1 的励磁分量和转矩分量。

由图 25-93 可看出，i_α、i_β 与 i_M、i_T 有如下关系

$$i_\alpha=i_M\cos\varphi-i_T\sin\varphi$$

$$i_\beta=i_M\sin\varphi+i_T\cos\varphi$$

所以，由旋转坐标变换到静止坐标的矢量旋转变换方程为

$$\begin{bmatrix}i_\alpha\\i_\beta\end{bmatrix}=\begin{bmatrix}\cos\varphi & -\sin\varphi\\\sin\varphi & \cos\varphi\end{bmatrix}\begin{bmatrix}i_M\\i_T\end{bmatrix}\tag{25-105}$$

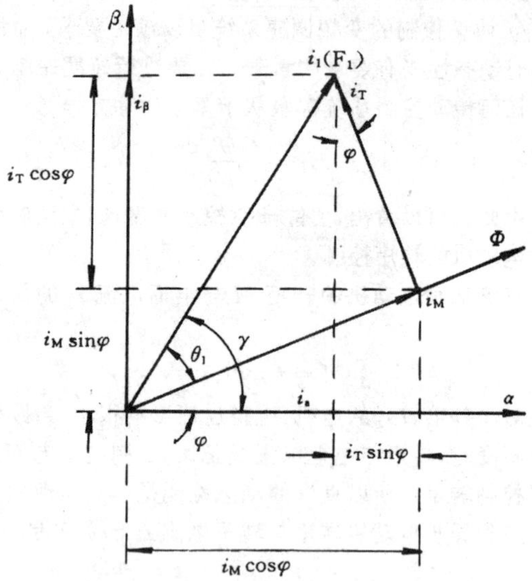

图 25-93 矢量旋转变换矢量图
（α、β 轴与 M-T 轴）

逆变换方程为

$$\begin{bmatrix}i_M\\i_T\end{bmatrix}=\begin{bmatrix}\cos\varphi & \sin\varphi\\-\sin\varphi & \cos\varphi\end{bmatrix}\begin{bmatrix}i_\alpha\\i_\beta\end{bmatrix}\tag{25-106}$$

图 25-94 为矢量旋转变换器原理电路图。

C 直角坐标-极坐标变换

在组成矢量变换的控制系统中，有时需要把矢量由直角坐标表示变换为极坐标形式。两者的关系为

$$i_1=\sqrt{i_M^2+i_T^2}\tag{25-107}$$

$$\mathrm{tg}\theta_1=\frac{i_T}{i_M}\ 或\ \mathrm{tg}\frac{\theta}{2}=\frac{i_T}{i_1+i_M}\tag{25-108}$$

图 25-95 为直角坐标-极坐标变换器电路图。

D 矢量分析器（VA）

矢量分析器是一种分析交流量幅值和相位的工作单元，它可分析直角平面坐标两轴表示的电压、电流和磁通分量的幅值和相位。如果从磁敏元件检测出磁通分量 Φ_α 和 Φ_β，可求出磁通矢量的幅值 $|\Phi|$ 大小和与 α 轴形成的夹角 φ_1，即

$$\left.\begin{aligned}|\Phi|&=\sqrt{\Phi_\alpha^2+\Phi_\beta^2}\\\cos\varphi_1&=\frac{\Phi_\alpha}{|\Phi|}\\\sin\varphi_1&=\frac{\Phi_\beta}{|\Phi|}\end{aligned}\right\}\tag{25-109}$$

矢量分析器如图 25-96 所示。

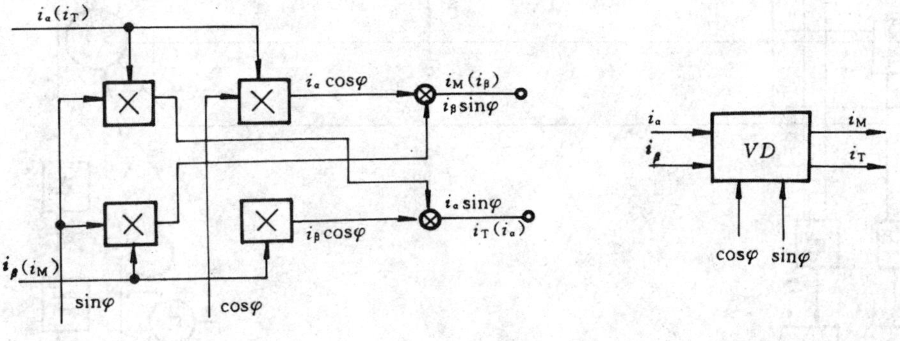

(a) (b)

图 25-94 矢量旋转器的原理电路图

(a) —运算电路；(b) —符号

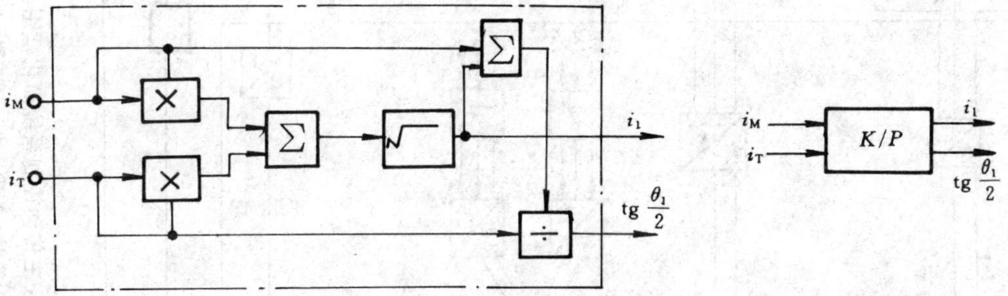

(a) (b)

图 25-95 直角坐标-极坐标变换电路图

(a) —运算电路；(b) —符号

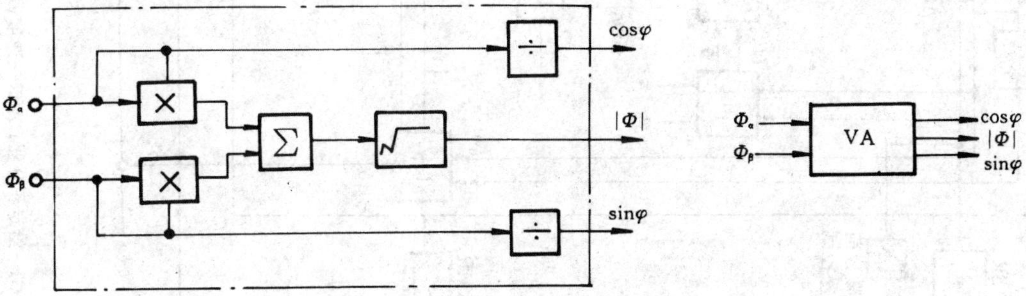

(a) (b)

图 25-96 矢量分析器

(a) —运算电路；(b) —符号

25.5.7.3 同步电动机的矢量控制变频传动系统

以某钢铁厂的热连轧 $R_3$9000kW 同步轧钢电动机的矢量控制变频系统为例简介如下。

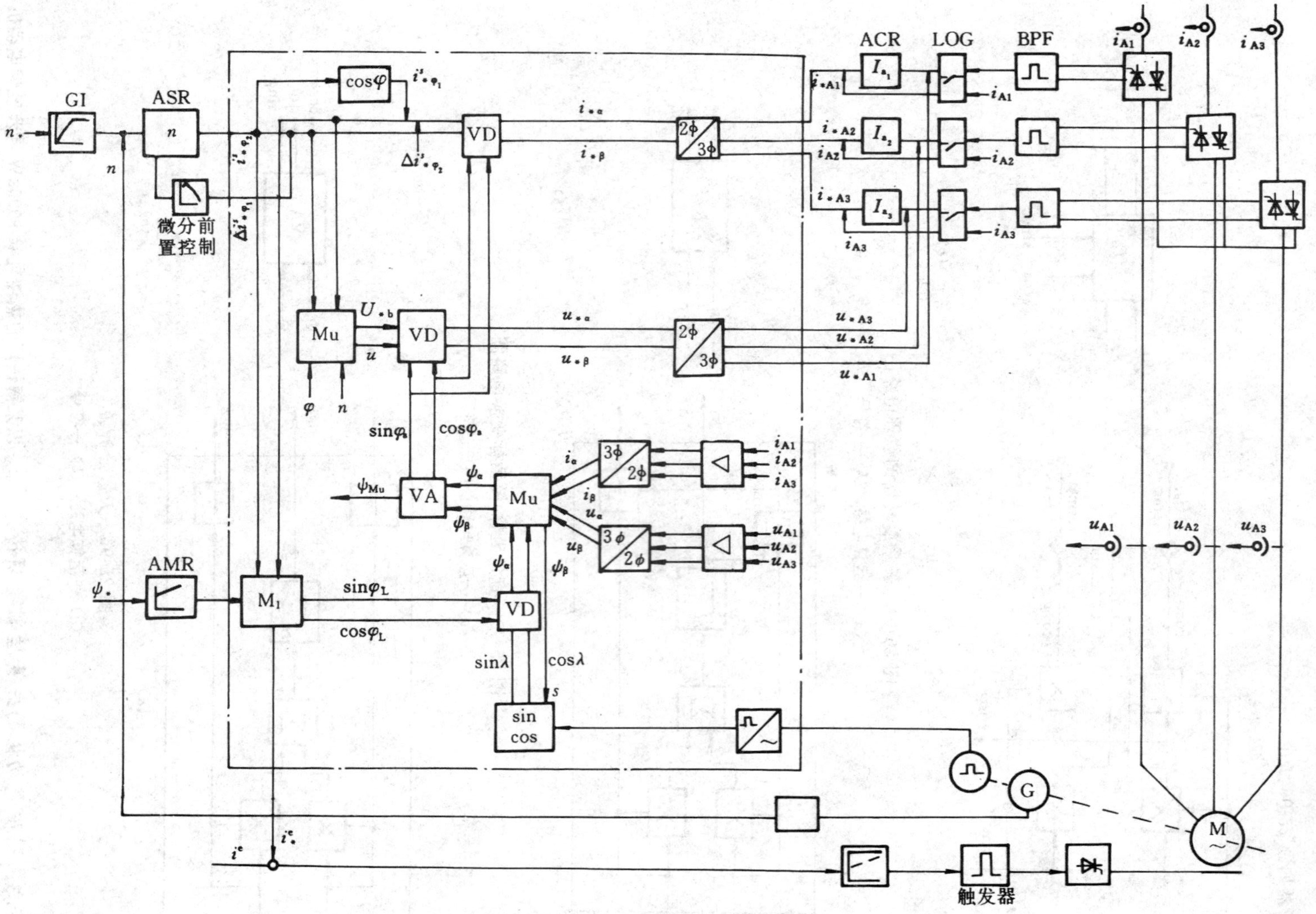

图 25-97　R_3 主传动控制系统简化框图

GI—给定积分器；ASR—速度调节器；VD—旋转变换器；ACR—电流调节器；LOG—切换逻辑；BPF—触发器；Mu—电压模型；M_1—电流模型；AMR—磁场调节器；$2\phi/3\phi$（$3\phi/2\phi$）—二相（三相）/三相（二相）变换；VA—矢量分析器；$\frac{\sin}{\cos}$—正弦、余弦发生器；虚线框内—磁场定向矢控部分控制系统的简化框图如图 25-97 所示。

系统分下述几个部分：

(1) 直接变频控制部分。这一部分包括触发装置、无环流逻辑切换环节。

(2)定子电流及定子电压调节系统部分。这一部分包括定子电压前置控制环节、定子电流（交流）调节环节、定子电流（直流）调节环节。

(3) 矢量控制部分。这一部分包括电压模型 M_U、电流模型 M_I，转子位置测量和校正环节、定子电流给定运算环节、定子电压给定运算环节、定子电流（直流）磁化分量运算环节、定子电流（直流）转矩分量运算环节。

(4)速度调节系统部分。这一部分包括速度给定环节、速度反馈环节、速度调节器。

(5) 磁通调节控制部分。这一部分包括磁通-电压控制环节、弱磁控制环节、磁通调节器。

(6)转子励磁电流调节系统。这一部分包括励磁电流反馈、励磁电流调节器，励磁触发器。

(7) 开放控制环节。

纵观整个系统可见其输入变量为速度给定、磁通给定或者有转矩扰动的输入，其输出变量为转矩、速度、而中间控制变量只能是定子电流和电压及转子励磁电流。

同步电动机调速控制系统"逼真"模拟直流调速系统，能对转矩和磁通独立地进行控制，但必须将定子电流 i^s、定子电压 u^s 和转子励磁电流 i^e 进行解耦。以定子旋转磁场 Ψ 取向定为 M 轴（或称 ϕ_1 轴），则其转矩为 T 轴（或称 φ_2 轴），定子电流 i^s 解耦时磁化分量为 $i^s_{\varphi_1}$。转矩分量为 $i^s_{\varphi_2}$。转子励磁电流 i^e 解耦的磁化分量为 $i^e_{\varphi_1}$，转矩分量为 $i^e_{\varphi_2}$。其它变量如定子电压 u^s、有效磁通的磁化电流 i^u 等亦可作同样分解。这样在 M 轴，T 轴上对上述变量就可以进行期望的运算和控制。各种变量的矢量图见图 25-98（未考虑弱磁情况）。矢量控制部分的任务是：

(1) 如何根据速度调节器的输出来求取定子电流的设定值 $i^s_{\varphi_1}$ 与 $i^s_{\varphi_2}$；

(2) 如何根据实测的三相定子电压 u_{A1}、u_{A2}、u_{A3} 与三相定子电流 i_{A1}、i_{A2}、i_{A3} 求取定子旋转磁通 Ψ_{MU} 及其与 M 轴（φ_1 轴）之间位置角 φ_s；

(3) 如何根据磁通调节器的输出及 $i^s_{*\varphi_1}$、$i^s_{*\varphi_2}$ 来求取转子轴与磁通定向轴（M 轴）之间位置夹角 φ_2（即负载角），再考虑转子对定子的实际位置角 λ，求低速时磁通及位置角的校正值，与此同时亦求得转子激磁电流的设定值 i^e_*。

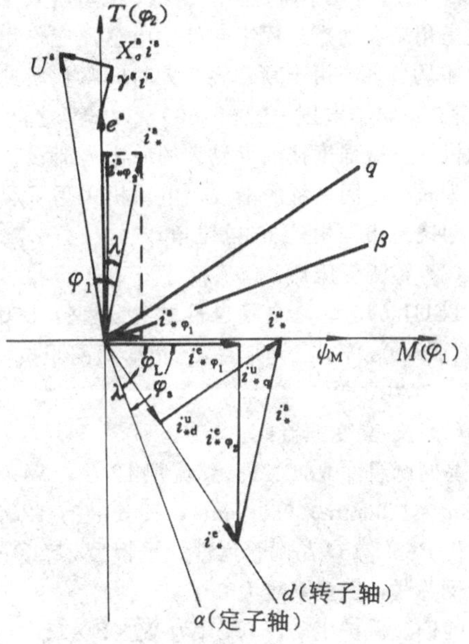

图 25-98 控制系统变量矢量图

(4) 求得 φ_s 角之后即可将 $i^s_{*\varphi_1}$、$i^s_{*\varphi_2}$ 变换和运算求得定子电流（交流）的设定值 $i^s_{*A_1}$、$i^s_{*A_2}$、$i^s_{*A_3}$ 及定子电压（交流）的设定值 $u^s_{*A_1}$、$u^s_{*A_2}$、$u^s_{*A_3}$。

通过上述的矢量变换器的运算和控制，同时又实现定子电流、电压内环的控制与弱磁调节控制，同步电动机的调速控制系统就十分类似于一个典型的直流调速控制系统。

此外，其主传动控制系统的主回路有关电气设备的主要参数如下：

(1) 主电动机：

1DQ4452 型，9000kW，250/578r/min，8.33/19.26Hz，1650V，2×1619A（每相）（双绕组，温升小于 75℃）。$\cos\varphi=1$，效率 98.1%（不包括磁场损失），励磁功率 88.4kW，过载能力在最大温升 100℃下允许的负荷 115%连续、150%90s、175%60s、200%20s（最大允许过载、即电流限制值）、220%切断（断路器跳闸设定值），F 级绝缘，下密闭循环通风，风量 8.5m³/s，内部风压损失 1970N/m²（Pa），轴向推力（连续/峰值）±60/±150kN，转矩放大系数 2.6，飞轮矩 4.3tm²，质量（总重/最大单重）83.2/43.3t，速比 8.6：1。

本电动机为带直流励磁的交流同步电动机，与传统的同步电动机相仿，转子为隐极结构。所不同的主要有：第一，起动时不需要阻尼绕组，这里所采用的阻尼绕组是用来在动态过程中起补偿电枢反应作用，以减少励磁调节系统由于励磁绕组大时间常数所造成的滞后；第二，定子电压一般在1600～1700V之间；第三，电动机的机械强度按能承受大的冲击电流设计。

为减少电网系统的谐波，电动机采用了双星形绕组，两绕组相位相差30°电位角。

（2）整流变压器：

TSUJ8646型，油浸自冷式户外型，5700kVA，35kV/2×1080V，三角形/双三角形短路阻抗6%，质量13.35t共3台。

（3）交-交变频器：

晶闸管组件R68L213，整流柜12台，（W×D×H：600mm×1200mm×2550mm），其安装有12×6个双向组件R68L213，晶闸管元件为平板型，2200A3200V直接反并联，安全系数为2.1。

辅助及保护柜4台（尺寸为W×D×H：600mm×1000mm×2200mm）

控制柜：1台（W×D×H：600mm×600mm×2200mm）

快速开关6台3WV18型2500A，1500V，安装在地下室

励磁变压器油浸自冷户外型，SU5541型，350kVA 6kV/390VY，d11接线。

励磁用整流器6QG75型512V，1200A

脉冲同步信号从公用的35kV母线上专用作同步信号的电压互感器获得

25.5.7.4　异步电动机的矢量控制变频传动系统

以某钢铁厂的热轧带钢厂精轧机前后辊道异步电动机采用的矢量变频控制系统为例，简介其特点与原理框图。原理框图如图25-99所示。

A　基本原理

异步电动机的电磁转矩为

$$M = C_M \Phi_m I_2 \cos\varphi_2$$

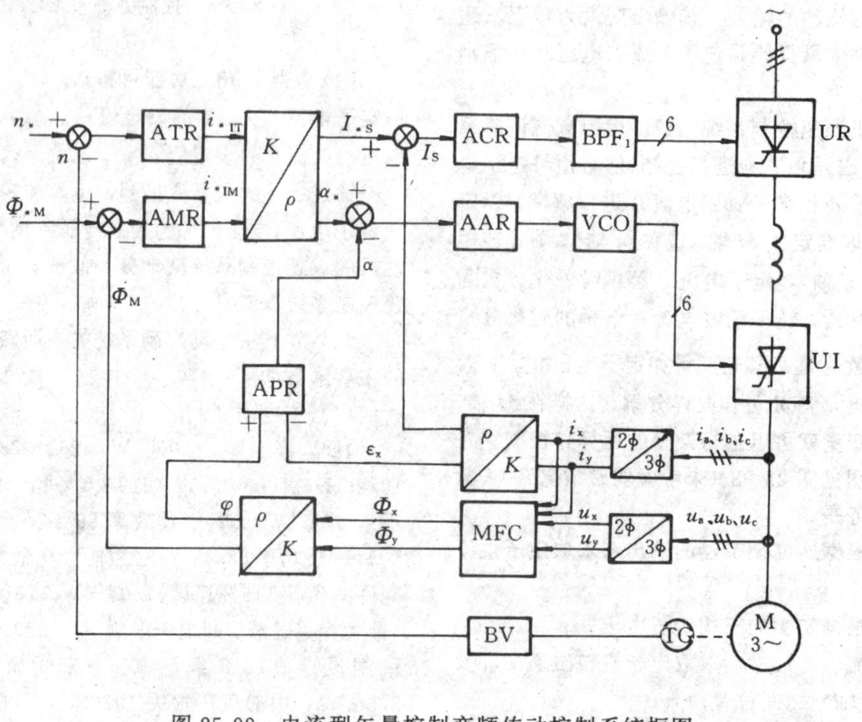

图25-99　电流型矢量控制变频传动控制系统框图

ATR—转矩调节器；K/ρ—直角坐标-极坐标变换；ACR—电流调节器；BPF_1—整流器触发器；AMR—磁通调节器；AAR—角度调节器；VCO—电压-频率变换器；APR—加法器；MFC—Φ运算器；BV—速度变换器

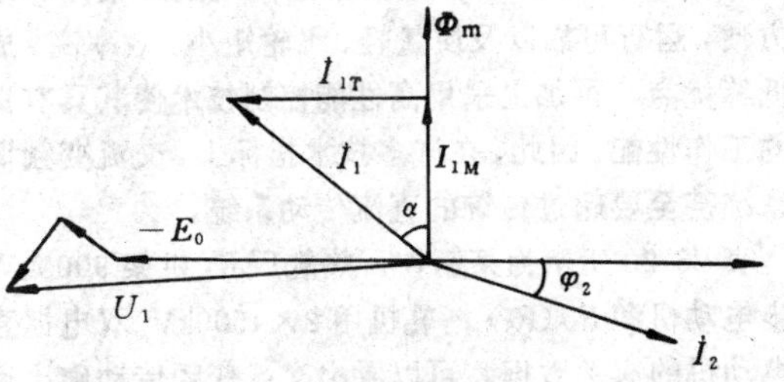

图 25-100 异步电动机矢量图

异步电动机的矢量图如图 25-100，由图中可知 $I_2\cos\varphi_2=-I_1\sin\alpha$，代入上式得

$$M=C_M(-I_{1T})\Phi_m \quad (25\text{-}110)$$

由式 25-110 可看出，把异步电动机定子电流 I_1 分解成与磁通垂直的分量 I_{1T} 与平行分量 I_{1M}，然后按此式分别对 I_{1T} 与 Φ_m 进行控制，可以如同直流电动机调速系统中分别对电枢电流 I 和磁通 Φ 控制一样。

B 矢量变换控制中各被调节量的求取

图 25-99 中，用三相——二相（$3\phi/2\phi$）变换器检测出定子电流 i_x，i_y 及电压 u_x、u_y。磁通检测通过电流法附加电压法的磁通运算电路，以得到准确的磁通。MFC 磁通计算电子电路如图 25-101 所示。

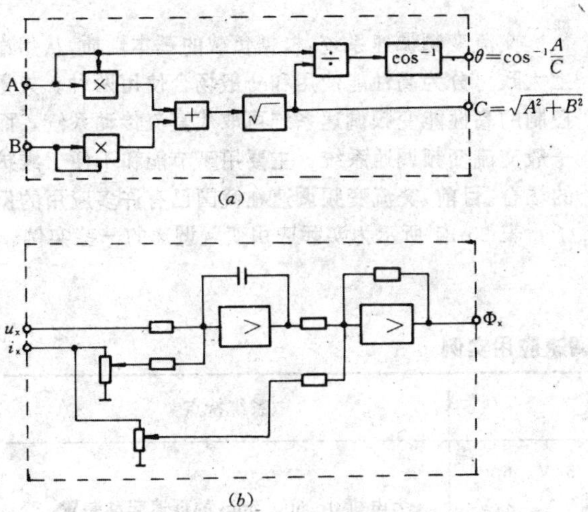

图 25-101 K/ρ 变换与磁通检测计算电路图
(a) —K/ρ 坐标变换；(b) —磁通计算

磁通计算数学计算式如式 25-111。

$$\left.\begin{aligned}\Phi_x&=\frac{u_x}{p}-\frac{(r_1+pL_1)}{p}i_x\\ \Phi_y&=\frac{u_y}{p}-\frac{(r_1+pL_1)}{p}i_y\end{aligned}\right\} \quad (25\text{-}111)$$

$$\Phi_M=\sqrt{\Phi_x^2+\Phi_y^2},\quad \varphi=\cos^{-1}(\Phi_x/\Phi_M) \quad (25\text{-}112)$$

$$I_s=\sqrt{i_x^2+i_y^2},\quad \varepsilon_x=\cos^{-1}(i_x/I_s) \quad (25\text{-}113)$$

图 25-99 中的 K/ρ 为直角坐标与极坐标变换，其计算电路如图 25-101a 所示。

异步电动机的空间矢量图如图 25-102。图中 I_s 与 Φ_M 分别等效于异步电动机定子三相交流电流所建立的空间矢量。图 25-100 中，I_1 和 Φ_M 之间的相位差 α 可以从图 25-102 矢量图中求出来。并且通过 K/ρ 变换，可分别求出 I_s、ε_x 及 Φ_m、φ。由 φ 与 ε_x 两个空间的相角差，即可求出 α 角。

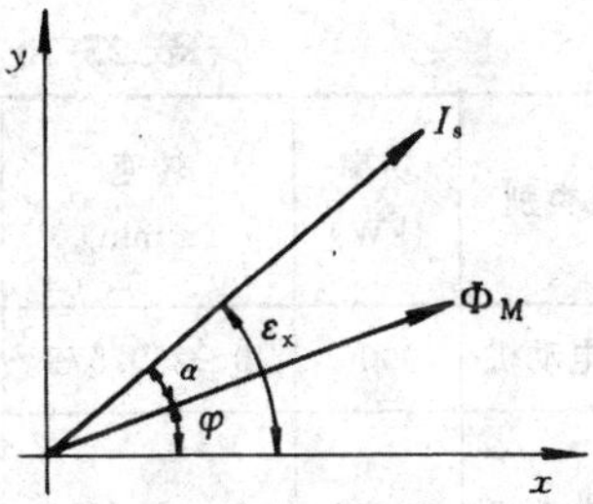

图 25-102 异步电动机空间矢量图

C 异步电动机矢量变换系统

图 25-99 系统主回路为三相桥式晶闸管交-直-交变流线路。控制部分的给定信号与直流调速系统类似，有两个彼此独立的信号，转速给定 n_* 和励磁磁通给定 Φ_*。转速反馈信号取自与电机同轴的测速发电机（或数字测速后经数-模转换取出）。转矩调节器（ATR）的输出为电机定子电流中转矩分量的给定信号（i'_{1T}）。磁通运算电路输出的 Φ_M 信号作为负反馈量加到磁通调节器（AMR）上，其输出为定子电流中励磁分量的给定值（i_{*1M}）。

i_{*1T} 和 i_{*1M} 经过 K/ρ 坐标变换后，转化为相应的定子电流幅值给定值（i_{*s}）和相角给定（α_*）。K/ρ 坐标变换计算式为

$$i_{*s}=\sqrt{i_{*1T}^2+i_{*1M}^2}$$

$$\alpha_*=\cos^{-1}\left(\frac{i_{*1M}}{i_{*s}}\right)$$

磁通运算电路用以计算出气隙磁通的大小（Φ_M），

定子电流矢量幅值 (I_s)，以及它们之间的角度差 (α)。

Φ_M 与 I_s 分别加到各自的调节器，作 PI 调节。定子电流调节器 ACR 的输出，用以控制整流器输出电压幅值，控制 UR 的触发脉冲移相角。

α 作为矢量相角差检测信号加到角度调节器 AAR 的负反馈输入端，AAR 的输出经过电压-频率变换器，控制逆变器晶闸管的导通频率。

I_s 和 α 双重控制的结果，使异步电动机定子电流中转矩分量 i_T 与励磁分量 i_M 分别得以完成各自的闭环控制，即对 n 和 Φ 的分别控制。

25.5.8 交流变频调速的应用

由于电力电子技术和微电子技术的发展，矢量控制技术和数字控制技术的采用，交流调速传动系统正在向小型化、低成本和高性能方向发展，其适用范围越来越广，控制性能显著提高，有取代直流传动系统的趋势。交流电动机，由于具有结构简单，制造，使用和维护方便，运行可靠以及质量轻、飞轮矩小，效率高，成本低等优点，再加上采用高性能控制技术使其具有良好的工作性能。因此，在许多技术指标上，交流变频调速系统甚至要超过传统的直流传动系统。

表 25-20 所示为某钢铁厂热轧厂 R_3 机架 9000kW 同步电动机和 F_5 (F_6) 精轧机用 2×4500kW 双电枢直流电动机的有关数据，可以看出交流变频传动确比直流传动具有一些显著的优点。

目前，交流变频调速在我国还处于发展阶段，装置价格较高，但是，随着我国电力电子技术的发展，变频调速装置的价格会逐步下降。根据国外变频调速的发展，下列情况下的交流变频调速传动系统的经济指标有可能优于直流传动系统：

表 25-20 交直流电动机的主要技术数据对照表

机架	电机类别	功率 (kW)	转速 (r/min)	电压 (V)	电流 (A)	频率 (Hz)	效率 (%)	飞轮矩 (kNm^2)	过载倍数	总风量 (m^3/s)	总质量 (t)
R_3	同步电动机	9000	0～250/578	1650	3240	8.33/19.26	98.1	168.7	1.15/1.75/2	8.3	83.2
F_5	直流电动机	2×4500	0～250/590	1184	2×3990		95.2	753.4	1.15/1.75/2	16.8	94.1

(1) 当需要使用低基速电动机，其容量在 2000kW 以上；

(2) 环境要求防爆或完全密封的电动机；

(3) 当使用多台电动机成组传动，又不要求用同一装置调节单机速度时，如轧钢车间辊道；

(4) 当需要各电机间绝对同步而要求使用同步电动机时。

交流变频调速系统，根据负载的基本性质，从用途上大致可分为高性能使用和一般场合使用两种。矢量控制的高性能变频调速系统可取代直流传动系统，而一般交流变频调速系统，主要用于节能和不便于维护的场合。目前，交流变频调速在我国已有许多应用的例子，表 25-21 所示为实际应用变频调速的一些实例。

表 25-21 变频调速应用实例

调速方案	应用场合	主要设备技术指标	系统特点
交-直-交变频调速	高炉一、二次除尘风机	鼠笼型异步电动机 1600kW、3kV、6p 输入变压器 1000/500/500kVA、3kV/510V/510V 输出变压器 425/425/850kVA、480/480/1750V	为电机 0～600r/min 的低速起动装置，变频装置为变压器耦合二重化串联二极管式电流源型由电抗器继续起动到全速

续表 25-21

调速方案	应用场合	主要设备技术指标	系统特点
交-直-交变频调速	连铸一般辊道	鼠笼型异步电动机 3.7～132kW 共 122 台，380V 变频器为 VS-616H 系列	PWM 型，整流桥为硅二极管，逆变桥为电力晶体管，调速比为 1∶40，调速精度 0.01%
	连铸大包回转台、结晶器、振动器，夹送辊，堆焊机升降台等	鼠笼型异步电动机 5.5～160kW 共 160 台，320V 变频器系列为 VS-686TV	PWM 型，用微机进行矢量控制，整流桥与逆变桥都为电力晶体管，都并有功率型二极管，调速比高达 1∶200、精度±0.01%，可再生制动
	热轧高速运行辊道	鼠笼型异步电动机 11kW，500V 共 382 台	PWM 型转速范围 0～1600r/min
	热轧中间辊道等	鼠笼型异步电动机 5kV，500V 共 131 台	矢量控制，转速范围为 0～244r/min
交-交变频调速	热轧 R_3 轧机	同步电动机 9000kW，1650V，4 极 三台三绕组变压器 11400/5700kVA，35kV/2×1080V D，dd 两组变频器并联供电，晶闸管桥臂共 72 个	矢量控制、转速范围为 0～250/578r/min
无换向器电动机	高炉鼓风机	同步电动机为 48000kW10kV，2 极 整流变压器为 18000kVA，10/12kV，变频装置 12000kVA，每臂 12 个晶闸管元件 1500A/4000V $\frac{du}{dt}=1500V/\mu s$，$\frac{di}{dt}=250A/\mu s$	变频装置为交-直-交型，即直流型无换向器电动机，为电流源型，变频起动为 30～3000r/min30r/min 以下由专用电机盘车

25.6 带飞轮传动装置的异步电动机的转差率调节

25.6.1 概述

轧钢机及带离合器的剪断机，在运转过程中经常出现高达电动机额定转矩 2.5 倍以上的尖峰转矩，尤其是那些不可逆不调速的开坯机、中板轧机、叠轧薄板轧机和轧管机等，它的短时冲击负载约为均方根转矩的 3～4 倍（即 $M_{max}/M \geqslant 3～4$）。尖峰负载的持续时间约为 2～5s。为了避免按过载能力选择电动机的容量及减少尖峰电流对电网的冲击，常采用带飞轮传动装置的异步电动机并设有转差调节器。

常用的转差率调节有常接电阻、接触器式转差率调节器、液体转差率调节器及频敏变阻器转差率调节器以及高效节能双馈变频转差率调节等五种，其机械特性曲线和转矩随时间变化的曲线见表 25-22。

25.6.2 常接电阻

常接电阻是最简单的一种调节方法。其缺点是特性较软，轻载时，飞轮已放能，当负载增大到 1.5 倍额定转矩时，飞轮的能量已放掉很多。因此，这种方法的缺点是飞轮的能量利用率较差，一般用于容量不大（小于 500kW）的电动机上，如剪断机等。

25.6.3 接触器式转差率调节器

接触器式转差率调节器是电动机转子回路接有两级电阻，通过转差继电器和接触器实现转差调节。由表 25-23 可见，特性Ⅰ是转子常接一段电阻 r'_{I} 的特性，通常取 $r_{*n}+r_{*\mathrm{I}}=0.05$；特性Ⅱ是转子接有电阻 r_{I} 及 r_{II} 时特性，通常取 $r_{*n}+r_{*\mathrm{I}}+r_{*\mathrm{II}}=0.1$，即 $r_{*\mathrm{II}}=0.05$。当负载转矩小于电动机额定转矩时，电动机运行在特性曲线Ⅰ上；当负载转矩等于 1.5 倍电动机额定转矩时，电动机转换到曲线Ⅱ上运行，亦即负载增加时，电动机转速下降，飞轮放出动能，帮助电动机克服尖峰负载。

接触器式转差率调节器的动作较迅速，但线路较复杂，当负荷变化极频繁时，调节器有时来不及动作，并且所需的电阻较多，加之接触器容量的限制，因此，只适用于转子电流为2000A以下的电动机，其原理系统图如图25-103所示。

表25-22　带飞轮传动装置的绕线型电动机的转差率调节特性

调节器	机械特性 $s=f(M)$	转矩随时间变化特性 $M=f(t)$
常接电阻	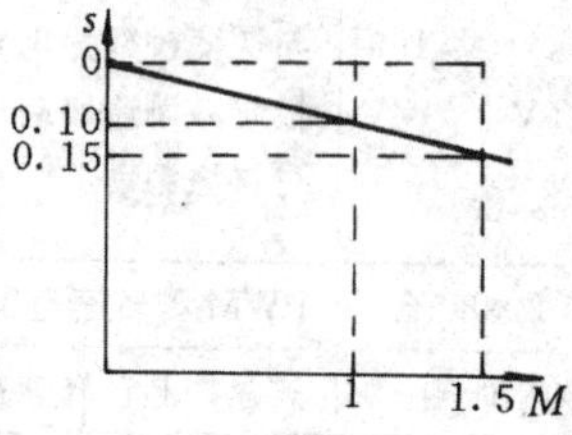	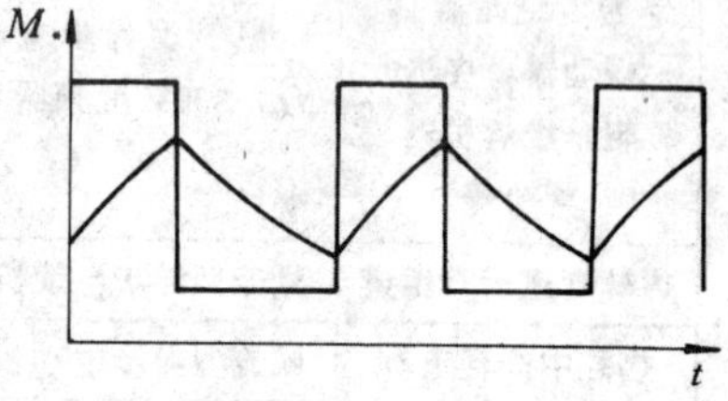
接触器式转差率调节器	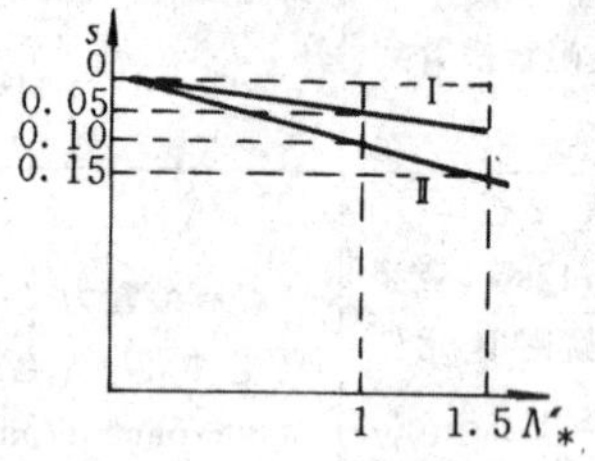	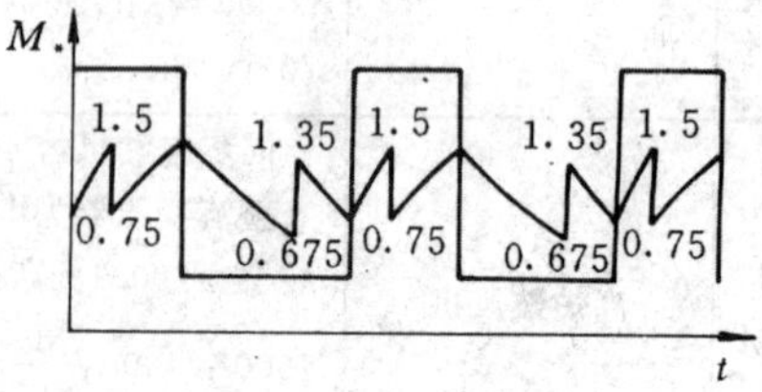
液体转差率调节器双馈变频转差率调节器	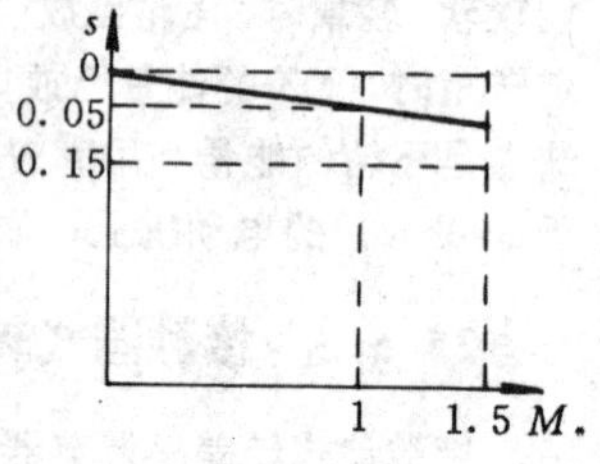	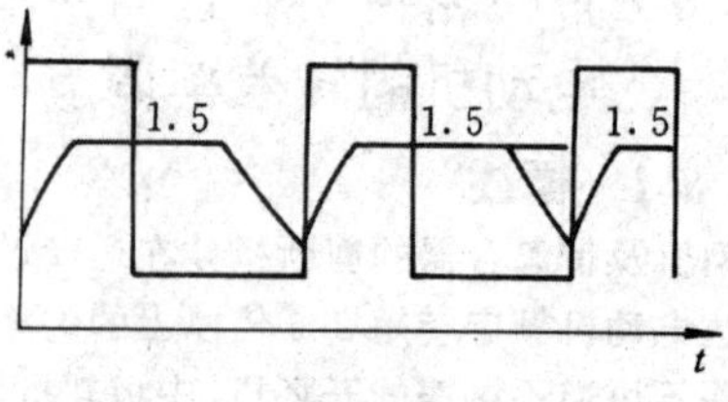
频敏变阻器转差率调节器	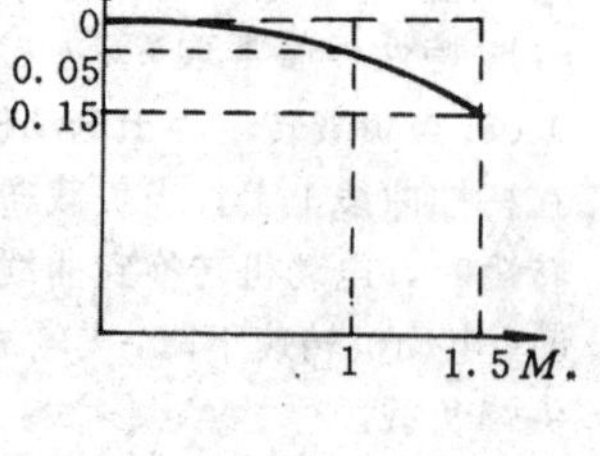	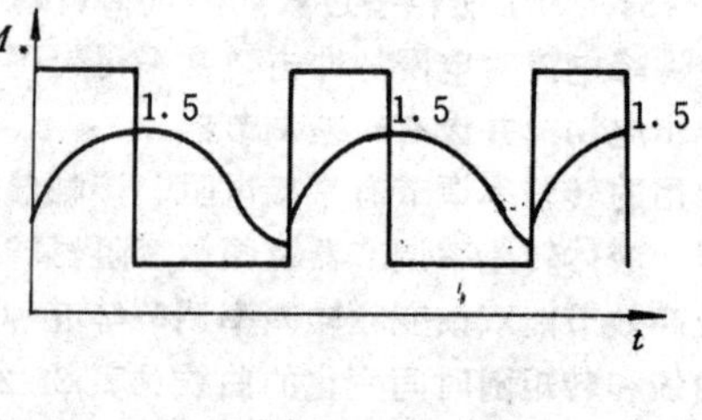

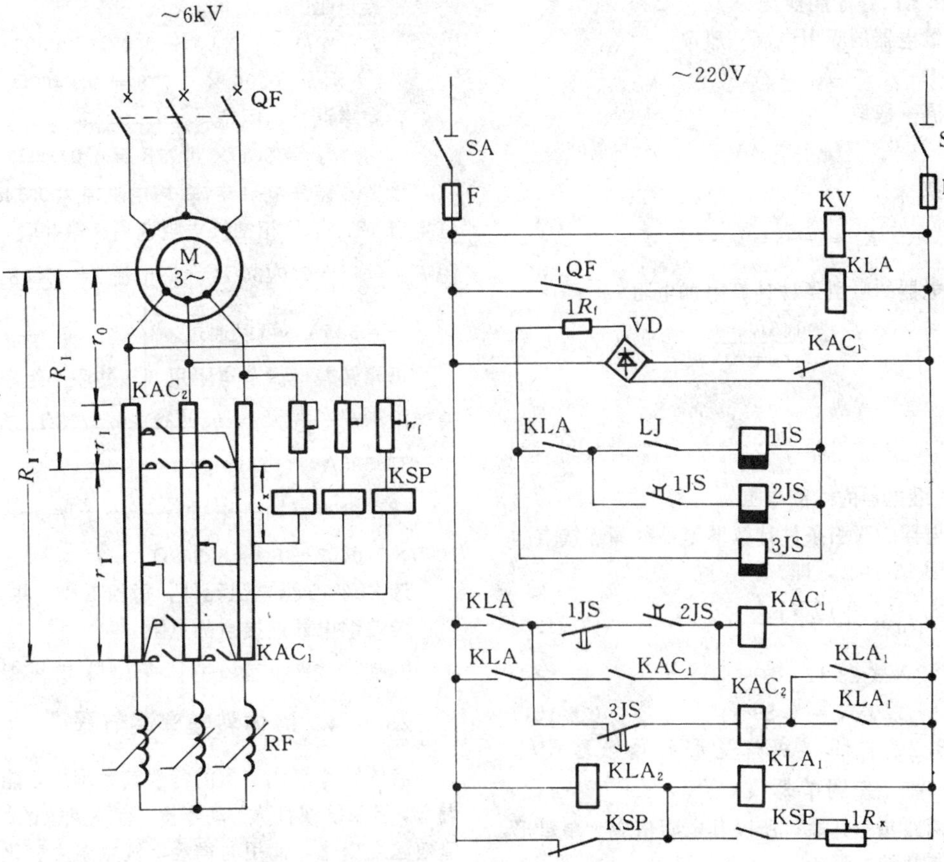

图 25-103　继电器-接触器式转差调节器原理系统图

（LJ 在定子回路电流继电器起动结束后释放）

25.6.3.1　电阻接成单星形的接触器式转差率调节器

A　转子回路电阻计算

常接电阻(包括转子内电阻)值应使电动机在额定转矩时的转差率为 0.05；接入转差率电阻后，电动机在额定转矩时的转差率应为 0.1。因此，常接电阻为

$$r_{*\mathrm{I}} = 0.05 - r_{*n} \qquad (25\text{-}114)$$

则

$$r_{\mathrm{I}} = r_{*\mathrm{I}} R_{\mathrm{RN}}$$

转差率调节段电阻

$$r_{*\mathrm{I}} = 0.05 \qquad (25\text{-}115)$$

则

$$r_{\mathrm{I}} = 0.05 R_{\mathrm{RN}} \qquad (25\text{-}116)$$

式中　r_{*n}——电动机转子内阻标幺值，其值为

$$r_{*n} = s_{\mathrm{N}} = \frac{n_0 - n_{\mathrm{N}}}{n_0} \qquad (25\text{-}117)$$

式中　s_{N}——电动机的额定转差率；

n_0——电动机的同步转速，r/min；

n_{N}——电动机的额定转速，r/min。

计算出的电阻值应为热态（270℃）时的阻值，如果是冷态（75℃），则应除以系数 1.2。常接段电阻 r_{I} 的电流值可按转子额定电流选择。转差率调节段电阻 r_{I} 的电流值应根据负载图的发热等效电流来选择，但在设计中，可按经常出现的最大尖峰电流的 50% 确定。

B　转差率继电器的整定及其回路电阻计算

常用的 JL-7 型转差率继电器具有三个线圈，每个线圈各有独立的励磁系统，能在低频下灵敏地工作，又因继电器在吸引位置上有很大磁路空隙，衔铁行程较小，返回系数很高，可在 0.3～0.85 范围内调节。

为了使调节器能快速动作并防止转差率继电器 KSP 的触头因振动造成接触器 KAC_2 误动作，在图 25-103 的控制系统中设有两个中间接触器 KLA_1 及 KLA_2（具有机械联锁），只有当 KSP 的触头正常闭合时，KLA_1 和 KLA_2 才能换接。

转差率继电器的吸引电流一般取

$$I_{xy}=4A$$

释放电流一般取

$$I_{sf}=3.4A$$

返回系数

$$K_f=\frac{3.4}{4}=0.85$$

根据继电器的吸引条件计算附加电阻 r_f，即

$$I_{xy}=\frac{1.5I_{RN}r_I}{r_j+r_f} \tag{25-118}$$

所以

$$r_f=1.5\frac{I_{RN}}{I_{xy}}r_I-r_j \tag{25-119}$$

式中 r_j——继电器的线圈电阻。

根据继电器的吸引条件计算继电器线圈连接点的电阻 r_x（见图 25-103），即

$$I_{sf}=\frac{0.675I_{RN}(r_I+r_x)}{r_j+r_f} \tag{25-120}$$

将式 23-119 代入式 23-120 得

$$r_x=0.89r_I \tag{25-121}$$

25.6.3.2 电阻接成双星形的接触器式转差调节器

因为是两路星形并联，所以其电阻值应为单星形的两倍，故其常接电阻为

$$r_{*I}=2(0.05-r_{*n}) \tag{25-122}$$

转差率调节电阻为

$$r_{*I}=0.1 \tag{25-123}$$

继电器附加电阻

$$r_f=\frac{1.5}{2}\frac{I_{RN}}{I_{xy}}r_I-r_j$$

$$=0.75\frac{I_{RN}}{I_{xy}}r_I-r_j \tag{25-124}$$

继电器线圈连接点的电阻 r_x 与单星形时相同。

例 电动机的额定功率为 2500kW，定子电压 6000V，额定转速 490r/min，转子额定电压 1440V，转子额定电流 1070A，采用双星形联接的转差率调节器，试计算各电阻值。

解 转子内电阻标幺值

$$r_{*n}=s_N=\frac{n_0-n_N}{n_0}=\frac{500-490}{500}=0.02$$

转子额定电阻

$$R_{RN}=\frac{1440}{\sqrt{3}\times1070}=0.778\Omega$$

常接电阻

$$r_{*I}=2(0.05-0.02)=0.06$$

$$r_I=0.06\times0.778=0.0467\Omega$$

转差率调节电阻

$$r_I=0.1\times0.778=0.0778\Omega$$

选 7 号铸铁电阻器，每箱电阻值为 0.14Ω，长期允许电流 181A，每相常接电阻选用 3 箱并联，其等值电阻 $R=\frac{0.14}{3}=0.0466\Omega$，允许电流 $I=3\times181A=543A>\frac{1070}{2}=535A$，可以通过。

每相转差率调节电阻用 3 箱并联 2 组串联，其等值电阻 $R=\frac{0.14}{3}\times2=0.0932>0.0778\Omega$，允许电流 $I=543>535A$，可以通过。

转差继电器附加电阻 $r_f=\frac{1.5}{2}\frac{I_{RN}}{I_{xy}}r_I-r_j=\frac{1.5}{2\times4}\times1070\times0.0467-0.4=8.969\Omega$

选 ZB2-12 型电阻元件，每相 1 片，共 3 片。

转差继电器连接点的电阻

$$r_x=0.89r_I=0.89\times0.0467=0.0416\Omega$$

25.6.4 液体转差率调节器

液体转差率调节器的特性较为理想，能平滑连续调节，但系统惯性大，动作慢、有不灵敏区、液体电阻值随温度变化，使用时需经常观察温度变化和电解液成分，维护工作量大，故除大容量电机外，过去很少采用。

25.6.5 带短路圈的频敏变阻器转差率调节器

频敏变阻器作为高、低压绕线型异步电动机的起动设备，限制起动电流，减少起动级数，已广泛使用。如果对频敏变阻器的结构参数作些改变，则可获得无接点的转差率调节用的频敏变阻器。其调节特性见图 25-104。起动用的频敏变阻器可以兼作转差率调节变阻器用，只需在主回路接线上作相应的改变。例如，起动时采用 6 个大型单相频敏变阻器，每相两个串联，星形接线，起动完毕后改接为每相两台变阻器并联，星形接线，作转差率调节用；或者起动时采用三相频敏变阻器星形接线，起动完毕后改为三角形接线。

频敏转差率调节器的最大特点是转差率调节时无需主回路接触器动作，根据负载转矩的增加自动调节，可以充分有效地释放储存于轧机飞轮中的机械能，以削平尖峰负载。包头钢铁设计研究院在多年研究频敏

转差率调节器的基础上，又开发出带短路圈的频敏变阻器，用于转差率调节，可获得更好的效果。

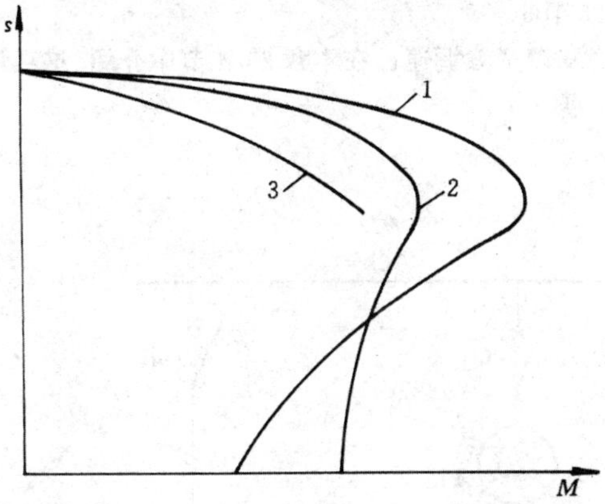

图 25-104　异步电动机的各种机械特性
1—自然特性；2—频敏起动特性；
3—频敏转差率调节特性

带短路圈的频敏变阻器是在普通频敏变阻器的主磁路上装设适当匝数的“短路圈”，有效地增加了有功功率成分，提高了功率因数，改善转差率特性，使之趋近于“挖土机”特性，使飞轮和主电机的能力均得到充分利用。在大的轧制转矩到来时，能有效地克服主电机的尖峰负荷，与接触器电阻式转差调节器相比主电机平均转矩可增大 25%，如图 25-105 所示，回升时间可缩短 25%，有利于提高产量，并由于结构坚固耐用、运行可靠、维护工作量少，提高了轧机的作业率。

频敏转差率调节器与接触器电阻式转差率调节器相比，功率因数仍较低，因此对于轧钢生产繁重且电机容量偏小的轧机须慎重采用。这种转差率调节器在各种轧机上使用过，并且运行情况良好。如某厂 2300 中板轧机（三辊劳特轧机），主电机 2300kW，$U_1=6kV$，$I_1=336A$，$E_2=1314V$，$I_2=1295A$，$n_N=495r/min$ 过载能力 $\lambda=3.247$，1976 年采用 6 台大型单相频敏转差率调节器运行至今，情况良好。又如某厂 ϕ550mm 开坯轧机，主电机 1600kW，6kV，$I_1=188A$，$E_2=713V$，$I_2=1099A$，$\lambda=2.63$，$n_N=590r/min$，采用与上述相同的 6 台频敏变阻器，起动时每相 1 台星形连接起动，转差率调节时改为两并，星形接线；1989 年投入运行，生产正常。再如 ϕ200mm×4 开坯轧机，主电机 440kW，6kV$I_1=109A$，$E_0=535V$，$I_2=507A$，$n_N=735r/min$，$\lambda=1.90$ 采用大型三相频敏变阻器一台，起动时星形接线，转差率调节时三角形接线，1983 年投运以来，情况良好。

带短路圈的频敏转差率调节器为包头钢铁设计研究院专利，有关这方面的技术问题可与该院联系。

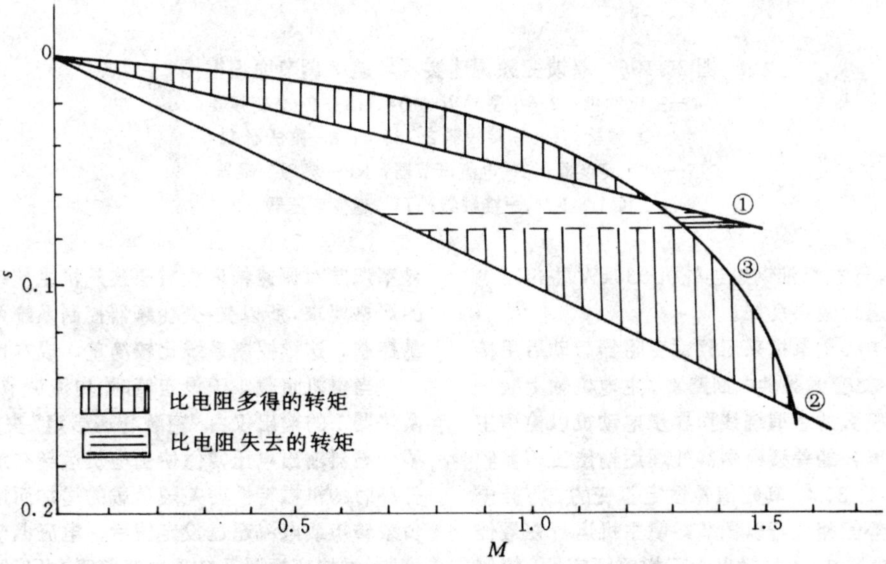

图 25-105　频敏变阻器转差调节器与接触式转差调节器的比较曲线
①②—接触器电阻式转差调节特性；
③—频敏转差调节特性

25.6.6 高效节能式转差率调节器

上述的各种转差率调节方案，均属低效式方案，转差功率不是消耗于电阻器就是消耗于频敏变阻器，本节介绍的是利用双馈调速技术构成的一种高效节能式转差调节方案，不仅转差功率大部分可回馈电网，且电机的功率因数较高。

采用双馈变频调速实现转差率调节的原理框图如图 25-106。

双馈变频调速已在本章 25.4 节中介绍。这项调速技术是成熟的，已在窄带钢热连轧机 630kW 主传动电动机上应用，运行效果良好。

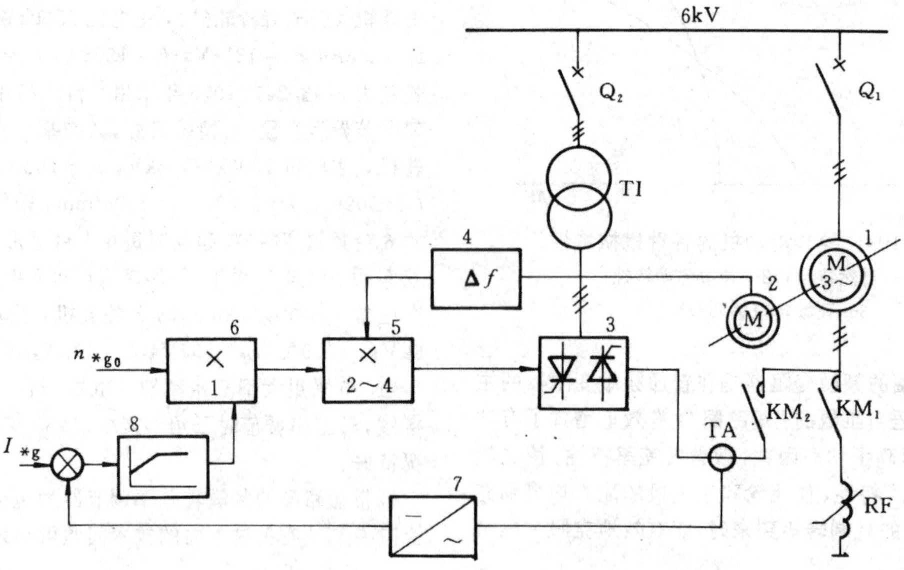

图 25-106 双馈变频调速实现转差率调节原理框图

1—主电动机；2—小型异步电动机；3—交-交变频器；
4—差频检测；5—乘法器 2、3、4；6—乘法器 1；
7—电流变换器；8—电流调节器；RF—频敏变阻器；
KM_1、KM_2—接触器；TI—逆变变压器

图 25-106 中，主电机采用频敏变阻器起动后用接触器切换到交-交变频器供电回路上。主电机轴上装一台与主电机同极数的小型绕线型异步电动机以检测主电机的转差频率，经差频检测器处理后输出三相差频信号至乘法器 2、3、4。其幅值是恒定不变的，与转子实际的差频电势间相位可以调节，使主机运行在最佳功率因数。乘法器 2～4 的输出为三相差频信号，幅值受乘法器 1 控制，于是交-交变频器的输出电压幅值受乘法器 1 控制，频率与主电机转子电势同步，相位可最佳调节，这样满足了转子、定子双馈供电条件。由于转差率调节对调速精度没有象连轧机主传动对调速精度的严格要求，所以交-交变频器控制系统可以不采用矢量控制，这样控制系统比较简单，成本也低些。

当电机负载小于设定值时，电流调节器饱和输出，乘法器 1 的输出仅由“空载转速给定”决定，由此控制了变频器输出电压幅值使主电机运转在给定转速，按开环时的机械特性转差随负载的增加而增加。电机的负载转矩或电流超过设定值后，电流调节器进入闭环控制，维持变换器及转子电流等于“电流给定”值不变，限制了电机过载。这时电机转差或速降比例于负载转矩与电机限制的输出转矩之差对时间积分。负载低于设定值时，转差减小，转速上升，待转速恢复初始值后

转子电流及转矩退出限制回到开环运行。

双馈变频调速是串级调速的一种。当转差功率回馈入电网时电机运行在亚同步转速，当电网向转子馈入转差功率时运行在超同步。此法较电阻、频敏转差率调节方案，减少了损耗于电阻与频敏变阻器内的转差功率损耗，是一种高效转差调节技术方案。以 ϕ650 轧机，主传动电动机 2300kW12 极为例，采用此方案比电阻转差率调节方案少损失 84kW，每年可节电 30 余万度，所花费的技术改造投资估计在三年内可收回。

双馈变频调速技术，是冶金工业部自动化研究院 1991 年的科研成果，有关该项技术的细节，本书不作介绍。

25.7 液力偶合器调速

液力偶合器是液力传动元件，又称液力联轴器，它是利用液体的动能来传递功率的一种动力式液压传动设备。将其安装在异步电动机和工作机（如风机、水泵等）之间来传递两者的扭矩，可以在电机转速恒定的情况下，无级调节工作机的转速，并具有空载起动，过载保护，易于实现自动控制等特点。

液力偶合器有三种基本类型：普通型、限矩型和调速型。

调速型液力偶合器又可分为进口调节式和出口调节式。其调速范围对恒转矩负载约为 3∶1，对离心式机械（风机、泵类）约为 4∶1，最大可达 5∶1。

进口调节式液力偶合器又称旋转壳体式液力偶合器，特点是结构简单紧凑、体积小、质量轻，自带旋转贮油外壳，无需专门油箱和供油泵，造价较低，但因偶合器本身无箱体支持，旋转部件的质量由电机和工作机的轴分担，对电机增加了附加载荷，同时调速时间较长。一般多用于功率小于 500kW 和转速低于 1500r/min 的场合。

出口调节式液力偶合器也称箱体式液力偶合器。进口油量不变（定量油泵供油），工作腔充油量的改变，偶合器输出转速也发生变化。它的特点是本身有坚实的箱体支持，因此适合于高转速（500～3000r/min），大功率，调速过程时间短（一般十几秒钟），但外形尺寸大，辅助设备多，价格也较高。

25.7.1 液力偶合器的工作原理

以出口调节式液力偶合器为例说明其工作原理，结构示意图见图 25-107。

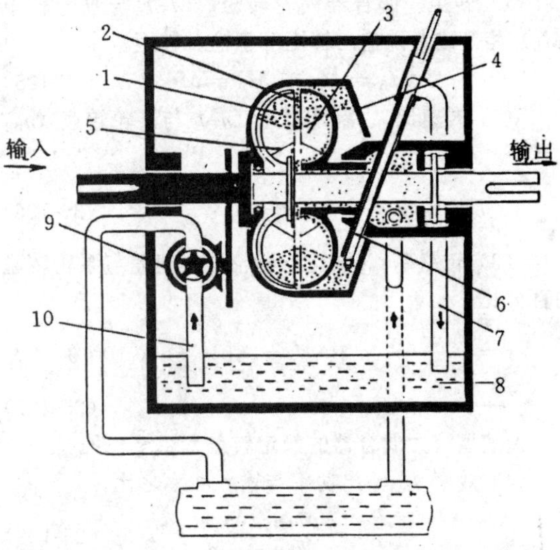

图 25-107 出口调节式液力偶合器结构图
1—涡轮；2—工作腔；3—泵轮；4—勺管室；5—挡板；6—勺管；7—排油管；8—油箱；9—主循环油泵；10—吸油管

液力偶合器相当于离心泵和涡轮机的组合，当电机通过液力偶合器输入轴驱动泵轮时，泵轮如一台离心泵，使工作腔中的工作油沿泵轮叶片流道向外缘流动，液流流出后，穿过泵轮和涡轮间的空隙，冲击涡轮叶片以驱动涡轮，使其象涡轮机一样把液体的动能和压能转变为输出的机械能，然后液体又经涡轮内缘流道回到泵轮，开始下一次循环，从而把电机的能量柔性的传递给工作机。

液力偶合器在运转时，工作油供油泵从液力偶合器油箱里吸油经冷却器冷却后送至勺管壳体中的进油室，并经泵轮入油口进入工作腔。同时工作腔中的油液从泵轮泄油孔泄入外壳（勺管室），形成一个旋转油环。调速是通过勺管室内勺管的移动进行的，导管的移动由外面控制，勺管口的径向位置决定了勺管室里油环的厚度，因此也决定了工作腔里的油量，这个油量也就决定了工作腔里的油量，这个油量也就决定了输出轴转速的高低。当勺管伸入旋转着的油环时，油就从勺管内引出，减少了油环的厚度，使输出轴转速降低，相反勺管缩回时，引出的油量减少，使油环厚度增大，工作腔内保持较多油量，输出轴的转速上升。

25.7.2 液力偶合器特性参数

液力偶合器特性参数主要有：

(1) 转矩。偶合器涡轮转矩（M_T）与泵轮转矩（M_B）相等或者说输出转矩等于输入转距。

$$M_B = M_T \text{ 或 } M_1 = M_2 \tag{25-125}$$

(2) 转速比 i。涡轮转速（n_T）与泵轮转速（n_B）之比。

$$i = \frac{n_T}{n_B} \tag{25-126}$$

(3) 转差率 s。泵轮与涡轮的转速差与泵轮转速的百分比

$$s = \frac{n_B - n_T}{n_B} \times 100\% = (1 - i) \times 100\% \tag{25-127}$$

调速型液力偶合器的额定转差率 $s_N \leqslant 3\%$。

(4) 效率 η。输出功率与输入功率之比。

$$\eta = \frac{P_T}{P_B} = \frac{M_T n_T}{M_B n_B} = \frac{n_T}{n_B} = i \tag{25-128}$$

即效率与转速比相等。因此，通常使之在高速比下运行，其效率一般为 0.96～0.97。

(5) 泵轮转矩系数 λ_B。这是反映液力偶合器传递转矩能力的参数。

偶合器所能传递的转矩值 M_B 与液体比重 γ 的一次方、转速 n_B 的平方、以及工作轮有效直径 D 的五次方成正比。即

$$M_B = \lambda_B \gamma n_B^2 D^5$$

或

$$\lambda_B = \frac{M_B}{\gamma n_B^2 D^5} \tag{25-129}$$

λ_B 与偶合器腔型有关，其值由试验确定，λ_B 值高，说明偶合器的性能较好。

(6) 过载系数 λ_m。指能传递的最大转矩 M_{max} 与额定转矩 M_N 之比。

$$\lambda_m = \frac{M_{max}}{M_N} \tag{25-130}$$

25.7.3 调速型液力偶合器的选配设计计算

一般厂家提供的产品样本都列有偶合器的适用条件和范围，但在使用时仍应进行校验计算，以满足最不利工况的需要。下面介绍两种简单的方法。

(1) 查表法。用计算出的负荷容量和转速，从产品样本的有关曲线和参数表中初步选定。

(2) 确定偶合器有效工作直径法。可按下式

$$D = K\sqrt[5]{\frac{P_N}{n_B^3}} \tag{25-131}$$

式中 D——偶合器的有效工作直径，m；

K——系数，与偶合器性能有关，K=14.7～13.8，工程一般选用 14.7；

P_N——负载额定轴功率，kW；

n_B——泵轮转速，r/min。

如果工作机的实际负载不知道，可以用电动机的额定功率和转速来计算，这样，一般偶合器选择偏大。

例 某钢铁厂高炉出铁场除尘风机，电动机轴功率为 P_N=670kW，转数 n=970r/min，采用液力偶合器调速，出铁时风机高速，不出铁时风机低速，试计算偶合器有效工作直径。

由式 25-131 可得

$$D = 14.7\sqrt[5]{\frac{670}{970^3}} = 0.875\text{m}$$

故选择偶合器有效工作直径为 875mm。

调速型液力偶合器目前国内生产产品较多，容量从几千瓦到几千千瓦。液力偶合器与离心式风机、水泵相配使用有相当好的节能效果，特别是对于大容量风机、水泵其节电效果更为显著。

表 25-23 是部分调速型液力偶合器的技术参数。

表 25-23 调速型液力偶合器主要技术参数

类别	型号规格	输入转速 (r/min)	传递功率范围 (kW)	额定滑差率	调速范围	
					离心式机械	恒扭矩机械
进口调节式	$YOT_{HR}280$	1500 3000	5～10 34～75	1.5～4%	4∶1	3∶1
	$YOT_{HR}320$	1000 1500	1.5～3 9～18	1.5～4%	4∶1	3∶1
	$YOT_{HR}360$	1000 1500	5～10 15～30	1.5～4%	4∶1	3∶1

续表 25-23

类别	型号规格	输入转速（r/min）	传递功率范围（kW）	额定滑差率	调速范围	
					离心式机械	恒扭矩机械
进口调节式	$YOT_{HR}400$	1000 1500	10～15 30～50	1.5～4%	4∶1	3∶1
	$YOT_{HR}450$	1000 1500	15～30 50～100	1.5～4%	4∶1	3∶1
	$YOT_{HR}500$	1000 1500	30～50 100～170	1.5～4%	4∶1	3∶1
	$YOT_{HR}560$	1000 1500	50～100 170～300	1.5～4%	4∶1	3∶1
	$YOT_{HR}650$	1000 1500	100～180 300～560	1.5～4%	4∶1	3∶1
	$YOT_{HR}750$	750 1000	70～130 180～300	1.5～4%	4∶1	3∶1
	$YOT_{HR}800$	750 1000	120～200 300～500	1.5～4%	4∶1	3∶1
	$YOT_{HR}875$	750 1000	130～210 300～850	1.5～4%	4∶1	3∶1
出口调节式	$YOT_{GC}360$	1500 3000	15～35 110～305	1.5～3%	5∶1	3∶1
	$YOT_{GC}400$	1500 3000	30～65 240～500	1.5～3%	5∶1	3∶1
	$YOT_{GC}450$	1500 3000	50～110 430～900	1.5～3%	5∶1	3∶1
	$YOT_{GC}650$	1000 1500	75～215 250～730	1.5～3%	5∶1	3∶1
	$YOT_{GC}750$	1000 1500	150～440 510～1480	1.5～3%	5∶1	3∶1
	$YOT_{GC}875$	1000 1500	365～960 1160～3260	1.5～3%	5∶1	3∶1
	$YOT_{GC}1000$	750 1000	285～750 640～1860	1.5～3%	5∶1	3∶1
	$YOT_{GC}1150$	750 1000	715～1865 1180～3440	1.5～3%	5∶1	3∶1
	$YOC_{HJ}650$	1500	250～730	1.5～3%	5∶1	3∶1
	GST50	1500 3000	70～200 560～1625	1.5～3.25%	5∶1	3∶1
	GWT58	1500 3000	140～400 1125～3250	1.5～3.25%	5∶1	3∶1

参考文献

[1]机械工程手册　电机工程手册编辑委员会编，电气工程师手册，机械工业出版社，1987.

[2]佟纯厚，交流电动机晶闸管调速系统，机械工业出版社，1988.

[3]杨兴瑶，电动机调速的原理及系统，水利电力出版社，1979.

[4]刘竞成，交流调速系统，上海交通大学出版社，1984.

[5]何冠英，电子逆变技术及交流电动机调速系统，机械业出版社，1985.

[6]张明勋，电力电子设备设计和应用手册，机械工业出

版社，1990.

[7] 佟纯厚，近代交流调速，冶金工业出版社，1985.

[8]臧英杰，吴守箴，交流电动机的变频调速，中国铁道出版社，1984.

[9]机械工程手册　电机工程手册编辑委员会编，电机工程手册，机械工业出版社，1982.

[10] 周胜宗等，电力电子技术，(1980) 3.

[11] 上山直彦，现代交流调速，水利电力出版社，1989.

[12] M.D. 墨菲，交流电动机的可控硅控制，中国铁道出版社，1983.

[13]S.B. 迪瓦恩等，电力半导体电路，机械工业出版社，1980.

[14]S.B. 迪瓦恩等，电力半导体传动，机械工业出版社，1989.

[15] B.K. 鲍斯，交流传动调速系统，中国铁道出版社，1986.

[16] 佟纯厚，风机水泵交流调速节能技术，机械工业出版社，1985.

[17] 陈坚，交流电机数学模型及调速系统，国防工业出版社，1987.

[18] 神山健三等，电气自动化译丛，(1986)，1.

[19] Kiyoshi Sato 等，国外大电机，(1989)，4.

[20] 符曦，感应电动机的矢量控制及应用，机械工业出版社，1986.

[21] B. K. Boss，Adjustable Speed AC Drive Systems，IEEE PRESS，1980.

[22] 机械电子工业部天津电气传动设计研究所编著，电气传动自动化技术手册，机械工业出版社，1992.

第26章

晶闸管变流器及直流电动机调速

26.1 普通整流管及晶闸管的应用数据

26.1.1 整流管及晶闸管额定值和特性参数的定义

整流管额定值和特性参数的定义见表 26-1。

晶闸管额定值和特性参数的定义见表 26-2 及表 26-3。

表 26-1 整流管额定值和特性参数的定义

名称		符号	定　义
额定值	正向平均电流	$I_{F(AV)}$	正向电流在一个周期内的平均值
	正向均方根电流	$I_{F(RMS)}$	正向电流在一个周期内的均方根值
	正向浪涌电流	I_{FSM}	由于电路异常情况（如故障）引起的并使结温超过额定结温的不重复性最大正向过载电流
	反向重复峰值电压	U_{RRM}	整流管两端出现的重复最大瞬时值反向电压，包括所有的重复瞬态电压，但不包括所有的不重复瞬态电压
	反向不重复峰值电压	U_{RSM}	整流管两端出现的任何不重复最大瞬时值的瞬态反向电压
特性参数	正向（峰值）电压	U_{FM}	整流管通以 π 倍或规定倍数额定正向平均电流值时的瞬态峰值电压
	反向重复峰值电流	I_{RRM}	整流管加上反向重复峰值电压时的峰值电流
	恢复电荷	Q_r	整流管从规定的正向电流条件向规定的反向条件转换期间所存在的全部恢复电荷
	反向恢复电流	I_{rr}	在反向恢复期间产生的反向电流部分

表 26-2 晶闸管额定值的定义

名称	符号	定义
通态平均电流	$I_{T(AV)}$	通态电流在一个整周期内的平均值
通态均方根电流	$I_{T(RMS)}$	通态电流在一个整周期内的均方根值
通态浪涌电流	I_{TSM}	由于电路异常情况（如故障）引起的，并使结温超过额定结温的不重复性最大通态过载电流
断态重复峰值电压	U_{DRM}	晶闸管两端出现的重复最大瞬时值断态电压，包括所有的重复瞬态电压，但不包括所有的不重复瞬态电压
反向重复峰值电压	U_{RRM}	晶闸管两端出现的重复最大瞬时值反向电压，包括所有的重复瞬态电压，但不包括所有的不重复瞬态电压
断态不重复峰值电压	U_{DSM}	晶闸管两端出现的任何不重复最大瞬时值的瞬态断态电压
反向不重复峰值电压	U_{RSM}	晶闸管两端出现的任何不重复最大瞬时值的瞬态反向电压
通态电流临界上升率	di/dt	在规定条件下，晶闸管能承受而无有害影响的最大通态电流上升率
门极反向峰值电压	U_{RGM}	门极反向电压的最大瞬时值，包括所有的门极反向瞬态电压
门极正向峰值电压	U_{FGM}	门极正向电压的最大瞬时值，包括所有的门极正向瞬态电压
门极正向峰值电流	I_{FGM}	包括所有门极正向瞬态电流的最大瞬时值门极正向电流
门极峰值功率	P_{GM}	在规定条件下，门极正向所允许的最大门极峰值电流和门极峰值电压的乘积
门极平均功率	$P_{G(AV)}$	在规定条件下，门极正向所允许的最大平均功率

表 26-3 晶闸管特性参数的定义

名称	符号	定义
通态（峰值）电压	U_{TM}	晶闸管通以 π 倍或规定倍数额定通态平均电流值时的瞬态峰值电压
断态重复峰值电流	I_{DRM}	晶闸管加上断态重复峰值电压时的峰值电流
反向重复峰值电流	I_{RRM}	晶闸管加上反向重复峰值电压时的峰值电流
维持电流	I_H	使晶闸管维持通态所必需的最小主电流
擎住电流	I_L	晶闸管刚从断态转入通态，并移开触发信号之后，能维持通态所需的最小主电流
门极触发电流	I_{GT}	使晶闸管由断态转入通态所必需的最小门极电流
门极不触发电流	I_{GD}	不致使晶闸管从断态 转入通态的最大门极电流
门极触发电压	U_{GT}	产生门极触发电流所必需的最小门极电压
门极不触发电压	U_{GD}	不致使晶闸管从断态转入通态的 最大门极电压
断态电压临界上升率	du/dt	在规定条件下，不导致从断态到通态转换的最大主 电压上升率
（电路换向）关断时间	t_q	外部使主电路转换动作后，从主电流下降至零值瞬间起，到晶闸管能承受规定的断态电压而不致过零开通为止的时间间隔

26.1.2 普通整流管的应用数据

普通整流管按外形分有：螺栓形、凸台平板形和凹台平板形三种。

普通整流管的额定值和特性参数见表 26-4；推荐的正向平均电流 $I_{F(AN)}$ 见表 26-5。

表 26-4 普通整流管的额定值和特性参数

额定值							特性参数（上限值）		
正向平均电流	正向均方根电流	正向浪涌电流		I^2t		反向重复峰值电压	正向峰值电压	反向重复峰值电流	结壳热阻
$I_{F(AV)}$	$I_{F(RMS)}$	I_{FSM}		I^2t		U_{RRM}	U_{FM}	I_{RRM}	R_{jc}
(A)	(A)	(A)		($A^2 \cdot s$)		(V)	(V)	(mA)	(℃/W)
		L	H	L	H				
1	1.6	19	40	1.8	8	25～1600	≤1.6	≤1	≤12
3	4.7	56	100	15	50	50～2000	≤1.6	≤2	≤6.0
5	7.9	90	180	40	160		≤1.6	≤2	≤4.0
10	16	190	310	180	480		≤1.6	≤5	≤2.0
20	31	380	570	720	1600		≤1.6	≤10	≤1.4
30	47	560	750	1600	2800	50～2400	≤1.8	≤20	≤1.0
50	79	940	1200	5000	7200		≤1.8	≤20	≤0.6
100	160	1.4×10^3	2.2×10^3	0.1×10^5	0.24×10^5	50～3000	≤2.0	≤30	≤0.30
200	310	2.8×10^3	4.0×10^3	0.4×10^5	0.8×10^5		≤2.0	≤40	≤0.20
300	470	4.2×10^3	5.6×10^3	0.9×10^5	1.6×10^5		≤2.0	≤40	≤0.11
400	630	5.6×10^3	7.5×10^3	1.6×10^5	2.8×10^5		≤2.0	≤50	≤0.095
500	790	7.0×10^3	9.4×10^3	2.5×10^5	4.4×10^5		≤2.0	≤50	≤0.068
600	940	8.4×10^3	11×10^3	3.5×10^5	6.0×10^5		≤2.0	≤50	≤0.057
800	1300	11×10^3	15×10^3	6.0×10^5	11×10^5		≤2.0	≤60	≤0.042
1000	1600	14×10^3	19×10^3	9.8×10^5	18×10^5		≤2.0	≤60	≤0.034
1200	1900	17×10^3	23×10^3	15×10^5	26×10^5		≤2.0	≤65	≤0.028
1600	2500	23×10^3	30×10^3	26×10^5	36×10^5		≤2.0	≤80	≤0.021

注：1. 额定值中，$I_{F(AV)}$对应的壳温 T_c、紧固力矩 F-L 和紧固压力 F 和重量 W 由制造厂给出；工作结温 T_j 为－40～＋150℃，其上限 T_{jm}称为额定结温或最高工作结温，贮存温度 T_{stg}为－40～＋160℃；反向不重复峰值电压 U_{RSM}可按下列关系得到：$U_{RRM}=90\%U_{RSM}$；I^2t 为 I_{FSM}正弦波底宽 10ms 的积分值；L 对应于下限值，H 对应于上限值。

2. 特性参数中，接触热阻 R_{cs}由制造厂给出上限值；恢复电荷 Q_r 和反向恢复电流 I_{rr}在特殊需要时给出。

表 26-5 推荐的整流管正向平均电流 $I_{F(AV)}$

螺栓形		凸台平板形		凹台平板形	
外形代号	$I_{F(AV)}$ (A)	外形代号	$I_{F(AV)}$ (A)	外形代号	$I_{F(AV)}$ (A)
ZL05	1，3，5	ZT15a	20，30	ZA14	20，30
ZL06	10	ZT19a	50	ZA18	50
ZL08	20	ZT25a ZT25c	100	ZA24	100
ZL08I	20	ZT33a ZT33c	200	ZA30	200
ZL10	30	ZT37a ZT37c	300	ZA35	200，300
ZL12	30，50	ZT38a ZT38c	300	ZA40	300
ZL16A	100	ZT44a ZT44c	400	ZA44	400
ZL20A	200	a ZT50c d	500	ZA50	500
ZL24A	300，400	a ZT60c d	600	ZA54	600，700
ZL30A	500	a ZT78c d	800		
		a ZT100c d	1500		

注：表中 a、c、d 是凸台平板形三个不同平板厚度的代号。

26.1.3 晶闸管的应用数据

26.1.3.1 普通晶闸管

按外形分，普通晶闸管有螺栓形、凸台平板形和凹台平板形三种，其额定值和特性参数见表 26-6 及表 26-7。推荐的通态平均电流 $I_{T(AV)}$ 见表 26-8。

表 26-6 普通晶闸管的额定值

通态平均电流	通态均方根电流	浪涌电流		I^2t		断态重复峰值电压	反向重复峰值电压	工作温度	贮存温度	通态电流临界上升率	门极反向峰值电压	门极正向峰值电压	门极正向峰值电流	门极峰值功率	门极平均功率
$I_{T(AV)}$	$I_{T(RMS)}$	I_{TSM}		I^2t		U_{DRM}	U_{RRM}	T_j	T_{stg}	di/dt	U_{RGM}	U_{FGM}	I_{FGM}	P_{GM}	P_{GAV}
(A)	(A)	(A)		($A^2\cdot s$)		(V)	(V)	(℃)	(℃)	(A/μs)	(V)	(V)	(A)	(W)	(W)
		L	H	L	H										
1	1.6	13	19	0.85	1.8	50～1600	50～1600	−40～+100	−40～+125		5	6			
3	4.7	38	56	7.2	15	100～2000	100～2000				5	10			
5	7.9	64	90	20	40	100～2000	100～2000				5	10			
10	16	130	190	85	180	100～2000	100～2000				5	10			
20	31	240	380	280	720	100～2000	100～2000				5	10			
30	47	300	560	720	1600	100～2400	100～2400				5	10			
50	79	640	940	2000	5000	100～2400	100～2400			A、B	5	10	1	4	0.5
100	160	1.3×10^3	1.9×10^3	8.5×10^3	18×10^3	100～3000	100～3000	−40～+125	−10～+140	A、B、C	5	10	2	8	2
200	310	2.5×10^3	3.8×10^3	31×10^3	72×10^3	100～3000	100～3000			B、C	5	10	3	5	3
300	470	3.8×10^3	5.6×10^3	0.7×10^5	1.6×10^5	100～3000	100～3000			D、E	5	16	3	15	3
400	630	5.0×10^3	7.5×10^3	1.3×10^5	2.8×10^5	100～3000	100～3000			B、C	5	16	3	15	3
500	790	6.4×10^3	9.4×10^3	2.1×10^5	4.4×10^5	100～3000	100～3000			D、E	5	16	4	20	4
600	940	7.6×10^3	11×10^3	2.9×10^5	6.0×10^5	100～3000	100～3000			F	5	16	4	20	4
800	1300	10×10^3	15×10^3	5.0×10^5	11×10^5	100～3000	100～3000			B、C、D	5	16	4	20	4
1000	1600	13×10^3	19×10^3	8.5×10^5	18×10^5	100～3000	100～3000			E、F、G	5	16	4	20	4

注：1. $I_{T(AV)}$对应的壳温T_c、紧固力矩F-L和紧固压力F(允差为±10%)、重量W由制造厂给出。

2. I^2t 为 I_{TSM}正弦波底宽 10ms 的积分值。

3. P_{GM}、I_{FGM}、U_{FGM}三参数对同一晶闸管不能同时满足，按测定方法只能满足三者之一。

4. 工作结温上限(T_{jm})称为最高工作结温或额定结温。

5. 断态不重复峰值电压U_{DSM}和反向不重复峰值电压U_{RSM}可分别按下列关系得到：$U_{DRM}=90\%U_{DSM}$、$U_{RRM}=90\%U_{RSM}$。

6. $\frac{di}{dt}$项中，A=25、B=50、C=100、D=150、E=200、F=300、G=500，均为下限值。

7. L对应于下限值；H对应于上限值。

表 26-7　普通晶闸管特性参数

通态平均电流	通态峰值电压	断态重复峰值电流	反向重复峰值电流	维持电流	门极触发电流	门极触发电压	门极不触发电压	断态电压临界上升率	结壳温度
$I_{T(AV)}$ (A)	U_{TM} (V)	I_{DRM} (mA)	I_{RRM} (mA)	I_H (mA)	I_{GT} (mA)	U_{GT} (V)	U_{GD} (V)	du/dt (V/μs)	R_{jc} (℃/W)
1	≤2.0	≤3	≤3	≤10	≤20	≤2.5	≥0.2	A、B	
3	≤2.2	≤8	≤8	≤30	≤60	≤3	≥0.2	C、D	≤4.0
5	≤2.2	≤8	≤8	≤60	≤60	≤3	≥0.2	E、F	≤3.0
10	≤2.2	≤10	≤10	≤100	≤100	≤3	≥0.2		≤1.6
20	≤2.2	≤10	≤10	≤100	≤100	≤3	≥0.2		≤1.0
30	≤2.4	≤20	≤20	≤150	≤150	≤3	≥0.2	B、C	≤0.7
50	≤2.4	≤20	≤20	≤200	≤200	≤3	≥0.2	D、E F、G	≤0.4
100	≤2.6	≤40	≤40	≤200	≤250	≤3.5	≥0.2		≤0.2
200	≤2.6	≤40	≤40	≤200	≤250	≤3.5	≥0.2		≤0.11
300	≤2.6	≤50	≤50	≤300	≤350	≤3.5	≥0.2	C、D	≤0.08
400	≤2.6	≤50	≤50	≤300	≤350	≤4	≥0.2	E、F	≤0.05
500	≤2.6	≤60	≤60	≤400	≤350	≤4	≥0.2	G	≤0.04
600	≤2.6	≤60	≤60	≤400	≤350	≤4	≥0.2		≤0.035
800	≤2.6	≤80	≤80	≤500	≤450	≤4	≥0.2		≤0.026
1000	≤2.6	≤120	≤120	≤500	≤450	≤4	≥0.2		≤0.020

注：1. 擎住电流 I_L、接触热阻 R_{cs} 由制造厂给出上限值；电路换向关断时间 t_q 由制造厂给出典型值。
2. du/dt 项中，A=25、B=50、C=100、D=200、E=500、F=800、G=1000 均为下限值。

表 26-8　普通晶闸管推荐的通态平均电流 $I_{T(AV)}$

螺栓形		凸台平板形		凹台平板形	
外形代号	推荐的 $I_{T(AV)}$ (A)	外形代号	推荐的 $I_{T(AV)}$ (A)	外形代号	推荐的 $I_{T(AV)}$ (A)
KL05	1	KT15a	20，30	KA14	20，30
KL06	3，5	KT19a	50	KA18	50
KL08	10	KT25$_{c}^{a}$	100	KA24	100
KL10	20	KT33$_{c}^{a}$	200	KA30	200
KL10I	30	KT37$_{c}^{a}$	300	KA35	200，300

续表 26-8

螺栓形		凸台平板形		凹台平板形	
外形代号	推荐的 $I_{T(AV)}$ (A)	外形代号	推荐的 $I_{T(AV)}$ (A)	外形代号	推荐的 $I_{T(AV)}$ (A)
KL12	30，50	KT38$\begin{smallmatrix}a\\c\end{smallmatrix}$	300	KA40	300
KL16A	100	KT44$\begin{smallmatrix}a\\c\end{smallmatrix}$	400	KA44	400
KL20A	100	KT50$\begin{smallmatrix}a\\c\\d\end{smallmatrix}$	500	KA50	500
KL24A	200，300	KT60$\begin{smallmatrix}a\\c\\d\end{smallmatrix}$	600	KA54	600，700
		KT78$\begin{smallmatrix}a\\c\\d\end{smallmatrix}$	800		
		KT100$\begin{smallmatrix}a\\c\\d\end{smallmatrix}$	1500		

注：表中 a、c、d 是凸台平板形三个不同平板厚度代号。

26.1.3.2 普通大功率晶闸管

普通大功率晶闸管最大额定值和特性参数见表 26-9 及表 26-10。

表 26-9 普通大功率晶闸管最大额定值

型号	断态和反向重复峰值电压 U_{DRM}、U_{RRM} (V)		通态峰值压降 U_{TM} (V)	浪涌电流 I_{TSM} (kA)		平均电流 I_{AV} (A)
	$T_j=-40\sim+125℃$	$T_j=0\sim+125℃$	2kA，$T_j=125℃$	8.3ms	10ms	$T_c=70℃$
KPX-1650DD	4400	4500				
KPX-1650DC	4300	4400				
KPX-1650DB	4200	4300				
KPX-1650DA	4100	4200				
KPX-1650DP	4000	4100	1.85	26	24	1650
KPX-1650CT	3900	4000				
KPX-1650CN	3800	3900				
KPX-1650CS	3700	3800				
KPX-1650CM	3600	3700				

续表 26-9

型　号	断态和反向重复峰值电压 U_{DRM}、U_{RRM} (V) $T_j=-40\sim+125℃$	断态和反向重复峰值电压 U_{DRM}、U_{RRM} (V) $T_j=0\sim+125℃$	通态峰值压降 U_{TM} (V) 2kA，$T_j=125℃$	浪涌电流 I_{TSM} (kA) 8.3ms	浪涌电流 I_{TSM} (kA) 10ms	平均电流 I_{AV} (A) $T_c=70℃$
KPX-2300LE	2500	2600	1.35	35	32	2300
KPX-2300LD	2400	2500				
KPX-2300LC	2300	2400				
KPX-2300LB	2200	2300				
KPX-2500LA	2100	2200	1.2	45	41.5	2500
KPX-2500L	2000	2100				
KPX-2500PT	1900	2000				
KPX-2500PN	1800	1900				

表 26-10　普通大功率晶闸管特性参数

型号	断态重复峰值电流 I_{DRM} (mA) $T_j=25℃$	断态重复峰值电流 I_{DRM} (mA) $T_j=125℃$	反向重复峰值电流 I_{RRM} (mA) $T_j=25℃$	反向重复峰值电流 I_{RRM} (mA) $T_j=125℃$	断态电压临界上升率 du/dt (V/μs)	滞后时间 t_d (μs)	门极触发电流 I_{GT} (mA)	门极触发电压 U_{GT} (V)	门极不触发电流 I_{GD} (mA)	门极不触发电压 U_{GD} (V)	门极电流/电压 I_{GA}/U_{GA} (A/V)	电路换向关断时间 T_s (μs)	持续电流 I_H (mA) $T_j=25℃$	持续电流 I_H (mA) $T_j=105℃$	持续电流 I_H (mA) $T_j=125℃$	擎住电流 I_L (mA) $T_j=25℃$	擎住电流 I_L (mA) $T_j=105℃$	擎住电流 I_L (mA) $T_j=125℃$
	最大	最大	最大	最大	最小	典型	最大	最大	最小	最小	最小	最大	典型	典型	典型	典型	典型	典型
KPX-1650	20	300	20	200	1000	2.5	300	4.5	20	0.8	1.5/2.5	400	80	48	40	450	340	310
KPX-2300	10	150	10	150	500	2.5	250	4.2	20	0.5	1.1/1.3	400	70	42	35	600	420	375
KPX-2500	10	150	10	150	500	2.5	250	4.2	20	0.5	1.1/1.3	400	60	36	30	400	250	210

26.1.4　快速晶闸管的应用数据

快速晶闸管的额定值和特性参数见表 26-11 及表 26-12。

表 26-11 快速晶闸管的额定值

通态平均电流	通态均方根电流	浪涌电流		I^2t		断态重复峰值电压	反向重复峰值电压	通态电流临界上升率	门极反向峰值电压	门极正向峰值电压	门极正向峰值电流	门极峰值功率	门极平均功率
$I_{T(AV)}$	$I_{T(RMS)}$	I_{TSM}		I^2t		U_{DRM}	U_{RRM}	di/dt	U_{RGM}	U_{FGM}	I_{FGM}	P_{GM}	$P_{G(AV)}$
(A)	(A)	(A)		($A^2 \cdot s$)		(V)	(V)	(A/μs)	(V)	(V)	(A)	(W)	(W)
		L	H	L	H								
1	1.6	12	18	0.72	1.62				5	6			
3	4.7	36	54	6.6	15				5	10			
5	7.9	60	90	18	41				5	10			
10	16	120	180	73	165				5	10			
20	31	240	360	293	660			A	5	10			
30	47	360	540	660	1487				5	10			
50	79	600	900	1836	4131			A、B	5	10	1	4	0.5
100	160	1.2×10^3	1.8×10^3	7.3×10^3	17×10^3	100～200		B、C	5	10	2	8	2
200	310	2.1×10^3	3.0×10^3	22×10^3	46×10^3				5	10	3	15	3
300	470	3.2×10^3	4.6×10^3	0.52×10^5	1.0×10^5			B、C、D	5	16	3	15	3
400	630	4.2×10^3	6.0×10^3	0.9×10^5	1.8×10^5			E、F	5	16	3	15	3
500	790	5.2×10^3	7.5×10^3	1.4×10^5	2.9×10^5			G、H	5	16	4	20	4
600	940	6.3×10^3	9.0×10^3	2.0×10^5	4.1×10^5				5	16	4	20	4
800	1300	8.4×10^3	12×10^3	3.6×10^5	7.3×10^5				5	16	4	20	4
1000	1600	11×10^3	15×10^3	6.2×10^5	11×10^5				5	16	4	20	4

注：1. $I_{T(AV)}$对应的壳温 T_c、中频电流（I_{TRM}）、紧固力矩 F-L 和紧固压力 F、重量 W 由制造厂给出。

2. I^2t 为 I_{TSM}正弦波底宽 10ms 的积分值。

3. P_{GM}、I_{FGM}、U_{FGM}三参数对同一晶闸管不能同时满足，按测试方法只能满足三者之一。

4. 工作结温上限 T_{jm}称为最高工作结温或额定结温。

5. 断态不重复峰值电压 U_{DSM}和反向不重复峰值电压 U_{RSM}可分别按下列关系得到：$U_{DRM}=90\%U_{DSM}$、$U_{RRM}=90\%U_{RSM}$。

6. di/dt 项中，A=25、B=50、C=100、D=150、E=200、F=300、G=500、H=1000。

7. 工作结温 T_j 为−40～+100℃或−40～+115℃，贮存温度 T_{stg}为−40～+115℃或−40～+130℃。

表 26-12 快速晶闸管的特性参数

通态平均电流	通态峰值电压	断态重复峰值电流	反向重复峰值电流	维持电流	门极触发电流	门极触发电压	门极不触发电压	断态电压临界上升率	电路换向关断时间	门极控制开通时间	结壳热阻
$I_{T(AV)}$ (A)	U_{TM} (V)	I_{DRM} (mA)	I_{RRM} (mA)	I_H (mA)	I_{GT} (mA)	U_{GT} (V)	U_{GD} (V)	du/dt (V/μs)	t_q (μs)	t_{gt} (μs)	R_{jc} (℃/W)
1	≤2.6	≤3	≤3	≤10	≤30	≤2.5	≥0.2	C、D、E、F、G	R、S、T	<4	
3	≤2.6	≤8	≤8	≤40	≤60	≤2.5	≥0.2				≤4.0
5	≤2.6	≤8	≤8	≤70	≤70	≤3	≥0.2				≤3.0
10	≤2.6	≤10	≤10	≤150	≤100	≤3	≥0.2				≤1.6
20	≤2.6	≤10	≤10	≤150	≤100	≤3	≥0.2				≤1.0
30	≤2.6	≤20	≤20	≤200	≤100	≤3	≥0.2				≤0.7
50	≤2.6	≤20	≤20	≤250	≤250	≤3	≥0.2				≤0.4
100	≤3.0	≤40	≤40	≤250	≤250	≤3.5	≥0.2		R、S、T U、V、X	<6	≤0.20
200	≤3.0	≤40	≤40	≤250	≤250	≤3.5	≥0.2				≤0.11
300	≤3.0	≤50	≤50	≤350	≤350	≤3.5	≥0.2		R、S、T U、V、X Y、Z	<8	≤0.08
400	≤3.2	≤50	≤50	≤350	≤350	≤4	≥0.3				≤0.05
500	≤3.2	≤60	≤60	≤450	≤350	≤4	≥0.3				≤0.04
600	≤3.2	≤60	≤60	≤450	≤350	≤4	≥0.3				≤0.035
800	≤3.2	≤80	≤80	≤550	≤450	≤4	≥0.3				≤0.026
1000	≤3.2	≤120	≤120	≤550	≤450	≤4	≥0.3				≤0.020

注：1. 擎住电流 I_L、接触热阻 R_{cs} 由制造厂给出上限值，恢复电荷 Q_r 需要时由制造厂给出。

2. du/dt 项中，C=100、D=200、E=500、F=800、G=1000，均为下限值。

3. t_q 项中，R≤10、S≤15、T≤20、U≤25、V≤30、X≤40、Y≤50、Z≤60。

26.1.5 双向晶闸管的应用数据

双向晶闸管的额定值和特性参数见表 26-13 及表 26-14。

表 26-13 双向晶闸管的额定值

通态均方根电流	浪涌电流		I^2t		断态重复峰值电压	工作温度	通态电流临界上升率	门极峰值电压	门极峰值电流	门极峰值功率	门极平均功率
$I_{T(RMS)}$ (A)	I_{TSM} (A)		I^2t ($A^2 \cdot s$)		U_{DRM} (V)	T_j (℃)	di/dt (A/μs)	U_{GM} (V)	I_{GM} (A)	P_{GM} (W)	$P_{G(AV)}$ (W)
1	7	9.8	0.245	0.48	100～2000	−40～+115		6			
3	21	29.4	2.2	4.32				10			
5	35	49	6.1	12				10			
10	70	98	24.5	48				10			
20	140	196	98	192				10			
50	350	490	612	1200			L、A	10	1	4	0.5
100	700	960	2450	4800		−40～+125	L、A	10	2	8	2
200	1400	1960	9800	19200			L、A、B	10	3	15	3
300	2100	2940	22000	43000			A、B、C、D	16	3	15	3
400	2800	3920	39000	76800			A、B、C、D	16	3	15	3
500	3500	4900	61200	120000			A、B、C、D	16	4	20	4

注：1. $I_{T(RMS)}$ 对应的壳温 T_c、紧固力矩 F-L 和紧固压力 F（允差为±10%）、重量 W 由制造厂给出。

2. I^2t 为 I_{TSM} 正弦波底宽 10ms 的积分值。

3. P_{GM}、I_{GM}、U_{GM}三参数对同一晶闸管不能同时满足，按测试方法只能满足三者之一。
4. 工作结温上限T_{jm}称为最高工作结温或额定结温。
5. 断态不重复峰值电压U_{DSM}可按下列关系得到：$U_{DRM}=90\%U_{DSM}$。
6. 贮存温度T_{stg}为$-40\sim+140$℃。
7. di/dt 项中，L=10、A=25、B=50、C=100、D=150。

表 26-14 双向晶闸管的特性参数

通态均方根电流	通态峰值电压	断态重复峰值电流	维持电流	门极触发电流	门极触发电压	门极不触发电压	换向电压临界上升率	断态电压临界上升率	结壳热阻
$I_{T(RMS)}$ (A)	U_{TM} (V)	I_{DRM} (mA)	I_H (mA)	I_{GT} (mA)	U_{GT} (V)	U_{GD} (V)	$(du/dt)_c$ (V/μs)	du/dt (V/μs)	R_{jc} (℃/W)
1	≤2.0	≤3	≤10	≤30	≤2.5	≥0.2	A、B、C	A、B、C D、E	
3	≤2.2	≤8	≤30	≤70	≤3	≥0.2			≤4.0
5	≤2.2	≤8	≤60	≤70	≤3	≥0.2			≤3.0
10	≤2.2	≤10	≤100	≤100	≤3	≥0.2			≤1.6
20	≤2.2	≤10	≤100	≤100	≤3	≥0.2			≤1.0
50	≤2.4	≤20	≤200	≤200	≤3	≥0.3	B、C、D E、F	B、C、D E、F、G	≤0.4
100	≤2.6	≤40	≤200	≤250	≤3.5	≥0.3			≤0.2
200	≤2.6	≤40	≤200	≤350	≤3.5	≥0.3			≤0.11
300	≤2.6	≤50	≤300	≤350	≤3.5	≥0.3			≤0.08
400	≤2.6	≤50	≤300	≤350	≤4	≥0.3			≤0.05
500	≤2.6	≤60	≤400	≤400	≤4	≥0.3			≤0.04

注：1. I_{GT}、U_{GT}的上限值应满足Ⅰ₊、Ⅰ₋、Ⅲ₋三种触发方式。
2. I_H、I_L 的上限值满足Ⅰ₊、Ⅲ₋两种方式。
3. 擎住电流 I_L 由制造厂给出上限值。
4. $(di/dt)_c$ 项中，A=1、B=4、C=10、D=30、E=50、F=100。
5. du/dt 项中，A=25、B=50、C=100、D=200、E=500、F=800、G=1000，均为下限值。

26.2 变流电路的电量关系

26.2.1 假定条件

本节计算公式基于以下假定条件：

(1) 直流电流无脉动；

(2) 忽略变压器励磁电流和所有损耗；

(3) 忽略整流元件导通时的正向电压降和关断时的反向漏电流。

先按所有整流元件都是可控的分析，最后分析半控桥式电路。

在电气传动系统中，变流器的负载大都是电机磁场或带有平波电抗器的直流电动机电枢，因此与第一条的假定相接近。电阻负载不在本节论述。

26.2.2 符号及含义

U_a——交流相电压均方根值，假定变压器的变压比为1∶1，对于三角形接线，U_a应换算成星形接线时的相电压均方根值；

U_{am}——交流相电压峰值，对于三角形接线，U_{am}应为换算成星形接线时的相电压峰值；

U_{dm}——全导通时的理想直流空载电压峰值；

U_{do}——全导通时的理想直流空载电压平均值；

$U_{d\alpha}$——整流角为α时的理想直流空载电压平均值；

$U_{d\beta}$——逆变角为β时的理想直流空载电压平均值；

U_{α}——由于相位控制，直流电压下降平均值；

U_x——由于换相影响，直流电压下降平均值；

U_d——直流输出电压平均值：

$U_d=U_{do}-U_{\alpha}-U_x=U_{d\alpha}-U_x$；

e——电压瞬时值；

I_a——交流线电流均方根值；

I_{1g}——I_a中基波分量均方根值；

I_d——直流输出电流；

I_{de}——额定直流输出电流；

I_{ae}——额定交流电流均方根值，此时$I_d=I_{de}$；

i——电流瞬时值；

C——斜率系数；

P_{do}——理想直流功率，$P_{do}=U_{do}I_d$；

P_d——输出直流功率，$P_d=U_dI_d$；

S——总输入视在功率，$S=3U_aI_a$；

S_{1g}——基波视在功率，$S_{1g}=3U_aI_{1g}$；

P_{1g}——S_{1g}中的有功分量，等于S中的有功分量P；

Q_{1g}——S_{1g}中的无功分量；

S_{b1}——换相角为零时的整流变压器初级视在功率；

S_{b2}——换相角为零时的整流变压器次级视在功率；

S_b——换相角为零时的整流变压器整体视在功率，$S_b=\dfrac{S_{b1}+S_{b2}}{2}$；

L_c——每相换向电感；

X_c——每相换相电抗，$X_c=\omega L_c$；

X_{*c}——每相换相电抗标幺值，即短路百分数，$X_{*c}=\dfrac{X_cI_{ae}}{U_a}$；

q——整流相数，即整流电压每周脉动次数；

ε——全导通时直流电压峰值滞后交流相电压峰值的相角；

α——控制角、整流角（移相角、点燃角、延迟角）；

β——逆变角，$\beta=180°-\alpha$；

γ——换相角（交错角、重叠角）；

δ——剩余角（熄灭角），$\delta=\beta-\gamma$；

θ——导通角；

φ_1——位移因数角；

φ——功率因数角；

$\cos\varphi_1$——位移因数；

$\cos\varphi$——功率因数；

U_{rm}——整流元件承受的反向电压峰值；

I_{rms}——流过整流元件的电流均方根值；

I_f——流过整流元件的电流折合到单相半波时的平均值，$I_f=\dfrac{I_{rms}}{1.57}$。

26.2.3 理想空载电压

全导通时的理想直流空载电压，见图 26-1。

$$U_{do}=\frac{q}{2\pi}\int_{-\frac{\pi}{q}}^{\frac{\pi}{q}}U_{dm}\cos\omega t\,d\omega t$$

$$=U_{dm}\frac{q}{\pi}\sin\frac{\pi}{q} \tag{26-1}$$

单相全波或单相桥式整流电路

$q=2, U_{dm}=U_{am}=\sqrt{2}U_a$

$\therefore\quad U_{do}=\dfrac{2}{\pi}U_{dm}=\dfrac{2\sqrt{2}}{\pi}U_a$

三相零式整流电路

$q=3, U_{dm}=U_{am}=\sqrt{2}U_a$

$\therefore\quad U_{do}=\dfrac{3\sqrt{3}}{2\pi}U_{dm}=\dfrac{3\sqrt{3}}{\pi\sqrt{2}}U_a$

三相桥式整流电路：

$q=6, U_{dm}=\sqrt{3}U_{am}=\sqrt{6}U_a$

$\therefore\quad U_{do}=\dfrac{3}{\pi}U_{dm}=\dfrac{3\sqrt{6}}{\pi}U_a$

不同整流电路的U_{do}值见表 26-16。

有相位控制时的理想直流空载电压，见图 26-2。

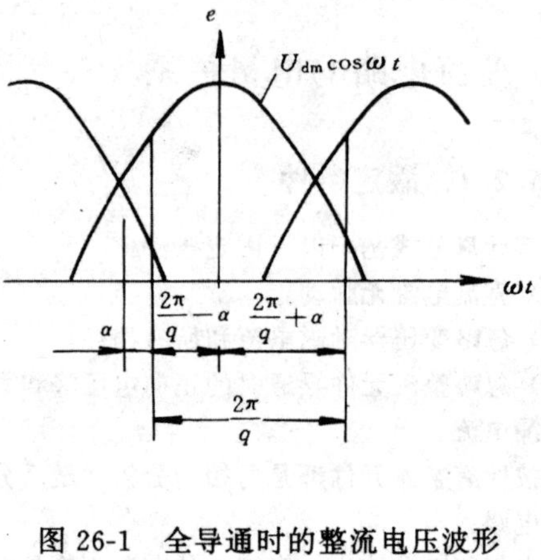

图 26-1 全导通时的整流电压波形

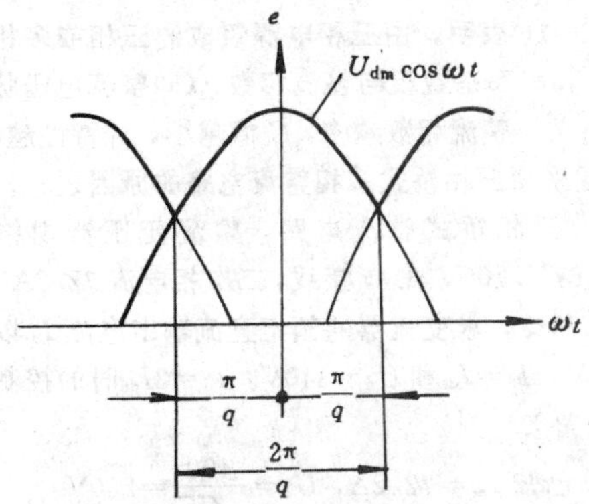

图 26-2 有相位控制时的整流电压波形

$$U_{d\alpha}=U_{do}-U_{\alpha}$$
$$=\frac{q}{2\pi}\int_{-\frac{\pi}{q}+\alpha}^{\frac{\pi}{q}+\alpha}U_{dm}\cos\omega t\mathrm{d}\omega t$$
$$=U_{dm}\frac{q}{\pi}\sin\frac{\pi}{q}\cos\alpha=U_{do}\cos\alpha \qquad (26\text{-}2)$$

当 $0<\alpha<90°$时，$U_{d\alpha}$为正，即整流工作。改变控制角 α，即可改变整流器的直流输出电压。

当 $90°<\alpha<180°$时，$U_{d\alpha}$为负，即逆变工作。以逆变角 β 代替整流角 α，则

$$U_{d\beta}=-U_{do}\cos\beta \qquad (26\text{-}3)$$

由于有相位控制，直流输出电压减小值为

$$U_{\alpha}=U_{do}(1-\cos\alpha) \qquad (26\text{-}4)$$

26.2.4 换相角及外特性

计及换相角，整流电压波形如图 26-3 所示。

参照方程式 26-4 得

$$U_{\alpha}+2U_{x}=U_{do}[1-\cos(\alpha+\gamma)] \qquad (26\text{-}5)$$

所以，整流时的换相压降表达式为

$$\frac{U_x}{U_{do}}=\frac{\cos\alpha-\cos(\alpha+\gamma)}{2} \qquad (26\text{-}6)$$

换相压降的另一种表达式为

$$U_x=\frac{q}{2\pi}X_cI_d \text{ 或 } U_x=qfL_cI_d \qquad (26\text{-}7)$$

以式 26-1 及式 26-7 代入式 26-6 可求得换相角为

$$\gamma=\arccos\left[\cos\alpha-\frac{X_cI_d}{U_{dm}\sin\frac{\pi}{q}}\right]-\alpha \qquad (26\text{-}8)$$

由此可知，换相角 γ 与 α、X_cI_d 有关。当 α 不变时，γ 角随 X_cI_d 的增加而变大；当 X_cI_d 为常数时，γ 角随控制角 α 的增大而减小。

由变压器漏抗而产生的换相角将使：

(1) 直流输出电压降低；

(2) 功率因数变坏；

(3) 在可逆系统中，为避免逆变颠覆，β 角必须大于 γ 角，因此，变压器二次电压有效值不能充分利用。

但是，变压器漏抗多少能限制一点整流器的电流上升率，这对晶闸管元件的工作是有利的。

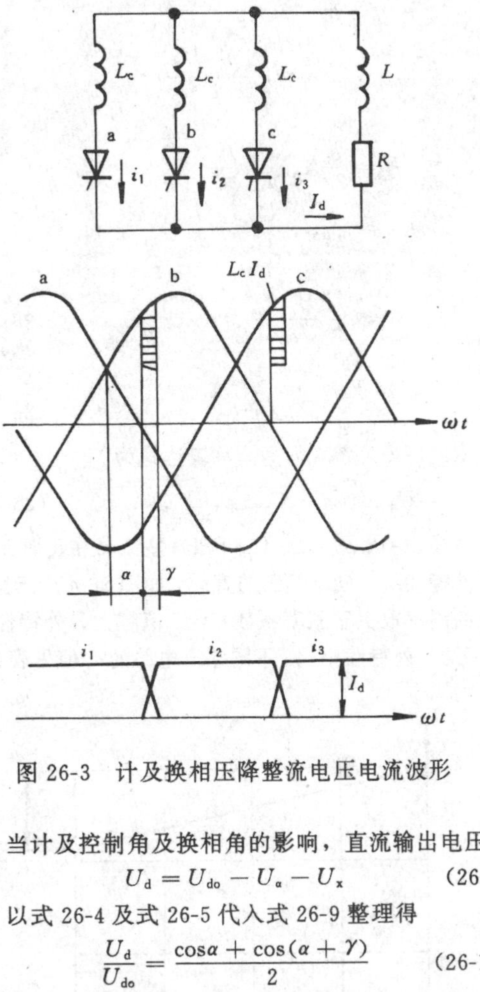

图 26-3 计及换相压降整流电压电流波形

当计及控制角及换相角的影响，直流输出电压为

$$U_d=U_{do}-U_{\alpha}-U_x \qquad (26\text{-}9)$$

以式 26-4 及式 26-5 代入式 26-9 整理得

$$\frac{U_d}{U_{do}}=\frac{\cos\alpha+\cos(\alpha+\gamma)}{2} \qquad (26\text{-}10)$$

逆变时，逆变角 β 应大于换相角 γ，设剩余角为 δ，则

$$\delta=\beta-\gamma=180°-\alpha-\gamma$$

移相 $\alpha=180°-\delta-\gamma$

代入式 26-6，整理后得逆变时换相压降表达式为

$$\frac{U_x}{U_{do}}=\frac{\cos\delta-\cos(\delta+\gamma)}{2} \qquad (26\text{-}11)$$

以式 26-2 及式 26-7 代入 $U_d=U_{d\alpha}-U_x$ 即得到整流器的外特性表达式为

$$U_d=U_{do}\cos\alpha-\frac{q}{2\pi}X_cI_d \qquad (26\text{-}12)$$

外特性还可以换相电抗标幺值 X_{*c} 及斜率系数 C 来表示，引入 X_{*c} 则

$$X_{*c} = X_c \frac{I_{ae}}{U_a}$$

即

$$X_c = X_{*c} \frac{U_a}{I_{ae}}$$

代入式 26-7 得

$$U_x = \frac{q}{2\pi} X_{*c} \frac{U_a}{I_{ae}} I_d$$

即

$$\frac{U_x}{U_{do}} = \frac{q}{2\pi} X_{*c} \frac{U_a}{I_{do}} \frac{I_d}{I_{ae}}$$

$$= \frac{q}{2\pi} X_{*c} \frac{U_a}{I_{do}} \frac{I_{de}}{I_{ae}} \frac{I_d}{I_{de}}$$

令

$$C = \frac{q}{2\pi} \frac{U_a}{U_{do}} \frac{I_{de}}{I_{ae}} \tag{26-13}$$

则

$$\frac{U_x}{U_{do}} = C X_{*c} \frac{I_d}{I_{de}} \tag{26-14}$$

由此可得外特性的另一种表达式为

$$U_d = U_{do}\left(\cos\alpha - C X_{*c} \frac{I_d}{I_{de}}\right) \tag{26-15}$$

由式 26-12 及式 26-15 可知，整流器在正常工作区的外特性系一向下倾斜的直线，如图 26-4 所示。外特性的斜率取决于斜率系数 C，C 值越大，外特性越软，反之，外特性则硬。不同整流电路的 C 值见表 26-16。

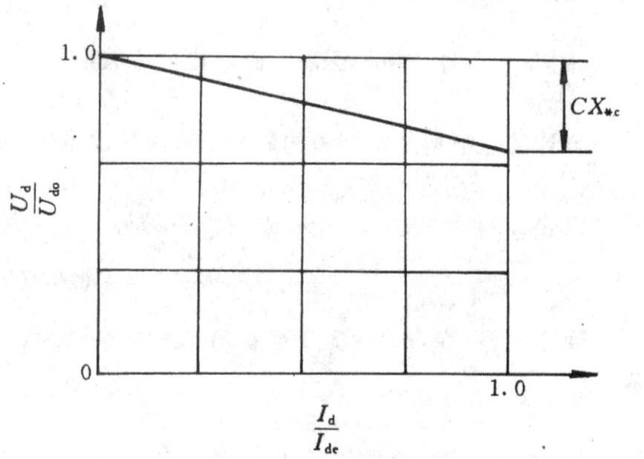

图 26-4　整流器外特性

可以证明，由三相电源作为基本单元组成的三相或多相整流电路，如三相零、三相桥、双反星形以及三相桥的串并联等，其 C 值为

$$C = \sin\frac{\pi}{q} \tag{26-16}$$

式 26-16 表明，由三相电源组成的三相或多相整流电路，其斜率系数仅与整流相数 q（即整流电压脉动次数）有关，整流相数越多，C 值越小，外特性越硬，这是广泛采用三相桥式多相整流电路的原因之一。

例　三相桥式整流电路，整流变压器规格为 50kVA，6kV/400V，D/y 接线，二次相电流 72.2A，阻抗压降 5.5%，求变流器的额定直流输出电流 I_{de} 以及 $U_d=440V$，$I_d=I_{de}$ 和 $U_d=440V$，$I_d=2I_{de}$ 时的控制角 α 和换相角 γ。

解　已知 $I_{ae}=72.2A$，$U_a=\frac{400}{\sqrt{3}}=230V$

$$X_{*c} = 5.5\%, q = 6, C = \frac{1}{2}$$

$$\therefore U_{dm} = \sqrt{6}\, U_a = \sqrt{6} \times 230 = 565V$$

$$U_{do} = \frac{3}{\pi} U_{dm} = \frac{3}{\pi} \times 565 = 540V$$

$$I_{de} = \frac{3U_a}{U_{dm}} I_{ae} = \frac{3}{\sqrt{6}} \times 72.2 = 88.5A$$

(1) $U_d=440V$，$I_d=I_{de}$

代入公式 26-15

$$U_d = U_{do}(\cos\alpha - C X_{*c} \frac{I_d}{I_{de}})$$

$$\therefore \quad 440 = 540(\cos\alpha - \frac{1}{2} \times 0.055 \times 1)$$

$$\alpha = 32.6°$$

由式 26-6 及式 26-14

$$\frac{U_x}{U_{do}} = \frac{\cos\alpha - \cos(\alpha + \gamma)}{2}$$

$$\therefore \frac{1}{2} \times 0.055 \times 1 = \frac{\cos 32.6° - \cos(32.6° + \gamma)}{2}$$

$$\gamma = 2.9°$$

(2) $U_d = 440V, I_d = 2I_{de}$

$$\therefore 440 = 540\,(\cos\alpha - \frac{1}{2} \times 0.055 \times 2)$$

$$\alpha = 30°$$

$$又 \frac{1}{2} \times 0.055 \times 2 = \frac{\cos 30° - \cos(30° + \gamma)}{2}$$

$$\therefore \gamma = 5.5°$$

26.2.5　功率因数

在整流系统中，供电电压为正弦波，而电流却是非正弦波，其中只有基波的正弦 分量与电源电压同一频率，产生有功功率；其它次谐波电流与供电电压的频率不同，只能产生无功功率。其功率方程式如下：

整流器的总输入视在功率——$S=3U_aI_a$；

有功功率——$P=3U_aI_a\cos\varphi$；

基波视在功率——$S_{1g}=3U_aI_{1g}$；

基波有功功率——$P_{1g}=S_{1g}\cos\varphi_1$

$=3U_aI_{1g}\cos\varphi_1$。

由于电源电压U_a中没有谐波，所以线电流I_a中的谐波分量不作功，因此$P=P_{1g}$。

忽略换相影响，即假定$\gamma=0$时的功率因数为

$$\cos\varphi=\frac{P_{1g}}{S}=\left(\frac{I_{1g}}{I_a}\right)_{\gamma=0}\cos\varphi_1 \qquad (26\text{-}17)$$

式中$\cos\varphi_1$和$\left(\frac{I_{1g}}{I_a}\right)_{\gamma=0}$分别为忽略换相影响的位移因数和畸变因数。当控制角$\alpha$为零时，基波电流$I_{1g}$与电压$U_a$同相，位移因数角$\varphi_1$为零；当控制角为$\alpha$时，交流线电流$I_a$的相位后移，其基波电流$I_{1g}$的相位也后移，此时，基波电流$I_{1g}$与电压$U_a$的相位差，即位移因数角$\varphi_1$等于控制角$\alpha$，故

$$\cos\varphi_1=\cos\alpha$$

因此，功率因数也可写成

$$\cos\varphi=\left[\frac{I_{1g}}{I_a}\right]_{\gamma=0}\cos\alpha \qquad (26\text{-}18)$$

由式 26-18 可知，晶闸管整流装置的功率因数等于控制角α的余弦函数和畸变因数的乘积。控制角越大，功率因数越坏。

畸变因数与整流电路的接线有关。忽略换相影响，各种整流电路的畸变因数见表 26-15。

表 26-15 $\left[\frac{I_{1g}}{I_a}\right]_{\gamma=0}$ 值

整流电路	q	$\left[\frac{I_{1g}}{I_a}\right]_{\gamma=0}=\frac{U_{do}}{U_{dm}}$
单相整流电路	2	$\frac{2}{\pi}=0.64$
三相整流电路	3	$\frac{3\sqrt{3}}{2\pi}=0.83$
	6	$\frac{3}{\pi}=0.96$
	12	$\frac{6}{\pi\sqrt{2+\sqrt{3}}}=0.99$

由表 26-15 可知，畸变因数随整流相数q（即脉动次数）的增多而改善，亦即整流相数越多的整流电路，谐波对电网的影响就越小，因此，以三相电源组成的多相整流电路（如 6 相、12 相等）得到广泛应用。

$\left[\frac{I_{1g}}{I_a}\right]_{\gamma=0}=\frac{U_{do}}{U_{dm}}$的关系较重要。从这里尚可得到另两个重要关系，即

$$\left[\frac{I_d}{I_{1g}}\right]_{\gamma=0}=\frac{3U_a}{U_{do}} \qquad (26\text{-}19)$$

及

$$\left[\frac{I_d}{I_a}\right]_{\gamma=0}=\frac{3U_a}{U_{dm}} \qquad (26\text{-}20)$$

对于全控整流电路，其基波视在功率S_{1g}、有功功率P及无功功率Q_{1g}与控制角α的关系也可以用电量圆图来表示，如图 26-5 所示。以S_{1g}为半径作圆，从圆心连接于圆周的任一半径，均对应于某一控制角时的基波视在功率S_{1g}，其横轴或直轴的投影则为有功功率P（P_{1g}）及无功功率Q_{1g}。

当$\alpha<90°$时，P为正，即整流工作；当$\alpha>90°$时，P为负，即逆变工作。

计及换相影响的位移因数按下式求得

$$\cos\varphi_1=\frac{P}{S_{1g}}=\frac{P_d}{P_{do}}\frac{P_{do}}{S_{1g}}$$
$$=\frac{U_d}{U_{do}}\frac{P_{do}}{S_{1g}} \qquad (26\text{-}21)$$

式中校正系数$\frac{S_{1g}}{P_{do}}$值与$\frac{U_d}{U_{do}}$和$\frac{U_x}{U_{do}}$有关，可由图 26-6 中查得。

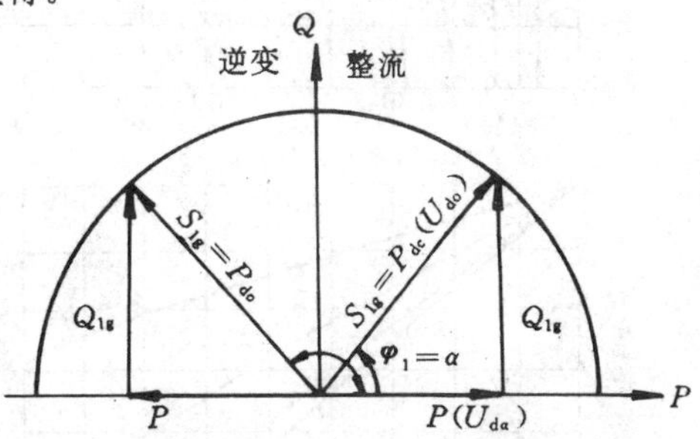

图 26-5　三相全控整流电路的电量图

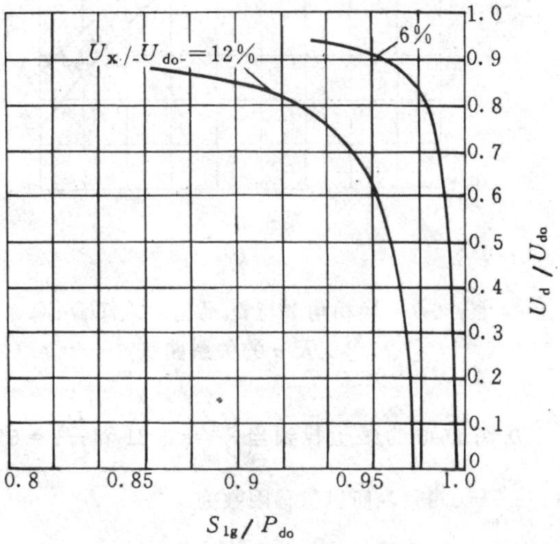

图 26-6　计及换相影响的位移因数校正系数

计及换相影响时的功率因数为

$$\cos\varphi=\frac{P}{S}=\frac{P}{P_{do}}\frac{P_{do}}{S_{\gamma=0}}\frac{S_{\gamma=0}}{S}$$

$$=\frac{U_d}{U_{do}}\left[\frac{I_{1g}}{I_a}\right]_{\gamma=0}\frac{[I_a]_{\gamma=0}}{I_a} \tag{26-22}$$

式中$\frac{[I_a]_{\gamma=0}}{I_a}$为计及换相影响后的校正系数，其值也与$\frac{U_d}{U_{do}}$和$\frac{U_x}{U_{do}}$有关，可由图 26-7 查得。

例 三相桥式整流电路，$U_{do}=100V$，工作在 $\alpha=30°$，输出直流电压 $U_d=81V$，求位移因数和功率因数。

解 $U_{d\alpha}=U_{do}\cos\alpha=100\cos30°=87V$

$U_x=U_{d\alpha}-U_d=87-81=6V$

$\frac{U_d}{U_{do}}=0.81$，$\frac{U_x}{U_{do}}=0.06=6\%$

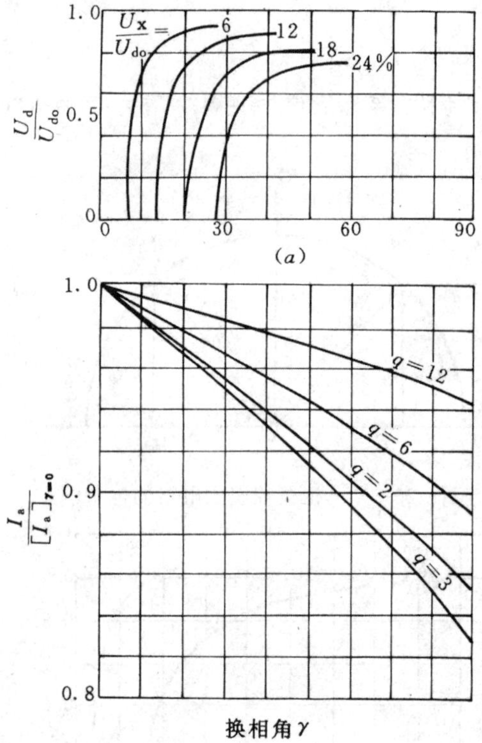

图 26-7 换相角γ与 U_d/U_{do}、U_x/U_{do}、$[I_a/I_a]_{\gamma=0}$及 q 的关系曲线

从图 26-6 曲线上找到当$\frac{U_d}{U_{do}}=0.81$ 和$\frac{U_x}{U_{do}}=6\%$时，$\frac{S_{1g}}{P_{do}}=0.982$，所以位移因数为

$$\cos\varphi_1=\frac{U_d}{U_{do}}\frac{P_{do}}{S_{1g}}=\frac{0.81}{0.982}=0.82$$

又因 $q=6$，则$\left[\frac{I_{1g}}{I_a}\right]_{\gamma=0}=0.96$，从图 26-7 曲线 a 上找到$\frac{U_d}{U_{do}}=0.81$ 和$\frac{U_x}{U_{do}}=6\%$，$\gamma=12°$，从曲线 b 上找到 $\gamma=12°$，$q=6$ 时，$\frac{I_a}{[I_a]_{\gamma=0}}=0.987$，所以功率因数为

$$\cos\varphi=\frac{U_d}{U_{do}}\left[\frac{I_{1g}}{I_a}\right]_{\gamma=0}\frac{[I_a]_{\gamma=0}}{I_a}$$

$$=\frac{0.81\times0.96}{0.987}=0.79$$

由此可知，校正系数$\frac{S_{1g}}{P_{do}}$和$\frac{I_a}{[I_a]_{\gamma=0}}$都接近于 1，在工程计算中可以忽略不计。

26.2.6 带有续流二极管的三相零式整流电路

带有续流二极管的三相零式整流电路如图 26-8 所示。

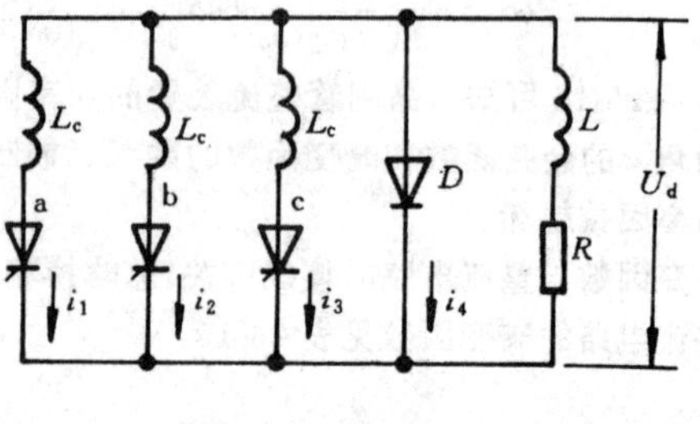

图 26-8 带续流二极管的三相零式整流电路

不同控制角的电压波形见图 26-9。

从图 26-9 可以看出，控制角 α 的移相范围为 0 到 150°。

当 $0<\alpha<30°$时，晶闸管的导通角 $\theta=120°$，续流二极管不起作用。

$$\frac{U_{d\alpha}}{U_{do}}=\frac{U_{do}-U_\alpha}{U_{do}}=\cos\alpha \tag{26-23}$$

式中 $U_{do}=\frac{3\sqrt{3}}{2\pi}U_{dm}$

当 $30°<\alpha<150°$，晶闸管的导通角小于 120°，其余时间电流经续流二极管流过。由图 26-9 可求得

$$U_{d\alpha}=U_{do}-U_\alpha=\frac{3}{2\pi}\int_0^\theta U_{dm}\sin\omega t\,d\omega t$$

$$=\frac{3}{2\pi}U_{dm}(1-\cos\theta)$$

$$\because\ \frac{U_{do}}{U_{dm}}=\frac{3}{\pi}\sin\frac{\pi}{3}$$

$$\therefore\ \frac{U_{d\alpha}}{U_{do}}=\frac{U_{do}-U_\alpha}{U_{do}}=\frac{1-\cos\theta}{2\sin\frac{\pi}{3}}$$

$$=\frac{1-\cos\theta}{\sqrt{3}} \tag{26-24}$$

所以，通用理想空载电压的表达式为

$$\frac{U_{d\alpha}}{U_{do}}=\frac{U_{do}-U_{\alpha}}{U_{do}}=\frac{1-\cos\theta}{2\sin\frac{\pi}{q}} \tag{26-25}$$

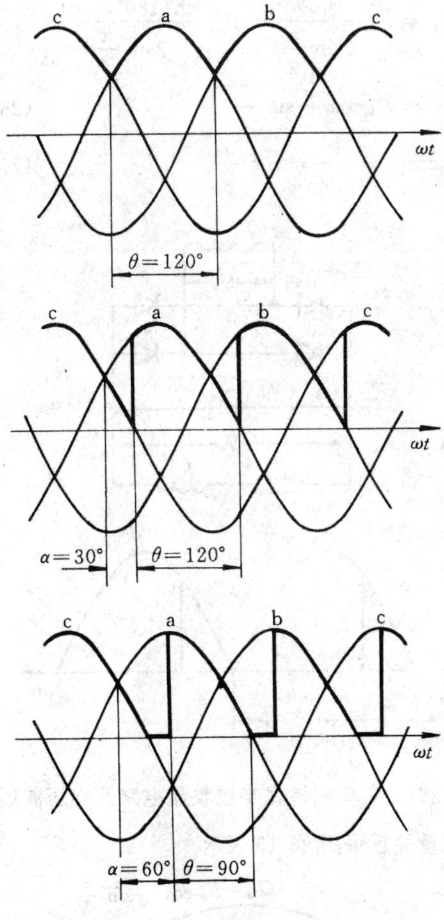

图 26-9　不同控制角的电压波形

关于换相压降 $U_x=qfL_cI_d$ 的关系式仍然适用。在带有续流二极管的三相零式电路中，当 $\alpha<30°$时，换相角的求法与没有续流二极管相同。当 $\alpha>30°$时，波形如图 26-10 所示。

图 26-10 中的虚线为续流二极管中的电流，所以

$$\frac{U_d}{U_{do}}=\frac{U_{do}-U_{\alpha}-U_x}{U_{do}}=\frac{1-\cos(\theta-\gamma)}{2\sin\frac{\pi}{3}}$$

$$=\frac{1-\cos(\theta-\gamma)}{\sqrt{3}} \tag{26-26}$$

通用表达式为

$$\frac{U_d}{U_{do}}=\frac{1-\cos(\theta-\gamma)}{2\sin\frac{\pi}{q}} \tag{26-27}$$

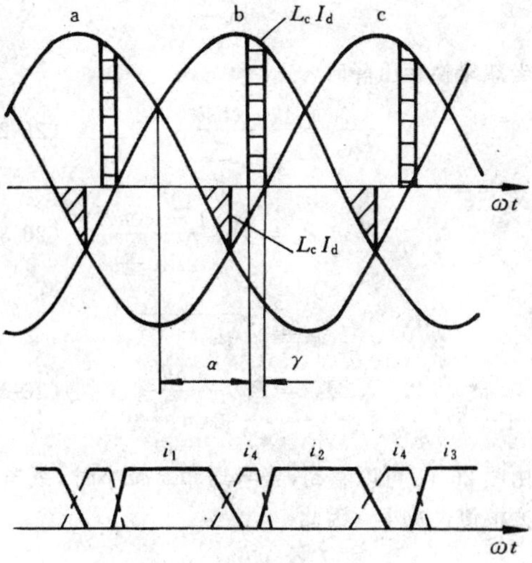

图 26-10　$\alpha>30°$的波形图

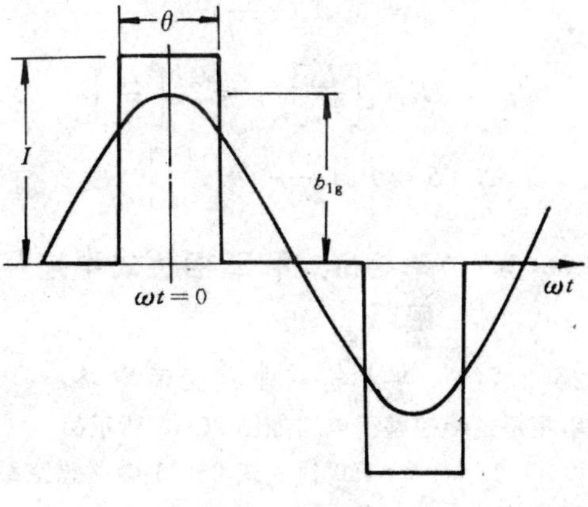

图 26-11　基波幅值

在带有续流二极管的三相零式整流电路中，当 $\alpha>30°$时，θ 逐渐减小，电流波形变狭，其基波分量也减小。

令 b_{1g}为基波幅值，如图 26-11，则

$$b_{1g}=4\frac{1}{\pi}\int_0^{\frac{\theta}{2}}I\cos\omega t\mathrm{d}\omega t=\frac{4}{\pi}I\sin\frac{\theta}{2}$$

从上式可知，基波幅值与 $\sin\frac{\theta}{2}$成正比。所以

$$I_{1g}\propto\sin\frac{\theta}{2}$$

因此　　$S_{1g}\propto\sin\frac{\theta}{2}$

而 θ 的最大值为 $\frac{2\pi}{q}$，所以

$$S_{1g}=P_{do}\frac{\sin\frac{\theta}{2}}{\sin\frac{\pi}{q}} \tag{26-28}$$

当忽略换相压降时

$$\frac{U_d}{U_{do}}=\frac{1-\cos\theta}{2\sin\frac{\pi}{q}} \tag{26-29}$$

$$\therefore\quad P=P_d=P_{do}\frac{1-\cos\theta}{2\sin\frac{\pi}{q}} \tag{26-30}$$

$$\because\quad Q_{1g}=\sqrt{S_{1g}^2-P^2}$$

$$\therefore\quad Q_{1g}=P_{do}\frac{\sin\theta}{2\sin\frac{\pi}{q}} \tag{26-31}$$

由图 26-11 可以看到，当导通角 θ 减小时，线电流的均方根值也减小，因此

$$I_a\propto\theta^{1/2}$$

所以视在功率为

$$S=3U_aI_a\left(\frac{\theta}{2\pi/q}\right)^{1/2}$$

$$3U_aI_a=3U_aI_{1g}\left[\frac{I_a}{I_{1g}}\right]_{\gamma=0}=P_{do}\left[\frac{I_a}{I_{1g}}\right]_{\gamma=0}$$

$$\therefore\quad S=P_{do}\left(\frac{\theta}{2\pi/q}\right)^{1/2}\left[\frac{I_a}{I_{1g}}\right]_{\gamma=0}$$

26.2.7 单相桥式和三相桥式半控整流电路

26.2.7.1 单相桥式半控整流电路

单相桥式半控整流电路如图 26-12 所示。

以 $q=2$、$\alpha+\theta=180°$代入式 26-25 得理想空载电压方程式为

$$\frac{U_{d\alpha}}{U_{do}}=\frac{1-\cos\theta}{2\sin\frac{\pi}{q}}=\frac{1-\cos(180°-\alpha)}{2\sin\frac{\pi}{2}}=\frac{1+\cos\alpha}{2}=\cos^2\frac{\alpha}{2} \tag{26-32}$$

基波视在功率 S_{1g}、有功功率 P、无功功率 Q_{1g} 和位移因数 $\cos\varphi_1$ 的表达式为

$$S_{1g}=P_{do}\frac{\sin\frac{\theta}{2}}{\sin\frac{\pi}{q}}=P_{do}\frac{\sin\left(\frac{180°-\alpha}{2}\right)}{\sin\frac{\pi}{2}}=P_{do}\cos\frac{\alpha}{2} \tag{26-33}$$

$$P=P_{do}\frac{1-\cos\theta}{2\sin\frac{\pi}{q}}=P_{do}\frac{1-\cos(180°-\alpha)}{2\sin\frac{\pi}{2}}=P_{do}\cos^2\frac{\alpha}{2} \tag{26-34}$$

$$Q_{1g}=P_{do}\frac{\sin\theta}{2\sin\frac{\pi}{q}}=P_{do}\frac{\sin(180°-\alpha)}{2\sin\frac{\pi}{2}}=P_{do}\cos\frac{\alpha}{2}\sin\frac{\alpha}{2} \tag{26-35}$$

$$\cos\varphi_1=\frac{P}{S_{1g}}=\cos\frac{\alpha}{2} \tag{26-36}$$

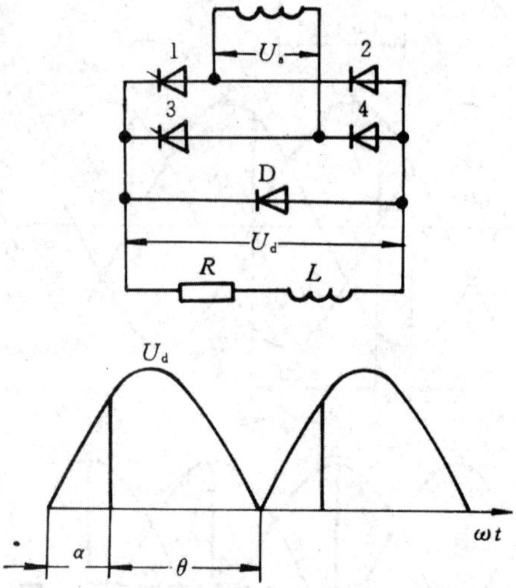

图 26-12 单相桥式半控整流电路及电压波形

电量关系用图 26-13 表示。

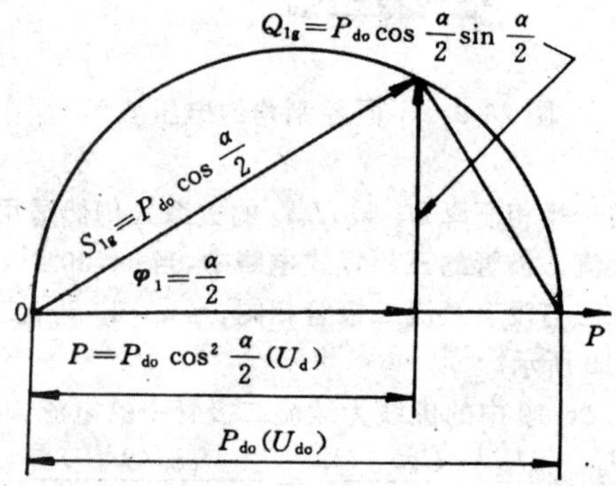

图 26-13 单相桥式半控整流电路的电量图

26.2.7.2 三相桥式半控整流电路

三相桥式半控整流电路见图 26-14。

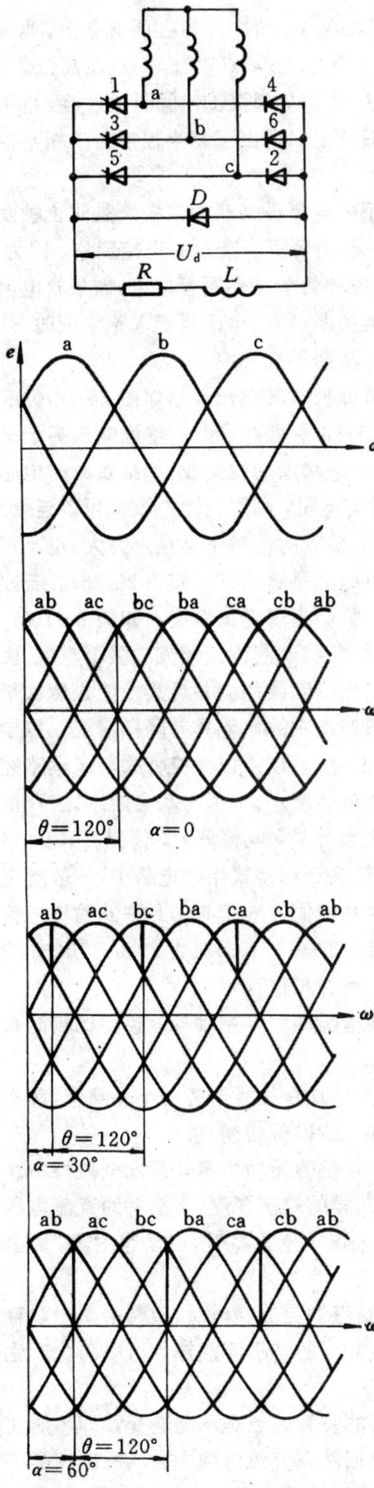

图 26-14　三相桥式半控整流电路及电压波形

由图 26-14 可知：

(1) 当 $0<\alpha<60°$时，晶闸管导通角 $\theta=120°$。

$$
\begin{aligned}
U_{d\alpha} &= \frac{3}{2\pi}\left[\int_{\alpha}^{\pi/3} U_{dm}\sin\left(\frac{\pi}{3}+\omega t\right)d\omega t + \int_{\pi/3}^{2\pi/3+\alpha} U_{dm}\sin\omega t d\omega t\right] \\
&= \frac{3U_{dm}}{2\pi}\left[\cos\left(\frac{\pi}{3}+\alpha\right)-\cos\frac{2\pi}{3}+\cos\frac{\pi}{3}-\cos\left(\frac{2\pi}{3}+\alpha\right)\right] \\
&= \frac{3}{2\pi}U_{dm}(1+\cos\alpha) = U_{do}\frac{1+\cos\alpha}{2} \\
&= U_{do}\cos^2\frac{\alpha}{2} \qquad (26\text{-}37)
\end{aligned}
$$

(2) 当 $60°<\alpha<180°$时，晶闸管导通角 $\theta=180°-\alpha$，其余时间电流经续流二极管流过。

$$
\begin{aligned}
U_{d\alpha} &= \frac{3}{2\pi}\int_{\alpha}^{\pi} U_{dm}\sin\omega t d\omega t \\
&= \frac{3}{\pi}U_{dm}\frac{1+\cos\alpha}{2} = U_{do}\frac{1+\cos\alpha}{2} \\
&= U_{do}\cos^2\frac{\alpha}{2} \qquad (26\text{-}38)
\end{aligned}
$$

由式 26-37 及式 26-38 可知，当 $0°<\alpha<180°$时，

$$
U_{d\alpha} = U_{do}\frac{1+\cos\alpha}{2} = U_{do}\cos^2\frac{\alpha}{2} \qquad (26\text{-}39)
$$

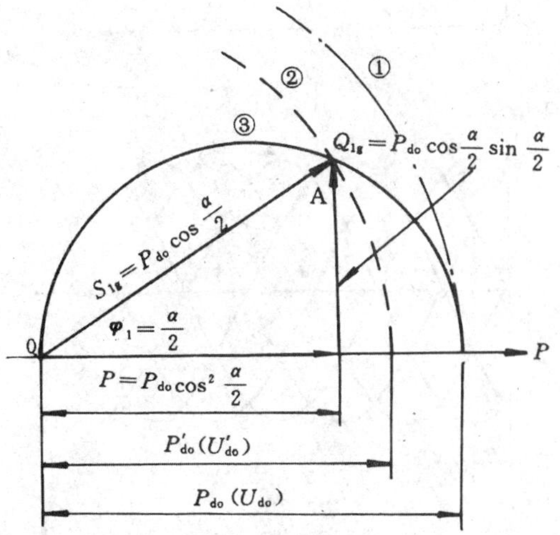

图 26-15　三相桥式半控整流电路的电量图

但是两种工作状态是不一样的，后者相当于带有续流二极管的三相零式整流电路，只是 U_{dm} 为交流线电压峰值，即 $\sqrt{6}U_a$。前者当 $\alpha=0$ 时，相当于 $q=6$；当 α 增大时，由于只有桥的一边是可控的，所以电压波形就变为不对称，并逐渐向 $q=3$ 过渡；当 $\alpha=60°$时，就

相当于 $q=3$，此时

$$U'_{do}=\frac{3\sqrt{3}}{2\pi}U_{dm}=\frac{\sqrt{3}}{2}U_{do}$$

$$P'_{do}=\frac{\sqrt{3}}{2}P_{do}$$

当忽略换相压降时，电量关系用图 26-15 表示。

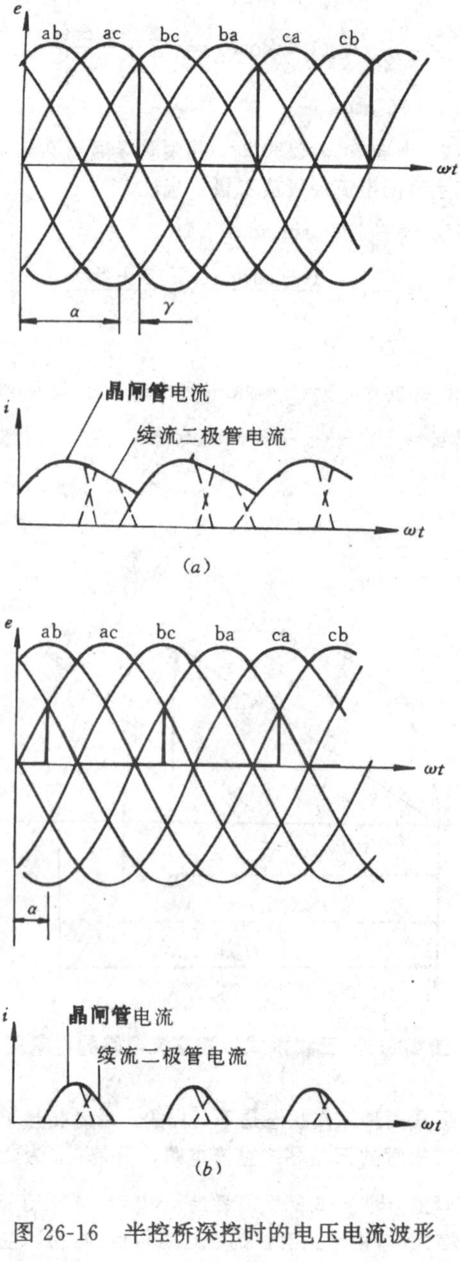

图 26-16　半控桥深控时的电压电流波形

当 $60°<\alpha<180°$时，A 点在圆弧③上，当 $\alpha=0$ 时，A 点在圆弧①上；当 $\alpha=60°$时，A 点在圆弧②上；当 $0°<\alpha<60°$时，A 点从圆弧①向圆弧②过渡，也可以看作是落在圆弧③上。所以三相半控桥与单相半控桥的圆图相同。

半控桥中与负载并联的二极管是防止触发脉冲突然消失后，晶闸管可能产生的失控现象。因为在电压负半周时，电感负载经晶闸管放电，如果放电电流在负半周中不能中断，则当电压再进入正半周时，晶闸管仍继续导通，从而形成失控。

半控桥深控时的电压波形如图 26-16 所示。

从图 26-16 中可以看到，整流电压高于平均值的时间短，低于平均值的时间长。如果负载的电感为无穷大，并且没有电阻，则理论上电流都可以连续无脉动。但是，事实上负载的电感不会是无穷大，也不可能没有电阻，所以电流呈脉动状，如图 26-16*a*。若控制角进一步加大，就会出现电流断续，如图 26-16*b*。当整流电压到零时，负载电流就经续流二极管流过，因此流过晶闸管的电流是断续的，并且其峰值显然比平均电流高，变压器绕组中的电流具有同样情况，控制角 α 愈大，这种情况愈严重，所以半控桥式整流电路在深控时输出直流电流要减小，很深时就会断续。这种情况与负载电感的大小有关，电感量大，情况就好；电感量小，情况就严重。在三相桥式半控电路中，一般规定在输出直流电压为额定值的 60%时，允许的输出电流开始减小；40%时为 90%；20%时为 80%；10%时为 60%；10%以下不允许工作。

除上述情况外，半控桥与全控桥比较尚有以下优点：

(1)半控桥比全控桥节省一半晶闸管，移相触发装置也少一半，所以价格便宜。

(2) 半控桥的无功功率分量比全控桥小。

(3)在同样的控制深度，半控桥的直流电压脉动比全控桥小，输出电压为零时，脉动也为零，而全控桥这时脉动最大。

(4)当交流侧突然断电时，负载电感中贮存的能量通过与负载并联的二极管放掉，可以防止产生破坏性高电压。

半控桥的主要缺点是不能逆变，即不能使负载中贮存的能量回输到交流电网中去。所以在需要快速降速（电势负载）和快速弱磁（电感负载）的场合不能采用。

26.2.8 各种整流电路在全导通（即 $\alpha=0$）时的基本电量

为了解各种整流电路的特点，估算整流变压器和整流元件的规格，熟悉整流电路的基本电量，特列出各种整流电路在全导通（即 $\alpha=0$）时的基本电量及波形见图 26-17～图 26-30。

图中数据是在下述简化条件下算出的：

(1) 整流变压器的效率未计；

(2) 电路换流电抗未计，即换向角未计；

(3) 负载性质为无穷大电感，或为电流连续情况下的电动机。

各种整流电路在全导通（即 $\alpha=0$）时的电量关系见表 26-16。

分析表 26-16 可知，三相桥式或三相桥式并联带平衡电抗器的整流电路具有以下优点：

(1) 斜率系数小，外特性硬；

(2) 直流输出电压高，当直流输出电压为一定值时，需要的变压器二次电压低，有利于变压器绝缘；

(3) 晶闸管所承受的反向电压低；

(4) 整流变压器视在功率小，利用率高；

(5) 电流脉动小；

(6) 畸变因数高，谐波影响小；

(7) 无交、直流不平衡磁势。

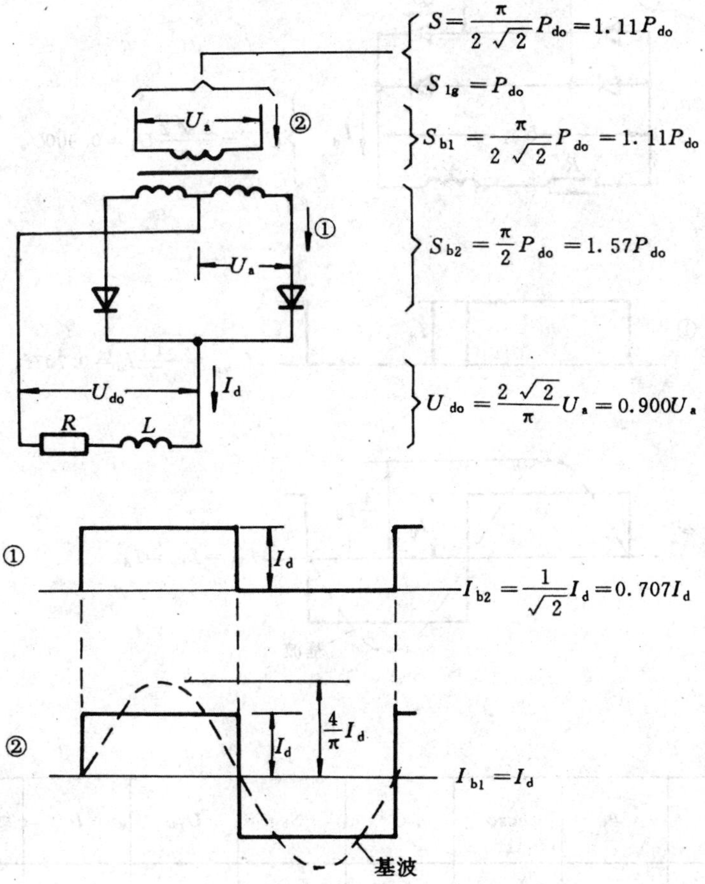

q	θ	$\cos\varphi$	C	S_b	U_{rm}	I_f	线路特征
2	180°	0.9	0.707	$1.34P_{do}$	$3.14U_{do}$	$0.45I_d$	单相全波

图 26-17 单相全波整流电路

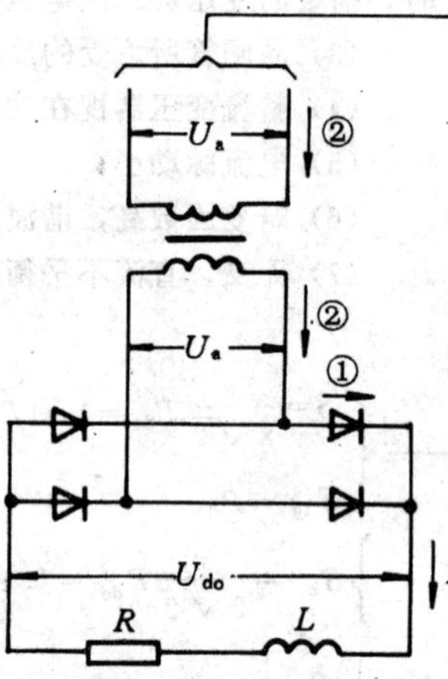

$$S=\frac{\pi}{2\sqrt{2}}P_{do}=1.11P_{do}$$

$$S_{1g}=P_{do}$$

$$S_{b1}=\frac{\pi}{2\sqrt{2}}P_{do}=1.11P_{do}$$

$$S_{b2}=\frac{\pi}{2\sqrt{2}}P_{do}=1.11P_{do}$$

$$U_{do}=\frac{2\sqrt{2}}{\pi}U_a=0.900U_a$$

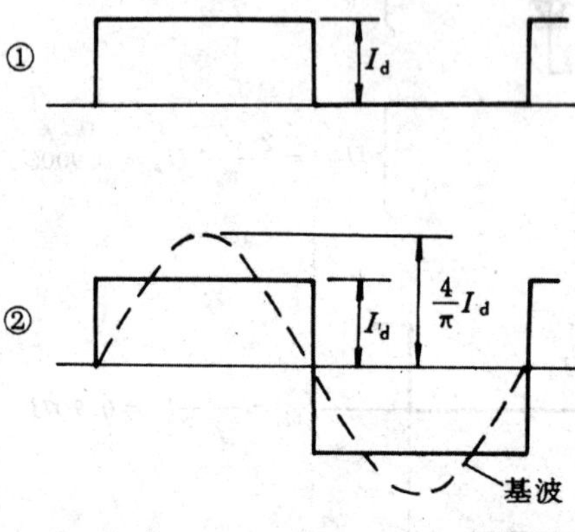

$$I_{rms}=\frac{1}{\sqrt{2}}I_d=0.707I_d$$

$$I_{b1}=I_{b2}=I_d$$

q	θ	$\cos\varphi$	C	S_b	U_{rm}	I_f	线路特征
2	180°	0.9	0.707	$1.11P_{do}$	$1.57U_{do}$	$0.45I_{do}$	单相桥式

图 26-18　单相桥式整流电路

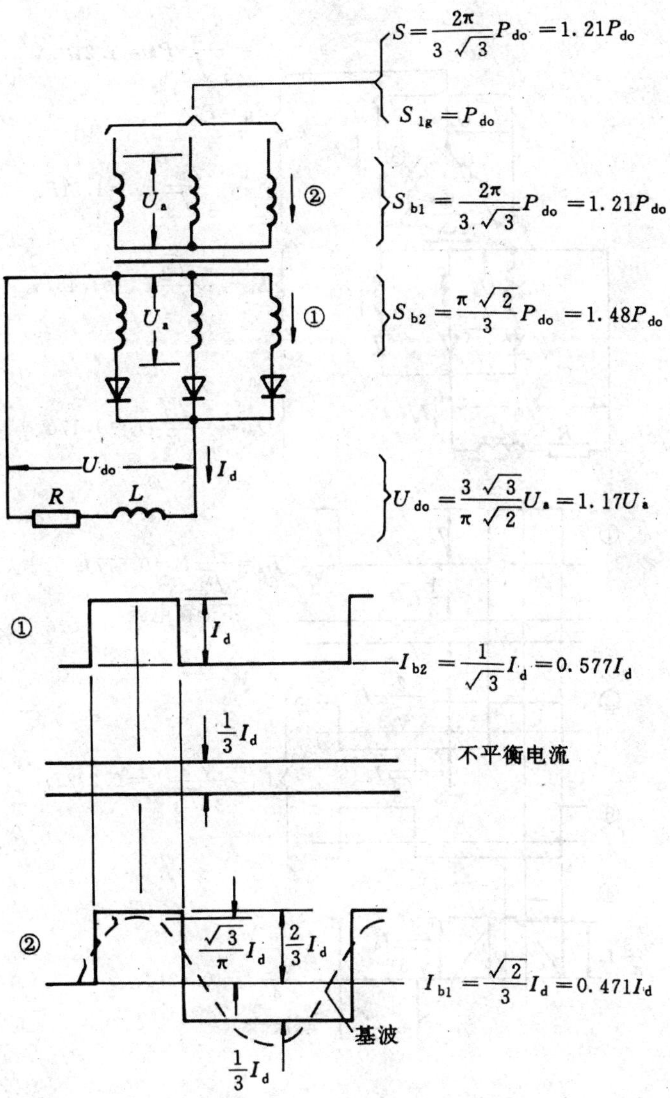

q	θ	cosφ	C	S_b	U_{rm}	I_f	线路特征
3	120°	0.827	0.866	$1.35P_{do}$	$2.10U_{do}$	$0.367I_d$	三相零式 (Y/y)

图 26-19 三相零式（Y/y）整流电路

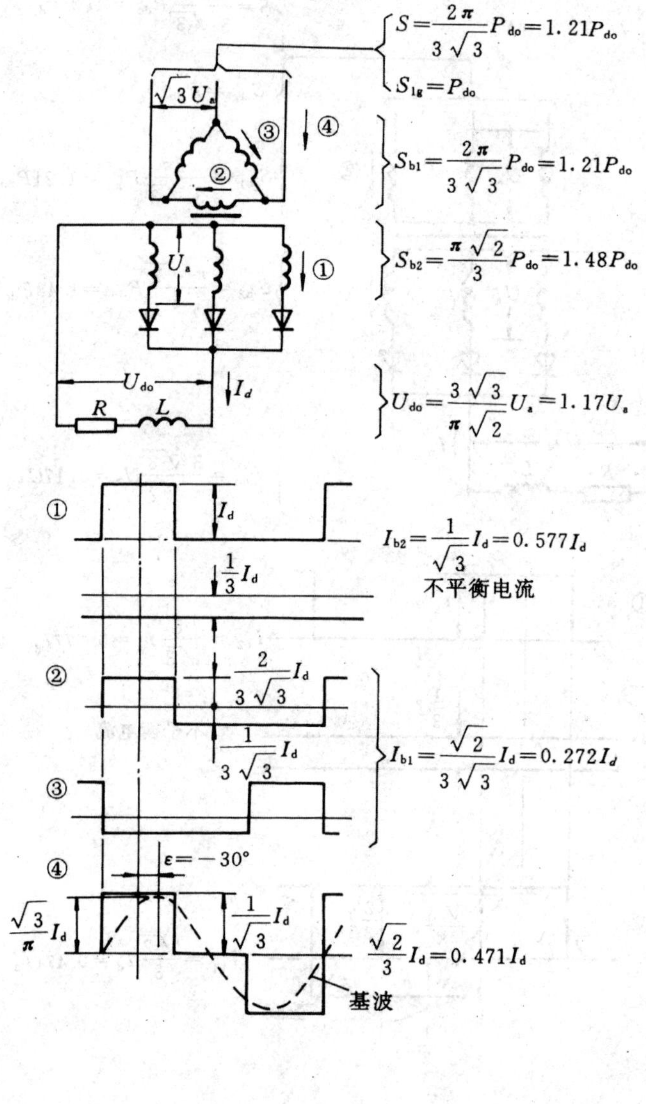

q	θ	$\cos\varphi$	C	S_b	U_{rm}	I_f	线路特征
3	120°	0.827	0.866	$1.35P_{do}$	$2.10U_{do}$	$0.367I_d$	三相零线 (D/y)

图 26-20　三相零式（D/y）整流电路

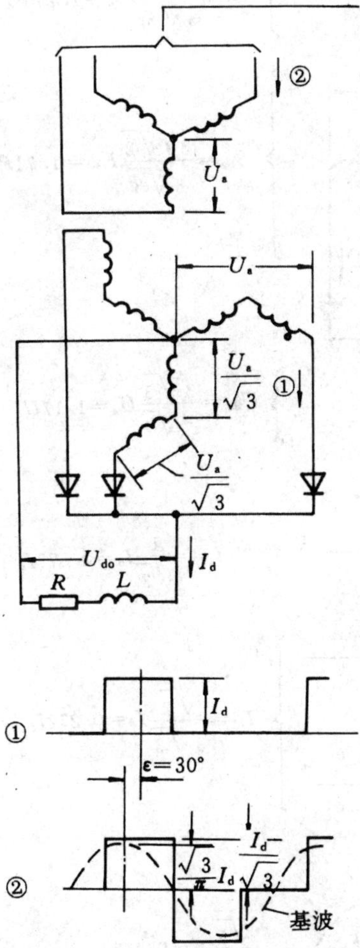

$$S=\frac{2\pi}{3\sqrt{3}}P_{do}=1.21P_{do}$$

$$S_{1g}=P_{do}$$

$$S_{b1}=\frac{2\pi}{3\sqrt{3}}P_{do}=1.21P_{do}$$

$$S_{b2}=\frac{2\pi\sqrt{2}}{3\sqrt{3}}P_{do}=1.71P_{do}$$

$$U_{do}=\frac{3\sqrt{3}}{\pi\sqrt{2}}U_o=1.17U_a$$

$$I_{b2}=\frac{1}{\sqrt{3}}I_d=0.577I_d$$

$$I_{b1}=\frac{\sqrt{2}}{3}I_d=0.471I_d$$

q	θ	$\cos\varphi$	C	S_b	U_{rm}	I_f	线路特征
3	120°	0.827	0.866	$1.46P_{do}$	$2.10U_{do}$	$0.367I_d$	三相曲折 原边星形

图 26-21 三相曲折（Y/z）整流电路

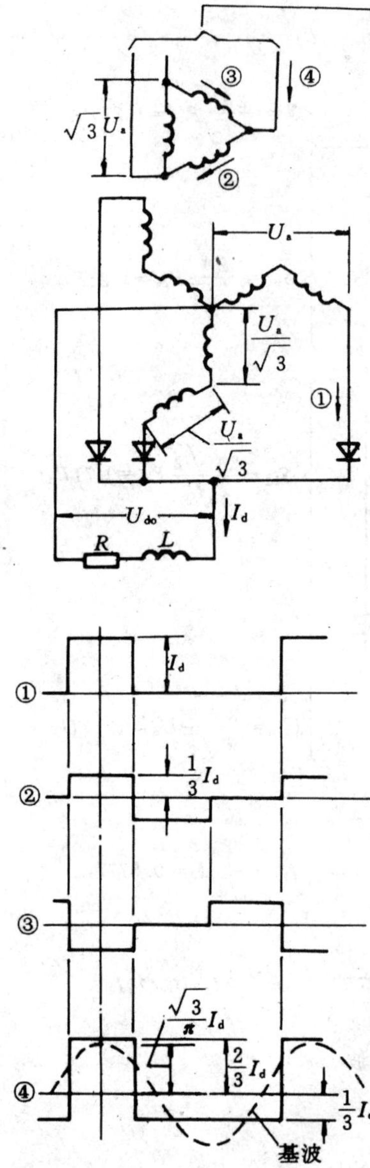

$$S=\frac{2\pi}{3\sqrt{3}}P_{do}=1.21P_{do}$$

$$S_{1g}=P_{do}$$

$$S_{b1}=\frac{2\pi}{3\sqrt{3}}P_{do}=1.21P_{do}$$

$$S_{b2}=\frac{2\pi\sqrt{2}}{3\sqrt{3}}P_{do}=1.71P_{do}$$

$$U_{do}=\frac{3\sqrt{3}}{\pi\sqrt{2}}U_a=1.17U_a$$

$$I_{b2}=\frac{1}{\sqrt{3}}I_d=0.577I_d$$

$$I_{b1}=\frac{\sqrt{2}}{3\sqrt{3}}I_d=0.272I_d$$

$$\frac{\sqrt{2}}{3}I_d=0.471I_d$$

q	θ	$\cos\varphi$	C	S_b	U_{rm}	I_f	线路特征
3	120°	0.827	0.866	$1.46P_{do}$	$2.10U_{do}$	$0.367I_d$	三相曲折 原边三角形

图 26-22 三相曲折（D/z）整流电路

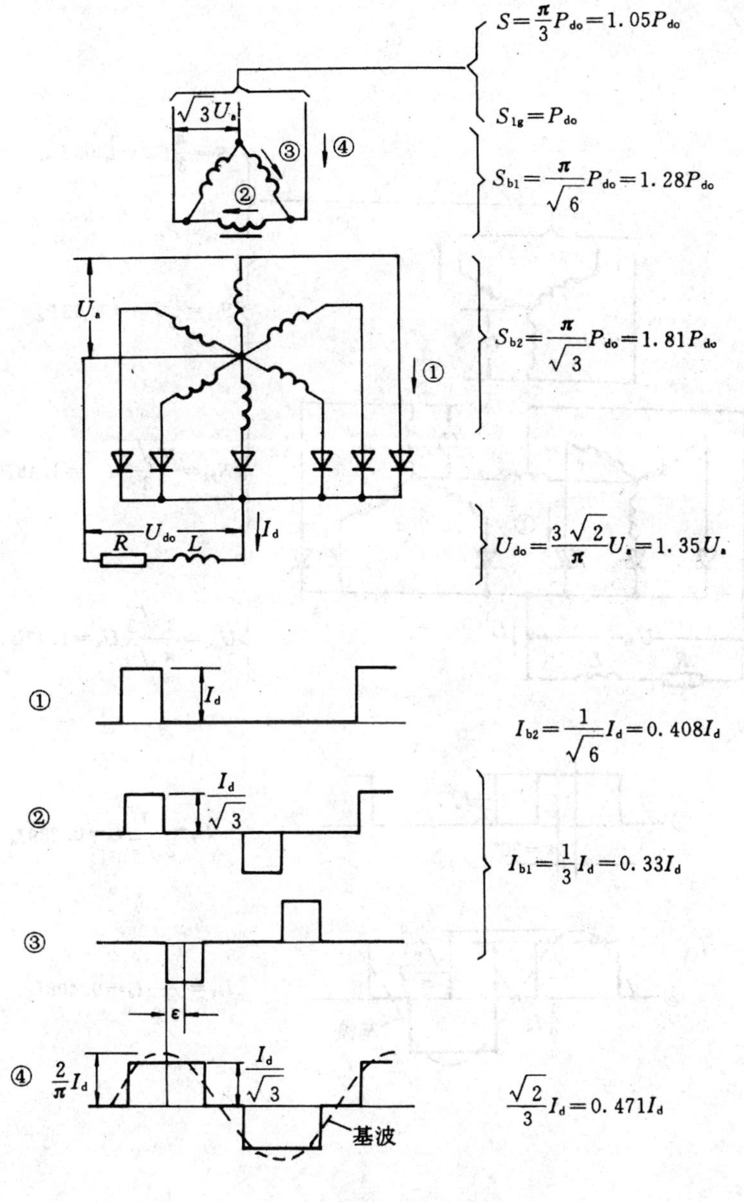

q	θ	$\cos\varphi$	C	S_b	U_{rm}	I_f	线路特征
6	60°	0.955	1.225	$1.55P_{do}$	$2.10U_{do}$	$0.260I_d$	六相零式 原边三角形

图 26-23 六相零式（D/＊）整流电路

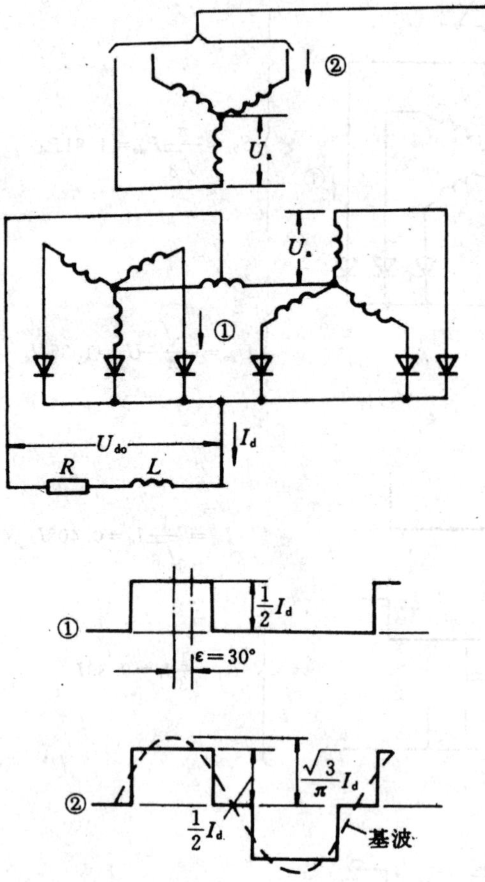

$$S=\frac{\pi}{3}P_{do}=1.05P_{do}$$

$$S_{1g}=P_{do}$$

$$S_{b1}=\frac{\pi}{3}P_{do}=1.05P_{do}$$

$$S_{b2}=\frac{\pi\sqrt{2}}{3}P_{do}=1.48P_{dc}$$

$$U_{do}=\frac{3\sqrt{3}}{\pi\sqrt{2}}U_s=1.17U_s$$

$$I_{b2}=\frac{1}{2\sqrt{3}}I_d=0.289I_d$$

$$I_{b1}=\frac{1}{\sqrt{6}}I_d=0.408I_d$$

q	θ	$\cos\varphi$	C	S_b	U_{rm}	I_f	线路特征
6	120°	0.955	0.5	$1.26P_{do}$	$2.10U_{do}$	$0.184I_d$	双反星形带平衡电抗器原边星形

图 26-24 双反星形（Y/y—y）带平衡电抗器整流电路

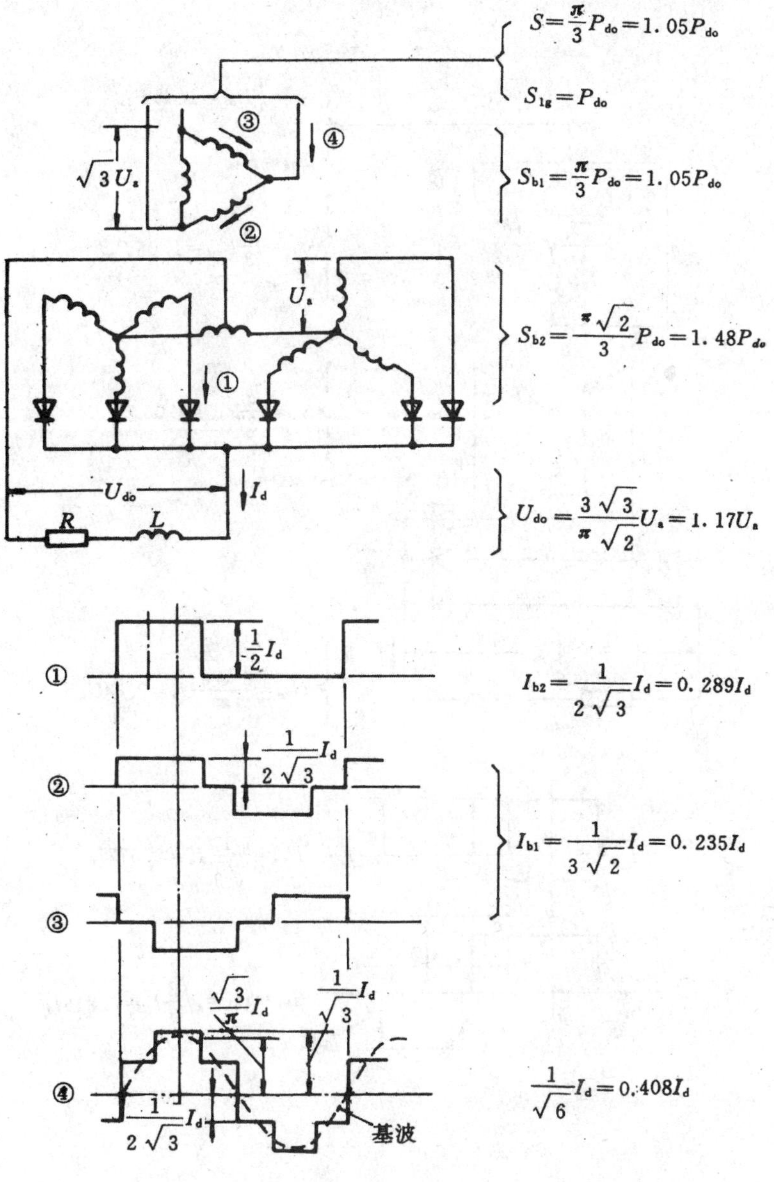

q	θ	$\cos\varphi$	C	S_b	U_{rm}	I_f	线路特征
6	120°	0.955	0.5	$1.26P_{do}$	$2.10U_{do}$	$0.184I_d$	双反星形带平衡电抗器原边三角形

图 26-25 双反星形（D/y—y）带平衡电抗器整流电路

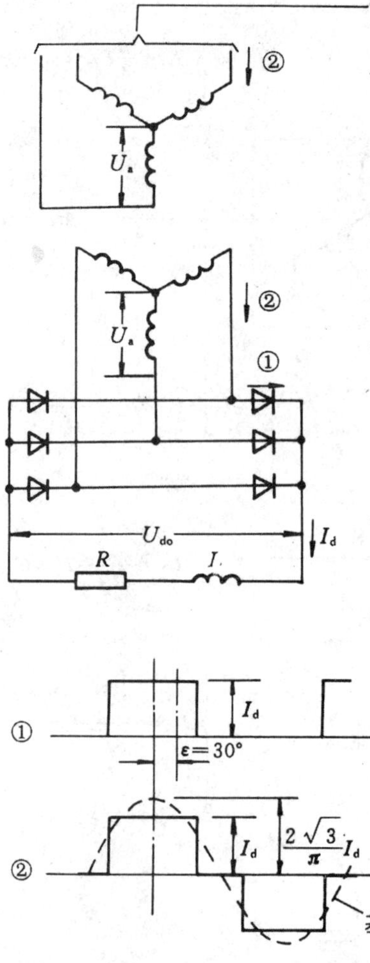

$$S=\frac{\pi}{3}P_{do}=1.05P_{do}$$

$$S_{1g}=P_{do}$$

$$S_{b1}=\frac{\pi}{3}P_{do}=1.05P_{do}$$

$$S_{b2}=\frac{\pi}{3}P_{do}=1.05P_{do}$$

$$U_{do}=\frac{3\sqrt{6}}{\pi}U_a=2.34U_a$$

$$I_{rms}=\frac{1}{\sqrt{3}}I_d=0.577I_d$$

$$I_{b1}=I_{b2}=\sqrt{\frac{2}{3}}I_d=0.816I_d$$

q	θ	$\cos\varphi$	C	S_b	U_{rm}	I_f	线路特征
6	120°	0.955	0.5	$1.05P_{do}$	$1.045U_{do}$	$0.367I_d$	三相桥式(Y/y)

图 26-26 三相桥式（Y/y）整流电路

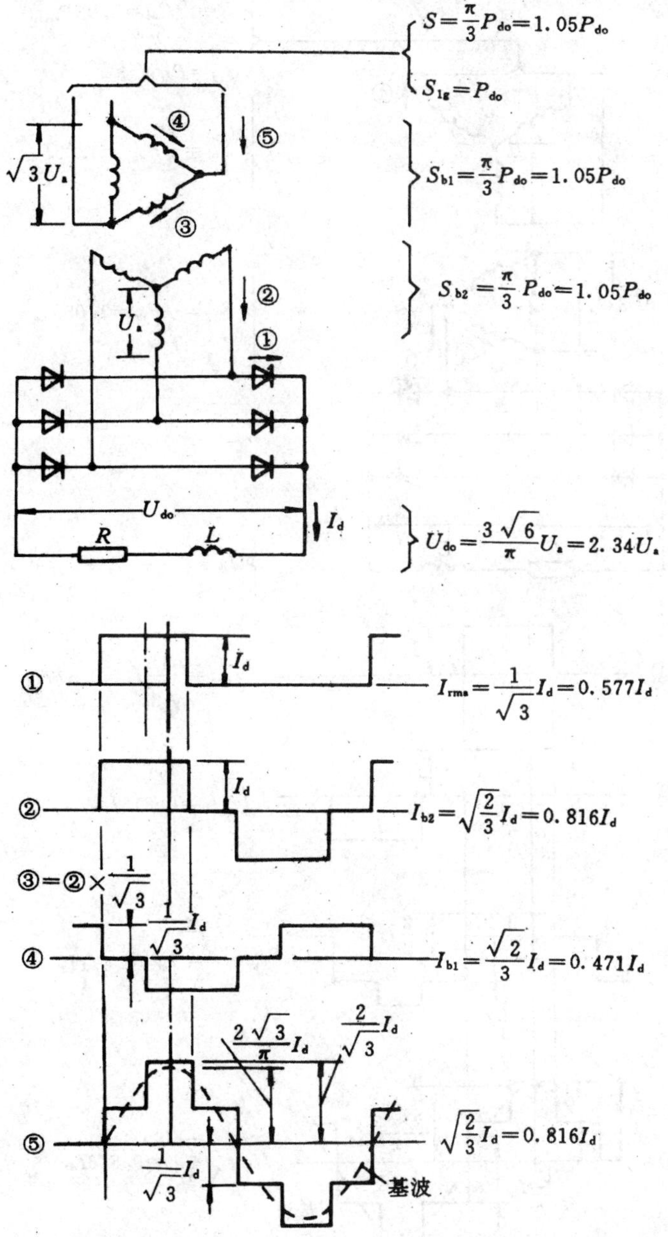

q	θ	$\cos\varphi$	C	S_b	U_{rm}	I_f	线路特征
6	120°	0.955	0.5	$1.05P_{do}$	$1.045U_{do}$	$0.367I_d$	三相桥式 (D/y)

图 26-27　三相桥式（D/y）整流电路

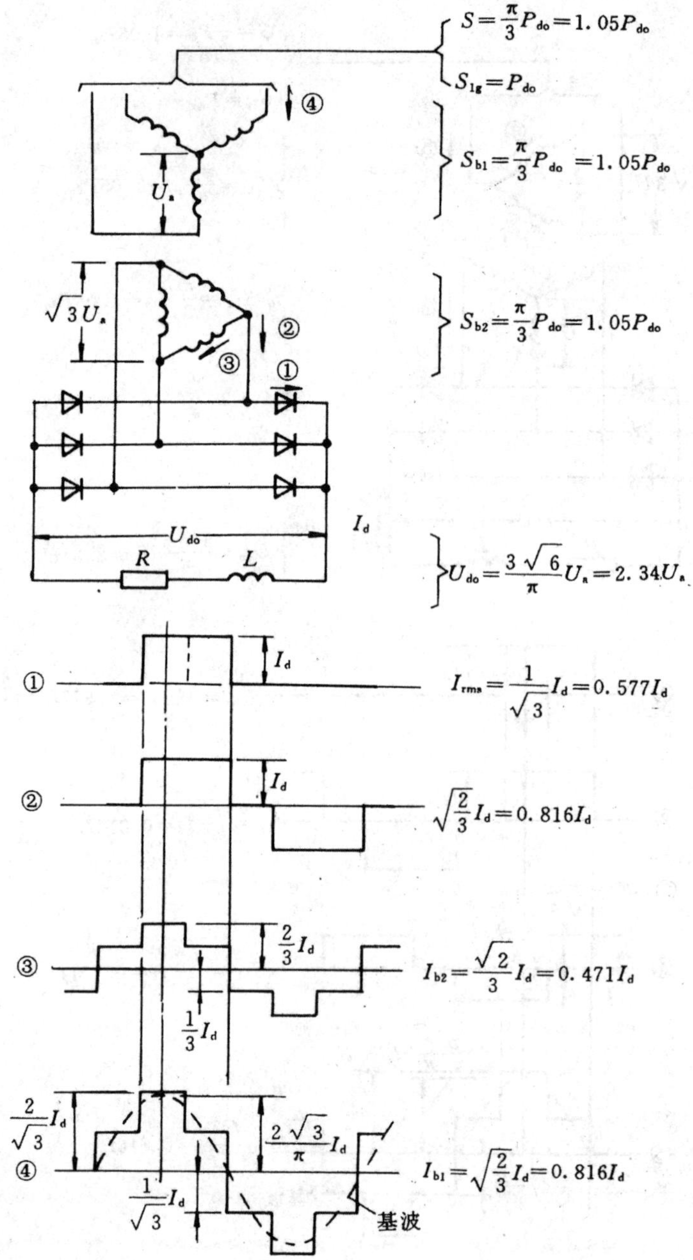

q	θ	$\cos\varphi$	C	S_b	U_{rm}	I_f	线路特征
6	120°	0.955	0.5	$1.05P_{do}$	$1.045U_{do}$	$0.367I_d$	三相桥式（Y/d）

图 26-28　三相桥式（Y/d）整流电路

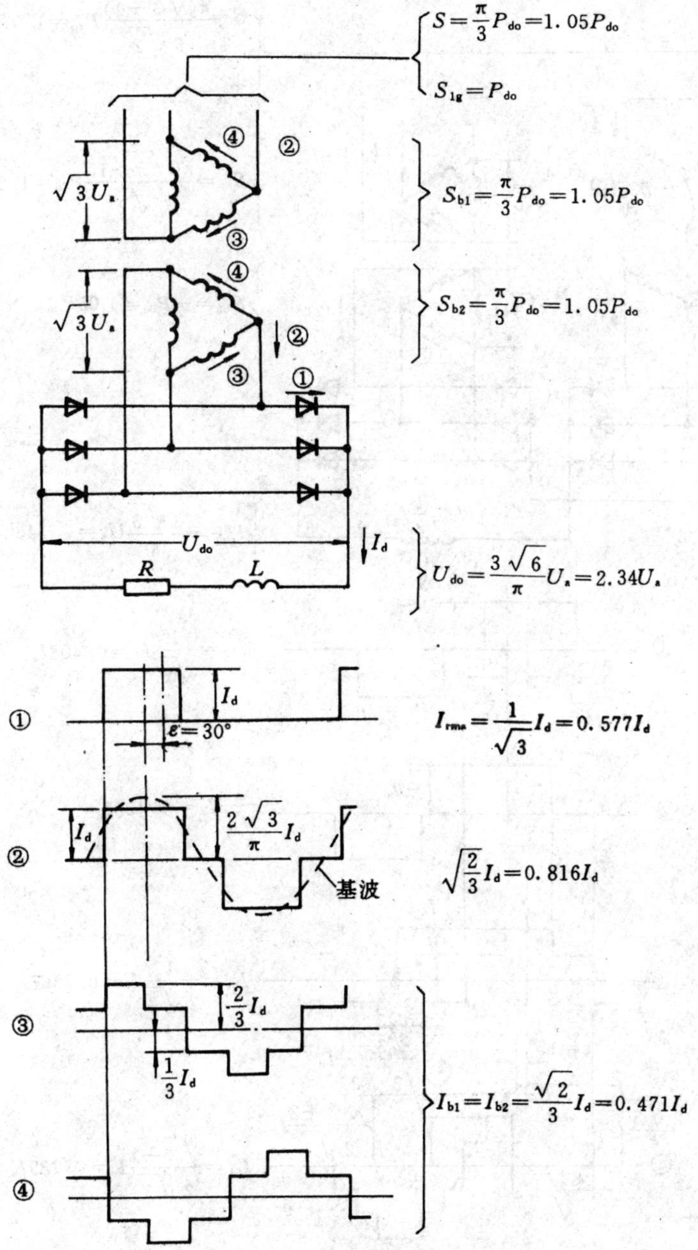

q	θ	$\cos\varphi$	C	S_b	U_{rm}	I_f	线路特征
6	120°	0.955	0.5	$1.05P_{do}$	$1.045U_{do}$	$0.367I_d$	三相桥式 (D/d)

图 26-29 三相桥式（D/d）整流电路

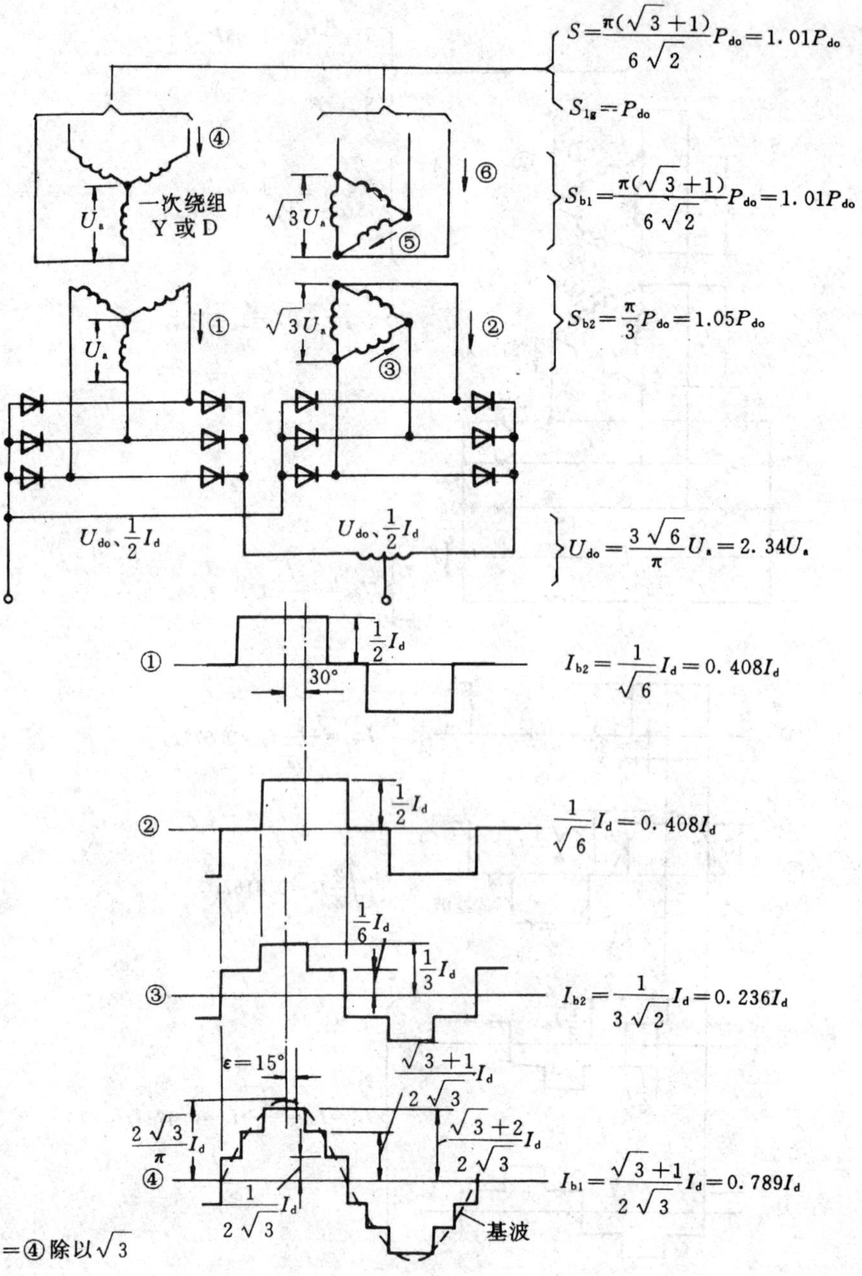

⑤=④除以$\sqrt{3}$

⑥=④滞后 30°

q	θ	$\cos\varphi$	C	S_b	U_{rm}	I_f	线路特征
12	120°	0.99	0.259	$1.03P_{do}$	$1.045U_{do}$	$0.184I_d$	三相桥式（Y/y－d 或 D/y－d）并联带平衡电抗器

图 26-30　三相桥式（Y/y－d 或 D/y－d）并联带平衡电抗器电路

表 26-16　各种整流电路的电量关系

整流电路	q	θ	ε	F	C	$\frac{U_{do}}{U_s}$	$\frac{I_{b2}}{I_d}$	$\frac{I_{b1}}{I_d}$	$\frac{S_{b2}}{P_{do}}$	$\frac{S_{b1}}{P_{do}}$	$\frac{S_b}{P_{do}}$	$\frac{S_{1g}}{P_{do}}$	$\frac{S}{P_{do}}$	$\frac{I_{1g}}{I_d}$	$\frac{I_f}{I_d}$	$\frac{U_{rm}}{U_{do}}$	附注
单相全波	2	180°	0	0	0.707	0.9	0.707	1	1.57	1.11	1.34	1	1.11	0.9	0.45	3.14	
单相桥式	2	180°	0	0	0.707	0.9	1	1	1.11	1.11	1.11	1	1.11	0.9	0.45	1.57	
三相零式 Y/y	3	120°	0	$\frac{N}{3}I_d$	0.866	1.17	0.577	0.471	1.48	1.21	1.35	1	1.21	0.827	0.367	2.10	
三相零式 D/y	3	120°	-30°	$\frac{N}{3}I_d$	0.866	1.17	0.577	0.272	1.48	1.21	1.35	1	1.21	0.827	0.367	2.10	
三相曲折 Y/z	3	120°	30°	0	0.866	1.17	0.577	0.471	1.71	1.21	1.46	1	1.21	0.827	0.367	2.10	
三相曲折 D/z	3	120°	0	0	0.866	1.17	0.577	0.272	1.71	1.21	1.46	1	1.21	0.827	0.367	2.10	
六相零式 D/*	6	60°	30°	见注	1.225	1.35	0.408	0.33	1.81	1.28	1.55	1	1.05	0.955	0.260	2.10	$F=\frac{N}{3}\times\left(\frac{L_1}{L_1+L_0}\right)\times(i_{s1}+i_{s2}+i_{s3})$
双反星形 Y/y—y	6	120°	30°	0	0.5	1.17	0.289	0.408	1.48	1.05	1.26	1	1.05	0.955	0.184	2.10	带平衡电抗器
双反星形 D/y—y	6	120°	0	0	0.5	1.17	0.289	0.235	1.48	1.05	1.26	1	1.05	0.955	0.184	2.10	带平衡电抗器
三相桥式 Y/y	6	120°	30°	0	0.5	2.34	0.816	0.816	1.05	1.05	1.05	1	1.05	0.955	0.367	1.045	
三相桥式 D/y	6	120°	0	0	0.5	2.34	0.816	0.471	1.05	1.05	1.05	1	1.05	0.955	0.367	1.045	
三相桥式 Y/d	6	120°	0	0	0.5	2.34	0.471	0.816	1.05	1.05	1.05	1	1.05	0.955	0.367	1.045	
三相桥式 D/d	6	120°	30°	0	0.5	2.34	0.471	0.471	1.05	1.05	1.05	1	1.75	0.955	0.367	1.045	
三相桥并联 Y/y—d	12	120°	15°	0	0.259	2.34	0.408 0.236	0.789	1.05	1.01	1.03	1	1.01	0.989	0.184	1.045	带平衡电抗器
三相桥并联 D/y—d	12	120°	15°	0	0.259	2.34	0.408 0.236	0.455	1.05	1.01	1.03	1	1.01	0.989	0.184	1.045	带平衡电抗器

注：i_{s1}、i_{s2}、i_{s3}为等效二次电流中的交流分量。

26.3 整流变压器

由于变流器所要求的交流供电电压与电网电压往往不一致，另外晶闸管变流器也希望与电网隔离，故一般需配用整流变压器。本节将叙述整流变压器的不平衡磁势和额定参数计算。

关于整流变压器的结构计算（如铁芯尺寸，导线截面等）不属于本手册范围。

26.3.1 不平衡磁势

由于变压器磁化曲线的非线性和整流电路的各种接线，整流变压器存在激磁不平衡磁势、直流不平衡磁势和交流不平衡磁势。

26.3.1.1 激磁不平衡磁势

激磁不平衡磁势是由于变压器铁芯磁化曲线的非线性产生的，不仅整流变压器有，其它变压器也有。

当变压器的一次侧接成三相星形，其中性点与电网的中性点相连时，若变压器的一次绕组上加以正弦波电压，由于变压器铁芯磁化曲线的非线性影响，将使各相的激磁电流成为非正弦波形，如图 26-31 所示。由

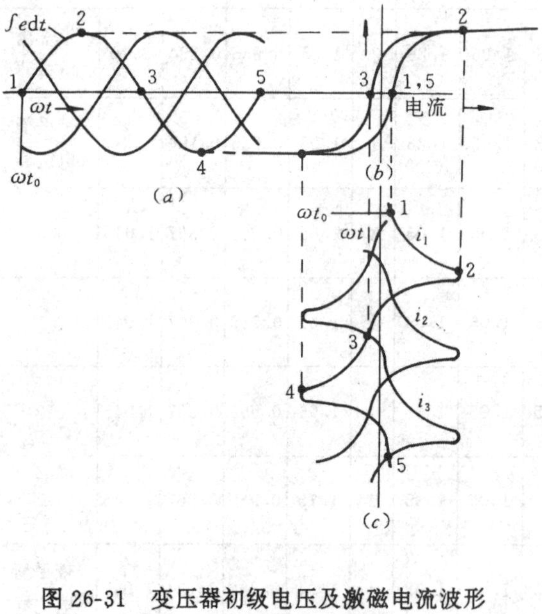

图 26-31 变压器初级电压及激磁电流波形

(a) ——一次绕组外加电压波形；

(b) —变压器铁芯磁化曲线；

(c) —激磁电流波形

图 26-31 可见，这一激磁电流包含有基波分量和三次谐波分量。但是，由于变压器的中性点与电网的中性点是相连的，故三次谐波电流可以通过中性线流回。

当变压器初级绕组的中性点与电网的中性点不相连接时，三相中的三次谐波电流就不可能在三相电网中流过，因此变压器的激磁电流中就不含有三次谐波分量。不含三次谐波的激磁电流将产生平顶波形的磁通，该磁通将在每相绕组中感应出尖顶波形的电压，使电压波形畸变，其幅值超过正常值的 50～60%左右，这对变压器的绝缘是不利的。为了避免这种现象，整流变压器的一次绕组一般采用三角形接法，使激磁电流中的三次谐波分量在三角形绕组中环流，从而保证二次绕组感应出的电压为正弦波。

26.3.1.2 交、直流不平衡磁势

由于整流变压器的二次电流均不是正弦波电流，因此，它含有直流分量和交流分量。直流分量将产生直流不平衡磁势；交流分量中的 3、6、9…次谐波属于零序分量，将产生交流不平衡磁势。

交、直流不平衡磁势对整流电路的工作影响很大，在选择整流电路和确定变压器一次绕组的接法时，必须加以注意。

直流不平衡磁势在整流变压器铁芯中产生方向一致、大小相等的直流磁通，它不会在绕组中感应出电势，也不在相邻铁芯中引起发热。当变压器采用三相铁芯时，三个芯柱中的直流不平衡磁势的大小相等，方向一致，因此，它们所产生的磁通仅能通过空气隙和变压器外壳构成通路。由于这条磁路的磁阻很大，所以，通过的磁通很少，引起变压器铁芯饱和的程度也较弱，因此，这种不平衡磁势的影响不大。但当整流变压器由三只单相变压器组成时，直流不平衡磁势将使铁芯饱和，造成很大影响，一般是不允许的。

交流不平衡磁势是由变压器二次电流中的零序分量产生的。当变压器的一次绕组为星形接线时，交流不平衡磁势会在一次绕组内感应出一个很高的三倍于电源频率的电压，并在相邻铁芯中引起附加损耗，这在一般情况下是不允许的。但当变压器的一次绕组采用三角形接线时，零序交流分量可在三角形内环流，不致出现在线电流上。

交、直流不平衡磁势的大小与变压器的一次接线有关。各种半波零式整流电路的不平衡磁势见表 26-17。

表 26-17　各种半波零式整流电路磁势不平衡情况

接法			不平衡情况		
	一次	二次	激磁	交流	直流
单相半波			✓	✓	×
三相	Y	y	×	✓	×
		z	×	✓	✓
	D	y	✓	✓	×
		z	✓	✓	✓
六相	Y		×	×	✓
			×	✓	✓
	D		✓	✓	✓
			✓	✓	✓

注：✓——表示平衡；×——表示不平衡。

26.3.2　整流变压器额定电压计算

整流电压的原始方程（假定条件与 26-2 节相同），当计及换相压降时为

$$U_d = AU_2\beta\cos\alpha - AU_2C\beta\frac{U_d\%}{100}\frac{I_b}{I_{eb}} \qquad (26\text{-}40)$$

式中　U_d——直流输出电压，V；

A——整流系数，见表 26-18；

C——斜率系数，见表 26-18；

β——电网波动系数（$0.95\leqslant\beta\leqslant1.05$）；

$U_d\%$——变压器短路电压百分数；

U_2——变压器二次相电压，V；

I_b/I_{eb}——变流器的输出电流与额定电流之比或变压器的直流输出电流与额定直流输出电流之比。

不可控整流器的整流电压与变压器二次相电压

$$U_d = AU_2\beta - AU_2C\beta\frac{U_d\%}{100}\frac{I_b}{I_{eb}} \qquad (26\text{-}41)$$

$$U_2 = \frac{U_d}{A\beta\left(1 - C\dfrac{U_d\%}{100}\dfrac{I_b}{I_{eb}}\right)} \qquad (26\text{-}42)$$

在选择变压器二次电压时，β 取 0.95，I_b/I_{eb}应取可能达到的最大数值。

可控整流器的整流电压及变压器的二次相电压：

可控整流器没有自动调节器时，变压器的二次电压可用方程式 26-40 进行计算。

在采用电压调节系统或转速调节系统时，为了保证调节器的正常工作，必须考虑下列因素：

(1) 负载变化时所附加的电压降；

(2) 电网电压波动不影响调节器的工作；

(3) 控制的程度。

1) 采用电压调节系统时

$$U_2 = \frac{U_{ed}}{A\beta\left(\cos\alpha_{zx} - C\dfrac{U_d\%}{100}\dfrac{I_b}{I_{eb}}\right)} \qquad (26\text{-}43)$$

在计算 U_2 时 β 取 0.95。

对于可逆系统，α_{zx}取 25°～30°；对于不可逆系统，α_{zx}取 10°～15°。

2) 采用转速调节系统时考虑到电动机端电压为

$$U_d = U_{ed}\left[1 + r\left(\frac{I_d}{I_{ed}} - 1\right)\right] \qquad (26\text{-}44)$$

式中　$r=\dfrac{I_{ed}r_{sd}}{U_{ed}}$

U_{ed}——电动机额定电压，V；

I_{ed}——电动机额定电流，A；

r_{sd}——电动机电枢电阻，Ω；

I_d——电动机过载电流，A。

则变压器二次相电压

$$U_2=\frac{U_{ed}\left[1+r\left(\frac{I_d}{I_{ed}}-1\right)\right]}{A\beta\left(\cos\alpha_{zx}-C\frac{U_d\%}{100}\frac{I_b}{I_{eb}}\right)} \tag{26-45}$$

一般 $r=0.04\sim0.08$；

$\frac{I_b}{I_{eb}}$及$\frac{I_d}{I_{ed}}$均应取最大值。

式 26-45 中，忽略了电动机电枢回路附加电阻压降如导线电阻压降、电刷压降等。

当整流线路采用三相桥式整流并以转速反馈为主反馈的调速系统，U_2 的取值一般与 U_{ed}有如下关系（变压器二次接线为星形）

不可逆系统　$\sqrt{3}U_2=(0.95\sim1.0)U_{ed}$

可逆系统　$\sqrt{3}U_2=(1.0\sim1.1)U_{ed}$

3）对于励磁系统

$$U_2=\frac{U_{ef}+L_f\frac{di_f}{dt}}{A\beta\left(\cos\alpha_{zx}-C\frac{U_d\%}{100}\right)} \tag{26-46}$$

式中　U_{ef}——额定励磁电压，V；

L_f——励磁绕组电感，mH；

$\frac{di_f}{dt}$——励磁电流变化率，A/ms。

对于励磁系统，一般情况下不需要强励。但对快速反向要求较高的某些机械，励磁需要强励，电压强励倍数可取 1.2～1.3 或更高。

26.3.3　整流变压器二次相电流、一次相电流及视在功率计算

整流变压器二次相电流按下式计算

$$I_2=K_2I_{de} \tag{26-47}$$

式中　K_2——系数，见表 26-18。

整流变压器一次相电流按下式计算

$$I_1=K_1\frac{I_{de}}{K} \tag{26-48}$$

式中　K_1——系数，见表 26-18；

K——整流变压器一次相电压 U_1 与二次相电压 U_2 之比，即 $K=\frac{U_1}{U_2}$。

整流变压器一次视在功率 S_{b1}及二次视在功率 S_{b2} 参照表 26-18 中的公式计算或由表 26-16 查得，而其额定视在功率（即等值容量）则为：

$$S_b=\frac{S_{b1}+S_{b2}}{2} \tag{26-49}$$

整流变压器额定视在功率 S_b 与直流输出功率 P_{do} 的关系见表 26-16。

表 26-18　一些系数的数值

整流电路形式	A	C	K_2	K_1	S_{b2}	S_{b1}	$\frac{S_{b1}}{S_{b2}}$
单相全波	0.9	0.707	0.707	1	$2U_2I_2$	U_1I_1	0.707
单相桥式	0.9	0.707	1	1	U_2I_2	U_1I_1	1
三相零式 Y/y	1.17	0.866	0.577	0.471	$3U_2I_2$	$3U_1I_1$	0.817
三相零式 D/y	1.17	0.866	0.577	0.272	$3U_2I_2$	$3U_1I_1$	0.817
三相曲折 Y/z	1.17	0.866	0.577	0.471	$2\sqrt{3}U_2I_2$	$3U_1I_1$	0.707
三相曲折 D/z	1.17	0.866	0.577	0.272	$2\sqrt{3}U_2I_2$	$3U_1I_1$	0.707
六相零式 D/*	1.35	1.225	0.408	0.33	$6U_2I_2$	$3U_1I_1$	0.707
双反星形带平衡电抗器 Y/y—y	1.17	0.5	0.289	0.408	$6U_2I_2$	$3U_1I_1$	0.709
双反星形带平衡电抗器 D/y—y	1.17	0.5	0.289	0.235	$6U_2I_2$	$3U_1I_1$	0.709
三相桥式 Y/y	2.34	0.5	0.816	0.816	$3U_2I_2$	$3U_1I_1$	1
三相桥式 D/y	2.34	0.5	0.816	0.471	$3U_2I_2$	$3U_1I_1$	1

26.3.4 公用整流变压器额定参数的确定

整流变压器二次相电压按 26.3.2 中的有关公式确定。

整流变压器额定容量按式 26-47～式 26-49 计算。但式 26-47 或式 26-48 中的 I_{de}应以下式所求得的 I_{dej}值代入。

$$I_{dej}=K_c\Sigma I_{de}$$

式中 ΣI_{de}——公用整流变压器供电的全部直流电动机额定电流之和，A；

K_c——负荷系数，由公用整流变压器供电的电动机同时工作时，K_c 一般取 1。

26.3.5 整流变压器绕组接线方式

对于采用多套晶闸管变流装置的供电系统，为了减少谐波系统，整流变压器的一、二次绕组通常采用 D/d 及 D/y 两种接线方式交替组合。组合的原则是：工作制度相同且整流变压器容量相等或相接近的传动设备为一组；一台整流变压器采用 D/d 接线，另一台整流变压器采用 D/y 接线。

整流变压器的接线组别通常选用 D，d12 及 D，y11。

常用整流变压器一、二次绕组的接线及其向量关系如图 26-32 所示。

26.3.6 整流变压器的主要特点

在设计和选择整流变压器时，还应考虑下列因素：

(1)整流变压器短路机会较多，因此变压器的绕组和结构应有较大的机械强度。在同等容量下，整流变压器体积将比一般电力变压器大。

(2)晶闸管整流装置发生过电压机会较多，因此变压器应有较高的绝缘强度。

(3)整流变压器的漏抗可限制短路电流，改善电网电流波形，因此整流变压器漏抗可略大些，但漏抗增大了换相压降，恶化了功率因数，一般整流变压器的短路电压 $U_d\%=5\sim10$。

(4) 为了避免电压畸变和负载不平衡时中点漂移，整流变压器的一次与二次绕组中应有一个绕组接成三角形，或者附加一个短路绕组。

(5)为了防止瞬态电压变化时对晶闸管的影响，在整流变压器一次和二次绕组之间宜加一层静电屏蔽层，且该屏蔽层须接地。

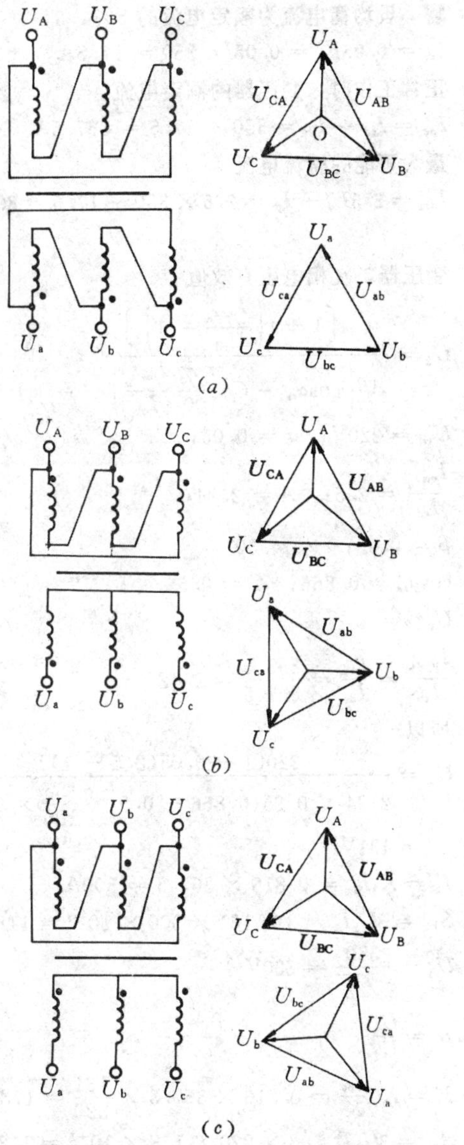

图 26-32　常用整流变压器接线及其向量关系
(a)—D,d12 接线,U_{AB}、U_{BC}、U_{CA}与 U_{ab}、U_{bc}、U_{ca}同相;
(b)—D,Y11 接线,U_{AB}、U_{SC}、U_{CA}超前 U_{ab}、U_{bc}、U_{ca}30°;
(c)—D,y5 接线,U_{AB}、U_{BC}、U_{CA}超前 U_{ab}、U_{bc}、U_{ca}150°

26.3.7 整流变压器计算示例

晶闸管变流器向直流电动机供电，电动机为 ZZ-72 型、75kW、220V、550r/min、350A，过载 2.5 倍。变流器为三相桥式反并联接线，交流电源为三相 380V。控制方式为速度反馈可逆系统。求整流变压器参数。

解 设均衡电流为额定电流的5%，即

$I_{jh}=0.05I_{ed}=0.05\times350=17.5\text{A}$

正常工作时，变流器的额定电流，

$I_{de}=I_{ed}+I_{jh}=350+17.5=367.5\text{A}$

最大可能的整流电流

$I_{dm}=2.5I_{ed}+I_{jh}=2.5\times350+17.5=892.5\text{A}$

变压器二次相电压有效值

$$U_2=\frac{U_{ed}\left[1+r\left(\frac{I_{max_d}}{I_{ed}}-1\right)\right]}{A\beta\left(\cos\alpha_{zx}-C\frac{U_d\%}{100}\frac{I_{max_b}}{I_{eb}}\right)}$$

$U_{ed}=220\text{V}$； $r=0.05$；

$\frac{I_{max_d}}{I_{ed}}=2.5$； $A=2.34$；

$\beta=0.95$； $\alpha_{zx}=30°$

$\cos\alpha_{zx}=0.866$； $C=0.5$；

$U_d\%=5$

$\frac{I_{max_b}}{I_{eb}}=\frac{I_{dm}}{I_{de}}=\frac{892.5}{367.5}=2.42$

所以

$$U_2=\frac{220[1+0.05(2.5-1)]}{2.34\times0.95(0.866-0.5\times\frac{5}{100}\times2.42)}=131\text{V}$$

$I_2=K_2I_{de}=0.816\times367.5=300\text{A}$

$S_{b2}=3U_2I_2=3\times131\times300\times10^{-3}=118\text{kVA}$

$U_1=\frac{380}{\sqrt{3}}=220\text{V}$

$K=\frac{U_1}{U_2}$

$I_1=K_1\frac{I_{de}}{K}=0.816\times367.5\times\frac{131}{220}=178\text{A}$

$S_{b1}=3U_1I_1=3\times220\times178\times10^{-3}=118\text{kVA}$

$S_b=\frac{S_{b1}+S_{b2}}{2}=118\text{kVA}$

变压器数据为三相118kVA、380/220V、178/300A、$U_d\%=5$。

26.4 平波和均衡电抗器的计算

根据各种整流电路，计算平波和均衡电抗器的电感值，应从下列三点出发：

(1) 按限制电流脉动选择电抗器；

(2) 按电流连续选择电抗器；

(3) 按限制均衡电流选择电抗器。

根据以上计算，选择合理的电抗器。

26.4.1 电动机及变压器的电感值的确定

电动机电枢回路电感，按下式确定

$$L_d=K_d\frac{19.1U_{ed}}{2Pn_{ed}I_{ed}}\times10^3 \quad (26\text{-}50)$$

式中 L_d——电动机电枢电感，mH；

U_{ed}——电动机额定电压，V；

P——电动机的极对数；

n_{ed}——电动机额定转速，r/min；

I_{ed}——电动机额定电流，A；

K_d——系数，无补偿电机，$K_d=0.4$；有补偿电机，$K_d=0.1$。

整流变压器的电感，按下式求得

$$L_b=K_b\frac{U_d\%}{100}\frac{U_2}{I_{de}} \quad (26\text{-}51)$$

式中 L_b——变压器每相电感，mH；

$U_d\%$——变压器短路电压百分数；

U_2——变压器次级相电压，V，对于单相全波线路是指中心抽头电压；

I_{de}——额定整流电流，A；

K_b——系数，由表26-19查得。

电感值的确定应考虑下列几点：

(1)对双反星形带平衡电抗器的电路，在计算时要考虑到同时有两相并联导电，故变压器的电感值应取计算值的一半。

(2)对三相桥式电路，在计算时要考虑到同时有两相串联导电，故变压器的电感值应取计算值的两倍。

(3)变压器短路电压百分数与变压器容量有关，由制造厂取得，当无具体数据时，可由图26-33查得。

1) 电解和类似设备取较小值，传动和类似设备取最大值。

2) 在电压超过35kV的直接降压式变流设备中和电铲、电焊及牵引等经常“短路”的变流设备中可以取更高数值，不受图26-33所示数值的限制。

(4) 整流变压器的视在功率S_b与理想直流功率P_{do}之间的关系为$S_b=K_{bs}P_{do}$

(5)对曲折形接法，U_2是指曲折后的等效相电压，即

$$U_2=\sqrt{3}U_a$$

U_a是指实际的相电压。

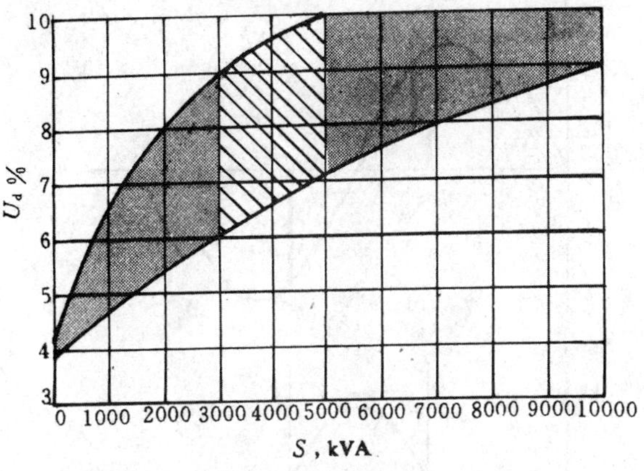

图 26-33　整流变压器的短路电压百分数与容量关系

26.4.2　按限制电流脉动选择电抗器

整流电流中的脉动成分会使电动机无火花换向区变狭，增加铜损、铁损及轴电流，故必须加以限制，电机换向 条件越严格，则越应限制其脉动。

以“脉动率”表示脉动电流的大小，其表达式为

$$V_d = \frac{\Delta I_d}{I_{de}} \times 100\% \qquad (26\text{-}52)$$

式中　ΔI_d——脉动电流值，A；

I_{de}——额定整流电流，A。

为了限制脉动电流在允许值之内，以三相零式电路为例，见图 26-34，外加电抗器的电感值应为

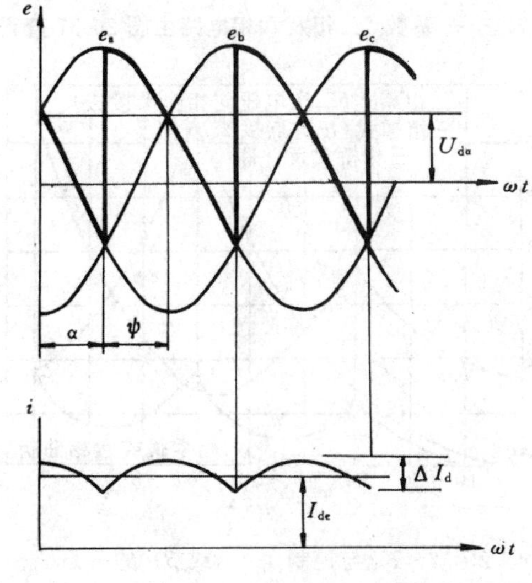

图 26-34　脉动电流波形

$$L_{dk_1} = \frac{\int_{\alpha}^{\alpha+\psi}(e - U_{d\alpha})dt}{\Delta I_d} \times 10^3 - (L_d + L_b) \qquad (26\text{-}53)$$

将式 26-52 的关系代入式 26-53，并进一步简化，电感值 L_{dk1} 的表达式可写为

$$L_{dk_1} = K_{md}\frac{K_{u1}}{\omega}\frac{U_2}{V_d I_{de}} \times 10^3 - (L_d + L_b) \qquad (26\text{-}54)$$

式中　L_{dk_1}——电抗器的电感值，mH；

U_2——变压器次级相电压，V，对于单相全波线路是指中心抽头电压；

V_d——整流电流最大允许脉动率，由电机厂取得，一般为 5%～10%，对于容量较小的电动机，V_d 可取较大值；

I_{de}——额定整流电流，A；

ω——电源角频率，ω=314；

K_{u1}——系数，见表 26-19；

K_{md}——系数，三相及六相电路，由图 26-35 查得。

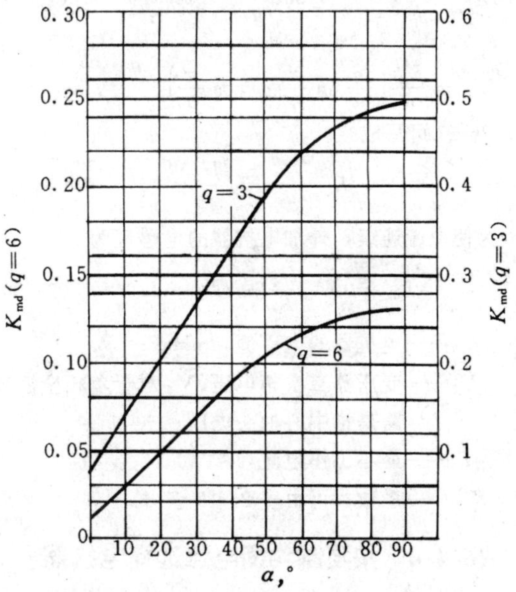

图 26-35　K_{md}与控制角 α 及 q 的关系（q=2，α=90°时的 K_{md}=0.995；三相桥式线路用 q=6 曲线）

由分析可知，当 α=90° 时，电流脉动达最大值，即 $K_{md}=K_{md_{max}}$。

令

$$K'_{md} = K_{md_{max}}\frac{K_{u1}}{\omega} \times 10^3$$

则 $$L_{dk_1} = K'_{md}\frac{U_2}{V_d I_{de}} - (L_d + L_b) \tag{26-55}$$

K'_{md}的数值可由表 26-19 查得。

26.4.3 按电流连续选择电抗器

整流电流断续会使电动机换向条件恶化，而且变流装置的放大倍数大大降低，电动机的时间常数也要发生变化。如果调节器的参数是按电流连续时选择的，在电流断续时，系统反应会变慢且转速环易发生振荡，故必须使电动机在最小工作电流（一般取 $5\%I_{ed}$）时仍能维持电流连续。

在最小工作电流为 I_{is}，控制角为 α 时，若使电流连续，回路内的总电感应为

$$L_\Sigma = \frac{K_{u1}U_2}{\omega I_{is}}\frac{q}{\pi}\sin\frac{\pi}{q}\left(1 - \frac{\pi}{q}\text{ctg}\frac{\pi}{q}\right)\sin\alpha \tag{26-56}$$

由上式可知，当控制角 $\alpha=90°$时，所需要的电感值最大，即

$$L_{\Sigma_{max}} = \frac{K_{u1}U_2}{\omega I_{is}}\left(\frac{q}{\pi}\sin\frac{\pi}{q} - \cos\frac{\pi}{q}\right) \tag{26-57}$$

令

$$K'_{is} = \frac{K_{u1}}{\omega}\left(\frac{q}{\pi}\sin\frac{\pi}{q} - \cos\frac{\pi}{q}\right)$$

则式 26-57 可写成

$$L_{\Sigma_{max}} = K'_{is}\frac{U_2}{I_{is}} \tag{26-58}$$

为使电流连续，外加电抗器的电感应为

$$L_{dk2} = K'_{is}\frac{U_2}{I_{is}} - (L_d + L_b) \tag{26-59}$$

式中 L_{dk2}——电抗器的电感值，mH；
U_2——变压器二次相电压，V，对于单相全波线路是指中心抽头电压；
I_{is}——最小工作电流，A；
K'_{is}——系数，可由表 26-19 查得。

26.4.4 按限制均衡电流选择电抗器

在有环流系统中，均衡电流增加了硅整流元件的负担，增加损耗，故须加以限制，并且在逆变换流失败时应抑制短路电流上升率。

根据各种可逆线路，画出不同控制角时的环流电压波形如图 26-36，当忽略回路中的电阻压降后，均衡电流的表达式可写成

$$i_{jh} = \frac{\int e_{jh}dt}{L_{dk3}} \tag{26-60}$$

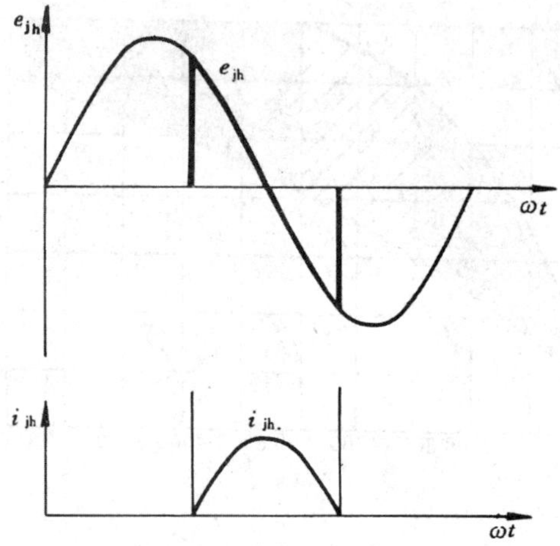

图 26-36 环流电压与环流电流

进一步求解式 26-60，可得到各种可逆线路在任意控制角时的均衡电流有效值 I_{fh}。

在采用 $\alpha=\beta$（整流角＝逆变角）的控制方式时，为限制均衡电流，外加电抗器的电感值 L_{dk3}的通用表达式为

$$L_{dk3} = K_{jh}\frac{K_{u2}}{\omega}\frac{U_2}{I_{jh}} \times 10^3 - L_b \tag{26-61}$$

式中 L_{dk3}——电抗器的电感值，mH；
I_{jh}——均衡电流，A，通常取 $I_{jh}=(5\sim10)\%I_d$；
U_2——变压器二次相电压，V，对于单相全波线路是指中心抽头电压；
ω——电源角频率，$\omega=314$；
K_{u2}——系数，可由表 26-19 查得；
K_{jh}——系数，三相及六相电路由图 26-37 查得。

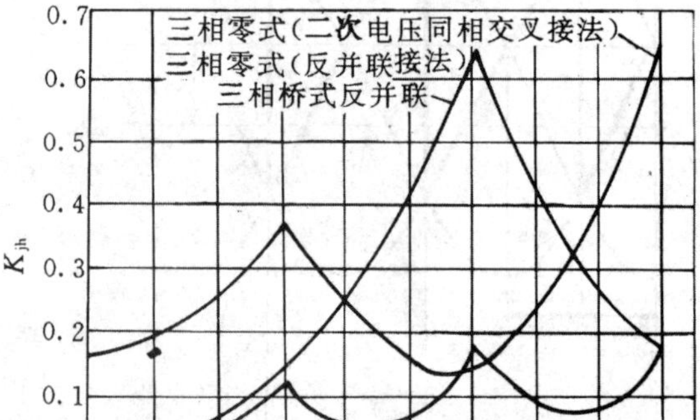

图 26-37 K_{jh}与控制角 α（或 β）的关系
（单相电路 $\alpha=90°$时，K_{jh}最大）

表 26-19 电抗器计算系数

序号	整流线路	K_b	K_{bs}	K_{u1}	K_{u2}	K'_{md}	K'_{is}	K'_{jh}	$K_{jh}\frac{K_{u2}}{\omega}$ $\alpha=90°$
1	单相全波	$\frac{10}{\pi}=3.18$	1.34	$\sqrt{2}=1.41$	1.41	4.48	2.85	6.35	6.35
2	单相桥式	$\frac{10}{\pi}=3.18$	1.11	$\sqrt{2}=1.41$	1.41	4.48	2.85	3.18 (1) 6.35 (2)	3.18 (1) 6.35 (2)
3	三相零式	$\frac{30}{\sqrt{2}\pi}=6.75$	1.35	$\sqrt{2}=1.41$	1.41	2.24	1.46	2.8 (1) 3.23 (2)	0.76 (1) 3.23 (2)
4	三相曲折	$\frac{30}{\sqrt{2}\pi}=6.75$	1.46	$\sqrt{2}=1.41$	1.41	2.24	1.46	2.8 (1) 3.23 (2)	0.76 (1) 3.23 (2)
5	六相零式（D/*接线）	$\frac{10\sqrt{3}}{\pi}=5.51$	1.55	$\sqrt{2}=1.41$	1.41	0.6	0.407	0.875	0.875
6	六相曲折	$\frac{30}{\sqrt{2}\pi}=6.75$	1.42	$\sqrt{2}=1.41$	1.41	0.6	0.407	0.875	0.875
7	双反星形带平衡电抗器	$\frac{10\sqrt{6}}{\pi}=7.8$	1.26	$\frac{\sqrt{6}}{2}=1.23$	1.23	0.525	0.349	0.76	0.76
8	三相桥式	$\frac{5\sqrt{6}}{\pi}=3.9$	1.05	$\sqrt{6}=2.45$	1.41	1.05	0.695	2.8 (1) 1.51 (2)	0.76 (1) 1.51 (2)
9	三相桥式并联带平衡电抗器	4.04	1.03	2.37		0.258	0.18		
10	三相桥式交叉接线二次线电压差$\frac{\pi}{6}$ (D/y−d)	3.9	1.05	2.45	1.41	1.05	0.695		0.298

注：1. (1) 中数值为反并联接法或次级电压不同相（差 π 角度）的交叉接法的数值。

2. (2) 中数值为次级电压同相的交叉接法的数值。

3. 项 10 接线适用于可控环流的可逆系统，因为这种接线方式所需的限流电抗很小，在许多情况下，变压器的电抗值已能起到限流作用，故无需另加均衡电抗器。这种接线方式的缺点是变压器二次绕组较复杂。这种系统的最大均衡电流出现在 $\alpha=75°$，由于环流是可控的，故计算最大均衡电流已无实际意义。

在计算电抗器电感时，一般取 $K_{jh}=K_{jh_{max}}$，

令

$$K'_{jh}=K_{jh_{max}}\frac{K_{u2}}{\omega}\times10^3 \qquad (26\text{-}62)$$

则 $$L_{dk3}=K'_{jh}\frac{U_2}{I_{jh}}-L_b \qquad (26\text{-}63)$$

K'_{jh}值可由表 26-19 查得。

必须注意按均衡电流所求出的电感值为回路中的总电感，通常均衡电抗器为两台，故每台电抗器的电感

值应为总电感的一半。

对于三相桥式反并联电路，实际上是由两个三相零式反并联电路组成，因此，K'_{jh}应与三相零式反并联相同，即 $K'_{jh}=2.8$。

26.4.5 对电抗器的要求和安排

对于不可逆线路，在电动机处设置一只平波电抗器，其电感值应在额定电流时不小于 L_{dk1}；在最小工作电流时不小于 L_{dk2}。

对于可逆线路，有两种安排方案：

(1)均衡电抗器和平波电抗器合并方案：在各种反并联和交叉线路中，电抗器只有两台，每侧一台。每台电抗器既起均衡电抗器作用，又起平波电抗器作用。

对于桥式反并联线路（单相或三相），每台电抗器的电感值取 L_{dk1}、L_{dk2}、L_{dk3}三者的最大值。对于其它所有线路每台电抗器的电感值则取 L_{dk1}、L_{dk2}、$\frac{1}{2}L_{dk3}$三者的最大值。电抗器在流过额定工作电流时其电感值分别不小于 L_{dk2}和 L_{dk3}（或$\frac{1}{2}L_{dk3}$）。

(2)均衡电抗器和平波电抗器分开方案：在这种方案中，电动机处专设一台平波电抗器，其电感值应在额定电流时不小于 L_{dk1}，在最小工作电流时不小于 L_{dk2}。环路中设置均衡电抗器，对于桥式反并联线路，其数量为四台；对于其它线路，其数量为两台，每台均衡电抗器的电感值在流过均衡电流时不小于 L_{dk3}，大于均衡电流时允许饱和。

采用何种方案，需进行经济比较，一般情况下，第二种方案较经济，故目前采用较多。

现举两例说明如下：

例 1 卷取电动机为 400kW，200/500r/m，330V，1350A，极对数 $p=3$。

变压器为双反星形带平衡电抗器接线，可逆反并联，次级相电压 $U_2=465$V。

计算如下

(1) 电动机电感

$$L_d = K_d \frac{19.1U_{ed}}{2pn_{ed}I_{ed}} \times 10^3$$

电动机有补偿 $K_d=0.1$

则 $L_d=0.1\times\frac{19.1\times330}{2\times3\times200\times1350}\times10^3=0.39$mH

(2) 变压器电感

$$L_b = K_b \frac{U_d\%}{100}\frac{U_2}{I_{de}}$$

变压器的视在功率估算

$$S_b = K_{b3}P_{do} \qquad K_{b3}\text{ 取 } 1.26$$

$$S_b = 1.26 \times 400 = 504\text{kVA}$$

变压器短路电压百分数为 $U_d\%=5.5$

由表 26-19 查得 $K_b=7.8$

$\therefore \quad L_b=7.8\times\frac{5.5}{100}\times\frac{465}{1350}=0.148$mH

这是变压器每相电感，由于变压器为双反星形带平衡电抗器接线，计算用的变压器电感应减少一半，以下计算时，取 $L_b=0.074$mH。

(3) 限制电流脉动的电感

$$L_{dk1} = K'_{md}\frac{U_2}{V_dI_{de}} - (L_d + L_b)$$

电机允许的电流脉冲率 $V_d=5\%$；由表 26-19 查得 $K'_{md}=0.525$

$$\therefore \quad L_{dk1} = 0.525 \times \frac{465}{5\% \times 1350} - (0.39 + 0.074) = 3.15\text{mH}$$

(4) 使电流连续所需的电感

$$L_{dk2} = K'_{is}\frac{U_2}{I_{is}} - (L_d + L_b)$$

取最小工作电流 $I_{is}=5\%I_{ed}$

由表 26-19 查得 $K'_{is}=0.349$

$$\therefore \quad L_{dk2} = 0.349 \times \frac{465}{5\% \times 1350} - (0.39 + 0.074) = 1.94\text{mH}$$

(5) 限制均衡电流的电感

$$L_{dk3} = K'_{jh}\frac{U_2}{I_{jh}} - L_b$$

取均衡电流 $I_{jh}=10\%I_{ed}$，由表 26-19 查得 $K'_{jh}=0.76$

$\therefore \quad L_{dk3}=0.76\times\frac{465}{10\%\times1350}-0.074=2.55$mH

(6) 电抗器选择

选用两台电抗器，每台电感 $L_{dk}=3.2$mH，1350A 不饱和。

例 2 直流可逆供电系统，电动机为 6kW，220V，32A，1350r/min，三相桥式反并联接线，整流电流为 35.5A，变压器次级相电压 127V。

计算如下：

(1) 电动机电感

$$L_d = K_d \frac{19.1U_{ed}}{2Pn_{ed}I_{ed}} \times 10^3$$

对无补偿电机 $K_d=0.4$，$2p=4$

$\therefore \quad L_d=0.4\times\frac{19.1\times 220}{2\times2\times1350\times32}\times10^3=9.73$mH

(2) 变压器电感

$$L_b = K_b \frac{U_d\%}{100}\frac{U_2}{I_{de}}$$

三相桥式线路 $K_b = 3.9$，$U_d\% = 5$

$$\therefore \quad L_b = 3.9 \times \frac{5}{100} \times \frac{127}{35.5} = 0.7\text{mH}$$

由于三相桥式电路同时有两相串联导电，变压器电感应为计算值的 2 倍。

(3) 为限制电流脉动所需的电感

电流脉动率 $V_d = 10\%$，电抗器的电感应为：

$$L_{dk1} = K'_{md}\frac{U_2}{V_d I_{de}} - (L_d + 2L_b)$$

$$= 1.05 \times \frac{127}{0.1 \times 35.5} - (9.73 + 1.4)$$

$$= 26.5\text{mH}$$

(4) 限制均衡电流的电感

取 $I_{jh} = 10\% I_{de} = 3.5\text{A}$，由表 26-19 查得 $K'_{jh} = 2.8$

$$\therefore \quad L_{dk3} = K'_{jh}\frac{U_2}{I_{jh}} - 2L_b = 2.8 \times \frac{127}{3.5} - 1.4$$

$$= 100\text{mH}$$

(5) 保证电流连续所需的电感

取最小工作电流 $I_{is} = 0.05 I_{de} = 0.05 \times 35.5 = 1.78\text{A}$

$$\therefore \quad L_{dk2} = K'_{is}\frac{U_2}{I_{is}} - (L_d + 2L_b),\ K'_{is} = 0.695$$

$$L_{dk2} = 0.695 \times \frac{127}{1.78} - 11.13 = 38.5\text{mH}$$

(6) 电抗器选择

选均衡电抗器四台，每台电抗器的额定电流为 $1.1I_{de} = 39\text{A}$，5A 以下电感为 $L_{dk3} = 100\text{mH}$，5A 以上允许饱和。

另选平波电抗器一台，额定电流为 $1.1I_{de} = 39\text{A}$，在额定电流时，电感为 $L_{dk2} = 40\text{mH}$。

26.4.6 交流侧进线电抗器的计算

在中小功率调速系统中，有时多台变流装置公用一台整流变压器，或变流装置直接接入车间电源。这时，在变流装置与交流电源或公用整流变压器间应接入交流侧进线电抗器 L_j，见图 26-38。该电抗器的主要

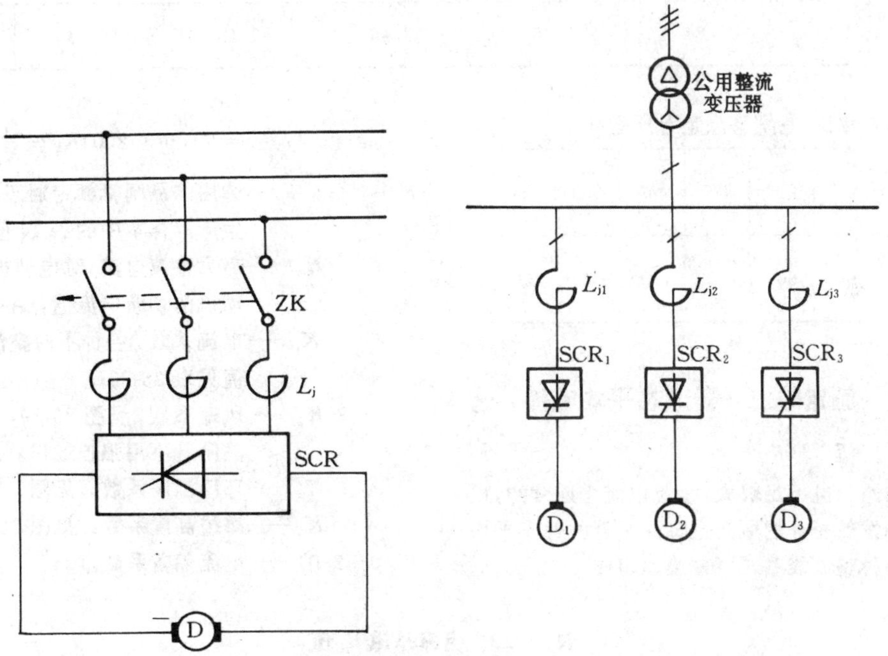

图 26-38 交流侧进线电抗器

作用是抑制各变流装置间的相互干扰和限制交流侧短路电流。

交流侧进线电抗器每相的电感值 L_j 可按下式计算

$$L_j = K_j \frac{U_2}{\omega I_2} \tag{26-64}$$

式中 L_j——进线电抗器每相的电感值，mH；

U_2——交流侧相电压，V；

I_2——交流侧相电流，A；

K_j——计算系数，一般取40～80；

ω——电源角频率 $\omega=314$。

这种接线方式与采用专用整流变压器相比，在经济上具有较大的优越性，一般适用于同一生产线上中小容量的电动机。

26.5 晶闸管元件的选择和串并联

26.5.1 额定电压（即反向重复峰值电压）选择

考虑到操作过电压和系统发生事故过电压的影响，因此在选择晶闸管的额定电压时，应留有2～3倍电压裕量。设 U_{RRM} 为晶闸管的反向重复峰值电压，则

$$U_{RRM}=(2\sim3)K_1U_{rm} \tag{26-65}$$

式中 K_1——电网电压升高系数，一般取1.05～1.1；

U_{rm}——各种整流电路中晶闸管所承受的反向电压最大峰值，V。

U_{rm} 可按下式计算

$$U_{rm}=K_uU_2 \tag{26-66}$$

式中 U_2——变压器次级相电压，V，对于单相全波是指变压器中心抽头电压；

K_u——电压系数，见表26-20。

对于三相桥式整流线路，晶闸管不串联，可根据电动机的额定电压参照表26-21选择晶闸管的额定电压。

表26-20 电压系数 K_u 值

整流线路	单相桥式	单相全波	三相零式 三相曲折	三相桥式	双反星形带平衡电抗器	六相零式 六相曲折	三相桥式并联带平衡电抗器
K_u	1.41	2.84	2.45	2.45	2.45	2.83	2.45

表26-21 晶闸管额定电压选择

电动机额定电压（V）	220	330	440	660	750
晶闸管额定电压（V）	800	1200	1600	2300	2500

26.5.2 额定电流（即通态平均电流）选择

若整流回路的电感足够大，整流电流是连续的，根据整流线路和发热相等的原则选择晶闸管的通态平均电流。对于各种整流线路，可普遍地写成

$$I_{F(AV)}=(1.0\sim2.0)K_i\frac{I_{dm}}{K_2K_3K_4} \tag{26-67}$$

式中 $I_{F(AV)}$——选用的晶闸管额定通态平均电流，即生产厂样本中的 $I_{F(AN)}$ 值，A；

I_{dm}——最大整流电流，对电动机而言，应取电动机的切断电流值，A；

K_i——电流系数，各种不同整流线路中的 K_i 值见表26-22；

K_2——风速系数，见图26-39，20A及以下的晶闸管不用强迫通风，此时 $K_2=1$；

K_3——环境温度系数，见图26-40；

K_4——海拔高度系数，见图26-41；

(1.0～2.0)——电流储备系数。

表26-22 电流系数 K_i 值

整流线路	单相全波 单相桥式	三相零式 三相曲折	三相桥式	六相零式 六相曲折	双反星形带平衡电抗器	三相桥式并联带平衡电抗器
电感负载或电动机负载	0.45	0.367	0.367	0.260	0.184	0.184

由于换相电抗的存在，使整流元件的换流过程发生重叠。如果考虑重叠角γ，则式 26-67 还要进行修正，即须将式 26-67 求得的$I_{F(AN)}$乘以小于 1 的修正系数。

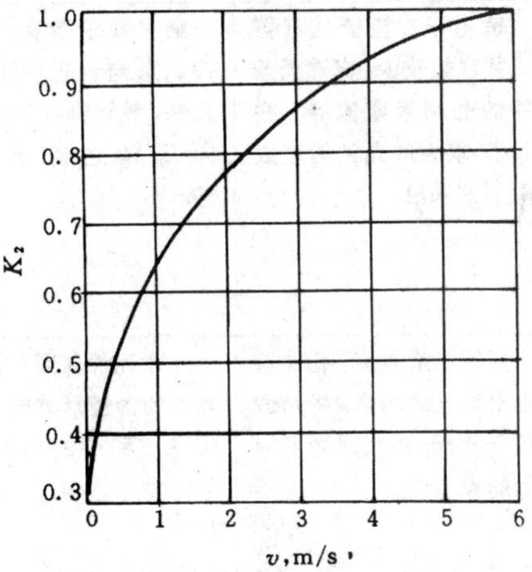

图 26-39　风冷晶闸管的风速系数 K_2

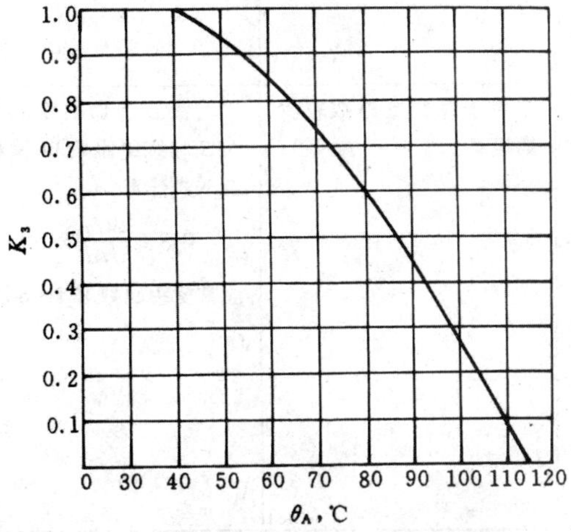

图 26-40　自冷和风冷晶闸管的环境温度系数 K_3

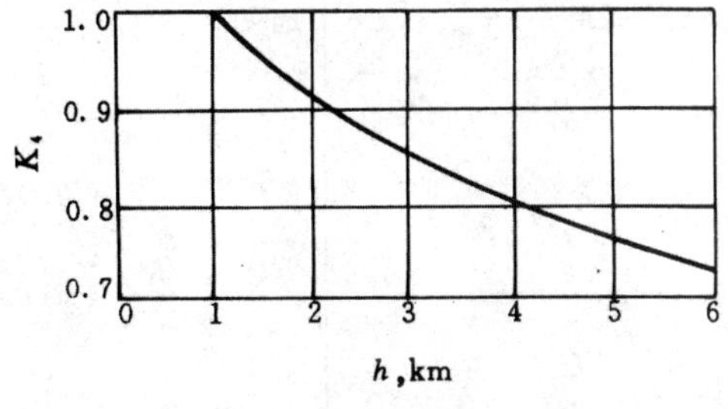

图 26-41　自冷和风冷晶闸管的海拔高度系数 K_4

修正系数示于图 26-42 中，q 为换向次数，α 为控制角，γ 为重叠角。作为一般工程计算，此修正系数可以忽略。

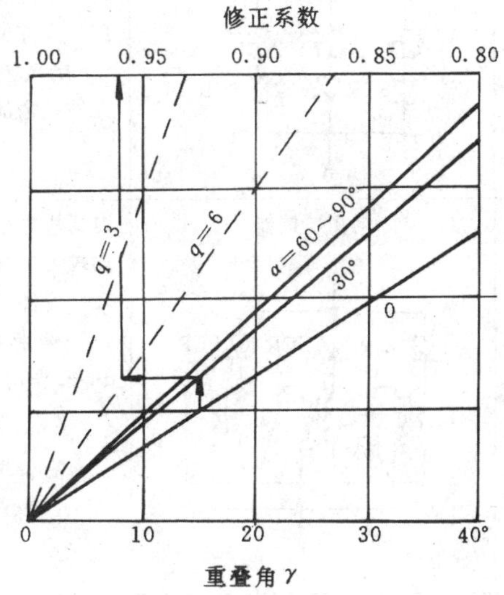

图 26-42　重叠角修正系数

26.5.3　晶闸管的并联及均流

26.5.3.1　并联支路数 n_p 的确定

当单个晶闸管的容量不能满足要求时，可用若干个晶闸管并联使用，并联支路数 n_p 可按下式确定

$$n_p = \frac{(1.0 \sim 2.0)K_i I_{dm}}{K_2 K_3 K_4 K_5 I_{F(AV)}} \tag{26-68}$$

式中　I_{dm}——最大直流整流电流，对电动机而言，应取电动机的切断电流值，A；

$I_{F(AV)}$——单个晶闸管的通态平均电流，A；

K_5——均流系数，一般取 0.8～0.9；

K_i、K_2、K_3、K_4 系数见表 26-22 及图 26-39～图 26-41。

26.5.3.2　并联支路间的均流

晶闸管并联使用时，由于晶闸管的正向压降和开通时间的差异，以及装置结构布置不合理等因素，将引起各并联支路间的电流分配不均现象，常采用表 26-23 所示的均流措施中的一项或几项来解决。

表 26-23 各种均流措施与设计原则

序号	措 施	优缺点	适用范围	设计原则
1	选配元件 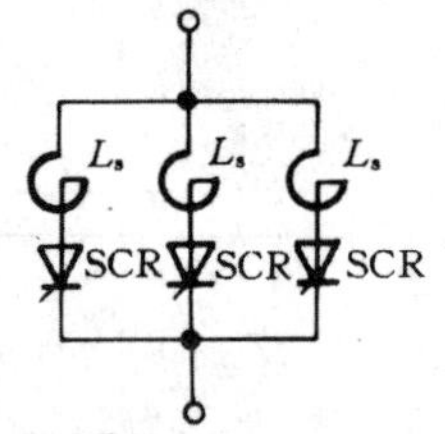	(1) 不需要附加器件，装置结构简单 (2) 选配元件耗费工时 (3) 元件更换不方便 (4) 电流均衡度随着并联元件数增加而降低	适用于整流管变流器或并联数较少，有选配条件的晶闸管整流器。在 di/dt 较大的晶闸管装置中不宜采用	通常要求所有并联元件选用同级正向压降的元件，最好使各元件的正向压降之差不超过 50mV
2	均衡电抗器 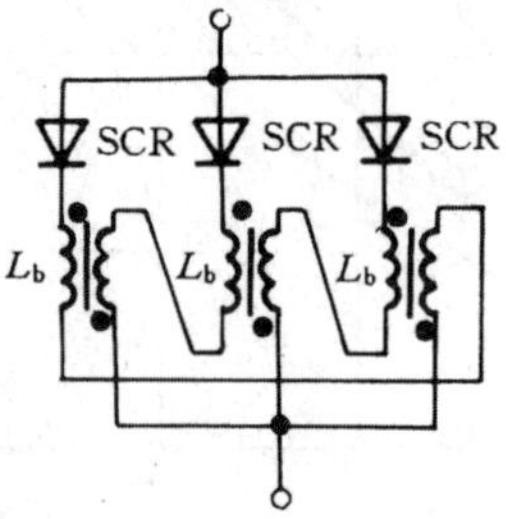	(1) 电抗器的体积、重量均较大，装置结构复杂 (2) 元件不需特殊选配 (3) 兼起抑制 di/dt 与 du/dt 作用	适用于产量大，元件选配有困难的场合，特别适用于 di/dt 很大而需要抑制的设备	几个元件并联，当臂的总电流为矩形波时，串联于各支路中的均流电抗器的电感值为 $L_s=\dfrac{\lambda\Delta U_T(n_p-1)}{2(1-K_5)I_{A(AV)}}\times10^3$
3	均流互感器 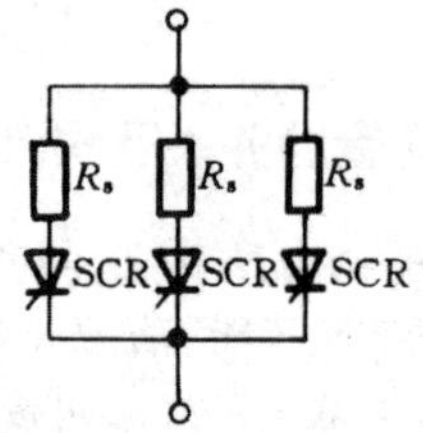	(1) 体积、重量均较均流电抗器小 (2) 支路数大于 2 时，结构布置复杂 (3) 抑制 di/dt 的作用远比电抗器差	用于每臂支路数较少的设备	均流互感器的铁芯截面 S 和绕组匝数 W 乘积由下式计算 $WS\geqslant\dfrac{\Delta U_T}{kf\Delta B}\times10^{12}$ 通常绕组匝数取 1～5 匝
4	均流电阻 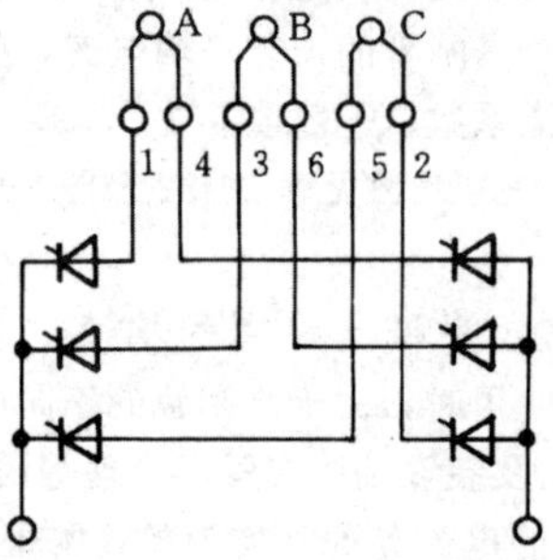	(1) 结构比较简单 (2) 稳态均流效果较好，但显著影响效率 (3) 瞬态均流没有效果	一般不采用，只有在特殊场合下，小容量变流装置中采用	电阻值按额定电流时的电阻压降为 0.5V 左右选取

续表 26-23

序号	措 施	优缺点	适用范围	设计原则
5	长线均压 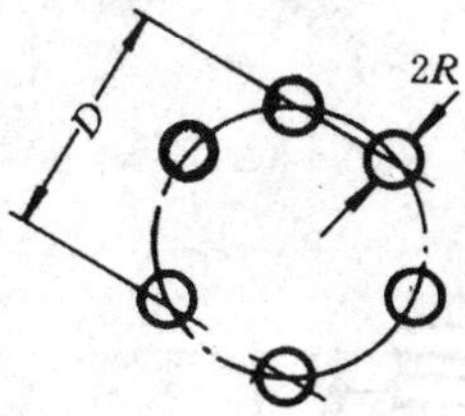	(1) 抑制 di/dt、du/dt 效果好 (2) 元件不需选配 (3) 多根并联时施工设计及布置有较大难度	用于均流要求高的场合特别适用于多台较小容量的标准整流装置柜组合供电，因为一般标准装置在桥臂上不设均流措施	每组桥的六只元件如左图用长线接到变压器二次侧出线端，按 1～6 号元件引线排列出一个圆周。 6 根线呈六角形平行布置，每隔一段距离扭转 60°，在全部长度上扭转一周。长线截面为常规单根引线时截面的 $\frac{1}{\sqrt{2}}$，可相应求出导线半径 R。长线长度按下式求得 $l=\frac{3.54U_{2x}}{di/dt}\cdot\frac{1}{\ln\frac{D-R}{R}+0.25}$

注：λ——臂（阀）的导电时间，在三相桥式电路中，当频率为 50Hz 时，$\lambda=6.67$ms；

n_p——每臂并联支路数；

ΔU_T——并联器件中正向峰值电压（整流管）或通态峰值电压（晶闸管）的最大偏差值，V；

K_5——均流系数；

$I_{A(AV)}$——臂的平均电流，A；

K——电源周期与每臂晶闸管导通时间之比，当电流连续时，单相电路 $K=2$，三相电路（导电 120°）$K=3$；

f——电源频率，Hz；

ΔB——铁芯磁感应强度增量，$\Delta B=B_m-B_r$，一般热轧硅钢片取 0.6～0.7T；

U_{2x}——整流变压器二次线电压，V；

di/dt——晶闸管元件允许的 di/dt；

R——导线半径，mm；

D——布线圆环尺寸，mm。

26.6 晶闸管的保护

26.6.1 过电压保护

引起过电压的原因主要是感性负载电路的开闭、电源电压的波动、交流电源变压器的开闭、快速熔断器熔断时产生的过电压，以及从电源侧或负载侧侵入的浪涌电压等。

产生过电压是由于电路中电感元件积聚的电磁能量消散不掉，因此，要保护元件免受过电压冲击，其实质是减低加在元件上的电磁能量，降低能量消散速度等。

过电压保护最常用的方法是设置阻容吸收装置或硒堆装置。阻容串联保护的原理是基于电容两端的电压不能突变，过电压时必须先对电容器充电，从而过电压的能量被吸收。但由于电容器容量的限制，阻容装置不能吸收较大的过电压，例如电网受到雷击而引起的浪涌电压。

硒堆保护的原理是基于过电压硒堆被击穿，限制电压的上升，当过电压消失后，硒堆又恢复阻断状态，因此它可以保护雷击引起的过电压。

26.6.1.1 交流侧操作过电压或浪涌过

电压的抑制

当接通整流变压器初级绕组时，由于变压器绕组的漏电抗和绕组分布电容或抑制电容组成一个谐振电路，加上一个阶跃电压后，会在瞬变过程中产生一个过电压。最严重时，此电压瞬变峰值为正常反峰电压值的2倍，一般线路为1.6倍。此外，当变压器初级绕组断开时，变压器励磁电流以及与此电流成比例的磁通能量突然消失，将使次级绕组产生一个很高的瞬变电压，其峰值可达正常工作峰值电压的8～10倍，一般为4.5倍。采用阻容过电压抑制电路，可将此瞬变电压降低到额定工作峰值电压的1.2～1.4倍。当考虑雷击浪涌电压时，还可辅以硒堆吸收装置。

A 阻容过电压吸收装置

阻容过电压抑制电路见图26-43。*RC* 可接于变压器的一次侧，也可接于二次侧或直流侧，参数计算见表26-24～表26-27。

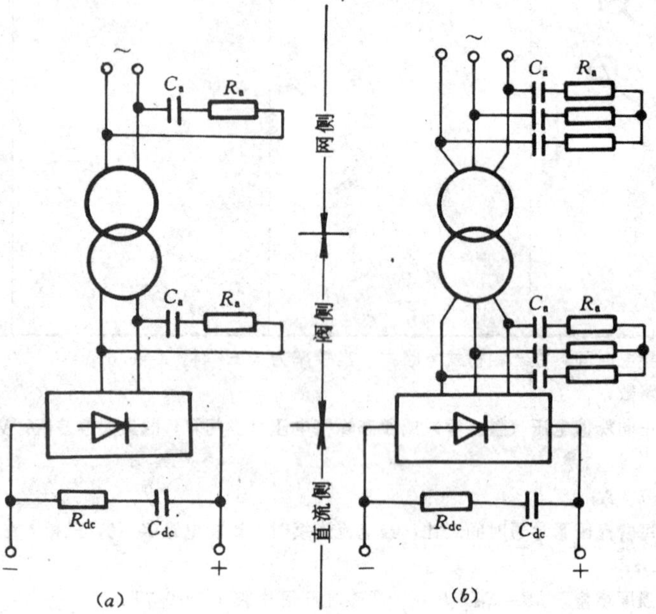

图 26-43 阻容过电压抑制电路
(*a*) —单相联接方法；(*b*) —三相联接方式

表 26-24 小容量变流器交流侧浪涌过电压抑制用 *RC* 电路参数计算

整流变压器容量	图例	电容 C_a（μF）	电阻 R_a（Ω）	符号说明
单相220VA以下	图26-43*a*	$C_a=700\dfrac{S_b}{U_{rm}^2}$	$R_a=100\sqrt{\dfrac{U_{de}}{I_{de}C_a\sqrt{f}}}$	S_b——整流变压器容量，VA U_{rm}——臂的反向工作峰值电压，V U_{de}——额定整流电压，V I_{de}——额定整流电流，A K_c——系数，见表26-25
单相220VA以上	图26-43*a*	$C_a=400\dfrac{S_b}{U_{rm}^2}$		
三相5kVA以下	图26-43*b*	$C_a=K_c\dfrac{S_b}{U_{rm}^2}$		

注：本表计算公式是以 *RC* 电路接于二次侧为依据的，当接于一次侧时，应以 KU_{rm} 作为 U_{rm} 代入等式，其中 *K* 为一次侧电压与二次侧电压之比。

表 26-25 计算系数 K_c

变压器联结型式	K_c	
	电容器三角形接法	电容器星形接法
星形/星形，初级中性点不接地	150	450
星形/三角形，初级中性点不接地	300	900
所有其它接法	900	2700

表 26-26 大容量变流器交流侧浪涌过电压抑制用 *RC* 电路（接于交流二次侧或一次侧，见图 26-43）的计算公式

<table>
<tr><th rowspan="2">电联结型式</th><th colspan="3">接于变压器二次侧</th><th colspan="3">接于变压器一次侧</th></tr>
<tr><th>电容 C_a (μF)</th><th>电阻 R_a (Ω)</th><th>电阻容量 P_{R_a} (W)</th><th>电容 C_a (μF)</th><th>电阻 R_a (Ω)</th><th>电阻容量 P_{R_a} (W)</th></tr>
<tr><td>单相桥式</td><td>$C_a=29000\frac{\xi I_2}{fU_{2x}}$</td><td>$R_a=0.3\frac{U_{2x}}{\xi I_2}$</td><td rowspan="3">$P_{R_a}=(0.25\xi I_2)^2R_a$</td><td>$C_a=29000\frac{\xi I_1}{fU_{1x}}$</td><td>$R_a=0.3\frac{U_{1x}}{\xi I_1}$</td><td rowspan="3">$P_{R_a}=(0.25\xi I_1)^2R_a$</td></tr>
<tr><td>三相桥式</td><td>$C_a=10000\frac{\xi I_2}{fU_{2x}}$</td><td>$R_a=0.3\frac{U_2}{\xi I_2}$</td><td rowspan="3">$C_a=10000\frac{\xi I_1}{fU_1}$</td><td rowspan="3">$R_a=0.3\frac{U_1}{\xi I_1}$</td></tr>
<tr><td>三相带中线</td><td>$C_a=8000\frac{\xi I_2}{fU_2}$</td><td>$R_a=0.36\frac{U_z}{\xi I_2}$</td></tr>
<tr><td>双星形带平衡电抗器</td><td>$C_a=7000\frac{\xi I_2}{fU_2}$</td><td>$R_a=0.42\frac{U_2}{\xi I_2}$</td><td>$P_{R_a}=(0.2\xi I_2)^2R_a$</td><td>$P_{R_a}=(0.2\xi I_1)^2R_a$</td></tr>
</table>

符号说明：$U_2=U_{2x}/\sqrt{3}$，即二次侧折合成星形接法时的相电压，V

$U_1=U_{1x}/\sqrt{3}$，即一次侧折合成星形接法时的相电压，V

I_2，I_1——二次侧及一次侧电流，A

ξ——变压器励磁电流对额定电流的标幺值，一般为 0.02～0.05

注：1. 本表公式是以 *RC* 电路作星形联接为依据，当 *RC* 作三角形联结时，电容量 C_a 应取星形联结时计算值的三分之一，而电阻 R_a 取三倍。

2. 在双星形带平衡电抗器电路中，*RC* 电路应同时接于变压器两个二次绕组上。

3. 表中的电阻容量计算公式适用于整流管变流器，对晶闸管变流器还应考虑相位控制时交流侧（尤其变压器二次侧）的电压畸变会使流过电阻上的电流增加，因而要适当加大容量。

表 26-27　交流侧浪涌过电压抑制用 RC 电路（接于直流侧）的计算公式

接线方式	单　相　桥	三相桥、三相带中线、双星形带平衡电抗器
连结方式	图 26-43a	图 26-43b
电容 C_{dc}（μF）	$C_{dc}=120000\dfrac{\xi I_2}{fU_{2x}}$	$C_{dc}=70000\dfrac{\xi I_2}{U_2}$
电阻值 R_{dc}（Ω）	$R_{dc}=0.25\dfrac{U_{2x}}{\xi I_2}$	$R_{dc}=0.1\dfrac{U_2}{\xi I_2}$
电阻容量 P_{Ra}（W）	$P_{R_a}=\dfrac{U_\sigma^2 R_{dc}}{\left(\dfrac{1}{2\pi f_n C_{dc}\times10^{-6}}\right)^2+R_{dc}^2}$	
符号说明	U_σ——纹波电压，一般取 U_σ 中序次最低、幅值最高的谐波电压，V f_n——与 U_n 对应的谐波频率，Hz	

注：表中的电阻容量计算公式适用于整流管变流器，对晶闸管变流器，应考虑相位控制时，直流侧电压谐波显著增加，因而必须相应增大电阻容量。

B　反向阻断式 RC 电路

RC 电路不利于 d*i*/d*t* 的抑制，而且发热量较大，为弥补这些缺点，可采用反向阻断式 RC 电路，其参数计算见表 26-28。

表 26-28　交流侧浪涌过电压抑制用反向阻断式 RC 电路计算公式

电　路	计算公式	符号说明
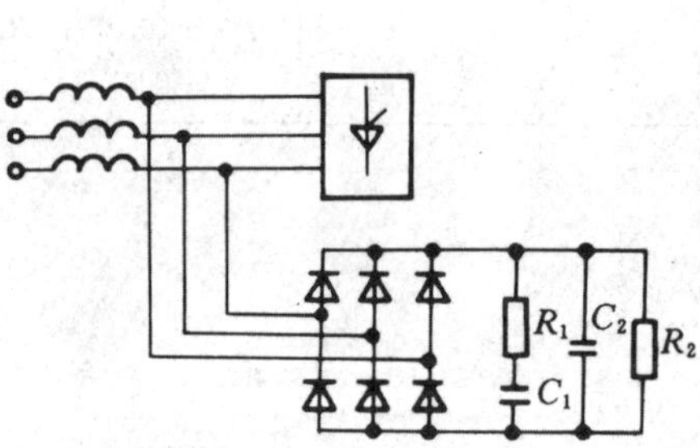	$C=(25000\sim70000)\left(\dfrac{\xi I_2}{fU_2}\right)$	C——总电容，$C=C_1+C_2$，本式基于 RC 电路接于阀侧的情况，μF L_t——变压器每相漏感，μH τ——放电时间常数，一般取 $\tau=2$s ξ、U_2、I_2、f——见表 26-26 的符号说明
	$C_2<0.1C$	
	$C_1=C-C_2$	
	$R_1=(0.4\sim0.8)\sqrt{\dfrac{2L_t}{C}}$	
	$R_2=\tau/C$	

C　硒堆过电压抑制器

两个反向串联的硒堆可作为浪涌(操作)过电压抑制器使用，见图 26-44，当电压升高到硒堆的截止电压时，硒堆的反向电流急剧增加，使变压器的励磁电流在开关分闸后仍能流通，达到抑制过电压的目的。硒堆具有“自愈”特性，亦即在击穿以后，其阻断特性能自行

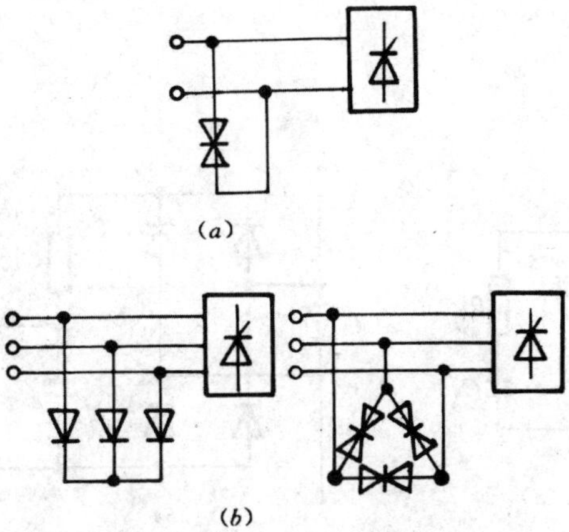

图 26-44 硒过电压抑制器的连接方法

(a) 一单相；(b) 一三相

恢复，因此，硒堆在击穿后，一旦过电压消失，一般仍能正常工作。为防止硒堆损坏引起短路，有时将硒堆与熔断器串联使用。

硒片的串联片数由下式求得：

$$每堆片数\ n=(1.1\sim1.3)\frac{U_{2x}}{U_R} \quad (26\text{-}69)$$

式中 U_{2x}——变压器阀侧线电压，V；

U_R——硒片每片反向电压（有效值），C 级硒片为 20V，D 级为 25V，E 级为 30V。

硒片有效面积允许吸收的电流密度按 3A/cm² 选择，一般选用 60×60 或 100×100cm² 的硒片。

D 金属氧化物压敏电阻过电压抑制器

金属氧化物压敏电阻特性类似于两个反向对接的雪崩型整流器。其伏安特性和联接方式如图 26-45 所示。

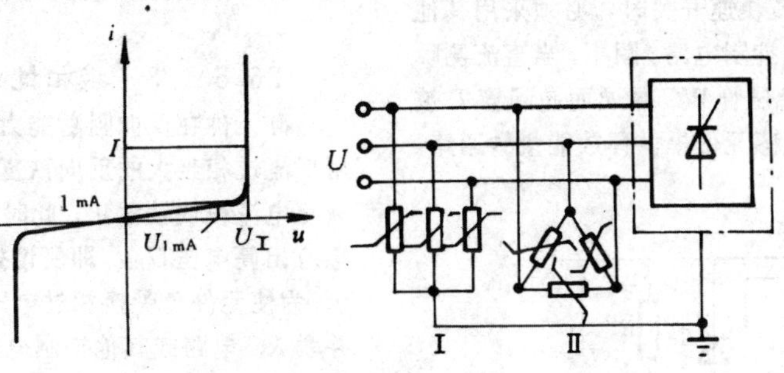

图 26-45 金属氧化物压敏电阻伏安特性和联接方式

(a) 一伏安特性；(b) 一联接方式

压敏电阻的特性参数有：

(1) 漏电流为 1mA 时的电压值 U_{1mA}（即元件标称电压）；

(2) 放电电流达到规定值 I 时的电压 U_I，其数值由残压比 U_I/U_{1mA} 所确定；

(3) 允许的通流容量，即在规定波形下允许通过的浪涌峰值电流。

参数 U_{1mA} 的下限值决定于施加在压敏电阻端子上的最高有效电压，即当电网电压的波动达最高容许值而参数 U_{1mA} 下降 10% 时，流过压敏电阻的漏电流应保持在 1mA 以下。

金属氧化物压敏电阻的参数可计算如下：当压敏电阻作星形连接时

$$U_{1mA}\geqslant\frac{1}{0.9}\times\sqrt{2}\,\frac{UK_b}{K_y} \quad (26\text{-}70)$$

作三角形连接时

$$U_{1mA}\geqslant\frac{1}{0.9}\times\sqrt{2}\,UK_b \quad (26\text{-}71)$$

式中 K_y——计算系数，考虑电压在星形连接时的分配不均，一般取 $K_y=0.8\sim0.9$，当压敏电阻选配使用时 $K_y=0.9\sim0.95$；

K_b——电网电压升高系数，一般取 1.05～1.10；

U——压敏电阻连接端子之间的额定电压有效值，如 U_2 或 U_{2x}，V。

对于操作过电压保护，金属氧化物压敏电阻的通流容量一般选择 3～5kA。对于防雷保护，通流容量一般选择为 5～20kA。

压敏电阻的型号有 MY31 系列，其电气系数见有关产品样本。

26.6.1.2 直流侧过电压抑制电路

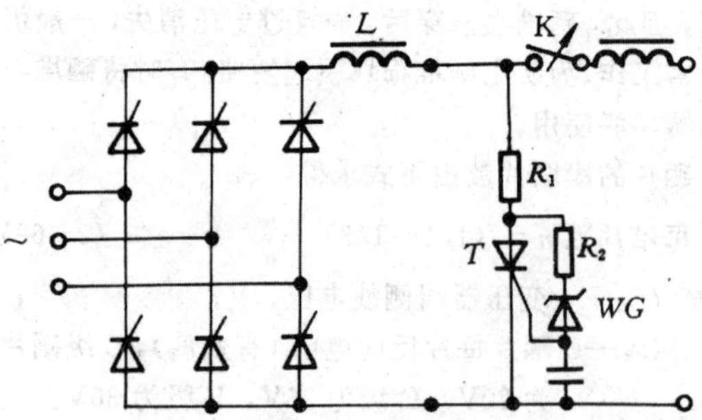

图 26-46 用晶闸管抑制直流侧过电压的电路

接在直流侧用以抑制交流侧操作过电压的保护电路，对直流侧电感引起的过电压也有抑制作用，但是当直流侧具有平波电抗器或快速开关时，必须采用其他抑制措施，如图 26-46 的抑制电路。图中，当直流侧瞬态过电压超过规定值，稳压管 WG 导通而晶闸管 T 被触发，为直流电路中的电感元件提供释放能量的通路。

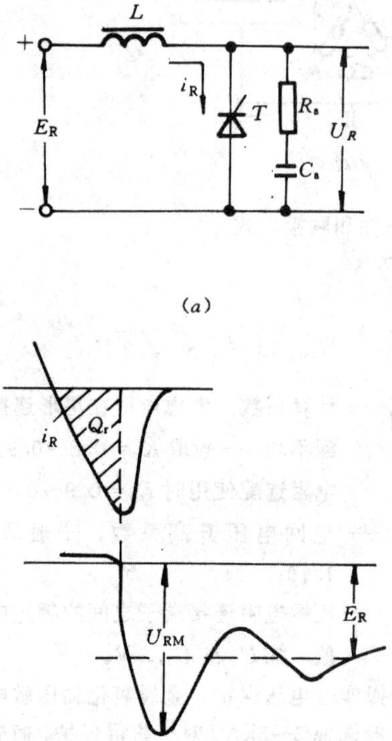

(b)

图 26-47 反向恢复电流引起的过电压

(a) —等效电路；(b) —波形

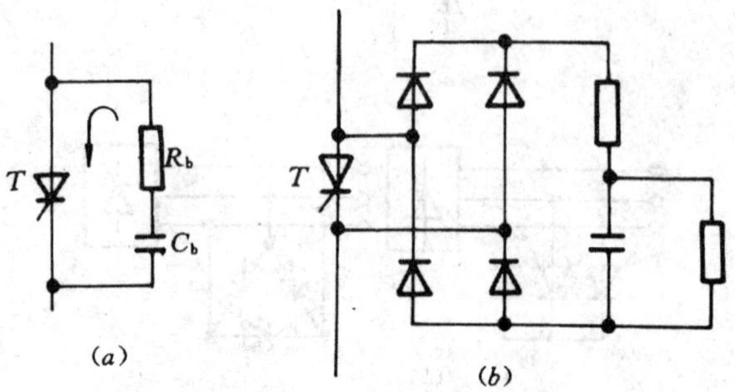

(a) (b)

图 26-48 换相过电压抑制电路

(a) ——一般 RC 电路；(b) —反向阻断式 RC 电路

26.6.1.3 换相过电压抑制电路

硅元件在反向阻断能力恢复前，将在反向电压作用下流过相当大的反向恢复电流。当阻断能力恢复时，恢复电流很快被截止，此时流过恢复电流的电感 L 会感应出高电压 U_{RM}，即所谓换相过电压，如图 26-47 所示。为使元件免受换相过电压的危害，一般在元件两端并联 RC 电路或其他抑制电器（见图 26-48）。由于 RC 电路兼起抑制 du/dt 的作用，按本节算得的 RC 值应与抑制 du/dt 所要求的数值相比较（参见 26.6.2.2），并在平衡兼顾的基础上作最后决定。

图 26-48 换相过电压抑制电路的参数 C_b 及 R_b 视装置的元件类型而定，其计算方法见表 26-29。

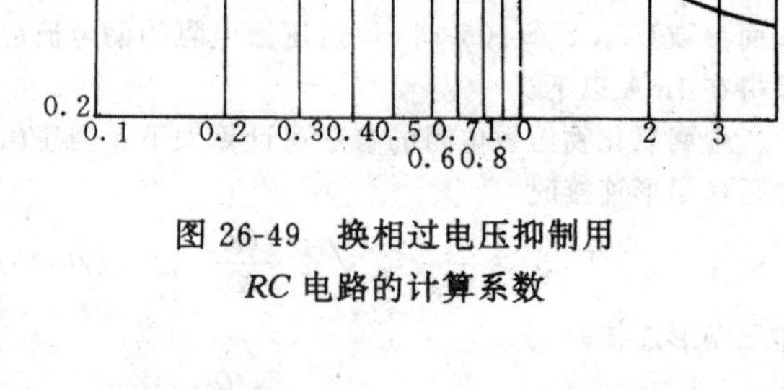

图 26-49 换相过电压抑制用 RC 电路的计算系数

表 26-29 换相过电压抑制电路的参数计算

序号	元件类型	计算关系	符号及说明
1	整流管	$C_b=(2\sim4)\ I_{T(AV)}\times10^{-3}$ 一般取 $R_b=10\sim30\Omega$ $P_{R_b}=fC_b\left(\frac{U_{rm}}{n_s}\right)^2$	n_s——元件串联数
2	普通晶闸管	一般 RC 电路——计算法同序号 1	
3	快速晶闸管	$C_b=\frac{2Q_r}{X^2E}$ $R_b=2\xi\sqrt{\frac{2L_R}{C_b}}$ C_b、R_b 值可根据给定的 $K=\frac{U_{RRM}}{E}$，由图 26-49 查得元件恢复电荷系数 X 及电路阻尼系数 ξ 后计算而得	Q_r——反向恢复电荷，μC，由晶闸管制造厂给出，当缺乏数据时，取 $Q_r=(0.1\sim0.2)\ I_{T(AV)}$

注：本表序号 3 的计算方法系基于并联逆变器电路（图 26-50），这一计算方法也可用于普通晶闸管的精确计算。

26.6.2 电流、电压上升率的抑制

26.6.2.1 电流上升率的抑制

由于晶闸管的开通是由靠近门极周界的阴极表面的局部区域逐渐向整个表面扩展的，因此若器件在导通初始阶段流过过大的电流，就会引起局部热点而损坏，这就是所谓的 di/dt 损坏。制造厂给出了各种型号晶闸管的通态电流临界上升率 di/dt，见表 26-6，要求设计电路时，使流过晶闸管的电流上升率不超过该值。

电流上升率主要靠电路中的电感来加以抑制。无论何种电路，晶闸管开通前的等值电路总能归结成图 26-51 所示的电路。为抑制 di/dt 所需的外加电感值为

$$L_s=\frac{E_c}{di/dt}-L_k \qquad (26\text{-}72)$$

式中 L_s——外加电感，μH；

E_c——晶闸管开通前承受的电压峰值，V；

L_k——线路电感，包括变压器换相电感，μH；

di/dt——通态电流临界上升率，A/μs。

当采用 R_aC_a 电路抑制浪涌过电压时，可以认为是变压器的漏感被短路，L_k 近似为零。

在晶闸管导通瞬间，除流过主电流外，还有与晶闸管并联的 R_bC_b 吸收电路中的 C_b 对晶闸管的放电电流。必要时须采取措施来加以限制。

26.6.2.2 电压上升率的抑制

当加于晶闸管上的正向电压上升率大于器件断态电压临界上升率 du/dt 时，该器件将自行导通。为防止此种现象的发生，用串联电感 L_s 和与晶闸管并联的 R_bC_b 吸收电路来抑制。不管哪一种电路，当电路中某几个晶闸管导通时，不导通的晶闸管将被加上突变电压，此时的等值电路见图 26-52。按电路的过渡过程计算，串联电感为：

$$L_s=\frac{E_vR_b}{du/dt} \qquad (26\text{-}73)$$

式中 L_s——串联电感，μH；

E_v——当电路中其它晶闸管导通时，可能出现在该晶闸管上最大突变电压，V；

R_b——吸收电阻，Ω；

du/dt——晶闸管断态电压临界上升率，V/μs。

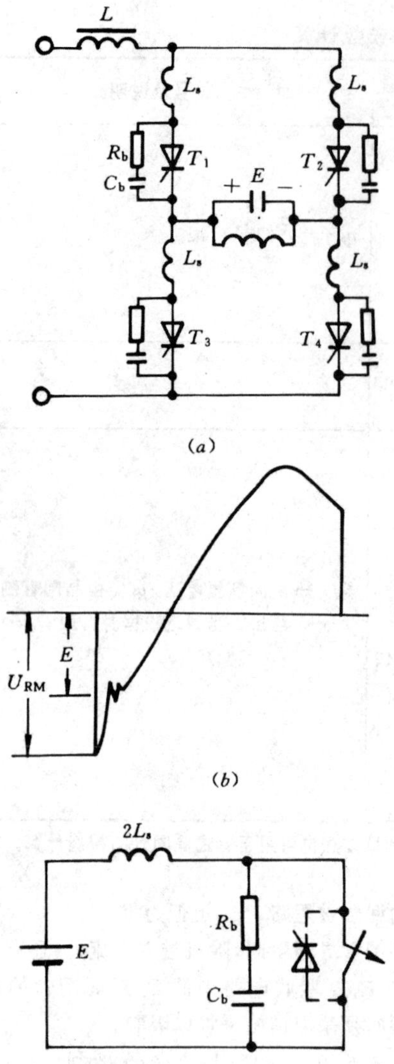

图 26-50 换相过电压抑制电路
(a) 一并联逆变器电路；
(b) 一电压波形；(c) 一等值电路

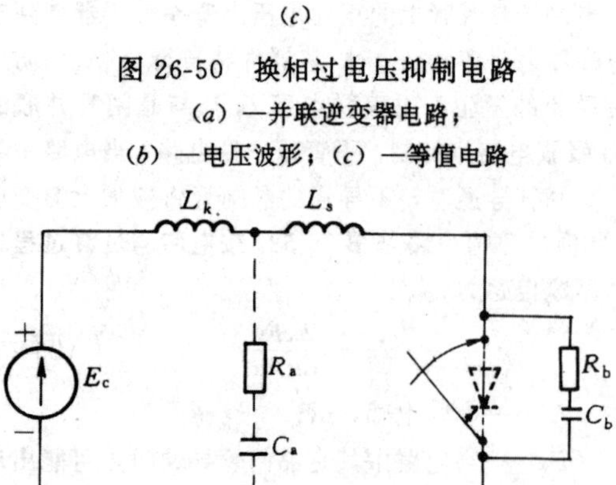

图 26-51 晶闸管开通前的等值电路

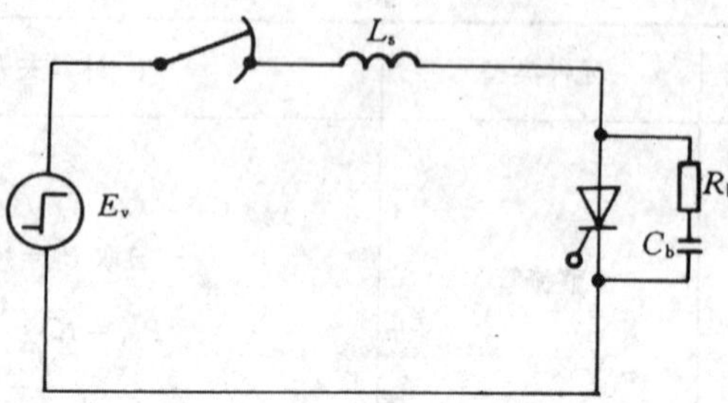

图 26-52 在晶闸管上施加突变电压时的等值电路

26.6.3 过载和短路保护

26.6.3.1 快速熔断器的选择

快速熔断器主要用来切断内部和外部短路电流，具有快速限制短路电流的作用。当与其它保护设备(如过电流继电器、直流快速开关等)协调使用时，可使晶闸管元件得到可靠保护。

一般，快速熔断器与晶闸管元件串联连接，在小容量装置中，也可串接于阀侧交流母线或直流电路中，选择快速熔断器时应考虑：

(1) 由于晶闸管元件的实际工作电流均小于器件本身的额定电流，因此快速熔断器的电流容量 I_R 可取为

$$1.57I_{T(AV)} \geqslant I_R \geqslant I_{A(RMS)}/(n_p K_I) \qquad (26\text{-}74)$$

式中 $I_{T(AV)}$——器件通态平均电流；
I_R——快速熔断器的额定电流有效值；
$I_{A(RMS)}$——臂的实际工作电流均方根值；
n_p——并联支路数；
K_I——均流系数。

(2) 电压等级应根据熔断后快速熔断器实际承受的电压来确定。当电压为非正弦波时，按峰值电压选取相应的电压等级，当使用于直流侧时，快速熔断器的电压等级一般应降低 25～50% 使用。

(3) 快速熔断器的 I^2t 值应小于晶闸管元件允许的 I^2t 值，即 $[I^2t]_R < [I^2t]_{TA}$。

(4)快速熔断器分断时的电弧电压峰值(即断开过电压) 必须小于晶闸管元件允许的反向峰值电压。

(5) 快速熔断器的断流能力必须大于线路可能出现的最大短路电流。

三相桥式电路和双星形带平衡电抗器的短路电流

按表 26-30 计算。在双星形带平衡电抗器联结的变流器中，当某臂击穿而发生内部短路时，由于平衡电抗器的电感较大，可以认为，故障进程被限制在击穿元件所在的换相组之内，与另一换相组无关，因此计算方法与三相桥式电路相同（表 26-30 序号 1～序号 3）。但是当双星形带平衡电抗器联结的变流器在直流侧发生短路即外部短路时，两个换相组同时被短路，因此其稳态短路阻抗为给定值的 0.5～0.67 之间，亦即稳态短路电流将增加到 1.5～2 倍，由于电抗器电感较大，最大瞬态值一般在稳态值以下，见表 26-30 序号 6。

表 26-30　短路电流的计算公式

序号	计算项目	联结型式		说　明
		三　相　桥	双星形带平衡电抗器	
	内部短路（阀侧不对称电路）			
1	阀侧稳态峰值电流（三相对称短路时）	$I_{vim}=\dfrac{\sqrt{2}}{\sqrt{3}}\dfrac{U_{2x}}{X_t}$ 或 $I_{vim}=1.15\dfrac{I_{de}}{e}\times 100$	同左 （仅一个换相组短路）	R_t、X_t——折算到变压器阀侧的每相等值电阻和感抗，Ω e——变压器短路电压百分值（包括串联电抗） K_1、K_2——查图 26-53 I_{de}——装置的额定直流电流，A
2	阀侧故障相的瞬态峰值电流	$I_{vsm_1}=K_1 I_{vim}$	同左	
3	阀侧完好相的瞬态峰值电流	$I_{vsm_2}=K_2 I_{vim}$	同左 （同一换相组）	
	外部短路（直流输出端子处短路）			
4	稳态（短路）直流电流	$I_{dim}=\dfrac{I_{de}}{e}\times 100$	$I_{dim}=\dfrac{I_{de}}{e/(1.5\sim 2)}\times 100$ $\approx\dfrac{2I_{de}}{e}\times 100$	K_s——查图 26-54
5	稳态阀侧峰值电流	$I_{vim}\approx 1.15\dfrac{I_{de}}{e}\times 100$ 或 $I_{vim}\approx 0.816\dfrac{U_{2x}}{X_t}$	$I_{vim}\approx 1.15\dfrac{I_{de}}{e}\times 100$ 或 $I_{vim}\approx 0.816\dfrac{U_{2x}}{X_t}$	
6	瞬态阀侧峰值电流	$I_{vsm}=0.816K_s\dfrac{U_{2x}}{X_t}$	$I_{vsm}\leqslant 0.816\dfrac{U_{2x}}{X_t}$	
	直流短路（逆变状态下发生直通故障）			
7	直流电流	$i_d=I_{ds}e^{-\left(\frac{R}{x}\right)\omega t}+\dfrac{E_d}{R}\left(1-e^{-\left(\frac{R}{x}\right)\omega t}\right)+\dfrac{\sqrt{2}U_{2x}}{\sqrt{R^2+X^2}}\left\{\sin\left(\omega t-\dfrac{\pi}{3}-\varphi\right)+\sin\left(\dfrac{\pi}{3}+\varphi\right)e^{-\left(\frac{R}{X}\right)\omega t}\right\}$		ω——交流电网角频率 $R=R_t+R_d$ $X=X_t+X_d$ $\varphi=\text{tg}^{-1}\dfrac{X}{R}$ I_{ds}——发生直通时的直流电流，参见图 26-55

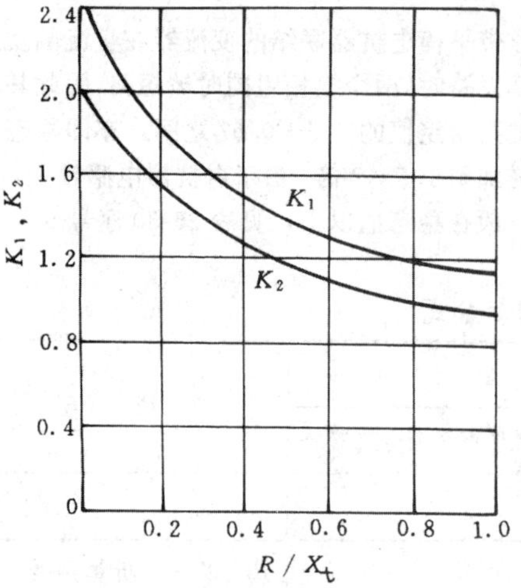

图 26-53 变流器内部短路电流计算系数

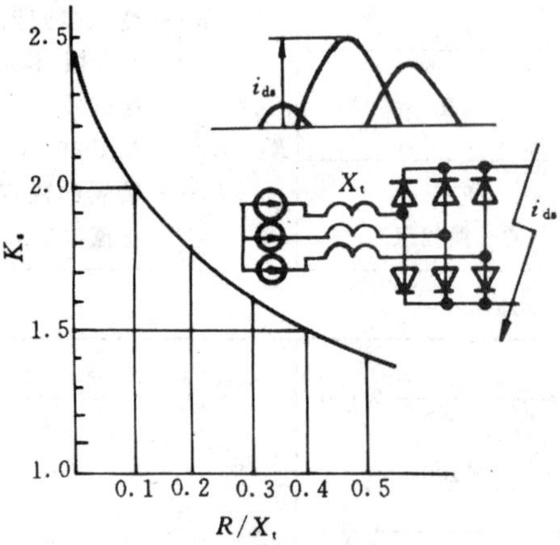

图 26-54 变流器外部短路电流计算系数

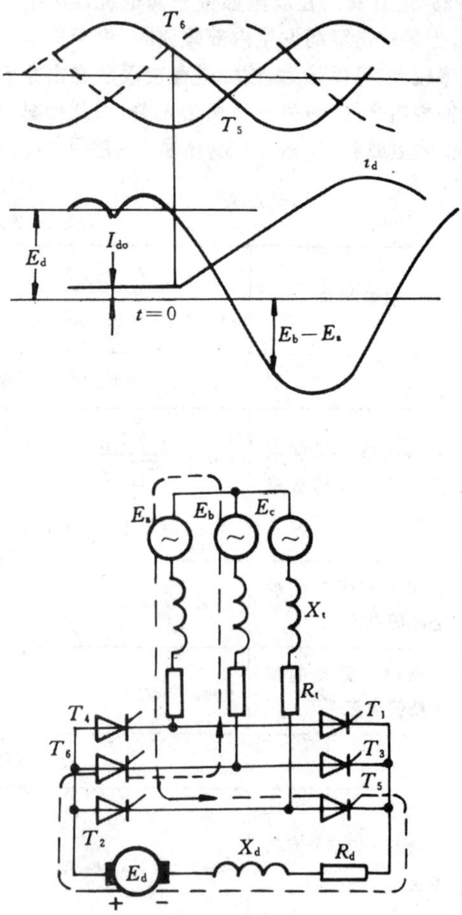

图 26-55 直流故障时的等值电路

26.6.3.2 快速熔断器的规格及特性

常用的快速熔断器 NGT 系列具有分断能力高、限流特性好、同期性负载特性稳定、低 I^2t 值和低功率损耗等优点，能可靠地保护半导体器件（硅整流管和晶闸管）及其成套装置，其规格参数见表 26-31。

熔断器的保护特性（仅以 NGT1 型、额定电压为 660V 熔断器为例）概述如下：

(1) 损耗功率 P 与电压降 U 修正系数见图 26-56，横坐标是安装点的工作电流 I_B 与熔断器额定电流 I_e 的比值，纵坐标为降低负荷后 P 和 U 的修正系数 K_P、K_U。据此可求得在降低负荷时 NGT 型熔断器的功率损耗 P 值和 U 值。

表 26-31 NGT 系列快速熔断器基本参数

型号	额定电流 (A)	额定电压 (V)	额定损耗功率 (W)	电压降 (mV)	质量 (kg)
NGT00	25	380	8.6	341	0.18
	32	800	9.9	309	
	40		11.3	283	
	50		13.2	264	
	63		15.7	249	
	80		18.7	231	
	100		22.6	226	
	125		27.0	216	

续表 26-31

型号	额定电流 (A)	额定电压 (V)	额定损耗功率 (W)	电压降 (mV)	质量 (kg)
NGT1	100	380 660 1000	34	340	0.47
	125		36	280	
	160		40	258	
	200		46	230	
	250		55	220	
NGT2	200	380 660 1000	47	235	0.69
	250		53	212	
	280		56	200	
	315		62	197	
	355		67	189	
	400		75	188	
NGT3	355	380 660 1000	64	180	0.92
	400		68	170	
	450		75	167	
	500		83	166	
	560		92	164	
	630		105	167	

注：额定分断能力：100kA。

(2) 弧前时间电流特性曲线是预期电流 I_P 与弧前时间的关系曲线，如图 26-57 所示。该曲线是熔断器在冷态分析预期短路 电流时测绘的，如需要熔断器在负荷工作时的弧前时间，可按图 26-58 中安装点工作电流 I_B 与熔断器额定电流 I_e 的比值求得时间修正系数 K_t，再乘以弧前时间 t_s，即可求得熔断器在负荷工作时的弧前时间。

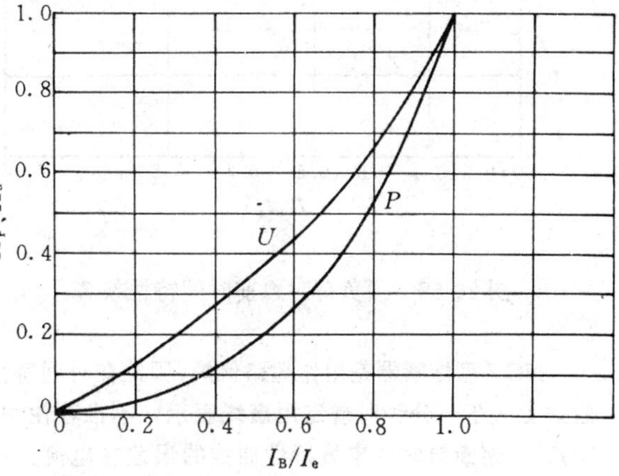

图 26-56 在降容时 P 与 U 的换算

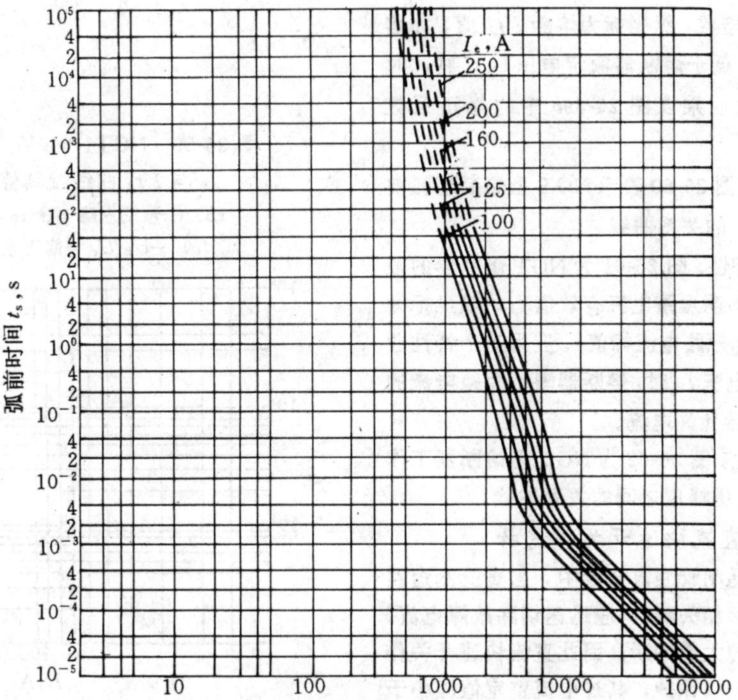

图 26-57 NGT1-660V 弧前时间预期电流（有效值）电流特性曲线

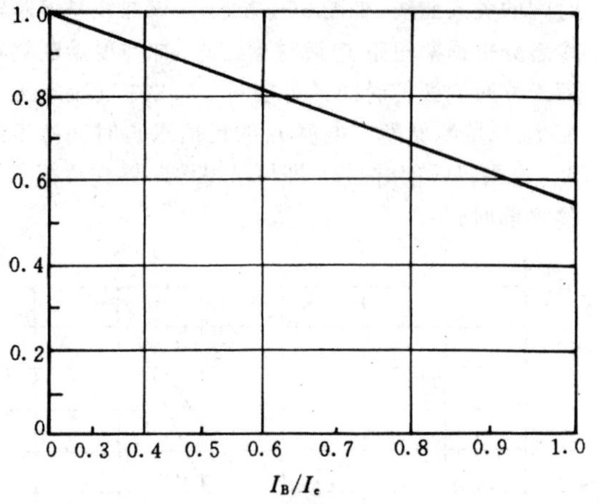

图 26-58 预负荷时弧前时间特性换算

NGT 型熔断器是用作短路保护，因此在时间特性曲线上大于一分钟时规定用虚线表示，不推荐使用，NGT 型熔断器时间电流特性曲线的误差在电流方向小于等于±10%。

(3) 熔断 I^2t_A。图 26-59*a* 表示预期短路电流 I_P 与熔断 I^2t_A 的关系曲线。横坐标为预期短路电流 I_P 与熔断器额定电流 I_e 的倍数，纵坐标为熔断 I^2t_A 值，如熔断器的工作电压 U_B 低于熔断器额定电压 U_e，则此时熔断器熔断 I^2t_A 值应乘以图 26-59*b* 中的修正系数 K_B。

(4) 弧前 I^2t_s。图 26-60 表示 NGT 型熔断器弧前 I^2t_s 值与额定电流 I_e 的关系曲线。

(5) 截断电流特性。图 26-61 为 NGT 熔断器的限流特性。横坐标为预期短路电流有效值 I_P，纵坐标为限流电流 I_D(非对称短路电流峰值)。应用这个特性曲线可求出预期短路电流 I_P 时，熔断器限制短路电流的峰值 I_D，即为熔断器允许电流。

(6) 过电压特性。图 26-62 为 NGT 型熔断器工作电压 U_B 与断开过电压峰值之间的关系曲线。

26.6.3.3 直流快速开关的选择

在大中容量的晶闸管变流装置中，当直流侧短路或可逆系统中逆变换相失败时，应迅速切除故障电流，以避免快速熔断器的大量熔断。因此直流快速开关作为快速熔断器的前一级保护，其过电流整定值应小于熔断器的熔断值，其选择原则是：

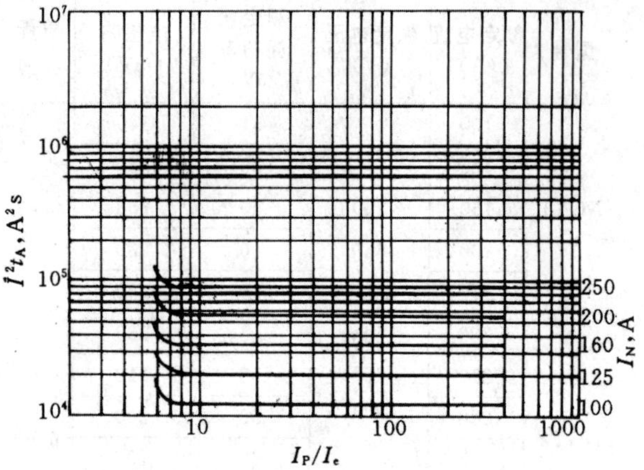

(*a*)

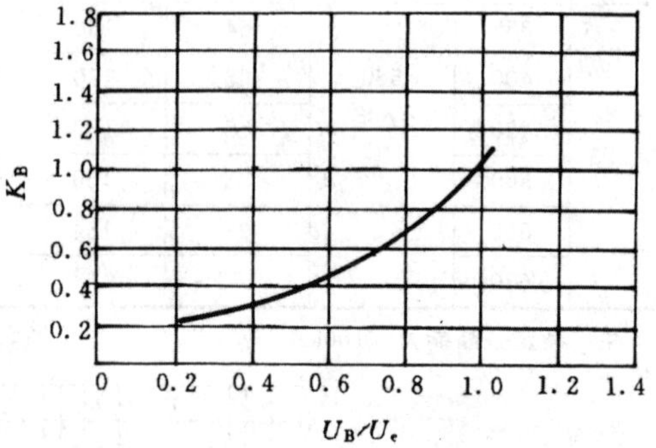

(*b*)

图 26-59 NGT1-660V 预期短路电流 I_P 与 I^2t_A 曲线及其修正系数 K_B
(*a*) —预期短路电流 I_P 与 I^2t_A 曲线；
(*b*) —U_B/U_e 与修正系数 K_B 曲线

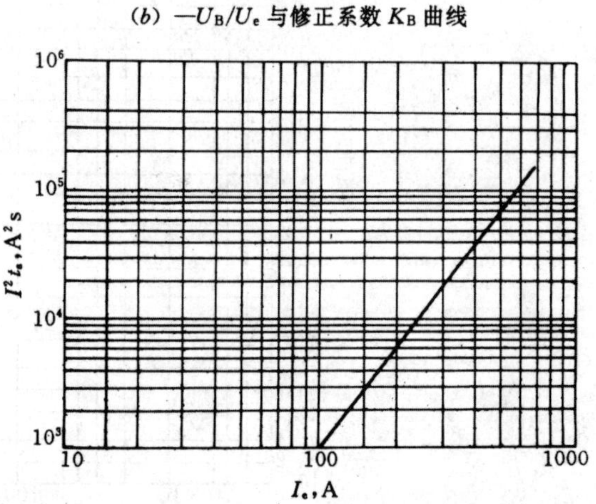

图 26-60 NGT1-660V 弧前 I^2t_s 与额定电流 I_e 曲线

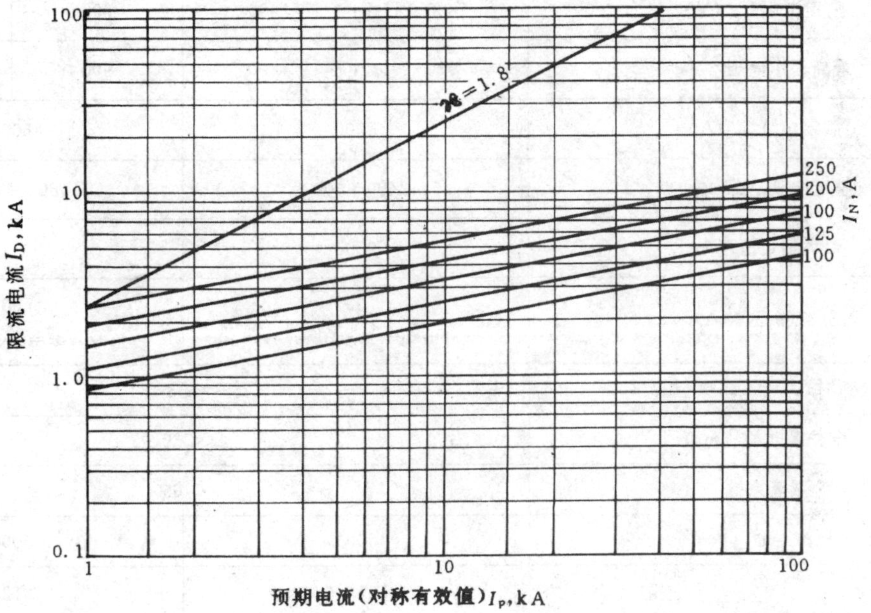

图 26-61 NGT1-660V 限流特性

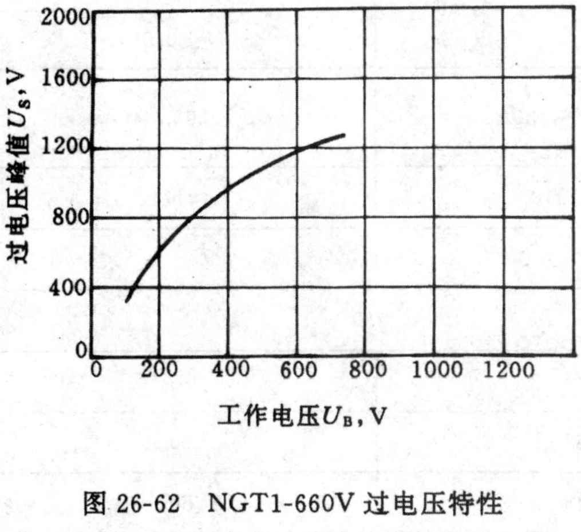

图 26-62 NGT1-660V 过电压特性

(1) 快速开关的额定电流应大于或等于供电回路的负载电流，即

$$I_e \geqslant I_{de} \quad (26\text{-}75)$$

式中 I_e ——直流快速开关的额定电流，A；

I_{de}——回路的负载电流，A。

(2) 快速开关的额定电压应大于或等于供电回路的工作电压。

(3) 快速开关的分断能力应大于故障电流时的需要。

(4) 校核快速开关与快速熔断器之间的保护级别的配合。

常用的 DS12 系列直流快速开关的技术数据见表 26-32。

26.6.3.4 直流快速开关在直流主回路中的联接

直流快速开关通常接在晶闸管变流器直流输出侧的正极。对于不可逆整流线路只须一台直流快速开关；对于全控桥反并联接线的可逆线路或全控桥交叉接线的可逆线路，若考虑逆变颠覆，则正反组各需一台 快速开关，否则也只须一台，但是当一个桥臂上装有正、反两个晶闸管，并装在同一个散热器上的三相全控桥反并联可逆线路，也只须设置一台快速开关。

表 26-32 DS12系列直流快速开关技术数据

项目		DS12-30/08	DS12-30/16	DS12-60/08	DS12-60/16
额定电压 U_e（V）		800	1600	800	1600
最高工作电压（V）		900	1800	900	1800
额定电流 I_e（A）		3000		6000	
整定电流范围（A）		2400～6000		4800～12000	
最大整定值（A）		9000			
分断能力（kA）		50 ($di/dt=3\times10^6$A/s)		50 ($di/dt=3\times10^6$A/s)	
分断时过电压/试验电压		≤3			
全分断时间（ms）		＜30			
限流系数		0.65			
机械寿命（次）		5000		5000	
触头开距（mm）	主触头	≥12.5		≥12.5	
	弧触头	≥10		≥10	
触头压力（N）	主触头	421.7±49		1176.8±98	
	弧触头	117.7±29.4		117.7±29.4	
弧触头超行程（mm）		3±0.5		3±0.5	
控制功率（瞬时）		AC/DC 220V，20A		AC/DC 220V，40A	
质量（kg）		≈124		≈174	
闭合操作动作时间（ms）		≈110			
分励操作动作时间（ms）		≈30			
断路器通低压额定电流时冷态电压降（mV）	进出线之间	85		75	
	主触头之间	50		30	
	弧触头之间	45		50	

26.6.3.5 过电流保护的其它方式

A 瞬时动作过电流继电器

过电流继电器多用于中、小容量的晶闸管变流装置中，直接接入直流回路。当电流超过整定值时瞬时动作，使主回路开关跳闸，用来保护变流装置与电动机，系统见图 26-63。

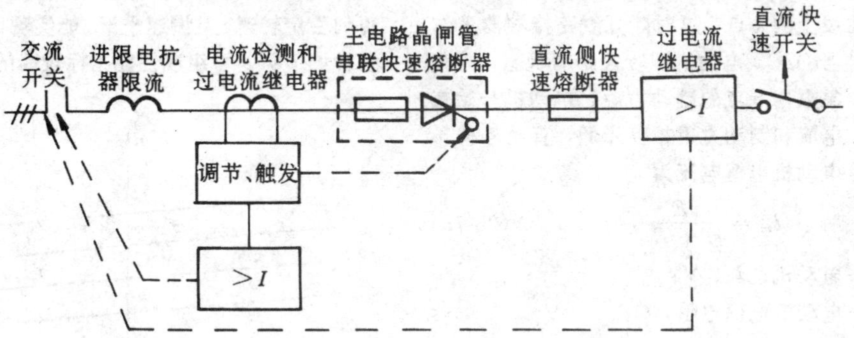

图 26-63 过电流保护系统

B 反馈控制过电流保护

在一些重要的且容易发生短路的晶闸管设备（如逆变器）中，常采用反馈控制作过电流保护，见图 26-64。在使用这种保护方式的同时，快速熔断器仍然不可缺少，因为晶闸管失效引起的局部短路事故，只能依靠快速熔断器来保护。

在图 26-64 中，电流互感器检出电流信号，经整流后与过电流整定信号比较。正常情况，比较器输出低电平，触发系统受给定、偏移电压控制，输出移相脉冲；当负载短路时，比较器输出高电平，控制门封锁，偏移电压使延迟角 $\alpha>90°$（一般为 150°），于是整流器转入逆变状态，抑制短路电流。

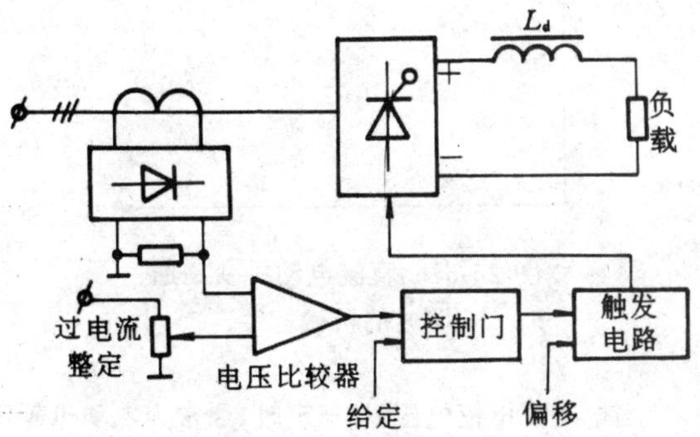

图 26-64 利用反馈控制的过电流保护电路

此种保护方式适用于可转入逆变状态的整流电路，例如全控、电感滤波线路，一般对抑制直流输出短路事故较为有效。

26.6.4 动力制动电阻计算

对于晶闸管变流装置供电的不可逆传动系统或可逆传动系统，为了准确停车或加速制动，常采用动力制动。他励直流电动机，动力制动特性见图 26-65。

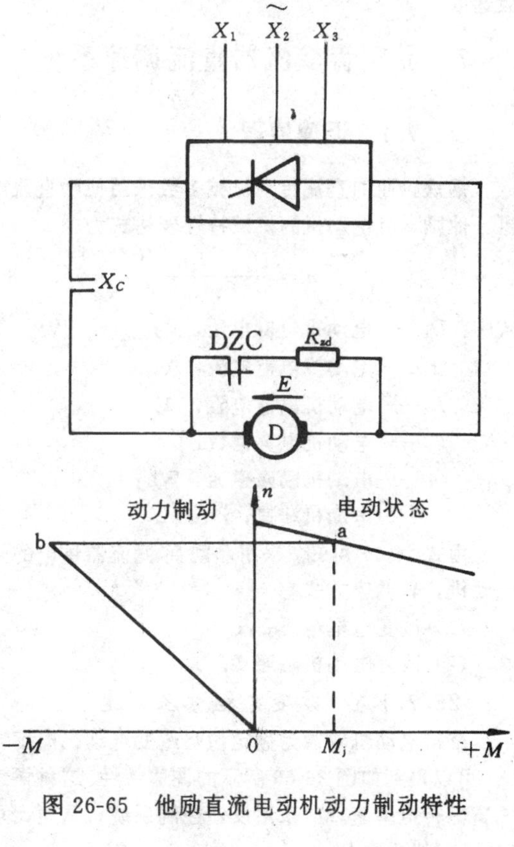

图 26-65 他励直流电动机动力制动特性

在一定静态力矩 M_j 的情况下，假定电动机运行在自然特性曲线上的 a 点，这时断开线路接触器 XC，闭合制动接触器 DZC，电动机即转入制动状态，并获得相应于第Ⅱ象限内 b 点的制动力矩，电动机开始减速。电动势、电流和制动力矩相应降低，直至停车。

制动时，电动机电枢电流为

$$I_{zd} = \frac{E}{r_s + R_{zd}} \tag{26-75}$$

式中 E——电动机电势，V；

r_s——电动机电枢电阻，Ω；

R_{zd}——制动电阻，Ω；

假定电动机从理想空载特性开始制动，则

$$E = U_e$$

制动电阻为

$$R_{zd} = \frac{U_e}{I_{zd}} - r_s \tag{26-76}$$

制动电流 I_{zd} 一般取电动机额定电流的 1.5～2.0 倍。

制动电阻的容量按制动时间及电阻的发热时间常数选取。

26.7 晶闸管变流器直流调速系统

26.7.1 调速原理

钢铁企业的直流传动机械多数采用他励直流电动机。他励直流电动机的机械特性表达式为

$$n = \frac{U_a - I_a R_a}{C_e \Phi} \tag{26-77}$$

式中 U_a——电动机电枢电压，V；

I_a——电动机电枢电流，A；

R_a——电动机电枢电阻，Ω；

C_e——电动机电势常数；

Φ——电动机励磁磁通，Wb；

n——电动机转速，r/min。

由式 26-77 可知，采用晶闸管 变流器供电的直流电动机，其调速方式有：

(1) 改变电枢电压 U_a；

(2) 改变电动机磁通 Φ。

26.7.1.1 改变电枢电压调速

维持电动机磁通为额定值，改变电动机电枢电压 U_a，可以得到如图 26-66 所示的调速特性。这种调速方式属恒转矩调速，如采用反馈控制系统，调速比可达 50：1，甚至更大。

变电压调速的特点是在空载或负转矩负载时也能得到稳定转速，且调速平滑，能实现回馈制动，若配上各种调节器，可组成性能指标较高的调速系统。

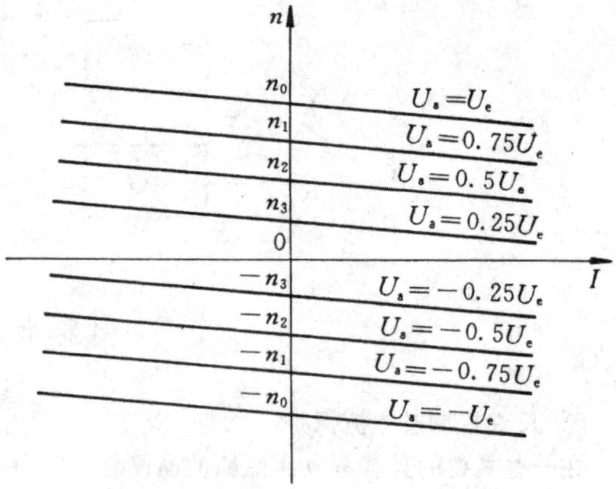

图 26-66 直流电动机变电压调速的机械特性

26.7.1.2 改变磁通调速

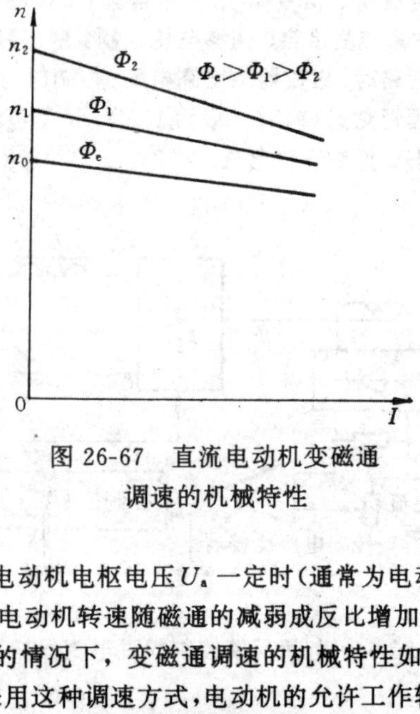

图 26-67 直流电动机变磁通调速的机械特性

当电动机电枢电压 U_a 一定时(通常为电动机额定电压)，电动机转速随磁通的减弱成反比增加。在无反馈控制的情况下，变磁通调速的机械特性如图 26-67 所示。采用这种调速方式，电动机的允许工作转矩随转速升高而减小，故适用于恒功率调速。调速比一般为 1.5：1～3：1，特殊场合可达 5：1。

如果将基速以下的调压调速和基速以上的弱磁调速结合起来可以得到更大的调速范围，此时直流电动

机的特性曲线如图 26-68 所示。

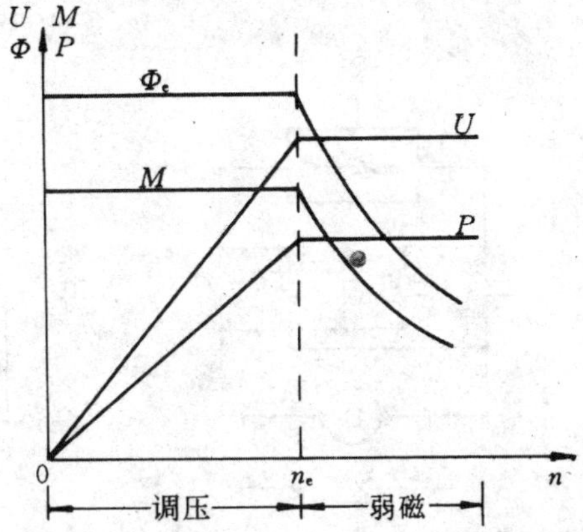

图 26-68 直流电动机调压与弱磁调速的特性曲线

26.7.2 晶闸管变流器供电的不可逆调速系统

晶闸管变流器供电的直流电动机可以通过调压调磁来调节电动机的转速。调压调磁系统有独立控制与非独立控制两种方式。所谓独立控制系统是指电动机的励磁不受电动机电枢电压控制，而非独立控制系统是指电动机的励磁与其端电压有一定联系，并受电枢电压控制。图 26-69 是一个晶闸管变流器供电的不可逆调速、独立控制系统。该系统不采用转速反馈，而由电动机电枢电压和电动机励磁电流两个独立的闭环构成，即电动机励磁与电枢电压无关。

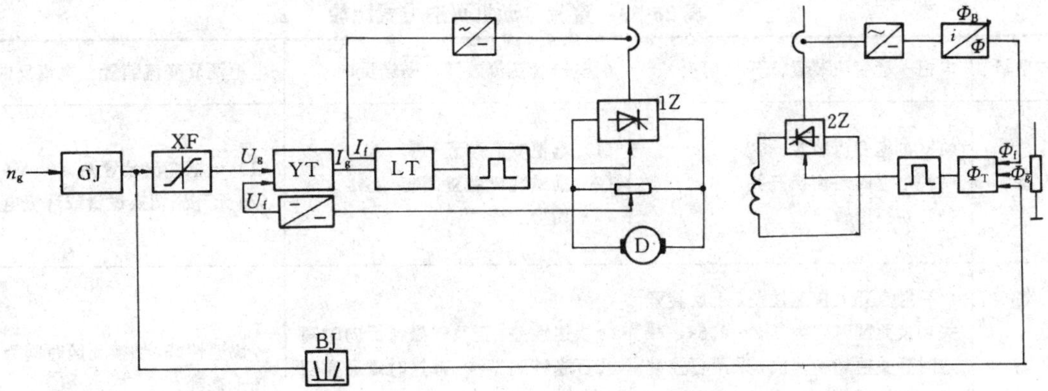

图 26-69 调压调磁独立控制系统

D—直流电动机；1Z、2Z—晶闸管变流器；GJ—给定积分器；

XF—限幅放大器；YT—电压调节器；LT—电流调节器；BJ—比较器；

Φ—励磁电流与磁通变换器；$Φ_T$—磁通调节器

基速以下，比较器 BJ 的输出为零，在电动机磁通给定 $Φ_g$ 的作用下使电动机保持额定磁通，给定积分器 GJ 通过限幅器 XF 给出电动机电枢电压给定值，实现基速以下调速。基速以上，比较器 BJ 有输出，降低磁通调节器 $Φ_T$ 的给定量，使电动机弱磁，实现基速以上调速，此时限幅调节器 XF 饱和，其限幅值对应于电动机额定电压，从而维持基速以上电动机电枢电压不变。

26.7.3 晶闸管变流器供电的可逆调速系统

钢铁企业中的许多机械要求电力传动系统能在机械特性的四个象限运行，即正向工作，正向制动，反向工作和反向制动。但由于晶闸管元件的单向导电性，一组晶闸管变流器不能使直流电流反向，只能实现正向工作、反向制动或反向工作、正向制动状态。

实现四个象限运行有图 26-70 所示的三种方法，即：

(1) 电枢用一套变流装置，切换主回路开关反向，如图 26-70*a*；

(2) 电枢用一套变流装置，磁场反向，如图 26-70*b*；

(3) 电枢用两套变流装置可逆运行，如图 26-70*c*。

三种可逆方式的比较见表 26-33。

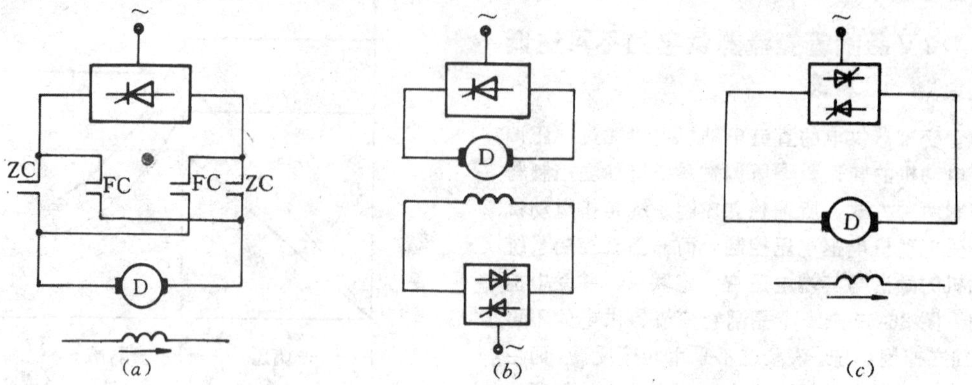

图 26-70　直流电动机可逆传动三种方式

表 26-33　直流电动机可逆方式比较

比较项目	电枢一套变流装置、开关切换	电枢一套变流装置、磁场反向	电枢两套变流装置、电枢反向
设备	(1) 电枢变流装置一套 (2) 电枢回路切换开关 (3) 切换逻辑	(1) 电枢变流装置一套 (2) 励磁变流装置两套 (3) 切换逻辑	(1) 电枢变流装置两套 (2) 无环流切换逻辑或环流电抗器
性能	有触点开关快速性差，正反转开关切换死区时间为 0.2～0.5s，减速时开关要切换两次，采用可控硅开关可将切换死区时间减少到 0.1s	快速性差，正反转磁通反向时间几百毫秒到 1 秒，减速时磁通要切换两次	快速性好，切换死区时间为 0 到几十毫秒
可靠性	主回路不会产生环流，有触点开关维护工作量大，寿命低	主回路不会产生环流，无触点切换，要求有可靠的可逆励磁回路	要求触发器、逻辑切换可靠及抗干扰能力强
系统与投资	系统简单，投资少	系统复杂，但投资较少	系统较简单，但投资大
适用场合	正反转调速不频繁，受开关容量限制，一般在几十千瓦以下如吊车等	正反转调速不频繁，对调速精度要求不高、容量几十千瓦到几千千瓦如卷扬机等	正反转调速频繁，容量从几千瓦到几千千瓦，如轧机主、辅传动，可逆运转机床等

鉴于电枢回路由一套晶闸管变流装置供电，采用开关切换的可逆方式存在切换开关维护工作量大，开关寿命短，正反向切换零电流死区时间较长（约 0.2～0.5s）等缺点，故仅适用于小功率、不频繁切换的场合。

有关励磁可逆调速系统参见 26.7.5.5—B。

电枢回路采用两组晶闸管变流器供电的可逆系统，通常采用三相桥式整流电路，两组三相桥式电路构成的电枢可逆系统多数为：

(1) 逻辑无环流反并联接线；

(2) 错位选触无环流反并联接线；

(3) 交叉接线小环流系统；

(4) 全数字直流调速系统。

上述晶闸管变流器供电的可逆调速系统详见26.7.4～26.7.7。

26.7.4 逻辑无环流可逆调速系统

逻辑无环流可逆调速系统是通过控制两套晶闸管变流装置的触发脉冲使一套晶闸管变流装置处于工作状态，另一套晶闸管变流装置处于封锁状态，故在两套晶闸管变流装置之间不产生环流。由于晶闸管只有在电流为零后才能恢复阻断能力。因此，对这类系统的切换要求是：按给定的电流极性，检查晶闸管中的电流确实为零时，才能进行两套晶闸管变流器的切换。

逻辑无环流可逆调速系统可分为无准备切换和有准备切换两种。

26.7.4.1 无准备切换的逻辑无环流可逆调速系统

无准备切换的逻辑无环流可逆调速系统如图26-71所示。电动机正转时，无环流转换逻辑单元WLZ的“0”端为低电平，“1”端为高电平，电子开关1K闭合，2K打开。转速调节器ST的给定n_g为负，ST的输出直接加到电流调节器LT的输入，晶闸管变流器1Z工作，2Z封锁，电动机正转。当需要反转时，n_g极性改变，LT的输出极性亦改变，1Z从整流状态变为逆变状态，主回路电流迅速减小。在主回路电流未到零之前，WLZ输出端的电平状态不变，1K仍闭合，2K仍打开。待主回路电流到零后，WLZ的“0”端与“1”端均为高电平，1K及2K均闭合，与门YM有输出。LT在YM输出的作用下，将晶闸管变流器2Z的触发脉冲移到β_{min}处（即推β信号）等待参与工作。待WLZ的切换延时结束后，WLZ的“0”端为高电平，“1”端变为低电平，YM输出为零，推β信号取消。这时由于2K闭合、1K打开，ST的输出经反号器送入LT，在此控制信号的作用下，LT将2Z的触发脉冲从β_{min}处向β增加的方向移动，电动机电枢出现反向电流，电动机继续制动到零并反向加速，直到转速反馈n_f与给定转速n_g相等为止。

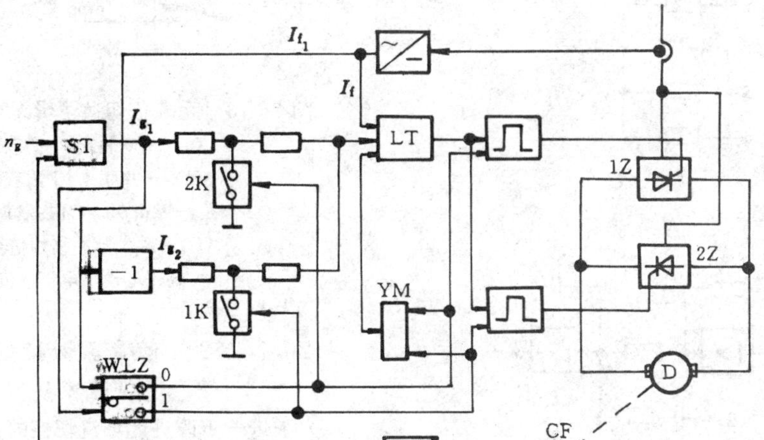

图26-71 无准备切换的逻辑无环流可逆调速系统

D—直流电动机；CF—测速发电机；1Z、2Z—晶闸管变流器；ST—转速调节器；LT—电流调节器；WLZ—无环流转换逻辑单元；YM—与门；1K、2K—电子开关

无准备切换逻辑无环流系统的缺点是反向时零电流死区较大。零电流死区中一部分是WLZ本身的切换延时，约5～6ms，大部分是LT具有积分作用，当推β信号取消后，其输出要经一段时间才能使变流器电压达到与电动机电势相适应的数值，电动机才出现反向电流。该死区还与电动机工作状态有关，有时可达100～200ms，如图26-73*a*所示。死区大，不仅会引起转速和电流超调，而且会使转速环振荡。改变电流调节器参数和接线可以减小死区，例如将图26-72*a*串联式PI调节器改为图26-72*b*并联式PI调节器，或采用带

di/dt 内环控制的电流调节器如图 26-72c。这样不但可以减小死区，而且可改善电流断续后系统性能。各种无准备切换逻辑无环流系统的切换过程性能见图 26-73。

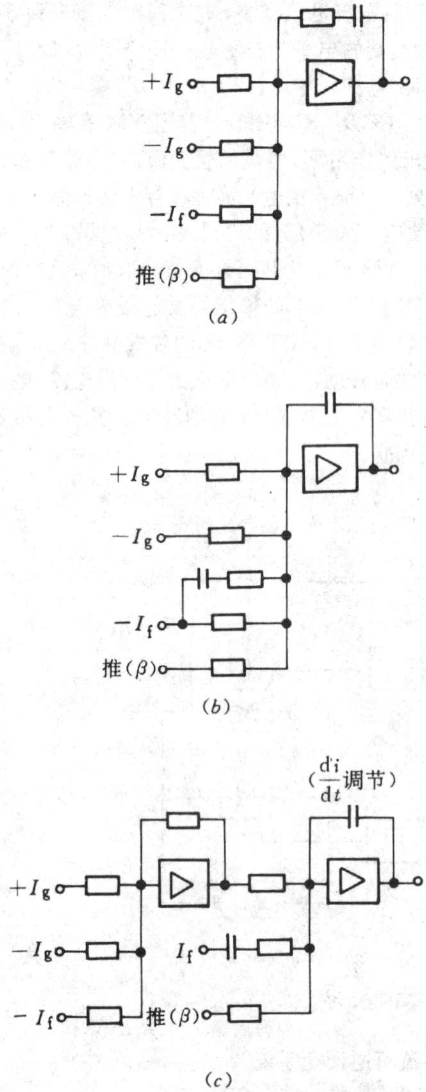

图 26-72 几种不同的电流调节器

(a) 一串联式 PI 调节器；

(b) 一并联式 PI 调节器；

(c) 一带 di/dt 控制的 PI 调节器

I_g—电流给定；I_f—电流反馈；

推 β—切换时将触发脉冲推至 β_{min} 的信号

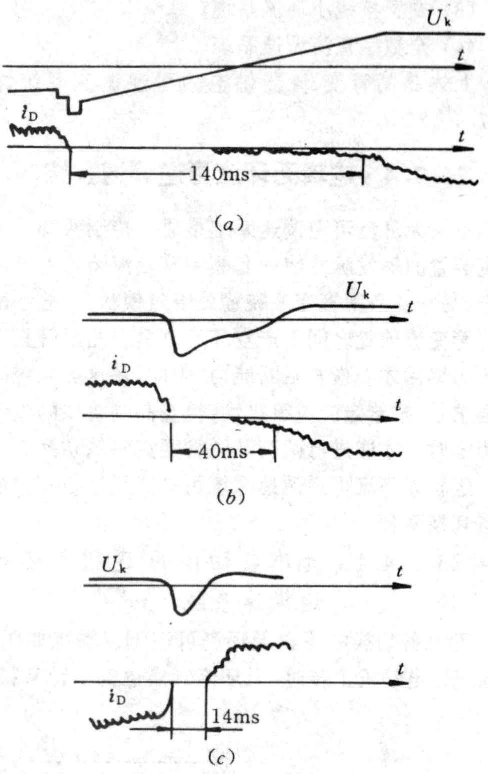

图 26-73 无准备切换逻辑无环流切换过程

(a) 一串联式 PI 调节器；

(b) 一并联式 PI 调节器；

(c) 一带 di/dt 内环控制调节器；

U_k—触发脉冲移相信号；

i_D—电动机电枢电流

26.7.4.2 有准备切换的逻辑无环流可逆调速系统

为了进一步改进无环流切换的性能，可采用有准备切换的逻辑无环流系统。所谓有准备切换，就是电流反向时，待参加工作的那组变流装置在换向逻辑延时结束时，其触发脉冲相位不是处在 β_{min} 处，而是处 在与电动机反电势相适应的电角度。这样既避免了电流冲击又能 在换向逻辑动作一旦结束后立刻出现反向电流，从而大大减少了反向时的零电流死区。

有准备切换逻辑无环流可逆调速系统见图 26-74。它与图 26-71 的系统相比，仅增加了 电子开关 3K～5K、电压检测器 YB 和 反号器 2FH～3FH。由 2FH、3FH、4K、5K 及 YB 构成一个反馈系数为 1 的电压（电势）正反馈，3K 则用来将电流调节器 LT 置零。

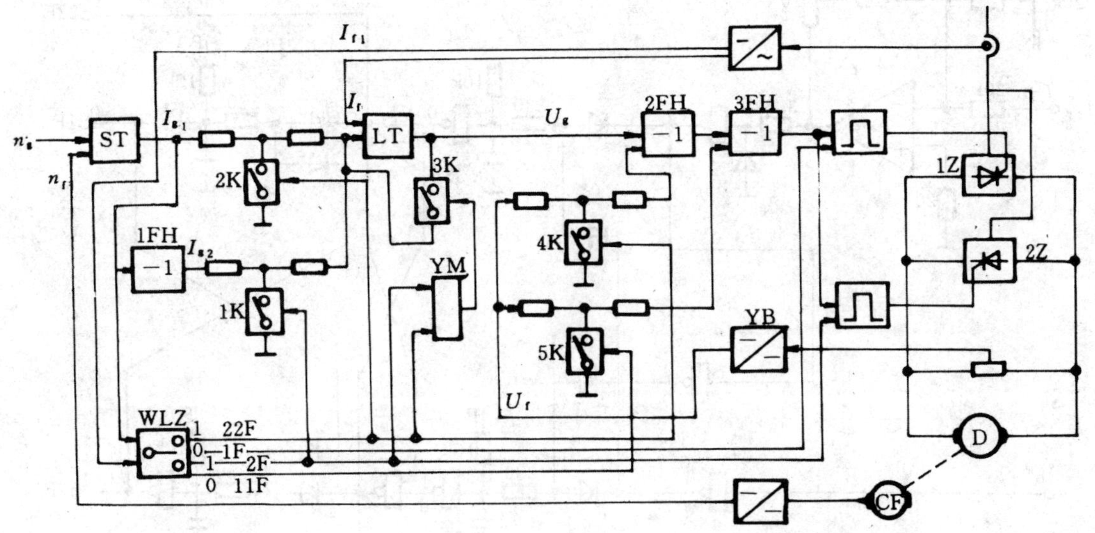

图 26-74 有准备切换的逻辑无环流可逆调速系统

D—直流电动机；CF—测速发电机；1Z、2Z—晶闸管变流器；ST—转速调节器；
LT—电流调节器；WLZ—无环流转换逻辑单元；YM—与门；YB—电压检测器；
1FH～3FH—反号器；1K～5K—电子开关

电动机正转时，WLZ 的 1F 及 11F 端为低电平，2F 及 22F 端为高电平，2K、3K、5K 打开，1K、4K 闭合，正向工作电路畅通，晶闸管变流器 1Z 工作，变流器 2Z 封锁。电动机在稳态工作时，负载电流恒定，电流调节器 LT 的输出为零，由 YB、3FH 的正反馈回路维持 1Z 的输出电压，电压反馈 U_f 与脉冲移相信号相等。当需要电动机反转时，转速给定 n_g 极性改变，LT 有输出，变流器 1Z 从整流状态变为逆变状态，主回路电流迅速减小。待电流到零后，经 1～2ms 延时，WLZ 的 11F 由"0"变"1"，22F 由"1"变"0"，而 1F 及 2F 端均为高电平，正反向两组变流器封锁。此时，电子开关 1K、2K、3K、5K 闭合，4K 打开，LT 被 3K 置零，由于 5K 闭合 4K 打开，电压反馈信号 U_f 则经 2FH、3FH 反号器使触发脉冲移相信号改变极性，等待变流器 2Z 的触发脉冲解除后，使 2Z 的逆变电压对应于电动机电势。转换逻辑经第二级延时（约 4～5ms）后，WLZ 的 2F 端则由高电平变为低电平，与此同时，1K、3K 打开，反向通路畅通，1Z 封锁，2Z 工作。3K 刚打开时，由于 LT 的积分作用其输出仍维持为零，在 YB、2FH、3FH 反馈回路作用下，2Z 的逆变电压正好与电动机的反电势相适应（即所谓有准备），即可出现反向制动电流。电动机的速度制动到零，并反向加速到与 n_g 相对应的转速为止。这种系统反向时的零电流死区取决于 WLZ 本身的整定延时，一般为 5～6ms。

有准备切换的逻辑无环流系统有两个主要组成部分：一是无环流转换逻辑；二是电势跟随环节。

A 无环流转换逻辑

图 26-75 是无环流转换逻辑电路，1F 和 2F 控制正反向两组变流器的触发脉冲，"0"开放，"1"关闭，1F 和 2F 相互联锁，其中有一个为"0"时，另一个必然为"1"，这就保证了在任何时候只有一组变流器有触发脉冲，而且不会产生环流。当电动机不工作时，负载电流为零，即电流给定信号 I_{g1} 及零电流检测信号 I_{f1} 均为零，此时，a 为"1"，b 为"0"，e 为"1"，c 为"0"，d 为"1"，1F 及 11F 为"0"，2F 及 22F"1"。1F 为"0"，正向组变流器 1Z 的触发脉冲开放；2F 为"1"，反向组变流器 2Z 的触发脉冲封锁。11F 及 22F 为切换电流给定电子开关的控制信号。

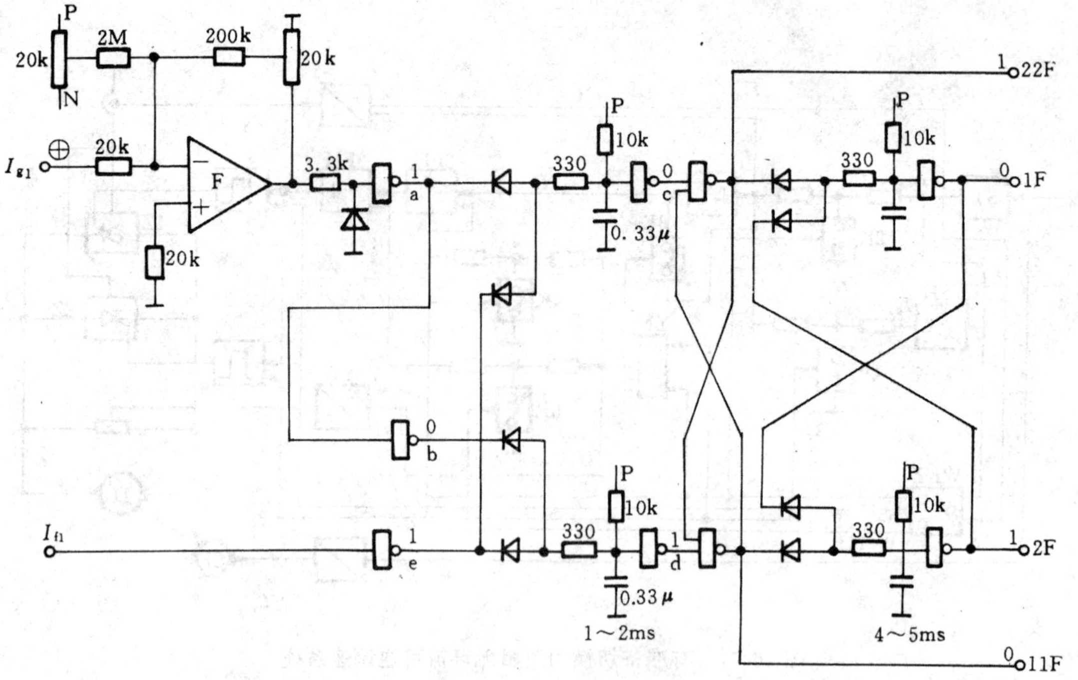

图 26-75 无环流转换逻辑电路

当电动机正向工作并有电枢电流时，I_{g1}为正值，I_{f1}由“0”变“1”，则 e 由“1”变“0”，c 由“0”变“1”，但这时 1F、11F、2F 及 22F 的逻辑状态未变，正向组变流器 1Z 工作。

当电动机从正转变换至反转时，I_{g1}由正值变为负值，a 点瞬间由“1”变“0”，b 点由“0”变“1”，此时正向组变流器的触发脉冲在I_{g1}的作用下后移，进入本桥逆变状态，电枢电流迅速减小，当电枢电流接近零时，I_{f1}则由“1”变“0”，e 由“0”变“1”，经 1～2ms 延时后，d 点由“1”变“0”，11F 和 22F 同时变号，11F 由“0”变“1”，22F 由“1”变“0”，这时 1F 由“0”变“1”，正向组变流器的触发脉冲被封锁，而 2F 仍为“1”，即反向组变流器的触发脉冲未开放。经第二级延时，约 4～5ms 后，2F 由“1”变“0”，开放反向组变流器的触发脉冲。换相逻辑电路中有两级延时，其目的是保证在切换过程中不发生逆变颠覆和不产生动态环流。由于电流检测器有灵敏度限制，当I_{f1}由“1”变“0”时，实际电枢电流未必已到零，加上 1～2ms 延时是为了确保电枢电流到零后才封锁原工作组变流器的触发脉冲。另外，当换相逻辑发出封锁信号时，可能下一个触发脉冲已经发出，原工作组又建立了电流，为此加第二级延时，经 4～5ms，原工作组变流器即使建立了电流也已经消失，再开放待工作组变流器的触发脉冲，这样就可确保不产生动态环流。1F 和 2F 在转换时有一段双封锁时间，在这段期间正反两组变流器均没有触发脉冲。

B 电势跟随环节

电势跟随环节的作用是使待工作组变流器投入工作时，变流器的逆变电压与电动机电势相适应，以避免在制动初期出现电流冲击。电势跟随电路示意图见图 26-76。

从图 26-76 可见，正向组变流器工作时，电流给定I_{g1}为正，I_{g2}为负，1F 为“0”，2F 为“1”，电子开关 1K、4K 闭合，2K、3K 和 5K 打开，I_{g1}进入电流调节器 LT 与I_f相平衡，I_{g2}接地，不进入电流调节器。电动机稳态运转时，负载电流无变化，电流调节器的输出为零，1Z 的触发脉冲移相信号由电压正反馈信号U_f维持。在变流器正反向切换时，WLZ 第一级延时终了，11F 和 22F 就切换，与此同时，1F 和 2F 均输出高电平，这意味着两组变流器的触发脉冲被封锁，触发脉冲移相信号 $1U_k$ 则由电压反馈信号U_f经 2FH、3FH 反号器决定。由于这时没有电枢电流，所以电枢电压U_f

就是电动机电势。当第二级延时终了时，2F 由“1”变“0”，待工作组变流器 2Z 的触发脉冲开放并投入工作，因 $1U_k$ 与电动机电势相适应，因而不会产生电流冲击。这时，LT 的锁零解除，由于 I_{g2} 的作用，U_g 由零逐渐增加，$1U_k$ 也跟着变化，产生电枢电流。

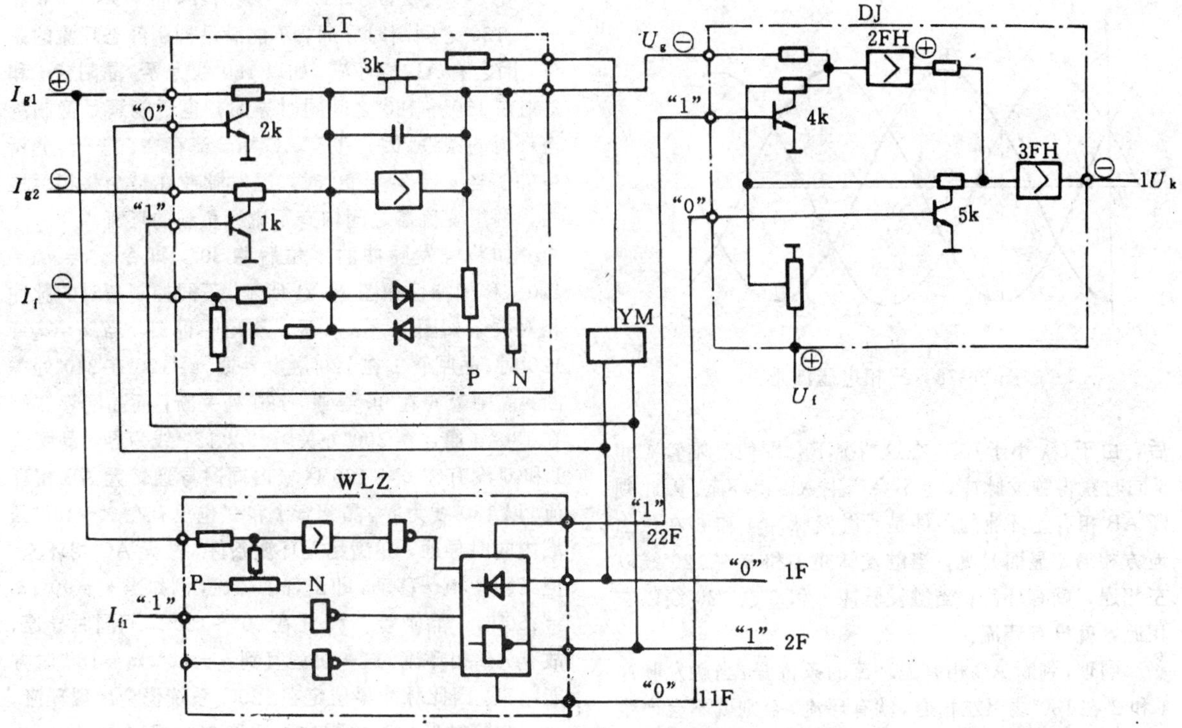

图 26-76　电势跟随电路示意图

26.7.5　错位选触无环流可逆调速系统

晶闸管变流装置错位选触无环流可逆调速系统是利用错开脉冲位置和选择触发的原理来实现无环流控制的。它摆脱了逻辑无环流的逻辑关系，既不需要检测电流的有、无和通、断，也不需要电流自适应调节，在电动机从电动工作状态转换为发电制动状态时，需要逆变器的逆变电压与电动机的电势相适应的问题也易于解决。因此错位选触无环流可逆系统具有结构简单、动态性能好、断流间歇约 6ms、调整容易等优点。

26.7.5.1　*静态环流的抑制*

两组三相桥式变流器 1Z 和 2Z 反并联接线，如图 26-77 所示。令 α_1 和 α_2 分别为 1Z 和 2Z 的控制角。脉冲前移，变流器输出整流电压，脉冲后移，变流器输出逆变电压，脉冲移相的最大范围为 180°。由于正反两组变流器的左、右两侧的接线和电压都是对称的，而环流只在两组变流器之间的任意一侧产生，为方便起见，仅以右侧为例，对环流作定性分析。

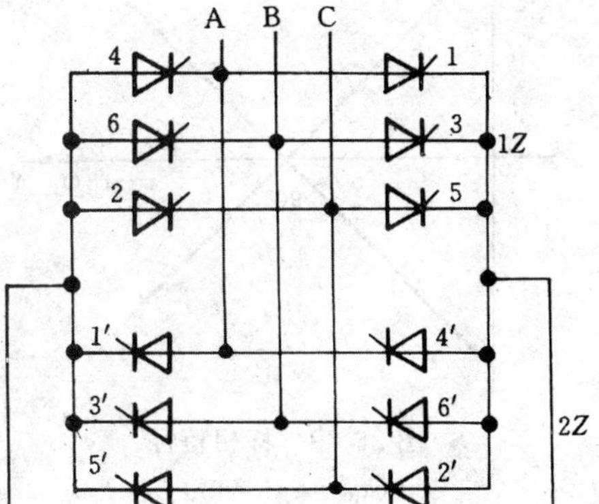

图 26-77　变流器主接线

图 26-78 为三相电压波形，在 0～120°之间，电压 U_A 大于电压 U_B，如在此区域内，晶闸管 1 和 6′同时触发导通，将产生 AB 相环流。但当控制角大于 120°

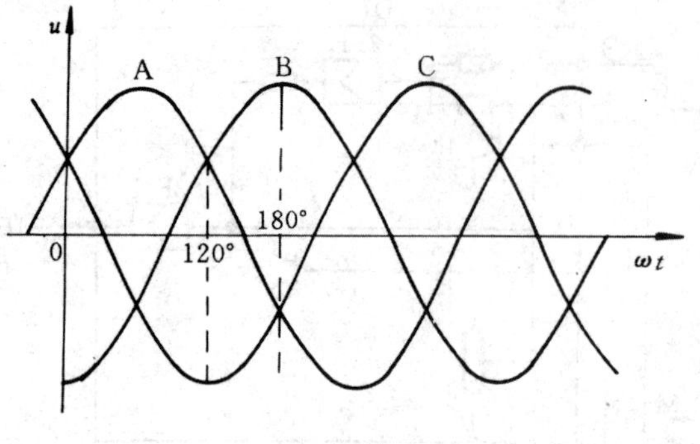

图 26-78 三相电压波形

后，由于 U_A 小于 U_B，在这情况下，即使晶闸管 1 和 6′同时获得触发脉冲，也不会产生 AB 相环流。因此判断 AB 相有无环流的条件是看触发脉冲 1 和 6′在什么地方相遇。显而易见，当触发脉冲 1 和 6′在 120°线以左相遇，就有环流；当触发脉冲 1 和 6′在 120°线以右相遇，就没有环流。

同理，判断 AC 相有无环流的条件是：当触发脉冲 1 和 2′在 180°线以左相遇，就有环流，否则就不会产生环流。

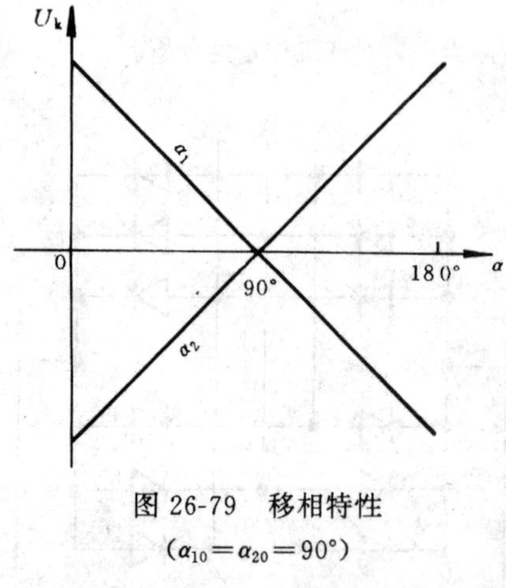

图 26-79 移相特性

($\alpha_{10}=\alpha_{20}=90°$)

按一般系统常规做法，两组变流器的触发脉冲零位定在 90°，即 $\alpha_{10}=\alpha_{20}=90°$，脉冲移相特性如图 26-79 所示，移相后的电源电压与触发脉冲的相对关系如图 26-80。所示。当 $\alpha_1=90°$，$\alpha_2=90°$时，晶闸管 1 在 90°触发导通，经 120°在 210°处关断，晶闸管 6′在 30°导通，经 120°在 150°处关断，而晶闸管 2′则在 150°导通，经 120°在 270°处关断。如以 120°线为界，晶闸管 1 和 6′在 90°～120°之间同时导通，不能满足抑制静态环流的条件，因之有 AB 相环流。如以 180°线为界，晶闸管 1 和 2′则在 150°～180°之间同时导通，也不能满足抑制静态环流的条件，因之也有 AC 相环流存在。进一步分析可知。当 $\alpha_{10}=\alpha_{20}=90°$时，触发脉冲在整个移相范围内，两组变流器之间均有不流经负载的环流。

如将触发脉冲的零位后移 30°，即令 $\alpha_{10}=\alpha_{20}=120°$，移相特性如图 26-81 所示，不同控制角时的脉冲相对关系如图 26-82 所示。从图中可知，当 $\alpha_1=\alpha_2=120°$时，晶闸管 1 在 120°触发导通，经 120°在 240°处关断；晶闸管 6′在 60°导通，180°处关断；而晶闸管 2′则在 180°导通，在 300°处关断。以 120°线为界，晶闸管 1 和 6′没有在 0°～120°区域内同时导通，无 AB 相环流。以 180°线为界，晶闸管 1 和 2′也没有在 0°～180°区域内同时导通，亦满足无环流条件，故无 AC 相环流。但当脉冲稍一移动，即出现了环流，例如当 $\alpha_1=90°$、$\alpha_2=150°$时，晶闸管 1 和 6′在 90°～120°之间同时导通，故有 AB 相环流，这一过程直到 $\alpha_1=60°$、$\alpha_2=180°$时方能结束。因此脉冲零位定在 120°，系统仍会出现环流。

如将触发脉冲的零位再后移 30°，即令 $\alpha_{10}=\alpha_{20}=150°$，移相特性和不同控制角时的脉冲相对关系如图 26-83 及图 26-84 所示。从图中可知，当 $\alpha_1=\alpha_2=150°$时，晶闸管 1 在 150°时触发导通，经 120°在 270°处关断；晶闸管 6′在 90°导通，210°处关断；而晶闸管 2′则在 210°导通，330°处关断。以 120°线为界，晶闸管 1 和 6′没有在 120°之间同时导通，满足无环流条件，无 AB 相环流。以 180°线为界，晶闸管 1 和 2′也没有在 0°～180°之间同时导通，亦无 AC 相环流。当控制角 α_1 前移到 120°，α_2 后移到 180°时，情况也是一样，均能满足无环流条件。因此脉冲零位定在 150°后，晶闸管整流器在整个工作范围内都没有环流，所以 $\alpha_{10}=\alpha_{20}=150°$是无环流极限。

以上讨论的是直线移相，即锯齿波移相，其移相特性为直线。如果采用正弦波移相，如图 26-85 所示，情况有所不同，两组变流装置脉冲移动的度数不一样。设 θ 为无环流极限，根据晶闸管 1 和 6′的脉冲在 120°线上相遇的原则，可列出下列方程

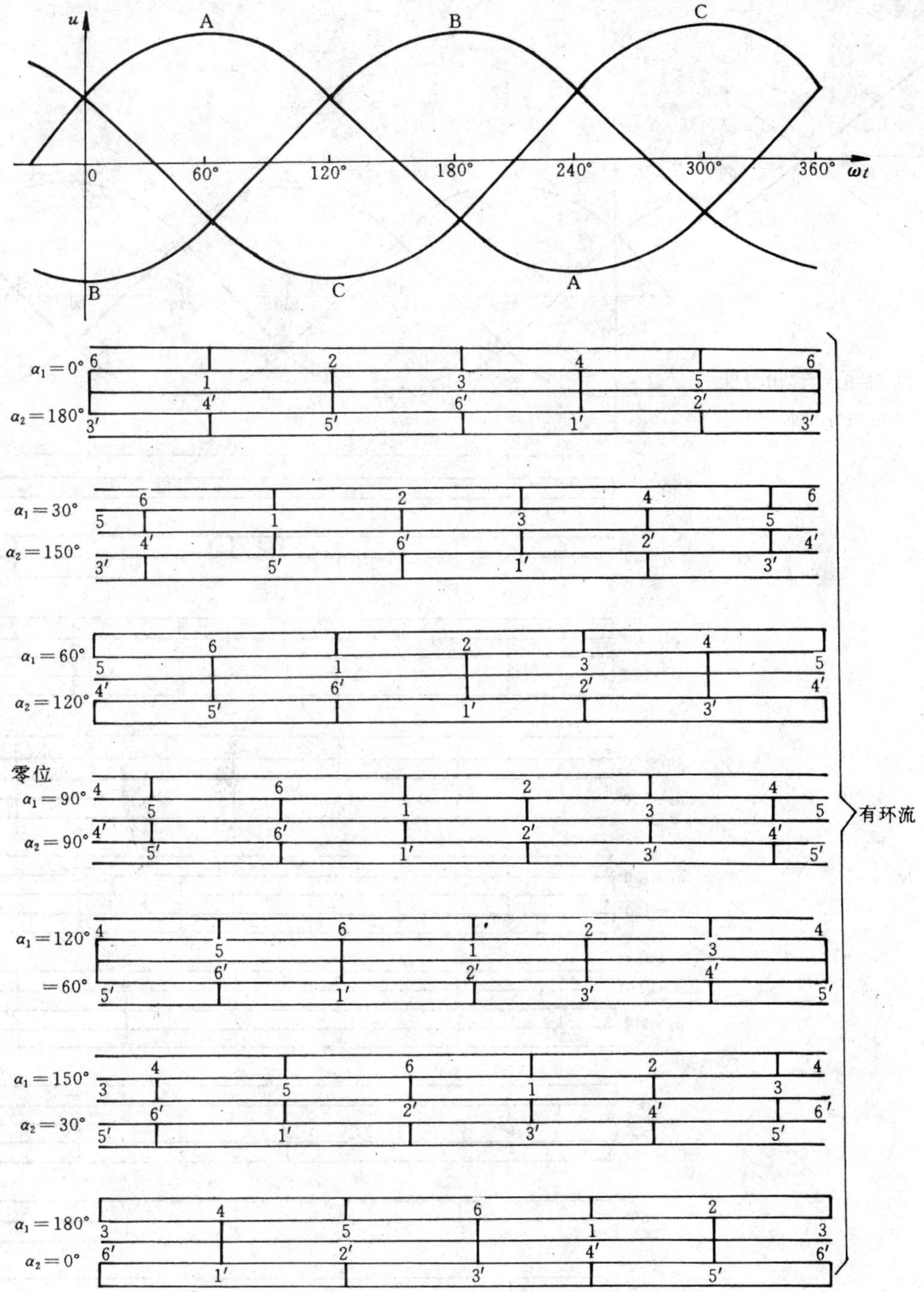

图 26-80　电源电压和触发脉冲

($\alpha_{10}=\alpha_{20}=90°$)

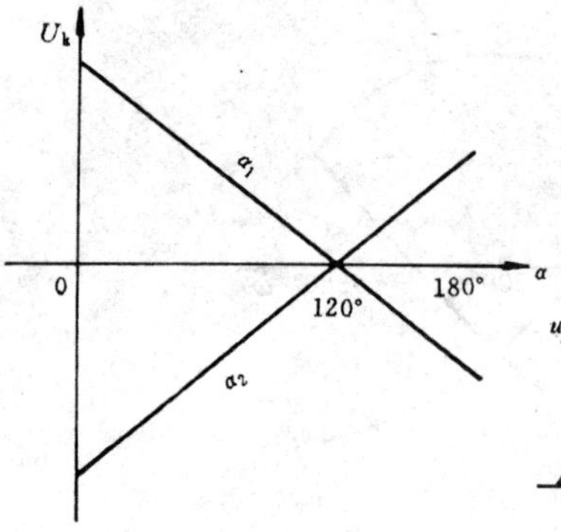

图 26-81 移相特性
($\alpha_{10}=\alpha_{20}=120°$)

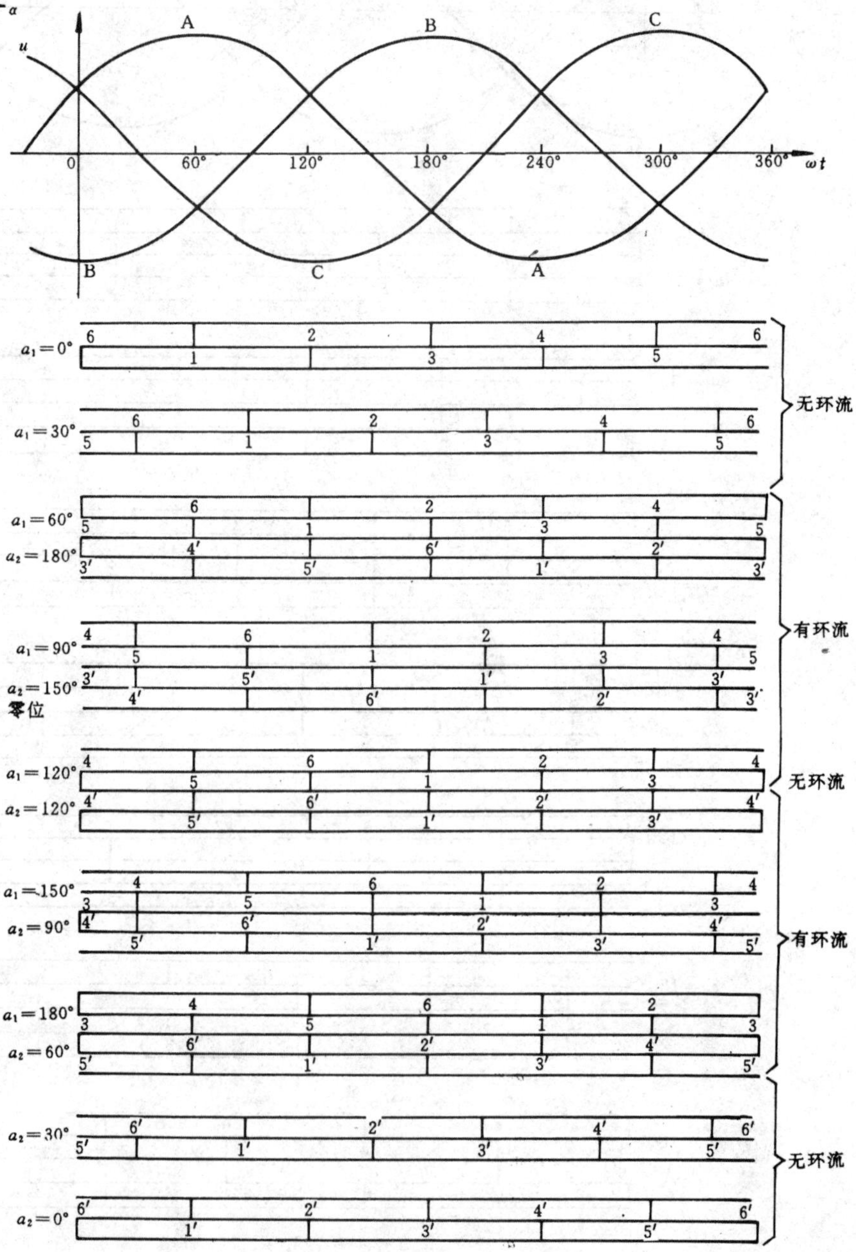

图 26-82 电源电压和触发脉冲
($\alpha_{10}=\alpha_{20}=120°$)

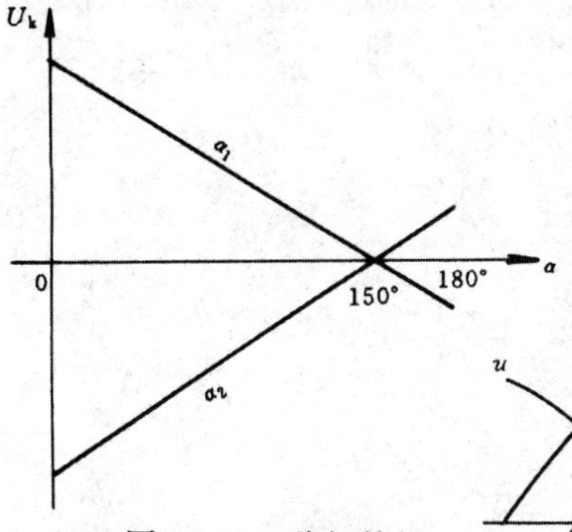

图 26-83 移相特性
($\alpha_{10}=\alpha_{20}=150°$)

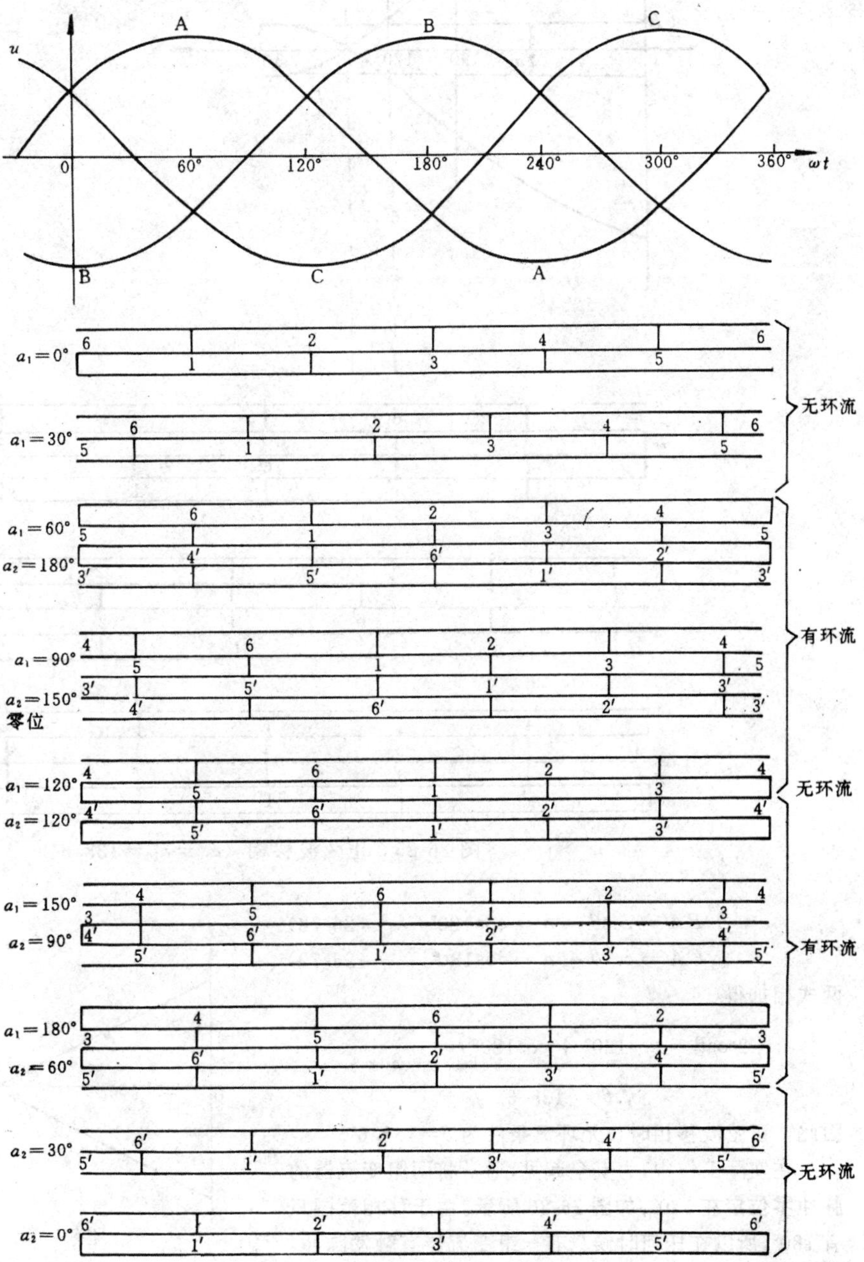

图 26-84 电源电压和触发脉冲
($\alpha_{10}=\alpha_{20}=150°$)

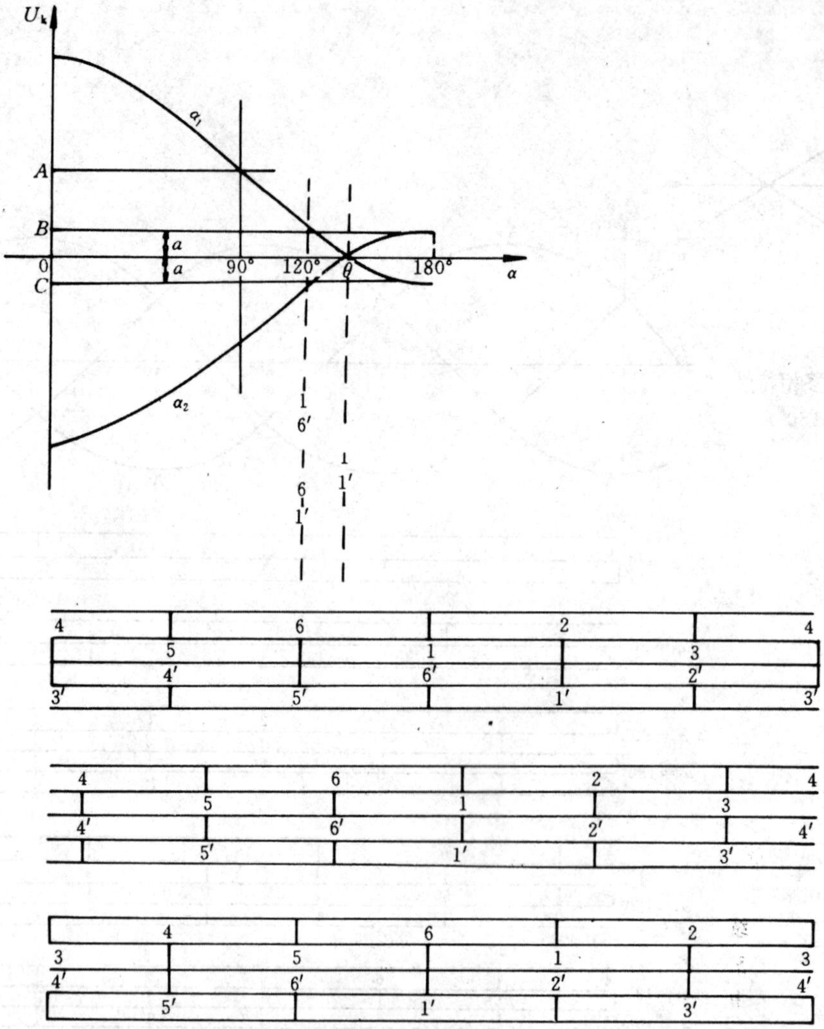

图 26-85 正弦波移相（$\alpha_{10}=\alpha_{20}=138.6°$）

$$BA=\cos\theta-a=\cos120° \qquad (26\text{-}78)$$
$$CA=\cos\theta+a=\cos180° \qquad (26\text{-}79)$$

两式相加得

$$2\cos\theta=\cos120°+\cos180°=-\frac{3}{2}$$
$$\therefore\theta=138.6°$$

因此，正弦波移相时，无环流条件为 $\theta=138.6°$。

在实际工作中，为安全起见，通常将两组变流器的脉冲零位定在180°，如图26-86所示。由于移相范围只有180°，所以在任何时候只有一组变流器有触发脉冲，无法产生静态环流。

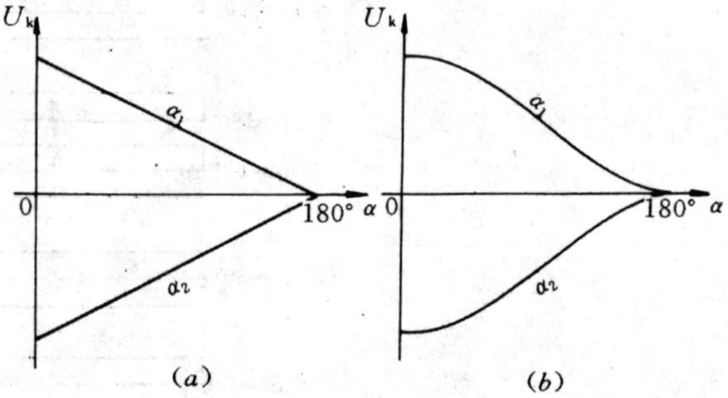

图 26-86 移相特性（$\alpha_{10}=\alpha_{20}=180°$）

(*a*)—锯齿波移相；(*b*)—正弦波移相

26.7.5.2 动态环流抑制

将两组变流器的触发脉冲零位定在150°或180°虽

然可以抑制静态环流，但是仅仅这样还不能保证可逆系统正常工作。因为晶闸管一旦触发，必须电流消失后再经过一段时间，晶闸管才能恢复阻断状态。由于直流回路中存在电感，电流衰减需要时间。如果触发脉冲移动过快，正在工作的一组变流器的电流还未衰减到零，晶闸管尚未恢复阻断状态，触发脉冲已经移到能使另一组变流器晶闸管导通的程度，仍然会产生环流。这种在触发脉冲移动过程中产生的环流叫做动态环流。

错位无环流可逆系统抑制动态环流的措施是增设一个电压内环，4ms 的积分环节，借助于电压调节器与电流调节器的配合作用控制移相触发信号 U_k 的变化，从而达到抑制动态环流的目的。

26.7.5.3 电动机在电流断续下工作时系统振荡的抑制

电动机的电枢回路在电流连续时为一惯性环节，选择电流调节器和转速调节器的形式和参数也是按电流连续时确定的。但是，当电动机的负载小于额定电流的 10%时，电动机的电流就会出现断续，众所周知，电枢电流断续后，晶闸管变流器的整流电压升高，输出外特性上翘，如图 26-87 所示。由于晶闸管的移相控制信号不变，电流断续后引起的整流电压上升，相当于晶闸管变流器的放大倍数增加，同时，外特性 $U=f(I)$ 变陡，相当于电枢回路的放大系数减小。实践证明，晶闸管变流器放大系数的增加值远小于电枢回路放大系数的减小值，因此，电流断续后，电流环节的调节对象即晶闸管变流器和电枢回路的放大系数的乘积远小于电流连续时的数值。此外，电流断续后，电枢回路的自感电势不复存在，时间常数为零，这就是说，电流连续时，电枢回路为一惯性环节，而电流断续时，电枢回路则为一比例环节。由于电流调节器的调节对象的参数变化，电流环的等效传递函数，在电流连续和电流断续的差别极大，按电流连续时的等效传递函数选择的转速调节器参数不适用于电流断续时的情况，易于造成系统振荡。

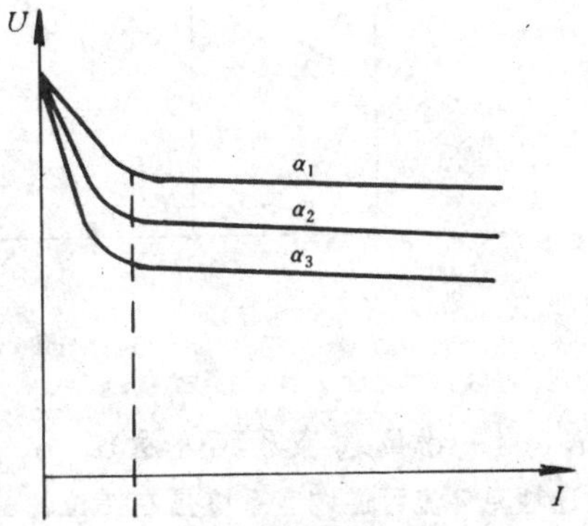

图 26-87 晶闸管变流器外特性

由于错位无环流系统采用了电压内环，当晶闸管变流器的负载减小电流断续时，只要给定电压不变，变流器的输出电压不会升高，即输出特性不致上翘，因此对电枢回路的放大系数不产生影响。电枢回路的时间常数虽然由于电流断续后变为零，但电流环的等效传递函数与电流连续时基本相同，因此转速调节器按电流连续时选择的参数也适用电流断续时的需要，起到电流自适应作用。

典型的错位无环流可逆调速系统的原理如图 26-88 及图 26-89 所示。

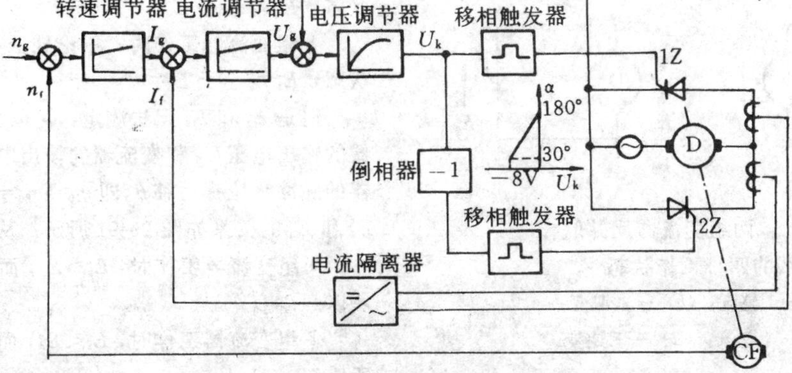

图 26-88 转速调节系统

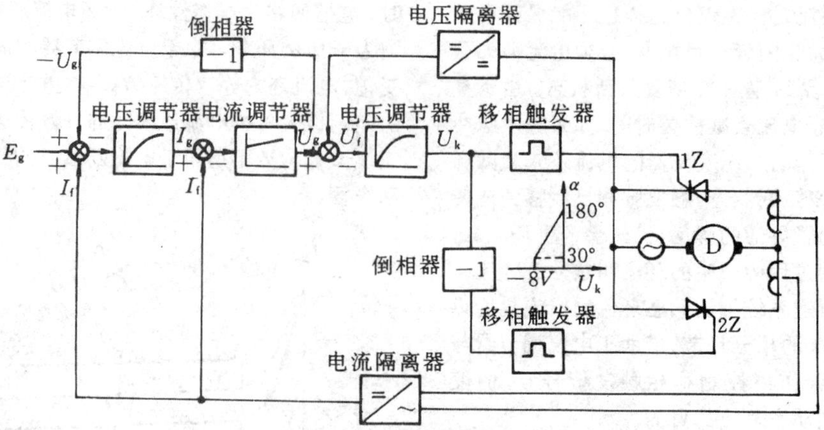

图 26-89 电压调节系统

26.7.5.4 错位选触无环流原理

错位选触无环流可逆调速系统是在错位的基础上增加一个选择触发单元，这样可以省去一组触发器，并可以设置逆变角限制。其原理如下：

设两组晶闸管变流器反并联，如图 26-90 所示。Ⅰ是正向组，Ⅱ是反向组，E_z 为变流器电势，E_d 为电动机电势。从图 26-90 可见，变流装置四种工作状态为：

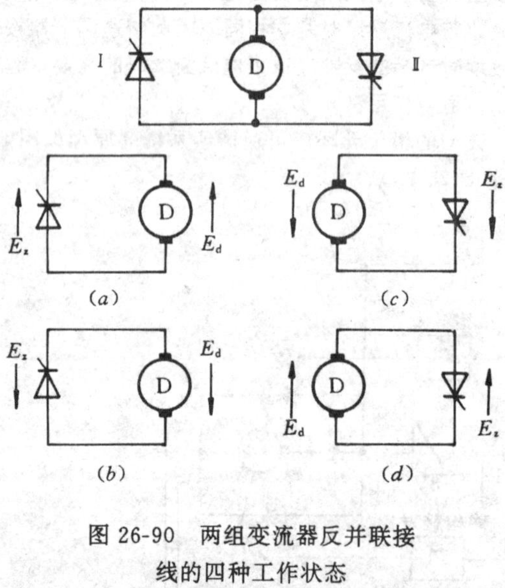

图 26-90 两组变流器反并联接线的四种工作状态

(a) —Ⅰ整流；(b) —Ⅰ逆变；(c) —Ⅱ整流；(d) —Ⅱ逆变

(1) Ⅰ整流

$$E_z > 0, E_d > 0$$
$$E_z > E_d$$

(2) Ⅰ逆变

$$E_z < 0, E_d < 0$$
$$|E_z| < |E_d|$$
$$E_z > E_d$$

(3) Ⅱ整流

$$E_z < 0, E_d < 0$$
$$|E_z| > |E_d|$$
$$E_z < E_d$$

(4) Ⅱ逆变

$$E_z > 0, E_d > 0$$
$$E_z < E_d$$

综合以上四种状态可见：

Ⅰ组变流器工作时，不论处于整流状态还是逆变状态，E_z 均小于 E_d。

Ⅱ组变流器工作时，不论处于整流状态还是逆变状态，E_z 均小于 E_d。

但是 E_z 和 E_d 无法测定，可以测到的是电压调节器的输出电压 U_0 和变流器的输出电压 U。若两组变流器的脉冲零位都后移 θ，即 $\alpha_{10}=\alpha_{20}=90°+\theta$，则 U_0、U、E_z 和 E_d 的关系如图 26-91 所示。从图中可知：

Ⅰ组变流器工作时，$E_z>E_d$，而 $U_0>U_z>U>E_d$，所以 $U_0>U$；

Ⅱ组变流器工作时，$E_z<E_d$，而 $U_0<E_z<U<E_d$，所以 $U_0<U$。

比较 U_0 与 U 的大小就可以决定是Ⅰ组变流器工

作还是Ⅱ组变流器工作。因此选触单元就是一个电压比较器，比较电压调节器的输出电压U_0和晶闸管变流器的输出电压U，都在标幺值的基础上比较。当$U_0>U$时，开放Ⅰ组变流器的触发脉冲，关闭Ⅱ组变流器的触发脉冲；当$U_0<U$时，开放Ⅱ组变流器的触发脉冲，关闭Ⅰ组变流器的触发脉冲。这就是U_0和U比较选触原理。

如果将脉冲零位定在180°，即$\alpha_{10}=\alpha_{20}=180°$，如图26-86。当$U_0>0$时，全是Ⅰ组变流器的工作范围，当$U_0<0$时，全是Ⅱ组变流器的工作范围，所以，选择单元就是一个电压检测器，检测U_0的极性即可决定开放Ⅰ组变流器或Ⅱ组变流器的触发脉冲。

根据U_0选触原理构成的错位选触无环流可逆调速系统的结构如图26-92。

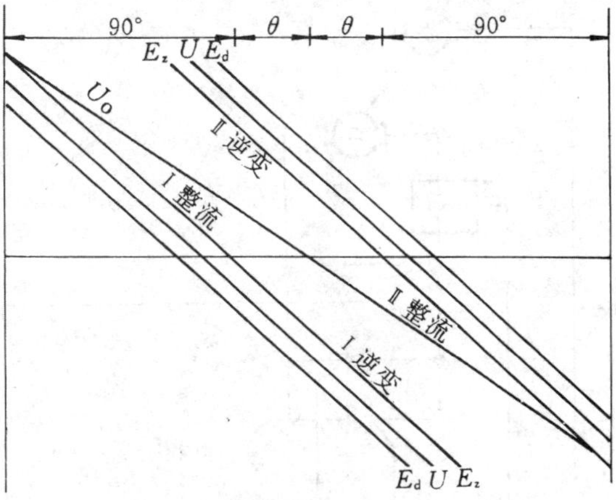

图26-91 错位选触无环流工作原理

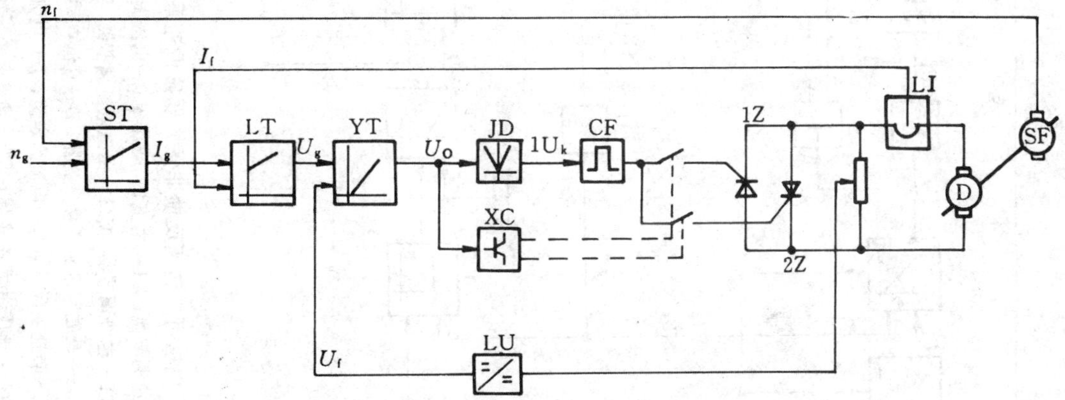

图26-92 U_0选触错位无环流可逆系统原理

26.7.5.5 几种常用的错位选触无环流可逆调速系统

常用的晶闸管变流器错位选触无环流可逆调速系统有电枢可逆转速反馈非独立弱磁调速系统、电枢可逆电压反馈独立弱磁调速系统和励磁可逆转速反馈非独立弱磁调速系统等。

A 电枢可逆转速反馈非独立弱磁调速系统

电枢可逆转速反馈非独立弱磁调速系统见图26-93。电枢回路采用U_0选触错位无环流可逆系统，转速反馈n_f来自测速机，电压反馈U_f和电流反馈I_f均取自直流侧，用LEM电压和电流传感器隔离。阶跃给定信号GD经给定积分器GJ变为斜坡给定n_g。n_g的上升斜率和下降斜率可以分别调整。电势给定E_g为恒定值。电枢电压U_f和电流I_f合成电动机电势E。基速以下，电动机电势E小于E_g，ET输出CI_g达到限幅值，励磁电流CI_f恒定，为恒转矩调节；基速以上，电势E与E_g平衡，保持电动机电势恒定，为恒功率调节。

运转控制器YK的主要作用是给调节器和给定积分器送零封信号。电动机静止时，即转速给定GD和转速实际值n_f均为零时，调节器和给定积分器都锁零。一旦有运转指令，零封立即解除，调节器投入工作。只有当GD和n_f都为零并经100ms延时后，确保电动机已停止运转，YK才发出零封信号。紧急停车时，给定积分器锁零，但调节器不零封，转速调节器的输出达到限幅值，电动机以最大力矩制动。当电动机有起动信号，经0.2s后电动机仍不运转时，调节器及给定积分器又重新锁零，并发出堵转信号以表示故障。

如前所述，脉冲零位定在180°的选触单元，只需判断U_0的极性，当U_0为正时开放正组变流器的触发脉冲。在具体设计中，为了抗干扰和保证可靠工作，常

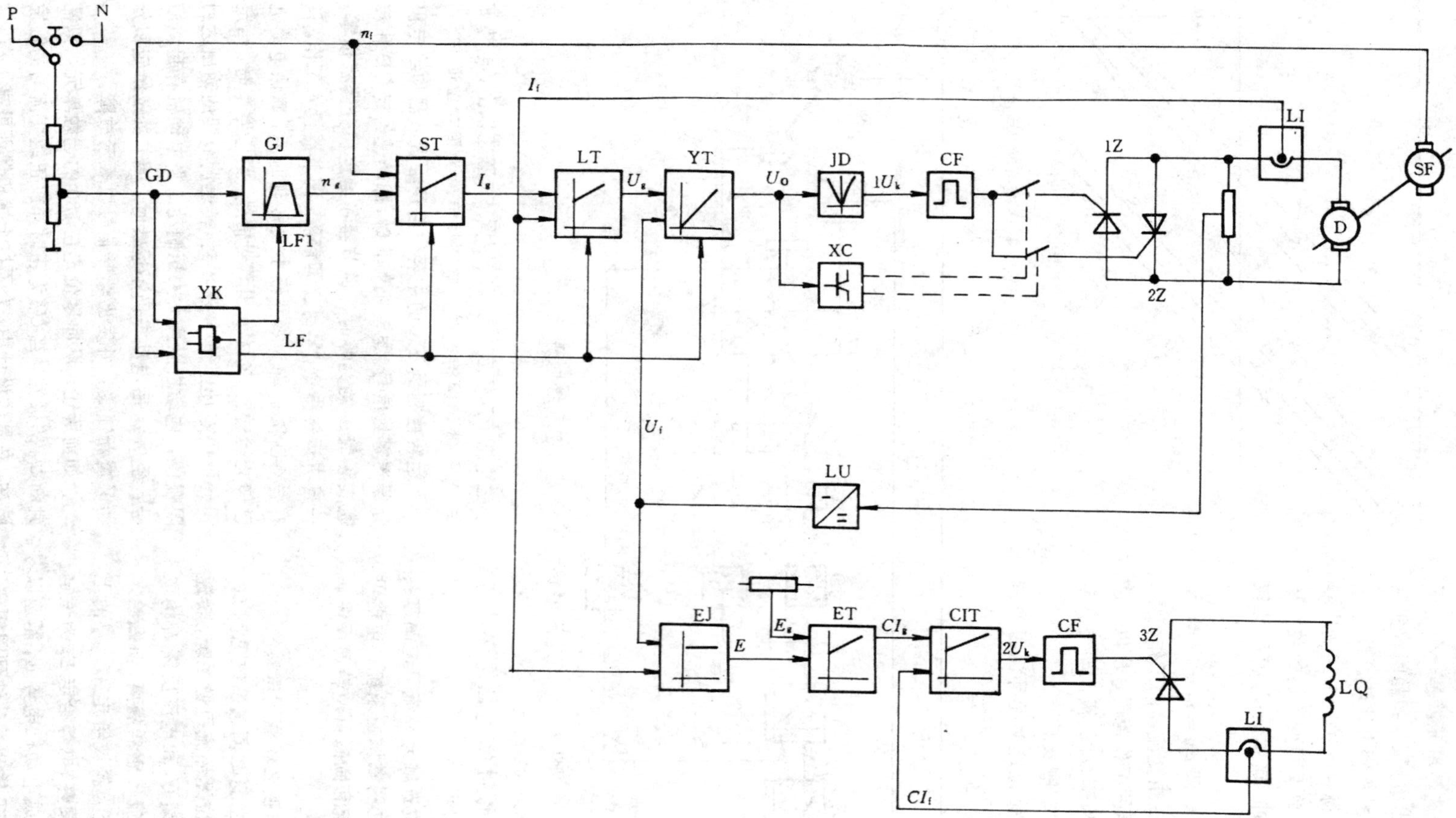

图 26-93　电枢可逆转速反馈非独立弱磁调速系统

YK—运转控制器；EJ—给定积分器；ST—转速调节器；LT—电流调节器；YT—电压调节器；JD—绝对值转换器；CF—移相触发器；XC—选触单元；EJ—电势计算器；ET—电势调节器；CIT—励磁电流调节器；LU—LEM 电压传感器；LI—LEM 电流传感器；1Z、2Z—电枢回路晶闸管变流器；3Z—励磁回路晶闸管变流器；D—直流电动机；LQ—电动机励磁绕组；SF—测速发电机；GD—给定信号；n_g—转速给定值；n_f—转速实际值；I_g—电流给定值；I_f—电流实际值；U_g—电压给定值；U_f—电压实际值；E—电动机电势；E_g—电势给定值；CI_g—励磁电流给定值；CI_f—励磁电流实际值；$1U_k$—电枢回路移相触发信号，$2U_k$—励磁回路移相触发信号加门槛电压和回环，如 U_0 的变化范围为±10V，则当 $U_0 \geqslant 1.2$V 时，开放正组变流器，当 $U_0 \leqslant 0.4$V 时，关闭正组变流器；当 $U_0 \leqslant -1.2$V 时，开放反组变流器，当 $U_0 \geqslant -0.4$V 时，关闭反组变流器，如图 26-94 所示。因此，选触单元由两个带回环的电平检测器组成。电平检测器的输出可以直接控制触发脉冲，也可以通过与非门互相联锁，如图 26-95。电平检测器用一片四运放集成电路和其它元器件组成，不设电位计，不需要微调。

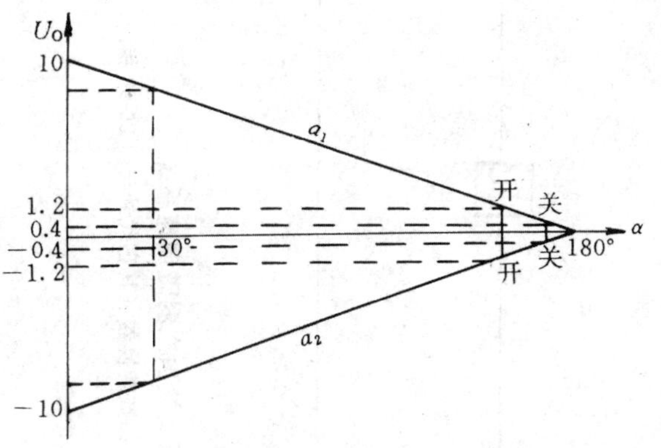

图 26-94　选触单元动作特性

B　电枢可逆电压反馈独立弱磁调速系统

电枢可逆电压反馈独立弱磁调速系统见图 26-96。电枢回路采用 U_0 选触错位无环流可逆系统。转速调节器 ST 的反馈信号为两个信号的综合，即电压给定值 U_g 和电流实际值 I_f。U_g 为负反馈，I_f 为正反馈，综合后的反馈信号近似为电动机电势，反馈信号用 U_g 代替 U_f 使系统更加稳定和容易调整。

给定积分器 GJ 的输出 n_g 经限幅放大器 XF 变成 n_{g1} 送入转速调节器 ST。n_{g1} 实际上是电动机电势给定，n_{g1} 的限幅值相当于电动机的额定电势。基速以下，$n_{g1}=n_g$，$\Delta n_g=0$，ΔCI_g 也为 0，没有弱磁信号。基速以上，$n_g > n_{g1}$，当 n_{g1} 达到限幅值后，电枢电压不再增加，电动机的升速就靠减弱磁场。这时 $\Delta n_g = n_g - n_{g1}$，$\Delta CI_g$ 随 Δn_g 而变，因励磁电流给定值为 $CI_g - \Delta CI_g$，ΔCI_g 增加后，励磁电流给定值减小，从而减小励磁电流实际值 CI_f，使电动机升速达到与给定转速 n_g 相对应的转速。由于电动机磁化特性的非线性，Δn_g 必须经过一个函数转换器变成 ΔCI_g，方能使电动机的实际转速在没有转速反馈的情况下与给定转速相对应。非线性函数转换器中 ΔCI_g 与 Δn_g 的关系可以用作图法求得，例如：

设电动机的弱磁升速比为 2，即最高转速为基速的 2 倍。电动机的磁化特性即磁通 Φ 与励磁电流 CI_f 的关系如图 26-97 右上部分所示，均以标幺值表示，满值为 10。电动机的电势为：

$$E = C_e \Phi n$$

基速以上 E 不变，Φ 与 n_g 成反比，计算列于表 26-34 中并画在图 26-97 中的左上部分。有了 Φ 就可查到对应的 CI_f，再将 CI_f 转到纵坐标，就可求得 ΔCI_g 与 Δn_g 的关系，进而制作函数转换器 FC。

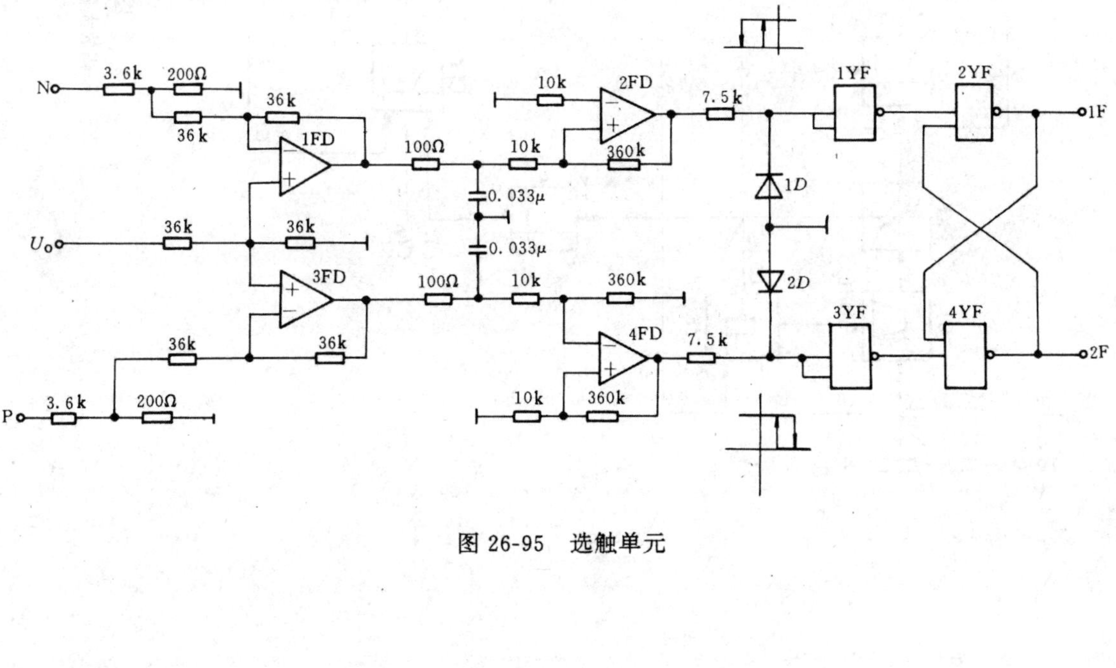

图 26-95　选触单元

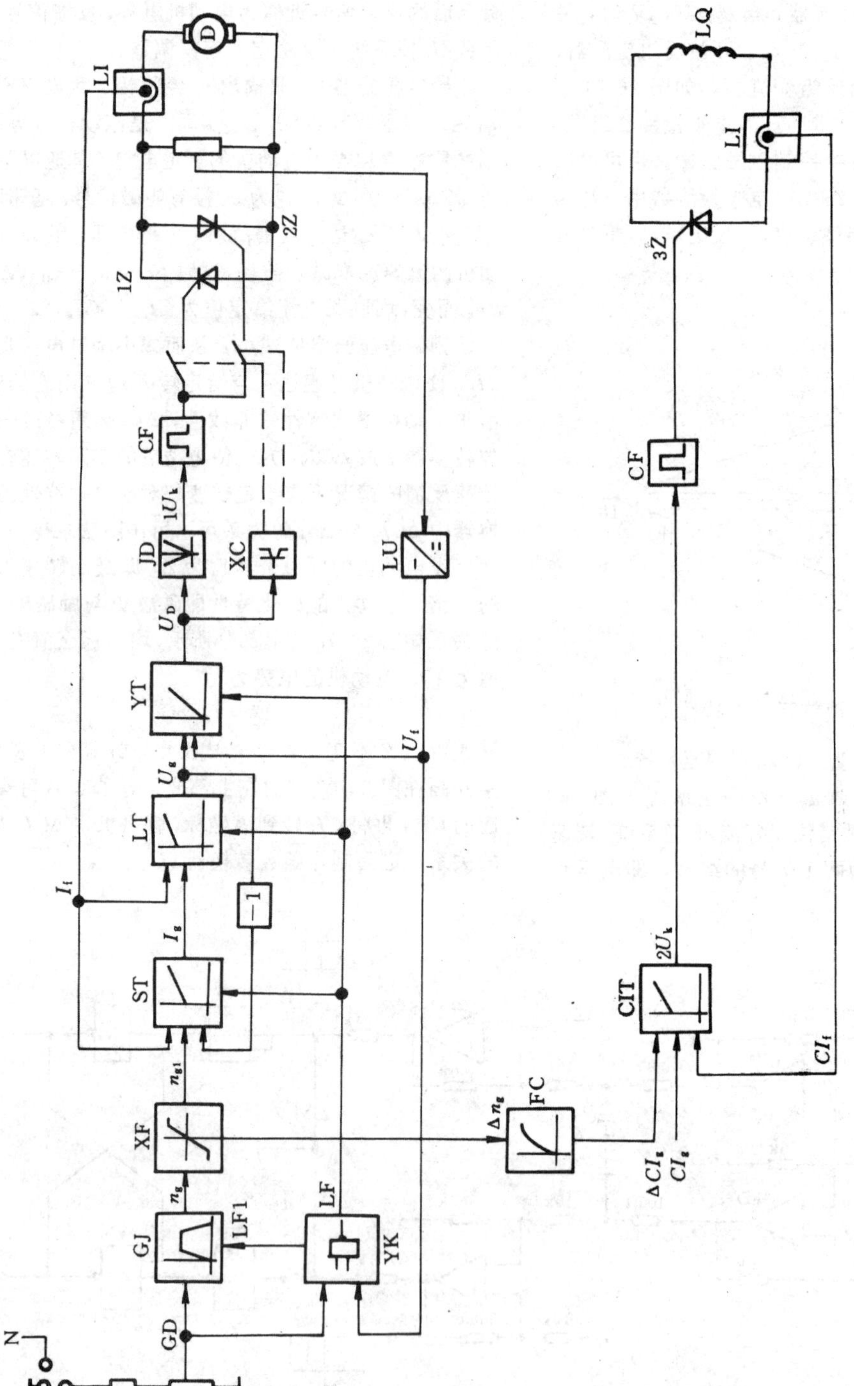

图 26-96 电枢可逆电压反馈独立弱磁调速系统

XF—限幅放大器；FC—$\Delta CI_g = f(\Delta n_g)$ 函数转换器（其它代号与图 26-93 相同）

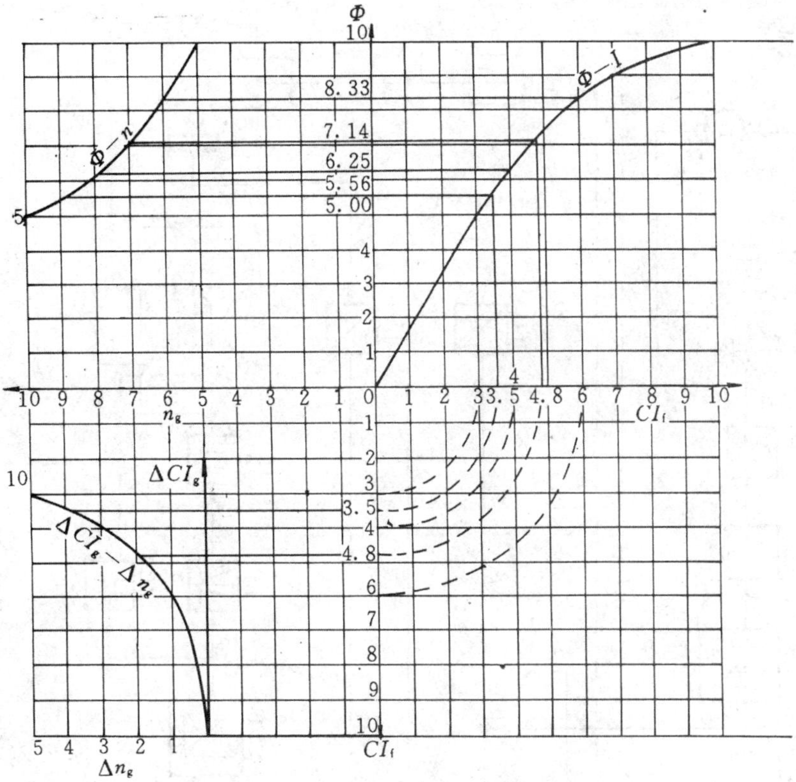

图 26-97 ΔCI_g-Δn_g 函数转换图解

表 26-34 ΔCI_g-Δn_g 函数转换表

n_g	0	1	2	3	4	5	6	7	8	9	10
Φ	10	10	10	10	10	10	8.33	7.14	6.25	5.56	5
CI_f	10	10	10	10	10	10	6	4.8	4	3.5	3
Δn_g	0	0	0	0	0	0	1	2	3	4	5
ΔCI_g	0	0	0	0	0	0	4	5.2	6	6.5	7

C 励磁可逆转速反馈非独立弱磁调速系统

励磁可逆转速反馈非独立弱磁调速系统见图 26-98。电枢回路由一组变流器供电，也采用带电压内环的三环调节系统，电压内环的作用是保证电流断续时系统不振荡。励磁回路采用 U_0 选触错位无环流可逆系统。励磁电压的强励系统为 2～3 倍，励磁电流的反向时间约几十毫秒，比接触器反向快许多。

转速给定 n_g 的极性决定励磁电流给定 CI_g 的极性，从而决定了电动机的旋转方向，励磁电流给定器具有记忆能力，输出值非正即负，相当于额定励磁。

电枢不可逆系统升速时与电枢可逆系统相同。但在降速时，由于电枢电流不能反向，若励磁电流也不能反向，就没有制动转矩，形成自由停车。为了提高系统的快速性，在系统设计中采取了一些措施。紧急停车时，若转速实际值高于某一设定值，励磁电流自动反向，主回路变流器处于逆变工作状态，机械贮能回馈至电网，电动机制动停车。深降速时，若转速实际值 n_f 与转速给定值 n_g 的差大于某一设定值时，励磁电流亦自动反向，使电动机的转速迅速下降，当电动机的实际转速接近给定转速，其差值小于设定值时，励磁电流又自动恢复原来方向，保持电动机的旋转方向不变。由于采取了以上两项措施，提高了系统的快速性。

励磁可逆系统与电枢可逆系统相比，造价较低，但在降速时其快速性稍差，适用于大容量不频繁可逆和对快速性要求不高的场合。

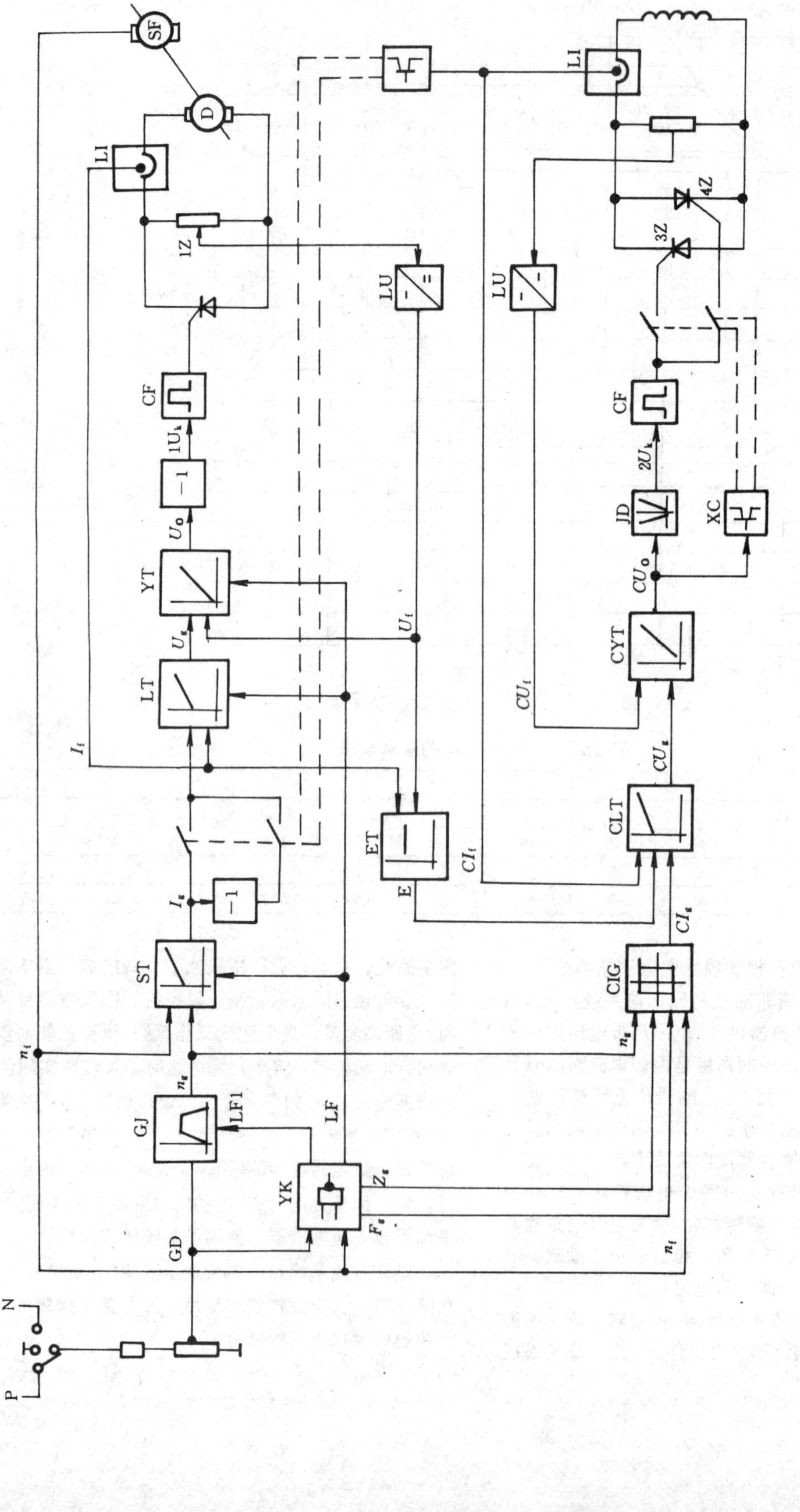

图 26-98 励磁可逆转速反馈非独立弱磁调速系统

CI_g—励磁电流给定值；4Z—励磁回路变流器；CU_g—励磁电压给定值；

CU_f—励磁电压实际值；CU_0—励磁选触信号（其它代号与图 26-93 相同）

26.7.6 交叉接线小环流可逆调速系统

当变流器的输出电流小于额定电流的10%~15%时，电流会出现断续现象，电流断续后，变流器的外特性变陡，并引起调节对象的参数变化，采用无环流可逆系统易产生系统振荡，而有环流可逆系统虽然在负载轻时不致出现电流断续，在电流反向时也可以平滑过渡，没有断流间歇，但是这种系统的投资较大，变流器和电抗器的损耗也多。交叉接线小环流可逆系统实质上是由有环流和无环流系统发展起来的，它控制环流的原则是：当负载电流小于10%~15%额定电流时，产生环流，使输出电流不致断续；但当负载电流大于10%~15%额定电流时，在一定的控制角内，环流随负载电流的增加逐渐消失，成为无环流系统。因此交叉接线小环流可逆调速系统一方面消除了电流断续的现象，变流器外特性平稳，电流在正反向过渡连续，另一方面，当负载电流增大后则变为无环流系统，提高了变流器的效率。

26.7.6.1 三相桥式交叉接线可控环流可逆调速系统

三相桥式交叉接线可控环流可逆调速系统结构如图26-99所示。主回路正反两组变流器交叉连接，由同一台变压器的两个次级绕组分别供电。变压器初级绕组均采用三角形接线，次级两个绕组通常接成三角形和星形，这样在脉冲零位时可避开自然环流的峰值。直流回路引入两只均流电抗器，该电抗器可以兼作平波电抗器用。调节回路由一个速度调节器ST和正反向两个电流调节器LT_1和LT_2及其相应的触发脉冲组成。环流给定信号I_{kg}以大小相等方向相同的电压信号加于电流调节器LT_1和LT_2的输入端。电流调节器前的二极管、电阻和电容组成环流遏制回路。正向工作时，n_g为负值，I_{g1}为正值，对正向侧电流调节器LT_1来说，环流遏制回路被二极管D_1短路，总的电流给定$I_{\Sigma g1}=I_{g1}+I_{kg}$。对反向侧电流调节器$LT_2$而言，给定电流$I_{g2}$为负值，但固定环流给定$I_{kg}$为正值，总的环流给定$I_{\Sigma g2}=I_{kg}+KI_{g2}=I_{kg}-KI_{g1}$，式中第一项为固定的环流给定，第二项与负载大小有关。比例系数K由电阻R_2决定，R_2越大，K越小。调整R_2值可使负载电流为10%~15%额定电流时，$I_{\Sigma g2}=0$，与此同时，若正向组变流器工作在$60°<\alpha_1\leqslant 90°$区间，则环流即被遏制为零。

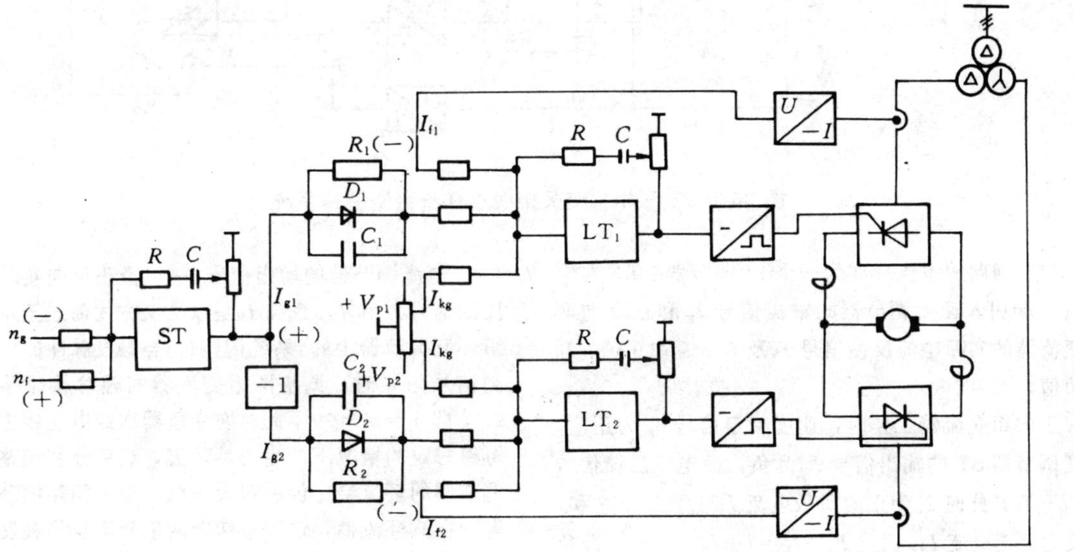

图26-99 三相桥式交叉接线可控环流可逆系统

为了满足主回路电流平滑反向和系统不出现死区，在变压器次级电压和主回路电感一定的情况下，调整环流给定值I_{kg}使正反两组变流器的触发脉冲零位均在90°位置。

电容器 C_1 及 C_2 对控制系统的过渡过程起加快作用。如正向电流给定 I_{g1} 增加时，I_{g2} 变得更负，电容 C_2 有一个充电电流与 I_{kg} 方向相反，从而减小了总的环流给定，使环流立即减小，从而使负荷电流 $I=I_{f1}-I_{f2}$ 上升加快，而当 I_{g1} 减小时，C_2 的放电电流加大了总的环流给定，使负载电流下降加快。

这种系统存在的问题是：当系统在加减速动态过程中，一组变流装置提供加减速电流，由于该组变流装置整流（或逆变）角的变化而引起环流的变化，其环流的变化值要通过另一组 PI 电流调节器和变流装置进行调整，因而调整不是瞬时的，这样环流在一定时间内会形成动态环流。动态环流的大小与加减速电流的大小和电流调节器的 PI 参数有关。动态环流的存在给电网不必要的电流冲击，使整流变压器和电抗器增加了损耗，限制了调节器参数的调整。由于该系统存在这一缺点，限制了它在直流传动系统上的广泛使用。

26.7.6.2 三相桥式交叉接线小环流可逆调速系统

三相桥式交叉接线小环流可逆调速系统结构如图 26-100 所示。小环流控制回路的外环为一速度（或电压）环，与一般调速（调压）系统的速度（或电压）环相同，速度（或电压）调节器 ST（或 YT）接受速度给定信号 n_g（或电压给定信号 U_g）及其实际速度反馈信号 n_f（或电压反馈信号 U_f），并对两者之差 Δn（或 ΔU）进行 PI 运算，迫使电动机的转速 n（或电动机电压 U）按给定值 n_g（或 U_g）的大小进行跟踪调节。

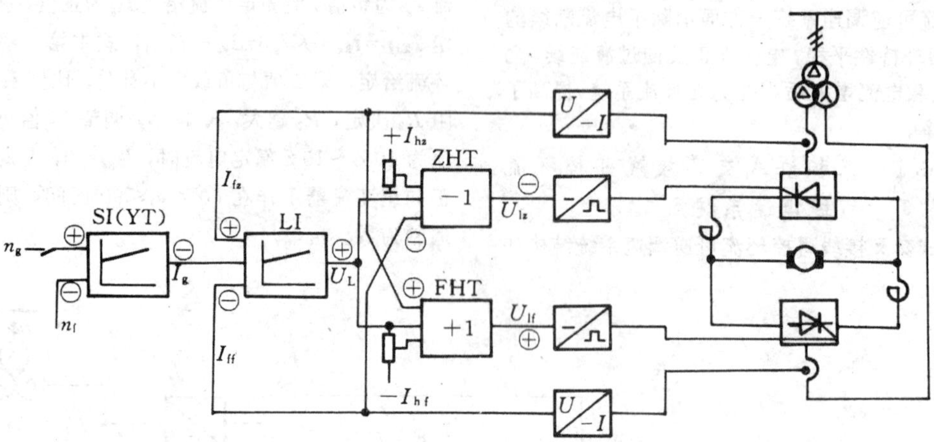

图 26-100 三相桥交叉接线小环流可逆调速系统

控制回路的电流环亦为一个 PI 调节器 LT，在它的输入端引入速度调节器的输出信号 I_g 和正反向两组变流器的实际电流反馈信号 I_{fz} 及 I_{ff}。I_{fz} 取正值，I_{ff} 取负值。

正向组变流器工作时，速度给定信号 n_g 为正值，速度调节器 ST 的输出信号 I_g 为负，而电流反馈信号为 $I_{fz}-I_{ff}$，此时 I_{fz} 为正向负载电流 I 与环流 I_h 之和，I_{ff} 仅为环流电流 I_h，因此 $I_{fz}-I_{ff}=I+I_h-I_h=I$，即负载电流对应于电流给定值 I_g，其极性与电流给定值相反，具有负反馈特性。

在电流调节器和两组变流器的触发脉冲之间接有两个环流调节器 ZHT 和 FHT，它们均有放大系数为 1 的纯比例调节器，分别接受环流给定信号 $+I_{HZ}$ 和 $-I_{HF}$、电流调节器的输出信号 U_L 以及正反向实际电流反馈信号 I_{fz} 和 I_{ff}。I_{fz} 和 I_{ff} 是以交叉方式馈送至正反两组环流调节器上的。系统调整时，当触发脉冲的移相控制信号为零时，调整两组变流器的触发脉冲零位为 90°，即 $\alpha_1=\alpha_2=90°$，此时在变压器次级电压和主回路电感一定的情况下产生自然环流，然后分别调整环流调节器的环流给定值 $+I_{hz}$ 及 $-I_{hf}$，使主回路的环流值等于自然环流值，这就意味着两组变流器的触发脉冲零位仍为 90°，系统没有死区。系统工作时，工作组的环流调节器的输入端由于环流给定信号与交叉的环流反馈信号大小相等极性相反而抵消，于是环流调节器以 1 或 −1 为传递系数，无时滞地传递电流调节器的输出信号 U_L，在 U_L 的作用下使该组变流器的触发脉冲前移，输出直流电压对电动机供电。待工作组的环流调节器的输入端由环流给定信号和交叉的负载电流与环流反馈信号以及电流调节器的输出信号 U_L 相综合。其中环流给定信号与环流反馈信号同样大小相等极性相反而抵消，负载电流反馈信号 U_I 和电流调节器的输出信号 U_L 叠加。在待工作组的环流调节器输入端，U_I 与 U_L 的极性永远相同。在反向组作为待工作组时，(U_I+U_L) 为正值；在正向组作为待工作组时，U_I+U_L 为负值。经环流调节器后总为正值，致使触发脉冲后移。随着负载电流的增加，使待工作组变流器的脉冲后移信号 (U_I+U_L) 较工作组变流器的脉冲前移信号 U_L 大一个 U_I 电压。负载电流越大，待工作组变流器的脉冲后移角越多，遏制环流的能力越强，在起制动过程中 $U_I \gg U_L$，因而待工作组变流器的触发脉冲很快移至 β_{min} 的极限位置，一般取 β_{min} 为 30°；即 $\alpha_2=150°$。理论证明，当 $\alpha_2=150°$，工作组变流器的触发脉冲移相工作在 $60°<\alpha\leqslant 90°$ 区间时，主回路的环流消失。但当 $\alpha_1\leqslant 60°$，$\alpha_2=150°$ 时环流又将出现，这时的环流值随 α_1 的减小而增大，但永远小于 $\alpha_1=\alpha_2=90°$ 和 $\alpha_1=60°$、$\alpha_2=120°$ 时的环流值。当 $\alpha_1=30°$、$\alpha_2=150°$ 时，环流值为 $\alpha_1=\alpha_2=90°$ 时环流值的 1/2。

三相桥式交叉接线小环流可逆调速系统在正反向起制动过程中各量的关系见表 26-35。

表 26-35 三相桥式交叉接线小环流可逆调速系统起制动过程各量关系

	正向起动	正向制动	反向起动	反向制动
n_g	+	+→0	−	−→0
n_f	0→−	−→0	0→+	+→0
I_g	−	+	+	−
I_{FZ}	+ ($I+I_H$)	+	+ (I_H)	+
I_{FF}	− (I_H)	−	− ($I+I_H$)	−
U_L	+	−	−	+
U_{LZ}	$(+I_{HZ}+U_L-I_{FF})\times(-1)=-$	+	$(+I_{HZ}-U_L-I_{FF})\times(-1)=+$	−
U_{LF}	$(-I_{HF}+U_L+I_{FZ})\times(1)=+$	−	$(-I_{HF}-U_L+I_{FZ})\times(1)=-$	+
正向组脉冲	在 U_{LZ} 负信号作用下，脉冲前移使正向组处在整流状态	在 U_{LZ} 正信号作用下，使脉冲后移，本桥逆变后等待工作	在 U_{LZ} 正信号作用下，脉冲后移使正向组处在待逆变状态	在 U_{LZ} 负信号作用下，脉冲前移，待反向组逆变后完成对 E 的逆变直至 $n=0$
反向组脉冲	在 U_{LF} 正信号作用下脉冲后移使反向组处在待逆变状态	在 U_{LZ} 负信号作用下，在正向组逆变后在电机电势 E 的作用下，完成逆变使电流 I 反向，对 D 产生制动转矩直至 $n=0$	在 U_{LF} 负信号作用下，脉冲前移反向组处在整流状态	在 U_{LE} 正信号作用下，脉冲后移完成本桥逆变

主回路交叉接线小环流可逆调速系统在正反向起制动过程中电流时间曲线见图 26-101。由图可知，该系统的电流反向可以平滑过渡。在负载电流小时由于环流存在使流过晶闸管变流装置的电流是连续的，因而变流装置的外特性不存在高内阻区，而是线性的。

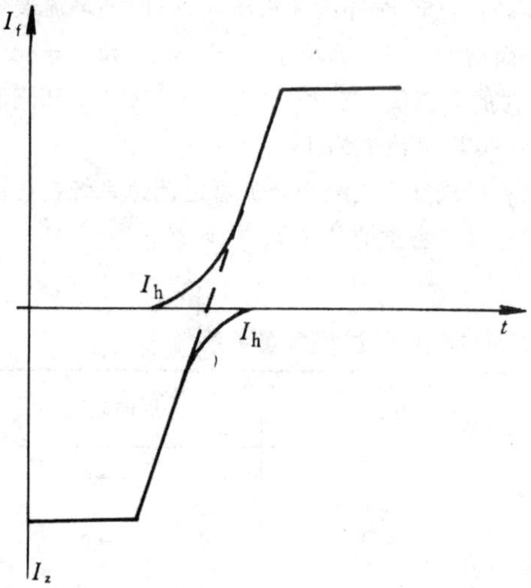

图 26-101　小环流系统的电流时间曲线

该系统在稳态工作情况下，主回路的环流值无差地反映环流给定值，亦即环流调节器回路的稳态传递系数为 1；在负载电流变化的动态过程中，其变量同时加到正反向两组环流调节器上，而环流调节器为一纯比例放大器，它可以无延迟地对正反两组触发脉冲进行调整，再加上交叉反馈的限制，所以没有动态环流出现。在电网电压波动时，电压的变化量作为环流调节环的扰动而引起的环流变化很小，可以忽略不计。

26.7.7　全数字直流调速系统

近年来，在电气传动系统中实现调节回路全数字化已形成主要发展趋势。进入 90 年代，多数国外电气公司已基本上淘汰了传统的模拟量控制系统。

由于出现了超大规模集成电路的微处理机芯片，使得将计算机技术直接应用于自动控制装置中进行实时控制变得简便易行。在带有微机的全数字自动控制系统中，在不变更硬件的情况下，依靠软件支持，就可以实现各种调节和控制功能，因而这种系统的工作可靠性和应用灵活性明显优于模拟控制系统。

国外生产的全数字直流调速系统的品种较多，且已系列化，国内有关单位也开展这一先进技术的研制，现以天津电气传动研究所从西门子公司引进的 SIMOREG K 中小功率全数字直流调速装置为例。

26.7.7.1　技术特点

以引进技术和散件组装的全数字直流调速装置（SIMOREG K）是三相电源直接供电的直流晶闸管调速装置，这具有如下特点：

(1) 用一片 16 位的单片微机组成的控制系统，可以完成从速度设定到触发脉冲形成的各种调节和控制功能，并能完成各种辅助功能。除去少量的信号处理回路外，所有的调节和控制均做到全数字化。

(2) 人-机通讯简便，参数的设置和装置调试，可以通过主机板上的三个按键和三个数码管完成。能重复修正系统参数并保持校正值。

(3)用微机进行触发角预控和电流调节，可以获得理想的动态指标。

(4)控制系统动态参数的调节，可以用优化程序自动完成，调试方便快捷。

(5)速度给定和反馈以模拟量的形式输入。使用附加模板后，则速度给定和反馈，均可以用数字量输入，以满足较高的调节精度要求。

(6)用此装置组成的直流传动系统，可以根据需要作单象限或四象限运行。高速时，可以自动弱磁。

(7)系统具有较强的故障自诊断和处理功能，可对缺相、过流、欠磁、超速等各种故障进行监视和处理；并能模拟电动机的温升（I^2t）曲线，对电动机过热进行监视，维护方便。

(8) 装置的抗干扰性好，运行可靠。不受元件老化和温度漂移的影响，能长期保持稳定的控制精度。

(9)可以根据工艺需要，利用附加模板实现张力闭环等特殊控制要求。

(10) 可以通过接口模板，和上一级自动化系统进行通讯，便于实现生产过程自动化。

全数字直流调速装置与模拟量直流调速装置（以中小功率全国联合设计为例）的技术性能比较见表 26-36。

表 26-36　技术性能比较

技术性能	全数字直流调速	中小功率联合设计
允许电压范围	额定值的＋20%～－15%	额定值的＋5%～－10%

续表 26-36

技术性能	全数字直流调速	中小功率联合设计
电源频率	45～65Hz	50Hz±2Hz
调速范围	100∶1	20∶1
调节精度	0.1%	0.5%
参数稳定性	稳定	随温度、电源和时间漂移
工作可靠性	高、软件支持	差、硬件多
参数调整	方便，按钮操作	不方便，更换元件
参数显示	数字显示	无
故障诊断与处理	50余种	少数几个
自适应控制	有	无
自动优化功能	有	无
电动机温升监视	有	无
测速机极性监视	有	无
电源频率监视	有	无
电源相序检查	有	无
通讯功能	有	无

26.7.7.2 系统构成

全数字直流调速装置（SIMOREG K）的系统框图如图 26-102 所示。它基本上是一个以电流环为内环，速度环为外环的双环调节系统。电流反馈信号经电流互感器检测并由两对采样开关整形后送入单片机，而速度给定及速度反馈信号则经过滤波电路和绝对值电路变换后送入单片机。电流及速度的调节均由计算机软件完成，经过计算后的触发脉冲信号，分别由单片机的 6 个高速通道输出，并和高频调制信号一起被送入逻辑门阵列电路，变换成互差 60°的双脉冲列。然后再经过放大和隔离，送到功率组件中。

全数字直流调速装置（SIMOREG K）由以下几部分组成：

(1) 功率部分。功率部分包括晶闸管功率模块、熔断器、电流检测互感器、控制电源变压器和冷却风机等。其中的三相全控桥（可逆系统用晶闸管直接反并联）给电枢回路供电，单相半控桥给励磁回路供电。两种功率模块都装在风冷散热器基座上。

(2) 基本控制模板。基本控制模板包括：

1) A1 板。A1 板是主机板，其核心是一个 16 位的单片微机，用以完成系统的自动调节、逻辑操作、故障诊断、自动优化、运行状态和故障显示。

2) A2 板。A2 板完成控制电源分配、电流反馈信号传送、脉冲信号隔离放大、磁场调节以及操作联锁等。

3) A3、A5 板。包括电枢及磁场的触发脉冲隔离和放大回路，阻容吸收回路。

A1、A2、A3 及 A5 板之间用带状电缆联接。

(3) 扩展模板。扩展模板安装在主机板上，主要用于系统控制功能的扩展，目前已有 10 种扩展模板可供选用。较常用的有以下四种：

1) 输入/输出扩展模板　用来增加系统的输入输出通道，提高系统对输入输出信号的处理能力。此模板设有 8 个开关量输入和 1 个模拟量输入，通过参数设置，每个通道可以完成若干种不同的控制功能（如点动、爬行、电流限制、附加设定等）；有 5 组继电器接点输出，可以作为过流、超速及电机过热等故障的接点输出。通过该模板的串行接口，可以实现本装置和编程器间的数据传送，并能将系统的参数打印和显示。

2) 串行接口模板　使系统具有与其他自动化系统通讯的能力，以实现集中控制和高度自动化。它通过带状电缆与主机板相联。能提供 TTY、RS232、RS458 及 20mA 电流环等多种接口，以实现各种数据通讯。

3) 工艺模板　是智能化模板，它有自己的微处理器和存储单元，并通过双口 RAM 和主机板进行数据交换。工艺模板有 16 个开关量输入（带光电隔离）、8 个模拟量输入、10 个开关量输出（40V/100mA）以及 4 个模拟量输出，因而处理信号的能力很强。另外有一对高速通道，可以接收一对互差 90°的测速脉冲输入，用于转速测量，其输入脉冲频率可达 100kHz。使用工艺模板，配上不同的软件，可以实现速度的数字闭环控制和卷取机的张力闭环控制等，拓宽了该装置的应用领域。

4) 模拟量扩展模板　其输入、输出均为模拟量。主要用于综合各种模拟量信号，并可以进行一些简单的模拟量运算，以减少主机的占机时间，从而扩展了整个装置的使用功能。

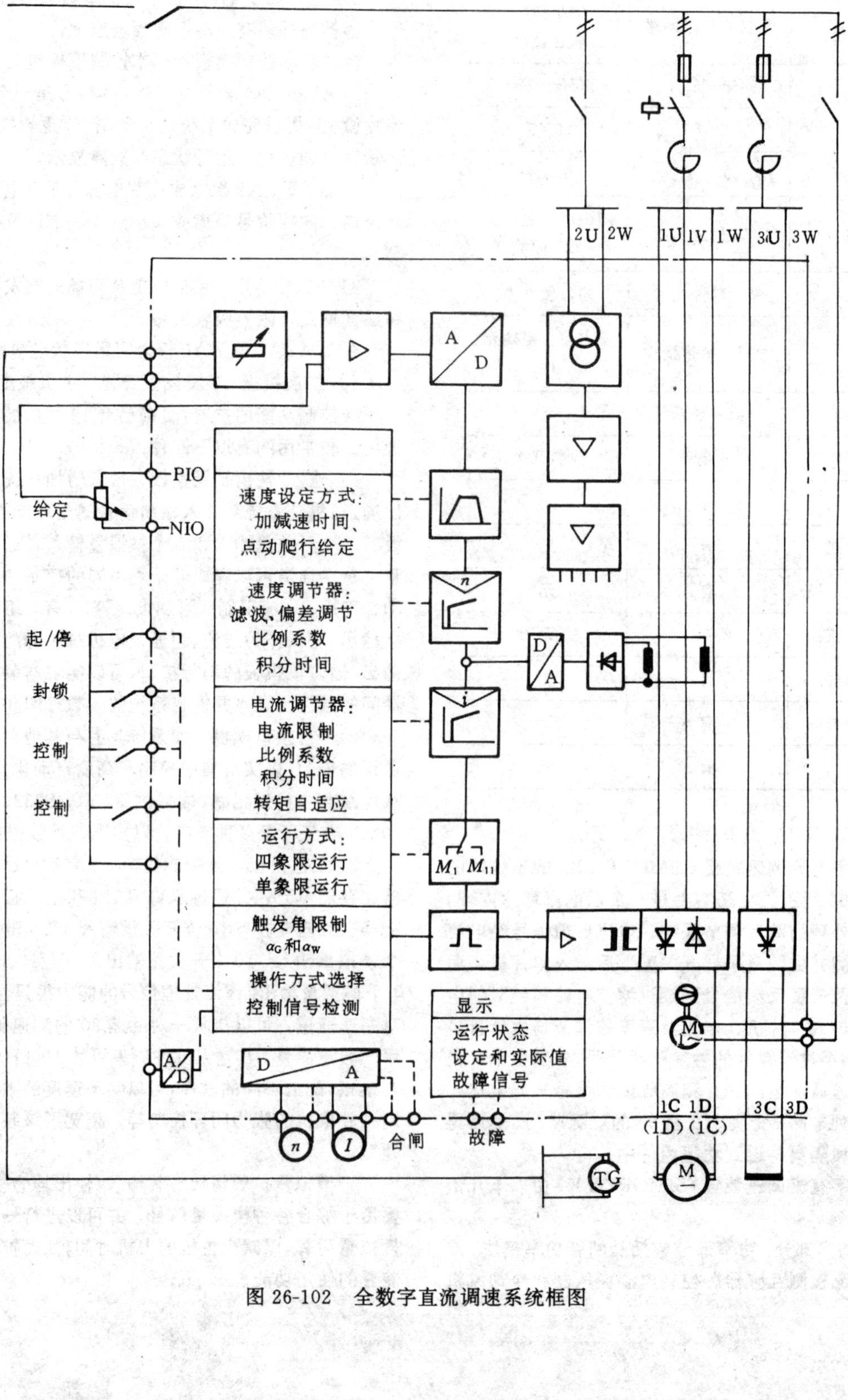

图 26-102　全数字直流调速系统框图

(4) 主机板的软件装置。全数字直流调速装置(SIMOREG K)的全部应用程序存于主机板上的两片EPROM中。主要程序有以下几种：

1) 控制程序，包括给定斜率控制，速度调节，电流调节，电流自适应控制，触发角计算与设置，弱磁控制，逻辑操作。

2) 故障诊断和显示程序，包括多种故障诊断与显示，电动机温升监视（I^2t 计算）。

3) 参数设置与显示程序，包括各个控制环节的参数设置，系统状态显示，人机对话，速度、电流调节参数自动优化，磁场特性的自动测试，初始参数设置。

4) 通讯程序。通过串联接口与其他计算机或自动化系统进行信息交换，实现集中控制和管理。

26.7.7.3 系统运行

系统运行之前，要对少数几个参数进行人工设置。系统参数的调整可以通过主机板上的参数装置实现，不需要专门的编程知识。

参数装置由三个按键和三个数码管组成：三个按键包括一个“方式”键，一个“上升”键，一个“下降”键；数码管可以分别显示参数的代号和内容。通过按键能迅速找到需要的参数代号（如P39、P40分别为正、反向电流限制），并可以随时修改参数值，修改后的参数自动保存。系统运行分以下几步：

(1) 初始参数装入。初始参数在装置出厂前设置，存于EPROM中，执行一段初始参数装入程序，即可将这些参数调到参数存储单元中，利用这些参数，基本可以使电机运行。

(2) 用万用表简单地确认主、副电源的同步问题。

(3) 设定励磁电流。

(4) 设定电枢电流限制值。

(5) 系统试运行，用初始参数进行。

(6) 系统优化（包括磁场特性测定）。

(7) 系统运行。加给定、起动电机。

调试和运行中，系统如发生故障可在数码管上显示出来，根据显示的编号，可知发生何种故障（如F11表示测速反馈通道故障）。

26.7.7.4 主要技术条件

主要技术条件为：

主回路电源额定电压：3ϕ，～380V（+10%～−15%）

调节回路电源额定电压：2ϕ，～380V（+20%～−15%）

磁场电源额定电压：2ϕ，～380V（+10%～−15%）

磁场额定直流输出：电压310V，电流5A、10A、15A、25A

主回路额定直流输出：

电压400V，电流30A、60A、90A、130A、250A、400A、600A、640A、850A、1200A

额定输出功率：12kW、24kW…、480kW，对于高电压功率组件，装置输出功率可达679kW。

装置运行时的环境温度：

自然冷却（30A～130A装置）：0～45℃

强迫风冷（200A～1200A装置）：0～35℃

存放和运输温度：−30℃～+85℃

调节精度：n=0.1%额定转速

温度变化范围±10°K；电源电压变化范围+10%～−5%；测速机温度补偿系数每10°K为0.15‰。

26.7.7.5 选用要点

全数字直流调速装置（SIMOREG K）尺寸见表26-37。该控制装置箱不含进线电抗、操作开关及各种控制电器，需要在组成控制系统时选配。利用本装置构成控制系统时，要注意以下几点：

(1)容量匹配。本装置所给出的输出功率为装置实际能输出的最大功率，均没有过载能力。选用时，需根据电机的过载倍数和生产工艺要求选择装置容量。

(2) 增容。本装置的功率部分可以用两并进行增容，图26-103为供参考线路图。两并只用于640A以上的装置。两个风道串联，则容量增加到2×0.85I_N

表26-37 全数字直流调速装置(SIMOREG K)尺寸表

型号	额定电流(A)	额定电压(V)	宽×深×高(mm)
6RA2218-6DV62	30	400	270×171×290
6RA2225-6DV62	60		270×258×290
6RA2228-6DV62	90		
6RA2232-6DV62	130		
6RA2275-6DV62	200		270×258×500
6RA2277-6DV62	250		
6RA2281-6DV62	400		270×299×500
6RA2285-6DV62	600		

续表 26-37

型号	额定电流 (A)	额定电压 (V)	宽×深×高 (mm)
6RA2218-6GV62	30	520	270×171×290
6RA2225-6GV62	60		270×258×290
6RA2228-6GV62	90		
6RA2232-6GV62	130		
6RA2275-6GV62	200		270×258×500
6RA2277-6GV62	250		
6RA2281-6GV62	400		270×299×500
6RA2285-6GV62	600		

续表 26-37

型号	额定电流 (A)	额定电压 (V)	宽×深×高 (mm)
6RA2287-4DV6	850	400	536×560×(320+184)
6RA2291-4DV6	1200		
6RA2287-4GV6	850	520	
6RA2291-4GV6	1200		
6RA2285-4KV6	640	700	
6RA2287-4KV6	860		
6RA2285-4KV6	640	790	
6RA2287-4KV6	860		

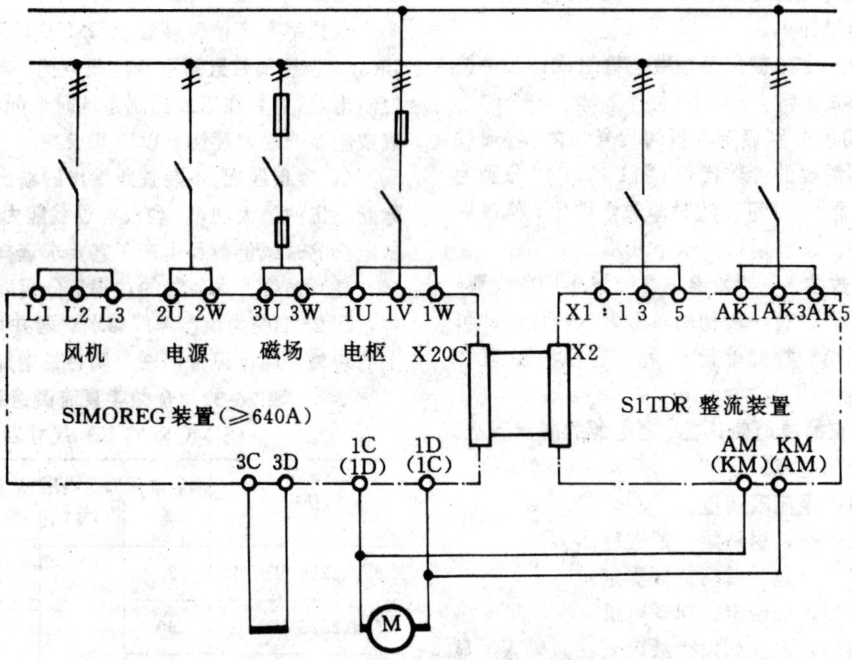

图 26-103　两并系统原理图

(I_N 为一个功率组件的额定输出电流)；两个风道分别通风，则容量增加到 $2\times I_N$。两并后，装置最大输出可达 2400A。

(3) 控制柜参考尺寸。全数字直流调速控制装置 (SIMOREG K 控制箱)、配上进线电抗和操作电器，组成的调速系统控制柜尺寸：600A 以下高、宽、深为 2200×800×600mm。

柜体应有良好的接地并配装排风扇。

26.8　控制系统特性及参数计算

晶闸管直流调速系统普遍采用半导体运算放大器组成有源校正装置，不仅简化了系统的静特性计算，而且简化了校正装置计算。

对于晶闸管直流调速系统的静态性能指标即品质指标，通常是以阶跃给定下被调节量（输出量）的过渡过程来评价的。评价系统的主要品质指标有以下几方面：

(1)无差度——即调节系统的无差性。根据控制系统存在的调节误差性质，可以分为有差调节系统、一阶无差调节系统、二阶无差调节系统等。

(2) 静差度——用于评价有差系统在稳定状态下系统残存的调节误差。

(3) 起调时间（t_q）——从阶跃给定作用开始（$t=0$）到被调量（即系统的输出量）第一次到达给定值所经历的时间称起调时间 t_q，见图 26-104。

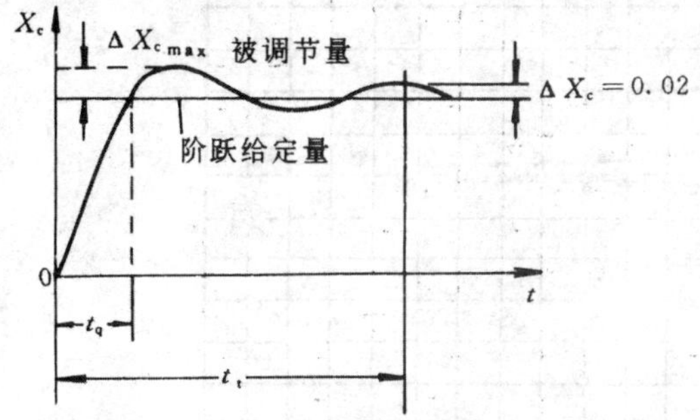

图 26-104 单位阶跃给定时过渡过程的主要指标

(4) 调节时间（t_t）——从阶跃给定作用开始（$t=0$）到被调节量与给定量之间的偏差小于规定值 $\Delta X_C<2\%$（或 $\Delta X_C<5\%$）所经历的时间称调节时间 t_t。$t>t_t$ 以后，表明系统的调节过程结束。

(5) 最大超调量（$\Delta X_{C_{max}}$）——输出量偏离给定量的最大值称最大超调量 $\Delta X_{C_{max}}$。

(6) 超调次数（Z）——在 t_t 时间内被调量偏离给定量的次数，例如图 26-104 的超调次数为 3。

(7) 干扰影响——一个好的控制系统不仅要求其输出量能够理想地跟踪输入量的变化，而且希望外来干扰作用于系统之后，系统的输出量尽可能不波动或少波动，出现波动后应尽快平息。

26.8.1 二阶闭环调节系统及其品质指标

如果系统的调节对象是一个放大系数为 K_x，时间常数为 T_t 的惯性环节，选用一个积分调节器与调节对象串联，即构成二阶闭环调节系统的标准形式，如图 26-105 所示。

为了得到二阶预期系统的过渡过程，积分调节器的积分时间 τ_i 按下式计算

$$\tau_i = 2K_xT_t \tag{26-80}$$

此时，可以得到二阶闭环调节系统的典型传递函数为

$$K(s)_b = \frac{1}{1+2T_ts+2T_t^2s^2}$$

阶跃给定时，二阶闭环系统的过渡过程见图 26-106。

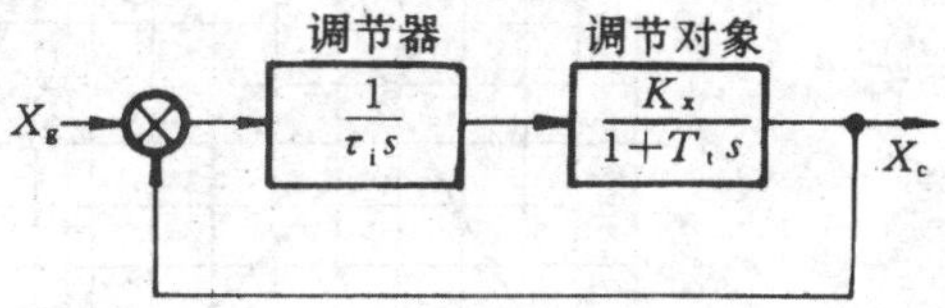

图 26-105 二阶闭环调节系统结构图的标准形式

二阶闭环调节系统的品质指标为：

(1) 起调时间 t_q。t_q 是阶跃给定作用后，输出量 X_c 第一次达到给定量 1 所经历的时间，亦即 $X_c=f(t)$ 曲线与水平线 1 第一次相交的时刻，见图 26-106。

$$t_q = 4.7T_t \tag{26-81}$$

(2) 最大超调量 $\Delta X_{c_{max}}$。系统的最大超调量等于过渡过程中 X_c 与给定值 1 的最大偏差，即

$$\Delta X_{c_{max}} = 4\% \tag{26-82}$$

(3) 调整时间 t_t。从调整开始（$t=0$）到超调量衰减到小于 2%的时间称为调整时间，二阶闭环调节系统的调整时间为

$$t_t = 8.5T_t \tag{26-83}$$

(4) 超调次数 Z。二阶闭环调节系统的超调次数

$$Z = 0.6 < 1 \tag{26-84}$$

即超调仅有一次。

(5) 误差分析。

1) 静态误差 ΔX_j。

阶跃给定下，经过相当长时间之后，稳定状态下输出量 X_c 与给定量 X_g 之间的误差称静误差 ΔX_j。二阶闭环调节系统的静态误差

$$\Delta X_j = 0 \tag{26-85}$$

即二阶闭环调节系统属无差调节系统。

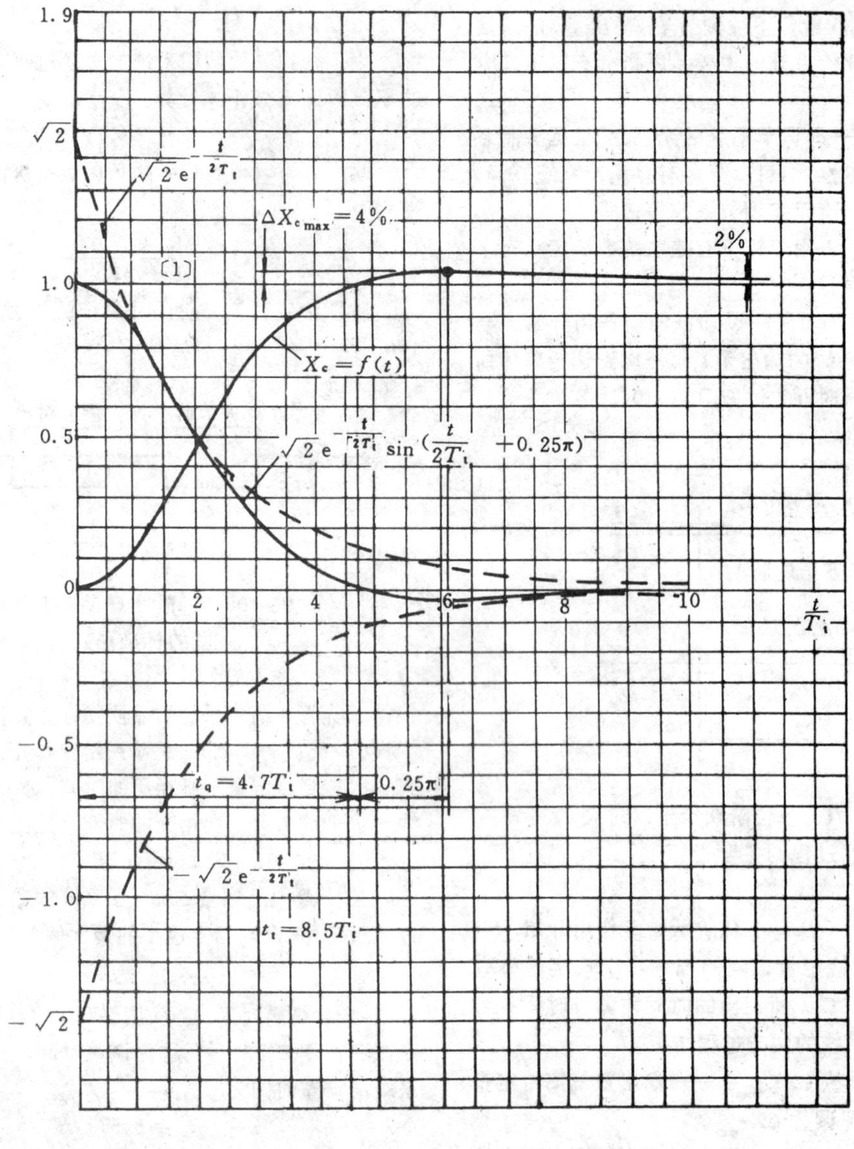

图 26-106 阶跃给定时，二阶闭环系统的过渡过程

2）跟踪误差 ΔX_Z。

跟踪误差是指在输入通道上给定线性渐增信号时，经过相当长的时间后，稳定状态下输出量与给定量之间的误差。理论分析证明，输入线性渐增信号时（如给定积分器的输出信号），稳定状态下输出量不能完全跟踪输入量的变化，两者之间存在一个固定的偏差即跟踪误差。

跟踪误差正比于输入线性渐增信号的上升率 k（输入的线性渐增信号表达式为 $X_g=kt$）和调节器积分时间 τ_i，反比于调节对象的放大系数 K_x，即

$$\Delta X_z=k\frac{\tau_i}{K_x} \tag{26-86}$$

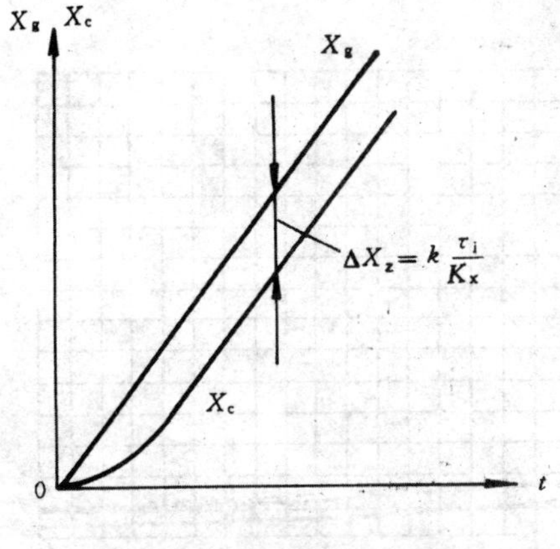

图 26-107 线性渐增给定时，输出量跟踪输入量的变化

线性渐增给定下，输出量跟踪输入量变化的状况见图 26-107。因此，二阶闭环系统存在跟踪误差，是其主要缺点，特别是要求“同步”调速的系统，这一缺点更为显著。

静态误差为零，跟踪误差为常数的调节系统称为一阶无差系统。

(6) 调节对象输入端扰动量的影响。设调节对象由两个惯性环节组成，见图 26-108。X_{yd}是作用于调节对象输入端的扰动量（如电动机的负载力矩），X_g 为作用于调节系统输入端的给定量。由于 X_{yd}的作用，将使输出量发生波动（即 X_{ydc}），整个输出量将为 X_c+X_{ydc}，其中 X_c 是由 X_g 决定的输出量。

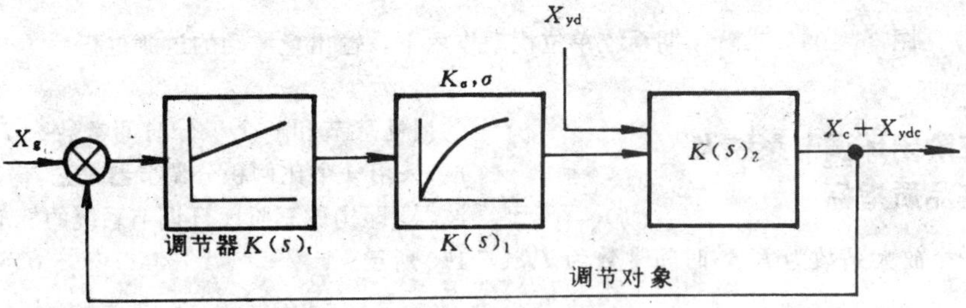

图 26-108 调节系统结构图

假定调节对象的传递函数为

$$K(s)_1 = \frac{K_\sigma}{1+\sigma s}$$

$$K(s)_2 = \frac{K_x}{1+T_t s}$$

根据二阶预期系统的参数计算，选用一个比例积分调节器，其传递函数为

$$K(s)_t = \frac{1+\tau_{d1}s}{\tau_i s}$$

并令 $\tau_{d1}=\tau_t$

$\tau_i = 2K_\sigma K_x \sigma$

即构成二阶调节系统的标准形式。在单位阶跃扰动量 $X_{yd}=1$ 的作用下，输出量波动的过渡过程及其恢复时间与$\frac{\sigma}{T_t}$有关，见图 26-109。

从图 26-109 可见，当$\frac{\sigma}{T_t}$的比值越小，X_{ydc}的幅值越小，而衰减越慢。容易证明，当$\frac{\sigma}{T_t}\to 0$ 时，$X_{ydc}\to 0$，扰动几乎不造成输出量的波动。

另一方面，扰动所作用的那个调节对象的放大系数 K_x 越大，X_{ydc}的幅值就越大。

在单位阶跃扰动作用下，从过渡过程开始（$t=0$）到$\left|\frac{X_{ydc}}{K_x}\right|<0.02$ 所经历的时间，称为“扰动恢复时间”。

扰动恢复时间 t_h 也与$\frac{\sigma}{T_t}$有关，当：

(1) $\frac{\sigma}{T_t}=\frac{1}{10}$时，扰动恢复时间 $t_h=24\sigma$；

(2) $\frac{\sigma}{T_t}=\frac{1}{20}$时，扰动恢复时间 $t_h=33.2\sigma$；

(3) $\frac{\sigma}{T_t}=\frac{1}{30}$时，扰动恢复时间 $t_h=37.2\sigma$。

以上计算结果表明，二阶预期系统，当扰动作用于调节对象输入端时，造成输出量波动的持续时间很长，即输出量经过长时间之后才能恢复到给定值，反应甚慢。这也是二阶预期系统的主要缺点。

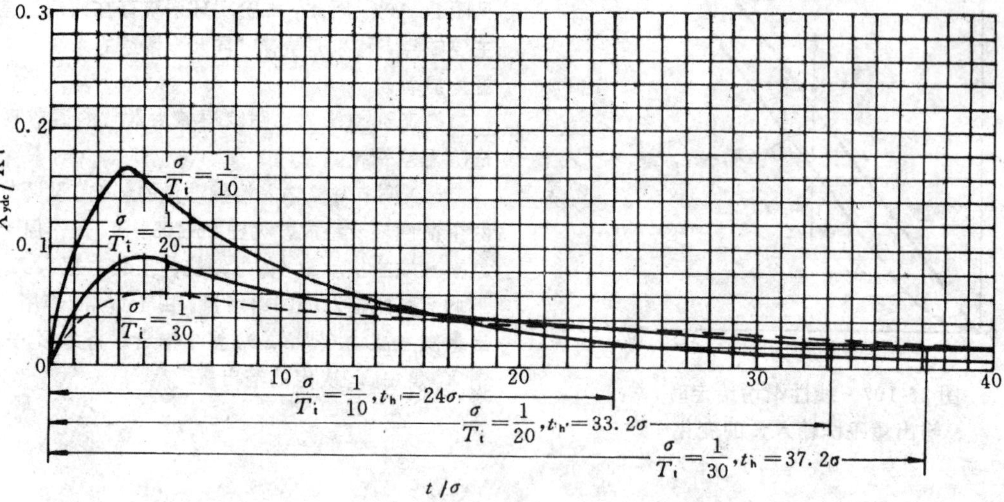

图 26-109 二阶预期系统单位扰动作用下，输出量波动的过渡过程

26.8.2 三阶闭环调节系统及其品质指标

调节对象由一个放大系数为 K_x，时间常数为 T_t 的惯性环节和一个积分时间常数为 T_i 的积分环节组成，采用一个比例积分调节器校正，输入端设有给定滤波器，即构成三阶闭环调节系统的标准形式，如图 26-110 所示。

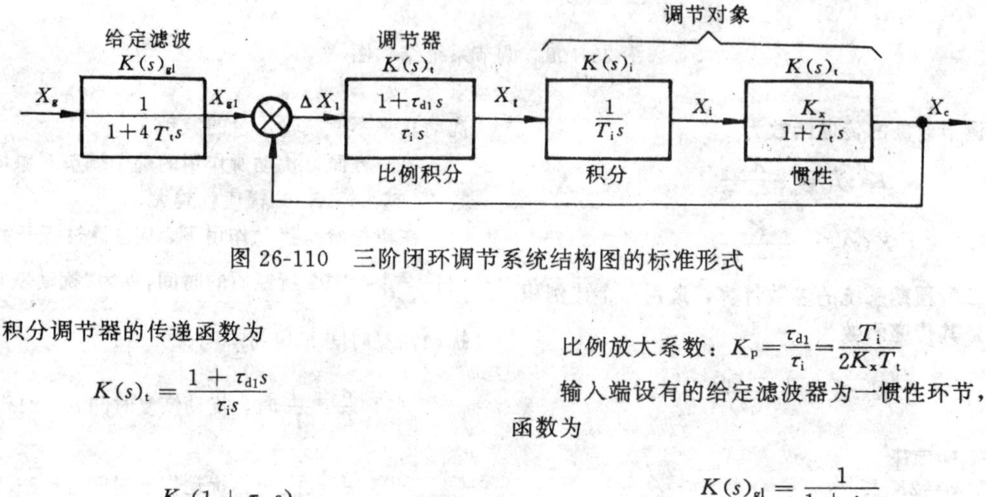

图 26-110 三阶闭环调节系统结构图的标准形式

比例积分调节器的传递函数为

$$K(s)_t=\frac{1+\tau_{d1}s}{\tau_is}$$

或写成

$$K(s)_t=\frac{K_p(1+\tau_{d1}s)}{\tau_{d1}s}$$

式中比例放大系数 $K_p=\frac{\tau_{d1}}{\tau_i}$

三阶预期系统的条件是：

微分时间：$\tau_{d1}=4T_t$ (26-87)

积分时间：$\tau_i=\frac{8K_xT_t^2}{T_i}$ (26-88)

比例放大系数：$K_p=\frac{\tau_{d1}}{\tau_i}=\frac{T_i}{2K_xT_t}$ (26-89)

输入端设有的给定滤波器为一惯性环节，其传递函数为

$$K(s)_{gl}=\frac{1}{1+t_{gl}s}$$

选 $t_{gl}=4T_t$ (26-90)

将式 26-87～式 26-90 代入图 26-110 中，进一步求解，可得三阶闭环调节系统的典型传递函数：

$$K(s)_b=\frac{1}{1+4T_ts+8T_t^2s^2+8T_t^3s^3}$$

输入端加有给定滤波器时，阶跃给定下三阶闭环调节系统的过渡过程见图 26-111。

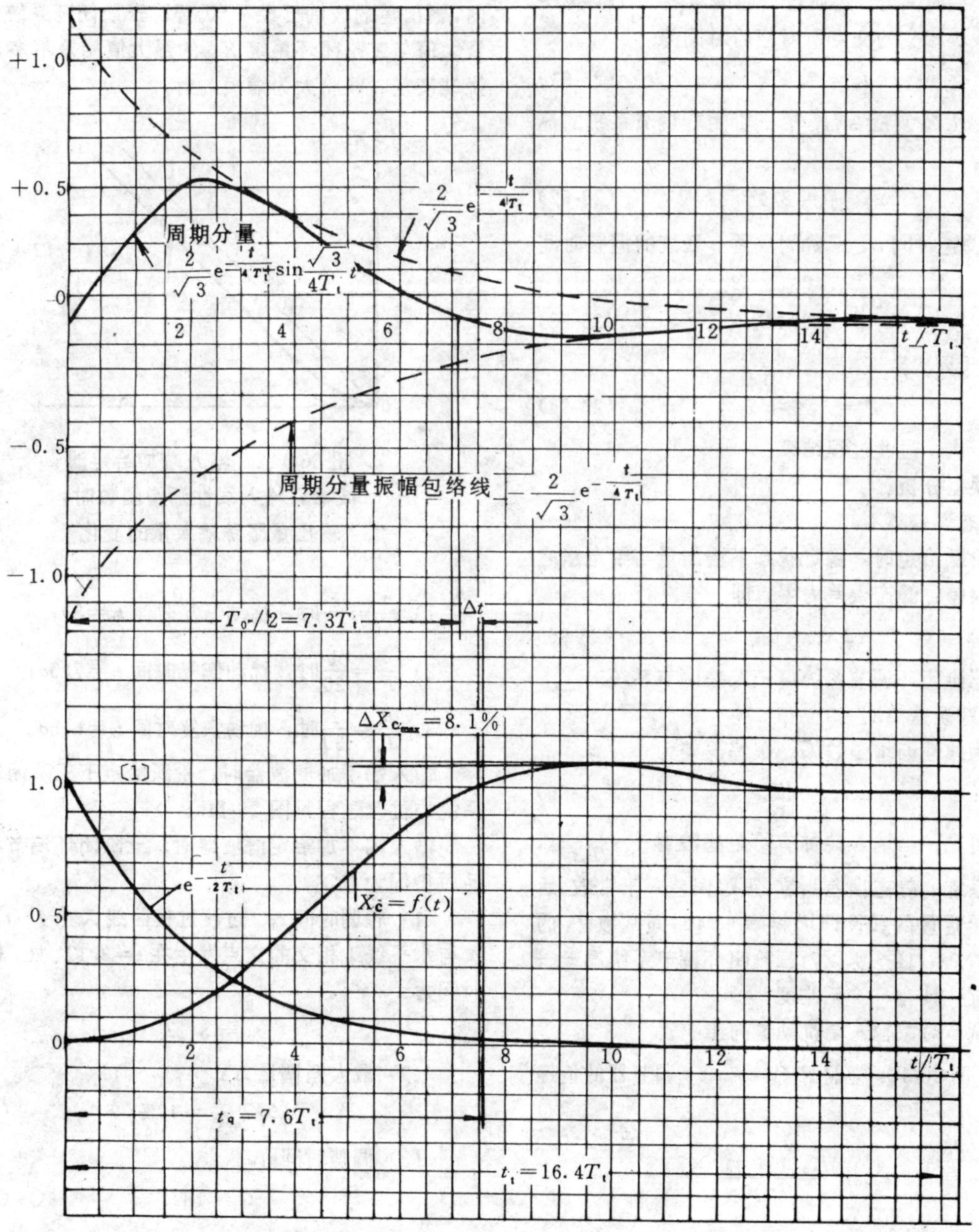

图 26-111 输入端加有给定滤波器时，阶跃给定下三阶闭环调节系统的过渡过程

输入端加有给定滤波器时，三阶闭环调节系统的品质指标为：

(1) 稳定裕度。输入端加有给定滤波器时，三阶闭环调节系统有 4 倍的稳定裕度。

(2) 起调时间 t_q。过渡过程曲线 $X_c=f(t)$ 第一次与水平线 1 相交的交点所对应的时间为

$$t_q = 7.6T_t \tag{26-91}$$

(3) 最大超调量 $\Delta X_{c_{max}}$。三阶闭环调节系统的最大超调量为

$$\Delta X_{c_{max}} = 8.1\% \tag{26-92}$$

(4) 调整时间 t_t。三阶闭环调节系统的调整时间为

$$t_t = 16.4T_t \tag{26-93}$$

(5) 超调次数 Z。

$$Z = 1.2 \approx 1 \tag{26-94}$$

超调一次，过渡过程结束。

(6) 误差分析。

1) 静态误差 ΔX_j。

单位阶跃给定时，稳定状态下输出量与给定量之间不存在误差，静态误差为零，即

$$\Delta X_j = 0 \tag{26-95}$$

因此三阶闭环调节系统属于无差调节系统。

2) 跟踪误差 ΔX_Z。

输入为线性渐增函数 kt，跟踪误差为

$$\Delta X_z = 4T_t k \tag{26-96}$$

由此可见，当输入端加有给定滤波器$\frac{1}{1+4T_t s}$时，三阶闭环系统的静态误差为零，跟踪误差等于常数。后者正比于给定量的线性渐增斜率 k 与时间常数 T_t 的乘积，见图 26-112。所以，三阶闭环调节系统属于一阶无差系统，具有一阶无差度。

(7) 调节对象输入端扰动量的影响。

这时，图 26-108 中的 $K(s)_2=\frac{1}{T_i s}$，调节器的传递函数为

$$K(s)_t = \frac{K_p(1+\tau_{d1}s)}{\tau_{d1}s}$$

式中 $\tau_{d1}=4\sigma$；

$K_p=\frac{T_i}{2K_\sigma \sigma}$。

在单位阶跃扰动作用下，输出量波动 X_{ydc} 的过渡过程见图 26-113。与二阶闭环系统不同，X_{ydc} 在正、负之间振荡，第一个波峰为 $+1.78\frac{\sigma}{T_i}$；第二个波峰为 $-0.22\frac{\sigma}{T_i}$；第三个波峰为 $0.02\frac{\sigma}{T_i}$，所以在第三个半波内，输出量的波动已经平息。显然三阶闭环系统 X_{ydc} 的最大值与二阶闭环系统 X_{ydc} 的最大值相差不多，但是扰动恢复时间将大为缩短，当：

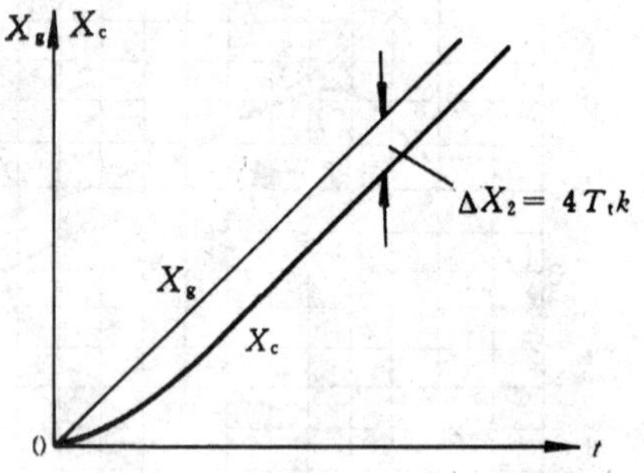

图 26-112 输入端加给定滤波器，输入线性渐增函数时，输出量跟踪输入量的变化

1) $\frac{\sigma}{T_i}=\frac{1}{10}$时，扰动恢复时间 $t_h=8\sigma$；

2) $\frac{\sigma}{T_i}=\frac{1}{20}$时，扰动恢复时间 $t_h=7.5\sigma$；

3) $\frac{\sigma}{T_i}=\frac{1}{30}$时，扰动恢复时间 $t_h=6.5\sigma$。

输入端不加滤波器时，阶跃给定下三阶闭环调节系统的过渡过程见图 26-114。

输入端不加给定滤波器时，三阶闭环调节系统的品质指标为：

(1) 起调时间 t_q。过渡过程曲线 $X_c=f(t)$ 第一次与水平线 1 相交的交点发生在 $t=3.1T_t$ 处，即起调时间为

$$t_q = 3.1T_t \tag{26-97}$$

(2) 最大超调量 $\Delta X_{c_{max}}$。

$$\Delta X_{c_{max}} = 43\% \tag{26-98}$$

(3) 调整时间 t_t。

$$t_t = 18T_t \tag{26-99}$$

(4) 超调次数 Z。

$$Z = 2 \tag{26-100}$$

(5) 误差分析。

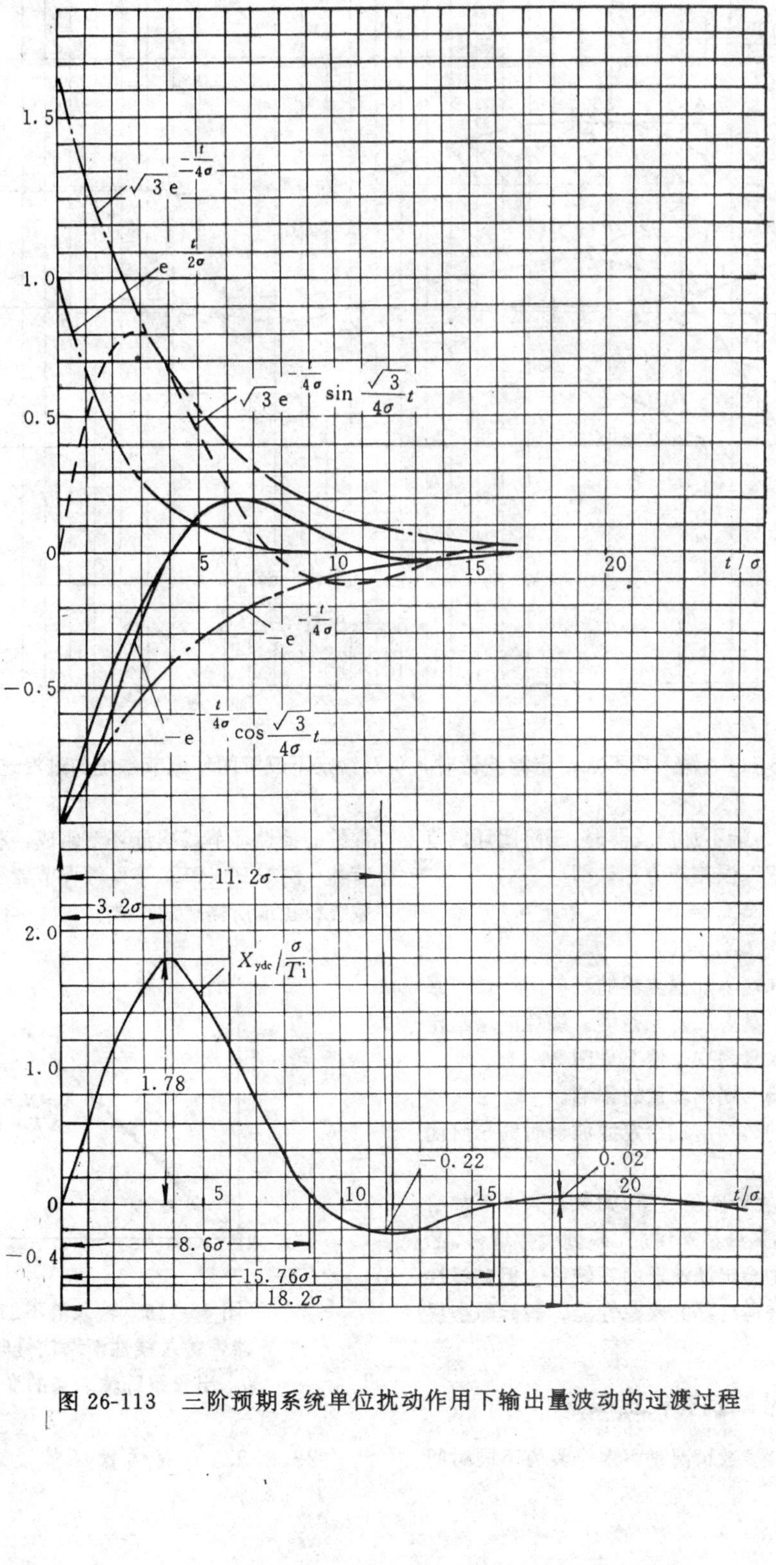

图 26-113　三阶预期系统单位扰动作用下输出量波动的过渡过程

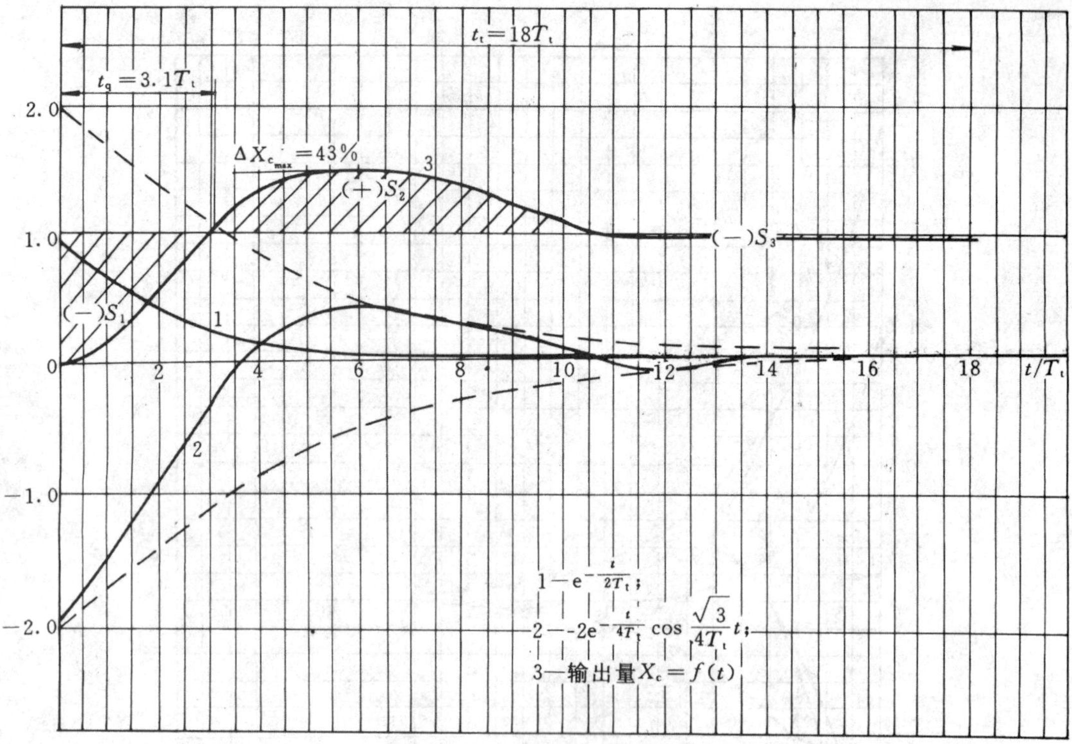

图 26-114 输入端不加给定滤波器时，阶跃给定下三阶闭环调节系统的过渡过程

分析证明，当输入端不加滤波器时，三阶闭环调节系统的静态误差和跟踪误差均为零，即

$$\left.\begin{aligned}\Delta X_j=0\\ \Delta X_z=0\end{aligned}\right\}\qquad(26\text{-}101)$$

由此可见，输入端不加滤波器的三阶闭环调节系统属二阶无差系统，具有二阶无差度。线性渐增给定下，输出量跟踪输入量的变化情况见图 26-115。

(6) 调节对象输入端扰动量的影响。

输入端扰动量的影响与加给定滤波器时的三阶闭环调节系统相同。

根据上述讨论，在阶跃给定下，如果输入端不加给定滤波器，系统的超调量显著增加，超调次数增多，品质指标不如输入端加给定滤波器的系统好。但在线性渐增给定时，可以获得良好的跟踪性能，既无静态误差，又无跟踪误差。

26.8.3 调节系统的校正

在调节系统中，多数情况是由多个具有不同时间常数的惯性环节或积分环节组成，利用各种性能的调节器，例如 PI、PID、PD 等调节器可以将复杂的调节系统校正成所需要的形式。

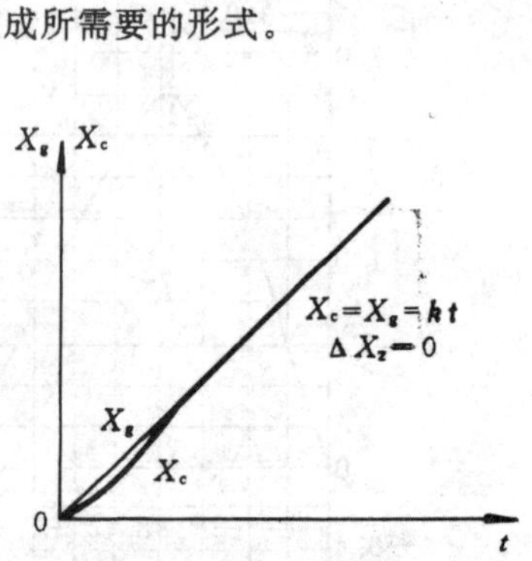

图 26-115 输入端不加滤波器，输入线性渐增信号时，输出量跟踪输入量的变化

26.8.3.1 将惯性环节校正为比例环节

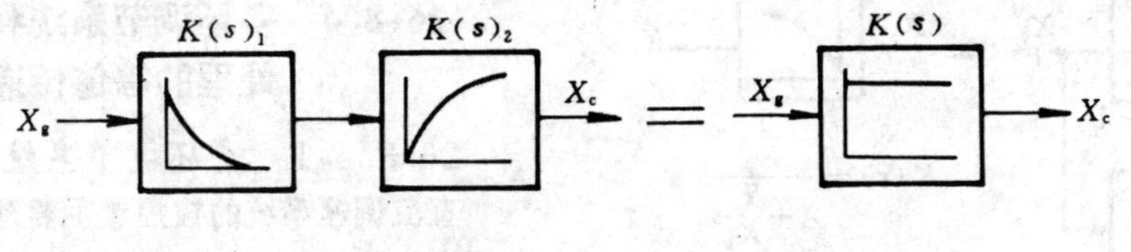

图 26-116　将惯性环节校正为比例环节

设惯性环节的传递函数为 $K(s)_2=\frac{K_1}{1+T_t s}$。

用传递函数 $K(s)_1=K_p(1+T_d s)$ 的比例微分（PD）调节器作串联校正，如图 26-116。校正后

$$K(s)=\frac{X_c}{X_g}=K_p(1+T_d s)\frac{K_1}{(1+T_t s)}$$

选 PD 调节器的微分时间常数 $T_d=T_t$，则

$$K(s)=K_pK_1 \qquad (26\text{-}102)$$

这就将惯性环节校正为比例环节。

26.8.3.2　将惯性环节校正为积分环节

设惯性环节的传递函数为 $K(s)_2=\frac{K_1}{1+T_t s}$

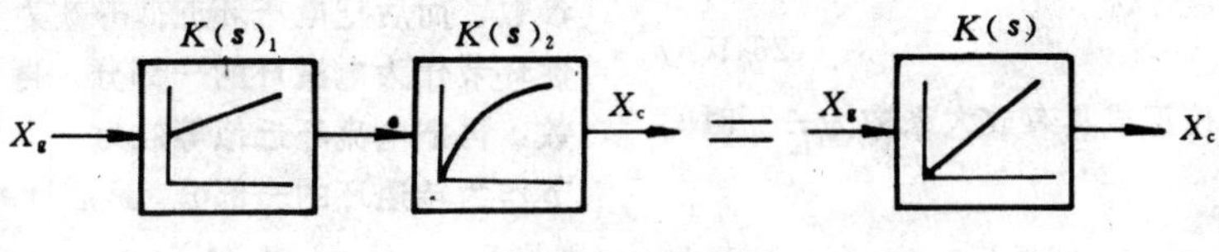

图 26-117　将惯性环节校正为积分环节

用传递函数为 $K(s)_1=\frac{1+\tau_{d1}s}{\tau_i s}$ 的 PI 调节器作串联校正，如图 26-117。校正后：

$$K(s)=\frac{X_c}{X_g}=\frac{(1+\tau_{d1}s)}{\tau_i s}\frac{K_1}{(1+T_t s)}$$

选择 PI 调节器的参数，使 $\tau_{d1}=T_t$，于是

$$K(s)=\frac{K_1}{\tau_i s}=\frac{1}{\tau'_i s} \qquad (26\text{-}103)$$

式中　$\tau'_i=\frac{\tau_i}{K_1}$。

这就将惯性环节校正成具有积分时间 τ'_i 的积分环节。

26.8.3.3　将两个惯性环节校正为一个积分环节

设两个惯性环节分别为

$$K(s)_2=\frac{K_1}{1+T_{t1}s};K(s)_3=\frac{K_2}{1+T_{t2}s}$$

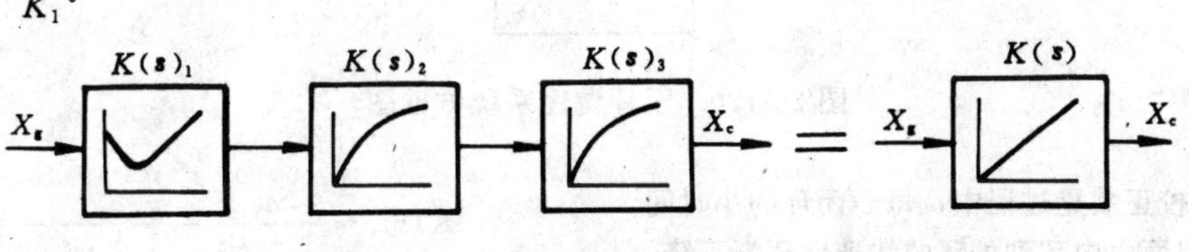

图 26-118　将两个串联的惯性环节校正为积分环节

用传递函数 $K(s)_1=\frac{(1+\tau_{d1}s)(1+\tau_{d2}s)}{\tau_i s}$ 的 PID 调节器作串联校正，如图 26-118。校正后：

$$K(s)=\frac{(1+\tau_{d1}s)(1+\tau_{d2}s)}{\tau_i s}\frac{K_1}{(1+T_{t1}s)}\frac{K_2}{(1+T_{t2}s)}$$

选择 PID 参数，使 $\tau_{d1}=T_{t1}$，$\tau_{d2}=T_{t2}$，于是

$$K(s)=\frac{K_1K_2}{\tau_i s}=\frac{1}{\tau'_i s} \qquad (26\text{-}104)$$

式中　$\tau'_i=\frac{\tau_i}{K_1K_2}$。

这就将两个惯性环节校正成一个积分环节。

26.8.3.4　将积分环节校正为一个惯性环节

设积分环节的传递函数为 $K(s)_2=\frac{1}{T_i s}$

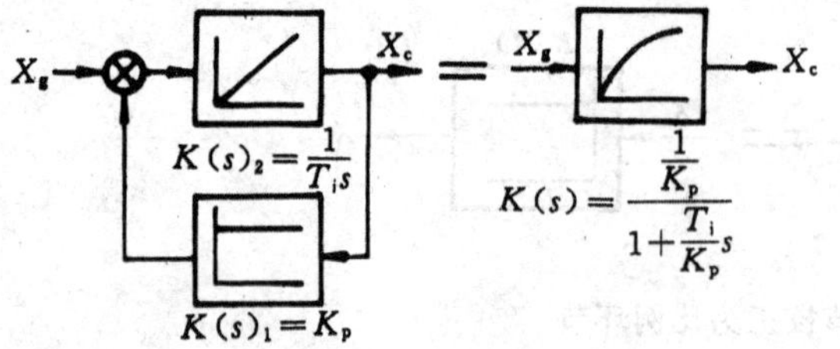

图 26-119 并联校正

用比例调节器 $K(s)_1=K_p$ 作为积分环节的反馈回路，如图 26-119。这时

$$K(s)=\frac{X_c}{X_g}=\frac{1}{T_i s+K_p}=\frac{\frac{1}{K_p}}{1+\frac{T_i}{K_p}s} \tag{26-105}$$

这就将积分环节校正成具有放大系数为$\frac{1}{K_p}$，时间常数为$\frac{T_i}{K_p}$的惯性环节。

26.8.4 多环调节系统和工程近似处理的等值传递函数

26.8.4.1 多环调节系统

直流调速系统的被控量主要是电动机的转速，也包括变流装置输出电压、电枢电流和工作机械转角等。为了较好的补偿系统惯性，一个调节系统除以主被控量反馈形成外环外，内部还有若干个内环。通常使每一闭环只补偿一个"大"时间常数或用闭环来消除系统固有部分的非线性。例如图 26-120 的调速系统中，除了转速外环外，还有电枢电流和变流装置输出电压两个内环。转速调节器 ST、电流调节器 LT、电压调节器 YT 分别为有关闭环的校正装置。计算调节器参数是从内环到外环依次进行的。例如先计算电压环 YT 的参数，而后把电压环近似等效为一个小时间常数的惯性环节作为电流环的一部分，再计算电流环 LT 的参数，再把电流环近似等效为一个小时间常数的惯性环节作为转速环的一部分，最后计算转速环 ST 的参数。

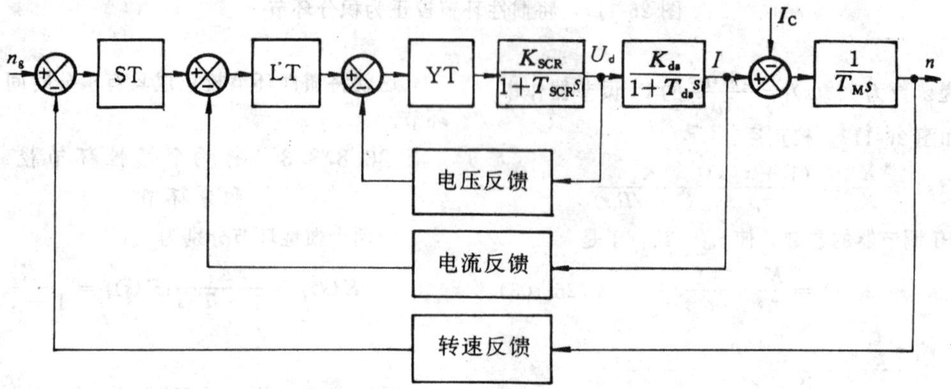

图 26-120 三环调速系统方框图

由于在计算校正装置过程中，每一闭环的小时间常数不予补偿，因而由内环到外环的快速性逐渐下降，要提高系统的快速性就必须设法减小各闭环的小时间常数，特别是最内环的小时间常数。

26.8.4.2 近似处理的等值传递函数

A 降阶处理

调节对象由数个小惯性环节串联组成，其传递函数为

$$K(s)_\sigma=\frac{a_1}{1+t_1 s}+\frac{a_2}{1+t_2 s}+\cdots+\frac{a_n}{1+t_n s}$$

若 $n=3$，则

$$K(s)_\sigma=\frac{a_1}{1+t_1 s}+\frac{a_2}{1+t_2 s}+\frac{a_3}{1+t_3 s}$$

因为 t_1、t_2、t_3 都远小于 1，因此

$$(t_1+t_2+t_3)\gg(t_1t_2+t_1t_3+t_2t_3)\gg t_1t_2t_3$$

传递函数分母中的 s^2 和 s^3 项可以略去不计，其等值传递函数可写为：

$$K(s)_\sigma\approx\frac{a_1a_2a_3}{1+(t_1+t_2+t_3)s}$$

若 n 为任意数时

$$K(s)_\sigma\approx\frac{a_1a_2a_3\cdots a_n}{1+(t_1+t_2+t_3+\cdots+t_n)s}$$

令： $K_p=a_1a_2a_3\cdots a_n$

$\sigma=t_1+t_2+\cdots+t_n$

则

$$K(s)_\sigma\approx\frac{K_p}{1+\sigma s} \tag{26-106}$$

因此，由数个小惯性环节串联组成的"小惯性群"，其等值传递函数仍为一个小惯性，其放大系数等于所有小惯性环节放大系数的乘积 K_p，时间常数等于所有小惯性环节的时间常数之和 σ。

同理，由数个具有小微分时间常数的比例微分环节串联而成的环节，其等值传递函数仍为一个比例微分环节，其微分时间等于所有微分时间之和。例如，由3个比例微分环节（其微分时间为 t_{d1}、t_{d2}、t_{d3}）串联组成的环节，其等效传递函数为

$$K(s)_\sigma=(1+t_{d1}s)(1+t_{d2}s)(1+t_{d3}s)\approx 1+(t_{d1}+t_{d2}+t_{d3})s\approx(1+\sigma s) \tag{26-107}$$

B 晶闸管变流装置纯滞后环节的处理

晶闸管变流器为一纯滞后环节，其最大滞后时间决定于整流相数和电源周期，即

$$t_{SCR}=\frac{T}{m}$$

式中 T——电源周期；

m——电压脉动次数，三相全控桥式线路，$m=6$。

变流装置的传递函数可写为

$$K(s)_{SCR}=K_{SCR}e^{-t_{SCR}s}$$

式中 K_{SCR}为变流装置的放大系数，考虑到

$$e^{-t_{SCR}s}=\frac{1}{1+t_{SCR}s+\frac{t_{SCR}^2s^2}{2!}+\frac{t_{SCR}^2s^3}{3!}+\cdots}$$

t_{SCR}只有几毫秒，因此上式可化为

$$e^{-t_{SCR}s}=\frac{1}{1+t_{SCR}s}$$

则

$$K(s)_{SCR}=\frac{K_{SCR}}{1+t_{SCR}s} \tag{26-108}$$

因此晶闸管变流装置可以等效为一惯性环节，其时间常数 t_{SCR}为几毫秒，称为"小惯性"。

例如，三相全控桥式接线，电源频率为50Hz时，

$$t_{SCR}=\frac{\frac{1}{50}}{6}=0.0033\text{s}=3.3\text{ms}$$

C 内环等效传递函数

通过对二阶和三阶闭环调节系统的分析可知，阶跃给定下输出量的过渡函数很相似一根指数曲线，见图26-106及图26-111，其传递函数相当于一个惯性环节。

二阶闭环调节系统的传递函数为

$$K(s)_b=\frac{1}{1+2\sigma s+2\sigma^2s^2}$$

σ为小惯性的时间常数。在实际系统中，σ为几毫秒到十几毫秒，即 $\sigma\ll1$，因此 $\sigma^2\ll\sigma$，故上式可写为

$$K(s)_b\approx\frac{1}{1+2\sigma s} \tag{26-109}$$

亦即二阶闭环调节系统的传递函数近似等效于一个时间常数为 2σ 的惯性环节。

三阶闭环调节系统的传递函数为

$$K(s)_b=\frac{1}{1+4\sigma s+8\sigma^2s^2+8\sigma^3s^3}$$

同理，$\sigma\ll1$，$\sigma^2\ll\sigma$，$\sigma^3\ll\sigma^2$，因此

$$K(s)_b=\frac{1}{1+4\sigma s} \tag{26-110}$$

亦即三阶闭环调节系统的传递函数近似等效于一个时间常数为 4σ 的惯性环节。

按"等值传递函数"计算的过渡过程曲线和实际的（没有忽略传递函数中的 s^2 及 s^3 项）过渡过程曲线见图26-121及图26-122。由图26-121、图26-122可见，按"等值传递函数"计算的过渡过程，在过渡过程开始有较大误差，但是该调节环节作为整个调节系数的内环，这种近似变换不会带来很大误差。

D 对反电势影响的处理

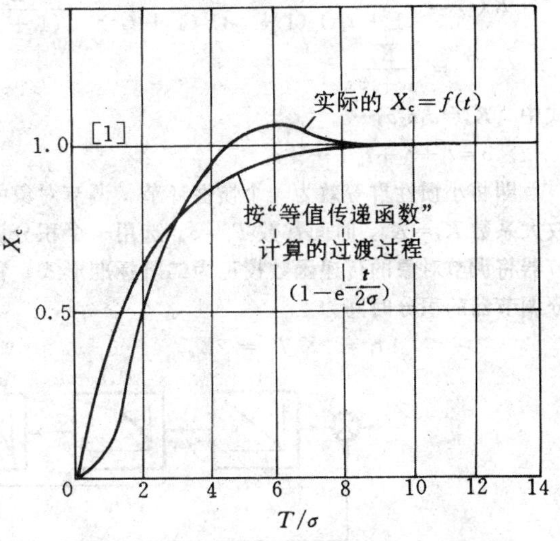

图 26-121 二阶闭环系统等值传递函数

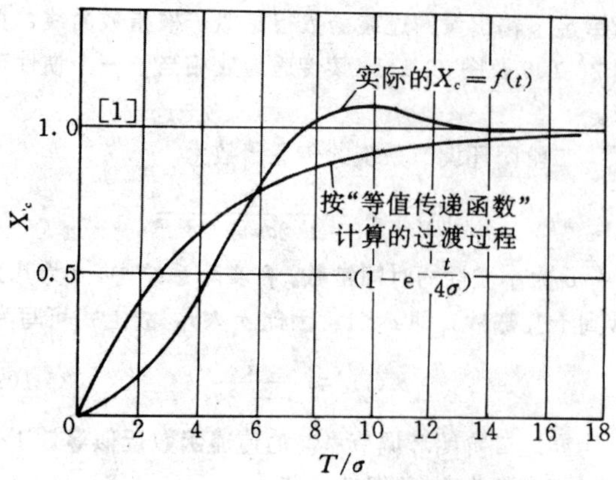

图 26-122 三阶闭环系统等值传递函数

电动机反电势相当于加在电流调节系统调节对象输入端上的扰动量。由于电流环的响应比反电势影响要快得多，对大多数系统来说，由此带来的误差不大。

E 大惯性环节变换为积分环节

调节对象由一个大惯性环节和一组小惯性环节组成，当大惯性环节的时间常数 T_1 远远大于小惯性环节的时间常数 σ 时，可将大惯性环节等效地看作为积分环节，即

$$\frac{K_1}{1+T_1 s}\approx\frac{1}{\frac{T_1}{K_1}s}\approx\frac{1}{\tau_1 s} \qquad (26\text{-}111)$$

对于二阶闭环调节系统，若惯性环节的时间常数 T_1 大于或等于与之串联的小惯性时间常数 σ 的 20 倍，即 $T_1\gg 20\sigma$，就可以将其化为积分环节。

对于三阶闭环调节系统，若惯性环节的时间常数 T_1 大于或等于与之串联的小惯性时间常数 σ 的 30 倍，即 $T_1\gg 30\sigma$，就可以将其化为积分环节。

26.8.5 二阶闭环调节系统参数计算

(1) 调节对象为一惯性环节，即

$$K(s)_x=\frac{K_x}{1+T_t s}$$

选用一个积分调节器将调节对象的传递函数校正为二阶标准形式，积分调节器的积分时间为

$$\tau_i=2K_xT_t$$

开环传递函数为

$$K(s)_k=\frac{1}{\tau_i s}\frac{K_x}{1+T_t s}$$

闭环传递函数为

$$K(s)_b=\frac{K(s)_k}{1+K(s)_k}=\frac{1}{1+2T_t s+2T_t^2 s^2}$$

其结构图见图 26-123。

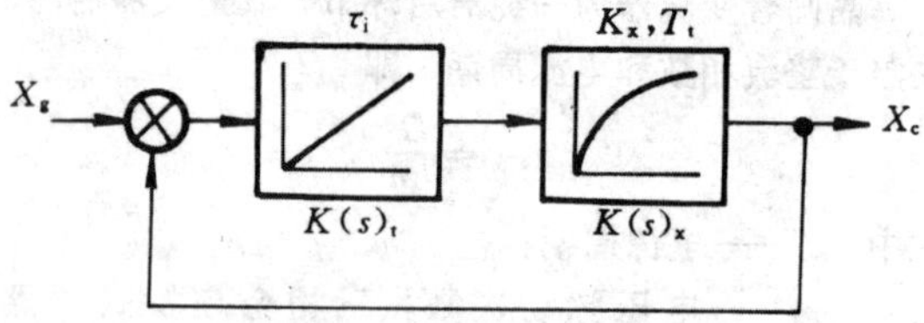

图 26-123 调节对象为一惯性环节结构图

(2) 调节对象由一组小惯性群组成，即

$$K(s)=\frac{a_1}{(1+t_1 s)}\frac{a_2}{(1+t_2 s)}\frac{a_3}{(1+t_3 s)}\cdots\frac{a_n}{(1+t_n s)}=\frac{a_1a_2a_3\cdots a_n}{1+(t_1+t_2+t_3+\cdots+t_n)s}$$

$$=\frac{K_\sigma}{1+\sigma s}$$

式中 $K_\sigma=a_1a_2a_3\cdots a_n$

$\sigma=t_1+t_2+t_3+\cdots+t_n$

即将小惯性群等效为一个惯性环节，调节对象的放大系数 $K_x=K_\sigma$，时间常数 $T_t=\sigma$。选用一个积分调节器将调节对象的传递函数校正为二阶标准形式，积分调节器的积分时间为

$$\tau_i=2K_xT_t=2K_\sigma\sigma$$

开环传递函数为

$$K(s)_k=\frac{1}{\tau_i s}\frac{K_\sigma}{(1+\sigma s)}$$

闭环传递函数为

$$K(s)_b=\frac{1}{1+2\sigma s+2\sigma^2 s^2}$$

其结构图见 26-124。

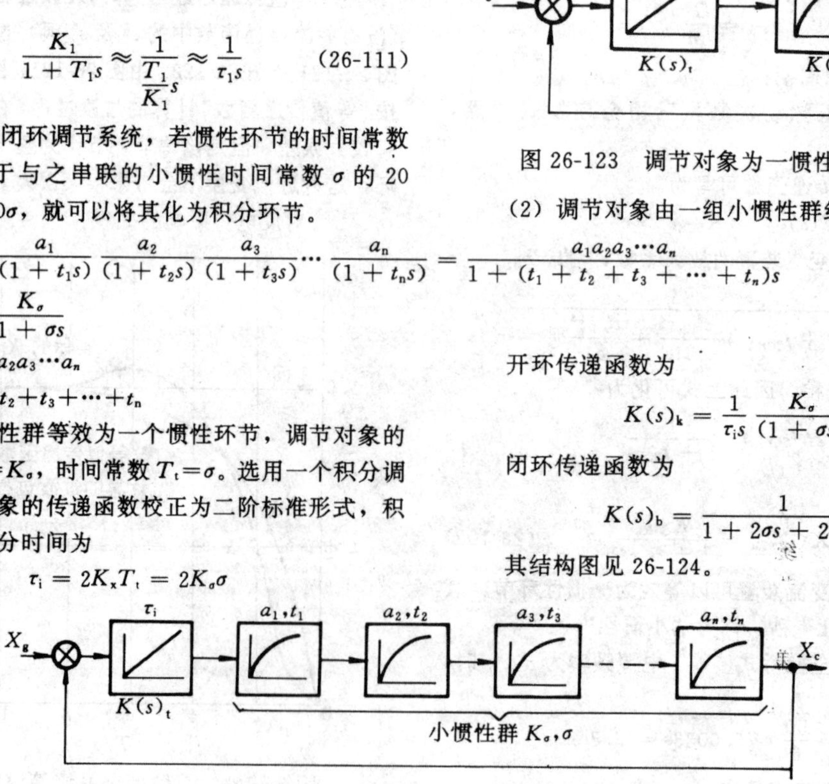

图 26-124 调节对象为一组小惯性群结构图

(3) 调节对象由一个大惯性环节和一组小惯性群组成，即

$$K(s)_x = \frac{K_1}{(1+T_1s)}\frac{K_\sigma}{(1+\sigma s)}$$

选用一个 PI 调节器将调节对象的传递函数校正为二阶标准形式，PI 调节器的传递函数为

$K\ (s)_t = \dfrac{1+\tau_{d1}s}{\tau_i s}$系统的开环传递函数为

$$K(s)_k = \frac{1+\tau_{d1}s}{\tau_i s}\frac{K_1}{(1+T_1s)}\frac{K_\sigma}{(1+\sigma s)}$$

选择：

微分时间　$\tau_{d1}=T_1$

积分时间　$\tau_i=2K_1K_\sigma\sigma$

比例放大系数　$K_p=\dfrac{\tau_{d1}}{\tau_i}=\dfrac{T_1}{2K_1K_\sigma\sigma}$

则系统的闭环传递函数为

$$K(s)_b = \frac{K_1K_\sigma}{K_1K_\sigma+\tau_i s+\tau_i\sigma s^2} = \frac{1}{1+2\sigma s+2\sigma^2s^2}$$

其结构图见 26-125。

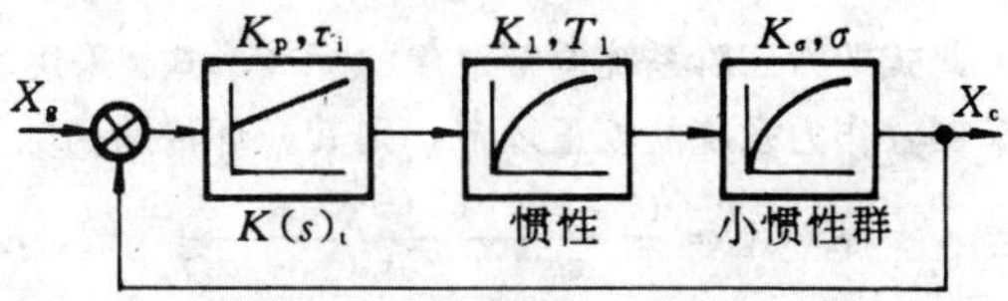

图 26-125　调节对象为一个大惯性和一组小惯性群结构图

(4) 调节对象由两个大惯性环节和一组小惯性群组成，即：

$$K(s)_x = \frac{K_1}{(1+T_1s)}\frac{K_2}{(1+T_2s)}\frac{K_\sigma}{(1+\sigma s)}$$

首先将调节对象校正为一个惯性环节，选用 PID 调节器，即

$$K(s)_t = \frac{(1+\tau_{d1}s)(1+\tau_{d2}s)}{\tau_i s}$$

设　$\tau_{d1}=T_1$；$\tau_{d2}=T_2$　则

$$K(s)_k = \frac{1}{\tau_i s}\frac{K_1K_2K_\sigma}{(1+\sigma s)}$$

此式即为二阶系统开环传递函数的标准形式，选

$$\tau_i = 2K_1K_2K_\sigma\sigma$$

则系统的闭环传递函数为

$$K(s)_b = \frac{K_1K_2K_\sigma}{K_1K_2K_\sigma+\tau_i s+\tau_i\sigma s^2} = \frac{1}{1+2\sigma s+2\sigma^2s^2}$$

其结构图见图 26-126。

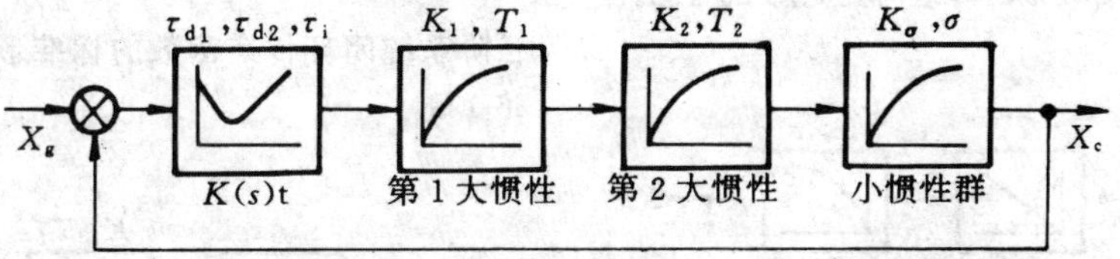

图 26-126　调节对象为两个大惯性和一组小惯性群结构图

(5) 调节对象由一个积分环节和一组小惯性群组成，即

$$K(s)_x = \frac{1}{T_i s}\frac{K_\sigma}{(1+\sigma s)}$$

这正是二阶系统开环传递函数的标准形式，为此只选用一个比例调节器，即

$$K(s)_t = K_p$$

系统的开环传递函数为

$$K(s)_k = K_p\frac{1}{T_i s}\frac{K_\sigma}{(1+\sigma s)}$$

选　$T_i=2K_pK_\sigma\sigma$

则　$K_p=T_i/2K_\sigma\sigma$

系统的闭环传递函数为

$$K(s)_p = \frac{1}{1+2\sigma s+2\sigma^2s^2}$$

其结构图见图 26-127。

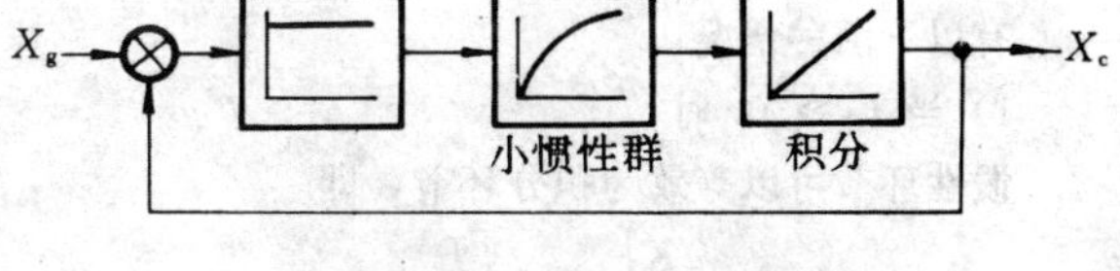

图 26-127　调节对象为积分环节和一组小惯性群结构图（二阶校正）

26.8.6 三阶闭环调节系统参数计算

(1) 调节对象由一个积分环节和一组小惯性群组成，其传递函数为

$$K(s)_x = \frac{1}{T_i s}\frac{K_\sigma}{(1+\sigma s)}$$

此式即为三阶系统调节对象的标准形式。采用PI调节器，作为系统的校正环节，则其开环传递函数为

$$K(s)_k = \frac{(1+\tau_{d1}s)}{\tau_i s}\frac{1}{T_i s}\frac{K_\sigma}{(1+\sigma s)}$$

此式即为三阶系统开环传递函数的标准形式。选

微分时间　$\tau_{d1}=4\sigma$

积分时间　$\tau_i=8K_\sigma\sigma^2/T_i$

比例放大系数　$K_p=\frac{\tau_{d1}}{\tau_i}=T_i/2K_\sigma\sigma$

系统的闭环传递函数（未加给定滤波器）为

$$K(s)_b = \frac{1+4\sigma s}{1+4\sigma s+8\sigma^2 s^2+8\sigma^3 s^3}$$

阶跃给定下超调43%，故须加入滤波器

$$K(s)_{gl} = \frac{1}{1+4\sigma s}$$

系统的闭环传递函数则为

$$K(s)_b = \frac{1}{1+4\sigma s+8\sigma^2 s^2+8\sigma^3 s^3}$$

阶跃给定下超调8.1%，其结构图见图26-128。

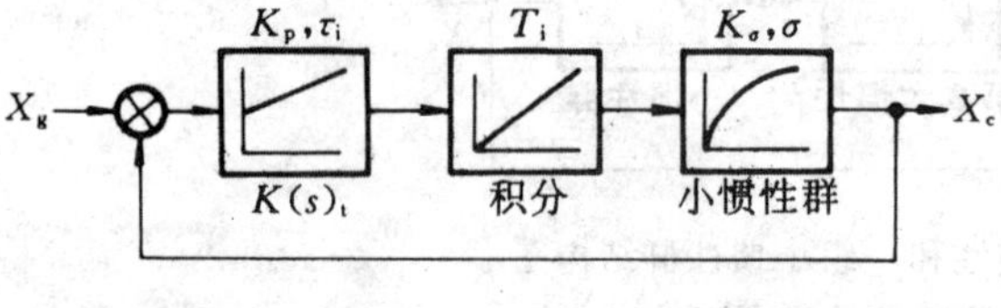

图26-128　调节对象一个积分环节和一组小惯性群结构图（三阶校正）

(2) 调节对象由一个惯性环节和一组小惯性群组成，其传递函数为

$$K(s)_x = \frac{K_1}{(1+T_1 s)}\frac{K_\sigma}{(1+\sigma s)}$$

有以下两种情况：

1) 当 $T_1\gg 30\sigma$ 时

惯性环节可以等效为积分环节，即

$$\frac{K_1}{1+T_1 s}\approx\frac{1}{\frac{T_1}{K_1}s}$$

于是　$K(s)_x=\frac{1}{T_i s}\frac{K_\sigma}{1+\sigma s}$

式中　　$T_i=T_1/K_1$

计算结果与三阶预期系统相同。

2) 当 $30\sigma>T_1\gg\sigma$ 时

这时不能把惯性环节等效为积分环节，但在某些情况下，仍可按三阶系统选择参数。

系统的开环传递函数为

$$K(s)_k = \frac{(1+\tau_{d1}s)}{\tau_i s}\frac{K_1}{(1+T_1 s)}\frac{K_\sigma}{(1+\sigma s)} = K_p\frac{(1+\tau_{d1}s)}{\tau_{d1}s}\frac{K_1}{(1+T_1 s)}\frac{K_\sigma}{(1+\sigma s)} \tag{26-112}$$

当输入端加有给定滤波器 $K(s)_{gl}=\frac{1}{1+4\sigma s}$ 时，系统的闭环传递函数为

$$K(s)_b = \frac{1}{1+a_1 s+a_2 s^2+a_3 s^3} \tag{26-113}$$

式中

$$\left.\begin{aligned} a_1 &= (1+2\frac{\sigma}{T_1})4\sigma; \\ a_2 &= \left(1+\frac{\sigma}{T_1}\right)8\sigma^2; \\ a_3 &= 8\sigma^3。\end{aligned}\right\} \tag{26-114}$$

与三阶预期系统的闭环传递函数相比，仅 s 及 s^2 项的系数不同。当 $T_1\gg\sigma$ 时，$\frac{\sigma}{T_1}\approx 0$，则式26-113即为三阶系统闭环传递函数的标准形式，其结构图见图26-129。

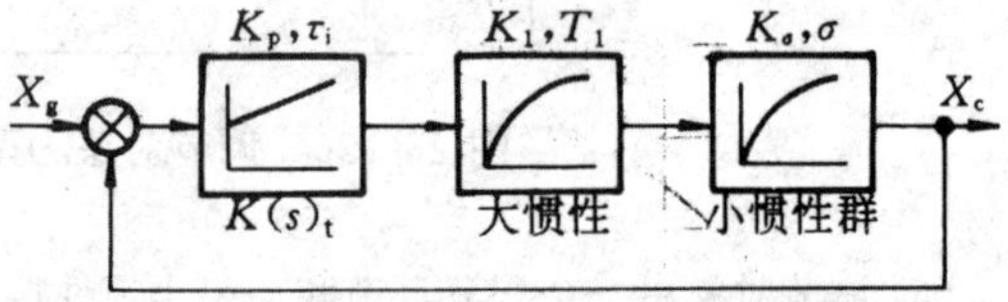

图26-129　调节对象为一个惯性环节和一组小惯性群结构图（三阶校正 $T_1<30\sigma$）

若输入端不加给定滤波器时，根据式26-112可写出系统的闭环传递函数为

$$K(s)_b = \frac{1}{1+\frac{8\sigma^2}{T_1}\frac{(1+T_1 s)}{1+\tau_{d1}s}(1+\sigma s)s} \tag{26-115}$$

求得几种不同情况时系统的过渡过程示于图26-130。

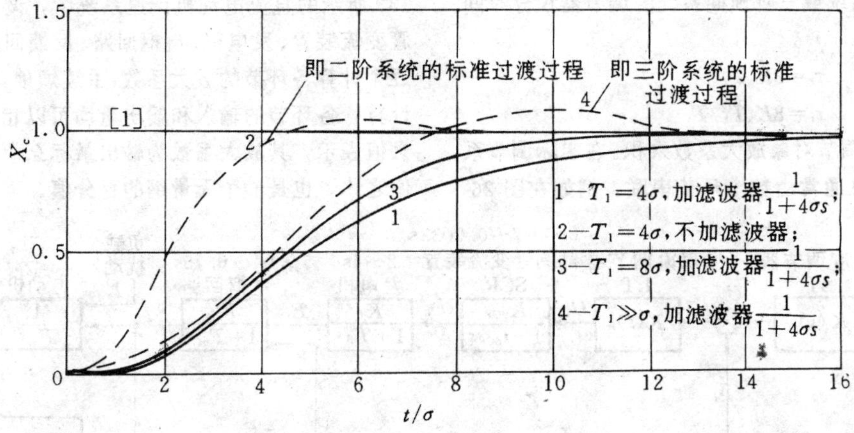

图 26-130　三阶系统调节对象不含积分环节时，给定滤波器对过渡过程的影响

由图 26-130 可见，在 $T_1=4\sigma$ 时，按三阶预期系统选择参数，输入端最好不加给定滤波器，这时系统的品质指标与二阶系统完全一致，过渡过程如图 26-130 曲线 2 所示。当 T_1/σ 越大，其闭环传递函数越接近三阶系统的标准形式，因此其过渡过程的品质指标也接近于三阶系统。

同理，为使 $4\sigma<T_1<30\sigma$ 时的系统过渡过程加快，应该减小给定滤波器的时间常数。在不同 T_1/σ 值下，由图 26-131 决定给定滤波器的时间常数，即

$$K(s)_{gl}=\frac{1}{1+q\sigma s}$$

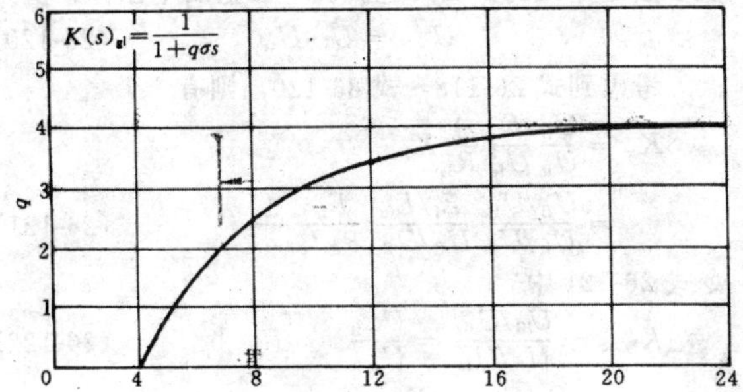

图 26-131　$T_1<30\sigma$ 时，给定滤波器时间常数选择曲线

$q\leqslant 4$，由图 26-131 查出，或由下列计算

$$q=4(1-e^{-\frac{\frac{\pi}{\sigma}-1}{4}})\qquad(26\text{-}116)$$

(3) 调节对象由一个积分环节$\frac{1}{T_i s}$，一个大惯性$\frac{K_1}{1+T_1 s}$和一组小惯性群$\frac{K_\sigma}{1+\sigma s}$组成，其传递函数为

$$K(s)_x=\frac{1}{T_i s}\frac{K_1}{(1+T_1 s)}\frac{K_\sigma}{(1+\sigma s)}$$

选用 PID 调节器作为系统的校正环节，即

$$K(s)_t=\frac{(1+\tau_{d1}s)(1+\tau_{d2}s)}{\tau_i s}$$

令　$\tau_{d2}=T_1$

则　$K(s)_k=\frac{(1+\tau_{d1}s)}{\tau_i s}\frac{1}{T_i s}\frac{K_1K_\sigma}{(1+\sigma s)}$

三阶预期系统的参数选择为

微分时间　$\tau_{d1}=4\sigma$

$\tau_{d2}=T_1$

积分时间　$\tau_i=8K_1K_\sigma\sigma^2/T_i$

比例放大系数　$K_p=\frac{\tau_{d1}}{\tau_i}=T_i/2K_1K_\sigma\sigma$

给定滤波器　$K(s)_{gl}=\frac{1}{1+4\sigma s}$

系统的闭环传递函数为

$$K(s)_b=\frac{1}{1+4\sigma s+8\sigma^2s^2+8\sigma^3s^3}$$

其结构图见图 26-132。

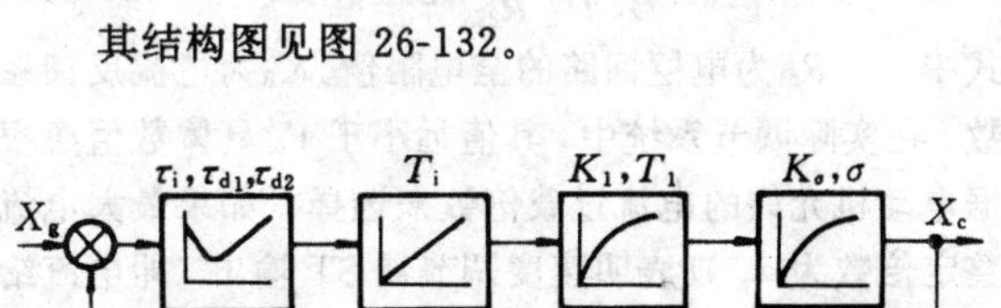

图 26-132　调节对象为一个积分环节、一个大惯性和一组小惯性群结构图

26.8.7　调节理论在工程中的应用

26.8.7.1　标幺值计算

二阶预期系统或三阶预期系统的调节器积分时间为：

二阶系统　$\tau_t=2K_xT_t$

三阶系统　$\tau_t=8K_xT_t^2/T_i$

K_x为所有调节对象放大系数乘积。在实际调节系统中，调节对象通常由数个环节串联。例如在图26-133所示的直流电动机调速系统中，调节对象有晶闸管变流装置、发电机、电枢回路、反馈回路、电动机等，逐个计算各环节的放大系数，手续烦琐，若采用标幺值计算，各环节的输入和输出量均可以相对无量纲的标幺值表示，其放大系数为输出量标幺值与输入量标幺值之比，也是一个无量纲的百分值。

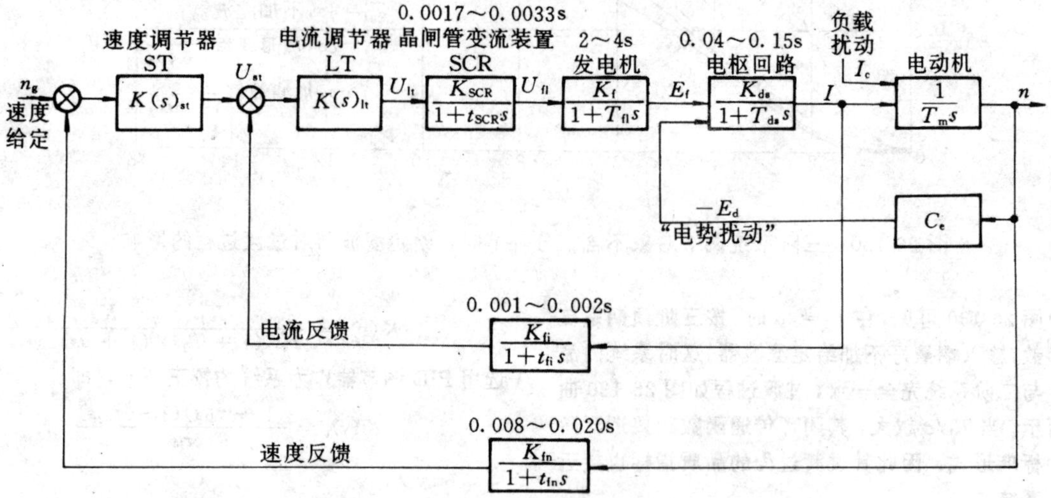

图26-133　典型晶闸管励磁直流电动机速度调节系统结构图（$T_{fl}=2\sim4$s 系磁场不饱和时的数据）

以图26-133为例，电流调节系统（内环）的调节对象传递函数为：

$$K(s)_x=\frac{K_{SCR}}{1+t_{SCR}s}\frac{K_f}{(1+T_{fe}s)}\frac{K_{ds}}{(1+T_{ds}s)}\frac{K_{fi}}{(1+t_{fi}s)} \tag{26-117}$$

调节对象的放大系数为

$$K_x=K_{SCR}K_fK_{ds}K_{fi}=\frac{U_{fl}}{U_{lt}}\frac{E_f}{U_{fl}}\frac{1}{R_{ds}}K_{fi} \tag{26-118}$$

式中　R_{ds}为电枢回路的全电阻值。K_{fi}为电流反馈系数，在实际调节系统中，其值远小于1。具体数值要根据电动机允许的电流过载倍数来选择。如果最大电流整定倍数为α，则表明速度调节器ST输出（即电流给定）U_{st}为$100\%U_{te}$（U_{te}为调节器的额定输出电压）时，电流调节系统输出$\alpha\times100\%I_e$（I_e为电动机额定电枢电流）。因此，当电流调节系统输出$\alpha\times100\%I_e$时，电流反馈信号等于$100\%U_{te}$，亦即当电流调节系统输出$100\%I_e$时，电流反馈信号等于$\frac{1}{\alpha}\times100\%I_e$，因此

$$K_{fi}=\frac{U_{te}}{\alpha I_e} \tag{26-119}$$

U_{lt}为电流调节器的输出电压。在实际的调节系统中，所用调节器（ST和LT）的额定输入及输出电压值多数是一致的。因此电流调节器输出电压标幺值为

$$U_{*lt}=U_{lt}/U_{te} \tag{26-120}$$

考虑到式26-118～式26-120，则有

$$K_x=\frac{U_{fl}}{U_{lt}}\frac{E_f}{U_{fe}}\frac{1}{R_{ds}}K_{fi}=\frac{U_{fl}/U_{fle}}{U_{lt}/U_{te}}\frac{E_f/E_{fe}}{U_{fl}/U_{fle}}\frac{E_{fe}}{R_{ds}I_e}\frac{1}{\alpha} \tag{26-121}$$

令式26-121中

$$K_{SOR}=\frac{U_{fl}/U_{fle}}{U_{lt}/U_{te}}=\frac{U_{*fl}}{U_{*lt}} \tag{26-122}$$

$$K_f=\frac{E_f/E_{fl}}{U_{fl}/U_{fle}}=\frac{E_{*f}}{U_{*fl}} \tag{26-123}$$

$$K_{ds}=\frac{E_{fe}}{R_{ds}I_e} \tag{26-124}$$

$$K_{fi}=\frac{1}{\alpha} \tag{26-125}$$

式中　E_{fe}——发电机额定电枢电压；

E_{fle}——发电机额定励磁电压。

其中有*号者表示名对应量的标幺值。K_{SCR}、K_f、K_{ds}、K_{fi}分别称为晶闸管变流器、发电机、电枢回路、电流反馈回路的标幺放大系数。它们表示各环节输出

标幺值与输入标幺值之比，这样式 26-121 可变换为：

$$K_x = K_{SCR}K_fK_{ds}K_{fi} \qquad (26\text{-}126)$$

式 26-126 表明，调节对象的总放大系数 K_x（绝对值）等于组成调节对象的各环节的标幺放大系数之乘积。

这些标幺放大系数可方便地算出，分述如下：

(1) 晶闸管变流器：SCR 励磁装置通常考虑强励，设强励倍数为 α_{ql}，它表明当 LT 输出 $100\% U_{te}$ 时（$U_{*lt}=100\%$），SCR 装置输出 $\alpha_{ql}\times 100\% U_{fle}$（$U_{*fl}=\alpha_{ql}\times 100\%$），于是

$$K_{SCR} = \frac{U_{*SCR}}{U_{*lt}} = \frac{\alpha_{ql}\times 100\%}{100\%} = \alpha_{ql} \qquad (26\text{-}127)$$

SCR 直接供电给电动机电枢时，不考虑强励，因此 K_{SCR} 通常等于 1。

(2) 发电机：当 SCR 装置输出 $100\% U_{fle}$（$U_{*fl}=100\%$）电压时，发电机输出 $100\% U_{fe}$（$U_{*f}=100\%$），因此，

$$K_f = 1 \qquad (26\text{-}128)$$

(3) 电枢回路：$K_{ds}=\dfrac{E_{fe}/R_{ds}}{I_e}$，$R_{ds}$ 为电枢回路的全电阻，E_{fe}/R_{ds} 为电动机堵转时，发电机为额定电压所产生的电枢电流。K_{ds} 则为额定堵转电流的标幺值。而 K_{ds} 的倒数 $\dfrac{1}{K_{ds}}=\dfrac{I_eR_{ds}}{E_{fe}}$ 系额定电流时的电枢回路压降的标幺值，称为“比电阻”。

(4) 反馈回路：根据式 26-125，它等于整定的最大过电流倍数的倒数（$1/\alpha$）。

放大系数以标幺值表示的电流调节系统的结构图见图 26-134。

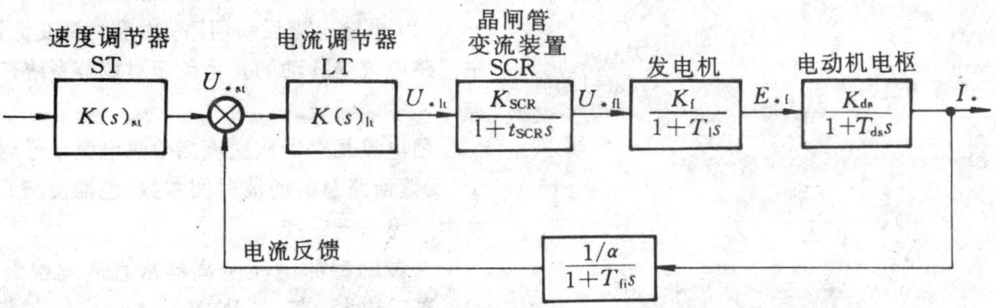

图 26-134 标幺计算法中电流调节系统结构图

（$K_{SCR}=\alpha_{ql}$；$K_f=1$；$K_{ds}=\dfrac{E_{fe}}{R_{ds}I_e}$；$\alpha$=最大电流整定倍数）

速度调节系统是图 26-133 所示结构图的外环，其调节对象包括有电流调节系统的等值传递函数和电动机及速度反馈回路等调节对象的传递函数：

$$K(s)_x = \frac{K_l}{(1+4\sigma s)}\frac{1}{T_ms}\frac{K_{fn}}{(1+T_{fn}s)} \qquad (26\text{-}129)$$

其中：$\frac{K_{fn}}{(1+T_{fn}s)}$——速度反馈回路的传递函数；$\frac{1}{T_ms}$——电动机的传递函数；$\frac{K_l}{(1+4\sigma s)}$——电流调节系统等值传递函数

上述 σ 为电流调节系统中小惯性群的时间常数。对二阶预期系统，式 26-129 中的 4σ 应为 2σ。

调节对象的放大系数为

$$K_x = K_lK_{fn} \qquad (26\text{-}130)$$

速度调节系统的结构图示于图 26-135。

(5) K_{fn} 为速度反馈系数。速度调节系统要求输出量 n 紧紧跟随给定量 n_g。因此，K_{fn} 的选择应使电动机在额定最高速度（$n_*=100\%$）时，速度反馈信号值等于速度给定信号的额定最高值（100%），在实际的调节系统中，后者的数值等于调节器的额定输出电压 U_{te}，因此

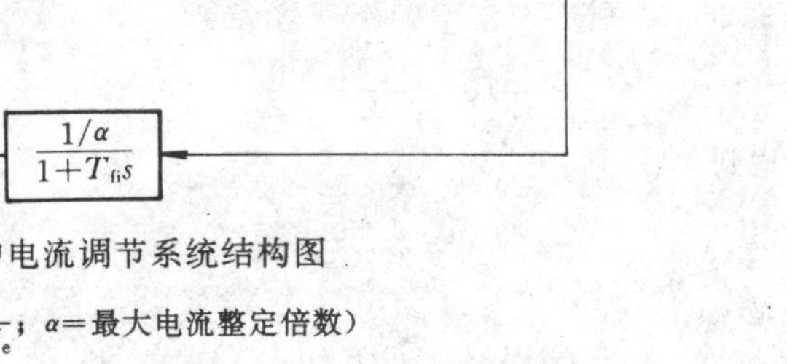

图 26-135 绝对单位的速度调节回路结构图

$$K_{fn}=\frac{U_e}{n_{max}}=\frac{U_{te}}{kn_e} \qquad (26\text{-}131)$$

式中 k——弱磁调速倍数；

n_e——电动机额定转速；

n_{max}——电动机弱磁后的最高转速，即对应于100%速度给定信号时的电动机转速。

(6) 电流调节回路的放大系数

$$K_I=\frac{I}{U_{st}}$$

前已说明，当ST输出额定电压时（U_{te}），电流调节系统输出量（电枢电流 I）等于 αI_e，因此，

$$K_I=\frac{I}{U_{st}}=\frac{\alpha I_e}{U_{te}} \qquad (26\text{-}132)$$

将式26-131及式26-132代入式26-130得

$$K_x=\frac{\alpha I_e}{U_{te}}\frac{U_{te}}{kn_e}=\alpha\frac{I_e}{kn_e} \qquad (26\text{-}133)$$

或者

$$\frac{K_x}{T_m}=\alpha\frac{1}{\dfrac{T_m kn_e}{I_e}} \qquad (26\text{-}134)$$

令式26-134中

$$T_i=\frac{T_m kn_e}{I_e}$$

考虑到

$$T_m=\frac{GD^2}{375C_M}$$

于是

$$T_i=\frac{GD^2kn_e}{375C_MI_e}=\frac{GD^2}{375}\frac{kn_e}{M_e}$$
$$=\frac{GD^2}{375}\times\frac{kn_e^2}{974P_e}$$
$$=\frac{GD^2kn_e^2}{365000P_e} \qquad (26\text{-}135)$$

因为系统参数决定于比值 K_x/T_m。因此，在标幺计算法中，将电动机的积分时间写为 T_i，如式26-135；将电流调节系统的标幺放大系数写为 α；将速度反馈回路的标幺放大系数 K_{fn} 写为1；对计算系统参数来说是等值的。在标幺计算法中，速度调节系统的结构图示于图26-136。

T_i 是标幺计算法中的积分时间。其物理意义可从式26-135看出，它相当于额定电枢电流、额定磁通下，使电动机由零加速到最高（100%）速度所需的时间。

通过上述讨论不难看出，只要知道调节系统的几个基本参数，就可以采用标幺计算法算出各环节的标幺放大系数。将各个调节对象的标幺放大系数相乘就得到所有调节对象总的放大系数 K_x（绝对值）。

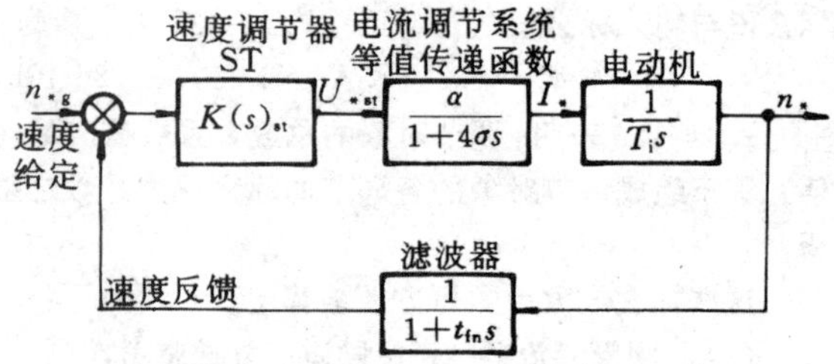

图26-136 标幺计算法中的速度调节系统结构图

26.8.7.2 滤波器的作用和选择

A 反馈回路滤波器的作用

在电枢电流、励磁电流、速度及电势等反馈回路中，都应该加入滤波器。目的一是为了滤掉反馈信号中的谐波分量；二是为了抗干扰。

B 反馈回路中滤波器的选择

(1) 电枢电流反馈回路。由晶闸管变流器供电时，主回路电流是脉动的。为免于对调节系统产生不良影响，应考虑滤波。

用电流互感器从交流侧检测电流信号时，滞后较少，反馈回路总的滤波时间常数（包括检测元件的滞后在内）为 $t_{fi}=1\sim2$ms。

用调制型的电流隔离器从直流侧检测电流信号时，滞后较大，其时间常数达4～5ms，这样，反馈回路总的惯性时间常数 t_{fi} 为5～6ms（考虑滤波器时间常数为1ms，以增强抗干扰能力）。

(2) 速度反馈回路。测速机本身并无滞后。因此反馈回路总的滤波时间常数仅决定于滤波器。

滤波时间常数的选择，取决于测速机质量的优劣。

质量好的测速机，一般选用 $t_{fn}=5\sim10$ms。

质量差的测速机，选用 $t_{fn}=15\sim20$ms。

(3) 电动机电势反馈回路 $t_{fe}=5\sim10$ms。

C 反馈回路滤波器对调节系统的影响——关于给定滤波器时间常数的选择

由于反馈回路有滤波器，系统的实际输出量 X_c 与 X_f 之间不完全是比例关系，而存在很小的惯性，如图26-137所示，因此必须采取措施，补偿掉反馈回路滤波的影响。

图26-137中，$K(s)_x$ 为调节对象的传递函数，$\dfrac{K_f}{1+t_fs}$ 为反馈回路滤波器。当 $K(s)_t$ 按预期条件选取参数时，三阶闭环系统输入端不加给定滤波器的传递函数为

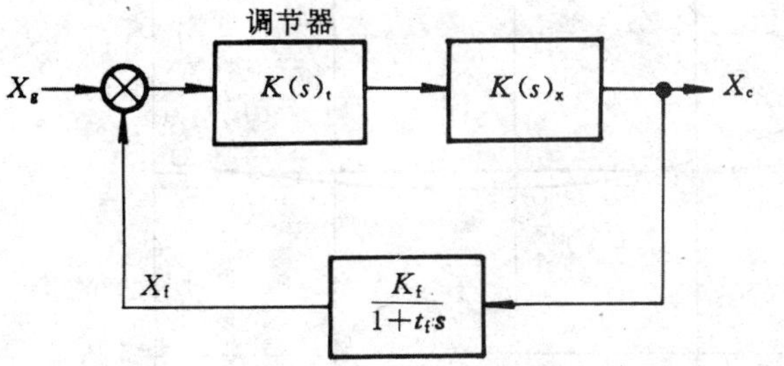

图 26-137 输出量 X_c 与 X_f 之间的关系

$$K(s)=\frac{1+4\sigma s}{1+4\sigma s+8\sigma^2s^2+8\sigma^3s^3}$$

上述闭环传递函数是表征反馈量 X_f 与给定量 X_g 之间的传递函数，即

$$K(s)_b=\frac{X_f}{X_g}=\frac{1+4\sigma s}{1+4\sigma s+8\sigma^2s^2+8\sigma^3s^3}$$

但是，系统的实际输出量为 X_c，从图 26-137 可见：

$$X_c=\frac{X_f}{\frac{K_f}{1+t_fs}}=\frac{(1+t_fs)}{K_f}X_f$$

因此，输出量（而不是反馈量）与输入量之间的闭环传递函数

$$X(s)_{bc}=\frac{(1+t_fs)(1+4\sigma s)}{(1+4\sigma s+8\sigma^2s^2+8\sigma^3s^3)}\frac{1}{K_f}\approx\frac{1+(t_f+4\sigma)s}{(1+4\sigma s+8\sigma^2s^2+8\sigma^3s^3)}\frac{1}{K_f} \quad (26\text{-}136)$$

因为 t_f 为几个微秒，故认为是小时间常数。

这就是说，三阶闭环调节系统，如果反馈回路有滤波器，则给滤波器的时间常数应该大于 4σ，而等于 $(t_f+4\sigma)$，否则，输出量与输入量之间的闭环传递函数的分子将出现微分项，产生微分作用，加大超调。给定滤波器应按下式选择

$$K(s)_{gl}=\frac{1}{1+(t_f+4\sigma)s} \quad (26\text{-}137)$$

这时

$$K(s)_{bc}=\frac{1}{(1+4\sigma s+8\sigma^2s^2+8\sigma^3s^3)}\frac{1}{K_f} \quad (26\text{-}138)$$

其品质指标与 26.8.2 所述仅相差一个常数 $\frac{1}{K_f}$。

二阶闭环调节系统的传递函数为

$$K(s)_b=\frac{X_f}{X_g}=\frac{1}{1+2\sigma s+2\sigma^2s^2} \quad (26\text{-}139)$$

因为反馈回路传递函数不为 1，则

$$K(s)_{bc}=\frac{X_c}{X_g}=\frac{(1+t_fs)}{(1+2\sigma s+2\sigma^2s^2)}\frac{1}{K_f} \quad (26\text{-}140)$$

当反馈回路有滤波器时，其输入端应加给定滤波器

$$K(s)_{gl}=\frac{1}{1+t_fs} \quad (26\text{-}141)$$

这时

$$K(s)_{bc}=\frac{X_c}{X_g}=\frac{1}{(1+2\sigma s+2\sigma^2s^2)}\frac{1}{K_f}$$

即消除了微分项。各项品质指标与 26.8.1 所述，仅相差常数 $\frac{1}{K_f}$。

因此，当反馈回路加有滤波器时，为消除超调影响，不论三阶系统或二阶系统，其输入端都应串联滤波器。

给定滤波器的传递函数为：

二阶系统

$$K(s)_t=\frac{1}{1+t_fs}$$

三阶系统

$$K(s)_t=\frac{1}{1+(t_f+4\sigma)s}$$

26.8.7.3 参数变化对系统的影响

在三阶调节系统中，调节对象放大系数和积分时间常数变化对系统的影响见图 26-138。调节对象惯性时间常数变化对系统的影响见图 26-139。设计时应遵循以下规则：

(1) 若调节对象放大系数 K_x 及积分时间常数 τ_i 是变化的，一般应按 $\frac{T_i}{K_x}$ 的中间值或中间偏大值来决定系统的参数。

(2) 若调节对象的惯性时间常数 T_t 是变化的，一般应按 T_t 的最大值决定系统的参数。

在二阶调节系统中，调节对象放大系数变化的影响见图 26-140。调节对象惯性时间常数变化的影响见图 26-141。设计时应遵循以下规则：

(1) 在二阶调节系统中，调节对象放大系数 K_x 的增加导致超调量的增加，但不会出现负输出。K_x 减小，调节过程变慢，因此，二阶调节系统对 K_x 变化的适应性更大。

(2) 二阶调节系统参数可以根据调节对象放大系数变化范围的中间值选择。超调无严格要求的场合，可按 K_x 的最小值整定；对调节速度无严格要求的场合，可按 K_x 的最大值整定。

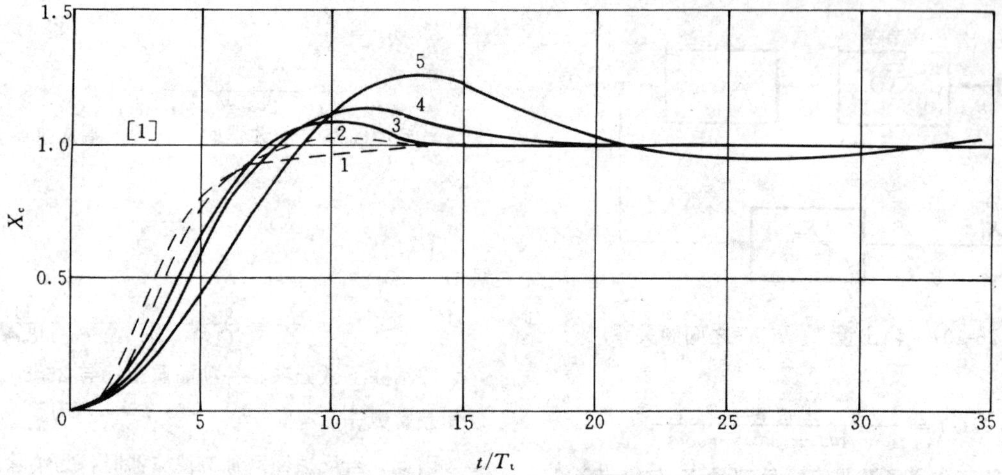

图 26-138 三阶调节系统调节对象放大系数 K_x 或积分时间 T_i 变化后对过渡过程的影响

$$1—\frac{T'_i}{K'_x}=0.5\frac{T_i}{K_x},\ X_c=1-1.17e^{-0.32\frac{t}{T_t}}+0.17e^{-0.341\frac{t}{T_t}}\cos0.816\frac{t}{T_t}-0.387e^{-0.341\frac{t}{T_t}}\sin0.816\frac{t}{T_t};$$

$$2—\frac{T'_i}{K'_x}=0.75\frac{T_i}{K_x},\ X_c=1-1.24e^{-0.39\frac{t}{T_t}}+0.24e^{-0.305\frac{t}{T_t}}\cos0.58\frac{t}{T_t}-0.707e^{-0.305\frac{t}{T_t}}\sin0.58\frac{t}{T_t};$$

$$3—\frac{T'_i}{K'_x}=1.0\frac{T_i}{K_x},\ X_c=1-e^{-0.5\frac{t}{T_t}}-\frac{2}{\sqrt{3}}e^{-0.25\frac{t}{T_t}}\sin0.432\frac{t}{T_t};$$

$$4—\frac{T'_i}{K'_x}=1.25\frac{T_i}{K_x},\ X_c=1-0.54e^{-0.61\frac{t}{T_t}}-0.46e^{-0.19\frac{t}{T_t}}\cos0.358\frac{t}{T_t}-1.16e^{-0.19\frac{t}{T_t}}\sin0.358\frac{t}{T_t};$$

$$5—\frac{T'_i}{K'_x}=2.0\frac{T_i}{K_x},\ X_c=1-0.154e^{-0.78\frac{t}{T_t}}-0.846e^{-0.11\frac{t}{T_t}}\cos0.26\frac{t}{T_t}-0.82e^{-0.11\frac{t}{T_t}}\sin0.26\frac{t}{T_t}$$

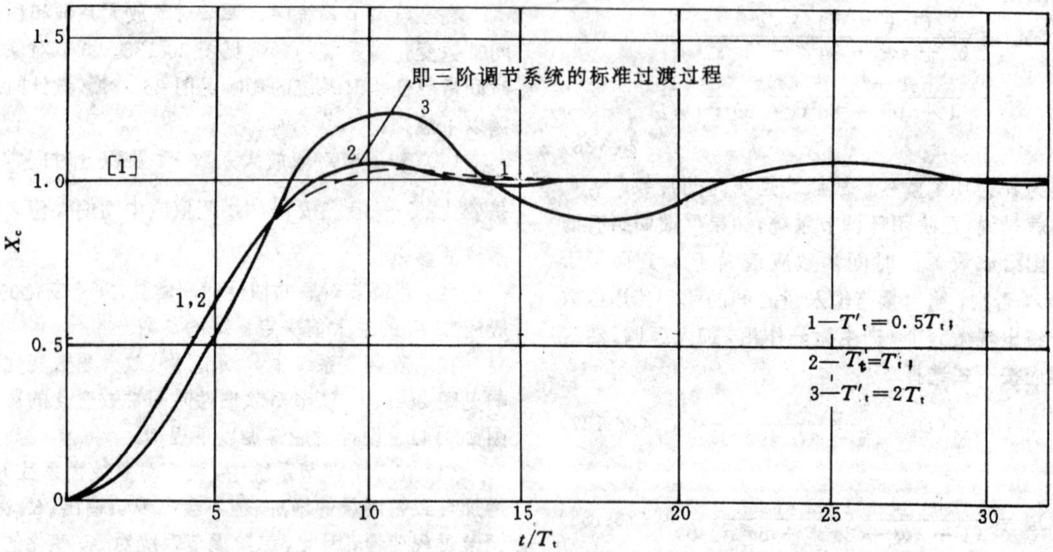

图 26-139 三阶调节系统调节对象惯性时间常数 T_t 变化对过渡过程的影响

(3) 时间常数 T_t 的变化，对其过渡过程品质的影响并不显著。系统参数可以按 T_t 变化范围的中间值选择；对超调无严格要求的场合，可按 T_t 的最小值选择；对调节速度无严格要求的场合，可按 T_t 的最大值选择。

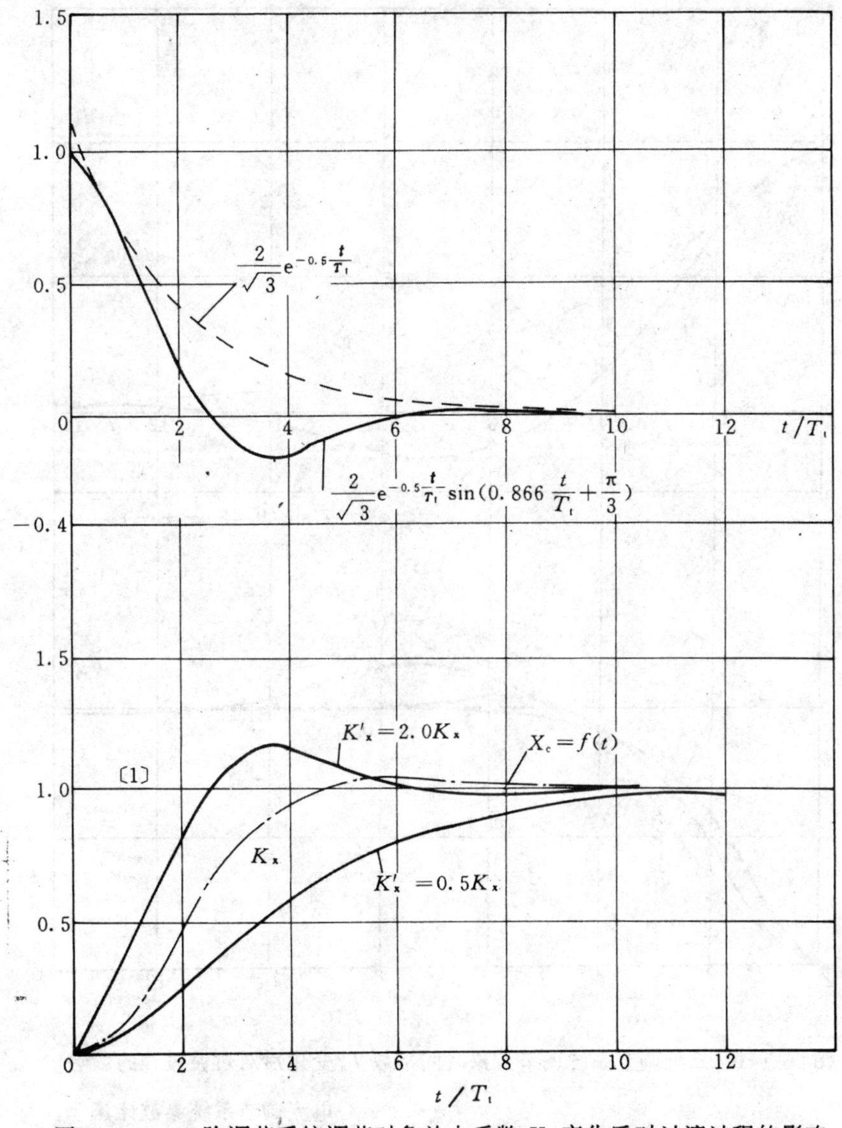

图 26-140 二阶调节系统调节对象放大系数 K_x 变化后对过渡过程的影响

26.8.7.4 晶闸管变流器供电的直流电动机速度调节系统

晶闸管变流器供电的直流电动机速度调节系统见图 26-142，其结构图示于图 26-143，假定电动机的规格为：$P_e=1500kW$，$U_e=750V$，$I_e=2100A$，$n_e=450r/min$，$n_{max}=900r/min$，最大弱磁倍数 $k=900/450=2$，允许最大过电流倍数 $\alpha=\frac{I_{max}}{I_e}=2$，传动系统的飞轮力矩为 $GD^2=6475N\cdot m^2$

晶闸管采用三相桥式整流电路

已知 电枢回路电阻 $R_{ds}=0.005\Omega$；电枢电感 $L_{ds}=1.0mH$。

因此

$$K_{ds}=\frac{U_e/R_{ds}}{I_e}=\frac{750/0.005}{2100}=71.5$$

$$T_{ds}=\frac{L_{ds}}{R_{ds}}=\frac{1.0\times10^{-3}}{0.005}=0.20s$$

为了电网电压降低时仍能使电动机获得额定电压，即LT输出100%电压时，晶闸管变流器的输出电压大于100%电压，此时晶闸管变流器的标幺放大系数应大于1，假定

$$K_{SCR}=1.1$$

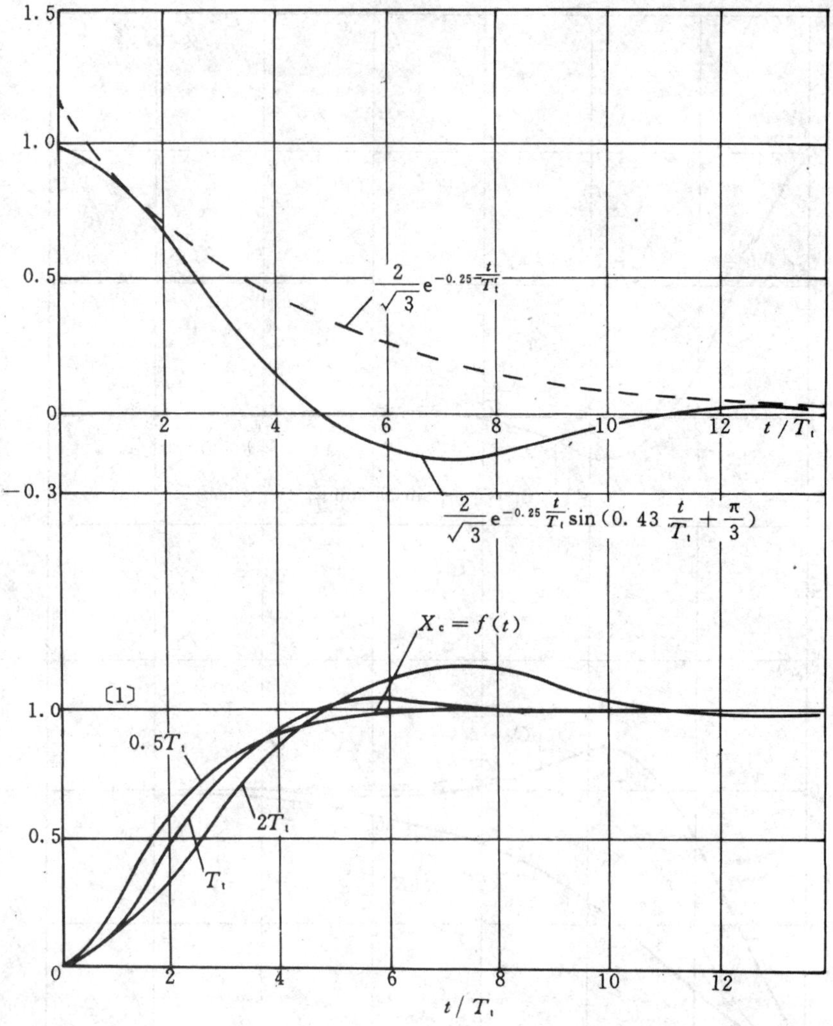

图 26-141　二阶调节系统调节对象时间常数 T_t 变化后对过渡过程的影响

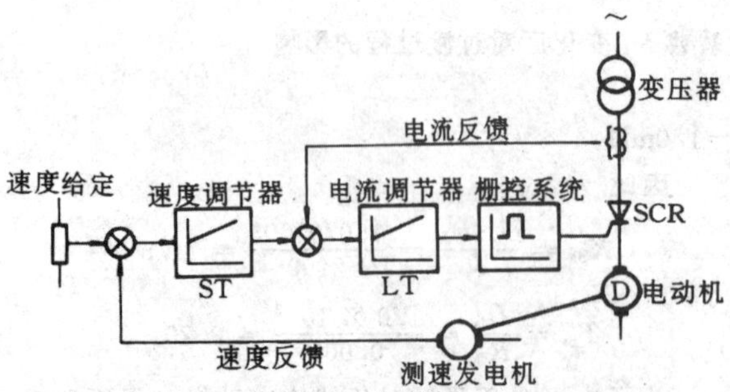

图 26-142　晶闸管变流器供电的直流电动机速度调节系统

A　电流调节系统参数计算

(1) 按三阶系统计算参数。

调节对象由一个大惯性(电枢回路)和一组小惯性群(SCR、电流反馈回路)组成。

$$\sigma = T_{SCR} + T_{fi} = 0.0033 + 0.002 = 0.0053\text{s}$$

因 $T_{ds}=0.20$s，即 $T_{ds}/\sigma=0.20/0.0053=37.7>30$，故可以认为 $T_{ds}\gg\sigma$，从而将惯性环节$\frac{K_{ds}}{1+T_{ds}s}$近似等效为积分环节$\frac{K_{ds}}{T_{ds}s}$。

调节对象的总放大系数为

$$K_x = K_{SCR}K_{ds}K_{fi} = 1.1\times71.5\times0.5 = 39.4$$

电流调节器采用 PI 调节器，其计算参数为

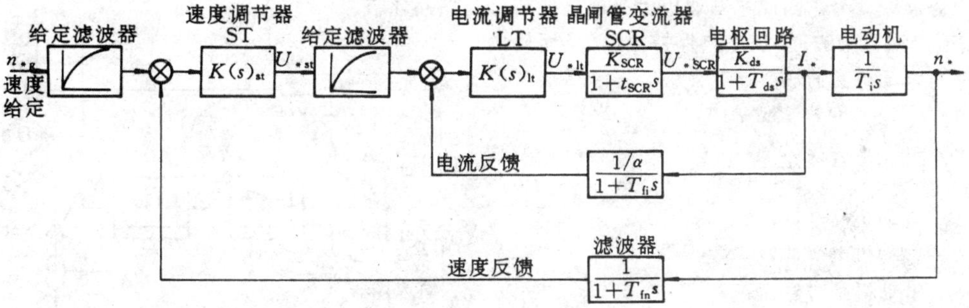

图 26-143 晶闸管变流器供电的直流电动机速度调节系统结构图及标幺传递函数

微分时间 $\tau_{d1}=4\sigma=4\times0.0053=0.0212s$

积分时间 $\tau_i=8K_1K_\sigma\sigma^2/T_1=8K_x\sigma^2/T_{ds}=8\times39.4\times\frac{0.0053^2}{0.2}=0.0443s$

比例放大系数 $K_p=\frac{\tau_{d1}}{\tau_i}=\frac{0.0212}{0.0443}=0.478$

给定滤波器 $K(s)_{gl}=\frac{1}{1+(4\sigma+T_{fi})s}=\frac{1}{1+0.0232s}$

等值传递函数 $K(s)_{dzl}=\frac{a}{1+4\sigma s}=\frac{2}{1+0.0212s}$

(2) 按二阶系统计算参数。

电流调节器仍采用PI调节器，但需将电枢回路时间常数补偿掉。

$$K(s)_{lt}=\frac{1+\tau_{d1}s}{\tau_i s}$$

其计算参数为

微分时间 $\tau_{d1}=T_{ds}=0.2s$

积分时间 $\tau_i=2K_1K_\sigma\sigma=2K_x\sigma=2\times39.4\times0.0053=0.417s$

比例放大系数 $K_p=\frac{\tau_{d1}}{\tau_i}=\frac{0.2}{0.417}=0.48$

给定滤波器 $K(s)_{gl}=\frac{1}{1+T_{fi}s}=\frac{1}{1+0.002s}$

B 速度调节系统参数计算

(1) 按三阶系统计算参数。

电流调节回路的等值传递函数为

$$K(s)_{dzl}=\frac{2}{1+0.0212s}$$

调节对象由一个积分环节(电动机)和一组小惯性群组成。取 $T_{fn}=0.008s$，则

$$\sigma=0.0212+0.008=0.0292s$$

采用PI调节器，其参数计算为：

$$\tau_{d1}=4\sigma=0.117s$$

$$\tau_i=8K_\sigma\sigma^2/T_i=8\times2\times0.0292^2/0.74=0.0184s$$

$$K_p=\frac{\tau_{dl}}{\tau_i}=6.40$$

给定滤波器 $K(s)_t=\frac{1}{1+0.117s}$

(2) 按二阶系统计算参数。

$$K(s)_{dzl}=\frac{2}{1+0.0106s}$$

$$\sigma=0.0106+0.008=0.0186s$$

选用P调节器，其参数计算为

$$K_p=\frac{T_i}{2K_\sigma\sigma}=\frac{0.74}{2\times2\times0.0186}=10$$

给定滤波器传递函数为

$$K(s)_{gl}=\frac{1}{1+T_{fn}s}=\frac{1}{1+0.008s}$$

26.8.7.5 电动机励磁调节系统

根据图 26-144 写出调节系统的结构图，如图 26-145 所示。

基速以下，A 点电位低于 B 点，电动机反电势反馈回路被二极管 D_2 阻断，仅有磁场电流反馈。现代用于晶闸管供电的直流电机，均采用反阻尼措施。例如磁极、磁轭、电枢铁芯都做成叠片式的。由于铁芯中的涡流被限制在很小的数值，因此电动机磁通对励磁电流的滞后(即涡流时间常数)不很大。采取反阻尼措施后，时间常数通常为几十毫秒到一百毫秒左右。为了消除这一滞后对调节系统的影响，在励磁电流反馈回路中加入“磁场模拟”环节。这是一个惯性环节，其时间常数等于电动机的涡流时间常数。这样，反馈信号在相位上就和磁通一致。在调节系统中，没有考虑 I_{dl}-Φ 之间的静态非线性。基速以上，B 点电位低于 A 点，二极管 D_1 将励磁电流反馈回路阻断，二极管 D_2 导通，接

入电动机电势反馈信号。因此，基速以上是电势调节器，通过调节电动机励磁，使反电势保持恒定，从而使电动机转速与电动机磁通成反比变化。

$$E = K_e \Phi n$$

$$\Phi = K_\Phi \frac{1}{1 + T_{ol}S} I_{dl}$$

式中 E——电动机反电势；

K_e——电动机电势常数；

Φ——电动机励磁磁通；

K_Φ——常数（与铁芯饱和程度有关）；

T_{ol}——涡流时间常数。

基速以上的调节过程是（参见图 26-143 及图 26-145），当速度给定 n_g 大于基速，通过 ST 和 LT 使电动机获得加速电流，电动机加速，反电势 E 增大。因为励磁调节器的给定 E_g 不变，故必须使励磁电流降低，直到反电势恢复到给定值为止。此外，由于 $E=K_e\Phi n$，所以电势反馈信号中已经包括了磁通滞后于励磁电流的因素，故在 E 反馈回路中不必再串入"磁场模拟"的惯性环节。

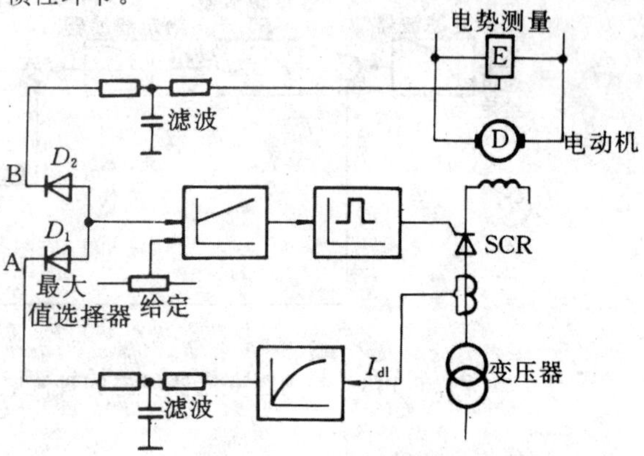

图 26-144 电动机励磁调节系统

A 基速以下的参数计算

首先研究各环节的标幺放大系数。根据图 26-145 可以写出调节对象的放大系数：

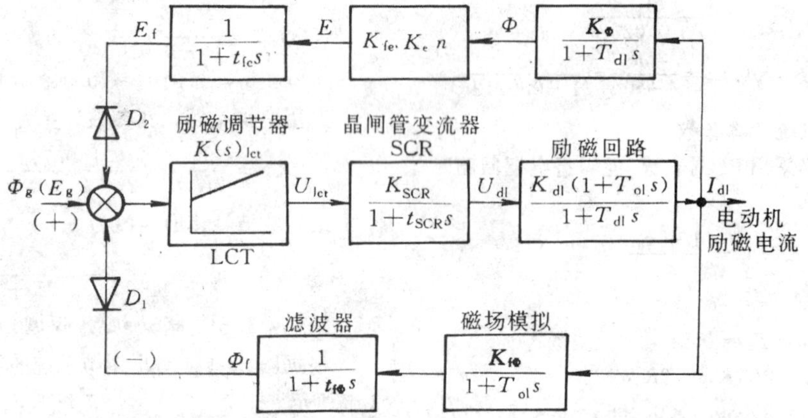

图 26-145 励磁调节系统结构图（绝对值传递函数）

$$K_x = K_{SCR} K_{dl} K_{f\Phi}$$
$$= \frac{U_{dl}}{U_{lct}} \frac{I_{dl}}{U_{dl}} K_{f\Phi} \qquad (26\text{-}142)$$

$K_{f\Phi}$为磁场反馈回路的放大系数(即反馈系数)，在额定励磁电流 I_{dle}下，反馈信号 Φ_f 的电压值应该等于调节器 LCT 的额定电压 U_{te}。因此，

$$K_{f\Phi} = \frac{U_{te}}{I_{dle}} \qquad (26\text{-}143)$$

实际使用的调节器，输入电压和输出电压的额定值是一致的（例如均为±10V），将式 26-142 加以变换得到

$$K_x = \frac{U_{dl}/U_{dle}}{U_{lct}/U_{te}} \frac{I_{dl}/I_{dle}}{U_{dl}/U_{dle}}$$
$$= \frac{U_{*dl}}{U_{*lct}} \frac{I_{*dl}}{U_{*dl}}$$
$$= K_{SCR} K_{dl} \qquad (26\text{-}144)$$

式中
$$\left.\begin{aligned} K_{SCR} &= U_{*dl}/U_{*lct} \\ K_{dl} &= I_{*dl}/U_{*dl} \end{aligned}\right\} \qquad (26\text{-}145)$$

K_{SCR}相当于励磁调节器 LCT 输出（即 SCR 输入）$100\%U_{te}$电压时，SCR 装置输出电压以额定励磁电压 U_{dle}为基值时的百分值。在励磁调节系统中，为加快过渡过程，一般均有强励。若强励倍数为 a_{ql}，即表明 SCR 装置输入 $100\%U_{te}$时，其输出电压为 $a_{ql}100\%U_{dle}$。

故 $K_{SCR}=a_{ql}$ (26-146)

K_{di}相当于在励磁绕组施加100%额定励磁电压时，所产生励磁电流的（相对于额定励磁电流）百分值。显然

$$K_{dl}=1 \qquad (26\text{-}147)$$

所以，基速以下励磁调节系统的标幺值结构图可写成图26-146的形式。

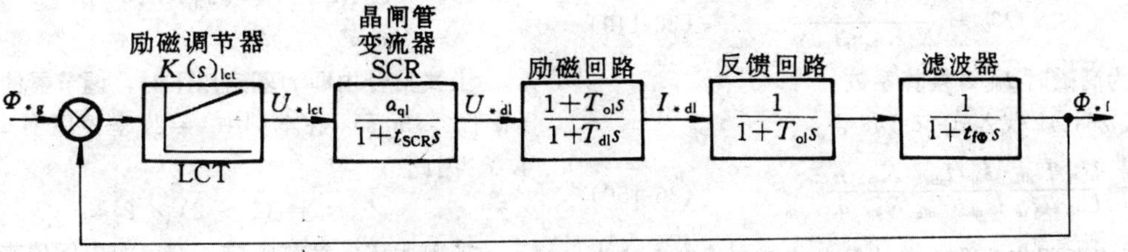

图 26-146 基速以下励磁调节系的标幺值结构图

T_{dl}为电动机励磁回路的时间常数

$$T_{dl}=\frac{L_{dl}}{R_{dl}}$$

L_{dl}的大小，与磁场饱和程度有关。基速以下，电动机处于额定磁场，近于饱和，电感比不饱和时要小。

下面仍以26.8.7.4中的直流电动机速度调节系统为例进行计算。额定磁场时，电动机励磁回路的电感为$L_{dle}=35H$。磁场回路的电阻为$R_{dl}=28\Omega$。额定磁场时，励磁回路时间常数为

$$T_{dle}=\frac{35}{28}=1.25s$$

电动机涡流时间常数为$T_{ol}=80ms=0.08s$

强励倍数为$a_{ql}=3$。

调节对象由两个大惯性环节（励磁回路及磁场模拟）和一组小惯性群（SCR装置和反馈回路滤波器）组成。

SCR装置仍为三相全控桥，故$t_{SCR}=0.0033s$。滤波时间常数$t_{f\Phi}=0.008s$，因此$\sigma=0.0033+0.008=0.0113s$。

（1）按三阶系统计算系数

用PI调节器。因励磁绕组时间常数为1.25s远大于小时间常数之和，故认为是一个积分环节，其参数计算为

微分时间 $\tau_{d1}=4\sigma=4\times0.0113=0.0452s$

积分时间 $\tau_i=8K_\sigma K_1\sigma^2/T_i=8\times3\times1\times0.0113^2/1.25=0.00245s$

比例放大系数

$$K_p=\frac{\tau_{dl}}{\tau_i}=\frac{0.045}{2.45\times10^{-3}}=18.4$$

按三阶系统计算参数时，由于积分时间较小，仅有2.45ms，其积分电容C_1则较小，杂散电容影响较大。因此，可采用二阶系统参数以适当加大τ_i值。

（2）按二阶系统计算参数

采用P调节器。因励磁绕组时间常数为1.25s远大于小时间常数之和，故认为是一个积分环节。参数计算为：

$$比例放大系数\ K_p=\frac{T_i}{2K_1K_\sigma\sigma}=\frac{1.25}{2\times1\times3\times0.0113}=18.5$$

B 基速以上的参数计算

$n>n_e$时，为电势调节系统。二极管D_1阻断，二极管D_2开放，根据图26-145写出调节对象的放大系数为

$$K_x=\frac{U_{dl}}{U_{lct}}\frac{I_{dl}}{U_{dl}}K_eK_\phi nK_{fe}=\frac{U_{dl}/U_{dle}}{U_{lct}}\frac{I_{dl}}{U_{dl}/U_{dle}}K_eKK_\Phi nK_{fe} \qquad (26\text{-}148)$$

式中K_ϕ系将励磁电流换算为磁通的系数。由于$\Phi=f(I_{dl})$曲线呈饱和形状，如图26-147所示，因此K_ϕ为一变数。弱磁时，K_ϕ值大；满磁时，K_ϕ值小，两者之比一般为3∶1左右。即图26-147中

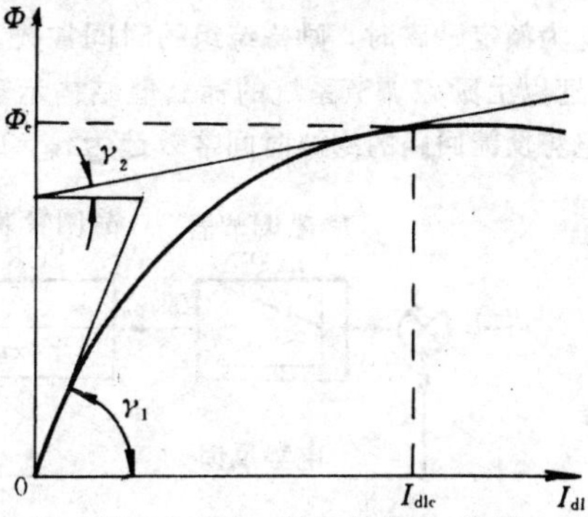

图 26-147 $\Phi=f(I_{dl})$ 曲线

$$\mathrm{tg}\gamma_1/\mathrm{tg}\gamma_2 = 3:1$$

式中 K_{fe}为电势反馈系数。在额定励磁电流、额定转速时，应使反馈信号 $E_f=U_{te}$，于是

$$K_{fe} = \frac{U_{te}}{K_e K_{\Phi e} n_e I_{dle}} \quad (26\text{-}149)$$

$K_{\Phi e}$为满磁时 I_{dl}-Φ 换算系数。

将式 26-149 代入式 26-148 得

$$K_x = \frac{U_{dl}/U_{dle}}{U_{lct}/U_{te}} \frac{I_{dl}/I_{dle}}{U_{dl}/U_{dle}} \frac{K_\Phi}{K_{\Phi e}} \frac{n}{n_e} \quad (26\text{-}150)$$

当用速度调节系数输出的最大速度 n_{max}作为转速的基准值时：

$$\frac{n}{n_e} = \frac{kn}{n_{max}} = kn_*$$

k 为电动机最大弱磁倍数。当 $n=n_{max}$时，$kn_*=k$；$n=n_e$ 时，$kn_*=1$。

转速由 n_e 变化到 n_{max}时，比值$\frac{K_\Phi}{K_{\Phi e}}$由 1 变化到 3 左右。考虑到

$$K_{SCR} = \frac{U_{dl}/U_{dle}}{U_{lct}/U_{te}} = \alpha_{ql}$$

$$K_{dl} = \frac{I_{dl}/I_{dle}}{U_{dl}/U_{dle}} = 1$$

式 26-150 可变换为

$$K_x = \alpha_{ql} \frac{K_\Phi}{K_{\Phi e}} kn_* \quad (26\text{-}151)$$

与基速以下的情况相比，调节对象的总放大系数增加$\frac{K_\Phi}{K_{\Phi e}}kn_*$倍。

此外，弱磁时磁路的导磁率增加，电感加大，故时间常数 T_{dl}增加，此时

$$T_{dl} = \frac{K_\Phi}{K_{\Phi e}} T_{dle} = \beta T_{dle} \quad (26\text{-}152)$$

式中 $$\beta = \frac{K_\Phi}{K_{\Phi e}} = 1\sim 3 \quad (26\text{-}153)$$

1～3 对应于磁路饱和～磁路不饱和。

T_{dle}为额定励磁时，励磁绕组的时间常数。

基速以上励磁调节系统的标幺值结构示于图 26-148。电势反馈回路的滤波时间常数选为 $t_{fe}=0.008$s。

(1) 按三阶系统计算参数

微分时间 τ_{dl}与基速以下相同。

考虑到式 26-151～式 26-153，则积分时间为：

$$\tau_i = 8K_\sigma K_1 \sigma^2/T_i = 8\alpha_{ql}\beta kn_*\sigma^2/\beta T_{dle}$$
$$= (8\alpha_{ql}\sigma^2/T_{dle})kn_*$$

上式括号内即为基速以下时，调节器的积分时间(等于 2.45ms)。在本例中 $k=2$，基速以上 $n_*=0.5$～1.0。因此

$$\tau_i = (1\sim 2)\times 2.45$$

如前所述，参数应按 T_i/K_x 的中间值来决定，故 T_i 选为 1.5×2.45=3.7ms。在很多情况下，也可按 T_i/K_x 的最大值来决定，亦即按满磁来整定系统的参数，这样在弱磁时仅仅是过渡过程稍慢些。所以三阶系统时调节器的参数选为

$$\tau_{dl} = 0.045\text{s}$$

$$\tau_i = 3.7\text{ms(或 }2.45\text{ms)}$$

$$K_p = \frac{\tau_{dl}}{\tau_i} = \frac{0.045}{3.7\times 10^{-3}} = 12.2$$

或 $$K_p = \frac{\tau_{dl}}{\tau_i} = \frac{0.045}{2.45\times 10^{-3}} = 18.4$$

(2) 按二阶系统计算参数

选用 P 调节器

比例放大系数

$$K_p = \frac{T_i}{2K_1K_\sigma\sigma} = \frac{\beta T_{dle}}{2\alpha_{ql}\beta kn_*\sigma}$$
$$= \left(\frac{T_{dle}}{2\alpha_{ql}\sigma}\right)\Big/kn_* = \frac{18.5}{(1\sim 2)}$$

如前所述，在二阶调节系统中，参数可按 K_x 变化的中间值选择，兼顾到基速以上和基速以下的不同情况，调节器参数选择为

$$K_p = 18.5/1.5 = 12.5$$

因此：

1) 为使调节器积分时间不致太小，特别是在励磁回路时间常数很大时，励磁调节系统可以考虑采用二阶调节系统。

2) 在二阶调节系统中，电动机励磁调节系统的参数可按基速以上；基速以下的折衷情况来选择。

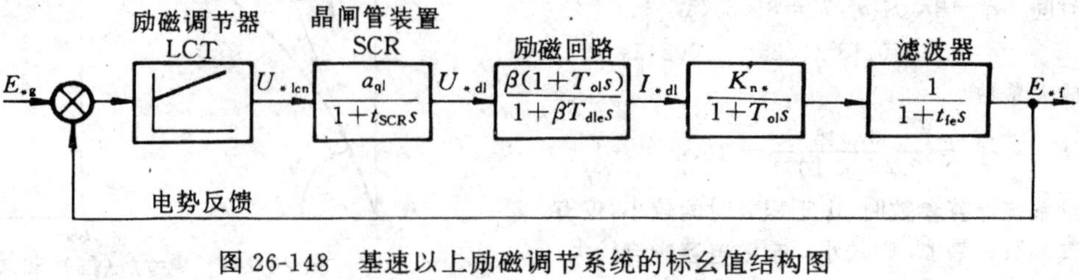

图 26-148 基速以上励磁调节系统的标幺值结构图

26.8.8 调节器选择及常用调节对象参数计算

电子调节器的线路及特性见表 26-38。

二阶调节系统或三阶调节系统调节器选择见表 26-39，表中虚线为二阶系统的特性。

电气传动常用调节对象计算见表 26-40，表 26-40 的附图见图 26-149。

表 26-38 调节器表

<table>
<tr><th>符号</th><th>名称</th><th>接线图</th><th>传递函数</th><th>过渡过程</th><th>备注</th></tr>
<tr><td>P</td><td>比例</td><td>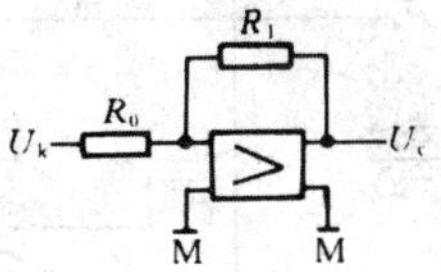
</td><td>$K(s)_t=\frac{R_1}{R_0}=K_p$</td><td>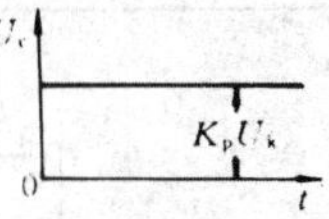
</td><td></td></tr>
<tr><td>I</td><td>积分</td><td>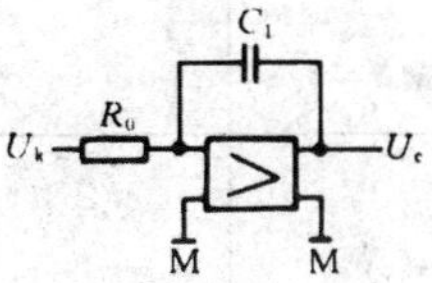
</td><td>$K(s)_t=\frac{1}{\tau_i s}$
$\tau_i=C_1R_0$</td><td>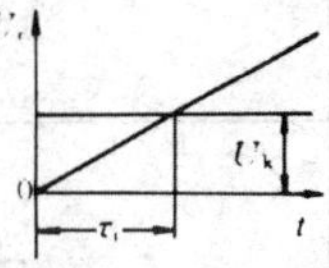
</td><td></td></tr>
<tr><td>D</td><td>微分</td><td>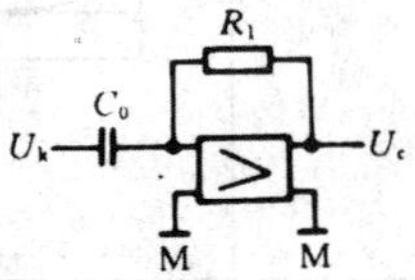
</td><td>$K(s)_t=\tau_d s$
$\tau_d=C_0R_1$</td><td>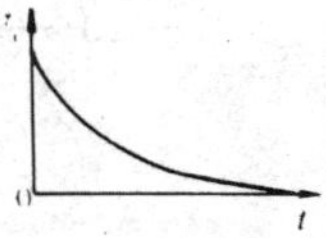
</td><td></td></tr>
<tr><td rowspan="2">PI</td><td rowspan="2">比例—积分</td><td>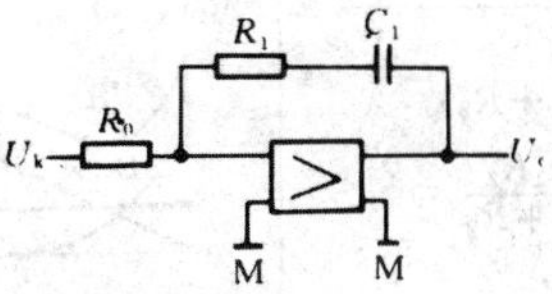
</td><td>$K(s)_t=\frac{1+\tau_{d1}s}{\tau_i s}$
$\tau_{d1}=C_1R_1$
$\tau_i=C_1R_0$
$K_p=\tau_{d1}/\tau_i=R_1/R_0$</td><td rowspan="2">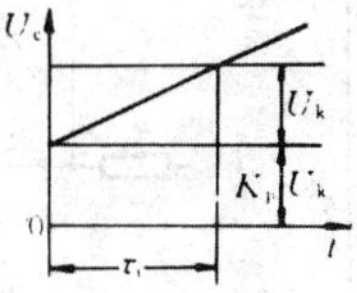
</td><td rowspan="2"></td></tr>
<tr><td>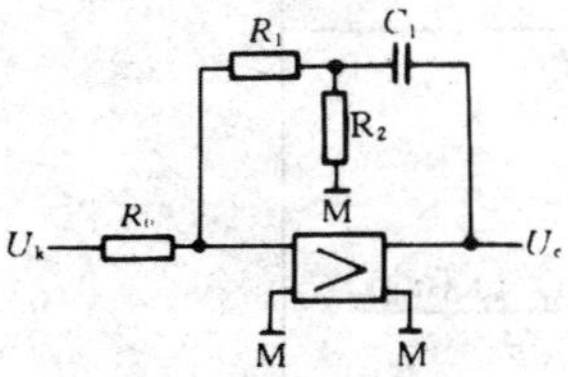
</td><td>$K(s)_t=\frac{1+\tau_{d1}s}{\tau_i s}$
$\tau_{d1}=C_1\frac{R_1R_2}{R_1+R_2}$
$\tau_i=C_1\frac{R_0R_2}{R_1+R_2}$
$K_p=R_1/R_0$</td></tr>
<tr><td>PIT</td><td>比例—积分—惯性</td><td>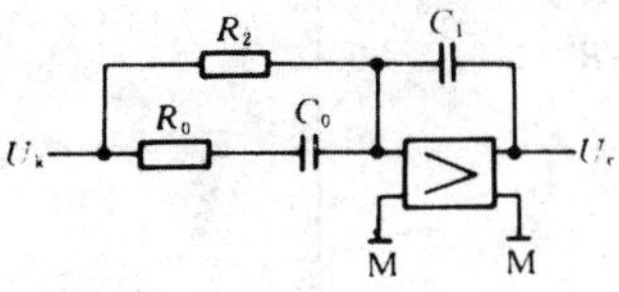
</td><td>$K(s)_t=\frac{1+\tau_{d1}s}{\tau_i s(1+\tau_t s)}$
$\tau_{d1}=C_0(R_0+R_2)$
$\tau_i=C_1R_2$
$\tau_t=C_0R_0$
$K_p=C_0(R_0+R_2)/C_1R_2$</td><td>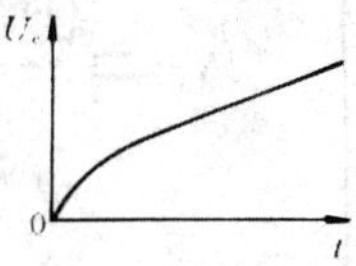
</td><td></td></tr>
</table>

续表 26-38

符号	名称	接线图	传递函数	过渡过程	备注
PD	比例—微分	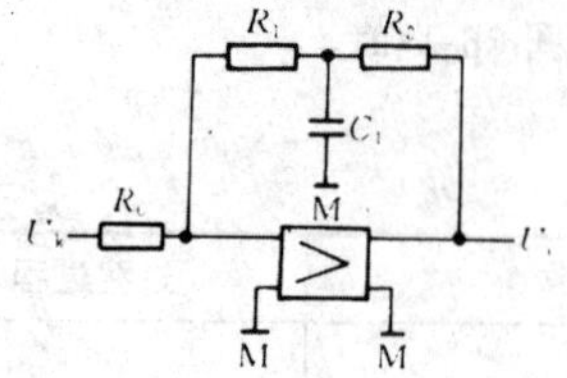	$K(s)_t=K_p(1+\tau_d s)$ $K_p=\frac{R_1+R_2}{R_0}$ $\tau_d=\frac{R_1R_2}{R_1+R_2}C_1$	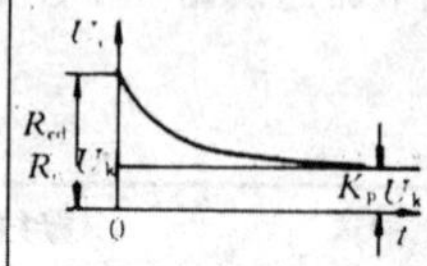	
PDT	比例—微分—惯性	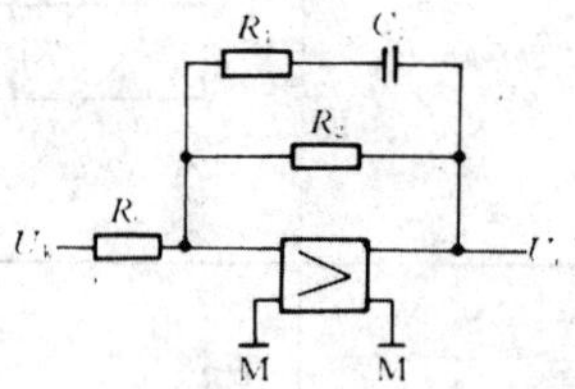	$K(s)_t=K_p\frac{(1+\tau_d s)}{(1+\tau_t s)}$ $\tau_d=C_1R_1$ $\tau_t=C_1R_1\left(1+\frac{R_2}{R_1}\right)$ $K_p=R_2/R_0$	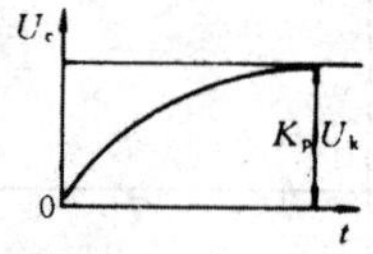	
		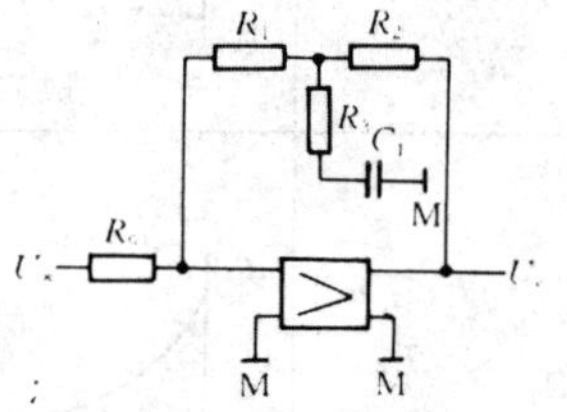	$K(s)_t=K_p\frac{(1+\tau_d s)}{(1+\tau_t s)}$ $\tau_d=\frac{C_1(R_3+R_1)}{2}$ $\tau_t=C_1R_3$ $K_p=2R_1/R_0$	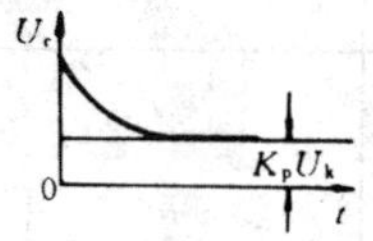	
PID	比例—积分—微分	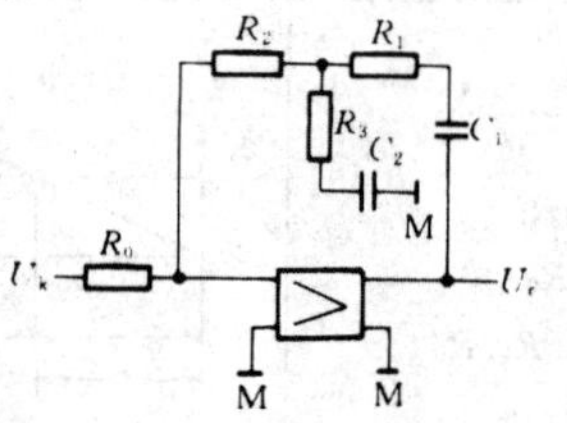	$K(s)_t=\frac{(1+\tau_{d1}s)(1+\tau_{d2}s)}{\tau_i s}$ $\tau_{d1}=C_1(R_1+R_2)$ $\tau_{d2}=C_2\frac{R_1R_2}{R_1+R_2}$ $\tau_i=C_1R_0$	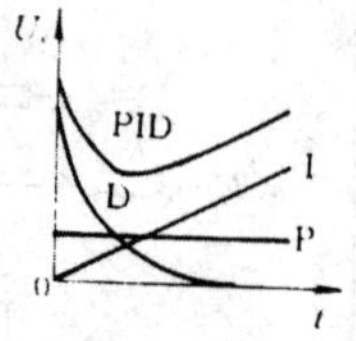	条件： $R_1\gg R_2$
		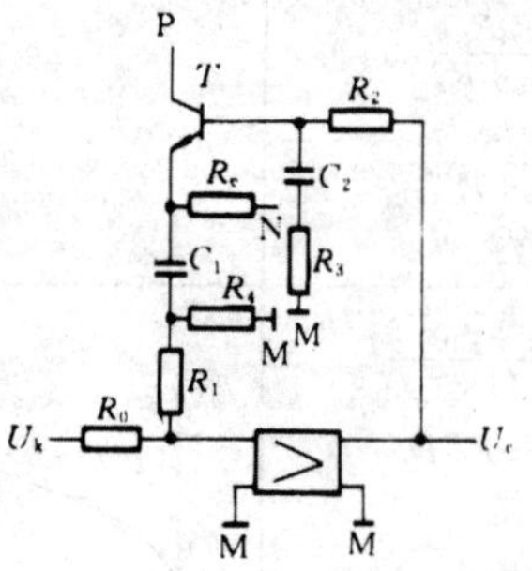	$K(s)_t=\frac{(1+\tau_{d1}s)(1+\tau_{d2}s)}{\tau_i s}$ $\tau_{d1}=C_1R_1$ $\tau_{d2}=C_2R_2$ $\tau_i=C_1R_0$		P—正电源 N—负电源 M—0V

续表 26-38

符号	名称	接线图	传递函数	过渡过程	备注
PIDT	比例—积分—微分—惯性	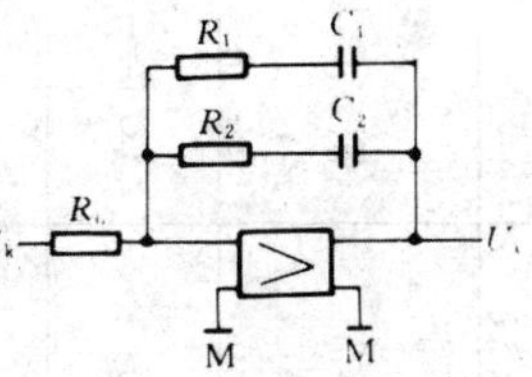	$K(s)_t=\frac{(1+\tau_{d1}s)(1+\tau_{d2}s)}{\tau_i(1+\tau_t s)}$ $\tau_{d1}=C_1R_1$ $\tau_{d2}=C_2R_2$ $\tau_i=R_0(C_1+C_2)$ $\tau_t=(R_1+R_2)\frac{C_1C_2}{C_1+C_2}$	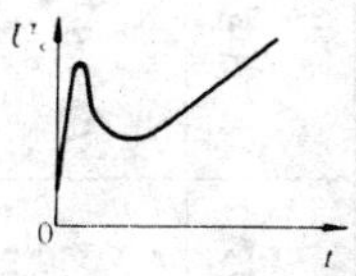	
PIDT	比例—积分—微分—惯性	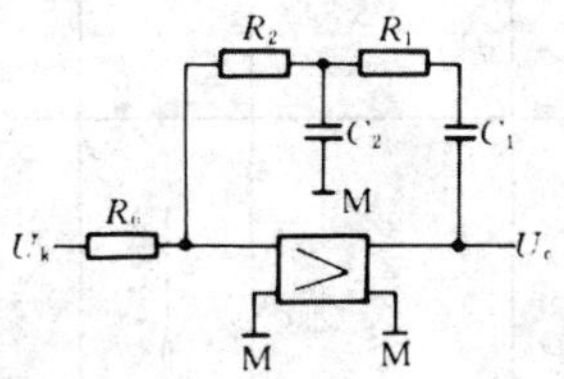	$K(s)_t=\frac{(1+\tau_{d1}s)(1+\tau_{d2}s)}{\tau_i s(1+\tau_t s)}$ $\tau_{d1}=C_1(R_1+R_2)$ $\tau_{d2}=C_2(R_2+R_3)$ $\tau_i=C_1R_0$ $\tau_t=C_2R_3$	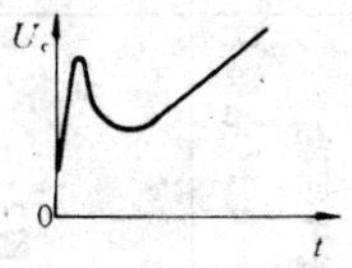	P—正电源 N—负电源 M—0V
		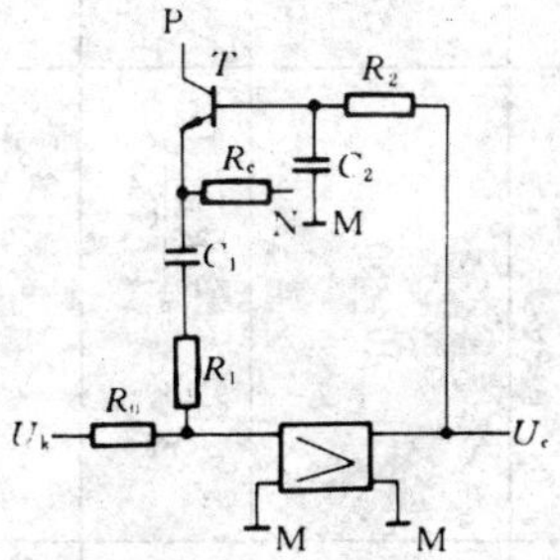	$K(s)_t=\frac{(1+\tau_{d1}s)(1+\tau_{d2}s)}{\tau_i s(1+\tau_t s)}$ $\tau_{d1}=C_2(R_2+R_3)$ $\tau_{d2}=C_1\frac{R_1R_4}{R_1+R_4}$ $\tau_i=C_1\frac{R_0R_4}{R_1+R_4}$ $\tau_t=C_2R_3$	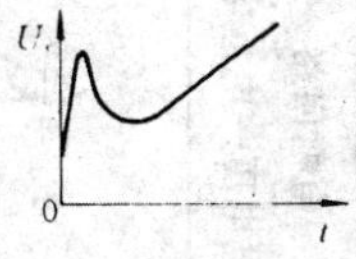	
T	惯性环节	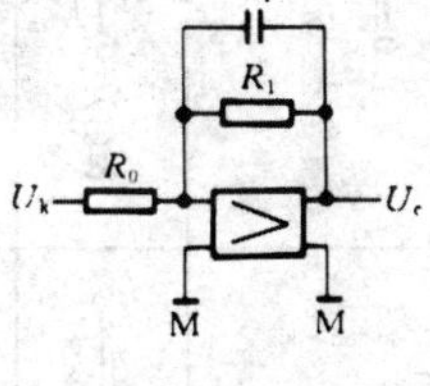	$K(s)_t=K_p\frac{1}{(1+\tau_t s)}$ $K_p=R_1/R_0$ $\tau_t=R_1C_1$	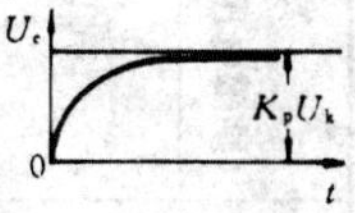	
		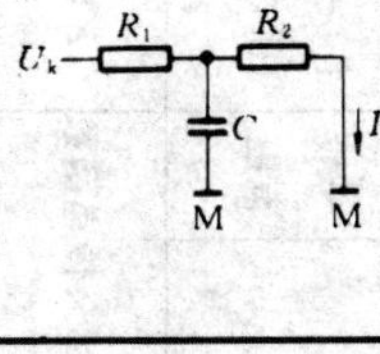	$K(s)_t=K_p\frac{1}{(1+\tau_t s)}$ $K_p=\frac{1}{R_1+R_2}$ $\tau_t=C\frac{R_1R_2}{R_1+R_2}$	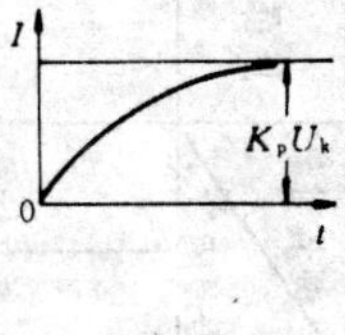	输入 U_k 输出 I

表 26-40 电气传动常用调节对象计算表[①]

调节对象 / 传递函数		晶闸管整流装置	发电机（励磁电压—电枢电势）	电枢回路（供电电压—电枢电流）	电流调节回路（电流给定—电枢电流）	电动机（动态电流—电机转速）	电动机励磁（励磁电压—励磁电流）
时间常数(s)	计算公式	$t_{SCR}=\frac{\frac{1}{f}}{2m}$ f—电源频率 m—整流电压脉动次数	$T_{fl}=\beta\frac{L_{fle}}{R_{fl}}$ L_{fle}—额定励磁时励磁绕组电感,H R_{fl}—回路电阻,Ω	$T_{ds}=\frac{L_{ds}}{R_{ds}}$ L_{ds}—回路总电感,H R_{ds}—回路总电阻,Ω	$t_{dzl}=2\sigma$(二阶) 或 4σ(三阶)	$T_i=\frac{GD^2kn_e^2}{3.59\times10^6P_e}$[③] GD^2—飞轮矩,N·m² k—额定弱磁倍数 n_e—额定转速,r/min P_e—额定功率,kW	$T_{dl}=\beta\frac{L_{dle}}{R_{dl}}=\beta T_{dle}$ L_{dle}—额定励磁时励磁绕组电感,H R_{dl}—励磁回路电阻,Ω
	一般范围	0.0033(三相桥式)	0.5～1.5	0.04～0.15	0.010～0.020	0.30～2.00	0.5～1.5
标幺放大系数	计算公式	$K_{SCR}=\frac{U_c\%}{U_r\%}$[②] $U_c\%$—输出电压百分数 $U_r\%$—输入电压百分数	$K_f=\beta$ β—磁场饱和系数	$K_{ds}=\frac{U_e}{I_eR_{ds}}$ U_e—额定电压,V I_e—额定电流,A	$K_{dzl}=\alpha$ α—限流倍数		$K_{dl}=\beta$ β—磁场饱和系数
	一般范围	1.0～3.0 (供电)(励磁)	1.0～3.0 (额定磁场)(最弱磁场)	40～60	2～2.5		1.0～3.0 (额定磁场)(最弱磁场)
标幺传递函数		$K(s)_{SCR}=\frac{K_{SCR}}{1+t_{SCR}s}$	$K(s)_f=\frac{\beta_f}{1+\beta T_{fle}s}$[④]	$K(s)_{ds}=\frac{K_{ds}}{1+T_{ds}s}$	$K(s)_{dzl}=\frac{\alpha}{1+t_{dzl}s}$	$K(s)_d=\frac{1}{T_is}$	$K(s)_{dl}=\frac{(1+T_{ol}s)}{(1+\beta T_{dle}s)}\beta$[④]
附注		小惯性 $K_{SCR}=\frac{U_c\%}{U_r\%}=\alpha_{ql}$ α_{ql}—强励倍数	大惯性	大惯性	小惯性	积分	大惯性

续表 26-40

调节对象 / 传递函数		电枢电流反馈回路（电枢电流—反馈信号电压）	转速反馈回路（转速—反馈信号电压）	励磁电流反馈回路的磁场模拟（励磁电流—磁通）	励磁电流反馈回路滤波器	电势反馈回路（励磁电流电—动机电势）	电势反馈回路滤波器
时间常数(s)	计算公式	滤波时间常数 $t_{fi}=0.001\sim0.002$	滤波时间常数 $t_{fn}=0.005\sim0.010$	T_{ol}=电动机涡流时间常数	滤波器时间常数 $t_{f\phi}=0.005\sim0.010$	T_{ol}=电动机涡流时间常数	滤波时间常数 $t_{fe}=0.005\sim0.010$
	一般范围	0.001	0.008	0.05～0.10	0.008	0.05～0.10（叠片结构）	0.008
标幺放大系数	计算公式	$K_{fi}=\frac{1}{\alpha}$ α—限流倍数	$K_{fn}=1.0$	1.0	$K_{f\Phi}=1.0$	$K_e=kn_*$ k—最大弱磁倍数； n_*—转速标幺值(基值为 n_{max})	$K_{fe}=1.0$
	一般范围	0.4～0.5	1.0	1.0	1.0	2(0.5～1.0) 基速　最高速度	1.0
标幺传递函数		$K(s)_{fi}=\frac{1/\alpha}{1+t_{fi}s}$	$K(s)_{fn}=\frac{1}{1+t_{fn}s}$	$K(s)_{ol}=\frac{1}{1+T_{ol}s}$	$K(s)_{f\Phi}=\frac{1}{1+t_{f\Phi}s}$	$K(s)_e=\frac{kn_*}{1+T_{ol}s}$	$K(s)_{fe}=\frac{1}{1+t_{fe}s}$
附注		小惯性	小惯性	大惯性 基速以下接通	小惯性 基速以下接通	大惯性 基速以上接通	小惯性 基速以上接通

①本表给出的是标幺放大系数。调节对象总的绝对值放大系数 K_x 等于各个调节对象标幺放大系数的乘积，即

$$K_x = k_1k_2k_3\cdots k_n$$

系统的最佳参数按调节对象总的绝对值放大系数 K_x 选择。

②$K_{SCR}=\frac{U_c\%}{U_r\%}=\alpha_{ql}$。

晶闸管供电给电动机电枢时，$\alpha_{ql}=1$；有时 α_{ql} 稍大于 1，以保证网路电压降低后，仍能输出额定电压。

在晶闸管励磁系统中(包括发电机和电动机)$\alpha_{ql}=2\sim3$。

③电动机弱磁后，电动机积分时间 T_i 将增加。这个公式计算的是额定励磁下的积分时间，系统的最佳参数应按 T_i 变化范围的中间值或中间偏大值选择。

④励磁绕组的时间常数及其放大系数与磁场饱和程度有关。由于时间常数很大，故可近似为积分环节，亦即发电机传递函数为 $K(s)_f=\frac{\beta}{1+\beta T_{fle}s}\approx\frac{1}{T_{fle}s}$，电动机励磁回路传递函数为 $K(s)_{dl}=\frac{\beta}{1+\beta T_{dle}s}\approx\frac{1}{T_{dle}s}$。

二阶调节系统与三阶调节系统的比较见表 26-41。

表 26-41 二阶调节系统与三阶调节系统比较

项目 / 比较项目		二阶调节系统	三阶调节系统	
			调节对象有积分环节	调节对象无积分环节
调节对象输入端的干扰影响		输出量波动持续时间长	输出量波动持续时间短	
调节对象的标准形式①		一个小惯性群 $\frac{K_x}{1+\sigma s}$	一个小惯性群，一个积分 $\frac{K_x}{(1+\sigma s)}\frac{1}{T_i s}$	一个小惯性群，一个大惯性 $\frac{K_x}{(1+\sigma s)}\frac{1}{(1+T_1 s)}$
调节器标准形式①		$\frac{1}{2K_x\sigma s}$	$\frac{(1+4\sigma s)}{\frac{8K_x\sigma^2}{T_i}s}$	$\frac{(1+4\sigma s)}{\frac{8K_x\sigma^2}{T_1}s}$
品质指标	静态误差 ΔX_j	0	0	0
	跟踪误差 ΔX_z	$k\frac{\tau_i}{K_x}$	0	见说明②
	无差度	1 阶	2 阶	见说明②
	起调时间 t_q	4.7σ	$3.1\sigma/7.6\sigma$③	$3.1\sigma\sim4.7\sigma/4.7\sigma\sim7.6\sigma$④
	调整时间 t_t	8.5σ	$18\sigma/16.4\sigma$③	$18\sigma\sim8.5\sigma/16.4\sigma\sim8.5\sigma$④
	最大超调量 $\Delta X_{c_{max}}$	4%	43%/8.1%③	43%～4%/8.1%～4%④
	超调次数 Z	1	2/1.2③	
考虑参数变化的影响，参数计算值		K_x—按平均值计算 σ—按平均值计算	$\frac{K_x}{T_i}$=常数，无影响 K_x、T_i 均按中间值或中间偏大值计算 σ 按最大值计算	$\frac{K_x}{T_1}$=常数，无影响 K_x、T_1 均按中间值或中间偏大值计算；σ 按最大值计算
等值传递函数 $K(s)_{dz}$		$\frac{1}{1+2\sigma s}$	$\frac{1}{1+4\sigma s}$⑤	$\frac{1}{1+(2\sim4)\sigma s}$⑤

①如果调节对象的传递函数与标准形式不符，则应选择适当的调节器，将其校正为标准形式。表中调节器传递函数是对应于标准调节对象时的情况。

②若大惯性的时间常数与小惯性时间常数之比越大，跟踪误差和无差度就越接近于三阶系统调节对象有积分环节时的情况。这个比值越小，就越接近二阶系统的情况。

③分子对应于输入端不加给定滤波器的情况；分母对应于输入端加有给定滤波器的情况。

④分子、分母的意义同上。给定滤波器时间常数按图 26-131 选择。

当 $T_1=4\sigma$ 时，品质指标同于二阶系统。

当 $T_1/4\sigma$ 越小，品质指标越接近于二阶系统的情况。

当 $T_1/4\sigma$ 越大，品质指标越接近于调节对象有积分环节时的情况。

⑤三阶情况下，输入端不加给定滤波器时，不能用小惯性等值来代替其传递函数。

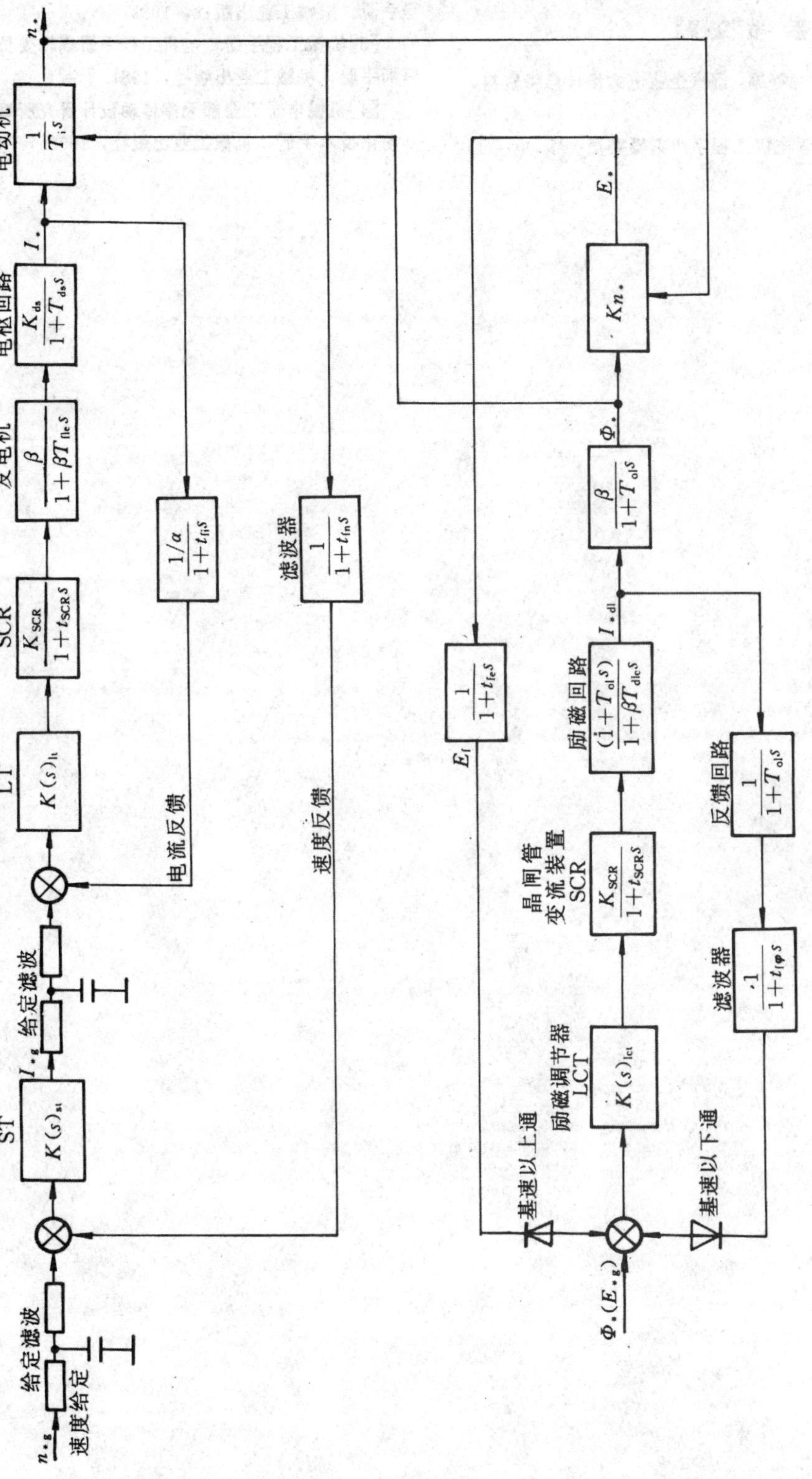

图 26-149 表 26-40 的附图

参考文献

[1] 北京钢铁设计院等编，钢铁企业电力设计参考资料，冶金工业出版社，1976.

[2]机械工程手册　电机工程手册编辑委员会编，电机工程手册，机械工业出版社，1982.

[3]机械工程手册　电机工程手册编辑委员会编，电气工程师手册，机械工业出版社，1987.

[4]机械电子工业部天津传动设计研究所编著，电气传动自动化技术手册，机械工业出版社，1992.

第27章

可编程序控制器（PC）及其应用

27.1 概述

27.1.1 可编程序控制器的由来及定义

可编程序控制器（Programmable Controller，简称PC）是80年代初迅速发展起来的新一代工业控制装置。它以微处理器为核心，综合了计算机技术、自动控制技术以及现代数据通讯技术，为设备控制以及实现过程自动化提供了重要手段。

随着超大规模集成电子技术和微型计算机技术的飞速发展，使得PC在过程自动化（PA）、工厂自动化（FA）、计算机综合生产系统（CIM）等自动化领域中得到了广泛应用。它与CAD/CAM及机器人技术已成为现代工业自动化的三大支柱。

美国数字设备公司于1969年研制出世界上第一台可编程序控制器PDP-14，用作开关量控制和逻辑控制，并有定时、计数功能，以取代原有的继电器顺序控制器。

接着1971年，日本日立公司制造出DSC-8型PC机。欧洲于1973年相继推出了各自的PC机。

在PC出现以前，电子式顺序控制器、二极管插接矩阵式顺序控制器和半导体存储器方式的顺序控制器，都是PC的前身。80年代以来，微处理器技术的发展和通讯技术的发展，使这种控制器更新换代很快。美国电气制造商协会（NEMA）于1980年正式将此种控制器命名为可编程序控制器，其定义如下：PC是一种数字式电子装置，使用可编程序的存储器以储存指令，用其执行诸如逻辑、顺控、计时、计数等运算，并通过数字或模拟输入输出组件，来控制各种生产机械或生产过程。一部数字式计算机若用来执行上述PC功能者，也将其视为PC，但它不包括凸轮式或类似的机械式顺序控制器。

国际电工学会（IEC）于1982年颁发了标准第一稿，1985年颁发了第二稿。其定义如下：

可编程序控制器是一种数字式运算操作的电子系统，专为工业环境下使用而设计。它采用可编程序的存储器，在其内部存储并执行逻辑、顺控、计时、计数、四则运算等功能，并通过数字或模拟式输入输出组件，控制各种生产机械和生产过程。PC及有关设备均应与其它工业控制装置构成一体，并应按照易于扩展其功能的原则设计。

由上述定义得知：PC的几个关键词存储器、运算功能、输入输出部件，这些同计算机的基本构成相似。另外几个关键词控制各种生产机械、生产过程、专为工业环境下使用等，这些又同继电器控制系统相似。因而，可以说可编程序控制器是既不同于计算机，又不同于继电器控制系统的中间产物。既然它的产生由来于以往的继电器控制系统的种种不足和计算机技术的兴起，以及近20年来计算机技术的发展，那么现在的PC在保留继电器控制系统最根本的特点的基础上，越来越象计算机，越来越靠近计算机的许多功能，因此，PC从广义上来说就是一种工业控制的微型计算机。

27.1.2 PC的发展及现状

由于PC所具有的独特功能和适应能力，从PC产生之日起，即引起各工业发达国家的极大关注，各电气制造厂商纷纷研制开发，加之大规模集成电路、微处理器等计算机技术及通讯技术的发展，新型PC不断涌现，品种不断翻新，平均五年更新换代一次。

27.1.2.1 PC功能的发展

PC功能的发展表现在以下几个方面：

(1) 功能多样化。PC功能的高级化、多样化主要取决于CPU采用何种元器件。1974年前的CPU主要由晶体管硬件电路构成，当时的PC功能限于逻辑运算、顺序控制、计时、计数、步进、移位的基本功能，CPU以进行位处理为主要特征。1977年前的CPU主要采用单芯片的通用微处理器，运算功能有了质的变化，在上述基本功能基础上，出现了分支、子程序、算术运算等扩展功能，以进行字、位双层处理功能为基本特征。1978年以来，CPU采用集成度更高的多芯片通用微处理器，特别是采用双极性位片式微处理器以来，出现了高速运算、特殊函数、自诊断数据处理等类似计算机的高级功能，此时的PC不再是单纯的控制功能，而以控制和数据处理并重为基本特征。目前，高功能、大容量的PC几乎全是这一代的产品，指令系统多达上百条。

(2)外部设备功能的多样化。外部设备的编程器部分，原来主要是编程（读、写）、编辑（插入、删除、变更）的基本功能。随着编程器内藏的微处理器的进化，现时编程器除基本功能外具有监控、检查、检索、跟踪、测试、单步、菜单、故障诊断等扩展功能，人机对话能力进一步增强，使用更为方便 、灵活。

显示器部分由显示单条指令的液晶显示，发展到能显示不同语言的CRT画面。

程序记录器部分由盒带向软盘发展，存储容量成倍增加。打印机由窄行向宽行发展。

总之，现在的PC外部设备向个人电脑功能发展，可以进行数理统计、打印报表，具有管理机的某些功能。

(3) 容量的两极分化。一方面PC向超小型化发展，十几个I/O点至几十个I/O点，体积很小，可以安装在一般配电盘上或机械设备上，构成机电一体化产品。这一方面的发展趋势是尽可能降低成本、简单可靠，面向量大面广的继电器传统市场。

在小型PC装置中采用超大规模门阵列电路，协助并分担CPU的部分工作量，以提高、扩大其功能、降低成本。

另一方面，PC向大容量、多功能、高技术化发展。新一代的24位、32位甚至64位高性能的微处理器芯片的出现，运算速度高，功能越来越强，存储容量达64K、128K的机型也将陆续成批出现，使控制规模越来越大，控制功能向高层次扩展。这一方向的发展趋势是一切从满足生产过程复杂控制出发，采用网络结构方式向全工厂自动化的大规模过程控制系统发展。

(4)分布式网络系统实现三电一体化。高性能机型的出现以及通讯技术的发展，打破了传统的计算机、仪表、电气专业分割的界线。系统采用统一的机型，外围设备共用、资源共享，通过共用的通讯网络组成一个系统，实现三电一体化。

(5) PC与传动装置一体化。传统的直流传动、交流传动装置逐步为全数字系统所取代，其装置中所采用的微处理器能承担由PC完成的基础自动化部分的控制功能，使得PC与传动装置一体化。

(6) I/O接口智能化。过去的PC自诊断、故障检测技术主要是对PC本体的故障进行检测，对于PC外围设备的故障检测率很低。为了扩大故障检测的覆盖面，带有CPU的智能I/O模块应运而生。如美国GE公司开发的智能I/O模块，对PC外围诸如限位开关、光电检测器故障检测率已提高到80%以上。I/O接口智能化极大地缩短了故障修复时间，保证了PC作为一个系统的安全可靠性。

27.1.2.2 国外PC的发展情况

国外已有许多著名厂商生产各自系列的PC产品，形成了美、日、欧三强争雄的格局。

美国在开发PC方面处于领先地位，经过10多年的开发应用，在工厂自动化中已普遍采用PC作为生产控制的主要设备之一。据1984年底统计，美国PC主要制造厂已达50余家，150余种PC。主要生产PC的厂家有：AB公司、GE公司、西屋公司、GOULD公司、德州仪器仪表公司等。世界上最先使用PC的美国通用汽车公司（GM），1987年安装使用的PC已上万台。

日本于1971年从美国引进PC技术，并由日立公司研制出日本第一台PC。70年代中期，日本已有几十家PC和简易顺序控制器制造厂。至1984年，日本最大的PC制造厂为日立、三菱、立石三家，另外还有安川、东芝、夏普、富士等。

欧洲以德国为代表，研制PC虽起步较晚，但发展较快。德国目前已有几十家厂商生产PC，主要生产厂家有：西门子公司、AEG公司、ABB公司和KLOCKNER—MOELLER公司等。各制造厂PC性能表见附录27.1。

27.1.2.3 我国PC的发展情况

我国的PC发展经历了从机械式顺序控制器、晶体管式顺序控制器到可编程序控制器三个阶段。1968年以前，以机械式顺序控制器为主，如凸轮控制器、电动指挥仪、平面控制器等。1976年受“电子革命”影响，晶体管式顺序控制器兴起，全国有60余家生产69种产品，产量曾达1129台。由于当时半导体元件及CMOS中小规模集成电路元件的质量和抗干扰能力差，难以形成批量产品，因此发展缓慢。

从1980年开始，特别是1982年以来，在我国实行对外开放、对内搞活的方针指引下，在一些重要工程建设中，引进了很多PC设备。国内应用的PC有美国、德国、日本等国家的几十种PC产品。也有一些国内企业与国外PC厂家建立了引进产品和引进技术的业务关系。表27-1给出了国内引进、经销PC一览表。

表27-1 国内引进、经销PC一览表

型　号	国外（地区）生产公司	国内引进、经销单位
M84系列	美国哥德公司	天津自动化仪表厂
GE-Ⅰ GE-Ⅲ GE-Ⅵ	美国通用电气公司	无锡电器厂（华光电子有限公司） 上海电器科学研究所 天津电气传动设计研究院
PC-700 PC-900 PC-1100	美国西屋电气公司	上海调节器厂
SLC-100 SLC-500等	美国A-B公司	大连组合机床研究所 厦门A-B公司
5TI 510 PM-550	美国德州仪器公司	中山大学 中国电子技术进出口公司广州分公司
S5-101U S5-115U S5-135U S5-150U等	德国西门子公司	上海起重电器厂 江西机床电器厂 辽宁无线电二厂 冶金工业部自动化研究院
F、F_1、F_2 K、A系列	日本三菱电机公司	上海工业自动化仪表研究所 广东省南海永威电子厂 上海起重电器厂
C20、C20H C20K、C120 C200H C500 C1000H C2000H	日本立石电机公司	北京中国科学院计算中心 上海电气自动化研究所 上海实用机电科技公司等

续表27-1

型　号	国外（地区）生产公司	国内引进、经销单位
EX系列	日本东芝公司	大连计算机应用技术研究所
E、H系列	日本日立公司	上海国际程序控制公司
U、F系列	日本富士公司	广州南洋电器厂
MCRO-1 FA系列	日本和泉电器公司	北京中国科学院计算中心技术开发公司

几年的实践证明：PC的应用，使我国工业自动化水平有了明显提高，经济效益显著，电气控制系统可靠性增强。

引进PC的同时，PC的国产化也有了一定的发展，主要表现在：

(1) 小型PC。目前型号较多，有些已具备批量生产能力。如：上海起重电器厂研制的CF-40R，上海大华仪表厂生产的TCM-40，四川仪表十五厂生产的TS-300，广州南洋电器厂生产的NK-40等。它们体积小，质量轻、功能较齐全、可靠性高，编程也较简单，并与国外PC有一定的兼容性，I/O点数一般在100点以下。

(2) 中型PC。其I/O点数一般在512点以下，如：北京机械工业自动化研究所研制的MPC-20，上海电气自动化研究所开发研制的新型PC等。

(3) 大型PC。目前国内还处于研制开发阶段，估计不久将会有产品问世。

表27-2给出了国内PC一览表。

表27-2 国内PC一览表

型　号	研制单位、生产厂家
SR-10、SR-20、SR-21 SR-400 SU-5、SU-6 SG-8	中外合资无锡华光电子工业有限公司
ACMY-S256	上海香岛机电制造有限公司
SLC-100、SLC-500 PLC系列	中外合资福建厦门A-B有限公司

续表 27-2

型　号	研制单位、生产厂家
MPC-10 MPC-20	北京机械工业自动化研究所
ZHS-PC10 ZHS-PC20	大连组合机床研究所
CF-40MR SPC-2	上海起重电器厂
TS-300 TS-400	上海工业自动化仪表研究所
DTK-S-84	天津自动化仪表厂
PC-700	上海调节器厂
MZB-256	上海自力电子设备厂
NK-40	广州南洋电器厂
BCM-PIC	北京椿树电子仪表厂
PC-SG	北京首钢电子公司
PC-80	陕西省骊山公司
TCM-40	上海大华仪表厂
KC-1	广西大学
PC-10	上海电器技术研究所

27.1.3　控制量及PC与其它控制设备

27.1.3.1　控制量及相对应的控制器

在钢铁企业中，各种工艺过程要求的电气控制系统不尽相同。虽然工艺设备、工艺过程与其被控制的对象不同，但就其控制量而言大体可归纳为三类，即数字量、模拟量、开关量。

开关量又称逻辑量，它只有两个状态，用“通”或“断”、“ON”或“OFF”、“高电平”或“低电平”、“0”或“1”描述。如继电器控制装置中继电器的“接通”或“断开”，半导体逻辑电路中的“0”或“1”。这是一个二进制数的控制量。

数字量又称离散量，它是在时间轴上是不连续的，幅值上是无量纲的数字式的控制量。

模拟量又称连续量，它是在时间轴上是连续的，幅值上是以有量纲的模拟量表示的控制量。

以图 27-1 所示的三个圆来表示其控制量，其划分的 7 个部分，分别对应其控制量的控制装置。应该看到在实际应用的控制系统中，只有单一的一种控制量是很少的，大多数存在着两种或三种控制量。图 27-1 中对应的 7 种类型的控制装置如下：

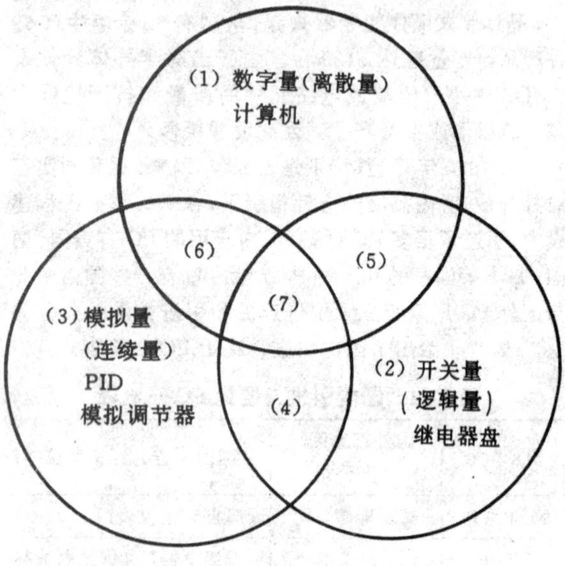

图 27-1　控制量及对应的控制装置

(1) 计算机。

(2) 继电器盘、半导体逻辑电路组件、矩阵式顺序控制器。

(3) PID 模拟电子调节器、模拟量调节仪表。

(4) 由半导体逻辑电路和 PID 模拟电子调节器组合的硬接线电路装置、机械式凸轮控制器(行程控制)、接点温度计式温度控制器等。

(5) 可编程序逻辑控制器，利用计算机进行开关量控制。

(6) 直接数字控制系统 (DDC)、分布式控制系统 (DCS)，利用计算机进行模拟量控制。

(7) 可编程序控制器 (PC)，利用计算机实现开关量、模拟量控制。

27.1.3.2　PC 控制与继电器控制的比较

继电器控制系统自 20 世纪 20 年代问世以来，一直是顺序控制系统的主流。由于它结构简单，使用方便，特别是其价格低廉，应用范围十分广泛。其缺点是：动作速度慢、可靠性差、元件使用寿命短、噪声大。PC 在性能上均优于继电器控制系统，它的可靠性高、修改系统容易、施工调试方便，而且体积小，功耗少，使用维护方便。虽然，目前 PC 控制系统的价格比继电器控制系统高，但从整个性能价格比来说，PC 还是优于继电器控制系统。在小规模、简单的用少量继电器即可组成的控制系统，其性能和简便程度使继电器控制系统仍有其生命力。表 27-3 为 PC 控制与继电器控制比较表。

27.1.3.3 PC 与通用计算机的比较

表 27-3 PC 控制与继电器控制比较表

项　目	继电器控制		PC 控制	
功能	△	使用许多继电器进行复杂控制	○	无论多复杂，控制均用程序编成
控制内容变更	×	除改变配线，别无它法	○	只改变程序即可完成
可靠性	△	一般用途问题不大，但有寿命较短的缺点	○	核心是半导体器件，可靠性高
通用性	×	一旦组装完毕，不能它用	○	什么样的控制均可有程序对应
可扩性	△	需开孔、改线		只要机能允许，可自由扩充
维护	△	需定期点检，更换易损件	○	更换组件即可修完
易懂	○	普及、易懂、简单	△	需学习软件规则
体积	△	较大	○	再复杂的控制装置，体积也不大
设计制造时间	×	需要画许多图纸订购部件，组装费时	○	设计容易，PC 是通用件
最经济的装置规模		10 个继电器以下		相当于 10 个以上

注：○—优，△—可，×—差。

PC 和通用计算机硬件结构、工作原理基本相同，但 PC 本身又不同于通用计算机。

（1）应用范围。

通用计算机一般用于科学计算、数据处理、办公室自动化、工厂管理以及数据通讯等方面。从整个社会应用范围看，通用计算机是通用机。

PC 是专为工业控制环境使用而设计的计算机，它主要用于工业控制。从工业控制的应用范围看，PC 是专用机。

（2）可靠性。

作为工业控制，PC 可靠性高于通用计算机。由于 PC 在设计时已充分考虑了在工业现场容易遭受的各种干扰，采取了一系列抗干扰措施。

（3）使用环境、条件。

通用计算机对环境要求较高。PC 可安装在电气室或操作室内，不需要计算机房那样的恒温、恒湿条件，对电源也不需要稳压电源。

（4）输入、输出。

通用计算机的输入、输出设备与主机之间采用微电联系，一般不需要电气隔离。

PC 是专用工业控制设备，直接面向现场。其控制对象一般属于强电设备，需要电气隔离和功率放大。

（5）程序设计。

通用计算机系统具有丰富的程序设计语言，语言关系复杂，要求使用者具有一定水平的计算机硬件和软件知识。

PC 提供用户的是类似机器码的面向问题的控制语言，如梯形图语言。对一般工程技术人员来说，易于学习和掌握。

（6）使用维护。

在使用、维护方面，PC 比通用计算机容易。键盘操作、编程方法、故障检测等方面，PC 均简单方便。

27.2 PC 简介

27.2.1 PC 的基本构成

可编程序控制器（PC）也可以看成是一种计算机。它与普通的计算机相比，具有更强的与工业过程相连的接口，更直接地适用于控制要求的编程语言，可以在恶劣的环境下运行等特点。此外，它与普通的计算机一样，也具有中央处理器（CPU）、存储器、I/O接口以及外围设备等。图27-2给出了PC的基本构成框图。

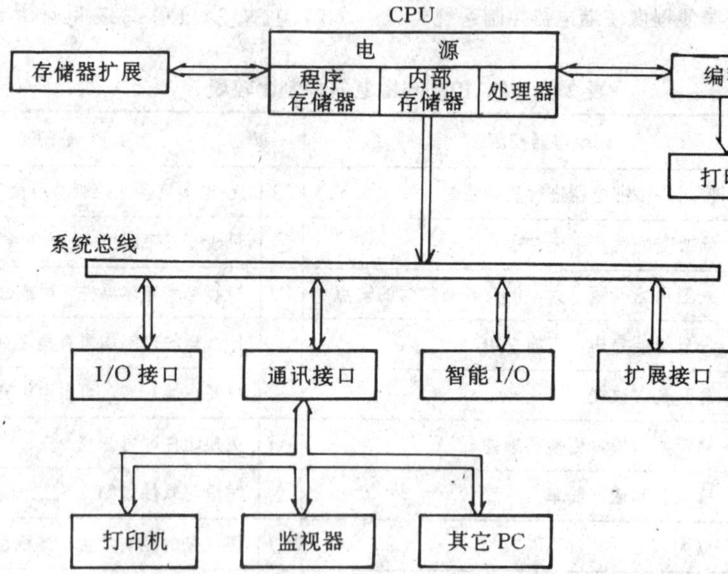

图27-2 PC的基本构成框图

27.2.1.1 中央处理器（CPU）

中央处理器（CPU）是PC控制系统的核心，它由处理器、电源及存储器三部分组成。其处理器部分主要用来完成逻辑判断、算术运算等功能。它采用扫描的方式接收现场输入装置的状态或数据，并存入输入状态表或寄存器中，同时可诊断电源、内部电路的工作状态以及编程过程的语法错误。PC运行时，CPU从存储器中逐条读取用户程序，经过指令解释后按指令规定的任务产生相应的控制信号去启闭有关的控制门电路，分时、分渠道地执行数据的存取、传送、组合、比较和运算等任务，然后根据运算的结果，更新有关的标志位和输入状态寄存器的内容；再根据输出状态表的位状态和数据寄存器的有关内容，实现输出控制、制表打印或数据通讯等功能。

27.2.1.2 存储器及存储器扩展

在CPU内有两种存储器，内部存储器和程序存储器。前者用于存放操作系统、监控程序、模块化应用功能子程序、命令解释及功能子程序的调用管理程序、系统参数等；后者主要用来存储通过编程器输入的用户程序。PC的用户存储器的存储容量通常以字（16位/字、32位/字）或字节（8位）为单位来表示。

CPU内提供了一定量的用户程序存储器。当用户程序量较大时，可对用户存储器进行扩展。

目前普遍使用的存储器有：CMOS RAM、EPROM、E²PROM。CMOS RAM是一种高密度、低功耗、价格便宜的半导体存储器。通常用专用电池作为其备用电源，一旦电源停电，备用电池可以保存RAM停电前的数据，一般专用电池的寿命约为5年。EPROM和E²PROM的数据读取容易，但改写数据较为困难，只有用专用设备，才能改变所存储的数据。用PROM存储器可不用备用电源。

27.2.1.3 I/O接口

将工业过程信号与CPU联系起来的接口称为I/O接口。它包括数字量I/O接口和模拟量I/O接口。数字量输入接口的任务是将外部过程信号转换成PC的内部电平信号；数字量输出接口的任务是将PC的内部电平信号转换成外部过程信号。模拟量输入接口的任务是将外部过程的模拟量信号转换成PC的内部数字信号；模拟量输出接口的任务是将PC的内部数字信号转换成外部过程的模拟量信号。对于不同的工业过程，相应有各种不同类型的I/O接口。

27.2.1.4 通讯接口

PC配有各种类型的通讯接口，可实现“人-机”或“机-机”之间的对话。通过这些通讯接口，可以与打印机、监视器、其它 PC 或计算机等相连。当与打印机相连时，可将系统参数、过程信息等输出打印；当与监视器相连时，可将过程动、静图像显示出来；当与其它 PC 相连时，可以组成多机系统或联成网络，实现整个工厂的自动控制；当与计算机相连时，可组成多级控制系统，实现过程控制、数据采集等功能。

通讯接口的使用，使 PC 与外围设备的连接能力加强，从而丰富了 PC 的功能。

27.2.1.5　智能 I/O

为了满足更加复杂的控制功能的需要，PC 配有许多智能 I/O 接口。如 PID 模块、定位控制模块、高速计数模块、实时 BASIC 模块等。所有这些模块都带有自身的处理器系统，我们称之为智能 I/O。

智能 I/O 接口的使用，使 PC 不仅能完成顺序控制，而且能完成诸如闭环控制等一系列复杂的控制功能。

27.2.1.6　扩展接口

扩展接口是一种用于连接中心单元与扩展单元、以及扩展单元与扩展单元的模块。当一个中心单元所容纳的 I/O 不能满足要求时，就需要使用扩展接口对 I/O 系统进行扩展。一般情况下，可用扩展接口模块对 I/O 模块的地址进行设定，从而可根据需要方便地修改硬件地址。

27.2.1.7　编程器

程序编制确定了 PC 的功能，程序输入是在编程器上实现的。编程器除了用来完成编写、输入、调试用户程序外，还可以作为现场的监视设备使用。

编程器是一种 PC 的外围设备，也是重要的“人-机”接口装置。编程器可分为专用型和通用型两种，编程器的型式确定了编程的方法。在中、小型 PC 系统中，常采用带 LED 或 LCD 显示器的编程器，这是一种专用型编程器；在大型 PC 系统中，常采用带 CRT 的通用型编程器。支持编程器的外围设备有：磁带机、软盘驱动器、硬盘驱动器、打印机等。

27.2.1.8　电源

现代工业的供电负载多种多样，大容量负载的起动常引起电网电压波动。特别是钢铁企业，大容量晶闸管调速系统的普及，带来大量高次谐波，引起电网畸变。与此同时，由 LSI 等半导体器件组成的各种现代化自控装置也大量普及，它对上述电网的波动、畸变等干扰源极为敏感。因此，为获得稳定可靠的电源，计算机不得不设置不间断电源 (UPS)、PC 如果照搬的话，就等于失去了面向现场的意义。

PC 的电源大体上分 CPU 电源及 I/O 电源两部分，一般均从动力电源取得。如果有控制电源的场合，也可直接从控制电源取得。无论采用何种形式，都要设置隔离变压器，以便与外部电源隔离。最好采用带屏蔽的隔离变压器和阻容吸收装置。下面介绍两种常见的电源电路。

(1) 串联稳压电源。如图 27-3 所示，在电源回路串入带电压自动调节器的可变电阻(大功率管 T_1)，当电源侧或负载侧电压发生变化时，自动调节电阻值以保持输出电压恒定。这种电路的优点是：稳压性能好，由电源装置引起的输出波形畸变小以及所用的元件少等。其缺点是：采用电阻吸收电压波动部分后，效率欠佳，发热显著，另外，输入电源电压变动范围不能太大。

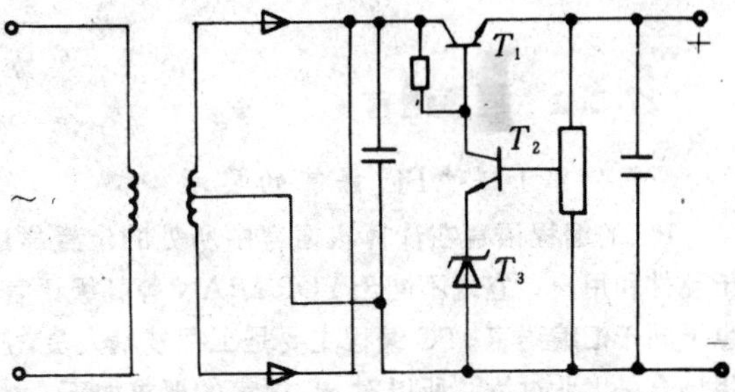

图 27-3　串联稳压电源电路

(2)开关式稳压电源。这是一种交直交的开关式电源。它通过开关管把直流输入变成方波，再把方波滤波得到直流稳压源。这种电路的优点是：效率高，采用小功率开关管和整流二极管可得 70～80% 的效率；再者，它是控制功率的，所以能在大范围电源电压下维持高效率，从而实现小型化。其缺点是：输出波形载有开关造成的畸变，且频率较高，应注意由此而产生的辐射噪音的影响。另外，电路的线路复杂、价格高。

如图 27-4 所示，交流电源经桥式整流、电流限幅电路 T_1、脉冲变压器 T_{r1} 一次绕组和开关管 T_2 构成回路。脉冲变压器 T_{r1} 二次侧在开关管 T_2 作用下感应电压，再经整流管 T_3 又变为直流。LC 滤波的直流波形载有开关噪音波，故最后设滤波 C_4。电压反馈回路是：输出电压和基准电压在比较器 T_5 上进行比较，其差值向 T_4 输出，T_4 对 OSC 振荡波进行调制，以决定其脉宽，再经脉冲变压器 T_{r2} 使开关管 T_2 作周期不等 ON、OFF 动作，从而达到调节 T_{r1} 一次电流来稳压的目的。

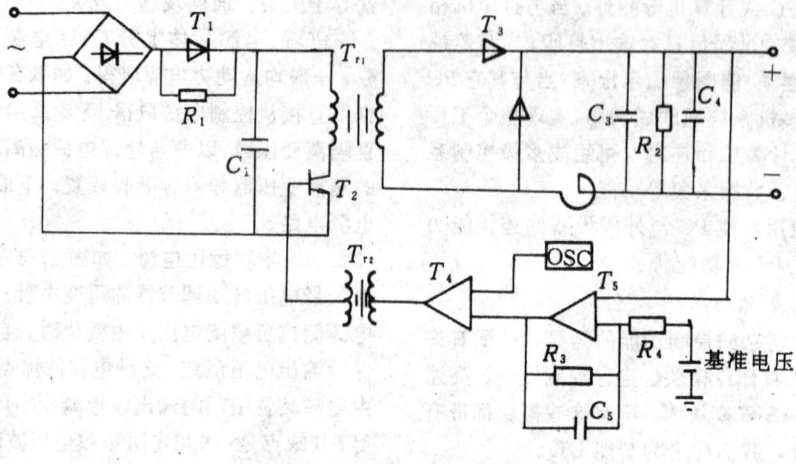

图 27-4　开关式稳压电源电路

OSC—自振荡发生器；T_4、T_5—比较器

27.2.2　程序语言

27.2.2.1　对PC语言的要求

PC的编程语言在计算机语言中所处的位置靠近于硬件和用户，它既不同于FORTRAN等高级语言，也不同于汇编语言。PC编程主要是工程技术人员，应用场合是工业过程，所以对PC语言的要求如下：

(1)面向现场、面向问题的简单、直观的控制语言；

(2)不经过特殊的培训，一般工程技术人员都能掌握的语言；

(3)能直接表达被控制对象的动作方式及输入/输出关系的语言；

(4)不仅能有效地表达顺序控制的逻辑运算，而且能表达反馈控制、数据处理等的数字运算；

(5)符号及图形易懂、信号及数据流向表达简单明了。

27.2.2.2　程序语言分类

PC的程序语言可分为逻辑型和动作型两大类。前者主要由传统的电气线路变换而来，如梯形图、逻辑图、程序单（或称语句表）及逻辑代数语言。后者由机械动作直接变换而来，如流程图、步进表等语言。图27-5和图27-6分别表示逻辑型语言和动作型语言。

(1) 梯形图同继电器电路相似，简单直观，在顺序控制中使用的较为普遍，在继电器电路的基础上稍加改变就可得到其梯形图。其缺点是很难表达数值运算、信息处理等。

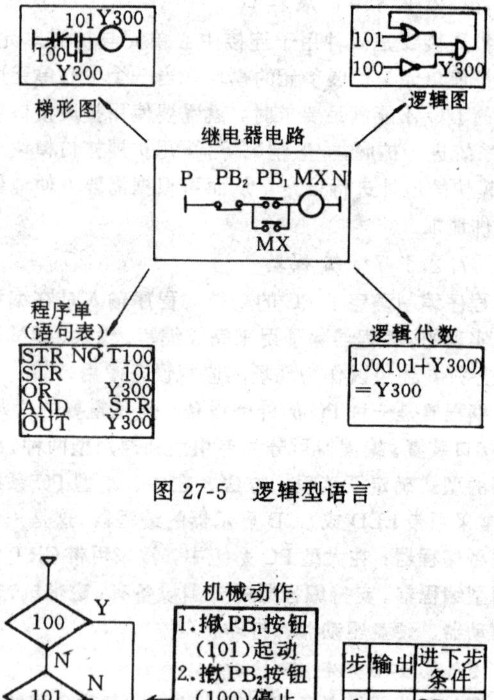

图 27-5　逻辑型语言

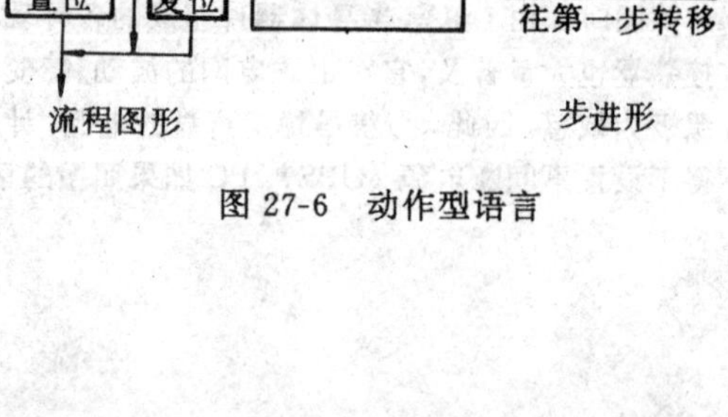

图 27-6　动作型语言

(2) 逻辑图是由逻辑符号编写而成。其优点是：输入、输出关系明确，复杂的信息传递关系容易表达。其缺点同梯形图一样，适用范围限于逻辑运算。

(3)逻辑代数表达逻辑关系很强，利用化简手段可适合于复杂的电路。

(4) 程序单（语言表）同计算机的编程相似，用特定的指令（如 AND、OR 等）编写程序。随着计算机知识的普及，采用程序单语言的 PC 机型逐渐增多。使用这种语言表示分支、判断、四则运算等较为方便。

(5)流程图是计算机编程中广泛采用的方式，表达分支、判断等一目了然。

(6) 步进表是时序图表的方式把设备动作过程分解成若干步（Step），完成第一步再走第二步，直至最后一步完成。这种语言用在特定的小型 PC 中。

(7) 模块语言将程序按功能分成若干相对独立的程序段，使复杂的系统简单化，大大地简化了用户编程。

(8)计算机语言使用语句和运算符，它是一种语句形式的语言，适用于复杂的数学运算、条件分支、重复处理等，如 BASIC 语言和 C 语言等。

27.2.3 PC 的主要功能

随着 PC 技术的发展，其功能也越来越完善。PC 一般具有逻辑运算、四则运算、比较、传送（包括字、位、表的传送）、译码等项功能。

具体描述如下：

(1) 逻辑运算；

(2) 计时及计数；

(3) 步进控制；

(4) 四则运算，包括加、减、乘、除运算；

(5) 中断控制；

(6) A/D、D/A 转换；

(7) 数据格式转换，如 BIN/BCD、BCD/BIN 等；

(8) 比例、积分、微分功能；

(9) 跳转；

(10) I/O 强制；

(11) 数据比较和传送；

(12) 矩阵运算；

(13) 函数运算；

(14) 高速计数控制；

(15) 定位控制；

(16) PID 控制；

(17) 排序及查表；

(18) 通讯和联网；

(19) 监控和容错；

(20) 自诊断及报警；

(21) 高级语言编程及报表打印；

(22) 人机对话等。

27.2.4 PC 的主要特点

PC 的主要特点有：

(1) 产品系列化。目前国外各大 PC 厂家每隔几年就要推出一个新系列产品，许多公司 PC 已经具有多种系列产品，较新的系列一般分为大、中、小三种机型。表 27-4 给出了各机型的规模和性能。

表 27-4　各机型的规模和性能

性　能	小　型	中　型	大　型
I/O 点	<512	512～2048	≥2048
CPU	单 CPU，8 位处理器	双 CPU，字处理器和位处理器	多 CPU，字处理器、位处理器及浮点处理器
扫描速度	>10ms/kW	2～20ms/kW	<5ms/kW
存贮容量	<6kB	8～50kB	>50kB
智能 I/O	无	部分有	有
联网	有	有	有

续表 27-4

性 能	小 型	中 型	大 型
指令及功能	逻辑运算 算术运算 T/C：<64个 中间标志：<64个 寄存器、触发器功能	逻辑运算 算术运算 T/C：<64～256个 中间标志：64～2048个 寄存器、触发器功能、数制变换、开方、乘方、微分、积分、中断	逻辑运算 算术运算 T/C：256～2048个 中间标志：2048～8192个 寄存器、触发器功能、数制变换、开方、乘方、微分、积分、中断、PID、过程监控、文件处理
编程语言	语句表、梯形图	语句表、梯形图、流程图	语句表、梯形图、流程图、图形语言、实时BASIC、C语言等高级语言

(2) 机体小型化、结构模块化。由于专用大规模集成电路(LSI)和表面安装零件(SMP)技术的应用，使得带ASIC(用于特种场合的专用IC)的电路密集、紧凑，实现了PC机体小型化。

目前，大多数的PC均为模块化结构，硬件系统结构多采用将每一功能(除小功能外)都标准化的功能模块积木式地插入系统母线上。随着PC的性能和接口技术的提高，使得分散控制、远程控制以及系统硬件配置的灵活性大大增强，同时安装方便，可缩短制造、施工周期。

(3) 多处理器。一般小型PC为单处理器系统；中型PC多为双处理器系统，包括字处理器和位处理器；大型PC为多处理器系统，包括字处理器、位处理器和浮点处理器等。多处理器的使用，使得PC向多功能、高尖技术性能方向发展。目前广泛使用的处理器芯片有：8位的Intel-8080，Motorola-6800，Zilog-80以及16位的Intel-8086，Motorola-68000，Zilog-8000等。不久，微处理器芯片将会被24位、32位甚至64位的位片式处理器取代。

(4) 较强的存储能力。PC的存储器分为内存和外存两种。内存储器多半采用CMOS电路的RAM、E-PROM、E^2PROM等，容量可达数千字节到数兆字节，它作为PC的程序存储和数据存储。外存储器的存储方式有：磁盘、磁泡、磁带等，作为文件管理及各种数据库的存储。

(5) 强的I/O接口能力。考虑到工业控制的需要，常用的数字量输入输出接口分交流和直流两种，电压等级有5V、24V、直到220V，负载能力可从0.5A到5A。模拟量输入输出电压型有±50mV到±10V，电流型有0～10mA或4～20mA等多种规格。为提高PC运行的可靠性，输入输出接口一般都采取了隔离措施。

(6) 可靠性高，抗干扰能力强。由于目前的PC都采用大规模集成电路，元器件的数量大大减少，使得PC进一步小型化，同时，也增加了PC的技术保密性。PC本身具有可迅速判断故障的自诊断功能，从而大大地提高其可靠性。PC本体的平均无故障时间(MTBF)一般在5万h以上。另外，各制造厂家在硬件设计和电源设计时均充分考虑了PC的抗干扰性，以保证PC在工业场所可靠运行。

(7) 外围接口智能化。目前，新一代的PC具有许多智能化的外围接口，这些接口具有独立的处理器和存储器。作为专用的过程外围接口，可以完成特殊的功能、独立进行闭环调节；也可以作为温度控制、位置控制；还可以与显示终端、打印机连接，实现过程监控、报表打印、信息处理等，大大地增强了PC的单机功能。

(8) 强的通讯能力与网络化。近年来，PC的通讯能力进一步增强，PC常用的通讯接口有：RS-232C(最大15m)，RS-422(最大500m)，光纤接口等。在距离较远时，可采用Modem方式通讯，它的传输速率一般为300bps至19200bps，以至更高。PC可方便地与上位计算机、其它型号的PC以及外部设备进行信息交换，以形成基础自动化级控制系统。

此外，PC还可以连成功能很强的网络系统，一般分为低速网络和高速网络两种。在低速网络中，常采用主-从方式通讯，传输速率为几千到几兆bps，距离为500～2500m；在高速网络中，采用令牌方式通讯，传输速率为1兆到10兆bps，距离为500～1000m，网络节点数可达 1024 个。上述两种网络可以级联使用，并可实现计算机和不同类型的 PC 兼容，从而组成控制范围很大的局部区域网（LAN）。

(9)通俗化编程语言与高级语言并存。为了适应更多的工程技术人员的需要，PC 具有多种形式的编程语言，除采用常用的梯形图、语句表和流程图编程外，有些大型 PC 可使用计算机的高级语言，如：实时 BASIC、FORTRAN、PASCAL 和 C 语言等。

(10) 价格低廉。随着大规模和超大规模集成电路和半导体存储器的发展，PC 的成本得以大大降低。一些小型 PC 的价格已接近继电器控制设备的价格，PC 装置与数字化传动装置合一也将进一步提高性能价格比，从而提高了它的竞争能力。

27.3 PC 的系统设计

27.3.1 设计阶段

PC 控制系统的设计一般分为三个阶段，即功能设计、基本设计和详细设计，这三个阶段相互有密切的联系。在阐述 PC 控制系统的设计阶段之前，首先对控制系统的功能要求书作一说明。

控制系统功能要求书是指导电气设计人员开展 PC 控制系统设计的依据。鉴于目前国内各设计单位的专业分工较细，工艺及设备科室无电气人员的情况下，对较复杂的工艺控制过程，宜以工艺、设备专业为主，电气专业设计人员参加，共同编制控制系统功能要求书，它相当于委托设计任务书。

27.3.1.1 功能设计阶段

功能设计阶段是根据控制系统功能要求书（委托设计任务书）的内容，由电气专业人员从电气控制角度对工艺提出的功能要求进行论证、确认，编制出满足工艺要求的控制系统功能规格书。通常，它包括如下内容：

(1) 概述；
(2) 工艺要求；
(3) 工艺设备布置图；
(4) 工艺流程图；
(5) 操作点分布图，控制室及 I/O 站布置图；
(6) 电气设备传动性能表；
(7) 联锁关系图、表等。

27.3.1.2 基本设计阶段

基本设计阶段是根据控制系统功能规格书的内容，确定其控制系统组态、I/O 定义、硬件设备的选择及屏、台、箱、柜数量的确定、外部设备的选择等。基本设计阶段一般包含如下内容：

(1) 修改并完善功能设计阶段的内容；
(2) 控制系统组态图及组态方式说明；
(3) 程序流程框图及程序结构说明；
(4) 系统的控制等级划分、运转方式类别，并详述每一种运转方式的工作过程，一般包括：
1) 自动运转方式；
2) 半自动运转方式；
3) 手动运转方式，包括远程手动运转方式和机旁手动运转方式；
4) 操作点的功能说明；
5) CRT 的功能说明；
(5) I/O 表；
(6) 故障类别及处理方法；
(7) 系统及单体设备的状态定义；
(8) 通讯方式及参数设定；
(9) 通讯的主要数据内容；
(10) 图形画面的内容及要求；
(11) 控制设备的选择、通讯设备的确定等。

27.3.1.3 详细设计阶段

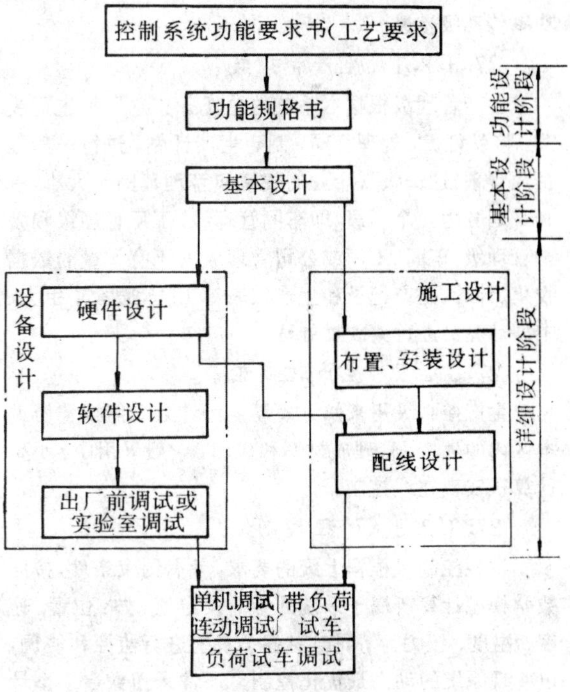

图 27-7 PC 控制系统设计流程示意图

控制系统的详细设计是在基本设计的基础上进行的,内容包括设备设计和施工设计两部分。设备设计的内容包括硬件设计、软件设计。出厂前调试或实验室调试;施工设计的内容包括布置安装设计和配线设计。图27-7给出了PC控制系统设计流程示意图。

27.3.2 控制系统的分级

钢铁企业中的工艺过程有大、有小,有复杂的、也有简单的,控制要求有高、有低。因此,按工艺要求组成的控制系统,小的系统也可能包含有多个控制对象(设备)。大的系统,如带钢连轧系统,其控制对象多达上千个,这些控制对象在工艺过程中的功能各不相同,彼此关系紧密、相互联系、相互制约。

对于小的控制系统,可以采用一台PC来完成控制任务。对于大的系统,需要多台甚至几十台PC和计算机才能完成其控制任务,它们之间的相互联系和协调是通过数据通讯网络来实现的。

一个大型控制系统的设计,按功能的要求可分为五级,即生产管 理级、生产控制级、过程控制级、设备控制级(又称为基础自动化级)和功率传动级。通常,PC属于设备控制级范畴,随着PC功能的发展,除完成本身设备控制级的任务外,已逐步向过程控制级和功率传动级渗透。

27.3.2.1 生产管理级

生产管理级根据本系统的总任务、总目标进行决策,接受订货,处理合同,制定生产计划,进行一般性企业管理。这一级视企业的规模和管理范围的大小,有时又划分为几个子级,即车间管理级、工厂管理级和公司管理级。车间、工厂或公司管理级由于有大量的数据收集、计算、生产记录和生产报表等工作,通常采用大、中型计算机进行离线批处理。

27.3.2.2 生产控制级

生产控制级用来修订短期生产计划,监视和协调本区内的生产,管理成材率和成品,一般采用中、小型计算机实现在线控制。

27.3.2.3 过程控制级

过程控制级根据上级的要求,考虑约束条件,按照数学模型计算所属子系统的参数设定值,如:位置、速度、温度、压力等。同时对各子系统进行监控和协调,以实现系统的动态最优化控制。通常采用数台小型计算机分区控制,完成各自的任务。目前已有向微型机化方向发展的趋势。

27.3.2.4 设备控制级(基础自动化级)

设备控制级根据上级计算机下达或人工设定的参数设定值,具体完成各生产设备的开、闭环控制、自动顺序控制和自动操作任务。设备控制级一般采用多台PC和微机分别完成各项实时任务。目前由于PC和微机的更新换代很快,设备控制级的功能有进一步分散到功率传动级设备的PC或微机中,由功率传动级设备中的微处理器来完成各设备的控制任务。

27.3.2.5 功率传动级

功率传动级直接控制和驱动作业线上的生产设备。功率传动级包括:晶闸管直流传动装置、交流变频传动装置以及电动机控制中心(MCC)等设备。

27.3.3 PC控制系统的分类

作为由一个或多个控制对象构成的控制系统,根据工艺、设备的要求,按其功能的复杂程度、性能要求的高低,所采用的PC控制系统大体上可以划分为四类,即单机控制的小型系统、多机控制的中型系统、慢过程大型系统和实时快速响应系统。

27.3.3.1 单机控制的小型系统

单机控制的小型系统一般使用单台PC就能完成其控制功能,控制对象常常是一台或几台设备,如对旧有系统的改造,用来代替原来的继电器-接触器系统,完善或改进原有设备的某些功能等。

单机控制的小型系统中,没有PC间的通讯问题。但有时功能要求全面,I/O点的要求变化较大,有些还须与旧有系统的其它机型相连接。因此,在选择系统结构时,可从以下几个方面加以考虑。

(1)设备相对集中,所带设备的功率小,宜选用局部式结构,且选择低电压、高密度输入/输出模块。

(2)设备相对分散,所带设备的功率大,宜选择离散式结构,且选择高电压、低密度输入/输出模块。

(3)设备有专门的控制要求,如飞剪控制、活套控制等,这时输入/输出容量不再是关键的参数,重要的是选择功能性强的PC,并配备智能模块,如高速计数器模块、定位模块、PID模块等。

27.3.3.2 多机控制的中型系统

多机控制的中型系统一般按工艺流程或设备布置情况,对每个局部形成单机PC系统,各单机PC需要进行信息交换的,可分为以下两种情况:

(1) 在信息量少、信息交换的速度要求高，且多为连锁信号的场合，宜采用硬件输入/输出的方法进行信息交换，如两台或几台 PC 之间需要进行信息交换，可把一台 PC 的一定量输出点分别与另一台 PC 的输入点用硬线连接起来。这种信息交换方法的传输速度比任何网络都要快，且可靠性高，但 PC 之间的信息交换量不宜太多。

(2) 在信息量大、且 PC 数量不太多的情况下，宜采用点对点或多点通讯方式进行信息交换。

27.3.3.3　慢过程大型系统

慢过程大型系统的特点是：设备本身对运行速度要求不高，但设备间的距离远，联锁关系复杂，I/O 点多达几千到上万点，且所有的设备均要统一管理。这类系统宜采用中、小型 PC 组成低速网络结构。

由于目前大多数 PC 均为插件式模块结构，PC 的价格基本上是由 I/O 模块和智能模块的多少来决定的。同一种机型点数少价格便宜、点数多价格高，一般来讲，PC 的估价是根据点数而不是根据机型。当然，不同的机型的价格也有一定的差异。在决定使用网络后，就不一定要选择庞大的机型，大的机型容量大，但编程和调试都不太方便，且一旦发生故障，影响面大。

选用中、小型 PC，每台 PC 控制一台或几台单体设备，功能简化、编程及调度方便、发生故障影响面小，且容易查找。如某钢铁公司热连轧厂、冷连轧厂均采用这样的结构形式。

27.3.3.4　实时快速响应系统

实时快速响应系统一般要考虑选择输入/输出容量大，运行速度快，计算功能强的 PC。某些情况下，一台 PC 难以满足控制要求，需要使用多台 PC。因此，PC 之间的信息交换和系统的快速响应就成为一对尖锐的矛盾，解决这一矛盾的办法可选用高速网络进行信息交换，以适应系统快速响应的要求。

27.3.4　系统组态

系统组态的目的是用各种 PC 组件组成一个完整的 PC 控制系统，来解决某一特定的问题。PC 的组件包括：CPU、各种 I/O 机箱，以及相应的电源、电缆等。下面对 PC 系统组态作一般性的介绍。

27.3.4.1　CPU 及 I/O 机箱的组态

制造厂提供的 PC 产品，其 CPU 既可以独立于 I/O 系统，也可以不独立于 I/O 系统，它主要取决于 PC 系统的规模大小。较小的 PC 产品，其 CPU 与 I/O 及电源部分被设计成一个整体。有些 PC 产品既可以在 CPU 机箱内拥有 I/O 系统，也可以扩展 I/O 系统至其它 I/O 机箱。

从 CPU 机箱到 I/O 机箱的通讯通常有两种方式。一种是并行通讯方式，采用一根 16 芯双绞电缆；另一种是串行通讯方式，采用一根两芯双绞电缆。选择这两种方式主要取决于传输的距离及响应的速度。并行通讯方式传输的速度较快、距离短、电缆费用高；串行通讯传输的速度较慢、距离长、电缆费用及安装成本低。

无论是采用并行通讯方式，还是采用串行通讯方式，均需要提供一种手段，以实现 CPU 机箱与 I/O 机箱的数据通讯，通常使用驱动器模块和接收器模块来实现。

驱动器模块通常装在 CPU 机箱或第一个 I/O 机箱中，用以驱动单个或多个 I/O 机箱。

接收器模块通常装在 I/O 机箱中，用以接收通讯信息、译码、并向本 I/O 机箱中的各个 I/O 模块传送信息。此外，它也可以收集各个 I/O 模块的信息，以并行或串行方式编码成信息组向 CPU 发送。某些接收器模块可选择 I/O 系统诊断功能，如：用跨接片选择功能可对电源故障或通讯失败提供预定条件。在故障情况下，通常使机箱内的输出点保持原来的状态，或使故障机箱的下游机箱保持正常运行。以上两种情况，其故障信息均需要以通讯形式通知 CPU，CPU 可根据当前的逻辑条件采取相应的措施。

每个 CPU 机箱或 I/O 机箱均需要一个电源，它为各种模块内的印刷线路板上电子元件提供合适的工作电流，电源既可以外装，也可以以模块形式装在 CPU 机箱或 I/O 机箱内。对于容量大小可选的电源模块，可根据机箱内安装的模块数量和每个模块所需的电流大小来确定电源模块的容量大小。目前大多数 PC 制造厂可提两种型式的电源，一种是标准型，一种是增容型。一般来讲，模拟量模块及大多数智能模块所需的电流较大，可选用增容型电源来提供。在实际的系统组态时，如果出现电源容量不能满足机箱内各模块总的电流要求时，可重新组合高电流模块和低电流模块，使得电源容量大于或等于机箱内各模块所需容量之和。

图 27-8 给出了并行和串行 I/O 系统简图。

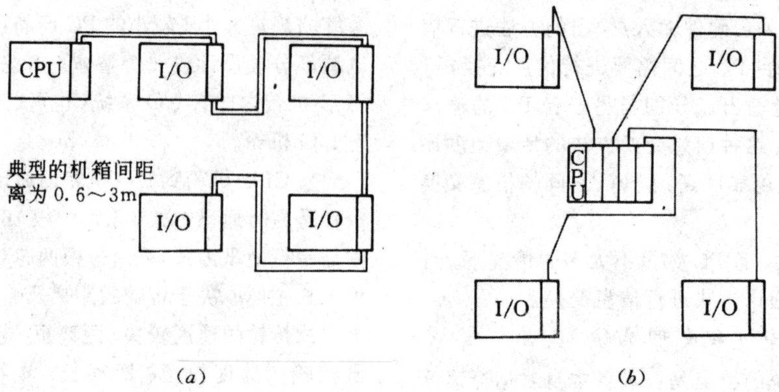

图 27-8 并行和串行I/O系统简图

(a)—并行（菊花链方式）；(b)—串行（星形方式）

27.3.4.2 本地I/O与远程I/O

根据所用的特定系统的实际应用情况和组态需要来选择I/O组合方式，通常分为本地I/O与远程I/O两种。

本地I/O与CPU安装在同一个控制柜内或相邻的控制柜内，一般使用在设备相对集中的场合。目前，大多数PC制造厂均能提供本地I/O系统，并支持32芯并行I/O通讯电缆。这是一种总线式通讯方式，具有响应快等优点。

远程I/O也可称为串行I/O，适合于设备相对分散、I/O机箱之间距离较大的场合，如原料场、大型车站等。串行通讯采用4芯双绞电缆，大多数系统需要采用特殊的远程I/O驱动器模块和接收器模块。

PC的规模大小不同，制造厂提供的I/O通讯方式也不同，有并行I/O、串行I/O或两者兼有。本地I/O或并行I/O能快速、同步更新真实I/O。在某些PC系统中，本地I/O与CPU之间的最大距离可达600m，在此I/O链上任何一点，均可使用编程装置访问CPU，这对于系统组态和故障诊断是非常方便的。

并行通讯的电缆芯数多、成本高、敷设较困难；串行通讯的电缆芯数少、成本低、敷设较简单，但需要特殊的驱动器和接收器。一般来讲，当系统需要不断扩充、修改，使用分散的I/O系统较为方便。目前，远程I/O装置的发展趋势是：设计一种独立的远程I/O装置，直接放在现场设备附近，而不需要传统的I/O机箱和电源。本地和远程I/O系统简图见图27-9。

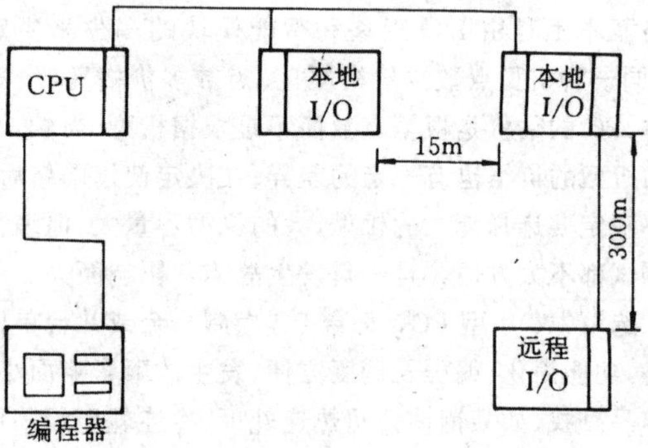

图 27-9 本地和远程I/O系统简图

27.3.5 冗余与热备系统

冗余与热备系统的使用，可以提高系统的可靠性。PC系统中提供冗余的目的是：在线全套备份或仅主机和部分部件备份，当一套系统发生故障时，可自动切换到另一套系统上。它至少包括CPU功能的备份，有的PC制造厂甚至可提供I/O系统的备份。应用的场合不同，其系统的设计也不同。冗余包含有一个独立的装置，称为冗余处理单元，它作为两个CPU的同步器。在检查到故障时，可快速地将系统从主CPU切换到备份CPU。不太复杂的系统，两个CPU可用一根通讯线相连，故障时，由主CPU发出信号给备份CPU。这种系统与使用冗余处理单元的冗余系统相比，其快速切换能力要低的多。这种简单的、低速响应系统有时又称为热备系统。

冗余在控制系统中并不是个全新的概念，近年来，在化工、石油、橡胶、造纸、冶金等行业中，大多数控制系统均具有冗余处理能力。控制系统故障的后果意味着：设备故障、生产能力丧失、造成大量的经济损失。为避免这类故障，在工厂的核心部分有必要使用冗余系统，以提高其可靠性。现在大多数 PC 制造厂均能提供冗余或热备系统的选择，特殊场合，还可使用双冗余或三冗余系统。

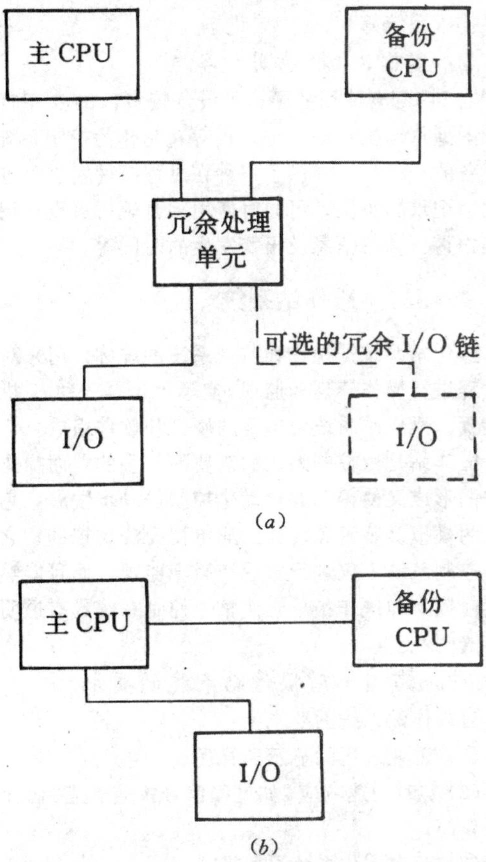

图 27-10 冗余及热备系统的组态示意图

（a）—冗余系统；（b）—热备系统

冗余系统典型的工作过程如下：在系统故障之前，由主 CPU 进行控制，通过冗余处理单元实现备份 CPU 与主 CPU 的同步扫描及 I/O 和寄存器的更新。冗余处理单元一旦检查到主 CPU 故障，在一至三个扫描周期内，使备份 CPU 投入控制，且主 CPU 退出。这样，主从颠倒，新的备份 CPU（即故障前的主 CPU）可离线修理。通常，我们把从备份 CPU 离线修理到它重新返回到备份岗位的平均时间称为平均修理时间 MTTR（Mean Time To Repair），

大多数 PC 系统的故障，并不是由于 PC 系统本身的原因，而是由于与它相连的传感器和执行机构造成的，使用双 CPU 冗余系统，并不能真正地解决问题。为了提高系统的可靠性，可以使用双 CPU、双 I/O 系统，但整个系统的投资也成倍增长。图 27-10 给出了冗余及热备系统的组态示意图。

27.3.6 外围设备

27.3.6.1 人-机接口装置

这里所述的人-机接口装置是广义的，它也可以被称为操作者接口装置或系统控制站等。其基本定义为：在操作过程中，人与 PC 系统建立相互联系所需的部分硬件（有时也包括相应的软件）。它由一系列按钮、指示灯、以及作为局部区域网（LAN）节点的终端组成。人-机接口装置可分为三级。

第一级是一种最基本、最普通人-机接口装置，包括按钮、指示灯和其它离散的输入/输出装置。通常安装在屏、台、箱、柜上，并与 PC 的 I/O 系统相连，根据相应的用户程序，执行操作者的命令，并送出其操作状态。

第二级是一种工业用的 CRT 型接口终端，可以是单色的或彩色的，通常组态成“哑终端”或“半智能型终端”。显示在终端上的所有信息或大部分信息是通过接口来自终端外部。某些情况下，静态图像贮存在“半智能型终端”内，仅来自外部的数据是变化的，并显示在图像画面上。

第三级是一种高级智能终端，多为彩色 CRT，分辨率高，并能与人进行快速信息交换。它本身带有微处理器和存储器，既可以通过通讯接口与 PC 相连，也可以作为局部区域网（LAN）的一个节点使用。

在实际应用中，使用的人-机接口装置不一定完全遵循上述第一、二、三级，有时可以是多级的组合形式。

27.3.6.2 编程装置

目前，用于程序建立和编辑功能的编程装置是多种多样的。在过去几年中，从专用编程装置，如液晶式编程器、CRT 式编程器等，直到今天以通用的个人计算机为基础的编程装置，使程序的开发和研制变得更为便利。

A 专用编程装置

专用编程装置是 PC 系统的一部分，主要用来建立 PC 将执行的程序。偶而，它也被用来协助进行故障

诊断，这是专用编程装置的典型任务和它的能力范围。早期的编程装置是液晶式编程器。CRT式编程器的出现是对液晶式编程器的重大变革。专用编程器一般只能用于一种类型PC，且功能方面也有一定的限制。

B 个人计算机程序开发系统

编程装置的发展趋势是用基于个人计算机的编程逐步取代专用的编程装置。在过去几年里，许多PC制造厂相继推出以个人计算机为基础的编程装置，有的厂家把它列入可提供的产品之列，有的厂家仅提供编程软件，个人计算机硬件由用户自行解决。为适应工厂的恶劣环境，由PC制造厂提供的个人计算机在结构上都有一定的改进，计算机键盘通常采用封装结构，以防止灰尘进入引起误操作。过滤器系统也作了相应的改进。此外，整个编程装置的设计对温度和湿度上的要求与PC本机类同。

这种装置的优点是用同一硬件能够进行不同的软件开发工作，这是专用编程装置所不能比拟的。它除了完成常规的梯形图、语句表编程外，还可以进行程序文本文件的编制、收集来自PC的数据并加以分析；这种装置配有与CPU进行数据交换的实时彩色图形操作者接口，可以模拟工厂设备的运行情况，并可用作网络管理或一个工作站的节点。

C 软件简介

编程软件是大多数PC制造厂提供的基本软件，可以用它建立继电器的常开、常闭接点以及与接点相对应的继电器线圈。在非文本文件中，其接点和线圈的参考定义号是专有的，不同的制造厂其定义号的形式也不同。除了可以建立接点和线圈外，还可以根据PC制造厂提供的指令集进行助记符编程。

文本编制软件是一种在程序编制过程中，增加必要的文本说明以便于阅读的软件，它允许给每个接点和线圈命名，以表明在应用程序中的单一性。此外，可在梯形图程序的中间插入注释，解释此段程序的作用，形成一种全功能的文本程序。

数据收集与分析软件是一种在工业控制过程中，由个人计算机进行数据收集和分析的软件。它可以收集单个或多个PC的CPU数据，通过各种不同的方式，如条形图表，来分析数据，并可进行多窗口显示。

实时操作者接口软件是一种用于工业控制中较新的个人计算机软件。通过CRT显示当前的设备运行状态，并在故障时给出报警，实现实时监控。操作者可通过操作者接口键盘（有时为个人计算机键盘）输入信息，控制生产过程。

模拟软件允许工厂级个人计算机模拟生产流程状况。模拟软件开发的初期，主要适用于大型计算机系统。通常，在PC系统投入实际运行之前，使用模拟软件模拟运行生产过程，对现有系统进行有效地检查和分析。

目前，随着工业软件业的迅速发展，涌现出许多专用的应用软件，如开发的位置控制软件、允许个人计算机作为网络管理的网络管理软件等。用个人计算机作为程序开发工具，其应用范围包括：计算机数控、机器人、排版系统等。

27.3.6.3 硬拷贝设备

与PC配套使用的硬拷贝设备较多，如：文字打印机、图型打印机、X-Y记录仪等，它作为控制系统外围设备的一部分，提供了一种在过程事件发生时进行永久性记录的手段，可同时使用多台硬拷贝设备记录过程报警、相关信息及报警发生的时间等。

27.3.7 操作站系统

操作站系统是操作和监视系统的统称，用来对控制过程进行操作管理和监视，实际上也是一种人-机接口装置。操作站系统由本身的硬件和软件组成。

操作站是由控制系统的需要而产生的，而操作站系统的形成又使得工业自动化控制进一步发展，它是传统的模拟屏装置和现代工业电视无法比拟的。它对整个控制系统不仅进行宏观和微观监视，而且能够进行实时操作和操作指导，使整个控制系统具有透明性或半透明性。

27.3.7.1 对操作站系统的要求

对操作站系统的要求为：

(1) 工业过程的显示和管理；

(2) 实时快速响应，如过程信号快速响应、画面快速刷新等；

(3) 与自动化系统可兼容；

(4) 适应集散性要求；

(5) 实时数据库管理；

(6) 适应工厂的恶劣环境；

(7) 连续可靠运行；

(8) 掉电自动恢复；

(9) 通用性强；

(10) 工程投资合理。

27.3.7.2 操作站系统的内容

操作站系统所包含的内容为：

(1) 通讯。为了对自动控制系统进行管理和监视，操作站一方面需要从生产过程中收集大量信息；另一方面需要把大量的管理信息传送给生产过程。数据通讯是操作站系统的重要组成部分。

(2)信息管理。操作站的主要目的是对信息进行管理，其管理水平的高、低是衡量操作站系统好坏的一个重要标志。

27.3.7.3 操作站的类型

现代的工业自动控制系统是多层次的，操作站也相应地分为以下几种类型：

(1)设备操作站。它是操作站系统的最低层，用来对具体设备进行监视及管理，其主要任务包括：设备状态监视、参数给定及修改、故障报警及处理。

(2)本地操作站。它作为多级控制系统的一部分在本地进行管理和监视，完成大量数据处理和过程运行管理。本地操作站除了完成设备操作站的功能外，还应完成的功能包括：多设备的综合管理、数据的批处理、过程运行监视、故障诊断及分析、文本报告等。

(3) 中央操作站。工厂自动控制系统一般为多级的，过程运行均由中央控制室进行监视和管理，全厂的信息通过网络通讯联系起来。通常，这些信息不仅用在中央控制室，也需要呈送给管理部门、设计部分和维护部门，中央操作站就是为此而设计的。它除了完成本地操作站的任务外，还应完成的功能包括：数据通讯、批量数据的存储及管理、操作站间的协调、用户程序综合利用、生产决策指导等。

27.3.7.4 操作站系统的主要功能

操作站系统的主要功能为：

(1)实时画面监视。通过多级画面和图表相结合的方式，用过程变量控制画面和图表的变化，分层次描述实时控制过程。

(2)实时操作。在画面监视过程中，通过对画面的干预，可对整个控制过程进行实时操作。操作站系统本身实时进行故障诊断、分析、处理，并能给出适当的操作指导。

(3)信息的存储与报告。操作站系统在完成实时监视与操作的同时，还能对批量信息进行存储和报告，可供决策时参考。

27.3.7.5 操作站系统的性能评估

目前，大多数 PC 生产厂都能提供操作站系统，操作站系统的性能评估可以从以下几个方面考虑：

(1)通讯速度。通讯速度是指操作站系统与控制系统进行信息交换的速度。在本地操作站中，由于其实时性，对信息交换有较高的速度要求。在中央操作站中，由于要处理大量的信息，也对信息交换有较高的要求。通讯速度的提高，系统的价格也相应增加。

(2) 系统容量。操作站系统主要是用来处理信息的，因此，信息的存储和处理容量是操作站系统性能评估的一个重要指标。在评估容量时，要考虑静态和动态两个方面。所谓静态，指的是不参与控制过程交换的部分，如系统能容纳的画面多少等；所谓动态，指的是参与控制过程交换的部分，如一个画面中变量和动态图形等。

(3)系统生成的难易程序。系统生成的难易程度可从硬件和软件两个方面来考虑。在构成操作站时所需的硬件越少越方便，在硬件方面还应注意在不同站中的通用性。通常，硬件评估相对容易，而软件评估就要复杂得多。操作站系统中的支持软件直接影响系统生成的难易程度，较强的支持软件，能使用户在生成系统时既方便又省时，支持软件在系统生成中的优劣主要是指画面的生成过程、变量的定义方式等。

(4)系统使用的方便程度。系统使用的方便程度主要体现在软件上，当一个操作站系统生成后，使用是否方便，主要反映在画面的读取、故障查找、参数更改等难易程度上。

(5)系统的灵活性。一个大型控制系统，可能会有多个操作站，操作站的大小程度不一，一般要求构成操作站系统的硬件和软件具有一定的通用性，这样，可节省部分工程投资，系统生成和维护也较方便。

27.3.8 系统诊断

系统诊断是 PC 控制系统中一个重要环节。系统故障的原因是多方面的，除了 PC 本身的故障外，很多由 PC 系统表现出来的故障问题实际上是与 I/O 相连的传感器和执行机构本身的问题，其次是由于 I/O 接线的原因造成的。不同的 PC 制造厂所采用的系统诊断方法是不一样的，但其结果是一样的。一个好的诊断系统能够检测的故障包括：通讯的奇偶出错、通讯丢失、机箱或机箱电源故障等，甚至可检测出 I/O 模块故障。故障信息可用不同方式记录和指示，产生的诊断信息可在单独的显示终端或带 CRT 的编程装置上显示。

目前，对 I/O 系统的诊断采用一种新的技术，它不仅能够检测 PC 的硬件故障，而且能够诊断出与 I/O 系统相连的传感器和执行机构的好坏。通过周期地向系统中的每个输出点发送很短的电压脉冲，然后测量负载中的电流大小，判断此电流是否在一定的范围内。

如果超出预定的范围，与PC输出相连的执行机构可能处于开路、短路或过载状态，并且此结果通知CPU。使用这一新技术，对诊断信息的译码和发送时间上要求很严格。I/O诊断电压脉冲的周期要尽可能短，以防止执行机构产生误动作。输入点也可用类似的方法来检测，但在输入点的外部需要特殊处理，以保证在正常状态下所需的最小电流。此外，这一新技术还提供了一种检测和记录I/O点本身故障的手段。表27-5为PC故障诊断统计表。

表 27-5 PC故障诊断统计表

故障类型	故障分布	目前可检出的故障	预计将来可检出的故障
CPU奇偶出错、处理器等	5%	100%	100%
I/O电源、I/O模块故障	15%	20%	95%
断线、短路	5%	0%	70%
执行机构(如起动器)70% 短路/过载 20%线圈 10%其它	30%	0%	60%～90%
传感器(如限位开关)： 90%机械 10%断线	45%	0%	10%
合　计	100%	8%	45%～54%

27.4 PC的硬件设计

目前，PC在工业控制领域的应用越来越广泛，它的种类繁多且系列化，同一PC制造厂也有多个系列的产品，产品的功能是面向大多数用户的，有一定的普遍性。种类繁多的PC一方面给用户提供了选择的余地，但另一方面，也给用户在选择上带来困难。基于这一出发点，本节给出了PC的硬件设计原则。

27.4.1 PC的选型原则

PC的选型是系统设计的一个重要环节，通常各PC制造厂生产的产品在可靠性上基本上是过关的，面对众多机型，不同的功能参数，就需要设计人员进行PC选型时综合考虑。

PC的选型主要根据使用场合、控制对象、工作环境、费用以及用户的特殊要求来选择机型，使得既在功能上满足要求，又经济合理。

在PC机选型前，需要考虑以下几点：

(1) 开关量输入总点数及电压等级；

(2) 开关量输出总点数及输出功率；

(3) 模拟量输入/输出总点数；

(4) 是否有特殊的控制功能，如高速计数、PID定位、通讯等智能模块的选用；

(5) 现场设备（被控对象）对响应速度、采样周期的要求；

(6) 是否有较复杂的数值运算；

(7) 中控室离现场设备的距离；

(8) 是否要预留发展的可能；

(9) 熟悉PC机型的详细资料及应用的实绩。

选择PC机型时，要对其I/O点数、存储器容量、功能、I/O模块、外形结构、系统组成、外围设备、设置条件及价格等多项指标作综合分析和比较，然后才能确定出较理想的PC机型。

27.4.2 输入/输出（I/O）点数的估算

控制系统总的输入/输出点数可根据每个单体设备的I/O点数来决定，最后按实际的I/O点数另加10～20%的备用量来考虑。进行PC硬件设计时，对I/O点数进行估算是一个很重要的基础工作，它直接影响下面的存储器容量的估算。

一般来讲，一个按钮需占一个输入点；一个光电开关占一个输入点；一个信号灯占一个输出点；而对选择开关来说，一般有几个位置就占用几个输入点；对各种位置开关，一般占一个或两个输入点。

27.4.2.1 开关量输入点数

开关量输入点数可按式27-1进行估算。

$$DI = K\left[\sum_{i=1}^{N}(a_{1i} + a_{2i}) + a_3\right] \qquad (27\text{-}1)$$

式中 DI——开关量输入总点数；

K——备用量系数，一般取$K=1.1\sim1.2$；

a_{1i}——单个系统类型参数：

单速可逆系统：$a_{1i}=3\times$操作点数

单速不可逆系统：$a_{1i}=2\times$操作点数

多速（有级）可逆系统：$a_{1i}=3\times$操作点数+速度档数

多速（有级）不可逆系统：$a_{1i}=2\times$操作点数+速度档数；

a_{2i}——单个系统检测点数，如：接触器辅助接点数XC、热继电器RJ、自动开关辅助接点ZK、限位开关XW、选择开关XK

以及故障信号、联动信号等；

a_3——其它点数，如：系统自动/半自动/手动选择开关。系统集中/机旁选择开关、生产线上的检测元件，以及与其它控制设备的硬件联锁信号等；

N——单个系统的总数。

27.4.2.2 开关量输出点数

开关量输出点数可按式 27-2 进行估算。

$$DO = K\Big[\sum_{i=1}^{N}(b_{1i} + b_{2i}) + b_3\Big] \qquad (27\text{-}2)$$

式中 DO——开关量输出总点数；

K——备用量系数，一般取 $K=1.1\sim1.2$；

b_{1i}——单个系统类型参数：

单速可逆系统：$b_{1i}=2$

单速不可逆系统：$b_{1i}=1$

多速（有级）系统：b_{1i}=速度档数；

b_{2i}——单个系统显示设备及联锁所需的点数；

b_3——其它点数，如系统的显示点数、报警音响设备所需的点数，以及与其它控制设备的硬件联锁信号等；

N——单个系统的总点数。

27.4.2.3 模拟量输入/输出（AI/AO）点数

目前，大多数 PC 制造厂均提供相应的 AI 和 AO 模块，可参考 PC 制造厂的 AI、AO 模块的说明，根据工程的实际需要来确定 AI、AO 的回路数及相应的 AI/AO 模块数量，并预留出适当的备用量。一个 AI/AO 模块有 2、4、6、8、16 个回路，详见有关 PC 的资料。

27.4.3 存储器容量的估算

这里所说的存储器容量要和用户程序所需的内存容量相区分，前者指的是硬件存储器的容量，而后者指的是存储器中为用户开放的部分，前者总要大一些。到底开放给用户编程的容量有多少，可通过 PC 的样本资料仔细辨认。只要估算出用户程序所需的内存容量，相应地就可决定存储器容量的大小。

用户程序所需的内存容量与最大的输入/输出点数成正比，此外，还受有无通讯数据、通讯数据量的大小以及编程人员的编程水平等影响。在无数据通讯的情况下，一般的内存容量的经验公式如下

$$M = K_1K_2[(DI + DO)C_1 + AIC_2 + AOC_3] \qquad (27\text{-}3)$$

式中 M——内存容量，字；

K_1——备用量系数，一般取 $K_1=1.25\sim1.40$；

K_2——编程人员熟练程度，一般取 $K_2=0.85\sim1.15$；

DI——开关量输入总点数；

DO——开关量输出总点数；

AI——模拟量输入回路数；

AO——模拟量输出回路数；

C_1——开关量输入/输出内存占有率，一般取 $C_1\doteq10$；

C_2——模拟量输入内存占有率，一般取 $C_2=100\sim120$；

C_3——模拟量输出内存占有率，一般取 $C_3=200\sim250$。

在有通讯接口的情况下，需根据通讯接口的数量、每个接口通讯数据量的大小以及具体 PC 制造厂的块转移指令所占的内存字数，确定出数据通讯所占的内存大小，最后与式 27-3 的结果相加，即可估算出 PC 内存容量的大小。

表 27-6 给出了中小型 PC 的 I/O 点数与存储器容量的关系。

表 27-6 中小型 PC 的 I/O 点数与存储器容量的关系

I/O 点数	折合继电器数	存储器容量
128 点以下	60 个以下	0.5K 以下
128～256 点	60～100 个	0.5K～1K
256～512 点	100～300 个	1K～4K
512 点以上	300～1000 个	4K 以上

旧厂改造，把原先的继电器电路用 PC 替代时，先看有多少个继电器，然后将 1 个继电器平均按 6 个接点、1 个线圈计算，存储器的字数（步数或 1 个存储单元）按 1 个接点（或线圈）为 1 个字计算。考虑到 PC 的功能多样化，如增加故障诊断程序等，将上述计算出的容量适当地增大一些。

有些制造厂将 PC 的存储器分为程序存储器和数据存储器两种，但存取区间完全分开。程序存储器容量计算可按式 27-3 进行，而数据存储器容量，PC 制造厂一般都将它与程序存储器成比例设置。

27.4.4 功能选择

根据控制系统的要求进行 PC 的功能选择，它通常包括运算功能的选择和处理速度的选择两个方面。

27.4.4.1 运算功能选择

PC 除具有顺控功能（逻辑运算）外，还具有定时，计数、四则运算、函数运算等功能。如果控制系统的要求很简单，只需要顺控功能时，就可以选择经济实惠的 PC。如果需要跟踪的话，就得选择带位移寄存器的 PC，等等。总之，选择运算功能的依据是：从指令系统中看所需要的功能是否能得到全部满足，或是利用编程来间接得到满足。目前，PC 的功能多样化和高级化，因此不要单纯追求高功能，以避免造成不必要的浪费。

总之，PC 的功能，随着规模的增大，基本上满足了用户在运算功能方面的要求，运算功能选择时应注意以下两点：

(1) 硬件与软件的配套使用；

(2) 使用功能及故障维修功能是否完备。

图 27-11 给出了 I/O 点数与运算功能的对应关系。

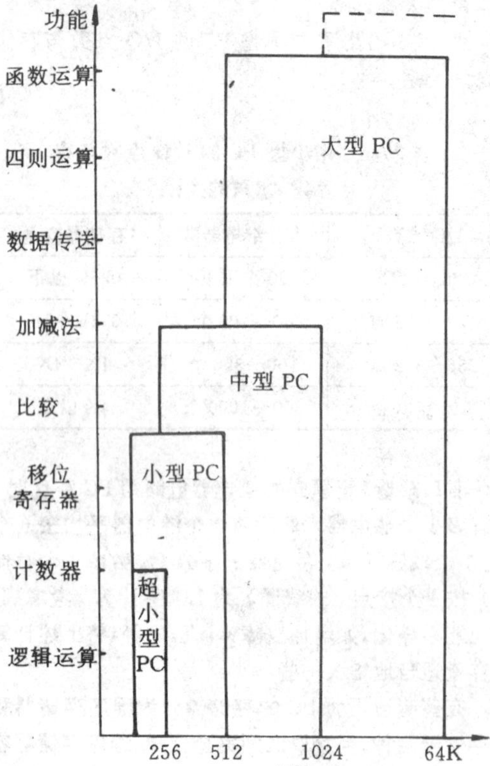

图 27-11 I/O 点数与运算功能的对应关系

27.4.4.2 处理速度的选择

PC 的原理与计算机基本相同，但早期的 PC 处理速度较慢，主要是由于未采用微处理器，且中断系统不完善等原因造成的。一般来讲，计算机的输入/输出点少，但其内部可进行大量复杂的数据处理。对 PC 来说，输入/输出点从十几点到两千余点都有，从输入——数据处理——输出的全过程只允许在几十毫秒内完成，它相当于继电器的固有动作时间，再长就没有意义了。

不同的 PC 机型，其处理速度也不同。通常，大型 PC 的处理速度较快，小型 PC 的处理速度较慢。同一机型，PC 的处理速度一般与用户程序容量大小成正比，用户程序容量越大，扫描周期越长，不采取特殊措施的处理速度就会越慢。大多数情况下，PC 的处理速度均能满足控制系统的要求，只有在控制系统的实时快速响应要求较高的场合下，PC 的处理速度才会成为突出的问题。

27.4.5 外形结构的选择

从 PC 的基本单元和扩充单元的形态看，PC 的外形结构分如下几种。

(1) 平板型 PC。平板型 PC 多为 I/O 点数少的小规模机型，构造特点是轻薄短小。它从机电一体化的角度考虑，多安装在机械设备或控制盘上。这种 PC 把 CPU、I/O 均装在 1 个印刷板内，电源采用外部供电方式，I/O 点地址固定，不能扩展或很少有扩展。对大批量生产的通用机械设备来说，它的特点是价格低廉。

平板型 PC 的机型很多，选择时，不能光着眼于价格低廉，还必须根据使用的控制目的来考虑。

(2) 块状型 PC。小规模的 PC 多采用这种型式，它的增设单元以模块为单位进行扩展。它多采用德国工业标准（DIN）中的导轨式安装方式，具有适中的扩展性和价格低廉等优点，运算功能目前也有向高功能化发展的趋势。选择时，也和平板型 PC 一样，不能光着眼于价格低廉，还必须根据使用的控制目的来考虑。

(3) 输入/输出模块插件型 PC。这种型式的 PC 有专供扩展 I/O 模块用的插件式框架槽（机箱），它适合于中、大规模的控制系统，不同制造厂 PC 机箱的外形尺寸也不完全相同，一部分制造厂采用 19 英寸（～48cm）的标准机箱。机箱内多为 8 槽，但也有 2、4、6、8、10 槽的机箱。各种 I/O 模块被设计成统一的外形尺寸，以便插入机箱中的槽内。

27.4.6 输入/输出模块的选择

实际生产过程中的信号电平多种多样，而 PC 的 CPU 只能进行标准电平的处理，这只有通过 I/O 接口实现这些信号电平的转换。为适应各种要求的过程信号，各制造厂相应有各种 I/O 接口模块。虽然 PC 的种类繁多，但它们的 I/O 接口模块原理基本相同。各 PC 制造厂的 I/O 接口模块主要区别在于电压等级、输入/输出点数以及模拟量的数字表示上。

27.4.6.1 输入模块的选择

输入模块一般分为数字量和模拟量两种，前者又可分为直流输入、交流输入及脉冲输入，后者又可分为电压型和电流型输入等。

交流数字量输入模块宜优先选用 AC110V 或 AC220V 输入模块，它不需要特殊的电压变换装置，较易与功率放大器件的电压等级相匹配，它通过模块内的隔离变压器或变直流后经光电耦合器来保证与外部电路相隔离。各路输入信号之间一般不设隔离。

直流数字量输入模块主要用于外部电缆线路较长，且容易引起电磁感应的场合。PC 内部与外部电路采用光电耦合器进行隔离。DC12～48V 主要用在微型继电器、数字开关、接近开关、限位开关等器件上。

中断输入模块用硬件检测输入信号的状态变化，并立即向 CPU 发出中断请求。它的优点是既可以减少软件的负担，又可以提高系统快速响应性能。

脉冲输入模块内设有脉冲计数器，对外部的输入脉冲进行计数，然后送往 CPU。它又可分为单向、双向（加减）计数两种。使用时，不得超过规定的最大脉冲频率。有的具有预设定计数器功能，即由 CPU 给定设定值，当计数值等于设定值时，向 CPU 发中断信号。有的具有采样计数器的功能，如对脉冲进行周期采样等。

模拟量输入模块通过内藏的 A/D 变换器可以将现场的电压、电流、温度、压力等控制量输入进 PC，这种模块内的 A/D 变换时间大约在几毫秒到几十毫秒之间。在要求快速响应的场合，可选用 A/D 变换时间短的模块。变换后的二进制数分 8 位、10 位、12 位不等，有的带符号位，有的不带符号位，可根据系统所需的精度来选择不同的 A/D 变换位数。常用的模拟量输入模块的规格见表 27-7。

表 27-7 常用的模拟量输入模块的规格

种类		规格			
		额定值	12 位 A/D 变换范围	输入阻抗	变换速度
模拟量输入	电压型	−10～+10V	−2048～2047	1MΩ	50μs/点
		0～10V	0～4095	1MΩ	50μs/点
		1～5V	0～4095	1MΩ	50μs/点
	电流型	0～20mA	0～4095	240Ω	50μs/点
		4～20mA	0～4095	300Ω	50μs/点

27.4.6.2 输出模块的选择

输出模块可分为交流数字量输出、直流数字量输出、模拟量电压输出、模拟量电流输出、继电器输出及定时输出等几种。

继电器输出模块通过继电器接点和线圈实现 PC 与外部电路隔离，这种模块可交、直流两用，它不会产生漏电流现象，但模块内的继电器有寿命问题。

交流数字量输出模块是一种多采用双向晶闸管的无触点输出模块。通过隔离变压器或光电耦合器与外部电路隔离，同继电器输出模块相比，它具有响应速度快、寿命长等优点。通常，输出电流可达 2A 左右，因而可省掉中间继电器，直接驱动交流接触器或电磁阀线圈，但需要严格限制起动电流及漏电流。

直流数字量输出模块，是一种采用晶体管或晶闸管的无触点输出模块，采用光电耦合器与外部电路隔离，同样具有动作速度快、寿命长等优点。

模拟量输出模块可以输出供过程控制或仪表用的电压、电流。它把 CPU 内部运算的数字量经 D/A 变换器变成模拟量向外部输出。它同模拟量输入模拟一样，D/A 变换的时间有快、有慢。

定时模块是一种硬件定时器，其优点是可在面板上边看边调、比较直观。PC 的定时器分硬件定时器和软件定时器，两种定时器的功能比较见表 27-8。

表 27-8 两种定时器的功能比较

项目	软件定时器	硬件定时器
种类	延时动作、延时释放	延时动作为主
设定范围	时间长	时间短(0.1～60s)
精度	高	低(有分散性)
设定方法	编程序	调面板电位器
运行可调否	通常不可调	可调
I/O 点	不占用	占用
过程值监视	可以	不可以

27.4.6.3 输入/输出模块选择的注意事项

输入/输出模块选择的注意事项如下：

(1)数字量输入/输出模块的电压等级可根据现场设备与模块之间的距离来选择。当外部线路较长时，可选用AC或DC220V/110V模块；当外部线路较短、且控制设备相对集中时，可选用DC24V、DC48V模块。

(2)交流数字量输入/输出模块的交流电源宜采用带屏蔽层的隔离变压器供电。直流数字量输入/输出模块所需的直流电源可以采用全波整流方法获取。脉冲输入模块及模拟量输入/输出宜采用直流稳压电源供电。当从电位器取模拟量输入信号时，要使用电压波动小的电源，否则A/D变换的数值难于稳定。

(3)继电器输出模块内的继电器存在寿命问题。一般来讲，流过继电器接点的电流越小，寿命越长，因此在选择继电器输出模块时要留有余地，不要使负载电流太接近其额定电流。当使用它驱动感性负载时，其开闭频率不宜太高，另外，感性负载在断路时产生电弧，可在负载两端并联阻容吸收装置以增加接点寿命。

(4)数字量输入/输出模块所允许的同时接通点随温度变化而变化。对于数字量输出模块来说，任何时候同时接通点数的电流累计值应小于公共端所允许通过的电流值，且输出模块每一点的电流额定值必须大于负载电流的额定值。

(5) 一般情况下，5V、12V、24V属于低电平，其传输距离不宜太远，如5V最远不超过10m。距离越远，相应要求的模块电压等级应越高。

(6)数字量输入模块选择时，应考虑其门槛电平的大小，门槛电平值越大，抗干扰能力越强，传输的距离也就越远。

(7) 对于开闭频繁、电感性、低功率因数的负载，宜选用晶体管或晶闸管元件的数字量输出模块；对于开闭不频繁的电阻性负载，宜 选用继电器输出模块。

(8)对于带变压器的灯负载，应注意其起动电流大小，一般此类负载的起动电流为额定电流的10倍左右。因此，使用数字量输出模块驱动此类负载时，负载电流应小于或等于输出模块额定电流的40%。

(9)交流感性负载，如交流接触器、交流电磁阀等，在接通瞬间会产生冲击电流，在断开瞬间会产生过电压。选择时要使输出模块所允许的冲击电流大于实际产生的冲击电流。为保护晶闸管或晶体管的输出模块不受损坏，可在感性负载的两端并联阻容吸收装置。

(10)数字量输入模块的输入点一般都呈高阻抗类型，流过接点的电流一般为毫安级的小电流。在有灰尘污染的场所，由于流过象行程开关等这一类触点的电流一般很小(毫安级)，将会使触点上由电弧产生的自清洁作用丧失，造成接触不良。此外，控制线路之间的电容效应和线路压降问题也需考虑，由于电容效应的影响，当其电容流散电流达到PC输入的临界电流时，将会产生误动作。为解决上述问题，可采取如下措施：

1)采用具有高接触压力和闭合时有一定摩擦力的触点；

2) 采用稳定性好、导电性高的触头材料；

3) 选用双触点组或多触点组并联；

4) 用加入假负载的方法增大流过触点的电流，通常使得流过触点的电流大于或等于50mA。

综上所述，选择输入/输出模块时，不要单纯地从PC样本上的额定数据考虑，还要考虑到由外部输入/输出信号所引起的各种问题。实践证明：因为输入/输出模块选用不当造成的PC故障占一定的比例，所以在设计时，应把它作为有别于计算机的PC的突出问题来对待。

27.5 PC的软件设计

PC控制系统的软件设计包括功能设计、结构设计和程序设计三个部分。

软件的功能设计包括：软件系统要求的前提条件、软件的适用范围、具体功能、输入/输出数据种类和形式、软件性能及可靠性、系统软件运行过程中处理的基本方式等。

软件的结构设计主要是解决怎样来实现系统软件的设计。目前普遍采用功能分割法，它是一种模块化结构的程序设计方法。

在结构设计完成后，便可进行程序设计。程序设计实际上是软件的制作阶段，在程序设计中，遵循软件制作的具体要求和方法，对工艺要求提出的问题，逐一地解决，最后获得一个能实现工艺全部要求的程序集。

本节就用户程序的特点，软件设计的基本原则及注意的几个问题作一介绍。具体设计时，应根据所选用的PC设备的应用手册并结合工程的要求进行。

27.5.1 用户程序的特点

用户程序是在控制对象不断变化的过程中随时进行数据采集、分析和处理的软件，其特点如下：

(1) 实时性。在规定时间内，PC要响应和处理内部和外部所发生的事件,并完成某种特定的任务。程序必须保证 PC 的 CPU 在预先设定的时域空间内执行所分配的任务,同时必须在 CPU 无其它任务竞争的情况下,将此任务执行完毕。也就是说:实时性是用时间来约束对象变化的随机性,避免对象的失控。

(2) 并行性。PC 控制系统通常被描述为多个任务的集合。除一部分属于串行任务外,还有一部分是并行任务,与其任务密切相关的其它任务都可能随时发生,系统不可能停下正在执行的任务来处理这些事件。PC 必须在资源共享的前提下,处理所有事件,虽然从 PC 内部扫描来看,任务是被串行处理的,但反映到系统的外部,即表现为并行处理。对于单个 PC 系统来讲,其响应时间、对任务的分辨能力均受 PC 系统的扫描速度、系统容量以及被控对象的多少影响。

(3) 在线性。PC 控制系统投入运行后,它就成为参与整个生产过程设备的一部分。对于连续生产过程来讲,只要生产过程继续进行,PC 系统是不能退出工作的。通过人-机接口和 I/O 接口可以对控制对象的状态信息进行采集、记录和监视,甚至可以进行系统组态的在线修改、局部故障的在线处理以及系统参数的在线整定等。一个 PC 控制系统在投入运行前,均需要进行实验室阶段的模拟调试。投入正常运行前,还要进行在线动态调试。后者要比前者复杂得多,并受诸多因素的影响。在进行用户程序设计时,要把在线性作为系统的一个特点加以考虑,根据 PC 的硬件情况、接口条件设计若干功能程序块,合理安排作业的优先级,以便对 PC 系统进行在线调试。

27.5.2 软件设计的基本原则

PC 控制系统软件设计的基本原则为:

(1) 任何系统软件都是在系统硬件资源的基础上建立的,因此,必须充分考虑选用的硬件资源并予以充分利用。也就是说,应最大限度地利用现有系统硬、软件资源。

(2)在实现系统功能的前提下,应尽量降低硬件的消耗。系统硬件越少,系统因软件所带来的灵活性越高。

(3)在保证系统功能的前提下,尽可能利用软件实现,这样可以减少系统因元器件老化、损坏等造成系统的误差和故障,提高系统的精度和可靠性。

(4)系统软件尽可能采用模块化结构,并为系统功能的增加留有足够的余地。

(5) 系统软件应面向用户、面向问题、便于操作、程序语言要直观、易懂,便于工程技术人员掌握。

(6) 系统软件应尽可能保证系统工作可靠、效率高,减少开销时间 (空程时间)。

(7)由于用户程序的实时性要求,在考虑程序总体设计时,要从时间控制着手,保证用户程序满足时间的两个约束条件:

1) 控制系统周期时间,保证作业或任务在整个系统周期时间内是可执行的。因此,根据控制对象的动态特性和控制指标,合理地分配采样周期、运算周期,并结合系统的响应时间,将系统周期时间控制在合理的范围内;

2) 对于多分支程序,可采用软、硬件中断方式控制 CPU 的进程调度,应保证每个分支作业的执行时间不超过其分支周期时间;

(8) 系统软件应保证系统有一定的抗误操作和抗外部干扰的能力。

27.5.3 扫描周期

PC 可以看成是一种在系统软件支持下的扫描设备,其 CPU 是以重复扫描的方式进行工作的。PC 的扫描框图如图 27-12 所示。

PC 的一个扫描周期一般包括如下几个扫描过程:

(1)监视计时器(WDT)。PC 内部的 WDT(Watchdog Timer) 一般是一个硬件时钟;也有的 PC 采用软件时钟,可在编程器上对 WDT 的设定值进行修改。WDT 完成 PC 的自监视功能,以确保 PC 正常工作。每次扫描使 WDT 复位,如果在复位前,扫描时间已经大于或等于 WDT 的设定时间,CPU 将停止运行,复位输入输出,给出报警信号,以表明 WDT 故障。此故障既可能由 CPU 硬件故障引起,也可能由于用户程序执行时间太长,使扫描时间超出 WDT 的设定时间而引起。

(2)与编程器交换信息。编程器用来编制和修改用户程序、启动或停止 CPU、读 CPU 状态、强制 I/O、对逻辑变量和数字变量进行读写。调试时,可通过编程器进行在线监视或修改。在此扫描过程中,CPU 将总线权交付给编程器,自己变为被动状态,一旦编程器完成要处理的工作或达到信息交换所需的时间,CPU 重新得到总线权,并恢复主动。

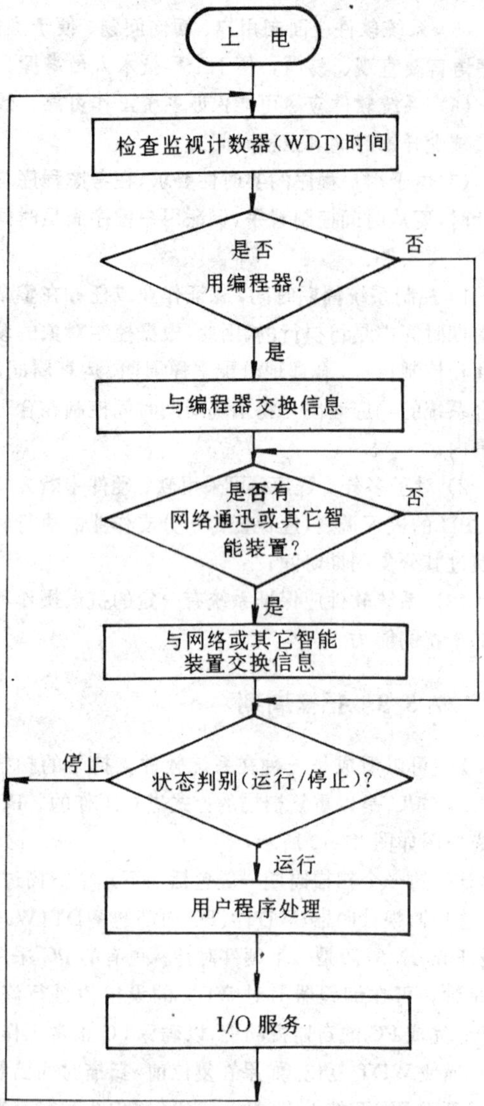

图 27-12 PC 的扫描框图

(3)与网络或其它智能装置交换信息。在配有网络或其它智能装置的 PC 系统中，每个扫描周期中包括此扫描过程。在遵循一定规约的基础上，PC 的 CPU 与网络上的其它 PC、计算机或智能装置进行信息交换。

(4) 用户程序处理。当状态判别标志为运行时，CPU 进入用户程序处理过程，根据输入/输出状态暂存区（或称为映象区）的状态，执行用户程序。

(5) I/O 服务。CPU 进行用户程序处理时，使用的输入值并不是直接从实际的输入点读取，运算的结果也不是直接送到实际的输出点，而是在内存中设置两个暂存区(或称为映象区)，一个是输入状态暂存区，另一个是输出状态暂存区。用户程序中所使用的输入值是输入状态暂存区的值，运算的结果放在输出状态暂存区中。在 I/O 服务的扫描过程中，CPU 把实际的输入点状态读入到输入状态暂存区，同时把输出状态暂存区的值送到实际的输出点。

由于设置输入/输出状态暂存区，在用户程序使用中具有下述特点：

1) 同一扫描周期内，某个输入点的状态对整个用户程序是一致的，不会造成运算结果混乱。

2) 在用户程序中，只应对输出状态暂存区赋值一次。如果赋值多次，仅最后一次赋值有效。

3) 同一扫描周期内，输出值保留在输出状态暂存区中。因此，输出点的值在用户程序中可作为逻辑运算条件使用。

PC 的扫描周期一般由以上几个部分组成，其中，只有用户程序的扫描时间是不定的，其它时间均可在使用手册中查到。用户程序的扫描时间由两个因素决定，一是 CPU 的运算速度，另一个是程序的长短。

CPU 的运算速度是由系统硬件和系统软件来决定的，通常用执行每 K 字程序所需的时间长短来衡量。由于在用户程序中所用语言的复杂程序不同，执行每 K 字程序所需的时间差异很大。厂家样本给出 PC 每条语句所用的时间或每 K 二进制语句的执行时间，也有的厂家是按 65%的二进制和 35%字处理给出每 K 字用户程序的平均执行时间。

实际上，以用户程序的长短来衡量扫描时间并不十分准确，因为在程序执行过程中，由于条件不同，执行的语言也不同，尤其是功能模块等调用的次数不同，就会使得每一次的扫描周期时间长短不一。

27.5.4 系统响应时间

系统响应时间是指从输入信号状态变化时到由此而使输出信号状态发生变化时刻的间隔时间。它与周期扫描时间是两个不同的概念。这里所指的系统响应时间是 PC 本身占用的时间，而不包括执行机构所需的时间，图 27-13 给出了系统的响应过程。

图 27-13 中波形 1 为扫描周期（扫描节拍），其中高电平为一个扫描周期，低电平也为一个扫描周期，在每个周期的结束前，均进行读写 I/O 服务。

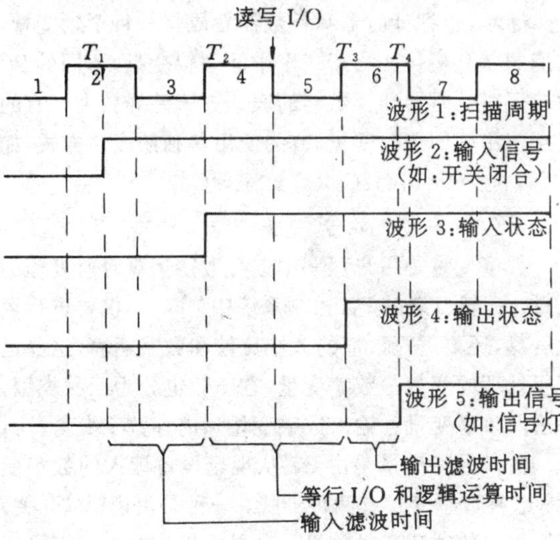

图 27-13　系统的响应过程

波形 2 为输入信号（如限位开关）变化波形图。在 T_1 时刻，限位开关闭合，输入信号由“0”变为“1”。

波形 3 为输入状态的状态波形图。当输入信号由“0”变为“1”时，经过输入模块内部的滤波电路延迟一段时间后，在 T_2 时刻，输入模块此点的输入状态由“0”变为“1”，锁定后传送给总线。

波形 4 为输出状态波形图。假定输入状态由“0”变为“1”时刻正好处于第三个扫描周期读写 I/O 服务后，且位于第四扫描周期开始前，该输入状态只能在第四个扫描周期读写 I/O 服务时读入，在第五个扫描周期进行该输入状态的逻辑运算。这样，就滞后了两个扫描周期，在第五个扫描周期末，即 T_3 时刻进行读写 I/O 服务，CPU 向输出模块传送输出状态，使之由“0”变为“1”。

波形 5 为输出信号（如信号灯）变化波形图。在 T_3 时刻，输出状态由“0”变为“1”，然后经过输出模块内部的滤波电路延迟一段时间后，使输入信号由“0”变为“1”，点亮外部信号灯。

下面给出系统响应时间的计算公式，供系统设计和程序编制时参考。

$$T = T_a + T_b + T_c + T_d \qquad (27\text{-}4)$$

式中　T——系统响应时间，ms；

T_a——输入滤波时间，ms；

T_b——读写 I/O 的等待时间；ms；

T_c——逻辑运算时间，ms；

T_d——输出滤波时间，ms。

从图 27-13 分析可知，读写 I/O 的等待时间 T_b 和逻辑运算时间 T_c 之和最长为两个扫描周期。因此式 27-4 可改写成

$$T = T_a + 2\omega + T_d \qquad (27\text{-}5)$$

式中　ω——扫描周期时间，ms；

从图 27-12PC 扫描框图中可知扫描周期 ω 为

$$\omega = t_1 + t_2 + t_3 + t_4 + t_5 \qquad (27\text{-}6)$$

式中　t_1——复位 WDT 所需的时间（通常可忽略不计），ms；

t_2——与编程器的通讯时间，ms；

t_3——与网络或其它智能装置的通讯时间，ms；

t_4——用户程序执行时间，ms；

t_5——读写 I/O 服务的时间，ms。

例　有一个 PC 系统，使用 115V 交流输入/输出模块，输入模块的滤波时间为 12ms，输出模块的滤波时间为 8ms。实际运行时，不与编程器和其它智能装置相连，与网络的通讯时间为 10ms。实际的用户程序量为 8K，其运行时间为 8ms。读写 I/O 服务的时间为 5.8ms。求系统的最大响应时间 T_{max}。

解　已知：$t_1 \approx 0$，$t_2 = 0$，$t_3 = 10ms$，$t_4 = 8ms$，$t_5 = 5.8ms$，$T_a = 12ms$，$T_d = 8ms$

由式 27-6 可知周期扫描时间 ω 为

$$\begin{aligned}\omega &= t_1 + t_2 + t_3 + t_4 + t_5 \\ &= 0 + 0 + 10 + 8 + 5.8 \\ &= 23.8ms\end{aligned}$$

由式 27-5 可知系统的最大响应时间 T_{max} 为

$$\begin{aligned}T_{max} &= T_a + 2\omega + T_d \\ &= 12 + 2 \times 23.8 + 8 \\ &= 67.6ms\end{aligned}$$

系统的最大响应时间 T_{max} 为 67.6ms。

27.5.5　变量与常数

PC 在语言上与计算机差异较大。计算机语言一般功能较强，且面向专业人员；PC 语言适用范围窄，不同的制造厂生产出的 PC，其语言也不完全相同，但它通俗易懂，且面向一般工程技术人员。一般来讲，PC 的编程语言使用的变量和常数较为明确，编程人员通常不必去考虑变量和常数的重新定义问题，PC 的制造厂已给出明确的规定。虽然不同 PC 制造厂的编程语言各异，变量和常数的定义也不尽相同，但从整体上

讲,变量和常数的定义是大同小异的。这里从普遍意义上介绍PC语言中应用的变量和常数。

27.5.5.1 逻辑变量

逻辑变量是进行逻辑运算时使用的变量。在PC中,它有三种存在形式,即输入逻辑变量、输出逻辑变量和中间逻辑变量。

逻辑变量的表达方式有多种,一般采用输入逻辑变量为I、输出逻辑变量为O、中间逻辑变量为M的表达方式。它们多为美国、日本的PC制造厂采用,德国AEG公司也采用这种表达方式。德国西门子公司在SIMATIC S5系列PC中也有采用E表示输入逻辑变量、A表示输出逻辑变量、F表示中间逻辑变量的表达方式。

逻辑变量的状态只有"0"或"1"两种,也可以看成"高电平"或"低电平"、"开"或"关"、"ON"或"OFF"。

输入逻辑变量是由与PC相连的现场设备传送给PC的信号,如操作台上的按钮、现场的极限开关、接触器和继电器的辅助接点、事故监视点等。输入逻辑变量的表达方式通常有多种,一般为直接表示,如I0001,I0002,…,I1000;也有一种为字节表示,如I0.0～I0.7,I1.0～I1.7,…,I127.0～I127.7,这种表达方式既表明输入逻辑变量的地址,又表明输入逻辑变量所在的字节。

输出逻辑变量是由PC向现场设备发出的信号,如操作台上的信号灯、现场的电磁阀、继电器和接触器的线圈等。输出逻辑变量的表达方式通常也有多种,一般为直接表示,如O0001,O0002,…,O1000;也有一种为字节表示,如O0.0～O0.7,O1.0～O1.7,…,O127.0～O127.7。

在逻辑运算中,经常使用输入逻辑变量I(或E)作为运算条件,运算后的结果赋值给输出逻辑变量O(或A)。当逻辑运算较复杂时,由于用输入变量不能直接计算出结果,需引进一个中间逻辑变量,这一变量在前一部分运算中为结果,在后一部分运算中作为条件。通常解决中间逻辑变量的办法是在内存中开辟一片区域,它类似于输入/输出状态暂存区。

中间逻辑变量的表达方式与输入/输出逻辑变量的表达方式一样,若输入/输出逻辑变量为直接表示,则中间逻辑变量也采用直接表示,如M0001,M0002,…,M1000;若输入/输出逻辑变量为字节表示,则中间逻辑变量也采用字节表示,如M0.0～M0.7,M1.0～M1.7,…,M127.0～M127.7。实际编程时,可把未占用的输出逻辑变量当作中间逻辑变量使用。

通常,也把计时器和计数器看成是一种逻辑变量,它们的状态变化相当于一个中间逻辑变量。不同的PC制造厂对计时器和计数器的表达方式差异较大,有的直接使用中间逻辑变量,有的使用单独的表达方式,如T_0,T_1,…,T_{127};C_0,C_1,…,C_{127}。

27.5.5.2 数字变量

数字变量是用户程序中进行数字运算时所处理的变量。在较复杂的PC控制系统中,PC不仅要进行逻辑运算,还要进行数值的大小比较和数字运算,这些运算所处理的变量为数字变量,它一般也分为三种类型,即输入数字变量、输出数字变量和内存数字变量。

输入数字变量是由PC从现场设备读入的数字变量。这种数字变量有两种形式,一种是由逻辑(开关)变量组成的数字变量;另一种是由模拟量通道变换后读入的数字变量。

16个连续的逻辑变量可组成一个数字变量,其表达方式与输入/输出逻辑变量相同。当使用字传送指令时,该变量不再是逻辑变量,而是数字变量,但要求字传送指令中只能使用整字节的边界号,如:I0000,I0016,I0032等,而不能使用像I0002,I0005等变量号。

从模拟量输入板读入的数字变量通常为12位二进制数。无符号位时,变量的数值范围为0～4095;有符号位时,变量的数值范围为－4096～＋4095。一般来讲,模拟量输入板有2个、4个或8个通道,每个通道对应一个数字变量。

输出数字变量与输入数字变量类似,在字传送指令中,整字节边界号的逻辑变量可作为数字变量。在模拟量输出板中,每个输出通道都独立成为一个数字变量,输出数字变量的数值范围与输入数字变量一致。

输入数字变量读入后,存放在内存数字变量中,程序对内存数字变量进行运算,把结果传送给输出数字的变量。因此,内存数字变量是一种内存中存放数字的变量。不同的PC制造厂对内存数字变量的表达方式不完全相同,如DW1,DW2,…,DW255或R0001,R0002,…,R1000等,但其含义是一致的。

内存数字变量由16位组成,它们可以是:二进制数、BCD码、十六进制数、ASCII码等实数。根据内存数字变量的数值范围又可分为:单精度无符号数、单精度有符号数、双精度有符号数、浮点数等。表27-9给出了内存数字变量的数值范围(值域)。

表 27-9 内存数字变量的数值范围

类型		位数	数值范围
无符号	单精度	16	0～65，535
有符号	单精度	16	－32，768～＋32，767
	双精度	32	－2,147,483,648～＋2,147,483,647
	浮点数	32	±(1.0E－38～3.402823＋38)

27.5.5.3 常数

常数指的是在程序中固定不变的数，这类数用来给计数器和计时器赋值，或作为某个算式的给定系数。

(1)计时器常数。在给计时器赋值时，要注意计时器常数的时间单位，一般计时器按时间单位分成四种，即0.01s，0.1s，1s，10s。有的PC制造厂用特殊形式的时间常数来区分，其方法是把时间常数用逗号分成两部分，前一部分为数量，后一部分为单位，如KTx，y。其中x表示数量；y表示时间单位（0～3），0—0.01s，1—0.1s，2—1s，3—10s。也有的PC制造厂用计时器的标志来区分，如0.01s的标志为TH，意思为百分之一秒；0.1s的标志为TT，意思为十分之一秒。当用标志来区分时间单位时，时间常数就剩下数量部分了。在给计时器赋值时，编程人员一定要弄清时间常数的单位。

(2)计数器常数。它表示计数器要记的脉冲数，一般用C（Constant）来表示，不同的PC制造厂对计数器常数C要求的范围不同，使用时要加以注意。

(3)系数常数。它可以是任何类型的实数，如二进制数、BCD码、十六进制数、ASCII码等。

27.5.6 模拟量的采样控制及采样周期

27.5.6.1 采用PC进行模拟量控制的优点

采用PC进行模拟量控制的优点为：

(1)具有很大的通用性和灵活性。采用PC进行模拟量控制，能够十分方便地改变系统结构和控制方法以获得比模拟调节器更好的效果。

(2)容易实现复杂的控制和先进的控制方法。如非线性控制、最优控制、多变量解耦控制及自适应控制。

(3)由于PC的CPU具有较强的运算能力和较大存储记忆容量，因此，可以同时控制多个控制回路和多个控制对象。

(4)以往的PID调节器是由硬件电路组成，采用PC后，其功能由软件完成，因此可靠性更高。系统的精度由位数确定，不受元件的影响。

27.5.6.2 控制量的变换

PC可以看成是一台微型计算机，它的CPU只能接受和处理离散的二进制数据。在实际应用的控制系统中，有一部分控制量是在时间上和幅值上均连续的模拟量，以往对于模拟量的控制均采用硬件电路构成的PID模拟调节器来实现开、闭环控制，以获得良好的性能。这种系统是一个连续函数调节系统，可以采用经典的调节理论来计算和设计。

采用PC构成模拟量控制系统来实现模拟量的控制和调节，这样的系统既包含有连续控制量，又包含有只能为PC接受的离散量，我们称之为采样系统。采用PC进行模拟量控制，采样是其系统的基本特征，采样周期也就是其系统的一个重要参数。

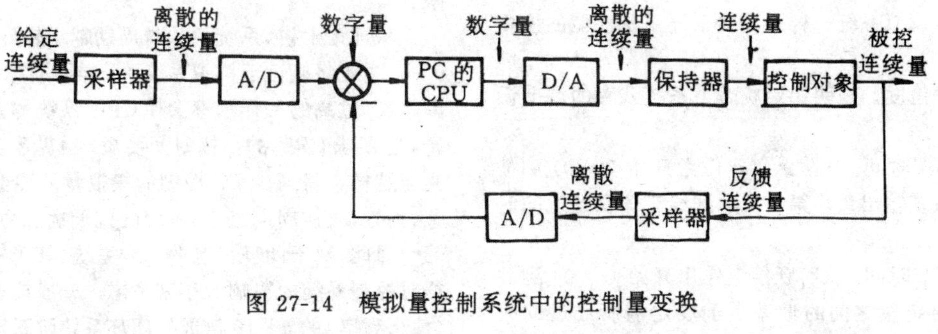

图 27-14 模拟量控制系统中的控制量变换

如图27-14所示，原来在时间上和幅值上连续的模拟量信号经过采样器把连续量变成离散量，再经过

A/D 变换器进行量化和编码，变成了 CPU 可以接受的数字量信号。CPU 对输入信号进行运算处理（包括四则运算、逻辑运算、函数运算等)，输出数字量信号，经过 D/A 转换器和保持器，又变成控制对象能接受的模拟量信号，实现模拟量的控制和调节。

在 PC 控制系统中，采样器和 A/D 转换器的功能是由 AI 模块的输入通道来完成的。D/A 转换器和保持器的功能是由 AO 模块的输出通道来完成的。这里的 A/D 和 D/A 转换器实际上只起到信号的测量和转换作用。

D/A 转换器是用于将数字量转换为模拟量的电路。我们可以将它看成一个译码器。衡量 D/A 转换器的性能有：

(1) 模拟量输出的线性度；

(2) 转换器的转换精度；

(3) 转换器的稳定性；

(4) 转换器输出建立时间，也就是转换速度。

以上四点也适用于 A/D 转换器。另外，D/A 转换器输出电平（包括电压型、电流型两种）也是选择 D/A 转换器的一个重要技术指标。

A/D 转换器是用于将模拟量转换为数字量的电路。常见的 A/D 转换器有四种类型：

(1) 跟踪型（又称线性斜坡型或计数型)。由于这种 A/D 转换是依靠计数累加的，故转换速度较慢，不适用于高速进行 A/D 转换的场合。

(2)逐次逼近型。它是在数据采集系统中应用得最多的一种型式。

(3) 双积分型。它适用于各种低速的 A/D 转换的控制和测量。

(4) 并行型。它仅适用于要求转换位数较少、转换速度高的场合。

27.5.6.3 采样系统的性能

和模拟调节系统一样，评价采样系统性能的主要指标有：

(1) 静差度。表明稳定状态下系统残存的调节误差。

(2) 起调时间。从阶跃给定作用开始 ($t=0$) 到被调节量（系统输出量）第一次达到给定值所经过的时间。

(3) 调节时间。从阶跃给定作用开始 ($t=0$) 到被调节量与给定量之间的偏差小于规定值所经过的时间。

(4) 最大超调量。输出量偏离给定量的最大值。

(5)超调次数。在调节时间内被调量偏离给定量的次数。

在模拟调节系统中，通常是在控制对象的动态特性和参数确定以后，根据预定对系统动态响应的要求，设计控制系统中的模拟校正装置，以使闭环调节系统中的动态性能和静态品质达到预定的要求。

对于采用 PC 的采样控制系统，其调节系统的任务是由 CPU 执行程序来完成的。这样，原来选择校正装置的结构和参数变成了确定 PC 计算的控制算法。

由于对 PC 采样系统的控制量进行离散化处理，系统的性能指标受静差度、控制算法和采样周期的影响。此外，还受 A/D、D/A 转换器性能的影响。

27.5.6.4 控制算法

采用 PC 的采样控制系统，在一定条件下可以近似地把它看成模拟系统。用连续变化的模拟系统的分析方法进行动态分析和设计，再将设计结果转变成 CPU 的离散化控制算法，编制成程序。这种设计方法称为模拟化设计。

离散化控制算法有很多种方法，常用的有：差分反演法、双线性变换法、匹配 Z 变换法、脉冲恒定变换法等。对于同一模拟调节器，采用不同的离散化控制算法得到的采样控制系统的性能是不同的。

对于具有函数功能的 PC，其控制算法已由制造厂编制成模块化程序，根据控制系统的要求，用户只须进行参数设定即可。

27.5.6.5 采样周期

采样周期的选择是一个很重要，而且很复杂的问题，它涉及到信号的性质、系统的用途等。

系统的采样周期仅仅满足采样定理的要求是不够的，采样定理只是确定了采样系统不发生频谱混叠的最低频率，仅仅是满足系统信号不失真的采样周期下限。

从理论上讲，系统的采样周期越小越好，当 $T \longrightarrow 0$ 时，系统将接近于模拟系统。采样周期越小，采样频率越高，过高的采样频率会使 CPU 系统的调节过于频繁，它要求 CPU 的扫描时间要短，运算速度要相应提高。这样，将减少 PC 控制的模拟量回路数和控制对象。另外，采样周期过小，系统的抗干扰能力明显下降。

因此，对于闭环控制的采样系统，其采样周期应根据对控制系统的影响大小来考虑。一般按系统频带宽（截止频率）的 6～10 倍或按闭环系统阶跃输入响应的上升时间的 $\frac{1}{2} \sim \frac{1}{3}$ 来确定其采样周期。

27.6 PC 的施工设计

一个 PC 系统施工设计的好坏，也会直接影响 PC 的运行状态。在施工设计中要考虑的问题有：PC 的供电电源、PC 柜的布置、安装与维护、通风、接地、电缆的选型与敷设等。

27.6.1 PC 的供电电源

PC 供电电源的供电范围包括：主机、各机箱电源模块、输入输出模块、各种特殊模块及智能模块、CRT、打印机、中转继电器、编程器等。

PC 对电网的要求并不苛刻，其允许的电压波动范围大都在±15%左右。在通常情况下，建议采用变比为 1∶1 的隔离变压器，使 PC 与电网隔离，然后再配电给 PC 的各个部分。

对需要直流电源供电的模块，可采用整流电源或稳压电源供电，同时需要考虑其电压降和电压纹波的影响。在 PC 用于特别重要的场合，如因停电可能造成人身伤害或重要设备损坏，可选用不间断电源（UPS）供电。

27.6.2 PC 的工作环境要求

制造厂在设计、制造 PC 时，均考虑了工厂环境恶劣的因素，如工作温度、湿度、抗干扰、耐电压、耐冲击、耐振动等指标。一般的性能指标如下：

工作温度	0～60℃
工作湿度	≤95%（无凝露）
电源电压	AC115V/230V±15%或 DC24V
电源频率	47～63Hz
抗干扰：	符合 NEMA ICS3—304 标准
绝缘耐压	AC1500V（50～60Hz）1min，无闪烁（电源与外部端子之间）
耐冲击	见制造厂 PC 资料
耐振动	见制造厂 PC 资料

27.6.3 PC 的安装

PC 一般具有较高的可靠性，能承受较恶劣的外部环境。为了充分发挥 PC 的全部功能和提高它的可靠性，在安装 PC 时，需遵照以下几点：

(1)安装场所的外部环境。除上述要求的工作环境外，还需要避开下列场所：

1）有腐蚀和易燃的气体的场所；

2）有大量灰尘、盐分及铁屑的场所；

3）太阳光直接照射的场所；

4）本体直接振动和冲击的场所；

5）有强磁场、强电场的场所。

(2) 安装的注意事项。PC 的安装一般有屏式安装和柜式安装两种。无论是采用屏式安装，还是采用柜式安装，均需要考虑其操作方便、便于维护及 PC 周围的环境条件。安装的注意事项如下：

1）PC 安装时，为便于维修并减小其温升，PC 的周围应留有足够的空间。

2）避免将 PC 直接安装或靠近安装在发热源上（如加热器、变压器、大功率电阻等）。

3）若环境温度超出允许的范围，需安装空调、电风扇等进行强迫通风。

4）避免与高压设备安装在同一面板上。

5）在 PC 设备与高压设备、电源线之间应留出大于 200mm 的距离。

6）为便于操作、维护，尽可能将 PC 安装在距地坪 1000～1600mm 的高度。通常将 CPU 机箱安装在扩展 I/O 机箱的上方，在 CPU 机箱和扩展 I/O 机箱之间或两个扩展 I/O 机箱之间应留出 70～120mm 的间距，以便安装布线槽和接线用。

7)PC 需安装在平整的面板上，安装面板的表面不应有歪、斜、翘等现象，以利安装。

8）使用必要的布线槽。

27.6.4 电缆的选择与敷设

通常，冶金工业现场的环境比较恶劣，现场的各种动力线会通过电磁耦合产生干扰，电焊机、氩弧焊机、火焰切割机和电动机会产生高频火花电流造成干扰；高速电子开关的通、断会产生高次谐波，从而产生高频干扰；大功率用电设备的启停、负载变化会引起电网的低频波动，产生低频干扰。以上这些干扰都将通过与现场设备相连的电缆引入 PC 柜，如果对这些来自外界的干扰，不采取适当的措施，控制系统将不能正常工作。为抑制干扰，合理地选择电缆和敷设方式尤为重要。

27.6.4.1 电缆的选择

开关量（如按钮、限位开关、接近开关等）信号，PC 机是根据有无作出判断的，信号容差大，可以根据开关到 PC 柜的距离来选择电缆。当所选电缆长度大于 600m 时，可选用屏蔽电缆；当所选电缆长度小于 600m 时，可选用一般控制电缆。

数字脉冲信号（如脉冲发出器等），一般频率高于

100Hz,不论距离远近都需要选择屏蔽电缆,其作用是防止外部高电平信号的干扰,又可防止它对低电平信号的干扰。

模拟量信号属于低电平信号,它是一种连续变化的信号,其大小由信号的幅度决定,信号容差小,易受干扰。根据其精度要求,宜选用双层屏蔽或双绞屏蔽电缆。

远程通讯信号频率高,一般大于50Hz,PC的生产厂家常推荐选用专用电缆或双绞屏蔽电缆,它可以有效地抑制干扰。

27.6.4.2 PC柜柜内布线

PC柜柜内布线应完美、整齐、便于装卸I/O模块,I/O线应避免与CPU板接触,并使得每个I/O模块中的I/O运行指示灯处于明显位置。此外,还需注意以下几点:

(1) 在PC与高压设备和电源线之间应留有大于200mm的距离。

(2) 在PC通电的瞬间,将有额定电流5倍的冲击电流通过PC,在确定电源容量时,需加以考虑。

(3) PC的电源线的铜芯截面应不小于1.5mm²,以减小其电压降。

(4) 模块端子至柜内接线端子之间的连线可选择截面积为0.75～1.5mm²的多股软铜线。

(5) 扩展I/O连接电缆尽量不与其它走线布置在同一布线槽内。

(6) 带屏蔽的模拟信号线可与开关信号线走在同一布线槽内。

(7)直流电源线、模拟信号线不能与交流信号线走在同一布线槽内。

(8) 屏蔽电源线可与信号线走在同一布线槽内。

(9)柜内引入或引出的屏蔽电缆,其屏蔽层必须一点接地。

27.6.4.3 外部电缆的敷设

电源电缆、动力电缆和信号电缆最好分别从控制室的两个不同路径进线。

直流信号线、交流信号线和模拟信号线不能共用同一根电缆。

信号电缆和电源电缆平行敷设时,最小应保持300mm的距离。当采用电缆桥架敷设时,宜分别敷设在不同层的桥架中,电源电缆宜敷设低压动力桥架层中,信号电缆宜敷设在控制桥架层中。

高电平电缆和低电平电缆最好不要在同一端子排上转接。必须使用同一端子排时,要进行合理的安排。一般的原则是:把备用端子和接地端子放在端子排的中间,两边分别放高电平电缆的端子和低电平电缆的端子。

使用屏蔽电缆时,在屏蔽电缆的两接线端处,屏蔽层要尽可能多地遮盖电缆芯线,因为电缆芯线露在屏蔽层外面的部分越长,感应外界干扰的部位就越大。

信号电缆和动力电缆需要在同一层电缆桥架上敷设时,需用金属板将它们隔开,且金属隔板应可靠接地。

27.6.5 PC的接地

接地是抑制干扰的主要方法之一,在设计和施工安装中,正确地使用屏蔽和接地措施,能够抑制来自工业现场的大部分干扰,也有利于提高控制系统运行的可靠性。

PC的接地种类有:机壳地、信号地和屏蔽地等。不同PC的生产厂家,对接地的要求也不尽相同,一般要求的接地电阻值不大于10Ω。设计时,应参照PC生产厂家对接地的要求进行。

27.7 PC在钢铁企业中的应用

本节着重介绍PC在钢铁企业中的应用实例,以供读者在进行同类型场合设计时参考,其应用实例包括原料场、高炉、连铸、轧钢几个方面的内容。

27.7.1 PC在原料场上的应用

一个现代化的大型高炉对原料场的要求十分严格,要使高炉能操作顺利,持续生产,并有好的技术经济指标,就必须保证冶炼过程炉况稳定。原料的配比及品质的好坏是影响高炉炉况稳定的重要因素之一。因此,必须配备与高炉相适应的大型原料场。它主要承担铁矿石、白云石、原煤、焦炭、精矿粉等主、副原料的输入、贮备、破碎加工、混匀以及向高炉、烧结、锅炉房等供、返料的任务,为高炉提供成分稳定、品位高、粉末少、粒度均匀的原料。

27.7.1.1 主要工艺设备

原料场的主要工艺设备包括:翻车机、给料机、胶带机、碎破机、振动筛、卸料小车、堆/取料机等,详见表27-10

27.7.1.2 控制系统组态

整个控制系统采用美国通用电气公司(GE)Series Six Plus PC及Series Three PC共17台,全部PC内存容量之和达208kW,约60个I/O机箱,8套感应无

表 27-10 某原料场主要工艺设备

序号	设 备 名 称	单位	数量
1	翻车机	台	2
2	给料机	台	54
3	胶带机：	台	143
	普通	台	115
	可逆	台	8
	梭式	台	6
	梭式可逆	台	14
4	破碎机	台	4
5	振动筛	台	6
6	溜槽、翻板	个	6
7	犁式卸料器	台	10
8	卸料小车	台	10
9	移动式料位计	个	10
10	除铁器	个	5
11	电铃	个	93
12	除尘系统：		
	风机	台	21
	除尘阀	个	110
13	除水器	点	9
14	堆料机（单悬臂回转式）	台	4
15	取料机：	台	5
	斗轮式	台	3
	滚筒式	台	2
16	取、制样站	处	5

线收发装置以及一台美国数字设备公司的 micro-VAXⅡ计算机，组成一个两级计算机控制系统。整个原料场设备控制级分为两大部分，一部分以 PC1 为主导，下带 5 处取制样站（每处取、制样站设一台 PC）的整个料场皮带控制系统；另一部分以 PC2 为主导，下带 9 台堆、取料机的移动设备控制系统（其中一台为预留），每台堆料机上设有一台 Series Six Plus PC，每台取料机上设有一台 Series Three PC。此外，还采用三台英国（AFE）公司生产的 EC 图形控制器作为控制、显示及报警之用。控制系统组态图见图 27-15。

27.7.1.3 控制过程

原料场的控制主要分为两大部分：一部分为原料的输送、加工系统的运转控制；另一部分为堆、取料移动机械的运转控制。原料输送、加工系统的设备包括：给料机、定量给料装置、高炉粉仓下的给料闸门、各类给料机、分料装置、换向翻板、摆动溜槽，卸料小车、犁式卸料器以及位于加工系统的振动筛、破碎机等。全部设备可组成 140 个生产流程方案，这些生产流程均由中控室进行集中控制，其系统运转方式有全自动，半自动以及手动三种，其中手动方式主要用于单体设备的调试和检修。

A 全自动/半自动运转方式

在中控室通过图形控制器 EC22 可选择全自动/半自动运转方式，在系统运行过程中，可实现全自动/半自动运转方式的动态切换而不影响设备的运行状态。无论是选择全自动运转方式，还是半自动运转方式，均可通过触摸 CRT 屏幕进行操作或用键盘进行操作。系统的状态、流程状态以及各设备的状态，报警信息均可在 CRT 上显示或被打印记录。

系统在全自动运转时，PC1 受控于 micro-VAXⅡ上位计算机，上位计算机将初始化流程和取消流程，给出控制命令，并由操作人员确认。此时，图形控制器 EC22 不参与直接控制，仅处于监视状态，它可对原料场的原料状况及设备状况进行监视。如果 PC1 检测到它与上位机之间的通讯丢失，或上位机因故障或其它原因不能参与控制时，PC1 将给出报警，以提示操作人员将系统切换至半自动运转方式。在上位机的故障被排除后，通过在图形控制器 EC22 上选择，可使系统重新回到全自动运转方式。

在半自动运转方式下，PC1 接受图形控制器 EC22 的控制指令，由 EC22 进行初始化流程和取消流程。通过 EC22 的 CRT 触摸屏幕或键盘可向 PC1 下达控制命令，此时在 EC22 上的原料场状态显示及报警与全自动运转方式下相同。上位机将继续监视 PC1，并且不断更新它的数据库内容，直到整个作业完成为止。如果 EC22 与 PC1 之间的通讯丢失，PC1 将继续控制流程。此时，不能进行新的流程选择，但正在起动的流程继续起动，正在停止的流程继续停止。PC1 将记忆在通讯丢失期间内终止的流程。一旦通讯重新建立，PC1 将通知 EC22 终止的流程号及相关的累计量。

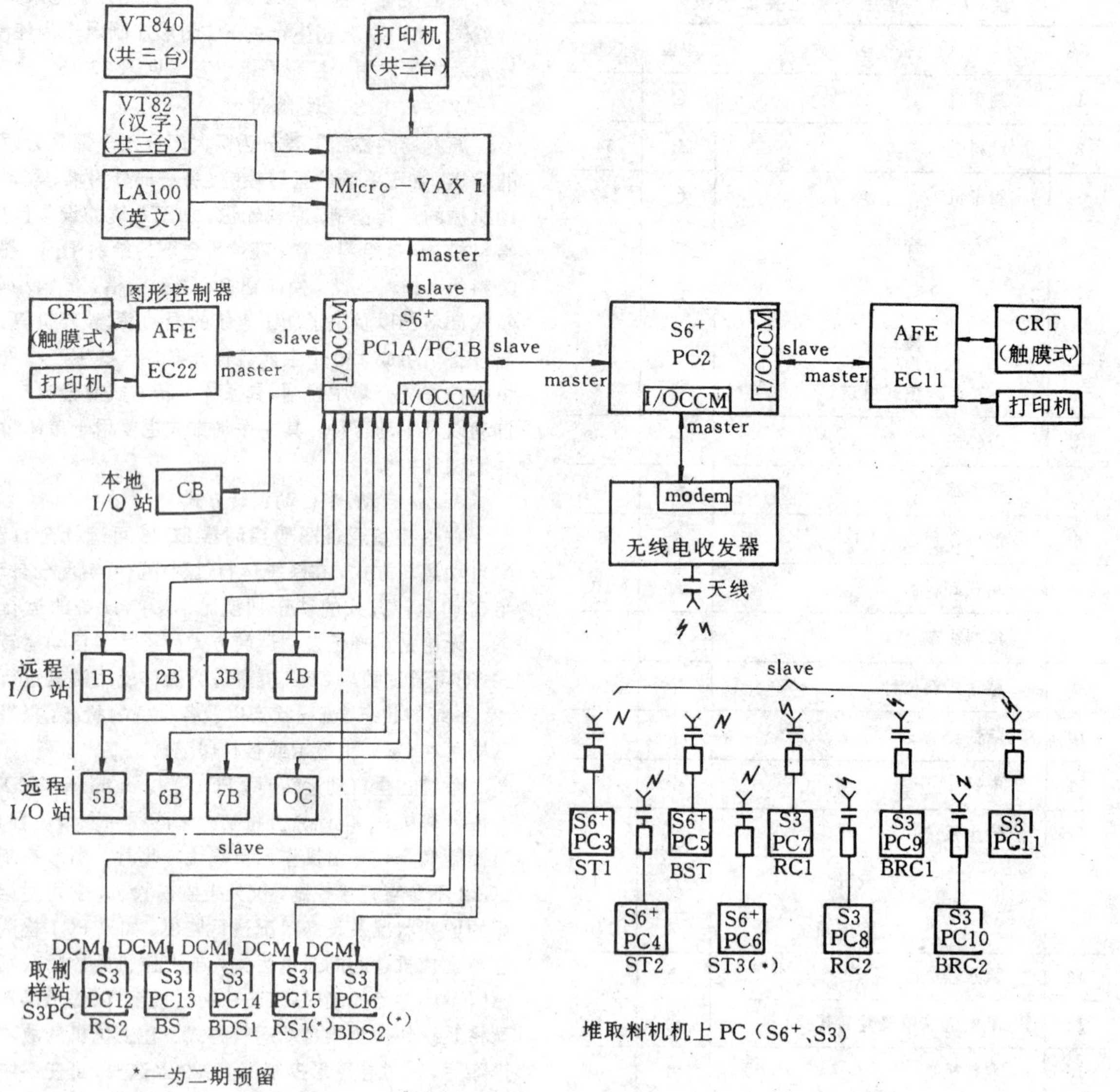

图 27-15　控制系统组态图

B　流程选择与解除

根据生产需要确定作业后，输入作业的流程号选择指令，EC22 的 CRT 画面将显示输入的流程号指令和相应的被选流程。若被选流程中的设备故障或由于其它原因，流程选择不成功，CRT 画面上将显示出不成功的原因，并伴随报警。

在流程选择好后，如出现意外或发现差错，可输入流程解除指令将被选流程连锁解除。

C　流程选择成立的条件

流程选择成立的条件有：

(1) 所有被选设备的运行方式转换开关处于连动位置；

(2) 所有被选设备处于完好状态；

(3)带有除水装置的胶带机，除水装置处于不除水位置；

(4)被选流程中的设备未被其它流程占用(未处于其它流程的连锁准备或运转状态)。

D 流程的起点/终点设备选择

流程的起点设备（又称源设备）有：各种给料机(包括定量给料装置)、斗轮取料机、混匀取料机等。

流程的终点设备有：堆料机、混匀堆料机、卸料小车、犁式卸料器等。

操作人员首先要选择运转流程的起点设备，然后选择流程的终点设备。如果选择的起点设备为取料机，则要同时确定取料的料堆号(HEAP No)。如果选择的终点设备为卸料小车或犁式卸料器时，要同时确定其卸料点。只有当被选流程的起点/终点设备确定，且其设备处于完好状态时，CRT 画图上才显示流程起点/终点“OK”信号。

E 与流程相关的其它可选设备

与流程相关的其它可选设备有：除铁器的连动/不连动选择；取、制样站的连动/不连动选择；自动广播的连动/不连动选择。这些设备的选择均可在 CRT 上显示。对于某些流程还可以设定皮带的总运量(T)，当达到其设定运量时，流程自动停止。

F 流程起动

当流程选择好，且起点/终点设备“OK”后，即可输入流程起动指令，在流程起动前，要对所选流程进行连动广播两遍，如果连动广播故障，CRT 显示出广播故障，并伴有音响报警，此时可切换到人工放音或由操作人员直接广播，中控室可监听广播的内容。

在中控室及整个流程的设备现场均设有电铃，在流程广播结束后，所选流程各设备附近的电铃开始鸣响，5s 后，所选流程自下游末端至上游按顺序起动。在起动过程中，某设备运转或就位后，CRT 画面上对应的设备由被选状态（蓝色）变为运转状态（绿色），现场相应设备的电铃也随之逐一停止鸣响。对于系统中的移动设备，如：梭式胶带机、可逆胶带机、梭式可逆胶带机、分料装置、翻板和摆动溜槽等，其位置由所选流程决定，当流程按顺序起动到它时，该设备才开始自动就位，投入到流程中工作。

在流程起动过程中，如果流程中某一设备发生动作不一致或故障，则该设备的上游设备停止起动，下游设备按起动的相反顺序停机，CRT 画面上显示出故障设备的设备号和故障类型，并伴有音响报警。

G 系统运行的监视

在原料场中控室，操作人员不仅能通过图形控制器对系统进行设定和流程选择，而且在流程设备运行时，通过图形控制器可对原料场的工艺过程及设备运行状态进行在线监视。在设备发生故障或工作不正常时，系统能显示出故障的地点、内容，并对故障内容类别进行判断，给出报警，自动打印正常运行报表及事故报表。监视的主要内容如下：

(1) 胶带机系统：

1) 胶带跑偏（一度跑偏、二度跑偏）；

2) 事故停机（包括拉绳开关动作）；

3) 溜槽堵塞；

4) 胶带打滑（速度低于正常速度的 75%）；

5) 胶带上有料/无料。

(2) 料场系统：

1) 堆、取料机的位置、及其相对位置；

2) 远程控制或机上手动控制；

(3) 计量系统：

1) 胶带运量的计量（设定值及实际值的显示）；

2) 混匀料仓的料位实际值；

3) 其它料仓的高、低料位及实际在库量。

(4) 其它系统

1) 广播系统的自动广播/人工放音/直接广播监视；

2) 报警及故障复位；

3) 与烧结车间、炼铁车间相连接的运输系统的状态（包括：请求、停止、选择、连锁、运行，故障以及送何种物料等）；

4) 上位机与 PC，PC 与 PC 之间的通讯正常与否的状态。

H 流程作业停止

当流程输送物料作业完成后，有以下几种停止方式：

(1)自动顺停方式。系统根据受料槽物料运完或供料部分的运量达到设定值，或由烧结车间、炼铁车间计算机系统送来停止供料等信号给出自动顺停指令。在自动顺停时，流程所涉及到的各设备由上游至下游依次顺序停机，在 CRT 画面上也将逐一显示出流程各设备的状态变化。

(2)手动顺停方式。操作人员通过图形控制器输入顺停指令，在 CRT 画面上将有相应的显示，流程涉及到的各设备由上游至下游逐一顺序停机。

此外，还有一种流程紧急停止作业的方式，即流程中所有设备立即同时停机。

27.7.1.4 软件所实现的功能

通过PC控制系统的软件实现的主要功能有：

(1) 全自动/半自动运行方式的无干扰动态切换；

(2) 各流程自动顺序起动或自动顺序停止控制；

(3)上位机、PC以及图形控制器之间的数据交换；

(4)卸料小车、翻板、梭式皮带等移动设备的自动定位控制；

(5) 堆、取料机的防碰撞控制；

(6) 流程状态、设备状态的生成及显示；

(7)事故信号处理，事故报警、预告报警及过程报警；

(8) 自动广播；

(9)堆、取料机的远程自动运转方式和远程手动运转方式的切换；

(10) 各流程的紧急停车；

(11) 料仓料位的动态显示；

(12)作业报表自动打印及各种操作命令、故障报警内容的自动打印；

(13)流程切换，包括同种物料流程切换和异种物料流程切换；

(14)流程的显示画面、操作画面、报警画面等的处理及显示；

(15) 各取、制样站的自动控制；

(16)堆料机的定点/鳞状/减幅堆积方式的自动控制；

(17) 流程的起点和终点"OK"的自动判别；

(18) 模拟量信号的集中处理及软件数字滤波；

(19) 给料机的自动换仓；

(20) 各数据库的建立；

(21) 破碎机循环系统的控制。

27.7.1.5 图形控制器——人机对话系统

图形控制器作为原料场PC控制系统的人机对话装置，它既可以与上位计算机联合控制整个原料场(自动运转方式)，也可以在上位计算机离线或故障的情况下，单独控制整个原料场（半自动运转方式)。

如图27-15所示，整个系统共设有三套图形控制器，其中两套为EC22、一套为EC11。两套EC22作为PC1的外围设备与PC1连接，可同时对PC1进行控制，也可以一套工作、一套备用，每套EC22带有一台触膜式CRT显示器，键盘及一台打印机。通过图形控制器EC22，操作人员可以监视和改变系统的运转方式，选择流程、起动/停止流程、检查各设备及流程的状态，这是一台主要的图形控制器。

图形控制器EC11作为PC2的外围设备与PC2连接，带有一台触膜式CRT显示器、键盘及一台打印机。通过它操作人员可以监视一次料场及混匀料场的设备状态，并从CRT画面上了解料堆及堆、取料机的有关数据。操作人员通过它可以修改原料代码，料堆设定值等参数。在选择远程手动方式时，操作人员还可通过EC11操作贮料场内移动机械设备的移动，使其到达指定位置。

27.7.2 PC在高炉上料系统中的应用

无料钟高炉是目前国际上应用普遍、发展迅速的一种炉型，它的难点之一是上料系统的控制。某钢铁厂高炉的上料控制系统采用日本安川电机公司生产的MEMCON-SCU84（以下简称U84）PC及YOW-COM7000上位计算机组成的二级计算机控制系统，对高炉上料系统进行控制和监视。

27.7.2.1 无料钟高炉炉顶装置简介

无料钟高炉上料系统应能够准确地完成环形、螺旋形、点形和扇形四种布料方式。其设备结构简图如图27-16所示。

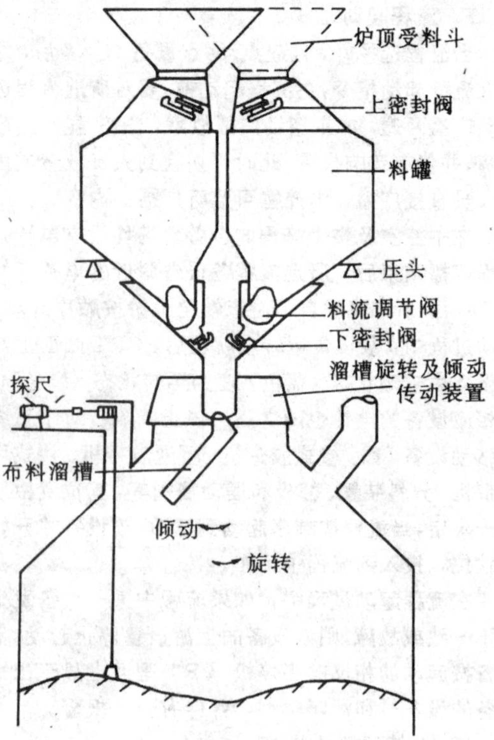

图27-16 无料钟炉顶设备结构简图

环形及螺旋形布料方式由U84PC进行计算及顺序自动控制，可分别按时间或料重进行计算。

料流调节阀为液压传动通过电磁换向阀或脉冲数字阀控制，布料溜槽及探尺为直流传动，其它各阀主要为电磁换向阀。

27.7.2.2　控制系统构成

高炉上料系统大体可分为两部分，一部分是原料矿槽，另一部分是炉顶。为了最大限度地节省电缆费用和方便现场施工、调试，采用了主站和远程站配置方式，将置于中控室的U84PC机作为主站，在矿槽及炉顶分别设置远程站。主站与远程站采用同轴电缆连接，通讯距离最大为350m。

上料控制系统构成图见图27-17。其U84设备配置见表27-11。

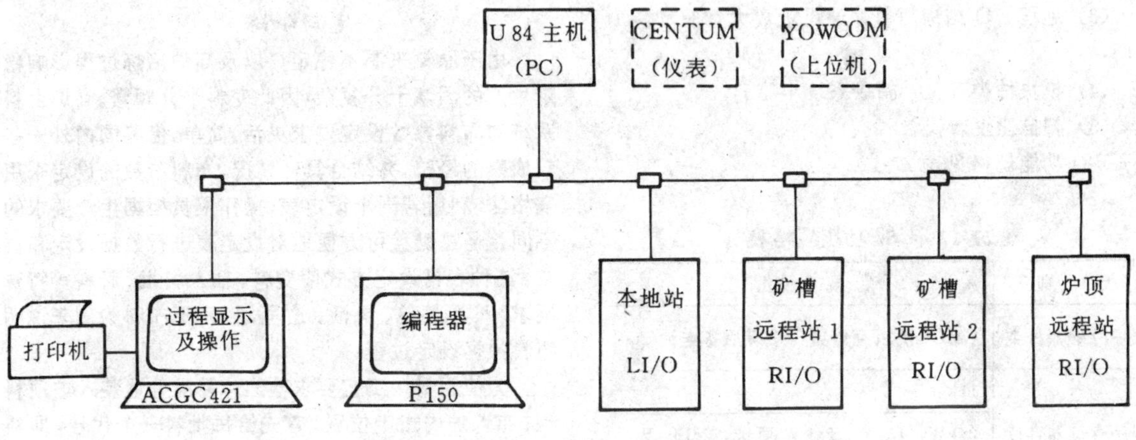

图27-17　控制系统构成图

表27-11　U84设备配置表

构成 \ 地点		中央控制室	炉顶控制室	矿槽控制室
控制部分	CPU单元	2单元（双CPU）		
	通讯单元	1单元		
	ASCII单元	1单元		
	远程I/O驱动单元	1单元		
	本地I/O接收单元	1单元		
	P150编程器	1台		
	ACGC421	1台		
	打印机	1台		
	远程I/O接收单元		1单元	2单元

续表27-11

构成 \ 地点		中央控制室	炉顶控制室	矿槽控制室
输入输出点数及回路数	开关量输入（DI）	55点	260点	296点
	开关量输出（DO）	44点	175点	124点
	模拟量输入（AI）	2回路	2回路	18回路
	模拟量输出（AO）	2回路		
	高速脉冲输入		6回路	
	高速脉冲输出		2回路	
存贮器容量	程序容量	约17kW		
	数据容量	约4kW		

为了提高系统的可靠性，采用了双CPU系统。对炉顶布料器及料流调节阀的控制采用了高速计数模块和位置控制模块。在图27-17中，ACGC421是过程画面处理机；P150为编程器，它用于梯形图编制及调试；打印机可接在编程器上，打印出梯形图程序，也可接在

ACGC421上，打印出生产过程中上料的有关数据和故障内容。此外在中控室还设有功能操作键盘及CRT监视器，用来对生产过程进行操作和监视(图中未画出)。

27.7.2.3 U84PC简介

U84PC是日本安川电机公司1986年推出的中型PC，它是为适应国际竞争的需要，向体积小、功能强、造价低方向发展的更新换代型产品。它的特点是：

(1) 双CPU冗余结构；

(2) 性能价格比高；

(3) 远程I/O结构简单，通讯距离大，驱动能力强；

(4) 模块种类齐全，指令系统丰富；

(5) 扫描速度较快。

U84功能规格见表27-12。

表 27-12 U84功能规格表

类　别	规　格
程序存储器种类	CMOS随机存储器，带有后备电池
程序存储器容量	16kW
	24kW (16kW，24kW可选，24Bit/W)
	9999W (寄存器，16Bit/W)
扫描时间	20ms/16kW (平均)， 0.35μs/W (基本指令)
I/O容量	开关量输入/输出DI+DO≤2048点
	寄存器输入/输出RI+RO≤256组
智能I/O模块	轴定位模块
	高速可逆计数模块
	高速带预设定的可逆计数模块
	PID模块
	ASCII模块
编程语言	梯形图
指令系统	逻辑指令　8条
	计时计数　5条
	算术运算　10条
	数据转移　12条
	矩阵运算　10条
	ASCII处理　2条
	跳转指令　1条

续表 27-12

类　别	规　格
	通讯控制模块
通讯方式选择	联网，多CPU通讯 (作为主机可与584、GL20、R84、U84J、U84S等PC联网)

27.7.2.4 高炉炉顶装入系统的数据设定与跟踪

由于原料来源不稳定，以及高炉冶炼过程影响稳定生产的因素十分复杂，因此变料十分频繁。高炉上料系统的布料参数设定要求灵活、简单，借鉴国内外一些较成熟的经验，并结合具体情况，布料参数的设定采用表格法。利用若干个设定表，操作人员根据生产要求的不同，通过键盘可方便地对设定表进行数据设定和修改。这种表格设定方式使变料、插入料批、赶料等特殊要求，变得简单、灵活，这里，以环形布料为例来说明布料数据设定过程。

为使原料按工艺要求输送，并准确地装入炉顶料罐、布入炉内指定位置，首先给每批料一个代号，即料批号(Batch No.)，然后将布料的有关数据设定到料批号指定的料批上去。

料批数据设定表之一、之二分别见表27-13及表27-14。

表 27-13 料批数据设定表之一

周期内料批号	1	2	3	4	5	6	7	8	9	10	11	12
料批代号	11	01	12	02	13	03	14	04	11	05	12	06
结束标志	00	10	00	10	00	10	00	11	00	10	00	10
下尺标志	1	1	1	1	1	1	1	1	1	1	1	1
料位	1.5	1.5	1.5	1.5	1.5	1.5	1.5	1.5	1.5	1.5	1.5	1.5
环形螺旋	1	1	1	1	1	1	1	1	1	1	1	1
环形布料代号	01	05	02	06	03	07	04	08	01	05	02	06

料批代号：01～06：K1～K6
　　　　　11～14：J1～J4

结束标志：10：CHARGE结束
　　　　　11：周期结束

环形布料代号：01～08：R1～R8
　　　　　　　11～18：W1～W8

表 27-14 料批数据设定表之二

代号		R1	R2	R3	R4	R5	R6	R7	R8	W1	W2	W3	W4	W5	W6	W7	W8
MCG开度（°）		41.0	42.0	43.0	44.0	45.0	46.0	47.0	48.0	31.0	32.0	33.0	34.0	35.0	36.0	37.0	38.0
倾动位置	1	2	0	1	0	1	2	2	0	0	0	0	0	0	0	0	0
	2	2	0	1	2	1	2	0	0	0	0	0	0	0	0	0	0
	3	2	0	1	0	1	2	2	0	0	0	0	0	0	0	0	0
	4	2	0	1	2	1	2	0	0	0	0	0	0	0	0	0	0
	5	2	0	1	0	1	2	2	0	0	0	0	0	0	0	0	0
	6	0	2	1	2	1	0	0	2	0	0	0	0	0	0	0	0
	7	0	2	1	0	1	0	2	2	0	0	0	0	0	0	0	0
	8	0	2	1	2	1	0	0	2	0	0	0	0	0	0	0	0
	9	0	2	1	0	1	0	2	2	0	0	0	0	0	0	0	0
	10	0	2	1	2	1	0	0	2	0	0	0	0	0	0	0	0
	11	0	0	1	0	1	0	2	0	0	0	0	0	0	0	0	0

代号R（W）1～4：焦；5～8：矿

如表27-13所示，第一批料的料批号为1，对应此列的数据为第一批料的有关数据，依次表示：代号为1、下尺标志为1、料位为1.5、环形布料、按R1设定环形布料参数。从表27-14可知，料流调节阀MCG开度为41°，布料溜槽分别在倾动位置1～5上布料2圈。

图27-18给出了料批数据设定及跟踪程序流程图。料批数据是以数据堆栈的形式由矿槽向炉顶流动的，直到原料布入炉内跟踪结束。原料入炉后，入炉数据缓冲区的设定值转移至入炉实际收集数据区，以便与布料实际值一起编制成入炉实际数据通讯文件，传给上位计算机。

27.7.2.5 料流调节阀（MCG）的位置（开度）控制

料流调节阀（Material flow Control Gate，简称MCG）是无料钟高炉炉顶关键设备之一，提高MCG的控制水平是目前普遍关注的问题。这里MCG采用液压驱动，电磁阀或脉冲数字阀控制。另外上位计算机完成开度自学习，PC对计算机送来的自学习值进行合理性判别，决定是否选用。图27-19给出了MCG位置控制系统框图。

这里MCG采用两种控制方式，一种为普通电磁阀控制方式（以下简称方式Ⅰ）；另一种为脉冲数字阀控制方式（以下简称方式Ⅱ）。目前无料钟高炉的MCG控制大多数采用方式Ⅰ，它简单、实用、且能满足一般的控制要求。方式Ⅱ是一种崭新的控制方式，使用脉冲数字阀大大的提高了MCG的控制精度及运行的平稳性。

如图27-19所示，方式Ⅰ是靠PC程序比较功能给

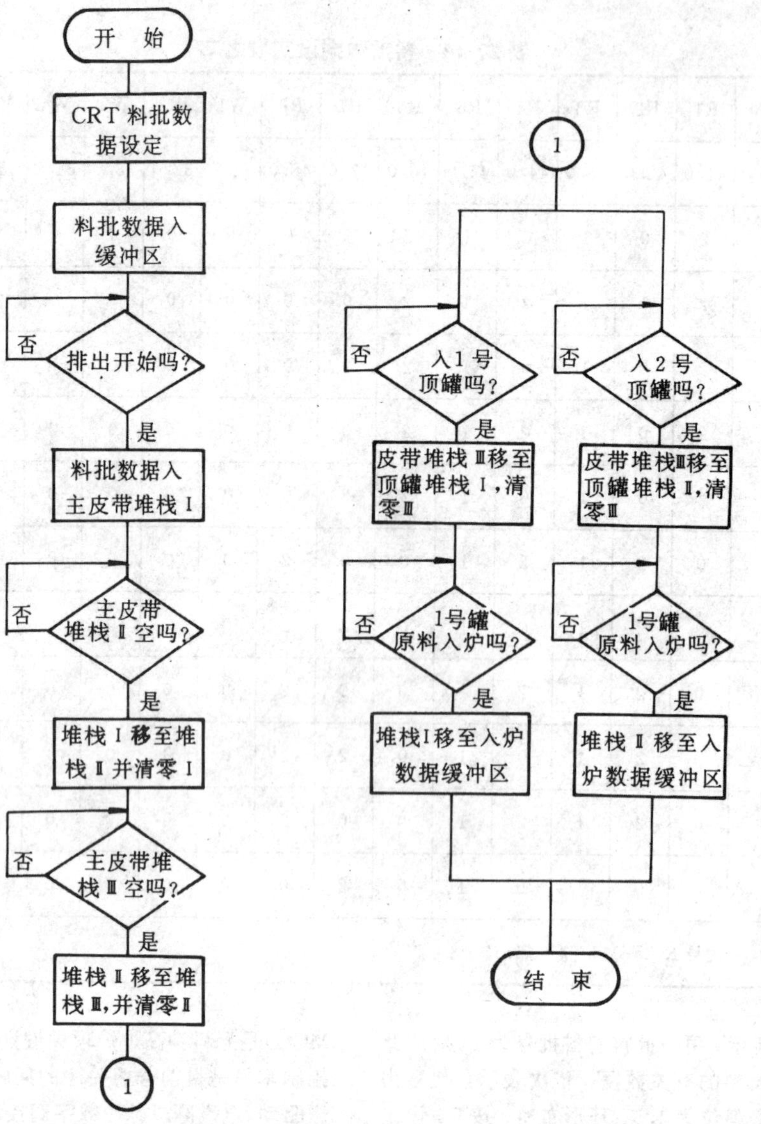

图 27-18 料批数据设定及跟踪程序流程图

出到达目标值前的减速点和到达目标值的停止点。这里要考虑两个问题:第一,要准确地接收 MCG 动作时的位置反馈脉冲,作为与设定值的比较对象;第二,要计算出机电系统的滞后时间,以便修正其带来的误差。

第一个问题采用高速计数模块即可解决。高速计数模块本身由单片机组成,其计数过程不受 PC 扫描周期影响,能够真实地记录下 MCG 位置。

第二个问题可用下式计算出机电系统的滞后时间,用以修正 MCG 的减速点和停止点。

$$T = t_{s1} + t_{s2} + t_e + t_m \tag{27-7}$$

式中 T——机电系统的滞后时间,s;

t_{s1}——PC 的平均扫描周期时间,s;

t_e——传动系统电气滞后时间,这里指电磁阀的动作时间,s;

t_{s2}——输出模块滞后时间,可由 PC 样本查得,s;

t_m——机械系统惯性造成的滞后时间，这里指液压传动系统及机械传动间隙等造成的滞后时间，s。

方式Ⅱ是采用脉冲数字阀及 *PC* 的位置控制模块

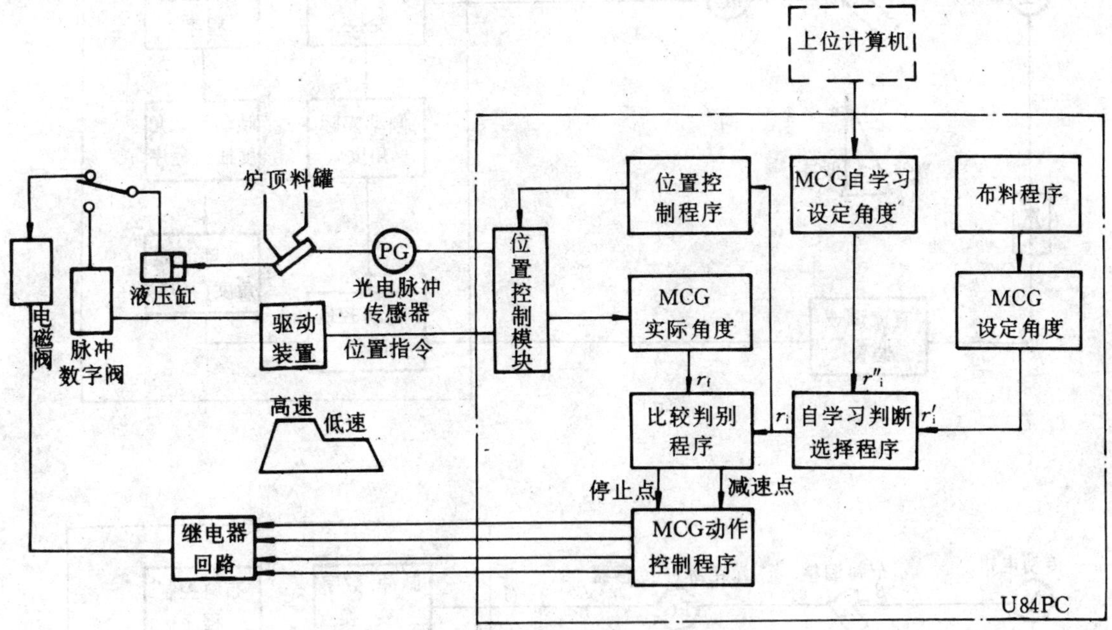

图 27-19 MCG 位置控制系统框图

实现闭环控制，它与常规的电液伺服阀方式比较，具有成本低、精度高、结构简单等特点。位置控制模块接收 U84 发出的指令与光电脉冲传感器送来的料流调节阀的实际位置信号进行比较，自动进行无差调节。位置目标值、加减速率和高速、低速设定值均由 PC 用户程序设定。

27.7.2.6 炉顶布料控制

目前，为提高高炉的利用系数，无料钟高炉对布料器的倾角 α 和旋转角 β 的控制精度有较高要求，所以炉顶布料控制系统的好坏对无料钟高炉来说是至关重要的。

图 27-20 给出了布料溜槽控制系统框图，其中图 27-20*a* 为倾动（α 角）控制，图 27-20*b* 为旋转（β 角）控制。

根据工艺要求，布料溜槽倾角 α 共有 11 档，对应 11 个倾动位置，每个位置根据料面的不同又有两个设定值（高料面倾角与低料面倾角）。每批料根据料批设定值决定布料位置及布料圈数。环形布料的 PC 控制程序流程图见图 27-21。

图 27-21 中所用的字符含义如下：

N 表示某倾动位置上的布料圈数（$N=0\sim9$）；*I* 表示溜槽倾动位置指针（$I=1\sim11$），布料是从高炉垂直中心线的外环向内环进行的。$I=1$，指最外环；$I=11$ 指最内环；*K* 表示寄存器表指针。

根据操作指令所选中的布料环称为有效环，其余为无效环。为了节省内存及程序的处理时间，PC 只处理有效环。布料时，为克服布料起始时机械设备造成的料流不均，规定批料的布料起点间隔为 60°或 120°，见图 27-20。例如：第一批料从 $\beta=0°$（β 为溜槽旋转角度）开始布料。第二批料则从 $\beta=60°$或 120°开始布料。依此类推，每批料的起始点是步进 60°还是 120°，由操作员事先通过键盘设定。

在 PC 内设有料批起点计数器，利用在 β 为 0°，60°，120°，180°，240°，300°这六个位置上设置的行程开关，提供计数器的计数源脉冲。在要求布料时，只要使溜槽倾动到第一个设定位置并旋转起来，当旋转到规定的角度时，行程开关闭合，给出信号起动布料程序，开始布料。

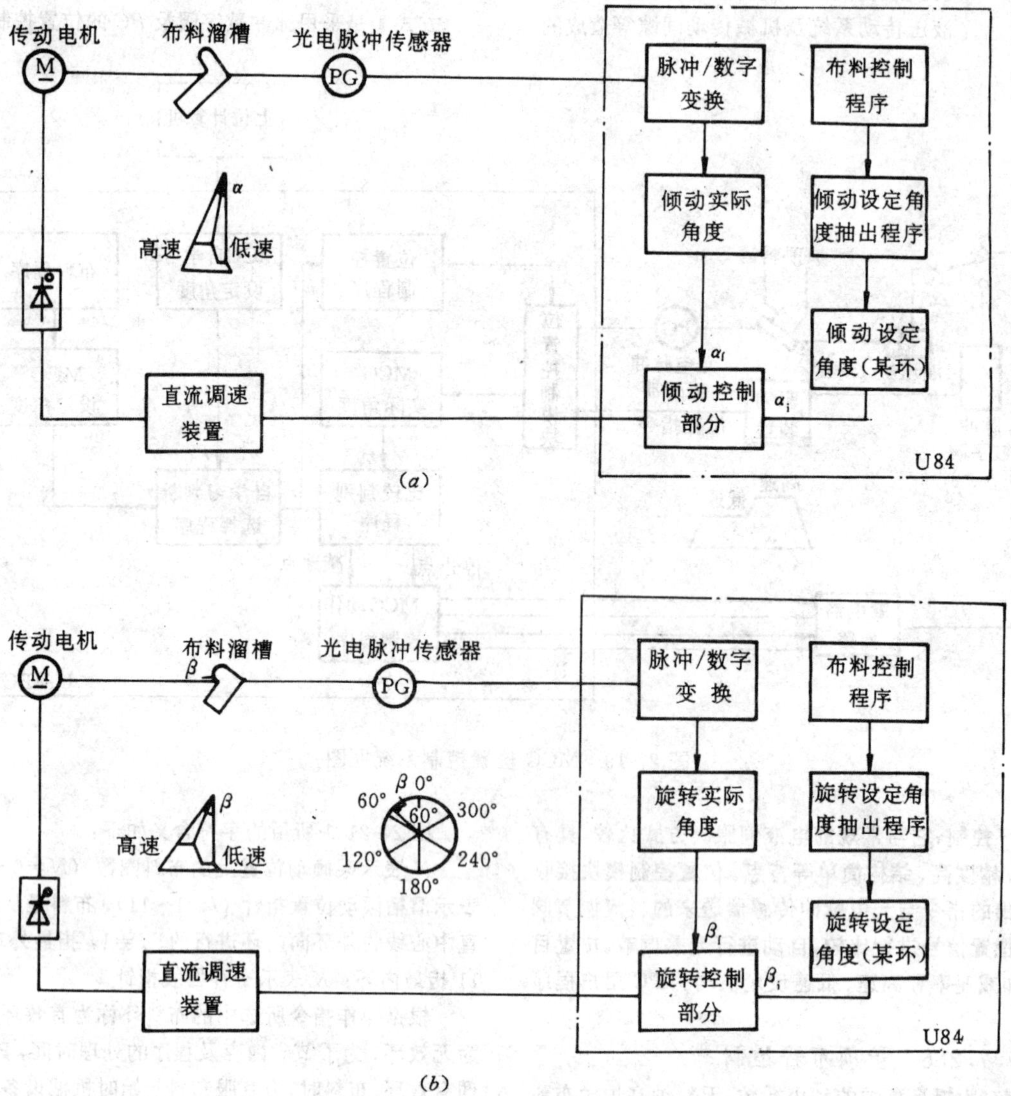

图 27-20　布料溜槽控制系统框图

(a)—倾动（α 角）控制；(b)—旋转（β 角）控制

27.7.2.7　入炉料批实际值收集与传送

高炉在生产过程中，PC 需将大量的实际值收集后传送给上位计算机。

A　位信号的收集方法

由于与上位机进行通讯是以字信号为最小单位，所以向上位机传送的位信号需编辑成字。U84PC 的指令中有一条是设置一个矩阵中的某位为“1”或为“0”，利用这一指令，十分方便地将大量的位信号编辑成字，然后再将这些字编辑成通讯文件，传送给上位计算机。

B　过程数据的收集方法

为了收集布料过程的实际数据，布料开始时，在 PC 内存中建立一个实际数据缓冲区，缓冲区主要存有两种数据：一种是批料设定数据，对于这种数据只要把入炉数据缓冲区的有关数据装载到实际入炉数据缓冲区即可；另一种是在整个布料过程中收集的实际值数据。当一批料布料完成时，将实际入炉数据缓冲区的全部实际值数据分别按计算机的不同使用要求编辑成通讯文件，传送给上位计算机。

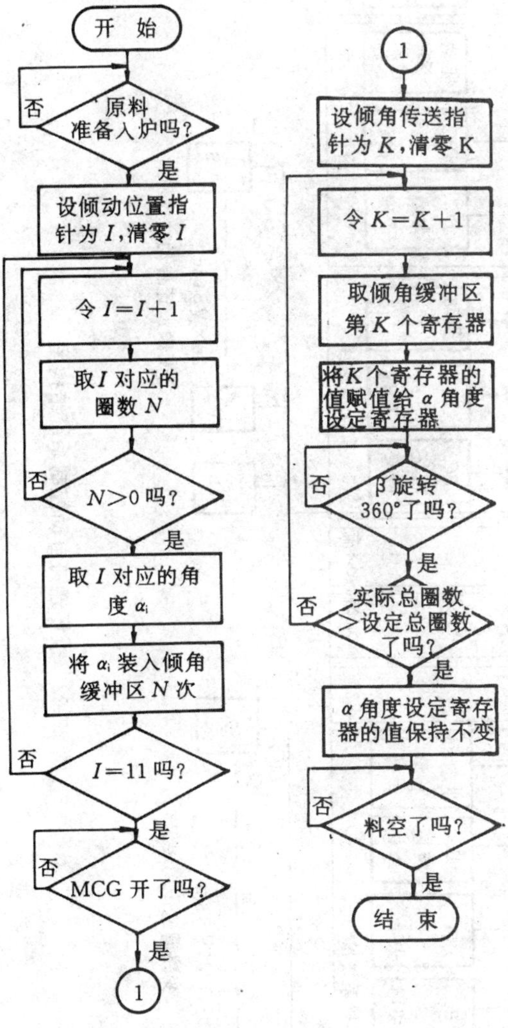

图 27-21 环形布料 PC 控制程序流程图

C 数据通讯

PC 一方面要将大量实际值数据传送给上位计算机，另一方面又要从上位计算机接收各种过程设定值数据。为减轻 PC 的负担，采用主从通讯方式。上位计算机对 PC 进行定时扫描，当发现有文件通讯标志时，将 PC 中的通讯文件传送给上位计算机，同时将上位计算机中的设定数据传送给 PC。具体通讯文件从时间上分为两部分：一部分是将需要同一时刻发送的数据编辑在一个文件中，按批料间隔发送；另一部分是由位信号组成的数据，单独编辑成一个文件，以 PC 扫描周期间隔发送。

27.7.3 PC 在板坯连铸机上的应用

27.7.3.1 工艺设备简况

某板坯连铸机系从日本成套引进，工艺设备主要规格见表 27-15。在工艺设备方面采用了多项先进技术，如结晶器在线调宽、电磁搅拌、板坯优化在线切割及压缩铸造等。

表 27-15 工艺设备主要规格

连铸机设备	二机四流
年产量	400 万 t
铸机型式	垂直多点弯曲型
板坯厚度	210mm，230mm，250mm
板坯宽度	900～1930mm
板坯长度	8～12m，短尺 5.8m
板坯外形误差	厚度≤±5mm，宽度≤15mm，长度≤±30mm
直接热送比	50%
拉速	1.1～1.8m/min
引锭杆	上插式

27.7.3.2 自动化系统结构

板坯连铸自动控制系统结构如图 27-22 所示，这是一多级分散控制系统。上级为计算机过程控制级，下级为设备控制级和功率传动级。设备控制级由数字仪表控制系统和电气自动控制系统混和组成。过程控制计算机承担整个系统的设定计算及设定值给定、铸坯质量判断、铸坯在线及离线跟踪和管理、生产过程有关数据收集和管理等。设备控制级承担各生产过程或设备的控制、操作、监视及过程信息收集等，其中数字仪表控制系统（仪表专业）主要承担大包滑动水口、中间包滑动水口、结晶器液面、二冷段水量等的控制。

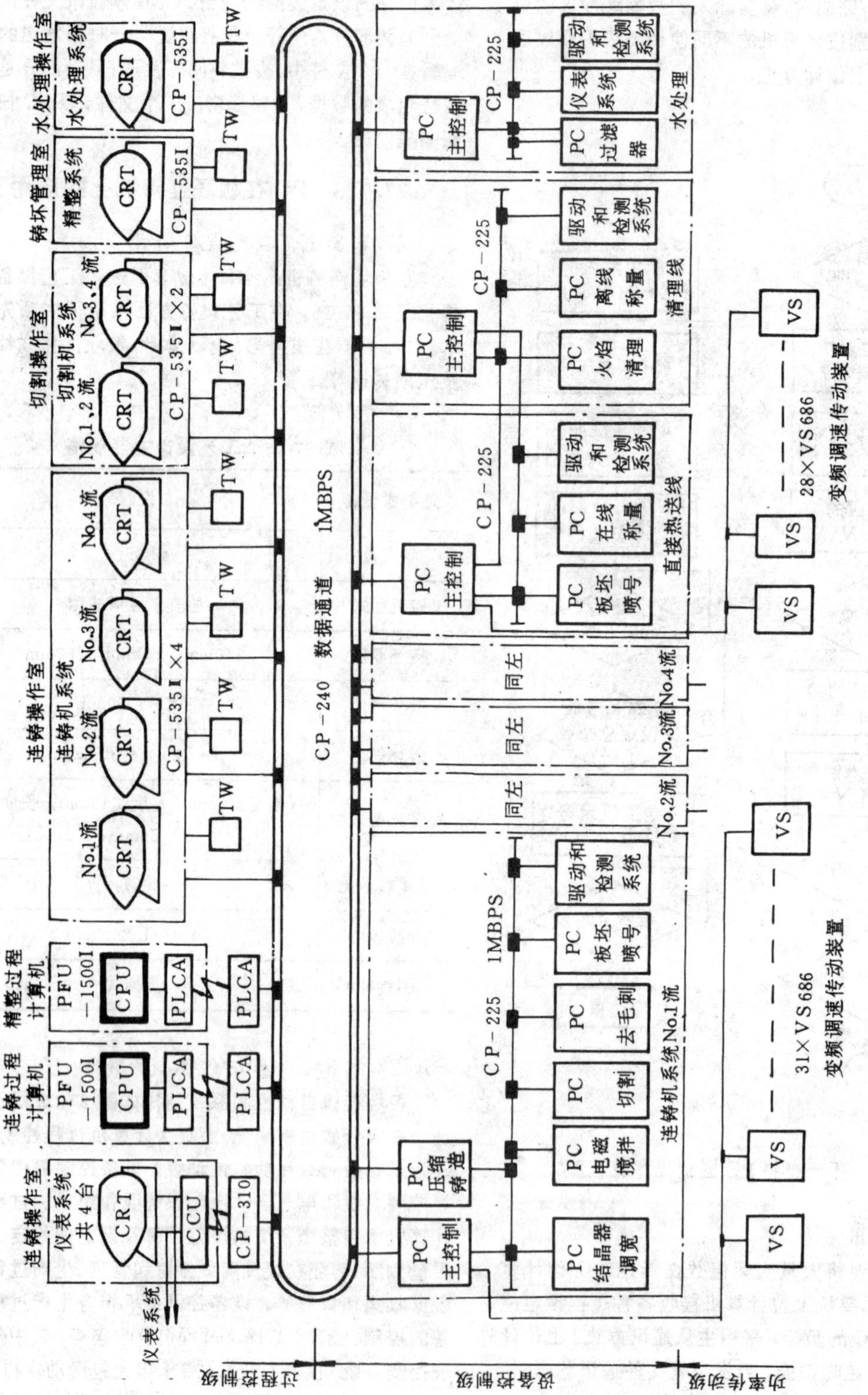

图 27-22 板坯连铸自动控制系统结构图

板坯连铸电气控制系统，除在维修设备等少量离线设备的控制系统仍采用继电器控制外，绝大多数控制系统均采用PC控制。

板坯连铸自动化系统结构中，设备控制级的PC是按区域配置的，即按连铸机铸流、精整区和水处理区来划分。连铸机按铸流各设置主控PC一台；精整区按直接热送和清理线设主控PC，每线一台；水处理区设置一台主控PC。分区、分流设置PC的优点是：它们之间相互独立、一台PC故障不会影响其它PC的工作。

由于各区域需要控制的对象较多，除了设置的主控PC外，还设置了若干台专用PC，如压缩铸造PC、结晶器调宽PC、电磁搅拌PC，切割PC、板坯喷号PC等，其中压缩铸造PC直接与环形数据通讯总线连接，这是由于和过程计算机交换的信息较多，另一方面也是为了提高系统的响应速度。其余的专用PC，通过CP-225高速数据总线与主控PC连接，形成设备控制级内的两级分散系统。

27.7.3.3 PC设备简介

板坯连铸系统共使用了39台PC（不包括钢水处理系统），共计10种型号，5个制造厂家（型号与制造厂家多的原因是其中部分PC用于专用设备中由设备厂商供货）。表27-16为PC的型号及主要技术规格。

表27-16 PC的型号及主要的技术规格

区域	名称	型号	台数	制造厂	技术规格				
					程序存储器	数据存储器	指令种类	I/O点数	指令执行时间
连铸机	主控制	CP-320	4	安川电机	16/32K	8/16/32K	56	8192	最小2μs
	压缩铸造	CP-320	4	安川电机	16/32K	8/16/32K	56	8192	最小2μs
	结晶器调宽	CP-315	4	安川电机	8K	4K	80	8192	最小1.5μs
	电磁搅拌	CP-315	2	安川电机	8K	4K	80	8192	最小1.5μs
	切割机①	MELSEC-K2E	4	三菱电机	RAM 2K/EPROM 1K/2K		26	512	5.6μs/步
	去毛机①	SCR84H/684H	4	安川电机	8K	254字	23	256	平均扫描时间30ms
	板坏喷号①	MELSEC-A1	2	三菱电机	4KROM/4KRAM/4KEPROM		252	256	最小1.25μs
精整区	直接热送线	CP-320	1	安川电机	16/32K	8/16/32K	56	8192	最小2μs
	清理线	CP-320	1	安川电机	16/32K	8/16/32K	56	8192	最小2μs
	板坯喷号①	MELSEC-A1	1	三菱电机	4KROM/4KRAM/4KEPROM		252	256	最小1.25μs
	在线称量①	MELSEC-K2N	1	三菱电机	4KRAM/4KROM		50	512	最小3.8μs
	火焰清理①	MODICON584M	1	美国GOULD	4K～32K		35	2048/8192	10ms/4K
	离线称量①	MELSEC-K2N	1	三菱电机	4KRAM/4KROM		50	512	最小3.8μs

续表 27-16

区域	名称	型号	台数	制造厂	技术规格				
					程序存储器	数据存储器	指令种类	I/O点数	指令执行时间
水处理区	主控制	CP-320	1	安川电机	16/32K	8/16/32K	56	8192	最小 $2\mu s$
	过滤器①	MELSEC-A2	1	三菱电机	最大 96KB		256	512	最小 $1.25\mu s$
公用设备	气动输送管①	サテライト W51	1	SHARP	3.5kW		54	512	$1.63\mu s$
	压缩空气①	MELSEC-K2N	1	三菱电机	4KRAM/4KROM		50	512	最小 $3.8\mu s$
	液压滑动水口①	MICREX-F100	4	富士电机	2.5K、5.1K、7.8K、10.5K 步		67	最大 1600	最小 $1\mu s$
	快速喷印①	MELSEC-A2	1	三菱电机	最大 96KB		256	512	最小 $1.25\mu s$

①专用设备成套的 PC。

主控 PC 是系统控制器，故采用功能强、输入/输出点数多、存储容量大的大型 PC。各专用设备控制的 PC 大多是随机械设备成套供货。

为提高系统的可靠性，各主控 PC 均采用了双 CPU 结构，正常工作时，两个 CPU 均投入运行（同步运行），在生产过程中一台 CPU 故障，PC 仍可保证生产继续运行。

对于远距离输入/输出，采用数据通讯总线的连接方式，提高了系统的抗干扰能力，同时大大的节省了电缆用量。

27.7.3.3　各 PC 的主要功能

PC 装置是按区域或铸流设置的，每台 PC 承担本区域内设备的控制及信息收集、传送等。一般情况下，并不参与其它区域或铸流的控制。

A　连铸机各铸流 PC 系统

连铸机部分系指大包回转台起到板坯切割后的板坯横移台车处的等待辊道。其主要设备包括：大包回转台、中间包车、引锭杆输送及提升、结晶器调宽及振动、电磁搅拌、压缩铸造、夹送辊、火焰切割、去毛刺机、板坯喷号设备以及各段辊道等。

连铸机本体主控 PC 对连铸机本铸流所属设备进行总体控制和连锁以及信息数据的收集，并通过 CP-240 环形数据总线与过程计算机和操作室内的 CRT 相连接，接收来自过程计算机和 CRT（人机接口）的控制和操作命令，实现系统的自动运转方式和半自动运转方式。同时通过环形数据通讯总线向过程计算机和 CRT 传递有关生产过程信息等。其主要功能如下：

(1) 板坯及引锭杆跟踪；

(2) 引锭提升及输送控制；

(3) 夹送辊升降控制；

(4) 辊间隙控制；

(5) 结晶器振动控制；

(6) 主联锁控制；

(7) 所属专用设备 PC 接口控制；

(8) 整个铸流系统的连铸；

(9) 故障信息收集；

(10)与过程计算机和 CRT 的信息传送和接收等。

压缩铸造 PC 是作为专用控制 PC 而设置的，一般情况下不参与其它控制。在系统结构上直接与环形数据通讯总线连接。根据过程计算机或 CRT 的指令对各夹送辊进行速度和转矩控制以及对板坯进行压缩铸造。

结晶器调宽 PC 承担锥度计算、调宽速度设定计算等诸多计算任务，选用了功能较强、响应较快的 CP-315 可编程序控制器。它可以根据过程机或 CRT 的指令进行在线调宽。

电磁搅拌 PC 主要功能是进行电磁搅拌的电流值计算、频率值设定及控制。

切割 PC 主要功能是进行板坯切割长度的检测、计算和控制。控制范围是切割前辊道、切割后辊道和切割机。

去毛刺 PC 承担去除切割板坯残留在坯头、尾的金属毛刺。它主要是对去毛刺辊道和去毛刺装置进行顺序联锁控制。

板坯喷号PC其功能是对板坯喷号机及对应辊道的顺序联锁控制及喷号控制。

B　精整区PC系统

精整区的范围是板坯横移台车开始至直送辊道(A-15辊道)，由直送线和清理线两部分组成。直送线和清理线各设一台主控PC和两台专用PC。

直送线主控PC的主要功能为：

(1) 板坯横移台车走行自动位置控制；

(2) 各组直送辊道的起停控制及联锁顺序控制；

(3) No.1、No.2推钢机和推垛机的顺序自动控制；

(4) 滑道1、4的连锁及控制；

(5) 板坯输送路径选择及控制；

(6) 在线称量机PC及板坯喷号PC接口控制；

(7) 故障信息收集；

(8) 与过程机及CRT信息的传送及接收。

清理线主控PC的主要功能为：

(1) 清理线辊道的起停及连锁控制；

(2)移载机、推钢机、卸垛机及翻转机的顺序控制；

(3)火焰清理机PC和离线称量机PC的接口控制和联锁控制；

(4) 与过程机及CRT信息的传送及接收；

(5) 故障信息收集。

在线称量PC主要功能是进行在线称量机及相关辊道的连锁和控制、将称量结果传送给过程计算机。

板坯喷号PC主要功能是对喷号机及前后辊道进行顺序控制，接受过程机或CRT的指令进行自动喷号。

火焰清理PC主要功能是对火焰清理机及前后辊进行顺序控制，接受清理线主控PC指令，其结果传送该主控PC。

离线称量PC主要功能是进行离线称量机及其相关辊道的控制和连锁，称量结果传送给清理线主控PC。

C　水处理PC系统

水处理设备主要由清循环水系统、污循环水系统、火焰清理除尘水系统、火焰清理循环水系统等几部分组成。PC主要控制对象是水泵、阀门、风机等。

水处理主控PC的主要功能：

(1) 各水系统的顺序自动控制；

(2) 过滤器专用PC接口控制及部分仪表系统的接口控制；

(3) 通过环形数据总线与CRT进行信息传送，接收水处理操作室的CRT的指令实现远程控制。

过滤器PC的主要功能是对6台快速过滤器及1台旁通过滤器的冲洗、反冲洗进行顺序自动控制，并对生产过程的数据进行收集。

除以上所述PC外，连铸系统中还有以下7台PC：

(1) 中间包滑动水口液压系统PC，共计四台，即每铸流一台，主要功能是对液压系统进行顺序自动控制；

(2) 气动输送PC一台，其功能是进行气动输送管系统的顺序自动控制；

(3) 气水冷却空压机PC一台，主要功能是对四台空压机进行顺序自动控制；

(4) 快速硫印PC一台，主要功能是实现快速硫印系统的自动位置控制和顺序控制。

27.7.4　PC在线材轧机上的应用

27.7.4.1　工艺过程及主要技术数据

某线材轧机工艺过程由钢坯准备及加热、轧制、金属质量控制、成品检验入库四个部分组成，其主要特点是连续无扭轧制和散卷控制冷却。主要技术数据见表27-17，工艺流程图见图27-23，工艺布置示意图见图27-24。

表27-17　主要技术数据

轧制方式		单线轧制
终轧速度		90m/s
年产量		35万t
产品规格		ϕ5.5mm，占50% ϕ6.0～ϕ6.5mm，占30% ϕ7.0～ϕ13.0mm，占20%
钢种	碳钢	0.1～0.9%C，占85% (其中：0.6～0.9%C，占碳钢15%)
	焊条钢	0.05～0.1%C，占5%
	冷镦钢	0.07～0.5%C，占5%
	低合金钢	合金含量<3.5%，占5%

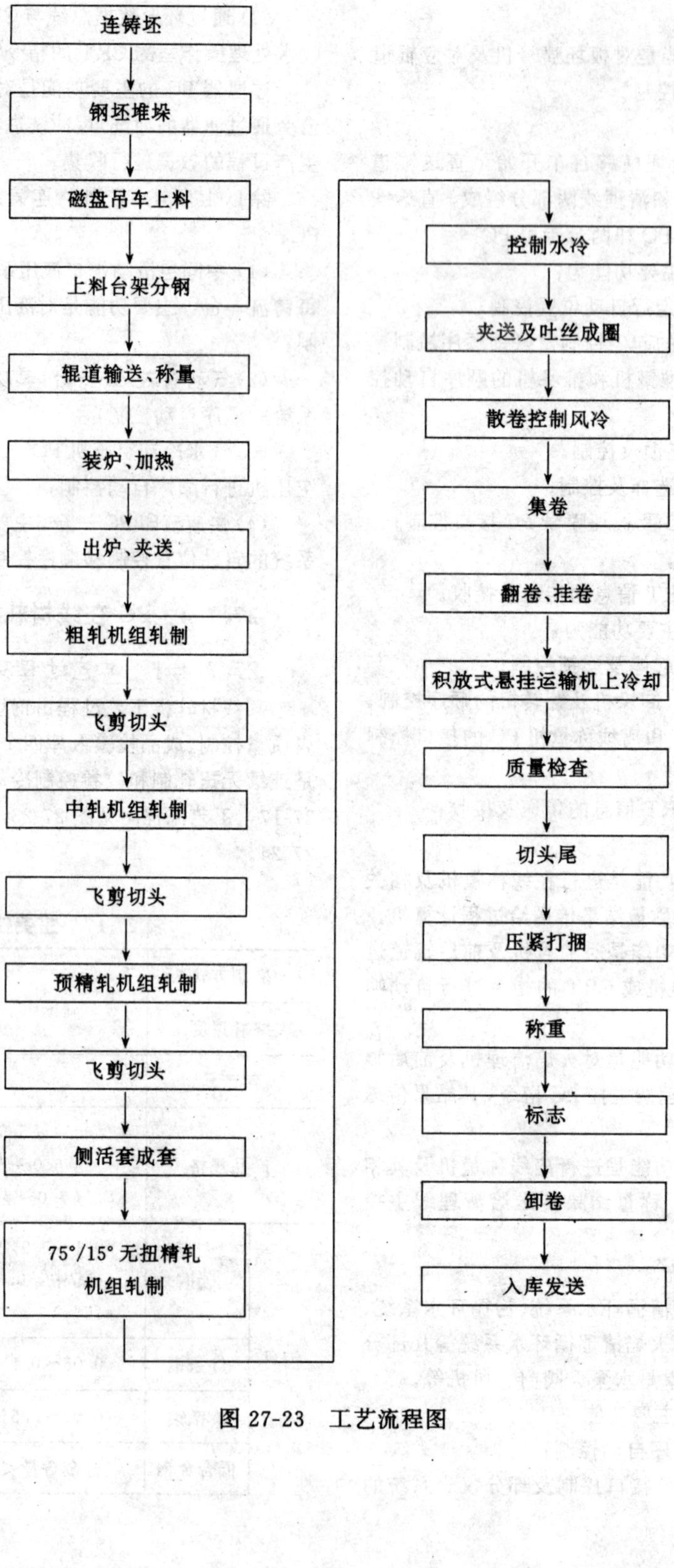
连铸坯
钢坯堆垛
磁盘吊车上料
上料台架分钢
辊道输送、称量
装炉、加热
出炉、夹送
粗轧机组轧制
飞剪切头
中轧机组轧制
飞剪切头
预精轧机组轧制
飞剪切头
侧活套成套
75°/15° 无扭精轧机组轧制
控制水冷
夹送及吐丝成圈
散卷控制风冷
集卷
翻卷、挂卷
积放式悬挂运输机上冷却
质量检查
切头尾
压紧打捆
称重
标志
卸卷
入库发送

图 27-23 工艺流程图

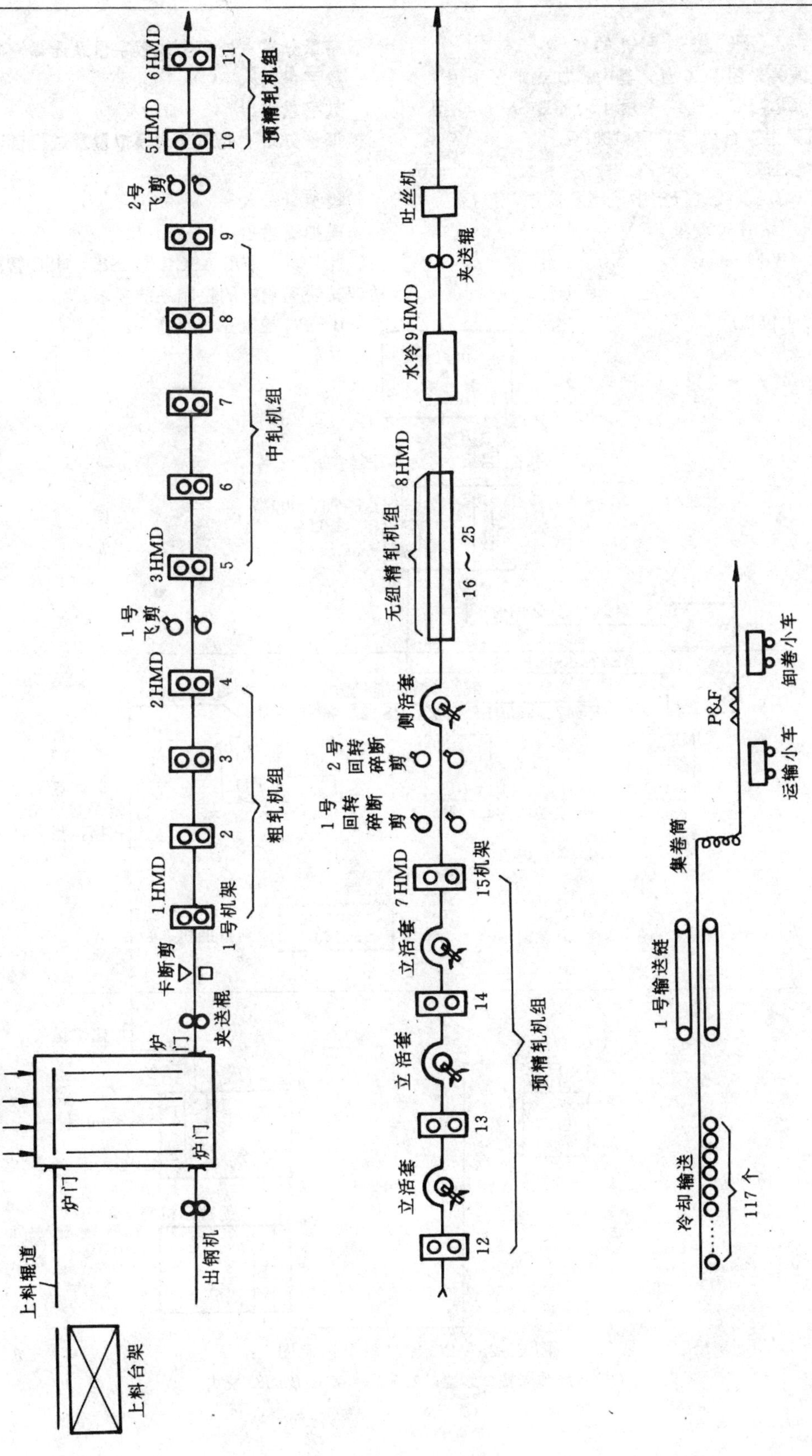

图 27-24　工艺布置示意图

27.7.4.2 PC 控制系统的组成

整个轧线共采用 PC6 台，其中：加热炉区采用 1 台 GE S6 600 型 PC，轧线采用 4 台 GE S6 6000 型 PC，打捆机采用 1 台西门子 S5-135PC。

A 系统组成

GE 工作站对全线进行集中控制及监视，包括：

PC 通讯主站（6000 型 PC）	1 台
编程器（Workmaster）	1 台
打印机	1 台
Cimstar 上位机	1 台

数字量分站 处理全线数字量及逻辑控制，其中

数字量输入 ~1000 点

数字量输出 ~550 点

模拟量分站 处理全线模拟量及进行自动控制，其中

模拟量输入 ~96 点

模拟量输出 ~64 点

此外，还采用 ASCII/BASIC、HSC 智能模块，以适应其快速响应的控制系统要求。

B PC 控制系统组态

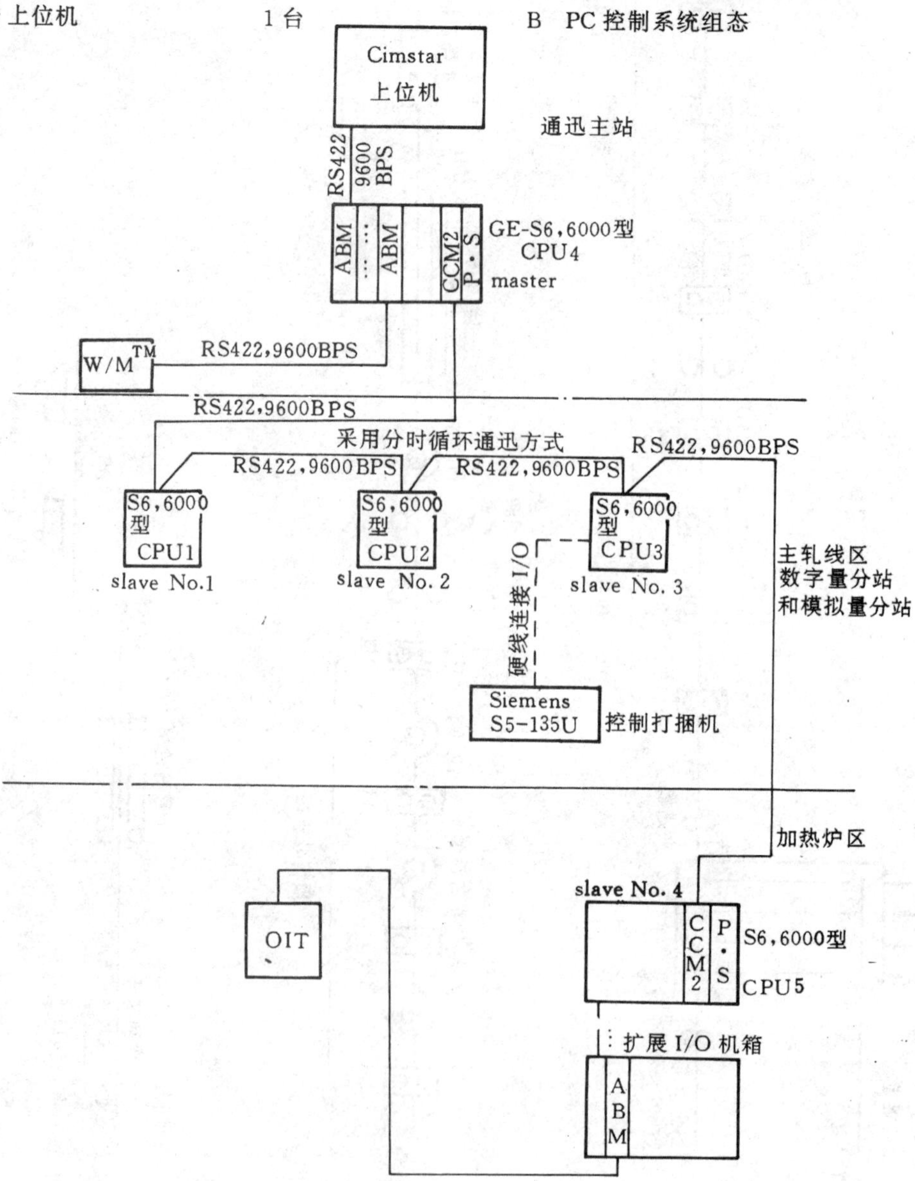

图 27-25 PC 控制系统组态图

OIT—操作者接口终端；ABM—ASCII/BASIC 模块

PC 控制系统组态图如图 27-25 所示。

27.7.4.3 PC 控制系统所实现的功能

A 钢坯加热炉区

钢坯加热炉区采用 GE S6 600 型 PC 和一台 TP801 单板机，其控制功能如下：

(1) 上料台架、辊道、进/出料炉门、称量装置、剔出机、上料推钢机、步进梁、出钢机的手动控制；

(2) 上述设备的自动/半自动控制；

(3) 钢坯称重、测长和炉内布料；

(4) 坯料管理；

(5) 事故信号处理。

B 轧线系统控制功能

在 GE 工作主站上，操作员可对整个主轧线设备（从夹送辊到集卷筒）进行各种必要的操作和控制，如参数设定、设备启停、参数在线定时修正，运行状态监视，故障报警及处理、打印报表等。

控制系统共存有 150 个轧制程序，其中 15 个是临时的，其余是永久的。轧制程序的主要内容有：

(1) 产品代码、材料规格和成品尺寸；

(2) 成品机架和终轧速度；

(3) 轧机组态；

(4) 水冷代码、空冷代码；

(5) 冲击速降；

(6) 辊缝；

(7) 夹送辊及飞剪等设备的超前速度系数。

调用轧制程序之后，系统可协助操作工对其中的主要参数进行检查、修正，在操作工确认之后，系统可以自动建立轧机组态，计算出各机架的给定速度及各辅助设备的给定速度，使整个系统可以自动协调工作。

在 1～15 号机架之间设有级联速度控制，当某机架不参加轧制，系统可自动确认并进行调速。系统可排除冲击速降对级联速度控制的影响，轧件之间的级联信号被隔离。

控制系统通过热金属检测器、负荷继电器、跟踪计数器、跟踪定时器等检测手段，根据预设定的轧制速度，从 1 号机架到集卷筒，对轧件进行位置跟踪。

控制系统利用跟踪信号，做到：

(1) 启动自动废钢检查；

(2) 启动微张力控制；

(3) 启动起套辊和套位调节器；

(4) 隔离钢坯之间的活套调节器的偏差信号；

(5) 隔离钢坯之间的级联速度校正信号；

(6) 启动飞剪，喷头等；

(7) 钢坯计数。

主轧线共有三个立活套和一个侧活套，每个活套都由非接触式的光电位置扫描器测出活套的位置偏差信号，通过位置调节器，将信号加到前一个机架上，再通过级联速度控制，使上游各机架的运行速度按一定比例进行调节。各轧件之间，活套调节信号被隔离。

联锁及顺序控制有：

(1) 各组设备内部的联锁及顺序控制；

(2) 主轧线的主要设备（如轧机、飞剪）和辅助设备（如润滑系统、压下系统、轧辊平衡、冷却系统等）之间的联锁和顺序控制；

(3) 轧机各组设备之间的联锁及顺序控制。

在 CRT 上可以显示：

(1) 轧制程序的内容；

(2) 一台主要设备的给定值及极限值；

(3) 故障显示、报警。

以上内容均可打印出来，此外还可以打印：

(1) 首次故障报警及全部故障报警；

(2) 全部预告报警；

(3) 生产报表。

从 1 号机架到吐丝机，共分 5 个区进行监控处理，即：

(1) 1 号机架到 4 号机架；

(2) 4 号机架到 9 号机架；

(3) 9 号机架到 15 号机架；

(4) 15 号机架到 25 号机架；

(5) 25 号机架到吐丝头。

钢坯的前端进入上述的一个区，自动跟踪系统将启动补偿定时器，并计算到达下一个机架的预定时间。当钢坏的前端进入下一个机架，“钢坯在机架下”信号将复位前一个定时器，并启动下一个机架的定时器，如果钢坯的前端没有在预定时间之内到达下一机架，表示系统产生废钢，这时系统将自动报警并自动启动相应的废钢剪。

水冷自动控制包括：

(1) 可选择不冷却头尾的长度，定时控制；

(2) 对高速小截面的线材，采用尾部夹送方式。

空冷自动控制包括：

(1)根据产品冷却的温度，系统可以自动调节输送链的速度；

(2)集卷筒故障时，通过按扭可将速度减至原来速度的50%～70%。

27.7.4.4　PC控制系统各CPU的控制范围

CPU1的控制范围：

(1) 夹送辊（加热炉后）；

(2) 1号、2号HMD（热金属检测器）；

(3) 粗轧（1号～4号机架）；

(4) 中轧（5号～9号机架）；

(5) 3号HMD（热金属检测器）；

(6) 卡断剪；

(7) 1号、2号飞剪。

CPU2的控制范围：

(1) 预精轧（10号～15号机架）；

(2) 精轧（16号～25号机架）；

(3) 吐丝机，夹送辊；

(4) 水冷段；

(5) 1号、2号回转碎断剪；

(6) 三个立活套，一个侧活套。

CPU3的控制范围：

(1) 风冷线（冷却运输）；

(2) 输送链；

(3) 集卷筒；

(4) 运输小车；

(5) P&F线（Power & Free Line）；

(6) 卸卷小车；

(7) 与S5-135PC（打捆机用）的I/O交换。

CPU4的控制范围：

(1) 稀油站；

(2) 干油站；

(3)与Cimstar上位机及CPU1～CPU3，CPU5的数据通讯等。

CPU5的控制范围包括：上料台架、上料辊道、称量装置、剔出装置、三个炉门、上料推钢机、出钢机、步进梁、加热炉区液压站及出钢机液压站等。

Siemens S5-135PC的控制范围为打捆机。

Cimstar上位机的功能为：管理、显示、报表打印及参数设定等。

27.7.5　PC微机及计算机综合控制系统在热带钢连轧机上的应用

某热带钢连轧机年产400万t，设备为全套引进，自动化水平高，是80年代最先进的轧机。整个自动控制系统由德国西门子公司引进。自投产以来，运行良好，该系统能满足热轧厂产品产量和质量要求。

热轧线自动控制系统是一个负荷分担、功能分散的集散型控制系统，共分四级。第一级为生产管理级（MS)、第二级为生产控制级（FLS)、第三级为过程最优化级（PCC)，也称过程控制级、第四级为基础自动化级（BA)，也称设备控制级。在基础自动化级以下则为功率传动级。热轧计算机及基础自动化系统见图27-26。

27.7.5.1　上级计算机的任务

A　生产管理级（MS)

生产管理级设有两台IBM-4381计算机。每台内存为16MB、外存为10GB、操作终端为52台、打印机为35台。本级完成以下任务：

(1)根据订货要求制订有关生产计划，收集质量数据，监视合同的执行情况。

(2)从过程和生产控制计算机接收数据，作为技术分析用，编制日、旬、月阶段报表以及任何时间间隔的专门报表，存储数据作为历史档案。

(3) 进行设备薄弱环节的分析，制定维修工作计划，管理设备数据，掌握备品备件及其库存情况。

B　生产控制级（FLS)

生产控制级设有三台SICOMP-70M计算机，一台用于板坯库管理，一台用于精整管理，一台备用。每台计算机拥有内存4MB、外存924MB、操作终端为64台（其中吊车终端为12台)、打印机为36台，主要任务有：

(1)接受并管理来自生产管理(MS)的生产计划；

(2) 向下一级过程控制计算机传送生产指令；

(3) 收集、存储、记录生产过程中的数据；

(4) 从板坯库到精整成品发货的全线物料跟踪；

(5) 对生产准备干预系统的支持；

(6) 对调度人员调度和中央信息系统的支持；

(7) 板坯库的管理；

(8) 对钢卷库和成品库的管理；

(9) 向精整区各作业线传送生产计划；

(10) 磨辊间的轧辊管理；

(11) 向管理控制级（MS）传送生产报表；

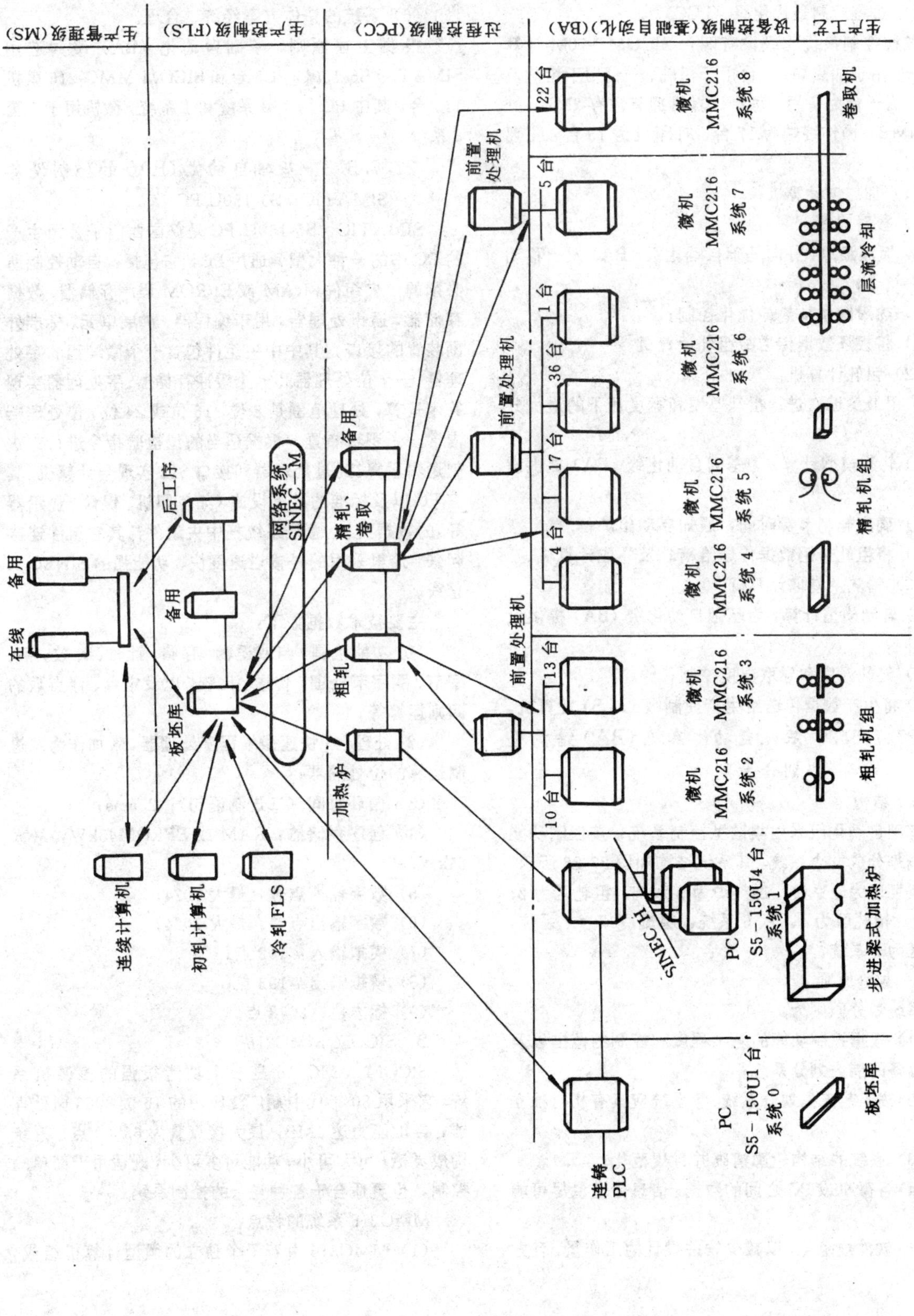

图 27-26 热轧计算机及基础自动化系统

(12) 进行质量控制。

C 过程控制最优化级 (PCC)

过程控制最优化级设有四台 SICOMP-70M 计算机，一台用于加热炉、一台用于粗轧、一台用于精轧及卷取，另一台为备用。每台计算机拥有内存 2MB、外存 594MB、操作终端为 17 台、打印机为 15 台，主要任务有：

(1) 加热炉计算机：

1) 核对板坯；

2) 板坯跟踪，并向基础自动化级 (BA) 发出移动及出炉指令；

3) 热跟踪及加热最优化控制；

4) 将板坯数据传送给粗轧计算机。

(2) 粗轧计算机：

1)用最少道次进行粗轧厚度和宽度压下的最优分配；

2) 轧制模型计算，为基础自动化级 (BA) 提供设定值；

3) 确定轧制节奏时间，通知自动出炉；

4) 将粗轧带钢数据传送给精轧及卷取计算机。

(3) 精轧及卷取计算机：

1) 轧制模型计算，为基础自动化级 (BA) 提供设定值；

2) 终轧温度和卷取温度控制；

3) 将生产数据传送给生产控制级 (FLS) 计算机。

27.7.5.2 基础自动化系统 (BA) 结构及划分原则

A 结构

基础自动化级采用集散型控制系统，按控制功能将轧线划分成九个系统，其系统结构如图 27-26 所示，其中板坯库为 0 系统，加热炉为 1 系统，粗轧区为 2、3 系统，精轧区为 4、5、6 系统，层流冷却为 7 系统，卷取区为 8 系统。

B 划分原则

系统划分原则为：

(1) 根据控制功能的复杂程度和控制的范围以及控制设备的能力划分系统；

(2)按工艺流程划分系统，各系统应具有相对独立性；

(3) 系统的结构轮廓清晰并且规范化；

(4) 各微机或 PC 之间的数据、信息传送量尽可能少；

(5) 软件规范化，以减少软件设计的工作量，且方便调试；

(6) 系统的整体方案经济、合理。

根据上述原则，基础自动化 (BA) 级共选用 SIMATIC S5-150U PC5 台和 SICOM MMC-216 微机 113 台，其中 PC 用于 0 系统和 1 系统，微机用于 2 至 8 系统。

27.7.5.3 基础自动化 (BA) 的控制设备

A SIMATIC S5-150U PC

SIMATIC S5-150U PC 是德国西门子公司生产的 PC 中的一种大型、通用 PC，它包括：自动控制所必须的中央组件，RAM 或 EPROM 程序存储器，数据存储器，通讯处理器，用于编程器、扩展单元、标准外围装置的接口，其中中央组件包含一个微编程的字处理器、一个位处理器和一个缓冲存储器。字处理器实现算术运算，处理范围是 8 位、16 位或 24 位。位处理器内含一个逻辑装置，根据适当的位检验指令进行二进制逻辑运算。通过处理器和接口 512 实现与计算机、其它 PC 以及标准的外围设施（如打印机、键盘、显示器等）的数据交换。总线系统把中央组件与其它组件连接起来，这里采用的是输送速度快、功能强的 SINEC-H 总线。

主要技术数据如下：

(1) 功能范围：与或逻辑、存储、计时、计数，字、字节、双字节处理，传送、比较，以及定点、浮点数的四则运算等；

(2) 处理器：快速微编程字处理器，附加作为二进制运算的位处理器；

(3) 循环时间（二进制语句）：2.5ms；

(4) 程序存储器：RAM 或 EPROM48kW，最大 64kW；

(5) 数字输入点数：最大 1024；

(6) 数字输出点数：最大 1024；

(7) 模拟输入：192 点；

(8) 模拟输出：192 点；

(9) 标志位：2048 点。

B SICOM MMC216

SICOM MMC216 是一个功能很强的多微机系统，它采用 80 年代中期广泛应用的 16 位 8086 微处理器，寻址能力达 1MB，最大接点量为 65000 点。系统构成灵活，可大可小，功能可多可少，既适用于简单的控制，也更适合于各种复杂的控制系统。

MMC216 系统的特点：

(1) MMC216 由若干个独立的微型计算机组成，

每个单机系统均有自己的CPU和内存，它可以带有自己的外围设备，所以每个单机系统可以独立工作，完成分配的固定任务。

(2)总线结构采用存储器耦合方式，各微型计算机之间的信息交换是通过通讯总线和通讯处理器进行的，这种信息交换方式思路清晰、编程容量大、工作可靠。

(3) MMC216系统可以很方便地进行扩展，它既可以是单级的，也可以把另一个多微机系统作为子系统接到该微机系统上，形成多级系统。一般可以构成单级系统、二级系统和三级系统。热轧线的基础自动化各系统一般为二级或三级系统。对于子系统来说，既可以是有源子系统（含有CPU），也可以是无源子系统（不含CPU）。

(4)使用COROS系统实现人机对话，它可以十分方便地显示该系统的工作状况和查寻故障。热轧线的运行方式的切换都是通过基础自动化系统来实现的，系统的运行方式有三种：

运行方式A——手动运行：这种方式只能对轧线上的单体设备进行操作，主要用于维修和调试，操作人员通过COROS系统在操作台上操作键盘的选择键和操作键来实现。

运行方式B——半自动运行：由操作人员通过COROS系统在操作台上使用的功能键盘给出带钢数据及设定值进行轧钢。

运行方式C——全自动运行：带钢的数据和设定值由上级过程最优化计算机（PCC）给出，在这种方式下可实现轧制最优化，操作工可以通过COROS系统进行人工干预。

MMC216硬件是由一些标准系列插件组成，即各种功能插件单元根据工艺任务的要求构成。主要有以下功能插件单元：

(1) 处理单元VE216；

(2) 通讯存储器KOME；

(3) 总线耦合器BUKO；

(4) 总线控制器BUST；

(5) 存贮器扩展单元SPE；

(6) 故障监示器DW；

(7) 接口PSF：包括DO数字输出接口、DI数字输入接口、AO模拟输出接口、AI模拟输入接口、脉冲计数器接口以及用于阀门控制的数字输出接口DOV。

MMC216软件系统分为系统软件和用户软件，系统软件存储在处理单元VE216的EPROM中，用户软件存储在通讯单元KOME的EEPROM中，所有程序均采用PL/M-86高级语言编制。

系统软件包括：

(1) 基本操作系统BD216；

(2) 实时操作系统RMOS（本热轧系统中没有使用）；

(3) 用户系统ANSY；

(4) 开发系统MES16。

用户软件对于热轧线的基础自动化（BA）系统中的各系统大体可以归纳为五个基本的用户程序，它们是：

(1) 板坯跟踪程序；

(2) 过程控制程序；

(3) 数据分配及管理程序；

(4) 操作与显示程序；

(5) 专用控制程序（例如：液压控制程序、张力控制程序等）。

27.7.5.4 基础自动化（BA）各系统的构成及功能

A 板坯库区（0系统）

板坯库区采用一台SIMATIC S5-150UPC，根据生产控制级（FLS）下达的指令，将连铸车间送来的板坯，通过辊道送到指定的库位目标地，或将库内的板坯称量后送至加热炉，主要控制功能如下：

(1) 板坯库区的板坯跟踪；

(2) 传送板坯从连铸到卸料辊道的顺序控制和自动定位控制；

(3) 板坯转盘及转盘辊道的顺序控制和自动定位控制；

(4) 辊道的摆动控制；

(5) 保温坑坑盖的开闭、移动控制；

(6) 板坯秤的升降及称量控制；

(7) 与生产控制级（FLS）、连铸PC、加热炉基础自动化（BA）系统的信息交换；

(8) 与COROS系统的信息交换。

B 加热炉区（1系统）

加热炉区设有四台S5-150U PC组成两级系统，两级之间采用SINEC-H总线连接，由过程控制最优化级（PCC）来的指令采用电传方式下达，并存放在各S5-150U数据区中，主要控制功能如下：

(1) 板坯冲洗阀门开闭控制；

(2) 板坯长度测量及定位路径计算；

(3) 板坯在炉前的定位控制；
(4) 入炉辊道控制；
(5) 板坯跟踪；
(6) 出炉辊道及除鳞辊道的控制；
(7) 除鳞箱的控制；
(8) 装料过程的控制；
(9) 板坯宽度测量；
(10) 步进梁的运行控制；
(11) 出料过程的控制；
(12) 扒渣机的控制。

C 粗轧区 (2、3系统)

2、3系统是一个由28台微机组成的三级多微机系统。主系统的功能是显示、存储、数据管理、数据分配以及与过程最优化计算机PCC的耦合。一级子系统的功能是过程控制和调节；二级子系统的功能是预处理或快速闭环调节，主要控制功能如下：

(1) 2系统 (E_1、R_1主传动及辅助设备)：
1) 材料跟踪；
2) 辊道的顺序控制及速度控制；
3) 粗轧机侧导板的开度计算及位置控制；
4) 除鳞高压水开闭控制；
5) E_1、R_1主传动速度计算及控制；
6) 粗轧R_1压下、立辊E_1开度计算及位置控制；
7) 轧辊冷却水控制；
8) E_1开度液压调整；
9) E_1短行程控制。

(2) 3系统 (E_2～E_4、R_2～R_4主传动及辅助设备)：
1) 材料跟踪；
2) 辊道的顺序控制及速度控制；
3) 侧导板的开度计算及位置控制；
4) 除鳞高压水开闭控制；
5) E_2、E_3、E_4立辊传动的控制；
6) R_2、R_3、R_4压下及E_2、E_3、E_4立辊开度的计算和位置控制；
7) 轧辊冷却水控制；
8) E_2、E_3、E_4立辊开度液压调整；
9) E_1、E_2、E_3宽度自动控制 (AWC方式)；
10) E_2短行程控制；
11) R_3、R_4之间的张力控制。

D 精轧区 (4、5、6系统)

4、5、6系统是由58台微机组成的一个三极多微机系统，其主要控制功能如下：

(1) 4系统 (飞剪等)：
1) 侧导板的开度计算及位置控制；
2) 测量辊的控制；
3) 飞剪的剪切及定位控制；
4) 除鳞箱夹送辊控制；
5) 切头、切尾形状最优化控制；
6) 精轧前小立辊控制。

(2) 5系统 (精轧机组速度设定控制部分)：
1) 材料跟踪；
2) 精轧主传动速度计算及控制；
3) 主传动轴自动定位控制；
4) F_1～F_4之间的最小张力控制 (MTC)；
5) F_2～F_7之间活套高度控制及张力控制。

(3) 6系统 (精轧机组辊缝位置控制部分)：
1) 材料跟踪；
2) 侧导板及压下的设定计算及位置控制；
3) 压下的液压调整；
4) 厚度自动控制 (AGC)；
5) 断面形状控制 (包括动态弯辊控制)；
6) 断面形状监视及平直度开环控制。

E 层流冷却区 (7系统)

7系统由6台MMC216微机组成二级多微机系统，其主要控制功能如下：
(1) 材料跟踪；
(2) 层流冷却控制；
(3) 喷水方式设定和选择；
(4) F_1～F_3除鳞水控制；
(5) 轧辊冷却控制；
(6) 机架间冷却控制。

F 卷取区 (8系统)

8系统由22台微机组成一个三级多微机系统，其控制功能如下：
(1) 热输送辊道速度计算和控制；
(2) 夹送辊和助卷辊开度计算及位置控制；
(3) 侧导板开度计算及位置控制；
(4) 卷取机主卷筒的速度、张力计算及控制；
(5) 夹送辊张力控制；
(6) 助卷辊步进控制；
(7) 钢卷小车、翻卷机等的顺序控制；
(8) 带钢尾部定位控制。

27.7.6 分布式计算机系统在高炉上的应用

某高炉的设计容积为1350m^3，有四座外燃热风炉，皮带上料，并罐无料钟炉顶，它主要用来冶炼钒钛磁铁矿。采用美国西屋电气公司的WDPF系统实现本高炉的控制和管理，高炉的利用系数达到工艺规定的1.75指标。

27.7.6.1 WDPF 的硬件配置

美国西屋公司80年代初期推出的WDPF分布式计算机系统具有很强的适应性，是集计算机、电控、仪控三电一体化的管理、控制和监示的多功能系统。高炉计算机系统的硬件配置图见图27-27所示。

27.7.6.2 各硬件的主要功能

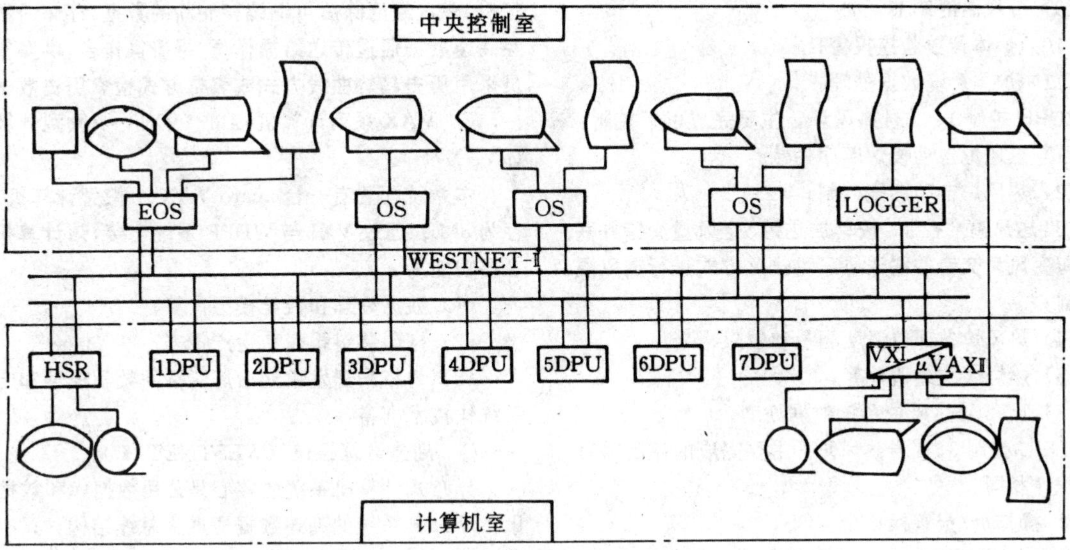

图27-27 高炉计算机系统的硬件配置图

EOS—工程师操作台；OS—操作员/报警操作台；

DPU—分布式处理单元；WESTNET-Ⅱ—西屋公司高速数据通道；

HSR—历史数据存储与检索装置；

LOGGER—记录器；VXI—WDPF系统与μVAX-Ⅱ的接口

A 分布式处理单元（DPU）

计算机系统共设有七台100%冗余化的分布式处理单元，分别控制矿槽、炉顶、炉体和热风炉。

1DPU、2DPU控制矿槽系统，主要完成以下控制：

(1) 烧结矿、杂矿、焦炭槽各矿槽称量漏斗、焦炭集中称量漏斗、矿石中间漏斗等设备的顺序控制。这些设备包括给料机、振动筛、闸门（不包括中间漏斗闸门及焦炭集中称量漏斗闸门）、皮带机、转换溜槽等；

(2) 矿石（烧结矿和杂矿）的称量控制；

(3) 焦炭的称量控制；

(4) 矿石料重的水分补正（矿石水分值为人工CRT设定）；

(5) 焦炭料重的水分补正；

(6) 矿槽贮存量的管理；

(7) 矿槽系统数据处理。

3DPU控制上料系统和炉顶系统主要完成以下控制：

(1)矿石中间漏斗闸门、焦炭集中称量漏斗、闸门、上料主皮带、无料钟炉顶各设备的顺序控制；

(2) 炉顶的均排压控制；

(3) 炉顶洒水控制；

(4) 炉顶煤气成分数据处理；

(5) 布料方式选择；

(6) 料流调节阀开度设定及控制；

(7) 旋转溜槽倾角和旋转角设定及控制；

(8) 料面测量和探尺控制；

(9) 炉顶系数数据处理。

4DPU、5DPU控制炉体系统；主要完成

(1) 炉喉十字架温度测量；

(2) 炉身探测器测温和炉身煤气成分数据处理；

(3) 炉身静压测量及透气性指数计算；

(4) 风口支管流量测量；

(5) 风口、渣口漏水报警；

(6) 炉底和炉体温度测量；

(7) 出铁场铁水温度和铁水罐铁水液面测量；

(8) 炉体冷却板热负荷调节；

(9) 冷风温度调节；

(10) 炉体参数监控报警；

(11) 炉体系统数据处理。

6DPU 控制 1、2 号热风炉，主要完成以下控制：

(1) 热风炉自动换炉顺序控制；

(2) 热风炉自动燃烧控制；

(3) 送风温度控制：按单炉送风、定风量交错并联送风和变风量交错并联送风三种送风方式进行送风温度控制；

(4) 热风炉各部位温度测量和越限报警；

(5) 燃烧煤气热值计算；

(6) 1、2 号热风炉系统数据处理。

7DPU 控制 3、4 号热风炉，主要完成的控制项目与 6DPU 相同。

B 操作员/报警操作台 (OS)

作为人-机接口，本系统配置有三个操作员/报警操作台(OS)和一个不编程时可作为操作员/报警操作台使用的工程师操作台(EOS)。每个操作员/报警操作台由一个 16 位微处理器及内存为 2MB 的磁泡存储器组成。操作员/报警操作台除系统本身提供的各种标准画面，如系统状态、历史趋势、报警等画面外，还根据高炉生产工艺和操作的需要，自行设计了 242 幅主、副画图。CRT 显示各种工艺参数（瞬时的、平均的、累计的、以及历史趋势的），参数报警，工艺流程图，设备状态图，各种参数的人工设定画面，调节阀、电机、阀门的自动/手动操作画面。此外，还可以显示控制的梯形图、回路图，并可在其画面上进行操作和调整。

C 工程师操作台 (EOS)

WDPF 系统的工程师操作台用于高炉系统的数据库建立，软件设计修改和调整。它具有操作员/报警操作台的全部功能，在不编程时可作为操作员/报警操作台使用。工程师操作台配有支持软件设计的系统软件一套，软盘及硬盘驱动器各一台，以及计算机标准键盘和过程键盘各一个。

D 记录器 (LOGGER)

本系统配置有记录器一台。设计有各种固定格式报表 53 张，这些报表可通过随时请求打印和发生事故时自动打印，它用于重要参数的记录打印和发生报警时的参数记录打印。

E 历史数据存储和检索装置 (HSR)

历史数据存储和检索装置是由 16 位微处理器构成的智能化的磁盘机和磁带机。它将公用数据库中的信息直接读取，经处理后存储，当磁盘存满后可写入磁带机。磁盘经清除后可继续存储新的数据，存储的数据经高速数据通道传送给操作员/报警操作台，供操作人员采用历史趋势曲线方式或表格方式检索历史数据。

F VAX 系列计算机接口 (VXI) 及微型计算机 (μVAX-Ⅱ)

本系统配置有一台 micro VAX-Ⅱ微型计算机，内存为 8MB，通过 VXI 与 WDPF 系统连接，该计算机的主要功能为：

(1) 数据处理和数学模型计算；

(2) 打印装料报表和生产报表；

(3) 为将来开发钒钛冶炼所需的数学模型和专家系统作技术准备。

G 高速数据通道 (WESTNET-Ⅱ)

分布式计算机系统的核心是公用数据库和数据通讯。WDPF 系统的高速数据通道为总线结构，具有两种型式：即 WESTNET-Ⅱ (数据传送速度为 2MB/S) 及 V 通道 (数据传送速度为 10MB/S)，可选用同轴电缆或光纤电缆连接。这里采用的是 WESTNET-Ⅱ系统，并采用 100%冗余化的双重系统，以确保通讯的可靠性，连接采用同轴电缆。

27.7.6.3 WDPF 系统的主要特点

WDPF 系统的主要特点如下：

(1) 分布式计算机系统在物理上将总线上的各个站分布在总长为 6km 的范围内，最大的站数可达 254 个。在其控制的功能上，每个控制站各自独立，当其中任何一个站发生故障时，可退出工作而不影响其它站的正常运行，从而实现了功能的分散。从根本上克服了过去上位计算机功能过分集中的缺点，增加了系统配置的灵活性，同时也提高了系统的可靠性。

(2)采用透明数据库，各个站都能随意地访问公用数据库，实现了数据及软件资源的充分共享。

(3) 采用了广播式通信方式，其广播频率有 0.1s 及 1.0s 两种。根据各个 DPU 的广播点数量及其对应的频率，系统保证在采样周期内实现数据的全部更新。在周期性广播结束后，为保证人-机对话的通讯，还设有请求广播方式，使操作站上的画面更新时间不大于 1s。

(4) 高速数据通道如同DPU的功能处理器一样，可选择冗余或非冗余的两种工作方式。当选择冗余型时，数据通道及各个站（冗余型）上的通讯控制器均为双机热备，当其中一个通道或控制器故障时，系统能自动切换至另一个通道或控制器上。

(5)除了工程师操作台可进行编程调试外，还可以利用IBM-PC个人计算机完成上述任务。

(6)有强大的支撑软件设计的系统软件，如数据采集及控制的面向问题的语言(DAC POL)，数据记录的面向问题的语言(LOG POL)及图像过程控制语言等。此外尚有200种以上的算法及60种以上的特殊功能语言。

(7)打破了传统的三电分割体系，将顺序控制、连续调节和数据处理有机地结合在一起，使用统一的功能控制器、通讯控制器、共同的I/O模块类型以及统一的数据通道，从而实现硬件和软件资源的共享，节省了投资，简化了维护。

附录27.1 国外各PC制造厂生产的PC性能比较

国外各PC制造厂生产的PC性能比较见附表27-1。

参考文献

[1] 李章兵，自动化与仪表，(1991)，6.
[2] 石中宽（译），国外自动化，(1991)，4.
[3] 凌惟侯，自动化博览，(1991)，2.
[4] 乔平厚等，化工自动化及仪表，(1991)，3.
[5] 徐文彪，化工自动化及仪表，(1989)，3.
[6] 吴整春，机电工程 (1991)，3.
[7] 王兆义，电工技术，(1991)，6.
[8] 曹国栋，冶金自动化，(1991)，6.
[9] 裴裕洪，武汉自动化，(1990)，4.

附表 27-1　各制造厂 PC 性能表

制造厂名	型　号	系统总 I/O 点	离散 I/O (max)	模拟量 I/O (max)	编程方法：继电器梯形图	编程方法：高级语言	编程方法：布尔代数	PID 能力	位置控制	组态打印	通讯接口类型	扫描速率（每 K）	程序存储器容量	数据存储器容量	局部区域网（LAN）类型	产品国别	注释
ABB IND'L SYSTEMS (Columbus, OH)	MP51	64	64		✓		✓			✓	RS-422	<2ms	999	用户定		瑞典/美国	
	MP100	128	128	64		✓		✓	✓	✓	RS-232/422	用户定	64K			欧洲/美国	
	MP200/1	4000	2000	2000		✓		✓	✓	✓	RS-232/422	用户定	3.5 MB	用户定	Ethernet	欧洲/美国	
APV CREPACO (Lake Mills, WI)	Accos 30	4000	4000	4000	✓	✓	✓	✓		✓	RS-232/422 RS-485	可变	600K	600K	Ethernet Parnet PLC High Ways	英国	
	Accos 33/36	512	512	512	✓	✓	✓	✓		✓	RS-232/422 RS-485	可变	100K			英国	
ASC COMPUTER SYST. (St. Clairshores, MI)	Asc/88	512	512	256	✓	✓	✓	✓	可选	可选	RS-232C，光纤	10ms	512K	128K	Ethernet	美国	
ACCULEX CROP (Taunton, MA)	D-100	14	34	2	✓						RS-422	15ms	2K			日本	
ACTIVE SYSTEMS GROUP (Redmond, WA)	Stepladder	24	24		✓		✓			✓	RS-232C	30ms	0.5K	88		美国	
ADATEK, INC (Sandpoint, ID)	System10	1272	1176	96		✓					RS-232/422	5ms	48K		Modbus	美国	

续附表 27-1

制造厂名	型 号	系统总 I/O 点	离散 I/O (max)	模拟量 I/O (max)	编程方法 继电器梯形图	编程方法 高级语言	编程方法 布尔代数	PID 能力	位置控制	组态打印	通讯接口类型	扫描速率 (每 K)	程序存储器容量	数据存储器容量	局部区域网 (LAN) 类型	产品国别	注释
ALLEN-BRADLEY (Milwaukee, WI and Cleveland, OH)	PLC-3	8192	8192	4096	✓	✓	✓	✓	✓	✓		2.5ms	2M	2M	Proprietary	美国	除 SLS 型号外，其它型号的网络是一种数据通道
	PLC-3/10	8192	8192	4096	✓	✓	✓	✓	✓	✓		2.5ms	128K	128K	Proprietary	美国	
	PLC-2/02	128	128	128	✓	✓	✓	✓	✓	✓		12.5 ms	2K	2K	Proprietary	美国	
	PLC-2/16	256	256	256	✓	✓	✓	✓	✓	✓		12.5 ms	4K	4K	Proprietary	美国	
	PLC-2/17	512	512	256	✓	✓	✓	✓	✓	✓		12.5 ms	7750	7750	Proprietary	美国	
	PLC-2/30	1792	1792	896	✓	✓	✓	✓	✓	✓		5ms	16K	16K	Proprietary	美国	
	PLC-5/10	512	512	256	✓	✓	✓	✓	✓	✓	DH^+	2ms	6K	6K	Proprietary	美国	
	PLC-5/12	512	512	256	✓	✓	✓	✓	✓	✓	DH^+	2ms	6K	6K	Proprietary	美国	
	PLC-5/15	1024	1024	512	✓	✓	✓	✓	✓	✓	DH^+	2ms	14K	14K	Proprietary	美国	
	PLC-5/25	1920	1920	1024	✓	✓	✓	✓	✓	✓	DH^+	2ms	21K	21K	Proprietary	美国	
	PLC-5/40	2048	2048	2048	✓	✓	✓	✓	✓	✓	RS-232/422	0.5ms	48K	48K	Proprietary	美国	
	PLC-5/60	3072	3072	3072	✓	✓	✓	✓	✓	✓	RS-423	0.5ms	64K	64K	Proprietary	美国	
	PLC-5/250	4096	4096	4096	✓	✓	✓	✓	✓	✓	DH^+	<1ms	384K	384K	Ethernet, Proprietary	美国	
	PLC-5/VME	512	512	512	✓	✓	✓	✓	✓	✓	DH^+	2ms	14K	14K	Proprietary	美国	
	SLC-100	112	112	24	✓					✓	RS-422	22ms	885			日本	
	SLC-150	112	112	24	✓					✓	RS-422	4ms	1200			日本	
	SLC-500	72	72	4	✓				✓	✓	DH-485	8ms	1K	4K	DH-485	美国/日本	
	SLC-5/01	256	256	104	✓				✓	✓	DH-485	8ms	4K	16K	DH-485	美国/日本	
	SLC-5/02	480	480	104	✓			✓	✓	✓	DH-485	8ms	4K	16K	DH-485	美国	

续附表 27-1

制造厂名	型号	系统总I/O点	离散I/O(max)	模拟量I/O(max)	编程方法：继电器梯形图	编程方法：高级语言	编程方法：布尔代数	PID能力	位置控制	组态打印	通讯接口类型	扫描速率(每K)	程序存储器容量	数据存储器容量	局部区域网(LAN)类型	产品国别	注释
AMERICAN AUTOGARD (Rockford, IL)	E6550	32	32	12		√	√		√		20mA	200μs	2K	2K	Proprietary	美国	
	E6600	32	32	12		√	√		√		20mA	160μs	2K	2K	Proprietary	美国	
ANDERSON CORNELIUS (Minnetonka, MN)	APC-3	240	240	240	√	√	√		√		RS-232/422,光纤	0.1s				美国	I/O点数为每个控制器的点数
	MCU-500F	240	240	240	√	√			√		RS-232/422,光纤	0.1s				美国	
	RPC	240	240	240	√	√			√		光纤	0.1s				美国	
APPLIEDTECH SYSTEMS (Shreveport, LA)	AP41	9	9							√	RS-232C		8K			美国	
APRIL S. A. I CONY AUTOMATION INC. (Troy, MI)	PB80	320	320		√	√		√			RS-232/422，20mA	1.5ms	2K	5K	JBUS LAN	法国	
	SMC35	304	304	152	√	√	√	√	√	√	RS-232C，20mA	2.5ms	8K	3K	JBUS LAN	法国	
	SMC50	288	288	72	√	√	√	√	√	√	RS-232C，20mA	2.5ms	8K	3K	JBUS LAN	法国	
	SMC600	2048	2048	256	√	√	√	√	√	√	RS-232C，20mA	1.7ms	32K	12K	JBUS LAN	法国	
	A2000	256	256	54	√	√	√	√	√	√	RS-232C，RS-485		64K	16K	RS-232/422，JBUS LAN	法国	
	A5000	1024	1024	512	√	√	√	√	√	√	RS-232C，RS-485	<1ms	128K	96K	RS-232/422，JBUS LAN	法国	
	A7000	4096	4096	2048	√	√	√	√	√	√	RS-232C，RS-485	<1ms	320K	400K	RS-232/422，JBUS LAN	法国	
AUGUST SYST. LTD (Crawley, UK)	Trigard/cs 330s	7000	7000	3000	√	√	√		√		RS-232/422	15μs	750K		Peer to Peer Net	美国	

续附表 27-1

制造厂名	型号	系统总 I/O 点	离散 I/O (max)	模拟量 I/O (max)	编程方法 继电器梯形图	编程方法 高级语言	编程方法 布尔代数	PID 能力	位置控制	组态打印	通讯接口类型	扫描速率 (每 K)	程序存储器容量	数据存储器容量	局部区域网 (LAN) 类型	产品国别	注释
AUTOMATIC TIMING & CONTROLS (king of Prussia, PA)	ATCOM64	72	64	8		✓		✓	✓	✓	RS-232C，RS-485	2～7ms	8K	14450	Propietary	美国	
AUTOMATION SYSTEMS (Eldridge, IA)	PAC-5	1024	1024	512	✓	✓	✓	✓	✓		RS-232/422	1.1ms	64K	768K		美国	共 12 个通讯口
B&R INDUSTRIAL AUTOMATION (Roswell, GA)	Minicontrol	180	180	16	✓	✓	✓	✓	✓		RS-232/422 RS-485 20mA	4ms	16K	16K	Mininet	奥地利	
	M264	264	264	40	✓	✓	✓	✓	✓	✓		2.5ms	42K	42K	Multinet	奥地利	
	Midicontrol	192	192	64	✓	✓	✓	✓	✓	✓		4ms	16K	16K	Multinet	奥地利	
	Multicontrol CP40	1024	1024	128	✓	✓	✓	✓	✓	✓		4ms	16K	16K	Multinet	奥地利	
	Multicontrol CP60/80	1536	1536	128	✓	✓	✓	✓	✓	✓	RS-232/422，RS-485，20mA	2ms	42K	128K	Multinet	奥地利	
BALLEY CONTROLS (Wickliffe, OH)	IMMFP02	1024	1024	1024	✓	✓	✓	✓		✓	RS-232C，RS-485	20ms	320K	250K	RS-232/422 Propietary	美国	
	IMMFP01	1024	1024	1024	✓	✓	✓	✓		✓	RS-232C，RS-485	20ms	370K	372K		美国	
	CSC01	64	64		✓	✓	✓			✓	RS232C	20ms	144K	128K	Propietary	美国	
BASICON (Portland, OR)	SBC-64A	64	64		✓	✓	✓	✓			RS-232/422		8K	8K		美国	
BLUE EARTH RESEARCH (Mankato, MN)	MICRO-440	21	14	14		✓	✓		✓	✓	RS-232C		32K	32K		美国	

续附表 27-1

制造厂名	型　号	系统总I/O点	离散I/O (max)	模拟量I/O (max)	编程方法：继电器梯形图	编程方法：高级语言	编程方法：布尔代数	PID能力	位置控制	组态打印	通讯接口类型	扫描速率（每K）	程序存储器容量	数据存储器容量	局部区域网(LAN)类型	产品国别	注释
R. BOSCH CROP. (Collinsville, CT)	CL100	64	64		√				√		20mA	10ms	1K			德国	
	CL300	1024	1024	64	√			√	√		RS-232/422	16ms	32K			德国	
	PC600	4096	4096	64	√		√	√	√		RS-232/422	3.5ms	64K			德国	
BOSTON GEAR (Quincy, MA)	Mac One Plus	168	168	24	√	√	√		√		RS-232/422	12ms	3.7K	144	GENET	美国	
	Mac 90-30	512	512	128	√	√	√		√	√	RS-232/422	0.4ms	8K	2K	GENUS LAN	美国	
BRIT. BROWN-BOVARI (Telford, Eng.)	K200	128	128			√			√			5ms	2K			德国	
	Proconic B	1024	768	256	√	√	√	√	√		RS-232/422	2.5ms	512			德国	
	DP800	4000	3000	1000		√	√	√	√		RS-232/422	1ms				英国	
	P214	1164	1100（每站）	64（每站）		√	√	√	√		RS-232/422，RS-423	2ms	700K			英国	
CEGELEC AUTOMATION INC. (Southfield, MI)	MICROGEM/60	160	160		√					√	20mA	1.25ms	2K	2000		英国	
	GEM80/131	512	512	32	√	√	√	√	√	√		0.40ms	256K	24000		英国	
	GEM80/140	2048	2048	128	√	√	√	√	√	√		1.25ms	256K	15000		英国	
	GEM80/160	16384	16384	1024	√	√	√	√	√	√	RS-232/422，RS-485，20mA	1.25ms	512K	30000	Proprietary	英国	
	GEM80/300/310	16384	16384	1536	√	√	√	√	√	√		1.25ms	512K	24000		英国	
	GEM80/730	32768	32768	2560	√	√	√	√	√	√		1.25ms	512K	24000		英国	

续附表 27-1

制造厂名	型号	系统总I/O点	离散I/O (max)	模拟量I/O (max)	编程方法 继电器梯形图	编程方法 高级语言	编程方法 布尔代数	PID能力	位置控制	组态打印	通讯接口类型	扫描速率(每K)	程序存储器容量	数据存储器容量	局部区域网(LAN)类型	产品国别	注释
CINCINNATI MILACRON, ELECTR. SYST. (Lebanon, OH)	APC500RELAY	512	512	64	✓	✓		✓	✓		RS-232/422, RS-485	1ms	128K		Propietary	美国	
	APC500MCL	2048	2048	64	✓	✓	✓	✓	✓			1ms	64K			美国	
CONTROL SYST. INTL (Dallas, TX)	Syst. 7400	76	48	28	✓		✓	✓		✓	RS-485	1s	17K		Ethernet	美国	
CONTROL TECH. (Hopkinton, MA)	2200XM	240	160	80		✓		✓	✓	✓	RS—232C		8K	2. 5K	Ethernet (*)	美国	*：在开发中
	2600	240	160	80		✓		✓	✓	✓	RS—232C		12K	4K		美国	
	2600-10	480	320	160		✓		✓	✓	✓	RS—232C		12K	4K		美国	
	2800iE	1280	1024	256		✓		✓	✓	✓	RS—232C		12K	4K		美国	
CREATIVE CONTROL SYST. (Rockton, IL)	DC1	52	48	4		✓			✓	✓	RS-232C		32K			美国	
CROUZET CONTROLS (Schaumburg, IL)	CMP-31	32	32	8		✓			✓			7ms	2K		Propietary	法国	
	CMP-34	256	256	64		✓			✓			7ms	4K			法国	
	CMP-340	512	512			✓			✓			7ms	8K			法国	

续附表 27-1

制造厂名	型号	系统总I/O点	离散I/O(max)	模拟量I/O(max)	编程方法 继电器梯形图	编程方法 高级语言	编程方法 布尔代数	PID能力	位置控制	组态打印	通讯接口类型	扫描速率(每K)	程序存储器容量	数据存储器容量	局部区域网(LAN)类型	产品国别	注释
DATEN LTD.（Nepean，Ont. Can.）	dDCX530	11	8	3	√	√	√	√	√			1ms	40K		Bitbus	加拿大	
	dDCX531	22	16	6	√	√	√	√	√			1ms	40K		Bitbus	加拿大	
	dDCX535	19	16	3	√	√	√	√	√			1ms	40K		Bitbus	加拿大	
	dDCX536	38	32	6	√	√	√	√	√			1ms	40K		Bitbus	加拿大	
	dDCX537	24	24		√	√	√	√	√			1ms	40K		Bitbus	加拿大	
	dDCX538	64	64			√	√	√	√			1ms	40K		Bitbus	加拿大	
	dDCX2000	160	160	64		√	√	√	√	√		1ms		40K	Bitbus	加拿大	
	Ultimate64	64	64		√	√	√	√	√		RS-232C	1ms	40K		Bitbus	加拿大	
DI-AN MICRO SYSTEMS（Stockport，England）	DMS563	128	128	64		√		√	√	√	RS-232/422		48K			英国	
DIGITRONICS SIXNET（Clifton Park，NY）	IOMUX	16K（每个控制器）	512	256		√	√	√	√	√	RS-232/422	2ms	256K	128K	Propietary	美国	
	IOMUX-RTU	16K（每个控制器）	512	256		√	√	√	√	√	RS-232/422	2ms	256K	128K	Propietary	美国	

续附表 27-1

制造厂名	型　号	系统总I/O点	离散I/O(max)	模拟量I/O(max)	编程方法 继电器梯形图	编程方法 高级语言	编程方法 布尔代数	PID能力	位置控制	组态打印	通讯接口类型	扫描速率(每K)	程序存储器容量	数据存储器容量	局部区域网(LAN)类型	产品国别	注释
DIVELBISS CROP. (Fredericktown, OH)	Boss Bear	256	256	56		√		√	√	√	RS-232C		128K	128K	Bear Direct	美国	
	Baby Bear	58	58		√					√						美国	
	Bear Bones	249	249		√					√		5ms	4K			美国	
	PIC Bear Bones	249	249		√					√		5ms	16K			美国	
DYNAGE/OAK-LEAF INC. (Canistota, SD)	SAFE8000	2176	2048	128		√	√		√		RS-232/422		40K			美国	
EAGLE SIGNAL CONTROLS (Austin, TX)	Micro 190	128	128		√		√		√		RS-232C, RS-485	3ms	16K	1K	Proprietary Ecomnet	美国	
	Micro 190+	128	128	28	√		√	√	√	√	RS-232C, RS-485	3ms	16K	1K	Proprietary Ecomnet	美国	
	Eptak 225	128	128		√		√				RS-485	3ms	14K	1K	Proprietary Ecomnet	美国	
	Eptak 245	128	128	32	√		√	√			RS-485	3ms	14K	1K	Proprietary Ecomnet	美国	
	Eagle 1	896	896		√		√		√	√	RS-232/422 RS-485	0.75 ms	36K	10K	Proprietary Ecomnet	美国	
	Eagle 2	896	896	256	√		√	√	√	√	RS-232/422 RS-485	0.75 ms	36K	10K	Proprietary Ecomnet	美国	
	Eagle 3	2048	2048	1144	√		√	√	√	√	RS-232/422 RS-485	0.75 ms	36K	10K	Proprietary Ecomnet	美国	
	Eptak 7000	2048	2048	1144	√	√	√	√	√	√	RS-232/422 RS-485	0.75 ms	46K	46K	Proprietary Ecomnet	美国	
	CP 8000	2048	2048	1144	√	√	√	√	√	√	RS-232/422 RS-485	0.75 ms	36K	10K	Proprietary Ecomnet	美国	

续附表 27-1

制造厂名	型号	系统总I/O点	离散I/O(max)	模拟量I/O(max)	编程方法 继电器梯形图	编程方法 高级语言	编程方法 布尔代数	PID能力	位置控制	组态打印	通讯接口类型	扫描速率(每K)	程序存储器容量	数据存储器容量	局部区域网(LAN)类型	产品国别	注释
EATON CROP.-CUTLER-HAMMER（Milwaukee, WI）	D100																
	CR14	34	34	2	√					√	RS-232/422	10ms	1K			美国/日本	
	CR20A	40	40	2	√					√	RS-232/422	10ms	1K			美国/日本	
	CR40A	80	80	2	√					√	RS-232/422	10ms	1K			美国/日本	
	CR40H	120	120		√					√	RS-232/422	10ms	1K			美国/日本	
	D200																
	PR4	240	240		√			√	√	√	RS-232C	0.9ms	4K	1536	Easynet	美国/日本	
	PR4C	240	240	32	√				√	√	RS-232/422	0.9ms	4K	1536	Easynet	美国/日本	
	D500																
	CPU25A	992	992	64	√			√	√	√	RS-232/422	0.9ms	4K	1536	Easynet	美国/日本	
	CPU50A	1504	1504	96	√			√	√	√	RS-232/422	0.9ms	8K	1536	Easynet	美国/日本	
ELECTROMATIC CONTROLS CORP.（Hoffman Estates, IL）	230816	56	56		√				√			30ms	1.5K			丹麦	
	330816	56	56		√				√			30ms	1.5K			丹麦	
	300606	12	12		√							30ms	1.5K			丹麦	
	PLCF223232	64	64	4	√				√			30ms	1.5K			丹麦	
	PLCF323232	64	64	4	√				√			30ms	1.5K			丹麦	

续附表 27-1

制造厂名	型号	系统总 I/O 点	离散 I/O (max)	模拟量 I/O (max)	编程方法 继电器梯形图	编程方法 高级语言	编程方法 布尔代数	PID 能力	位置控制	组态打印	通讯接口类型	扫描速率 (每 K)	程序存储器容量	数据存储器容量	局部区域网 (LAN) 类型	产品国别	注释
ENCODER PROD. CO. (Sandpoint, ID)	7152/7252	360	360	210		√		√	√	√	RS-232/422, RS-485		52K		Bitbus	美国	
	Synergy	14000	14000	2000		√	√	√	√	√			48MB	4MB	Bitbus	美国	
ENTERTRON INDUST. (Gasport, NY)	SK-1600R	56	56		√	√				√		15ms	6K	1K		美国	
	SK-1600R-SA	58	56	2	√	√				√	RS-232C	15ms	6K	2K		美国	
	SK-1600	64	64		√	√				√		15ms	4K	1K		美国	
	SK-1800	88	88		√	√			√	√		1.6ms	6K	2K		美国	
FESTO CROP. (Hauppauge, NY)	FPC-101AF	36	36	10	√	√				√	RS-232C	0.8ms	32K			德国	
	FPC-101B	36	36		√	√				√	RS-232C	0.8ms	32K			德国	
	FPC-202C	128	128		√	√				√	RS-232C, 20mA	1.2ms	32K			德国	
	FPC-404	384	384	60	√	√		√	√	√	RS-232, RS-488, 20mA	3ms	32K		Token Passing Net	德国	
FF-ELEKTRONIKKA FREDRIKSSON KY (Vantaa, Finland)	AL32	64	64	19	√	√	√	√	√	√	RS-232C	20ms	4K	4K		芬兰	
	AL38	164	164	8	√		√	√		√	RS-232C	15ms	4K	4K		芬兰	
	AL64	176	128	64	√		√	√	√	√	RS-232C.	20ms	2K	4K		芬兰	
	AL2048	2048	2048	512	√	√	√	√	√	√	RS-232C	3ms	16K	20K	Arcnet	芬兰	
FURNAS ELECTRIC (Batavia, IL)	PC/96	256	256	56	√		√		√	√	RS-488, RS-422	5ms	2K			美国	
	PC/96 Plus	480	480	56	√		√	√	√	√	RS-488, RS-422	5ms	5K			美国	
	96JM12	32	32		√		√			√	RS-422	6ms	1K			日本	
	96KM20	40	40	6	√	√		√	√		RS-232/422	6ms	1K			日本	
	96KM40	80	80	10	√	√		√	√		RS-232/422	6ms	2K			日本	
	96KM60	120	120	20	√	√		√	√		RS-232/422	6ms	2K			日本	

续附表 27-1

制造厂名	型　号	系统总I/O点	离散I/O (max)	模拟量I/O (max)	编程方法 继电器梯形图	编程方法 高级语言	编程方法 布尔代数	PID能力	位置控制	组态打印	通讯接口类型	扫描速率（每K）	程序存储器容量	数据存储器容量	局部区域网（LAN）类型	产品国别	注释
GE FANUC AUTOMATION（Charlottesville，VA）	Series ONE JR	96	96		√		√				RS-422	40ms	700		GENET	日本	
	Series ONE	112	112		√		√				RS-422	40ms	1.7K		GENET	日本	
	Series ONE/E	112	112	24	√	√	√				RS-422	12ms	1.7K		GENET	日本	
	Series FIVE	2048	2048	512	√	√		√	√		RS-232/422	1ms	16K		GENET		
	Series SIX PLUS	8000	8000	992	√	√		√	√		RS-232/422	0.8ms	64K		GENET		
	Series 90Model 20/211	28	28		√		√			√	RS-485，RS-422	18ms	1K	256		美国	
	Series 90Model 30/311		80	96	√		√	√		√	RS-485，RS-422	18ms	3K	512	Genius LAN	美国	
	Series 90Model 30/331		512	192	√	√	√	√		√	RS-485，RS-422	0.4ms	8K	2K	Genius LAN	美国	
	Series 90Model 70/731		512	256	√	√		√	√	√	RS-232/422	0.4ms	16K	16K	Ethernet，Genius LAN	美国	
	Series 90Model 70/771		2048	1024	√	√		√	√	√	RS-232/422	0.4ms	256K	16K		美国	
	Series 90Model 70/781		12K	4K	√	√		√	√	√	RS-232/422	0.4ms	256K	16K		美国	
	Series ONE PLUS	168	168	24	√	√	√				RS-422	12ms	3.7K		GENET	日本	
G & L ELECTRONICS（Fond du Lac，WI）	PiC 4.9	45	40	5	√	√		√	√	√	RS-232/422	0.75 ms	68K			美国	
	PiC 49	232	232	120	√	√	√	√	√	√	RS-232/422	0.57 ms	268K		Propietary Picnet（76.8KB）	美国	
	PiC 409	2032	2032	120	√	√	√	√	√	√	RS-232/422	0.57 ms	268K			美国	
	PiC 0	128	128	32	√	√	√	√	√	√	RS-232/422	6ms	2K			美国	
	PiC 900	2816	2816	704	√	√	√	√	√	√	RS-232/422	0.38 ms	256K	256K	Arcnet，Nexnet	美国	
	PiC 900 Tur bo	2816	2816	704	√	√	√	√	√	√	RS-232/422	0.19 ms	256K	256K		美国	

续附表 27-1

制造厂名	型　号	系统总I/O点	离散I/O(max)	模拟量I/O(max)	编程方法			PID能力	位置控制	组态打印	通讯接口类型	扫描速率(每K)	程序存储器容量	数据存储器容量	局部区域网(LAN)类型	产品国别	注释
					继电器梯形图	高级语言	布尔代数										
GRAYHILL，INC.(La Grange，IL)	ProMux/72-PMO—2—2	4096	4096		√	√	√			√	RS-485，RS-422		8K			美国	
HMW ENTERPRISES (Waynesboro，PA)	MPCII	512	512	30	√	√			√	√	RS-232C		28K	62K		美国	
	MPCII-T	256	256	32	√	√			√	√	RS-232C		256K	300K	注 1	美国	注 1:DH-485，Modbus Plus 注 2:Ethernet DH-485，Modbus Plus
	MPCII-E	512	512	30	√	√			√	√	RS-232C		768K	1.3M	注 2	美国	
HAWKER SIDDELEY (Welwyn Gardens，UK)	SEQUEL	4650	4096	544		√	√		√	√	RS-232C		56K			英国	
	SM-PLC	25	19	6		√	√		√		RS-232C		8K			英国	
HONEYWELL INDUST. CONTROLS DIV. (York，PA)	620-12	256	256	256	√	√		√	√	√	RS-485，ASCIINET	2.5ms	2K		Multidrop	美国	
	620-16	1024	1024	1024	√	√		√	√	√	RS-485，ASCIINET	2.5ms	8K		Multidrop	美国	
	620-35	2048	2048	2048	√	√		√	√	√	RS-232C，RS-485	2.5ms	32K		Multidrop	美国	
	620-36	2040	2040	2040	√	√		√	√	√	RS-485，ASCIINET	2.5ms	32K		Multidrop	美国	
INEC SYSTENS & CONTROLS CORP. (Sunnyvale，CA)	Micro-1	28			√		√				RS-232C	8.5ms	600 步			日本	
	FA-2J	256	256		√						RS-232C	3ms	4K			日本	
INDUST. CNTRL. LKS. (Oakland，CA)	ICL-1100	512	512	128	√	√					RS-232/422	1ms	48K			美国	
	ICL-1100/OEM	4000	4000	128	√	√					RS-232/422	1ms	48K			美国	

续附表 27-1

制造厂名	型　号	系统总I/O点	离散I/O (max)	模拟量I/O (max)	编程方法 继电器梯形图	编程方法 高级语言	编程方法 布尔代数	PID能力	位置控制	组态打印	通讯接口类型	扫描速率(每K)	程序存储器容量	数据存储器容量	局部区域网(LAN)类型	产品国别	注释
INDUST. INDEXING SYSTEMS (Victor，NY)	VEM-1000		4					√	√		RS-232C，20mA	<3ms			VMEbusnet	美国	
	MM-10+		10	8					√	√	RS-232C，20mA	<3ms				美国	
	MSC-100		40			√		√	√	√	RS-232C，20mA	<3ms	12K			美国	
	MSC-800		72	96		√		√	√	√	RS-232C，20mA	<3ms	16K			美国	
INTL. PARALLEL MACHINES（New Bedford，MA）	IP1610	26	26	4	√			√	√		RS-232C	20ms	500 步			美国	
	IP1612	28	28	4	√			√	√		RS-232C	20ms	500 步			美国	
	IP1612-DC	28	28	4	√			√	√		RS-232C	20ms	500 步			美国	
JOHNSON YOKOGAWA CROP. (TOKYO，Japan)	FA500	2048	2048	608	√	√					RS-232/422	0.16 ms	280K	4K	Propietary，ML-Bus	日本	
KEYENCE CROP. (Fairlawn. NJ)	KX10	10	10		√		√		√			200μs	0.6K	0.3K		日本	
	KX16	16	16		√		√		√	√		200μs	0.6K	0.3K		日本	
KLOCKNER-MOELLER CROP. (Natick，MA)	PS3	152	128	20	√		√	√	√		RS-485	<1.5 ms	3.6K	4K	Suconet	德国	
	PS31G	3344	3056	288	√		√	√	√		RS-485	0.5ms	32K	32K	Suconet	德国	
	PS32	3360	3072	288	√		√	√	√		RS-232/422，RS-485	2 ms	32K	32K	Suconet	德国	
LEEDS & NORTHROP (North Wales，PA)	Micromax	3600	3600	1200	√			√		√	RS-485	100ms	2400		DH-485	美国	最大 16 个 CPU

续附表 27-1

制造厂名	型　号	系统总I/O点	离散I/O(max)	模拟量I/O(max)	编程方法			PID能力	位置控制	组态打印	通讯接口类型	扫描速率(每K)	程序存储器容量	数据存储器容量	局部区域网(LAN)类型	产品国别	注释
					继电器梯形图	高级语言	布尔代数										
MEGASYSTEMS (Boca Raton，FL)	ACE	256	256	256		✓		✓		✓	RS-232/422		750K		Proprietary	美国	
MCGILL MFG. CO. ELEC. DIV (Valparaiso，IN)	1701-2000	472	472	16	✓					✓	RS-232C	3～4ms	4K			美国	
	1701-7000	512	512	32	✓				✓	✓	RS-232C	3～4ms	8K			美国	
MILLER FLVID POWER (Bensenville，IL)	Epic 24	48	48		✓					✓	RS-232/422	7ms	1000			日本	
	Epic 40	120	120		✓					✓	RS-232/422	7ms	1000			日本	
MINARIK ELECTRIC (Glendale，CA)	LS 1000A	120	120		✓	✓					RS-422	4. 3ms	3K	1K		美国	
	WP 6200	24	24			✓							512			美国	
MITSUBISHI ELECT. SALES AMERICA (Mt. Praspect，IL)	F1	120	120	18	✓	✓	✓		✓		RS-232C	12ms	1K	128		日本	
	FX	128	128	24	✓	✓	✓		✓		RS-232/422	0. 74 ms	8K	3308		日本	
	A1S	256	256		✓	✓	✓		✓	✓	RS-232/422，RS-485				M-Net	日本	
	A2C	512	512		✓	✓	✓		✓	✓	RS-232/422				M-Net	日本	
	A1N	256	256		✓		✓	✓	✓	✓	RS-232/422				Arcnet	日本	
	A2N	512	512		✓		✓	✓	✓	✓	RS-232/422				Arcnet	日本	
	A3N	2048	2048		✓		✓	✓	✓	✓	RS-232/422				Arcnet	日本	
	A3M	2048	2048		✓	✓	✓		✓	✓	RS-232/422				Arcnet	日本	
	A2A	512	512		✓	✓	✓	✓	✓	✓	RS-232/422				Arcnet	日本	
	A3A	2048	2048		✓	✓	✓	✓	✓	✓	RS-232/422				Arcnet	日本	

续附表 27-1

制造厂名	型号	系统总I/O点	离散I/O(max)	模拟量I/O(max)	编程方法 继电器梯形图	编程方法 高级语言	编程方法 布尔代数	PID能力	位置控制	组态打印	通讯接口类型	扫描速率(每K)	程序存储器容量	数据存储器容量	局部区域网(LAN)类型	产品国别	注释
MODICON，INC. (N. Andover，MA)	Micro 984	120	112	12	✓	✓				✓	RS-232C	5ms	6K	2K		日本	
	984-120	1024	256	64	✓	✓		✓	✓	✓	RS-232C	5ms	1.5K	2K		美国	
	984-130	1024	256	64	✓	✓		✓	✓	✓	RS-232C	5ms	4K	2K		美国	
	984-145	1024	256	64	✓	✓		✓	✓	✓	RS-232C	5ms	8K	2K	Modbus Plus	美国	
	984-380	1024	256	64	✓	✓		✓	✓	✓	RS-232C	5ms	6K	2K		美国	
	984-381	1024	512	64	✓	✓		✓	✓	✓	RS-232C	5ms	6K	2K		美国	
	984-385	1024	512	64	✓	✓		✓	✓	✓	RS-232C	5ms	6K	2K	见注释	美国	Peer to peer，
	984-480	7168	1024	448	✓	✓		✓	✓	✓	RS-232C	5ms	8K	2K		美国	Modbus Plus
	984-485	7168	1024	448	✓	✓		✓	✓	✓	RS-232C	5ms	8K	2K	Peer to Peer	美国	
	984-680	32768	1024	1920	✓	✓		✓	✓	✓	RS-232C	3ms	16K	4K	Peer to Peer	美国	
	984-685	32768	2048	1920	✓	✓		✓	✓	✓	RS-232C	3ms	16K	4K	Peer to Peer	美国	
	984X	32768	2048	1920	✓	✓		✓	✓	✓	RS-232C	0.75 ms	8K	2K	Peer to Peer	美国	
	984A	32768	2048	1920	✓	✓		✓	✓	✓	RS-232C	0.75 ms	32K	2K	Peer to Peer	美国	
	984-780	65536	16384	4096	✓	✓		✓	✓	✓	RS-232C	1.5ms	32K	12K	Peer to Peer	美国	
	984-785	65536	16384	4096	✓	✓		✓	✓	✓	RS-232C	1.5ms	32K	12K	Peer to Peer	美国	
	984B	65536	16384	4096	✓	✓		✓	✓	✓	RS-232C	0.75 ms	64K	12K	Peer to Peer	美国	

续附表 27-1

制造厂名	型号	系统总I/O点	离散I/O (max)	模拟量I/O (max)	编程方法 继电器梯形图	编程方法 高级语言	编程方法 布尔代数	PID能力	位置控制	组态打印	通讯接口类型	扫描速率(每K)	程序存储器容量	数据存储器容量	局部区域网(LAN)类型	产品国别	注释
OMRONFA SYSTEMS (Schaumburg, IL)	C20K	140	140	16	✓		✓			✓	RS-232/422，光纤	10ms	1.2K	64		美国	
	C28K	140	140	16	✓		✓			✓	RS-232/422，光纤	10ms	1.2K	64		美国	
	C40K	140	140	16	✓		✓	✓	✓	✓	RS-232/422，光纤	10ms	1.2K	64		美国	
	C20H	140	140	36	✓		✓	✓	✓	✓	RS-232/422，光纤	0.75ms	2.8K	2K		日本	
	C28H	148	148	36	✓		✓	✓	✓	✓	RS-232/422，光纤	0.75ms	2.8K	2K		日本	
	C40H	160	160	36	✓		✓	✓	✓	✓	RS-232/422，光纤	0.75ms	2.8K	2K		日本	
	C20	84	84		✓		✓			✓	RS-232/422，光纤	10ms		2K		日本	
	C200H	384	384	40	✓		✓	✓	✓	✓	RS-232/422，光纤	0.75ms	6.9K	2K	Sysmac Network	日本	
	C500	512	512	64	✓		✓	✓	✓	✓	RS-232/422，光纤	5ms	6.6K	512		日本	
	C1000H	1024	1024	64	✓		✓	✓	✓	✓	RS-232/422，光纤	0.4ms	32K	4K		日本	
	C2000H	2048	2048	64	✓		✓	✓	✓	✓	RS-232/422，光纤	0.4ms	32K	6.6K		日本	可用冗余CPU
PHILIP B. V. (Eindhoven, Netherlands)	MC30	120	120		✓	✓				✓	RS-232/422，RS-485	2ms	2K		Multidrop	荷兰	
	PC20	2000	2000	300	✓	✓		✓	✓	✓		1ms	16K		Multidrop	荷兰	
PHOENIX DIGITAL CROP. (Phoenix, AZ)	DPAC80	1152	384	768	✓	✓	✓	✓	✓	✓	RS-232/422	可变	192K	128K	Optonet	美国	
PRO-LOG CROP. (Monterey, CA)	BusBox/IPLC	6000	4096	832	✓	✓		✓	✓	✓	RS-232/422	1ms	96k	96K	见注释	美国	Arcnet Ethernet

续附表 27-1

制造厂名	型号	系统总I/O点	离散I/O(max)	模拟量I/O(max)	编程方法：继电器梯形图	编程方法：高级语言	编程方法：布尔代数	PID能力	位置控制	组态打印	通讯接口类型	扫描速率(每K)	程序存储器容量	数据存储器容量	局部区域网(LAN)类型	产品国别	注释
	shark X	60	60	4	√						Proprietary	5ms	1K	384		日本	
	shark XL	160	160	16	√						Proprietary	5ms	2K	512		日本	
RELIANCE ELECTRIC（Cleveland，OH）	AutoMate 15	64	64		√						RS-232C	4ms	1K	56	R-Net	美国	
	AutoMate 15E	64	64	16	√					√	RS-232C	10ms	2K	512	R-Net	美国	
	AutoMate 20	256	256		√	√					RS-232C	10ms	2K	512	R-Net	美国	
	AutoMate 20E	256	256	64	√	√		√			RS-232C	10ms	4K	2944	R-Net	美国	
	AutoMate 30	512	512	128	√	√		√			RS-232C	2ms	8K	5120	R-Net	美国	
	AutoMate 40	8192	8192	2048	√	√			√		RS-232C	0.8ms	104K	56K	R-Net	美国	
	DCS 5000	12K	12K	4K	√	√			√	√	RS-232C	用户定	80K	64K	见注释	美国	Ethernet，Modbus，R-Net，DCS Net
	AutoMax DCS	12K	12K	4K	√	√		√	√		RS-232C	用户定	150K	64K	见注释	美国	Ethernet，Modbus，R-Net，DCS Net
ROBBINS & MYERS/ELECTROCRAFT（Eden Prairie，MN）	PRO-400/450	25	24	1		√		√	√		RS-232/422		8-32K			美国	

续附表 27-1

制造厂名	型号	系统总I/O点	离散I/O (max)	模拟量I/O (max)	编程方法 继电器梯形图	编程方法 高级语言	编程方法 布尔代数	PID能力	位置控制	组态打印	通讯接口类型	扫描速率(每K)	程序存储器容量	数据存储器容量	局部区域网(LAN)类型	产品国别	注释
SATTCONTROL/ ALFA-LAVAL INC.（Scarborough, ON, CN）	CU05-25	240	240	54	√		√	√		√		3ms	32K	4344		瑞典	
	CU05-45	240	240	54	√		√	√	√	√		3ms	32K	4344		瑞典	
	CU05-65	240	240	54	√	√	√	√	√	√		3ms	32K	1.5K		瑞典	
	CU05SB	240	240	54	√		√	√		√		3ms	32K	4344		瑞典	
	CU05-45SB	240	240	54	√		√	√	√	√		3ms	32K	4344	Proprietary	瑞典	
	OP45	240	240	64	√		√	√	√	√		3ms	32K	4344		瑞典	
	OP45-SB	240	240	64	√		√	√	√	√	RS-232/422，RS-485	3ms	32K	4344		瑞典	
	OP-65	240	240	64	√	√	√	√	√	√		3ms	32K	1.5K		瑞典	
	SC15-10X	512	512	128	√	√	√	√	√	√		3ms	27K	1.5K		瑞典	
	SC15-20X	512	512	128	√	√	√	√	√	√		3ms	27K	1.5K	Modbus，	瑞典	
	SC60	4096	4096	1536	√	√	√		√	√		1.1ms	3.5M	26.4K	Propietary	瑞典	
	SC115	2560	512	64	√	√	√		√	√	RS-232/422	0.8ms	16K	8K	Proprietary	瑞典	
	SC125	4096	2048	128	√	√	√		√	√	RS-232/422	0.4ms	64K	32K	Proprietary	瑞典	
	SC31-10	2560	2560	960	√	√	√	√	√	√	RS-232/422，	1.8ms	64K	8447	Modbus，	瑞典	
	SC31-50	2368	2368	888	√	√	√	√	√	√	RS-485，	1.8ms	1024K	8447	Proprietary	瑞典	
	SC31-90	2560	2560	960	√	√	√	√	√	√	光纤	1.1ms	2M	8447		瑞典	
SELECTRON LYSS AG（Lyss，Switzerland）	PMC10	160	160	36	√	√	√	√	√	√	RS-232C	2.5ms	2.5K	1K		瑞士	
	PMC20	144	144	41	√	√	√	√	√	√	RS-232C，RS-485	2.5ms	2.5K	1K	Bitbus	瑞士	
	PMC30	256	256	128	√	√	√	√	√	√	RS-232C/422，RS-485	2.5ms	4K	1K	Bitbus	瑞士	
	PMC40	1408	1408	704	√	√	√	√	√	√	RS-232/422，RS-485	2.5ms	16K	5000	Bitbus	瑞士	

续附表 27-1

制造厂名	型号	系统总I/O点	离散I/O (max)	模拟量I/O (max)	编程方法：继电器梯形图	编程方法：高级语言	编程方法：布尔代数	PID能力	位置控制	组态打印	通讯接口类型	扫描速率（每K）	程序存储器容量	数据存储器容量	局部区域网（LAN）类型	产品国别	注释
SIEMENS ENERGY & AUTOMATION (Roswell, GA)	S5-90U	16	168		√	√	√				RS-232/422	<2ms		4K	RS-422	德国	
	S5-95U	41	32	9	√	√	√				RS-232/422	<2ms		8K	RS-422	德国	使用 CPU102
	S5-100U	256	256	16	√	√	√				RS-232/422	7ms	4K	4K	Proprietary	德国	CPU103
	S5-100U	256	256	32	√	√	√	√			RS-232/422	1.6ms	20K	20K	Proprietary	德国	CPU941
	S5-115U	512	512	128	√	√	√		√		RS-232/422	30ms	18K	18K		德国	CPU942
	S5-115U	2048	2048	128	√	√	√	√	√		RS-232/422	18ms	42K	42K	Porprietary, Ethernet	德国	CPU928B
	S5-135U	2048	2048	192	√	√	√	√	√		RS-232/422					德国	CPU928
	S5-135U	2048	2048	192	√	√	√				RS-232/422	1.1ms	64K	64K		德国	CPU922
	S5-135U	2048	2048	192	√	√	√	√	√		RS-232/422	20ms	64K	64K		德国	CPU921
	S5-135U	2048	2048	192	√	√	√	√	√		RS-232/422	1.3ms	64K	64K		德国	CPU920
	S5-135U	2048	2048	192	√	√	√	√	√		RS-232/422	20ms				德国	CPU946/947
	S5-155U	10000	10000	384	√	√	√	√	√		RS-232/422	1.4ms	2M	2M	Arcnet, Ethernet	德国	包含两个155U
	S5-155H	10000	10000	384	√	√	√	√	√		RS-232/422	1.4ms	2M	2M		德国	
SOLID CONTROLS, INC. (Hopkins, MN)	EP1C1	520	512	8					√	√		2.5ms	16K			美国	
	SYSTEM10	136	128	8					√	√		2.5ms	16K			美国	
	EPIC8B	584	384	200				√	√	√	RS-232/422, RS-485	1.5ms	392K			美国	

续附表 27-1

制造厂名	型 号	系统总I/O点	离散I/O(max)	模拟量I/O(max)	编程方法			PID能力	位置控制	组态打印	通讯接口类型	扫描速率(每K)	程序存储器容量	数据存储器容量	局部区域网(LAN)类型	产品国别	注释
					继电器梯形图	高级语言	布尔代数										
SPRECHER & SCHUH (Aarau, Switzerland)	SESTEP390	160	160	120	√					√	RS-232C	20ms	2K			日本/瑞士	
	SESTEP490	2080	2080	108	√	√			√	√	RS-232/422	9.6ms	7.6K			日本/瑞士	
	SESTEP590	2432	2432	240	√	√			√	√	RS-232/422	9.6ms	15.7K			日本/瑞士	
	SESTEP690	3840	3840	768	√	√			√	√	RS-232/422	5.1ms	48.5K			日本/瑞士	
	SESTEP300	128	128		√					√	RS-232C	5ms	2K			日本	
	SESTEP430	144	144	32	√					√	RS-232C	50ms	16K			瑞士	
	SESTEP530	1024	1024	64	√					√	RS-232C	40ms	16K			瑞士	
SPECTRASCAN (Colorado Springs, CO)	R7-10B	3000	3000	1200		√	√	√	√	√	RS-232C, RS-488	1μs	128K	32K	Arcnet	美国	
	CIC-488SE	48	40	16		√	√	√	√	√	RS-488	10μs	32K	32K	IEEE-488	美国	
	CIC-488PB	40	40			√	√	√	√	√	RS-488	10μs	32K	32K	IEEE-488	美国	
SQUARD D CO. (Milwaukee, WI)	MICRO-1	28	28		√		√			√	RS-232C	8ms(每600步)	600			日本	
	SY/MAX50	256	256	32	√		√			√	RS-232C	8ms	4K	100	SY/Net	日本	
	SY/MAX300	256	256	112	√			√	√	√	RS-232C	15ms	2K	112	SY/Net	美国	
	SY/MAX400	4000	4000	1792	√			√	√	√	RS-232C	0.7ms	16K	4K	SY/Net	美国	
	SY/MAX600	8000	8000	1792	√			√	√	√	RS-232C	0.8ms	26K	8K	SY/Net	美国	
	SY/MAX650	8000	8000	1792	√			√	√	√	RS-232C	0.8ms	26K	8K	Ethernet, SY/Net	美国	
	SY/MAX700	14K	14K	3584	√			√	√	√	RS-232C	1.3ms	64K	8K	SY/Net	美国	

续附表 27-1

制造厂名	型号	系统总I/O点	离散I/O（max）	模拟量I/O（max）	编程方法：继电器梯形图	编程方法：高级语言	编程方法：布尔代数	PID能力	位置控制	组态打印	通讯接口类型	扫描速率（每K）	程序存储器容量	数据存储器容量	局部区域网（LAN）类型	产品国别	注释
TELEMEC-ANIQUE.（West minster，MD）	TSX17	160	160	12	√	√	√	√		√	RS-232C，RS-485	3ms	24K	2K		法国	
	TSX47-10/20	512	512	32	√	√		√	√	√		0.4ms	56K		Ethernet，Proprietary	法国	
	TSX47-30	512	512	32	√	√		√	√	√		0.4ms	56K			法国	使用 Uniteway net
	TSX47-40	1024	1024	32	√	√		√	√	√		0.5ms	112K			法国	
	TSX67-20	1024	1024	168	√	√		√	√	√		0.4ms	56K			法国	
	TSX67-40	2048	2048	128	√	√		√	√	√	RS-232/422，RS-485	0.5ms	224K			法国	
	TSX87-30	2048	2048	256	√	√		√	√	√		0.4ms	128K			法国	
	TSX87-40	2048	2048	256	√	√		√	√	√		0.32ms	352K			法国	
	TSX107-40	2048	2048	256	√	√		√	√	√		0.32ms	352K			法国	
	MINC	16	8	8		√	√	√	√	√	RS-232C，RS-485	2.5ms	32K	16K	CSMA	美国	数据参考美国 Control Engineering 杂志（1990年）
TELETROL SYST.（Manchester，NH）	Integrator 186	512	160	352		√	√	√		√	RS-232C，RS-485	3.9ms	64K	32K	CSMA	美国	
	Integrator 286	12672	6336	6336		√	√		√	√	RS-232C，RS-485	1.9ms	128K	64K	CSMA	美国	
TELE-CONTROL LTD.（E. Sussex，England）	em2	8192	8192	4096		√	√	√	√	√	RS-232/422	1ms	256K	64K		奥地利	
	MOPS	1024	512	128	√	√	√	√	√	√	RS-232C	1.67ms	18K	256K		奥地利	
TEMPA TRON，LTD.（Reading，England）	TPC9000	252	252	60		√		√	√	√	RS-232/422	10ms	32K			英国	

续附表 27-1

制造厂名	型号	系统总I/O点	离散I/O(max)	模拟量I/O(max)	编程方法：继电器梯形图	编程方法：高级语言	编程方法：布尔代数	PID能力	位置控制	组态打印	通讯接口类型	扫描速率(每K)	程序存储器容量	数据存储器容量	局部区域网(LAN)类型	产品国别	注释
TENOR CO. (New Berlin, WI)	100ICC	252	252	64		√	√	√			RS-232/422	10ms	48K			美国	
TEXAS INSTRUMENTS INDUSTRIAL SYST. (Johnson City, TN)	TI100	128	128		√					√		5ms	1K			日本	
	TI510	40	40		√					√		16.7 ms	256			美国	
	5TI	512	512		√					√		8.33 ms	4K			美国	
	PM550C	512	512	128	√			√		√	RS-232/422	8ms	7K			美国	
	TI520C	512	512	128	√		√		可选	√	RS-232C	4ms	3.5K			美国	
	TI530T	1023	1023	1023	√				可选	√	RS-232/422	0.93 ms	20K		Proprietary	美国	
	TI525	1023	1023	1023	√				可选	√	RS-232C	3.8ms	8K			美国	
	TI535	1023	1023	1023	√				可选	√	RS-232/422	0.93 ms	20K			美国	
	TI545	1024	1024	1024	√	√		√	√	√	RS-232/422, RS-485	0.78 ms	96K	88K	TIWAYI	美国	
	560	8192	8192	8192	√				可选	√	RS-232/422	2.2ms	384K			美国	
	565	8192	8192	8192	√	√		√	可选	√	RS-232C, ASCII NET	2.2ms	384K			美国	
	TI315	74	74	24	√	√				√	RS-422	20ms	700			日本	
	TI325	168	168	24	√	√				√	RS-422	8ms	1.7K			日本	
	TI330	168	168	24	√	√				√	RS-422	8ms	3.7K		Proprietary	日本	
	TI425	640	640	40	√	√				√	RS-422	3ms				日本	
	TI435	640	640	40	√	√				√	RS-422	0.49 ms				日本	

续附表 27-1

制造厂名	型号	系统总I/O点	离散I/O(max)	模拟量I/O(max)	编程方法：继电器梯形图	编程方法：高级语言	编程方法：布尔代数	PID能力	位置控制	组态打印	通讯接口类型	扫描速率(每K)	程序存储器容量	数据存储器容量	局部区域网(LAN)类型	产品国别	注释
TOSHIBA/HOUSTON（Houston，TX）	EX14B	36	34	2	√					√		60ms	1K	300		日本	
	EX20-PLUS	42	40	2	√					√		60ms	1K	300		日本	
	EX40-PLUS	82	80	2	√					√		60ms	1K	300		日本	
	EX100	1052	992	60	√			√	√	√	RS-232/422	0.9ms	4K	3K		日本	
	EX250	800	768	32	√	√		√	√	√		0.9ms	4K	3K	TL30Data Hwy	日本	
	EX500	1224	1024	200	√	√	√	√	√	√		0.7ms	8K	3K		日本	
TRICONIX（Irvine，CA）	3002	2368	2336	2336	√	√	√	√		√	RS-232C	0.5ms	400K		Ethernet	美国	
TURNBULL CONTROLS（Reston，VA）	6433	32	32	32		√			√	√	RS-422		8K		ANSIX3.28Net.	英国	
	T100	4096	4096	4096		√		√	√	√	RS-232/422				MAP EPA Net.	英国	
UTICOR TECH.（Bettendorf，IA）	DIR.4002	64	64	64	√			√	√	√	RS-232/422	10ms	6K	788		美国	
	DIR.4001	384	384	128	√			√	√	√	RS-232/422	10ms	6K	1K		美国	
	6001	4096	4096	512	√			√	√	√	RS-232/422，RS-485	2.45 ms	256K	45K		美国	
VEEDER-ROOT CO.（Simsbury，CT）	V-12（标准单元）	128	128	15	√					√		40ms	944			日本	
	V-12EXP（扩展CPU）	80	80	8	√				√	√		45ms	832			日本	

续附表 27-1

制造厂名	型号	系统总I/O点	离散I/O (max)	模拟量I/O (max)	编程方法：继电器梯形图	编程方法：高级语言	编程方法：布尔代数	PID能力	位置控制	组态打印	通讯接口类型	扫描速率(每K)	程序存储器容量	数据存储器容量	局部区域网(LAN)类型	产品国别	注释
WESTING HOUSE ELECTRIC CO. (Pittsburgh，PA)	PC-500	128	128	8	√		√			√	20mA	70ms	1K	1K		德国	
	PC-502	256	256	16	√		√			√	20mA	7ms	2K	2K	L1NET	德国	
	PC-503	256	256	32	√	√	√	√		√	20mA	2ms	10K	2K	L1NET	德国	
	PC-900	256	256	32	√					√	RS-232C	20ms	2. 5K	1796	Westnet	美国	
	PC-700	512	512	64	√			√		√	RS-232C	7ms	8K	1796	Westnet	美国	
	PC-1100	128	128	16	√			√		√	RS-232C	7ms	3. 5K	1796	Westnet	美国	
	PC-1200	256	256	128	√			√		√	RS-232C，RS-485	1ms	16K	1796	Westnet	美国	
	PC-1250	512	512	256	√			√		√	RS-232C，RS-485	1ms	16K	1796	Westnet	美国	
	PC-2000	2048	2048	128	√		√	√		√	电流环	<3ms	48K	48K	Llnet	德国	
	HPPC-1500	8192	8192	512	√			√		√	RS-232C	1ms	224K	32K	Westnet	美国	
	HPPC-1700	8192	8192	512	√			√		√	RS-232C	1ms	224K	32K	Westnet	美国	
WIZDOM SYST./ENG'RING TOOLS (Naperville，IL)	86-SPLIC-JR	16	64	16	√	√		√	√	√	RS-232/422	10ms	4K	2K	Ethernet	美国	
	86-SPLIC	32	80	16	√	√		√	√	√	RS-232/422	10ms	8K	4K	Ethernet	美国	
	86-Coprocessor	4096	4096	256	√	√		√	√	√	RS-232/422	1. 5ms	8K	4K	Ethernet	美国	
	386-Coprocessor	4096	4096	256	√	√		√	√	√	RS-232/422	0. 5ms	8K	4K	Ethernet	美国	
ZIATECH (San Luis Obispo，CA)	ZT200L	4096	4096	296	√			√	√	√	RS-232C，RS-485	1ms	24K	8K	Arcnet	美国	
	ZT8832L	4096	4096	296	√			√	√	√	RS-232C，RS-485	5ms	24K	8K	Arcnet	美国	

第28章

低压配电系统

28.1 概述

在钢铁企业中，低压配电系统是指电压在500V以下的交流和直流系统。特殊情况下，交流低压配电系统的电压为600V以下。

低压配电系统的设计内容包括系统结线、接地方式、设备选型、继电保护、设备布置和安装以及管线选择和敷设。

低压配电系统是供配电系统的一个环节。它面向低压用电设备，因此应符合各种低压用电设备的技术条件。它又要从高压系统取得电能，所以必须与高压系统的技术要求相协调。

低压配电系统的范围是指从低压降压变压器到用电设备的电源侧端子。有时在工程设计中，由于成套设备供货范围的划分，指定以电动机控制中心的受电端子为界面，受电端子以前属低压配电系统。但不论工程设计中如何划分，作为能源分配系统的一部分的低压配电系统，在技术上均应以最末端的用电设备（如：电动机、电热器、电磁阀，电光源等）的电源侧端子为界面去制定系统，而且处于同一低压配电系统中的继电保护方式、接地方式等必须协调一致。

28.1.1 低压配电系统的特点

低压配电系统的用户是直接与工艺设备相关的电气设备，它的特点是：

(1) 用电设备类型和数量众多，配置分散；

(2) 用电设备技术要求繁杂，如：三相不平衡的，启动频繁的，要求不停电的，要求自起动的等；

(3) 使用者除重要的或有特殊要求的低压配电室有电工值班外，大多数是无人值班（由电工定时巡检）或由非电工代管（如水泵站操作工代管）。

(4)自然环境较差。钢铁企业的车间内外多数属高温、高湿、多尘环境，有些场所属防火、防腐蚀、防爆等环境。

28.1.2 低压配电系统的设计过程

低压配电系统的设计过程如图28-1。

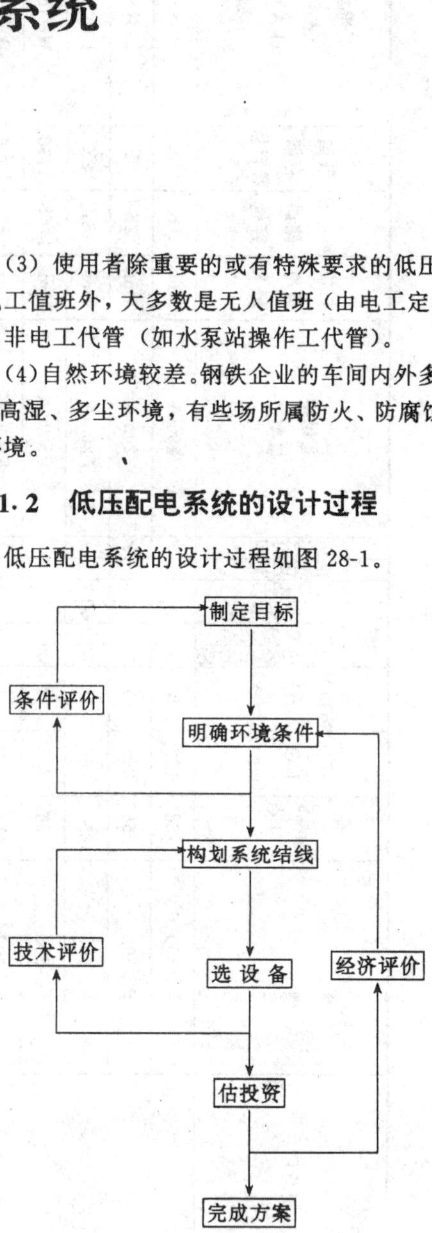

图28-1 低压配电系统设计流程

28.1.2.1 设计目标

低压配电系统设计的总目标是保证工艺过程高质量、低成本的正常生产。总目标下又可分出若干相互矛盾的分目标。如："可靠性高"和"基建投资低"；"系统结线简单"和"结线能灵活转换"等。经过综合权衡、协调、取舍后，求得达到该工程总目标的最佳方案。

对具体工程而言，制定目标时应包括：

(1)工艺的技术要求。如：生产线工艺设备的组合、电气设备的规格、对电能质量的要求、供电可靠度的要求等；

(2) 投资额的控制；

(3) 建设进度的要求；

(4) 运行费用的控制。

28.1.2.2 明确环境条件

环境条件是指：

(1) 当地有关的法令、法规；

(2) 本企业的有关技术规定；

(3) 电源条件；

(4) 自然条件；

(5) 场地条件；

(6) 维修设施和备品备件的供应条件；

(7) 设备材料的供货条件；

(8) 基本建设和生产维护人员的技术水平；

(9) 该企业的总体装备水平；

(10) 该工艺生产线的装备水平；

(11) 该配电系统有无扩展的需求。

为了达到预期的总目标，有时需要创造环境条件(如改善配电室的通风条件；又如提高人员的技术水平等等)，以制定出最佳的系统方案。

28.1.2.3 构划系统结线

系统是由许多相互作用、依存和制约的要素组成的。这些要素有实体的，如用电设备、用电设备为之服务的生产线等；也有非实体的，如环境条件中的各种规定、要求等。构划系统是以非实体的要素作指导以组织实体的要素，原则上按分系统和分层次两步来构成低压配电系统的结线。

A 分系统

除用电设备数量极少的情况外，低压配电系统总是由若干分系统组成。一般按服务对象对电源的要求或配置的地域两种条件将用电设备分成若干群，每个群形成一个分系统。它可以是一个配电箱，一组低压配电屏或者一个电动机控制中心。

低压用电设备对电源的要求分为：

(1)工作电源，指工艺生产系统运作所需的电气设备的电源，包括为工艺生产线服务的生产用运输设备和生产线上的备用设备的电源。如果是大型的工艺生产线，其用电设备数量多，容量大，由于受允许设在车间的低压变压器最大容量的限制和低压配电线路压降、损耗和投资的合理性要求，应将工艺生产线分成若干区段，按区段设分系统。由于对电源要求不同，工作电源中还可细分出控制电源；照明电源；仪表电源；计算机电源；特殊设备电源；

(2)检修用电源，指检修时需要的电动工具、电焊机、起重运输设备、手提灯等的电源；

(3) 保安电源；

(4) 给同一生产系统的邻近车间供电电源。

按对电源要求组合分系统有：

(1)各种电源各自构成分系统，如若所需投资不太多，将对生产运行带有很大方便，对保证安全生产是有利的；

(2)如果有些负荷很小，则将工作特点相近的(如仪表电源与控制电源)合成一个分系统；

(3)会相互干扰的用户不应由同一系统供电。如会产生强烈电压波动的电弧焊接机不应与电气照明或电子设备共系统。又如容易产生接地故障的角钢型起重机滑触线电源不宜与主要生产线上用电设备共系统；

(4) 不同时工作的用电设备，不应合入同一分系统。如道路照明电源与交通信号灯电源、检修电源与正常生产电源等；

(5)如果车间内有几条生产线，应按各条生产线设分系统。避免由一个分系统向几条生产线供电，否则各条生产线无法单独停电检修，而且当该分系统发生故障时，全部生产线均停产。同理，不应将不同生产线的区段合在一个分系统供电；

(6) 对电源可靠性要求不同的用电设备不应归入同一分系统。

按电气设备配置的地域设分系统有：

(1)在生产设备之间没有紧密联系的场合(如机加工车间，检验室等)可采用按地域设分系统的方案；

(2)这种方案的分电点要靠近负荷中心，并考虑生产运行和维修方便，每一个分系统供电的地域不能太大。

上述两种设置分系统的原则常存在于同一个车间，例如主生产线按对电源要求原则，而人身通风、检修设备等电源则按地域设分系统。又如办公楼照明按楼层设分层的分系统，而走道、楼梯间与房间照明又是按电源要求设分系统。

B 分层次

为了节约配电设备和线路的投资、常将分系统集合成容量较大的分系统，各小的分系统是大的分系统的用户，它们之间是上下级关系，这就构成低压配电系统的层次性。各层次的组合也应符合构成分系统的原则。

由于系统保护设备性能的限制，低压配电系统的层次一般不宜超过三级。直接接在降压变压器出口的第一级的回路数不宜太多，因为该处的短路电流最大，其开关设备的价格昂贵。这也是系统要分层次的原因。

在构划低压配电系统时应注意：

(1)系统受降压变压器容量的制约。它又受制于地理环境和消防法规等；

(2)对于各种电源的负荷均较大的车间，工艺生产线的工作电源、起重机电源、照明电源、仪表电源等各自设独立变压器，如若增加投资不多，对生产运行管理是有利的；

(3)对于各种电源的负荷均不太大的车间，将电源要求相近的，如仪表电源与照明电源，检修电源与起重机电源等，由同一台降压变压器的低压配电系统配电。一般车间将动力与照明电源分别由各自的变压器供电是可取的；

(4)如果车间的各种电源的负荷都很少，将动力负荷和照明负荷合用同一台变压器供电，则变压器的输出电压需调整在合适范围内；

(5)系统中的单相用电设备应平衡分配于三相。不能达到完全平衡时，由单相负荷不平衡所引起的中性线电流不得超过变压器低压线圈额定电流的25%，此时任一相电流在满载时不得超过额定电流。

在设计中应注意到单相负荷在实际生产中，未全部投入运行的不平衡情况；

大容量单相工频感应加热装置，应设平衡装置(参看附录28.1)，使三相不平衡电流不大于10%。

(6)在低压配电系统中存在谐波源时，应分析其严重程度，在构成系统时采取对策；

(7)在构划低压配电系统时还必须留有备用回路，其配置原则为：

配合预留的车间扩建情况；

配合预留的工艺生产线情况；

对于区域低压配电系统，根据周围预留的待用空地情况；

即使现在的车间和工艺生产线不准备改扩建，但由于工艺和控制上的技术发展，必定会增加各种电气设备。因此在构划系统时必须留备用回路，一般不少于馈电回路总数的10～15%，至少1～2个回路。有时还预留增设配电屏的位置。

预留的馈电回路的容量应是可以接电使用的，即变压器也留有相应的富裕容量。

预留的馈电回路的容量应适当大一些。大容量的回路比小容量的灵活得多。

28.1.2.4 选择低压配电系统的制式和接地

低压配电系统的制式有：

TN-C系统，中性点接地、全系统内N线与PE线合为一根线；

TN-S系统，中性点接地、全系统内N线与PE线分开；

TN-C-S系统，系统的前一部分为TN-C制式，后一部分为TN-S制式；

TT系统，中性点接地，设备外壳导电部分单独以接地极直接接地；

IT系统，中性点接地或经阻抗接地，设备外壳导电部分单独以接地极直接接地。

由于经济上的考虑(动力与照明共用变压器、线路较省)在工厂低压配电系统中广泛采用TN-C制式。对于车间低压系统中的三次谐波电流较大，或单相负荷很多时建议采用TN-S系统。对民用建筑和检验室及仪表电源等则宜选用TN-C-S制式为宜。对高层建筑的配电以TN-S制式较合适。对特别分散的负荷，如水源井（地下水取水井）的低压系统采用TT制式较经济、安全。在特殊车间才考虑采用TT、IT系统，其外壳导电部分接在PE总线上，PE总线单独接地。

三相三线制式有系统中性点不接地和接地两类。对这两种类型现有不同看法。中性点不接地方式，发生单相接地故障时，回路不立即断开，提高了供电的连续性。但是另一种经验认为中性点接地比中性点不接地的系统供电连续性更好。因后者在发生单相接地故障时，没有故障的两相产生过电压，将缩短绝缘材料的有效寿命，结果会出现频繁的绝缘破坏事故，从长远来看故障率高了。

所谓不接地系统实际上是高容抗接地系统，它是由所有带电导体对地耦合电容形成接地回路的。当故障为间歇性接地（电弧接地），或由于线地之间接有大电抗，不接地系统将承受5倍或高于5倍正常电压的过电压。如若出于某生产工艺对供电连续性的特殊要求而采用不接地系统，应采用接地检测装置和按程序排除接地故障相结合的措施。

三相三线制中性点接地方式的低压配电系统比中性点不接地方式的应用要广泛。

中性点直接接地系统是最能抑制过电压的，但它产生的接地故障电流是最大的，因此要求接地线有足够的载流量和接地故障回路有足够低的阻抗。

在个别情况，有对低压配电系统接地方式提出特殊要求的。如电铲的供电系统，由于存在严重的触电危险，采用25A的电阻接地系统（接地故障电流限制在25A以内）以限制接触电压。又如在三相四线制直接接地方式的低压配电系统中的发电机中性点接入电抗器以限制发电机绕组发生接地故障时的过大的电流，如果采用非直接接地方式，在设计接地保护装置时应验算其灵敏度。

28.1.2.5 选用主要设备的电气性能时的几点注意事项

A 变压器选择

(1)主降压变压器一般选双线圈变压器，其线圈接线连接组最好是D，yn11。一次侧为三角形接线使三次谐波电流或二次侧接地故障电流所引起的零序电流在一、二次两个系统间隔开；变压器的损失小一些。对新工程建议采用连接组为D，yn11，对过去常用的Y，yn0方式还继续采用。对可能出现短时或长时并联工作的变压器，必须采用相同的线圈连接组方式；

(2) 在选定变压器容量时要考虑大电机起动的影响；

(3) 在选择变压器时要考虑变压器的$U_k\%$与开关设备切断短路电流能力的协调，选定合适的$U_k\%$能节约基建投资；

(4)变压器一次侧和二次侧线圈必须有一个接地，否则一、二次线圈之间应设接地的防触板(或绕组)，以防高低压线圈击穿时造成重大事故；

(5) 在同一工程中，最好能减少变压器的类别（型号、规格），以节省备品费用。

B 配电设备选择

配电设备应按所处系统的级别（层次）选型：

(1)直接接到变压器二次侧的称负荷中心(或动力中心)，其开关设备应能承受和断开系统短路电流。这类设备比较昂贵，所以馈电回路应该很少。如果需要接小容量的馈线，则需选用大断流能力的熔断器、或限流断路器等设备。如果选不出能满足断流能力的开关设备，则应增大变压器的短路阻抗，降低系统的短路电流。

通常选用成套负荷中心设备时，制造厂应提供其开关设备的断路容量(或断流能力)，该容量应是开关、互感器、母线和其他结构均能满足要求的数值。

(2) 次一级系统的开关设备选用原则：

1) 用电负荷对可靠性要求很高时，应按能断开系统短路电流的要求选用开关设备；如果馈电回路的容量很小，数量很多则可考虑加限流电抗器，或采用限流断路器，或采用大断流容量的熔断器，或采用带熔断器的断路器等；

2) 用电负荷为一条连续生产线的电气设备（其中任何一台设备发生故障则全线必然停机）或对可靠性要求不太高时，次一级配电设备的受电开关应具备符合要求的断流能力，如其他馈电回路的设备允许短时通过短路电流，可由受电开关来切断故障电流，不用馈电开关切断；

3) 用电负荷对可靠性无要求时，次一级配电设备的受电开关应具备符合要求的断流能力，其馈电回路的开关可降低要求，但出现破坏性故障时不应波及邻近开关设备；

4) 电动机数量少而且集中在负荷中心周围（如水泵站、空气压缩机站等），可在负荷中心设电动机的保护开关和操作开关，此时保护开关的性能应符合负荷中心的技术条件。

(3)在同一工程中选用的配电装置的型号、种类应适当归并成若干规格，以减少备品备件的数量；

(4) 选用开关设备时还应注意：

1) 保护馈电回路与保护电动机的断路器，其各自的电流-时间特性不同，不能错用；

2) 保护用开关与操作用开关的功能不同，如采用保护开关供操作用，其操作次数应极少。操作开关不能作为短路保护的开关用；

3）封闭式开关柜的通风条件不及开启式的好，其开关的允许电流值和过载保护的热继电器的整定特性，以及熔断器的特性均有变化，应向设备制造厂索取有关资料。如果配电设备所处的环境温度较设备的设计条件高（或低）也应进行修正。

28.1.3 初步制定的低压配电系统的评价

对初步制定的低压配电系统可从下列几个方面来评价：

(1) 可用性。满足工艺生产对用电的要求；

(2) 安全性。对人身安全、设备安全和消防安全的要求；

(3) 可靠性。在投资费用合理的情况下使系统对工艺生产的连续性少受或不受停电的干扰；

(4) 电压稳定性。电压质量满足要求；

(5) 操作简便；

(6) 维修方便；

(7) 有一定的发展余量（或条件）；

(8) 投资合理；

(9) 设备订货、供货的条件；

(10) 占地面积和安装条件能满足。

一般地说，系统结线简单一些比较好，设备数量少，操作简便，它保证系统的可靠性必须依赖于设备的高性能和高质量；如果设备的性能和质量较差，需经常检修，就需要采用较复杂的系统结线才能得到相同的可靠性和有效性。用高性能和高质量的设备构成复杂的系统结线和性能及质量均差的设备构成简单的系统结线要根据车间工艺生产要求来评价其合理性。

总之，上述评价系统的条件是很难全部都“最佳”，即很难找到“最优”解，一般先求可用方案，从中排除和修改其不理想的部分，乃至改变环境条件，通过不断的完善以求得满意的方案。

28.2 低压配电系统的电源及可靠性

28.2.1 低压配电系统的电源

低压配电系统的电源按生产需要分为工作电源、备用电源、保安电源等。

28.2.1.1 工作电源

工作电源是指维持正常生产而配置的长期供电电源。它还应能承担在正常生产时随时试运转的最大备用设备和零星检修用设备的负荷要求。

车间检修时工艺生产流程停下来，检修设备投入运行，这也是一种特殊情况下的生产过程，也由工作电源供电。一般车间检修用电远比正常生产时的负载低，因此在设计中不必为检修另设电源。

在计算工作电源的负荷时可按上述原则进行。

28.2.1.2 备用电源

备用电源是指工作电源停电时才投入的供电电源，其供电对象与工作电源完全一样。它是当正常工作电源可能因检修等原因而有计划停电，或因故障突然停电而设置的备用电源，也可称备用工作电源。

28.2.1.3 保安电源

保安电源是指当工作电源、备用电源全停电时保证工艺生产设备的安全停产和电源恢复时保证尽快恢复生产所需的电源。它的供电对象大部分在正常生产时也一直在工作。

安全停产的含意是：

(1) 安全疏散人员。在钢铁企业中，有许多场所要求在事故停电时迅速撤离现场人员，这些为安全疏散人员而配置的设施，必须保证供电；

(2) 安全停产。设备因突然停电而停机，但是有些设备停电后的一段时间内，某些环节不能停，如润滑系统等。有些大型设施如轧钢车间加热炉的炉底冷却水，高炉的炉壳，风口等的冷却水都是不能停的。也就是说为了安全停产必须保持某些必要的设备继续工作；

(3) 安全操作。停电是随机事件，而有些工艺操作不能随便停，否则其后果轻者影响恢复生产的时间，重者可能产生人身或设备事故。如转炉在出钢时突然停电，必须保证转炉回转到直立状态。又如高炉正在出铁时突然停电，必须保证立即堵出铁口，关闭和开启煤气、水道的电动或气动阀门。因此，空压机、液压站、出铁口起重机、泥炮机、开口机等均需保证供电；

(4) 安全监视。各种仪表监视、电气监视和计算机监视不能因停电而丢失数据。

表 28-1 是某大型高炉事故电源的工作情况。

由此还可看出：安全停产对保安电源的要求有两类，一是停产的短期要求；二是停产的长期要求。所以在考虑保安电源时必须结合恢复生产所必需的电源要求，对保安电源的负荷需与工艺操作人员共同研究才能决定。

表 28-1 特大型高炉的事故电源的工作情况（例）

	负荷名称	设计功率	用户要求功率	负荷使用时间（min） ~5	5~10	10~15	15~20	20~25	25~30	30~35	35~40	40~
高炉及其附属设备	炉顶放散阀		60kVA		—							
	放风阀		5.2kW		—							
	热风炉各种阀		76kW	—								
	泥炮		30kW			—	—					
	电梯		18.8kW	—	—	—	—	—	—	—	—	—
	电葫芦		30kW			—	—					
	仪表电源		100kVA	—	—	—	—	—	—	—	—	—
	事故照明		50kVA	—	—	—	—	—	—	—	—	—
	通讯		2kVA	—	—	—	—	—	—	—	—	—
	出铁场起重机		110kW			—	—					
	空压机		250kW	—	—	—	—	—	—	—	—	—
	紧急水封泵		20kW	—	—	—	—					
	炉顶液压站		30kW	—	—							
	炉顶设备水泵		4kW	—	—	—	—	—	—	—	—	—
循环水站	非常用换气扇		5.15kW	—	—	—	—	—	—	—	—	—
	空压机		18.5kW	—								
	柴油机冷却塔		7.5kW	—	—	—	—	—	—	—	—	—
	柴油机循环泵		30kW	—	—	—	—	—	—	—	—	—
	电动阀		0.4kW	—								
	炉顶装料设备		42kW									
	探尺		9kW									
合计				150kVA 513.35 kW	150 kVA 423.65 kW	150 kVA 525.15 kW		150kVA 365.15kW				

注：各高炉工艺装备不同，事故负荷项目不同，设备容量也不同，此表仅提供计算方法，作参考用。

28.2.2 保安电源的设计

由于电网是一个整体，一旦电网发生大事故，则从电网取的电源可能全部消失。因此，原则上保安电源应独立于电网之外。

28.2.2.1 长期保安电源的设计

容量大的负荷，选用能自启动的柴油发电机为宜。

容量小的负荷，选用不停电电源（UPS）较方便。

属于本电源供电的直流操作电源和信号电源，选用蓄电池。

28.2.2.2 短时保安电源的设计

如长期保安电源能符合短时保安电源要求的可不另设。

直流短时保安电源可采用设置蓄电池的方案。如转炉倾动机构，氧枪和副枪的提升机构，可设一套容量保证转炉炉体由出钢位置恢复到直立位置、提升氧枪和副枪各一次的蓄电池。

用于安全疏散照明的除可利用长期保安电源外，现在较多采用自带蓄电池的应急灯具。该灯具附有充电器，当交流电源停电时自动转由充满电的蓄电池供电。这种灯具还可安装于人行通道的上方兼作安全出口指示灯用。此外，还有一种便携式的灯具，平时放在主要通道、电气室、地下室的出入口处，常时充电，一旦急需，工作人员可以很方便地取到。这类方案比较简便经济。

必须特别指出，因投资或条件限制，从邻近车间取一路电源，或从不同变压器的低压配电系统中取一路电源作为保安电源，其可信赖性是很差的。它实质上是一种有容量限制的备用电源或联络电源。因邻近车间的电源检修时，或发生误操作时，该保安电源就不存在了。如果采用这种方式，为避免误操作，应在送电回路设一明显醒目的告示牌（例如红底白字）写明该回路为邻近某某车间的保安电源，以免误操作，并应设停电报警信号。

28.2.3 低压供电的可靠性

供电系统可靠性是指供电不间断性和可维修性。度量可靠的程度有两种衡量的尺度，一为停电的频度（事故率 Q）有关的正常工作概率称可靠度 R，$R=1-Q$；另一为正常供电时间的百分比称时间有效度 A。更明确的定义是：

可靠度 R 是在规定的时间内、规定的使用条件下，无故障发挥规定功能的概率。例如 $0.99<R<1$；

时间有效度 A 是指系统的供电时间 G 占停电时间 D 和供电时间 G 之和的比率，即 $A=G/(D+G)$。

28.2.3.1 系统结线的可靠度分析

A 串联系统的可靠度

在可靠性分析中，若一个系统中的任何一个部件发生故障，整个系统就发生故障者，在可靠性框图中即为串联系统，如车间干线制系统的各分支的开关发生故障，则全干线系统停电。串联系统的总可靠度 R_S 为各部件可靠度 R_i 的连乘。即 $R_S=R_1R_2R_3\cdots R_n$。

因此，串联的部件越多，其总可靠度越小。部件的单体可靠度越低，则其总可靠度也越低。总可靠度低就是用户的电源出故障的概率高。结合低压配电系统情况，例如：

车间裸干线配电系统，由于裸干线的故障率比电缆线路高，又加上干线上分支线多，任何一个分支开关出故障都影响全干线供电，所以可靠度不及放射式配电系统。

放射式配电系统的馈线越多，其可靠度也会降低，所以要适当配置馈线。选用封闭式配电设备也会降低故障率，提高可靠度。

配电系统的级数越多，则靠近低层次的可靠度越低，因此保安电源的设置最好直接靠近用户，使其配电系统的级数提高。

在串联系统（可靠度框图）中，如果某一个部件的可靠度很低，则总可靠度比它还低，在系统设计中不应出现这种环节。

B 并联系统（并联冗余系统）的可靠度

构成系统的部件全部出故障时，整个系统才出故障，称为并联系统。例如：低压系统中由两个100%送电能力的电源同时供电，或者两端电源的环形供电。

并联系统的总可靠度 R_S 与两个单回路可靠度均为 R 的关系为 $R_S=2R-R^2$。如果是三个单回路并联，只需保证一个单回路供电时 $R_S=3R-3R^2+R^3$；需保证两个单回路供电时 $R_S=3R^2-2R^3$。

从总可靠度的表达式可以看到并联系统比串联系统的可靠度提高很多，但是三单元并联比两单元并联相差不多。

在低压配电系统中很少采用并联供电系统，但有时为了弥补某可靠性低的部件而采用并联供电方式，如用两根电缆并联供电。

C 后备系统（被动冗余系统）的可靠度

后备系统这是指工作中的部件发生故障后，由备用部件来替换，如我们通常所采用的备用电源，当工作电源消失后投入运行。又如：双电源100%向两段母线供电，母线间设母线分段开关。这种系统当一路电源故障时，投入母线分段开关，恢复故障段母线的电源。被动冗余系统的总可靠度当部件可靠度为 R 并由两部件组成时为 $R_S=e^{-\lambda t}(1+\lambda t)$；当由三个部件组成时（两个备用）$R_S=e^{-\lambda t}\left[1+\lambda t+\frac{(\lambda t)^2}{2}\right]$（式中 λ 为部件故障率）。

上述后备系统是假设后备部件是完全可靠的，实际的后备有两个因素要考虑：一是检查和转换装置不完全可靠。它们的可靠度为 R_{ds}。以两部件系统为例，系统的总可靠度 $R_S=e^{-\lambda t}(1+R_{ds}\lambda t)$，另一为备用部件本身也有自己的可靠度，使系统的总可靠度又下降（计算式太繁从略）了。总之，备用系统的可靠度由两部分构成，一部分是第一个部件的可靠度，另一部分是后备系统附加的可靠度。要使两部件后备冗余系统与两单元并联冗余系统一样可靠，检查装置和开关装置的失效率不能超过一个冗余部件的失效率的50%。这也就是后备电源自动合闸系统并不值得依赖的原因。

图 28-2 为上述三种系统的可靠度分析框图。

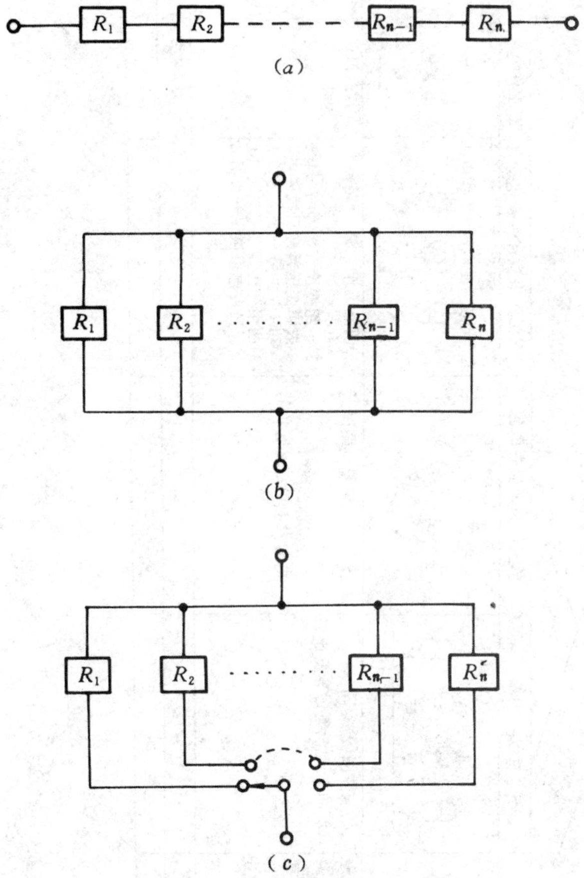

图 28-2 可靠度分析框图

(*a*)—串联系统；(*b*)—并联系统；(*c*)—后备系统

28.2.3.2 系统的时间有效度

时间有效度的提高就是缩减停电时间。停电时间由两部分组成，一是定期检修，一是故障检修。定期检修是有计划的，一般应由车间统一安排，在计算工作时效时事先扣除。

时间有效度的具体要求应由车间生产性质决定。

在低压配电系统提高时间有效度的措施是：采用后备系统、采用插接式设备（如插接式配电装置，插接式继电器等）和选用特殊工器具（如检修用升降小车等）。

28.2.3.3 人的作用

人在操作中能观察和分析情况，但可能出差错，为了避免差错而采用自动装置，又使系统复杂化，降低了系统的可靠度。因此有高度判断能力，负责任的人介入系统是可取的方案。

28.2.3.4 可靠性的目的

低压配电系统是为工艺生产服务的，真正对可靠性有要求的是工艺生产过程。因此，把低压配电系统的供电可靠性孤立起来处理是不够的，最好把系统的范围扩大到真正的对象。例如研究高炉冷却水系统，包括冷却设备，管道、阀门、水泵、电动机和电源等，是一个串联系统。要整个系统的部件的可靠性都很高才能保证全系统的可靠性。而且真正要保证的是"水"，因此除电源要保证有第二电源（采用柴油发电机）外还应考虑作短时备用的水塔和长期备用的柴油水泵。

28.2.2.5 可靠性的代价

提高系统可靠性与投资成正比。在选用系统时要考虑停电所造成的损失，包括：工资、停产时的水、燃料费、合同拖期的赔偿费等，这样可以在几个不同可靠性的系统中选得合理的一个。

28.3 低压配电系统的结线

低压配电系统结线应根据环境条件构划。

28.3.1 构划低压配电系统结线的基本步骤

构划低压配电系统的基本步骤有：

(1) 在车间平面图上画上低压负荷分布情况；

(2) 选定变压器容量和台数；

(3)画出高压配电室位置和车间所在地的平面图；

(4) 根据负荷的可靠性要求选定是否需要双回路电源，双变压器等，一般可参见表 28-2；

表 28-2 电气设备可靠性相对比较顺序

种 类	故障率	修复时间	计划检修率	计划检修时间
架空线	4	1	4	1
电缆	3	2	2	2
断路器	2	3	2	3
变压器	1	4	1	4

(5)根据车间生产流程的特点选定车间配电网络；

(6) 根据起重机集电器和滑触线的特点选定滑触线的结线。

表 28-3 低压配电系统典型结线

高压侧	方式	单回路受电	工作备用双线一个断路器	工作备用双线两个断路器	环形网受电	双回路受电	高压保安电源发电机
	结线图	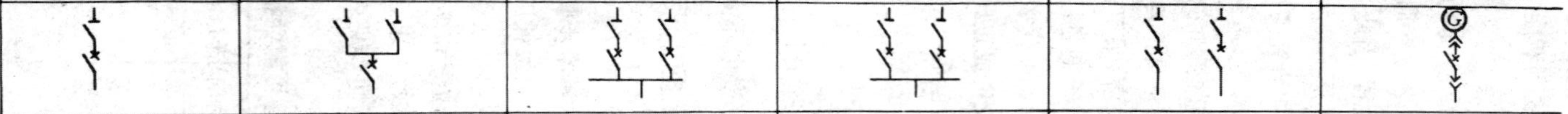					
	特点	(1)简单,设备投资少 (2)受电故障时停电恢复时间等于受电线恢复时间	(1)受电线故障时,可以切换到备用线上,停电时间可缩短 (2)线路维修时,需停电切换	(1)受电线故障时停电,可切换到备用线上,停电时间很短 (2)回路切换,除非引自同一电源,可不停电	(1)平时两回路受电,任何一回故障都不停电 (2)维修受电线,可不停电	与环形网受电相同	取代双回路双变压器方式中的一台变压器
	可靠性顺序	5	4	3	2	1	
	投资顺序	1	2	3	4	5	
配合		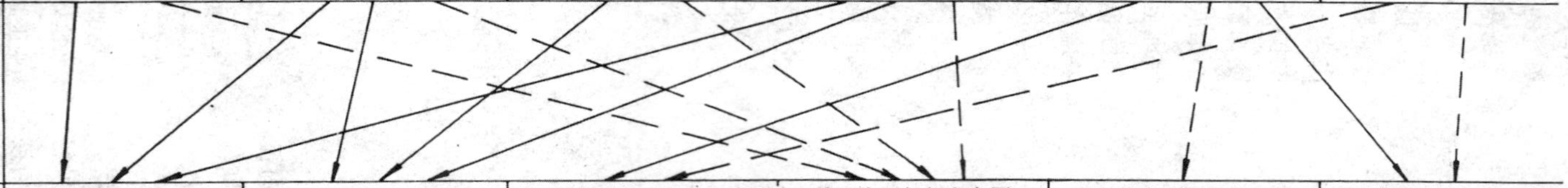					
低压侧	方式	单变压器工作源	双变压器工作源	双工作电源或一工作源一备用源	单工作源加保安电源	双工作电源加保安电源	双工作电源加保安电源
	结线图	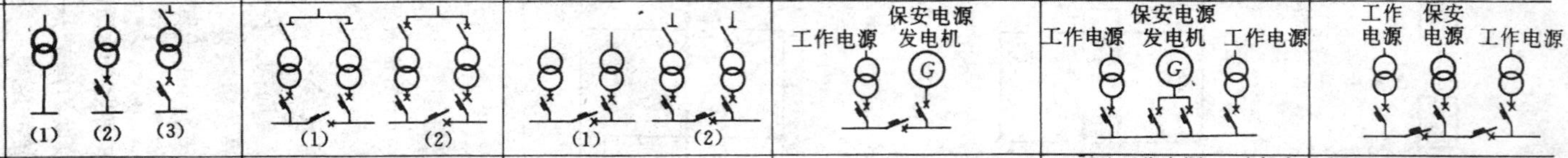					
	特点	变压器故障停电等于变压器维修时间 (1)二次侧短路由一次侧保护 (2)二次侧短路由二次侧保护 (3)同(2),电源室远离变压器	(1)一组变压器故障时,全停电切换后,由另一组供电,只能用于小容量变压器 (2)一组变压器故障时,只是故障变压器侧停电,短时间内由另一组变压器供电	(1)与左图(2)相同 (2)同上,电源室远离变压器	(1)一路工作电源一路保安电源 (2)工作电源故障时,由保安电源发电机供保安负荷	(1)两路工作电源,一路保安电源 (2)一组变压器故障时,只是故障变压器侧母线停电,短时内由另一变压器供电 (3)两组变压器全停电时,由保安发电机供保安负荷	同左,但保安电源发电机为高压
	可靠性顺序	6	5	4	3	2	1
	投资顺序	1	2	3	4	5	6

起重机集电器有两类，一类是不能可靠脱离滑触线的，如重力滑块式，另一类是能够可靠地脱离滑触线的，如侧向压力滑块式。后一类集电器在检修起重机时可安全脱离滑触线，因此滑触线可以不设检修段。

28.3.2 低压配电系统典型结线

低压配电系统典型结线见表 28-3。

常用的车间配电网路见表 28-4。

表 28-4 车间配电网路

结线图	说明
1. 放射式系统 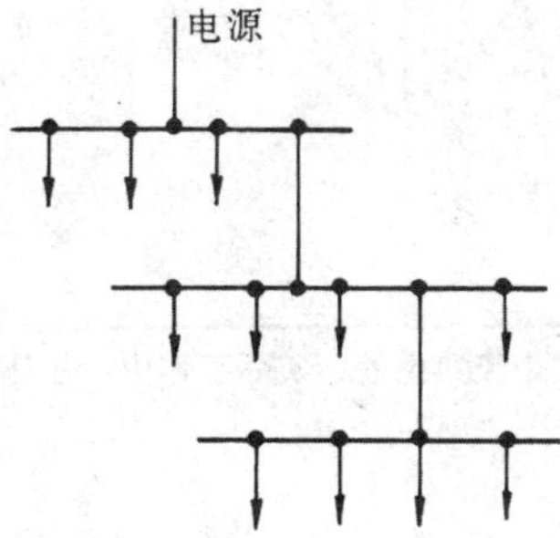 	特点： (1) 引出线故障时互不影响，供电可靠性较高 (2) 一般情况下，有色金属消耗较多 (3) 配电设备较多 (4) 系统灵活性较差 用于供电可靠性较高的车间，如：焦化、炼铁、炼钢及动力设施等
2. 树干式系统 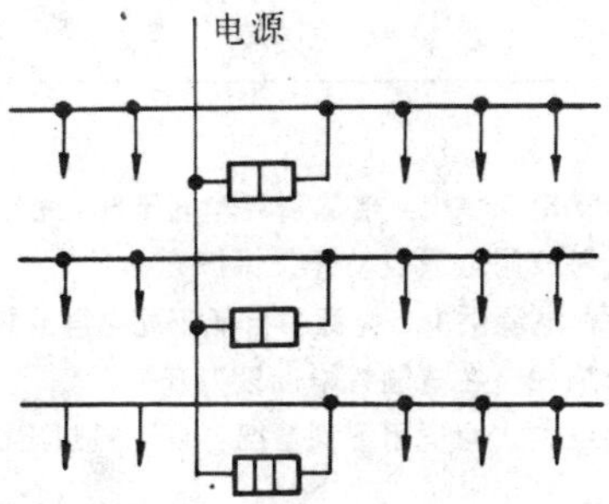 	特点： (1) 系统灵活性好 (2) 配电设备较省 (3) 一般情况下，有色金属消耗较少 (4) 干线故障时影响范围大 可用于轧钢车间、机修的金工、铆焊等车间，也用于炼钢车间内的一般设备的供电
3. 变压器干线系统 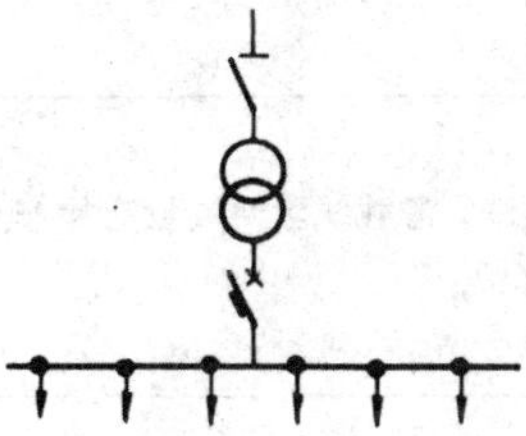 (*a*) 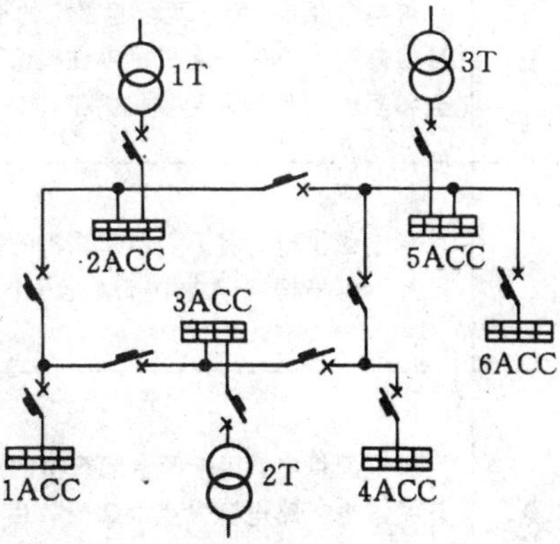 (*b*)	系统特点与树干式系统相同。单台变压器时如图 *a*；多台变压器时如图 *b* 图 *b* 的系统用于大型轧钢车间。在正常生产时，1T 供 1ACC、2ACC；2T 供 3ACC、4ACC；3T 供 5ACC、6ACC 当 1T 检修或故障时，2T 供 1ACC、2ACC、3ACC；3T 供 4ACC、5ACC、6ACC 当 2T 检修或故障时，1T 供 1ACC、2ACC、3ACC；3T 供 4ACC、5ACC、6ACC 当 3T 检修或故障时，1T 供 2ACC、5ACC、6ACC；2T 供 1ACC、3ACC、4ACC 即当任一台变压器检修或故障时，可不影响或少影响生产

续表 28-4

结线图	说明
4. 链式系统 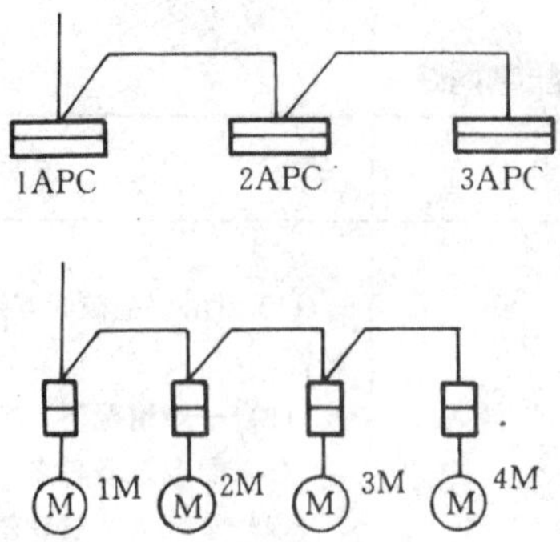	系统特点与树干式相同。向配电箱送电时，一般不超过三个配电箱；向电动机送电时，一般不超过四台电动机 用于轧钢车间单独传动辊道时，链式系统供电的电动机台数根据工艺需要决定 这种系统一般用于机修间、车间电焊机接线箱及金属制品车间等

注：车间配电网路应根据具体情况设计，表 28-4 列举的结线方式是较典型的，实际工作中往往是各种接线方式的综合。

常用的起重机滑触线的结线方式见表 28-5。

表 28-5 起重机滑触线的结线

结 线 图	适 用 场 所
 (*a*)  (*b*)	图 *a* 为单电源供电，电源引自车间干线，用于一台起重机的滑触线。在滑触线附近设自动开关保护 图 *b* 为单电源供电，电源引自低压配电屏或控制站，用于一台起重机的滑触线。在滑触线附近设刀开关 两种供电方式均适用下列情况，以下只画出图 *b* 的一种
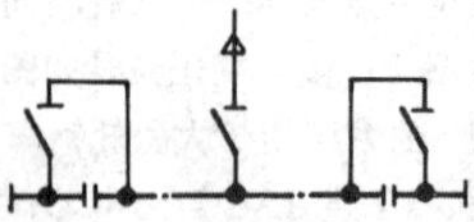	单电源供电，用于两台起重机的滑触线。滑触线的两端设检修段。当检修起重机时，起重机停在检修段，切断该段电源，保证检修安全和不影响另一台起重机的工作
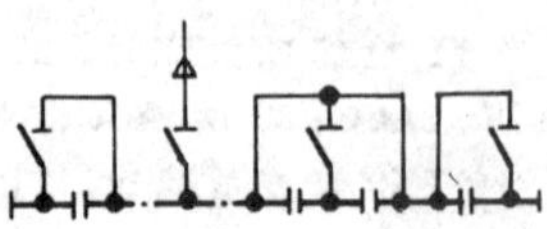	单电源供电，用于多台起重机的滑触线。滑触线除两端设有检修段外，可根据情况在中部增设一个检修段
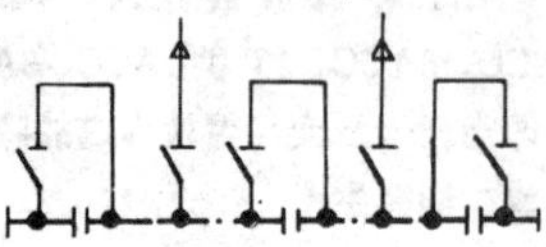	双电源供电，用于两台起重机的滑触线，在滑触线分段处设联络开关，当一路电源发生故障时，由另一电源供电

续表 28-5

结　线　图	适　用　场　所
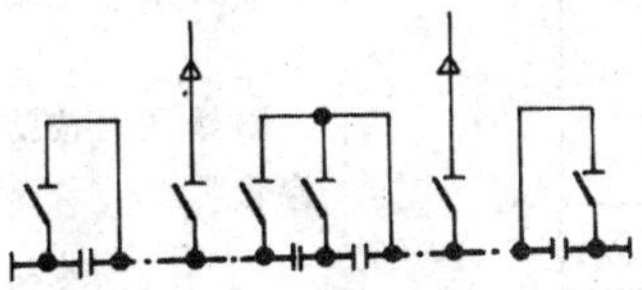	双电源供电，用于多台起重机的滑触线。滑触线设有联络开关和三个检修段
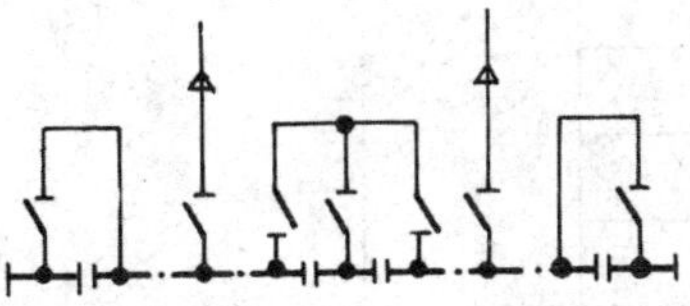	双电源供电，用于多台起重机的滑触线。滑触线设有联络开关和三个检修段。但中间检修段可接于任一电源上
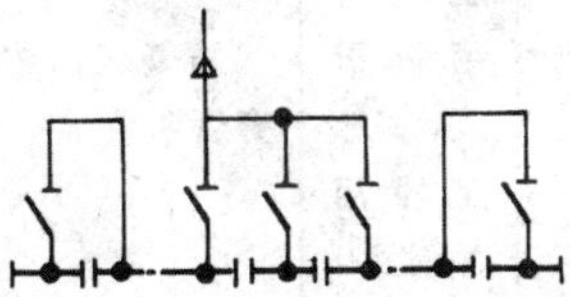	单电源供电，用于多台起重机的滑触线。滑触线设有三个检修段。滑触线能分段进行检修

28.3.3　车间环境特征和低压配电系统

钢铁企业各车间的环境特征根据不同工艺条件其差异极大，表 28-6 为一般的环保条件下的情况仅供参考，如果环保条件改善则具体情况要具体对待。

表 28-6　车间的环境特征和低压配电系统（参考）

车间名称	工段或厂房名称	环境特征	常用低压配电系统	
			结线方式	附　注
备煤车间	解冻所	高温	放射式	电缆采用电缆桥架敷设在防爆区采用穿管明敷
	翻车机室下部、配煤室、破碎机室、煤塔顶、受煤及贮煤的地下构筑物部分、粉碎机室	1 区		
	胶带机补接场	0 区		
炼焦车间	焦炉地下室、焦炉两侧走廊、煤塔底层、交换机室(计器室)、煤塔炉间台底层	1 区		
	筛焦部分	22 区、潮湿		
	熄焦泵房	潮湿、高温		

续表 28-6

车间名称	工段或厂房名称	环境特征	常用低压配电系统	
			结线方式	附注
回收车间	鼓风工段	1区		户外采用电缆桥架明敷 防爆区内按防爆要求穿管明敷
	冷凝工段	较潮湿		
	硫铵工段（当饱和器在室内时）	1区		
	硫铵工段（当饱和器在室外时）	腐蚀		
	粗苯工段	1区		
	户外设施（不包括冷却水架）	户外		
精制车间	焦油工段	21区		
	精苯工段、精萘工段	0区		
	精苯分析室①	2区		
耐火车间	破碎、粉碎、混合、成型、工段、转运站、胶带通廊、堆场、原料场	多尘	烧成工段可用树干式，其他工段用放射式	电缆采用电缆桥架明敷 防爆区内按防爆要求穿管明敷
	竖窑、干燥烧成工段	高温		
	火泥、石灰乳工段、纸浆废液仓库	潮湿		
	储油工段	21区		
高炉车间	翻车机、贮矿场、贮矿槽、筛焦机	多尘、潮湿	放射式	由低压配电室至控制站一般采用电缆桥架明敷，与铁水或渣线相交处应有防护措施以防事故时烧坏电缆 一般线路采用电缆桥架明敷 电动泥炮机的导线应采用软电缆并外包石棉绳隔热 出铁厂内有铁水渗透危险的区域中敷设的电缆，除选用耐高温电缆外还应加防护措施
	卷扬机室 卷扬机室控制站（自然通风）	多尘		
	卷扬机室控制站（密闭循环通风）	正常		
	高炉出铁场、铸铁机	高温、多尘		
	高炉炉顶平台、热风炉区	露天、多尘、2区		
	热风炉计器室（自然通风）	多尘		
	热风炉计器室（密闭循环通风）	正常		
	碾泥机室	潮湿		
炼钢车间	露天原料场（堆栈）	露天、多尘		电缆采用电缆桥架明敷，防爆区按防爆要求穿管明敷
	户内原料跨	多尘		
	转炉、平炉、电弧炉、混铁炉、化铁炉以及连铸机的平台和地面部分	高温、多尘		
	连铸机的地下部分	高温、潮湿、多尘		
	平炉蓄热室附近	多尘、2区		
	快速化验室（密闭循环通风）	正常		
	脱锭、整模车间	多尘		

续表 28-6

车间名称	工段或厂房名称	环境特征	常用低压配电系统	
			结线方式	附注
铁合金车间	铁合金炉平台	多尘、高温	树干式	一般采用穿管埋设或明设，应避开灼热物体，否则应采取防护措施
	其他场所	多尘		
轧钢车间	钢锭、钢坯、钢材仓库	多尘	放射式 小型车间可用树干式	一般采用电缆桥架明敷，也有采用电缆沟敷设的。管线应避开灼热物体，否则应采取防护措施。对钢管有腐蚀的环境可考虑采用塑料管 油库等区域按防爆要求穿管明敷
	加热炉、均热炉、热轧机区	多尘、高温		
	冷轧机车间	正常		
	成品精整区，冷拔机区	多尘		
	热处理	多尘、高温		
	镀锌、镀锡	腐蚀		
	酸洗	腐蚀、潮湿		
	主电室、控制站	正常		
金属制品车间	拉丝工段	多尘、高温	树干式或放射式	一般采用电缆桥架或穿管，对钢管有腐蚀的环境可考虑采用塑料管明敷或埋设
	酸洗、镀铜、镀磷工段	腐蚀、潮湿		
	镀锌工段	腐蚀		
	退火工段	多尘、高温		
	热处理、仓库、控制站	正常		
	麻芯工段	21 区		
机修设施	铸造	多尘、高温	放射式或树干式	采用母干线和电缆桥架或电缆穿管
	锻造	多尘、振动		
	铆焊、金工、电修（除绝缘浸渍和油设施外）	正常		
	电修车间油设施，浸渍间	21 区	放射式	穿管明配，防爆区按防爆要求穿管明配
	木工车间、木模库	22 区		
	乙炔站	0 区		
锅炉房	煤场	露天	放射式	穿管明配，环境正常处可采用电缆桥架，防爆区按防爆要求穿管明敷
	煤运输系统（封闭的建、构筑物内）	11 区		
	锅炉周围	高温		
	水泵站	潮湿		
	空气压缩机站、蒸汽鼓风机站、电动鼓风机站	正常		
	煤气加压站	1 区		
煤气发生站	主厂房	多尘		
	机械房	1 区		
	机械整流机站（用于电捕焦油器）	腐蚀		

续表 28-6

车间名称	工段或厂房名称	环境特征	常用低压配电系统	
			结线方式	附　注
氧气站	制氧工段、压氧工段			
	氨工段（用于氢气的），净化工段	2区（有良好通风时）		
	装瓶间	22区		
	氢氧站的电解槽间	2区		
	汽油库、电石库、油漆涂料库	0区		
	炸药库	10区		
	润滑油库	21区		
	蓄电池室（酸性）	0区、腐蚀		小母线明设，涂防腐剂

①对能产生局部爆炸危险的设备须按工艺生产的特点来考虑。

28.4 低压配电系统的电压

28.4.1 标准额定电压

低压配电系统的标准电压见表 28-7、表 28-8。

表 28-7 按 GB156—80 规定的标准额定电压摘录

直流额定电压（平均值）（V）	交流额定电压（有效值）（V）	直流额定电压（平均值）（V）	交流额定电压（有效值）（V）
	100①	440	
110			380/660
	127②	800③	
220	220	1000③	
	220/380		
400③			1140④

①仅用于仪表用互感器、继电器等控制系统；
②仅用于矿井下、热工仪表和机床控制；
③仅适用于单台设备的特殊供电要求；
④仅用于煤矿井下及特殊场合。

表 28-8 按 GB156—80 规定的开关装置控制电压和辅助电路的标准额定电压

直流电压（V）	交流电压（V）
24	24
48	36
60	48
110	100
220	127
250	220
440	380

交流系统高压与低压的划分，按绝缘电压等级应以 1000V 为分界线。由于钢铁企业内不采用 660V 标准额定电压，因此低压配电系统的电压定为 380V 线电压。

28.4.2 电气设备对电压偏移值的要求

28.4.2.1 用电设备对电压偏移值的要求

电压偏移值由用电设备的技术条件决定，一般可参考表 28-9。

28.4.2.2 控制设备对电压偏移值的要求

表 28-9 各种用电设备端子上允许的电压偏移值

受电设备种类及运转条件	允许电压偏移值（%）	
	－	＋
1. 电动机		
(1) 连续运转（正常计算值）	5	5
(2) 连续运转（个别特别远离电源的电动机）		
1) 正常条件下	8～10	
2) 事故条件下	10～12	
(3) 起动时的端子上		
1) 频繁起动	10	
2) 不频繁起动	15～20①②	
3) 由单独变压器供电	＞20	
2. 白炽灯		
(1) 室内主要场所及车间内投光灯照明	2.5	5
(2) 住宅照明、事故照明及室外厂区照明	5	
(3) 道路照明和 36V 以下低压照明	10	
(4) 短时电压波动（次数不多）	不限制	
3. 荧光灯		
(1) 室内主要场所	2.5	5
(2) 短时电压波动	10	
4. 高压水银荧光灯		
(1) 正常工作	2.5	5
(2) 短时电压波动	5	
5. 电阻炉	5③	5
6. 电弧炉	5	5
7. 电焊设备		
(1) 手工弧焊机（焊接变压器、弧焊整流器，直流焊接变流机组）	10	5
(2) 自动电弧焊接		
1) 焊接变压器	8	5
2) 直流焊接变流机组	10	5
3) 专用焊接整流器	10	5
(3) 电渣焊机（专用焊接变压器）	15	5
(4) 接触焊接（焊接变压器）		
有稳压装置	10 (15)④	10 (15)④
无稳压装置	8	8
8. 电镀装置	10	
9. 电解装置	5	
10. 起重机		
(1) 交流起重机的电动机起动时	15	
(2) 直流起重机的电动机起动时	20	
11. 直流牵引网路		
(1) 正常情况	15	20
(2) 严重条件下，供电末端的短时电压	30	

①对于少数带有冲击负荷的电动机（这些电动机是根据力矩要求来选择的），其电压降低的允许值应根据计算确定；
②一般不大于 15%，当电动机能保证生产机械所要求的起动力矩且不影响同一线路中其他用电设备的供电时，允许不大于 20%；
③电阻炉电压长期较低时，将使工艺过程受到影响，电压长期较高时，会使发热元件的寿命降低；
④括号中的数据仅适用于直流冲击波系列点焊机。

一般低压电器控制设备对控制电压的偏移值要求都可从产品样本中查出，这也是低压配电系统中必须考虑的指标，表 28-10 列出了几种常用控制设备控制电压的容限值，供参考。

表 28-10 一般应用中控制电压的容限（对铁路和矿山设备还可以有其它数值）

设备	动作	用额定控制电压倍数所表示的控制电压	
		下限	上限
断路器驱动	闭合	$0.85U_e$	$1.1U_e$
	断开	$0.75U_e$	$1.1U_e$
接触器	闭合	$0.85U_e$①	$1.1U_e$①
	断开	$0.10U_e$（可能 $0.5U_e$）	$0.75U_e$
继电器接触器	返回静止位置以及带有磨损了的触头时	$0.10U_e$（可能 $0.15U_e$）	
带有电压跳闸装置的断路器	断开	$0.5U_e$	$1.1U_e$

①对于西门子接触器：下限 $0.8U_e$，上限 $1.1U_e$。

28.4.3 电压偏移的影响

电压偏离用电设备的额定电压值会带来各种影响。

28.4.3.1 异步电动机

异步电动机因电压波动对各种特性均受影响，以美国两种电机为例列于表 28-11。

表 28-11 电压变化对异步电动机特性的影响

U 型机座电动机			
特性	与电压的函数关系	电压变化的影响	
		90%电压	110%电压
起动和最大转矩	(电压)^2	减少 19%	增加 21%
同步速度	恒定	不变	不变
转差率	1/(电压)^2	增加 23%	减少 17%
满负荷速度	同步速度转差率	减少 1.5%	增加 1%
效率：			
满负荷		降低 2%	增加 0.5%～1%
3/4 负荷		基本不变	基本不变
1/2 负荷		增加 1%～2%	降低 1%～2%
功率因数：			
满负荷		增加 1%	降低 3%
3/4 负荷		增加 2%～3%	降低 4%
1/2 负荷		增加 4%～5%	降低 5%～6%
满负荷电流		增加 11%	降低 7%
起动电流	电压	降低 10%～12%	增加 10%～12%
满负荷时温升		增加 6～7℃	减 1～2℃
最大过负荷能力	(电压)^2	减少 19%	增加 21%
电磁噪音—特别在空载时		轻微减少	轻微增加

续表 28-11

T型机座电动机			
特　　性	与电压的函数关系	电压变化的影响	
		90%电压①	110%电压①
起动和最大转矩	（电压）^{2}	减少19%	增加21%
转差率	1/（电压）^{2}	增加20%～30%	减少15%～20%
满负荷速度	同步速度转差率	轻微减少	轻微增加
效率：			
满负荷		降低0%～2%	降低0～3%
3/4负荷		基本不变	不变到轻微降低
1/2负荷		增加0%～1%	降低0%～5%
功率因数：			
满负荷		增加1%～7%	减少5%～15%
3/4负荷		增加2%～7%	减少5%～15%
1/2负荷		增加3%～10%	减少10%～20%
满负荷电流		增加5%～10%	轻微减少到增加5%
起动电流	电压	减少≈10%	增加≈10%
满负荷时温升		增加10%～15%	增加2%～15%
最大过负荷容量	（电压）^{2}	减少19%	增加21%
电磁噪声—特别在空载时		轻微减少	轻微增加

①电压变化范围可能更大，其变化取决于电动机型式，如防滴式（DP）或全封闭风冷式（TFFC），和电动机的容量（小容量有较大的变化）。有些数据将按制造厂提供的资料变化。通常，电压比额定值稍高要比额定值偏低时对电动机性能的不利影响小些。

28.4.3.2 同步电动机

同步电动机磁场电压保持恒定，如磁场由同轴发电机供电的那样，则除转速保持不变（频率不变）和最大转矩或失步转矩与电压成正比外，电压变化对同步电动机的影响和对感应电动机的一样。

假若同步电动机磁场电压随供电线路电压变化，如磁场由晶闸管供电那样，则最大转矩或失步转矩随电压的平方变化。

28.4.3.3 白炽灯

受电电压对白炽灯的光通量和寿命的影响是显著的，见图28-3，尤其是信号灯，灯泡的寿命比光通量更重要，因此必须充分注意电压正偏移对灯泡使用寿命的影响。

28.4.3.4 荧光灯

荧光灯可以在镇流器铭牌额定电压的±10%的范围内工作，电压增减1%光通也增减1%。电压变化对其寿命的影响也比对白炽灯的小。镇流器的受电电压高于额定值和工作温度高于正常时镇流器可能过热。

28.4.3.5 高亮度气体放电灯（水银、钠、金属卤化物灯）

用常规的不调压镇流器的水银灯，端电压降10%时光通量减少30%。用恒定瓦数的镇流器，光通量

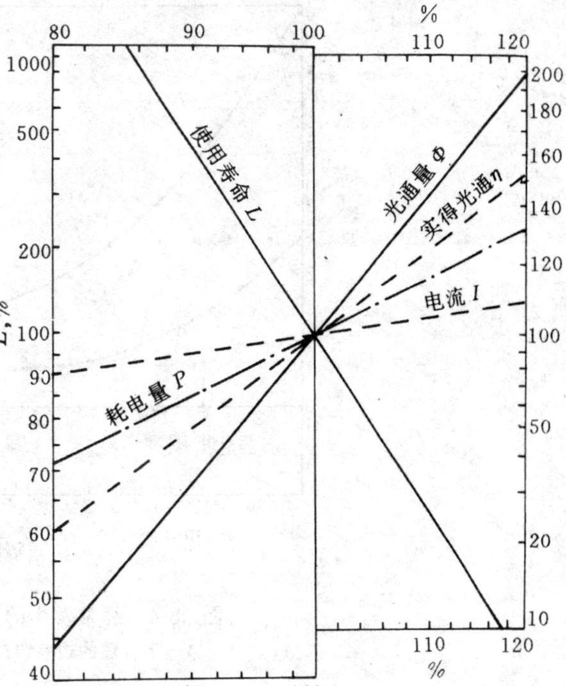

图28-3 白炽灯的特性曲线
（数值以额定参数值的百分数表示）

减少10%时，端压约降低2%。

一般电压降低20%左右会自熄，电压恢复时重新起辉。灯的寿命与起动次数成反比，因此电压波动大了会缩短寿命。

28.4.3.6 电容器

电容器输出的无功功率随所加电压的平方变化，因此电压降10%，输出无功功率减少19%。

28.4.4 三相电压不平衡的影响

当相电压不平衡时，三相电动机的负载电流会增加，电机发热增加，如表28-12所示。但电动机的过负载保护只与正常的过电流（正序电流）有关，与负序电流无关。

如果电动机正常工作已接近满载，则相电压不平衡超过2%，很可能产生过热。

某些电子设备，在相电压不平衡大于2%（或2.5%）时可能受影响，应向制造厂索取有关资料。

表28-12 相电压不平衡对电动机温升的影响

电机型号	负荷	电压不平衡（%）	热量增加（%）	绝缘等级	温升（℃）
U型机座	额定	0	0	A	60
	额定	2	8	A	65
	额定	3.5	25	A	75
T型机座	额定	0	0	B	80
	额定	2	8	B	86.4
	额定	3.5	25	B	100

28.4.5 电压闪变的影响

对电压闪变最敏感且给人的感受最直观的是白炽灯。图28-4给出的曲线是电压波动对白炽灯的影响。

图28-4中曲线1的上部区域是不可取的。曲线1到曲线2之间的区域只适合照明要求不高的场所，而曲线2的下部区域适合要求照明质量较高的场所。

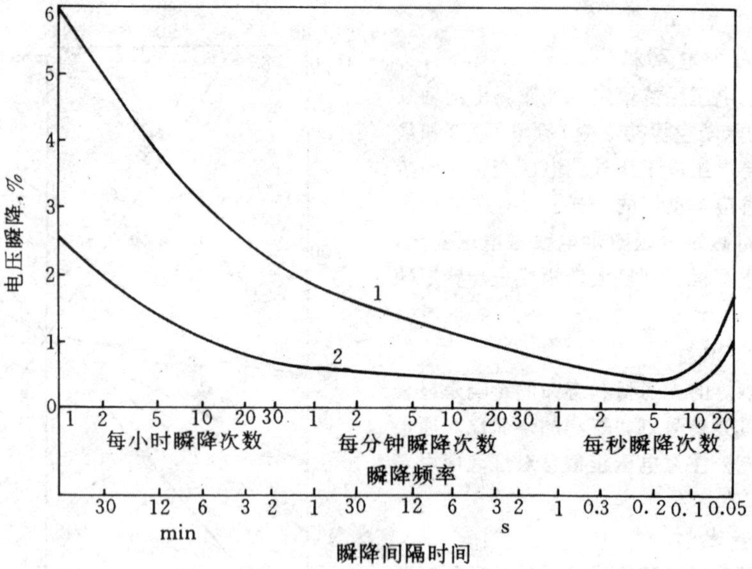

图28-4 经常发生的电压降对白炽灯的影响

1—不合理的边界线；2—感到闪变的边界线

28.4.6 谐波的影响

电网中接有整流器、逆变器、过励磁的变压器、电动机、凸极电动机和气体放电灯等设备时会产生谐波。

在对称的三相系统中，基波的偶数倍谐波是没有的，3、9、15、21和27次是零序谐波。这些谐波能在有中性线的三相Y接线接地的电容器组中流过，这就是工业电容器组不应接地的一个理由。

整流器产生（$pn\pm1$）次谐波，p 是整流器脉动数，n 为1、2、3…。则6脉动整流将产生5、7、11、13、17…次谐波。12脉动整流将产生11、13、23、25…次谐波。

（$pn+1$）次谐波（如7、13、19和25次）是正序谐波，这些谐波在三相平衡的线间电流中出现。

（$pn-1$）次谐波（如5、11、17和23次）是负序谐波，这些谐波增加了电动机的发热。

一般在低压配电系统中不配备消除谐波影响的专门设备，只在设计中采用谐波影响小的方案。但在条件可能时应对系统中的谐波影响有定量掌握，以便提给高压供电系统进行统筹处理。

28.4.7 额定频率

根据GB1980—80，电力系统和一般工业电气设备的额定频率为50Hz。额定频率的允许偏差值规定为下列六种：

±0.2%、±0.5%、±1%、±2%、±5%、±10%。

在钢铁工厂内，如无特殊要求的设备，一般要求±5%。

日本工业标准中对各种电气设备能承受的频率和电压波动的耐量有如图28-5的规定。供参考。

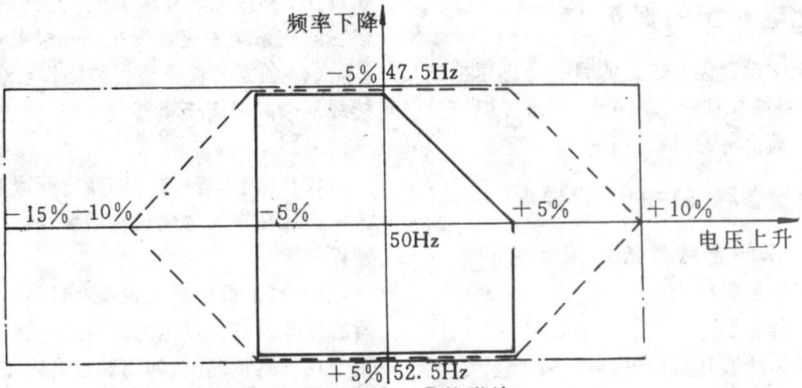

图28-5 电气设备对频率、电压波动的耐量

①——感应电动机JEC—37（1961）；②——同步电动机JEC—114（1964）；③——一般旋转电机JEC—146（1960）；④——空气断路器JEC—160（1964）允许频率±5%变化，和电压波动的配合来表示；⑤——变压器JEC—168（1966）；⑥——晶闸管变换装置JEC—188（（1973）；⑦——交流电磁接触器JEM—1038（1971）；⑧——单晶半导体变换器JEM—1156（1967）；⑨——电磁制动器JEM—1240（1970）；⑩——控制用电磁继电器JEM—1230（1969）

28.4.8 提高电压质量的措施

低压配电系统的电压质量除了与高压供电系统及电网等外部条件有关外，还可以在低压配电系统本身采取以下措施达到改善的目的。

(1)尽量满足分系统对电压质量的要求。如果照明动力共用一台变压器时，应将照明负荷归为一个（或几个）分系统，其分系统的电源直接从负荷中心上取出。

在运行上还要注意电压水平的配合，变压器一次侧设有额定电压的±2×2.5%的分接头。变压器一次侧电源接入的系统一般高于其额定电压，如果车间变压器靠近上级配电室，则车间变压器电源侧接于+5%分接头。这对照明用电是合适的。对电动机而言车间变压器电源接在额定值分接头更有利。如果既有电动机又有照明负荷，则将一次线接到+2.5%分接头上，做到两者兼顾。

(2)减小配电线路压降。变压器与负荷中心尽量靠近以缩短配电线长度，另外在设计中应避免线路不必要的迂回。

(3)减小电压闪变。将引起闪变的设备(如电阻焊、电弧炉) 分开用单独的变压器和馈线供电。

(4)平衡三相负载。在设计中应尽量使三相负载平衡,最好将单相负载由单独的变压器供电,减小相互影响。

(5)减小谐波影响。增加变流器的脉动数。因谐波电流在理论上的最大值是谐波次数的倒数，如 5 次谐波电流是基波电流的 20%，脉动数越高，谐波电流的最大值越小。

变流器电源与对谐波敏感的设备的电源最好分别由不同变压器供电。

28.5 低压配电系统的保护

低压配电系统中设置保护装置的目的是迅速检出电气系统、电气设备的异常状态，并予以切除，以防止事故状态扩大、提高供电的可靠性。

28.5.1 设置各种保护的一般要求

28.5.1.1 车间变压器低压侧主保护

车间变压器低压侧保护为：

(1) 变压器过载保护；

(2) 低压母线和馈线开关处短路保护；

(3)零序保护(仅当短路保护不能保护单相接地故障时设置，且动作于跳闸)。

当低压侧仅有一个电源，而且高压侧继电保护已能保护低压侧短路时，可以不设主开关和主保护。

车间变压器低压侧主保护极少采用熔断器，一般采用带短延时和长延时脱扣器的断路器。特殊情况下，也可能采用带瞬时和长延时脱扣器的断路器。

28.5.1.2 配电线路保护

配电线路应设短路保护，并根据下列情况设过载保护：

(1) 可能引起导线或电缆长时间过载的线路；

(2) 有延燃性外护层的导线或电缆敷设在易燃或难燃的建筑物上；

(3)办公场所、居住场所、公共建筑以及重要仓库等建筑物的照明线路；

(4) 易燃、易爆场所的线路；

短路保护应能在配电线路末端发生下列短路故障时切除故障：

(1) 中性点直接接地系统中的单相短路 (单相接地)；

(2) 中性点不接地系统中的二相短路。

保护装置应按下列要求设置：

(1) 在中性点直接接地的三相四线制系统中和单相中性点直接接地的单相三线制系统中，应装设在所有不接地的各相上；

(2)在中性点不接地的三相三线制系统,允许安装在二相上;不接地的单相二线制系统中,允许安装在一相上，此时对同一电源供电的线路的脱扣器应装在相同的相上。但在有防火、防爆要求的场所,相线与零线均应具有短路保护，当发生故障时相线与零线同时切断；

(3)在接地的直流系统中,应在每个不接地的极上装设；对不接地的直流系统，允许只在一个极上装设，但在同一系统中应装设在同一极上；

(4) 独立的直流动力和操作系统中，当线路较长、接线复杂或者属于重要设备时,应装设绝缘监视(动作于信号)；

(5) 由非本建筑物的变电所或变流站引来的配电线路，应在进入本建筑物后装设该线路的开关和保护装置；

(6)对手提便携式设备及灯具、潮湿场所和露天场所的设备及灯具供电的线路应设置漏电保护。

在下列情况下,如因装设有困难,允许不装设保护装置：

(1) 未被保护线段的导体长期允许负载电流不小于被保护线段的 50%；

(2)长度小于 30m,导体采用不延燃性护套或穿管明敷，并从高处干线引至配电箱的分支线；

(3) 用 15A 及以下的保护装置作总保护的各分支线。

28.5.1.3 电动机保护

电动机应装设短路和过载保护。根据不同情况还需设置下列某些保护：

三相交流电动机设断相、负序、低电压、绝缘损坏、温度、轴电流、轴承温度、回转方向、堵转时间等保护。

直流电动机设弱磁、转速、轴电流、轴承温度等保护。

A 交流电动机的短路保护

交流电动机的短路保护要求：

(1) 当电动机端子处发生相间短路以及中性点直接接地系统中发生单相接地短路时，保护装置应尽快切断电源回路；

(2)当电动机正常起动和自起动时,保护装置不应误动作；

(3) 电动机的短路保护可采用熔断器或保护电动机用的带瞬动脱扣器的断路器；对个别容量较大、工作性质重要的电动机也有采用过电流继电器，动作于断路器的；

(4) 电动机短路保护的元件按下列规定装设：

1) 在三相中性点直接接地的系统中，应在每相上装设；

2)在中性点不接地的系统中，以熔断器保护时，也应每相装设，用断路器保护时，应在不少于三相中的两相，此时同一系统中的保护装置应装在相同的两相上；

3) 每台电动机应装设单独的短路保护。仅当总计算电流小于 20A 时，各台电动机的工作对象同属一生产流程，其中一台停机，其它电动机也必须停机的情况下，才允许几台电动机合用一个短路保护；

4) 过电流继电器应选用手动回归的继电器。

B 直流电动机的短路保护

直流电动机的短路保护要求可参考交流电动机部分。一般直流系统选用直流快速断路器，如果以交流断路器用于直流回路，其动作特性有变化，见表 28-13。

表 28-13 把交流用断路器用于直流回路时的动作特性变化情况

脱扣方式	延时脱扣特性	瞬时脱扣特性	动作特性曲线
热动-电磁	无变化。但是，800A 系列以上（双金属加热方式是 CT 式）的，交流用的不能用于直流回路	如果交流时的瞬时脱扣电流值为 100%，那么，直流时约为 140%	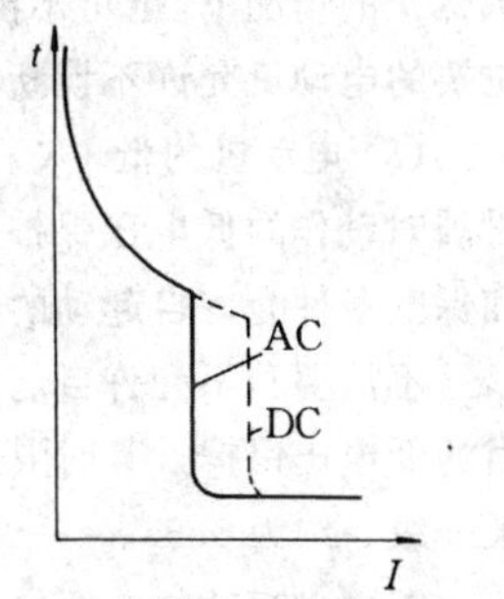
完全电磁	交流用断路器用于直流回路时，最小动作电流值一般为交流时的 110%～140%范围内波动		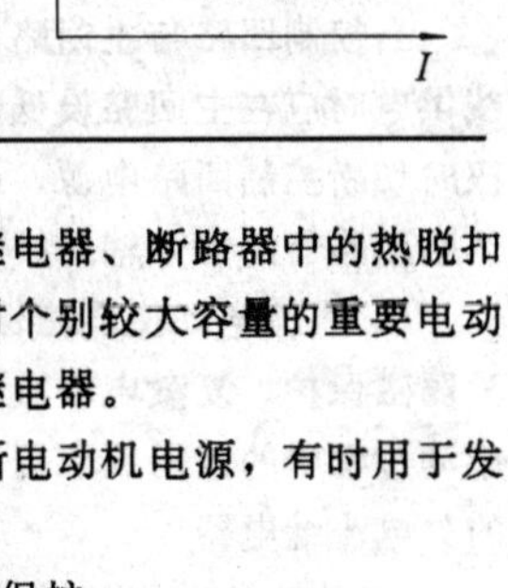

C 交流电动机的过载保护

容易发生过载或堵转的电动机；由于起动或自起动条件沉重而需要限制起动时间防止起动失败的电动机必须设过载保护。工作中一直处于操作工手动操纵的 AC2～9 工作制的电动机一般不设过载保护。4.5kW 以下 AC1 工作制非重要工作的电动机允许不设过载保护。同步电动机应设过载保护，兼作失步保护。

过载保护一般采用热继电器、断路器中的热脱扣器、电子或热敏脱扣器。对个别较大容量的重要电动机、可采用反时限过电流继电器。

过载保护一般用于切断电动机电源，有时用于发信号或减载。

D 直流电动机的过载保护

一般直流电动机的过载保护与交流电动机的一样，但对使用在有弱磁调速的情况下的电动机，需针对不同情况设保护。

E 电动机的其它保护

电动机的其它保护有：

(1)堵转保护。工艺生产中有些负载使电动机经常可能堵转，如电动闸阀等。堵转时电动机的电流猛增，此时如不迅速切除电源，电动机可能会烧坏。因此应设定时限的电流继电器进行保护。但电动机起动时该保护回路不许动作。

(2)三相交流电动机的断相保护。三相交流电动机断相故障是较多的，断相保护可采用带差动导板的三相热继电器或在熔片熔断时发出接点信号的熔断器或其它专用继电器（如3E继电器）动作于接触器实现。

用断路器保护电动机过载的回路可以不另设断相保护；接于电网的电动机定子为星形接线，并已设有过载保护的情况下，也可不再设断相保护。对于小容量不重要的电动机允许不设断相保护。

(3) 电动机的低（欠）电压保护。电动机一般应装设瞬时动作的低电压保护，但容量不超过10kW。工艺和保安条件允许自起动的电动机可以不设。

不需要和不允许自起动的重要电动机可装设短延时的低电压保护，其时限一般比电源自动切换的时限大一级，约为0.5s。

需要自起动的重要电动机，不设低电压保护，但按保安条件，在停转后不允许自起动或因分组自起动而要切除时，可设长延时的低电压（失压）保护，其时限应根据机组特性或工艺过程决定，一般为5～10s。

具有备用设备的情况，为了在电源消失后能及时断开电动机而投入备用设备，可设瞬动的失压保护或短延时的低电压保护。

低电压保护一般由起动器或接触器来实现。

当控制回路与主回路由不同电源或同电源不同馈线供电时应在主回路设低电压继电器，在主回路低电压时切断控制回路电源，或在控制回路电源中串接主回路断路器的常开辅助接点来实现上述目的。

(4)直流电动机弱磁保护。除串激电动机外均需装设弱磁保护。复激电动机的弱磁保护应考虑电动机在起动过程中的电枢反应的去磁作用，应选用带短延时的欠电流继电器。

(5)直流电动机的超转速保护。有可能出现超速运行的电动机（如卷扬机等有可能发电运行）必须设超速保护。

一般超速保护采用离心式转速继电器。一般设定1.2倍额定高转速。

28.5.1.4 直流发电机的保护

直流发电机的短路、过载保护与直流电动机相同，但需设过电压保护。

28.5.1.5 其它电气设备的保护

特殊用电设备一般均自带保护设备，低压配电系统仅考虑配电线路保护。

28.5.1.6 低压配电系统继电保护的特点

低压配电系统继电保护的特点为：

(1)低压配电系统是直接服务于车间、因此继电保护设计时，应考虑车间规模大小、发生事故时损失的大小，以此来选定方案。

(2) 受保护对象种类多、要求继电保护多样性。

(3) 周围环境条件复杂。

28.5.1.7 低压配电系统设置保护时的注意事项

低压配电系统设置保护时的注意事项有：

(1)主保护和后备保护。低压配电系统事故大部分是短路和接地。主保护是第一保护，具有动作最快，切除异常部分的范围最小的功能。后备保护是指主保护拒动或损坏时才动作，去切除异常部分，由于要使主保护先动，后备保护后动，两者间要有时限级差配合。后备保护切除异常部分的范围要比主保护大得多。

(2)失效保险。为了保证确切地检测事故，防止误动作，采用不同的继电器共同检测一种事故。如采用接地方向继电器和接地过电流继电器相“与”的结果去决定断路器是否动作，以防止单装接地方向继电器时的误动作。又如采用过电流继电器和低电压继电器“与”的方式，以防止大型笼型电动机起动时或变压器的涌流所造成的过电流继电器误动作。这些措施要花费投资，都限于特定条件下采用。

(3)继电保护动作值的配合。低压系统的短路电流的大小，随其馈线阻抗和层次的多少而使短路电流逐级衰减。故继电保护的配合主要根据上下级的短路保护的动作电流决定。但由于上下级保护之间线路阻抗很小，如处于同一母线的进线和出线的保护配合必需采用时限级差配合。按JB1284—85断路器短延时的过流动作时限为0.1s、0.2s、0.4s三种，在时限配合上，从用电设备的保护（末级）为瞬动开始、逆着配电系统的方向，逐级增加一个时限级差相配合。当同一母线系统的馈线较多时，按配电级数最多的馈线最长动作时限，来整定进线断路器的动作时限。

28.5.2 低压回路的保护装置

低压回路的保护一般只有过载和短路两种电流保护和低电压保护。

低压电流保护采用熔断器和断路器以及热继电器三种以及它们的组合。它们的特性如图 28-6、图 28-7、图 28-8 所示。

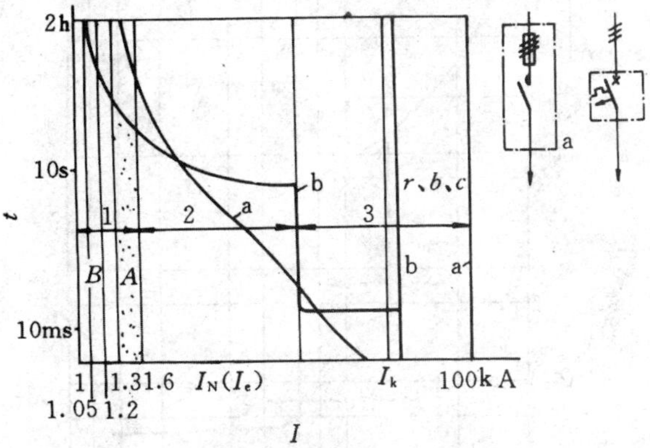

图 28-6 熔断器 a 与断路器 b 的特性曲线

A—熔断器额定电流的试验范围；
B—断路器极限断开电流的试验范围；
1—最小断开/脱扣电流范围；
2—过载电流范围；3—短路电流范围；
r、b、c—额定分断能力

熔断器熔丝(片)熔断电流为选用设备的额定电流的 1.3 到 1.6 倍之间。而断路器的最小脱扣电流介于整定电流的 1.05 到 1.2 倍之间。若使用可调的脱扣器，整定电流和最小脱扣电流可适应被保护对象的持续负载要求，因而提供的保护效果比使用熔断器的效果更好。而且断路器的脱扣器额定电流是分级提供的，给选择运用带来极大的方便。

熔断器的电流-时间特性中的过载保护曲线比断路器的陡直，这是电缆、导线和变压器类过载保护所需要的。对有机械通风冷却的电动机要求的过载保护特性曲线中弧形段的弯曲半径要小一些，则要采用热继电器接触器组合开关(起动器)或装有保护电动机的热脱扣器的断路器保护。

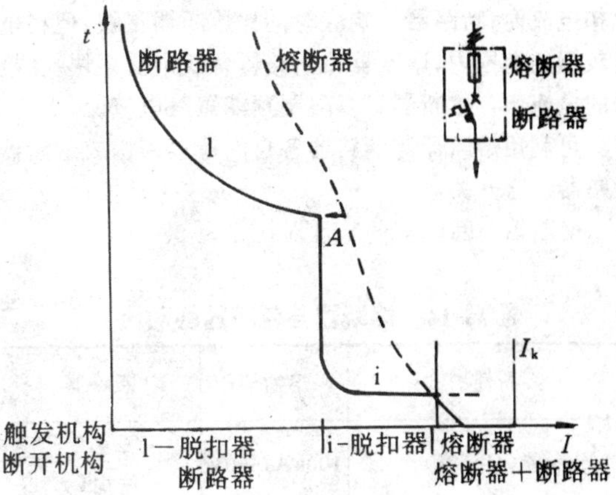

图 28-7 熔断器与断路器的开关组合装置

1—热过载脱扣器；i—瞬时短路脱扣器；
I_k—安装地点最大预期短路电流水平；
A—特性曲线间间的隔

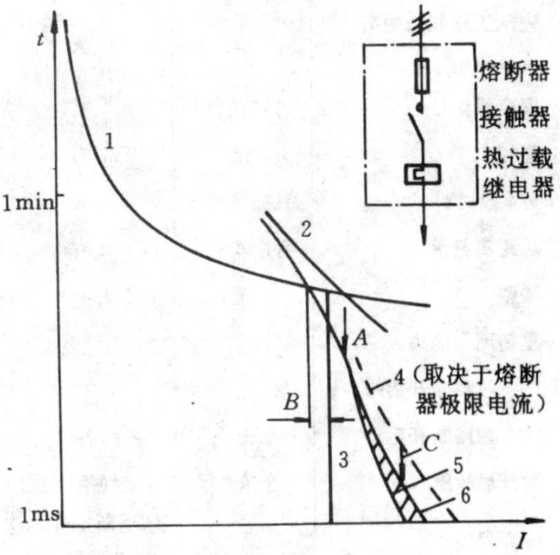

图 28-8 熔断器、接触器与过载继电器的开关组合装置

1—热过载继电器的动作曲线；
2—热过载继电器的破坏性曲线；
3—接触器分断能力；
4—触头轻微熔焊容易断裂时的接触器动作曲线；
5—熔断器熔化曲线，使用类别 aM；
6—aM 熔断器的断开曲线；
A、B、C—用于某些短路保护的安全裕量

对于短路电流的保护，当电流稍许超过脱扣器的脱扣电流时，断路器的响应时间比熔断器更快，但在电流较强的范围内，熔断器比断路器切断电流更快。在极强的电流下，熔断器可以限制预期短路电流。

可利用熔断器与断路器各自的特点来构成熔断器断路器组合开关。

熔断器与断路器的特性对比见表 28-14。

表 28-14 熔断器与断路器的对比

特性	熔断器	断路器
分断能力(交流)	100kA，660V	$f(I_N,U,$ 结构①)
极限电流	$f(I_N,I_K)$	$f(I_N,I_K,U,$ 结构①)
尺寸/分断能力	小	$f(I_N,U,$ 结构①)
飞弧空间	无	$f(I_N,U,I_K,$ 结构①)
表示工作能力的外部征象	有	无
安全操作	另加花费②	有
遥控	无	有
3/4 极切断	另加花费③	有
远距离显示	另加花费④	有
联锁	无	有
重新闭合能力：		
过载断开后	无	有
短路断开后	无	f(条件)
断开后故障时间	有	f(条件)
保养费用	无	f(通断操作的次数和严重程度)
选择性	无另外花费	有另外花费
替换件	有⑤	用同样零件替换

①“结构”是指：灭弧技术，通过内阻来防止短路，结构设计；

②例如当使用具有快速闭合特性的一种操作安全的熔丝负载隔离开关；

③使用熔断器监控装置以及相应的断路器；

④使用熔断器监控装置；

⑤标准尺寸。

断路器的整定值调整性能见图 28-9 和表 28-15。

热继电器是过载保护装置中的一种，其它装置如置于断路器中的热脱扣器、反比延时的过电流继电器等也能起过载保护作用。一般热继电器与接触器组合成起动器是用于保护用电设备的一种常用装置。

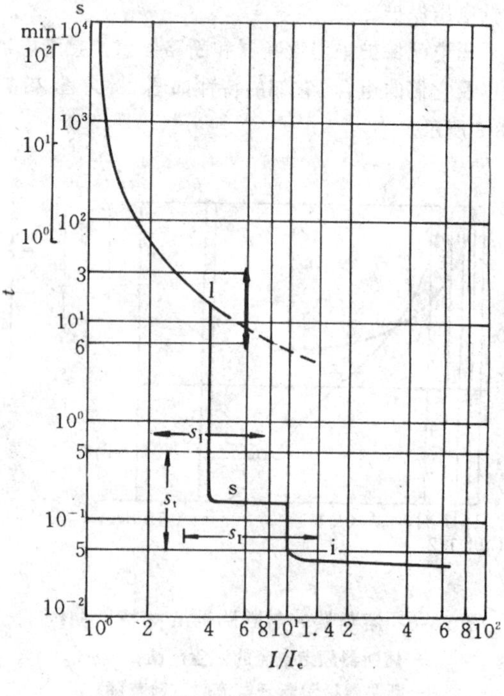

图 28-9 断路器的整定值调整性能

l—长延时过流脱扣器；

i—瞬时过流脱扣器；

s—短延时过流脱扣器；

s_I—整定电流范围；

s_t—整定时间范围

热继电器有带和不带温度补偿功能的，前者可避免周围温度变化所带来的不利影响。同样道理，三极热继电器如果只有二极或一极通电则脱扣器的动作也受影响（按 VDE0660，IEC157-1 以及 IEC292-1 制作的西门子产品有如下说明，如果三极脱扣器或继电器上只有两极加载，则脱扣电流可提高 10%，如果仅有一极加载，则脱扣电流提高 20%）。

由于低压系统大量采用接触器，当出现一定数值的低电压时自行释放，已具低电压保护的作用。因此，在某些配电回路有低电压延时脱扣的要求时，或配电回路需防止电动机在电源恢复供电时自起动的情况时，可不另设相应的低电压保护。

表 28-15 电磁短路脱扣器的调整范围与脱扣电流

应用（优先选择）	延时类型	以热脱扣器额定电流 I_e 倍数表示的整定范围与响应电流极限
发电机保护断路器	瞬时或短延时	约 2 到 $4I_e$
电缆保护断路器	瞬时或短延时	约 3 到 $6I_e$
电动机保护断路器	瞬时	约 8 到 $14I_e$

28.5.3 高压馈线的保护

低压配电系统是高压配电系统的延续，在考虑低压保护系统时应与高压配电保护相协调。一般高压配电线和变压器采用带速断和反比延时的过电流继电器对线路和变压器实现电流速断和过电流保护。通常车间变压器一次线圈故障包含在高压配电的保护范围内，二次线圈不能完全处在速断保护的范围内，仅处在过电流一级保护范围内。

高压配电线和变压器的过电流保护也是低压侧受电回路过电流保护的后备保护。

28.5.4 低压配电系统的保护

28.5.4.1 断路器方式

A 低压配电系统进线（车间变压器二次）主保护

过负荷保护 过负荷保护整定电流

$$I_{dz}=K_k I_{eb} \tag{28-1}$$

式中 I_{eb}——变压器低压侧额定电流，A；

K_k——可靠系数，考虑整定误差，一般可取 1.1；

I_{dz}——断路器长延时脱扣器的整定电流，A。

根据变压器低压侧尖峰负荷的持续时间，选用不同电流-时间特性的长延时脱扣器，按 JB1284—85 规定：使用额定电流为 100A 以上的脱扣器时，其 3 倍动作电流的可返回时间为大于 3s 或 8s 或 15s 三种；使用额定电流为 100A 及以下的脱扣器时，其 3 倍动作电流的可返回时间为大于 1s 或 3s 两种特性。

短路保护 短路保护整定电流

$$I_{dz}=K_k m_{gh} I_{eb} \tag{28-2}$$

式中 m_{gh}——过电流倍数，根据可能出现的尖峰电流决定，非特殊情况下，按最大一台电动机起动电流和其他负荷电流之和决定；

K_k——可靠系数，考虑整定误差，一般取 1.2；

I_{dz}——断路器短延时脱扣器整定电流，A。

短路保护的整定电流，还需根据配电系统保护的选择性要求进行调整。

灵敏性校验

$$K_l^{(2)}=K_{lx}\frac{I_{d_{min}}^{(3)}}{I_{dz}}\geqslant 2 \tag{28-3}$$

式中 $I_{d_{min}}^{(3)}$——被保护线路末端的最小三相短路电流，A；

K_{lx}——二相短路时相对灵敏系数，为 0.87；

I_{dz}——断路器短路保护整定电流，A。

单相接地保护 当单相接地电流大于断路器的短延时脱扣器的电流整定值时，应校验其灵敏系数

$$K_l^{(1)}\leqslant\frac{I_{d_{min}}^{(1)}}{I_{dz}} \tag{28-4}$$

式中 $I_{d_{min}}^{(1)}$——被保护线路末端的单相短路电流，A；

I_{dz}——断路器短路保护整定电流，A。

按照脱扣器的具体型式选用不同灵敏系数 $K_l^{(1)}$ 的值，由于单相接地电流计算往往不准确，一般 $K_l^{(1)}$ 取 1.5～2。

当计算求得的灵敏系数不满足要求时，或单相接地电流小于断路器短路电流保护整定值时，在变压器中性线上设零序保护。零序保护继电器作用于断路器的分励脱扣器或信号系统。零序保护继电器的电流整定值还应与相邻保护器件的动作电流相配合。

如果负荷中心直接给电动机供电，主接地保护（主零序保护）装置的动作电流应大于最大容量电动机短路保护（兼作接地保护）的动作电流。此时，主接地保护装置的动作电流整定为

$$I_{dz}=K_p I'_{dz} \tag{28-5}$$

式中 I_{dz}——电动机短路保护脱扣器整定电流，A；

K_p——配合系数，一般取 1.1；

I'_{dz}——主接地保护的动作电流，A。

当低压配电线路设零序保护时，主接地保护装置的动作电流应与配电线路零序保护装置的动作电流相配合。此时，主接地保护装置的零序动作电流整定为

$$I_{dz} = K_p I'_{dz} \tag{28-6}$$

式中 I'_{dz}——配电线零序保护的动作电流，A；

K_p——配合系数，取1.1；

I_{dz}——主接地保护的动作电流整定值，A。

灵敏系数

$$K_1 = \frac{I_{d\min}^{(1)}}{I_{dz}} \geqslant 1.5 \sim 2 \tag{28-7}$$

式中 $I_{d\min}^{(1)}$——变压器低压侧母线的最小单相短路电流值，A；

I_{dz}——主接地保护的动作电流整定值，A。

主接地保护采用GL-11型继电器，放射式系统的时间整定一般为0.1s；在变压器干线制系统中，GL-11型继电器的整定值应躲过被保护系统中最大容量分支线路断路器的整定值。如果干线很长，其末端的单相电流太小，不能保证GL-11型继电器可靠动作时，则应采取其它措施。此外还应考虑上下级保护的配合。

当母线发生单相接地故障时，GL-11型继电器动作，切断受电断路器，如果拒动，以受电断路器的长延时脱扣器作为后备保护。

如果低压配电系统只有一台车间变压器，没有其它电源，而且高压侧采用组合开关，其设置地点便于操作（相当于成套变压站），高压的保护装置能保护变压器二次侧短路故障，则低压侧可不设受电开关。

B 低压配电线路保护

(1) 短路保护整定电流

$$I_{dz} = K_{kz} I_{jf} \tag{28-8}$$

式中 I_{jf}——被保护线路的尖峰电流，A，计算方法见第15章；

K_{kz}——可靠系数，一般取1.35。

电流整定值还必须满足上下级之间的配合，即应考虑上一级断路器电流脱扣器的返回特性的负误差和本级的正误差，并留有10%配合裕度。一般下一级脱扣器整定值不大于上一级脱扣器整定值的50%～60%。

脱扣器的灵敏系数校验与上节相同。

断路器动作时间配合见表28-16。

表28-16中，0级指电动机控制中心，1级指车间变电所馈线，2级为车间变压器低压侧主保护。

表28-16 脱扣器时限与配电系统级数的配合

级 数	第一种组合		第二种组合	
	上一级	下一级	上一级	下一级
3			长延时	0.4s
2	长延时	0.4s	0.4s	0.2s
1	0.4s	0.2s	0.2s	0.1s
0	0.2s	瞬动	0.1s	瞬动

注：1. 由0.1s短延时的断路器与瞬动断路器组成有选择性保护系统时，断路器的类型应相同。

2. 0.4s与长延时在时间上可以组成配合级，但应校验断路器的短路电流的承受能力（因为有的断路器具有短延时后断流能力降低）。

(2) 过负荷保护：

$$I_{dz} = K_{kz} I_{js} \tag{28-9}$$

式中 I_{js}——被保护线路的工作电流，即计算电流，A；

K_{kz}——可靠系数，一般取1.1；

I_{dz}——断路器长延时脱扣器整定电流，A。

按JB1284—85规定，长延时脱扣器的电流-时间特性应根据最大负荷持续时间选定。使用额定电流为100A以上的脱扣器时，其3倍动作电流的可返回时间为大于3s或8s或15s三种；使用额定电流为100A及以下的脱扣器时，其3倍动作电流的可返回时间为1s或大于3s两种。

线路过负荷保护还是下一级线路或用电设备的短路保护的后备保护。

电动机保护见28.5.5.1节。

28.5.4.2 熔断器方式

熔断器熔体额定电流的选择。

A 变压器主保护

过负荷和过电流保护 由于RT0型熔断器熔体的安秒特性和变压器的允许温升曲线相近似，所以RT0型熔断器熔体能保护变压器的过负荷和过电流。熔体额定电流应满足

$$I_{er} > I_{eb} \tag{28-10}$$

式中 I_{eb}——变压器低压侧额定电流，A；

I_{er}——熔断器熔体额定电流，A。

熔体额定电流一般应尽量接近变压器低压侧额定电流。

单相接地保护 单相接地保护应满足

$$I_{d_{min}}^{(1)} \geqslant 4I_{er} \tag{28-11}$$

式中 $I_{d_{min}}^{(1)}$——被保护线路末端最小单相短路电流，A；

I_{er}——熔断器熔体额定电流，A。

B 配电线路保护

过载和短路保护 各种熔断器的熔体都能承受短时尖峰电流。根据尖峰电流持续时间可以确定允许的尖峰电流（I_{jf}）和额定电流（I_{er}）之比 a，a 值见第 29 章表 29-21。

当线路尖峰电流与计算电流的比值小于或等于表 29-21 中的 a 值时，保护线路的熔体额定电流为

$$I_{er} \geqslant I_{js} \tag{28-12}$$

式中 I_{js} ——线路的工作电流，即计算电流，A；

I_{er}——熔断器熔体的额定电流，A。

熔体的额定电流一般应尽量接近线路的计算电流。

当线路的尖峰电流与计算电流的比值大于表 29-21 中的 a 值时，保护线路的熔体额定电流为：

$$I_{er} \geqslant \frac{I_{jf}}{a} \tag{28-13}$$

式中 I_{jf}——线路的尖峰电流，A；

I_{er}——熔断器熔体额定电流，A；

a——系数，见表 29-21。

熔体的额定电流应尽量接近$\frac{I_{jf}}{a}$值。

前一种情况，熔体基本上能保护导线或电缆的过负荷，后一种情况，则不能保护导线或电缆的过负荷，此时，应按表 29-7 的要求确定导线或电缆的截面。

单相接地保护 单相接地保护与变压器单相接地保护相同。

熔断器的配合 熔断器熔体的配合级差是按上下级熔体最大正负误差，并考虑 10% 的配合裕度确定的。熔体产品的时间误差值规定为 ±50%，其时间配合可认为：

$$(1-0.5)t_1-(1+0.5)t_2 \geqslant 10\%\left(\frac{t_1-t_2}{2}\right)$$

即

$$t_1 \geqslant 3.44t_2 \tag{28-14}$$

式中 t_1——上一级熔断器熔体的熔断时间，s；

t_2——下一级熔断器熔体的熔断时间，s。

在不同短路电流下，上下级熔体满足选择性配合的关系见 29.1.2.2。

当配合有困难或很不合理时，个别（一般在系统的末梢）线路允许按熔体误差为 ±30% 考虑，则

$$t_1 \geqslant 2.08t_2 \tag{28-15}$$

C 电动机保护

过载和短路保护 当电动机起动电流倍数小于或等于表 29-21 中的 a 值时，熔体电流为

$$I_{er} \geqslant I_{ed} \tag{28-16}$$

式中 I_{ed}——电动机额定电流，A；

I_{er}——熔断器熔体额定电流，A。

熔体额定电流应尽量接近电动机额定电流。

当电动机起动电流倍数大于表 29-21 中的 a 值时，熔体额定电流为

$$I_{er} \geqslant \frac{I_{gd}}{a} \tag{28-17}$$

式中 I_{gd} ——电动机起动电流，A；

I_{er}——熔断器熔体额定电流，A；

a——系数，见第 29 章表 29-21。

熔体额定电流应尽量接近$\frac{I_{ed}}{a}$。

前一种情况，熔体可以作为电动机过载保护或过载的后备保护，后一种情况，熔体只能保护电动机的短路，此时，电动机的过载保护采用热继电器。热继电器的整定电流为

$$I_{ejr} = K_{ks}I_{ed} \tag{28-18}$$

式中 K_{ks}——系数，一般取 0.95～1.05。

单相运行保护 单相运行保护一般采用三相热继电器，其整定值按过载保护要求确定。

低压系统的保护配合必需靠电流-时间特性进行分析，计算方法仅能作大略的分析。表 28-17、表 28-18 和图 28-10～图 28-16 是用电流-时间进行保护配合的示意，各种保护设备的电流-时间特性可查产品样本。

表 28-17 带有断路器和熔断器的配电系统

配电系统图	号码	断路器类型	型号	分断能力 $r \cdot b \cdot c$ 值	过流脱扣器 l 可调式	过流脱扣器 l 固定式	过流脱扣器 s 可调式	过流脱扣器 s 固定式	过流脱扣器 i 可调式	备用熔断器额定分断能力 >100 kA	脱扣特性
		进馈线断路器									
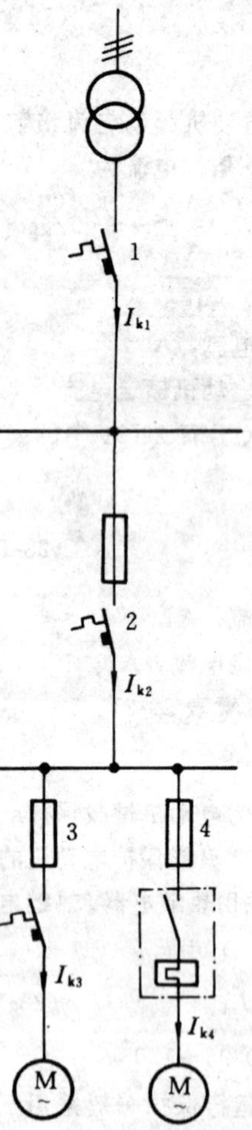	1	选择性断路器	DW15 DW15 ME AH	$>I_{k1}$	×		×	—	×	—	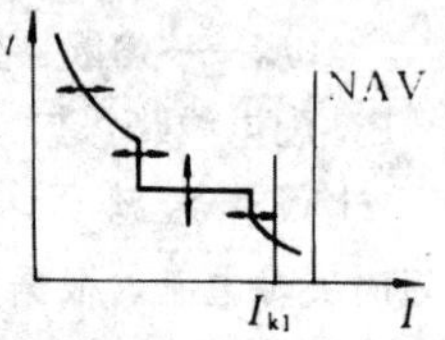
		配电断路器									
	2	熔断器及配电保护断路器	NT	$>I_{k2}$	—	—	—	—	—	×	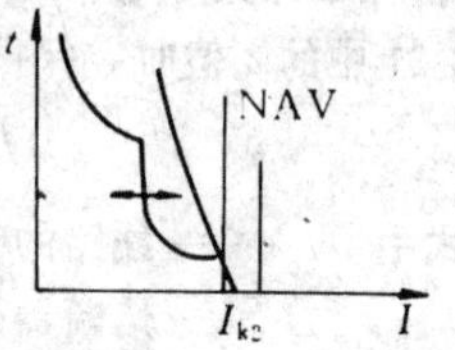
			DW10	$<I_{k2}$	—	×	—	—	×	—	
		负载断路器									
	3	熔断器及电动机保护断路器	NT	$>I_{k3}$	—	—	—	—	—	×	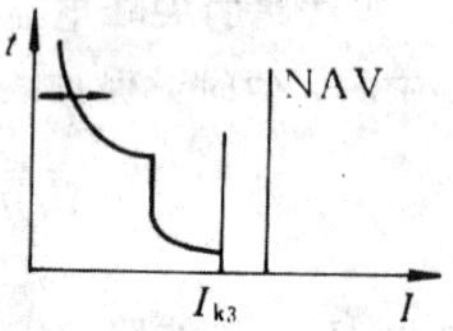
			DZ H	$>I_{k3}$	—	×	—	—	×	—	
			3VE	$>I_{k3}$	×	—	—	×	—	—	
	4	熔断器及 D.O.L 起动器	RT14	$>I_{k3}$	—	—	—	—	—	×	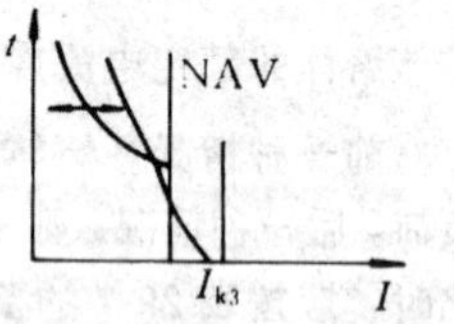
			RTO RT11 aM RSO RS3	$>I_{k3}$	—	—	—	—	—	≥SOkA	
			QC 3032	$<I_{k3}$	×	—	—	—	—	—	

注：1. 过电流脱扣器代号 l、s、i 的意义见图 28-10；

2. 表中“×”代表有该功能，“—”代表无该功能。

3. 表中 NAV 代表断路器遮断能力。

表 28-18　全部为断路器的配电系统

配电系统图

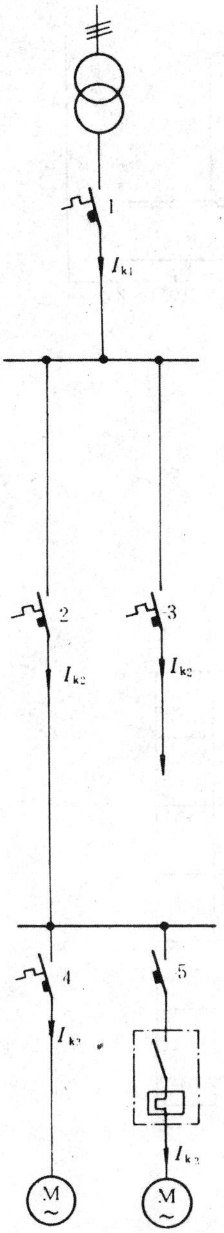

号码	断路器类型	型号	分断能力 r·b·c 值	过流脱扣器 l 可调式	l 固定式	s 可调式	s 固定式	i 可调式	脱扣特性
	进馈线断路装置								
1	选择性断路器	DW5 DW15 ME AH	$>I_{k1}$	×	—	×	—	×	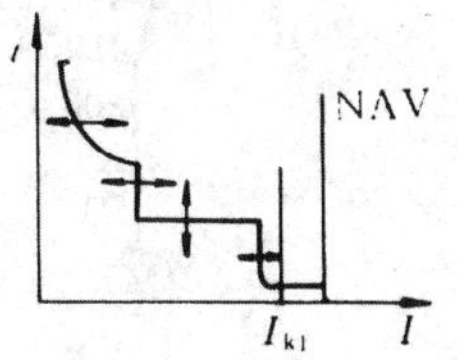
			$>I_{k1}$	×	—	×	×	—	
	配电断路器								
2	配电保护断路器	DW10	$>I_{K2}$	—	×	—	—	×	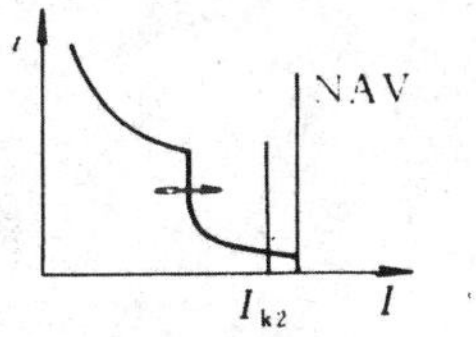
		H	$>I_{K2}$	—	×	—	—	×	
3	选择性保护断路器	DW5 DW15 ME AH	$>I_{K2}$	—	×	×	—	—	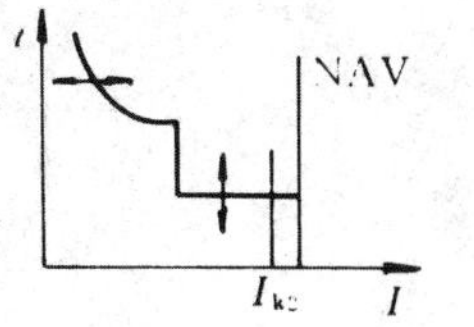
			$>I_{k2}$	×	—	×	—	—	
	负载断路器								
4	电动机保护断路器	DZ H	$>I_{k3}$	—	×	—	—	×	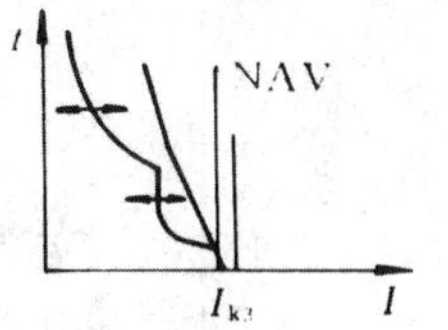
		3VE	$>I_{k3}$	×	—	—	×	—	
5	起动器保护断路器 D.O.L 起动器	DZ H	$>I_{k3}$	—	—	—	—	×	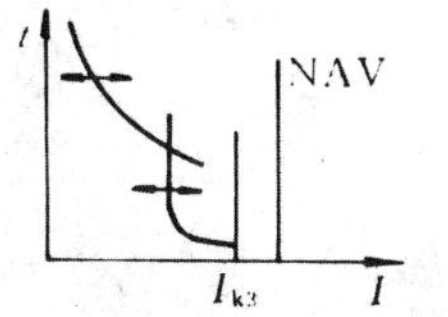
		QC 3023	—	×	—	—	—	—	

注：1. 过电流脱扣器代号 l、s、i 的意义见图 28-10；

2. 表中“×”代表有该功能，“—”代表无该功能；

3. 表中 NAV 代表断路器遮断能力。

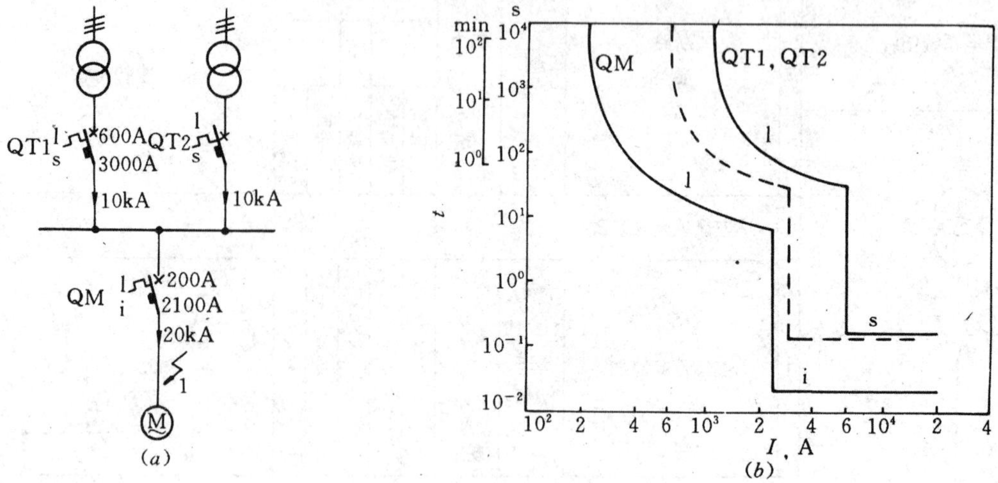

图 28-10 有两个相同输出馈电变压器的配电系统

(a) 一典型电路结构；(b) 一动作特性曲线

QT—变压器保护断路器；QM—电动机保护断路器；

l—热延时过载脱扣器；s—短延时过流脱扣器；i—瞬时短路脱扣器

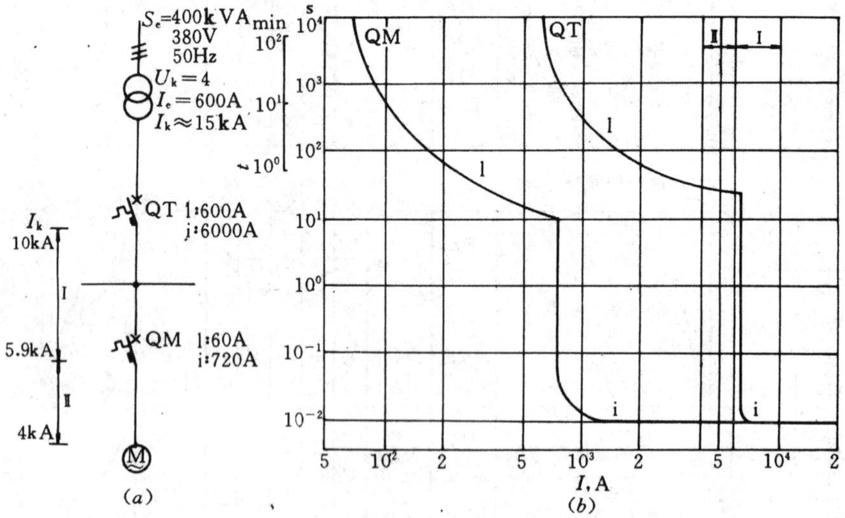

图 28-11 两个串联相接的断路器选择特性（例）

(a) 一典型电路结构；(b) 一动作特性曲线

QT—变压器保护断路器；QM—电动机保护断路器；

l—过载脱扣器；i—瞬时短路脱扣器

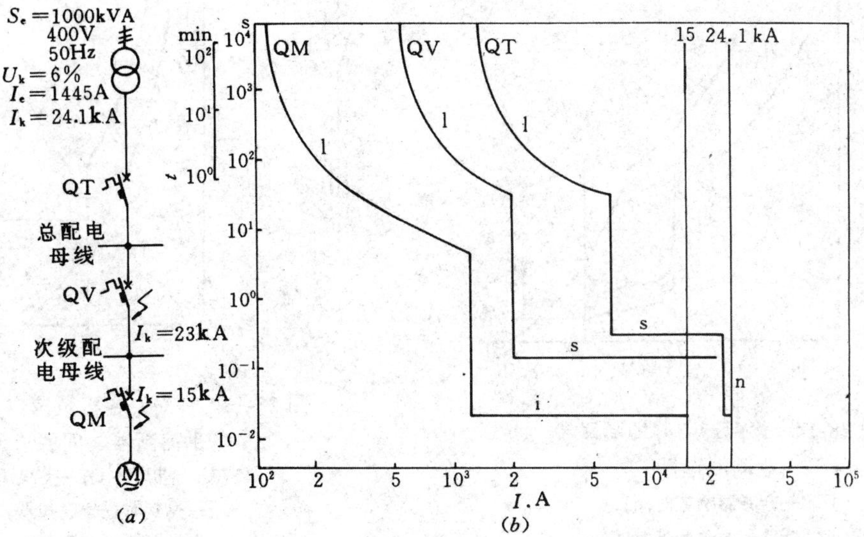

图 28-12　三个串联断路器之间的选择性

(a) 一典型电路结构；(b) 动作特性曲线

QT—变压器保护断路器；QV—配电保护断路器；QM—电动机保护断路器

l—热延时过载脱扣器；i—瞬时电磁释放装置；s—短延时电磁过流脱扣装置

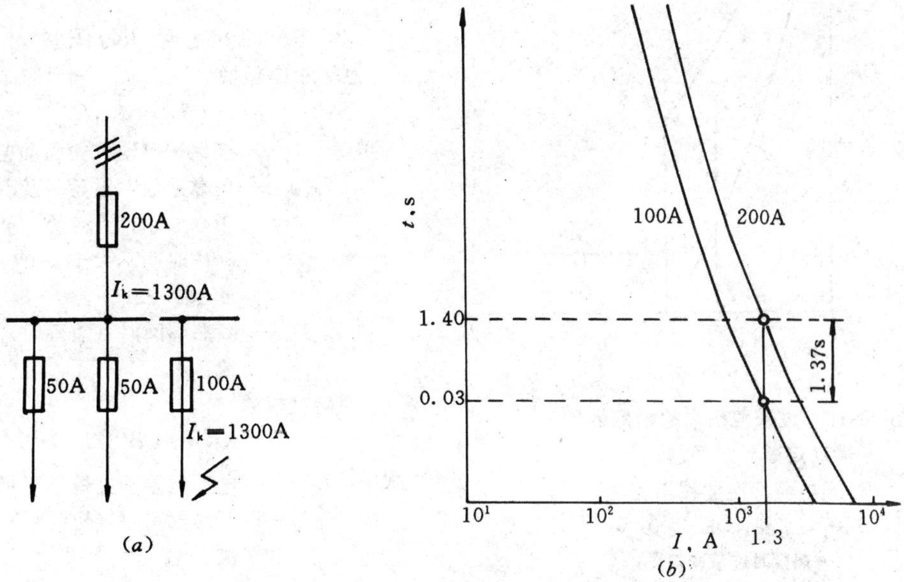

图 28-13　串联相接的熔断器选择特性（例）

(a) 一典型电路结构；(b) 一电流 $I_k=1300$A 时的熔断时间

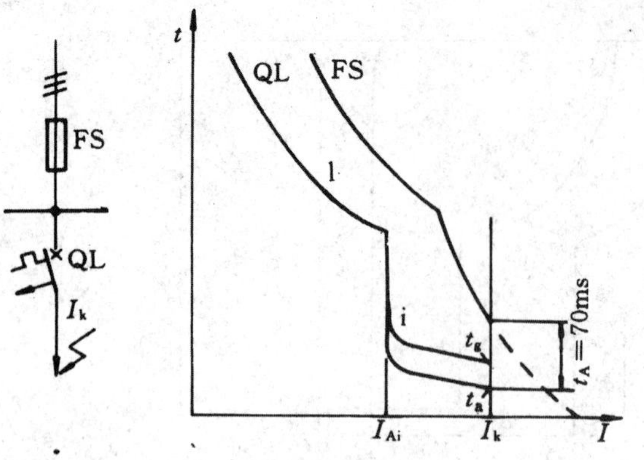

图 28-14 熔断器与辅助断路器之间的选择

t_a—断路器响应时间；

t_g—断路器的总断开时间；

FS—熔断器；QL—断路器

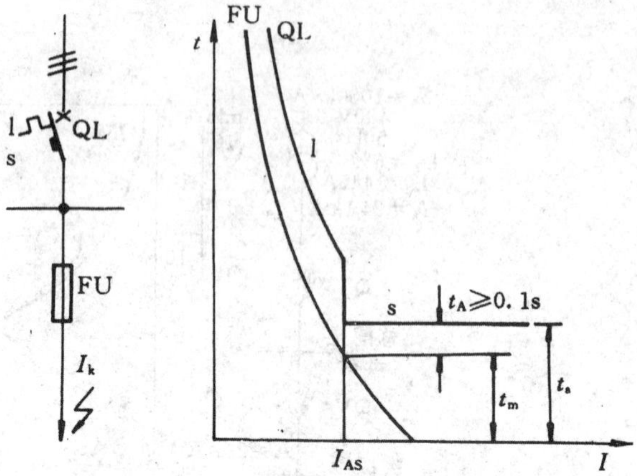

图 28-16 在短路电流范围内断路器与辅助熔断器之间的选择

FU—熔断器；QL—断路器；

l—热延时过载脱扣器；

s—短延时过流脱扣器；

t_A—安全裕量；

I_{AS}—s 脱扣器的响应电流；

t_m—熔断器的熔断时间；

t_s—s 脱扣器的延时时期

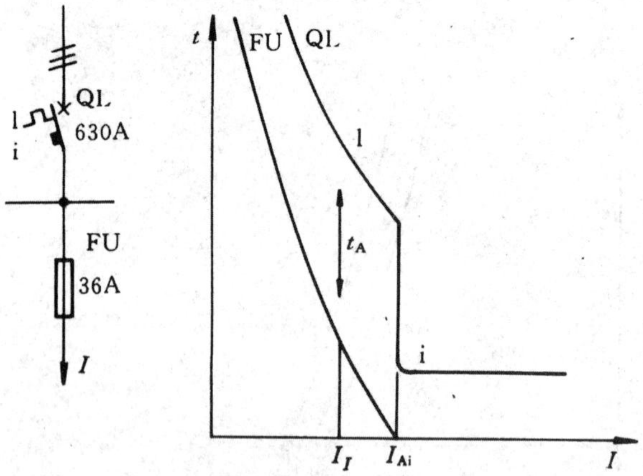

图 28-15 过载范围内的断路器和辅助熔断器之间的选择（时间电流特性曲线不相交）

FU—熔断器；QL—断路器；

l—热延时过载脱扣器；

i—瞬时短路脱扣器；

t_A—安全裕量；

I_{Ai}—i 脱扣器的脱扣电流

28.5.5 保护装置的计算及整定

28.5.5.1 电动机的保护

A 短路保护

$$I_{dz} = K_{k1} I_{gd} \tag{28-19}$$

式中 I_{gd}——被保护电动机的起动电流，A；

K_{k1}——可靠系数，短延时及瞬时动作时间大于 0.02s 的断路器一般取 1.35，瞬时动作时间不大于 0.02s 的断路器一般取 1.7～2；

I_{dz}——断路器瞬时（短延时）脱扣器整定电流，A。

灵敏度校验：

$$K_l = K_{lx} I_{d\,min}^{(3)} / I_{dz} \geqslant 2 \tag{28-20}$$

式中 $I_{d\,min}^{(3)}$——电动机端子上最小三相短路电流，A；

I_{dz}——断路器瞬时（短延时）脱扣器整定电流，A；

K_{lx}——二相短路时相对灵敏系数，为 0.87。

B 过载保护

$$I_{ds} = K_{k3} I_{ed} \tag{28-21}$$

式中 I_{ed} ——电动机额定电流，A；

K_{k3}——可靠系数，一般可取 1.1；

I_{dz}——断路器长延时脱扣器整定电流，A。

整定电流 I_{dz}尚需符合表 29-26 的规定。

根据电动机起动时间的长短（受起动负载的影响），选择长延时脱扣器的电流-时间特性。按 JB1284—85 规定，脱扣器额定电流为 50A 及以下时，通过 6 倍动作电流的可返回时间有大于 1s 或 3s；脱扣额定电流为 50A 以上时，通过 6 倍动作电流的可返回时间有大于 3s 或 8s 或 15s 等几种。

对于电容器与电动机端子直接相连，并与电动机一起接通与断开的情况，见图 28-17。总的有效电流 I_W 取自电网。该电流流过断路器的过载脱扣器或继电器，因此过载脱扣器的整定电流应按下式调整

$$I_{dz}=\frac{I_e\cos\varphi_e}{\cos\varphi} \tag{28-22}$$

式中 I_e——电动机额定电流，A；

$\cos\varphi_e$——电动机额定功率因数；

$\cos\varphi$——对电动机进行功率因数补偿后的功率因数，一般取 0.9。

对于短时重复工作制电动机选用热继电器作过载保护是受限制的，需要通过核算。如图 28-18 所示的例子。

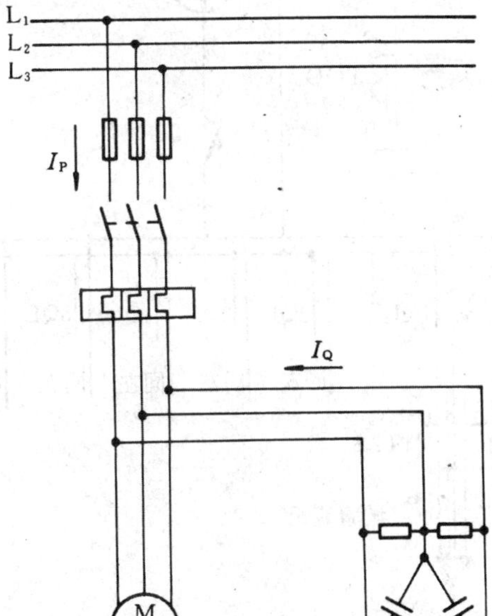

图 28-17 采用功率因数补偿的三相电动机保护（例）

I_P—有功电流；I_Q—无功电流

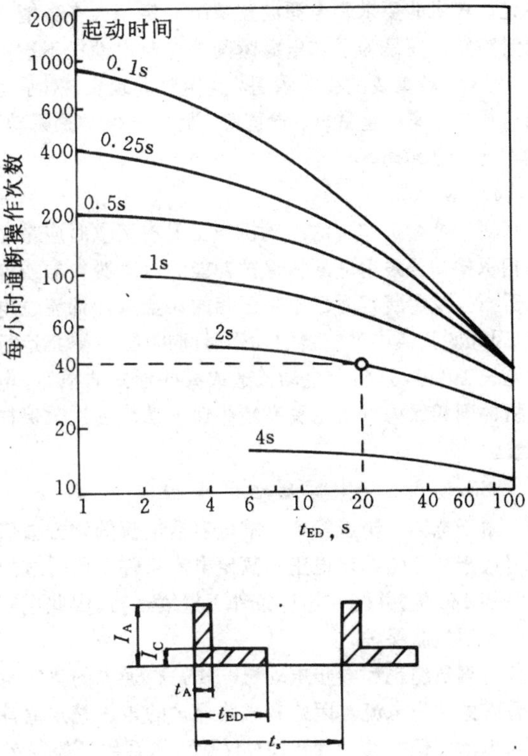

图 28-18 热过载继电器的容许通断频率（$I_A=6I_e$）

I_A—电动机起动电流；t_{ED}—冲击时期；

I_e—电动机额定工作电流；t_s—通断循环周期；

t_A—电动机起动时间

对于多绕组多速电动机，过载保护应在每一种转速情况下设过载保护装置，其整定电流应对应于相应的额定电流。

C 低电压保护

电动机低电压保护的电压整定值见表 28-19。

表 28-19 电动机低电压保护的电压整定值

电动机类别	负荷率		
	$M=100\%M_e$	$M=80\%M_e$	$M=50\%M_e$
三相感应电动机	$U_{dz}=0.7U_e$		$U_{dz}=0.5U_e$
三相同步电动机	$U_{dz}=0.5U_e$	$U_{dz}=0.4U_e$	

注：表中 M—负载力矩；M_e—电动机额定力矩；U_{dz}—欠电压保护的动作电压，V；U_e—电动机额定电压，V。

低电压的整定时间视被保护的对象在生产过程中不允许停机的要求和电源波动情况而定。大多数情况确定整定时间是为了在电源瞬间停电时电动机不被停机。因此，越重要的生产设备，整定时间越长。对于运动机械如小车、起重机、辊道等，低电压保护是瞬动，且不允许自起动。

D 断相保护

对于持续工作制的电动机当工况有要求时应考虑断相保护。若采用无断相保护功能的过载脱扣器或继电器，当发生断相时已不是三相的双金属片都流过电流，因此脱扣器或继电器的动作时间将延长(单相运行时延长10%)，这将对电动机造成某些形式的损坏。电动机的断相保护可采用具有断相保护功能的过载保护装置。

28.5.5.2 电容器组的保护

由于电容器制造标准要求电容器电流的均方根值不得大于在正弦额定电压和额定电流条件下所通过的电流的1.3倍，并能在这种条件下持续运行。因此电容器组无需过载保护。

电容器组也和异步电动机一样，在通电的瞬时也有暂态的冲击电流，因此其短路保护的电流整定值计算与电动机保护的计算相同。仅是可靠系数一般取2。灵敏性校验也与电动机保护的一样。

如果电容器组内设熔断器保护电容器，则熔体的额定电流相当于电容器额定电流的1.6到1.7倍。

电容器组的放电电阻计算：

按JISC4802规定(NFPA 美国国家电气法规)，低压电容器放电60s (5min)后，电容器上的残余电压不得大于65V (50V)。

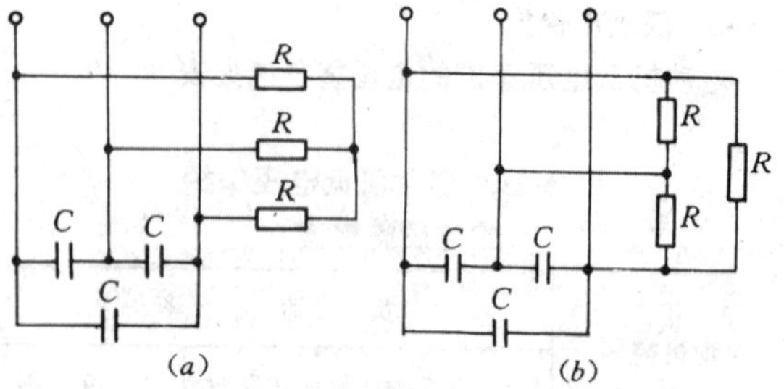

图 28-19 低压静电电容器组的放电电阻接线图
(a)—电阻接成星形；
(b)—电阻接成三角形

低压系统中，三相电容器一般接成三角形，也有接成星形的。可按下式求放电电阻。

$$R \leqslant \frac{c}{Q_C} \times 10^6 \tag{28-23}$$

式中 Q_C——电容器组的三相无功功率，kvar；
R——电阻，Ω；
c——结线常数。电阻作星形连接时取1.28；按三角形连接时取3.86。

28.5.5.3 接地保护

接地故障有三种情况，其接地电流差别很大：

(1) 金属性直接接地，电流可达千安级；

(2) 电弧接地，电流约数十或数百安；

(3) 漏电，电流为毫安级。

对于不同的情况采用不同的保护装置。

金属性接地可由线路的主保护承担。电弧接地采用接地过电流继电器保护。继电器作用于信号，也可以作用于脱扣。漏电则采用漏电继电器或带漏电保护的断路器。

例 见图 28-20。

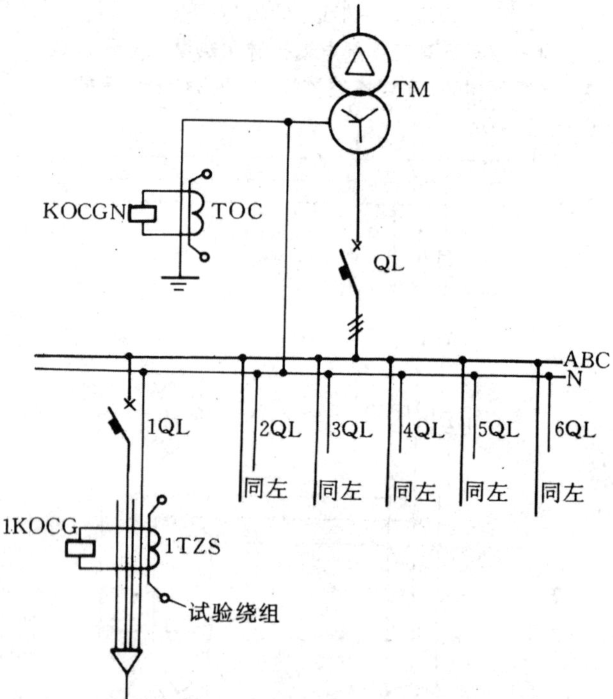

图 28-20 用接地继电器的低压系统(例)
KOCGN—变压器中性点接地过电流继电器；
KOCG—馈线接地过电流继电器；
TOC—零序变流器；TZS—零序电流互感器

采用两段报警低压漏电继电器有两个动作整定值，轻故障的整定0.25、0.35、0.5、0.7、1.0A，重故障的整定为1、2、5、10、20A，继电器动作时间有0.3s、0.5s、1s、2s、4s，继电器的不动作电流为整定值的50%。

电流整定值I_d为

$$I_d = \frac{\text{接地电流设定值}}{\text{电流互感器变比}} \times \text{继电器灵敏性}$$

一般接地电流设定值约400A左右。

实际整定值为：

KOCGN　变压器容量

1500kVA　整定电流0.35A，动作时间1s

1000kVA	0.5A	1s
500kVA以下	1A	1s

KOCG　馈线容量

550kW	0.5A	1s
360kW	0.7A	1s
260kW以下	1A	1s

KOCGN另设时间继电器，轻接地故障10min，重接地故障10s。

28.5.5.4　漏电保护

漏电保护可选用漏电继电器或漏电断路器，漏电保护分为两类：

(1) 保护人身安全。

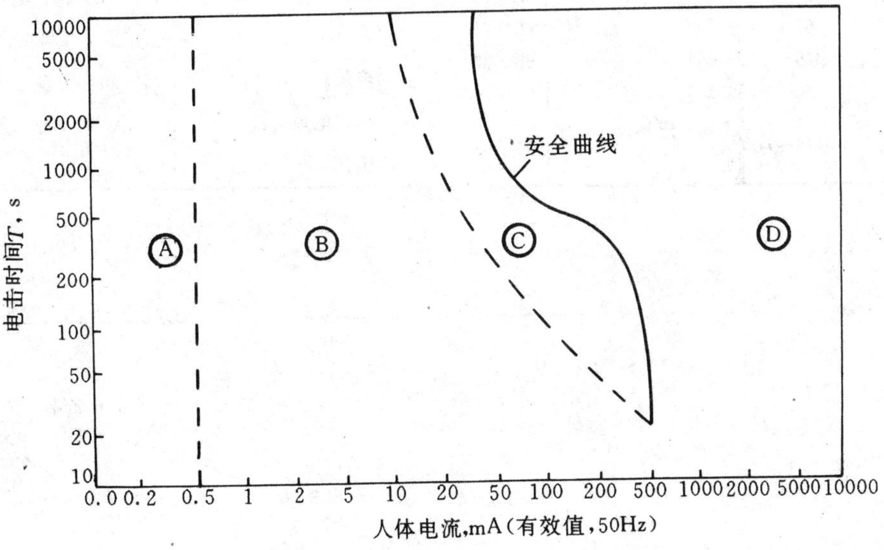

图28-21　人体电流与电击时间的关系曲线

A—直到知觉阈值，一般没有反应作用；B—直到摆脱阈值，有麻木的电击感，自身尚能摆脱电源，一般对身体无害；C—产生心律不齐、血压上升、强烈痉挛、知觉消失，自身无法摆脱电源，一般没有器质性损伤和心室纤颤；D—很可能发生心室纤颤

人身对电击的反应有如图28-21的试验数据，因此对人身保护的整定值为30mA，时间0.4s。

(2) 保护设备安全。

设备长期通过漏电流，可能因局部发热而烧焦，引起火灾或酿成事故，一般整定在200～500mA，动作时间0.4s。

28.6　低压配电系统的电容器补偿

工厂低压用电设备绝大部分的功率因数不高，如表28-20，表28-21所示。实际数据可能因采用的设备和运行情况不同而与表中的数据有差别。

减少系统的无功功率改善功率因数，将带来以下好处：

(1) 如果供电部门实行与功率因数挂钩的计价方式，则改善功率因数可以降低工厂的电费支出，降低生产成本。

(2) 充分利用系统容量。由于功率因数的提高，在不改变视在功率的条件下使系统多承担负荷。例如：某工厂负荷为1000kVA，功率因数为0.7，装设480kvar电容器后，系统能多承担28.5%容量。补偿后的功率因数接近0.9。

图28-22为经补偿后能提高的容量关系曲线。

表 28-20 各工业企业有代表性的未补偿的功率因数值

工业企业	功率因数（%）	工业企业	功率因数（%）
汽车部件厂	75～80	机械制造厂	60～65
酿酒厂	75～80	金属加工厂	65～70
水泥厂	80～85	办公大楼	80～85
化工厂	65～75	油田泵站	40～60
煤矿	65～80	油漆涂料制造厂	55～65
被服厂	35～60	塑料厂	55～70
电镀厂	65～70	冲压厂	60～70
铸造厂	75～80	炼钢厂	65～80
锻工厂	70～80	纺织厂	65～75
医院	75～80	工具、模具、夹具制造厂	60～65

表 28-21 工厂中各种设备有代表性的运行功率因数值

生产设备	功率因数（%）	生产设备	功率因数（%）
空压机：		标准的	60～70
敞开型电动机	75～80	高速的	45～60
密封型电动机	50～80	喷　涂	60～65
金属加工：		焊　接：	
弧焊	35～60	电弧焊	35～60
配有电容器装置的	70～80	电阻焊	40～60
机械加工	40～65	编　织：	
熔炼：		单　种	60
电弧炉	75～90	多　种	70
感应电炉（50Hz）	100	花　色	70～75
冲压：			

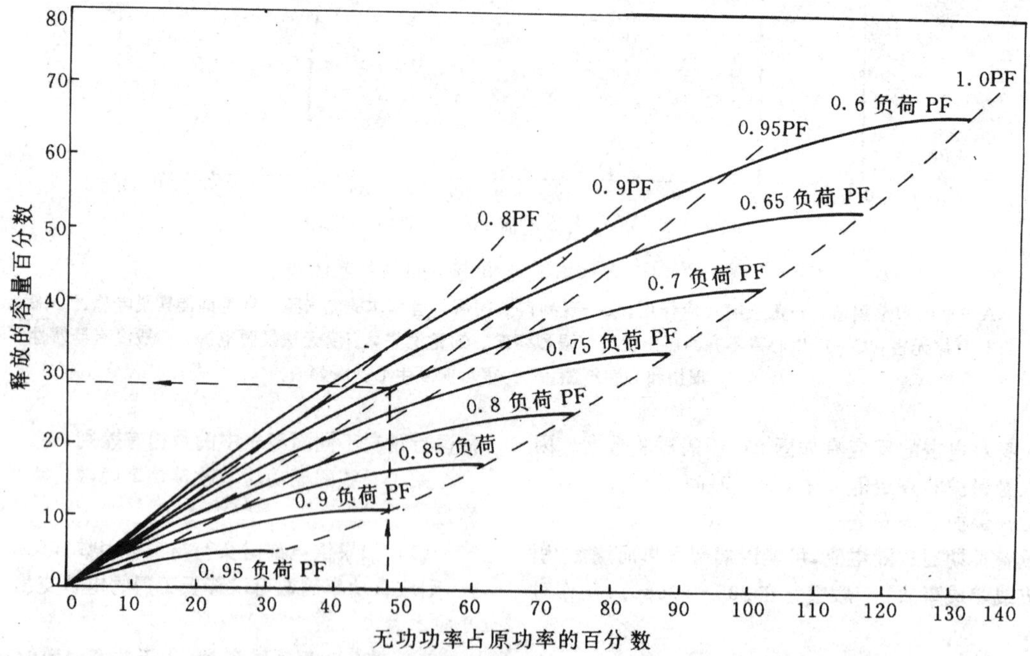

图28-22 经无功功率补偿后释放的容量百分数及综合负荷功率因数

——原功率因数（$\cos\varphi_1$）；

----改善后的功率因数（$\cos\varphi_2$）

(3) 改善电压质量。电力系统的电压升降的变动可以下式表达

$$\Delta U \approx I(R\cos\varphi \pm X\sin\varphi) \qquad (28\text{-}24)$$

或者

$$\Delta U\% \approx \frac{Q_C X_T}{P_T} \qquad (28\text{-}25)$$

式中 ΔU，$\Delta U\%$——电压变动值，电压变动值的百分值；

Q_C——电容器容量，kvar；

P_T——变压器容量，kVA。

投入电容器时电压上升，切除时下降。因此增加电容器能提高电压水平。但是系统电压调整率(从空载到满载)不受电容器的影响，除非随着电压的变动切换电容器。

(4)减少配电系统的损耗。系统的线路损耗与电流平方成正比，而改善功率因数后线路中的电流成正比地减小，因此损耗与功率因数的平方成反比。

一般设计条件要求在低压配电系统中进行功率因数补偿时，采用电容器补偿方案。

28.6.1 电容器容量的选定

对于尚处于高阶段设计的低压配电系统，可以假定有一半以上的负荷都具有平均功率因数 $\cos\varphi=0.7$。如果补偿的结果为 $\cos\varphi=0.9$，则电容器容量 Q_C 就相当于所需有效功率 P 的 50%，即 $Q_C \approx 0.5P$。

如果有条件得到比较确切的功率因数，则可从表 28-22 中求得每 kW 有功功率所需要的电容器容量，然后乘以总的有功功率则可求得所需要的电容器总容量。

表 28-22 功率因数补偿所需电容器额定容量

当前功率因数 $\cos\varphi_1$	每 1kW 有功功率所需要电容器额定容量 kvar/kW 对功率因数 $\cos\varphi_2$				
	0.8	0.85	0.9	0.95	1
0.4	1.54	1.67	1.81	1.96	2.29
0.42	1.41	1.54	1.68	1.83	2.16
0.44	1.29	1.42	1.56	1.71	2.04
0.46	1.18	1.31	1.45	1.6	1.93
0.48	1.08	1.21	1.34	1.5	1.83
0.5	0.98	1.11	1.25	1.4	1.73
0.52	0.89	1.02	1.16	1.31	1.64
0.54	0.81	0.94	1.08	1.23	1.56
0.56	0.73	0.86	1	1.15	1.48
0.58	0.66	0.78	0.92	1.08	1.41
0.6	0.58	0.71	0.85	1	1.33
0.62	0.52	0.65	0.78	0.94	1.27
0.64	0.45	0.58	0.72	0.87	1.2
0.66	0.39	0.52	0.66	0.81	1.14
0.68	0.33	0.46	0.59	0.75	1.08
0.7	0.27	0.4	0.54	0.69	1.02
0.72	0.21	0.34	0.48	0.64	0.96
0.74	0.16	0.29	0.43	0.58	0.91
0.76	0.11	0.24	0.37	0.53	0.86
0.78	0.05	0.18	0.32	0.47	0.8
0.8		0.13	0.27	0.42	0.75
0.82		0.08	0.21	0.37	0.7
0.84		0.03	0.16	0.32	0.65
0.86			0.11	0.26	0.59
0.88			0.06	0.21	0.54
0.9				0.15	0.48

28.6.2 异步电动机-电容器组

虽然从经济观点看，采用电动机-电容器组的方法不如在系统中集中补偿，然而由于其在运行和控制上的优点，如无须设置电容器的专门控制设备而保持系统中总有合适数量的电容器，因此这种方式还是被很多人接受。

28.6.2.1 装设电容器的效果

一般笼型电动机在满载时的功率因数为 0.8～0.9，而在轻载时功率因数急骤下降。在实际运行中负荷率不可能很满，因此实际功率因数较低。在电动机侧增设电容器后，功率因数在电动机的整个负荷变动范围内都是很好的，如图 28-23 所示，在满负载时达到 0.95，在部分负载时更高。

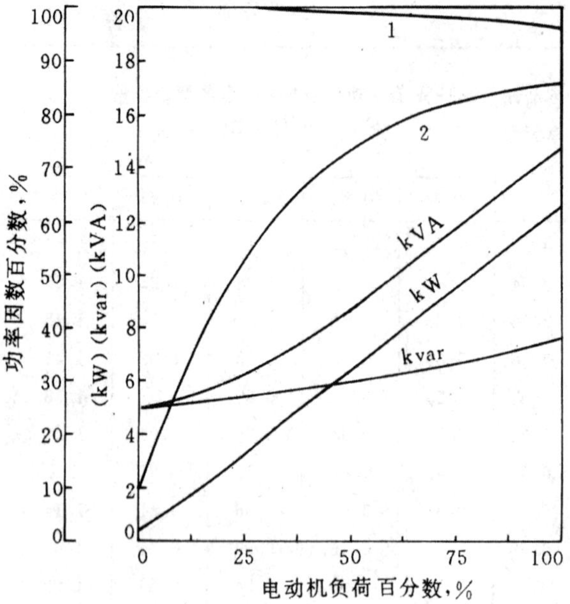

图 28-23 中型、中速异步电动机特性

1—带电容器功率因数曲线；

2—不带电容器功率因数曲线

28.6.2.2 对电动机-电容器组的电容器容量的选择

对于同功率的电动机，其配用的电容器容量可能有很大差别，主要取决于电动机的转速。电动机转速越慢、所用的电容器容量也越大。

在实际中，常取

$$Q_C \approx 0.35P_m \tag{28-26}$$

式中 P_m——电动机额定输出功率。

在某些不利条件下，譬如频繁起动、空载和部分加载时，功率因数会低于 0.9，这时必须给予额外的补偿。

28.6.2.3 选择电容器时应考虑的问题

对所有的电动机都配装电容器一般是不现实和不经济的。选择电动机所配用的电容器时应考虑：

(1) 选择长期运转的电动机。为其配用电容器，则电容器的使用率高。

(2) 首先在大容量电动机上配用电容器，太小的电动机不宜配用。

(3) 按国家电气法规和电动机制造厂所推荐的数值选电容器容量。

(4) 求得本系统需要的总电容量，扣去已在电动机-电容器组中配用的电容总容量，余额在系统母线上补偿。

28.6.2.4 使用电动机-电容器组的注意事项

使用电动机-电容器组应注意以下几点：

(1) 电动机不得承受反转或反接制动；

(2) 电动机仍在继续运转并产生相当大的反电压时不应再起动；

(3) 不能用于电动机可能运转于发电状态，如卷扬机、电梯的电动机；

(4) 避免用开关切换电动机变压或变速，如星-三角形接线的开关转换起动器。

虽然上述这些场合也可能使用电容器，但必须作技术研究。一般在其它负荷上配用电容器的问题要简单些。

28.6.2.5 电动机-电容器组的接线

电动机-电容器组的接线见图 28-24。图中电容器接在电动机端子上，如果是改建工程，为了利用原有的保护电器，也可接在保护电器前。

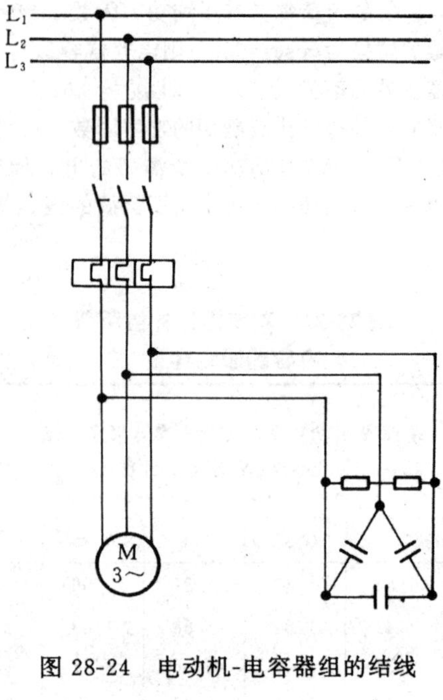

图 28-24 电动机-电容器组的结线

由于采用电动机-电容器组，线路电流将减少，在考虑热继电器和过电流的整定值时要注意这一因素，

线路电流减少的百分数值可近似地以下式计算

$$\Delta I\% = 100\left(1-\frac{\cos\varphi_1}{\cos\varphi_2}\right) \tag{28-27}$$

式中 $\Delta I\%$——减少的线电流百分数；

$\cos\varphi_1$——安装电容器前的功率因数；

$\cos\varphi_2$——安装电容器后的功率因数。

28.6.3 电容器组及其回路设备设计的注意事项

28.6.3.1 设计电容器组的注意事项

设计电容器组应注意以下几点：

(1) 补偿功率因数的电容器（并联电容器）应符合GB3983—83、IEC871—1标准。

(2) 电动机-电容器组的电容器也应符合上述标准。GB3667—83、IEC252电动机电容器仅用于单相电动机起动。

(3) 电容器应安装于制造厂规定的环境温度的场所，并有良好的通风条件。

(4) 电容器的有功损耗 P (W)

$$P = Q_C \text{tg}\delta \tag{28-27a}$$

式中 Q_C——电容器的容量，$Q_C=2\pi fCU_e^2\times10^{-6}$，var；

tgδ——电容器的损失角 tg$\delta=P/Q_C$，见表28-23；

f——额定频率，Hz；

C——电容器电容，μF；

U_e——额定电压，V。

表 28-23 交流电容器的 tgδ（20℃时）

损失角	油浸纸绝缘	油浸聚丙烯膜纸复合介质	油浸聚丙烯全膜介质
tgδ (%)	0.2～0.4	0.04～0.12	0.008～0.04

(5) 电容器若在超过其额定电压并含有谐波的场合运行时，应将使用条件提交电容器制造厂。

(6)要求设置放电回路的电容器组，其放电电阻值的确定参见28.6.5。通常是在装置内部设放电电阻。在不通过开关直接接到电动机或变压器等相当于放电回路的情况，就不必另设放电电阻。

(7) 当电容器不是运行在设计规定的工作条件下时，有下述关系：

1) 无功功率近似地随所加电压的平方而变动；

2) 无功功率近似地随频率成正比例变动。

(8)为了避免提供零序谐波电流的通路，补偿用电容器组不应接地。

28.6.3.2 电容器组回路设备选用的注意事项

A 开关设备

美国电气法规460—8要求至少应按电容器连续额定电流的135%来选择开关设备，并有能切断系统短路电流的断流容量。

VDE0560第4部分指出，电容器电流的均方根值不得大于在正弦额定电压和额定频率条件下所通过电流的1.3倍，并能在这种条件下持续运行。

选择低压电容器回路开关时，开关设备连续额定电流必须等于或超过电容器额定kvar值乘以下列系数见表28-24。封闭式开关的额定值是指环境温度40℃时的数据。

表 28-24 求开关设备额定电流的系数

设备种类	系数
电磁型电力断路器	1.35
模制外壳断路器：	
电磁型	1.35
其它型	≈1.5
接触器（封闭式）	1.5
安全开关	1.35
安全开关（熔断型）	1.65

B 接触器选择

当正常线路电压加到已放电的电容器上，开始时电容器起短路电路的作用，引起一初始的冲击电流。其最大冲击电流值（以电容器额定电流峰值为基值的标幺值）

$$I_{ch}=\frac{I_{chf}}{I_{ef}}\cong 1+\sqrt{\frac{S_{sc}}{Q_e}} \tag{28-28}$$

式中 S_{sc}——系统短路容量，kVA；

Q_e——电容器的额定容量，kvar。

通常，此电流峰值小于系统短路电流初始值。因此对选择断路器时无影响，对选择接触器要检验其承受冲击电流的能力。电容器组间的固有感抗一般是很小的，当投入电容器与原已在运行的电容器并联运行时，将产生很高的冲击电流。如果冲击电流过大，可在电容器组串联一个小电抗或电阻。串联小电抗后，电容器端电压 U_c 上升：

$$U_c = \frac{X_c E}{X_C - X_L} = \frac{E}{1 - \left(\frac{X_L}{X_C}\right)} \tag{28-29}$$

式中 X_C——电容器容抗，Ω；

X_L——电抗器感抗，Ω；

E——母线电压，V。

如 $\left(\frac{X_L}{X_C}\right)$ 为 6%则电容器端电压上升约 6%，选择电容器端压时予以考虑。

C 过电流保护

一般电容器采用熔断器保护，可用于单个电容器或几个电容器并联的小电容器组。主要是供过电流运行情况和电容器内部故障的保护。电容器熔断器额定电流的范围是电容器额定电流的 165%到 250%，以允许通过起动冲击电流；因此对过负荷保护的作用非常有限。

仅考虑熔断器的额定电流还不够，应选用合适的时间-电流特性和额定电压。可采用电容器制造厂推荐的熔断器及其额定值。

D 电缆选择

选择电缆时，必须同样乘以 1.35 的裕度，还应考虑环境温度等其它选择条件所需的裕度。

28.6.4 谐振与谐波

非线性阻抗两端接入正弦电压，将有一个非正弦电流通过该阻抗。正弦电流通过非线性阻抗，则形成非线性电压。而在低压配电系统中，如电焊变压器、各种整流器等均为非线性阻抗，这些非线性阻抗在电力系统中产生谐波电压，并能产生谐振电路。还有变压器的饱和运行，三相电容器组单相运行等也会引起谐振。

电容器本身不产生谐波，但可使谐波电压增加或减少，然而电容器容抗与频率成反比，则流过电容器（并联于电网）的电流与谐波次数成正比。

假使电容器容抗与系统的电抗在某一谐波频率时接近相等，并联线路趋于谐振。此时系统与电容器中谐振电流的幅值，比原来产生的谐波电流大很多，足以使电容器的熔断器熔断。这可作为可能产生谐振的一个标志。

系统中出现最多的谐波源是整流器，6 脉动整流器产生 5、7、11、13、17…次谐波，12 脉动整流器产生 11、13、23、25…次谐波。而交流调速系统还将产生频带较宽的谐波。

电容器组并联于系统时，产生的谐振的谐波次数为

$$n \cong \sqrt{\frac{S_{sc}}{Q_C}} \tag{28-30}$$

式中 n——谐波次数；

S_{sc}——系统短路容量，kVA；

Q_C——电容器组容量，kvar。

也可从图 28-25 中直接查出 n。式 28-30 也可以近似地写成：

$$n \cong \sqrt{\frac{S_T \times 100}{Q_C X\%}} \tag{28-31}$$

式中 S_T——变压器额定容量，kVA；

$X\%$——$X_T\% + X_{sys}\%$；

X_T——变压器的百分阻抗；

X_{sys}——归算到变压器容量的等效系统百分阻抗。

也可以从图 28-26 中直接查出 n 值。

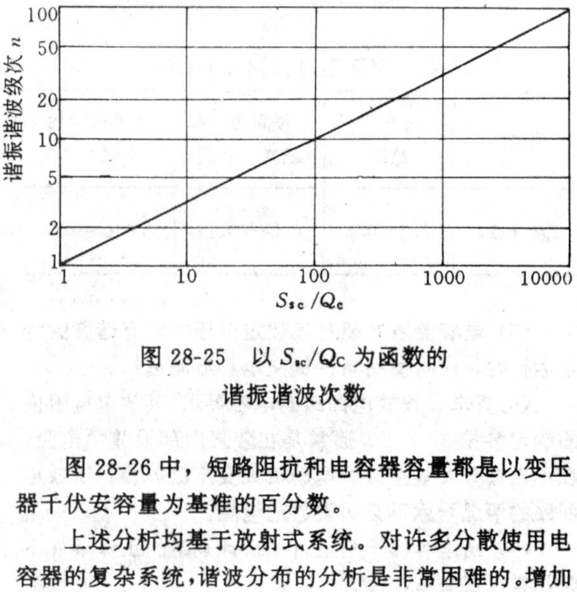

图 28-25 以 S_{sc}/Q_C 为函数的谐振谐波次数

图 28-26 中，短路阻抗和电容器容量都是以变压器千伏安容量为基准的百分数。

上述分析均基于放射式系统。对许多分散使用电容器的复杂系统，谐波分布的分析是非常困难的。增加

电容器的装设地点也就增加了发生谐振的可能。有时只好在出现谐振时(指电容器故障或其熔断器熔断)再采取措施。如:电容器组串联电抗器;迁移或增减电容器。

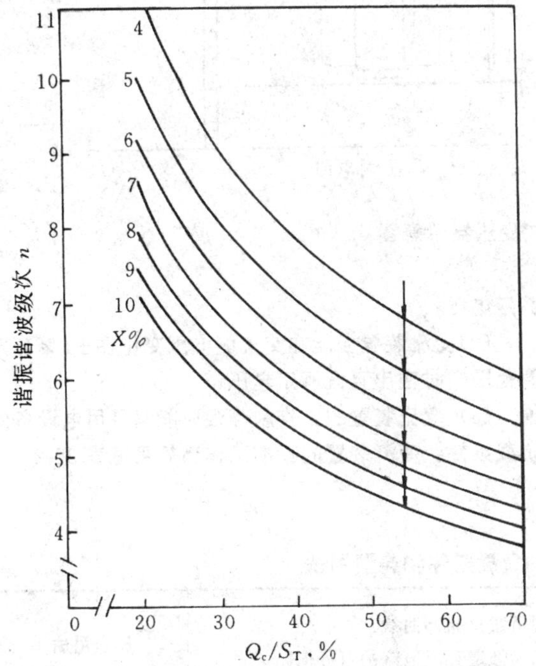

图 28-26　用于选择短路阻抗的谐波次数与电容器容量的关系曲线

28.6.5　电容器组的自动控制

为了在负载变化时达到功率因数希望值的要求，并改善系统的电压变动率，对接在母线上的电容器组的电容器进行自动切换。控制方式有电流控制、电压控制、无功控制和时间控制等，用得比较多的是电流控制或无功控制。可根据车间情况向制造厂提出技术条件。

28.7　低压配电设备选用的技术要求

28.7.1　变压器

变压器额定容量的总和应大于车间总计算负荷。

根据车间生产线的特点制定分系统的情况，求出各分系统的计算负荷，综合分析求出变压器台数和各自的额定容量。一般每台变压器的预期(计算)负荷率当采用油浸式时，无备用要求的取75～80%。对要求100%备用的用户，变压器预期负荷率取45～55%，当采用高过载能力的干式变压器时，通常可上浮10%左右。具体取值根据制造厂资料确定。

变压器的负荷变化大，或经常出现空载(如车间为单班生产制，夜晚基本上空载在投产之前，往往只有照明负荷)，最好照明负荷不与动力负荷共用一台变压器，否则因电压偏高，照明的维修费用很高。对仪表、控制回路等也有类似问题。

单台车间变压器的容量受到主保护开关容量的限制和消防条例的制约，在车间内部的一般最大以1000kVA为好，在车间周边门向室外则不受此限。所以车间变压器的台数受到单台变压器最大容量的限制。

变压器供电范围受低压配电线路压降的影响，有一个经济合理的尺寸。一般带满负载的导线采用每10m电压降1V的平均值，电压降取5%和2.5%。对集中负载而言，380V可送190m、220V可送110m。对均匀分布负载该距离近似地认为前面所述数值的2倍。因此变压器在车间里的位置就很明显地要尽可能靠近负荷中心。不合理的变压器位置可能会增加变压器台数，否则就使用户长期处在低电压下工作。

变压器绕组的接线采用D，yn11比较好，Y，yn12也一直在用，但在同一低压配电系统中的变压器，其接法必须相同。

变压器短路阻抗是直接影响低压配电系统安全和投资费用的，设计大型车间，需选用大容量变压器的低压配电系统时更应重视。

三面遮挡一面敞开的变压器室，对电气设备的工作环境来讲，应按户外设计要求选用设备。当设计条件允许时变压器采用封闭式，其进出线封闭方式有较大的优越性。它的一次侧为电缆封闭导槽，二次侧为封闭母线或电缆的封闭导槽(见图28-27)。全部导电结构无裸露部分(含变压器到负荷中心)，因此大大地提高了低压配电系统的可靠性。为安全检修而设的高压隔离开关在正常生产时的供电可靠性也是一个薄弱环节，如果能采用封闭结构的高压隔离开关，这样就能全系统地提高可靠性。采用封闭式进出线方案对变压器应用螺栓固定在基础上。

在同一个车间选用的变压器的品种不要太繁多，最好归成几类，这样可减少备品备件及工器具的费用。

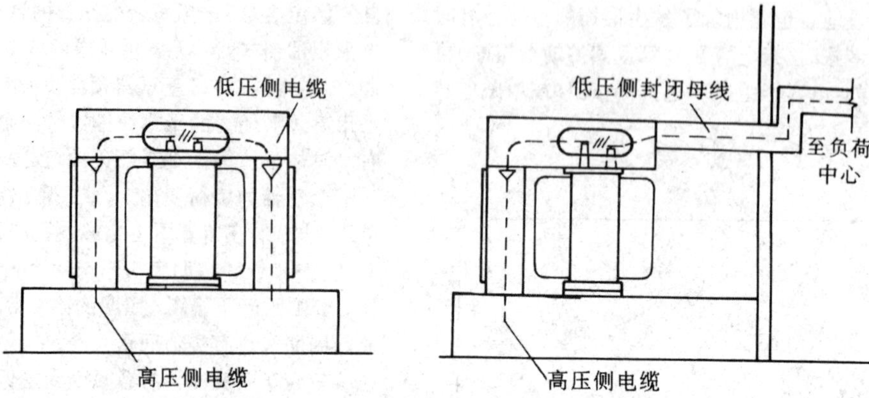

图 28-27 两种封闭式变压器示意图

28.7.2 直流恒压电源设备

车间直流恒压电源一般选用电力半导体变流设备，要求如下：

(1) 变流装置的直流额定电压＝1.05倍用电设备额定电压；

(2)变流装置应能在交流侧电压变化在±5%额定值范围内时输出直流额定电压；

(3) 变流装置的工作制等级应能满足用电设备的负载条件。变流装置的标准工作制等级见表 28-25。

表 28-25 标准工作制等级的负载条件和典型用途

负载等级	负 载 条 件		典型负载日循环曲线（负载电流表示为额定直流电流的百分值）	典型用途
Ⅰ	$100\%I_{de}$	连续	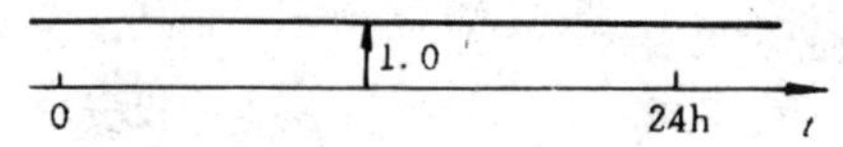	电解、电化学加工
Ⅱ	$100\%I_{de}$ $150\%I_{de}$	连续 1min	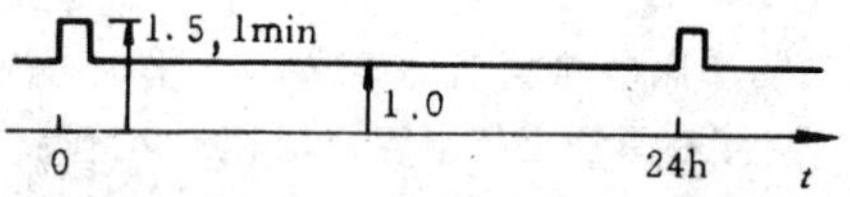	电解、电化学加工
Ⅲ	$100\%I_{de}$ $150\%I_{de}$ $200\%I_{de}$	连续 2min 1min	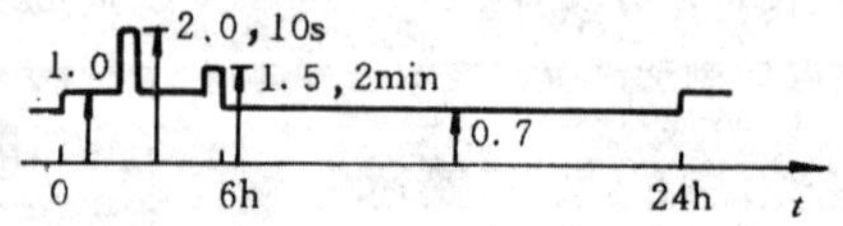	轻工业和轻型牵引
Ⅳ	$100\%I_{de}$ $125\%I_{de}$ $200\%I_{de}$	连续 2h 10min	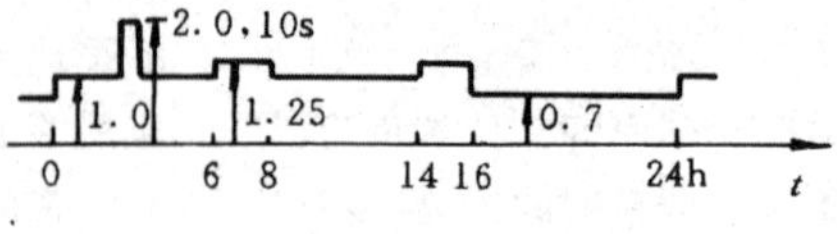	一般工业

续表 28-25

负载等级	负 载 条 件		典型负载日循环曲线（负载电流表示为额定直流电流的百分值）				典型用途
					I	t	
Ⅴ	$100\%I_{de}$ $150\%I_{de}$ $200\%I_{de}$	连续 2h 1min	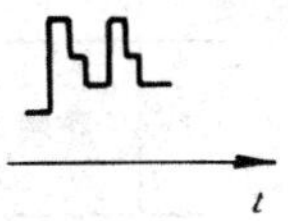	0～2h 2h～10h 10h～12h 12h～24h	1.3 0.8 1.3 0.7	10min 15min 10min 30min	中等牵引和矿山
					I	t	
Ⅵ	$100\%I_{de}$ $150\%I_{de}$ $300\%I_{de}$	连续 2h 10min	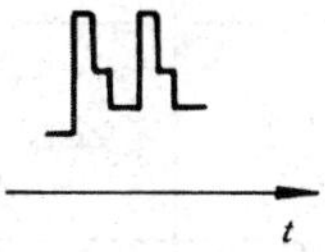	0～2h 2h～10h 10h～12h 12h～24h	1.2 0.8 1.2 0.7	3min 6min 3min 20min	重型牵引

注：非标准工作制等级以“0”级表示。

在确定工作制等级时，可按实际的负载情况参考表 28-25 所列的典型负载日循环曲线和用途，尽可能选择与其最接近的工作制等级。不得已时才按非标准等级处理。

表 28-25 中所列各种工作制等级，取 100%的值作为直流电流的额定值。对于非标准工作制等级，根据一般电力半导体器件的热时间常数，通常取负载循环中热冲击最重的 15min 内的均方根值作为直流电流的额定值 I_{de}，即

$$I_{de}=\sqrt{\frac{1}{15}\sum_{k=1}^{J}I_{dk}^{2}\Delta t_{k}} \qquad (28\text{-}32)$$

式中 J——负载循环曲线中，热冲击最重的 15min 内的电流“阶梯”级数；

I_{dk}——各级电流平均值，A；

Δt_k——各级电流的持续时间，min。

变流器的过载能力因变压器的热时间常数很大，半导体器件的热容量很小，所以装置的短时过载能力主要决定于电力半导体器件的过载能力。

变流装置的过载能力，推荐按以下原则考虑：

1）持续时间超过 15min 的过载，按连续负载考虑；

2）持续时间不超过 15min 的过载，根据电力半导体器件的瞬态热阻抗曲线核算器件结温的方法计算装置的过载能力。

（4）根据用电设备对电源可靠性的要求，确定变流装置是否需要备用。一般供电点多、影响生产大的场合和直流操作电源、直流动力公用电源宜设置备用装置。

操作电源的接线复杂、路线长、容易发生接地故障。所以，操作电源一般不宜与动力公用电源共用一套变流装置。用于操作电源的变流装置应由隔离变压器供电。

轧钢车间直流主传动的操作电源，由于电压质量要求高，应单独设置变流装置。

交流电动机的动力制动电源一般不宜与直流操作或动力电源共用一套变流器。

28.7.3 负荷中心和电动机控制中心

A 柜体的防护等级

低压配电设备均采用工厂组装的成套开关设备。在选用设备时，首先要决定成套设备的外壳防护等级，等级参看 GB4942.2—85，国外同样的标准为 IEC529 和 DIN40050/1980 第 3 部分（草案）见表 28-26 和表 28-27。

防护等级的标志方法规定如下：

I P A B

B——第二位数字（见表 28-27）（表示防水等级）

A——第一位数字（见表 28-26）（表示防固体进入及人体触及等级）

IP——外壳防护标志字母

表 28-26 防止固体进入内部的防护等级

防护等级	简称	定义
0	无防护	没有专门的防护
1	防护大于50mm的固体	能防止直径大于50mm的固体异物进入壳内；能防止人体的某一大面积部分（如手）偶然或意外地触及壳内带电或运动部分，但不能防止有意识地接近这些部分
2	防护大于12mm的固体	能防止直径大于12mm的固体异物进入壳内；能防止手指触及壳内带电或运动部分①
3	防护大于2.5mm的固体	能防止直径大于2.5mm的固体异物进入壳内；能防止厚度（或直径）大于2.5mm的工具、金属线等触及壳内带电或运动部分①②
4	防护大于1mm的固体	能防止直径大于1mm的固体异物进入壳内；能防止厚度（或直径）大于1mm的工具金属线等触及壳内带电或运动部分①②
5	防尘	能防止灰尘进入达到影响产品正常运行的程度；完全防止触及壳内带电或运动部分①；完全防止灰尘进入壳内
6	尘密	完全防止触及壳内带电或运动部分①

①对用同轴外风扇冷却的电机，风扇的防护应能防止其风叶或轮辐被试指触及。在出风口试指插入时，其直径为50mm的护板应不能通过。

②不包括泄水孔，泄水孔应不低于第2级的规定。

表 28-27 防止水进入内部的防护等级

防护等级	简称	定义
0	无防护	没有专门的防护
1	防滴	垂直的滴水应不能直接进入产品内部
2	15°防滴	与铅垂线成15°角范围内的滴水应不能直接进入产品内部
3	防淋水	与铅垂线成60°角范围内的淋水应不能直接进入产品内部
4	防溅	任何方向的溅水对产品应无有害的影响
5	防喷水	任何方向的喷水对产品应无有害的影响
6	防海浪或强力喷水	猛烈的海浪或强力喷水对产品应无有害的影响
7	浸水	产品在规定的压力和时间下浸在水中，进水量应无有害的影响
8	潜水	产品在规定的压力下长时间浸在水中，进水量应无有害的影响

实际应用上，负荷中心和电动机控制中心的防护等级如表28-28所示。

表 28-28 负荷中心和电动机控制中心的防护等级

特性字母	第一位特性数字	第二位特性数字 0	1	2	3	4	5	6	7	8
IP	0	IP00								
IP	1	IP10	IP11	IP12						
IP	2	IP20	IP21	IP22	IP23					
IP	3	IP30	IP31	IP32	IP33	IP34				
IP	4	IP40	IP41	IP42	IP43	IP44				
IP	5	IP50				IP54	IP55			
IP	6	IP60					IP65	IP66	IP67	IP68

外壳防护等级越高、制造费用也相应越贵。此时可

能选改造环境条件更合理，这些应在方案设计时综合考虑。

B 考虑防护等级时应注意的问题

电气设备的防护等级（IP 号等级）还不能完全防护某些特殊的环境，必要时应采用相应措施。例如：

(1)辐射对塑料件的影响。辐射对部分塑料（尤以含氟化物的抵抗能力较低）会引起强度减弱、发脆、变硬、绝缘性能下降等。在设备布置设计时应避开强辐射环境。

(2) 腐蚀性化学气体的影响。对某些腐蚀性气体（如硫化氢、盐雾等）会腐蚀接点的金属，增加其接触电阻。应不让有害气体侵入柜内。

(3)风砂的影响。某些地区的风砂会冲刷设备的外表保护涂层，必要时应将设备移设在室内。

(4)机械振动和冲击力的影响。用于车辆上或有较大振动的车间平台上等场合，开关设备会受到振动的影响。

设备能承受振动和冲击力的数据可从设备样本中查得或向制造厂查询。

在设计中首先应设法避开，否则应采用防振、减振措施。

(5)地震引起的感应振动的影响。电气设备安装地点由于地震诱发的振动。在这种地区使用的电气设备必须能承受这种严峻的应力并保持其完整的功能。

在设计中除对有独立基础的设备间的连接装置（如母线槽、裸母线）进行特殊处理，使其不受到异常的应力外，电气设备的构架也需特殊加固。

(6) 对某些生物危害（如小虫、霉变等）有特殊要求的场所用的电气设备，除设计中考虑措施外，还需向设备制造厂提出要求。

(7)设置场所海拔超过 1000m 时，每增加 100m 增加绝缘间隔 1.25%。

(8) 设置于防爆厂区的设备应遵守防爆规程。

C 开关柜的短路容量

负荷中心和电动机控制中心的短路容量是指整个柜子而言。

由于负荷中心与降压变压器邻近，因此就以变压器的二次侧短路电流作为其要求的短路电流。该短路电流可从图 28-28 中查得。

电动机控制中心要求的短路电流值可按第 4 章 4.7 节计算求得。

总之，每个柜子的短路容量不仅包括其中的开关设备，还包括母线、母线连接件，柜体结构等。

开关柜的短路容量或短路电流值一般从制造厂的产品说明书中可查到。

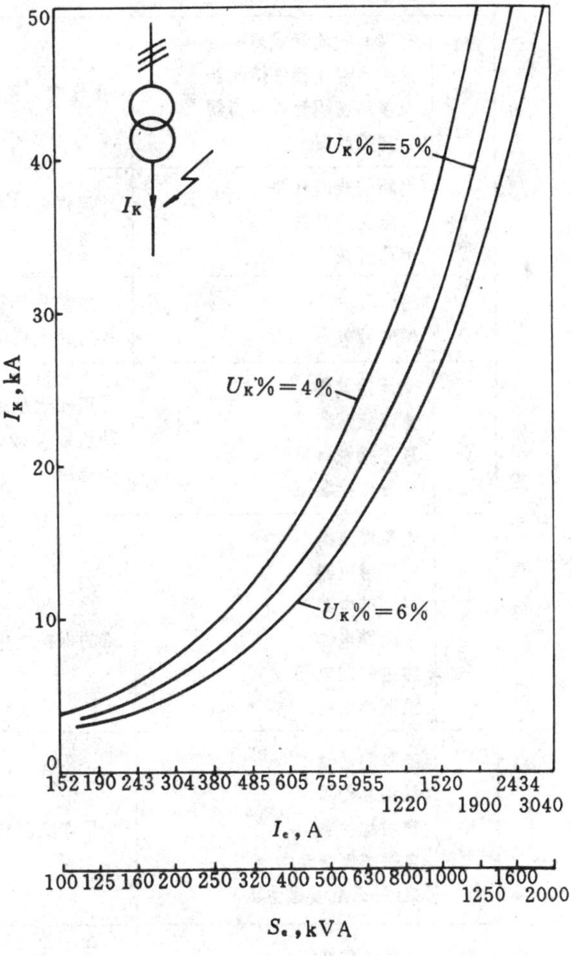

图 28-28 变压器的短路电流 I_K、额定容量 S_e 及阻抗百分数 U_K 的关系

28.7.4 低压电器

低压电器国标见 GB1497—85、GB4942.2—85。负荷中心和电动机控制中心使用的低压电器见表 28-29。

表 28-29 负荷中心与电动机控制中心使用的低压电器和仪表

分类名称		主要品种	用途	标准号
配电电器	断路器	万能式空气断路器 塑料外壳式断路器 限流式断路器 直流快速断路器 灭磁断路器 漏电保护断路器	用作交、直流线路的过载、短路或低电压保护，也可用于不频繁通断操作电路。灭磁断路器用于发电机励磁电路保护。漏电保护断路器用于人身触电保护	JB1284—85 IEC157—1 IEC755
配电电器	熔断器	有填料封闭管式熔断器 保护半导体器件熔断器 无填料密闭管式熔断器	用作交、直流线路和设备的短路和过载保护	JB4011.1～4—85 IEC269—1～4
配电电器	熔断器	自复熔断器		无
配电电器	刀开关	熔断器式刀开关 大电流刀开关 负荷开关	用作电路隔离，也能接通与分断电路额定电流	JB4052—85 IEC408
配电电器	转换开关	组合开关 换向开关	主要作为两种及以上电源或负载的转换和通断电路用	JB4012—85 IEC408
控制电器	接触器	交流接触器 直流接触器 真空接触器 半导体接触器	用作远距离频繁地起动或控制交、直流电动机以及接通分断正常工作的主电路和控制电路	JB2455—85 IEC158—1，2
控制电器	控制继电器	电流继电器 电压继电器 时间继电器 中间继电器 热过载继电器 温度继电器	在控制系统中，作控制其它电器或作主电路的保护之用	JB2458.1—85 JB4013.1—85 IEC337—1～2 IEC292—1
控制电器	起动器	电磁起动器 手动起动器 农用起动器 自耦减压起动器 星形-三角形起动器	用作交流电动机的起动或正反向控制	JB2458.1—85 JB4942.2—85 IEC292—1～4 IEC144
控制电器	控制器	凸轮控制器 平面控制器	用于电气控制设备中转换主回路或励磁回路的接法，以达到电动机起动、换向和调速	IEC337—1～2 IEC408 IEC292
控制电器	主令电器	按钮 限位开关 微动开关 万能转换开关	用作接通、分断控制电路，以发布命令或用作程序控制	IEC337—1.2
控制电器	电阻器	铁基合金电阻器	用作改变电路参数或变电能为热能	

续表 28-29

分类名称		主要品种	用途	标准号
检测	互感器	电流互感器		
	仪表	电压表 电流表 电度表		

28.7.4.1 **断路器**

断路器的标准见 JB1284—85，IEC157—1、IEC755。

断路器的额定电压≥回路额定电压；

断路器低电压脱扣器额定电压＝回路额定电压；

断路器的额定电流或过电流脱扣器的额定电流≥回路的计算电流；

断路器的额定短路电流通断能力≥回路的最大短路电流。

各级配电用的断路器需考虑短延时短路电流通断能力和上下级动作时间的配合。

保护电动机的断路器需考虑电动机的起动电流倍数和起动时间，笼型异步电动机的起动电流倍数按8～10倍额定电流计算。

漏电断路器应注意其短路电流的通断能力，如果不能断开短路电流则选择适当的熔断器配合使用。

直流快速断路器需考虑过电流脱扣的极性和短路电流上升率$\frac{di}{dt}$。

灭磁断路器需考虑发电机强励线卷的时间常数、放电电阻及断开强励电流的能力。

各类断路器的规格见第 29 章。

在实际应用中，有时在直流网络中采用交流断路器。由于直流回路中没有交流回路的“集肤效应”、磁滞和涡流损耗等，因此交流开关在直流系统中使用，至少可以承载与额定电流相同的电流。

触头寿命几乎是分断电流及网络电压和操作频率的唯一函数。由于直流造成的电弧腐蚀率不同，可能产生不同的触头寿命。

在交流开关内的灭弧是利用电弧在每次越过零点时自行熄灭，再设法使其在下半波电流出现时不让其重燃。这种方法对直流电路无效。为切断直流电弧必然形成一个很高的电弧电压，因此在直流电路中选用开关时应特别注意。为能断开较高的电弧电压可采用触头串联的办法，表 28-30 为应用实例。

表 28-30 直流网络中交流与直流断路器的应用实例

额定直流电压 +10%	开关点必要的串联接法	可能采用的接线方式	
		在三极断路器中	在四极断路器中
300V 以内①		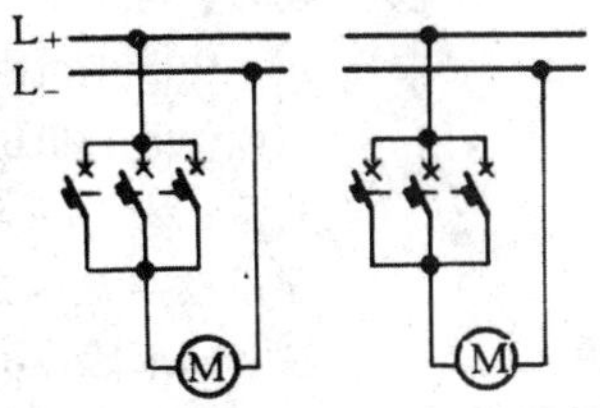 单极 具有 2 个（左图）或 3 个（右图）并联电流路径组合	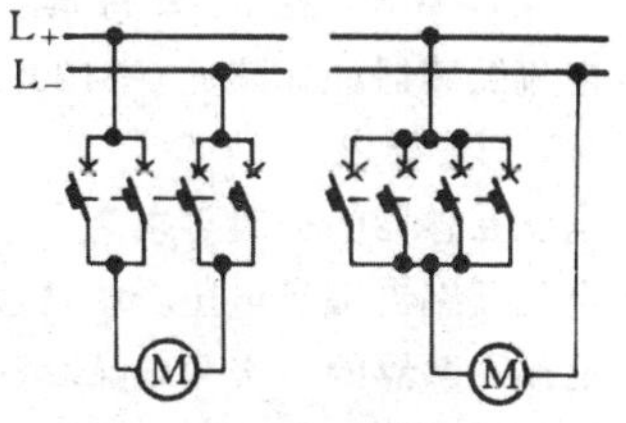 两极 单极 具有 2 个（左图）或 4 个（右图）并联电流路径组件

续表 28-30

额定直流电压 +10%	开关点必要的串联接法	可能采用的接线方式	
		在三极断路器中	在四极断路器中
大于 300V② 小于 600V②		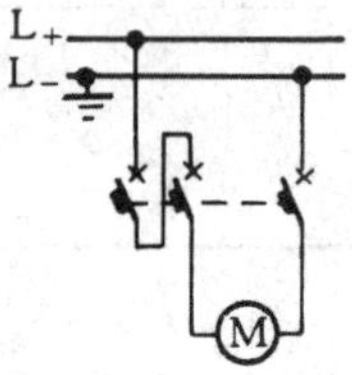 两极 当只有一极接地时	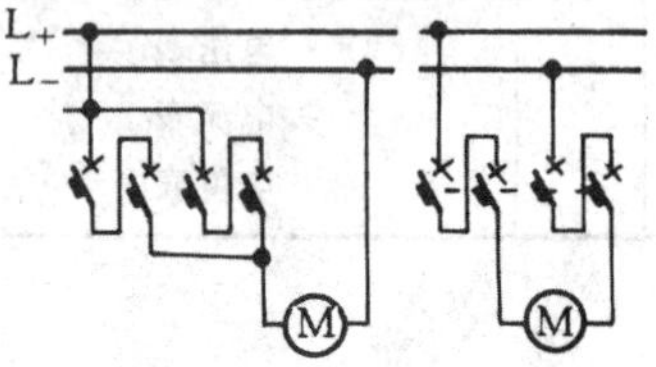 单极 两极 具有两个并联电流路径组合
大于 600V② 小于 1000V②	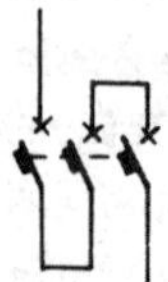	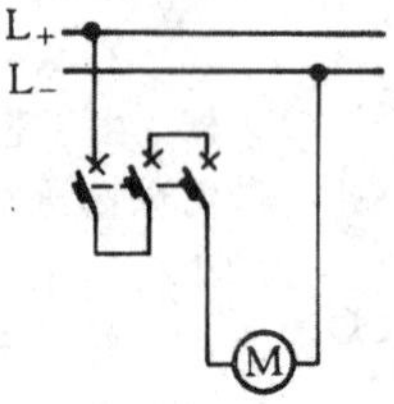 单极	

①只有在 I_K>30kA 时使用灭弧器；

②基本上都有灭弧栅。

28.7.4.2 熔断器

熔断器的标准 JB4011.1～4—85、IEC269—1～4。

熔断器的额定电压≥线路额定电压；

熔断器的额定电流≥熔断片的额定电流>回路的计算电流；

熔断器的最大断流能力≥回路的最大短路电流。

选择熔断片需考虑上下级保护装置的时间配合。

各类熔断器的规格、保护性能与熔断片选择见第 29 章 29.2.2 节。

28.7.4.3 电流互感器

电流互感器的标准见 GB1208—87。

A 一般要求

电流互感器的一般要求为：

电流互感器额定电压≥线路额定电压；

电流互感器的一次侧电流≥回路额定电流；

电流互感器的二次侧电流＝5A（一般常用值）或 1A；

电流互感器的准确级应满足测量保护要求；

电流互感器的耐电流值≥回路的短路电流；

电流互感器的额定负荷≥总负载负荷（装置负荷＋导线负荷）。

如果短路电流不清楚可按回路的断路器的断路容量视为回路的短路电流，但偏于保守。

如果采用限流断路器或限流熔断器，电流互感器的耐电流值≥限流峰值；另外（耐电流值）^{2}×1 秒≥限流断路的总断路积分 $\int i_s^2 dt$ 。一般前者能满足，则后者也没问题。

电流互感器的准确级应与负载要求的准确级相匹配，参考表 28-31。

由于电流互感器是磁性器件，当一次侧过电流时磁路饱和，如图 28-29 所示，当 $[(I'_2-I_2)/I_2]\times100\%$ 的值达到 10%时的 I_1/I_{1n} 值称过电流倍数。对于继电器用的电流互感器的过电流区域的特性是很重要特性，如果选用不当，继电器的动作值和动作时间会失常，如图 28-30 所示。仪表专用的电流互感器无特殊要求，但仪表与继电器合用一个电流互感器时可能也会引起失常，一般继电器用的互感器过电流常数为 5 以上、10 以上。如使用负荷比额定负荷小，则过电流常数变大，因此，在选用互感器时还可利用过电流常数—负荷特性曲线（见图 28-31）来确定应检测的过电流区域，以达到经济合理的应用。也可按下式计算。

表 28-31 连接负荷和误差等级推荐举例

用途（二次侧的负荷）	互感器的误差等级
1.5 级指示仪表	1.0 级
2.5 级指示仪表	3.0 级
普通的电度表	1.0 级
普通继电器	3.0 级
接地继电器	PT：5G 级（3G） CT（三次绕组）：10G 级（5G） ZCT：1.5mA（3.0mA）

$$n_B = n\frac{S_e + S_i}{S_B + S_i} \quad (28\text{-}33)$$

式中 n——额定过电流倍数（额定输出时的额定值）；

n_B——工作负载上的过电流倍数（互感器的负载是次级线路的阻抗）；

S_e——额定负载时铁芯的额定输出，VA；

S_B——在工作负载与额定电流下的输出，VA；

S_i——铁芯损耗，VA。

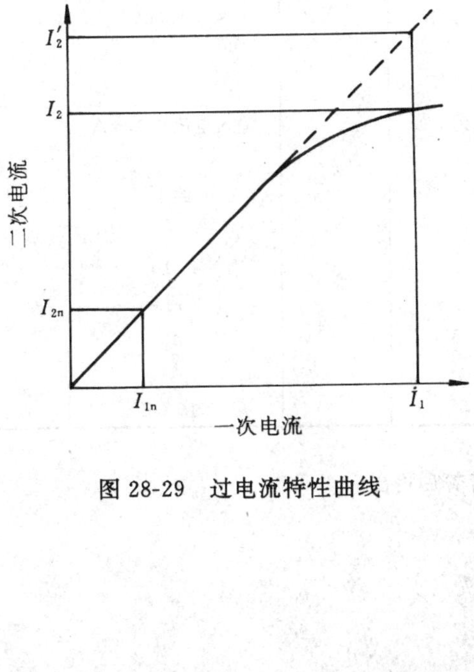

图 28-29 过电流特性曲线

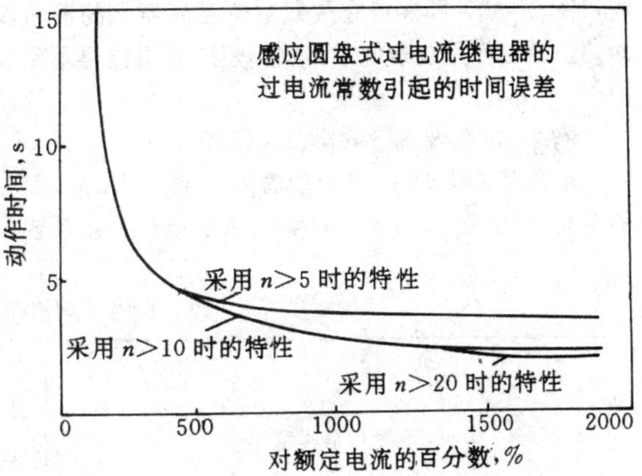

图 28-30 过电流继电器的动作时间曲线

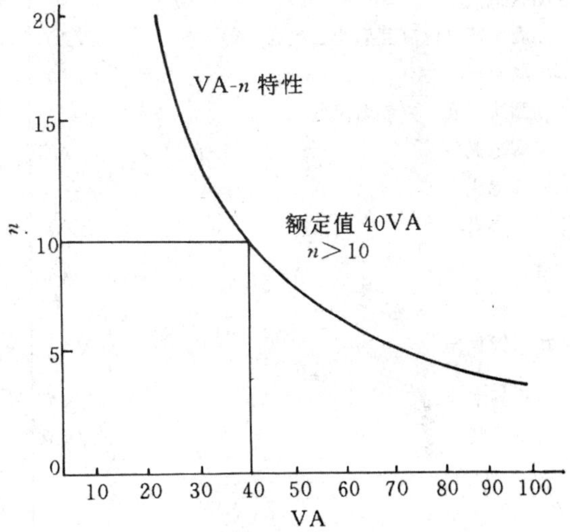

图 28-31 过电流常数—负荷特性（示例）

例 1 欠载情况下的电流互感器

电流互感器参数：

额定过电流常数 n （例如 $n=5$）

电流互感器的额定输出 $S_e=15VA$

电流互感器的损耗 $S_i=2VA$

连接输出 $S_B=10VA$

工作负载下的过电流常数

$$n_B = n\frac{S_e + S_i}{S_B + S_i} = 5\times\frac{15+2}{10+2} = 7.08 > 5$$

由于 $n_B>n$，过流范围发生变化，互感器将饱和得晚一些，图 28-30。即连接在欠载电流互感器上的测量仪器，正常工作是合适的，当发生短路时可能得不到保护。

例 2 过载情况下的电流互感器

电流互感器参数，除连接输出 $S_B=20VA$ 外，其它都不变，计算结果 $n_B=3.86<5$。由于电流互感器较早地达到饱和故测量仪表在正常条件和短路条件下都能得到保护。由于较早饱和使标明的准确级有所降低。

B 电流互感器的负载

电流互感器的负载是指其二次回路所接入的设备及线路功耗的总和。

表 28-32 列出部分设备的功耗值，其它设备的功耗值可从产品技术资料中查到。

表 28-32 测量仪器和继电器的功率损耗

测量仪器类型		电流元件（50Hz）		电压元件（50Hz）	
		采用象限，水平或扇形标度尺	采用圆形标度尺	采用象限，水平或扇形标度尺	采用圆形标度尺
指示仪器					
动铁式仪表					
测电流（电流互感器二次为 1A）	（VA）	0.2	近似 1		
测电压	（VA）			0.9 到 5	5 到 9
动圈式仪表，内装整流器					
测电流	（VA）	近似 0.25			
测电压				输入电流约 10mA	
双金属安培计	（VA）	3 到 5			
电动式瓦特计	（VA）	近似 1		每一电压元件输入电流约 10mA	
功率因数计	（VA）	近似 3.5		100V 时，每一电压元件上约 10 到 15mA	
振簧频率计	（VA）			1 到 3	
拨盘式频率计	（VA）			1.1（100V） 2.2（220V） 3.5（380V）	
记录仪器					
带有动圈机构和内装整流器的记录器					
电压记录器中每一个记录机构	（VA）	近似 1.2 到 2		输入电流约 10mA	
电流记录器中每一个记录机构					
电动机构的记录器如瓦特计	（VA）	近似 5		约 1	
记录频率的动圈机构记录器					
仪表	（VA）			约 10	
单相	（VA）	1 到 2		2 到 4	
三相	（VA）	0.5 到 1.5		4	
开关仪器					
网络保护继电器	（VA）	近似 0.6		约 13.5	

线路的功耗一般可根据测量线路的长度和截面进行计算后得出。

表 28-33 测量线路中的损耗

导线截面积 (mm²)	在次级电流为 1A 的输出与回流电路中的损耗（括号中为 5A 线路的值）导线长度为：									
	1m (VA)	2m (VA)	3m (VA)	4m (VA)	5m (VA)	6m (VA)	7m (VA)	8m (VA)	9m (VA)	10m (VA)
1	0.036	0.071	0.107	0.143	0.178	0.214	0.25	0.286	0.321	0.357
2.5	0.014 (0.36)	0.028 (0.71)	0.042 (1.07)	0.057 (1.43)	0.071 (1.78)	0.085 (2.14)	0.1 (2.5)	0.114 (2.86)	0.128 (3.21)	0.142 (3.57)
4	0.008 (0.22)	0.018 (0.45)	0.026 (0.67)	0.035 (0.89)	0.044 (1.12)	0.053 (1.34)	0.062 (1.56)	0.071 (1.79)	0.08 (2.01)	0.089 (2.24)

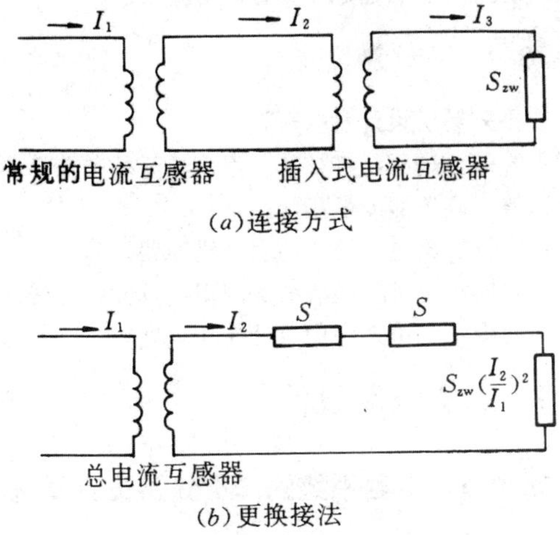

图 28-32 带插入式电流互感器的总电流互感器

(*a*) —连接方式；(*b*) —更换接法

只有次级电流为 1A 的电流互感器可以使用截面 1 或 1.5mm² 的二次连线。次级电流为 5A 则需要用 2.5 或 4mm² 及更大截面的导线，视电缆长度和电流互感器的额定容量而定。表 28-33 中列出了三种截面的连接导线从 1m～10m 的负载值，次级电流为 1A 时的负载是 5A 时的 1/25，因此远离互感器的仪表最好用次级电流为 1A 的。或者接插入式（串级）电流互感器（见图 28-32），其变比为 5∶1。

串级电流互感器用来改变总互感器次级电流。此外，还可以降低总电流互感器的过电流常数，以适应对过电流敏感的装置。通常使用绕线式电流互感器，它的损耗相对较低，这样使总电流互感器不会过载。

总电流互感器需要的输出为

$$S_{HW}=S_{ZW}\left(\frac{I_3}{I_2}\right)^2+S_E+S_L \qquad (28\text{-}34)$$

式中 S_{HW}—— 总电流互感器所需要的输出，VA；

S_{ZW}—— 串级电流互感器的次级输出，包括损耗在内，VA；

S_E—— 串级电流互感器的一次额定电流下的损耗，VA；

S_L—— 总电流互感器与串级电流互感器之间在一次额定电流下的损耗，VA；

I_2—— 串级电流互感器的一次电流，A；

I_3—— 串级电流互感器的次级电流，A。

28.7.4.4 其它配电低压电器

其它常在低压配电系统中应用的低压电器如刀开关、接触器、起动器、热继电器、各种计量仪表及保护继电器等请参阅第 29 章。

28.8 低压配电系统的仪表

28.8.1 低压配电系统设置仪表的一般要求

低压配电系统中的电气仪表指安装于配电装置上作监视和计量用的仪表。其基本要求：

(1) 仪表的准确度等级。一般交流仪表应不低于 2.5 级。直流仪表应不低于 1.5 级。

(2)与仪表连接的分流器、附加电阻和互感器的准确度，比较重要的场合可使用 1.0 级互感器配 1.5 级和 2.5 级仪表，对非重要的场合可使用 3.0 级互感器，配 2.5 级仪表。

(3)互感器和仪表测量范围的选择，应考虑正常运行的测量值为满量程的 2/3 左右。要留有可能发生的过载运行的指示。

(4)专门给单台电动机供电的回路，应按电动机的控制要求选配仪表。

(5)可能出现双向电流和双向功率的交流回路、出现双向电压和双向电流的直流回路，应设双向标度的表计。出现双向电度的回路应设两只具有逆止器的电度表。

(6) 交流仪表与继电保护装置需要时最好选用各自的电流互感器。如果受条件限制而共用一个电流互感器的一个二次绕组、应有必要的安全措施。

(7)计费用电度表一般接在0.5级互感器上，厂内分析用的可接1.0级的。

28.8.2 监视仪表

28.8.2.1 电压监视和绝缘监视

在下列场所设电压监视和绝缘监视：

(1)与供电电源不在一起的用户，在受电开关前设电压指示。负荷中心与变压器、组合开关构成一个成套变电站时，该电压指示设于组合开关柜的受电侧。

受电电源均需设电压监视，对于交流系统最好每相均设置，以便即时监视电源异常状态，当采用一个电压表时应加装电压切换开关，同一段母线上只设一套电压监视。

(2) 交流和直流用户属于独立管理的分系统母线上。

(3) 与低压配电系统相连的发电机定子回路。

(4) 直流系统的母线上应装设绝缘监视装置。

在重要的直流系统中(如操作电源的直流母线、主传动电动机的直流系统等)，绝缘监视装置应能直接测出绝缘电阻的数值，并在绝缘水平低于规定数值时发出警报。

绝缘监视用的表计按系统要求选用仪表。

28.8.2.2 电流监视

在下列场所设电流监视：

(1) 负荷中心的受电回路、有要求的馈线回路、联络线回路应设电流监视。

(2) 40kW 及以上的电动机回路、同期电动机励磁回路、移相电容器回路、电炉回路、蓄电池回路等均需设电流监视装置。

(3) 生产上有特殊要求的用户 (如电机容量不大，但需借助电流来监视转矩等) 也可加装电流监视装置。

经常可能出现三相不平衡电流的回路，当要求设电流监视时宜装三个电流表。

28.8.2.3 功率监视

一般在低压配电系统的馈电回路不设有功功率和无功功率监视。

低压配电系统中的发电机的控制柜与配电系统不安装在同一地点时，配电系统中与之联络的回路可设有功功率监视及无功功率监视。

28.8.2.4 功率因数监视

一般在低压配电系统的馈电回路不设功率因数监视。

在发电机回路可根据需要装设。

28.8.2.5 频率监视

一般在低压配电系统不设频率监视。

总之配电系统中的监视仪表当有条件时可按要求尽量配全，若受条件限制 (如电源进线柜最多只能装10个电表)，应根据要求及重要性选配。

28.8.3 计量仪表

在下列场所设计量仪表：

(1) 需要进行经济核算的用电单元的负荷中心的受电回路 (高压侧或低压侧)；

(2) 低压配电系统中的发电机回路；

(3) 向需要进行经济核算的用电单元的馈线。

一般低压配电系统中只计有功电度。

28.9 二次线路设计

28.9.1 电源系统的二次线路设计要求

电源系统的二次线路设计的要求有：

(1) 要求受电回路有电压指示；

(2)要求受电断路器发事故信号的系统，其信号真实反映事故的类型；

(3)多电源系统，受电与母联或受电与受电之间根据需要设联锁；

(4) 变压器故障 (重瓦斯) 接点动作，要求一次和二次断路器均跳闸，当一次断路器相距较远时，可采用远方跳闸电路。

28.9.2 长线控制问题与解决方法

如果接触器、继电器、低电压脱扣器等的控制导线很长，如交流 220V 电压下超过 1000m 时，要注意以下三点才能正常工作：

(1) 控制导线上的最大允许电压降。

接触器线圈正常工作的最低电压为额定电压的85%，考虑网络的电压波动 10%，则控制导线的电压降不应大于 5%。

单根导线的允许长度 L_{yun} 为

$$L_{yun}=\frac{5U_e^2\Delta U_{SL}}{R_{SL}P_{je}} \quad \text{对直流电源} \qquad (28\text{-}35)$$

$$L_{yun}=\frac{5U_e^2\Delta U_{SL}}{R_{SL}P_{je}\cos\varphi_j} \quad \text{对交流电源} \qquad (28\text{-}36)$$

式中 U_e——线圈额定电压，V；

ΔU_{SL}——控制导线上的电压降，%；

R_{SL}——控制线中单根导线每 1km 的电阻，Ω/km；

P_{je}——接通时接触器线圈的额定功率，VA；

$\cos\varphi_j$——接通时接触器线圈的功率因数。

在不同的线圈额定电压 U_e 下，最大允许压降 $U_{SL}=5\%$，控制导线截面与允许长度可从图 28-33 中查得。

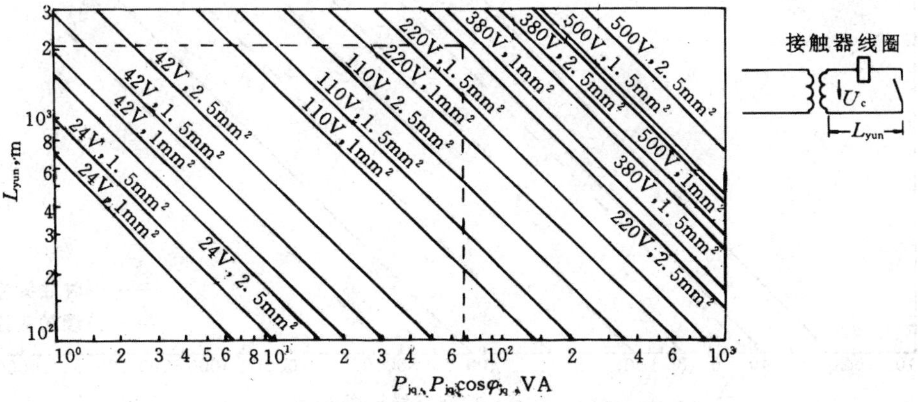

图 28-33 不同额定电压下不同导线截面的控制线允许长度与负载的关系曲线（控制导线上允许电压降为 5%）

L_{yun}——铜线控制线单线允许长度，m；

P_{jq}——直流电源下接触器线圈的起动功率，VA；

$P_{jq}\cos\varphi_{jq}$——交流电源下接触器线圈的起动功率，VA

（2）线路电容对交流接触器工作的影响。

带有电位差的电缆芯线间类似一个电容器。在控制电缆中，两芯电缆的芯线间的电容量约 0.3μF/km；三芯电缆中的两芯具有相同电势，第三芯对这两芯的电容量约 0.6μF/km。

若采用图 28-34 的接线系统，当按下停止按钮，由于存在线间电容，其电容电流足够大时，线圈仍处于激励状态（保持闭合）。这种情况在交流远方控制系统设计中要加以注意。

可用下式来确定导线的临界长度：

对于二芯控制系统

$$L_e=\frac{500P_H}{0.3\times U_e^2}\times 10^3 \qquad (28\text{-}37)$$

对于三芯控制系统

$$L_e=\frac{500P_H}{2\times 0.3\times U_e^2}\times 10^3 \qquad (28\text{-}38)$$

式中 L_e——导线的临界长度，m；

P_H——线圈的吸持功率，W；

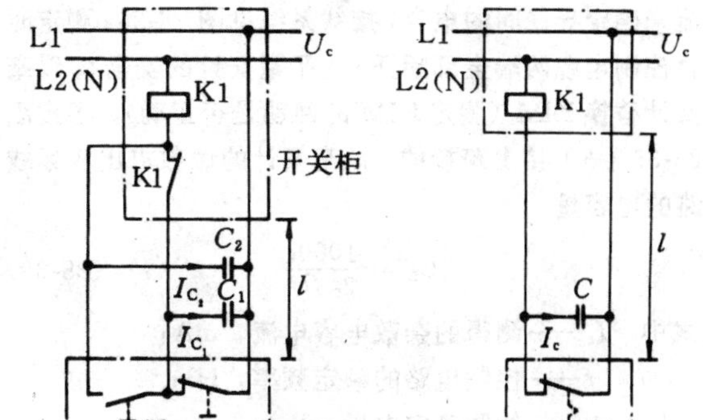

图 28-34 安装在开关柜中远方控制接触器的常用线圈电路（吸合时）

（a）—瞬时触头接触控制；（b）—持续触头接触控制

C、C_1、C_2—控制导线电容量；

I_C、I_{C_1}、I_{C_2}—电容电流；

l—单根控制导线长度

U_e——线圈的额定电压，V。

在 60Hz 网络中，上面两个等式得出的所有数值应减小 20%。

在不同的额定线圈电压（50Hz）并考虑 10%过电压的情况下，线圈吸持功率与控制导线允许长度的关系示于图 28-35。

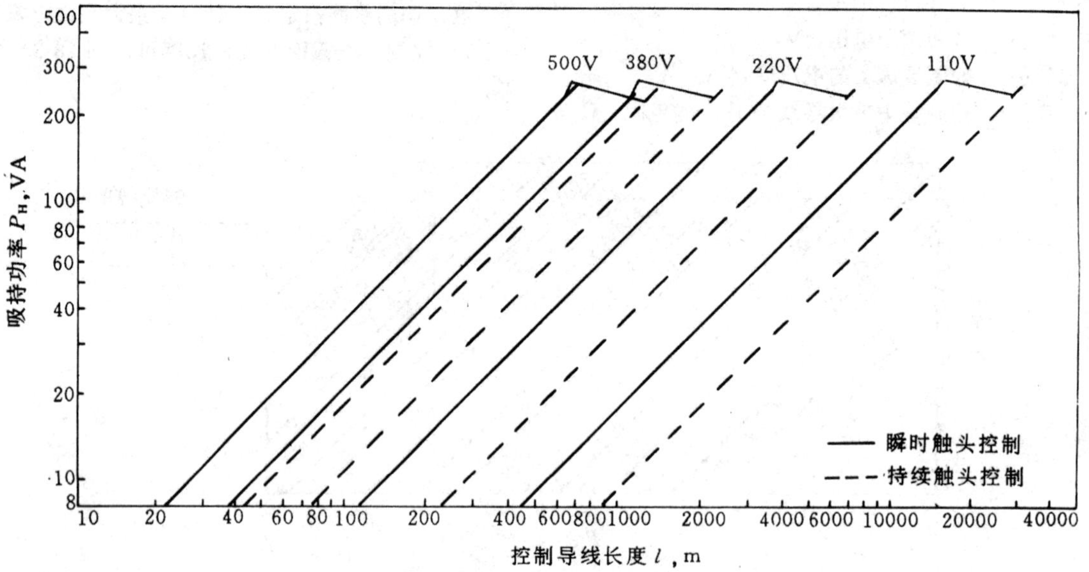

图 28-35 线圈吸持功率与控制导线允许长度关系
（在 60Hz 时，所得数值应相应减小 20%）
P_H—吸持功率；
l—控制导线长度

可以采用测定接触器控制系统中长线间的杂散电流来确定导线间的电容，接线系统见图 28-36，测定时将控制电缆两端全部断开（为了毫安计的安全），以毫安计替换 KIM（测定 KIM 的回动是否正确），再按图 28-36（*b*）接上跨接线，以毫安计的读数求出实际线路的电容量。

$$C_L = \frac{1000 I_c}{2\pi f U_c} \tag{28-39}$$

式中 I_c——测得的杂散电容电流，mA；

f——控制电路的额定频率，Hz；

U_c——线圈额定电压，V。

当线圈额定电压为～220V50Hz 时

$$C_L = 0.0145 I_c \tag{28-40}$$

不同的线圈额定电压值在频率为 50Hz 时的导线电容与杂散电流的关系如图 28-37 所示。

(3) 防止导线电容造成干扰的措施。

如果在设计阶段或试运行阶段出现控制线路大于临界长度，就必须采用以下措施来消除导线电容的影响。

1）采用直流控制电源。

发出“停止”命令后，可通过接触器线圈放电，断开有很小的延时。

2）采用较低的控制电压。

较低的控制电压可使导线临界电容和导线长度相应增加。在大型接触器上使用低控制电压比较经济，但有时带来长线控制中线路压降过大的矛盾，当出现这一情形时应作综合权衡。

3）并联附加负载。

与接触器线圈并联的附加负载，可使跨越线圈两端的电压降限制在吸持电压的范围内，可使用阻性负载，也可使用容性负载。这种方法使用于小接触器系统中比较经济。

通常仅当功率损耗小于 10W 时才建议采用阻性负载 R_P 为

$$R_P = 1000 \frac{1}{C_L} \tag{28-41}$$

附加电阻的额定功率 P_P 为

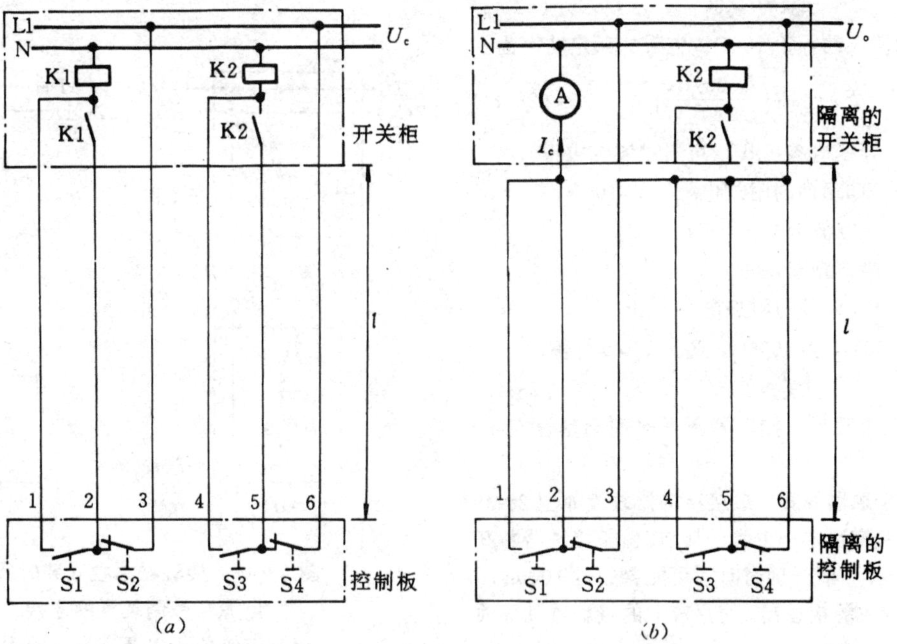

图 28-36　测量接触器的长控制线之间电容量接线图

(*a*)—控制系统电路图；(*b*)—测量电路；U_c—工作电压

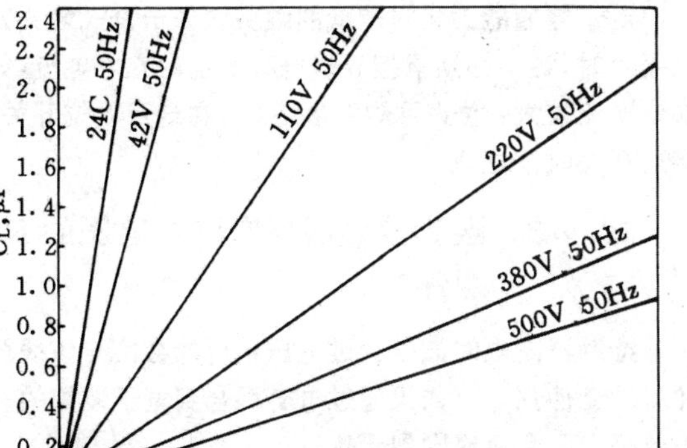

图 28-37　长控制线间的电容与杂散电流关系曲线

$$P_P = \frac{U_e^2}{R_P} \qquad (28\text{-}42)$$

式中　C_L——导线电容，μF；

U_e——线圈额定电压，V；

R_P——附加负载电阻，Ω；

P_P——附加电阻的额定功率，W。

P_P 应不小于 10W，因为额定负载下电阻的工作温度可能达到摄氏几百度，设计时应验算发热情况。

也可以并联附加容性负载。附加容性负载（*RC* 组件）的损耗较低，如图 28-38 所示。这种接线也可用于限制断开接触器线圈时的过电压，但容量较大。

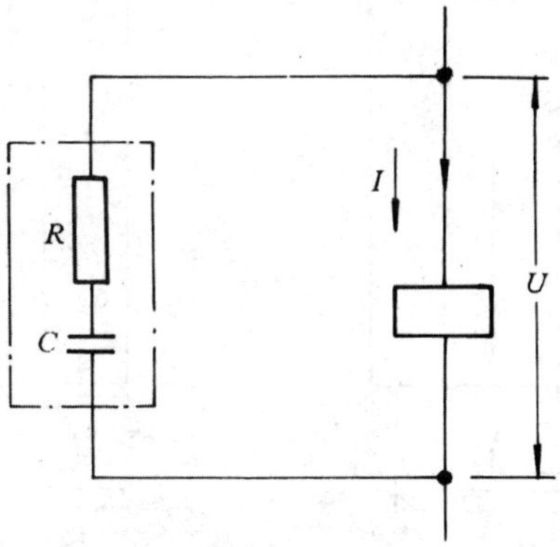

图 28-38　接触器线圈电路中附加容性负载的连接

附加容性负载时的电容值由下式确定

$$C_P = 4.5C_L \tag{28-43}$$

其电阻 R_P 的值大约等于 100Ω。电阻的额定功率为

$$P_P = R_P\left(\frac{U_e 2\pi f C_P}{10^8}\right)^2 \tag{28-44}$$

式中 C_L——导线电容，μF（可通过实测求得）；

R_P——RC 组件的附加电阻，约 100Ω；

U_e——线圈额定电压，V；

f——额定频率，Hz；

C_P——RC 组件的附加电容，μF。

当 $U_C=220V$，$f=50Hz$，$R_P=100\Omega$ 可得

$$P_P \approx 0.5C_P^2 \tag{28-45}$$

附加容性负载后，接触器断开时间会延长 50ms 以下。

4）短接接触器线圈。短接接触器线圈如图 28-39 所示。控制开关需增加一个常闭接点。由于接触器断开后被接点所短接，断开延时时间可能会超过 100ms。

5）使用较大的接触器。使用较大的接触器其导线长度的临界值也较大。

6）改变电源与接触器的相对位置。图 28-40 是图 28-39 的电源与接触器的相对位置互换。它能克服切不断电问题，但断电后线路电容需要放电时间。

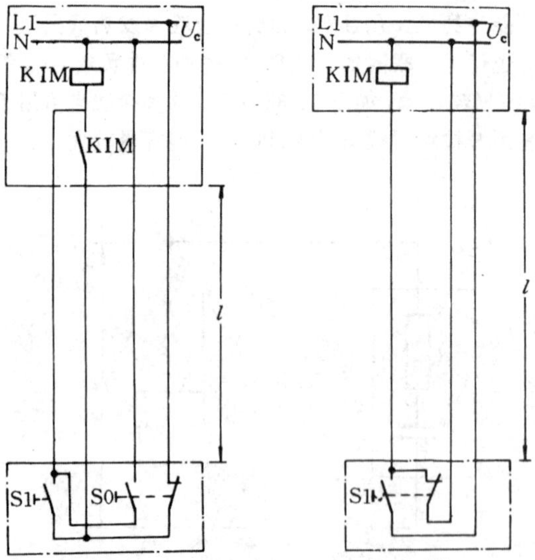

（a）　　（b）

图 28-39　长线（$l>l_{crd}$）控制电路以及在断开位置上短接的接触器线圈

（a）—瞬时触头控制；（b）—持续触头控制

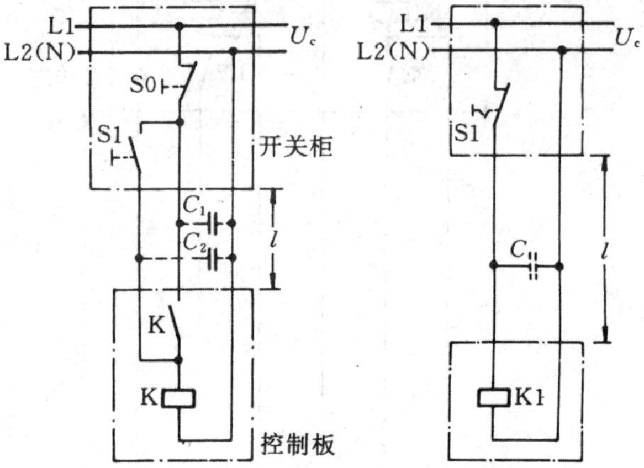

（a）　　（b）

图 28-40　接触器单独安装时线圈电源与控制装置的连接（控制装置位于电源进馈线的附近）

（a）—瞬时触头接触控制；（b）—持续触头接触控制

（4）应注意由长控制线的杂散电容电流对触点的影响。

对于接通能力相对较低的触头（如干簧式触头），在闭合时，触头必须承担导线电容产生的充电电流，如果该电流较大，触头可能发生熔焊。在选用限位开关、接近开关时需注意。

28.9.3 限制接触器断电时过电压的 RC 组件

接触器断电时产生的过电压，可能会使与该线圈并联的元件损坏。如果通过电容耦合到电子装置的控制电路中，会造成剧烈干扰。

限制过电压的元件有几种，最经济的是采用 RC 组件。

28.9.3.1 用于直流接触器的 RC 组件

一般 RC 组件的电阻值与接触器的线圈电阻值相近，可从产品样本中查取。直流接触器 RC 组件的连接如图 28-41 所示。其电容器的大小可由下式求出

$$C = K\frac{\tau}{R} \tag{28-46}$$

正常直流电压下，RC 电路无电流，电阻器额定功率由接通或断开瞬间的功率确定。

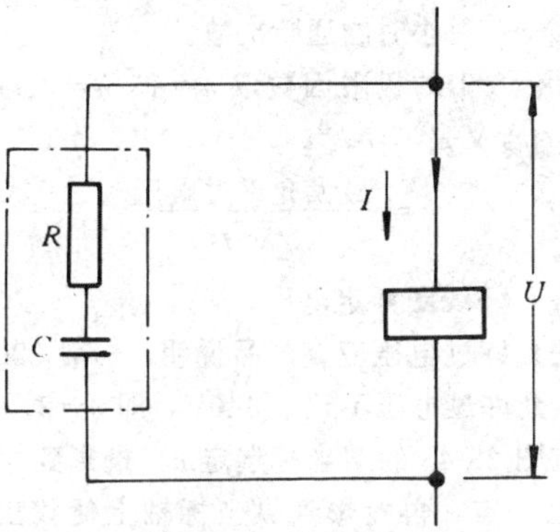

图 28-41 直流接触器 RC 组件的连接

$$P_R=1.5\ (\tau 10^{-3}P_H+3C10^{-6}U_C^2)\ Z\ \frac{1}{3600} \quad (28\text{-}47)$$

式中 C——电容器的电容，μF；

K——常数（包括各种参数，如所要求的过电压限制值）见图 28-42；

τ——接触器的时间常数；

R——接触器线圈电阻，Ω；

R_C——RC 组件中的电阻，Ω；

U——线圈额定电压，V；

P_H——线圈吸持功率，W；

P_R——RC 组件中电阻器的额定功率，W；

Z——每小时的通断次数。

28.9.3.2 用于交流接触器的 RC 组件

电容器的电容 C

$$C = g\,\frac{P_H}{fU_C^2} \quad (28\text{-}48)$$

电阻器的电阻 R_C

$$R_C = \frac{U_C^2}{P_H}\cos\varphi \quad (28\text{-}49)$$

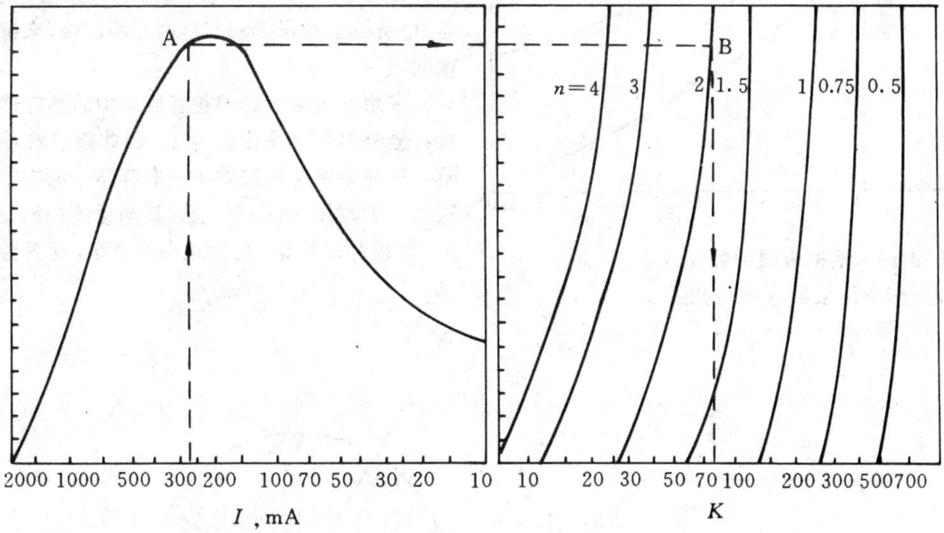

图 28-42 确定式 28-46 中的系数 K 值

图 28-42 中点 A 必须按照额定线圈电流 I（I=P/U）来确定，然后根据极限水平大小，将该点投影到某一 n 值的曲线上得到点 B。于是可从横坐标上读出系数 K 值。n 为最大允许过电压因数（n=瞬时最高电压/额定控制电压）

电阻器的额定功率 P_R，包括“接通”与“断开”瞬间的功率与持续的功率损耗

$$P_R = \frac{R_C U_C^2}{R_C^2 + \left(\frac{1}{\omega C10^{-6}}\right)^2} + 3\left(\frac{P_H\sqrt{1-\cos\varphi^2}}{\omega} + 3C10^{-6}U_C^2\right) Z\,\frac{1}{3600} \quad (28\text{-}50)$$

式中 C——电容器的电容，μF；

g——图 28-43 中的因数；

P_H——线圈吸持功率，VA（视在功率）；

f——额定频率，Hz；

U_C——线圈额定电压，V（均方根值）；

R_C——RC 组件的电阻，Ω；

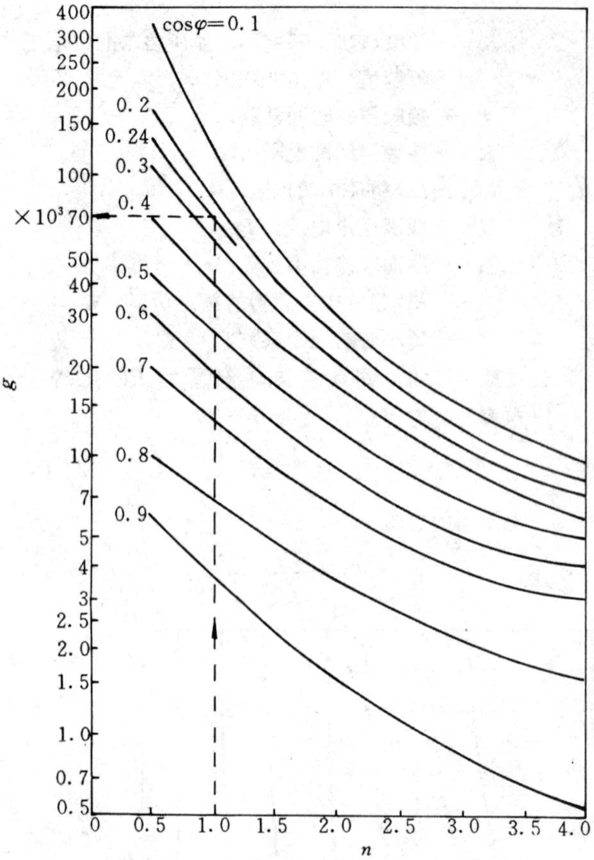

图 28-43 根据极限因数 n 及 $\cos\varphi$ 值求出系数 g 值的曲线

$\omega=2\pi f$——网络角频率，1/s；

Z——每小时的通断次数。

图 28-43 中的极限因数取 $n=1$、$n=2$、$n=3$ 及 $n=4$。n 的含义是

$$n=\frac{\text{最大允许过电压}}{\sqrt{2}\,U_C} \tag{28-51}$$

式中 U_C——线圈额定电压，V。

最大允许过电压应查产品说明，一般 220V 线圈可能最大允许过电压不超过 440V，即 $n=2$。

先在图 28-43 的横坐标选定 n，投影到相应 $\cos\varphi$ 的曲线上一点，再投影到纵坐标轴上便找出系数 g 值。

电容器的介电强度应大于允许过电压值。

附录 28.1 三相平衡装置计算

单相无芯工频感应电炉，一般都是接在三相电网的一相上。当电网容量较小时，必需采用感应器、电容器、电抗器三角形接法与电网三相联接，来解决三相平衡问题。

采用平衡装置的单相感应电炉的感应器要进行补偿，全补偿到功率因数为 1，因此感应器可视为纯电阻。平衡装置必须按炉子→电容器→电抗器三者正序连接，如附图 28-1a 所示，其向量图如附图 28-1b 所示。如果相序接错，仍然达不到平衡，而且会引起过电流。

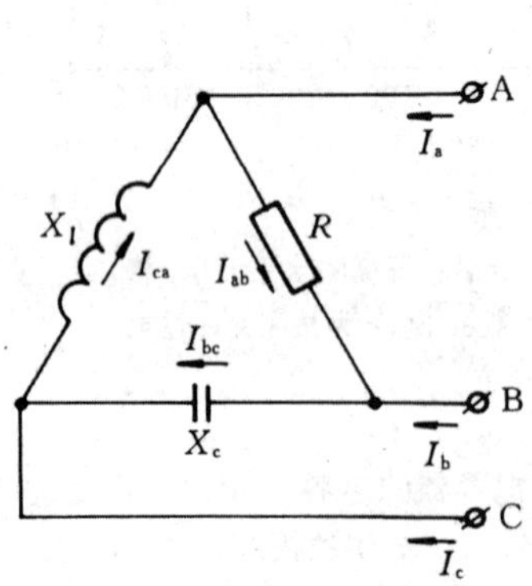

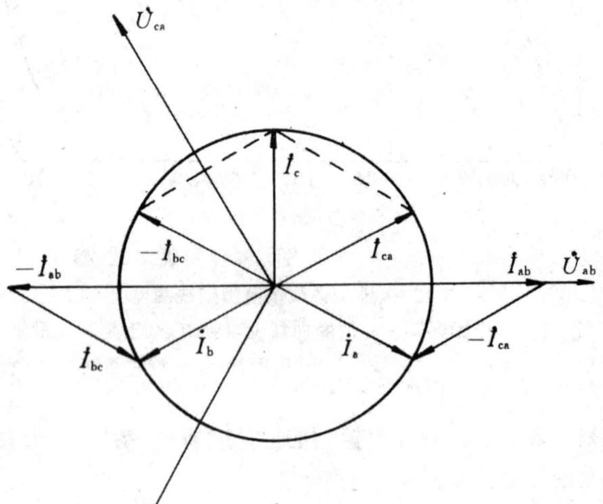

附图 28-1 单相无芯工频感应电炉的三相平衡装置接线图

(a) 一接线图；(b) 一和向量图

满足三相平衡时的电容器和电抗器的参数可按下式计算

$$P_C = P\left(\frac{\cos\varphi}{\sqrt{3}} - \sin\varphi\right) \qquad (附 28\text{-}1)$$

$$P_L = P\left(\frac{\cos\varphi}{\sqrt{3}} + \sin\varphi\right) \qquad (附 28\text{-}2)$$

式中 P、P_C、P_L——分别为炉子、电容器和电抗器的功率，kvar；

$\cos\varphi$——补偿后炉子的功率因数。

当炉子全补偿时（$\cos\varphi=1$）则

$$P_C = P_l = \frac{P}{\sqrt{3}} \qquad (附 28\text{-}3)$$

即

$$X_C = X_L = \sqrt{3}R \qquad (附 28\text{-}4)$$

式中 X_C——电容器的容抗，Ω；

X_L——电抗器的感抗，Ω；

R——炉子的电阻，Ω。

从式中可知，当 $\cos\varphi$ 补偿到 1 时，虽然三相线电流的大小相等，但负荷三角形内炉子那一相电流要比其它二相电流大 $\sqrt{3}$ 倍。即

$$I_{ab} = \sqrt{3}I_{bc} = \sqrt{3}I_{ca} \qquad (附 28\text{-}5)$$

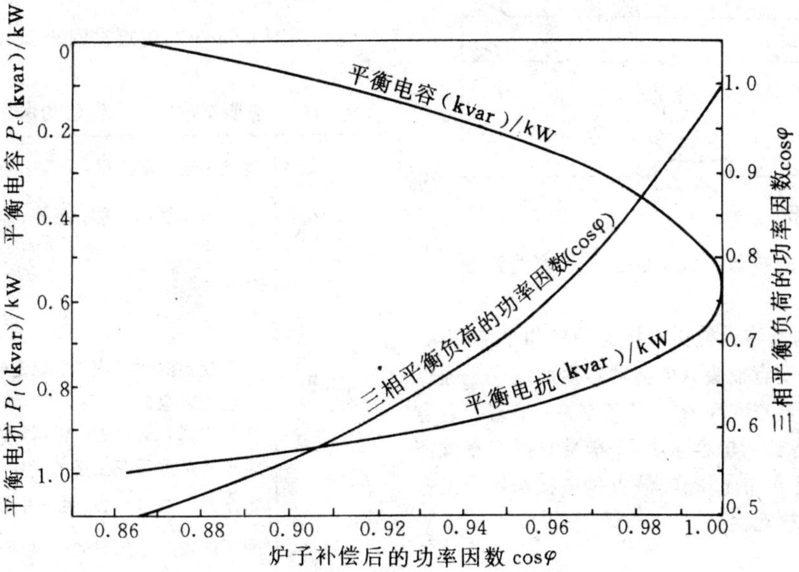

附图 28-2 电容器和电抗器的无功功率及电网功率因数与炉子补偿后的单相功率因数的关系

附图 28-2 示出平衡情况下，电容器和电抗器的无功功率及电网功率因数同炉子补偿后的单相功率因数的关系曲线。在熔炼过程中，总是希望将炉子的功率因数补偿到 1 或接近于 1，因为炉子的功率因数不仅影响炉子的有功功率，而且从附图 28-2 中可以看出，它还影响到电网的功率因数。例如：当炉子的功率因数为 0.86 时，虽然电网三相负荷是平衡的，但是三相平衡负荷的功率因数却降到 0.5。

实际线路如附图 28-3 及附图 28-4 所示。

附图 28-3 为具有抽头电抗器的三相平衡线路。其优点是非额定运行时损耗小。缺点是电抗器抽头无法做得很多，所以容量不能细调，此外不能带电操作。

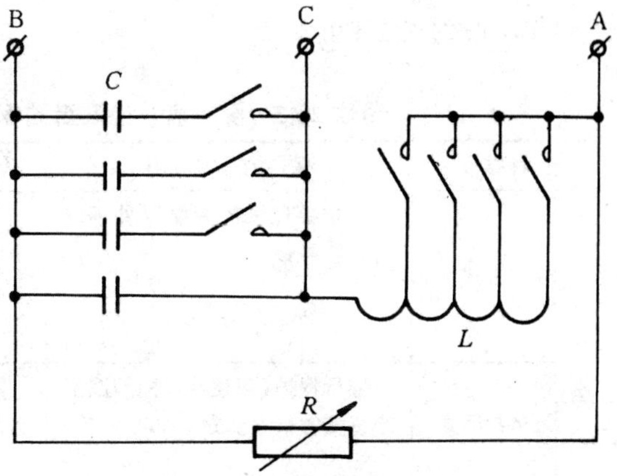

附图 28-3 电抗器有抽头的三相平衡线路图

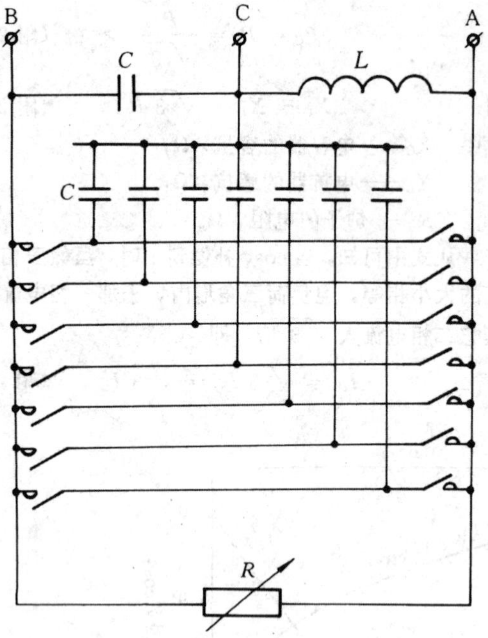

附图 28-4　电抗器无抽头的三相平衡线路图

附图 28-4 为具有无抽头电抗器的三相平衡线路。其优点是电抗器没有抽头（电抗器容量的改变是通过与之并联的电容量来实现的）、易于制造、节省有色金属；由于单台电容器的电容量小，平衡装置的容量就能进行细调；此外还可带电操作。缺点是电抗器始终工作于最大容量级，损耗大。

附录 28.2　隔离(封闭）配电盘结构的国外有关标准

IEC298 的规定见附表 28-1。

附表 28-1　保护等级分类表

保护等级	保护内容为防止接近带电部位及接触可动部位
IP2X	手指或类似物体直径大于 12mm
IP3X	工具、金属线等直径或厚度大于 2.5mm
IP4X	金属线直径或金属带厚度大于 1.0mm

英国 BS587 的规定见附表 28-2。

附表 28-2　BS 规定的保护结构分类

Ⅰ型	普通用途，室内用，能防止接触带电部位的外壳
ⅠA 型	具有Ⅰ型的功能，另外，尘埃和潮气不容易进入盘内
Ⅱ型	防溅式
Ⅲ型	户外式
Ⅳ型	在规定的时间内，用规定管咀的软管冲洗，水不能进入盘内
Ⅴ型	防尘式，适合磨锈机，水泥研磨机用，或适合设在锅炉房等灰尘多的场所
Ⅵ型	耐水式，在深 0.9m 的水中浸泡 15min 仍无问题
Ⅶ型	耐压防爆式，按 BS229 的规定
Ⅷ型	防虫式、规定的昆虫类即使进入也不会损坏盘

日本 JEM1267 的规定见附表 28-3。

附表 28-3　配电盘、控制盘的保护结构种类 JEM1267（1975 年 7 月修订）

种类		保护的基本分类	应具备的条件	适用场所
一般环境使用	开式	除需要监视控制面以外不进行特殊屏蔽	是只将安装监视控制所需仪表的面进行屏蔽的结构，从盘正面进行操作时，应不容易接触带电部分	普通的建筑物内
	半封闭式	实行保护，以便从盘的周围不容易接触带电部分	将外围的前后左右都进行屏蔽的结构。从盘的周围不容易接触到带电部分	普通的建筑物内

续附表 28-3

种类		保护的基本分类	应具备的条件	适用场所
一般环境使用	封闭式	为防止固体杂物及小动物侵入，同时不会因错误操作而使手指接触外壳内的导电部分。并且即使飞溅少量的水滴也不妨碍正常运转而实施的保护	是将外围的前后左右以及上面进行屏蔽的结构，外壳也可以设置通风孔。而且是即使飞溅少量的水滴也不会直接侵入内部，即使间接侵入也不会滴到内部导电部分的结构。不能有可以插入直径 $\phi 12.5$mm 圆棍的孔或者间隙	普通的建筑物内
	全封闭式	实行保护，以防固体杂物以及小动物侵入，同时，不会因操作而使手指接触外壳内的导电部分，并且即使飞溅少量的水滴也不妨碍正常运转	是将外围的前后左右以及上面进行屏蔽的结构，外壳也可以设置通风孔。而且是即使飞溅少量的水滴也不会直接侵入内部，即使间接侵入也不会滴到内部导电部分的结构。不能有可以插入直径 $\phi 1$mm 的钢线之类的孔或间隙	普通的建筑物内
	户外式	满足封闭式的条件，并且实施保护以防止雨水等侵入，保证正常运转	将外围全部进行屏蔽，结构上应考虑使箱顶、门、箱接合部分、通风孔不因降雨等引起故障，通风孔设置金属网，使小动物等不能侵入。这时候，在恒水压下，从喷水口成降雨状进行喷水，洒水角度与铅垂线成 60°，洒水量约为每分钟 2.2mm（水平部分），洒水时间为 5min，此时内部的主回路以及控制回路的绝缘体和机构部分不能溅上水，另外，结构物和其它非绝缘部分不能积存水。通风孔不能插入直径 $\phi 1$mm 圆棍	
	防滴式	针对降落水滴进行保护	是在上部安装盖，对与垂直线成 15°角以内的水滴不会出现有害影响的结构	落下少量水滴的场所
	防尘式	实施保护，以便即使侵入粉尘、灰尘、也不妨碍正常运转	是将外围全面屏蔽，对门等微小间隙和通风孔的防尘作了充分考虑的结构。而且结构上还考虑到即使粉尘堆积，绝缘上也尽量不会堆积灰尘	经常有尘土飞扬的场所，有白蚁等昆虫的场所
	耐尘式	实施保护，以防粉尘、灰尘从外壳侵入内部	是将外围全面屏蔽，门及箱之间接合部分装有密封条的结构。而且通常不设置通风孔，但如果是过滤式等形式，而且对耐尘作了充分考虑的，也可以设置通风孔	粉尘、灰尘多的场所（制粉厂、水泥厂等）

续附表 28-3

种类		保护的基本分类	应具备的条件	适用场所
在特殊环境下使用	耐雪式	实施保护，使雪花等完全不能侵入外壳内	是对一般所使用的户外式的门、通风孔等有间隙的部分的防雪作了充分考虑的结构。但是，对通风孔，根据需要也可以采用覆盖物（罩、盖）简便的方法	多雪地区（北海道、东北、北陆地方等）的户外
	防腐蚀式	实施保护，使其即使有腐蚀性的酸、碱或者有害气体侵入，也不会妨碍正常运转	其结构是将外围全面屏蔽，对门的微小间隙和通风孔等防腐蚀作了充分考虑，另外，内装设备使用防腐蚀处理（电镀、涂漆等）的设备	腐蚀性气体多的场所（各种化学工厂或临海工业地区等）
	耐腐蚀式	实施保护，以使腐蚀性的酸碱或有害气完全不能侵入内部	其结构是将外围全面屏蔽，门及箱之间接合部分设置密封条，电缆口设置喇叭口，而且没有通风孔	
	防爆式	按下述标准的规定 JISC0901（煤矿用电气设备的防爆结构） JISC0902（电气设备煤矿用防爆结构的试验方法） JISC0903（普通用电气设备的防爆结构通则） JISC0904（普通用电气设备的防爆结构试验方法） JISC0905（电力用电气设备的防爆结构） RIIS-TR-74（工厂电气设备防爆结构）		

附录 28.3 GB4798 系列标准的各种环境条件分级

GB4798 系列标准的各种环境条件的分级，见附表 28-4、附表 28-5、附表 28-6 和附表 28-7。

附表 28-4 特殊气候环境的分级（户内）

环境参数	等级	特殊条件
K）热辐射	3Z1	可以忽略
	3Z2	有热辐射条件，例如室内加热系统附近
	3Z3	有热辐射条件，例如室内加热系统或工业商业炉附近
1）周围空气运动	3Z4	5m/s
	3Z5	10m/s
	3Z6	30m/s
0）除雨以外的水	3Z7	滴水条件
	3Z8	淋水条件
	3Z9	溅水条件
	3Z10	喷水条件

附表 28-5 机械活性物质环境的分级（户内）

机械活性物质	单位	等级			
		3S1	3S2	3S3	3S4
砂	mg/m^3		30	300	3000
尘（飘浮）	mg/m^3	0.01	0.2	0.4	>4.0
尘（沉积）	$mg/(m^2 \cdot d)$	10	35	350	1000

附表 28-6　化学活性物质环境的分级（户内）

环境参数	单　　位	等级						
		3C1	3C2		3C3		3C4	
		最大值	平均值	最大值	平均值	最大值	平均值	最大值
海盐		有盐雾条件①						
二氧化硫	mg/m^3	0.1	0.3	1.0	5.0	10	13	40
	cm^3/m^3	0.037	0.11	0.37	1.85	3.7	4.8	14.8
硫化氢	mg/m^3	0.01	0.1	0.5	3.0	10	14	70
	cm^3/m^3	0.0071	0.071	0.36	2.1	7.1	9.9	49.7
氯	mg/m^3	0.1	0.1	0.3	0.3	1.0	0.6	3.0
	cm^3/m^3	0.034	0.034	0.1	0.1	0.34	0.2	1.0
盐酸	mg/m^3	0.1	0.1	0.5	1.0	5.0	1.0	5.0
	cm^3/m^3	0.066	0.066	0.33	0.66	3.3	0.66	3.3
氢氟酸	mg/m^3	0.003	0.01	0.03	0.1	2.0	0.1	2.0
	cm^3/m^3	0.0036	0.012	0.036	0.12	2.4	0.12	2.4
氨	mg/m^3	0.3	1.0	3.0	10	35	35	175
	cm^3/m^3	0.42	1.4	4.2	14	49	49	247
臭氧	mg/m^3	0.01	0.05	0.1	0.1	0.3	0.2	2.0
	cm^3/m^3	0.005	0.025	0.05	0.05	0.15	0.1	1.0
氧化氮	mg/m^3	0.1	0.5	1.0	3.0	9.0	10	20
	cm^3/m^3	0.052	0.26	0.52	1.56	4.68	5.2	10.4

①只有近海和沿海地区掩蔽场所可能有盐雾。

附表 28-7　机械环境的分级（户内）

环境参数	单　位	等级							
		3M1	3M2	3M3	3M4	3M5	3M6	3M7	3M8
正弦稳态振动：									
位移	mm	0.3	1.5	1.5	3.0	3.0	7.0	10	15
加速度	m/g^2	1	5	5	10	10	20	30	50
频率范围	Hz	2～9 9～200	2～9 9～200	2～9 9～200	2～9 9～200	2～9 9～200	2～9 9～200	2～9 9～200	2～9 9～200
包括冲击的非稳态振动：									
冲击响应谱 L(â)	m/s^2	40	40	70					
冲击响应谱 I(â)	m/s^2				100				
冲击响应谱 Ⅱ(â)	m/s^2					250	250	250	250

参 考 文 献

[1] 北京钢铁设计院等编，钢铁企业电力设计参考资料，冶金工业出版社，1976.

[2]机械工程手册　电机工程手册编辑委员会编，电气工程师手册，机械工业出版社，1987.

[3][美]B.L. 柯姆斯塔特著，可靠性数学，科学出版社，1980.

[4][德]埃．施尔弗著，测量设备及自动化系统可靠性，上海翻译公司，1985年.

[5][德]T. 施梅歇尔著，低压电器手册，人民邮电出版社，1985.

[6][美]IEEE工厂电力系统分会编，工厂配电，电力工业出版社，1982.

[7][日]电气学会工厂配电常设专业委员会编，工厂配电设计施工手册，机械工业出版社，1981.

第29章

低压电器设备选择

低压电器通常是指用于交流1200V或直流1500V及以下电路中的电器设备。低压电器广泛用于工矿企业、能源、交通运输、农业、国防、人民生活等各个领域。在电力供配电系统、电力传动自动控制系统和民用电器设备中，低压电器对电能的产生、输送、分配、应用起着通断、保护、控制、转换的作用。

29.1 低压电器设备选用原则

一般用途的低压电器(称为基本系列)的使用环境条件为：

(1) 海拔高度不超过2000m；

(2) 周围空气温度为−10℃～+40℃（户外型−25℃～+40℃，但电子式电器仍为−10℃）；

(3) 最湿月的平均最大相对湿度90%（该月平均最低温度为25℃）；

(4) 对安装方位有规定的或动作性能要受重力影响的电器，其安装倾斜度不大于5°；

(5) 无显著摇动和冲击振动的场合；

(6) 污染等级为3级（即无腐蚀金属和破坏绝缘的气体和尘埃，包括导电性尘埃或由于预期的凝露使干燥的非导电性污染变为导电性的环境）和无雨雪侵袭的地方；

(7) 无爆炸危险的介质。

对于在特殊环境和工作条件下使用的各类低压电器，常在基本系列产品的基础上进行派生，构成如防爆、船舶、化工、牵引、湿热带、高原、矿用、航空用电器。

29.1.1 按环境特征选择设备型式

按环境特征选择设备型式见表29-1。对于爆炸危险环境、火灾危险环境及腐蚀环境中的设备选型请分别参看第38章的表38-6和表38-7、第39章的表39-4及第40章的表40-6。

表29-1 按环境特征选择设备型式

周围环境特征		允许采用的电器型式			
		开启式	保护式	防尘式	密闭式
干燥		(1)	○		
潮湿		(2)		○	
特别潮湿			(4)		
有不导电灰尘	易排除，并对绝缘无害的	(2)		○	
	难排除，并对绝缘有害的	(3)	(4)	○	○
有导电灰尘		(3)	(4)	○	
高温		(1)	○		
户外	露天	(5)	(5)		○
	在保护棚下		○	○	

注：1. ○表示推荐采用的。

2. 括号表示允许在一定的条件下采用，括号内数字为规定条件，其定义为：

(1)装在保护箱内或有围栏的控制屏上，仅允许运行人员接触；

(2)装在可以锁门的控制箱及柜内，或装在特别隔开的房间内的控制屏上，该房间仅允许运行人员进入；

(3) 装在用不燃材料制成的防尘式控制箱、柜内；

(4)装在邻近适于安装该类设备的房间内，或单独的配电室内；

(5) 装在适合于户外使用的控制箱内。

3. 空格内表示不准或不推荐使用。

4. 表中所列设备型式均按固定安装方式选择的。

为控制对象选择低压控制电器必须严格按国家标准区分使用类别，正确选用，低压电器的使用类别及控制对象见表 29-2。

为防止人体与电器的外壳内的带电体或壳内运动部件接触和防止外界的固体异物及液体进入电器内部，将外壳结构分成不同的防护等级，其含义如下：

表 29-2 低压电器常见使用类别及其代号

电流种类	使用类别代号	典型用途举例
AC	AC-1	无感或微感负载，电阻炉
	AC-2	线绕式电动机的起动、分断
	AC-3	鼠笼型异步电动机的起动、运转中分断
	AC-4	鼠笼型异步电动机的起动、反接制动与反向、点动
	AC-5a	控制放电灯的通断
	AC-5b	控制白炽灯的通断
	AC-6a	变压器的通断
	AC-6b	电容器组的通断
	AC-7a	家用电器中的微感负载和类似用途
	AC-7b	家用电动机负载
	AC-8a	密封制冷压缩机中的电动机控制（过载继电器手动复位式）
	AC-8b	密封制冷压缩机中的电动机控制（过载继电器自动复位式）

电流种类	使用类别代号	典型用途举例
AC	AC-11	控制交流电磁铁负载
	AC-12	控制电阻性负载和发光二极管隔离的固态负载
	AC-13	控制变压器隔离的固态负载
	AC-14	控制容量（闭合状态下）不大于 72VA 电磁铁负载
	AC-15	控制容量（闭合状态）大于 72VA 的电磁铁负载
DC	DC-1	无感或微感负载，电阻炉
	DC-3	并励电动机的起动、反接制动、点动
	DC-5	串励电动机的起动、反接制动、点动
	DC-6	白炽灯的通断
	DC-11	控制直流电磁铁负载
	DC-12	控制电阻负载和发光二极管隔离的固态负载
	DC-14	控制电路中有经济电阻的直流电磁铁负载

IP-□ □

外壳防护等级

第一个数字表示对固体及人体触电、触及运动部件的防护等级：

0— 无防护能力

1— 能防止直径大于 50mm 的外界固体进入，能防止人体某一大面积部分（如手）偶然或意外触及（但不能防止有意接近）壳内带电或运动部件

2— 能防止直径大于 12mm 的外界固体进入，能防止手指触及壳内带电或运动部分

3— 能防止直径大于 2.5mm 的外界固体进入，能防止厚度（或直径）大于 2.5mm 的工具、金属线等触及壳内带电或运动部分

4— 能防止直径大于 1mm 的外界固体进入，能防止厚度（或直径）大于 1mm 的工具、金属线等触及壳内带电或运动部分

5— 全面防止触及壳内带电或运动部分，不能完全防止尘埃进入，但进入量不足以影响产品正常工作

6— 彻底防止触及壳内带电体，无灰尘进入

第二个数字表示对液体的防护等级：

0— 无防护能力

1— 垂直滴水无有害影响

2— 水呈 15° 斜度溅落无有害影响

3— 水呈 60° 斜度溅落无有害影响

4— 水从任一方向溅落无有害影响

5— 从各个方向喷水无有害影响

6— 汹涌水浪冲击及强力喷水时进入外壳水量不致达到有害程度

7— 在规定的压力和时间下，浸在水中，其进水量无有害影响

8— 长期在规定的压力下潜水而能正常工作

常用外壳防护等级如表 29-3 所示。

表 29-3 常用外壳防护等级

第二个表征数字		0	1	2	3	4	5	6	7	8
第一个表征数字	0	IP00								
	1	IP10	IP11	IP12						
	2	IP20	IP21	IP22	IP23					
	3	IP30	IP31	IP32	IP33	IP34				
	4	IP40	IP41	IP42	IP43	IP44				
	5	IP50				IP54	IP55			
	6	IP60					IP65	IP66	IP67	IP68

29.1.2 配电系统中低压电器之间的保护特性配合

配电系统中低压电器的选用，必须既能满足正常生产的各项操作要求，又能在事故情况下安全切除故障。为了保证正确发挥各低压电器的功能与作用，应协调整定它们的保护特性，包括配电电器之间的选择性保护；控制电器与配电电器保护装置之间的配合。选择性保护是指在配电系统中两个或多个断路器或熔断器之间的电流——时间特性的配合。控制电器与短路保护装置的配合应使控制电器能承受可能出现的短路电流（包括可能存在的电动机反馈电流）。

29.1.2.1 断路器-断路器的选择性保护配合

断路器-断路器的选择性保护配合包括以下几个方面：

(1)上级断路器的瞬时脱扣器的动作值，应大于下级断路器出线端处最大预期短路电流，如图 29-1 中 QF_1 的瞬时脱扣器整定为 QF_2 出线端处最大预期短路电流 I_{K2}的 1.15 倍或上级断路器的瞬时脱扣器的动作值为下级断路器的瞬时脱扣器的动作值的 1.66～2 倍。

(2) 如上、下级断路器间连接导体阻抗小，上、下级断路器出线端处预期短路电流数值差别很小，则可将上级断路器选为带短延时脱扣器，整定上级断路器短延时动作电流为下级断路器动作电流值的 1.2～1.25 倍。各级短延时差值一般不应小于 0.15s，如图 29-2 所示；负荷断路器 QF_3 为瞬动，馈电干线 QF_2 取短延时 0.15s，则总电源 QF_1 延时为 0.3s。

(3)为减少短路造成的破坏作用，上级断路器除使用短延时脱扣器外，还可装上瞬时脱扣器如图 29-2 的 QF_1，该瞬时脱扣器的动作电流应整定为其母排处短路时才动作，且应不妨碍选择性保护，图 29-2 中，其母排上短路电流 $I_{K1}>I_{K2}$。

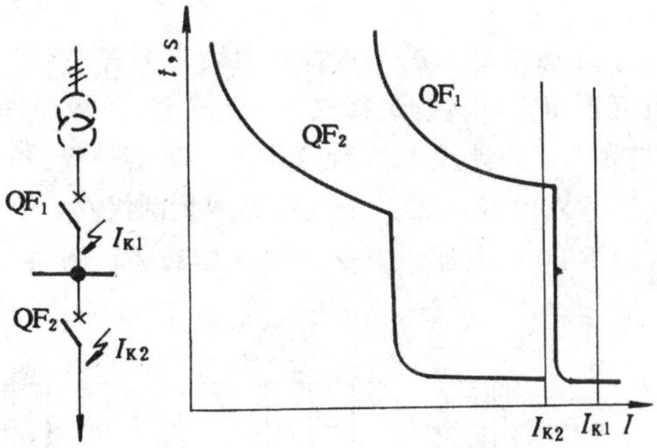

图 29-1 断路器-断路器选择性保护

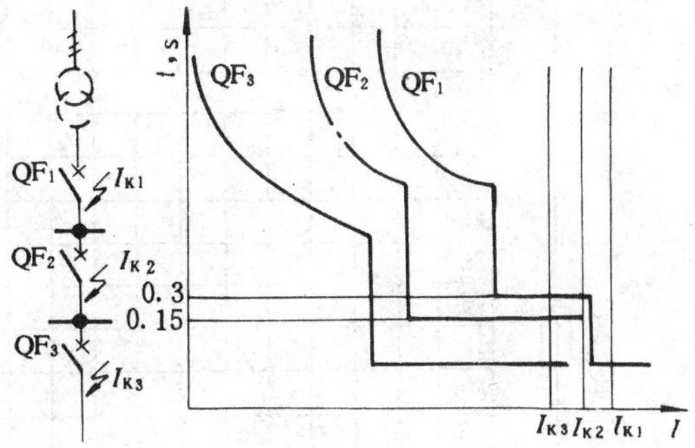

图 29-2 三台串联断路器之间的选择性保护

(4) 限流断路器在短路电流大于或等于其瞬时脱扣器的整定值时，将会在数毫秒内脱扣，故其不宜用于有下级断路器情况下的选择性保护。

(5)具有短延时的断路器，当其时限整定在最大延时（即 0.4s）时，其通断能力仅为瞬时通断能力的一半。因此，在选择性保护回路中，应注意选择断路器的短延时通断能力是否满足要求。如达不到要求，则可选用短延时通断能力能满足要求的断路器，或在断路器中加用瞬时脱扣器。

上一级断路器的短延时可返回特性，与下一级断路器的动作特性之间不应相交，短延时特性与瞬时特性之间也不应相交。

(6)一般情况下，非选择型断路器瞬时脱扣器电流整定值，应尽可能整定得小些（只要躲过回路的尖峰电流即可）。

29.1.2.2 熔断器-熔断器的选择性保护配合

上一级的熔体电流应较下一级的熔体电流大二至三级。

上、下级熔断器的安秒特性曲线之间有足够的间隔，且互不相交就具有选择性。一般按上、下级熔件正负误差叠加，并计及10%配合裕度计算熔件级差：

(1) RM10熔断器：干线较支线大两级；

(2) RT0熔断器：按表29-4选定级差。例如，在短路电流为1000A时，熔体电流30A的上一级至少应为50A；40A的上一级至少应为80A；

表29-4是制造厂按上下级熔体最大误差为±50%，并考虑10%的配合裕度确定的。当按表29-4选择有困难时，可按熔体误差为±30%确定的计算式29-1来校验熔体的选择性配合。

$$t_1 \geqslant 2.08 t_2 \quad (29\text{-}1)$$

式中 t_1——从上一级熔体流过下一级熔体最大短路电流时的熔断时间，s，由制造厂提供的安秒特性曲线查取；

t_2——下一级熔体流过最大短路电流时的熔断时间，s。

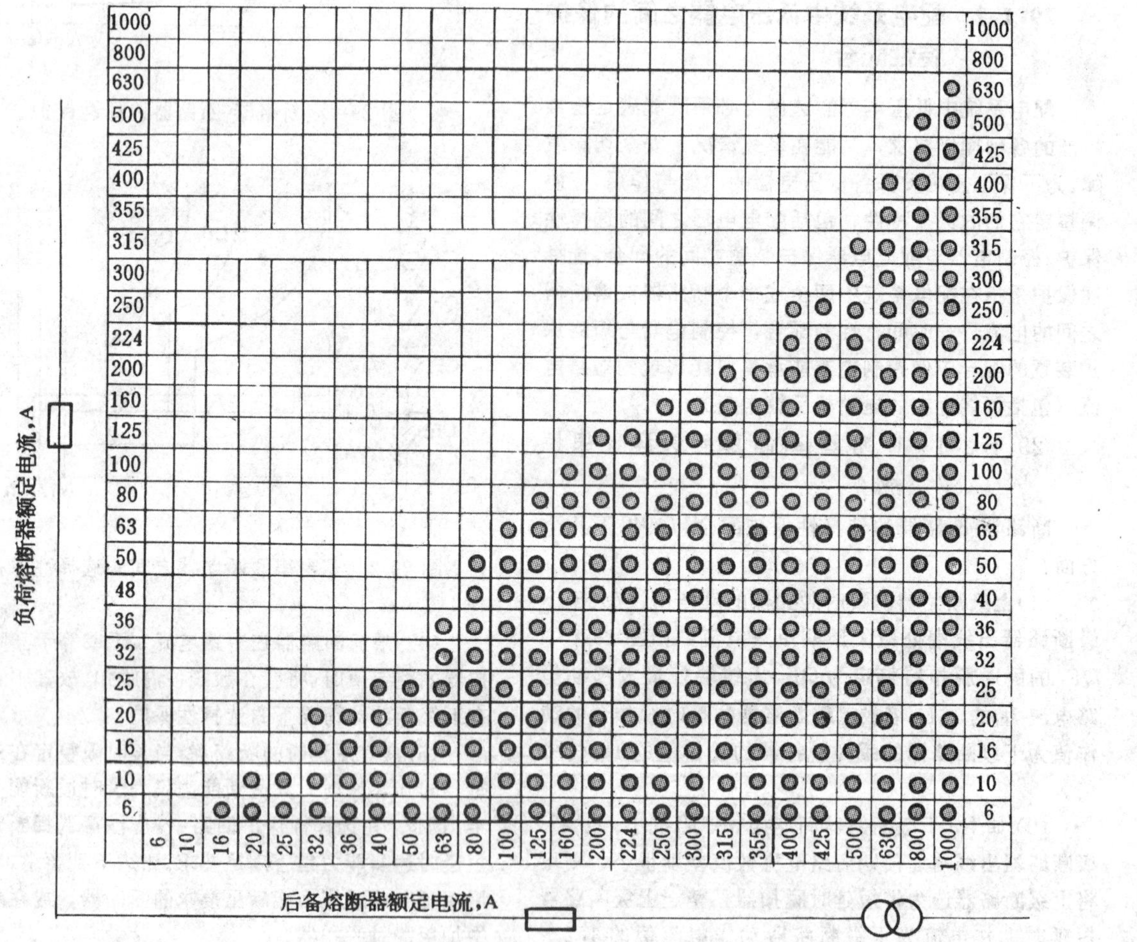

图29-3 NT熔断器各额定电流等级间配合

(3) NT熔断器：在过载或短路电流较小的情况下，可按图29-3选定级差。在特大短路电流下，由于超快速熔化，上下级熔断器的安秒特性曲线可能重叠，此时为了保证选择性动作，应满足上一级熔断器熔化I^2t值大于下一级熔断器熔断I^2t值，短路电流为100kA时NT熔断器的熔化、熔断I^2t值见图29-4。一般可取上一级熔体电流大于下一级的1.6～2倍。

表 29-4 RT0系列熔断器级差配合参考表

熔断器电流(A)	熔体额定电流(A)	短路电流(周期分量有效值)(kA)				
		1	2	4	6	10～50
100	30					
	40					
	50					
	60					
	80					
	100					
200	120					
	150					
	200					
400	250					
	300					
	350					
	400					
600	450					
	500					
	550					
	600					

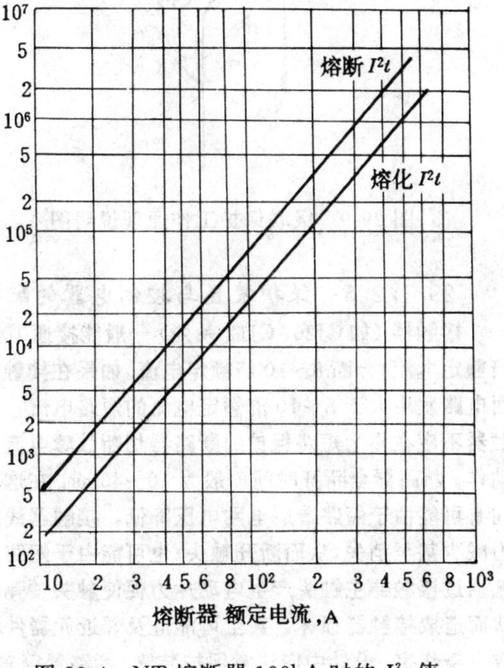

图 29-4 NT熔断器100kA时的I^2t值

29.1.2.3 断路器与熔断器的选择保护

将断路器安秒曲线与熔断器安秒曲线比较，以保证在可能出现的各种短路电流下具有选择性动作。熔断器及断路器特性曲线均应计及误差，断路器还应考虑可返回电流与熔断曲线的配合。

上级为断路器，下级为熔断器时，当过载电流I_g低于断路器瞬时脱扣器的电流整定值，要求熔断器特性曲线在断路器保护曲线下方(图29-5)，只要两曲线不相交且有一定的间隔t_A，就可获得选择性保护。当短路电流达到或超过瞬时脱扣器的整定电流值，只有在熔断器把故障时通过的电流限制在瞬时脱扣器的脱扣电流值以下，才能获得选择性保护。要得到上述的情况，必须选用额定电流值比断路器额定电流要低得多的熔断器。如断路器带有短延时脱扣器，则对应于短延时脱扣器的脱扣电流值I_z，脱扣器的延时时间至少要比熔断器的动作时间长0.1s，才可获得选择性保护(图29-6)。

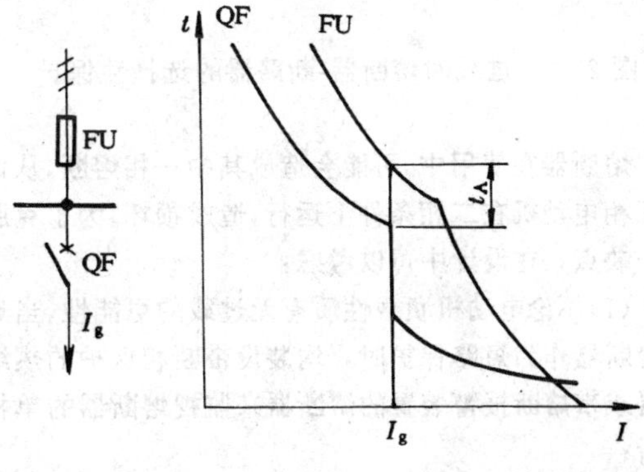

图 29-5 过载时断路器-熔断器的选择性保护

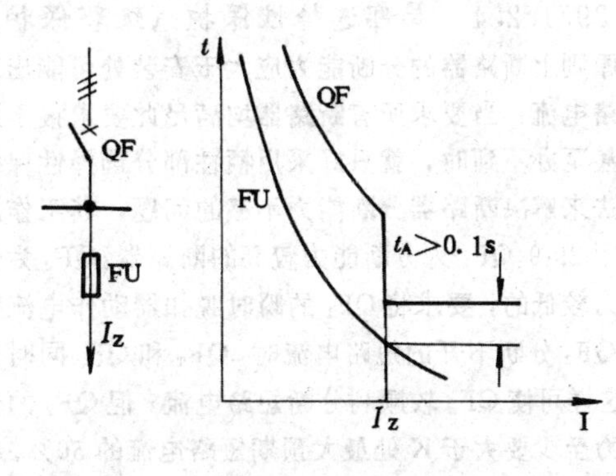

图 29-6 短路时断路器-熔断器的选择性保护

上级为熔断器，下级为断路器时，在过载电流的情况下，只要熔断器特性曲线与断路器保护曲线不相交（或在电流较大处有交叉），且对应断路器瞬时脱扣器动作电流 I_g 下具有一定的时间安全裕量（图 29-7 中的 t_A），就能保证选择性保护。在短路电流情况下，只有熔断器特性对应于短路电流 I_K 下的熔断时间比断路器瞬时脱扣器的动作时间大于 70ms 以上，就可获得选择性保护（见图 29-8）。

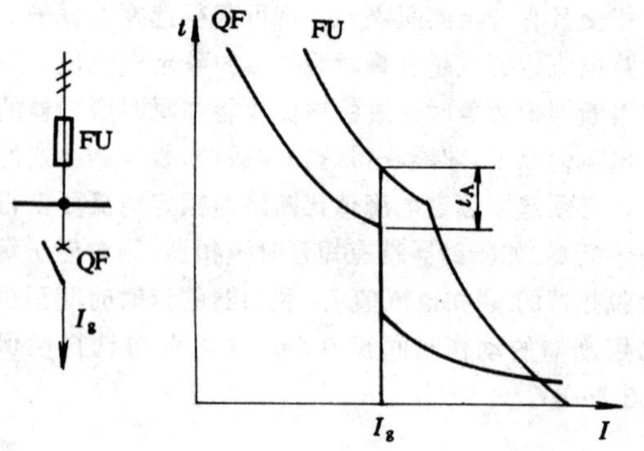

图 29-7 过载时熔断器-断路器的选择性保护

熔断器在使用中，可能会造成其中一相熔断，从而使三相电动机在二相条件下运行，造成损坏。为了克服这一缺点，在设计中可以考虑：

(1)不论电动机负载性质有无过载的可能性，当选用熔断器作为短路保护时，均装设带断相保护的热继电器或带熔断报警装置的熔断器来监视熔断器的单相熔断；

(2) 选用低压断路器而不选用熔断器作为短路保护。

29.1.2.4 局部选择性保护（级联保护）

原则上断路器的分断能力应大于安装处可能出现的短路电流，当要求所有断路器均满足此要求很不经济或甚至办不到时，就只好采用牺牲部分选择性保护的方法来解决断路器分断能力不够的问题，其工作原理见图 29-9。QF_1 为分断能力较高的断路器，QF_2 为分断能力较低的，要求将 QF_1 的瞬时脱扣器动作电流整定在 QF_2 分断不开的短路电流时，QF_1 和 QF_2 同时分断，这样可使 QF_2 较顺利分断短路电流，但 QF_2 的分断能力至少要大于 K 处最大预期短路电流的 50%。在发生 QF_1 瞬时脱扣器整定值以上的短路电流情况下，QF_1 和 QF_2 之间就不具有选择性保护，如让 QF_1 装上重合闸机构，则可使供电连续性得到改善，但是 QF_2，因容量比 QF_1 小，短路时又先动作，故 QF_2 有可能受损坏。

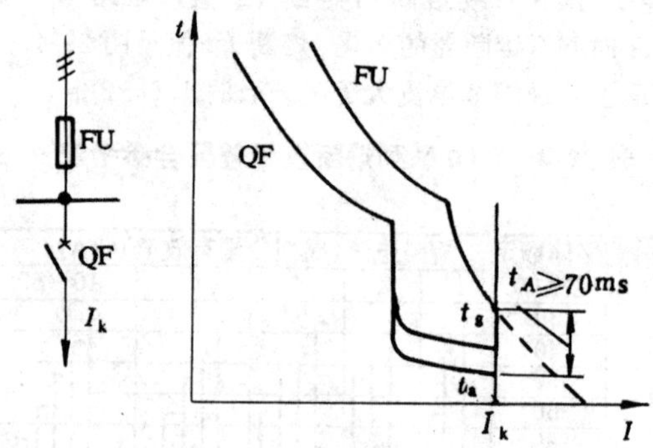

图 29-8 短路时熔断器-断路器的选择性保护

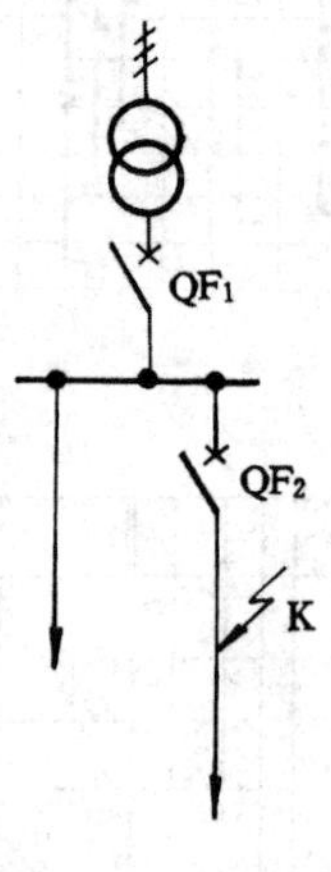

图 29-9 级联保护工作原理说明图

29.1.2.5 保护装置与控制电器的配合

接触器（如 CJ20、CJ12 系列）一般能接通 10～12 倍额定电流，分断 8～10 倍额定电流。如果在接触器后面电路发生大于 8～10 倍额定电流的短路电流，则接触器不应在作为短路保护的断路器切断故障电流以前动作。断路器全断开时间一般为 10～40ms，在这段时间有可能由于短路造成电网电压降低，接触器线圈吸力减少甚至消失，从而断开触头；也可能由于短路大电流通过接触器主触头产生电动斥力促使触头"弹开"，从而造成接触器损坏，甚至可能危及邻近元器件和造成人身伤害。设计中应注意保护装置（断路器等）与控制电器（接触器等）之间设备动作时间的配合问题。可以考虑选用固有动作时间长的、最大短时（1s）耐受峰值电流大的接触器。在没有合适的接触器的情况下，一般不宜采用放大接触器容量的既不合理也不经济的做法，而可以考虑选用带外壳的磁力起动器，使事故限制在最小范围内；尽量将接触器安装在配电线路的末端，靠近电动机，以减少接触器后发生短路的几率。

带有过载保护装置的起动器与断路器及熔断器之间的配合，接触器与断路器及熔断器之间的配合，应能确保所有正常过载电流（包括电动机反转和堵转电流）情况下，断路器等应不会代替起动器等分断。断路器等能够承受这类过载电流的时间，应不小于起动器过载脱扣器的脱扣时间，由于起动时起动电流较大，因此过载继电器和熔断器的安秒特性必须能够延滞，使电动机到达正常运行速度。

QJ10D 系列自耦减压起动器与熔断器的选配见表 29-5。

当回路采用有限流作用的 NT 等熔断器时，按表 29-6 选配的接触器可以得到 a 型或 c 型保护（a 型保护——允许接触器本身有任何形式的损坏，可能需要更换某些零件或更换整台接触器；c 型保护——允许触头熔焊并可以更换，但无其他损坏）。

当短路电流超过起动设备的极限分断电流时，要求熔断器的熔断时间小于起动设备的断开时间，以免损坏起动设备。一般要求熔断器的熔断时间为起动设备的动作时间的二分之一，即可靠系数为 2。

如因短路电流较小，熔断器的熔断时间大于起动设备的动作时间，满足不了选择性的要求时，可以采用下列措施：

（1）改用快速动作的断路器；

（2）加大电线截面；

（3）选用较大分断电流的起动设备。

表 29-5　QJ10D 系列自耦减压起动器与熔断器的选配表

起动器控制电动机功率（kW）	11	15	18.5	22	30	37	45	55	75
起动器额定电流（A）	24.6	31.4	37.6	43	58	71.8	82.5	105	142
熔断器型号 NT00-	63/380	80/380	80/380	100/380	125/380	160/380	200/380	200/380	224/380

表 29-6　CJ20 接触器与 NT 熔断器的选配表

接触器型号	CJ20-6.3	CJ20-10	CJ20-16	CJ20-25	CJ20-40	CJ20-63
熔断器型号 NT00-	16/160/660	20/160/660	32/160/660	40/160/660	63/160/660	160/160/660
接触器型号	CJ20-100	CJ20-160	CJ20-250	CJ20-400	CJ20-630	
熔断器型号 NT00-	250/250/500	315/400/600	400/400/500	500/630/500	630/630/500	

在一般情况下，对上述时间的配合，仅作适当考虑，但不能因此增加过多投资。

对于各类控制电器的 10A 以下的辅助触头的控制电路用熔断器，一般可选用 RT10 型，熔体为 15A/380V。

29.1.2.6　欠电压保护与选择性

低压电网由于短路故障等引起电压短暂大幅降低甚至消失，会造成电动机“疲倒”或堵转，由此大批电机，或同时出现过电流，或同时停转后自起动，从而引起连锁反应而扩大事故。电动机疲倒的电压值称为临界电压 U_c，由下式决定

$$U_c=\sqrt{\frac{K_L}{\lambda}}U_e \qquad (29\text{-}2)$$

式中　K_L ——负载率；

λ——电动机的最大转矩与额定转矩的比

值；

U_e——电动机的额定电压，V。

要求在线路电压降低到临界电压时保护电器动作叫欠电压保护；要求线路电压低于或大大低于临界电压时保护电器动作叫失压保护。失压保护主要用于防止电机自起动，对此，失压保护动作值，要求并不严，只要能零压释放即可，按规定接触器的释放电压应不大于75%额定电压，对于交流，释放电压还应不低于20%额定电压；对于直流不低于10%，以保证失压保护动作的可靠性。欠电压保护用于电压监控、电路联锁及远动跳闸，欠电压保护动作值为(0.5～0.7)倍电动机的额定电压。对在低电压下不允许长期运转的电动机及对发生欠电压故障时仍要运转和短暂停电后要自起动的电动机等，可根据不同要求，选择瞬动或采用不同的延时时间来解决。在无延时要求或发生欠电压情况下要把一些不重要的电动机从电网上解除掉，以保证重要电动机继续运转时，可选用瞬时欠电压脱扣器。

发生短路时，短路点上的电网电压突然下降，如降到$0.35\sim0.7U_e$之间，并且延续0.02s时，则带瞬时动作欠电压脱扣器的断路器将全部断开；对接触器来说，工作电压降到$0.65U_e$以下，且时间超过0.005s（对小容量接触器）至0.03s（对大容量接触器）时，也会全部断开；使选择性保护受到破坏。为此，干线和分支线上的带短延时脱扣器的断路器必须装有延时动作的欠电压脱扣器，而且欠电压脱扣器的可返回时间一定要大于短延时脱扣器的动作时间，否则还是没有选择性。对于分断时间不大于0.01s的限流断路器则例外。

29.1.2.7 断路器与其他电器的保护功能的协调

断路器用于电动机电路保护电动机时，若按电动机额定电流选择断路器脱扣器额定电流，可能导致起动时瞬时断路器的电磁脱扣器误动作，因此，为了避开起动电流而需增加脱扣器的额定电流，其结果却可能达不到电机过载保护的要求。例如：一台75kW，额定电流137.7A的电动机采用断路器作为保护设备，其复式脱扣器额定电流初选为140A，电磁脱扣器的整定电流按式29-14，选取$K_{k1}=1.7$，则得

$$I_{szd}=1.7\times7\times137.7=1670\text{A}$$

由于DZ系列断路器复式脱扣器瞬时动作电流整定倍数最大为10倍，即复式脱扣器此时整定的瞬时动作值为10×140=1400<1670A，无法躲过电动机起动时第一个半周所出现的最大起动电流($7\sim13.5I_{ed}$)，因而可能导致断路器误动作，为此，必须放大复式脱扣器的额定电流，改选170A，则10×170=1700>1670A，看来能避开起动电流，但此时热脱扣器额定电流又嫌偏大，170A是电动机额定电流137.7A的1.24倍，显然影响对电机应有的过载保护作用。由此可见，断路器有时不能兼作短路和过载双重保护作用。此外，过去多数断路器的热脱扣器的动作电流是固定不可调的，不像JR系列热继电器的动作电流，在其规定的上、下限范围内，可通过拨盘进行调节，热继电器的适应性与灵活性优于断路器内复式脱扣器中的热脱扣器。因此在配电设计中，有时只应选断路器作为短路保护，而另选过载保护元件，如过电流继电器或热继电器等。例如，对于AC-3负载和操作频率小于30次/h，可选用断路器作短路保护，而用热继电器做过载保护。对于AC-2负载，AC-4负载和操作频率大于30次/h，但小于600次/h则采用过电流继电器或DJ1-B作过载保护。

熔断器的最小切断电流一般介于额定电流的1.3～1.6倍之间，而带可调过载脱扣器的断路器的最小脱扣电流介于整定电流的1.05～1.2倍之间，此外，脱扣器额定电流分级提供的保护范围更宽，所以带可调过载脱扣器的断路器提供的保护效果比使用熔断器更佳。从它们各自的特性曲线上可以看到：在(1.1～1.6)I_e的过载范围内，熔断器的安秒特性比起过载脱扣器的切断特性更为陡直，所以熔断器适于电缆和电线的过载保护；而对于电动机的过载保护来说，设计者从选择性的角度出发，往往希望有某种程度的延时特性。在短路电流的范围内，当电流稍许超过瞬时脱扣器的脱扣电流时，断路器的响应比熔断器快，但在更强的短路电流下，熔断器比断路器切断得更快。在极强的电流下，熔断器可以限制预期短路电流。

在电动机主回路上有熔断器与过载继电器组合的情况下，熔断器应能防止过载继电器被超过其额定电流大约10倍的电流所烧毁。

29.1.3 保护装置与配电线路的配合

一般所有低压配电线路均应装设短路保护装置；所有照明配电线路均应装设过负荷保护。用断路器保护时宜采用带有长延时动作的过电流脱扣器的断路器，其动作时间应躲过尖峰电流的持续时间。当线路末端发生单相接地短路时，若用熔断器作短路保护，短路电流不应小于熔断器额定电流的4倍；用断路器作短路保护时，短路电流不应小于断路器瞬时或短延时过电流脱扣器整定电流的1.5倍(达不到时，其短路电流应满足长延时过电流脱扣器在15s内动作的要求，以

起到后备保护的作用，必要时可另加零序保护装置）。

为使断路器及熔断器等保护装置，能可靠地保护电缆及导线，其保护装置的整定值与线路长期允许持续电流值之间需有如表 29-7 所列的关系。

表 29-7 保护装置的整定值与配电线路允许持续电流的配合

保护装置	无爆炸危险场所			有爆炸危险场所	
	过负荷保护		短路保护	绝缘电缆及导线	纸绝缘电缆
	绝缘电缆及导线	纸绝缘电缆	电缆及导线		
	电缆及导线允许持续电流 I				
熔断器熔体的额定电流 I_{er}	$I_{er} \leqslant 0.8I$	$I_{er} \leqslant 2.5I$	$I_{er} \leqslant 2.5I$	$I_{er} \leqslant 0.8I$	$I_{er} \leqslant I$
断路器长延时脱扣器整定电流 I_{gzd}	$I_{gzd} \leqslant 0.8I$	$I_{gzd} \leqslant I$	$I_{gzd} \leqslant I$	$I_{gzd} \leqslant 0.8I$	$I_{gzd} \leqslant I$

在有爆炸危险的场所，表 29-7 中所列的数据，不适用于供给鼠笼型电动机的分支线路。有爆炸危险场所的电器选择，详见第 38 章。

29.2 低压电器设备选择

29.2.1 刀开关的选择

刀开关主要用作隔离电源用，一般不直接接通和断开电动机等负载，但亦可有条件地不频繁地带负荷操作。习惯上将刀形转换开关（又称双投刀开关）、组合开关（盒式转换开关）、熔断器式刀开关、铁壳开关等均归属刀开关这一类。

刀开关选用的注意事项为：

(1)按额定电压选择。安装刀开关等的线路电压应不超过刀开关触头额定电压。一般刀开关及刀形转换开关的额定电压为交流 500V，直流 440V；HR5、HR6 型熔断器式刀开关的额定电压为交流 660V；组合开关的额定电压为交流 380V，直流 220V；大电流的 HD18 型额定电压交流 1200V，直流 1500V。

(2) 按计算电流选择

$$I_e > I_{js} \tag{29-3}$$

式中 I_e ——刀开关等的额定电流，A；

I_{js}——安装刀开关等的线路计算电流，A（其计算见第 2 章）。

(3)按分断电流选择。刀开关的分断电流与刀开关的操作方式、有无灭弧室、电压种类及负载性质等有关。刀开关的容许分断能力见表 29-8，表中 I_e 为刀开关的额定电流。

表 29-8 刀开关的分断能力

刀开关结构类型		断开电流值			
		交流 $\cos\varphi=0.7$		直流 $T=0.01$s	
		380V	500V	220V	440V
中央手柄		无负载时切断电路			
中央杠杆 侧面杠杆 侧面手柄	未装有灭弧室	$0.3I_e$		$0.2I_e$	
	装有灭弧室	I_e	$0.5I_e$	I_e	$0.5I_e$

(4) 按短路时的最大短时耐受峰值电流及最大短时 (1s) 耐受电流校验。刀开关应能承受短路电流所导致的电动力冲击和热效应，刀开关的最大短时 (1s) 耐受峰值电流有效值随其额定电流及操作方式而异，最大短路时耐受电流值随其额定电流而异。安装刀开关的线路，其三相短路电流不应超过制造厂规定的最大短路耐受峰值电流值和耐受电流有效值，如有不符，应选用大一级额定电流的刀开关。

(5)不同型式的刀开关有一定的适用范围，中央手柄直接操作，适用于无防护的配电屏；侧面手柄直接操作，主要用于动力配电箱；中央杠杆操作，用于正面操作后面维修的开关柜；侧面杠杆操作，用于正面两侧操作、前面维修的开关柜。

一般刀开关都有单极、双极、三极及人力操作和电动操作多种型式，可按不同需要选用。

(6) 刀开关极数应与电源进线数相等，此外，选择时还要注意机电寿命、操作频率及环境温度的影响。

常用的几种刀开关的技术数据列于表 29-9，其中机械寿命系在不带电的状态下操作，电寿命为装有灭弧罩在 $60\%I_e$ 和 $110\%U_e$ 下操作。

表 29-9 HD11～HD14、HD18 单投刀开关及 HS11～HS13 双投刀开关技术数据

额定电流（A）		100	200	400	600	1000	1500	3000	2500①	4000①
机械寿命（次）		10000	10000	10000	5000	5000	5000		1000	1000
电寿命（次）		1000	1000	1000	500	500				
最大短时（1s）耐受电流（有效值）（kA）		6	10	20	25	30	40	60	50	80
最大短时耐受峰值电流（kA）	手柄式	15	20	30	40	50				
	杠杆式	20	30	40	50	60	80	125	105	176

①为 HD18 型空气式隔离器。

表 29-10 HZ-15、HZ-10 组合开关技术数据

型号	额定电流（A）	控制三相笼型电机功率（kW）	接通能力（A）	断开能力（A）	电寿命（万次）	机械寿命（万次）
HZ-15	10～63	1.1～2.2	30～190	24～190	0.5～1	3
HZ-10	10～100	1.7～10	15～250	15～250	0.5～1.5	

(7) 组合开关的选择。要使组合开关的额定电流大于负载电流，如用于控制电动机，宜按异步电动机的额定电流的 2～3 倍选取组合开关的额定电流。通常只是对额定电流小于 6A、不重要、且不易过负荷的电动机，才采用组合开关作为操作电器。组合开关的层数和接线图应符合控制要求。当工作电压和操作频率超过额定值、环境温度大于 35℃，则应将开关容量选大一级。

几种组合开关的技术数据列于表 29-10。组合开关每小时操作频率最高可达 300 次，一般为 120 次。当用来控制电动机时，由于起动电流大，操作频率只能达每小时 15～20 次。

(8) 熔断器式刀开关以具有高分断能力的有填料熔断器（HR3 型配 RT0 系列，HR6、HR5 配 NT 系列）作为刀开关的刀片，有关熔断器的选择见 29.2.2“熔断器的选择”一节。几种熔断器式刀开关的技术数据见表 29-11。辅助开关接点的额定电压 380V，额定电流 5A，开断功率 300VA。HR3 型有前面侧方、中央杠杆传动操作，侧面操作，前、后检修等多种方式；HR6、HR5 为正面中央手柄操作。HR6、HR5 均配有断相信号器，以便提示操作人员进行处理。熔断器式刀开关用于交流 660V（45～62Hz），约定发热电流至 630A 的具有高短路电流的配电电路和电动机电路中，作为电源开关、隔离开关、应急开关，并作电路保护用。当用于电动机电路中，允许熔断体额定电流大于开关约定发热电流。

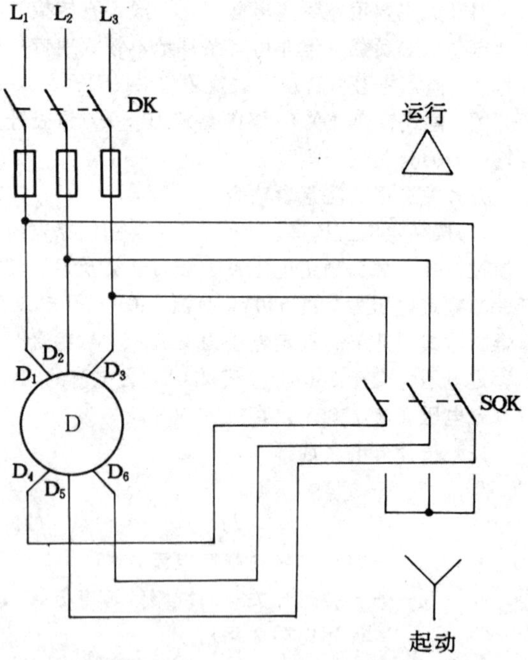

图 29-10 利用刀开关作星-三角形起动接线图

(9) 在要求不高的场合，常采用一种简单、经济的胶盖开关。三极胶盖开关与相应熔丝配合，可用于小容量三相异步电动机的起动运行，开关的额定电流最好选为电动机额定电流的三倍以上。两极胶盖开关多用于照明等场合，还可作为分支电路的配电开关使用。几种胶盖开关的技术数据及配用的熔丝见表 29-12～表 29-15。

对于容量较小，绕组为三角形运行（有六个引出端）的电动机，可用一台双投刀开关 SQK，实现星-三角形起动，如图 29-10 所示。在没有机械联锁保证的条件下，不推荐用两个单投闸刀开关作星-三角起动。

表 29-11　熔断器式刀开关技术数据

型号	约定发热电流（A）	接通和分断能力			额定熔断短路电流 $\cos\varphi=0.25$（最大预期峰值电流 kA）	机械寿命接通次数	电寿命接通次数
		～380V $\cos\varphi=0.35$ 接通（A）	～380V $\cos\varphi=0.35$ 分断（A）	～660V $\cos\varphi=0.65$ 接通/分断（A）			
HR5-100	100	1000	800	300	50（100）	3000	600
HR5-200	200	1600	1200	600	50（100）	3000	600
HR5-400	400	3200	2400	1200	50（100）	1000	200
HR5-630	630	5040	3780	1890	50（100）	1000	200
			～380V $\cos\varphi\geqslant0.6$	−440V $T\leqslant4$ms	～380V $\cos\varphi\leqslant0.3$/−440V $T=15～20$ms		
HR3-100	100		100	100			
HR3-200	200		200	200			
HR3-400	400		400	400	50/25		
HR3-600	600		600	600			
HR3-1000	1000		1000	1000			
HR6-160	160/100①	1280	960	480			
HR6-250	250/200①	2000	1500	250	50（100）		
HR6-400	400/315①	3200	2400	1200			
HR6-630	630/425①	5040	3780	1890			

①分母为额定电压为 660V 时的工作电流。

（10）负荷开关是由闸刀开关和熔断器组成的组合电器，它装在钢板外壳或铸铁外壳内，故又称铁壳开关。它适用于工矿企业照明和动力的配电回路中，供手动不频繁接通、分断和保护电动机及隔离电源用。当直接起动小容量（以不大于 4.5kW，不经常起动又无过载可能性为宜）三相异步电动机时，开关的额定电流建议不低于电动机额定电流的三倍。铁壳开关中的熔体电流的选择，按 29.2.2 节熔断器的选择规定，但因封闭在壳体内，散热条件差，应适当考虑放大一级。也可按不经常起动的轻载起动条件，以起动电流除 2.5 倍选择。几种负荷开关的技术数据见表 29-16～表 29-18。

表 29-12 HK1 型胶盖开关的技术数据

额定电流 (A)/极数	额定电压 (V)	极限分断能力 (A) cosφ<0.6	直接控制电动机功率 (kW)		电寿命 (次)	机械寿命 (次)	外形尺寸 (mm)		
			三相	单相			*L*	*B*	*H*
15/2	220	500		1.5			158	50	56
15/3	380	500	2.2				171	76	63
30/2	220	1000		3.0	2000	1000	180	57	65
30/3	380	1000	4.0				210	92	68
60/2	220	1500		4.5			215	67	81
60/3	380	1500	5.5				248	108	89

注：*L* 为长，*B* 为宽，*H* 为深。

表 29-13 HK2 型胶盖开关技术数据

额定电流 (A)/极数	额定电压 (V)	极限分断能力 (A) cosφ=0.6	直接控制电动机功率 (kW)		外形尺寸 (mm)		
			三相	单相	*L*	*B*	*H*
10/2	250	500		1.1	133	55	58
15/2	250	500		1.5	166	62	66
15/3	500	500	2.2		191	84	65
30/2	250	1000		3.0	189	62	64
30/3	500	1000	4.0		226	100	78
60/2	250	1500		4.5			
60/3	500	1500	5.5		280	130	93

表 29-14 HK1-P 型胶盖开关技术数据

额定电流 (A)/极数	额定电压 (V)	接通与分断电流 (A) cosφ=0.6	控制最大容量的电动机功率 (kW)	操作间隔 (s)	操作次数 (次)	外形尺寸 (mm)		
						L	*B*	*H*
15/2	220	30	1.5	30	10	85	50	56
15/3	380	30	2.2	30	10	104	76	60

表 29-15 胶盖开关应配用的熔丝规格

控制电动机功率 (kW)		电动机额定电压 (V)	铅熔丝直径 (mm)	铜熔丝直径 (mm)	配用胶盖开关规格 (A/极数)
单相	1.1	220	1.12~1.25	0.25	10/2
	1.5	220	1.45~1.59	0.41	15/2
	3.0	220	2.3~2.52	0.56	30/2
	4.5	220	3.35~4	0.8	60/2

续表 29-15

控制电动机功率 (kW)		电动机额定电压 (V)	铅熔丝直径 (mm)	铜熔丝直径 (mm)	配用胶盖开关规格 (A/极数)
三相	2.2	380	1.45～1.59	0.45	15/3
	4.0	380	2.3～2.52	0.71	30/3
	5.5	380	3.36～4	1.12	60/3

表 29-16　HH3 型负荷开关的技术数据

额定电流 (A)/极数	可控制电动机功率（kW）		开关接通与分断能力（A）		熔断器的极限分断能力（A）		
	380V	220V	交流 440V cosφ=0.4	直流 500V L/R=0.006～0.008s	交流 440V 分断电流	交流 440V cosφ	直流 500V L/R=0.006～0.008s
15/2		2	60	22.5	1000	0.8	500
15/3	3		60	22.5	1000	0.8	500
30/2		4.5	120	45	2000	0.8	2000
30/3	7		120	45	2000	0.8	2000
60/2		9.5	240	90	4000	0.8	4000
60/3	15		240	90	4000	0.8	4000
100/2			250	150	5000	0.4	5000
100/3			250	150	5000	0.4	5000
200/2			300	300	5000	0.4	5000
200/3			300	300	5000	0.4	5000
60/2①			240		1200	0.4	1200
60/3①			240		1200	0.4	1200

①为铸壳式 HH3 负荷开关。

表 29-17　HH4 型负荷开关的技术数据

额定电流 (A)	可控制电动机功率（kW）	开关极限接通与分断能力 通断电流（A）	cosφ	通断次数	熔断器极限分断能力 分断电流（A）	cosφ	断开次数
15	3	60	0.5	10	750	0.8	2
30	7.5	120	0.5	10	1500	0.7	2
60	13	240	0.4	10	3000	0.6	2

表 29-18　HH4 负荷开关内熔断器熔体的选择

负荷开关额定电流 (A)	15			30			60		
熔体额定电流（A）	6	10	15	20	25	30	40	50	60
熔丝材料熔体直径 (mm)	软铅丝 1.08	软铅丝 1.25	软铅丝 1.98	紫铜丝 0.61	紫铜丝 0.71	紫铜丝 0.80	紫铜丝 0.92	紫铜丝 1.07	紫铜丝 1.20

29.2.2　熔断器的选择

熔断器具有有效的限流功能和高度的遮断能力，它主要作为线路和电气设备的短路保护用，也可作过载保护用。选择熔断器首先应根据使用场合、条件确定适当类型的熔断器，各种系列的低压熔断器的特点见表 29-19。其次，要遵守 29.1.2 和 29.1.3 节中有关熔断器与其它低压电器及导线、电缆配合的原则。几种常

表 29-19 各系列低压熔断器的特点

系列	熔管	填料	熔体	动作快慢	分断能力（kA）	有无指示器	用途与特点	备注
RM10	钢纸管	无	变截面锌片	慢	1.2～12	无	在电力网路中作导线、电缆及电器设备（中小型异步电动机）的短路和过载保护	过渡产品，可取代RM1～RM3
RT0	高频、电瓷刀形触头	有	中间点锡的网状紫铜片	慢	20～6	有	适用于 50Hz，380V，直流 440V 电网、电控装置及线路、电机等断流能力要求高的场合。用途与 RM 系列相同，且体积更小、价格低、分断能力高、封闭性好、使用更广泛，有醒目的熔断指示	全国统一设计产品，可取代 RT1、RT2 老产品
RT10 RT11	高频、电瓷刀形触头	有	20A 以下为银丝或铜丝；20A 以上为中间点锡变截面银片	慢	25～5	有	适用于 50Hz，380V，直流 440V 电网、电控装置及线路、电机等断流能力要求高的场合。用途与 RM 系列相同，且体积更小、价格低、分断能力高、封闭性好、使用更广泛，有醒目的熔断指示	新产品，外形及安装尺寸符合 IEC 标准
RT12	优质瓷管、螺栓连接	有	变截面，低熔点锡基合金	慢	80	有	适用于 50～60Hz，415V 配电装置中作短路和过载保护	
RT15	优质瓷管，螺栓连接	有	变截面，低熔点锡基合金	慢	100	有	适用于 50～60Hz，380V 配电装置中作短路和过载保护	
RT14	圆筒形帽式、电瓷管	有	变截面、低熔点锡基合金	慢	100	有	适用于 50～60Hz，380V 配电装置中作短路和过载保护，指示器可选择正、背、侧四面发信号，也可驱动微动开关进行控制，以作为三相电机断相保护	
NT	高强度陶瓷刀形触头	有	功耗小、特性稳定的优质材料	慢	50～120	无	适用于 45～62Hz，660V 配电装置中作短路和过载保护，特别是有限流要求的场合，该熔断器体积小，更换时手柄操作	
RT19 gF、aM (gG)	圆柱形管状高介电强与高耐温性能的氧化铝瓷管	有	功耗小的优质合金材料。适合于不同分断范围与使用类别的熔断体内，配置着不同形状、不同结构的熔体	慢	＞50	有	适用于交流 50Hz，500V，直流 250V 配电系统中作短路及过载保护，gF 用于线路保护，aM 用于电机短路保护。它具有体积小、密封良好、分断能力高、耐弧性能强、指示灵敏、动作可靠、结构先进、特性稳定，功耗小，故障判别力强，用途广泛，选用、操作、安装方便等优点。6.3A、16A、25A 可与 B 型 D 型端子板配套用于控制回路中	RT19 为参照引进的 gF、aM、gG 设计的国产新产品，可与国外同等级产品互换使用

续表 29-19

系列	熔管	填料	熔体	动作快慢	分断能力（kA）	有无指示器	用途与特点	备注
RS0	电瓷封闭管式		含银 99.9%的 V 型狭窄面	快	25～50	有	大电流半导体整流元件的短路或过载保护	RS0 为全国统一设计产品，可取代 RS1、RS2 老产品
RS3	电瓷封闭管式		含银 99.9%的 V 型狭窄面	快	25～50	有	分断能力高，在分断大电流时有显著限流作用。晶闸管整流元件的短路或过载保护，有醒目熔断指示器，便于识别故障，快速恢复供电	新产品，结构与 RS0 完全相同
RLS2	螺旋式电瓷	有		快	50	有	适用于 500V 以下，45～62Hz，1000A 电路中作晶闸管保护，限流特性好、功耗小，不用任何工具更换熔体	
NGT	螺栓连接电瓷管	有		快	100	有	适于交流 1000V 以下，规格齐全，分断能力高，限流特性好，功耗低，特性稳定，适于保护晶闸管类器件	
RL6 RL7	带防护罩电瓷管	有	熔丝（片）	慢	50	有	适于 500，45～62Hz 电路作过载及短路保护用	
RL1	螺旋式	有	熔丝（片）	慢	20～50	有	小电流电路（小型异步电动机）的短路或过载保护，适宜于振动较大的场合	
RC1A	电瓷插入式	无	铅丝、铜丝	慢	0.25～5	无	在电路末端或分电路中作电缆及电器设备的短路或过载保护、性能差、但价廉、熔体更换容易，适于家用电器保护的场合	
R1	玻璃或塑料	有	焊有锡珠的铜丝	慢	1	无	配电设备二次回路的过载及短路保护	

用的熔断器的技术数据见表 29-20，其中部分型号的安秒特性曲线见图 29-11～图 29-21。当使用安秒特性曲线时，应注意以下事项：

（1）熔断器的保护特性曲线一般是在周围介质温度为 20±5℃，空气相对湿度不大于 85%的条件下绘制的。

（2）熔断器的断开时间大于 0.5s 时，曲线的绘制不计及断开时的燃弧时间。

（3）熔断器保护特性曲线，时间坐标上熔断时间的平均误差允许值为±50%。

29.2.2.1 熔断器额定电压及电流的确定

（1）按线路的额定电压选择。

$$U_{er} \geqslant U_{ex} \tag{29-4}$$

式中 U_{er}——熔断器的额定电压，V；

U_{ex}——线路额定电压，V。

（2）按熔体的额定电流确定熔断器的额定电流。几种常用熔断器的额定电流与熔体电流的关系见表 29-20。

（3）按短路电流选择。熔断器的最大分断电流应大于线路上的冲击短路电流有效值。通常制造厂提供的熔断器的分断电流为周期分量有效值，对于接自 1000kVA 及以下变压器的低压线路，用短路电流周期分量有效值来校验，基本上可满足要求。

$$I_{kr} > I_d \tag{29-5}$$

式中 I_{kr}——熔断器的最大分断电流，kA；

I_d——线路上的三相短路电流周期分量有效值，kA。

表 29-20 几种常用熔断器主要技术数据

型号	额定电压（V）	熔断器额定电流（A）	熔体额定电流等级（A）	极限分断能力（kA）	
RM10-15	～220	15	6，10，15	1.2 $\cos\varphi=0.8$	
RM10-60	～380	60	15，20，25，30，（35），40，（45），50，60	3.5 $\cos\varphi=0.7$	
RM10-100	～500	100	60，80，100	10 $\cos\varphi=0.35$	
RM10-200		200	100，125，160，200		
RM10-350	－220	350	200，225，260，300，350		
RM10-600		600	350，430，500，600	12	
RM10-1000	440	1000	600，700，850，1000	12	
RT0-50		50	5，10，15，20，30，40，50	－440V	～380V
RT0-100	～380	100	30，40，50，60，80，100	25	50
RT0-200		200	30①，100①，120，150，200	$T=0.015$s	$\cos\varphi=0.3$
RT0-400	－440	400	150①，200，250，350，400		
RT0-600		600	350①，400，450，500，550，600		
RT0-1000		1000	700，800，900，1000		
RT0-100		100	30，60，80，100		
RT0-200	～660	200	100，120，160，200		
RT0-200	～1100	200	30，60，80，100，120，160，200		10 $\cos\varphi=0.3$
RT0-20		20	6，10，15，20		
RT0-30	≃550	30	20，25，30		50 $\cos\varphi=0.25$
RT0-60		60	30，40，50，60		
RT0-100		100	60，80，100		

续表 29-20

型号	额定电压（V）	熔断器额定电流（A）	熔体额定电流等级（A）	极限分断能力（kA）
RT11-100M	≃500	100	60，80，100	25 $T=0.02s$；50 $\cos\varphi=0.25$
RT11-200M		200	100，120，150，200	
RT11-300M	≃1140	300	200，250，300	
RT11-400M		400	300，350，400	
RT12	～415	20	2，4，6，10，16，20	80 $\cos\varphi=0.1\sim0.2$
		32	20，25，32	
		63	32，40，50，63	
		100	63，80，100	
RT14	～380	20	2，4，6，10，16，20	100 $\cos\varphi=0.1\sim0.2$
		32	2，4，6，10，16，20，25，32	
		63	10，16，20，25，32，40，50，63	
RT15	～415	100	40，50，63，80，100	100 $\cos\varphi=0.1\sim0.2$
		200	125，160，200	
		315	250，315	
		400	350，400	
RT16，NT00 NT0	～500，～660	160	4,6,10,16,20,25,32,36,40,50,63,80,100	120（500V） 50（660V）
	～500			
NT1	～500，～660	250	80，100，125，160，200	
	～500		224，250	
NT2	～500，～660	400	125，160，200，224，250，300，315	
	～500		355，400	
NT3	～500，～660	630	315，355，400，425	
	～500		500，630	
RT17（NT）4	～380	1000	800，1000	100（380V）
RT19,gF0,aM0,gG0	～500 ～250	6.3	0.1，0.2，0.25，1，2，3，4，6，3	>50 $\cos\varphi=0.15\sim0.25$
gF1，aM1，gG1		16	2，4，6，8，10，12，16	
gF2，aM2，gG2		25	2，4，6，8，10，12，16，20，25	
gF3，aM3，gG3		40	4，6，8，10，12，16，20，25，32，40	
gF4，aM4，gG4		125	10,12,16,20,25,32,40,50,63,80,100,125	
gF5，aM5，gG5		160	80，100，125	
gF6，aM6，gG6		250	100，125，160，200，250	
gF7，aM7，gG7		400	200，250，280，315，355，400	
gF8，aM8，gG8		630	355，400，450，500，560，630	

续表 29-20

型号	额定电压（V）	熔断器额定电流（A）	熔体额定电流等级（A）	极限分断能力（kA）
RS0	～250	50	30，50	50 cosφ ≤0.25
		100	50，80，100	
		200	150，200	
	～500	350	320	40
	～750	500（480）	400，480	
		350	320，350	30
RS3	～500	50	10，15，20，30，40，50	50
		100	80，100	
		250	150，200	
		320	250，300，320	
RS3	～750	200	150，200	30
		300	200，300	
		350	320，350	
		600	600	
		700	700	
	～1000	1000	1000	
RLS2-30		30	16，20，25，30	50 cosφ =0.1～0.2
RLS2-63	～500	63	35，（45），50，63	
RLS2-100		100	（75），80，（90），100	
NGT00	～380，～800	125	25，32，40，50，63，80，100，125	100 cosφ =0.1～0.2
NGT1	～380	250	100，125，160，200，250	
NGT2	～660	400	200，250，280，315，355，400	
NGT3	～1000	630	355，400，450，500，560，630	
RL6	～500	25	2，4，6，10，16，20，25	50 cosφ =0.1～0.2
		63	35，50，63	
		100	80，100	
		200	125，160，200	
RL7	～660	25	2，4，6，10，16，20，25	25 cosφ =0.1～0.2
		63	35，50，63	
		100	80，100	

续表 29-20

型号	额定电压（V）	熔断器额定电流（A）	熔体额定电流等级（A）	极限分断能力（kA）	
RL1	～380	15	2，4，6，10，15	−440V 15～20ms 5	～380V cosφ＝0.35 2.5
		60	20，25，30，35，40，50，60，		
	−440	100	60，80，100	10	50
		200	100，125，150，200		
RC1A	～380	5	1，2，3，5	0.75　cosφ＝0.8	
		15	6，10，15	1　cosφ＝0.8	
		30	15，20，25，30	4　cosφ＝0.8	
		60	30，40，50，60	4　cosφ＝0.5	
		100	60，80，100	5	
		200	100，120，150，200	cosφ＝0.5	
R1	≃220	10	0.5，1，2，3，4，5，6，8，10	1　cosφ＝0.8 0.2　T＝20ms	

①尽可能不采用。

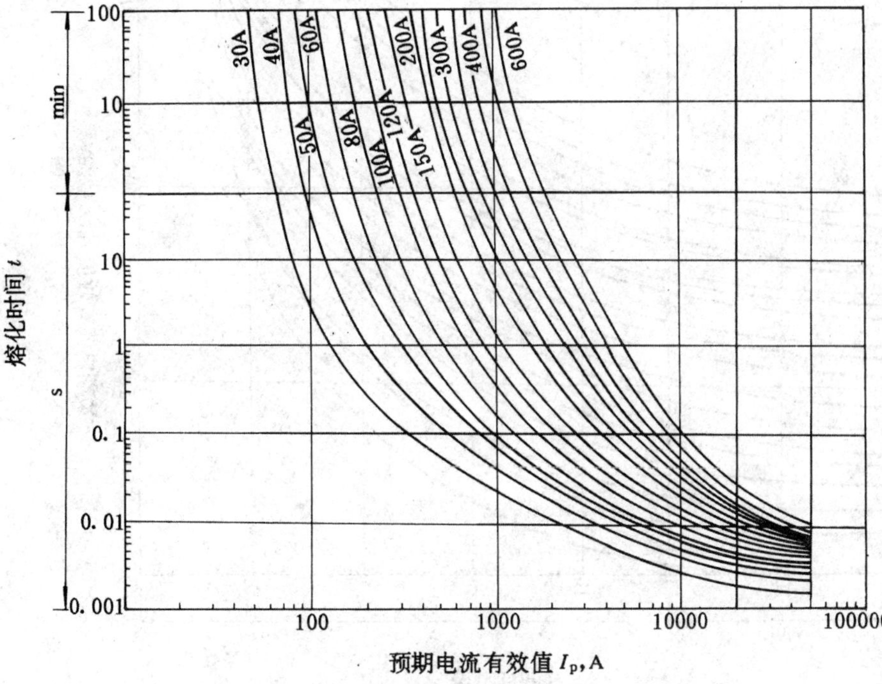

图 29-11　RT0 系列熔断器安秒特性曲线

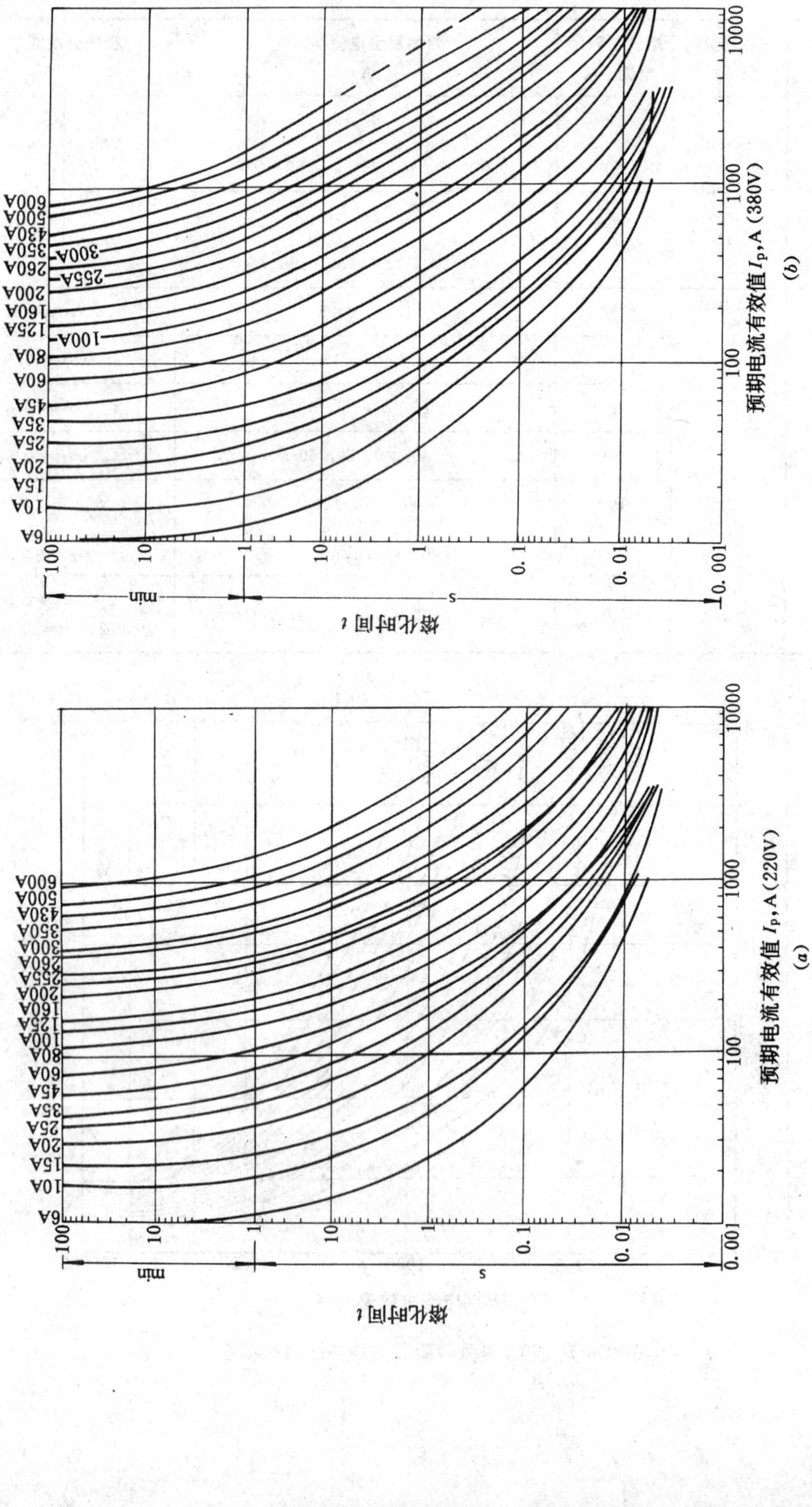

图 29-12 RM10 系列熔断器安秒特性曲线

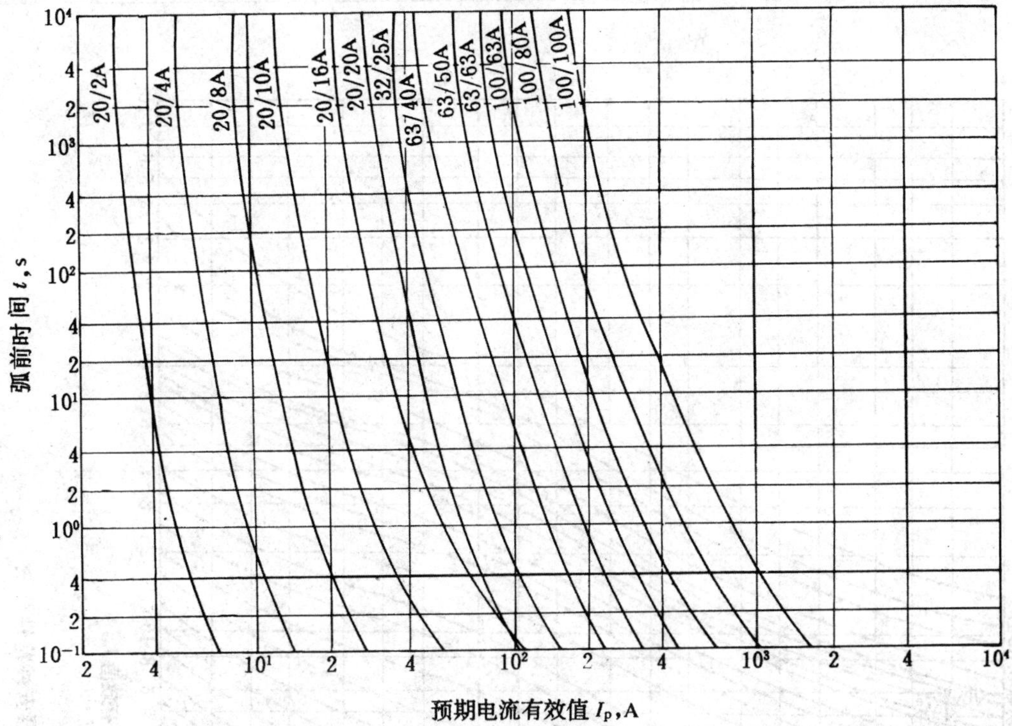

图 29-13 RT12 系列熔断器安秒特性曲线

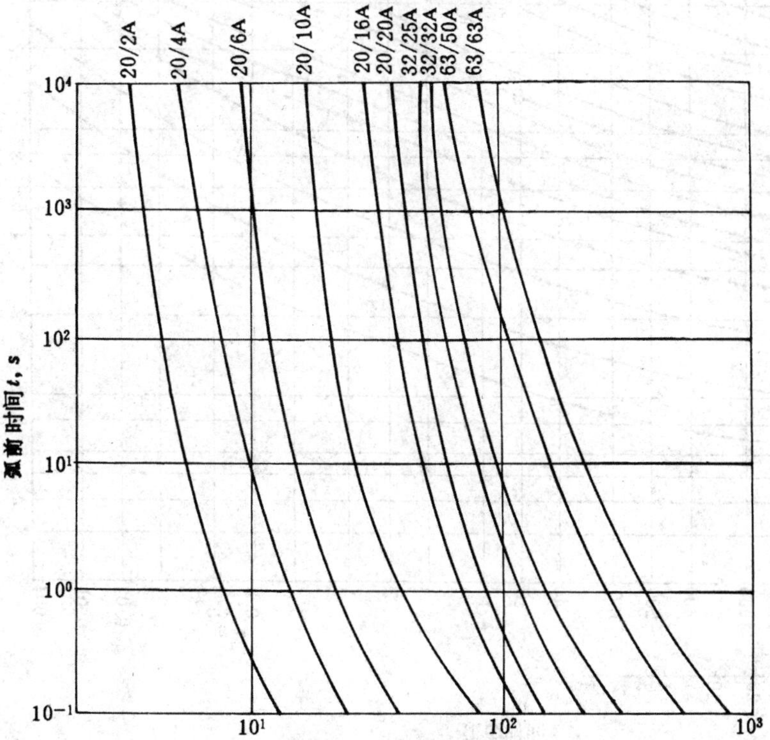

图 29-14 RT14 系列熔断器安秒特性曲线

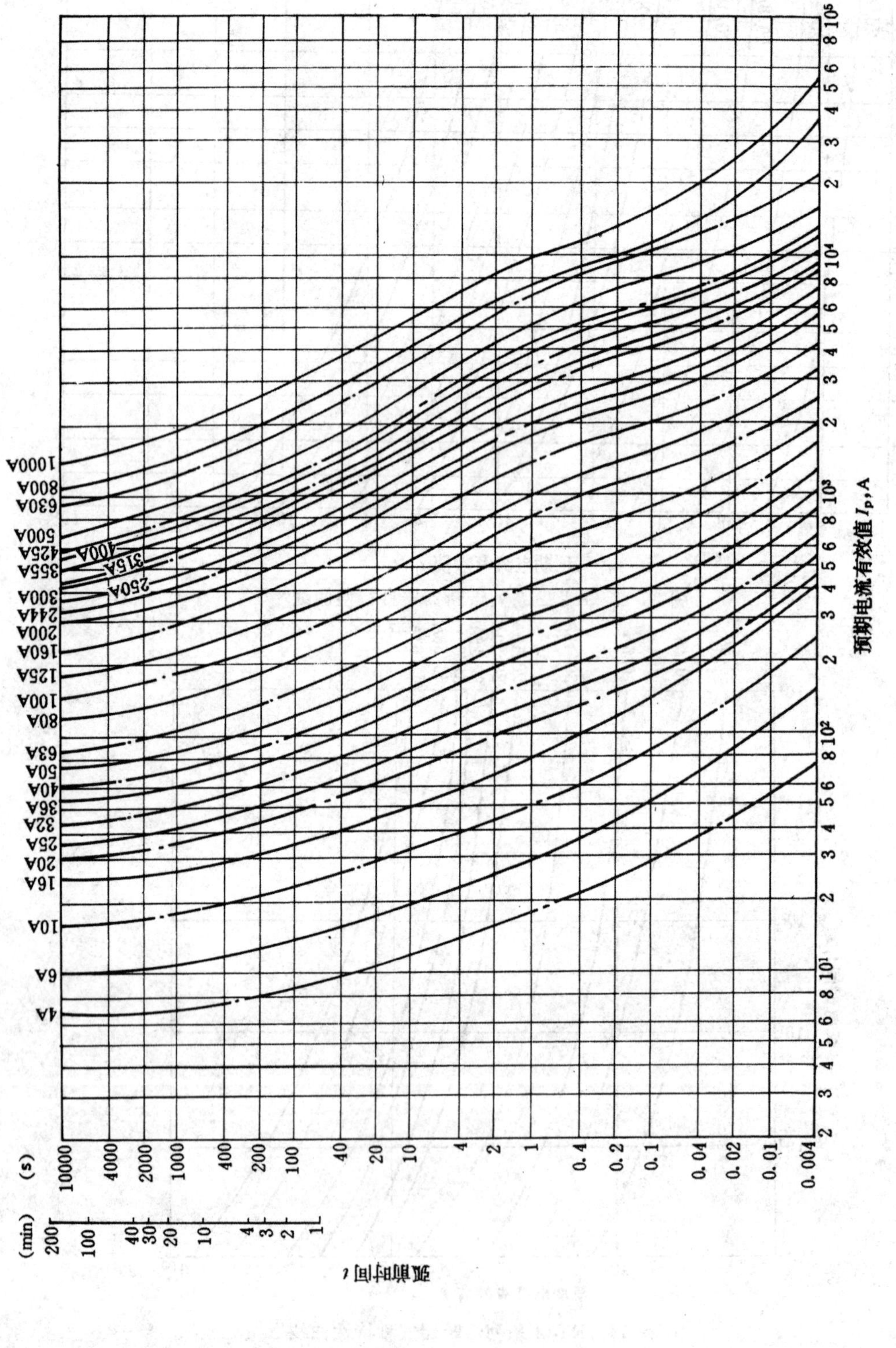

图 29-15 NT 系列熔断器安秒特性曲线

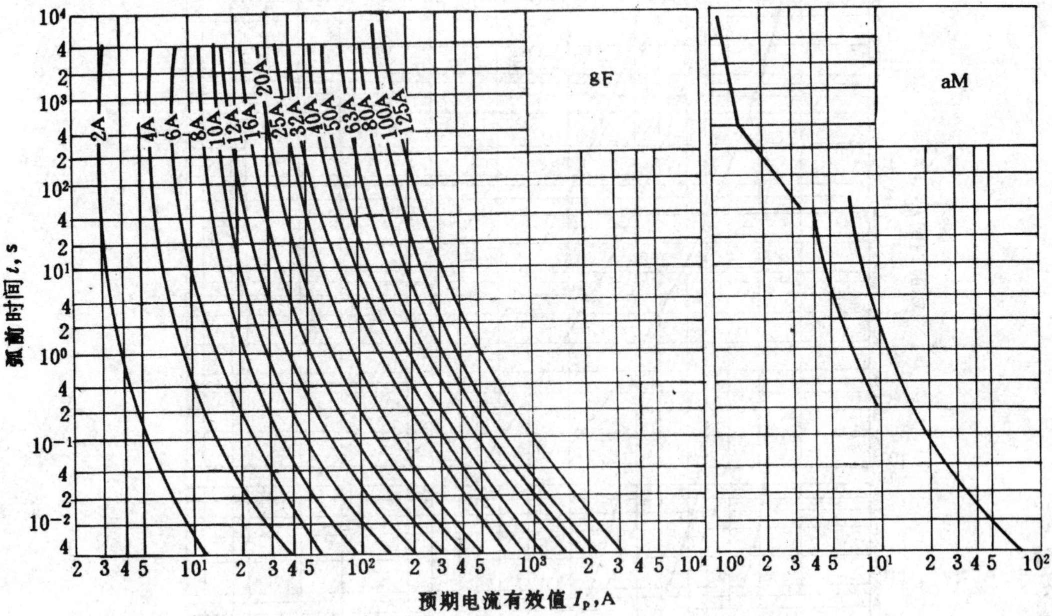

图 29-16 gF、aM 系列熔断器安秒特性曲线

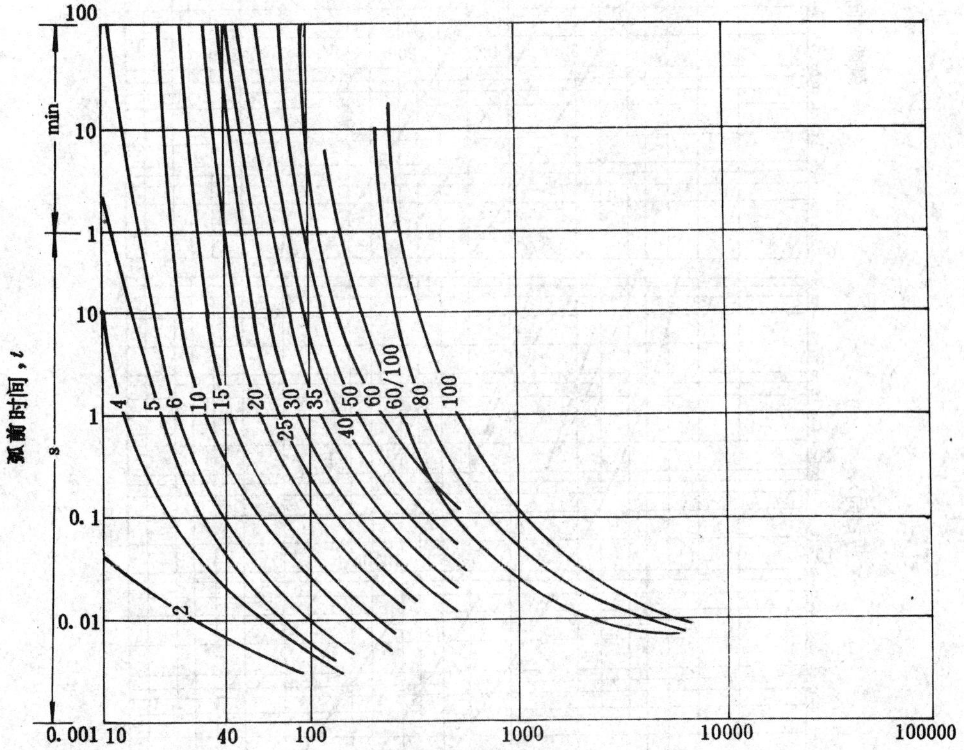

图 29-17 RL1 系列熔断器安秒特性曲线

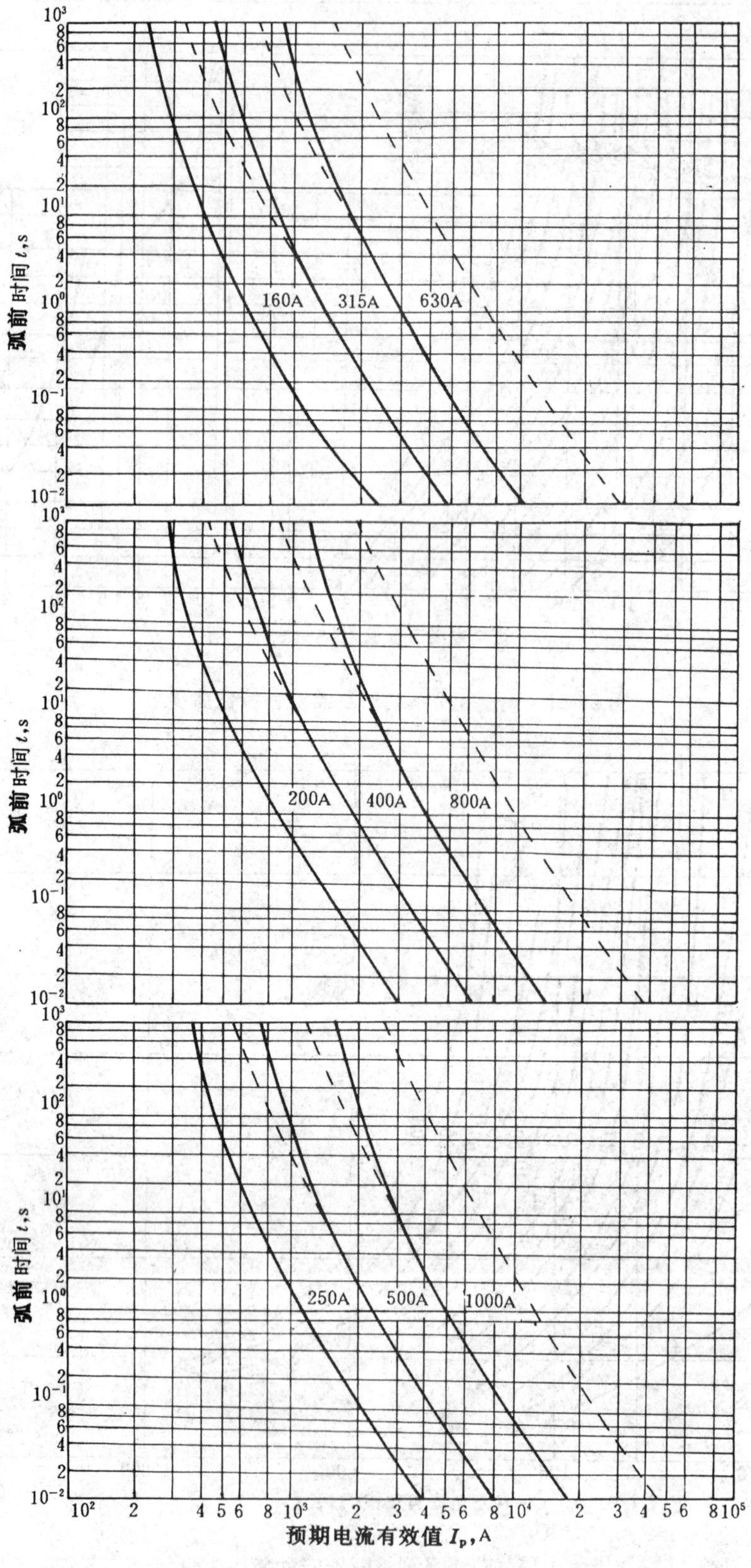

图 29-18 RT19（160～1000A）熔断器安秒特性曲线

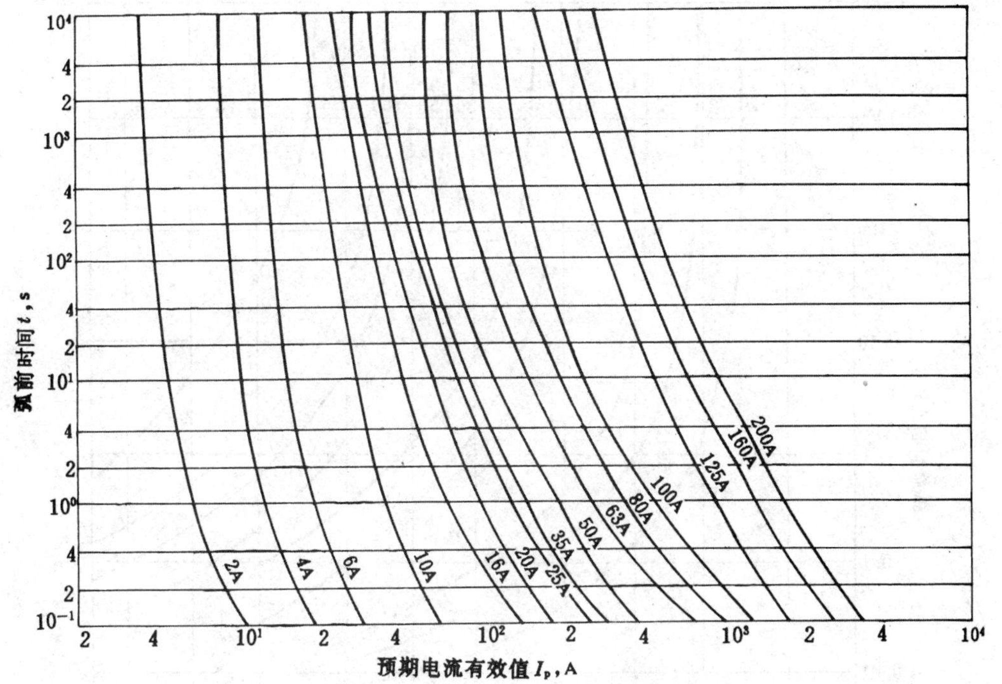

图 29-19　RL6 系列熔断器安秒特性曲线

图 29-20　RL7 系列熔断器安秒特性曲线

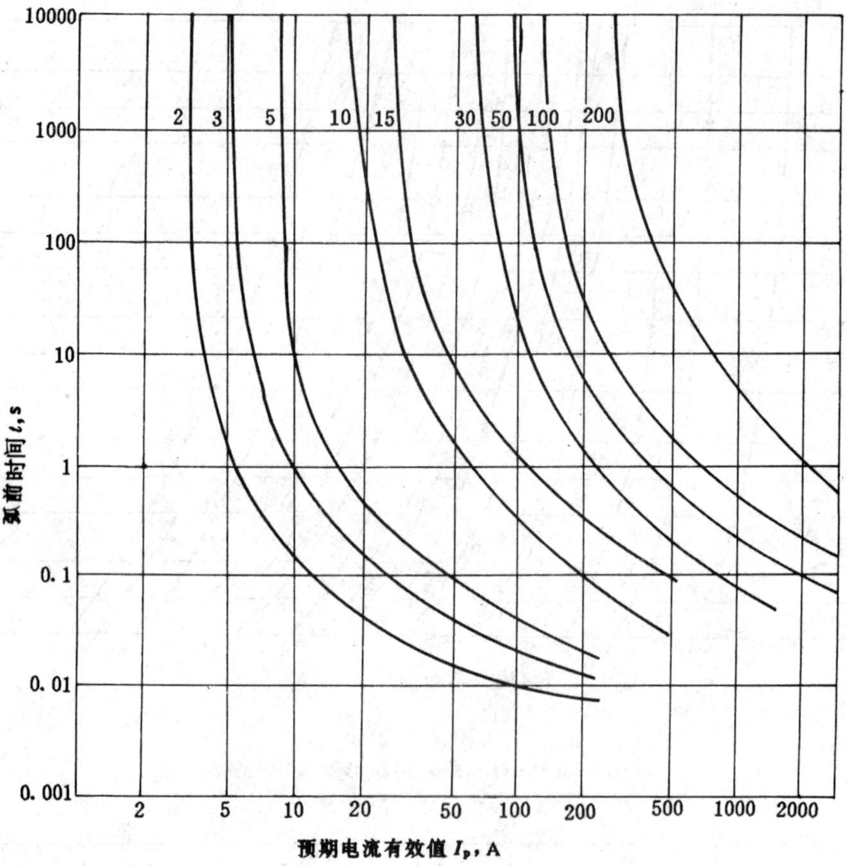

图 29-21 RC1A 系列熔断器安秒特性曲线

29.2.2.2 熔断器熔体电流的确定

(1) 正常运行情况。

熔体额定电流 I_{er}应不小于线路计算电流 I_{js}，即

$$I_{er} \geqslant I_{js} \tag{29-6}$$

(2) 起动情况。

单台电动机

$$I_{er} \geqslant \frac{I_{qd}}{a} \tag{29-7}$$

配电线路

$$I_{er} \geqslant \frac{I_{jf}}{a} \tag{29-8}$$

式中 I_{qd} ——电动机的起动电流，A；

I_{er}——熔体额定电流，A；

I_{jf}——配电线路的尖峰电流，A；

a——系数，决定于起动状况和熔断器特性，见表 29-21。

按起动情况计算出的熔体电流 I_{er}若小于线路计算电流 I_{js}时，则熔体电流按式 29-6 确定。

(3) 电焊机回路。

单相单台电焊机

$$I_{er} = 1.2\frac{S_e}{U_e}\sqrt{FC_e} \times 10^3 \tag{29-9}$$

式中 I_{er}——熔体额定电流，A；

U_e——线路额定电压，V；

S_e——电焊设备的额定容量，kVA；

FC_e——电焊设备的额定暂载率，一般为 FC_e=65%。

接于单相线路上的多台电焊机：

$$I_{er} = K\Sigma\frac{S_e\sqrt{JC_e}}{U_e} \times 10^3 \tag{29-10}$$

当线路上接有三台或三台以下电焊机时，系数 K 取 1.0；三台以上时，K 取 0.65。

表 29-21 系数 a 值

熔断器型号	熔体材料	熔体电流	a 值	
			电动机轻载起动	电动机重载起动
RT0 RT14(NT、gF、aM)	铜	50A 及以下	2.5 (3.5)	1.6～2 (3)
		60～200A	3.5 (4.7)	3 (4)
		200A 以上	4 (5.6)	3～3.5 (4.8)
RM10	锌	60A 及以下	2.5	1.5～2
		80～200A	2.5～3	2～2.5
		200A 以上	3～3.5	2.5～3
RL1	铜、银	60A 及以下	2.5	2
		80～100A	3	2.5
RC1A	铅、铜	10～200A	2.5～3	2～2.5
RL6 RL7 RT11 RT12	合金	100A 以下	2.5	2
		100～160A	3	2.5
		200～300A	3～3.5	2.5～3
		300A 以上	3～4	3～3.5

注：1. 本表系根据熔断器特性曲线分析而得；
2. 轻载起动时间按 2～8s 考虑，重载起动时间考虑为 10～15s。
3. 频繁起动的情况，a 值按重载起动取值。

(4) 照明线路。

$$I_{ed} \geqslant K_m I_{js} \qquad (29\text{-}11)$$

式中 I_{js} ——线路的计算电流，A；

K_m ——照明线路熔体选择计算系数，取决于电光源起动状况、熔断状况和熔断器特性，其数值见表 29-22。

(5) 控制线路。低压操作、控制、信号回路、高压设备的二次回路，当采用熔断器作为线路保护时，按回路的最大负荷电流选择，熔断器的型式及熔管/熔体电流如下：

一般信号回路：R1-10/6 或 RL1-15/6；

中央预告信号回路：RM10-25/15 或 RL1-15/15；

控制回路：用于单个油断路器 R1-10/6 或 RL1-15/6；

一般控制回路 RM10-15/15 或 RL1-15/15；

室内配电装置的电压互感器回路：R1-10/4 或 RL1-15/4；

室外配电装置的电压互感器回路：RM10-15/6 或 RL1-15/6。

表 29-22 照明线路熔体选择计算系数 K_m

熔断器型号	熔体材料	熔体电流 (A)	K_m		
			白炽灯、荧光灯、卤钨灯、金属卤化物灯	高压水银灯	高压钠灯
RL1	铜、银	≤60	1	1.3～1.7	1.5
RC1A	铅、铜	≤60	1	1～1.5	1.1

29.2.3 低压断路器的选择

低压断路器即自动开关，主要用于线路的过载、短路、逆电流、失压、欠压及漏电保护，也可用于不频繁起动的电动机的保护及操作或转换电路。

低压断路器有多种分类方法：

按灭弧介质可分为空气断路器、真空断路器和油浸断路器，后者已淘汰；

按动作速度分为一般型和快速型，一般型全分断时间为 20～60ms，直流快速断路器和交流限流断路器都是快速型，其全分断时间小于 20ms；

按使用类别分为非选择型和选择型，后者在短路情况下作为串联在负载侧的另一短路保护电器的后备选择性保护，具有可调短延时（不小于 0.05s）和短时耐受电流的功能；

按结构类型分为塑料模压外壳式(装置式)及框架式（万能式）两大类，其比较见表 29-23。

表 29-23 塑壳式断路器与框架式断路器的比较

结构类型 / 比较项目	塑模外壳式断路器 (MCCB)	框架式断路器 (ACB)
选择性	大都无短延时，不能满足选择性保护	有短延时，可调，可满足选择性保护

续表 29-23

比较项目 \ 结构类型	塑模外壳式断路器（MCCB）	框架式断路器（ACB）
脱扣器种类	多数只有过电流脱扣器，由于体积限制，失压和分励脱扣器只能两者择一	可具有过流脱扣器，欠电压脱扣器（也可有延时）、分励脱扣器、闭锁脱扣器等
短路分断能力	较低，但新产品的通断能力较高	较高
额定工作电压	较低（660V 以下）	较高（至 1140V）
额定电流	多在 600A 以下，新产品也有达 3000A 的	一般为 200～4000A，尚有 5000A 以上产品
使用范围	宜做支路开关，可保护电机及小容量的配电线路	宜做主开关，一般保护变压器及大容量配电线路
操作方式	变化小，多为手操动，少数带电动机传动机构	变化多，有手柄，杠杆，电磁铁，电动机，气压，液压储能式，非储能式等
维修	不方便，甚至不可维修	较方便
接触防护	好，操作方便，安全	差，操作不方便，不安全
装置方式	可单独安装，也可装于开关柜内	宜装于开关柜内，有抽屉式结构
外形	体积小，安装紧凑，外形美观	体积大，安装占地大，外形不美观
飞弧距离	较小	较大
最大短时耐受电流及其峰值	一般较低，但新产品如 DZ20、TO、TG 也较高	较高
重复操作次数	因有外壳使电弧的离子气体不易发散，故重复操作次数少	较多
保护方案	少，只有热，过流保护	多，有热，过流，选择性保护和自动重合闸
价格	较便宜	较贵

按用途分类见表 29-24。

表 29-24 按用途分类的低压断路器

名称	电流种类和范围①	保护特性			主要用途
配电用断路器	交流 200～4000A	选择型 B类	二段保护：瞬时；短延时		作电源总开关和靠变压器近电源端支路开关
			三段保护：瞬时；短延时；长延时		
		非选择型 A类	限流型	长延时；瞬时	靠变压器近端支路开关
			一般型		支路末端开关
	直流 600～6000A	快速型	有极性；无极性		保护硅整流设备
		一般型	长延时；瞬时		保护一般直流设备

续表 29-24

名称	电流种类和范围①	保护特性			主要用途
电动机保护用断路器	交流 60～630A	直接起动	一般型	过电流脱扣器瞬动倍数 (3～15) I_e	保护笼型电动机
			限流型	过电流脱扣器瞬动倍数 $12I_e$	同上，还可装在近变压器端
		间接起动	间接起动	过电流脱扣器瞬动倍数 (3～8) I_e	保护笼型和绕线转子电动机
导线保护用照明用断路器	交流 6～125A 常用 6～63A	过载长延时；短路瞬时			用于生活建筑内电气设备和信号二次电路；多为单极
漏电保护断路器	交流 10～200A	电磁式	漏电动作灵敏度按使用目的不同，以及不同型号分档，其额定漏电动作电流一般从 6～500mA 不等，动作时间小于等于 0.1s		防止人身触电事故和避免因电气设备漏电造成的火灾危险
		电子式			
灭磁断路器	直流 200～2500A	瞬时动作，与发电机配套			当发电机发生内、外部故障时切断励磁回路，用作灭磁开关，闭合开关等

①电流范围根据需要可以超出。

充分了解断路器的分类，对正确选用断路器是十分必要的。几种常用的断路器的技术数据见表 29-25。

低压断路器选用注意事项：

(1) 根据线路控制和保护要求、使用条件、安装场所等选择断路器的结构类型、脱扣器类别、操作机械、相数、接线方式等。如断路器兼作保护和不频繁操作用，需考虑操作条件和电寿命。选用时可参考表 29-23、表 29-24。

表 29-25　常用断路器主要技术数据

型号	额定电流 (A)	机械寿命 / 电寿命(次)	过电流脱扣器额定电流 (A)	过电流脱扣器整定电流或倍数	短路分断能力 (kA)		备注
					−220V 84T≤0.01s	～380V cosφ≥0.41	
DW5	400		100,150,200,300,400	1,1.5,3,5			
	600		400,500,600,			10 20	瞬时动作 延时 0.6s 动作
	1000		600,800,1000,		20	20	瞬时动作
	1500		1000,1500		40	40	

续表 29-25

型号	额定电流（A）	机械寿命 电寿命（次）	过电流脱扣器额定电流（A）	过电流脱扣器整定电流或倍数	短路分断能力（kA）		备注
DW15	200	20000/10000	100，150，200	长延时 0.6～1.1（热式） 长延时 0.4～1（半导体式） 短延时及瞬时 3～20（半导体式）	20（～380V） 10（～660V） 4.4（～380V）	～380V ～660V ～1140V 瞬时分断 cosφ ＝0.3～0.35	电寿命为保护电动机用 380V 时的值，当电压为 600V，1140V 及为配电用时，其电寿命降低到 0.5～0.2 倍
	400	10000/5000	200，300，400		25（～380V） 15（～660V） 10（～1140V） 8.8（～380V）		
	600	10000/5000	300，400，600		30（～380V） 20（～660V） 12（～1140V） 13.2（～380V）	～380V 延时分断 cosφ＝0.5	
	1000	10000/2500	600，800，1000	长延时 0.7～1 倍 短延时 3～10 倍 瞬时 10～20 倍	40（瞬时） 30（短延时 0.4s）	～380V cosφ＝0.25	1000A 以上等级可带电动机操作
	1500	10000/2500	1500				
	2500	5000/500	1500 2000 2500		60（瞬时） 40（短延时 0.4s）	～380V cosφ＝0.2	塑壳式
	4000	5000/500	2500 3000 4000		80（瞬时） 60（短延时 0.4s）		
DWX-15	200 400 630	20000/2500 10000/2500	100，150，200， 200，300，400， 300，400，600	长延时 0.6～1 瞬时和短延时 10～12	50 60 70	～380V cosφ＝0.25 cosφ＝0.2	电动操作电寿命为配电用，保护电动机用时增长 4～2 倍
TG	30	4000/6000	15，20，30	0.5～1 5～10②	30/0.15～0.2①		①注同 TO 型，TG 为高分断能力型，TO 为标准型 ②瞬时脱扣器动作倍数为 5～10 倍
	100		15，20，30， 40，50，60， 75，100	0.15～1 5～10	30/0.15～0.2		
	400	5000/1000	250，300，350，400	0.5～1 5～10 0.75～1 5～10	42/0.15～0.2 65/0.15～0.2		

续表 29-25

型号	额定电流（A）	机械寿命 电寿命（次）	过电流脱扣器额定电流（A）	过电流脱扣器整定电流或倍数	短路分断能力（kA）	备注
DZX19	63	4000/4000	6，10，20，32，40，50，63①	50	6/0.1	①为单极 ②为双极和三极
			20，32，40，50，63②		10/0.7	
DZ12	60	10000/—	6，10，15，20，30，40，50，60②	1～50	5/3①	①交流 120～240/240～415V，cosφ=0.5 ②单极 ③双极和三极
			15，20，30，40，50，60③			
DZX10	100	10000/5000	60，80，100	10	30/0.3①，50/0.25②	①通断能力 ②一次极限通断能力
	200	10000/5000	100，120	5～10	40/0.3；60/0.25	
			140，170，200	3～10		
	630	10000/2500	200，250	5～10		
			300，350，400，500，630	3～10	60/0.25；80/0.25	
DZ15	40	①2000/20000（5000）	7，10，15，20，30，40		2.5	①电寿命中括号内数值为用于保护配电线路和晶闸管保护
	60	15000/10000（4000）	10，15，20，30，40，60		5	
DZ13	70	10000/6000	6，10（120/240V），15，20，25，30，40，50，60，70，（240/415V）		5（120/240V） 3（240/415V）	
DZ5	20	①20000/20000（50000）	0.15，0.2，0.3，0.45，0.65，1，1.5，2，3，4，5，6.5，10，15，20，30，40，50②	10～12	1.2～2.8	①同 DZ15 ②DZ5-50 为液压式脱扣器
	50				2.5	
AE-S（660V）	1000	8500/1500	120～1000		30/115①	①分断能力：分子为按 IBS，BS，VDE 标准；分母为按 NEMA，JIS，JBC 标准的最大值并按不同电压有不同值
	1600	3500/1500	300～1600		42/149.5	
	2500	3500/1500	1500～2500		42/149.5	
	3200	3700/360	600～3200		50/195.5	

续表 29-25

型号	额定电流（A）	机械寿命 电寿命（次）	过电流脱扣器额定电流（A）	过电流脱扣器整定电流或倍数	短路分断能力（kA）	备注
TO	100	4000/6000	15，20，30，40，50，60，75，100	0.5～1 10②	18/0.2～0.25①	①交流 380V，分子为分断能力，分母为cosφ值 ②瞬时脱扣器动作倍数为10倍
	225	4000/4000	125，150，175，200，225	0.55～1 10	25/0.15～0.2	
	400	5000/1000	250，300，350，400	0.3～1 10	30/0.15～0.2	
	600			0.75～1　10	30/0.15～0.2	
ME	630	20000/1000	200～400① 350～630	3000～5000② 5000～8000 1000～8000③	～660V 和～380V cosφ=0.25 50 —220V T=0.015s 40⑤	①为长延时脱扣器范围 ②为短延时脱扣器整定电流 ③为瞬时脱扣器整定电流 ④额定电流4000A 级的断路器，其分断能力为100kA ⑤当直流电压为440V时，分别降为 30kA 和40kA
	800		200～400 350～630 500～800			
	1000		200～400 350～630 500～1000			
	1250		500～1000 750～1250			
	1600		200～400 350～630 500～1000 900～1600			
	2000	10000/500	500～1000 1000～2000	5000～8000 7000～12000 8000～12000 8000～16000 10000～20000	～660V cosφ=0.2 80④ —220V T=0.015s 60	
	2500		1500～2000			
	3200		1500～2500 8000～1600	4000～8000 6000～12000 8000～16000 10000～20000		
	4000	3000/150	10000～20000			
DZ20	100	4000/4000	16，20，32，40，50，63，80，100	10～12	18/0.3；10/0.01s①； 35/0.25；15/0.01s； 100/0.2；20/0.01s	统一设计更新换代产品，按通断能力分为： Y—一般型 J—较高型 G—最高型 ①分断能力交流 380V，分母为 cosφ 值，分子为分断能力；直流 220V，分母为时间常数 T，分子为分断能力
	200（225）	1000/2000	100，125，160，180，200，225	5～12	25/0.25；20/0.01s； 42/0.25；20/0.01s； 100/0.2；25/0.015s	
	400	4000/1000	200，250，315，350，400，	5～12	30/0.25；25/0.015s； 42/0.25；25/0.015s； 100/0.2；30/0.015s	
	630	4000/1000	400，500，630	5～10	30/0.25，25/0.015s； 42/0.25，25/0.015s	
	1250	2500/500	630，700，800，1000，1250	4～7	50/0.2，30/0.01s	

一般情况是：保护变压器及配电线路选用DW系列、ME和AE、AH系列；保护电动机及较小容量分支线路选用DZ系列、TO和TG等系列；保护家用电器、照明及导线等选用DZ12系列；保护半导体整流装置用DS系列；漏电保护用DZ15L系列；系统短路容量较大时应选择限流断路器，如DWX、DZX等。

(2) 选择保护用断路器要遵守29.1.2和29.1.3节中有关断路器与其它低压电器及导线、电缆配合原则，图29-22～图29-56为几种常用系列低压断路器的保护特性曲线。

(3) 额定电压与额定电流的确定。

按线路的额定电压选择

$$U_{ezd} \geqslant U_{ex} \quad (29\text{-}12)$$

式中 U_{ezd} —— 断路器的额定电压，V；

U_{ex} —— 线路额定电压，V。

按线路计算电流选择

$$I_{ezd} \geqslant I_{js}; I_{ezt} \geqslant I_{js} \quad (29\text{-}13)$$

式中 I_{ezd} —— 断路器的额定电流，A；

I_{ezt} —— 断路器的脱扣器的额定电流，A；

I_{js} —— 线路计算电流，A。

(4) 瞬时（或短延时）过电流脱扣器的整定。瞬时（或短延时）过电流脱扣器整定值应大于被保护线路正常时的尖峰电流。

1) 单台电动机

$$I_{szd} \geqslant K_{k1} I_{qd} \quad (29\text{-}14)$$

式中 I_{szd} —— 过电流脱扣器瞬时(或短延时)动作整定电流值，A；

I_{qd} —— 电动机的起动电流，A；

K_{k1} —— 考虑整定误差和起动电流允许变化范围和负荷计算误差、断路器瞬时动作电流误差的可靠系数，对动作时间在一个周波以内的断路器，还需要考虑非周期分量的影响。故动作时间大于0.02s的断路器（如DW型），K_{k1}一般取1.2～1.35；动作时间小于0.02s的断路器（如DZ型），K_{k1}取1.7～2。

保护电动机用的断路器，其可调式瞬时过电流脱扣器的整定电流调节范围分别为：用于保护交流绕线型感应电动机取3～6倍；用于保护鼠笼型电动机取8～15倍脱扣器额定电流。其不可调式瞬时过电流脱扣器的整定电流为5倍或15倍脱扣器额定电流，动作电流值与整定电流值的误差不大于±10%。

2) 配电线路：

不考虑电动机自起动时：

$$I_{szd} \geqslant K_{k2} I_{jf} \quad (29\text{-}15)$$

式中 I_{jf} —— 配电线路中的尖峰电流，A(计算方法见第2章)。

K_{k2} —— 可靠系数，取1.1～1.35。

考虑电动机自起动时：

$$I_{szd} \geqslant K_{k2} I_{qdz} \quad (29\text{-}16)$$

式中 I_{qdz} —— 计及正常工作电流和可能出现的自起动电动机的起动电流之总和，A。

配电用断路器的短延时过电流脱扣器的整定电流调节范围为3～6倍脱扣器额定电流(适用于断路器额定电流为2500A以上)。或3～10倍脱扣器额定电流(适用于断路器额定电流为2500A以下)短延时断开时间主要用于保证保护装置动作的选择性，分0.1s或0.2s和0.4s、0.6s三种，延时误差均为±0.04s。返回特性应保证在断开时间为0.4s、0.2s和瞬时动作三级或0.1s和瞬时动作二级间具有选择性保护。返回电流值为长延时整定电流值的90%，动作电流值与整定电流值的误差不大于±10%，而瞬时过电流脱扣器的整定电流调节范围为7～14倍脱扣器额定电流（适用于断路器额定电流为2500A及以上)，或10～20倍脱扣器额定电流（适用于断路器额定电流为2500A以下)，动作电流值与整定电流值的误差不大于±10%。

短延时的时间阶梯，按配电系统的分段而定。一般时间阶梯为2～3级。每级之间的短延时时差为0.1～0.2s，视断路器短延时机械的动作精度而定，其可返回时间应保证各级的选择性动作。选定短延时阶梯后，最好按被保护对象的最大短时（1s）耐受电流（有效值）进行校核。

(5)长延时动作的过电流脱扣器整定电流。一般为了对配电回路的电缆及变压器等进行保护，断路器均采用带有长延时的脱扣器，如回路中确无过载可能性时，也可不带此脱扣器。

长延时动作的过电流脱扣器的整定电流应大于线路计算电流

$$I_{gzd} \geqslant K_{k3} I_{js} \quad (29\text{-}17)$$

式中 I_{gzd} —— 过电流脱扣器长延时动作整定电流值，A；

I_{js} —— 线路计算电流，A，对于单台电动机，即为电动机的额定电流；

K_{k3} —— 可靠系数，考虑负荷计算误差及断路器整定电流误差取1.1。

应校验长延时动作的过电流脱扣器在配电线路过

负荷时是否可靠的动作。

1）配电用的断路器，其长延时过电流脱扣器的整定电流调节范围为0.7～1.1倍，延时特性应符合表29-26的规定，返回电流值为整定电流值的90%。

表 29-26 配电用长延时过电流脱扣器动作特性

负荷电流（I_{fh}）/脱扣器整定电流（I_{gzd}）	动作时间	
	100A 及以下	100A 以上
1.0	不动作	
1.3	<1h	
2.0	<4min	<10min
3.0	可返回时间>1s 或 3s	可返回时间>3s 或>8s 或>15s

校验断路器在3倍I_{gzd}时可返回时间，应大于短路时尖峰电流的持续时间。使线路中所接的起动电流最大和起动时间最长的笼型电机正常全压起动时，长延时脱扣器不误动作。

2）保护电动机用的断路器，其长延时电流脱扣器整定值等于电动机额定电流。长延时可调式过电流脱扣器的整定电流调节范围为0.7～1.1倍脱扣器额定电流，返回电流值为其整定值的100%。不可调式脱扣器的返回电流值为其整定值的100%。二者的延时特性均应符合表29-27的规定。

表 29-27 电动机用的延时脱扣器动作特性

负荷电流（I_{fh}）/脱扣器整定电流（I_{gzd}）	动作时间
1.0	不动作
1.2	<20min
1.5	<3min
6.0	可返回时间：50A 及以下>1s 或 3s，50A 以上>3s 或 5s 或 15s

断路器长延时过电流脱扣器在6倍整定电流值时的可返回时间，应等于或大于电动机实际起动时间。

(6)照明和生活、建筑业中用导线保护断路器的选用：

长延时过电流脱扣器整定值

$$I_{zd1} \geqslant K_{k4} I_{js} \tag{29-18}$$

瞬时过电流脱扣器整定值：

$$I_{zd3} \geqslant K_{k5} I_{js} \tag{29-19}$$

式中 I_{js} ——照明线路的计算电流，A；

K_{k4}、K_{k5}——计算系数，取决于电光源起动状况和断路器脱扣器类型，其数值见表29-28。

表 29-28 照明用断路器脱扣器计算系数

脱扣器类型	计算系数	白炽灯、荧光灯、卤钨灯	高压水银灯	高压钠灯
热脱扣器	K_{k4}	1	1.1	1
瞬时脱扣器	K_{k5}	6～20	6～20	6～20

照明用断路器的动作特性，应符合表29-29的规定。

表 29-29 照明用断路器的动作特性

负荷电流（I_{fh}）/脱扣器整定电流（I_{gzd}）	动作时间
1.0	不动作
1.3	<1h
2.0	<4min
6.0～2.0	瞬时动作

(7)校验断路器的分断能力。断路器的额定通断能力应大于或等于线路中最大短路电流（有效值）。

1）在0.02s以上动作的断路器（如DW型）

$$I_{kzd} \geqslant I_d \tag{29-20}$$

式中 I_d ——线路的短路电流周期分量有效值，A；

I_{kzd}——断路器的分断电流（周期分量有效值），A。

2）在0.02s以下动作的断路器（如DZ型）

$$I_{kzd} \geqslant I_c \tag{29-21}$$

式中 I_c ——短路开始第一周期内的全电流有效值，A；

I_{kzd}——断路器的分断电流（冲击电流有效值），如制造厂提供的分断电流为峰值时，可按峰值校验。

断路器分断能力的有效值与峰值的关系可参照表29-30换算。

表 29-30 断路器分断能力的有效值与峰值的关系

cosφ	sinφ	tgφ	T_a(s)	冲击系数	峰值电流/周期分量有效值
0.9	0.435	0.483	0.00154	1.0015	1.42
0.8	0.6	0.75	0.0024	1.015	1.442
0.7	0.714	1.02	0.00325	1.046	1.475
0.6	0.8	1.33	0.00425	1.095	1.55
0.5	0.866	1.732	0.0055	1.164	1.65
0.4	0.917	2.3	0.0073	1.254	1.78
0.35	0.935	2.68	0.0085	1.308	1.85
0.3	0.955	3.18	0.0101	1.367	1.94
0.25	0.968	3.87	0.0123	1.443	2.04
0.2	0.975	4.87	0.0155	1.524	2.16

注：cosφ为功率因数；T_a 为时间常数。

各种不同容量的变压器低压侧发生三相短路时，其各种短路电流值的计算见第 4 章。表 29-31 列出断路器的分断能力与相应的变压器短路电流的有关数据，供参考。

根据断路器标准，确定新系列断路器分断能力的条件是：

1）变压器容量不超过 2000kVA，单台运行，短路阻抗按 4%考虑；

2）变压器的 6（10）kV 侧短路容量按 150～200MVA 考虑，如为直接变压（即 35/0.4kV），35kV 侧的短路容量按 650～750MVA 考虑；

3）在变压器低压出线端 3m 母线处发生三相金属性短路；

4）短路时，低压电动机的反馈电流按变压器额定电流的 4 倍考虑。

在检验通断能力时不要忽略，配电回路的功率因数必须等于或大于该断路器的规定值。

当断路器的分断能力不够时，可考虑采取以下措施：

1）对于一般配电线路，可将断路器改用或串用分断能力大的熔断器（其分断能力 50～120kA，可适应 1600kVA 或更大容量的变压器)。

2)采用限流式断路器，600A 限流式断路器能分断 2000kVA 以下变压器的短路电流。

3）对于特别重要的线路，如果要求在故障排除后能立即恢复送电，则断路器的分断能力必须要大于短路电流，此时可更换大容量的断路器，即选用断路器的额定电流大一级的断路器，而按线路计算电流选定过电流脱扣器的额定电流；如果还不能满足需要，则采用牺牲选择性的级联保护方案，参见 29.1.2.4 中有关内容。必须指出，这些都是迫不得已的做法，应慎重决定。

表 29-31 6（10）kV 侧短路容量 200MVA 时，新系列断路器的分断能力与相应的变压器短路电流

断路器		变压器			短路电流周期分量有效值		
额定电流（A）	分断能力（A）	额定容量（kVA）	短路电压（U_d%）	额定电流（A）	变压器（A）	电动机反馈电流（A）	合计（A）
6	750						
10	1000						
20	1500						
30	2000	20	4	31	720	124	844
50	2500	30	4	46	1080	184	1264
100	10000	50	4	76	1790	304	2094
		63	4	96	2250	384	2634
200	15000	100	4	152	3560	606	4166
		125	4	190	4440	760	5200
400	20000	160	4	243	5670	972	6642
		200	4	304	7030	1216	8246
		250	4	380	8740	1520	10260
600（630）	25000	315	4	480	10900	1920	12820
		400	4	610	13700	2440	16140

续表 29-31

断路器		变压器			短路电流周期分量有效值		
额定电流 (A)	分断能力 (A)	额定容量 (kVA)	短路电压 (U_d%)	额定电流 (A)	变压器 (A)	电动机反馈电流 (A)	合计 (A)
(800) 1000	30000	500	4	760	17000	3040	20040
(1250)	(50000)	630	4	960	21000	3840	24840
1500	40000	800	4.5	1220	23500	4880	28380
(1600)	(50000)	1000	4.5	1520	28800	6080	34880
(2000) 2500	50000 (90000)	1250	4.5	1900	35200	7600	42800
3150 (3200)		1600	4.5	2432	43500	9728	53228
4000 (5000)	70000 (100000)	2000	4	3040	66880	12160	79040

(8) 断路器的脱扣器的灵敏系数按下式校验

$$\frac{I_d^{(1)}}{I_z} \geqslant K^{(1)} \tag{29-22}$$

$$\frac{I_d^{(2)}}{I_z} \geqslant K^{(2)} \tag{29-23}$$

式中 $I_d^{(1)}$——电动机端或车间配电屏母线上的单相接地短路电流，A；

$I_d^{(2)}$——电动机进线端或车间配电屏母线上两相短路电流，A；

$K^{(1)}$——单相短路灵敏系数，对非选择型断路器采用 1.5，选择型断路器采用 2；

$K^{(2)}$——两相短路灵敏系数，采用 2；

I_z——脱扣器的瞬时或短延时整定电流，A。

当不能满足上式要求时，需另装继电保护。

(9) 校验断路器的灵敏系数。为使断路器可靠动作，必须按短路电流校验脱扣器整定电流的灵敏系数。

$$\frac{I_{d\min}^{(2)}}{I_{szd}} \geqslant K_l^{(2)} \tag{29-24}$$

$$\frac{I_{d\min}^{(1)}}{I_{szd}} \geqslant K_l^{(1)} \tag{29-25}$$

式中 $I_{d\min}^{(2)}$、$I_{d\min}^{(1)}$——电动机接线端或配电线路末端最小短路电流，在中性点接地系统中为单相接地短路电流 $I_{d\min}^{(1)}$，在中性点不接地系统中为两相短路电流 $I_{d\min}^{(2)}$，A；

I_{szd}——断路器脱扣器的瞬时或短延时整定电流，A；

$K_l^{(2)}$——两相短路灵敏系数，取 $K_l^{(2)}=2$；

$K_l^{(1)}$——单相短路灵敏系数，对 DZ 型断路器采用 1.5，其它型断路器采用 2，防爆车间采用 2。

由于单相接地电流较小，断路器的瞬时脱扣器一般较难满足灵敏系数要求，可适当降低灵敏系数，用其长延时脱扣器作后备保护，必要时可另加零序保护装置，或在零线上装电流互感器——电流继电器，或采用漏电继电器等办法，以分断断路器。

(10) 并非所有的断路器都需要带欠电压脱扣器，应按使用要求而定，在某些供电质量较差的系统，选用带欠电压保护的断路器，反而会因电压波动而造成不希望的断电。在这种情况，若必须带欠电压脱扣器，则应考虑有适当的延时，对于有自起动要求的电机，也不能带欠电压保护。具有短延时的断路器，若带欠电压脱扣器，则欠电压脱扣器必须是延时的，其延时时间大于短延时时间。

断路器的欠电压脱扣器的额定电压等于线路额定电压。

断路器的欠压脱扣器和分励脱扣器线圈的额定电压见表 29-32。

表 29-32 分励和欠压脱扣器线圈额定电压

额定电压 (V)		
分励脱扣器	直流	24、48、110、220、440
	交流 (50Hz)	220、380
欠压脱扣器	直流	110、220、440
	交流 (50Hz)	220、380

(11)断路器的分励脱扣器额定电压等于控制电源电压。

(12)电动操作机构的额定工作电压等于控制电源电压。

(13) 校核断路器的接线方向，如果断路器技术文件或端子上表明只能上进线；则安装时不可采用下进线。母线开关则一定要选用可下进线的断路器。

(14)限流断路器的基本原理是利用短路电流所产生的电动力迅速使触头斥开，来达到限流的目的，适用于交流 50Hz 及电压为 660V 以下的线路中；在集中配电、变压器并联运行或采用环形供电时的要求高分断能力的分支线路中，可作为过负荷、短路、欠电压保护，也可作为正常条件下线路的不频繁转换之用。限流断路器的限流系数系指实际分断电流峰值与预期短路电流峰值之比，一般小于 0.6，图 29-22 为 DZX10 系列限流断路器分断电流波形图，其限流特性曲线见图 29-23。DWX15 系列万能式断路器的限流特性见图 29-24。其保护特性曲线见图 29-25。

(15) 漏电断路器。目前国内外广泛采用电流动作型漏电开关，它以零序电流互感器检测 mA 级漏电流信号，经电磁式或电子式元件放大比较后使主开关断开被保护电路。漏电开关已不仅是作为民用住宅、家用电器、建筑工地、医院、试验室等场合的保护电器，而且有条件地向某些工业生产领域扩展，如用于机床、电动工具、潜水泵、鼓风机……以及安装在金属平台、高空、水边等的电气传动装置作为保护电器，用于不频繁转换的配电线路和不频繁起动的电动机回路。在钢铁、采矿、化工行业中，由于单机容量大，一般漏电开关不能满足要求，按经济技术比较表明，生产容量超过 100A 尤其是 200A 以上的组装式塑壳式漏电断路器花费较大，宜用“JD1 型漏电继电器加交流接触器”或“JD1 型漏电继电器加低压断路器”的方式来取代。对于不允许停电的场合(如连续生产线上的设备、保安、消防、事故照明等，电源的供配电线路等)，必要时只能安装漏电报警装置。对于 TT 电力系统和 TN 电力系统可以装漏电开关，而对 IT 电力系统(中性点不接地系统)一般只采用绝缘监视装置而不使用漏电开关。此外，配电系统中已采用隔离变压器的场合，不必再设置漏电开关。一般工业建筑的照明线路不宜安装漏电开关。

电流动作型漏电开关有电磁式和电子式两种动作方式不同的类型，其选用区别为：大于 100A 的电磁式的灵敏度难于提高，电子式可制成灵敏度为 6mA 的产品；电子式需要稳定的外电源操作，电磁式无此要求；电磁式耐过电 压能力高、耐雷电冲击能力强，电子元件易受过电压损坏，需设过电压吸收装置；外界磁场对电子式影响大，需采取抗干扰措施；电磁式耐机械冲击和抗振能力不及电子式；电磁式结构简单、制造要求精密，电子式则反之；电磁式价格较高，100A 以上电子式便宜很多，250A 以上大都为电子式。

选用时漏电开关的极数应等于或多于用电设备的极数，例如二极漏电开关是不能向三极负荷供电的，否则漏电开关会误动作。不论是 TN 还是 TT 系统带电载流导体必须全部穿过零序电流互感器的铁芯，而 PE 保护线不允许穿过铁芯，经过漏电开关的工作零线(即 N 线)要对地绝缘。对 TN 系统装设漏电开关后，重复接地只能设在电源侧，不能设在负载侧。图 29-26 和图 29-27 示出 DZ15L 漏电断路器的两种类型的保护曲线。几种国产漏电保护电器的技术数据见表 29-33，其中 JD1 为漏电保护继电器。

表 29-33 漏电保护电器技术数据

型号	额定电压(V)	额定电流(A)	极数	额定漏电动作电流(mA)	动作时间(s)	额定漏电不动作电流(mA)	极限分断能力(kA)	操作频率(次/h)	电寿命(万次)	机械寿命(万次)
DZ15L	～380	40、63	3，4	30～100	≤0.1	15～50	2.5～5	30～60	0.5～1.5	10.5
DZ10L	～380	80、100	4	75～200	≤0.2	40～100	5		0.4	0.8
JD1 继电器	～220、380 —220	100、200	1 对接点	100～500	≤0.1	50～250			0.6	
FIN	～240，415	25,40,63	2，3，4	30～500	0.04～0.2	15～250	1.5～3		2	
DZL15	～380	32	3	15～50	≤0.1	8～25				

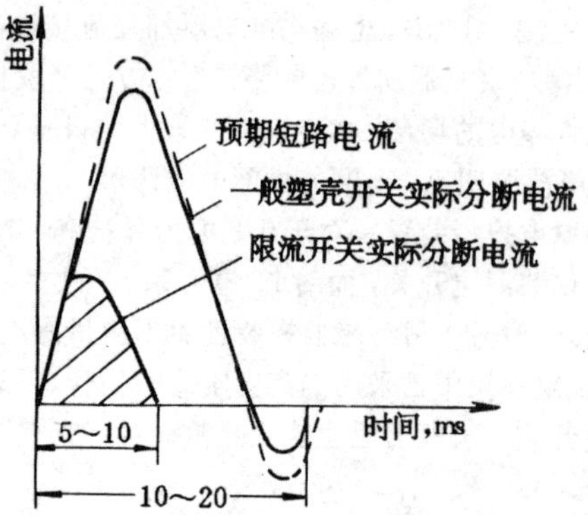

图 29-22　DZX10 系列断路器分断电流波形图

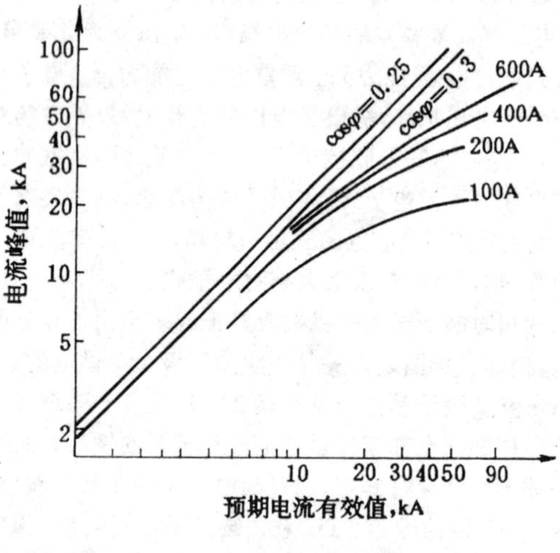

图 29-23　DZX10 系列断路器限流特性曲线

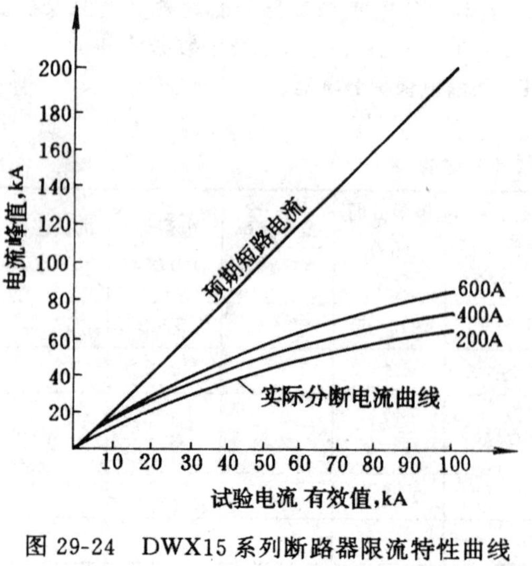

图 29-24　DWX15 系列断路器限流特性曲线

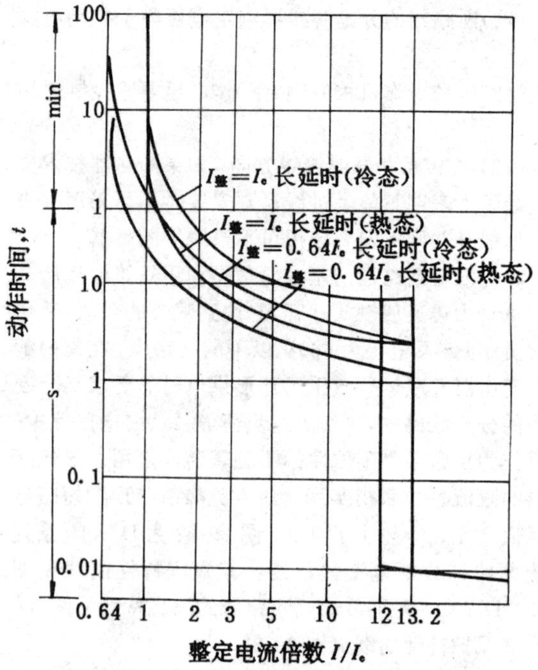

图 29-25　DWX15 系列限流断路器的保护特性

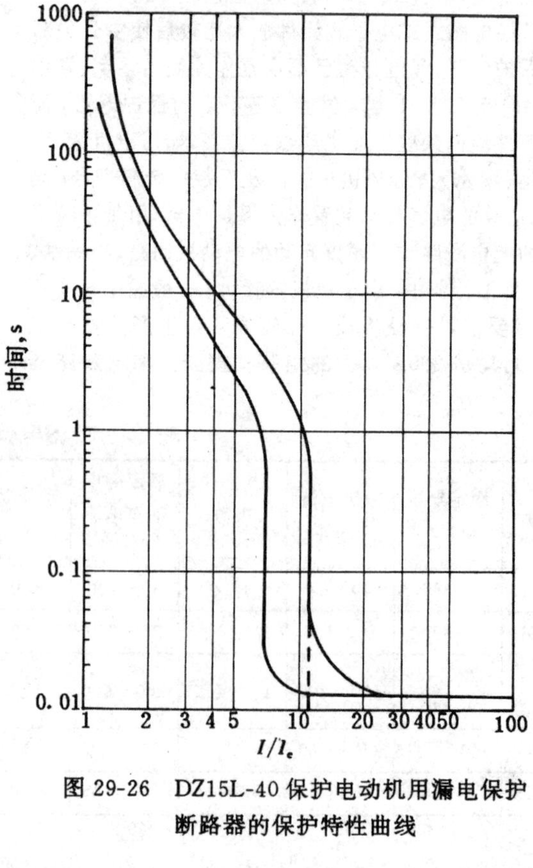

图 29-26　DZ15L-40 保护电动机用漏电保护断路器的保护特性曲线

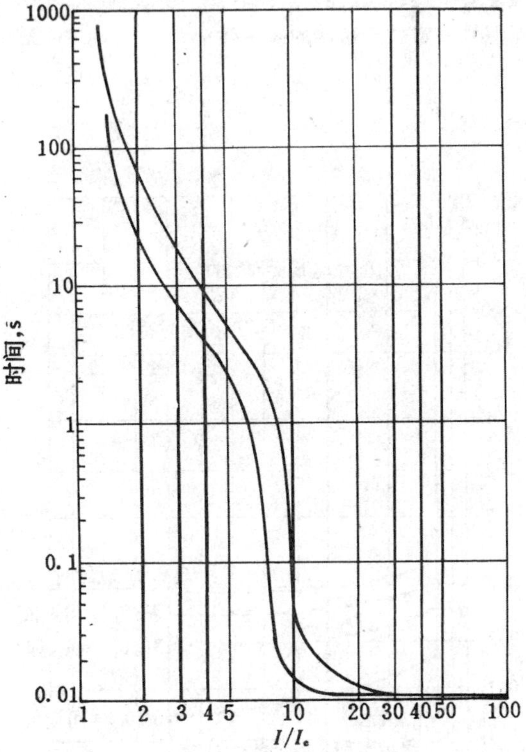

图 29-27 DZ15L-40 保护导线用的漏电保护断路器的保护特性曲线

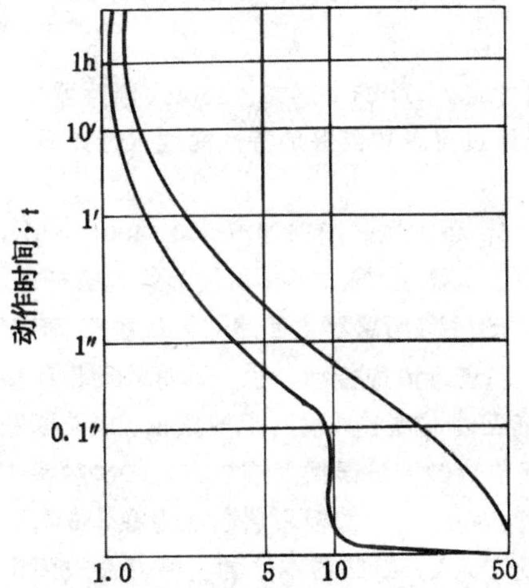

图 29-28 DZ12 系列断路器的保护特性曲线

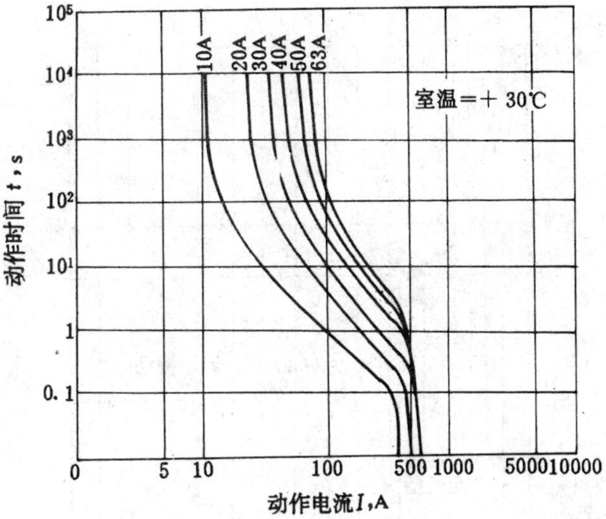

图 29-29 DZX19 系列断路器的保护特性曲线

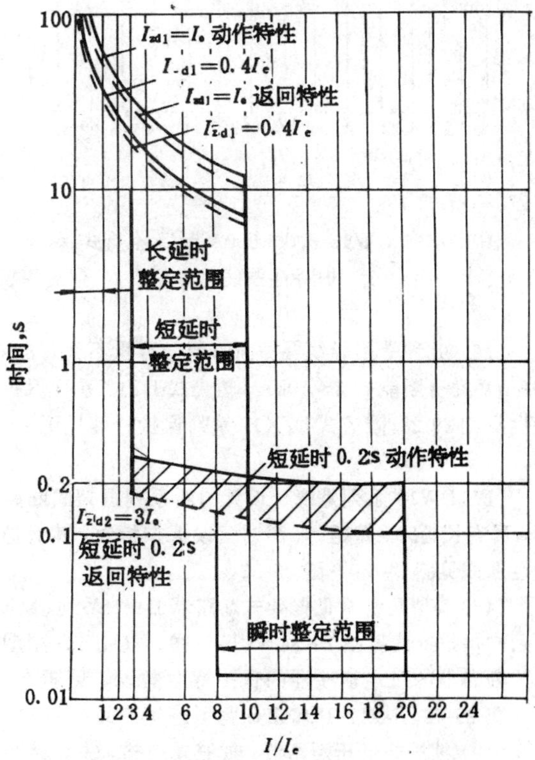

图 29-30 DW15-200～600A 断路器半导体过流脱扣器保护特性曲线

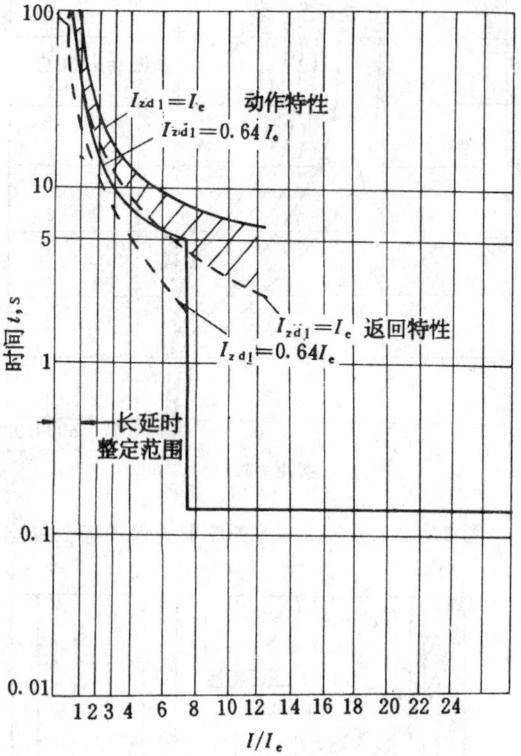

图 29-31 DW15-200～600A 断路器热式保护特性曲线

(16) 几种常用导线保护断路器，容量不大，6～63A，短路分断能力 3～10kA，塑壳式 DZ12 系列保护特性见图 29-28，限流式 DZX19 系列保护特性见图 29-29。

(17) DW15 系列是统一设计的新系列框架式断路器，具有长延时、短延时、瞬时三段保护特性，其保护特性曲线见图 29-30～图 29-33。

(18) 其他几种常见框架式断路器 DW5 系列、ME 系列的保护特性见图 29-34～图 29-39，TO、TG 型塑壳式断路器的过电流脱器的保护特性曲线，见图 29-40～图 29-42。ME、TO、TG 为引进生产的产品。

(19) 抽屉式低压断路器。抽屉式结构，主电路与二次回路采用插接式，省略了隔离开关，起到一机多用，提高了使用的经济性，给操作与维护带来方便，并增强了安全性、可靠性及应急状态下的灵活性。一般具有同型号固定式断路器的技术性能。

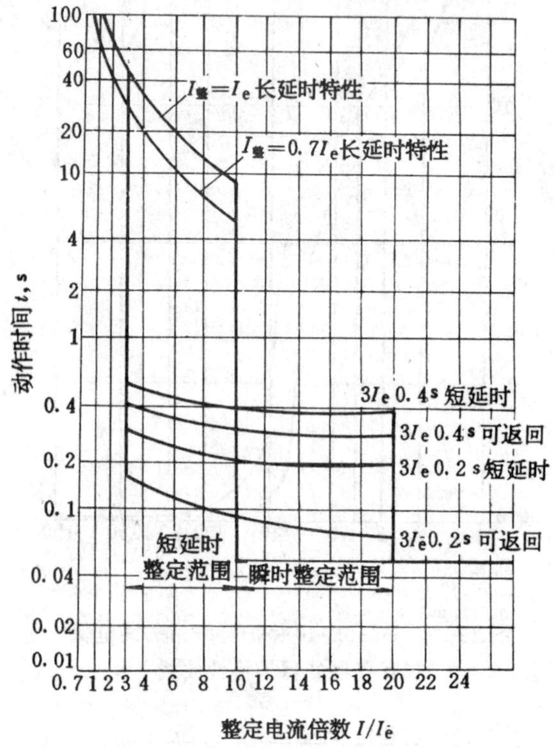

图 29-32 DW15-1000、1500A 断路器半导体过流脱扣器保护特性曲线（选择型）

DW15C 型抽屉式断路器有 200、400、630、1000、1600A 等五个等级。推拉操作机构为螺旋摇杆式，具有"接通"、"测试"(断路器主回路与系统脱离，但二次回路接通，以进行诸如传动、脱扣器等的动作和整定)、"断开"等三个位置。并设有机械联锁、以防断路器合闸情况下隔离触刀被误插入或拔出。二次触头 19 个。飞弧距离 250mm，一次极限通断能力在 380V、$\cos\varphi=0.25$ 时为 50kA。断路器本体的机械寿命较固定式降低 10%，电寿命降低到 2000 和 1000 次。推进机构及插入式触头寿命 200 次。

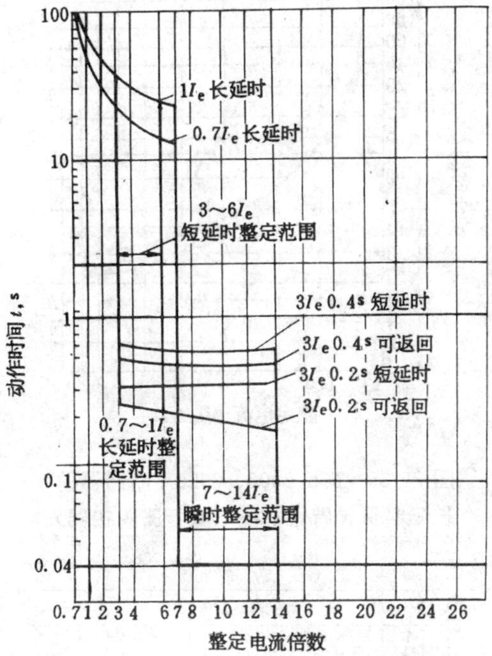

图 29-33 DW15-2500、4000A 断路器半导体过流脱扣器保护特性曲线（选择型）

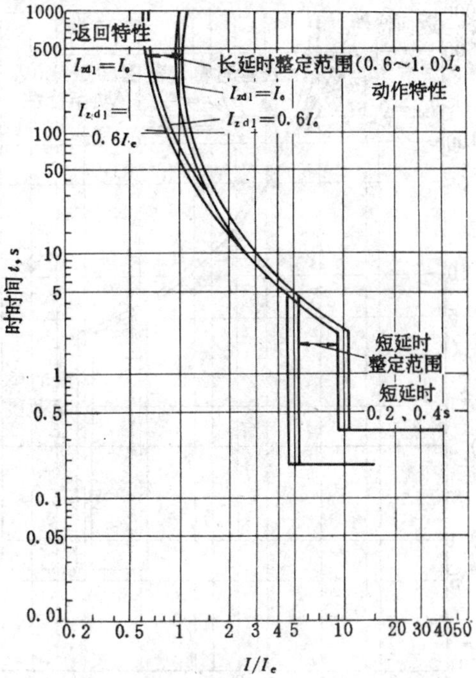

图 29-35 DW5-400～600A 配电用断路器保护特性曲线（长延时、短延时保护）

图 29-34 DW5-400～600A 配电用断路器保护特性曲线（长延时、瞬时保护）

图 29-36 DW5-400～600A 配电用断路器保护特性曲线（长延时、短延时、瞬时保护）

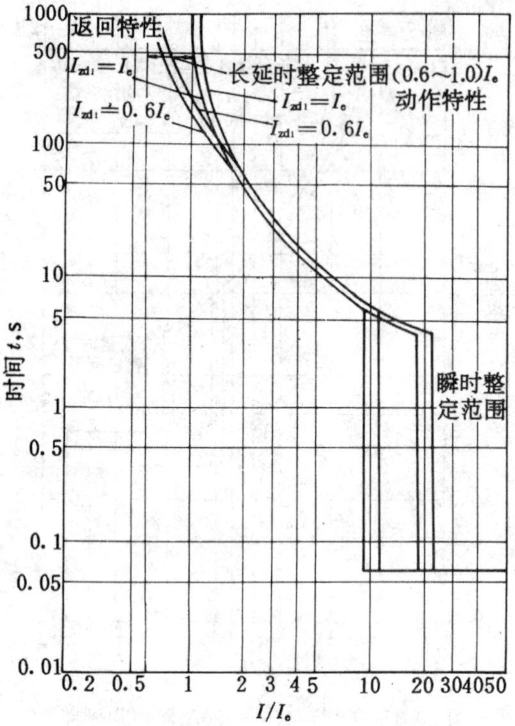

图 29-37 DW5-400~600A 保护电动机用断路器保护特性曲线

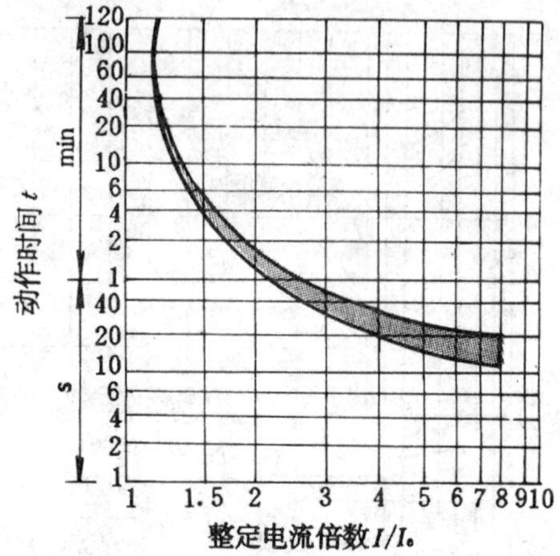

图 29-39 ME-2000、2500A 断路器的长延时保护特性曲线（双金属脱扣器）

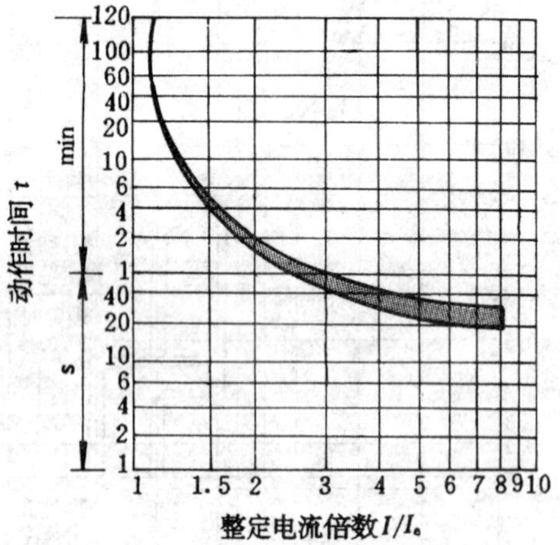

图 29-38 ME-630~1600A 断路器的长延时保护特性曲线（双金属脱扣器）

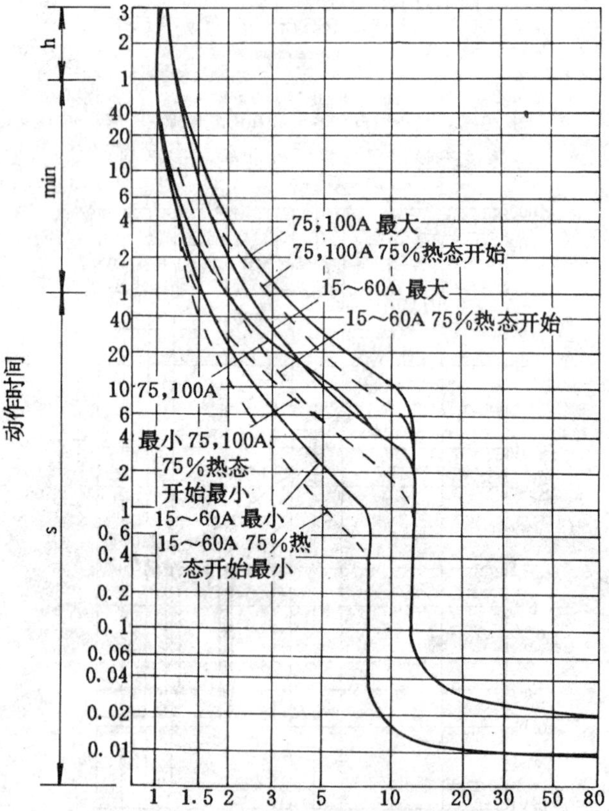

图 29-40 TO-100BA、TG-100B 型断路器过电流脱扣器保护特性曲线

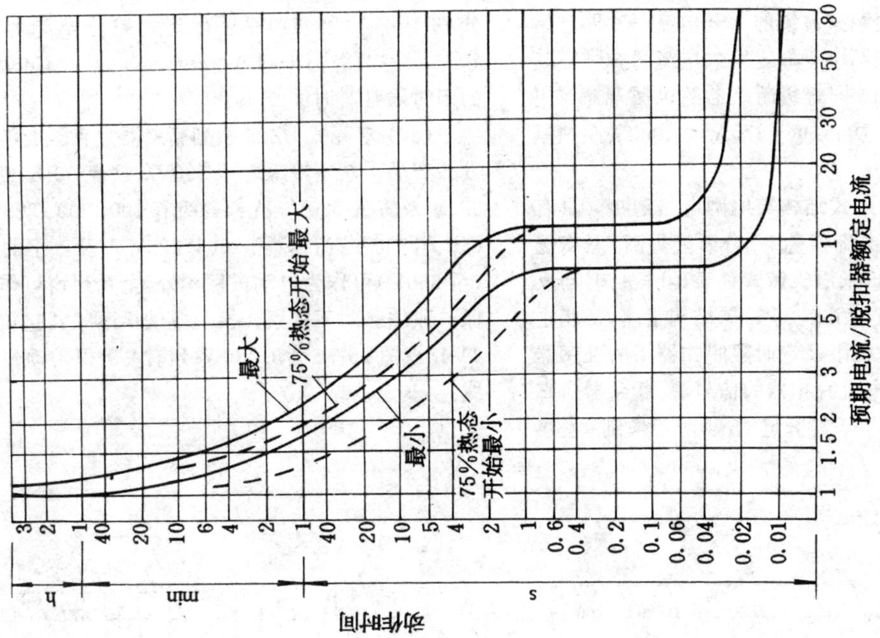

图 29-42 TG-30 型断路器
过电流脱扣器保护特性曲线

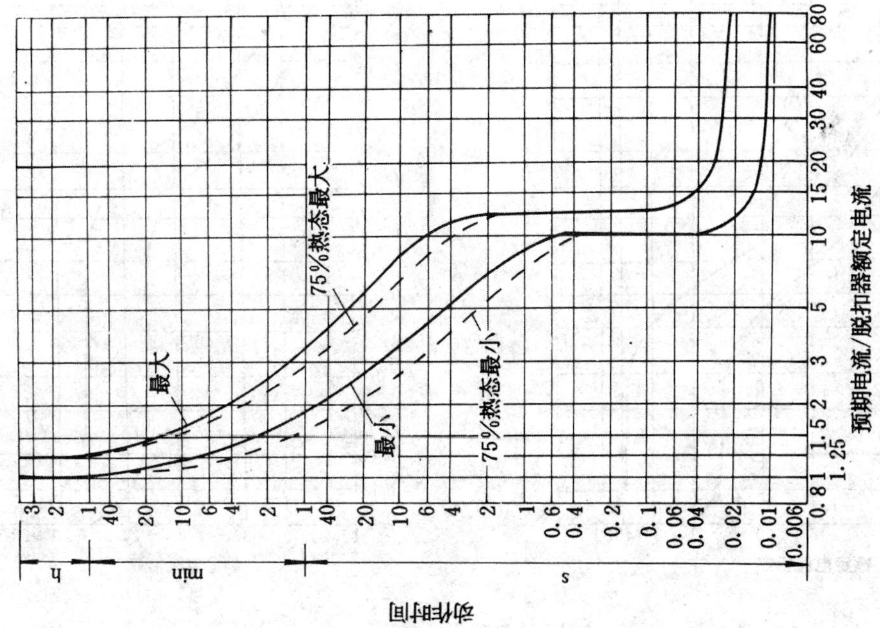

图 29-41 TO-225BA 型断路器
过电流脱扣器保护特性曲线

DWX15C抽屉式限流断路器有200、400、630A等三个等级，分断能力在380V、$\cos\varphi=0.25$时为50kA。飞弧距离300mm。主触头系统的斥开电流——即开始出现限流效应的电流不小于额定发热电流的30倍，其机械寿命等于DWX15同等级断路器的机械寿命，但电寿命200A为2000次，400～630A为1000次，抽屉式装置机械寿命为100次。

DW12系列用插入式结构与电网电路连接，具有快速更换的特点，其电流容量大，分断能力高，具有选择性保护，定时限保护采用机械式钟表延时机构，与反时限过电流脱扣器组合工作，断路器结构紧凑，每相主触头的导电板穿过反时限及定时限脱扣器用的互感器的窗口，互感器是过电流脱扣器的信号源。断路器由直流串励电动机储能操作。其额定（8小时工作制）发热电流分为1250、1600、2000、2500、3200、5000、6300A等7级，额定持续电流前5级与发热电流相同，后两级分别为4700和5400A。额定短路分断能力前者为70kA，后两级为100kA（$\cos\varphi=0.2$），额定短路分断的定时限延时时间0.4s。

（20）塑壳式DZ20系列断路器是我国近年来新开发的产品，额定绝缘电压500V，交流50Hz或60Hz，380V及直流220V，壳架等级有100、200（225）、400、630、1250A五种，除200（225）A及以下的断路器（至660V）可作为电动机保护外，全系列均可作为配电保护和线路的不频繁转换及电动机不频繁起动用。图29-43～图29-55为DZ20系列有关的保护动作特性曲线。

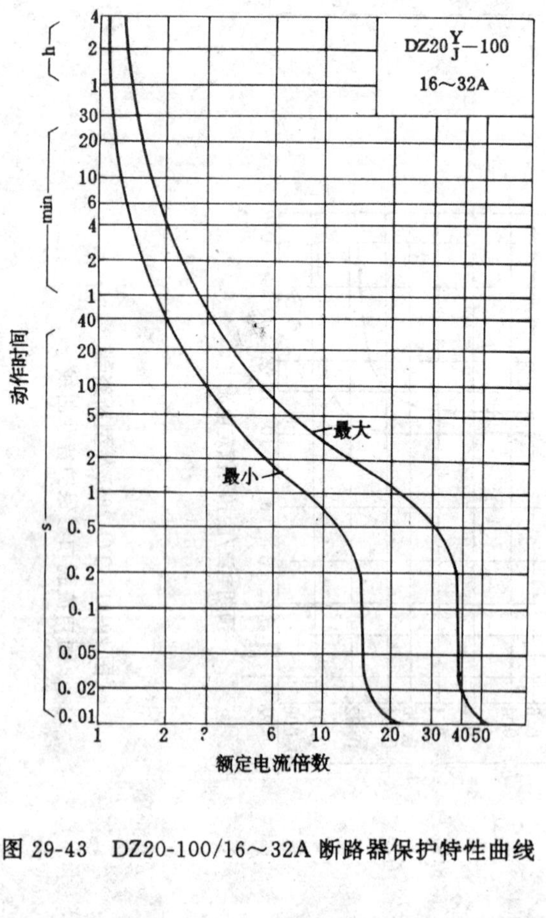

图29-43 DZ20-100/16～32A断路器保护特性曲线

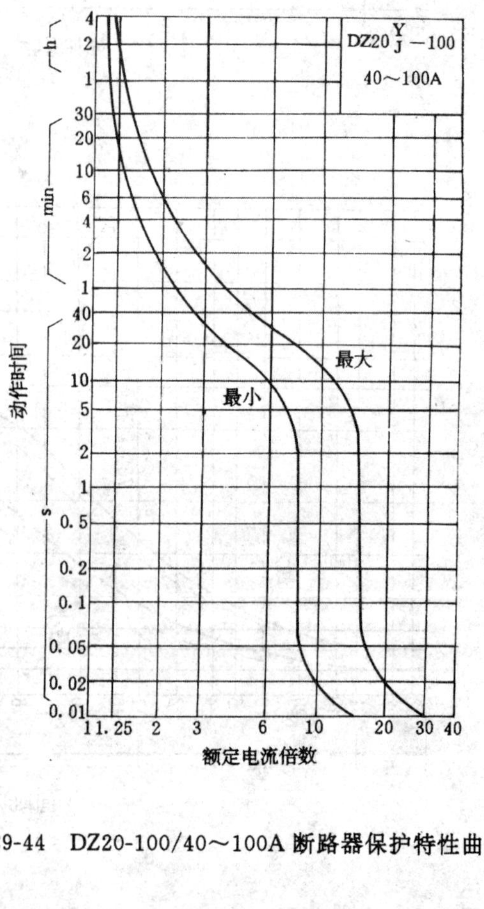

图29-44 DZ20-100/40～100A断路器保护特性曲线

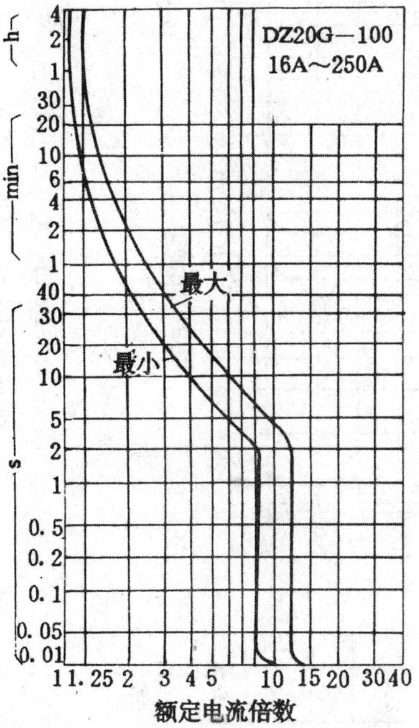

图 29-45 DZ20-100/16～50A 断路器保护特性曲线

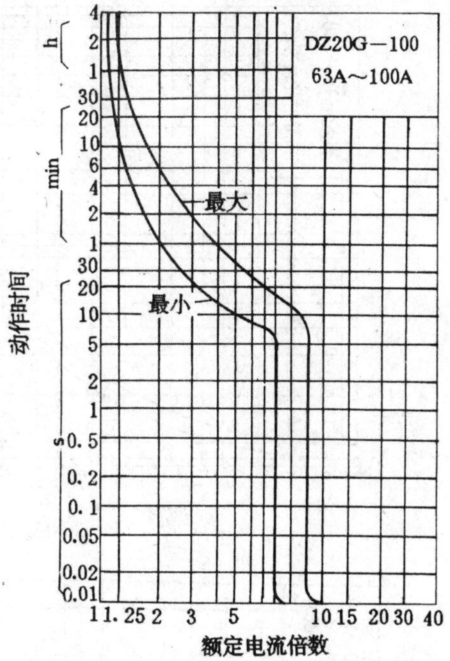

图 29-46 DZ20-100/63～100A 断路器保护特性曲线

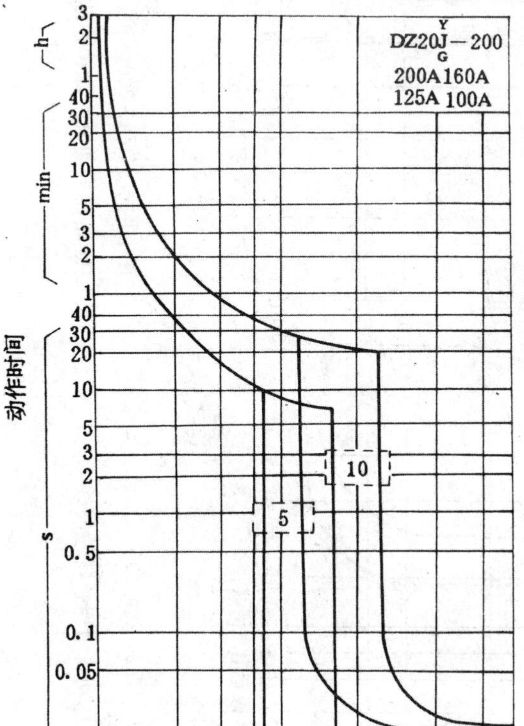

图 29-47 DZ20-200/100～200A 断路器配电用保护特性曲线

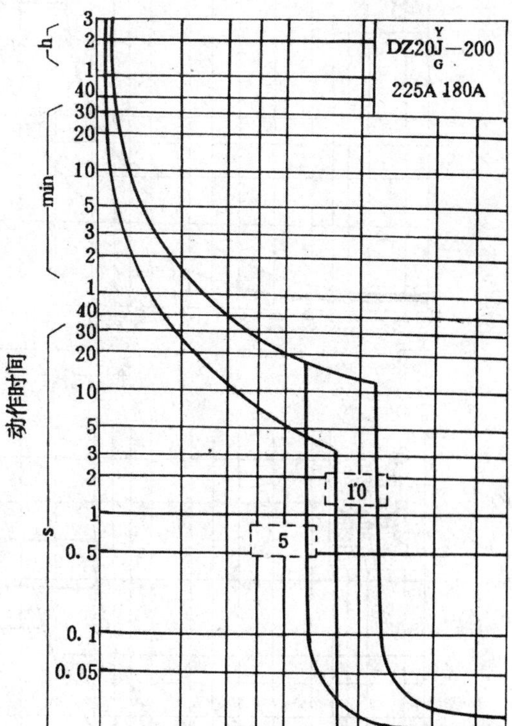

图 29-48 DZ20-200/180、225A 断路器配电用保护特性曲线

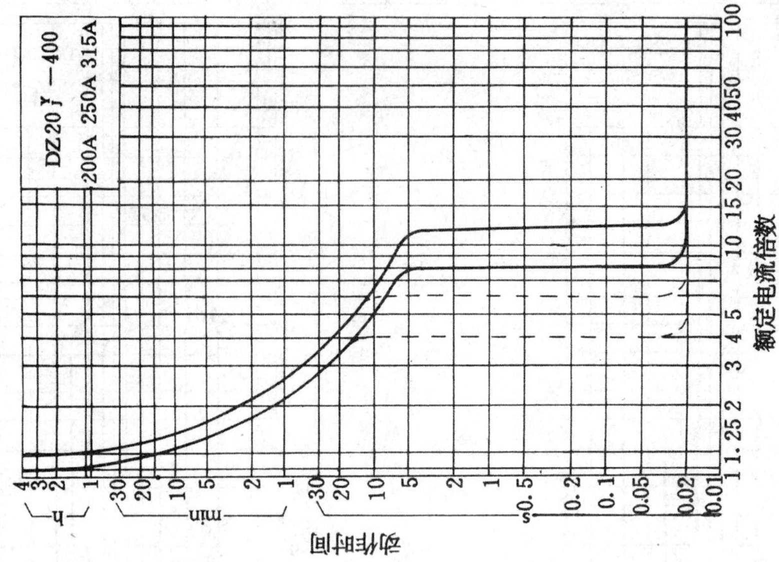

图 29-51 DZ20-400/200～315A 断路器配电用保护特性曲线

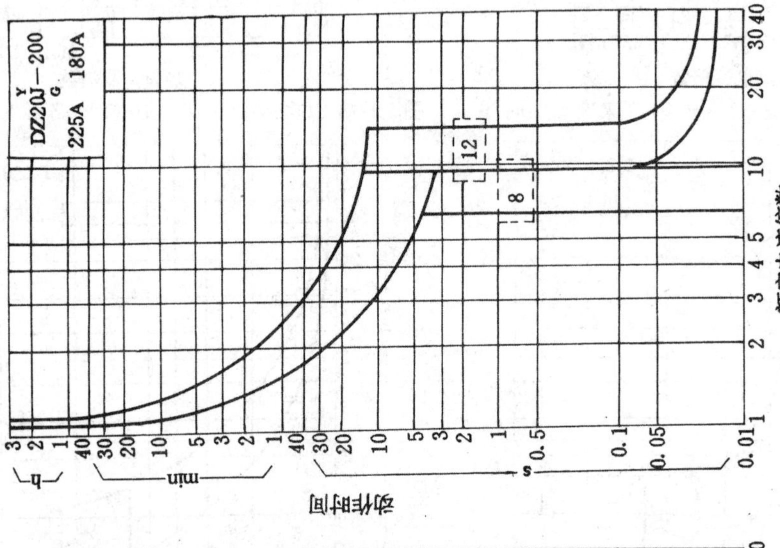

图 29-50 DZ20-200/180、225A 断路器电动机用保护特性曲线

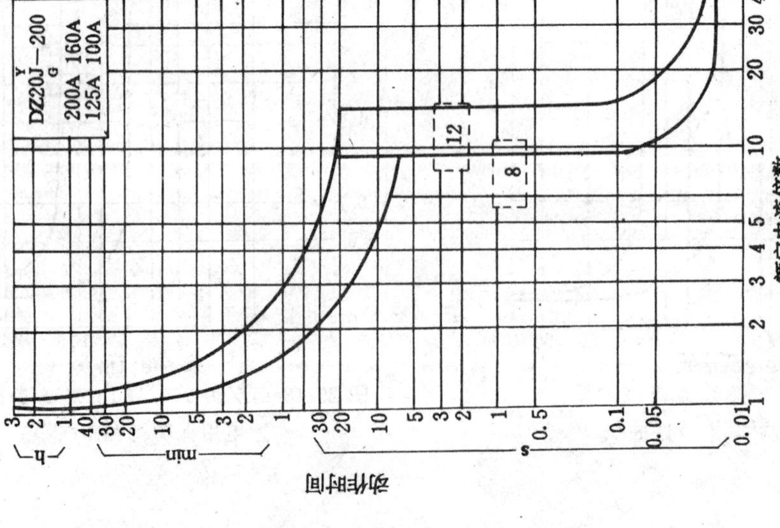

图 29-49 DZ20-200/100～200A 断路器电动机用保护特性曲线

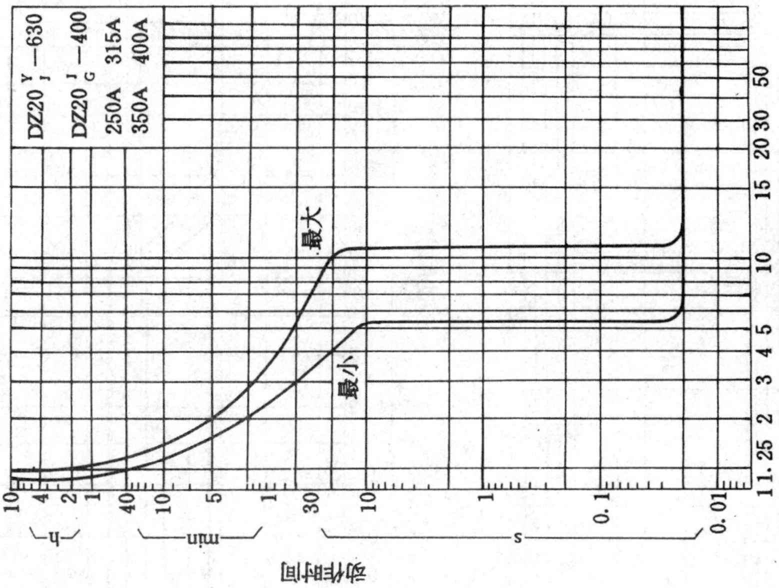

图 29-53 DZ20-400/250~400A
DZ20-630/250~400A 断路器配电用保护特性曲线

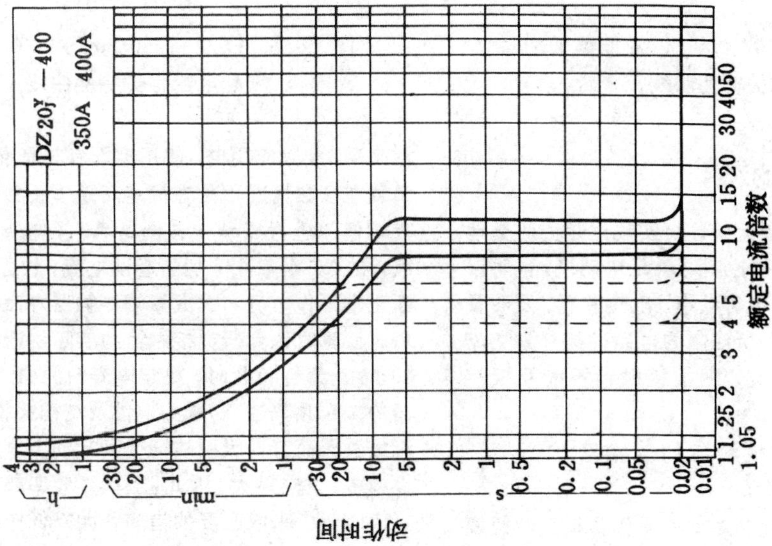

图 29-52 DZ20-400/350、400A 断路器配
电用保护特性曲线

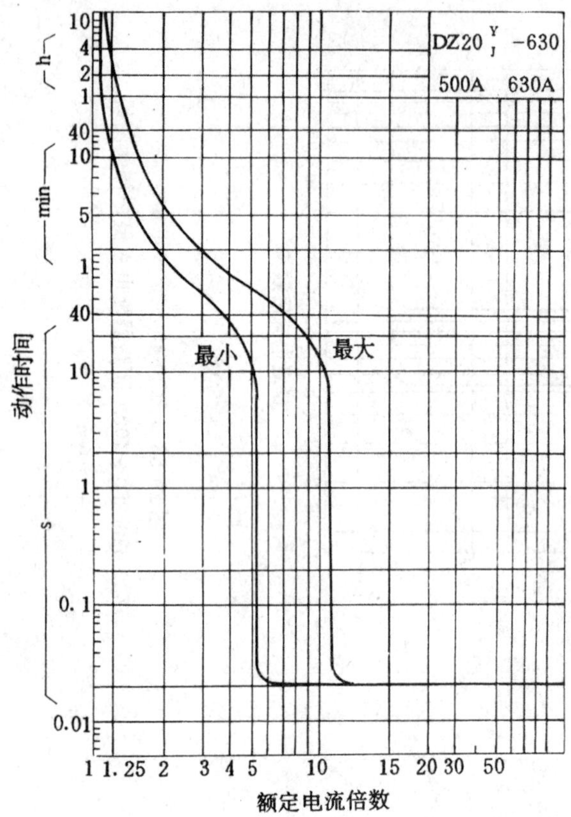

图 29-54 DZ20-630/500、630A 断路器配电用保护特性曲线

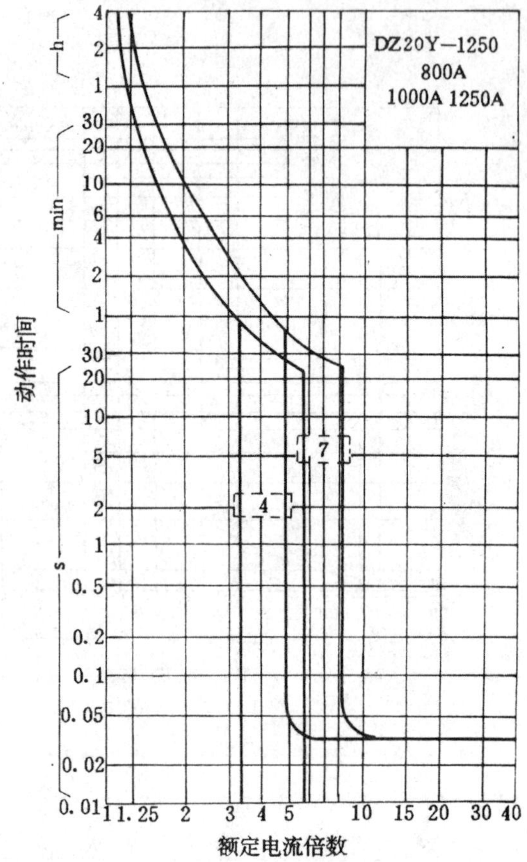

图 29-55 DZ20-1250/800～1250A 断路器配电用保护特性曲线

29.2.4 接触器的选择

接触器配合其它电器元件，可实现远距离频繁地控制接通、断开电路，主要控制对象是电动机，也可以控制如电焊机、变压器、电容器组、电热装置、照明及其他电力负载。按主触头所控制的电路种类分为交流接触器和直流接触器两类。两类接触器不能互换使用。

29.2.4.1 选用接触器的注意事项

选用接触器时应注意：

(1) 根据接触器的控制对象和操作频率，参照表 29-2 规定的使用类别来选择接触器。

由于不同使用类别的接触器工作条件相差很大，对按轻负载设计的接触器（如 AC-2 或 AC-3），如降低它的额定容量也可用于重负载，即作为 AC-4 类接触器来用。实际应用时，使用类别有时是混合的，例如某负载在多数情况下是在额定转速下正常切断接通，但有时偶尔进行点动，这便是 AC-4 与 AC-3 混合性负载，在 AC-4 条件下切断起动电流，较之在 AC-3 类切断正常工作电流，大大影响接触器寿命，故必须在选用、计算时认真研究接触器的实际切断电流状况。图 29-56 为感性负载时，决定电寿命的曲线。此外，接触器的操作频率越高，触头电蚀及结构磨损越严重，对交流接触器而言，吸引线圈受到起动大电流的冲击次数也越多，发热越大。因此，当操作频率超过接触器的额定值时，应采取必要的措施，如降低接触器的容量使用，或在线圈方面采取措施，也可考虑采用直流操作线圈的接触器。

在设计非标准柜和选用标准的 JK 柜时，对于 AC-3 及 AC-2 负载（操作频率＜30 次/h），主接触器一般按其铭牌额定电流选用。对于 AC-4 负载及操作频率＞30 次/h 的 AC-2 负载，应将接触器降低 1～2 级容量使用。对于不同负载不同操作频率下，主接触器按表 29-34 选用。

（2）按线路的额定电压选择。

$$U_e \geqslant U_{ex} \qquad (29\text{-}26)$$

式中　U_e——交、直流接触器主触头的额定电压，V；

U_{ex}——线路的额定电压，V。

（3）按负载容量选择接触器主触头额定电流。

$$I_e \geqslant I_{js} \qquad (29\text{-}27)$$

式中　I_e——接触器主触头额定电流，A；

I_{js}——电动机的额定电流或计算电流，A。

在选定接触器主参数时应适当留有裕量，在主触头额定电流计算中，必须考虑到接触器的工作制。接触器有四种额定工作制：间断长期工作制（8h 工作制），长期工作制、短时工作制、反复短时工作制。接触器的主触头额定电流是指在间断长期工作制下工作时，主触头长期容许通过的电流值。因此，当接触器在长期工作制下应用时，它的容量就得降低使用。

（4）不允许用接触器切断短路电流，因此一般不必做短路校验。

（5）根据控制电源的要求选择吸引线圈的电压等级和电流种类。

（6）按联锁的需求数量和它需要遮断的电流大小确定辅助接点。

（7）制造厂给出的技术数据中，用接通和断开电流值来衡量接触器的通断能力。接通能力是指接触器闭合时不会造成触头熔焊的能力；断开能力是指触头断开时可靠灭弧的能力。选用接触器时应注意到一些使用类别中未列出的更为严重的负载，如变压器、电容器、钨丝灯类灯器等。它们接通电流的倍数往往比 AC-4 负载更大，选用时必须留有裕量。对于钢铁工业较多应用的密集点动场合，也必须留有裕量，因为一般按 AC-4 严重条件考核时的通断试验间隔期为 5～10s，但实际密集点动时间往往更短。

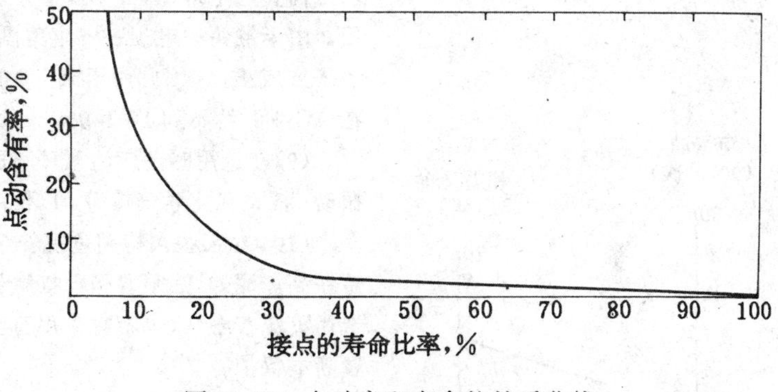

图 29-56　点动率和寿命的关系曲线

表 29-34　主接触器选择表

电动机	工作制	最大操作频率(次/h)	负载特性	主接触器选型
笼型电动机	轻载断续周期工作制	30	AC-3	按 CJ20 系列同容量选用
	重载断续周期工作制	300	AC-4（占全部负载比重＜10%）	（1）选用 CJ20 接触器时，宜加大一级容量 （2）选用 CJ20 时，不设计大于 250A 以上规格的方案，即主接触器按放大一级选容后，CJ20 最大规格为 400A （3）回路规格大于 250A，应选用 CJ12、CJZ 等系列
			AC-4（占全部负载比重＞10%）	（1）选用 CJ20 接触器时，加大二级容量 （2）选用 CJ20 时，不设计大于 160A 以上规格的方案，即主接触器 CJ20 最大用到 400A，此时宜用 CJ12，CJZ 系列

续表 29-34

电动机	工作制	最大操作频率(次/h)	负载特性	主接触器选型
绕线型电动机	轻载断续周期工作制	30	AC-2	按 CJ20 系列同容量选用
	重载继续周期工作制	300	AC-2	按 CJ20 系列加大一级容量选用
		600	AC-2	(1) 选用 CJ20 接触器时，加大一级容量 (2) 选用 CJ20 时，不设计 160A 以上规格的方案，即主接触器按放大一级选容后，CJ20 最大规格为 250A (3) 容量要求更大时，或用户有其它要求时，可以选用其它系列合适的接触器

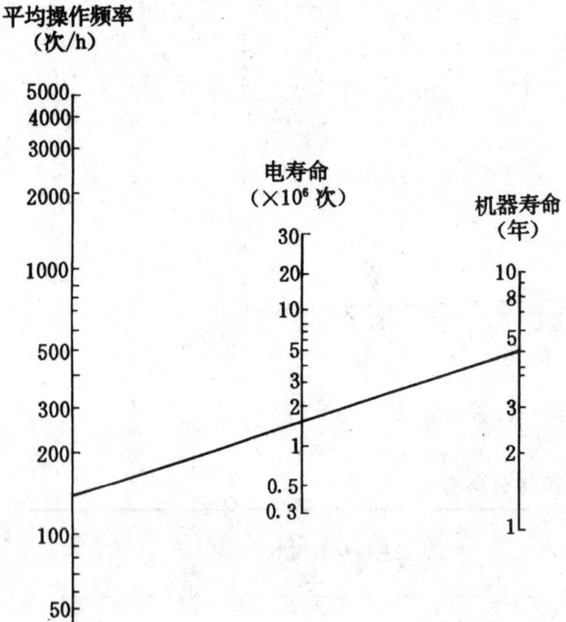

图 29-57　接触器电寿命与操作频率的关系

(8) 根据操作次数来校验接触器的机电寿命。按 IEC158-1 中规定，接触器的电寿命是指按规定使用类别的正常操作下不需修理或更换零件的负载操作次数，其数值应不小于机械寿命的 1/20。由已知每小时平均操作次数和机器的使用寿命年限，可由图 29-57 求出需要的电寿命，当不能满足要求时，应降低容量使用。由于触头的电损在一定范围内近似地与分断电流的平方成正比，因此用于 AC-3 的寿命为 300 万次，用在 AC-4 时约不到 10 万次。

(9)在选用时还应注意环境温度、湿度，有无尘埃、振动、摇动和化学气体等，以便考虑防护类型和容量。

(10) 对某些须特别重视安全操作的特殊机械，如炼铁高炉泥炮，必须要降低接触器的容量使用。即使是选用直流接触器，也不宜采用直流操作线圈，更不可设置断电保护。

(11) 应根据负载类别选用接触器。不同负载对接触器选择要求各不相同，现分述如下：

1) 一般任务的电动机用的接触器的选择。此种类型的电动机的接触器约占 70～80%，主要运行于 AC-3 使用类别，其操作频率不高，用以接通鼠笼型电动机或绕线转子电动机。在运行中断开，并伴有少量（如 0.5%左右）的点动，使用寿命 60 万次已能满足运行 8 年的要求。属于这一类的典型机械有：泵、通风机、空压机、闸、阀、胶带机、升降机、电梯、运输小车、螺旋输送机、搅拌机、振动筛、离心机、空调机、冲床、剪床、锯床、砂轮机、翻斗机、粉碎机、滤油机、冶炼车间的均压阀、布料器、钢包车、吹氧管、炉门活动烟罩等，一般选用 CJ20 系列。

2) 重任务的电动机用的接触器的选择。主要运行于（包括90%AC-3和10%以上AC-4或50%AC-1和50%AC-2）混合使用类别，平均操作频率可达100次/h或以上，用于电动机的起动，并不时运行于点动、反接制动、反向和运转中断开。属于这一类的典型机械有：机床（车、钻、铣、磨）、升降设备、轧机辅助设备、如压下、推床、工作辊道、钢锭车、探尺、电动泥炮、卷扬机、绞盘、破碎机、离心机、料车、大小钟、碾泥机、矿石原料运输机及堆取料机、连铸及炼钢主辅机构、拉丝机、焊管机、轧管机、开盖机、装料机械等。在这类设备中应选用CJ10Z和CJ12，CJ101，CJ8Z等重任务接触器，也可考虑选CJ20系列。

对于含有不同比例的AC-4的混合使用类别下，电寿命x的估算，按下列公式：

$$x=\frac{A}{1+\left(\frac{A}{B_i}-1\right)C_i\%} \tag{29-28}$$

式中　x ——接触器的电寿命，万次；

A——AC-3下的额定电寿命，万次；

B_i——AC-4下的额定电寿命，万次；

C_i——分断i倍额定工作电流点动及制动所占的百分数（AC-4占的比例）。

例　LC1-D25接触器用于控制380V、11kW的鼠笼型电动机，已知AC-3时电寿命为200万次和AC-4时为15万次，如含有15%点动操作，则此混合工作的电寿命可计算如下：

$$x=\frac{200}{1+\left(\frac{200}{15}-1\right)\frac{15}{100}}=70\text{ 万次}$$

上面计算公式主要用于制造厂给出不同负载下接触器的电寿命指标时用，而通常工程设计中，很少去计算电寿命来决定选用何种规格的电器。一般可按经验估计：即AC-2负载，操作频率大于300次/h时，降容一个等级；而纯AC-4负载，通常降两个等级较为经济合理。

3）特重任务的电动机用接触器的选择。通常，特重任务时可选用国产接触器CJ12、CJ8Z、CJZ。

这种类型的电动机几乎运行于100%的AC-4或100%的AC-2的使用类别，操作频率高达600～1200次/h，个别甚至达3000次/h，电机处于频繁点动、反接制动和可逆运行。这种特重任务的接触器约占总量的5%，使用电寿命300万次以上的接触器才可能满足其操作要求。钢铁企业中的可逆初轧机、翻钢机、升降台、热剪、机前后辊道、拉钢机、推钢机、回转台、定尺机等，其它如拉丝机、镗床、港口起重设备等，均属这种类型，通常用于国民经济中较为重要的部门。有时，粗略地对直流电动机、绕线型感应电动机按其起动电流来选用接触器的额定电流。总之，对特重任务以及重任务选用接触器时，即使有300万次电寿命的接触器，也宜降容选用。

4）对于非电动机负载用接触器的选择，如用接触器控制变压器、电热装置、电容器、大型照明装置等，当选配接触器时，除考虑接通容量外，还应考虑可能出现的过电流。

电热设备有电阻炉、加热器、调温器等，其电流波动受电阻冷态、电压波动影响，一般最大值不超过1.4倍额定电流。因此用一般接触器通断这类负载是没有多大问题的，可以选择CJ20系列，并使接触器的额定电流大于1.2倍电热设备的额定电流。如果电热设备容量大，可以考虑选择接触器各极接点并联使用。对于一般接触器来说，三极并联后的电流值可扩大到（2～2.4）倍，电寿命为0.5倍；二极并联后电流为1.6倍，电寿命为0.7倍。上述倍数的较小值对应于较大的接触器。

用接触器等控制电容器时，必须考虑电容器的合闸涌流、持续电流和负载下的电寿命。CJ16系列接触器专用于切换单台12～30kvar电容器，按表29-35选用。CJ16主触头有预充电触头3对，工作触头5对，电寿命10万次（操作频率90次/h），机械寿命100万次，限制涌流能力达$20I_e$。辅助触头2对任意选择，额定绝缘电压500V，额定电流6A。如不得已用其它系列接触器代用时，可按电容器额定电流I_e值降容一级使用；必要时还可在接通瞬间串接电阻，以减少50%的接通涌流。

交流弧焊机、电阻焊机和感应炉等变压器类负载，其接通电流的浪涌值常由负载电流、接通变压器时的电压瞬时值和铁心磁饱和程度等因素决定。并且必须考虑焊机操作时电极短路的情况，据经验表明：焊接时的分断电流平均比接通电流大2～4倍。此外，如果为单相负载，所用接触器的三极可以并联（参见表29-36）。表中U_e、I_e、S_e、I_d分别表示焊接变压器的额定电压、额定电流、额定功率、短路时一次侧最大短路电流。

表 29-35 电容器选配接触器参考表

型号	额定绝缘电压(V)	额定工作电压(V)	额定发热电流(A)	AC-6b 下的额定工作电流(A)	长期工作制下额定工作电流(A)	额定控制容量(kvar)	控制线圈(85～110%U_e下)消耗功率(VA)	
							吸持	起动
CJ16-25	500	380	25	17	25	12	12	80
CJ16-32			32	23	32	16	12	80
CJ16-43			43	29	43	20	12	80
CJ16-63			63	43	63	30	22	145

表 29-36 电焊变压器选配接触器参考表

型号	I_e (A)	S_e (kVA)		I_d (A)	
		U_e=220V	U_e=380V	U_e=220V	U_e=380V
CJ20-63	30	11	20	300	300
CJ20-100	53	20	30	450	450
CJ20-160	66	25	40	600	600
CJ20-250	105	40	70	1050	1050
CJ20-250	130	50	90	1800	1800

照明装置选用接触器控制时，须考虑的因素是照明装置的类型、起动电流大小及起动时间长短和长期工作电流。由于电源电压增加使得工作电流增加，因此选用时不得超过接触器持续电流的90%。对于钨丝灯和有功率因数补偿的照明装置，要充分注意它的接通电流值。原则上对于接触器来说要在AC-1制下选用使用电流等级。现将常用的照明装置种类和起动电流、选用电器时的原则列于表29-37，表中I_e为照明灯具的额定电流。选用接触器控制时，参考表29-38（按额定电压200～220V制表）。

表 29-37 照明装置选用数据参考表

照明装置种类	功率因数补偿装置	起动电流	功率因数	起动时间(s)	选数根据
钨丝灯		$16I_e$	0.9～1		AC-1工作制 $0.9I_e$ 和起动电流
荧光灯	无 有	I_e $20I_e$	0.5 0.9		AC-1工作制小接触器为 $0.7I_e$，大接触器为 $0.9I_e$ 以及起动电流
荧光高压汞灯	无 有	$1.6I_e$ $2I_e$	0.4～0.6 0.95	<5 <5	$0.9I_e$ 起动电流
钠灯	无 有	$1.6I_e$ $20I_e$	0.4～0.6 0.95	5～8 5～8	70%长期工作电流 70%长期工作电流和起动电流
金属卤化物灯(高压)	无 有	$1.4I_e$ $20I_e$	0.5 0.95	5～12 5～12 (在 $1.6I_e$)	70%长期工作电流
金属卤化物灯(低压)	无 有	I_e $2I_e$	0.3 0.95	5～12 5～12 (在 $1.6I_e$)	70%长期工作电流

表 29-38　接触器控制照明灯器选用参考表

接触器额定电流(A)	白炽灯(kW)	荧光灯(kW)	水银灯(kW)
25	3.3	2	0.3
25	3.3	2	0.4
40	6.6	4	0.7
40	6.6	4	1
63	11.0	7.5	
100	13.5	10	
100	17.6		

29.2.4.2　接触器的技术数据

常用的交、直流接触器的技术数据见表 29-39～表 29-55。

A　CJ20 系列交流接触器技术数据

CJ20 系列交流接触器分类见表 29-39，主要技术数据见表 29-40。

接触器吸引线圈分为交流（50Hz）36、127、220、380V；直流 24、48、110、220V。吸合电压在 85%～110%额定电压下可靠吸合（煤矿用产品，下限留有 10%的裕量）。释放电压为小于 70%额定电压可靠释放（煤矿用产品为 65%）。消耗功率起动时 175VA/82.3W～3578VA/790W，吸持时为 19VA/5.7W～250VA/118W。

接触器的热稳定性在 AC-3 类 8 倍额定工作电流时，通电持续时间 10s。

表 29-39　CJ20 系列交流接触器分类

接触器等级		1 CJ20-6.3	2 CJ20-10	3 CJ20-16	4 CJ20-25	5 CJ20-40	6 CJ20-63	7 CJ20-100	8 CJ20-160	9 CJ20-250	10 CJ20-400	11 CJ20-630
额定发热电流（A）		6.3	10	16	32	55	80	125	200	315	400	630
断续周期下的额定工作电流（A）	220V	6.3	10	16	25	55	63	100	160	250	400	630
	380V	6.3	10	16	25	40	63	100	160	250	400	630
	660V	3.6	6.3	13.5	16	25	40	63	100	200	250	400
	1140V								80			400

注：1. 表中额定工作电流是指 AC-3 类负荷时的数值；
2. CJ20-630/11 型（额定电压 1140V）的额定发热电流为 400A。

接触器固有动作时间主触头固有吸合时间为 13～22ms，固有分断时间为 8～24ms；辅助常开触头吸合时间 11.6～36ms，分断时间 12～20ms；辅助常闭触头吸合时间 8～24ms，分断时间 13.5～28ms。

接触器的辅助触头，160A 及以下为二常开、二常闭；250A 及以上可以有六个常开、常闭触头，其额定电流为 6～10A，控制功率在交流 380V 时为 100～500VA，直流 220V 时为 60W，操作频率分别为 600～1200 次/h，机械寿命 300～1000 万次，正常使用下的电寿命 60～120 万次。

B　CJ12 系列交流接触器技术数据

CJ12 系列交流接触器主要数据见表 29-41。

接触器的辅助触头的标称额定电流为 10A，其电寿命通断条件见表 29-42。

接触器联锁触头的接通与分断能力：在 1.05 倍的额定电压，并在表 29-43 中的任何一种负荷时，能承受 100 次接通与 100 次分断，每次通电时间不大于 0.2s，每次间隔时间为 3s。

表 29-40 CJ20系列交流接触器主要技术数据

型号	额定电压 U_e（V）	额定电流 I_e（A）	可控制电动机（AC-3）的最大功率（kW）	在额定负载下操作频率（次/h） AC-2	AC-3	AC-4	电寿命（万次） AC-3/AC-4	机械寿命（万次）	$1.1U_e$ 及 $\cos\varphi=0.35\pm0.05$ 时的接通能力（A）	$1.1U_e$ 及 $f\pm10\%$ 和 $r\pm0.05$ 时的通断能力（A）	保安性 熔焊电流峰值（kA）	极限电流峰值（kA）
CJ20-63	220	6.3	1.7									
	380	6.3	3									
	660	3.6	3									
CJ20-10	220	10	2.2									
	380	10	4									
	660	6.3	4									
CJ20-16	220	16	4.5									
	380	16	7.5			300（120）	100/4					
	660	13.0	11						$12I_e$	$10I_e$		
CJ20-25	220	25	5.5									
	380	25	11	300（120）	1200（600）			1000				
	660	16	13									
CJ20-40	220	55	11									
	380	40	22									
	660	25	22									
CJ20-63	220	63	18									
	380	63	30				120/5				6	12
	660	40	35									
CJ20-100	220	100	28									
	380	100	50				120/3	600				
	660	63	50									
CJ20-160	220	160	48								10	12
	380	160	85		1200	1200	120/1.5					
	660	100	85		（600）	（120）						
CJ20-160/11	1140	80	85	30	300	30	20/—	600				
CJ20-250	220	250	80									
CJ20-250/06	380	250	132	300	600	120	60/1		$10I_e$	$8I_e$	11	32
	660	200	190	（120）	（300）	30						
CJ20-400	220	400	115				60/1					
	380	400	200	300	600	120		300				
CJ20-400/06	660	250	220	120	300	30	—/0.5					
	220	630	175									
CJ20-630	380	630	300	300	600	120	60/1				16	32
CJ20-630/06	660	400	350	120	300	30						
CJ20-630/11	1140	400	400	30	120	30	12/1				同上	同上

注：表中 $f=2000I_e^{0.2}/U_e^{0.8}$；$r=1.1$（$f$—固有振荡频率；$r$—幅值系数）；括号中数据为660V用。

表 29-41　CJ12 系列交流接触器主要技术数据

型号	额定电压（V）	额定电流（A）	极数	控制电动机最大功率（kW）	主触头接通与分断电流		操作频率（次/h）		电寿命 AC-2（万类次）	机械寿命（万次）	最大短时耐受电流	最大短时耐受峰值电流	质量（kg）
					接通 100 次	分断 20 次	额定容量时	短时降低容量时					
CJ12-100	380	100	2、3 4、5	50	额定电流的 12 倍	额定电流的 10 倍	600	2000	15	300	不小于 7 倍额定电流	不小于 20 倍额定电流	8
CJ12-150		150		75			600	2000					12.5
CJ12-250		250		125	额定电流的 10 倍	额定电流的 8 倍	600	2000					17.5
CJ12-400		400		200			300	1200	10	200			29
CJ12-600		600		300			300	1200					50

注：1. 表中为三极产品的机械寿命次数，二极产品为 100 万次，四极产品为 20 万次，五极产品为 10 万次；

2. 工作制：间断长期工作制（通电持续率 100%）；反复短时工作制（通电持续率 40%）；四极仅用于反复短时工作制；

3. 吸引线圈按额定电压分：交流 50Hz；36、127、220、380V；直流 24、36、48、110、220V；

4. 接触器主触头的接通与分断能力，系在 1.05 倍的额定电压，功率因数为 0.35±0.05，每次通电时间不大于 0.2s，每次操作间隔 3～5s 的情况下的数据；

5. 表中电寿命的条件为 2.5 倍额定电流，cosφ=0.65，额定电压下的数据。

表 29-42　CJ12 系列交流接触器辅助触头电寿命的通断条件

电压（V）		接通电流（A）	分断电流（A）		触头数目组合
			电感负载	电阻负载	
交流 cosφ=0.4	380	22	2.2	2.2	6 对触头可组合成 5 常开 1 常闭或 4 常开 2 常闭或 3 常开 3 常闭
	220	38	3.8	3.8	
	127 及以下	66	6.6	6.6	
直流 $T=0.06s$	220	3	0.45	0.9	
	110 及以下	6	1	2	

注：上表所列条件下辅助触头电寿命不低于 30 万次，操作频率为 2000 次/h。

表 29-43　CJ12 接触器联锁触头的接通与分断能力

联锁触头电压（V）		接通电流（A）	分断电流（A）		
			感应负荷	电阻负荷	
交流 380V 及以下		100	10	10	cosφ=0.4
直流	110	15	2.5	5	$T=0.06s$
	220	8	1	2	

接触器的吸引线圈允许在额定电压的 85～105% 范围内使用，其起动容量分别为 920～9900VA，吸持容量为 85～737VA，工作功耗为 22～128W 不等。其中直流吸引线圈为双绕组线圈，使用时不需配经济电阻。接通时间在 40～75ms，开断时间在 15～36ms 之间。

若用直流吸引线圈则需占用一对常闭辅助触头，故表 29-40 中的六对辅助触头只剩下五对。

C　B 系列交流接触器和 K 型辅助接触器的技术数据

引进的 B 系列交流接触器和 K 型辅助接触器的技术数据见表 29-44。

D　CJZ 系列空气电磁式交流接触器

空气电磁式交流接触器主要用于冶金、石油化工、造纸等行业。交流 50Hz、电压至 660V、电流至 1000A 共 10 级，用于重型任务，长期工作制的起动、反接制动以及正反向频繁通断的电动机。触头采用银镉合金，双触点直动式，较之 CJ12 等单触点转动式的紫铜触点抗熔焊能力强。主要技术数据见表 29-45。吸引线圈电压交流 50Hz、220V、380V。由于接触器每相下断点动静触头间有并联灭弧电阻起限流作用，使接触器具有分断能力高，灭弧时间短，飞弧距离小，电寿命长等特点。磁铁系统采用圆柱形直动、低碳钢，因而坚固、工作平稳，无声运行，且不受残磁影响。外形体积比 CJ12 小一倍多，质量轻 50%。线圈功耗比同容量的 CJ12 小 95%。

表 29-44 B系列交流接触器主要技术数据

序号	交流操作 带叠片式铁芯的直流操作 带整块式铁芯的直流操作		B9	B12	B16	B25	B30	B37 BE37 BC37	B45 BE45 BC45	B65 BE65	B85 BE85	B105 BE 105	B170 BE 170	B250 BE 250	B370 BE 370	B460	K40-31-22 KC40-31-22
1	主极数		3或4					3									4
2	额定绝缘电压（V）		750	750	750	750	750	750	750	750	750	750	750	750	750	750	660
3	最高工作电压（V）		660	660	660	660	660	660	660	660	660	660	660	660	660	660	660
4	额定发热电流（A）		16	20	25	40	45	45	60	80	100	140	230	300	410	600	10
5	380V时AC-3、AC-4额定工作电流（A）		8.5	11.5	15.5	22	30	37	45	65	85	105	170	250	370	475	AC-11 6
6	660V时AC-3、AC-4额定工作电流（A）		3.5	4.9	6.7	13	17.5	21	25	44	53	82	118	170	268	337	
7	380VAC-3 （600次/h） AC-4 （300次/h） 条件下	控制功率（kW）	4	5.5	7.5	11	15	18.5	22	33	45	55	90	132	200	250	AC-11 5
		AC-3电寿命（万次）	100	100	100	100	100	100	100	100	100	100	100	100	100	100	
		AC-4电寿命（万次）	4	4	4	4	4	4	4	4	3	2	2	2	2	1	
8	660VAC-3 （600次/h） AC-4 （300次/h） 条件下	控制功率（kW）	3	4	5.5	11	15	18.5	22	40	50	75	110	160	250	315	
		AC-3电寿命（万次）															
		AC-4电寿命（万次）															
9	380V额定闭合能力（A）		105	140	190	270	340	445	540	780	1020	1260	2040	3000	4450	5700	
10	380V额定分断能力（A）		85	115	155	220	300	370	450	650	850	1050	1700	2500	3700	4750	
11	各种工作制下的额定操作频率（次/h）	AC-1					600					600		400			
		AC-2 AC-3					600					600		400		300	
		AC-2 AC-4					300					150		100		150	
		DC-1～5					300					150		100			
		AC-11															3000
12	机械寿命 （$\times10^6$次） （1800次/h）	B	10	10	10	10	10	10	10	10	10	10	10	6	6		K 30
		BE						5	5	5	5	3	3	3	3		
		BC						30	30								KC 30
13	线圈额定吸持功率	B（VA/W）	9/2.2	9/2.2	9/2.2	10/3	10/3	22/5	22/5	30/8	30/8	32/9	60/15	66/16	100/27		K 9/2.2
		BE（W）						12	12	17	17	6	9	12	14		
		BC（W）						19	19								KC 7.6

续表 29-44

序号	交流操作 带叠片式铁芯的直流操作 带整块式铁芯的直流操作		B9	B12	B16	B25	B30	B37 BE37 BC37	B45 BE45 BC45	B65 BE65	B85 BE85	B105 BE 105	B170 BE 170	B250 BE 250	B370 BE 370	B460	K40-31 -22 KC40- 31-22
14	质量 (kg)	B	0.31	0.31	0.31	0.46	0.56	1.06	1.08	2.1	2.1	2.3	3.2	6.5	10.6	26.5	K 0.27
		BE						1.18	1.2	1.96	1.96	2.26	3.26	6.46	10.56		
		BC						1.92	1.94								KC 0.48
15	最多辅助触头数		5	5	5	5	4	8	8	8	8	8	8	8	8	8	8

注：1. 通断能力试验条件为 $\cos\varphi=0.35\pm0.05$，$f=2000I_e^{0.2}U_e^{-0.8}\pm10\%$，$\gamma=1.1\pm0.05$，分断次数为 25×2（中间间歇 10～20min），每次间隔时间为 5～10s（当 $I_e\leqslant100A$ 时）与 15～30s（当 $I_e>100A$ 时），每次通电时间≤0.5s。
2. 接触器的辅助触头基本形式为 2 常开 2 常闭，也可组成 3 常开 3 常闭或 4 常开 4 常闭多种形式。
3. 当需要主极数为 4 个时，则须在订货时指明，此时将减少一个辅助触头。
4. K-40，KC-40 亦称为中间继电器。

表 29-45 CJZ 接触器技术数据表

项目	型号	CJZ-100	CJZ-160	CJZ-200	CJZ-250	CJZ-315	CJZ-400	CJZ-500	CJZ-630	CJZ-800	CJZ-1000
主触头额定工作电流（A）	AC-2 AC-3	100	160	200	250	315	400	500	630	800	1000
	AC-2 AC-4	52	72		103		120		150	200	250
控制电动机最大容量（kW）	AC-3	55	90		132		200	250	300	400	500
	AC-4	27	37		55		65	70	80	100	125
当电压为 380V×1.1 倍，$\cos\varphi$=0.35，试验间隔 10s，每次通电时间 60ms	分断能力	$10I_e$ 25 次	$8I_e$ 25 次								
	接通能力	$12I_e$ 100 次	$10I_e$ 100 次								
电寿命（AC_2，AC_4）操作频率 300 次/h（万次）		20							AC-3 80		
机械寿命（万次）		300							200		
辅助触头工作电流（A）		5	10								
辅助触头数量		4 常开 4 常闭									
主触头 初压力/终压力（N）		19.6/29	29/49	39/59	59/78	69/88	78/118	98/147	127/177	177/235	235/294
线圈吸持功耗（VA）		8	10		15		20		30		40
质量（kg）		3	5		6		14		21	25	30
外形尺寸（宽×高×深）（mm）		120×150×146	135×180×173		145×200×187		190×231×260		260×280×260	300×300×260	

E CFZI 辅助接触器的技术数据

CFZI 辅助接触器用于交、直流控制电路的辅助电路作为增加信号强度和数量之用，例如PC机输出5A不够用或点数需扩大等。CFZI的额定绝缘电压为380V，额定控制电压有直流12、24、40、48、80、110V等几种，机械寿命1000万次，电寿命100万次，额定操作频率1200次/h，触点约定发热电流16A。控制线圈容量交流150VA，直流50W。外形尺寸：45×45×42（mm）。该接触器为滑轨式安装，安装轨尺寸为35mm。

F　LC-D交流多功能接触器的技术数据

LC-D系列为引进法国TE公司产品，适于电机频繁工作，它结构紧凑，体积小，质量轻，功耗小，寿命长。组合式结构派生多种功能电器，可以有螺丝孔安装和标准卡轨安装。适于严酷工业环境和各种气候条件，电寿命、机械寿命很长，辅助触头为磨擦式闭合，因而有去污自洁作用。用阻燃材料制的壳体机械性能好，耐高温电弧。可组合LA$^2_3$-D型空气延时触头，使接触器（中间继电器）具有延时功能（延时范围有0.1～3s、0.1～30s、10～180s三挡）；组合LR1-D系列热继电器及附装特殊结构而同时具有过载和断相保护，加上其它元件从而组成磁力起动器；或组成星三角起动器；组合LA1-D型辅助触头组，可将辅助触头从固有的1对扩大到4对，共有8种组合，形成接触器——中间继电器功能；组合LC2-D型机构形成防止电路换向时相间短路、比电气联锁更安全可靠的机械联锁接触器。

型号含义：　LC □-D □□ □ □

LC-D系列电器

1—交流接触器
2—带机械联锁的正反向二个接触器
3—星三角减压起动器

额定电流 9～80A

触头形式：3—3常开主接点，1～2常开辅接点
9—3常开主接点，1常闭辅接点
4—4常开主接点
8—2常开，2常闭主接点

线圈电压文字代号（24～660V）

主要技术性能，见表29-46。

额定电压660V，25～400Hz，环境温度－25℃～40℃；海拔3000m；动作电压85～100%U_e，释放电压0.3～0.6U_e；辅触头（AC-11）220V、3A。控制电压24～660V。允许安装倾角±30°。

G　CZ0系列直流接触器的技术数据

CZ0系列直流接触器基本数据见表29-47。接触器主触头分断能力（电感负荷）、飞弧距离及吸引线圈消耗功率见表29-48。

上述主触头的分断能力数据系在通断电压为1.05倍直流接触器额定电压，时间常数$T=0.015$s，通断各20次，每次通电时间0.2～0.3s、间隔10s的条件下取得的。临界分断能力为0.2I_e。

最大短时耐受峰值电流，CZ0-100型及以下为20倍I_e（接触器额定电流），CZ0-150型及以上为17倍。最大短时耐受电流（有效值）为7I_e、10s。

CZ0系列额定控制电源电压一般情况下：150A及以下为直流220、110、48、24V；250A及以上为直流220、110V。

接触器主触头电寿命及机械寿命见表29-49。接触器辅助触头的接通与分断能力及机电寿命见表29-50。

表29-46　LC1-D系列多功能交流接触器主要技术性能

型号LC1-D		09	12	16	25	40	50	63	80
额定工作电流（A）（≤440V）AC-3/AC-4		9/4	12/5	16/7	25/10	40/16	50/20	63/25	80/32
适用电机容量 AC-3 （kW）	220V	2.2	3	4	5.5	11	15	18.5	22
	380V	4	5.5	7.5	11	18.5	22	30	37
	660V	5.5	7.5	9	15	30	33	37	45
电阻负载AC-1（A）		25	25	32	40	60	80	80	125

续表 29-46

<table>
<tr><td colspan="3">型号 LC1-D</td><td>09</td><td>12</td><td>16</td><td>25</td><td>40</td><td>50</td><td>63</td><td>80</td></tr>
<tr><td colspan="3">电寿命（380V）
AC-3/AC-4
（万次）</td><td>200/20</td><td>220/20～15</td><td>200/20～7</td><td>200/15～7</td><td>200/10～7</td><td>200/7</td><td>160/7～6</td><td>160/7～5</td></tr>
<tr><td colspan="3">机械寿命（万次）</td><td colspan="7">2000</td><td>1000</td></tr>
<tr><td colspan="3">接通最大电流（A）</td><td>250</td><td>250</td><td>300</td><td>450</td><td>800</td><td>900</td><td>1000</td><td>1100</td></tr>
<tr><td colspan="3">断开最大电流（A）
440V/660V</td><td>250/85</td><td>250/80</td><td>300/120</td><td>450/180</td><td>800/400</td><td>900/500</td><td>1000/630</td><td>1100/640</td></tr>
<tr><td rowspan="3">操作频率
（次/h）</td><td rowspan="2">电寿命</td><td>AC-4</td><td colspan="3">300</td><td colspan="5">150</td></tr>
<tr><td>AC-3</td><td colspan="2">2400</td><td colspan="5">1200</td><td>600</td></tr>
<tr><td colspan="2">机械寿命</td><td colspan="8">3600</td></tr>
<tr><td colspan="3">线圈功率（50Hz）（VA）
吸合/维持</td><td colspan="2">70/8</td><td colspan="2">110/11</td><td colspan="4">200/20</td></tr>
<tr><td colspan="3">功耗（W）</td><td colspan="2">1.8～2.7</td><td colspan="2">3～4</td><td colspan="4">6～10</td></tr>
<tr><td colspan="3">吸合/释放时间（ms）</td><td colspan="2">12～22/4～12</td><td colspan="2">15～24/5～19</td><td colspan="3">20～26/8～12</td><td>20～35/6～20</td></tr>
</table>

表 29-47　CZ0 接触器基本数据

<table>
<tr><td rowspan="2">型号</td><td rowspan="2">额定电流
（A）</td><td rowspan="2">额定电压
（V）</td><td rowspan="2">额定操作频率
（次/h）</td><td colspan="2">主触头型式及数目</td><td colspan="2">辅助触头型式及数目</td><td rowspan="2">总质量
（kg）</td></tr>
<tr><td>常开</td><td>常闭</td><td>常开</td><td>常闭</td></tr>
<tr><td>CZ0-40/20</td><td rowspan="2">40①</td><td rowspan="14">440②</td><td>1200</td><td>2</td><td></td><td rowspan="3">2</td><td rowspan="3">2</td><td>2.2</td></tr>
<tr><td>CZ0-40/02</td><td>600</td><td></td><td>2</td><td>2.2</td></tr>
<tr><td>CZ0-100/10</td><td rowspan="3">100</td><td>1200</td><td>1</td><td></td><td>3.4</td></tr>
<tr><td>CZ0-100/01</td><td>600</td><td></td><td>1</td><td>2</td><td>1</td><td>3.2</td></tr>
<tr><td>CZ0-100/20</td><td>1200</td><td>2</td><td></td><td rowspan="2">2</td><td rowspan="2">2</td><td>5.4</td></tr>
<tr><td>CZ0-150/10</td><td rowspan="3">150</td><td>1200</td><td>1</td><td></td><td>5.0</td></tr>
<tr><td>CZ0-150/01</td><td>600</td><td></td><td>1</td><td>2</td><td>1</td><td>5.0</td></tr>
<tr><td>CZ0-150/20</td><td>1200</td><td>2</td><td></td><td>2</td><td>2</td><td>7.8</td></tr>
<tr><td>CZ0-250/10</td><td rowspan="2">250</td><td rowspan="7">600</td><td>1</td><td></td><td colspan="2" rowspan="7">5③</td><td>9.8</td></tr>
<tr><td>CZ0-250/20</td><td>2</td><td></td><td>18</td></tr>
<tr><td>CZ0-400/10</td><td rowspan="3">400</td><td>1</td><td></td><td>16</td></tr>
<tr><td>CZ0-400/01</td><td></td><td>1</td><td>16</td></tr>
<tr><td>CZ0-400/20</td><td>2</td><td></td><td>26</td></tr>
<tr><td>CZ0-600/10</td><td>600</td><td>1</td><td></td><td>22</td></tr>
</table>

①额定电流为 40A 的接触器用于控制小电流回路时，为了保证可靠灭弧，其灭弧线圈分为 1.5、2.5、5、10、20 及 40A 六种供选用；

②额定电流为 100（双极）、150、250、400、600A 带常开主触头的接触器可提高至 660V，但此时电寿命要相应降低；

③其中一对为固定常开，另外 4 对常开常闭可任意组合。

表 29-48 CZ0 接触器主触头分断能力（电感负荷）、飞弧距离及吸引线圈消耗功率

型号	分断电流 (A)	飞弧距离电压为 440V/660V (mm)	吸引线圈功率 （起动线圈/吸持线圈）(W)
CZ0-40/20	160	15/	22
CZ0-40/02	100	15/	24
CZ0-100/10	400	40/	24
CZ0-100/01	250	35/	180/24
CZ0-100/20	400	40/40	30
CZ0-150/10	600	40/	30
CZ0-150/01	375	35/	300/25
CZ0-150/20	600	40/50	40
CZ0-250/10	1000	100/160	220/31
CZ0-250/20	1000	100/140	290/40
CZ0-400/10	1600	140/180	350/28
CZ0-400/01	1000	140/	506/42
CZ0-400/20	1600	120/160	430/43
CZ0-800/10	2400	170/220	320/50

表 29-49 CZ0 接触器主触头电寿命与机械寿命

额定电流 (A)		接通条件			断开条件			电寿命 （万次）	机械寿命 （万次）
		额定电流	额定电压	L/R (s)	额定电流	额定电压	L/R (s)		
带常开主触头	40～150	$2.5I_e$	U_e	0.002	I_e	$0.1U_e$	0.0075	50	500
带常闭主触头	40～150	$2.5I_e$	U_e	0.002	I_e	$0.1U_e$	0.0075	30	300
带常开主触头	250～600	$2.5I_e$	U_e	0.002	I_e	$0.1U_e$	0.0075	30	300

表 29-50 CZ0 系列直流接触器辅助触头参数

接触器额定电流(A)	电压(V)		控制容量	通断能力			电寿命			
				接通	分断		接通	分断		（万次）
					电感负载	电阻负载		电感负载	电阻负载	
≤150	交流	380		50A	5A，$\cos\varphi=0.35$	5A	12A	1.2A	1.2A	50
≤150	直流	110		8A	1.2A，$T=60$ms	2.5A	4A	0.6A	1.2A	50
≤150	直流	220		4A	0.5A，$T=60$ms	1A	2A	0.3A	0.6A	50

续表 29-50

接触器额定电流(A)	电压(V)	控制容量	通断能力			电寿命			(万次)
			接通	分断		接通	分断		
				电感负载	电阻负载		电感负载	电阻负载	
≥250	交流 36～380	1000VA	$1.1U_e$、$17.6I_e$、$\cos\varphi=0.115$			$16I_e$、$\cos\varphi=0.15$	U_e、I_e、$\cos\varphi=0.2$		30
	直流 24～220	90W	$1.1U_e$、$5.5I_e$、$T=50ms$			$5I_e$、$T=50ms$	U_e、I_e、$T=200ms$		

表 29-51　CZ16-1000、CZ16-1500 直流接触器主要技术参数

型号	额定电压(V)	额定电流(A)	触头数		操作线圈		动作时间(s)		主触头			飞弧距离(mm)	机械寿命(万次)
			主触头	辅助触头	额定电压(V)	消耗功率(W)起动/吸持	闭合	断开	通断能力	电寿命			
										参数	次数		
CZ16-1000	660	1000	1常开	1常开，另3个常开、常闭可任意组合	110	495/38	0.22	0.06	U_e $4I_e$	U_e、$2.5I_e$ $T=7.5ms$	5000	350	50
CZ16-1500	660	1500			220	745/80	0.15	0.04				500	

表 29-52　CZ16-1000、CZ16-1500 直流接触器辅触头技术参数

型号	辅助触头								
	额定电流(A)	额定电压(V)	通断能力			电寿命			(万次)
			接通(A)	分断(A)		接通(A)	分断(A)		
				电感负载	电阻负载		电感负载	电阻负载	
CZ16-1000	10	交流 380	100	10　$\cos\varphi=0.35$	10	22	2.2	3.2	30
CZ16-1500		直流 110	15	2.5　$T=60ms$	5	6	1	2	
		直流 220	8	2　$T=60ms$	2	3	0.8	1	

H　CZ18 系列直流接触器的技术数据

CZ18 系列供直流电压至 440V，直流电流至 1000A，共有 40、80、160、315、630、1000A 六个等级。接触器的操作频率 80A 以下为 1200 次/h，160～1000A 为 600 次/h。常开主触头 80A 以下有单级，双极两种，而 160A 及以上均为单极。其辅助触头为 2 常开 2 常闭，40～80A 级的接触器的辅触头额定电流为 6A，其他为 10A。电寿命在 DC-3 工作类别时，160A 及以下为 50 万次，315A 及以上为 30 万次，在 DC-3、DC-5 类别时，不小于 3 万次。机械寿命 160A 以下为 500 万次，315A 以上为 300 万次。由上可见 CZ18 的额定电流比 CZ0 多一个 1000A 等级，它也和 CZ0 一样适于频繁起动、停止、反转及反接制动。

I　大型直流接触器的主要技术数据

在钢铁企业特别是轧钢车间直流主传动的主回路常用到大容量的直流接触器，特列出部分大型直流接触器的主要技术数据作为参考。

CZ16-1000、CZ16-1500 直流接触器的主要技术数据见表 29-51、表 29-52。

CZ2-2500 型直流接触器。CZ2-2500 分为无加速断开弹簧及有加速断开弹簧两种，后者型号为 CZ2-2500A。前者合闸固有时间 0.5s，分闸 0.15s；后者则分别为 0.26s 和 0.12s，可以装或不装过载保护脱扣器，其刻度为 2500-3750-5000A。

脱扣开关触头1常开、1常闭。辅助触头3常开、3常闭，额定电流均为20A，外形尺寸：高950mm×宽500mm×深（板前284mm，板后208mm），其技术数据见表29-53。

表 29-53 CZ2-2500 直流接触器主要技术参数

额定电压(V)	额定电流(A)	额定操作频率(次/h)	动作时间(s)		操作线圈额定电压(V)	外形尺寸(mm)	触头参数							
							初压力(N)		终压力(N)		开距(mm)		超程(mm)	
			闭合	断开			主	弧	主	弧	主	弧	主	弧
600	2500	240	0.5	0.15	110、220	950×500×492	190～250	80～120	240～320	180～260	19～26	27～37	5～10	10～16

CZ10-4000型直流接触器技术数据见表29-54。

表 29-54 CZ10-4000 直流接触器主要技术参数

额定电压(V)	额定电流(A)	通断能力		电寿命(万次)	机械寿命(万次)	脱扣器整定电流(A)	动作时间(s)		辅助触头						外形尺寸(mm)
		电感负载	电阻负载				闭合	断开	额定电压(V)		额定电流(A)	通断能力(A)			
												接通	分断		
													电阻	电感	
						4000			交流	380	10	100	10	10	
1000	4000	$1.05U_e$ $2.5I_e$ $T=5ms$	$1.05U_e$ $5I_e$	4	20	7000	0.26	0.12	直流	110	10	15	5	2.5	1000×700×501
						10000				220	10	8	2	1	

J 交流真空接触器的技术数据

真空接触器由于其接点吸合和分断在隔离的真空状态中工作，电弧小，触头烧损小，电寿命机械寿命长，因而适用于频繁动作的重负荷及有爆炸危险，有火灾危险的场合，如井下、化工厂等。与交流电磁接触器相比，真空接触器还有不需维修，操作时噪音小，重量轻，体积小等优点，但是价格贵，且不能用于直流电路。

CKJ6-125型真空接触器用于50Hz、电压660V、1140V，电流100A、125A。供远距离接通和分断交流电路，频繁起动和控制交流电动机之用。它适宜与各种保护装置配合使用，组成隔爆型电磁起动器。辅助触头工作电压交流220V、380V，工作电流0.8A；直流电压220V，工作电流0.14A，辅助触头使用类别AC-11，DC-11。接触器电寿命30万次（AC-3）和6万次（AC-4）。在电压为$1.1U_e$，$\cos\varphi=0.35$时，接通能力12×100A和10×125A，分断能力10×100A和8×125A。机械寿命为300万次。接触器在闭合状态下能承受$8I_e$电流10s。极限分断能力在$\cos\varphi=0.6$、$1.1U_e$下分断2500A3次，间隔180s。吸合电压75～110%U_e，释放电压不低于10%U_e。外形尺寸：长×宽×高（mm）150×140×175。

CKJ5-250型真空接触器额定工作电压为1140V（50Hz），额定工作电流为250A，用途同CKJ6型。主要工作制为八小时工作制和断续周期工作制（40%），操作频率为AC-3，600次/h；AC-4，120次/h，AC-4短时允许操作频率为2000次/h，20s。主触头额定接通能力2500A，100次；分断能力2000A，25次。接触器极限分断能力为4500A，3次。承受过载电流能力为2000A，10s。机械寿命为300万次。电寿命AC-3，60万次，AC-4，6万次。消耗功率：启动时300W，吸持时20W。截止电流的平均值<0.5A，最大值<1A。控制电路电压为AC380V、220V；DC220V；辅助触头为5A。

VS317、VS507型真空接触器为引进德国AEG公司技术制造，适用于40～60Hz，至1200V，额定电流315A和500A。AC-3连续操作1200次/h。有关技术数据见表29-55。

表 29-55 VS317 及 VS507 真空接触器技术数据表

项目 型号	控制电机容量 (kW)				额定发热电流 (A)	额定接通电流 (kA)	额定分断电流 (kA)
	380V	500V	660V	1140V			
VS317	160	220	290	450	315	5	5
VS507	250	340	450	690	500		

VS317、VS507 型真空接触器外形尺寸：206×188×160（宽×深×高）mm。辅助触头：交流 660V，AC-11 负载，cosφ=0.7 时，工作电流 1.2A；直流 800V，DC-11 负载，$T<15$ms，工作电流 1A。消耗功率：启动 375W，吸持 4W。操作电压：0.7～1.1U_e。

29.2.5 起动器的选择

起动器系专门作为电动机起动、停止、反转用的开关电器，一般由接触器、热继电器及其它电器组合而成。

目前起动器种类很多，特别是一些新型元器件不断出现，使起动器的产品不断更新。一般钢铁企业大量采用的起动器为电磁起动器，也称作"磁力起动器"，自 1985 年新标准建立后改称为交流直接（全电压）起动器。按其用途分为可逆与不可逆两种，前者需两个接触器组成，可控制电机正、反转，具有电和机械联锁。一般除可逆式小容量起动器外，都带有热继电器。按结构形式分为开启式、保护式和防爆式三种。由于一般做成保护式，造成交流接触器散热条件不好，从而使温升增加，因此保护式起动器的容量应比其中所装设的交流接触器的容量略为降低。

至于接通和分断能力及保护特性等，主要由接触器及热继电器的元件决定。

以前国产磁力起动器较常用的有 QC10、QC12、QC20 等产品，但他们原设计选用的主接触器为 CJ10 型，而 CJ10 型是将被取代的产品，故本手册只搜集全国统一设计的 QC10 型和 QC12 型。此外，搜集了引进国外技术生产的 MSJB、MSBB 系列起动器供参考；在上一节中介绍的从法国引进的 LC-D 系列接触器可以组成磁力起动器。表 29-56～表 29-68 列出了部分起动器的技术数据，仅供参考。

29.2.5.1 *磁力起动器*

A QC10 系列磁力起动器

QC10 系列磁力起动器的型式分类及基本技术数据见表 29-56。

表 29-56 QC10 系列起动器的型式分类及基本数据

起动器等级	额定电流(A)	型号							所配接触器CJ10的电流等级(A)	所配热继电器电流等级(A)	可控鼠笼型电动机的最大功率(kW)		
		开启式			保护式						220V	380V	500V
		不可逆	可逆		不可逆		可逆						
		有热保护	无热保护	有热保护	无热保护	有热保护	无热保护	有热保护					
1	5	QC10-1/2	QC10-1/3	QC10-1/4	QC10-1/5	QC10-1/6	QC10-1/7	QC10-1/8	5	20	1.2	2.2	2.2
2	10	QC10-2/2	QC10-2/3	QC10-2/4	QC10-2/5	QC10-2/6	QC10-2/7	QC10-2/8	10	20	2.2	4	4
3	20	QC10-3/2	QC10-3/3	QC10-3/4	QC10-3/5	QC10-3/6	QC10-3/7	QC10-3/8	20	40	5.5	10	10
4	40	QC10-4/2	QC10-4/3	QC10-4/4	QC10-4/5	QC10-4/6	QC10-4/7	QC10-4/8	40	40	11	20	26
5	60	QC10-5/2	QC10-5/3	QC10-5/4	QC10-5/5	QC10-5/6	QC10-5/7	QC10-5/8	60	100	17	30	
6	100	QC10-6/2	QC10-6/3	QC10-6/4	QC10-6/5	QC10-6/6	QC10-6/7	QC10-6/8	100	100	29	50	
7	150	QC10-7/2	QC10-7/3	QC10-7/4	QC10-7/5	QC10-7/7	QC10-7/7	QC10-7/8	150	150	47	75	

起动器适合于长期工作制；间断工作制；反复短时工作制（带热继电器的操作频率一般不大于 60 次/h。

热继电器自动复位不大于 5min，手动复位不大于 2min）。

根据被保护对象的额定电流值选择热继电器的规格，热继电器可以有 JR15 和 JR16 两种，参见表 29-74。其中如带“D”者，则表示兼有断相保护特性的功能。

吸引线圈额定电压分交流（50Hz）36、110、127、220、380V 及直流 48、110、220V 共 8 种。

B　QC12 系列磁力起动器

QC12 系列磁力起动器的型式分类及基本技术数据见表 29-57。

热继电器采用 JRO 系列三极热继电器，具有温度补偿，性能较稳定。JRO 系列三极热继电器可制成具有单相运转保护特性，以防止电源断相所造成的电机烧毁故障。此系列热继电器的技术数据见表 29-74。

QC12 系列吸引线圈的额定电压为～50Hz，36、110、220、380V。

C　MSJB 型及 MSBB 型磁力起动器

MSJB 型及 MSBB 型磁力起动器的参考数据见表 29-58 及表 29-59。

MSJB、MSBB 与 QC8、QC10、QC12 等产品不一样，系用 T 系列热继电器，有关技术数据见表 29-60 及表 29-61。

MSJB 和 MSBB 起动器的辅助触头最多能带：

B1～B16——5 个；B25——6 个；B30——4 个；B37——8 个。

它们的常闭、常开触头组合，可在上述范围内任意组合，并符合 IEC337-1 有关规定，有关辅助触头技术数据详见表 29-62。

表 29-57　QC12 起动器的型式分类及基本数据

起动器等级	额定电流(A)	型号							所配接触器 CJ10 系列的电流等级(A)	所配热继电器 JRO 系列的电流等级(A)	可控制电动机的最大功率(kW)		
		开启式			保护式								
		不可逆	可逆		不可逆		可逆						
		有热继电器	无热继电器	有热继电器	无热继电器	有热继电器	无热继电器	有热继电器			220V	380V	500V
1	5	QC12-1/K	QC12-1/NWK	QC12-1/NK	QC12-1/WH	QC12-1/H	QC12-1/NWH	QC12-1/NH	5	20	1.2	2.2	2.2
2	10	QC12-2/K	QC12-2/NWK	QC12-2/NK	QC12-2/WH	QC12-2/H	QC12-2/NWH	QC12-2/NH	10	20	2.2	4	4
3	20	QC12-3/K	QC12-3/NWK	QC12-3/NK	QC12-3/WH	QC12-3/H	QC12-3/NWH	QC12-3/NH	20	20	5.5	10	10
4	40	QC12-4/K	QC12-4/NWK	QC12-4/NK	QC12-4/WH	QC12-4/H	QC12-4/NWH	QC12-4/NH	40	60	11	20	26
5	60	QC12-5/K	QC12-5/NWK	QC12-5/NK	QC12-5/WH	QC12-5/H	QC12-5/NWH	QC12-5/NH	60	60	17	30	30
6	100	QC12-6/K	QC12-6/NWK	QC12-6/NK	QC12-6/WH	QC12-6/H	QC12-6/NWH	QC12-6/NH	100	150	29	50	50
7	150	QC12-7/K	QC12-7/NWK	QC12-7/NK	QC12-7/WH	QC12-7/H	QC12-7/NWH	QC12-7/NH	150	150	47	75	75

表 29-58 MSJB系列塑料外壳不可逆磁力起动器技术数据

分类	起动器型号	配装主要元件			起动器额定工作电流(A)		可控制鼠笼型电动机功率(kW)		保护等级
		交流接触器		热继电器型号					
		型号	额定电流(A)		380V	660V	380V	660V	
带按钮	MSJB9	B9	16	T16	8.5	3.5	4	3	IP65
	MSJB12	B12	20	T16	11.5	4.9	5.5	4	
	MSJB16	B16	25	T16	15.5	6.7	7.5	5.5	
不带按钮（但能装按钮）	型号待定	B9	16	T16	8.5	3.5	4	3	IP54
		B12	20	T16	11.5	4.9	5.5	4	
		B16	25	T16	15.5	6.7	7.5	5.5	
		B25	40	T16、T25	22	13	11	11	
		B30	45	T25、T45	30	17.5	15	15	

注：1. 保护等级按德国《外壳防护等级的分类》DIN40050-80划分的。

2. 吸引线圈额定电压为～50Hz：24、48、110、220、380V。

3. 起动器适合于长期工作制、间断长期工作制、反复短时工作制。

表 29-59 MSBB系列金属外壳不可逆磁力起动器技术数据

分类	起动器型号	配装主要元件			起动器额定工作电流(A)		可控制鼠笼型电动机功率(kW)		保护等级
		交流接触器		热继电器型号					
		型号	额定电流(A)		380V	660V	380V	660V	
带按钮	MSBB9	B9	16	T16	8.5	3.5	4	3	IP40
	MSBB12	B12	20	T16	11.5	4.9	5.5	4	
	MSBB16	B16	25	T16	15.5	6.7	7.5	5.5	
不带按钮（但能装按钮）	型号待定	B9	16	T16	8.5	3.5	4	3	IP40
		B12	20	T16	11.5	4.9	5.5	4	
		B16	25	T16	15.5	6.7	7.5	5.5	
		B25	40	T16、T25	22	13	11	11	
		B30	45	T25、T45	30	17.5	15	15	
		B37	45	T25、T45	37	21	18.5	18.5	
		B45	60	T45	45	25	22	22	
		B65	80	T85	65	44	33	40	
		B85	100	T85	85	53	45	50	
		B105	140	T85、T105 T170	105	82	55	75	
		B170	230	T105、T170	170	118	90	110	
		B250	300	T250	250	170	132	160	
		B370	410	T370	370	286	200	250	
		B460	600	T370	475	337	250	315	

注：同表29-58表下注。

表 29-60 T系列热继电器的额定电流及整定电流调节范围

配套的交流接触器型号	热断电器型号	热元件额定电流（A）	整定电流调节范围（A）
B9、B12、B16、B25	T16	0.16	0.11～0.16
		0.21	0.14～0.21
		0.29	0.19～0.29
		0.40	0.27～0.40
		0.52	0.35～0.52
		0.63	0.42～0.63
		0.83	0.55～0.83
		1.0	0.70～1.0
		1.3	0.9～1.3
		1.5	1.1～1.5
		1.8	1.3～1.8
		2.1	1.5～2.1
		2.4	1.7～2.4
		3.0	2.1～3.0
B16、B25、B30、B37	T25	0.9	0.6～0.9
		1.1	0.70～1.1
		1.5	1.0～1.5
		1.9	1.3～1.9
		2.4	1.6～2.4
		3.2	2.1～3.2
		4.1	2.8～4.1
		5.6	3.7～5.6
		7.5	5.0～7.5
		10	6.7～10
		13	8.5～13
		15.5	12～15.5
		17	13.5～17
		20	15.5～20
		23	18～23
		27	21～27
		35	26～35
B25、B30、B37、B45	T45	0.4	0.25～0.4
		0.52	0.30～0.52
		0.63	0.40～0.63
		0.83	0.52～0.83
		1.0	0.63～1.0
		1.3	0.83～1.3
		1.6	1.0～1.6
		2.1	1.3～2.1
		2.5	1.6～2.5
		3.3	2.1～3.3
		4.0	2.5～4.0
		5.2	3.3～5.2
		6.3	4.0～6.3
		8.3	5.2～8.3
		10	6.3～10

配套的交流接触器型号	热继电器型号	热元件额定电流（A）	整定电流调节范围（A）
B9、B12、B16、B25	T16	4.0	2.7～4.0
		4.5	3.4～4.5
		6.0	4.0～6.0
		7.5	5.2～7.5
		9.0	6.3～9.0
		11	7.5～11
		13	9.0～13
		17.6	12～17.6
B16、B25、B30、B37	T25	0.25	0.17～0.25
		0.32	0.22～0.32
		0.42	0.28～0.42
		0.55	0.37～0.55
		0.70	0.50～0.70
B25、B30、B37、B45	T45	13	8.3～13
		16	10～16
		21	13～21
		27	16～27
		35	21～35
		45	27～45
		45	28～45
B65、B85	T85	10	60～10
		14	8.0～14
		20	12～20
		29	17～29
		40	25～40
		55	35～55
		70	45～70
		100	60～100
B37、B45、B65、B85、B105、B176	T105	52	36～52
		63	45～63
		82	57～82
		105	70～105
		115	80～115
B65、B85、B105、B170	T170	130	90～130
		160	110～160
		200	140～200
B170、B256	T250	160	100～160
		250	160～250
		400	250～400
B370、B460	T370	250	160～250
		400	250～400
		500	310～500

表 29-61 T系列热继电器主要技术性能

项目 \ 技术数据	型号							
	T16	T25	T45	T85	T105	T170	T250	T370
温度补偿范围（℃）	－25～＋50	－25～＋50	－25～＋50	－25～＋50	－25～＋50	－25～＋50	－25～＋50	－25～＋50
有无断相保护	有	有	有	有	有	有	有	有
继电器复位方式	手动	手动	手动 自动	手动	手动 自动	手动 自动	手动 自动	手动 自动
最大热损功率（W）	2.1		2.9	8.2	2.9	2.9	2.9	2.9
操作频率（次/h）	15	15	15	15	15	15	15	15
电寿命（万次）	5	5	5	5	5	5	5	5
外形尺寸（mm） （长×宽×高）	42×44×74			81×68.5 ×121.5	102×87 ×135	105×107 ×158	190×137 ×161.5	190×146 ×161.5
质量（kg）	0.124			0.420				

表 29-62 B系列用辅助触头技术数据

额定发热电流 I_{th}（A）	7、9、11 型		10				
	B460 专用型		16				
不同电压下额定工作电流 I_e（A）	交流或直流电压（V）		6～48	110～127	220～240	280～415	440～500
	交流电流（AC-11）（A）	9 型	6	5	3	1.5	1
		7、11 型	10	10	10	6	4
		B460 专用型	16	16	16	1.6	10
	直流电流（DC-11）（A）		3	1	0.5	0.3	0.25

29.2.5.2 手动起动器

手动起动器直接起动电动机，它采用不同外缘形状的凸轮来完成电动机的起动、停止及反转。国产主要手动起动器有 QS5 和 QS6 及 LAJ1-5 型。表 29-63 列出其主要技术数据。

表 29-63 手动起动器的主要技术数据

型号	额定电流（A）	额定电压（V）	可控制电动机的最大功率（kW）	操作频率（次/h）	机械寿命（万次）	电气寿命（万次）
QS5-10	10	380	2.8	200	25	10
QS5-15	15		4.5			
QS5-20	20		5.5			
QS5-30	30		7.5			

续表 29-63

型号	额定电流（A）	额定电压（V）	可控制电动机的最大功率（kW）	操作频率（次/h）	机械寿命（万次）	电气寿命（万次）
QS6-4/3	4	380	1.5	120	20	3
QS6-6/2	6	220	0.75			
QS6-6/3	6	380	2.2			
LAJ1-5	5	220 380	0.75 1.5	1200	100	20

29.2.5.3 综合起动器

综合起动器与一般磁力起动器比，其中还装有熔断器、组合开关、按钮、控制变压器或报警声光元件。QZ73 系列电动机综合保护起动器的主要技术数据见表 29-64。

表 29-64 QZ73 系列综合起动器技术数据

型号	主触头额定电流（A）	控制电动机最大功率（kW）				热继电器			熔断器		辅助触头
		127V	220V	380V	500V	型号	额定电流（A）	整定电流调节范围（A）	型号	熔体电流（A）	
QZ73-1	20	1	1.8	3.2	4	JRO-20	1.1 1.6 2.4 3.5 5 7.2	0.68～1.1 1～1.6 1.5～2.4 2.2～3.5 3.2～5 4.5～7.2	RL1-15	2、4 4、6 6、10 10、15 10、15 15	2常开 2常闭 额定电流 5A
QZ73-2											
QZ73-4		1	1.8		4						
QZ73-6		1	1.8		4						
QZ73-3	40			10			11 16 22	6.8～11 10～16 14～20	RL1-60	20、25、30、35 35、40、50 40、50、60	
QZ73-5		3.2	5.8								
QZ73-7		3.2	5.8								
QZ73-8		4	7		13		22	14～22	RL1-60	50、60	
QZ73-9		4	7		13						
QZ73-10		4	7		13						

注：QZ73-2、QZ73-3、QZ73-8 的吸引线圈用降压变压器 380/36、380/110、380/127V；装于起动器内，其它各型吸引线圈电压为 36、110、127、220、380V，订货时说明所选电压。

29.2.5.4 自耦减压起动器

自耦减压起动器是利用自耦变压器来降压不频繁起动电动机的电器，分手动和自动操作两种，手动式又分油浸式和空气式两种；自耦变压器一般有 50%、65%、80%三个抽头。减压起动器有 QJ10D、JJ1、XQ01 等型号的空气式产品；此外还有可用于潜水泵的 LZQ1 系列自耦减压起动柜和 QJW6-22 无触头减压起动器，DJQ 系列节电型无触头起动器以及电阻减压起动器 QJ7 等。QJ10D、JJ1 系列起动器主要技术数据见表 29-65、表 29-66。

表 29-65 QJ10D 系列空气式手动自耦减压起动器技术数据

控制的电动机功率（kW）	10	13	17	20	30	40	55	75
电动机额定电流（A）	20.7	25.7	34	43	58	77	105	142
过载保护整定电流（A）	20.7	25.7	34	43	58	77	105	142

续表 29-65

控制的电动机功率（kW）	10	13	17	20	30	40	55	75
最大起动时间（s）	30		40			60		
欠压脱扣器动作特性	动作电压≥75%额定电压，释放电压≤35%额定电压							

表 29-65 所示的 QJ10D 系列起动器还具有以下特点：

（1）起动器过载保护采用 JR16-□/3D 带断相保护的继电器，当起动器长期通过额定电流时应能保证长期正常工作。当通过 $1.2I_e$ 运行时，则在不大于 20min 内能自动脱扣，切断电源。带断相保护热继电器，当一相断电，另两相电流达到 $1.15I_e$ 时，则在不大于 20min 内动作。

（2）最大起动时间指一次或数次连续起动时间的总和，当达到规定起动时间后，再次起动冷却的间隔时间不少于 4h，如起动时间的总和小于规定时，则冷却的间隔可相应缩短。

（3）型号 QJ10D 中的 D 代表攻关达标产品。

JJ1 系列起动器用于 380V、660V、11～315kW 笼型电动机的控制和起动，具有开路或闭路转换，性能完善、工作可靠、节能效果显著，品种多样等优点。该产品有八小时，不间断、短时、断续周期工作制（每小时 3 次或 6 次），断续非周期工作制下允许 1h 操作 6 次或 12 次等多种工作制。但总的起动时间不超过 10s 或 40s，然后冷却 2h。允许从冷态连续起动两次，每次起动 15s，间隔时间 30s，有手动、自动和遥控三种工作方式。从起动切换到运行是采用电流控制原则，即起动电流降到 1.5 倍额定电流，相当于 80%额定转速，电流-时间转换装置释放电流整定值由 3.3A～6.3A 不等，90kW 以上 JJ1 装有节能无声运行装置。自耦变压器有 80%和 65（60）%两个抽头，柜体为防护结构，90kW 以上起动柜为前、后开门。

表 29-66 JJ1 系列自耦减压起动器数据

控制的电动机功率（kW）	11	15	18.5	22	30	37	45	55	75	90	110	132	160	180	200	220	250	280	315
电动机额定电流（A）	22	29	36	42	57	70	84	103	140	167	207	248	300	331	367	404	459	514	579
保护时间最大允许值（s）	40～100									100									
转换电流（A）	3.3	4.4	5.3	4.2	5.7	5.3	6.3	3.8	5.2	4.2	5.2	3.1	3.8	4.1	4.6	3.8	4.3	4.8	5.4
热脱扣器整定电流（A）	22	29	36	42	57	70	84	103	140	2.8	3.5	2.1	2.5	2.8	3.1	2.5	2.9	3.2	3.6
断路器电磁脱扣器额定电流（A）	25	30	40	50	60	80	100	120	140	170	250		300	350	400	500		600	

29.2.5.5 *星-三角起动器*

星-三角起动器利用改变定子绕组的接线方式来达到减压起动的目的。该起动器有手动式和自动式两种。QX1、QX2 手动式用不同外缘形状的凸轮使数个结构完全相同的触头组件按规定的顺序分、合，实现星形-三角形绕组的转换，有定位装置，防护外壳，一般无过载及失压保护。QX3、QX4 自动式采用接触器、热继电器、时间继电器及按钮等组成，有防护外壳，具有过载，失压及断相保护。其中 QX4 可控制电机最大达 55～75kW。此外还有 XJ1 自动式系列可作星-三角起动和延边三角形起动。

QX1 系列手动星-三角起动器的主要技术数据见表 29-67，其线路及运转状态示意见图 29-58 及图 29-59。

QX3 自动星-三角起动器技术数据见表 29-68。

表 29-67 QX1 型手动星-三角起动器技术数据

型号	额定电压 (V)	额定电流 (A)	起动电动机功率 (kW)	允许起动时间 (s)
QX1-30	380	60	30	15～25
QX1-13	380	26	13	11～15

表 29-68 QX3 自动星-三角起动器技术数据

型号	控制电动机的最大功率(kW)			热继电器①		通断能力			吸引线圈消耗功率			时间继电器延时调整范围(s)	接触器动作特性	接触器使用寿命
	220V	380V	500V	热元件额定电流(A)	整定电流范围(A)	电压(V)	电流(A)②	试验条件	瞬时最大起动功率(VA)	正常工作时吸持功率(VA)	正常工作时吸持功率(W)			
QX3-13	7.5	13	13	11 16 22	6.8～11 10～16 14～22	395 525	160 125	cosφ=0.35±0.05 通断20次	280	44	18	4～16	起动电压范围为85～105%额定电压，释放电压为50%或以下额定电压	机械寿命为300万次，AC-3电寿命为60万次
QX3-30	16	30	30	32 45	20～32 28～45	395 525	350 280		370	64	24			

①因本系列起动器的热继电器在电机转入正常运行时是接在三角形之内，故表中热元件之选择及整定应以被控电机的线电流的 $1/\sqrt{3}$ 为依据。

②表中电流值系当起动器接成三角形时每个触头的 $10I_r$。试验时，三角形联接即从表中的电流值来考核，星形联接用的主触头则以上述电流值的 $1/\sqrt{3}$ 来考核。

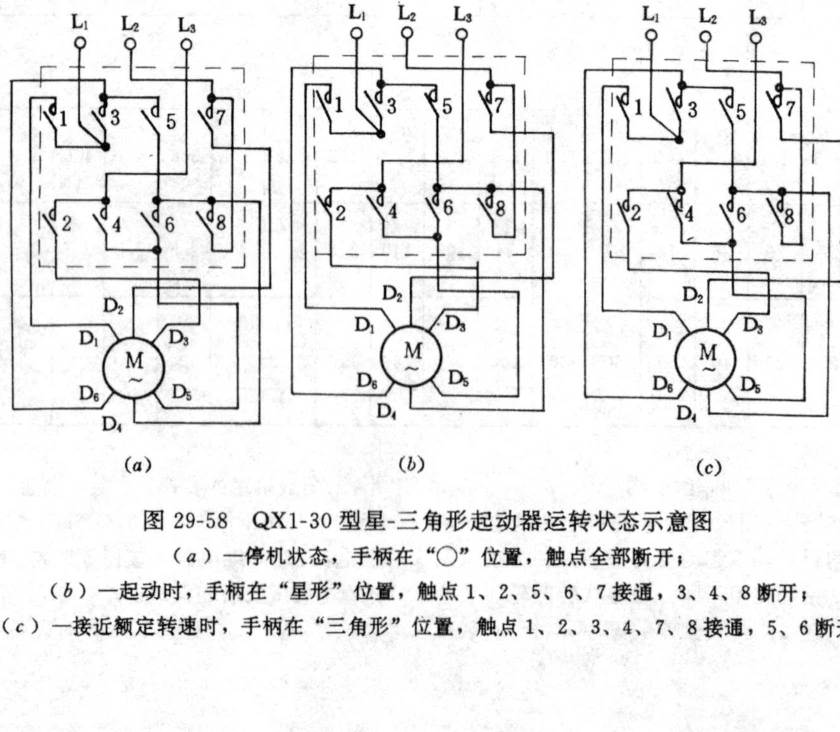

图 29-58 QX1-30 型星-三角形起动器运转状态示意图

(*a*)—停机状态，手柄在“〇”位置，触点全部断开；

(*b*)—起动时，手柄在“星形”位置，触点 1、2、5、6、7 接通，3、4、8 断开；

(*c*)—接近额定转速时，手柄在“三角形”位置，触点 1、2、3、4、7、8 接通，5、6 断开

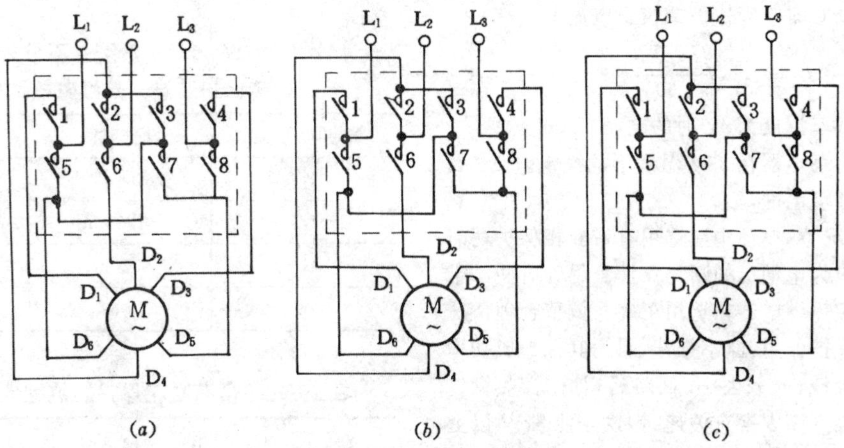

图 29-59 QX1-13 型星-三角起动器运转状态示意图

（a）—停机状态，手柄在“〇”位置，触点全部断开；

（b）—起动时，手柄在“星形”位置，触点 1、3、4、6、7 接通，2、5、8 断开；

（c）—接近额定转速时，手柄在“三角形”位置，触点 1、2、4、5、6、8 接通，3、7 断开

29.2.6 继电器的选择

继电器是一种广泛用于电力传动自动控制系统的电器，可分为保护继电器和控制继电器两大类。继电器具有输入和输出回路。输入回路为感应元件，输入量通常有电压、电流、频率等电量；也可以是温度、速度、压力等非电量。输出一般就是触头的动作——执行元件。选择继电器时一般应注意其“灵敏度”，即动作时所需最小功率或最小安匝。要注意其返回系数，即继电器释放（返回值 I_f）与继电器吸合（最小输入量 I_0）之比 K_f。

$$K_f = I_f / I_0 \qquad (29\text{-}29)$$

式中 K_f——返回系数；

I_f——返回值；

I_0——最小输入量。

一般继电器 K_f 值大于 0.65 称为高返回系数继电器。继电器的吸合或释放时间应符合电控系统对继电器动作时间的要求，一般这两个时间为 0.05～0.15s。对选择保护型和信号型继电器，要考虑到系统有无手动复位的要求，对控制用的继电器，要考虑继电器是否需带锁扣装置，它可在自动控制系统中起“记忆”作用。

钢铁企业中常用的继电器有热继电器、过电流继电器、欠电流继电器、过电压继电器、时间继电器、JP 型频率继电器、液位继电器、速度继电器、中间继电器、温度继电器、压力继电器等。

29.2.6.1 热继电器

热继电器利用测量元件（通常为双金属片，也有热敏电阻、易熔合金等）受热动作而工作，多用于长期工作或间断长期工作制的电机的过载、断相、三相电流不平衡的保护，也可用于温度监控。选用热继电器必须了解被控对象的负载性质、工作环境、起动情况、电机的允许过载能力等。选用时注意事项为：

(1) 热元件的额定电流要小于或等于热继电器的额定电流。

(2)选用保护电动机的热继电器时，要根据电动机起动时间，选取 $6I_e$ 下具有相应可返回时间的热继电器，通常在 $6I_e$ 下热继电器的可返回时间 t_f 是其动作时间 t_d 的 (0.5～0.7) 倍。

(3)按额定电流选择热继电器的型号规格。热继电器的额定电流与电动机的额定电流的关系，即

$$I_{ejr} = (0.95 \sim 1.05) I_{ed} \qquad (29\text{-}30)$$

式中 I_{ejr}——热继电器的额定电流，A；

I_{ed}——电动机的额定电流，A。

(4) 按需要的整定电流选择热元件的编号和额定电流。一般用于电动机保护时，按电动机额定电流值在所选的热元件的电流调节范围内来确定其编号，即整

定电流要留有一定的上、下调整范围。

对于无温度补偿的热继电器，当环境温度不为制造厂规定的＋35℃时，应按下式校正电流值

$$I_t = I_{35}\sqrt{\frac{95-t}{60}} \qquad (29\text{-}31)$$

式中 I_t——环境温度为t℃时的电流，A；

I_{35}——热继电器在35℃温度下的额定电流，A；

t——环境温度，℃。

(5)一般情况下，设计中应选用有带断相保护功能的热继电器来作为电动机的断相保护。尽管有些不带断相保护的三相热继电器在选用正确、调整合理情况下也能起断相保护作用，但不推荐，因为其保护成功率与电动机绕组接线、负载大小、回路断相情况、热继电器的接入方法等许多因素有关连。钢铁企业3kW以上的电动机一般都选带断相保护的热继电器。不带断相保护和带断相保护的热继电器的动作特性分别见表29-69和表29-70。

(6)一般故障情况下，两相热继电器与三相热继电器具有相同的效果，但两相热继电器接线和调试简单、省料、便宜，宜优先选用。但对于定子绕组和电源变压器经常一相断线；多台电动机的功率差别比较显著；电源电压显著不平衡等场合，不宜选用两相热继电器。

(7)反复短时工作制的电动机，正反转及点动工作频繁的电动机不采用热继电器保护，可选用埋入电机绕组的温度继电器或热敏电阻来保护，也可采用29.2.7节中介绍的电器进行保护。

表29-69 一般型（不带有断相运转保护装置）**热继电器动作特性**

整定电流倍数	动作时间	起始状态
1.0	长期不动作	
1.2	＜20min	从热态开始
1.5	＜2min	从热态开始
6	＞5s	从冷态开始

表29-70 带有断相保护的热继电器动作特性

整定电流倍数	断相动作时间	起始状态
1.05	＜20min	从0.6倍整定电流加热至稳定后开始
1.3	＜2min	从0.75倍整定电流加热至稳定后开始

(8)热继电器具有带公共接点的1常开和1常闭接点，通常常闭点用于保护控制电路，常开点用于信号电路，其通断能力见表29-71。

表29-71 热继电器接点通断能力

工作电压	常闭接点开闭能力（A）		常开接点接通能力（A）	接点长期持续电流（A）		寿命（万次）	操作频率（次/h）
	交流 $\cos\varphi=0.2$	直流 $T=0.05$s		常闭	常开		
220	3	0.2	5	3	5	0.1	≤30
380	2						
500	1						

接点动作后的复位时间：自动，5min复位；手动，2min复位。

(9)JR9系列除一般过负荷保护特性外，还有短路保护功能，其保护特性见表29-72。

(10)选择热继电器时，原则上一定要使热继电器的安秒特性位于电机过载特性的下方，尽可能接近，甚至重合，但需注意这两种特性曲线都有误差。在热继电器与控制电器串联使用时，不可按接触器等的容量来选用热继电器，它们之间无任何内在关系。设计时要注

表29-72 JR9-300限流热继电器的过载及短路保护特性

保护类别	整定电流倍数	动作时间	条件（在＋35℃环境下）
过负荷保护	1	长期不动作	冷态，三相同时通电
	1.4	12min内动作	热态，三相同时通电
	6	小于15s动作	冷态，三相同时通电
短路保护	0.8	不动作	每相单独通电或三相同时通电
	1.2	瞬时动作	

意安装热继电器的地方与被保护的电机处的环境温度之差;在屏、柜内热继电器应布置在其它发热电器的下面。连接热继电器的导线材料要符合表 29-73 的规定。

几种常用的热继电器的技术规格见表 29-74。

表 29-73 热继电器连接用紫铜导线截面积

热元件额定电流 I_e(A)	$I_e<11$	$11<I_e\leqslant22$	$22<I_e\leqslant33$	$33<I_e\leqslant45$	$45<I_e\leqslant63$	$63<I_e\leqslant100$	$100<I_e\leqslant160$
紫铜绝缘导线截面积 (mm^2)	2.5 (1.5)	4	6	10	16	25	35 (50)

表 29-74 常用热继电器的技术规格

型号	额定电压(V)	额定电流(A)	相数	热元件 最小规格(A)	热元件 最大规格(A)	热元件 档数	断相保护	温度补偿	复位方式	动作灵活性检查装置	动作后的指示
JR16 (JR0)	380	20	3	0.25~0.35	14~22	12	有	有	手动或自动	无	无
		60	3	14~22	40~63	4					
		150	3	40~63	100~160	4					
JR15	380	10	2	0.25~0.35	6.8~11	10	无	有	手动或自动	无	无
		40		6.8~11	30~45	5					
		100		32~50	60~100	3					
		150		68~110	100~150	2					
JR14	380	20	3	0.25~0.35	14~22	12	有	有	手动或自动	无	无
		150		64~100	100~160	2					
JR9 JR9-A	660	62	3	4.5~7.2	39~62	6	有	有	手动或自动	无	无
		310		24~38	226~310	7					
T	660	16	3	0.11~0.16	12~17.6	22	有	有	手动	有	无
		25		0.17~0.25	26~35	22			手动 自动		有
		45		0.25~0.40	28~45	22			手动 自动		无
		85		6~10	60~100	8			手动		有
		105		36~52	80~115	5			手动 自动		无
		170		90~130	140~200	3			手动 自动		有
		250		100~160	250~400	3			手动 自动		
		370		100~160	310~500	4			手动 自动		

29.2.6.2 过电流继电器

对于频繁操作的机械，通常采用过电流继电器作为电动机的短路保护，其选择步骤是：

(1) 根据电流种类选择继电器的型式。

(2) 继电器的额定电流应大于或等于电动机的额定电流，即

$$I_e \geqslant I_{ed} \tag{29-32}$$

式中 I_e——过电流继电器的额定电流，A；

I_{ed}——电动机的额定电流，A。

(3) 继电器的动作电流为

$$I_{df} = (1.1 \sim 1.8)I_{qd} \tag{29-33}$$

式中 I_{df}——继电器的吸引动作电流，A；

I_{qd}——电动机的起动电流，A。

对于绕线型电动机或直流电动机

$$I_{qd} = (2 \sim 2.5)I_{ed} \tag{29-34}$$

用频敏变阻器起动时，I_{qd}视具体情况而定。

对于鼠笼型异步电动机

$$I_{qd} = (5 \sim 7)I_{ed} \tag{29-35}$$

I_{qd}具体数据按制造厂资料确定。

直流过电流继电器的吸引电流一般可在继电器的额定电流的70%～300%间调节。交流过电流继电器的吸引电流可在额定电流的110%～400%间调节。高返回系数的交流过电流继电器的返回系数大于0.65。

继电器的动作电流还应留有一定的上下限调整范围。

(4) JL12系列过电流延时继电器，适用于交流380V (50Hz)，直流440V；电流有5、10、15、20、30、40、60、75、100、150、200、300A等12个等级。触头额定电流为5A。外形尺寸为128×100×55mm。I/I_e为1时长期不动作；为1.5倍时，动作时间小于3min；为2.5倍时，4～16s内动作，6倍时，动作时间小于1s动作。此系列过电流延时继电器适用于起重机用交流绕线型电动机或直流电机的起动、过载、过流保护。

(5) JL15系列为过电流瞬时动作的电磁式继电器，适用于交流380V (50Hz)，直流440V，额定电流有1.5、2.5、5、10、15、20、30、40、60、80、100、150、250、300、400、600、800、1200A共18种，适用于一次回路中作过电流保护元件，交直流线圈电流等级相同并且通用。对带一套触头单元的（1常闭或1常闭1常开者），吸合电流可在额定电流的80～300%间调整，对带两套触头单元（2常闭，或2常开2常闭者）的吸合电流可在120～400%间调整。JL15系列继电器具有体积小、质量轻、动作灵敏可靠、调整方便等特点，可手动或自动复位，可板前或板后接线，可具有高返回系数，以便用于频繁操作的交流异步电动机的堵转保护。高返回型机械寿命100万次，一般型为50万次。高返回型继电器吸合电流可在额定电流的120～400%间调整，返回系数不低于0.65；对于600A和1200A两种，当吸合电流大于两倍额定电流时，返回系数允许降低至0.59。触头的额定发热电流为5A，其通断能力：交流380V，$\cos\varphi=0.3\sim0.4$，接通50A，分断5A；直流当$T=0.05\sim0.1$s时，110V接通7.5A，分断1A；220V接通4A，分断0.5A；440V接通2A、分断0.25A。

(6) JL18系列适于交流380V、50Hz，直流440V，电流为1、1.6、2.5、4、6.3、10、16、25、40、63、100、160、250、400、630A等15种规格的电控系统中作过电流保护之用。动作电流调节范围：交流110%～350%，直流70%～300%。高返回系数型的返回系数不小于0.65。继电器触头的约定发热电流为10A，通断能力：交流380V、$\cos\varphi=0.7$为46A；直流220V、$T=0.3$s，0.6A。机械寿命10万次，电寿命10万次。

29.2.6.3 欠电流继电器

欠电流继电器多用于直流电动机的励磁回路，作为弱磁超速保护。

欠流继电器的额定电流应大于或等于电动机的额定励磁电流。

即
$$I_e \geqslant I_{lde} \tag{29-36}$$

式中 I_e——继电器的额定电流，A；

I_{lde}——电动机的额定励磁电流，A。

欠流继电器的释放电流整定为

$$I_{sf} = 0.85 I_{ld_{min}} \tag{29-37}$$

式中 I_{sf}——继电器的释放电流，A；

$I_{ld_{min}}$——电动机的最小励磁电流，A。

继电器的释放电流还应留有一定的上下限调整范围，调幅10%～20%，而对欠流继电器的吸引电流，一般可在额定电流的30%～65%间调节。

JT18系列为直流电磁式通用继电器，其中JT18—□/L即为欠电流继电器，线圈额定工作直流电流分为1.6、2.5、4、6、10、16、25、40、63、100、160、250、400、630A等14种。触头额定工作电压交流380V、直流220V。

继电器为开启式，触头种类分为一个触头元件（1常开、1常闭）和两个触头元件（2常开、2常闭）两

种。触头额定电流为10A。继电器工作制为八小时工作制和反复短时工作制（操作频率1200次/h，通电持续率40%）。吸引电流在30%～65%I_e，释放电流在10～20%I_e范围内调节。电寿命50万次，机械寿命可更换部分300万次，不可更换部分1000万次。

JT3系列直流电磁继电器主要在直流440V以下作为电压（或中间）、电流和时间继电器用。其中JT3-□/L即为欠电流继电器，吸引线圈有直流1.5、2.5、5、10、25、50、100、150、300、600A共10种，吸合电流为30%～65%I_e，释放电流为10%～20%I_e，标准误差±10%，四对接点可任意组合，吸引线圈消耗功率为20W，机械寿命为100万次，电寿命为10万次。

29.2.6.4 过电压继电器

在传动装置中，过电压保护多用于发电机-电动机组的控制系统。目前经常采用的继电器为JT3系列直流电压继电器，选择这种继电器作为过电压保护装置的条件及计算如下：

(1)当控制系统过电压时，加于继电器线圈两端的过电压值不应超过继电器线圈的额定电压值。

(2) 过电压继电器的动作整定值一般为线路额定电压的1.05～1.2倍，而JT3系列电压继电器的吸引电压仅为线圈额定电压的30%～50%，因此，选择继电器线圈的额定电压值往往低于控制系统的线路电压，并设有附加电阻。其计算方法如下：

假定吸引电压为继电器线圈额定电压的40%，则

$$0.4U_{ef}=(1.01\sim1.2)U_e\frac{R_j}{R_j+R}$$

所以 $$U_{ef}=(2.63\sim3.0)U_e\frac{R_j}{R_j+R} \qquad (29\text{-}38)$$

或 $$R=(2.63\sim3.0)\frac{U_e}{U_{ef}}R_j-R_j \qquad (29\text{-}39)$$

式中 U_e——控制系统线路额定电压，V；

U_{ef}——继电器线圈额定电压，V；

R_j——继电器线圈电阻，Ω；

R——附加电阻，Ω。

JT3电压型继电器的吸引线圈有直流12、24、48、110、220、440V6种规格，释放电压为7～20%U_e，接点数量为1常开、1常闭或2常开、2常闭。如需要时继电器可装3或4对接点，但此时吸引电压为线圈额定电压的35～50%，继电器消耗功率为16W。JT3其它参数同JT3-□/L。

JT18电压型继电器的吸引线圈有直流24、48、110、220、440V5种，带两组触头时吸引电压为35～50%。释放电压在7～20%U_e范围内调节，其过电压计算整定见式29-38和式29-39。

29.2.6.5 时间继电器

自动电力传动系统中广泛应用时间继电器作为时间控制。时间继电器种类很较多，有机械式、电磁式、电动式、空气阻尼式和晶体管式等。按接点动作形式有通电延时闭合，通电延时断开，断电延时闭合、断电延时断开以及不延时的瞬动接点。空气阻尼式，延时范围一般较小，例如0.4～60s或0.4～180s，适于交流控制电路。电动式种类繁多，延时范围广，从数秒到数天，可由微型同步电动机带动齿轮机构运行，适于交流控制电路。有些类型的时间继电器的延时整定值不够稳定，选择时要注意使用场合，注意其重复误差值指标。

下面介绍几种时间继电器：

(1) JT18-□/s型直流延时继电器有1s、3s、5s三种断电延时规格。延时方法有断开线圈和短接线圈两种，其中将线圈短路的方法应在线圈回路中串一电阻以防电源短路。延时范围如表29-75所示。

表29-75 JT18系列延时范围

延时方式	型号	延时范围（s）
线圈断开	JT18-□/1	0.3～0.6
	JT18-□/3	0.8～3
	JT18-□/5	2.5～5
线圈短接	JT18-□/1	0.3～1.5
	JT18-□/3	1～3.5
	JT18-□/5	3～3.5

以上延时范围系在继电器线圈加以不低于75%的额定工作电压情况下的数值。

(2) JT3-□/1、3、5直流延时继电器的延时方法也是线圈断电和线圈短路两种，其延时范围见表29-76。JT3带有延时的线圈，其电阻值见表29-77。

表29-76 JT3系列延时范围

型号	延时可调范围	
	断电	短路
JT3-□/1	0.3～0.9	0.3～1.5
JT3-□/3	0.8～3	1～3.5
JT3-□/5	2.5～5	3～3.5

表 29-77 JT3带延时线圈的线圈电阻值

额定电压(V)	电阻(Ω)	额定电压(V)	电阻(Ω)
12	8.8	110	644
24	37.5	220	2650
48	118	440	7979
75	314		

(3) JS20系列晶体管时间继电器。JS20系列为全国统一设计产品，它由单结晶体管或场效应管构成通电延时电路，由功率晶体管或小晶闸管加继电器构成执行电路。它有通用性强、系列性强、工作稳定可靠、精度高、延时范围广、输出接点容量大等特点。有通电延时和断电延时两种方式。断电延时型的延时范围为0.1～180s。通电延时有波段开关者，延时范围为0.1～3600s；无波段开关者为0.1～300s。延时误差最大±10%。工作电压交流50Hz，36、127、220、380V；直流24～110V。延时整定元件可内接也可外接。延时接点有2常闭、1常开1常闭两种，还可带瞬动接点，接点容量380V时1A；直流220V为0.2A。电寿命为10万次。通电延时型的重复工作时间间隔和断电延时型的最小通电时间均不小于1s。

(4)JSK型高精度空气延时继电器。利用空气阻尼的原理，以粉末冶金片做空气过滤器，调节带有延时刻度的旋钮可连续改变延时值。延时范围有0.1～3s、0.1～30s、10～180s三种。可通电或断电延时。用于交流50/60Hz，24～660V。有瞬动接点二对，延时接点一对。接点约定发热电流为10A。接点自动复位。吸合电压为0.85～1.1U_e，释放电压为0.3～0.6U_e，吸合功率为70VA，吸持功率为8VA，最高操作频率为3次/s，机械寿命为250万次，延时重复误差±(3～5)%，延时稳定性误差±20%(指50万次以内，延时平均值比开始时整定值的误差)，温度误差为±0.3%℃。

(5) JSM8、JSB系列时间继电器、KM-7201时间控制器。JSM8和JSB时间继电器均采用脉冲计数式集成电路构成，延时精度高；KM-7201时间控制器采用微电脑芯片控制，键盘输入编程的时序控制器，主要技术性能见表29-78。

表 29-78 时间控制器性能表

型号	适用电压范围(V)	延时范围	备注
JSM8	DC：24，48，110，220 AC：36，110，220，380	0.1s至100h共分九档，每档连续可调	重复误差小于1.5%
JSB	DC：24，48，110，220 AC：36，110，220，380	0.1s至10000s，任意设定	可通电延时，断电延时，设定误差和重复误差均小于1%，二进制编程
KM-7201	电源电压	四路输出，每路按天或星期循环方式独立编程有二十个程序点，每路最大负载1.2kW	机内有备用电源，以保护程序和时钟不受停电影响，过负荷报警、自动切断

29.2.6.6 JP型频率继电器

频率继电器主要用于监控交流绕线型异步电机的转子电压频率，进行电机起动、稳定低速运行、反接制动、超速保护、停车保护、防止起重机误上升、误下降等控制。一类为信号频率升高时，频率继电器吸合，此为升频吸合型。另一类为信号频率降低时吸合，称为降频吸合型。

JP的工作电源为交流50Hz、220V或380V。输入频率信号在10～600V，5～100Hz范围内。返回系数在0.65～0.9内连续可调(升频吸合型：返回系数＝释放频率/吸合频率；降频吸合型：返回系数＝吸合频率/释放频率)。重复动作误差≤±(2%＋0.5Hz)。触点容量220V，3A。机械寿命：30万次，电寿命6万次。

29.2.6.7 液位继电器

液位继电器用于自动控制系统中作为反映液位变化的信号装置。液位继电器一般有机械浮球式，电极液位式等类型。

机械浮球式由浮筒组与触头组两部分组成，浮筒随液位升降，通过机械、电磁感应或磁极（永久磁铁）的磁力推斥等形式驱动触点开闭（有用水银接点或机械桥式接点等类型）。浮球式结构简单，但动作范围有限，太大时工作不稳定，浮球易腐蚀和受液体流动摆动而影响精度。电极式液位继电器按控制电流类别分直流和交流两类。JYZ、UDK型液位继电器采用直流控制，电极因电化学反应而结垢，使用时间较长后可能动作不可靠。JSKJ型液位继电器，电极间流过的是交变脉冲电流，避免了电极结垢现象，具有灵敏度、可靠性均高，安装方便，价格低廉等特点。使用电源AC220V、50Hz，允许电压波动为180～250V，环境温度小于等于50℃，接点容量为220V，1A，寿命为500万次，继电器功耗小于等于1.2W。图29-60用于低水位开泵、高水位停泵，例如往水箱内自动注水。

图29-61用于高水位开泵低水位停泵，如排水坑排水。

图29-62为电极安装示意图，其中接地极可接水箱金属外壳、钢筋水泥外壳内的主钢筋、车间接地系统接地干线或直接如图中所示置一接地极。电车绝缘子或低压瓷瓶可固定在混凝土水池内壁预埋件上，固定后作二次抹混凝土处理。引入线拧固于极上。引入线、螺栓、螺帽等紧固件和电极的结合处等均应作防腐处理，电极的两种安装方式可任选一种。

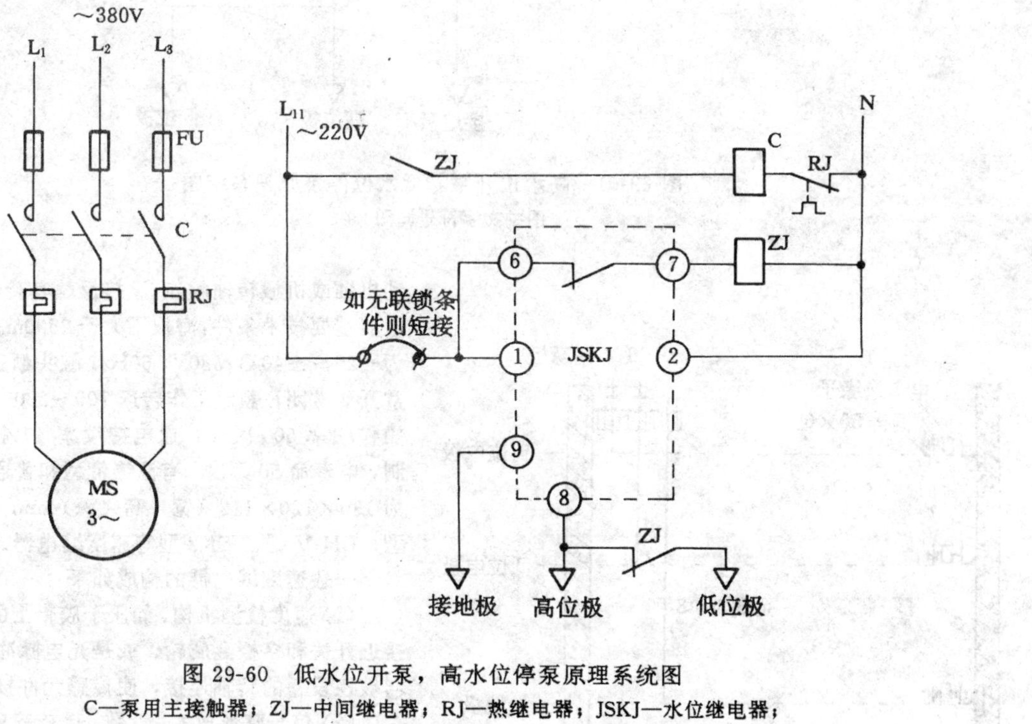

图29-60 低水位开泵，高水位停泵原理系统图

C—泵用主接触器；ZJ—中间继电器；RJ—热继电器；JSKJ—水位继电器；MS—泵用电动机；FU—主回路熔断器；①、②—AC220V电源接入端，⑥、⑦—JSKJ内部用接点，⑧—水位电极外引端子，⑨—工作接地端子

29.2.6.8 速度继电器

速度检测装置品种繁多，现仅介绍几种。

JY1型速度继电器，主要用于反接制动或速度控制电路作联锁、控制用。例如当异步电动机反接制动，转速急速降至接近于零时，应将速度信号反映到控制电路中，迅速切断接触器电源，以使电动机停止，否则电动机将反向起动。此类速度继电器称为反接制动继电器。JY1、JFZ0等型速度继电器，由转子、定子及触

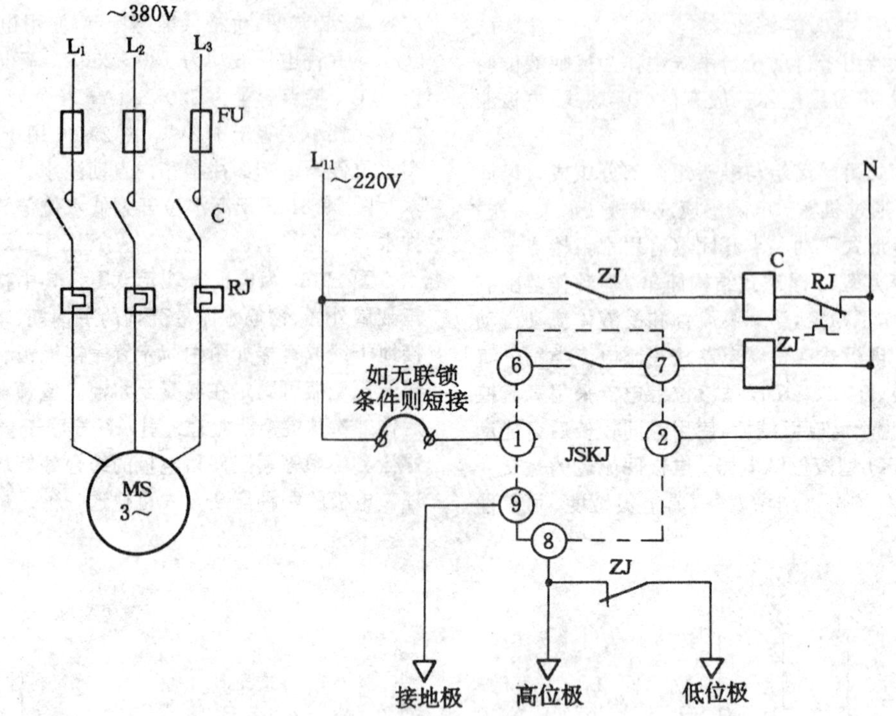

图 29-61　高水位开泵，低水位停泵原理系统图
（图中文字符号同图 29-60）

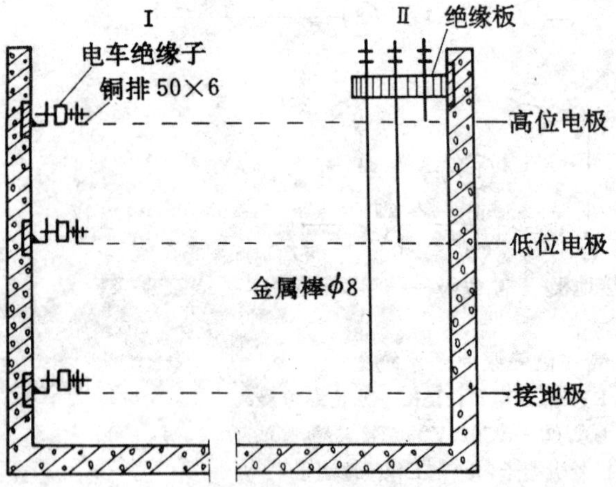

图 29-62　JSKJ 电极式水位继电器电极安装图
（Ⅰ、Ⅱ两种安装方式均可）

头三部分组成。转子为永久磁铁，继电器出轴与被控电动机轴或机械转轴相连，直接反映其转速。JY1 速度继电器主要技术条件：海拔不大于 2500m；周围空气温度为－25～＋40℃；380V、50Hz；触头额定电流为 3A；2 常开 2 常闭；额定工作转速 700～3000r/min；适用于操作频率 600 次/h，通电持续率 40%反复短时工作制，电寿命 50 万次，有温热带型和普通型，外形尺寸为 130×120×112（宽×高×深）mm。此外还有 SJ3 型、DH-V 型、JSK2 型等速度继电器。

一般速度继电器的构成如下：

(1) 速度检测机构，如压于胶带上的触轮、或是用接近开关和多极金属轮、或是光电脉冲发生器等直接与被控设备的转轴连接，使传感元件接受转速信息。

(2) 信号整形放大、计数、比较等环节，另包括电源、石英晶体振荡器、设定元件等；

(3) 执行和输出部分，如继电器、显示等。

JSK2 型有低速保护和超速保护两种。电源电压为交流 220V；工作电压为 12～24V；工作环境温度为－20～＋55℃；输出继电器 1～2 个。DH-V 型有鉴别正常运行、轻度打滑、严重打滑、超速、停机抱闸等五种功能。产品可用触轮或直接接轴与被控装置相联，适于带速为 0.3～4.5m/s 的胶带机，整机密封、防护等级 IP54。环境温度为－25℃～＋55℃；触点寿命为 2 万次；触点容量为 AC220V、4A；DC28V，10A；计数脉冲幅度不小于 10V；电源电压 AC220V±20%；整机噪声容限不小于 4V。

SJ3 型胶带速度检测器，其型号含义：

B SJ 3 —— □□ — □ TH

- TH —湿热带型
- □ 字母：T— 铁触轮；J— 胶触轮
- □ —字母：S— 具有失速保护；C— 具有超速保护
- □ —数字：表示额定带速，m/s
- 3 —设计序号
- SJ —速度检测器
- B —当选用隔爆型时

SJ3 型速度继电器用于检测胶带运行速度。当胶带速度达到设定值时，发出开关信号，用于失速（打滑）保护、超速保护、逆向保护、多机顺序起动和停止等。SJ3 型速度继电器为户外型、防护等级为 IP54、触头正反向各为 1 常开 1 常闭，触头容量 AC380V、2A。额定带速 $v=1.0\sim6.5$m/s。在订货时应注明是用于失速控制还是超速控制，是否要隔爆型。失速控制点：0.6～0.7 倍额定带速；超速控制点：1.05～1.1 倍额定带速。安装 SJ3 型速度继电器时，应将触轮置于胶带下面，水平安装或斜向 30°～35°安装，安装支架由制造厂供货或现场自制。

29.2.6.9　中间继电器

中间继电器作为增加被控制线路数量与增大容许断开容量及隔离电路等用。常用的中间继电器，有 JZ7、JZ11～JZ13、JDZ2、CA2-DN1，155 型工业控制继电器等多种系列。

现仅就 155 型工业控制继电器加以简述。

155 型工业控制继电器系引进全套技术生产。它具有体积小，触头容量大，线圈功耗小，可靠性高，安装方便等特点。工作条件：海拔 2000m 以下；工作温度为－55～＋70℃；相对湿度为 45%～85%。它为拍合式电磁继电器，透明塑料外罩。安装方式有插座式、印刷线路板式、焊接式。结构有标准型、按钮型、带灯型、记忆型。可以有 1～3 对转换接点。工作电压为交流 380V 或直流 220V，工作电流为 5A 或 10A。通断能力：交流 $\cos\varphi=0.8$ 时大于 1440VA，直流 $T=0.007$s 大于 300W，电寿命大于 50 万次，机械寿命大于 1000 万次，在 70～125%额定电压下可靠工作，线圈功耗：交流不大于 2VA、直流不大于 1.2W。155 型工业控制继电器的型号含义：

155 —— □ □ □ □ □□

155 —型号

外壳和接线端子形式
1—开启焊接式；
2—开启 4.8mm 速断式；
3—开启印刷电路式；
4—开启 2.8mm 速断式；
5—封闭焊接式；
6—封闭 4.8mm 速断式；
7—封闭印刷电路板式；
8—封闭 2.8mm 速断式；
9—封闭插入式；
0—特殊型式

触头形式
1—单点，双投；
2—双点，双投；
3—三点，双投；
4—特殊形式

线圈电压
A—6V，DC；
B—12V，DC；
C—24V，DC；
D—48V，DC；
F—110V，DC；
S—特殊规格；
N—6V，AC；
P—12V，AC；
Q—24V，AC；
R—36V，AC；
T—110V，AC；
U—220V，AC；
W—380V，AC

触头材料及额定电流
1—银，5A；
2—银-氧化镉，10A

OO—标准型；
CO—按钮型；
LO—带灯型；
JO—记忆型

外形尺寸：开启式，28.5×41.6×(47.6～54)mm；

封闭式，38×37.5×（58～73.3）mm。

安装用的电子管式插座或铝型材导轨及附件，随继电器供货。

29.2.6.10 温度继电器

温度继电器可用于自动控制、保护和信号线路中作为控制、显示温度状态的电器，最简单的温度继电器为水银接点温度计，其结构、动作原理及设计选择均很简单；另有一种XU-200型温度继电器，外壳由黄铜做成，作为热敏元件，当安装处温度升高时，该黄铜外壳伸长，作用于继电器内的一个弹簧片，而将舌簧片式接点断开，温度降低后，外壳长度缩短，接点又复闭合，所控温度范围＋25～＋200℃，用调整螺丝调节温控范围。设计选择时要注意舌簧输出触头的工作条件，其触头容量在直流有感电路，一般为20～30W，交流一般为100～150VA。此外尚有热敏电阻式（60～130℃），型号为JW4的温度继电器。

29.2.6.11 压力继电器

在电控系统中，一般采用压力继电器检测其所控制的油压或风压。压力继电器常用弹簧、薄膜、推杆、调整螺母、微动开关等组成。常用压力范围有（1～2）$\times10^5$Pa和（2～6）$\times10^5$Pa不同范围段的使用参数。选择时除注意满足工艺压力参数要求外，尚须注意有关电气参数。

29.2.7 综合性多功能低压电器选择

29.2.7.1 JWE-10型电动机多功能保护器

JWE-10型电动机多功能保护器采用磁场感应原理，从电动机三相主回路电线上经特别装置取出电流信号，通过电子线路控制电动机。此装置集保护、控制、节能于一体，功能综合实用，结构简单合理，安装维修方便。机芯为插入式树脂浇灌，电磁感应部分为剖分组合式。JWE-10型电动机多功能保护器规格见表29-79。

A 主要功能

JWE-10型电动机多功能保护器的主要功能为：

(1) 作为电机起动控制装置，可在0～60s内降压延时起动或预置延时开机（如避免多台电机在失电停机后同时起动引起的电网电压下降）。其重复误差小于±3%。

(2) 缺相保护。当出现缺相故障时在2s内动作。

(3) 过流保护。当过载、过压、欠压或三相不平衡引起电动机主电路出现1.2～6倍电动机额定电流时，保护器将在6～60s内，自动反时限跳闸和发出声光报警（保护特性见图29-63）。

(4) 节电功能。当电机出现轻载（0.4倍额定电流以下时），保护器自动将电机由三角形接线转换为星形接线，以资节电，最大有功节电率为45%；最大无功节电率为75%，平均提高功率因数约0.3。

(5)漏电保护。电机外壳漏电压大于安全电压36V时，灯光闪烁报警。

上述有关调定电流的方法采用声光同步调定，简易、醒目、准确。

B 型号含义

JWE-10型电动机多功能保护器的型号含义为：

JWE——10□ □

多功能保护器 —— JWE

设计序号 —— 10

规格编号（见表29-79）

功能代号：K— 电网停电后，预置延时自动开机

B— 用于电抗、电阻降压起动，星形-三角形起动（运行后不逆换）

J— 用于星-三角形起动及星-三角形逆转换节电型

表29-79 JWE-10保护器规格

电动机额定电压（V）	380/660V低压电动机								
规格编号	D_1	D_2	D_3	D_4	D_5	D_6	D_7	D_8	D_9
额定电流（A）	1～10	10～20	20～60	60～80	80～100	100～200	200～300	300～400	400～600

续表 29-79

电动机额定电压（V）	380/660V 低压电动机								
适用电动机容量（kW）	5 以下/9 以下	10/18	30/54	40/72	50/90	100/180	150/270	200/360	300/545

注：此表为温州通达电子工艺厂生产的规格。

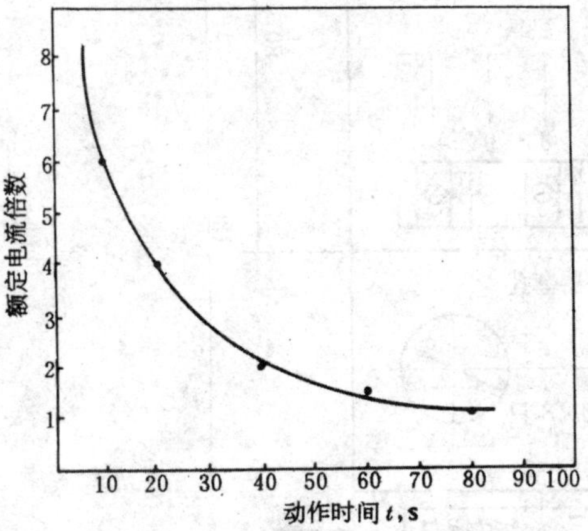

图 29-63　JWE-10 型保护器反时限过流保护特性曲线

C　技术性能

JWE-10 电动机多功能保护器的技术性能为：

(1)控制电动机容量：交流 380/660V，300/545kW 以下。

(2) 保护器自用电：交流 380V±10%，50Hz，自耗能 3W。

(3) 周围环境温度：<55℃。

(4) 工作制：连续。

(5) 内附控制继电器触头容量为 380V、2A。

JWE-10 型保护器两种工作原理示意图见图 29-64 和图 29-65。图中接触器、按钮、电抗器、电铃等为用户自备，虚线框内为保护器设备，有关缺相等多种保护接线详见产品说明，它可以放在标准和非标准电柜中。图 29-66、图 29-67 为其结构示意图。

图 29-64　JWE-10 型保护器降压起动原理图

图 29-65　JWE-10 型保护器星-三角起动及节电逆变换

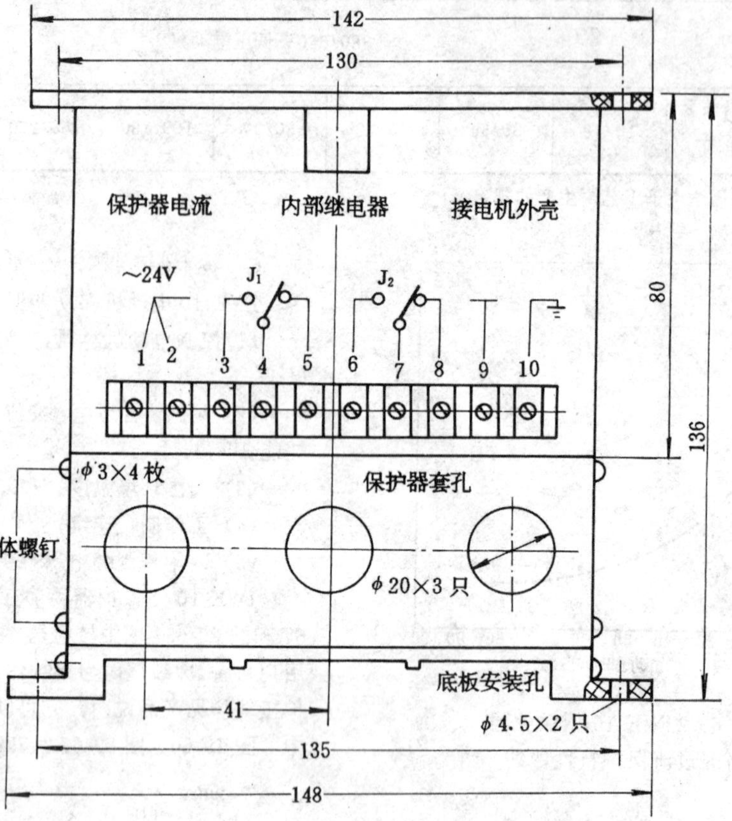

图 29-66 JWE-10 型保护器外形结构图

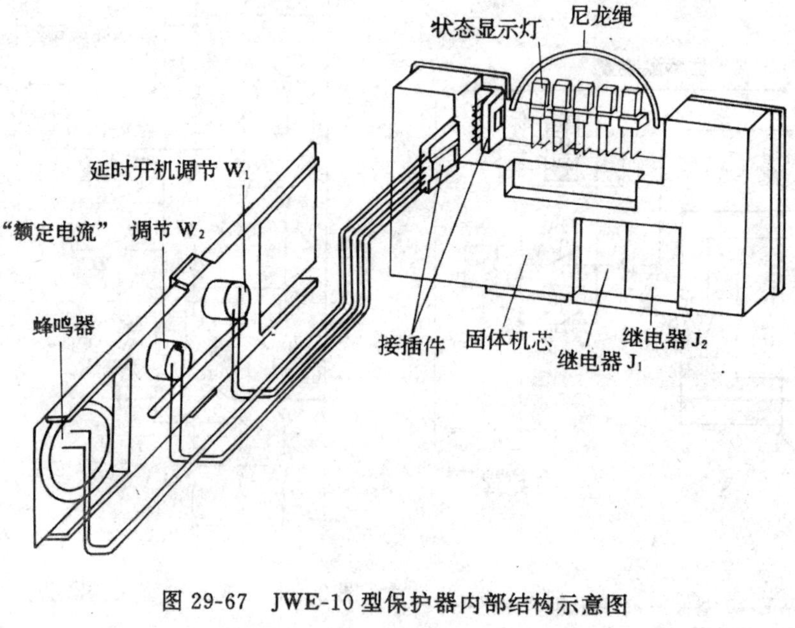

图 29-67 JWE-10 型保护器内部结构示意图

29.2.7.2 DJ1型电流-时间转换器及堵转保护器

DJ1型电流-时间转换器及堵转防护器为专用控制装置，获国家专利。

DJ1-A型为电流-时间转换装置，主要作为交流电动机采用降压起动（如星-三角起动、电阻或电抗降压起动、自耦变压减压起动等）过程中以电流或时间为函数自动控制起动电压的转换。由于此装置具有按电流转换和时间转换的双重特性，因此特别适合于JK型交流低压电控设备和JJ1系列自耦减压起动控制柜中作为自动转换元件。用本装置可以同时取代一个电流继电器和一个时间继电器，而同时起到电流转换和延时保护的双重功能。

DJ1-B型为专用于笼型电动机在断续周期工作制下实现堵转保护用，当电机因故堵转或起动时间过长，超过规定起动时间，将自动切断电源，使电机停转。

DJ1型也可单独作为时间继电器使用。

DJ1型额定电压为50Hz、220或380V。消耗功率不大于1W，电流转换电路中长期工作电流为5A，转换电流整定（释放）值可调范围为3～8A。电流返回系数不小于0.8，延时可调范围为5～100s，其误差≤±10%，输出接点1常开、1常闭，接点容量为100V时5A。操作频率为1200次/h，电寿命为100万次。

设定整定值时，对DJ1-B型的吸合电流动作值可整定为1.2～1.5倍电动机额定电流，延时时间可整定为大于电动机实际起动时间1～2s。对DJ1-A型的释放动作电流值，整定为电动机额定电流值的1.2～1.5倍，其延时时间比电动机实际起动时间整定长1～2s。现分别简述如下：

对于自耦减压起动、星-三角起动、频敏变阻器起动、定子侧电阻降压起动、定子侧电抗降压起动，采用DJ1-A型，当起动电流小到1.5倍额定电流时自动转换到全电压上；而当起动时间已达到电动机起动时间值而尚未进行正常切换时，则自动进行转换至全电压上。计算装置的动作电流值如下：

$$I_d = (1.2 \sim 1.5)\frac{I_e}{K_{CT}} \qquad (29\text{-}40)$$

式中 I_d——装置的动作电流，A；

I_e——电动机额定电流，A；

K_{CT}——电流互感器的变比。

对于绕线型电动机电阻分级起动，采用本装置可以将动作电流整定在每级切换电阻时的切换点电流上，这样可以避免切换时电流冲击过大的现象，即得到电流和延时双重转换功能。

对于频繁起、制动的笼型电动机的堵转过载保护功能，可整定动作电流在电动机实际电流达到1.5～2.0倍电动机额定电流，而且在规定时间内（1.2～1.3倍正常起动时间），仍不衰减下来的情况下，即发出信号使电动机断电。

29.2.8 其它低压电器的选择

在电力传动自动控制系统中，还广泛应用各种主令开关、行程开关、信号灯等。特别是随着电子技术的发展，各种新元件、新材料构成的自动化器件种类繁多，因受篇幅所限，仅介绍下面几种。

29.2.8.1 行程开关

反映行程位置的开关有机械式、电子式限位开关，用以控制运动机械的行程，变换行走方向和速度，给控制机械的程序（顺序）控制发送信息，或作为安全和主令开关用。设计选用时应注意满足工艺行程控制动作要求、行程范围、开关安装环境条件、电路参数（如工作电压、接点开断、接通容量）、操作频率等。设计中用于运动机构的限位警报、急停的开关时，要了解清楚工艺机械的最大运行速度、惯性冲程及机械或行程开关接受冲撞力的强度耐力等。对于引入电子调节系统、微机可编程序控制系统、计算机系统除注意有关电参数应符合电控系统的要求外，还要注意抗干扰措施（如工作接地接零等）。在配线方面除特定条件外，可以选用一般控制电缆。

A 机械式行程开关

机械式行程开关有不同的结构型式。从防护特征分为开启式、防护式、防溅式、防水式等多种。

机械式行程开关，工作电压为AC380V、DC220V。触头工作电流为5～10A。触头为1常开、1常闭，控制回路数通常为1～4回路。电寿命为（20～100）万次，操作频率一般为300～1000次/h。LX211系列操作频率高达7200次/h。机械寿命一般为（100～1000）万次。工作行程为0.2～10mm。超行程一般为3～5mm。动作力为1.76～19.6N，释放力为0.343～9.8N。

一般常用的机械式行程开关有LX3、LX5、LX8、LX10、LX19、LX22、LX32、LX33及LX200系列。其中LX8有带磁吹灭弧和不带磁吹灭弧两类。LX10和LX22型分别用于惯性行程不甚大和惯性行程较大的平移机构。

B 电子无接触式行程开关

一般称电子行程开关为接近开关。它的特点是无接触、无压力、无火花，能迅速发出检测信号，频率响应快，瞬变过程短，输出功率大，与电子控制回路结合，可驱动逻辑门或输出继电器，具有防爆、防震、防腐、抗干扰、重复定位精度高、工作稳定可靠、使用寿命长、体积小等诸多优点。它广泛用于生产自动化流水作业线、微机及数控装置中，作自动位置控制、自动程序控制、自动速度检测以及自动计数。

接近开关有电感式和电容式两类。目前较多使用高频振荡（电感）型接近开关，其原理框图见图 29-68。它利用 LC 振荡电路起振后，在开关的感应头上产生一个高频交变磁场，当被检测金属体进入该磁场后，在金属体上产生涡流，从而吸收了振荡的能量，破坏其维持振荡的条件，使振荡幅度减弱以致停振。此振荡及停振两个信号通过检波、整形和放大，转换成二进制开关量输出，实现对被控对象的“开”、“关”控制作用。电感型接近开关可检测物体的大小、厚度和距离。接近开关的外壳采用金属材料加工、电镀或采用工程塑料压铸而成。一般其内部元件，均密封在浇铸的树脂中。检测物体以铁质材料为最佳。当铁为 100％的检测距离时，对其他材质则需降低检测距离值安装，其具体数据为：铁——100％；不锈钢——55％；黄铜——40％；铝——30％；铜——25％。

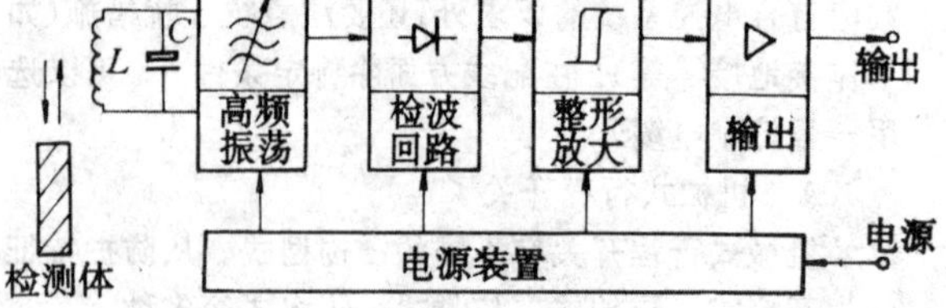

图 29-68　高频振荡电感型接近开关原理框图

设计时应根据不同型号的感应式接近开关的动作范围曲线，确定接近开关的安装位置，要注意开关的动作范围曲线会受温度、电压波动和周围物体的影响。标准被检测体（铁）的厚度为 1mm，被检测体的边长应大于接近开关感应头的直径。一般接近开关的动作曲线系在 20℃时绘制。从标准检测体进入感应区使接近开关接通到该被检测体退出时断开的动作距离的差值一般不允许大于 2mm。接近开关的重复定位精度一般为 0.05mm。为工作可靠，要至少取 30％的动作距离作为保险系数，即开关感应头至被检测体的安装距离取动作（曲线）距离的 70％处安装。要根据不同接近开关制造厂家产品的要求注意两相邻接近开关及对周围金属体的最小不受干扰的距离。例如 SY 型：

两接近开关平行安装，大于 5.5 倍感应距离 S_N；

两接近开关对向安装，大于 12 倍感应距离 S_N；

到左、右侧金属体，　大于 3 倍感应距离 S_N；

到上部金属体，　　　大于 5 倍感应距离 S_N。

如果两只接近开关无法按上述最小间隔安装时，可以采用不同频率或不同电流种类的接近开关，则上述对向安装的最小间隔可缩小到 3 倍 S_N。

接近开关通常不能直接并联或串联使用，如必需时可经由并联或串联的中间继电器来工作，此时中间继电器作为接近开关的负载。选用接近开关要校核每秒钟内允许被检测体移入接近开关的动作最高次数，即开关频率，其计算见图 29-69 和式 29-41。

$$f = \frac{1}{t_1 + t_2} \tag{29-41}$$

式中　f——开关频率，Hz；

t_1——接通时间，s；

t_2——断开时间，s。

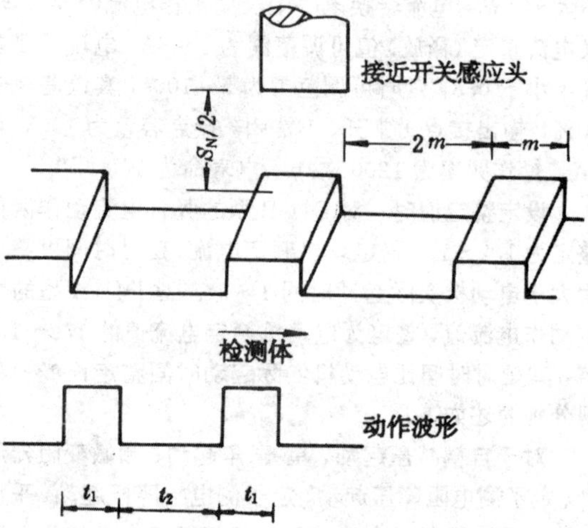

图 29-69　接近开关检测体及其动作波形

$S_N/2$—被检测体与接近开关之间的感应距离；

m—检测体的宽度；

t_1—接通时间；t_2—断开时间

交流型接近开关由于受交流电源频率的限制，故其开关频率较低，为 10～20Hz，直流型接近开关的开关频率为 50～200Hz，不同厂家的产品的开关频率不同。一般感应头越小，其开关频率越高。

高频振荡型接近开关的被检测体的形状最好是规则的，例如为正方形平面体，运动时尽可能是有规律地稳定运行，一般而言被检测体若是非磁性金属，其厚度约 0.01mm 时，则其检测距离则变成几乎与磁性金属一样；当被检测物体为磁性金属时（例如为铁），则其厚度超过 1mm 时，检测距离几乎没有改变。

接近开关不能直接接向电源，必须经过负载（如驱动继电器），在接近开关处于 ON 状态时，负载上的电压为电源电压值减 20V，负载的操作电压低于此值将无法工作。换句话说，设计时要注意接近开关接通前有漏电流而接通后接近开关两端电压将降至 10V 以下。

接近开关的配线可以采用一般控制电缆，无需采用屏蔽电缆，但与高压动力线路平行敷设时宜穿管，接近开关的电源工作电压很低时，要考虑电缆不要太长，一般在 200m 以内，不会影响接近开关的操作特性。

第二类接近开关称为电容型接近开关，它以电极为检测端，形成电容型接近开关的静电感应方式（参见图 29-70）。工作原理为：在电极板（检测端）上加电压 V 而形成静电场，当被检测体进入电场时，物体受静电感应而产生极化现象，物体越靠近电极板，电极板上聚集的电荷 Q 越多，电极的静电电容 $C=Q/V$ 因而增大，根据从振荡电路取出的电极的电容变化，使振荡开始或停止，从而检出检测体的位移信号。被检物体的大小、厚度、相对介电系数越大，静电感应的范围就越宽，从而能检测较远的物体。两种类型除振荡电路不同外，其他部分的电路基本相同。应该指出电感式接近开关只能用于检测金属体，而电容式接近开关可检测固体（金属、木材、玻璃、化工制品）和液体（如油、水），可作为液位开关用，还可以透过物体检出埋于金属壁内的目标物或非金属容器内的目标物。各种检测体的材质不同，对检测距离的影响也不同，其相对参考数据如下：

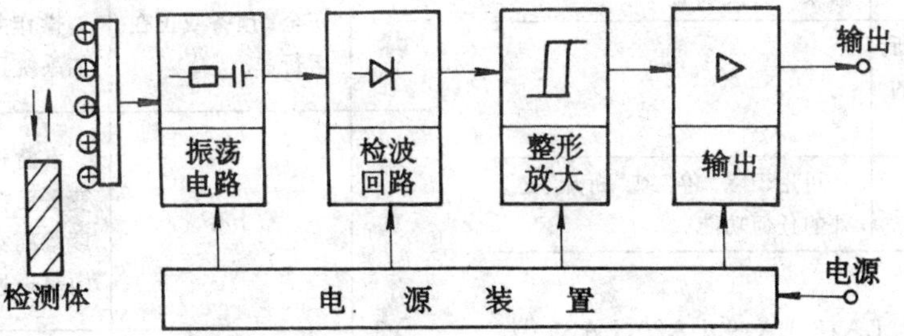

图 29-70 静电电容型接近开关原理框图

金属、水	100%	玻璃	50%
木材制品	20～70%	油类	10%
聚氯乙烯	60%		

29.2.8.2 按钮与信号灯

电力传动自动控制系统中，广泛应用控制按钮和信号灯，即使在计算机、微机可编程序控制器日益广泛应用键盘等输入和 CRT 显示的情况下，按钮、信号灯类等元件仍有其不可取代的位置。

A 按钮

按钮用于远方接通或开断接触器、继电器、起动器，也可用于转换信号和联锁线路。一般用于交流 50Hz，电压 380V、直流 220V 的电路。按结构分为揿压式、旋钮式、紧急式、钥匙式和带信号灯式等。按钮的按键头有圆形、方形、平形、蘑菇形、长柄或短柄旋钮等。其中紧急式一般为红色“掌形”按键，其周边宜有防误动作的围护遮栏结构。钥匙式供关键场所由负责者掌握，一般为二位置操作，无论在哪个位置钥匙应能拔出。现代很多按钮多用积木式插接装配组合基座，常以单钮形式出现。键头上的色别及其应用，参见表 29-80。

按钮的电参数：一般额定电压为 500V，触头额定电流为 5A，一般在 $\cos\varphi=0.4$ 的条件下，接通能力为额定电流 5A，断开能力一般为 0.5A。按钮为非频繁操作，其操作频率一般 1000～1200 次/h，也有仅为 150 次/h；通电持续率为 40%，其使用类别为 AC-11 和 DC-11。带信号灯的按钮，应外供灯用电源、通常为 3～12V。机械寿命不小于 100 万次，电寿命不小于 20～50 万次。用于直流的寿命一般比交流寿命低 10 倍。有的按钮不能自动复位，即所谓自锁钮，这对于某种特定控制要求是必需的，一般则为自动复位式。开启式按钮嵌装于操作台、箱、屏、柜面板上，另外有保护式、防腐式、防水式等。有的按钮带机械联锁，如用于电葫芦控制盒的所谓双速控制按钮。

表 29-80 按钮的色别和应用

色别	含义	说明及应用
红	危险情况下采取动作、	紧急停
	“停止”或“断开”	全部断开；一台或多台电动机停；机器某部分停；使设备的一个部件停电；带有停止功能的复位按钮
黄	干预	干预，抑制不正常情况或取消不需要的工作循环
绿	“启动”或“接通”	一般启动；一台或多台电动机启动；机床某部分启动；接通某一开关装置
蓝	红、黄、绿三色所具有功能之外的任何意义	
黑、灰、白	无特定意义	可用于除“停”或“断开”之外的任何功能

当前常用的按钮为LA18、LA19、LA20、LA25型。新产品LAY3、LA101型具有许多特色。

B 信号灯

信号灯在控制系统中作各种指示（指挥、主令、运行、预告、事故）信号用。适用于交、直流各种电压线路，一般灯泡采用6～12V，E10/13螺口灯头。灯具为塑料外壳、塑料绝缘灯座。当前信号灯的总趋势是节能、外形美观、组合结构、体积小、质量轻，发光效果好、使用方便。

信号灯一般在距离5m（有时是3m）之内，在安装灯具的板面上，在室内一定照度条件下，应能很容易识别其亮与灭的状态，以及信号灯的色别。信号灯的色别及其应用，参见表29-81。

信号灯一般用电阻或小变压器将原电路中的电压降至灯泡工作电压。电阻一般用RX或RXY型电阻器，25～30W，150Ω（24V），400Ω（48V）、1kΩ（110V）、2.2～3kΩ（220V）、6kΩ（380V）。信号灯用小变压器降压为10V，1.5VA。交流电压波动范围±20%、直流±10%。

信号灯用辉光灯泡（ND_2或ND_L型）时，耗电省，光线柔和，内接限流RJ型电阻，220V、30kΩ，0.5W；380V，80kΩ，1W。辉光灯泡灯头也是E10/13，与辉光灯泡并联一旁路电阻，有利于消除辉光信号灯感应起辉的弊病，和过去多用白炽灯泡相比，采用发光二极管、多丝发光二极管、氖灯应是方向。

表 29-81 信号灯的色别与应用

色别	含义	说明及应用
红	闪烁光，异常、警报	要求立即采取行动，已发生或即将可能产生危险，例如由于保护装置动作而停止运行；某参量已超出安全限度
	连续光，正常停机	设备正常停止运行，或表示不通，断开等工艺状态
绿	安全、预备或正在运行	操作条件具备；准备启动。如系统正在安全运转
黄	小心	参量和状态正在改变，或某变量已接近极限允许值，如温度偏离常规值；在允许的时限内呈现过载
蓝	特殊信号	可表示红、黄、绿三色之外的任何含义。如选择开关在调定位置上
透明、白	通用信号	红、黄、绿所不具备的含义，或避免与红、绿、黄已定含义重复、误解。如控制电源存在，对某一动作有疑问时可用白色认可

信号灯的布置设计应考虑灯具的安装更换方便，其间距不应小于表29-82中的数据，有的信号灯泡采用插接式则更加灵活方便。

C EAO型按钮信号灯系列电器

EAO型系列带灯按钮是将按钮和信号灯组合成一体，功能齐、品种规格多、美观精巧。最高绝缘电压1000～2000V。机械寿命200万次。工作温度－25～＋55℃。防护等级IP40或IP65、IP67。连续工作电流最大10A、最小2A。有圆形、方形、长方形、蘑菇形多种端面规格。可以带警报器、闪光器、8字显示器。有自动复位和自锁功能，还有锁开关型。系列中还有选择型开关、杠杆开关、紧急性暂停开关，可有机械互锁系统、光导纤维系统。开关元件有快动、慢闭合等元件。触头材料有银、镀金、金/银、银/钯等。其接线方法有螺丝、插接、线路板式等。光源有白炽灯、氖灯、发光二极管多种。灯罩有透明盖、半透明盖、平面盖、凹盖、凸盖，盖面上文字符号可雕刻、热压和软片插入。

EAO规格见表29-83。

表29-82 信号灯间最小距离

φ	a	b
22	38	45
25	40	48
30	50	50
>30	60	60

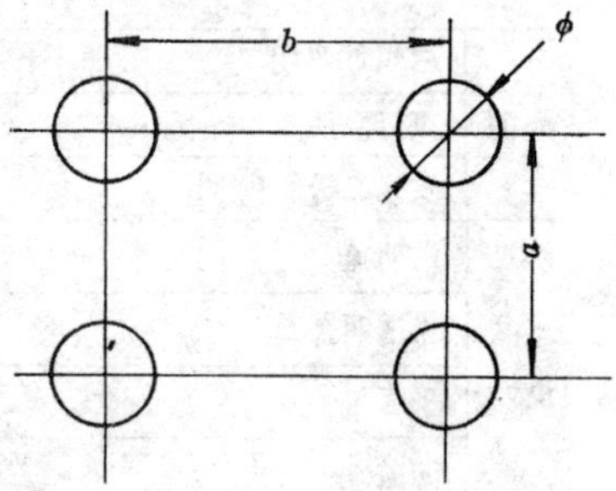

表29-83 EAO带灯按钮组合系列规格表

		01	02	03	04	11	14	15	19	21	22	30	31	41	51	52	61	85	97	98	99
端面形状	圆形	○			○	○	○	○	○	○			○		○	○	○		○		
	方形	○			○				○				○		○		○		○	○	○
	长方形	○	○	○							○	○	○	○	○		○	○		○	○
颜色	黑	○	○	○	○		○		○		○	○	○	○	○	○	○	○	○		
	灰	○			○	○		○	○	○			○	○						○	○
	可换前圈		○	○							○										
主体品种	指示灯	○	○	○	○	○	○		○		○	○	○	○	○		○		○	○	○
	警报器		○	○	○		○						○								
	8字显示器												○								
	闪光器				○												○				
	带灯按钮·自动复位	○	○	○	○		○		○	○	○	○	○	○	○	○	○	○	○	○	○
	带灯按钮·自锁功能	○	○	○	○		○		○	○	○	○	○	○	○	○	○	○	○	○	○
	带锁开关		○	○	○		○	○			○	○	○		○		○				○
	蘑菇头形按钮	○	○	○	○		○				○										
	紧急性暂停开关				○																
	杠杆开关				○		○														
	选择开关															○					
	机械互锁系统			○								○									
	光导纤维系统																	○			
开关元件	快动元件250V AC 5A自洁功能	○				○	○	○		○		○	○	○	○	○	○				
	50V AC 1A								○												
	380V AC 10A自洁功能		○	○							○										
	500V AC 10A				○																
	慢闭合元件500V AC 10A				○																
	低电平元件42V AC 100mA	○				○	○	○	○	○		○	○	○	○	○			○	○	○

续表 29-83

		01	02	03	04	11	14	15	19	21	22	30	31	41	51	52	61	85	97	98	99
光源	白炽灯照明	○	○	○	○	○	○		○		○	○	○	○	○	○	○				○
	氖灯照明	○	○	○	○	○	○														
	发光二极管照明	○	○	○	○	○	○		○		○	○	○	○	○	○	○	○	○	○	○
灯罩盖	透明盖	○			○	○	○		○		○	○	○	○	○	○	○	○	○		○
	半透明盖	○	○	○						○	○	○	○		○		○			○	
	平面盖	○	○	○	○	○	○		○	○	○	○	○	○	○	○	○	○	○	○	○
	凹盖											○	○		○		○				○
	突出型灯罩																○		○		○
符号	雕刻	○	○	○	○	○	○		○		○	○	○	○	○		○	○	○	○	○
	热压	○	○	○	○		○				○	○	○	○	○		○	○		○	○
	软片插入	○	○	○	○		○				○	○	○	○	○		○	○	○	○	○
前端防护等级	IP40	○	○	○		○		○	○	○		○	○	○					○		○
	IP65/IP67				○		○				○				○	○	○	○		○	

注：○表示有此种规格。

29.2.8.3 物料运输中几种常用低压开关

A 防跑偏开关

胶带运行中，特别是长距离胶带，可能出现胶带跑偏，从而导致胶带严重挂边磨损及造成跑料事故。设置跑偏开关检测其跑偏量。按跑偏量多少分自动报警和自动停机两级保护。防跑偏开关有JPKD、LP等系列。现以LP为例：

型号含义：

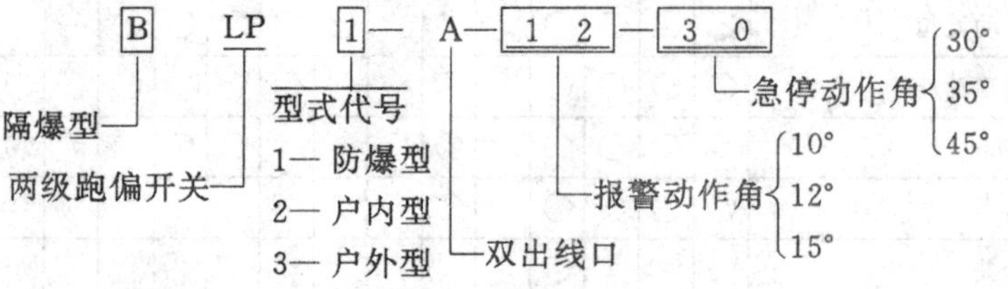

胶带跑偏开关的传感滚筒靠近（50～100mm）胶带外侧成对安装。当胶带跑偏时，挤压滚筒偏转，当达到10°～20°动作角时报警；达到30°～45°时紧急停车，胶带位置正常后，开关自动复位。防跑偏开关安装在距胶带机首尾端部1m的地方，每30m胶带可加设1对开关。防护等级为IP54。触点1常开、1常闭，交流380V，触头容量3A。外形尺寸为（167～240）×（300～332）×（122～195）mm。安装用支架可向制造厂家订货。

B 双向拉绳开关

双向拉绳开关用于胶带运输机发生事故时的紧急停机。常用拉绳开关有JLK2、SL等型号。现以SL型为例：

型号含义：

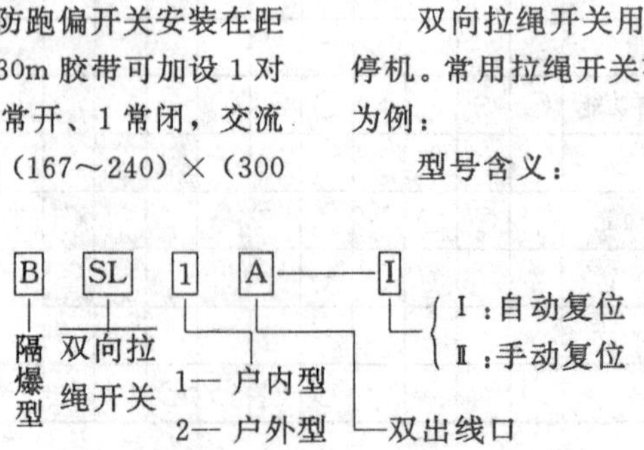

拉绳沿胶带平行方向设置，每10m加一吊环，拉绳可选用塑套钢丝绳STS3.5型，有的开关制造厂可同时供安装用支架和拉绳。拉绳张力应适宜，以确保开关可靠复位。每侧绳长不超过40m，有坡度时适当缩短。动作角为30°。开关防护等级为IP54。触头1常开、1常闭，触头容量AC380V、3A。JLK2系列有IP64、IP65防护外壳，单向拉绳30m，双向拉绳60、100m，还可供应防强腐蚀型、防爆型和防护式大气防腐型。触头容量为380V、4A，1常开、1常闭。

C　纵向撕裂保护装置

JDSL型胶带纵向撕裂保护装置用于防止胶带运输机在运行中胶带纵向撕裂的一种保护装置。JDSL1型的传感器由密封在橡胶外罩内的彼此隔开的两条弹性导电触片组成，条状传感器安装在专用托辊下方。胶带正常运行时不接触传感器，当胶带撕裂时，传感器受压，两条触片导通，信号送到JDSL1的控制箱内进行辨伪处理，消除干扰信号（如小于1s的瞬时碰撞信号），真实撕裂信号送至胶带控制系统中实现保护。BJDSL2为隔爆型，用于井下、煤矿有爆炸气体的危险场所，其结构与JDSL1不同，保护传感手段为两侧设摆动触板，当胶带纵向撕裂时，物料洒落在摆板上，造成摆板扭动2°～10°，扭转力矩≤0.45Nm，从而发出停机信号。安装JDSL2时，摆板与胶带平面平行，托辊与摆板间隙10mm，JDSL1传感器与胶带间隙20mm，与托辊距离10mm。JDSL1手动复位。输出触头1常开、1常闭、触头容量为380V，3A，传感器工作电压交流36V。信号延迟1s可调，控制箱的工作电压为交流220V。有自校验按钮、故障指示灯等。BJDSL2型输出触头1常开、1常闭，触头容量为交流36V5A，环境温度为$-20\sim+40$℃。两装置均为户外型、防护等级为IP54。支架等可向制造厂订货。

D　红外线安全控制器

红外线安全控制器用于防止人或其它物体进入正在运行的物料运输线，以免造成事故，也可作为自动控制的感测手段及自动计数器用。HAK型红外线控制器为调光控制，户外型，防护等级为IP54，响应速度小于10ms。

型号含义：

HAK—10

红处线安全控制器（HAK）

控制距离：有3、5、10、20m等规格（10）

输出触头为1常开、1常闭，容量为交流220V，1A，工作电压为AC220V，消耗功率为35W。由红外线发射和红外线接收两部分组成。当人或物体遮住光通道时，控制器发出灯光和开关信号，其特点为隐蔽性好，无可见光及响声，非接触式，远距离控制，调制红外光，抗干扰能力强，断电后保持光路遮断信号，设计接收器位置时应避免阳光或其它红外光源直接照射。

29.2.8.4　热（冷）金属检测器

热金属检测器用于对红热工件运动位置的检测，冷金属检测器用于对非透明物体位置的检测，除广泛用于钢铁企业外，也可用于其他行业的自动流水线作为物体检测、定位换向、自动计数、安全保护等。

(1)热金属检测器检测高温物体放射的红外线，经过聚焦、成像、光电转换、整形放大处理后动作执行机构，它能在恶劣（高温、潮湿、油雾、水雾、粉尘）环境下长期连续可靠工作。其型号含义：

HMD□ □ □ □ □ □

热金属检测器（HMD）

第1位：1—外壳带小冷却套；2—外壳带大冷却套；3—不带水冷却套

第2位：输入电源：1—AC100～115V；2—AC 220V；3—DC 12V；4—DC 24V

第3位：输出触点：S—带延时；Z—不带延时

第4位：输出电平：A—12V高；B—12V低；C—24V高；D—24V低

第5位：输出隔离：G—隔离；Y—不完全隔离

第6位：插头连接件：1—输入输出共一个连接件；2—输入输出分开各一个插头

环境温度小于70℃时不要用水冷却，加水冷却套后允许环境温度180℃。执行器件为通用JTX小型大功率继电器（DC、24V），其触点220V/5A。装置功耗≤5W。带延时0.1～2s。输出响应时间20ms，电平响应时间1ms。检测器内部电气和外部输入口光隔离，工作电流100mA，不完全隔离指检测器内部电气和外部输入口电气部分共地，工作电流100mA。装置安装方便，目测安装无需校准，俯仰角±45℃，方位角任意调节。检测距离1～4m。检测温度550℃～1800℃。检测灵敏度：目标面积6×16mm²，温度550℃，距离1m远；目标面积ϕ35mm×1m，温度1000℃，距离为15m。设计选位时最好选标准距离4m以内；尽量靠近被测物；尽量减小外部光线影响以提高信噪比；尽量避免氧化铁皮等污物飞扬的场合等。

(2)冷金属检测器采用同轴反射工作方式：发射光源用红外发光二极管，脉冲调制，经反射、接收、放大、整形、选通、解调后变成直流信号输出。当不透明物体进入检测器后，电平信号翻转，动作执行机构。CMD型冷金属检测器的主要技术数据如表29-84。

表29-84 CMD型主要技术指标

参数 \ 型号		CMD-24-Z	CMD-220-V	CMD-24-V	CMD-220-Z
电源电压（V）		DC 24	AC 220	DC 24	AC 220
功耗（W）		4.5	5	4.5	5
检测距离（m）		5			
灵敏度		可调			
动作方式	遮光	接点输出	电平输出		接点输出
	受光	接点输出	电平输出		接点输出
最小检测物		ϕ15			
输出	接点	220V/5A			220V/5A
	电平	24V/100mA			
响应时间	接点	20ms			20ms
	电平		2ms		
工作温度		70℃			

注：加水套时，环境温度为110℃。

29.2.9 电阻器与频敏变阻器的选择

本节主要介绍铸铁电阻及绕线电阻的选择，为避免重复，将频敏变阻器的有关资料，在第24章中介绍。

29.2.9.1 按需要的电阻值选择

电阻值随温度而变化，必要时应计入电阻的温度系数，即

$$R_2 = R_1[1 + \alpha(t_2 - t_1)] \qquad (29\text{-}42)$$

式中 R_2——温度为t_2℃时的电阻值，Ω；

R_1——温度为t_1℃时的电阻值，Ω；

α——电阻的温度系数，与电阻材料有关，康铜$\alpha=-0.00003$ 1/℃；铁铬铝$\alpha=0.00008$ 1/℃；铸铁$\alpha=0.00100$ 1/℃。

单独安装的铸铁电阻、绕线电阻和管状电阻，最大允许温升为270℃。安装在控制屏、配电屏或操作台上的电阻，应将其允许温升限制在150℃以下，其长期允许电流需相应降低一半左右。

29.2.9.2 按发热条件选择

对反复短时工作制的电阻，应按发热条件选择，即按通过电阻的等效长期电流选择（与通过实际的反复

短时电流引起同样温升的电流)。

长期等效电流按下式计算

$$I_{dx}=I_s\sqrt{\frac{1-e^{-t_s/T}}{1-e^{-t_s/T\,FC}}} \tag{29-43}$$

式中 I_{dx} ——按发热条件通过电阻器的等效电流，A；

I_s——通过电阻器的短时实际电流，A；

t_s——短时电流实际通过时间，s；

T——电阻器的发热时间常数，s；

铸铁电阻发热时间常数 $T=400\sim850$s

管形电阻的发热时间常数 $T=200\sim300$s

FC——电阻器的通电持续率。

为了便于计算，将上式按不同的 FC 值画出 $\frac{I_{dx}}{I_s}$ 与 $\frac{t_s}{T}$ 的关系曲线，如图 29-71 所示。

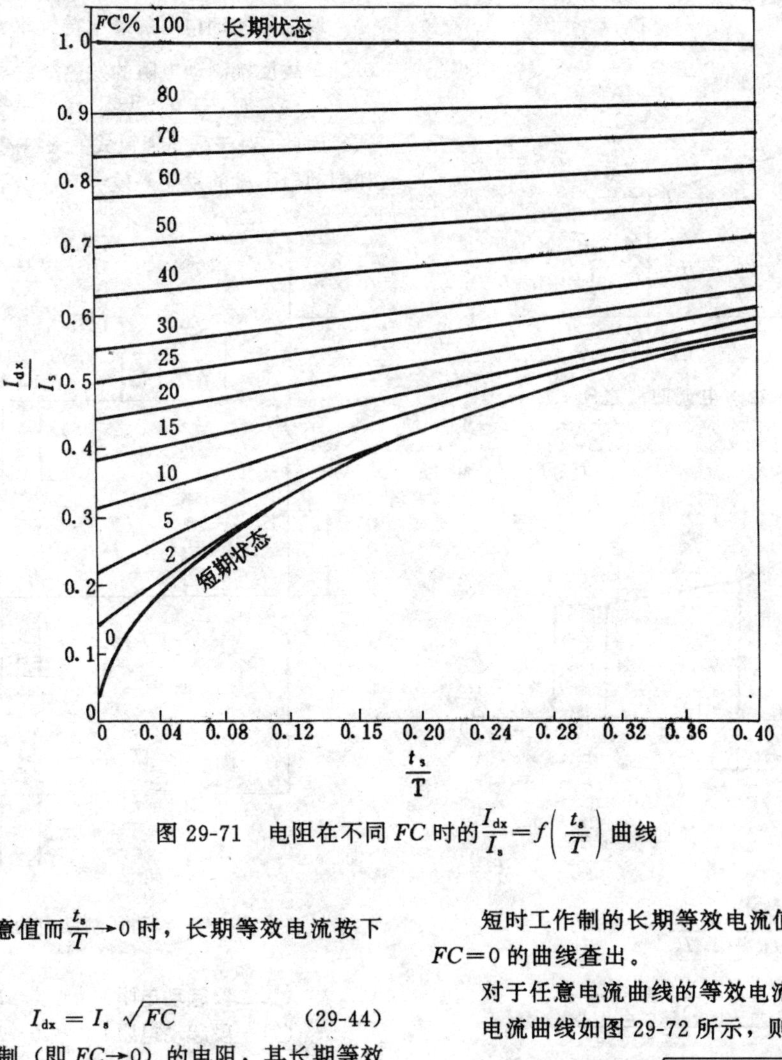

图 29-71 电阻在不同 FC 时的 $\frac{I_{dx}}{I_s}=f\left(\frac{t_s}{T}\right)$ 曲线

当 FC 为任意值而 $\frac{t_s}{T}\to0$ 时，长期等效电流按下式计算

$$I_{dx}=I_s\sqrt{FC} \tag{29-44}$$

对短时工作制（即 $FC\to0$）的电阻，其长期等效电流计算式为

$$I_{dx}=I_s\sqrt{1-e^{-ts/T}} \tag{29-45}$$

短时工作制的长期等效电流值也可从图 29-71 中 $FC=0$ 的曲线查出。

对于任意电流曲线的等效电流计算如下：

电流曲线如图 29-72 所示，则

$$I_{dx}=\sqrt{\frac{I_{S1}^2+I_{S2}^2+I_{S1}I_{S2}}{3}} \tag{29-46}$$

电流曲线如图 29-73 所示，则

$$I_{dx}=\sqrt{\frac{(I_1^2+I_2^2+I_1I_2)t_1+(I_2^2+I_3^2+I_2I_3)t_2}{3(t_1+t_2)}} \tag{29-47}$$

例 计算强迫通风式 YZR 型电动机各起动和制动段电阻的发热等效电流。取电动机的起动和制动转矩的尖峰值为 $2.5M_{ed}$（电动机的额定转矩）；切换转矩值取 $1.0M_{ed}$。

解 设电动机的转矩值与其转子电流 I_z 成正比例，则各起动和制动电阻上的电流变化曲线如图 29-74 所示，图中：

$$I_{1q} = 2.5I_{ze} = I_{1zd}$$
$$I_{2q} = 1.0I_{ze} = I_{2zd}$$

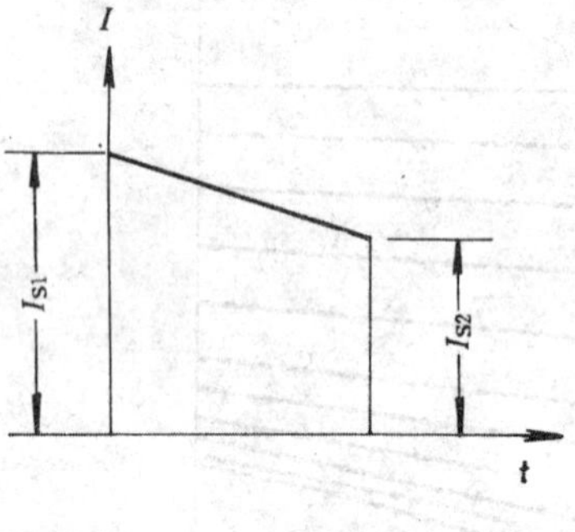

图 29-72 电流曲线之一

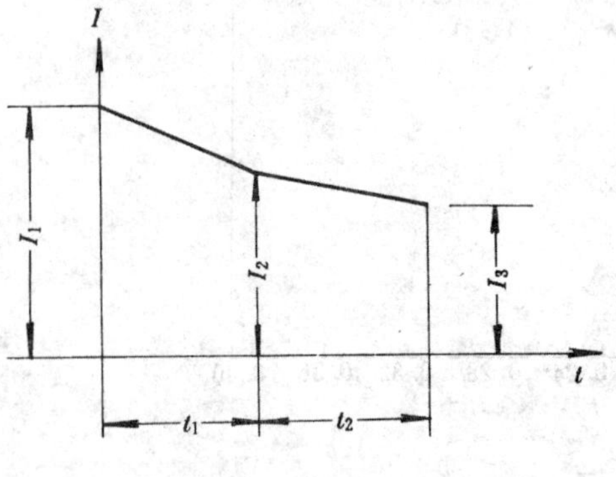

图 29-73 电流曲线之二

电阻的等效电流为

$$I_{dx} = \sqrt{\frac{I_{1q}^2 + I_{2q}^2 + I_{1q}I_{2q}}{3}}$$
$$= \sqrt{\frac{(2.5)^2 + (1.0)^2 + 2.5 \times 1.0}{3}}I_{ze}$$
$$= 1.8I_{ze}$$

式中 I_{ze}——转子额定电流，A。

取第二段起动电阻的通电持续率 $FC=20\%$（此值对轧钢车间辅助机械的工作均能满足）。考虑到电流通过电阻器的时间极短，而铸铁电阻的发热时间常数 T 在 400～850s，因此$\frac{t_s}{T}$可按零计算。从图 29-71 中的 $FC=20\%$ 曲线查得：对应于$\frac{t_s}{T}=0$ 时，$\frac{I_{dx3}}{I_e}=0.45$。因此第二段起动电阻的发热等效电流为：

$$I_{dx3} = 0.45 \times 1.8I_{ze} = 0.81I_{ze}$$

同理，取第一段起动电阻的通电持续率 $FC=15\%$ 得$\frac{I_{dx2}}{I_e}=0.39$，则第一段起动电阻的发热等效电流为

$$I_{dx2} = 0.39 \times 1.8I_{ze} = 0.7I_{ze}$$

取反接制动电阻的通电持续率 $FC=8\%$，得$\frac{I_{dx1}}{I_s}=0.28$，故反接制动电阻的发热等效电流为

$$I_{dx1} = 0.28 \times 1.8I_{ze} = 0.5I_{ze}$$

因此，对于强迫通风式的 YZR 型电动机，各起动和制动电阻段的发热等效电流取以下数值：

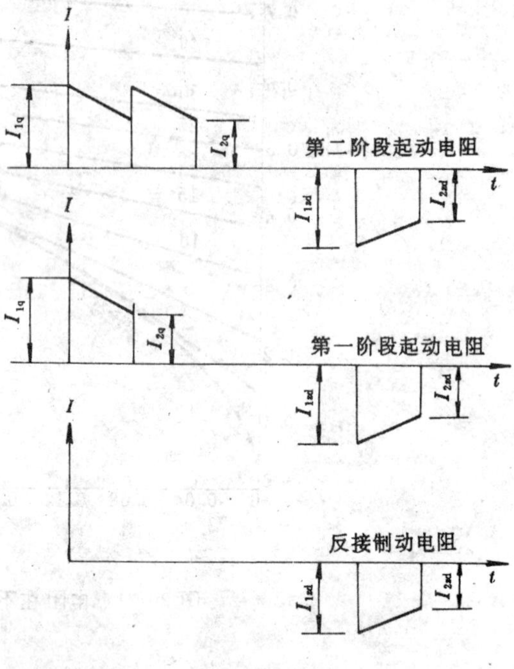

图 29-74 起动和制动电阻电流曲线

R_2（第二段起动电阻） $0.8I_{ze}$；

R_1（第一段起动电阻） $0.7I_{ze}$；

R_{ef}（反接制动电阻） $0.5I_{ze}$；

铸铁电阻元件的技术数据见表 29-85。

线状、带状、铁铬铝元件电阻的技术数据见表 29-86～29-91。

ZX1、ZX1D 系列铸铁电阻元件电阻器型号含义：

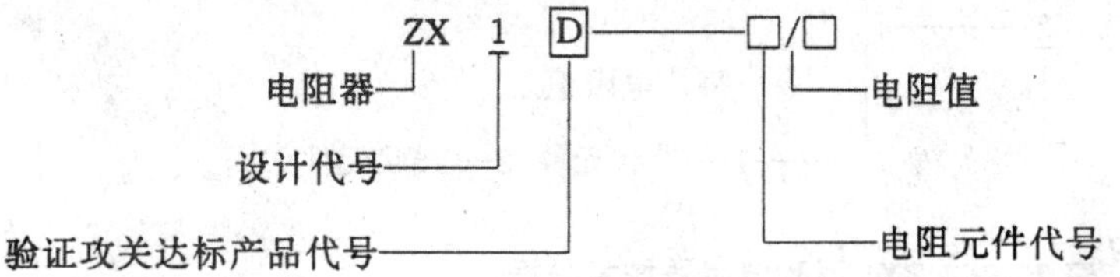

表 29-85 ZX1 系列电阻器技术数据

序号	型 号	+20℃时的电阻值（Ω）						额定电流（冷态值）(A)	电阻元件		质量 (kg)	用途
		总的	每级的						型号	数量		
			1	2	3	4	5					
1	ZX1-1/5	0.10	0.03		0.02	0.03		215	ZT1 型	20	41.5	适用于交流50Hz，电压至660V及直流电压至440V电路中，主要作电动机的起动、制动及调速用
2	ZX1-1/7	0.14	0.042		0.028	0.042		181			33.3	
3	ZX1-1/10	0.20	0.06		0.04	0.06		152			35.5	
4	ZX1-1/14	0.28	0.084		0.056	0.084		128			28.9	
5	ZX1-1/20	0.40	0.12		0.08	0.12		107			29.7	
6	ZX1-1/28	0.56	0.168		0.112	0.168		91			30.1	
7	ZX1-1/40	0.80	0.24		0.16	0.24		76			29.3	
8	ZX1-1/55	1.10	0.33		0.22	0.33		64			28.3	
9	ZX1-1/80	1.60	0.48		0.32	0.48		54			29.9	
10	ZX1-1/110	2.20	0.66		0.44	0.66		46			27.5	
11	ZX1-2/38	1.52	0.456		0.304		0.228	55	ZT2 型	40	29.5	
12	ZX1-2/54	2.16	0.648		0.432		0.324	46			30.1	
13	ZX1-2/75	3.0	0.9		0.6		0.45	39			28.7	
14	ZX1-2/105	4.2	1.26		0.84		0.63	33			29.3	
15	ZX1-2/140	5.6	1.68		1.12		0.84	29			28.9	
16	ZX1-2/220	8.0	2.4		1.6		1.2	24			25.3	
17	ZX1D-1/5	0.10	0.03	0.02	0.02	0.03		215	ZT1-5	20	41	ZX1D 系列铁基电阻器额定功率为4.6kW，在交流50Hz 电压至660V及直流电压至440V的电路中，主要用于控制交流绕线式感应电动机和直流电动机的起动、调速及制动
18	ZX1D-1/7	0.14	0.042	0.028	0.028	0.042		181	ZT1-7		32	
19	ZX1D-1/10	0.20	0.06	0.04	0.04	0.6		152	ZT1-10		36	
20	ZX1D-1/14	0.28	0.084	0.056	0.056	0.084		128	ZT1-14		32	
21	ZX1D-1/20	0.40	0.12	0.08	0.08	0.12		107	ZT1-20		30	
22	ZX1D-1/28	0.56	0.168	0.112	0.112	0.168		91	ZT1-28		30	
23	ZX1D-1/40	0.80	0.24	0.16	0.16	0.24		76	ZT1-40		30	
24	ZX1D-1/55	1.10	0.33	0.22	0.22	0.33		65	ZT1-55		29	
25	ZX1D-1/80	1.60	0.48	0.32	0.32	0.48		54	ZT1-80		28	
26	ZX1D-1/110	2.20	0.66	0.44	0.44	0.66		46	ZT1-110		27	
27	ZX1D-1/38	1.52	0.456	0.304	0.304	0.228	0.228	55	ZT2-38	40	34	
28	ZX1D-1/54	2.16	0.648	0.432	0.432	0.324	0.324	46	ZT2-54		30	
29	ZX1D-1/75	3.0	0.9	0.6	0.6	0.45	0.45	39	ZT2-75		29	
30	ZX1D-1/105	4.2	1.26	0.84	0.84	0.63	0.63	33	ZT2-105		29	
31	ZX1D-1/140	5.6	1.68	1.12	1.12	0.84	0.84	29	ZT2-140		29	
32	ZX1D-1/200	8.0	2.4	1.6	1.6	1.2	1.2	24	ZT2-200		26	

ZX2 系列电阻器型号含义：

ZX 2—□/□

电阻器——ZX

设计代号——2

第一个□：1—带状元件；2—线状元件

第二个□：每片电阻值

表 29-86 ZX2 系列电阻器技术数据

序号	型号	+20℃时的电阻值（Ω）		额定电流（A）	电阻元件（匝数）	电阻线直径和尺寸（mm）	电阻元件型号及数量		质量（kg）	用途
		总的	每片电阻元件							
1	ZX2-1/0.2	2.0	0.2	42	15	10×1.0	2B1 型	10	21.2	适用于交流50Hz，电压至660V及直流电压至440V的电路中，主要作为电动机的起动、制动及调速用
2	ZX2-1/0.25	2.5	0.25	37		10×0.8			20.5	
3	ZX2-1/0.33	3.3	0.33	32		10×0.6			19.7	
4	ZX2-1/0.4	4.0	0.4	29		10×0.5			19.1	
5	ZX2-1/0.5	5.0	0.5	26		10×0.4			18.8	
6	ZX2-1/0.66	6.6	0.66	23		10×0.3			18.4	
7	ZX2-2/0.7	7	0.7	22.3	2×36	2	ZB2 型	10	22.4	
8	ZX2-2/0.9	9	0.9	19.9	2×36	1.8			21.3	
9	ZX2-2/1.1	11	1.1	17.7	2×36	1.6			20.4	
10	ZX2-2/1.45	14.5	1.45	15.4	2×36	1.4			19.5	
11	ZX2-2/1.95	19.5	1.95	13.8	2×36	1.2			18.8	
12	ZX2-2/2.8	28	2.8	11.2	74	2			22.2	
13	ZX2-2/3.5	35	3.5	10.1	74	1.8			21.1	
14	ZX2-2/4.4	44	4.4	8.9	74	1.6			20.2	
15	ZX2-2/5.8	58	5.8	7.7	74	1.4			19.3	
16	ZX2-2/8	80	8	6.6	74	1.2			16.6	
17	ZX2-2/12	120	12	5.4	112	1.2			20.1	
18	ZX2-2/18	180	18	4.4	11.2	1			19.2	
19	ZX2-2/21.6	216	21.6	4	112	0.9			18.8	
20	ZX2-2/27.6	276	27.6	3.5	112	0.8			18.4	
21	ZX2-2/37	370	37	3.1	150	0.8			19.1	
22	ZX2-2/48	480	48	2.7	150	0.7			18.6	
23	ZX2-2/68	680	68	2.3	150	0.6			18.3	
24	ZX2-2/96	960	96	1.9	150	0.5			18	
25	ZX2-2/140	1400	140	1.6	150	0.4			17.7	
26	ZX2-2/188	1880	188	1.4	150	0.35			17.6	
27	ZX2-2/260	2660	260	1.2	150	0.3			17.5	

ZX4 系列电阻器型号含义：

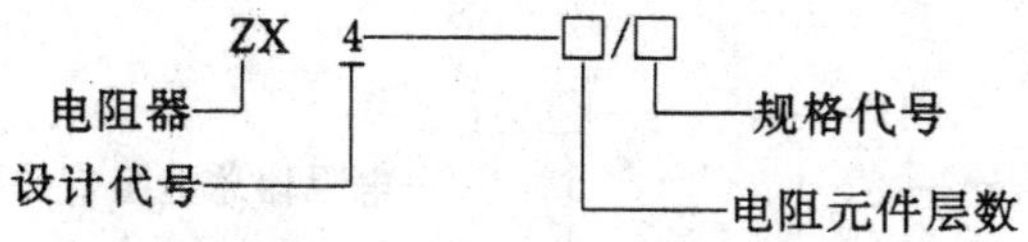

表 29-87 ZX4 系列电阻器技术数据

型号	容量(kW)	电阻元件		接线端子线	平均质量(kg)	用途
		型号	数量			
ZX4-1/0	1.4	ZB1 带状元件和 ZB2 线状元件	4	3	18	适用于交流 50Hz，电压至 500V 及直流电压至 440V 的电路中，供电动机起动、制动调速用
ZX4-1/1	2.45		7	6	28	
ZX4-1/2	3.85		11	9	29	
ZX4-1/3	4.55		13	11	34	
ZX4-1/4	5.6		16	13	39	

ZX12 系列铁铬铝电阻器型号含义：

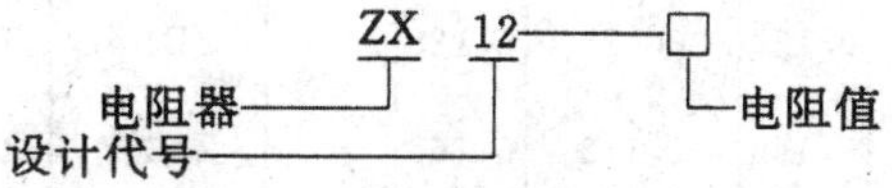

表 29-88 ZX12 系列电阻器技术数据

型号	额定电压(V)	额定发热功率(kW)	电阻值(Ω)	允许负载电流(A)	发热时间常数(s)	电阻值误差	电阻元件型号	电阻元件数(片)	外形尺寸(长×宽×高)(mm)	用途
ZX12-0.1	660	4.6	0.1	215	200	<10%	ZJ1	12 16 24	645×350×240	适用于交流 50Hz、电压至 660V 以及直流电压至 440V 的电路中，主要用于电动机的起动、调速及制动
ZX12-0.14			0.14	181	150					
ZX12-0.2			0.2	152	120					
ZX12-0.28			0.28	128	140					
ZX12-0.4			0.4	107	200					
ZX12-0.56			0.56	91	150					
ZX12-0.8			0.8	76	120					
ZX12-1.1			1.1	64	140					
ZX12-1.6			1.6	54	128					
ZX12-2.2			2.2	46	104					
ZX12-3.0			3.0	39	136					
ZX12-4.2			4.2	33	104					
ZX12-5.6			5.6	29	96					
ZX12-8.0			8.0	24	80					

ZX9 系列铁铬铝电阻器型号含义：

ZX 9—□/□

- ZX — 电阻器
- 9 — 设计代号
- □ — 电阻元件规格代号
- /□ — 电阻器总电阻值的百分比

表 29-89 ZX9 系列电阻器技术数据

序号	型号	额定电流(A)	电阻值(Ω)							电阻元件				质量(kg)	用途
			总的		每级的					型号	尺寸(mm)	数量	接法		
			标准值	计算值	1	2	3	4	5						
1	ZX9-1/10	215	0.1	0.106	0.032			0.032		ZD1-1	1.5×32	40	2并	15	适用于交流 50Hz 电压至 660V 及直流电压至 440V 的电路中，主要作为电动机的起动、制动及调速用
2	ZX9-2/14	181	0.14	0.14	0.042	0.028		0.042		ZD1-2	1.5×24	40			
3	ZX9-3/20	152	0.20	0.188	0.063	0.031		0.063		ZD1-3	1×32	48			
4	ZX9-4/28	128	0.28	0.254	0.085	0.042		0.085		ZD1-4	1×24	48			
5	ZX9-1/40	107	0.40	0.426	0.123	0.085		0.128		ZD1-1	1.5×32	40	串		
6	ZX9-2/55	91	0.55	0.56	0.168	0.112		0.168		ZD1-2	1.5×24	40			
7	ZX9-3/80	76	0.80	0.756	0.252	0.126		0.253		ZD1-3	1×32	48			
8	ZX9-4/110	64	1.10	1.016	0.339	0.169		0.339		ZD1-4	1×24	48			
9	ZX9-5/152	55	1.52	1.467	0.489	0.306			0.183	ZD1-5	1.5×11	48		10	
10	ZX9-6/216	46	2.16	2.019	0.673	0.421			0.253	ZD1-6	1.5×8	48		10	
11	ZX9-5/300	39	3.00	2.935	0.855	0.621			0.428	ZD1-5	1.5×11	96		15	
12	ZX9-6/420	33	4.20	4.044	1.18	0.842			0.59	ZD1-6	1.5×8	96		15	
13	ZX9-7/560	29	5.60	5.378	1.57	1.12			0.784	ZD1-7	1×9	96		16	
14	ZX9-8/800	24	8.00	7.396	2.16	1.54			1.078	ZD1-8	1×6.5	96		16	

ZX10 系列铁铬铝电阻器型号含义：

ZX 10—□

- ZX — 电阻器
- 10 — 设计代号
- □ — 电阻器的电阻值

ZD 2—□

- ZD — 铁铬铝带形电阻元件
- 2 — 设计代号
- □ — 电阻元件的电阻值

表 29-90 ZX10系列电阻器技术数据

型 号	额定电压(V)	允许电流(A)	总电阻(Ω)	电阻元件		电阻带截面(mm^2)	外形尺寸(长×宽×高)(mm)	用 途
				型号	数量			
ZX10-0.1	AC660 DC440	215	0.10	ZD2-0.08	5	2 (1.6×15)	635×388 ×200	适用于交流50Hz,电压至660V以及直流电压至440V的电路中,供电动机的起动、调速及制动用
ZX10-0.14		181	0.14	ZD2-0.112		2 (1.6×15)		
ZX10-0.2		152	0.20	ZD2-0.16		1.5×10		
ZX10-0.28		128	0.28	ZD2-0.22		2 (1.1×10)		
ZX10-0.4		107	0.40	ZD2-0.08		2 (1.6×15)		
ZX10-0.56		91	0.56	ZD2-0.112		2 (1.6×15)		
ZX10-0.8		76	0.80	ZD2-0.16		1.5×10		
ZX10-1.1		64	1.1	ZD2-0.22		2 (1.1×10)		
ZX10-1.6		54	1.6	ZD2-0.32		1.6×15		
ZX10-2.2		46	2.2	ZD2-0.44		2 (1.1×10)		
ZX10-3.0		39	3.0	ZD2-0.60		2 (0.8×8)		
ZX10-4.2		33	4.2	ZD2-0.84		0.8×10		
ZX10-5.6		29	5.6	ZD2-1.12		0.8×6		
ZX10-8.0		24	8.0	ZD2-1.6		0.8×6		
ZX10-11		20	11	ZD2-2.2		0.8×6		

ZX14系列板形电阻器型号含义

ZX 14——□/□□

电阻器——ZX

设计代号——14

电阻值——第一个□

电阻元件规格(绕线或带绕)——第二个□

热带产品代号——第三个□

表 29-91 ZX14系列电阻器技术数据

型号	额定电压(V)	额定持续电流(A)	电阻额定值(Ω)	型号	额定电压(V)	额定持续电流(A)	电阻额定值(Ω)	备注
ZX14-3.2	AC 660 DC 440	0.95	3.2	ZX14-165	AC660 DC440	4.83	165	(1)该系列电阻值误差<10% (2)电阻采用板型元件ZB3型数量均为10个 (3)电阻最高温升均≤350℃ (4)外形尺寸为:长×宽×高=635×390×220mm 其用途同表29-90。
ZX14-4.3		1.06	4.3	ZX14-225		5.64	225	
ZX14-5.4		1.18	5.4	ZX14-270		6.42	270	
ZX14-6.9		1.29	6.9	ZX14-320		7.17	320	
ZX14-9.5		1.39	9.5	ZX14-400		7.98	400	
ZX14-12		1.53	12	ZX14-450		9.13	450	
ZX14-16		1.67	16	ZX14-560		9.60	560	
ZX14-24		1.95	24	ZX14-700		11.2	700	
ZX14-28		2.24	28	ZX14-920		12.1	920	
ZX14-38		2.50	38	ZX14-1250		14.8	1250	
ZX14-42		2.79	42	ZX14-1500		17.1	1500	
ZX14-55		2.96	55	ZX14-1800		19.0	1800	
ZX14-68		3.31	68	ZX14-2100		22.5	2100	
ZX14-85		3.60	85	ZX14-2500		25.5	2500	
ZX14-110		3.94	110	ZX14-3100		28.5	3100	
ZX14-150		4.61	150	ZX14-3850		33.0	3850	

29.3 低压成套控制柜的选择

选择标准组装式的低压成套配电柜、控制柜、功率因数补偿柜及照明箱等，对电器设备正常运行、加快设计和建设进度、统一执行国家有关电气规程规范，节约投资等均有益处。工厂设计中一般应避免设计非标准的柜、盘、屏。

JK 型低压成套电控设备是机电行业的更新换代产品，它取代 PGL、BSL、BDL、GTT、TP、YP 等成套装置，符合 IEC439、GB4720、GB7251 等标准，主要技术性能指标达到国外同类产品水平。国内还有些企业生产其它型号的固定板式或抽屉式低压成套设备，都有各自的特点、优点和适用范围，本节只介绍 JK 系列产品。

29.3.1 JK 系列电控柜产品型号含义

JK 系列电控柜产品型号含义为：

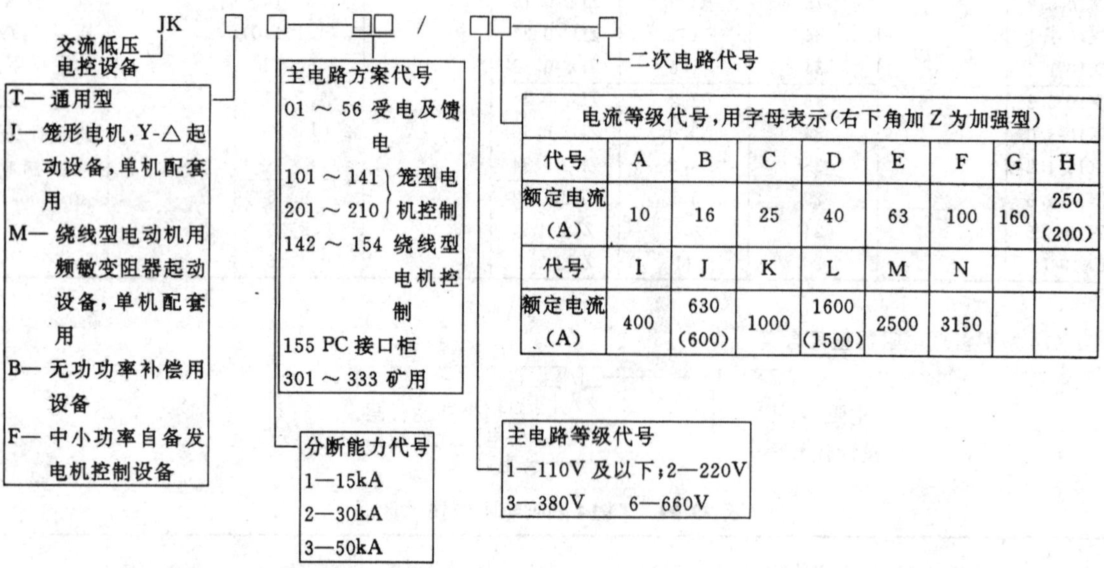

29.3.2 JK 系列电控柜主要技术性能指标

JK 系列电控柜主要技术性能指标见表 29-92。

表 29-92 JK 电控柜主要技术性能指标

项目 \ 类别		受电及配电 JKT（1～3）-01～56	电动机控制 JKT（1～3）-101～155	单机配套 JKJ，JKM	矿用一般型 JKT1-301～333
符合标准		IEC430、GB4720、GB7251、ZBK62004			
额定电压（V）		380			380，600
额定电流（A）		100～3150	1.0～630		16～630
额定功率（kW）		1.1～315			1.1～315
分断能力（kA）	JKT1	15			15
	JKT2	30			
	JKT3	50			

续表 29-92

项目 \ 类别		受电及配电 JKT（1～3）-01～56	电动机控制 JKT（1～3）-101～155	单机配套 JKJ，JKM	矿用一般型 JKT1-301～333
正常使用条件	周围空气温度（℃）	−5～+40			
	海拔（m）	2000			
	相对湿度	90%（在周围空气温度为 20℃时），50%（在周围空气温度为 40℃时）			
	电源电压、波动范围	±10%			
	安装倾斜度	不大于 5%			
使用负荷类别			AC-1　AC-2　AC-3　AC-4		
防护等级		IP20 或 IP31			IP41
主开关选型		ME、AH、DW15、DZ20	DZ20		DW15、DZX10
保护特性		瞬时、短、长延时	失压、瞬动、过热、短路		瞬时、短、长延时
外形尺寸（mm）		1500A 以下固定面板式（400～1000）×650（800）×2200 1600A～2500A 为抽出式(600～1000)×1000×2200 （宽×深×高）	（400～1000）×650×2200	（600～800）×（400～650）×（1200～1800）	（400～800）×650×1800
备　注		宽度 400mm 只做返线柜，深 650mm 为一般通用型，深 800 为要求上出线的，深 1000 为抽出式进线柜			

29.3.3　JK 系列电控柜的特点

JK 系列电控柜的特点有：

（1）设计选用灵活。JK 产品主线路有 350 多种，1600 左右个规格（不包括不同的交直流控制电压级别），其中供配电的受电，馈电方案 124 种，724 个规格，额定电流有 100、200、400、600、1600、2500、3150A7 个等级，对于大电流的 1600A～3500A 采用抽出插入式，省去了隔离用大容量刀开关。此时柜深由 650mm 增为 1000mm，包括有架空、母线、电缆受电、馈电、母线分段、联络、双电源进线等各种常用供配电方案。传动用的电控柜：笼型电动机有 124 种方案 42 个规格，包括可逆、不可逆、失压后自起动；各种直接起动和减压起动（星-三角、起动、电阻减压起动自耦减压起动等），变极对数的多速电动机控制等方案，适于各种工作制（长期、断续、短时），并有多种制动方式等。对于小容量只要求简单直接起动、制动的如泵类、风机、阀门等，一个柜内可提供多达 12 个回路的固定组合柜。同时为了灵活选用，JK 还设有类似过去 TP、YP 那种独立的控制板结构，每块板均为一个独立的控制回路，可单独控制一台笼型电动机，由 2～6 块控制板组装在一个柜内。该控制板有 26 种方案 75 个规格，板尺寸为 240（480）×800mm（宽×高）。此外笼型电动机星-三角起动柜有 7 个规格，适于非集中控制的水泵、风机等，作为单机配套用。绕线型电动机控制有 38 种方案 296 个规格，包括采用电阻分段起动、频敏变阻器起动，能耗、反接制动等各种简单和复杂控制方案。也有专用于非集中控制的空压机、球磨机、泵等采用绕线型电动机接频敏变阻器起动的单独配套的电控柜（两种方案 14 个柜）。此外还有与微机可编程序控制器配套的 PC 接口继电器柜，用于将强电和弱电隔离，有利于电控系统抗干扰和扩大联锁，JK 继电器柜采用 155 型工业用控制继电器（设计者也可采用其他接触器和继电器，如 CFZI 型）。无功功率补偿柜共 10 种方案，单柜补偿电容量分100、200、300kvar三个等级。电容器的投入方式分为全部循环投切和采用部份固定投入、部分循环投切相结合的两种方式。后者，是考虑通常在变电站中有一部分无功负荷是恒定不变的，因此采用固定地一次投入约30%的补偿电容，固接在系统中，平常不切除，这样可以简化系统、增加单柜补偿容量，减少电容器投切次数以延长电容器寿命。部分循环电容器的投切，除保留过去常用的循环投切方式外，JK还增加了一种按1、2、2、2、2、1编码方式进行投切。并采取小负荷时按保持无功电流（或保持功率）恒定、大负荷时保持功率因数$\cos\phi$恒定的原则进行控制，这样可以使无功电流在不同负荷下都能得到最佳的补偿。总之，JK适用于供电、传动、照明、无功补偿，矿山的各种电流范围及高达50kA分断能力的用电负荷，它基本上覆盖了低压变压器2000kVA及以下的全部负荷，完全可以取代过去的配电屏、电机控制中心和照明配电箱及无功补偿屏等。

（2）提高了分断能力。JK解决了过去PGL等低压供配电设备的最大工作电流只有1500A，分断能力一般在25kA左右的局限性。为选用低压成套装置更加经济合理，JK的分断能力分为15、30、50kA三个等级，这样大体上能适应我国工业、民用电网及变压器容量从180～2000kVA的需要，用户如需更高的分断能力，如70kA，可与制造厂商量解决。

（3）选用了国内最先进的低压电器元件和辅件。JK用的主、辅件既考虑了先进性及满足更新换代的要求，又立足于国内已形成批量生产，供货方便的情况，使一般用户便于采购备品备件和经济上合理承受的能力。例如其主进线开关，选用ME、DW15型；部分馈线开关和电动机用主开关，选用DZ20系列低压断路器。刀开关选用HD13或HD11型。在JK结构设计上，HD13的操作手柄装于柜内，并用护板隔开不外露，采用杠杆操作以策安全，也可根据用户习惯采用HD13型旋转操作式刀开关（此时需与JK制造厂家协商，在门上预留装接旋转手柄的孔洞，并妥善处理卸下的旋转手柄的放置位置问题）；有的用户习惯采用HD11型刀开关，为保证安全及防止误操作，建议采用HD11F型和装配有能保证只在无负荷情况下才能操作刀开关的电气联锁，对于630A及以下的电路，还有HR6（或HR5）系列熔断器式刀开关作为隔离刀开关的方案以供选择，该开关的熔断器为NT系列，分断能力为50（100）kA。熔断器选用等于或高于50kA的NT、gF和aM系列。接触器选用CJ20系列，也可选用交直流均可操作的，线圈功耗小于20W的节能型低噪音的CJZ系列；小容量（80A以下）还可选用B系列和LC-D系列。接线座选用工程注塑型的JH6型接线座，实用美观。此外，有些制造厂可根据用户要求选用国内引进生产的产品。总之，JK所选用的主要电器都能满足29.1和29.2节中所述的各项要求。

（4）提高了防护等级。JK柜的外壳防护等级由过去一般的IP00提为IP20以上，热带地区及出口产品则采用IP31（但此时设计选用时应适当降容20%左右），同时在柜体上的百叶通风窗内加装网眼尺寸小于2.5×2.5mm的金属网；矿用JK柜防护等级为IP41。

（5）实行组装式柜体。大部分结构采用薄钢板折弯成型，全封闭组装柜体，尺寸精确、外形美观，门上设专门的操作仪表板，板边缘用专用橡胶嵌条。门采用暗铰链凸装，柜设前、后门，带电体不外露。

（6）采用安全可靠特殊的母线系统设计。主母线水平安装在柜顶封闭的母线室内，额定电流1600A及以下为单排，大于1600A为双排，母线室内有三种安装形式：一组交流母线；一组交流和一组直流母线；一组交流和二组直流母线（直流操作电源和能耗制动电源）。后者特别适用于冶金工厂电力传动的需要。

JK的主母线支撑夹具，采用特殊材质制作的，能承受大短路电流应力，组合方便、轻巧、尺寸小、标准化程度高的专用母线夹具，其抗漏电指标接近陶瓷，在960℃燃烧后的自熄灭时间小于0.1s，其抗电、热冲击强度提高了约50倍，质量比PGL用母线夹具轻80%，达到了同类产品的国际水平。JK柜特地在柜内配备专门的主电路接线座，作为外引接线用。

JK柜内控制电路连线均用多芯铜软线，并一律用冷压端头。排线尽量用行线槽。

JK柜采用电缆或母线进线，用电缆进线时柜底设有引入电缆支架，用母线进线时从柜顶以母线桥引入。工厂设计条件要求从柜顶出线时，此时选用柜体深度为800mm，母线室分成前后二个隔离的小区，前半部为水平主母线区，后半部为引出电缆的接口区。

29.4 部分电动机起动保护设备及导线选择

部分电动机的起动保护操作设备及配电支线的选择参见表29-93～29-100。这些表只作为设计参考，其中低压电器设备的选用原则仍应按本手册中有关章节的叙述，例如选定表中各类保护操作设备时就应满足

表 29-93 Y 型电动机起动保护设备选择表之二（用框架式断路器保护）

电动机				保护操作设备			VV（VV22）-1kV			
型 号	额定容量 (kW)	额定电流 (A)	起动电流 (A)	规格/脱扣器额定电流（瞬动整定电流）(A) 电磁脱扣器			40℃		35℃	
				DWX15 (DW15)	ME	AH	截面 (mm^2)	$\Delta V=5\%$ 允许长度(m)	截面(mm^2)	$\Delta V=5\%$ 允许长度(m)
1	2	3	4	5	6	7	8	9	10	11
Y280S-2	75	140.1	980	200/200 ($10I_e$)	630/1.5～3kA	600/250 ($8I_e$)	95	374	70	277
Y280M-2	90	167	1169	200/200 ($12I_e$)	630/1.5～3kA	600/250 ($10I_e$)	120	385	95	310
Y315S-2	110	206.4	1444.8	400/300 ($10I_e$)	630/2～4kA	600/250 ($12I_e$)	150	391	120	298
Y315M1-2	132	247.6	1733.2	400/300 ($12I_e$)	630/2～4kA	600/400 ($10I_e$)	2×70	287	185	390
Y315M2-2	160	298.5	2090	400/400 ($12I_e$)	630/4～8kA	600/400 ($12I_e$)	2×95	322	2×95	322
Y280S-4	75	139.7	977.9	200/200 ($10I_e$)	630/1.5～3kA	600/250 ($8I_e$)	95	372	70	277
Y280M-4	90	164.3	1150.1	200/200 ($12I_e$)	630/1.5～3kA	600/250 ($10I_e$)	95	305	95	305
Y315S-4	110	201.9	1413.3	400/300 ($10I_e$)	630/2～4kA	600/250 ($12I_e$)	50	366	120	298
Y315M1-4	132	242.3	1696.1	400/300 ($12I_e$)	630/2～4kA	600/400 ($8I_e$)	2×70	281	185	380
Y315M2-4	160	293.7	2056	400/400 ($12I_e$)	630/4～8kA	600/400 ($12I_e$)	2×95	322	2×95	322
Y315S-6	75	142.4	996.8	200/200 ($10I_e$)	630/1.5～3kA	600/250 ($8I_e$)	95	374	70	277
Y315M1-6	90	170.8	1196	200/200 ($12I_e$)	630/1.5～3kA	600/250 ($10I_e$)	120	385	95	305
Y315M2-6	110	207.7	1454	400/300 ($10I_e$)	630/2～4kA	600/250 ($12I_e$)	150	394	120	298
Y315M3-6	132	249.2	1744.4	400/300 ($12I_e$)	630/2～4kA	600/400 ($10I_e$)	2×70	315	185	426
Y315M1-8	75	152.9	992	200/200 ($10I_e$)	630/1.5～3kA	600/250 ($8I_e$)	95	322	95	322
Y315M2-8	90	180.3	1172	200/200 ($12I_e$)	630/2～4kA	600/250 ($10I_e$)	120	362	120	362
Y315M3-8	110	220.3	1432	400/300 ($10I_e$)	630/2～4kA	600/250 ($12I_e$)	2×185	340	150	366

表29-94 Y型电动机起动保护设备选择表之一

电动机				保护设备						
型　号	额定容量(kW)	额定电流(A)	起动电流(A)	熔管/熔件（A）			塑壳断路器规格/脱扣器额定电流（整定电流倍数）			
				NT	RT0	RM10	DZX10	DZ20	H	TG
1	2	3	4	5	6	7	8	9	10	11
Y801-2	0.76	1.8	12.6	160/6	50/10	15/6	100/60 (10I_e)	100/15 (500A)	150/15 (250A)	30/15 (10I_e)
Y802-2	1.1	2.5	17.5	160/10	50/10	15/6	100/60 (10I_e)	100/15 (500A)	150/15 (250A)	30/15 (10I_e)
Y90S-2	1.5	3.4	23.8	160/10	50/10	15/10	100/60 (10I_e)	100/15 (500A)	150/15 (250A)	30/15 (10I_e)
Y90L-2	2.2	4.7	32.9	160/16	50/15	15/15	100/60 (10I_e)	100/15 (500A)	150/15 (250A)	30/15 (10I_e)
Y100L-2	3	6.4	44.8	160/20	50/10	60/20	100/60 (10I_e)	100/15 (500A)	150/15 (250A)	30/15 (10I_e)
Y112M-2	4	8.2	57.4	160/25	50/10	60/25	100/60 (10I_e)	100/15 (500A)	150/15 (250A)	30/15 (10I_e)
Y132S1-2	5.5	11.1	77.7	160/30	50/20	60/35	100/60 (10I_e)	100/15 (500A)	150/15 (250A)	30/15 (10I_e)
Y132S2-2	7.5	15.0	105	160/50	50/40	60/45	100/60 (10I_e)	100/20 (500A)	150/20 (250A)	30/20 (10I_e)
Y160M1-2	11	21.8	152.6	160/63	50/50	100/60	100/60 (10I_e)	100/32 (500A)	150/25 (250A)	30/30 (10I_e)
Y160M2-2	15	29.4	205.8	160/80	100/60	100/80	100/60 (10I_e)	100/40 (500A)	150/35 (500A)	100/40 (10I_e)
Y160L-2	18.5	35.5	248.5	160/100	100/80	200/100	100/60 (10I_e)	100/40 (500A)	150/40 (500A)	100/50 (10I_e)
Y180M-2	22	42.2	295.4	160/125	100/100	200/100	100/60 (10I_e)	100/50 (12I_e)	150/50 (600A)	100/60 (10I_e)
Y200L1-2	30	56.9	398.3	160/160	200/120	200/120	100/80 (12I_e)	100/80 (12I_e)	250/90 (10I_e)	100/75 (10I_e)
Y200L2-2	37	69.8	488.6	160/160	200/150	200/160	100/100 (10I_e)	100/80 (12I_e)	250/100 (10I_e)	100/100 (10I_e)
Y225M-2	45	83.9	587.3	250/250	400/200	200/200	200/120 (10I_e)	100/100 (12I_e)	250/125 (10I_e)	100/100 (10I_e)
Y250M-2	55	102.7	718.9	300/300	400/250	350/300	200/170 (9I_e)	200/180 (8I_e)	250/150 (10I_e)	225/125 (10I_e)
Y280S-2	75	140.1	980	400/400	400/350	350/350	200/200 (10I_e)	200/200 (10I_e)	250/200 (10I_e)	225/175 (10I_e)
Y801-4	0.55	1.5	9.75	160/6	50/10	15/6	100/60 (10I_e)	100/16 (500A)	150/15 (250A)	30/15 (10I_e)
Y802-4	0.75	2.0	13	160/6	50/10	15/6	100/60 (10I_e)	100/16 (500A)	150/15 (250A)	30/15 (10I_e)
Y90S-4	1.1	2.7	17.55	160/10	50/10	15/6	100/60 (10I_e)	100/16 (500A)	150/15 (250A)	30/15 (10I_e)
Y90L-4	1.5	3.7	24.05	160/10	50/10	15/10	100/60 (10I_e)	100/16 (500A)	150/15 (250A)	30/15 (10I_e)
Y100L1-4	2.2	5.0	35	160/16	50/15	15/15	100/60 (10I_e)	100/16 (500A)	150/15 (250A)	30/15 (10I_e)
Y100L2-4	3	6.8	47.6	160/20	50/20	60/20	100/60 (10I_e)	100/16 (500A)	150/15 (250A)	30/15 (10I_e)
Y112M-4	4	8.8	61.6	160/25	50/30	60/25	100/60 (10I_e)	100/16 (500A)	150/15 (250A)	30/15 (10I_e)
Y132S-4	5.5	11.6	81.2	160/35	50/30	60/35	100/60 (10I_e)	100/16 (500A)	150/15 (250A)	30/15 (10I_e)
Y132M-4	7.5	15.4	107.8	160/50	100/50	60/45	100/60 (10I_e)	100/20 (500A)	150/20 (250A)	30/20 (10I_e)
Y160M-4	11	22.6	158.2	160/63	100/60	100/60	100/60 (10I_e)	100/32 (500A)	150/25 (500A)	30/30 (10I_e)
Y160L-4	15	30.3	212.1	160/100	100/80	100/80	100/60 (10I_e)	100/40 (500A)	150/35 (500A)	100/40 (10I_e)

（塑壳断路器或熔断器保护）

操作设备								VV（VV22）-1kV					
起动器规格		接触器规格			热继电器规格 额定电流			40℃			35℃		
								截面	铁管直径	$\Delta V=5\%$	截面	铁管直径	$\Delta V=5\%$
星-三角	QC12	CJ20	CJ10	B	JR20	JR16	T	(mm²)	(mm)	允许长度(m)	(mm²)	(mm)	允许长度(m)
12	13	14	15	16	17	18	19	20	21	22	23	24	25
	1/6	9	5	B9	6.3/8R	20/#6	T16	2.5	19	1693	2.5	19	1693
	1/6	9	5	B9	6.3/10R	20/#7	T16	2.5	19	1154	2.5	19	1154
	1/6	9	5	B9	6.3/11R	20/#8	T16	2.5	19	845	2.5	19	845
	2/6	9	10	B9	6.3/13R	20/#9	T16	2.5	19	576	2.5	19	576
	2/6	9	10	B9	16/2S	20/#9	T16	2.5	19	423	2.5	19	423
QX3/13	3/6	16	10	B12	16/3S	20/#10	T16	2.5	19	317	2.5	19	317
QX3/13	3/6	16	20	B15	16/4S	20/#11	T16	4	25	227	4	25	227
QX3/13	3/6	16	20	B25	32/2T	20/#11	T16	4	25	167	4	25	167
QX3/13	4/6	25	40	B30	32/3T	60/#13	T25	6	25	157	6	25	157
QX3/30	4/6	40	40	B37	32/5T	60/#14	T25	10	32	215	10	32	215
QX3/30	5/6	40	40	B45	63/3U	60/#15	T45	10	32	184	10	32	184
QX3/30	5/6	63	60	B65	63/3U	60/#15	T85	16	32	246	16	32	246
QX4/55	6/6	100	100	B65	63/4U	150/#17	T85	25	38	276	25	38	276
QX4/55	6/6	100	100	B85	160/2W	150/#18	T85	35	51	223	25	38	223
QX4/55	6/6	100	100	B105	160/3W	150/#18	T105	35	51	233	35	51	233
QX4/55	7/6	160	150	B170	160/4W	150/#19	T170	50	64	275	50	64	275
QX4/75	7/6	160	150	B170	160/8W	150/#19	T170	95	75	374	70	64	274
	1/6	9	5	B9	6.3/8R	20/#5	T16	2.5	19	2308	2.5	19	2308
	1/6	9	5	B9	6.3/9R	20/#6	T16	2.5	19	1693	2.5	19	1693
	1/6	9	5	B9	6.3/10R	20/#7	T16	2.5	19	1154	2.5	19	1154
	1/6	9	5	B9	6.3/12R	20/#8	T16	2.5	19	845	2.5	19	845
	2/6	9	10	B9	6.3/13R	20/#9	T16	2.5	19	576	2.5	19	576
	2/6	9	10	B9	16/2S	20/#9	T16	2.5	19	423	2.5	19	423
QX3/13	3/6	16	10	B12	16/3S	20/#10	T16	2.5	19	317	2.5	19	317
QX3/13	3/6	16	20	B15	16/4S	20/#11	T16	4	25	227	4	25	227
QX3/13	3/6	25	20	B25	32/2T	20/#11	T16	4	25	167	4	25	167
QX3/13	4/6	40	40	B30	32/3T	60/#13	T25	6	25	157	4	25	157
QX3/30	4/6	40	40	B37	63/2U	60/#14	T25	10	32	215	6	25	215

电动机				保护设备						
型　号	额定容量(kW)	额定电流(A)	起动电流(A)	熔管/熔件（A）			塑壳断路器规格/脱扣器额定电流（整定电流倍数）			
				NT	RT0	RM10	DZX10	DZ20	H	TG
1	2	3	4	5	6	7	8	9	10	11
Y180M-4	18.5	35.9	251.3	160/100	100/100	200/100	100/60 (10I_e)	100/40 (500A)	150/50 (500A)	100/50 (10I_e)
Y180L-4	22	42.5	297.5	160/125	200/120	200/125	100/60 (10I_e)	100/50 (12I_e)	150/50 (600A)	100/60 (10I_e)
Y200L-4	30	56.8	397.6	160/160	200/120	200/125	100/60 (10I_e)	100/63 (12I_e)	250/70 (10I_e)	100/75 (10I_e)
Y225S-4	37	69.8	488.6	160/160	200/150	200/160	100/100 (10I_e)	100/80 (12I_e)	250/100 (10I_e)	100/100 (10I_e)
Y225M-4	45	84.2	589.4	250/250	400/200	200/200	200/120 (10I_e)	100/100 (12I_e)	250/125 (10I_e)	225/125 (10I_e)
Y250M-4	55	102.5	717.5	400/300	400/250	350/250	200/200 (7I_e)	200/180 (8I_e)	250/125 (10I_e)	225/125 (10I_e)
Y280S-4	75	139.7	977.9	400/400	400/350	350/300	200/200 (10I_e)	200/200 (10I_e)	250/200 (10I_e)	225/175 (10I_e)
Y90S-6	0.75	2.3	13.8	160/6	50/10	15/6	100/60 (10I_e)	100/16 (500A)	150/15 (250A)	30/15 (10I_e)
Y90L-6	1.1	3.2	19.2	160/10	50/10	15/6	100/60 (10I_e)	100/16 (500A)	150/15 (250A)	30/15 (10I_e)
Y100L-6	1.5	4.0	24	160/10	50/10	15/10	100/60 (10I_e)	100/16 (500A)	150/15 (250A)	30/15 (10I_e)
Y112M-6	2.2	5.6	33.6	160/16	50/15	15/15	100/60 (10I_e)	100/16 (500A)	150/15 (250A)	30/15 (10I_e)
Y132S-6	3	7.2	46.8	160/20	50/20	60/20	100/60 (10I_e)	100/16 (500A)	150/15 (250A)	30/15 (10I_e)
Y132M1-6	4	9.4	61.6	160/25	50/30	60/25	100/60 (10I_e)	100/16 (500A)	150/15 (250A)	30/15 (10I_e)
Y132M2-6	5.5	12.6	81.9	160/35	50/30	60/35	100/60 (10I_e)	100/16 (500A)	150/15 (250A)	30/15 (10I_e)
Y160M-6	7.5	17.0	110.5	160/50	100/50	60/45	100/60 (10I_e)	100/20 (500A)	150/20 (250A)	30/15 (10I_e)
Y160L-6	11	24.6	159.9	160/63	100/80	100/60	100/60 (10I_e)	100/32 (500A)	150/30 (500A)	30/15 (10I_e)
Y180L-6	15	31.6	204.75	160/80	100/80	100/80	100/60 (10I_e)	100/40 (500A)	150/40 (500A)	100/40 (10I_e)
Y200L1-6	18.5	37.7	245.05	160/100	100/100	200/100	100/60 (10I_e)	100/50 (12I_e)	150/50 (500A)	100/50 (10I_e)
Y200L2-6	22	44.6	289.9	160/125	200/120	200/125	100/60 (10I_e)	100/50 (12I_e)	150/50 (600A)	100/60 (10I_e)
Y225M-6	30	59.5	386.75	160/160	200/150	200/125	100/30 (10I_e)	100/63 (12I_e)	250/90 (10I_e)	100/75 (10I_e)

续表29-93

操作设备								VV（VV22）-1kV					
起动器规格		接触器规格			热继电器规格额定电流			40℃			35℃		
星-三角	QC12	CJ20	CJ10	B	JR20	JR16	T	截面(mm²)	铁管直径(mm)	$\Delta V=5\%$ 允许长度(m)	截面(mm²)	铁管直径(mm)	$\Delta V=5\%$ 允许长度(m)
12	13	14	15	16	17	18	19	20	21	22	23	24	25
QX3/30	5/6	40	40	B45	63/3U	60/#15	T45	10	32	184	10	32	184
QX3/30	5/6	63	60	B65	63/4U	60/#15	T85	16	32	246	16	32	246
QX4/55	6/6	100	100	B65	63/5U	150/#17	T85	25	38	276	25	38	276
QX4/55	6/6	100	100	B85	160/3W	150/#17	T85	35	51	283	25	38	223
QX4/55	6/6	100	100	B105	160/4W	150/#18	T105	35	51	233	35	51	233
QX4/55	7/6	150	150	B170	160/5W	150/#18	T170	50	64	275	50	64	275
QX4/75	7/6	160	150	B170	160/7W	150/#19	T170	95	75	374	70	64	277
	1/6	9	5		6.3/10R	20/#7	T16	2.5	19	1693	2.5	19	1693
	1/6	9	5		6.3/11R	20/#7	T16	2.5	19	1154	2.5	19	1154
	1/6	9	5		6.3/12R	20/#8	T16	2.5	19	845	2.5	19	845
	2/6	9	10		6.3/13R	20/#9	T16	2.5	19	576	2.5	19	576
	2/6	9	10	B9	16/25	20/#10	T16	2.5	19	423	2.5	19	423
QX3/13	3/6	16	20	B12	16/3S	20/#10	T16	2.5	19	317	2.5	19	317
QX3/13	3/6	16	20	B15	16/4S	20/#11	T16	2.5	19	141	4	25	227
QX3/13	3/6	25	20	B25	32/2T	20/#12	T16	4	25	167	4	25	167
QX3/13	4/6	40	40	B30	32/4T	60/#14	T25	6	25	157	6	25	157
QX3/30	4/6	40	40	B37	63/2U	60/#14	T25	10	32	215	10	32	215
QX3/30	5/6	40	60	B45	63/3U	60/#15	T45	16	32	292	10	32	184
QX3/30	5/6	63	60	B65	63/4U	60/#15	T85	16	32	246	16	32	246
QX4/55	6/6	100	100	B65	63/6U	150/#17	T85	25	38	276	25	38	276

电动机				保护设备						
型 号	额定容量(kW)	额定电流(A)	起动电流(A)	熔管/熔件(A)			塑壳断路器规格/脱扣器额定电流(整定电流倍数)			
				NT	RT0	RM10	DZX10	DZ20	H	TG
1	2	3	4	5	6	7	8	9	10	11
Y250M-6	37	72	468	160/160	200/150	200/160	100/100 (10I_e)	100/80 (12I_e)	250/100 (10I_e)	100/100 (10I_e)
Y280S-6	45	85.4	555.1	250/250	250/200	200/200	200/140 (8I_e)	100/100 (12I_e)	250/125 (10I_e)	225/125 (10I_e)
Y280M-6	55	104.4	678.6	400/300	400/250	350/250	200/170 (8I_e)	200/180 (8I_e)	250/150 (10I_e)	225/125 (10I_e)
Y315S-6	75	142.4	996.8	400/400	400/350	350/300	200/200 (10I_e)	200/200 (10I_e)	250/200 (10I_e)	225/175 (10I_e)
Y132S-8	2.2	5.8	31.9	160/16	50/15	15/15	100/60 (10I_e)	100/16 (500A)	150/15 (250A)	30/15 (10I_e)
Y132M-8	3	7.7	42.35	160/20	50/20	60/20	100/60 (10I_e)	100/16 (500A)	150/15 (250A)	30/15 (10I_e)
Y160M1-8	4	9.9	59.4	160/25	50/30	60/25	100/60 (10I_e)	100/16 (500A)	150/15 (250A)	30/15 (10I_e)
Y160M2-8	5.5	13.3	79.8	160/32	50/30	60/35	100/60 (10I_e)	100/16 (500A)	150/20 (250A)	30/20 (10I_e)
Y160L-8	7.5	17.7	97.35	160/50	50/40	60/45	100/60 (10I_e)	100/20 (500A)	150/25 (500A)	30/30 (10I_e)
Y180L-8	11	25.1	150.6	160/63	100/50	100/60	100/60 (10I_e)	100/32 (500A)	150/30 (500A)	30/30 (10I_e)
Y220L-8	15	34.1	204.6	160/80	100/60	100/80	100/60 (10I_e)	100/40 (500A)	150/40 (500A)	100/40 (10I_e)
Y225S-8	18.5	41.3	247.8	160/100	100/80	200/100	100/60 (10I_e)	100/50 (12I_e)	150/50 (500A)	100/50 (10I_e)
Y225M-8	22	47.6	285.6	160/125	200/100	200/125	100/60 (10I_e)	100/63 (12I_e)	150/70 (600A)	100/60 (10I_e)
Y250M-8	30	63	378	160/160	200/120	200/125	100/80 (10I_e)	100/80 (12I_e)	250/90 (10I_e)	100/75 (10I_e)
Y280S-8	37	78.2	469.2	160/160	200/150	200/160	100/100 (10I_e)	100/100 (12I_e)	250/90 (10I_e)	100/100 (10I_e)
Y280M-8 Y315S-10	45 45	93.2 98	559.2 637	250/250 250/250	400/200 400/250	200/160 300/200	200/120 (10I_e)	100/100 (12I_e)	250/125 (10I_e)	225/125 (10I_e)
Y315S-8 Y315S-10	55 55	112.1 120	728.65 790	300/300 300/300	400/250 400/350	350/250 350/300	200/170 (9I_e)	200/180 (8I_e)	250/150 (10I_e)	225/150 (10I_e)
Y315M1-8	75	152.9	992	400/400	400/350	350/300	200/200 (10I_e)	200/200 (10I_e)	250/200 (10I_e)	225/200 (10I_e)
Y315M3-10	75	160	1040	400/400	400/400	350/300	200/200 (10I_e)	200/200 (10I_e)	250/250 (10I_e)	225/225 (10I_e)

续表29-93

操作设备								VV（VV22）-1kV					
起动器规格		接触器规格			热继电器规格 额定电流			40℃			35℃		
星-三角	QC12	CJ20	CJ10	B	JR20	JR16	T	截面 (mm²)	铁管直径 (mm)	ΔV=5% 允许长度(m)	截面 (mm²)	铁管直径 (mm)	ΔV=5% 允许长度(m)
12	13	14	15	16	17	18	19	20	21	22	23	24	25
QX4/55	6/6	100	100	B85	160/3W	150/#18	T85	35	51	283	25	51	223
QX4/55	6/6	100	100	B105	160/4W	150/#18	T105	50	64	316	35	64	233
QX4/55	7/6	150	150	B170	160/5W	150/#19	T170	70	64	398	50	64	275
QX4/75	7/6	160	150	B170	160/8W	150/#19	T170	95	75	374	70	75	277
	2/6	9	10	B9	6.3/13R	20/#9	T16	2.5	19	576	2.5	19	576
	2/6	9	10	B12	16/2S	20/#10	T16	2.5	19	423	2.5	19	423
QX3/13	3/6	16	20	B12	16/3S	20/#10	T16	2.5	19	317	2.5	19	317
QX3/13	3/6	16	20	B15	16/4S	20/#11	T16	2.5	19	141	2.5	19	141
QX3/13	3/6	25	20	B22	32/2T	20/#12	T16	4	25	227	4	25	227
QX3/13	4/6	40	40	B30	32/4T	60/#14	T25	6	25	175	6	25	175
QX3/30	4/6	40	40	B37	63/2U	60/#15	T25	10	32	226	10	32	226
QX3/30	5/6	40	60	B65	63/3U	60/#15	T85	16	32	292	16	32	292
QX3/30	5/6	63	60	B65	63/4U	60/#16	T85	16	32	238	16	32	238
QX4/55	6/6	100	100	B85	160/3U	150/#17	T85	25	38	276	25	38	276
QX4/55	6/6	100	100	B105	160/3W	150/#18	T105	35	51	283	35	51	283
QX4/55	6/6	100	150	B105	160/4W	150/#18	T105	50	64	336	50	64	336
QX4/55	7/6	150	150	B170	160/5W	150/#19	T170	70	64	377	70	64	377
QX4/75	7/6	160	150	B170	250/3X	150/#19	T170	95	75	367	95	75	367

表 29-95 YX系列电动机起动保护设备及导线选择表

型号	额定容量(kW)	额定电流(A)	起动电流(A)	自动开关 脱扣器整定电流(A)		熔断器 熔管/熔体电流(A)				磁力起动器 热元件电流(A)		铁壳开关 额定容量(A)		交流接触器 额定容量(A)		XV及BX导线(mm^2) 管径(mm)		
				DZ5-$\frac{20}{50}$	DZ20-100	RL1	RM10	RT0	RC1A	QC12	QC20	HH4	HH11	CJ20	CJ12	25℃	30℃	35℃
YX801-1	0.55	1.4	11	DZ5-20/1.5	16	15/5	15/5	50/5	5/5	2/H	2/H_1	15/5	−5	−10		$\frac{2.5}{15}$	$\frac{2.5}{15}$	$\frac{2.5}{15}$
YX801-2	0.75	1.6	12	DZ5-20/2														
YX802-4		1.8	14			15/10	15/10	50/10	10/10	2.4A	24A	15/10						
YX90S-6		2.1	15	DZ5-20/3														
YX802-2	1.1	2.3	17							2/H 3.5A	1/H_1 3.5A	15/10						
YX90S-4		2.6	20															
YX90L-6		2.9	20															
YX90S-2	1.5	3.2	24	DZ5-20/4.5						2/H 5A	1/H_1 5A							
YX90L-4		3.4	26			15/15	15/15	50/15	15/15			15/15						
YX100L-6		3.7	26															
YX90L-2	2.2	4.5	34															
YX100L1-4		1.7	35	DZ5-20/65														
YX112M-6		5.3	37								1/H_1 7.2A							
YX100L-2	3	6.1	46			30/20	60/20	50/20	30/20	2/H 7.2A		30/20	−10					
YX100L2-4		6.5	49															
YX132S-6		6.9	48	DZ5-20/10														
YX112M-2	4	7.9	53			30/30	60/30	50/30	60/30			30/30						
YX112M-4		8.3	62															
YX132M-6		9.0	63															
YX132S1-2	5.5	10.7	77	DZ5-20/15		60/40	60/35	50/40	60/40	3/H 16A	1/H_1 16A	60/40	−20					
YX132S-4		11.0	83															
YX132M2-6		12.1	85															
YX132S2-2	7.5	14.5	109			60/60	60/60	50/50	60/50			60/60						
YX132M-4		14.9	112															

续表 29-95

型号	额定容量 (kW)	额定电流 (A)	起动电流 (A)	自动开关 脱扣器整定电流 (A)		熔断器 熔管/熔体电流 (A)				磁力起动器 热元件电流 (A)		铁壳开关 额定容量 (A)		交流接触器 额定容量 (A)		XV 及 BX 导线 (mm²) 管径 (mm)		
				DZ5-$\frac{20}{50}$	DZ20-100~200	RL1	RM10	RT0	RC1A	QC12	QC20	HH4	HH11	CJ20	CJ12	25℃	30℃	35℃
YX160M-6	7.5	16.2	122	DZ5-20/20	20					3/H 24A	1/H_1 24A			−20	−60			
YX160M1-2		21.1	158			100/80	100/80	100/80	100/80				100/80					4/20
YX160M-4	11	21.8	164	DZ5-50/25							2/H_1 33A					4/20	4/20	
YX160L-6		23.8	167		32													
YX160M2-2		28.3	212	DZ5-50/30						4/H 33A								6/20
YX160M-4	15	29.2	219			100/100	100/100	100/100	100/100		2/H_1		100/100	−40			6/20	
YX180L-6		30.7	215															
YX160L-2		34.4	258	DZ5-50/40												6/20		
YX180M-4	18.5	35.3	265		40	200/125	200/125	200/120	200/120	4/H 45A	2/H 3/H_1 45A		200/125	−60	−60			
YX200L1-6		36.9	258															10/25
YX180M-2		41.0	308														10/25	
YX180L-4	22	41.8	314		50	200/150	200/150	200/150	200/150				200/150			10/25		
YX200L2-6		43.9	307							5/H 63A	3/H_1 63A			−80				
YX200L1-2		55.5	416															
YX200L-4	30	56.3	422		100/63	200/200	200/200	200/200	200/200				200/200			16/32	16/32	16/32
YX225M-6		57.7	404															
YX200L2-2		68.4	513															
YX225S-4	37	68.7	515		100/80			400/250		6/H 85A	4/H_1 85A		300/250					25/32
YX250M-6		69.9	489															
YX225M-2		82.6	620											−100	−100	25/32	25/32	
YX225M-4	45	82.6	620		200/100			400/300					400/300					35/40
YX280S-6		84.1	589							6/H 120A								
YX250M-2		99.8	749															
YX250M-4	55	100.9	757		200/125			400/400					400/400	−150	−150	35/40	35/40	50/50
YX280M-6		102.1	715															
YX280S-2	75	136.1	706		200/160			400/300		100/400			200		−150	50/50	50/50	70/50
YX280S-4		136.3	1022															
YX280M-2	90	163.3	1225		200/180			600/500					300			70/50	70/50	95/70
YX280M-4		161.7	1213															

表 29-96 YB 系列电动机起动保护设备及导线选择表

型号	额定容量 (kW)	额定电流 (A)	起动电流 (A)	自动开关 脱扣器整定电流 (A) DZ5-20 DZ5-50	自动开关 脱扣器整定电流 (A) DZ20-100 DZ20-200	熔断器 熔管/熔体电流 (A) RL1	熔断器 RM10	熔断器 RT0	熔断器 RC1A	磁力起动器 热元件电流 (A) QC12	磁力起动器 QC20	铁壳开关 额定容量 (A) HH4	铁壳开关 HH11	交流接触器 额定容量 (A) CJ20	交流接触器 CJ12	XV及BX导线 (mm^2) 管径 (mm) 25℃	30℃	35℃
YB801-1	0.55	1.5	9.8	20/2	100/16	15/5	15/5	50/5	5/5	2/H 2.4A	1/H_1 2.4A	15/5		−5		$\frac{2.5}{15}$	$\frac{2.5}{15}$	$\frac{2.5}{15}$
YB801-2	0.75	1.8	12.6	20/3		15/10	15/10	50/10	10/10			15/10						
YB802-4		2.0	13															
YB90S-6	1.1	2.3	14							2/H 3.5A	1/H_1 3.5A							
YB802-2		2.5	18															
YB90S-4		2.7	18															
YB90L-6		3.2	20	20/4.5														
YB90S-2	1.5	3.4	24							2/H 5A	1/H_1 5A							
YB90L-4		3.7	24															
YB100L-6		4.0	24															
YB90L-2	2.2	4.7	33	20/6.5		15/15	15/15	50/15	15/15	2/H 7.2A	1/H_1 7.2A	15/15						
YB100L1-4		5	35															
YB112M-6		5.6	34															
YB132S-8		5.8	32															
YB100L-2	3	6.4	45	20/10		30/20	60/20	50/20	30/20			30/20		−10				
YB100L2-4		6.8	48															
YB132S-6		7.2	47							2/H 11A	1/H_1 11A							
YB132M-8		7.7	42										−10					
YB112M-2	4	8.2	57			30/30	60/30	50/30	60/30			60/30						
YB112M-4		8.8	62															
YB132M1-6		9.4	61															
YB160M1-8		9.9	59															

续表 29-96

型号	额定容量(kW)	额定电流(A)	起动电流(A)	自动开关 脱扣器整定电流（A） DZ5-20 DZ5-50	自动开关 DZ20-100 DZ20-200	熔断器 熔管/熔体电流（A） RL1	RM10	RT0	RC1A	磁力起动器 热元件电流（A） QC12	QC20	铁壳开关 额定容量（A） HH4	HH11	交流接触器 额定容量（A） CJ20	CJ12	XV及BX导线(mm^2) 管径（mm） 25℃	30℃	35℃
YB132S-2		11.1	78															
YB132S-4	5.5	11.6	81			60/40	60/35	50/40	60/40	3/H 16A	$1/H_1$ 16A	60/50	−20					
YB132M2-6		12.6	82	20/15	100/16													
YB160M2-8		13.3	80															$\frac{2.5}{15}$
YB132S2-2		15	105											−20		$\frac{2.5}{15}$	$\frac{2.5}{15}$	
YB132M-4		15.4	108			60/60	60/50	50/50	60/50	3/H 24A	$1/H_1$ 24A	60/60	100/60					
YB160M-6	7.5	17	111	20/20	100/20													
YB160L-8		17.7	115															$\frac{4}{20}$
YB160M1-2		21.8	153															
YB160M-4	11	22.6	158			100/80	100/80	100/80	100/80	4/H 33A	$2/H_1$ 33A		100/80	−40		$\frac{4}{20}$	$\frac{4}{20}$	
YB160L-6		24.6	160	DZ5-50/30	100/32													
YB180L2-8		25.1	151															
YB160M2-2		29.4	206															$\frac{6}{20}$
YB160L-4		30.3	212							4/H 45A	$2/H_1$ 45A						$\frac{6}{20}$	
YB180L-6	15	31.6	205			100/100	100/100	100/100	100/100				100/100	−60		$\frac{6}{20}$		
YB200L-8		34.1	205	DZ5-50/40	100/40						$3/H_1$ 63A						$\frac{10}{25}$	$\frac{10}{25}$

续表 29-96

型号	额定容量(kW)	额定电流(A)	起动电流(A)	自动开关 脱扣器整定电流(A) DZ5-20 DZ5-50	DZ20-100 DZ20-200	熔断器 熔管/熔体电流(A) RL1	RM10	RT0	RC1A	磁力起动器 热元件电流(A) QC12	QC20	铁壳开关 额定容量(A) HH4	HH11	交流接触器 额定容量(A) CJ20	CJ12	XV及BX导线(mm^2) 管径(mm) 25℃	30℃	35℃
YB160L-2		35.5	249			100/100	100/100	100/100	100/100				100/100					$\frac{10}{25}$
YB180M-4		35.9	257	DZ5-50/40	100/40					4/H 45A	$3/H_1$ 63A							
YB200L1-6	18.5	37.7	245											—60				
YB225S-8		41.3	248														$\frac{10}{25}$	
YB180M-2		42.2	295			200/125	200/125	200/120	200/120				200/120			$\frac{10}{25}$		
YB180L-4	22	42.5	298	DZ5-50/50	100/50													$\frac{16}{32}$
YB200L2-6		44.6	290							5/H 63A								
YB225M-8		47.6	286								$3/H_1$ 63A							
YB200L-2		56.9	398												—80			
YB200L-4	30	56.8	398		100/60	200/150	200/150	200/150	200/150								$\frac{16}{32}$	
YB225M-6		59.5	387										200/150	—80		$\frac{16}{32}$		
YB250M-8		63	378															
YB200L2-2		69.8	489															$\frac{25}{32}$
YB225S-4		66.8	468		100/80	200/200	200/200	200/200	200/200	5/H 85A	$4/H_1$ 85A		200/200		—100			
YB250M-6	37	72	458															
YB280S-8		78.7	472													$\frac{25}{32}$	$\frac{25}{32}$	
YB225M-2		83.9	587															
YB225M-4		86.2	603							6/H 120A	$4/H_1$ 85A							
YB280S-6	45	85.4	555		200/100			400/250					300/250	—100	—100			$\frac{35}{40}$
YB280M-8		93.2	559															
YB250M-2		102.7	719														$\frac{35}{40}$	
YB250M-4	55	102.5	718		200/125			400/300	200/200				400/300		—150	$\frac{35}{40}$		$\frac{50}{50}$
YB280-6		104.9	682											—150				
YB280S-2	75	140.1	981		200/160			400/400					400/400			$\frac{50}{50}$	$\frac{70}{70}$	$\frac{70}{70}$
YB280S-4	75	140	978															
YB280M-2	90	167	1169		200/180			600/500							—250	$\frac{70}{70}$	$\frac{95}{70}$	$\frac{95}{70}$
YB280M-4		164	1150															

表 29-97 JBS、1JBS、JBT 系列电动机起动保护设备及导线选择表

型号	功率 (kW)	额定电流 (A)	起动电流 (A)	熔管电流/熔体电流 (A)				磁力起动器等级 热元件额定电流 (A)			VV 及 BV 导线截面 (mm^2) 钢管公称口径 (mm)			XV 及 BX 导线截面 (mm^2) 钢管公称口径 (mm)		
				RC1A	RL1	RM10	RT0	QC8	QC10	QC12	25℃	30℃	35℃	25℃	30℃	35℃
JBS12-2	0.52	1.22	8.6	10/4	15/4	15/4	50/5	2/6，1.6A	2/6，1.6A	2/H，1.6A	1.5	1.5	1.5	1.5	1.5	1.5
JBS12-4		1.37	9.6													
JBS21-2	1.0	2.23	15.6	10/6	15/10	15/10	50/10	2/6，2.4A	2/6，2.4A	2/H，2.4A						
JBS21-4		2.37	16.6													
JBS22-2	1.6	3.43	24	10/10	15/10	15/10	50/10	2/6，3.5A	2/6，3.5A	2/H，3.5A						
JBS22-4		3.44	24													
JBS31-6	2	5	35	15/15	15/15	60/15	50/15	2/6，7.2A	2/6，7.2A	2/H，7.2A	20 (20)	20 (20)	20 (20)	20 (20)	20 (20)	20 (20)
JBS31-2	2.7	5.53	38.7	15/15	60/20	60/20	50/30	2/6，7.2A	2/6，7.2A	2/H，7.2A	1.5	1.5	1.5	1.5	1.5	1.5
JBS32-2	4.2	8.45	59	30/20	60/20	60/25	50/30	3/6，11A	3/6，11A	3/H，11A						
JBS22-4	2.7	5.7	40	15/15	60/20	60/20	50/30	2/6，7.2A	2/6，7.2A	3/H，7.2A						
JBS31-6		6.23	44								20 (20)	20 (20)	20 (20)	20 (20)	20 (20)	20 (20)
JBS31-4	4.2	8.8	62	30/25	60/25	60/25	50/30	3/6，11A	3/6，11A	3/H，11A	1.5	1.5	1.5	1.5	1.5	1.5
JBT41-2	2	4.45	29	15/10	15/15	60/15	50/15	2/6，5A	2/6，5A	2/H，5A						
JBT42-2	4	8.4	55	30/20	60/25	60/25	50/30	2/6，11A	2/6，11A	2/H，11A						
JBT51-2	5.5	11.3	79	30/30	60/35	60/35	50/40	3/6，16A	3/6，16A	3/H，16A	20 (20)	20 (20)	20 (20)	20 (20)	20 (20)	20 (20)
JBT52-2	11	21.8	153	60/60	100/80	100/80	100/60	4/6，24A	4/6，24A	4/H，32A	4 20 (20)	4 20 (20)	4 20 (20)	4 20 (20)	4 20 (20)	4 20 (20)
JBT61-2	14	27.4	178	60/60	100/80	100/80	100/60	4/6，33A	4/6，35A	4/H，32A	6 25 (20)	6 25 (20)	6 25 (20)	6 25 (20)	6 25 (20)	6 25 (20)
JBT62-2	28	54.2	380	200/ 150	—	200/ 160	200/ 120	5/6，57A	5/6，72A	5/H，63A	16 32 (25)	16 32 (25)	25 40 (32)	16 32 (25)	16 32 (25)	16 32 (25)

表 29-98 1JB 系列电动机起动保护设备及导线选择表

型号	功率 (kW)	额定电流 (A)	起动电流 (A)	熔管电流/熔体电流 (A)				磁力起动器等级 热元件额定电流 (A)			VV 及 BV 导线截面 (mm²) 钢管公称口径 (mm)			XV 及 BX 导线截面 (mm²) 钢管公称口径 (mm)		
1JB				RC1A	RL1	RM10	RT0	QC8	QC10	QC12	25℃	30℃	35℃	25℃	30℃	35℃
11-8	2.7	7.4	41	15/15	60/20	60/20	50/30	2/6，11A	2/6，11A	2/H，11A	1.5	1.5	1.5	1.5	1.5	1.5
11-6	3.8	9.1	50	30/20	60/25	60/25	50/30	2/6，11A	2/6，11A	2/H，11A						
12-8	4	10.4	57	30/20	60/25	60/25	50/30	3/6，11A	3/6，11A	3/H，11A					20 (20)	20 (20)
11-4	5.5	11.7	70	30/25	60/30	60/35	50/30	3/6，16A	3/6，16A	3/H，16A	20 (20)	20 (20)	20 (20)			
12-6	6	14.3	79	30/30	60/50	60/35	100/40	3/6，16A	3/6，16A	3/H，16A	2.5	2.5	2.5	20 (20)		
13-8		14.8	81.5	30/30											2.5	2.5
12-4		16.6	99.5									20 (20)	20 (20)	2.5	20 (20)	20 (20)
13-6	8	18.8	103	60/40	60/50	60/45	100/50	3/6，24A	3/6，24A	3/H，22A		4	4			
21-8		19	104								20 (20)		20 (20)	20 (20)	4	4
13-4		22.2	133								4	20 (20)			20 (20)	20 (20)
21-6	11	24.6	148	60/50	60/60	60/60	100/60	4/6，33A	4/6，35A	4/H，32A	20 (20)	6	6	4		6
22-8		25.5	140										25 (20)	20 (20)		25 (20)
21-4		30.1	195					4/6，33A	4/6，35A		6	25 (20)	10		6	
22-6	15	32.3	194	100/80	100/80	100/80	100/60			4/H，45A	25 (20)	10		6	25 (20)	
31-8		34.4	189					4/6，45A	4/6，45A		10			25 (20)		10
22-4		39.3	255					4/6，45A	4/6，45A	4/H，45A			25 (20)		10	
31-6	20	41.7	250	100/100	100/100	100/100	100/80	5/6，57A	5/6，50A	5/H，63A		25 (20)		10		32 (25)
32-8		45	248								25 (20)			32 (25)	32 (25)	
31-4		48.6	316	200/120	200/125	200/125						16	32 (25)			16
32-6	25	51.9	312				100/100	5/6，57A	5/6，72A	5/H，63A	16		25	16	16	32 (25)
33-8		54.5	300	100/100	100/100	100/100					32 (25)	32 (25)			32 (25)	25
32-4	32	61.4	400	200/150	—	200/160	200/120	6/6，86A	6/6，72A	6/H，85A	25	25		32 (25)		50 (32)
33-6		64.2	385									40 (32)	40 (32)	25	25	35
33-4	40	75	487	200/200	—	200/160	200/150	6/6，86A	6/6，100A	6/H，85A	40 (32)	35 50 (32)	35 50 (32)	50 (32)	50 (32)	50 (32)
51-8	75	152.6	993	—	—	350/300	400/250	7/6，176A	7/6，150A	7/H，160A	95 70 (50)	95 70 (50)	95 70 (50)	70 70 (50)	95 70 (50)	95 80 (70)

短路校验的要求。表中采用低压断路器时，均选用的复式脱扣器，当有需要选用短延时脱扣器等时，则应经校验后按表中所列规格放大一级。表中采用熔断器的地方，其熔体电流是按轻载起动条件计算的。对熔断器保护的重要机械的电动机，起动频繁或起动困难的电动机，为了提高运行可靠性和适应不同的运转状况，应予以修正。

对DWX15及DW15等断路器，当电动机为集中操作时，采用电动操作机构；当电动机为就地操作时或需要较频繁操作时，采用手动合闸机构并配以接触器。DZX、DZ20、H等亦可配电动操作机构，但因其机电寿命稍短，且DZX、H等无电动机型，故一般另配接触器作操作设备。断路器瞬时脱扣器均按2倍电动机起动电流整定，并以其脱扣器额定电流（I_e）的倍数表示，DWX15瞬时脱扣器为不可调，DW15半导体脱扣器可在8～20I_e范围内调节。DW15、DWX15、DZ20的可选用电动机型（瞬时脱扣器的整定电流为12I_e），其过载保护一般能满足电动机保护要求（整定范围为0.64～1I_e），无需另装热继电器。为了保证脱扣器可靠动作，也可要求制造厂按10I_e整定。此时，过载保护仍必须选用电动机型。

29.4.1 Y系列电动机起动保护设备及导线选择

Y系列为代替J系列的电动机。Y型为一般通用型，分为小型、中型两个系列。YX型为高效益型，总损耗平均下降28.8%，YX与美国西屋公司MAC-Ⅱ、法国CEM公司MZE系列，性能相当。YB型为隔爆型。

对通用型Y系列电机采用塑壳断路器和熔断器保护及采用框架式断路器保护的选用见表29-93和表29-94，对高效YX系列电机及防爆型YB系列电机的操作保护设备和导线的选择见表29-96和表29-96。

29.4.2 JB系列电动机起动保护设备及导线选择

目前仍在使用的JBS、1JBS、JBT、1JB系列电动机的导线截面选择，按电动机额定电流的125%选择。见表29-97和表29-98（括号内管径适用于BLV、BLX铝芯线）。

29.4.3 YR系列电动机起动保护设备及导线选择

YR系列小型绕线转子三相异步电动机为统一设计的新系列产品。部分YR电机的操作保护设备和导线的选择见表29-99，其中起动电流按2.5I_e计算，熔断器选择系数取1.6。

表29-99 YR（IP44）型电动机起动保护设备选择表

电动机					保护设备				操作设备		VV（VV-22）-1kV 截面 mm²			
规格	额定容量(kW)	定子电流(A)	转子电压(V)	转子电流(A)	熔断器 熔管/熔件		塑壳断路器规格/脱扣额定电流（整定电流倍数）		控制柜型号		40℃		35℃	
					NT	RT0	DZX10	DZ20	GTT6121	XQP	定子	转子	定子	转子
1	2	3	4	5	6	7	8	9	10	11	12	13	14	15
同步转速750r/min	15	34.6	169	56	160/63	100/50	100/60（10I_e）	100/16（10I_e）	23D_3	14～40	3×10	3×25	3×10	3×25
	18.5	42	211	54	160/63	100/60	100/60（10I_e）	100/16（10I_e）	23D_3	14～40	3×16	3×25	3×16	3×25
	22	43.2	210	65.5	160/80	100/80	100/60（10I_e）	100/16（10I_e）	23D_3	14～40	3×16	3×25	3×16	3×25
	30	66.2	270	67	160/100	100/100	100/60（10I_e）	100/20（10I_e）	23D_3	14～40	3×25	3×25	3×25	3×25
	37	78.3	281	81.5	160/125	200/150	100/60（10I_e）	100/32（10I_e）	23D_3	14～40	3×35	3×35	3×35	3×35
	45	93	359	76	160/160	200/150	200/100（5I_e）	100/32（10I_e）	23D_3	45～60	3×50	3×35	3×50	3×35

续表29-99

电动机					保护设备				操作设备		VV (VV-22) -1kV 截面 mm^2			
规格	额定容量 (kW)	定子电流 (A)	转子电压 (V)	转子电流 (A)	熔断器 熔管/熔件		塑壳断路器规格/脱扣额定电流(整定电流倍数)		控制柜型号		40℃		35℃	
					NT	RT0	DZX10	DZ20	GTT6121	XQP	定子	转子	定子	转子
1	2	3	4	5	6	7	8	9	10	11	12	13	14	15
同步转速1000r/min	15	31.8	198	48	160/50	100/60	100/60 ($10I_e$)	100/16 ($10I_e$)	$23D_3$	14～40	3×10	3×16	3×10	3×16
	18.5	38.3	187	62.5	160/63	100/60	100/60 ($10I_e$)	100/16 ($10I_e$)	$23D_3$	14～40	3×16	3×25	3×16	3×25
	22	45	224	61	160/80	100/80	100/60 ($10I_e$)	100/16 ($10I_e$)	$23D_3$	14～40	3×16	3×25	3×16	3×25
	30	60	282	66	160/100	100/100	100/60 ($10I_e$)	100/16 ($10I_e$)	$23D_3$	14～40	3×25	3×25	3×25	3×25
	37	74	331	69	160/125	200/120	100/60 ($10I_e$)	100/20 ($10I_e$)	$23D_3$	14～40	3×35	3×35	3×35	3×35
	45	88	362	76	250/160	200/150	200/100 ($5I_e$)	100/32 ($10I_e$)	$33D_3$	45～60	3×50	3×35	3×50	3×35
	55	107	423	80	400/200	200/200	200/100 ($5I_e$)	100/40 ($10I_e$)	$33D_3$	45～60	3×70	3×35	3×70	3×35
同步转速1500r/min	15	30	278	34	160/50	100/50	100/60 ($10I_e$)	100/16 ($10I_e$)	$23D_3$	14～40	3×10	3×10	3×10	3×10
	18.5	36.8	247	47.5	160/63	100/60	100/60 ($10I_e$)	100/16 ($10I_e$)	$23D_3$	14～40	3×16	3×25	3×16	3×16
	22	43.2	293	47	160/80	100/80	100/60 ($10I_e$)	100/16 ($10I_e$)	$23D_3$	14～40	3×16	3×25	3×16	3×16
	30	57.6	360	51.5	160/100	100/100	100/60 ($10I_e$)	100/16 ($10I_e$)	$23D_3$	14～40	3×25	3×25	3×25	3×16
	37	71.5	289	79	160/125	100/120	100/60 ($10I_e$)	100/20 ($10I_e$)	$23D_3$	14～40	3×35	3×35	3×25	3×35
	45	86	340	81	160/160	200/150	200/100 ($5I_e$)	100/32 ($10I_e$)	$33D_3$	45～60	3×50	3×35	3×35	3×35
	55	104	485	70	250/200	200/200	200/100 ($5I_e$)	100/32 ($10I_e$)	$33D_3$	45～60	3×50	3×35	3×50	3×35
	75	140	354	128.5	250/250	400/250	200/100 ($5I_e$)	100/40 ($10I_e$)	$43D_3$	65～116	3×95	3×70	3×95	3×70

29.4.4 Z2直流电动机起动保护设备及导线选择

起动电阻 R_q 按以下选取

5.5kW 及以下 $R_q=\frac{U}{(2.5\sim3)\ I_e}$ (29-48)

7.5kW 及以上 $R_q=\frac{U}{(2\sim2.5)\ I_e}$ (29-49)

式中 R_q——起动电阻，Ω；

U——额定电压，V；

I_e——额定电流，A；

起动电阻允许过载倍数按下式计算

$$K=\sqrt{\frac{T}{t}} \tag{29-50}$$

式中 K——过载倍数；

T——发热时间常数（见表29-100）；

t——起动所需时间，s。

Z2型直流电机保护及起动设备选择见表29-100。

表 29-100 Z2 直流电动机起动保护设备选择

Z2 直流电动机参数						保护设备		选用起动电阻元件规格及数量					VV22-1kV 电缆			
容量 (kW)	电压 (V)	电流 (A)				熔管/熔件		型号	规格	数量 (个)	总计 (Ω)	发热时间常数 (s)	35℃		40℃	
		750 r/min	1000 r/min	1500 r/min	3000 r/min	RT0	RM10						截面 (mm^2)	$\Delta V=5\%$ 允许长度 (m)	截面 (mm^2)	$\Delta V=5\%$ 允许长度 (m)
2.2	220	13	12.73	12.34	12.2	50/20	60/20	ZT2-140	29A 0.14Ω	40	5.6	450	2×4	77.88	2×4	77.88
3	220	17.2	17.2	17	16.52	50/30	60/25	ZT2-105	33A 0.105Ω	40	4.2	490	2×4	58	2×4	58
4	220	23	22.3	22.3	21.65	50/30	60/35	ZT2-75	39A 0.075Ω	40	3	535	2×6	61	2×6	61
5.5	220	31.25	30.3	30.3	30.3	100/40	60/45	ZT1-110	46A 0.11Ω	20	2.2	445	2×10	84.93	2×10	84.93
7.5	220	42.1	41.3	40.8	40.3	100/50	60/45	ZT1-110	46A 0.11Ω	20	2.2	445	2×16	99.5	2×16	99.5
10	220	55.3	54.8	53.8	53.5	100/60	100/60	ZT1-80	54A 0.08Ω	20	1.6	490	2×25	117.66	2×25	117.66
13	220	72.1	70.7	68.7	68.7	100/80	100/80	ZT1-55	64A 0.055Ω	20	1.1	510	2×25	91.3	2×35	127
17	220	93.2	92	90	88.9	100/100	100/100	ZT1-55	64A 0.055Ω	20	1.1	510	2×35	103.48	2×50	140.11
22	220	119	118.2	115.4	113.7	200/120	200/125	ZT1-40	76A 0.04Ω	20	0.8	540	2×70	106.18	2×70	153
30	220	160	158.5	156.9	155	200/200	200/200	ZT1-40	76A 0.04Ω	20	0.8	540	2×95	155.2	2×95	115.2
40	220	214	212	210	208	400/250	350/225	ZT1-28	91A 0.028Ω	20	0.56	560	2(2×12)	149	2(2×15)	184
55	220	289	289	285.5	284	400/300	350/300	ZT1-20	107A 0.02Ω	20	0.4	575	2(2×70)	123	2(2×70)	123
75	220	387	387	385	385	400/400		ZT1-14	128A 0.014Ω	20	0.28	555	2(2×120)	164.5	2(2×120)	164.5

参考文献

[1]郑铭芳等编，低压电器选用及维修手册，机械工业出版社，1989.

[2]刘光文编，机械设备常用电气备件及计划管理，中国铁道出版社，1988.

[3]水利电力部西北电力设计院编，电力工程电气设计手册，水利电力出版社，1989.

[4] 方鸿发主编，低压电器，机械工业出版社，1988.

[5]机电部广州电器科学研究所、化工部电气设计技术中心站主编，腐蚀环境电工产品选型手册，兵器工业出版社，1991.

[6]凌智敏，漏电开关及其应用，水利电力出版社，1991.

[7] 北京钢铁设计院等编，钢铁企业电力设计参考资料，冶金工业出版社，1976.

[8]航空工业部第四规划设计研究院等编，工厂配电设计手册，水利电力出版社，1987.

[9] 艾义，建筑电气，(1991)，3.

[10] 夏扬，电器成套技术，(1991)，1.

第30章

干线及滑触线选择

30.1 干线的选择原则和敷设方式

30.1.1 干线的选择原则

干线的选择原则为：

(1)车间低压干线一律采用铝线。控制站和低压配电屏上的交流母线，一般应采用铝线。

(2)根据负荷电流选择低压干线的截面，以尖峰电流校验电压降。当电压降超过允许值时，再按允许的电压降重新选择截面。

由电源到干线最远端的允许电压降应满足第31章表31-59的要求。

同一条干线一般均采用同一种截面的母线，但在干线长度很长（如超过50m），并且在电源开关的保护范围内，也可以在同一条干线上采用两种不同截面的母线。

当采用变压器——干线制供电时，其主干线的截面应按变压器的额定容量来选择。变压器低压侧主母线和中性母线的截面，可按表30-1选择。

表 30-1 变压器低压侧（400/230V）母线选择表

变压器容量(kVA)	低压侧额定电流(A)	母线规格（mm^2）		变压器容量(kVA)	低压侧额定电流(A)	母线规格（mm^2）	
		主母线	中性母线			主母线	中性母线
100	152	LMY30×4 (TMY30×3)	LMY25×3 (TMY20×3)	500	760	LMY80×6 (TMY60×6)	LMY50×5 (TMY40×4)
125	190	LMY30×4 (TMY30×3)	LMY25×3 (TMY20×3)	630	960	LMY80×8 (TMY60×8)	LMY50×5 (TMY40×5)
160	243	LMY30×4 (TMY30×3)	LMY25×3 (TMY20×3)	800	1220	LMY100×8 (TMY80×8)	LMY60×6 (TMY50×5)
200	304	LMY40×4 (TMY30×4)	LMY40×4 (TMY25×3)	1000	1520	LMY120×10 (TMY100×8)	LMY80×6 (TMY50×6)
250	380	LMY40×5 (TMY40×4)	LMY40×4 (TMY30×4)	1250	1900	LMY2 (100×10) (TMY2 (100×6))	LMY80×8 (TMY60×8)
315	480	LMY50×5 (TMY40×5)	LMY40×4 (TMY30×4)	1600	2432	LMY2 (120×10) (TMY2 (100×10))	LMY80×10 (TMY60×10)
400	610	LMY60×6 (TMY50×5)	LMY40×4 (TMY30×4)				

(3)选择干线时，不考虑经济电流密度及短路时的热稳定。但在短路时，导体的损坏会引起爆炸或使生产过程混乱的重要车间，应验算短路时的动稳定度，当其机械强度不够时，应在干线两支点间装设干线夹或增大截面。干线夹的数量不应超过两个。干线机械强度计算参见30.6节。

(4)主干线与分支线的连接处一般需设分段开关，当支干线的载流量小于主干线的50%时，还应加设自动开关或熔断器。此时，主干线与保护设备之间的连接线的截面按分支线的负荷电流选择。

当从较高的地点引接分支线时，允许将保护电器安装于距分支点30m以内便于操作维护的地方，但此时该段线路的导线应具有不延燃性的外护层或穿管敷设。

30.1.2 干线的敷设方式

根据负荷电流的大小、安装地点的周围环境和安装高度来确定干线的敷设方式。目前，常用的干线敷设方式有以下几种：

(1)将铝母线敷设在屋架下弦的绝缘子上——铝母线的截面不应小于$40\times4mm^2$，用于负荷电流大于400A的车间内。干线固定挡距一般为6m。通过厂房伸缩缝处须有拉紧装置。

(2)将裸铝绞线敷设在屋架下弦的绝缘子上——裸铝绞线的截面为$16\sim120mm^2$，用于负荷电流小于400A的车间内。固定挡距一般为6m。通过厂房伸缩缝处须有拉紧装置。

(3)将绝缘导线敷设在屋架下弦或墙壁上的绝缘支持物上——用于负荷电流不超过200A的低矮厂房内，一般作分支干线。绝缘导线的最小截面根据挡距而定，最大截面不应超过$120mm^2$。采用绝缘导线作干线时，其固定点之间的最大距离及导线的相间距离见表30-2及表30-3。

表30-2 在绝缘支持物上敷设导线，其固定点之间的最大间距

导线固定方法	允许距离（m）当导线截面为下列值时（mm^2）						
	2.5	4	6	10	16～25	35～70	90及以上
装在瓷珠上	0.8	0.8	0.8	0.8	1	1.2	1.2
装在沿内墙和天棚的绝缘子上	1	2	2	2	2.5	3	6
屋外配线时，装在沿墙的绝缘子上	2	2	2	2	2	2	2
装在墙间或电杆间、沿桁架的绝缘子上：							
铜芯导线	6	12	12～25	12～25	12～25	12～25	12～25
铝芯导线		6	6	12	12～25	12～25	12～25

表30-3 敷设在绝缘支持物上的绝缘导线之最小中心距离

导线固定方式	允许距离（mm）当导线截面为下列值时（mm^2）				
	10以下	16～25	35～50	70～95	120
装在瓷珠上	35	50	50	70	100
装在绝缘子上	70	70	100	150	150

(4)将绝缘导线敷设在钢管内，每间隔一定距离设有一个接线箱——用于负荷比较分散，不宜采用动力配电箱和干线的场所。绝缘导线的截面不限。接线箱的数量和间距根据需要确定。钢管一般均采用明设，固定在墙柱上。

(5)将铝母线敷设在沿墙的绝缘子上，并有金属网或金属外壳保护——一般用于变压器到干线间的连接线，负荷电流大于600A，铝母线的截面不小于$50\times5mm^2$。

30.1.3 干线敷设的注意事项

干线敷设应注意：

(1)在敷设裸干线的地方，裸干线与建筑物或生产设备之间的距离应满足表30-4的要求。

裸干线的相间距离以及裸干线至保护网栅的最小距离应满足表30-5的要求。

当裸干线固定点之间的距离为6m时，裸干线的相间距离一般为250mm。

(2)在屋架下弦架设干线时，屋架要承受拉力，因此，在土建设计中必须计入干线拉紧力对屋架荷载的影响。同时，在架设干线时，还应根据当时的环境温度，留有一定的弛度。各种截面的铝母线在不同温度时的单位应力 δ 和应留的弛度 f 按表30-6所列数据确定。

(3) 在2区场所内，符合下列要求时，可以采用非露天安装的硬裸铜或硬裸铝母线：

1) 不需拆卸检修的母线连接处，采用熔焊或压接时；

表 30-4 裸干线距建筑物和生产设备之间的最小距离

名称		最小距离(m)	备注
距地（楼）面高度	无防护罩时	3.5	
	用网孔遮护罩时	2.5	
	用无孔封闭式遮护罩时	不限	
距起重机铺板（即大车走道）		2.2	低于此值应加防护罩
距管道		1.0	
距生产设备		1.5	

2) 螺栓连接（例如母线和电气设备的连接）可靠，并能防止自动松脱；

3) 母线表面及其和电气设备的连接点的温度不超过规程规定；

4) 除电解槽之间的连接线外，母线一般应有保护罩，如用金属网保护罩，其孔眼直径应不大于12mm。

(4) 在火灾危险场所内，符合下列要求时，可以采用非露天安装的硬裸铜或硬裸铝母线：

1) 不需拆卸检修的母线连接处，采用压接、焊接或钎焊时；

2) 螺栓连接（例如母线与电气设备的连接）可靠，并能防止自动松脱；

表 30-5 裸干线的相间距离和裸干线与保护网栅的最小距离

裸干线固定点之间的距离(m)	裸干线的相间与保护网栅的距离 (mm)
2以下时	50以上
2～4时	100以上
4～6时	150以上
6以上时	200以上

表 30-6 各种截面的铝母线在不同温度时的单位应力和弛度

铝母线截面 (mm^2)	单位应力 δ / 弛度 f $\left(\frac{N/mm^2}{mm}\right)$ 在下列温度时（℃）								
	−40	−30	−20	−10	0	+10	+20	+30	+40
50×3 40×4 50×4 50×5	$\frac{23.4}{5}$	$\frac{9.8}{12}$	$\frac{2.8}{42}$	$\frac{1.8}{68}$	$\frac{1.4}{88}$	$\frac{1.2}{103}$	$\frac{1.0}{117}$	$\frac{0.9}{129}$	$\frac{0.8}{142}$
60×6 80×5 80×6	$\frac{16.6}{7}$	$\frac{4.9}{24}$	$\frac{2.2}{56}$	$\frac{1.5}{78}$	$\frac{1.3}{95}$	$\frac{1.1}{110}$	$\frac{1.0}{123}$	$\frac{0.9}{135}$	$\frac{0.8}{147}$
80×8 100×8 100×10	$\frac{7.2}{17}$	$\frac{2.5}{49}$	$\frac{1.6}{73}$	$\frac{1.3}{92}$	$\frac{1.1}{107}$	$\frac{1.0}{120}$	$\frac{0.9}{133}$	$\frac{0.8}{143}$	$\frac{0.8}{154}$

注：1. 表中所列数据是按干线安装跨距为6m计算的；
2. 表中分子数表示铝母线在不同环境温度时的单位应力 δ (N/mm^2)；
3. 表中分母数表示在不同温度下安装干线时应留有的弛度 f，mm；
4. 屋架承受的干线拉力，应根据建设地区的最低温度，选用表中所列数据。不同截面的干线拉力可按下式计算：

$$F=\delta A \tag{30-1}$$

式中 F ——干线拉力，N；
δ ——单位应力，N/mm^2；
A ——铝母线截面，mm^2。
5. 表中系一根母线的数据。

3)在21区和23区场所内，母线一般应有保护罩，如采用金属网保护罩，其孔眼直径不大于12mm（在23区场所内，当母线远离可燃物质，且在其下方不堆置可燃物质时，允许不设保护罩）。

在22区场所内，母线应有防尘外罩。

30.1.4 封闭式母线的敷设

30.1.4.1 封闭式母线的特点

封闭式母线及其附件构成的封闭式干线输配电线路具有占据空间小、安装维护方便、配电灵活、美观安全等优点。鉴于封闭式母线价格比较昂贵，致使集诸多优点为一身的封闭式母线，暂时还不能普遍推开，只能根据工程的具体情况，因地制宜进行选用。

30.1.4.2 封闭式母线的使用环境

封闭式母线的使用环境为：

(1) 封闭式母线不应使用在爆炸危险场所。

(2)封闭式母线不推荐使用在火灾危险场所，经校验表面温度不足以引燃周围可燃性物质或采取防火措施后，亦可使用。

(3) 封闭式母线使用在腐蚀环境时，应选用防腐型。

(4) 除上述三种特殊环境以 外的普通环境均可使用。

封闭式干线输配电线路适用于高层建筑的分层供电；装配车间的环形供电、分组单元供电等。

30.1.4.3 使用封闭式母线的注意事项

使用封闭式母线应注意以下几点：

(1) 由封闭母线及其附件组成的最佳干线路径应为最短。

表 30-7 封闭式母线与其它管道之间的最小距离（m）

敷设方式		管道种类								
		乙炔管	煤气管	氧气管	蒸汽管	热水管	通风管	上下水管	压缩空气管	工艺设备
封闭式母线	平行	3.0	1.5	1.5	1.0	0.3	0.1	0.1	0.1	
	交叉	0.5	0.5	0.5	0.5	0.3	0.1	0.1	0.1	

(2) 应配合土建做好干线主、分支路径的开孔、留洞及安装用埋设件。

(3) 避免与工艺设备、其它专业管道相碰，与其它专业管道平行、交叉敷设时，其最小距离见表30-7。

30.2 型钢滑触线的选择原则和架设

30.2.1 型钢滑触线选择原则

型钢滑触线选择原则有以下几个方面：

(1) 起重机滑触线一般选用钢材。各种钢材的应用范围为：圆钢、扁钢用于小型起重机；角钢、工字钢、钢轨用于大、中型起重机及焦炉的推焦车、装煤车、熄焦车、拦焦车等。大型直流起重机的滑触线一般采用方钢。

当钢材不能满足电压降要求时，应采用钢材加扁铝辅助线或铝芯导线作辅助线。

特别寒冷地区且在露天架设的滑触线，可考虑采用铜线。

(2) 在有爆炸危险和21区火灾危险的厂房内，以及对钢线有严重腐蚀性气体的厂房内，应采用软电缆供电。

(3) 滑触线 的电源一般由干线或动力配电箱供电。起重机负荷较大的车间，滑触线亦可由变电所专线馈电。当起重机负荷超过全车间负荷的50%时（例如大型炼钢车间）或起重机负荷足够大时（例如大型冷连轧车间），可考虑在正常情况下由专用变压器向起重机供电，以减少电压波动对照明负荷和其它动力负荷的影响。

(4) 根据负荷电流选择滑 触线的截面，并以尖峰电流校验电压降。从变压器低压侧到滑 触线最末端的电压损失不应超过12%，计及起重机内部电压损失为3%，因此，总的电压损失为15%。

在直流滑触线上，从电源起端到滑触线末端的电压损失不应超过17%。

必要时还应校验滑触线的机械强度。

(5) 滑触线的负荷计算见第2章负荷计算，电压降计算见本章30.4节。在计算时应注意下列事项：

1)根据滑触线各段线路上可能出现的最多工作台数计算其负荷。

2) 在计算滑触线的尖峰电流时，应根据具体情况取一台或多台电动机同时起动的电流值。

3) 在验算电压损失时，滑触线的计算长度应根据起重机数量乘以不同的校正系数：

线路上有两台起重机时——实际长度乘以0.8；

线路上有三台起重机时——实际长度乘以0.7；

4）最大电流时的功率因数一般取 $\cos\varphi=0.5\sim0.6$。

30.2.2 型钢滑触线架设的注意事项

型钢滑触线架设应注意以下几点：

(1)向滑触线供电的馈电线路应力求最短，在一条滑触线上一般只采用一个供电点。当电压损失超过允许值时，可采取下列措施：

1）使供电点靠近滑触线中心点。

2)采用铝母线作为滑触线的辅助线时，扁铝辅助线的截面不小于25×3mm²，不大于80×6mm²，否则，宜采用铝芯导线穿管作为辅助线。

3）滑触线分段，采用两个供电点。

4）增加滑触线的截面，但其效果不显著。

(2)滑触线分段采用两个供电点时，应妥善处理分段处的绝缘垫的长度问题。

绝缘垫的长度大于起重机集电器的长度，起重机通过分段处会使零位保护断电。因此，设计时应根据具体情况适当处理。

绝缘垫的长度小于起重机集电器的长度，起重机通过会使两个电源并联运行。因此，应将两个电源接在同一台变压器上或接在高压侧为同一电源的两台变压器上。

(3)为操作方便和维护安全，在滑触线附近均应装设电源开关或隔离开关。

选择开关容量时，应留有一定余量，当计算负荷达到开关额定容量的85%～90%时，一般应选用大一级容量的开关。

(4)起重机数量为两台时，应在滑触线的两端设置检修段。起重机数量为三台或三台以上时，应根据工艺操作要求，确定是否要在滑触线的中部设置检修段。如果设置中间检修段会影响其它起重机通行反而影响生产时，可不设置中间检修段。

在滑触线两端设置的检修段的长度应较起重机实际宽度大2m左右。在中间检修段的长度应较起重机的实际宽度大4m左右。在无中间检修段而起重机的数量又为三台或三台以上时，则两端的检修段的长度应能容纳两台起重机在检修段内进行检修。

检修段用的开关箱可安装在起重机走道上，以节省导线。

检修段与滑触线之间的间隙为30mm。为使起重机上的集电器能顺利通过该间隙，施工时，应将在间隙处的滑触线角钢稍向下弯，并将集电器的两个下角锉成45°。

(5)滑触线的安装位置一般应架设在起重机操作室的对方，但是，由于生产条件的限制（例如转炉上部的起重机梁上就不宜安装滑触线），也可以将滑触线安装在操作室的同一侧，此时，必须采取措施，在可能触及滑触线的地方加设保护网栅。

(6)滑触线的支架型式，应根据起重机吨位和工作频繁程度确定。起重机吨位为50吨或50吨以上时，宜采用较坚固的双瓷瓶结构。

(7)滑触线跨过建筑物的伸缩缝处或长度超过50m时，应安装温度补偿装置。温度补偿装置的中间空隙一般为20mm。

(8)在23区场所内，起重机允许采用滑触线供电，但在滑触线下方，不应堆置可燃物质。

30.3 按计算负荷选择干线和型钢滑触线的截面

若干线或滑触线的允许电流为 I_e，线路的计算电流为 I_{js}，则选择干线或滑触线的截面时，应满足下列条件，即

$$I_e \geqslant I_{js} \tag{30-2}$$

各种规格的铜、铝和钢导体的允许电流值参见表30-8～表30-22。各表所列的允许电流是环境温度为25℃时的数值，在其它温度时，应乘以表30-23中的校正系数。角钢加辅助线的电流校正系数与裸铜或裸铝相同。

表中没有包括的个别规格的铜或铝导体的允许电流，可按以下比例关系导出：

$$\frac{I_1}{I_2}=\frac{\sqrt{A_1R_2}}{\sqrt{A_2R_1}} \tag{30-3}$$

式中 I_1、A_1、R_1、和 I_2、A_2、R_2分别为所求导体和已知导体的允许电流、截面积和电阻。

角钢加辅助线的允许电流决定于电流比 K（即角钢和辅助线并联运行时，通过扁铝的电流和通过角钢的电流之比）和角钢或辅助线的允许电流。例如，用50×50×5的角钢和25×3的扁铝辅助线作起重机滑触线，已知电流比 $K=4.4$，角钢的允许电流为245A，扁铝的允许电流为265A，则当辅助线内有265A的电流通过时，角钢内的电流应为265/4.4=60A，因此，角钢加辅助线的总允许电流应为265+60=325A。

表30-8～表30-22所列的铜和铝导体的电阻值是按导体温度为50℃时算出的；钢导体的直流电阻值是导体温度为20℃时的数值。各种钢导体的交流电阻和内电抗列于图30-1～图30-6中。计算交流电阻值时，已经考虑了电流变化使导体温度增高而产生的阻值变化。

一台或两台常用起重机的计算电流及尖峰电流见表30-24～表30-28。

表30-24～表30-28中的接用总功率均为电动机的铭牌功率换算至 $FC=25\%$ 时的功率。

表 30-8　扁铜线技术数据

规格 (mm)	截面 (mm^2)	25℃时的允许电流（A）		电阻 (Ω/km)	电抗（Ω/km）		质量 (kg/km)
		平放	竖放		相距250mm 平放	相距150mm 平放	
15×3	45	200	210	0.445	0.230	0.198	400
20×3	60	261	275	0.333	0.214	0.181	530
25×3	75	323	340	0.267	0.201	0.168	670
30×3	90	385	405	0.222	0.189	0.157	800
30×4	120	451	475	0.167	0.188	0.156	1070
40×4	160	593	625	0.125	0.172	0.140	1420
40×5	200	665	700	0.100	0.171	0.139	1780
50×5	250	816	860	0.080	0.157	0.125	2220
50×6	300	906	955	0.067	0.156	0.124	2670
60×6	360	1069	1125	0.056	0.146	0.114	3200
60×8	480	1251	1320	0.042	0.145	0.113	4270
60×10	600	1395	1475	0.033	0.144	0.112	5340
80×6	480	1360	1480	0.042	0.129	0.097	4270
80×8	640	1553	1690	0.031	0.128	0.096	5700
80×10	800	1747	1900	0.025	0.127	0.095	7120
100×6	600	1665	1810	0.033	0.116	0.084	5340
100×8	800	1911	2080	0.025	0.115	0.083	7120
100×10	1000	2121	2310	0.020	0.114	0.082	8900
120×8	960	2210	2400				
120×10	1200	2435	2650				

表 30-9　圆铜线技术数据

直径 (mm)	截面 (mm^2)	25℃时的允许电流（A）	电阻 (Ω/km)	电抗（Ω/km）		质量 (kg/km)
				相距150mm	相距80mm	
4	12.6	84	1.59	0.302	0.262	110
5	19.6	118	1.02	0.288	0.248	170
6	28.3	155	0.707	0.276	0.236	250
7	38.5	195	0.527	0.267	0.226	350
8	50.3	235	0.393	0.258	0.221	450
10	78.5	320	0.255	0.244	0.208	710
12	113.1	415	0.177	0.232	0.193	1020

表 30-10 圆铜绞线技术数据

截面 (mm²)	直径 (mm)	25℃时的允许电流 (A)	电阻 (Ω/km)	电抗 (Ω/km)		质量 (kg/km)
				相距250mm	相距150mm	
16	5.00	130	1.250	0.320	0.288	143
25	6.30	180	0.800	0.305	0.273	220
35	7.50	220	0.571	0.294	0.262	310
50	8.90	270	0.400	0.282	0.250	440
70	10.60	342	0.286	0.272	0.240	613
95	12.40	415	0.210	0.262	0.230	838
120	14.00	485	0.167	0.254	0.223	1060
150	15.80	570	0.133	0.247	0.215	1324
185	17.50	645	0.108	0.241	0.209	1630

表 30-11 圆形铜电车线技术数据

截面 (mm²)	直径 (mm)	25℃时的允许电流 (A)	电阻 (Ω/km)	电抗 (Ω/km)		质量 (kg/km)
				相距180mm	相距130mm	
30	6.2	161	0.666	0.285	0.265	270
40	7.1	197	0.500	0.276	0.256	360
50	8.0	234	0.400	0.270	0.248	445
65	9.1	284	0.308	0.260	0.231	580

表 30-12 双沟形铜电车线技术数据

截面 (mm²)	尺寸 (mm)		25℃时的允许电流 (A)	电阻 (Ω/km)	电抗 (Ω/km)		质量 (kg/km)
	A	B			相距180mm	相距130mm	
65	10.19	9.3	300	0.308	0.254	0.234	580
85	11.76	10.8	367	0.235	0.244	0.224	760
100	12.81	11.8	413	0.200	0.240	0.219	390

表 30-13 扁铝线技术数据

规格 (mm)	截面 (mm²)	25℃时的允许电流 (A)		电阻 (Ω/km)	电抗 (Ω/km)		质量 (kg/m)
		平放	竖放		相距250mm 平放	相距150mm 平放	
15×3	45	156	165	0.74	0.230	0.198	0.12
20×3	60	204	215	0.556	0.214	0.181	0.16
25×3	75	252	265	0.444	0.201	0.168	0.20
30×3	90	300	316	0.370	0.189	0.157	0.24
30×4	120	347	365	0.278	0.188	0.156	0.32

续表 30-13

规格 (mm)	截面 (mm²)	25℃时的允许电流（A）		电阻 (Ω/km)	电抗（Ω/km）		质量 (kg/m)
		平放	竖放		相距250mm 平放	相距150mm 平放	
40×4	160	456	480	0.208	0.172	0.140	0.43
40×5	200	518	540	0.167	0.171	0.139	0.54
50×5	250	632	665	0.133	0.157	0.125	0.68
50×6	300	703	740	0.111	0.156	0.124	0.81
60×6	360	826	870	0.093	0.146	0.114	0.97
60×8	480	975	1025	0.070	0.145	0.113	1.30
60×10	600	1100	1155	0.056	0.144	0.112	1.62
80×6	480	1050	1150	0.070	0.129	0.097	1.30
80×8	640	1215	1320	0.052	0.128	0.096	1.73
80×10	800	1360	1480	0.042	0.127	0.095	2.16
100×6	600	1310	1425	0.056	0.116	0.084	1.62
100×8	800	1495	1625	0.042	0.115	0.083	2.16
100×10	1000	1675	1820	0.033	0.114	0.082	2.70
120×8	960	1750	1900	0.035			2.60
120×10	1200	1905	2070	0.028			3.24

表 30-14　圆铝线技术数据

直径 (mm)	截面 (mm²)	25℃时的允许电流（A）	电　阻 (Ω/km)	电　抗（Ω/km）		质　量 (kg/m)
				相距150mm	相距80mm	
4	12.6	65	2.65	0.302	0.262	0.036
5	19.6	90	1.70	0.288	0.248	0.055
6	28.3	120	1.175	0.276	0.236	0.08
7	38.5	150	0.878	0.267	0.226	0.10
8	50.3	180	0.662	0.258	0.221	0.14
10	78.5	245	0.421	0.244	0.208	0.21
12	113.1	320	0.294	0.232	0.193	0.31

表 30-15　圆铝绞线技术数据

截面 (mm²)	直径 (mm)	25℃时的允许电流（A）	电阻（Ω/km）	电　抗（Ω/km）		质量 (kg/km)
				相距250mm	相距150mm	
16	5.0	105	2.08	0.320	0.288	43
25	6.3	135	1.33	0.305	0.273	66
35	7.5	170	0.95	0.294	0.262	94
50	8.9	215	0.666	0.282	0.250	135

续表 30-15

截面 (mm²)	直径 (mm)	25℃时的允许电流 (A)	电阻 (Ω/km)	电抗 (Ω/km)		质量 (kg/km)
				相距250mm	相距150mm	
70	10.6	265	0.476	0.272	0.240	188
95	12.4	325	0.351	0.262	0.230	256
120	14.0	375	0.278	0.254	0.223	323
150	15.8	440	0.222	0.247	0.215	401
185	17.5	500	0.180	0.241	0.209	496

表 30-16 圆钢技术数据

直径 (mm)	截面 (mm²)	25℃时的允许电流 (A)		电阻 (Ω/km)		内电抗 (Ω/km)	外电抗 (Ω/km)		质量 (kg/km)
		直流	交流50Hz	直流	交流50Hz		相距250mm	相距150mm	
6	28.3	34	25	5.12			0.292	0.26	230
8	50.3	80	49	2.88	见图30-1	见图30-1	0.274	0.242	410
10	78.5	108	60	1.85	见图30-1	见图30-1	0.260	0.228	620
12	113.1	140	72	1.28	见图30-1	见图30-1	0.249	0.216	890
14	153.9	174	86	0.94	见图30-1	见图30-1	0.239	0.204	1210
16	201.1	212	100	0.72	见图30-1	见图30-1	0.231	0.199	1580
18	254.5	250	114	0.57	见图30-1	见图30-1	0.224	0.192	1700
20	314.2	291	132	0.46	见图30-1	见图30-1	0.216	0.185	2470
22	380.1	333	140	0.38	见图30-1	见图30-1	0.210	0.179	2980
26	551.0	422	157	0.257	见图30-1	见图30-1	0.200	0.168	4170
30	706.1	520	180	0.205	见图30-1	见图30-1	0.191	0.159	5550

表 30-17 钢管技术数据

公称口径 (mm)	外径 (mm)	截面 (mm²)	25℃时的允许电流 (A)		电阻 (Ω/km)		内电抗 (Ω/km)	外电抗 (Ω/km)		质量 (kg/km)
			直流	交流50Hz	直流	交流50Hz		相距250mm	相距150mm	
8	13.5	79	138	86	1.82	见图30-2	见图30-2	0.241	0.208	620
10	17.0	105	178	106	1.40	见图30-2	见图30-2	0.223	0.195	820
15	21.3	160	246	133	0.91	见图30-2	见图30-2	0.212	0.180	1250
20	26.8	207	305	165	0.70	见图30-2	见图30-2	0.198	0.166	1630
25	33.5	309	427	207	0.47	见图30-2	见图30-2	0.184	0.148	2420
32	42.3	398	540	258	0.365	见图30-2	见图30-2	0.170	0.138	3130
40	48.0	489	644	292	0.30	见图30-2	见图30-2	0.161	0.130	3840
50	60.0	621	745	360	0.235	见图30-2	见图30-2	0.147	0.116	4880
70	75.5	845	995	447	0.17	见图30-2	见图30-2	0.133	0.101	6640
80	88.5	1060	1230	520	0.14	见图30-2	见图30-2	0.123	0.09	8340

表 30-18 扁钢技术数据

规格 (mm)	截面 (mm²)	25℃时的允许电流（A）		电阻（Ω/km）		内电抗 (Ω/km)	平放外电抗（Ω/km）		质量 (kg/km)
		直流	交流50Hz	直流	交流50Hz		相距250mm	相距150mm	
20×3	60	105	70	2.42	见图30-3	见图30-3	0.212	0.165	470
25×3	75	120	80	1.94	见图30-3	见图30-3	0.199	0.152	590
30×3	90	140	95	1.61	见图30-3	见图30-3	0.188	0.141	710
40×3	120	190	125	1.21	见图30-3	见图30-3	0.171	0.139	940
50×3	150	230	155	0.970	见图30-3	见图30-3	0.157	0.125	1180
60×3	180	280	185	0.810	见图30-3	见图30-3	0.146	0.114	1410
80×3	240	365	245	0.605	见图30-3	见图30-3	0.128	0.097	1880
100×3	300	460	305	0.485	见图30-3	见图30-3	0.115	0.083	2360
20×4	80	115	70	1.81	见图30-3	见图30-3	0.209	0.163	630
25×4	100	140	85	1.45	见图30-3	见图30-3	0.197	0.150	790
30×4	120	165	100	1.21	见图30-3	见图30-3	0.186	0.140	940
40×4	160	220	130	0.910	见图30-3	见图30-3	0.170	0.138	1260
50×4	200	270	165	0.725	见图30-3	见图30-3	0.156	0.124	1570
60×4	240	325	195	0.605	见图30-3	见图30-3	0.145	0.113	1880
80×4	320	430	260	0.455	见图30-3	见图30-3	0.127	0.096	2510
100×4	400	535	325	0.365	见图30-3	见图30-3	0.114	0.083	3140
25×5	125	170	95	1.16	见图30-3	见图30-3	0.196	0.149	980
30×5	150	200	115	0.970	见图30-3	见图30-3	0.185	0.139	1180
40×5	200	265	145	0.725	见图30-3	见图30-3	0.169	0.137	1570
50×5	250	325	180	0.580	见图30-3	见图30-3	0.155	0.123	1960
60×5	300	390	215	0.485	见图30-3	见图30-3	0.144	0.112	2360
80×5	400	510	280	0.365	见图30-3	见图30-3	0.127	0.095	3140
100×5	500	640	350	0.290	见图30-3	见图30-3	0.114	0.082	3930

表 30-19 角钢技术数据

规格 (mm)	截面 (mm²)	25℃时的允许电流（A）		电阻（Ω/km）		内电抗 (Ω/km)	外电抗（Ω/km）		质量 (kg/km)
		直流	交流50Hz	直流	交流50Hz		相距250mm	相距380mm	
25×25×3	143	233	155	1.01	见图30-4	见图30-4	0.213	0.239	1120
30×30×4	227	320	194	0.64	见图30-4	见图30-4	0.202	0.227	1780
40×40×4	308	430	260	0.47	见图30-4	见图30-4	0.184	0.210	2420
50×50×5	480	596	345	0.30	见图30-4	见图30-4	0.170	0.201	3770
60×60×6	691	776	416	0.21	见图30-4	见图30-4	0.159	0.185	5420
75×75×8	1150	1140	545	0.126	见图30-4	见图30-4	0.145	0.171	9030

表 30-20 工字钢和钢轨技术数据（交流50Hz）

型钢规格	工字钢			钢轨				
	N12	N14	N16	8	11	15	18	24
25℃时的允许电流（A）	685	810	990	410	515	595	710	750

表 30-21 50×50×5角钢加扁铝辅助线技术数据

辅助线规格 (mm)	电流比 K	25℃时的允许电流 (A)	电阻（Ω/km）			电抗（Ω/km）			质量（kg/km）	
			扁铝 R_1	角钢 R_2	并联 R_0	扁铝 X_1	角钢 X_2	并联 X_0	扁铝	角钢
15×3	2.8	224	0.74	1.63	0.515	0.315	1.434	0.278	120	3770
20×3	3.78	272	0.556	1.63	0.400	0.29	1.544	0.243	160	3770
25×3	4.4	325	0.444	1.63	0.345	0.277	1.612	0.240	200	3770
30×3	5.35	375	0.370	1.63	0.295	0.262	1.74	0.230	240	3770
30×4	6.7	420	0.278	1.63	0.231	0.253	1.88	0.224	320	3770
40×4	10.1	528	0.208	1.63	0.180	0.234	2.36	0.215	430	3770
40×5	11.6	586	0.167	1.63	0.144	0.230	2.52	0.208	540	3770
50×5	12.2	720	0.133	1.63	0.119	0.218	2.64	0.201	680	3770
60×5	14.3	845	0.112	1.63	0.090	0.213	2.95	0.197	820	3770
60×6	16.0	924	0.093	1.63	0.080	0.206	3.20	0.193	970	3770
80×6	18.7	1210	0.052	1.63	0.060	0.188	3.36	0.178	1300	3770
100×6	20.0	1490	0.056	1.63	0.040	0.175	3.36	0.144	1620	3770
100×8	20.0	1700	0.042	1.63	0.030	0.173	3.36	0.143	2160	3770
100×10	23.5	1900	0.038	1.63	0.020	0.170	3.73	0.137	2700	3770

表 30-22 角钢加BLX导线辅助线技术数据

规格 (mm)	电流比 K	25℃时的允许电流 (A)	电阻（Ω/km）			电抗（Ω/km）			质量（kg/km）	
			导线 R_1	角钢 R_2	并联 R_0	导线 X_1	角钢 X_2	并联 X_0	导线	角钢
角钢50×50×5										
1×3（1×35）			0.890	1.63	0.612	0.0875	1.12	0.158	94	3770
1×3（1×50）			0.627	1.63	0.475	0.0860	1.12	0.120	135	3770
1×3（1×70）		160	0.447	1.63	0.364	0.0820	1.12	0.097	188	3770
1×3（1×95）		195	0.329	1.63	0.280	0.0806	1.12	0.084	256	3770
1×3（1×120）		210	0.261	1.63	0.227	0.0803	1.12	0.080	323	3770
1×3（1×150）		235	0.208	1.63	0.187	0.0793	1.12	0.076	401	3770
2×3（1×70）			0.224	1.63	0.200	0.0438	1.12	0.046	376	3770
2×3（1×95）		360	0.165	1.63	0.151	0.0430	1.12	0.042	512	3770
2×3（1×120）		400	0.130	1.63	0.122	0.0410	1.12	0.040	646	3770
2×3（1×150）		420	0.104	1.63	0.098	0.0404	1.12	0.039	802	3770
3×3（1×95）			0.110	1.63	0.104	0.0270	1.12	0.028	768	3770

续表 30-22

规格 (mm)	电流比 K	25℃时的允许电流 (A)	电阻 (Ω/km)			电抗 (Ω/km)			质量 (kg/km)	
			导线 R_1	角钢 R_2	并联 R_0	导线 X_1	角钢 X_2	并联 X_0	导线	角钢
3×3 (1×120)			0.087	1.63	0.083	0.0268	1.12	0.027	970	3770
3×3 (1×150)			0.070	1.63	0.066	0.0264	1.12	0.026	1203	3770
4×3 (1×120)			0.065	1.63	0.061	0.0202	1.12	0.021	1290	3770
4×3 (1×150)			0.052	1.63	0.049	0.0198	1.12	0.020	1610	3770
角钢60×60×6										
3×3 (1×95)		520	0.110	1.36	0.102	0.0270	0.96	0.027	768	5420
3×3 (1×150)		530	0.070	1.36	0.066	0.0264	0.96	0.026	1203	5420
角钢75×75×8										
3×3 (1×95)			0.110	1.02	0.100	0.0270	0.75	0.027	768	9030
3×3 (1×150)			0.070	1.02	0.065	0.0264	0.75	0.026	1203	9030
4×3 (1×150)			0.052	1.02	0.050	0.0198	0.75	0.020	1610	9030

注：BLV 电线的电阻和电抗数据与 BLX 导线基本相同，如设计采用角钢加 BLV 电线 作辅助线时，本表可参考使用。

表 30-23 各种导线安全电流温度校正系数

导体种类	最高温度 (℃)	环境温度为下列值时，允许电流的校正系数									
		0	5	10	15	20	25	30	35	40	45
裸铜、铝	70	1.25	1.2	1.15	1.1	1.05	1	0.94	0.885	0.815	0.745
裸钢	75	1.22	1.18	1.14	1.1	1.05	1	0.95	0.89	0.84	0.77

注：角钢加辅助线可采用裸铜或裸铝的校正系数。

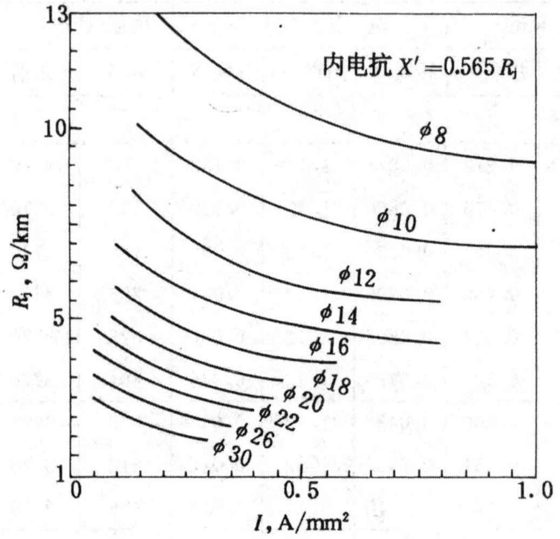

图 30-1 圆钢的交流电阻和内电抗

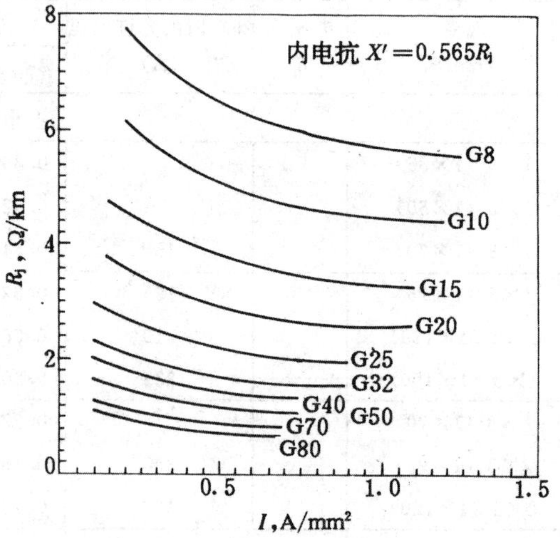

图 30-2 钢管的交流电阻和内电抗

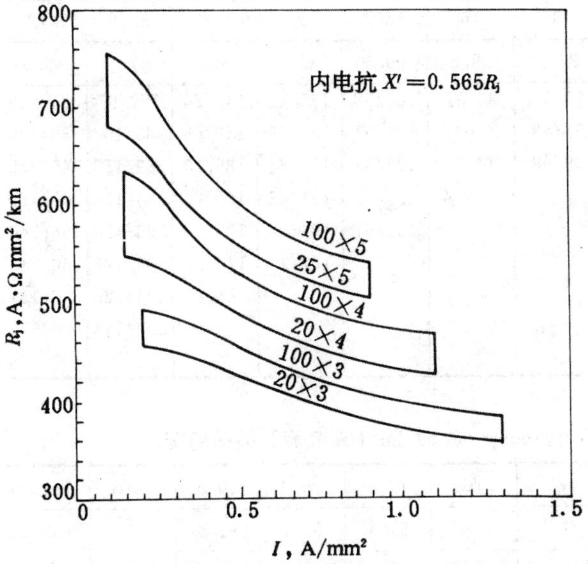

图 30-3 扁钢的交流电阻和内电抗

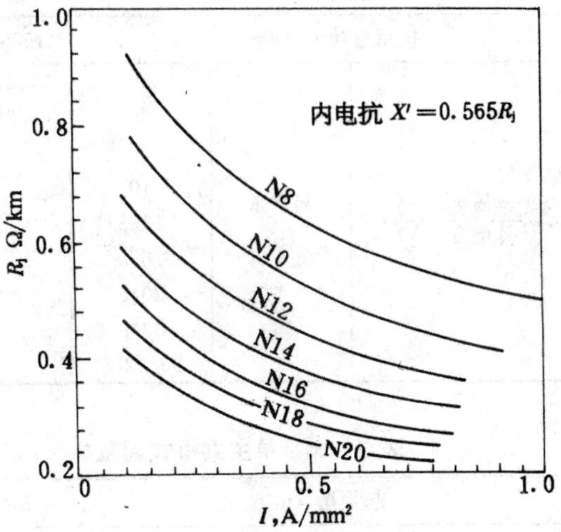

图 30-5 槽钢的交流电阻和内电抗

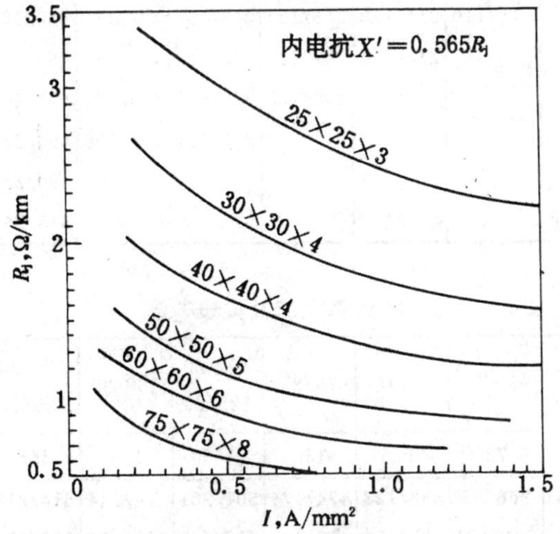

图 30-4 角钢的交流电阻和内电抗

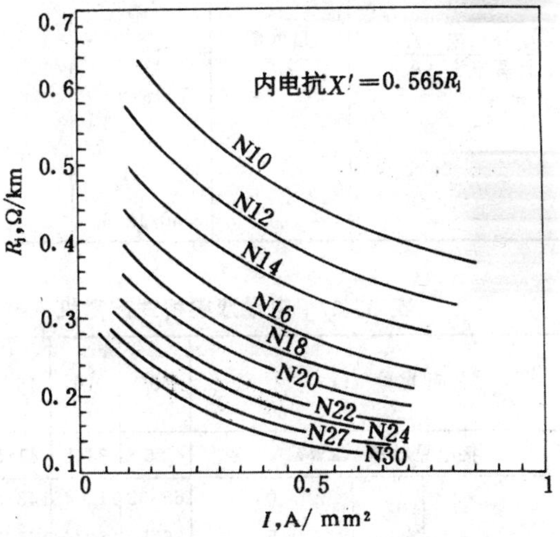

图 30-6 工字钢的交流电阻和内电抗

表 30-24 电动单梁起重机的计算电流及尖峰电流

起重量（t）	0.5	1	2	3	5	10
接用总功率（kW）	3.3	5	6.3	8.9	11.4	13.5
尖峰电流（A）/计算电流（A）	19/5	29/6.4	28/9.2	62/13	90/19.7	51.1/17.4

表 30-25 单主梁桥式起重机（$FC=25\%$，$\cos\varphi=0.5$）的计算电流及尖峰电流

起重量（t）			5	8	10	12.5	16/3	20/5	32/8	50/12.5
接用总功率（kW）			15.9	23.2	28.6	29.5	35.5	42	72	89.5
尖峰电流（A）/计算电流（A）	起重量（t）	0	54/21	79/30	86/37	105/38	135/46	143/54	259/87	325/115
		5	68/33	93/43	100/50	121/51	150/59	159/68	283/107	332/130
		8		99/48	105/55	126/57	156/64	165/73	289/112	349/135
		10			110/57	129/60	161/68	168/76	294/117	353/139
		12.5				131/61	161/68	170/78	296/118	354/140
		16/3					167/73	175/82	299/121	360/146
		20/5						181/87	306/126	372/157
		32/8							330/148	390/172
		50/12.5								405/184

表 30-26 单主梁桥式起重机（$FC=40\%$，$\cos\varphi=0.5$）的计算电流及尖峰电流

起重量（t）			5	8	10	12.5	16/3	20/5	32/8	50/12.5
接用总功率（kW）			25.8	27.7	49.8	51.1	61.1	82.6	92	109.5
尖峰电流（A）/计算电流（A）	起重量（t）	0	94/34	115/37	163/66	165/68	234/81	288/109	374/121	403/145
		5	120/57	143/61	167/67	193/93	263/106	316/134	400/147	434/172
		8		154/62	193/93	195/95	264/107	319/137	400/147	436/173
		10			211/110	214/112	286/126	341/157	427/170	450/193
		12.5				215/114	287/127	343/158	429/172	460/194
		16/3					295/135	352/167	439/181	471/205
		20/5						371/184	455/196	490/221
		32/8							465/205	490/221
		50/12.5								513/243

表 30-27 电动双梁桥式起重机（$FC=25\%$，$\cos\varphi=0.5$）的计算电流及尖峰电流

起重量（t）			5	10	15/3	20/5	30/5	50/10	75/20	100/20 125/20	150/30	200/30 250/30
接电总功率（kW）			25	34.5	41.5	41.5	72	99.5	135	156	166	166
尖峰电流（A）/计算电流（A）	起重量（t）	0	65/32	112/45	143/54	143/54	266/93	338/128	474/174	501/201	514/214	514/214
		5	86/52	134/64	166/74	166/74	291/114	365/150	498/195	525/223	538/236	538/236
		10		142/71	173/80	173/80	301/121	373/158	508/204	533/230	547/244	547/244
		15/3			180/86	180/86	306/126	378/162	514/209	540/237	552/249	552/249
		20/5				180/86	306/126	378/162	514/209	540/237	552/249	552/249
		30/5					331/148	403/185	542/232	572/264	582/272	582/272
		50/10						426/205	566/254	592/281	603/292	603/292
		75/20							592/278	622/308	630/320	632/320
		100/20，125/20								636/322	638/323	638/323
		150/30									656/342	656/342
		200/30，250/30										656/342

表 30-28 电动双梁桥式起重机（$FC=40\%$，$\cos\varphi=0.5$）的计算电流及尖峰电流

起重量（t）			5	10	15/3	20/5	30/5	50/10	75/20
接用总功率（kW）			40.1	55.1	85.5	85.5	107	117.5	143
尖峰电流（A）/计算电流（A）	起重量（t）	0	113/53	170/73	292/113	292/113	399/141	413/155	509/183
		5	152/89	211/111	334/151	334/151	445/181	458/195	559/229
		10		223/122	356/171	356/171	458/192	473/207	578/243
		15/3			376/190	376/190	490/221	506/238	608/272
		20/5				376/190	489/220	503/237	607/271
		30/5					508/238	523/254	630/293
		50/10						531/261	633/296
		75/20							658/318

30.4 干线和滑触线 的电压损失计算

30.4.1 直流线路的电压损失

直流线路的电压损失为

$$\Delta U\% = \frac{200}{U_{de}} I_{js} R_z L_{js} \tag{30-4}$$

式中 U_{de}——直流额定电压，V；

I_{js}——线路计算电流（如若计算干线正常电压损失时，线路计算电流 I_{js} 应为负荷电流 I_{30}；而计算滑触线的电压损失时，I_{js} 应为尖峰电流 I_{jf}），A；

R_z——铜、铝或钢导体的直流电阻，Ω/km；

L_{js}——计算长度 km。

30.4.2 单相交流线路的电压损失

单相交流线路的电压损失为

$$\Delta U\% = \frac{200}{U_{exg}} I_{js} L_{js} (R\cos\varphi + X\sin\varphi) \tag{30-5}$$

式中 U_{exg}——额定相电压，V；

I_{js}、L_{js}——计算电流，A、计算长度，km；

R——电阻，Ω/km，对于钢导体应为交流电阻 R_j；

X——电抗，Ω/km，对于钢导体应为内电抗 x' 和外电抗 x'' 之和；

$\cos\varphi$——功率因数。

30.4.3 三相交流线路的电压损失

三相交流线路的电压损失为

$$\Delta U\% = \frac{173}{U_{ex}} I_{js} L_{js} (R\cos\varphi + X\sin\varphi) \tag{30-6}$$

或

$$\Delta U\% = \frac{380}{U_{ex}} I_{js} L_{js} \varepsilon \tag{30-7}$$

其中 $\varepsilon = \frac{173}{380}(R\cos\varphi + X\sin\varphi)$

ε 为380V 时的单位电压降百分数，铜导体的 ε 值见表30-29～表30-33，铝导体的 ε 值见表30-34～表30-37。鉴于钢导体的电压降与电流不成正比例，不能根据式30-7计算，为此取 L_{js} 为一常数，根据式30-6作曲线 $\Delta U\% = f(I_{js})$，如图30-8～图30-12所示。

表30-29～表30-37适用于三相380V、50Hz 交流电路。

30.4.4 角钢加辅助线的电压损失

当起重机滑触线采用角钢加辅助线时，其电压损失计算式为

$$\Delta U\% = \frac{173}{U_{ex}} I_{js} L_{js} \frac{R_0\cos\varphi + X_0\sin\varphi}{1-\gamma^n} \tag{30-8}$$

令 $\varepsilon = \frac{173}{380}(R_0\cos\varphi + X_0\sin\varphi)$

则
$$\Delta U\% = \frac{380}{U_{ex}} I_{js} L_{js} \frac{\varepsilon}{1-\gamma^n} \tag{30-9}$$

当辅助线为扁铝时，可认为 $n\to\infty$

所以
$$\Delta U\% = \frac{380}{U_{ex}} I_{js} L_{js} \varepsilon \tag{30-10}$$

当辅助线为 BLX 导线或 BLV 导线时，电压降与间距数 n 有关。

令
$$\varepsilon_n = \frac{\varepsilon}{1-\gamma^n} \tag{30-11}$$

则
$$\Delta U\% = \frac{380}{U_{ex}} I_{js} L_{js} \varepsilon_n \tag{30-12}$$

式中 R_0——角钢和辅助线并联后的电阻，Ω/km；

X_0——角钢和辅助线并联后的电抗，Ω/km；

n——间距数（角钢和辅助线两个联结点间的部分称为间距）；

γ——间距系数；

ε——电压为380V、$n\to\infty$时的单位电压降%。

各种扁铝辅助线的 ε 值见表30-38。

各种 BLX（BLV）导线辅助线的 ε_n 值见表30-39～表30-40。

表30-38～表30-40适用于三相380V、50Hz 交流电路。

当间距数 n 已定时，各间距的长度按下式求得

第一间距 $l_1=(1-\gamma)\dfrac{\Delta U_n}{\Delta U_\infty}L$ (30-13)

第二间距 $l_2=\gamma l_1$

第三间距 $l_3=\gamma l_2$

………

………

第 n 间距 $l_n=\gamma l_{n-1}$ (30-14)

式中 γ——间距系数，见表30-39及表30-40；

ΔU_n——间距数为 n 时的单位电压损失，%；

ΔU_∞——间距数为∞时的单位电压损失，%；

L——滑触线的实际总长度，m。

间距数 n 可根据滑触线的长度按经验确定。间距数多，则滑触线上的导线接头数增加；间距数少，则要增大辅助线的截面。

30.5 按允许的电压损失选择干线和型钢滑触线截面

当干线或滑触线的电压损失超过允许值时，则应按允许的电压损失选择干线或滑触线截面。其算式如下

$$\varepsilon=\frac{\Delta U}{M_1+M_2+M_3+\cdots+M_n} \quad (30\text{-}15)$$

式中 ε——单位电压降；

ΔU——线路允许的电压损失；

M_1、$M_2\cdots M_n$——负荷矩，为各段干线长度（L_1、$L_2\cdots L_n$）与该段负荷电流（I_1、$I_2\cdots I_n$）的乘积，即如图30-7所示。

$M_1=I_1L_1$

$M_2=I_2L_2$

………

………

$M_n=I_nL_n$

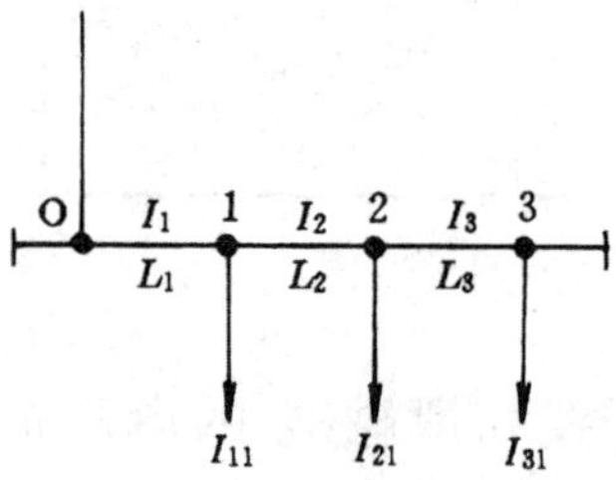

图 30-7 供电系统

计算步骤如下：计算各段干线的负荷电流 I_1、$I_2\cdots I_n$，乘以各段干线的长度 L_1、$L_2\cdots L_n$，求得各段干线的负荷矩 M_1、$M_2\cdots M_n$。已知干线上的允许电压损失为 ΔU，则根据式30-15，将 ΔU 除各段干线的负荷矩之和，即可求得单位电压降 ε，然后从表30-29～表30-40及图30-8～图30-12中，根据需要的相距和适合的 $\cos\varphi$，查出等于或小于 ε 的单位电压降，并由此选出所需的截面。

按允许的电压损失选择滑触线规格的另一方法是直接由图30-13～图30-17查得。图30-13～图30-17的曲线是在电压损失 $\Delta U\%=8$、$\cos\varphi=0.5$的条件下绘制的。若已知滑触线的计算长度 L 和尖峰电流 I_{jf}，则可由图30-13～图30-17的曲线中找出 L 和 I_{jf}的交点，在此交点右上侧的滑触线即为所需要的规格。

表 30-29 扁铜线每 A·km 电压降 ε（%）

规格 (mm²)	相距250mm、平放、cos φ为				相距150mm、平放、cos φ为			
	0.5	0.6	0.7	0.8	0.5	0.6	0.7	0.8
15×3	0.192	0.206	0.217	0.224	0.179	0.193	0.205	0.215
20×3	0.160	0.169	0.176	0.179	0.146	0.156	0.164	0.171
25×3	0.140	0.146	0.151	0.153	0.127	0.134	0.139	0.143
30×3	0.125	0.129	0.132	0.133	0.112	0.118	0.122	0.124
30×4	0.112	0.114	0.114	0.113	0.100	0.102	0.104	0.103
40×4	0.096	0.097	0.096	0.093	0.084	0.085	0.085	0.084

续表 30-29

规格 (mm²)	相距250mm、平放、cos φ为				相距150mm、平放、cos φ为			
	0.5	0.6	0.7	0.8	0.5	0.6	0.7	0.8
40×5	0.090	0.090	0.087	0.083	0.077	0.078	0.077	0.074
50×5	0.080	0.079	0.076	0.072	0.068	0.068	0.066	0.063
50×6	0.076	0.075	0.072	0.067	0.064	0.063	0.062	0.058
60×6	0.071	0.069	0.065	0.061	0.058	0.057	0.054	0.051
60×8	0.066	0.064	0.060	0.055	0.054	0.052	0.050	0.046
60×10	0.064	0.061	0.057	0.051	0.051	0.050	0.047	0.042
80×6	0.060	0.058	0.055	0.050	0.047	0.046	0.044	0.041
80×8	0.057	0.056	0.052	0.046	0.045	0.044	0.041	0.038
80×10	0.055	0.053	0.050	0.044	0.043	0.041	0.039	0.035
100×6	0.053	0.051	0.048	0.043	0.040	0.039	0.038	0.035
100×8	0.051	0.049	0.045	0.041	0.038	0.037	0.035	0.032
100×10	0.049	0.047	0.043	0.038	0.037	0.035	0.033	0.030

表 30-30 圆铜线每 A·km 电压降 ε(%)

直径 (mm)	相距150mm、cos φ为				相距80mm、cos φ为			
	0.5	0.6	0.7	0.8	0.5	0.6	0.7	0.8
4	0.48	0.544	0.603	0.670	0.465	0.529	0.590	0.648
5	0.346	0.383	0.418	0.450	0.330	0.308	0.405	0.439
6	0.282	0.305	0.325	0.342	0.269	0.299	0.302	0.322
7	0.236	0.352	0.265	0.274	0.224	0.226	0.241	0.254
8	0.203	0.213	0.219	0.222	0.191	0.188	0.197	0.204
10	0.167	0.170	0.176	0.168	0.154	0.141	0.154	0.150
12	0.144	0.145	0.143	0.137	0.132	0.118	0.119	0.118

表 30-31 圆铜绞线每 A·km 电压降 ε(%)

直径 (mm)	相距250mm、cos φ为				相距150mm、cos φ为			
	0.5	0.6	0.7	0.8	0.5	0.6	0.7	0.8
16	0.41	0.457	0.501	0.543	0.398	0.445	0.491	0.534
25	0.303	0.330	0.354	0.375	0.290	0.318	0.344	0.366
35	0.240	0.278	0.310	0.333	0.213	0.253	0.287	0.314
50	0.202	0.212	0.219	0.223	0.189	0.200	0.209	0.214
70	0.173	0.178	0.180	0.179	0.160	0.166	0.169	0.170
95	0.151	0.153	0.152	0.148	0.139	0.141	0.142	0.139
120	0.138	0.138	0.136	0.130	0.126	0.127	0.126	0.122
150	0.128	0.126	0.122	0.116	0.115	0.115	0.113	0.107
185	0.120	0.117	0.113	0.106	0.107	0.105	0.103	0.097

表 30-32 圆形铜电车线每 A·km 电压降 ε(%)

截面 (mm^2)	相距180mm、cos φ为				相距130mm、cos φ为			
	0.5	0.6	0.7	0.8	0.5	0.6	0.7	0.8
30	0.265	0.285	0.305	0.317	0.257	0.277	0.298	0.314
40	0.223	0.236	0.249	0.257	0.215	0.229	0.242	0.251
50	0.198	0.207	0.215	0.219	0.189	0.199	0.208	0.213
65	0.173	0.178	0.183	0.182	0.161	0.168	0.173	0.175

表 30-33 双沟形铜电车线每 A·km 电压降 ε(%)

截面 (mm^2)	相距180mm、cos φ为				相距130mm、cos φ为			
	0.5	0.6	0.7	0.8	0.5	0.6	0.7	0.8
65	0.170	0.176	0.181	0.181	0.163	0.169	0.174	0.176
85	0.15	0.153	0.155	0.152	0.122	0.146	0.148	0.146
100	0.14	0.142	0.142	0.139	0.132	0.134	0.105	0.132

表 30-34 扁铝线每 A·km 电压降 ε(%)

规格 (mm)	相距250mm、平放、cos φ为				相距150mm、平放、cos φ为			
	0.5	0.6	0.7	0.8	0.5	0.6	0.7	0.8
15×3	0.259	0.286	0.311	0.332	0.247	0.273	0.298	0.323
20×3	0.210	0.230	0.256	0.261	0.197	0.217	0.235	0.252
25×3	0.180	0.194	0.206	0.215	0.167	0.182	0.196	0.207
30×3	0.159	0.170	0.180	0.186	0.146	0.158	0.169	0.178
30×4	0.137	0.144	0.150	0.153	0.124	0.132	0.139	0.144
40×4	0.115	0.120	0.123	0.123	0.102	0.108	0.111	0.114
40×5	0.105	0.108	0.109	0.108	0.092	0.096	0.098	0.099
50×5	0.092	0.094	0.093	0.091	0.080	0.082	0.083	0.083
50×6	0.086	0.087	0.086	0.083	0.074	0.076	0.076	0.074
60×6	0.078	0.079	0.077	0.074	0.068	0.067	0.066	0.065
60×8	0.073	0.072	0.069	0.065	0.060	0.060	0.059	0.056
60×10	0.069	0.068	0.065	0.060	0.057	0.056	0.054	0.051
80×6	0.066	0.066	0.064	0.061	0.054	0.054	0.053	0.052
80×8	0.062	0.061	0.058	0.054	0.050	0.049	0.048	0.046
80×10	0.059	0.058	0.055	0.050	0.047	0.046	0.044	0.041
100×6	0.058	0.058	0.056	0.052	0.046	0.047	0.045	0.043
100×8	0.055	0.053	0.051	0.047	0.042	0.041	0.040	0.038
100×10	0.052	0.051	0.048	0.043	0.040	0.039	0.037	0.035

表 30-35 圆铝线每 A·km 电压降 ε(%)

直径 (mm)	相距150mm、cos φ为				相距80mm、cos φ为			
	0.5	0.6	0.7	0.8	0.5	0.6	0.7	0.8
4	0.72	0.834	0.94	1.09	0.703	0.818	0.925	1.035
5	0.50	0.568	0.634	0.697	0.485	0.553	0.621	0.685
6	0.376	0.421	0.465	0.503	0.360	0.406	0.452	0.493

续表 30-35

直径 (mm)	相距150mm、cos φ为				相距80mm、cos φ为			
	0.5	0.6	0.7	0.8	0.5	0.6	0.7	0.8
7	0.304	0.337	0.367	0.392	0.288	0.322	0.353	0.382
8	0.252	0.274	0.295	0.312	0.237	0.261	0.283	0.302
10	0.192	0.204	0.213	0.220	0.178	0.191	0.202	0.210
12	0.158	0.165	0.169	0.170	0.143	0.151	0.157	0.160

表 30-36 圆铝绞线每 A·km 电压降 ε(%)

截面 (mm^2)	相距250mm、cos φ为				相距150mm、cos φ为			
	0.5	0.6	0.7	0.8	0.5	0.6	0.7	0.8
16	0.600	0.685	0.766	0.843	0.586	0.673	0.756	0.834
25	0.423	0.475	0.521	0.565	0.410	0.463	0.512	0.557
35	0.332	0.366	0.398	0.426	0.320	0.355	0.388	0.417
50	0.262	0.285	0.304	0.319	0.250	0.273	0.294	0.310
70	0.216	0.230	0.241	0.248	0.203	0.218	0.230	0.239
95	0.183	0.191	0.197	0.199	0.171	0.179	0.186	0.191
120	0.163	0.168	0.171	0.170	0.151	0.157	0.161	0.162
150	0.148	0.151	0.151	0.148	0.135	0.139	0.141	0.140
185	0.136	0.137	0.136	0.132	0.123	0.125	0.126	0.123

表 30-37 BLX-500导线穿管敷设每 A·km 电压降 ε(%)

截面 (mm^2)	25℃时的允许电流 (A)	cos φ为			
		0.5	0.6	0.7	0.8
2.5	19	3.07	3.68	4.25	4.87
4	25	1.94	2.31	2.70	3.07
6	34	1.31	1.56	1.81	2.05
10	46	0.796	0.944	1.09	1.24
16	59	0.512	0.603	0.695	0.785
25	76	0.340	0.398	0.453	0.512
35	94	0.251	0.292	0.332	0.370
50	118	0.185	0.213	0.241	0.274
70	150	0.141	0.160	0.179	0.195
95	180	0.112	0.126	0.138	0.151
120	210	0.095	0.105	0.114	0.123
150	240	0.082	0.090	0.097	0.103
185		0.072	0.077	0.083	0.087
240		0.062	0.066	0.069	0.073

表 30-38 50×50×5角钢加扁铝辅助线单位电压降 ε(%)

辅助线规格 (mm)	相距380mm、cos φ为			
	0.5	0.6	0.7	0.8
15×3	0.227	0.243	0.254	0.263

续表 30-38

辅助线规格 (mm)	相距380mm、cos φ为			
	0.5	0.6	0.7	0.8
20×3	0.187	0.198	0.206	0.210
25×3	0.174	0.181	0.188	0.190
30×3	0.158	0.164	0.169	0.180
30×4	0.141	0.144	0.146	0.145
40×4	0.126	0.127	0.127	0.123
40×5	0.115	0.115	0.114	0.109
50×5	0.107	0.106	0.100	0.098
60×5	0.0986	0.0962	0.093	0.086
60×6	0.0933	0.092	0.090	0.082
80×6	0.0842	0.0813	0.077	0.060
100×6	0.066	0.0634	0.059	0.054
100×8	0.063	0.0602	0.056	0.050
100×10	0.0585	0.0554	0.051	0.045

表 30-39 角钢加 BLX 导线辅助线单位电压降 ε（%），cos φ＝0.5

辅助线规格 (mm)	间距数 n 为下列值时									间距系数 γ
	2	3	4	5	6	7	8	9	10	∞	
角钢50×50×5											
1×3 (1×35)	0.212	0.204	0.202	0.201						0.201	0.233
1×3 (1×50)	0.180	0.164	0.158	0.156	0.155					0.155	0.373
1×3 (1×70)	0.159	0.137	0.129	0.125	0.123	0.122	0.121			0.121	0.489
1×3 (1×95)	0.145	0.120	0.109	0.104	0.101	0.099	0.098	0.097		0.097	0.578
1×3 (1×120)	0.139	0.111	0.099	0.093	0.089	0.087	0.085	0.084	0.083	0.083	0.632
1×3 (1×150)	0.134	0.105	0.092	0.085	0.080	0.078	0.076	0.075	0.074	0.073	0.676
2×3 (1×70)	0.129	0.099	0.085	0.078	0.073	0.070	0.068	0.067	0.066	0.063	0.712
2×3 (1×95)	0.123	0.092	0.077	0.069	0.064	0.060	0.058	0.056	0.055	0.051	0.766
2×3 (1×120)	0.120	0.088	0.073	0.064	0.059	0.055	0.052	0.050	0.049	0.044	0.797
2×3 (1×150)	0.117	0.085	0.070	0.061	0.055	0.051	0.048	0.046	0.044	0.038	0.823
3×3 (1×95)	0.116	0.084	0.068	0.059	0.053	0.049	0.046	0.044	0.042	0.035	0.837
3×3 (1×120)	0.113	0.081	0.065	0.056	0.049	0.045	0.042	0.040	0.038	0.029	0.860
3×3 (1×150)	0.111	0.079	0.063	0.054	0.047	0.043	0.039	0.037	0.035	0.025	0.880
4×3 (1×120)	0.110	0.077	0.061	0.052	0.045	0.041	0.037	0.035	0.033	0.022	0.895
4×3 (1×150)	0.109	0.076	0.060	0.051	0.044	0.040	0.036	0.033	0.031	0.019	0.909
角钢60×60×6											
3×3 (1×95)	0.100	0.074	0.060	0.053	0.048	0.045	0.042	0.040	0.039	0.034	0.812
3×3 (1×150)	0.096	0.069	0.055	0.047	0.042	0.039	0.036	0.034	0.032	0.025	0.858
角钢75×75×8											
3×3 (1×95)	0.080	0.060	0.051	0.045	0.042	0.040	0.038	0.037	0.036	0.034	0.760
3×3 (1×150)	0.076	0.056	0.046	0.040	0.036	0.033	0.031	0.030	0.029	0.025	0.820
4×3 (1×150)	0.073	0.052	0.042	0.036	0.032	0.029	0.027	0.026	0.025	0.019	0.860

注：角钢加 BLV 电线作辅助线时，本表可参考使用。

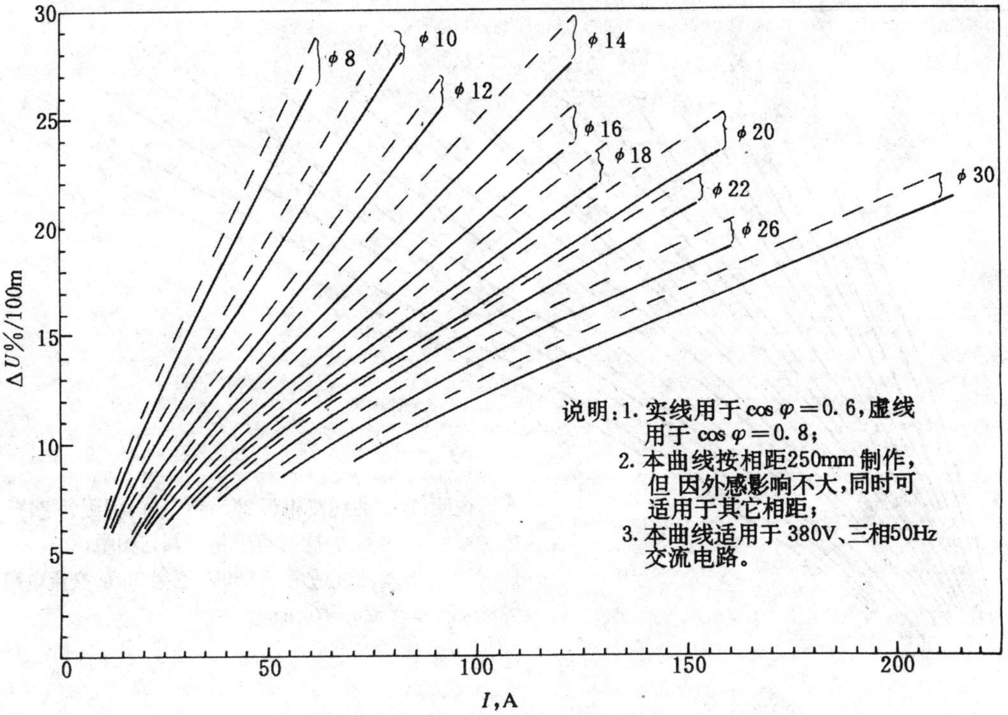

图 30-8 圆钢电压降

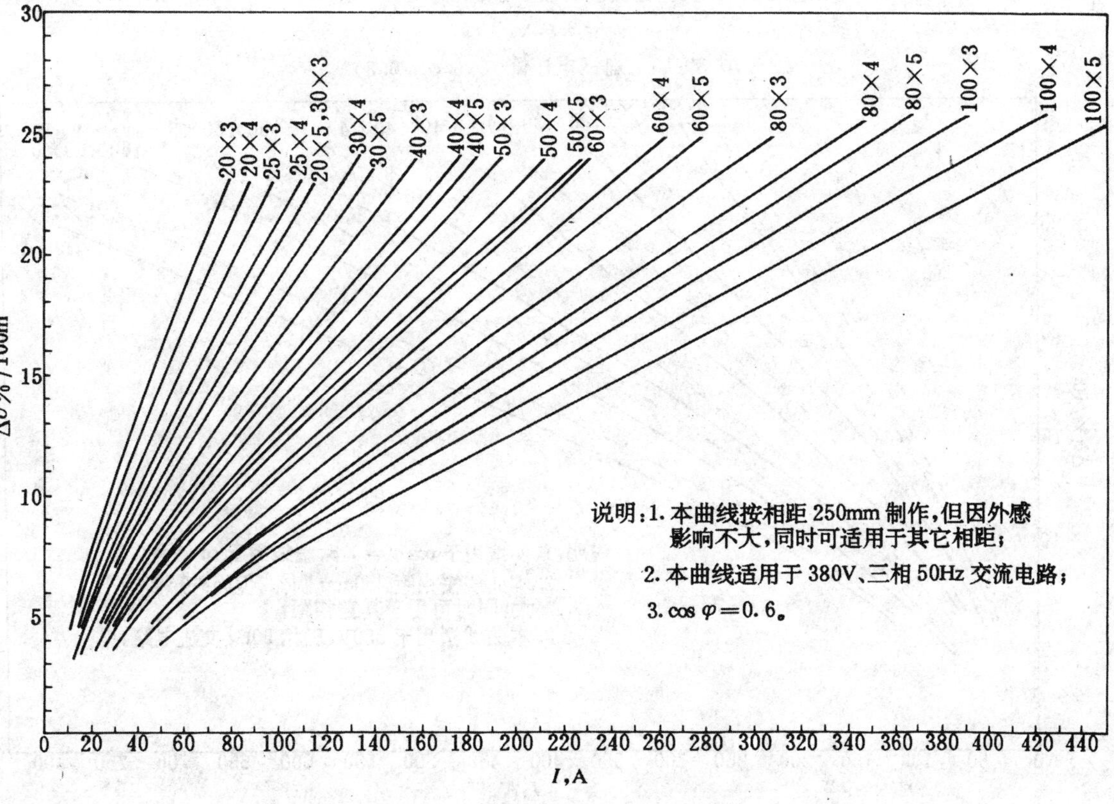

图 30-9 扁钢电压降（cos φ＝0.6）

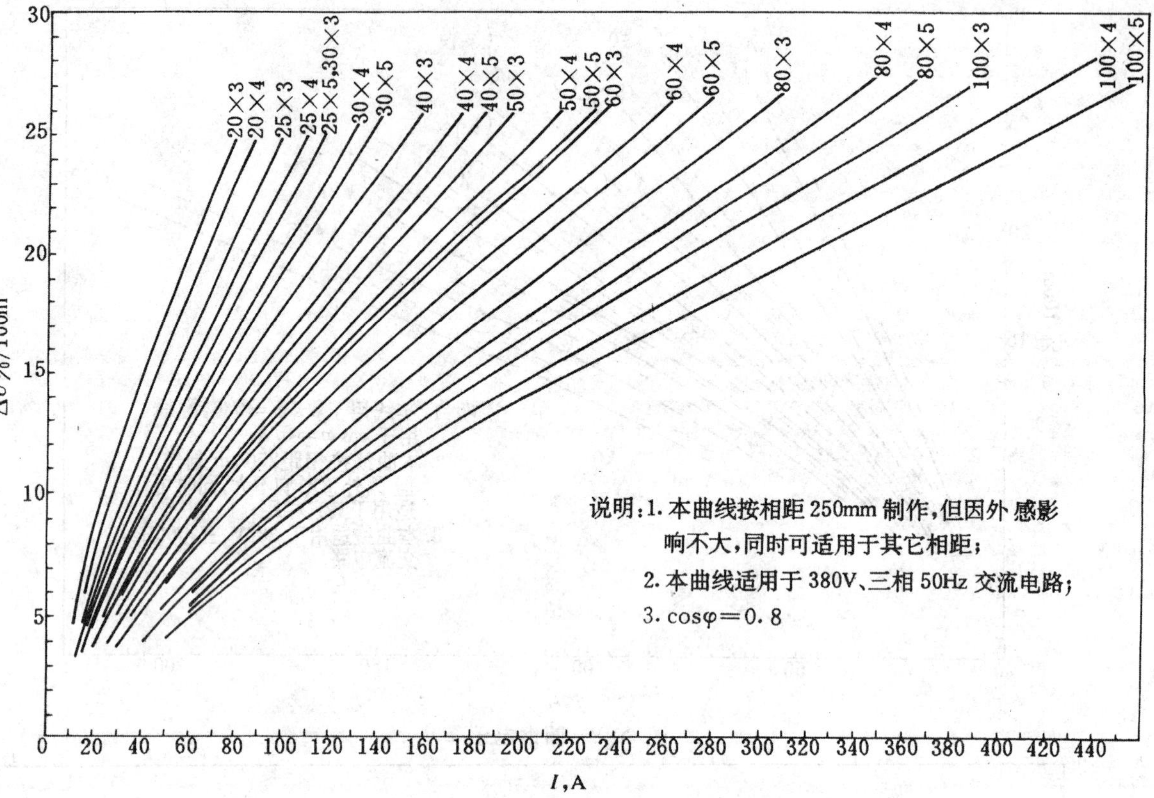

图 30-10 扁钢电压降（cos φ=0.8）

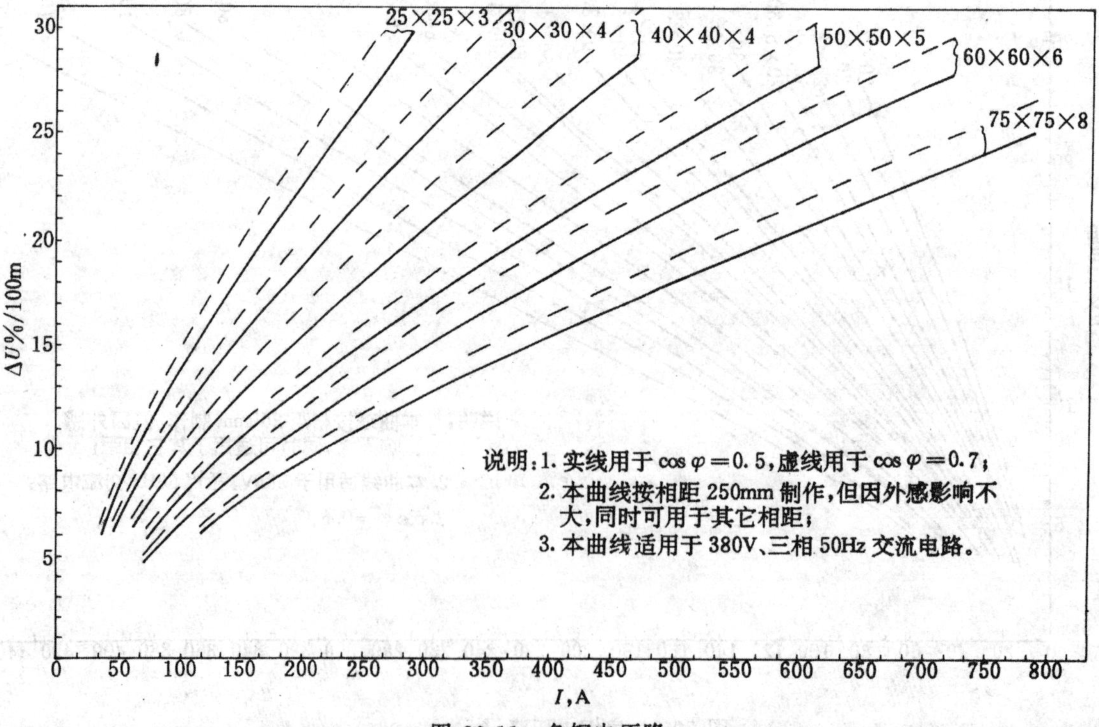

图 30-11 角钢电压降

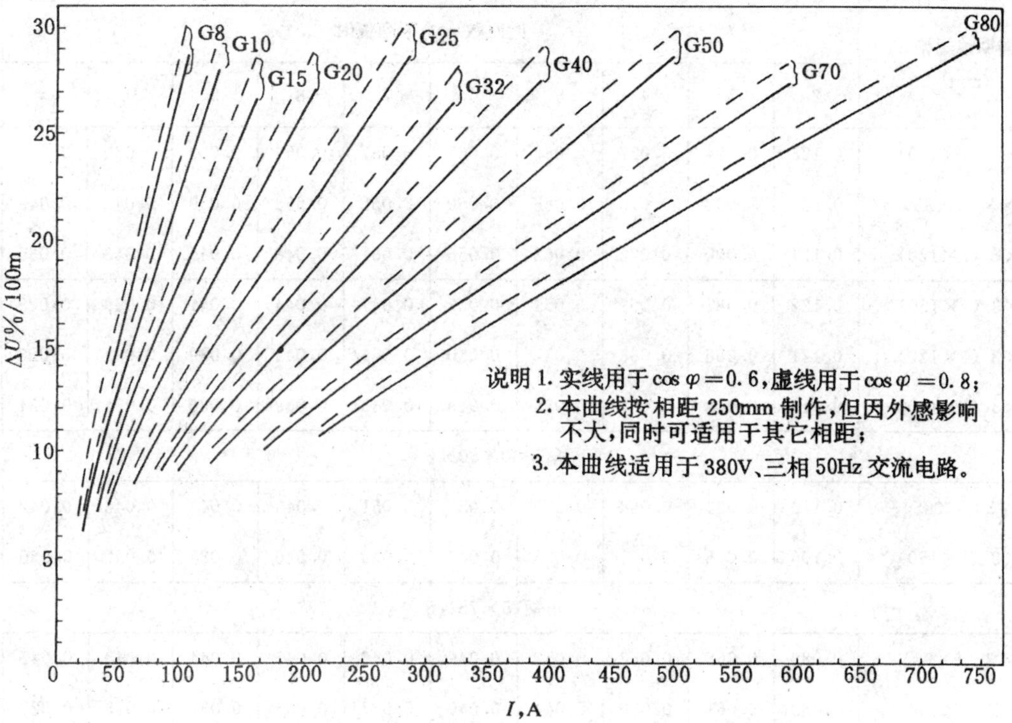

图 30-12 钢管电压降

表 30-40 角钢加 BLX 导线辅助线单位电压降 ε_n（%）、$\cos\varphi=0.7$

辅助线规格（mm）	间距数 n 为下列值时										间距系数 γ
	2	3	4	5	6	7	8	9	10	∞	
角钢50×50×5											
1×3（1×35）	0.254	0.248	0.246							0.246	0.176
1×3（1×50）	0.212	0.196	0.192	0.191						0.190	0.316
1×3（1×70）	0.183	0.162	0.154	0.151	0.149					0.148	0.438
1×3（1×95）	0.166	0.139	0.128	0.122	0.119	0.118	0.117			0.116	0.547
1×3（1×120）	0.154	0.126	0.113	0.107	0.103	0.101	0.100	0.099		0.098	0.604
1×3（1×150）	0.147	0.117	0.103	0.095	0.091	0.089	0.087	0.086	0.085	0.084	0.654
2×3（1×70）	0.144	0.114	0.099	0.091	0.087	0.084	0.082	0.081	0.080	0.078	0.676
2×3（1×95）	0.137	0.104	0.088	0.079	0.074	0.070	0.068	0.066	0.065	0.062	0.741
2×3（1×120）	0.132	0.099	0.082	0.073	0.067	0.063	0.060	0.058	0.057	0.052	0.779

续表 30-40

辅助线规格 (mm)	间距数 n 为下列值时									间距系数 γ
	2	3	4	5	6	7	8	9	10	∞	
2×3 (1×150)	0.128	0.094	0.077	0.067	0.061	0.057	0.054	0.052	0.050	0.044	0.811
3×3 (1×95)	0.127	0.093	0.076	0.066	0.060	0.056	0.053	0.050	0.048	0.042	0.818
3×3 (1×120)	0.124	0.090	0.072	0.062	0.056	0.051	0.048	0.045	0.043	0.035	0.848
3×3 (1×150)	0.122	0.087	0.069	0.059	0.052	0.047	0.044	0.041	0.039	0.029	0.871
4×3 (1×120)	0.121	0.086	0.068	0.057	0.050	0.045	0.042	0.039	0.037	0.026	0.886
4×3 (1×150)	0.119	0.084	0.066	0.055	0.048	0.043	0.039	0.036	0.034	0.024	0.963
角钢60×60×6											
3×3 (1×95)	0.110	0.082	0.068	0.060	0.055	0.051	0.049	0.047	0.046	0.042	0.790
3×3 (1×150)	0.105	0.076	0.061	0.053	0.047	0.043	0.040	0.038	0.037	0.030	0.848
角钢75×75×8											
3×3 (1×95)	0.088	0.068	0.058	0.052	0.049	0.046	0.045	0.044	0.043	0.041	0.733
3×3 (1×150)	0.083	0.061	0.050	0.044	0.040	0.037	0.035	0.034	0.033	0.029	0.805
4×3 (1×150)	0.080	0.058	0.046	0.040	0.036	0.033	0.031	0.029	0.028	0.022	0.850

注：角钢加 BLV 电线作辅助线时，本表可参考使用。

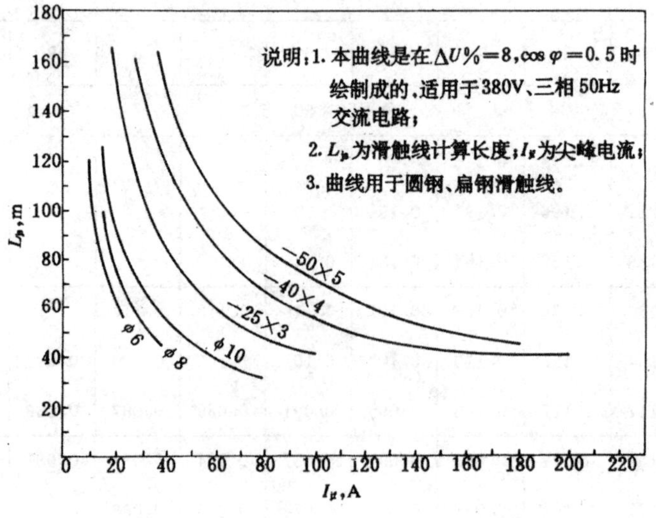

图 30-13 交流起重机滑触线选择图表之一

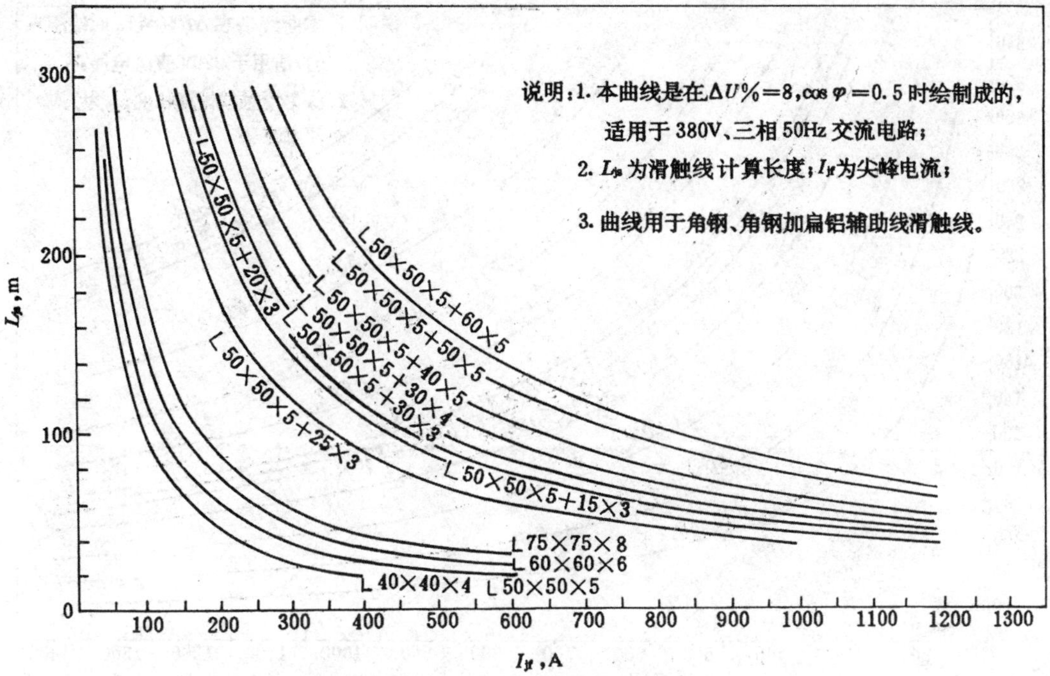

图 30-14　交流起重机滑触线选择图表之二

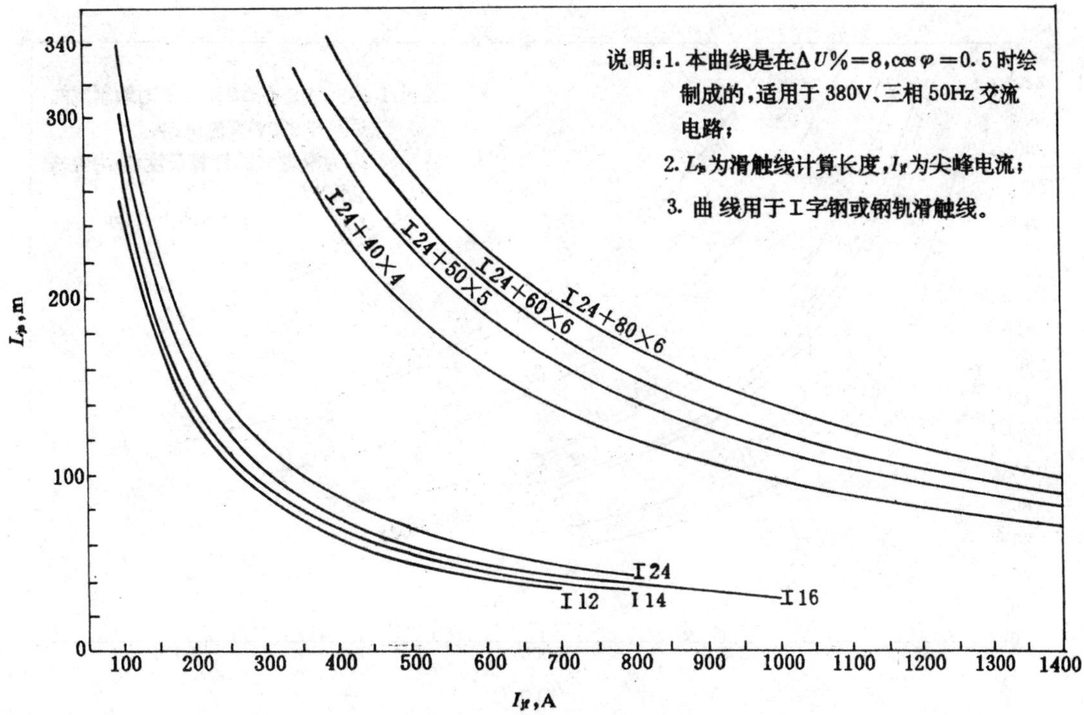

图 30-15　交流起重机滑触线选择图表之三

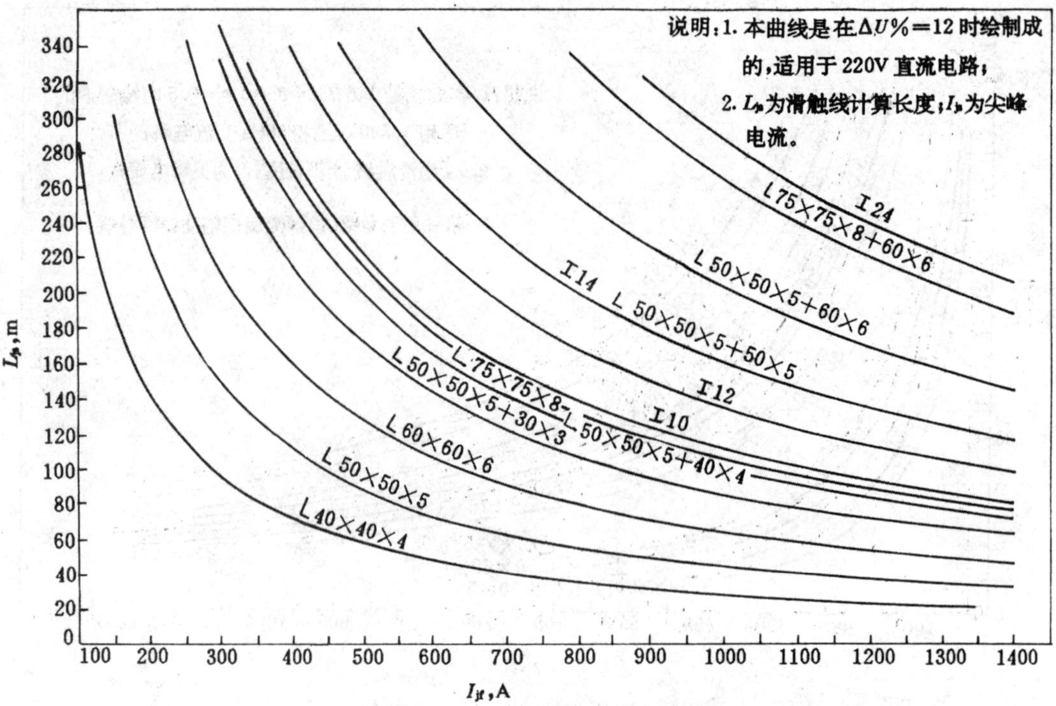

图 30-16 直流起重机滑触线选择图表之一

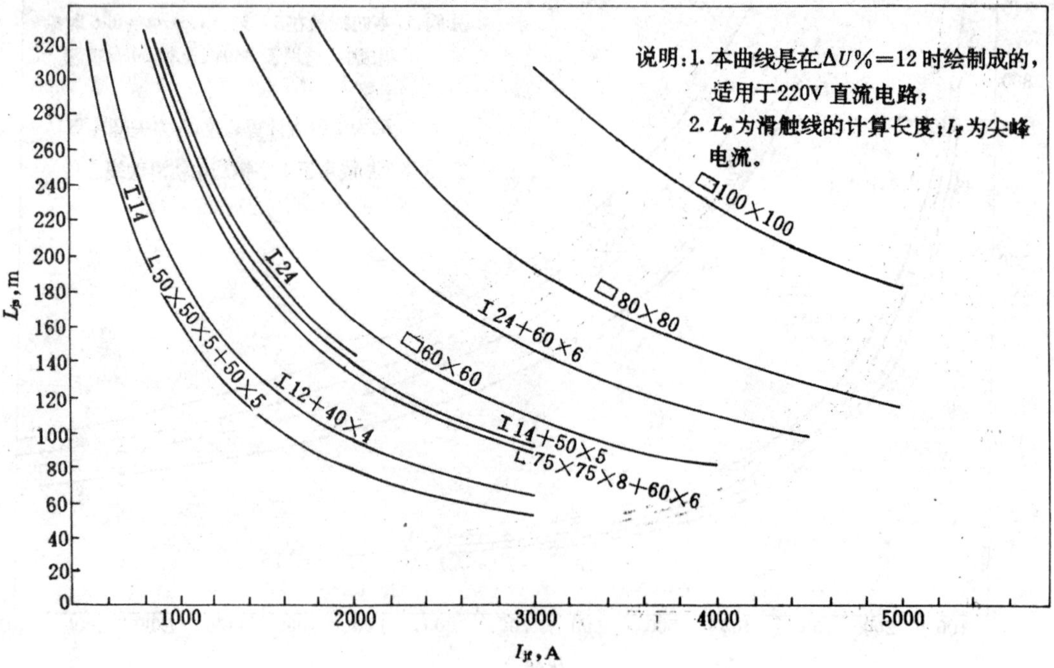

图 30-17 直流起重机滑触线选择图表之二

30.6 干线和型钢滑触线的机械强度计算

30.6.1 干线强度计算

干线跨距不得大于下列数值

$$L_{max}=\sqrt{\frac{K\ \delta\ C\ a}{0.173I_k^2}} \qquad (30\text{-}16)$$

式中 L_{max}——干线最大跨距，cm；

K——系数，跨距数≤2时，$K=8$；跨距数>2时。$K=10$；

δ——许用应力，N/cm^2，铜的 $\delta_{Cu}=12740$；铝的 $\delta_{Al}=6370$；钢的 $\delta_{Fe}=13720$；

I_k——三相冲击短路电流或直流短路电流，kA；

a——相间距离，cm；

C——断面系数，cm^3，扁母线平放时，$C=bh^2/6$，扁母线直放时，$C=hb^2/6$；实心母线，$C=\pi d^3/32$；管形母线，$C=\pi\ (D^4-d^4)\ /32D$。

b、h 和 d 分别为母线厚、宽和直径、D 为外径，单位为 cm。

铜、铝扁干线的最大跨距 L_{max} 和短路电流 I_k 的关系见图30-18，圆干线的 $L_{max}=f\ (I_k)$ 见图30-19。

在具体设计中，干线支架的间距往往与厂房的柱距相等，一般为6m，如机械强度不够时，可在干线两支点间增设干线夹，干线夹的数量不应超过两个。如干线支架间距大于6m 时，应采取措施增设支点，以保证机械强度。

30.6.2 角钢滑触线的强度计算

图 30-18 扁铜及扁铝线的最大允许跨距

角钢滑触线的跨距按下列两式计算：

$$M=\delta C=\frac{9.8W_1L}{8}+\frac{9.8W_2L^2}{12} \tag{30-17}$$

$$f=\frac{(W_2L+2W_1)L^3}{384EJ} \tag{30-18}$$

式中 M——许用力矩，N·cm；

L——跨距长度，cm；

δ——许用应力，不大于13730N/cm²；

f——挠度，不大于 $L/350$；

W_1——电刷质量，取 $W_1=17$kg；

W_2——滑触线自重，kg/cm；

J——惯性矩，cm⁴；

C——断面系数，cm³；

E——钢的弹性系数，$E=2\times10^6$kg/cm²。

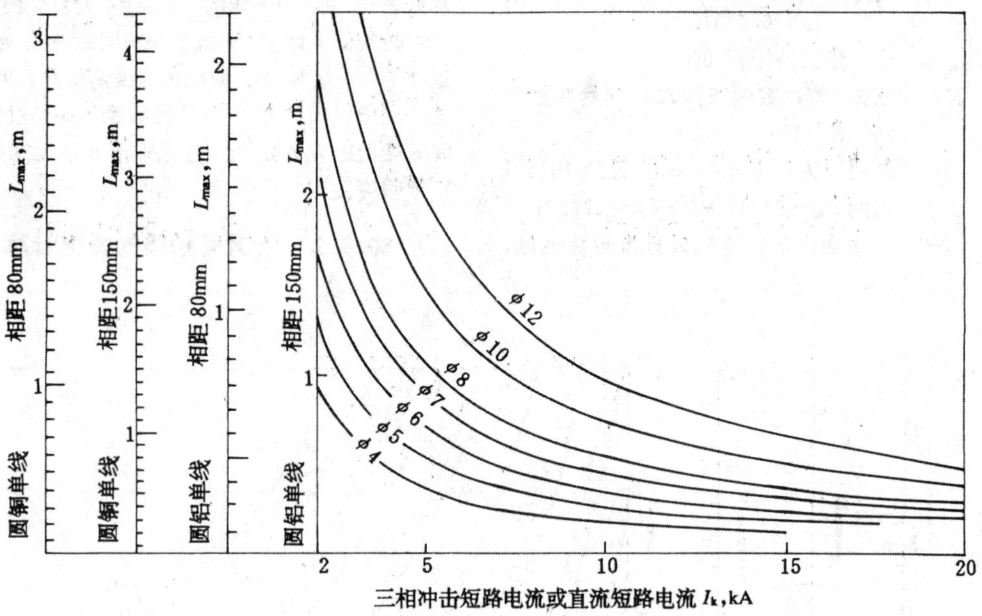

图 30-19 圆铜线及圆铝线最大允许跨距

从以上两式算出 L，取其中较小者作为规定的跨距长度。

表 30-41 各种常用角钢的规定跨距

角钢规格	30×30×4	40×40×4	50×50×5	60×60×6	75×75×8
规定跨距（m）	1.5	2	3	4	5

在实际使用中，桥式起重机的滑触线跨距，一般均结合厂房柱跨考虑，当厂房柱跨为6m时，滑触线跨距为3m；单轨电葫芦的滑触线跨距：在直线部分为2m；在曲线部分为1m左右。

角钢滑触线的选用范围一般为L40×40×4～L75×75×8。当起重机吨位在50t以下时，其滑触线一般采用50×50×5角钢。当起重机吨位等于或大于50t，且工作又较频繁时，其滑触线则采用75×75×6或75×75×8的角钢。

30.7 干线和型钢滑触线选择实例

例1 供电系统如图30-20所示，电压 $U_{ex}=380$V，功率因数 $\cos\varphi=0.5$，要求0－1段和0－6段的电压损失不超过10%，环境温度为25℃，敷设方式平放，相间距离为250mm，选择各段干线截面。

解 (1) 各段干线的负荷

电流值，不等于由该段干线供电的几组负荷的代数和，应将不同性质的负荷归类合并，按负荷计算重新求得。例如：2—3段的负荷电流不是200＋350＝550A，而是将各种用电设备组合在一起，重新计算得到400A。经计算各段干线的负荷电流列于表30-42，根据表30-13选择相应的铝母线。

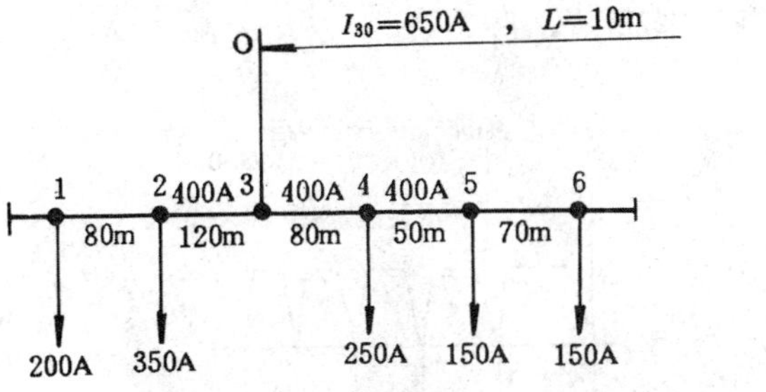

图 30-20 供电系统图（实例1）

(2)为统一母线截面和简化保护方式，干线的1—6段全部选用40×4的扁铝母线，干线的0—3段则选用50×5的扁铝母线。

(3) 根据表30-34校验干线的电压损失如表30-43。

由表30-43可知，0—3—1段的电压损失 $\Delta U\%=0.6\%+5.5\%+1.84\%=7.94\%$；0—3—6段的电压损失 $\Delta U\%=0.6\%+3.68\%+1.15\%+1.2\%=6.63\%$，均小于10%，故所选的铝母线合适。

表 30-42 各段干线的计算电流值

段别	各段干线上的计算电流 (A)	选用铝母线截面 (mm^2)
0—3	650	50×5
1—2	200	20×3
2—3	400	40×4
3—4	400	40×4
4—5	200	20×3
5—6	150	15×3

表 30-43 电压损失

段别	计算电流 (A)	长度 (m)	单位电压损失 (%)	每段干线上的电压损失 (%)
0—3	650	10	0.092	0.6
1—2	200	80	0.115	1.84
2—3	400	120	0.115	5.5
3—4	400	80	0.115	3.68
4—5	200	50	0.115	1.15
5—6	150	70	0.115	1.20

(4) 动稳定校验：按图30-18校验干线固定点之间的跨距。当三相冲击短路电流为10kA时，各截面（平放，相间距250mm）干线的最大允许跨距如表30-44。

表 30-44 最大允许跨距

铝母线截面 (mm^2)	最大允许跨距 (m)
40×4	3.1
50×5	4.5

若厂房的柱距为6m时，则必须在干线的两个固定点之间增加一个干线夹。

例 2 供电系统图如图30-21所示，电压 U_{ex}=380V，功率因数 $\cos\varphi=0.6$，相间距离为250mm，允许的电压损失不超过10%。

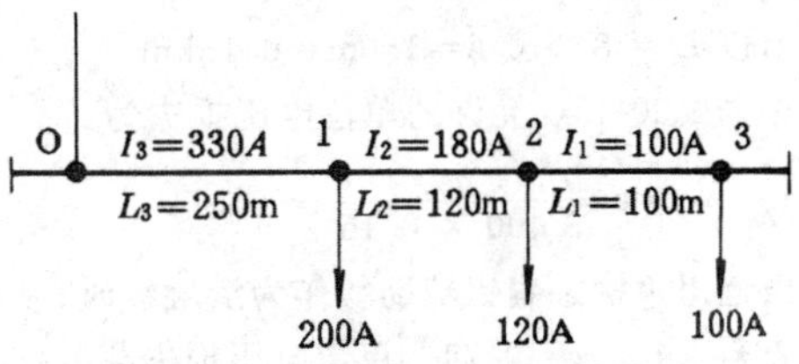

图 30-21 供电系统图（实例2）

解 (1) 根据各段干线的负荷电流，选择铝绞线截面，并校验各段干线上的电压损失值见表30-45。

干线的总压降 $\Delta U\%=13.8+6.2+6.85=26.85\%$，远远超过允许的电压损失值，因此必须选择扁铝线作干线材料。扁铝线的截面可按允许的电压损失选择。

表 30-45 各段干线上的电压损失

段别	计算电流 (A)	铝绞线截面 (mm^2)	各段干线长度 (m)	单位电压损失 (%)	各段干线上的电压损失 (%)
0—1	330	120	250	0.168	13.8
1—2	180	50	120	0.285	6.2
2—3	100	16	100	0.685	6.85

(2)按允许的电压损失选择扁铝母线的截面，其算式为

$$单位电压损失\ \varepsilon=\frac{\Delta U}{M_1+M_2+M_3}$$

式中 $M_1=I_1L_1=100\times0.1=10A\cdot km$

$M_2=I_2L_2=180\times0.12=21.6\text{A}\cdot\text{km}$

$M_3=I_3L_3=330\times0.25=82.5\text{A}\cdot\text{km}$

代入上式得

$$\varepsilon=\frac{10\%}{10+21.6+82.5}=0.088\%$$

根据表30-34查出单位电压损失与0.088相近的截面为$50\times6\text{mm}^2$的铝母线。

例 3 有起重机滑触线一条，向两台桥式起重机供电，滑触线全长$L=186\text{m}$，馈电线接在滑触线的一端，负荷电流$I_{30}=200\text{A}$，尖峰电流$I_{jf}=400\text{A}$，电压$U_{ex}=380\text{V}$，功率因数$\cos\varphi=0.7$，要求滑触线上的电压损失不超过6%。

解 由于两台起重机在同一条滑触线上，其计算长度应乘以系数0.8。

所以 $L=186\times0.8=150\text{m}=0.15\text{km}$

根据式30-15，允许的单位电压损失为：

$$\varepsilon=\frac{6\%}{400\times0.15}=0.1\%$$

当选用角钢加扁铝辅助线作为滑触线时，从表30-38中查得：当$\cos\varphi=0.7$时，单位电压损失与0.1%相近似的滑触线规格应为50×50×5角钢加50×5扁铝。

当选用角钢加BLX铝导线作辅助线时，可在表30-39中查得：若间距数$n=5$时，单位电压损失与0.1%相适应的铝导线截面为2×3（1×70）mm^2。

比较以上两方案可知：采用铝导线作辅助线，其有色金属消耗较采用扁铝作辅助线时要少（50×5）－（2×70）＝110mm^2。但是，选用铝导线作辅助线，将增加施工麻烦，且滑触线上的接头太多，易发生故障。

当间距数$n=5$时，各间距的长度可按式30-13计算

$$\text{第一间距：}l_1=(1-\gamma)\frac{\Delta U_n}{\Delta U_\infty}L=(1-0.676)\frac{0.091}{0.078}\times186=70\text{m}$$

第二间距：$l_2=\gamma l_1=0.676\times70=48\text{m}$

第三间距：$l_3=\gamma l_2=0.676\times48=32\text{m}$

第四间距：$l_4=\gamma l_3=0.676\times32=21\text{m}$

第五间距：$l_5=\gamma l_4=0.676\times21=15\text{m}$

式中 L 为滑触线的实际长度。

ΔU_n、ΔU_∞、γ 系从表30-40中查得。其供电系统如图30-22所示。

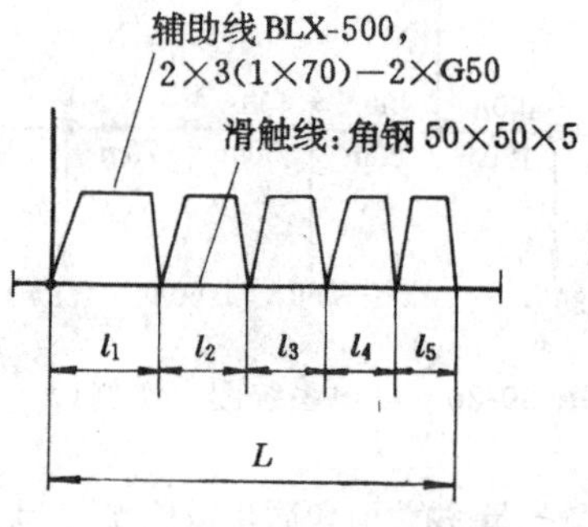

图 30-22 角钢加 BLX 辅助线的接线图

例 4 有电动小车滑触线一条，长度$L=15\text{m}$，负荷电流$I_{30}=25\text{A}$、尖峰电流$I_{jf}=35\text{A}$、电压$U_{ex}=380\text{V}$、功率因数$\cos\varphi=0.6$，滑触线的电压损失不大于3%，求滑触线规格。

解 由于电流和长度均不大、滑触线可以采用圆钢，按负荷电流选择（查表30-16），圆钢规格为$\phi6$。

按电压损失选择：为了能利用图30-8中的曲线，滑触线长度15m，应换算为100m 的允许电压降

$$\Delta U\%=\frac{100}{15}\times3\%=20\%$$

查图30-8曲线，找出$I_{jf}=35\text{A}$和$\Delta U\%=20\%$的交点，在此点右侧最近的实际曲线（虚线曲线用于$\cos\phi=0.8$）为$\phi8$。因此，此滑触线应选$\phi8$的圆钢。

30.8 安全式滑触线

30.8.1 概述

安全式滑触线是国外70年代末发展起来的一种新型滑触线系统，滑触线的导体材料有镀锌钢、铜材和经过防腐处理的铝合金材料，在造型上采用了H型结构，外面罩有阻燃型塑料绝缘安全罩，因此一般称为绝缘式安全滑触线或简称安全式滑触线。

30.8.2 安全式滑触线的特点

安全式滑触线与目前我国通常使用的裸型钢滑触线相比，有如下特点：

(1)供电质量高。安全式滑触线的集电器(电刷)是在不锈钢V型槽内滑行，集电器又做成万向全挠性结

构，至使电刷总是垂直于滑触线，而且始终保持面接触，因此，接触可靠，输送容量大、供电质量高。

(2)安全可靠，安全式滑触线导体镶嵌在绝缘壳体内，其断面见图30-23。安全式滑触线这种结构能避免金属性相间短路、单相接 地及人身触电事故。另外，集电器（电刷）可在滑触线不停电的情况下，很容易地拉开，为检修起重机上的设备提供方便。使用安全式滑触线不必设检修段。对于有驾驶室的起重机来讲，滑触线还可安装在驾驶室同侧。

(3) 电压降小，节能效果好。安全式滑触线其导体材料是由铝合金和不锈钢组合而成，它与型钢滑触线相比，具有电阻小，载流量大的特点。另外，由于绝缘加强、相间距离缩小（1200A 以下为80mm、1200A 以上为150mm）致使阻抗减小、电压损失减小、消耗 在滑触线上的电能大为减少。在相同条件下，使用安全式滑触线，其导体截面仅是型钢滑触线的1/3～1/4，且不需加辅助线。这样，不但节省大量金属且有节能效果。

(4)耐磨性能好。安全式滑触线的铝导体滑触面上镶嵌有 V 形不锈钢条，极大地增加了铝导体的耐磨性，并且集电器的刷片由特殊材料制成，并紧贴在 V 型槽内平稳滑行，因此磨损状况大大改善。据有关试验表明，不锈钢条滑触面的耐磨性能比铜高10倍。用在裸型钢滑触线上的电刷，约1～2个月就得更换，而用于安全式滑触线的电刷，寿命可长达1～2年。

(5)安装方便。安全式滑触线采用成套专用附件拼接（见图30-24），与一般型钢滑触线相比，具有结构简单、组合灵活、占据空间小，易于施工、调整方便等优点。另外，安全式滑触线附加简易的防冻措施，还可用于寒冷地区。总之，安全式滑触线虽然在安装、维护、节能、安全等方面有独到之处，但是，价格还比较昂贵，因此，在设计中应进行综合的技术经济比较，按不同工程的投资状况进行选择。

30.8.3 安全式滑触线的选择

选择安全式滑触线归纳起来，应考虑下面几个方面：

(1)设计选用的滑触线，应符合样本中使用环境条件的要求。

(2)设计选用的滑触线，其允许载流量应大于计算负荷电流。

1)允许载流量，从厂家提供的载流量曲线上查得。

图 30-23 安全式滑触线导体结构断面图

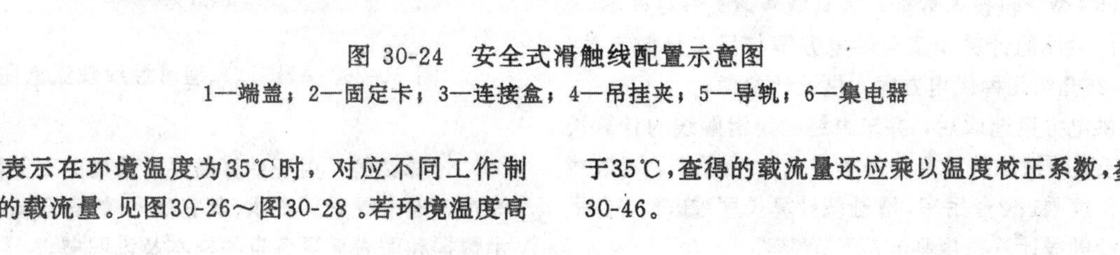

图 30-24 安全式滑触线配置示意图

1—端盖；2—固定卡；3—连接盒；4—吊挂夹；5—导轨；6—集电器

该曲线表示在环境温度为35℃时，对应不同工作制（*FC*）的载流量。见图30-26～图30-28 。若环境温度高于35℃，查得的载流量还应乘以温度校正系数，参见表30-46。

表 30-46 温度校正系数

环境温度(℃)	35	40	45	50	55	60	65	70	75	80	85
校正系数 f	1	0.92	0.81	0.76	0.68	0.63	0.59	0.55	0.53	0.52	0.51

2）安全式滑触线计算负荷电流的计算方法见第2章负荷计算。

（3）设计选用的滑触线，应满足电压损失的要求。见表30-47。

表 30-47 滑触线电压损失限值

电源种类	从电源始端到滑触线末端的电压损失
直流滑触线	17%
交流滑触线	12%

电压降计算公式

用于直流 $\Delta U=2I_{jf}Rl$ （30-19）

用于单相交流 $\Delta U=2I_{jf}Zl$ （30-20）

用于三相交流 $\Delta U=\sqrt{3}\,I_{jf}Zl$ （30-21）

电压损失 $\Delta U\%=\dfrac{\Delta U}{U_e}100\%$ （30-22）

式中 ΔU——滑触线上的电压降，V；

$\Delta U\%$——滑触线上的电压损失，%；

U_e——供电电源的额定电压，V；

I_{jf}——滑触线上的尖峰电流，A；

R——滑触线的直流电阻，Ω/m；

Z——滑触线的阻抗，Ω/m；

l——滑触线的计算长度，m。

尖峰电流 I_{jf} 可查表30-24～表30-28获得，亦可通过计算获得：

$$I_{jf}=I_{js}+K_Q I_{emax}$$

滑触线的直流电阻 R、阻抗 Z 可查表30-48，此表是AHG型导轨技术数据，其它型号请查各自样本。

滑触线的计算长度与供电方案与吊车台数有关。图30-25介绍几种供电方案，供设计参考。

供电方案选取后，并未最终确定滑触线的计算长度，还要看滑触线为几台吊车供电，1台吊车，滑触线计算长度乘1；2台吊车，滑触线计算长度乘0.8；3台吊车，滑触线计算长度乘0.7。

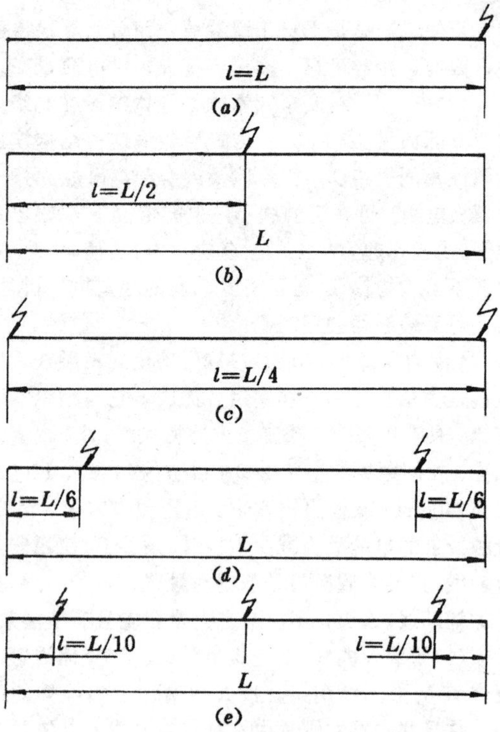

图 30-25 滑触线的几种供电方案示意图

（a）—一端供电；（b）—中间供电；（c）—二端供电；

（d）—二端 L/6处二点供电；

（e）—中间和二端 L/10处三点供电

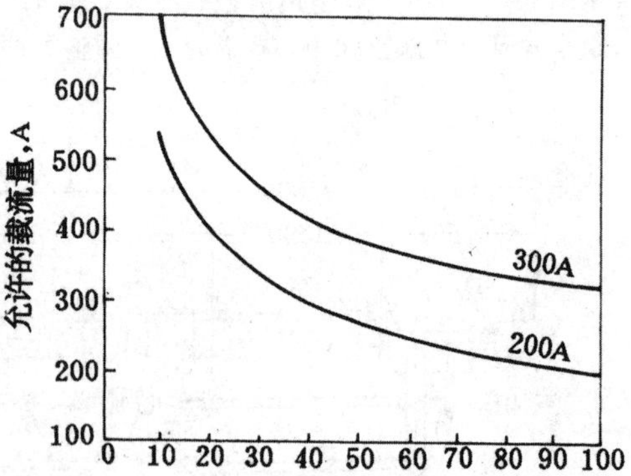

图 30-26 AHG-$\frac{200}{300}$型滑触线载流量曲线

计算实例 由于计算需要，采用的三图两表为上海市万通滑触线厂提供。其它型号的安全式滑触线技术数据和图表请见各自的样本及说明书。

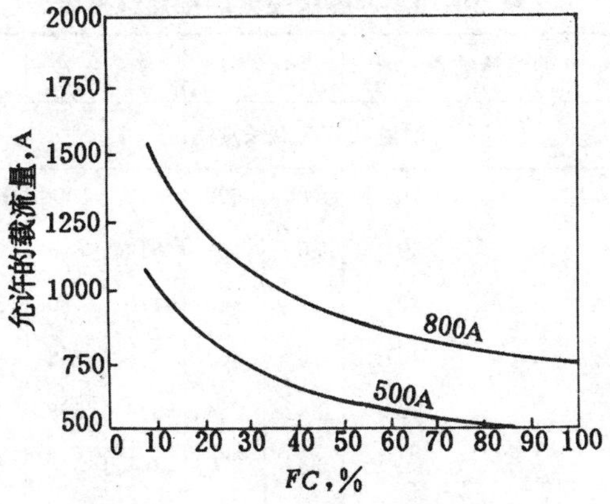

图 30-27 AHG-$\frac{500}{800}$型滑触线载流量曲线

图30-26～图30-28为滑触线载流量曲线；表30-48和表30-49为滑触线导轨、集电器技术数据。

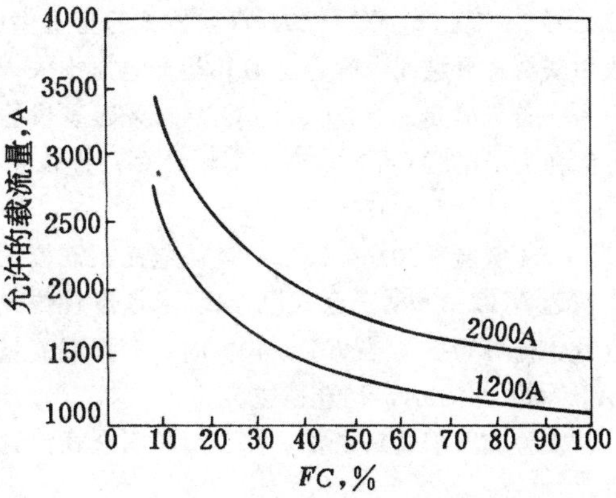

图 30-28 AHG-$\frac{1200}{2000}$型滑触线载流量曲线

表 30-48 AHG 型导轨技术数据表

项目	型号					
	AHG-200	AHG-300	AHG-500	AHG-800	AHG-1200	AHG-2000
额定电流 (A)	200	300	500	800	1200	2000
35℃时的直流电阻 (Ω/m)	0.000376	0.000293	0.000113	0.000078	0.0000372	0.0000186
轨距80mm时的阻抗 (Ω/m)	0.000413	0.000326	0.000159	0.000159	0.000131①	0.000127①
耐压试验（1min） (kV)	2.5	2.5	2.5	2.5	2.5	2.5
绝缘套的可燃性	自灭型	自灭型	自灭型	自灭型	自灭型	自灭型
最大运行速度 (m/min)	600	600	600	600	600	600
导轨标准长度 (m)	3	3	5	5	5	5
支架间距 (m)	1.5	1.5	2.5	2.5	2.5	2.5
外型尺寸 (mm)	18×26	18×26	32×42	32×42	56×78	56×78
单重② (kg/m)	0.425	0.45	1.4	1.7	3.6	6.1

①轨距为150mm。②带绝缘护套。

表 30-49 AHJ 型集电器技术数据表

项目	型号		
	AHJ-Ⅰ	AHJ-Ⅱ	AHJ-Ⅲ
额定电流 (A)	100	250	500
耐压试验 (kV/min)	2.5	2.5	2.5
最大运行速度 (m/min)	600	600	600
接触压力 (N)	20	28	40

续表 30-49

项目	型号		
	AHJ-Ⅰ	AHJ-Ⅱ	AHJ-Ⅲ
横向移动距离 (mm)	±100	±100	±100
连接电缆截面 (mm^2)	16	70	70
牵引杆至滑触面的距离 (mm)	～100	～125	～220

例 某车间实际安装滑触线(角钢∟50×50×5+LMY-30×3) 200m长，工作电压380V，环境温度为30℃，为二台20/5t，$FC=40\%$双梁桥式起重机供电，现改用安全式滑触线，确定选型并验算电压损失。

解 首先确定二台20/5t，$FC=40\%$起重机的计算电流和尖峰电流(可查表亦可实际计算)。查表30-27得：$I_{js}=190A$、$I_{jf}=376A$。

由于环境温度30℃<35℃，查得电流不需校正。

初选AHG-200型安全式滑触线。求该滑触线允许载流量，查图30-26，当$FC=40\%$时，允许载流量为300A，300A>190A，初选通过。

若校验电压损失满足要求，选用的安全式滑触线合格。

滑触线上的电压降利用式30-21：$\Delta U=\sqrt{3}I_{jf}Zl$

查表30-48得：$Z=0.000413\Omega/m$

查图30-25，选用b方案：$l=\frac{1}{2}\times200=100m$

又滑触线上有二台起重机，查得的l还要乘0.8，有效的计算长度为：$l=100\times0.8=80m$

将查得的数据代入式中得：

$\Delta U=\sqrt{3}\times376\times0.000413\times80=21.52V$

$\Delta U\%=\frac{\Delta U}{U_e}100\%=\frac{21.49}{380}\times100\%=5.7\%$

查表30-47得：交流滑触线允许电压损失为12%，5.7%<12%，满足要求。

通过计算得知：初选的AHG-200型安全滑触线合格，可以代替型钢滑触线(∟50×50×5+LMY-30×3)。

30.8.4 安全式滑触线伸缩缝的确定

伸缩缝装置是由于金属导体处于不同温度情况下的一种温度补偿装置，它与滑触线材质的截面大小相匹配。

如果安全式滑触线的长度不超过200m时，可不装设伸缩缝装置。超过200m时，则必须装设伸缩缝装置，其数量可根据表30-50选定。

伸缩缝装置的安装位置可参照图30-29确定。

30.8.5 安全式滑触线的防冻措施

如在寒冷地区室外安装使用安全式滑触线，很有可能出现冰冻现象，就会导致滑触线绝缘的损坏，故必须采取有效的解冻措施。

表 30-50 伸缩缝装置的数量选择表

	伸缩缝数量	1	2	3	4	5
		滑触线安装总长度(m)				
	10	400	600	800	1000	1200
	20	304	408	512	616	720
	30	270	340	410	480	550
	40	252	304	356	408	460
Δt_z	50	242	284	326	368	410
(℃)	60	235	270	305	340	375
	70	228	256	284	312	340
	80	226	252	278	304	330
	90	223	246	269	292	315
	100	220	242	263	284	305

注：$\Delta t_z=\Delta t_H+\Delta t_s$。

Δt_H——安装时环境温度，℃；

Δt_s——电流发热的温升，℃，($FC=25\%$时的温升为10℃，$FC=40\%$时的温升为10℃，$FC=65\%$时的温升为20℃，$FC=100\%$时的温升为30℃)。

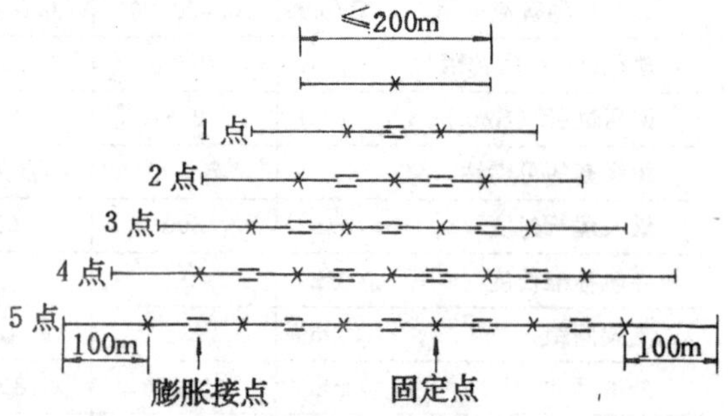

图 30-29 伸缩缝装置的安装位置

本手册主要介绍采用电加热方法的容量计算，加热导线的选择以及应用实例。

安全式滑触线加热所需的电功率，按安装地点的环境温度来考虑，根据经验，一般每米长需要10～25W就可满足了，特殊情况可按实际热量计算结果确定。

加热电源最好与安全式滑触线的供电电压一致，可采用～380V和～220V两种。

图30-30给出了按两种电压绘制的导线选择图表，该图表是按加热所需的功率和加热导线的长度来确定导线的电阻值，有五种导线规格的电阻值可供选择，以便确定加热导线的截面。绘制该图表所用的导线技术数据如下：

额定电压500V　　最低温度－50℃

额定温度150℃　　弯曲半径≥25mm

工作温度150℃　　试验电压2500V

最大负荷20W/m　　最大拉力负荷≈50N

如加热导线长度超过图30-30所示的范围时，则将安全式滑触线分成若干段加热。一般每段加热长度在16～140m之间为好。

对于加热导线长度小于16m时，因需热量的要求，则必须设专用变压器供电，该变压器的二次电压U_{sec}值按下面的公式计算。

$$U_{sec} = \sqrt{rLP}$$

式中　r——每米加热导线的电阻，Ω/m；

L——需加热的滑触线长度，m；

P——滑触线加热所需的功率，W。

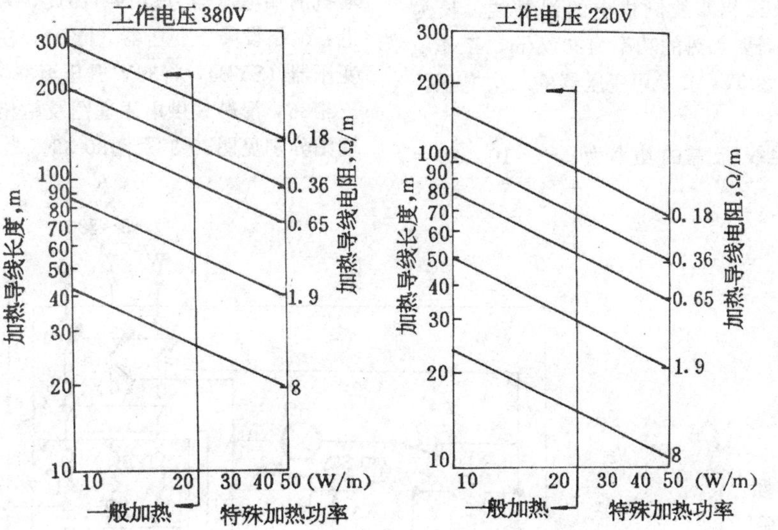

图 30-30　加热导线选择图表

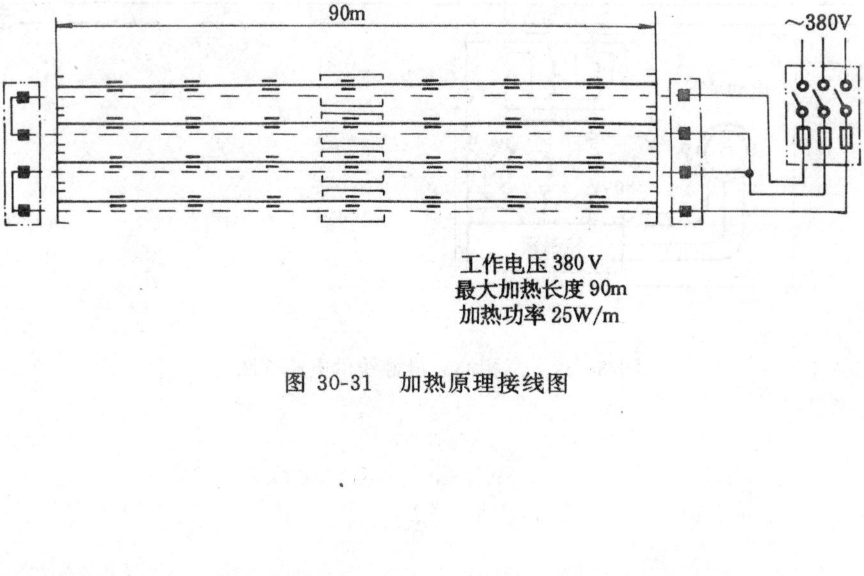

图 30-31　加热原理接线图

例 1 有一条三相四线制供电的安全式滑触线，长90m，需要加热的功率为25W/m，工作电压～380V。求加热导线的电阻和加热所需要的功率。

解 共4根滑触线，每根长90m，加热导线接线系统见图30-31，从接线系统知实际加热导线长度为180m，在加热功率为25W/m 时，查图30-30，得加热导线的电阻值 $r=0.18\Omega/\text{m}$。

加热导线总长为4×90+4=364m（其中4m 为导线连接所加的长度）。

加热所需的功率：$P=364\times25=9100\text{W}$
$=9.1\text{kW}$

例 2 有一条三相四线制供电的滑触线，长为10m，需要加热的功率为20W/m，工作电压为～220V，求专用变压器的二次电压及容量。

解 每根滑触线所需的功率为：$P=10\times20=200\text{W}$

如选用加热导线的电阻 $r=8\Omega/\text{m}$ 时，则变压器的二次电压 U_{sec} 可由下式求得：

$$U_{sec}=\sqrt{rLP}=\sqrt{8\times10\times200}=126.49\text{V}$$

因此专用变压器的二次电压可取130V，其容量为
4×200W=800W

30.9 36V 电动车滑触线设计与选择

30.9.1 概述

36V 电动车的传动电动机有三相和单相两种，电动机的端电压均为380V，因此，为了对36V 滑触线供电，须装设降压变压器（JYB），在电动车上装设升压变压器（SYB），将36V 升压至380V，对电动机供电，三相36V 滑触线供电原理图及单相36V 滑触线供电原理图分别见图30-32及图30-33。

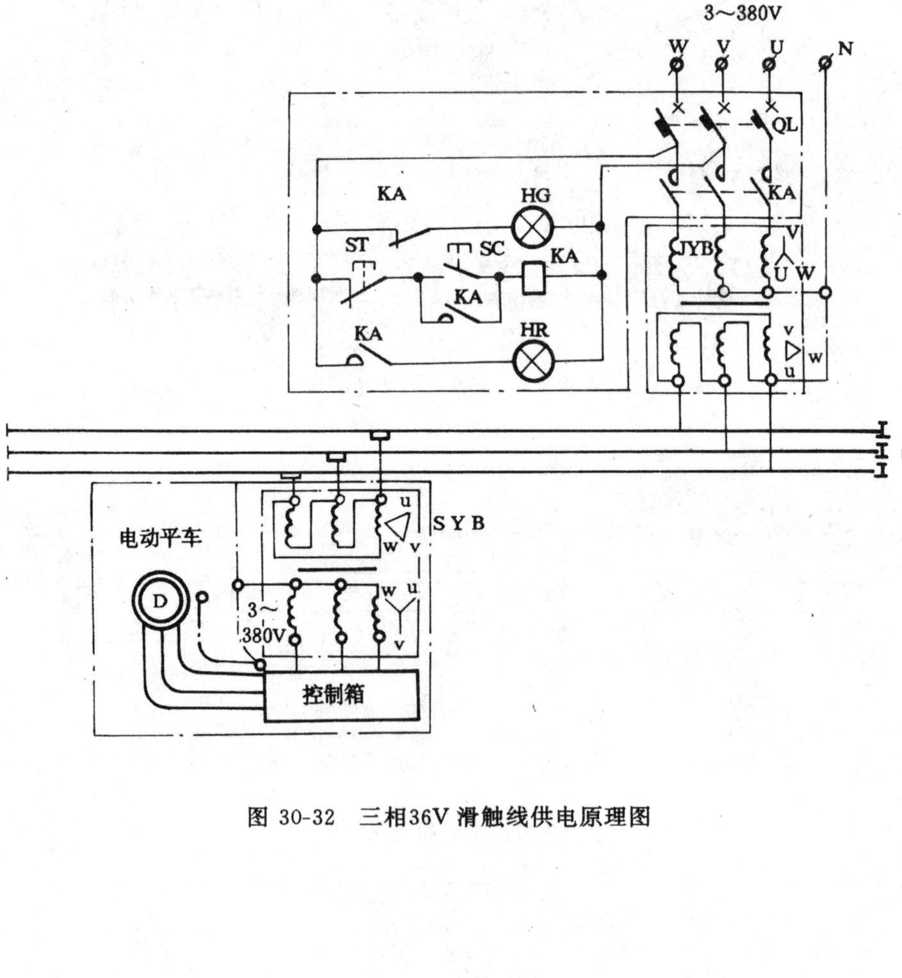

图 30-32 三相36V 滑触线供电原理图

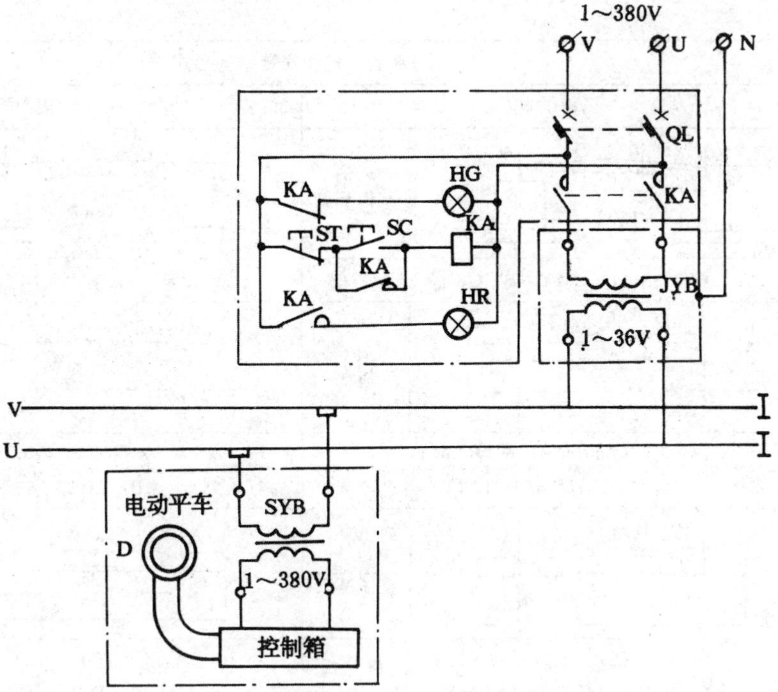

图 30-33　单相36V 滑触线供电原理图

30.9.2　36V 滑触线布置及安装结构型式

36V 滑触线适用于 KPD 系列及 KP 系列电动平车，其布置及安装结构分为三相供电及单相供电两大类，见表30-51。

表 30-51　36V 滑触线布置和安装结构型式

电动平车系列	电动平车吨位	滑触线布置和安装结构形式			
		三相供电		单相供电	
KPD	6.10 16.25	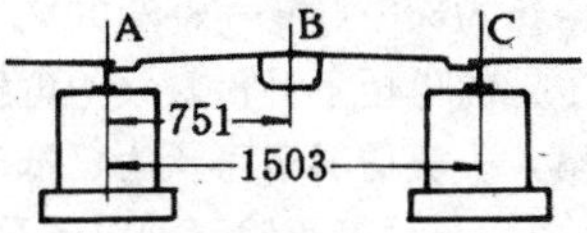	S1型 条形基础	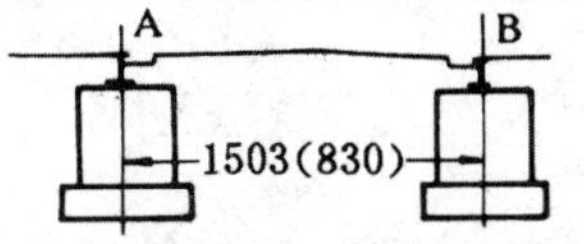	D1 条形基础
		A，C：TG38+LMY　B：[8+LMY		A，B：TG38+LMY	
	40 63 100	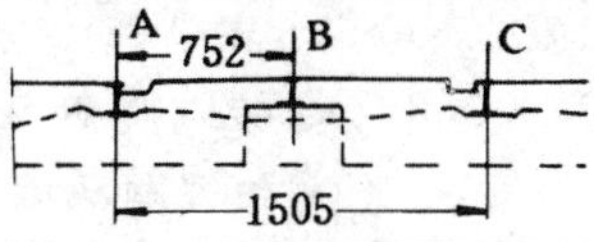	S2型 轨枕	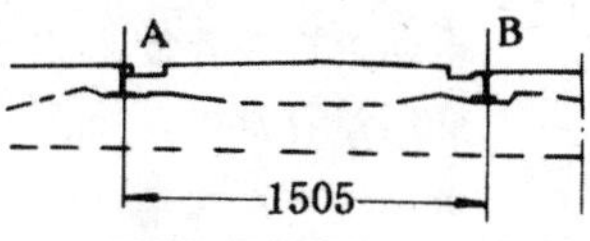	D2型 轨枕
		A、C：TG43（50）+LMY　B：TG18～43+LMY		A，B：TG43（50）+LMY	
		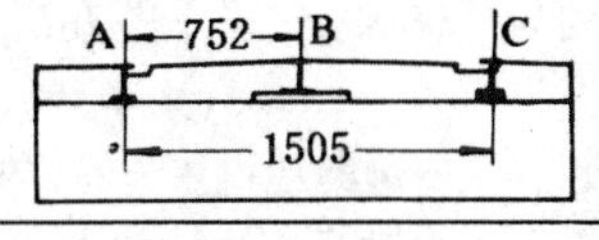	S2A 型 整体基础	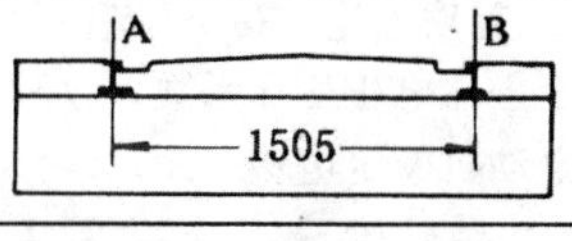	D2A 型 整体基础
		A、C：TG43（50）+LMY　B：TG18～43+LMY		A，B：TG43（50）+LMY	

续表 30-51

电动平车系列	电动平车吨位	滑触线布置和安装结构形式			
		三相供电		单相供电	
KP	5.10 20.30	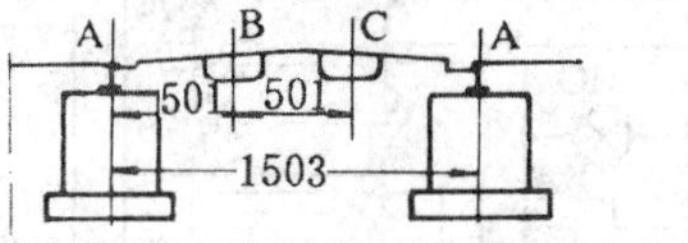	S3型 条形基础	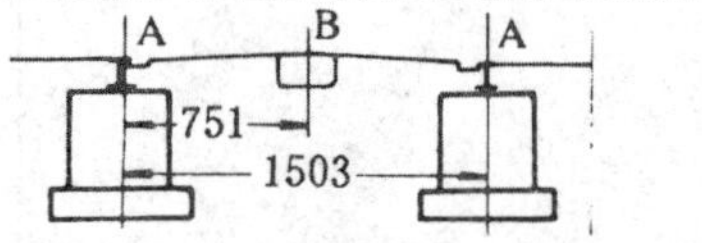	D3型 条形基础
		A：2×TG38+1×LMY　B，C：[8+LMY		A：2×TG38+1×LMY　B：[8+LMY	
	50 75 100	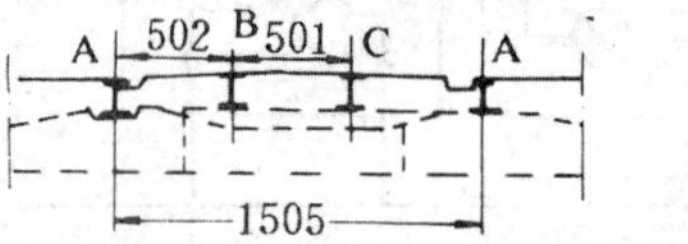	S4型 轨枕	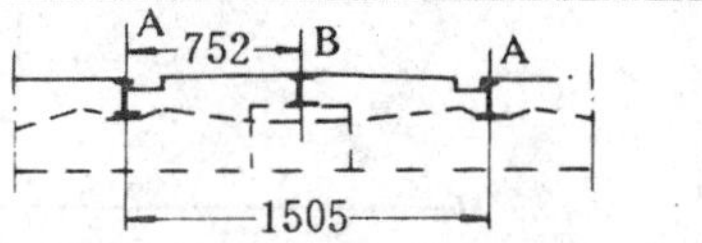	D4型 轨枕
		A：2×TG43（50）+1×LMY B，C：TG18～43+LMY		A：2×TG43（50）+1×LMY B：TG18～43+LMY	
		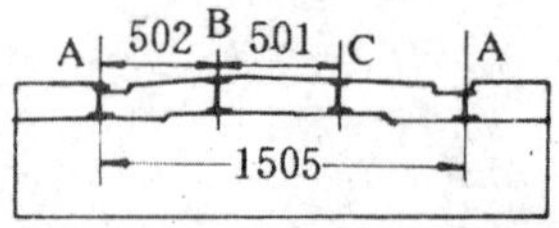	S4A 型 整体基础	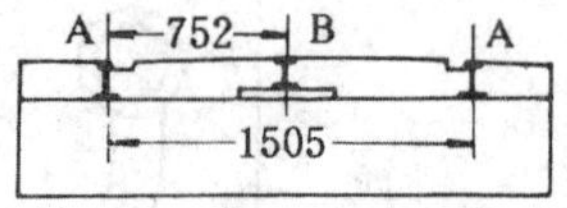	D4A 型 整体基础
		A：2×TG43（50）+1×LMY B，C：TG18～43+LMY		A：2×TG43（50）+1×LMY B：TG18～43+LMY	

30.9.3　36V 滑触线电气计算

30.9.3.1　电动平车 电动机起动电流的确定

电动机的起动电流与额定电流之比系数 K，经降压变压器（JYB）降低为 K_1，经升压变压器（SYB）降低为 K_2

$$K_1 = \frac{100K}{100 + X_{bJ}KM_J} \qquad (30\text{-}23)$$

$$K_2 = \frac{100K_1}{100 + X_{bs}K_1M_s} \qquad (30\text{-}24)$$

式中　X_{bJ}、X_{bs}——降、升压变压器短路阻抗%；

M_J、M_s——电动机视在容量 S_d 与 JYB、SYB 变压器容量比。

电动机视在容量：$S_d=\dfrac{P}{\cos\varphi\eta}$

电动机的起动电流：$I_1=K_2I_e$　　(30-25)

SYB36V 侧的起动电流：$I_Q=I_1K_b$　　(30-26)

式中　K_b——变压器电压变比系数；

I_e——电动机额定电流，A。

30.9.3.2　起动时降、升压变压器内部电压损失值的确定

降压变压器起动时电压损失

$$\Delta U_{JYB}\% = \frac{S_dK_2}{S_{JYB}}X_{bJ}\% \qquad (30\text{-}27)$$

升压变压器起 动时电压损失

$$\Delta U_{SYB}\% = \frac{S_dK_2}{S_{SYB}}X_{bS}\% \qquad (30\text{-}28)$$

两者之和为：$\Delta U_{YB}\%=\Delta U_{JYB}\%+\Delta U_{SYB}\%$

设低压电网电源电压为380V，采用降、升压变压器的变压比为380/40V 和36/400V，这样，电动平车电动机端子处的电压不计滑触线的电压损失可较额定值升高15%，一般情况下可认为已抵消了变压器内部电压损失，因此只计算校验起动时的滑触线电压损失，并可按现场电压质量选择适当的变压器抽头（$\Delta U_{JYB}\%$和$\Delta U_{SYB}\%$值见表30-55，表30-58）。

30.9.3.3　起动时滑触线电压损失的计算和滑触线选择

钢轨和型钢滑触线起动电压损失的计算：

三相为
$$\Delta U\%=\frac{100\sqrt{3}}{U}I_QL\,[R\cos\varphi + (X'+X'')\sin\varphi]\% \qquad (30\text{-}29)$$

式中　U——滑触线线电压为36，V；

I_Q——电动平车电动机起动电流根据式30-26或查表，A；

L——滑触线供电长度，km；

$\cos\varphi$——起动功率因数；

R——钢轨或型钢交流电阻，Ω/km；

X'——钢轨或型钢的外电抗，Ω/km；

X''——钢轨或型钢的内电抗，Ω/km；

钢轨或型钢的交流电阻 R、内电抗 X'' 随其通过的电流大小而不同，其数值可根据钢轨或型钢的截面（mm^2），通过电流 I_Q 求得电流密度 J（A/mm^2），查表30-52求得。外电抗 X' 与滑触线的几何尺寸及布置有关，计算公式为

$$X' = 0.1445\lg\frac{D_p}{G} \tag{30-30}$$

式中 D_p——滑触线间的平均几何距离，cm；

G——钢轨或型钢滑触线的等效半径，cm。

$D1$、$D2$、$D2A$ 型布置时：$X' = 0.1445\lg\dfrac{D_{AB}}{G}$

$D3$、$D4$、$D4A$ 型布置时：$X'_A = 0.1445\lg\dfrac{\sqrt{D_{AB}D_{A'B}}}{\sqrt{D_{AA'}G_A}}$

$$X'_B = 0.1445\lg\frac{\sqrt{D_{BA}D_{BA'}}}{G_B}$$

$S1$、$S2$、$S2A$ 型布置时

$$X' = 0.1445\lg\frac{\sqrt[3]{D_{AB}\,D_{BC}\,D_{CA}}}{G_{A(B)(C)}}$$

$S3$、$S4$、$S4A$ 型布置时

$$X'_A = 0.1445\lg\frac{\sqrt[4]{D_{AB}D_{AC}D_{A'B}D_{A'C}}}{\sqrt{D_{AA'}\,G_A}}$$

$$X'_B = 0.1445\lg\frac{\sqrt[3]{D_{BA}\,D_{BC}\,D_{BA'}}}{G_B}$$

$$X'_C = 0.1445\lg\frac{\sqrt[3]{D_{CA}\,D_{CB}\,D_{CA'}}}{G_C}$$

X'、X'_A、X'_B、X'_C 的单位均为 Ω/km。

各种布置型式的常用钢轨和型钢滑触线外电抗 x' 见表30-53钢轨、型钢滑触线与补偿线并联起动电压损失的计算。

三相为：$\Delta U\% = \dfrac{100\sqrt{3}}{36}I_Q L\ (R_0\cos\varphi + X_0\text{sim}\varphi)\%$ (30-31)

其中：

$$\text{并联电阻 } R_0 = \frac{R_g(R_L^2 + X_L^2) + R_L(R_g^2 + X_g^2)}{(R_L + R_g)^2 + (X_L + X_g)^2} \tag{30-32}$$

$$\text{并联电抗 } X_0 = \frac{X_g(R_L^2 + X_L^2) + X_L(R_g^2 + X_g^2)}{(R_L + R_g)^2 + (X_L + X_g)^2} \tag{30-33}$$

上述式中 R_L——铝母线补偿线交流电阻，Ω/km（见表30-54）；

X_L——铝母线补偿线电抗，Ω/km（见表30-54）；

R_g——钢轨、型钢滑触线交流电阻，Ω/km；

X_g——钢轨、型钢滑触线电抗，Ω/km。

而
$$X_L = X'_L + X_{mgl} \tag{30-34}$$

$$X_g = X'_g + X''_g + X_{mlg} \tag{30-35}$$

上两式中 X'_L——铝母线补偿线外电抗，Ω/km；

X_{mgl}——互感引起的铝母线电抗，Ω/km；

X'_g——钢轨、型钢外电抗，Ω/km；

X''_g——钢轨、型钢内电抗，Ω/km；

X_{mlg}——互感引起的钢轨、型钢电抗，Ω/km；

而
$$X_{mgl} = \frac{K}{n} \tag{30-36}$$

$$X_{mlg} = Kn \tag{30-37}$$

式中 K——系数，决定于钢轨、型钢与铝母线的相互位置；

n——铝母线通过电流与钢轨、型钢通过电流的比值。

对于三相布置时（见图30-34）：

$$K = 0.048\lg\frac{\sqrt{D_{A''B}\,D_{A''C}\,D_{AB''}\,D_{B''C}\,D_{C''A}\,D_{BC''}}}{D_{A''A}\,D_{B''B}\,D_{C''C}}$$

对于单相布置时：

$$K = \frac{0.145}{2}\lg\frac{D_{A''B}\,D_{AB''}}{D_{A''A}\,D_{B''B}}$$

$$n = \frac{-KA + \sqrt{(KA)^2 + B\,[R_g^2 + (X'_g + X''_g)^2 - K^2]}}{B} \tag{30-38}$$

式中 $A = X'_L - X'_g - X''_g$

$B = R_L^2 + X'^2_L - K^2$

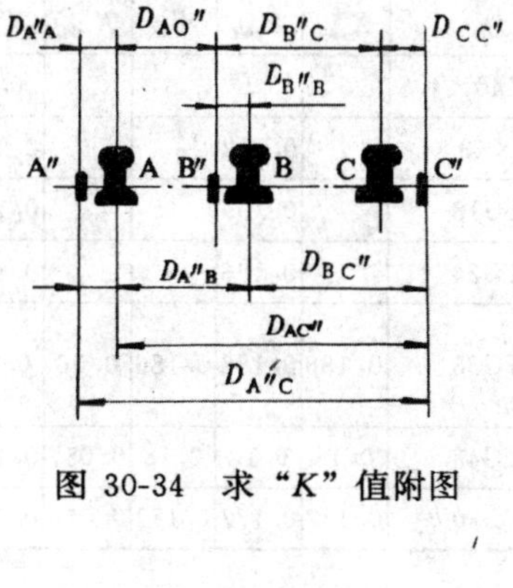

图 30-34 求“K”值附图

30.9.4 36V 滑触线选择表

各种布置型式的36V 滑触线选择表，分别见表30-55～表30-58。

表 30-52 型钢、钢轨的交流电阻 R_g 及内电抗 X''_g (Ω/km)

电流密度 (A/mm²)	[63×40×4.8		[80×43×5		TG15		TG18		TG24		TG38		TG43		TG50	
	R_g	X''_g	R_g	X''_g	R_g	X''_g	R_g	X''_g	R_g	X''_g	R_g	X''_g	R_g	X''_g	R_g	X''_g
0.03	0.547	0.308	0.5	0.282	0.292	0.221	0.331	0.248	0.27	0.202	0.275	0.206	0.268	0.201	0.222	0.166
0.05	0.703	0.396	0.710	0.40	0.37	0.277	0.405	0.304	0.342	0.256	0.342	0.256	0.344	0.258	0.273	0.204
0.07	0.902	0.508	0.860	0.485	0.448	0.336	0.45	0.337	0.4	0.3	0.382	0.286	0.367	0.275	0.286	0.214
0.09	1.018	0.575	0.912	0.514	0.49	0.367	0.475	0.355	0.425	0.32	0.396	0.297	0.377	0.283	0.292	0.219
0.12	1.06	0.597	0.932	0.525	0.53	0.395	0.5	0.375	0.45	0.335	0.394	0.295	0.372	0.279	0.284	0.213
0.15	1.056	0.595	0.912	0.514	0.555	0.415	0.52	0.39	0.45	0.335	0.382	0.286	0.355	0.266	0.269	0.202
0.18	1.032	0.583	0.895	0.505	0.57	0.425	0.52	0.39	0.435	0.325	0.362	0.272	0.34	0.255	0.256	0.192
0.20	1.012	0.571	0.872	0.492	0.57	0.425	0.515	0.385	0.425	0.32	0.359	0.27	0.328	0.246	0.251	0.188
0.22	0.987	0.557	0.850	0.479	0.56	0.42	0.51	0.38	0.42	0.315	0.348	0.261	0.322	0.241	0.241	0.181
0.25	0.957	0.54	0.831	0.468	0.545	0.41	0.495	0.37	0.41	0.305	0.333	0.25	0.309	0.232	0.236	0.177
0.30	0.92	0.519	0.787	0.443												

表 30-53 型钢、钢轨外电抗 X_g

布置型式与外部电抗 (Ω/km)		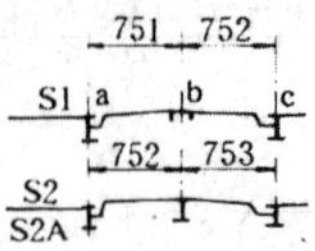			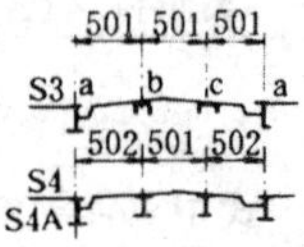			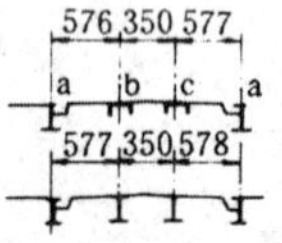			D1、D2、D2A 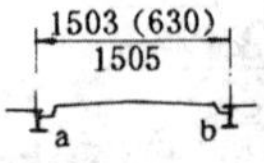		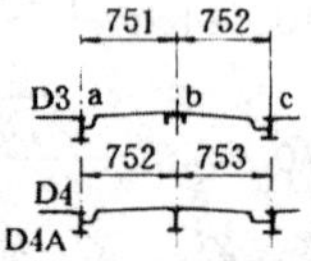		截面 (mm²)	等效半径 (cm)
		X'_{ga}	X'_{gb}	X'_{gc}	X'_{ga}	X'_{gb}	X'_{gc}	X'_{ga}	X'_{gb}	X'_{gc}	X'_{ga}	X'_{gb}	X'_{ga}	X'_{gb}	S	r
槽钢	[53×40×4.8					0.2	0.2		0.193	0.193					844.4	2.62
	[80×43×5		0.212			0.187	0.187		0.181	0.181				0.198	1024	3.21
钢轨	TG18		0.199			0.173	0.183		0.167	0.167				0.184	2307	4.01
	TG24		0.196			0.171	0.171		0.165	0.165				0.182	3124	4.13
	TG38	0.186	0.186	0.186	0.06	0.16	0.16	0.062			(0.168)/0.215	(0.168)/0.215	0.064	0.171	4950	4.9
	TG43	0.18	0.18	0.18	0.057	0.154	0.154	0.059			0.208	0.208	0.061	0.165	5700	5.44
	TG50	0.177	0.177	0.177	0.056	0.151	0.151	0.058			0.207	0.207	0.06	0.163	6580	5.58

表 30-54 TMY、LMY 矩型母线和圆形导线的电阻和电抗值

母线导线规格 (mm^2)	电阻 R_1(Ω/km)		电抗 X_1 (Ω/km)				
			三相布置			单相布置	
	铜 35℃	铝 35℃	S1、S2、S2A 751 752 / 752 753 a b c	S3、S4、S4A 501 501 501 / 502 501 502 a b c a	576 350 577 / 577 350 578 a b c a	D1、D2、D2A 503(630) / 1505 a b	D3、D4、D4A 751 752 / 752 753 a b a
20×3	0.364	0.586	0.323	0.299	0.294	0.352 (0.315)	0.305
20×4	0.29	0.468	0.312	0.288		0.341 (0.306)	0.294
30×3	0.242	0.36	0.301	0.278	0.273	0.33 (0.297)	0.265
30×4	0.182	0.293	0.299	0.278		0.328 (0.286)	0.281
40×4	0.136	0.219	0.284	0.26	0.255	0.313 (0.279)	0.266
40×5	0.109	0.176	0.282	0.258		0.310 (0.275)	0.264
50×5	0.087	0.14	0.27	0.246	0.241	0.299	0.252
50×6	0.073	0.07	0.268	0.245		0.297	0.251
60×6	0.061	0.088	0.259	0.235	0.23	0.287	0.241
80×6	0.046	0.074					
80×8	0.034	0.055					
100×6	0.037	0.069					

表 30-55 S1、S2、S2A 型滑触线选择表

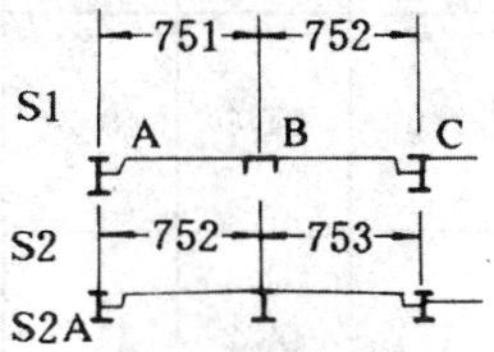

电动平车吨位 (t)	电动机容量 (kW)	布置型式与规格		滑触线上电压损失为20%时允许长度 (m)	电动机起动时滑触线上实际电压损失 (%)		电动机起动时其端电压为80%时允许长度 (m)	起动时变压器内部电压损失 (%)	
		A、C	B		$\Delta U_a \Delta U_c$	ΔU_b		JYB	SYB
		TG38	[8	19	10.6	24.2	23	10kVA 5.25%	10kVA 5.25%
6	2.2	TG38	[8+ LMY-20×3	43	24.4	21.9	53		
10	I_Q=200A	TG38+ LMY-20×3	[8+ LMY-30×3	58	21.8	24.4	71		
		TG38+ LMY-30×4	[8+ LMY-40×5	86	15.8	24.5	10.5		

续表 30-55

电动平车吨位(t)	电动机容量(kW)	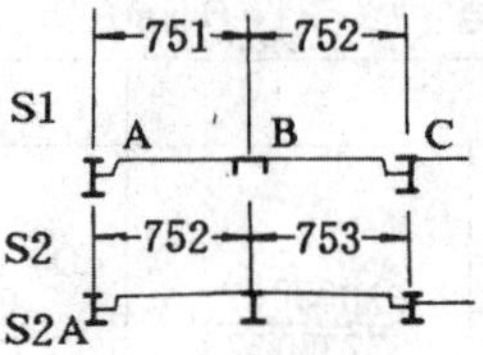 布置型式与规格		滑触线上电压损失为20%时允许长度(m)	电动机起动时滑触线上实际电压损失(%)		电动机起动时其端电压为80%时允许长度(m)	起动时变压器内部电压损失(%)	
		A、C	B		$\Delta U_a \Delta U_c$	ΔU_b		JYB	SYB
16 25	3.5 I_Q=285A	TG38	[8	15.5	11.2	19.4	15	10kVA 7.6%	10kVA 7.6%
		TG38	[8+ LMY-20×3	27	19.8	16	26.5		
		TG38+ LMY-20×3	[8+ LMY-30×3	39	17	19.8	39		
		TG38+ LMY-30×4	[8+ LMY-40×5	60	12.6	19.7	59		
40	5 I_Q=490A	TG38	TG18+ LMY-20×3	13	14.9	10	10	10kVA 12.7%	10kVA 12.7%
		TG38+ LMY-25×3	TG18+ LMY-30×3	25	14.6	10.5	18		
		TG38+ LMY-50×5	TG38+ LMY-50×5	36	14.6	14.6	26		
63	7.5 I_Q=784A	TG43	TG18+ LMY-20×3	9.5	14.7	8.2	7	20kVA 10.3%	20kVA 10.3%
		TG43+ LMY-30×4	TG18+ LMY-30×4	17	14.2	11.5	12		
		TG43+ LMY-60×6	TG43+ LMY-60×6	27	14.1	14.1	19		
100	11 I_Q=1068A	TG50+ LMY-40×5	TG50+ LMY-40×5	16	6.15	6.15	5	20kVA 14.4%	20kVA 14.4%
		TG50+ LMY-60×6	TG50+ LMY-60×6	19	6.22	6.22	6		

表 30-56 S3、S4、S4A 型滑触线

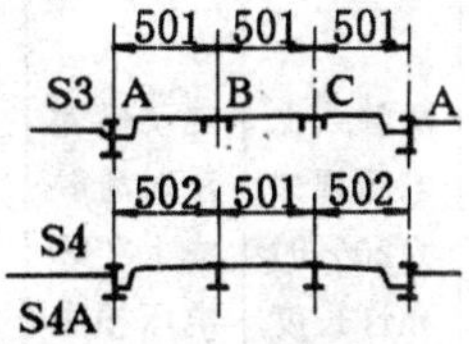

电动平车吨位(t)	电动机容量(kW)	布置型式与规格		滑触线上电压损失为20%时允许长度(m)	电动机起动时滑触线上实际电压损失(%)		电动机起动时其端电压为80%时允许长度(m)	起动时变压器内部电压损失(%)	
		A	B、C		ΔU_a	ΔU_b、U_c		JYB	SYB
5 10	2.2 I_Q=200A	2×TG38	[8	19	4.5	24.2	23	10kVA 5.25%	10kVA 5.25%
		2×TG38	[8+ LMY-20×3	49	11.6	24.5	60		
		2×TG38	[8+ LMY-30×3	61	13.7	24.6	70		
		2×TG38	[8+ LMY-40×4	79	18.8	24.3	96		
20 30	3.5 I_Q=285A	2×TG38	[8	14	3.8	19.7	14	10kVA 7.6%	10kVA 7.6%
		2×TG38	[8+ LMY-20×3	31	8.5	19.8	31		
		2×TG38	[8+ LMY-30×3	39	10.8	19.9	39		
		2×TG38	[8+ LMY-40×5	60	16.3	19.8	59		
50 75	5 I_Q=784A	2×TG43	TG18+ LMY-30×4	17	12	14.2	12	20kVA 10.3%	20kVA 10.3%
		2×TG43+ 1×LMY-25×3	TG18+ LMY-40×5	21	12.5	14.5	15		
		2×TG43+ 1×LMY-30×4	TG24+ LMY-50×5	23.5	13.2	14.7	17		
		2×TG43+ 1×LMY-30×4	TG43+ LMY-60×6	26	14.8	14.4	19		
100	11 I_Q=1068A	2×TG50	TG18+ LMY-30×4	12.5	5.65	6.4	4	20kVA 14.4%	20kVA 14.4%
		2×TG50+ 1×LMY-30×4	TG50+ LMY-60×6	20	5.9	6	6		

表 30-57 D1、D2、D2A 型滑触线选择表

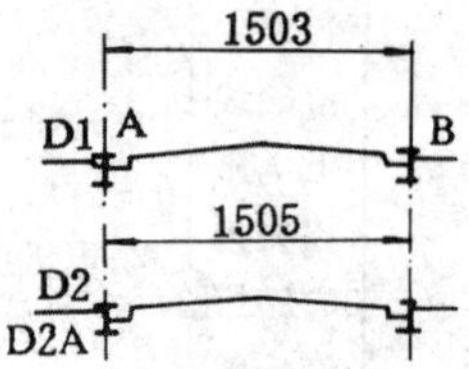

电动平车吨位(t)	电动机容量(kW)	布置型式与规格 A、B	滑触线上电压损失为20%时允许长度(m)	电动机起动时滑触线上实际电压损失 ΔU_{ab}%	起动时变压器内部电压损失(%) JYB	起动时变压器内部电压损失(%) SYB
6 10	2.2 I_Q=405A	TG38	26	29	10kVA 2.29% U_d%=1.8%	10kVA 2.42% U_d%=1.91%
		TG38+LMY-25×3	46	29		
		TG38+LMY-40×5	71	29		
		TG38+LMY-50×5	75	29		
16 25	3.5 I_Q=634A	TG38	15	26.6	10kVA 3.64% U_d%=1.8%	10kVA 3.85% U_d%=1.91%
		TG38+LMY-25×3	27	27.5		
		TG38+LMY-40×5	42	27.5		
		TG38+LMY-50×5	47	27.7		
40	5 I_Q=787A	TG38+LMY-25×3	20	25.5	10kVA 4.6% U_d%=1.8%	10kVA 4.9% U_d%=1.91%
		TG38+LMY-30×4	25	25.8		
		TG38+LMY-40×5	32	25.6		
		TG38+LMY-50×5	36	25.8		
63	7.5 I_Q=1170A	TG43+LMY-30×4	18	28.4	20kVA 2.94% U_d%=1.54%	20kVA 2.94% U_d%=1.54%
		TG43+LMY-40×5	23	29		
		TG43+LMY-50×5	25	29		
		TG43+LMY-60×6	30	29		
100	11 I_Q=1645A	TG50+LMY-40×5	14	26	20kVA 4.33% U_d%=1.54%	20kVA 4.33% U_d%=1.54%
		TG50+LMY-60×6	17	25.7		

注：表中 U_d% 为变压器的短路阻抗。

表 30-58 D3、D4、D4A 型滑触线选择表

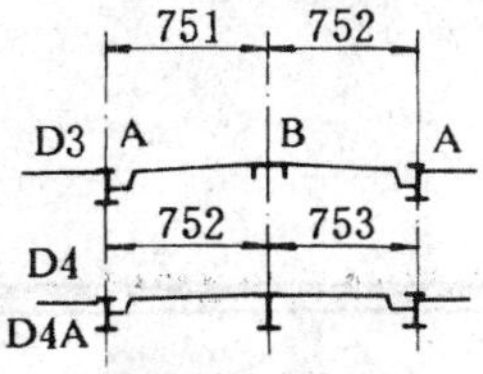

电动平车吨位 (t)	电动机容量 (kW)	布置型式与规格 A	布置型式与规格 B	滑触线上电压损失为20%时允许长度 (m)	电动机起动时滑触线上实际电压损失 $\Delta U_a\%$	电动机起动时滑触线上实际电压损失 $\Delta U_b\%$	起动时变压器内部电压损失 (%) JYB	起动时变压器内部电压损失 (%) SYB
5	2.2	2×TG38	[8	26	5.7	22.8	10kVA 2.29% $U_d\%$ =1.8%	10kVA 2.42% $U_d\%$ =1.91%
		2×TG38	[8+ LMY-25×3	48	10.5	18.5		
10	I_Q=405A	2×TG38	[8+ LMY-40×5	66	14.5	14.5		
20	3.5	2×TG38	[8+ LMY-25×3	28	11	16.5	10kVA 3.64% $U_d\%$ =1.8%	10kVA 3.85% $U_d\%$ =1.91%
		2×TG38	[8+ LMY-30×4	33	13.5	14		
30	I_Q=634A	2×TG38	[8+ LMY-40×5	38	14.9	12.6		
50	7.5	2×TG43	TG18+ LMY-30×4	18	13.8	14.9	20kVA 2.94% $U_d\%$ =1.54%	20kVA 2.94% $U_d\%$ =1.54%
		2×TG43+ 1×LMY-30×4	TG43+ LMY-50×5	26	14.1	14.5		
70	I_Q=1170A	2×TG43 1×LMY-30×4	TG43+ LMY-60×6	29	15.7	13.5		
	11	2×TG50	TG18+ LMY-30×4	13	10.6	14.8	20kVA 4.33% $U_d\%$ =1.54%	20kVA 4.33% $U_d\%$ =1.54%
100		2×TG50+ 1×LMY-30×4	TG50+ LMY-50×5	19	12.4	13.6		
	I_Q=1645A	2×TG50+ 1×LMY-30×4	TG50+ LMY-60×6	21	13.7	12.6		

注：表中 $U_d\%$ 为变压器的短路阻抗。

参考文献

[1]北京钢铁设计研究院等编，钢铁企业电力设计参考资料，冶金工业出版社，1976.

第31章

低压电线、电缆选择与敷设

31.1 低压电线、电缆的选择原则

31.1.1 电线、电缆型号选择

31.1.1.1 芯线材料选择

电线、电缆选择应节约铜、铝等有色金属，贯彻我国以铝代铜的技术政策。车间配线一般均应采用铝芯线，但在下列场合允许采用铜芯线。

(1) 控制回路及电流互感器二次回路。

(2)直流电动机、直流发电机和同步电动机励磁回路，当导体截面在 $6mm^2$ 及以下时。

(3) 移动设备的线路。

(4)经常有剧烈震动的用电设备的线路，当导体截面在 $16mm^2$ 及以下时。

(5)对铝有腐蚀作用的车间，例如含有大量碱性及酸性气体和严重盐雾的场所。

(6) 其他有专门规定（例如防爆、防火要求）的场所。

(7) 国外工程。

31.1.1.2 绝缘及内护层选择

低压动力回路，一般选用聚乙烯绝缘电线、聚乙烯绝缘、聚氯乙烯护套电缆。

控制回路，一般选用聚氯乙烯/聚乙烯绝缘电线或聚氯乙烯/聚乙烯绝缘聚氯乙烯护套电缆。

弱电回路，可选用聚氯乙烯绝缘电线或聚氯乙烯绝缘聚氯乙烯护套信号电缆。屏蔽要求较高者应选用聚乙烯绝缘铜带绕包屏蔽塑料电线或电缆、铅包电缆或多芯屏蔽电子计算机电缆。

高温场所，选用耐热电线或电缆。

对于下列系统中所使用的电缆应选用阻燃电缆或不燃电缆：

(1) 火灾报警系统；

(2) 消防系统；

(3) 采用蓄电池电源的事故照明系统；

(4) 电缆构筑物内的通风系统；

(5)其他情况，通过技术经济比较后认为理由充分时，可选用阻燃电缆。

移动设备选用橡套电缆。

垂直或高差较大处应选用塑料或不滴流电缆。

31.1.1.3 外护层选择

电缆外护层的选择除按敷设方式（见 31.5.2）选择外，还应注意以下几点：

(1)对潮湿场所选用聚氯乙烯外护套电缆；对有腐蚀性场所，选用聚氯乙烯外护套内铠装电缆；

(2) 敷设在电缆桥架上或穿管的电缆宜选用全塑电缆；

(3)直埋敷设，一般选用聚乙烯或聚氯乙烯护套的内铠装电缆或交联聚乙烯护套电缆；

(4) 敷设在可能发生位移的土壤或其他可能受拉力处的电缆，选用细钢丝或粗钢丝铠装电缆；

(5)环境温度低于－15℃时，不宜选用普通聚氯乙烯绝缘及护套电缆。

31.1.1.4 电压及芯数选择

电线及电缆的额定电压等于或大于所在网络的额定电压。

三相四线制系统中使用的电力电缆，不应采用三

芯电缆另加一根单芯电缆作中性线方式，应选用带中性线的四芯电缆，并且，中性线的允许载流量不应小于线路中最大的不平衡负荷电流。

三相系统中使用单芯电力电缆时不得采用钢带铠装电缆，并应采用三相绞敷或品字形捆扎敷设。

控制回路在下列场合一般应采用多芯控制电缆：

（1）线路复杂、数量多而集中；

（2）重要的联锁与控制回路。

多芯控制电缆一般四芯以上留有一定的备用芯线。但在同一起、止点的控制电缆中，不要每根电缆都留有备用芯线。

31.1.2 电线、电缆截面选择

电线和电缆的允许载流量应不小于线路的负荷计算电流。电力负荷为长期工作制的供配电线路，电线或电缆的截面按半小时最大负荷电流来选择。电力负荷为长期工作制的用电设备，电线或电缆的截面按用电设备的额定电流选择。

电力负荷为断续和短时工作制的用电设备，电线或电缆的允许载流量应为连续负载下允许载流量乘以下列校正系数：

（1）断续负载下的校正系数 K_j，根据电线或电缆的发热时间常数 τ，负载持续率 FC 和全周期时间 t（每周期的工作时间与停止时间之和）按表 31-1 选用。

当 $t>10$min 或 $FC>65\%$时，校正系数取 1。

（2）短时负载下的校正系数 K_j，应根据电线或电缆的发热时间常数 τ 和工作时间 t，按表 31-2 选用。

当两次工作之间停止时间小于 3τ 时，校正系数取 1，或根据断续负载的条件选用校正系数。

校正后的载流量不应小于用电设备在额定负载持续率下的额定电流或短时工作电流。

绝缘电线或电缆的发热时间常数 τ 可采用表 31-3 的数据。

按发热条件选择的电线、电缆截面，尚应按用电设备的允许电压降进行校验。此外，还需考虑电线或电缆与保护电器的配合。

表 31-1 断续负载下绝缘电线和电缆的载流量的校正系数 K_j

负载持续率			FC=10%	FC=15%	FC=20%	FC=25%	FC=40%	FC=50%	FC=60%	FC=65%
全周期时间 t (min)	10	5								
发热时间常数 τ (min)	2		1.59	1.37	1.25	1.18	1.07	1.01	1.00	1.00
	4	2	2.04	1.71	1.53	1.41	1.20	1.13	1.09	1.09
	8	4	2.47	2.04	1.80	1.63	1.35	1.24	1.16	1.16
	16	8	2.78	2.28	1.99	1.74	1.45	1.31	1.22	1.22

注：1. 断续负载的线芯允许最高温度与连续负载的线芯最高温度相等；

2. 校正系数按$\sqrt{\dfrac{1-e^{-t/\tau}}{1-e^{-\alpha t/\tau}}}$计算；

3. 电线、电缆发热时间常数 τ 见表 31-3。

表 31-2 短时负载下绝缘电线和电缆载流量的校正系数 K_j

工作时间 t (min)		0.5	1	2	4	8	16	32
发热时间常数 τ (min)	2	2.45	1.84	1.45	1.24	1.15	1.00	1.00
	4	3.36	2.45	1.84	1.45	1.24	1.15	1.00
	8	4.70	3.36	2.45	1.84	1.45	1.24	1.15
	16	6.54	4.70	3.36	2.45	1.84	1.45	1.24
	32	9.25	6.54	4.70	3.36	2.45	1.84	1.45

注：1. 当 $t\geqslant 4\tau$ 时，短时负载的线芯允许最高温度比连续负载的线芯最高工作温度大 15℃；

2. 校正系数按 $1.15/\sqrt{1-e^{-t/\tau}}$计算；

3. 电线、电缆发热时间常数 τ 见表 31-3。

电线或电缆的最小截面应遵守下列规定：

（1）电线或电缆明敷时，铜芯截面一般不小于1.0mm²，铝芯截面一般不小于2.5mm²。

表 31-3 各种绝缘电线和电缆发热时间常数 τ

绝缘电线或电缆的截面（mm²）								发热时间常数 τ（min）
单芯塑料或橡皮绝缘电线				塑料或橡皮绝缘电力电缆架空敷设		油浸纸绝缘电力电缆		
架空明敷	穿管敷设					架空敷设		
	二根	三根	四根	二芯	三芯、四芯	二芯	三芯、四芯	
4～16/4～10	2.5/1.0～2.5	/1.0～1.5	/1.0					2
25～50/16～35	4～16/4～10	2.5～10/2.5～16	2.5～6/1.5～4	1～10/1～4	1～6/1～4	2.5～10/2.5～10	2.5～6/2.5～6	4
70～185/50～120	25～50/26～35	16～35/8～25	8～25/6～16	16～35/6～25	10～25/6～16	16～70/16～50	10～35/10～25	8
240～400/150～400	70～150/50～120	50～120/35～50	35～70/25～50	50～150/35～120	35～120/25～95	95～150/70～150	50～150/35～95	16
/500	/150	150/95～150	95～150/70～150	/150	150～240/120～240		185～240/120～240	32

注：1. 表内分子适用于铝芯，分母适用于铜芯。

2. 本表仅用于校正导线和电缆的载流量。

（2）电线或电缆穿管时，铜芯截面不得小于1.0mm²，铝芯截面不得小于2.5mm²。但动力线路（包括接至定子、转子、电枢、励磁绕组和制动器等线路），铜芯截面不得小于1.5mm²，铝芯截面不小于4mm²。

（3）移动设备用的橡套电缆，铜芯截面不得小于2.5mm²。

（4）当采用铜芯电线或电缆的控制回路，其截面按1.5mm²，工作电压按500V选定。

（5）从电压互感器引出的电线或电缆，铜芯截面不小于1.5mm²，铝芯截面不小于2.5mm²。

（6）自电流互感器引出的电线或电缆，铜芯截面不得小于2.5mm²。

（7）从分流器引至电流表的电线或电缆的截面按表31-4选用。

表 31-4 从分流器引至电流表的电线或电缆截面选择表

电线或电缆的长度和截面	分流器的电压降（mV）											
	45				75							
	铜芯		铝芯		铜芯				铝芯			
每根电缆的长度（m）	15	20	9	12	120	200	300	500	75	120	180	300
截面（mm²）	6	10	6	10	6	10	16	25	6	10	16	25

（8）联接电动机转子和起动变阻器的电线或电缆的截面，按下列条件选择：

1）起动后转子电刷短接，起动转矩不超过额定转矩的50%（轻起动）时，不宜小于转子额定电流的35%。重载起动时，不宜小于转子额定电流的50%。如果电刷由运行人员操作，当电线或电缆截面小于$16mm^2$以下时宜选大一级。

2)起动后转子不短接，不应小于转子额定电流，对断续和短时工作的电动机，应按工作制进行载流量校正，校正系数按表31-1、表31-2选用。

(9)对适用于短时或断续运转的YZ、YZR型电动机，其直流动力制动回路的电线或电缆的截面按表31-5选用。

表31-5　YZ、YZR型电动机直流动力制动回路电线或电缆截面选择原则

YZ鼠笼型异步电动机		YZR绕线型异步电动机	
动力制动电流 $I_{zd}=3I_{kz}$		动力制动电流 $I_{zd}=2.5I_{kz}$	
自带风机时，等效长期电流	管道通风时，等效长期电流	自带风机时，等效长期电流	管道通风时，等效长期电流
$0.4I_{zd}$	$0.6I_{zd}$	$0.4I_{zd}$	$0.6I_{zd}$

注：I_{kz}——定子空载电流，$I_{kz}=0.6\sim0.7I_1$；

I_1——定子额定电流；I_{zd}——动力制动的直流电流。

(10)联接直流电动机的能耗制动回路和磁场放电电阻回路的电线或电缆的截面按放电电流的0.3～0.5倍选择。

确定供配电线路的截面时，宜将工艺设计中已经明确需要发展的用电设备的负荷考虑在内，若工艺设计未明确，根据具体情况可留有15～20%的裕量。

在配电线路中，当导体截面减小时，若未装设保护电器或前一段保护电器不能保护截面减小后的那一段线路，则未被保护线路段的电线，其长期允许电流不小于被保护线路段电流的50%。

从干线或支线向下引到保护设备的电线或电缆，当其长度在30m以内，并且有不延燃性的外护层或穿管敷设时，按该线路的计算电流选定截面。

对于照明线路，一般按允许电压损失选择导线截面，并校验机械强度和允许载流量（参见31.4.2）。

31.1.3　防爆、防火、防腐场所的电线、电缆选择

防爆、防火、防腐场所的电线、电缆选择应遵循的原则，请分别见第38章、第39章和第40章。

31.2　常用电线、电缆的型号、名称和主要用途

31.2.1　概述

近几年，我国电线、电缆制造行业发展迅速，制造厂家增多，同时引进不少技术先进的自动生产线，品种、规格、产量有了很大的发展。新产品的用材符合国情，技术性能和质量都有了不同程度的提高。同时在市场上出现了不少特殊用途的电线、电缆，填补了我国的空白，给工程设计带来很大方便。

为便于选用，现将一些常用的电线、电力电缆、控制电缆及阻燃、耐火、耐热的电线、电缆分述如下。

31.2.1.1　绝缘电线

塑料绝缘电线已得到广泛采用，无论明敷还是穿管都可以取代橡皮绝缘编织线，其优点是绝缘性能良好，不易延燃，外径较小，便于穿管敷设，由于制造工艺简便，价格较低。

塑料绝缘电线的缺点是耐气候性较差，低温时发硬发脆（安装温度不能低于－15℃），长期高温和日光照射易老化，不宜户外敷设。

氯丁橡皮绝缘线的最大特点是耐日光，耐大气老化性能和耐低温性能好，具有抗油性，不易霉，不易延燃，制造工艺简单等优点，所以既适用于穿管敷设，又适宜户外敷设，但在抗拉强度和电气性能方面则较塑料绝缘电线稍差，价格高于塑料绝缘电线。

31.2.1.2　电力电缆

塑料绝缘、塑料护套电力电缆，由于制造工艺简便，没有敷设高差限制，可以在很大范围代替油浸纸绝缘铅包或铝包电力电缆，所以得到广泛应用。它主要的优点是质量轻、弯曲性能好，接头制作简便、耐油、耐酸碱腐蚀，可具有内铠装结构以防止钢带、钢丝免受腐蚀。其缺点是绝缘电阻较油浸纸绝缘电力电缆低，介质损耗大。根据GB12706－91按绝缘材料可分以下三类

电力电缆：

(1) 聚氯乙烯绝缘聚氯乙烯护套电力电缆；

(2) 聚乙烯绝缘聚氯乙烯护套电力电缆；

(3) 交联聚乙烯绝缘聚氯乙烯护套电力电缆。

电力电缆的额定电压。对于低压系统用电缆，导体之间的额定工频电压为1kV，导体与屏蔽或金属套之间额定工频电压为0.6kV。

交联聚乙烯绝缘聚氯乙烯护套电力电缆是近几年引进设备生产的新品种，其性能优良，特别是耐热性能、抗水树脂性能及电气性能均比聚氯乙烯电缆好，线芯允许工作温度可达90℃。

油浸纸绝缘电力电缆，耐热性能好，允许运行温度较高，介质损耗低，耐电压高，但绝缘材料弯曲性能较差，不能在低温时敷设，电缆敷设高差不宜过大。

表 31-6 不等截面第四芯截面对照表 (mm^2)

主芯线	第四芯	主芯线	第四芯	主芯线	第四芯
4	2.5	35	16	150	70
6	4	50	25	185	95
10	6	70	35	240	120
16	10	95	50	300	150
25	16	120	70	400	185

注：本表摘自GB12706—91。

油浸纸绝缘电力电缆有铅包和铝包两种护套。铅包护套质软韧性好，化学性能稳定，但价贵质重，线芯发热时可能使铅包变形。铝包护套质量轻、成本低，但加工困难。国家标准号有此类电缆，但目前尚无厂家生产。

橡皮绝缘电力电缆弯曲性能较好，能够在严寒气候下敷设。特别适用于水平高差大和垂直敷设的场合，也可用于定期移动的固定敷设线路。

橡皮绝缘橡皮护套软电缆还可用于连接移动电气设备，但橡皮耐热性能差，允许运行温度较低。

四芯电力电缆有等截面和不等截面 (3+1) 两种，不等截面的第四芯截面对照表见表31-6。五芯电力电缆有等截面、不等截面 (4+1；3+2) 三种，见表31-99。

31.2.1.3 控制电缆

控制电缆和电力电缆一样，塑料绝缘塑料护套控制电缆已取代了油浸纸绝缘和橡皮绝缘控制电缆。橡皮绝缘聚氯乙烯护套控制电缆则为过渡性产品。

控制电缆的额定工频电压为500V。控制电缆芯线有单芯和多股芯两种。多股芯控制电缆用于可靠性要求高的场合。有的厂家生产的控制电缆芯线中有一黄绿芯线作为地线用，在选择芯线数时应予以注意。

31.2.1.4 阻燃、不燃、耐火、耐高温电线、电缆

为了适用于防火场所及高温场所的电机、电气设备、仪表、照明装置的配线，目前生产厂研制生产出了阻燃 (ZR)、耐火 (NF) 及耐高温 (KHF4P、AFB、AGR) 电线、电缆，还有不燃烧电缆 (DYFB)，设计时可根据实际情况慎重选用。

31.2.2 电线

常用电线型号、名称主要用途见表31-7。

表 31-7 常用电线的型号、名称及主要用途

型号		名称	主要用途
铜芯	铝芯		
BX	BLX	棉纱编织橡皮绝缘电线	用于不要特别柔软电线的干燥或潮湿场所，作固定敷设之用，宜于室内架空或穿管敷设
BXR		棉纱编织橡皮绝缘软线	敷设干燥或潮湿房中，作电器设备（如：仪表、开关等）活动部件的联接线之用，以及需要特软电线之处
BV	BLV	塑料绝缘电线	用于耐油、耐燃、潮湿的房间，作固定敷设之用
BVV	BLVV	塑料绝缘塑料护套线	同BV、BLV
BXF	BLXF	氯丁橡皮绝缘电线	具有抗油性，不易霉、不易燃、制造工艺简单，具有耐日光，耐大气老化等优点，适于穿管及户外敷设

续表 31-7

型号		名称	主要用途
铜芯	铝芯		
BVR		塑料绝缘软线	适用于户内，作仪表，开关联接线之用，以及要求柔软电线处

31.2.3 电力电缆及控制电缆

常用电力电缆及控制电缆的型号、名称及主要用途见表 31-8。

31.2.4 阻燃、不燃、耐火、耐高温电线及电缆

阻燃、不燃、耐火、耐高温电线及电缆的型号、名称及主要用途见表 31-9。

31.3 按允许温升选择电线和电缆

31.3.1 按允许温升选择电线或电缆截面

按允许温升选择电线、电缆截面时应满足下列条件

$$I_{xn} \geqslant I_{js} \tag{31-1}$$

式中 I_{xn}——电线、电缆按发热条件所允许的长期工作电流，A；

I_{js}——线路计算电流，A。

31.3.2 低压电线、电缆的载流量

低压电线和电缆的线芯允许工作温度按机械工业部电缆研究所规定执行，如表 31-10 所示。

当敷设处的周围环境温度不是表 31-10 规定的温度时，其载流量应乘以校正系数，温度校正系数 K 由

表 31-8 常用电力电缆及控制电缆的型号、名称及主要用途

型号		名称	主要用途
铜芯	铝芯		
XV	XLV	橡皮绝缘聚氯乙烯护套电力电缆	敷设在有侵蚀性介质，无机械外力作用的户内或电缆沟道及管子中
KXV		橡皮绝缘聚氯乙烯护套控制电缆	
XV29	XLV29	橡皮绝缘聚氯乙烯护套铠装电力电缆	敷设在室内或电缆沟道中，电缆能承受机械外力的作用，但不能承受大的拉力
KXV20		橡皮绝缘聚氯乙烯护套铠装控制电缆	
XF	XLF	橡皮绝缘氯丁护套电力电缆	同 XV、XLV
KXF		橡皮绝缘氯丁护套，控制电缆	
VV	VLV	聚氯乙烯绝缘聚氯乙烯护套电力电缆	敷设在有侵蚀性介质、无机械外力作用的户内电缆沟道及管子中
KVV		聚氯乙烯绝缘聚氯乙烯护套控制电缆	
VV22	VLV22	聚氯乙烯绝缘聚氯乙烯护套钢带铠装电力电缆	敷设在地下或电缆沟道中，能承受机械外力作用，但不能承受大的拉力
KVV22		聚氯乙烯绝缘聚氯乙烯护套钢带铠装控制电缆	
YJV	YJLV	交联聚乙烯绝缘聚氯乙烯护套电力电缆	同 VLV
KYJV		交联聚乙烯绝缘聚氯乙烯护套控制电缆	
KVVR		聚氯乙烯绝缘聚氯乙烯护套控制软电缆	同上
KVVP		聚氯乙烯绝缘铜丝编织总屏蔽聚氯乙烯护套控制电缆	

续表 31-8

型号		名称	主要用途
铜芯	铝芯		
KYVFP		聚氯乙烯绝缘聚氯乙烯护套分相屏蔽控制电缆	同上
RVVP		聚氯乙烯绝缘聚氯乙烯护套屏蔽软线	
KJCP		数字巡回检测装置屏蔽控制电缆	广泛用于电子装置、自动化系统，计算机回路及其它一般工业计测装置传送微弱的模拟信号和数字信号
KJCPR		数字巡回检测装置屏蔽控制软电缆	
YZ		中型橡套电缆	连接各种移动式电气设备，能承受较大机械拉力，YZW 型还具有耐气候和一定的耐油性能
YZW		中型橡套电缆	
YC		重型橡套电缆	连接各种移动式电气设备，能承受较大机械拉力 YCW 型，还具有耐气候和一定的耐油性能
YCW		重型橡套电缆	
YHD		野外用橡皮绝缘橡皮护套电力电缆	连接各种移动式电气设备，能承受相当的外力作用
KYVD		铜芯聚氯乙烯绝缘耐寒塑料护套控制电缆	同 KVV，敷设温度不低于－20℃

注：VV22、VLV22 电力电缆的载流量参照 VV29、VLV29 电力电缆的载流量。

下式确定

$$K=\sqrt{\frac{t_1-t_0}{t_1-25℃}} \quad (31\text{-}2)$$

式中 t_0——敷设处实际环境温度，℃；

t_1——电线、电缆线芯长期允许工作温度，℃。

电线、电缆的温度校正系数见表 31-11。

表 31-9 阻燃、不燃、耐火、耐高温电线电缆的型号、名称及主要用途

型号		名称	主要用途
铜芯	铝芯		
ZR-VV	ZR-VLV	聚氯乙烯绝缘阻燃聚氯乙烯护套电力电缆	适用于有高阻燃要求的场所，如高层宾馆大厦、油田、煤矿、核电站、公共场所等防燃、防爆的场合②
ZR-VV22	ZR-VLV22	聚氯乙烯绝缘钢带铠装阻燃聚氯乙烯护套电力电缆	
ZR-KVV		聚氯乙烯绝缘阻燃聚氯乙烯护套电力电缆	
ZR-BV		阻燃聚氯乙烯绝缘电线	
ZR-BV-105		105℃阻燃电线	
ZR-BVR		阻燃聚氯乙烯绝缘软电线	
YJV-FR	YJLV-FR	交联聚乙烯绝缘聚氯乙烯护套阻燃电力电缆	适用于有高阻燃要求的场所，如高层宾馆大厦、油田、煤矿、核电站、公共场所等防燃防爆的场合
KYJV-FR		交联聚乙烯绝缘聚氯乙烯护套阻燃控制电缆	
NF-VV		聚氯乙烯绝缘阻燃护套耐火电缆	适用于高层建筑、核电站、石油、化工、矿山等要求防火安全条件高的场合，是应急电源，消防泵、电梯、通迅系统的必备电缆
NF-VV22		聚氯乙烯绝缘阻燃护套铠装耐火电缆	

续表 31-9

型号		名称	主要用途
铜芯	铝芯		
DJYPV-G5		聚乙烯绝缘聚氯乙烯护套铜丝编织屏蔽对绞屏蔽电子计算机用控制电缆	固定敷设在室内电缆架上，电缆沟中或管道内
KHF4P		耐高温、HF4 信号控制电缆	适用于高温范围内电器设备及仪器仪表装置信号控制连接，具有防潮、防燃、屏蔽、耐高温、耐老化性能，环境温度−40℃～+200℃
AFB-200		聚四氟乙烯绝缘屏蔽安装线	适用于高温范围内电器设备、仪表及照明装置的连接线，环境温度−40℃～+200℃
AFBP-200		聚四氟乙烯绝缘安装线	
AGR		硅橡胶绝缘电机电器耐热安装线	适用于电机，电器及仪表线路安装用的电线，环境温度−60℃～+180℃
AGR-1		硅橡胶绝缘安装线	
AGRP		硅橡胶绝缘屏蔽安装线	
DYFB		铜芯不燃烧电缆①	用于额定电压 450/750V 电工仪器、仪表控制、电信设备、动力通迅、电气安装用
DYFBR		铜芯不燃烧软电缆①	

①此电缆锦州自控电工仪表成套设备总厂生产。在火焰温度 750℃进行试验不燃烧。

②阻燃型电线电缆产品的规格、结构尺寸和重量与普通型同类产品相同。

表 31-10 低压电线和电缆的线芯允许工作温度

电线名称	周围环境温度（℃）	线芯允许工作温度（℃）
铝芯或铜芯橡皮绝缘电线	25	65
铝芯或铜芯塑料绝缘电线	25	65

表 31-11 电线、电缆敷设在不同温度时的校正系数 K

周围环境温度（℃）		5	10	15	20	25	30	35	40	45	50	55
线芯允许工作温度（℃）	+65	1.22	1.17	1.12	1.06	1	0.935	0.865	0.79	0.706	0.61	0.5
	+70	1.2	1.15	1.10	1.05	1	0.94	0.885	0.815	0.745	0.666	0.577

穿管敷设是指电线穿管明敷在空气中或暗敷在墙壁、楼板及地坪下。环境温度采用敷设地点最热月平均最高温度。

穿电线的管子多根并列敷设时，其载流量应乘以表 31-12 校正系数 K_g。对于备用管或正常情况下载流量很小的管线则不计入管子根数。

电线穿管敷设时，对于不载流的或正常情况下载流量很小的中性线不计入根数。

表 31-12 穿电线的钢管或塑料管在空气中多根并列敷设时载流量的校正系数 K_g 值

管子并列敷设根数	载流量校正系数 K_g 值	管子并列敷设根数	载流量校正系数 K_g 值
2～4	0.95	>4	0.9

多根电线共管敷设时，若电线同时负荷率为100%，则电线根数为5～8根时的载流量，可接电线明敷载流量乘以修正系数0.6。

电缆“在空气中敷设”，是指户内、外明敷、地沟中、隧道中单根敷设，环境温度采用敷设地点最热月平均最高温度。电缆在空气中多根并列敷设时载流量应乘以表31-13校正系数K_{tk}。

表31-13　电缆在空气中多根并列敷设时载流量的校正系数K_{tk}值

电缆中心距离(mm)	根数及排列方式						
	1	2	3	4	6	4	6
	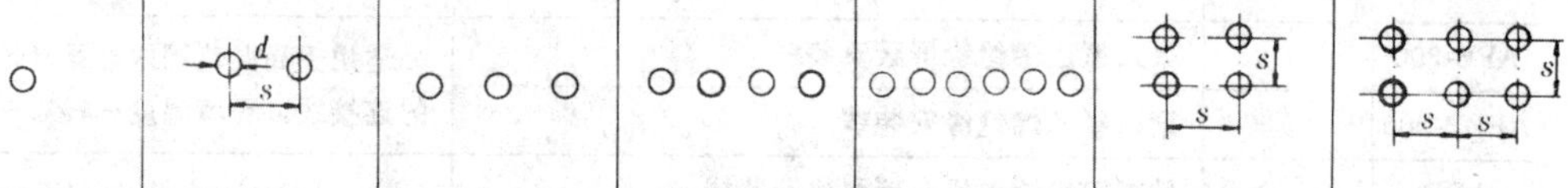						
$s=d$	1.0	0.9	0.85	0.82	0.8	0.8	0.75
$s=2d$	1.0	1.0	0.98	0.95	0.90	0.9	0.90
$s=3d$	1.0	1.0	1.0	0.98	0.96	1.0	0.96

注：d为电缆外径，当电缆外径不同时，可取平均值。

直埋地敷设是指电缆在土壤中直埋，埋深大于等于0.7m，并非地下穿管道敷设。土壤温度采用一年中最热月地下0.8m的土壤平均温度，电缆直埋多根并列敷设时载流量应乘以校正系数K_{td}，K_{td}值见表31-14；土壤热阻系数取0.8℃·m/W，当土壤热阻系数不同时，尚应乘以表31-15校正系数K_{tr}值。

表31-14　电缆直埋多根并列敷设时载流量的校正系数K_{td}值

电缆间净距(mm)	电缆根数							
	1	2	3	4	5	6	7	8
100	1.00	0.88	0.84	0.80	0.78	0.75	0.73	0.72
200	1.00	0.90	0.86	0.83	0.81	0.81	0.80	0.79
300	1.00	0.92	0.89	0.87	0.86	0.86	0.85	0.84

注：本表数据仅供参考。

表31-15　不同土壤热阻系数时直埋电缆载流量的校正系数K_{tr}值

电缆线芯截面(mm^2)	土壤热阻系数ρ_t(℃·m/W)				
	0.6	0.8	1.2	1.6	2.0
2.5～16	1.06	1.0	0.90	0.83	0.77
25～95	1.08	1.0	0.88	0.80	0.73
120～240	1.09	1.0	0.86	0.78	0.71
土壤情况	潮湿地区：沿海、湖、河畔地带雨量多的地区如华东、华南地区等		普通土壤如东北大平原夹杂质的黑土或黄土华北大平原黄土、黄粘土、砂土等	干燥土壤：如高原地区，雨量少的山区、丘陵、干燥地带	

沿不同冷却条件的路径敷设绝缘导线和电缆时，如冷却条件最坏段的长度超过 5m（穿过道路时可以为 10m），则应按该段条件选择绝缘电线和电缆的截面。但也可只对该段采用大截面的绝缘电线和电缆。

XV、XLV 橡皮绝缘电缆和 VV、VLV 塑料绝缘电缆单根穿管敷设时，电缆生产厂尚未提供其载流量，其长期允许载流量可按敷设在空气中考虑。

表中载流量除注明者外，均为单根敷设时的载流量。

各种电线、电缆的载流量数据见表 31-16～表 31-47，其断续、短时负载下载流量见表 31-51～表 31-58。

各种绞线的载流量见表 31-48～表 31-50。

表 31-16　500V 及以下聚氯乙烯绝缘电线空气中敷设长期允许载流量

电线型号：BLV、BV、BVR、RVB、RVS、RFB、RFS

线芯允许工作温度：+65℃，

周围环境温度：+25℃、+30℃、+35℃、+40℃

截面 (mm²)	载流量 (A)							
	铝芯				铜芯			
	25℃	30℃	35℃	40℃	25℃	30℃	35℃	40℃
0.75					16	15	14	13
1.0					19	18	16	15
1.5	18	17	15	14	24	22	21	19
2.5	25	23	21	19	32	30	27	25
4	32	30	27	25	42	39	36	33
6	42	39	36	33	55	51	47	43
10	59	55	51	46	75	70	65	59
16	80	74	69	63	105	98	91	83
25	105	98	91	83	138	129	119	109
35	130	121	112	103	170	159	147	104
50	165	154	143	130	215	201	186	170
70	205	191	177	162	265	248	229	209
95	250	234	216	197	325	304	281	257
120	285	266	246	225	375	350	324	296
150	325	304	281	257	430	402	372	340
185	380	355	329	300	490	458	424	387

表 31-17　500V 及以下橡皮绝缘电线空气中敷设长期允许载流量

电线型号：BLXF、BXF、BLX、BX、BXR

线芯允许工作温度：+65℃，

周围环境温度：+25℃、+30℃、+35℃、+40℃

截面 (mm²)	载流量 (A)							
	铝芯				铜芯			
	25℃	30℃	35℃	40℃	25℃	30℃	35℃	40℃
0.75					18	17	15	14
1.0					21	19	18	16
1.5					27	25	23	21
2.5	27	25	23	21	35	33	30	27
4	35	33	30	27	45	42	39	35
6	45	42	39	35	58	54	50	46
10	65	61	56	51	85	79	73	67
16	85	79	73	67	110	103	95	87
25	110	103	95	87-	145	135	125	114
35	138	129	119	109	180	168	156	142
50	175	163	151	138	230	215	199	182
70	220	206	190	174	285	266	246	225
95	265	248	229	209	345	322	298	272
120	310	290	268	245	400	374	346	316
150	360	336	311	284	470	439	406	371
185	420	393	363	332	540	505	467	426

注：目前，BLXF 铝芯只生产 2.5～185mm² 规格，BXF 铜芯只生产≤95mm² 规格。

表 31-18 500V 及以下聚氯乙烯绝缘及护套圆型电线空气中敷设长期允许载流量

电线型号：BVV、BLVV

线性允许工作温度：+70℃

周围环境温度：+25℃、+30℃、+35℃、+40℃

截面 (mm²)	载流量 (A)																							
	铜芯												铝芯											
	一芯				二芯				三芯				一芯				二芯				三芯			
	25℃	30℃	35℃	40℃	25℃	30℃	35℃	40℃	25℃	30℃	35℃	40℃	25℃	30℃	35℃	40℃	25℃	30℃	35℃	40℃	25℃	30℃	35℃	40℃
0.75	16	14	13	12	12	11	10	9	9	8	7	7												
1.0	19	17	16	15	15	14	12	11	11	10	9	8												
1.5	24	22	21	18	19	17	16	15	14	13	12	11												
2.0	28	26	24	22	22	20	19	17	17	15	14	13												
2.5	32	29	27	25	26	24	22	20	20	18	17	15	25	23	21	19	20	18	17	15	16	14	13	12
4	42	39	36	33	36	33	31	28	26	24	22	20	34	31	29	26	26	24	22	20	22	20	19	17
6	55	51	47	43	47	43	40	37	32	29	27	25	43	40	37	34	33	30	28	26	25	23	21	19
10	75	70	64	59	65	60	56	51	52	48	44	41	59	55	51	46	51	47	44	40	40	37	34	31

表 31-19 500V 及以下橡皮绝缘电线穿钢管长期允许载流量(A)

电线型号:BX

线芯允许工作温度:+65℃

周围环境温度:+25℃、+30℃、+35℃、+40℃

截面 (mm²)	外径 (mm)	二根				管径 (mm)	三根				管径 (mm)	四根				管径 (mm)
		25℃	30℃	35℃	40℃		25℃	30℃	35℃	40℃		25℃	30℃	35℃	40℃	
1.0	4.5	15	14	13	12	15	14	13	12	11	15	12	11	10	9	20
1.5	4.8	20	19	17	16	15	18	17	15	14	20	17	16	15	13	20
2.5	5.2	28	26	24	22	20	25	23	21	20	20	23	21	20	18	20
4	5.8	37	34	32	29	20	33	31	28	26	20	30	28	26	24	25
6	6.3	49	46	42	39	20	43	40	37	34	20	39	36	34	31	25
10	8.1	68	63	59	54	25	60	56	52	47	32	53	49	46	42	32
16	9.4	86	80	74	68	32	77	72	66	61	32	69	64	59	54	40
25	11.2	113	105	98	89	40	100	93	86	79	40	90	84	78	71	40
35	12.4	140	131	121	110	40	122	114	105	96	40	110	103	95	87	50
50	14.7	175	163	151	138	50	154	144	133	121	50	137	128	118	108	70
70	16.4	215	201	186	170	50	193	180	167	152	70	173	162	149	136	70
95	19.5	260	243	225	205	70	235	220	203	185	70	210	196	181	166	70
120	20.2	300	280	259	237	70	270	252	233	213	70	245	229	212	193	80
150	22.3	340	318	294	268	70	310	290	268	245	80	280	262	242	221	80
185	24.7	385	360	333	304	80	355	332	307	280	80	320	299	277	253	100

表 31-20 500V 及以下橡皮绝缘电线穿钢管长期允许载流量(A)

电线型号:BLX

线芯允许工作温度:+65℃

周围环境温度:+25℃、+30℃、+35℃、+40℃

截面(mm²)	外径(mm)	二根				管径(mm)	三根				管径(mm)	四根				管径(mm)
		25℃	30℃	35℃	40℃		25℃	30℃	35℃	40℃		25℃	30℃	35℃	40℃	
2.5	5.2	21	19	18	16	20	19	18	16	15	20	16	15	14	12	20
4	5.8	28	26	24	22	20	25	23	21	20	20	23	21	20	18	25
6	6.3	37	34	32	29	20	34	32	29	27	20	30	28	26	24	25
10	8.1	52	48	45	41	25	46	43	40	36	32	40	37	34	31	32
16	9.4	66	62	57	52	32	59	55	51	46	32	52	48	45	41	40
25	11.2	86	80	74	68	40	76	71	66	60	40	68	63	59	54	40
35	12.4	106	99	91	84	40	94	88	81	74	40	83	77	72	65	50
50	14.7	133	124	115	105	50	118	110	102	93	50	105	98	91	83	70
70	16.4	165	154	143	130	50	150	140	130	118	70	133	124	115	105	70
95	19.5	200	187	173	158	70	180	168	156	142	70	160	149	138	126	70
120	20.2	230	215	199	182	70	210	196	181	166	70	190	177	164	150	80
150	22.3	260	243	224	205	70	240	224	207	189	80	220	206	190	174	80
185	24.7	295	276	255	233	80	270	252	233	231	80	250	134	216	197	100

表 31-21 500V 及以下橡皮绝缘电线穿塑料管长期允许载流量(A)

电线型号:BX

线芯允许工作温度:+65℃

周围环境温度:+25℃、+30℃、+35℃、+40℃

截面(mm²)	外径(mm)	二根				管径(mm)	三根				管径(mm)	四根				管径(mm)
		25℃	30℃	35℃	40℃		25℃	30℃	35℃	40℃		25℃	30℃	35℃	40℃	
1.0	4.5	13	12	11	10	15	12	11	10	9	15	11	10	9	8	15
1.5	4.8	17	16	15	13	15	16	15	14	12	15	14	13	12	11	20
2.5	5.2	25	23	21	20	15	22	20	19	17	15	20	19	17	16	20
4	5.8	33	31	28	26	20	30	28	26	24	20	26	24	22	20	20
6	6.3	43	40	37	34	20	38	35	33	30	20	34	32	29	27	25
10	8.1	59	55	51	46	25	52	48	45	41	25	46	43	40	36	32
16	9.4	76	71	66	60	32	68	63	59	54	32	60	56	52	47	32
25	11.2	100	93	86	79	32	90	84	78	71	32	80	75	69	63	40
35	12.4	125	117	108	99	40	110	103	95	87	40	98	91	85	77	40
50	14.7	160	149	138	126	40	140	131	121	110	50	123	115	106	97	50

续表 31-21

截面 (mm²)	外径 (mm)	二根				管径 (mm)	三根				管径 (mm)	四根				管径 (mm)
		25℃	30℃	35℃	40℃		25℃	30℃	35℃	40℃		25℃	30℃	35℃	40℃	
70	16.4	195	182	168	154	50	175	163	151	138	50	155	145	134	122	50
95	19.5	240	224	207	189	50	215	201	186	170	65	195	182	168	154	65
120	20.2	278	260	240	219	65	250	234	216	197	65	227	212	196	179	80
150	22.3	320	299	277	253	65	290	271	251	229	65	265	248	229	209	80
185	24.7	360	336	311	284	80	330	308	285	261	80	300	280	259	237	100

表 31-22 500V 及以下橡皮绝缘电线穿塑料管长期允许载流量(A)

电线型号:BLX

线芯允许工作温度:+65℃

周围环境温度:+25℃、+30℃、+35℃、+40℃

截面 (mm²)	外径 (mm)	二根				管径 (mm)	三根				管径 (mm)	四根				管径 (mm)
		25℃	30℃	35℃	40℃		2.5℃	30℃	35℃	40℃		25℃	30℃	35℃	40℃	
25	5.2	19	18	16	15	15	17	16	15	13	15	15	14	13	12	20
4	5.8	25	23	21	20	20	23	21	20	18	20	20	19	17	16	20
6	6.3	33	31	28	26	20	29	27	25	23	20	26	24	22	20	25
10	8.1	44	41	38	35	25	40	37	34	31	25	35	33	30	27	32
16	9.4	58	54	50	46	32	52	48	45	41	32	46	43	40	36	32
25	11.2	77	72	66	61	32	68	63	59	54	32	60	56	52	47	40
35	12.4	95	89	82	75	40	84	78	72	66	40	74	69	64	58	40
50	14.7	120	112	104	95	40	108	101	94	85	50	95	89	82	75	50
70	16.4	153	143	132	121	50	135	126	117	106	50	120	112	104	95	50
95	19.5	184	172	159	145	50	165	154	143	130	65	150	140	130	118	65
120	20.2	210	196	181	166	65	190	177	164	150	65	170	159	147	134	80
150	22.3	250	234	216	197	65	227	212	196	179	65	205	191	177	162	80
185	24.7	282	263	244	223	80	255	238	220	201	80	232	217	200	183	100

表 31-23 500V 及以下塑料绝缘电线穿钢管敷设长期允许载流量(A)

电线型号:BV

线芯允许工作温度:+65℃

周围环境温度:+25℃、+30℃、+35℃、+40℃

截面 (mm²)	外径 (mm)	二根				管径 (mm)	三根				管径 (mm)	四根				管径 (mm)
		25℃	30℃	35℃	40℃		25℃	30℃	35℃	40℃		25℃	30℃	35℃	40℃	
1.0	2.6	14	13	12	11	15	13	12	11	10	15	11	10	9	8	15
1.5	3.3	19	18	16	15	15	17	16	15	13	15	16	15	14	13	15

续表 31-23

截面 (mm²)	外径 (mm)	二根				管径 (mm)	三根				管径 (mm)	四根				管径 (mm)
		25℃	30℃	35℃	40℃		25℃	30℃	35℃	40℃		25℃	30℃	35℃	40℃	
2.5	3.7	26	24	22	20	15	24	22	21	19	15	22	20	19	17	15
4	4.2	35	33	30	27	15	31	29	27	24	15	28	26	24	22	15
6	4.8	47	44	40	37	15	41	38	35	32	20	37	34	32	29	20
10	6.6	65	61	56	51	20	57	53	49	45	25	50	47	43	39	25
16	7.8	82	76	71	65	25	73	68	63	57	25	65	61	56	51	32
25	9.6	107	100	92	84	32	95	89	82	75	32	85	79	73	67	40
35	10.9	133	124	115	105	40	115	107	99	91	40	105	98	91	83	40
50	13.2	165	154	143	130	40	146	136	126	115	50	130	121	112	103	50
70	14.7	205	191	177	162	50	183	171	158	144	50	165	154	143	130	70
95	17.3	250	234	216	197	70	225	210	194	178	70	200	187	173	158	70
120	18.1	290	271	251	229	70	260	243	225	205	70	230	215	199	182	70
150	20.2	330	308	285	261	70	300	280	259	237	70	265	248	229	209	80
185	22.2	380	355	329	300	70	340	318	294	268	70	300	280	259	237	80

表 31-24 500V 及以下塑料绝缘电线穿钢管敷设长期允许载流量(A)

电线型号:BLV

线芯允许工作温度:+65℃

周围环境温度:+25℃、+30℃、+35℃、+40℃

截面 (mm²)	外径 (mm)	二根				管径 (mm)	三根				管径 (mm)	四根				管径 (mm)
		25℃	30℃	35℃	40℃		25℃	30℃	35℃	40℃		25℃	30℃	35℃	40℃	
2.5	3.7	20	19	17	16	15	18	17	15	14	15	15	14	13	12	15
4	4.2	27	25	23	21	15	24	22	21	19	15	22	20	19	17	15
6	4.8	35	33	30	27	15	32	30	27	25	20	28	26	24	22	20
10	6.6	49	46	42	39	20	44	41	38	35	25	38	35	33	30	25
16	7.8	63	59	54	50	25	56	52	48	44	25	50	47	43	39	32
25	9.6	80	75	69	63	32	70	65	60	55	32	65	61	56	51	40
35	10.9	100	93	86	79	40	90	84	78	71	40	80	75	69	63	40
50	13.2	125	117	108	99	40	110	103	95	87	50	100	93	86	79	50
70	14.7	155	145	134	122	50	143	134	123	113	50	127	119	110	100	70
95	17.3	190	177	164	150	70	170	159	147	134	70	152	142	131	120	70
120	18.1	220	206	190	174	70	195	182	168	154	70	172	161	149	136	70
150	20.2	250	234	216	197	70	225	210	194	178	70	200	187	173	158	80
185	22.2	285	266	246	225	70	255	238	220	201	70	230	215	199	182	80

表 31-25 500V 及以下塑料绝缘电线穿塑料管长期允许载流量(A)

电线型号:BV

线芯允许工作温度:+65℃

周围环境温度:+25℃、+30℃、+35℃、+40℃

截面(mm²)	外径(mm)	二根				管径(mm)	三根				管径(mm)	四根				管径(mm)
		25℃	30℃	35℃	40℃		25℃	30℃	35℃	40℃		25℃	30℃	35℃	40℃	
1.0	2.6	12	11	10	9	15	11	10	9	8	15	10	9	8	7	15
1.5	3.3	16	15	14	13	15	15	14	13	12	15	13	12	11	10	15
2.5	3.7	24	22	21	19	15	21	19	18	16	15	19	18	16	15	20
4	4.2	31	29	27	24	20	28	26	24	22	20	25	23	21	20	20
6	4.8	41	38	35	32	20	36	33	31	28	20	32	30	27	25	25
10	6.6	56	52	48	44	25	49	46	42	39	25	44	41	38	35	32
16	7.8	72	67	62	57	32	65	61	56	51	32	57	53	49	45	32
25	9.6	95	89	82	75	32	85	79	73	67	40	75	70	65	59	40
35	10.9	120	112	104	95	40	105	98	91	83	40	93	87	80	73	50
50	13.2	150	140	130	118	50	132	123	114	104	50	117	109	101	92	63
70	14.7	185	173	160	146	50	167	156	144	132	50	148	138	128	117	63
95	17.3	230	215	199	182	63	205	191	177	162	63	185	173	160	146	75
120	18.1	270	252	233	213	63	240	224	207	189	63	215	201	186	170	75
150	20.2	305	285	264	241	75	275	257	238	217	75	250	234	216	197	75
185	22.2	355	332	307	280	75	310	290	268	245	75	280	262	242	221	90

注:塑料管规格根据 HG2-63-65,并采用轻型管,管径指内径。

表 31-26 500V 及以下塑料绝缘电线穿塑料管长期允许载流量(A)

电线型号:BLV

线芯允许工作温度:+65℃

周围环境温度:+25℃、+30℃、+35℃、+40℃

截面(mm²)	外径(mm)	二根				管径(mm)	三根				管径(mm)	四根				管径(mm)
		25℃	30℃	35℃	40℃		25℃	30℃	35℃	40℃		25℃	30℃	35℃	40℃	
2.5	3.7	18	17	15	14	15	16	15	14	13	15	14	13	12	11	20
4	4.2	24	22	21	19	20	22	21	19	17	20	19	18	16	15	20
6	4.8	31	29	27	24	20	27	25	23	21	20	25	23	21	20	25
10	6.6	42	39	36	33	25	38	35	33	30	25	33	31	28	26	32
16	7.8	55	51	47	43	32	49	46	42	39	32	44	41	38	35	32
25	9.6	73	68	63	57	32	65	61	56	51	40	57	53	49	45	40
35	10.9	90	84	78	71	40	80	75	69	63	40	70	65	60	55	50
50	13.2	114	106	98	90	50	102	95	88	80	50	90	84	78	71	63

续表 31-26

截面 (mm²)	外径 (mm)	二根				管径 (mm)	三根				管径 (mm)	四根				管径 (mm)
		25℃	30℃	35℃	40℃		25℃	30℃	35℃	40℃		25℃	30℃	35℃	40℃	
70	14.7	145	135	125	114	50	130	121	112	103	50	115	107	99	91	63
95	17.3	175	163	151	138	63	158	148	136	125	63	140	131	121	110	75
120	18.1	200	187	173	158	63	180	168	156	142	63	160	149	138	126	75
150	20.2	230	215	199	182	75	207	193	179	163	75	185	173	160	146	75
185	22.2	265	248	229	209	75	235	220	203	185	75	212	198	183	167	90

表 31-27　500V 及以下橡皮绝缘电线穿钢管长期允许载流量(A)

电线型号:BXF

线芯允许工作温度:+65℃

周围环境温度:+25℃、+30℃、+35℃、+40℃

截面 (mm²)	外径 (mm)	二根				管径 (mm)	三根				管径 (mm)	四根				管径 (mm)
		25℃	30℃	35℃	40℃		25℃	30℃	35℃	40℃		25℃	30℃	35℃	40℃	
1.0	3.5	15	14	13	12	15	14	13	12	11	15	12	11	10	9	15
1.5	3.7	20	19	17	16	15	18	17	15	14	15	17	16	15	13	15
2.5	4.1	28	26	24	22	15	25	23	21	20	15	23	21	20	18	15
4	4.6	37	34	32	29	15	33	31	28	26	15	30	28	26	24	20
6	5.6	49	46	42	39	20	43	40	37	34	20	39	36	34	31	20
10	7.0	68	63	59	54	25	60	56	52	47	25	53	49	46	42	25
16	8.7	86	80	74	68	32	77	72	66	61	32	69	64	59	54	32
25	10.1	113	105	98	89	32	100	93	86	79	32	90	84	78	71	40
35	11.8	140	131	121	110	40	122	114	105	96	40	110	103	95	87	50
50	13.6	175	163	151	138	40	154	144	133	121	50	137	128	118	108	50
70	15.7	215	201	186	170	50	193	180	167	152	50	173	162	149	136	70
95	17.7	260	243	225	205	70	235	220	203	185	70	210	196	181	166	70
120																
150																
185																

注:目前,BXF 只生产小于等于 95mm² 的规格。

表 31-28 500V 及以下橡皮绝缘电线穿钢管长期允许载流量(A)

电线型号:BLXF

线芯允许工作温度:+65℃

周围环境温度:+25℃、+30℃、+35℃、+40℃

截面(mm²)	外径(mm)	二根				管径(mm)	三根				管径(mm)	四根				管径(mm)
		25℃	30℃	35℃	40℃		25℃	30℃	35℃	40℃		25℃	30℃	35℃	40℃	
1.0																
1.5																
2.5	4.1	21	19	18	16	15	19	18	16	15	15	16	15	14	12	15
4	4.6	28	26	24	22	15	25	23	21	20	15	23	21	20	18	20
6	5.6	37	34	32	29	20	34	32	29	27	20	30	28	26	24	20
10	7.0	52	48	45	41	25	46	43	40	36	25	40	37	34	31	25
16	8.7	66	62	57	52	32	59	55	51	46	32	52	48	45	41	32
25	10.1	86	80	74	68	32	76	71	66	60	32	68	63	59	54	40
35	11.8	106	99	91	84	40	94	88	81	74	40	83	77	72	65	50
50	13.6	133	124	115	105	40	118	110	102	93	50	105	98	91	83	50
70	15.7	165	154	143	130	50	150	140	130	118	50	133	124	115	105	70
95	17.7	200	187	173	158	70	180	168	156	142	70	160	149	138	126	70
120	20.2	230	215	199	182	70	210	196	181	166	70	190	177	164	150	80
150	22.3	260	243	224	205	70	240	224	207	189	80	220	206	190	174	100
185	24.7	295	276	255	233	80	270	252	233	213	80	250	234	216	197	100

注:目前,BLXF 只生产 2.5～185mm² 的规格。

表 31-29 500V 及以下橡皮绝缘电线穿塑料管长期允许载流量(A)

电线型号:BXF

线芯允许工作温度:+65℃

周围环境温度:+25℃、+30℃、+35℃、+40℃

截面(mm²)	外径(mm)	二根				管径(mm)	三根				管径(mm)	四根				管径(mm)
		25℃	30℃	35℃	40℃		25℃	30℃	35℃	40℃		25℃	30℃	35℃	40℃	
1.0	3.5	13	12	11	10	15	12	11	10	9	15	11	10	9	8	15
1.5	3.7	17	16	15	13	15	16	15	14	12	15	14	13	12	11	20
2.5	4.1	25	23	21	20	15	22	20	19	17	15	20	19	17	16	20
4	4.6	33	31	28	26	20	30	28	26	24	20	26	24	22	20	20
6	5.6	43	40	37	34	20	38	35	33	30	20	34	32	29	27	25
10	7.0	59	55	51	46	25	52	48	45	41	25	46	43	40	36	32
16	8.7	76	71	66	60	32	68	63	59	54	32	60	56	52	47	32
25	10.1	100	93	86	79	32	90	84	78	71	32	80	75	69	63	40

续表 31-29

截面(mm²)	外径(mm)	二根				管径(mm)	三根				管径(mm)	四根				管径(mm)
		25℃	30℃	35℃	40℃		25℃	30℃	35℃	40℃		25℃	30℃	35℃	40℃	
35	11.8	125	117	108	99	40	110	103	95	87	40	98	91	85	77	40
50	13.6	160	149	138	126	40	140	131	121	110	50	123	115	106	97	50
70	15.7	195	182	168	154	50	175	163	151	138	50	155	145	134	122	50
95	17.7	240	224	207	189	50	215	201	186	170	65	195	182	168	154	65
120																
150																
185																

注：目前，BXF 只生产 95mm² 及以下的规格。

表 31-30　500V 及以下橡皮绝缘电线穿塑料管长期允许载流量(A)

电线型号：BLXF

线芯允许工作温度：+65℃

周围环境温度：+25℃、+30℃、+35℃、+40℃

截面(mm²)	外径(mm)	二根				管径(mm)	三根				管径(mm)	四根				管径(mm)
		25℃	30℃	35℃	40℃		25℃	30℃	35℃	40℃		25℃	30℃	35℃	40℃	
1.0																
1.5																
2.5	4.1	19	18	16	15	15	17	16	15	13	15	15	14	13	12	15
4	4.6	25	23	21	20	20	23	21	20	18	20	20	19	17	16	20
6	5.6	33	31	28	26	20	29	27	25	23	20	26	24	22	20	25
10	7.0	44	41	38	35	25	40	37	34	31	25	35	33	30	27	32
16	8.7	58	54	50	46	32	52	48	45	41	32	46	43	40	36	32
25	10.1	77	72	66	61	32	68	63	59	54	32	60	56	52	47	40
35	11.8	95	89	82	75	40	84	78	72	66	40	74	69	64	58	40
50	13.6	120	112	104	95	40	108	101	94	85	50	95	89	82	75	50
70	15.7	153	143	132	121	50	135	126	117	106	50	120	112	104	95	50
95	17.7	184	172	159	145	50	165	154	143	130	65	150	140	130	118	65
120	20.2	210	196	181	166	65	190	177	164	150	65	170	159	147	134	80
150	22.3	250	234	216	197	65	227	212	196	179	65	205	191	177	162	80
185	24.7	282	263	244	223	80	255	238	220	201	80	232	217	200	183	100

注：目前，BLXF 只生产 2.5～185mm² 的规格。

表 31-31 500V 及以下聚氯乙烯绝缘电线穿钢管长期允许载流量(A)

电线型号:BV-105

线芯允许工作温度:+105℃

周围环境温度:+50℃、+55℃、+60℃、+65℃

截面(mm²)	外径(mm)	二根				管径(mm)	三根				管径(mm)	四根				管径(mm)
		50℃	55℃	60℃	65℃		50℃	55℃	60℃	65℃		50℃	55℃	60℃	65℃	
1.5	3.3	19	18	17	16	15	17	16	15	14	15	16	15	14	13	15
2.5	3.7	27	25	24	23	15	25	23	22	21	15	23	21	20	19	15
4	4.2	39	37	35	33	15	34	32	30	28	15	31	29	28	26	15
6	4.8	51	48	46	43	15	44	41	39	37	15	40	38	36	34	20
10	6.6	76	72	68	64	20	67	63	60	57	20	59	56	53	50	25
16	7.8	95	90	85	81	25	85	81	76	72	25	75	71	67	63	25
25	9.6	127	121	114	108	25	113	107	102	96	32	101	96	91	86	32
35	10.9	160	152	144	136	32	138	131	124	117	32	126	120	113	107	32
50	13.2	202	192	182	172	32	179	170	161	152	40	159	151	143	135	50
70	14.7	240	228	217	204	50	213	203	192	181	50	193	184	174	164	50
95	17.3	292	278	264	249	50	262	249	236	223	50	233	222	210	198	70
120	18.1	347	331	314	296	50	311	296	281	265	50	275	261	248	234	70
150	20.2	399	380	360	340	70	362	345	327	308	70	320	305	289	272	70
185	22.2															

表 31-32 500V 及以下聚氯乙烯绝缘电线穿钢管长期允许载流量(A)

电线型号:BLV-105

线芯允许工作温度:+105℃

周围环境温度:+50℃、+55℃、+60℃、+65℃

截面(mm²)	外径(mm)	二根				管径(mm)	三根				管径(mm)	四根				管径(mm)
		50℃	55℃	60℃	65℃		50℃	55℃	60℃	65℃		50℃	55℃	60℃	65℃	
1.5	外径与BV-105相同	15	14	13	12	15	13	12	11	10	15	12	11	11	10	15
2.5		21	19	18	17	15	19	18	17	16	15	18	16	15	14	15
4		30	29	27	26	15	26	25	23	22	15	24	22	20	20	15
6		39	37	35	33	15	34	32	30	29	15	31	29	28	26	20
10		59	56	53	50	20	52	49	47	44	20	46	43	41	39	25
16		74	70	66	63	25	66	63	59	56	25	58	55	52	49	25
25		99	94	89	84	25	88	83	79	75	32	78	74	71	68	32
35		125	118	112	106	32	107	102	96	91	32	98	93	88	83	32
50		157	150	142	134	32	139	132	125	118	40	124	117	111	105	50
70		187	178	169	159	50	166	158	149	141	50	150	143	135	128	50
95		227	216	206	194	50	204	194	184	174	50	181	173	164	154	70
120		270	258	245	231	50	242	231	219	206	50	214	203	193	182	70
150		311	296	281	265	70	282	269	255	240	70	249	238	225	212	70
185																

表 31-33　500V 橡皮绝缘聚氯乙烯护套电缆空气中敷设长期允许载流量（A）

电缆型号：XV、XLV

线芯允许工作温度：+65℃

环境温度：+25℃、+30℃、+35℃、+40℃

电缆截面 (mm²)	一芯										二芯										三芯									
	铜芯				铝芯				外径	管径	铜芯				铝芯				外径	管径	铜芯				铝芯				外径	管径
	25℃	30℃	35℃	40℃	25℃	30℃	35℃	40℃	(mm)	(mm)	25℃	30℃	35℃	40℃	25℃	30℃	35℃	40℃	(mm)	(mm)	25℃	30℃	35℃	40℃	25℃	30℃	35℃	40℃	(mm)	(mm)
1.0	20	19	17	16					6.3	20	17	16	15	13					9.7	20	15	14	13	12					10.1	20
1.5	25	23	21	20					6.6	20	21	19	18	16					10.1	20	18	17	15	14					10.7	20
2.5	34	32	29	27	27	25	23	21	7.0	20	28	26	24	22	22	20	19	17	10.9	20	24	22	21	19	19	18	16	15	11.5	20
4	45	42	39	35	35	33	30	27	7.4	20	37	34	32	29	30	28	26	24	11.9	20	32	30	27	25	25	23	21	19	12.5	25
6	57	53	49	45	45	42	39	35	7.9	20	47	44	40	37	37	34	32	29	12.9	25	40	37	34	31	32	30	27	25	13.6	25
10	80	75	69	63	62	58	53	49	9.6	20	66	62	57	52	52	48	45	41	16.2	32	57	53	49	45	45	42	39	35	17.2	32
16	107	100	92	84	83	77	72	65	10.7	20	89	83	77	70	69	64	59	54	18.8	32	76	71	66	60	59	55	51	46	20	40
25	141	132	122	111	110	103	95	87	12.4	25	118	110	102	93	93	87	80	73	22.1	40	101	94	87	80	79	74	68	62	23.5	40
35	172	161	149	136	135	126	117	106	13.5	25	144	134	124	114	113	105	98	89	24.8	50	124	116	107	98	97	90	84	76	26.4	50
50	218	204	188	172	171	160	148	135	15.6	32	184	172	159	145	144	134	124	114	28.9	50	158	148	136	125	124	116	107	98	31.2	70
70	265	248	229	209	208	194	180	164	17.0	32	223	208	193	176	175	163	151	138	32.2	70	191	178	165	151	150	140	130	118	34.3	70
95	323	302	279	255	253	236	219	200	19.7	40	271	253	234	214	213	199	184	168	37.6	70	234	219	202	185	184	172	159	145	40.1	70
120	371	347	321	293	291	272	252	230	21.2	40	312	292	270	246	246	230	213	194	40.6	70	269	251	232	212	212	198	183	167	43.3	80
150	429	401	371	339	337	315	291	266	23.3	40	362	338	313	286	285	266	246	225	44.8	80	311	291	269	245	245	229	212	193	48.6	100
185	494	462	427	390	388	363	335	306	25.9	50	414	387	358	327	327	306	283	258	50	100	359	335	310	283	284	265	245	224	53.4	100
240	590	551	510	466	465	435	402	367	29	50																				

注：1. 单根电缆穿管埋地，其长期允许电流按敷设在空气中考虑。

2. 四芯电缆的载流量，可借用三芯电缆的载流量值。

表 31-34 500V 橡皮绝缘聚氯乙烯护套电缆直埋敷设长期允许载流量

电缆型号:XV、XLV

线芯允许工作温度:+65℃

环境温度:+15℃、+20℃、+25℃、+30℃

电缆截面 (mm²)	土壤热阻系数 0.8℃·m/W 时,电缆长期允许载流量(A)																							
	铜芯												铝芯											
	一芯				二芯				三芯				一芯				二芯				三芯			
	15℃	20℃	25℃	30℃	15℃	20℃	25℃	30℃	15℃	20℃	25℃	30℃	15℃	20℃	25℃	30℃	15℃	20℃	25℃	30℃	15℃	20℃	25℃	30℃
1.0	32	31	29	27	26	24	23	21	22	21	20	19												
1.5	40	38	36	33	32	31	29	27	28	26	25	23												
2.5	54	51	48	45	42	40	38	35	37	35	33	31	42	40	38	35	33	32	30	28	29	27	26	24
4	71	68	64	60	56	53	50	47	48	45	43	40	56	53	50	47	45	42	40	37	38	36	34	32
6	89	85	80	75	70	67	63	59	60	57	54	50	71	68	64	60	56	53	50	48	48	45	43	40
10	124	117	111	104	96	91	86	80	83	78	74	69	97	92	87	81	75	71	67	62	65	61	58	54
16	165	157	148	138	127	121	114	106	109	104	98	91	128	122	115	107	98	93	88	82	85	80	76	71
25	213	202	191	178	164	156	147	137	140	132	125	117	168	159	150	140	129	122	115	107	110	104	98	91
35	259	246	232	217	196	185	175	163	169	160	151	141	203	193	182	170	154	146	138	129	132	125	118	110
50	323	306	289	270	243	230	217	203	208	197	186	174	254	240	227	212	190	180	170	159	163	155	146	136
70	389	369	348	325	290	274	259	242	246	233	220	206	305	289	273	255	228	216	204	191	194	183	173	162
95	462	438	413	386	342	324	306	286	294	279	263	246	361	342	323	302	269	254	240	224	231	218	206	192
120	526	499	471	440	388	368	347	324	333	316	298	278	412	391	369	345	306	289	273	255	262	248	234	219
150	593	563	531	496	441	419	395	369	376	356	336	314	466	442	417	390	348	329	311	291	295	280	264	247
185	673	638	602	563	495	469	443	414	425	403	380	355	529	501	473	442	392	371	350	327	336	318	300	280
240	785	744	702	656									618	586	553	517								

注:四芯电缆的载流量,可借用三芯电缆的载流量值。

表 31-35 500V 橡皮绝缘聚氯乙烯护套电缆直埋敷设长期允许载流量

电缆型号:XV、XLV

线芯允许工作温度:+65℃

环境温度:+15℃、+20℃、+25℃、+30℃

电缆截面 (mm²)	土壤热阻系数 1.2℃·m/W 时,电缆长期允许载流量(A)																							
	铜芯												铝芯											
	一芯				二芯				三芯				一芯				二芯				三芯			
	15℃	20℃	25℃	30℃	15℃	20℃	25℃	30℃	15℃	20℃	25℃	30℃	15℃	20℃	25℃	30℃	15℃	20℃	25℃	30℃	15℃	20℃	25℃	30℃
1.0	30	28	27	25	23	22	21	19	20	19	18	17												
1.5	37	35	33	31	29	27	26	24	24	23	22	20												
2.5	49	46	44	41	38	36	34	32	33	32	30	28	39	37	35	33	30	28	27	25	26	24	23	21

续表 31-35

电缆截面 (mm²)	土壤热阻系数 1.2℃·m/W 时，电缆长期允许载流量(A)																							
	铜芯												铝芯											
	一芯				二芯				三芯				一芯				二芯				三芯			
	15℃	20℃	25℃	30℃	15℃	20℃	25℃	30℃	15℃	20℃	25℃	30℃	15℃	20℃	25℃	30℃	15℃	20℃	25℃	30℃	15℃	20℃	25℃	30℃
4	65	61	58	54	50	48	45	42	42	40	38	35	51	49	46	43	40	38	36	33	33	32	30	28
6	82	77	73	68	63	59	56	52	54	51	48	45	64	60	57	53	50	48	45	42	42	40	38	35
10	112	106	100	93	85	80	76	71	73	69	65	61	87	82	78	73	67	63	60	56	57	54	51	47
16	148	140	132	123	113	107	101	94	96	91	86	80	114	108	102	95	87	82	78	73	74	70	66	62
25	190	180	170	159	144	137	129	120	122	115	109	102	149	141	133	124	113	107	101	94	96	91	86	80
35	229	217	205	191	172	163	154	144	147	139	131	122	180	170	161	150	135	128	121	113	115	109	103	96
50	284	269	254	237	213	201	190	177	181	172	162	151	223	211	199	186	167	158	149	139	142	134	127	119
70	340	322	304	284	254	240	227	212	214	202	191	178	267	253	239	223	199	188	178	166	168	159	150	140
95	404	382	361	337	300	284	268	250	255	241	228	213	317	300	283	264	236	223	211	197	200	190	179	167
120	459	434	410	383	340	322	304	284	289	273	258	241	360	341	322	301	267	253	239	223	227	215	203	190
150	518	491	463	433	386	366	345	322	326	308	291	272	406	385	363	339	304	288	272	254	256	243	229	214
185	587	555	524	490	433	410	387	362	368	349	329	307	461	437	412	385	343	324	306	286	291	275	260	243
240	682	646	610	570									537	509	480	449								

注：四芯电缆的载流量，可借用三芯电缆的载流量值。

表 31-36　500V 橡皮绝缘聚氯乙烯护套内钢带铠装电缆长期允许载流量

电缆型号：XV29

线芯允许工作温度：+65℃

环境温度：+15℃、+20℃、+25℃、+30℃、+35℃、+40℃

电缆截面 (mm²)	空气中敷设长期允许载流量(A)								直埋敷设长期允许载流量(A)															
									土壤热阻系数 0.8℃·m/W								土壤热阻系数 1.2℃·m/W							
	二芯				三芯				二芯				三芯				二芯				三芯			
	25℃	30℃	35℃	40℃	25℃	30℃	35℃	40℃	15℃	20℃	25℃	30℃	15℃	20℃	25℃	30℃	15℃	20℃	25℃	30℃	15℃	20℃	25℃	30℃
1.5	21	19	18	16	18	17	15	14	30	28	27	25	27	25	24	22	28	26	25	23	24	23	22	20
2.5	28	26	24	22	24	22	21	19	41	39	37	34	36	34	32	30	38	36	34	32	31	29	28	26
4	37	34	32	29	31	29	27	24	57	51	48	45	46	43	41	38	49	46	44	41	41	39	37	34
6	47	44	40	37	40	37	34	31	68	64	61	57	58	55	52	48	61	58	55	51	51	49	46	43
10	66	62	57	52	56	52	48	44	104	88	83	77	79	75	71	66	84	79	75	70	70	67	63	70
16	89	83	77	70	75	70	65	59	124	117	111	104	104	98	93	87	111	105	99	92	93	88	83	77
25	116	108	100	91	98	91	85	77	159	150	142	133	134	127	120	112	141	133	126	119	119	112	106	99
35	141	132	122	111	119	111	103	94	191	181	171	160	162	154	145	135	170	161	152	142	143	135	128	119

续表 31-36

电缆截面 (mm²)	空气中敷设长期允许载流量(A)								直埋敷设长期允许载流量(A)															
									土壤热阻系数 0.8℃·m/W								土壤热阻系数 1.2℃·m/W							
	二芯				三芯				二芯				三芯				二芯				三芯			
	25℃	30℃	35℃	40℃	25℃	30℃	35℃	40℃	15℃	20℃	25℃	30℃	15℃	20℃	25℃	30℃	15℃	20℃	25℃	30℃	15℃	20℃	25℃	30℃
50	179	167	155	141	150	140	130	118	237	225	212	198	199	188	178	166	210	199	188	176	176	166	157	147
70	216	202	187	170	183	171	158	144	282	267	252	235	238	226	213	199	250	236	223	208	210	199	188	176
95	263	246	227	208	222	207	192	175	338	320	302	282	285	270	255	238	299	283	267	249	251	237	224	209
120	300	280	259	237	254	237	220	200	379	359	339	317	320	303	286	267	335	317	299	279	281	266	251	234
150	346	323	299	273	293	274	253	231	432	409	386	361	365	345	326	305	381	360	340	318	319	302	285	266
185	396	370	342	313	334	312	289	264	488	462	436	407	409	387	365	341	430	407	384	359	358	339	320	299

注：四芯电缆的载流量，可借用三芯电缆的载流量值。

表 31-37 500V 橡皮绝缘聚氯乙烯护套内钢带铠装电缆长期允许载流量

电缆型号：XLV29

线芯允许工作温度：+65℃

环境温度：+15℃、+20℃、+25℃、+30℃、+35℃、+40℃

电缆截面 (mm²)	空气中敷设长期允许载流量(A)								直埋敷设长期允许载流量(A)															
									土壤热阻系数 0.8℃·m/W								土壤热阻系数 1.2℃·m/W							
	二芯				三芯				二芯				三芯				二芯				三芯			
	25℃	30℃	35℃	40℃	25℃	30℃	35℃	40℃	15℃	20℃	25℃	30℃	15℃	20℃	25℃	30℃	15℃	20℃	25℃	30℃	15℃	20℃	25℃	30℃
1.5																								
2.5																								
4	30	28	26	24	25	23	21	20	42	40	38	35	37	35	33	31	39	37	35	33	32	31	29	27
6	37	34	32	29	31	29	27	24	54	51	48	45	46	43	41	38	49	46	44	41	41	39	37	34
10	51	47	44	37	44	41	38	35	73	69	65	61	63	59	56	52	66	62	59	55	56	53	50	47
16	69	64	59	54	58	54	50	46	96	91	86	80	80	76	72	67	86	81	77	72	71	68	64	60
25	91	85	79	72	77	72	66	61	124	117	111	104	105	99	94	88	111	105	99	92	93	88	83	77
35	111	104	96	87	94	88	81	74	150	142	134	125	126	120	113	105	133	126	119	111	112	106	100	93
50	140	131	121	110	118	110	102	93	187	177	167	156	157	148	140	131	166	157	148	138	138	130	123	115
70	169	158	146	133	143	134	123	113	222	210	198	185	188	178	168	157	196	185	175	163	164	156	147	137
95	206	192	178	163	175	163	151	138	265	251	237	221	224	212	200	187	234	221	209	195	196	185	175	163
120	236	220	204	186	200	187	173	158	298	282	266	249	252	238	225	210	263	249	235	220	222	210	198	185
150	272	254	235	215	231	216	200	182	340	322	304	284	288	272	257	240	294	279	263	246	252	238	225	210
185	313	292	271	247	264	247	228	208	385	364	344	321	323	306	289	270	339	321	303	283	283	268	253	236

注：四芯电缆的载流量，可借用三芯电缆的载流量值。

表 31-38 1kV 聚氯乙烯绝缘及护套电缆（1～3 芯）空气中敷设长期允许载流量（A）

电缆型号：VV、VLV

线芯允许工作温度：+65℃

环境温度：+25℃、+30℃、+35℃、+40℃

电缆截面 (mm^2)	一芯										二芯										三芯									
	铜芯				铝芯				外径	管径	铜芯				铝芯				外径	管径	铜芯				铝芯				外径	管径
	25℃	30℃	35℃	40℃	25℃	30℃	35℃	40℃	(mm)	(mm)	25℃	30℃	35℃	40℃	25℃	30℃	35℃	40℃	(mm)	(mm)	25℃	30℃	35℃	40℃	25℃	30℃	35℃	40℃	(mm)	(mm)
1.0	18	17	15	14					5.93	20	15	14	13	12					9.86	20	12	11	10	9					10.28	20
1.5	23	21	20	18					6.17	20	19	18	16	15					10.34	20	16	15	14	12					10.8	20
2.5	32	30	27	25	24	22	21	19	6.56	20	26	24	22	20	20	19	17	16	11.12	20	22	20	19	17	16	15	14	13	11.65	20
4	41	38	35	32	31	29	27	24	7.04	20	35	33	30	27	26	24	22	20	12.08	20	29	27	25	23	22	20	19	17	12.67	25
6	54	50	47	42	41	38	35	32	7.93	20	44	41	38	35	34	32	29	27	13.86	25	38	35	33	30	29	27	25	23	14.6	25
10	72	67	62	57	55	51	47	43	8.73	20	60	56	52	47	46	43	40	36	15.46	32	52	48	45	41	40	37	34	31	16.3	32
16	97	90	84	76	74	69	64	58	9.65	20	79	74	68	62	61	57	53	48	17.3	32	69	64	59	54	53	49	46	42	18.7	32
25	132	123	114	104	102	95	88	80	11.93	20	107	100	92	84	83	77	72	65	18.16	32	93	87	80	73	72	67	62	57	22.1	40
35	162	151	140	128	124	116	107	98	13.07	25	124	116	107	98	95	89	82	75	19.6	40	113	105	98	89	87	81	75	69	23.6	40
50	204	191	176	161	157	147	136	124	15.05	25	155	145	134	122	120	112	104	95	22.4	40	140	131	121	110	108	101	93	85	26.1	50
70	253	236	219	200	195	182	168	154	16.7	32	196	183	169	155	151	141	130	119	25.2	50	175	163	151	138	135	126	117	106	29	50
95	272	254	235	215	214	200	185	169	19.25	32	238	222	206	188	182	170	157	144	28.6	50	214	200	185	169	165	154	143	130	33.2	70
120	356	333	308	281	276	258	239	218	20.87	40	273	255	236	215	211	197	182	166	31.2	70	247	231	213	195	191	178	165	151	36.8	70
150	410	383	354	324	316	295	273	233	22.88	40	315	294	272	249	242	225	209	191	34.2	70	293	274	253	231	225	210	194	178	41	70
185	465	435	402	367	358	335	309	283	25.43	50											332	310	287	262	257	240	222	203	45	80
240	552	516	477	436	425	397	367	336	28.29	50											396	370	342	313	306	286	264	242	50.6	100

注：单根电缆穿管埋地，其长期允许电流按敷设在空气中考虑。

表 31-39　1kV 聚氯乙烯绝缘及护套电缆（四芯）长期允许载流量

电缆型号：VV、VLV

线芯允许工作温度：＋65℃

环境温度：＋15℃、＋20℃、＋25℃、＋30℃、＋35℃、＋40℃

电缆截面（mm^2）	空气中敷设长期允许载流量（A）										直埋敷设长期允许载流量（A）															
	铜芯				铝芯				外径（mm）	管径（mm）	土壤热阻系数 0.8℃·m/W								土壤热阻系数 1.2℃·m/W							
											铜芯				铝芯				铜芯				铝芯			
	25℃	30℃	35℃	40℃	25℃	30℃	35℃	40℃			15℃	20℃	25℃	30℃	15℃	20℃	25℃	30℃	15℃	20℃	25℃	30℃	15℃	20℃	25℃	30℃
3×4＋1×2.5	29	27	25	23	22	20	19	17	14.0	25	42	40	38	35	32	31	29	27	39	37	35	33	30	28	27	25
3×6＋1×4	38	35	33	30	29	27	25	23	15.4	32	54	51	48	45	41	39	37	34	49	46	44	41	38	36	34	32
3×10＋1×6	51	47	44	40	40	37	34	31	18.3	32	73	69	65	60	56	53	50	47	65	61	58	54	50	48	45	42
3×16＋1×10	68	63	59	54	53	49	46	42	21.1	40	94	89	84	78	73	69	65	61	85	80	76	71	65	61	58	54
3×25＋1×16	92	86	79	72	71	66	61	56	24.7	50	124	117	111	104	96	91	86	80	112	106	100	93	86	81	77	72
3×35＋1×16	115	107	99	91	89	83	77	70	26.9	50	155	147	139	130	120	113	107	100	138	130	123	115	106	101	95	89
3×50＋1×25	144	134	124	114	111	104	96	87	29.6	50	194	183	173	162	149	141	133	124	170	161	152	142	131	124	117	109
3×70＋1×35	178	166	154	140	136	127	117	107	32.8	70	233	220	208	194	179	169	160	149	205	194	183	171	157	148	140	131
3×95＋1×50	218	204	188	172	168	157	145	133	37.0	70	279	264	249	233	214	202	191	178	244	231	218	204	187	177	167	156
3×120＋1×70	252	235	218	199	195	182	168	154	40.8	70	319	302	285	266	246	233	220	206	278	263	248	232	215	203	192	179
3×150＋1×70	297	277	257	234	228	213	197	180	45.2	80	368	349	329	307	283	268	253	236	320	303	286	267	246	233	220	206
3×185＋1×95	341	319	295	269	263	246	227	208	50.0	100	414	392	370	346	320	303	286	267	359	340	321	300	278	263	248	232

注：单根电缆穿管埋地，其长期允许电流按空气中敷设考虑。

表 31-40　1kV 聚氯乙烯绝缘及护套电缆(一～三芯)直埋敷设长期允许载流量

电缆型号:VV、VLV

线芯允许工作温度:+65℃

环境温度:+15℃、+20℃、+25℃、+30℃

电缆截面(mm²)	土壤热阻系数 0.8℃・m/W 时,电缆长期允许载流量(A)																							
	铜芯												铝芯											
	一芯				二芯				三芯				一芯				二芯				三芯			
	15℃	20℃	25℃	30℃	15℃	20℃	25℃	30℃	15℃	20℃	25℃	30℃	15℃	20℃	25℃	30℃	15℃	20℃	25℃	30℃	15℃	20℃	25℃	30℃
1.0	30	28	27	25	22	21	20	19	20	19	18	17												
1.5	38	36	34	32	29	27	26	24	24	23	22	20												
2.5	50	48	45	42	39	37	35	33	33	32	30	28	39	37	35	33	30	28	27	25	26	24	23	21
4	68	64	61	57	50	48	45	42	43	41	39	36	52	50	47	44	39	37	35	33	33	32	30	28
6	86	81	77	72	64	60	57	53	55	52	49	46	66	62	59	55	48	45	43	40	42	40	38	35
10	115	109	103	96	85	80	76	71	74	70	66	62	89	85	80	75	66	62	59	55	57	54	51	47
16	154	146	138	129	113	107	101	94	96	91	86	80	119	112	106	99	86	81	77	72	75	71	67	62
25	205	194	183	171	147	139	131	122	129	122	115	107	157	148	140	131	113	107	101	94	97	92	87	81
35	247	234	221	206	175	165	156	146	158	149	141	132	190	180	170	159	134	127	120	112	121	114	108	101
50	304	288	272	254	215	203	192	179	191	181	171	160	235	222	210	196	166	157	148	138	148	140	132	123
70	373	353	333	311	263	249	235	220	235	222	210	196	287	271	256	239	201	191	180	168	181	172	162	151
95	439	415	392	366	313	297	280	262	279	264	249	233	338	320	302	282	242	229	216	202	215	203	192	179
120	505	478	451	421	358	339	320	299	317	300	283	264	390	369	348	325	276	262	247	231	244	231	218	204
150	578	547	516	482	409	387	365	341	365	345	326	305	439	415	392	366	313	297	280	262	280	265	250	234
185	640	606	572	535					411	389	367	343	488	462	436	407					317	300	283	264
240	747	707	667	623					475	449	424	396	578	547	516	482					366	346	327	306

表 31-41　1kV 聚氯乙烯绝缘及护套电缆(一～三芯)直埋敷设长期允许载流量

电缆型号:VV、VLV

线芯允许工作温度:+65℃

环境温度:+15℃、+20℃、+25℃、+30℃

电缆截面(mm²)	土壤热阻系数 1.2℃・m/W 时,电缆长期允许载流量(A)																							
	铜芯												铝芯											
	一芯				二芯				三芯				一芯				二芯				三芯			
	15℃	20℃	25℃	30℃	15℃	20℃	25℃	30℃	15℃	20℃	25℃	30℃	15℃	20℃	25℃	30℃	15℃	20℃	25℃	30℃	15℃	20℃	25℃	30℃
1.0	28	26	25	23	21	20	19	18	18	17	16	15												
1.5	35	33	31	29	27	25	24	22	22	21	20	19												
2.5	47	44	42	39	36	34	32	30	30	28	27	25	36	34	32	30	27	25	24	22	22	21	20	19
4	63	59	56	52	46	43	41	38	39	37	35	33	48	45	43	40	36	34	32	30	30	28	27	25
6	78	74	70	65	58	55	52	48	49	46	44	41	60	57	54	50	45	42	40	37	38	36	34	32

续表 31-41

电缆截面(mm²)	土壤热阻系数 1.2℃·m/W 时,电缆长期允许载流量(A)																							
	铜芯												铝芯											
	一芯				二芯				三芯				一芯				二芯				三芯			
	15℃	20℃	25℃	30℃	15℃	20℃	25℃	30℃	15℃	20℃	25℃	30℃	15℃	20℃	25℃	30℃	15℃	20℃	25℃	30℃	15℃	20℃	25℃	30℃
10	105	99	94	88	77	73	69	64	66	62	59	55	80	76	72	67	59	56	53	49	51	49	46	43
16	139	131	124	116	102	96	91	85	86	81	77	72	106	101	95	89	78	74	70	65	66	62	59	55
25	182	173	163	152	132	125	118	110	113	107	101	94	140	132	125	117	102	96	91	85	87	82	78	73
35	219	208	196	183	155	147	139	130	139	131	124	116	169	160	151	141	120	113	107	100	106	101	95	89
50	270	255	241	225	191	181	171	160	168	159	150	140	207	196	185	173	148	140	132	123	130	123	116	108
70	327	309	292	273	233	220	208	194	206	195	184	172	252	238	225	210	179	169	160	149	158	149	141	132
95	390	369	348	325	288	272	257	240	244	231	218	204	299	283	267	249	214	202	191	178	188	178	168	157
120	439	415	392	366	316	299	282	263	276	262	247	231	341	323	305	285	244	231	218	204	213	201	190	177
150	500	474	447	418	360	341	322	301	317	300	283	264	384	363	343	321	278	263	248	232	244	231	218	204
185	560	530	500	467					356	337	318	297	431	408	385	360					276	262	247	231
240	652	617	582	544					412	390	368	344	500	474	447	418					318	301	284	265

表 31-42 1kV 聚氯乙烯绝缘及护套铠装电缆(二、三芯)长期允许载流量

电缆型号:VV29

线芯允许工作温度:+65℃

环境温度:+15℃、+20℃、+25℃、+30℃、+35℃、+40℃

电缆截面(mm²)	空气中敷设长期允许载流量(A)								直埋敷设长期允许载流量(A)															
									土壤热阻系数 0.8℃·m/W								土壤热阻系数 1.2℃·m/W							
	二芯				三芯				二芯				三芯				二芯				三芯			
	25℃	30℃	35℃	40℃	25℃	30℃	35℃	40℃	15℃	20℃	25℃	30℃	15℃	20℃	25℃	30℃	15℃	20℃	25℃	30℃	15℃	20℃	25℃	30℃
4	36	33	31	28	31	29	27	24	50	48	45	42	43	41	39	36	46	43	41	38	39	37	35	33
6	45	42	39	35	39	36	34	31	63	59	56	52	55	52	49	46	58	55	52	48	50	48	45	42
10	60	56	52	47	52	48	45	41	82	77	73	68	74	70	66	62	75	71	67	63	66	62	59	55
16	81	76	70	64	71	66	61	56	112	106	100	79	97	92	87	81	101	95	90	84	87	82	78	73
25	106	99	91	84	96	90	83	76	147	139	131	122	129	122	115	107	132	125	118	110	115	109	103	96
35	128	119	111	101	114	106	98	90	176	166	157	147	155	147	139	130	157	148	140	131	138	130	123	115
50	160	149	138	126	141	132	122	111	214	202	191	178	192	182	172	161	191	181	171	160	169	160	151	141
70	197	184	170	155	179	167	155	141	261	247	233	218	250	236	223	208	232	219	207	193	215	203	192	179
95	240	224	207	189	217	203	188	171	311	294	278	260	276	262	247	231	278	263	248	232	242	229	216	202
120	278	260	240	219	252	235	218	199	358	339	320	299	317	300	283	264	318	301	284	265	276	262	247	231
150	319	298	276	252	292	273	252	230	404	382	361	337	363	343	324	303	358	339	320	299	316	299	282	263
185					333	311	288	263					404	382	361	337					353	334	315	294
240					392	366	339	309					471	446	421	393					407	386	364	340

表 31-43 1kV 聚氯乙烯绝缘及护套铠装电缆（二、三芯）长期允许载流量

电缆型号：VLV29

线芯允许工作温度：＋65℃

环境温度：＋15℃、＋20℃、＋25℃、＋30℃、＋35℃、＋40℃

电缆截面 (mm²)	空气中敷设长期允许载流量(A)								直埋敷设长期允许载流量(A)															
									土壤热阻系数 0.8℃·m/W								土壤热阻系数 1.2℃·m/W							
	二芯				三芯				二芯				三芯				二芯				三芯			
	25℃	30℃	35℃	40℃	25℃	30℃	35℃	40℃	15℃	20℃	25℃	30℃	15℃	20℃	25℃	30℃	15℃	20℃	25℃	30℃	15℃	20℃	25℃	30℃
4	27	25	23	21	23	21	20	18	39	37	35	33	33	32	30	24	36	34	32	30	30	28	27	25
6	35	33	30	27	30	28	26	24	48	45	43	40	42	40	38	35	45	42	40	37	38	36	34	32
10	46	43	40	36	40	37	34	31	63	59	56	52	57	54	51	47	58	55	52	48	51	49	46	43
16	62	60	53	49	54	50	47	42	85	80	76	71	75	71	67	62	78	74	70	65	67	63	60	56
25	81	76	70	64	73	68	63	57	112	106	100	93	98	93	88	82	102	96	91	85	88	84	79	74
35	99	92	85	78	88	82	76	69	135	128	121	113	120	113	107	100	121	114	108	101	105	99	94	88
50	123	115	106	97	111	104	96	87	164	156	147	137	149	141	133	124	148	140	132	123	130	123	116	108
70	152	142	131	120	138	129	119	109	201	191	180	168	181	172	162	151	179	169	160	149	159	150	142	133
95	185	173	160	146	167	156	144	132	239	227	214	200	213	201	190	177	214	202	191	178	186	176	166	155
120	215	201	186	170	194	181	168	153	276	262	247	231	244	231	218	204	245	232	219	205	213	201	190	177
150	246	230	213	194	225	210	194	178	310	293	277	259	278	263	248	232	275	261	246	230	242	229	216	202
185					257	240	222	203					312	296	279	261					271	256	242	226
240					305	285	264	241					363	343	324	303					330	313	295	276

表 31-44 1kV 聚氯乙烯绝缘及护套铠装电缆（四芯）长期允许载流量

电缆型号：VV29、VLV29

线芯允许工作温度：＋65℃

环境温度：＋15℃、＋20℃、＋25℃、＋30℃、＋35℃、＋40℃

电缆截面 (mm²)	空气中敷设长期允许载流量(A)								直埋敷设长期允许载流量(A)															
									土壤热阻系数 0.8℃·m/W								土壤热阻系数 1.2℃·m/W							
	铜芯				铝芯				铜芯				铝芯				铜芯				铝芯			
	25℃	30℃	35℃	40℃	25℃	30℃	35℃	40℃	15℃	20℃	25℃	30℃	15℃	20℃	25℃	30℃	15℃	20℃	25℃	30℃	15℃	20℃	25℃	30℃
3×4+1×2.5	30	28	26	24	23	21	20	18	41	39	37	34	32	31	29	27	38	36	34	32	29	27	26	24
3×6+1×4	39	36	34	31	30	28	26	24	54	51	48	45	41	39	37	34	49	46	44	41	38	36	34	32
3×10+1×6	52	48	45	41	40	37	34	31	71	68	64	60	56	53	50	47	65	61	58	54	50	48	45	42
3×16+1×6	70	65	60	55	54	50	47	42	95	90	85	79	73	69	65	61	86	81	77	72	66	62	59	55
3×25+1×10	94	88	81	72	73	68	63	57	124	117	111	104	95	90	85	79	112	106	100	93	86	81	77	72
3×35+1×10	119	111	103	94	92	86	79	72	160	151	143	134	123	116	110	103	141	133	126	118	108	103	97	90
3×50+1×16	149	139	129	118	115	107	99	91	196	185	175	163	151	143	135	126	172	163	154	144	132	125	118	110
3×70+1×25	184	172	159	145	141	132	122	111	236	223	211	197	181	172	162	151	207	196	185	173	159	150	142	133
3×95+1×35	226	211	195	178	174	162	150	137	284	269	254	237	219	208	196	183	247	234	221	206	191	181	171	160
3×120+1×35	260	243	225	205	201	188	174	159	325	307	290	271	250	236	223	208	282	267	252	235	217	205	194	181
3×150+1×50	301	281	260	238	231	216	200	182	366	346	327	306	282	267	252	235	318	301	284	265	244	231	218	204
3×185+1×50	345	322	298	272	266	249	230	210	413	391	369	345	318	301	284	265	357	338	319	298	275	261	246	230

表 31-45　500V 橡皮绝缘氯丁护套电缆（三芯）长期允许载流量

电缆型号：XF、XLF

线芯允许工作温度：+65℃

环境温度：+15℃、+20℃、+25℃、+30℃、+35℃、+40℃

电缆截面 (mm^2)	空气中敷设长期允许载流量（A）										直埋敷设长期允许载流量（A）															
											土壤热阻系数 0.8℃·m/W								土壤热阻系数 1.2℃·m/W							
	铜芯				铝芯				外径	管径	铜芯				铝芯				铜芯				铝芯			
	25℃	30℃	35℃	40℃	25℃	30℃	35℃	40℃	(mm)	(mm)	15℃	20℃	25℃	30℃	15℃	20℃	25℃	30℃	15℃	20℃	25℃	30℃	15℃	20℃	25℃	30℃
1.0	16	15	14	12					10.1	20	24	23	22	20					21	20	19	18				
1.5	20	19	17	16					10.8	20	30	28	27	25					27	25	24	22				
2.5	26	24	22	20	21	19	18	16	11.6	20	39	37	35	33	31	29	28	26	35	33	31	29	28	26	25	23
4	35	33	30	27	27	25	23	21	12.6	25	51	49	46	43	40	38	36	33	45	42	40	37	36	34	32	30
6	44	41	38	35	35	33	30	27	14.7	25	65	61	58	54	51	49	46	43	56	53	50	47	45	42	40	37
10	62	57	53	49	49	46	42	39	18.3	32	87	82	78	73	68	64	61	57	76	72	68	63	59	56	53	49
16	84	78	72	66	65	61	56	51	20.7	40	114	108	102	95	88	84	79	74	99	94	89	83	77	73	69	64
25	112	105	97	88	87	81	75	69	25.2	50	145	138	130	121	114	108	102	95	125	119	112	105	98	93	88	82
35	136	127	117	107	107	100	92	84	27.7	50	175	165	156	146	136	129	122	114	151	143	135	126	119	112	106	99
50	173	162	149	136	136	127	117	107	33.1	70	214	202	191	178	168	159	150	140	185	175	165	154	145	138	130	121
70	209	195	181	165	164	153	142	129	37.2	70	253	239	226	211	199	188	178	166	219	208	196	183	172	163	154	144
95	254	237	220	200	200	187	173	158	42.2	80	302	286	270	252	237	225	212	198	261	247	233	218	205	194	183	171
120	292	273	252	230	230	215	199	182	45.4	80	343	324	306	286	269	254	240	224	294	279	263	246	232	219	207	193
150	337	315	291	266	266	249	230	210	50.9	100	386	366	345	322	303	287	271	253	334	316	298	278	262	248	234	219
185	388	363	335	306	307	287	265	242	55.7	100	437	413	390	364	349	326	308	289	376	356	336	314	297	281	265	248

注：单根电缆穿管埋地，其长期允许电流按在空气中敷设考虑；四芯电缆载流量可借用三芯电缆的载流量值。

表 31-46　0.6/1kV 交联聚乙烯绝缘、聚氯乙烯护套（阻燃）电力电缆载流量（A）

电缆型号：YJV、（YJV-FR）

线芯允许工作温度：＋90℃

环境温度：＋15℃、＋20℃、＋25℃、＋30℃、＋35℃、＋40℃

截面 (mm²)	单芯										三芯										3½芯									
	空气中敷设				土壤中敷设				外径 (mm)	管径 (mm)	空气中敷设				土壤中敷设				外径 (mm)	管径 (mm)	空气中敷设				土壤中敷设				外径 (mm)	管径 (mm)
	25℃	30℃	35℃	40℃	15℃	20℃	25℃	30℃			25℃	30℃	35℃	40℃	15℃	20℃	25℃	30℃			25℃	30℃	35℃	40℃	15℃	20℃	25℃	30℃		
1.5	29	28	27	25	45	43	42	40	5.8	20	22	21	20	19	28	27	26	25	9.8	20										
2.5	39	38	36	34	60	58	56	54	6.2	20	29	28	27	25	37	36	35	33	10.7	20										
4	52	50	48	45	77	74	72	69	6.7	20	38	37	35	34	49	48	46	44	11.8	20	38	37	35	34	49	48	46	44	12.5	25
6	65	63	60	57	97	94	91	87	7.2	20	49	47	45	43	60	58	56	54	12.9	25	49	47	45	43	60	58	56	54	13.7	25
10	90	87	83	79	130	125	121	116	8.0	20	66	64	61	58	81	79	76	73	14.6	25	66	64	61	58	81	79	76	73	15.4	32
16	119	115	110	105	167	162	156	150	8.9	20	87	84	80	76	105	101	98	94	16.5	32	87	84	80	76	105	101	98	94	17.5	32
25	162	156	149	142	216	209	202	194	10.4	20	119	115	110	105	135	130	126	121	20.8	40	119	115	110	105	135	130	126	121	21.8	40
35	199	192	184	175	261	252	243	233	11.5	20	146	141	135	129	163	157	152	146	23.2	40	146	141	135	129	163	157	152	146	23.8	40
50	243	234	224	213	309	299	288	276	13.0	25	179	172	164	157	194	188	181	174	26.4	50	179	172	164	157	194	187	181	174	27.4	50
70	310	298	285	272	380	367	354	340	14.0	25	227	218	208	199	238	230	222	213	29.9	50	227	218	208	199	238	230	222	213	31.0	70
95	381	367	351	335	456	441	425	408	16.4	32	280	269	257	245	287	277	267	256	33.3	70	280	269	257	245	287	277	267	256	35.8	70
120	446	429	410	391	521	503	485	465	17.8	32	325	313	299	286	326	316	305	293	37.8	70	325	313	299	286	327	316	305	293	39.7	70
150	513	493	472	450	585	565	545	523	20.6	40	373	359	343	328	368	357	344	330	41.7	70	373	359	343	328	369	357	344	330	42.9	80
185	594	571	546	521	664	641	618	593	22.5	40	432	416	398	380	417	404	390	374	44.6	80	432	416	398	380	419	404	390	374	47.4	80
240	713	686	656	626	775	749	722	693	24.9	50	517	497	475	454	486	470	453	435	50.1	100	517	497	475	454	486	470	453	435	52.7	100

注：1. 根据上海电缆厂资料，环境温度空气中以 30℃、土壤中以 25℃为基准的，土壤热阻系数 ρ_t＝1.0℃·m/W。

2. 单根电缆穿管，其载流量按空气中敷设考虑，三芯、3½芯及四芯铠装电缆载流量与无铠装的电缆载流量相同。四芯电缆的载流量与三芯电缆载流量相同。

表 31-47 500V 通用橡套软电缆载流量(A)

主线芯截面(mm^2)	中性芯截面(mm^2)	YZ、YZW							
		二芯				三芯、四芯			
		25℃	30℃	35℃	40℃	25℃	30℃	35℃	40℃
0.5	0.5	12	11	10	9	9	8	7	7
0.75	0.75	14	13	12	11	11	10	9	8
1.0	1.0	17	15	14	13	13	12	11	10
1.5	1.0	21	19	18	16	18	16	15	14
2.0	2.0	26	24	22	20	22	20	19	17
2.5	2.5	30	28	25	23	25	23	21	19
4.0	2.5	41	38	35	32	36	32	30	27
6.0	4.0	53	49	45	41	45	42	38	35
主线芯截面(mm^2)	中性芯截面(mm^2)	YC、YCW							
		二芯				三芯、四芯			
		25℃	30℃	35℃	40℃	25℃	30℃	35℃	40℃
2.5	1.5	30	28	25	23	26	24	22	20
4	2.5	39	36	33	30	34	31	29	26
6	4	51	47	44	40	43	40	37	34
10	6	74	69	64	58	63	58	54	49
16	6	98	91	84	77	84	78	72	66
25	10	135	126	116	106	115	107	99	90
35	10	167	156	144	132	142	132	122	112
50	16	208	194	179	164	176	164	152	139
70	25	259	242	224	204	224	209	193	177
95	35	318	297	275	251	273	255	236	215
120	35	371	346	320	293	316	295	273	249

注:三芯电缆中一根线芯不载流时,其载流量按二芯电缆数据。

表 31-48 LJ、HLJ、LGJ 型裸铝绞线、钢芯铝绞线的载流量(A) $\theta_e = 70$℃

截面(mm^2)	LJ 型								HLJ 型				LGJ 型			
	户内				户外				户外				户外			
	25℃	30℃	35℃	40℃	25℃	30℃	35℃	40℃	25℃	30℃	35℃	40℃	25℃	30℃	35℃	40℃
10	55	52	48	45	75	70	66	61	74	70	66	61				
16	80	75	70	65	105	99	92	85	96	91	85	79	105	98	92	85
25	110	103	97	89	135	127	119	109	126	119	111	103	135	127	119	109
35	135	127	119	109	170	160	150	138	154	145	136	126	170	159	149	137

续表 31-48

截面(mm²)	LJ 型								HLJ 型				LGJ 型			
	户 内				户 外				户 外				户 外			
	25℃	30℃	35℃	40℃	25℃	30℃	35℃	40℃	25℃	30℃	35℃	40℃	25℃	30℃	35℃	40℃
50	170	160	150	138	215	202	189	174	193	182	170	158	220	207	193	178
70	215	202	189	174	265	249	233	215	236	222	208	193	275	259	228	222
95	260	244	229	211	325	305	286	247	283	266	249	231	335	315	295	272
120	310	292	273	251	375	352	330	304	324	306	286	265	380	357	335	307
150	370	348	326	300	440	414	387	356	375	353	330	306	445	418	391	360
185	425	400	374	344	500	470	440	405	425	400	374	347	515	484	453	416
240					610	574	536	494	496	467	437	405	610	574	536	494
300					680	640	597	550	570	536	502	465	700	658	615	566

表 31-49 TJ 型裸铜绞线的载流量(A)　　$\theta_e = 70$℃

截面(mm²)	户 内				户 外			
	25℃	30℃	35℃	40℃	25℃	30℃	35℃	40℃
4	25	24	22	20	50	47	44	41
6	35	33	31	28	70	66	62	57
10	60	56	53	49	95	89	84	77
16	100	94	88	81	130	122	114	105
25	140	132	123	104	180	169	158	146
35	175	165	154	142	220	207	194	178
50	220	207	194	178	270	254	238	219
70	280	263	246	227	340	320	300	276
95	340	320	299	276	415	390	365	336
120	405	380	356	328	485	456	426	393
150	480	451	422	389	570	536	501	461
185	550	516	484	445	645	606	567	522
240	650	610	571	526	770	724	678	624
300					890	835	783	720

表 31-50 TRJ 型裸铜软绞线的载流量(A)　　$\theta_e = 70$℃

截面(mm²)	户 内				截面(mm²)	户 内			
	25℃	30℃	35℃	40℃		25℃	30℃	35℃	40℃
10	77	72	67	62	120	441	415	388	359
16	101	95	88	82	150	494	465	435	402
25	152	143	133	124	185	606	570	533	494
35	188	177	165	153	240	709	666	624	577

续表 31-50

截面 (mm²)	户内				截面 (mm²)	户内			
	25℃	30℃	35℃	40℃		25℃	30℃	35℃	40℃
50	232	218	204	189	300	850	800	748	692
70	315	296	277	256	400	1045	981	920	850
95	371	349	326	302	500	1215	1142	1070	990

注：1. 本表为计算数据，供使用参考。

2. 当本型导线应用在电弧炼钢炉上时，因受热辐射较大，一般按电流密度 1.5A/mm² 选择截面。

表 31-51 橡皮、塑料绝缘(二根)穿管导线在断续负载下的载流量(A)

导线截面 (mm²)	导线发热时间常数 (min)		环境温度 (℃)	铝芯						铜芯					
				t=1min				t=5min		t=1min				t=5min	
				负载持续率 FC (%)											
	铝芯	铜芯		5	10	20	50	60	65	5	10	20	50	60	65
1.5		2.5	30							73	52	37	24	20	19
			35							69	49	35	23	19	18
2.5	3.05	3.37	30	79	56	40	25	21	21	108	77	55	35	29	29
			35	75	53	38	24	20	20	100	71	50	32	27	27
4	3.51	4.02	30	108	77	55	35	30	29	143	101	72	46	39	38
			35	100	71	51	33	27	27	134	95	68	44	37	36
6	4.8	5	30	145	102	73	47	40	39	192	136	97	62	53	52
			35	136	96	69	44	38	37	179	127	90	58	49	48
10	5.28	6.17	30	205	145	103	66	57	55	271	192	136	87	75	73
			35	188	133	94	60	52	50	250	177	126	80	69	67
16	6.53	7.77	30	263	186	132	85	74	71	347	245	174	111	97	94
			35	246	174	123	79	69	66	321	227	161	103	90	87
25	9	10.75	30	349	247	174	111	98	95	459	325	231	147	130	125
			35	322	228	161	103	91	88	424	300	213	136	120	115
35	10.58	12.85	30	432	307	218	138	123	119	570	404	286	182	161	156
			35	379	282	200	127	113	109	531	376	266	169	150	145
50	13.6	16.65	30	545	385	273	173	155	149	717	508	360	228	204	197
			35	506	357	253	161	144	138	664	471	333	211	189	182
70	15	18.67	30	677	479	340	215	192	185	886	627	446	283	253	243
			35	625	441	314	199	177	170	816	577	410	261	233	224
95	18.6	23.17	30	824	585	413	262	235	226	1076	760	539	342	306	296
			35	763	541	382	242	218	209	992	701	497	316	282	273

续表 31-51

导线截面 (mm²)	导线发热时间常数 (min)		环境温度 (℃)	铝芯						铜芯					
				t=1min				t=5min		t=1min				t=5min	
				负载持续率 FC (%)											
	铝芯	铜芯		5	10	20	50	60	65	5	10	20	50	60	65
120	19.2	23.83	30	948	673	477	301	271	260	1240	876	621	395	355	341
			35	873	619	439	277	249	239	1147	810	575	365	329	316
150	23	28.5	30	1074	760	539	340	306	296	1404	995	703	447	402	386
			35	990	701	497	313	282	273	1302	923	652	414	373	358

表 31-52 橡皮、塑料绝缘(三根)穿管导线在断续负载下的载流量(A)

导线截面 (mm²)	导线发热时间常数 (min)		环境温度 (℃)	铝芯							铜芯						
				t=1min		t=5min		t=10min			t=1min		t=5min		t=10min		
				负载持续率 FC (%)													
	铝芯	铜芯		10	20	60	65	25	40	60	10	20	60	65	25	40	60
1.5		3.07	30								47	33	18	18	21	18	17
			35								44	31	17	16	19	17	16
2.5	3.73	4.13	30	50	36	19	19	23	20	18	69	49	27	26	32	28	25
			35	47	34	18	18	22	19	17	63	44	24	23	30	25	23
4	4.32	4.92	30	69	49	29	28	33	28	25	91	64	35	34	44	37	33
			35	63	45	27	26	30	25	23	85	60	33	32	41	35	31
6	5.27	6.13	30	94	66	37	35	46	39	34	121	86	48	47	62	52	45
			35	88	62	34	33	43	36	32	112	80	44	43	57	48	42
10	6.48	7.55	30	131	93	51	50	67	56	49	172	122	68	66	90	75	65
			35	119	84	47	45	61	51	44	157	111	61	60	82	68	59
16	8.02	9.52	30	169	120	67	65	89	74	64	220	155	87	84	119	98	84
			35	156	111	62	60	83	69	59	204	144	81	78	111	91	78
25	11	13.2	30	220	156	88	85	121	99	84	289	204	116	111	163	133	111
			35	201	143	80	78	111	91	77	267	189	107	103	150	123	103
35	13	15.7	30	270	191	109	104	152	123	105	355	252	142	138	204	165	139
			35	252	178	101	97	141	115	98	327	232	131	127	188	152	128
50	16.7	20.5	30	343	243	137	133	198	160	134	447	316	180	173	261	211	176
			35	318	225	127	123	183	149	124	416	294	167	161	243	197	163
70	18.5	22.8	30	437	311	176	169	255	206	172	563	399	227	219	331	266	223
			35	402	286	162	156	235	189	158	519	368	209	202	305	245	206
95	22.8	28.3	30	526	373	213	205	311	248	208	687	486	278	267	409	328	274
			35	485	344	197	189	287	229	192	637	450	258	247	379	304	254

续表 31-52

导线截面 (mm²)	导线发热时间常数 (min) 铝芯	导线发热时间常数 (min) 铜芯	环境温度 (℃)	铝芯 t=1min FC 10	铝芯 t=1min FC 20	铝芯 t=5min FC 60	铝芯 t=5min FC 65	铝芯 t=10min FC 25	铝芯 t=10min FC 40	铝芯 t=10min FC 60	铜芯 t=1min FC 10	铜芯 t=1min FC 20	铜芯 t=5min FC 60	铜芯 t=5min FC 65	铜芯 t=10min FC 25	铜芯 t=10min FC 40	铜芯 t=10min FC 60
120	23.5	29.2	30	613	435	249	239	364	292	243	791	559	320	307	474	380	315
			35	566	402	230	221	336	269	224	731	517	296	284	438	352	291
150	28.2	34.8	30	703	497	284	273	421	338	280	907	641	367	352	549	436	364
			35	650	459	263	252	389	312	259	841	595	340	327	509	404	337

表 31-53 橡皮、塑料绝缘穿管导线在短时负载下的载流量(A)

导线截面 (mm²)	环境温度 (℃)	铝芯二根 τ (min)	铝芯二根 t=1	铝芯二根 t=5	铝芯二根 t=15	铝芯二根 t=30	铝芯三根 τ (min)	铝芯三根 t=1	铝芯三根 t=5	铝芯三根 t=15	铝芯三根 t=30	铜芯二根 τ (min)	铜芯二根 t=1	铜芯二根 t=5	铜芯二根 t=15	铜芯二根 t=30	铜芯三根 τ (min)	铜芯三根 t=1	铜芯三根 t=5	铜芯三根 t=15	铜芯三根 t=30
1.5	30											2.5	36	22	18	18	3.07	35	20	16	16
	35												34	21	17	17		32	19	15	15
2.5	30	3.05	41	24	19	19	3.73	40	23	19	17	3.37	59	34	26	26	4.13	57	31	26	23
	35		39	23	18	18		38	21	18	16		54	31	24	24		52	29	24	21
4	30	3.51	60	34	30	26	4.32	58	32	26	23	4.02	83	46	39	34	4.92	80	40	35	30
	35		55	31	28	24		53	29	24	21		78	43	37	32		75	43	33	28
6	30	4.8	90	48	40	34	5.27	85	45	36	31	5	121	65	53	45	6.13	119	61	48	40
	35		85	46	38	32		80	42	34	29		113	61	49	42		110	57	44	37
10	30	5.28	133	70	57	48	6.48	130	67	52	50	6.17	187	97	75	63	7.55	183	92	69	63
	35		122	64	52	44		118	61	47	45		172	89	70	58		167	84	63	58
16	30	6.53	186	96	74	71	8.02	184	93	69	64	7.77	265	133	99	93	9.52	258	128	91	84
	35		174	89	69	66		171	86	64	59		245	123	92	86		240	119	85	78
25	30	9	284	141	102	93	11	276	135	94	84	10.75	405	198	139	125	13.2	396	190	129	112
	35		262	130	94	86		253	123	86	77		374	183	129	115		366	176	119	104
35	30	10.58	379	185	130	118	13	367	176	121	105	12.85	546	264	179	157	15.7	528	252	167	142
	35		348	170	120	108		342	164	112	98		508	245	167	146		486	232	154	131
50	30	13.6	534	256	175	151	16.7	524	248	164	138	16.65	777	368	243	205	20.5	753	353	229	187
	35		495	238	162	140		486	230	152	128		720	341	225	190		701	328	213	174
70	30	15	694	334	223	191	18.5	692	330	215	179	18.67	1011	476	311	259	22.8	999	466	295	241
	35		640	308	206	176		638	304	198	165		930	438	287	238		921	430	272	222
95	30	18.6	942	441	290	230	22.8	932	435	279	225	23.17	1358	634	406	328	28.3	1351	626	392	311
	35		872	408	268	221		860	401	257	207		1252	584	374	302		1252	580	363	288
120	30	19.2	1094	516	337	279	23.5	1091	513	327	264	23.83	1587	742	470	381	29.2	1580	731	456	360
	35		1008	475	311	257		1005	474	302	244		1468	686	435	352		1461	675	421	333

续表 31-53

导线截面 (mm²)	环境温度 (℃)	铝芯二根					铝芯三根					铜芯二根					铜芯三根				
		τ (min)	工作时间 t(min)				τ (min)	工作时间 t(min)				τ (min)	工作时间 t(min)				τ (min)	工作时间 t(min)			
			1	5	15	30		1	5	15	30		1	5	15	30		1	5	15	30
150	30	23	1348	632	403	328	28.2	1345	630	401	318	28.5	1962	910	570	453	34.8	1960	907	560	436
	35		1243	582	372	302		1240	580	370	294		1820	844	529	420		1816	841	520	404

表 31-54 橡皮、塑料绝缘明敷导线在断续负载下的载流量(A)

导线截面 (mm²)	导线发热时间常数 (min)		环境温度 (℃)	铝芯									铜芯								
				t=1min				t=5 min		t=10min			t=1min				t=5 min		t=10min		
				负载持续率 FC (%)																	
	铝芯	铜芯		5	10	20	50	60	65	25	40	60	5	10	20	50	60	65	25	40	60
1.5		1.43	30										92	66	47	32	26	26	27	26	25
			35										84	60	43	29	24	24	25	23	23
2.5	1.75	1.93	30	98	70	50	33	27	26	28	26	25	127	90	64	42	34	34	37	34	32
			35	90	64	46	30	24	24	26	24	23	119	85	60	40	32	32	35	32	30
4	2.02	2.3	30	127	91	65	42	34	34	38	34	32	169	121	86	56	46	45	51	46	43
			35	119	85	61	40	32	32	35	32	30	153	109	78	51	42	41	46	41	39
6	2.47	2.87	30	170	121	86	56	46	45	49	45	43	223	158	113	73	61	59	69	61	56
			35	154	109	78	51	42	41	47	42	39	206	146	104	68	56	55	64	57	52
10	3.03	3.53	30	248	176	126	81	68	66	78	69	63	330	234	166	108	91	88	107	93	84
			35	232	164	117	76	63	62	73	64	59	305	217	154	100	84	82	99	86	78
16	3.75	4.45	30	331	235	167	108	91	89	109	94	85	432	307	218	139	119	116	147	131	112
			35	306	217	155	100	84	82	100	87	79	403	286	203	130	111	108	137	122	104
25	5.17	6.17	30	436	310	219	141	121	117	152	128	114	582	412	293	187	162	156	209	175	154
			35	406	289	204	131	113	109	141	119	106	539	381	271	174	150	145	194	162	142
35	6.07	7.37	30	554	392	278	179	155	149	200	166	146	727	517	366	233	203	196	270	223	193
			35	511	362	257	165	143	138	184	153	134	671	477	338	215	187	181	249	206	178
50	7.83	9.55	30	707	500	355	226	199	192	264	218	189	937	666	471	301	264	256	361	296	253
			35	655	463	329	210	184	178	244	202	175	863	614	433	277	243	235	332	273	233
70	8.63	10.7	30	898	636	451	288	253	245	340	280	241	1162	824	585	372	330	316	452	369	316
			35	828	587	416	266	233	226	313	258	222	1075	762	541	344	305	292	418	342	292
95	10.7	13.3	30	1079	765	543	346	306	294	420	343	294	1413	1001	708	451	399	386	566	460	389
			35	1000	710	504	320	284	272	389	318	272	1308	927	655	417	369	357	524	426	360
120	11	13.7	30	1266	896	636	404	358	347	494	404	344	1645	1163	823	523	467	449	658	535	452
			35	1174	831	589	375	332	321	458	375	319	1522	1076	761	484	432	415	609	495	418
150	13.2	16.3	30	1475	1045	739	470	420	403	588	480	403	1936	1369	970	614	549	531	790	636	535
			35	1365	967	684	435	389	373	544	444	373	1790	1266	897	568	507	491	731	588	495

表 31-55 橡皮、塑料绝缘明敷导线在短时负载下的载流量(A)

导线截面(mm²)	导线发热时间常数(min)		环境温度(℃)	铝芯				铜芯			
				工作时间 t(min)							
	铝芯	铜芯		1	5	15	30	1	5	15	30
1.5		1.43	30					43	29	25	25
			35					40	27	23	23
2.5	1.75	1.93	30	43	29	25	25	59	38	32	32
			35	40	27	23	23	55	36	30	30
4	2.02	2.3	30	59	38	32	32	83	52	42	42
			35	55	36	30	30	75	47	38	38
6	2.47	2.87	30	83	52	42	42	114	68	54	54
			35	75	47	38	38	106	63	50	50
10	3.03	3.53	30	130	77	60	60	183	104	79	79
			35	121	71	56	56	169	96	73	73
16	3.75	4.45	30	188	106	91	79	262	143	119	102
			35	173	98	84	73	244	133	111	95
25	5.17	6.17	30	279	149	120	102	401	208	163	135
			35	260	138	112	95	371	192	151	125
35	6.07	7.37	30	380	198	155	129	542	275	206	195
			35	351	183	143	119	500	254	190	180
50	7.83	9.55	30	541	272	204	189	785	387	277	253
			35	501	252	189	175	722	356	255	233
70	8.63	10.7	30	715	356	261	241	1024	500	354	316
			35	659	328	241	222	947	462	327	292
95	10.7	13.3	30	951	464	328	293	1381	663	451	389
			35	881	430	304	272	1278	614	417	360
120	11	13.7	30	1127	549	384	344	1627	778	527	456
			35	1045	509	356	319	1505	719	488	422
150	13.2	16.3	30	1431	689	467	406	2076	983	649	549
			35	1325	637	432	376	1920	909	601	507

表 31-56 空气中敷设的铝芯塑料电力电缆在断续负载下的载流量(A)

芯线截面 (mm^2)	环境温度 (℃)	二芯 τ (min)	二芯 t=1min FC(%) 5	10	20	50	二芯 t=5min FC(%) 60	65	三芯 τ (min)	三芯 t=1min FC(%) 10	20	三芯 t=5min FC(%) 60	65	三芯 t=10min FC(%) 25	40	60
2.5	30	5.23	81	57	41	26	22	22	5.43	42	30	16	16	23	18	15
	35		73	51	36	23	20	19		39	28	15	15	21	16	14
4	30	6.00	103	73	52	33	29	28	6.40	61	43	23	23	34	26	23
	35		95	67	47	30	26	25		58	41	22	22	32	24	21
6	30	7.58	139	98	70	44	39	38	7.60	83	59	33	32	48	36	31
	35		126	89	63	40	35	34		77	54	30	29	44	33	29
10	30	7.72	187	132	93	59	52	50	9.20	114	80	45	44	68	50	43
	35		174	123	87	55	49	47		105	74	42	40	62	46	40
16	30	10.6	249	176	125	80	70	68	11.45	152	108	61	59	93	68	58
	35		231	164	116	74	65	63		139	99	56	54	85	63	53
25	30	14.9	343	242	172	109	97	93	15.7	209	148	84	81	133	97	81
	35		317	224	159	101	90	86		193	137	77	75	123	90	75
35	30	13.1	390	277	196	124	111	107	14.3	252	178	101	97	159	116	98
	35		360	255	180	115	102	98		233	165	94	90	147	108	91
50	30	16.0	493	349	247	157	140	135	18.5	312	222	126	121	202	147	123
	35		457	324	230	145	130	126		290	206	117	112	188	136	114
70	30	18.7	622	440	313	197	177	170	20.0	394	278	159	152	256	185	155
	35		577	408	291	183	165	158		363	256	146	140	235	170	142
95	30	22.5	751	532	377	238	244	207	25.8	483	342	190	188	320	231	191
	35		689	488	346	218	196	190		446	315	179	173	295	213	176
120	30	25.5	872	616	437	276	250	240	20.8	559	395	226	219	372	269	222
	35		806	569	404	255	231	222		518	366	209	203	345	249	206
150	30	29.5	1001	709	501	316	287	275	33.7	659	466	266	258	443	317	264
	35		926	656	464	292	265	255		609	430	246	238	409	293	244

注：芯线截面在 $25mm^2$ 以下为圆形，$35mm^2$ 以上为扇形，下同。

表 31-57 空气中敷设的铜芯塑料电力电缆在断续负载下的载流量(A)

芯线截面(mm²)	环境温度(℃)	二芯 τ(min)	二芯 t=1min FC(%) 5	10	20	50	二芯 t=5min FC(%) 60	65	三芯 τ(min)	三芯 t=1min FC(%) 10	20	三芯 t=5min FC(%) 60	65	三芯 t=10min FC(%) 25	40	60
1.5	30	5.00	77	54	38	25	21	20	5.10	42	30	16	16	23	17	15
	35		68	48	34	22	19	18		39	28	15	15	21	16	14
2.5	30	5.67	103	72	51	33	28	28	5.78	60	43	24	23	33	25	22
	35		94	66	47	30	26	25		57	41	22	22	32	24	21
4	30	6.42	142	100	71	45	39	38	6.98	82	58	34	31	47	35	31
	35		129	91	64	41	36	35		76	54	30	29	44	33	29
6	30	8.10	178	126	89	57	50	43	8.30	107	76	42	41	63	47	41
	35		165	116	83	53	46	45		98	70	39	38	58	43	37
10	30	8.50	243	172	122	78	68	66	10.2	147	104	58	56	90	66	57
	35		226	160	114	72	63	61		135	96	53	52	82	61	52
16	30	11.8	324	229	163	103	92	89	12.9	198	140	79	76	123	91	77
	35		298	211	149	95	84	81		183	129	73	70	114	84	71
25	30	16.4	441	312	221	140	125	121	17.5	267	189	107	103	172	125	105
	35		410	290	205	130	116	112		249	176	100	96	160	117	97
35	30	15.3	511	362	256	162	145	140	17	326	231	131	126	210	153	128
	35		472	334	236	150	134	129		301	213	121	116	194	141	118
50	30	19.0	641	452	322	203	182	175	21.2	405	287	162	157	265	192	161
	35		592	418	297	187	169	162		377	267	151	146	247	179	150
70	30	22.3	809	573	406	256	232	223	25.7	508	362	205	197	237	244	202
	35		751	532	377	238	216	207		471	335	190	182	312	226	187
95	30	26.8	983	697	493	313	282	271	31.2	626	444	252	244	420	302	250
	35		912	647	457	290	262	251		579	410	233	225	388	279	231
120	30	30.8	1129	800	566	359	324	313	36.3	720	510	292	280	487	349	290
	35		1045	741	524	333	299	290		666	473	270	260	451	324	268
150	30	35.5	1310	926	655	416	377	363	40.8	857	606	346	333	581	415	344
	35		1212	857	606	385	349	336		794	561	321	308	539	384	319

表 31-58 空气中敷设的塑料电力电缆在短时负载下的载流量(A)

芯线截面(mm²)	环境温度(℃)	铝芯二芯					铝芯三芯					铜芯二芯					铜芯三芯				
		τ (min)	工作时间 t(min)				τ (min)	工作时间 t(min)				τ (min)	工作时间 t(min)				τ (min)	工作时间 t(min)			
			1	5	15	30		1	5	15	30		1	5	15	30		1	5	15	30
1.5	30											5.00	46	25	21	18	5.10	38	20	16	14
	35												41	22	18	16		35	19	15	13
2.5	30	5.23	52	28	22	19	5.43	39	20	16	14	5.67	65	35	28	24	5.78	58	30	24	20
	35		47	25	20	17		36	19	15	13		59	32	26	22		55	28	23	19
4	30	6.00	70	36	29	24	6.40	60	31	24	20	6.42	100	51	40	33	6.98	85	43	33	27
	35		64	33	26	22		57	29	23	19		91	47	36	60		79	40	30	25
6	30	7.58	104	53	39	37	7.60	88	45	33	31	8.10	138	69	51	47	8.30	119	60	44	41
	35		95	48	36	33		82	41	31	29		128	64	47	44		109	54	40	37
10	30	7.72	142	72	53	50	9.20	132	66	47	43	8.50	193	96	70	65	10.2	180	89	63	56
	35		132	67	49	46		121	60	43	40		179	89	65	61		165	81	57	52
16	30	10.6	218	106	75	68	11.45	195	94	66	58	11.8	299	145	100	89	12.9	269	130	89	77
	35		203	99	70	63		179	87	61	53		274	133	92	81		248	120	87	71
25	30	14.9	352	167	112	96	15.7	310	147	98	84	16.4	473	224	149	126	17.5	419	198	152	109
	35		324	155	103	89		287	136	91	77		440	208	138	117		390	185	141	101
35	30	13.1	377	181	123	107	14.3	359	171	116	99	15.3	530	253	169	144	17	505	239	157	132
	35		347	167	114	99		332	159	107	92		489	233	156	132		466	221	145	122
50	30	16.0	523	248	164	140	18.5	501	236	154	128	19.0	736	346	226	187	21.2	697	326	209	171
	35		485	231	153	130		466	219	143	119		680	320	209	173		648	303	145	159
70	30	18.7	710	337	218	182	20	656	308	199	164	22.3	1004	470	300	245	25.7	960	445	282	226
	35		660	313	203	169		604	284	183	151		933	437	279	228		889	412	261	210
95	30	22.5	938	438	280	228	25.8	907	422	266	214	26.8	1334	617	390	311	31.2	1294	598	372	292
	35		861	402	257	209		836	389	245	197		1238	572	362	288		1197	553	344	270
120	30	25.5	1156	538	337	272	29.8	1126	520	325	256	30.8	1639	757	472	372	36.3	1605	738	455	352
	35		1068	497	311	251		1044	482	302	237		1517	701	436	344		1486	683	421	326
150	30	29.5	1423	660	411	325	33.7	1411	651	403	315	35.5	2035	935	578	448	40.8	2017	925	565	434
	35		1316	610	380	301		1303	601	372	291		1883	865	535	415		1869	857	523	402

31.4 按允许电压降校验电线和电缆

根据发热条件选择的电线和电缆，还须按照用电设备允许的电压降来进行校验，以保证设备正常运行。

31.4.1 各种用电设备的允许电压降

各种用电设备的允许电压降参考值见表 31-59。

表 31-59 各种用电设备的允许电压降参考值

受电设备种类及运转条件	允许电压降（%）
1. 电动机	
（1）连续运转（正常计算值）	5
（2）连续运转（个别特别远的电动机）	
1）正常条件下	8～10
2）事故条件下	10～12
（3）短时运转（例如，当起动相邻大型电机时）	20～30①
（4）起动时的端子上	
1）频繁起动	10
2）不频繁起动	15～20②
3）由单独变压器供电	＞20
2. 白炽灯	
（1）户内主要场所及车间投光灯照明	2.5
（2）住宅照明，事故照明及室外厂区照明	5
（3）36V 以下低压移动照明及道路照明	10
（4）短时电压波动（次数不多）	不限
3. 荧光灯	
（1）户内主要场所	2.5
（2）短时电压波动	10
4. 高压气体放电灯	
（1）正常工作	2.5
（2）短时电压波动	5
5. 电阻炉	5③
6. 电弧炉	5
7. 电焊设备	
（1）手工弧焊机（焊接变压器、弧焊整流器、直流焊接交流机组）	10
（2）自动电弧焊接	
1）焊接变压器	8
2）直流焊接交流机组	10
3）专用焊接整流器	10
（3）电渣焊机（专用焊接变压器）	15
（4）接触焊接（焊接变压器）	
1）有稳压装置	10(15)④
2）无稳压装置	8
8. 电镀装置	10
9. 电解装置	5
10. 起重机	
（1）交流起重机的电动机起动时	15
（2）直流起重机的电动机起动时	20
11. 直流牵引网路	
（1）正常情况	15
（2）严重条件下，供电末端的短时电压	30

①对于少数带有冲击负荷的电动机（这些电动机是根据转矩要求来选择的），其电压降的允许值应根据计算确定。
②一般不大于 15%；当电动机能保证生产机械所要求的起动转矩且不影响同一线路其它用电设备的供电时，允许不大于 20%。
③电阻炉电压长期较低时，将使工艺过程受到影响。
④括弧中的数值仅适用于直流冲击波系列点焊机。

31.4.2 电压损失计算

31.4.2.1 线路的电压损失计算公式

线路的电压损失计算公式列于表 31-60，其电压损失计算系数 C 见表 31-61。

表 31-60 线路电压损失计算公式

线路种类	负荷情况	计算公式
三相平衡负荷线路	(1) 终端负荷用电流矩（A·km）表示	$\Delta U\%=\frac{\sqrt{3}}{10U_e}(R_0\cos\varphi+X_0\sin\varphi)Il=\Delta U_a\%Il$
	(2) 几个负荷用电流矩（A·km）表示	$\Delta U\%=\frac{\sqrt{3}}{10U_e}\Sigma[(R_0\cos\varphi+X_0\sin\varphi)Il]=\Sigma(\Delta U_a\%Il)$
	(3) 终端负荷用负荷矩（kW·km）表示	$\Delta U\%=\frac{1}{10U_e^2}(R_0+X_0\mathrm{tg}\varphi)Pl=\Delta U_p\%Pl$
	(4) 几个负荷用负荷矩（kW·km）表示	$\Delta U\%=\frac{1}{10U_e^2}\Sigma[(R_0+X_0\mathrm{tg}\varphi)Pl]=\Sigma(\Delta U_p\%Pl)$
	(5) 整条线路的导线截面、材料及敷设方式均相同且 $\cos\varphi=1$，几个负荷用负荷矩（kW·km）表示	$\Delta U\%=\frac{R_0}{10U_e^2}\Sigma Pl=\frac{1}{10U_e^2\gamma S}\Sigma Pl=\frac{\Sigma Pl}{CS}$
接于线电压的单相负荷线路	(1) 终端负荷用电流矩（A·km）表示	$\Delta U\%=\frac{2}{10U_e}(R_0\cos\varphi+X_0'\sin\varphi)Il\approx 1.15\Delta U_c\%Il$
	(2) 几个负荷用电流矩（A·km）表示	$\Delta U\%=\frac{2}{10U_e}\Sigma[(R_0\cos\varphi+X_0'\sin\varphi)Il]\approx 1.15\Sigma(\Delta U_a\%Il)$
	(3) 终端负荷用负荷矩（kW·km）表示	$\Delta U\%=\frac{2}{10U_e^2}(R_0+X_0'\mathrm{tg}\varphi)Pl\approx 2\Delta U_p\%Pl$
	(4) 几个负荷用负荷矩（kW·km）表示	$\Delta U\%=\frac{2}{10U_e^2}\Sigma[(R_0+X_0'\mathrm{tg}\varphi)Pl]\approx 2\Sigma(\Delta U_p\%Pl)$
	(5) 整条线路的导线截面、材料及敷设方式均相同，且 $\cos\varphi=1$，几个负荷用负荷矩（kW·km）表示	$\Delta U\%=\frac{2R_0}{10U_e^2}\Sigma Pl$
接于相电压的两相一零线平衡负荷线路	(1) 终端负荷用电流矩（A·km）表示	$\Delta U\%=\frac{1.5\sqrt{3}}{10U_e}(R_0\cos\varphi+X_0\sin\varphi)Il\approx 1.5\Delta U_a\%Il$
	(2) 终端负荷用负荷矩（kW·km）表示	$\Delta U\%=\frac{2.25}{10U_e^2}(R_0+X_0\mathrm{tg}\varphi)Pl\approx 2.25\Delta U_p\%Pl$
	(3) 终端负荷且 $\cos\varphi=1$，用负荷矩（kW·km）表示	$\Delta U\%=\frac{2.25R_0}{10U_e^2}Pl=\frac{2.25}{10U_e^2\gamma S}Pl=\frac{Pl}{CS}$
接相电压的单相负荷线路	(1) 终端负荷用电流矩（A·km）表示	$\Delta U\%=\frac{2}{10U_{e\varphi}}(R_0\cos\varphi+X_0'\sin\varphi)Il\approx 2\Delta U_a\%Il$
	(2) 终端负荷用负荷矩（kW·km）表示	$\Delta U\%=\frac{2}{10U_{e\varphi}^2}(R_0+X_0'\mathrm{tg}\varphi)Pl\approx 6\Delta U_p\%Pl$
	(3) 终端负荷且 $\cos\varphi=1$ 或直流线路用负荷矩（kW·km）表示	$\Delta U\%=\frac{2R_0}{10U_{e\varphi}^2}Pl=\frac{2}{10U_{e\varphi}^2\gamma S}=\frac{Pl}{CS}$

续表 31-60

符号说明	$\Delta U\%$——线路电压损失百分数,% $\Delta U_a\%$——三相线路每 1 安·公里的电压损失百分数,%/A·km $\Delta U_p\%$——三相线路每 1 千瓦·公里的电压损失百分数,%/kW·km U_e——额定线电压,kV $U_{e\phi}$——额定相电压,kV X_0'——单相线路单位长度的感抗,Ω/km,其值可取 X_0 值① R_0、X_0——三相线路单位长度的电阻和感抗,Ω/km I——负荷计算电流,A l——线路长度,km P——有功负荷,kW γ——电导率,S/m,$\gamma=\frac{1}{\rho}$,ρ 为电阻率 Ω·m,见表 31-61 表下注 S——线芯标称截面,m^2 $\cos\varphi$——功率因数 C——功率因数为 1 时的计算系数,见表 31-61

①实际上单相线路的感抗值与三相线路的感抗值不同,但在工程计算中可以忽略其误差,对于 380/220V 线路的电压损失,导线截面为 $50mm^2$ 及以下时误差约 1%,$50mm^2$ 以上时最大误差约 5%。

表 31-61 线路电压损失的计算系数 C 值($\cos\varphi=1$)

线路额定电压(V)	线路系统	C 值计算公式	导线 C 值(θ=50℃)		母线 C 值(θ=65℃)	
			铝	铜	铝	铜
380/220	三相四线	$10\gamma U_e^2$	44.5×10^6	72.0×10^6	42.2×10^6	68.4×10^6
380/220	两相及零线	$\frac{10\gamma U_e^2}{2.25}$	19.8×10^6	32.0×10^6	18.8×10^6	30.4×10^6
220	单相及直流	$5\gamma U_{e\phi}^2$	7.45×10^6	12.1×10^6	7.07×10^6	11.5×10^6
110			1.86×10^6	3.02×10^6	1.77×10^6	2.86×10^6
36			0.200×10^6	0.323×10^6	0.189×10^6	0.307×10^6
24			0.0887×10^6	0.144×10^6	0.084×10^6	0.136×10^6
12			0.0220×10^6	0.036×10^6	0.021×10^6	0.034×10^6
6			0.0055×10^6	0.009×10^6	0.005×10^6	0.009×10^6

注:1. 20℃时 ρ 值 Ω·m,铝母线为 0.029×10^{-6},铜母线为 0.0179×10^{-6},铝导线为 0.031×10^{-6},铜导线为 0.0184×10^{-6}。

2. 计算 C 值时,导线工作温度为 50℃,铝导线 γ 值(S/m)为 30.79×10^6,铜导线为 49.88×10^6,母线工作温度为 65℃,铝母线 γ 值为 29.2×10^6,铜母线为 47.3×10^6;

3. U_e 为额定线电压,kV,$U_{e\phi}$ 为额定相电压,kV。

31.4.2.2 照明线路电压损失计算

照明线路按允许电压损失选择导线截面,大致可分为两种情况来计算电压损失:

(1)全部白炽灯线路,$\cos\varphi=1$,可采用负荷矩法进行计算;

(2)白炽灯与气体放电灯混合照明线路或者单纯气体放电灯照明线路,$\cos\varphi\neq1$,可根据表 31-62 求得总计算电流及功率因数,用电流矩法进行计算。

此外，气体放电灯线路，因谐波电流的影响，线路电流增加，计算较复杂，工程上为简化计算，相线可忽略它的影响，但零线截面应按最大一相的相电流进行选择。

表 31-62 不同容量比例混光的三相四线制平衡负荷的计算电流及功率因数

混光光源的名称	计算项目	白炽灯容量（kW）/气体放电灯容量（kW）													
		$\frac{1}{0}$	$\frac{1}{0.25}$	$\frac{1}{0.5}$	$\frac{1}{0.75}$	$\frac{1}{1}$	$\frac{1}{1.25}$	$\frac{1}{1.5}$	$\frac{1}{1.75}$	$\frac{1}{2}$	$\frac{1}{2.25}$	$\frac{1}{2.5}$	$\frac{1}{2.75}$	$\frac{1}{3}$	$\frac{0}{1}$
白炽灯与荧光灯	I_{js}（A/kW）	1.52	1.7	1.93	2.13	2.3	2.44	2.5	2.64	2.72	2.79	2.84	2.9	2.95	3.34
	$\cos\varphi$	1.0	0.93	0.84	0.77	0.73	0.69	0.67	0.65	0.63	0.62	0.61	0.60	0.59	0.5
白炽灯与高压气体放电灯	I_{js}（A/kW）	1.52	1.61	1.74	1.85	1.94	2.03	2.1	2.16	2.2	2.25	2.28	2.31	2.34	2.78
	$\cos\varphi$	1.0	0.96	0.9	0.86	0.82	0.79	0.77	0.75	0.74	0.73	0.72	0.71	0.7	0.6

表 31-62 中的计算电流为

$$I_{js} = \sqrt{(I_{jb} + I_{ja})^2 + I_{jr}^2} \qquad (31\text{-}3)$$

式中 I_{js}——混光照明计算电流，A；

I_{jb}——白炽灯计算电流，A；

I_{ja}——气体放电灯计算电流有功分量，A；

I_{jr}——气体放电灯计算电流无功分量，A。

其功率因数 $\cos\varphi$ 系指混光照明负荷。表中所列高压气体放电灯容量已包括镇流器损耗，一般按灯容量的 10%计算，功率因数取 0.6；而荧光灯镇流器损耗按灯容量的 20%计算，功率因数取 0.5。另外，若混光照明为单相负荷时，表中计算电流 I_{js}应再乘以 3，其功率因数不变。

31.4.2.3 导线不同电压损失下的负荷矩、电流矩

在不同线路电压下不同电压损失计算系数 C 的负荷矩见表 31-63～表 31-70。

不同线路电压损失的直流电流矩见表 31-71、表 31-72。

31.4.3 导体的阻抗值和电压损失值

户内明敷及穿管导线的电阻和感抗值见表 31-73。

线路的电阻及感抗值见表 31-74～表 31-77。

部分架空线、导线及电缆的电压损失见表 31-78～表 31-81。

表 31-63 不同电压损失下铝导线 380/220V 三相四线负荷矩（kW·m）$\cos\varphi=1$，$C=44.5$

$\Delta U\%$ \ 截面（mm^2）	2.5	4	6	10	16	25	35	50	70	95
0.2	22.2	35.6	53.4	89	142	222	311	445	622	845
0.4	44.5	71.1	107	178	285	445	622	889	1245	1690
0.6	66.7	107	160	267	427	667	934	1334	1867	2534
0.8	88.9	142	213	356	569	889	1245	1778	2490	3379
1.0	111	178	267	445	711	1112	1556	2223	3112	4224
1.2	133	213	320	534	854	1334	1867	2668	3735	5068
1.4	156	249	373	622	996	1556	2179	3112	4357	5913
1.6	178	285	427	711	1138	1778	2490	3557	4980	6758
1.8	200	320	480	800	1280	2001	2801	4001	5602	7603
2.0	222	356	534	889	1423	2223	3112	4446	6224	8447
2.2	245	391	587	978	1565	2445	3423	4891	6847	9292

续表 31-63

ΔU% \ 截面(mm²)	2.5	4	6	10	16	25	35	50	70	95
2.4	267	427	640	1067	1707	2668	3735	5335	7469	10137
2.6	289	462	693	1156	1850	2890	4046	5780	8092	10982
2.8	311	498	747	1245	1991	3112	4357	6224	8714	11826
3.0	333	534	800	1334	2134	3335	4668	6669	9337	12671
3.2	356	569	854	1423	2276	3557	4980	7114	9959	13516
3.4	378	605	907	1511	2418	3779	5291	7558	10581	14361
3.6	400	640	960	1600	2561	4001	5602	8003	11204	15205
3.8	422	676	1013	1689	2703	4224	5913	8447	11826	16050
4.0	445	711	1067	1778	2845	4446	6224	8892	12448	16895
4.2	467	747	1120	1867	2988	4668	6536	9337	13071	17740
4.4	489	782	1173	1956	3130	4891	6847	9781	13694	18584
4.6	511	818	1227	2045	3272	5113	7158	10226	14316	19429
4.8	534	854	1280	2134	3415	5335	7469	10670	14939	20274
5.0	556	889	1334	2223	3557	5558	7780	11115	15561	21119

表 31-64 不同电压损失下铜导线 380/220V 三相四线负荷矩（kW·m）$\cos\varphi=1$，$C=72$

ΔU% \ 截面(mm²)	1.5	2.5	4	6	10	16	25	35	50	70	95
0.2	21.6	36	57.6	86.4	144	231	360	504	720	1008	1369
0.4	43.2	72	115	173	288	461	720	1008	1441	2017	2737
0.6	64.8	108	173	259	432	692	1081	1513	2161	3025	4106
0.8	86.4	144	231	346	576	922	1441	2017	2881	4034	5474
1.0	108	180	288	432	720	1153	1801	2521	3602	5042	6843
1.2	130	216	346	519	864	1383	2161	3025	4322	6051	8211
1.4	151	252	403	605	1008	1614	2521	3530	5042	7059	9580
1.6	173	288	461	692	1153	1844	2881	4034	5762	8067	10949
1.8	195	324	519	778	1297	2075	3241	4538	6483	9076	12317
2.0	216	360	576	864	1441	2305	3602	5042	7203	10084	13686
2.2	238	396	634	951	1585	2536	3962	5546	7923	11093	15054
2.4	259	432	692	1037	1729	2766	4322	6051	8644	12101	16423
2.6	281	468	749	1124	1873	2997	4682	6555	9364	13109	17791
2.8	303	504	807	1210	2017	3227	5042	7059	10084	14118	19160
3.0	324	540	864	1297	2161	3457	5402	7563	10805	15126	20529
3.2	346	576	922	1383	2305	3688	5762	8067	11525	16135	21897

续表 31-64

截面 (mm²) / ΔU%	1.5	2.5	4	6	10	16	25	35	50	70	95
3.4	367	612	980	1469	2449	3918	6123	8572	12245	17143	23266
3.6	389	648	1037	1556	2593	4149	6483	9076	12965	18152	24634
3.8	411	684	1095	1642	2737	4379	6843	9580	13686	19160	26003
4.0	432	720	1153	1729	2881	4610	7203	10084	14406	20168	27371
4.2	454	756	1210	1815	3025	4840	7563	10588	15126	21177	28740
4.4	475	792	1268	1902	3169	5071	7923	11093	15847	22185	30109
4.6	497	828	1325	1988	3313	5301	8284	11597	16567	23194	31477
4.8	519	864	1383	2075	3457	5532	8644	12101	17287	24202	32846
5.0	540	900	1441	2161	3602	5762	9004	12605	18008	25211	34214

表 31-65 不同电压损失下铝导线负荷矩（kW·m）

截面 (mm²) / ΔU%	380/220V 两相及零线 $\cos\varphi=1$，$C=19.8$						220V 单相及直流 $\cos\varphi=1$，$C=7.45$					
	2.5	4	6	10	16	25	2.5	4	6	10	16	25
0.2	9.88	15.8	23.7	39.5	63.2	98.8	3.73	5.96	8.94	14.9	23.8	37.3
0.4	19.8	31.6	47.4	79.0	126	198	7.45	11.9	17.9	29.8	47.7	74.5
0.6	29.6	47.4	71.1	118	190	296	11.2	17.9	26.8	44.7	71.5	112
0.8	39.5	63.2	94.8	158	253	395	14.9	23.8	35.8	59.6	95.4	149
1.0	49.4	79.0	118	197	316	494	18.6	29.8	44.7	74.5	119	186
1.2	59.3	94.8	142	237	379	593	22.4	35.8	53.6	89.4	143	224
1.4	69.2	111	166	276	442	692	26.1	41.7	62.6	104	167	261
1.6	79.0	126	190	316	506	790	29.8	47.7	71.5	119	191	298
1.8	88.9	142	213	356	569	889	33.5	53.6	80.5	134	215	335
2.0	98.8	158	237	395	632	988	37.3	59.6	89.4	149	238	373
2.2	109	174	261	434	696	1087	40.9	65.6	98.3	164	262	410
2.4	118	190	285	474	759	1186	44.7	71.5	107	179	286	447
2.6	128	206	308	514	822	1284	48.4	77.5	116	194	310	484
2.8	138	221	332	553	885	1383	52.2	83.4	125	209	334	522
3.0	148	237	356	593	948	1482	55.9	89.4	134	224	358	559
3.2	158	253	379	632	1012	1580	59.6	95.4	143	238	381	596
3.4	168	269	403	672	1075	1680	63.3	101	152	253	405	633
3.6	178	285	427	711	1138	1778	67.1	107	161	268	429	671
3.8	188	300	451	751	1201	1877	70.8	113	170	283	453	708
4.0	198	316	474	790	1265	1976	74.5	119	179	298	477	745

续表 31-65

截面(mm²) / ΔU%	380/220V 两相及零线 cosφ=1，C=19.8						220V 单相及直流 cosφ=1，C=7.45					
	2.5	4	6	10	16	25	2.5	4	6	10	16	25
4.2	207	332	498	830	1328	2075	78.2	125	188	313	501	782
4.4	217	348	522	869	1391	2174	82.0	131	197	328	524	820
4.6	227	364	545	909	1454	2272	85.7	137	206	343	548	857
4.8	237	379	569	948	1517	2371	89.4	143	215	358	572	894
5.0	247	395	593	988	1581	2470	93.1	149	224	373	596	931

表 31-66 不同电压损失下铜导线负荷矩（kW·m）

截面(mm²) / ΔU%	380/220V 两相及零线 cosφ=1，C=32.0							220V 单相及直流 cosφ=1，C=12.1						
	1.5	2.5	4	6	10	16	25	1.5	2.5	4	6	10	16	25
0.2	9.60	16.0	25.6	38.4	64.0	102	160	3.62	6.04	9.66	14.5	24.1	38.6	60.4
0.4	19.2	32.0	51.2	76.8	128	205	320	7.24	12.1	19.3	29.0	48.3	77.2	121
0.6	28.8	48.0	76.8	115	192	307	480	10.9	18.1	29.0	43.5	72.4	116	181
0.8	38.4	64.0	102	154	256	410	640	14.5	24.1	38.6	57.9	96.6	155	241
1.0	48.0	80.0	128	192	320	512	800	18.1	30.2	48.3	72.4	121	193	302
1.2	57.6	96.0	154	230	384	615	960	21.7	36.2	57.9	86.9	145	232	362
1.4	67.2	112	179	269	448	717	1120	25.4	42.2	67.6	101	169	270	422
1.6	76.8	128	205	307	512	820	1280	29.0	48.3	77.2	116	193	309	483
1.8	86.4	144	230	346	576	922	1440	32.6	54.3	86.9	130	217	348	543
2.0	96.0	160	256	384	640	1024	1600	36.2	60.4	96.6	145	241	386	604
2.2	106	176	282	423	704	1127	1761	39.8	66.4	106	159	266	425	664
2.4	115	192	307	461	768	1229	1921	43.5	72.4	116	174	290	464	724
2.6	125	208	333	499	832	1332	2081	47.1	78.5	126	188	314	502	785
2.8	134	224	358	538	896	1434	2241	50.7	84.5	135	203	338	541	845
3.0	144	240	384	576	960	1537	2401	54.3	90.5	145	217	362	579	905
3.2	154	256	410	615	1024	1639	2561	57.9	96.6	155	232	386	618	966
3.4	163	272	435	653	1088	1741	2721	61.6	103	164	246	410	657	1026
3.6	173	288	461	691	1152	1844	2881	65.2	109	174	261	435	695	1086
3.8	182	304	487	730	1216	1946	3041	68.8	115	184	275	459	734	1147
4.0	192	320	512	768	1280	2049	3201	72.4	121	193	290	483	773	1207
4.2	202	336	538	807	1344	2151	3361	76.0	127	203	304	507	811	1267
4.4	211	352	563	845	1408	2254	3521	79.7	133	212	319	531	850	1328
4.6	221	368	589	884	1473	2356	3681	83.3	139	222	333	555	888	1388
4.8	230	384	615	922	1537	2458	3841	86.9	145	232	348	579	927	1448
5.0	240	400	640	960	1601	2561	4001	90.5	151	241	362	604	966	1509

表 31-67 不同电压损失下 6V 导线负荷矩（单相 $\cos\varphi=1$ 及直流）（W·m） $\theta=50$℃

截面(mm²) / ΔU%	铝 C=0.0055					铜 C=0.009					
	2.5	4	6	10	16	1.5	2.5	4	6	10	16
1	13.8	22.0	33.0	55.0	88.0	13.5	22.5	36.0	54.0	90	144
2	27.5	44.0	66.0	110	176	27.0	45.0	72.0	108	180	288
3	41.3	66.0	99.0	165	264	40.5	67.5	108	162	270	432
4	55	88.0	132	220	352	54.0	90.0	144	216	360	576
5	68.8	110	165	275	440	67.5	113	180	270	450	720
6	82.5	132	198	330	528	81.0	135	216	324	540	864
7	96.3	154	231	385	616	94.5	158	252	378	630	1008
8	110	176	264	440	704	108	180	288	432	720	1152
9	124	198	297	495	792	122	203	324	486	810	1296
10	138	220	330	550	880	135	225	360	540	900	1440

表 31-68 不同电压损失下 12V 导线负荷矩（单相 $\cos\varphi=1$ 及直流）（W·m） $\theta=50$℃

截面(mm²) / ΔU%	铝 C=0.0220					铜 C=0.0359					
	2.5	4	6	10	16	1.5	2.5	4	6	10	16
1	55.0	88.0	132	220	352	53.9	89.8	144	215	359	574
2	110	176	264	440	704	108	180	287	431	718	1149
3	165	264	396	660	1056	162	269	431	646	1077	1723
4	220	352	528	880	1408	215	359	574	862	1436	2298
5	275	440	660	1100	1760	269	449	718	1077	1795	2872
6	330	528	792	1320	2112	323	539	862	1292	2154	3446
7	385	616	924	1540	2464	377	628	1005	1508	2513	4021
8	440	704	1056	1760	2816	431	718	1149	1723	2872	4595
9	495	792	1188	1980	3168	485	808	1292	1939	3231	5170
10	550	880	1320	2200	3520	539	898	1436	2154	3590	5744

表 31-69 不同电压损失下 24V 导线负荷矩（单相 $\cos\varphi=1$ 及直流）（W·m） $\theta=50$℃

截面(mm²) / ΔU%	铝 C=0.0887					铜 C=0.144					
	2.5	4	6	10	16	1.5	2.5	4	6	10	16
1	222	355	532	887	1419	216	360	576	864	1440	2304
2	444	710	1064	1774	2838	432	720	1152	1728	2880	4608
3	665	1064	1597	2661	4258	648	1080	1728	2592	4320	6912
4	887	1419	2129	3548	5677	864	1440	2304	3456	5760	9216
5	1109	1774	2661	4435	7096	1080	1800	2880	4320	7200	11520

续表 31-69

ΔU% \ 截面 (mm²)	铝 C=0.0887					铜 C=0.144					
	2.5	4	6	10	16	1.5	2.5	4	6	10	16
6	1331	2129	3193	5322	8515	1296	2160	3456	5184	8640	13824
7	1552	2484	3725	6209	9934	1512	2520	4032	6048	10080	16128
8	1774	2838	4258	7096	11354	1728	2880	4608	6912	11520	18432
9	1996	3193	4790	7983	12773	1944	3240	5184	7776	12960	20736
10	2218	3548	5322	8870	14192	2160	3600	5760	8640	14400	23040

表 31-70 不同电压损失下 36V 导线负荷矩（单相 $\cos\varphi=1$ 及直流）（W·m） $\theta=50$℃

ΔU% \ 截面 (mm²)	铝 C=0.200					铜 C=0.323					
	2.5	4	6	10	16	1.5	2.5	4	6	10	16
1	499	798	1197	1995	3192	485	808	1292	1939	3232	5171
2	998	1596	2394	3990	6384	969	1615	2584	3878	6464	10342
3	1496	2394	3591	5985	9576	1454	2423	3876	5818	9696	15514
4	1995	3192	4788	7980	12768	1938	3230	5168	7757	12928	20685
5	2494	3990	5985	9975	15960	2423	4038	6460	9696	16160	25856
6	2993	4788	7182	11970	19152	2907	4845	7752	11635	19392	31027
7	3491	5586	8379	13965	22344	3392	5653	9044	13574	22624	36198
8	3990	6384	9576	15960	25536	3876	6460	10336	15514	25856	41370
9	4489	7182	10773	17955	28728	4361	7268	11628	17453	29088	46541
10	4987	7980	11970	19950	31920	4845	8075	12920	19392	32320	51712

表 31-71 不同电压损失下铝导线直流电流矩（A·m）

截面 (mm²) \ ΔU (V)	$\gamma=30.79\times10^6$ S/m					$\theta=50$℃				
	1	2	3	4	5	6	7	8	9	10
2.5	38.5	77	115	154	192	230	269	308	346	385
4	61.6	123	184	246	308	368	431	492	554	616
6	92.4	185	277	369	462	554	647	738	831	924
10	154	308	462	616	770	924	1077	1232	1385	1540
16	246	492	739	985	1232	1478	1724	1970	2217	2460
25	385	770	1155	1540	1924	2310	2694	3080	3464	3850
35	539	1078	1225	2155	2694	2450	3772	4310	4849	5390
50	770	1540	2309	3079	3849	4618	5388	6158	6928	7700
70	1078	2156	3233	4310	5388	6466	7544	8620	9699	10780
95	1463	2926	4388	5850	7313	8776	10237	11700	13162	14630
120	1847	3694	5542	7390	9237	11084	12932	14780	16627	18470
150	2309	4618	6927	9237	11546	13854	16165	18474	20783	23090

表 31-72 不同电压损失下铜导线直流电流矩（A·m）

截面 (mm^2) \ ΔU (V)	$\gamma=49.88\times10^6S/m$					$\theta=50℃$				
	1	2	3	4	5	6	7	8	9	10
1.5	37.4	74.8	112	150	187	224	262	299	337	374
2.5	62.4	125	187	249	312	374	436	499	561	624
4	99.8	200	299	399	499	599	698	798	898	998
6	150	299	449	599	748	898	1047	1197	1347	1496
10	249	499	748	998	1247	1496	1746	1995	2245	2494
16	399	798	1197	1596	1995	2394	2793	3192	3591	3990
25	624	1247	1871	2494	3118	3741	4365	4988	5612	6235
35	873	1746	2619	3492	4365	5237	6110	6983	7856	8729
50	1247	2494	3741	4988	6235	7482	8729	9976	11223	12470
70	1746	3492	5237	6983	8729	10475	12220	13966	15712	17458
95	2369	4739	7108	9477	11847	14215	16585	18954	21323	23693
120	2993	5986	8978	11971	14964	17957	20950	23942	26935	29928
150	3741	7482	11223	14964	18705	22446	26187	29928	33669	37410

表 31-73 室内明线及穿管线的电阻和感抗值

截面 (mm^2)		电阻 (Ω/km)		感抗 (Ω/km)	
		$\theta=50℃$	$\theta=60℃$	明线间距，150mm	穿管线
铝	2.5	13.330	13.800	0.353	0.127
	4	8.254	8.549	0.338	0.119
	6	5.533	5.730	0.325	0.112
	10	3.326	3.445	0.306	0.108
	16	2.083	2.158	0.290	0.102
	25	1.310	1.357	0.277	0.099
	35	0.941	0.974	0.266	0.095
	50	0.647	0.671	0.251	0.091
	70	0.473	0.490	0.242	0.088
	95	0.347	0.360	0.231	0.089
	120	0.278	0.288	0.223	0.083
	150	0.224	0.232	0.216	0.082
	185	0.182	0.188	0.209	0.082
	240	0.139	0.144	0.200	0.080

续表 31-73

截面 (mm²)		电阻 (Ω/km)		感抗 (Ω/km)	
		θ=50℃	θ=60℃	明线间距，150mm	穿管线
铜	1.5	14.000	14.500	0.368	0.138
	2.5	8.400	8.700	0.353	0.127
	4	5.197	5.382	0.338	0.119
	6	3.483	3.608	0.325	0.112
	10	2.050	2.123	0.306	0.108
	16	1.254	1.299	0.290	0.102
	25	0.809	0.838	0.277	0.099
	35	0.581	0.602	0.266	0.095
	50	0.400	0.414	0.251	0.091
	70	0.292	0.303	0.242	0.088
	95	0.218	0.226	0.231	0.089
	120	0.171	0.178	0.223	0.083
	150	0.138	0.143	0.216	0.082
	185	0.112	0.116	0.209	0.082
	240	0.086	0.089	0.200	0.080

表 31-74 LJ 型铝绞线的电阻和感抗值 (Ω/km)

截面 (mm²)			16	25	35	50	70	95	120	150	185	240
导线工作温度 (℃)	50	电阻	2.069	1.331	0.957	0.664	0.475	0.355	0.283	0.225	0.183	0.142
	55		2.106	1.354	0.974	0.676	0.483	0.361	0.288	0.229	0.186	0.144
	60		2.143	1.378	0.991	0.688	0.492	0.368	0.294	0.233	0.189	0.147
	65		2.180	1.402	1.008	0.700	0.500	0.374	0.299	0.237	0.193	0.149
导线几何均距 (m)	0.6	50Hz 时感抗	0.363	0.349	0.339	0.327	0.317	0.304	0.297	0.289	0.283	0.275
	0.8		0.381	0.367	0.357	0.345	0.335	0.322	0.315	0.307	0.301	0.293
	1.0		0.395	0.381	0.371	0.359	0.349	0.336	0.329	0.321	0.315	0.307
	1.25		0.408	0.395	0.385	0.373	0.363	0.350	0.343	0.335	0.329	0.321
	1.5		0.420	0.407	0.396	0.385	0.374	0.361	0.354	0.347	0.340	0.332
	2.0		0.438	0.425	0.414	0.403	0.392	0.379	0.372	0.365	0.358	0.350

表 31-75 LGJ 型钢芯铝绞线的电阻和感抗值（Ω/km）

截面（mm²）			35	50	70	95	120	150	185	240
导线工作温度（℃）	50	电阻	0.892	0.682	0.484	0.353	0.286	0.238	0.184	0.147
	55		0.907	0.694	0.493	0.359	0.291	0.242	0.187	0.150
	60		0.923	0.706	0.501	0.365	0.296	0.246	0.191	0.152
	65		0.939	0.719	0.510	0.372	0.301	0.251	0.194	0.155
导线几何均距（m）	1.5	50Hz 时感抗	0.385	0.376	0.365	0.354	0.347	0.341	0.333	0.326
	2.0		0.403	0.394	0.384	0.372	0.365	0.359	0.351	0.344
	2.5		0.417	0.408	0.398	0.386	0.379	0.373	0.365	0.358
	3.0		0.428	0.420	0.409	0.398	0.391	0.385	0.377	0.370
	3.5		0.438	0.429	0.419	0.407	0.401	0.395	0.387	0.379
	4.0		0.446	0.438	0.427	0.416	0.409	0.403	0.395	0.388
	4.5		0.454	0.445	0.434	0.423	0.416	0.410	0.402	0.395

表 31-76 TJ 型铜绞线的电阻和感抗值（Ω/km）

截面（mm²）			16	25	35	50	70	95	120	150	185	240
导线工作温度（℃）	50	电阻	1.344	0.829	0.605	0.437	0.314	0.224	0.177	0.137	0.116	0.088
	55		1.368	0.844	0.616	0.445	0.319	0.228	0.180	0.141	0.118	0.090
	60		1.392	0.858	0.626	0.452	0.325	0.232	0.183	0.144	0.120	0.091
	65		1.416	0.873	0.637	0.460	0.330	0.236	0.186	0.146	0.123	0.093
导线几何均距（m）	0.6	50Hz 时感抗	0.364	0.349	0.340	0.328	0.314	0.304	0.297	0.289	0.282	0.274
	0.8		0.381	0.367	0.357	0.346	0.332	0.322	0.315	0.307	0.300	0.292
	1.0		0.396	0.381	0.371	0.360	0.346	0.336	0.329	0.321	0.314	0.306
	1.25		0.410	0.395	0.385	0.374	0.360	0.350	0.343	0.335	0.328	0.320
	1.5		0.421	0.407	0.396	0.385	0.371	0.362	0.354	0.347	0.340	0.331
	2.0		0.439	0.425	0.415	0.403	0.389	0.380	0.372	0.365	0.358	0.349
	3.0		0.465	0.450	0.440	0.429	0.415	0.405	0.398	0.390	0.383	0.375

表 31-77　电缆的电阻和感抗值（Ω/km）

截面（mm^2）			2.5	4	6	10	16	25	35	50	70	95	120	150	185	240
线芯工作温度（℃）	50	铝芯电阻					2.209	1.414	1.010	0.707	0.505	0.372	0.294	0.238	0.195	0.152
	60		14.384	8.990	5.997	3.596	2.248	1.438	1.028	0.719	0.514	0.378	0.299	0.243	0.199	0.155
	75		15.128	9.445	6.307	3.782	2.364	1.513	1.081	0.756	0.540	0.398	0.315	0.255	0.209	0.163
	80						2.403	1.538	1.099	0.769	0.549	0.404	0.320	0.259	0.212	0.166
	55	铜芯电阻					1.311	0.839	0.600	0.420	0.300	0.221	0.174	0.142	0.116	0.091
	60		8.538	5.336	3.561	2.134	1.334	0.854	0.610	0.427	0.305	0.225	0.178	0.144	0.118	0.092
	75		8.979	5.612	3.745	2.245	1.403	0.898	0.642	0.449	0.321	0.237	0.187	0.152	0.124	0.097
	80						1.426	0.913	0.652	0.456	0.326	0.241	0.190	0.154	0.126	0.098
油浸纸绝缘三芯电力电缆	1kV	50Hz 时感抗	0.098	0.091	0.087	0.081	0.077	0.067	0.065	0.063	0.062	0.061	0.062	0.062	0.062	0.062
	6kV						0.099	0.088	0.083	0.079	0.076	0.074	0.072	0.072	0.070	0.069
	10kV						0.110	0.098	0.092	0.087	0.083	0.080	0.078	0.077	0.075	0.073
聚氯乙烯绝缘三芯电力电缆	1kV		0.100	0.093	0.093	0.087	0.082	0.075	0.072	0.072	0.069	0.069	0.069	0.070	0.070	0.070
交联聚乙烯绝缘三芯电力电缆	6kV						0.124	0.111	0.105	0.099	0.093	0.089	0.087	0.085	0.082	0.080
	10kV						0.133	0.120	0.113	0.107	0.101	0.096	0.095	0.093	0.090	0.087

注：LJ、HLJ、LGJ、TJ、TRJ 铜（铝）绞线的载流量分别见表 31-48～表 31-50。

表 31-78　380V 三相平衡负荷架空线路的电压损失

截面（mm^2）		环境温度 35℃时的允许负荷（kVA）	电压损失（%/kW·km）$D_j=0.8m$，$\theta=60℃$						电压损失（%/A·km）$D_j=0.8m$，$\theta=60℃$					
			cosφ						cosφ					
			0.5	0.6	0.7	0.8	0.9	1.0	0.5	0.6	0.7	0.8	0.9	1.0
铝	16	61	1.938	1.834	1.751	1.680	1.610	1.482	0.638	0.724	0.807	0.884	0.954	0.975
	25	78	1.395	1.294	1.215	1.146	1.079	0.956	0.459	0.511	0.560	0.604	0.639	0.629
	35	99	1.114	1.016	0.938	0.871	0.806	0.686	0.367	0.401	0.432	0.459	0.477	0.452
	50	124	0.890	0.795	0.720	0.656	0.592	0.476	0.293	0.314	0.332	0.345	0.351	0.314
	70	153	0.742	0.650	0.577	0.515	0.453	0.341	0.247	0.257	0.266	0.271	0.268	0.224
	95	188	0.641	0.552	0.482	0.442	0.362	0.255	0.211	0.218	0.222	0.222	0.215	0.168
	120	217	0.581	0.494	0.426	0.367	0.309	0.204	0.191	0.195	0.196	0.193	0.183	0.134
	150	255	0.529	0.445	0.378	0.321	0.264	0.161	0.174	0.176	0.174	0.169	0.157	0.106
	185	290	0.491	0.409	0.343	0.287	0.232	0.131	0.162	0.161	0.158	0.151	0.137	0.086
	240	371	0.453	0.372	0.309	0.254	0.200	0.102	0.149	0.147	0.142	0.134	0.119	0.067

续表 31-78

截面（mm^2）		环境温度35℃时的允许负荷（kVA）	电压损失（%/kW·km）D_j=0.8m，θ=60℃ cosφ						电压损失（%/A·km）D_j=0.8m，θ=60℃ cosφ					
			0.5	0.6	0.7	0.8	0.9	1.0	0.5	0.6	0.7	0.8	0.9	1.0
铜	16	75	1.419	1.314	1.232	1.160	1.090	0.963	0.467	0.519	0.567	0.611	0.646	0.634
	25	104	1.034	0.933	0.853	0.785	0.717	0.594	0.340	0.368	0.393	0.413	0.425	0.391
	35	128	0.861	0.763	0.686	0.619	0.553	0.434	0.284	0.301	0.316	0.326	0.328	0.285
	50	157	0.728	0.632	0.557	0.493	0.429	0.313	0.240	0.250	0.257	0.259	0.254	0.206
	70	197	0.623	0.532	0.460	0.397	0.336	0.225	0.205	0.210	0.212	0.209	0.199	0.148
	95	240	0.546	0.458	0.388	0.328	0.269	0.161	0.180	0.181	0.179	0.173	0.159	0.106
	120	280	0.504	0.418	0.349	0.290	0.232	0.127	0.166	0.165	0.161	0.153	0.138	0.083
	150	330	0.468	0.383	0.317	0.259	0.203	0.100	0.154	0.151	0.146	0.136	0.120	0.066
	185	373	0.443	0.361	0.296	0.240	0.184	0.084	0.146	0.142	0.136	0.126	0.109	0.055
	240	446	0.412	0.332	0.269	0.214	0.160	0.062	0.136	0.131	0.124	0.113	0.095	0.041

注：表中 D_j—几何均距；θ—导线工作温度。

表 31-79 1kV 油浸纸绝缘电力电缆用于三相 380V 系统的电压损失（%/A·km） θ=75℃

截面（mm^2）	cosφ	0.5	0.6	0.7	0.8	0.9	1.0
铝	2.5	3.486	4.173	4.859	5.543	6.225	6.895
	4	2.191	2.619	3.046	3.469	3.897	4.310
	6	1.472	1.757	2.041	2.324	2.605	2.875
	10	0.894	1.064	1.233	1.401	1.568	1.724
	16	0.569	0.675	0.779	0.883	0.985	1.078
	25	0.371	0.438	0.505	0.570	0.634	0.690
	35	0.272	0.319	0.366	0.412	0.456	0.493
	50	0.197	0.230	0.262	0.293	0.323	0.345
	70	0.148	0.170	0.192	0.214	0.234	0.246
	95	0.115	0.131	0.147	0.162	0.175	0.181
	120	0.096	0.109	0.121	0.132	0.142	0.144
	150	0.083	0.092	0.102	0.110	0.115	0.116
	185	0.072	0.080	0.087	0.093	0.098	0.095
	240	0.062	0.067	0.072	0.076	0.079	0.074

续表 31-79

	截面(mm²) \ cosφ	0.5	0.6	0.7	0.8	0.9	1.0
铜	2.5	2.085	2.491	2.897	3.301	3.703	4.093
	4	1.315	1.571	1.820	2.071	2.320	2.558
	6	0.888	1.056	1.223	1.389	1.554	1.707
	10	0.544	0.644	0.743	0.841	0.937	1.023
	16	0.350	0.412	0.473	0.533	0.591	0.639
	25	0.231	0.270	0.308	0.346	0.382	0.409
	35	0.172	0.199	0.330	0.252	0.276	0.293
	50	0.127	0.146	0.164	0.164	0.197	0.205
	70	0.098	0.110	0.123	0.134	0.144	0.146
	95	0.078	0.087	0.096	0.103	0.109	0.108
	120	0.067	0.074	0.080	0.085	0.089	0.085
	150	0.059	0.064	0.069	0.072	0.075	0.069
	185	0.053	0.057	0.060	0.062	0.063	0.057
	240	0.047	0.049	0.051	0.052	0.052	0.044

表 31-80 1kV 聚氯乙烯绝缘电力电缆用于三相 380V 系统的电压损失（%/A·km） $\theta=60$℃

	截面(mm²) \ cosφ	0.5	0.6	0.7	0.8	0.9	1.0
铝	2.5	3.318	3.970	4.622	5.272	5.920	6.556
	4	2.086	2.492	2.899	3.278	3.708	4.098
	6	1.403	1.640	1.935	2.212	2.479	2.733
	10	0.854	1.007	1.176	1.335	1.475	1.639
	16	0.545	0.615	0.744	0.842	0.938	1.025
	25	0.357	0.421	0.483	0.545	0.605	0.655
	35	0.263	0.307	0.351	0.375	0.436	0.468
	50	0.192	0.223	0.253	0.345	0.309	0.328
	70	0.144	0.166	0.186	0.200	0.225	0.264
	95	0.113	0.129	0.143	0.157	0.169	0.143
	120	0.095	0.107	0.118	0.128	0.136	0.136
	150	0.083	0.092	0.100	0.108	0.114	0.111
	185	0.073	0.080	0.086	0.092	0.096	0.091
	240	0.063	0.068	0.072	0.076	0.077	0.071

续表 31-80

截面 (mm²) ＼ cosφ		0.5	0.6	0.7	0.8	0.9	1.0
铜	2.5	1.985	2.371	2.757	3.140	3.522	3.890
	4	1.258	1.493	1.733	1.971	2.207	2.432
	6	0.848	1.008	1.166	1.298	1.479	1.623
	10	0.521	0.615	0.709	0.802	0.893	0.973
	16	0.336	0.395	0.452	0.486	0.547	0.608
	25	0.195	0.261	0.297	0.311	0.350	0.389
	35	0.167	0.193	0.218	0.222	0.250	0.278
	50	0.126	0.143	0.136	0.156	0.175	0.195
	70	0.097	0.109	0.120	0.111	0.125	0.139
	95	0.079	0.087	0.094	0.101	0.106	0.103
	120	0.068	0.074	0.079	0.083	0.087	0.081
	150	0.060	0.065	0.069	0.072	0.073	0.066
	185	0.055	0.058	0.060	0.062	0.062	0.054
	240	0.049	0.051	0.052	0.053	0.052	0.042

注：橡皮绝缘电力电缆可参考本表数据。

表 31-81 三相 380V 导线的电压损失（%/A·km） θ=60℃

截面 (mm²)		导线明敷（相间距离 150mm）						导线穿管					
		cosφ						cosφ					
		0.5	0.6	0.7	0.8	0.9	1.0	0.5	0.6	0.7	0.8	0.9	1.0
铝	2.5	3.284	3.903	4.518	5.129	5.731	6.290	3.195	3.820	4.444	5.067	5.686	6.290
	4	2.082	2.461	2.838	3.210	3.574	3.897	1.995	2.381	2.766	3.150	3.531	3.897
	6	1.434	1.686	1.934	2.178	2.415	2.612	1.350	1.608	1.865	2.120	2.373	2.612
	10	0.906	1.054	1.199	1.340	1.474	1.570	0.828	0.982	1.134	1.286	1.435	1.570
	16	0.606	0.696	0.783	0.866	0.943	0.984	0.532	0.627	0.722	0.815	0.906	0.984
	25	0.419	0.472	0.523	0.571	0.612	0.619	0.348	0.407	0.465	0.522	0.576	0.619
	35	0.327	0.363	0.397	0.428	0.452	0.444	0.259	0.301	0.342	0.381	0.418	0.444
	50	0.252	0.275	0.296	0.313	0.325	0.306	0.189	0.217	0.244	0.270	0.293	0.306
	70	0.207	0.222	0.235	0.245	0.249	0.223	0.146	0.166	0.185	0.203	0.218	0.223
	95	0.173	0.183	0.190	0.194	0.194	0.164	0.117	0.131	0.144	0.156	0.165	0.164
	120	0.154	0.160	0.164	0.166	0.162	0.131	0.098	0.109	0.119	0.128	0.135	0.131
	150	0.138	0.142	0.144	0.144	0.138	0.106	0.085	0.093	0.101	0.107	0.111	0.106
	185	0.125	0.128	0.128	0.126	0.119	0.086	0.075	0.081	0.060	0.091	0.093	0.086
	240	0.112	0.112	0.111	0.107	0.099	0.066						

续表 31-81

截面 (mm²)		导线明敷（相间距离 150mm）						导线穿管					
		cosφ						cosφ					
		0.5	0.6	0.7	0.8	0.9	1.0	0.5	0.6	0.7	0.8	0.9	1.0
铜	1.5	3.450	4.100	4.746	5.388	6.021	6.609	3.359	4.016	4.671	5.325	5.976	6.609
	2.5	2.122	2.508	2.891	3.269	3.639	3.965	2.033	2.426	2.817	3.207	3.594	3.965
	4	1.360	1.595	1.827	2.055	2.275	2.453	1.274	1.515	1.756	1.995	2.231	2.453
	6	0.951	1.105	1.257	1.405	1.545	1.645	0.866	1.028	1.188	1.346	1.502	1.645
	10	0.605	0.692	0.777	0.858	0.932	0.968	0.527	0.620	0.713	0.804	0.892	0.968
	16	0.411	0.461	0.509	0.553	0.591	0.592	0.336	0.392	0.448	0.502	0.553	0.592
	25	0.300	0.330	0.358	0.381	0.399	0.382	0.230	0.265	0.300	0.333	0.363	0.382
	35	0.242	0.262	0.279	0.292	0.300	0.274	0.175	0.199	0.223	0.245	0.266	0.274
	50	0.193	0.205	0.214	0.220	0.220	0.189	0.130	0.146	0.162	0.176	0.188	0.189
	70	0.165	0.171	0.175	0.177	0.172	0.138	0.104	0.115	0.125	0.135	0.142	0.138
	95	0.143	0.146	0.147	0.146	0.139	0.103	0.087	0.094	0.101	0.107	0.110	0.103
	120	0.129	0.130	0.129	0.126	0.117	0.081	0.073	0.079	0.084	0.088	0.090	0.081
	150	0.118	0.118	0.116	0.111	0.102	0.065	0.065	0.069	0.072	0.075	0.075	0.065
	185	0.109	0.108	0.105	0.099	0.089	0.053	0.059	0.062	0.064	0.065	0.064	0.053
	240	0.099	0.097	0.093	0.087	0.076	0.041						

31.5 电线、电缆的敷设

31.5.1 敷设电线、电缆的一般要求

敷设电线、电缆的一般要求为：

（1）选择电线、电缆路径时，应符合以下要求：

1）电线、电缆路径要短；

2）尽量避免与其它地下管线交叉和穿越公路、铁路；

3）避开规划中需要施工的地方；

4）尽量不接近易燃易爆物及其它热源，否则应采取措施；

5）便于施工及维修；

6）不使电线、电缆受到各种损坏（机械的、化学的、地下电流、水土锈蚀、蚁鼠害等）。

（2）以下电线、电缆应尽可能分开或分隔敷设：

1）不同机组之间；

2）同一机组双套辅机之间；

3）工作与备用电源之间；

4）动力与控制电缆之间。

具体防火分隔要求详见 31.7 节。

（3）决定电缆构筑物尺寸时，除考虑扩建规模以外，还应留出大约 20%的备用支架、桥架或排管孔眼。

（4）电缆支持点之间的距离不能超过表 31-82 数值。

表 31-82 电缆支持点间最大允许距离（mm）

敷设方式	铠装电缆		钢丝铠装电缆	全塑电缆
	电力电缆	控制电缆		
水平敷设	1000	800	3000	400
垂直敷设	1500	1000	6000	1000

（5）电缆应在下列地点用夹头固定：

1）垂直敷设时在每个支架上；

2）水平敷设时在首尾两端、转弯及接头处。

（6）电缆的弯曲半径，不得小于表 31-83 数值。

表 31-83 电缆的允许弯曲半径

（电缆外径的倍数）

电缆型式		多芯	单芯
聚氯乙烯绝缘		10	10
橡皮绝缘	非裸铝包或钢铠护套	10	10
	裸铝包护套	15	15
	钢铠护套	20	20

(7) 电缆从地下引出地面的 2m 部分，一般应穿保护管。确无机械损伤场所的铠装电缆，可不穿保护管。

(8)电缆的金属外皮，支托架及保护管均应可靠接地。

(9)带避雷针的投光灯塔、杆，其引线采用裸钢带铠装电缆时，要在土壤中直埋 10m 以上再进入电缆沟，该电缆在潮湿地区应穿入金属管内。

(10) 明敷电缆尽可能避免太阳直晒，必要时加装遮阳罩。明敷电缆宜布置在热水管下方。电缆与各种管线距离及防火隔热要求，见 31.7 节。

(11) 炼铁车间的电缆敷设还应满足以下要求：

1) 不宜将低压配电线路埋设在料仓栈桥、高炉本体、出铁场、热风炉的地下，尤其不应在渣、铁线附近埋设，一般应采用隔热防火的玻璃钢电缆桥架、铠装电缆高架明敷或电缆穿管沿构筑物明敷，且应采取隔热和防护喷渣的措施；

2) 对于装料系统的户外动力和控制线路，一般应采用电缆桥架、高架管组或铠装电缆明敷。各管组应留有适量的备用管，并宜将其路径避开震动结构和渣沟、铁沟的上方，通常沿维护走梯及隔墙内等隐蔽处敷设；

高炉料槽下方的配线方式应采用电缆桥架或电缆穿管敷设或铠装电缆明敷；

3) 不应在出铁场地坪内和底层敷设管线，但底层个别次要用电设备的管线不在此限。应尽量使管线避开出铁口、出渣口上方和热风管，必要时应以石棉隔热，或采用封闭式隔热防火的玻璃钢电缆桥架。

(12) 转炉、平炉、连铸车间的电缆敷设还应满足以下要求：

1) 对于车间配线，宜采用电缆桥架、钢管或其他方式明敷；

2)应尽量使横跨厂房沿屋架敷设的管线避开高温辐射区域，否则应采取隔热措施，并根据环境条件予以温度校正；

3) 应力求避免将车间管线埋设在浇铸区；

4)不应在转炉钢水罐车和渣罐车下方埋设电缆管线；

5)应尽可能避免在特殊高温地区(如炉体附近)敷设电缆管线，否则应有隔热措施，或采用隔热防火的玻璃钢电缆桥架；

6)当转炉车间的钢水罐车和渣罐车采用软电缆供电时，应装设拉紧装置，采取防止钢渣喷溅、拉断电缆和隔热等措施。

(13) 轧钢车间的电缆敷设还应满足以下要求：

1) 应根据各车间的特点、电缆的数量，采用适当的敷设方式。可以在主电室地下室内、电缆隧道内、电缆沟内或其他构筑物内选用电缆桥架、支架明敷的方式，也可选用电缆穿管暗敷或明敷的方式，或其他各种适宜的方式。对于大型轧钢车间，宜选用以电缆隧道为主的敷设方式；

2) 在车间内有可能吊装热钢锭（或钢坯）的场所以及经常喷水的场所，不宜选用在电缆沟内明敷电缆的方式；

3) 通过高温区的电缆线路应有隔热措施；

4) 在控制室或配电室内，控制屏数量较多且进出线和屏间连接线较多时，宜选用电缆沟内明敷或电缆夹层内明敷的方式；

5)应尽量将横穿铁皮沟的电缆管线埋在铁皮沟的过梁内，否则应在管线上加装隔热层及钢板保护。

(14) 焦化车间的电缆敷设还应满足以下要求：

1) 对于车间的电缆线路，应尽量选用明敷，特别是有腐蚀和潮湿严重的场所，应采用防腐蚀性能好的玻璃钢电缆桥架；

户外配线宜利用工艺平台、管道栈桥及构筑物等进行配线；户内配线宜采用电缆桥架等进行配线；

对于在腐蚀场所的埋地金属管路，应采取防腐蚀措施或采用硬质塑料管配线，管径应予适当增大，管口必须密封；

2) 必须使配线符合环境特点，应避免在高温场所（如焦炉炉顶栏杆等处）配置电缆线路，如必须配置时应采取隔热措施；对发热体表面（如焦炉地下室、机械化氨水澄清槽等）的配线，应保持一定的间距；

3) 不宜使户外配线位置过高，尽量不沿高层外墙面配线，以便于维护；

4) 当垂直穿越楼板的电缆根数很多时，宜采用保护网栏代替钢管保护电缆束，保护网所在地坪应预留孔洞，孔洞四周设置凸缘。

(15) 耐火材料车间的电缆敷设还应满足以下要

求：

1）对于一般厂房，特别是高层厂房，宜采用电缆配线，利用电缆桥架和钢绳吊挂等方式明敷；

2）厂房内基层平面设备较多时，宜采用电缆沟或架空电缆桥架与局部钢管埋地相结合的配线方式；

3）对于高层厂房内的配线，宜分区集中敷设；

对于垂直穿越楼板的电缆，当根数很多时，其要求与本节（14）点中第4）项的要求相同；

4）不应在隧道窑之间、窑顶上方或移动车辆的滑触线上方敷设电缆，但与之交叉者不在此限。

31.5.2 电线、电缆敷设方式选择

电线、电缆的敷设方式有：穿管、线夹或绝缘子明敷、塑料配线槽、支架、电缆桥架、钢索及架空线，另外还有壕沟直埋、水泥电缆槽直埋及电缆排管等。

电缆构筑物有：电缆隧道、电缆沟、电缆夹层、电缆竖井等。

在选择电线、电缆敷设方式时，不应强求统一，应本着节约投资因地制宜的原则。一般应根据电气设备位置、电缆的数量、出线方式、地下水位高低以及各车间的环境和工艺流程、设备布置的特点等现场情况决定。

除参照31.5.1有关要求外，还可参照下列要求设置电缆构筑物：

（1）当同一路径的电缆根数在16根（按3根控制电缆折合一根电力电缆计算，下同）及以上时，宜选用电缆隧道。

（2）当电缆与管沟、铁路、公路交叉较少，且无熔化金属、高温液体溢出可能的场地，其电缆根数少于16根时，宜选用电缆沟。

（3）当厂房外的电缆根数较少，且土壤对电缆无侵蚀作用和无熔化金属、高温液体溢出可能的地段，以及电缆与铁路、公路交叉较少，宜选用直埋壕沟敷设或直埋水泥电缆槽敷设。在同一沟内，线路长度在500m以下时，电缆根数不宜超过6根；超过500m时，电缆根数不宜超过4根。

（4）电缆排管敷设方式仅在对电缆有侵蚀作用的土壤、与铁路/公路交叉较多、路径拥挤、或有熔化金属、高温液体溢出可能等地段，在不宜选用其他敷设方式时才可选用。

各种电缆外护层及铠装适用敷设场合见表31-84。

表31-84 各种电缆外护层及铠装的适用敷设场合

护套或护层	铠装	代号	敷设方式						环境条件						备注
			户内	电缆沟	隧道	管道	竖井	直埋	水下	易燃	移动	多砾石	一般腐蚀	严重腐蚀	
裸铝护套（铝包）	无	L	✓	✓	✓					✓					
裸铅护套（铅包）	无	Q	✓	✓	✓	✓				✓					
一般橡套	无		✓	✓	✓	✓					✓		✓		
不易燃橡套	无	F	✓	✓	✓	✓				✓	✓		✓		耐油
聚氯乙烯护套	无	V	✓	✓	✓	✓		✓		✓	✓		✓	✓	
聚乙烯护套	无	Y	✓	✓	✓	✓		✓			✓		✓	✓	
普通外护层（仅用于铅护套）	裸钢带	20	✓	✓	✓					✓					
	钢带	22	✓	✓	○			✓							
	裸细钢丝	30					✓			✓					
	细钢丝	32					○	✓	✓	○		✓			
	裸粗钢丝	50					✓			✓					
	粗钢丝	42					○	✓	✓	○		✓			

续表 31-84

护套或护层	铠装	代号	敷设方式						环境条件						备注
			户内	电缆沟	隧道	管道	竖井	直埋	水下	易燃	移动	多砾石	一般腐蚀	严重腐蚀	
内铠装塑料外护层（全塑电缆）	钢带	22	✓	✓	✓			✓		✓		✓		✓	
	细钢丝	32					✓	✓	✓	✓		✓		✓	
	粗钢丝	42					✓		✓	✓		✓		✓	

注：1.“✓”表示适用；“○”表示外被层为玻璃纤维时适用，无标记者不推荐采用。

2. 单芯钢带铠装电缆不适用交流线路。

在大型建筑物、构筑物附近，土壤可能发生位移的地段，直接埋地敷设电缆时应选用能承受机械外力的钢丝铠装电缆，或采取预留长度、用板桩或排桩加固土壤等措施，以减少或消除因土壤位移而作用在电缆上的应力。

31.5.3 穿管敷设

穿管敷设使用的管子有：电线管、普通水煤气管、硬聚氯乙烯管，其参数见表 31-85、表 31-86 和表 31-87。

表 31-85 电线管（薄壁管）

公称直径								
	(in)	1/2	5/8	3/4	1	$1\frac{1}{4}$	$1\frac{1}{2}$	2
	(mm)	12	15	20	25	32	40	50
外径（mm）		12.7	15.87	19.05	25.4	31.75	38.1	50.8
壁厚（mm）		1.6	1.6	1.6	1.6	1.6	1.6	2
内径（mm）		9.5	12.67	15.85	22.2	28.55	34.9	46.8

表 31-86 普通水煤气管（焊接钢管、厚壁管）

公称直径										
	(in)	1/2	3/4	1	$1\frac{1}{4}$	$1\frac{1}{2}$	2	$2\frac{1}{2}$	3	4
	(mm)	15	20	25	32	40	50	70	80	100
外径（mm）		21.25	26.75	33.5	42.25	48.0	60.0	75.5	88.5	114.0
壁厚（mm）		2.75	2.75	3.25	3.25	3.5	3.5	3.75	4.0	4.0
内径（mm）		15.75	21.25	27.0	35.75	41.0	53.0	68.0	80.5	106.0

表 31-87 硬聚氯乙烯管

公称直径（mm）	15	20	25	32	40	50	65	80	100
外径（mm）	20	25	32	40	51	65	76	90	114
轻型壁厚（mm）	2.0	2.0	3.0	3.5	4.0	4.5	5.0	6.0	7.0
重型壁厚（mm）	2.5	2.5	4.0	5.0	6.0	7.0	80		
容许弯曲半径（mm）	60.0	85.0	110.0	170.0	190.0	250.0	300.0	360.0	450.0

为了穿线方便，管子内径与导线外径必须保持一定比例关系，一般情况按下述规定选择：

(1)单根电线穿管时，钢管内径为电线外径的1.6～1.7倍。表31-88的数字基本是按1.7倍编制的。

(2)多根相同直径的电线合穿一根钢管时，钢管内径为电线外切圆直径的1.5倍左右，见表31-88。

表31-88 相同截面的单根或多根电线穿管时，诸电线外切圆直径与钢管内径的比值

管内电线根数	1	2	3	4	5	6	7	8	9	10	11	12	13
单根电线外径 d	d	d	d	d	d	d	d	d	d	d	d	d	d
诸电线外切圆直径 D_1	d	$2d$	$2.15d$	$2.41d$	$2.7d$	$3d$	$3.4d$	$3.73d$	$3.83d$	$4d$	$4.25d$	$4.37d$	$4.63d$
钢管内径	$1.7d$	$3d$	$3.2d$	$3.6d$	$4d$	$4.5d$	$5.1d$	$5.6d$	$5.8d$	$6d$	$6.4d$	$6.6d$	$7d$

按上表选择管径时，还要根据管线长度和弯头多少加以修正（金属管与硬塑料管一样）。

1）直线管道，不超过45m；

2）两个拉线点之间有一个弯时，不超过30m；

3）两个拉线点之间有两个弯时，不超过20m；

4）两个拉线点之间有三个弯时，不超过12m。

超过上述要求时，就需将管径放大一级或在中间增设拉线箱。这里所谓"弯"是指90°～105°弯头，两个120°以上的弯头相当于一个90°～105°弯头。

(3)当各种不同直径的电线合穿一根管时，必须根据系数C按表31-89选择管径。

用下列公式决定系数C

$$C_1 = n_1d_1^2 + n_2d_2^2 + n_3d_3^2 + \cdots \leqslant C \quad (31\text{-}4)$$

式中 n_1d_1；n_2d_2——各种不同直径的电线根数和外径。

表31-89 按系数C选择管径表

管内电线总根数	下列管径的最大允许"C"值																	
	15		20		25		32		40		50		70		80		100	
	管线弯数																	
	2	3	2	3	2	3	2	3	2	3	2	3	2	3	2	3	2	3
2	70	55	130	100	210	160	370	280	500	370	840	620	1360	1000	1900	1400	3300	2500
3	95	70	170	130	280	210	490	360	650	480	1080	800	1750	1300	2500	1850	4300	3200
4～6	100	75	180	140	285	220	500	390	680	510	1100	850	1850	1400	2600	1950	4500	3400
7	110	85	240	160	330	250	580	440	770	580	1300	950	2100	1500	2950	2200	5100	3850
8～10	95	70	170	130	285	210	500	370	650	500	1080	810	1750	1300	2500	1850	4300	3200
11	100	75	180	140	290	220	520	390	680	510	1100	850	1850	1400	2600	1950	4400	3400
12	109	80	200	150	320	240	560	420	750	560	1200	920	2200	1500	2850	2100	4800	3700

例 试选择一钢管，其中穿有：

1×35mm²（外径10.9mm）BLV-500型电线两根、1×2.5mm²（外径3.7mm）BLV-500型电线三根及1×4mm²（外径4.2mm）BLV-500型电线三根。

解 按式31-4，$C_1=n_1d_1^2+n_2d_2^2+n_2d_3^2$

$$=2\times10.9^2+3\times3.7^2+3\times4.2^2$$

$$=331.6<370=C$$

查表31-89，如管线有三个弯，应选32mm的钢管。

80mm 及以上的钢管，由于弯管困难，尽量少用。(干线引下线的直管除外)否则可改用两根或多根较小管径的管子。

钢管埋地或敷设在楼板内，其管径不得小于 20mm，钢管穿越大片设备基础或重负荷堆放区时，其管径不应小于 25mm。当钢管穿过设备基础沉降缝处，应加保护套管或采用其它措施。

钢管敷设在楼板内，管子的最大管径应与楼板的厚度相配合。当楼板厚度为 80mm 时，管径不得超过 25mm；楼板厚度为 100mm 时，管径不得超过 40mm；楼板厚度为 120mm 时，管径不超过 50mm。如管径超过上述数值，管子可敷设在楼板上的附加浇灌层中。

为了减少钢管的数量，可将不同用途电路的电线或电缆敷设在同一根钢管内。下列各种电路的电线或电缆，允许敷设在同一钢管内：

(1) 一台电动机的所有电路，例如动力回路、无防干扰要求的控制回路和信号测量回路；

(2) 电压为 65V 及以下的回路；

(3) 供电给多灯的回路；

(4) 同一方向、相同电压的几个回路，且管内绝缘导线总数不多于 8 根的照明线路，但互为备用的线路和工作照明与事故照明的线路不得共管敷设；

(5) 对于在土建基础预埋短管内敷设的电缆，可以多根敷于同一管内。

为便于选择电线、电缆穿管管径、根据本节计算方法编制了部分常用电线、电缆的管线选择表，见表 31-38。表 31-39、表 31-46 和表 31-90～表 31-97。使用时应注意：根据管线长度和弯头数加以修正（详见 31.5.3 中规定），部分电线、电缆的外径见表 31-98～表 31-115。

表 31-90　BX、BLX 型 500V 橡皮绝缘棉纱编织电线多根相同截面穿管的管径选择表

截面 (mm^2)	管内电线的根数												外径 (mm)
	1	2	3	4	5	6	7	8	9	10	11	12	
1.5													4.8
2.5	15		20		25			32					5.2
4										40			5.8
6												50	6.3
10		25	32			40			50				8.1
16	20								70				9.4
25						50							11.2
35		40								80			12.4
50	25						80						14.7
70	32	50				80			100				16.4
95			70										19.5
120	40				80								20.2
150													22.3
185	50												24.7
240													27.9
300		100											30.8
400	70												34.5
500													38.2

注：1. 铝芯电线没有 $1.5mm^2$ 的规格，本表管子为焊接钢管。

2. 管内导线有单相电流效应时应根据效应电流选用与本表管子内径相近的非金属管。

金属管布线一般适用于户内、外场所，但对金属有严重腐蚀的场所不宜采用。

明敷于潮湿场所或埋地敷设的金属管配线，应采用水、煤气钢管。明敷或暗敷于干燥场所的金属管配线、车间地坪内金属管配线，可采用电线钢管。

硬质塑料管配线一般适用于户内场所；有酸、碱腐蚀介质的场所，但在易受机械损伤的场所，不宜采用。

硬质塑料管暗敷或埋地敷设时，引出地（楼）面的一段管路，应采取防止机械损伤的措施。

电线管路与热水管、蒸汽管同侧敷设时，应敷设在热水管、蒸汽管的下面，如有困难，可敷设在其上面，相互间的净距一般不小于下列数值：

(1) 当管路敷设在热水管下面时为 0.2m，上面时为 0.3m；

(2) 当管路敷设在蒸汽管下面时为 0.5m，上面时为 1m。

当不能符合上述要求时，应采取隔热措施，对有保温措施的蒸汽管，上下净距均可减至 0.2m。

电线管路与其他管道（不包括可燃气体及易燃、可燃液体管道）的平行净距不应小于 0.1m。当与水管同侧敷设时，宜敷设在水管的上面。

YZ、YZR 起重冶金型电动机的电线电缆及电线管的选择，见表 31-116～表 31-120，电焊机的电线电缆及电线管的选择见表 31-121、表 31-122。

在爆炸危险场所内，严禁采用绝缘导线明敷，当采用绝缘导线配线时，导线应敷设在钢管中。详见第 38 章中有关部分。

表 31-91 BV、BLV 型 500V 塑料绝缘电线多根相同截面穿管的管径选择表

截面 (mm^2)	管内电线的根数												外径 (mm)
	1	2	3	4	5	6	7	8	9	10	11	12	
1.5	15	15	15	15	15	15	20	20	20	20	25	25	3.3
2.5	15	15	15	15	15	20	20	25	25	25	25	25	3.7
4	15	15	15	15	20	20	25	25	25	32	32	32	4.2
6	15	15	20	20	20	25	25	32	32	32	32	32	4.8
10	15	20	25	25	32	32	40	40	40	40	50	50	6.6
16	15	25	25	32	32	40	40	50	50	50	50	70	7.8
25	20	32	32	40	40	50	50	70	70	70	70	70	9.6
35	20	40	40	40	50	50	70	70	70	70	70	80	10.9
50	25	40	50	50	70	70	70	80	80	80	100	100	13.2
70	25	50	50	70	70	70	80	100	100	100	100	100	14.7
95	32	70	70	70	70	80	100	100	100				17.3
120	32	70	70	70	80	100	100	100					18.1
150	40	70	70	80	80	100							20.2
185	40	70	70	80		100							22.2

注：1. 铝芯电线没有 1.5mm^2 的规格，本表管子为焊接钢管。

2. 管内导线有单相电流效应时，应根据效应电流选用与本表管子内径相近的非金属管。

表 31-92　BXF、BLXF 型 500V 氯丁橡皮绝缘电线多根相同截面穿管的管径选择表

截面 (mm²)	管内电线的根数 1	2	3	4	5	6	7	8	9	10	11	12	外径 (mm)
1.5													3.7
2.5		15			20				25				4.1
4									32				4.6
6											40		5.6
10			25			32		40			50		7.0
16			32			40		50			70		8.7
25	20					50							10.1
35		40			50						80		11.8
50	25									80			13.6
70						70	80				100		15.7
95	32					80							17.7
120	40												20.2
150		70		80		100							22.3
185	50												24.7

注：1. 铝芯电线没有 1.5mm² 的规格，本表管子为焊接钢管。

2. 管内导线有单相电流效应时，应根据效应电流选用与本表管子内径相近的非金属管。

表 31-93　KXV 型 500V 橡皮绝缘聚氯乙烯护套控制电缆管径选择表

芯数	截面 1.0mm²		截面 1.5mm²		截面 2.5mm²		截面 4mm²		截面 6mm²		截面 10mm²	
	外径 (mm)	管径 (mm)	外径 (mm)	管径 (mm)	外径 (mm)	管径 (mm)	外径 (mm)	管径 (mm)	外径 (mm)	管径 (mm)	外径 (mm)	管径 (mm)
4	11.2	20	11.7	20	12.7	25	13.8	25	15	25	20	40
5	12.1	20	12.7	25	13.8	25						
6	13.0	25	13.7	25	14.9	25	16.3	32	17.8	32	24	40
7	13.0	25	13.7	25	14.9	25	16.3	32	17.8	32	24	40

续表 31-93

芯数	截面 1.0mm²		截面 1.5mm²		截面 2.5mm²		截面 4mm²		截面 6mm²		截面 10mm²	
	外径(mm)	管径(mm)	外径(mm)	管径(mm)	外径(mm)	管径(mm)	外径(mm)	管径(mm)	外径(mm)	管径(mm)	外径(mm)	管径(mm)
8	14.0	25	14.7	25	16.0	32	17.6	32	20.2	40	27	50
10	16.1	32	17.1	32	19.6	40	21.6	40	23.5	40	32	70
14	17.4	32	19.5	32	21.2	40						
19	20.3	40	21.5	40	23.4	40						
24	23.4	40	25.8	50	28.2	50						
30	25.7	50	27.2	50	29.7	50						
37	27.5	50	29.2	50	32.9	70						

表 31-94　kVV 型 500V 聚氯乙烯绝缘聚氯乙烯护套控制电缆管径选择表

芯数	截面 1.0mm²		截面 1.5mm²		截面 2.5mm²		截面 4mm²		截面 6mm²		截面 10mm²	
	外径(mm)	管径(mm)	外径(mm)	管径(mm)	外径(mm)	管径(mm)	外径(mm)	管径(mm)	外径(mm)	管径(mm)	外径(mm)	管径(mm)
2	7.1	20	8.4	20	9.4	20						
3	7.5	20	8.9	20	10.0	20						
4	9.7	20	11.1	20	12.0	25	13.2	25	14.5	25	17.7	32
5	10.2	20	11.9	20	13.0	25	14.3	25	15.6	32		
6	10.87	20	12.79	25	14.0	25	15.4	32	16.87	32		
7	10.9	20	12.8	25	14.0	25	15.6	32	17.3	32	22.3	40
8	11.41	20	13.5	25	15.1	32	16.8	32	19.7	40	24.1	40
10	13.2	25	15.8	32	17.7	32	20.7	40	23.0	40	28.3	50
12	13.5	25	16.2	32	19.2	32	21.4	40				
14	14.2	25	17.1	32	20.2	40	22.4	40				
16	14.8	25	18.0	32	21.2	40	23.6	40				
19	15.6	32	19.9	40	22.3	40	24.9	50				
24	19.1	32	23.1	40	26.0	50	29.0	50				
30	20.1	40	24.4	50	27.4	50						
37	21.5	40	26.2	50	29.6	50						
44	24.0	40	29.4	50								
48	24.4	50	29.9	50								
52	25.1	50	30.7	70								
61	26.5	50	32.6	70								

表 31-95 0.6/1kV KYJV（KYJV-FR）交联聚乙烯绝缘聚氯乙烯护套（阻燃）控制电缆管径选择表（线芯允许工作温度 90℃）

芯数	截面 (mm^2)	外径 (mm)	管径 (mm)	芯数	截面 (mm^2)	外径 (mm)	管径 (mm)
4	1.0	10.6	20	12	1.0	15.4	32
	1.5	11.3	20		1.5	16.7	32
	2.5	12.5	25		2.5	19.8	40
	4	13.7	25		4	21.9	40
	6	15.2	25	14	1.0	16.1	32
5	1.0	11.4	20		1.5	17.5	32
	1.5	12.2	20		2.5	20.7	40
	2.5	13.5	25		4	22.9	40
	4	14.9	25	16	1.0	17.0	32
	6	16.5	32		1.5	19.4	32
6	1.0	12.2	20		2.5	21.7	40
	1.5	13.1	25	19	1.0	17.8	32
	2.5	14.6	25		1.5	20.3	40
	4	16.1	32		2.5	22.8	40
	6	17.9	32	24	1.0	21.6	40
7	1.0	12.2	20		1.5	23.4	40
	1.5	13.1	25		2.5	26.4	50
	2.5	14.6	25	27	1.0	22	40
	4	16.1	32		1.5	23.9	40
	6	17.9	32		2.5	26.9	50
8	1.0	13.5	25	30	1.0	22.7	40
	1.5	14.5	25		1.5	24.7	50
	2.5	16.2	32		2.5	27.9	50
	4	17.9	32	33	1.0	23.6	40
	6	21	40		1.5	25.6	50
10	1.0	15	25		2.5	28.9	50
	1.5	16.2	32	37	1.0	24.4	50
	2.5	19.2	32		1.5	26.5	50
	4	21.2	40		2.5	30.0	70
	6	23.6	40				

注：生产厂为上海电缆厂。

表 31-96　KXF型500V橡皮绝缘氯丁护套控制电缆管径选择表

芯数	截面 0.75mm²		截面 1.0mm²		截面 1.5mm²		截面 2.5mm²		截面 4mm²		截面 6mm²	
	外径(mm)	管径(mm)	外径(mm)	管径(mm)	外径(mm)	管径(mm)	外径(mm)	管径(mm)	外径(mm)	管径(mm)	外径(mm)	管径(mm)
4	10.5	20	10.8	20	11.4	20	12.4	25	14.5	25	15.7	25
5	11.3	20	11.7	20	12.4	25	14.4	25	15.7	32	17.1	32
7	12.2	20	12.7	25	14.4	25	15.6	32	17.0	32	18.5	32
10	16.2	32	16.8	32	17.8	32	19.3	32	21.2	40	23.2	32
14	17.4	32	18.1	32	19.2	32	20.9	40	23.0	40		
19	19.1	32	19.9	40	21.1	40	25.8	50				
24	22.1	40	23.3	40	25.5	50	27.8	50				
30	22.3	40	25.6	50	26.9	50	29.4	50				
37	26.1	50	27.4	50	28.9	50	32.6	70				

表 31-97　KYVD型500V聚乙烯绝缘聚氯乙烯护套控制电缆管径选择表

芯数	截面 1.0mm²		截面 1.5mm²		截面 2.5mm²		截面 4mm²		截面 6mm²	
	外径(mm)	管径(mm)	外径(mm)	管径(mm)	外径(mm)	管径(mm)	外径(mm)	管径(mm)	外径(mm)	管径(mm)
4	9.11	20	9.7	20	10.6	20	11.8	20	13.9	25
5	9.79	20	10.44	20	11.5	20	12.82	25	15.2	25
7	10.49	20	11.2	20	12.4	25	13.82	25	16.2	32
10	12.82	25	13.8	25	15.34	32	17.3	32	21.2	40
14	13.78	25	14.85	25	16.56	32	19.1	32		
19	15.15	32	16.75	32	18.7	32				
24	17.48	32	19.32	32	21.7	40				
30	18.85	32	20.4	40	22.9	40				
37	20.22	40	21.9	40	25.0	50				

表 31-98　DJYPV-GS聚氯乙烯绝缘聚氯乙烯护套铜丝编织屏蔽对绞屏蔽电子计算机用控制电缆外径表

线芯标称截面(mm²)	线径(mm)	电缆线对数及外径上限参考(mm)													
		1对	2对	3对	4对	5对	7对	8对	9对	10对	12对	14对	16对	19对	24对
0.75	0.98	10.2	12.3	13.4	14.9	16.2	17.8	19.3	21.2	23.0	24.8	26.6	28.5	30.4	35.7
1.0	1.13	10.8	15.2	16.3	17.8	19.8	21.3	22.8	24.2	26.5	28.4	30.0	32.3	34.2	43.1
1.5	1.37	11.3	16.5	17.9	19.2	21.4	23.5	25.3	27.1	28.9	30.7	32.9	34.7	37.0	45.6
2.5	1.76	12.1	18.6	20.1	22.0	24.4	26.9	28.7	30.5	32.2	35.3	36.3	38.2	40.5	52.8

注：1. 耐高温型电缆的外径按上表减少20%（例如DJHF4P-GS耐高温型，耐温－40℃～＋380℃）。

2. 生产厂为武进县第二防火线缆厂。

表 31-99 VV、VLV（VV22、VLV22）五芯电力电缆外径表

规格	VV、VLV（mm）	VV22、VLV22（mm）	规格	VV、VLV（mm）	VV22、VLV22（mm）
5×4	16.26	19.46	4×50+1×25	30.73	35.33
5×6	17.55	20.75	4×70+1×35	[illegible].35	39.15
5×10	20.96	24.16	4×95+1×50	39.55	44.55
5×16	23.95	27.15	4×120+1×70	43.38	48.38
5×25	28.54	31.94	4×150+1×70	47.25	52.65
5×35	31.82	36.42	4×185+1×95	52.53	58.13
5×50	32.29	37.09	3×4+2×2.5	15.75	18.95
5×70	36.46	41.26	3×6+2×4	17.03	20.23
5×95	41.82	46.82	3×10+2×6	19.59	22.79
5×120	45.46	50.86	3×16+2×10	22.75	25.95
5×150	50.44	56.04	3×25+2×16	26.71	29.91
5×185	55.74	61.54	3×35+2×16	28.55	31.95
4×4+1×2.5	16.00	19.20	3×50+2×16	29.51	34.31
4×6+1×4	17.29	20.49	3×70+2×35	33.42	28.02
4×10+1×6	20.27	23.47	3×95+2×50	38.20	43.20
4×16+1×10	23.35	26.55	3×120+2×70	41.92	46.92
4×25+1×16	27.62	31.02	3×150+2×70	45.60	51.00
4×35+1×16	30.29	34.89	3×185+2×95	50.07	56.30

注：1. 载流量参照四芯电缆的载流量值。

2. 生产厂为江苏宝胜电缆厂。

表 31-100 KVVR 型 500V 聚氯乙烯绝缘聚乙烯护套控制软电缆外径表

截面（mm^2）	电缆芯数外径（mm）																		
	2 芯	3 芯	4 芯	5 芯	6 芯	7 芯	8 芯	10 芯	12 芯	14 芯	16 芯	19 芯	24 芯	30 芯	37 芯	44 芯	48 芯	52 芯	61 芯
0.75	7.0	7.4	8.1		9.5	9.5	10.2	11.9	13.3	14.0	14.8	15.4	17.9	19.9	21.3	23.8	24.2	24.8	26.3
1.0	7.3	7.7	8.4	9.3	10.0	10.0	10.7	12.6	13.9	14.6	15.4	16.2	19.8	20.9	22.4	25.0	25.4	26.1	27.6
1.5	7.9	8.4	9.1		10.9	10.9	11.7	14.8	15.2	16.0	16.8	17.7	21.6	22.8	24.5	27.4	27.8	28.6	30.3
0.8				8.9	9.8	9.8	10.5	12.4	13.3	14.0	14.7	15.5							
1.2				10.2	11.1	11.1	12.0	14.7	15.1	16.4	17.3	18.6							

续表 31-100

截面 (mm²)	电缆芯数外径 (mm)																	
	2芯	3芯	4芯	5芯	6芯	7芯	8芯	10芯	12芯	14芯	16芯	19芯	24芯	30芯	37芯	44芯	48芯	52芯	61芯
2.0				12.1	13.7	13.7	14.8	17.4	17.9	19.0									
2.5				12.8	14.0	14.0	15.1	18.3											

表 31-101 KXV20、KVV20 型 500V 橡皮绝缘、聚氯乙烯绝缘聚氯乙烯护套控制电缆外径表

芯数	KXV20						KVV20					
	截面 (mm²)						截面 (mm²)					
	0.75	1.0	1.5	2.5	4	6	0.75	1.0	1.5	2.5	4	6
	外径 (mm)						外径 (mm)					
4	9.1	9.7	11.10	12.0	13.20	14.30			13.5	14.4	15.6	16.7
5	9.7	10.20	11.9	13.0	14.3	15.6		12.6	14.3	15.4	16.7	18.0
6	10.38	10.87	12.79	13.96	15.4	16.87	12.8	13.3	15.2	16.4	17.8	20.1
7	10.4	10.9	12.8	14.0	15.4	16.9	12.8	13.3	15.2	16.4	17.8	20.1
8	10.89	11.41	13.47	14.74	16.3	17.87	13.3	13.8	15.9	17.1	19.5	21.1
10	12.6	13.2	15.8	17.3	19.6	21.6	15.0	15.6	18.2	20.5	22.8	24.8
14	13.5	14.2	17.0	19.1	21.2		15.9	16.6	20.2	22.3	24.4	
19	14.8	15.5	19.1	21.1			17.2	17.9	22.3	24.3		
24	16.9	17.9	22.1	24.8			20.9	21.1	25.3	28.0		
30	17.8	19.2	23.3	26.2			21.8	22.4	26.5	29.4		
37	19.5	20.6	25.5	28.2			23.5	23.8	27.7	31.4		

表 31-102 RVVP 型 250V 聚氯乙烯绝缘聚氯乙烯护套屏蔽软线外径表

截面 (mm²)	电缆芯数及外径 (mm)													
	1芯	2芯	3芯	4芯	6芯	7芯	8芯	10芯	12芯	14芯	16芯	19芯	24芯	30芯
0.75	4.9	6.8	7.6	8.2	9.7	9.7	10.4	12.6	12.9	13.6	14.3	15.2	18.7	19.5
1.0	5.0	7.1	7.9	8.6	10.2	10.2	10.9	13.2	13.6	14.2	15.2	16.0	19.6	20.7
1.5	5.4	8.1	8.6	9.3	11.1	11.1	12.3	14.4	15.0	15.8	16.6	18.5	21.4	22.6

表 31-103 KYVFP 型 500V 聚乙烯绝缘聚氯乙烯护套分相屏蔽控制电缆外径表

对数×芯数 / 截面 (mm²)	电缆外径 (mm)					
	1×2	2×2	3×2	4×2	5×2	6×2
0.75	6.3	11.4	12.2	13.4	14.7	16.2
1.0	6.6	12.0	12.8	14.0	15.6	18.1
1.5	7.6	14.0	15.0	16.5	19.3	21.1

表 31-104　KVVP 型 500V 聚氯乙烯绝缘铜丝编织总屏蔽聚氯乙烯护套控制电缆外径表

截面 (mm²)	电缆芯数及外径（mm）												
	2 芯	3 芯	4 芯	6 芯	7 芯	8 芯	10 芯	12 芯	14 芯	16 芯	19 芯	24 芯	30 芯
0.75	7.3	7.7	8.3	9.7	9.7	10.3	11.9	13.3	13.9	14.6	15.3	17.8	19.7
1.0	7.7	8.1	8.7	10.2	10.2	10.9	13.7	14.1	14.7	15.4	16.4	19.9	20.9
1.5	9.0	9.5	10.4	13.2	13.2	14.2	16.6	17.1	17.9	19.8	20.7	23.9	25.2
2.5	10.0	10.6	11.5	14.6	14.6	15.9	19.5	20.0	21.0	22.0	23.0	26.8	28.3

表 31-105　KHF4P 耐高温、信号、控制电缆外径表

截面 (mm²)	电缆芯数及外径（mm）								
	2 芯	4 芯	6 芯	8 芯	10 芯	14 芯	16 芯	19 芯	24 芯
0.75	6.4	9.5	10.0	11.1	12.0	15.0	16.5	18.1	19.6
1.0	7.0	10.3	11.0	12.0	13.4	16.1	17.8	20.0	21.5
1.5	7.4	11.2	12.0	13.3	14.5	17.8	19.6	21.5	23.2
2.5	8.5	13.3	14.5	15.7	16.6	19.9	21.8	23.8	25.6

注：1. 该电缆有分对屏蔽、总屏蔽和每根屏蔽，订货时应注明屏蔽方式。

表 31-106　500VAFB-200、AFBP-200 型聚四氟乙烯绝缘安装线（环境温度 −40℃～+200℃）

截面 (mm²)	最大外径（mm）	
	AFB	AFBP
0.5	2.30	2.80
0.75	2.50	3.10
1.0	2.70	3.40
1.5	2.90	4.00
2.5	3.50	4.40
4.0	4.40	5.60
6.0	5.20	6.20

表 31-107　500V 硅橡胶绝缘电机电器用耐热安装线（环境温度 −60℃～+180℃）

产品代号			截面 (mm²)	电线外径（mm）		
AGR-1	AGR	AGRP		AGR-1	AGR	AGRP
30013	30027	30041	0.5	2.21	2.65	3.31
30014	30028	30042	0.75		2.93	3.59
30015	30029	30043	1.0		3.09	3.75
30016	30030	30044	1.5		3.42	4.08
30017	30031	30045	2.0		4.07	4.73
30018	30032	30046	2.5		4.94	5.60
30019	30033	30047	4.0		5.76	6.42
30020	30034	30048	6.0		6.59	7.25
30021	30035	30049	10		7.92	8.58

表 31-108　0.6/1kV 塑料绝缘耐火电缆

截面 (mm²)	NF-VV 外径（mm）			NF-VV22 外径（mm）			四　芯		
	单芯	双芯	三芯	单芯	双芯	三芯	截面 (mm²)	NF-VV 外径 (mm)	NF-VV22 外径 (mm)
1.5		14.24	14.98			17.18			

续表 31-108

截面 (mm²)	NF-VV 外径（mm）			NF-VV22 外径（mm）			四芯		
	单芯	双芯	三芯	单芯	双芯	三芯	截面 (mm²)	NF-VV 外径 (mm)	NF-VV22 外径 (mm)
2.5		15.04	15.84			18.04			
4.0	8.89	16.78	17.72		19.98	20.92	3×4+1×25	19.67	21.87
6.0	9.4	17.8	19.82	13.6	21.0	22.02	3×6+1×4	21.12	23.82
10	10.69	21.38	22.61	14.89	23.58	24.81	3×10+1×6	23.76	26.32
16	11.74	23.48	24.88	15.94	25.68	27.08	3×16+1×10	26.43	28.63
25	13.46	26.92	28.59	17.66	29.12	31.59	3×25+1×16	30.17	33.17
35	14.6	29.4	31.46	19.8	32.2	34.06	3×35+1×16	32.63	36.23
50	16.34	33.08	36.21	21.54	36.68	38.81	3×50+1×25	37.81	40.41
70	19.14	37.68	40.1	23.34	40.28	42.70	3×70+1×35	41.75	44.35
95	21.44	42.28	46.47	25.64	44.88	48.67	3×95+1×50	48.36	50.56
120	23.05	45.9	49.95	27.25	49.10	52.15	3×120+1×70	52.35	54.55
150	24.99	50.78	54.54	29.19	52.98	56.34	3×150+1×70	56.26	58.06
185	27.28	55.76	59.48	32.28	57.56	62.28	3×185+1×95	62.79	64.59
240	30.29		66.99	36.29		68.79			

表 31-109 DYFB 铜芯不燃烧电缆

截面 (mm²)	导体结构 根数/直径 (mm)	电缆总根数	最大外径 (mm)	截面 (mm²)	导体结构 根数/直径 (mm)	电缆总根数	最大外径 (mm)
0.75	1/0.97	4	7.50	1.5	1/1.37	4	8.50
		5	8.00			5	9.30
		7	8.70			7	10.00
		10	11.00			10	12.80
		14	12.50			14	14.00
		19	13.80			19	16.00
		24	16.00			24	18.50
		30	17.00			30	19.50
1.0	1/1.13	4	8.00	2.5	1/1.76	4	9.50
		5	8.80			5	10.50
		7	9.50			7	11.20
		10	11.80			10	14.50
		14	13.00			14	16.00
		19	14.50			19	18.00
		24	17.00			24	21.00
		30	18.00			30	22.00

续表 31-109

截面 (mm²)	导体结构 根数/直径 (mm)	电缆总根数	最大外径 (mm)	截面 (mm²)	导体结构 根数/直径 (mm)	电缆总根数	最大外径 (mm)
4.0	1/2.24	4	12.00	10	7/1.33	4	14.80
		5	13.00			5	16.50
		7	14.50			7	17.50
		10	18.00	16	7/1.70	1	8.00
		14	20.00	25	7/2.12	1	9.50
		19	22.00				
		24	26.00	35	7/2.50	1	11.00
6.0	1/2.73	4	13.50	50	19/1.83	1	13.00
		5	14.50	70	19/2.12	1	15.00
		7	15.80	95	19/2.50	1	17.50
		10	20.00	120	37/2.0	1	18.70

注：在火焰温度 750℃进行试验，电缆不燃烧。

表 31-110 DYBR 铜芯不燃烧软电缆

截面 (mm²)	导体结构 根数/直径 (mm)	电缆总根数	最大外径 (mm)	截面 (mm²)	导体结构 根数/直径 (mm)	电缆总根数	最大外径 (mm)
0.75	7/0.37	4	8.00	1.5	7/0.52	4	9.10
		5	8.70			5	10.00
		7	9.50			7	11.00
		10	12.00			10	14.00
		14	13.00			14	15.00
		19	14.20			19	17.00
		24	17.00			24	20.00
		30	18.00			30	21.00
1.0	7/0.43	4	8.50	2.5	19/0.41	4	10.30
		5	9.30			5	11.30
		7	10.00			7	12.50
		10	12.50			10	15.80
		14	14.00			14	17.00
		19	15.50			19	19.00
		24	18.00			24	22.50
		30	19.00			30	24.00

续表 31-110

截面 (mm²)	导体结构 根数/直径 (mm)	电缆总根数	最大外径 (mm)	截面 (mm²)	导体结构 根数/直径 (mm)	电缆总根数	最大外径 (mm)
4.0	19/0.52	4	12.60	6.0	19/0.64	4	14.00
		5	13.70			5	15.30
		7	15.00			7	16.70
		10	19.00			10	21.50
		14	21.00			14	23.50
		19	23.50			19	26.50
		24	27.50			24	31.00
		30	29.10			30	33.00

注：在火焰温度 750℃进行试验，电缆不燃烧。

表 31-111 KJCP 数字巡回检测装置屏蔽控制电缆

（环境温度－20℃～65℃）

芯数及截面 (mm²)	对数	导线		参考外径 (mm)
		结构	直径(mm)	
2×0.75	1	1/0.97	0.97	7.84
4×0.75	2	1/0.97	0.97	8.74
6×0.75	3	1/0.97	0.97	11.60
8×0.75	4	1/0.97	0.97	12.58
10×0.75	5	1/0.97	0.97	13.65
12×0.75	6	1/0.97	0.97	14.78
14×0.75	7	1/0.97	0.97	14.78
16×0.75	8	1/0.97	0.97	15.91
18×0.75	9	1/0.97	0.97	18.94
20×0.75	10	1/0.97	0.97	18.94
22×0.75	11	1/0.97	0.97	19.52
24×0.75	12	1/0.97	0.97	19.52
26×0.75	13	1/0.97	0.97	20.50
28×0.75	14	1/0.97	0.97	20.50
30×0.75	15	1/0.97	0.97	21.57
32×0.75	16	1/0.97	0.97	21.57
40×0.75	20	1/0.97	0.97	23.83
48×0.75	24	1/0.97	0.97	26.46
60×0.75	30	1/0.97	0.97	28.02

表 31-112 KJCPR 数字巡回检测装置屏蔽控制软电缆

（环境温度－20℃～65℃）

芯数及截面 (mm²)	对数	导线		参考外径 (mm)
		结构	直径(mm)	
2×0.75	1	7/0.37	1.11	8.12
4×0.75	2	7/0.37	1.11	9.08
6×0.75	3	7/0.37	1.11	12.12
8×0.75	4	7/0.37	1.11	13.16
10×0.75	5	7/0.37	1.11	14.30
12×0.75	6	7/0.37	1.11	15.50
14×0.75	7	7/0.37	1.11	15.50
16×0.75	8	7/0.37	1.11	18.70
18×0.75	9	7/0.37	1.11	19.90
20×0.75	10	7/0.37	1.11	19.90
22×0.75	11	7/0.37	1.11	20.52
24×0.75	12	7/0.37	1.11	20.52
26×0.75	13	7/0.37	1.11	21.56
28×0.75	14	7/0.37	1.11	21.56
30×0.75	15	7/0.37	1.11	22.70
32×0.75	16	7/0.37	1.11	22.70
40×0.75	20	7/0.37	1.11	25.10
48×0.75	24	7/0.37	1.11	27.90
60×0.75	30	7/0.37	1.11	29.96

表 31-113 KJCP 数字巡回检测装置屏蔽控制电缆
（环境温度－20℃～65℃）

芯数及截面 (mm^2)	对数	导线		参考外径 (mm)
		结构	直径(mm)	
2×1.5	1	1/1.37	1.37	8.64
4×1.5	2	1/1.37	1.37	9.70
6×1.5	3	1/1.37	1.37	13.09
8×1.5	4	1/1.37	1.37	14.24
10×1.5	5	1/1.37	1.37	15.52
12×1.5	6	1/1.37	1.37	16.85
14×1.5	7	1/1.37	1.37	16.85
16×1.5	8	1/1.37	1.37	18.19
18×1.5	9	1/1.37	1.37	21.70
20×1.5	10	1/1.37	1.37	21.70
22×1.5	11	1/1.37	1.37	22.39
24×1.5	12	1/1.37	1.37	22.39
26×1.5	13	1/1.37	1.37	3.54
28×1.5	14	1/1.37	1.37	23.54
30×1.5	15	1/1.37	1.37	24.82
32×1.5	16	1/1.37	1.37	24.82
40×1.5	20	1/1.37	1.37	27.49
48×1.5	24	1/1.37	1.37	31.00
60×1.5	30	1/1.37	1.37	32.84

表 31-114 KJCPR 数字巡回检测装置屏蔽控制软电缆
（环境温度－20℃～65℃）

芯数及截面 (mm^2)	对数	导线		参考外径 (mm)
		结构	直径(mm)	
2×1.5	1	7/0.52	1.56	9.02
4×1.5	2	7/0.52	1.56	10.17
6×1.5	3	7/0.52	1.56	13.80
8×1.5	4	7/0.52	1.56	15.04
10×1.5	5	7/0.52	1.56	16.41
12×1.5	6	7/0.52	1.56	17.84
14×1.5	7	7/0.52	1.56	17.84
16×1.5	8	7/0.52	1.56	19.08
18×1.5	9	7/0.52	1.56	23.02
20×1.5	10	7/0.52	1.56	23.02
22×1.5	11	7/0.52	1.56	23.76
24×1.5	12	7/0.52	1.56	23.76
26×1.5	13	7/0.52	1.56	25.00
28×1.5	14	7/0.52	1.56	25.00
30×1.5	15	7/0.52	1.56	26.37
32×1.5	16	7/0.52	1.56	26.37
40×1.5	20	7/0.52	1.56	29.64
48×1.5	24	7/0.52	1.56	32.98
60×1.5	30	7/0.52	1.56	34.96

注：生产厂为沈阳电缆厂。

表 31-115 500V YHD 橡皮绝缘耐寒橡套电缆外径
（线芯允许工作温度＋65℃，环境温度－50～＋50℃）

芯数×截面 (mm^2)	外径 (mm)	芯数×截面 (mm^2)	外径 (mm)	芯数×截面 (mm^2)	外径 (mm)	芯数×截面 (mm^2)	外径 (mm)
2×1.0	10.2	3×4	16	4×16	29.5	6×6	24
2×1.5	10.7	3×6	18.4	4×25	33.5	7×1.0	15.4
2×2.5	12.2	3×10	22.3	5×1.0	12.5	7×1.5	16.3
2×4	15.3	3×16	25.3	5×1.5	15.3	7×2.5	19.5
2×6	16.6	3×25	30.9	5×2.5	18.3	7×4	22.1
2×10	20.2	4×1.0	11.5	5×4	19.7	7×6	24
2×16	24	4×1.5	12.2	5×6	22.4	8×1.0	16.4
2×25	29.3	4×2.5	16	6×1.0	15.4	8×1.5	18.4
3×1.0	10.6	4×4	18.3	6×1.5	16.3	8×2.5	20.8
3×1.5	11.3	4×6	19.8	6×2.5	19.5	8×4	23.6
3×2.5	12.9	4×10	24.1	6×4	22.1	8×6	25.7

表 31-116　YZ 系列起重及冶金用笼型异步电动机电线、电缆及钢管选择表

（环境温度＋25℃、＋30℃、＋35℃、＋40℃，$FC=40\%$）

电动机			电线、电缆及钢管															
			25℃				30℃				35℃				40℃			
型号 YZ	额定功率 (kW)	定子电流 (A)	电线截面 BLV-500	管径 (mm)	电缆截面 VLV-1000	管径 (mm)	电线截面 BLV-500	管径 (mm)	电缆截面 VLV-1000	管径 (mm)	电线截面 BLV-500	管径 (mm)	电缆截面 VLV-1000	管径 (mm)	电线截面 BLV-500	管径 (mm)	电缆截面 VLV-1000	管径 (mm)
112M-6	1.5	4.3	3(1×2.5)	20	1(3×2.5)	20	3(1×2.5)	20	1(3×2.5)	20	3(1×2.5)	20	1(3×2.5)	20	3(1×2.5)	20	1(3×2.5)	20
132MA-6	2.2	5.9	3(1×2.5)	20	1(3×2.5)	20	3(1×2.5)	20	1(3×2.5)	20	3(1×2.5)	20	1(3×2.5)	20	3(1×2.5)	20	1(3×2.5)	20
132MB-6	3.7	8.8	3(1×2.5)	20	1(3×2.5)	20	3(1×2.5)	20	1(3×2.5)	20	3(1×2.5)	20	1(3×2.5)	20	3(1×2.5)	20	1(3×2.5)	20
160MA-6	5.5	12.5	3(1×2.5)	20	1(3×2.5)	20	3(1×2.5)	20	1(3×2.5)	20	3(1×2.5)	20	1(3×2.5)	20	3(1×2.5)	20	1(3×2.5)	20
160MB-6	7.5	15.9	3(1×2.5)	20	1(3×2.5)	20	3(1×2.5)	20	1(3×4)	20	3(1×4)	20	1(3×4)	20	3(1×4)	20	1(3×4)	20
160L-6	11	24.6	3(1×6)	20	1(3×6)	25	3(1×6)	20	1(3×6)	25	3(1×6)	20	1(3×6)	25	3(1×6)	20	1(3×10)	25
160L-8	7.5	18	3(1×2.5)	20	1(3×4)	20	3(1×4)	20	1(3×4)	20	3(1×4)	20	1(3×4)	20	3(1×4)	20	1(3×6)	25
180L-8	11	25.8	3(1×6)	20	1(3×6)	25	3(1×6)	20	1(3×6)	25	3(1×6)	20	1(3×10)	25	3(1×10)	25	1(3×10)	25
200L-8	15	33.1	3(1×10)	25	1(3×10)	25	3(1×10)	25	1(3×10)	25	3(1×10)	25	1(3×10)	25	3(1×10)	25	1(3×16)	32
225M-8	22	45.8	3(1×16)	25	1(3×16)	32	3(1×16)	25	1(3×16)	32	3(1×16)	25	1(3×16)	32	3(1×25)	32	1(3×25)	40
250MA-8	30	63.3	3(1×25)	32	1(3×25)	40	3(1×25)	32	1(3×25)	40	3(1×35)	40	1(3×35)	40	3(1×35)	40	1(3×35)	40

表 31-117 YZR 系列起重及冶金用绕线型异步电动机电线、电缆及钢管选择表

（环境温度+25℃，*FC*＝40%，S3 工作制）

电动机				电线、电缆及钢管									
				定子				转子				合穿管	
												管径(mm)	
型号 YZR	额定功率 (kW)	定子电流 (A)	转子电流 (A)	电线截面 BLV-500	管径 (mm)	电缆截面 VLV-1000	管径 (mm)	电线截面 BLV-500	管径 (mm)	电缆截面 VLV-1000	管径 (mm)	BLV-500	VLV-1000
112M-6	1.5	4.63	12.5	3(1×2.5)	20	1(3×2.5)	20	3(1×2.5)	20	1(3×2.5)	20	20	40
132MA-6	2.2	6.05	12.6	3(1×2.5)	20	1(3×2.5)	20	3(1×2.5)	20	1(3×2.5)	20	20	40
132MB-6	3.7	9.2	14.5	3(1×2.5)	20	1(3×2.5)	20	3(1×2.5)	20	1(3×2.5)	20	20	40
160MA-6	5.5	15	25.7	3(1×2.5)	20	1(3×2.5)	20	3(1×6)	20	1(3×6)	25	20	50
160MB-6	7.5	18	26.5	3(1×2.5)	20	1(3×2.5)	20	3(1×6)	20	1(3×6)	25	20	50
160L-6	11	24.9	27.6	3(1×6)	20	1(3×6)	25	3(1×6)	20	1(3×6)	25	25	50
180L-6	15	33.8	46.5	3(1×10)	25	1(3×10)	32	3(1×16)	25	1(3×16)	32	32	70
200L-6	22												
225M-6	30	62	74.4	3(1×25)	32	1(3×25)	40	3(1×35)	40	1(3×35)	40	50	80
250MA-6	37	70.5	91.5	3(1×35)	40	1(3×25)	40	3(1×50)	50	1(3×50)	50	70	80
250MB-6	45	84.5	95	3(1×35)	40	1(3×35)	40	3(1×50)	50	1(3×50)	50	70	80
280S-6	55	101.5	119.8	3(1×50)	50	1(3×50)	50	3(1×70)	50	1(3×70)	50	70	
280M-6	75												
160M-8	7.5	19.1	23	3(1×4)	20	1(3×4)	25	3(1×4)	20	1(3×6)	25	20	50
180M-8	11	27	44	3(1×6)	20	1(3×6)	25	3(1×10)	25	1(3×16)	32	25	70
200L-8	15	33.5	53.5	3(1×10)	25	1(3×10)	32	3(1×16)	25	1(3×25)	40	40	70
225M-8	22	46.9	59.1	3(1×16)	25	1(3×16)	32	3(1×25)	32	1(3×25)	40	40	70
250MA-8	30	63.4	68.8	3(1×25)	32	1(3×25)	40	3(1×25)	32	1(3×25)	40	50	80
250MB-8	37	78.1	70	3(1×35)	40	1(3×35)	40	3(1×25)	32	1(3×35)	40	50	80
280S-8	45												
280M-8	55	111	92.5	3(1×70)	50	1(3×70)	50	3(1×50)	50	1(3×50)	50	70	
315S-8	75	134	159	3(1×70)	50	1(3×70)	50	3(1×95)	70	1(3×95)	70	80	
315M-8	90	172	161	3(1×120)	70	1(3×120)	70	3(1×95)	70	1(3×95)	70	80	
280S-10	37	85	153	3(1×35)	40	1(3×35)	40	3(1×70)	50	1(3×95)	70	70	
280M-10	45	104	165	3(1×50)	50	1(3×50)	50	3(1×95)	70	1(3×95)	70	80	
315S-10	55	118	139	3(1×70)	50	1(3×70)	50	3(1×70)	50	1(3×95)	70	70	
315M-10	75	160	149	3(1×95)	70	1(3×95)	70	3(1×95)	70	1(3×95)	70	80	
355M-10	90	180	167	3(1×120)	70	1(3×120)	70	3(1×95)	70	1(3×120)	70	80	
355LA-10	110	217	172	3(1×150)	70	1(3×150)	70	3(1×120)	70	1(3×120)	70		
355LB-10	132	262	168	2[3(1×95)]	80	2(3×120)	2×70	3(1×95)	70	1(3×120)	70		
400LA-10	160												
400LB-10													

表 31-118 YZR 系列起重及冶金用绕线型异步电动机电线、电缆及钢管选择表

（环境温度＋30℃，*FC*＝40％，S3 工作制）

电动机				电线、电缆及钢管									
				定子				转子				合穿管	
												管径(mm)	
型号 YZR	额定功率 (kW)	定子电流 (A)	转子电流 (A)	电线截面 BLV-500	管径 (mm)	电缆截面 VLV-1000	管径 (mm)	电线截面 BLV-500	管径 (mm)	电缆截面 VLV-1000	管径 (mm)	BLV-500	VLV-1000
112M-6	1.5	4.63	12.5	3(1×2.5)	20	1(3×2.5)	20	3(1×2.5)	20	1(3×2.5)	20	20	40
132MA-6	2.2	6.05	12.6	3(1×2.5)	20	1(3×2.5)	20	3(1×2.5)	20	1(3×2.5)	20	20	40
132MB-6	3.7	9.2	14.5	3(1×2.5)	20	1(3×2.5)	20	3(1×2.5)	20	1(3×2.5)	20	20	40
160MA-6	5.5	15	25.7	3(1×2.5)	20	1(3×2.5)	20	3(1×6)	20	1(3×6)	25	20	50
160MB-6	7.5	18	26.5	3(1×2.5)	20	1(3×4)	25	3(1×6)	20	1(3×6)	25	20	50
160L-6	11	24.9	27.6	3(1×6)	20	1(3×6)	25	3(1×6)	20	1(3×6)	25	25	50
180L-6	15	33.8	46.5	3(1×10)	25	1(3×10)	32	3(1×16)	25	1(3×16)	32	32	70
200L-6	22												
225M-6	30	62	74.4	3(1×25)	32	1(3×25)	40	3(1×35)	40	1(3×35)	40	50	80
250MA-6	37	70.5	91.5	3(1×35)	40	1(3×35)	40	3(1×50)	50	1(3×50)	50	70	
250MB-6	45	84.5	95	3(1×50)	50	1(3×50)	50	3(1×50)	50	1(3×50)	50	70	
280S-6	55	101.5	119.8	3(1×50)	50	1(3×70)	50	3(1×70)	50	1(3×70)	50	70	
280M-6	75												
160M-8	7.5	19.1	23	3(1×4)	20	1(3×4)	25	3(1×6)	20	1(3×6)	25	20	50
180M-8	11	27	44	3(1×6)	20	1(3×6)	25	3(1×16)	25	1(3×16)	32	32	70
200L-8	15	33.5	53.5	3(1×10)	25	1(3×10)	32	3(1×25)	32	1(3×25)	40	40	70
225M-8	22	46.9	59.1	3(1×16)	25	1(3×16)	32	3(1×25)	32	1(3×25)	40	40	70
250MA-8	33	63.4	68.8	3(1×25)	32	1(3×25)	40	3(1×35)	40	1(3×35)	40	50	80
250MB-8	37	78.1	70	3(1×35)	40	1(3×35)	40	3(1×35)	40	1(3×35)	40	50	80
280S-8	45												
280M-8	55	111	92.5	3(1×70)	50	1(3×70)	50	3(1×50)	50	1(3×50)	50	70	
315S-8	75	134	159	3(1×70)	50	1(3×95)	70	3(1×95)	70	1(3×120)	70	80	
315M-8	90	172	161	3(1×120)	70	1(3×120)	70	3(1×120)	70	1(3×120)	70		
280S-10	37	85	153	3(1×50)	50	1(3×50)	50	3(1×95)	70	1(3×95)	70	80	
280M-10	45	104	165	3(1×70)	50	1(3×70)	50	3(1×120)	70	1(3×120)	70	80	
315S-10	55	118	139	3(1×70)	50	1(3×70)	50	3(1×95)	70	1(3×95)	70	80	
315M-10	75	160	149	3(1×120)	70	1(3×120)	70	3(1×95)	70	1(3×95)	70	80	
355M-10	90	180	167	3(1×150)	70	1(3×150)	70	3(1×120)	70	1(3×120)	70		
355LA-10	110	217	172	3(1×185)	70	1(3×185)	80	3(1×120)	70	1(3×120)	70		
355LB-10	132	262	168	2[3(1×95)]	80	2(3×120)	2×70	3(1×120)	70	1(3×120)	70		
400LA-10	160												
400LB-10													

表 31-119 YZR系列起重及冶金用绕线型异步电动机电线、电缆及钢管选择表

（环境温度+35℃，$FC=40\%$，S3工作制）

电动机				电线、电缆及钢管									
型号 YZR	额定功率(kW)	定子电流(A)	转子电流(A)	定子				转子				合穿管 管径(mm)	
				电线截面 BLV-500	管径(mm)	电缆截面 VLV-1000	管径(mm)	电线截面 BLV-500	管径(mm)	电缆截面 VLV-1000	管径(mm)	BLV-500	VLV-1000
112M-6	1.5	4.63	12.5	3(1×2.5)	20	1(3×2.5)	20	3(1×2.5)	20	1(3×2.5)	20	20	40
132MA-6	2.2	6.05	12.6	3(1×2.5)	20	1(3×2.5)	20	3(1×2.5)	20	1(3×2.5)	20	20	40
132MB-6	3.7	9.2	14.5	3(1×2.5)	20	1(3×2.5)	20	3(1×2.5)	20	1(3×4)	25	20	40
160MA-6	5.5	15	25.7	3(1×2.5)	20	1(3×4)	25	3(1×6)	20	1(3×10)	32	20	50
160MB-6	7.5	18	26.5	3(1×4)	20	1(3×4)	25	3(1×6)	20	1(3×10)	32	20	50
160L-6	11	24.9	27.6	3(1×6)	20	1(3×6)	25	3(1×10)	25	1(3×10)	32	25	70
180L-6	15	33.8	46.5	3(1×10)	25	1(3×10)	32	3(1×16)	25	1(3×25)	40	32	70
200L-6	22												
225M-6	30	62	74.4	3(1×35)	40	1(3×25)	40	3(1×35)	40	1(3×35)	40	50	80
250MA-6	37	70.5	91.5	3(1×35)	40	1(3×35)	40	3(1×50)	50	1(3×50)	50	70	
250MB-6	45	84.5	95	3(1×50)	50	1(3×50)	50	3(1×50)	50	1(3×70)	50	70	
280S-6	55	101.5	119.8	3(1×70)	50	1(3×70)	50	3(1×70)	50	1(3×95)	70	70	
280M-6	75												
160M-8	7.5	19.1	23	3(1×4)	20	1(3×6)	25	3(1×6)	20	1(3×6)	25	20	50
180M-8	11	27	44	3(1×6)	20	1(3×10)	32	3(1×16)	25	1(3×16)	32	25	70
200L-8	15	33.5	53.5	3(1×10)	25	1(3×10)	32	3(1×25)	32	1(3×25)	40	40	70
225M-8	22	46.9	59.1	3(1×16)	25	1(3×25)	40	3(1×25)	32	1(3×25)	40	40	80
250MA-8	33	63.4	68.8	3(1×35)	40	1(3×35)	40	3(1×35)	40	1(3×35)	40	50	80
250MB-8	37	78.1	70	3(1×50)	50	1(3×50)	50	3(1×35)	40	1(3×35)	40	70	
280S-8	45												
280M-8	55	111	92.5	3(1×70)	50	1(3×70)	50	3(1×50)	50	1(3×50)	50	70	
315S-8	75	134	159	3(1×95)	70	1(3×95)	70	3(1×120)	70	1(3×120)	70	80	
315M-8	90	172	161	3(1×150)	70	1(3×150)	70	3(1×120)	70	1(3×120)	70		
280S-10	37	85	153	3(1×50)	50	1(3×50)	50	3(1×120)	70	1(3×120)	70	80	
280M-10	45	104	165	3(1×70)	50	1(3×70)	50	3(1×120)	70	1(3×120)	70	80	
315S-10	55	118	139	3(1×70)	50	1(3×95)	70	3(1×95)	70	1(3×95)	70	80	
315M-10	75	160	149	3(1×120)	70	1(3×120)	70	3(1×120)	70	1(3×120)	70		
355M-10	90	180	167	3(1×150)	70	1(3×150)	70	3(1×120)	70	1(3×150)	70		
355LA-10	110	217	172	3(1×185)	70	1(3×185)	80	3(1×150)	70	1(3×150)	70		
355LB-10	132	262	168	2[3(1×95)]	80	2(3×120)	2×70	3(1×120)	70	1(3×150)	70		
400LA-10	160												
400LB-10													

表 31-120 YZR 系列起重及冶金用绕线型异步电动机电线、电缆及钢管选择表

（环境温度＋40℃，$FC=40\%$，S3 工作制）

电动机				电线、电缆及钢管									
型号 YZR	额定功率(kW)	定子电流(A)	转子电流(A)	定子				转子				合穿管 管径(mm)	
				电线截面 BLV-500	管径(mm)	电缆截面 VLV-1000	管径(mm)	电线截面 BLV-500	管径(mm)	电缆截面 VLV-1000	管径(mm)	BLV-500	VLV-1000
112M-6	1.5	4.63	12.5	3(1×2.5)	20	1(3×2.5)	20	3(1×2.5)	20	1(3×2.5)	20	20	40
132MA-6	2.2	6.05	12.6	3(1×2.5)	20	1(3×2.5)	20	3(1×2.5)	20	1(3×2.5)	20	20	40
132MB-6	3.7	9.2	14.5	3(1×2.5)	20	1(3×2.5)	20	3(1×4)	20	1(3×4)	25	20	40
160MA-6	5.5	15	25.7	3(1×4)	20	1(3×4)	20	3(1×10)	25	1(3×10)	32	25	50
160MB-6	7.5	18	26.5	3(1×4)	20	1(3×6)	25	3(1×10)	25	1(3×10)	32	25	70
160L-6	11	24.9	27.6	3(1×6)	20	1(3×10)	32	3(1×10)	25	1(3×10)	32	25	70
180L-6	15	33.8	46.5	3(1×10)	25	1(3×16)	32	3(1×25)	32	1(3×25)	40	40	70
200L-6	22												
225M-6	30	62	74.4	3(1×35)	40	1(3×35)	40	3(1×50)	50	1(3×50)	50	50	80
250MA-6	37	70.5	91.5	3(1×35)	40	1(3×50)	50	3(1×70)	50	1(3×70)	50	70	
250MB-6	45	84.5	95	3(1×50)	50	1(3×50)	50	3(1×70)	50	1(3×70)	50	70	
280S-6	55	101.5	119.8	3(1×70)	50	1(3×70)	50	3(1×95)	70	1(3×95)	70	80	
280M-6	75												
160M-8	7.5	19.1	23	3(1×6)	20	1(3×6)	25	3(1×10)	25	1(3×6)	25	25	50
180M-8	11	27	44	3(1×10)	25	1(3×10)	32	3(1×16)	25	1(3×25)	40	32	70
200L-8	15	33.5	53.5	3(1×10)	25	1(3×16)	32	3(1×25)	32	1(3×25)	40	40	70
225M-8	22	46.9	59.1	3(1×25)	32	1(3×25)	40	3(1×35)	40	1(3×35)	40	50	80
250MA-8	33	63.4	68.8	3(1×35)	40	1(3×35)	40	3(1×35)	40	1(3×35)	40	50	80
250MB-8	37	78.1	70	3(1×50)	50	1(3×50)	50	3(1×35)	40	1(3×50)	50	70	
280S-8	45												
280M-8	55	111	92.5	3(1×70)	50	1(3×95)	70	3(1×70)	50	1(3×70)	50	70	
315S-8	75	134	159	3(1×95)	70	1(3×120)	70	3(1×150)	70	1(3×150)	70		
315M-8	90	172	161	3(1×150)	70	1(3×150)	50	3(1×150)	70	1(3×150)	70		
280S-10	37	85	153	3(1×50)	50	1(3×50)	50	3(1×120)	70	1(3×150)	70	80	
280M-10	45	104	165	3(1×70)	50	1(3×70)	50	3(1×150)	70	1(3×150)	70	80	
315S-10	55	118	139	3(1×95)	70	1(3×95)	70	3(1×120)	70	1(3×120)	70	80	
315M-10	75	160	149	3(1×150)	70	1(3×150)	70	3(1×120)	70	1(3×120)	70		
355M-10	90	180	167	3(1×185)	70	1(3×185)	80	3(1×150)	70	1(3×150)	70		
355LA-10	110	217	172	2[3(1×95)]	80	2(3×95)	2×70	3(1×150)	70	1(3×150)	70		
355LB-10	132	262	168	2[3(1×120)]	2×70	2(3×120)	2×70	3(1×150)	70	1(3×150)	70		
400LA-10	160												
400LB-10													

表 31-121　直流弧焊机用电动发电机电源线的选择

型号		额定功率(kW)	额定电流(A)	功率因数	导线截面(mm²)及钢管直径(mm)			
					30℃		35℃	
新	旧				BLV YC	G	BLV YC	G
AX-165 AX1-165	AB-165	6	12	0.87	3×2.5	20	3×2.5	20
					3×2.5+1×1.5		3×2.5+1×1.5	
AX-320	AT-320	14	28	0.87	3×6	20	3×6	20
					3×4+1×2.5		3×4+1×2.5	
AX1-320		12	24	0.87	3×6	20	3×6	20
					3×4+1×2.5		3×4+1×2.5	
AX1-500	AB-500	26	51	0.88	3×16	25	3×16	25
					3×10+1×6		3×10+1×6	
AX2-100	BE-100	4	8	0.78	3×2.5	20	3×2.5	20
					3×2.5+1×1.5		3×2.5+1×1.5	
AX3-300	AG-300-1	10	21	0.86	3×4	20	3×4	20
AX3-300-1	AG-300-2							
AX9-300	AX-300				3×2.5+1×1.5		3×2.5+1×1.5	
AX4-300	AR-300			0.87				
AX3-500 AX9-500	AG-500 AX-500	26	52	0.9	3×16	25	3×25	32
					3×10+1×6		3×16+1×6	
AX7-500		26	51	0.89	3×16	25	3×16	25
					3×10+1×6		3×10+1×6	
AX8-500		30	54	0.91	3×16	25	3×25	32
					3×10+1×6		3×16+1×6	
AP1-350	AF-350	14	27	0.9	3×6	20	3×6	20
					3×4+1×2.5		3×4+1×2.5	
AP-1000	AM-1000	75	143	0.89	3×95	70	3×95	70
					3×50+1×16		3×70+1×25	

注：电焊机的额定功率为传动焊接发电机的电动机的功率，其负载持续率为100%，电源为三相380V。

表 31-122 焊接变压器电源线的选择

型号 新	型号 旧	容量 (kVA)	相数/电压 (V)	功率因数	负载持续率 (%)	额定电流 (A)	导线截面(mm²)及钢管直径(mm) 30℃ BLV / YC	30℃ G	35℃ BLV / YC	35℃ G
BX-500	BA-500	32	1/380	0.52	65	84	2×25	32	2×25	32
							2×16+1×6		2×16+1×6	
			1/220			145	2×50	40	2×70	50
							2×35+1×10		2×35+1×10	
BX1-135	BS-135	8.7	1/380	0.48		23	2×4	20	2×4	20
							2×2.5+1×1.5		2×2.5+1×1.5	
			1/220			40	2×10	20	2×10	20
							2×6+1×4		2×6+1×4	
BX1-330	BS-330	21	1/380	0.5		56	2×16	25	2×16	25
							2×10+1×6		2×10+1×6	
			1/220			96	2×35	40	2×35	40
							2×25+1×10		2×25+1×10	

续表 1-122

型号		容量 (kVA)	相数/电压 (V)	功率因数	负载持续率 (%)	额定电流 (A)	导线截面(mm²)及钢管直径(mm)			
							30℃		35℃	
新	旧						BLV YC	G	BLV YC	G
BX2-500	BC-500	42	1/380	0.6	60	110	(2×35)+(3×2.5)	40+20	(2×35)+(3×2.5)	40+20
							(2×25+1×10)+(3×2.5)		(2×25+1×10)+(3×2.5)	
			1/220			190	(2×70)+(3×2.5)	50+20	(2×95)+(3×2.5)	70+20
							(2×50+1×16)+(3×2.5)		(2×70+1×2.5)+(3×2.5)	
BX2-700	BC-700	56	1/380			147	(2×50)+(3×2.5)	40+20	(2×70)+(3×2.5)	50+20
							(2×35+1×10)+(3×2.5)		(2×35+1×10)+(3×2.5)	
			1/220			254	(2×120)+(3×2.5)	70+20	(2×150)+(3×2.5)	70+20
							(2×95+1×35)+(3×2.5)		(2×95+1×35)+(3×2.5)	
BX2-1000	BC-1000	76	1/380	0.62		194	(2×95)+(3×2.5)	70+20	(2×95)+(3×2.5)	70+20
							(2×50+1×16)+(3×2.5)		(2×70+1×25)+(3×2.5)	
			1/220			336	2(2×70)+(3×2.5)	2×50+20	2(2×95)+(3×2.5)	2×70+20
							2(2×50+1×16)+(3×2.5)		2(2×50+1×16)+(3×2.5)	
BX2-2000	BC-2000	170	1/380			450	2(2×120)+(3×2.5)	2×70+20	2(2×120)+(3×2.5)	2×70+20
							2(2×70+1×25)+(3×2.5)		2(2×70+1×25)+(3×2.5)	

续表 1-122

型号 新	型号 旧	容量 (kVA)	相数/电压 (V)	功率因数	负载持续率 (%)	额定电流 (A)	导线截面(mm²)及钢管直径(mm) 30℃ BLV YC	30℃ G	35℃ BLV YC	35℃ G
BX1-330-1		22.8			65	60	2×16	25	2×16	25
			1/220				2×10+1×6		2×10+1×6	
						104	2×35	40	2×35	40
							2×25+1×10		2×25+1×10	
BX1-500		20.5	1/380	0.65	60	66	2×16	25	2×16	25
							2×10+1×6		2×10+1×6	
BX3-120	BK-120	9		0.45		24	2×4	20	2×4	20
							2×2.5+1×1.5		2×2.5+1×1.5	
BX3-300	BK-300	20.5		0.53		54	2×10	20	2×16	25
							2×10+1×6		2×10+1×6	
BX3-500	BK-500	35.5		0.52		93	2×25	32	2×35	40
							2×16+1×16		2×25+1×10	
BP3-3×500	BM-3×500	122	3/380		65	185	3×95	70	3×95	70
							3×70+1×25		3×70+1×25	
BP3-3×1000		160			80	243	2(3×70)	2×50	2(3×70)	2×50
							3×95+1×35		3×120+1×35	
BP3-3×3000		450			100	710	BX-3(3×120)	3×70	BX-3(3×150)	3×70

在防腐蚀车间内，应尽可能利用防腐型电缆桥架明敷电线、电缆，当必须采用钢管配线时，应对钢管采取防腐蚀措施。

防爆、防火、防腐蚀环境明敷电线管时，电线管之间、管表面与建筑物以及操作设备外侧间的距离，应符合表 31-123 的要求。

表 31-123 防爆、防火、防腐蚀环境明管敷设时管与管之间、管表面与建筑物以及操作设备外侧间的距离

类　别	直径为 d 的管表面间净距离、管表面与建筑物、操作设备外侧净距离		
	管径 d ≤25mm	管径 d ≥32mm	管径 d ≥50mm
22 区、10 区、11 区	不小于 $2d$	不小于 50mm	不小于 d
防腐蚀车间	不小于 d		
0 区、1 区、2 区	不作规定		

31.5.4 直埋敷设

31.5.4.1 壕沟

采用壕沟敷设时应注意下述各点：

(1) 电缆埋深不得小于 700mm（穿越农田处不小于 1000mm）。

(2) 壕沟离开建筑物基础应大于 600mm。

(3) 有腐蚀性的土壤未经处理不得直埋电缆。

(4) 不得将电缆平行敷设于管道或另一条电缆的正上方或下方。

(5) 各种壕沟的断面及技术要求，直埋电缆之间，直埋电缆与各种管线、公路、铁路之间交叉接近的距离，详见第 19 章高压电缆选择与敷设。

31.5.4.2 水泥电缆槽

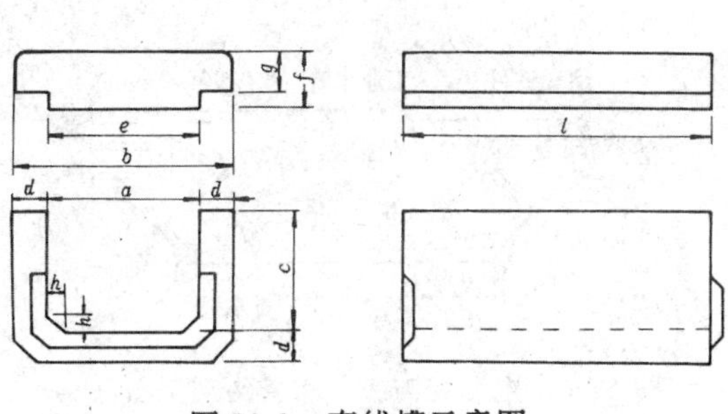

图 31-1 直线槽示意图

水泥电缆槽采用工厂预制，施工现场组合的施工方式，施工简便，保护电缆的效果好。水泥电缆槽有直线槽、曲线槽、三通槽、四通槽、上弯槽、下弯槽等，施工时可以根据电缆敷设线路任意组合。电缆槽的具体尺寸设计时确定。直线槽见示意图 31-1。

31.5.5 电缆排管

采用电缆排管敷设时，应注意：

(1) 电缆排管孔眼应不小于电缆外径的 1.5 倍，一般为 90～100mm。对电力电缆，排管孔眼应不小于 100mm。

(2) 排管顶部至地面的距离：在厂房内为 −200mm（地坪上不堆放重物），在人行道下为 −500mm；一般地区为 −700mm。

(3) 排管材料选择：

1) 高于地下水位 1m 以上可选用石棉水泥管或混凝土管；低于地下水位的排管，应有可靠的防潮层；

2) 潮湿地区排管材料宜选用 PVC 塑料管；

(4) 电缆排管的其他要求和各种排管组详见第 19 章高压电缆选择与敷设。

31.5.6 电缆沟

电缆沟应保持的最小尺寸如表 31-124 及图 31-2 所示。

表 31-124 电缆沟内部的尺寸（mm）

序号	尺寸名称		符号	一般	最小值
1	通道宽度	单侧支架	A	400～500	300
		双侧支架	A_s	400～600	300
2	电缆格架层间垂直距离	控制电缆	m_k	150	120
		电力电缆	m	150	150
3	电力电缆间水平距离		t	等于电缆外径 d	
4	最上排格架至盖板净距		C	150～200	
5	最低格架至沟底净距		G	50～150	

沟内通道宽度一般按以下原则考虑：

(1) 沟深小于 650mm，通道宽 300～400mm。

(2) 沟深大于或等于 650mm，通道宽为 450～500mm（单侧支架）或 500～600mm（双侧支架）。

电缆沟的型式有：

(1) 户内电缆沟：盖板与地板平，当容易积灰、积水时，用水泥沙浆封死。

(2) 户外电缆沟：盖板宜高出地面 100mm，以减少地表水进入沟内。但当盖板高出地面，影响厂区排水或交通时，可采用具有覆盖层的电缆沟，覆盖层（细土或砂）的厚度一般为 300mm。

电缆沟从厂区进入厂房处及与隧道连接处应设置防火隔墙。详见 31.7 节。

电缆沟底排水坡度不小于 0.5%～1%，且不能排向厂房侧。

户外电缆沟盖板一般采用钢筋混凝土盖板。户内电缆沟盖板，宜采用花纹钢板或点焊斑点钢板制作，其质量宜小于 30kg。

为固定电缆支架，沿沟全长埋设 40×6 扁钢（单侧两根，双侧四根）或其他埋设件。

电缆沟转直角弯处按图 31-3 要求设计。

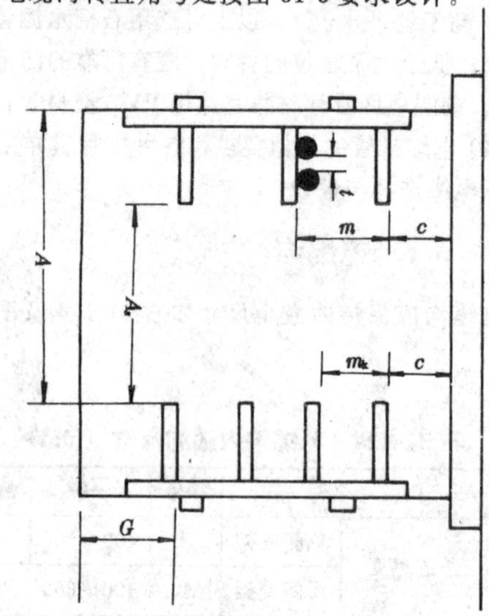

图 31-2　电缆沟结构示意图

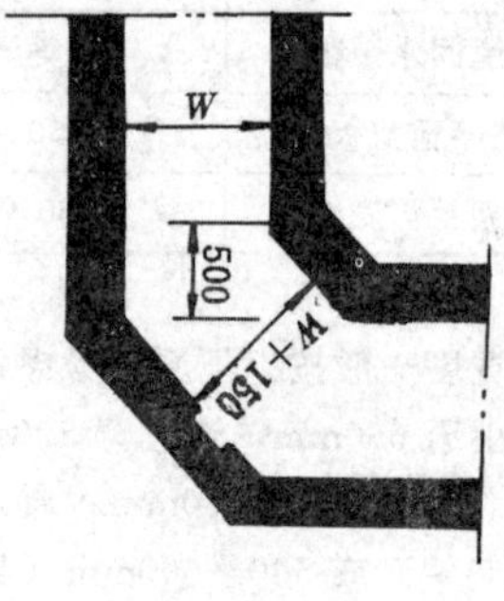

图 31-3　电缆沟转直角弯的要求

电缆沟与公路、铁路交叉方式：

(1) 交叉段用排管。

(2)采用暗沟时，沟需加固，使其能承受车辆荷重。

电缆沟与水管沟交叉方式：

(1) 与循环水管沟交叉见图 31-4、图 31-5。

(2) 与工业水管沟交叉见图 31-6、图 31-7。前者如果管沟在上，电缆沟在下，要做好该段电缆沟的排水，后者工业水管应加套管直接穿过电缆沟，要求套管与沟壁连接处密封好。

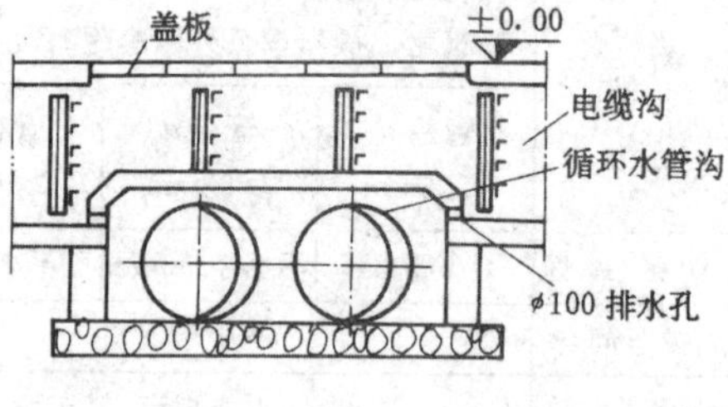

图 31-4　电缆沟与循环水管沟交叉图（一）

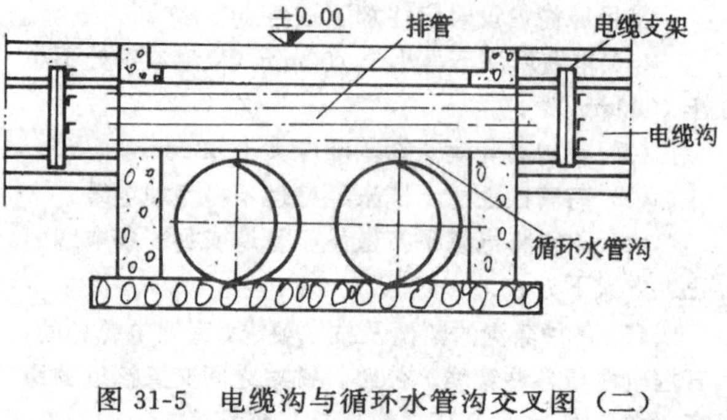

图 31-5　电缆沟与循环水管沟交叉图（二）

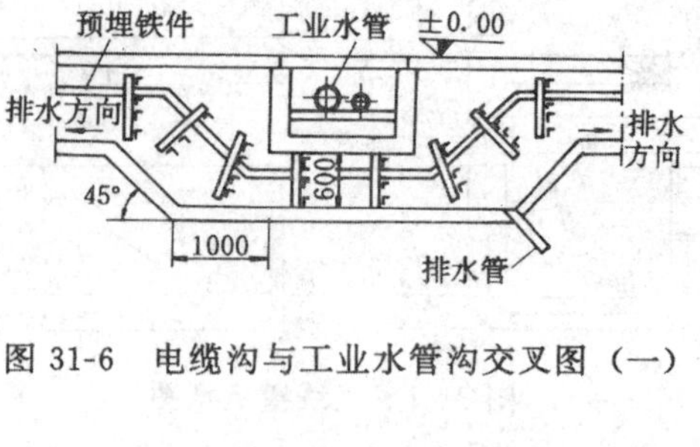

图 31-6　电缆沟与工业水管沟交叉图（一）

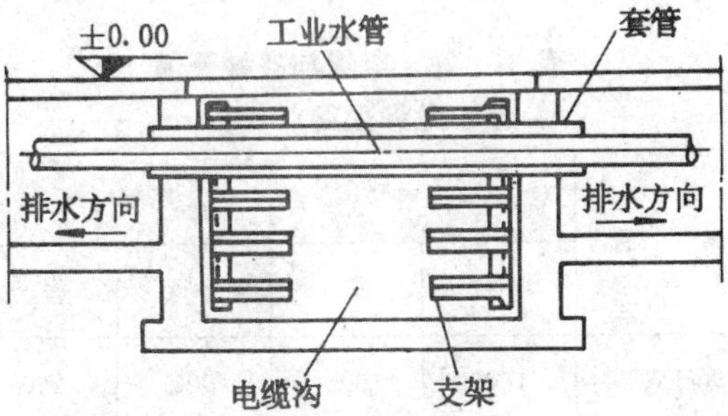

图 31-7 电缆沟与工业水管沟交叉图（二）

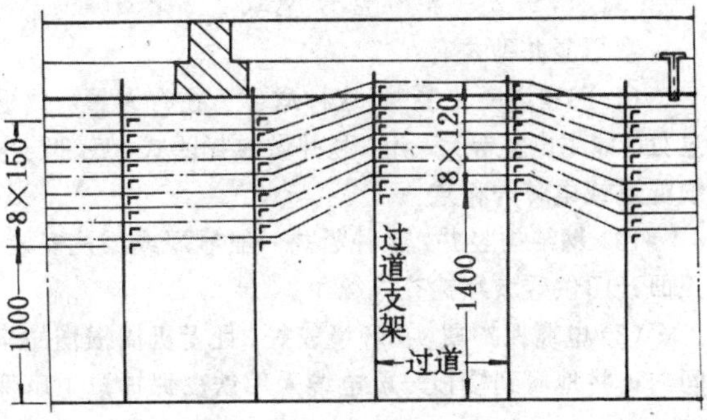

图 31-8 电缆夹层过道处支架

31.5.7 电缆隧道

采用电缆隧道敷设时，应按如下要求：

(1)电缆隧道应为钢筋混凝土结构，对其易受重物压力的地段，应按可能受到的荷重予以加固。

(2)根据电缆构架层数确定隧道净空高度，一般不应小于 2.0m；与其他管沟交叉的局部地段，其净高应尽量不小于 1.5m。隧道两侧装设电缆构架时，中间通道最小净宽不小于 1.0m。一侧装设电缆构架时，通道净宽不小于 0.9m。

(3) 当电缆隧道长度小于 7m 时，设一个人孔出口，长度在 100m 以内应设两个人孔出口。人孔直径不应小于 0.7m。

(4) 设计电缆隧道的其他要求，详见第 19 章高压电缆的选择与敷设。

(5) 电缆隧道的防火要求见 31.7 节。

31.5.8 电缆夹层

一般进出线较多的控制室或电气室，可以设置电缆夹层（或电缆层），其要求如下：

(1) 电缆夹层净高一般不应小于 2m，最低不得小于 1.5m。

(2) 作为电缆夹层的地下室支吊架最低一层格架距底面一般为 1000mm。但过道处的支架距底面不应小于 1400mm，见图 31-8。

(3)桥架的布置应方便电缆引入屏柜，且应避免屏柜端子受力。

(4) 无关管道不得穿过电缆夹层。

(5) 电缆夹层的防火要求见 31.7 节。

(6) 如果不采用电缆夹层，也可采用活动地板。

31.5.9 电缆竖井

31.5.9.1 一般要求

电缆竖井的一般要求有：

(1)竖井位置应靠墙或柱，便于与电缆隧道或沟相连。

(2) 不应与周围管道、风道交叉。

(3) 电缆路径短，敷设检查方便。

(4) 在多灰尘场所，应有密封措施。

(5)大型竖井在地面或楼层处应设有检修门，沿竖井全长装设固定的铁扶梯，以便敷设检查电缆，见图 31-9。

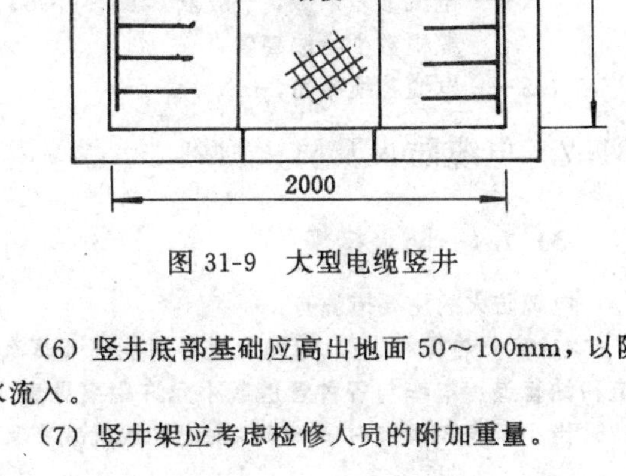

图 31-9 大型电缆竖井

(6) 竖井底部基础应高出地面 50～100mm，以防水流入。

(7) 竖井架应考虑检修人员的附加重量。

31.5.9.2 常用竖井型式

常用竖井型式有：

(1)砖和混凝土竖井。这种适合于在有大量电缆通过处（如主电室等）采用。竖井做成封闭式，底部与电缆隧道或电缆沟相连。

(2) 钢结构竖井。这种竖井一般靠墙或靠柱安装，正面开门供敷设和检查电缆用。

(3) 电缆保护罩。在环境较好、且无机械损伤的车间内，将地面到楼板一段电缆采用铁皮保护罩予以保护。

31.6 电缆散热计算

电缆的散热量，由载流电缆芯线的热损失求出。损失功率以一年最热季节中可能产生的最大损失进行计算。

一根 n 芯（不包括中性线）电缆每米的热损失功率为

$$P=\frac{nI^2\rho_t}{S} \tag{31-5}$$

式中 P——一根 n 芯电缆 1m 长度的热损失功率，W/m。

沟道内 N 根 n 芯（不包括中性线）电缆每米的热损失功率总和为

$$P_\Sigma=K\rho_t\sum_1^N\frac{nI^2}{S} \tag{31-6}$$

式中 P_Σ——N 根 n 芯电缆 1m 长度的热损失功率，W/m；

ρ_t——电缆运行时平均温度为 60℃时的电缆芯线电阻率，对于铝芯电缆为 $0.036\times10^{-6}\Omega\cdot m$，对于铜芯电缆为 $0.0213\times10^{-6}\Omega\cdot m$；

I——一根电缆的计算电流，A；

K——电流参差系数，一般取 0.85～0.95，电缆根数少时取高值；

S——电缆芯线截面，m^2。

31.7 电缆防火及防火材料

31.7.1 防火措施

电缆防火的主要措施有：

(1)离开热源和火源。电缆通道尽可能离开蒸汽管道和油管道，电缆与各种管道最小允许距离见表 31-125。当小于表 31-125 中距离时，则应在接近或交叉段前后 1m 处采取保护措施。

表 31-125 电缆与各种管道最小允许距离（mm）

名称	电力电缆		控制电缆	
	平行	垂直	平行	垂直
蒸汽管道	1000	500	500	250
一般管道	500	300	500	250

可燃气体或可燃液体的管沟中不应敷设电缆，无隔热措施的热管沟中亦不应敷设电缆。

制粉间的防爆门应避免直接朝向明敷电缆。

有爆炸和着火可能的场所(如制氢站等)不应架设明敷电缆。

(2) 隔离易燃易爆物。在易受外部着火影响的区段，如制粉间防爆门、排渣孔及高温管道附近，应采用防火槽盒、防火罩盖等保护电缆措施。

带油电气设备(如高压充油电流互感器、电压互感器及油浸变压器）附近电缆沟盖应密封。

(3)分隔不同机组及系统。不同机组之间、同一机组工作、备用电源之间的电缆尽可能分道敷设。当只能敷设于同一电缆通道时，则应分别布置于有耐火板分隔的不同支（桥）架或通道的两侧支（桥）架上。

动力与控制电缆应敷设于不同层的支（桥）架上。

(4)封堵电缆孔洞（满足 39.5.3 要求）。通向电气室（控制室、配电室）电缆夹层、电缆沟、电缆隧道的所有孔洞和竖井口均应采用耐火材料严密封堵。

电缆穿过不同车间隔墙及楼板处亦应采用耐火材料封堵。

所有屏、柜、箱、台下部电缆孔洞均应用耐火材料封堵。

(5) 设置防火墙及阻燃段（满足 39.5.4 要求）。以下部位电缆隧道、电缆沟及架空电缆桥架应设置防火隔墙或阻燃段：

不同车间的交界处；

户外进入户内处；

不同电压配电装置交界处；

不同机组的缆道交界处；

长距离电缆隧道每隔 100m 处。

电缆隧道与电气室（控制室、配电室）连接处应设带门的防火墙。

厂区围墙处隧道应设带锁防火门。

(6) 防止电缆故障自燃。

防止电缆构筑物积灰、积水,必要时采用架空或穿管敷设;

保证电缆头制作工艺,在电缆头集中处用耐火板分隔,在接头盒附近的电缆段涂刷防火涂料。

高温处选用耐热电缆,个别重要回路,如消防、报警、事故照明等部分选用阻燃电缆或不燃电缆或进行阻燃处理。

控制隧道温度,必要时(损耗达150～200W/m)设置机械通风。

明敷在厂房内或电缆沟、电缆隧道内的电缆不应有带麻被层。

(7) 设置灭火和消防报警装置。按《发电厂和变电所电气设备、电缆及油系统火灾检测与灭火设计暂行规定》,在电缆夹层、电缆隧道、电气室的适当位置,装设火灾报警及灭火装置。

31.7.2 防火材料及设施

主要的防火材料有:涂料、包带、槽盒、隔板、堵料及砌料。

主要的防火设施有:防火隔墙、阻火夹层、阻火段、阻火隔板、防火槽盒及阻燃桥架等,详见第39章火灾危险环境的电力设计。

31.8 电缆桥架与支架

31.8.1 概述

31.8.1.1 电缆桥架

电缆桥架是电缆敷设的一种新型式,特别适用于全塑电缆的明敷,使用于电缆隧道、电缆沟、电缆夹层、电缆竖井等电缆构筑物内及厂房、地下室架空敷设。电缆桥架具有容积大、外型美观、可靠性高、施工安装方便等优点,可大大缩短施工周期。目前在国内已得到广泛应用,电缆桥架的生产已标准化、工厂化。

电缆桥架按使用的材质可分为:

(1) 钢制桥架。

(2) 玻璃钢制桥架(包括阻燃玻璃钢桥架、耐腐蚀玻璃钢桥架两类)。

(3) 铝合金桥架。

钢铁企业主要采用钢制桥架和玻璃钢桥架。由于铝合金桥架质轻、美观但成本高、强度差,只在一些要求很高的场所如电力部门中控室采用外,其他很少采用,本节不作介绍。

电缆桥架按结构型式可分以下四种:

(1) 梯级式桥架;

(2) 托盘式桥架;

(3) 槽式桥架;

(4) 组合式桥架。

钢制电缆桥架按其表面防护处理方式可分:

(1) 涂漆桥架;

(2) 热镀锌桥架;

(3) 电镀锌桥架;

(4) 静电喷塑桥架。

近年来我国电缆桥架的生产发展很快。制造厂家很多,品种齐全,规格繁多,配套能力强,可以根据其样本选用组合。

电缆桥架系由桥架、支架、附件等组成。

桥架主体可分直通、弯通、水平三通、水平四通、垂直凹弯通、垂直凸弯通等,根据施工设计要求选用组合,下面以钢制桥架为例简述各种型式的电缆桥架。

梯级式桥架具有质量轻、成本低、安装方便、散热透气性好等优点,适用于一般直径较大的电缆敷设,特别适合于高、低压电力电缆的敷设。梯级式桥架按宽度可分200、300、400、500、600、800mm六种;按高度分有60、100、150mm三种;按长度分有2m、4m、6m三种。4m、6m桥架边板采用1.5mm或2mm钢板滚轧冲压成形,其强度较高。横梁采用1.5mm钢板弯制。

托盘式桥架适用于一般直径较小的电缆敷设,特别适用于控制电缆的敷设。它和梯级式桥架一样,其宽度有六种,高度有三种,长度也有2m、4m、6m三种。托盘式桥架的底板采用2mm钢板,分有孔和无孔两种。

槽式桥架分为扁型和高型两种,采用热轧钢板弯制,槽上有盖板,适合要求屏蔽的电缆敷设,如计算机电缆、信号电缆。槽式扁型电缆桥架宽度有50mm～800mm十种;高度有25mm～300mm九种;长度2m。槽式高型电缆桥架宽度有75mm～300mm等七种;高度有150mm～800mm等八种;长度2m。

组合式桥架具有结构简单、配置灵活、安装方便等优点,但其价格较高。

组合式电缆桥架只采用宽100mm、150mm、200mm三种基型就可以组装成所需要的尺寸,它不需要弯通、三通等配件，可以根据现场安装需要任意转向、变宽、分支、引上、引下。这样方便了设计和施工。桥架高有 25mm 和 50mm 两种。

支架是支撑电缆桥架和电缆的主要部分，它由立柱、立柱底座、托臂等组成，可以根据不同环境条件选择，安装成各种如悬吊式、直立式、侧壁式、单通、双通和多层等不同型式。

立柱是支撑电缆桥架的主要部件，它有工字钢立柱、丁字钢立柱、槽型钢立柱、角钢立柱等多种型式。如工字钢立柱适用于电缆多、载荷重、桥架跨度大的场合，它可以根据需要安装成悬吊式、直立式、侧壁式、单通或双通多层形式。丁字钢立柱和角钢立柱适合于电缆较少、载荷较轻、层数较少的场合。槽型立柱可作垂直引上、引下的桥架支撑。各种立柱均与一定的托臂和立柱底座配套使用。

立柱底座是用于地面固定或悬挂固定立柱用。它有多种型式与相应的立柱配套使用。为适应倾斜过梁安装或墙壁上作倾斜支撑，备有倾斜底座。

托臂是作为安装桥架用的横担，采用 3mm 钢板冲压成形，长度有 150mm、200mm、300mm、400mm、500mm、600mm、700mm、800mm 八种规格，用于不同的立柱有不同的形式。

电缆桥架及支架和附件，在设计时应根据生产厂提供的样本按其型号选用，其附件生产厂根据桥架型式、宽度、总长度及标准弯头数配套供应，不需设计单位统计数量，其重量可按主体部件总重的 10％计算。

31.8.1.2　电缆支架

常用电缆支架有角钢支架、装配式支架、铸铁支架及槽钢支架。角钢支架由现场焊接，广泛用于电缆沟、电缆隧道及电缆夹层直接敷设电缆。装配式支架由工厂制作现场装配，铸铁支架适用于腐蚀性环境及湿度大的沟和隧道内。槽钢支架适合安装在隧道中作为负荷重的高压电力电缆敷设用。现主要介绍角钢支架和装配式支架两种。

角钢支架外形如图 31-10 所示。根据使用场所不同，可以有不同型式的角钢支架，格架层间距离一般为 150～200mm，其立柱可采用角钢 50×5，也可采用槽钢。

装配式电缆支架如图 31-11 所示。立柱采用槽钢并冲有安装格架的孔眼，孔眼以 60mm 为模数，根据设计要求需要的格架数和格架间距(模数的倍数)装配格架。格架系由 3mm 钢板弯制并冲有便于固定电缆的孔眼。格架长有 200mm、300mm、400mm 三种规格。

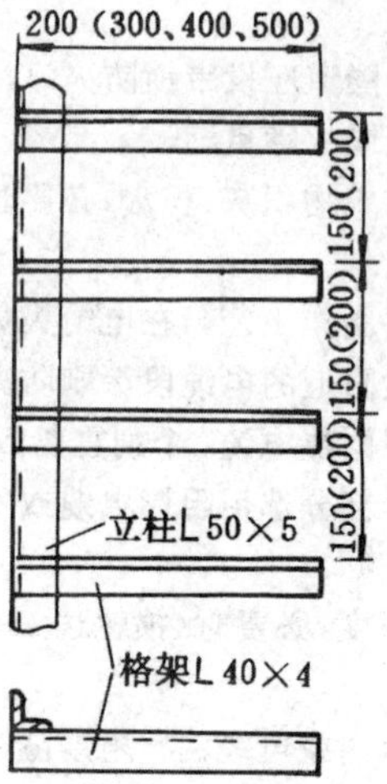

图 31-10　角钢电缆支架

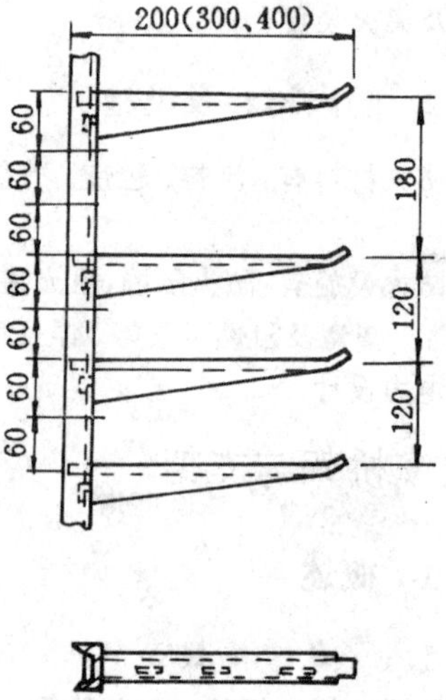

图 31-11　装配式电缆支架

31.8.2　设计要求

31.8.2.1　电缆桥架工程设计步骤

电缆桥架工程设计步骤为：

(1) 根据工艺流程及流程特点，电气室的布置、电气设备的分布，规划、制定电缆走向图（缆流图）。

(2) 根据电缆走向图、电缆流量多少以及与工艺、设备、土建等各专业协商确定电缆构筑物的类型，如电缆夹层、电缆隧道、电缆沟、电缆竖井等。

(3) 根据电缆构筑物、电气室的布置、电缆流量、电缆分类、建筑物的型式和结构，选择桥架、类型、层数、支架型式。与土建、工艺等专业协商确定电缆构筑物的尺寸。

(4) 根据工艺、土建专业提供的资料，确定支架固定安装方式。

(5) 选择电缆桥架，提出支架安装预埋件。

(6) 设计并绘制电缆桥架平面布置图。

(7)根据电缆表验算桥架强度，修改桥架型号或调整/增加支架。

(8) 统计桥架材料，作为向厂家订货的依据。

31.8.2.2 电缆桥架的选择

A 电缆在电缆桥架上的层次安排

电缆桥架层次排列应是弱电流控制电缆在最下层，接着一般控制电缆、低压动力电缆、高压动力电缆依次往上排列如表 31-126 所示，这种排列有利于屏蔽干扰、电力电缆冷却、出线和施工方便。

各层电缆桥架层间距离一般为：

控制电缆≥200mm；

动力电缆≥300mm；

机械化敷设电缆≥400mm。

设计时可根据环境的条件、各类电缆的需要而定，以便充分利用空间及电缆桥架。

最小允许层间距离见表 31-127。

表 31-127 电缆桥架层间中心距离允许最小值 (mm)

序号	电缆类型 电压和敷设特征及 每层桥架的电缆根数			支架类型	桥架 钢板制	桥架 型钢制
1	控制电缆明敷			多根	150	
2	电力电缆明敷	10kV 及以下			250	
3	电力电缆明敷	6～10kV 交联聚乙烯			300	
4	电力电缆明敷	35kV	单芯			
5	电力电缆明敷	35kV	三芯		350①	
6	电缆敷设于槽盒内				h②+100	

①如经验算确能满足要求时，可缩小到 300mm。

②h 表示槽盒外壳高度。

表 31-126 电缆在电缆桥架上层次排列

层 次	电缆用途	采用电缆桥架型式	电缆桥架断面
下	计算机电缆通讯电缆	带屏蔽罩的槽式或组合式电缆桥架	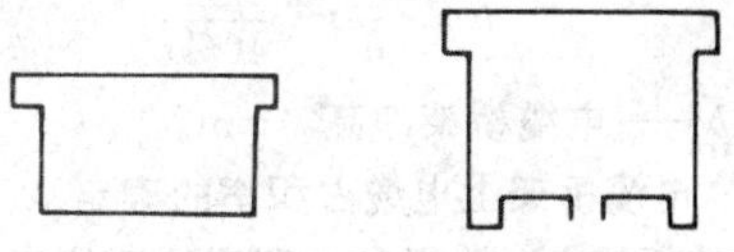
↓	屏蔽控制电缆	同上	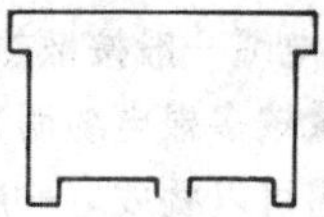
↓	一般控制电缆	托盘式、组合式电缆桥架	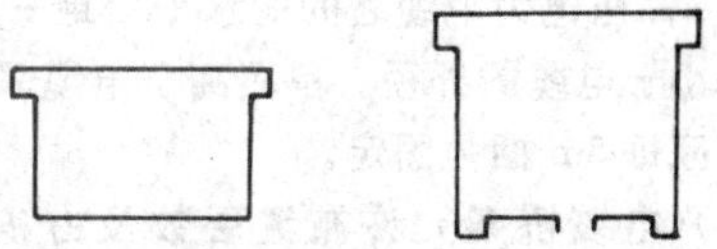
上	低压动力电缆	梯级式、托盘式、组合式电缆桥架	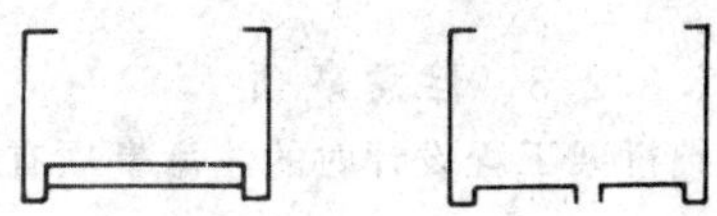
	高压动力电缆	带护罩梯级式、组合式电缆桥架	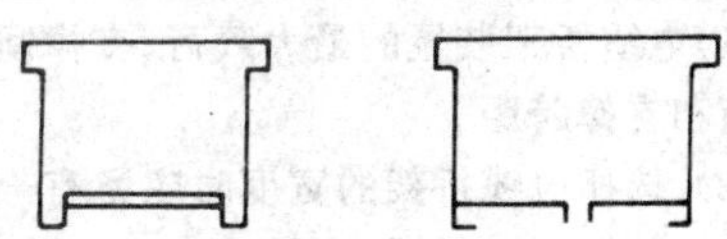

B 电缆桥架荷重计算

电缆桥架的载荷 G_T 的计算

$$G_T = n_1G_1 + n_2G_2 + n_3G_3 + \cdots \quad (31\text{-}7)$$

式中 G_1、G_2、G_3——各电缆每单位长的重量，kg/m；

n_1、n_2、n_3——相应电缆的根数。

G_T 应小于电缆桥架的允许载荷（参照电缆桥架样本中的载荷曲线图表）。

当电缆桥架在室外或带护罩时，还应计入冰载、灰载和风载等因素。

C 电缆桥架宽度 b 计算

电力电缆：

$$b = n_1(d_1 + K_1) + n_2(d_2 + K_2) + n_3(d_3 + K_3) + \cdots \quad (31\text{-}8)$$

式中 d_1、d_2、d_3——各电缆直径，mm；

n_1、n_2、n_3——相应电缆直径的根数；

K_1、K_2、K_3——电缆间距（K 值最小不应小于 $d/4$），mm。

控制电缆的桥架宽度 b 的计算（一般电缆桥架的占积率取 40%左右）：

电缆的总载面积：$S_0 = n_1\pi\left(\frac{d_1}{2}\right)^2 + n_2\pi\left(\frac{d_2}{2}\right)^2 + \cdots\cdots$ (31-9)

需要的托架横载面积：$S = \frac{S_0}{40\%}$

$$b = \frac{S}{h} = \frac{S_0}{40\% h} \quad (31\text{-}10)$$

式中 h——电缆桥架净高，mm。

D 电缆桥架上电缆占积率的确定

电缆桥架上，电缆的占积率按下述要求确定：

(1)低压电力电缆一般按散热要求布置，不应超过两层，电缆载流量按多根电缆明敷要求考虑。

(2) 控制电缆可以叠放，一般不应超过三层。

(3) 高压电力电缆之间的水平净距一般为 35mm，且不得小于电缆的外径。单芯高压电缆采用品字形布置，且应每 3m 捆扎固定。

(4) 电缆桥架允许布置层数及占积率见表 31-128。

表 31-128 电缆桥架允许布置层数及占积率

电缆类型	布置层数	占积率（%）
35kV 电力电缆	1	
6kV（10kV）电力电缆	1	40
低压电力电缆	2	40
控制电缆	3	50～70
弱电电缆	3	50～70

31.8.2.3 注意事项

电缆桥架工程设计时的注意事项有以下几个方面：

(1)电缆桥架装置的最大载荷、支撑间距应小于允许载荷和支撑跨距。

(2) 选择电缆桥架的宽度时应留有一定的备用空位（20%～30%），以便为今后增添电缆用。

(3)当电力电缆和控制电缆较少时，可在同一电缆桥架上敷设，但中间要用隔板将电力电缆和控制电缆隔开敷设。

(4)电缆桥架水平敷设时，桥架之间的连接头应尽量设置在跨距的 1/4 左右处。水平走向的电缆在首尾两端、转弯及接头处固定，垂直走向的电缆每隔 1.5m 左右固定一次。

(5) 电缆桥架装置及有屏蔽要求的桥架盖板应可靠接地。如利用桥架作为接地干线，应将每层桥架的端部用 16mm² 软铜线联接（并联）起来，与总接地干线相通，长距离的电缆桥架每隔 30～50m 接地一次。

(6) 电缆桥架安装在户外时，宜选用钢板厚为 2.5mm 的钢制桥架，表面处理以热镀锌或抗紫外线能力强的环氧喷塑涂层为好。一般应加保护盖板，并应考虑冰、雪荷载及风荷载。

(7)沿车间内钢柱或混凝土柱明设的电缆桥架，当柱距超过 4m 时，应选用大跨度电缆桥架，以满足桥架载荷后的挠度要求，避免或减少在地面立柱。

(8)钢制桥架上不得敷设裸钢带铠装电缆，以避免施工时损坏表面防护层。

31.8.2.4 电缆桥架布置方式应遵守的规定

电缆桥架布置方式应遵守下列规定：

(1)电缆桥架固定方式可采取支撑或悬吊等，其支架跨距应满足桥架的挠度不大于 1/200（钢制或玻璃钢制桥架）或 1/300（铝合金桥架）的要求。一般情况下，水平或斜坡布置支架距离不宜大于 2～3m。但转弯处局部区段不宜大于 0.8m，由水平至斜坡变化段也亦适当缩小跨距。

(2) 电缆桥架在下列情况下，应设置伸缩缝：

1) 过土建伸缩缝处；

2) 距伸缩缝或直线长度超过 50m；

3）户外露天敷设电缆桥架，直线长度超过 30m。

(3)水平敷设电缆桥架，在厂房内或户外无车行走的空地，其底部离地坪的净空，不应小于 2m。户外有车道的地方不应小于 4.5m。

(4)电缆桥架横撑至沟顶或楼板及沟底的距离，不宜小于表 31-129 的数值。

表 31-129 电缆桥架横撑至沟顶或楼板及沟底的允许最小距离值（mm）

敷设方式	电缆隧道及夹层	电缆沟	吊架
最上层横撑至沟顶或楼板	250～300	150～200	150～200
横撑至沟底	100～150	50～100	

参考文献

[1]航空工业部第四规划设计研究院等编，工厂配电设计手册，水利电力出版社，1987.

[2]水利电力部西北电力设计院编，电力工程电气设计手册，水利电力出版社，1 9.

[3]机械工程手册　电机工程手册编辑委员会编，电机工程手册，机械工业出版社，1982.

[4] GBJ54－83　低压配电装置及线路设计规范.

[5] GBJ55－83　工业与民用通用设备电力装置设计规范.

[6]SDJ26－89　发电厂、变电所电缆选择与敷设设计规程.

第32章

电气室的一般设计原则

钢铁厂的电气设备通常集中安装在独立的电气室内。大型热连轧轧钢车间，都是将主传动电动机和高低压配电装置、变流装置、变压器、控制、调节、监测装置、计算机、快速断路器、电抗、电容、电阻器等集中安装在称之为主电室的电气室内，其中还安装有为电气设备或工艺机械设备服务的通风、空调、润滑、压缩空气、供排水等设施。人们习惯把各种不同车间的较小规模的电气室称作电磁站、磁力站、控制站、控制室、配电室、电控室等。本章以概述较大规模的大型轧钢电气室的一般设计原则为主，对于规模相对较小的电气室的设计也可供参考。

32.1　电气室的布置及大小

32.1.1　电气室的位置选择及布置

电气室的设计因不同性质的车间而有所不同，即使是同类性质的车间也会由于工艺流程及其设备的不同、自动化水平的高低等原因而造成很大的差异。其位置选择及布置应满足下列要求：

(1) 电气室位置的选择应与工艺设备专业密切配合确定，一般应与工艺流程相对应，尽可能深入负荷中心，要考虑所选位置有无有害气体对电气设备的腐蚀影响和主导风向、阳光直晒等环境条件因素。要恰到好处地既满足近期的需要，又考虑必要时有发展的可能，不要随意扩大电气室预留面积和随意阻止外专业在电气室周围布置构建、筑物。还要适当考虑外部供电电源线输入是否安全、方便、节约。

(2)电气专业是电气室的主体设计专业，要统筹考虑各相关专业（如通风、水道、压缩空气、机械设备、热力等)的设备及其管线的布置和敷设问题。与电气室无关的各种管道原则上不许穿入电气室内。润滑油站一般不宜布置在电气室内。

(3) 电气室内要布置紧凑合理，便于设备安装、操作、巡视、维修。尽可能缩短管线线路，减少交叉。布置时要重视选定经常进行操作监视的控制柜（屏、台）所放的位置，控制柜应尽量靠近所控制的电机。轧机机架前后机械设备的控制柜，尽可能地布置在机架前后相对应的位置。继电保护柜要尽量靠近相应的控制柜。主电路电源引入开关柜要靠近配电装置和整流装置。直流屏要靠近整流装置或蓄电池引出线板。屏、柜、台、箱等的布置要注意整齐美观，并要按需要在柜前地面画上警戒线和铺上绝缘板。

(4)当装有 50kW 以上的旋转电机时，电机与周围设备之间应保持下列最小净距（自电机的凸出部分或基础算起）：

1） 电机与墙壁之间——0.7m；

2） 电机与电机之间——1m；

3） 电机与屏、柜、台之间——2m。

(5)建议将大型减速装置、齿轮机座及传动长轴等安装在电气室外。如装在电气室内确有重大经济意义时，亦可例外，但其地坪应低于电气室地坪。

(6) 允许将油浸起动调节设备（如自耦变压器、电抗器、变阻器等)，直接布置在电气室内，但其高度在 2.5m 以下的部分应予遮护。

对于集中装设在电气室长 20m 以内区段上的充油电气设备，其可燃油的总重不得超过 3t。每组充油总量在 3t 以上的两组充油设备之间距不应小于 50m。

(7)应将运行中发热量大的、动作时有巨大的响声的一些设备（如旋转电机、动力配电及变流装置、大容量接触器、快速开关等)与那些经常有值班人员操作和监测的柜(屏、台)、计算机装置、可编程序控制器、精密仪表、通讯设施等分开布置,最好将后者布置在专设的操作值班室或专用的小室内。

(8)上部带有裸母线的高低压配电装置,一般应沿墙布置或设于披屋内,不宜布置在电气室中间。

(9) 对有大量电缆导线出入及有大量柜间联络线的电气室,对有特殊敷线要求的电气室(例如大型整流装置采用长线均流线需全长换位敷设者),可考虑设置电缆夹层,以方便施工、维护和管理。电缆夹层净高一般选用 2.0～2.5m,通过梁的地方不应小于 1.4m。在电缆夹层中可以有条件地允许通风专业布置通风管道或作为排风途径。采用电缆夹层的方案,应严格进行技术经济方案比较,谨慎决策。例如,采用活动地板的方案,在楼板上设矿渣层配线的方案,在楼板下悬挂电缆桥架的方案等均可供比较选择。

(10)对设有晶闸管变流装置的电气室一般可参照以下原则进行布置:

1)不设地下室的电气室可采用局部多层建筑或披屋。当采用多层建筑时,上层宜布置专设的操作控制室,上层还可布置晶闸管变流柜和调节柜,动力配电及电机控制中心等,下层宜布置快速开关、平波电抗器、动力制动电阻、过压吸收装置及主接触器等,上、下层之间可设电缆夹层。

2)设有地下室的电气室一般在地下室装设快速开关、平波电抗器、动力制动电阻、过压吸收装置及主接触器等,而将晶闸管变流和调节柜等布置在地上建筑物内,对电气设备多、控制复杂的大型轧钢车间,即使有地下室,其地上部分仍可采用局部多层建筑或披屋的形式。

3)同一控制系统的调节器柜与晶闸管柜应尽量靠近布置,一般不宜超过 5m。

4) 晶闸管循环冷却水用的热交换器,贮水箱及泵等可以布置在地下室或披屋内,并应特别注意相应的排水措施。

(11)允许将变压器等散热量大的设备敞露或半敞露布置在电气室外侧或披屋内。电气室的披屋还可作高低压配电室、通风机室、工具间、电修间、调试室、仓库、办公室、休息室、卫生间等用。

(12) 设计电气室时要考虑安装室内设备时,运进运出设备是否方便,要设足够宽度的门,或留有安装后堵封的墙洞。对向楼上运送设备要考虑是否需要设计外挑的承运平台。对向地下室运送设备时,则应留有安装孔,安装孔的位置应考虑:

1)安装孔处楼板底部应未布置配线架和其他专业的管线,其下也不应安装设备;

2) 不应距离控制屏及仪表屏太近,一般应保持 1.0～1.5m 距离;

3) 不宜设在交通过道上;

4) 吊运设备进出地下室的运输方便。

安装孔尺寸视吊装设备(包括电气设备及通风设备)的大小确定,安装孔的盖板应考虑吊运方便,盖板顶面及其吊环应与地面齐平。

(13) 通往地下室、起重机走台及通向车间的扶梯一般应靠墙设置,宽度一般为 800mm,主要扶梯为 1200mm。扶梯孔的大小由土建人员确定。在洞孔及扶梯边缘均应装设栏杆。地下室长度在 15m 以下时安装一座扶梯,15～50m 安装两座扶梯,长于 50m 时再增设一座扶梯。

(14) 电气室噪音控制标准一般不宜超过 60dB(A)。通常应使电气室与有严重噪音源的主厂房、设备脱开。当电气室内噪音超过卫生标准时,可设置专用的值班室或隔音电话小间,其墙、门、窗作隔音处理,必要时天棚贴吸声材料,通风和空调管道和出入口设消声装置。对某些设备制造厂提出限声要求或选用低噪声设备,对噪声比较大的设备基础如条件许可,可采取基础隔振措施。对噪音大的电气设备,如变压器可装于封闭式变压器室内;电抗器、大接触器、快速开关等置于地下室或单独的房间内等。

(15) 较大的电气室都应装设电话等通讯设备,必要时应设生产调度电话以及与上一级供电部门联系用的直通电话。

(16)对电器、电机等设备较多较集中的电气室,如轧钢车间的电气室及其地下室应设有干燥不含油的压缩空气接用点,以便吹刷电机及电气设备,压缩空气的压力一般为 150～200kPa。

32.1.2 电气室的大小及结构

32.1.2.1 跨度和长度

根据电机、电气装置等的外形尺寸和布置,以及吊运设备所需的通道宽度和检修面积,并结合建筑模数,选用 6、9、12、15、18、21、24m 的标准跨距。中小型轧钢车间电气室的跨距一般采用 6～12m;大型轧钢车间电气室的跨距一般采用 18～24m。例如某热轧带钢厂电气室的跨距采用 24m,某冷轧硅钢片厂电气室的跨距采用 21m。

电气室的长度根据主电动机和电气设备的布置、检修面积及其它因素确定。连轧车间由于机架列数较多,电气室大多布置得很长,为此可采用局部多层建筑和披屋以尽可能减小跨距，节约投资。

32.1.2.2 电气室一层标高及地下室高度

交流传动的中小型轧钢车间的电气室一般为一层布置。对于大量采用晶闸管变流装置供电的电气室可优先考虑多层布置或带多层披屋的建筑结构，一层地坪标高至少比车间地坪高出 150mm，对于紧邻泵房的电气室的一楼地坪标高应比泵房地坪高出 400～600mm。

是否修建地下室，应进行技术经济比较后确定。原则上尽量不设地下室，只是对大型主传动电机数量较多，母线、电缆交错复杂，又有较多的为电气直接服务的外专业设备（如通风设备、大电机润滑油设备等）的大型轧钢车间才考虑修建地下室，而且尽可能只在局部区段建地下室。设计地下室时，为了安全及减少投资，宜将地下室建筑在地下水位以上。地下室的净空高度，取决于设备外形尺寸（如通风机、冷却器等）及母线电缆配线架的高度。电气室一层检修重荷区下的梁较大，为了保持必要的净空，势必增加地下室高度，相应增加了土建费用，因此对非连轧机车间的重荷区尽可能布置在主电室的端部，力争其下不设地下室。地下室高度通常为 3.5～5m，最高达 7～9m，这里指的是不计梁高在内的净空高度。

32.1.2.3 电气室高度

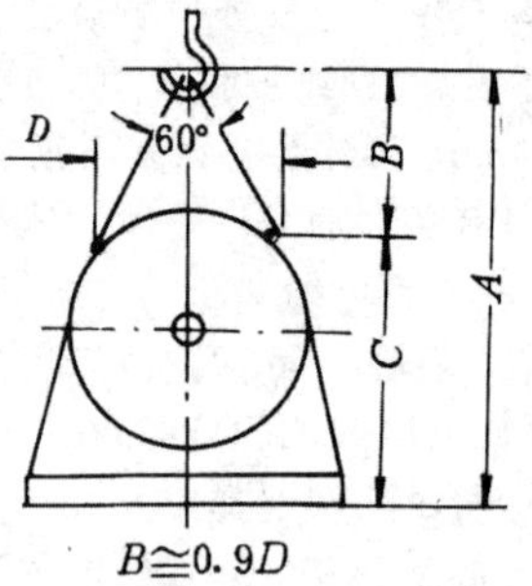

图 32-1 运送电机时，确定吊钩至地面的最小距离

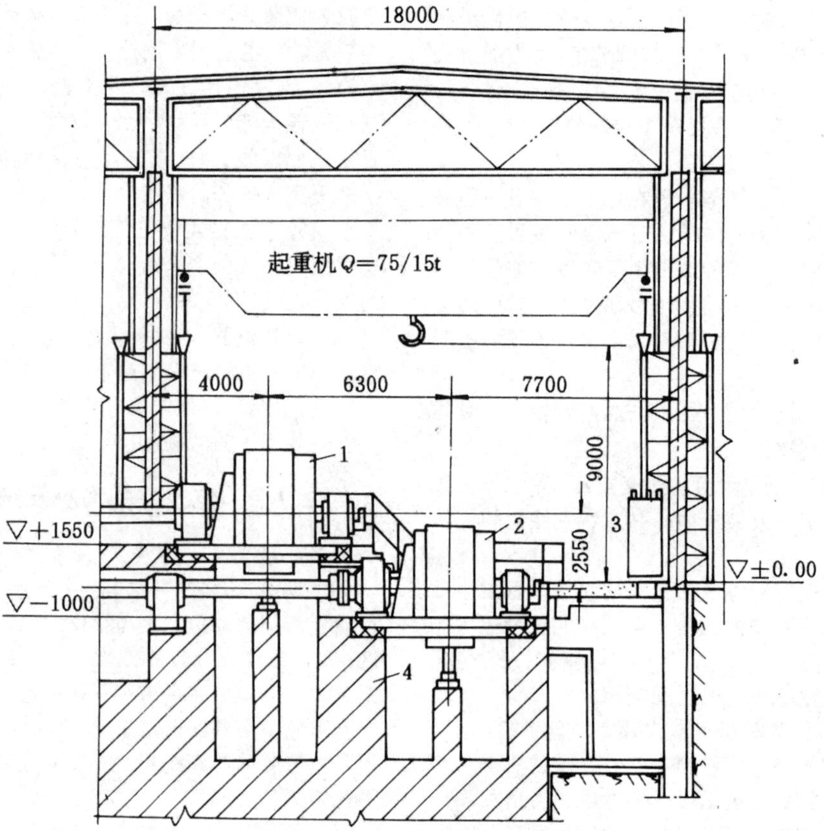

图 32-2 1150mm 初轧车间电气室断面图

1—上轧辊传动电动机；2—下轧辊传动电动机；3—高压开关柜；4—电动机基础

一般的电气室、控制室净高不应小于3～3.6m。

无起重机的电气室高度由安装最大设备所需高度决定；装有起重机的电气室，起重机轨面高度一般是根据吊送最大外形部件所需的高度、吊装方式并考虑吊运时的跨越情况而定。

当运送电机时：

(1)如电机制造厂对运送方式无特定要求时，则可根据电机外形尺寸C及D，按图32-1求得尺寸B和A。

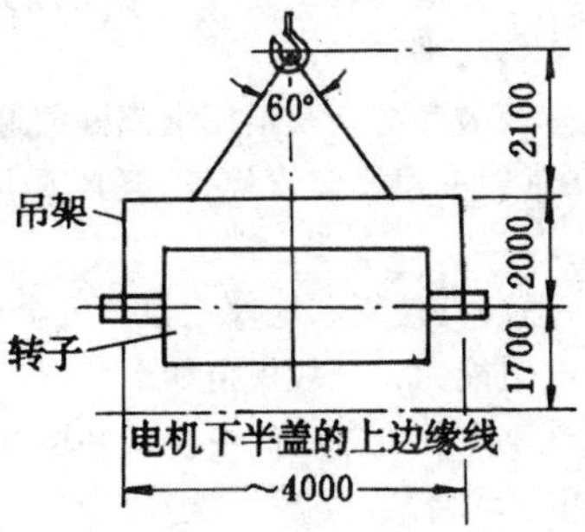

图 32-3　电动机转子起吊示意图

示例：确定图32-2所示1150mm初轧车间电气室起重机轨面标高。

已知条件：

(1) 上轧辊电动机中心线距地2250mm；

(2) 电动机转子直径≈3000mm；

(3) 电动机转子重量≈60t；

(4) 电机定子由上、下两半组合装配；

(5) 其它相关尺寸如图32-3所示。

按已知条件(3)决定选用$FC=15\%$，$Q=75/15t$，$L=18m$桥式起重机。由于电动机系由上、下两半组成，故起重机吊钩的最大起重高度应根据电动机转子安装和拆卸时，将转子提起移出定子下半盖所需的高度来确定，按图32-3及给定条件，起重机吊钩的高度H不得小于

$$H = 2250 + 1700 + 2000 + 2100 = 8050\text{mm}$$

从起重机手册查得，当吊钩极限高度$H=8.05$m时，75/15t起重机的轨面高度为9m。

故该1150mm初轧车间电气室起重机轨面高度不应小于9m。

(2)如电机制造厂对运送起吊有特定要求，则应根据其所提供之条件具体确定。下面以某1700m/m热轧厂电气室为示例，该厂主轧线电气设备由国外制造公司提供，规定安装电动机时不采用吊具起吊的方式而直接用吊钩吊装，其中精轧机主电机的起吊形式如图32-4所示。

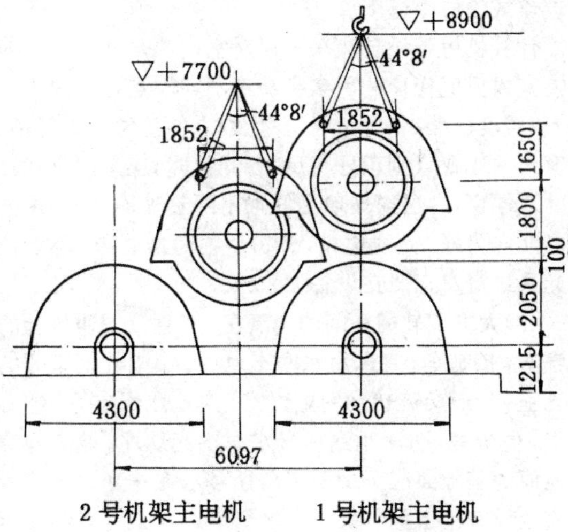

图 32-4　某精轧机主电机吊运图

32.2　电气室的建筑及其他要求

电气室对建筑及其他方面的要求有以下几个方面：

(1)电气室应采用耐火及半耐火材料筑成。除油浸变压器室的最低耐火等级为一级外，其他各室如控制室、蓄电池室、配电室，有可燃性介质的电容器室，电缆隧道，电缆室等，一般为二级耐火等级。主电室披屋中的一些辅助生产间：如工具库、材料间、备品间（不贮藏燃料、润滑油及可爆材料）等可为三级。计算机室的已记录介质（磁媒体、纸媒体）存放间、宜按一级耐火等级标准执行。一般电气室的隔墙均应采用非燃烧材料，天棚宜采用难燃烧材料。

(2)电气室应尽量利用自然采光。电气室一般为旁侧采光，高压电气室的外墙窗底离地高度不得小于2.5m，但加以安全措施后（如装配钢化玻璃或铁丝网等）可以小于2.5m。当无条件旁侧采光时，可以允许开设天窗。有严格正压要求的电气室，不宜采用可开启式的窗户，以便保持室内正压。可以沿电气室整个长度的起重机轨道下布置一排采光窗。

配电室、电容器室、控制室、值班室等设采光窗时，应尽量在观察屏上的表计时不产生眩目的感觉。紧靠带电部分地段以及在空气污秽或风沙大的地区不宜设

置可开启的窗，对寒冷或风沙大的地区可采用双层玻璃窗。油浸变压器室不设采光窗。蓄电池室有条件时应开窗，但开启式蓄电池不允许日光直接照射，窗上应镶毛玻璃或涂白漆遮阳。

计算机房不设自然采光窗对室内热平衡有利，对影响室内温度变化的因素容易控制，缺点是采用人工采光，照度标准高，常年耗电量大，人的感觉也不舒适。设窗户的优缺点则正好相反，若开窗时，应采用密封良好的双层窗，内层窗玻璃最好采用隔热玻璃板，开窗方位以北向为好，光线柔和，开窗后要考虑遮阳，不能使阳光透过窗户直照在设备上。

(3)大中型轧钢车间的电气室、交直流调速传动的电气室、控制室、宜采用水磨石地坪。小型轧钢车间的电气室，一般交流传动的电气室，高低压配电室，电容器室，值班室，可采用高标号水泥压光地坪。墙脚和突出地面的基础面应至少采用高标号水泥抹光。计算机室或装设有精密控制仪表的电气室，可采用活动地板地坪。蓄电池室及酸库的地坪应为耐酸的，可采用瓷砖，也可采用混凝土底层，耐酸沥青抹面，并应有排水措施。地下室采用水泥压光地坪，并有一定坡度以利排除积水。若地下室处于地下水位以下时，则对地下室、电缆沟，通风道和电机基础等均应采取防水措施，并应设置集水井和相应的排水设施，应尽量避免管线穿过防水层。每层中各电气室的地面应在同一标高，不宜有斜坡及踏步，各个房间之间和通向走廊及走廊中不应有门槛。电气室的楼板地坪及顶板均不采用预制，应用整体混凝土制作。

(4)大型轧钢车间电气室、集中安装晶闸管柜和调节器柜的电气室、有精密控制仪表的控制室的下述部分应刷以浅色油漆：

1）建筑物内全部金属结构；

2）自地面起至1.7m高的墙裙；

3）通风机室内墙和电机进风道（需作平整光滑处理）内壁；

4）大电机基础坑内。

下述部分应抹平并粉刷掺胶白灰；

1）油漆墙裙以上的墙壁和天棚；

2）地下室的墙壁和天棚；

3）地下室内电机基础的外壁；

4）中小型轧钢车间的电气室、控制站、电容器室、值班室等的墙壁和天棚；

5）电缆夹层的墙壁和顶棚只刷白。

计算机室的墙体厚度应使热负荷的损失减少到最低限度，采用不易燃烧、隔热、隔音、吸音的材料，并且不易产生和吸附尘埃，不产生静电，可在墙面上涂乳胶漆和普通磁漆。计算机室的天棚一般为吊平顶的空间隔层，供空调通风管、电气照明布线及安装嵌入灯具和探测火灾的温度、烟感传感器用，吊顶做成多孔天花板可以减少声音反射，降低室内噪音。高标准计算机室的天花板采用小孔搪瓷表面处理的钢板，既安全，美观、又便于清扫和维修。

蓄电池室及酸库的墙及顶棚全部刷两遍以上浅色耐酸漆，无条件时亦可刷沥青代替，但必须保证表面光洁。

(5)电气室各处楼板和地坪应根据安全检修需要，具有相应的载重能力，一般规定如下：

1)大型轧钢车间电气室的主要安装检修区地坪荷重——$40000N/m^2$；

2）大型轧钢车间电气室一般地区地坪荷重——$20000N/m^2$；

3）中小型轧钢车间电气室的安装检修地坪荷重——$20000N/m^2$；

4)电气室一般的地坪荷重——$4000\sim5000N/m^2$。

上述安装检修区的地坪荷重，尚需根据电气设备的机组最重部件进行校核，特殊情况应另行讨论决定。下面以某带钢热连轧厂电气室检修区楼板荷重为例进行计算校核如下：假定该电气室的重荷区作为安装检修时放置电机转子之用，分别按转子临时放置和临时装配两种状况校核。

1)转子临时放置的区域。以最重部件粗轧机架R_2和精轧机架F_1的主传动电机转子为例，其运入电气室时支承座尺寸如图32-5所示，包括支承座，捆包材料在内的转子质量分别为R_2—94.9t，F_1—45t，转子质量在支承座上的分布如图32-6所示，在X、Y两个支撑转子轴的支承处及在X—Y的中点(支承转子表面)处产生最大荷重，由于木材受压弯曲，从而沿支承底座木材的延长方向荷重逐渐减少，对此准确计算是困难的，可将曲线的＊部分忽略不计，而只考虑X,Y之间的平均荷重，故取图中A、C尺寸估算：

$$R_2\text{ 转子荷重：}\frac{94.9g}{3\times2.93}=\frac{94.9g}{8.79}=106kN/m^2$$

$$F_1\text{ 转子荷重：}\frac{45g}{2\times2.45}=\frac{45g}{4.9}=90.2kN/m^2$$

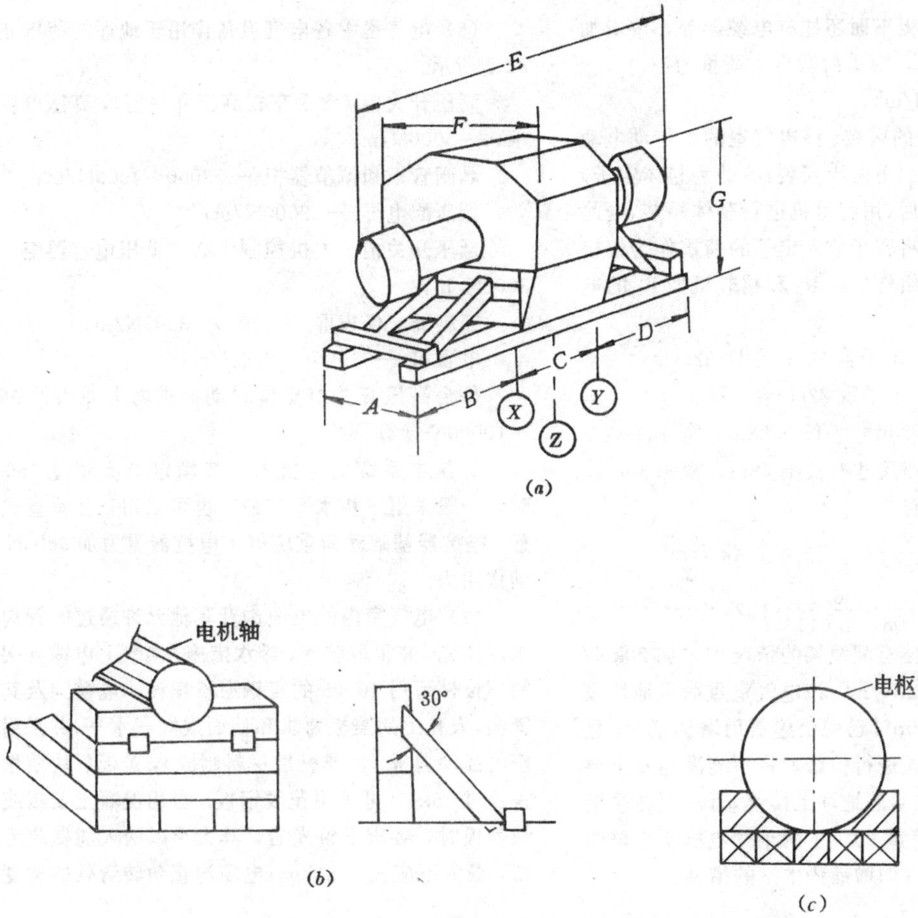

图 32-5 主电机运送时包装支承方式（尺寸见表 32-1）

(*a*) —电机转子的包装状态；(*b*) —*X-Y* 部分荷重支承方法；

(*c*) —*Z* 部分（取 *X-Y* 的中点）荷重支承方法

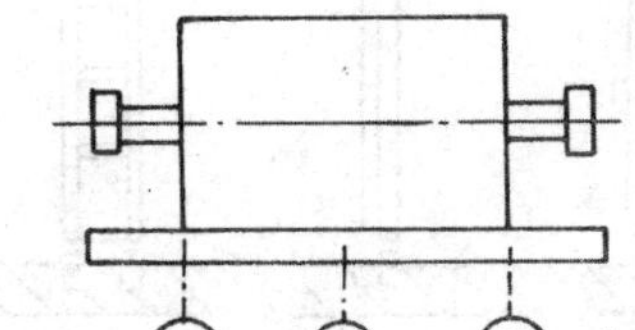

图 32-6 转子荷重分布

表 32-1 图 32-5（*a*）中各部尺寸表

符号	单位	R_2 粗轧主电机	F_1 精轧主电机
A	mm	3000	2000
B	mm	3000	1300
C	mm	2930	2450
D	mm	1800	1500
E	mm	9300	6700
F	mm	3630	2920
G	mm	4000	3200

考虑到重荷区楼板下面还挂有电缆架等，按增加 $20kN/m^2$ 的荷重计算，则重荷区最大荷重为：

$106+20=126kN/m^2$

2）转子临时装配的区域。该电气室的主传动电动机的定子，有的是分上、下两半安装，有的为整体定子。假定将转子放入定子后，用起重机进行整体吊装，则此时情况为最严重，现将转子放入定子的荷重作为校核地坪荷重的依据，以粗轧机架 R_3 和精轧机架 F_1 的电机为例：

R_3　转子重 40t，定子重 22t；合计 62t

F_1　转子重 43t，定子重 22t；合计 65t

R_3　电动机支承座尺寸　长 0.98m，宽 4.3m

F_1　电动机支承座尺寸　长 1.08m，宽 4.3m

根据上述条件计算：

R_3 荷重：$\frac{62g}{4.3\times0.98}=\frac{62g}{4.214}=144kN/m^2$

F_1 荷重：$\frac{65g}{4.3\times1.08}=\frac{65g}{4.644}=137kN/m^2$

考虑在楼板下吊挂有配线架的情况需增加 $20kN/m^2$，故最大荷重为 $164kN/m^2$。该电气室重荷区地坪设计时取荷重值 $100kN/m^2$，已使土建费用增加很大，显然，若按上述假定方式进行检修，将不能满足安全要求，故上述情况下宜在实芯地坪上检修，万一要在楼板上进行，应采取降低荷重（上、下两半的电机不必整体安装）或加大承受面（如增铺垫木）的措施。

（6）电气室中各电气设备作用于地坪的荷重如图 32-7 所示。

高压开关柜（含手车式高压开关柜），高压电容器柜——5000N/m；

晶闸管柜和调节器柜——3000～4000N/m；

低压配电屏——2000N/m；

低压开关柜、电机控制中心，低压电容器柜——3000N/m；

控制屏、仪表屏——2000～3500N/m；

电阻箱——1500～2000N/m；

每台高压开关柜操作时动荷重向上冲力按 5000～10000N 计算。

对供电系统的电抗器，其额定电流超过 1500A 时，一般采用三相水平排列，也可采用三相垂直式平置，电抗器基础动荷重应等于电抗器重力加 5000N 电动作用力。

（7）电气室内的电缆沟及其他允许通过的管沟应水泥抹光，并采取防水、排水措施。沟壁上电缆支架用的埋设件可用 40×6 的扁钢通长埋设。电缆沟及其他管沟，人孔上的盖板要求和地面成同一水平，并采用严密的活动盖板（由非燃性材料制成），盖板每块质量不宜超过 25kg，可采用花纹钢板。当用混凝土盖板或铸铁盖板时，要求平整光洁，其大小以两人能提起为原则，最大不应大于 50kg。电缆沟直角转弯处的宽度应

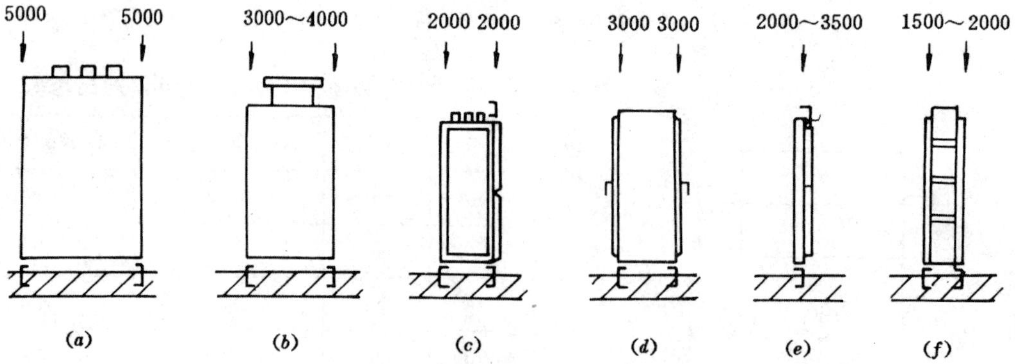

图 32-7　电气设备作用于地坪的荷重（N/m）

（a）—高压开关柜、高压电容器柜；（b）—晶闸管柜和调节器柜；
（c）—低压配电屏；（d）—低压开关柜、电机控制中心、低压电容器柜；
（e）—控制屏，仪表屏；（f）—电阻箱

满足电缆弯曲半径的要求（见第 31 章图 31-12）。

(8) 车间内或毗邻车间的电气室除设门通向车间外，还可根据需要设门通向室外。电气室与侧邻的变压器室或露天变电所之间可设小门互通。电气室的门一般均应向外开，当相邻房间都有电气设备时，门应能向两个方向开或开向电压较低的房间，或开向无充油设备及无爆炸危险的房间。当低压配电室只设一个门时，此门不应通向高压配电室。电气室的门的数量在一般情况下：当电气室长度大于 10m、小于 50m 时，应安装两扇门，并尽量布置在两端，也可以开在控制屏、柜的前面，每超过 50m 再增设一扇门，门的大小一般为 (900～1000) × (2000～2500)（宽×高）。单扇门宽大于等于 1.5m 时，应在大门上加开小门，并要尽量降低小门的门槛高度，使人出入方便。小门上可装弹簧锁，锁的高度应便于室外开启，在室内开锁时不需钥匙。对有维持室内正压及严格防尘要求的电气室（如冶炼车间的电控室或某些大型电气室），应将其门窗做成严密关闭的。如果采用卷帘门的形式，要注意室内有正压要求时应采取的措施。此外，卷帘门上也应有供人出入的小门。电气室的各个房间之间和走廊中，原则上不允许设置门槛。

对于有充油设备的高压配电室，高压电容器室，通往室外的门一般为非防火门，当室内总油量大于等于 60kg，且门开向建筑物内时，门应用非燃烧体或难燃烧体做成实体门。油浸变压器室的门应采用铁门或木门内侧包铁皮，门的开度为 180°。蓄电池室的门应涂耐酸漆。对于低压配电室、晶闸管装置室、控制室、值班室的门允许用木制门。在南方炎热地区，对正压防尘要求 不严格而且经常开启的通向室外的门内可设置纱门。计算机室的门要求能隔热，隔音，最好是能自动关闭的防火门（耐火 4h）。

电气室的门窗，都应采取防止小动物和雨、雪进入的措施。

(9)大型电气室若设置铁路时，进入电气室内的铁道轨面应与电气室地坪为同一标高，但当电气室一层标高由于地下水位影响而抬高时，则铁道轨面标高应与车间地坪标高相同。

在铁道的钢轨外侧应设有保护电气室地坪用的型钢。

(10) 电气室的防火。根据国家有关规程规定：总容量不超过 1260kVA，单台容量不超过 630kVA 的可燃油油浸电力变压器，以及充有可燃油的高压电容器和多油开关的电气室，可贴近人员不密集的房间布置，但必须采用防火墙隔开。如须开门到主体建筑物内时，应设甲级防火门。变压器与电气室之间的隔墙要用防火墙。变压器室要布置在底层外墙部位，并应在外墙上开门，在底层的变压器室外墙开洞口部位的上方如有多层重要建构筑物时，应在洞口上方设置宽度不小于 1m 的防火挑檐。变压器下面应有储存或排放变压器全部油量的事故储油设施。多油开关室、高压电容器室均应设有防止油品流散的设施。大、中型电气室、地下室及电缆隧道应设有明显“安全出口”标志的安全出口。在疏散走道和电缆隧道中，设置的疏散指示标志间的距离不宜大于 20m，应急照明灯和疏散指示标志，可用玻璃或其他非燃烧材料制作的保护罩。火灾应急照明和疏散指示标志可采用蓄电池作备用电源，其连续供电时间不应少于 20min。疏散用的应急照明，最低照度不应低于 0.5lx。消防用电气设备应采用单独的供电回路，当发生火灾切断生产、生活用电时，应仍能保证消防用电，消防用的配电设备应有明显标志。火灾报警系统、消防系统、采用蓄电池电源的事故照明系统、电缆建构筑物内的通风系统所使用的电缆应选用阻燃性电缆。采用阻燃和非延燃材料的电缆时，可不采取穿金属管保护的方法。消防控制室，消防水泵房，自备发电机房的照明支线，应接在消防配电线路上。

大中型电子计算机房，主控室、规模较大的电缆隧道、电缆室、应设火灾自动报警探测器。一般电气室均应设移动式卤化烷灭火器，对大型电气室是否考虑设置自动灭火系统，应向有关公安消防部门请示。所有的电气室、电气设施不能用消防水扑救，但长距离电缆隧道和大型电缆室允许设水雾灭火装置，其中的排烟机应能在喷水雾后自动启动。

大型工厂的总变配电所或有重大作用的电气室应与有爆炸危险场所的建构筑物拉开距离，即应大于事故时爆炸性混合物可能达到的距离，在一般情况下不应小于 30m。非大型工厂的电气室，在采取有效措施后，上述距离可减小。10kV 及以下的电气室不应设在爆炸危险场所的正上、下方。车间电气室与各级爆炸场所毗连时，最多只能有两面相连的墙，隔墙应是非燃烧体的实体墙，对于 0 区级爆炸场所，隔墙上不许有任何孔洞、管道、沟道穿过；对于 1 区及 2 区级爆炸场所可以允许与电气室有关的管道通过，但应用非燃性材料严密堵塞。由电气室通往电缆夹层，电缆隧道、电缆沟等的孔、洞应用耐燃材料堵封，以防火灾时烟火流窜。电缆隧道与电气室、地下室或电缆夹层的通行口应设耐火门。在出现火灾时，电气室、电缆隧道等的通风系统应自动停机，但必要时应留有由有关人员启动风机排烟救人的措施。对于由地下室经楼板上所开的篦条孔向电气室供风的通风系统，在地下室发生火灾时，应有迅速关闭篦条孔的措施。

(11)在电气室楼板上或有地下室的一层地坪上浇灌二次矿渣层的厚度，取决于电气管线敷设的层数及管径大小，一般厚约300mm左右。应充分利用地下室楼板和梁悬挂电缆架的办法配线，尽可能减少在楼板中敷设管子。浇灌层内允许设置拉线箱，以减少管线交叉。

(12)在提交土建结构设计条件时要注意电磁感应对土建配筋的影响，例如当有大电流单芯电线穿越楼板的孔洞及电抗器基础底座中，不应有能构成导磁回路的闭合配筋及其他金属构件。

(13)某些电气设备设置围栏遮护，其高度不应低于：

网状遮栏　1.7m，网孔不大于40×40mm

栅　栏　1.2m，栅栏条间距最低一条栅条至地面距离不大于200mm

无孔遮栏　1.7m

围栏门一般设锁，门边框材料用40×4角钢，长期开闭后应不变形。

(14)电气室的披屋宽度除特殊情况外，一般应符合土建规定的模数，即3、6、9m等选取。披屋的外墙一般应齐平，尽量避免凹凸形状。但南方个别湿热地区，当不得已将电气室布置为西晒朝向时，披屋亦可采用锯齿形外墙，以利降温。

(15)对有值班人员的电气室应设有生活用水点及水槽，并应设厕所。

(16)电气室土建设计时要遵守国家有关防震的规程规范，要收集当地地震统计资料，采取预防措施。

32.3 电气室的通风、空调、冷却

32.3.1 电气室通风的一般要求

电气室通风的一般要求有以下几个方面：

(1)当电机及电器布置在同一室内时，对有人值班的电气室，其最高温度不应超过32℃，对无人值班的电气室，其最高温度不应超过35℃，最低不得低于+5℃。

(2)当电气设备分别置于不同室内时，通风要求应有所不同：

1)电机室的最高温度不许超过40℃，并要按其中电机绝缘最差的电机所规定的工作环境温度进行校验。

2)控制站、配电室的最高温度不宜超过32～35℃。

3)调节器室、整流器室、仪表室、计算机室的最高温度不许超过30℃。

4)有充油设备的高压配电室及高压电容器室，其最高温度不宜超过38℃，允许采用自然通风，当自然通风不能满足要求时，应增设机械通风。高压室设事故排风机，其换气量每小时应不小于6次，事故排风机的控制开关应装在醒目的便于开启处。降温用的机械通风机不许与事故排风机共用风机。

5)控制室、操作室、值班室按人体通风要求，一般取24～28℃。

6)油浸变压器室的排风温度不大于45℃，进风和出风的温差不应大于15℃，应有良好的自然通风，当自然通风不能满足要求时，应增设机械通风。

7)电缆室(夹层、隧道)最高温度不宜超过38～40℃。

8)在提给通风专业任务书中应指出电气室内不得有过量的尘埃、以及酸碱腐蚀性及爆炸性气体。一般情况下，相对湿度在最高温度时不得超过50%，在较低温度时允许有较高的相对湿度(20℃时为90%)，但要注意温度变化时对偶尔发生凝露的措施。

(3)为了保护电气设备的绝缘，特别是保护电机的绝缘，有时必须考虑增湿装置，在冬季当室外空气绝对含湿量为1～1.5g/kg时须提高空气的湿度。对有整流子电机的电气室，空气中含湿量的低限为4.5g/kg，电气室空气相对湿度在35℃条件下不应超过75～80%。

(4)为防尘埃侵入，一般要求电气室密闭和保持一定正压。但如所在地区雨水多，无风沙季节，厂区环境清洁，室外空气含尘浓度低，又无有害气体，则不一定要密闭和保持正压。

(5)一般的电气室因电气设备运行时发热，故不需要采暖。但控制室及其他经常有人值班的电气室，室温低于16℃即应采暖。在国家规定的采暖区的电气室按规定进行采暖。有些电气设备(例如高压电容器)处于温度低于制造厂规定值以下的场合，应考虑采暖设施。

(6)计算机房对空调有严格要求，分别见表32-2～表32-4。

使用表32-3～表32-4时要注意室内所安装的计算机的说明书中有无特别规定。

计算机室一般要求灰尘量不得超过0.07mg/m³。

表 32-2 开机时对机房温、湿度的要求

级别/项目	A级		B级	C级
	夏季	冬季		
温度	23℃±2℃	20℃±2℃	15～30℃	10～35℃
相对湿度	45%～65%		40%～70%	30%～80%
温度变化率	<5℃时不结露		<10%时不结露	<15℃时不结露

表 32-3 停机时对机房温、湿度的要求

项目\级别	A级	B级	C级
温度	5～35℃	5～35℃	10～+40℃
相对湿度	40%～70%	20%～80%	8%～80%
温度变化率	<5℃时不结露	<10℃时不结露	<15℃时不结露

表 32-4 记录介质存放条件

项目\种类	卡片	纸带	磁带		磁盘	
			已记录	未记录	已记录	未记录
温度	5～50℃		32℃	5～50℃	-10～+65℃	-10～+65℃
相对湿度	30%～70%	40%～70%	20%～80%	20%～80%	8%～80%	8%～80%
磁场强度			<3800 A/m	<4000 A/m		

计算机室内工作区的气流速度应控制在最高不超过0.2～0.3m/s，最低不低于0.15m/s。送风温度不宜高于20℃，不宜低于16℃。

(7) 蓄电池室室温不准高于35℃和低于15℃，一般应设置独立的防爆送排风系统，所需新鲜空气量按下式确定

$$V = 0.071 I_c n \quad (32\text{-}1)$$

式中 V——蓄电池室所需新鲜空气量，m^3/h；

I_c——最大充电电流，A；

n——蓄电池个数。

计算出的通风量不应小于每小时换气量5次。通风设备、结构、管道应内外涂防酸漆。蓄电池室采暖宜用设于室外的热风装置经通风管道供热风，如用热水或蒸气采暖，应用焊接的光滑钢管，室内不得有法兰盘及阀门。蓄电池距采暖设备净距不小于0.75m。严禁用电炉采暖。装有防酸隔爆式蓄电池时，其通风可简化，用防爆轴流风机排出少量酸气和氢气即可。

32.3.2 电机、电器设备散热量计算

(1) 自然通风电机

电动机 $$\Delta P_d = \frac{P_{ed}(1-\eta)K}{\eta} \quad (32\text{-}2)$$

发电机 $$\Delta P_f = P_{ef}(1-\eta)K \quad (32\text{-}3)$$

式中 ΔP_d、ΔP_f——电动机、发电机的热损耗，kW；

P_{ed}、P_{ef}——电动机、发电机的额定功率，kW；

η——电动机或发电机的效率；

K——电机的实际负荷系数。

当电机制造厂提出的电机效率未包括激磁损失时，则应增加激磁损耗功率，如果电机制造厂未提供此数据，则可按下式计算

$$\Delta P_l = 1.24 I_l^2 R_l \times 10^{-3} \quad (32\text{-}4)$$

式中 ΔP_l——激磁热损耗，kW；

I_l——激磁电流，A；

R_l——激磁绕组冷状态(15℃)时的电阻，Ω；

1.24——绕组温升后(75℃时)电阻增大系数。

(2)对于强迫通风电机的散热量可分为两部分：大部分散热量(90～92.5%)由强迫通风系统的空气带走，小部分散热量(7.5～10%)由对流和辐射作用经电机机壳直接散至室内。前者作为电机强迫通风系统计算的依据，后者作为计算电气室通风系统的发热依据。

(3) 电阻箱的热损失平均按每箱1kW计算(仅作为短时起动和制动用的电阻箱不计)。

(4) 控制屏、保护屏的热损失平均按每幅屏0.2kW计算。

(5) 高低压开关柜的热损失平均每台按0.5～1kW计算。

(6) 交、直流母线的热损失按输送功率的0.25%计算。

(7) 各种动力电缆及导线的发热损失一般可取为各传动机械电动机功率的0.5%(kW)。

(8) 变压器的热损失按下式计算

$$\Delta P_b = P_{bk} + 0.8 P_{bd} \quad (32\text{-}5)$$

式中 ΔP_b——变压器的热损耗，kW；

P_{bk}——变压器的空载损耗，kW；

P_{bd}——变压器的短路损耗，kW；

P_{bk}、P_{bd}值见一般变压器产品样本。

(9) 电抗器的热损失按下式计算

$$\Delta P_{dk} = 0.71 P_{ke} \qquad (32\text{-}6)$$

式中 ΔP_{dk}——电抗器的热损耗，kW；

P_{ke}——电抗器额定功率时的功率损耗，kW；一般由电抗器样本中查出；

0.71——电抗器的利用系数和实耗系数。

(10) 电气室内的照明灯具，包括控制屏上的照明灯具的散热量计算如下：

1) 白炽灯的损耗功率，按白炽灯的全部安装容量取值。

2)有镇流器的灯器的损耗功率要考虑附加其镇流器的功率，故取灯管功率的 1.2 倍计算。

3) 一般设有桥式起重机的厂房高大的电气室，厂房上部有排风系统，故上部的照明灯具散热量不予计算。电气值班控制室、计算机室等采用嵌入顶棚夹层灯具者，其部分热量散入顶棚，故计算室内发热量时可只取顶棚照明灯具总散热量的 70%。

(11)风冷晶闸管整流器柜中的元件散热量一般应由制造厂提供，如果没有取得制造厂资料，则可按下列各式计算：

1) 每个晶闸管元件的发热损耗

$$\Delta P_g = 1.1\left[\frac{\pi^2}{4} I_f U_f + \left(1 - \frac{\pi^2}{8}\right) I_f U_0\right] K \qquad (32\text{-}7)$$

式中 ΔP_g——晶闸管元件热损耗，W；

1.1——计入晶闸管正、反向闭锁时漏电流引起的发热损耗而乘的系数；

I_f——额定正向平均电流，A；

U_f——最大正向平均电压降，V；

U_0——硅元件的正向起始电压，一般取 $U_0 = 0.8$V；

K——选择晶闸管元件时的实际负荷率。

2) 按图 32-8 接线时，每个快速熔断器的损耗

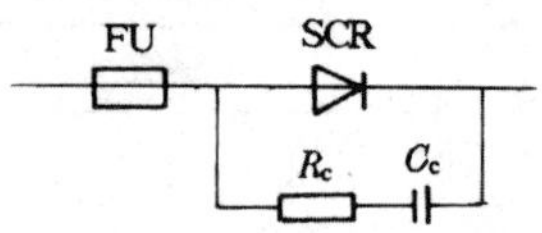

图 32-8 单个晶闸管桥臂接线图

$$\Delta P_{rd} = \left(\frac{K_{iz} I_{d_{max}}}{n}\right)^2 R_{rd} \qquad (32\text{-}8)$$

式中 ΔP_{rd}——快速熔断器热损耗，W；

$I_{d_{max}}$——晶闸管实际输出的最大电流，A；

n——每一桥臂中并联的晶闸管数；

R_{rd}——快速熔断器熔体的电阻，Ω；

K_{iz}——接线系数，不同整流电路的 K_{iz} 值见表 32-5。

表 32-5 K_{iz}值

整流电路	单相全波	单相桥式	三相零式 Y/y	三相曲折 Y/z	三相曲折 D/z	双反星形 Y/y-y	双反星形 D/y-y	三相桥式 Y/y
系数 K_{iz}	0.707	0.707	0.577	0.577	0.577	0.289	0.289	0.577
整流电路	三相桥式 D/y	三相桥式 Y/d	三相桥式 D/d	三相桥并联 Y/y，d	三相桥并联 D/y，d			
系数 K_{iz}	0.577	0.577	0.577	0.289	0.289			

3) 每个空心电抗器的损耗

$$\Delta P_{dk} = \left(\frac{K_{iz} I_{d_{max}}}{n}\right)^2 R_{dk} \qquad (32\text{-}9)$$

式中 ΔP_{dk}——空心电抗器的热损耗，W；

R_{dk}——空心电抗器的电阻，Ω。

其余 $I_{d_{max}}$、K_{iz}、n 等符号及系数与 2) 项相同。

4) 每只均压电阻的发热损耗

$$\Delta P_{nr} = K_6 \frac{U_{pr}^2}{R_p} \qquad (32\text{-}10)$$

式中 ΔP_{nr}——均压电阻的热损耗，W；

U_{pr}——硅元件额定反向峰值电压，V；

R_p——均压电阻，Ω；

K_6——系数，见表 32-6。

5) 交流侧一个 RC 过电压吸收电路的损耗

$$\Delta P_{r1} = K_p I_{01}^2 R_1 \qquad (32\text{-}11)$$

$$\Delta P_{r2} = K_p I_{02}^2 R_2 \qquad (32\text{-}12)$$

式中 ΔP_{r1}、ΔP_{r2}——变压器初级，次级侧阻容吸收电路热损耗，W；

P_{r1}、P_{r2}——变压器初级，次级侧阻容吸收装置的电阻消耗功率，W；

I_{01}、I_{02}——变压器初级及折算至次级的空载电流有效值，A；

R_1、R_2——初级，次级阻容吸收装置的电阻，Ω；

K_p——系数，见表 32-7。

表 32-6 系数 K_6 值

线路型式	单相	三相	直流
系数 K_6	0.25	0.4	1

表 32-7 系数 K_p 值

整流电路	单相桥式	三相桥式	三相零式	六相半波（带平衡电抗器）
K_p	0.25	0.25	0.25	0.2

公式 32-11、32-12 只适用于 5kVA 以上大功率整流电路。式中为一个 RC 电路的损耗，使用时应根据实有电路考虑。

6）直流侧 RC 过电压吸收电路的损耗

$$\Delta P_{rcz} = \frac{P_{rd}}{2 \sim 3} \qquad (32\text{-}13)$$

式中 ΔP_{rcz}——RC 吸收电路热损耗，W；

P_{rd}——RC 吸收电路所选用电阻 R_d 的功率，W。

7）空穴积贮效应过电压保护及均压电路（采用 RC 吸收电路）的损耗

$$\Delta P_{rc} = \frac{nP_{rc}}{2 \sim 3} \qquad (32\text{-}14)$$

式中 P_{rc}——RC 吸收电路所选用电阻 RC 的功率，W；

ΔP_{rc}——空穴效应保护及均压电路的热损耗，W；

n——装置中空穴积贮过电压 RC 吸收电路总数。

8）各控制电路及调节电路的总损耗。近似等于该柜中控制变压器、同步变压器、电源变压器、脉冲变压器……等各种变压器容量的总和。

9）母线及其它损耗：

$$\Delta P = \frac{(0.5 \sim 1)}{100} P_d \qquad (32\text{-}15)$$

式中 ΔP——母线及其它热损耗，W；

P_d——晶闸管装置的直流输出功率，W。

10）柜内轴流风机的功率损耗：

$$\Delta P_f = n_f P_f \qquad (32\text{-}16)$$

式中 ΔP_f——柜用风机热损耗，W；

n_f——装置中轴流风机的台数；

P_f——每台风机电动机的额定功率，W。

11）与晶闸管整流器整流元件柜一道工作的成套的调节柜，继电器柜按每台柜热损耗 0.2～0.3kW 估算。交流电源进线柜按每台柜热损耗 0.5kW 估算。

32.3.3 人体散热

人体散热量 q_{rt} 按下式计算

$$q_{rt} = n_r q_r \qquad (32\text{-}17)$$

式中 q_{rt}——人体散热量，kJ/h；

n_r——运行人数；

q_r——一个人的人体散热量，kJ/h（见表 32-8）。

表 32-8 轻体力工作人员的散热量和散湿量

室温（℃）	散热量（kJ/h）	散湿量（g/h）	室温（℃）	散热量（kJ/h）	散湿量（g/h）
12	627.3	42	27	518.6	130
14	585.5	50	28	518.6	130
16	564.6	58	29	518.6	145
18	543.7	68	30	518.6	150
20	535.3	79	31	518.6	162
22	526.9	90	32	518.6	172
24	518.6	105	33	518.6	183
26	518.6	120	34	518.6	193

上述各项发热量计算后，在向通风专业提出时，应再乘以 1.1～1.2 系数。

32.3.4 电气室的通风方式

电气室优先考虑采用自然通风。值班控制室、微机室、调节器室等，多采用箱式或柜式空调机组成的分散制冷系统，而大型轧钢工厂可采用集中制冷系统。无论采用哪种系统都必须按规定加入一定数量的新风。

电气室通风系统曾经采用过下述几种型式：

(1) 曾经一度较普遍采用的喷雾冷却方式现已很少使用。该方式的特点是：无需地下低温水，对相对湿度较低和室外空气干球与湿球温差较大的地区，其冷却效果显著。但是，由于很难避免湿度高的冷却空气吹向发热量微小的电气设备而造成的电气绝缘下降现象，加之，普遍反映通风系统和其他金属结构锈蚀严重，管理维护困难，因而越来越少使用。

(2)设有两台通风机，配置在地下室的两端，分别经吹风井送入电气室一层中央，如图 32-9 所示。

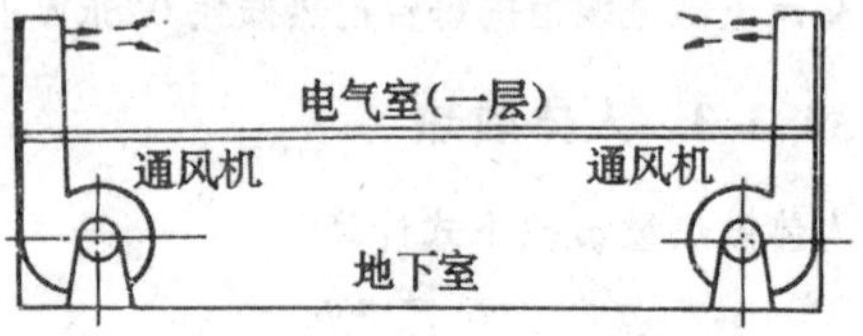

图 32-9　电气室通风方式之一

(3)将通风机配置在取风方便的地方，并用专设的风道将风送至操作人员经常停留的操作区，如图 32-10 所示。

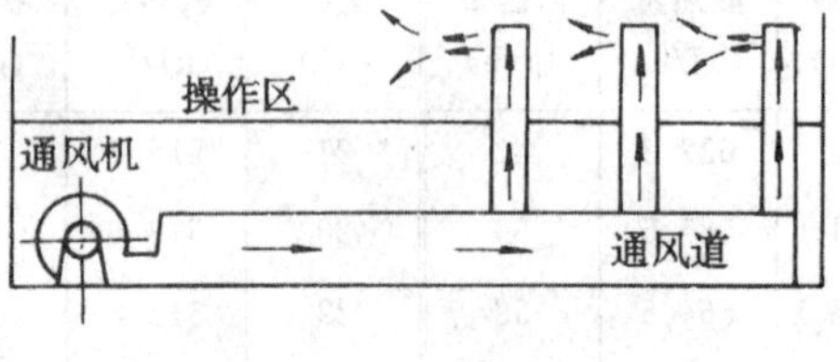

图 32-10　电气室通风方式之二

(4)通风机设在地下室任何地方，新鲜空气自由散入地下室，并由地下室经轴流风机将风引入电气室一层内，如图 32-11 所示。

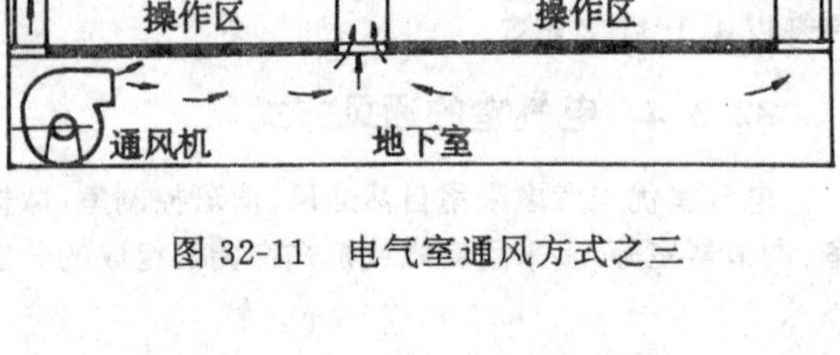

图 32-11　电气室通风方式之三

(5)通风机设在地下室任何地方，新鲜空气自由散入地下室，并由地下室经楼板上所开的篦条孔进入电气室一层，以降低室内温度，如图 32-12 所示。

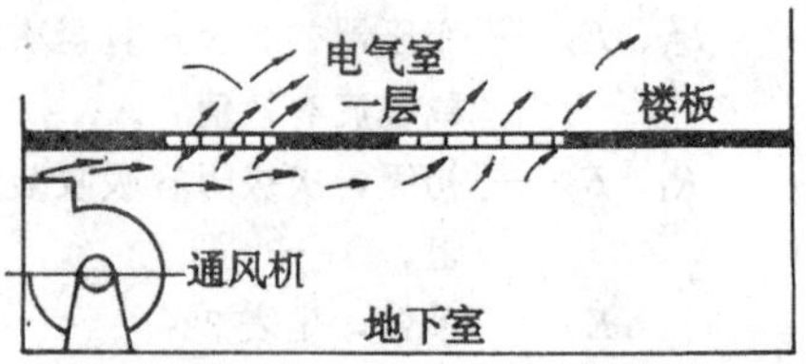

图 32-12　主电室通风方式之四

但 (4)、(5) 两种方式，现场反映从篦条孔可能漏污水和污物到地下室去，通过地下室来的空气往往将地下室内的电线、母线和电气设备所散出的热量带了上来；当地下室发生火灾时，可能殃及电气室一层等，因此需要采取必要的措施。

(6)室内通风的空气通常都是取自室外，并经过滤冷却后送入室内，进风系统的布置见图 32-13。

电气室采用何种通风方式为宜，应与通风设计者商定。

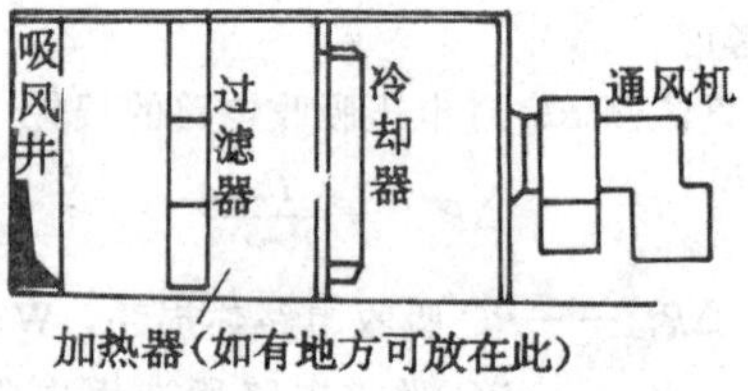

图 32-13　进风系统布置图

32.3.5　电气室通风系统的布置

电气室和其室内电机的通风设备的布置，取决于电气室和电机的布置情况，一般宜将通风设备布置在电气室的披屋内，也有将通风设备布置在地下室。采用后者时应注意以下几点：

配置通风设备时应考虑必要的吊运通道及安装检修场地。通风设备同外墙（挡土墙）之间应有不小于 0.8m 的最小净距。地下室的高度应充分考虑通风设备安装施工及检修所需的高度，不宜低于 3.5～4.5m。通风管道和电缆支架最好各自配置于一侧。风管架空时，其管底距地坪不宜低于1.8～2.0m。风管同母线、电缆之间应有足够的安全距离，尽量避免交叉，平行净距不小于0.12m，垂直净距不小于0.15m，通风设备的冷却水管应布置在电气线路的下面。所有的风管应避免穿越地下室的防水层。

32.4 电气室检修起重机的选择

电气室的检修起重机应按下列原则选择：

(1) 起重量——按电气室内的设备最大部件质量确定，一般取决于电动机转子质量，通风设备的质量、减速机和长轴等的质量。

(2) 主钩和副钩——对于大起重量的起重机场均配有副钩以加快起运小设备。

(3) 跨距——选用标准跨距的起重机。

(4) 卷扬高度——起重机的主钩应能吊运电气室一层地面的设备，当电气室设有地下室时，副钩应能吊运地下室的设备。

(5) 工作制度——电气室检修用的起重机一般采用 $FC=15\%$ 轻级制。

(6) 环境温度——与电气室的环境温度相同。

(7) 操纵室入口——通常只考虑在电气室的一端架设扶梯。

32.5 电机

32.5.1 电机静负荷和动负荷计算

如图32-14电机静负荷和动负荷按下式确定：

点1处的静负荷为

$$F_{j1}=G_z\frac{l_2}{l}+G_1+G_2 \qquad (32\text{-}18)$$

式中 F_{j1}——1处的静负荷，N；

G_z——转子和轴的总重，N；

G_1——放有轴承座的底板部分的重力，N。当为整块底板时，此重力取为整个底板重力的25%；

G_2——轴承座的重力，N；

l_1、l_2——电动机轴线至负荷作用点1和2的力臂，m，$l_1+l_2=l$。

点2处的静负荷为

$$F_{j2}=G_z\frac{l_1}{l}+G_1+G_2 \qquad (32\text{-}19)$$

点3处的静负荷为

$$F_{j3}=\frac{G_d}{2}+G_3 \qquad (32\text{-}20)$$

式中 F_{j2}、F_{j3}——2、3处的静负荷，N；

G_d——电机定子重力，N；

G_3——定子底板部分的重力N。当为整块底板时，此重力可近似取为整个底板重力的25%。

点3处的动负荷为

$$F_d=\frac{9565KP_e}{an_e} \qquad (32\text{-}21)$$

式中 F_d——3处的动负荷，N；

K——电动机短路时的转矩与额定转矩之比：对直流电动机 $K=10$；对同步电动机 $K=4\sim6$；对异步电动机 $K=3\sim6$；

P_e——电动机的额定功率，kW；

n_e——额定转速，r/min；

a——地脚螺栓之间的距离，m。

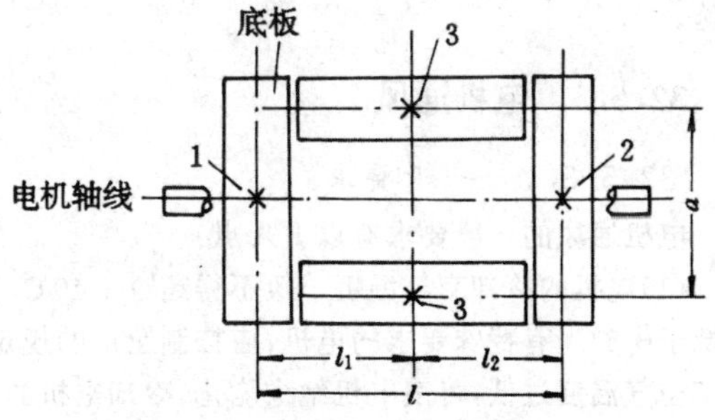

图32-14 电机基础上的负荷分布
1、2—静负荷作用点；
3—静、动负荷同时作用点

一般情况下，仅对1000kW及以上的大型电机基础才需进行计算，提供土建资料。

32.5.2 电机基础的建筑要求

电机基础的建筑要求有以下几个方面：

(1)电机和机组以及他们的底板应有基础。500kW及以下的电机基础或底板顶面标高应高出地坪200mm以上；大于500kW的电机基础或底板顶面标高应高出地坪50mm以上。

(2) 大型电机底板高于或低于地坪400mm以上时，电机四周应有平台并设置栏杆，入口处应设阶梯。

栏杆的装设如图32-15所示，括号内的数值适用于500kW及以上的电机。

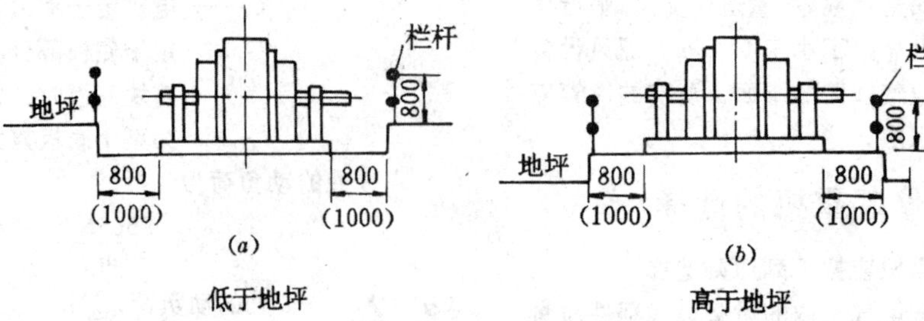

图 32-15　电机平台和栏杆的最小尺寸（mm）

(3) 大型电机的基础坑内可设置供检修用的修理平台和梯子，还可有传感器、电抗器、照明灯器、插座、加热器等的安装位置。应设有供人出入基础用的小门，亦可利用大型电机机壳上的小门。

(4)当电机基础处于地下水位以下时，应采取防水措施。

32.5.3　电机通风

32.5.3.1　一般要求

电机通风的一般要求有以下几点：

(1)电机的冷却空气温度一般不得超过＋40℃，不得低于＋5℃，有特殊要求的电机，应按制造厂的规定。冷却空气温度过低，将使电机绝缘脆化。冷却电机的空气温度的取值，应考虑钢铁厂厂区温度和高温车间温度通常都较当地气象站统计的温度为高的实际情况，故在工程设计中推荐采用当地气象站统计的近 10 年内极端最高温度的平均值作为电机的冷却空气温度限值。

(2) 电机使用地点的海拔超过 1000m 时（但不超过 4000m)，则要求冷却空气温度限值降低，见表 32-9。

(3)当电机处在停止运行状态下，且空气相对湿度超过 80％以上时，将会在冷物体表面凝结水分，造成电机绝缘下降，同时也引起金属表面加速腐蚀，为此应在停车时关闭与室外相通的风道闸门。大中型电机均应装设电加热器。电加热器的功率，一般根据电机质量决定：

30t 以下中容量电机按 1kW/5t 计算；

30t 及以上大容量电机按 1kW/10t 计算。

表 32-9　海拔、冷却空气温度和大气压关系

海拔高度 (m)	1000	1500	2000	2500	3000	3500	4000
冷却空气温度 (℃)	40	37.5	35	32.5	30	27.5	25
最低大气压 (MPa)	0.086	0.082	0.077	0.073	0.068	0.064	0.060

(4)电机碳刷磨损率和整流状况的好坏，取决于换向器表面的一层厚约 0.05mm 的极薄薄膜。与空气温度和相对湿度密切相关的空气中的水分，对该膜起着催化作用，含湿量过高，造成该膜加厚，很多铜粒将附着在碳刷上，使换向器表面粗糙，形成划痕，恶化换向条件；含湿量过低，不能形成良好换向薄膜。试验表明：含湿量低于 $4.5g/m^3$ 时，整流状况逐渐变坏；低于 $1.8g/m^3$，整流子膜即被破坏，碳刷磨耗剧增，并出现跳动和噪音；低于 $0.3g/m^3$，碳刷在 2～3min 内完全磨光。最佳整流条件是空气含湿量在 $4.8\sim14.9g/m^3$ 之间，如图 32-16 所示。在北方地区或冬季季节，空气湿度往往很低，应在通风系统中作加湿处理，使电机内的含湿量自动保持在给定范围内。

(5)主电机的通风道应尽可能设在地下水位以上，风道内壁应刷油漆。当风道处于地下水位以下时，应采取防水及排水措施。

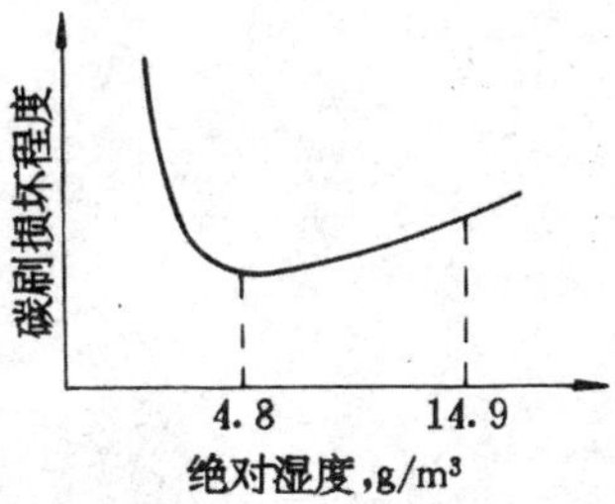

图 32-16　碳刷磨损率与绝对湿度的关系

(6)多台电机公用一个通风系统时，风量应为各台电机所需风量之总和，风压按其中最高者考虑。

32.5.3.2　大型电机的通风方式

大型电机的通风方式，常见的有以下几种：

(1) 自流式密闭循环通风系统。

1) 自流式密闭循环通风系统之一，如图 32-17 所示。此系统适用于转速较高的直流电机。

正常工作时：电机──→冷却器──→通风机──→电机

事故情况时：当电机冷却器损坏时，系统可以开启式循环，此时，空气取自地下室，热空气经事故风道散入车间或车间外。

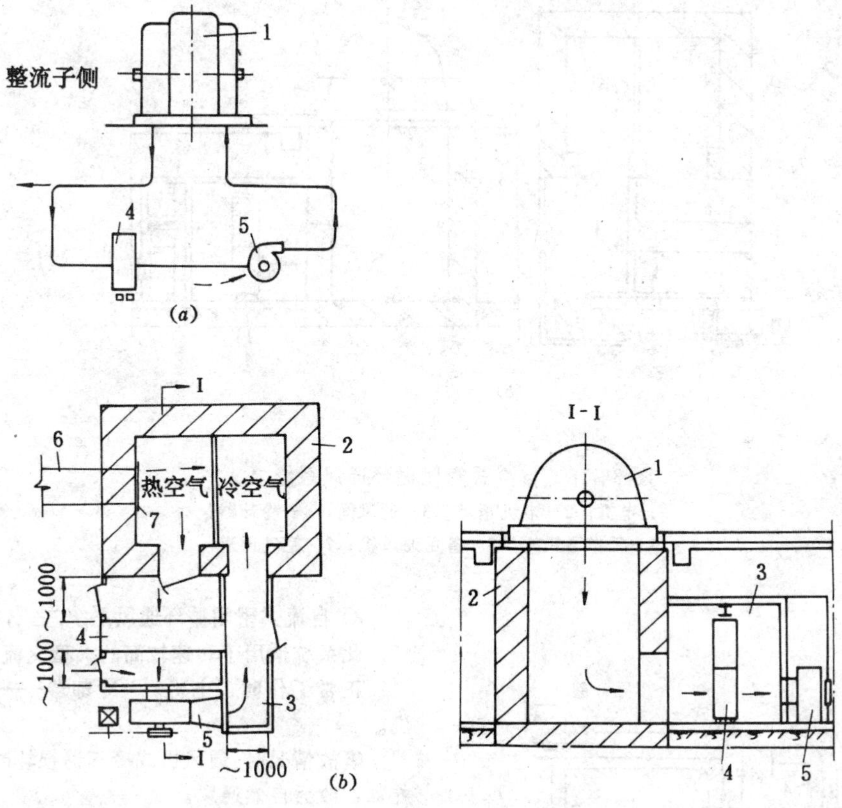

图 32-17　自流式密闭循环通风系统之一

1—电机；2—电机基础；3—通风间；4—冷却器；
5—通风机；6—事故通道；7—风挡

2) 自流式密闭循环通风系统之二，如图 32-18 所示。此系统适用于转速较低的直流电机。

正常工作时：电机──→冷却器──→工作通风机──→电机

事故情况时：当冷却器损坏时，系统按短时无冷却器工作或改为开启式循环。当工作风机损坏时，备用风机投入工作。在风机出口处安装有自动阀门，通风机不工作时，阀门应是关闭的，如图 32-19 所示。

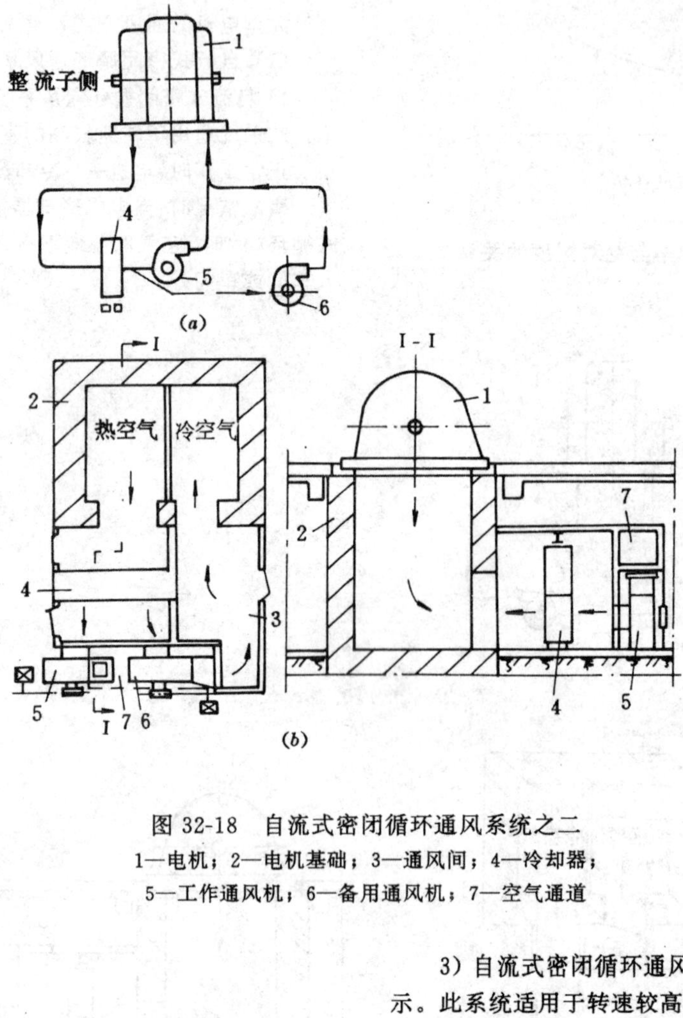

图 32-18　自流式密闭循环通风系统之二

1—电机；2—电机基础；3—通风间；4—冷却器；5—工作通风机；6—备用通风机；7—空气通道

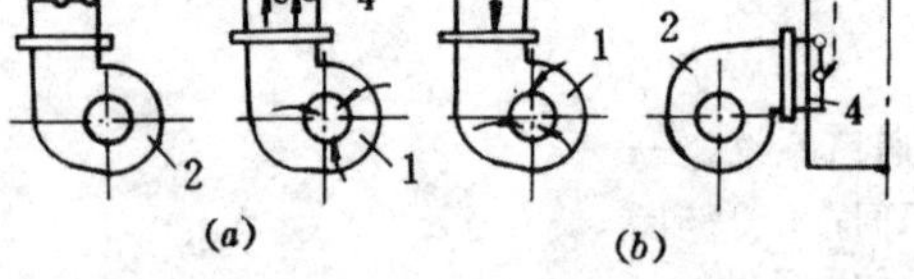

图 32-19　阀门系统图

1—工作通风机；2—备用通风机；3—风管；4—阀门

3）自流式密闭循环通风系统之三，如图 32-20 所示。此系统适用于转速较高的大型交流电动机。

正常工作时：电机⟶冷却器⟶通风机⟶电机。

事故情况时：通风机或冷却器损坏时，可取掉电机外罩，改为自然通风。

4）自流式密闭循环通风系统之四，即设有碳刷粉过滤器的自流式密闭循环通风系统，如图 32-21 所示。

此系统在电机整流子下部设有专用的碳刷粉过滤器。其特点为：碳刷粉不参加空气循环，机体内较清洁，只有小量的空气需过滤，采用一般的干式过滤器即可，结构简单，占地小，投资省，维护方便。但电机风路及结构应在电机设计制造时考虑。

正常工作时：

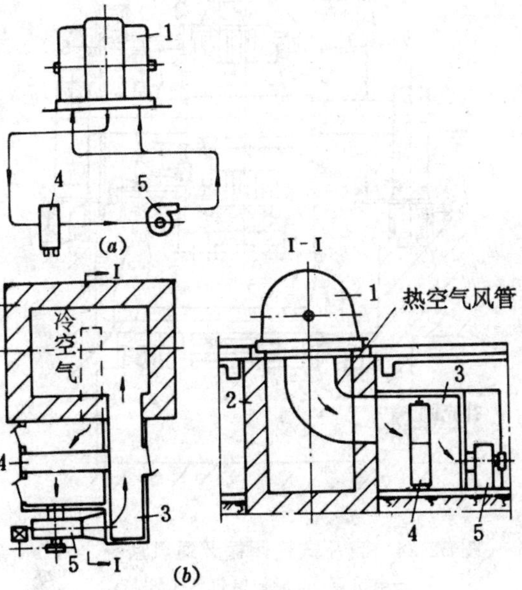

图 32-20　自流式密闭循环通风系统之三

1—电机；2—电机基础；3—通风间；

4—冷却器；5—通风机

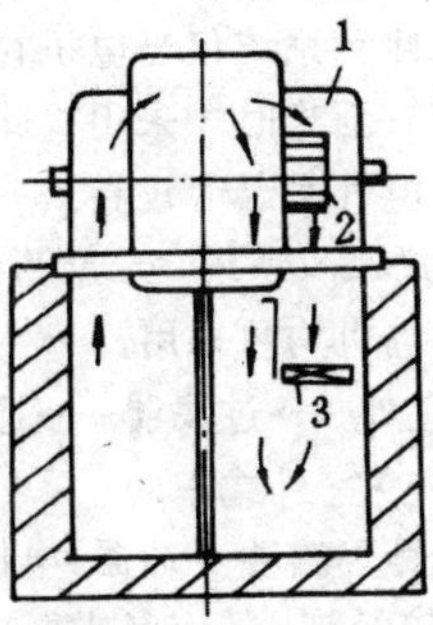

图 32-21　自流式密闭循环

通风系统之四（设碳粉过滤器）

1—电动机；2—整流子；3—碳刷粉过滤器

电机
整流子→过滤器 → 冷却器→通风机 → 电机
整流子

5）自流式密闭循环通风系统之五，即主电机自流式密闭循环而整流子单独送风系统，如图 32-22、图 32-23 所示。

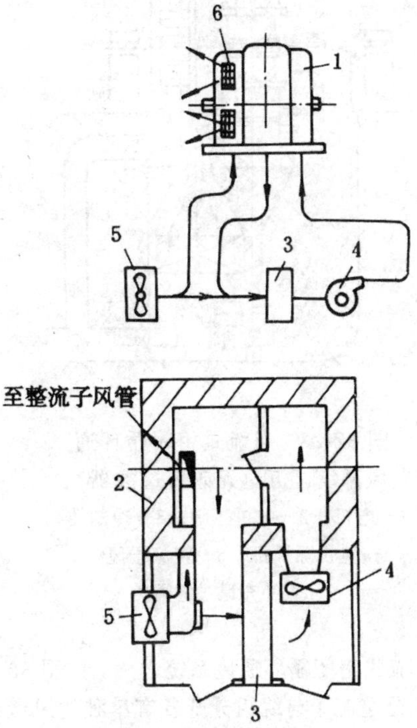

图 32-22　自流式密闭循环

通风系统之五（带碳粉过滤器）

1—电机；2—电机基础；

3—冷却器；4—电机通风机；

5—整流子送风系统及补充风机；

6—碳粉过滤器

由晶闸管供电的大型直流电动机应采用迭片式电机，其结构型式多为整流子与电枢其它部分以钢板密封隔离，形成整流子和电枢两个独立的送风系统，见图 32-22。

正常工作时：电机⟶冷却器⟶通风机⟶电机；

整流子风机⟶整流子⟶炭粉过滤器⟶电气室

这种通风方式也有不设碳粉过滤器而直接将整流子排出的风排在电气室，见图 32-23。

正常工作时：电机⟶冷却器⟶电机通风机⟶电机；

整流子风机⟶整流子⟶电气室

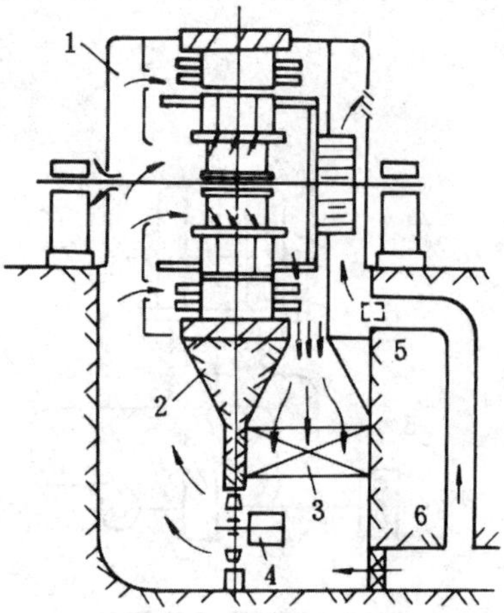

图 32-23 自流式密闭循环通风系统之五（无碳粉过滤器）

1—电机；2—电机基础；3—冷却器；4—电机通风机；5—整流子风机；6—补充风过滤器

6）自流式密闭循环通风系统之六，如图 32-24 所示。其特点是整流子与绕组分开各有单独的风道。整流子风道并设有碳刷粉过滤器。通风机为轴流式，与冷却器、过滤器同置于电机下部，占地小，风道大为简化。此外，轴流风机的叶片角度可以调节，根据通风对象调整所需风压及风量，以提高通风效率。

正常工作时：

电机→冷却器 ↘ 轴流风机 ↗ 电机

整流子→碳粉过滤器 ↗ 轴流风机 ↘ 整流子

7）自流式密闭循环通风系统之七，如图 32-25 所示。此系统不设专用的碳刷粉过滤器。其特点是将风机、过滤器、冷却器均置于电机下部基础内，平面占地小，风道大为简化，适于热连轧机电气室大电机和电气设备过分密集的情况，但电机基础相应加深，局部地下室地坪达－8m 和－9m。

正常工作时：

电机⟶过滤器⟶冷却器⟶通风机⟶电机

（2）与电气室在一起的密闭循环通风系统，见图 32-26。此系统适用于转速较高的直流电机。

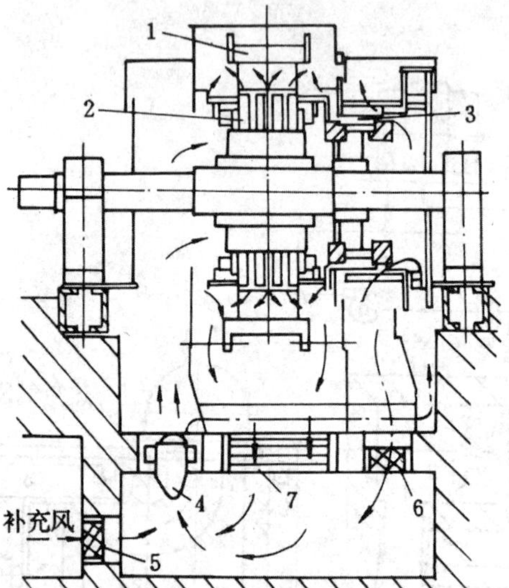

图 32-24 自流式密闭循环通风系统之六

1—电机定子；2—电机转子铁芯；3—整流子；4—通风机；5—补充风过滤器；6—碳刷粉过滤器；7—冷却器

正常工作时：电气室⟶电机⟶冷却器⟶通风机⟶地下室⟶电气室

事故情况时，通风机或冷却器损坏时，取掉电机外罩，改为自然通风。此种系统仅当电机在结构上采用自流式密闭循环系统有困难时才采用。此系统的缺点是增加电气室灰尘，电气室温度较高。

（3）开启直通式通风系统，示意图见图 32-27。此系统对大型交直流电机均可采用。

正常工作时：室外⟶过滤器⟶通风机⟶电机⟶室外或车间

此系统的优点是不需要冷却器，电机基础浅，电气室可不设地下室，较经济。缺点是需要较多的过滤器，电机内部不易保持清洁，进入电机的空气湿度随气候而变化。

32.5.3.3 辅助机械的电机通风

轧钢车间有些辅助机械布置在环境恶劣的受强烈热辐射的空气污浊区域里，如轧机前后辊道、推床、热轧带卷运输机等，其传动电机采用封闭式强制通风电机，一般通风用的空气取自电气室的地下室，通风装置也设在地下室。通风管道应尽量避免穿越防水层，在土壤或基础内敷设前，必须采取周密的防腐蚀和防断裂措施。

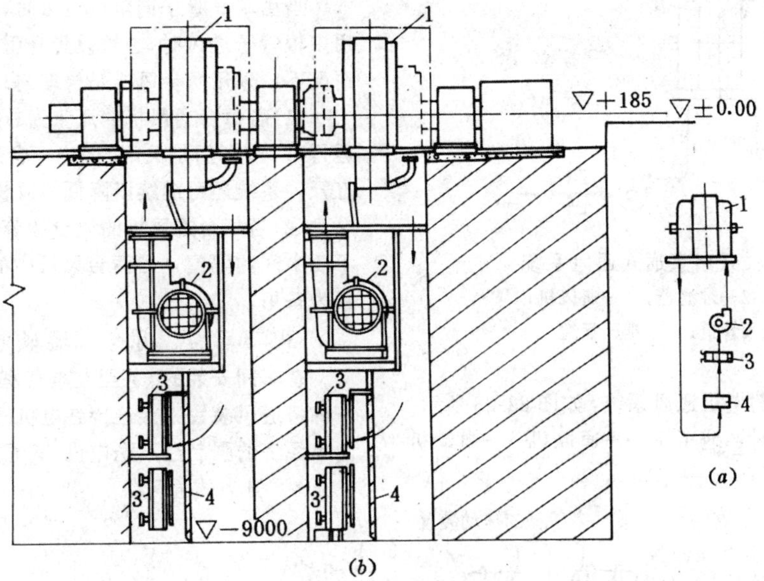

图 32-25 自流式密闭循环通风系统之七

1—电机；2—通风机；3—冷却器；4—过滤器

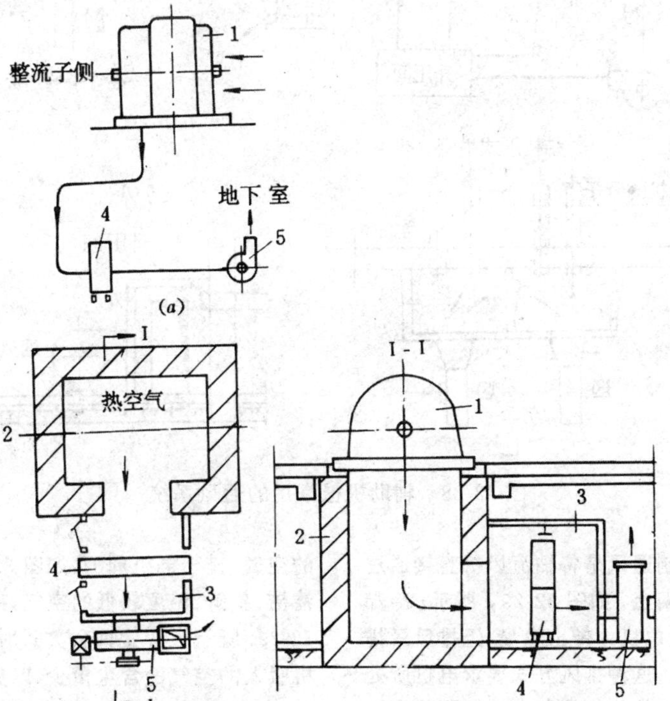

图 32-26 与电气室在一起的密闭循环通风系统

1—电机；2—电机基础；3—通风间；4—冷却器；5—通风机

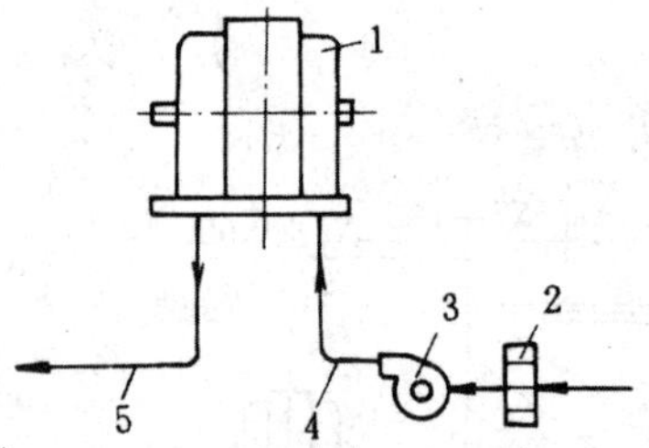

图 32-27 开启直通式通风系统
1—电机；2—过滤器；3—通风机；
4—进风管道；5—排风管道

辅助机械常用的电机通风系统，如图 32-28 所示。系统正常工作时：地下室⟶通风机⟶电动机⟶车间

当由单一管子向电机送风时，可不设升压间，但在用多根管子送风时，必须设置升压间。在设有升压间的情况下，采用两台风机是合理的。此时：

(1)若每台通风机的风量为总需要量的一半，正常运行时，中间门是关闭的，当一台通风机损坏时，将门打开，系统还可继续以降低的风量工作。

(2)若每台通风机的风量约等于总需用量时，即可不要中间的隔门，当两台风机中的任一台损坏时，可互为备用。

32.5.3.4 背包式通风电机

在车间安装的(甚至在电气室安装的)电机中，有一种将通风装置直接连接在电机框架上部的结构紧凑简单经济的强制通风型电机，其通风方式有几种形式。

A 开启式通风

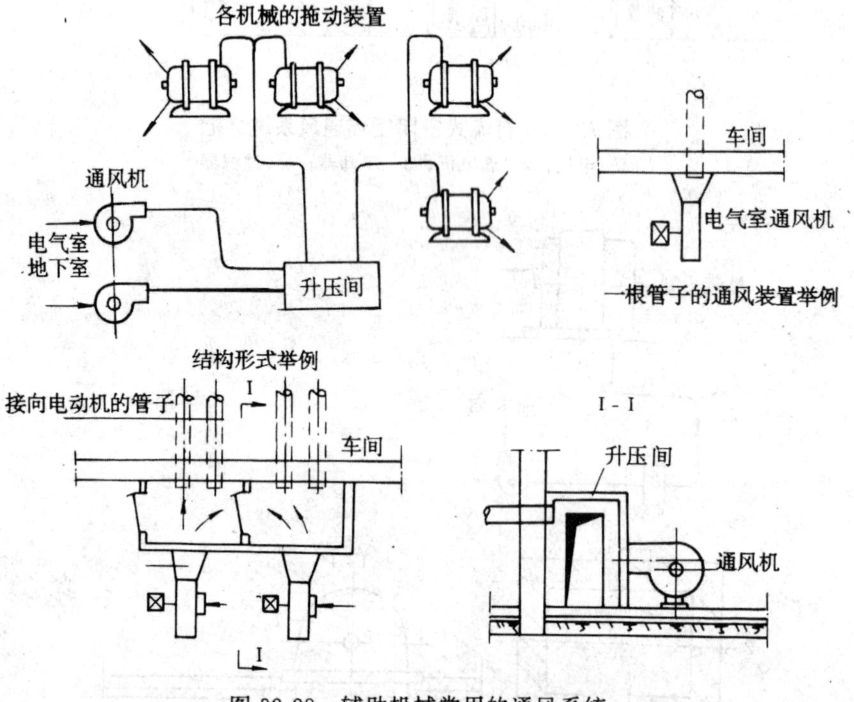

图 32-28 辅助机械常用的通风系统

最简单而经济的强制通风是将轴流风机直接通过法兰连接在电机上部框架上。如图 32-29 *a* 所示，冷却空气自电机周围吸入，从电机内带出热量，经排风罩排放到电机的周围空气中。这种排风方式要求电机所处的周围空间较空旷，排出的热风经与电机周围的空气混合流动后，不致超过 40℃。

作为一种改进，可经管道将热风排至室外，如图 32-29 *b* 所示。或用管道从室外吸清洁、新鲜、温度较低的空气，排于电机周围，如图 32-29*d* 所示。或从室外吸清洁、新鲜、温度较低的空气，排至室外的另一侧，如图 32-29*c* 所示 。以上四种方式对直流机而言，都要求风机吸入的空气的含尘量少，以免磨损整流子表面，同时要考虑排出的热空气及含碳刷粉尘应不对周围环境产生不良影响。

B 带过滤器的强制通风

带过滤器的强制通风如图 32-30 所示，轴流风机

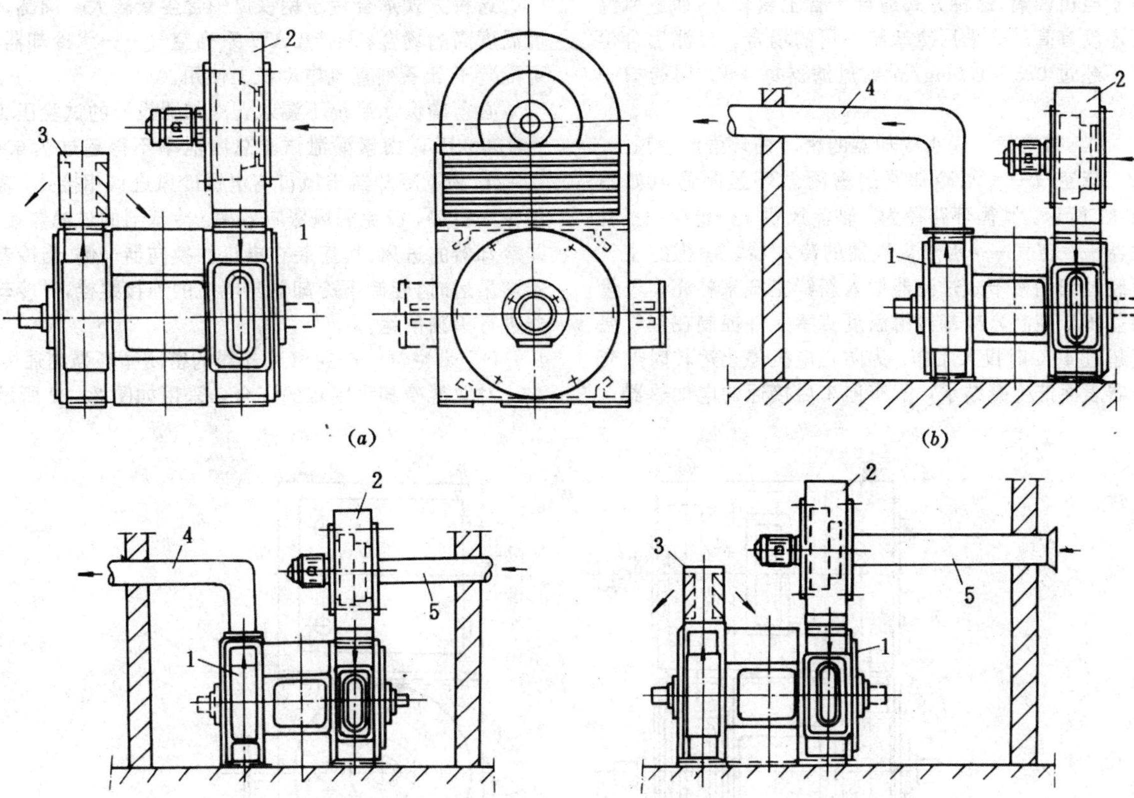

图 32-29 背包式通风的电机的开启式通风

1—电机；2—轴流风机；3—排风罩；4—排风管；5—进风管

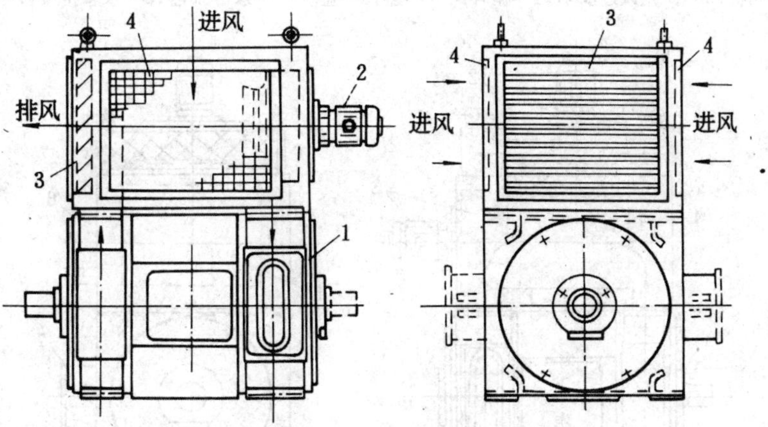

图 32-30 带过滤器的背包式通风的电机

1—电机；2—轴流风机的电动机；3—排风罩；4—过滤器

和过滤器装于电机上部，空气从干式过滤器两侧吸入， 经轴流风机自电机一端送入电机内部，热风经排风罩散于电机四周。这种方式适合于含尘量较大，而进风温度还没有高过非采用冷却器不可的场合。过滤后含尘量不超过 0.5～1.0mg/m³，过滤器每 4～8 周清扫一次。

C 带空气——水冷却器的密闭循环强制通风

带空气——水冷却器的密闭循环强制通风如图 32-31 所示，其循环路径为：轴流风机⟶电机⟶过滤器⟶空气⟶水热交换器的冷却器。漏损的空气由经过细网格干式过滤器抽入新鲜空气来补充，风量用差压计控制，冷却器由温度传感元件控制在空气温度超过 40℃时投入工作。为防止电机停止运转时热交换器表面产生凝结水，配有停车后接通的电加热器。

这种方式适合用于钢铁厂中含尘量较大，周围环境温度高的场合。国产 LAW 系列空气——水冷却器，可配装于 Z 系列直流电动机上使用。

必须确保水系统不漏水，冷却器设计的试验压力为 1000kPa，卤素漏泄试验总漏泄率不得超过 $7.6\times10^{-3}cm^3/s$，冷却器出风口与电机冷风进口相接处，需用橡皮衬垫，以免漏风影响效率。冷却器的过滤器端，即冷却器的进风口，应装在电机的换向器一侧。当冷却器需吊运时，应卸下冷却器与电机的连接螺栓，对冷却器进行单独吊运。

D 带空气——空气冷却器的密闭循环强制通风

对取得冷却水困难的场合，采用如图 32-32 所示

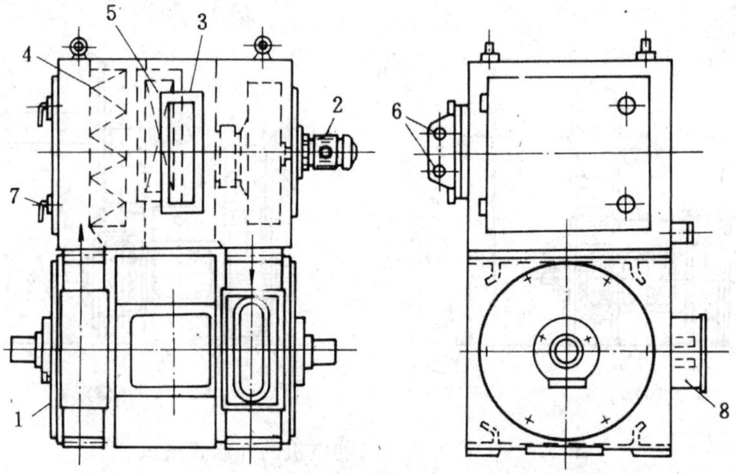

图 32-31 带空气——水冷却器的背包式通风的电机

1—电机；2—轴流风机；3—补充风过滤器；4—循环风过滤器；5—空气——水冷却器；6—水管接头；7—密封门；8—端子盒

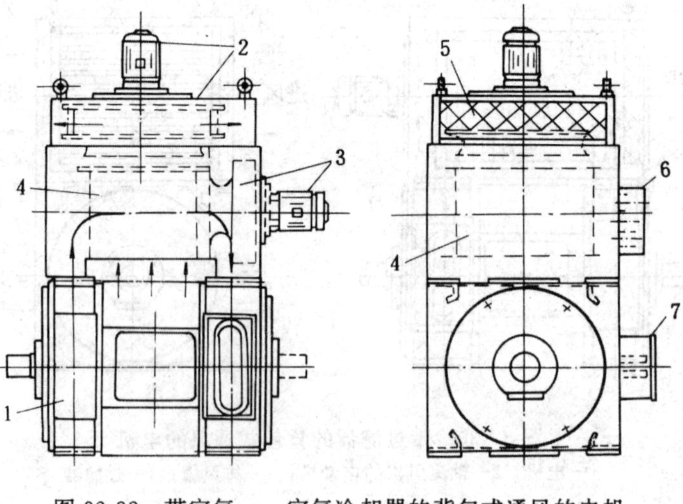

图 32-32 带空气——空气冷却器的背包式通风的电机

1—电机；2—冷却空气用通风机；3—循环空气用通风机；4—空气——空气冷却器；5—冷却风排风罩；6—控制设备；7—端子盒

的空气——空气冷却器作为背包式通风电机的密闭循环通风。这种冷却器由许多简单的管子组成，在冷却器最上部装一台轴流风机，抽吸从冷却器下部进来的新鲜空气流过该管子群。另一台装在冷却器端部的轴流风机，抽吸从电机内部出来的热空气，横向通过该管子群以进行热交换，然后进入电机循环。循环空气与冷却用的新鲜空气的温差为10℃，当电机周围的新鲜冷却用空气超过电机允许的环境温度时，应降低电机的额定功率运行。风量用差压计或流量计进行检测，用温度传感元件（规定40℃）对冷却空气进行控制。

E 带整流子单独风道的密闭循环强制通风

为避免碳刷粉尘进入电机内部，背包式通风电机也有采用如图32-33所示的整流子与电枢隔离单独送风的系统，其主循环路径为：

主循环风机（6）⟶电机（1）⟶冷却器（2）⟶风机（6）

整流子单独的开启式排风路径为：

机外（A）⟶过滤器（5）⟶整流子（B）⟶整流子用轴流风机（4）⟶机外（C）

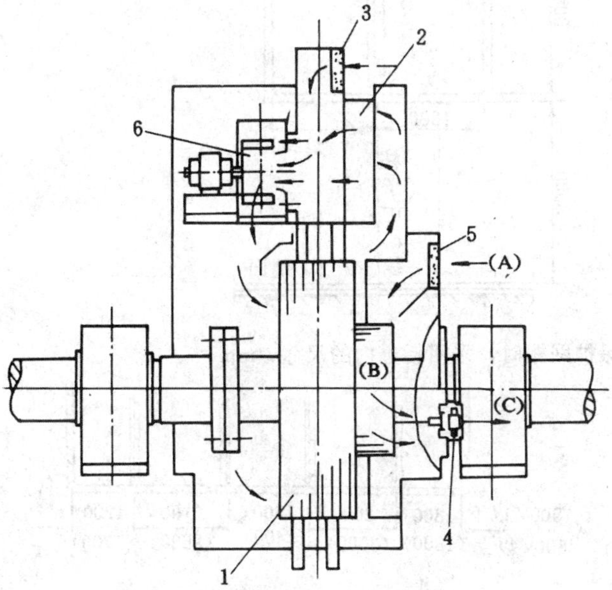

图32-33 带整流子单独风道的背包式通风的电机

1—电机；2—水冷却器；3—补充风干式过滤器；4—整流子用轴流风机；5—整流子用过滤器；6—主循环风机

为补偿漏风设补风口，补风口处装干式过滤器（3）。有齐全的检测监控仪表。

这种方式的电机容量可以制造得大，图32-33所示的电机用于国外一个7机架2286mm热连轧精轧机的传动。电机容量3000～4000kW。显然，采用背包式通风比在地下室布置通风冷却装置有许多优点。

32.6 控制站与操作室

32.6.1 控制站

在钢铁厂的一般车间里或轧钢车间的辅助生产线旁，大都设有集中放置电气设备的电气室(以下称作控制站，有时人们习惯称作电磁站或称作配电室等)。

(1)控制站应按区域划分，尽量接近负荷中心，并将同一机械的控制屏集中一起布置，以节省管线，便于维护管理。

如车间因机械设备布置紧凑而无合适位置时，也可采用铁柜式控制站，或将控制站设置在与厂房毗邻的偏屋内，一般开门与生产厂房相通。炎热地区应注意控制站的布置位置，尽量避免受太阳照晒。

控制站的交流电源如直接取自变压器，则应将控制站与变压器室隔墙相邻。如果是采用干式或不燃油油浸变压器，可将变压器置于控制站内。如果控制站为两层建筑，则将变压器置于控制站一层。

(2)控制站通常为一层砖结构建筑。当晶闸管柜、控制屏或机组的数量很多而车间地位又有限时，才考虑采用两层建筑。

(3)当控制站中采用屏的形式即屏的防护形式为IP00时，较常见的控制站形式及最小尺寸，如图32-34所示。当电阻箱有护网栅时采用括号内尺寸。

形式Ⅰ和形式Ⅱ在车间中使用很广泛。形式Ⅰ同时适用于采用频敏变阻器的控制站。

形式Ⅲ是将电阻箱放在屏的支撑架上面，不仅增加维护困难，而且使控制站屋面增高，只有在车间内的地皮不够时采用。

形式Ⅳ用于环境较干净的车间内，缺点是增加了维护管理工作，优点是改善了控制站内部的工作条件。

形式Ⅴ适用于控制站下面有通道的场所，例如，在相邻两跨的柱间设置的控制站。

(4)对于电气屏防护形式为IP00的控制屏和配电屏的维护过道尺寸如下：

1）采用单排布置时，正面过道一般采用1.3～1.5m（控制屏排列较长时取上限）。

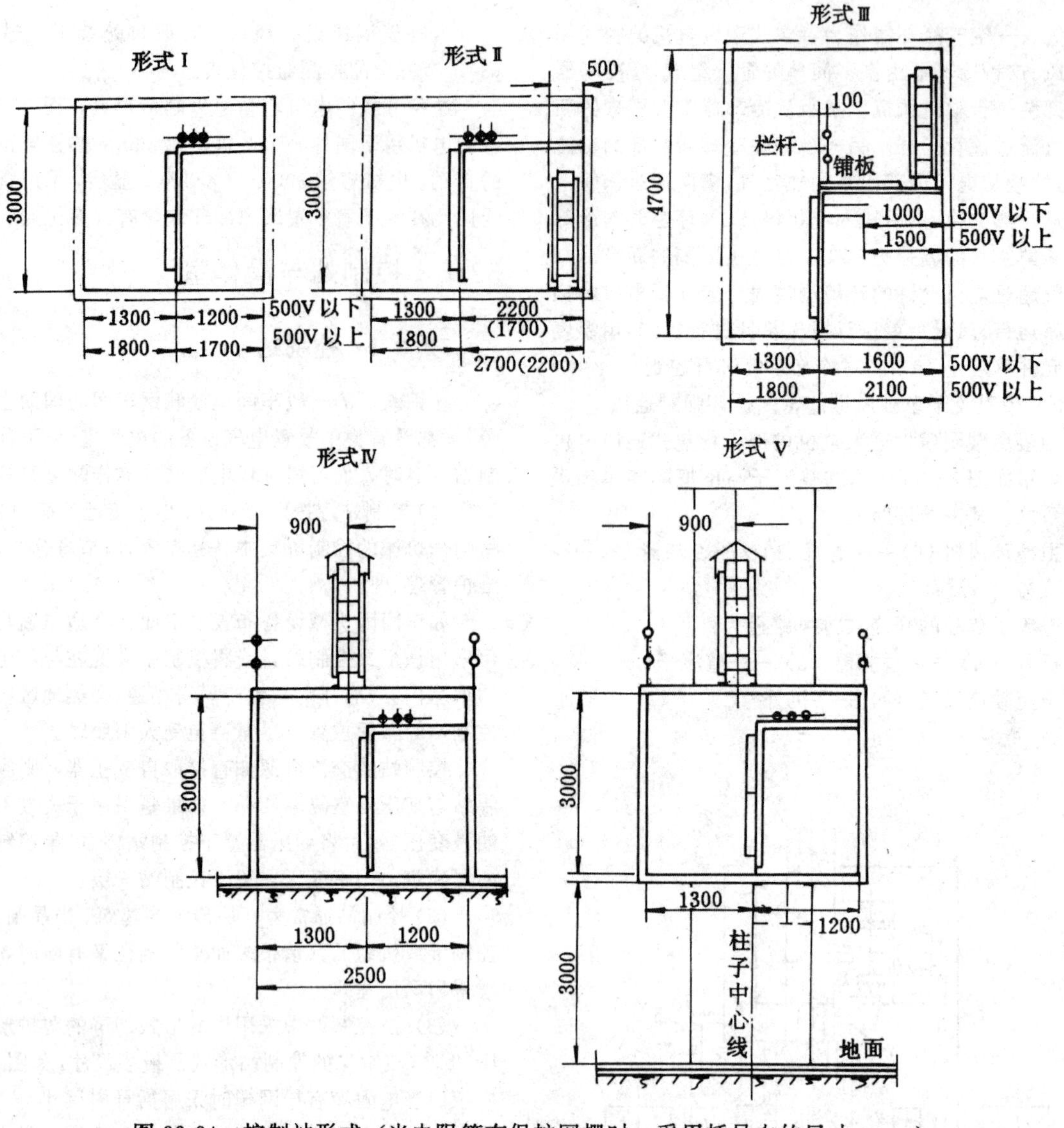

图 32-34　控制站形式（当电阻箱有保护网栅时，采用括号内的尺寸，mm）

2）屏后设有电阻箱等电气设备时，屏后过道可采用 1.7m，屏后无电气设备时，不得小于 1.2m。

3）当控制屏采用多排布置时，屏间尺寸见图 32-35。

4）屏列长度不宜超过 6m。当超过 6m 时，维护过道应有两个出口。

(5)目前控制站中的电气设备大多采用柜式结构，如 JK 型交流低压电控柜、晶闸管柜、调节柜和柜式低压配电柜，由于这些柜的柜体防护结构均在 IP10、IP20 以上，因此图 32-36 要求的尺寸，可以取低限值。

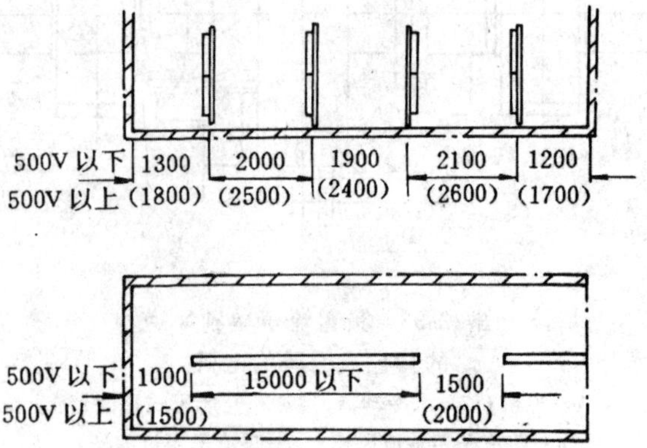

图 32-35　控制屏双排布置时的最小尺寸

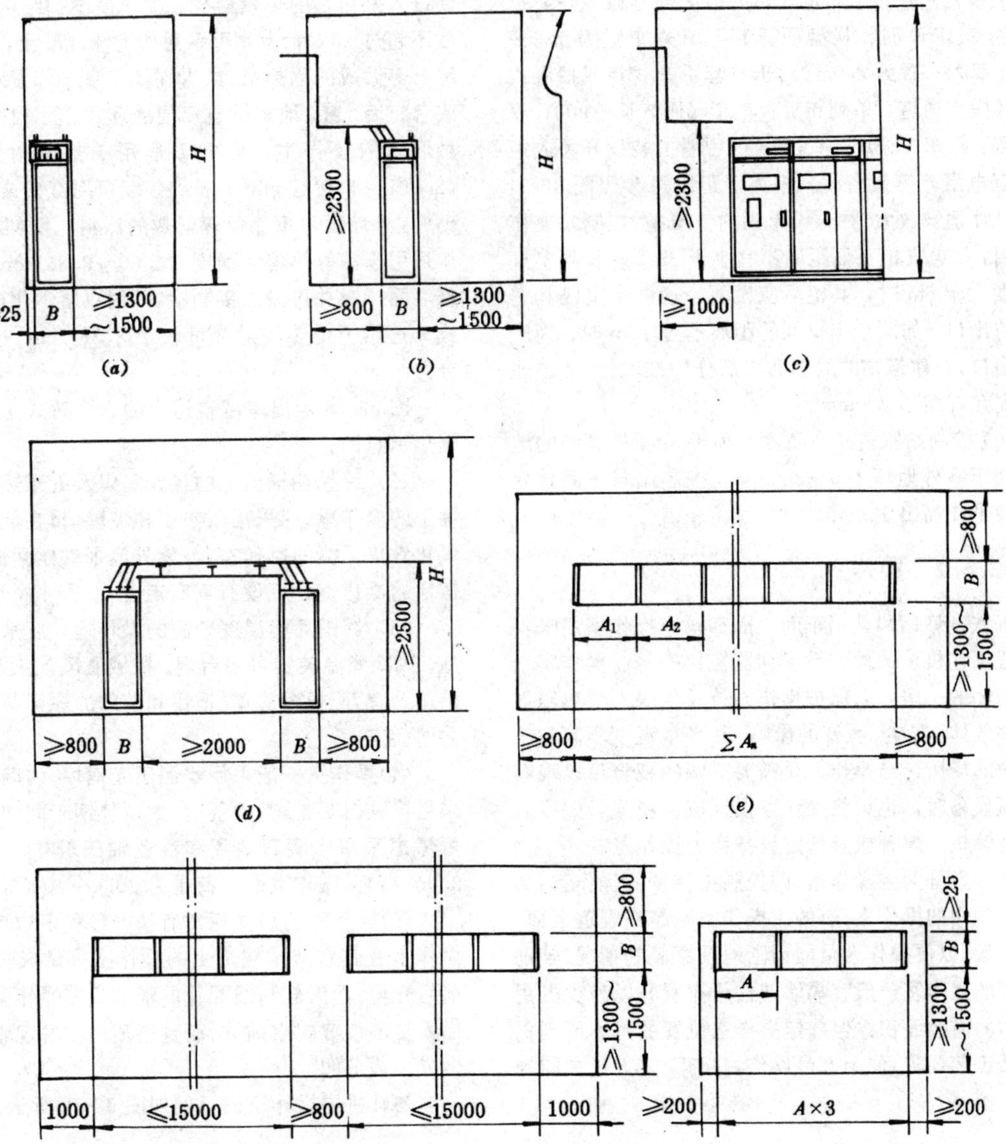

图 32-36 电气柜的布置

(*a*) —单列靠墙；(*b*) —单列离墙；(*c*) —侧面进线；

(*d*) —双列离墙；(*e*)、(*f*)、(*g*) —单列平面布置；

A—柜宽度；*B*—柜深度；*H*—室净高

电气柜一般不靠墙安装，柜后离墙0.8～1m，柜的数量在三台及以下时，也可靠墙，但应注意选用柜前维护的柜和元件。对于固定式柜的柜前操作通道在防护等级不是IP00时，从盘面算起，单列布置为1.3～1.5m；双列布置为2.0m。对于成套手车式柜或抽屉式柜，其操作通道，单列布置：单车（屉）长+900；双列布置：双车（屉）长+600。柜后墙上装设开关或柜后放有电阻箱等设备时，柜离墙距离可参照图32-34有关尺寸适当放大。如未设单独的值班室，控制站兼作值班用，则电气柜正面距墙不宜小于3m。一长列电气柜长度大于6m时，其柜后应设两个通向本室或其它房间的出口，如两个出口间的距离超过15m时，尚应增加出口。在建筑物的局部凸出部分如柱墩处，上述通道宽度允许缩小200mm。

(6) 控制站室内净空高度不小于3m，控制站的地坪应高于室外地坪150～300mm。控制站与车间地坪可以持平或高出150mm。

32.6.2 操作室

炼铁、炼钢和轧钢车间一般都设有操作室用来集中放置工艺机械的操作设备和监控仪表等。操作室一般为密闭的小房，以保护操作人员及仪表不受热辐射和有害气体、灰尘、噪音的影响。在环境温度不高和比较干净的场所，当操作人员需要广阔的视野用以观察和操纵设备时，也可将操作室设计成敞露式，如冷轧机、轧管机、焊管机及精整设备旁的操作室。

操作室分为主操作室(即控制主传动的操作室)和辅助机械用的操作室。有的主操作室跨越在辊道上面，正对机架，以便操作人员能清晰地观察轧制情况。辅助机械用的操作室一般宜靠墙或柱子布置，以减少占用车间内的有效面积。但确定操作室位置的基本原则仍应根据工艺要求，便于人员操作，并与工艺人员共同确定。

现将操作室的一般设计原则分述如下：

(1)操作室应采取隔热排热措施。采取围护结构以便进入操作室的热量最少，力求使围护结构内表面温度不超过25℃，为此可采用如泡沫混凝土，硅石，灰绿石等做成的隔热层，或者在操作室下部设水箱隔热，或者将墙、窗、地板做成双层的形式。图32-37示出三种形式的操作室，形式Ⅰ适用于热辐射强度不大（2.091～4.182J/cm²·min），墙可用红砖或硅酸盐砖砌成，外墙面可不涂反辐射热的涂料，用单层窗。形式Ⅱ适用于中等热辐射强度（4.60～8.36J/cm²·min），外墙面抹灰并可涂以铝制涂料，用双层钢化玻璃窗。形式Ⅲ适用于受热辐射强度大于8.36J/cm²·min的场合。

图32-38示出跨越辊道上的一个桥式主操作室的隔热示意图。

(2) 跨越在辊道上的操作室以及处于热钢烘烤环境下的操作室，应采用耐热钢化玻璃。设在轧机附近受氧化铁皮飞溅的操作室，玻璃外应加铁丝网保护。不便擦窗的操作室，应设有擦窗走台。

(3) 周围环境温度较高的操作室，应采取降温措施。风冷降温装置可用台扇、机械通风、空调机。何种措施为宜，应根据简单、适用和节约的原则与通风专业共同商定。

(4)操作室一般采用水泥压光地坪。内墙壁与天棚采用掺胶白灰粉刷。必要时，大型轧钢车间的主操作室可考虑采用水磨石地坪和浅色油漆墙裙（自地面到2.0m高）。操作室地坪荷重为2000～4000N/m²。

(5)操作室的形式通常有长方形和多边形两种。主操作室及其它跨越辊道上的操作室多做成长方形的，前后开窗；而沿轧制线配置的辅助机械操作室，由于操作人员不仅要观察前方，而且还须向左右观看，故有时做成多边形的。

初轧机主操作室的示例如图32-39所示。

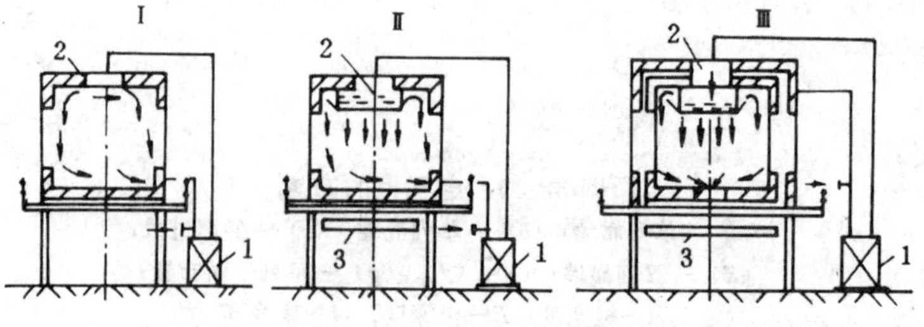

图32-37 操作室的三种结构示意图

1—空调机；2—冷风出口；3—隔热装置

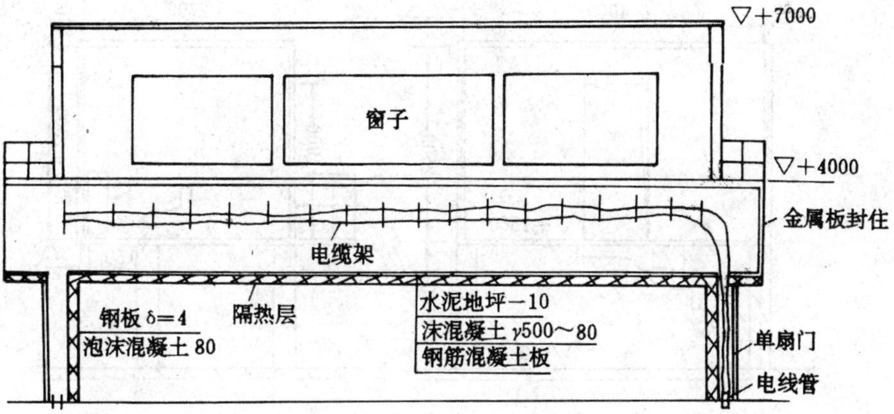

图 32-38 主操作室隔热示意图

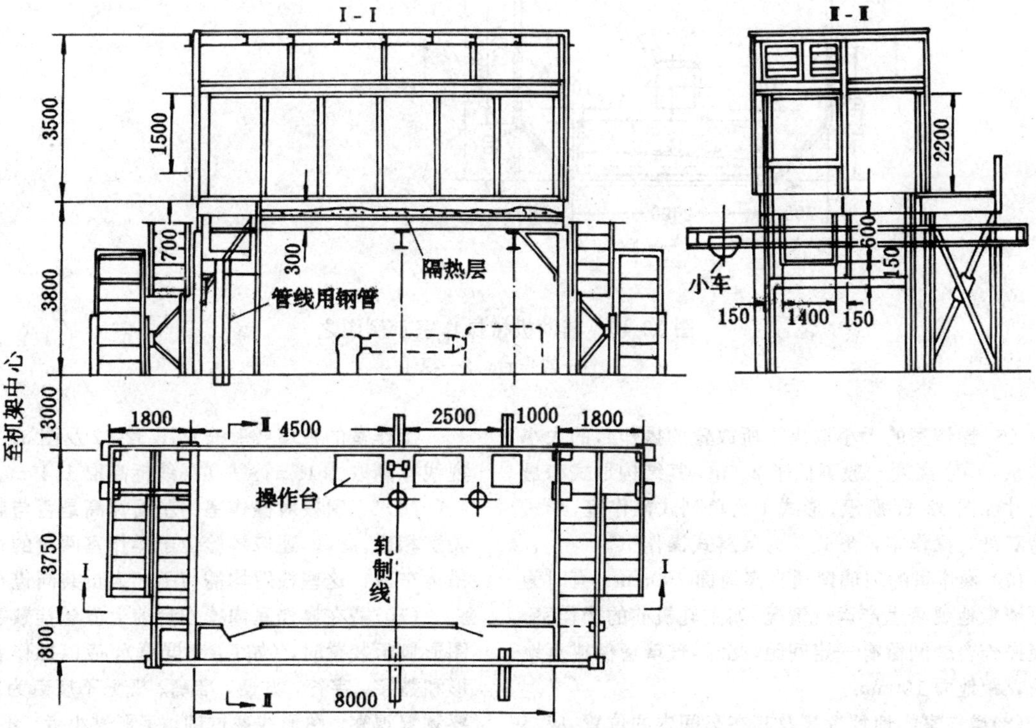

图 32-39 初轧机主操作室示例图

辅助机械操作室的示例如图 32-40 所示。

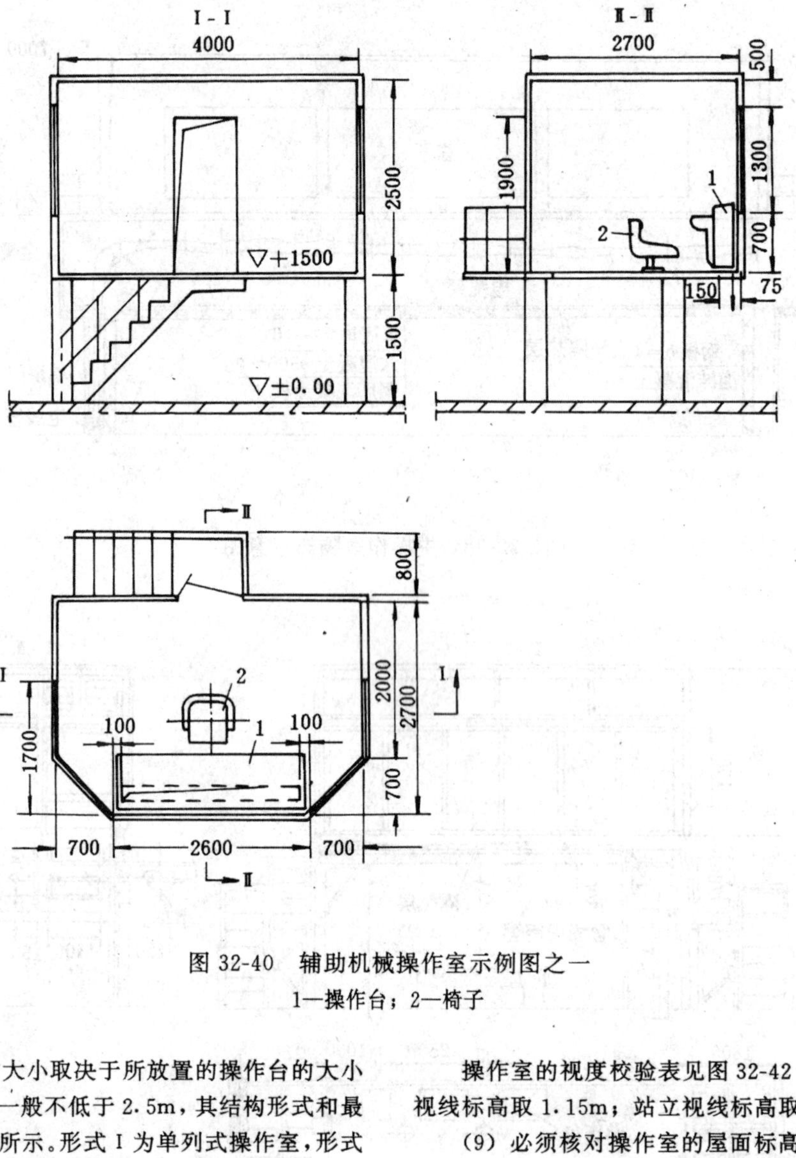

图 32-40　辅助机械操作室示例图之一

1—操作台；2—椅子

(6) 操作室的大小取决于所放置的操作台的大小和数量，净空高度一般不低于 2.5m，其结构形式和最小尺寸如图 32-41 所示。形式 I 为单列式操作室，形式 Ⅱ 为双列式操作室，形式 Ⅲ 为敞露式操作室。

(7) 操作室的玻璃窗通常离地面 700mm。有时为了更清晰地观察生产运行情况。如主轧机前的操作室，常使操作台之间留有一定间距。此时，玻璃窗做成落地式的，距地面 100mm。

(8)操作室的地坪标高及其在车间内的位置，应与工艺人员共同商定，并须进行视度校验，以保证被操作的机械全部在操作人员的视线范围之内。

操作室的视度校验表见图 32-42 及图 32-43。坐下视线标高取 1.15m；站立视线标高取 1.45m。

(9) 必须核对操作室的屋面标高是否与起重机驾驶室相碰。此外，还应校验位于操作室两侧的过道能否吊运东西，这些核对均需与工艺人员共同进行。

(10)需在操作室内操作台前上方悬挂数字显示和图形显示装置时，(如 CRT 屏幕)，应以操作者观察图形和数字、字符，方便、准确、视觉不疲劳为原则。需要频繁观察、图形线条过细、字形过小者，不宜高悬，可将 CRT 装置平置于操作者两侧不太远的地方。受操作台平立面布置限制而必需悬挂时，以操作者仰视角不大于45°左右，主视线净长度在2～2.5m以内为宜。

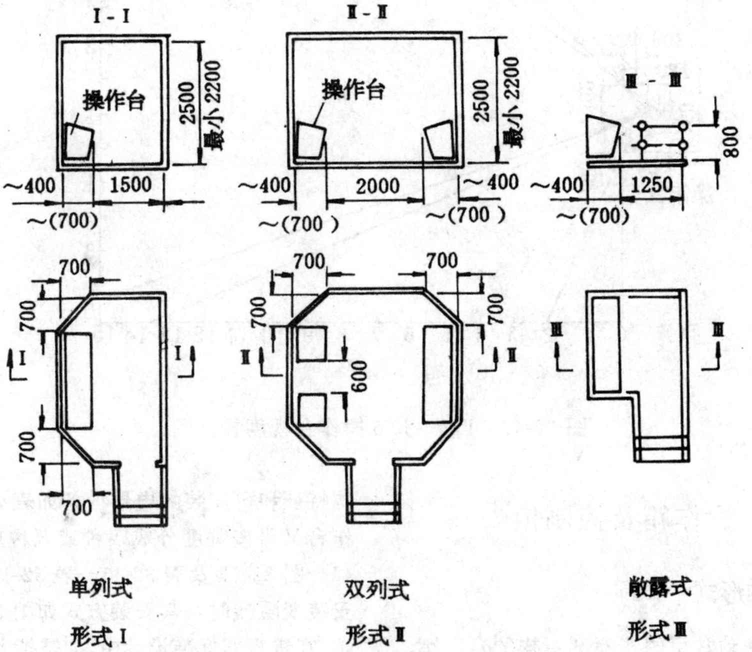

图 32-41 辅助机械操作室示例图之二

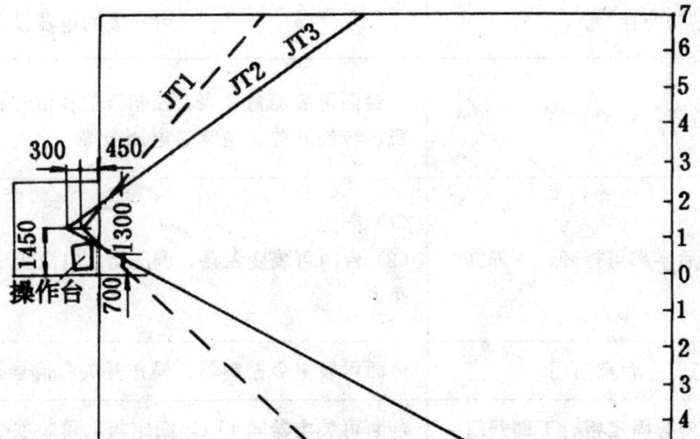

图 32-42 JT1～JT3操作台视度校验图

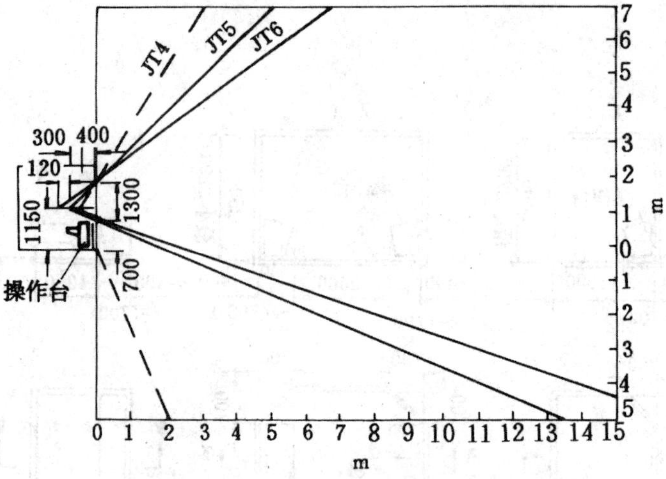

图 32-43 JT4～JT6 操作台视度校验图

32.7 操作台、操作箱及控制柜

32.7.1 结构形式

钢铁企业电力拖动常用的非标准结构的台、箱、柜，一般选用 JT 型及 JX（F）型两种系列产品。

32.7.1.1 操作台

常用的操作台型式为 JT1～JT9，各型操作台的结构特征和可安装的电器设备如表 32-10 所示。各型操作台又可按宽度分成四种或五种规格，分别见图 32-44～图 32-52 及表 32-11～表 32-14。当 JT3 操作台上安装变阻器时，其安装方式如图 32-46 所示。应当指出：在进行非标准设计中，如需扩大可安装的电器设备的类型。例如装入小型微机可编程序控制器或某些热工计器仪表等，则可适当改变有关结构尺寸（如将深度增加），以扩大其使用范围。

表 32-10 各型操作台的结构特征

型号	结构特性	可安装的电器设备
JT1 JT2	台面可打开，台前有门	台面可装测量仪表、控制开关和信号指示元件，如信号灯、按钮、转换开关、电流、电压表等
JT3	台面前半部固定，后半部可打开，下部开门	(1) 同上 (2) 台内可装变阻器、调压器、电源变压器等。手柄装在固定台面上
JT4	台面可打开，台前有门	台面可装主令控制器、操作开关和信号指示元件
JT5	台面可打开，台前有固定板，下部开门	台面可装电器同 JT1，固定板上可装主令控制器
JT6	台面可打开，台前有固定板，下部开门	台面和固定板上均可装主令控制器，台面尚可装操作开关、信号指示元件等

续表 32-10

型号	结构特性	可安装的电器设备
JT7	、 台面可打开，台后有门	台面可装电器同 JT1，台内可装变阻器，调压器，电源变压器等
JT8	台面可打开，面板固定，台后有门，台内有安装板	台面上可装操作开关和信号指示元件，面板上装温度计、毫伏计等仪表，台内可装起动器、熔断器、继电器等
JT9	同上	(1) 同上 (2) 面板上尚可装温度、压力等热工计器仪表

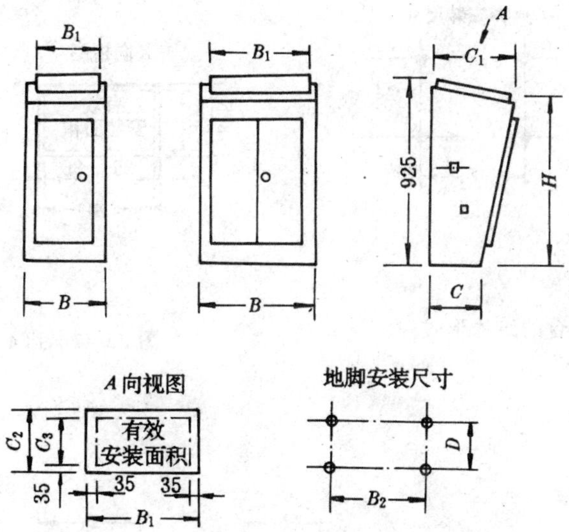

图 32-44 JT1、JT2 操作台的结构形式

表 32-11 JT1、JT2 操作台的外形尺寸

型号	尺寸 (mm)								
	B	B_1	B_2	C	C_1	C_2	C_3	D	H
JT1004	420	410	200	268	414	400	340	213	852
JT1006	620	610	420						
JT1008	820	810	620						
JT1010	1020	1010	820						
JT2004	420	410	220	578	714	705	645	513	800
JT2006	620	610	420						
JT2008	820	810	620						
JT2010	1020	1010	820						

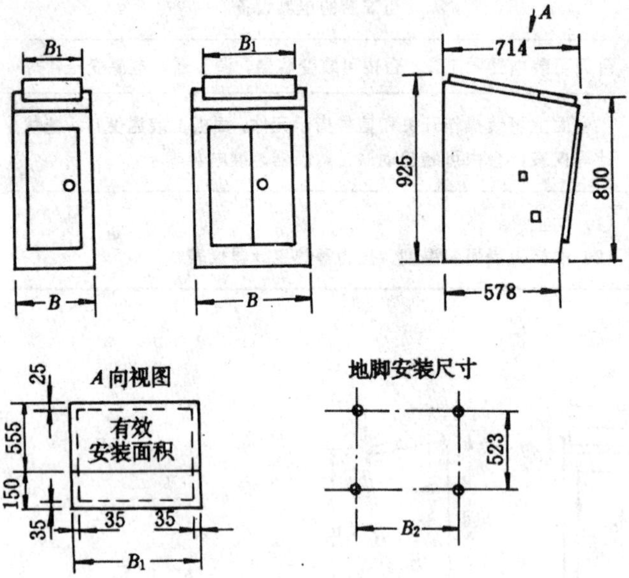

图 32-45 JT3操作台的结构形式

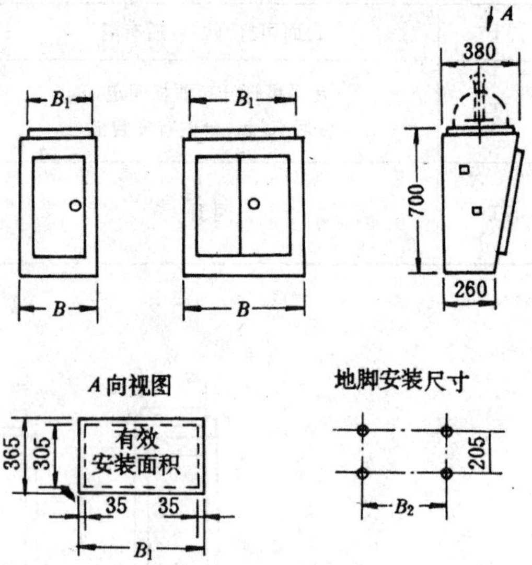

图 32-47 JT4操作台的结构形式

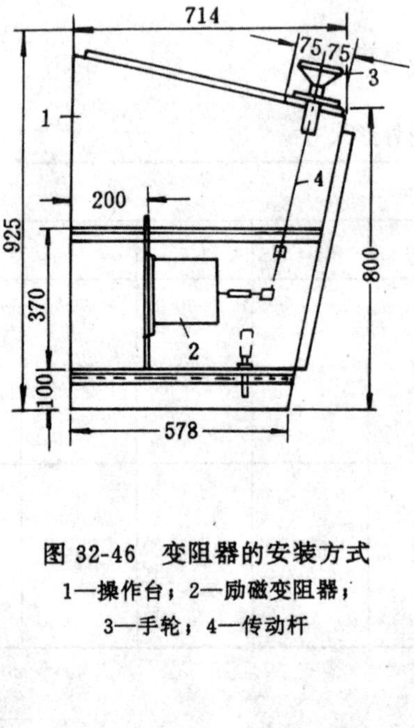

图 32-46 变阻器的安装方式
1—操作台；2—励磁变阻器；
3—手轮；4—传动杆

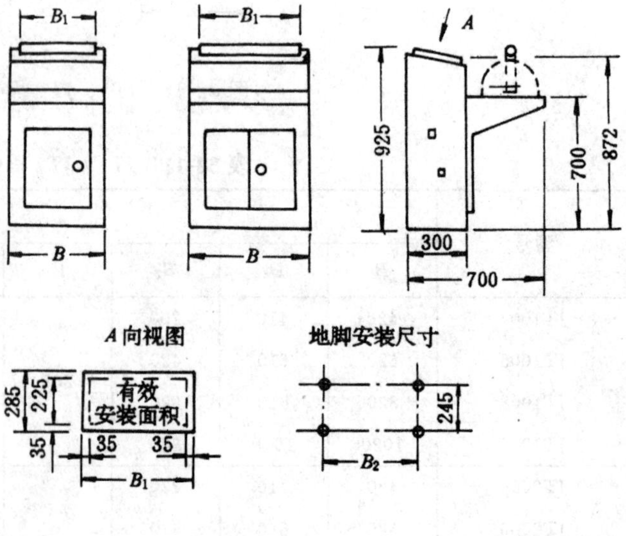

图 32-48 JT5操作台的结构形式

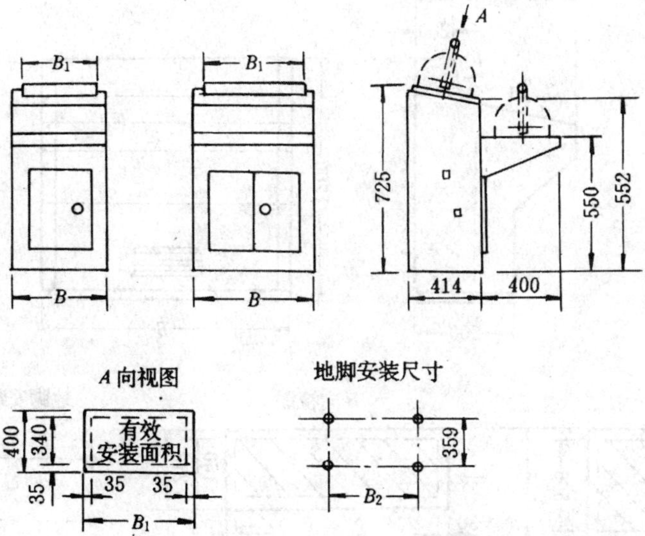

图 32-49 JT6 操作台的结构形式

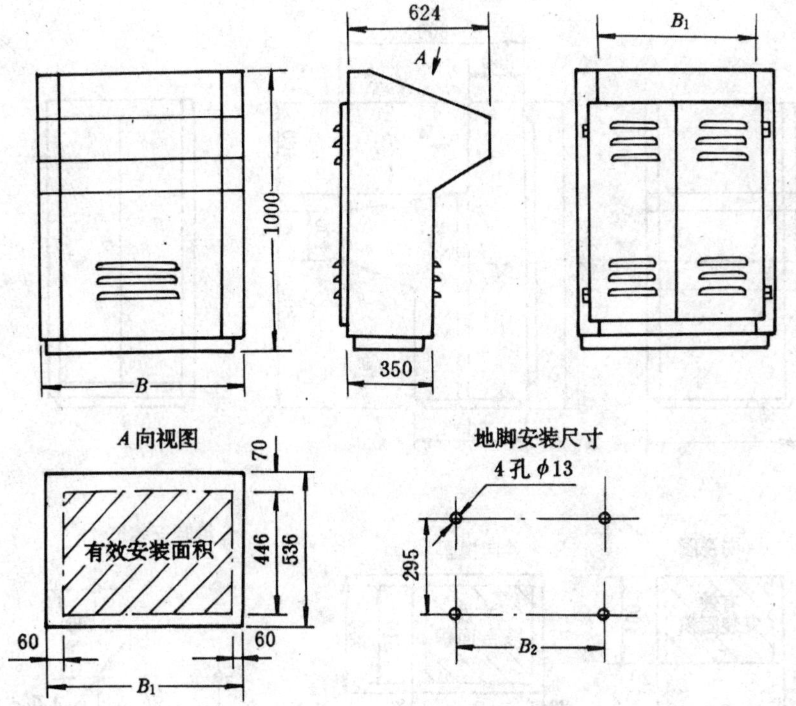

图 32-50 JT7 操作台的结构形式

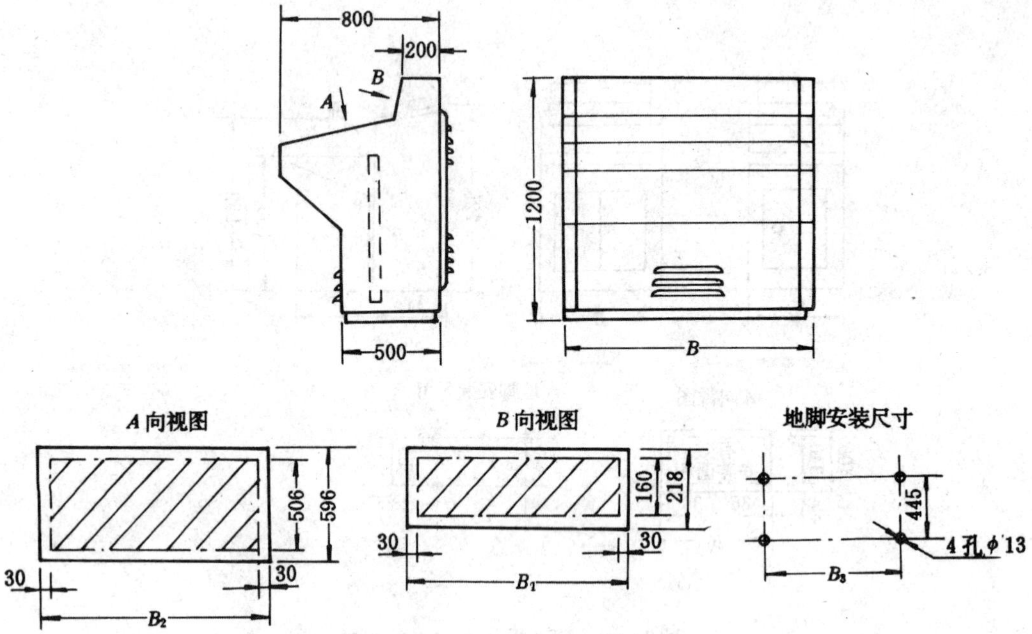

图 32-51 JT8 操作台的结构形式

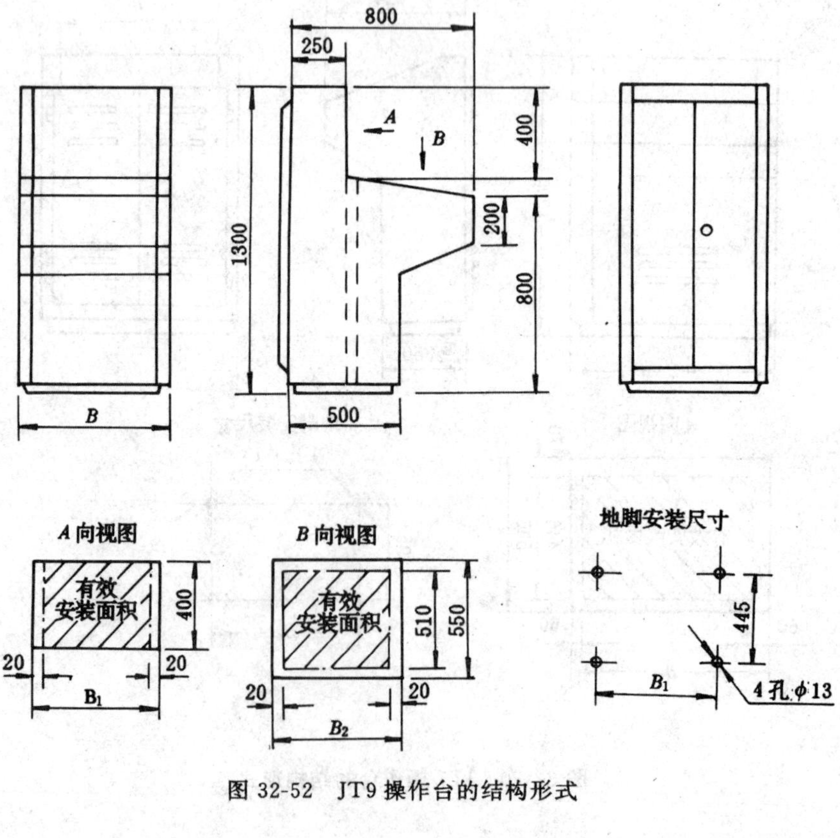

图 32-52 JT9 操作台的结构形式

表 32-12 JT3～JT6 操作台外形尺寸

型号	尺寸（mm）			型号	尺寸（mm）		
	B	B_1	B_2		B	B_1	B_2
JT3004	420	410	220	JT5004	420	410	220
JT3006	620	610	420	JT5006	620	610	420
JT3008	820	810	620	JT5008	820	810	620
JT3010	1020	1010	820	JT5010	1020	1010	820
JT4004	420	410	220	JT6004	420	410	220
JT4006	620	610	420	JT6006	620	610	420
JT4008	820	810	620	JT6008	820	810	620
JT4010	1020	1010	820	JT6010	1020	1010	820

表 32-13 JT7 操作台外形尺寸

结构代号	尺寸（mm）		
	B	B_1	B_2
JT7006	600	476	400
JT7008	800	676	600
JT7010	1000	876	800
JT7012	1200	1076	1000
JT7016	1600	1476	1400

表 32-14 JT8、JT9 操作台外形尺寸

结构代号	尺寸（mm）			
	B	B_1	B_2	B_3
JT8006	600	480	476	400
JT8008	800	680	676	600
JT8010	1000	880	876	800
JT8012	1200	1080	1076	1000
JT8016	1600	1480	1476	1400
JT9006	600	520	516	400
JT9008	800	720	716	600
JT9010	1000	920	916	800
JT9012	1200	1120	1116	1000
JT9016	1600	1520	1516	1400

32.7.1.2 试验台

钢铁企业的电修、机修车间、中央试验室和一些大型车间的检验、化验室，需要一种供试验、测量、分析之用的试验台，例如绝缘强度试验台，综合试验台……等。JT10～JT12 型试验台面板上可装测量仪表，控制开关和信号指示元件，台内可装电源开关，熔断器、起动器、调压器、变阻器、变压器等电气设备。

JT10 型台前面下方开双扇小门，但亦可改为固定板，安装控制手轮，台上斜面板中可装操作开关，按钮等。

JT11 型台前面有抽屉和小柜，可放置仪器、工具等，台面供试验时放各类精密仪器及装少量开关，按钮用。

JT12 型台除兼有 JT11 型台的功能外，因面板高大，可装置模拟线路和仪表信号电器等，斜面板上可装操作开关，按钮等。

图 32-53～图 32-55 示出 JT10～JT12 型试验台的结构形式。

32.7.1.3 操作箱

常用的操作箱有机旁立式和悬挂式两大类。JX1 为机旁斜装立式，JX2 为机旁立装式，这两种均在机旁操作，箱面上主要安装按钮、测量仪表、信号灯、开关等，箱内可装端子排，外部接线可从钢管立柱中引入，其结构形式见图 32-56。其外形尺寸见表 32-15，图中 C 示出其箱面有效安装面积。JX1 和 JX2 适用于一般环境的场所。

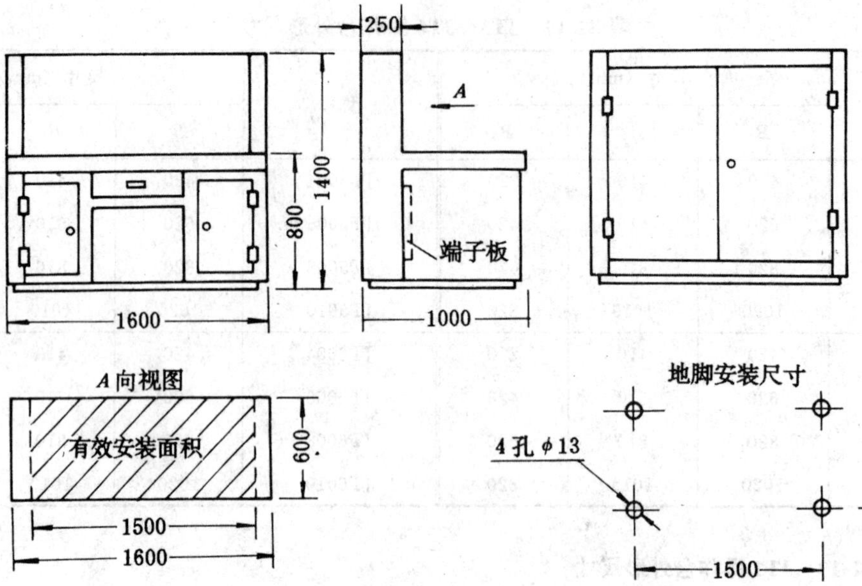

图 32-53 JT10 试验台结构形式

JX3 和 JXF3 常在钢铁企业中应用。挂墙安装的 JX3 为保护式，适用于一般环境的场所；JXF3 为防尘式，适用于环境较恶劣的场所。箱面可装测量仪表、信号指示元件和操作开关，箱内可装继电器及接触器等。JX（F）3 操作箱的结构形式和外形尺寸见图 32-57 和表 32-16。

JX4 为嵌入式操作箱，也可作为低压照明及一般试验室控制电源用。测量指示仪表和按钮等可装于门板上，其他电器设备如继电器及起动器等均装在箱内条架上，箱壳的上下壁有可打落的穿线孔，大孔 φ35～φ44，小孔 φ22～φ28。JX4 操作箱的结构形式和外形尺寸见图 32-58，表 32-17。

JX5、JX6 为户外式操作箱，适用于钢铁企业的原料场、矿山等场所。JX5 安装一般电器设备和测量仪表，其安装板装于旋转架上，可以旋转至箱外进行检修，见图 32-59。JX6 安装较大的电器设备，电器设备安装在固定架上，板前安装，板前接线，电器设备深度不得超过 260mm。在箱内检修，箱内可加装照明。JX6 操作箱结构形式见图 32-60。JX5、JX6 外形尺寸见表 32-18，JX5、JX6 可悬挂于墙上，亦可安装于角钢支架或台座上。

表 32-15 JX1、JX2 操作箱外形尺寸

结构代号	外形尺寸（mm）				备注
	图号	宽度 *B*	高度 *H*	深度	
JX1001	图 32-56 (*a*)	200	300	120	斜装式
JX1002		300	400		
JX1003		400	500		
JX2001	图 32-56 (*b*)	200	300	120	立装式
JX2002		300	400		
JX2003		400	500		

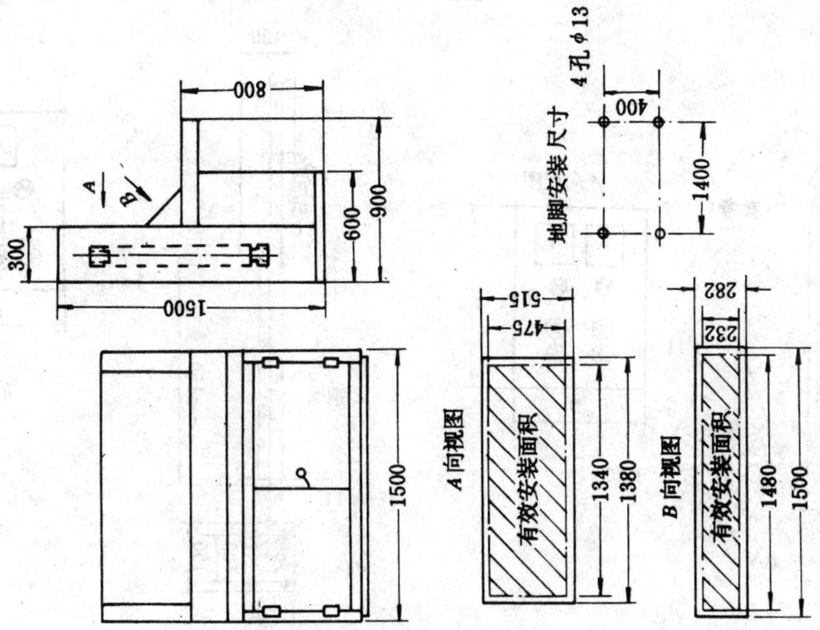

图 32-54　JT11 试验台的结构形式

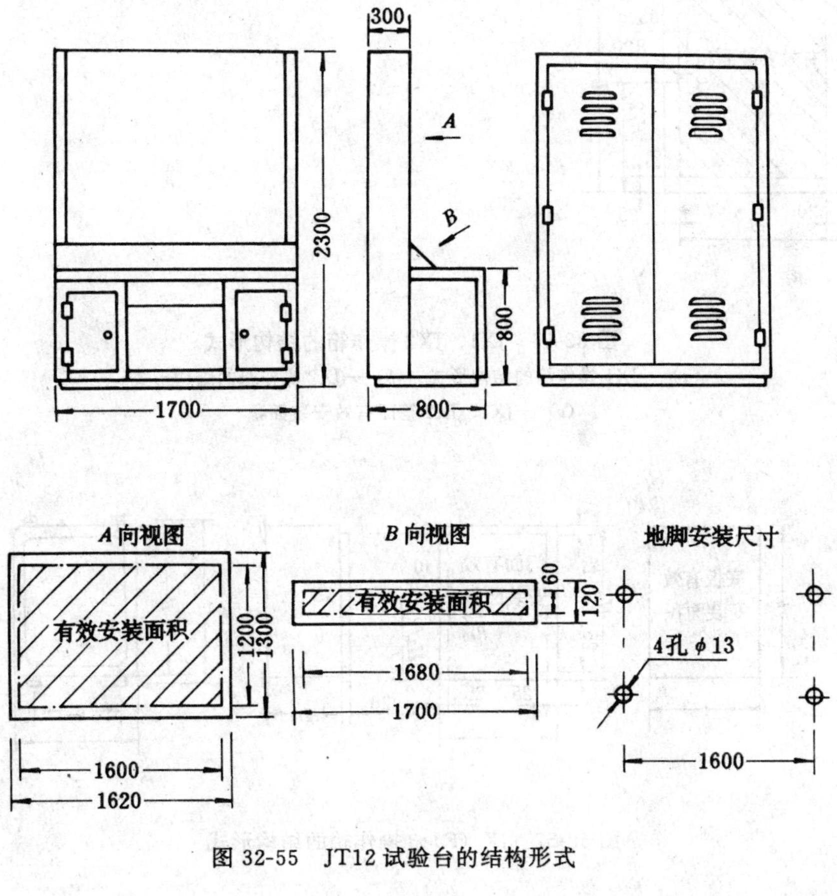

图 32-55　JT12 试验台的结构形式

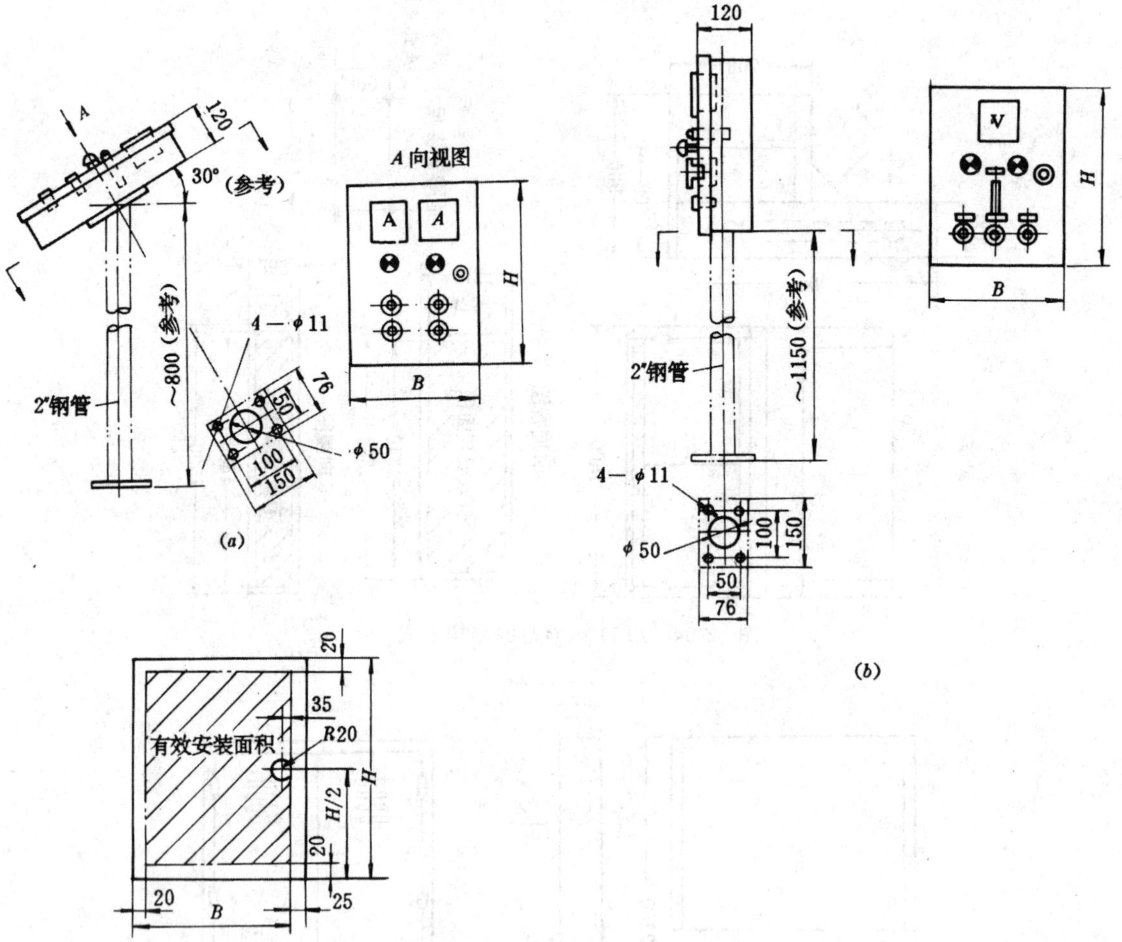

图 32-56　JX1、JX2 操作箱的结构形式

(a) —JX1 操作箱的结构形式；(b) —JX2 操作箱的结构形式；

(c) —JX1、JX2 箱面有效安装面积

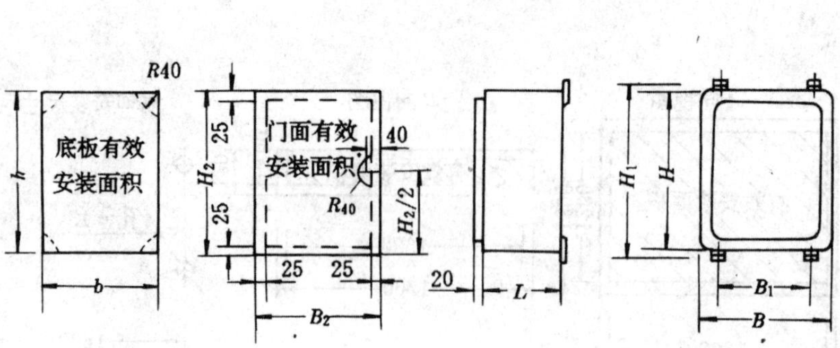

图 32-57　JX（F）3 操作箱的结构形式

表 32-16 JX（F）3 操作箱外形尺寸

型号	外形尺寸（mm）			安装尺寸（mm）		其它尺寸（mm）			
	B	H	L	B_1	H_1	B_2	H_2	b	h_2
JX（F）3001	300	400	200	180	430	250	350	220	320
JX（F）3002	400	500	200	280	530	350	450	320	420
JX（F）3003	500	600	200	380	630	450	550	420	520
JX（F）3004	500	600	400	380	630	450	550	420	520
JX（F）3005	600	400	200	480	430	550	350	520	320
JX（F）3006	600	400	400	480	430	550	350	520	320
JX（F）3007	600	800	200	480	830	550	750	520	720
JX（F）3008	600	800	400	480	830	550	750	520	720
JX（F）3009	600	1000	200	480	1030	550	950	520	920
JX（F）3010	600	1000	4000	480	1030	550	950	520	920
JX（F）3011	700	500	400	580	530	650	450	620	420
JX（F）3012	800	600	400	680	630	750	550	720	520

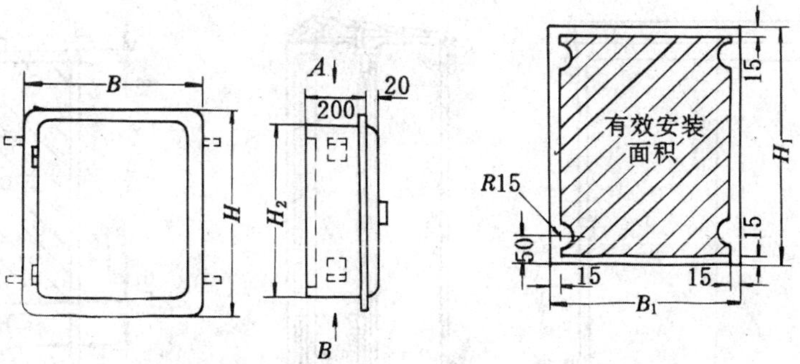

结构代号 A 向视图 B 向视图

JX4001

JX4002

JX4003

JX4004

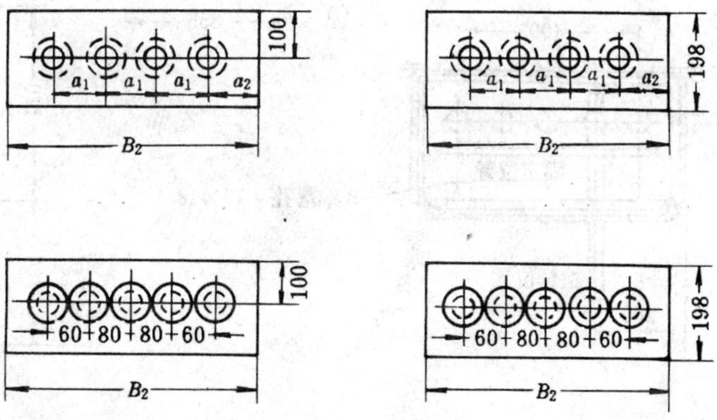

图 32-58 JX4 操作箱的结构形式

表 32-17 JX4 操作箱外形尺寸（mm）

结构代号	B	B_1	B_2	H	H_1	H_2	a_1	a_2
JX4001	320	220	270	400	280	350	60	45
JX4002	400	300	350	500	380	450	80	55
JX4003	500	400	450	600	480	550		
JX4004	600	500	550	400	280	350		

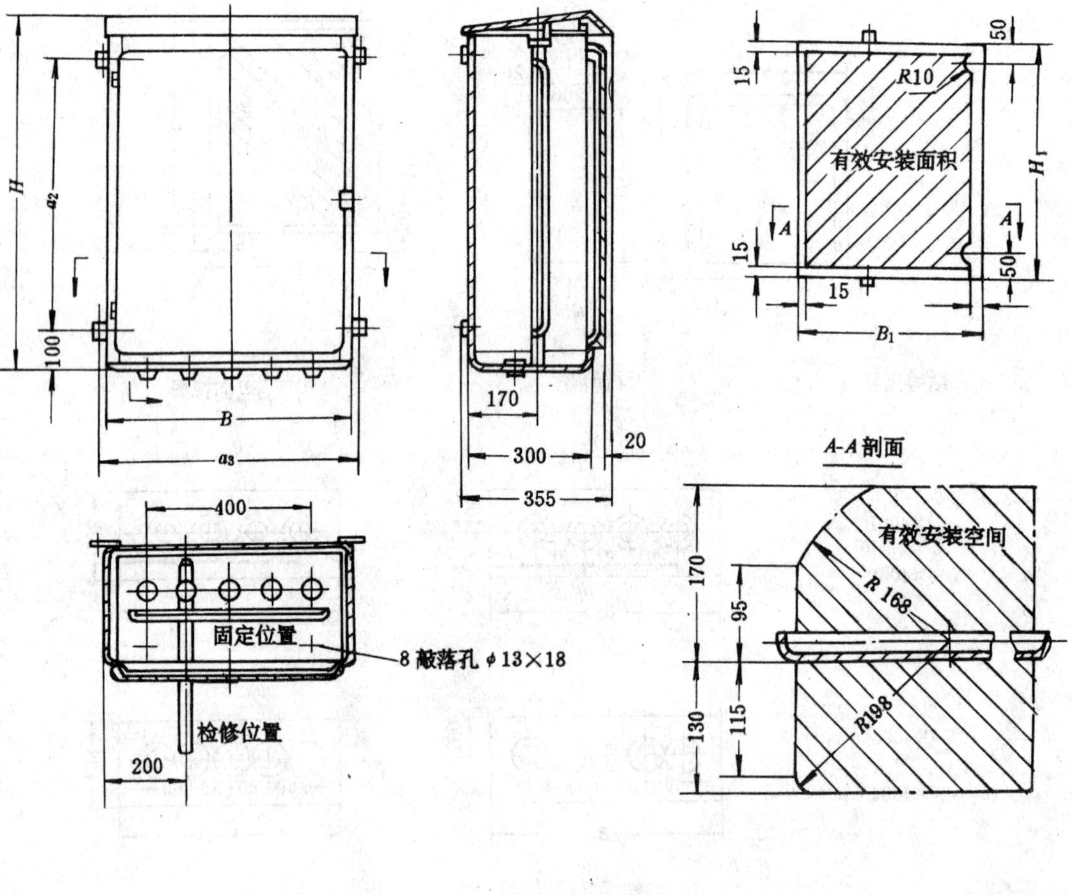

图 32-59 JX5 操作箱的结构形式

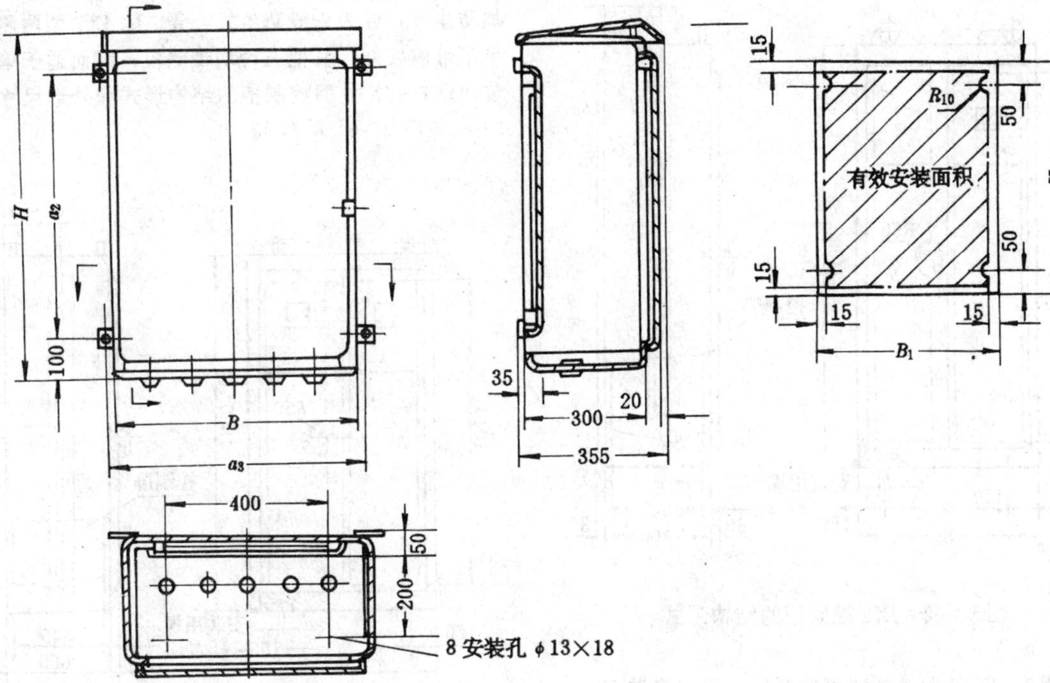

图 32-60 JX6 操作箱的结构形式

表 32-18 JX5、JX6 操作箱外形尺寸

结构代号	外形尺寸 (mm)						备注
	B	H	a_2	a_3	β_1	H_1	
JX5001，JX6001	500	650	450	530	420	520	
JX5002，JX6002	600	850	650	630	520	720	
JX5003，JX6003	600	1250	1050	630	520	1120	

32.7.1.4 控制柜

在钢铁企业电气设计中，除一般选择定型的标准屏、箱、柜外，有时根据需要，需自行将电气设备组装于非标准的柜中；有时需将已选定的标准屏直接套装于柜中，变开启式控制站为保护式控制站；还有，根据具体条件，某些机旁的独立控制站，可不建封闭的电气室而只在现场设控制柜等等。下面列出两种系列的通用非标准结构的控制箱供选用。

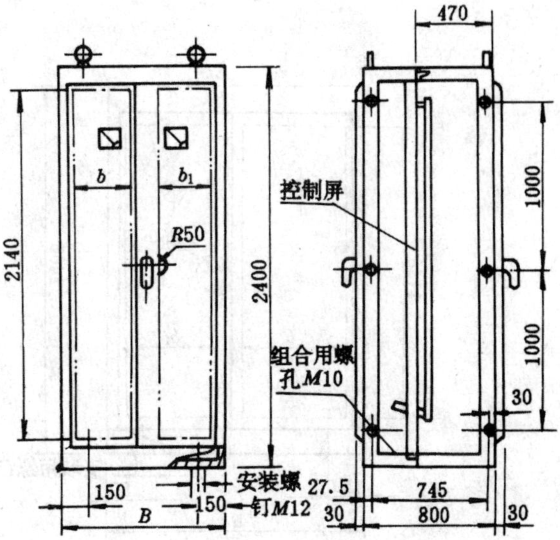

图 32-61 JX7 控制柜的结构形式

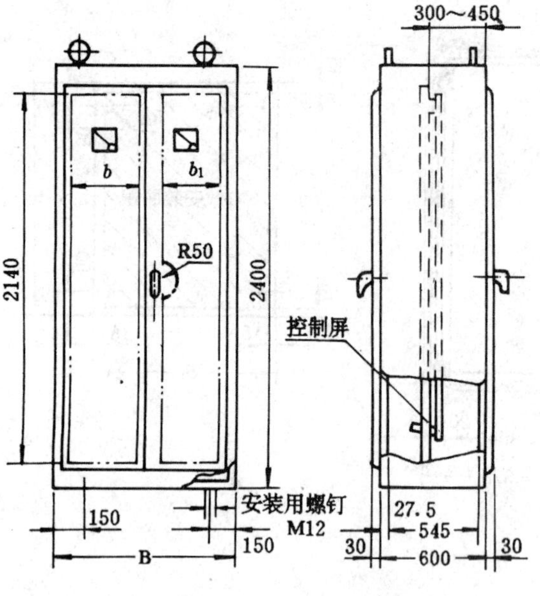

图 32-62 JX8 控制柜的结构形式

JX7～JX10 型控制站用控制箱，可以套装 JP6～JP8 型交流电气传动控制屏，当然也可以在柜内自立骨架，底板安装电气设备，柜门上可装测量仪表、信号指示元件及按钮、开关等。除 JX10 型外，其余各型柜顶可装铁基电阻箱。可根据用户需要在门之缝隙中增加防尘垫，成为一般防尘式箱壳。除 JX7 型两侧可带可不带侧板外，其他三种均带侧板，因而适于单柜安装。JX7～JX10 型控制柜的结构形式和外形尺寸见图 32-61～图 32-64 及表 32-19。

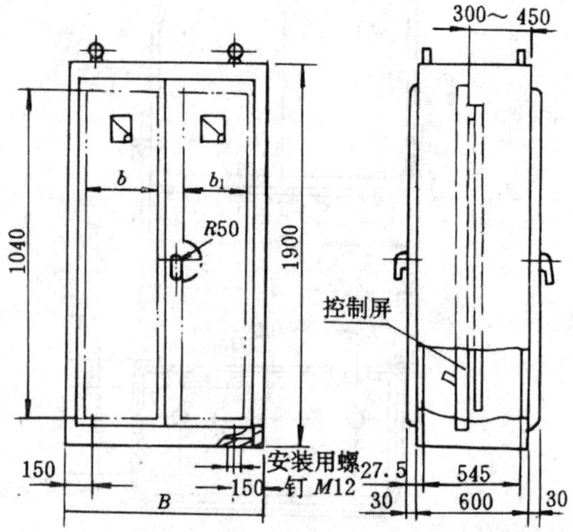

图 32-63 JX9 控制柜的结构形式

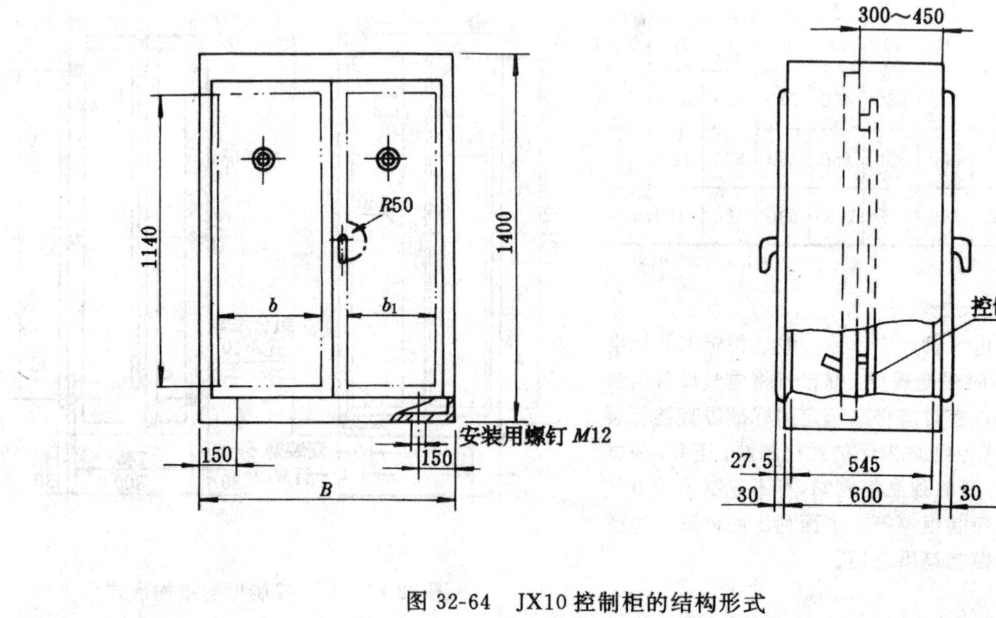

图 32-64 JX10 控制柜的结构形式

表 32-19 JX7～JX10 控制柜的外形尺寸（mm）

结构代号	柜的宽度 B	门上有效安装面积 b	门上有效安装面积 b_1	门结构	结构代号	柜的宽度 B	门上有效安装面积 b	门上有效安装面积 b_1	门结构
JX7005	500		350	单扇门	JX9006	600		450	单扇门
JX7006	600		450	单扇门	JX9007	700		550	单扇门
JX7007	700		550	单扇门	JX9008	800	330	280	双扇门
JX7008	800	330	280	双扇门	JX9009	900	380	380	双扇门
JX7009	900	380	330	双扇门	JX9010	1000	430	380	双扇门
JX7010	1000	430	380	双扇门	JX9011	1100	480	430	双扇门
JX7011	1100	480	430	双扇门	JX10006	600		450	单扇门
JX8006	600		450	单扇门	JX10007	700		550	单扇门
JX8007	700		550	单扇门	JX10008	800	330	280	双扇门
JX8008	800	330	280	双扇门	JX10009	900	380	330	双扇门
JX8009	900	380	330	双扇门	JX10010	1000	430	380	双扇门
JX8010	1000	430	380	双扇门	JX10011	1100	480	430	双扇门
JX8011	1100	480	430	双扇门					

JX（（F）11～JX（F）17 型控制柜，适应性强，使用范围广，有保护式和防尘式两种。单面开门的柜，可靠墙安装，即前检修方式；也可将不开门的一面作为正面，在此正面上安装操作开关、按钮、信号指示元件，而将开门的一面作为柜的背面，离墙安装，即后检修方式。前后两面开门的控制柜，适用于需要前后检修的场合，也适用作套装标准控制屏用。在柜体深度足够时，柜内前后两面皆可考虑安装电气元件。此系列控制柜可独立安装，也可排列安装，独立安装主要作为机旁控制站用，排列安装适于车间配电和生产机械流水线的集中控制，可安装在电气室内，也可安装在现场。排列安装时允许在箱体内安装母线排，排列安装的每个单体柜可不设柜体侧板，但整排的两侧端部应用护板封闭。JX（F）11～JX（F）17 各型结构形式分别见图 32-65～图 32-69，其外形尺寸见表 32-20，其柜门上和柜内屏上的有效安装面积见图 32-70，图 32-71 示出 JX（F）16、JX（F）17 排列安装的示例。

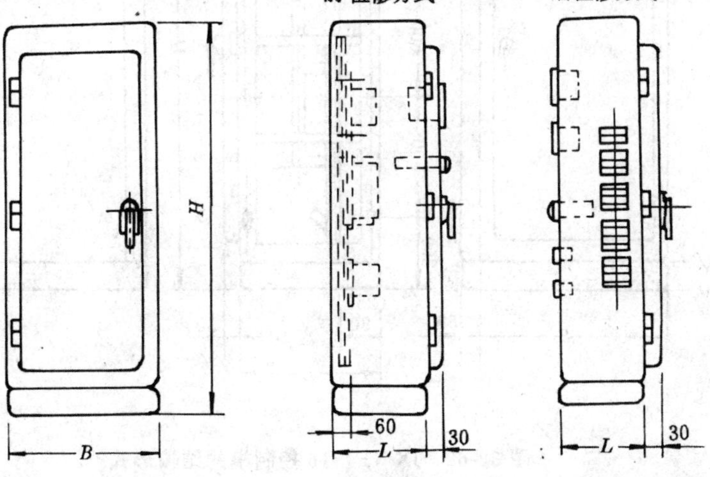

图 32-65 JX（F）11 控制柜的结构形式

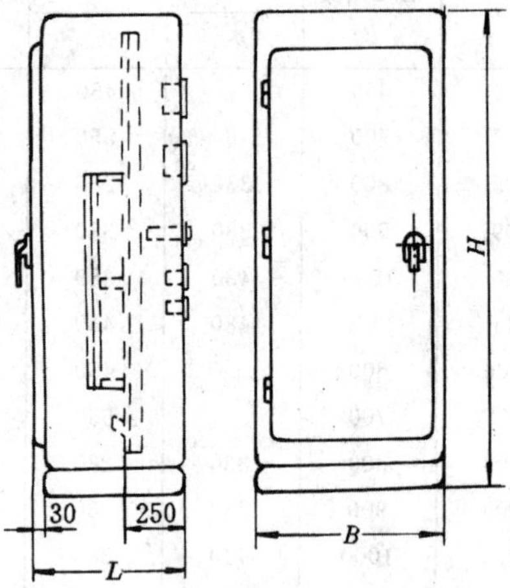

图 32-66　JX（F）12、JX（F）14 控制柜的结构形式

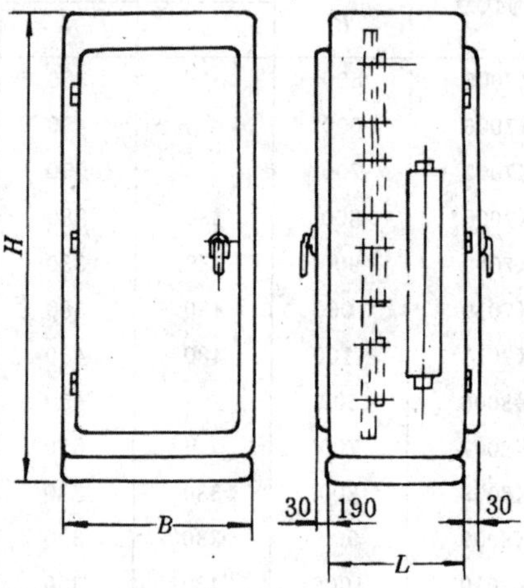

图 32-67　JX（F）13、JX·（F）15 控制柜的结构形式

图 32-68　JX（F）16 控制柜的结构形式

（括号内尺寸为采用后检修方式的尺寸）

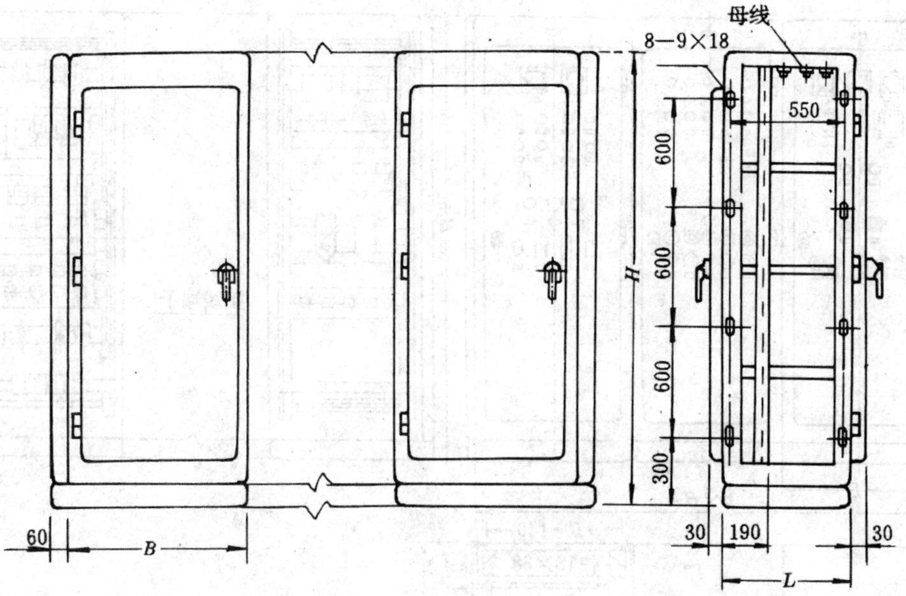

图 32-69 JX（F）17 控制柜的结构形式

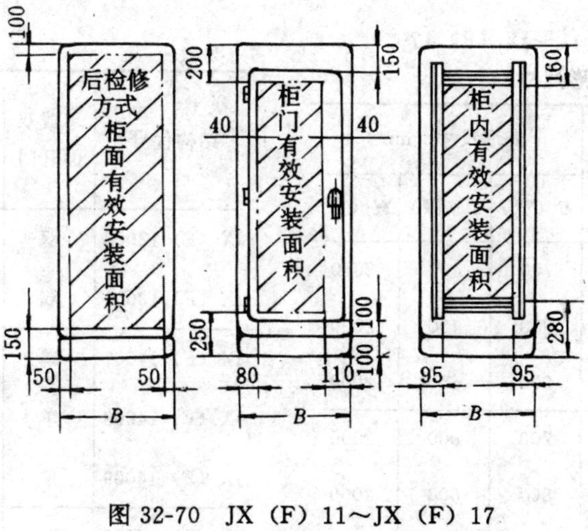

图 32-70 JX（F）11～JX（F）17
控制柜柜门及屏有效安装面积

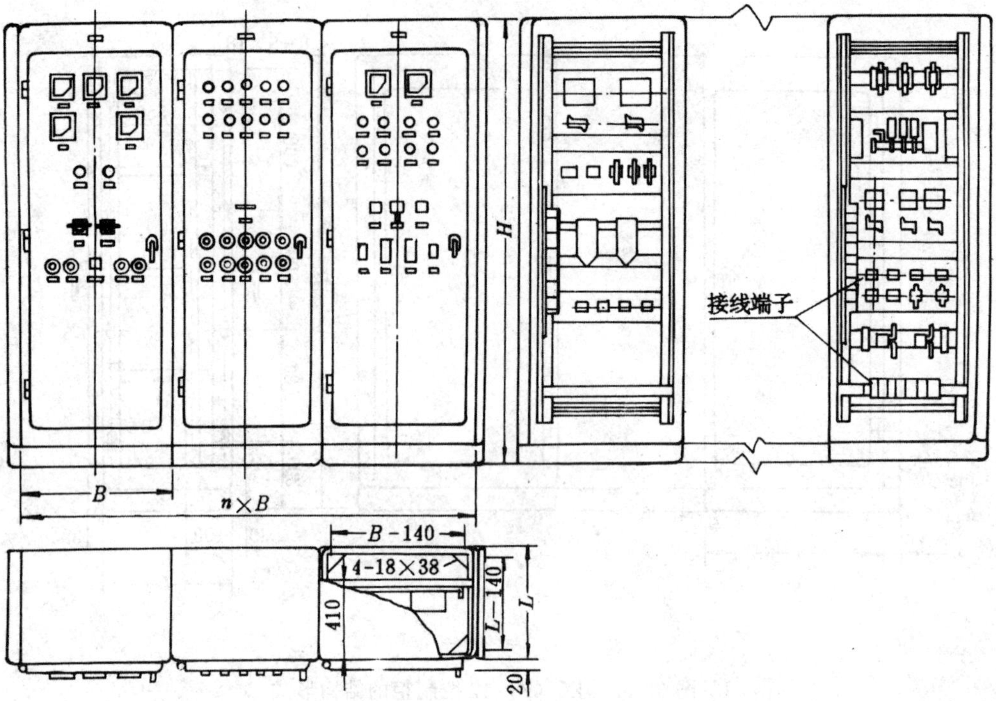

图 32-71 JX（F）16、JX（F）17 控制柜排列安装选用示例
（尺寸 410mm 仅适用于 $L=600$mm 的控制柜）

表 32-20 JX（F）11～JX（F）17 控制柜外形尺寸

结构代号	单或双面开门	安装方式	外形尺寸（mm）		
			B（宽）	L（深）	H（高）
JX（F）11007	单	独立	700	400	2000
JX（F）11008	单	独立	800	400	2000
JX（F）11009	单	独立	900	400	2000
JX（F）12007	单	独立	700	600	2000
JX（F）12008	单	独立	800	600	2000
JX（F）12009	单	独立	900	600	2000
JX（F）13007	双	独立	700	600	2000

续表 32-20

结构代号	单或双面开门	安装方式	外形尺寸（mm）		
			B（宽）	L（深）	H（高）
JX（F）13008	双	独立	800	600	2000
JX（F）13009	双	独立	800	600	2000
JX（F）14007	单	独立	700	600	2300
JX（F）14008	单	独立	800	600	2300
JX（F）14009	单	独立	900	600	2300
JX（F）15007	双	独立	700	600	2300
JX（F）15008	双	独立	800	600	2300

续表 32-20

结构代号	单或双面开门	安装方式	外形尺寸（mm）		
			B（宽）	L（深）	H（高）
JX（F）15009	双	独立	900	600	2300
JX（F）16007	单	排列	700	600	2300
JX（F）16008	单	排列	800	600	2300
JX（F）16009	单	排列	900	600	2300
JX（F）17007	双	排列	700	600	2300
JX（F）17008	双	排列	800	600	2300
JX（F）17009	双	排列	900	600	2300

32.7.2 屏（台）面布置设计的一般原则

屏面和台面布置设计的一般原则：

(1) 面板布置设计应根据工艺流程和机械设备布置的相应顺序，布置操作开关和其它信号、仪表元件的位置。如在面板上绘出工艺模拟线路，宜将有关元器件布置在模拟线路上或旁侧。

(2)同一机械设备的电控元件和指示信号元件，原则上应集中在一起布置。

(3) 测量仪表和指示信号元件一般应布置在面板的上方或同一机械设备的操作开关的上方，操作开关等则布置在操作台台面下方或操作箱、控制柜的中部、下部便于操作的地方。一般还尽可能置于操作台的右侧。

(4) 操作开关在操作台上的布置应以使操作人员在频繁操作时不致过于疲劳为原则，表 32-21 可供参考。

表 32-21 操作开关布置的位置

手操作的频繁程度	操作人员的姿势	
	身体姿势	手臂姿势
不频繁	前弯	伸出
中等	正常坐着	伸出
频繁	正常坐着	曲回

(5) 紧急停机的按钮、开关、必须布置在醒目的又不易产生误动作（如手或袖等不容易碰扫）的位置，其电控元件的结构特征应突出与一般元件不一样。

(6) 面板、台面的布置和台（箱、柜）的组合，均应注意美观。

(7) 在台面，箱门上布置电器设备时，应注意在门开启过程中不与台（箱）体相碰。台面上的操作手柄在打开台面维修时，不与立面板上的仪表相碰。

(8) 箱（柜、台）门上不宜安装元件过重和电流过大的设备。

(9)应注意操作箱上的穿线孔的数量，必要时应提出穿线孔孔径。

(10) 箱（柜）门上布置元件时，应注意箱体深度和相关元件的尺寸，避免在箱门关闭时碰撞箱内底板上布置的设备。

(11)在操作箱内和不采用柜后维护的控制柜中布置元器件时，宜选用板前接线的电器，但采用板前接线的电器时布置不能过密，应留出适当的配线空隙。

(12) 对于套装标准控制屏的保护式控制柜，当选用两侧无侧板的控制柜时，可选用与控制柜同一宽度的标准控制屏，此时，控制屏可从柜体侧面套装入柜，但屏上的最高尺寸的电器应不妨碍屏从侧面装入柜内，否则应选用比屏宽 100mm 的柜体，以便屏从正面装入柜体内，而对于带有侧板的控制柜，应选用比套装控制屏宽 100mm 的柜体。

(13) 由于箱式结构的散热条件较差，设计选用时要注意其内所装电器设备及导线的合适容量等级。同时，发热量大的电器设备（如电阻器等），不宜装在箱（柜、台）内。

(14) 操作台台面上各元件间的间距可参考表 32-22 所示尺寸布置。表中列出所选元器件的最大外形尺寸或最大安装尺寸，如所选元器件尺寸与表中所列尺寸有出入，可修正最小间距尺寸。盘面上设备排列最小间距表可参考表 32-23。

表 32-22 操作台上设备

设备型号	图例	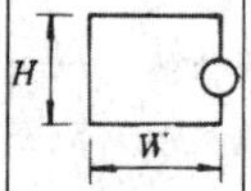	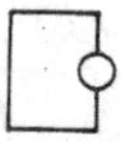	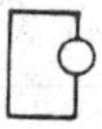	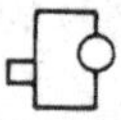	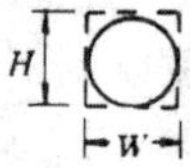		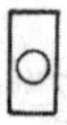
LK5051 (W365×H322)	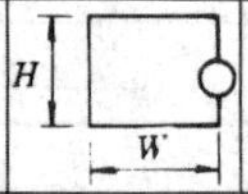	440 380，380 440	440 360，360 440	440 300，300 440	360 270，300 360	260，290 270	230，260 230	220，250 240
LK5041 (W295×H322)		440 360，360 440	440 340，340 440	440 260，260 440	360 240，270 360	220，250 270	190，220 230	180，210 240
LK5031 (W177×H322)	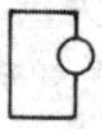	440 300，300 440	440 260，260 440	440 200，200 440	360 180，200 360	180，210 270	130，160 230	120，150 240
LK5027 (W125×H225)	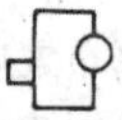	360 300，270 360	360 270，240 360	360 200，180 360	300 180，180 300	170，170 210	140，140 180	130，130 190
LAY1-01J/4～04J/4 (W110×H/10×ϕ100)	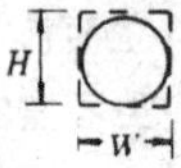	270 290，260	270 250，220	270 210，180	210 170，170	180 170，170 180	140 140，140 140	150 130，130 150
LA10-1K (W72×H62)		230 260，230	230 220，190	230 160，130	180 140，140	140 140，140 140	100 110，110 100	110 110，110 110
LA10-1K (W62×H72)		240 250，220	240 210，180	240 150，120	190 130，130	150 130，130 150	110 110，110 110	110 100，100 110
LA10-2K (W108×H62)		230 280，250	230 240，210	230 180，150	180 160，160	140 160，160 140	100 130，130 100	110 130，130 100
LA10-2K (W62×H108)		260 250，220	260 210，180	260 150，120	210 130，130	170 130，130 170	130 110，110 130	130 100，100 130
LA10-3K (W144×H62)		230 300，270	230 260，230	230 200，170	180 180，180	140 170，170 140	100 140，140 100	110 140，140 110
LA10-3K (W62×H144)		280 250，220	280 210，180	280 150，120	230 130，130	190 130，130 190	150 110，110 150	150 100，100 150
LW5 (W75×H75)		280 320，290	280 280，250	280 220，190	230 190，190	160 160，160 170	110 130，130 140	110 130，130 140
H210-10 (W58×H86)		250 250，220	250 220，190	250 160，130	210 140，140	140 140，140 140	110 110，110 110	110 110，110 110
XD5 (W42.5×H35ϕ31)		250 240，210	250 210，180	250 160，130	200 140，140	130 140，140 130	80 90，90 80	90 80，80 90
1T1-AV 1C1-AV （W160 × H160）	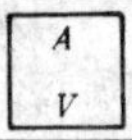	310 310，280	310 270，240	310 220，190	250 200，200	180 180，180 180	150 150，150 150	150 150，150 150

注：1. LK5051 中不包括 LK5051/6 型主令控制器，当采用 LK5051/6 型主令控制器时，表中尺寸应修正；

2. 表中 LK5027 的尺寸系根据 LK5027-3 考虑的，当采用 LK5027-1 控制器时，表中尺寸应修正；

间的最小距离

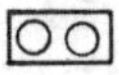						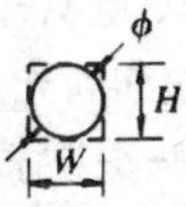 	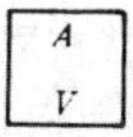 	距操作台边缘
250，280 230	220，250 260	270，300 230	220，250 280	290，320 280	220，250 250	210，240 250	280，310 310	190 190，190 190
210，240 230	180，210 260	230，260 230	180，210 280	250，280 280	190，220 250	180，210 250	240，270 310	190 150，150 190
150，180 230	120，150 260	170，200 230	120，150 280	190，220 280	130，160 250	130，160 250	190，220 310	190 100，100 190
160，160 180	130，130 210	180，180 180	130，130 230	190，190 230	140，140 210	140，140 200	200，200 250	160 100，100 160
140 160，160 140	170 130，130 170	140 170，170 140	190 130，130 190	170 160，160 160	140 140，140 140	130 140，140 130	180 180，180 180	90 90，90 90
100 130，130 100	130 110，110 130	100 140，140 100	150 110，100 150	140 130，130 110	110 110，110 110	80 90，90 80	150 150，150 150	70 70，70 70
110 130，130 110	130 100，100 130	110 140，140 110	150 100，100 150	140 130，130 110	110 110，110 110	90 80，80 90	150 150，150 150	70 70，70 70
100 140，140 100	130 130，130 130	100 160，160 100	150 130，130 150	140 150，150 110	110 130，130 110	80 110，110 80	150 170，170 150	70 90，90 70
130 130，130 130	140 100，100 140	130 150，150 130	160 100，100 160	160 130，130 130	130 110，110 130	110 80，80 110	170 150，150 170	90 70，70 90
100 160，160 100	130 150，150 130	100 170，170 100	150 150，150 150	140 150，150 110	110 150，150 110	80 130，130 80	150 190，190 150	70 110，110 70
150 130，130 150	160 100，100 160	150 150，150 150	170 100，100 170	180 130，130 150	150 110，110 150	130 80，80 130	190 150，150 190	110 70，70 110
110 150，150 140	130 130，130 160	110 150，150 140	150 130，130 180	160 130，130 160	130 140，140 140	110 100，100 120	170 190，190	110 90，90
110 130，130 110	130 110，110 130	110 150，150 110	150 110，110 150	140 140，140 130	100 100，100 100	90 90，90 90	150 150，150	90 90，90 90
80 110，110 80	110 80，80 110	80 130，130 80	130 80，80 130	120 100，100 110	90 90，90 90	60 60，60 80	140 140，140	70 70，70 70
150 170，170 150	170 150，150 170	150 190，190 150	190 150，150 190	190，190 170	150，150 150	140，140 140	190 190，190 190	120 120，120 120

3. LW5 万能转换开关是以枪形手柄考虑设备间距的，若采用普通手柄，则手柄尺寸应增加 20mm。

4. 表中注出该型元件的最大外形尺寸或最大安装尺寸。当前电器元件种类繁多，可参照上列尺寸修正。

(15) 操作、控制、信号屏面上的设备自上而下的排列顺序为：仪表、光字牌、电源开关、控制开关。熔断器、电阻等布置在屏后。仪表和光字牌的高度应分别一致，如外形尺寸不一致，一般要求下面取齐。光字牌要注意按功能和照顾瞬时、延时信号的分类。装在模拟控制屏上的仪表、操作开关等要与模拟线相对应，其操作方向全室必须一致。灯光监视元件应布置在相应控制开关上方，红灯在右，绿灯在左。模拟控制屏上的模拟线的颜色应与屏背景色反差较大，线条尽量连续，可根据不同功能、电压级别、电流种类，涂以不同颜色。

表 32-23 盘面上设备排列最小间距表

相邻设备名称	上下间距(mm)	左右间距(mm)
仪表与仪表		60
仪表与线孔	80	
开关与仪表		60
开关与开关		50
开关与线孔	30	
线孔与线孔	40	
互感器与仪表	80	50
瓷插保险器与其它设备		30
指示灯、保险盒、开关之间以及其它设备之间	30	30
设备与箱壁	50	50
线孔与箱壁	30	30

接触器继电器屏和保护屏上的设备，一般将调整、检查工作较少的电器布置在上方，例如：电压继电器，中间继电器放在较上方；时间继电器，电流继电器，差动继电器，方向继电器，重合闸继电器放在中部；信号继电器，连接片，试验部件放在偏下的位置。但试验部件、连接片最低中心线离地不得小于 400mm。接触器一般放在屏的最下面或最上面，一般不居中布置。大中型接触器动作时有振动，一般不与精密、重要、小型、保护用的继电器临近布置，并不应装在同一基板和条架上。相同或类同功能的屏面布置要尽可能一致。同一屏上的两个相同功能的设备元器件可采用对称布置。

设备与屏边至少留 50mm 距离，以便走线；设备元器件如果在屏后的外形较厚（大于 230mm），为了避免与侧面端子排干扰，则至屏边距离应增大到 100mm 左右。设备与屏顶应有 100mm 以上距离。继电器外壳之间水平距离宜大于 40mm，继电器接线柱之间距离应大于 50mm，以方便装卸及调试。设备元器件间的垂直距离，应以便于观察标签框，方便装卸来决定，一般应大于 50mm，对于屏前接线的设备，考虑联接导线有一弯曲圆弧，故垂直距离应适当增大 20mm。

(16) 外引端子排应安装在柜、屏、台所在地面上方至少 200mm 处高度之上。

(17) 柜、屏、台面板上的仪表安装高度一般不得高于所在地面 2m，指示仪表的中心线离地距离一般不小于 1.5m。装有仪表的面板布置应便于巡视人员观察。需要经常抄记数据的仪表还应装得低一些但不得低于 1.0m。

(18) 柜门、屏面板上的操作器件，如刀开关、转换开关等的手柄、按钮等的安装高度，一般不要高出地面 1.8m 和低于 0.6m，以 0.8～1.2m 为宜，操作手轮可以装得低些。一些紧急情况下操作的器件，安装的位置既要便于操作，又要醒目和不至于被误碰，一般在 1.5m 左右。一些需要调整或手动复位的电器，也不应装得太高。

(19) 柜内电器元件及辅件的安装位置，要注意元件制造厂家规定的使用条件和特定说明，例如必需保证的飞弧距离、爬电距离和拆卸部件的方便等。对于有些受热可能影响保护整定特性，可能影响输出容量等的元器件，应避免安装在发热元件的正上方或热气流上升的路径上方。柜内电器元件及辅件的安装，要考虑接线、走线、维修、更换、拆卸的方便。需要在设备内部变更整定值和复位操作的元件应易于接近。

(20) 有些要在柜门关门操作的刀开关的旋转手柄和手轮等，操作时要临时装上，不操作时则要卸下手柄，以便需要开门时不因手柄妨碍开启柜门。这样的手柄应注意挂在合适位置，以避免慌乱中找不到而影响使用。

(21) 导线、电缆芯线与端头应采用冷压端头联接。柜内二次电路配线尽可能采用多股软铜线。柜屏内行线用行线槽。端子号标志清晰且不易散失模糊。

参考文献

[1] 北京钢铁设计院等编，钢铁企业电力设计参考资料，冶金工业出版社，1976.

[2]《水电站机电设计手册》编写组，水电站机电设计手册，水利电力出版社，1987.

[3]《钢铁企业采暖通风设计参考资料》编写组，钢铁企业采暖通风设计参考资料，冶金工业出版社，1979.

第33章

防雷及过电压保护

33.1 钢铁企业建筑物和构筑物的防雷保护

33.1.1 雷电活动的规律性

33.1.1.1 雷电活动分布的一般规律

雷电活动分布的一般规律为：

(1) 热而潮湿的地区比冷而干燥的地区雷电活动多。

(2) 雷电活动与地球纬度有关。一般情况，赤道地带雷电活动最高，随地球纬度增高呈递减趋势。

我国雷电活动按区域大致是：华南＞西南＞长江流域＞华北＞东北＞西北。

根据电力线路的雷害事故统计是：华东＞中南＞东北。

(3) 从地理环境来看，雷电活动山区多于平原，陆地多于湖海。

根据有关部门在中南、华东观测，落雷密度是：山区 0.02 次/km^2，平原 0.01 次/km^2。在广东观察，雷电流的幅值是：超过 200kA 的或然率占 2%，超过 40kA 的或然率占 50%；

(4) 从时间上看，雷电活动都在 7、8 月份，活动时间大部在 14：00～22：00 点，各地区雷暴的极大值和极小值多数出现在相同的年份。

33.1.1.2 雷电活动的选择性

雷电活动的选择性与地质(土壤电阻率)、地形、地物等情况有关。

(1) 从地质看，土壤电阻率的相对值要小，有利于电荷很快积聚。

大片土壤电阻率较大时，局部土壤电阻率小的地方易受雷击；

土壤电阻率突变的地方，最易受雷击，如岩石与土壤、山坡与稻田的交界处；

岩石山或土壤电阻率较大的山坡，雷击点多发生在山脚，而山腰次之；

土山或土壤电阻率较小的山坡，雷击点多发生在山顶，而山腰次之；

地下埋有导电矿藏（金属矿、盐矿）的地区，易受雷击；

地下水位高、矿泉、小河沟、地下水出口处，易受雷击。

(2) 从地形看，要有利于雷云的形成与相遇。

雷击机会的分布，一般是山的东坡、南坡多于山的北坡、西北坡；

山中的局部平地受雷击机会大于狭谷；

湖旁、海边一般遭受雷击机会较少，但海滨如有山岳，则靠海的一面山坡，遭受雷击机会较多；

雷暴走廊与风向一致，风口或顺风的河谷，一般易受雷击。

(3) 从地物看，要有利于雷云与大地建立良好的放电通道。

空旷地中的孤立的建筑物、建筑物群中的高耸建筑物易受雷击；

排出导电尘埃的厂房及废气管道易受雷击；

屋顶为金属结构、地下埋有大量金属管道、室内安装有大型金属设备的厂房易受雷击；

建筑群中个别非常潮湿的建、构筑物，如凉水塔、凉水架、冰库等易受雷击；

尖屋顶及高耸的建、构筑物易受雷击，如水塔、烟囱、天窗、旗杆、消防梯等；

屋旁的大树、接收天线、山区输电线易受雷击。

33.1.1.3 建、构筑物易受雷击的部位

建、构筑物易受雷击的部位为：

(1) 平屋面或坡度不大于1/10的屋面——檐角、女儿墙、屋檐（见图33-1*a*及*b*）；

(2) 坡度大于1/10，小于1/2的屋面——屋角、屋脊、檐角、屋檐（见图33-1*c*）；

(3) 坡度不小于1/2的屋面——屋角、屋脊、檐角（见图33-1*d*）。

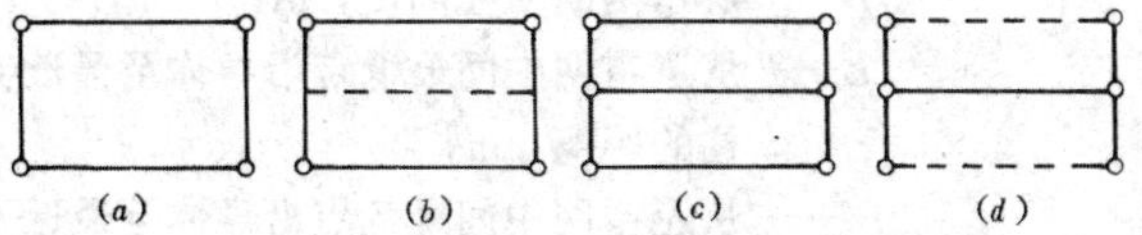

图33-1 建、构筑物易受雷击的部位示意图
(*a*)—平屋面；(*b*)—坡度不大于1/10的屋面；
(*c*)—坡度大于1/10，小于1/2的屋面；
(*d*)—坡度不小于1/2的屋面

图33-1中，易受雷击部位用——表示；不易受雷击的屋脊或屋檐用－－－表示；雷击率最高部位用○表示。

33.1.1.4 建、构筑物年计算雷击次数的经验公式

$$N = 0.015nK(L + 5h)(b + 5h) \times 10^{-6} \tag{33-1}$$

式中 N——年计算雷击次数，当$N \geqslant 0.01$时，建、构筑物应划为第三类建、构筑物；

n——年平均雷暴日，根据当地气象台、站资料确定；

L——建、构筑物的长度，m；

b——建、构筑物的宽度，m；

h——建、构筑物的高度，m；

K——校正系数，在一般情况下取1，在下列情况下取1.5～2。

位于旷野孤立的建、构筑物或金属屋面的砖木结构建、构筑物；位于河边、湖边、山坡下或山地中土壤电阻率较小处、地下水露头处、土山顶部、山谷风口等处的建、构筑物，以及特别潮湿的建、构筑物；建筑群中高于25m，旷野高于20m的建、构筑物。

33.1.2 建、构筑物的防雷分类

应根据其重要性、使用性质、发生雷电事故的可能性和后果，将建、构筑物分为三类。以便采取相应的措施，防止爆炸、火灾或人身伤亡。

33.1.2.1 第一类防雷建、构筑物

属于第一类防雷建、构筑物的有：

(1) 凡建、构筑物中制造、使用或贮存大量爆炸物质，如炸药、火药、起爆药、火工品等，因电火花而引起爆炸，会造成巨大破坏和人身伤亡者；

(2) 凡属0区或10区爆炸危险场所的建、构筑物。

钢铁企业属于第一类建、构筑物的如精苯车间装车台、洗罐站、总降变电所等。

33.1.2.2 第二类防雷建、构筑物

属于第二类防雷建、构筑物的有：

(1) 具有特别重要用途的建、构筑物，如国家级的会堂、办公建筑、大型博展建筑、特等火车站、国际性的航空港、通讯枢纽、国宾馆、大型旅游建筑等；

(2) 超高层建、构筑物；

(3) 装设有大量电子设备的建、构筑物；

(4) 国家级重点文物保护的建筑物；

(5) 凡建、构筑物中制造、使用或贮存爆炸物质，但电火花不易引起爆炸或不致造成巨大破坏和人身伤亡者；

(6) 凡属1区或11区爆炸危险场所的建、构筑物。

钢铁企业属于第二类建、构筑物的有：如精苯车间、粗苯车间、炼焦车间的煤塔与焦炉、备煤车间、焦油车间、煤气发生炉房（非敞开式）、水煤气发生站、煤气加压站、煤气鼓风机房、煤气清洗设施、煤气贮罐、乙炔发生站、汽油充填站、汽油库、汽油贮罐、独立式贮量在250m³及以上的润滑油库、电石库、氧气站的氨工段、利用氢气净化的净化车间、氢氧站、氢气贮罐、氧气贮罐、铝粒化车间、加油站等。

33.1.2.3 第三类防雷建、构筑物

属于第三类防雷建、构筑物的有：

(1) 重要的或人员密集的大型公共建、构筑物，结合当地雷击情况确定需要防雷者，如部、省级办公楼、省级大型的集会、博展、体育、商业、影剧院建筑等；

(2) 省级重点文物保护的建、构筑物；

(3) 凡属2区爆炸危险场所或21区、22区、23区火灾危险场所的建、构筑物；

(4) 根据建、构筑物年计算雷击次数为0.01及以

上并结合当地雷击情况，确定需要防雷的建筑物；

(5)历史上雷害事故严重地区的建、构筑物或雷害事故较多地区的较重要建、构筑物；

(6) 高度在15m及以上的烟囱、水塔等孤立的高耸建、构筑物，在少雷区，高度可为20m及以上。

钢铁企业属于第三类建、构筑物的有：较高、较大面积的或较重要的生产厂房，如炼钢车间、轧钢车间、大型机械加工车间等。

33.1.3 建、构筑物的防雷措施

各类建、构筑物应有防直击雷、防雷电感应或防雷电波侵入的措施。

33.1.3.1 第一类建、构筑物的防雷措施

第一类建、构筑物防直击雷的措施有：

(1) 装设独立避雷针或架空避雷线、架空避雷网，使被保护的建、构筑物及突出屋面的物体（如风帽、放散管等），均应处于避雷针、架空避雷线或架空避雷网的保护范围内。

当采用独立避雷针时，每一杆塔应至少设一根引下线。当采用架空避雷线时，架空线的每端应至少设一根引下线。当采用架空避雷网时，在每一支柱处应至少设一根引下线。如杆塔和支柱是用金属制成或有电气贯通的钢筋网时，宜利用它们作为引下线。

独立避雷针、架空避雷线或架空避雷网应有独立的接地装置，其冲击接地电阻应不大于10Ω。在高土壤电阻率地区，允许提高接地电阻值，但必须满足下面(2)、(3) 项规定的距离要求。

(2) 独立避雷针至被保护建筑物及与其有联系的金属物（如管道、电缆等）之间的距离，应符合下列公式要求，但不得小于3m：

地上部分：$S_{k1} \geqslant 0.3R_{ch} + 0.1h_x$ (33-2)

地下部分：$S_{d1} \geqslant 0.3R_{ch}$ (33-3)

式中 S_{k1}——空气中距离，m；

S_{d1}——地中距离，m；

R_{ch}——冲击接地电阻，Ω；

h_x——被保护物或计算点的高度，m。

(3) 架空避雷线的支柱和接地装置至被保护建筑物及其有联系的金属物之间的距离同上述(2)项规定。架空避雷线至屋面和各种突出屋面的物体（如风帽、放散管等）之间的距离，应符合下式要求，并不应小于3m；

$$S_{k2} \geqslant 0.15R_{ch} + 0.08\left(h + \frac{L}{2}\right) \quad (33\text{-}4)$$

式中 S_{k2}——计入避雷线弧垂的空气中距离，m；

R_{ch}——冲击接地电阻，Ω；

h——避雷线的支柱高度，m；

L——避雷线的水平长度，m。

(4) 架空避雷网的支柱和接地装置至被保护建筑物及与其有联系的金属物之间的距离同上述(2)规定；架空避雷网至屋面和各种突出物面的物体（如风帽、放散管等）之间的距离，应符合下式要求，并不应小于3m。

$$S_{k2} \geqslant \frac{1}{n}[0.3R_{ch} + 0.15(h + L)] \quad (33\text{-}5)$$

式中 S_{k2}——计入避雷网弧垂的空气中距离，m；

R_{ch}——冲击接地电阻，Ω；

h——避雷网的支柱高度，m；

L——从避雷网中间最低点沿导体至最近支柱的距离，m；

n——从避雷网中间最低点沿导体至最近不同支柱并有同一距离L的个数，但至少取2。

第一类建、构筑物防雷电感应的措施有：

(1)为防止静电感应产生火花，建筑物内的金属物（如设备、管道、构架、电缆金属外皮、钢屋架、钢窗等较大金属构件）和突出屋面的金属物（如放散管、风管等），均应接到防雷电感应的接地装置上。

金属屋面周边每隔18～24m应采用引下线接地一次。

钢筋混凝土屋面，其钢筋宜绑扎或焊接成电气闭合回路，并应每隔18～24m采用引下线接地一次。

(2)为防止静电感应产生火花，平行敷设的长金属物，如管道、构架和电缆外皮等，其净距小于100mm时，应每隔20～30m用金属线跨接。交叉净距小于100mm时，其交叉处也应跨接。

在管道连接处，如弯头、阀门、法兰盘等，不能保持良好的金属接触时，在连接处应用金属线跨接。用丝扣紧密连接的$\phi 25$及以上的管接头和法兰盘，在非腐蚀环境下，可不跨接。

(3)防雷电感应的接地装置，一般可与电气设备保护接地装置共用，其接地电阻值应不大于10Ω。此接地装置与防直击雷接地装置之间距离，应符合防直击雷措施中 (2)、(3) 项的规定。

屋内接地干线与防雷电感应接地装置的连接，不应少于两处。

第一类建、构筑物防止雷电波侵入的措施有：

(1)低压线路宜全线采用电缆直接埋地敷设，在进户端应将电缆的金属外皮、钢管接到防雷电感应的接地装置上。当全线采用电缆有困难时，可采用钢筋混凝土杆铁横担架空线，但应使用一段长度不小于 50m 的金属铠装电缆或护套电缆穿钢管直接埋地引入。在电缆与架空线连接处，还应装设阀式避雷器。避雷器、电缆金属外皮、钢管和绝缘子铁脚等应连在一起接地，其冲击接地电阻应不大于 10Ω。

(2)架空金属管道，在引入建筑物处，应与防雷电感应的接地装置相连。距离建筑物 100m 内的管道，还应每隔 25m 左右接地一次，可利用金属或钢筋混凝土支架的基础作接地装置，其冲击接地电阻应不大于 20Ω。埋地或地沟内的金属管道，在进入建筑物处也应与防雷电感应的接地装置相连。

由于建、构筑物太高或其它原因，难以装设独立避雷针、架空避雷线或架空避雷网时，可将避雷针或网格不大于 5m×5m 的避雷网或由这两种混合组成的接闪器直接装在建筑物上。避雷网应沿屋角、屋脊、屋檐和檐角等易受雷击的部位敷设，同时必须符合下列要求：

(1) 所有避雷针应用避雷带互相连接。

(2)接闪器连成网状时，引下线不应少于两根，其间距应不大于 10m，沿建筑物外墙均匀布置。

(3)排放有爆炸危险气体、蒸汽或粉尘的突出屋面的放散管、呼吸阀、排风管等，应采用避雷针保护。避雷针针尖应设在爆炸危险区之外（包括水平和垂直两个方向)。

(4)建、构筑物应装设均压环，环间垂直距离不应大于 12m，所有引下线，建、构筑物内的金属结构和金属设备均应连到环上。可利用电气设备接地干线环路作为均压环。

(5)防直击雷的接地装置应围绕建、构筑物敷设成环形接地体。其冲击接地电阻应不大于 10Ω。并应和电气设备接地装置及所有进入建筑物的金属管道相连，此接地装置兼作防雷电感应之用。

(6)防直击雷的环形接地体也宜按以下方法敷设：

当土壤电阻率 $\rho<500\Omega\cdot m$ 时，对 $\sqrt{\frac{A}{\pi}}\geqslant5$ 的情况，除环形接地体外不需补加接地体，对 $\sqrt{\frac{A}{\pi}}<5$ 的情况，每一引下线处应补加水平接地体，其长度为

$$l_r=5-\sqrt{\frac{A}{\pi}} \tag{33-6}$$

或补加垂直接地体，其长度为

$$l_r=\frac{5-\sqrt{\frac{A}{\pi}}}{2} \tag{33-7}$$

当土壤电阻率 $\rho=500\sim3000\Omega\cdot m$ 时，对 $\sqrt{\frac{A}{\pi}}\geqslant\frac{11\rho-3600}{380}$ 的情况，不需补加接地体。对 $\sqrt{\frac{A}{\pi}}<\frac{11\rho-3600}{380}$ 的情况，每一引下线处应补加水平接地体，其总长度为

$$l_r=\left(\frac{11\rho-3600}{380}\right)-\sqrt{\frac{A}{\pi}} \tag{33-8}$$

或补加垂直接地体，其总长度为

$$l_r=\frac{\left(\frac{11\rho-3600}{380}\right)-\sqrt{\frac{A}{\pi}}}{2} \tag{33-9}$$

式中 ρ——敷设接地体处的土壤电阻率，$\Omega\cdot m$；

A——环形接地体所包围的面积，m^2。

(7) 当建、构筑物高于 20m 时，尚应采取以下防侧击的措施。从 20m 起每隔不大于 5m 沿建筑物四周设水平避雷带并与引下线相连；20m 以上外墙上的栏杆、门窗等较大的金属物与防雷装置相连接。

(8)防止雷电波侵入的措施除应符合前述要求外，低压线路还应在进户端的总配电箱处装设过电压保护器。

如树木高于建、构筑物且不在接闪器保护范围之内，为了防止雷击树木时产生反击，则树木距建、构筑物的净距不应小于 5m。

33.1.3.2 第二类建、构筑物的防雷措施

第二类建、构筑物的防雷措施有以下几个方面：

(1) 对防直击雷，一般采用装设在建、构筑物上的避雷网或避雷针或由这两种混合组成的接闪器。避雷网应沿屋角、屋脊、屋檐和檐角等易受雷击的部位敷设，并应在整个屋面组成不大于 10m×10m 的网格。所有避雷针应用避雷带互相连接。

(2) 突出屋面的物体，如放散管、风管、烟囱等，应按下列方式保护：

1) 对排放具有爆炸危险的气体、蒸汽或粉尘的放散管、呼吸阀和排风管等，宜在管口或其附近装设避雷针保护，针尖高出管口不应小于 3m，且管口上方 1m 处应在保护范围内，但煤气放散管和装有阻火器的上述管阀，可按防雷电感应措施中 (2) 项方式保护。

2) 对排放无爆炸危险的气体、蒸汽或粉尘的放散管、烟囱、以及 1 区和 11 区爆炸危险场所的自然通风

管等，其防雷保护要求为：金属物体一般不装接闪器，但应和屋面防雷装置相连；在屋面接闪器保护范围之外的非金属物体应装接闪器，并和屋面防雷装置相连。

(3)接闪器连成网状的防雷装置，其引下线不应少于两根，其间距不宜大于15m。但在利用钢柱或柱子的钢筋作为引下线的情况下，由于建筑物跨度的限制可在这个方向按跨度设引下线，此时，引下线的平均间距不宜大于15m。

(4)接闪器的接地装置宜围绕建、构筑物敷设成环形接地体，宜和防雷电感应共用接地装置，其冲击接地电阻不宜大于10Ω，并应和电气设备接地装置以及埋地金属管道相连；如不相连时，两者间在地中的距离应符合下式要求，但不应小于2m。

$$S_{d2} \geqslant 0.2R_{ch} \tag{33-10}$$

式中 S_{d2}——地中距离，m。

(5)防直击雷的环形接地体也宜按以下方法敷设：当土壤电阻率 $\rho \leqslant 3000\Omega \cdot m$ 时，对 $\sqrt{\frac{A}{\pi}} \geqslant 5$ 的情况，除环形接地体外，不需补加接地体；对 $\sqrt{\frac{A}{\pi}} < 5$ 的情况，每一引下线处应补加水平接地体，其长度按式33-6计算，或补加垂直接地体，其长度按式33-7计算。

(6) 利用槽形、板形或条形基础的钢筋作为接地体，当其平面积或所包围的面积 A (m^2) 满足 $A \geqslant 80$ 时，可不另加接地体。

(7) 6m柱距或大多数柱距为6m的单层工业建筑物，若利用所有或绝大多数柱子基础的钢筋作为防雷接地体，柱子基础的钢筋网通过柱子、屋架或屋面内的钢筋或金属构架等或者防雷装置互相连成整体，并且每一柱子基础内的钢筋表面积总和不少于 $1m^2$，则可不另加接地体。

(8) 建、构筑物内的主要金属物，如设备、管道、构架等，宜与防雷接地装置相连，以防静电感应。

凡属33.1.2.2中（5）、（6）项建、构筑物，其内平行敷设的长金属物应符合33.1.3.1防雷电感应措施中（2）项要求，以防止静电感应。

屋内接地干线与接地装置的连接不应少于两处。

(9) 为防止雷电流流经引下线时产生的高电位对附近金属物或线路的反击，金属物或线路至引下线的距离应符合以下要求：

1)当金属物或线路与防雷接地装置之间不相连时，应符合下式要求

$$S_{k3} \geqslant 0.2R_{ch} + 0.075K_c l_x \tag{33-11}$$

式中 S_{k3}——空气中距离，m；

R_{ch}——冲击接地电阻，Ω；

K_c——系数，单根引下线时取1，两度空间取0.66，三度空间取0.44；

l_x——引下线计算点到地面的长度，m。

2)当金属物或线路与防雷接地装置之间相连或通过过电压保护器相连时，应符合下式要求

$$S_{k4} \geqslant 0.075K_c l_x \tag{33-12}$$

式中 S_{k4}——空气中距离，m；

K_c——系数，单根引下线时取1，两度空间取0.66，三度空间取0.44；

l_x——引下线计算点到连接点的长度，m。

当引下线与金属物或线路之间有混凝土墙、砖墙隔开时，混凝土墙的击穿强度与空气击穿强度相同，砖墙的击穿强度为空气击穿强度的二分之一。如距离不能满足上述要求时，金属物或线路应与引下线直接相连或通过过电压保护器相连。

当引下线与金属物或线路之间有自然接地或人工接地的钢筋混凝土构件等隔开时，其距离可不受限制。

当利用建、构筑物的钢筋体或钢结构作为引下线，同时建、构筑物的大部分金属物（钢筋、钢结构）与被利用的部分连成整体时，其距离不受限制。

(10) 钢筋混凝土屋面、梁、柱、基础内的钢筋宜作为引下线；凡属33.1.2.2节中（1）、（2）、（3）项规定的建、构筑物，尚可作接闪器。

当采用以硅酸盐为基料作为基础的水泥（如矿渣水泥、波特兰水泥）、周围土壤的含水量不低于4%以及基础的外表面无防腐层或有沥青质的防腐层时，钢筋混凝土基础内的钢筋宜作为接地装置。

钢筋混凝土构件中的钢筋由于流过雷电流而温度升高时，其温度值对于需要验算疲劳的构件，不宜超过60°；对于屋架、托架、屋面梁等，不宜超过80℃。构件内钢筋的接点应绑扎或焊接，各构件之间必须连接成电气通路。

(11) 防雷电波侵入的措施，应符合下列要求：

1) 当低压线路全长采用电缆直接埋地引入时，在进户端应将电缆金属外皮与防雷接地装置相连。并宜在总配电箱处装设过电压保护器。

2) 对引入33.1.2.2节中（3）、（5）、（6）项规定的建、构筑物的低压架空线宜采用一段长度不小于50m的金属铠装电缆或护套电缆穿钢管直接埋地引入。进户端电缆的金属外皮、钢管应与防雷接地装置相连，并且在总配电箱处装设过电压保护器。在电缆与架

空线连接处还应装设阀式避雷器。避雷器、电缆金属外皮、钢管和绝缘子铁脚等应连在一起接地，其冲击接地电阻应不大于 10Ω。

3) 爆炸危险性较小或年平均雷暴日在 30 天以下地区的建、构筑物，可采用低压架空线直接引入，但在入户处应装设阀式避雷器或 2～3mm 的空气间隙，并应与绝缘子铁脚连在一起接到防雷接地装置上，其冲击接地电阻应不大于 5Ω。入户端的三基电杆绝缘子铁脚也应接地，靠近建、构筑物的电杆，其冲击接地电阻应不大于 10Ω，其余两基电杆应不大于 20Ω。

4) 对 33.1.2.2 节中 (1)、(2)、(4) 项规定的建、构筑物，当架空线直接引入时，在入户处应加装阀式避雷器，并将其和绝缘子铁脚连在一起接到电气设备的接地装置上。靠近建筑物的两基电杆上的绝缘子铁脚还应接地。其冲击接地电阻应不大于 30Ω。

当架空线转换电缆直接埋地引入时，应符合防雷电波侵入的各项措施的要求。

5)架空和直接埋地的金属管道在入户处应与接地装置直接相连或通过放电间隙相连。引入符合 33.1.2.2 节中 (3)、(5)、(6) 项规定的建、构筑物的架空金属管道在距建、构筑物约 25m 处还应接地一次，其冲击接地电阻应不大于 10Ω。

(12) 对高层建筑，尚应采取以下防侧击和等电位的保护措施：

1) 从高度 30m 起，每隔不大于 10m 沿建筑物四周设水平避雷带；

2) 30m 以上外墙上的栏杆、门窗等较大的金属物与防雷装置连接；

3) 从高度 20m 起，每隔不大于 20m 沿建筑物四周设水平均压环，所有引下线、建筑物内的金属结构、金属物以及电气装置的保护线均与均压环相连；当利用建筑物钢筋混凝土的钢筋或钢构架作为防侧击避雷带、均压环和引下线时可不采用本项的措施；

4) 防侧击避雷带、均压环宜利用建、构筑物钢筋混凝土的钢筋，但应符合本节中第 (10) 项的要求。

5) 建、构筑物内的电气线路采用铁管配线。

(13)露天装设的有爆炸危险的钢铁封闭气罐和工艺装置，当其壁厚不小于 4mm 时，一般不装设接闪器，但应接地，且接地点不应少于两处，两接地点距离不宜大于 30m，冲击接地电阻应不大于 30Ω。放散管和呼吸阀的保护应符合本节中第 (2) 项的要求。

33.1.3.3 第三类建、构筑物的防雷措施

第三类建、构筑物的防雷措施有以下几个方面：

(1) 对防直击雷，一般采用装设在建、构筑物上的避雷网或避雷针或由这两种混合组成的接闪器。避雷网应沿屋角、屋脊、屋檐和檐角等易受雷击的部位敷设，并应在整个屋面组成不大于 20m×20m 的网格。

(2)防直击雷接地装置宜敷设成环形接地体，并按 33.1.3.2 第 (5) 项要求敷设。

防直击雷接地装置的冲击接地电阻不宜大于 30Ω，但对重要的公共建筑物则应不大于 10Ω。并宜与电气设备接地装置及埋地金属管道相连；如不相连时，两者间在地中的距离应符合式 33-10 的要求，但不应小于 2m。

(3) 对突出屋面的物体的保护方式，应符合 33.1.3.2 节中第 (2) 项中第 2) 条的要求。

砖烟囱、钢筋混凝土烟囱，一般采用装设在烟囱上的避雷针或避雷环保护。多支避雷针应连接在闭合环上。钢筋混凝土烟囱的钢筋宜在其顶部和底部与引下线相连。

金属烟囱应作为接闪器和引下线。

(4)接闪器连成网状的防雷装置，其引下线不应少于 2 根，其间距不宜大于 25m。但在利用钢柱或柱子的钢筋作为引下线的情况下，由于建筑物跨度的限制，可在这个方向按跨度设引下线，此时，引下线的平均间距不宜大于 25m。

周长和高度均不超过 40m 的建筑物，可只设一根引下线。

(5) 建、构筑物宜利用钢筋混凝土屋面板、梁、柱和基础的钢筋作为接闪器、引下线和接地装置，应符合 33.1.3.2 节中第 (6)、(7)、(10) 项的要求。

(6) 建、构筑物内的主要金属物，如设备、管道、构架等，宜与防雷接地装置相连。

(7) 为防止雷电流流经引下线时产生的高电位对附近金属物或线路的反击，应符合 33.1.3.2 节中第 (9) 项的要求，它们之间的距离应按下列公式计算

$$S_{k3} \geqslant 0.2R_{ch} + 0.05K_c l_x \tag{33-13}$$

$$S_{k4} \geqslant 0.05K_c l_x \tag{33-14}$$

(8) 为防雷电波侵入建、构筑物，宜采取以下措施：

1) 电缆进户线，宜在总配电箱处装设过电压保护器；

2) 低压架空进户线，宜在进户处装设阀式避雷器并将绝缘子铁脚接到防雷及电气设备的接地装置上；

3) 进入建、构筑物的架空金属管道在进户处宜和接地装置相连。

(9)对高层建筑，尚应采取以下防侧击和等电位的保护措施：

1) 从高度 60m 起，每隔不大于 20m 沿建、构筑物四周设水平避雷带；

2) 60m 以上外墙上的栏杆、门窗等较大的金属物与防雷装置连接；

3) 从高度 20m 起，每隔不大于 20m 沿建筑物四周设水平均压环。所有引下线、建、构筑物内的金属结构、金属物以及电气装置的保护线均与均压环连接；当利用建、构筑物钢筋混凝土的钢筋或钢构架作为防侧击避雷带、均压环和引下线时可不受此限。

4) 防侧击避雷带、均压环宜利用建、构筑物钢筋混凝土的钢筋，但应符合 33.1.3.2 节中第 (10) 项的要求。

33.1.3.4 特殊构筑物的防雷措施

A 露天油罐及气体贮罐的防雷措施

油品的危险程度按其闪点划分。闪点在 45℃及以下的属于易燃液体，其蒸汽与空气的混合物具有爆炸危险。闪点在 45℃以上的属于可燃液体，一般在常温下只有着火危险，无爆炸危险。凡是可燃气体都有爆炸危险。常见物品闪点表见表 33-1。

表 33-1 常见物品闪点

名称	闪点（℃）	名称	闪点（℃）
乙醚	−45	戊醇	46
汽油	−50～30	溶剂油	37～48
二氧化碳	−45	煤油	27～45
丙酮	−20	柴油	60～110
苯	−14	重油	80
甲苯	1	锅炉燃料油	>95
甲醇	7	轻汽缸油	>190
乙醇	11	润滑油	>200
丁醇	35		

(1) 闪点在 45℃以下的易燃液体的开式贮罐和构筑物属一类，可考虑装设独立避雷针，其接地装置的冲击接地电阻应不大于 5Ω。

(2) 闪点在 45℃以下带有呼吸阀的易燃液体贮罐，壁厚小于 4mm 的密闭金属容器和可燃气体密闭贮罐属二类，可在罐顶上直接安装避雷针，用以保护呼吸阀，避雷针针尖应设在爆炸危险区之外(包括水平和垂直两个方向)。其接地装置的冲击接地电阻不大于 10Ω。

(3)闪点大于 45℃具有呼吸阀的壁厚不小于 4mm 的可燃液体贮罐，闪点在 45℃以下壁厚不小于 4mm 的易燃液体密闭金属容器属三类。一般可不装设避雷针，仅作接地即可，接地点不少于 2 处，间距不大于 30m，其接地装置的冲击接地电阻应不大于 30Ω。

表 33-2 常见油罐避雷针安装数量

名称	油罐（m^3）		
	100～700	1000～3000	5000
避雷针	1	3	4
接地连接端子	1～2	3	4

(4) 浮顶油罐、壁厚在 4mm 以上的球型液化气贮罐，一般只接地即可，不设避雷针。但浮动的金属罐顶，应用可挠的跨接线（25mm^2 软铜线或钢线）与金属罐体相连。

(5) 埋地式油罐，凡是覆土在 0.5m 以上者，可不考虑防雷措施。但如有呼吸阀引出地面者，在呼吸阀处作局部防雷处理。

常见油罐避雷针安装数量见表 33-2。

B 烟囱的防雷措施

烟囱的防雷措施有：

(1)烟囱用避雷针或避雷环保护。多根避雷针应用闭合环将其互相连接。避雷针数量的选择见表 33-3。

(2) 引下线用直径 12mm 的圆钢或 30×4mm^2 的扁钢。

当烟囱低于 40m 时设一根引下线；高于 40m 时设两根引下线和两组接地装置。可利用铁爬梯作为引下线；当为钢筋混凝土烟囱时，应把两根以上的主筋在顶部和底部与铁爬梯焊接作为引下线。

(3) 金属烟囱当其壁厚不小于 4mm，可作为接闪器和引下线。

(4) 接地装置的冲击接地电阻不大于 30Ω。

C 水塔和冷却塔的防雷措施

表 33-3 烟囱避雷针数量选择

烟囱尺寸													
烟囱尺寸	内径（m）	1	1	1.5	1.5	2	2	2.5	2.5	3	4①	5～6①	7～8①
	高度（m）	15～30	31～50	15～45	46～80	15～30	31～100	15～30	31～100	15～100	≤150	≤150	100～150
避雷针根数		1	2	2	3	2	3	2	3	3	3	4	6
避雷针伸出烟囱顶部的高度（m）		1.8	1.8	1.8	1.8	1.8	1.8	1.8	1.8	1.8	1.8	1.8	2.3

①指烟囱的外径。

利用水塔周围铁栏栅或作一圈避雷带来保护水塔的边缘，水塔中心高出部分装一支避雷针，针应伸出顶部 1.8m。直径较大的水塔，可以适当增加避雷针的高度，但不宜超过 5m。引下线可利用铁爬梯。在考虑针和带综合保护的情况下，引下线不少于 2 根。

机力通风冷却塔顶口用避雷带保护，引下线不少于两根。

接地装置的冲击接地电阻应不大于 30Ω。

D 户外架空管道的防雷措施

户外架空管道应采取的防雷措施有：

(1) 户外流经爆炸性或可燃性气体及液体的管道必须采取防雷措施。可在管道的始端、终端、分支处、转角处以及在直线部分每隔 100m 处予以接地，其接地装置的接地电阻应不大于 30Ω。

(2) 上述管道当与爆炸危险的厂房平行敷设而距离小于 10m 时，在接近厂房的一段，每隔 30～40m 应接地一次，其接地装置的接地电阻应不大于 20Ω。

(3)平行敷设间距小于 0.1m 的管道，应每隔 20～30m 用金属线跨接；交叉距离小于 0.1m 时，亦应跨接。

(4) 管道所有的接头（弯头、阀门、法兰盘等）不能保持良好的电气通路时，应用金属线跨接。当利用滚动的金属支架作为引下线时，在管道与支架之间必须增设跨接线。

(5) 砖石砌的支柱及木支柱每处都必须作引下线接地。

(6) 接地可采用专用的接地装置或利用电气设备的保护接地装置。

(7) 管道应有防静电集聚而形成高电位的接地措施，可利用防雷接地。

33.1.4 山区防雷

山区的自然条件比较复杂，土壤电阻率较高，雷电活动和防雷具有与平原不同的特点。根据有关单位调查发现：在山区地形中的制高点，进风口处安装避雷针，能起到良好的保护作用；山区的高电位引入比平原多；山区的绕击现象比平原多。

根据上述特点，提出以下三点防雷建议：

(1) 对山区的小建筑群，建议采用独立避雷针，作成片保护。独立避雷针安装地点的选择原则如下：

1) 制高点：即最高点或相对最高点，虽不是最高点，但地形很突出；

2) 边界点：即高度或地质发生突变的地方；

3) 江河边缘；

4) 相对空旷地；

5) 几个山头比较，属于进云山或挡风屏障（雷云较低或受阻）；

6) 重要建筑物附近；

7) 地下水位很高或潮湿的地点；

8) 土壤电阻率相对很低的地点；

9) 山凹中的进风口或风道。

装设避雷针要结合周围地形考虑，选点不宜过多，以免造成浪费。

(2) 对第三类建、构筑物，高电位引入的雷害要引起足够的重视，必须在进户线处安装放电间隙或瓷瓶脚接地。

(3) 为防止绕击，应多采用避雷带保护单个建、构筑物的边缘及凸出部分，而少采用避雷针。

33.1.5 防雷装置

33.1.5.1 接闪器

避雷针一般采用圆钢或焊接钢管制成，其直径不应小于下列数值：

针长 1m 以下时：圆钢 ϕ12mm

钢管 D_g20mm

针长 1～2m 时：圆钢 ϕ16mm

钢管 D_g25mm

烟囱顶上的针：圆钢 ϕ20mm

避雷网和避雷带一般采用圆钢或扁钢，其尺寸不应小于下列数值：

圆钢：ϕ8mm

扁钢：截面为48mm²，厚度为4mm

烟囱顶上的避雷环一般采用圆钢或扁钢，其尺寸不应小于下列数值：

圆钢：ϕ12mm；

扁钢：截面为100mm²，厚度为4mm

架空避雷线和避雷网一般采用截面不小于50mm²的镀锌钢绞线。

除第一类建、构筑物外，金属屋面的建筑物，当符合下列要求时，均宜利用其屋面作为接闪器：

(1) 金属板之间具有持久的贯通连接。

(2)当需要防金属板雷击穿孔时，其厚度不应小于下列数值：

铁板：4mm

铜板：5mm

铝板：7mm

(3) 当不需要防金属板雷击穿孔和不需要顾及金属板下面有易燃物品着火时，其厚度不应小于0.5mm。

(4) 金属板无绝缘被覆层（薄的油漆保护层或0.5mm厚沥青层或1mm厚聚氯乙烯层均不属于绝缘被覆层）。

除第一类建、构筑物外，屋顶的下列非临时性金属宜作为接闪器，但其所有部件之间均应连成电气通路：

(1) 旗杆、栏杆、装饰物等，其尺寸不小于对标准接闪器所规定的数值；

(2) 壁厚不小于2.5mm的金属管、金属罐，且不会由于被雷击穿而发生危险；

(3) 壁厚不小于铁板4mm、铜板5mm、铝板7mm的金属管、金属罐时，雷击点的内部表面温升不会构成危险。

接闪器应镀锌或涂漆。在腐蚀性较强的场所，尚应适当加大其截面或采取其他防腐措施。

33.1.5.2 引下线

引下线一般采用圆钢或扁钢，其尺寸不应小于下列数值：

圆钢：ϕ8m

扁钢：截面为48mm²，厚度为4mm

装设在烟囱上的引下线，其尺寸不应小于下列数值：

圆钢：ϕ12m

扁钢：截面为100mm²，厚度为4mm

防腐措施应符合33.1.5.1节的要求。

引下线应沿建、构筑物外墙敷设，并经最短路径接地；建筑艺术要求较高者，也可暗敷，但截面应加大一级。

建、构筑物的金属构件，如消防梯、钢柱等，宜作为引下线，但其所有金属部件之间均应连成电气通路。

采用多根引下线时，为了便于测量接地电阻以及检查引下线、接地线的连接状况，宜在各引下线距地面1.8m以下处设置断接卡，但利用自然引下线（如钢筋、钢柱）和基础接地体时除外，这时宜在适当地点设置测量用的连接板。

在易受机械损坏的地方，地面以上约1.7m至地面下0.3m的一段接地线应加保护设施。

33.1.5.3 接地装置

接地装置电阻值计算见34.11章。为便于应用，工频接地电阻与冲击接地电阻可按表33-4估算。

表33-4 防雷接地装置工频接地电阻与冲击接地电阻的比值

接地装置形式	不同土壤电阻率 ρ (Ω·m) 时的工频接地电阻与冲击接地电阻的比值 $R_{\sim}/R_{ch}$			
	$\leqslant 1\times10^2$	5×10^2	1×10^3	$\geqslant 2\times10^3$
各种形式的接地体（接地点至接地体最远端不大于20m）	1.0	1.5	2.0	3.0
环绕房屋的接地环路	1.0			

注：如土壤电阻率在表列两个数值之间时，相应的比值用插入法求得。

垂直埋设的接地体，一般采用角钢、钢管、圆钢等；水平埋设的接地体，一般采用扁钢、圆钢等。人工接地体的尺寸不应小于下列数值：

圆钢：ϕ10mm

扁钢：截面为100mm²，厚度为4mm

角钢：厚度为4mm

钢管：管壁厚为3.5mm

在腐蚀性较强的土壤中，应采取镀锌等防腐措施或加大截面。

接地线应与水平埋设接地体的截面相同。

垂直接地体的长度一般为2.5m。为了减小相邻接地体的屏蔽效应，垂直接地体间的距离及水平接地体间距离一般为5m，当受地方限制时可适当减小。

土壤中的人工接地体埋设深度不应小于0.5m，距墙和基础外侧不应小于1m。接地体应远离由于高温影响（如砖窑、烟道等）使土壤电阻率升高的地方。

在高土壤电阻率地区，为降低接地装置的接地电阻，可采用多支线外引接地装置，从与引下线连接点起，外引长度不宜大于 $2\sqrt{\rho}$ (m)，式中 ρ ($\Omega\cdot m$) 为埋设外引线处的土壤电阻率。

为降低跨步电压，防直击雷的人工接地装置距建、构筑物出入口处及人行道不应小于3m。当小于3m时应采取下列措施之一：

(1) 水平接地体局部埋深不应小于1m；

(2) 水平接地体局部应包以绝缘物（例如：50～80mm厚的沥青层）；

(3) 采用沥青碎石地面或在接地装置上面敷设50～80mm厚的沥青层，其宽度应超过接地装置2m；

(4) 采用两条与接地网相连的“帽檐式”或其它形式的均压带（见图33-2）。

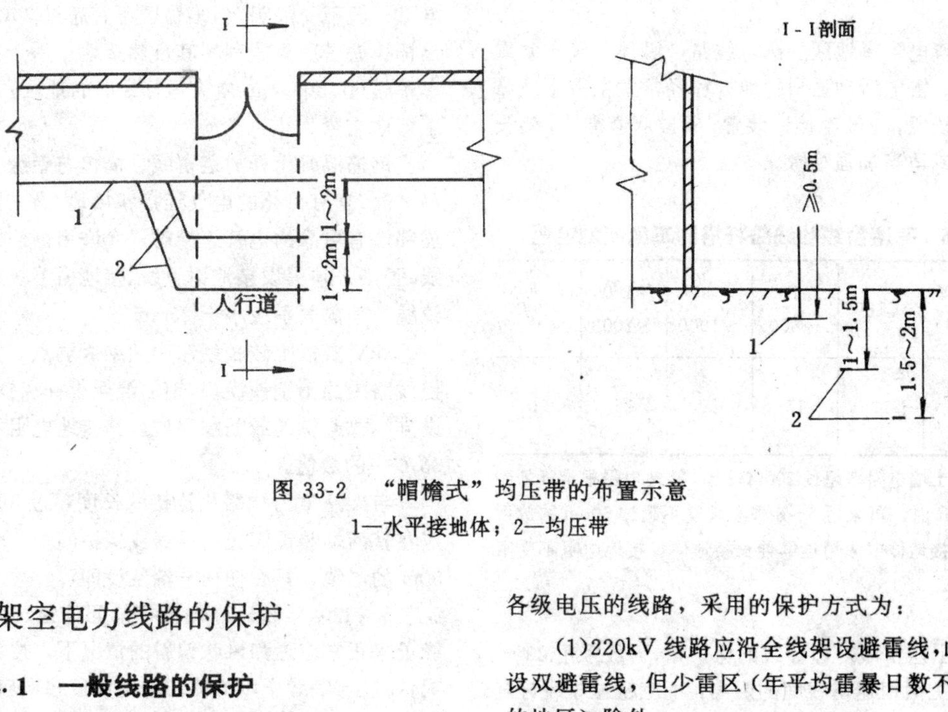

图33-2 “帽檐式”均压带的布置示意

1—水平接地体；2—均压带

33.2 架空电力线路的保护

33.2.1 一般线路的保护

确定电力线路的防雷方式，应根据线路的电压等级、负荷性质、系统运行方式、当地原有线路的运行经验、雷电活动的强弱、地形地貌的特点、土壤电阻率的高低等条件，经过技术经济比较，采取合理的保护措施。

为提高线路的运行可靠性，各级电压的线路应尽量装设自动重合闸装置；厂区内较短线路可视工程具体情况确定。

各级电压的线路，采用的保护方式为：

(1)220kV线路应沿全线架设避雷线，山区段宜架设双避雷线，但少雷区（年平均雷暴日数不超过15天的地区）除外。

(2)110kV线路一般沿全线架设避雷线，在雷电活动特别强烈的地区（年平均雷暴日数超过90天的地区），宜架设双避雷线。在少雷区或运行经验证明雷电活动轻微的地区，可不沿全线架设避雷线，但应装设自动重合闸装置。

(3) 63kV线路，负荷重要且所经地区年平均雷暴日数为30天以上的地区，宜沿全线架设避雷线。

(4) 35kV 及以下的线路，一般不沿全线架设避雷线。

有避雷线的线路，在一般土壤电阻率地区，其耐雷水平一般不低于表 33-5 中的数值。

表 33-5 有避雷线送电线路的耐雷水平（kA）

额定电压（kV）	35	63	110	154	220	330
一般线路	20～30	30～60	40～75	90	80～120	100～140
大跨越档中央和发电厂、变电所进线保护段	30	60	75	90	120	140

注：1. 较大值用于多雷区或较重要的线路。
2. 双回路或多回路杆塔的线路，应尽量达到表中的数值。为此，可采取改善接地、架设耦合地线或适当加强绝缘等措施。

有避雷线的线路，每基杆塔不连避雷线的工频接地电阻，在雷季干燥时，一般不宜超过表 33-6 中的数值。

高土壤电阻率地区的送电线路，必须装设自动重合闸装置。雷电活动强烈的地方和经常发生雷击故障的杆塔和线段，应改善接地装置，架设双避雷线，架设耦合地线或适当加强绝缘。

表 33-6 有避雷线的线路杆塔的工频接地电阻

土壤电阻率（Ω·m）	≤100	>100～500	>500～1000	>1000～2000	>2000
接地电阻（Ω）	10	15	20	25	30

注：如土壤电阻率超过 2000Ω·m，接地电阻很难降低到 30Ω 时，可采用 6～8 根总长度不超过 500m 的放射形接地体或采用连续伸长接地体，接地电阻不受限制。

杆塔上避雷线对边导线的保护角，一般采用 20°～30°。杆塔上两根避雷线间的距离，不应超过导线与避雷线间垂直距离的 5 倍。

有避雷线的线路应防止雷击档距中央反击导线。15℃无风时，档距中央导线与避雷线间的距离，宜符合下列要求

$$S_1 = 0.012L + 1 \quad (33\text{-}15)$$

式中 S_1——导线与避雷线间的距离，m；

L——档距长度，m。

为减少雷击引起的多相短路和两相异点接地引起的断线事故，35kV 及 63kV 无避雷线线路的钢筋混凝土杆和铁塔以及木杆线路上的铁横担均宜接地。接地电阻一般不受限制，但多雷区不宜超过 30Ω。钢筋混凝土杆和铁塔应充分利用其自然接地作用，在土壤电阻率不超过 100Ω·m 或有运行经验的地区，可不另设人工接地装置。

钢筋混凝土杆的避雷线、横担与绝缘子固定部分等之间，宜有可靠的电气连接和接地。当主柱钢筋与上述部件有可靠的电气连接时，允许用钢筋作接地引下线。否则必须另设接地引下线。接地引下线采用镀锌钢绞线，其截面不应小于 $25mm^2$。

3kV 及以上较长线路中的绝缘弱点，如木杆木横担线路中的个别铁横担，钢筋混凝土杆和铁塔等，宜装设排气式避雷器或间隙保护，其接地电阻不应超过表 33-6 中的数值。

与架空电力线路相连接的长度超过 50m 的电缆，应在其两端装设阀式避雷器或保护间隙；长度不超过 50m 的电缆，只在任何一端装设即可。

3～220kV 线路导线与杆塔间的空气间隙，在绝缘子串正常位置和风吹偏斜的情况下，按雷电过电压配合，应与绝缘子串的冲击放电电压相适应；按操作过电压配合，应与 33.7.1 节中所列操作过电压相适应。

送电线路的空气间隙应不小于表 33-7 中的数值。

导线与无接地引下线的木杆间的空气间隙可减小 10%。

跨越杆塔中的雷电过电压间隙，可根据每串绝缘子数量，参照表 33-7 确定。

3～10kV 线路当采用悬式绝缘子时，最小空气间隙可参照表 33-8 中的 20kV 级的数据。

表 33-7 送电线路的最小空气间隙距离（cm）

系统额定电压（kV）	3～20	35	63	110	220
雷电过电压间隙	35	45	65	100	190
操作过电压间隙	12	25	50	70	145
运行电压间隙	5	10	20	25	55
悬垂绝缘子中的X-4.5型绝缘子个数	2	3	5	7	13

注：1. 表内数值适用于海拔1000m及以下的地区。海拔高度超过1000m的地区，一般每增高100m，操作过电压和运行电压的空气间隙增大1%。因高海拔或高杆塔而增加绝缘子时，其雷电过电压间隙应相应增大。

2. 绝缘子适用于一般清洁地区。污秽地区绝缘加强时，间隙一般仍用表中的数值。

线路绝缘子每串个数 m 一般按运行电压所要求的泄漏距离选定（在非污秽区）

$$m \geqslant \frac{1.6U_e}{\lambda} \tag{33-16}$$

式中 U_e——额定电压，kV；

λ——每个绝缘子的泄漏距离，cm。

m 值还应按操作过电压进行验算。每串绝缘子一般扣去预留零值绝缘子(35～220kV直杆塔1个，耐张杆2个）后，其工频湿闪电压或操作冲击波50%湿闪电压应符合下式要求

$$U_{sh} = \sqrt{2}U_{xg}K_1K_0 \tag{33-17}$$

式中 U_{sh}——工频湿闪电压、操作波湿闪电压峰值，kV；

K_0——操作过电压倍数，见表33-8；

U_{xg}——设备的最高运行相电压，kV；

K_1——校正系数，在海拔1000m及以下，$K_1=1.1$。

m 值还应符合耐雷水平的要求，在高海拔地区，外过电压可能成为重要因素。

变电所每串绝缘子个数一般与线路的耐张串的个数相同。

绝缘避雷线的放电间隙应根据避雷线上感应电压的续流熄弧条件和继电保护的动作条件决定，一般采用10～40cm。在海拔1000m以上的地区，间隙值应相应加大。

按雷电过电压进行绝缘配合时，最大设计风速小于35m/s的地区，雷电过电压计算风速一般采用10m/s；最大设计风速为35m/s及以上的地区以及雷暴时风速较大的地区，一般采用15m/s。

按操作过电压进行绝缘配合时，操作过电压计算风速一般采用最大设计风速的50%，且不得小于15m/s。

表 33-8 操作过电压计算倍数 K_0 值

验算内容	K_0（以 U_{xg} 为标准）
1. 对地绝缘 35～60kV及以下 （经消弧线圈接地式不接地）	4.0
110～154kV（经消弧线圈接地）	3.5
110～220kV（直接接地）	3.0
2. 相对绝缘 3～220kV	按对地操作过电压的1.3～1.4倍计算

按运行电压进行绝缘配合时，运行电压计算风速应采用最大设计风速。

在进行绝缘配合时，考虑杆塔尺寸误差、横担变形和拉线施工误差等不利因素，空气间隙应留有一定裕度。

33.2.2 线路交叉部分的保护

线路交叉档两端的绝缘不应低于其邻档杆塔的绝缘。交叉点应尽量靠近上、下方线路杆塔。以减少导线因塑性伸长、覆冰、过载温升、短路电流过热而增大弧垂的影响和降低雷击交叉档时交叉点上的过电压。

表 33-9 电力线路与电力线路或弱电线路交叉时的交叉距离（m）

额定电压（kV）	1以下和弱电线路	3～10	20～110	220	330
35	3	3	3	4	5
3～10	2	2	3	4	5
1以下	1	2	3	4	5

同级电压线路相互交叉或与较低电压线路、通信线路交叉时，两交叉线路导线间或上方线路导线与下方线路避雷线间的垂直距离，当导线弧垂计算温度为40℃时，不得小于表33-9中所列数值，对按允许载流

量计算导线截面的线路，还应校验当导线为最高允许温度时的交叉距离，此时不得小于0.8m。

3kV及以上的同级电压相互交叉或与较低电压路线、通信线路交叉时，交叉档一般采取下列保护措施：

(1)交叉档两端的钢筋混凝土杆或铁塔(上、下方线路共4基)，不论有无避雷线，均应接地。

(2) 3kV及以上电力线路交叉档两端为木杆或木横担钢筋混凝土杆且无避雷线时，应装设排气式避雷器或保护间隙。

(3)与3kV及以上电力线路交叉的低压线路和通信线路，当交叉档两端为木杆时，应装设保护间隙。

门型木杆上的保护间隙，可由横担与主杆固定处沿杆身敷设接地引下线构成。单木杆针式绝缘子的保护间隙，可在距离绝缘子固定点750mm处绑扎接地引下线构成。通信线的保护间隙，可由杆顶沿杆身敷设接地引下线构成。

由于交叉距离要求而采取的保护措施，其接地电阻不宜超过表33-6中所列数值的2倍。

如交叉距离大于表33-9所列数值2m及以上时，则交叉档可不采取保护措施。

如交叉点至最近杆塔的距离不超过40m，可不在此线路交叉档的另一杆塔上装设交叉保护用的接地装置、排气式避雷器或保护间隙。

33.2.3 低压架空线路的保护

低压架空线路接户线的绝缘子铁脚宜接地，接地电阻不宜超过30Ω。当土壤电阻率在200Ω·m及以下时，铁横担钢筋混凝土杆线路由于连续多杆自然接地作用，可不另设接地装置。屋内有电力设备接地装置的建筑物，在入口处宜将绝缘子铁脚与该接地装置相连，可不另设接地装置。人员密集的公共场所，如剧院和教室等的接户线，以及由木杆或木横担引下的接户线，其绝缘子铁脚应接地，并应装设专用的接地装置，但钢筋混凝土杆的自然接地电阻不超过30Ω的除外。

年平均雷暴日数不超过30天的地区，低压线路被建筑物等屏蔽的地区，以及接户线距低压线路接地点不超过50m的地方，接户线绝缘子铁脚都可不接地。

33.3 变电所的雷电过电压保护

33.3.1 变电所的直击雷电过电压保护

变电所的户外配电装置，包括组合导线和母线廊道以及油处理室、露天油罐、变压器修理间、易燃材料仓库等建筑物均应装设直击雷保护装置，一般采用避雷针或避雷线。

主控制室和配电装置室一般不装设直击雷保护装置。为保护其他设备而装设的避雷针，不宜装在独立的主控制室和35kV及以下的高压户内配电装置室的顶上。雷电活动特殊强烈地区的主控制室和高压户内配电装置室宜设直击雷保护装置。

位于峡谷地区的变电所宜用避雷线保护。

已在相邻高建筑物保护范围内的建筑物或设备，可不装设直击雷保护装置。

屋顶上的设备金属外壳、电缆金属外皮和建筑物金属构件均应接地。

上述设备和建筑物上的直击雷保护装置，其接地可利用变电所的主接地网，但应在直击雷保护装置附近装设集中接地装置。

35kV及以下的高压配电装置架构或房顶不宜装避雷针，宜采用独立避雷针或避雷线。独立避雷针或避雷线宜设独立的接地装置。在非高土壤电阻率地区，其接地电阻不宜超过10Ω。当有困难时，该接地装置可与主接地网相连。但从避雷针与主接地网的地下连接点至35kV及以下高压设备与主接地网的地下连接点，沿接地体的长度不得小于15m。

装有避雷针、避雷线的照明灯塔上的电源线，必须采用直接埋入地下的带金属外皮的电缆或穿入金属管中的导线。电缆外皮或金属管埋入地中的长度在10m以下时，不得与35kV及以下配电装置的接地网及低压配电装置相连接。

独立避雷针不应设在人经常通行的地方，避雷针及其接地装置与道路或出入口等的距离不宜小于3m，否则应采取均压措施或铺设砾石或沥青地面。

110kV及以上的配电装置，一般将避雷针装在配电装置的架构上或房顶上，但在土壤电阻率大于1000Ω·m的地区，宜用独立避雷针保护。

允许在63kV的配电装置架构或房顶上装设避雷针，但在土壤电阻率大于500Ω·m的地区，宜用独立避雷针保护。

装在架构上的避雷针应与接地网连接，并应在其附近装设集中接地装置。装有避雷针的架构上，接地部分与带电部分间的空气中距离不得小于绝缘子串的长度。

避雷针与主接地网的地下连接点至变压器接地线与主接地网的地下连接点之间，沿接地体的地中距离不得小于15m。

在变压器的门型架构上和在离变压器主接地线小于15m的配电装置的架构上，当土壤电阻率大于350Ω·m时，不允许装设避雷针和避雷线；如不大于350Ω·m时，可装设避雷针和避雷线。但应遵守下列规定：

(1) 装在变压器门型架构上的避雷针应与接地网连接，并应沿不同方向引出3～4根放射形水平接地体，在每根水平接地体上离避雷针架构3～5m处装设一根垂直接地体。

(2) 直接在3～35kV变压器的所有绕组出线上或在离变压器电气距离不大于5m条件下装设阀式避雷器。

高压侧电压为35kV的变电所，在变压器门型架构上装设避雷针时，配电装置接地电阻不应超过4Ω(不包括架构基础的接地电阻)。

110kV及以上配电装置，可将线路的避雷线引接到出线门型架构上。土壤电阻率大于1000Ω·m的地区，应装设集中接地装置。

35～63kV配电装置，在土壤电阻率不大于500Ω·m的地区，允许将线路的避雷线引接到出线门型架构上，但应装设集中接地装置。在土壤电阻率大于500Ω·m的地区，避雷线应架设到线路终端杆塔为止。从线路终端杆塔到配电装置的一档线路的保护，可采用独立避雷针，也可在线路终端杆塔上装设避雷针。

严禁在装有避雷针、避雷线的构筑物上架设通信线、广播线和低压线。

独立避雷针、避雷线与配电装置带电部分间的空气中距离，以及独立避雷针、避雷线的接地装置与接地网间的地中距离，应符合下列要求：

(1)独立避雷针与配电装置带电部分、变电所电气设备接地部分、架构接地部分之间的空气中距离，应符合下式要求

$$S_k \geqslant 0.2R_{ch} + 0.1h \tag{33-18}$$

式中 S_k ——空气中距离，m；

R_{ch}——独立避雷针的冲击接地电阻，Ω；

h——避雷针校验点的高度，m。

(2) 独立避雷针的接地装置与变电所接地网间的地中距离，应符合下式要求

$$S_d \geqslant 0.3R_{ch} \tag{33-19}$$

式中 S_d——地中距离，m。

(3)避雷线与配电装置带电部分、变电所电气设备接地部分以及架构接地部分间的空气中距离，应符合下式要求：

对一端绝缘另一端接地的避雷线

$$S_k \geqslant 0.2R_{ch} + 0.1(h + \Delta l) \tag{33-20}$$

式中 R_{ch}——避雷线的冲击接地电阻，Ω；

h——避雷线支柱的高度，m；

Δl——避雷线上校验的雷击点与接地支柱的距离，m。

对两端接地的避雷线

$$S_k \geqslant \beta'[0.2R_{ch} + 0.1(h + \Delta l)] \tag{33-21}$$

式中 β'——避雷线分流系数。

避雷线分流系数可按下式计算

$$\beta' = \frac{1 + \dfrac{\tau_t R_{ch}}{12.4(l_2 + h)}}{1 + \dfrac{\Delta l + h}{l_2 + h} + \dfrac{\tau_t R_{ch}}{6.2(l_2 + h)}} \approx \frac{l_2 + h}{l_2 + \Delta l + 2h} \tag{33-22}$$

式中 Δl——避雷线上校验的雷击点与最近支柱间的距离，m；

l_2——避雷线上校验的雷击点与另一端支柱间的距离，m，$l_2 = l - \Delta l$；

l——避雷线两支柱间距离，m；

τ_t——雷电流波头长度，一般取2.6μs。

(4) 避雷线的接地装置与变电所接地网间的地中距离，应符合下式要求

对一端绝缘另一端接地的避雷线，可按式33-19校验。

对两端接地的避雷线

$$S_d \geqslant 0.3\beta' R_{ch} \tag{33-23}$$

(5) 除上述要求外，对避雷针和避雷线，空气中距离S_k不宜小于5m，地中距离S_d不宜小于3m。对63kV及以下配电装置，包括组合导线、母线廊道等，应尽量降低感应过电压，当条件许可时，S_k应尽量增大。

33.3.2 雷电侵入波过电压保护

未沿全线架设避雷线的35～110kV架空线路，应在距变电所1～2km的进线段架设避雷线，避雷线保护角不宜超过20°，最大不应超过30°。进线段标准保护接线如图33-3所示。

在木杆或木横担钢筋混凝土杆线路进线端的首端，应装设一组排气式避雷器PB_1，其工频接地电阻不宜超过10Ω。铁塔或铁横担、瓷横担的钢筋混凝土杆线路，以及全线有避雷线的线路，其进线段首端，一般不装设排气式避雷器PB_1。

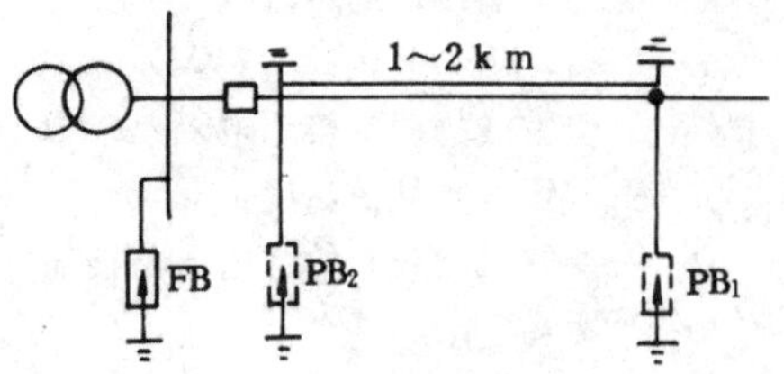

图 33-3　35～110kV 变电所的进线保护接线

如变电所 35～110kV 进线的隔离开关或断路器，在雷季经常断路运行，同时其线路侧又带电，则必须在靠近隔离开关或断路器处装设一组排气式避雷器 PB_2。PB_2 外间隙值的整定，应使其在断路运行时，能可靠地保护隔离开关或断路器，而在闭路运行时不应动作，并应处于母线阀式避雷器的保护范围内。如 PB_2 整定有困难或缺乏适当参数的排气式避雷器时，可用阀式避雷器代替。

变电所 35kV 及以上电缆进线段，在电缆与架空线的连接处应装设阀式避雷器保护，其接地端应与电缆的金属外皮连接，如图 33-4*a* 所示。若为单芯电缆，应经接地器或保护间隙接地，如图 33-4*b* 所示。

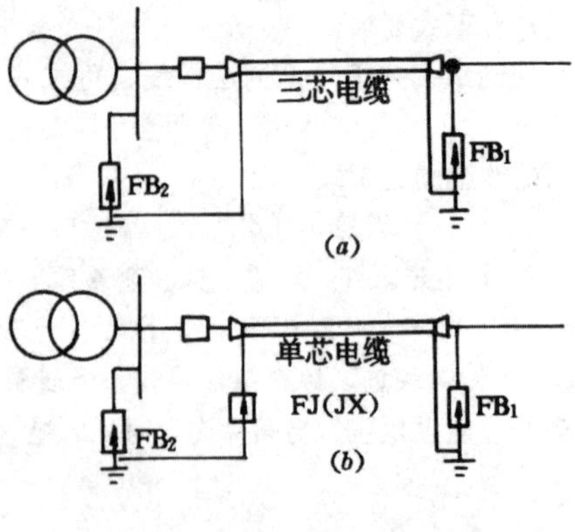

图 33-4　具有 35kV 及以上电缆段的变电所进线保护接线

(*a*) —三芯电缆进线；
(*b*) —单芯电缆进线；
FJ (JX) —接地器

如电缆长度不超过 50m 或虽超过 50m 但经验算装一组阀式避雷器即能符合保护要求，可只在电缆首端或母线上装设一组阀式避雷器。

如电缆长度超过 50m，且断路器在雷季可能经常断路运行，应在电缆末端装设排气式避雷器或阀式避雷器。

连接电缆段的 1km 架空线路应架设避雷线。

电缆线路—变压器组接线的变电所，可不装设阀式避雷器。

具有架空进线的 35kV 及以上变电所敞开式高压配电装置中阀式避雷器的配置为：

(1)每组母线上应装设阀式避雷器。阀式避雷器与主变压器及其他被保护设备的电气距离超过表 33-10 或表 33-11 的允许值时，应在主变压器附近增设一组阀式避雷器。

变电所内所有阀式避雷器应以最短的接地线与配电装置的主接地网连接，同时应在其附近装设集中接地装置。

(2) 35kV 及以上装有标准绝缘水平的设备和标准特性阀式避雷器且高压配电装置采用单母线、双母线或分段的电气主结线时，碳化硅普通阀式避雷器与主变压器、电磁式电压互感器间的最大电气距离，可按表 33-10 确定。对其他电器的最大距离可相应增加 35%。

表 33-10　普通阀式避雷器 (FZ) 至主变压器、电磁式电压互感器间的最大电气距离 (m)

系统额定电压 (kV)	进线长度 (km)	进线路数			
		1	2	3	≥4
35	1	26	40	48	54
	1.5	40	56	67	76
	2	52	77	92	104
63	1	45	67	80	90
	1.5	61	86	103	116
	2	80	107	128	144
110	1	45	68	82	92
	1.5	70	97	116	131
	2	100	135	162	182
220	2	106	164	197	221

注：1. 全线有避雷线进线长度取 2km，进线长度在 1～2km 间时的距离按补插法确定。

2. 35kV 也适用于有串联间隙金属氧化物避雷器 (FJJZ) 的情况。

无间隙金属氧化物避雷器（FJZ）与主变压器间的最大电气距离，可按表 33-11 确定。对其他电器的最大距离可相应增加 35％。

表 33-11 无间隙金属氧化物避雷器（FJZ）至主变压器间的最大电气距离（m）

系统额定电压（kV）	进线长度（km）	进线路数			
		1	2	3	≥4
110	1	56	85	103	115
	1.5	88	121	145	164
	2	125	169	203	228
220	2	130 （90）	197 （139）	236 （168）	265 （188）

注：1. 标准绝缘水平指 35、63、110 及 220kV 变压器，电压互感器。标准雷电冲击全波耐受电压分别为 200、325、480 及 950kV。表 33-11 括号内距离，对应的雷电冲击全波耐受电压为 850kV；

2. 见表 33-10 注 1。

（3）架空进线采用双回路杆塔，有同时遭到雷击的可能，确定阀式避雷器与变压器最大电气距离时，应按一路考虑，且在雷季中应尽量避免将其中一路断开。

（4）对电气结线比较特殊的情况，可用计算方法或通过模拟试验确定最大电气距离。

有效接地系统中的中性点不接地的变压器，如中性点绝缘不是按线电压设计且未装设棒型保护间隙，应在中性点装设雷电过电压保护装置，且宜选变压器中性点无间隙金属氧化物避雷器（FJBZ）。如中性点绝缘按线电压设计，但变电所为单进线且为单台变压器运行，也应在中性点装设雷电过电压保护装置。

不接地及消弧线圈接地系统中的变压器中性点，一般不装设保护装置，但多雷区单进线变电所宜装设保护装置；中性点接有消弧线圈的变压器，如有单进线运行可能，也应在中性点装设保护装置。该保护装置宜选碳化硅普通阀式避雷器（FZ）或有串联间隙金属氧化物避雷器（FJJZ），其额定电压见表 33-12。

自耦变压器必须在其两个自耦合的绕组的出线上装设阀式避雷器，此避雷器应装在自耦变压器和断路器之间，采用图 33-5 和图 33-6 的保护接线。

如采用图 33-6 的保护接线，在自耦绕组任一侧发生接地短路故障时，FB_2 所承受的最高工频电压不应超过其额定电压。

35kV 及以下自耦变压器，还应在串联绕组两端跨接阀式避雷器 FB_3（图 33-5）。

表 33-12 全绝缘变压器中性点阀式避雷器的额定电压

系统额定电压（kV）		35	63
阀式避雷器额定电压（kV）	FZ	41	50
	FJJZ	42	12.7+42

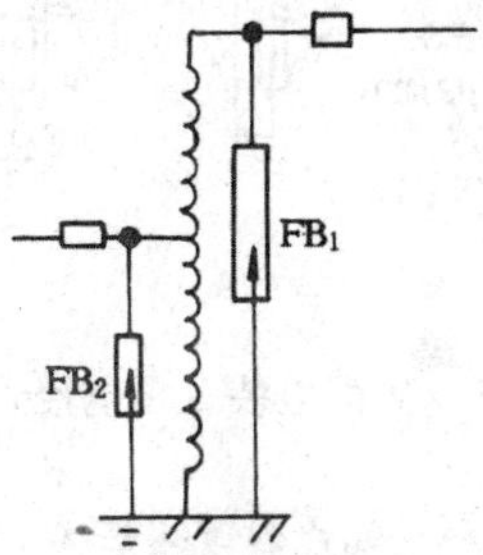

图 33-5 自耦变压器的典型保护接线

35～220kV 开关站，应根据其重要性和进线路数等条件，在每路进线上或母线上装设阀式避雷器。

与架空线路连接的三绕组自耦变压器、变压器（包括一台变压器与两台电机相连的三绕组变压器）的低压绕组如有开路运行的可能和发电厂双绕组变压器当发电机断开由高压侧倒送厂用电时，应在变压器低压绕组出线上装设一组阀式避雷器，以防来自高压绕组的雷电波的感应电压危及低压绕组绝缘；但如该绕组连有 25m 及以上金属外皮电缆段，则可不必装设避雷器。

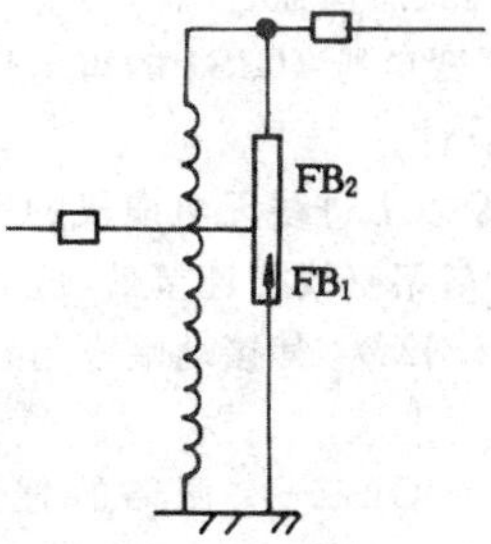

图 33-6 自耦变压器采用综合避雷器的保护接线

变电所的 3～10kV 配电装置（包括电力变压器），应在每组母线和架空进线上装设阀式避雷器（厂区内进线可只在每组母线上装设阀式避雷器），并应采用图 33-7 的保护接线。母线上阀式避雷器与主变压器的电气距离不宜大于表 33-13 所列数值。

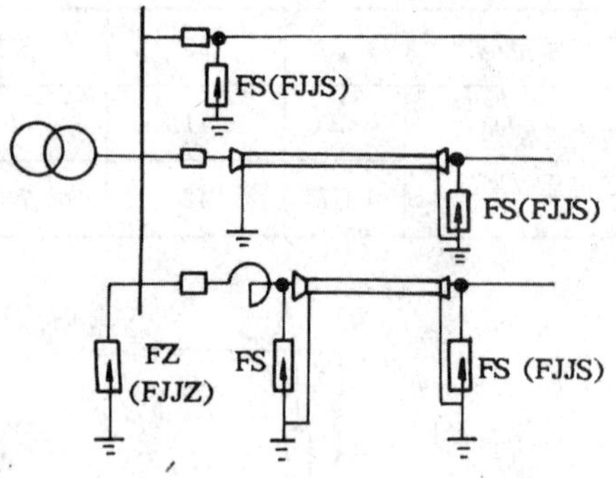

图 33-7　3～10kV 配电装置雷电侵入波的保护接线

表 33-13　阀式避雷器至 3～10kV 主变压器的最大电气距离

雷季经常运行的进线路数	1	2	3	≥4
最大电气距离（m）	15	23	27	30

有电缆段的架空线路，阀式避雷器应装设在电缆头附近，其接地端应和电缆金属外皮相连。如各架空进线均有电缆段，阀式避雷器与主变压器的最大电气距离不受限制。

阀式避雷器应以最短的接地线与变电所、配电所的主接地网连接（包括通过电缆金属外皮连接）。阀式避雷器附近应装设集中接地装置。

3～10kV 配电所，当无所用变压器时，可仅在每路进线上装设阀式避雷器。

SF_6 全封闭变电所（GIS）的雷电侵入波过电压保护按下列要求设计：

（1）63kV 及以上进线无电缆段的 SF_6 全封闭变电所，在 SF_6 管道与架空线路连接处，应装设无间隙金属氧化物避雷器（FJZ_1），其接地端应与管道金属外壳连接。

如变压器或 GIS 一次回路的任何电气部分至 FJZ_1 之间的最大电气距离，不超过下列数值或虽超过，但经校验，装一组避雷器即能符合保护要求，图 33-8 中可只装设 FJZ_1。

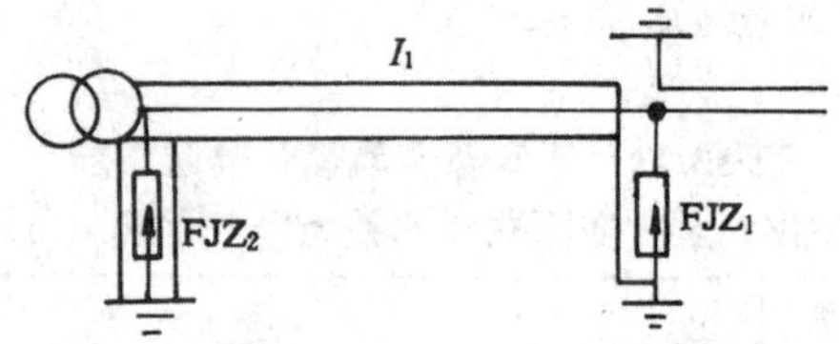

图 33-8　无电缆段进线的 GIS 保护接线

63kV	40m
110 及 220kV	120m

FJZ_1 宜采用敞开式无间隙金属氧化物避雷器。

连接 SF_6 管道的架空线路进线保护段的长度应不小于 2km，且在进线段应架设避雷线；电杆线路进线的首端应装一组排气式避雷器；进线的隔离开关、断路器处也应装设排气式避雷器。

（2）63kV 及以上进线有电缆段的 SF_6 全封闭变电所，在电缆段与架空线路的连接处应装设无间隙金属氧化物避雷器（FJZ_1），其接地端应与电缆的金属外皮连接。对三芯电缆，末端的金属外皮应与 SF_6 管道金属外壳连接接地，见图 33-9*a*，对单芯电缆，应经接地器 FJ 接地（图 33-9*b*）。

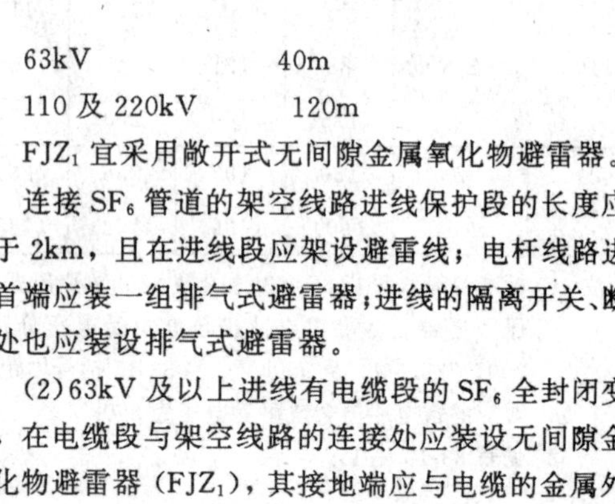

图 33-9　有电缆段进线的 GIS 保护进线
（*a*）一进线为三芯电缆；
（*b*）一进线为单芯电缆

电缆末端至变压器或 GIS 一次回路的任何电气

部分间的最大电气距离对于 63kV 为 40m，110 及 220kV 为 120m，或虽超过，但经校验，装一组避雷器即能符合保护要求，图 33-9 中可只装设 FJZ_1。

对连接电缆段的 1km 线路应架设避雷线。

(3)进线全长为电缆的 SF_6 全封闭变电所，可不装设阀式避雷器 。

33.3.3　小容量变电所的保护

变电所的 35kV 进线，如架设避雷线有困难，或在土壤电阻率大于 500Ω·m 的地区，进线段杆塔接地电阻难以达到 10Ω 以下时，可在进线的终端杆上装设一组 1000μH 左右的电抗线圈和一组排气式避雷器或保护间隙，以代替进线段的避雷线保护段，保护接线如图 33-10 所示。

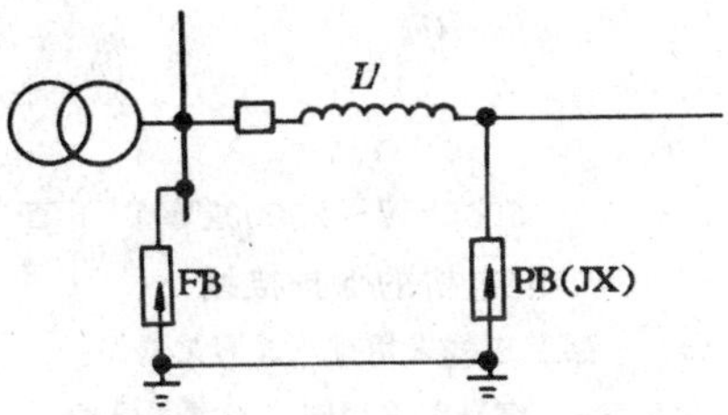

图 33-10　用电抗线圈代替进线段避雷线的保护接线

L′—电抗线圈

对于容量为 3150～5000kVA 的 35kV 变电所，可根据负荷的重要性及雷电活动的强弱等条件适当简化保护接线。变电所进线段的长度可减少到 500～600m，但其首端排气式避雷器或保护间隙的接地电阻不应超过 5Ω。保护接线如图 33-11 所示。

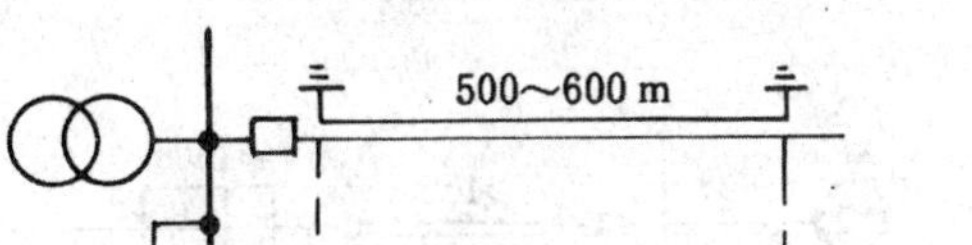

图 33-11　3150～5000kVA　35kV 变电所的简易保护接线

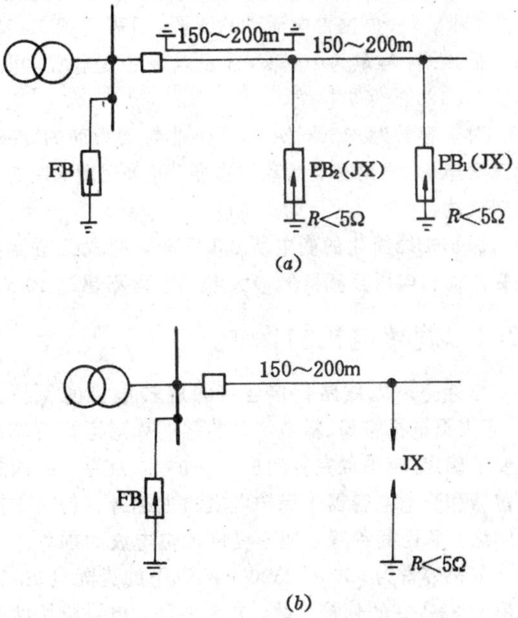

图 33-12　3150kVA 以下 35kV 变电所

(a) —容量为 3150kVA 以下变电所；

(b) —容量为 1000kVA 及以下变电所

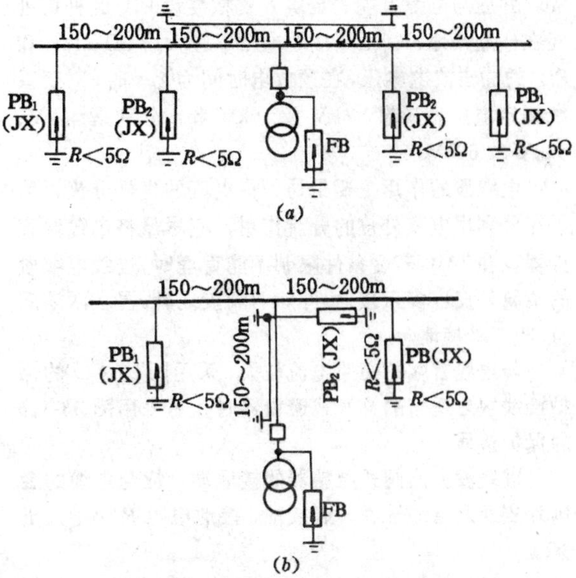

图 33-13　3150kVA 以下 35kV 分支变电所的简易保护接线

(a) —无分支架空线路；(b) —有分支架空线路

对于容量为3150kVA以下的供非重要负荷的变电所35kV侧，根据雷电活动的强弱，可采用图33-12*a*的保护接线；容量为1000kVA及以下的变电所，可采用图33-12*b*的保护接线。

对于容量为3150kVA以下供非重要负荷的35kV分支变电所，根据雷电活动的强弱，可采用图33-13的保持接线。

保护接线简化的变电所35kV侧，阀式避雷器与主变压器和电压互感器的最大电气距离不超过10m。

33.4 旋转电机的保护

与架空电力线路直接连接的旋转电机的保护方式，应根据电机容量、雷电活动的强弱和对运行可靠性的要求确定。应采取完善的进线保护，以及专用的阀式避雷器和静电电容器来保护电机的主绝缘（包括中性点绝缘）和匝间绝缘，使不受侵入雷电波的损坏。

单机容量为6000～25000kW以下的直配电机，宜采用图33-14*a*的保护接线。在多雷区，电缆段长度取150m。

保护接线的特点是采用电缆段，并在架空线路进口处和相距约70m处各装设PB_1和PB_2排气式避雷器。PB_1和PB_2的接地端，应采用钢绞线连接。钢绞线架设在导线下方，距导线不应小于2m，也不应大于3m，并应与电缆首端的金属外皮在装设PB_2的杆塔处连在一起接地，其工频接地电阻不应大于5Ω。PB_1和PB_2的冲击放电电压，在预放电时间为2μs时，对于系统额定电压为3kV、6kV及10kV者，分别是40kV、50kV及60kV。

电缆段的作用主要是达到雷电流的良好分流，为了充分利用电缆外皮的分流作用，应尽量将电缆段直接埋设在土中，若受条件限制不能直埋时，进线电缆段的金属外皮应多点接地，即除两端接地外，再在两端间有3～5处接地。

若电缆首端的短路电流较大，采用图33-14*a*的保护接线缺乏适当的排气式避雷器时，可采用图33-14*b*的保护接线。

进线段上的阀式避雷器的接地端，应与电缆的金属外皮及避雷线连在一起接地，接地电阻*R*应不大于3Ω。

单机容量为6000～12000kW的直配电机，如出线回路中无限流电抗器可采用图33-15及图33-16的保护接线。在雷电活动强烈地区，宜采用有电抗线圈的保护接线，如图33-15。图33-16中，进线段上的阀式避雷器的接地端，应与电缆的金属外皮及避雷线连在一起接地，接地电阻不大于5Ω。

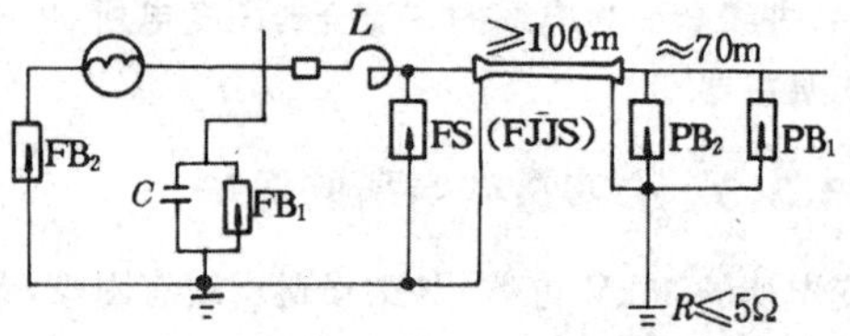

(*a*)

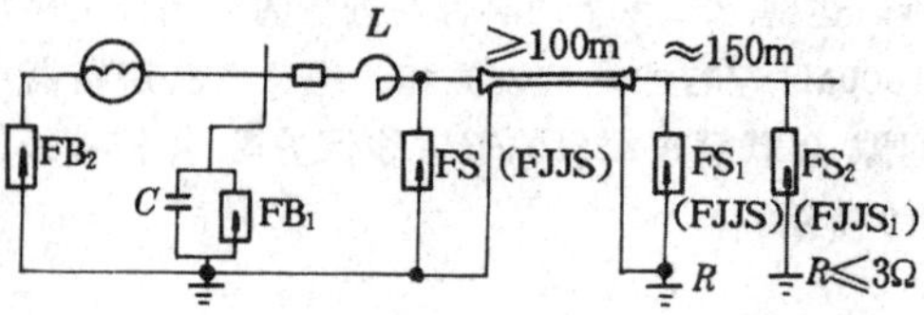

(*b*)

图33-14 6000kW～25000kW以下直配电机的保护接线

（*a*）一架空进线采用排气式避雷器保护；

（*b*）一架空进线采用阀式避雷器保护

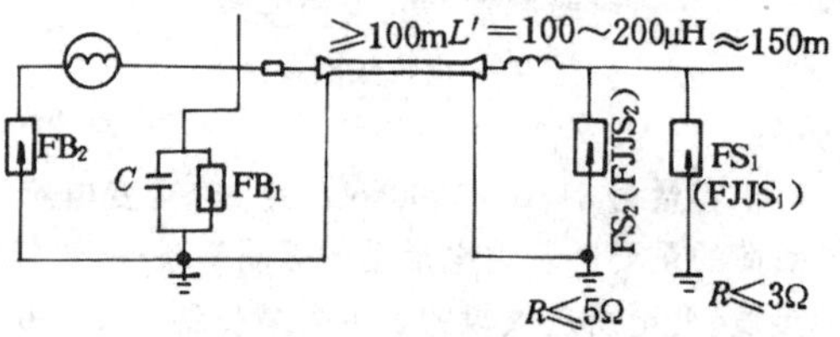

图33-15 6000～12000kW直配电机进线保护段装有电抗线圈的保护接线

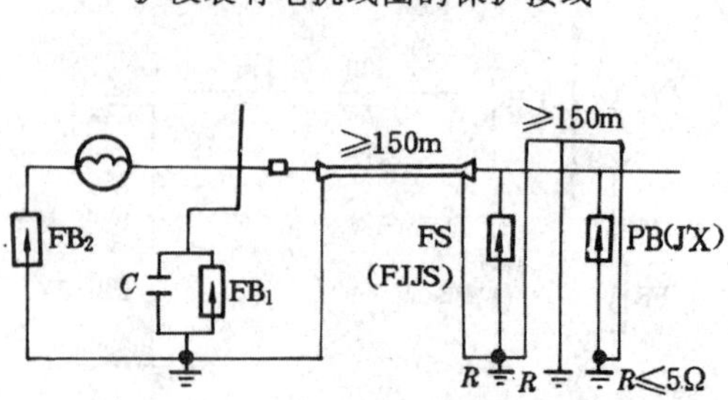

图33-16 6000～12000kW直配电机带有避雷线进线保护段的保护接线

单机容量为 1500～6000kW 或少雷区 60000kW 及以下的直配电机，可采用图 33-17 的保护接线。旋转电机的主绝缘保护是利用进线段架空线本身的电感限制雷电流数值，因此，在进线保护段 L 内，应采用避雷针或避雷线作为直击雷保护。用避雷线保护时，由于避雷线与导线间的互感以及避雷线的多点接地对限制雷电流也起很大作用，因此，比采用避雷针保护具有更高的保护水平。

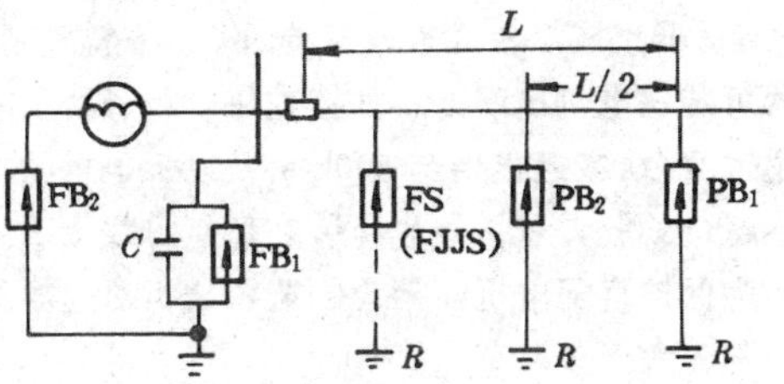

图 33-17　1500～6000kW 直配电机进线保护段装有避雷针或避雷线的保护接线

图 33-17 中的阀式避雷器主要用来保护断路器或隔离开关。

进线保护段长度 L 与排气式避雷器接地电阻 R 的关系，可按下式确定：

对 3kV 和 6kV 线路

$$\frac{L}{R} \geqslant 200 \qquad (33\text{-}24)$$

对 10kV 线路

$$\frac{L}{R} \geqslant 150 \qquad (33\text{-}25)$$

式中　L——进线段长度，m。一般取 450～600m；

R——接地电阻，Ω。

在进线段上若有排气式避雷器 PB_2，接地电阻 R 可取两组排气式避雷器 PB_1 和 PB_2 接地电阻并联值。

此类直配电机也可采用图 33-18 及图 33-19 的保护接线。

若电缆首端的短路电流较大，采用图 33-18 的保护接线缺乏适当的排气式避雷器时，可采用图 33-19 的保护接线。

单机容量为 1500～6000kW 或列车电站的直配电机，也可采用图 33-20 有电抗线圈或限流电抗器的保护接线。

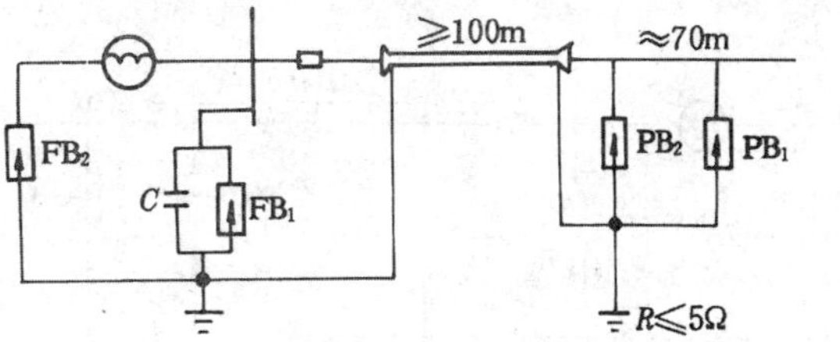

图 33-18　1500～6000kW 直配电机进线保护段装有排气式避雷器的保护进线

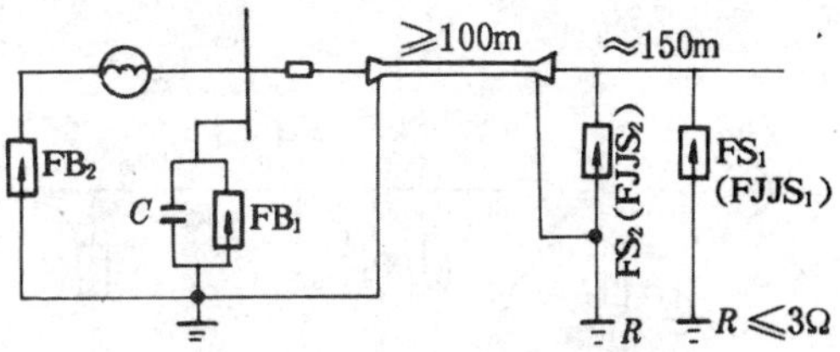

图 33-19　1500～6000kW 直配电机进线保护段装有阀式避雷器的保护接线

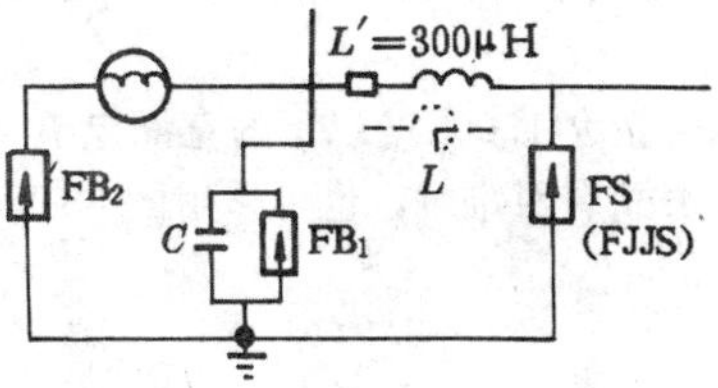

图 33-20　1500～6000kW 直配电机或列车电站直配电机的保护接线

单机容量为 300kW 以上到 1500kW 以下的直配电机，宜采用图 33-21、图 33-22 及图 33-23 的保护接线。

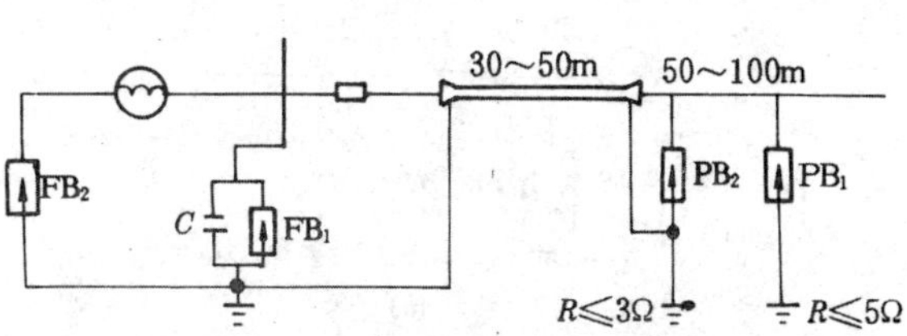

图 33-21　300～1500kW 直配电机进线保护接线

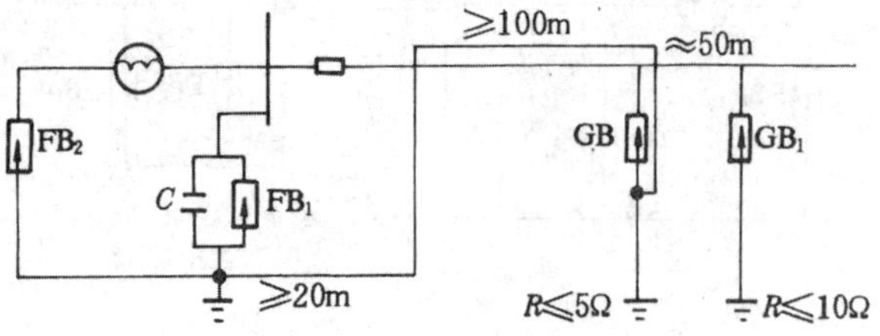

图 33-22 300～1500kW 直配电机进线采用避雷针保护的保护接线

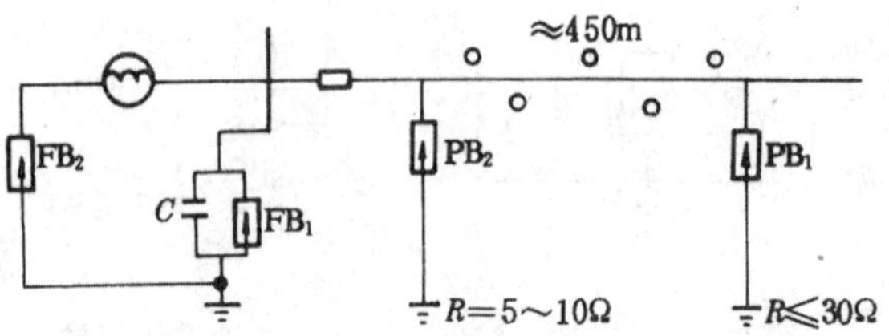

图 33-23 300～1500kW 直配电机进线采用避雷针保护的保护进线

单机容量为 1500kW 以下的直配电机，采用上述规定保护方式有困难时，也可采用图 33-20 的保护接线。

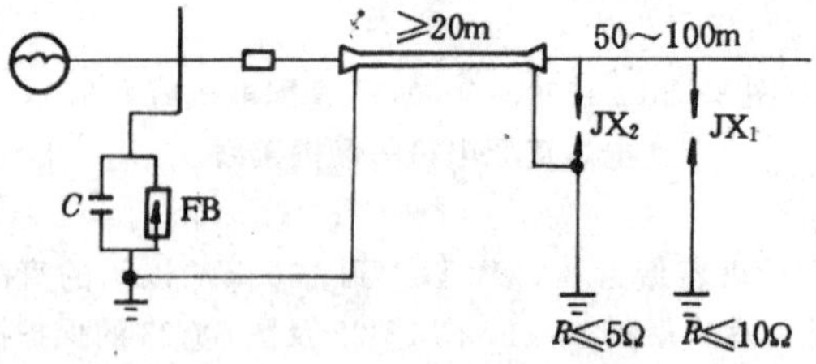

(a)

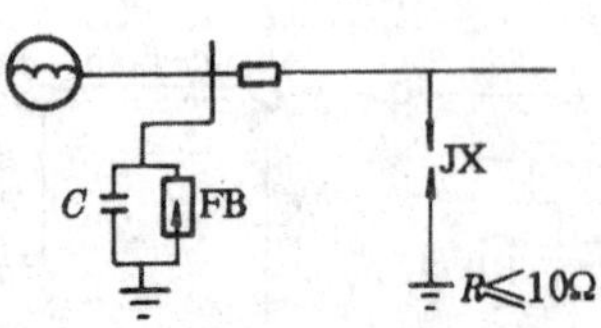

(b)

图 33-24 300kW 及以下直配电机的保护接线
(a) —电缆进线；(b) —架空进线

单机容量为 300kW 及以下的高压直配电机，一般可采用图 33-24a 及图 33-24b 的保护接线，也可只在车间线路入户处装设一组避雷器和电容器，并在靠近入户处的电杆上装设保护间隙或将绝缘子铁脚接地。

个别重要电机，也可采用图 33-21、图 33-22 及图 33-23 保护接线。

保护高压旋转电机首端主绝缘用的避雷器，一般采用 FCD 型旋转电机磁吹阀式避雷器。容量为 25000kW 及以上的直配电机，应在每台电机出线处装设一组旋转电机阀式避雷器。25000kW 以下的直配电机，避雷器也应尽量靠近电机装设，在一般情况下，避雷器可装在电机出线处；如接在每一组母线上的电机不超过两台，或避雷器与 500kW 及以下电机的电气距离不超过 50m，避雷器也可装在每组母线上。

为保护直配电机而架设的避雷线，对边导线的保护角不应大于 30°。

为保护直配电机的匝间绝缘和防止感应过电压，应在每相母线上装设 0.25～0.5μF 的电容器；对于中性点不能引出或双排非并绕线圈的电机，每相应装设 1.5～2μF 的电容器，如图 33-14～图 33-24a 所示；对于图 33-24b 的保护接线，每相应装设 0.5～1μF 的电容器。电容器应有短路保护。

当直配电机的中性点能引出且未直接接地时，应在中性点上装设磁吹或普通阀式避雷器。

33.5 配电网的保护

33.5.1 配电变压器的保护

3～10kV 的配电变压器，应采用阀式避雷器（除低值电阻接地系统外，应选用 FS 或 FJJS）保护。阀式避雷器应尽量靠近变压器装设，其接地线应与变压器低压侧中性点（中性点不接地的系统中，与中性点的击穿保险器的接地端）以及金属外壳连在一起接地。

多雷区的 3～10kV 双星形低压侧中性点接地和不接地系统的配电变压器，宜在低压侧装设一组阀式避雷器或击穿保险器（低压侧中性点接地时宜选用低压无间隙金属氧化物避雷器）以防止反变换波和低压侧雷电侵入波击穿高压侧绝缘。但厂区内的配电变压器，可根据运行经验确定。

低压侧中性点不接地的配电变压器，应在中性点装设击穿保险器。

35/0.4kV 配电变压器，其高、低压侧均应装设阀式避雷器保护。

33.5.2 开关设备的保护

3～10kV 柱上断路器和负荷开关应装设阀式避雷器保护。经常断路运行而又带电的柱上断路器、负荷开关或隔离开关，应在带电侧装设阀式避雷器。其接地线应与柱上断路器等的金属外壳连接，且接地电阻不应超过 10Ω。

装在架空线上的电容器，宜装设阀式避雷器保护。

在多雷区或易遭雷击的地段，直接与架空线路相连的电度表宜装设防雷装置。

33.6 其他设备的保护

断开 35kV 变压器-电弧炉组时产生的过电压，应采用阀式避雷器加以限制，阀式避雷器装设在变压器与断路器之间；断开 6～10kV 变压器-电弧炉组时产生的过电压是否采取保护措施，可根据断路器的性能和运行经验确定。

断路器应能将操作高压并联电容器组产生的过电压限制到 4 倍以下，否则，应采取限制过电压的措施。

架空线路中连接的电缆线路，应在连接点处装设阀式避雷器，其接地端应与电缆的金属外皮连接。如电缆的长度不超过 50m，可只在一侧连接点处装设阀式避雷器。

与架空线路直接连接的直流电力设备，应采用直流阀式避雷器保护。

当符合绝缘配合要求时，直流牵引网络的保护，也可采用间隙保护，如图 33-25 所示。

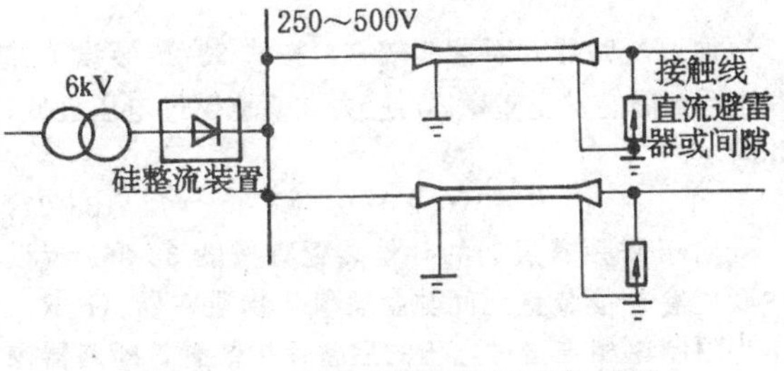

图 33-25 直流牵引网络的保护接线

33.7 操作过电压保护

33.7.1 操作过电压允许水平

电力系统中的操作过电压与系统接地方式、结构、容量、参数、断路器性能、运行接线和操作方式等有关，为一随机变量。各电压级相对地计算用最大操作过电压（平均值与三倍标准偏差之和）的标幺值，一般取下列数值：

35～63kV 及以下	
（不包括低值电阻接地系统）	4.0P·U
110 及 220kV	3.0P·U

3～220kV 电力系统，相间操作过电压宜取相对地过电压的 1.3～1.4 倍。

操作过电压标幺值 $1.0PU=\sqrt{2}\,U_{xg}$。

33.7.2 间歇电弧过电压的限制

当 3～10kV 系统单相接地故障电流大于 30A 或 35kV 及以上系统的单相接地电流大于 10A 时，应在中性点和大地之间接入消弧线圈，以减少单相接地电流，促成电弧自熄，防止发展成相间短路或烧损设备。

63kV 及以下系统发生单相间歇性电弧接地故障时，可产生过电压。过电压的最大值随接地方式不同而异。一般情况下过电压最大值不超过下列数值：

不接地系统	3.9P·U
消弧线圈接地系统	3.4P·U
电阻接地系统	2.5P·U

具有限流电抗器、电动机负荷，且设备参数配合不利的 3～10kV 某些不接地系统，发生单相间歇性电弧接地故障时，可能产生危及设备相间或相对地绝缘的过电压。对这种系统根据负荷性质和工程的重要程度，可进行必要的过电压预测，以确定保护方案。

33.7.3 开断空载变压器或电抗器过电压的限制

开断空载变压器或电抗器时，由于断路器强制熄弧（截流）产生的过电压，与断路器型式、变压器铁芯材料、线圈型式、回路元件参数和系统接地方式等有关。

当开断激磁电流较小、具有冷轧硅钢片铁芯、纠结式线圈的变压器时，过电压一般不超过 2.0P·U，无需采取保护措施。

开断具有热轧硅钢片铁芯的 110kV 及 220kV 变压器的过电压一般不超过 3.0P·U；63kV 及以下变压器一般不超过 4.0P·U。

采用熄弧性能较强的断路器开断激磁电流较大的变压器以及并联电抗补偿装置产生的高幅值过电压，可在断路器的非电源侧装设阀式避雷器加以限制。该避雷器动作时吸收的操作过电压能量不大。保护变压器的避雷器可装在其高压侧或低压侧。但高、低压侧系统接地方式不同时，低压侧宜装设操作过电压保护水平较低的避雷器。

在可能只带一条线路运行的变压器的中性点消弧线圈上，宜用阀式避雷器限制切除最后一条线路两相接地故障时，强制开断消弧线圈电感电流在消弧线圈上产生的过电压。

为限制操作过电压装设的避雷器，在变压器等被保护设备运行中不得断开。

空载变压器突然合闸时的过电压，一般小于 $2.0U_{xg}$，可不采取保护措施。

对 6～10kV 容量较小的干式变压器；当采用真空断路器时，可在一次侧加设 0.1μF 左右的电容器。若将电容器安装在低压侧，电容值应取 $C_2=0.1K^2\mu F$（K 为变压器变比）。

在断路器与并联电抗器之间装设磁吹避雷器或氧化锌避雷器。

电压较低的并联电抗器，采用了熄灭能力较强的真空断路器时，可在回路中装设 C-R 吸收装置。电容值及电阻值通过试验确定。

33.7.4 开断高压电动机过电压的限制

开断高压电机，可能产生三种类型的过电压：三相同时开断过电压；截流过电压；高频重燃过电压。其中截流过电压、重燃过电压幅值最大，可达额定电压的 4～6 倍。这对电机的主绝缘和匝间绝缘构成严重威胁，同时易损坏断路器。据统计电动机容量越小，这种过电压越高。为此，6kV 电动机容量小于 200kW 的采用真空断路器的回路，应采取如下保护措施：

(1)在电动机与断路器之间加装氧化锌避雷器，并使选用的避雷器参数与电动机的绝缘水平相匹配。

(2)采用真空断路器时，为降低过电压陡度，可在避雷器旁并联一组 0.5μF 左右的电容器。

(3)在回路中支接“阻容”限压装置（电容和电阻串联）。电容值为 0.5～5μF，电阻值为几十到几百欧，用以消耗过压产生的磁能，并限制重燃时的高频电流。

33.7.5 开断电容器组过电压的限制

开断电容器组产生的过电压是由于断路器重燃引起的。当电容器组容量在数千千乏以上时，可采用灭弧能力强的少油断路器、六氟化硫断路器或真空断路器。因为开断操作时该类断路器不发生重燃。

在多油断路器上加装分闸并联电阻，能够改善断路器开断口上的恢复电压，也能够降低重燃后的过电压，还能够抑制关合电容器冲击电流的幅值。

以减少发生重燃为目的，其并联电阻可按下式计算

$$R=(2.5\sim3)X_c \qquad (33\text{-}26)$$

式中 R——并联电阻，Ω；

X_c——电容器组容抗，Ω。

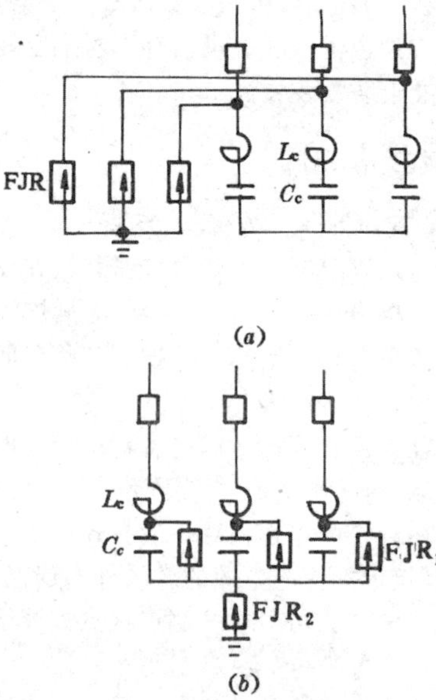

图 33-26 并联电容补偿装置的避雷器保护接线

(a) 一限制两相重击穿时在电容器极间的过电压；

(b) 一限制单相重击穿时电容器高压端对地过电压

L_c—串联电抗器，也可能在中性点侧；C_c—电容器

如要断路器开断性能较差，按式 33-26 装设了并联电阻，仍能发生重燃，则应力求使重燃过电压最低，此时

$$R=(0.3\sim0.5)X_C \qquad (33\text{-}27)$$

对于需频繁投切的补偿装置宜按图 33-26a 装设并联电容补偿装置无间隙金属氧化物避雷器（FJR），作为限制单相重击过电压的后备保护装置。断路器操作频繁且开断时可能发生重击穿或者合闸过程中触头有弹跳现象时，宜按图 33-26b 装设并联电容补偿装置无间隙金属氧化物避雷器（FJR_1 及 FJR_2）。

避雷器吸收的能量与并联电容补偿装置的容量、回路元件及避雷器的参数等有关，在设计时应予核算。

33.8 谐振过电压保护

谐振过电压包括线性谐振和非线性(铁磁)谐振过

电压。接于电网中的电感、电容元件，因操作或故障引起系统元件参数出现不利组合而产生。此类过电压多发生在不接地系统，一般采用电阻接地方式或使系统参数避开谐振条件，来降低或防止谐振过电压。

33.8.1 线性谐振过电压的限制

线性谐振一般有三种表现形式：空载线路不对称接地故障的谐振、消弧线圈补偿网络的谐振、变压器传递过电压的谐振。

33.8.1.1 变压器传递过电压的限制

变压器高压侧发生不对称接地故障、断路器缺相或非同期动作而出现零序电压时，通过电容耦合传递给低压侧。此时，低压侧出现传递过电压，其数值可由下式计算

$$U_2 = U_0 \frac{C_{12}}{C_{12} + 3C_0} \tag{33-28}$$

式中 U_2—— 传递过电压，kV；

U_0—— 高压侧出现的零序电压，kV；

C_{12}—— 高、低压绕组之间的电容，μF

C_0—— 低压侧相对地电容，μF

这种过电压具有工频性质，将会危及绝缘或损坏避雷器。

避免产生零序过电压是防止变压器传递过电压的根本措施。这就要求尽量使断路器互相同期动作、避免在高压侧采用熔断器设备等。

在低压侧每相加装 0.1μF 以上的对地电容，加大式 33-28 中的 C_0，是一种可靠的限制办法。

33.8.1.2 消弧线圈补偿网络的谐振限制

消弧线圈网络处于全补偿运行状态时，当发生单相接地故障，网络中出现零序电压，便发生消弧线圈与导线对地电容的串联线性谐振，这种谐振会使中性点位移达 $0.5U_{xg}$。

限制和消除这种谐振的方法，主要是采用欠补偿或过补偿运行方式。

33.8.2 铁磁谐振过电压的限制

铁磁谐振一般有基频谐振、分频谐振、高频谐振三种振荡形式。产生铁磁谐振的原因，有时是自激；有时是外部条件激发。铁磁谐振有时可突然产生或消失；有时激发因素消除后，常能自保持。

6～63kV 不接地系统及消弧线圈接地系统应防止下列情况产生的铁磁谐振过电压：

(1) 变压器供电给接有电磁式电压互感器的空载母线或空载短线；

(2) 配电变压器高压绕组对地短路；

(3) 用电磁式电压互感器在高压侧进行双电源的定相；

(4) 送电线路一相断线后一端接地及断路器非同期动作、熔断器非全相熔断。

为防止铁磁谐振过电压，应充分考虑电力网各种可能的运行方式或操作方式，改变电力网中感抗和容抗的比值，保证断路器三相同期动作，以避免形成铁磁谐振过电压的条件。

3～63kV 不接地系统或消弧线圈接地系统，可采取下列防止铁磁谐振过电压措施：

(1) 选用励磁特性饱和点较高的电磁式电压互感器。

(2)减少同一系统电压互感器的台数，除电源侧电压互感器高压绕组中性点接地外，其它电压互感器中性点尽可能不接地。

(3) 个别情况下，在 10kV 及以下的母线上装设中性点接地的星形接线电容器组或用一段电缆代替架空线路以减少 X_{C0}，使 $X_{C0} < 0.01X_m$。(X_{C0}为系统每相对地容抗；X_m 为互感器在线电压作用下单相绕组的励磁电抗)。

(4) 在互感器的开口三角形绕组装设 $R_\triangle \leqslant 0.4(X_m/K_{13}^2)$ 的电阻（K_{13}为互感器一次绕组与开口三角形绕组的变比，$R_\triangle$为互感器开口三角形绕组接入电阻，35kV 及以下系统，一般 $R_\triangle < 100\Omega$)、220V、500W 的白炽灯或装设其它专门消除此类铁磁谐振的装置。

(5) 10kV 及以下互感器高压绕组中性点经 $R_{pn} \geqslant 0.06X_m$（容量大于 600W）的电阻接地（R_{pn}为互感器中性点对地接入电阻）。

(6) 由单一电源侧用断路器操作中性点不接地的变压器出现非全相或熔断器非全相熔断时，如变压器的励磁电感与对地电容产生铁磁谐振，能产生 2.0～3.0P·U 的过电压；有双侧电源的变压器在非全相分合闸时，由于两侧电源的不同步在变压器中性点上可出现接近于 2.0P·U 的电压，如产生铁磁谐振，会出现更高的过电压。为防止这类过电压、应选用操动机构性能良好的断路器并提高运行维护水平。

如断路器操作中因操动机构故障而出现非全相时，对中性点为分级绝缘、运行时中性点不接地的 110 及 220kV 变压器中性点绝缘，宜采用棒型间隙保护。间隙在系统以有效接地方式运行中发生单相接地时中

性点上出现的操作过电压作用下不应动作。根据系统 X_0/X_1 值的大小和兼顾雷电过电压下保护变压器中性点绝缘的要求 110kV 及 220kV 系统棒型间隙的距离，可分别取 100～120mm 和 250～300mm。

33.9 过电压保护装置

33.9.1 避雷针和架空避雷线保护范围滚球计算法

33.9.1.1 接闪器布置要求

建筑物装设接闪器后可相当大地减小建筑物遭直接雷击的可能性。接闪器可由下列物体任意组合而成：避雷针；架空避雷线或避雷网；直接装设在建筑物上的避雷网。接闪器布置应符合表 33-14 要求。

表 33-14 按建筑物类别布置接闪器

建筑物类别	滚球半径 h_r (m)	避雷网尺寸 (m×m)	避雷针或避雷线的保护角 α (°)
第一类建筑物	20	5×5	见图 33-27
第二类建筑物	30	10×10	见图 33-28
第三类建筑物	60	20×20	见图 33-29

布置接闪器时，可单独或任意组合地采用表 33-14 中的方法，即滚球法、避雷网、保护角。保护角是以滚球法为基础简化而成，所以，当无法采用保护角时，应采用滚球法或避雷网。

滚球法是以 h_r 为半径的一个球体，沿需要防直击雷的部位滚动，球体只触及接闪器或触及接闪器和地面，而不触及需要保护的部位。

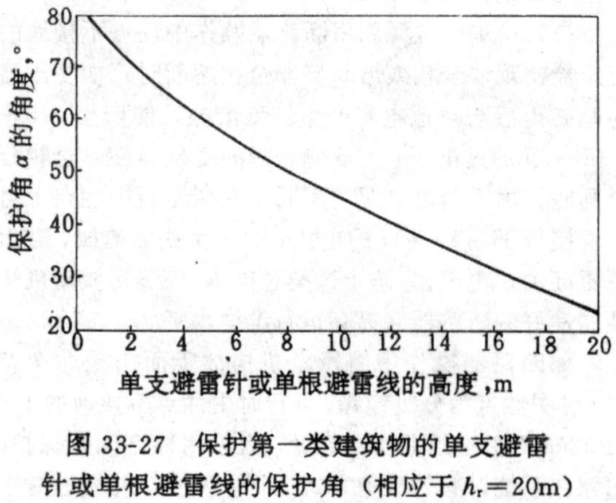

图 33-27 保护第一类建筑物的单支避雷针或单根避雷线的保护角（相应于 h_r=20m）

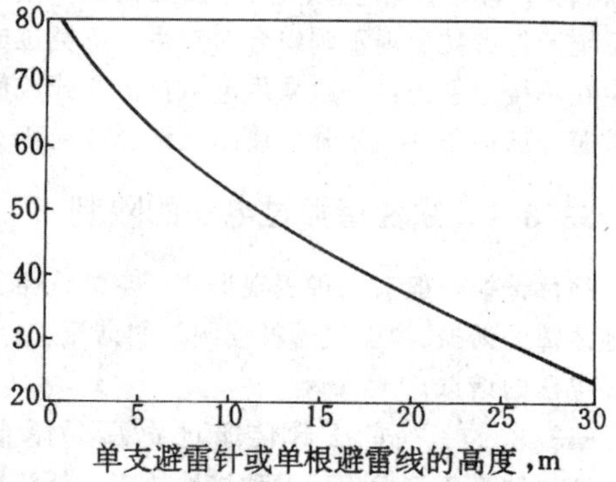

图 33-28 保护第二类建筑物的单支避雷针或单根避雷线的保护角（相应于 h_r=30m）

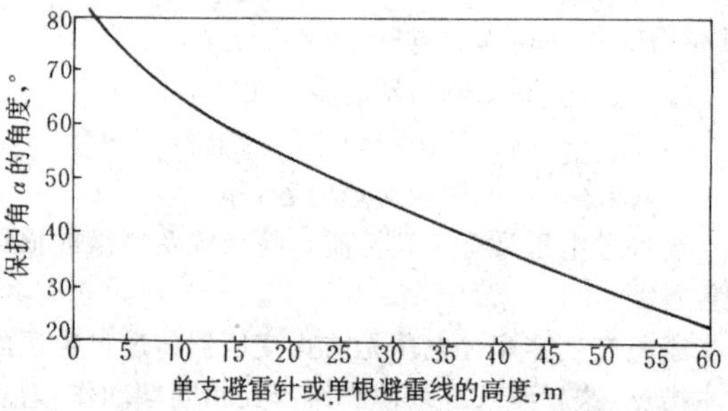

图 33-29 保护第三类建筑物的单支避雷针或单根避雷线的保护角（相应于 h_r=60m）

33.9.1.2 单支避雷针的保护范围

单支避雷针的保护范围，如图 33-30 所示，应按下列方法确定。

(1) 当避雷针高度 $h \leqslant h_r$ 时：

1) 距地面 h_r 处作一平行于地面的平行线；

2) 以针尖为圆心，h_r 为半径，作弧线交于平行线的 A、B 两点；

3) 以 A、B 为圆心，h_r 为半径作弧线，该弧线与针尖相交并与地面相切。从此弧线起到地面止就是保护范围。保护范围是一个对称的锥体。

4) 避雷针在 h_x 高度的 XX' 平面上的保护半径，按下式计算

$$r_x = \sqrt{h(2h_r - h)} - \sqrt{h_x(2h_r - h_x)} \tag{33-29}$$

式中 r_x——避雷针在 h_x 高度的 XX' 平面上的保护

半径，m；

h_r——滚球半径，按表 33-14 确定，m；

h_x——被保护物的高度，m。

保护范围也可按图 33-27、图 33-28、图 33-29 确定，此时

$$r_x = (h - h_x)\text{tg}\alpha \quad (33\text{-}30)$$

（2）当 $h>h_r$ 时，在避雷针上取高度 h_r 的一点代替单支避雷针针尖作为圆心。其余的同单支避雷针的保护范围当 $h\leqslant h_r$ 时的作法。此时，避雷针高于 h_r 的部分无保护范围。

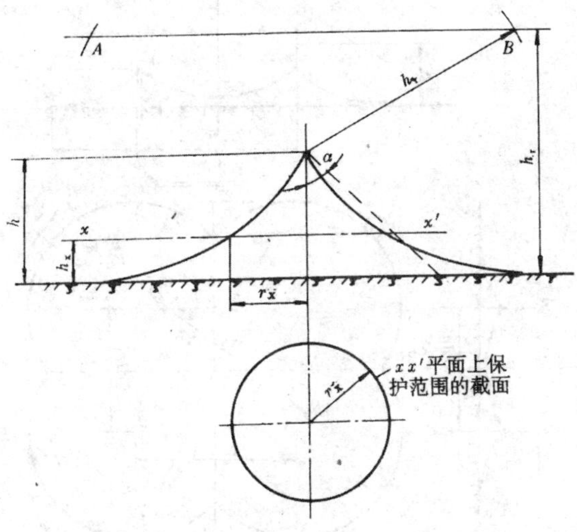

图 33-30　单支避雷针的保护范围

33.9.1.3　双支等高避雷针的保护范围

双支等高避雷针的保护范围，在 $h\leqslant h_r$ 时的情况下，当 $D\geqslant 2\sqrt{h(2h_r-h)}$ 时，各按单支避雷针所规定的方法确定；当 $D<2\sqrt{h(2h_r-h)}$ 时，应按下列方法确定，如图 33-31 所示。

（1）ADBC 外侧的保护范围，应按照单支避雷针所规定的方法确定。

（2）C、D 点位于两针间的垂直平分线上。在地面每侧的最小保护宽度应按下式计算

$$b_o = \overline{CO} = \overline{DO} = \sqrt{h(2h_r - h) - \left(\frac{D}{2}\right)^2} \quad (33\text{-}31)$$

在 AOB 轴线上，A、B 间保护范围上边线应按下式确定：

$$h_x = h_r - \sqrt{(h_r - h)^2 + \left(\frac{D}{2}\right)^2 - X^2} \quad (33\text{-}32)$$

式中　X——为滚球弧线上 E 点距中心线的距离，m。

实际上，该保护范围上边线是以中心线距地面 h_r 的一点 O' 为圆心，以 $\sqrt{(h_r-h)^2+\left(\frac{D}{2}\right)^2}$ 为半径作的圆弧。

（3）两针间 ADBC 内的保护范围，ACO、BCO、ADO、BDO 各部分是类同的，以 ACO 部分的保护范围为例，按以下方法确定：在 h_x 和 C 点所处的垂直平面上，以 h_x 作为假想避雷针，按单支避雷针所规定的方法确定（见图 33-31 中 1-1 剖面图）。

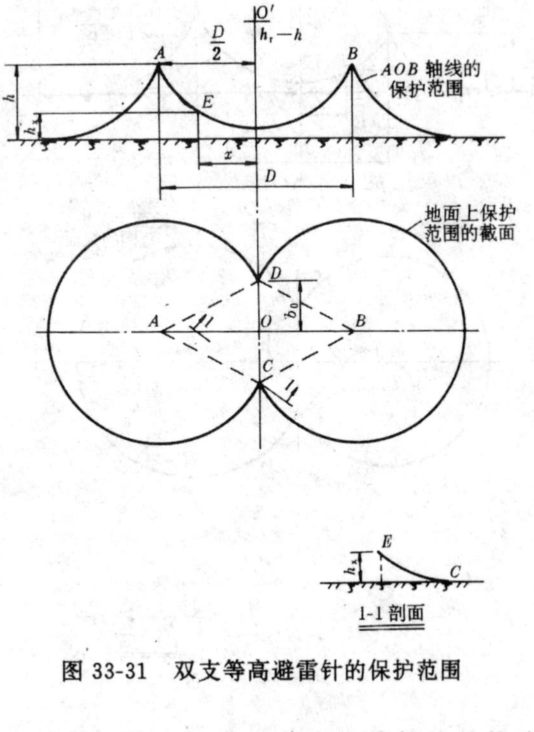

图 33-31　双支等高避雷针的保护范围

33.9.1.4　双支不等高避雷针的保护范围

双支不等高避雷针的保护范围，在 $h_1\leqslant h_r$ 和 $h_2\leqslant h_r$ 的情况下，当 $D\geqslant\sqrt{h_1(2h_r-h_1)}+\sqrt{h_2(2h_r-h_2)}$ 时，各按单支避雷针所规定的方法确定；当 $D<\sqrt{h_1(2h_r-h_1)}+\sqrt{h_2(2h_r-h_2)}$ 时，应按下列方法确定，如图 33-32 所示。

（1）ADBC 外侧的保护范围，应按照单支避雷针所规定的方法确定。

(2) CD 线或 FO' 线的位置应按下式计算

$$D_1 = \frac{2h_r(h_1 - h_2) - h_1^2 + h_2^2 + D^2}{2D} \quad (33\text{-}33)$$

(3) 在地面上每侧的最小保护宽度，应按下式计算

$$b_0 = \overline{CO} = \overline{DO} = \sqrt{h_1(2h_r - h_1) - D_1^2} \quad (33\text{-}34)$$

在 AOB 轴线上，A、B 间保护范围上边线应按下式确定

$$h_x = h_r - \sqrt{h_r^2 - h_1(2h_r - h_1) + D_1^2 - X^2} \quad (33\text{-}35)$$

式中　X——为距 CD 线或 FO' 线的距离。

实际上，该保护范围上边线是以 FO' 线距地面 h_r 的一点 O' 为圆心，以 $\sqrt{h_r^2-h_1(2h_r-h_1)+D_1^2}$ 为半径作的圆弧。

(4) 两针间 $ADBC$ 内的保护范围，ACO 与 ADO 是对称的，BCO 与 BDO 是对称的，以 ACO 部分的保护范围为例，按以下方法确定：在 h_x 和 C 点所处的垂直平面上，以 h_x 作为假想避雷针，按单支避雷针所规定的方法确定（见图 33-32 中 1-1 剖面图）。

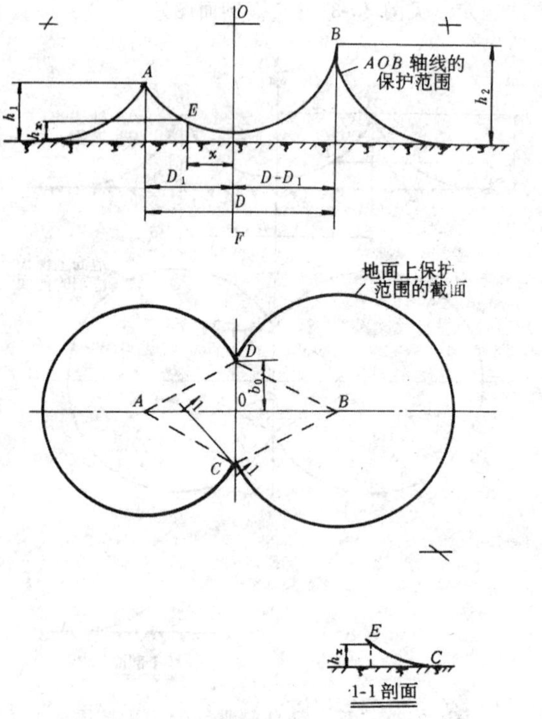

图 33-32　双支不等高避雷针的保护范围

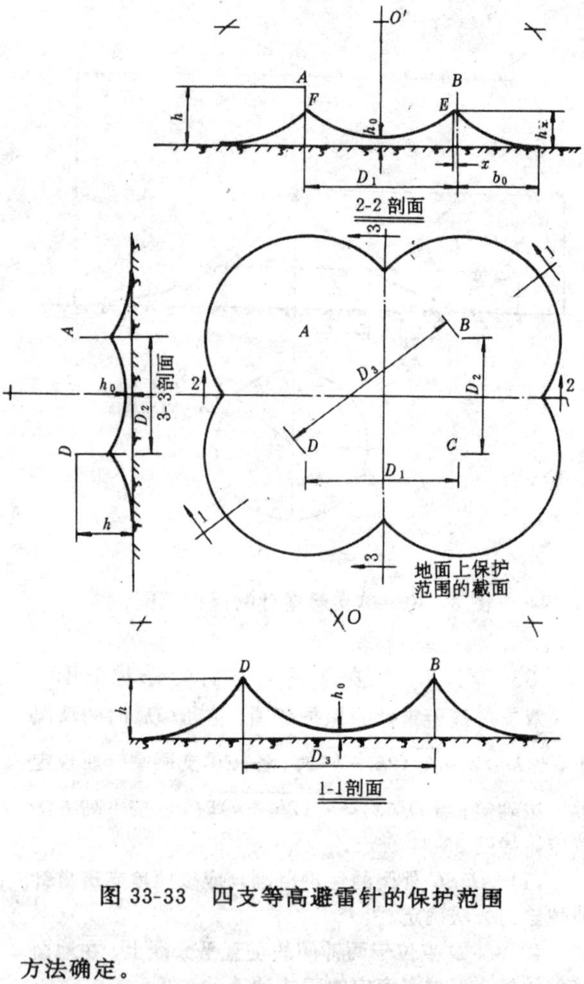

图 33-33　四支等高避雷针的保护范围

33.9.1.5　四支等高避雷针的保护范围

矩形布置的四支等高避雷针的保护范围，在 $h \leqslant h_r$ 的情况下，当 $D_3 \geqslant 2\sqrt{h(2h_r-h)}$ 时，各按双支等高避雷针所规定的方法确定；当 $D_3 < 2\sqrt{h(2h_r-h)}$ 时，应按下列方法确定，如图 33-33 所示。

(1) 四支避雷针的外侧各按双支避雷针所规定的方法确定。

(2) B、D 避雷针连线上的保护范围见图 33-33 中 1-1 剖面图。外侧部分按单支避雷针所规定的方法确定。两针间的保护范围按以下方法确定：以 B、D 两针针尖为圆心，h_r 为半径作弧相交于 O 点，以 O 点为圆心，h_r 为半径作圆弧，与针尖相接的这段圆弧即为针

尖保护范围。保护范围最低点的高度 h_0 按下式计算

$$h_0=\sqrt{h_r^2-\left(\frac{D_3^2}{2}\right)}+h-h_r \quad (33\text{-}36)$$

(3) 2-2 剖面的保护范围，以 A、B 针间的垂直平分线上的 O' 点（距地面的高度为 h_r+h_0）为圆心，h_r 为半径作圆弧与 B、C 和 A、D 双支避雷针所作出在该剖面的外侧保护范围延长圆弧相交于 E、F 点。E 点（F 点与此类同）的位置及高度可按下列两计算式确定：

$$(h_r-h_x)^2=h_r^2-(b_0+X)^2 \quad (33\text{-}37)$$

$$(h_r+h_0-h_x)^2=h_r^2-\left(\frac{D_1}{2}-X\right)^2 \quad (33\text{-}38)$$

(4) 3-3 剖面保护范围的确定与 (3) 项同。

33.9.1.6 单根架空避雷线的保护范围

单根架空避雷线的保护范围，当避雷线的高度 $h\geqslant 2h_r$ 时，无保护范围；当避雷线的高度 $h<2h_r$ 时，应按下列方法确定，如图 33-34 所示。在确定避雷线的高度时要考虑弧垂的影响。

(1) 距地面 h_r 处作一平行于地面的平行线；

(2) 以避雷线为圆心、h_r 为半径，作弧线交于平行线的 A、B 两点；

(3) 以 A、B 为圆心，h_r 为半径作弧线，该两弧线相交或相切并与地面相切。从该弧线起到地面止就是保护范围；

(4) 当 $2h_r>h>h_r$ 时，保护范围最高点的高度 h_0 按下式计算

$$h_0=2h_r-h \quad (33\text{-}39)$$

(5) 避雷线在 h_x 高度的 XX' 平面上的保护宽度，按下式计算

$$b_x=\sqrt{h(2h_r-h)}-\sqrt{h_x(2h_r-h_x)} \quad (33\text{-}40)$$

式中 b_x——避雷线在 h_x 高度的 XX' 平面上的保护宽度，m；

h——避雷线的高度，m；

h_r——滚球半径，按表 33-14 确定，m；

h_x——被保护物的高度，m。

(6) 保护范围也可按图 33-27、33-28 和图 33-29 的保护角确定，此时

$$b_x=(h-h_r)\tan\alpha \quad (33\text{-}41)$$

但当 $2h_r>h>h_r$ 时

$$b_x=(h_0-h_x)\tan\alpha \quad (33\text{-}42)$$

式中 α——为与 h_0 相对应的角度。

(7) 避雷线两端的保护范围按单支避雷针的保护方法确定。

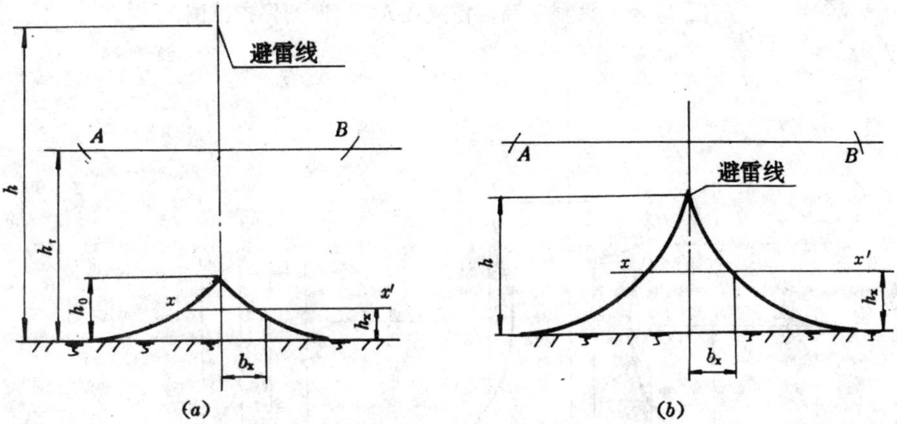

图 33-34 单根架空避雷线的保护范围

(a) —当 $2h_r>h>h_r$ 时；(b) —当 $h\leqslant h_r$ 时

33.9.1.7 两根等高架空避雷线的保护范围

两根等高架空避雷线的保护范围，按下列方法确定。

(1) 在避雷线高度 $h\leqslant h_r$ 的情况下，当 $D\geqslant 2\sqrt{h(2h_r-h)}$ 时，各按单根避雷线所规定的方法确定；当 $D<2\sqrt{h(2h_r-h)}$ 时，应按下列方法确定，如图 33-35 所示。

1）两根避雷线的外侧，各按单根避雷线的方法确定；

2）两根避雷线之间的保护范围按以下方法确定：以 A、B 两避雷线为圆心、h_r 为半径作圆弧交于 O 点，以 O 点为圆心、h_r 为半径作圆弧交于 A、B 点；

3）两避雷线之间保护范围最低点的高度 h_0 按下式计算

$$h_0=\sqrt{h_r^2-\left(\frac{D}{2}\right)^2}+h-h_r \qquad (33\text{-}43)$$

4）避雷线两端的保护范围按双支避雷针所规定的方法确定，但在中线上 h_0 线的内移位置按以下方法确定图 33-35 中 1-1 剖面：以双支避雷针所确定的中点保护范围最低点的高度作为假想避雷针，将其保护范围的延长弧线与 h_0 线交于 E 点。距离 X 也可按下式计算

$$X=\sqrt{h_0(2h_r-h_0)}-b_0 \qquad (33\text{-}44)$$

式中　b_0——按 33-29 式确定。

（2）在避雷线高度为 $h_r<h\leqslant 2h_r$ 而且避雷线之间的距离为 $2h_r>D>2(h_r-\sqrt{h(2h_r-h)})$ 的情况下，按下列方法确定，如图 33-36 所示。

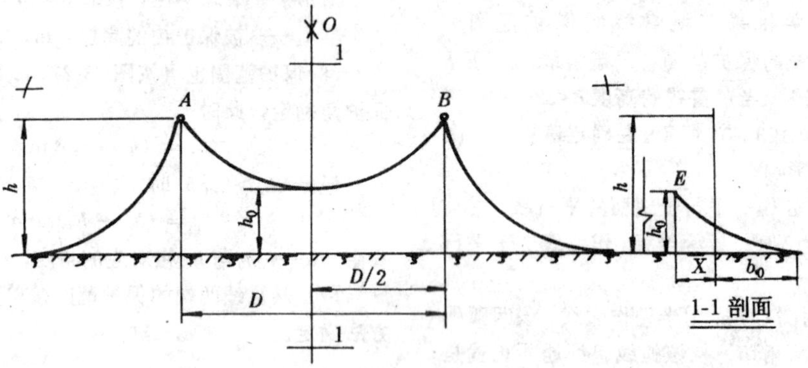

图 33-35　两根等高避雷线在 $h\leqslant h_r$ 时的保护范围

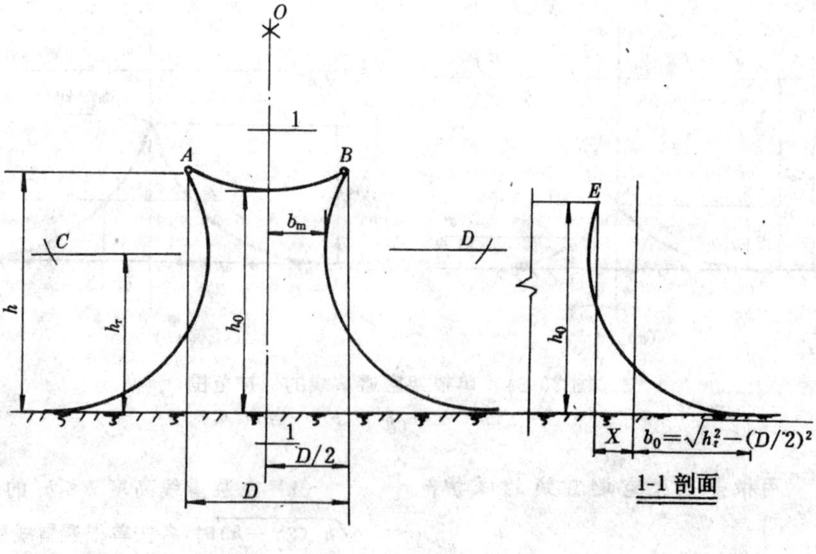

图 33-36　两根等高避雷线在 $h_r<h\leqslant 2h_r$ 时的保护范围

1) 距地面 h_r 处作一与地面平行的线；

2) 以避雷线 A、B 作为圆心、h_r 为半径作弧线，相交于 O 点并与平行线相交或相切于 C、D 点；

3) 以 O 点为圆心、h_r 为半径作弧线交于 A、B 点；

4) 以 C、D 为圆心、h_r 为半径作弧线交于 A、B 并与地面相切；

5) 两避雷线之间保护范围最低点的高度 h_0 按下式计算

$$h_0 = \sqrt{h_r^2 - \left(\frac{D}{2}\right)^2} + h - h_r \qquad (33\text{-}45)$$

6) 最小保护宽度 b_m 位于 h_r 高处，其值按下式计算

$$b_m = \sqrt{h(2h_r - h)} + \frac{D}{2} - h_r \qquad (33\text{-}46)$$

7) 避雷线两端的保护范围按双支高度 h_r 的避雷针确定，但在中线上 h_0 线的内移位置按以下方法确定图 33-36 中 1-1 剖面：以双支高度 h_r 的避雷针所确定的中点保护范围最低点的高度 $\left(h_r - \frac{D}{2}\right)$ 作为假想避雷针，将其保护范围的延长弧线与 h_0 线交于 E 点。距离 X 也可按下式计算

$$X = \sqrt{h_0(2h_r - h_0)} - \sqrt{h_r^2 - \left(\frac{D}{h_r}\right)^2} \qquad (33\text{-}47)$$

33.9.2 避雷针和架空避雷线保护范围传统计算法

33.9.2.1 单支避雷针的保护范围

单支避雷针的保护范围，如图 33-37 所示，应按下列方法确定。

避雷针在地面上的保护半径，应按下式计算

$$r = 1.5hp \qquad (33\text{-}48)$$

式中 r——保护半径，m；

h——避雷针的高度，m；

p——高度影响系数，$h \leqslant 30\text{m}$，$p=1$；$30 < h \leqslant 120\text{m}$，$p = \frac{5.5}{\sqrt{h}}$。

在被保护物高度 h_x 水平面上的保护半径 r_x 应按下式确定

(1) 当 $h_x \geqslant 0.9h$ 时

$$r_x = 0.84(h - h_x)p = 0.84h_a p \qquad (33\text{-}49)$$

式中 r_x——避雷针在 h_x 水平面上的保护半径，m；

h_x——被保护物的高度，m；

h_a——避雷针的有效高度，m。

(2) 当 $0.5h \leqslant h_x < 0.9h$ 时

$$r_x = (1.02h - 1.04h_x)p \qquad (33\text{-}50)$$

(3) 当 $h_x < 0.5h$ 时

$$r_x = (1.5h - 2h_x)p \qquad (33\text{-}51)$$

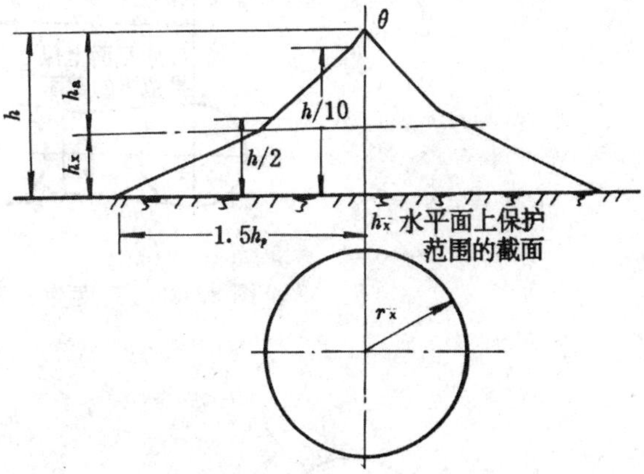

图 33-37 单支避雷针的保护范围（$h \leqslant 30\text{m}$ 时，$\theta = 40°$）

33.9.2.2 两支等高避雷针的保护范围

两支等高避雷针的保护范围，如图 33-38 所示，应按下列方法确定。

(1) 两针外侧的保护范围，应按单支避雷针的计算方法确定。

(2) 两针间的保护范围，应按通过两针顶点及保护范围上部边缘最低点 O 的圆弧确定，圆弧的半径为 R_O。O 点为假想避雷针的顶点，其高度应按下式计算

$$h_0 = h - \frac{D}{7p} \qquad (33\text{-}52)$$

式中 h_0——两针间保护范围上部边缘最低点高度，m；

D——两避雷针间的距离，m。

两针间 h_x 水平面上保护范围的一侧最小宽度，应按下式计算

$$b_x = 1.5(h_0 - h_x) \qquad (33\text{-}53)$$

式中 b_x——保护范围的一侧最小宽度，m；当 $D = 7h_a p$ 时，$b_x = 0$。求得 b_x 后，可按图 33-38 绘出两针间的保护范围。

两针间距离与针高之比 D/h 不宜大于 5。

33.9.2.3 多支等高避雷针的保护范围

多支等高避雷针的保护范围，如图 33-39 及图 33-40 所示，应按下列方法确定。

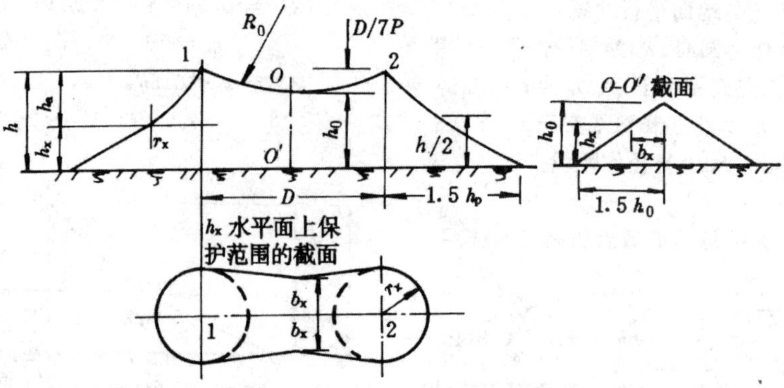

图 33-38 高度为 h 的两等高避雷针的保护范围

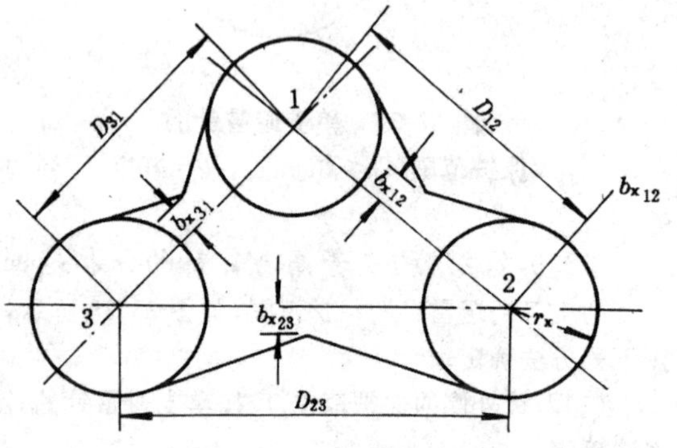

图 33-39 三支等高避雷针在 h_x 水平面上的保护范围

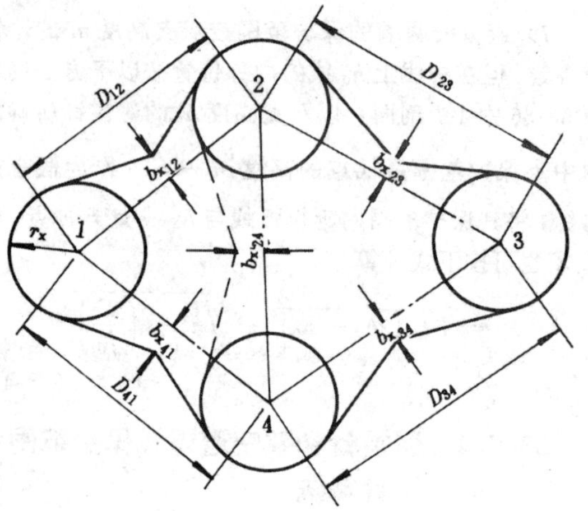

图 33-40 四支等高避雷针在 h_x 水平面上的保护范围

三支等高避雷针所形成的三角形的外侧保护范围,应分别按两支等高避雷针的计算方法确定。如在三角形内被保护物最大高度 h_x 水平面上,各相邻避雷针间保护范围的一侧最小宽度 $b_x \geqslant 0$ 时,则全部面积受到保护。

四支及以上等高避雷针所形成的四角形或多角形,可先将其分成两个或数个三角形,然后分别按三支等高避雷针的方法计算。如各边的保护范围一侧最小宽度 $b_x \geqslant 0$,则全部面积即受到保护。

33.9.2.4 单根架空避雷线的保护范围

用单根架空避雷线保护变电所的电气设备时,其保护范围如图 33-41 所示。

在 h_x 水平面上每侧保护范围的宽度(端部的保护半径与其相等),应按下列公式确定

当 $h_x \geqslant \frac{h}{2}$ 时,$r_x = 0.47(h - h_x)p$ (33-54)

当 $h_x < \frac{h}{2}$ 时,$r_x = (h - 1.53h_x)p$ (33-55)

式中 r_x——每侧保护范围的宽度,m。

33.9.2.5 两根等高平行避雷线的保护范围

用两根等高平行避雷线保护变电所电气设备时,其保护范围如图 33-42 所示。

两避雷线外侧的保护范围的横截面,由通过两避雷线 1、2 点及保护范围边缘最低点 O 的圆弧确定。O 点的高度应按下式计算

$$h_0 = h - \frac{D}{4p} \qquad (33\text{-}56)$$

式中 h_0——两避雷线间保护范围上部边缘最低点的高度，m；

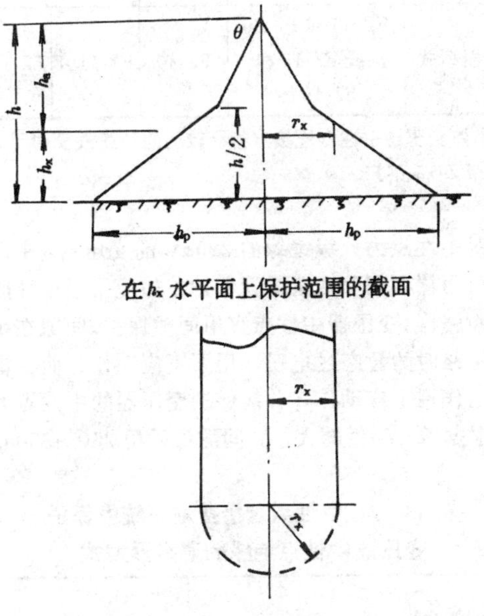

图 33-41 单根避雷线的保护范围（$h \leqslant 30$m 时，$\theta = 25°$）

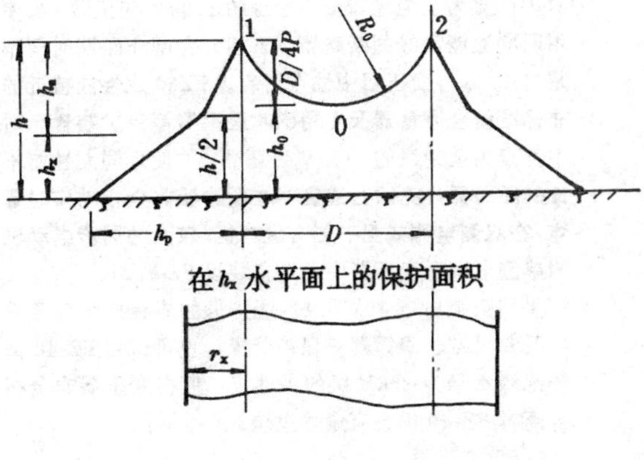

图 33-42 两根平行避雷线的保护范围

D——两根避雷线间的距离，m；

h——避雷线的高度，m。

两避雷线端部的两侧保护范围仍按单根避雷线保护范围计算。两线间保护最小宽度按下式计算：

$$b_x = h_0 - h_x = h - \frac{D}{4p} - h_x \qquad (33\text{-}57)$$

33.9.2.6 不等高避雷针、避雷线的保护范围

两支不等高避雷针的保护范围（如图 33-43 所示）：

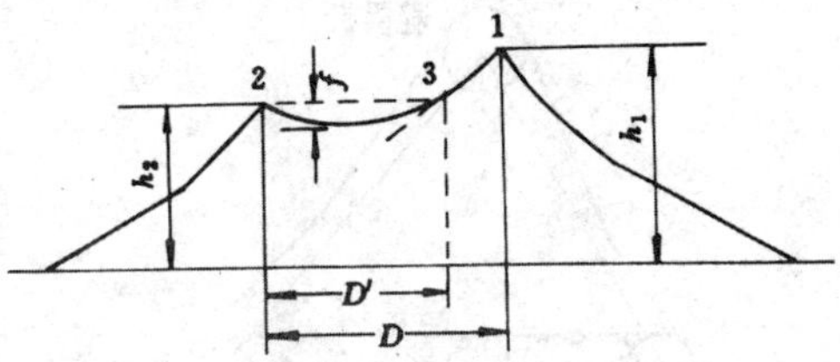

图 33-43 两支不等高避雷针的保护范围

(1)两支不等高避雷针外侧的保护范围，应分别按单支避雷针的计算方法确定。

(2)两支不等高避雷针间的保护范围，应按单支避雷针的计算方法，先确定较高避雷针 1 的保护范围，然后由较低避雷针 2 的顶点，作水平线与避雷针 1 的保护范围相交于点 3，取点 3 为等效避雷针的顶点，再按两支等高避雷针的计算方法确定避雷针 2 和 3 间的保护范围。通过避雷针 2、3 顶点及保护范围上部边缘最低点的圆弧，其弓高应按下式计算：

$$f = \frac{D'}{7p} \qquad (33\text{-}58)$$

式中 f——圆弧的弓高，m；

D'——避雷针 2 和等效避雷针 3 间的距离，m。

(3)对多支不等高避雷针所形成的多角形，各相邻两避雷针的外侧保护范围，按两支不等高避雷针的计算方法确定；三支不等高避雷针，如在三角形内被保护物最大高度 h_x 水平面上，各相邻避雷针间保护范围一侧最小宽度 $b_x \geqslant 0$，则全部面积即受到保护；四支及以上不等高避雷针所形成的多角形，其内侧保护范围，可仿照等高避雷针的方法确定。

山地和坡地上的避雷针的保护范围，可按式 33-

48、式 33-50、式 33-51、式 33-53 的计算结果乘以系数 0.75 求得；式 33-52 可修改为 $h_0=h-\frac{D}{5p}$；式 33-58 可修改为 $f=\frac{D'}{5p}$。

(4)两根不等高避雷线各横截面的保护范围，应根据两支不等高避雷针的方法，按式 33-57 计算。

(5)必要时，可考虑相互靠近的避雷针和避雷线的联合保护作用。联合保护范围如图 33-44 所示，按下列方法确定：

避雷针、线外侧保护范围分别按单针、线的保护范围确定。内侧首先将不等高针、线划为等高针、线，然后将等高针、线视为等高避雷线计算其保护范围。

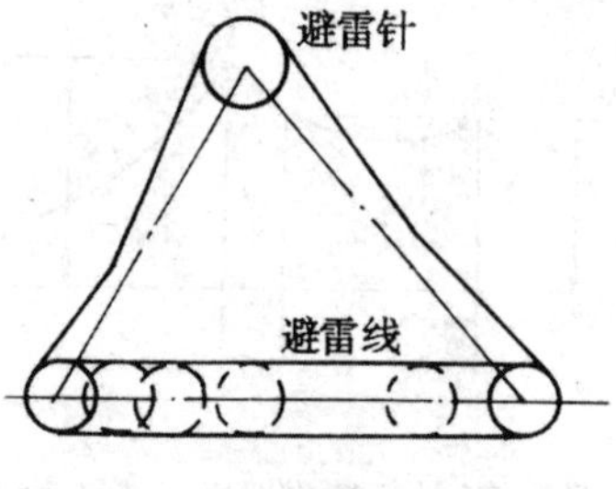

图 33-44 避雷针和避雷线的联合保护范围

33.9.3 阀式避雷器

阀式避雷器的灭弧电压，在中性点直接接地的电力网中，应取设备最高运行线电压的 80%；在中性点非直接接地的电力网中，不应低于设备最高运行线电压。

保护旋转电机中性点绝缘的阀式避雷器，其额定电压不应低于电机最高运行相电压，其型式宜按表 33-15 选定。

表 33-15 保护旋转电机中性点绝缘的避雷器型式

电机额定电压 (kV)	3	6	10
避雷器型式	FCD-2	FCD-4	FCD-6
	FZ-2	FZ-4	FZ-6
		(FS-4)	FS-6

保护变压器中性点绝缘的阀式避雷器的型式，宜按表 33-16 及表 33-17 选定。

表 33-16 中性点非直接接地电力网中保护变压器中性点绝缘的避雷器型式

变压器额定电压 (kV)	35	60	110	154
避雷器型式	FZ-35 或 FZ-30 (或 FZ-15 和 FZ-10)①	FZ-40	FZ-110J	FZ-154J

①如变压器中性点连接有绝缘较弱的消弧线圈时可采用 FZ-15 和 FZ-10。

对中性点为分级绝缘的 220kV 的变压器，中性点绝缘可用棒型间隙或避雷器保护。如使用同期性能不良的断路器，变压器中性点宜用间隙保护。间隙在单相接地短路时的暂态过电压作用下不应动作，而在雷电过电压作用下应动作，并能保护变压器的中性点的绝缘，根据 X/X_0 值的大小，间隙可采用 250～350mm。

表 33-17 中性点直接接地系统中保护变压器中性点绝缘的避雷器型式

变压器额定电压 (kV)	110①		220	330
变压器中性点绝缘	全绝缘	分级绝缘	分级绝缘	分级绝缘
避雷器型式	FZ-110J 或 FZ-60	②	FZ-110J	FCZ-154J 或 FZ-154J

①对中性点为全绝缘和分级绝缘的 110kV 变压器，如使用同期性能良好的断路器（三相分合闸非同期时间不超过 10ms)，变压器中性点可装设 FZ60 或性能接近的非标准组合避雷器及专用磁吹避雷器等保护装置。对中性点为全绝缘的 110kV 变压器，如使用同期性能不良的断路器，为防止避雷器在断路器非全相动作时爆炸，在双侧电源或另一侧有调相机、较大的同步电动机的单侧电源，变压器中性点宜装设 FZ-110J。

②可采用灭弧电压 70kV 或性能接近的非标准组合避雷器及专用磁吹避雷器等保护装置，也可试用 FZ-40 保护绝缘水平为 35kV 级的中性点，但在变压器非全相合闸时 FZ-40 仍会有爆炸危险。

阀式避雷器的电气特性见表 33-18～表 33-21。

表 33-18 FCD 型磁吹避雷器的电气特性

型号	额定电压 (kV)	灭弧电压 (kV)	工频放电电压有效值 (kV)		预放电时间 1.5～2.0μs 的冲击放电电压幅值 (kV)	3kA 冲击电流 (波形 10/20μs) 幅值 (kV)
			不小于	不大于	不大于	不大于
FCD-2	2	2.3	4.5	5.7	6.0	6.0
FCD-3	3	3.8	7.5	9.5	9.5	9.5
FCD-4	4	4.6	9.0	11.4	12.0	12.0
FCD-6	6	7.6	15.0	18.0	19.0	19.0
FCD-10	10	12.7	25.0	30.0	31.0	31.0
FCD-13.2	13.2	16.7	33.0	39.0	40.0	40.0
FCD-15	15	19.0	37.0	44.0	45.0	45.0

表 33-19 FZ 及 FCZ 型避雷器的电气特性

型号	组合方式	额定电压 (kV)	灭弧电压 (kV)	工频放电电压有效值 (kV)		预放电时间 1.5～2.0μs 冲击放电电压幅值 (kV)	5kA、10kA 冲击电流 (波形 10/20μs) 下的残压幅值 (kV)	
				不小于	不大于		5kA 下不大于	10kA 下不大于
FZ-3	单独元件	3	3.8	9	11	20	14.5	16
FZ-6	单独元件	6	7.6	16	19	30	27	30
FZ-10	单独元件	10	12.7	26	31	45	45	50
FZ-15	单独元件	15	20.5	42	52	78	67	74
FZ-20	单独元件	20	25.0	49	60.5	85	80	88
FZ-30J	组合元件		25.0	56	67	110	83	91
FZ-30	单独元件	30	38.0	80	91	116	121	134
FZ-35	2 (FZ-15)	35	41.0	84	104	134	134	148
FZ-40	2 (FZ-20)	40	50.0	98	121	154	160	176
FZ-60	2 (FZ-20) + (FZ-15)	60	70.5	140	173	220	227	250
FZ-110J	4 (FZ-30J)	110	100.0	224	268	310	332	364
FZ-110	(FZ-20) +5 (FZ-15)	110	126.0	254	312	375	375	440
FZ-154J	4 (FZ-30J) +2 (FZ-15)	154	141.0	306	372	420	466	512
FZ-154	3 (FZ-20) +5 (FZ-15)	154	177.5	352	441	500	575	634
FZ-220J	8 (FZ-30J)	220	200.0	448	536	630	664	728
FCZ-35		35	40.0	72	85	108	103	113
FCZ-1		110	100.0	170	195	265	265	295
FCZ-110		110	126.0	225	290	345	332	365
FCZ-154J		154	142.0	241	277	374	374	412
FCZ-154		154	177.0	330	377	500	466	512
FCZ-220J		220	200.0	340	390	515	515	570
FCZ-330J		330	290.0	510	580	780	740	820

表 33-20 FS型避雷器的电气特性

型号	额定电压(kV)	灭弧电压(kV)	工频放电电压有效值(kV)		预放电时间1.5～2.0μs的冲击放电电压峰值(kV)	5kV冲击电流(波形10/20μs)下的残压峰值(kV)
			不小于	不大于	不大于	不大于
FS-2	2	2.5	5	7	15	11
FS-3	3	3.8	9	11	21	17
FS-6	6	7.6	16	19	35	30
FS-10	10	12.7	26	31	50	50

表 33-21 低压阀型避雷器的电气特性

稳定电压有效值(kV)	灭弧电压有效值(kV)	工频放电电压有效值(kV)		预放电时间1.5～10μs的冲击放电电压峰值(kV)	3kA冲击电流(波形10/20μs)下的残压峰值(kV)
		不小于	不大于	不小于	不大于
0.22	0.25	0.6	1.0	2.0	1.3
0.38	0.50	1.1	1.6	2.7	2.6

33.9.4 排气式避雷器

在选择排气式避雷器时，开断续流的上限，考虑非周期分量，不应小于安装处短路电流最大有效值；开断续流的下限，不考虑非周期分量，不得大于安装处短路电流的可能最小数值。

如按开断续流的范围选择排气式避雷器，最大短路电流应按雷季电力系统最大运行方式计算，并包括非周期分量的第一个半周短路电流有效值。如计算困难，对发电厂附近，可将周期分量第一个半周有效值乘以1.5，距发电厂较远的地点乘以1.3。最小短路电流，应按雷季电力系统最小运行方式计算，且不包括非周期分量。

排气式避雷器的外间隙，在符合保护要求的条件下，应采用较大的数值。排气式避雷器外间隙一般采用表33-22所列数值。

为减少排气式避雷器PB_1在反击时动作，应降低PB_1与避雷线的总接地电阻，并增大PB_1的外间隙，一般可增大到表33-22所列数值。

表 33-22 排气式避雷器外间隙的数值 (mm)

额定电压(kV)	3	6	10	20	35	60	110	
							中性点直接接地	中性点非直接接地
外间隙最小数值	8	10	15	60	100	200	350	400
$PB_1$①外间隙最大数值				150～200	250～300	350～400	400～500	400～500

①表中PB_1指用于变电所进线段首端的排气式避雷器。

装设在木杆上的排气式避雷器，一般采用三相共用的接地装置，并可与避雷线共用一根接地引下线。如需利用接地电阻限制短路电流，各相避雷器可单独敷设引下线，分别与独立的接地装置连接。

表 33-23 电站和配电用氧化锌避雷器技术参数

避雷器额定电压	系统额定电压	避雷器持续运行电压	标称放电电流 20kA 等级				标称放电电流 10kA 等级				标称放电电流 5kA 等级							
			电站避雷器				电站避雷器				电站避雷器				配电避雷器			
			陡波冲击电流下残压不大于	雷电冲击电流下残压不大于	操作冲击电流下残压不大于	直流1mA参考电压不小于	陡波冲击电流下残压不大于	雷电冲击电流下残压不大于	操作冲击电流下残压不大于	直流1mA参考电压不小于	陡波冲击电流下残压不大于	雷电冲击电流下残压不大于	操作冲击电流下残压不大于	直流1mA参考电压不小于	陡波冲击电流下残压不大于	雷电冲击电流下残压不大于	操作冲击电流下残压不大于	直流1mA参考电压不小于
有效值（kV）			峰值（kV）															
3.8	3	2.0									15.5	13.5	11.5	7.2	19.6	17.0	14.5	7.5
7.6	6	4.0									31.0	27.0	23.0	14.4	34.5	30.0	25.5	15.0
12.7	10	6.6									51.8	45.0	38.3	24.0	57.5	50.0	42.5	25.0
42	35	23.4									154	134	114	73				
69	63	40									258	224	190	122				
100	110	73					291 325	260 290	221 247	145 145	299 334	260 290	221 247	145 145				
126	110	73									382	332	282	214				
200	220	146					582 650	520 580	442 494	290 290	598 668	520 580	442 494	290 290				
288	330	210					782	698	593	408								
300	330	215					814	727	618	424								
312	330	220					847	756	643	441								
396	500	312	1104	986	808	532	1015	905	770	532								
420	500	318	1170	1046	858	565	1075	960	816	565								
444	500	324	1238	1106	907	597	1137	1015	862	597								
468	500	330	1306	1166	956	630	1198	1070	910	630								

33.9.5 氧化锌避雷器

氧化锌避雷器没有串联间隙，正常工频相电压要长期施加在金属氧化物电阻片上。为了保证一定的使用寿命，长期施加于避雷器上的运行电压不得超过避雷器的持续运行电压，即

$$U_{by} \geqslant U_{xy} \tag{33-59}$$

式中 U_{by}——氧化锌避雷器的持续运行电压有效值，kV；

U_{xy}——系统最高相电压有效值，kV，对于电容器组，应为电容器组的额定电压。因为电容器组中串联有电抗器，它使得电容器的端电压高于系统的最高相电压。

氧化锌避雷器的额定电压U_{be}，通常按电力系统出现的最高工频过电压选取，即

$$U_{be} \geqslant U_{g} \tag{33-60}$$

按此条件选定额定电压后，应按避雷器的保护水平与被保护设备的绝缘水平进行试配合。若不能满足要求，可适当降低额定电压值，但需校验其工频电压耐受能力。

连接于自耦变压器的高、中压绕组出口的避雷器，在选择额定电压时要考虑两侧避雷器的配合。应满足

$$U_{zbe} > \frac{U_{gbe}}{N} \tag{33-61}$$

式中 U_{zbe}——中压侧氧化锌避雷器的额定电压，kV；

U_{gbe}——高压侧氧化锌避雷器的额定电压，kV；

N——自耦变压器高、中压之间的变比。

氧化锌避雷器的技术参数见表33-23～表33-25。

表 33-24 电机用氧化锌避雷器技术参数

避雷器额定电压有效值(kV)	电机额定电压有效值(kV)	避雷器持续运行电压(kV)	标称放电电流2.5kA等级							
			发电机避雷器				电动机避雷器			
			陡波冲击电流残压峰值(kV)不大于	雷电冲击电流残压峰值(kV)不大于	操作冲击电流残压峰值(kV)不大于	直流1mA参考电压(kV)不小于	陡波冲击电流残压峰值(kV)不大于	雷电冲击电流残压峰值(kV)不大于	操作冲击电流残压峰值(kV)不大于	直流1mA参考电压(kV)不小于
3.8	3.15	2.0	10.9	9.5	7.6	5.6	10.9	9.5	7.6	5.6
7.6	6.3	4.0	21.9	19.0	15.0	11.3	21.9	19.0	15.0	11.3
12.7	10.5	6.6	35.7	31.0	25.0	18.9	35.7	31.0	25.0	18.9
16.7	13.8	9.0	46.0	40.0	32.0	24.8				
19.0	15.75	10.0	51.8	45.0	36.0	28.2				
23.0	18.0	12.0	64.3	55.9	44.7	34.0				
25.4	20.0	13.2	71.3	62.0	49.6	37.7				

表 33-25 中性点用氧化锌避雷器技术参数

电气设备	避雷器额定电压有效值(kV)	系统或设备额定电压有效值(kV)	标称放电电流1kA等级		
			雷电冲击电流残压峰值(kV)不大于	操作冲击电流残压峰值(kV)不大于	直流1mA参考电压(kV)不小于
电机	2.3	3.15	6.0		3.4
	4.6	6.3	12.0		6.9
	7.6	10.5	19.0		11.3

续表 33-25

电气设备	避雷器额定电压有效值(kV)	系统或设备额定电压有效值(kV)	标称放电电流 1kA 等级		
			雷电冲击电流残压峰值(kV)不大于	操作冲击电流残压峰值(kV)不大于	直流 1mA 参考电压(kV)不小于
变压器	60	110	144	137	86
	73	110	200	165	103
	146	220	320	304	190
	210	330	440	399	250
	100	500	260	243	152

33.9.6 保护间隙

当排气式避雷器的灭弧能力不能符合要求时，可采用保护间隙，并应尽量与自动重合闸装置配合，以减少线路停电事故。保护间隙的主间隙不应小于表 33-26 所列数值。

表 33-26 保护间隙的主间隙最小值

额定电压(kV)	3	6	10	20	35	60	110	
							中性点直接接地	中性点非直接接地
间隙数值(mm)	8	15	25	100	210	400	700	750

注：保护加强绝缘变压器用的间隙，在符合绝缘配合要求的条件下，应尽量采用增大的间隙值。

额定电压为 60～110kV 的保护间隙，可采用装在耐张绝缘子串上的保护金具，中性点非直接接地的电力网，应使单相间隙动作时有利于灭弧；在 3～35kV 级，宜采用角形保护间隙。

3～35kV 的保护间隙，宜在其接地引下线中串接一个辅助间隙，以防止外物使间隙短路，辅助间隙可采用表 33-27 所列数值。

表 33-27 辅助间隙的数值

额定电压(kV)	3	6～10	20	35
辅助间隙数值(mm)	5	10	15	20

33.9.7 消弧线圈

中性点经消弧线圈接地的电力网，在正常运行情况下，中性点的长时间电压偏移不应超过额定相电压的 15%。

装有消弧线圈的 60kV 及以下的电力网，故障点的残余电流不宜超过 10A。必要时可将电力网分区运行，以减少故障点的残余电流。

消弧线圈应采用过补偿运行方式。如消弧线圈容量不足，允许短时期以欠补偿方式运行，但脱谐度不宜超过 10%。

消弧线圈的容量应根据电力网 5 年左右的发展规划确定，并按过补偿进行设计，按下式计算：

$$W = 1.35 I_c \frac{U_e}{\sqrt{3}} \tag{33-62}$$

式中 W——消弧线圈的容量，kVA；

I_c——接地电容电流，A；

U_e——电力网的额定电压，kV。

电力网中消弧线圈装设的地点应符合下列要求：

(1) 应保证电力网在任何运行方式下，断开一、两条线路时，大部分电力网不致失去补偿。

(2) 不应将多台消弧线圈集中安装在电力网中的一处，并应尽量避免电力网中只装设一台消弧线圈。

(3) 消弧线圈宜接于星形-三角形或星形-星形-三角形接线的变压器中性点上。

接于星形-三角形接线的双绕组或星形-星形-三角形接线的三绕组变压器中性点上的消弧线圈容量，不应超过变压器三相总容量的50%，并不得大于三绕组变压器的任一绕组的容量。

如需将消弧线圈接于星形-星形接线的变压器中性点，消弧线圈的容量不应超过变压器三相总容量的20%。但不应将消弧线圈接于零序磁通经铁芯闭路的星形-星形接线的变压器，如外铁型变压器或三台单相变压器组成的变压器组。

如变压器无中性点或中性点未引出，应装设专用接地变压器，其容量应与消弧线圈的容量相配合。

参考文献

[1] 北京钢铁设计院等编，钢铁企业电力设计参考资料，冶金工业出版社，1976.

[2] SDJ7—79 电力设备过电压保护设计技术规程.

[3]水利电力部西北电力设计院编，电力工程电气设计手册，水利电力出版社，1989.

[4] GBJ64—83 工业与民用电力装置的过电压保护设计规范.

第34章

接　地

34.1　概述

34.1.1　接地的意义

电力系统、电气装置和电气设备的某一部分与大地作良好的电气连接称为接地。接地对电力系统和电气设备的安全（免遭损坏）及其可靠运行，对操作、维护、运行人员的人身安全，都起着很大的作用。因此，必须根据有关规程、规范的要求，精心地进行接地设计；必须严格地按设计进行施工；在投入运行后，必须定期维修、并检测接地电阻值，使其低于规定值，只有这样，接地才能起到它应起的作用。

34.1.2　接地的类别

一般按照接地所起的作用来进行分类。接地可分为工作接地（功能性接地）、保护接地（包括接零）、防静电接地、防雷及防过电压接地、屏蔽接地（隔离接地）以及其它特殊接地等。

34.1.3　电击保护及安全电压

当人触及带电导体（有相当高的电压）而遭到打击甚至发生伤亡时，称之为电击或触电。为了最大可能地避免人员伤亡，必须实施电击保护。电击保护分正常情况下的电击保护和故障情况下的电击保护两类，前者又称为直接接触保护（基本保护），主要是指绝缘和隔离，即避免人员直接触及带电导体；后者又称间接接触保护。接地、接零、采用漏电保护器等都是实现间接接触保护的手段。间接接触保护以两种形式来避免人员触及带电的设备外壳（正常不带电，因内部绝缘电阻下降或击穿所致）而遭到的电击，即迅速切断故障处电源和使故障设备外壳的对地电压低于安全电压。此外，减少接触电压和跨步电压，使之低于安全电压也可以认为是间接接触保护。

根据《安全电压》（GB3805—93），安全电压是指为防止触电事故而采用的由特定电源供电的电压系列。在任何情况下，这个电压系列的上限值，两导体间或任一导体与地之间均不得超过交流（50～500Hz）有效值50V（直流安全电压我国尚未规定）。安全电压额定值的等级为42、36、24、12、6V。当采用安全电压来防止触电事故时，应根据使用环境、人员和使用方式等因素选用上述五级电压中的一级。但是当采用大于～24V的安全电压时，必须采取防止直接接触带电体的保护措施。这是因为接触～24V以上电压时，仍有时间的限制，例如接触～36V电压的时间规定为3～6s。因此，在高度危险的环境中，可使用～24V的安全电压；在特别危险的环境中可使用～12V的安全电压。下面再列举一些国外的规定作为参考。某技术标准指出，～50V及以下，－75V及以下，不会对人造成伤害。美国提出的安全电压和允许接触时间的关系见表34-1。

表34-1　安全电压（预期接触电压）和允许通电时间的关系

预期接触电压　(V)	<50	50	75	90	110	150	220	280
最大允许通电时间　(s)	∞	5	1	0.5	0.2	0.1	0.05	0.03

由此可见安全电压的数值略有不同。在低压范围内，电压只是导致人员伤亡的间接原因，直接原因则是电流流经人体引起心室纤维性颤动，从而导致心脏停止跳动。人体的电阻主要分布在皮肤的角膜，它和人的性别、年龄、情绪、皮肤的不同部分及其潮湿程度、有无创伤以及电击电压大小等有关。此外，电击时间的长短对人体伤害的程度也有影响。高电压、大电流的电击还可造成人体灼伤。为保证人员绝对不受伤害的安全电流·时间的临界值，许多国家都确定为 30mA·s。图 34-1 表示电流流过人体的效应。安全电压和安全电流·时间值是设计保护接地装置的基础。

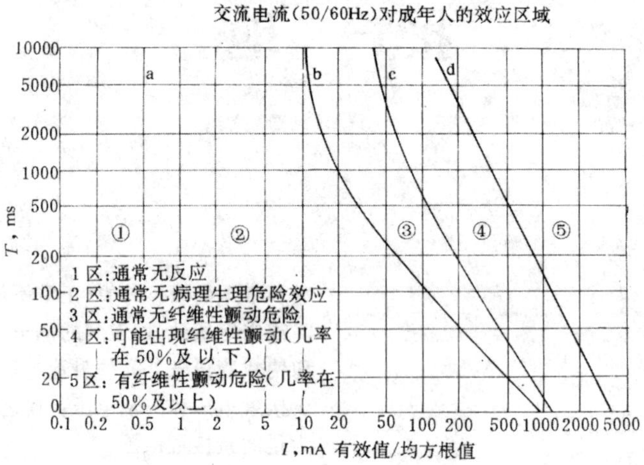

图 34-1 电流流过人体的效应

34.2 工作接地

工作接地是一种功能性的接地，主要是指包括高、低压在内的电力系统的接地。在正常或事故情况下，为保证电力系统和电气设备的可靠运行，必须将电力系统中某一点（如发电机、变压器的中性点，电动机的中性点，某一相的中点，防止过电压的避雷器的某一点等）直接或经消弧线圈、电抗器、电阻器、击穿熔断器等设备与大地作良好的电气连接，这便是工作接地。

34.2.1 接地类型的表示

从工作接地的观点看，电力系统可分为接地系统和不接地系统两类。从保护接地的观点看，电气设备的正常不带电的金属外壳有接地和接零两类。建筑物内的电力系统和电气设备，可以用两个字母来表征其对地的关系（符合 IEC 标准）。

第一个字母表示电力系统的对地关系：

T——一点直接接地；

I——所有带电部分对地绝缘或一点经阻抗接地。

第二个字母表示装置的外露金属部分的对地关系：

T——外露金属部分对地作直接电气连接，与电力系统的任何接地点无关；

N——外露金属部分与电力系统的接地体作直接电气连接。

如果在后面还有字母时，则表示零线（N）与保护线（PE）的关系：

S——零线和保护线是分开的；

C——零线和保护线是合一的。

这样，可以用符号来表示电力系统的对地关系，一般用于电压为 1kV 以下的低压系统。电力系统可分为 TN 系统、TT 系统和 IT 系统。

34.2.1.1 TN 系统

TN 电力系统有一点直接接地，装置的外露金属部分用 PE 线与该点相连接。按照 N 线与 PE 线的组合情况，一般 TN 系统有以下三种型式：

（1）TN-S 系统。TN-S 系统中 N 线和 PE 线是分开的，见图 34-2。

（2）TN-C-S 系统。TN-C-S 系统中有一部分 N 线和 PE 线是合一的。见图 34-3。

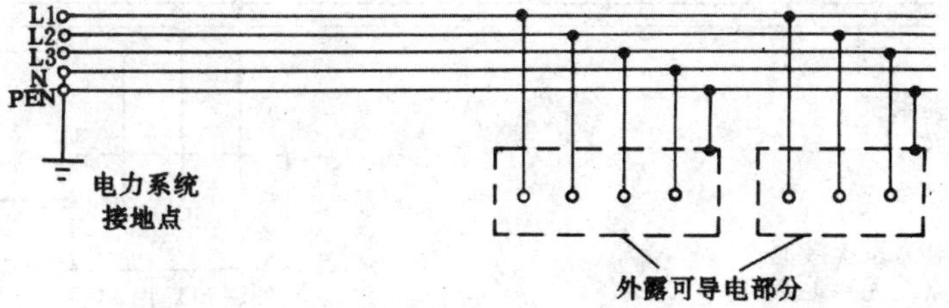

图 34-2 TN-S 系统（整个系统的中性线与保护线分开）

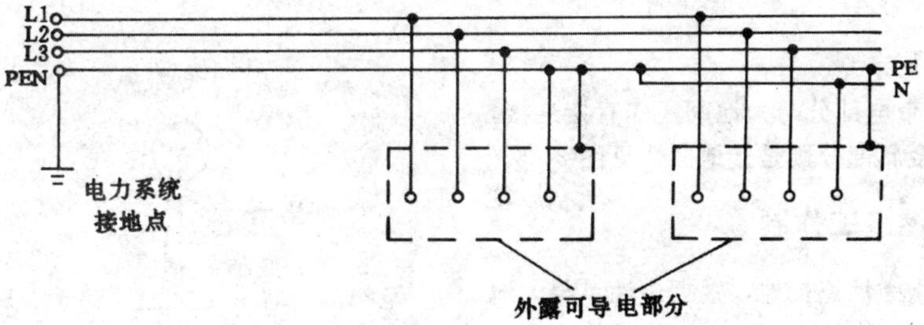

图 34-3 TN-C-S 系统（系统中有一部分中性线与保护线合一）

(3) TN-C 系统。TN-C 系统的 N 线与 PE 线是合一的，称为 PEN 线，见图 34-4。

34.2.1.2 TT 系统

TT 电力系统有一个直接接地点，装置的外露金属部分接至与此接地点无关的接地装置，见图 34-5。

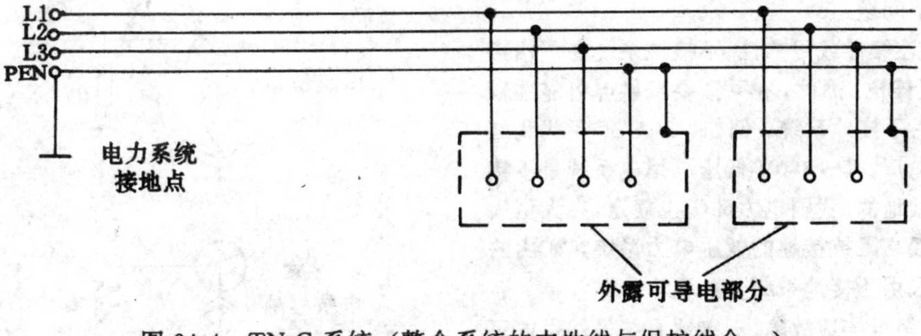

图 34-4 TN-C 系统（整个系统的中性线与保护线合一）

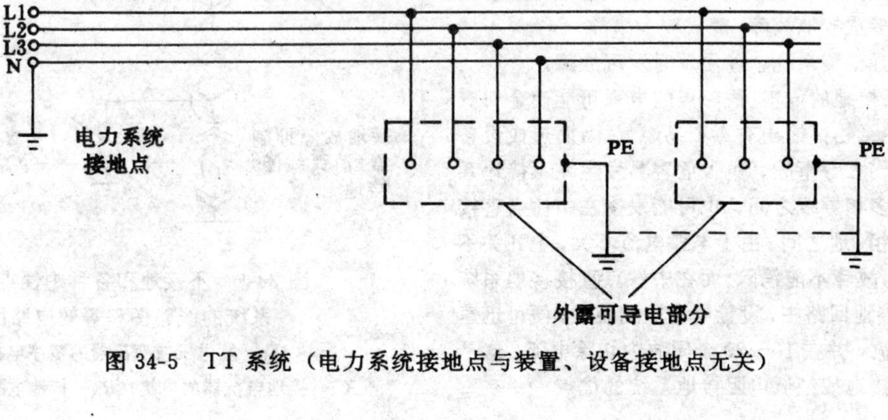

图 34-5 TT 系统（电力系统接地点与装置、设备接地点无关）

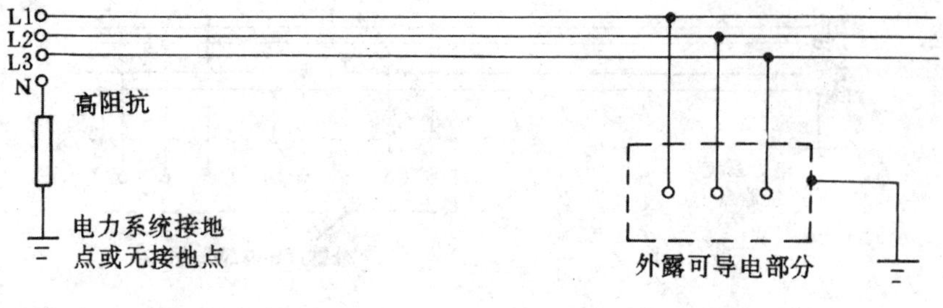

图 34-6 IT 系统（电力系统中性点不接地及经高阻抗接地）

34.2.1.3 IT 系统

IT 电力系统的带电部分与大地间不作直接连接，而电气装置的外露金属部分则是接地的，见图 34-6。

34.2.2 中性点工作制

工作接地一般指中性点接地，根据中性点与大地的连接状况，电力系统大体上可分为接地系统和不接地系统。电力系统刚诞生时是不接地的。随着其电压的提高和输送容量的增大。出现了接地系统。文献〔6〕认为，接地系统有取代不接地系统的趋势，但是，两种系统仍然并存。

在选择系统接地和不接地，即中性点工作制时，主要考虑以下几个问题：

(1)供电的连续性或可靠性。不接地系统在一相接地时，不会引起停电。因此，在某些要求供电可靠性较高的场合，采用不接地系统。例如，70～80 年代我国引进的某些火电厂，其～380V 低压厂用电系统是不接地或经高电阻接地的。我国电力部门也规定，在大型火电厂中宜采用经高阻抗接地的低压电力系统，矿山的井巷部分也可采用不接地系统。

(2)双重或多重接地故障。不接地系统虽然供电可靠，但在一相接地发生后，如不及时消除故障。则易发展为双重或多重接地故障，酿成较大事故。因此，不接地系统应设置检测系统，以便及时发现故障。

(3)电弧接地的危害。故障点的电弧可能使金属汽化，使有机绝缘物蒸馏出有毒和易燃气体，而造成设备损坏和人身伤亡等事故。电弧危害易发生在不接地系统的两相或多相导线之间，也可能发生在中性点直接接地系统的相、地之间、由于电弧电流不大，主开关不能及时切断，故障不能消除。而在中性点直接接地系统中，只要在接地回路中，设置电流检测装置，便可迅速测得电弧电流，并在 10～20 个周波内切除电弧。这是中性点直接接地或经低电阻接地系统的优点。

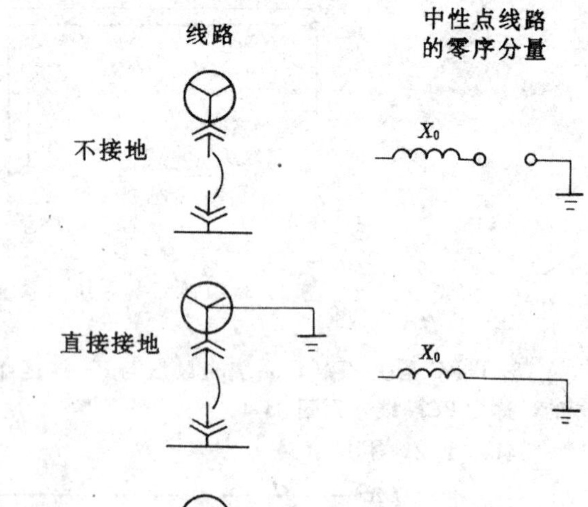

图 34-7 不接地和各种中性点接地系统的线路图和等效电路图

X_0—发电机或变压器的零序电抗；X_N—接地电抗器的电抗；R_N—接地电阻器的电阻

(4)安全。从人身安全来看，不接地系统相对安全一些。由于各相存在着对地电容，人触及相线时，会受到相电压的电击，只要系统对地电容不大，则可能流过人体的电流极小，不一定造成人的伤亡。但在一相碰地时，人触及另一相时遭到的电击电压将是线电压，这是十分危险的。中性点直接接地系统是不安全的。人触及相线时将遭到相电压的电击。此外，在接地系统中，当电气设备的对地绝缘被击穿，但又与金属外壳接触不良时，接地电流不足以切断主开关，却能引燃接触点处的易燃物，这是一种潜在的不安全因素。

(5)不正常电压的危害。不接地系统中，当一相接地时，其他两相的对地绝缘将承受 $\sqrt{3}$ 倍正常电压的过电压，特别是在高压系统中，绝缘的寿命将会降低。

(6)电力系统的过电压。对于抑制过电压对绝缘的危害，接地系统较之不接地系统有显著的优点。造成电力系统过电压的原因有：雷电侵入、暂时过电压（工频过电压、谐振过电压）、操作过电压、静电过电压以及与高一级电压的系统接触等，对雷电过电压及操作过电压，接地系统不能使其数值减小，但能将其均匀地分布在各相间。对静电过电压，只要系统接地就不会产生问题。对于高、低压共杆，因高压架空线跌落或因动力变压器击穿而造成的高一级电压侵入，只要较低电压的系统有效接地，就能大幅度地减小过电压。对于暂时过电压，中性点接地系统可减小中性点偏移所引起的过电压以及防止过电压对绝缘的影响。

(7)投资。选择中性点工作制时，还应考虑其它一些问题，如对通信线路以及无线电通信的干扰等，现将各种中性点工作制的比较列于表 34-2。

34.2.3 中性点工作制的分类

从总的方面看，电力系统可分成接地与不接地系统两类。按接地回路接入的器具不同，又可分成三类。常见的中性点工作制有五类，其线路图和等效电路图见图 34-7。

表 34-2 各种中性点工作制比较表

项目	中性点工作制				
	不接地	直接接地	电阻接地	电抗接地	消弧线圈接地
单相短路电流与三相短路电流的比值	一般小于1%，但当线路长时，可能稍大	最大，可能为100%或更高	根据电阻值而定，一般为5～20%	根据电抗值而定，一般为5～20%	最小，几乎等于零
接地时过电压	最高	最低	较高	较高	较低
接地时，不接地相呈现的电压	高，线路长时电压更高	低	比不接地稍低，但高于相电压	比不接地稍低，但高于相电压	在故障点大致等于相电压，离开故障点还要高20～25%
发展为双重接地的可能性	大	小	中	中	中
电弧接地可能性	可能	可能小	可能小	如电抗值大，可能	不可能
单相接地时的电磁感应	如不发展为双重接地时，小	最大，由于断路器迅速动作，持续时间短	中等，电阻值大时，感应值小	中等，电抗值大时，感应值小	小，特别当配置适当时更小，但持续时间较长
短路时对通信线的感应	小，但当双重接地或中性点偏移时产生感应，且时间较长	大，由于断路器迅速切除故障，持续时间短	中等，电阻值大时，感应值较小	中等，电抗值大时，感应值较小	小，特别当配置适当时更小，但持续时间较长

续表 34-2

项　　目	中性点工作制				
	不接地	直接接地	电阻接地	电抗接地	消弧线圈接地
平时对通信线的感应	中性点偏移时，产生静电感应	小，但应考虑变压器及电晕的三次谐波影响	多重接地情况下较小	多重接地情况下较小	共振时产生感应
对无线电干抗	当事故时或中性点偏移时，可能较大	小	事故时较直接接地大	事故时较直接接地大	事故时，可能较大
单相接地的持续时间	长	最短	电阻大时，长	电抗大时，长	长
短路时切除故障的要求	如连接线路短可以消除事故，如连接线路长，则事故段必须隔离	事故段必须隔离	事故段必须隔离	事故段必须隔离	事故时一般可以自然消弧；永久故障时，必须将事故段隔离
事故操作情况	一般简单，双重接地时复杂	简单	简单	简单	较大系统操作时，要变更消弧线圈的分接头较复杂
事故检查	要有特殊设备，一般比较困难	可在任何一部分检查	除非电阻很高，一般可在发生事故处检查	除非电抗很高，一般可在发生事故处检查	要用特殊设备检查
与其他不同中性点工作制系统连接的要求	只能与不接地系统或经绝缘变压器的系统相连	可与电抗接地系统相连	可与有继电保护的直接接地及电抗接地系统相连	可与直接接地系统相连	除了接有消弧线圈及经绝缘变压器的系统外，其余不能连接
系统运行要求	由于继电器选择困难，有时要求较高	要求一般	要求一般	要求一般	应按照运行情况变更消弧线圈接头，要求较高
避雷器型式	中性点不接地式	中性点不接地式	中性点不接地式	中性点不接地式	中性点不接地式
断路器断流容量	按三相断流容量考虑	当单相短路电流大时，按单相短路时断流容量考虑，否则按三相断流容量考虑	按三相断流容量考虑	按三相断流容量考虑	按三相断流容量考虑

(1) 不接地系统。系统的零序阻抗为无限大；

(2) 直接接地系统。因为变压器（发电机）中性点直接接地，其电抗串入中性线回路。如果其电抗占整个系统电抗的很大部分，则易发生暂时过电压，故应采用有效接地系统。满足式 34-1 要求者，称为有效接地。

$$\left.\begin{array}{ll} R_0 \leqslant X_1 \quad 或 \quad 0 < \dfrac{R_0}{X_1} \leqslant 1 \\ X_0 \leqslant 3X_1 \quad 或 \quad 0 < \dfrac{X_0}{X_1} \leqslant 3 \end{array}\right\} \qquad (34\text{-}1)$$

式中 R_0——系统的零序电阻，Ω；

X_0——系统的零序电抗，Ω；

X_1——系统的正序电抗，Ω。

另一方面，在最大单相接地故障电流大于变压器(发电机)绕组能够承受的最大三相故障电流时，为了抑制单相接地故障电流，中性点需经阻抗接地。

(3)电阻接地系统。电阻接地系统又可分为高阻和低阻接地系统。高阻接地系统与不接地系统相近；低阻接地系统与直接接地系统相近。

只要电阻选择得恰当，电阻接地系统中不会产生过高的暂时过电压。例如在 10kV 及以下电压等级的电阻接地系统中，只要式 34-2 得到满足，暂时过电压不会超过 250%正常值，这一数值对绝缘来说是安全的。

$$\left.\begin{array}{l} R_0 \leqslant X_0 \\ R_0 \geqslant 2X_0 \end{array}\right\} \qquad (34\text{-}2)$$

式中 R_0——系统的零序电阻，Ω；

X_0——系统的零序电抗，Ω。

在高阻接地系统中，单相接地故障电流通常很小，不需立即切断故障，只需报警。单相接地故障电流必须等于系统的全部对地电容电流，若这一电流达到 10A 时，因 10A 级的电弧已能造成危害，故已不宜选用高阻接地系统。

低阻接地系统中，接地电阻器的作用是限流。

(4)电抗接地系统。电抗接地系统主要用于三相四线制系统的发电机中性点的接地，将单相接地故障电流限制在约 60%的三相故障电流内，但不低于 25%的三相故障电流。

(5)接地故障抑制器(消弧线圈)接地系统。消弧线圈具有较高的电抗值，当一相接地时，在消弧线圈中流过的感性电流必须等于其余两相的容性电流，这样就消除了产生电弧的可能性。

消弧线圈接地系统，在正常运行情况下，中性点的长时间电压偏移不应超过额定相电压的 15%。

装有消弧线圈的 63kV 及以下系统，故障点的残余电流不宜超过 10A，必要时可将系统分区运行，以减少故障点残余电流。

消弧线圈应采用过补偿运行方式，如消弧线圈的容量不足，允许短时期以欠补偿方式运行，但脱谐度不宜超过 10%。

34.2.4 不同电压等级电力系统的接地方式

钢铁企业中，具有多种电压等级的电力系统，电压等级不同，其接地方式也不同。

在中、小型以及相当多的大型钢铁企业，6、10kV 级电压一般用作厂区配电电压，过去通常采用不接地系统，目前也开始采用电阻接地系统。

在大型或特大型钢铁企业，有采用 35、63、110kV 级电压作为厂区配电电压，采用直接接地或经消弧线圈的接地方式。随着高功率和超高功率电炉的出现和电炉变压器容量的增加，对电弧炼钢炉和铁合金炉变压器也采用了 35、63、110kV 直接配电的做法。

钢铁企业内的 380V 级电压的电力系统，一般采用直接接地方式。

钢铁企业自电力网受电的电压等级有 35、63、110、220kV 几级，其接地方式应按电力网的要求而定。

电力部门对工作接地的要求叙述于下，供选择接地方式时参考。

高压系统的 110kV 及 220kV 系统采用有效接地方式。系统中的变压器中性点直接或经低值阻抗接地，部分变压器中性点也可能不接地，但在所有系统条件下应使其零序与正序电抗之比 (X_0/X_1) 为正值并且不大于 3，而其零序电阻与正序电抗之比 (R_0/X_1) 为正值并且不大于 1，即符合式 34-1 的要求。

高(中)压的 3～63kV 不直接连接发电机的系统，一般采用不接地方式。变压器中性点不接地或只经电位指示、检测或其他很高阻抗的装置接地。

3～63kV 系统当单相接地故障电流大于下列数值时，采用消弧线圈接地方式。

3～10kV 系统　　30A

20kV 及以上系统　　10A

3～20kV 具有发电机的系统(如高炉差压、干熄焦及废热利用装置)，发电机内部发生单相接地故障不要求瞬时切机时，如单相接地故障电流不大于表 34-3 的允许值时，可采用不接地方式；大于该允许值时，采用消弧线圈接地方式，且故障点残余电流也不得大于该允许值。消弧线圈可装在厂用变压器中性点上，也可装在发电机中性点上。发电机内部发生单相接地故障要求瞬时切机时，采用高值电阻接地方式。电阻器一般接在发电机中性点变压器的二次绕阻上。

表 34-3 发电机接地故障电流允许值

发电机额定电压(kV)	发电机额定容量(MW)	电流允许值(A)
6.3	≤50	4
10.5	50～100	3
13.8～15.75	125～200	2①
18～20	≥300	1

①对氢冷发电机为 2.5A。

6～35kV 城市或企业内部主要由电缆线路构成的配、送电（不包括发电厂厂用电）系统，根据供电可靠性要求，故障时暂态电压，暂态电流对电气设备的影响、对通信的影响和继电保护技术要求以及本地的运行经验等，可采用低值电阻（单相接地故障瞬时跳闸）接地方式。

6～10kV 架空线路构成的配电系统，单相接地故障电流小于 20A，为防止谐振、间歇性电弧接地过电压等对设备的损害。可采用高值电阻（单相接地故障不瞬时跳闸）接地方法。电阻值 R_h 可取其等于或小于 $X_\infty/3$，而 X_∞为系统每相对地容抗。

此外，低压 380V 配电系统大量采用直接接地方式，也可以采用不接地或经电阻接地方式。在我国，由于动力与照明共用变压器的方式被广泛采用，380V 配电系统一般都采用直接接地方式。

34.3 保护接地

保护接地是指电气设备或电气装置的正常不带电的金属部分和金属外壳的接地。在大多数场合，保护接地能够防止人员触及因绝缘损坏、漏电而带有危险电压的金属部分而遭到的电击；保护接地也能够防止因漏电或对地短路引起的火灾。

34.3.1 保护接地的分类及其特点

34.3.1.1 保护接地的分类

保护接地可分成接地和接零两类。接零仅用于低压系统。低压系统的接地和接零见图 34-8。

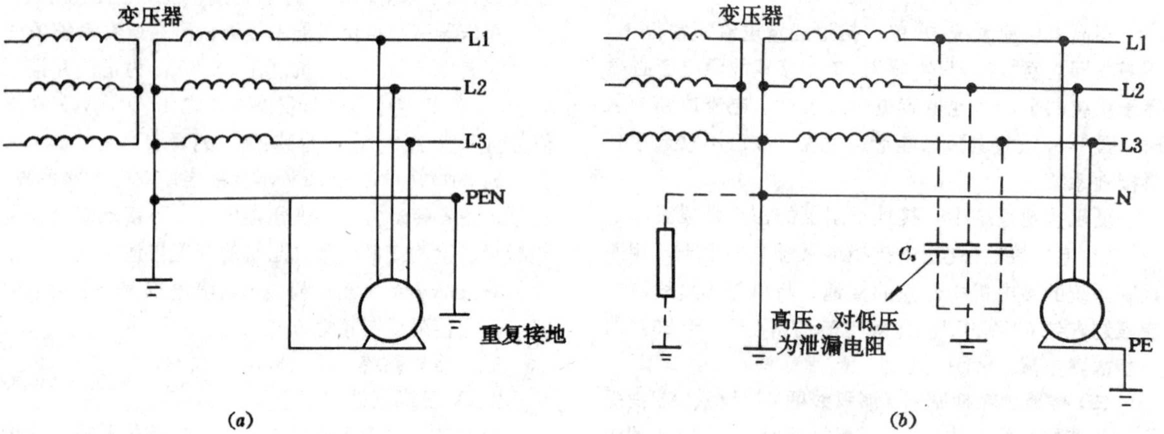

图 34-8 保护接地和接零的示意
（a）—接零系统（TN-C）；（b）—接地系统

34.3.1.2 IT、TT、TN 系统的特点及其应用

50 年代前，我国主要采用 TT 系统，从 50 年代开始，主要采用 TN 系统，少量采用 IT 系统，到 80 年代，TT 系统又重新被采用。目前，这三种系统是同时并存。

A IT 系统

IT 系统中，配电变压器低压侧绕组中性点不接地（或经高阻值电阻接地），当绝缘损坏时，故障点对地电压接近于零。当人体触及带电外壳时，有微小的电流流过人体，见图 34-9。

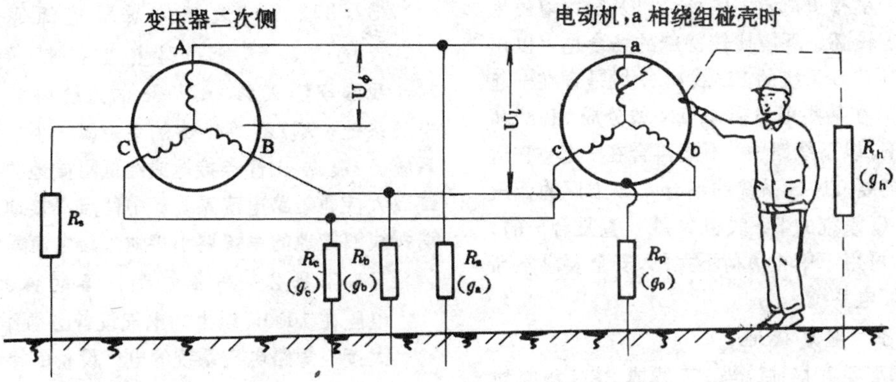

图 34-9 低压系统中对地电阻的示意图

R_s—工作接地电阻（对 IT 系统 $R_s=\infty$）；

R_p（g_p）—保护接地电阻（电导）；

R_a、R_b、R_c、（g_a、g_b、g_c）—a、b、c 相线路对地漏泄电阻（电导）；

R_h（g_h）—人体电阻（电导）；U_ϕ—相电压，U_l—线电压

设 A 相绝缘损坏而碰壳，故障点（设备外壳）对地电压为

$$U_f = \frac{R_p}{R_b + R_p}U_l = \frac{R_p}{R_c + R_p}U_l \tag{34-3}$$

式中 U_f——故障点的对地电压，V；

R_p——保护接地电阻，Ω；

R_b、R_c——b 相、C 相对地漏泄电阻，Ω。

人接触故障点时，流过人体的电流为

$$I_h = \frac{R_p}{R_pR_h + R_bR_p + R_bR_h}U_e \approx \frac{R_p}{R_b(R_p + R_h)}U_e \tag{34-4}$$

式中 I_h——流过人体的电流，A；

R_h——人体电阻，Ω。

由于 $R_p \ll R_b$，$R_h \ll R_b$，故 U_f 和 I_h 都很小，触及故障点时，人不至于受到伤害。如果线路漏电，R_b 的阻值降到低值，则是危险的。

当电源中性点经高电阻 R_s 接地时，U_f 和 I_h 可分别按式 34-5 和式 34-6 求得

$$U_f \approx \frac{R_p}{R_p + R_s}U_\phi \tag{34-5}$$

$$I_h \approx \frac{R_p}{R_pR_s + R_sR_h + R_bR_h}U_\phi \tag{34-6}$$

式中 U_ϕ——相电压，V；

R_s——工作接地高值电阻，Ω。

因为 $R_p \ll R_s$，$R_p \ll R_h$，故式 34-6 可改写为

$$I_h \approx \frac{R_p}{R_sR_h}U_\phi \tag{34-7}$$

一般，保护接地电阻 R_p 为 4Ω，人体电阻 R_h 为 500～1000Ω。中性点接地电阻 R_s 只要有约 30～60Ω，即可使 U_f＜50V，I_h＜30mA。

在正常条件下，IT 系统中设备的保护接地能够保护人员安全。IT 系统中，检测设备接地故障比较困难，IT 系统可用于对供电可靠性要求较高的场合。

B TT 系统

在 TT 系统中，当发生接地故障时，其故障点对地电压 U_f 和流过人体电流 I_h 可按式 34-5 和式 34-6 分别求得。在 TT 系统中，R_s 和 R_p 即工作接地和保护接地电阻都是 4Ω。这样，故障点对地电压将为 110V，通过人体电流将达约 0.1～0.2A，显然不能保证人员安全。因此，TT 系统中，应该采用漏电保护装置。TT 系统可用于以三相负荷为主的低压系统中。

C TN 系统

TN 系统的特点是当电气设备外壳带电时，通过相零回路，流过单相短路电流，从而迅速切断电源开关，保证人员的安全。TN 系统的相零回路阻抗足够小时，开关设备动作可靠，TN 系统是安全的，但是，一旦零线中断，即使有零线重复接地，也只能看作是一个 TT 系统，是不安全的。

TN 系统的三种型式，分别应用于不同场合。TN-S 系统，即三相五线制，全系统的 N 线和 PE（保护）线分开。它可于单相负荷较多的场合以及宾馆等民用建筑，一些要求较高、环境比较特殊的场合也可以用 TN-S 系统。TN-C-S 系统的 PE 线和 N 线是合在一起的，为 PEN 线，在某些用户端，PEN 线分成 PE 线和 N 线，一旦分开，以下线路中，不能再合在一起，它适用于局部用户需要 TN-S 系统的场合，如工厂的低压配电系统。TN-C 系统的 PE 线和 N 线一直是合一的，即三相四线制，可用于单相负荷不大的、安全要求不高的工厂的低压配电系统。

34.3.1.3 重复接地

TN 系统需要重复接地。当 PE 线或 PEN 线断线时，重复接地可以使断线处后的系统变成 TT 系统，降低了在断线时所发生故障处的对地的电压。

对重复接地的要求如下：

(1) TN 系统的下列部位：架空线路的末端、长度超过 200m 的架空线分支处和分支线末端以及没有分支线的每隔 1km 的直线段，PE 或 PEN 线应重复接地。

(2)当高低压线路共杆架设时，在共杆架设段的两端终端杆上，低压 PE 或 PEN 线应重复接地，此时，如低压线路引出支线的长度超过 500m 时，在分支处 PE 或 PEN 线也要重复接地。

(3)设有专用线芯作 PEN 线或利用电缆金属外皮作 PEN 线的低压电缆线路，也要采用重复接地，要求与架空线路同。

(4) 低压直流电缆线路，每隔 2km 应装设一组重复接地。

(5)为等电位及减少接触电压，建筑物内的金属结构和地下管道等应当用接地线相连接，组成环形重复接地。但整个建筑物还应有不少于两组的集中重复接地装置。如建筑物周界长大于 400m，则每隔 200m 处也要进行重复接地。

(6) 电缆和架空线在引入车间或大型建筑物处，PE 或 PEN 线应重复接地（但距接地点不超过 50m 者除外）。若屋内配电屏、控制屏有接地装置时，也可将 PE 或 PEN 线直接连到接地装置上。

(7) 接地电阻要求不大于 4Ω 的低压线路，每一重复接地装置的接地电阻应不大于 10Ω。在电气设备接地装置的接地电阻允许达到 10Ω 的电气系统中，每一重复接地装置的接地电阻应不大于 30Ω，但重复接地不应少于三处。

34.3.2 高压电气设备的保护接地

34.3.2.1 大接地短路电流系统和小接地短路电流系统

我国规定 $X_0/X_1 \leqslant 4\sim5$ 的系统属于大接地短路电流系统；$X_0/X_1 > 4\sim5$ 的系统属于小接地短路电流系统。一般说，中性点接地或经低阻接地的有效接地系统属大接地短路电流系统；中性点不接地或经高阻或消弧线圈接地的系统属小接地短路电流系统。

34.3.2.2 高压电气设备的保护接地

电压在 1000V 以上的电气设备必须作保护接地。

大接地短路电流系统的电气设备的接地电阻宜符合下式的要求

$$R_p \leqslant \frac{2000}{I} \tag{34-8}$$

当 $I>4000$A 时，可采用

$$R_p \leqslant 0.5 \tag{34-9}$$

式中 R_p——考虑到季节变化的最大接地电阻，Ω；

I——计算用的流经接地装置的入地短路电流，A。

该电流采用在接地装置内、外短路时，经接地装置流入地中的最大短路电流周期分量起始值，该电流应按 5～10 年发展后的系统最大运行方式确定，并应考虑系统中各接地中性点间的短路电流分配，以及避雷线中分走的接地短路电流。

按式 34-8 算出的 R_p 值，并未计入引进线路的避雷线接地的作用，而按式 34-9 算出的 R_p 值，则可计入上述作用。

小接地短路电流系统的电气设备，其接地装置的接地电阻，应符合下式的要求：

对高压与低压电气设备共用的接地装置

$$R_p \leqslant \frac{120}{I} \tag{34-10}$$

仅用于高压电气设备的接地装置

$$R_p \leqslant \frac{250}{I} \tag{34-11}$$

式中 R_p——考虑到季节变化的最大接地电阻，Ω；

I——计算用的接地故障电流，主要是电容电流，A。

接地电阻不宜超过 10Ω。对变电所的接地电阻值，可包括引进线路的避雷线接地装置的散流作用。

在中性点经消弧线圈接地的系统中，保护接地的接地电阻值按式 34-10 和式 34-11 计算时，计算用的接地故障电流应采用下列数值：

装有消弧线圈的发电厂、变电所或电力设备的接地装置，计算电流等于接在同一接地装置中同一电网各消弧线圈额定电流总和的1.25倍。

不装消弧线圈的发电厂、变电所或电力设备的接地装置，计算电流等于电网中断开最大一台消弧线圈时的最大可能残余电流值，但不得小于30A。

中性点经电阻接地的系统中，保护接地装置的接地电阻仍按式34-10和式34-11计算。当接地用电阻阻值较小，成为大接地短路电流时，则按式34-8和式34-9计算。

34.3.3 不需作保护接地的装置

当电气设备的工作电压低于安全电压时，以及人员不怕碰到危险电压的情况下（如人处在良好的绝缘状态下工作），电气设备可不作保护接地。

表34-4表示人在各种不同的接触状态下，所允许的接触电压，供设计时参考。

表34-4 允许接触电压

种类	接触状态	允许接触电压（V）
1	人体的大部分在水中	<2.5
2	人体处于显著潮湿状态，人体经常接触到电气设备的外壳及金属部件	<25
3	除第1种、第2种外，正常的人体碰到接触电压时，危险高的状态	<50
4	除第1种、第2种外，正常的人体碰到接触电压时，危险低的状态以及不怕碰到接触电压的场合	不限制

注：本表摘自日本标准JEAC8101－1971。

34.4 接地的要求与范围

34.4.1 接地的一般要求

接地的一般要求有以下几个方面：

(1) 作保护接地设计时，应尽量利用自然接地体，但严禁利用输送易燃、易爆物质的金属管道，当自然接地体能够满足要求时，可不装设人工接地体，但应考虑其热稳定度。

(2)各级电压的电力系统的工作接地、电气设备的保护接地和过电压保护接地，一般均可使用一个总的接地装置，其接地电阻应满足电阻值最小的一类接地的要求。

接地干线的布置应便于与接地设备连接，并应靠近避雷器敷设，以满足集中接地的要求。

(3) 在电压为1kV以下的中性点直接接地的电气装置中，电气设备的外壳除另有规定者外，一定要与电气设备的接地中性点有金属连接，以保证接地短路时，在最短的遮断时间内，将电力网络中的故障段可靠地自动断开。

(4) 电压为1kV以下的交、直流电气设备，允许中性点直接接地或不接地。

三相四线制的交流电网，一定要用直接接地的中性线，即构成TN-C系统，不能构成TT系统。

(5) 电气设备的人工接地体，如钢管、扁钢和圆钢等，在布置时，应尽可能使电气设备所在地点附近对地电压分配均匀；大接地短路电流的电气设备的保护接地装置，宜装设环形的接地体，并加装均压带。

(6)设计接地装置时，应考虑到季节对接地电阻的影响。保证在最不利的条件下，如土壤冻结或干燥时，均能保证达到所要求的电阻值。

(7)直流回路不能利用自然接地体作为零线、接地线或接地体。直流回路专用的中性线、接地体以及接地线也不能与自然接地体，如水管、电缆外皮、金属结构等相连接。

三线制直流电网中，宜用直接接地的中性线。

直流网络的接地线厚度应不小于5～6mm，圆钢直径不小于10mm，其接地装置避免装设在含有腐蚀介质的土壤中，如遇到这种情况可避开或采用改良土壤的措施。

34.4.2 接地的共用及分开的要求

接地的共用及分开的具体要求有以下几点：

(1)在同一电压等级且有电气连接的系统中，所有电气设备应采取共同接地，不允许单独接地。

(2)由同一发电机、同一变压器，或同一段母线供电的线路，应采取相同的接地工作制。

(3)在同一个车间里，中性点工作制不同时，也应采取共同接地。

(4) 1kV 以上用电设备与 1kV 以下用电设备，应采取共同接地。

(5) 工作接地或保护接地，应与防雷接地分开，并保持一定的防止反击的安全距离。在第二、三类防雷建筑物中，如果很难分开时，允许采用共同接地，但接地电阻应 限制在 1Ω 以下。

(6)对第一类防雷建筑物，防直击雷的接地装置与防感应雷的接地装置，应分开装设，其距离不小于 3m。

34.4.3 防静电的接地要求

防静电接地要求有以下几点：

(1) 车间内每个系统的 设备和管道应可靠连接，接头处接触电阻在 0.03Ω 以下，即 两个螺栓正常拧紧时，或有金属跨接线，至少要有两处接地。

(2)车间内、桥架等处的平行管道，其相距约 10cm 时，每隔 20m 要连接一次；相交或相距近于 10cm 的管道，应在该处连接，管道与金属构架在相距 10cm 处也要连接。

(3) 气体产品输送管干线头尾部和分支线处都应接地，管道桥架每隔 200～300m 及头尾各点均应与管道连接，并作接地。

(4)贮存有发生火灾危险的液体的贮罐，贮存易燃气体的贮气罐等都应接地；容积大于 $50m^3$ 的贮罐，沿其直径分布不能少于两处接地。

(5)接地装置应当避免意外断线，管道连接法兰盘处要可靠跨接。

34.4.4 有爆炸和火灾危险的建、构筑物内的接地和接零的要求

有爆炸和火灾危险的建、构筑物内的接地和接零的要求参见第 38 章和第 39 章的有关部分。

34.4.5 特殊设备的接地要求

特殊设备接地要求有以下几点：

(1) 携带式用电设备应采用携带型电缆或导线的特备专用芯线接地，此芯线严禁同时用来传导工作电流。

不得利用用电设备附近的零线作为接地之用，零线和接地线应分别单独与接地网相连接。

携带式用电设备的接地线应采用多股的软铜线，其截面应不小于 $1.5mm^2$，如移动式电气设备接地用的缆芯和供电电源用的缆芯系放在同一外皮内时，其芯线的截面应和相线的截面相等。

(2) 由中性点不接地系统供电的电弧炉、埋弧炉，其外壳接地，接地电阻不大于 4Ω，采用不小于 $16mm^2$ 的铜绞线作接地线。

(3)X 光设备的接地电阻应不大于 10Ω；若高电压发生器在 X 光设备内，则仅将 X 光设备外壳接地，若高电压发生器与 X 光设备分别设置，则高电压发生器的接地端子应首先与 X 光设备的外壳连接，然后再接到接 地干线或接地体上；X 光管的外包金属体和金属支架应当接地。

(4) 在直流设备中，对经常不流过直流的系统，在保护接地和接零方面的要求与交流相同；在直流设备特别少的情况下，一般都采用中性点绝缘的系统，此时对保护接地的要求也与交流相同。

为了降低大型电解槽的泄漏电流，一般不采用接地方式，而应采取加强绝缘的方法。

(5) 高电压试验室接地网的接地电阻应为 1～4Ω；冲击设备宜设独立接地网，并自成回路，且接地电阻应不大于 10Ω。

高电压设备、测量设备、被试品、控制台、配电 屏以及其他电气设备的金属外壳及接地端子，应与接地网相连，并尽量在可能近处设有集中接地装置。

长度较长或电容较大的试品，如电缆、电容器等，宜利用 10m 以上的接地网作接地线，或在 3～5 处作多点接地。

由高电压回路接地侧的设备通向控制台或配电屏的导线（如测量信号电缆以及测量球隙距离的控制电动机的电源线）应使用有金属外护套（铠装）的电缆或装在金属管道中的绝缘导线。金属外护套或金属管道应直埋在地中，其一端连接在高压回路的接地线上，另一端重复接地。

高电压试验室所有 10kV 及以下的电气设备（低压电源、控制台、电动机等）为避免高压放电时使地线电位升高引起绝缘损坏，均应装设过电压保护设备，如用氧化锌压敏电阻片、避雷器或 0.01～0.1μF 的 电容器。采用电容器时，尚需并联 1MΩ 的电阻。

大容量高 参数的试验室宜采用独立电源，或电源线 经一段地中电缆（或金属管道）引入，并在试验室进口处加装过电压保护设备或保护电容，其接地端与电缆金属外护套或金属管相连。

34.4.6 接地和不接地的范围

34.4.6.1 保护接地（包括接零）的范围

下列电气设备或装置的金属部分，除另有规定者外，均应接地：

(1) 电机、变压器、电器、照明配电设备以及携带式及移动式设备的底座和外壳；

(2) 电力设备传动装置；

(3)互感器的二次绕组，但继电保护方面另有规定者除外；

(4) 配电柜、配电屏、控制柜、控制屏、操作台等的框架；

(5)户内、外配电装置的金属架构和钢筋混凝土架构以及靠近带电部分的金属围栏和金属门；

(6) 交、直流电力电缆接线盒、终端盒的金属外壳和电缆的金属外皮或护套，穿线的钢管等。

(7) 装有避雷线的电力线路杆塔；

(8)在非沥青地面的居民区内，无避雷线小接地短路电流架空电力线路的金属杆塔和钢筋混凝土杆塔；

(9)装在配电线路杆塔上的电气设备，如开关、熔断器、电容器等；

(10) 避雷器、保护间隙、避雷针和耦合电容器底座；

(11) 铠装控制电缆外皮、非铠装或非金属护套电缆的1～2根屏蔽芯线。

电气设备或电气装置的下列金属部分，除另有规定者外，可不接地（或不接零）：

(1) 在不良导电地面（木质、沥青等）的干燥房间内，交流额定电压为380V及以下和直流额定电压440V及以下的电气设备的金属外壳，但当维护人员因某种原因同时可触及到其他电气设备中已接地的其他物体时，则仍应接地；

(2) 在干燥场所，交流额定电压127V及以下，直流额定电压110V及以下的电气设备外壳，但爆炸危险场所除外；

(3) 电力线路的木杆塔和屋外变电所木构架上的悬式和针式绝缘子的金具(在污秽地区除外)以及照明灯具；

(4) 安装在柜、屏、台（包括配电间隔墙上）上的电气测量仪表、继电器及其他低压电器的外壳，以及当发生绝缘损坏时，在支持物上不会引起危险电压的绝缘子金属附件；

(5)安装在已接地的金属构架上的设备，如套管及金属外皮两端已接地的电力电缆的构架，但爆炸危险场合除外；

(6) 电压为220V及以下蓄电池室内的金属框架；

(7)由发电厂、变电所和工业企业区域内引出的铁路轨道，但油罐区的轨道除外；

(8)如电气设备与机床的机座间能可靠的接触，可将机床的机座接地，机床上的电动机和电器，可不接地；

(9)在已接地的金属构架上和配电装置间隔上，可以拆下或打开的部分。

保护接地、接零的范围见表34-5。

表 34-5 保护接地、接零的范围

序号	对地电压(V)	房屋特征			
		无高度危险的	高度危险的	特别危险包括有着火危险及室外装置	有爆炸危险的
	1	2	3	4	5
I	65以下	不需要接地或接零 (在固定式36V或12V低压装置中，常将线路的一相接地作为变压器绝缘击穿和一次电压窜入二次绕组的保护装置)			为了防止静电荷可能引起的火花，在0区及1区房屋中，应将保存易燃体的金属容器（已用沥青及涂松香的黄麻绝缘除外）或含有这些液体的器械，运送这些液体的管子，过滤这些液体的过滤器，以及液体流过时与金属包皮摩擦的部分，予以接地

续表 34-5

序号	对地电压(V)	房屋特征			
		无高度危险的	高度危险的	特别危险包括有着火危险及室外装置	有爆炸危险的
	1	2	3	4	5
Ⅱ	65～150	不需要接地或接零	手柄、飞轮以及与机床有金属连接的电动机外壳	在正常情况下，与带电部分绝缘的器械，电机及配电屏的金属外壳及构架，电缆接头盒，中间接线盒的金属外壳，电缆的金属包皮及金属保护管等	同序号Ⅰ-5及Ⅱ-4中的元件
Ⅲ	150～1000	同序号Ⅱ-4中的元件			同序号Ⅰ-5及Ⅱ-4中的元件
Ⅳ	1000以上	在正常条件下，与带电部分绝缘的金属部分，电气设备的支架和围栅结构的所有金属部分，以及房架、平台和可能带电，而人能接触的结构部分			同序号Ⅰ-5，Ⅱ-3及Ⅱ-4中的元件

34.4.6.2 工作接地的范围

需要工作接地的有：变压器、发电机、静电电容器组的中性点（在变压器中性点绝缘的系统中，可经击穿熔断器接地）；电流互感器，避雷针、避雷网、保护间隙等接地。

34.4.6.3 输电线路接地范围

输电线路接地范围如下：

(1) 有防雷装置的3～35kV输电线路的杆塔，必须接地；

(2) 无防雷装置的35kV输电线路，当采用铁塔或钢筋混凝土杆时，应当接地；

(3) 无防雷装置的3～10kV输电线路，当采用铁塔或钢筋混凝土杆时，仅在通过厂区和居民区的那一段，采用环形接地或辐射形接地；

(4) 1kV以下线路的杆塔，在TN系统中，将杆塔与PEN线相连，在IT系统中，杆塔应予接地；

(5) 对电缆线路，应将电缆的金属外皮在其两端接地。

凡是需要接地的杆塔，其上的避雷线、金属横担、绝缘子底座等，都应有可靠的接地。

34.4.7 接地电阻值

34.4.7.1 电力设备及电力线路接地电阻

电力设备及电力线路接地电阻值见表34-6。

34.4.7.2 防雷及过电压保护接地电阻

建筑物的过电压保护接地电阻值见表34-7。雷电保护设备的接地电阻值见表34-8。有避雷线的架空线的接地电阻值（杆塔）见表34-9。

表 34-6 电力设备及电力线路接地电阻要求值

序号	名称	接地装置特点	接地电阻值（Ω）
1	1kV以上大接地电流电力线路	仅用于该线路的接地装置	$R\leqslant\frac{2000}{I}$④ 当$I>4000$A， 可取$R\leqslant0.5$①

续表 34-6

序号	名　　称	接　地　装　置　特　点	接地电阻值（Ω）
2	1kV 以上小接地 电流电力线路	仅用于该线路的接地装置	$R\leqslant\frac{250}{I}\leqslant 10$④
3		与 1kV 以下线路的共同接地装置	$R\leqslant\frac{125}{I}\leqslant 10$④
4	1kV 以下中性点直接接地电力线路	与容量在 100kVA②以 上的发电机或变压器相连的接地装置	$R\leqslant 4$
5		序号 4 的重复接地装置	$R\leqslant 10$
6		与容量在 100kVA②及以下的发电机或变压器相连的接地装置	$R\leqslant 10$
7		序号 6 的重复接地装置	$R\leqslant 30$③
8	1kV 以下中性点不接地电力线路	与容量在 100kVA②以上的发电机或变压器相连的接地装置	$R\leqslant 4$
9		序号 8 的重复接地装置	$R\leqslant 10$
10		与容量在 100kVA②及以下的发电机或变压器相连的接地装置	$R\leqslant 10$
11		序号 10 的重复接地装置	$R\leqslant 10$③
12	引入线上装有 25A 以下的熔断器的小容量线路	任何供电系统	$R\leqslant 10$
13	电力设备	高低压电气设备联合接地	$R\leqslant 4$
14		电流、电压互感器二次线圈	$R\leqslant 10$
15		高压线路的保护网或保护线	$R\leqslant 10$
16		电弧炉	$R\leqslant 4$
17		静电接地	$R\leqslant 100$
18	ρ 大于 500Ω·m 高土壤电阻率地区	1kV 以下小接地短路电流系统电气设备	$R\leqslant 20$
19		发电厂和变电所接地装置	$R\leqslant 10$
20		大接地短路电流系统发电厂和变电所装置	$R\leqslant 5$
21	无避雷线的架空线	小接地短路电流系统钢筋混凝土杆、金属杆	$R\leqslant 30$
22		低压线路钢筋混凝土杆、金属杆	$R\leqslant 30$
23		零线重复接地	$R\leqslant 10$
24		低压进户线绝缘子铁脚	$R\leqslant 30$
25		一般工业电力设备	$R\leqslant 10$

①指单台或并联运行的总容量；

②如采用自然接地体，即使达到接地电阻要求，还必须采用接地电阻不大于 1Ω 的人工辅助接地体。

③重复接地不应少于三处；

④表中 I 为接地装置流入地中的电流，计算方法如下：

在计算小接地电流系统的接地电阻时，其接地短路电流 I 用以下方法确定：

(1) 在中性点经消弧线圈接地的电网中，计算电流应采取以下数值：

1) 有消弧线圈时，计算电流等于消弧线圈额定电流的125%；

2) 不接消弧线圈时，计算电流按当切断系统中最大一台消弧线圈时，在此电网中，有可能发生的剩余接地短路电流来计算，但不得小于30A。

(2) 在中性点不接地的网络中，计算电流采用单相接地电容电流，可按下式计算

$$I_1 = \frac{U(35L_l + L_j)}{350} \tag{34-12}$$

式中 I_1——接地短路电流，A；

L_l——电缆线路长度，km；

L_j——架空线路长度，km。

(3) 计算接地短路电流，应按运行中可能发生最大接地短路电流的接线方式确定。

表 34-7 建筑物过电压保护接地电阻值

建筑物类别	防止直接雷击的接地电阻 (Ω)	防止感应雷击的接地电阻 (Ω)
第一类	10	5
第二类	10	
第三类	30	
烟囱接地	30	

表 34-8 雷电保护设备的接地电阻值

序号	雷电保护设备名称	接地电阻 (Ω)
1	保护变电所的户外独立避雷针	25
2	装设在变电所架空线进线上的避雷针	25
3	装设在变电所与母线联接的架空进线上的管形避雷器（在电气上与旋转电机无联系者）	10
4	同上（但与旋转电机在电气上有联系者）	5
5	装设在20kV以上架空线路交叉处跨越电杆上的管形避雷器	15
6	装设在35～110kV架空线路中，以及在绝缘较弱处木质电杆上的管形避雷器	15
7	装设在20kV以下架空线路电杆上的放电间隙，以及装设在20kV及以上架空线路相交叉的通信线路电杆上的放电间隙	25

有避雷线的线路，每基杆塔不连避雷线的工频接地电阻，在雷季干燥时，不宜超过表34-9所列数值。

电压在1kV以下架空线路的接地电阻为：

(1) 如线路不在高层建筑物、构筑物屏蔽范围以内，应在线路分支处和分支线的终端杆上，将瓷瓶铁脚接地，接地电阻不大于20Ω；

表 34-9 3kV 及以上架空线路杆塔接地装置的接地电阻要求值

土壤电阻系数 (Ω·m)	接地装置电阻 (Ω)
100及以下	10
100以上至500	15
500以上至1000	20
1000以上至2000	25
2000以上	30①

①如土壤电阻率超过2000Ωm，接地电阻很难降低到30Ω时，可采用6～8根总长度不超过500m的放射形接地体，或采用连续伸长接地体。接地电阻不受限制。

(2) 在雷害不严重地区，在雷电保护的区域内，每隔100m将瓷瓶铁脚接地一次，接地电阻不大于20Ω，但供电给第一、二类雷电保护建筑物时，靠近建筑物的一根电杆，接地电阻不应大于10Ω，当作为电缆换线杆时，接地电阻不应大于5Ω。

架空煤气管道防雷的接地电阻，当与有爆炸危险的建筑物间的距离小于10m时，在接近的一段上，每隔30～40m应接地一次，接地电阻不得大于20Ω；在

其他情况下，应在管道始端、终端、分支处、转角处以及每隔 100m 的直线段，接地一次，接地电阻不大于 30Ω。

34.5 保护接零

34.5.1 单相短路电流计算的意义

保护接零用于 TN 电力系统。为了用主回路过流保护（熔断器、低压断路器）兼作接地故障保护，必须计算单相短路电流，如能满足式 34-13 的要求，则人身和设备的安全得到保证。

$$I \geqslant KI_N \qquad (34\text{-}13)$$

式中 I——单相短路电流 A；单相短路电流计算参见第 4 章；

I_N——对熔断器，为熔片的额定电流，对自动开关，为过电流脱扣器的整定电流，A；

K——动作系数，当采用熔断器保护时，其值为 4，爆炸危险场所取 5；当采用自动开关保护时，其值为 1.25，爆炸危险场所则为 1.5。

如不能满足式 34-13，则必须减小相—零回路的阻抗，以增大单相接地电流或采用漏电保护器以及零序保护。

相线对地标称电压为 220V 的 TN 系统配电线路的接地故障保护，如电气装置已有总等电位联结措施，并符合下列两条的要求，则可认为在危险的故障电压的持续时间内不会导致人身伤亡：

(1) 配电干线和只供给固定设备用电的末端配电线路应在不大于 5s 的时间内切断故障线路；

(2) 供电给手提用电设备和移动式用电设备的末端配电线路应在不大于 0.4s 时间内切断故障线路。

34.5.2 保护线的选择

选择 PE 线的干线和支线时，在满足 34.5.1 节的前提下，可以利用自然导体，如建筑物金属结构，生产用金属结构，包括起重机轨道、电线管、水管等。

根据不同情况，PE 线的选择为：

(1) 变压器中性点引出的 PE 线。

1) 如低压线路采用放射式供电方式，则从变压器中性点引至低压配电屏的 PE 线应采用截面和材质均与低压配电屏上 PE 线相同的母线，其电导一般不小于相线电导的二分之一。

2) 如低压线路采用变压器干线式供电方式，则从变压器中性点引至低压干线的 PE 线应采用截面和材质均与干线的 PE 线相同的母线，其电导一般不小于相线电导的二分之一。

(2) 低压干线的 PE 线干线。

1) 变压器干线式线路。这种线路一般用于较大车间，PE 线可以利用起重机轨道、金属结构等，如起重机轨道应大于 P38 型轨道，如角钢应大于 50×50×5 型角钢。为了避免感抗过大，作为 PE 线的自然导体与最近一根相线间的距离不得大于 6m。

如不用自然导体时，PE 线一般应采用电导不小于相线的二分之一，且材质相同的导线。如经过计算可降低 PE 线截面时，则取相应的降低值。

2) 敷设在绝缘子上的户内线路。此种线路从低压配电屏 PE 母线上引出后，一般采用导线穿管或电缆送到户内架空线路上，也可用自然导体作 PE 线、PE 线的电导为相线的二分之一，且材质与相线相同。如经计算满足式 34-13 要求，PE 线截面可减小。

3) 户外架空线路。这种线路无自然导体可利用，而且线路较长。对相线截面≤35mm² 的铝导线及≤16mm² 的铜导线，从机械强度考虑，PE 线可选择与相线相同截面的导线，如截面大于上述情况，PE 线的电导也不要小于相线的二分之一。如线路较短，经计算满足式 34-13 要求，PE 线的截面可减小。

电缆线路，当采用中性线的四芯电缆时，可利用其芯线及钢带作为 PE 线，因为作为中性线的缆芯的截面，已经考虑到保护接零的要求，故不必再进行校核。当采用三芯电缆时，为了保证电气上的连接的可靠性，必须至少采用两根电缆的钢带作为 PE 线，同时还要进行校验，当不能满足要求时，应沿电缆敷设一根不小于 20×4mm 扁钢作为辅助接地导体，以保证安全。

铠装电缆钢带的等效截面和允许负荷，须乘以系数 0.5，此系数系考虑钢带外皮的自然损坏。

(4) 穿管线路的 PE 线。除有特殊要求（如防爆车间）外，低压线路的末端可以利用钢管作 PE 线。

34.6 漏电保护器

漏电保护器又称漏电开关，剩余“漏电”电流动作保护装置。漏电保护器是一种灵敏度很高的装置。

34.6.1 漏电保护器的分类

漏电保护器按运行方式分为：不用辅助电源的漏电保护器（漏电保护器的正常运行与辅助电源无关）；用辅助电源的漏电保护器（漏电保护器的正常运

行与辅助电源有关)。用辅助电源的漏电保护器又可分为：辅助电源故障时能自动断开的漏电保护器；辅助电源故障时不能自动断开的漏电保护器。

按保护功能分为：只有剩余电流保护功能的漏电保护器；带过载保护的漏电保护器；带短路保护的漏电保护器；带过载和短路保护的漏电保护器；带过电压保护的漏电保护器；多功能保护（例如欠压、断相、过电流、过电压等）的漏电保护器。

对漏电保护器尚可按安装型式、极数、接线等进行分类。

34.6.2 漏电保护器的规格

漏电保护器的参数及额定值有：

(1) 额定电流 (I_n)。制造厂规定的漏电保护器在规定的不间断工作制下能够承载的电流。额定电流的优选值为：6，10，16，20，25，32，40，50，63，100，125，160，200A。

(2) 额定剩余动作电流 ($I_{\Delta n_0}$)。制造厂规定的漏电保护器在规定的条件下必须动作的剩余动作电流值。额定剩余动作电流的优选值为：0.006，0.01，0.03，0.1，0.3，0.5，1，3，5，10，20A。

(3) 额定剩余不动作电流 ($I_{\Delta n}$)。制造厂规定的漏电保护器在规定的条件下必须不动作的剩余不动作电流值。额定剩余不动作电流的优选值为 $0.5I_{\Delta n}$，如果采用其它值时应大于 $0.5I_{\Delta n}$。

(4) 额定电压。制造厂规定的与漏电保护器特性(特别是短路特性)有关的电压值。额定电压的优选值为：220，380V。

(5) 额定频率。设计漏电保护器时所采用的供电电源频率。

(6) 辅助电源额定电压 (U_{sn})。对漏电保护器在规定的条件下与其动作功能有关的辅助电源电压值。辅助电源额定电压优选值为：直流 12、24、48、60、110、220V；交流 12、24、48、220、380V。

(7) 额定接通分断能力 (I_m)。这是指漏电保护器主触头的接通分断能力。带短路保护的漏电保护器的接通分断能力，不带过电流保护的漏电保护器的额定接通分断能力优选值见表 34-10，额定接通分断能力的最小值见表 34-11，相应的功率因数见表 34-12。

(8) 额定剩余接通分断能力 ($I_{\Delta m}$)。其意义和优选值见表 34-10，最小值见表 34-11，相应的功率因数见表 34-12。

不带短路保护的漏电保护器要和短路保护电器做到协调配合。制造厂必须规定与漏电保护器匹配的短路保护电器的下列两个数据：

表 34-10 短路试验电流优选值

短路试验电流 I_m①，$I_{\Delta m}$②，I_{nc}③，$I_{\Delta c}$④，优选值 (A)									
300	500	1000	1500	3000	4500	6000	10000	20000	50000

①I_m 为额定短路电流接通分断能力。
②$I_{\Delta m}$ 为额定剩余电流接通分断能力。
③I_{nc} 为额定限制电流短路电流。
④$I_{\Delta c}$ 为额定限制剩余短路电流。

表 34-11 短路试验电流最小值

I_n (A)	I_m $I_{\Delta m}$ I_{cn} $I_{\Delta c}$ (A)
$I_n \leqslant 10$	300
$0 < I_n \leqslant 50$	500
$50 < I_n \leqslant 100$	1000
$100 < I_n \leqslant 150$	1500
$150 < I_n \leqslant 200$	2000

表 34-12 短路试验的功率因数

短路试验电流 (A)	功率因数 ($\cos\varphi$)
$I_c \leqslant 500$	1
$500 < I_c \leqslant 1500$	0.95
$1500 < I_c \leqslant 3000$	0.9
$3000 < I_c \leqslant 4500$	0.8
$4500 < I_c \leqslant 6000$	0.7
$6000 < I_c \leqslant 10000$	0.5
$10000 < I_c \leqslant 20000$	0.3
$20000 < I_c \leqslant 50000$	0.25
$50000 < I_c$	0.2

(1) 允许通过的 I^2t 的最大值(即漏电保护器保持热稳定的最大值)；

(2) 允许通过峰值电流最大值(即漏电保护器保持动稳定的最大值)。

这就避免了漏电保护器受到额定限制短路电流 I_{nc}和额定限制剩余短路电流 $I_{\Delta c}$的作用而损坏。

主回路过电流时，不动作电流极限值：

多相电路处于不平衡负载过电流时，在没有任何剩余电流的情况下，不导致漏电保护器动作的最大电流值不应小于 $6I_n$。多相电路处于平衡负载过电流时，不动作电流极限值也不应小于 $6I_n$。

漏电保护器的分断时间如表 34-13 和表 34-14 所示，表 34-13 表示间接接触保护用的 AC 型剩余电流保护器的最大分断时间，表 34-14 表示直接接触保护用的 AC 型漏电保护器的最大分断时间。

表 34-13 间接接触保护用的剩余电流保护器的最大分断时间

$I_{\Delta n}$ (A)	I_n (A)	最大分断时间 (s)		
		$I_{\Delta n}$	$2I_{\Delta n}$	$5I_{\Delta n}$
>0.03	任何值	0.1	0.1	0.04
	只适用于≥40①	0.2		0.15

①适用于由独立元件组装起来的组合式漏电保护器。

表 34-14 直接接触保护用的漏电保护器的最大分断时间

$I_{\Delta n}$ (A)	I_n (A)	最大分断时间 (s)		
		$I_{\Delta n}$	$2I_{\Delta n}$	0.25A
≤0.03	任何值	0.1	0.1	0.04

对 A 型漏电保护器，表 34-13 和表 34-14 的最大分断时间也适用，但电流值（即表 34-13 中的 $I_{\Delta n}$、$2I_{\Delta n}$和 $5I_{\Delta n}$，表 34-14 中的 $I_{\Delta n}$、$2I_{\Delta n}$和 0.25A）应乘以系数，对 $I_{\Delta n}>0.01$A 的漏电保护器，系数为 1.4；对 $I_{\Delta n}\leqslant 0.01$A 的漏电保护器，系数为 2。

延时型漏电保护器的延时时间的优选值为 0.2、0.4、0.8、1、1.5、2s。延时型漏电保护器只适用于 $I_{\Delta n}>0.03$A，用于间接接触保护用的漏电保护器。

34.6.3 漏电保护器的应用

34.6.3.1 直接接触的防护

漏电保护器只作为直接接触防护中基本保护措施的附加保护。用于直接接触电击防护时，应选用高灵敏度、快速动作型的漏电保护器，动作电流不超过 30mA。

34.6.3.2 间接接触的防护

间接接触电击防护，主要是采用自动切断电源的保护方式，以防止电气设备发生接地故障时，其外露可导电部分持续带有危险电压而产生电击的危险。

在间接接触防护中，采用自动切断电源的漏电保护器时，应与电力系统的接地方式相一致。

TT 系统：当接地故障电流流过接地电阻形成电气设备外露可导电部分的电压大于 50V 时，应采用漏电电流保护，此时接地故障电流即为漏电保护器额定动作电流 $I_{\Delta n}$。

TN 系统：当相一零回路阻抗较大，过电流保护不能兼作接地故障保护以及零序保护也不能兼作接地故障保护时，应采用漏电电流保护。此时也可将漏电保护器保护的线路和设备按局部 TT 系统处理，即将此部分线路及设备的外露可导电部分接至专用的接地极上，并符合上述 TT 系统的要求。

IT 系统：IT 系统中采用漏电保护器切断第二次接地故障时，保护器额定不动作电流 $I_{\Delta n}$应大于第一次接地故障时的相线内流过的接地故障电流。

34.6.3.3 电气火灾的防护

为防止电气设备与线路因绝缘损坏引起电气火灾，宜装设当漏电电流超过预定值时，能发出声、光信号报警或自动切断电源的漏电保护器。为防止电气火灾而安装的漏电保护器、漏电继电器或报警装置，与末级保护之间，宜形成分级保护。

34.6.3.4 分级保护

为了缩小接地故障切断电源而引起的停电范围，漏电保护器的保护一般分为两级（在多级配电系统中，可以是最后的两级），两级保护用的漏电保护器的额定剩余动作电流和动作时间应互相协调，以达到选择性切断的目的。一般说，装在上一级的漏电保护器应采用低灵敏度延时型的漏电保护器。

34.6.3.5 必须安装漏电保护器的设备和场所

必须安装漏电保护器的设备和场所有：

(1) 属于Ⅰ类绝缘等级的移动式电气设备和手提式电动工具（电气产品按防电击保护的绝缘等级可分为 0、Ⅰ、Ⅱ、Ⅲ四类。Ⅰ类为产品的防电击保护不仅依靠设备的基本绝缘，而且还包含一个附加的安全预防措施。其方法是将可能触及的可导电的零件与已安装的固定线路中的保护线联接起来，以这样的方法使可触及的可导电的零件在基本绝缘损坏的事故中不成为带电体）；

(2)安装在潮湿、强腐蚀性等环境恶劣场所的电气设备；

(3) 建筑施工工地的施工机械的电气设备；

(4) 暂时设置的临时用电的电气设备；

(5) 宾馆、饭店、招待所的客房内插座回路；

(6) 机关、学校、企业、住宅等建筑物内的插座回路；

(7) 游泳池、喷水池、浴池等的水中照明设备；

(8) 安装在水中的供电线路及设备；

(9)医院中直接接触人体的医用设备的电气设备；

(10) 其他必须安装漏电保护器的设备和场所。

34.6.3.6 报警式漏电保护器的应用

对于某些一级负荷的设备，停电会造成重大的经济损失甚至人身事故，应装设报警式漏电保护器。

需要装设报警式漏电保护器的设备和场所有：

(1)公共场所的通道照明(装有应急照明装置的除外)；

(2) 消防用电梯及确保公共场所安全的设备；

(3)用于消除设备的电源，如火警报警装置、消防水泵、消防通道照明等；

(4) 用于防盗报警的电源；

(5) 其它不允许停电的特殊设备和场所。

34.6.3.7 可不装设漏电保护器的设备

可不装设漏电保护器的设备有：

(1) 使用安全电压供电的电气设备；

(2) 一般环境条件下使用的具有双重绝缘或加强绝缘的电气设备；

(3) 使用隔离变压器供电的电气设备；

(4) 在采用不接地的局部等电位连接安全措施的场所中使用的电气设备；

(5) 在没有间接接触电击危险场所的电气设备。

34.6.4 漏电保护器的选择

漏电保护器是关系人的安全的电气设备，必须选用符合国家标准规定，具有国家认证标志的优质产品。其次，漏电保护器的型式和参数必须选择合理。应按下述各个方面进行选择：

(1)根据电气设备的供电方式选用漏电保护器。单相220V电源供电的电气设备应选用二极二线式或单极二线式漏电保护器；三相三线式380V电源供电的电气设备，应选用三极式漏电保护器；三相四线式380/220V电源供电的电气设备，或单相设备与三相设备共用的电路，应选用三极四线式、四极四线式漏电保护器。

(2)根据电气线路的正常漏泄电流，选择漏电保护器的额定剩余(漏电)动作电流。选择漏电保护器的额定剩余动作电流值时，应充分考虑到被保护线路和设备可能发生的正常漏泄电流值，必要时可通过实际测量取得被保护线路或设备的漏泄电流值；选用的漏电保护器的额定漏电不动作电流，应不小于电气线路和设备的正常漏泄电流的最大值的2倍。

(3)根据电气设备的环境要求选用漏电保护器。漏电保护器的防护等级应与使用环境条件相适应；对电源电压偏差较大的电气设备应优先选用电磁式漏电保护器；在高温或特低温环境中的电气设备应优先选用电磁式漏电保护器；雷电活动频繁地区的电气设备应选用冲击电压不动作型漏电保护器；安装在易燃、易爆、潮湿或有腐蚀性气体等环境恶劣场所中的漏电保护器，应选用特殊防护的漏电保护器或采取防护措施。

(4) 漏电保护器动作参数的选择。手提式电动工具，移动电器，家用电器插座回路的设备应优先选用额定漏电动作电流不大于30mA快速动作的漏电保护器；单台电机设备可选用额定漏电动作电流为30mA及以上，100mA以下快速动作的漏电保护器；有多台设备的总保护应选用额定漏电动作电流为100mA及以上快速动作的漏电保护器。

(5)特殊负荷或场合下选择漏电保护器。医疗电气设备应选用额定漏电动作电流为10mA的快速动作的漏电保护器；安装在潮湿场所的电气设备应选用额定漏电动作电流为15～30mA的快速动作的漏电保护器；安装于游泳池、喷水池、水上游乐场、浴室的照明线路，应选用额定漏电动作电流为10mA快速动作的漏电保护器；在金属物体上工作，操作手提式电动工具或行灯时，应选用额定漏电动作电流为10mA快速动作的漏电保护器；连接室外架空线路的电气设备应选用冲击电压不动作型漏电保护器；带有架空线路的总保护应选择中、低灵敏度及延时动作的漏电保护器。

34.6.5 漏电保护器的接线

正确选择了漏电保护器后，还需接线正确，漏电保护器才能起到应起的作用。漏电保护器在各类低压系统中的正确接线见图34-10～图34-13。

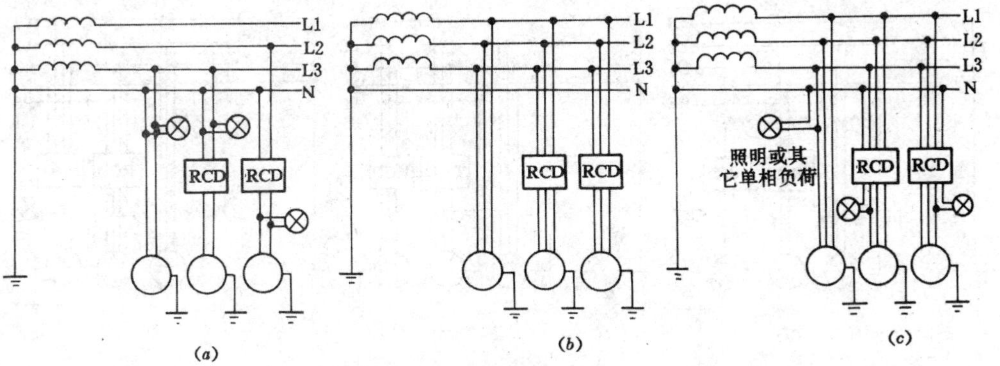

图 34-10　漏电保护器在 TT 系统中的接线

(*a*)—单相（单极或双极）；(*b*)—三相三线（三极）；(*c*)—三相四线（三极或四极）

RCD—漏电保护器；⊗—照明或其它单相负荷

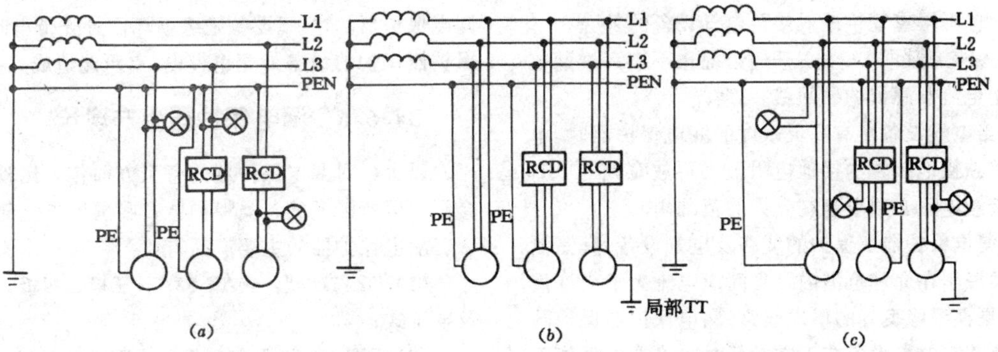

图 34-11　漏电保护器在 TN-C 系统中的接线

(*a*)—单相（单极或双极）；(*b*)—三相三线（三极）；(*c*)—三相四线（三极或四极）

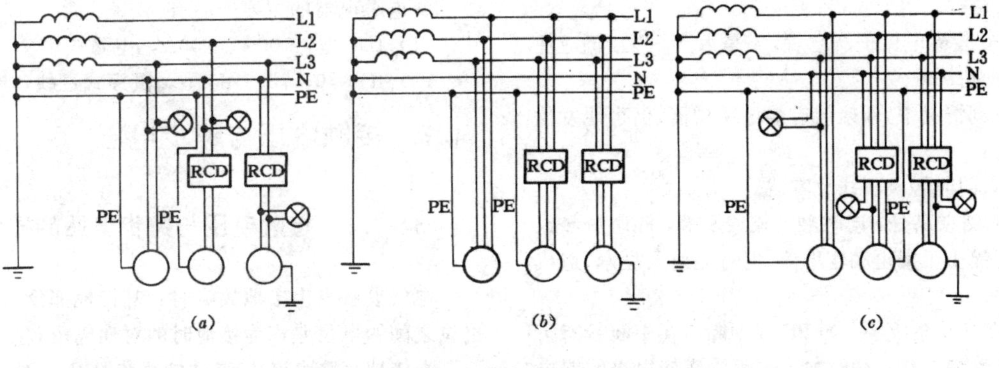

图 34-12　漏电保护器在 TN-S 系统中的接线

(*a*)—单相（单极或双极）；(*b*)—三相三线（三极）；(*c*)—三相四线（三极或四极）

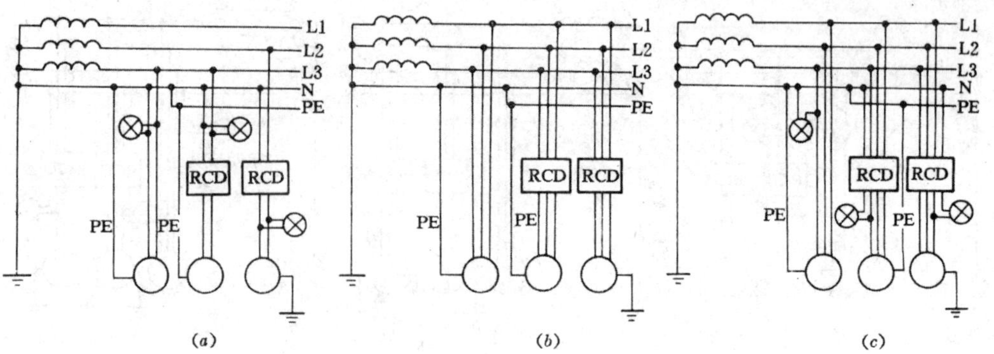

图 34-13 漏电保护器在 TN-C-S 系统中的接线
（*a*）一单相（单极或双极）；（*b*）一三相三线（三极）；（*c*）一三相四线（三极或四极）

关于接线的几点说明：

(1)漏电保护器负荷一侧的中性线，不得与其它回路共用，也不得重复接地或接至电气设备的外壳。

(2) 保护线（即 PE 线）任何情况也不应穿过漏电保护器中电流互感器的磁回路。

(3)当电气设备装有高灵敏度的漏电保护器时，电气设备单独接地装置的接地电阻最大可放宽到 500Ω，但预期接触电压必须限制在允许的范围内。

(4)漏电保护器所保护的线路及电气设备，其漏泄电流必须控制在允许范围内，当漏泄电流大于允许值时，必须更换绝缘良好的供电线路。漏电保护器保护的电动机及其它电器设备在正常运行时，绝缘电阻值不应小于 0.5MΩ。

(5)当漏电保护器上标有负载侧和电源侧时，应按规定接线，不得接反。

(6) 安装漏电保护器后，不能去除电气设备的接地。

(7)安装漏电保护器之后，不是万无一失，仍应注意用电安全。

在下列情况下，即使装有漏电保护器，仍可能发生人员伤亡：

1) 人同时触及相线及零线。

2) 人站在高处，同时触及相线及墙，此时流经人体电流可能小于漏电动作电流，但可能使人痉挛，造成二次伤害。

3) 在 TN 系统中，如 PE 线中断，在中断状态下电气设备绝缘损坏，此时如未选用防直接电击的漏电保护器，则漏电保护器不动作，PE 线带电，有可能造成人身伤害。

4) 在 TN 系统中，采用漏电保护器与未采用漏电保护器的设备如共用 PE 线（不应共用），则当未采用漏电保护器的电气设备绝缘损坏而外壳带电时，漏电保护器保护的设备外壳也带电，有可能造成人身伤害。

34.6.6 漏电保护器生产现状

以上，对漏电保护器的各个方面作了比较全面的介绍，但所涉及的各类保护器，我国尚未全部生产。

漏电保护器的主要产品有：

(1) DZ15L 型，40A、63A，三极、四极，电磁式及电子式；

(2) DZL18-20 型，18A，二极，电子式；

(3) DZL25-32 型，63A、100A、200A，三极、四极；

(4) DZ20Y-100L、200L、400L 型，为 DZ20 型自动开关的派生产品。

漏电继电器的主要产品有：

(1) JD1 型，100A、200A，电磁式；

(2) JD3-40、70、100 型，贯穿式过线，电子线。

34.7 接触电压与跨步电压

34.7.1 接触电压与跨步电压的概念

电气设备发生接地故障时，其接地部分与大地零电位之间的电位差称为接地时的对地电压 U_g。

当接地短路电流 I_g 流过接地装置时，大地表面形成分布电位，在该地面上离设备水平距离为 0.8m，沿设备垂直距离为 1.8m 间的电位差，称为接触电势。人体接触该两点时所承受的电压称为接触电压。图 34-14 中的 E_t 即为接触电压。

水平距离为 0.8m 两点间的电位差，称为跨步电势。人体两脚接触该两点时所承受的电压，称为跨步电压。图 34-14 中的 E_s 即为跨步电压。

34.7.2 工程计算方法

关于接触电压与跨步电压的计算，尚无统一规定。为了便于在具体工程中进行核算，列出下列计算方法：

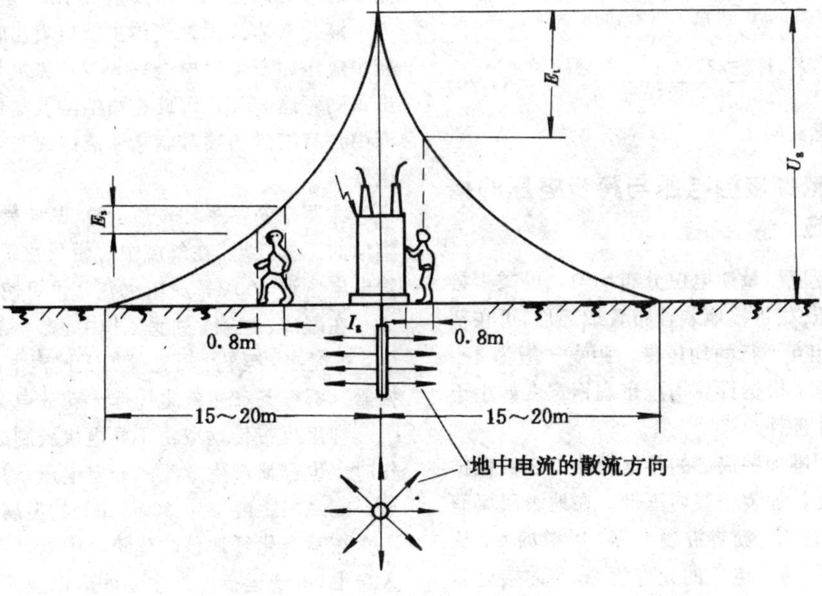

图 34-14 接触电压和跨步电压

(1) 大接地短路电流系统的允许值

$$E_t = \frac{250 + 0.25\rho}{\sqrt{t}} \qquad (34\text{-}14)$$

$$E_s = \frac{250 + \rho}{\sqrt{t}} \qquad (34\text{-}15)$$

式中 E_t——接触电压，V；

E_s——跨步电压，V；

ρ——人足所站地地表面的土壤电阻率，Ω·m；

t——短路电流持续时间，s。

(2) 小接地短路电流系统的允许值

$$E_t = 50 + 0.05\rho \qquad (34\text{-}16)$$

$$E_s = 50 + 0.2\rho \qquad (34\text{-}17)$$

式中 E_t——接触电压，V；

E_s——跨步电压，V；

ρ——人足所站地地表面的土壤电阻率，Ω·m。

在水田内接地装置附近，人体的接触电压应不超过 10V，跨步电压应不超过 20V，至于牲畜如牛等的跨步电压允许值应不超过 8V（跨距 1.4m）。

(3) 计算值

若接地装置采用水平敷设的接地体，其最大接触电压及跨步电压可用下式计算

$$E_{tm} = K_m K_i \rho \frac{I}{l} \qquad (34\text{-}18)$$

$$E_{sm} = K_s K_i \rho \frac{I}{l} \qquad (34\text{-}19)$$

式中 E_{tm}——最大接触电压，V；

E_{sm}——最大跨步电压，V；

ρ——平均土壤电阻率，Ω·m；

I——流经接地装置的最大单相短路电流，A；

K_m、K_s——与接地网布置方式有关的系数，一般取 $K_m=1$，$K_s=0.1\sim0.2$；

K_i——流入接地装置各部分电流不均匀修正系数，一般取 $K_i=1.25$；

l——接地网全长，m。

由式 34-18 与式 34-19 所得接触电压与跨步电压的最大值应小于由式 34-14～式 34-17 求得的允许值，否则应采取必要的措施。

由式 34-14 及式 34-18 得出必须的接地网总长度公式如下

$$l=\frac{K_{\mathrm{m}}K_{\mathrm{i}}\rho I}{E_{\mathrm{t}}}=\frac{1.25\rho I\sqrt{t}}{250+0.25\rho} \qquad (34\text{-}20)$$

式中 各符号的意义同上。

34.7.3 减少接触电压与跨步电压的措施

接地网的布置应尽量使电位分布均匀，以减少接触电压和跨步电压。如将接地装置布置成环形，可在环形装置内部加设相互平行的均压带，距离一般为 4～5m。为了节省材料，根据计算均压带扁钢宽度如小于 20mm 时，可改用圆钢。

在电气设备周围加装局部的接地回路；在被保护地区的人员入口处，加装一些均压带；在地表回填卵石、水泥、或加垫砾石、沥青混凝土等，以增加 ρ，从而提高了接触电压，跨步电压的允许值，或节约接地装置材料。如接地装置局部埋深 1m 以上，接地装置上面敷设沥青层时，厚度应为 50～80mm。在水田中当跨步电压达不到要求时，可在接地装置周围加围栏或其它措施。

为了减少经配电装置入地的电流，应加强配电装置与主厂房以及其他建筑物、构筑物接地网之间的联系，以减小配电装置处的接触电压和跨步电压。

34.8 防静电接地

34.8.1 静电形成的过程

当制造、输送或贮存低导电性物质、压缩空气和液化气体时，由于摩擦产生静电，这些静电聚集在加工设备、管道、容器和贮罐上，形成高电位，危及人身、设备的安全，如这些物质的电阻率大于 10Ω·m 时，就容易产生危险的静电电位和火花放电。

粉尘、液体或气体在管道中流动速度大于一定值时，就形成危险的电位。如乙醚、二硫化碳、苯的流速超过 1m/s，甲醇、乙醇、汽油的流速超过 2～3m/s，丙酮的流速超过 10m/s 时，就形成危险的高电压。液体中含有粉尘，只要流速大于 0.7～1m/s 时，就形成高电压、如空气中的沼气含量为 8.5%，空气湿度低于 65%时，煤气随气流以 2.5m/s 的速度在钢管中流动，管上所产生的静电电压高达 7.5kV，并发生火焰长达 3mm 的火花放电。

液体由一个容器注入另一容器时，从 6m 高自流流下的预热润滑油，可产生长 1mm 的火花放电。

液化气体或压缩气体由管口喷出时，如乙炔由钢瓶中放出，产生静电电压 6kV；二氧化碳由钢瓶中放出，则可达 8kV；因此在喷油漆及类似的工作中，气流中含有细微的喷雾状悬浊液体或灰尘时，更容易发生爆炸。

在严寒的冬季和炎热的夏天，空气干燥，以及其他类似的工作环境，在气流中有粉状物质和灰尘运动，如静电电压达 300V，放电火花，也可使汽油蒸气着火。

在碾碎、过筛、过滤工作中、产生灰尘或将空气污染，在搅拌、滚轧、辗光等加工过程中，由于强烈的摩擦等，都容易产生静电引起火花放电。

利用皮带传动或由不导电橡胶制成的输送装置工作时，也容易产生危险的静电电压，其产生的火花放电，能烧毁距离皮带 200mm 处的金属围栅。

在铺有化纤地毯的建筑物中以及穿有化纤服装的人身上，由于运行而产生的静电电压高达数千伏，对集成电路装置等可造成危害。

总之，静电是由于电介质相互摩擦或电介质与金属摩擦而生成的。物体的流速、管壁内表面的粗糙度，对所产生的电荷大小均有影响。在石油产品中，即使有微量的掺和物，如游离水或结合水，并夹带空气或金属的氧化物存在时，就会显著地增加电荷量。

静电产生的危险电压，不但危及人身安全，且静电的放电火花，往往造成火灾和爆炸事故，使国民经济遭受重大损失，必须采取相应措施加以防止。

34.8.2 防静电措施

防止静电的聚集和放电的措施有：

(1)储存易燃的液体、气体和粉末状产品用的金属容器、设备、输送管路及上述非导电材料可能与金属外皮相摩擦的部分，都应可靠地接地。

(2) 厂房内相对湿度保持在 70%以上。

(3)机械传动的连接最好不用皮带传动。用平皮带传动时，应采取措施增加其导电性，减少静电荷积聚，如涂特殊油膏。用作导电层的涂料有：

皮革带——液体鱼胶 100ml，甘油 80ml，炭黑 82g，2%氢氧化铵 20ml；

橡胶带——18%的灯法炭黑，82%的含有酒精和四氯化碳溶剂的清漆两种。

涂在橡胶带上的润滑剂，使用前应经过干燥，涂在皮革带上的润滑剂可在运转时随时涂抹，不必预先干燥。

采用三角带比平皮带安全，但应保持清洁，其绝缘电阻用500V摇表测量不应大于6MΩ。

最安全的办法是采用防爆电气设备。

人体也可能成为危险静电荷的来源，因此在防静电设计中规定：在爆炸危险场所中，要铺设导电地坪或设接地台等；工作人员穿导电靴子，如皮底靴，导电橡皮底靴等。

移动式设备、容器最好用导电材料制成，设置导电地坪，采用软铜绞线接地。

用不产生火花的材质作零件及操作工具，如软管管头用青铜或铝制作，在接受冲击时，不产生火花。在进行连接接头的操作时，也应采用不产生火花的工具。

液体在管道的流动速度不应太大，一般不超过4～5m/s。严禁采取自由流入的方式向油罐、油槽车和油桶中灌易燃液体（如原油、汽油、裂化清油、煤油、轻油、甲苯、苯、热解苯、异戊烷、氨等及其他）。往油罐或油槽车灌油时；向油罐输送油品管子的管端和放入油槽车中的软管管端，务必放在静止液面的下面。

向新油罐或清洗过的油罐中（没有静止液面）第一次灌油时，必须采取缓慢地灌油和加强观测，在液面未达到离入口处0.5m高度之前，灌油应缓慢进行。向油槽车或油罐等灌液体燃料时，液体表面上不应浮有任何杂质。

在装卸油品时，禁止从油罐和其它容器中取易爆炸液体的样品（正使用的油罐和中间罐除外），液体停止流动2小时以上才可以取样。

34.8.3 防静电接地

防静电应首先防止产生静电，其次防止电荷聚集。聚集的电荷在不良导体中（液态碳氢化合物的电阻率约为10^8～10^{16}Ω·m）虽经接地，也须在长时间内才能将电荷导走。故接地只保证导出良导体中的电荷，对非良导体，应设法将电荷引出，经接地装置把静电荷引入大地。

根据有关规范，防静电电荷的保护措施实际上与防感应雷作用的保护措施一样，因此，作为防感应雷作用型式的接地，也可用于防静电。

34.8.3.1 接地范围

需要接地的装置、设备有：

（1）一切安装在户内、户外用来生产、加工、贮存、运输各种易燃的液体、气体和粉末状易燃产品的设备，如贮存池、贮罐、气罐以及产品的输送设备、封闭的运输装置（包括密闭的运煤带）、排注设备、混合器、过滤器、干燥器、升华器、吸附器等都必须接地。如袋形过滤器等由纺织物或类似物品制成时，最好用金属细索穿缝，并进行接地。图34-15为金属桶的接地。容积大于50m³的贮罐，沿其直径分布不能少于两处接地。

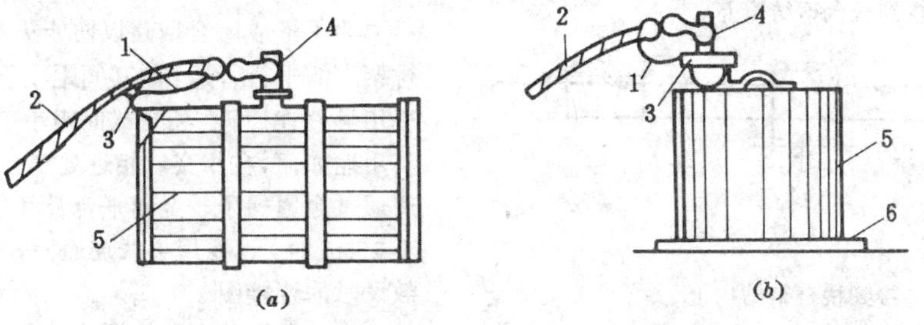

图34-15 金属桶的接地
（a）—金属桶的接地；（b）—金属小桶的接地
1—多股软铜线；2—接地软导管；3—端头；4—开关；5—桶；6—镀锌铁板

（2）输送油品管路、厂区及车间的氧气、乙炔等管道以及各种闸门等必须连接成一个连续的导电体，并进行接地。其他所有能产生静电的管道和设备，如空压机、通风装置、空气管道、特别是局部排风的空气管道及通风管道上的金属网过滤器等，都须连成连续的导电体，并进行可靠接地。如管道由非导电材料制成，应在管子外部或内部绕以金属线，并将这些金属线接地。如果非导电的管子上有金属接头，这个接头必须接地。在可能产生静电的输送干管的头部、尾部和所有支线（头尾各点应与输送管相连）以及 输送管的桥架、每隔 200～300m 都要进行接地。桥架也应有本身 的接地装置。图 34-16 为油类装卸区管道和铁路的接地，图 34-17 为栈台和钢轨路基的接地。

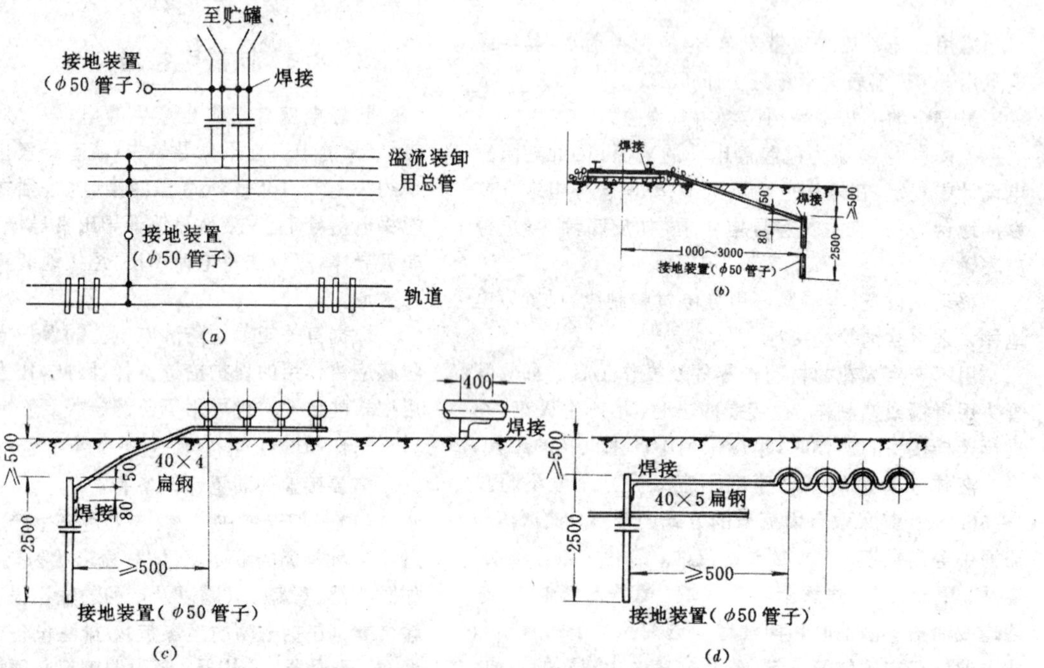

图 34-16 油类装卸区管道和铁路接地

（a）—溢流场铁路和管道的接地；（b）—溢流场铁路的接地；

（c）—地上油类管道与接地 装置的连接；（d）—地下一般管道与接地装置的连接

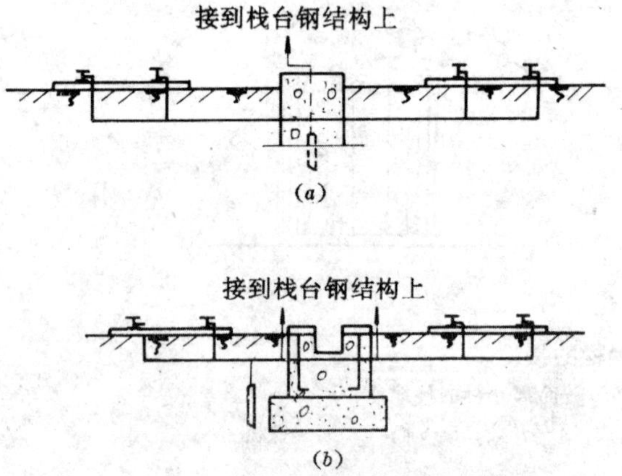

图 34-17 栈台的接地

（a）—栈台和钢轨的接地；

（b）—栈台和钢轨路基的接地

为了形成闭合回路以防止火花放电，所有车间内桥架上的平行管道，如其间距小于 10cm 时，每隔 20m 要用导线连通；在相交或间距小于 10cm 的管道，不论其用途如何，在相交或相近处都必须用导线连通；当管道通过金属梯子、金属平台及其他金属结构的间距小于 10cm 时，也要用导线连通。图 34-18 为管路上平行敷设时的连接图。

(3) 如设备上和金属管道上的接地电路采用法兰盘连接时，受到法兰盘上填料的绝缘而使电路中断，或容器与顶盖之间有间隙时，在法兰上应设置金属连接片导电；或在法兰盘盘间及容器与顶盖 之间，至少要用两个以上的螺栓进行电气连接；接触电阻不应大于 0.03Ω。在一般情况下，如能在清洁过的螺杆与螺帽间衬以镀锡垫圈，采用旋紧螺栓的方法，即可达到这个要求，不必再用其他措施。

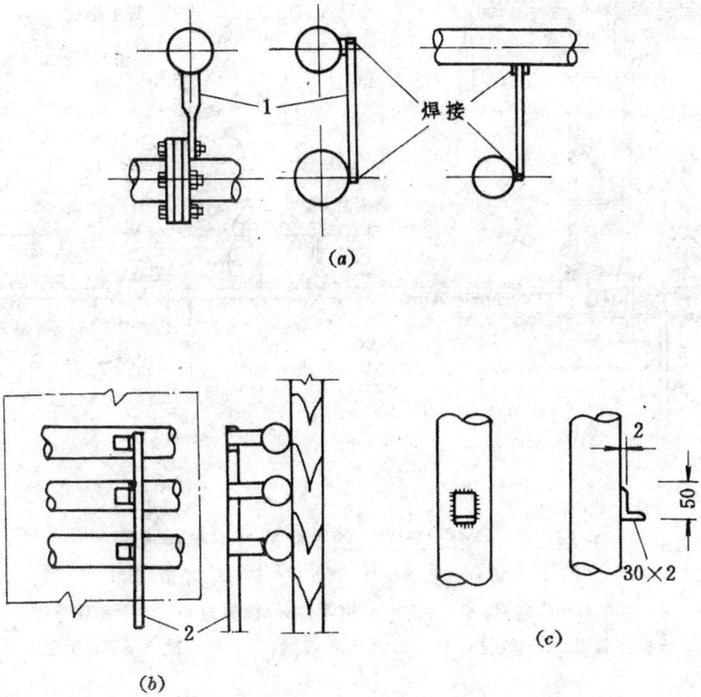

图 34-18 管路上平行敷设时的连接图

(a) —管路上固定跨条的方法;

(b) —把角撑焊到放在桥台上的管路上，用角撑与接地体连接;

(c) —在管路上焊上角撑

1—25×4mm² 扁钢; 2—连接在接地线 (25×4mm²) 上的引下线

(4) 当向贮罐内灌入易燃液体时，如灌注速度超过 0.5～0.7m/s，为避免液体表面和漏斗管端间发生放电，除了贮罐必须进行接地外，灌注用的漏斗必须采用金属，并用一条已接地的铜线把漏斗的把手和贮罐的底部连接起来。

(5)盛有易燃液体贮罐的液体表面上，最好不采用浮动式水准指示器，如果采用，在该设备的表面不许有造成静电放电的毛刺和尖角等；且这个设备的浮子应固定在金属弦杆上；当浮子沿弦杆移动时，应与罐壁维持一定距离，以防止浮子上所聚集的静电荷产生火花放电。

(6) 向汽车油槽车灌油的竖管（鹤管）和向铁路油槽车灌油的站台，都应设有接地装置。这个装置是一端与接地极连通，另一端与灌油竖管连通。装卸油区的火车轨道，也应该连成一个连续的导体，并与接地装置连在一起，如图 34-19 所示。

(7)和油品管路相联并用来向铁路油槽车、汽车油槽车和油桶灌油的带金属管头的所有橡皮软管，都应用缠在软管外或放在管内的铁丝进行接地。铁丝的一头焊在油品管路的金属部分上，另一头焊在软管的管头上，如图 34-20 和图 34-21 所示。

(8)在装卸油时，汽车油槽车也会强烈地产生静电荷。因此，汽车油槽车的软管在接到油罐上的同时，必须用导线把槽车和油罐的接地端钮连接起来，如图 34-22 所示。

(9) 汽车轮胎与路面的摩擦，在汽车底盘上会产生危险的电荷聚集，为了把电荷导走，汽车油槽车在行驶时应带金属链条。链条的一端和油槽车的车体接通，另一端与大地接触。

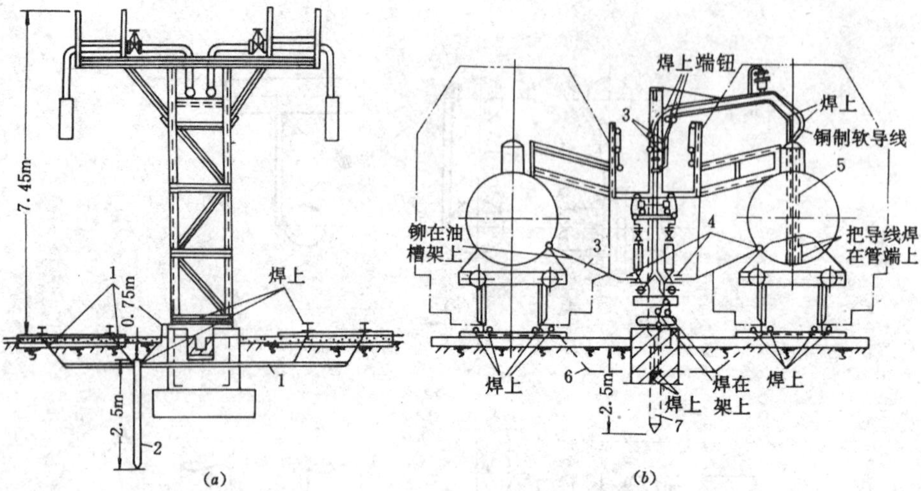

图 34-19 桥台、竖管、油车和轨道连接接地简图

(*a*)—桥台、轨道接地；(*b*)—油车、轨道接地

1—40×4mm² 扁钢；2—ϕ50mm 钢管；3—截面为 6mm² 铜制软导线

4—联接端钮；5—软管：6—40×4mm² 扁钢；7—接地极（ϕ50mm 钢管）

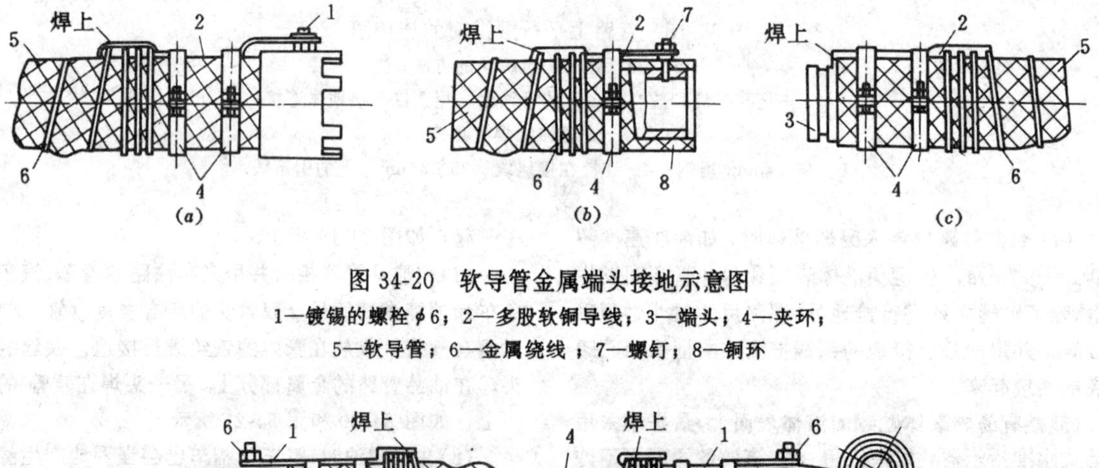

图 34-20 软导管金属端头接地示意图

1—镀锡的螺栓 ϕ6；2—多股软铜导线；3—端头；4—夹环；

5—软导管；6—金属绕线；7—螺钉；8—铜环

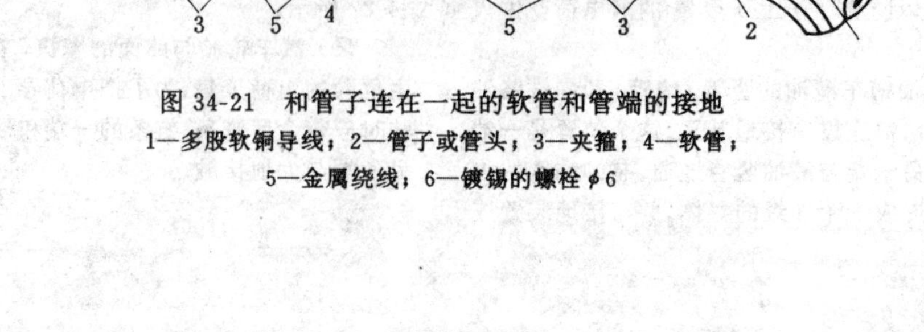

图 34-21 和管子连在一起的软管和管端的接地

1—多股软铜导线；2—管子或管头；3—夹箍；4—软管；

5—金属绕线；6—镀锡的螺栓 ϕ6

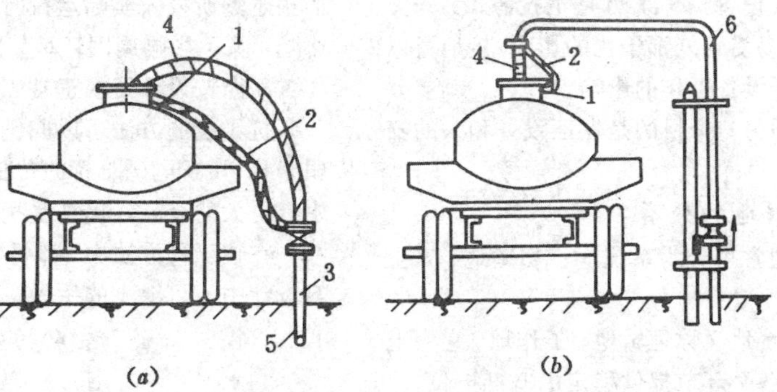

图 34-22 汽车油槽车的接地

(a)一由接管沿软管注入自动槽车的接地方法；(b)一由装卸用竖管注入自动槽车的接地方法

1—接线端子；2—截面不小于 $25mm^2$ 铜绞线；3—接管；4—软管；5—总管；6—装卸用竖管

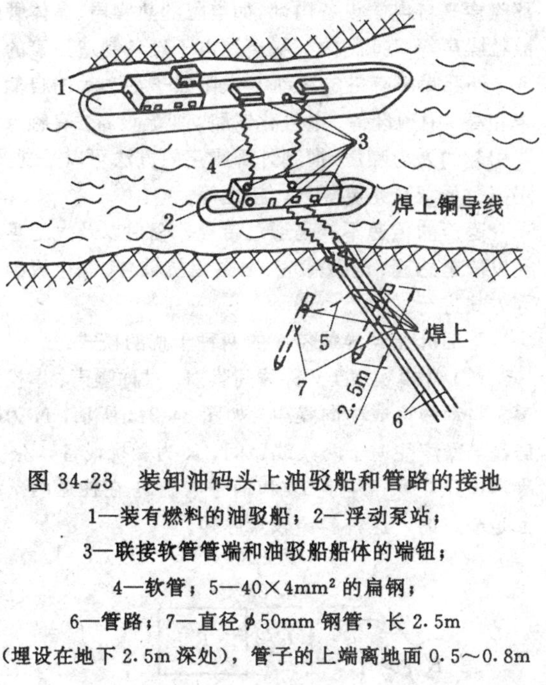

图 34-23 装卸油码头上油驳船和管路的接地

1—装有燃料的油驳船；2—浮动泵站；

3—联接软管管端和油驳船船体的端钮；

4—软管；5—$40\times 4mm^2$ 的扁钢；

6—管路；7—直径 ϕ50mm 钢管，长 2.5m

（埋设在地下 2.5m 深处），管子的上端离地面 0.5～0.8m

(10) 在装卸油的码头上及油槽船上，都应备有专用的接地螺栓，以便把注油软管和岸上的接地装置连在一起。岸上的接地装置采用面积不小于 $1m^2$，厚度不小于 4mm 的钢板直接放入水底，并用截面不小于 $100mm^2$，厚度不小于 4mm 的扁钢引到岸上，接地线和油槽车或油槽船连接时，必须采用不会因撞击或摩擦而产生火花的材料，如图 34-23 所示。

34.8.3.2 接地的要求

接地的要求有以下几个方面：

(1)接地极的数目和长度必须通过计算确定，计算时可取脉冲系数等于 1.0。

(2)因为防静电放电电流的数值很小(μA 级)，接地电阻可取 100Ω 左右。

(3) 采用管、棒型接地极时，数目应不少于两根。

(4) 为减小管、棒型接地极的电极互相屏蔽作用，电极间距应不小于 2.5～3m。

(5) 接地装置的接触面不要涂漆。

(6)接地装置的引下线所有接点，一般均用焊接法仔细联接，但在个别情况下可采用螺栓夹头。

(7) 橡皮软管内部或外部缠以金属导线的截面不小于 $1.5mm^2$ 铜绞线，而连接线及接地线截面应不小于 $2.5mm^2$ 的铜绞线。对于铁路接地，除铁轨接地采用 $40\times 4mm^2$ 的扁钢相互连接并与接地体连接外，其余部分都采用截面为 $6mm^2$ 的铜绞线作为接地线与接地体相连。

(8)接地导线和接地回路的分布，应当避免意外断线，或其他损坏的可能性，管道连接法兰盘要短接。

34.9 电子设备的接地

34.9.1 概述

34.9.1.1 接地的目的

电子设备接地，包括电力电子设备、各类电子设备、电子仪表、计算机系统（含可编程序控制器、DCS 系统、过程输入输出装置及其他外围设备）的接地。

电子设备接地的最主要目的是保证自身的可靠工作，与强电设备相比，电子电路工作的显著特点是频率高、电平低、电压电流的非正弦性。这样一方面电子设备特别是电力电子设备，本身就是干扰源；另一方面，电子设备又特别易受到外部干扰的影响，接地可以抑制外部干扰对电子设备工作的影响。

电子设备接地的另一个目的是保证设备和人的安全。

34.9.1.2 接地的分类

电子设备的地通常可分为系统地、功率地、安全地、屏蔽地四类。

(1) 系统地。系统地又称逻辑地、工作地、它为电子设备的各个部分、各个环节提供稳定的基准电位(一般是零电位即0V)。这个地可以接大地，也可以仅仅是个公共点。系统地如果不与大地相连，则称为系统地的悬浮工作状态。

(2)功率地。电子设备中的强电部分，如交流电源、直流电源、继电器、指示灯等电路需要接地，这种接地称为功率地。当交流和直流电路分开接地时，则分别称之为交流功率地和直流功率地。

(3)安全地即保护接地。将正常运行时不带电的电子设备金属外壳，如机柜、面板等接地，称为安全地。

(4)屏蔽地。屏蔽是抑制电磁干扰的重要手段。屏蔽的种类很多，但都需要接地，屏蔽地是屏蔽接地的简称。

34.9.1.3 电子设备的电磁兼容性

电子设备处在复杂、多样的电磁环境中，极易受到客观环境的影响而不能正常工作。电磁兼容性就是研究如何使电子设备能够在各种电磁干扰下正常工作的学科。电磁兼容性(可简写为EMC)又称为抗干扰，它是指在不损害信息的前提下，干扰可以与有用信号共存，更确切地说，EMC是装置或者系统具有在其设置的预定场所投入实际运行时，既不受周围电磁环境的影响，又不影响周围环境，也不发生性质恶化和误动作，而能按设计要求正常工作的能力。

抗干扰的方法可以归纳为：抑制干扰源，消除或减弱干扰；切断电磁干扰的传播途径，或使干扰在传递途中有更大的衰减；提高受扰装置的抗扰能力。

在这三种方法中，都要接地，因此，接地是电磁兼容设计中不可缺少的手段。

34.9.1.4 噪声的发生、传递及其抑止方法

干扰信号在电子学中称为电噪声，定义为叠加于有用信号上，扰乱信号传输，使原来的有用信号发生畸变的变化电量。

噪声从其来源分，可分为内部噪声和外部噪声。内部噪声来自电子设备内部，如电阻的热噪声、晶体管的散粒噪声等，抑制内部噪声是电子设备制造厂家的任务。外部噪声有雷电活动、太阳黑子活动等的自然噪声和高、中频设备、电气化铁路、变流设备、有触点电器引起的人为噪声。抑制外部噪声的方法可以是滤波、隔离、屏蔽、光电隔离、接地等。

噪声的传递不外是通过传导、辐射以及大地等途径以静电感应、电磁感应、公共阻抗耦合、漏电流耦合等方式进行。

下面介始经导线侵入的两种干扰的模式：

(1) 常模噪声(又称线间噪声、对称噪声、串模噪声、差动噪声或横向噪声) 如图34-24a所示，N为噪声源，噪声往返于两条线路间，R为受扰设备，V_N为噪声电压，噪声电流I_N和信号电流I_S在往返两条线上是一致的，这种噪声较难除掉。

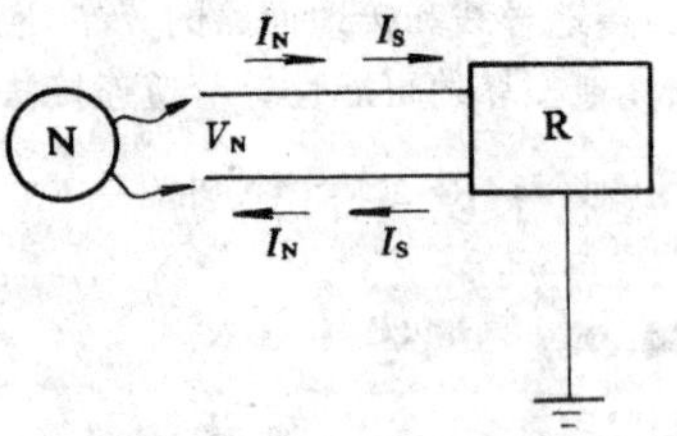

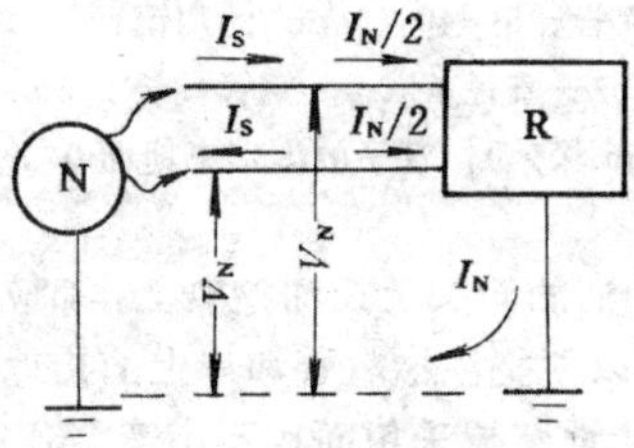

图 34-24 常模噪声和共模噪声

(a) —常模噪声；(b) —共模噪声

(2) 共模噪声(又称对地感应噪声、纵向噪声或不对称噪声)，如图34-24 b所示，噪声叠加于线路和地线间。噪声电流在两条线上各流过一部分，以地线为公共回路返回，共模噪声可以除掉。例如过程输入输

出线与大地或机壳之间发生的噪声，信号线受静电感应时的噪声多为共模噪声，消除的方法是屏蔽、隔离、接地等。

电磁感应所传递的噪声，可以用导线绞扭、电磁屏蔽和接地等方式来抑制。

接地点不同而引入的电位差也是一种共模噪声，这说明电子设备的接地设计不善，将会引入噪声。

34.9.1.5 电子设备接地的基本做法

电子设备、特别是电子成套设备中有许多部分或单元需要接地，按接地的要求和目的进行分类，不允许将不同类接地简单地、任意地连接在一起，而是要分成若干独立的接地子系统，每个子系统都有其共同的接地点或接地干线，最后才连接在一起，实行总接地。

通常有三种接地子系统（或接地干线），即系统地接地干线、保护地接地干线和屏蔽地接地干线，这三种接地干线若连接不妥，会引起互相干扰。在设计电子设备的接地时，要力争做到：

（1）以尽可能短的接地路径建立一个对有关装置都是等电位的接地导线系统；

（2）不要形成接地环路；

（3）避免自电源零线引入干扰。

电子设备的接地往往要在现场的实际运行中作适当调整，才能得到较好的效果。

电子设备的接地能否与强电接地共用接地体不能一概而论。一般说来，电磁兼容性好的电子设备，对干扰比较不太敏感的电子设备，如可编程序控制器、晶闸管变流装置，可以与强电设备共用接地体；而象电子计算机系统（不含微机）这种对干扰敏感的电子设备，一般应有独立的接地体，但是在特殊条件下，也可与强电设备共用一个接地体，见第34.9.5节。

34.9.2 系统地接地

34.9.2.1 系统地接地方式

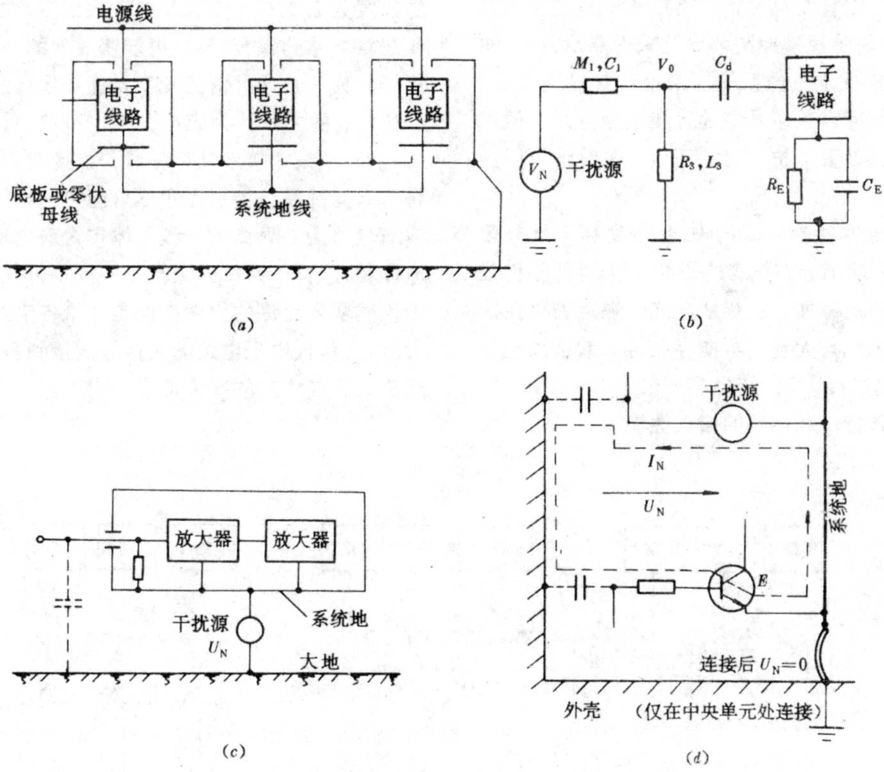

图 34-25 浮地系统及其干扰模式

（a）—浮地方式；（b）—共模干扰等效电路；

（c）—浮地电位波动产生干扰；（d）—内部干扰途径

系统地接地方式有浮地、直接接地、经电容接地三种。浮地方式如图 34-25 所示，各电子线路的系统地彼此连接，但与大地绝缘。这种方式的主要优点是在确保系统对地有很大电阻和很小分布电容时，由外部共模干扰引起的流过电子线路的干扰电流很小。另一个优点是省去了一套接地装置。

浮地方式的缺点是：如系统地对大地电阻较小、分布电容较大而未保持真正的悬浮时，遇到系统的基准电位受干扰而不稳定的情况，系统地对大地将出现位移电流，使电子设置不能正常工作；当电源的较高电压侵入电子回路，如电源变压器的一、二次绕组被击穿，将会危及电子设备及人身的安全；当发生雷电侵入或静电感应时，易击穿绝缘的薄弱部位，甚至引起电弧放电。

系统地直接接地方式用得最多，其优缺点正好与浮地方式相反。

对于小型晶闸管变流设备的模拟和逻辑控制电路等低速、高电平的小规模控制装置可采用浮地方式。而中大规模的高速低电平的系统应采用直接接地方式，即如计算机系统应当采用系统地直接接地方式。微机系统因已在内部设置了抗干扰的环节，系统地可以浮地方式工作。

系统地经电容接地方式的电容为高频干扰分量提供对地通路，抑制分布电容的影响，但对低频仍是断路，相当于浮地方式，故浮地方式的缺点仍存在。

只有当系统地与大地间可能存在直流或低频电位差时，才经过电容接大地，该电容一般为 2～10μF，应具有良好的高频特性和足够的耐压性能。

39.9.2.2 一点接地原则

电子设备的系统地只能有一点与接地体或接地干线相连接。如果两点接地，则在两个接地点之间会有电位差，给电子设备带来干扰。当电子设备由多台装置组成时，整套设备的系统地也只允许有一点和大地相连接。

一点接地的原则也适合于电子设备内部的各单元或各电路的基准电位点与设备内系统地（可以是端子或母线）的连接，但对高频电路则需采用多点接地（不是大地），下面分别予以说明：

(1)低频电路应遵循一点接地的原则，具体接法又可分为：

1）放射式接地，又称并联一点接地，见图 34-26*a*，将各单位的系统接地点用导线直接连到系统地上，这种做法能有效地避免公共阻抗和接地闭合回路造成的干扰。当信号频率高时，连接导线的阻抗增大。当导线的长度为 λ/4（λ—波长）的奇数倍时，由于分布电容和线路电感的耦合，导线可能变成天线，向外发射干扰信号。为防止这种情况发生，连接导线的长度应小于 λ/20（有的文献认为应小于 λ/5～λ/10）。

2）干线式接地又称串联一点接地，见图 34-26*b*，将各单元的系统接地点用尽可能短的导线就近接到一截面足够大的导体上，该导体作为系统地再一点与接地体相接。由于系统地阻抗足够低，有可能将公共阻抗干扰减弱到允许的程度。但是如果各电路电平相差很大时，应将低电平电路的连接导线接到系统地（即截面足够大的导体）的接大地点的附近。

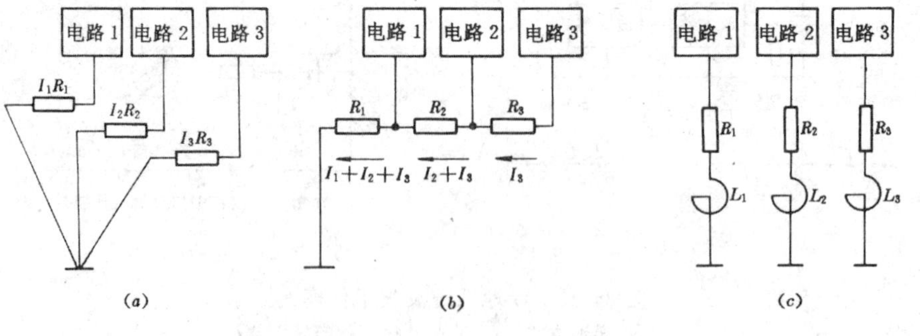

图 34-26 接“地”方式

(*a*) 一放射式；(*b*) 一干线式；(*c*) 一多点接“地”

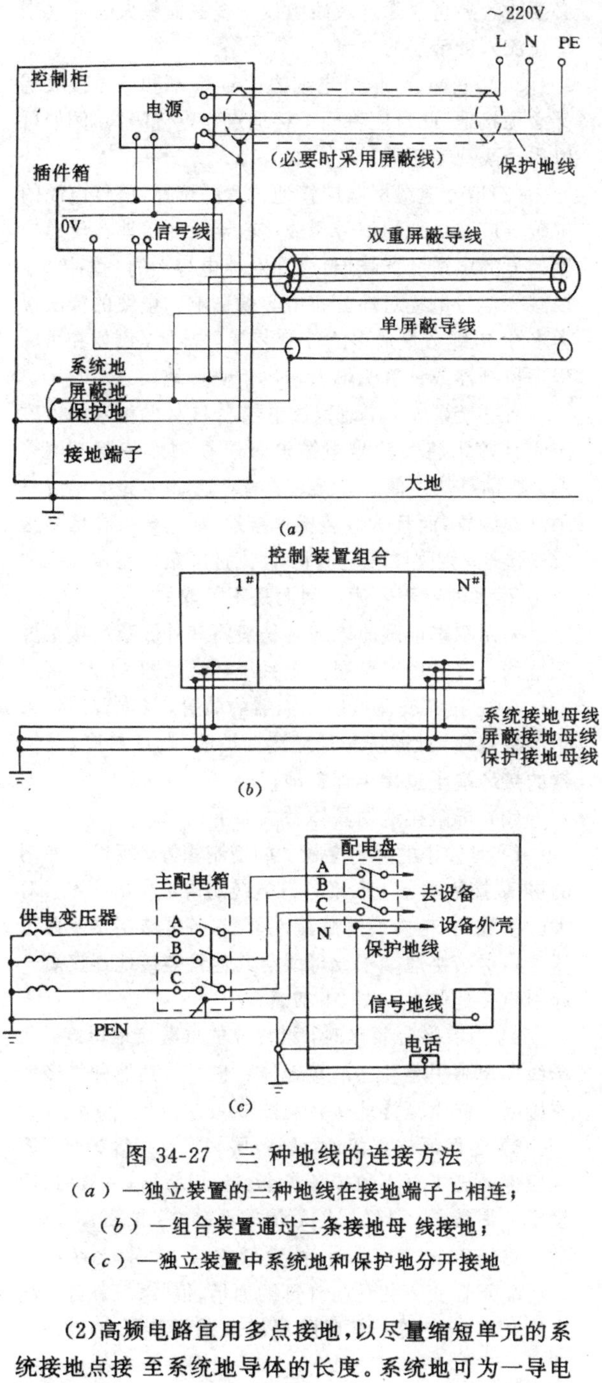

图 34-27　三 种地线的连接方法

(a) 一独立装置的三种地线在接地端子上相连；

(b) 一组合装置通过三条接地母 线接地；

(c) 一独立装置中系统地和保护地分开接地

(2)高频电路宜用多点接地，以尽量缩短单元的系统接地点接 至系统地导体的长度。系统地可为一导电平面，如底板、多层印刷电路板的导 电平面层，见图 34-26 *c* 。

当频率在 1MHz 及以下的电路，可用一点接“地”方式；高于 10～30MHz，用多点接地方式；在 1～30MHz 之间，只要接“地”线长度小于 $\lambda/20$，可用一点接“地”否则要用多点接“地”方式。

34.9.2.3　系统地接地的注意事项

图 34-27 表示系统地、保护地和屏蔽地在接至接地体时的相互连接关系，其中图 34-27*a* 适用于独立的控制设备和计算机；图 34-27*b* 适用于成组设备；图 34-27*c* 适用于保护地线中干扰比较严重的场合，即保护地与系统地不能在柜内连接。

由于保护地内存在大量的噪声，因此，系统地接地时应注意：

(1) 系统地与保护地的连接点选在柜内还是接地体处，应根据系统地不受干扰来决定；

(2) 应注意系统地线与保护地线分开敷设；

(3) 交 流系统的 N 线不能代替 PE 线和系统地线相连；

(4)如果在接地体处将系统地和保护地相接，仍受干扰，则系统地应设置单独的接地体。

34.9.3　屏蔽接地

34.9.3.1　电子设备的屏蔽接地

无论是用导电体构成的静电屏蔽或导磁材料作成的电磁屏蔽均应接地，以减小和抑制外部噪声的干扰。屏蔽范围小至设备内的某一元件；大至整个房间，屏蔽接地的接地电阻应不大于 4Ω。

外部噪声通过传感器、信号传输线以及供电线路以电阻耦合、电容耦合、电感耦合等方式进入电子设备内部。因此，抑制干扰的主要方法之一就是切断耦合通道。通常的做法有：

(1) 隔离。隔离的含义为：有外部噪声的部分与电子设备内部之间有可靠的绝缘，漏泄电流不致影响正常信号的波形；合理配线，信号线与动力线，不同电平的信号线之间，应有一定的距离或不敷设在同一管内。

(2) 绞扭。将两个导线绞扭，这对导线周围有磁场干扰的低电平信号线十分有效。因为同一回路导 线相邻两绞扭环中所感应的电势正好抵消，绞扭越紧，环中穿过的磁力线也越少，绞扭的节距可取 3～4cm。

(3) 屏蔽。金属导体屏蔽，对抑制外部噪声的电容耦合特别有效。设有平行敷设的导线 1 和 2，若导线 1 上有噪声电压 e_1，则导线 2 上将出现噪声电压 e_2，这是因为导线 1 与 2 间存在分布电容 C_{12}。导线 2 如有屏蔽层，则在屏蔽层上出现噪声电压 e_2，此时，如屏蔽层未曾接地，则通过屏蔽层和导线间的分布电容，导线 2 上仍会出现噪声电压 e'_2，只有屏蔽层接地，$e_2=0$ 时，导线 2 上才不会出现噪声电压 e'_2。

电子设备内部的元件和线路的屏蔽和接地，属电子设备的电磁兼容设计的范围。本节只涉及电子设备外部的信号线的屏蔽和接地。有关信号线的屏蔽和接地的做法如下：

(1)一点接地和两点接地。信号电缆的屏蔽层原则上应一点接地，因为两点接地极易引入干扰。如图 34-28 所示，接地点 A、B 间只要有电位差，就会有电流流过屏蔽层，如有雷电时，此电流更大。经过屏蔽层和信号线间的电容，这一电流会耦合到信号线上。因此，一点接地的原则是通常应遵循的原则。但是在下列情况下，信号电缆的屏蔽层需两点接地：

1）当电缆长度为 $\lambda/4$ 时，如图 34-29 所示，电缆的屏蔽层上产生驻波，如一端一点接地，电缆将相当于天线，向周围发射干扰信号。为此，采用两端分别接地。当信号频率超过 30MHz 和长度超过 1m 时，集肤效应显著，由地电位差或接地环路产生的高频电流在屏蔽层表层流过，对电缆芯线影响很小。因此两点接地不会引起象低频那样大的问题。

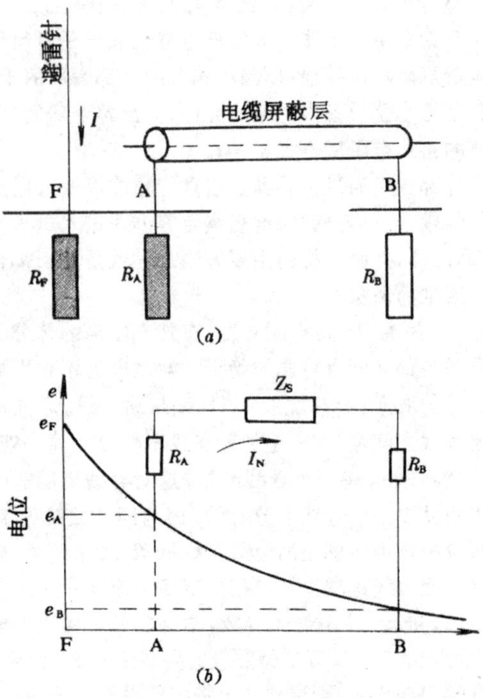

图 34-28 电缆屏蔽两端接地
(a)—示意图；(b)—等效图

2）某些灵敏的高频输入电缆的屏蔽层宜两端接地，电缆应紧贴接地线敷设，以减小接地环路的面积，必要时，还可紧靠屏蔽线敷设一根截面较大的导线来分流流入屏蔽层的电流。

3）某些场合，信号电缆的信号源端和信号接收端都必须接地。此时应将两个接地点作电气隔离，例如可以采用隔离变压器。

(2)信号电缆屏蔽层接地位置的选择，信号电缆的屏蔽层应在接地的信号源或接收器一侧接地，传递控制信号的电缆的屏蔽层，应在对地电容大的一端接地，以减少信号电缆对地分布电容的影响。电缆的屏蔽层大多在电缆数量最多的控制装置侧接地，例如在可编程序控制器或计算机输入输出柜侧接地。

有些装置，如接地型热电偶、pH 计的溶液和电磁流量计等需将其信号电缆屏蔽层在测量装置一侧接地。特别是热电偶，它所测量的对象不少是大电流或中高频装置，而且这些装置也接地。如屏蔽层在信号接收侧接地，则强噪声电流将会流过屏蔽层而在芯线中产生很大的噪声电流，因而是不可取的。

采用双重屏蔽的电缆，一般将其外屏蔽层接至屏蔽地线，将其内屏蔽层接至系统地，见图 34-27。

某些接有交流线路滤波器的装置，其电源线常采用屏蔽电缆，此时屏蔽层应接保护地，与此对应，滤波器的接地端子也接至保护地；

(3) 屏蔽接地的具体做法如下：

1）对较小的单台装置，如控制箱等，可设一专用的屏蔽接地端子，汇集各根电缆的屏蔽层的引线。对大的装置，在柜内设屏蔽接地母线，各屏蔽层接至此母线。将屏蔽接地端子或母线与其他种类接地连接后一起引至接地体，见图 34-27*a*。

2）当有多台装置时，设独立的屏蔽接地母线，此母线可单独引至独立的接地体，也可与其他种类接地连接后一起引至接地体，见图 34-27*b*。

3）为保证一点接地，屏蔽层必须有绝缘护套，而且应保证施工时不致损坏护套。屏蔽层经过装置时，应接至专用端子，以确保屏蔽层的连续性，见图 34-29*a*。

34.9.3.2 晶闸管变流装置的屏蔽接地

晶闸管变流装置与外部的通信、信号、控制等电缆应选用屏蔽电缆，其屏蔽层接地的做法见 34.9.3.1 节。

晶闸管变流装置的换流变压器往往设有静电屏蔽层，此屏蔽层应接至保护地，接地电阻不大于 4Ω。具有双重静电屏蔽的换流变压器的一次绕组屏蔽层接至保护地，二次绕组的屏蔽接至系统地或屏蔽地。

触发脉冲变压器的屏蔽层也应接地，其一次绕组的屏蔽层接保护地，二次绕组的屏蔽层接其所对应的晶闸管的阴极。

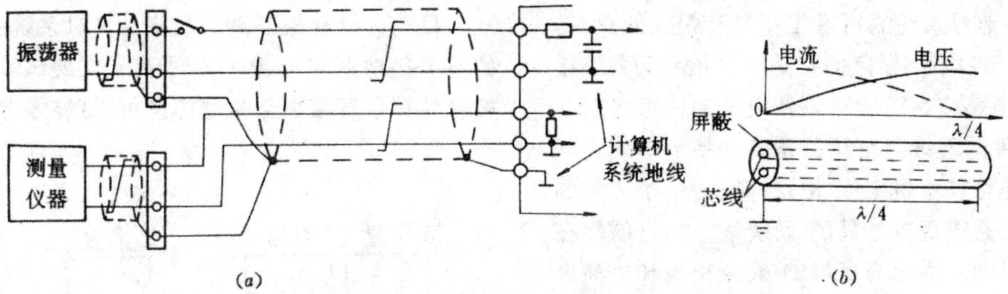

图 34-29 电缆屏蔽层的接地方法

（a）—电 缆屏蔽层一点接地；（b）—屏蔽层上的驻波

34.9.3.3 屏蔽室接地

屏蔽室的作用是将干扰源发出的电噪声限制在屏蔽室内或者相反，防止外部干扰进入室内，影响对干扰敏感的设备的正常工作。前者如高频电热设备，后者如大、中规模的计算机装置。

是否设置屏蔽室应按实际情况而定。例如，高频电炉一般在 30kW 时就要求装在屏蔽室内，但如附近有对干扰敏感的电子设备时，即使小于 30kW，也宜设在屏蔽室内。

屏蔽室可以是一个镶有金属板或网的建筑物，也可以是 一个金属结构。

屏蔽室对干扰 起隔离作用，因此需接地，屏蔽室接地也可称为隔离接地，接地电阻应不大于 4Ω。

34.9.4 计算机系统接地

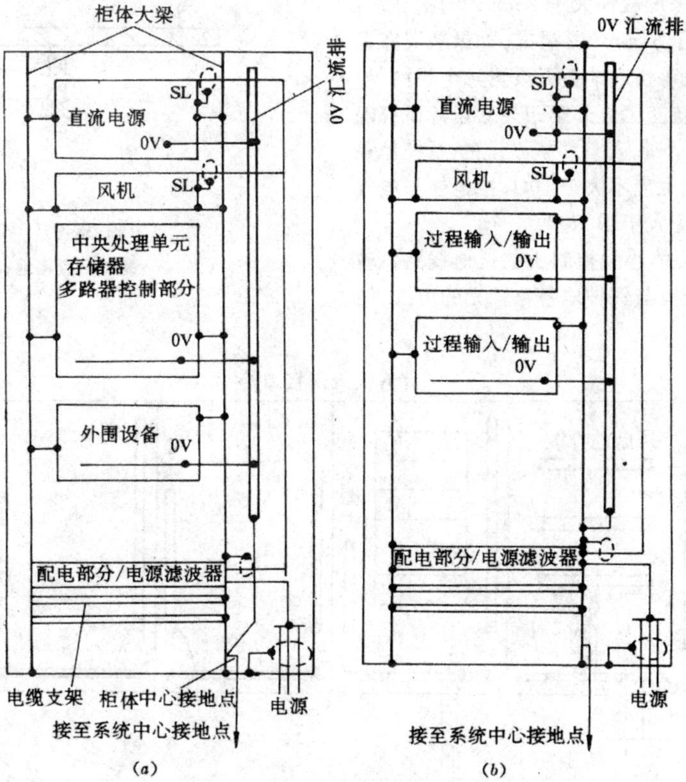

图 34-30 机柜内部的接地连接

（a）—计算机主柜；（b）—过程柜

34.9.4.1 计算机系统接地的要求

计算机系统是一种规模大、速度高、电平低的电子系统，良好的接地对系统的可靠工作具有很大的意义。计算机系统内，各电子线路的接地必须做到可靠，接地线的电阻和电感应尽可能小，各电子插件板底板与框架导轨、插件的地线与框架的系统地接地母线之间应牢固连接，并将整个机架底板设计成为一个完整的接地系统，方法是将每排插件的系统地接地母线焊在一薄铜板上。此外，为了有良好的安全接地和提高设备整体的屏蔽效果，计算机系统柜体的各部分，特别是可移动的抽屉或门和柜体间，必须有良好的电气连接。

34.9.4.2 计算机系统接地实例

图 34-30 表示机柜内部的接地连接，各插件框架、抽屉等外壳与柜体框架相连，并接柜体，形成安全地；0V 母线是系统地，和安全地连接后，形成柜体中心接地点并与整个系统的中心接地点相连。

图 34-31 表示各个机柜与接地体连接的方式。图 34-31 *a* 为集中一点方式，适用于集中布置的计算机系统。图 34-31 *b* 是干线式接地方式，要求该母线阻抗低。各装置的接地线采用截面大于 $25mm^2$ 的铜导线，接地干线采用截面大于 $60mm^2$ 的铜排。如果装置布置得很分散，可在计算机房活动地板下设置导电铜网，导电铜网的计算可参阅航空工业部第四规划设计研究院等编《工厂配电设计手册》。若计算机系统的系统地是单独接地的，则接地电阻应不大于 10Ω，接地体与电气设备的接地点的距离应大于 10m。

图 34-32 是一轧机的小型控制机的接地线路，曾采用系统地悬浮，屏蔽地与保护地各自独立的方式，结果系统受干扰而不能工作，后改成本线路图，系统便能正常工作。

目前，计算机制造厂已将计算机系统的各个装置的各类接地连在一起，并作了抗干扰的试验，用户只需将接地端子直接引至接地体便可，这样做方便了用户。

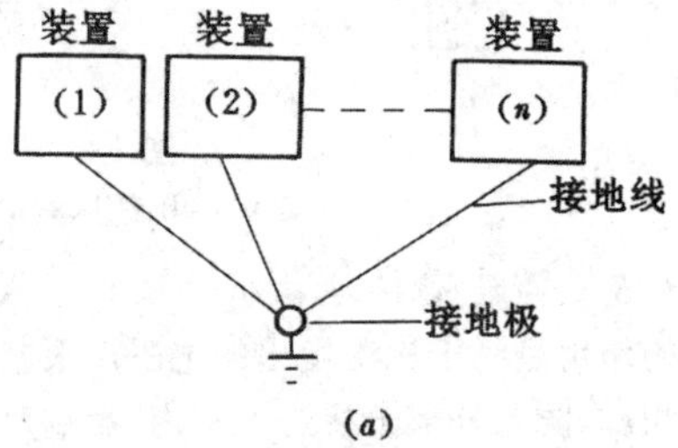

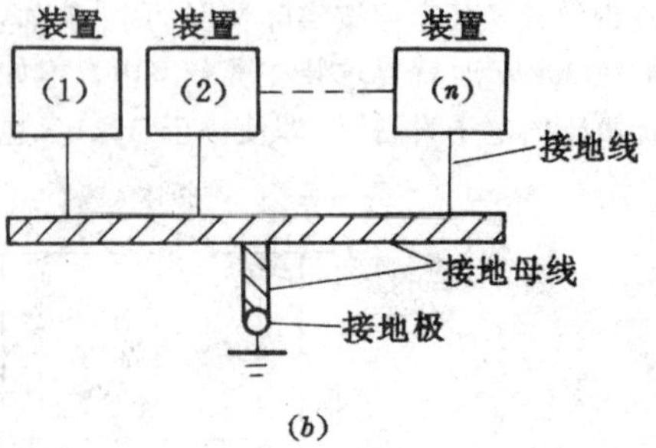

图 34-31 接地方式

（*a*）—集中一点接地；（*b*）—接地母线

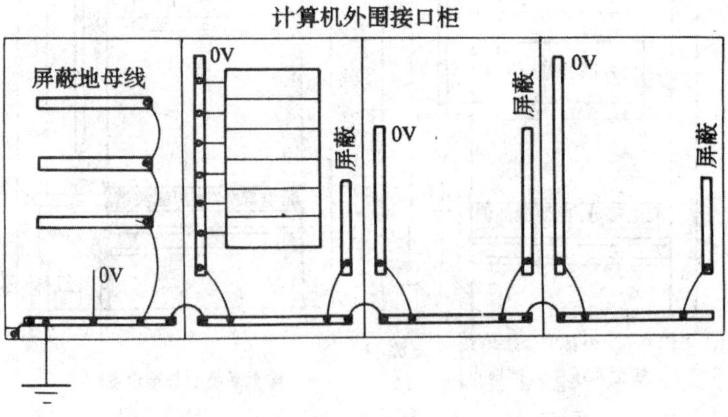

图 34-32 某轧机小型控制机的接地线路

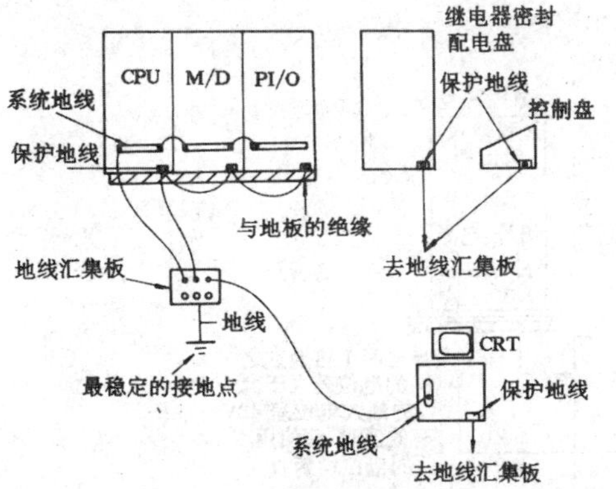

图 34-33　某电站控制用小型计算机系统接地线路

图 34-33 是某电站控制用小型计算机接地线路，这是一种典型的集中一点或放射式接地线路。各装置至地线汇集板的导线采用截面为 25mm² 铜导线，汇集板到接地体间采用截面为 50mm² 的铜导线连接。

图 34-34 是一过程控制计算机的接地连接。图 34-34 *a* 表示电子计算机各装置间的电缆连接，内部信号电缆的屏蔽层的两端与柜体或设备外壳连接，而且稍长的信号线均用双绞线，外部信号即输入输出信号电缆的屏蔽层与柜体连接，另一端是否接地，可按 34.9.3 节所述的原则决定。电源电缆与信号电缆应分开敷设。图 34-34 *b* 表示的接线原则与图 34-33 一致，计算机系统的各柜间的最大距离为 30m。

如果过程柜设置在现场，且主柜与控制柜接地点间的电位差超过最大允许值～42V 时，则需设电位均衡线后，才允许过程柜在现场接地，见图 34-35。

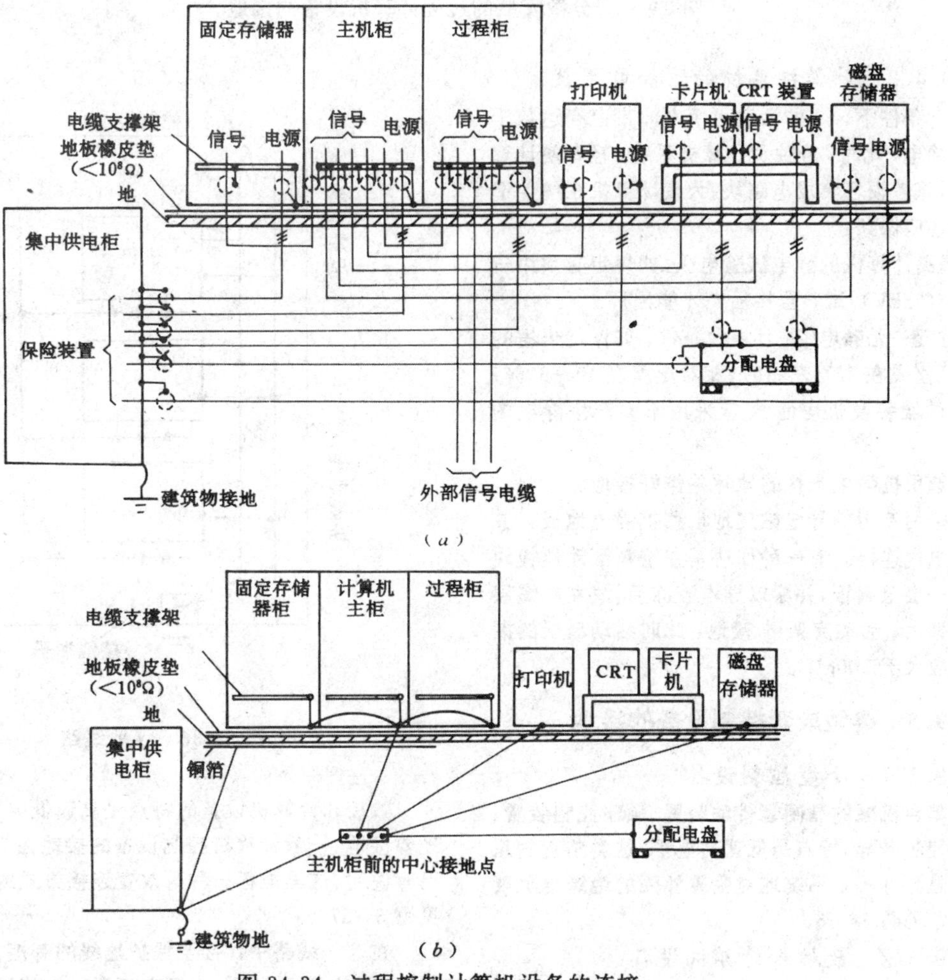

图 34-34　过程控制计算机设备的连接

（*a*）—电源和信号电缆的连接；（*b*）—接地系统

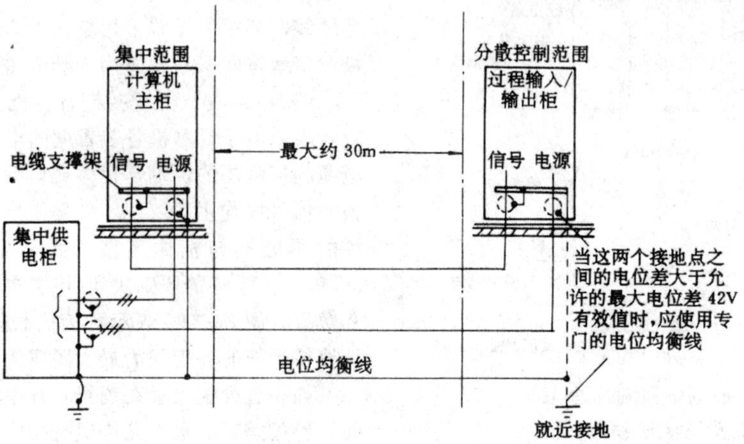

图 34-35 分散安装的过程计算机设备的接地

34.9.4.3 计算机系统的防静电干扰

在一定条件下，人的活动可使人体带上高达数千伏的高压静电，此时，若触及计算机系统，轻者使计算机误动作，重者损坏集成电路块。为使计算机系统免遭静电影响，应做到：

(1)提高计算机的静电试验电压，如规定必须用一定的电压（25kV）试验合格后，才能出厂。

(2) 创造“无静电”的环境及条件。如保持机房的湿度，保证室温在 22℃左右时，相对湿度在 40～60%；操作人员的服装及机房地面 应采用不易产生静电的材料等。

(3) 选用抗静电干扰的地坪并作好接地。

推荐采用专用的导电橡皮地板和抗静电地板，并与大地作电气连接。有一种作法是在塑料活动地板块下面复合一层金属板，并涂以导电胶冻后，放在电缆层的活动支架上，活动支架再 接地，此时活动地极的漏泄电阻不应大于 100MΩ。

34.9.5 典型成套控制设备的接地

34.9.5.1 小型控制设备

包括单台机械的晶闸管传动装置、顺序控制装置、可编程序控制器等，特点是低速高电平。这类装置的系统地可用悬浮方式，系统地对金属外壳的绝缘电阻要求数兆欧，见图 34-36。

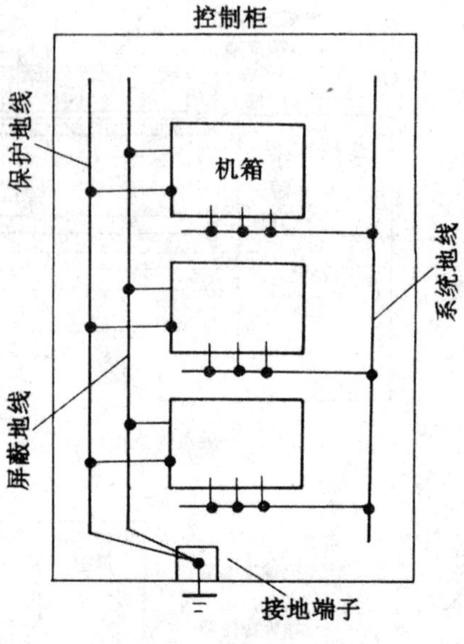

图 34-36 浮地线路

34.9.5.2 数控和计算机设备

数控和计算机设备的特点是高速低电平，故系统地要接地。一般计算机控制设备的接地在 34.9.4 节中已有说明。这里推荐一种可改变连接方式的接地线路，见图 34-37。

在这一线路中，接至保护地线的有柜、线路滤波器、电源电缆屏蔽层、电源变压器一次绕组的屏蔽层。

接至屏蔽地线的有信号电缆的屏蔽层、电源变压器二次绕组的屏蔽层。系统地与屏蔽地在柜内已连接，然后，接至专用的独立接地体。保护接地与系统地的连接是可拆卸的，是接通还是断开，根据现场的抑制干扰的效果而定。

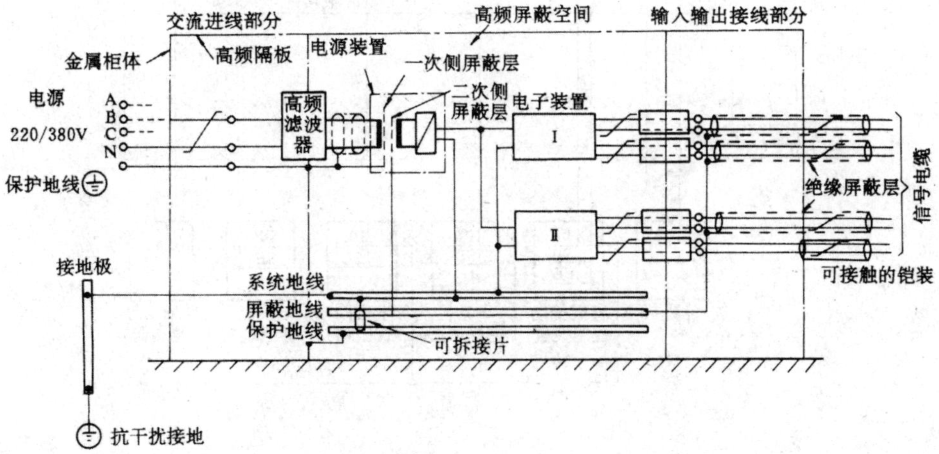

图 34-37　可改变连接方式的接地线路

34.9.5.3　成套控制设备

这里指的是中等规模的控制设备，如单台复杂机械和简单生产线的控制设备。其特点是设系统、屏蔽和保护三条接地母线，连接各电子设备的相应接地端，然后三条母线各自引至一专用的独立接地体，也可以将屏蔽地母线和系统地母线在柜内合一，仅系统和保护两条母线引至接地体，见图 34-27 *b*。成套控制设备的范围以 15m 为限，超过 15m 应按 34.9.5.4 节的要求处理。下面介绍两个接地实例。

图 34-38 表示轧机成套传动控制设备的接地线路。这是一套采用模拟量调节的晶闸管变流装置，并带有继电器控制柜。其保护接地母线接至厂房钢结构，系统地和屏蔽地接地母线用一个大截面绝缘导线引至独立的接地体，该接地体距电气设备的接地体的距离应大于 15m。

图 34-39 是成组控制设备的接地系统。各控制设

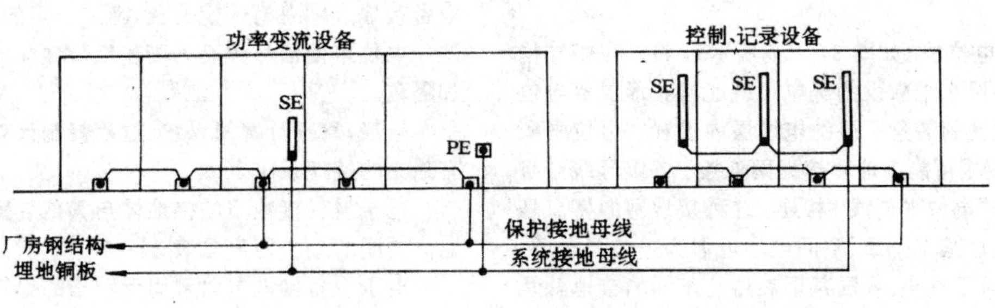

图 34-38　某大型轧机成套控制设备的接地系统

备的系统地和屏蔽地接至过程控制装置中的相应接地母线，三条母线连成一点后引至接地体，与计算机相连的输入输出过程信号均用双绞屏蔽电缆传送，成套装置的系统地与计算机的系统地不连接。

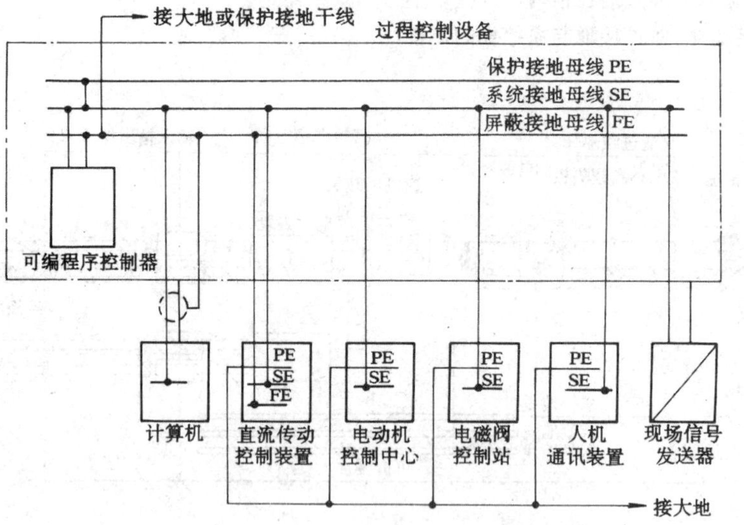

图 34-39　成组控制设备的接地系统

34.9.5.4　分散的成套控制设备

分散的成套控制设备指的是规模更大的成套控制设备，如一个现代化热轧带钢车间的控制设备，其接地设计遵循大分散、小集中的原则，即将分布在 15m 范围内的控制设备划成一组，每组设置系统地、屏蔽地、保护地三条母线，再将各组母线一一对应接至接地体。连接方法有：

(1) 多干线法如图 34-40 *a* 所示。在成套设备区域内设三条接地干线，并与各组的母线相连，最后这三条干线在同一接地体处接地。此方法较简单，但易引入干扰。

(2) 等电位法（如图 34-40 *b* 所示）。将厂房钢结构和钢桩用多层水平敷设的等电位线连接，形成等电位接地网，在控制装置下层的电缆层内设置“电位平衡线”，此线应尽可能多地和接地网连接。各组母线自身连接后，和“电位平衡线”相连。这种接地网的特点是网上各点地位基本一致、空间电场近似为一匀强电场、接地电阻小、干扰小。我国某厂热连轧车间的接地就是采用等电位法。利用 1912 根直径为 400～600mm，长约 60～70m 的钢桩作为接地体，在－13.7m、－8m、－5m、－3.2m、－0.5m 的施工作业层上，用 40×5mm 镀锌扁钢将可能连接到的接地体即钢桩连接起来，形成的网格的间距一般在 6～40m 之间。这样的接地网接地电阻低，抽样实测 20 点的接地电阻，均小于 0.06Ω，最小处为 0.028Ω，而且不受气温的影响。接在这一接地网上的有管理计算机系统、晶闸管变流设备、仪表系统、通信系统的各类接地以及防雷接地、电气的工作接地、保护接地等。过程控制计算机系统的接地则另设专用的接地系统，这样做的原因，只是由于供货厂家的不同。采用等电位法投资较高，因此若无大量的自然接地体和导体可资利用，一般不用此方法。

无论采用干线法或等电位法接地，各组成套控制设备接地点间总有一定距离，形成一定的电位差，如果这一电位差使信号失真，则各组装置间的信号传输应加隔离。

一般，管理计算机系统、过程控制计算机系统都应有独立的接地系统。

电子设备接地用的接地体与其他装置接地用的接地体之间的最小距离见表 34-15。

电子设备接地电阻值尚无明确的规定，如制造厂有规定，则以制造厂规定的数据为准，例如对可编程序控制器，很多厂所规定的接地电阻为 100Ω。如果制造厂没有规定，则可参考下列数据：

电子控制设备的接地电阻一般应不大于 10Ω；

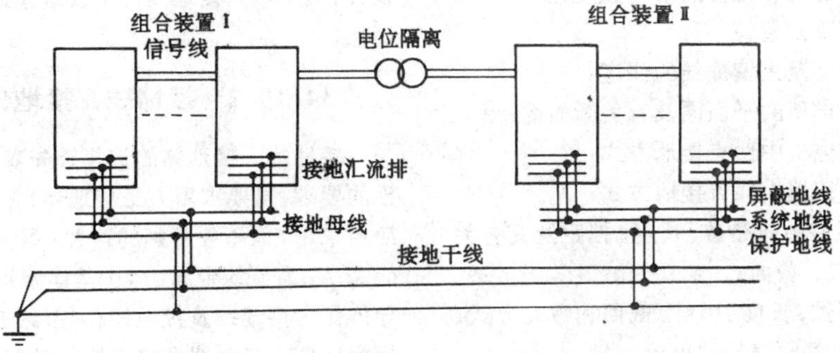

(a)

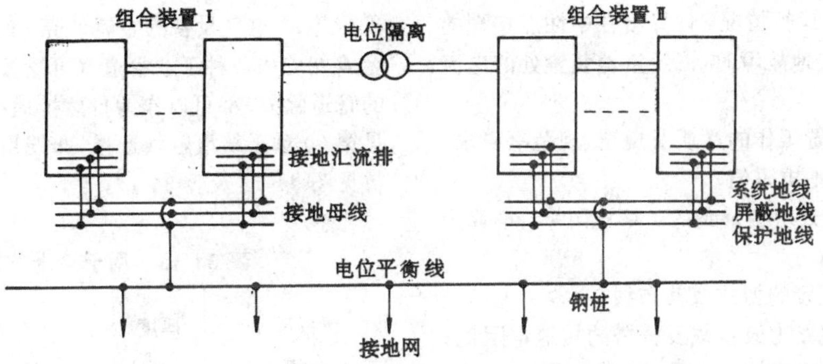

(b)

图 34-40 分散成套设备的接地方式

(a)—多干线式接地系统；(b)—等电位式接地系统

表 34-15 接地体间的最小距离

接地设备类别	接地体间最小距离（m）
电子设备与动力变压器中性点	20
电子设备与避雷针	20
电子设备与一般电气设备	15
计算机与其他控制设备	15

计算机设备的接地电阻应不大于 4Ω；

屏蔽接地电阻应不大于 4Ω。

34.10 接地装置设计

34.10.1 接地装置的设计过程

接地装置的设计可分为四个阶段：

(1) 收集资料阶段。为了进行设计计算，应收集以下资料，如所设计的接地装置中与其他设备没有关系时，可不收集该项资料，如不便收集或收集不到时，也可采用经验数据。

1) 安装接地装置处土壤的土质、土壤电阻率、测量的日期及前一日的气候；

2) 复杂土壤各层的厚度、土壤中含水分多少及地下水深度；

3) 渗透中的含盐量（指包括氯化钠以外的盐类或存在于地下水中的强烈腐蚀性物质的浓度）；

4）多年的1月份及7月份的平均温度；

5）每年的平均降雨量；

6）河流冻结时间及土壤冻结的深度；

7）发电厂及变电所的平面图及有关断面图；

8）发电厂中发电机中性点接地方式；

9）变电所中变压器中性点接地方式；

10）架空输电线路的回路数、长度、档距及其有关避雷线的长度、材料、截面；

11）电缆的回路数、长度、型号、截面和敷设方式；

12）单相接地时的短路持续电流；

13）接地装置范围内的水管敷设及布置情况；

14）在接地装置附近有无土壤电阻率较低的地区。

（2）设计计算阶段。设计计算步骤如下：

1）根据系统的运行情况，计算出在中性点接地的情况下，发生一相接地故障时，流经接地装置处的电流值；

2）根据接地装置工作的性质及规定、规范等要求，确定接地装置的接地电阻值；

3）按接地装置处所测量到的土壤电阻率，换算为计算所用的电阻率；

4）拟定接地装置的型式及其布线；

5）确定架空线路上避雷线及杆塔的接地电阻值；

6）计算在雷电流情况下，雷电流引入部分（避雷针、避雷线的引下线）的反击电压对附近设备的影响；

7）确定电缆线路的接地电阻值；

8）可以利用的管道（如水管）的接地电阻值；

9）确定接地体的数目、种类、安装方式及其连接线的种类；

10）进行接地母线、连接线、引下线的计算。

（3）验算阶段。需要验算的内容为：

1）验算接地母线。引下线、连接线的热稳定性；

2）验算在允许长时间接地情况下（一般接地电流值不大）接地装置处的跨步电压和接触电压值是否在允许值以内；

对于雷电流所引起的以上效应可不验算。

（4）绘图阶段。根据已确定的数据及接地型式，绘制下列图纸：

1）接地网总布置图；

2）接地装置布置图；

3）接地装置的焊接图；

4）接地装置的敷设图。

上述过程适用于大型变配电工程及输电线路接地设计，对于车间接地及电子设备接地系统的设计，可以简化。

34.10.2 接地线、接地体的选择

接地线、接地体的选择首先着眼于装置对接地提出的要求，当要求用人工接地体，并要求采用铜材时则应当采用，而不要用别的代替。另一方面，如果要求已能满足，为节约金属，减少基建费用，应尽量选择自然导体作为接地线及接地体；为节约有色金属，应尽量选择钢材作为接地线及接地体。常用的铜接地体材料有电气用的铜板、铜复钢棒、铜管等，其中铜板用于接地体最为普遍，参见表34-16。

建筑物的金属结构（如梁、柱、桁架、金属走廊及平台等）、电气设备的金属外壳、配线的钢管、电缆的金属外皮和各种工业管道（可燃及有爆炸危险混合物的管道除外）都可以作为自然接地线。常用型钢的阻抗见第30章干线滑触线选择。布线用钢管及电线管的阻抗见图34-41及表34-17。

表34-16 用于接地体的铜板

铜板尺寸（mm）	厚度（mm）	主要使用范围
450×450	1.5，2	电子设备接地
900×900	1.5，2	防雷、电气、电子设备接地
1000×1000	1.5，2	防雷、电气、电子设备接地
铜板的特性	耐腐蚀性及导电性良好。为了提高接地效果，在增加与大地的接触面积时，在一定的程度内可以自由选择铜板的大小	
与接地线的连接	铜板本身为坯料。为了能用作接地极，必须按下述方法与接地线连接：硬钎焊（黄铜焊或银焊）、铜铝热焊	

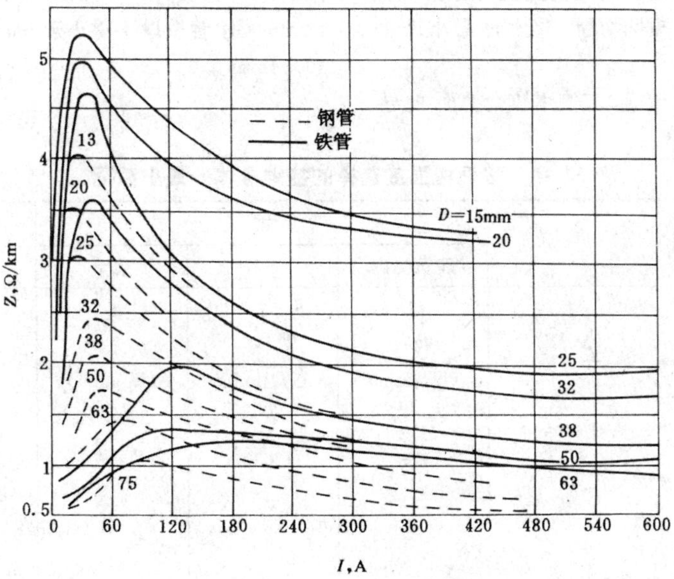

图 34-41 钢管、铁管阻抗曲线

表 34-17 钢管电阻 R (Ω/km)

规格 (mm)	管子种类	
	黑铁管	电线管
13	1.24	
15		3.04
20	0.955	2.54
25	0.65	1.87
32	0.496	1.28
38	0.405	0.733
50	0.317	0.438
63	0.234	0.36
75	0.185	0.264

利用电缆外皮作接地时，至少要有两根，如只有一根电缆，而且有芯线可利用时，则可利用该芯线作接地线；如无芯线可利用，应敷设辅助接地线，其规格为圆钢 ϕ 8mm 或扁钢 $4\times12mm^2$。电缆外皮等值电阻见表34-18。

表 34-18 三芯电缆金属外皮等值电阻 (Ω/km)②

电缆截面 (mm^2)	铅外皮		铝外皮	
	1kV	6kV	1kV	6kV
3×10	5.65	3.24	0.719	0.421
3×16	4.82	2.71	0.627	0.362①
3×25	4.39	2.64	0.583	0.357
3×35	3.95	2.17	0.485	0.302
3×50	3.19	1.97	0.378	0.264
3×70	2.56	1.79	0.334	0.246
3×95	1.99	1.51	0.276	0.223①
3×120	1.76	1.29	0.245	0.192①
3×150	1.48	1.18		
3×185	1.26	1.08		

①为近似值；
②表中按 40℃ 电阻值计算。

当自然导体在运行中电气连续性不可靠以及阻抗较大不能满足要求时，才采用人工接地线。

在有火灾和爆炸危险的场所，应该采用专用的裸线或绝缘线作为接地线。

为了保证接地体具有足够的机械强度及对埋于地下的接地体免于因腐蚀而短期切断，导体的最小尺寸见表34-19。

对于有强烈腐蚀性的土壤，应使用较大截面的导体或将导体镀锌，若不镀锌，则圆钢的直径不得小于12mm，钢管壁厚不得小于5mm，矩形尺寸不得小于$40\times4mm^2$。

表34-19 按机械强度选择的接地导体的最小截面

导体类别	钢			铜	铝
	建筑物内	屋外	地下		
圆钢直径（mm）	5	6	8		
扁钢截面（mm^2）	24（厚3mm）	48（厚4mm）	48（厚4mm）		
角钢边厚（mm）	2	2.5	4		
钢管管壁厚（mm）	2.5	2.5	3.5		
露天敷设的裸导体（mm^2）				4	6
绝缘导体（mm^2）				1.5	2.5
电缆的接地芯线或具有公共保护包皮的多芯导线的接地芯线（mm^2）				1	1.5

为便于测量接地电阻及便于扩建，在下列地点设置接地井：

(1) 装构架上的避雷针的集中接地装置与接地网连接处；

(2) 户外配电装置扩建端。

低压中性点不接地系统的电气设备 接地线的截面应按相线长期最大容许负荷确定；接地干线和中性线的容许负荷不小于电气设备供电线路中的容量最大线路相线长期容许负荷的50%；单独用电设备，其接地线的容许负荷应不小于用电设备的供电分支线相线容许负荷的三分之一；接地线的截面不应大于下列数值：钢$100mm^2$、铜$25mm^2$、铝$35mm^2$。

低压中性点直接接地的系统的电气设备 专供接地用的钢导体和零线应与相线一起敷设；钢接地线的截面按表34-20选择。接地线截面一般不大于下列数值：钢$80mm^2$、铜$50mm^2$、铝$70mm^2$。

禁止使用蛇皮管、保温管的金属网或外皮以及配电和照明网络的导线铅皮作接地线。在需要接地的房间内，这些金属外皮以及接线盒的外壳应该接地，并在其全长应有可靠的连接，接线头应该与金属外皮用螺栓连接或低温焊接。

接地体通常采用管形接地体，因其具有下列优点：

(1) 达到同样的接地电阻时，较其他接地体便宜。

(2)当土壤表面层是砂或冰冻层时，管形接地体可以放在电阻系数较低的深处。

(3)管形接地体容易埋入地下较深的地方，由于在管形接地体附近的土壤冬季不会结冻，夏季不会晒干，因此土壤电阻系数变化较少。

(4)管形接地体的机械强度较高，可以采用机械方法打入土壤中。

(5) 管形接地体与接地线连接简单，而且易于观察。

(6)当采用人工处理土壤时，加入盐类溶液比较容易。

表34-20 与钢零线截面相当的铜或铝接地线的截面

钢（mm^2）	铜（mm^2）	铝（mm^2）
15×2	1.3～2	
15×3	3	6
20×4	5	8
30×4或40×3	8	16
40×4	12.5	25
60×5	17.5～25	35
80×8	35	50
100×8	47.5～50	70

34.10.3 接地网的布置

接地网一般做成棒形和带形接地体联合组成的环形接地装置；接地装置垂直埋设用圆钢 、角钢、钢管；水平埋设用扁钢、圆钢等。接地体一般采用如下尺寸：

圆钢：直径ϕ10mm²；扁钢：截面25×4mm²；角钢：50×50×5mm；钢管：直径ϕ50mm。

对各种不同的土壤电阻率，可分别采用下列的接地装置：

(1) 土壤电阻率$\rho \leqslant 3\times10^2\Omega\cdot m$时，因电位分布衰减较快，可采用以棒形垂直接地为主的简单棒带接地装置；

(2) 土壤电阻率$3\times10^2\leqslant\rho\leqslant5\times10^2\Omega\cdot m$时，因电位分布衰减较慢，可采用以水平带接地体为主的带棒接地装置；

(3) 土壤电阻率$\rho>5\times10^2\Omega\cdot m$时，应特别处理，见34.10.4节，所有接地装置应尽可能埋于冻土层以下，一般接地体的埋深为0.5～1m。

围绕户外配电装置、户内配电装置及其他需装设接地网的建筑物敷设环形接地网，这些接地网之间的相互连接线不应少于两根。

垂直接地体的长度一般采用2～3m（通常用2.5m）。为了减少接地体间的屏蔽效应，垂直接地体间的距离及水平接地带间的距离不应小于2.5～3m。其材料最小截面见表34-19。

34.10.4 高土壤电阻率($\rho>5\times10^2\Omega\cdot m$)地区的接地措施

高土壤电阻率地区的接地措施为：

(1) 利用水和与水接触的潮湿混凝土作为扩散介质。

1) 充分利用水工建筑物（水塔、水井、水池等）以及其他与水接触的金属部分作为自然接地体。此时在水下钢筋混凝土结构物内绑扎成的许多钢筋网中，选择一些纵横交叉点加以焊接(电焊)，并与接地网连接。当水的电阻率$\rho=(0.1\sim0.5)\times10^2\Omega\cdot m$时，位于水下的混凝土每100m²表面积的散流电阻约为2～3Ω。

2)当利用水工建筑物作为自然接地体仍不能满足要求时，或者利用水工建筑物作为自然接地有困难时，应优先在就近的水中(河水、池水)敷设外引接地装置，该人工接地装置如图34-42所示，且尽可能敷设于水源流速不大之处或静水中，并要固定(如回填一些大石块)。

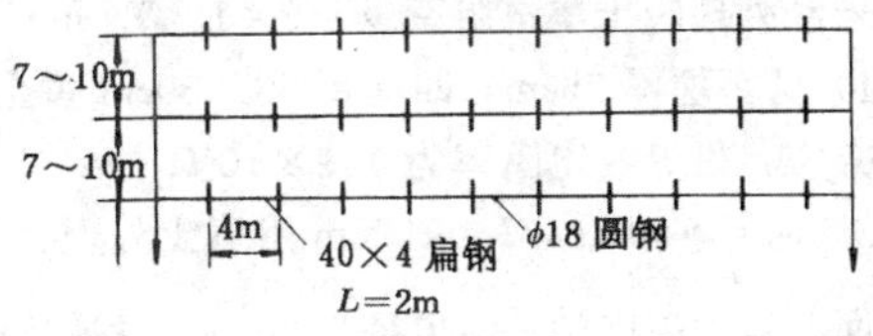

图 34-42 水中敷设的外引接地装置

水下接地网的电阻值可按单一介质近似计算

$$R=\frac{\rho}{2\pi L}\ln\frac{2L^2}{bh} \qquad (34\text{-}21)$$

式中 R——水下接地网的电阻，Ω；

L——接地体总长度，m；

ρ——河水电阻率，见表34-22；

b——扁钢宽度，cm；

h——埋设深度，cm。

(2)利用土壤换置和化学处理。如果用土壤换置能满足要求时，一般不用化学处理方法。土壤换置是将土壤电阻率较低的粘土、黑土等替换电阻率较高的土壤，一般如图34-43及图34-44所示。

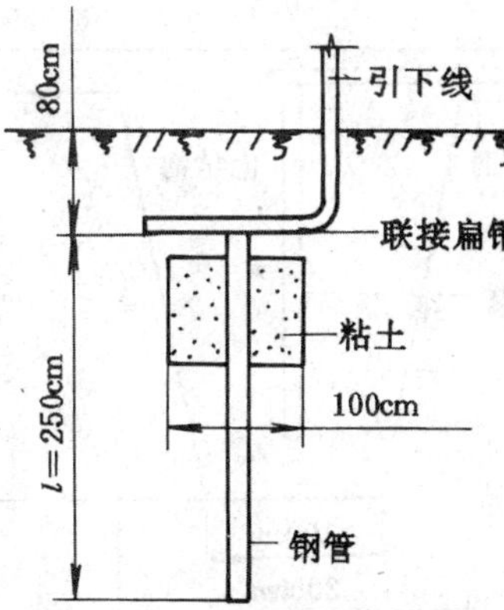

图 34-43 改善土壤措施（垂直接地体）

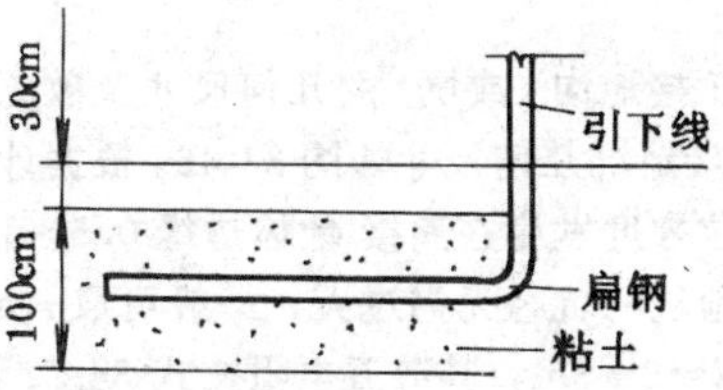

图 34-44 改善土壤措施（水平接地体）

此外根据电力部门的经验，处理的方法及效果如下（未经处理时土壤电阻率 $\rho=6\times10^2\Omega\cdot m$）：

1）圆钢埋深 75cm，四周用 50×50cm 黄土处理，分层夯实，得等效电阻率为 $1.9\times10^2\Omega\cdot m$；

2）钢管 ϕ50mm，$l=250$cm 用黄土处理，处理长度为埋入地中深度的 $\frac{1}{2}$，半径为 80cm，得等效电阻率为 $3.18\times10^2\Omega\cdot m$；

3）用食盐 10%与黄土 90%混合处理，处理长度为钢管埋入地中深度的 $\frac{1}{2}$，半径为 50cm，得等效电阻率为 $1.86\times10^2\Omega\cdot m$。

用以上方法处理后，在工频小电流下都可以得到良好的效果，但在冲击大电流作用下，效果将显著降低。

化学处理的方法往往有腐蚀性，且易流失，所以在不得已时才采用。常用化学物质有炉渣、废碱液、木炭、氮肥渣、电石渣、石灰、食盐等，将化学物和土混合，填入坑内夯实，如图 34-45 所示。近年来，国内外都开发了长效化学降阻剂，这种降阻剂，降阻效果显著、性能稳定、使用周期长。详细介绍见附录 34.2。

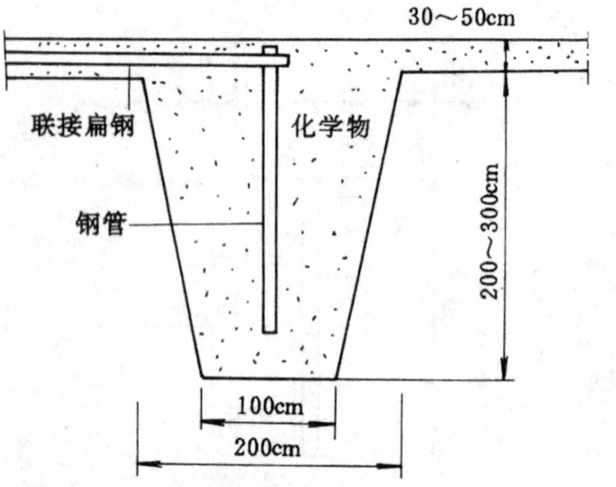

图 34-45 化学物处理

人工接地沟（或坑）的几何尺寸及散流电阻如下：

1）接地坑几何尺寸如图 34-46。根据计算和试验，最大电位梯度发生在离接 地体边缘 0.5～1m 处，所以人工接地坑的坑径无需过大，一般可取 $r_1=0.5$m，$r_2=1$m，$l=2\sim3$m，其散流电阻按式 34-22 计算

$$R=\frac{\rho_1}{2\pi l}\ln\frac{r_1}{r_0}+\frac{\rho_2}{2\pi l}\ln\frac{2l}{r_1} \quad (34\text{-}22)$$

式中 R——接地的散流电阻，Ω；

ρ_1、ρ_2——填料、原土壤的电阻率，Ωm；

l——接地体长度，m；

r_1、r_0——接地坑底部、接地体的半径，m。

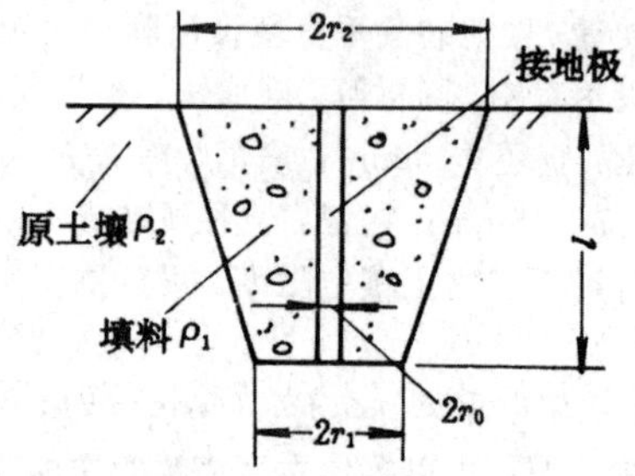

图 34-46 接地坑的几何尺寸

2）接地沟的几何尺寸，采用外切于以接地带为中心，以 0.5m 为半径圆的梯形断面，如图 34-47，其散流电阻计算如下：

当接地带为圆钢时

$$R=\frac{\rho_1}{2\pi l}\ln\frac{l}{2r_0}+\frac{\rho_2}{2\pi l}\ln\frac{l}{b_1} \quad (34\text{-}23)$$

式中 R——接地的散流电阻，Ω；

ρ_1、ρ_2——填料、原土壤的电阻率，Ω·m；

l——接地带长度，m；

r_0——圆钢半径，m；

b_1——圆钢中心至沟边的水平距离，m。

当接地带为扁钢时

$$R=\frac{\rho_1}{2\pi l}\ln\frac{2l}{b}+\frac{\rho_2}{2\pi l}\ln\frac{l}{b} \quad (34\text{-}24)$$

式中 b——扁钢宽度，m，其他与式 34-23 相同。

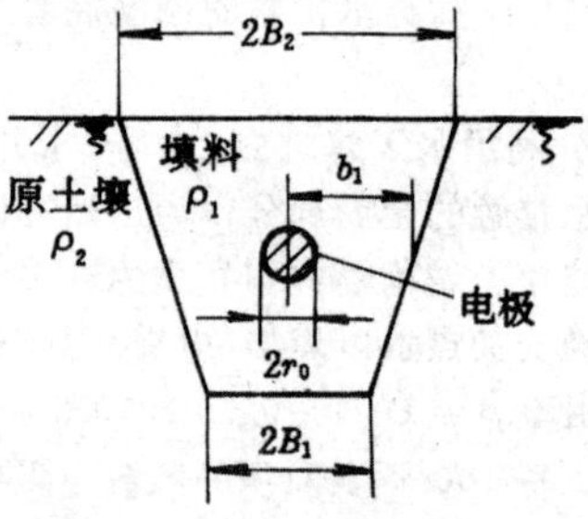

图 34-47 接地沟的几何尺寸

（3）深埋接地极。当地下深处的土壤（水）电阻率较低时，可将接地体深埋，见图 34-48。当然，能打到地下水位更好。

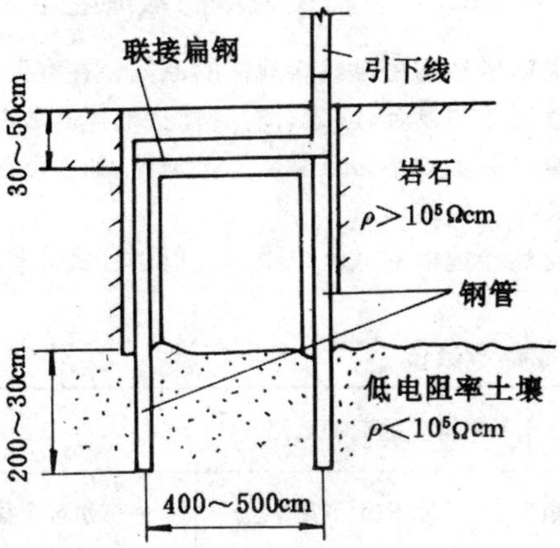

图 34-48 深埋接地极

(4) 山区接地装置的形式。当深埋接地极有困难时，推荐采用下列四种敷设型式：

1) 水平放射式，射线数目不超过四根，每根射线长度不超过 20m；

2) 环形水平敷设，能达到等化电位减少跨步电压和接触电压的目的；

3) 长短放射外引式，能达到降低接地电阻和削减电压的目的，见图 34-49；

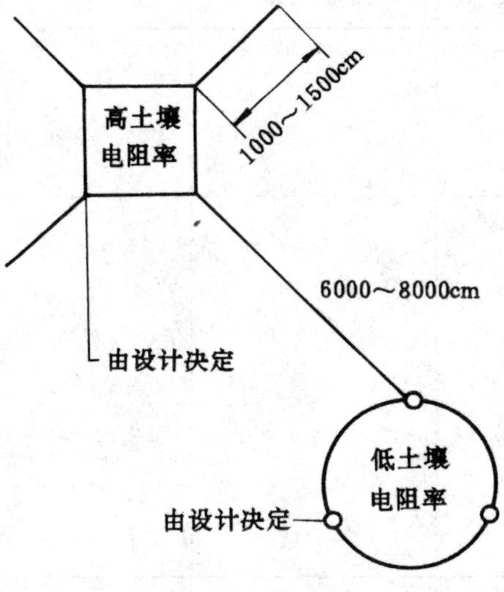

图 34-49 长短放射外引式

4) 采用短接地带组合的接地装置，适合于土壤电阻率 (1～5) $\times 10^3\Omega\cdot m$ 的场合，见表 34-21。

在岩石类土壤地区，如土壤电阻率 ρ 在一年最不利的季节中大于 $5\times 10^2\Omega\cdot m$，所规定的接地电阻难以达到或即使能达到，但在技术经济上极不合理时，允许将规定的接地电阻提高到 $\frac{\rho}{5\times 10^2}$ 倍，但不得超过规定值的 10 倍。

表 34-21 短接地带组合的接地装置

土壤电阻率 ρ (Ω·m)	组合方式 (根数×单根长度) (m)	钢带总长 (m)	电阻值 R (Ω)
1～1.2×10³	2×60 ‖ 2×40	200	14.6
	5×40	200	13.8
	4×60	240	12.5
2×10³	6×40	240	21.6
	4×60	240	20.7
	2×60 ‖ 2×100	320	16.2
5×10³	8×60	480	34
	10×60	600	28
	4×60 ‖ 4×100	640	27

注：‖ 表示并联。

接地网也可以采用板形接地体。板的材料一般用铜。板的形状可为圆形、正方形、长方形。不能认为板的面积大、接地电阻小，就不对板的面积加以限制，如果一块板的接地散流电阻不能满足要求时，宁可用几块板，板接地体之间的距离至少是板的最大尺寸的三倍。德国规定：板接地体必须垂直埋设，其尺寸由所要求的电阻决定，常用的板的尺寸为 $1\times 0.5m^2$，这样若使用多块板，则板与板的距离不少于 3m，而埋深被规定为上缘至少应在地面下 1m。垂直放置的板接地体与土壤的接触好，但施工工程量相对大。平放的板则相反，散流条件较差，施工工程量相对小一点，而且不宜在同一位置放多块板。此外平放的板对地有电容作用，用于电子设备的接地可能有好处。

34.11 接地电阻的计算

34.11.1 土壤和水的电阻率

土壤和水的电阻率在一年之中是变化的，在设计

计算时，采用其计算值，由式 34-25 算得

$$\rho = \psi\rho_0 \qquad (34\text{-}25)$$

式中 ρ——土壤电阻率的计算值，Ω·m；

ρ_0——预先实测到的土壤的电阻率，Ω·m，如无实测资料时，可参考表 34-22 所列的数值；

ψ——季节系数，见表 34-23。

34.11.2 自然接地体的散流电阻

根据尽量利用自然接地体的原则，在有条件利用自然接地体的场合，应先计算自然接地体的散流电阻，如能满足要求则不必设置人工接地体，如不能满足，则需加装人工接地体。

自然接地体的散流电阻可按以下公式计算：

表 34-22 土壤和水的电阻率参考数值

类别	名称	近似值（Ω·m）	不同情况的变动范围（Ω·m）		
			较潮湿时（多雨区）	较干时（少雨区）	地下水区含盐碱
泥土	冲积土	5			1～5
	陶粘土	10	5～20	10～100	3～10
	泥土、泥炭、泥灰石	20	10～30	50～300	3～30
	园田土、陶土、白垩土、黑土	50	30～100	50～300	10～30
	粘土	60	30～100	50～300	10～30
	砂质粘土	100	30～300	80～1000	10～30
	黄土	200	100～200	250	30
	含砂粘土、砂土	300	100～1000	1000 以上	30～100
	多石土壤	400			
砂	砂子、砂砾	1000	250～1000	1000～2500	
岩石	砾石、碎石	2000	1000～10000		
	多岩石地	4000			
	花岗岩	200000			
水	海水	1～5			
	湖水、池水	30			
	泥水	15～20			
	泉水	40～50			
	地下水	20～70			
	溪水	50～100			
	河水	30～280			
其它	金属矿	0.01～1			
	捣碎的木炭	40			

表 34-23 根据土壤性质决定的季节系数

土壤性质	深度（m）	ψ_1	ψ_2	ψ_3
粘　土	0.5～0.8	3	2	1.5
粘　土	0.8～3	2	1.5	1.4
陶　土	0～2	2.4	1.36	1.2
砂砾盖于陶土	0～2	1.8	1.2	1.1
园　地	0～3		1.32	1.2
黄　沙	0～2	2.4	1.56	1.2
杂以黄沙的砂砾	0～2	1.5	1.3	1.2
泥　炭	0～2	1.4	1.1	1.0
石灰石	0～2	2.5	1.51	1.2

注：ψ_1—测量前数天下过较长时间的雨时用之；

ψ_2—测量时土壤具有中等含水量时用之；

ψ_3—测量时土壤干燥或测量前降雨不大时用之。

（1）架空避雷线：

$n<20$ 时

$$R_m = \sqrt{Rr}\,\mathrm{cth}\left(\sqrt{\frac{r}{R}}n\right) \tag{34-26}$$

$n\geqslant 20$ 时

$$R_m = \sqrt{Rr} \tag{34-27}$$

式中　R_m——避雷线的散流电阻，Ω；

n——带避雷线的杆塔数；

R——有避雷线的每基杆塔工频接地电阻，Ω；

r——一档避雷线的电阻，Ω，按式 34-28 计算；

cth——表示双曲余切函数的符号 $\mathrm{cth}(x)=\dfrac{e^x+e^{-x}}{e^x-e^{-x}}$；

两杆塔之间一档避雷线的电阻计算如下

$$r = \rho_{lig}\frac{L}{S} \tag{34-28}$$

式中　ρ_{lig}——避雷线的电阻率，钢线的 $\rho_{lig}=15\times10^{-8}\Omega\cdot m$；

L——档距长度，m；

S——避雷线截面积，m^2。

（2）电缆外皮：若土壤电阻率 $\rho=1\times10^2\Omega\cdot m$，电缆埋深不小于 0.7m 时，6kV 单根铠装电缆的散流电阻可根据图 34-50 确定。

对于 1kV 及 10kV 的电缆，根据该图曲线所求得的电阻应分别乘以系数 1.28 及 0.86。

若土壤电阻率不是 100Ω·m 时，按曲线求得的电阻值还应乘以校正系数 K，K 值见表 34-24。

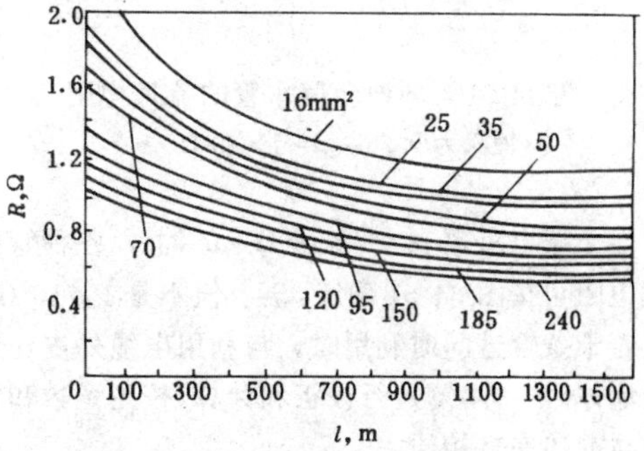

图 34-50　直接埋地 6kV 电缆外皮的散流电阻（埋深不小于 0.7m，周围土壤 $\rho=1\times10^2\Omega\cdot m$）

表 34-24 校正系数值，K

土壤电阻率（Ω·m）	3×10	5×10	6×10	8×10	1×10^2	1.2×10^2	1.5×10^2	2×10^2	2.5×10^2	3×10^2	4×10^2	5×10^2
校正系数	0.54	0.7	0.75	0.89	1	1.12	1.25	1.47	1.65	1.8	2.1	2.35

当若干根截面接近的电缆敷设在同一壕沟中时，其总的散流电阻按下式确定

$$R' = \frac{R}{\sqrt{n}} \tag{34-29}$$

式中　R'——总的等效散流电阻，Ω；

R——单根电缆外皮的散流电阻，Ω；

n——一起敷设的电缆根数。

当利用几条电缆沟内的电缆外皮作为自然接地体，则总的散流电阻 R_Σ 为各支路散流电阻 R_1、R_2…的并联值，即

$$\frac{1}{R_\Sigma} = \frac{1}{R_1} + \frac{1}{R_2} + \cdots \tag{34-30}$$

（3）埋地管道（管道系统长度＜2km 时），其散流电阻计算如下

$$R=\frac{\rho}{2\pi l}\ln\frac{l^2}{2rh} \quad (34\text{-}31)$$

式中 R——单根埋地管道的散流电阻，Ω；

r——管道的外半径，m；

h——接地体几何中心埋深，m；

l——接地体长度，m；

ρ——土壤电阻率，Ω·m。

为简化计算，也可以利用图 34-51 的曲线，查得 R 值。

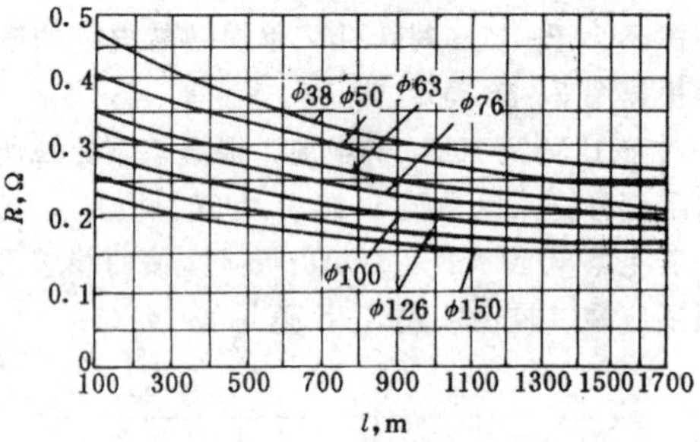

图 34-51 埋地金属水管的流散电阻

（埋深为 0.2m，$\rho=1\times10^2\Omega\cdot m$）

当土壤电阻率 $\rho=1\times10^2\Omega\cdot m$ 时，各种管径的散流电阻可按图 34-51 确定，若 ρ 值不是 $1\times10^2\Omega\cdot m$ 或有若干条管道同时利用时，与利用电缆外皮作为自然接地体时一样，需进行校正和计算，校正系数和计算公式与前述完全相同。

34.11.3 人工接地体的散流电阻

在利用了自然接地体后，尚不能满足要求的接地电阻时，应装置人工接地体，此时人工接地体的接地电阻 R_a 可由下式确定

$$R_a=\frac{RR_{ne}}{R-R_{ne}} \quad (34\text{-}32)$$

式中 R_{ne}——接地电阻要求值，Ω；

R——自然接地体电阻，Ω；

R_a——人工接地体电阻，Ω。

对于大接地短路电流系统，则不论自然接地体的情况如何，仍应装设人工接地体，其接地电阻不能大于 1Ω（当自然接地体的接地电阻不大于 0.5Ω 时）。

人工接地体通常是由垂直埋设的棒形接地体、水平接地体、复合 接地体以及板形接地体等组合而成；棒形接地体可用钢管、圆钢、角钢等作成，水平接 地体可用扁钢、圆钢等作成。

（1）散流电阻计算公式：

1）垂直接地体（见图 34-52）的接地电阻：

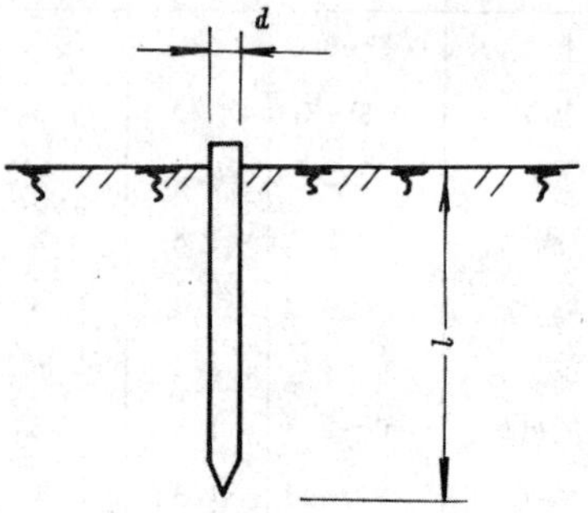

图 34-52 单根垂直接地体

当 $l\gg d$ 时

$$R_v=\frac{\rho}{2\pi l}\ln\frac{4l}{d} \quad (34\text{-}33)$$

式中 ρ——土壤电阻率，Ω·m；

d——接地体用圆钢时，圆钢的直径，m；

l——接地体的长度，m。

不同钢材的等值直径（见图 34-53）如下：

钢管：$d=d'$

扁钢：$d=\frac{b}{2}$

等边角钢：$d=0.84b$

不等边角钢：$d=0.71\sqrt[4]{bh(b^2+h^2)}$

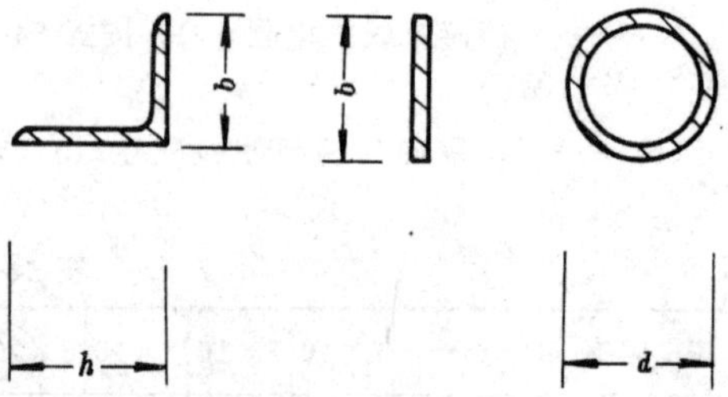

图 34-53 各种钢材断面

2）水平接地体 不同结构形式的浅埋水平接地体的接地电阻可用下式计算：

$$R_h=\frac{\rho}{2\pi L}\left(\ln\frac{L^2}{dh}+A\right) \quad (34\text{-}34)$$

式中 R_h——水平接地体的接地电阻，Ω；

ρ——土壤的电阻率，Ω·m；

L——接地体总长度，m；

h——接地体埋深，m；

d——接地体的等效直径，m；

A——水平接地体接地电阻的形状系数见表34-25。

3）复合接地体　以水平接地体为主，边部成闭合环形的复合接地体（接地网）的接地电阻，用下式计算：

表 34-25　水平接地体接地电阻的形状系数

水平接地体形状			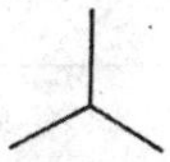		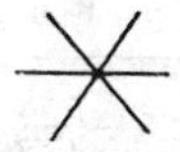		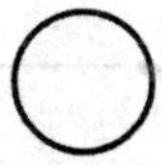
A	0	0.378	0.867	2.34	2.96	1.71	0.239

$$R=\frac{\sqrt{\pi}}{4}\frac{\rho}{\sqrt{S}}+\frac{\rho}{2\pi L}\ln\frac{2L^2}{\pi dh}\qquad(34\text{-}35)$$

式中　R——复合接地体的接地电阻，Ω；

L——接地体的总长度（包括垂直接地体在内），m；

d——水平接地体的直径，m；

h——水平接地体的埋深，m；

S——接地网的总面积，m^2。

4）板形接地体。板形接地体的埋设见图34-54，其接地电阻计算如下：

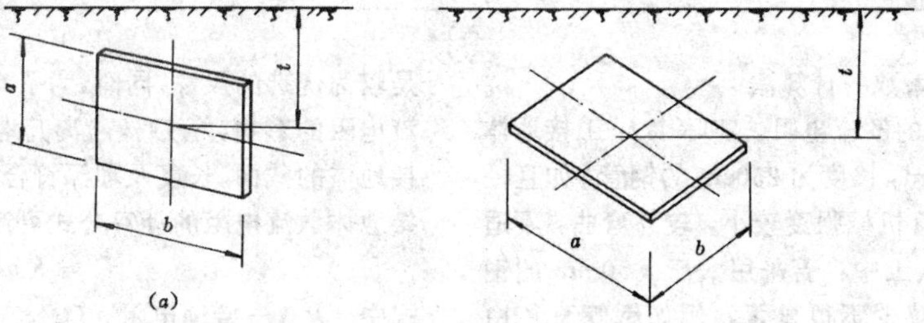

图 34-54　板形接地体

（a）—垂直埋设方式；（b）—水平埋设方式

对垂直埋设方式

$$R=\frac{\rho}{8r}+\frac{\rho}{8\pi h}\left(1+\frac{7}{96}\frac{r^2}{h^2}\right)\qquad(34\text{-}36)$$

对水平埋设方式

$$R=\frac{\rho}{8r}+\frac{\rho}{8\pi h}\left(1-\frac{7}{48}\frac{r^2}{h^2}\right)\qquad(34\text{-}37)$$

式中　R——板形接地体的接地电阻，Ω；

ρ——土壤电阻率，Ω·m；

h——板中心点的埋地深度，m；

r——板的等效圆的半径，m，按式34-37计算：

$$r=\sqrt{\frac{ab}{\pi}}\qquad(34\text{-}38)$$

式中　a、b——板的长和宽，m。

5）人工接地体接地电阻的估算，按表34-26进行估算。

表 34-26　人工接地电阻的估算式

接地体型式	估算式	适用条件
垂直（棒）	$R\approx 0.3\rho$	长度3m左右
单根水平	$R\approx 0.03\rho$	长度60m左右

续表 34-26

接地体型式		估算式	适用条件
复合接地体（接地网）		$R \approx 0.5\frac{\rho}{\sqrt{S}} = 0.28\frac{\rho}{r}$ 或 $R \approx \frac{\sqrt{\pi}}{4}\frac{\rho}{\sqrt{S}} + \frac{\rho}{L} = \frac{\rho}{4r} + \frac{\rho}{L}$	S 大于 100m^2 的闭合环形接地网
板	垂直	$R \approx 0.25\frac{\rho}{\sqrt{ab}}$	
	水平	$R \approx 0.22\frac{\rho}{\sqrt{ab}}$	
符号意义		R——接地电阻，Ω ρ——土壤电阻率，Ω·m S——环形接地网面积，m^2 r——与 S 面积相等的圆的半径，m a、b——板的长和宽，m L——接地体总长度，m	

(2) 采用利用系数的计算法。

1）单根接地体的散流电阻。实际上人工接地体常采用直径为 ϕ50mm，长度为 250cm 的钢管，如直径小于 ϕ50mm，则钢管机械强度较小，较易弯曲，不适宜采用机械方法打入土中：若采用大于 ϕ50mm 的钢管，则接地电阻的减少不很显著，例如钢管直径由 ϕ50mm增加到 ϕ130mm 时，散流电阻仅减少 15%，从经济效果看并不合算；接地体长度小于 250cm 时，散流电阻增加很多，反之，接地体长度大于 250cm 时，散流电阻减少并不显著；因此，上述尺寸对垂直棒接地体是较为优选的尺寸。同时，为了减少外界温度变化对散流电阻的影响，管顶一般离开地面 50～80cm。垂直棒接地体的截面、长度及埋深符合上述要求时，不同型钢接地体散流电阻的计算公式可简化为

$$R = K\rho \tag{34-39}$$

式中　R——接地电阻，Ω；

ρ——土壤电阻率，Ω·m；

K——各种接地体的简化计算系数，见表 34-27。

表 34-27　各种接地体 K 值

接地极形状	规格（mm）	计算外径（mm）	长度（cm）	K
钢管	ϕ38	48	250	34×10^{-2}
	ϕ38	48	200	40.7×10^{-2}
	ϕ50	60	250	32.6×10^{-2}
	ϕ50	60	200	39×10^{-2}
角钢	∟ 40×40×4	33.6	250	36.3×10^{-2}
	∟ 40×40×4	33.6	200	43.6×10^{-2}
	∟ 50×50×5	42	250	34.85×10^{-2}
	∟ 50×50×5	42	200	41.8×10^{-2}

续表 34-27

接地极形状	规格（mm）	计算外径（mm）	长度（cm）	K
槽钢	[80×43×5	68	250	31.8×10^{-2}
	[80×43×5	68	200	38×10^{-2}
	[100×48×5.3	82	250	30.6×10^{-2}
	[100×48×5.3	82	200	36.5×10^{-2}

对于单根水平接地体的接地电阻，可查曲线求得，常用扁钢的接地电阻见图 34-55。

2）n 根垂直接地体的总散流电阻，可用下式计算：

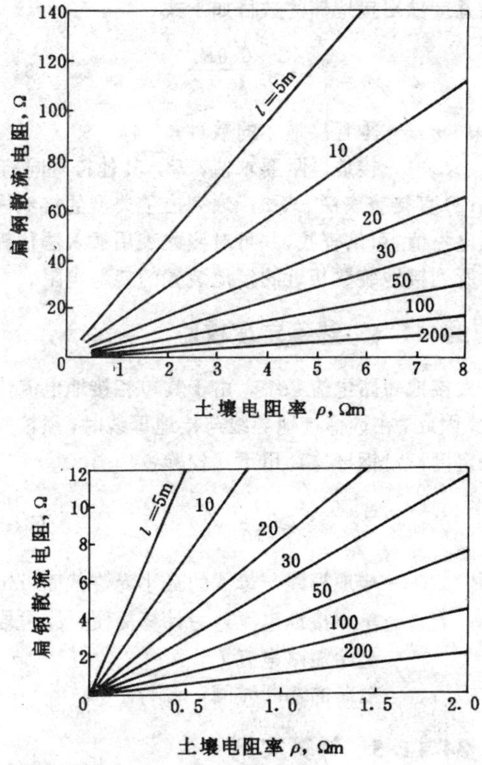

图 34-55　埋设深度为 0.7m 的 40×4mm 扁钢接地体的散流电阻

$$R'_v=\frac{R_v}{n\eta_v}\qquad(34\text{-}40)$$

式中　R'_v——总散流电阻，Ω；

R_v——单根钢管（或钢棒）的散流电阻，由式 34-39 求得，Ω；

n——接地体数量；

η_v——接地体的利用系数，考虑到多根接地体间的屏蔽作用，可由图 34-56 查得。

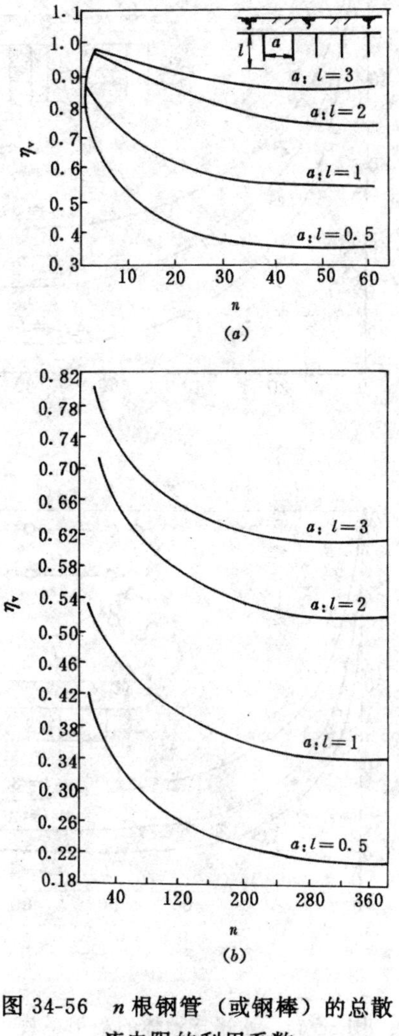

图 34-56　n 根钢管（或钢棒）的总散流电阻的利用系数

（a）—排列成行的接地棒的利用系数；

（b）—环 形排列的接地棒的利用系数

3）在水平埋设接地体上连接有棒形接地体时，水平接地体的散流电阻计算如下

$$R'_{h}=\frac{R_{h}}{\eta_{h}} \tag{34-41}$$

式中 R'_{h}——考虑到接地棒屏蔽作用后的水平接地体的接地电阻，Ω；

R_{h}——水平接地体的接地电阻，Ω；

η_{h}——水平接地体的利用系数，考虑了水平接地体和接地棒间的屏蔽作用，可由图 34-57 查得。

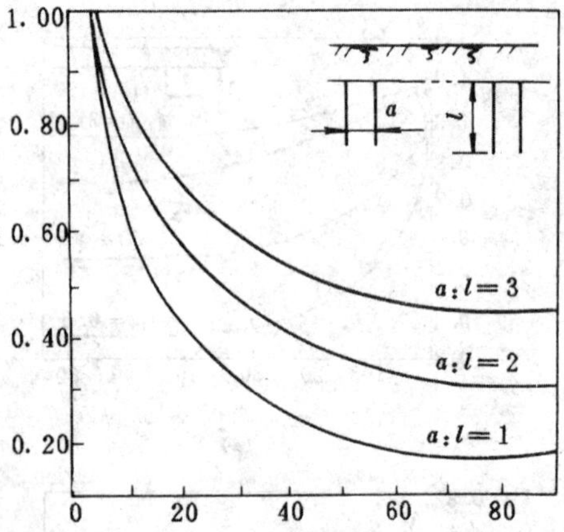

(a)

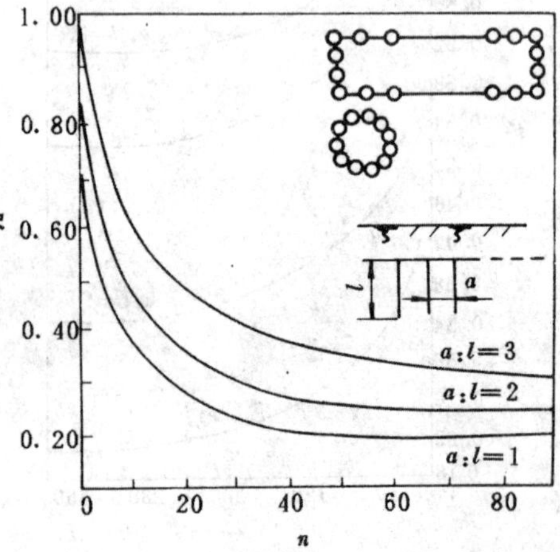

(b)

图 34-57 水平接地体的利用系数
(a) 一排列成行的接地棒的水平接地体的利用系数；
(b) 一环形安装接地棒间水平接地体的利用系数

4）由接地棒及水平接地体所组成的复式接地装置，其散流电阻计算如下

$$R'_{\Sigma}=\frac{1}{\frac{1}{R'_{v}}+\frac{1}{R'_{h}}}=\frac{1}{\frac{n\eta_{v}}{R_{v}}+\frac{\eta_{h}}{R_{h}}} \tag{34-42}$$

式中 R'_{Σ}——复式接地装置的接地电阻，Ω；其他符号意义同上。

5）由接地棒及水平接地体组成的复式接地装置，其散流电阻亦可粗略计算。

对一般以接地棒为主的接地装置，计算中可以不单独计算其水平接地体的接地电阻，而近似认为其作用是使一般接地棒减少10%左右，故可从接地电阻要求值直接求出接地棒的数目如下式

$$n \geqslant \frac{0.9R_{v}}{R_{ne}\eta_{v}} \tag{34-43}$$

式中 n——垂直接地体的数目；

R_{ne}——接地电阻要求值，Ω，其他符号同前。

（3）直接查表法。表 34-28 列出了典型的接地体的接地电阻值，可供查找，并可对照此表用插入法估算与表中所列接地装置相近的接地装置的接地电阻。

34.11.4 热稳定度校验

大接地短路电流系统，由于其单相接地电流值比较大，因此，在选择接地导线与接地母线时，须校验其热稳定度，对钢导体，用下式校验：

$$S \geqslant \frac{I_{1}}{70}\sqrt{t} \tag{34-44}$$

式中 S——接地导线与母线的最小允许截面，mm^2；

I_1——单相接地电流，为计算简便，I_1 可取用起始短路电流 I''，A；

t——短路的切断时间，s。

34.11.5 计算实例

例 1 设某一变电所装有 6/0.4kV 的变压器，其 6kV 侧线路为中性点不接地系统，在该系统中与之有电气联系的电缆线路有 6km，与之有电气连接的架空线路有 24km，400V 侧为中性点接地系统，根据实测结果，该地区的土壤为粘土，其土壤电阻系数为 $0.4\times10^{2}\Omega\cdot m$，测量是在夏季进行的，测量前曾下过大雨，土壤潮湿，试求其接地体的数目。

表 34-28　接地装置的典型结构及其工频散流电阻值

序号	型式	简图	材料	不同土壤电阻率（Ω·m）下工频散流电阻值（Ω）$\rho=0.5\times10^2$	$\rho=10^2$	$\rho=5\times10^2$	$\rho=10^3$
1	棒式	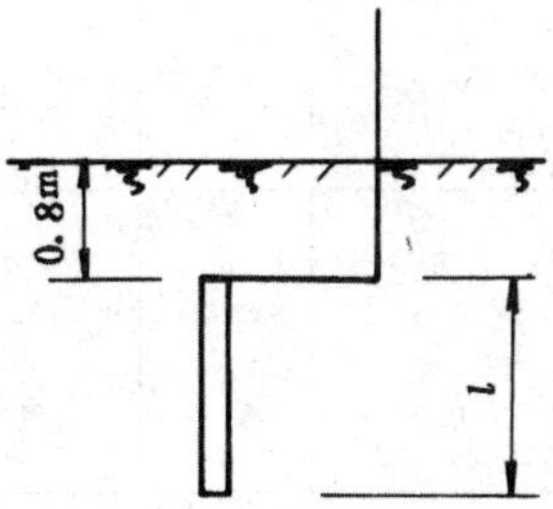	钢管 $d=50mm$，角钢 $b=1.05d$				
			$l=2m$	19	38	189	379
			$l=2.5m$	16	31.75	159	317.5
			$l=3m$	13.8	27.6	138	276
			圆钢 $d=15mm$，$l=2m$	23.7	47.4	237	474
			$l=2.5m$	19.6	39.25	196	392.5
			$l=3m$	17	34	170	340
			圆钢 $d=20mm$，$l=2m$	22.5	45	225	450
			$l=2.5m$	18.8	37.6	188	376
			$l=3m$	16.25	32.5	162.5	325
2	带式	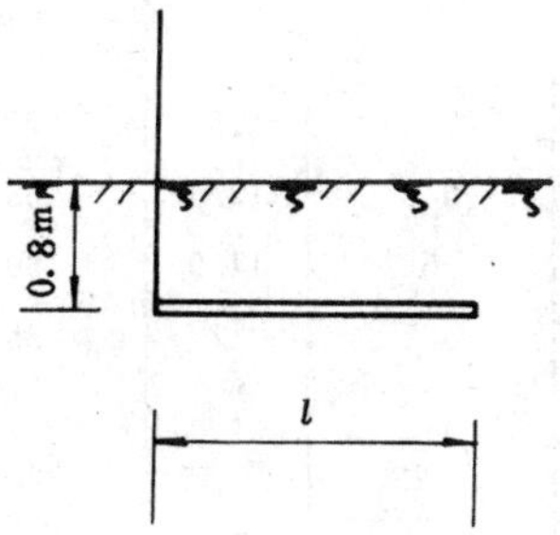	圆钢 $d=6mm$，$l=3m$	20	40	200	400
			$l=5m$	13.7	27.4	137	274
			$l=10m$	8	16	80	160
			$l=20m$	4.5	9	45	90
			圆钢 $d=10mm$，$l=3m$	18.6	37.2	186	372
			$l=5m$	12.86	25.7	128.5	257
			$l=10m$	7.5	15	75	150
			$l=20m$	4.35	8.7	43.5	87
			圆钢 $d=13mm$，$l=3m$	18	36	180	360
			$l=5m$	12.5	25	125	250
			$l=10m$	7.3	14.6	73	146
			$l=20m$	4.2	8.4	42	84
			扁钢 20×4，$l=2m$	25	50	250	500
			$l=5m$	12.85	25.7	128.5	257
			$l=10m$	7.5	15	75	150
			扁钢 40×4，$l=2m$	22	44	220	440
			$l=5m$	11.8	23.6	118	236
			$l=10m$	7	14	70	140
3	带式、引下线接于中点	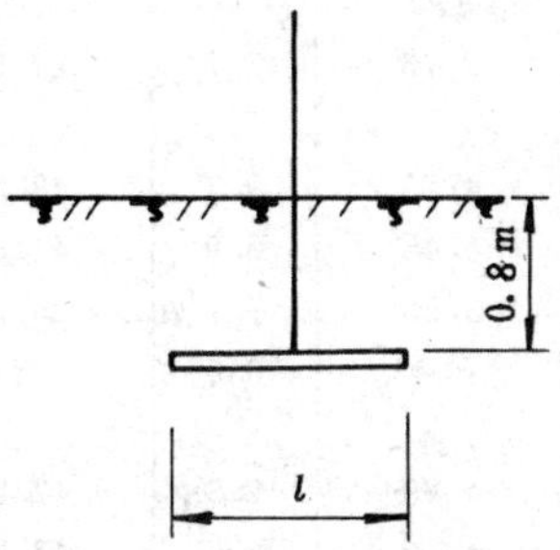	扁钢 20×4，$l=5m$	10.7	21.4	107	214
			$l=10m$	6.5	13	65	130
			扁钢 40×4，$l=5m$	9.5	19	95	190
			$l=10m$	5.85	11.7	58.5	117
			$l=12m$	5.4	10.8	54	108
			$l=24m$	3.1	6.2	31	62
			$l=32m$	2.4	4.8	24	48
			$l=40m$	2	4	20	40
			扁钢 40×4，$l=6m$	8.4	16.8	84	168
			$l=8m$	6.86	13.7	68.6	137

续表 34-28

序号	型式	简图	材料	不同土壤电阻率（Ω·m）下工频散流电阻值（Ω） $\rho=0.5\times10^2$	$\rho=10^2$	$\rho=5\times10^2$	$\rho=10^3$
4	三放射线式（对称的）	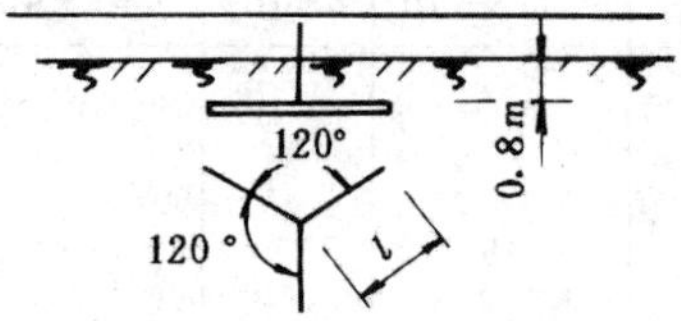	扁钢 40×4，$l=6$m	4.6	9	45	89
			$l=12$m	2.6	5.2	26	51
5	三放射线式（不对称的）	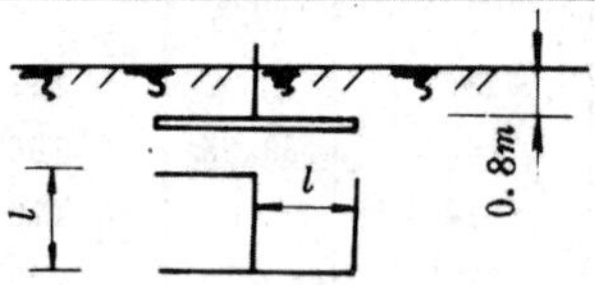	扁钢 40×4，$l=16$m	2	4	20	40
			$l=20$m	1.7	3.4	17	34
6	双棒式	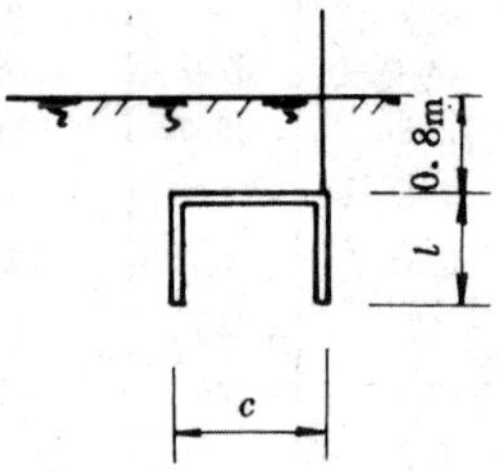	钢管 $d=50$mm，（角钢 $b=1.05d$）				
			扁钢 40×4，$c=3$m；$l=2.5$m	7	14	70	140
			$c=3$m；$l=3$m	5.8	11.6	58	116
			$c=6$m；$l=2.5$m	5.5	11	55	110
			$c=6$m；$l=3$m	4.5	9.1	45	91
			圆钢 $d=15$mm，扁钢 40×4				
			$c=3$m；$l=2.5$m	7.5	15	75	150
			$c=3$m；$l=3$m	6.8	13.6	68	136
			$c=5$m；$l=2.5$m	6	11.9	60	119
			$c=5$m；$l=3$m	5.5	11	55	110
			圆钢 $d=20$mm，扁钢 40×4				
			$c=3$m；$l=2.5$m	7.28	14.55	72.8	145.5
			$c=3$m；$l=3$m	6.6	13.2	66	132
			$c=5$m；$l=2.5$m	5.8	11.6	58	116
			$c=5$m；$l=3$m	5.35	10.7	53.5	107
7	三棒式	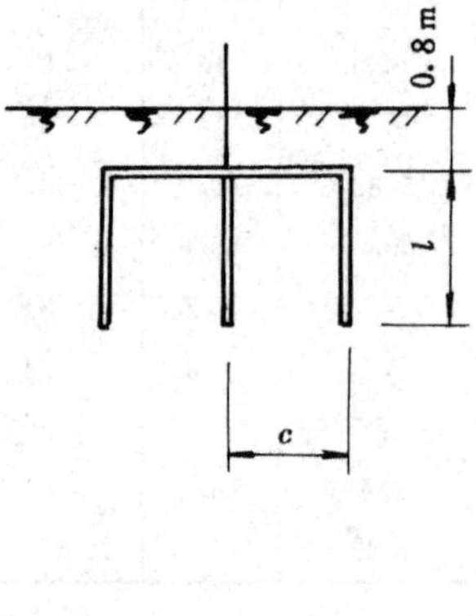	扁钢 40×4，钢管 $d=50$				
			$c=3$m；$l=2.5$m	4	8	40	80
			$c=6$m；$l=2.5$m	3	6	30	60
			$c=6$m；$l=3$m	2.75	5.7	27.5	55
			圆钢 $d=15$mm，扁钢 40×4				
			$c=2.5$m；$l=2.5$m	4.85	9.7	48.5	97
			$c=2.5$m；$l=3$m	4.45	8.9	44.5	89
			$c=5$m；$l=2.5$m	3.55	7.1	35.5	71
			$c=5$m；$l=3$m	3.3	6.6	33	66
			钢圆 $d=20$mm，扁钢 40×4				
			$c=2.5$m；$l=2.5$m	4.75	9.5	47.5	95
			$c=2.5$m；$l=3$m	4.32	8.65	43.2	86.5
			$c=5$m；$l=2.5$m	3.5	7.0	35	70
			$c=5$m；$l=3$m	3.25	6.5	32.5	65

续表 34-28

序号	型式	简图	材料	不同土壤电阻率（Ω·m）下工频散流电阻值（Ω）			
				$\rho=0.5\times10^2$	$\rho=10^2$	$\rho=5\times10^2$	$\rho=10^3$
8	五棒式	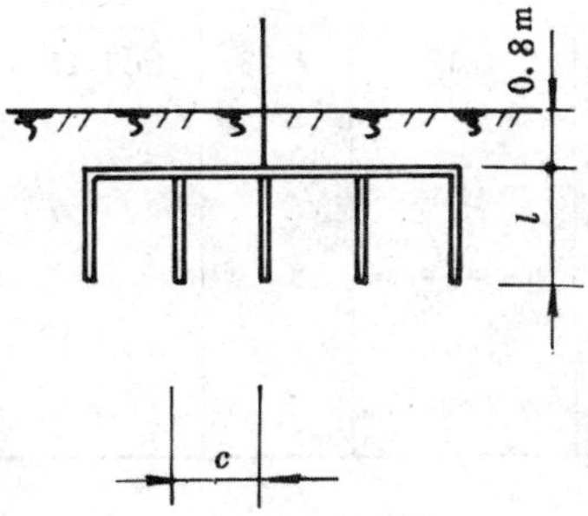	钢管 $d=50$mm，扁钢 40×4				
			$c=5$m；$l=2$m	2.2	4.4	22	44
			$c=5$m；$l=3$m	1.9	3.8	19	38
			$c=7.5$m；$l=2$m	1.85	3.7	18.5	37
			$c=7.5$m；$l=3$m	1.6	3.2	16	32
			圆钢 $d=20$mm 扁钢 40×4				
			$c=5$m；$l=2$m	2.4	4.8	24	48
			$c=5$m；$l=3$m	2.05	4.1	20.5	41
			$c=7.5$m；$l=2$m	2	4	20	40
			$c=7.5$m；$l=3$m	1.75	3.5	17.5	35
9	四棒式	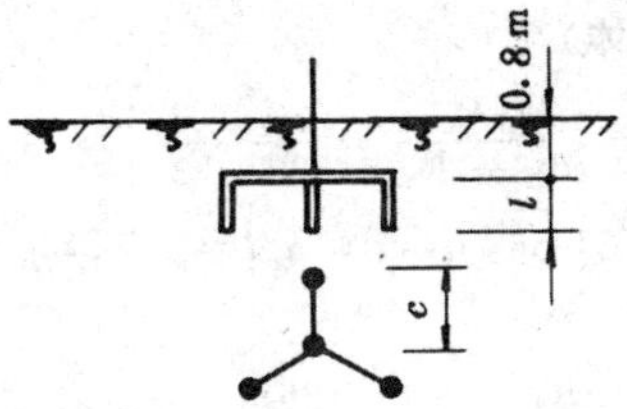	扁钢 40×4 钢管 $d=50$mm $c=6$m；$l=3$m	2.15	4.3	21.5	43
10	环式引下线接于中点	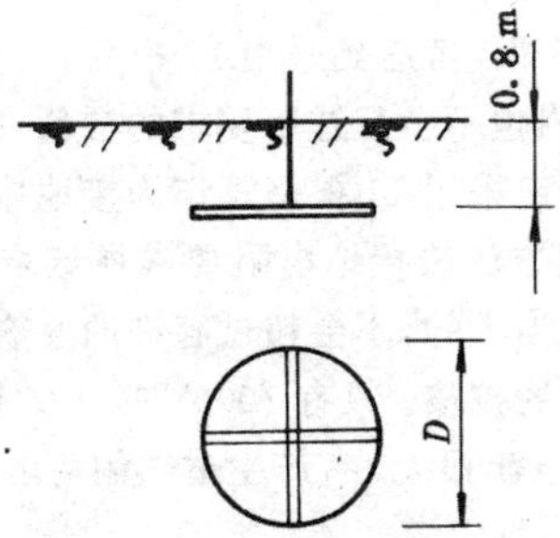	扁钢 40×4				
			$D=4$m	4.5	9	45	90
			$D=6$m	3.3	6.6	33	66
			$D=8$m	2.65	5.3	26.5	53
			$D=10$m	2.2	4.4	22	44
			$D=12$m	1.9	3.8	19	38
11	具有4根钢管3条放射线的环式	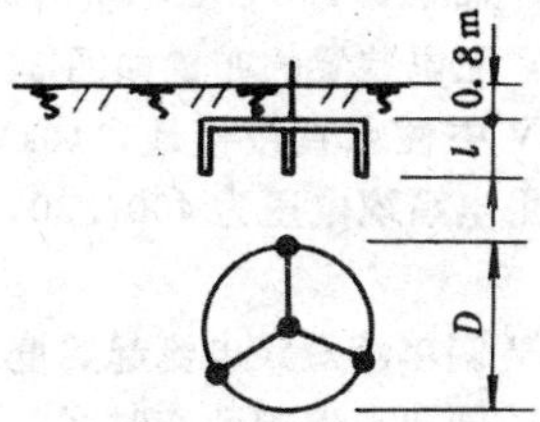	扁钢 40×4 钢管 $d=50$mm $D=8$m，$l=3$m	2	4	20	40
12	具有4条放射线的环式（双环）	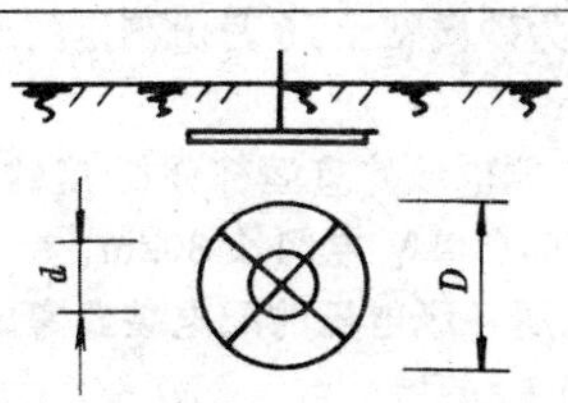	扁钢 40×4 $l=30$m $d=12$m $D=28$m	0.51	0.94	5.1	10.2

续表 34-28

序号	型式	简图	材料	不同土壤电阻率（Ω·m）下工频散流电阻值（Ω）			
				$\rho=0.5\times10^2$	$\rho=10^2$	$\rho=5\times10^2$	$\rho=10^3$
13	具有放射线的双环式	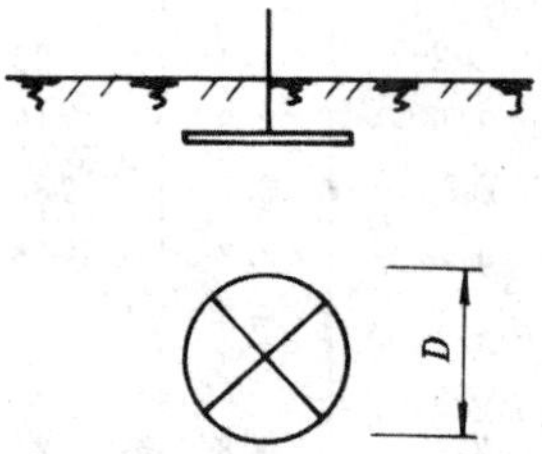	扁钢 40×4 D=12m	1.12	2.23	11.25	22.5

注：任何直径 d 的钢管或圆钢，可用宽度为 1.05d 的角钢代替。

解 根据式 34-12 求得单相接地电流

$$I_1=\frac{U(35L_1+L_j)}{350}=\frac{6(35\times6+24)}{350}=40\text{A}$$

根据表 34-6 要求总接地电阻 $R\leqslant\frac{125}{I}\leqslant10\Omega$，对于低压电气设备要求接地电阻不大于 4Ω，算出

$$R\leqslant\frac{125}{I}=\frac{125}{40}=3.1\Omega$$

选择两者中的较小者，即接地装置的电阻在一年内的任何季节不得大于 3.1Ω。

按上述情况，以采用钢管较经济，现用ϕ50mm，长 250cm 钢管作接地体，埋深在 0.8～3m 范围内，因当地为粘土，长期下过雨，查表 34-23，$\psi_1=2$，求得 ρ_v 的计算值为

$$\rho_v=2\times0.4\times10^2=0.8\times10^2\Omega\text{m}$$

又按表 34-27 查得 $K=32.6\times10^{-2}$，因此

$$R_v=K\rho_v=32.6\times10^{-2}\times0.8\times10^2=26\Omega$$

如采用 10 根钢管作接地体，管间距离为 2.5m 则连接扁钢总长为

$$l=10\times2.5=25\text{m}$$

因扁钢埋设深度在离地面 70cm 处，由表 34-23 查得 $\psi_1=3$，故

$$\rho_h=3\times0.4\times10^2=1.2\times10^2\Omega\text{m}$$

由图 34-55 查得扁钢的接地电阻为

$$R_h=8\Omega$$

变电所一般采用环形接地，$a/l=1$，查图 34-57 得 $\eta_h=0.4$ 代入式 34-41 得扁钢的散流电阻为

$$R'_h=\frac{R_h}{\eta_h}=\frac{8}{0.4}=20\Omega$$

根据式 34-32 得接地体组的电阻应为（将扁钢看作自然接地体）

$$R_a=\frac{R'_hR_{ne}}{R'_h-R_{ne}}=\frac{20\times3.1}{20-3.1}=3.67\Omega$$

根据图 34-56，$n=10$，$a/l=1$ 查得 $\eta_v=0.7$，按式 34-40

$$n=\frac{R_v}{\eta_v R'_v}=\frac{26}{0.7\times3.67}=10.12\text{ 根}$$

今选用 11 根，考虑到采用 11 根后，有关数值相应减小，接地电阻也不会超过所要求的数值，故不必重新计算，可以确定采用 11 根钢管作为接地体。

根据上述方法按接地电阻要求所选取的接地体，其表面积是相当大的，不会超过容许的发热范围，故不必进行热稳定的校核。只有 1000V 以上大接地电流系统，由于接地电流很大，有产生过热的可能，才需要进行校核。

例 2 设计某 110/10kV 变电所的保护接地装置。110kV 及 10kV 配电装置的布置如图 34-58 所示。

（1）110kV 中性点直接接地，10kV 中性点不接地，变电所所用电系统电压为 400/230V，中性点直接接地。

（2）110kV 侧单相短路电流起始值 $I''=5\text{kA}$，单相短路的切断时间取主保护动作时间 0.2s。

（3）土质为砂质粘土，8 月份测定的土壤电阻率为 $0.8\times10^2\Omega\cdot\text{m}$。

（4）10kV 侧电缆的直埋部分长 度约为 1.5km，型号为 ZLL_2-150，10kV 电网长 30km。

（5）变电所各级电压的配电装置考虑共用一个接地装置。

根据上述给定条件，设计接地网。

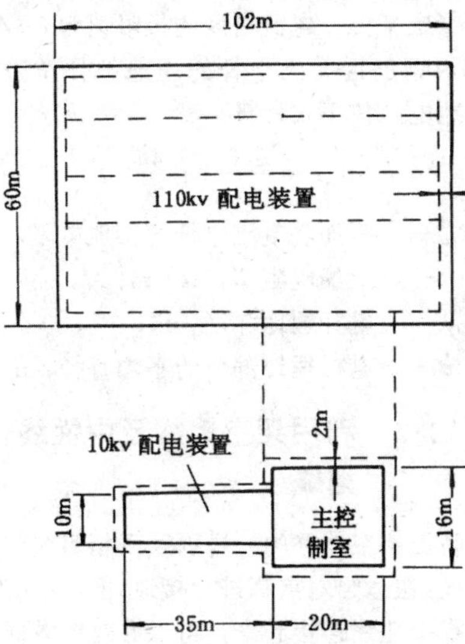

图 34-58 接地网布置计算例图

解 (1) 确定接地电阻：

110kV 为大接地短路电流系统，查表 34-6 接地电阻要求值为小于等于 0.5Ω；10kV 侧中性点不接地，其计算接地短路电流按式 34-12 为

$$I_1=\frac{U(35L_1+L_j)}{350}$$

$$=\frac{10(35\times1.5+28.5)}{350}=2.31\text{A}$$

故接地电阻值 R 要求小于等于

$$\frac{125}{I_1}=\frac{125}{2.31}=54.1\Omega$$

根据表 34-6 取 $R\leqslant10\Omega$

所用电 380/220V 中性点接地电阻要求不大于 4Ω，故共用接地装置的 接 地电阻不大于 0.5Ω。

(2) 接地装置计算：

1) 土壤电阻率 $\rho=\psi\rho_0$，$\rho_0=0.8\times10^2\Omega\cdot\text{m}$，查表 34-23 取 $\psi_2=1.5$（按埋深 0.8m 考虑）。

$$\rho=1.5\times0.8\times10^2=1.2\times10^2\Omega\cdot\text{m}$$

2) 自然接地体可利用 10kV 直埋电缆的金属外皮，其长为 1.5km，型号为 ZLL2-150，由图 34-50 查得 6kV 电缆的散流电阻为 0.64Ω，当为 10kV 电缆时，需乘以 系数 0.86，$\rho=1.2\times10^2\Omega\text{m}$，查表 34-24 得 $K=1.12$，故

$$R=0.64\times0.86\times1.12=0.615\Omega$$

3)人工接地装置的接地电阻需使其与自然接地并联后，达到规定值 $R=0.5\Omega$，故人工接地电阻应为

$$R_a=\frac{R\,R_{ne}}{R-R_{ne}}=\frac{0.615\times0.5}{0.615-0.5}$$

$$=\frac{0.307}{0.115}=2.67\Omega$$

根据 34.11.4 节的说明，对大接地短路电流系统，人工接地装置的电阻不应大于 1Ω，故取 $R_a=1\Omega$。

4) 由于本地 区 ρ 值不高，故人工接地装置采用以棒形垂直接地体为主（采用 ϕ50 钢管，每根长为 2.5m)，其间以截面为 $20\times4\text{mm}^2$ 扁钢连接成环形，管子上端埋深为 0.8m。为简化计算，不单独计算连接扁钢的散流电阻值，采用式 34-43 直接求出接地钢管根数

$$n\geqslant\frac{0.9R_v}{R_{ne}\eta_v}$$

式中 $R_v=K\rho$，查表 34-27 得 $K=32.6\times10^{-2}$。

故 $R_v=32.6\times10^{-2}\times1.2\times10^2=39\Omega$

假定管距 $a=7.5\text{m}$

则 $$\frac{a}{l}=\frac{7.5}{2.5}=3$$

假定 $n=60$，由图 34-56 查得 $\eta_v=0.8$，代入下式

$$n\geqslant\frac{0.9R_v}{R_{ne}\,\eta_v}=\frac{0.9\times39}{1\times0.8}=44\text{ 根}$$

现决定采用 50 根钢管，再次验算接地电阻：

$$R_{ne}=\frac{0.9R_v}{n\,\eta_v}=\frac{0.9\times39}{50\times0.8}=0.878\Omega$$

围绕配电装置接地回路总长约为 500m，则

$$a=\frac{500}{50}=10\text{m}$$

$$\frac{a}{l}=\frac{10}{2.5}=4$$

由图 34-56 经对照可知 η_v 取 0.7 是安全的。

5) 接地母线热稳定校验：

$$S=\frac{I_1}{70}\sqrt{t}=\frac{5000}{70}\sqrt{0.2}\approx32\text{mm}^2<80\text{mm}^2$$

可见接地母线及接地导线采用 20×4 扁钢可满足要求。

图 34-58 所示为接地网布置，在升压站内加设均压条，使电位分布均匀。

由于接地电阻的计算中列入不少假定因素，故现场施工完毕后，必须对接地电阻进行实际测量，加以核对，如不满足要求时，要补打接地体，以达到设计要求值。

34.12 利用自然设施的接地及山区的接地

34.12.1 利用建、构筑物基础中的钢筋作为接地体

利用建、构筑物基础中的钢筋作为接地体，一般不必另设人工接地体，即使在土壤电阻率非常高的地区，也可以利用建、构筑物基础中的钢筋作为主要接地体，另外再埋设辅助接地体，这样可节约大量钢材。

利用建、构筑物基础中的钢筋作为接地体时，其接地电阻最好经过实测决定，但在敷设之前，可利用下式进行估算

$$R_{sc}=\frac{c(\rho_2-\rho_1)}{2bl}+0.366\frac{\rho_1}{l}\lg\frac{2l^2}{bt}\qquad(34\text{-}45)$$

式中 R_{sc}——钢筋基础的接地电阻值，Ω；

c——基础底层钢筋网到混凝土顶层表面的高度，m；

ρ_2——混凝土的电阻系数，Ω·m；

ρ_1——土壤的电阻系数，Ω·m；

b——基础底层钢筋网的宽度，m；

l——基础底层钢筋网的长度，m；

t——基础底层钢筋网离地面的深度，m。

在非常潮湿的土壤中，ρ_2 在（0.75～1）×10^2 Ω·m范围内；中等潮湿的土壤中，ρ_2 在（1～2）×10^2 Ω·m范围内；在较干燥的土壤中，ρ_2 在（2～4）×10^2 Ω·m范围内；如混凝土基础在特别干燥的土壤中，也就是在地下水位以上，则 ρ_2 可看成与 ρ_1 相等。则式34-45右侧第一项等于零，就相当于钢筋网直接埋设在干燥土壤中。

在电阻率为（1～2）×10^2Ω·m 的土壤中，利用基础中的钢筋作为接地体，可以不必计算，能达到一般接地电阻的要求。为了引出接地或接零线，在基础的主钢筋上焊出一根直径为8～10mm的圆钢。如电阻率为（3～5）×10^2Ω·m 的土壤中，利用基础中的钢筋作为接地体时，应在每个基础的主钢筋上焊出一根直径为8～10mm的圆钢，然后将这些圆钢连成一体，即可达到接地要求。如土壤电阻率≥5×10^2Ω·m，最好先进行估算，然后进行实测，如不能达到接地电阻要求时，再增加人工接地体。

如利用建、构筑物基础中的钢筋作为防雷措施的接地体时，还要校核流经钢筋与混凝土接触面的电流密度。对埋设在干燥土壤中的钢筋混凝土基础而言，电流密度的极限值为0.04A/cm²；对埋设在潮湿土壤中的钢筋混凝土来说，电流密度的极限值为8A/cm²。

当利用钢筋混凝土电杆的埋地部分作为接地体时，其接地电阻按下式计算

$$R_{pol}=\frac{0.64}{h}\rho\lg\frac{4h}{d}\qquad(34\text{-}46)$$

式中 R_{pol}——钢筋混凝土电杆的接地电阻，Ω；

ρ——土壤电阻率，Ω·m；

h——电杆埋地深度，m；

d——电杆埋地部分的平均直径，m。

34.12.2 利用架空地线及中性线作为接地线

由于高压架空线路的杆塔以及三相四线制低压线路的中性线，在适当地点都进行接地，把这些接地体与架空地线或中性线连接起来，可以有效地降低接地电阻，能显著节约接地费用。如每个接地体的接地电阻不超过300Ω时，可得到良好的效果；如大于300Ω时，效果不显著。当这种接地系统的接地体的数目大于20时，其总接地电阻按下式计算

$$r_x=\frac{r_d}{\frac{1}{2}+\sqrt{\frac{r_d}{r_t}+\frac{1}{4}}}\qquad(34\text{-}47)$$

式中 r_x——接地系统的总接地电阻，Ω；

r_d——每个接地体的电阻，Ω；

r_t——每段架空地线或中性线的电阻，Ω。

为简化计算，也可按下式求得

$$r_x=\sqrt{r_tr_d}\qquad(34\text{-}48)$$

当接地体数目大于20时，系统总接地电阻的另一种计算方法如下

$$r_x=\sqrt{r_tr_d}\,\mathrm{cth}\left(\sqrt{\frac{r_t}{r_d}}n\right)\qquad(34\text{-}49)$$

式中 n——接地体的个数。

34.12.3 山区的接地

34.12.3.1 山区土壤的特点

山区土壤的特点为：

（1）山区的土壤主要是岩石和砂子，且含水量较少，故土壤电阻率较高，可按照34.10.4节高土壤电阻率地区的接地措施加以解决，

（2）山区土壤的变化比较大，有时上层是一层薄土，下层就是岩石，这种土层有时呈斜断面，有时呈横断面，也有呈纵断面的，因此不能按照一般的方法计

算，必须按土壤分布的具体情况进行计算。

(3) 山区土壤表面层的潮湿程度变化比较大，有时在夏天土壤表面层极为干燥，而在冬天又比较潮湿，如按夏天土壤情况计算接地电阻，要消耗大量钢材；如按冬天潮湿土壤计算接地电阻，到夏天又不能达到要求，因此需根据当地具体情况采取适当的措施。

34.12.3.2 双层土壤中接地电阻的计算

山区土壤的表面土层一般较薄，下层的土层往往不止一层，但对于一般接地体而言，影响较大的主要是上面的两层，故一般只考虑双层土壤对于接地电阻的影响。按土壤分布情况及接地体埋设方法有以下几种：

(1) 垂直接地体仅埋设在上层土壤中，如图 34-59。上层土壤厚度为 h，土壤电阻率为 ρ_1，下层土壤电阻率为 ρ_2，垂直接地体的埋深为 L，土壤的反射系数为 K。其中

$$K=\frac{\rho_2-\rho_1}{\rho_2+\rho_1} \tag{34-50}$$

由于双层土壤的影响而增加的接地电阻

$$R_{ad}=\frac{\rho_1}{2\pi L}F \tag{34-51}$$

式中 R_{ad}——由于双层土壤影响而增加的接地电阻，Ω；

L——接地体底部的埋深，m；

ρ_1——上层土壤电阻率，Ω·m；

F——影响系数，其值随 h/L 的比值不同而不同，如 K 为正数，则 R_{ad}为正数，即总接地电阻值为垂直接地体仅在电阻率为 ρ_1 的土壤中的接地电阻 R 与 R_{ad}之和，如 K 为负数，则 R_{ad}也为负数，总接地电阻为 R 与 R_{ad}之差，F 值见表 34-29。

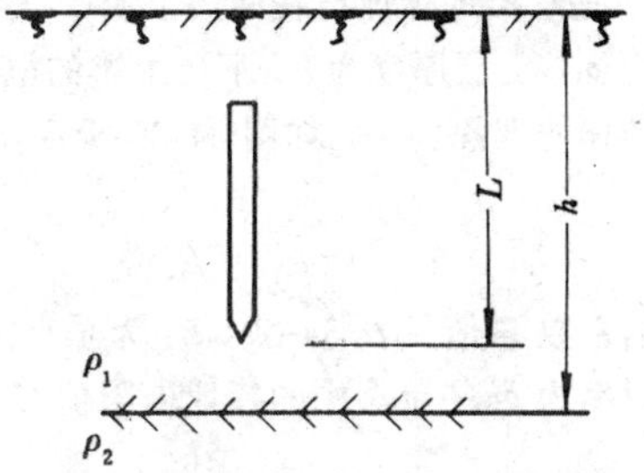

图 34-59 仅埋设在上层土壤中的垂直接地体

表 34-29 垂直接地体仅在上层土壤中的影响系数，F

h/L	1.5	2	3	4	5	6	7	8	9	10
K	F									
0.1	0.085	0.06	0.037	0.028	0.021	0.019	0.017	0.015	0.013	0.011
0.2	0.18	0.14	0.08	0.058	0.045	0.038	0.031	0.028	0.025	0.021
0.3	0.3	0.2	0.13	0.09	0.07	0.06	0.04	0.035	0.03	0.025
0.4	0.4	0.295	0.195	0.14	0.1	0.086	0.074	0.064	0.058	0.05
0.5	0.55	0.395	0.25	0.18	0.15	0.12	0.1	0.088	0.079	0.069
0.6	0.71	0.495	0.315	0.25	0.185	0.16	0.14	0.12	0.105	0.09
0.7	0.92	0.69	0.42	0.315	0.25	0.205	0.18	0.16	0.15	0.14
0.8	1.2	0.895	0.56	0.405	0.32	0.285	0.23	0.2	0.18	0.17
0.9	1.7	1.3	0.8	0.6	0.47	0.395	0.32	0.295	0.27	0.22
1.0	2.5	1.9	1.3	0.9	0.7	0.595	0.495	0.42	0.395	0.36
−0.1	−0.08	−0.05	−0.034	−0.025	−0.02	−0.017	−0.015	−0.013	−0.011	−0.01
−0.2	−0.15	−0.1	−0.065	−0.046	−0.037	−0.03	−0.027	−0.023	−0.02	−0.0195
−0.3	−0.2	−0.15	−0.09	−0.068	−0.053	−0.044	−0.038	−0.033	−0.03	−0.028
−0.4	−0.25	−0.19	−0.013	−0.088	−0.06	−0.057	−0.05	−0.043	−0.039	−0.035
−0.5	−0.3	−0.22	−0.15	−0.1	−0.08	−0.068	−0.06	−0.05	−0.047	−0.037

续表 34-29

h/L	1.5	2	3	4	5	6	7	8	9	10
K	F									
−0.6	−0.4	−0.27	−0.17	−0.125	−0.095	−0.078	−0.065	−0.06	−0.053	−0.039
−0.7	−0.45	−0.3	−0.18	−0.165	−0.11	−0.09	−0.075	−0.065	−0.06	−0.05
−0.8	−0.5	−0.33	−0.2	−0.17	−0.14	−0.095	−0.085	−0.074	−0.065	−0.06
−0.9	−0.55	−0.37	−0.23	−0.175	−0.155	−0.11	−0.09	−0.08	−0.07	−0.065
−1.0	−0.6	−0.4	−0.25	−0.18	−0.6	−0.15	−0.1	−0.09	−0.08	−0.07

(2) 垂直接地体埋设在两层土壤中，上层土壤的电阻率为 ρ_1，土层厚度为 h，下层土壤的电阻率为 ρ_2，垂直接地体的埋深为 L，如图 34-60 所示，此时接地电阻

$$R = F(R_1 + R_a) \tag{34-52}$$

影响系数 F 值见表 34-30，R_1 为垂直接地体仅埋设在电阻率为 ρ_1 的土壤中的接地电阻值，R_a 为由于双层土壤的影响而增加的电阻值见表 34-31，表中所示的数字系根据土壤电阻率为 $10^2\Omega\cdot m$ 及垂直接地体埋深为 3m 时计算而得，如实际有出入，应作相应调整。当 R_a 为正值时，则总接地电阻 R 为 R_1 及 R_a 之和乘以 F；如 R_a 为负值，则总接地电阻 R 为 R_1 及 R_a 之差乘以 F。

表 34-30　垂直接地体在两层土壤中的影响系数，F

h/L	0	0.1	0.2	0.3	0.4	0.5	0.6	0.7	0.8	0.9	1.0
K	F										
1.0		10	5	3.3	2.6	2.0	1.8	1.65	1.35	1.2	1.0
0.9		7	4	3	2.4	1.95	1.76	1.64	1.31	1.18	1.0
0.8	9	5	3.5	2.7	2.2	1.9	1.74	1.63	1.28	1.17	1.0
0.7	5.6	3.9	2.9	2.4	1.95	1.85	1.7	1.60	1.25	1.16	1.0
0.6	4	3.1	2.6	2.1	1.9	1.8	1.6	1.55	1.22	1.15	1.0
0.5	3.05	2.5	2.2	1.9	1.85	1.75	1.5	1.45	1.20	1.14	1.0
0.4	2.4	2.1	1.9	1.8	1.7	1.5	1.45	1.35	1.18	1.12	1.0
0.3	1.9	1.8	1.85	1.7	1.6	1.4	1.3	1.25	1.16	1.10	1.0
0.2	1.6	1.5	1.55	1.4	1.45	1.3	1.2	1.18	1.15	1.08	1.0
0.1	1.3	1.2	1.25	1.3	1.35	1.2	1.12	1.1	1.08	1.05	1.0
0	1.0	1.0	1.0	1.0	1.0	1.0	1.0	1.0	1.0	1.0	1.0
−0.1	0.81	0.82	0.85	0.88	0.9	0.91	0.92	0.94	0.95	0.96	1.0
−0.2	0.69	0.7	0.72	0.75	0.78	0.81	0.82	0.88	0.91	0.95	1.0
−0.3	0.55	0.58	0.6	0.62	0.66	0.7	0.74	0.8	0.85	0.93	1.0
−0.4	0.42	0.46	0.49	0.51	0.55	0.6	0.65	0.71	0.8	0.9	1.0
−0.5	0.34	0.36	0.39	0.41	0.45	0.5	0.55	0.63	0.7	0.83	1.0
−0.6	0.26	0.28	0.295	0.32	0.355	0.4	0.45	0.52	0.62	0.78	1.0
−0.7	0.19	0.195	0.21	0.24	0.27	0.3	0.35	0.41	0.5	0.68	1.0

续表 34-30

h/L	0	0.1	0.2	0.3	0.4	0.5	0.6	0.7	0.8	0.9	1.0
K	F										
−0.8	0.11	0.12	0.14	0.16	0.18	0.2	0.24	0.3	0.39	0.55	1.0
−0.9						0.1	0.13	0.165	0.21	0.36	1.0

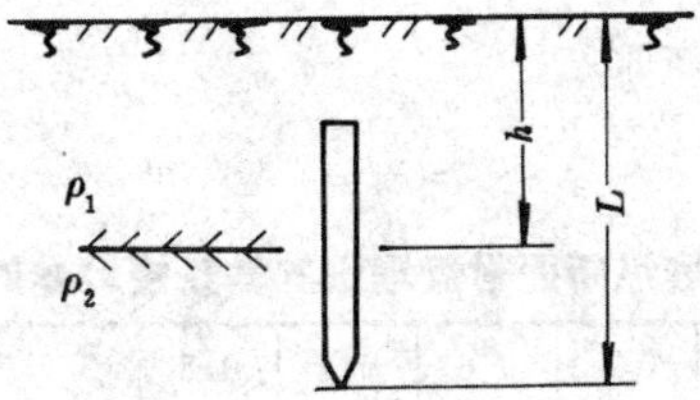

图 34-60　埋设在双层土壤中的垂直接地体

表 34-31　垂直接地体在两层土壤中的电阻增加（减少）值

h/L	0.1	0.2	0.3	0.4	0.5	0.6	0.7	0.8	0.9	1.0
K	R_a (Ω)									
0.1	0.1	0.195	0.28	0.33	0.39	0.42	0.47	0.5	0.56	0.6
0.2	0.22	0.4	0.59	0.7	0.81	0.9	1.0	1.1	1.2	1.25
0.3	0.39	0.66	0.94	1.1	1.4	1.5	1.7	1.8	1.9	2
0.4	0.59	1.0	1.5	1.7	1.95	2.1	2.4	2.5	2.7	2.9
0.5	0.81	1.45	1.95	2.2	2.7	3	3.15	3.3	3.7	3.9
0.6	1.2	2.0	2.7	3.1	3.6	4	4.2	4.8	5	5.6
0.7	1.8	2.8	3.6	4.2	4.9	5.2	5.8	6	6.3	6.6
0.8	2.6	4.0	5.1	6	6.5	7	7.5	8	8.5	9
0.9	4.2	6.4	8	8	9.7	10.5	11	11.5	12	12.5
1.0	7.9	11	12.5	15	16	17	18	18.5	19	19.5
−0.1	−0.085	−0.16	−0.22	−0.295	−0.34	−0.39	−0.42	−0.48	−0.5	−0.75
−0.2	−0.16	−0.3	−0.43	−0.52	−0.65	−0.74	−0.81	−0.9	−0.98	−1.05
−0.3	−0.22	−0.41	−0.6	−0.78	−0.9	−1.05	−1.2	−1.35	−1.5	−1.6
−0.4	−0.29	−0.53	−0.78	−0.98	−1.2	−1.45	−1.5	−1.65	−1.7	−1.95
−0.5	−0.315	−0.63	−0.91	−1.15	−1.35	−1.6	−1.8	−2.05	−2.3	−2.4
−0.6	−0.37	−0.7	−1.05	−1.4	−1.5	−1.9	−2.1	−2.35	−2.6	−2.7
0.7	−0.4	−0.8	−1.15	−1.6	−1.75	−2.2	−2.5	−2.65	−3	−3.05
−0.8	−0.43	−0.86	−1.3	−1.7	−2.1	−2.4	−2.8	−3.0	−3.3	−3.5
−0.9	−0.46	−0.95	−1.45	−1.8	−2.2	−2.6	−3.0	−3.2	−3.6	−4
−1.0	−0.5	−1.05	−1.55	−1.9	−2.3	−2.8	−3.1	−3.3	−3.9	−4.2

注：上表数值按上层土壤电阻率为 10^2Ω·m 及垂直接地体埋深 3m 计算而得。

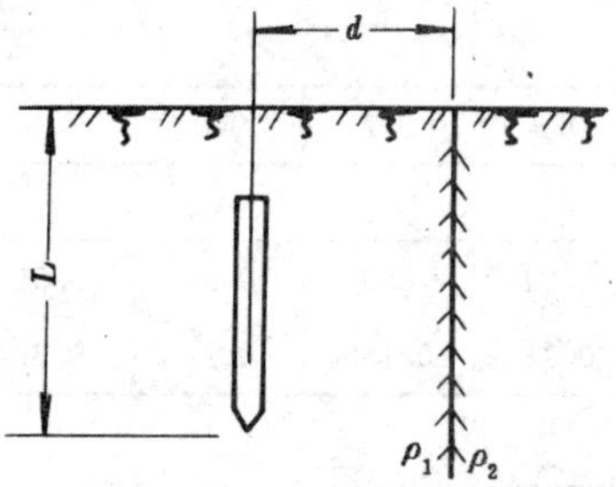

图 34-61 埋设在土壤纵断面附近的垂直接地体

(3)垂直接地体埋设在接近于土壤纵断面处，如图 34-61 所示。这种情况增加的接地电阻为 R_a，其值如表 34-32 所示，表中所列数值是按垂直接地体埋深为 3m，ρ_1 为 $10^2\Omega \cdot m$ 计算而得；如 L 及 ρ_1 为其它数值，则应作相应调整。R_a 值的正负问题和前述相同。

表 34-32 土壤纵断面附近埋设的垂直接地体的接地电阻增加值

d/L	0.1	0.2	0.3	0.4	0.5	0.6	0.7	0.8	0.9	1.0	2.0	4.0	6.0	8.0	10.0
K	R_a (Ω)														
0.1	2.1	1.65	1.2	1	0.85	0.75	0.66	0.6	0.52	0.49	0.26	0.13			
0.2	4.1	3.1	2.5	2	1.8	1.55	1.4	1.1	1.05	0.98	0.5	0.26	0.18	0.13	
0.3	6	4.7	3.7	3	2.7	2.2	2	1.8	1.7	1.5	0.8	0.4	0.26	0.2	0.16
0.4	8	6.2	5	4	3.5	3	2.7	2.4	2.1	2	1.0	0.5	0.35	0.26	0.2
0.5	9.5	7.7	6	5	4.3	3.8	3.3	3	2.8	2.5	1.3	0.66	0.42	0.33	0.27
0.6	11.5	9.3	7.3	6	5	4.6	4	3.6	3.3	3	1.6	0.8	0.5	0.4	0.32
0.7	13	11	8.5	7	6	5.2	4.8	4.2	3.8	3.5	1.8	0.9	0.6	0.45	0.37
0.8	16	12.5	9.8	8	7	6	5.4	4.8	4.4	4	2	1.1	0.7	0.52	0.42
0.9	17.5	14	11	9	7.8	7	6.1	5.2	4.9	4.5	2.3	1.25	0.8	0.6	0.48
1.0	19	16	12	10	8.8	7.5	7	6	5.5	5	2.6	1.4	0.9	0.66	0.52

注：上表数值按垂直接地体埋深为 3m，且周围土壤的电阻率为 $10^2\Omega \cdot m$ 计算而得。

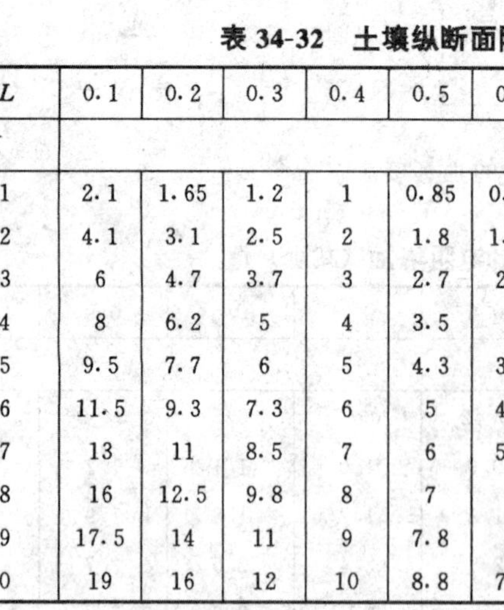

图 34-62 埋设在双层土壤中的带状接地体

(4)埋设在双层土壤中的带状接地体，如图 34-62 所示。长度为 l 的接地体，埋设在土壤电阻率为 ρ_1 的土层中，接地体埋设深度为 d，上层土壤的厚度为 h，下层土壤的电阻率为 ρ_2，当带状接地体的长度为 30m、ρ_1 为 $10^2\Omega \cdot m$ 时，其电阻增加值为 R_a 如表 34-33 所示，如 l 及 ρ_1 与上述数值不同，则应作相应调整，R_a 值也随 K 之正负情况，相应的取正负值。

表 34-33 带形接地体在双层土壤中的接地电阻增加值

h/L	0.1	0.2	0.3	0.4	0.5	0.6	0.7	0.8	0.9	1.0
K	R_a (Ω)									
0.1	0.33	0.21	0.16	0.12						
0.2	0.7	0.46	0.33	0.26	0.21	0.195	0.17	0.15	0.12	0.11

续表 34-33

h/L	0.1	0.2	0.3	0.4	0.5	0.6	0.7	0.8	0.9	1.0
K	R_a (Ω)									
0.3	1.1	0.74	0.52	0.41	0.35	0.295	0.26	0.22	0.20	0.19
0.4	1.8	1.05	0.78	0.6	0.5	0.41	0.36	0.31	0.39	0.27
0.5	2.3	1.5	1.05	0.8	0.68	0.58	0.5	0.45	0.40	0.36
0.6	3.3	2	1.5	1.1	0.89	0.74	0.65	0.58	0.51	0.48
0.7	4.5	2.6	1.9	1.5	1.3	1.0	0.88	0.78	0.70	0.62
0.8	6	3.7	2.6	2.0	1.7	1.45	1.3	1.0	0.90	0.84
0.9	9	5.2	3.9	2.9	2.4	1.95	1.7	1.5	1.3	1.2
1.0	15	8.1	5.8	4.2	3.6	3.0	2.6	2.1	2.0	1.9
−0.1	−0.3	−0.195	−0.15	−0.11	−0.08	−0.067	−0.058	−0.05	−0.043	−0.04
−0.2	−0.53	−0.37	−0.28	−0.21	−0.19	−0.16	−0.14	−0.11	−0.1	−0.94
−0.3	−0.8	−0.5	−0.39	−0.3	−0.25	−0.21	−0.19	−0.17	−0.15	−1.45
−0.4	−1.0	−0.65	−0.5	−0.4	−0.32	−0.28	−0.25	−0.21	−0.19	−1.75
−0.5	−1.15	−0.8	−0.6	−0.48	−0.40	−0.33	−0.29	−0.25	−0.24	−2.1
−0.6	−1.35	−0.9	−0.7	−0.55	−0.45	−0.38	−0.33	−0.295	−0.27	−2.4
−0.7	−1.6	−1.0	−0.75	−0.61	−0.50	−0.43	−0.38	−0.34	−0.3	−2.8
−0.8	−1.75	−1.1	−0.85	−0.66	−0.55	−0.48	−0.42	−0.37	−0.33	−3.0
−0.9	−1.9	−1.2	−0.9	−0.76	−0.61	−0.51	−0.45	−0.40	−0.36	−3.3
−1.0	−2.0	−1.3	−1.0	−0.8	−0.66	−0.53	−0.48	−0.41	−0.39	−3.6

注：上表数值按上层土壤电阻率为 $10^2\Omega\cdot m$ 及带形接地体长度为 30m 计算而得。

34.12.3.3 山区利用水源的接地

如山区附近有水源，应尽量利用，即将接地体敷设在水中，一般用 ϕ10mm 圆钢焊成方形或矩形，网格尺寸以 15×15cm 为宜，若水源电阻率及所要求的接地电阻已知，则该接地体的每边长度按下式计算

$$a = 0.22\frac{\rho}{r} \quad (34\text{-}53)$$

$$\sqrt{cb} = 0.22\frac{\rho}{r} \quad (34\text{-}54)$$

式中 a——方形接地体边长，m；

b、c——矩形接地体的长和宽，m；

ρ——土壤电阻率，$\Omega\cdot m$；

r——接地电阻值，Ω。

例 山区某工厂，工作接地电阻要求为 0.5Ω，厂区附近有含泥河水，其全年最高电阻率为 $20\Omega\cdot m$，试求其接地网的规格。

解 由于该厂工作接地电阻要求较严，附近又有水源可利用，故以采用水中敷设的接地网较好，接地网用直径 10mm 的圆钢焊成方形网格，其每边长度按式 34-53 计算为

$$a = 0.22\frac{\rho}{r} = 0.22\frac{20}{0.5} = 8.8\text{m}$$

按以上计算，采用方形接地体，边长为 9m，网格尺寸采用 15×15cm。

某些山区，夏天气候热，土壤电阻率很高，山上雨水下流，夹有泥沙，水源的电阻率很低，冬季水源较枯竭，电阻率较高，而土壤却较湿润，土壤电阻率较低，这种情况，就不能利用土壤和水源的最高电阻率计算接地体，必须因地制宜，根据各个季节的具体情形加以计算。实际上以采用土壤和水源联合接地体为好，既可利用两者的优点，又可节约大量接地钢材等。

34.12.3.4 等电位接地

有些山区的土壤电阻率较高，有的设施接地电阻

要求严格，用上述几种方法都达不到要求时，最好采用等电位接地，使接地网内电位产生的接触电压与跨步电压均限制在安全范围之内，而不必计算接地电阻的数值。如山区土壤电阻率高于 $5\times10^2\Omega\cdot m$，或土壤电阻率虽只高于 $3\times10^2\Omega\cdot m$，而接地电阻要求小于 1Ω 的地区，都以采用等电位接地较为合适。

采用等电位接地时，先按式 34-14 确定所允许的接触电压值，然后按接地要求，初步布置接地网络，并选择接地体的尺寸和埋深，并由下式确定形状系数 K_m。

$$K_m = 0.366\lg\frac{D}{16td} + 0.366\lg\left(\frac{3}{4}\right)\left(\frac{5}{6}\right)\left(\frac{7}{8}\right)\cdots \tag{34-55}$$

上式右边第二项乘积的项数，等于网格较短方向的根数 n 减 2。

式中 K_m——形状系数；

d——圆钢接地体直径或扁钢接地体水平敷设时之厚度的一半，m；

D——网格间距离，m，一般不小于 4m；

t——埋地深度，m。

根据网格较短方向的根数 n，利用表 34-34 确定调整系数 K_i。

表 34-34 等电位接地的调整系数

较短边网络中接地体的根数	1	2	3	4	5	6	7	8及以上
K_i	1	1.16	1.32	1.47	1.6	1.73	1.87	2

根据下式确定接地体总长度：

$$L = K_m K_i \rho \frac{I}{E_j} \tag{34-56}$$

式中 L——接地体总长度，m；

E_j——所允许的接触电压，V；

ρ——土壤电阻率，Ω·m；

I——接地电流，根据供电单位资料或由式 34-12 计算而得，A。

根据计算而得的长度进行布置，并校验原来假定的网格数是否合乎要求，如达不到要求，需重新布置，并进行计算以达到符合要求的电位。

例 有一降压站，户外部分长为 100m，宽为 48m，当土壤电阻率为 $3\times10^2\Omega\cdot m$，自动断路器整定时间为 1s，电力系统为大电流接地系统，接地电流为 2900A，采用 $40\times4mm^2$ 扁钢作接地体，埋深 70cm，试求接地体的长度。

解

(1) 确定接触电压，根据公式 34-14 计算而得：

$$E_j = \frac{250 + 0.25\rho}{\sqrt{t}} = \frac{250 + 0.25\times3\times10^2}{\sqrt{1}} = 325\text{V}$$

(2) 形状系数的确定。

先决定网格的根数。网格间纵向宽采用 4m，横向宽采用 6m，则纵向根数为

$$\frac{48}{4} + 1 = 13\text{根}$$

横向根数为

$$\frac{100}{6} + 1 = 18\text{根}$$

采用较小的网格根数，即 $n=13$，则式 34-55 右边第二项乘积的项数为 13－2＝11 项，由式 34-55 计算而得的形状系数为：

$$K_m = 0.366\lg\frac{400}{16\times70\times2} + 0.366\lg\frac{3\times5\times7\times9\times11\times13\times15\times17\times19\times21\times23}{4\times6\times8\times10\times12\times14\times16\times18\times20\times22\times24} = 0.322$$

(3) 调整系数的确定。

因 $n=11>8$，则由表 34-34 查得调整系数 $K_i=2$。

(4) 接地体长度的确定，根据式 34-56 计算如下

$$L = K_m K_i \rho \frac{I}{E_j} = 0.322\times2\times3\times10^2\times\frac{2900}{325}$$

$= 1724m$

(5) 校验:

原假定的接地体长度为 $13\times100+48\times18=2164m$,再加上引出接地线,更大于2164m,因此要对户外部分进行重新假定,如定为90×60m,则横向根数为

$$\frac{90}{6}+1=16\text{根}$$

纵向根数为

$\frac{60}{6}+1=11$ 根(假定网格纵向宽也为6m)同理,计算 K_m 时右边第二项乘积的项数为 $11-2=9$。

$$K_m = 0.366\lg\frac{400}{16\times70\times2}+0.366\lg\frac{3\times5\times7\times9\times11\times13\times15\times17\times19}{4\times6\times8\times10\times12\times14\times16\times18\times20}$$
$$=0.366\lg0.178+0.366\lg0.423=-0.366(0.7496+0.3737)$$

取绝对值

$$K_m = 0.366\times1.1233=0.405$$

查表34-34,得 $K_i=2$

$$L = K_m K_i \rho\frac{I}{E_j}$$
$$= 0.405\times2\times3\times10^2\times\frac{2900}{325}$$
$$= 2168m$$

校验:原假定的接地体长度为 $16\times60+11\times90=1950m$,再加上引出接地线时可达2168m,满足计算要求。

34.13 过电压保护接地

过电压保护接地电阻的计算与一般接地装置的计算方法基本相同。按前面的计算方法求出接地装置工频电流时的电阻,再按下面方法求出泄放雷电流的冲击接地电阻。

34.13.1 单独接地体的冲击接地电阻

单独接地体的冲击接地电阻

$$R_{su} = aR \tag{34-57}$$

式中 R——单独接地体按稳态公式算出或工频小电流下测量出的电阻值,Ω;

a——单独接地体的冲击系数,由表34-36~表34-39查得。

计算中所用的土壤电阻率 ρ 应取雷雨期中最大可能的土壤电阻率值,由下式表达

$$\rho = \rho_0\psi \tag{34-58}$$

式中 ρ_0——雷两季中,无雨水时所测得的土壤电阻率,Ω·m;

ψ——由于土壤干燥使电阻率增大的季节系数,ψ 值见表34-35,测定土壤电阻率时,如大地比较干燥,,则取表中的较小值,如比较潮湿,则取较大值。

表 34-35 接地装置的季节系数 ψ 值

埋深 (m)	水平接地体	长度2~3m的垂直接地体	备注
0.5	1.4~1.8	1.2~1.4	
0.8~1.0	1.25~1.45	1.15~1.3	
2.5~3.0	1.0~1.1	1.0~1.1	深埋接地体

表 34-36 垂直接地体的 a 值

土壤电阻率 ρ (Ω·m)	I_{li} (kA) 5	10	20	40
100	0.85~0.90	0.75~0.85	0.6~0.75	0.5~0.6
500	0.6~0.7	0.5~0.6	0.35~0.45	0.25~0.30
1000	0.45~0.55	0.35~0.45	0.25~0.3	

注:表中系冲击电流波头为3~6μs,接地体直径6cm以下之值。如3m长的接地体取较大数值,2m长的接地体用较小数值。

表 34-37 水平环形接地体的 a 值

(冲击电流波头3~6μs)

土壤电阻率 (Ω·m)	100			500			1000		
I_{li} (kA)	20	40	80	20	40	80	20	40	80
环 $D=4m$	0.60	0.45	0.35	0.50	0.40	0.25	0.35	0.25	0.20
环 $D=8m$	0.75	0.65	0.50	0.55	0.45	0.30	0.40	0.30	0.25
环 $D=12m$	0.80	0.70	0.60	0.60	0.50	0.35	0.45	0.40	0.30

注:1. 表列为宽2~4cm扁钢或直径为1~2cm圆钢的水平环形接地体,由环中心引入雷电池,引入处与环有3~4根连线;

2. 在估计环形接地装置的冲击接地电阻 R_{su} 时,其工频接地电阻 R,可按稳态公式计算,计算时不考虑联线的电导。

34.13.2 由 n 个相同的水平射线组成的接地装置的冲击电阻

由 n 个相同的水平射线组成的接地装置的冲击电阻计算如下

$$R_{su}=\frac{R'_{su}}{n}\frac{1}{\eta_{su}} \tag{34-59}$$

式中 R_{su}——总的冲击电阻值，Ω；

R'_{su}——每根水平射线接地体的冲击接地电阻，由式 34-57 决定，Ω；

η_{su}——考虑各射线间相互影响的冲击利用系数，见表 34-40。

表 34-38 水平接地体（一端引入雷电流）**的 a 值**（冲击电流波头 3～6μs）

土壤电阻率 ρ (Ω·m)	接地体长度 L (m)	雷电冲击电流 I_{li} (kA)			
		5	10	20	40
100	5	0.80	0.75	0.65	0.5
	10	1.05	1.00	0.90	0.80
	20	1.20	1.15	1.05	0.95
500	5	0.60	0.55	0.45	0.30
	10	0.80	0.75	0.60	0.45
	20	0.95	0.90	0.75	0.60
	30	1.05	1.00	0.90	0.80

续表 34-38

土壤电阻率 ρ (Ω·m)	接地体长度 L (m)	雷电冲击电流 I_{li} (kA)			
		5	10	20	40
1000	10	0.60	0.55	0.45	0.35
	20	0.80	0.75	0.60	0.50
	40	1.00	0.95	0.85	0.75
	60	1.20	1.15	1.10	0.95
2000	20	0.65	0.60	0.50	0.40
	40	0.80	0.75	0.65	0.55
	60	0.95	0.90	0.80	0.75
	80	1.10	1.05	0.95	0.90
	100	1.25	1.20	1.10	1.05

注：表列为宽 2～4cm 扁钢 或直径 1～2cm 圆钢的水平接地体。

表 34-39 钢筋混凝土杆和钢筋混凝土基础的冲击系数 α

（$\rho \leqslant 300\Omega \cdot m$）（一个元件）

自然接地的型式	I_{li} (kA)		
	5	10	20
钢筋混凝土杆、钢筋混凝土基础	0.7	0.5	0.3
装配式钢筋混凝土基础底座	0.9	0.6	0.3
拉线棒和拉线盘一起	0.9	(0.6)①	(0.3)①

①括号内的数值供参考。

表 34-40 各种型式接地装置的冲击利用系数，η_{su}

接地装置型式	接地体个数	冲击利用系数 η_{su}	注
n 个水平射线（每个长 10～80m）	2	0.83～1.0	较小值用于较短的射线
	3	0.75～0.9	
	4～6	0.65～0.8	
以水平接地体连接的垂直接地体	2	0.80～0.85	$\frac{a\text{（间距）}}{l\text{（电极长度）}}=2\sim3$
	3	0.70～0.80	
	4	0.70～0.75	较小值用 $\frac{a}{l}=2$ 时
	6	0.65～0.70	
深埋式接地（沿装配式基础周围敷设）	一个基础的各引线和回路间	0.7	带引线和闭合回路
	单柱式杆塔的各基础间	0.4	
	门型、拉线门型杆塔的各基础间	0.8	

续表 34-40

接地装置型式	接地体个数	冲击利用系数 η_{su}	注
杆塔的自然接地	拉线棒与拉线盘间	0.6	
	门型杆、拉线与单双杆间	0.7	
	单柱式杆塔的各基础间	0.4～0.5	
	门型、拉线门型杆塔的各基础间	0.8	
深埋式接地与装配式基础间	各型杆塔	0.75～0.8	
深埋式接地与射线间	各型杆塔	0.80～0.85	

34.13.3 由水平接地体连接 n 个垂直接地体组成的接地装置的冲击电阻

冲击电阻按式 34-60 计算

$$R_{su}=\frac{\frac{R_{vsu}}{n}R_{hsu}}{\frac{R_{vsu}}{n}+R_{hsu}}\quad\frac{1}{\eta_{su}} \tag{34-60}$$

式中 R_{su}——接地装置的总冲击接地电阻，Ω；

R_{vsu}——按表 34-36 的 a 值求得的每个垂直接地体的冲击接地电阻，Ω；

R_{hsu}——按表 34-37 及表 34-38 的 a 值求得的水平接地体的冲击接地电阻，Ω；

n——垂直接地体根数；

η_{su}——冲击利用系数，见表 34-40。

34.13.4 接地体的利用系数及典型线路的接地装置

各种型式接地体的冲击利用系数 η_{su} 列于表 34-40。工频利用系数 $\eta_n=\eta_{su}/0.9$（应小于或等于 1）；拉线棒与拉线盘间，以及单柱式杆塔的各基础间（深埋式接地或自然接地）$\eta_n=\eta_{su}/0.7$。

各种不同土壤电阻率地区的典型线路接地装置列于表 34-41 中。

34.13.5 接地电阻的估算

各种型式接地装置的工频接地电阻可按表 34-42 估算。

34.13.6 计算实例

例 1 某变电所需做集中接地装置，其计算用雷电流为 100kA，土壤电阻率为 10^2Ω·m（干燥状态下测得）。

表 34-41 不同土壤电阻率地区的典型线路接地装置

土壤电阻率 (Ω·m)	接地装置平面示意图	工频电阻估算值 (Ω)	冲击电阻估算值 (Ω) 冲击系数		备注	土壤电阻率 (Ω·m)	接地装置平面示意图	工频电阻估算值 (Ω)	冲击电阻估算值 (Ω) 冲击系数		备注
			60kA	100kA					30kA	50kA	
100	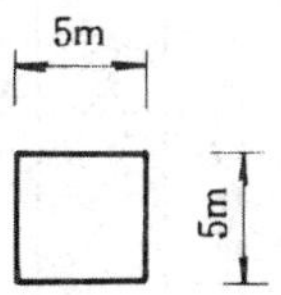	9.7	4.2/0.43	3.5/0.36		2000	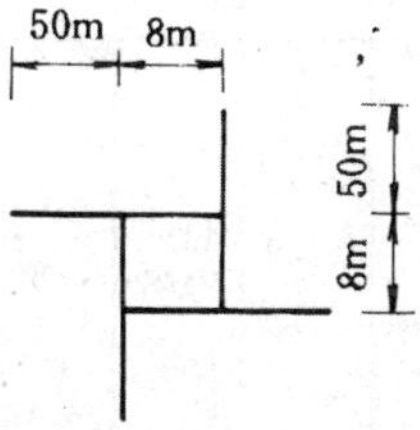	20	20/1.0	18/0.9	4×60m

续表 34-41

土壤电阻率（Ω·m）	接地装置平面示意图	工频电阻估算值（Ω）	冲击电阻估算值（Ω）冲击系数		备注	土壤电阻率（Ω·m）	接地装置平面示意图	工频电阻估算值（Ω）	冲击电阻估算值（Ω）冲击系数		备注
300	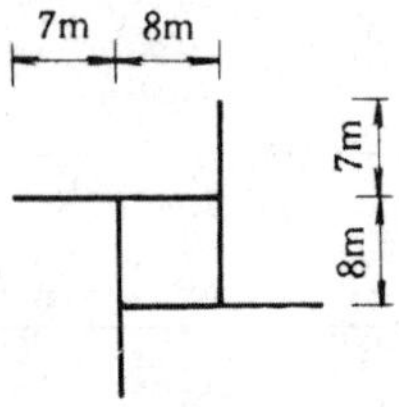	9.5	60kA $\frac{6.8}{0.7}$	100kA $\frac{5.8}{0.6}$		2000以上	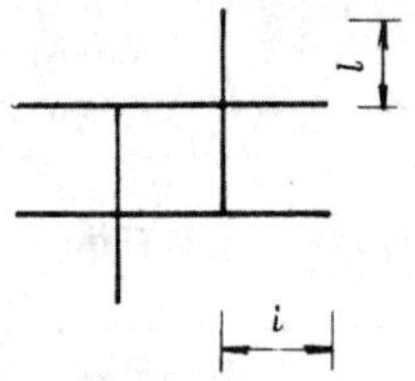	~30			6×l
	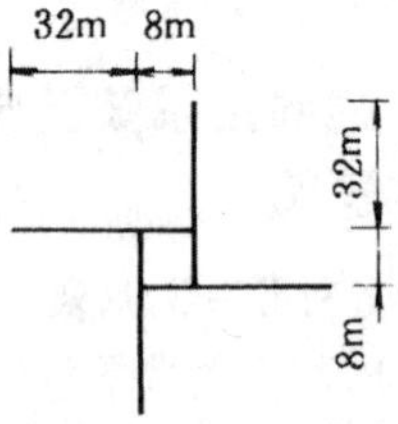	9.3	$\frac{6.9}{0.75}$	$\frac{6.5}{0.67}$			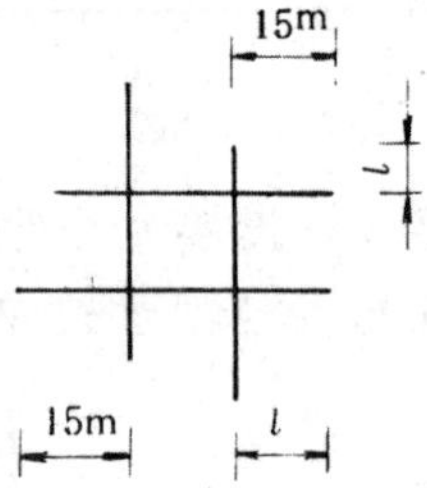	~30			4×l+ 2×15m
600	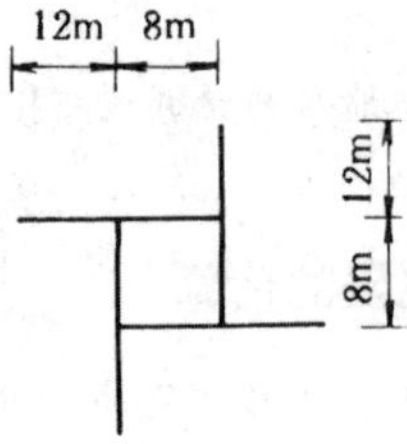	14.8	30kA $\frac{11.7}{0.79}$	50kA $\frac{10.8}{0.72}$			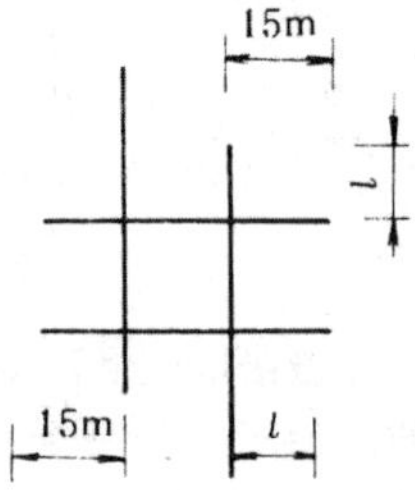	~30			4×l+ 4×15m
	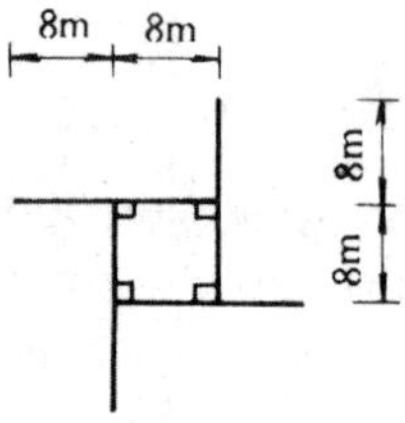	14.6	30kA $\frac{11.6}{0.79}$	50kA $\frac{10.7}{0.73}$			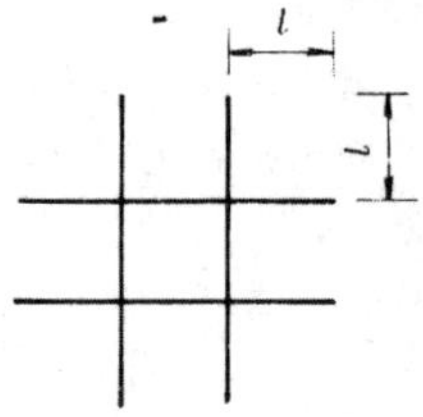	~30			8×l
1000	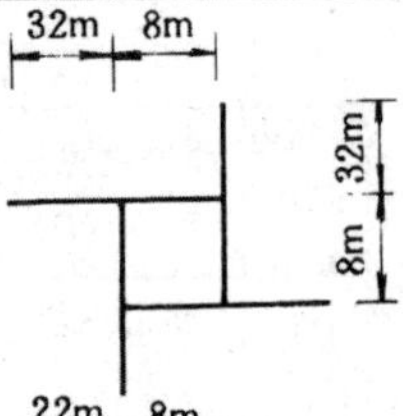	14.4	30kA $\frac{13.8}{0.96}$	50kA $\frac{12.9}{0.90}$			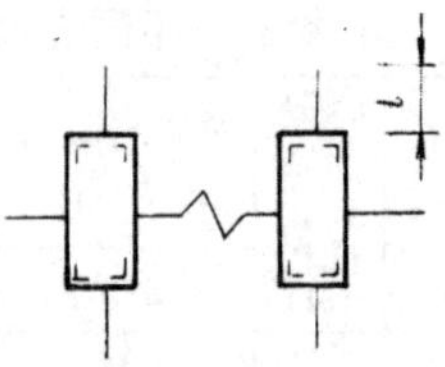	不规定			连续伸长接地
	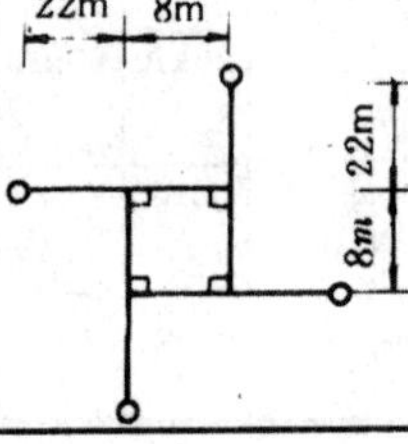	13.9	$\frac{11.8}{0.85}$	$\frac{11.1}{0.80}$			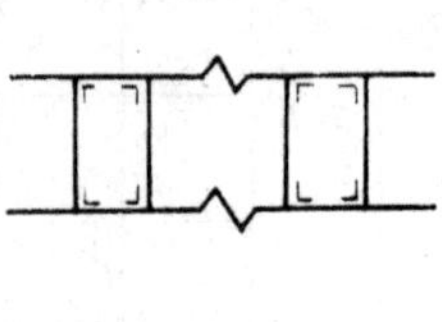	不规定			连续伸长接地

表 34-42　各种型式接地装置的工频接地电阻估算式

接地装置型式		估算式（Ω）	备　注
n 根水平射线	$n\leqslant 12$ 每根长约 60m	$R\approx\frac{0.062\rho}{n+1.2}$	ρ，土壤电阻率（Ω·m）
沿装配式基础周围敷设的深埋式接地	单柱式杆塔 门型杆塔 V 型拉线门型杆塔	$R\approx 0.07\rho$ $R\approx 0.04\rho$ $R\approx 0.045\rho$	ρ，土壤电阻率（Ω·m）
装配式基础的自然接地	单柱式杆塔 门型杆塔 V 型拉线门型杆塔	$R\approx 0.1\rho$ $R\approx 0.06\rho$ $R\approx 0.09\rho$	ρ，土壤电阻率（Ω·m）
钢筋混凝土杆的自然接地	单杆 双杆 3～4 根拉线单双杆 一个拉线盘	$R\approx 0.3\rho$ $R\approx 0.2\rho$ $R\approx 0.1\rho$ $R\approx 0.28\rho$	ρ，土壤电阻率（Ω·m）
深埋式接地与装配式基础自然接地的综合电阻	单柱式杆塔 门型杆塔 V 型拉线门型杆塔	$R\approx 0.05\rho$ $R\approx 0.03\rho$ $R\approx 0.04\rho$	ρ，土壤电阻率（Ω·m）

解　(1) 接地装置由水平与垂直接地体组成，规格为 $20\times 4\text{mm}^2$，扁钢及 ϕ60mm 钢管，如图 34-63 所示。

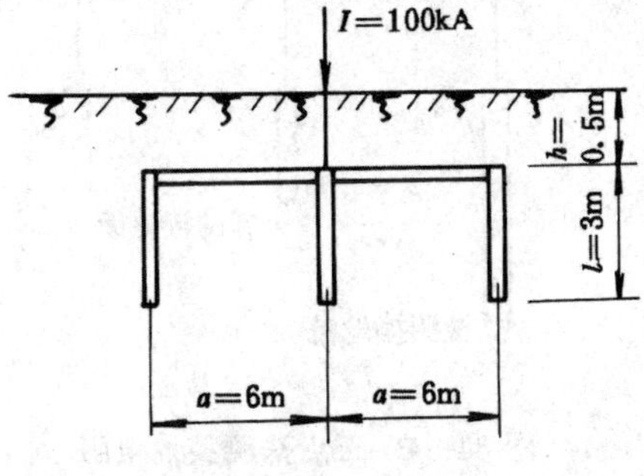

图 34-63　集中接地装置计算例图

(2) 计算用土壤电阻率。

查表 34-35 得，水平接地体 $\psi=1.4$，垂直接地体 $\psi=1.2$

水平接地体的土壤电阻率为

$$\rho=\rho_0\times 1.4=1.4\times 10^2\Omega\cdot\text{m}$$

垂直接地体的土壤电阻率为

$$\rho=\rho_0\times 1.2=1.2\times 10^2\Omega\cdot\text{m}$$

(3) 稳定状态下的接地电阻，按式 34-33 和式 34-34 计算得

$$R_v=\frac{\rho}{2\pi l}\ln\frac{4l}{d}=\frac{1.2\times 10^2}{2\pi\times 3}\ln\frac{4\times 3}{0.06}=34\Omega$$

$$R_h=\frac{\rho}{2\pi l}\left(\ln\frac{L^2}{dh}+A\right)$$

式中　$A=0$，$d=b/2$，$l=6\text{m}$，

所以　$R_h=\frac{1.4\times 10^2}{2\pi\times 6}\ln\frac{2\times 6^2}{0.02\times 0.5}=33\Omega$

因 $R_v\approx R_h$，可认为由每个水平与垂直接地体流向大地的电流相同，其值为 $I=100/5=20\text{kA}$。

由表 34-36 知，在 20kA 下及 $\rho=10^2\Omega\cdot\text{m}$ 时，钢管长 3m 用较大值，故取冲击系数 $a=0.75$，当 $\rho=5\times 10^2\Omega\cdot\text{m}$ 时，$a=0.45$，令 $\rho=1.2\times 10^2\Omega\cdot\text{m}$，取 $a=0.68$，故每管的冲击接地电阻为

$$R_{su}=aR=0.68\times 34=23\Omega$$

由表 34-38 知，对于水平射线，在 20kA 下，$\rho=10^2\Omega\cdot\text{m}$，射线长 5m 时，$a=0.65$；射线长 10m 时，$a=0.9$；今射线长 6m，$\rho=10^2\Omega\cdot\text{m}$，则 $a_1=0.7$。在同表中，当射线长度为 6m，$\rho=5\times 10^2\Omega\cdot\text{m}$，以补插法求得的冲击系数值 $a_2=0.48$，今 $\rho=1.4\times 10^2\Omega\cdot\text{m}$，

用内插法可取 $a=0.678$。

由式 34-59 及表 34-40 可知，具有双射线接地装置(电流由中央引入)的水平接地体的冲击接地电阻为

$$R_{su}=\frac{R_{su}}{n}\frac{1}{\eta_{su}}$$
$$=\frac{0.678\times 33}{2}\times\frac{1}{10}=10.1\Omega$$

由式 34-60 得全部接地装置的冲击接地电阻为

$$R_{su}=\frac{\frac{R_{vsu}}{n}R_{hsu}}{\frac{R_{vsu}}{n}+R_{hsu}}\frac{1}{\eta_{su}}$$

现垂直接地体 $n=3$，且 $a/l=6/3=2$，由表 34-40 得知，利用系数 $\eta_{su}=0.75$，故

$$R_{su}=\frac{\frac{23}{3}\times 10.1}{\frac{23}{3}+10.1}\times\frac{1}{0.75}=5.8\Omega$$

由计算结果可见，每管的接地电阻为 23Ω，与每条水平接地体的冲击接地电阻 $2\times 10.1=20.2\Omega$ 大致相同。

例 2 有一架空输电线，其杆塔防雷接地的冲击电阻要求为 10Ω，当地的土壤电阻率为 $10^2\Omega\cdot m$ 时，试求适当的接地体。当地雷电冲击电流为 10kA。

解 选用两根直径 $d=50mm$，长度为 2.5m 的钢管作为接地体，并以 40×4 扁钢连接在一起，管间的距离为 5m，埋设深度为 0.8m。

根据表 34-28 查得工频散流电阻 $R_v=31.75\Omega$(垂直接地体)。

对于带形接地体的 40×4 扁钢，查表 34-28 得 $R_h=23.6\Omega$。

查表 34-36 得 $a_v=0.8$，查表 34-38 得 $a_h=0.75$。则管子及扁钢的冲击电阻分别为

$$R_{vsu}=a_vR_v=0.8\times 31.75=25.5\Omega$$
$$R_{hsu}=a_hR_h=0.75\times 23.6=17.7\Omega$$

按式 34-60 得

$$R_{su}=\frac{\frac{R_{vsu}}{n}R_{hsu}}{\frac{R_{vsu}}{n}+R_{hsu}}\frac{1}{\eta_{su}}$$

查表 34-40，式中 $n=2$，$a/l=5/2.5=2$，得 $\eta_{su}=0.8$，代入上式

得 $$R_{su}=\frac{\frac{25.5}{2}\times 17.7}{\frac{25.5}{2}+17.7}\times\frac{1}{0.8}=9.2\Omega$$

由计算可见，所选择的接地体完全符合要求。

34.14 接地电阻的测量

34.14.1 测量接地电阻的必要性

测量接地电阻的必要性体现在以下几点：首先，接地电阻值是否达到设计要求，对于电力系统的可靠运行、设备以及人身安全具有重要意义；第二，计算接地电阻的公式是近似的，没有考虑到许多不定的，但影响接地电阻值的因素，例如，土壤电阻率与土壤的温度大致成正比，而与含湿量、深度成反比，因此，计算误差很大，必须了解实际值；第三，接地电阻随着各种因素的改变而变化，每过一定的时间，要重新测量一次，例如，发电厂、变电所的保护接地装置，每年至少需测一次，高压架空线路的接地装置可两年测量一次。

34.14.2 测量方法

在施工安装期间，最好是逐个测量每一个接地体的接地电阻。

(1) 三点法。用三点法测接地电阻的原理见图 34-64。用单臂交流电桥测量被测接地体 G 与 2 个辅助接地体之间任何两点间的电阻，得三个电阻值 R_{ga}、R_{gb}、R_{ab}。

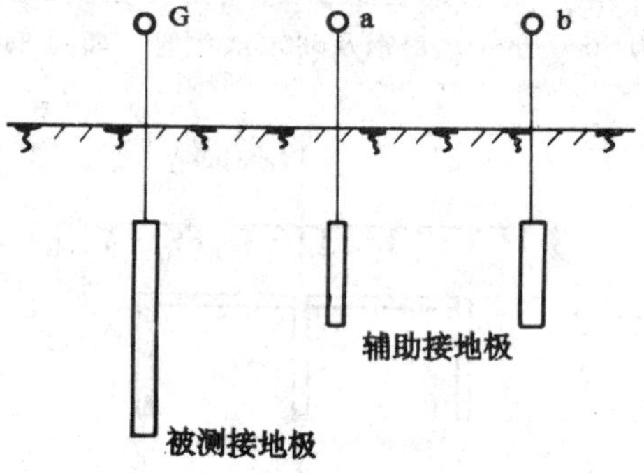

图 34-64 三点法测接地电阻

设被测接地体的接地电阻为 R_g、辅助接地体的接地电阻分别为 R_a、R_b，于是可列出一个三元一次联立方程

$$\begin{cases}R_{ga}=R_g+R_a\\R_{gb}=R_g+R_b\\R_{ab}=R_a+R_b\end{cases}\tag{34-61}$$

解此方程得

$$R_g=\frac{1}{2}(R_{ga}+R_{gb}-R_{ab})\tag{34-62}$$

当 $R_g \ll R_a$，$R_g \ll R_b$ 时，误差极大，故此法不适用于测低值接地电阻。

(2) 电位降法（电压表电流表法）。这一方法可以测量一个接地体或一组接地体的接地电阻，见图 34-65，其中 a 表示测量的原理。即测得流过被测接地体的电流以及与零电位之间的电压，根据欧姆定律即可求得被测接地体的接地电阻。

图 34-65b 和图 34-65c 适用于测量发电厂和变电所接地网的接地电阻。在图 34-65b 中，电流极与接地网边缘之间的距离 d_{13}，一般取接地网最大对角线长度 D 的 4～5 倍，以使其间的电位分布出现一个平缓区段。在一般情况下，电压极到接地网的距离约为电流极到接地网的距离的 50～60%。测量时，电压极沿接地网和电流极的连线移动三次，每次移动的距离为 d_{13} 的 5%左右，如 3 次测得的电阻值接近，则说明测量结果可信。

如 d_{13} 取（4～5）D 有困难，在土壤电阻率较均匀的地区，可取 $2D$，d_{12} 取 D；在土壤电阻率不均匀的地区或城区，d_{13} 可取 $3D$，d_{12} 可取 $1.7D$。

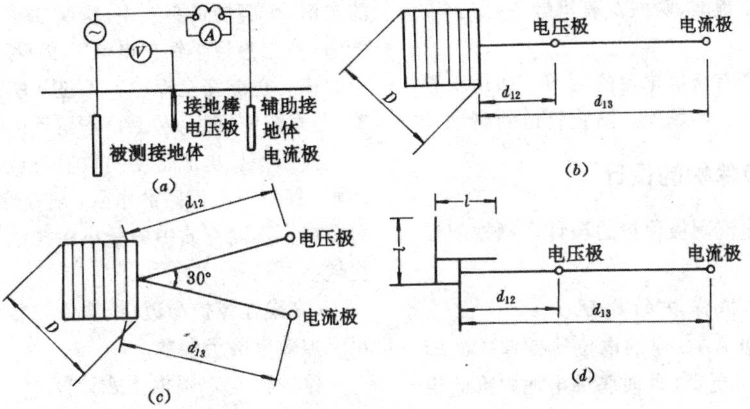

图 34-65　用电位降法测接地电阻

(a) —测量原理图；(b) —电压极、电流极布置之一；

(c) —电压极、电流极布置之二；(d) —电压极、电流极布置之三

图 34-65c 中，一般取 $d_{12}=d_{13}\geqslant 2D$，夹角 $\theta \approx 30°$。

图 34-65d 中，d_{13} 一般取接地装置的最长射线长度 l 的 4 倍，d_{12} 取 l 的 2.5 倍，这种布置方法，适用于测量电力线路杆塔的接地电阻。

测量接地电阻用的电源应是不接地的可调压电源。电流视实际情况可取 30～120A 或者更小一点，或者再大一点。当采用交流电源时，图 34-65c 的布置较图 34-65b 的布置更好一点。

此外，在测量时宜将接地装置与避雷线分开；电流极、电压极应布置在与线路或地下金属管道垂直的方向上；雨后不能立即测量接地电阻。

34.15　金属的电化学保护

34.15.1　电化学保护简介

34.15.1.1　电化学保护的意义

金属腐蚀会造成巨大的经济损失，有时会酿成灾难性的事故。如果采取适当的措施，在一定程度上，腐蚀是可以得到控制的，经济损失也是可以减少的。

电化学保护技术是防腐蚀技术的重要组成部分，因此各主要工业国家对电化学保护都很重视。我国对电化学保护也很重视，已在输油管道、码头、化工设备等设施上使用取得了很好的效果。在钢铁工厂中，大量的地下金属管道、各类储罐、码头及水工建筑物等都应是保护的对象。但是，目前应用的实例还不多，随着技术进步，电化学保护技术一定会在钢铁工厂中得到推广。

34.15.1.2　电化学保护的分类

电化学保护大体上可以分成阴极保护、阳极保护两类。阴极保护是指在金属表面上通入足够的阴极电流，使阳极溶解速度减小，从而防止腐蚀。阴极保护进而可分为外加电流阴极保护和牺牲阳极保护。阳极保

护是指在金属表面上通入足够的阳极电流，使金属电位达到并保持在钝化区内，从而防止腐蚀。

此外，由于直流牵引装置工作而流入地中的杂散电流，对埋入地中的金属管线有强腐蚀作用，应将其排除。排流保护有时尚可兼起阴极保护的作用。

34.15.1.3 电化学保护的适用范围

阴极保护方法比较简单，经济实用，保护效果良好，主要用于下列介质中：

(1) 淡水及海水中，防止码头、闸门的腐蚀；

(2) 碱及盐类溶液中防止贮槽、蒸发罐等的腐蚀；

(3) 土壤中，防止管道、电缆的腐蚀。

阳极保护主要用于硫酸、磷酸及有机酸中，防止贮槽的腐蚀。

排流保护主要用于有杂散电流的区域，如用于管道与牵引装置轨道相平行的场所，防止管道的腐蚀。

34.15.2 阴极保护的设计

本小节叙述外加电流阴极保护的设计，牺牲阳极保护在下一小节叙述。

34.15.2.1 阴极保护的原理

如果设一辅助阳极AA，它的电位比被保护的阳极A以及阴极C的电位更负，此时腐蚀电池内部的电流将主要是从辅助阳极AA流向阴极C，当电流足够大时，阴极极化电位等于阳极起始电位，阳极便不再被腐蚀，图34-66说明阴极保护的原理。当阴极电流在I_{cor}时，腐蚀电流最大，随着阴极电流的增加，阴极进一步被极化。当电流达到I_1时，仍有相当于线段AB的腐蚀电流流过，只有当电流达到I_0，阴极电位与阳极电位相等时，腐蚀才停止。

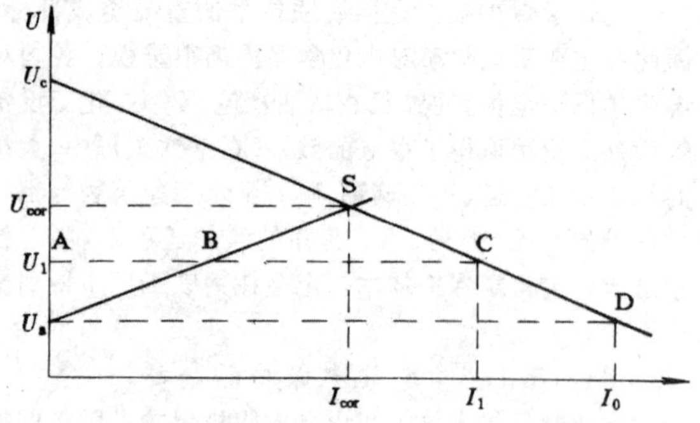

图34-66 阴极保护的原理

提供阴极电流的方法一是外加电源，二是采用比被保护金属更活泼的金属，即电极电位更低的金属作阳极，谓之牺牲阳极。

34.15.2.2 阴极保护的参数

在阴极保护设计中，常会遇到下列三个参数：

(1)保护电位。保护电位即使金属腐蚀不能进行所需的电位，又称最小保护电位。实际使用的保护电位处在一定的范围内。例如钢在海水中的保护电位在−0.8～0.9V之间，若电位比−0.8V高，钢不能被完全保护，若电位比−0.9V低，阴极上可能析出氢，导致钢表面析氢，破坏钢表面的保护层；

(2)保护电流密度。如果只施加保护电位而无一定的电流，则腐蚀仍会发生。使腐蚀减少到零时的电流密度值，称之为最小保护电流密度。若采用的电流密度大于此值，也能完全保护，不过从能耗的角度看已属浪费。若电流密度过大，保护作用反而下降，称为过保护。

最小保护电流密度的数值与被保护金属和介质的性质、保护电流回路的电阻、阳极形状和大小有关。不同金属在不同介质中的最小保护电流密度请参阅有关文献；

(3)最佳保护参数。最佳保护参数主要有保护程度和保护效率两个参数。

保护程度P根据下式计算

$$P=\frac{j_{cor}-j_c}{j_{cor}}\times 100\% =\left(1-\frac{j_c}{j_{cor}}\right)\times 100\% \qquad (34\text{-}63)$$

式中 j_{cor}——未加保护时的腐蚀电流密度；

j_c——阴极保护时的腐蚀电流密度。

当完全保护时，$P=1$。

保护效率Z由下式计算

$$Z=\frac{P}{\frac{j_{cd}}{j_{cor}}}=\frac{j_{cor}-j_c}{j_{cd}}\times 100\% \qquad (34\text{-}64)$$

式中 j_{cd}——阴极保护时外加电流的电流密度。

外加电流密度越大，则保护效率越低。在实际设计中，不一定追求完全保护，因为此时保护效率可能很低。如果能够达到钢以小于每年0.1mm的速度均匀腐蚀时，则此时的保护程度被认为是适宜的。

34.15.2.3 阴极保护设计所需原始资料

为了较好地完成阴极保护设计，必须对客观情况进行调查研究，获取一定的资料。下面将较为详细地介绍地下敷设钢质管道的阴极保护设计。为设计管道的阴极保护，需收集以下资料：

(1)被保护的管道的平面布置图及有关数据，如管道总长度，分段长度、直径、各段管壁厚度、管子材质及各分段接头的结构、管道埋设深度、距最近的建筑物或构筑物（铁路、输电线路、接地装置等）的距离。

(2) 管道输送物质的种类和压力。

(3)沿管线的自然情况，包括土壤性质、腐蚀性危险程度、土壤电阻率以及是否穿越河流等特殊地区。

(4)管道保护层的主要绝缘材料及其电阻率(阴极保护的管道，一般需外包保护层，而不是裸管)。

(5)管道附近的交、直流电源的参数及其至管道的距离。

(6) 管道附近的产生杂散电流的电源及其至管道的距离。

(7) 与其他管道是否交叉或平行，相互间的距离，其他管道是否采用阴极保护。

(8) 沿管线的供电电源情况。

34.15.2.4 主要的设计文件及其内容

阴极保护设计需完成的计算及设计文件如下：

(1)计算管道的保护长度，确定保护站的数量和地点。

(2) 绘制总示意图（参见图 34-67，表 34-43 和图 34-68、表 34-44）。

(3) 绘制包括管道走向和阴极保护站的总平面示意图，（参见图 34-69）图中应尽可能表示出绝缘法兰的位置。

(4)绘制阴极保护站平面图，该图应表示阴极保护站的阳极区及阴极与管道的连接点（参见图 34-70 及表 34-45、表 34-46）。

表 34-43 输气管道阴极保护站设置情况表（参看图 34-67）

阴极保护站编号名称	1. 马连道	江河穿越	2. 湾子	3. 长岭	4. 坝口	5. 岳山	6. 宋家湾	7. 南段	8. 新兴
电源来源	接杆塔（厂电源）		接去煤矿 10kV 线路	接百州 10kV 线路	接坝口配气站低压线路	由毕节场居民点 10kV 线路引来		新兴 9 号电源接来 220V	
阴极保护站方案	在原有基础上改建	见说明 1	50Hz，220V 电源，硅整流器，半导体稳压器		50Hz，380V 电源硅整流器	采用自动恒电位防腐仪	50Hz，380V 电源硅整流器，半导体稳压器	50Hz，220V 电源硅整流器	自动恒电位防腐仪
提高保护长度的措施					阴极屏蔽				阴极屏蔽
阳极接地极材料（说明 2）	用废钢材改建		废钢材加焦炭（说明 3）	高硅铁及废钢材（说明 3）	废钢材	高硅铁及废钢材（说明 3）	石墨电极及废钢材		废钢材
检查头及检查片的安装距离 (km)（以一个站为例）（说明 5）	通电点 |0.5|0.5|0.5|0.5|0.5|0.5|0.5|0.5|0.2↓0.2|0.5|0.5|0.5|0.5|0.5|0.5|0.5|0.5| 检查片一组 注：检查头及检查片的安装距离允许沿管线方向移动±50m，选择旱地不妨碍耕作和交通的地带装设。在绝缘法兰两侧各装检查头一只								
绝缘法兰及隔电措施	在平面示意图上绘有一‖一符号的管线处皆安装绝缘法兰，穿跨越出土处跨越支墩，管线拉线及原有接地装置等全部进行绝缘处理								
各站通电点最高电位 (V)	−1.1		−1.15	−1.1	−0.85（说明 4）	−1.15	−1.2	−1.25	−0.85（说明 4）

续表 34-43

说明	1. 江河穿越段不建阴极保护站，先在两岸低水位线处各埋设两组检查片，观察腐蚀速率后，确定是否作阴极保护 2. 阳极接地装置，垂直接地极全部作成 1.5m 长的接地极 3. 长岭、岳山阳极接地装置的垂直接地极，用废钢 管及高硅铁两种材料，湾子用废钢材加焦炭，宋家湾、南段用石墨电极及废钢材两种材料的垂直接地，极间安装，以便取得两种材料运行的试验对比资料 4. 坝口、新兴两个站，采用阴极屏蔽方案，最高保护电位不在通电点，而在通电点两侧，通电点电位控制在−0.85V，其两侧的最高电位控制在−1.2V 5. 检查头，又称测试桩，检查片是与管道同材质、同绝缘护层的薄板，埋在管道附近，每隔 2 年取出，按重量减少的程度，计算其保护度

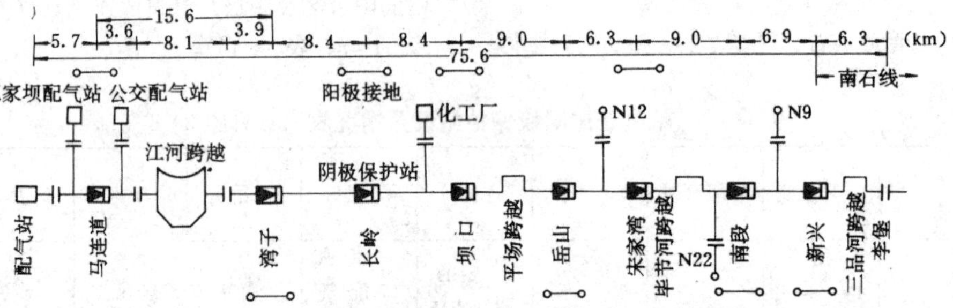

图 34-67 输气管道阴极保护站总示意图（参见表 34-43）

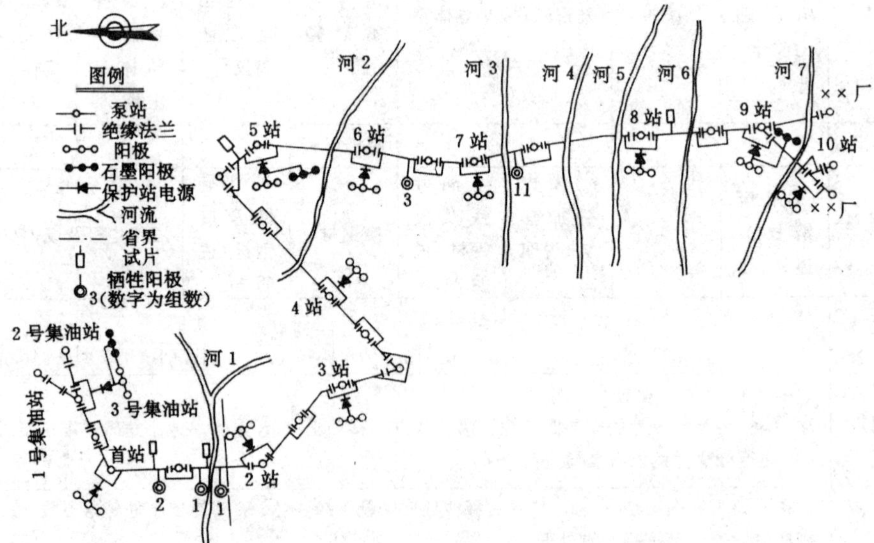

图 34-68 输油管道阴极保护总平面示意图（参见表 34-44）

表 34-44 输油管道阴极保护站设置情况表（参见图 34-68）

阴极保护站名	3号集油站	首站	2站	3站	4站	5站	6站	7站	8站	9站	10站
保护站位置	清管器收发室配电间	同左	同左	同左	同左	同左	同左	同左	同左	同左	同左
电源设备	自动恒电位防腐仪	同左	同左	同左	同左	同左	同左	同左	同左	同左	同左
通电点数量	4	3	2	2	2	2	2	2	2	3	3
阳极装置类型	钢管，石墨阳极各一组	钢管阳极一组	同左	同左	同左	钢管、石墨阳极各一组	钢管阳极一组	同左	同左	钢管阳极二组	钢管深井阳极一组
阳极管数量（根）	每组各20	30	20	30	20	每组各20	30	30	30	每组各30	
站内绝缘法兰数量（对）	4	3	2	2	2	2	2	2	2	3	3

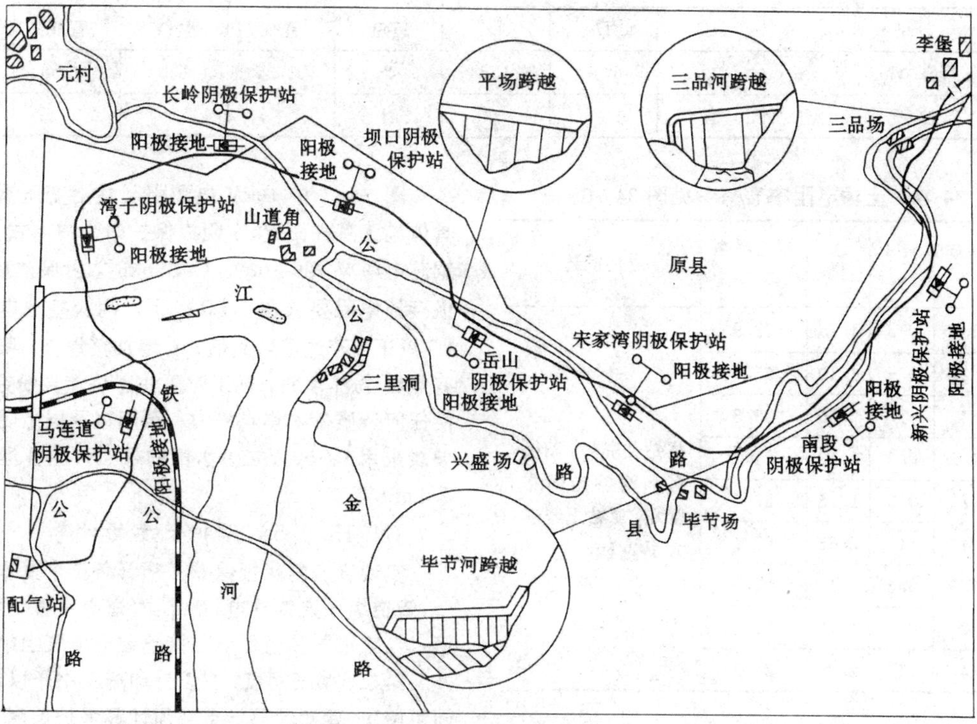

图 34-69 输气管阴极保护站平面布置示意图（参见图 34-67）

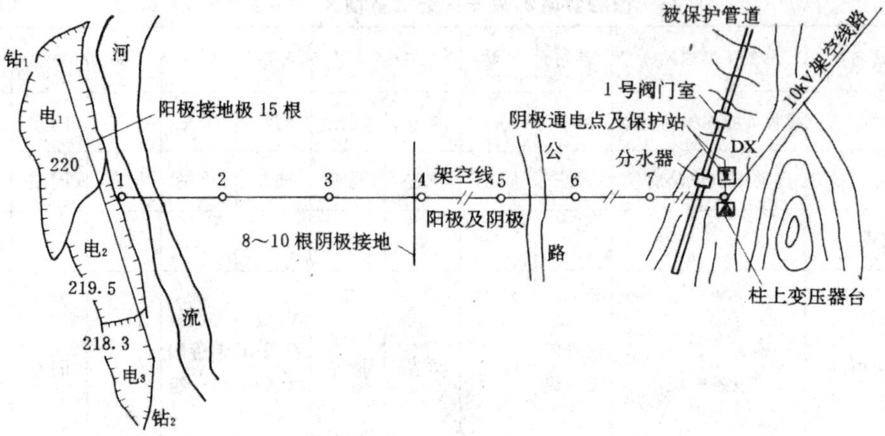

图 34-70 新兴阴极保护站平面图（参见表 34-45、表 34-46）

表 34-45 输电线路简述表（参见图 34-70）

名称	杆							号
	1	2	3	4	5	6	7	DX
	数							值
杆高（m）	12	9	9	10	9	7.5	7.5	2×10
杆型	DJ_2	D	D	终端	直线	直线	直线	终端
埋深（m）	2	1.5	1.5	2	1.3	1.5	1.6	1.6
拉线	有			有				有

表 34-46 土壤电阻率表（参见图 34-70）

编号	$\frac{AB}{2}$	$\frac{MN}{2}$	K	视电阻率（Ω·m）	岩性简述
电1	1.5	0.3	1.13	22.9	据钻孔资料，阳极区顺沟谷走向布置点，亚粘土厚度大于 2.5m
	2	0.5	1.10	25.0	
	4	1	2.36	29.8	
电2	1.5	0.3	1.13	21.7	
	2	0.5	1.18	27.4	
	4	1	2.36	27.1	
电3	1.5	0.3	1.13	27.9	
	2	0.5	1.18	26.2	
	4	1	2.36	26.2	

（5）设备安装制造图，包括直流电源的安装图、阳极接地体安装图、阴极导线与管道连接图。

图 34-70 中 10kV 电源引至柱上变压器台，可视具体施工条件而定，本阴极保护站为户内式；通电点用铜芯电缆 VV29-1000、1×35mm²，由保护站引来；阳极接地电阻要求在 0.5Ω 以下，阴极接地电阻要求在 1Ω 以下，若达不到此值，希增加接地极；阳极坑内加有焦炭 粉作填料，施工时要注意将焦炭粉夯实，不得使任何杂质掺入焦炭粉内；至阳极及屏蔽阴极的架空导线采用 LJ-50；立于水田的杆位，电杆埋深可加深 200mm。

34.15.2.5 保护长度的计算

实现管道的阴极保护必须具备三个基本条件。第一，管道纵向连续导电；第二，管道有足够电阻的涂层；第三，管道与其他低电阻接地装置电气上绝缘。

第二、第三两点，在设计和施工中予以适当注意，即可解决。要实现第一点必须计算保护长度，以便确定整个管道应当用绝缘法兰分隔的段数，设置阴极保护站的站数以及提供的保护电流和电位的数值。

图 34-71 表示外加电流阴极保护的管道电流和电位分布。

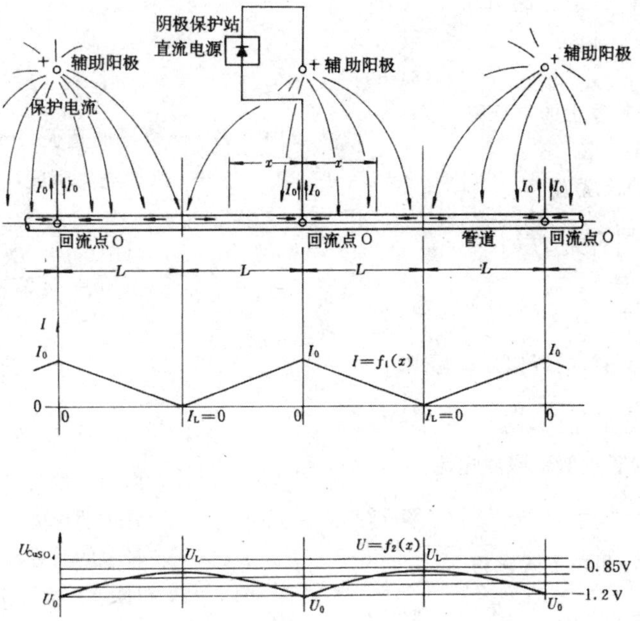

图 34-71 外加电流阴极保护示意图

为了计算保护长度，首先需要确定最小保护电位和最大允许电位(这里说的最小、最大是指的一般概念上的电位)。

在电化学保护装置运行前，即在无杂散电流的情形下，沿管道测量钢管的自然电位(即电极电位、管地电位 U_n。钢在土壤中的自然电位为−0.6V 左右，相对于 $Cu/CuSO_4$ 电极而言，下同)。当通过保护电流时，由于管地界面极化而产生的电位偏移 ΔU_P 和在绝缘涂层缺陷及土壤间的欧姆压降 ΔU_Ω 使得管电位较 U_n 更负。为了在管道的一端(当另一端供电时)或中点(当两端供电时)实现阴极保护，这一点的电位应较最小保护电位更负一点，一般说来，该电位 U_L 在−0.9～−0.95V 时，在大多数的侵蚀性土壤中，腐蚀已被抑制住，最大允许电位各国不同，我国采用−1.2～−1.25V。因此，被保护长度取决于在该长度管道上的电位差 $\Delta U_R=-0.3V$。下面分两种不同的情况介绍保护长度的计算。

A 定长管道保护长度的计算

定长管道是指由两个及两个以上保护站保护的管道，见图 34-71，保护电流自辅助阳极流入土壤，通过管道涂层及破损处，沿管道至回流点 O 点返回电源。设保护范围两侧各为 L，那么回流点电位 U_0 最低，电流 I_0 最大(两侧的总电流为 $2I_0$)，而 L 点的电位 U_L 则较 U_0 高 ΔU_R，电流 $I_L=0$。根据长度有限并有纵向电阻的接地极推导的公式，管道上距回流点为 x 的某点的电位 U_x 和电流 I_x 可按下式计算

$$U_x = U_0 \frac{\cosh a(L-x)}{\cosh aL} \tag{34-65}$$

$$I_x = I_0 \frac{\sinh a(L-x)}{\sinh aL} \tag{34-66}$$

式中 U_x——距回流点 O 为 x 处的电位，V；

I_x——距回流点 O 为 x 处的电流，A；

U_0——回流点 O 点的电位，V；

I_0——回流点 O 点的电流之半，A；

sinh、cosh——双曲正弦、双曲余弦；

a——衰减因数，可按下式计算：

$$a = \sqrt{R'G'} \tag{34-67}$$

式中 R'——单位长度管道的电阻，Ω/m；

G'——单位长度管道绝缘层的电导，1/Ω·m。

根据式 34-65，将 $x=L$ 代入，得

$$U_L = U_0 \frac{1}{\cosh aL} \tag{34-68}$$

由此得：

$$\Delta U_R = U_0 - U_L = U_0\left(1 - \frac{1}{\cosh aL}\right) = U_L(\cosh aL - 1) \quad (34\text{-}69)$$

式中 ΔU_R——管道保护长度上的电压降，V；

U_L——$x=L$ 时的电位，V。

由式 34-69 可求得保护长度为

$$L = \frac{1}{a}\text{arccosh}\left(1 + \frac{\Delta U_R}{U_L}\right) \approx \frac{1}{a}\sqrt{\frac{2\Delta U_R}{U_L}} \quad (34\text{-}70)$$

而式 34-66 也可按双曲函数的近似公式写成

$$I_x = I_0\left(1 - \frac{x}{L}\right) \quad (34\text{-}71)$$

将式 34-71 微分得单位长度管道吸收电流。

$$I'_x = -I_0\frac{1}{L} \quad (34\text{-}72)$$

而回流点的电流之半 I_0 可由下式求得

$$I_0 = \frac{U_0}{Z}\tanh aL \quad (34\text{-}73)$$

式中 I_0——一侧管道回路电流，A；

Z——特性阻抗，Ω；按下式计算

$$Z = \sqrt{R'/G'} \quad (34\text{-}74)$$

经进一步整理和推导得

$$2L = \sqrt{\frac{8\Delta U_R}{\pi DjR'}} \quad (34\text{-}75)$$

$$2I_0 = \sqrt{\frac{8\Delta U_R \pi Dj}{R'}} \quad (34\text{-}76)$$

式中 D——管子的直径，m；

j——保护电流密度，A/m²。

将 $\Delta U_R = 0.3$V 代入

$$2L = 0.87\sqrt{\frac{1}{DjR'}} \quad (34\text{-}77)$$

$$2I_0 = 2.8\sqrt{\frac{Dj}{R'}} \quad (34\text{-}78)$$

$$R' = \rho_{st}\frac{1}{\pi Dd} \quad (34\text{-}79)$$

式中 R'——单位长度管道的电阻，Ω/m；

ρ_{st}——管道的电阻率，Ω/m；

D、d——管道的直径和壁厚，m。

图 34-72 和图 34-73 系根据式 34-77 和式 34-78 绘制，可供设计时查用。

B 无限长管道保护长度的计算

当采用一个保护站时，采用下述方法计算，管道上距回流点 O 距离为 x 点的电位 U_x 和电流 I_x 按式 34-80 和式 34-81 求得。

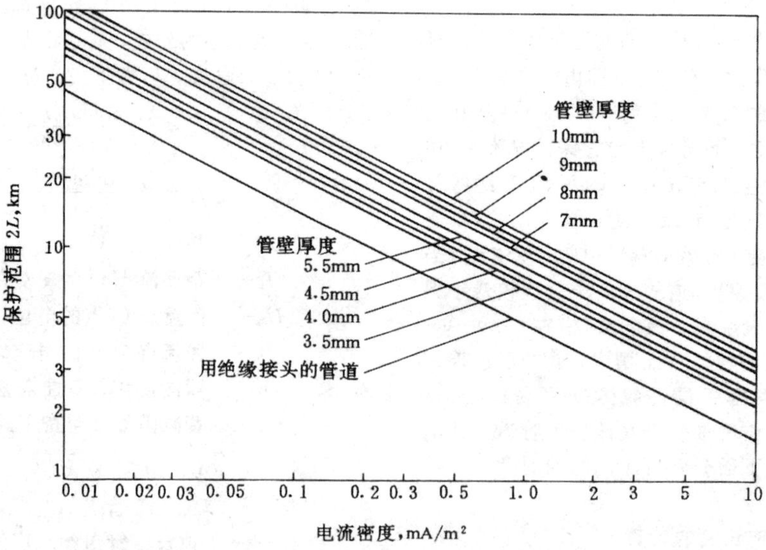

图 34-72 最大保护范围 2L 与保护电流密度 j 的关系曲线

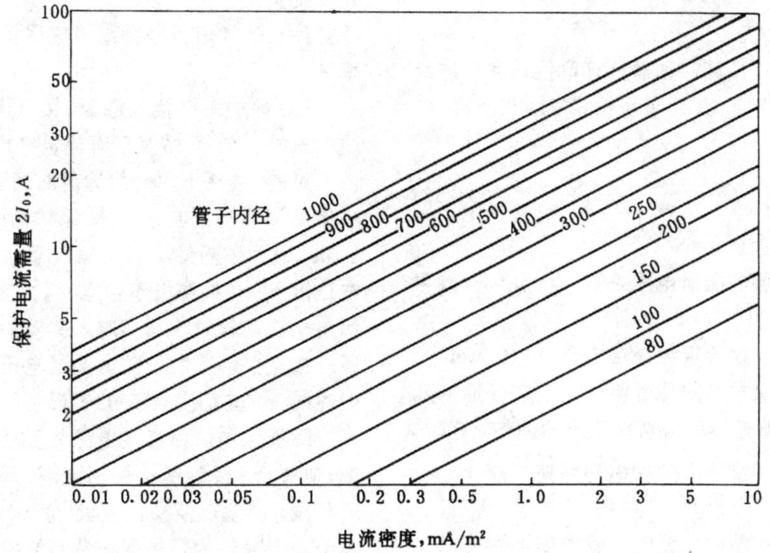

图 34-73 最大保护范围 $2L$ 所需保护电流 $2I$ 与电流密度 j 的关系曲线

$$U_x = U_0 e^{-ax} \tag{34-80}$$

$$I_x = I_0 e^{-ax} \tag{34-81}$$

式中各符号的意义同前，电位和电流的分布规律前者是双曲函数，而一点供电时，为指数函数。

回流点的电位和电流的关系可写为

$$I_0 = \frac{U_0}{Z} = \frac{U_0}{\sqrt{R'/G'}} \tag{34-82}$$

保护范围端点 $x=L$ 处的电位为

$$U_L = U_0 e^{-aL} \tag{34-83}$$

若以 ΔU_R 表示管道的电压降，保护区的长度 L 可表示为

$$\begin{aligned} L &= \frac{1}{a}\ln\frac{U_0}{U_L} \\ &= \frac{1}{a}\ln\frac{U_L + \Delta U_R}{U_L} \\ &= \frac{1}{a}\ln\frac{U_0}{U_0 - \Delta U_R} \end{aligned} \tag{34-84}$$

将 $U_0=-1.2\text{V}$，$U_L=-0.9\text{V}$，$\Delta U_R=-0.3\text{V}$ 代入式 34-84 得

$$L = \frac{1}{a}\ln\frac{4}{3} \tag{34-85}$$

如供电点在中间，则无限长管道的保护长度将为 2L。以上各式的符号均与前相同。

有分支管的带有绝缘护层的地下管道的保护长度的计算请参阅其他资料。

C 计算举例

有一管道，长约 86km，管道材质为铁，内径为 500mm，壁厚为 7mm，预涂覆 4mm 厚沥青 玻璃布防腐涂层。在正常情况下，有绝缘层的管道的保护电流密度为 50μA/m² 左右，已能满足要求。查图 34-72，一个阴极保护站的最大保护范围 2L 为 44km，故此段管道需设两个 阴极保护站，并将其放在 22km 和 66km 处。

查图 34-73 得回流点电流 $2I_0=3.3\text{A}$。

保护长度及回流点电流也可按计算式计算。

管道的单位长度电阻

$$\begin{aligned} R' &= \rho_{st}\frac{1}{D\pi d} \\ &= \frac{0.136\times10^{-6}}{0.514\times\pi\times0.007} \\ &= 12.038\times10^{-6}\Omega/\text{m} \end{aligned}$$

保护范围

$$\begin{aligned} 2L &= 0.87\sqrt{\frac{1}{DjR'}} \\ &= 0.87\sqrt{\frac{1}{0.514\times50\times10^{-6}\times12.038\times10^{-6}}} \\ &= 49.5\text{km} \end{aligned}$$

保护电流

$$\begin{aligned} 2I_0 &= 2.8\sqrt{\frac{Dj}{R'}} \\ &= 2.8\sqrt{\frac{0.514\times50\times10^{-6}}{12.038\times10^{-6}}} \end{aligned}$$

$= 4.1A$

与查表结果相近。

如果按基本公式计算，则需计算单位长度管道绝缘层电导 G' 和衰减因数 a，后者可按式 34-67 计算，G' 的计算式如下

$$G' = \frac{\pi D}{\rho_{ISO}} \tag{34-86}$$

式中 D——管道直径，m；

ρ_{ISO}——绝缘层的漏泄电阻系数，$\Omega \cdot m^2$，一般可达 $1\times10^4\Omega \cdot m^2$；

G'——单位长度管道绝缘层电导，$1/\Omega \cdot m$。

实际上，阴极保护站的位置不一定设在管道的几何中心点上，还要根据其他因素作适当的调整，有时，部分管道可用牺牲阳极保护的办法加以保护。

34.15.2.6 阴极保护站的设计

在选择阴极保护站的位置时，应考虑下列各点：

(1)充分利用估算的保护范围，决定保护站的数量和位置；

(2) 外加电流辅助阳极应尽量定位于低土壤电阻率区；

(3)保护站应接近电源、接近道路、尽可能设在管线调压站、维修 站等已有建筑物内。

目前，直流电源一般选用晶闸管恒电位自动仪，能够自动调整输出电流。阴极保护允许停电，但不应超过1.5h，因为中断供电 2h 之后，管地间电位会降到保护电位以下。在电源极不可靠时，才考虑设置蓄电池。电源电压波动超过±15%时，应考虑设置稳压器。此外，还应按有关规范装设防雷及过电压保护装置以及进行中性线 的 重复接地和电气 设备的保护接地。

阴极保护站由直流电源装置及其交流供电电源设施、辅助阳极、绝缘法兰、连接被保护管道及接地装置的导线、电缆以及参比电极、测试桩等组成。图 34-74 表示一个室外的阴极保护站的概况，辅助阳极采用带焦炭的棒形阳极。

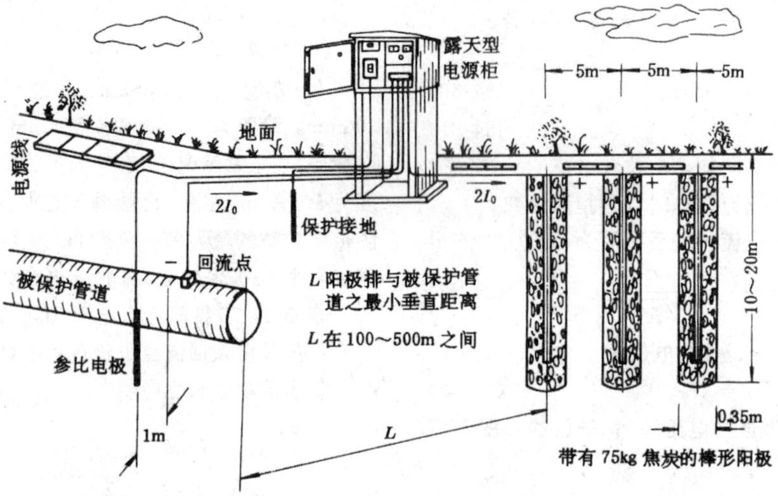

图 34-74 阴极保护站概况

直流电源的参数确定如下：

(1) 输出电流可按式 34-75、式 34-77、式 34-82 计算。

对定长管道 $2I_0 = 2L\pi Dj = 2.8\sqrt{\frac{Dj}{R'}}$

对无限远管道 $2I_0 = \frac{2U_0}{\sqrt{R'/G'}}$

通常保护无绝缘层保护的水下管道，需要数十到数百安的电流、这里仅限于有绝缘层保护的管道，电流只需数安，最多数十安。

(2)输出电压。直流电源装置的输出电压应为下列各项压降之和：土壤的电压降、导线或电缆的电压降、辅助阳极散流电阻的电压降、管道及其绝缘层电阻的压降。土壤电阻的压降可以忽略，导线或电缆的电阻可计算或实测，辅助阳极的散流电阻可实测，管道及其绝缘层的电压降计算比较复杂，因此借用“等效电阻”的概念，被保护管道一侧的等效电阻在数值上等于回流点电压除以该侧流到回流点的电流，计算如下：

对定常管道

$$R'_0=\frac{U_0}{I_0}=\frac{R'}{a\tanh aL} \quad (34\text{-}87)$$

对无限远管道

$$R'_0=\frac{U_0}{I_0}=\frac{R'}{a} \quad (34\text{-}88)$$

式中 R'_0——等效电阻，Ω；

tanh——双曲正切函数；

R'、U_0、I_0、R、a、L 同前。

从电源装置来看，回流点两侧总的等效电阻为管道两侧等效电阻的并联值，一般认为管道两侧的参数相同，则并联电阻为：

对定长管道

$$R_0=\frac{1}{2}R'_0=\frac{R'}{2a\tanh aL} \quad (34\text{-}89)$$

对无限远管道

$$R_0=\frac{1}{2}R'_0=\frac{R'}{2a} \quad (34\text{-}90)$$

式中 R_0——并联等效电阻，Ω；其余同前。

如果回流点两侧被保护管路的等效电阻不同，则回流点两侧总等效电阻应以两电阻并联的公式计算。

直流电源的输出电压为

$$U_D=2I_0(R_P+R_A+R_0) \quad (34\text{-}91)$$

式中 U_D——直流电源的输出电压，V；

R_P——导线及电缆的电阻，Ω；

R_A——辅助阳极散流电阻，Ω；

R_0——并联等效电阻，Ω。

(3) 直流电源的输出功率为

$$P=2U_DI_0 \quad (34\text{-}92)$$

式中 P——输出功率，W。

在输出功率中大约有 15%左右用于电化学保护，其余消耗在导线和辅助阳极中，故直流电源的输出功率可按下式估算

$$P\approx\frac{4I_0^2(R_A+R_P)}{0.85} \quad (34\text{-}93)$$

(4) 直流电源的选择。电化学保护用直流电源已有成套设备供选用。

首先，直流电源的额定功率、电压、电流必须与要求输出的相适应，且应留有裕量。众所周知，直流电源一电缆一辅助阳极一管道保护回路的电阻随季节、地下水位 的波动以及涂层材料的破损情况而变化。因此，电源的额定电流应较输出电流大，留 有一定的裕度。

特别应指出，在直流电气化铁路的范围内，具有良好绝缘涂层的管道的管地电位波动很大，更有必要采用恒电位式的直流电源，用电位稳定的参比电极作为基准，调节直流电源的输出电压以保证管地电位的恒定。

为避免对未知的管线或电缆的影响、直流电源的功率不宜大于 1000W，即以 20A/50V 为宜。如超过 20A(长距离的旧管道)，宜采取安装多台电源的方法。此时直流电源的电压一般小于 5V。

辅助阳极又称外加电流阳极。阳极及其接地是决定阴极保护站的经济性的最重要的因素之一。阳极材料按照材料的价格、是否容易取得等条件进行选择。

硅铁 (15%Si-Fe) 作接地材料较为经济，因为它的电化学溶解比钢慢得多，埋在土壤中的硅铁消耗量为 0.2kg/Aa。石墨接地极的腐蚀速度在电流密度较大时较快，如电流密度在 $20A/m^2$ 时，消耗量为 1～1.5kg/A_a，几乎是硅铁的 5 倍，但与钢比较，还是很小的 (a 代表每年)。

无论阳极采用何种材料，在阳极的周围加以焦炭是有益的。焦炭的含碳量为 80～90%，粒度为 2～15mm，电阻率 ρ=0.2～0.5Ω·m。直接埋在土壤中的阳极，运行后，电阻会迅速增加，而埋在焦炭中，电阻几乎没有变化。焦炭消耗为 2kg/A_a，阳极材料的消耗量可减少 50%，请参见表 34-47 及图 34-75。

表 34-47 废钢铁、高硅铸铁及石墨阳极

阳极材料	铁	硅 铁	石 墨
长 度 (m)	1～5，30 钢轨	0.5 1.2 1.5	1 1.2 1.5
直 径 (m)	高： 0.3 0.14 宽： 0.13 0.13	0.04 0.06 0.075	0.06 0.06 0.08
质 量 (kg)	56 43	16 26 43	5 6 8

续表 34-47

阳极材料	铁	硅　　铁	石　　墨
密　度　(kg/dm³)	7.8　7.8	7　7　7	2.1　2.1　2.1
无焦炭回填的实际消耗量　(kg/Aa)	10　10	0.2～0.3	1　1　1
有焦炭回填的实际消耗量　(kg/Aa)	5　5	约 0.1	约 0.5
无焦炭回填 1A/阳极的工作寿命　(a)	5　4	50　80　140	5　6　8
有焦炭回填 1A/阳极的工作寿命　(a)	10　8	160　260　430	10　12　16
损　坏　倾　向	无	明　显	高
适用的场合	在导电性差的土壤中有焦炭回填延续式阳极地床，很经济	广泛使用的外加电流阳极即使无焦炭回填，寿命也较长	腐蚀性土壤和水，甚至不用焦炭回填，比较经济

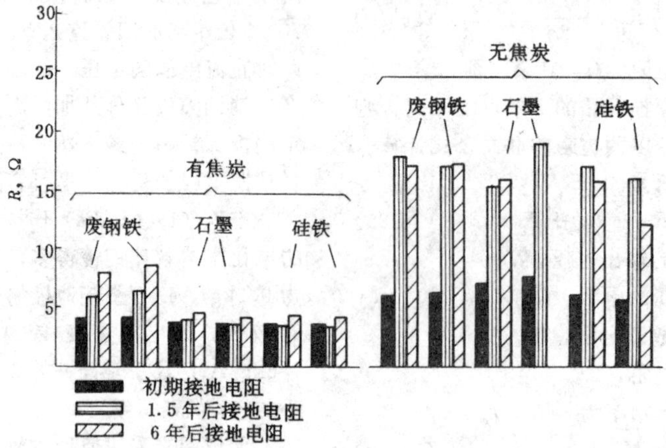

图 34-75　有焦炭和无焦炭回填的立式单柱阳极的接地电阻

在选择阴极保护站的站址时，就应考虑设置辅助阳极的地点。通常设在保护管道的一侧，距管道的回流点要保持相当大的垂直距离，例如在离回流点 500m 处选择一个埋设辅助阳极的区域。该处宜土壤电阻率低（<30Ω·m）、地下水位高或土壤潮湿以及土层厚、少卵石、便于施工。

如果阳极与被保护管道间垂直距离小，因受阳极的影响，管地电位差增大，当电压U已定时，保护长度要缩小。在土壤电阻率ρ为 20～40Ω·m 时，国外一般取 200～300m，我国实践结果，认为取 500m 较为合适。

各个阳极宜一字形布置，可与被保护管道平行，亦可垂直，垂直布置保护长度较长。

阳极接地电阻在整个阴极保护回路总电阻中占有很大的比例。要求此电阻尽可能小，以保证耗电量低和运行费用少。由于阳极接地电阻与土壤电阻率成正比，故如前所述，阳极应设在土壤电阻率低的区域。

辅助阳极通常可以做成垂直式管状接地极和水平式带管状接地极，还有深井式、组合式等形式。下面列出电阻计算的公式

对垂直式管状接地极（图 34-76），当$t \gg d$时

$$R_{AV} = \frac{\rho}{2\pi l}\ln\frac{2l}{d}\sqrt{\frac{4t+3l}{4l+l}} \qquad (34\text{-}94)$$

式中　R_{AV}——垂直式管状阳极的接地电阻，Ω；

ρ——土壤电阻率，Ω·m；

l——阳极长度，m；

d——管状阳极直径，m；

t——地面至阳极的距离，m。

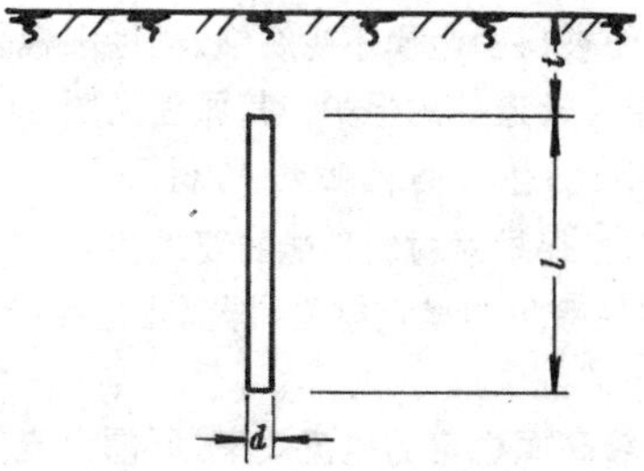

图 34-76 垂直式管状接地极

对水平式带管状接地极（图 34-77），当 $t \ll l$ 时

$$R_{Ah} = \frac{\rho}{2\pi l}\ln\frac{l^2}{td} \quad (34\text{-}95)$$

式中 R_{Ah}——水平式阳极接地电阻，Ω；

l——带长、管长，m；

d——带长或管径，m；

t——埋设深度，m；

ρ——土壤电阻率，Ω·m。

当有多根阳极时，为使各阳极不发生相互影响，阳极间需要有 20m 的距离，当不能满足时，则接地体间将互相遮蔽，使总的接地电阻值增加。

对于垂直式接地体，每排接地体的总电阻计算如下

$$R_{AVS} = R_{AV}/n\eta_v \quad (34\text{-}96)$$

式中 R_{AVS}——每排接地体的总接地电阻，Ω；

R_{AV}——一根垂直式接地体的接地电阻，Ω；

n——每排接地体的数目；

η_v——遮蔽系数，见表 34-48。

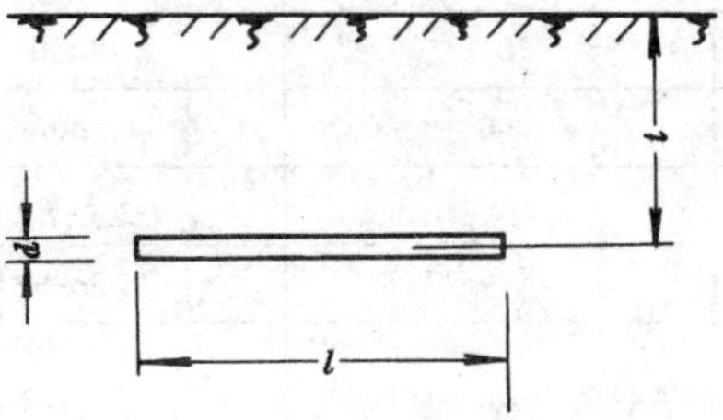

图 34-77 水平式带管状接地极

对于连接垂直式接地体的水平接地体因受垂直式接地体的影响，接地电阻值要增加，考虑到相互间的遮蔽现象后，水平接地体的接地电阻为

表 34-48 垂直式阳极的遮蔽系数

n	d_e/l	η_v	n	d_e/l	η_v
2	1	0.84～0.87	10	1	0.56～0.62
	2	0.90～0.92		2	0.72～0.77
	3	0.93～0.95		3	0.79～0.83
3	1	0.76～0.80	15	1	0.51～0.56
	2	0.85～0.88		2	0.66～0.73
	3	0.90～0.92		3	0.76～0.80
5	1	0.67～0.72	20	1	0.47～0.50
	2	0.79～0.83		2	0.65～0.70
	3	0.85～0.88		3	0.74～0.79

注：d_e 为接地体间的距离。

$$R_{AHS} = \frac{R_{AH}}{\eta_H} \quad (34\text{-}97)$$

式中 R_{AHS}——考虑了遮蔽现象后的水平接地体的接地电阻，Ω；

R_{AH}——同上，但未考虑遮蔽，Ω；

η_H——水平式阳极的遮蔽系数，见表 34-49。

表 34-49 水平式阳极遮蔽系数，η_H

$\frac{d_e}{l}$	n							
	4	5	8	10	20	30	50	65
1	0.77	0.74	0.67	0.62	0.42	0.31	0.21	0.20
2	0.89	0.86	0.79	0.75	0.56	0.46	0.36	0.34
3	0.92	0.90	0.85	0.82	0.68	0.58	0.49	0.47

注：d_e 的含义同前表。

包括垂直和水平接地体在内的总接地电阻 R_{AS} 为

$$R_{AS} = \frac{R_{AVS}R_{AHS}}{R_{AVS}+R_{AHS}} \quad (34\text{-}98)$$

在阴极保护设计中，要求 $R_{AS} \leqslant 1\Omega$。

由于阳极埋设在地下，将不断地溶解（或受到腐蚀），因此经过一定时间后需要更换阳极，阳极的寿命可按下式计算

$$T = \frac{G}{KgI} \quad (34\text{-}99)$$

式中 T——阳极的寿命，a；

G——阳极质量，kg；

I——阳极流出的电流平均值，A；

g——阳极损耗系数，kg/A_a，对钢质阳极，g=10kg/Aa；

K——设计期限内，保证阳极正常工作系数，取1.1～1.3。

34.15.3 牺牲阳极保护

34.15.3.1 牺牲阳极保护的原理

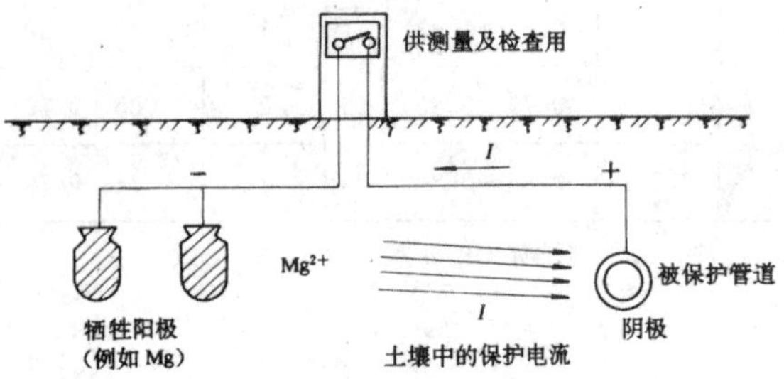

图 34-78 牺牲阳极保护的原理

牺牲阳极保护又称保护器保护，属于阴极保护范畴。

牺牲阳极保护是把被保护的金属(阴极)和较其更活泼的金属（阳极）作电气连接，以更活泼 金属被腐蚀作代价，使被保护金属不受腐蚀。牺牲阳极保护广泛地用于海船、管道等的保护，其原理见图 34-78。

34.15.3.2 牺牲阳极的材料

牺牲阳极保护对材料性能的要求为：

(1) 有足够负的稳定电位，即满足电路接通后，能达到最小保护电位；

(2)有较高而稳定的电流效率，所谓电流效率乃是指实际电容量和理论电容量之比的百分值，电容量的单位为 Ah/kg；

(3) 材料应较易取得，价格低，且不会引起公害；

(4) 加工方便，有一定的机械强度。

牺牲阳极通常由锌基、镁基、铝基合金制造。锌阳极有纯锌、Z-Al 系合金、Zn-Sn 系合金、Zn-Hg 系合金、Zn-Al-Mn 系合金、Zn-Al-Cd 系合金等。镁阳极有纯镁、Mg-Mn 系合金、Mg-Al-Zn-Mn 系合金等，铝阳极不用纯铝，而用铝合金，有 Al-Zn-Hg 系合金、Al-Zn-Sn 系合金、Al-Zn-In 系合金。

上述 材料各有其不同的电化学性能，应根据这些参数加以选用，见表 34-50。

表 34-50 牺牲阳极金属的电化学参数

电化学参数		阳级金属		
		Zn 基合金	Mg 基合金	Al 基合金
标准电位	(V)	−0.76	−1.55	−1.28
效率为100%时的年消耗率	(kg/A)	10.7	4.0	2.9
电流容量	(Ah/kg)	820	2200	2980
电流容量	(Ah/dm^3)	5840	3840	8050
电流效率	(%)	90	50	80
0.1A，10年的电极重量	(kg)	12	8	3.7
土壤中的静态电位 ($Cu/CuSO_4$)	(V)	−0.9～−1.1	−1.4～−1.6	−0.9～−1.2
对铁阴极保护的有效电压 ($U_{CuSO_4}=-0.85V$)	(V)	−0.2	−0.6	−0.3
工作电流密度	(mA/cm^2)	0.3～1	1～4	0.4～1

一般说来，铝阳极主要用于海水领域，也可用作外加电流保护的辅助阳极，镁阳极极化小，输出电流均匀，可用于土壤电阻率 $\rho\leqslant100\Omega\cdot m$ 的地下装置上，但镁阳极效率较低，不能用于爆炸性场合；锌阳极用于

海船和港湾设施的阴极保护，也可用于 $\rho \leqslant 20\Omega \cdot m$ 的土壤中的管道的阴极保护。

34.15.3.3 牺牲阳级保护的设计

牺牲阳极保护的设计包括下列内容：

(1) 根据被保护对象的参数以及周围介质如土壤或电解质的特性选择牺牲阳极材料；

(2)设计计算，在这里只讨论牺牲阳极作为外加电流保护的辅助保护时的计算。

1) 在外加电流保护计算的基础上，求每米管长所需的平均保护电流

$$i = \frac{2I_0}{2L} \tag{34-100}$$

式中 i——每米管长所需的平均保护电流，A/m；

I_0、L——意义同前。

2) 计算每个牺牲阳极的输出电流

$$I_s = \frac{V_s - V_{pi}}{R_{pi} + R_p + R_s} \tag{34-101}$$

式中 I_s——每个牺牲阳极的输出电流，A；

V_s——阳极的自然电位，V；

V_{pi}——管道的自然电位，V；

R_{pi}——管道的等效电阻，Ω；

R_p——连接导线电阻，Ω；

R_s——包括散流电阻和极化电阻在内的阳极土壤的等效电阻，Ω。

3) 求每个牺牲阳极保护管路的长度

$$L_s = \frac{I_s}{i} \tag{34-102}$$

式中 L_s——每个牺牲阳极保护管路的长度，m；

I_s、i——同前。

4) 决定牺牲阳极的数目

当牺牲阳极沿管路均匀分布时

$$n = \frac{L_1}{L_s}$$

式中 n——牺牲阳极的个数；

L_1——被牺牲阳极保护的管道的长度，m。

5) 计算牺牲阳极的寿命

$$T = \frac{1000GA\eta_{pre}\eta}{8760I_{pre}} \tag{34-103}$$

式中 T——牺牲阳极寿命，a；

A——电化当量，Ah/kg；

η——阳极利用系数，取 0.8；

G——牺牲阳极的质量，kg；

η_{pre}——保护器的效率；

I_{pre}——阳极输出电流，mA；

对于电化当量的取值如下：

镁合金阳极，一般取 2200Ah/kg；

铝合金阳极，一般取 2980Ah/kg；

锌合金阳极，一般取 820Ah/kg。

对于保护器的效率取值如下：

镁合金阳极 ，一般取 50%；

铝、锌合金阳极，一般取 70%。

在计算时，宜进行多方案比较，从中选择一个最佳的方案。

(3) 进行安装结构方面的设计。

牺牲阳极保护设计所需的原始资料和应提供的设计文件请参照 34.15.2.1 节和 34.15.2.4 节。

34.15.4 排流保护

34.15.4.1 杂散电流的产生和影响

杂散电流是流经土壤(电解质)的电流，从电力设备进入土壤，再从土壤的另一处返回电力设备。交流杂散电流对地下金属及管道也可能有腐蚀作用，但是比起直流杂散电流的腐蚀作用几乎是微不足道的。直流杂散电流主要来自直流电力牵引装置的轨道，敷设在土壤中的直流电缆漏电也是产生杂散电流的一个原因。

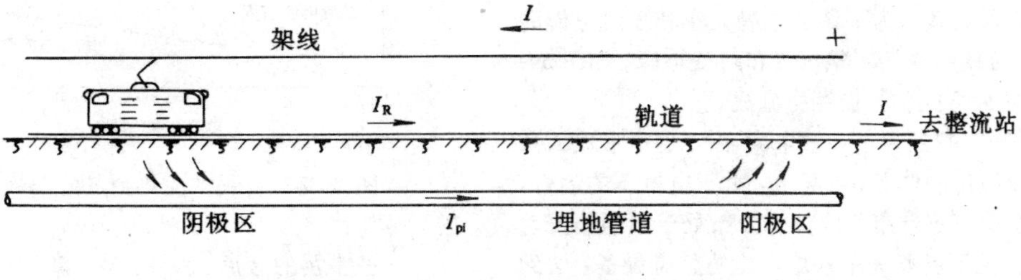

图 34-79 杂散电流对地下管道的影响

I_R—轨道中电流；I_{pi}—管道中电流

杂散电流对地下管道的影响见图 34-79，由轨道分流入地中的电流从某处流入管道，形成阴极区，而流出管道处则为阳极区，在阳极区管道将加速腐蚀。

杂散电流的计算是十分困难的。一般说，地下管道离杂散电流源越近，管道受影响越大。例如，在电车轨道周围 100m 距离内，杂散电流较大，且随距离变化而有较大变化。距离在 500m 以上时，则杂散电流极小。

管道内的杂散电流大小，一般用测量管地电位的方法来估算。杂散电流及其形成的电位是不断变化的，因此测量时间应稍长，以期得到杂散电流的各种变化值，并绘出管道电位的变化图，如图 34-80。从图上可判断管道上阳极区和阴极区的位置及杂散电流最强的区域，从而正确地制订保护措施。

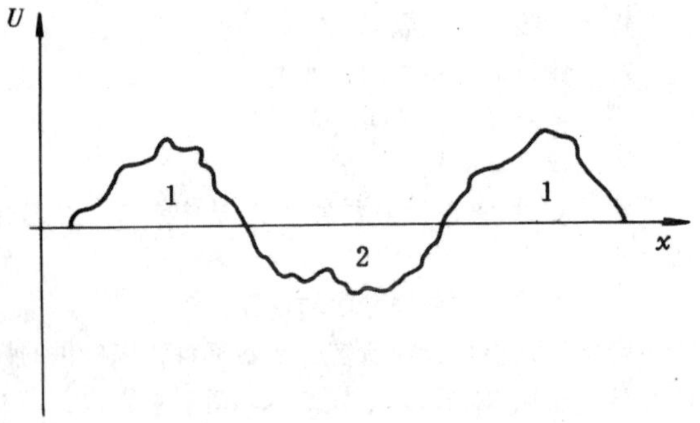

图 34-80 地下管道电位变化图

1—阳极区；2—阴极区

34.15.4.2 排流措施

地下管道杂散电流的排除方法有直接排流、整流排流、极化排流、强制排流和接地排流等。

通常的做法是用电缆连接电源的负极和被保护管道上电位最负的一点，这样，阳极区就不向土壤输送电流，避免了腐蚀。而整个系统，则犹如一个外加电流阴极保护系统。因此，外加电流阴极保护的三个必要条件在此也必须具备。为了调节电流大小和限定电流的方向，在排流线路中接入整流器和可变电阻，如图 34-81 所示，这种方式称为极性排流法。

以上所述，只适用于杂散电流在管道中形成的负电位点比较固定的情况。实际上，由于电机车的运行，管道中的杂散电流分布和电位的分布处于不断的变动中，这种情况下就要采用外加可控的整流设备，达到既排流又进行阴极保护的目的，这种方法叫做强制排流法。

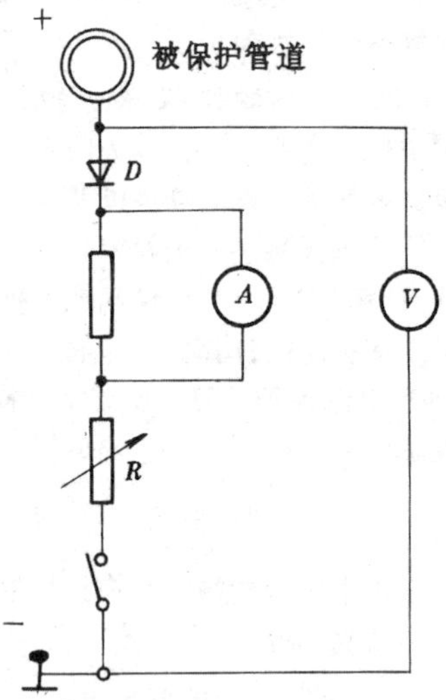

图 34-81 极性排流法

34.15.5 阳极保护

阳极保护理论 1954 年才提出，1958 年第一次用于工业设备的保护。我国 70 年代起用于化工设备的防腐，效果良好。

34.15.5.1 阳极保护的原理

某些金属和合金在一定的条件下失去了活性，变得难以腐蚀的性能，称作金属的钝性。

图 34-82 表示某些具有活化-钝化性能的金属的典型阳极溶解曲线。从曲线可以看出，当金属处于一定值的正电位时，即进入稳定的钝化区。

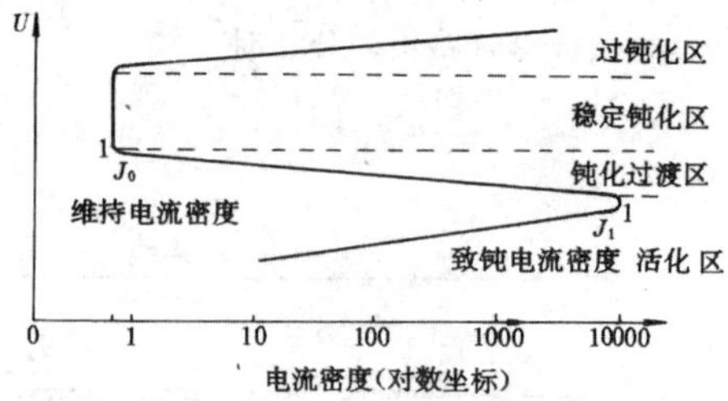

图 34-82 活化-钝化金属的阳极溶解图

一些常用的金属，如铁、铬、镍、钛以及具有这些元素量较多的合金均具有钝化性质。

钝化状态下的金属是很难被腐蚀的。例如铁在稀硝酸中，很快被腐蚀，而在室温下的浓度为70%的硝酸中几乎不被腐蚀，原因是浓硝酸为强氧化剂，使铁钝化；不锈钢在30%的硫酸中会很快溶解，但在外加电流使其钝化后，溶解速度将为原来的万分之一。

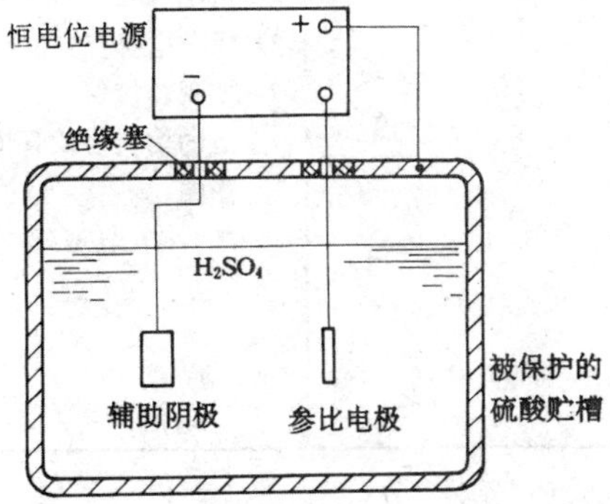

图 34-83 硫酸贮槽的阳极保护系统

阳极保护是一种使金属的电位处于稳定钝化区内的防腐方法，使金属电位提高而达到钝化状态的主要方法有：

(1) 用外电源进行钝化；

(2) 在容器内添加有钝化作用的添加剂；

(3)在被保护金属中，添加少量起强阴极作用的贵金属、如钯、铂、钌等，使金属电位正移到钝化区内。

34.15.5.2 外加电流阳极保护

外加电流阳极保护是用得较多的阳极保护的方法，与外加电流阴极保护类似。阳极保护的参数有三个：致钝电流密度 j_1、维钝电流密度 j_0、稳定钝化区的电位范围。

阳极保护系统中也有辅助阴极、参比电极以及恒电位输出的整流电源，见图 34-83。

34.15.5.3 阳极保护在工业中的应用

阳极保护可用于下列设施：

(1) 在硫酸生产中，可用于贮槽和热交换器的保护；

(2) 在化肥生产中，可用于碳化塔、氨水罐群的保护；

(3) 在纸浆生产中，可用于蒸煮釜的保护；

(4)在钢铁生产中，可考虑用于焦化生产以及轧钢酸洗设施中。

34.15.6 各种保护的优缺点

现将各种保护的优缺点列于 表 34-51 中。

表 34-51 各种电化学保护的优缺点

分类	阴极保护		阳极保护	排流保护
	外加电流阴极保护	牺牲阳极保护		
优点	(1)经济、效果好 (2)保护电流大，在绝缘不良及无绝缘状态下，能对构筑物（含管道）保护 (3)根据绝缘老化程度，保护电流可以改变，使保护程度维持不变 (4)在任何绝缘状态和土壤电阻率时，均能有效地保护 (5)检测方便，能经常处于被监视的状态 (6)在最大电位允许范围内能调节保护区的长度	(1) 不需要外电源 (2) 安装及维护方便 (3) 使用方便，定期检测费用低 (4) 没有杂散电流 (5) 经济、效率高 (6) 镁合金阳极由于开路电位高，发生电量大，在地下管道特别是高电阻率(但有限度)地区应用广泛 (7) 能用于管道错综复杂的城市管网 (8) 在最大电位允许范围内能调节保护区的长度	(1) 效率高、经济 (2) 防腐蚀效果好 (3) 维护费用低 (4) 能使腐蚀减到最低	(1)用杂散电流作保护电流，耗能低或不耗能 (2) 外来干扰和保护电流同步变化 (3) 保护电流易于调节 (4) 有时可获得大的保护电流，可保护无绝缘及绝缘不良的管道 (5) 不需要辅助阳极

续表 34-52

分类	阴极保护		阳极保护	排流保护
	外加电流阴极保护	牺牲阳极保护		
缺点	(1) 不适用于酸性介质和非电解质中 (2) 需要外电源 (3) 当给定电位过大时，可使绝缘层从管道上剥离 (4) 在保护区内产生杂散电流 (5) 沿管线电位电流分布不均，有造成过保护现象，使能耗增加	(1) 不适用于酸性介质和非电解质中 (2) 建设费用较大 (3) 作用不稳定，电流输出逐渐减小 (4) 不能用于有很大杂散电流区 (5) 土壤电阻率大于80Ωm，不能使用锌、铝保护器用于电阻率低于40Ωm的土壤中	(1) 需要外电源	(1) 使用范围局限在有大杂散电流处 (2) 保护电流与电位不稳定 (3) 实现排流保护、易对邻近的构筑物及管道造成影响

34.15.7 电化学保护中的测量

34.15.7.1 测量的意义及测量项目

电化学保护中，测量的意义如下：

(1) 在建设前，提供电化学保护设计所必须的参数；

(2) 投产后，对运行情况进行监视，以确保保护装置的正常运行。

测量的项目有：

(1) 电流，如管道电流（间接估算），保护电流密度、牺牲阳极输出电流等；

(2) 电压与电位，如管地电位等。电位测量属高阻抗技术，通常利用 $Cu/CuSO_4$•参比电极来测定；

(3) 电阻，如土壤电阻率、接地电阻、绝缘涂层漏电阻等；

(4) 故障点与绝缘涂层缺陷部位的确定。

关于适用测量仪表及测量技术可参阅石油工业部标准 SYJ23—86 埋地钢 质管道阴极保护参数测试方法。

34.15.7.2 参比电极（CSE）

在腐蚀电池中，金属本体和电解液之间的电位差 $\Delta\phi$ 是相界面上的变量，它是反映腐蚀过程进行的一个极重要的量，但不可能用物理方法直接测量。所以，用电极电位的概念取代 $\Delta\phi$，电极电位乃是电池——金属引线/金属/腐蚀介质/参比电极/金属引线的电势，是可测量的。这样，在谈到电极电位时，理所当然地必须指出是在什么参比电极的条件下的电极电位。换一句话说，参比电极是测量和控制管道电极电位最重要的器具。一个典型硫酸铜电极的结构见图 34-84。

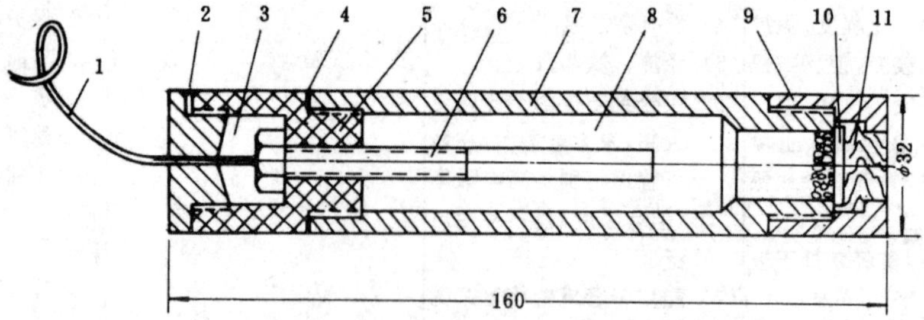

图 34-84 典型硫酸铜电极结构示意图

1—导线；2—密封塞；3—填料；4—垫片；5—电极座；6—电极体；7—电极套；8—饱和硫酸铜；9—压紧盖；10—密封垫；11—渗透膜

对参比电极的要求如下：

(1) 迅速达到已知的参考电位；

(2)电位不受极化的影响，即不受通过测量电流的影响；

(3)具有最低的内阻，使内部压降所产生的误差最小。

参比电极既可以放在地面上，也可以永久埋在地下，包括内阻及接地 电阻在内的埋地 参比电极的总电阻为数百欧姆。

34.15.7.3 测试桩

测 试桩用于阴极保护的长期监视。阴极保护测试桩见图 34-85 和表 34-52。测试桩沿管道设立，分地面

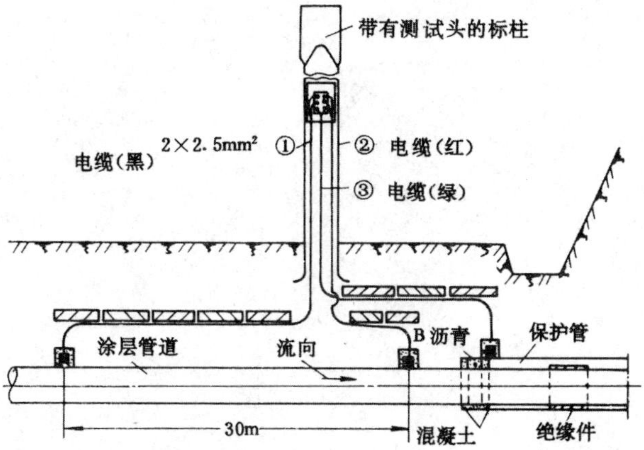

图 34-85 阴极保护测试桩

表 34-52 阴极保护测试桩类型

测试桩的类型	标志	连接电缆（按图 34-85 编号）
电位	P	2
管道电流	R	1+2
保护管及电位	2/P	2+3
保护管及管道电流	S/R	1+2+3
交叉	K	1+2①

①与外部管道和电缆连接。

测试桩和埋地测试桩两类。后者用于城市道路边没有安放地面测试桩的位置的场合。测试桩宜设在路旁，以方便测量作业。

测试桩设置的原则是：沿管线每隔 1km 设一个，尽量与标志桩、里程桩结合在一起；所有绝缘法兰两侧各设一测试点，测试桩共用一个；与其它管线交叉处，在交叉处两侧，各设一测试点，测试桩可共用；穿越电气铁路处，在铁路两侧各设一测试点，测试桩可共用。

附录 34.1 BXXA 型高分子长效化学降阻剂简介

BXXA 型长效化学接地电阻降阻剂以高分子合成树脂为主剂，与电解质的水溶液相混合，然后加入引发剂，使其发生化学反应，生成一种含水的硬化树脂凝胶。凝胶体的微观结构为一固液共存状态，固体是树脂网格结构大分子，液体是电解质的水溶液。电解质电离成正负离 子而导电，而树脂大分子将溶液包裹在网格之中以免被水流失。降阻剂渗透性较强，呈树枝状，因而形成了高导电性、长效性，占地面积小和施工不受季节影响等优点，并可节省 投资 30～50%以上（在常规接地的场合）。

BXXA 型产品 1980 年通过了国家级的成果鉴定。1988 年又进行了应用 10 年评议。到现在为止所作应用试验表明，对于冲击流散特性的试验已超过了国外水平（单电极试验达 30kA，多电极接地达 36kA）。除降阻外，还能减低跨步电压，保护人身安全。产品长期有效，逐年微降，直至稳定，能够保证使用 10～20 年或更长。

BXXA 型长效化学接地电阻降阻剂的主要性能：

电阻率 (0.1～0.01) $\times10^2\Omega m$

降阻率 50～80%

渗透率 15～35%

pH 值 7，中性，腐蚀速率 0.001g/cm^2A

参考文献

[1] 北京钢铁设计院等编，钢铁企业电力设计参考资料，冶金工业出版社，1976.

[2]〔日〕电气学会工厂配电常设专门委员会编，工厂配电设计施工手册，机械工业出版社，1982.

[3]水利电力部西北电力设计院编，电力工程电气设计手册，水利电力出版社，1989.

[4]航空工业部第四规划设计研究院等，工厂配电设计手册，水利电力出版社，1983.

[5] A. C. Franklin，D. P. Franklin，变压器全书，机械工业出版社，1990.

[6]〔美〕IEEE 工业应用学会电力系统技术委员会，工业和商业供电系统的接地，IEEE 标准 142—1982，机械工业出版社，1989.

[7]张松春等，电子控制设备抗干扰技术及其应用，机械工业出版社，1988.

[8]中国腐蚀与防护学会《金属防腐蚀手册》编写组，金属防腐蚀手册，上海科学技术出版社，1989.

[9]〔德〕W. V. Baeckmann，W. Schwenk，阴极保护手册，人民邮电出版社，1990.

[10] 埋地钢质管道阴极保护参数测试方法（试行）.

第35章

照　明

合理的照明设计能给操作者创造一个良好的工作环境，这对提高劳动生产率，保证产品质量，减少伤亡和设备事故都起着重要作用。合理的照明设计不但节省了建设投资，而且又为安全生产、节能、管理维护提供方便。

35.1 照明电光源

35.1.1 电光源发展简况

自从1879年美国科学家爱迪生发明白炽灯以后，人类便进入了电气照明时代，并把白炽灯称为第一代电光源。20世纪30年代，荧光灯和高压汞灯的出现称为第二代电光源。20世纪60年代后期，高压钠灯的出现，被称为第三代电光源。光效也随着初期的2lm/W增长到150lm/W，比数提高达75倍。目前，第三代电光源已在我国工矿企业和城市建设中普遍推广应用，节能效果显著。

钢铁企业电光源的选择，应根据使用场所的不同，合理选择显色指数、光源的光效、色温、寿命、起动点燃和再起燃等电特性指标。此外，还要考虑环境条件对光源的影响。除特殊情况外，一般宜尽量采用高效节能新光源代替白炽灯照明。例如采用高压钠灯，各种高效率的混光灯，高效节能型荧光灯等。

35.1.2 电光源分类及其主要特性比较

35.1.2.1 电光源分类

目前，人工照明采用的电光源基本分为两大类：一类是热辐射光源，如白炽灯；另一类是气体放电光源，如荧光灯、高压汞灯、高压钠灯、金属卤化物灯等。

35.1.2.2 各种电光源主要特性比较

选择电光源时必须考虑到成本、价格、光色、耗电量以及维护费用等诸多因素。这些因素既互相联系又互相影响，应根据具体使用场所和要求，综合考虑经济技术指标，选取合适的电光源。常用的几种电光源主要特性比较见表35-1。

表35-1 几种电光源主要特性比较

性能参数	光源名称					
	白炽灯	卤钨灯	荧光灯	高压汞灯	高压钠灯	金属卤化物灯
功率范围（W）	15～1000	500～2000	8～125	35～1000	35～1000	175～3500
发光效率（lm/W）	7～18	18～25	25～60	40～60	80～100	80～115

续表 35-1

性能参数	光　源　名　称					
	白炽灯	卤钨灯	荧光灯	高压汞灯	高压钠灯	金属卤化物灯
平均寿命（h）	750～1000	1500～2000	2000～3000	2500～6000	12000～24000	3000～6000
显色指数 R_a	95～99	95～99	70～80	30～40	20～25	65～85
色温（K）	2300～2700	2700～3000	3000～6000	3000～5000	1800～2800	3100～4200
启动时间	瞬时	瞬时	1～4s	4～8min	4～8min	4～8min
再启动时间	瞬时	瞬时	1～4s	5～10min	10～15min	10～15min
功率因数 cosφ	1	1	0.3～0.7	0.45～0.67	0.45	0.4～0.6
电压变化对光通的影响	大	大	较大	较大	大	较大
耐震性	较差	差	较好	好	较好	好
频闪效应	不明显		明　　显			
所需附件	无		镇流器 启辉器	镇流器	镇流器 启动器	镇流器 触发器
适用场所	无振动的场所有调光要求和操作频繁的场所	同左，且要求照度高显色性要求较好的场所	悬挂高度低照度较高和需要识别彩色的场所，如控制室设计室等	照度高，但无光色要求的场所	厂房高大，要求照度高光色要求不严的场所，如冶金工厂各类高大厂房	同左，但有光色要求的场所，如冶金工厂各类高大厂房

35.1.3　各种电光源工作原理、技术数据、工作线路及使用注意事项

35.1.3.1　白炽灯

A　工作原理

白炽灯是靠电流加热灯丝到白炽状态而发光的一种热辐射光源。其白炽灯显色性好，显色指数 $R_a \geqslant 90$，是所有电光源中显色指数最高的光源。其启动快、成本低、使用方便，但光效低、寿命短、耗电大。其中双螺旋白炽灯泡的光效较普通白炽灯泡要高。为了节能，一般照明不宜采用白炽灯或卤钨灯，局部照明可例外。

B　技术数据

普通、双螺旋、局部照明灯泡技术数据见表 35-2。

C　使用注意事项

使用白炽灯时应注意以下几点：

(1) 电源电压的变化对灯泡寿命及光效的影响较大。当电压升高 5%时，其寿命减半。电源电压变化时对白炽灯光电参数的影响见图 35-1。

(2) 应防止振动。

表 35-2　普通照明灯泡及局部照明灯泡技术数据

序号	灯泡型号	额定值			外形及主要尺寸（mm）						灯头型号	备注
		电压（V）	功率（W）	光通量（lm）	外形图	D（不大于）	螺旋式灯头 L	螺旋式灯头 H	插口式灯头 L	插口式灯头 H		
1	PZ220-10	220	10	65	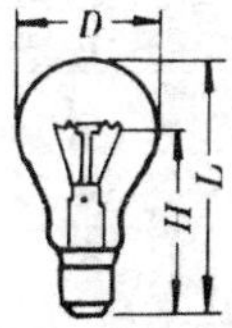	60	107±3		105±3		E27/27-1 或 2C22/25-2	
2	PZ220-15		15	110								
3	PZ220-25		25	220								
4	PZ220-40		40	350								
5	PZ220-60		60	630								
6	PZ220-75		75	850		66	118±4	85±4	116±4	83±4		
7	PZ220-100		100	1250								
8	PZ220-150		150	2090		80	165±5	125±5	160±5	120±5	E27/35-2 或 2C22/30-3	
9	PZ220-200		200	2920								
10	PZ220-300		300	4610		101.5	235±6	180±6			E27/35-2	
11	PZ220-500		500	8300		111.5					E40/45-1	
12	PZ220-1000		1000	18600		131.5	275±6	210±6				
13	JZ6-10	6	10	115	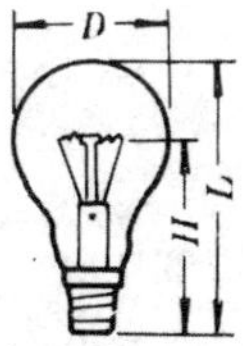	56	99±3	71±3	97±3	69±3	E27/27-1 或 2C22/25-2	
14	JZ6-20		20	240		61	107±3		105±3	75±3		
15	JZ12-10	12	10	91		56	99±3		97±3	69±3		
16	JZ12-15		15	170		61	107±3	77±3	105±3	75±3		
17	JZ12-20		20	200								
18	JZ12-25		25	300								
19	JZ12-30		30	350								
20	JZ12-40		40	500								
21	JZ12-60		60	850								
22	JZ12-100		100	1600		71	125±4	90±4	123.5±4	88.5±4		
23	JZ36-15	36	15	135		61	107±3	77±3	105.5±3	75±3		
24	JZ36-25		25	200								
25	JZ36-40		40	460								
26	JZ36-60		60	800								
27	JZ36-100		100	1550		71	125±4	90±4	123.5±4	88.5±4		
28	PZ220-40	220	40	415		61	110				E27/27 B22d/25×26	双螺旋
29	PZ220-60		60	715								
30	PZ220-100		100	1350								

注：灯泡平均寿命为 1000h。

表 35-3 荧光灯及其配套镇流器、启辉器技术参数

序号	灯管技术参数													镇流器技术参数						功率因数 cosφ
	灯管型号	额定功率 (W)	电源电压 (V)	工作电压 (V)	工作电流 (mA)	启动电压 (V)	启动电流 (mA)	光通量 (lm)	平均寿命 (h)	主要尺寸(mm) D	L	L_1	灯头型号	配用灯管功率 (W)	工作电压 (V)	工作电流 (mA)	启动电压 (V)	启动电流 (mA)	最大功率损耗 (W)	
1	YZ6	6	～220	50±6	135±5	190	180±20	150	2000	15.5±0.8	226±1	210±1	2RC-14	6	203	140－5	215	180－10	4	0.34
2	YZ8	8		60±6	145±5		200±20	250			301±1	285±1		8	200	150－10		190－10		0.38
3	YZ15	15		52	320		440	580	3000	38	451	436	2RC-35	15	202	330－30		440－30	8	0.33
4	YZ20	20		60	350		450	970			604	589		20	196	350－30		460－30		0.36
5	YZ30	30		95	350		560	1550			909	894		30	180	360－30		560－30		0.5
6	YZ40	40		108	410		660	2400			1215	1200		40	165	410－30		650－30		0.53
7	YZ100	100		87	1500		1800	5500	2000					100	185	1500－100		1800－100	20	0.37

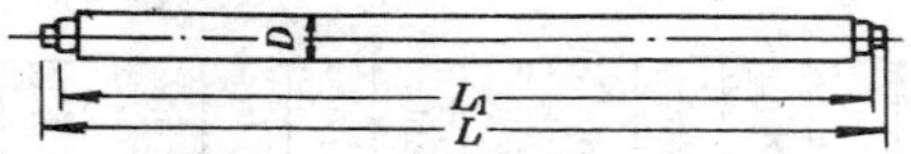

启器技术参数

配用灯管功率 (W)	额定电压 (V)	正常启动速度 电压 (V)	正常启动速度 时间 (s)	欠压启动速度 电压 (V)	欠压启动速度 时间 (s)	启动电压 (V)	使用寿命 (次)
4～8	220	220	1～4	180	小于15	大于135	5000
15～20							
30～40							
100				200	2～5		

35.1.3.2 荧光灯

A 工作原理

荧光灯是一种预热式低压汞蒸气放电灯。灯管可制成直管式，环形、H形、双U形等。管内壁涂有荧光粉，两端装有钨丝电极。管内抽真空后充入少量汞和惰性气体氩气。当接通电源后灯管启辉器开始工作，电流预热灯丝，启辉器瞬间断开镇流器产生脉冲高电压，使灯管两电极间击穿放电进入工作状态。启燃后产生热量使灯管温度上升，水银也随着气化而达到一定压力。这时水银气体逐渐代替了惰性气体而导电。激发出的紫外线照射到灯内壁的荧光粉发出可见光。

镇流器除在启动时产生反电势外，在正常工作时限制灯管电流，防止烧坏灯管。

B 技术数据

荧光灯及其配套镇流器、启辉器的技术参数见表35-3。

2D系列紧凑型高效节能荧光灯技术参数见表35-4。

表 35-4 高效节能荧光灯技术参数

型号	光电参数					灯头型号
	功率（W）	光通（lm）	额定电压（V）	工作电压（V）	显色指数 R_a	
YDN10-2D	10	650	220	90	82	GR8
YDN16-2D	16	1050	220	103	82	GR8
YDN28-2D	28	1800	220	108	82	GR109
YDN38-2D	38	2500	220	105	82	GR109

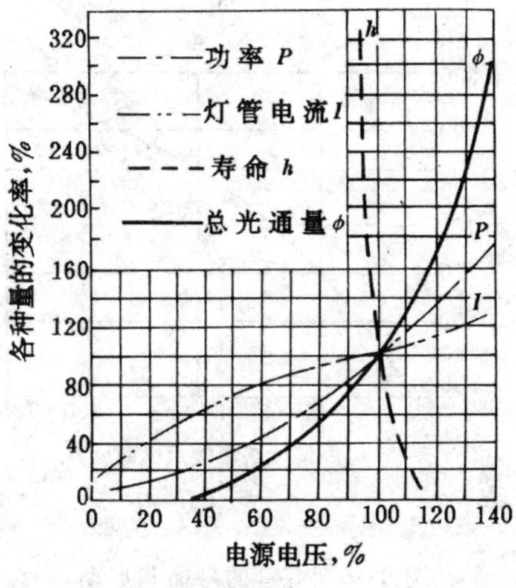

图 35-1 电源电压变化时对白炽灯光电参数的影响

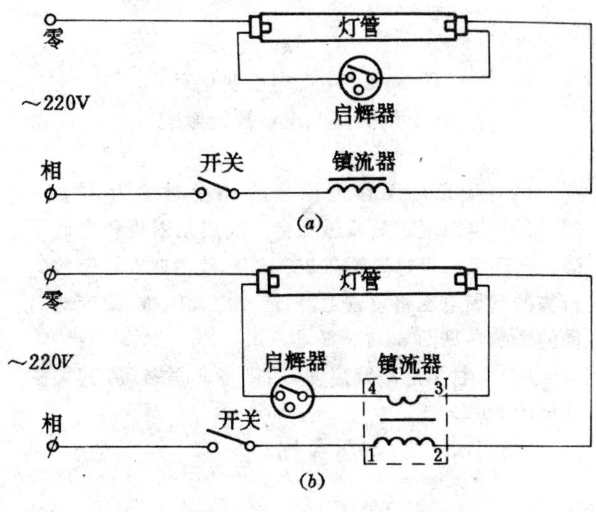

图 35-2 荧光灯工作线路

（a）一采用一般镇流器的线路；

（b）一有副线圈的镇流器的线路

C 工作线路

荧光灯工作线路见图 35-2。带副线圈的线路主要用在20W以下的荧光灯。此种线路的优点是改善了启动特性，灯管点燃时若外部供电电源电压波动，电流变化较小。但接线时不能把主副线圈接错，因副线圈阻抗很小，接错将烧毁镇流器及灯管。

D 使用注意事项

使用荧光灯时应注意以下几点：

(1) 电源电压变化应控制在±5%以内，否则将影响光效和寿命，其关系参见图35-3。

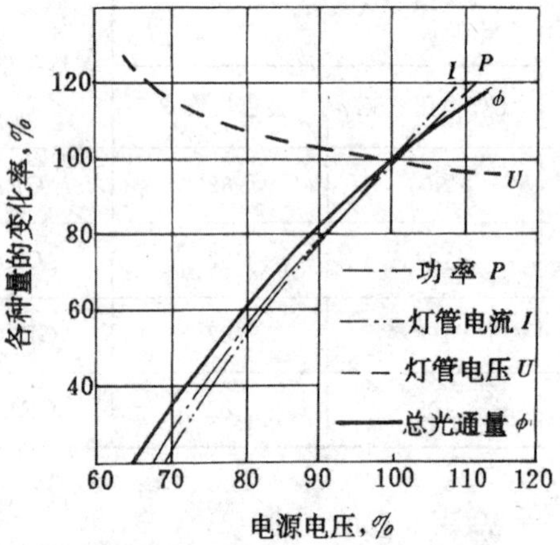

图35-3 电源电压变化对40W荧光灯光电参数的影响

(2) 荧光灯工作最适宜的环境温度为18℃～25℃，环境温度过高或过低会造成启动困难和光效下降。当环境的相对湿度在75～80%范围时，灯管放电所需的起燃电压将急剧上升，造成启动困难，湿度对启动的影响参见图35-4。

(3) 灯管不能频繁启动，否则寿命将缩短，其关系参见图35-5。

35.1.3.3 高压汞灯

A 工作原理

高压汞灯有GGY型荧光高压汞灯，GYF型反射荧光高压汞灯及GYZ型自镇流荧光高压汞灯三种类型。高压汞灯的发光放电管内充有适量的汞和氩气，在灯泡工作状态下，管内汞蒸气压力达0.2～0.6MPa，故称为高压汞灯。

高压汞灯有主、辅电极，当电压加在主、辅电极之间时，因极间间距很小，主、辅极间被击穿，产生辉光放电，产生很多电子和离子，在两主电极电场作用下很快过渡到两主电极之间的弧光放电。整个启动过程约需4～8min。高压汞灯熄灭后不能立即启动，必需待水银蒸气凝结以后，才能重新点燃，其再启动时间为5～10min。

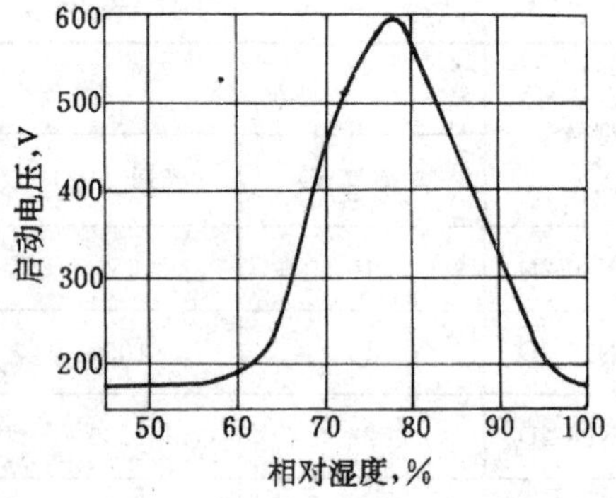

图35-4 湿度对启动的影响

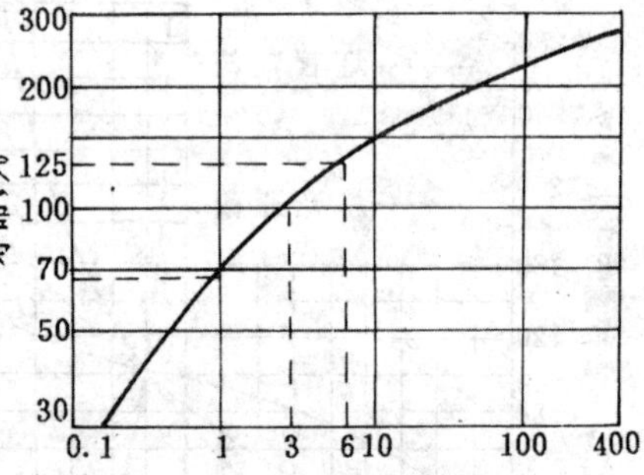

图35-5 灯管的寿命和启动一次连续点燃时间的关系

B 技术数据

高压汞灯的技术数据参见表35-5，镇流器的技术数据见表35-6。

表 35-5 高压汞灯的技术参数

名称		高压荧光汞灯								自镇流高压荧光汞灯			
型号		GGY 50	GGY 80	GGY 100	GGY 125	GGY 175	GGY 250	GGY 400	GGY 1000	GYZ 160	GYZ 250	GYZ 450	GYZ 750
光电参数	额定功率（W）	50	80	100	125	175	250	400	1000	160	250	450	750
	电源电压（V）	220	220	220	220	220	220	220	220	220	220	220	220
	灯电流（A）	0.62	0.85	1.00	1.25	1.50	2.15	3.25	7.50	0.75	1.20	2.25	3.55
	启动电压（V）	<180	<180	<180	<180	<180	<180	<180	<180	<180	<180	<180	<180
	初始光通量（lm）	1575	2940	4200	4990	7350	11025	21000	52500	2560	4900	11000	22500
	显色指数 R_a	34	34	34	34	34	34	34	34	38～40	38～40	38～40	38～40
	相关色温（K）	5500	5500	5500	5500	5500	5500	5500	5500	4400	4400	4400	4400
	平均寿命（h）	3500	3500	3500	5000	5000	6000	6000	5000	2500	3000	3000	3000
线路参数	实耗功率（W）	<60	<96	<120	<150	<200	<288	<440	<1100	160	250	450	750
	启动时电流（A）	1.0	1.3	1.5	1.8	2.3	3.7	5.7	13.7	0.95	1.70	3.50	6.00
	功率因数 cosφ	0.45	0.45	0.45	0.45		0.56	0.60	0.65				
	启动时间（min）	4～8	4～8	4～8	4～8	4～8	4～8	4～8	4～8	4～8	4～8	4～8	4～8
	再启动时间（min）	5～10	5～10	5～10	5～10	5～10	5～10	5～10	5～10	3～6	3～6	3～6	3～6
	灭弧电压（V）	<198	<198	<198	<198	<198	<198	<198	<198	<187	<187	<187	<187
灯头型号		E-27	E-27	E-27	E-27	E40/45	E40/45	E40/45	E40/75×54	E27/35×30	E40×45	E40×55	E40×55

表 35-6 镇流器技术参数

型号	配用灯管功率（W）	电源电压（V）	工作电压（V）	启动电流（A）	工作电流（A）	交流阻抗（Ω）	最大损耗功率（W）
GYZ-50	50	220	177	1.0	0.62	285	10
GYZ-80	80	220	172	1.3	0.85	202	16
GYZ-125	125	220	168	1.8	1.25	134	25
GYZ-175	175	220	152	2.3	1.50	101	26
GYZ-250	250	220	153	3.7	2.15	71	37.5
GYZ-400	400	220	146	5.7	3.25	45	40
GYZ-1000	1000	220	139	13.7	7.5	18.5	100

C 典型工作线路

高压汞灯的工作线路示于图 35-6。电阻 R 的作用是限制辉光放电电流。

D 使用注意事项

使用高压汞灯时应注意以下几点：

(1) 电源电压如果突然降低超过 5%时，可能造成灯泡自行熄灭。电源电压变化对荧光高压汞灯的影响示于图 35-7。

(2) 可在任意位置点燃，但水平点燃时，光通量输出减少 7%，且灯易自熄。

(3) 外壳温度较高，灯具应考虑散热条件。

(4)灯管与镇流器必须配套使用，否则将缩短灯泡寿命或造成启动困难。

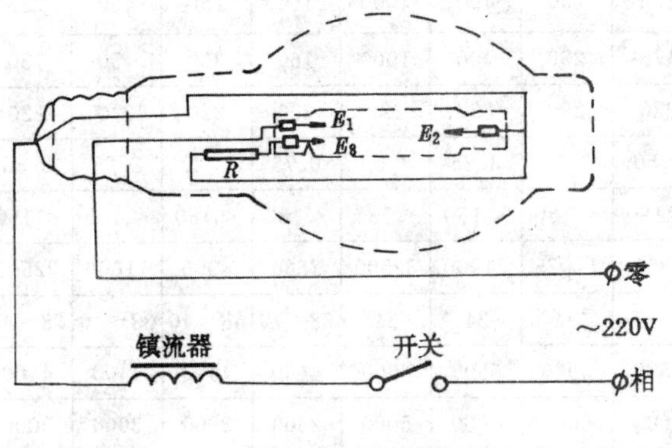

图 35-6 荧光高压汞灯工作线路
R—电阻

35.1.3.4 高压钠灯

A 工作原理

在发光管内除充有适量的汞和惰性气体氩气以外，加入过量的钠，工作时钠的激发电位比汞低，故放电时以钠的放电发光为主，是利用高压钠蒸气放电的一种高强度气体放电灯。

普通型高压钠灯以高光效，透雾性好，寿命长为主要特点，但显色性较差，平均显色指数在 25 左右。适用范围受到限制。南京电子管厂推出高显色改进型高压钠灯，其特点既有较高的光效，又有较好的显色性。光电参数已达到国际同类产品水平。

B 技术数据

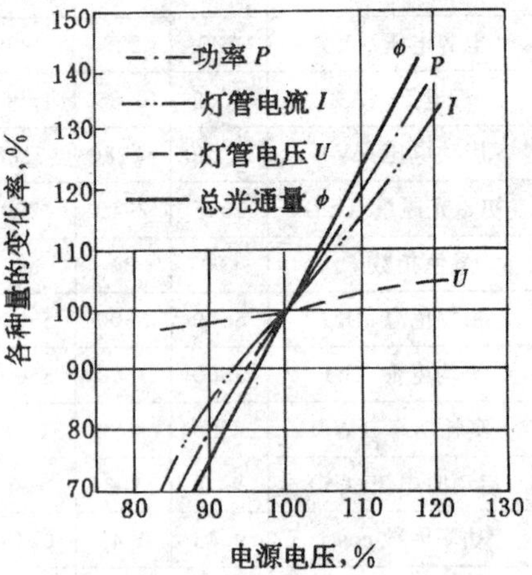

图 35-7 电源电压变化对 400W 荧光高压汞灯光电参数的影响

普通型和改进型高压钠灯、高压钠灯电子启动器及镇流器的技术参数分别见表 35-7、表 35-8、表 35-9、表 35-10。

表 35-7 普通高压钠灯技术参数

外型	型号	额定灯功率 (W)	额定电源电压 (V)	灯电压 (V)	灯电流 (A)	初始光通量 (lm)	灯头型号	最大直径 (mm)	最大长度 (mm)	光中心高度 (mm)	平均寿命 (h)	显色指数 R_a	色温 (K)
	NG35	35	220	90	0.48	2250	E27	38	154	98	16000	23	2000
	NG50	50	220	90	0.75	4000	E27	38	154	98	16000	23	2000
	NG70	70	220	90	0.98	6000	E27	38	160	100	18000	25	2000
	NG100	100	220	100	1.2	9000	E27	38	170	110	18000	25	2000
	NG150	150	220	100	1.8	16000	E40	47	210	132	24000	25	2100
	NG250	250	220	100	3.0	28000	E40	47	257	158	24000	25	2100
	NG400	400	220	100	4.6	48000	E40	47	285	173	24000	25	2100
	NG1000	1000	220	100	10.3	130000	E40	67	380	240	24000	25	2100

普通高压钠灯分别配用原 80、125、250、400W 高压汞灯镇流器

续表 35-7

外型	型号	额定灯功率(W)	额定电源电压(V)	灯电压(V)	灯电流(A)	初始光通量(lm)	灯头型号	最大直径(mm)	最大长度(mm)	光中心高度(mm)	平均寿命(h)	显色指数 R_a	色温(K)
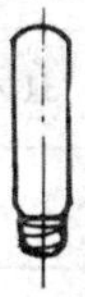	NG75	75	220	115	0.8	5500	E27	38	160	100	12000	25	2000
	NG110	110	220	125	1.15	8500	E27	38	170	110	12000	25	2000
	NG215	215	220	130	2.15	20000	E40	47	257	158	16000	25	2100
	NG360	360	220	130	3.25	30000	E40	47	285	173	16000	25	2100
漫射椭球型普通高压钠灯（本系列高压钠灯具有白色漫射层、故光色较为柔和）													
	NG35/M	35	220	90	0.48	2150	E27	71	154		16000	23	2000
	NG50/M	50	220	90	0.75	3500	E27	71	154		16000	23	2000
	NG70/M	70	220	90	0.98	5600	E27	71	160		18000	25	2000
	NG100/M	100	220	100	1.2	8500	E27	71	170		18000	25	2000
	NG150/M	150	220	100	1.8	14500	E40	91	227		24000	25	2100
	NG250/M	250	220	100	3.0	25000	E40	91	227		24000	25	2100
	NG400/M	400	220	100	4.6	46000	E40	122	286		24000	25	2100
	NG1000/M	1000	220	110	10.3	120000	E40	167	410		24000	25	2100
内启动型高压钠灯（不需安装启动器，使用方便，安装费用低）													
	NG250N	250	220	100	3.0	28000	E40	47	257	158	9000		
	NG400N	400	220	100	4.6	48000	E40	47	285	173	13500		

注：本系列直筒型高压钠灯的光效约为同功率高压汞灯的两倍多，光色金白，光通维持性能好，使用寿命长，是理想的节能光源。

表 35-8　显色改进高压钠灯技术参数

外型	型号	额定灯功率(W)	额定电源电压(V)	灯电压(V)	灯电流(A)	初始光通量(lm)	平均显色指数 R_a	灯头型号	最大直径(mm)	最大长度(mm)	光中心高度(mm)	平均寿命(h)	显色指数 R_a	色温(K)
	NG×100	100	220	100	1.2	7200	60	E27	38	170	110	12000	60	2300
	NG×150	150	220	100	1.8	13000	60	E40	47	210	132	12000	60	2300
	NG×250	250	220	100	3.0	22500	60	E40	47	257	158	12000	60	2300
	NG×400	400	220	100	4.6	38000	60	E40	47	285	173	12000	60	2300
漫射椭球型显色改进高压钠灯														
	NG×100/M	100	220	100	1.2	6800	60	E27	71	170		12000	60	2300
	NG×150/M	150	220	100	1.8	12000	60	E40	91	227		12000	60	2300
	NG×250/M	250	220	100	3.0	21500	60	E40	91	227		12000	60	2300
	NG×400/M	400	220	100	4.6	36000	60	E40	122	286		12000	60	2300

注：显色改进型高压钠灯是一种兼顾光效和显色性能的高压钠灯。

表 35-9　高压钠灯电子启动器技术参数

型号	电源电压（V）	电源电压允许波动范围（V）	输出脉冲电压（V）	脉冲宽度（μs）	脉冲相位 φ（°）	环境温度（℃）	质量（g）	最大外形尺寸（mm）
WQ-3B	220	187～242	2500～4500	≥1	60～90	−40～+55	≈160	63×31×45
QZJ-1	220	187～242	2500～4500	≥1	60～90	−40～+55	≈100	47×29×42

注：QZJ-1 型启动器与镇流器一体使用，采用接插式带锁紧装置，安装使用方便。

表 35-10　高压钠灯镇流器技术参数

型号	配用灯管功率（W）	电源电压（V）	工作电压（V）	启动电流（A）	工作电流（A）	功率因数 cosφ	交流阻抗（Ω）
ZL-35	35			0.7	0.55	0.075	327
ZL-50	50			0.9	0.75	0.075	240
ZL-70	70			1.1	0.90	0.075	200
ZL-100	100			1.5	1.2	0.07	150
ZL-110	110			1.55	1.25	0.07	144
ZL-150	150	220	180	2.2	1.80	0.065	100
ZL-215	215			3.25	2.55	0.065	77
ZL-250	250			3.8	3.0	0.065	60
ZL-360	360			4.9	4.0	0.065	45
ZL-400	400			5.7	4.6	0.065	39
ZL-1000	1000			13	10.4	0.065	17.4

注：高压钠灯镇流器性能稳定，适用于多种气候和环境条件，阻抗线性偏差小；功耗小，温升低。

C　工作线路

高压钠灯的工作　路示于图 35-8，图 35-9。

D　使用注意事项

使用高压钠灯时应注意以下几个问题：

（1）必须按图安装，相线与中线不得接错。

（2）必须与相应规格的镇流器和电子启动器配套使用。

（3）镇流器、电子启动器与灯座之间的接线不宜大于 20m，并应避免使用绞合线。

（4）可用电容器进行功率因数补偿。补偿电容器容量及补偿前后线路电流及功率因数见表 35-11。

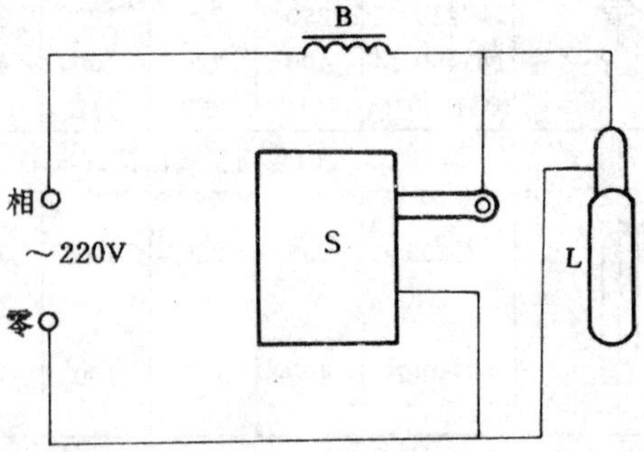

图 35-8　外启动式高压钠灯接线图

B—镇流器；L—高压钠灯泡；S—电子启动器

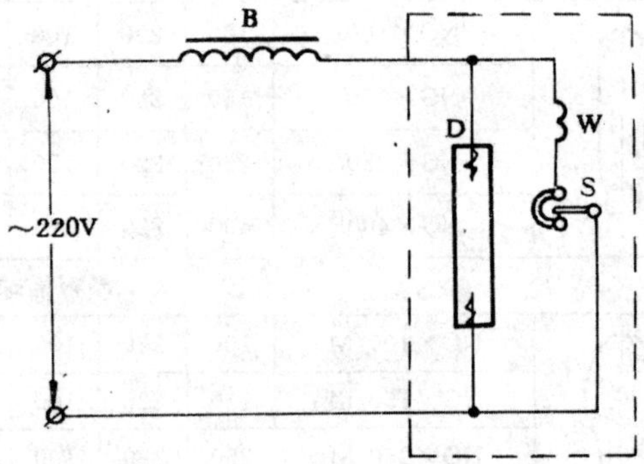

图 35-9　高压钠灯的典型工作线路

B—镇流器；D—放电管；S—双金属片开关；W—加热线圈

表 35-11　补偿容量及补偿前后的线路电流、功率因数

名称	功率（W）	无补偿时		有补偿时			补偿电容器容量（μF）
		工作电流（A）	启动电流（A）	工作电流（A）	启动电流（A）	功率因数 cosφ	
高压钠灯	70	0.90	≤1.10	0.54	≤0.66	≥0.85	8
	100	1.20	≤1.50	0.72	≤0.90	≥0.85	10
	110	1.25	≤1.55	0.75	≤0.93	≥0.85	12
	150	1.80	≤2.2	1.08	≤1.32	≥0.85	20
	215	2.55	≤3.25	1.53	≤1.95	≥0.85	25
	250	3.00	≤3.80	1.80	≤2.28	≥0.85	30
	360	4.00	≤4.90	2.40	≤2.94	≥0.85	35～40
	400	4.60	≤5.70	2.76	≤3.40	≥0.85	40～45
高压汞灯	80	0.85	≤1.30	0.51	≤0.78	≥0.85	6～8
	125	1.25	≤1.80	0.75	≤1.08	≥0.85	10
	250	2.15	≤3.70	1.29	≤2.22	≥0.85	20
	400	3.25	≤5.70	1.95	≤3.42	≥0.85	30
金属卤化物灯	250	2.15	≤3.70	1.30	≤2.20	≥0.85	25
	400	3.25	≤5.70	1.92	≤3.40	≥0.85	35
混光灯 NGZC-1 195W	70W N	0.90	1.20	0.90	1.04	≥0.9	18～20
	125W G	1.15	1.80				
混光灯 NGZC-2 235W	110W N	1.25	1.55	1.17	1.44	≥0.9	20～22
	125W G	1.25	1.80				
混光灯 NGZC-3 465W	215W N	2.55	3.70	3.00	4.20	≥0.9	45
	250W G	2.15	3.70				
混光灯 NGZC-4 650W	250W N	3.00	3.80	3.87	5.50	≥0.9	60
	400W G	3.25	5.70				
混光灯 NGZC-5 760W	360W N	4.00	5.00	4.50	5.80	≥0.9	65～70
	400W G	3.25	5.70				
混光灯 NGZC-6 800W	400W N	4.60	5.70	4.65	6.50	≥0.9	70～75
	400W G	3.25	5.70				
混光灯 NGZC-7 360W	110W N	1.25	1.55	1.90	2.30	≥0.9	30
	250W G	2.15	3.70				

续表 35-11

名称		功率（W）	无补偿时		有补偿时			补偿电容器容量（μF）
			工作电流（A）	启动电流（A）	工作电流（A）	启动电流（A）	功率因数 cosφ	
混光灯	NDZC-1 360W	110W N	1.25	1.55	1.90	2.60	≥0.9	30
		250W D	2.30	3.40				
	NDZC-2 615W	215W N	2.55	3.70	3.90	5.70	≥0.9	55
		400W D	3.65	5.70				
	NDZC-3 800W	400W N	4.60	5.70	4.70	6.50	≥0.9	75～80
		400W D	3.65	5.50				

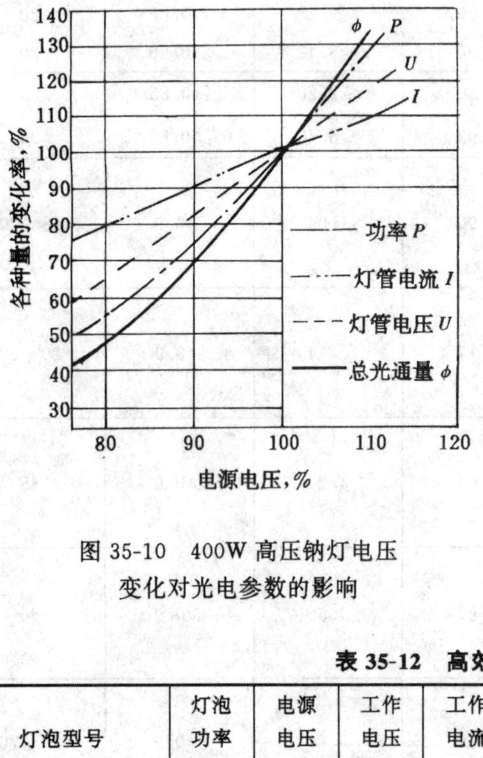

图 35-10 400W 高压钠灯电压变化对光电参数的影响

(5) 电源电压变化不能大于±5%，否则可能造成灯泡自动熄灭。400W 高压钠灯电压变化对光电参数的影响见图 35-10。

35.1.3.5 高效金属卤化物灯

A 工作原理

金属卤化物灯是在高压汞灯基础上为改善光色而发展起来的新型光源，其工作原理与高压汞灯相类似，区别在于玻璃壳上没有荧光粉涂层，放电管中除充有汞和氩气外，还加了某些金属卤化物。具有光效高，光色好，体积小等特点。

B 技术参数

金属卤化物灯技术参数见表 35-12～表 35-14。

C 工作线路

金属卤化物灯的工作线路见图 35-11。

表 35-12 高效金属卤化物灯技术参数

灯泡型号	灯泡功率（W）	电源电压（V）	工作电压（V）	工作电流（A）	初始光通（lm）	平均寿命（h）	色温（K）	灯头型号	最大直径（mm）	全长（mm）	平均显色指数 R_a
ZJD-150-2	150	220	110	1.5	11500	10000	4300	E27	81	184	76
ZJD-175-2	175	220	132	1.5	14000	10000	4300	E40	91	215	76
ZJD-250-2	250	220	130	2.15	20500	10000	4300	E40	91	227	76
ZJD-400-2	400	220	135	3.25	36000	10000	4300	E40	122	280	76
ZJD-1000-2	1000	380	263	4.1	110000	10000	3900	E40	182	400	76
ZJD-1500-2	1500	380	268	6.2	165000	3000	3600	E40	182	400	76

表 35-13 管形镝灯技术参数

灯泡型号	电源电压 (V)	功率 (W)	工作电压 (V)	工作电流 (A)	光通量 (lm)	色温 (K)	显色指数 R_a	平均寿命 (h)	主要尺寸 (mm) 直径	全长	灯头型号
DDG400	220	400	135	3.6	24000	6000	70	1000	60	283	
DDG1000	220	1000	130	8.3	70000	6000	70	500	90	380	E40/75×54
DDG2000	380	2000	220	10.3	150000	6000	75	500	110	450	E40/75×54
DDG3500	380	3500	220	18.0	280000	6000	80	500	120	485	E40/75×64

表 35-14 钪钠灯技术参数

灯泡型号	电源电压 (V)	功率 (W)	工作电压 (V)	工作电流 (A)	光通量 (lm)	色温 (K)	显色指数 R_a	平均寿命 (h)	主要尺寸 (mm) 直径	全长	灯头型号
KNG250	220	250	110	2.4	15000	4000	60	1500	90	216	E40/45
KNG400	220	400	130	3.3	28000	5000	55	1500	90	227	E40/45
KNG1000	220	1000	135	8.3	70000	6000	60	1000	90	380	E40/75×54
KNG2000	380	2000	220	10.3	150000	4500	60	800	110	450	E40/75×54

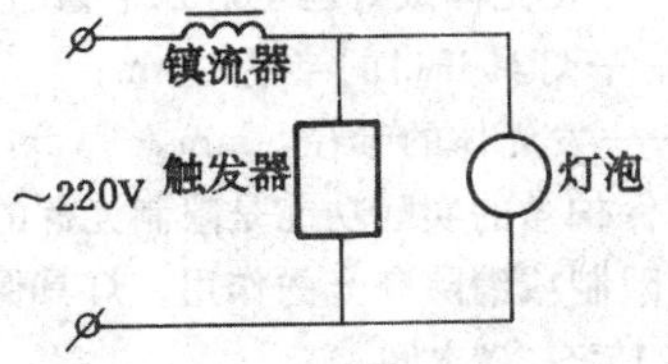

图 35-11 金属卤化物灯的工作电路

35.2 照明类别

35.2.1 照明种类

照明分为正常照明、应急照明、值班照明、警卫照明、障碍照明。

正常照明是在工作时保证产生规定视觉条件的照明，即满足正常工作而设的照明。

当正常照明发生故障而熄灭，会产生爆炸，火灾，人身伤亡等严重事故的场所；或在短时间内无法恢复生产，因而影响主要产品产量和质量的场所，应装设供暂时继续工作用的应急照明。

在正常照明因故障熄灭后，易发生工伤事故的生产车间内；对通行时易发生危险的场所；大型企业的办公大楼主要楼梯，通道，出口处；人员密集的公共建筑物；无自然采光的生产厂房内，应装设供人员疏散用的应急照明。

在钢铁工厂中，有时应急照明作为正常照明中的一部分经常点燃。

值班照明宜利用正常照明中能单独控制的一部分或应急照明中的一部分或全部，作为非工作时间内的值班巡视的一种照明。

警卫照明应根据警卫任务的需要，在厂区或仓库区警卫范围内装设。

障碍照明是为保证夜行安全，在钢铁工厂较高大的构筑物上，根据地区航空或交通部门的要求而设置的照明标志灯。

35.2.2 照明方式

照明方式分为一般照明、局部照明、混合照明。

一般照明是不考虑特殊局部的需要，而为照亮整个工作面或整个场地而设置的照明。

局部照明是为满足某些部位(如工作面)的特殊需要而设置的照明。

局部一般照明是根据需要，提高特定区域的一般照明。

混合照明是由一般照明和局部照明共同组合的照明。

35.3 灯具

灯具与电光源共同组成为照明器。而灯具是控制光源使发出的光进行再分配的装置。照明器的基本特性可用光强分布曲线、灯具的效率和保护角三项指标表示。

35.3.1 灯具特性

35.3.1.1 光强分布曲线（配光曲线）

光强分布曲线用于表示光源周围空间的光强分布的特性。

一般灯具采用极坐标表示光强分布曲线，从某一方向开始，以角度为函数，把各个角度的光强值用矢量表示出来，如图 35-12 所示。

为了便于比较配光特性，一般将光源化为 1000lm 光通量的假想光源来绘制光强分布曲线，当光源的光通量不是 1000lm 时可换算如下

$$I_e = \frac{1000}{\Phi} I_\theta \qquad (35\text{-}1)$$

式中 I_e ——换算成光通量为 1000lm 时 θ 方向光强值，cd；

Φ——灯具实际配用的光源光通量，lm；

I_θ——灯具在 θ 方向实际光强值，cd。

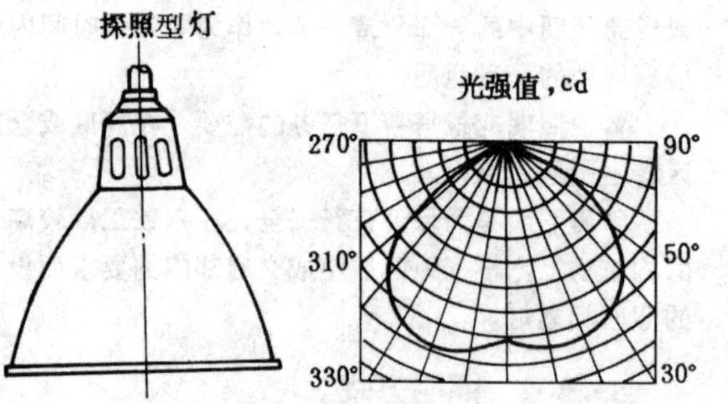

图 35-12 极坐标光强分布曲线（对称配光）

聚光灯（如投光灯）以直角坐标表示光强分布曲线，见图 35-13 所示。

35.3.1.2 灯具效率

灯具的效率是光源经灯具射出的光通量与光源发出的总光通量之比，即

$$\eta = \frac{\Phi}{\Phi_0} \qquad (35\text{-}2)$$

式中 η——灯具的效率；

Φ——经灯具射出的光通量，lm；

Φ_0——光源总光通量，lm。

35.3.1.3 保护角

灯具保护角是光源最边缘的一点和灯具出光口的连线与通过裸光源发光中心的水平线之间的夹角，如图 35-14 所示，保护角大小由下式确定

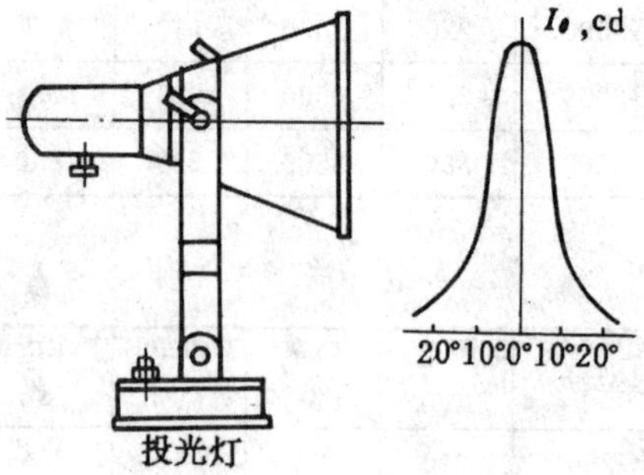

图 35-13 直角坐标光强分布曲线

$$\alpha = \mathrm{tg}^{-1} \frac{h}{R + r} \qquad (35\text{-}3)$$

式中 h——发光体或灯丝至灯罩下缘的高度，mm；

R——灯具开口的半径，mm；

r——发光体的半径，mm。

灯具保护角的实际功能是限制光源的直射光，它具有有效限制或消除眩光的作用。灯具保护角范围一般要求在 15°～30°之间。

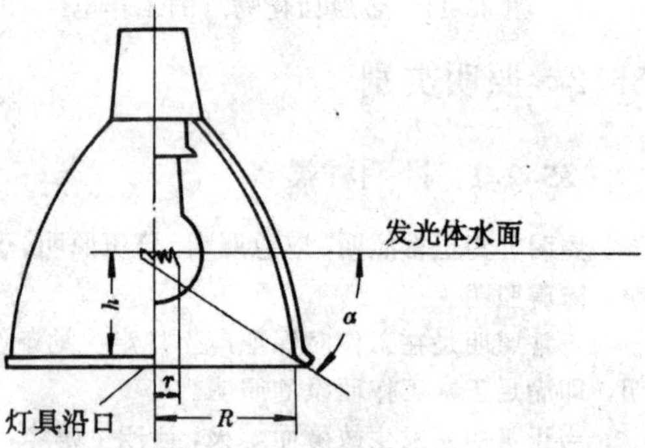

图 35-14 一般灯具的保护角

35.3.2 灯具分类

35.3.2.1 灯具按辐射光通量在空间分布的特性分类

按灯具辐射光通量在空间分布的特性分类如表 35-15。

表 35-15　按光通量在上、下半球空间分配比例分类

类　型		直接型	半直接型	漫射型	半间接型	间接型
上、下半球光通量的分布占照明器总光通量的比例（%）	上半球	0～10	10～40	40～60	60～90	90～100
	下半球	100～90	90～60	60～40	40～10	10～0
特　点		光线集中在工作面上，可获得充分照度	光线能集中在工作面上，空间也能得到适当照度。比直接型眩光小	空间各个方向光强基本一致，可达到无眩光	增加了反射光的作用，使光线比较均匀柔和	扩散性好，光线柔和均匀，避免了眩光，但光的利用率低
示意图		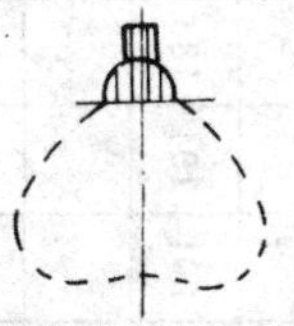	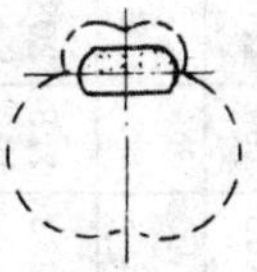		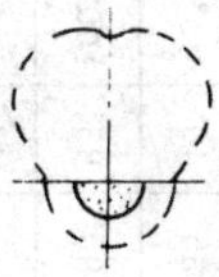	

35.3.2.2　灯具的结构分类　　灯具的结构分类见表 35-16。

表 35-16　按灯具结构分类

灯具结构型式	特　点		对应厂房条件	灯具型号	备注
开启型	光源与外界空间直接接触		干燥采暖或不采暖房间，潮湿房间，23 区火灾危险场所	GC1-60～200 GC5-60～500 GCLW-250～1000	
闭合型	透光罩将光源包合，但内外空气能自由流通			GC17-100、200 JXD1～4-60～150	
封闭型	透光罩固定处加以一般性封闭，与外界隔绝可靠，但内、外空气仍可有限流通		有灰尘车间潮湿房间，路灯	JTY23-250 JTY23-400	可采用开启型灯具，如灯具为路灯用
密封型	透光罩固定处加以严密封闭与外界隔绝相当可靠，内、外空气不流通		有灰尘车间 2 区、11 区类爆炸危险房间；21 区、22 区类火灾危险房间	GC9-60～200 GC11-60～200 GC15-60～200	
防爆型	透光罩本身及其固定处和灯具外壳均能承受所要求的压力。按防爆电气规程要求能安全使用在有爆炸危险场所	隔爆型（代号 B）在灯具内部爆炸时不引起灯具外部的爆炸	0 区，10 区类爆炸危险房间	B3C-100、200 GB3C-125G B3e-30、60	
		安全型（代号 A）正常运行时不产生火花、电弧或在危险温度的部件上采取适当措施，提高其安全程度；正常运行时产生火花、电弧的部件应放在单独的隔爆小室内	1 区类爆炸危险房间	ABPX-T200 CA-150、300 AOB-150、300 AOC-400G	

35.3.2.3　常用灯具技术参数　　常用灯具技术参数见表 35-17。

表 35-17 常用灯具技术参数

灯具名称及外形	型号及尺寸 (mm)	光源及功率 (W)	发光强度值(cd)(光源为1000lm) φ剖面	θ角度 0° / 55°	5° / 60°	10° / 65°	15° / 70°	20° / 75°	25° / 80°	30° / 85°	35° / 90°	40° / 95°	45° / 100°	50° / 105°	最大允许 $\frac{L}{H}$	保护角 α(°)	效率 η(%)	质量 (kg)	结构型式与适用场所
配照型灯 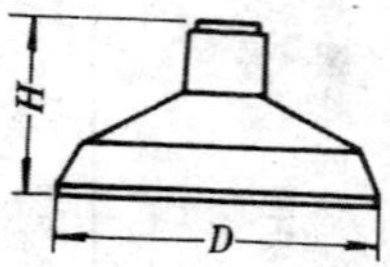	GC1-A B-1	B-150		248	268	229	217	208	208	198	200	190	186	171	1.25	8.7	85	2.0	开启型 中、小型厂房及仓库
				161	149	134	118	109	82	0									
	D=355 H=205	G-125		169	166	166	169	168	168	167	159	159	154	148	1.41		72	2.0	
				143	134	126	108	82	54	19	0								
	GC1-A B-2 D=406 H=215	B-200		246	238	186	179	169	164	164	162	164	156	143	0.88	11.7	68	2.2	
				130	123	108	99	93	26	0									
	D=500 H=500	B-500		278	280	261	250	246	244	236	233	225	208	193	1.25	19.4	84		
				176	161	142	77	31	0										
	D=500 H=500	G-400		248	230	224	218	211	209	207	201	194	188	180	1.25	2	79		
				171	160	136	96	59	0										
深照型灯 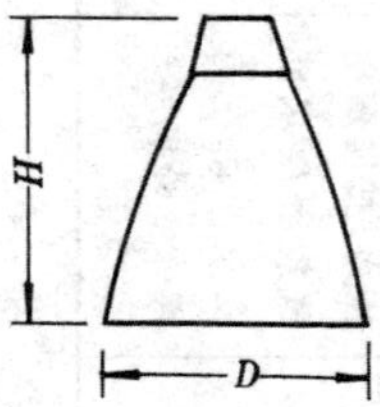	GC5-A	B-200		231	228	226	225	224	216	210	203	208	204	171	1.37	32.7	63	2.2	开启型
				144	74	44	17	0											
	D=250 H=265	G-125		197	195	197	198	201	199	197	191	184	159	132	1.5	16.7	54	2.2	
				98	68	64	17	0											

续表 35-17

灯具名称及外形	型号及尺寸(mm)	光源及功率(W)	φ 剖面	发光强度值(cd)(光源为1000lm)											最大允许 $\frac{L}{H}$	保护角 α(°)	效率 η(%)	质量 (kg)	结构型式与适用场所
				θ 角度															
				0°	5°	10°	15°	20°	25°	30°	35°	40°	45°	50°					
				55°	60°	65°	70°	75°	80°	85°	90°	95°	100°	105°					
深照型灯 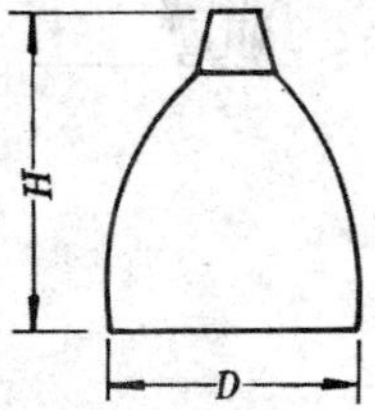	GCS16 $D=410$ $H=360$	B-300		256	251	251	247	236	230	217	208	196			1.24	21.5	68	2	开启型中型厂房及球场
				163	118	62	39	27	16	6	0								
		B-500		236	235	232	227	220	212	197	192	184	177	174	1.28	21	62.4		
				160	112	53	36	25	16	9	3	0							
		G-250		281	272	265	258	251	237	230	225	213	202	171	1.23	33.5	54.6		
				136	89	59	38	26	16	8	0								
	GCOW2-GY400 -1.3 $D=490$ $H=500$	G-400		240	245	240	240	245	240	230	220	200	160	110	1.3	26	59.7	5.5	开启型中、大型厂房
				0															
	GCOW1-KN400 -1.5 $D=390$ $H=450$	K-400		180	183	178	180	182	188	200	215	220	200	165	1.5	38	55.4	4.5	
				120	100	50	0												
深照型防震灯	GC39	N-400		207	221	214	221	222	219	210	206	200	192	152	1.5	28.7	61	5.7	开启型，有震动高大厂房
				100	58	41	27	17	10	4	3	0							

续表 35-17

灯具名称及外形	型号及尺寸 (mm)	光源及 功率 (W)	发光强度值(cd)(光源为1000lm)												最大 允许 $\frac{L}{H}$	保护角 α(°)	效率 η(%)	质量 (kg)	结构型式 与 适用场所
			φ 剖面	θ角度															
				0°	5°	10°	15°	20°	25°	30°	35°	40°	45°	50°					
				55°	60°	65°	70°	75°	80°	85°	90°	95°	100°	105°					
高纯铝灯器 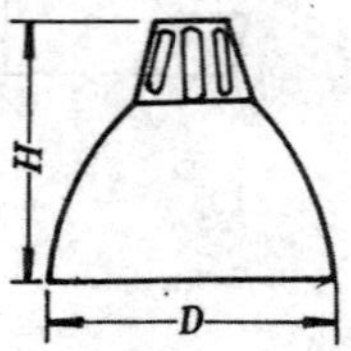	GCLW2-KH400-0.5 $D=450$ $H=430$	K-400		2150	2000	1250	750	500	250	0					0.5	32	80	2.75	开启型 高大厂房
	GCLW3-KD400-0.5 $D=500$ $H=400$	D-400		1870	1750	1450	1130	900	375	0					0.5	29	80.2	3	
	GCLW3-KH400-0.6 $D=500$ $H=460$	K-400		1367	1334	1217	1000	832	500	215	83	0			0.6	31	78.7	3	
	GCLW9-GY1000-0.5 $D=930$ $H=650$	G-1000		1165	1060	875	630	415	250	135	125	0			0.5	20	56.5	9.65	
	GCLW2-KD250-0.6 $D=450$ $H=430$	D-250		1140	1090	940	725	550	300	200	0				0.6	32	72	2.75	
	GCLW9-GY1000-0.6 $D=930$ $H=650$	G-1000		900	840	750	625	375	125	0					0.6	16	57.7	9.65	
	GCLW1-GY250-0.7 $D=400$ $H=390$	G-250		860	830	750	610	500	300	200	50	0			0.7	18.5	72.8	2.5	

续表 35-17

灯具名称及外形	型号及尺寸 (mm)	光源及功率 (W)	φ 剖面	发光强度值(cd)(光源为1000lm) θ角度											最大允许 $\frac{L}{H}$	保护角 α(°)	效率 η(%)	质量 (kg)	结构型式与适用场所
				0°	5°	10°	15°	20°	25°	30°	35°	40°	45°	50°					
				55°	60°	65°	70°	75°	80°	85°	90°	95°	100°	105°					
高纯铝灯器	GCLW11-KN400-0.7 $D=550$ $H=740$	K-400		1160	1100	1000	900	720	500	350	200	100	30	0	0.7	49	66.1	3	开启型 高大厂房
	GCLW2-KD400-0.7 $D=450$ $H=430$	D-400		953	923	862	750	620	465	337	248	173	112	0	0.7	31	81.5	2.75	
	GCLW2-KD250-0.8 $D=450$ $H=430$	D-250		656	637	680	575	470	314	187	130	65	0		0.8	31	70	2.75	
	GCLW3-GY400-0.8 $D=500$ $H=460$	G-400		1010	970	890	780	650	500	380	250	180	70	20	0.8	20	80.3	3	
				0															
	GCLW1-KH400-0.8 $D=400$ $H=390$	K-400		970	930	880	770	640	500	350	200	150	70	50	0.8	25	78	2.5	
				0															
	GCLW2-GY250-0.9 $D=450$ $H=430$	G-250		666	647	613	534	513	400	320	133	70	60	30	0.9	20.5	74.2	2.75	
				0															
	GCLW10-GY400-0.9 $D=450$ $H=430$	G-400		356	352	340	323	305	285	260	236	220	206	184	0.9	11	82.9	3.5	
				161	140	120	105	75	56	40	0								

续表 35-17

灯具名称及外形	型号及尺寸 (mm)	光源及功率 (W)	发光强度值(cd)(光源为1000lm)												最大允许 $\frac{L}{H}$	保护角 α(°)	效率 η(%)	质量 (kg)	结构型式与适用场所
			φ剖面	θ角度															
				0°	5°	10°	15°	20°	25°	30°	35°	40°	45°	50°					
				55°	60°	65°	70°	75°	80°	85°	90°	95°	100°	105°					
高纯铝灯器	GCLW6-GY1000-0.9 $D=600$ $H=460$	G-1000		542	514	479	443	408	358	309	250	198	140	92	0.9	2	68.2	4.9	
				70	30	0													
	GCLW1-KH400-1.1 $D=400$ $H=390$	K-400		500	525	560	625	600	500	410	350	250	150	100	1.1	23	79	2.5	
				80	25	0													
	GCLW11-GY1000-1.2 $D=550$ $H=760$	G-400		450	460	470	480	470	450	400	300	235	100	70	1.2	40	70	3	
				50	20	0													
	GCLW2-KDL00-1.2 $D=450$ $H=430$	D-400		430	440	480	490	480	425	495	356	287	225	125	1.2	28	84	3.5	
				63	0														
	GCLW10-GY1000-1.2 $D=450$ $H=440$	G-1000		255	252	245	242	234	219	215	205	197	190	178	1.2	0	78.9	3.5	
				165	140	105	75	40	0										
	GCLW3-KH400-0.4	K-400		2250	2000	1250	900	680	0						0.4	29	80.2	3	

续表 35-17

灯具名称及外形	型号及尺寸(mm)	光源及功率(W)	φ 剖面	发光强度值(cd)(光源为1000lm) θ角度											最大允许 $\frac{L}{H}$	保护角 α(°)	效率 η(%)	质量(kg)	结构型式与适用场所
				0°	5°	10°	15°	20°	25°	30°	35°	40°	45°	50°					
				55°	60°	65°	70°	75°	80°	85°	90°	95°	100°	105°					
搪瓷斜照型灯 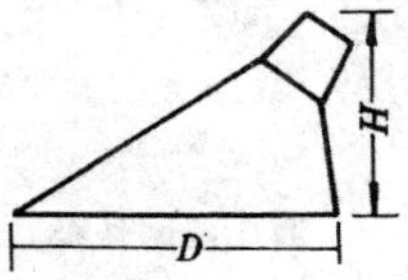	GCX D=650 H=380	B-300	0°	218	226	229	227	212	195	192	175	169	163	152	1.27	11	78.6	5	开启式 中、大型厂房作为壁灯用
				146	131	121	99	86	12	6	0								
			45°	218	241	243	229	241	223	200	203	200	172	166					
				155	126	120	109	97	92	6	0								
			90°	218	246	246	241	241	229	220	218	212	200	200	1.4				
				200	152	140	129	109	103	6	0								
		G-250	0°	251	251	250	240	236	217	205	201	199	193	185	1.28	24	62.5		
				175	161	138	89	39	10	5	0								
			45°	249	256	256	251	239	230	220	223	213	206	196					
				183	168	148	110	59	17	5	0								
			90°	246	237	232	220	220	211	203	218	211	201	191	1.38				
				182	162	139	99	53	18	5	0								
		G-400	0°	192	194	197	191	183	177	169	160	161	156	150	1.29	20	67		
				146	139	130	114	91	56	23	0								
			45°	194	201	201	199	187	180	176	174	164	160	153					
				146	137	123	110	91	64	34	0								
			90°	192	200	201	196	192	186	180	176	169	164	155	1.33				
				148	137	123	110	91	65	37	0								

续表 35-17

灯具名称及外形	型号及尺寸(mm)	光源及功率(W)	φ剖面	发光强度值(cd)(光源为1000lm) θ角度 0° / 55°	5° / 60°	10° / 65°	15° / 70°	20° / 75°	25° / 80°	30° / 85°	35° / 90°	40° / 95°	45° / 100°	50° / 105°	最大允许 $\frac{L}{H}$	保护角 α(°)	效率 η(%)	质量(kg)	结构型式与适用场所
搪瓷斜照型灯	GCX D=650 H=380	K-400	0°	165	195	224	188	170	165	146	143	138	138	129	1.32	23.3	51	5	开启式 中、大型厂房作为壁灯用
				118	110	100	80	18	7	3	0								
			45°	143	155	157	136	143	138	134	126	131	130	128					
				120	116	108	98	57	9	3	0								
			90°	138	152	145	152	148	143	140	138	134	129	124	1.33				
				113	103	92	59	7	3	1	0								
大面积斜照灯 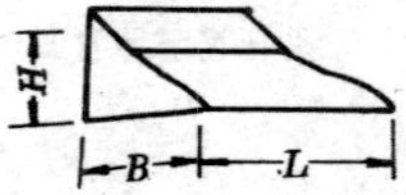	DYC-L1A L=330 B=230 H=220	K-1000	0°	426	426	418	408	402	385	358	336	318	278	223	0°面 1.37 90°面 1.5	19.4	50	4.1	开启型 高大厂房及广场
				167	118	73	29	17	13	6	5	0							
			15°	441	441	458	458	441	441	426	410	377	328	270					
				204	143	80	23	16	10	6	5	0							
			30°	441	458	458	458	458	441	426	392	360	311	246					
				180	118	34	13	9	5	5	0								
			45°	441	458	475	458	458	441	426	392	360	328	262					
				213	143	51	15	9	5	3	0								
			60°	426	441	462	475	475	459	456	426	392	360	324					
				265	218	167	41	20	10	5	0								
			75°	426	458	475	475	475	460	459	426	392	357	303					
				254	216	103	42	21	10	5	0								
			90°	426	441	458	475	475	458	458	426	392	343	303					
				254	216	95	42	20	12	5	0								

续表 35-17

灯具名称及外形	型号及尺寸(mm)	光源及功率(W)	φ 剖面	发光强度值(cd)(光源为1000lm) θ角度 0° / 55°	5°、/ 60°	10° / 65°	15° / 70°	20° / 75°	25° / 80°	30° / 85°	35° / 90°	40° / 95°	45° / 100°	50° / 105°	最大允许 $\frac{L}{H}$	保护角 α(°)	效率 η(%)	质量 (kg)	结构型式与适用场所
隔爆型防爆灯 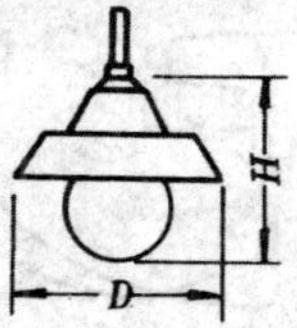	B3E125G D=414 H=721+杆长	G-125		74	70	72	74	80	84	85	84	83	86	86	1.7		49	13	隔爆型 1区爆炸介质1、2、3级a、b、c组的爆炸性厂房
				85	84	81	79	77	73	55	28	11							
	B3C-200 D=414 H=721+杆长	B-200		108	109	104	112	114	122	113	103	98	93	98	1.46		56	9	
				93	94	92	73	84	87	92	0								
安全型防爆灯 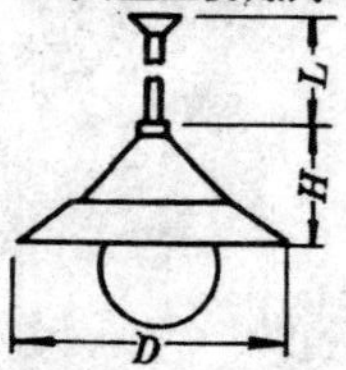	GHOC-400 D=230 H=420 L=500	G-400		93	84	83	88	92	93	93	92	89	90	90	1.47		55	23.2	安全型 2区的爆炸性场所
				90	90	87	86	83	77	62	39	20	10	0					
	AOb-150-1 D=230 H=420 L=500	B-150		71	71	72	73	75	76	76	74	74	72	66	1.5		75		
				63	64	56	68	68	68	68	67	65	62	56					
广照型防水防尘灯	GC9-A、B-2	B-200		250	267	217	175	160	150	146	144	134	128	119	0.77		74	4.2	密闭型 多尘及潮湿的厂房
				114	103	103	107	96	91	82	61	0							
	GC11-A、B-2	B-200		216	250	201	164	155	142	134	130	119	108	91	0.88		64	4.4	
				101	97	88	67	82	72	73	60	0							

续表 35-17

灯具名称及外形	型号及尺寸(mm)	光源及功率(W)	φ 剖面	发光强度值(cd)(光源为1000lm)											最大允许 $\frac{L}{H}$	保护角 α(°)	效率 η(%)	质量(kg)	结构型式与适用场所
				θ 角度															
				0°	5°	10°	15°	20°	25°	30°	35°	40°	45°	50°					
				55°	60°	65°	70°	75°	80°	85°	90°	95°	100°	105°					
乳白玻璃琵琶形路灯 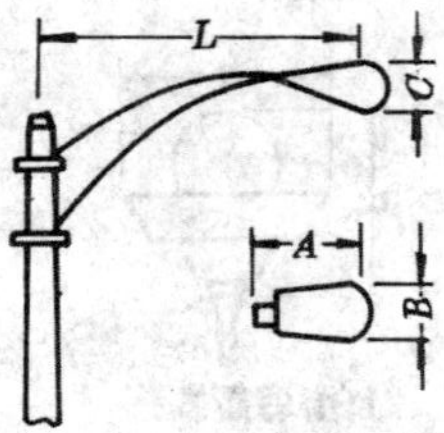	JTY-23-250 $A=550$ $B=300$ $C=260$ $L=1500\sim3500$	G-250	0°	143	143	146	146	143	139	136	133	133	136	139			63	6.1	封闭型 道路照明
				146	150	146	136	123	103	83	63	50	36	23					
			15°	143	143	143	143	143	136	133	130	130	133	136					
				143	146	143	133	120	100	83	60	43	33	23					
			195°	143	143	143	140	136	133	130	126	123	123	123					
				120	120	113	106	93	83	66	53	43	30	23					
			30°	120	139	143	143	139	133	130	126	123	123	123					
				123	120	116	103	93	76	63	50	36	23	17					
			210°	139	136	136	136	133	133	123	120	116	113	110					
				103	96	93	83	76	76	57	43	37	27	20					
			45°	136	136	136	136	133	130	123	116	110	106	103					
				96	93	86	76	70	60	50	40	30	20	13					
			225°	136	133	130	130	126	123	119	113	110	103	96					
				90	83	76	70	63	56	46	37	30	23	17					
			60°	133	133	133	130	126	123	116	110	100	93	90					
				83	76	70	63	57	50	36	30	23	17	10					
			240°	133	133	130	130	123	120	113	110	103	100	93					
				83	76	70	63	53	47	40	33	27	30	13					
			75°	130	133	130	130	123	120	110	103	93	86	80					
				73	66	63	57	50	43	37	27	20	13	7					

续表 35-17

灯具名称及外形	型号及尺寸(mm)	光源及功率(W)	φ 剖面	发光强度值(cd)(光源为1000lm) θ角度											最大允许 $\frac{L}{H}$	保护角 α(°)	效率 η(%)	质量(kg)	结构型式与适用场所
				0°	5°	10°	15°	20°	25°	30°	35°	40°	45°	50°					
				55°	60°	65°	70°	75°	80°	85°	90°	95°	100°	105°					
乳白玻璃琵琶形路灯			255°	130	130	130	126	123	116	113	106	103	96	90			63	6.1	封闭型道路照明
				83	76	66	60	53	43	36	30	23	17	10					
			90°	130	130	130	126	123	116	110	100	90	83	75					
				66	60	56	50	43	40	33	23	17	10	7					
			270°	130	130	126	123	120	116	110	103	100	96	90					
				83	76	70	63	53	46	40	33	23	17	10					
棱镜玻璃琵琶形路灯 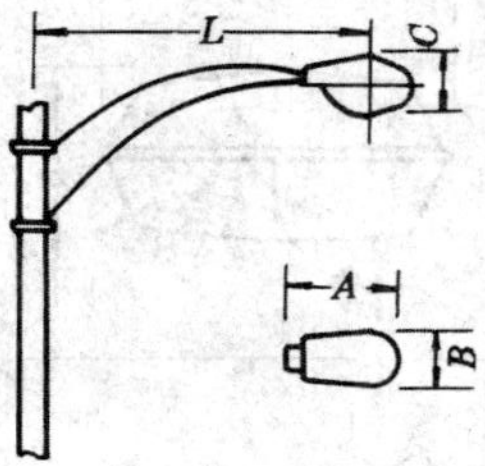	JTY26-400 $A=765$ $B=383$ $C=308$ $L=1500\sim3500$	G-400	0°	125	117	118	115	113	118	125	136	144	160	181			68	14	封闭式道路照明
			180°	210	246	254	202	146	102	74	55	35	20	11					
			15°	119	118	114	110	112	118	129	147	162	177	191					
				250	229	243	210	162	110	74	55	36	18	11					
			195°	121	121	118	115	114	115	118	126	133	142	147					
				158	180	182	147	111	85	66	48	30	18	11					
			30°	119	121	118	116	114	118	125	136	151	173	184					
				180	180	184	173	144	110	85	66	37	22	11					
			210°	121	118	117	113	109	107	112	116	118	119	121					
				121	118	113	107	92	74	55	38	22	11	7					
			45°	118	121	121	119	118	118	121	125	128	129	129					
				127	126	125	125	118	102	74	52	29	14	7					
			225°	121	117	117	114	107	103	100	97	97	96	96					
				100	102	104	102	96	85	70	44	29	10	7					

续表 35-17

灯具名称及外形	型号及尺寸(mm)	光源及功率(W)	φ 剖面	发光强度值(cd)(光源为1000lm) θ角度 0° / 55°	5° / 60°	10° / 65°	15° / 70°	20° / 75°	25° / 80°	30° / 85°	35° / 90°	40° / 95°	45° / 100°	50° / 105°	最大允许 $\frac{L}{H}$	保护角 α(°)	效率 η(%)	质量(kg)	结构型式与适用场所
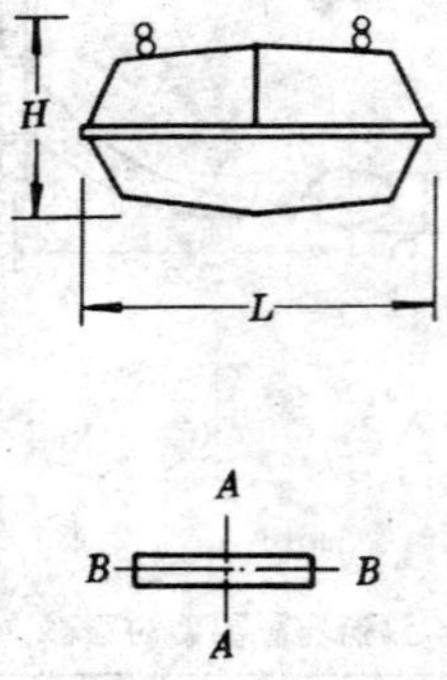 棱镜玻璃琵琶形路灯	JTY26-400 A=765 B=383 C=308 L=1500～3500	G-400	60°	119	121	125	126	125	124	119	112	103	92	85			68	14	封闭式 道路照明
				81	82	88	100	104	100	77	55	33	15	7					
			240°	119	118	118	114	107	100	92	85	81	80	80					
				80	81	82	81	74	63	48	29	18	7	2					
			75°	119	122	126	129	135	132	125	114	100	85	74					
				67	66	67	71	66	55	44	26	15	7	4					
			255°	119	114	114	113	110	103	96	81	77	70	66					
				60	55	52	45	41	33	26	15	7	4	2					
			90°	117	121	126	132	133	133	131	119	103	85	73					
				66	66	66	66	59	52	40	26	15	7	4					
			270°	117	114	113	113	107	100	92	84	77	70	66					
				59	52	48	44	37	30	16	9	4	3	0					

续表 35-17

灯具名称及外形	型号及尺寸 (mm)	光源及功率 (W)	发光强度值(cd)(光源为1000lm) φ 剖面	θ角度 0° / 95°	5° / 105°	15° / 115°	25° / 125°	35° / 135°	45° / 145°	55° / 155°	65° / 165°	75° / 175°	85°	最大允许 $\frac{L}{H}$	保护角 $\alpha(°)$	效率 $\eta(\%)$	质量 (kg)	结构型式与适用场所
块板式工厂灯 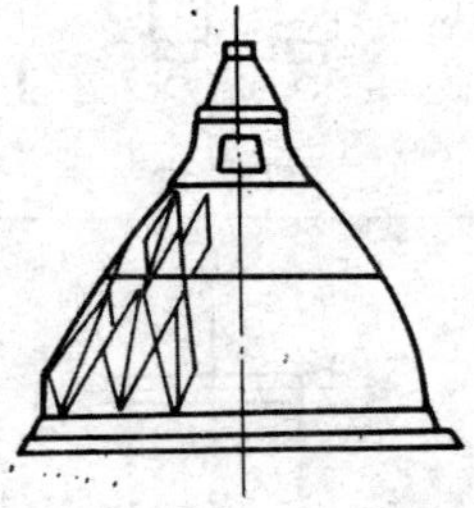	GC111 QGC111	NG70 或 G125	NG 70W	210	222	274	327	318	249	138	16	7	0	1.5		77.8		钢铁厂高大厂房
				0	0	0	2	4	7	13	9							
			G125	292	289	291	306	291	221	117	43	9	0					
				0	0	5	7	9	9	9	9	5						
块板式工厂灯 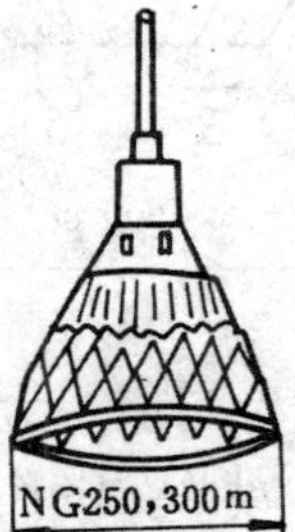	GC121 QGC121	NG250		105	119	279	358	357	238	111	24	2	1	1.7		82		
				1	2	2	4	9	25	29								
	GC-108 QGC108	NG400		271.1	252.4	315.3	364.3	315.6	229.1	118.8	26.9	1.7	0	1.67		84		
				1.5	1.0	1.1	2.1	13.5	27.8	27.7	2.2	0.2						

续表 35-17

灯具名称及外形	型号及尺寸 (mm)	光源及功率 (W)	φ 剖面	0° / 95°	5° / 105°	15° / 115°	25° / 125°	35° / 135°	45° / 145°	55° / 155°	65° / 165°	75° / 175°	85°	最大允许 $\frac{L}{H}$	保护角 α(°)	效率 η(%)	质量 (kg)	结构型式与适用场所
混光灯 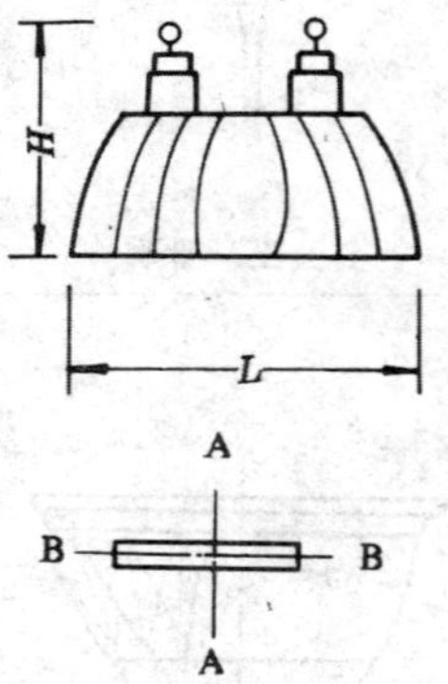	GC82-$\frac{1}{2}$ $L\times B\times H$ 580×400×480 $L\times B\times H$ 500×340×370	KNG-400 GGY-250	I_{A-A}	155	160	193	249	222	159	107	71	10	6	A-A 1.7 B-B 1.9				
			I_{B-B}	155	160	189	244	252	182	76	20	9	6					
			I_{A-A}	0	0	6	6	6	5	14	7	4						
			I_{B-B}	0	0	6	6	6	5	14	7	4						
		DDG-400 KNG-250	I_{A-A}	156	164	179	203	232	164	119	59	11	6	A-A 1.8 B-B 1.9				
			I_{B-B}	156	154	184	225	226	189	94	23	10	6					
			I_{A-A}	0	0	5	4	4	7	12	8	4						
			I_{B-B}	0	0	5	4	4	7	12	8	4						
混光灯 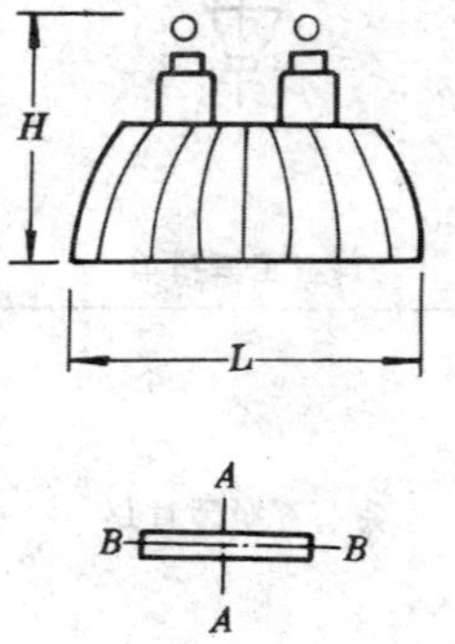	GC82-$\frac{1}{2}$ $L\times B\times H$ 580×400×480 $L\times B\times H$ 500×340×370	DDG-400 NG-250	I_{A-A}	111	112	153	220	215	170	109	60	11	7	A-A 2.1 B-B 2.2		74.2		
			I_{B-B}	111	115	147	214	252	215	103	26	11	7					
			I_{A-A}	0	0	0	3	3	4	8	4	3						
			I_{B-B}	0	0	0	3	3	4	8	4	3						
	GC82-1 $L\times B\times H$ 580×400×480	NG-250 GGY-400	I_{A-A}	145	152	184	215	200	162	101	60	11	6	A-A 1.8 B-B 1.9		74.2		
			I_{B-B}	148	145	177	216	224	192	96	26	11	6					
			I_{A-A}	0	0	0	5	6	7	10	4	4						
			I_{B-B}	0	0	0	5	6	7	10	4	4						

续表 35-17

灯具名称及外形	型号及尺寸 (mm)	光源及功率 (W)	φ 剖面	发光强度值(cd)(光源为1000lm) θ角度 0° / 360°	15° / 350°	20° / 340°	30° / 330°	40° / 320°	50° / 310°	60° / 300°	70° / 290°	80° / 280°	90° / 270°	最大允许 $\frac{L}{H}$	保护角 α(°)	效率 η(%)	质量 (kg)	结构型式与适用场所
混光灯 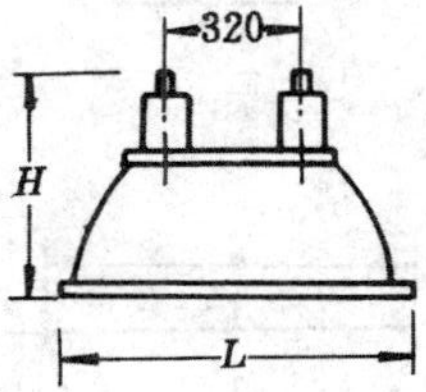	SHGD-101 L=741 B=470 H=400	GGY-250 NG-110	I_{A-A}	129	126	143	196	239	191	95	18	2	0	A-A 1.42 B-B 1.47	20	72	3.7	
			I_{B-B}	129	143	161	233	270	211	125	46	14	0					
			I_{A-A}	129	119	143	196	239	191	95	18	2	0					
			I_{B-B}	129	150	175	226	259	213	129	67	32	0					
		GGY-400 NG-215	I_{A-A}	79	98	113	139	158	151	102	46	18	7	A-A 1.46 B-B 1.5	20	71	3.7	
			I_{B-B}	79	102	109	134	163	172	144	76	32	5					
			I_{A-A}	79	87	113	139	158	151	102	46	18	7					
			I_{B-B}	79	99	118	148	170	164	130	74	25	6					
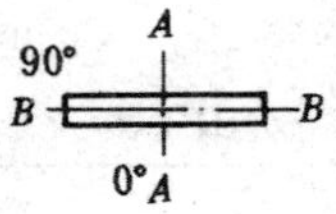		GGY-125 NG-75	I_{A-A}	102	104	112	134	168	202	169	79	8	0	A-A 1.52 B-B 1.51	20	75	3.7	
			I_{B-B}	102	110	118	146	196	220	197	105	48	0					
			I_{A-A}	102	101	112	134	168	202	169	79	8	0					
			I_{B-B}	102	104	120	152	202	222	190	107	47	0					
混光灯	GHGD-101 L=558 B=465 H=302	GGY400 NG400	I_{A-A}	199		125	94	77	63	57	45	24	5		20	71	7.7	
			I_{B-B}	199		170	162	154	183	195	196	91	12					
			I_{A-A}	199	175	125	94	77	63	57	45	24	5					
			I_{B-B}	199	195	183	177	176	203	201	214	50	12					
	L=705 B=616 H=82	GGY400 NG215	I_{A-A}	207	193	155	114	93	77	67	55	30	8		20	79	7.7	
			I_{B-B}	207	200	186	179	186	208	228	223	96	12					
			I_{A-A}	207	193	155	114	93	77	67	55	30	8					
			I_{B-B}	207	204	192	188	182	215	216	213	77	15					

续表 35-17

灯具名称及外形	型号及尺寸 (mm)	光源及功率 (W)	φ 剖面	发光强度值(cd)(光源为 1000lm) θ角度 0° 360°	15° 350°	20° 340°	30° 330°	40° 320°	50° 310°	60° 300°	70° 290°	80° 280°	90° 270°	最大允许 $\frac{L}{H}$	保护角 α(°)	效率 η(%)	质量 (kg)	结构型式与适用场所
混光灯	GHGP-201 $L=558$ $B=465$ $H=302$	GGY-125 NGG-250	I_{A-A}	219	199	142	103	72	64	52	35	16	2		20	67	3.16	
			I_{B-B}	219	227	226	217	219	248	265	235	94	6					
			I_{A-A}	219	199	142	103	82	64	52	35	16	2					
			I_{B-B}	219	212	200	190	210	240	230	214	59	8					
混光灯 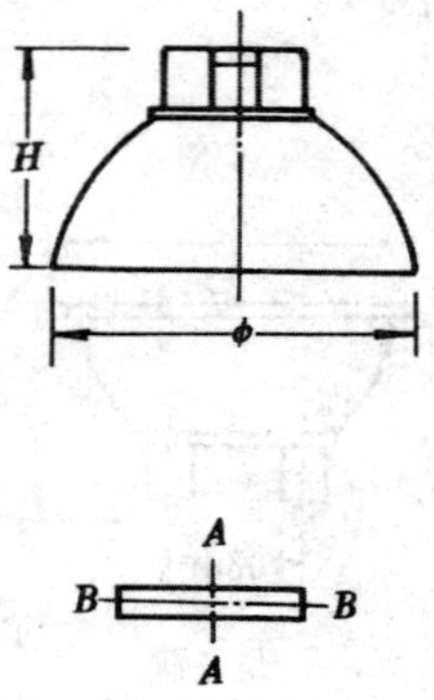	CDHP-209 $\phi=680$ $H=460$	GGY-400 NG-250	I_{A-A}	1255	604	397	256	150	113	59	3	0	0	A-A 0.4	17	78.5		
			I_{B-B}	1255	768	611	417	221	134	66	9	1	0					
			I_{A-A}	1255	604	397	256	150	113	59	3	0	0	B-B 0.6				
			I_{B-B}	1255	768	611	417	221	134	66	9	1	0					
	CDHP-209 $\phi=680$ $H=460$	DDG-400 NG-250	I_{A-A}	1293	769	320	197	122	81	14	3	0	0	A-A 0.5	22	75.5		
			I_{B-B}	1293	860	647	385	166	79	33	3	0	0	B-B 0.6				

续表 35-17

灯具名称及外形	型号及尺寸 (mm)	光源及功率 (W)	发光强度值(cd)(光源为1000lm)											最大允许 $\frac{L}{H}$	保护角 α(°)	效率 η(%)	质量 (kg)	结构型式与适用场所
			φ 剖面	θ角度														
				0° 360°	15° 350°	20° 340°	30° 330°	40° 320°	50° 310°	60° 300°	70° 290°	80° 280°	90° 270°					
混光灯 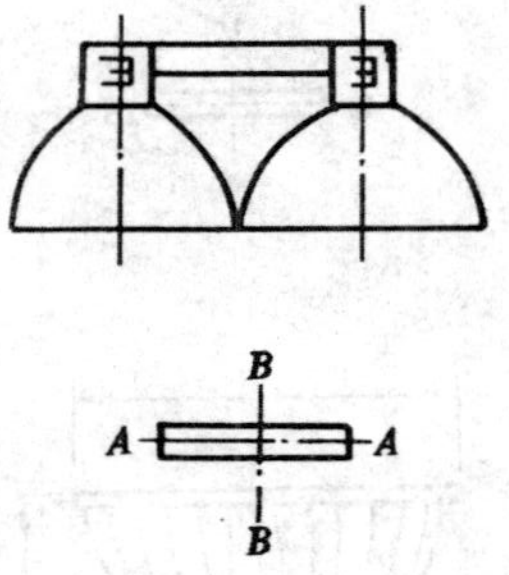	CDHK-206	KNG125 NG100	I_{A-A}	235	215	310	240	295	245	120	0	0	0	A-A 1.8 B-B 1.74	10 17.3 24	78.6	2.25	
			I_{B-B}	225	245	275	220	285	200	145	90	0	0					
混光灯 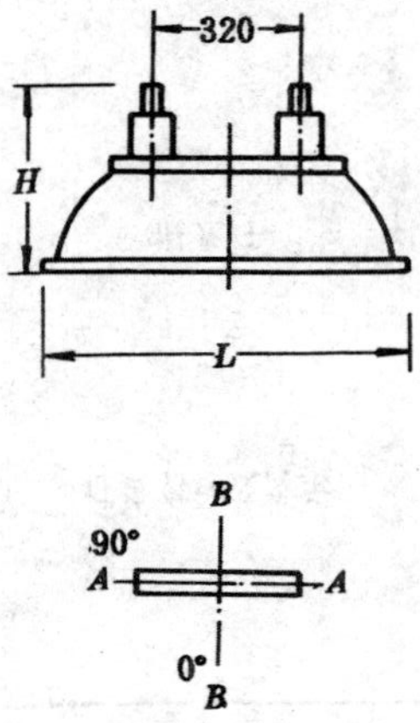	SHGD-101 L=741 B=470 H=400	GGY-400 NG-215	I_{A-A}	79	98	113	139	158	151	102	46	18	7	A-A 1.46				
			I_{B-B}	79	102	109	134	163	172	144	76	32	5					
			I_{A-A}	79	87	113	139	158	151	102	46	18	7	B-B 1.50	20	71	3.7	
			I_{B-B}	79	99	118	148	170	164	130	74	25	6					

续表 35-17

灯具名称及外形	型号及尺寸(mm)	光源及功率(W)	φ 剖面	发光强度值(cd)(光源为1000lm) θ角 0° / 95°	5° / 105°	15° / 115°	25° / 125°	35° / 135°	45° / 145°	55° / 155°	65° / 165°	75° / 175°	85° / 185°	最大允许 $\frac{L}{H}$	保护角 α(°)	效率 η(%)	质量 (kg)	结构型式与适用场所
混光灯 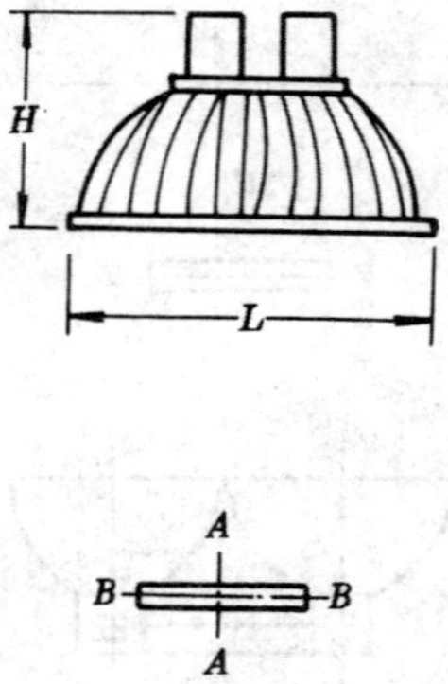	GC82-Ⅰ $L=500$ $B=400$ $H=480$	NG-400 GGY-400	I_{A-A}	140	147	178	225	227	208	151	93	23	8	A-A 2.0 B-B 2.1		79.7		
			I_{B-B}	140	145	170	216	224	227	157	50	15	8					
			I_{A-A}	0	0	6	6	6	5	5	5	5	5					
			I_{B-B}	0	0	6	6	6	5	5	5	5	5					
	GC82-Ⅱ $L=500$ $B=345$ $H=415$	NG-250 GGY-250	I_{A-A}	119	129	152	172	176	172	149	32	9	1	A-A 2.0 B-B 2.1		73.5		
			I_{B-B}	119	130	163	186	189	181	125	14	2	0					
			I_{A-A}	0	0	1	2	2	2	2	1	1						
			I_{B-B}	0	0	1	2	4	3	3	2	1						
	GC82-Ⅱ $L=580$ $B=345$ $H=415$	NG-110 GGY-250	I_{A-A}	225	239	278	287	252	193	140	80	64	10	A-A 1.6 B-B 1.8		78.6		
			I_{B-B}	225	237	273	285	236	144	36	4	0	0					
			I_{A-A}	2	0	0	0	1	2	2	1	1						
			I_{B-B}	0	0	0	1	2	3	4	3	2						

35.3.3 混光灯具简介

35.3.3.1 混光特性

目前，国内外都在积极推广混光照明新技术，即将两种起互补作用光色的照明光源安装于同一灯具内，通过反射器达到配光合理和混光均匀的效果。常用的光源搭配及其混光特性有：

(1)金属卤化物灯与高压钠灯混光，其混光特性如图 35-15 所示。这两种光源混光后光效较高，显色性也得到改善，适用于对光色有一定要求的场所，如钢铁厂的机械加工车间。

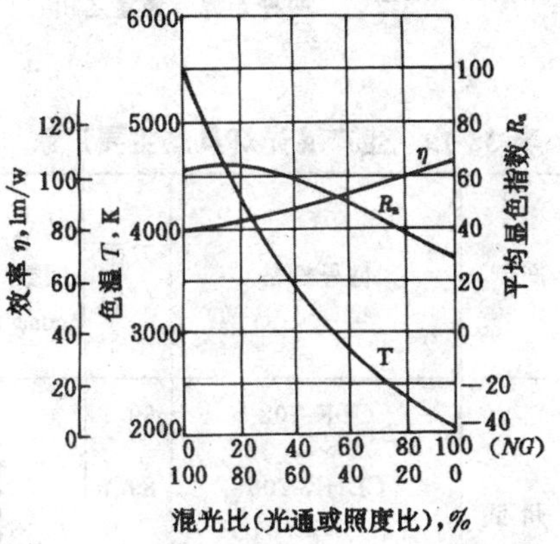

图 35-15 金属卤化物灯与高压钠灯混光

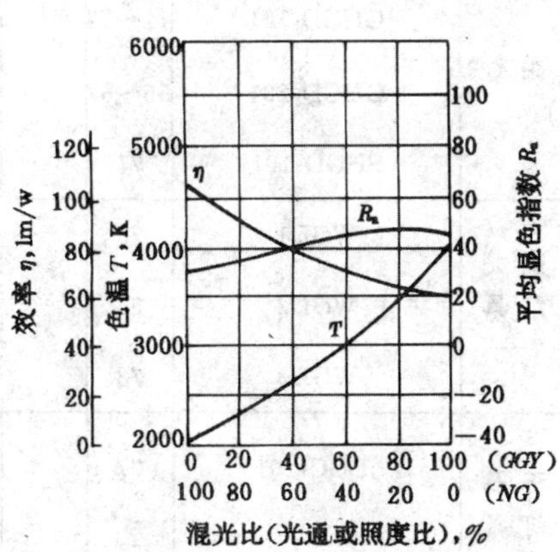

图 35-16 荧光高压汞灯与高压钠灯混光

(2)荧光高压汞灯与高压钠灯混光，其混光特性如图 35-16 所示。这种混光光效高，节电显著，但显色性差，适用于对识别颜色要求不高的场所，如钢铁厂的炼钢、轧钢车间等。

(3)荧光高压汞灯与高显色高压钠灯混光，其混光特性如图 37-17 所示。这种混光光效高，显色指数随混光比的不同变化较大，适用于对识别颜色稍有要求的场所，如钢铁厂内的各类冷轧板车间等。

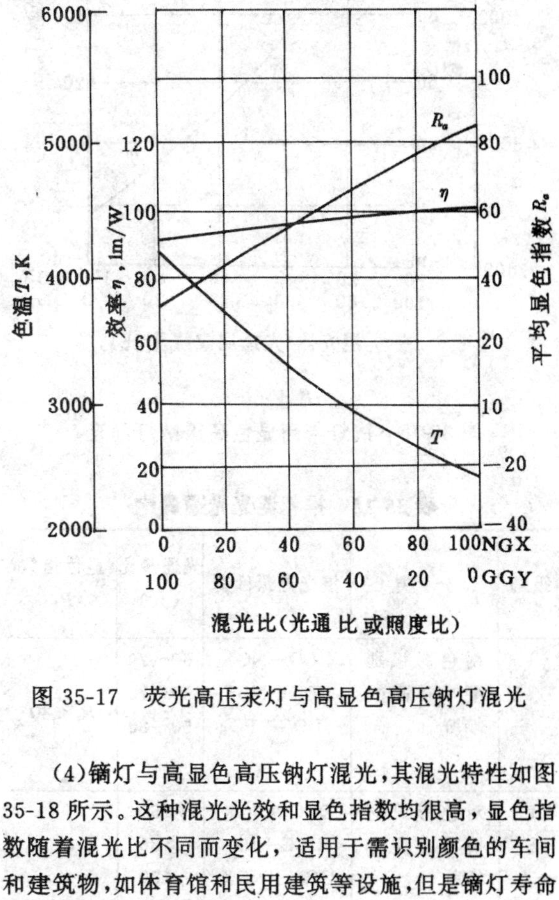

图 35-17 荧光高压汞灯与高显色高压钠灯混光

(4)镝灯与高显色高压钠灯混光，其混光特性如图 35-18 所示。这种混光光效和显色指数均很高，显色指数随着混光比不同而变化，适用于需识别颜色的车间和建筑物，如体育馆和民用建筑等设施，但是镝灯寿命较短，会增加维护问题。

35.3.3.2 混光比

当采用两种不同光源混光时，光通量比或照度比称混光比。推荐的混光光通量比值见表 35-18。

35.3.3.3 混光灯具简介

高效混光光源要求配有高效能、混光均匀、质量轻、小巧精制的混光灯具。鉴于目前全国灯具行业尚无统一系列统一标准的混光灯具产品，将国内现有部分生产混光灯具厂家的产品列于表 35-19。

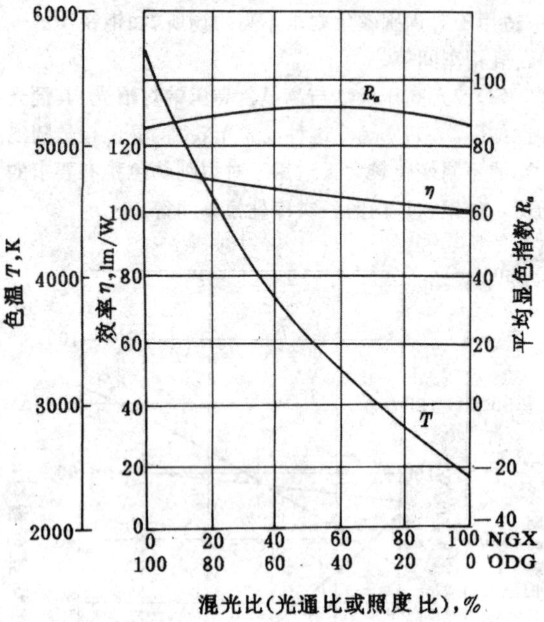

图 35-18 镝灯与高显色高压钠灯混光

表 35-18 推荐混光光通量比

级别	分 类	混光光源种类	光通量比(%)	显色指数 R_a
Ⅰ	对色彩识别要求很高的场所	DDG+NGX DDG+NGX DDG+PZ	50～70 50～70 50～80	R_a<80
Ⅱ	对色彩识别要求较高的场所	DDG+NGX DDG+PZ GGY+NGX GGY+PZ DDG+NG	<50 >80 <30 20～50 40～80	70≤R_a<85
Ⅲ	对色彩识别要求一般的场所	DDG+NG KNG+NG GGY+NG GGY+PZ	30～40 50～80 30～50 50～60	60≤R_a<70
Ⅳ	对色彩识别要求较低的场所	GGY+NG GGY+NGX KNG+NG GGY+PZ	40～60 50～80 20～50 60～95	40≤R_a<60

注：1. DDG—镝灯；NG—高压钠灯；GGY—荧光高压钠灯；NGX—高显色高压钠灯或改进型高压钠灯；KNG—钪钠灯；PZ—白炽灯。

2. 混光光通量比 $=\frac{前一光源的光通量}{两种光源光通量之和}\times100\%$。

表 35-19 生产混光灯具的主要厂家

序号	生产厂	型号规格	效率(%)	功率因数 cosφ	备注
1	常州武进灯具厂	CDK-102 CDHK-206 CDHK-210 CDHP-208 CDHP-209	89.7 89.7 74 73.5 79.8		
2	沈阳灯具厂	GHGD-101 GHGD-201 SHGD-101	71～79 55～67 71		
3	安徽芜湖灯具厂	WGD1 WGD2 WGD3	75 66 73		
4	江苏靖江灯具厂	JDGC-101 JDGC-102	77 79		

续表 35-19

序号	生产厂	型号规格	效率(%)	功率因数cosφ	备注
5	内蒙包头青山灯具厂	QGC111-NG70 或GGY125	77.8	1	带专用补偿器cosφ=1
		QGC121-NG250	82	1	
		QGC108-NG400	84	1	
		QGC82	71	1	
		G400+N400			
		G400+N400			
		QGC82、G400+N250	72.5	1	

35.4 钢铁企业照度选择

根据《工业企业照明设计标准》(GB50034－92)《民用建筑照明设计标准》(GBJ133－90)的照度规定，拟定了钢铁厂及辅助建筑工作面的水平面上平均照度值作为设计值。

35.4.1 钢铁企业照度表

钢铁企业照度值见表 35-20；焦化、耐火工厂照度值见表 35-21；工业企业辅助建筑照度值见表 35-22。

表 35-20 钢铁企业照度值

序号	车间和工作场所	视觉工作等级	平均照度(lx)		
			混合照明	混合照明中一般照明	一般照明
	炼铁车间				
1	贮矿场				
	(1) 地上人工操作	Ⅸ			5-10-15
	(2) 地上人工操作，但为机械化操作	Ⅸ			5-10-15
2	贮矿槽				
	(1) 上部通道	Ⅸ			5-10-15
	(2) 下部通道	Ⅸ			5-10-15
	(3) 料车坑	Ⅷ			10-15-20
3	卷扬机室				
	(1) 机器间	Ⅷ			10-15-20
	(2) 控制站	Ⅵ			30-50-75
	(3) 晶闸管柜室	Ⅵ			30-50-75
4	碎焦等卷扬机室	Ⅷ			10-15-20
5	斜桥走梯				3-5-10
6	炉体				
	(1) 风口平台	Ⅷ			10-15-20
	(2) 取样、炉顶平台	Ⅸ			5-10-15
	(3) 走廊	Ⅸ			5-10-15
	(4) 炉体环型平台	Ⅸ			5-10-15
7	出铁场				
	(1) 出铁口，铁水沟，渣沟	Ⅵ			30-50-75
	(2) 平台	Ⅸ			5-10-15

续表 35-20

序号	车间和工作场所	视觉工作等级	平均照度（lx）		
			混合照明	混合照明中一般照明	一般照明
8	仪表控制室	Ⅳ			100-150-200
9	热风炉				
	（1）控制站	Ⅵ			30-50-75
	（2）烧嘴平台	Ⅸ			5-10-15
	（3）走梯	Ⅸ			5-10-15
10	除尘器				
	（1）卷扬机室	Ⅶ			20-30-50
	（2）各层平台	Ⅸ			5-10-15
11	碾泥机室				
	（1）仓库	Ⅸ			5-10-15
	（2）碾泥机处	Ⅶ			20-30-50
	（3）室外平台运输线				3-5-10
12	铸铁机室				
	（1）倾翻及操作室	Ⅶ			20-30-50
	（2）铸铁处	Ⅴ			50-75-100
	（3）链带走廊	Ⅷ			10-15-20
	（4）机前机后	Ⅷ			10-15-20
13	煤气清洗				
	（1）整流机室	Ⅵ			30-50-75
	（2）仪表控制室	Ⅳ			100-150-200
	（3）各层平台	Ⅷ			10-15-20
	（4）配水室	Ⅷ			10-15-20
14	渣罐喷灰装置				
	（1）地面上	Ⅷ			10-15-20
	（2）搅拌机平台	Ⅶ			20-30-50
15	铁水罐修理库				
	（1）地面上				15-20-30
	（2）铁水罐，渣罐修理间	Ⅶ			20-30-50
16	石灰乳准备间				
	（1）仓库	Ⅷ			10-15-20
	（2）准备间	Ⅷ			10-15-20
17	水渣场				
	（1）铁渣运输线路				3-5-10
	（2）卷扬机室	Ⅶ			20-30-50
	（3）水泵房操作室	Ⅳ乙			75-100-150
	（4）外部照明				3-5-10
	炼钢车间				
1	原料间				
	（1）露天地面上				0.5-1-2
	（2）屋内地面上	Ⅷ			10-15-20
2	混铁炉间				

续表 35-20

序号	车间和工作场所	视觉工作等级	平均照度（lx）		
			混合照明	混合照明中一般照明	一般照明
	（1）铁水注入及出铁平台	Ⅴ			50-75-100
	（2）铁水运输线	ⅤⅡ			20-30-50
	（3）上下工作平台	ⅤⅡ			20-30-50
	（4）操作室	ⅠⅤ乙			75-100-150
3	平炉（电炉）车间				
	（1）装料平台	ⅤⅠ			30-50-75
	（2）塞棒卷扬机室泥浆室	ⅤⅡ			20-30-50
	（3）铁水炉渣运输线炉门传动安装平台	ⅤⅡ			20-30-50
	（4）铁合金加热炉汽化冷却装置	ⅤⅡ			20-30-50
	（5）铸锭跨地面上	ⅤⅡ			20-30-50
	（6）铸锭平台	ⅤⅠ			30-50-75
4	转炉区附近	ⅤⅠ			30-50-75
5	整模车间				
	（1）地面上	ⅤⅢ			10-15-20
	（2）沿整模架，台架修理部分，干燥炉部分，泥浆搅拌室	ⅤⅡ			20-30-50
6	脱模脱锭间				
	（1）地面上	ⅤⅢ			10-15-20
	（2）钢锭脱模地点及平台上	ⅤⅡ			20-30-50
7	涂油间				
	（1）地面上，平台上	ⅤⅢ			10-15-20
	（2）钢锭整模涂油地点	ⅤⅡ			20-30-50
8	煮油间	ⅤⅢ			10-15-20
9	冷钢锭模喷水装置				
	（1）泵房	ⅤⅡ			20-30-50
	（2）冷却工段				3-5-10
10	余热锅炉房				
	（1）地面上	ⅤⅡ			20-30-50
	（2）炉后及炉旁过道	ⅤⅢ			10-15-20
11	废钢处理				
	（1）落锤碎渣间（露天）		10-15-20	0.5-1-2	
	（2）爆破间				3-5-10
	（3）切割工段地面及仓库等	ⅠⅩ			5-10-15
	（4）剪断机工段	ⅤⅠ			30-50-75
	（5）切削破碎机工作地点	ⅤⅢ			10-15-20
12	修理吊车用平台	ⅤⅡ			20-30-50
	连续铸锭车间				
1	浇铸区				
	（1）中间包小车平台	ⅤⅡ			20-30-50
	（2）浇铸平台	Ⅴ			50-70-100
2	震动冷却区	ⅤⅢ			10-15-20

续表 35-20

序号	车间和工作场所	视觉工作等级	平均照度（lx）		
			混合照明	混合照明中一般照明	一般照明
3	切割小车工段	V			50-75-100
4	冷床区，仓库	IX			5-10-15
5	控制站	VI			30-50-75
6	操作室，操作台	IV			75-100-150
	轧钢车间				
1	均热炉				
	（1）运锭线	V			50-75-100
	（2）炉顶平台及计器室平台	VⅡ			20-30-50
	（3）运渣通廊，炉下各层平台，钢锭车摩电道隧道	VⅢ			10-15-20
	（4）焦粉通廊，焦粉间	VⅢ			10-15-20
	（5）充电间	VⅡ			20-30-50
	（6）整流器室	VI			30-50-75
2	加热炉				
	（1）炉子区地面上	VⅢ			10-15-20
	（2）薄板、冷拔、钢管车间等加热炉旁，输送热钢地区	VI			30-50-75
	（3）薄板、冷拔钢管车间等加热炉旁，输送冷钢地区	VⅡ			20-30-50
	（4）推钢机处	VⅡ			20-30-50
	（5）加热炉地下室各层平台	VⅢ			10-15-20
3	轧机区				
	（1）一般地面	VⅢ			10-15-20
	（2）轧机、热锯、剪断机处	VI			30-50-75
	（3）压下螺丝指示器及孔型上	V	150-200-300	50-75-100	
	（4）轧制线辊道上，热钢输送机上	VI			30-50-75
	（5）冷床	VⅡ			20-30-50
4	主电气室				
	（1）电气室		75-100-150	30-50-75	
	（2）地下室	VⅡ			20-30-50
	（3）风道	VⅢ			10-15-20
	（4）主控制室	Ⅱ乙			150-200-300
5	操作室，操作台	IV乙			75-100-150
6	钢坯及成品仓库等				
	（1）地面上	VⅢ			10-15-20
	（2）钢坯切割地点	VI			30-50-75
	（3）冷却地点及辊道上等	VⅡ			20-30-50
	（4）磨床，钢坯修整台及板坯预选地点等	V	150-200-300	50-75-100	
	（5）剥皮机房	VI			30-50-75
	（6）打印、检查、精密分类验收等	IV乙	200-300-500	75-100-150	
	（7）成品包装地点	VⅡ			20-30-50
7	油库及一般传动装置地下室	VⅡ			20-30-50

续表 35-20

序号	车间和工作场所	视觉工作等级	平均照度（lx）		
			混合照明	混合照明中一般照明	一般照明
8	各种地沟	VⅢ			10-15-20
9	热钢台架	VI			30-50-75
10	冷钢台架	VⅢ			10-15-20
11	一般钢材、板材等堆放地点	IX			5-10-15
12	矫正机上	VⅡ			20-30-50
13	点焊地点	VⅡ			20-30-50
14	焊接地点	V			50-75-100
15	热处理				
	（1）退火	VⅡ			20-30-50
	（2）酸洗间	VI			30-50-75
16	酸洗后检查地点	V	150-200-300	50-75-100	
17	管子水压试验装置	VⅡ			20-30-50
18	高频淬火室	VⅡ			20-30-50
	修理设施				
	Ⅰ机械加工间				
1	机械加工间				
	（1）机床区			30-50-75	
	（2）装配区	V			50-75-100
	（3）划线平台（精确工作）	Ⅲ	500-750-1000	150-200-300	
	（4）大平面划线	V	150-200-300	50-75-100	
	（5）一般钳工台工作	V	150-200-300	50-75-100	
	（6）成品验收	Ⅲ	500-750-1000	150-200-300	
2	辅助间				
	（1）磨刀室，乳化室	VⅡ			20-30-50
	（2）涂料间，包漆间	V			50-75-100
	（3）干燥炉操作地点	VⅡ			20-30-50
	（4）抛光室	IV			100-150-200
	Ⅱ铸造车间				
1	有盖的原料仓库				
	（1）地面上	VⅢ			10-15-20
	（2）废铁破碎处	VⅡ			20-30-50
	（3）金属冷切锯	V			50-75-100
	（4）秤的刻度盘上	VⅡ			20-30-50
2	化铁炉间				
	（1）地面上	VⅢ			10-15-20
	（2）化铁炉加料处	VⅡ			20-30-50
	（3）化铁炉出铁处	V			50-75-100
3	型砂处理及旧砂再生	VⅡ			20-30-50
4	型芯造型				
	（1）手工制砂芯工作台上	Ⅲ乙	300-500-750	100-150-200	
	（2）机械制砂芯工作台上	VI			30-50-75

续表 35-20

序号	车间和工作场所	视觉工作等级	平均照度（lx）		
			混合照明	混合照明中一般照明	一般照明
	（3）干燥室，运输机及一般地面上	Ⅶ			20-30-50
	（4）型砂验收	Ⅲ乙	300-500-750	100-150-200	
5	铸造间				
	（1）手工造型	Ⅲ乙	300-500-750	100-150-200	
	（2）模型造型	Ⅴ	150-200-300	50-75-100	
	（3）机械造型	Ⅵ			30-50-75
	（4）浇注处	Ⅵ			30-50-75
6	脱膜间	Ⅶ			20-30-50
7	清理间	Ⅶ			20-30-50
8	清洗间	Ⅷ			10-15-20
9	金属硬度试验压力机和水压机	Ⅴ			50-75-100
10	检查和验收处	Ⅱ乙	500-750-1000	150-200-300	
	Ⅲ铆锻车间				
1	锻造间				
	（1）地面上	Ⅷ			10-15-20
	（2）加热炉区	Ⅷ			10-15-20
	（3）加热炉装料和出料处	Ⅵ			30-50-75
	（4）锻锤及机械处	Ⅵ			30-50-75
	（5）检查台	Ⅲ	500-750-1000	100-200-300	
2	铆焊间				
	（1）铆接地点	Ⅴ	150-200-300	50-75-100	
	（2）焊接地点	Ⅵ			30-50-75
	（3）装配部	Ⅴ	150-200-300	50-75-100	
	Ⅳ建筑修理及木模车间				
1	建筑修理及木模车间				
	（1）外部修理工间	Ⅴ			50-75-100
	（2）机床间	Ⅲ乙	300-500-750	100-150-200	
	（3）制材间	Ⅴ			50-75-100
	（4）涂漆间，磨刀间，木工装配	Ⅳ乙	200-250-300	750-100-150	
	（5）材料仓库，干燥室	Ⅷ			10-15-20
	（6）木工间	Ⅳ甲	300-500-750	100-150-200	
2	木材加工场				
	（1）锯、刨、铣、钻床等	Ⅳ甲	300-500-750	100-150-200	
	（2）木材仓库	Ⅸ			5-10-15
	Ⅴ电修车间				
1	拆卸、绕线、器械、安装、变压器修理、试验站	Ⅳ甲	300-500-750	100-150-200	
2	油设施、压力间、清洗、工具、电镀	Ⅵ			30-50-75
3	导线修理，干燥，浸漆	Ⅵ			30-50-75
	公用辅助设施				
	Ⅰ公用设施				
1	乙炔站	Ⅶ			20-30-50

续表 35-20

序号	车间和工作场所	视觉工作等级	平均照度（lx）		
			混合照明	混合照明中一般照明	一般照明
2	通风机室				
	（1）通风机室	V Ⅱ			20-30-50
	（2）过滤器室	V Ⅲ			10-15-20
3	锅炉房				
	（1）锅炉前边，水泵，鼓风机，抽烟机	V Ⅱ			20-30-50
	（2）锅炉平台，锅炉后通道，储灰处	V Ⅱ			20-30-50
	（3）余热热水锅炉房	V Ⅱ			20-30-50
	（4）运煤皮带通廊	V Ⅱ			20-30-50
4	表面处理车间				
	（1）电镀槽间喷漆间	V			50-75-100
	（2）酸洗间，发兰间，喷砂间	V I			30-50-75
	（3）抛光间	Ⅲ甲	500-750-1000	150-200-300	
	（4）电泳涂漆间	V			50-75-100
5	泵房及压缩机室				
	（1）水泵房，澄清房，压缩机室	V I			20-30-50
	（2）沉淀池				3-5-10
6	氧气站				
	（1）机器房，电机房，容气室等	V I			20-30-50
	（2）贮气罐室	I X			5-10-15
	（3）充瓶室	V I			20-30-50
	（4）氧气瓶仓库	I X			5-10-15
7	中央试验室				
	（1）检验室，分析室，照相室，磨片室，精磨室，X 光室，钻床显微镜室，研究室，验收室，试验室，制剂室	Ⅲ乙			100-150-200
	（2）玻璃器皿吹制室，磅室	I V甲			100-150-200
	（3）蒸馏器室	I V乙			75-100-150
	（4）试剂仓库，仪器库	V Ⅱ			20-30-50
8	煤气发生站及煤气充填站				
	（1）煤气发生站上层	V Ⅱ			20-30-50
	（2）煤气发生站下层	V Ⅲ			10-15-20
	（3）机械加压房上层	V Ⅱ			20-30-50
	（4）机械加压房下层	V Ⅲ			10-15-20
	（5）筛分室	V Ⅱ			20-30-50
9	鼓风机站				
	（1）机器房	V			50-75-100
	（2）冷凝器室，锅炉间	V Ⅱ			20-30-50
	Ⅱ仓库设施				
1	设备仓库，总仓库，备品仓库	I X			5-10-15
2	木模仓库，油漆仓库	I X			5-10-15
3	卸货平台	I X			5-10-15

续表 35-20

序号	车间和工作场所	视觉工作等级	平均照度（lx）		
			混合照明	混合照明中一般照明	一般照明
4	耐火材料，铁合金建筑材料仓库	Ⅸ			5-10-15
5	生铁块，钢锭仓库（露天）				3-5-10
6	生铁块，钢锭仓库（室内部分）	Ⅸ			5-10-15
7	工具储藏室	Ⅵ			30-50-75
8	酸库				
	（1）地面上	Ⅷ			10-15-20
	（2）酸泵附近	Ⅶ			20-30-50
9	润滑材料和易燃液体仓库				
	（1）收发室	Ⅶ			20-30-50
	（2）再生间	Ⅷ			10-15-20
	（3）干燥室，贮存室	Ⅷ			10-15-20
	Ⅲ运输设施及露天场所				
1	机车车辆库				
	（1）机车库	Ⅷ			10-15-20
	（2）机车清洗间及维修间	Ⅴ			50-75-100
2	消防车库				
	（1）停车室	Ⅷ			10-15-20
	（2）信号室	Ⅴ			50-75-100
3	停车场及汽车库				
	（1）露天停车场				3-5-10
	（2）室内停车场	Ⅷ			10-15-20
	（3）汽车修理间，装配间	Ⅴ			50-75-100
	（4）喷漆间及补胶间	Ⅵ			30-50-75
	（5）修理沟	Ⅵ			30-50-75
4	运输设施辅助房间				
	（1）地磅房	Ⅶ			20-30-50
	（2）搬道房，岗楼，养路工房	Ⅶ			20-30-50
	（3）信号楼	Ⅴ			50-75-100
	（4）煤台的润滑油库	Ⅶ			20-30-50
5	露天工作场所				
	（1）人工操作地点	Ⅸ			5-10-15
	（2）机械化工作地点	Ⅸ			5-10-15
	（3）厂内主要运输道路				1-2-3
	（4）厂内次要运输道路				0.5-1-2
	（5）警卫线				0.5-1-2
	（6）编车及调车线路				0.5-1-2
	（7）单轨线路				0.5-1-2
	（8）转辙道岔	Ⅸ			5-10-15
	（9）高架桥				1-2-3
	Ⅳ变电所				
1	高低压配电室，继电器室，控制室	Ⅵ			30-50-75

续表 35-20

序号	车间和工作场所	视觉工作等级	平均照度（lx）		
			混合照明	混合照明中一般照明	一般照明
2	变压器，电容器，断路器，电抗器，母线及电缆室	VII			20-30-50
3	蓄电池室	VII			20-30-50
4	露天部分	IX			5-10-15
	V 电话局				
1	机键室				
	（1）机架上	V			50-75-100
	（2）地面上	VIII			10-15-20
2	调整室				
	（1）调整工作面上	V			50-75-100
	（2）地面上	VIII			10-15-20
3	总机室				
	（1）配线架上	VI			30-50-75
	（2）地面上	VIII			10-75-20
4	交换机室				
	（1）工作面上	VI			30-50-75
	（2）地面上	VIII			10-15-20
5	线路材料仓库	VIII			10-15-20
6	备用机房				
	（1）备用自动机键机架上	V			50-75-100
	（2）地面上	VIII			10-15-20
7	蓄电池室	VII			20-30-50
8	电力室（整流器室）	VI			30-50-75
9	柴油发电机室				
	（1）地面上	VIII			10-15-20
	（2）机器工作面上	VI			30-50-75
10	电缆室				
	（1）接线架上	VII			20-30-50
	（2）电缆沟内	VIII			10-15-20

表 35-21 焦化（煤气）、耐火工厂照度值

序号	车间和工作场所	视觉工作等级	平均照度（lx）		
			混合照明	混合照明中一般照明	一般照明
	焦化厂（煤气厂）备煤车间				
1	翻车机室				
	（1）地上	VII			20-30-50
	（2）地下	VIII			10-15-20
2	运煤胶带机通廊				

续表 35-21

序号	车间和工作场所	视觉工作等级	平均照度（lx） 混合照明	混合照明中一般照明	一般照明
	（1）地上	Ⅷ			10-15-20
	（2）地下	Ⅷ			10-15-20
3	转运站	Ⅶ			20-30-50
4	破碎机室	Ⅶ			20-30-50
5	粉碎机室	Ⅶ			20-30-50
6	配煤室				
	（1）上层	Ⅶ			20-30-50
	（2）下层	Ⅶ			20-30-50
7	煤塔顶	Ⅶ			20-30-50
8	机械化贮煤场	Ⅸ			5-10-15
9	煤试样室	Ⅶ			20-30-50
10	推土机库	Ⅸ			5-10-15
	炼焦车间				
1	焦炉两侧通廊	Ⅷ			10-15-20
2	焦炉地下室	Ⅶ			20-30-50
3	交换机室	Ⅶ			20-30-50
4	炉端台，炉间台	Ⅸ			5-10-15
5	煤塔两侧	Ⅸ			5-10-15
6	焦炉炉顶				3-5-10
7	焦炉机两侧				3-5-10
	熄焦				
1	熄焦泵房	Ⅶ			20-30-50
2	熄焦沉淀池				3-5-10
	筛焦				
1	焦台				
	（1）地上	Ⅷ			10-15-20
	（2）地下	Ⅸ			5-10-15
2	运焦胶带机通廊	Ⅶ			20-30-50
3	转运站	Ⅶ			20-30-50
4	筛焦楼，贮焦槽	Ⅶ			20-30-50
5	焦试样室	Ⅶ			20-30-50
6	贮焦场				3-5-10
	辅助设施				
1	冷冻站	Ⅶ			20-30-50
2	生物脱酚				
	（1）室内	Ⅶ			20-30-50
	（2）室外				3-5-10
3	煤气加压站	Ⅶ			20-30-50

续表 35-21

序号	车间和工作场所	视觉工作等级	平均照度（lx）		
			混合照明	混合照明中一般照明	一般照明
4	煤气贮配站				
	（1）室内	VⅢ			10-15-20
	（2）室外	IX			5-10-15
	煤气净化和精制				
1	主厂房	VⅡ			20-30-50
2	室外装置	VⅢ			10-15-20
3	室外一般场所	IX			5-10-15
	煤气发生站				
1	煤气发生站				
	（1）二、三层	VⅡ			20-30-50
	（2）底层	IX			5-10-20
2	运煤胶带机通廊	VⅡ			20-30-50
3	转运站	VⅡ			20-30-50
4	贮煤场				3-5-10
	耐火材料厂 原料仓库、成品仓库				
1	库房	IX			5-10-15
	破碎、粉碎、混合、成型工段				
1	主厂房	VⅡ			20-30-50
	干燥烧成工段				
1	主厂房	VⅡ			20-30-50
2	窑前装砖台	VI			30-50-75
	锻烧原料竖窑				
1	窑顶	VⅢ			10-15-20
2	中间各层平台	VⅢ			10-15-20
3	出料系统	VⅡ			20-30-50
	回转窑				
1	窑头	VⅡ			20-30-50
2	窑尾	VⅡ			20-30-50
3	窑中露天部分				3-5-10
	焦耐公用设施				
1	变电所，集中操作室				
	（1）高低压配电室	VI			30-50-75
	（2）继电器室	VI			30-50-75
	（3）控制室	IV乙			75-100-150
	（4）变压器室	VⅡ			20-30-50
	（5）电缆通廊，隧道	VⅢ			10-15-20
	（6）PLC 控制室	Ⅲ乙			150-200-300

续表 35-21

序号	车间和工作场所	视觉工作等级	平均照度（lx）		
			混合照明	混合照明中一般照明	一般照明
	（7）地下室	Ⅷ			10-15-20
	（8）露天部分	Ⅸ			5-10-15
	（9）蓄电池及充电机室	Ⅶ			20-30-50
2	机修、锻造、铸造、木工间				
	（1）一般的机械加工	Ⅲ乙	300-500-750	750-100-150	
	（2）铸造车间	Ⅵ			30-50-75
	（3）铆焊间	Ⅵ			30-50-75
	（4）木工间	Ⅵ			30-50-75
3	电修间				
	（1）拆卸、绕线、安装、干燥、试验	Ⅵ			30-50-75
	（2）油设施	Ⅶ			20-30-50
4	空压站				
	空压机室	Ⅵ			30-50-75
5	锅炉房				
	（1）主厂房	Ⅶ			20-30-50
	（2）运煤胶带机通廊	Ⅶ			20-30-50
	（3）转运站	Ⅶ			20-30-50
6	化验室				
	（1）检验室，分析室，显微室，X光室	Ⅳ甲			100-150-200
	（2）电炉室	Ⅶ			20-30-50
7	厂内公路				
	（1）一般公路				0.5-1-2
	（2）厂内干道				1-2-3

表 35-22　工业企业辅助建筑（生活福利）照度值

序号	场所名称	一般照明的平均照度（lx）	规定照度的平面	备　注
1	办公室	100-150-200	距地 0.75m 的水平面	
2	工艺室，设计室，绘图室	200-300-500	实际工作面	应增加局部照明
3	打字室	200-300-500	实际工作面	应增加局部照明
4	资料室，会议室，报告厅	100-150-200	距地 0.75m 水平面	
5	阅览室，陈列室	100-150-200	距地 0.75m 水平面	
6	医务室	75-100-150	距地 0.75m 水平面	
7	食堂，车间休息室，单身宿舍	50-75-100	距地 0.75m 水平面	
8	浴室，更衣室，厕所，楼梯间	15-20-30 20-30-50	地面	

续表 35-22

序号	场所名称	一般照明的平均照度（lx）	规定照度的平面	备　注
9	盥洗间	20-30-50	地面	
10	托儿所，幼儿园			
	（1）卧室	20-30-50	距地 0.4～0.5m 的水平面	
	（2）活动室	75-100-150	距地 0.4～0.5m 的水平面	

工作面上的照度，一般采用每一照度范围的中间值。凡符合下列条件之一时，工作面上的照度应采用照度范围的最高值：

（1）Ⅰ-Ⅴ等级的视觉工作，当眼睛至被识别对象的距离大于 500mm 时；

(2)连续长时间紧张的视觉工作，对视觉器官有不良影响时；

(3)识别对象在活动面上，识别时间短促而辨认困难时；

（4）工作需要特别注意操作安全时；

（5）识别对象反射系数低时；

（6）当作业精度要求较高时。

凡符合下列条件之一时，工作面上的照度应采用照度范围的最低值：

（1）临时性地完成工作时；

（2）当精度或速度无关重要时。

35.4.2 各种不同照明种类和方式之间的照度关系

采用气体放电灯作为一般照明时，在经常有人工作的生产车间，其照度值不宜低于 50lx。

混合照明中的一般照明，其照度应按该等级混合照明照度的 5～15%选取，但不宜低于 30lx。

供暂时继续工作的应急照明，在主要工作面上应尽可能维持原规定照度的 30～50%，但发电厂、变电所、消防控制站、大型轧钢车间主电气室等在有条件的情况下应保持正常照度水平。并考虑在下列场所安装：

(1)由于工作中断或误操作而引起爆炸、火灾或人身伤亡的场所；

（2）主要公用和动力设施；

(3)由于中断照明而被迫停止生产，且在短时间内无法恢复生产，因而影响产品质量的场所（冷、热连轧厂等）。

供人员疏散用的应急照明，在主要通道的地面上及楼梯上的照度应不低于 0.5lx。并考虑在下列场所安装：

(1)照明中断后，容易发生事故的生产车间或通行时容易发生危险的场所；

（2）人员密集的大型企业的办公楼和大型俱乐部等主要场所的楼梯、通道和出口处；

（3）无自然采光的生产厂房。

供值班用的照明，在厂房通道上的照度应不低于 0.5lx。

35.5 灯具选择及布置

35.5.1 灯具选择

钢铁厂用灯具应根据环境条件和满足工作及生产要求，合理确定灯具的配光、效率、类型、外型尺寸等因素来选择。为保证照明设计质量并节省电能，应优先选用高效节能新光源和灯具，以便提高照明效率。

根据周围环境特点选择灯具见表 35-16；根据灯具悬挂高度选择灯具见表 35-23。

表 35-23 灯具适宜的悬挂高度

灯具类型	悬挂高度（m）	灯具类型	悬挂高度（m）
配照、广照型工厂灯	3～6	球型灯	2.5～5
搪瓷深照型工厂灯	6～15	吸顶灯	2.5～5
镜面深照型工厂灯	12～30	荧光灯	2.5～4
块板灯(250W 以上)	12～30	混光灯具	6～30
防水防尘灯	2.5～6	斜照壁灯	6～12
隔爆、安全型灯	2.5～5	路灯	6 及以上

35.5.2 灯具布置及布灯方案

灯具布置应满足一定照度要求，其均匀度不应小于 0.7，并尽可能减少眩光和阴影，布灯要经济合理。

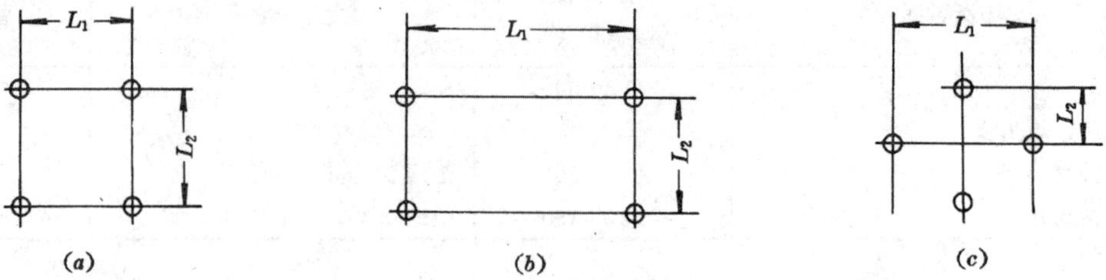

图 35-19 布灯图

(a) —正方形，$L=L_1=L_2$；(b) —矩形，$L=\sqrt{L_1L_2}$；

(c) —菱形，$L=\sqrt{L_1L_2}$；L_1—一排布灯中的灯间距离；

L_2—二排布灯间的垂直距离

厂房内大部分宜采用均匀布灯，一般应按正方形、矩形或菱形等形式布灯。如需局部照明或定向投射照明时，可按具体情况进行布置。在选择灯具位置时，灯具间距 L 和计算高度 H（指灯具距工作面的高度）之比，是布灯合适与否的重要指标，L/H 值小，照明均匀度好，但不够经济。相反，L/H 值大，则均匀度差，但投资省，因此必须选择合理的距高比，以保证照明设计的质量。各类灯具的 L/H 值参见表 35-17。验算距高比关系时可按图 35-19 进行。

布置灯具时，还应遵守下列原则：

(1) 所有灯具的安装位置应便于维修；

(2) 在维护灯具不安全和无法维护的场所不应装设，如高、低压开关柜及母线、水池等上方；

(3) 热辐射影响严重的场所不宜安装灯具。如加热炉及热钢坯堆场上方。

生产厂房一般照明布灯方案图见图 35-20。图中 L 为厂房跨距，m；厂房柱距均为 6m。推荐布灯的方案见表 35-24。

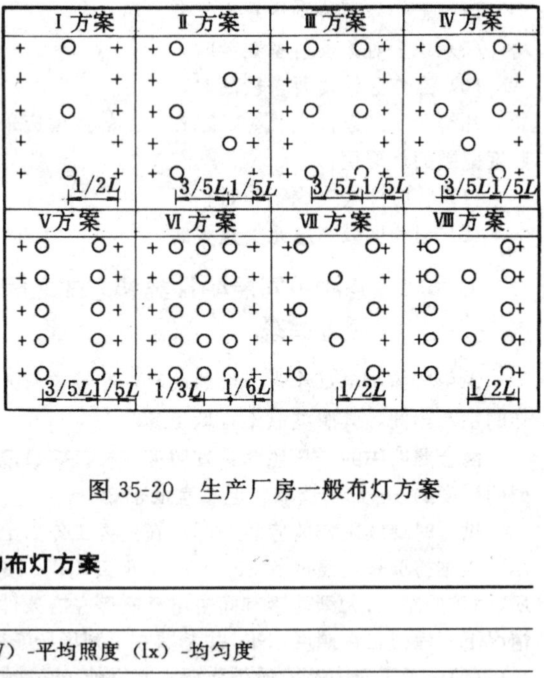

图 35-20 生产厂房一般布灯方案

表 35-24 推荐的布灯方案

灯具吊高 (m)	跨度 6m		
	灯型-灯具布置方案编号-灯源 (W) -平均照度 (lx) -均匀度		
	要求平均照度		
	10	20	30
4			GC1-Ⅰ-GGY125-36.5-0.65
5			GC1-Ⅲ-GGY125-31.1-0.66 C102-Ⅰ-NGX100-34.5-0.85 C102-Ⅰ-NG100-43.2-0.85

续表 35-24

跨度 6m			
灯具吊高 (m)	灯型-灯具布置方案编号-灯源（W）-平均照度（lx）-均匀度		
	要求平均照度		
	10	20	30
6	GC1-Ⅰ-GGY125-14.7-0.76	GC1-Ⅱ-GGY125-25.4-0.82 C102-1-NG70-28.3-0.89	C102-Ⅰ-NGX100-30.6-0.96 C102-Ⅰ-NG100-38.3-0.96 C102-Ⅰ-NGX150-44.3-0.97
7	GC1-Ⅰ-GGY125-12.3-0.84	GC1-Ⅱ-GGY125-21.8-0.84 GC1-Ⅲ-GGY125-23-0.84 G102-Ⅰ-NGX100-24.2-0.95 C102-Ⅰ-NG70-24.7-0.9	C102-Ⅰ-NG100-30.3-0.95 C102-Ⅰ-NGX150-34.5-0.96 GC1-Ⅴ-GGY125-40.1-0.96 C102-Ⅰ-NG150-42.5-0.96 C102-Ⅱ-NG70-44.1-0.84 C102-Ⅱ-NGX100-45.6-0.82 C102-Ⅲ-NG70-46.2-0.91 C102-Ⅲ-NGX100-48.4-0.97
8		C102-Ⅰ-GN70-21.6-0.98 C102-Ⅰ-NGX100-21.7-0.91	C102-Ⅰ-NGX150-30.2-0.92 GC1-Ⅴ-GGY125-33.8-0.96 C102-Ⅰ-NG150-37.2-0.92 C102-Ⅱ-NG70-37.9-0.84 C102-Ⅲ-NG70-40.6-0.98 C102-Ⅲ-NGX100-41.3-0.91 C202-Ⅰ-GGY250+NG110-49.6-0.79
9	GC5-Ⅰ-GGY125-10.1-0.94 GC5-Ⅱ-GGY125-18.1-0.84 GC5-Ⅲ-GGY125-19.2-0.97	GC5-Ⅰ-GGY250-21.1-0.92 GC5-Ⅳ-GGY125-26.4-0.97	GC5-Ⅱ-GGY250-37.2-0.84 GC5-Ⅲ-GGY250-40.1-0.94 C202-Ⅰ-GGY250+NG110-43.1-0.8
10	GC5-Ⅱ-GGY125-16.1-0.84 GC5-Ⅲ-GGY125-17.3-0.96	GC5-Ⅴ-GGY125-28.9-0.94	GC5-Ⅱ-GGY250-32.8-0.84 GC5-Ⅲ-GGY250-35.7-0.95

跨度 6m			
灯具吊高 (m)	灯型-灯具布置方案编号-灯源（W）-平均照度（lx）-均匀度		
	要求平均照度		
	50	75	100
4	C102-Ⅱ-NG70-66.5-0.82 GC1-Ⅴ-GGY125-71.1-0.97 C102-Ⅱ-NGX100-74.1-0.91		C102-Ⅱ-NGX150-108.7-0.88 C102-Ⅳ-NG70-109.4-0.84 C102-Ⅴ-NG70-132.5-0.98 C102-Ⅴ-NGX100-146-0.97
5	C102-Ⅰ-NGX150-50-0.81 GC1-Ⅴ-GGY125-57.9-0.97 C102-Ⅱ-NG70-58.4-0.90 C102-Ⅱ-NGX100-66.9-0.91 C102-Ⅲ-NGX100-68.4-0.75	C102-Ⅱ-NG100-83.6-0.91 C102-Ⅲ-NG100-85.5-0.75 C102-Ⅱ-NGX150-95.5-0.94 C102-Ⅲ-NGX150-97.9-0.75	C102-Ⅴ-NG70-116-0.98 C102-Ⅱ-NG150-117.5-0.94 C102-Ⅲ-NG150-120.5-0.75 C102-Ⅴ-NGX100-130.5-0.97 C202-Ⅱ-GGY250+NG110-135.5-0.82

续表 35-24

灯具吊高(m)	跨度 6m 灯型-灯具布置方案编号-灯源（W）-平均照度（lx）-均匀度 要求平均照度 50	75	100
6	C102-Ⅰ-NG150-54.5-0.97 C102-Ⅱ-NGX100-55.8-0.89 C102-Ⅲ-NGX100-58.4-0.97 C202-Ⅱ-GGY250+NG110-67.8-0.84 C102-Ⅱ-NG100-69.8-0.89 C102-Ⅲ-NG100-73-0.97	C102-Ⅱ-NGX150-77.4-0.88 C102-Ⅲ-NGX150-81.4-0.97 C102-Ⅱ-NG150-95.3-0.88	C102-Ⅲ-NG150-100.2-0.97 C102-Ⅴ-NG70-100.4-0.94 C102-Ⅴ-NGX100-105.3-0.94 C202-Ⅱ-GGY250+NG110-119.2-0.94 C202-Ⅲ-GGY250+NG110-121.5-0.8 C102-Ⅴ-NG100-131.6-0.94
7	C102－Ⅱ-NG100-57-0.82 C202-Ⅰ-GGY250+NG110-59.7-0.97 C102-Ⅲ-NG100-60.6-0.97 C102-Ⅱ-NGX150-64.2-0.82 C102-Ⅳ-NG70-65.4-0.98 C102-Ⅲ-NGX150-68.5-0.97	C102-Ⅱ-NG150-79-0.82 C102-Ⅴ-NG70-83.5-0.95 C102-Ⅴ-NGX100-83.6-0.94 C102-Ⅲ-NG150-84.4-0.97 C101-Ⅰ-NGX250-92-0.8	C102-Ⅴ-NG100-104.5-0.94 C202-Ⅱ-GGY250+NG110-107.9-0.89 C202-Ⅲ-GGY250+NG110-111.4-0.92 C101-Ⅰ-NG250-114.5-0.8 C102-Ⅴ-NGX150-116.4-0.94 C102-Ⅴ-NG150-143.2-0.94
8	C102-Ⅲ-NG100-51.6-0.91 C102-Ⅱ-NGX150-53.3-0.84 C102-Ⅲ-NGX150-58.2-0.95 C102-Ⅴ-NGX100-66.6-0.92 C102-Ⅲ-NG150-71.6-0.95	C101-Ⅰ-NGX250-81-0.92 C202-Ⅱ-GGY250+NG110-89.3-0.81	C101-Ⅰ-NG250-100.8-0.92 C102-Ⅴ-NG150-115.2-0.94 C101-Ⅰ-NGX400-136.8-0.92
9	GC5-Ⅱ-GGY400-61-0.84 GC5-Ⅴ-GGY250-65.5-0.95 C101-Ⅰ-NGX250-68.9-0.96	C202-Ⅱ-GGY250+NG110-80.8-0.8 C101-Ⅰ-NG250-85.7-0.96	GC5-Ⅴ-GGY400-106.2-0.95 C202-Ⅳ-GGY250 + NG110 － 116.1-0.90 C101-Ⅰ-NGX400-116.4-0.96 C101-Ⅱ-NGX250-132.8-0.85 C101-Ⅲ-NGX250-139.2-0.96
10	GC5-Ⅱ-GGY400-53.7-0.85 GC5-Ⅴ-GGY250-56.3-0.96 GC5-Ⅲ-GGY400-58.5-0.96 C101-Ⅰ-NGX250-68.1-0.92	C101-Ⅰ-NG250-84.8-0.92	C101-Ⅱ-NGX250-113.1-0.8 C101-Ⅰ-NGX400-115.1-0.92 C101-Ⅲ-NGX250-120.7-0.92

灯具吊高(m)	跨度 6m 灯型-灯具布置方案编号-灯源（W）-平均照度（lx）-均匀度 要求平均照度 150	200	300
4		C102-Ⅴ-NGX150-213.5-0.97	C202-Ⅴ-GGY250+NG110-314-0.98

续表 35-24

灯具吊高(m)	跨度 6m 灯型-灯具布置方案编号-灯源（W）-平均照度（lx）-均匀度 要求平均照度 150	200	300
5	C102-Ⅴ-NG100-163.1-0.97 C102-Ⅴ-NGX150-185.3-0.97	C102-Ⅴ-NG150-228.1-0.97	
6	C201-1-GGY400+NG215-154.9-0.7 C102-Ⅴ-NG150-178.1-0.94	C101-Ⅱ-NG250-227.4-0.84 C202-Ⅴ-GGY250+NG110-233.8-0.96	C101-Ⅱ-NGX400-308.6-0.84
7	C101-Ⅰ-NGX400-155.4-0.8 C101-Ⅱ-NGX250-158.5-0.91 C101-Ⅲ-NGX250-162.2-0.77	C101-Ⅲ-NG250-201.9-0.77 C202-Ⅴ-GGY250+NG110-207.7-0.96 C201-Ⅱ-GGY400+NG215-238.2-0.90	C101-Ⅴ-NGX250-308.5-0.97 C101-Ⅱ-NG400-338.2-0.91 C101-Ⅲ-NG400-346.1-0.77
8	C101-Ⅱ-NGX250-151.1-0.90 C101-Ⅲ-NGX250-157.8-0.9 C202-Ⅴ-GGY250+NG110-167-0.92 C101-Ⅰ-NG400-172.7-0.92 C101-Ⅱ-NG250-188-0.90	C201-Ⅱ-GGY400+NG215-204.5-0.84	C101-Ⅱ-NG400-322.4-0.90
9	C101-Ⅱ-NG250-165.2-0.85 C101-Ⅲ-NG250-173.2-0.96 C201-Ⅱ-GGY400+NG215-184.2-0.84	C101-Ⅱ-NGX400-224.2-0.85 C101-Ⅲ-NGX400-235.1-0.96 C101-Ⅴ-NGX250-248.6-0.95	C101-Ⅴ-NG250-309.3-0.95
10	C101-Ⅲ-NG250-150.2-0.92 C101-Ⅳ-NGX250-166.8-0.94	C101-Ⅲ-NGX400-203.9-0.92 C101-Ⅴ-NGX250-206.6-0.94 C101-Ⅳ-NG250-207.6-0.94 C201-Ⅳ-GGY400+NG215-238.8-0.91 C101-Ⅱ-NG400-241.2-0.8	C201-Ⅴ-GGY400+NG215-300.2-0.92 C101-Ⅵ-NGX250-319.9-0.94 C101-Ⅴ-NGX400-348.9-0.94

灯具吊高(m)	跨度 9m 灯型-灯具布置方案编号-灯源（W）-平均照度（lx）-均匀度 要求平均照度 10	20	30
5		GC1-Ⅲ-GGY125-25.8-0.66	C102-1-NGX100-30.5-0.67 C102-Ⅰ-NG100-38.2-0.67 C102-Ⅰ-NGX150-43.5-0.73 C102-Ⅱ-NG70-47.6-0.71 GC1-Ⅴ-GGY125-47.6-0.96

续表 35-24

灯具吊高（m）	跨度 9m 灯型-灯具布置方案编号-灯源（W）-平均照度（lx）-均匀度 要求平均照度 10	20	30
6	GC1-Ⅰ-GGY125-12.8-0.72	GC1-Ⅲ-GGY125-22.8-0.76 C102-Ⅰ-NG70-26.5-0.8	C203-Ⅰ-GGY125+NG70-30.9-0.83 C102-Ⅰ-NGX150-40.4-0.90 GC1-Ⅴ-GGY125-40.7-0.92 C102-Ⅱ-NG70-43.8-0.77 C102-Ⅱ-NGX100-48.9-0.84 C102-Ⅰ-NG150-49.7-0.90
7	GC1-Ⅰ-GGY125-11.3-0.79 GC1-Ⅱ-GGY125-19-0.73	GC1-Ⅲ-GGY125-20.1-0.83 C102-Ⅰ-NGX100-23.3-0.8 C203-Ⅰ-GGY125+NG70-29-0.73	C102-Ⅰ-NGX150-33.5-0.84 GC1-Ⅴ-GGY125-34.6-0.91 C102-Ⅱ-NG70-38-0.78 C102-Ⅱ-NGX100-41.2-0.81 C102-Ⅲ-NGX100-43.7-0.89 C203-Ⅲ-GGY125+NG70-49.3-0.77
8	GC1-Ⅱ-GGY125-16.7-0.78 GC1-Ⅲ-GGY125-17.9-0.89	GC1-Ⅴ-GGY125-29.8-0.91	C102-Ⅱ-NG70-34.3-0.81 C102-Ⅱ-NGX100-35.3-0.78 C102-Ⅰ-NG150-35.7-0.90 C203-Ⅲ-GGY125+NG70-43.8-0.69 C102-Ⅱ-NG100-44.2-0.78
9	GC5-Ⅱ-GGY125-16.1-0.79 GC5-Ⅰ-GGY250-19.9-0.9	GC5-Ⅴ-GGY125-29.6-0.90	GC5-Ⅰ-GGY400-32.6-0.9 GC5-Ⅱ-GGY250-33.8-0.79 GC5-Ⅲ-GGY250-36.6-0.90 C202-Ⅰ-GGY250+NG110-41.4-0.78
10	GC5-Ⅱ-GGY125-14.6-0.8 GC5-Ⅲ-GGY125-15.7-0.92 GC5-Ⅰ-GGY250-17.7-0.91	GC5-Ⅴ-GGY125-26.1-0.90 GC5-Ⅰ-GGY400-29-0.91	GC5-Ⅱ-GGY250-30.2-0.8 GC5-Ⅲ-GGY250-32.9-0.92 C202-Ⅰ-GGY250+NG110-37.6-0.73 C203-Ⅲ-GGY125+NG70-37.7-0.65 GC5-Ⅱ-GGY400-49.6-0.81
11	GC5-Ⅱ-GGY125-13.1-0.8 GC5-Ⅲ-GGY125-14.3-0.92 GC5-Ⅰ-GGY250-15.7-0.92	GC5-Ⅴ-GGY125-23.1-0.91 GC5-Ⅰ-GGY400-25.8-0.91 GC5-Ⅱ-GGY250-27-0.81 GC5-Ⅲ-GGY250-29.6-0.92	C202-Ⅰ-GGY250+NG110-34.3-0.72 GC5-Ⅱ-GGY400-44.1-0.82 GC5-Ⅴ-GGY250-45.2-0.92 GC5-Ⅲ-GGY400-48.5-0.92

续表 35-24

灯具吊高（m）	跨度 9m 灯型-灯具布置方案编号-灯源（W）-平均照度（lx）-均匀度 要求平均照度		
	10	20	30
12	GC5-Ⅱ-GGY125-12-0.82 GC5-Ⅲ-GGY125-13.1-0.90 GC5-Ⅰ-GGY250-14.2-0.90	GC5-Ⅴ-GGY125-20.5-0.91 GC5-Ⅰ-GGY400-23.1-0.90 GC5-Ⅱ-GGY250-24.3-0.82 C202-Ⅰ-GGY250+NG110-29.4-0.73	GC5-Ⅱ-GGY400-39.6-0.83 GC5-Ⅴ-GGY250-39.8-0.94 GC5-Ⅲ-GGY400-43.8-0.91 C101-Ⅰ-NGX250-49.5-0.81

灯具吊高（m）	跨度 9m 灯型-灯具布置方案编号-灯源（W）-平均照度（lx）-均匀度 要求平均照度		
	50	75	100
4	GC1-Ⅴ-GGY125-56.5-0.9		C102-Ⅴ-NG70-105-0.92 C102-Ⅴ-NGX100-119.8-0.85 C203-Ⅴ-GGY125+NG70-143-0.72 C102-Ⅳ-NGX150-143.4-0.81
5	C102-Ⅱ-NGX100-52.3-0.8 C102-Ⅰ-NG150-53.6-0.73 C203-Ⅱ-GGY125+NG70-57.8-0.67 C203-Ⅲ-GGY125+NG70-58.8-0.69 C102-Ⅱ-NG100-65.4-0.8	C102-Ⅲ-NGX150-78.8-0.79 C102-Ⅱ-NG150-94.4-0.77	C102-Ⅴ-NGX100-101.8-0.95 C203-Ⅴ-GGY125+NG70-113.6-0.81 C102-Ⅴ-NG100-127.3-0.95 C102-Ⅴ-NGX150-148.4-0.95
6	C102-Ⅲ-NGX100-51-0.89 C203-Ⅱ-GGY125+NG70-51.4-0.77 C203-Ⅲ-GGY125+NG70-53.1-0.84 C202-Ⅰ-GGY250+NG110-58.9-0.71 C102-Ⅲ-NG100-61.1-0.84 C102-Ⅲ-NGX150-68.2-0.84	C102-Ⅲ-NG150-83.9-0.84 C102-Ⅴ-NG70-84.8-0.9 C102-Ⅴ-NGX100-92.5-0.90	C202-Ⅲ-GGY250+NG110-100.7-0.76 C102-Ⅴ-NG100-115.7-0.90 C102-Ⅴ-NGX150-127.9-0.9
7	C102-Ⅲ-NG100-51.5-0.81 C202-Ⅰ-GGY250+NG110-55.4-0.85 C102-Ⅲ-NGX150-58.2-0.79 C102-Ⅲ-NGX150-62.1-0.92	C102-Ⅴ-NGX100-75.6-0.91 C203-Ⅴ-GGY125+NG70—88.4-0.83 C202-Ⅲ-GGY250-NG110-93-0.87 C102-Ⅴ-NG100-94.5-0.91	C102-Ⅴ-NGX150-105.7-0.9 C102-Ⅴ-NG150-130.1-0.9 C101-Ⅲ-NGX250-136.2-0.74 C101-Ⅲ-NGX250-139.4-0.72
8	C102-Ⅲ-NGX150-54.4-0.9 C102-Ⅴ-NGX100-62.4-0.92 C102-Ⅴ-NG70-63.1-0.92	C203-Ⅴ-GGY125+NG70-75.3-0.84	C102-Ⅴ-NG150-107.6-0.91 C101-Ⅲ-NGX250-129.4-0.8 C101-Ⅰ-NGX400-133.1-0.84 C202-Ⅴ-GGY250+NG110-146.6-0.83

续表 35-24

灯具吊高(m)	跨度 9m		
	灯型-灯具布置方案编号-灯源（W）-平均照度（lx）-均匀度		
	要求平均照度		
	50	75	100
9	GC5-Ⅱ-GGY400-55.7-0.79 GC5-Ⅴ-GGY250-59.2-0.92 GC5-Ⅲ-GGY400-60.3-0.91 C203-Ⅴ-GGY125＋NG70-67.9-0.85 C202-Ⅱ-GGY250＋NG110-70.8-0.73	C202-Ⅲ-GGY250＋NG110-75.7-0.83 C101-Ⅰ-NG250-85.9-0.87 GC5-Ⅵ-GGY250-90.5-0.91 GC5-Ⅴ-GGY400-96.4-0.92	C202-Ⅳ-GGY250＋NG110-104.5-0.88 C101-Ⅱ-NGX250-115.7-0.82 C101-Ⅰ-NGX400-116.6-0.87 C101-Ⅲ-NGX250-121.7-0.91 GC5-Ⅵ-GGY400-147-0.91
10	GC5-Ⅴ-GGY250-51.5-0.92 GC5-Ⅲ-GGY400-54.1-0.94 C101-Ⅰ-NGX250-61.6-0.87 C202-Ⅱ-GGY250＋NG110-63.9-0.71 C202-Ⅲ-GGY250＋NG110-69.3-0.81	C101-Ⅰ-NG250-76.6-0.87 GC5-Ⅴ-GGY400-83.9-0.92 C201-Ⅰ-GGY400＋NG215-86.7-0.79	C101-Ⅱ-NGX250-103.3-0.8 C101-Ⅰ-NGX400-104-0.87 C101-Ⅲ-NGX250-110.6-0.84 C202-Ⅴ-GGY250＋NG110-113.1-0.87 C101-Ⅱ-NG250-128.6-0.8
11	C101-Ⅰ-NGX250-55.9-0.83 C202-Ⅱ-GGY250＋NG110-57.2-0.77 C104-Ⅰ-NG400-61.6-0.81 C202-Ⅲ-GGY250＋NG110-62.9-0.82	C201-Ⅰ-GGY400＋NG215-78.2-0.79 C104-Ⅰ-NG250-82.1-0.81 C101-Ⅱ-NGX250-94.3-0.78 C202-Ⅴ-GGY250＋NG110-99.2-0.90	C101-Ⅲ-NGX250-102-0.84 C104-Ⅱ-NGX250-106.5-0.67 C104-Ⅰ-NGX400-111.5-0.81 C201-Ⅱ-GGY400＋NG215-133.7-0.78 C201-Ⅲ-GGY400＋NG215-144.6-0.85
12	C104-Ⅰ-NG400-53.6-0.83 C104-Ⅰ-NGX250-57.5-0.83 C202-Ⅲ-GGY250＋NG110-58.1-0.78 GC5-Ⅴ-GGY400-64.2-0.94	C101-Ⅰ-NGX400-83.5-0.81 C101-Ⅱ-NGX250-85-0.76 C202-Ⅴ-GGY250＋NG110-87.8-0.90 C101-Ⅲ-NGX250-92.1-0.85 C104-Ⅲ-NG400-94.3-0.78	C104-Ⅲ-NGX250-101.1-0.78 C101-Ⅰ-NG400-105.5-0.81 C101-Ⅱ-NG250-105.7-0.76 C101-Ⅲ-NG250-114.6-0.85 C201-Ⅱ-GGY400＋NG215-122.1-0.76 C201-Ⅲ-GGY400＋NG215-133.3-0.82

灯具吊高(m)	跨度 9m		
	灯型-灯具布置方案编号-灯源（W）-平均照度（lx）-均匀度		
	要求平均照度		
	150	200	300
4	C102-Ⅴ-NGX150-175.5-0.89	C203-Ⅵ-GGY125＋NG70-202-0.9 C102-Ⅴ-NG150-216.1-0.89 C202-Ⅴ-GGY250＋NG110-245.2-0.76	C102-Ⅵ-NG150-341.7-0.89
5	C102-Ⅴ-NG150-182.6-0.95	C202-Ⅴ-GGY250＋NG110-223.8-0.94	C202-Ⅵ-GGY250＋NG110-328.2-0.89
6	C102-Ⅴ-NG150-157.5-0.9 C202-Ⅴ-GGY250＋NG110-192.5-0.87	C201-Ⅰ-GGY400＋NG215-216.5-0.66	

续表 35-24

灯具吊高(m)	跨度 9m		
	灯型-灯具布置方案编号-灯源（W）-平均照度（lx）-均匀度		
	要求平均照度		
	150	200	300
7	C101-Ⅱ-NG250-169.4-0.74 C202-Ⅴ-GGY250+NG110-171.6-0.84 C101-Ⅲ-NG250-173.5-0.72	C201-Ⅲ-GGY400+NG215-205-0.81 C101-Ⅱ-NGX400-230-0.74	C101-Ⅴ-NG250-329.5-0.91
8	C101-Ⅱ-NG250-161.1-0.8 C101-Ⅲ-NG250-168-0.81 C101-Ⅰ-NG400-168.1-0.84 C201-Ⅱ-GGY400+NG215-176.5-0.81	C101-Ⅱ-NGX400-218.6-0.8 C101-Ⅲ-NGX400-228-0.81 C101-Ⅴ-NGX250-246.4-0.88	C101-Ⅴ-NG250-306.7-0.88 C201-Ⅴ-GGY400+NG215-335.7-0.85
9	C101-Ⅲ-NG250-151.5-0.91 C201-Ⅱ-GGY400+NG215-160.2-0.82 C201-Ⅲ-GGY400+NG215-169.6-0.9 C101-Ⅱ-NGX400-195.5-0.82	C101-Ⅲ-NGX400-205.6-0.91 C101-Ⅴ-NGX250-216.4-0.89 C101-Ⅱ-NG400-246.9-0.82	
10	C104-Ⅲ-NG250-155.6-0.8 C201-Ⅲ-GGY400+NG215-157.7-0.84 C101-Ⅲ-NGX400-186.7-0.84 C101-Ⅴ-NGX250-188.2-0.88	C104-Ⅲ-NGX400-211.2-0.8 C104-Ⅴ-NG400-212.3-0.9 C201-Ⅳ-GGY400+NG215-216.4-0.89 C101-Ⅱ-NG400-220.5-0.8 C101-Ⅴ-NG250-234.2-0.88	C101-Ⅴ-NGX400-317.9-0.88
11	C101-Ⅱ-NGX400-159.3-0.78 C101-Ⅴ-NGX250-167.5-0.89 C101-Ⅲ-NGX400-172.3-0.84	C101-Ⅱ-NG400-201.3-0.78 C101-Ⅴ-NG250-208.4-0.89 C101-Ⅲ-NG400-217.6-0.84 C201-Ⅴ-GGY400+NG215-238.7-0.90	C104-Ⅴ-NGX400-335.3-0.9
12	C101-Ⅲ-NGX400-155.6-0.85 C104-Ⅱ-NGX400-161.6-0.75 C101-Ⅱ-NG400-181.2-0.76 C101-Ⅲ-NG400-196.5-0.85	C201-Ⅴ-GGY400+NG215-211.3-0.9 C104-Ⅴ-NG250-221.1-0.91	C104-Ⅴ-NGX400-300.1-0.91

灯具吊高(m)	跨度 12m		
	灯型-灯具布置方案编号-灯源（W）-平均照度（lx）-均匀度		
	要求平均照度		
	10	20	30
4			GC1-Ⅴ-GGY125-46.6-0.9

续表 35-24

灯具吊高(m)	跨度 12m 灯型-灯具布置方案编号-灯源（W）-平均照度（lx）-均匀度 要求平均照度 10	20	30
5		GC1-Ⅲ-GGY125-21.9-0.65	GC1-Ⅳ-GGY125-32.4-0.69 GC1-Ⅴ-GGY125-40.3-0.97 C102-Ⅱ-NGX100-44.7-0.69 C102-Ⅲ-NGX100-45.8-0.78
6	GC1-Ⅲ-GGY125-19.6-0.76	C102-Ⅰ-NGX100-26.2-0.7 GC1-Ⅳ-GGY125-28.3-0.79	C102-Ⅰ-NG100-32.8-0.7 GC1-Ⅴ-GGY125-34.8-0.92 C102-Ⅱ-NG70-35.4-0.72 C102-Ⅲ-NG70-36.4-0.76 C203-Ⅲ-GGY125+NG70-45.6-0.83
7	GC1-Ⅰ-GGY125-10.1-0.7 GC1-Ⅱ-GGY125-16.6-0.67 GC1-Ⅲ-GGY125-17.7-0.81	C102-Ⅰ-NGX100-21.4-0.78 GC1-Ⅳ-GGY125-24.6-0.84	GC1-Ⅴ-GGY125-30.2-0.90 C102-Ⅰ-NGX150-30.4-0.78 C102-Ⅱ-NG70-33-0.69 C102-Ⅲ-NG70-34.6-0.81 C203-Ⅱ-GGY125+NG70-38.9-0.67 C102-Ⅱ-NG100-44.4-0.69 GC1-Ⅵ-GGY125-46.5-0.85 C102-Ⅲ-NG100-47.3-0.84
8	GC1-Ⅱ-GGY125-14.8-0.7 GC1-Ⅲ-GGY125-15.9-0.84 C102-Ⅰ-NGX100-19.9-0.83	GC5-Ⅰ-GGY250-20.7-0.79 GC1-Ⅳ-GGY125-21.5-0.88 C203-Ⅰ-GGY125+NG70-22.6-0.75 GC1-Ⅴ-GGY125-26.3-0.9	C102-Ⅱ-NG70-30.4-0.7 C102-Ⅲ-NG70-32.5-0.90 C102-Ⅰ-NG150-34.4-0.84 C203-Ⅱ-GGY125+NG70-36.4-0.68 GC1-Ⅵ-GGY125-40.5-0.85 C102-Ⅳ-NG70-45.9-0.85
9	GC5-Ⅱ-GGY125-13.9-0.71 GC5-Ⅲ-GGY125-14.8-0.85 GC5-Ⅰ-GGY250-18.5-0.82	GC5-Ⅳ-GGY125-20.9-0.88 C203-Ⅰ-GGY125+NG70-21.5-0.7 GC5-Ⅴ-GGY125-25.6-0.87	GC5-Ⅰ-GGY400-30.3-0.84 GC5-Ⅱ-GGY250-30.5-0.72 GC5-Ⅲ-GGY250-33-0.89 C202-Ⅰ-GGY250+NG110-38.9-0.81 GC5-Ⅵ-GGY125-40-0.84 GC5-Ⅳ-GGY250-43.6-0.9

续表 35-24

灯具吊高(m)	跨度 12m 灯型-灯具布置方案编号-灯源（W）-平均照度（lx）-均匀度 要求平均照度		
	10	20	30
10	GC5-Ⅱ-GGY125-13.1-0.74 GC5-Ⅲ-GGY125-14.1-0.89 GC5-Ⅰ-GGY250-16.6-0.84 GC5-Ⅳ-GGY125-19.2-0.87	GC5-Ⅴ-GGY125-23.4-0.87 GC5-Ⅰ-GGY400-27.3-0.84 GC5-Ⅱ-GGY250-27.6-0.75	GC5-Ⅲ-GGY250-30.1-0.9 C202-Ⅰ-GGY250+NG110-35.6-0.82 GC5-Ⅵ-GGY125-35.9-0.84 GC5-Ⅳ-GGY250-38.5-0.9 GC5-Ⅱ-GGY400-45.3-0.76 GC5-Ⅴ-GGY250-46.9-0.9
12	GC5-Ⅱ-GGY125-11-0.76 GC5-Ⅲ-GGY125-12.1-0.87 GC5-Ⅰ-GGY250-13.6-0.84 GC5-Ⅳ-GGY125-15.5-0.88 GC5-Ⅴ-GGY125-18.9-0.89	GC5-Ⅰ-GGY400-22.2-0.85 GC5-Ⅱ-GGY250-22.6-0.78 GC5-Ⅲ-GGY250-25-0.89 GC5-Ⅵ-GGY125-28.8-0.88	GC5-Ⅳ-GGY250-30.3-0.90 GC5-Ⅴ-GGY250-36.9-0.90 GC5-Ⅱ-GGY400-37-0.79 GC5-Ⅲ-GGY400-41-0.89 C202-Ⅱ-GGY250+NG110-48.7-0.71
14	GC5-Ⅲ-GGY125-10.4-0.87 GC5-Ⅰ-GGY250-11.3-0.87 GC5-Ⅳ-GCY125-12.7-0.9 GC5-Ⅴ-GGY125-15.4-0.9	GC5-Ⅲ-GGY250-21-0.89 GC5-Ⅵ-GGY125-23.4-0.9 GC5-Ⅳ-GGY250-24.4-0.91 C202-Ⅰ-GGY250+NG110-25-0.77 GC5-Ⅴ-GGY250-29.5-0.91	GC5-Ⅱ-GCY400-30.6-0.81 GC5-Ⅲ-GGY400-34.3-0.89 C101-Ⅰ-NGX250-38.8-0.81 GC5-Ⅳ-GGY400-39.4-0.91 C202-Ⅱ-GGY250+NG110-40.9-0.77 GC5-Ⅴ-GGY400-47.7-0.91

灯具吊高(m)	跨度 12m 灯型-灯具布置方案编号-灯源（W）-平均照度（lx）-均匀度 要求平均照度		
	50	75	100
4	GC1-Ⅵ-GGY125-71.2-0.9	C102-Ⅳ-NGX100-76.1-0.65 C102-Ⅴ-NG70-87.8-0.97 C102-Ⅴ-NGX100-93.2-0.95	C102-Ⅳ-NGX150-112.7-0.68 C203-Ⅴ-GGY125+NG70-135.4-0.7 C102-Ⅳ-NG150-138.7-0.68 C102-Ⅴ-NGX150-139-0.97
5	C102-Ⅱ-NG100-55.8-0.69 C102-Ⅲ-NG100-57.2-0.78 GC1-Ⅵ-GGY125-61.7-0.87 C102-Ⅳ-NG70-62.6-0.71 C102-Ⅲ-NGX150-66.5-0.75	C102-Ⅴ-NG70-77.8-0.90 C102-Ⅳ-NG100-88.3-0.84 C203-Ⅴ-GGY125+NG70-97.5-0.76	C102-Ⅳ-NGX150-101.4-0.82 C102-Ⅴ-NG100-108.5-0.88 C102-Ⅵ-NG70-120.4-0.85 C102-Ⅳ-NG150-124.8-0.82 C203-Ⅵ-GGY125+NG70-146-0.74

续表 35-24

灯具吊高(m)	跨度12m 灯型-灯具布置方案编号-灯源（W）-平均照度（lx）-均匀度 要求平均照度		
	50	75	100
6	C102-Ⅱ-NG100-50.6-0.8 C102-Ⅲ-NG100-52.9-0.89 GC1-Ⅵ-GGY125-53.8-0.85 C102-Ⅳ-NG70-55.6-0.83 C203-Ⅳ-GGY125+NG70-67.7-0.69 C102-Ⅴ-NG70-68.4-0.88	C102-Ⅴ-NGX100-76.6-0.85 C102-Ⅳ-NG100-78.9-0.81 C202-Ⅱ-GGY250+NG110-84.9-0.68 C203-Ⅴ-GGY125+NG70-85.1-0.82	C102-Ⅵ-NG70-107.8-0.83 C102-Ⅴ-NGX150-108.4-0.84 C102-Ⅳ-NG150-110.4-0.83 C102-Ⅵ-NGX100-120.7-0.84 C203-Ⅵ-GGY125+NG70-128.1-0.8
7	C102-Ⅳ-NG70-50.8-0.85 C102-Ⅱ-NGX150-51.1-0.7 C102-Ⅳ-NGX100-52.8-0.87 C102-Ⅲ-NGX150-54.7-0.84 C203-Ⅳ-GGY125+NG70-60.4-0.69	C202-Ⅱ-GGY250+NG110-77-0.73 C202-Ⅲ-GGY250+NG110-80.1-0.89 C102-Ⅴ-NG100-81.2-0.84 C102-Ⅳ-NG150-92-0.89 C102-Ⅵ-NG70-96.2-0.84	C102-Ⅴ-NG150-113.8-0.84 C101-Ⅱ-NGX250-116.3-0.65 C101-Ⅲ-NGX250-119.2-0.71 C202-Ⅳ-GGY250+NG110-120.3-0.75 C102-Ⅵ-NG100-123.5-0.85
8	C203-Ⅳ-GGY125+NG70-54.7-0.73 C102-Ⅱ-NG150-55.7-0.73 C102-Ⅴ-NG70-56-0.85 C102-Ⅲ-NG150-60.6-0.87	C102-Ⅴ-NGX150-79.3-0.87 C102-Ⅳ-NG150-80.7-0.9 GC5-Ⅳ-GGY400-81.2-0.9 C102-Ⅵ-NG70-85.9-0.84 C201-Ⅰ-GGY400+NG215-92.3-0.7	C203-Ⅵ-GGY125+NG70-101.3-0.81 C101-Ⅱ-NGX250-105.9-0.71 C101-Ⅲ-NGX250-110.6-0.82 C202-Ⅴ-GGY250+NG110-130.4-0.84
9	GC5-Ⅱ-GGY400-50.2-0.73 GC5-Ⅴ-GGY250-53.2-0.9 GC5-Ⅲ-GGY400-54.5-0.89 C101-Ⅰ-NGX250-60.2-0.84 GC5-Ⅳ-GGY400-70.9-0.90	GC5-Ⅵ-GGY250-81.7-0.87 C202-Ⅳ-GGY250+NG110-90.8-0.75 C101-Ⅱ-NGX250-99.6-0.77	C101-Ⅰ-NGX400-101.6-0.84 C101-Ⅲ-NGX250-104.8-0.9 C202-Ⅴ-GGY250+NG110-109-0.82 C101-Ⅱ-NG250-124-0.77 C101-Ⅰ-NG400-128.4-0.84 GC5-Ⅵ-GGY400-132.9-0.88
10	C202-Ⅱ-GGY250+NG110-57-0.68 C101-Ⅰ-NGX250-58.9-0.8 C202-Ⅲ-GGY250+NG110-61.8-0.73 GC5-Ⅳ-GGY400-62.6-0.90 GC5-Ⅵ-GGY250-71.8-0.88		C202-Ⅴ-GGY250+NG110-101-0.8 C101-Ⅱ-NG250-115-0.73 GC5-Ⅵ-GGY400-116.8-0.89 C101-Ⅲ-NG250-122.6-0.87 C104-Ⅳ-NG400-137-0.84
12	C104-Ⅰ-NGX250-50.1-0.81 C202-Ⅲ-GGY250+NG110-53.8-0.76 GC5-Ⅵ-GGY250-56.2-0.9 GC5-Ⅴ-GGY400-59.7-0.90 C104-Ⅰ-NG250-62.4-0.81 C202-Ⅳ-GGY250+NG110-68-0.84		C104-Ⅱ-NG250-105-0.67 C101-Ⅰ-NG400-105.9-0.88 C101-Ⅲ-NG250-107.2-0.78 C101-Ⅳ-NGX250-116-0.82 C202-Ⅵ-GGY250+NG110-125.3-0.87 C101-Ⅴ-NGX250-139.1-0.84

续表 35-24

灯具吊高(m)	跨度12m		
	灯型-灯具布置方案编号-灯源（W）-平均照度（lx）-均匀度		
	要求平均照度		
	50	75	100
14	C202-Ⅳ-GGY250+NG110-54.1-0.90 C201-Ⅰ-GGY400+NG215-57.8-0.76 C104-Ⅱ-NG400-69.8-0.74 GC5-Ⅵ-GGY400-73.2-0.92	C101-Ⅲ-NGX250-75.2-0.79 C101-Ⅰ-NG400-82.8-0.81 C104-Ⅱ-NG250-93.1-0.74 C202-Ⅵ-GGY250+NG110-99.2-0.90	C104-Ⅲ-NG250-100.4-0.94 C104-Ⅳ-NG400-105.2-0.89 C201-Ⅲ-GGY400+NG215-105.7-0.81 C101-Ⅴ-NGX250-113.5-0.84 C101-Ⅱ-NGX400-114.8-0.72 C201-Ⅳ-GGY400+NG215-129.9-0.88 C104-Ⅲ-NGX400-136.2-0.94 C101-Ⅱ-NG400-145-0.72

灯具吊高(m)	跨度12m		
	灯型-灯具布置方案编号-灯源（W）-平均照度（lx）-均匀度		
	要求平均照度		
	150	200	300
4	C102-Ⅵ-NGX100-152.4-0.79 C102-Ⅴ-NG150-171.1-0.97 C203-Ⅵ-GGY125+NG70-180.2-0.91 C102-Ⅵ-NG100-190.5-0.79	C102-Ⅵ-NGX150-223.2-0.83	C202-Ⅵ-GGY250+NG110-316.6-0.9
5	C102-Ⅴ-NG150-153.7-0.89 C202-Ⅴ-GGY250+NG110-187.5-0.97 C102-Ⅵ-NGX150-194.3-0.87	C102-Ⅵ-NG150-239.1-0.87	
6	C102-Ⅵ-NG100-150.9-0.84 C202-Ⅴ-GGY250+NG110-165.9-0.92 C102-Ⅵ-NGX150-171.1-0.84	C102-Ⅵ-NG150-210.6-0.84 C101-Ⅴ-NGX250-240.4-0.9	
7	C102-Ⅵ-NG150-171.6-0.85 C101-Ⅳ-NGX250-183.2-0.8 C101-Ⅱ-NGX400-196.4-0.65	C101-Ⅲ-NGX400-201.3-0.71 C101-Ⅴ-NGX250-225.9-0.88 C101-Ⅳ-NG250-228-0.8 C101-Ⅱ-NG400-248.1-0.65	C101-Ⅳ-NGX400-309.5-0.8 C201-Ⅴ-GGY400+NG215-326-0.89
8	C201-Ⅱ-GGY400+NG215-155.8-0.7 C101-Ⅳ-NGX250-163.6-0.84 C101-Ⅲ-NGX400-186.8-0.82 C202-Ⅵ-GGY250+NG110-193.9-0.81	C101-Ⅴ-NGX250-201.3-0.85 C101-Ⅳ-NG250-203.6-0.84 C101-Ⅱ-NG400-226-0.71 C101-Ⅲ-NG400-236-0.82 C201-Ⅳ-GGY400+NG215-237.5-0.82	C101-Ⅵ-NGX250-315-0.79 C101-Ⅴ-NGX400-340-0.85 C101-Ⅳ-NG400-349.1-0.84

续表 35-24

灯具吊高(m)	跨度12m 灯型-灯具布置方案编号-灯源（W）-平均照度（lx）-均匀度 要求平均照度 150	200	300
9	C101-Ⅳ-NGX250-150.8-0.84 C101-Ⅱ-NGX400-168.2-0.77 C202-Ⅵ-GGY250+NG110-175-0.82 C101-Ⅲ-NGX400-177-0.9 C101-Ⅴ-NGX250-186.2-0.87	C201-Ⅳ-GGY400+NG215-208.3-0.79 C101-Ⅱ-NG400-212.5-0.77 C101-Ⅲ-MG400-223.6-0.9 C101-Ⅴ-NG250-231.7-0.87	C101-Ⅴ-NGX400-314.4-0.87 C101-Ⅳ-NG400-321.7-0.84
10	C101-Ⅱ-NGX400-156-0.73 C202-Ⅵ-GGY250+NG110-156.9-0.82 C101-Ⅲ-NGX400-166.4-0.87 C101-Ⅴ-NGX250-168.6-0.85 C104-Ⅳ-NG250-182.6-0.84	C101-Ⅲ-NG400-210.2-0.87 C104-Ⅴ-NG250-222.8-0.89 C104-Ⅳ-NGX400-247.9-0.84	C104-Ⅴ-NGX400-302.3-0.89 C101-Ⅵ-NG250-324.3-0.83
12	C104-Ⅲ-NGX400-151.2-0.81 C104-Ⅴ-NGX250-155.4-0.92 C104-Ⅳ-NG250-156.5-0.84 C201-Ⅴ-GGY400+NG215-193.7-0.84	C104-Ⅳ-NGX400-212.5-0.84 C101-Ⅵ-NGX250-214.2-0.84 C101-Ⅴ-NGX400-234.8-0.84	
14	C101-Ⅳ-NGX400-155.9-0.87 C201-Ⅴ-GGY400+NG215-157.4-0.89 C101-Ⅲ-NG400-160.5-0.79 C101-Ⅵ-NGX250-169-0.88	C104-Ⅵ-NGX250-211.7-0.89 C104-Ⅴ-NGX400-224.5-0.94 C201-Ⅵ-GGY400+NG215-237.8-0.89	

灯具吊高(m)	跨度15m 灯型-灯具布置方案编号-灯源（W）-平均照度（lx）-均匀度 要求平均照度 10	20	30
5	GC1-Ⅲ-GGY125-19-0.66		C102-Ⅱ-NG70-32.5-0.65 C102-Ⅲ-NG70-32.8-0.65 GC1-Ⅴ-GGY125-34.8-0.77
6	GC1-Ⅲ-GGY125-17.3-0.76	GC1-Ⅳ-GGY125-24.7-0.71	GC1-Ⅴ-GGY125-30.6-0.89 C102-Ⅲ-NG70-32.2-0.81 C203-Ⅱ-GGY125+NG70-36-0.71 C102-Ⅱ-NGX100-36.3-0.7 C203-Ⅲ-GGY125+NG70-37.3-0.69 GC1-Ⅵ-GGY125-46.9-0.82

续表 35-24

<table>
<tr><th colspan="4">跨度 15m</th></tr>
<tr><th rowspan="3">灯具吊高
(m)</th><th colspan="3">灯型-灯具布置方案编号-灯源（W）-平均照度（lx）-均匀度</th></tr>
<tr><th colspan="3">要求平均照度</th></tr>
<tr><th>10</th><th>20</th><th>30</th></tr>
<tr><td>7</td><td>GC1-Ⅱ-GGY125-14.7-0.65
GC1-Ⅲ-GGY125-15.7-0.81</td><td>C102-Ⅰ-NGX100-20-0.7
GC1-Ⅳ-GGY125-21.8-0.78
GC1-Ⅴ-GGY125-26.7-0.9
C102-Ⅱ-NG70-28.8-0.68</td><td>C102-Ⅱ-NGX100-30.6-0.68
C102-Ⅲ-NGX100-32.8-0.81
C102-Ⅰ-NG150-35.5-0.74
C203-Ⅲ-GGY125+NG70-36.3-0.65
GC1-Ⅵ-GGY125-41.3-0.82
C102-Ⅳ-NG70-44.4-0.78</td></tr>
<tr><td>8</td><td>GC1-Ⅲ-GGY125-14.3-0.83
C102-Ⅰ-NGX100-18.7-0.81
GC5-Ⅰ-GGY250-18.9-0.69
GC1-Ⅳ-GGY125-19.3-0.82</td><td>C102-Ⅰ-NG100-23.4-0.81
GC1-Ⅴ-GGY125-23.5-0.88
GC5-Ⅴ-GGY125-25.2-0.84
C102-Ⅲ-NG70-28.5-0.87
C102-Ⅱ-NGX100-29-0.65</td><td>C102-Ⅲ-NGX100-31.4-0.81
C102-Ⅰ-NG150-32.5-0.81
GC1-Ⅵ-GGY125-36.2-0.82
C102-Ⅱ-NG100-36.3-0.65
C102-Ⅳ-NGX100-42.8-0.82
C102-Ⅴ-NG70-49.3-0.84</td></tr>
<tr><td>9</td><td>GC5-Ⅱ-GGY125-12.5-0.67
GC5-Ⅲ-GGY125-13.3-0.83
GC5-Ⅰ-GGY250-17.1-0.73
GC5-Ⅳ-GGY125-18.9-0.83</td><td>GC5-Ⅴ-GGY125-22.8-0.85
GC5-Ⅱ-GGY250-27.6-0.69
GC5-Ⅰ-GGY400-28.4-0.74
GC5-Ⅲ-GGY250-29.9-0.85</td><td>GC5-Ⅵ-GGY125-35.3-0.81
GC5-Ⅳ-GGY250-39.6-0.85
GC5-Ⅱ-GGY400-45.5-0.7
GC5-Ⅴ-GGY250-48-0.88
GC5-Ⅲ-GGY400-49.4-0.87</td></tr>
<tr><td>10</td><td>GC5-Ⅱ-GGY125-11.6-0.66
GC5-Ⅲ-GGY125-12.5-0.84
GC5-Ⅰ-GGY250-15.5-0.75
GC5-Ⅳ-GGY125-17.1-0.81</td><td>GC5-Ⅴ-GGY125-20.7-0.84
GC5-Ⅱ-GGY250-25.1-0.7
GC5-Ⅰ-GGY400-25.7-0.75
GC5-Ⅲ-GGY250-27.4-0.88</td><td>GC5-Ⅵ-GGY125-32.3-0.8
C202-Ⅰ-GGY250+NG110-32.8-0.72
GC5-Ⅳ-GGY250-35.2-0.85
GC5-Ⅱ-GGY400-41.4-0.71
GC5-Ⅴ-GGY250-42.6-0.87
GC5-Ⅲ-GGY400-45.4-0.87</td></tr>
<tr><td>12</td><td>GC5-Ⅱ-GGY125-10-0.69
GC5-Ⅲ-GGY125-10.9-0.82
GC5-Ⅰ-GGY250-12.9-0.79
GC5-Ⅳ-GGY125-14.1-0.83
GC5-Ⅴ-GGY125-17-0.84</td><td>GC5-Ⅱ-GGY250-20.9-0.74
GC5-Ⅰ-GGY400-21.1-0.79
GC5-Ⅲ-GGY250-23.2-0.85
GC5-Ⅵ-GGY125-26.4-0.83
GC5-Ⅳ-GGY250-28.2-0.87</td><td>GC5-Ⅴ-GGY250-34-0.88
GC5-Ⅱ-GGY400-34.4-0.75
GC5-Ⅲ-GGY400-38.2-0.85
C202-Ⅱ-GGY250+NG110-44-0.65
C101-Ⅰ-NGX250-44.6-0.76
GC5-Ⅳ-GGY400-45.8-0.88
C202-Ⅲ-GGY250+NG110-48.5-0.68</td></tr>
</table>

续表 35-24

灯具吊高(m)	跨度15m 灯型-灯具布置方案编号-灯源（W）-平均照度（lx）-均匀度 要求平均照度 10	20	30
14	GC5-Ⅰ-GGY250-10.8-0.81 GC5-Ⅳ-GGY125-11.8-0.85 GC5-Ⅴ-GGY125-14.2-0.87 GC5-Ⅱ-GGY250-17.7-0.77 GC5-Ⅲ-GGY250-19.7-0.85	GC5-Ⅵ-GGY125-21.9-0.87 GC5-Ⅳ-GGY250-22.9-0.89 C202-Ⅰ-GGY250+NG110-24-0.73 GC5-Ⅴ-GGY250-27.6-0.9 GC5-Ⅱ-GGY400-28.8-0.78	GC5-Ⅲ-GGY400-32.3-0.87 GC5-Ⅳ-GGY400-37.3-0.89 C202-Ⅱ-GGY250+NG110-38.2-0.71 C202-Ⅲ-GGY250+NG110-42.7-0.72 GC5-Ⅴ-GGY400-44.8-0.9
16	GC5-Ⅴ-GGY125-11.8-0.89 GC5-Ⅰ-GGY400-14.9-0.84 GC5-Ⅱ-GGY250-15-0.79 GC5-Ⅲ-GGY250-16.9-0.85 GC5-Ⅵ-GGY125-18.1-0.88 GC5-Ⅳ-GGY250-18.9-0.9	GC5-Ⅴ-GGY250-22.7-0.90 GC5-Ⅱ-GGY400-24.3-0.79 GC5-Ⅲ-GGY400-27.5-0.87	GC5-Ⅳ-GGY400-30.5-0.9 C202-Ⅱ-GGY250+NG110-32.8-0.74 C101-Ⅰ-NGX250-33.9-0.84 GC5-Ⅵ-GGY250-34.6-0.9 GC5-Ⅴ-GGY400-36.5-0.90 C202-Ⅲ-GGY250+NG110-37.2-0.76

灯具吊高(m)	跨度15m 灯型-灯具布置方案编号-灯源（W）-平均照度（lx）-均匀度 要求平均照度 50	75	100
5	GC1-Ⅵ-GGY125-53.3-0.83 C102-Ⅱ-NGX150-54.9-0.68 C102-Ⅲ-NGX150-56.6-0.78 C102-Ⅳ-NGX100-58.6-0.75 C102-Ⅴ-NG70-64.4-0.95	C102-Ⅳ-NGX150-84.6-0.75 C102-Ⅴ-NG100-91.7-0.92	C102-Ⅵ-NG70-101.1-0.79 C102-Ⅳ-NG150-104.2-0.75 C102-Ⅴ-NGX150-105.8-0.92 C102-Ⅵ-NGX100-113.2-0.79 C203-Ⅵ-GGY125+NG70-124.5-0.68
6	C102-Ⅱ-NGX150-52.7-0.66 C102-Ⅲ-NGX150-55.4-0.87 C102-Ⅳ-NGX100-56.4-0.71 C102-Ⅴ-NG70-59.9-0.84 C203-Ⅴ-GGY125+NG70-69.3-0.81	C102-Ⅳ-NGX150-80.4-0.76 C102-Ⅴ-NG100-85.3-0.83 C102-Ⅵ-NG70-93.3-0.79	C102-Ⅵ-NGX100-105.2-0.79 C202-Ⅳ-GGY250+NG110-111.5-0.72 C203-Ⅵ-GGY125+NG70-113.1-0.74 C102-Ⅴ-NG150-121.1-0.83
7	C102-Ⅱ-NG150-54.2-0.68 C102-Ⅴ-NGX100-55.8-0.83 C102-Ⅲ-NG150-58.3-0.82 C102-Ⅳ-NG100-58.8-0.81 C203-Ⅴ-GGY125+NG70-64.7-0.79 C202-Ⅱ-GGY250+NG110-67.5-0.76	C102-Ⅵ-NGX100-88.9-0.78	C203-Ⅵ-GGY125+NG70-101-0.75 C101-Ⅲ-NGX250-101.4-0.74 C202-Ⅳ-GGY250+NG110-104.8-0.74 C101-Ⅱ-NG250-122.9-0.7 C202-Ⅴ-GGY250+NG110-129-0.88

续表 35-24

灯具吊高 (m)	跨度 15m		
	灯型-灯具布置方案编号-灯源（W）-平均照度（lx）-均匀度		
	要求平均照度		
	50	75	100
8	GC5-Ⅱ-GGY400-50.4-0.68 C102-Ⅴ-NGX100-51.4-0.81 C102-Ⅳ-NG100-53.4-0.82 GC5-Ⅲ-GGY400-54.3-0.84 C202-Ⅱ-GGY250+NG110-59.9-0.73 C102-Ⅴ-NGX150-72.1-0.83 C102-Ⅳ-NG150-73.8-0.83	C102-Ⅵ-NG70-76.9-0.82 C102-Ⅵ-NGX100-80-0.84 GC5-Ⅴ-GGY400-88.6-0.88 C101-Ⅱ-NGX250-90.2-0.67 C101-Ⅲ-NGX250-94.1-0.78	C102-Ⅵ-NG100-100-0.84 C202-Ⅴ-GGY250+NG110-111.4-0.81 C101-Ⅱ-NG250-112.3-0.67 C101-Ⅲ-NG250-117.1-0.78 C101-Ⅳ-NGX250-142.8-0.77
9	C202-Ⅱ-GGY250+NG110-55-0.69 C202-Ⅲ-GGY250+NG110-59-0.75 GC5-Ⅳ-GGY400-64.6-0.85 GC5-Ⅵ-GGY250-73.9-0.84	GC5-Ⅴ-GGY400-78-0.88 C202-Ⅳ-GGY250+NG110-83.8-0.71 C101-Ⅲ-NGX250-88.5-0.85	C202-Ⅴ-GGY250+NG110-100.2-0.81 C101-Ⅲ-NG250-110.1-0.85 GC5-Ⅵ-GGY400-120.6-0.84 C101-Ⅳ-NGX250-131.7-0.74 C101-Ⅲ-NGX400-149.4-0.85
10	C101-Ⅰ-NGX250-52.6-0.7 C202-Ⅲ-GGY250+NG110-54.9-0.7 GC5-Ⅳ-GGY400-57.5-0.85 C101-Ⅰ-NG250-65.5-0.7 GC5-Ⅵ-GGY250-65.6-0.84 GC5-Ⅴ-GGY400-69.4-0.87	C202-Ⅳ-GGY250+NG110-75.2-0.7 C104-Ⅲ-NG400-84.3-0.78 C101-Ⅱ-NGX250-84.9-0.71 C101-Ⅰ-NGX400-88.8-0.7 C104-Ⅲ-NGX250-90.3-0.78 C101-Ⅲ-NGX250-91-0.85	C101-Ⅱ-NG250-105.7-0.71 C101-Ⅰ-NG400-112.2-0.7 C101-Ⅲ-NG250-113.2-0.85 C104-Ⅳ-NG400-121.4-0.74 C101-Ⅳ-NGX250-127.5-0.81 C104-Ⅳ-NGX250-130.1-0.74 C101-Ⅱ-NGX400-143.5-0.71
12	GC5-Ⅵ-GGY250-52.2-0.85 GC5-Ⅴ-GGY400-55.3-0.89 C101-Ⅰ-NG250-55.5-0.76 C202-Ⅳ-GGY250+NG110-61.7-0.74 C201-Ⅰ-GGY400+NG215-63.2-0.79 C104-Ⅲ-NG400-71.8-0.82 C101-Ⅱ-NGX250-73.1-0.69 C202-Ⅴ-GGY250+NG110-73.9-0.78	C104-Ⅲ-NGX250-76.9-0.82	C104-Ⅳ-NG400-104.3-0.8 C101-Ⅳ-NGX250-106-0.77 C202-Ⅵ-GGY250+NG110-114.6-0.82 C101-Ⅱ-NGX400-123.5-0.69 C104-Ⅴ-NG400-124.1-0.84 C104-Ⅲ-NGX400-130-0.82
14	C201-Ⅰ-GGY400+NG215-55-0.81 C101-Ⅱ-NGX250-59.6-0.74 C202-Ⅴ-GGY250+NG110-60.6-0.81 C101-Ⅲ-NGX250-66.1-0.82	C104-Ⅲ-NGX250-75.4-0.83 C101-Ⅳ-NGX250-84.2-0.87 C201-Ⅱ-GGY400+NG215-87.3-0.7 C101-Ⅴ-NGX250-98.6-0.84	C101-Ⅱ-NGX400-100.7-0.74 C104-Ⅳ-NGX250-102-0.82 C101-Ⅲ-NGX400-111.7-0.82 C104-Ⅴ-NG400-117.5-0.90 C201-Ⅳ-GGY400+NG215-119.5-0.77

续表 35-24

灯具吊高(m)	跨度15m 灯型-灯具布置方案编号-灯源（W）-平均照度（lx）-均匀度 要求平均照度		
	50	75	100
16	C101-Ⅱ-NGX250-53.6-0.75 GC5-Ⅵ-GGY400-56.4-0.90 C101-Ⅲ-NGX250-59.9-0.77 C101-Ⅳ-NGX250-71.8-0.84	C202-Ⅵ-GGY250+NG110-75.3-0.87 C201-Ⅱ-GGY400+NG215-76-0.72 C104-Ⅳ-NG400-83.3-0.84 C104-Ⅲ-NG250-85-0.85 C101-Ⅴ-NGX250-85.5-0.84	C101-Ⅲ-NGX400-101.2-0.77 C104-Ⅴ-NG400-101.9-0.87 C104-Ⅱ-NGX400-106.5-0.71 C104-Ⅳ-NG250-111-0.84

灯具吊高(m)	跨度15m 灯型-灯具布置方案编号-灯源（W）-平均照度（lx）-均匀度 要求平均照度		
	150	200	300
5	C102-Ⅵ-NGX150-163.2-0.8	C102-Ⅵ-NG150-200.8-0.8	
6	C102-Ⅵ-NG150-182.2-0.78	C101-Ⅴ-NGX250-213.3-0.65 C202-Ⅵ-GGY250+NG110-218.2-0.81	C101-Ⅵ-NGX250-317.8-0.79
7	C101-Ⅳ-NGX250-154.6-0.69 C101-Ⅱ-NGX400-166.7-0.7 C101-Ⅲ-NGX400-171.3-0.74 C101-Ⅴ-NGX250-191.3-0.94 C202-Ⅵ-GGY250+NG110-196.2-0.77	C101-Ⅱ-NG400-210.6-0.7 C101-Ⅲ-NG400-216.3-0.74 C101-Ⅴ-NG250-238.1-0.94	C101-Ⅴ-NGX400-323.2-0.94 C101-Ⅳ-NG400-329.8-0.69
8	C101-Ⅱ-NGX400-152.4-0.67 C101-Ⅲ-NGX400-159-0.78 C101-Ⅴ-NGX250-171.5-0.88 C101-Ⅳ-NG250-177.8-0.77 C202-Ⅵ-GGY250+NG110-178-0.78	C101-Ⅲ-NG400-200.8-0.78 C101-Ⅴ-NG250-213.4-0.88 C101-Ⅳ-NGX400-241.3-0.77	C101-Ⅳ-NG400-304.7-0.77 C101-Ⅵ-NG250-342.8-0.76
9	C202-Ⅵ-GGY250+NG110-154.2-0.8 C101-Ⅴ-NGX250-156.6-0.81 C101-Ⅳ-NG250-163.9-0.74 C101-Ⅲ-NG400-188.7-0.85 C101-Ⅴ-NG250-194.8-0.81	C101-Ⅳ-NGX400-222.4-0.74 C201-Ⅴ-GGY400+NG215-229.3-0.83	C101-Ⅵ-NG250-317.5-0.77 C101-Ⅴ-NG400-334-0.81
10	C104-Ⅴ-NG400-151.3-0.9 C104-Ⅲ-NGX400-152.5-0.78 C101-Ⅴ-NGX250-154.6-0.83 C101-Ⅳ-NG250-158.6-0.81 C104-Ⅳ-NG250-161.9-0.74 C201-Ⅳ-GGY400+NG215-173.8-0.72	C104-Ⅴ-NG250-201.7-0.9 C101-Ⅳ-NGX400-215.3-0.81 C101-Ⅵ-NGX250-233.3-0.8	C104-Ⅵ-NG250-300.8-0.79 C201-Ⅵ-GGY400+NG215-325.4-0.79 C101-Ⅴ-NG400-329.8-0.83

续表 35-24

跨度 15m			
灯具吊高	灯型-灯具布置方案编号-灯源（W）-平均照度（lx）-均匀度		
	要求平均照度		
(m)	150	200	300
12	C101-Ⅱ-NG400-156-0.69 C101-Ⅴ-NG250-160.2-0.8 C101-Ⅲ-NG400-169.2-0.76 C201-Ⅴ-GGY400+NG215-171.4-0.79 C101-Ⅳ-NGX400-179-0.77 C101-Ⅵ-NGX250-193.8-0.8	C104-Ⅵ-NGX250-213.9-0.82 C101-Ⅴ-NGX400-217.5-0.8 C101-Ⅳ-NG400-226.1-0.77 C101-Ⅵ-NG250-241.2-0.8	C101-Ⅵ-NGX400-327.3-0.8
14	C104-Ⅴ-NG250-156.7-0.90 C101-Ⅵ-NGX250-160.3-0.82 C104-Ⅳ-NGX400-172.3-0.82	C101-Ⅴ-NG400-210.3-0.84 C201-Ⅵ-GGY400+NG215-222.4-0.85	C104-Ⅵ-NGX400-310.9-0.87
16	C104-Ⅳ-NGX400-150.7-0.84 C104-Ⅵ-NG400-154.8-0.83 C101-Ⅴ-NG400-182.4-0.84	C104-Ⅵ-NG250-206.5-0.83 C101-Ⅵ-NGX400-221.4-0.89	

跨度 18m			
灯具吊高	灯型-灯具布置方案编号-灯源（W）-平均照度（lx）-均匀度		
	要求平均照度		
(m)	10	20	30
6	GC1-Ⅲ-GGY125-15.3-0.75	GC1-Ⅳ-GGY125-21.9-0.66 GC1-Ⅴ-GGY125-27-0.84 C102-Ⅰ-NG70-27.4-0.65 C102-Ⅲ-NG70-28.3-0.84	C102-Ⅰ-NGX100-31.2-0.74 C102-Ⅲ-NGX100-32.7-0.85 C203-Ⅲ-GGY125+NG70-35-0.68 C102-Ⅰ-NG100-39-0.74 C102-Ⅲ-NG100-40.9-0.85 GC1-Ⅵ-GGY125-41.7-0.79 C102-Ⅳ-NG70-43.1-0.72
7	GC1-Ⅲ-GGY125-14-0.81 GC1-Ⅳ-GGY125-19.5-0.73	GC1-Ⅴ-GGY125-23.8-0.9 C102-Ⅲ-NG70-26.6-0.82 C102-Ⅲ-NGX100-29.7-0.82	GC1-Ⅵ-GGY125-36.7-0.79 C102-Ⅲ-NG100-37.1-0.82 C102-Ⅳ-NGX100-41.9-0.76 C102-Ⅲ-NGX150-43.1-0.82 C102-Ⅴ-NG70-47.6-0.84

续表 35-24

灯具吊高(m)	跨度18m 灯型-灯具布置方案编号-灯源（W）-平均照度（lx）-均匀度 要求平均照度 10	20	30
8	GC1-Ⅱ-GGY125-12-0.65 GC1-Ⅲ-GGY125-12.9-0.83 GC1-Ⅳ-GGY125-17.4-0.77	GC1-Ⅴ-GGY125-21.2-0.88 C102-Ⅲ-NG70-25.5-0.83 C102-Ⅱ-NGX100-28.2-0.76	GC1-Ⅵ-GGY125-32.6-0.79 C102-Ⅲ-NG100-35.2-0.76 C102-Ⅳ-NG70-36.5-0.72 C102-Ⅳ-NGX100-38.7-0.71 C102-Ⅲ-NGX150-39.8-0.77 C102-Ⅴ-NG70-43.8-0.79 C102-Ⅴ-NGX100-45.7-0.76
9	GC5-Ⅳ-GGY125-16.8-0.76	GC5-Ⅴ-GGY125-20.3-0.83 GC5-Ⅲ-GGY250-27.2-0.84	GC5-Ⅵ-GGY125-31.6-0.76 GC5-Ⅳ-GGY250-36-0.81 GC5-Ⅴ-GGY250-43.4-0.84 C203-Ⅴ-GGY125+NG70-49.1-0.72
10	GC5-Ⅲ-GGY125-11.2-0.84 GC5-Ⅳ-GGY125-15.4-0.76 GC5-Ⅴ-GGY125-18.6-0.83	GC5-Ⅲ-GGY250-25.1-0.85 GC5-Ⅵ-GGY125-28.9-0.77	GC5-Ⅳ-GGY250-32.3-0.82 GC5-Ⅱ-GGY400-38.1-0.68 GC5-Ⅲ-GGY400-41.8-0.85 C203-Ⅴ-GGY125+NG70-42.8-0.77
11	GC5-Ⅲ-GGY125-10.6-0.84 GC5-Ⅰ-GGY250-13.3-0.7 GC5-Ⅳ-GGY125-14.3-0.79 GC5-Ⅴ-GGY125-17.1-0.82	GC5-Ⅱ-GGY250-21.1-0.68 GC5-Ⅰ-GGY400-21.9-0.7 GC5-Ⅲ-GGY250-23.2-0.84 GC5-Ⅵ-GGY125-26.6-0.78	GC5-Ⅱ-GGY400-34.8-0.7 GC5-Ⅴ-GGY250-34.9-0.85 C202-Ⅲ-GGY250+NG110-47.2-0.7 GC5-Ⅳ-GGY400-47.4-0.83
13	GC5-Ⅰ-GGY250-11.2-0.73 GC5-Ⅳ-GGY125-12-0.81 GC5-Ⅴ-GGY125-14.3-0.83 GC5-Ⅱ-GGY250-17.9-0.72	GC5-Ⅵ-GGY125-22.2-0.81 C202-Ⅰ-GGY250+NG110-24.6-0.79 GC5-Ⅱ-GGY400-29.4-0.73	GC5-Ⅲ-GGY400-32.8-0.84 GC5-Ⅳ-GGY400-38.6-0.84 GC5-Ⅵ-GGY250-43.7-0.84 GC5-Ⅴ-GGY400-46.3-0.87
15	GC5-Ⅳ-GGY125-10.1-0.84 GC5-Ⅴ-GGY125-12.1-0.84 GC5-Ⅱ-GGY250-15.3-0.75 GC5-Ⅲ-GGY250-17.2-0.84	C202-Ⅰ-GGY250+NG110-21.7-0.83 GC5-Ⅴ-GGY250-23.4-0.88 GC5-Ⅱ-GGY400-25.1-0.75 GC5-Ⅲ-GGY400-28.2-0.84	GC5-Ⅳ-GGY400-31.9-0.85 C101-Ⅰ-NGX250-34.1-0.78 C202-Ⅲ-GGY250+NG110-37.3-0.72 GC5-Ⅴ-GGY400-38.3-0.88
18	GC5-Ⅱ-GGY250-12.2-0.79 GC5-Ⅲ-GGY250-13.9-0.84 GC5-Ⅳ-GGY250-15-0.89 GC5-Ⅴ-GGY250-18-0.9	GC5-Ⅲ-GGY400-22.7-0.84 GC5-Ⅳ-GGY400-24.4-0.88 C202-Ⅱ-GGY250+NG110-26.8-0.73 GC5-Ⅴ-GGY400-29.1-0.89	C202-Ⅲ-GGY250+NG110-30.6-0.74 C202-Ⅳ-GGY250+NG110-32.8-0.87 C202-Ⅴ-GGY250+NG110-39-0.83 C201-Ⅰ-GGY400+NG215-39.6-0.81

续表 35-24

灯具吊高(m)	跨度 18m		
	灯型-灯具布置方案编号-灯源（W）-平均照度（lx）-均匀度		
	要求平均照度		
	50	75	100
6	C203-Ⅳ-GGY125+NG70-51.5-0.7 C102-Ⅴ-NG70-52.8-0.88 C102-Ⅱ-NG150-55.1-0.7 C102-Ⅲ-NG150-58-0.90 C102-Ⅴ-NGX100-58.7-0.85 C102-Ⅳ-NGX150-70-0.75	C102-Ⅵ-NG70-82.1-0.76 C102-Ⅴ-NGX150-83.4-0.87 C102-Ⅳ-NG150-86.1-0.75 C203-Ⅵ-GGY125+NG70-94.2-0.68 C102-Ⅵ-NGX100-94.4-0.75	C102-Ⅴ-NG150-102.6-0.87 C102-Ⅵ-NG100-118.1-0.75 C102-Ⅵ-NGX150-136.4-0.75
7	C102-Ⅴ-NGX100-50.5-0.8 C102-Ⅳ-NG100-52.4-0.76 C102-Ⅲ-NG150-53-0.82 C203-Ⅴ-GGY125+NG70-58.1-0.76 C202-Ⅱ-GGY250+NG110-59.9-0.7 C202-Ⅲ-GGY250+NG110-62.2-0.76 C102-Ⅵ-NG70-74.5-0.74	C102-Ⅵ-NGX100-77.8-0.74 C102-Ⅴ-NG150-88.8-0.82 C203-Ⅵ-GGY125+NG70-89.1-0.68 C101-Ⅱ-NGX250-89.6-0.67 C101-Ⅲ-NGX250-91.9-0.65 C202-Ⅳ-GGY250+NG110-92.6-0.74	C102-Ⅵ-NGX150-110.8-0.75 C202-Ⅴ-GGY250+NG110-114.7-0.84 C102-Ⅵ-NG150-136.4-0.75
8	C102-Ⅳ-NGX150-54-0.74 C203-Ⅴ-GGY125+NG70-54.1-0.76 C202-Ⅱ-GGY250+NG110-55.9-0.75 C102-Ⅴ-NG100-57.1-0.76 C202-Ⅲ-GGY250+NG110-59-0.83	GC5-Ⅵ-GGY250-75.1-0.79 C102-Ⅴ-NG150-78.6-0.77 C203-Ⅵ-GGY125+NG70-80.4-0.72 C202-Ⅳ-GGY250+NG110-84.4-0.7 C101-Ⅲ-NGX250-86.5-0.84	C102-Ⅵ-NGX150-100.9-0.75 C202-Ⅴ-GGY250+NG110-104.3-0.84 C101-Ⅲ-NG250-107.7-0.84 C101-Ⅳ-NGX250-126.8-0.73
9	GC5-Ⅳ-GGY400-58.9-0.81 GC5-Ⅵ-GGY250-67-0.79 GC5-Ⅴ-GGY400-71.1-0.84	C101-Ⅲ-NGX250-80-0.84 C202-Ⅴ-GGY250+NG110-90-0.77 C101-Ⅲ-NG250-99.6-0.84	GC5-Ⅵ-GGY400-109.4-0.8 C201-Ⅱ-GGY400+NG215-111-0.73 C101-Ⅲ-NGX400-135.2-0.84 C202-Ⅵ-GGY250+NG110-140.1-0.72
10	GC5-Ⅳ-GGY400-52.9-0.82 GC5-Ⅵ-GGY250-60-0.81 C104-Ⅲ-NG400-72.2-0.77	C101-Ⅲ-NGX250-79.5-0.83 C202-Ⅴ-GGY250+NG110-82.1-0.78	C201-Ⅱ-GGY400+NG215-104.2-0.72 C101-Ⅳ-NGX250-113.5-0.71 C202-Ⅵ-GGY250+NG110-126.6-0.73 C104-Ⅲ-NGX400-130.6-0.77
11	GC5-Ⅵ-GGY250-53.8-0.82 GC5-Ⅴ-GGY400-56.9-0.85 C104-Ⅲ-NG400-69.4-0.8 C202-Ⅴ-GGY250+NG110-74.2-0.78	GC5-Ⅵ-GGY400-87.8-0.82 C101-Ⅲ-NG250-92.3-0.8 C104-Ⅳ-NG400-98.9-0.74	C104-Ⅳ-NGX250-105.9-0.74 C202-Ⅵ-GGY250+NG110-116.7-0.74 C104-Ⅲ-NGX400-125.6-0.8 C104-Ⅳ-NG250-131.8-0.74

续表 35-24

灯具吊高（m）	跨度 18m 灯型-灯具布置方案编号-灯源（W）-平均照度（lx）-均匀度 要求平均照度		
	50	75	100
13	C202-Ⅳ-GGY250+NG110-52.3-0.74 C201-Ⅰ-GGY400+NG215-55.4-0.71 C202-Ⅴ-GGY250+NG110-61.4-0.76 C104-Ⅲ-NGX250-66.9-0.77	C104-Ⅲ-NG250-83.3-0.77 C104-Ⅳ-NGX250-92.9-0.72 C202-Ⅵ-GGY250+NG110-95.4-0.79	C101-Ⅴ-NGX250-102.7-0.83 C104-Ⅲ-NGX400-113-0.77 C201-Ⅳ-GGY400+NG215-122.3-0.71 C201-Ⅴ-GGY400+NG215-145.9-0.76
15	C202-Ⅴ-GGY250+NG110-51.6-0.8 C101-Ⅰ-NGX400-57.6-0.78 GC5-Ⅵ-GGY400-58.1-0.85 C104-Ⅲ-NGX250-63.8-0.83	C104-Ⅲ-NG250-79.4-0.83 C104-Ⅳ-NG400-80.4-0.75 C101-Ⅴ-NGX250-86.7-0.83 C104-Ⅱ-NGX400-99.5-0.71	C101-Ⅲ-NGX400-100.7-0.79 C104-Ⅴ-NGX250-102.6-0.84 C201-Ⅳ-GGY400+NG215-104.2-0.76 C101-Ⅵ-NGX250-132.6-0.79
18	C104-Ⅲ-NG400-51-0.87 C201-Ⅱ-GGY400+NG215-63-0.71 C104-Ⅳ-NG400-64.5-0.85 C101-Ⅴ-NGX250-67.3-0.84 C101-Ⅳ-NG250-70.8-0.84 C201-Ⅲ-GGY400+NG215-71.5-0.72 C101-Ⅱ-NGX400-74.3-0.73	C104-Ⅴ-NG400-78.1-0.89 C201-Ⅳ-GGY400+NG215-80.2-0.82 C104-Ⅱ-NGX400-84.5-0.7 C104-Ⅲ-NGX400-92.3-0.87	C104-Ⅴ-NG250-104.2-0.89 C101-Ⅵ-NGX250-105.1-0.87 C101-Ⅲ-NG400-105.8-0.75 C101-Ⅳ-NG400-121.4-0.84

灯具吊高（m）	跨度 18m 灯型-灯具布置方案编号-灯源（W）-平均照度（lx）-均匀度 要求平均照度		
	150	200	300
6	C102-Ⅵ-NG150-167.8-0.75 C202-Ⅵ-GGY250+NG110-189-0.76	C101-Ⅴ-NG250-233.3-0.77	C101-Ⅴ-NGX400-316.6-0.77
7	C101-Ⅴ-NGX250-173.7-0.82 C202-Ⅵ-GGY250+NG110-175.9-0.74	C101-Ⅴ-NG250-216.2-0.82	C101-Ⅵ-NG250-321.9-0.75
8	C202-Ⅵ-GGY250+NG110-154.4-0.72 C101-Ⅴ-NGX250-156.6-0.85 C101-Ⅳ-NG250-157.8-0.73 C101-Ⅲ-NG400-184.6-0.84	C101-Ⅳ-NGX400-214.1-0.73 C101-Ⅵ-NGX250-233.3-0.74	C101-Ⅴ-NG400-334.1-0.85
9	C101-Ⅲ-NG400-170.7-0.84 C101-Ⅴ-NG250-176.7-0.84 C101-Ⅳ-NGX400-196.5-0.76	C201-Ⅴ-GGY400+NG215-206.5-0.8 C101-Ⅵ-NGX250-217.2-0.74 C101-Ⅴ-NGX400-239.8-0.84 C101-Ⅳ-NG400-248.2-0.76	C101-Ⅴ-NG400-302.8-0.84 C201-Ⅵ-GGY400+NG215-317.4-0.72

续表 35-24

灯具吊高 (m)	跨度 18m 灯型-灯具布置方案编号-灯源（W）-平均照度（lx）-均匀度 要求平均照度 150	200	300
10	C101-Ⅴ-NG250-169.6-0.83 C101-Ⅲ-NG400-169.7-0.83 C201-Ⅴ-GGY400+NG215-189.2-0.8 C101-Ⅳ-NGX400-191.7-0.71 C104-Ⅳ-NGX400-193.4-0.7	C104-Ⅵ-NG400-206.2-0.77 C104-Ⅵ-NGX250-220.9-0.77 C101-Ⅴ-NGX400-230.2-0.83 C101-Ⅳ-NG400-242.2-0.71	
11	C101-Ⅲ-NG400-158.2-0.8 C201-Ⅴ-GGY400+NG215-175.6-0.8 C104-Ⅳ-NGX400-178.9-0.74 C104-Ⅵ-NGX250-195-0.76	C101-Ⅳ-NG400-219.4-0.71 C104-Ⅴ-NGX400-220.9-0.85 C104-Ⅵ-NG250-242.7-0.76	C104-Ⅵ-NGX400-329.3-0.76
13	C101-Ⅳ-NG400-183.9-0.77 C104-Ⅴ-NGX400-190.7-0.83 C101-Ⅵ-NG250-196.1-0.78	C104-Ⅵ-NG250-216-0.8 C101-Ⅴ-NG400-219-0.83 C201-Ⅵ-GGY400+NG215-223.8-0.78	C101-Ⅵ-NG400-336.3-0.78
15	C101-Ⅳ-NG400-155.4-0.83 C101-Ⅵ-NG250-165-0.79 C104-Ⅴ-NGX400-173.2-0.84	C104-Ⅵ-NG250-204.9-0.78	
18	C104-Ⅵ-NG250-159.9-0.84	C104-Ⅵ-NGX400-217-0.84	

灯具吊高 (m)	跨度 21m 灯型-灯具布置方案编号-灯源（W）-平均照度（lx）-均匀度 要求平均照度 10	20	30
7	GC1-Ⅲ-GGY125-12.8-0.79	GC1-Ⅴ-GGY125-21.7-0.79 C102-Ⅲ-NG70-23.7-0.85 C102-Ⅰ-NGX100-25.8-0.72	C203-Ⅳ-GGY125+NG70-44.5-0.76
8	GC1-Ⅲ-GGY125-11.8-0.82 GC1-Ⅳ-GGY125-15.9-0.73 GC1-Ⅴ-GGY125-19.3-0.87	C102-Ⅲ-NG70-22.9-0.84 C102-Ⅲ-NGX100-25.6-0.77 GC1-Ⅵ-GGY125-29.7-0.76	C102-Ⅲ-NG100-32-0.77 C102-Ⅳ-NG70-32.7-0.71 C102-Ⅴ-NG70-39.2-0.81 C202-Ⅰ-GGY250+NG110-49.8-0.75
9	GC5-Ⅲ-GGY125-10.7-0.84 GC5-Ⅳ-GGY125-15.2-0.72 GC5-Ⅴ-GGY125-18.3-0.84	GC5-Ⅲ-GGY250-24.8-0.83 GC5-Ⅵ-GGY125-28.5-0.72	GC5-Ⅳ-GGY250-32.8-0.76 GC5-Ⅲ-GGY400-41.6-0.84 C203-Ⅴ-GGY125+NG70-43.3-0.76 C202-Ⅰ-GGY250+NG110-45.8-0.74

续表 35-24

灯具吊高(m)	跨度 21m 灯型-灯具布置方案编号-灯源（W）-平均照度（lx）-均匀度 要求平均照度 10	20	30
10	GC5-Ⅲ-GGY125-10.3-0.84 GC5-Ⅳ-GGY125-14.1-0.73 GC5-Ⅴ-GGY125-16.9-0.83	GC5-Ⅲ-GGY250-23.1-0.84 GC5-Ⅵ-GGY125-26.1-0.73 GC5-Ⅳ-GGY250-29.7-0.78	GC5-Ⅴ-GGY250-35.7-0.84 C202-Ⅱ-GGY250+NG110-42.6-0.71 C202-Ⅲ-GGY250+NG110-46.3-0.76 GC5-Ⅳ-GGY400-48.8-0.79
11	GC5-Ⅳ-GGY125-13-0.75 GC5-Ⅴ-GGY125-15.5-0.83	GC5-Ⅲ-GGY250-21.5-0.84 GC5-Ⅵ-GGY125-24.1-0.74 GC5-Ⅳ-GGY250-26.9-0.8	GC5-Ⅴ-GGY250-32.2-0.84 GC5-Ⅲ-GGY400-35.6-0.83 GC5-Ⅳ-GGY400-43.9-0.8 GC5-Ⅵ-GGY250-49.6-0.78
12	GC5-Ⅳ-GGY125-11.9-0.76 GC5-Ⅴ-GGY125-14.2-0.81	GC5-Ⅲ-GGY250-20-0.82 GC5-Ⅵ-GGY125-22.2-0.76 GC5-Ⅴ-GGY250-29.1-0.84	GC5-Ⅲ-GGY400-33-0.82 GC5-Ⅳ-GGY400-39.7-0.81 GC5-Ⅵ-GGY250-44.9-0.8
14	GC5-Ⅳ-GGY125-10.2-0.79 GC5-Ⅴ-GGY125-12.1-0.82 GC5-Ⅱ-GGY250-15.5-0.71 GC5-Ⅰ-GGY400-16.2-0.7 GC5-Ⅲ-GGY250-17.4-0.82	GC5-Ⅳ-GGY250-20.2-0.82 GC5-Ⅴ-GGY250-24.1-0.85 GC5-Ⅱ-GGY400-25.5-0.71 GC5-Ⅲ-GGY400-28.6-0.82	GC5-Ⅳ-GGY400-33-0.82 GC5-Ⅴ-GGY400-39.4-0.84 C202-Ⅳ-GGY250+NG110-44.4-0.74
16	GC5-Ⅴ-GGY125-10.3-0.84 GC5-Ⅱ-GGY250-13.4-0.73 GC5-Ⅲ-GGY250-15.1-0.83 GC5-Ⅳ-GGY250-16.9-0.84	GC5-Ⅴ-GGY250-20.1-0.87 GC5-Ⅱ-GGY400-21.9-0.73 GC5-Ⅲ-GGY400-24.8-0.83 GC5-Ⅳ-GGY400-27.5-0.84	GC5-Ⅵ-GGY250-30.9-0.84 GC5-Ⅴ-GGY400-32.9-0.85 C201-Ⅰ-GGY400+NG215-42.7-0.7 C202-Ⅴ-GGY250+NG110-43.6-0.79
18	GC5-Ⅱ-GGY250-11.6-0.76 GC5-Ⅰ-GGY400-11.9-0.77 GC5-Ⅲ-GGY250-13.2-0.83 C202-Ⅰ-GGY250+NG110-16.3-0.83	GC5-Ⅲ-GGY400-21.6-0.83 GC5-Ⅳ-GGY400-23.2-0.85 C202-Ⅲ-GGY250+NG110-28.7-0.71	GC5-Ⅵ-GGY400-42.3-0.84 C101-Ⅲ-NGX250-47.7-0.75
21	GC5-Ⅵ-GGY125-10.8-0.87 GC5-Ⅲ-GGY250-10.9-0.84 GC5-Ⅴ-GGY250-13.5-0.89 GC5-Ⅱ-GGY400-15.4-0.79	GC5-Ⅵ-GGY250-20.6-0.88 GC5-Ⅴ-GGY400-21.9-0.89 C101-Ⅰ-NG250-28.2-0.79	C201-Ⅰ-GGY400+NG215-31.3-0.81 C101-Ⅲ-NGX250-40.7-0.75 C101-Ⅳ-NGX250-43.8-0.84 C201-Ⅱ-GGY400+NG215-49.5-0.71

续表 35-24

<table>
<tr><th rowspan="4">灯具吊高(m)</th><th colspan="3">跨度 21m</th></tr>
<tr><th colspan="3">灯型-灯具布置方案编号-灯源（W）-平均照度（lx）-均匀度</th></tr>
<tr><th colspan="3">要求平均照度</th></tr>
<tr><th>50</th><th>75</th><th>100</th></tr>
<tr><td>7</td><td>C102-Ⅴ-NG100-59.1-0.83
C102-Ⅵ-NGX100-71.6-0.71</td><td>C202-Ⅳ-GGY250+NG110-83.7-0.7</td><td>C102-Ⅵ-NGX150-102.6-0.74
C102-Ⅵ-NG150-126.3-0.74</td></tr>
<tr><td>8</td><td>C102-Ⅴ-NG100-51.7-0.77
C202-Ⅲ-GGY250+NG110-52.4-0.73
C102-Ⅵ-NG70-61.1-0.71
C203-Ⅵ-GGY125+NG70-73.2-0.67</td><td>C202-Ⅳ-GGY250+NG110-75.9-0.77
C101-Ⅲ-NGX250-80.2-0.7
C102-Ⅵ-NGX150-91.3-0.72
C202-Ⅴ-GGY250+NG110-93-0.81</td><td>C101-Ⅲ-NGX400-135.4-0.7
C202-Ⅵ-GGY250+NG110-143.9-0.71</td></tr>
<tr><td>9</td><td>GC5-Ⅳ-GGY400-54.2-0.77
GC5-Ⅵ-GGY250-61.1-0.76
GC5-Ⅴ-GGY400-65.2-0.84
C101-Ⅲ-NGX250-74.6-0.72</td><td>C101-Ⅲ-NG250-92.8-0.72</td><td>GC5-Ⅵ-GGY400-100.4-0.76
C201-Ⅱ-GGY400+NG215-101.2-0.7
C101-Ⅳ-NGX250-108.3-0.71
C101-Ⅲ-NGX400-126-0.72</td></tr>
<tr><td>10</td><td>GC5-Ⅵ-GGY250-55-0.78
GC5-Ⅴ-GGY400-58.5-0.84
C101-Ⅱ-NGX250-64.6-0.71
C101-Ⅲ-NGX250-69-0.87</td><td>C202-Ⅴ-GGY250+NG110-75.3-0.84
C101-Ⅱ-NG250-80.4-0.71
C101-Ⅲ-NG250-85.9-0.87
GC5-Ⅵ-GGY400-90.3-0.78</td><td>C201-Ⅲ-GGY400+NG215-103.8-0.82
C101-Ⅱ-NGX400-109.1-0.71
C202-Ⅵ-GGY250+NG110-115.6-0.7
C101-Ⅳ-NG250-122.9-0.75</td></tr>
<tr><td>11</td><td>C101-Ⅲ-NGX250-66.9-0.8
C202-Ⅴ-GGY250+NG110-68.5-0.78</td><td>GC5-Ⅵ-GGY400-81.1-0.79
C101-Ⅳ-NGX250-91.9-0.72
C201-Ⅲ-GGY400+NG215-97.8-0.73</td><td>C202-Ⅵ-GGY250+NG110-108-0.7
C101-Ⅴ-NGX250-109.5-0.84
C101-Ⅲ-NGX400-113-0.8
C101-Ⅳ-NG250-114.3-0.72</td></tr>
<tr><td>12</td><td>C202-Ⅴ-GGY250+NG110-62-0.77
C101-Ⅲ-NGX250-62.4-0.79
GC5-Ⅵ-GGY400-73.1-0.8</td><td>C101-Ⅲ-NG250-77.6-0.79
C101-Ⅳ-NGX250-85.1-0.71
C202-Ⅵ-GGY250+NG110-97-0.74</td><td>C101-Ⅴ-NGX250-100.4-0.83
C101-Ⅲ-NGX400-105.3-0.79
C101-Ⅳ-NG250-105.9-0.71</td></tr>
<tr><td>14</td><td>C202-Ⅴ-GGY250+NG110-51.6-0.78
C101-Ⅲ-NGX250-57.9-0.8
GC5-Ⅵ-GGY400-60.3-0.82
C101-Ⅳ-NGX250-74.3-0.79</td><td>C202-Ⅵ-GGY250+NG110-81.7-0.77
C101-Ⅴ-NGX250-87.1-0.84
C101-Ⅲ-NGX400-97.8-0.8</td><td>C104-Ⅲ-NGX400-100.6-0.71
C201-Ⅳ-GGY400+NG215-104.2-0.72
C201-Ⅴ-GGY400+NG215-123.2-0.79
C101-Ⅳ-NGX400-125.4-0.79</td></tr>
<tr><td>16</td><td>C104-Ⅲ-NG400-51.4-0.8
C101-Ⅳ-NGX250-63.7-0.77
C202-Ⅵ-GGY250+NG110-67.1-0.83
C104-Ⅳ-NG400-67.5-0.74</td><td>C101-Ⅴ-NGX250-75.2-0.79
C104-Ⅴ-NG400-80.9-0.84
C201-Ⅳ-GGY400+NG215-87.8-0.74
C101-Ⅲ-NGX400-88.9-0.74</td><td>C201-Ⅴ-GGY400+NG215-103.9-0.8
C101-Ⅳ-NGX400-107.6-0.77
C101-Ⅲ-NG400-112.3-0.74
C104-Ⅵ-NG400-127.8-0.77</td></tr>
</table>

续表 35-24

灯具吊高（m）	跨度 21m		
	灯型-灯具布置方案编号-灯源（W）-平均照度（lx）-均匀度		
	要求平均照度		
	50	75	100
18	C104-Ⅲ-NGX250-50.6-0.77 C101-Ⅳ-NGX250-54.7-0.8 C202-Ⅵ-GGY250+NG110-56.8-0.84 C201-Ⅲ-GGY400+NG215-66.4-0.7	C201-Ⅳ-GGY400+NG215-75.2-0.79 C104-Ⅲ-NGX400-85.4-0.77 C201-Ⅴ-GGY400+NG215-88.8-0.79	C101-Ⅲ-NG400-101.8-0.75 C101-Ⅳ-NG400-116.8-0.8 C201-Ⅵ-GGY400+NG215-136.8-0.8
21	C104-Ⅱ-NG250-50-0.7 C201-Ⅲ-GGY400+NG215-56.8-0.72 C104-Ⅴ-NG400-59.9-0.9 C201-Ⅳ-GGY400+NG215-59.9-0.83	C104-Ⅲ-NGX400-75.3-0.83 C101-Ⅱ-NG400-76.1-0.73 C101-Ⅵ-NGX250-79.6-0.87 C104-Ⅳ-NGX400-90.9-0.82	C104-Ⅵ-NGX250-100.3-0.82 C201-Ⅵ-GGY400+NG215-107.8-0.85 C104-Ⅴ-NGX400-108.4-0.9

灯具吊高（m）	跨度 21m		
	灯型-灯具布置方案编号-灯源（W）-平均照度（lx）-均匀度		
	要求平均照度		
	150	200	300
7		C101-Ⅵ-NGX250-233.8-0.83 C101-Ⅵ-NG250-290.9-0.83	C101-Ⅵ-NGX400-394.9-0.83
8	C101-Ⅲ-NG400-171-0.7 C101-Ⅴ-NG250-180.9-0.72	C101-Ⅵ-NGX250-216.5-0.7 C101-Ⅴ-NGX400-245.5-0.72	C101-Ⅴ-NG400-310.1-0.72 C101-Ⅵ-NGX400-365.6-0.7
9	C101-Ⅲ-NG400-159.1-0.72 C101-Ⅳ-NGX400-182.8-0.71 C201-Ⅴ-GGY400+NG215-187.9-0.79	C101-Ⅴ-NGX400-224.3-0.87 C101-Ⅴ-NG400-283.3-0.87	
10	C101-Ⅳ-NGX400-166.8-0.75 C201-Ⅴ-GGY400+NG215-175.2-0.84 C104-Ⅵ-NGX250-188.8-0.8	C101-Ⅳ-NG400-210.7-0.75 C104-Ⅵ-NG250-235-0.8 C101-Ⅴ-NG400-251.4-0.89	C104-Ⅵ-NGX400-318.9-0.8
11	C101-Ⅳ-NGX400-155.1-0.72 C201-Ⅴ-GGY400+NG215-160.7-0.81 C104-Ⅵ-NGX250-180-0.74	C101-Ⅴ-NG400-233.7-0.84 C201-Ⅵ-GGY400+NG215-248.2-0.71	C104-Ⅵ-NGX400-304-0.74
12	C101-Ⅵ-NGX250-159.8-0.74 C101-Ⅴ-NGX400-169.6-0.83 C101-Ⅳ-NG400-181.6-0.71	C101-Ⅴ-NG400-214.2-0.83 C101-Ⅵ-NGX400-269.8-0.74	C101-Ⅵ-NG400-340.8-0.74
14	C101-Ⅳ-NG400-158.5-0.79 C101-Ⅴ-NG400-185.8-0.84 C201-Ⅵ-GGY400+NG215-191.9-0.74	C101-Ⅵ-NGX400-230.8-0.78 C101-Ⅵ-NG400-291.5-0.78	

续表 35-24

灯具吊高 (m)	跨度 21m 灯型-灯具布置方案编号-灯源（W）-平均照度（lx）-均匀度 要求平均照度		
	150	200	300
16	C201-Ⅵ-GGY400+NG215-160.2-0.8 C101-Ⅴ-NG400-160.4-0.79	C104-Ⅵ-NGX400-231.3-0.77	
18		C101-Ⅵ-NG400-209.3-0.81	

灯具吊高 (m)	跨度 24m 灯型-灯具布置方案编号-灯源（W）-平均照度（lx）-均匀度 要求平均照度		
	10	20	30
8	GC1-Ⅲ-GGY125-10.8-0.81 GC1-Ⅴ-GGY125-17.7-0.82	C102-Ⅲ-NG70-20.6-0.85 C203-Ⅲ-GGY125+NG70-25.8-0.72 GC1-Ⅵ-GGY125-27.1-0.74 C102-Ⅳ-NG70-29.7-0.7	C102-Ⅲ-NGX150-33.1-0.81 C203-Ⅴ-GGY125+NG70-44.2-0.77 C102-Ⅳ-NGX150-45.2-0.71
9	GC5-Ⅳ-GGY125-13.9-0.7 GC5-Ⅴ-GGY125-16.9-0.84	GC5-Ⅲ-GGY250-22.8-0.84 GC5-Ⅵ-GGY125-25.8-0.72	GC5-Ⅳ-GGY250-30.2-0.74 C203-Ⅴ-GGY125+NG70-40.3-0.75 C202-Ⅲ-GGY250+NG110-45.6-0.82
10	GC5-Ⅳ-GGY125-12.9-0.72 GC5-Ⅴ-GGY125-15.5-0.84	GC5-Ⅵ-GGY125-23.9-0.71	GC5-Ⅴ-GGY250-32.8-0.83 GC5-Ⅲ-GGY400-35.6-0.83 C203-Ⅴ-GGY125+NG70-36.9-0.74 C202-Ⅱ-GGY250+NG110-39.2-0.71
11	GC5-Ⅳ-GGY125-11.9-0.72 GC5-Ⅴ-GGY125-14.2-0.84 GC5-Ⅲ-GGY250-19.9-0.82	GC5-Ⅵ-GGY125-22.1-0.72 GC5-Ⅳ-GGY250-24.9-0.76 GC5-Ⅴ-GGY250-29.8-0.83	GC5-Ⅲ-GGY400-33.1-0.82 C202-Ⅲ-GGY250+NG110-40-0.77 GC5-Ⅴ-GGY400-48.8-0.84
12	GC5-Ⅳ-GGY125-11-0.73 GC5-Ⅴ-GGY125-13-0.82 GC5-Ⅲ-GGY250-18.6-0.81	GC5-Ⅵ-GGY125-20.3-0.72 GC5-Ⅳ-GGY250-22.7-0.77 GC5-Ⅴ-GGY250-27-0.83 C203-Ⅴ-GGY125+NG70-29.1-0.73	GC5-Ⅳ-GGY400-37.1-0.78 C202-Ⅲ-GGY250+NG110-38.1-0.74 GC5-Ⅴ-GGY400-44.2-0.84
15	GC5-Ⅴ-GGY125-10.4-0.82 GC5-Ⅱ-GGY250-13.5-0.7 GC5-Ⅲ-GGY250-15.2-0.8 GC5-Ⅳ-GGY250-17.4-0.81	GC5-Ⅴ-GGY250-20.7-0.84 GC5-Ⅱ-GGY440-22.3-0.7 GC5-Ⅲ-GGY400-25.1-0.8 GC5-Ⅳ-GGY400-28.4-0.81	GC5-Ⅵ-GGY250-31.8-0.8 C202-Ⅳ-GGY250+NG110-38.5-0.7 C202-Ⅴ-GGY250+NG110-44.5-0.77

续表 35-24

跨度 24m

灯具吊高 (m)	灯型-灯具布置方案编号-灯源（W）-平均照度（lx）-均匀度 要求平均照度 10	20	30
17	GC5-Ⅱ-GGY250-11.8-0.72 GC5-Ⅰ-GGY400-12.4-0.71 GC5-Ⅲ-GGY250-13.4-0.81 GC5-Ⅵ-GGY125-13.7-0.78	GC5-Ⅲ-GGY400-22-0.81 GC5-Ⅳ-GGY400-24-0.82 GC5-Ⅴ-GGY400-28.5-0.84 C202-Ⅲ-GGY250+NG110-28.8-0.7	C202-Ⅳ-GGY250+NG110-32.1-0.77 C202-Ⅴ-GGY250+NG110-37.6-0.79 C104-Ⅲ-NG400-45.7-0.79
20	GC5-Ⅰ-GGY400-10-0.76 GC5-Ⅵ-GGY125-11-0.82 GC5-Ⅲ-GGY250-11.1-0.83 GC5-Ⅳ-GGY250-11.7-0.84	C202-Ⅱ-GGY250+NG110-21.1-0.7 GC5-Ⅴ-GGY400-22.5-0.87 C202-Ⅲ-GGY250+NG110-24.2-0.71 C202-Ⅳ-GGY250+NG110-25.2-0.82	C201-Ⅰ-GGY400+NG215-32.5-0.71 GC5-Ⅵ-GGY400-34.5-0.84 C104-Ⅲ-NGX250-43.5-0.81
24	GC5-Ⅴ-GGY250-10.5-0.89 GC5-Ⅱ-GGY400-12.3-0.79 GC5-Ⅲ-GGY400-14.2-0.84 GC5-Ⅳ-GGY400-14.3-0.88	C201-Ⅰ-GGY400+NG215-25.6-0.79 GC5-Ⅵ-GGY400-26-0.89	C104-Ⅱ-NG400-35-0.82 C104-Ⅲ-NGX250-37.5-0.82 C104-Ⅳ-NG400-40.7-0.82

跨度 24m

灯具吊高 (m)	灯型-灯具布置方案编号-灯源（W）-平均照度（lx）-均匀度 要求平均照度 50	75	100
8	C102-Ⅴ-NGX150-53-0.8 C102-Ⅳ-NG150-55.6-0.71 C202-Ⅳ-GGY250+NG110-67.9-0.72	C102-Ⅵ-NGX150-83.8-0.72 C202-Ⅴ-GGY250+NG110-84.3-0.71	GC5-Ⅵ-GGY400-102.8-0.74 C102-Ⅵ-NG150-103.2-0.72 C202-Ⅵ-GGY250+NG110-126.3-0.73
9	GC5-Ⅵ-GGY250-56.1-0.74 GC5-Ⅴ-GGY400-60.1-0.84 C202-Ⅳ-GGY250+NG110-63.4-0.72	C202-Ⅴ-GGY250+NG110-77.7-0.84 GC5-Ⅵ-GGY400-92.3-0.75	C101-Ⅲ-NGX400-114.8-0.72 C202-Ⅵ-GGY250+NG110-116.7-0.71 C101-Ⅴ-NGX250-120.1-0.76
10	GC5-Ⅵ-GGY250-50.7-0.75 C101-Ⅱ-NGX250-63.3-0.84 C202-Ⅴ-GGY250+NG110-69.1-0.84	C101-Ⅲ-NG250-78.8-0.84 C101-Ⅳ-NGX250-90.8-0.7	C202-Ⅵ-GGY250+NG110-106.5-0.71
11	C101-Ⅱ-NGX250-61.1-0.81 C202-Ⅴ-GGY250+NG110-63.1-0.84	GC5-Ⅵ-GGY400-75.4-0.76 C101-Ⅱ-NG250-76-0.81	C101-Ⅱ-NGX400-103.1-0.81 C101-Ⅴ-NG250-124.3-0.84 C201-Ⅴ-GGY400+NG215-147.1-0.84
12	C202-Ⅴ-GGY250+NG110-57.6-0.82 C101-Ⅱ-NGX250-57.7-0.79 C101-Ⅱ-NG250-71.8-0.79	C201-Ⅲ-GGY400+NG215-85.7-0.77	C104-Ⅴ-NGX250-101.9-0.78 C201-Ⅳ-GGY400+NG215-113-0.7 C101-Ⅱ-NG400-123.1-0.79 C201-Ⅴ-GGY400+NG215-135.1-0.84

续表 35-24

跨度 24m

灯具吊高 (m)	灯型-灯具布置方案编号-灯源（W）-平均照度（lx）-均匀度 要求平均照度		
	50	75	100
15	C101-Ⅲ-NGX250-51.9-0.74 C104-Ⅲ-NGX250-52.7-0.79 C101-Ⅳ-NGX250-64-0.75 C202-Ⅵ-GGY250+NG110-69.8-0.73	C104-Ⅴ-NG400-78-0.8 C104-Ⅳ-NG250-88.9-0.71 C104-Ⅲ-NGX400-89-0.79	C201-Ⅴ-GGY400+NG215-105.7-0.78 C101-Ⅲ-NG400-110.7-0.74 C101-Ⅵ-NGX250-115.7-0.76 C104-Ⅳ-NGX400-120.6-0.71
17	C101-Ⅳ-NGX250-54.7-0.78 C101-Ⅲ-NG250-57-0.74 C202-Ⅵ-GGY250+NG110-57.9-0.78 C101-Ⅴ-NGX250-64.1-0.81	C201-Ⅳ-GGY400+NG215-76.5-0.75 C104-Ⅲ-NGX400-82.6-0.79 C201-Ⅴ-GGY400+NG215-90.3-0.8	C104-Ⅳ-NGX400-107.3-0.72 C104-Ⅵ-NG400-109.6-0.73 C104-Ⅴ-NGX400-129.2-0.84 C201-Ⅵ-GGY400+NG215-138.4-0.76
20	C201-Ⅲ-GGY400+NG215-56.5-0.7 C201-Ⅳ-GGY400+NG215-61.2-0.78 C104-Ⅴ-NGX250-63.6-0.84	C104-Ⅴ-NG250-79.1-0.84 C101-Ⅲ-NG400-86-0.79 C104-Ⅳ-NGX400-90.1-0.75	C104-Ⅴ-NGX400-107.3-0.84 C201-Ⅵ-GGY400+NG215-110.7-0.8 C104-Ⅵ-NG250-123.2-0.8
24	C104-Ⅳ-NG250-54.2-0.82 C201-Ⅴ-GGY400+NG215-54.8-0.84 C104-Ⅲ-NGX400-63.3-0.82	C104-Ⅵ-NG400-75.2-0.79 C201-Ⅵ-GGY400+NG215-83.4-0.85 C104-Ⅴ-NGX400-87.7-0.85	C104-Ⅵ-NG250-100.2-0.79 C104-Ⅵ-NGX400-136-0.79

跨度 24m

灯具吊高 (m)	灯型-灯具布置方案编号-灯源（W）-平均照度（lx）-均匀度 要求平均照度		
	150	200	300
8	C101-Ⅵ-NGX250-196-0.77	C101-Ⅵ-NG250-243.9-0.77	C101-Ⅵ-NGX400-331-0.77
9		C101-Ⅴ-NGX400-202.8-0.76	
10	C101-Ⅳ-NGX400-153.3-0.7 C101-Ⅵ-NGX250-170.3-0.72 C101-Ⅴ-NGX400-183-0.87	C101-Ⅵ-NG250-212-0.72 C101-Ⅴ-NG400-231.1-0.87	
11	C104-Ⅵ-NGX250-162.9-0.76 C101-Ⅴ-NGX400-168.7-0.84	C104-Ⅵ-NG250-202.7-0.76 C101-Ⅴ-NG400-213.1-0.84 C201-Ⅵ-GGY400+NG215-226.2-0.7	C101-Ⅵ-NG400-338.6-0.71
12	C104-Ⅵ-NGX250-154.1-0.72 C101-Ⅴ-NGX400-157.6-0.84 C104-Ⅵ-NG250-191.7-0.72	C201-Ⅵ-GGY400+NG215-208.2-0.7 C101-Ⅵ-NGX400-248.8-0.71	C101-Ⅵ-NG400-314.2-0.71
15	C101-Ⅴ-NG400-161.2-0.8 C201-Ⅵ-GGY400+NG215-164.1-0.73 C104-Ⅵ-NG250-167-0.74	C104-Ⅵ-NGX400-226.6-0.74 C101-Ⅵ-NG400-246.8-0.76	
17	C104-Ⅵ-NGX400-198.3-0.73		
20	C104-Ⅵ-NGX400-167.2-0.8 C101-Ⅵ-NG400-172.6-0.81		

续表 35-24

灯具吊高 (m)	跨度 27m 灯型-灯具布置方案编号-灯源（W）-平均照度（lx）-均匀度 要求平均照度 10	20	30
9		GC5-Ⅲ-GGY250-21.1-0.82 GC5-Ⅳ-GGY250-27.8-0.71	GC5-Ⅴ-GGY250-33.5-0.82 GC5-Ⅲ-GGY400-35.4-0.82 GC5-Ⅳ-GGY400-46-0.71
10	GC5-Ⅴ-GGY125-14.3-0.82 GC5-Ⅲ-GGY250-19.8-0.82	GC5-Ⅳ-GGY250-25.4-0.73	GC5-Ⅴ-GGY250-30.4-0.82 GC5-Ⅲ-GGY400-33.2-0.82 C203-Ⅴ-GGY125+NG70-33.8-0.76 C202-Ⅱ-GGY250+NG110-36.8-0.71
11	GC5-Ⅴ-GGY125-13.1-0.82 GC5-Ⅲ-GGY250-18.5-0.81	GC5-Ⅵ-GGY125-20.4-0.71 GC5-Ⅳ-GGY250-23.2-0.74	GC5-Ⅲ-GGY400-30.9-0.81 C202-Ⅲ-GGY250+NG110-37.5-0.72 GC5-Ⅳ-GGY400-38.1-0.74 GC5-Ⅵ-GGY250-42.8-0.74
12	GC5-Ⅳ-GGY125-10.2-0.7 GC5-Ⅴ-GGY125-12.1-0.82 GC5-Ⅲ-GGY250-17.4-0.8 GC5-Ⅵ-GGY125-18.9-0.7	GC5-Ⅳ-GGY250-21.2-0.75 GC5-Ⅴ-GGY250-25.2-0.82 C203-Ⅴ-GGY125+NG70-27.2-0.74 GC5-Ⅲ-GGY400-28.9-0.8	C202-Ⅰ-GGY250+NG110-32.4-0.68 C202-Ⅲ-GGY250+NG110-35.8-0.73 GC5-Ⅵ-GGY250-39-0.75 GC5-Ⅴ-GGY400-41.3-0.83
15	GC5-Ⅲ-GGY250-14.4-0.79 GC5-Ⅵ-GGY125-15-0.74 GC5-Ⅳ-GGY250-16.4-0.78	GC5-Ⅲ-GGY400-23.7-0.79 GC5-Ⅳ-GGY400-26.9-0.78	C202-Ⅴ-GGY250+NG110-41.3-0.79 C104-Ⅲ-NGX250-48.4-0.74
18	GC5-Ⅰ-GGY250-10.5-0.71 GC5-Ⅲ-GGY250-11.9-0.8 GC5-Ⅵ-GGY125-12.1-0.77 GC5-Ⅳ-GGY250-12.9-0.81 GC5-Ⅴ-GGY250-15.3-0.84	GC5-Ⅳ-GGY400-21-0.81 GC5-Ⅵ-GGY250-23.6-0.81 GC5-Ⅴ-GGY400-24.9-0.84 C202-Ⅳ-GGY250+NG110-27.9-0.77	C202-Ⅴ-GGY250+NG110-32.3-0.8 GC5-Ⅵ-GGY400-38.3-0.81 C104-Ⅲ-NG400-41.1-0.77 C101-Ⅲ-NGX250-41.2-0.73
21	GC5-Ⅲ-GGY250-10-0.82 GC5-Ⅳ-GGY250-10.4-0.84 GC5-Ⅴ-GGY250-12.3-0.85 GC5-Ⅰ-GGY400-14.2-0.74	GC5-Ⅴ-GGY400-20.1-0.84 C202-Ⅳ-GGY250+NG110-22.4-0.8 C202-Ⅴ-GGY250+NG110-26-0.78	GC5-Ⅵ-GGY400-30.6-0.83 C104-Ⅲ-NG400-36.4-0.81 C202-Ⅵ-GGY250+NG110-40.2-0.82 C101-Ⅴ-NGX250-46-0.83
24	GC5-Ⅴ-GGY250-10.1-0.87 C202-Ⅰ-GGY250+NG110-10.6-0.8	C202-Ⅴ-GGY250+NG110-20.8-0.83 GC5-Ⅵ-GGY400-24.9-0.84 C201-Ⅰ-GGY400+NG215-25-0.72	C101-Ⅳ-NGX250-32.6-0.84 C201-Ⅰ-GGY400+NG215-38-0.73 C101-Ⅴ-NGX250-38.1-0.83 C201-Ⅲ-GGY400+NG215-44-0.73

续表 35-24

灯具吊高(m)	跨度 27m 灯型-灯具布置方案编号-灯源（W）-平均照度（lx）-均匀度 要求平均照度		
	10	20	30
27	GC5-Ⅱ-GGY400-10-0.8 GC5-Ⅳ-GGY400-11.4-0.88 GC5-Ⅲ-GGY400-11.7-0.85 C202-Ⅱ-GGY250+NG110-13.5-0.79 C202-Ⅴ-GGY250+NG110-17.2-0.85	C201-Ⅰ-GGY400+NG215-20.9-0.81 C101-Ⅱ-NGX250-23.4-0.75 C202-Ⅵ-GGY250+NG110-25.9-0.9 C101-Ⅲ-NGX250-27.1-0.76	C101-Ⅴ-NGX250-31.6-0.84 C201-Ⅱ-GGY400+NG215-32.4-0.75 C201-Ⅳ-GGY400+NG215-36.4-0.85 C201-Ⅲ-GGY400+NG215-37.9-0.76

灯具吊高(m)	跨度 27m 灯型-灯具布置方案编号-灯源（W）-平均照度（lx）-均匀度 要求平均照度		
	50	75	100
9	GC5-Ⅵ-GGY250-51.8-0.71 C202-Ⅳ-GGY250+NG110-57-0.72		C202-Ⅵ-GGY250+NG110-106.7-0.7
10	GC5-Ⅴ-GGY400-50.1-0.83 C202-Ⅳ-GGY250+NG110-53.6-0.72 C202-Ⅴ-GGY250+NG110-64.9-0.79	GC5-Ⅵ-GGY400-77.4-0.73 C202-Ⅵ-GGY250+NG110-97.5-0.71	C201-Ⅳ-GGY400+NG215-120.4-0.71 C201-Ⅴ-GGY400+NG215-147.4-0.72
11	C101-Ⅲ-NGX250-57.7-0.83 C202-Ⅴ-GGY250+NG110-58.8-0.82 GC5-Ⅵ-GGY400-70.2-0.74	C101-Ⅳ-NGX250-78.4-0.72 C202-Ⅵ-GGY250+NG110-92.2-0.71 C101-Ⅴ-NGX250-94.8-0.82 C101-Ⅲ-NGX400-97.4-0.83	C101-Ⅴ-NG250-118-0.82 C101-Ⅲ-NG400-123.1-0.83 C101-Ⅳ-NGX400-132.3-0.72 C101-Ⅵ-NGX250-143.4-0.71
12	C104-Ⅲ-NGX250-52.6-0.8 C202-Ⅴ-GGY250+NG110-54.2-0.84 GC5-Ⅵ-GGY400-63.8-0.75 C101-Ⅲ-NG250-67.7-0.79 C101-Ⅳ-NGX250-73.8-0.73	C201-Ⅲ-GGY400+NG215-80.1-0.77 C101-Ⅱ-NGX400-84.6-0.66 C101-Ⅴ-NGX250-87.9-0.87 C101-Ⅳ-NG250-91.8-0.73	C101-Ⅴ-NG250-109.4-0.87 C101-Ⅲ-NG400-116.1-0.79 C201-Ⅴ-GGY400+NG215-126.1-0.84 C101-Ⅵ-NGX250-134.5-0.71
15	C101-Ⅳ-NGX250-59.1-0.71 C202-Ⅵ-GGY250+NG110-65.3-0.72	C101-Ⅲ-NGX400-79.9-0.76 C104-Ⅴ-NG250-96.3-0.74 C201-Ⅴ-GGY400+NG215-98-0.8	C101-Ⅲ-NG400-101-0.76 C101-Ⅵ-NGX250-109.2-0.72 C101-Ⅴ-NGX400-116.4-0.83 C101-Ⅳ-NG400-126.1-0.71
18	C202-Ⅵ-GGY250+NG110-50.8-0.75 C101-Ⅲ-NG250-51.2-0.73 C101-Ⅴ-NGX250-55.7-0.78 C104-Ⅳ-NGX250-55.8-0.72 C201-Ⅳ-GGY400+NG215-66.6-0.74	C201-Ⅴ-GGY400+NG215-77.8-0.81 C101-Ⅳ-NGX400-80.9-0.77 C104-Ⅴ-NG250-83.4-0.82 C101-Ⅲ-NG400-87.8-0.73	C101-Ⅳ-NG400-102.2-0.77 C104-Ⅴ-NGX400-113.2-0.82 C201-Ⅵ-GGY400+NG215-120-0.75 C101-Ⅵ-NGX400-147.6-0.74

续表 35-24

灯具吊高(m)	跨度 27m 灯型-灯具布置方案编号-灯源（W）-平均照度（lx）-均匀度 要求平均照度 50	75	100
21	C104-Ⅴ-NG400-52.3-0.84 C201-Ⅳ-GGY400+NG215-54.2-0.76 C201-Ⅴ-GGY400+NG215-63.1-0.78 C104-Ⅲ-NGX400-65.8-0.81	C104-Ⅳ-NGX400-79.4-0.75 C104-Ⅵ-NGX250-86.6-0.78 C104-Ⅴ-NGX400-94.6-0.84 C201-Ⅵ-GGY400+NG215-97.4-0.8	C104-Ⅵ-NG250-107.8-0.78 C104-Ⅵ-NGX400-146.2-0.78
24	C104-Ⅵ-NG250-50.6-0.75 C201-Ⅴ-GGY400+NG215-51.8-0.82 C104-Ⅲ-NGX400-58.4-0.75 C101-Ⅵ-NGX250-58.6-0.83	C104-Ⅵ-NGX250-75.4-0.78 C201-Ⅵ-GGY400+NG215-79.9-0.83 C104-Ⅴ-NGX400-80.8-0.8 C101-Ⅵ-NGX400-99-0.83	C101-Ⅵ-NG400-125.1-0.83 C104-Ⅵ-NGX400-127.4-0.78
27	C104-Ⅴ-NG250-53-0.83 C104-Ⅲ-NGX400-53.9-0.79 C101-Ⅳ-NG400-57.3-0.84 C101-Ⅵ-NG250-60.6-0.88 C201-Ⅵ-GGY400+NG215-64.9-0.87	C104-Ⅵ-NG250-80.9-0.78 C101-Ⅵ-NGX400-82.3-0.88	

灯具吊高(m)	跨度 27m 灯型-灯具布置方案编号-灯源(W)-平均照度(lx)-均匀度 要求平均照度 150	200	300
9	C101-Ⅵ-NGX250-169.8-0.71	C101-Ⅵ-NG250-211.3-0.71	
10	C101-Ⅵ-NGX250-155.5-0.71 C101-Ⅵ-NG250-193.5-0.71	C201-Ⅵ-GGY400+NG215-221.1-0.73	C101-Ⅵ-NG400-331.8-0.71
11	C101-Ⅴ-NGX400-160.1-0.82 C101-Ⅳ-NG400-167.2-0.72 C101-Ⅵ-NG250-178.4-0.71	C101-Ⅴ-NG400-202.3-0.82 C101-Ⅵ-NGX400-242.1-0.71	C101-Ⅵ-NG400-305.8-0.71
12	C101-Ⅳ-NG400-157.4-0.73 C101-Ⅵ-NG250-167.4-0.71 C101-Ⅴ-NG400-187.6-0.87 C201-Ⅵ-GGY400+NG215-189.8-0.7	C104-Ⅵ-NGX400-243.9-0.71	
15	C201-Ⅵ-GGY400+NG215-151.2-0.72 C101-Ⅵ-NGX400-184.4-0.72	C104-Ⅵ-NGX400-200.5-0.68 C101-Ⅵ-NG400-233-0.72	

续表 35-24

灯具吊高(m)	跨度 30m		
	灯型-灯具布置方案编号-灯源(W)-平均照度(lx)-均匀度		
	要求平均照度		
	10	20	30
10	GC5-Ⅴ-GGY125-13.2-0.72 GC5-Ⅲ-GGY250-18.5-0.81 C203-Ⅲ-GGY125+NG70-19.7-0.71	GC5-Ⅳ-GGY250-23.6-0.7 GC5-Ⅴ-GGY250-28.4-0.81	C203-Ⅴ-GGY125+NG70-30.7-0.79 C202-Ⅲ-GGY250+NG110-36.6-0.71 GC5-Ⅳ-GGY400-39-0.71 GC5-Ⅵ-GGY250-43.7-0.71
11	GC5-Ⅴ-GGY125-12.2-0.82 GC5-Ⅲ-GGY250-17.4-0.8	GC5-Ⅳ-GGY250-21.6-0.71 GC5-Ⅴ-GGY250-25.8-0.81 C203-Ⅴ-GGY125+NG70-26.1-0.74 GC5-Ⅲ-GGY400-29-0.8	C202-Ⅲ-GGY250+NG110-35.3-0.77 GC5-Ⅳ-GGY400-35.7 0.72 GC5-Ⅵ-GGY250-39.9-0.72 GC5-Ⅴ-GGY400-42.6-0.81
12	GC5-Ⅴ-GGY125-11.2-0.83 GC5-Ⅲ-GGY250-16.3-0.78 GC5-Ⅵ-GGY125-17.4-0.7 GC5-Ⅳ-GGY250-19.8-0.72	GC5-Ⅴ-GGY250-23.6-0.81 C203-Ⅴ-GGY125+NG70-24.2-0.75 GC5-Ⅲ-GGY400-27.2-0.79	C202-Ⅲ-GGY250+NG110-33.5-0.73 GC5-Ⅴ-GGY400-38.8-0.81 C202-Ⅳ-GGY250+NG110-42.8-0.7
15	GC5-Ⅲ-GGY250-13.6-0.78 GC5-Ⅵ-GGY125-14.1-0.71 GC5-Ⅳ-GGY250-15.5-0.75 C203-Ⅴ-GGY125+NG70-19.1-0.75	GC5-Ⅲ-GGY400-22.4-0.79 GC5-Ⅳ-GGY400-25.2-0.77 GC5-Ⅵ-GGY250-28.3-0.76 C202-Ⅲ-GGY250+NG110-28.9-0.73	C202-Ⅴ-GGY250+NG110-39.8-0.83 C101-Ⅲ-NGX250-43.8-0.78 GC5-Ⅵ-GGY400-46.3-0.76
18	GC5-Ⅲ-GGY250-11.4-0.79 GC5-Ⅵ-GGY125-11.4-0.75 GC5-Ⅳ-GGY250-12.3-0.79 GC5-Ⅴ-GGY250-14.6-0.83	GC5-Ⅳ-GGY400-20.2-0.78 GC5-Ⅵ-GGY250-22.4-0.79 C202-Ⅲ-GGY250+NG110-24-0.7 C202-Ⅳ-GGY250+NG110-26.4-0.72	C202-Ⅴ-GGY250+NG110-30.4-0.8 GC5-Ⅵ-GGY400-36.6-0.79 C101-Ⅳ-NGX250-45.5-0.73 C202-Ⅵ-GGY250+NG110-47.9-0.74
21	GC5-Ⅳ-GGY250-10-0.81 GC5-Ⅴ-GGY250-11.8-0.84 GC5-Ⅱ-GGY400-13.6-0.72 GC5-Ⅲ-GGY400-15.6-0.8 GC5-Ⅳ-GGY400-16.2-0.81	C202-Ⅲ-GGY250+NG110-20.7-0.71 C202-Ⅳ-GGY250+NG110-21.4-0.77 C202-Ⅴ-GGY250+NG110-24.6-0.78 GC5-Ⅵ-GGY400-29.3-0.81	C104-Ⅲ-NGX250-36.8-0.81 C101-Ⅳ-NGX250-38-0.78 C202-Ⅵ-GGY250+NG110-38.8-0.77 C101-Ⅴ-NGX250-44-0.81
24	C202-Ⅰ-GGY250+NG110-10.3-0.76 GC5-Ⅲ-GGY400-13.3-0.82 GC5-Ⅳ-GGY400-13.3-0.83 C202-Ⅵ-GGY250+NG110-17.1-0.81	C201-Ⅰ-GGY400+NG215-24.1-0.69 GC5-Ⅵ-GGY400-24.1-0.83 C101-Ⅲ-NGX250-29.6-0.77	C104-Ⅲ-NG400-30.4-0.77 C202-Ⅵ-GGY250+NG110-31.2-0.83 C201-Ⅲ-GGY400+NG215-41.6-0.72 C201-Ⅳ-GGY400+NG215-42.2-0.8
27	GC5-Ⅳ-GGY400-11.1-0.85 GC5-Ⅲ-GGY400-11.3-0.84 GC5-Ⅵ-GGY250-12.4-0.84 GC5-Ⅴ-GGY400-13.1-0.87	GC5-Ⅵ-GGY400-20.1-0.84 C201-Ⅰ-GGY400+NG215-20.6-0.75 C202-Ⅵ-GGY250+NG110-25.3-0.85 C101-Ⅳ-NGX250-26.2-0.84 C104-Ⅲ-NG400-27.6-0.71	C104-Ⅳ-NG400-30.9-0.74 C201-Ⅱ-GGY400+NG215-31.1-0.69 C201-Ⅳ-GGY400+NG215-35.1-0.82 C201-Ⅲ-GGY400+NG215-36.3-0.75

续表 35-24

灯具吊高(m)	跨度 30m 灯型-灯具布置方案编号-灯源(W)-平均照度(lx)-均匀度 要求平均照度 10	20	30
30	GC5-Ⅵ-GGY250-10.4-0.87 GC5-Ⅴ-GGY400-11.1-0.89 GC5-Ⅵ-GGY400-16.9-0.89 C201-Ⅰ-GGY400+NG215-17.5-0.83	C104-Ⅲ-NG400-25.7-0.78 C201-Ⅱ-GGY400+NG215-26.7-0.71 C201-Ⅳ-GGY400+NG215-29.2-0.84	C104-Ⅳ-NGX250-30.1-0.77 C201-Ⅲ-GGY400+NG215-31.3-0.77 C201-Ⅴ-GGY400+NG215-34.2-0.83 C104-Ⅳ-NG250-37.5-0.77

灯具吊高(m)	跨度 30m 灯型-灯具布置方案编号-灯源(W)-平均照度(lx)-均匀度 要求平均照度 50	75	100
10	C202-Ⅴ-GGY250+NG110-59.5-0.72 GC5-Ⅵ-GGY400-72.1-0.71	C202-Ⅵ-GGY250+NG110-91.1-0.7	C101-Ⅴ-NG250-120.8-0.67 C101-Ⅵ-NGX250-143.5-0.69
11	C101-Ⅲ-NGX250-53.4-0.75 C202-Ⅴ-GGY250+NG110-55.2-0.85 GC5-Ⅵ-GGY400-65.6-0.72	C202-Ⅵ-GGY250+NG110-84.3-0.7 C101-Ⅴ-NGX250-88.5-0.74 C101-Ⅲ-NGX400-90.1-0.75	C101-Ⅴ-NG250-110.1-0.74 C201-Ⅴ-GGY400+NG215-125.9-0.78 C101-Ⅵ-NGX250-134.6-0.73
12	C202-Ⅴ-GGY250+NG110-50.8-0.87 C101-Ⅲ-NGX250-51.5-0.84 GC5-Ⅵ-GGY400-59.9-0.73 C201-Ⅲ-GGY400+NG215-73.3-0.77	C202-Ⅵ-GGY250+NG110-77.6-0.69 C101-Ⅴ-NGX250-83.2-0.84 C101-Ⅲ-NGX400-86.9-0.84	C101-Ⅴ-NG250-103.5-0.84 C101-Ⅲ-NG400-109.8-0.84 C201-Ⅴ-GGY400+NG215-115.2-0.82 C101-Ⅴ-NGX400-140.5-0.84
15	C101-Ⅳ-NGX250-54.6-0.71 C101-Ⅴ-NGX250-63.8-0.85 C201-Ⅲ-GGY400+NG215-64.8-0.73	C201-Ⅴ-GGY400+NG215-93-0.81 C101-Ⅲ-NG400-93.4-0.78	C101-Ⅵ-NGX250-100.7-0.71 C101-Ⅳ-NG400-116.5-0.71 C101-Ⅵ-NG250-125.4-0.71 C101-Ⅴ-NG400-136.1-0.85 C201-Ⅵ-GGY400+NG215-143.4-0.68
18	C104-Ⅲ-NG250-50.3-0.78 C104-Ⅳ-NGX250-51-0.7 C201-Ⅲ-GGY400+NG215-55.2-0.7 C101-Ⅳ-NG250-56.6-0.73 C201-Ⅳ-GGY400+NG215-63-0.71	C101-Ⅳ-NGX400-76.8-0.73 C101-Ⅵ-NGX250-81.7-0.74 C104-Ⅵ-NGX250-95.4-0.72 C101-Ⅳ-NG400-97-0.73	C101-Ⅴ-NG400-112.8-0.8 C201-Ⅵ-GGY400+NG215-114.4-0.72 C104-Ⅵ-NG250-118.7-0.72 C101-Ⅵ-NGX400-138-0.74
21	C201-Ⅳ-GGY400+NG215-51.2-0.77 C101-Ⅲ-NGX400-58.2-0.76 C201-Ⅴ-GGY400+NG215-59.3-0.8 C101-Ⅵ-NGX250-68.5-0.77	C101-Ⅳ-NG400-81-0.78 C104-Ⅵ-NGX250-81.8-0.72 C104-Ⅴ-NGX400-89.4-0.84 C201-Ⅵ-GGY400+NG215-93.3-0.75	C104-Ⅵ-NG250-101.8-0.72 C104-Ⅵ-NGX400-138.1-0.72

续表 35-24

灯具吊高(m)	跨度 30m		
	灯型-灯具布置方案编号-灯源(W)-平均照度(lx)-均匀度		
	要求平均照度		
	50	75	100
24	C104-Ⅲ-NGX400-54.9-0.77 C104-Ⅴ-NG250-55.6-0.83 C101-Ⅵ-NGX250-56.3-0.79 C104-Ⅳ-NGX400-63.9-0.73	C104-Ⅴ-NGX400-75.5-0.83 C201-Ⅵ-GGY400+NG215-76.7-0.81 C104-Ⅵ-NG250-87.1-0.75 C101-Ⅵ-NGX400-95-0.79	C104-Ⅵ-NGX400-118.2-0.75 C101-Ⅵ-NG400-120-0.79
27	C101-Ⅳ-NG400-55.9-0.84 C104-Ⅳ-NGX400-56-0.74 C104-Ⅵ-NG400-57-0.77 C201-Ⅵ-GGY400+NG215-63.2-0.84 C104-Ⅴ-NGX400-65.8-0.78	C104-Ⅵ-NG250-76-0.77 C101-Ⅵ-NGX400-79.5-0.83	C101-Ⅵ-NG400-100.4-0.83 C104-Ⅵ-NGX400-103.2-0.77
30	C104-Ⅵ-NG400-50.6-0.76 C104-Ⅳ-NGX400-50.8-0.77 C201-Ⅵ-GGY400+NG215-52.9-0.85 C104-Ⅴ-NGX400-60.1-0.81	C101-Ⅵ-NG400-83.5-0.89 C104-Ⅵ-NGX400-91.5-0.76	

灯具吊高(m)	跨度 30m		
	灯型-灯具布置方案编号-灯源(W)-平均照度(lx)-均匀度		
	要求平均照度		
	150	200	300
10	C101-Ⅵ-NG250-178.6-0.69	C101-Ⅴ-NG400-207-0.67 C201-Ⅵ-GGY400+NG215-209.1-0.71	C101-Ⅵ-NG400-306.1-0.69
11	C101-Ⅵ-NG250-167.5-0.73 C101-Ⅴ-NG400-188.7-0.74 C201-Ⅵ-GGY400+NG215-193.7-0.71	C101-Ⅵ-NGX400-227.4-0.73	
12	C101-Ⅴ-NG400-177.5-0.84 C201-Ⅵ-GGY400+NG215-179.4-0.72	C104-Ⅵ-NGX400-218.8-0.71	
15		C101-Ⅵ-NG400-214.9-0.71	

注：表中C101、C102、C104、C201、C202、C203均为灯具型号的缩写。对应关系如下：
C101——CDG-101，C102——CDK-102，C104——CDG-104，C201——CDHK-201，C202——CDHK-202，C203——CDHK-203。

35.6 照度计算

照度计算，是按照国家规定的照度标准及其他已知条件（如灯具的型式、房间反射条件、环境特点及布灯方案等），计算出灯泡的功率。常用的照度计算方法有两种，即利用系数法和逐点计算法。按利用系数法进行计算时，应根据直射光和反射光两种光线的作用计算。利用系数法常用于室内反射条件好的水平面平均照度计算；而逐点计算法则只考虑直射光，不考虑反射光的作用，多运用于采用直射灯具的场所，可作水平照度及垂直照度的计算。设计中采用哪一种计算方法比较合适，应视具体情况而定。

在计算室内照度时，如无特殊要求，一般工作面按距地面 0.8m 高度计算。考虑到灯具在使用期间，由于光源的光通量逐渐衰减，环境对灯具的污染也使灯具的反射效率降低，从而引起工作面上的照度降低，故在计算照度时，应考虑照度维护系数 K 值。照度维护系数 K 值见表 35-25。

表 35-25 照度维护系数 K 值

序号	环境污染特征	生产车间和工作场所举例	照度维护系数 K	灯具擦洗次数（次/年）
1	清洁	仪器、仪表的装配车间，电子元器件的装配车间，实验室，办公室，设计室	0.8	2
2	一般	机械加工车间，机械装配车间	0.7	2
3	污染严重	锻工车间，铸工车间，碳化车间，水泥厂球磨车间	0.6	3

35.6.1 利用系数法

利用系数法有两种计算方法，即利用系数法和概算曲线法。

35.6.1.1 利用系数计算法

在光源发出的全部光通量当中，不可能全部被利用，利用系数 μ 值即投射到工作面上的光通量（包括直射光和反射光）与光源总光通量的百分比。μ 值的大小与灯具技术特性、房间大小和形状及房间各平面反射条件有关。计算公式如下

$$\mu = \frac{E_{av}S}{\Phi N} \tag{35-4}$$

考虑照度维护系数后，上式可写成

$$E_{av} = \frac{\Phi N\mu K}{S} \tag{35-5}$$

式中 Φ——每个灯具光源的总光通量，lm；

N——灯具数量，个；

S——房间面积，m^2；

K——维护系数，见表 35-25；

μ——利用系数，见表 35-26；

E_{av}——平均照度，lx。

为简化计算，假定墙面平均反射率近似为墙的反射率；顶棚有效反射率近似等于顶棚固有反射率。此外当墙壁开窗所占面积很大时，应求出平均反射率，即

$$\rho = \frac{\rho_w(S - S_c) + \rho_c S_c}{S} \tag{35-6}$$

式中 S——墙四周总面积，m^2；

S_c——玻璃窗所占面积，m^2；

ρ_w——墙反射率，%；

ρ_c——玻璃窗反射率，%。

例 有一生产车间，厂房跨度为 15m，屋架高为 11m，柱距 6m，厂房长 60m，房顶及墙面均为喷白粉，混凝土地坪，厂房两侧开窗面积占 50%，要求照度为 50lx，求灯具安装数目及其布灯设计。

解 查表 35-27，ρ_{cc} 为 50%，ρ_w 为 50%，ρ_f 为 20%，ρ_c 为 9%。厂房总面积为 $15\times60=900m^2$。

求墙面平均反射系数 ρ，按式 35-6

$$\rho_{av} = \frac{\rho_w(S - S_c) + \rho_c S_c}{S} = \frac{0.5\times[(15+60)\times11\times2 - 60\times11\times2\times0.5] + 0.09\times(60\times11\times2\times0.5)}{(15+60)\times11\times2} = 0.34$$

取 $\rho_w=30\%$，$\rho_{cc}=50\%$，选用 GC5-A 深照型工厂灯，配 400W 高压汞灯。

求灯具数

$$RCR = \frac{5\times10(60+15)}{60\times15} = 4.17$$

查表 35-26，用插入法求得 $\mu=0.43$。按式：

$$E_{av} = \frac{\Phi N\mu K}{S}$$

则 $$N=\frac{E_{av}S}{\Phi\mu K}=\frac{50\times60\times15}{21000\times0.43\times0.7}=7\text{盏}$$

选 $N=10$ 盏，灯位布置如图 35-21 所示。

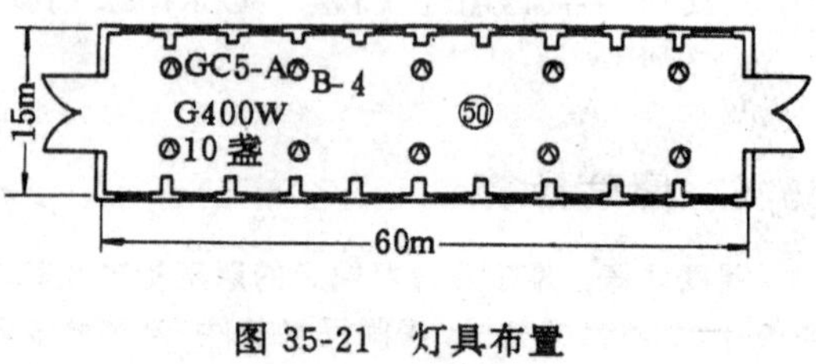

图 35-21 灯具布置

表 35-26　各类灯具的利用系数表

Ⅰ. 带有白炽灯光源的灯具

灯具名称、型号、外形图及保护角、最大允许 L/H 值、灯效率、光分布、光源容量（W）	ρ_{cc}%	70			50			30			0
	ρ_w%	50	30	10	50	30	10	50	30	10	0
	RCR										
1. 配照灯 150W 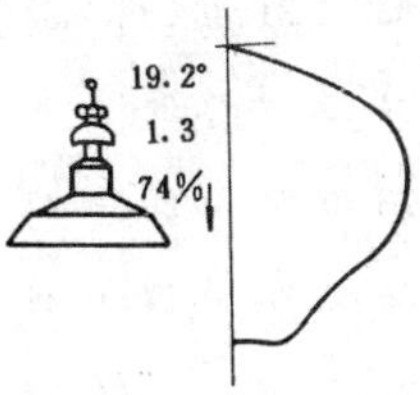 	1	0.75	0.71	0.69	0.71	0.69	0.66	0.68	0.66	0.64	0.60
	2	0.67	0.62	0.58	0.64	0.60	0.57	0.62	0.58	0.56	0.53
	3	0.59	0.54	0.49	0.57	0.52	0.49	0.55	0.51	0.48	0.45
	4	0.53	0.47	0.42	0.51	0.46	0.42	0.49	0.45	0.41	0.39
	5	0.47	0.40	0.36	0.45	0.40	0.35	0.44	0.39	0.35	0.33
	6	0.41	0.35	0.30	0.40	0.34	0.30	0.39	0.34	0.30	0.28
	7	0.37	0.30	0.26	0.36	0.30	0.26	0.34	0.29	0.26	0.24
	8	0.33	0.27	0.23	0.32	0.27	0.23	0.31	0.26	0.22	0.21
	9	0.30	0.24	0.20	0.29	0.23	0.20	0.28	0.23	0.19	0.18
	10	0.27	0.21	0.17	0.26	0.21	0.17	0.26	0.21	0.17	0.16
2. 配照型工厂灯 GC1-$\frac{A}{B}$-1 150W 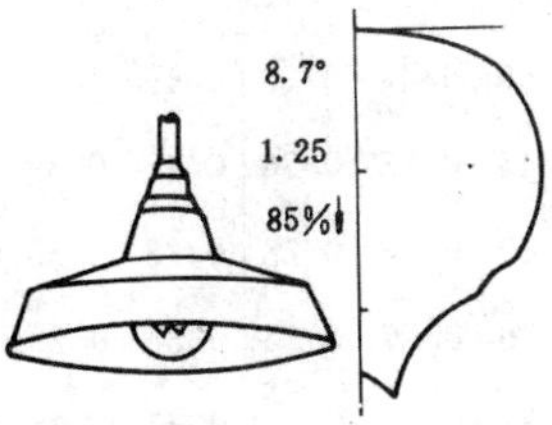 	1	0.85	0.82	0.78	0.82	0.79	0.76	0.78	0.76	0.74	0.70
	2	0.73	0.68	0.63	0.70	0.66	0.61	0.68	0.63	0.60	0.57
	3	0.64	0.57	0.51	0.61	0.55	0.50	0.59	0.54	0.49	0.46
	4	0.56	0.49	0.43	0.54	0.48	0.43	0.52	0.46	0.42	0.39
	5	0.50	0.42	0.36	0.48	0.41	0.36	0.46	0.40	0.35	0.33
	6	0.44	0.36	0.31	0.43	0.36	0.31	0.41	0.35	0.30	0.28
	7	0.39	0.32	0.26	0.38	0.31	0.26	0.37	0.30	0.26	0.24
	8	0.35	0.28	0.23	0.34	0.28	0.23	0.33	0.27	0.28	0.20
	9	0.32	0.25	0.20	0.31	0.24	0.20	0.30	0.24	0.20	0.18
	10	0.29	0.22	0.17	0.28	0.22	0.17	0.27	0.21	0.17	0.16
3. 配照型工厂灯 GC1-$\frac{A}{B}$-2 100W、150W 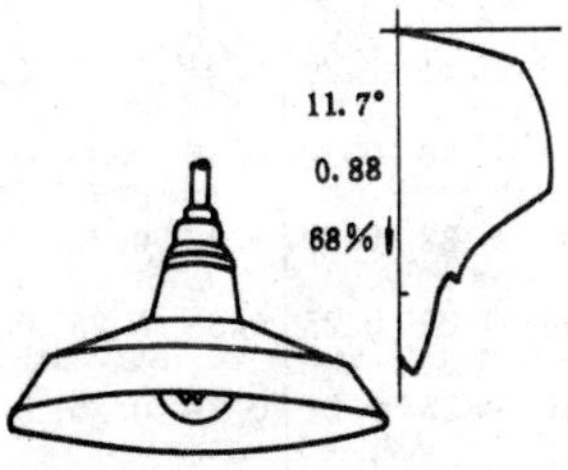 	1	0.69	0.66	0.64	0.66	0.64	0.62	0.63	0.62	0.60	0.57
	2	0.60	0.55	0.51	0.57	0.53	0.50	0.55	0.52	0.49	0.46
	3	0.52	0.46	0.42	0.50	0.45	0.41	0.48	0.44	0.40	0.38
	4	0.46	0.40	0.35	0.44	0.39	0.35	0.42	0.38	0.34	0.32
	5	0.40	0.34	0.30	0.39	0.34	0.29	0.38	0.33	0.29	0.27
	6	0.36	0.30	0.25	0.35	0.29	0.25	0.33	0.29	0.25	0.23
	7	0.32	0.26	0.22	0.31	0.25	0.21	0.30	0.25	0.21	0.20
	8	0.29	0.23	0.19	0.28	0.22	0.19	0.27	0.22	0.18	0.17
	9	0.26	0.20	0.16	0.25	0.20	0.16	0.24	0.19	0.16	0.15
	10	0.23	0.18	0.14	0.23	0.18	0.14	0.22	0.17	0.14	0.13

续表 35-26

灯具名称、型号、外形图及保护角、最大允许 L/H 值、灯效率、光分布、光源容量（W）	ρ_{cc}%	70			50			30			0
	ρ_{w}%	50	30	10	50	30	10	50	30	10	0
	RCR										
4. 双罩型工厂灯	1	0.55	0.52	0.50	0.52	0.50	0.48	0.50	0.48	0.46	0.44
GC1G-$\frac{A}{B}$-2	2	0.47	0.44	0.40	0.45	0.42	0.39	0.43	0.41	0.38	0.38
150W、200W	3	0.41	0.37	0.33	0.40	0.36	0.33	0.38	0.35	0.32	0.30
	4	0.37	0.32	0.28	0.35	0.31	0.28	0.34	0.30	0.27	0.20
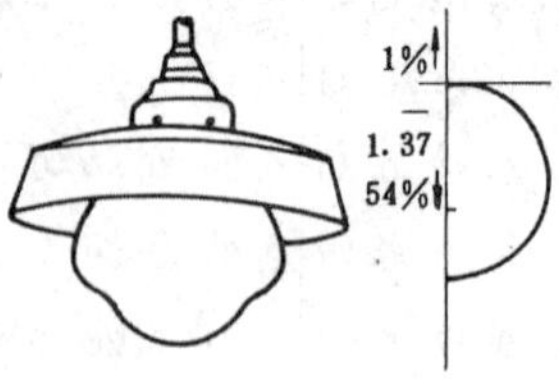	5	0.33	0.28	0.24	0.31	0.27	0.24	0.30	0.26	0.23	0.22
	6	0.29	0.24	0.21	0.28	0.24	0.20	0.27	0.23	0.20	0.19
	7	0.26	0.21	0.18	0.25	0.20	0.17	0.24	0.20	0.17	0.16
	8	0.23	0.19	0.15	0.22	0.18	0.15	0.22	0.18	0.15	0.14
	9	0.21	0.16	0.13	0.20	0.16	0.13	0.20	0.16	0.13	0.12
	10	0.19	0.15	0.12	0.18	0.14	0.12	0.18	0.14	0.10	0.10
	1	0.84	0.81	0.77	0.81	0.78	0.75	0.77	0.75	0.73	0.69
5. 镜面深照型灯	2	0.75	0.70	0.65	0.72	0.67	0.64	0.69	0.65	0.62	0.59
JS-300　300W	3	0.66	0.60	0.55	0.64	0.58	0.54	0.61	0.57	0.52	0.50
	4	0.59	0.52	0.47	0.57	0.51	0.46	0.55	0.50	0.45	0.43
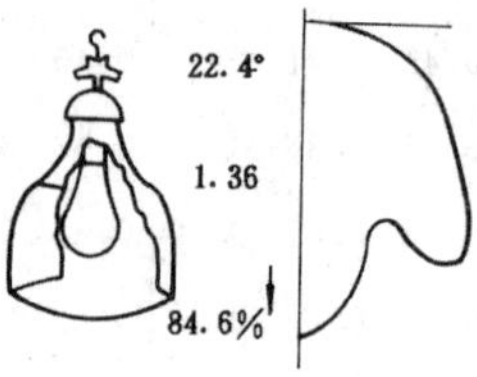	5	0.52	0.45	0.40	0.50	0.44	0.39	0.49	0.43	0.39	0.36
	6	0.46	0.49	0.34	0.45	0.38	0.33	0.43	0.38	0.33	0.31
	7	0.41	0.34	0.29	0.40	0.33	0.28	0.38	0.33	0.28	0.26
	8	0.37	0.30	0.25	0.36	0.29	0.25	0.35	0.29	0.24	0.23
	9	0.33	0.26	0.21	0.32	0.26	0.21	0.31	0.25	0.21	0.19
	10	0.30	0.21	0.19	0.29	0.23	0.19	0.28	0.22	0.18	0.17
	1	0.70	0.69	0.64	0.67	0.64	0.62	0.64	0.62	0.60	0.57
6. 搪瓷深照型灯	2	0.63	0.69	0.55	0.61	0.57	0.54	0.58	0.56	0.53	0.50
D＝355　300W	3	0.57	0.52	0.48	0.55	0.51	0.47	0.53	0.50	0.47	0.44
	4	0.52	0.47	0.43	0.50	0.46	0.42	0.49	0.45	0.42	0.40
	5	0.47	0.41	0.37	0.45	0.41	0.37	0.44	0.40	0.37	0.35
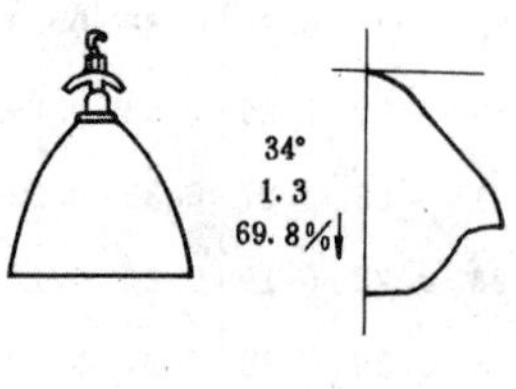	6	0.42	0.37	0.33	0.41	0.36	0.32	0.40	0.35	0.32	0.31
	7	0.38	0.33	0.29	0.37	0.32	0.29	0.36	0.32	0.29	0.27
	8	0.35	0.29	0.25	0.34	0.29	0.25	0.33	0.28	0.25	0.24
	9	0.31	0.25	0.21	0.30	0.25	0.21	0.29	0.25	0.21	0.20
	10	0.28	0.23	0.20	0.28	0.23	0.19	0.27	0.23	0.19	0.16

续表 35-26

灯具名称、型号、外形图及保护角、最大允许 L/H 值、灯效率、光分布、光源容量（W）	ρ_{cc}%	70			50			30			0
	ρ_w%	50	30	10	50	30	10	50	30	10	0
	RCR										
7. 深照型工厂灯 GC5-$\frac{A}{B}$-2 150W，200W	1	0.67	0.65	0.63	0.64	0.62	0.61	0.62	0.60	0.59	0.59
	2	0.60	0.57	0.55	0.58	0.56	0.53	0.56	0.54	0.52	0.56
	3	0.54	0.50	0.47	0.52	0.49	0.46	0.51	0.48	0.46	0.44
	4	0.49	0.44	0.41	0.47	0.43	0.40	0.46	0.43	0.40	0.38
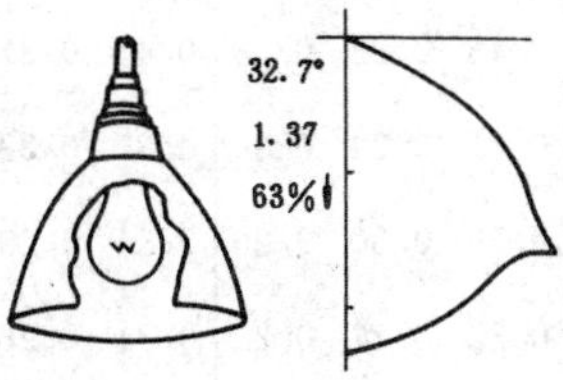	5	0.44	0.39	0.36	0.42	0.38	0.35	0.41	0.38	0.35	0.33
	6	0.39	0.34	0.31	0.38	0.34	0.30	0.37	0.33	0.30	0.29
	7	0.35	0.30	0.26	0.34	0.29	0.26	0.33	0.29	0.20	0.25
	8	0.31	0.26	0.23	0.30	0.26	0.23	0.30	0.26	0.23	0.21
	9	0.28	0.23	0.20	0.27	0.23	0.20	0.27	0.23	0.20	0.18
	10	0.25	0.21	0.17	0.25	0.20	0.17	0.24	0.20	0.17	0.16
8. 深照型工厂灯 GC5-$\frac{A}{B}$-3 300W	1	0.76	0.73	0.69	0.73	0.70	0.67	0.70	0.67	0.65	0.61
	2	0.65	0.59	0.55	0.62	0.57	0.53	0.60	0.56	0.52	0.49
	3	0.56	0.49	0.44	0.54	0.48	0.43	0.51	0.47	0.42	0.40
	4	0.49	0.42	0.37	0.47	0.41	0.37	0.45	0.40	0.36	0.34
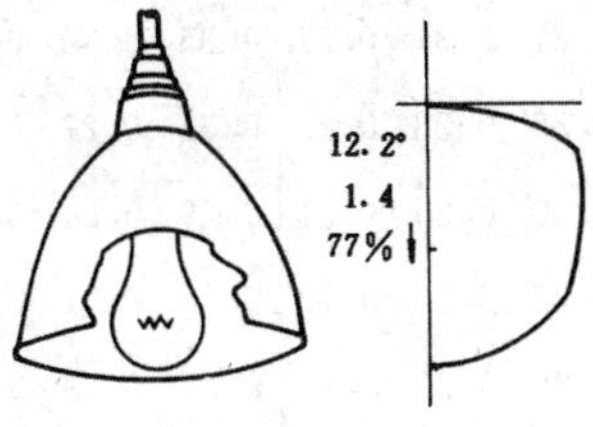	5	0.43	0.36	0.31	0.42	0.35	0.31	0.40	0.35	0.31	0.28
	6	0.39	0.31	0.26	0.37	0.31	0.26	0.36	0.30	0.26	0.24
	7	0.34	0.27	0.22	0.33	0.27	0.22	0.32	0.26	0.22	0.20
	8	0.30	0.24	0.19	0.30	0.24	0.19	0.29	0.23	0.19	0.17
	9	0.28	0.21	0.17	0.27	0.21	0.17	0.26	0.21	0.17	0.15
	10	0.25	0.19	0.15	0.24	0.19	0.15	0.24	0.18	0.15	0.13
9. 深照型工厂灯 GC5-$\frac{A}{B}$-4 300W、500W	1	0.69	0.66	0.64	0.66	0.64	0.62	0.63	0.61	0.60	0.57
	2	0.60	0.56	0.52	0.58	0.54	0.51	0.55	0.52	0.50	0.47
	3	0.52	0.47	0.43	0.50	0.46	0.42	0.48	0.45	0.41	0.39
	4	0.46	0.40	0.36	0.44	0.39	0.36	0.43	0.39	0.35	0.33
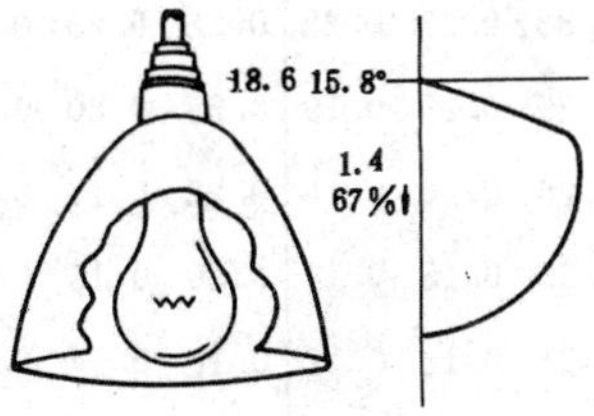	5	0.40	0.35	0.30	0.39	0.34	0.30	0.38	0.33	0.30	0.28
	6	0.36	0.30	0.26	0.34	0.29	0.25	0.33	0.29	0.25	0.23
	7	0.32	0.26	0.22	0.31	0.25	0.21	0.30	0.25	0.21	0.20
	8	0.28	0.23	0.19	0.28	0.22	0.19	0.27	0.22	0.18	0.17
	9	0.26	0.20	0.16	0.25	0.20	0.16	0.24	0.19	0.16	0.15
	10	0.23	0.18	0.14	0.22	0.17	0.14	0.22	0.17	0.14	0.13

续表 35-26

灯具名称、型号、外形图及保护角、最大允许 L/H 值、灯效率、光分布、光源容量（W）	ρ_{cc}%	70			50			30			0
	ρ_{w}%	50	30	10	50	30	10	50	30	10	0
	RCR										
10. 防水防尘灯 FSC-200-3 200W 磨砂玻璃罩	1	0.69	0.66	0.63	0.66	0.63	0.61	0.63	0.61	0.59	0.56
	2	0.61	0.57	0.53	0.59	0.55	0.52	0.57	0.54	0.51	0.48
	3	0.55	0.50	0.46	0.53	0.49	0.45	0.51	0.47	0.44	0.42
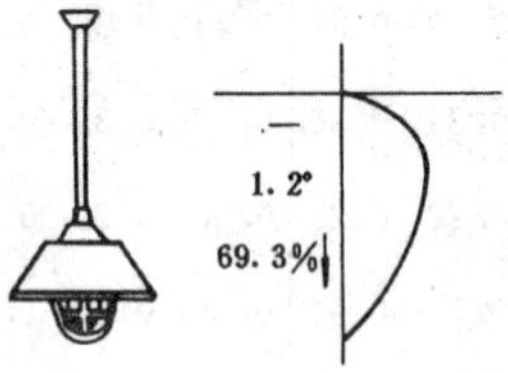	4	0.49	0.43	0.39	0.47	0.42	0.39	0.46	0.41	0.38	0.36
	5	0.44	0.38	0.34	0.43	0.38	0.34	0.41	0.37	0.33	0.31
	6	0.40	0.34	0.30	0.37	0.34	0.30	0.37	0.33	0.29	0.28
	7	0.37	0.30	0.26	0.35	0.30	0.26	0.34	0.29	0.26	0.24
	8	0.33	0.27	0.23	0.32	0.27	0.23	0.31	0.26	0.23	0.22
	9	0.21	0.25	0.21	0.29	0.24	0.21	0.28	0.24	0.21	0.19
	10	0.27	0.21	0.18	0.26	0.21	0.17	0.25	0.21	0.17	0.16
11. 防水防尘灯 FSC-200-4 200W 磨砂玻璃罩	1	0.66	0.62	0.58	0.62	0.59	0.56	0.58	0.56	0.53	0.49
	2	0.57	0.51	0.47	0.53	0.49	0.45	0.50	0.47	0.43	0.40
	3	0.50	0.43	0.38	0.47	0.42	0.37	0.44	0.40	0.36	0.33
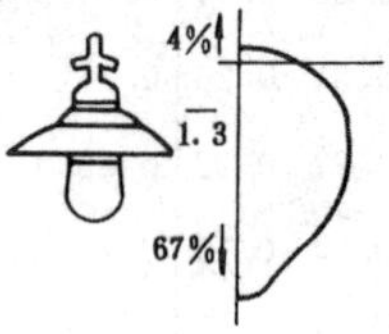	4	0.44	0.37	0.32	0.41	0.36	0.31	0.39	0.34	0.31	0.28
	5	0.39	0.32	0.28	0.37	0.31	0.27	0.35	0.30	0.26	0.24
	6	0.35	0.29	0.24	0.33	0.28	0.23	0.32	0.27	0.23	0.21
	7	0.32	0.25	0.21	0.30	0.25	0.21	0.29	0.24	0.20	0.18
	8	0.29	0.22	0.18	0.27	0.22	0.18	0.26	0.21	0.18	0.16
	9	0.26	0.20	0.16	0.25	0.20	0.16	0.24	0.19	0.16	0.14
	10	0.24	0.18	0.14	0.23	0.18	0.14	0.22	0.17	0.14	0.12
12. 防潮灯 GC33 100W 透明玻璃罩	1	0.69	0.64	0.60	0.59	0.56	0.53	0.51	0.48	0.45	0.35
	2	0.58	0.52	0.46	0.50	0.45	0.41	0.42	0.38	0.35	0.26
	3	0.50	0.43	0.37	0.42	0.37	0.32	0.36	0.32	0.28	0.20
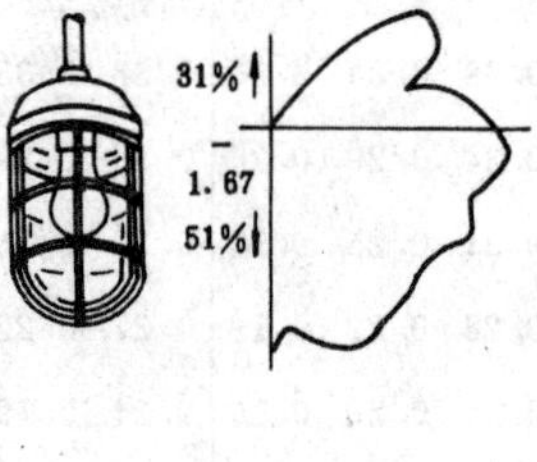	4	0.43	0.36	0.31	0.37	0.31	0.27	0.32	0.27	0.23	0.17
	5	0.38	0.31	0.25	0.33	0.27	0.22	0.28	0.23	0.19	0.14
	6	0.34	0.27	0.21	0.29	0.23	0.19	0.25	0.20	0.16	0.11
	7	0.30	0.23	0.18	0.26	0.20	0.16	0.22	0.17	0.14	0.09
	8	0.27	0.20	0.16	0.23	0.18	0.14	0.20	0.15	0.12	0.08
	9	0.24	0.18	0.14	0.21	0.16	0.12	0.18	0.14	0.10	0.07
	10	0.22	0.16	0.12	0.19	0.14	0.10	0.16	0.12	0.09	0.06

续表 35-26

灯具名称、型号、外形图及保护角、最大允许 L/H 值、灯效率、光分布、光源容量（W）	ρ_{cc}%	70			50			30			0
	ρ_w%	50	30	10	50	30	10	50	30	10	0
	RCR										
13. 安全灯（无伞） ADB-150-1 150W 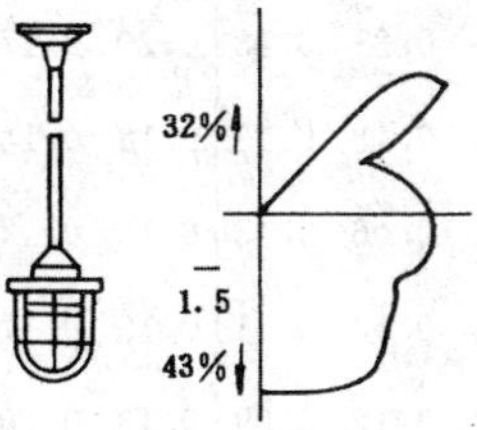	1	0.62	0.58	0.54	0.52	0.49	0.47	0.44	0.42	0.40	0.29
	2	0.52	0.47	0.43	0.44	0.40	0.37	0.37	0.34	0.31	0.22
	3	0.46	0.40	0.35	0.39	0.34	0.30	0.32	0.29	0.26	0.18
	4	0.40	0.34	0.29	0.34	0.29	0.25	0.28	0.24	0.21	0.15
	5	0.35	0.29	0.24	0.30	0.25	0.21	0.25	0.21	0.18	0.12
	6	0.32	0.25	0.21	0.27	0.22	0.18	0.23	0.19	0.15	0.11
	7	0.28	0.22	0.18	0.24	0.19	0.16	0.20	0.16	0.13	0.09
	8	0.25	0.20	0.16	0.22	0.17	0.14	0.18	0.14	0.12	0.08
	9	0.23	0.17	0.14	0.20	0.15	0.12	0.17	0.13	0.10	0.07
	10	0.21	0.15	0.11	0.18	0.13	0.10	0.15	0.11	0.09	0.05
14. 防爆灯 B3C-200-1 200W 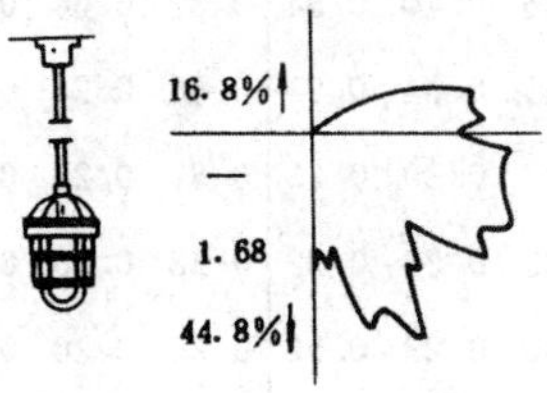	1	0.52	0.49	0.46	0.46	0.44	0.41	0.41	0.39	0.37	0.30
	2	0.44	0.39	0.35	0.39	0.35	0.32	0.34	0.31	0.28	0.23
	3	0.38	0.32	0.28	0.33	0.29	0.25	0.29	0.26	0.23	0.18
	4	0.33	0.27	0.23	0.29	0.24	0.21	0.26	0.22	0.18	0.14
	5	0.29	0.23	0.19	0.26	0.21	0.17	0.23	0.19	0.15	0.12
	6	0.26	0.20	0.16	0.23	0.18	0.15	0.20	0.16	0.13	0.10
	7	0.23	0.18	0.14	0.21	0.16	0.13	0.18	0.14	0.11	0.09
	8	0.21	0.16	0.12	0.19	0.14	0.11	0.16	0.13	0.10	0.07
	9	0.19	0.14	0.11	0.17	0.13	0.10	0.15	0.11	0.09	0.07
	10	0.17	0.12	0.09	0.15	0.11	0.08	0.14	0.10	0.07	0.05
15. 防爆灯 B3C-200 200W 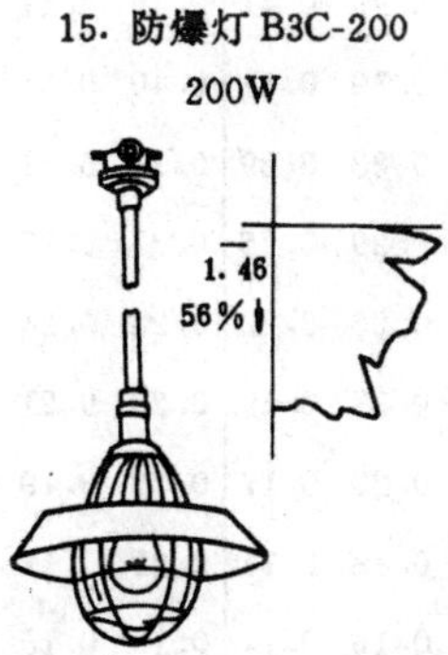	1	0.53	0.50	0.47	0.50	0.48	0.45	0.48	0.46	0.44	0.41
	2	0.44	0.40	0.36	0.42	0.38	0.35	0.40	0.37	0.34	0.32
	3	0.38	0.33	0.28	0.36	0.32	0.28	0.35	0.31	0.27	0.25
	4	0.34	0.28	0.24	0.32	0.27	0.23	0.31	0.20	0.23	0.21
	5	0.59	0.24	0.20	0.28	0.23	0.19	0.27	0.23	0.10	0.18
	6	0.26	0.21	0.17	0.25	0.20	0.16	0.24	0.20	0.16	0.15
	7	0.23	0.18	0.14	0.22	0.17	0.14	0.21	0.17	0.14	0.12
	8	0.21	0.16	0.12	0.20	0.15	0.12	0.19	0.15	0.12	0.11
	9	0.19	0.14	0.11	0.18	0.14	0.10	0.18	0.13	0.10	0.09
	10	0.17	0.12	0.09	0.17	0.12	0.09	0.16	0.12	0.09	0.08

续表 35-26

灯具名称、型号、外形图及保护角、最大允许 L/H 值、灯效率、光分布、光源容量（W）	ρ_{cc}%	70			50			30			0
	ρ_w%	50	30	10	50	30	10	50	30	10	0
	RCR										
16. 圆球吸顶灯 JXD1-2 150W 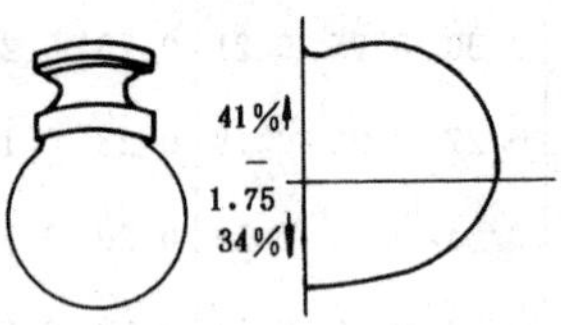	1	0.58	0.55	0.51	0.48	0.45	0.42	0.38	0.36	0.34	0.21
	2	0..49	0.44	0.40	0.40	0.36	0.33	0.31	0.28	0.20	0.15
	3	0.43	0.37	0.32	0.34	0.30	0.26	0.27	0.23	0.20	0.12
	4	0.37	0.31	0.26	0.30	0.25	0.21	0.23	0.20	0.17	0.09
	5	0.32	0.26	0.21	0.26	0.21	0.18	0.20	0.17	0.14	0.07
	6	0.29	0.23	0.18	0.23	0.18	0.15	0.18	0.14	0.12	0.06
	7	0.26	0.20	0.15	0.21	0.16	0.13	0.16	0.12	0.10	0.05
	8	0.23	0.17	0.13	0.19	0.14	0.11	0.15	0.11	0.08	0.04
	9	0.21	0.15	0.11	0.17	0.12	0.09	0.13	0.10	0.07	0.03
	10	0.19	0.13	0.10	0.15	0.11	0.08	0.12	0.08	0.06	0.02
1 17. 明月罩 DH-22-2 100W 3 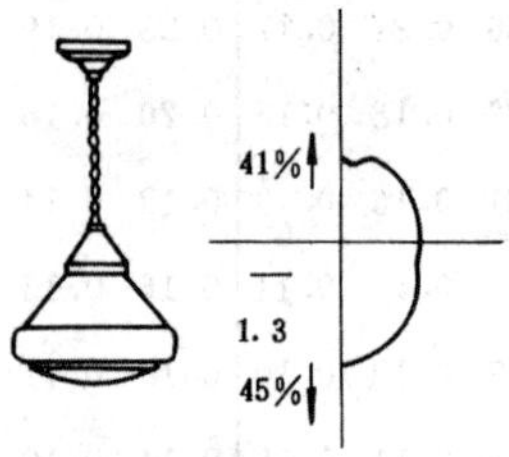	1	0.77	0.72	0.68	0.71	0.67	0.63	0.60	0.56	0.54	0.32
	2	0.66	0.59	0.54	0.61	0.55	0.50	0.51	0.47	0.43	0.25
	3	0.57	0.50	0.44	0.53	0.46	0.41	0.44	0.39	0.35	0.20
	4	0.50	0.43	0.37	0.46	0.40	0.34	0.39	0.34	0.29	0.17
	5	0.45	0.37	0.31	0.41	0.34	0.29	0.35	0.29	0.25	0.14
	6	0.40	0.32	0.27	0.37	0.30	0.25	0.31	0.26	0.21	0.12
	7	0.37	0.28	0.23	0.33	0.26	0.22	0.28	0.23	0.19	0.11
	8	0.32	0.25	0.20	0.30	0.23	0.19	0.25	0.20	0.16	0.09
	9	0.29	0.22	0.17	0.27	0.21	0.16	0.23	0.18	0.14	0.08
	10	0.26	0.20	0.15	0.24	0.18	0.14	0.21	0.16	0.12	0.07
18. 扁圆天棚灯 TP-1-60、100、150 80W、100W、150W 乳白玻璃罩 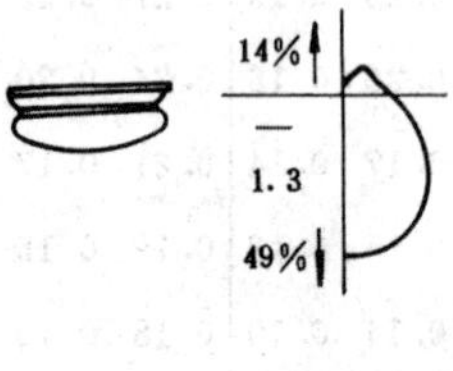	1	0.59	0.56	0.53	0.57	0.54	0.51	0.51	0.49	0.47	0.37
	2	0.52	0.47	0.43	0.49	0.45	0.41	0.45	0.41	0.38	0.30
	3	0.46	0.40	0.36	0.44	0.39	0.34	0.40	0.36	0.32	0.26
	4	0.40	0.35	0.30	0.38	0.33	0.29	0.35	0.31	0.27	0.21
	5	0.36	0.30	0.26	0.34	0.29	0.25	0.31	0.27	0.23	0.19
	6	0.32	0.27	0.22	0.31	0.26	0.22	0.28	0.24	0.21	0.16
	7	0.29	0.23	0.20	0.28	0.23	0.19	0.26	0.21	0.18	0.14
	8	0.26	0.21	0.17	0.25	0.20	0.17	0.23	0.19	0.16	0.13
	9	0.24	0.19	0.15	0.23	0.18	0.15	0.21	0.17	0.14	0.11
	10	0.21	0.16	0.13	0.20	0.16	0.14	0.19	0.15	0.12	0.09

续表 35-26

灯具名称、型号、外形图及保护角、最大允许 L/H 值、灯效率、光分布、光源容量（W）	ρ_{cc}%	70			50			30			0
	ρ_{w}%	50	30	10	50	30	10	50	30	10	0
	RCR										
19. 浅扁圆吸顶灯 XD32-$\frac{1}{2}$ 100W 乳白玻璃罩 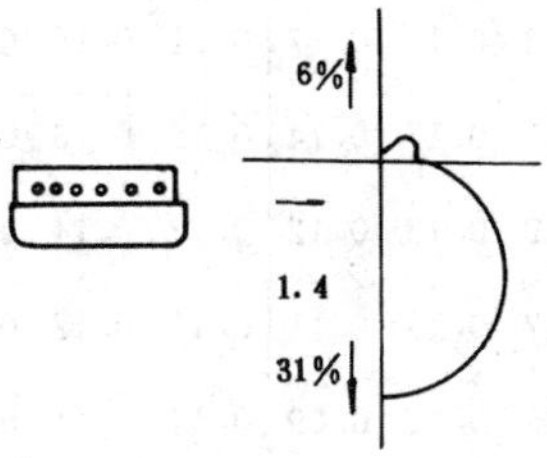	1	0.36	0.34	0.32	0.35	0.33	0.31	0.32	0.30	0.29	0.24
	2	0.32	0.29	0.27	0.30	0.28	0.26	0.28	0.26	0.24	0.20
	3	0.28	0.25	0.22	0.27	0.24	0.22	0.25	0.22	0.21	0.17
	4	0.25	0.21	0.19	0.24	0.21	0.18	0.22	0.20	0.18	0.15
	5	0.22	0.19	0.16	0.21	0.18	0.16	0.20	0.17	0.15	0.13
	6	0.20	0.16	0.14	0.19	0.16	0.14	0.18	0.15	0.13	0.11
	7	0.18	0.15	0.12	0.17	0.14	0.12	0.16	0.14	0.12	0.10
	8	0.16	0.13	0.11	0.16	0.13	0.10	0.15	0.12	0.10	0.09
	9	0.15	0.12	0.09	0.14	0.11	0.09	0.13	0.11	0.09	0.08
	10	0.13	0.10	0.08	0.13	0.10	0.08	0.12	0.09	0.08	0.07
20. 半圆天棚灯 TP-2-60、100、2×60 60W、100W、2×60W 乳白玻璃罩 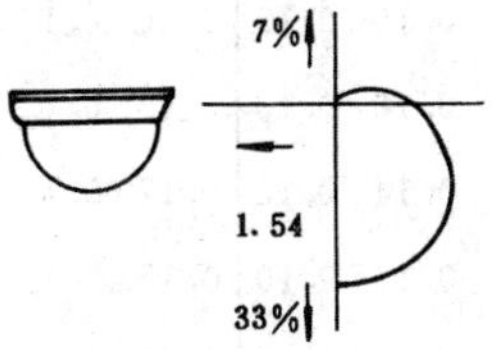	1	0.37	0.35	0.33	0.36	0.33	0.31	0.33	0.31	0.29	0.23
	2	0.32	0.29	0.26	0.30	0.27	0.25	0.28	0.25	0.23	0.19
	3	0.28	0.24	0.21	0.27	0.23	0.20	0.24	0.21	0.19	0.15
	4	0.24	0.20	0.17	0.23	0.20	0.17	0.21	0.18	0.16	0.13
	5	0.22	0.18	0.15	0.21	0.17	0.14	0.19	0.16	0.14	0.11
	6	0.19	0.15	0.13	0.18	0.15	0.12	0.17	0.14	0.12	0.09
	7	0.17	0.14	0.11	0.17	0.13	0.11	0.15	0.12	0.10	0.08
	8	0.16	0.12	0.10	0.15	0.12	0.09	0.14	0.11	0.09	0.07
	9	0.14	0.11	0.08	0.14	0.10	0.08	0.13	0.10	0.08	0.06
	10	0.13	0.09	0.07	0.12	0.09	0.07	0.11	0.08	0.06	0.05
21. 乳白玻璃吊球 DH-30 100W 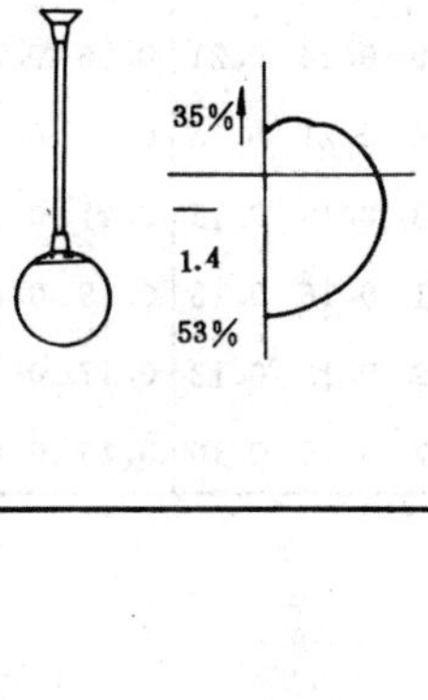	1	0.79	0.74	0.69	0.73	0.69	0.64	0.63	0.59	0.56	0.36
	2	0.67	0.60	0.54	0.62	0.56	0.51	0.54	0.49	0.44	0.28
	3	0.58	0.51	0.44	0.54	0.47	0.42	0.47	0.41	0.36	0.23
	4	0.51	0.43	0.37	0.47	0.40	0.34	0.41	0.35	0.30	0.19
	5	0.45	0.37	0.31	0.42	0.34	0.29	0.36	0.30	0.25	0.16
	6	0.40	0.32	0.26	0.37	0.30	0.25	0.32	0.26	0.22	0.13
	7	0.36	0.28	0.23	0.33	0.26	0.21	0.29	0.23	0.19	0.12
	8	0.32	0.25	0.20	0.30	0.23	0.18	0.26	0.20	0.16	0.10
	9	0.29	0.22	0.17	0.27	0.21	0.16	0.24	0.18	0.14	0.09
	10	0.26	0.19	0.14	0.24	0.18	0.14	0.21	0.16	0.12	0.07

续表 35-26

灯具名称、型号、外形图及保护角、最大允许 L/H 值、灯效率、光分布、光源容量（W）	ρ_{cc}%	70			50			30			0
	ρ_w%	50	30	10	50	30	10	50	30	10	0
	RCR										
22. 半扁罩吸顶灯 JXD3-1 100W 乳白玻璃罩	1	0.41	0.39	0.37	0.39	0.37	0.35	0.36	0.34	0.32	0.25
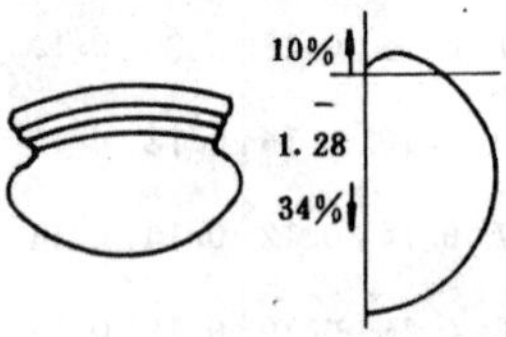	2	0.36	0.32	0.29	0.34	0.31	0.28	0.31	0.28	0.26	0.20
	3	0.31	0.27	0.24	0.30	0.26	0.23	0.27	0.24	0.22	0.17
	4	0.27	0.23	0.20	0.26	0.22	0.20	0.24	0.21	0.18	0.14
	5	0.24	0.20	0.17	0.23	0.19	0.17	0.21	0.18	0.15	0.12
	6	0.22	0.18	0.15	0.21	0.17	0.14	0.19	0.16	0.13	0.11
	7	0.19	0.16	0.13	0.19	0.15	0.12	0.17	0.14	0.12	0.09
	8	0.17	0.14	0.11	0.17	0.13	0.11	0.15	0.12	0.10	0.08
	9	0.16	0.12	0.10	0.15	0.12	0.09	0.14	0.11	0.09	0.07
	10	0.14	0.10	0.08	0.13	0.10	0.08	0.12	0.09	0.07	0.06
23. 半扁罩吸顶灯 JXD3-2 60W、100W 乳白玻璃罩	1	0.46	0.43	0.41	0.44	0.41	0.39	0.39	0.37	0.35	0.27
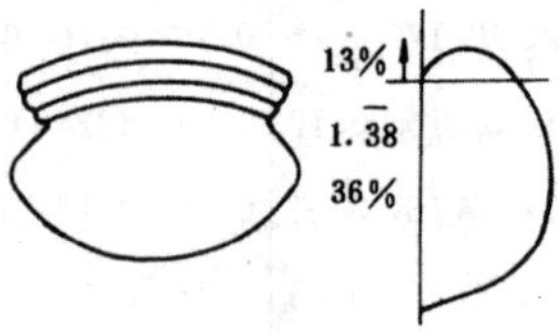	2	0.40	0.36	0.33	0.37	0.34	0.31	0.33	0.31	0.28	0.21
	3	0.35	0.30	0.27	0.33	0.29	0.26	0.29	0.26	0.23	0.18
	4	0.30	0.26	0.22	0.29	0.24	0.21	0.26	0.22	0.20	0.15
	5	0.27	0.22	0.19	0.25	0.21	0.18	0.23	0.19	0.17	0.12
	6	0.24	0.19	0.16	0.23	0.19	0.15	0.20	0.17	0.14	0.11
	7	0.21	0.17	0.14	0.20	0.16	0.13	0.18	0.15	0.12	0.09
	8	0.19	0.15	0.12	0.18	0.14	0.12	0.17	0.13	0.11	0.08
	9	0.17	0.13	0.11	0.17	0.13	0.10	0.15	0.12	0.09	0.07
	10	0.15	0.11	0.09	0.15	0.11	0.08	0.13	0.10	0.08	0.06
24. 平圆型吸顶灯 JXD5-1 100W 乳白玻璃罩	1	0.52	0.50	0.47	0.49	0.47	0.45	0.44	0.42	0.40	0.29
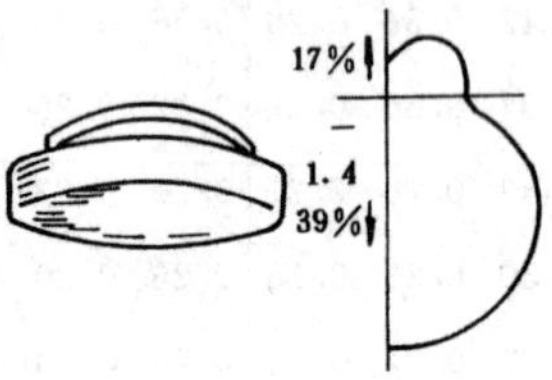	2	0.45	0.41	0.38	0.43	0.39	0.36	0.38	0.35	0.32	0.24
	3	0.40	0.35	0.31	0.37	0.33	0.30	0.33	0.30	0.27	0.20
	4	0.35	0.30	0.26	0.33	0.28	0.25	0.29	0.25	0.22	0.16
	5	0.31	0.26	0.22	0.29	0.24	0.21	0.26	0.22	0.19	0.14
	6	0.27	0.22	0.19	0.26	0.21	0.18	0.23	0.19	0.16	0.12
	7	0.24	0.20	0.16	0.23	0.19	0.15	0.21	0.17	0.14	0.10
	8	0.22	0.17	0.14	0.21	0.16	0.13	0.19	0.15	0.12	0.09
	9	0.20	0.15	0.12	0.19	0.15	0.12	0.17	0.13	0.11	0.08
	10	0.18	0.13	0.10	0.17	0.13	0.10	0.15	0.11	0.09	0.06

续表 35-26

灯具名称、型号、外形图及保护角、最大允许 L/H 值、灯效率、光分布、光源容量（W）	$\rho_{cc}\%$	70			50			30			0
	$\rho_{w}\%$	50	30	10	50	30	10	50	30	10	0
	RCR										
25. 平圆型吸顶灯 JXD5-2　60W，100W 乳白玻璃罩 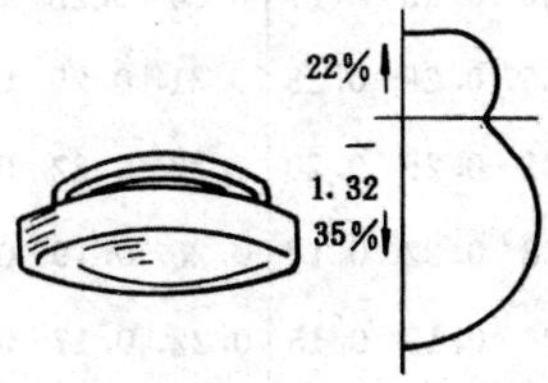	1	0.53	0.50	0.47	0.49	0.47	0.44	0.42	0.41	0.39	0.26
	2	0.45	0.41	0.38	0.42	0.39	0.36	0.37	0.34	0.31	0.21
	3	0.40	0.35	0.31	0.37	0.33	0.29	0.32	0.29	0.26	0.17
	4	0.35	0.30	0.26	0.32	0.28	0.24	0.28	0.25	0.22	0.14
	5	0.31	0.26	0.22	0.29	0.24	0.21	0.25	0.21	0.18	0.12
	6	0.27	0.22	0.19	0.26	0.21	0.18	0.22	0.19	0.16	0.11
	7	0.25	0.20	0.16	0.23	0.18	0.15	0.20	0.16	0.14	0.09
	8	0.22	0.17	0.14	0.21	0.16	0.13	0.18	0.14	0.12	0.08
	9	0.20	0.15	0.12	0.19	0.14	0.12	0.16	0.13	0.10	0.07
	10	0.18	0.13	0.10	0.17	0.13	0.10	0.15	0.11	0.09	0.08
26. 扁圆形罩吊灯 JDD11　100W 乳白玻璃罩 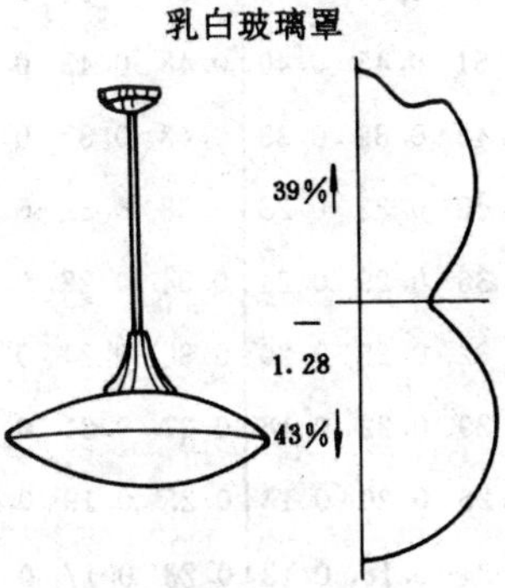	1	0.75	0.72	0.68	0.70	0.66	0.63	0.59	0.56	0.54	0.33
	2	0.66	0.60	0.55	0.61	0.56	0.52	0.51	0.48	0.45	0.28
	3	0.58	0.51	0.46	0.53	0.48	0.43	0.45	0.41	0.38	0.23
	4	0.51	0.44	0.39	0.47	0.41	0.36	0.40	0.35	0.32	0.20
	5	0.45	0.38	0.33	0.42	0.36	0.31	0.36	0.31	0.27	0.17
	6	0.40	0.33	0.28	0.38	0.31	0.27	0.32	0.27	0.24	0.15
	7	0.36	0.29	0.25	0.34	0.28	0.23	0.29	0.24	0.20	0.13
	8	0.33	0.26	0.21	0.30	0.24	0.20	0.26	0.21	0.18	0.11
	9	0.30	0.23	0.19	0.28	0.22	0.18	0.24	0.19	0.16	0.10
	10	0.26	0.20	0.16	0.25	0.19	0.15	0.21	0.17	0.13	0.08
27. 棱形罩吊灯 JDD12　100W 乳白玻璃罩 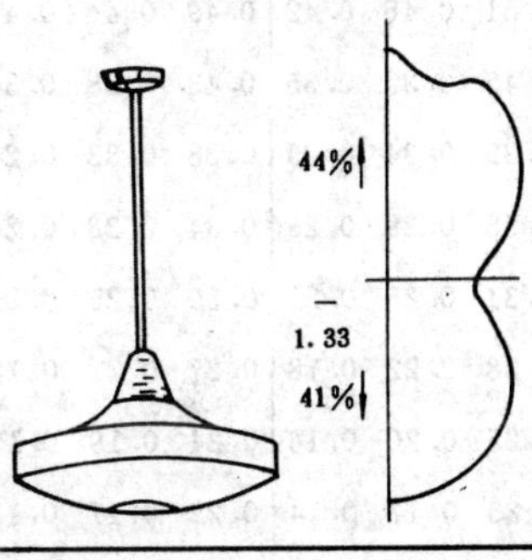	1	0.77	0.73	0.69	0.70	0.67	0.64	0.59	0.56	0.54	0.31
	2	0.66	0.61	0.56	0.61	0.56	0.52	0.51	0.47	0.44	0.25
	3	0.58	0.52	0.46	0.54	0.48	0.43	0.45	0.40	0.37	0.21
	4	0.51	0.44	0.39	0.47	0.41	0.36	0.39	0.35	0.31	0.17
	5	0.45	0.38	0.33	0.42	0.35	0.30	0.35	0.30	0.26	0.15
	6	0.41	0.33	0.28	0.37	0.31	0.26	0.31	0.26	0.23	0.13
	7	0.36	0.29	0.24	0.33	0.27	0.23	0.28	0.23	0.20	0.11
	8	0.33	0.26	0.21	0.30	0.24	0.20	0.25	0.20	0.17	0.10
	9	0.30	0.23	0.18	0.27	0.21	0.17	0.23	0.18	0.15	0.08
	10	0.26	0.20	0.16	0.24	0.19	0.15	0.21	0.16	0.13	0.07

续表 35-26

灯具名称、型号、外形图及保护角、最大允许 L/H 值、灯效率、光分布、光源容量（W）	ρ_{cc}%	70			50			30			0
	ρ_{w}%	50	30	10	50	30	10	50	30	10	0
	RCR										
28. 割口罩圆球吊灯 JDD1-1 100W 乳白玻璃罩	1	0.75	0.70	0.66	0.69	0.65	0.62	0.60	0.57	0.54	0.35
	2	0.64	0.57	0.52	0.59	0.53	0.49	0.51	0.46	0.42	0.27
	3	0.55	0.48	0.42	0.51	0.45	0.40	0.44	0.39	0.35	0.22
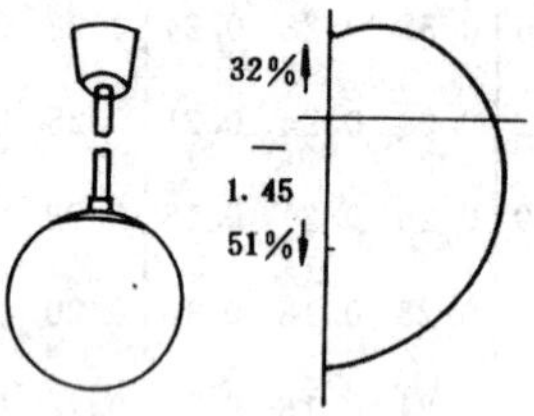	4	0.48	0.40	0.35	0.45	0.38	0.33	0.39	0.33	0.29	0.18
	5	0.42	0.35	0.29	0.40	0.33	0.27	0.34	0.28	0.24	0.15
	6	0.38	0.30	0.25	0.35	0.28	0.23	0.31	0.25	0.21	0.13
	7	0.34	0.26	0.21	0.32	0.25	0.20	0.27	0.22	0.18	0.11
	8	0.30	0.23	0.18	0.28	0.22	0.17	0.25	0.19	0.15	0.09
	9	0.28	0.21	0.16	0.26	0.19	0.15	0.22	0.17	0.13	0.08
	10	0.25	0.18	0.14	0.23	0.17	0.13	0.20	0.15	0.11	0.06
I. 带有荧光高压汞灯泡的灯具											
29. 广照型灯 125W	1	0.75	0.70	0.66	0.70	0.66	0.63	0.66	0.63	0.60	0.55
	2	0.63	0.57	0.51	0.60	0.54	0.49	0.56	0.51	0.47	0.43
	3	0.55	0.47	0.41	0.51	0.45	0.40	0.48	0.43	0.38	0.35
	4	0.48	0.40	0.34	0.45	0.39	0.33	0.43	0.37	0.32	0.29
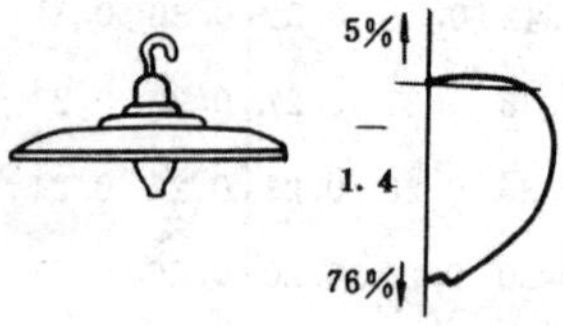	5	0.42	0.35	0.29	0.40	0.33	0.28	0.38	0.32	0.27	0.24
	6	0.38	0.30	0.24	0.36	0.29	0.24	0.34	0.28	0.23	0.21
	7	0.33	0.26	0.21	0.32	0.25	0.20	0.30	0.24	0.20	0.17
	8	0.30	0.23	0.18	0.29	0.22	0.18	0.27	0.21	0.17	0.15
	9	0.27	0.20	0.16	0.26	0.20	0.15	0.25	0.19	0.15	0.13
	10	0.25	0.18	0.14	0.24	0.18	0.13	0.23	0.17	0.13	0.11
30. 配照型工厂灯 GC1-$\frac{A}{B}$-1 125W	1	0.72	0.68	0.66	0.69	0.66	0.63	0.66	0.64	0.62	0.58
	2	0.62	0.57	0.52	0.59	0.55	0.51	0.56	0.53	0.50	0.47
	3	0.53	0.47	0.42	0.51	0.46	0.42	0.49	0.44	0.41	0.38
	4	0.47	0.40	0.35	0.45	0.39	0.35	0.43	0.38	0.34	0.32
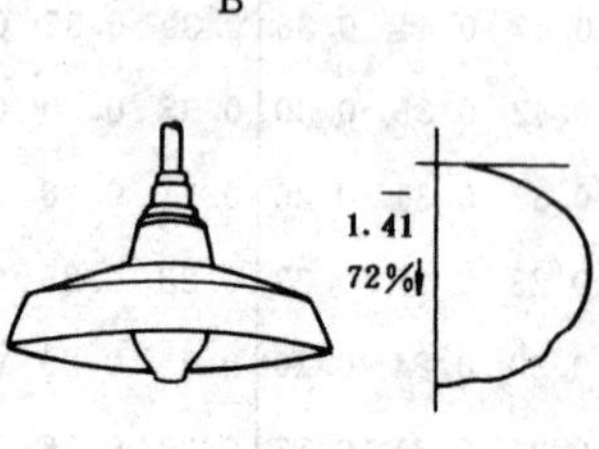	5	0.41	0.34	0.30	0.39	0.34	0.29	0.38	0.33	0.29	0.27
	6	0.36	0.30	0.25	0.35	0.29	0.25	0.34	0.28	0.24	0.23
	7	0.32	0.26	0.21	0.31	0.25	0.21	0.30	0.25	0.21	0.19
	8	0.29	0.23	0.18	0.28	0.22	0.18	0.27	0.22	0.18	0.16
	9	0.26	0.20	0.16	0.25	0.20	0.16	0.24	0.19	0.15	0.14
	10	0.24	0.18	0.14	0.23	0.17	0.14	0.22	0.17	0.13	0.12

续表 35-26

灯具名称、型号、外形图及保护角、最大允许 L/H 值、灯效率、光分布、光源容量（W）	ρ_{cc}%	70			50			30			0
	ρ_w%	50	30	10	50	30	10	50	30	10	0
	RCR										
31. 配照型工厂灯 GC1-$\frac{A}{B}$-2 125W 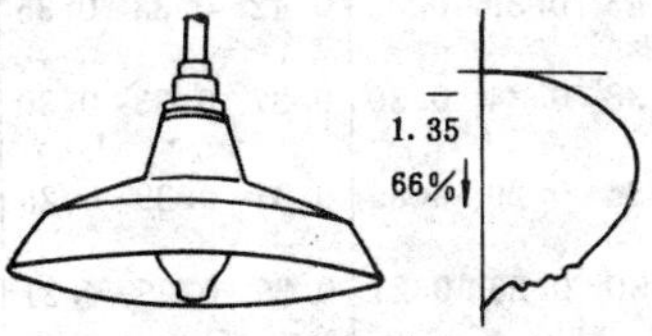 	1	0.66	0.64	0.61	0.64	0.61	0.59	0.61	0.59	0.57	0.54
	2	0.57	0.53	0.49	0.55	0.51	0.48	0.52	0.49	0.47	0.44
	3	0.49	0.44	0.40	0.47	0.43	0.39	0.45	0.41	0.38	0.36
	4	0.43	0.38	0.33	0.42	0.37	0.33	0.40	0.36	0.32	0.30
	5	0.38	0.32	0.28	0.37	0.31	0.27	0.35	0.31	0.27	0.25
	6	0.34	0.28	0.23	0.32	0.27	0.23	0.31	0.27	0.23	0.21
	7	0.30	0.24	0.20	0.29	0.23	0.19	0.28	0.23	0.19	0.18
	8	0.27	0.21	0.17	0.26	0.21	0.17	0.25	0.20	0.17	0.15
	9	0.24	0.19	0.15	0.23	0.18	0.15	0.23	0.18	0.15	0.13
	10	0.22	0.16	0.13	0.21	0.16	0.13	0.21	0.16	0.13	0.11
32. 深照型工厂灯 GC5-$\frac{A}{B}$-2 125W 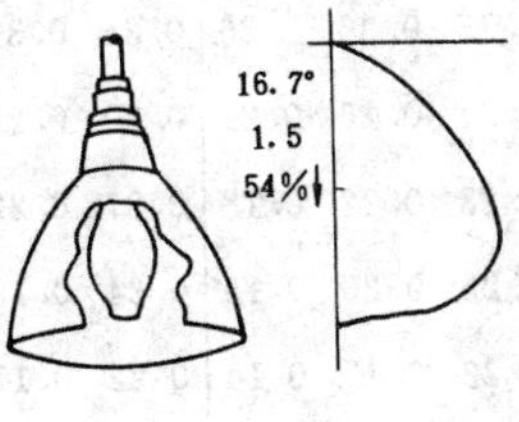 	1	0.57	0.56	0.54	0.55	0.54	0.52	0.53	0.52	0.51	0.48
	2	0.52	0.49	0.47	0.50	0.48	0.46	0.48	0.46	0.45	0.43
	3	0.47	0.43	0.41	0.45	0.42	0.40	0.44	0.41	0.39	0.38
	4	0.42	0.38	0.35	0.41	0.38	0.35	0.40	0.37	0.35	0.33
	5	0.38	0.34	0.31	0.37	0.33	0.31	0.36	0.33	0.30	0.29
	6	0.34	0.30	0.27	0.33	0.29	0.27	0.32	0.29	0.26	0.25
	7	0.30	0.26	0.23	0.29	0.26	0.23	0.29	0.25	0.23	0.22
	8	0.27	0.23	0.20	0.27	0.23	0.20	0.26	0.23	0.20	0.19
	9	0.25	0.20	0.18	0.24	0.20	0.18	0.23	0.20	0.17	0.16
	10	0.22	0.18	0.15	0.22	0.18	0.15	0.21	0.18	0.15	0.14
33. 深照型工厂灯 GC5-$\frac{A}{B}$-3 250W 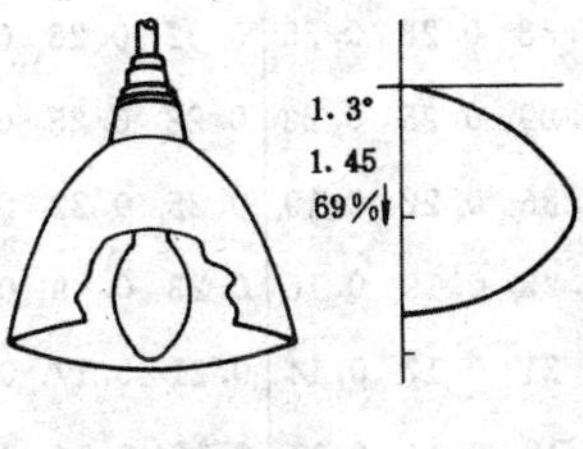 	1	0.70	0.67	0.65	0.67	0.65	0.63	0.64	0.62	0.61	0.57
	2	0.61	0.56	0.53	0.58	0.55	0.51	0.56	0.53	0.50	0.48
	3	0.53	0.48	0.43	0.51	0.46	0.42	0.49	0.45	0.42	0.39
	4	0.47	0.41	0.36	0.45	0.40	0.36	0.43	0.39	0.35	0.33
	5	0.41	0.35	0.30	0.40	0.34	0.30	0.38	0.33	0.30	0.28
	6	0.36	0.30	0.26	0.35	0.29	0.25	0.34	0.29	0.25	0.23
	7	0.32	0.26	0.22	0.31	0.25	0.21	0.30	0.25	0.21	0.20
	8	0.29	0.23	0.19	0.18	0.22	0.18	0.27	0.22	0.18	0.17
	9	0.26	0.20	0.16	0.25	0.20	0.16	0.24	0.19	0.16	0.14
	10	0.23	0.18	0.14	0.22	0.17	0.14	0.22	0.17	0.14	0.12

续表 35-26

灯具名称、型号、外形图及保护角、最大允许 L/H 值、灯效率、光分布、光源容量（W）	ρ_{cc}%	70			50			30			0
	ρ_w%	50	30	10	50	30	10	50	30	10	0
	RCR										
34. 深照型工厂灯 GC5-$\frac{A}{B}$-4 250W 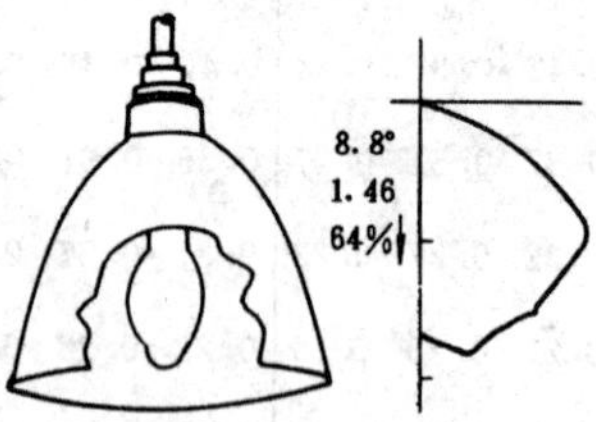 	1	0.66	0.63	0.61	0.63	0.61	0.59	0.60	0.59	0.57	0.54
	2	0.58	0.54	0.51	0.55	0.52	0.50	0.53	0.51	0.48	0.46
	3	0.51	0.46	0.42	0.49	0.45	0.41	0.47	0.44	0.41	0.39
	4	0.45	0.40	0.36	0.43	0.39	0.35	0.42	0.38	0.35	0.33
	5	0.40	0.34	0.30	0.38	0.34	0.30	0.37	0.33	0.30	0.28
	6	0.35	0.30	0.26	0.34	0.29	0.25	0.33	0.29	0.25	0.24
	7	0.31	0.26	0.22	0.30	0.25	0.21	0.29	0.25	0.21	0.20
	8	0.28	0.22	0.19	0.27	0.22	0.19	0.26	0.22	0.18	0.17
	9	0.25	0.20	0.16	0.24	0.19	0.16	0.24	0.19	0.16	0.15
	10	0.23	0.17	0.14	0.22	0.17	0.14	0.21	0.17	0.14	0.13
35. 深照型工厂灯 GC5-$\frac{A}{B}$-4 400W 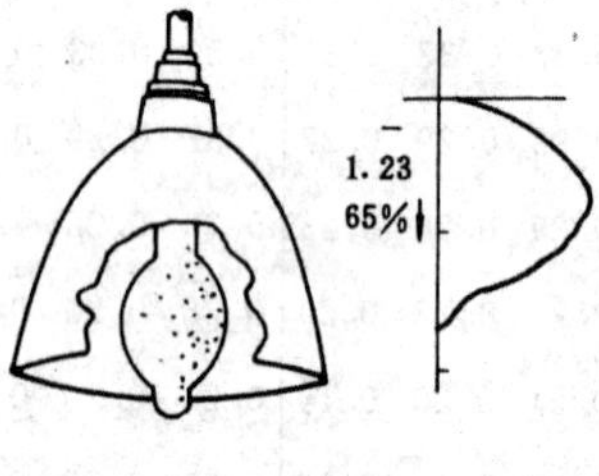 	1	0.65	0.62	0.59	0.62	0.59	0.57	0.59	0.57	0.56	0.52
	2	0.56	0.51	0.47	0.53	0.49	0.46	0.51	0.48	0.45	0.43
	3	0.48	0.43	0.38	0.46	0.41	0.38	0.44	0.40	0.37	0.35
	4	0.42	0.36	0.32	0.40	0.35	0.31	0.39	0.35	0.31	0.29
	5	0.37	0.31	0.27	0.35	0.30	0.26	0.34	0.30	0.26	0.24
	6	0.33	0.27	0.22	0.31	0.26	0.22	0.30	0.25	0.22	0.20
	7	0.29	0.23	0.19	0.28	0.22	0.18	0.27	0.22	0.18	0.17
	8	0.26	0.20	0.16	0.25	0.20	0.16	0.24	0.19	0.16	0.14
	9	0.23	0.18	0.14	0.22	0.17	0.14	0.22	0.17	0.14	0.12
	10	0.21	0.15	0.12	0.20	0.15	0.12	0.20	0.15	0.12	0.10
36. 深照型防震灯 GC39 1000W 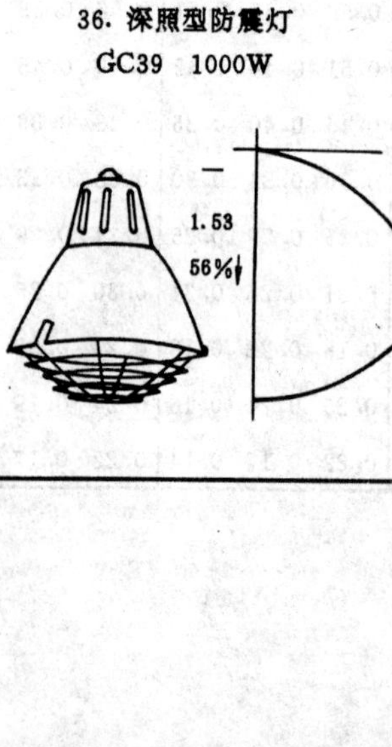 	1	0.56	0.54	0.52	0.54	0.52	0.51	0.52	0.50	0.49	0.46
	2	0.50	0.46	0.43	0.48	0.45	0.42	0.46	0.43	0.41	0.39
	3	0.44	0.39	0.36	0.42	0.38	0.35	0.40	0.37	0.35	0.33
	4	0.38	0.34	0.30	0.37	0.33	0.30	0.36	0.32	0.29	0.28
	5	0.34	0.29	0.26	0.33	0.28	0.25	0.32	0.28	0.25	0.23
	6	0.30	0.26	0.22	0.29	0.25	0.22	0.28	0.25	0.22	0.20
	7	0.27	0.22	0.19	0.26	0.22	0.19	0.25	0.21	0.19	0.17
	8	0.24	0.19	0.16	0.23	0.19	0.16	0.23	0.19	0.16	0.15
	9	0.22	0.17	0.14	0.21	0.17	0.14	0.21	0.17	0.14	0.13
	10	0.19	0.15	0.11	0.18	0.14	0.11	0.18	0.14	0.11	0.10

续表 35-26

灯具名称、型号、外形图及保护角、最大允许L/H值、灯效率、光分布、光源容量（W）	ρ_{cc}%	70			50			30			0
	ρ_w%	50	30	10	50	30	10	50	30	10	0
	RCR										
	1	0.88	0.85	0.81	0.85	0.82	0.79	0.81	0.79	0.76	0.72
37. 镜面深照型灯 JS-300 250W	2	0.80	0.75	0.70	0.77	0.72	0.69	0.74	0.70	0.67	0.64
	3	0.72	0.66	0.61	0.69	0.64	0.60	0.67	0.63	0.59	0.56
	4	0.65	0.58	0.53	0.63	0.57	0.53	0.61	0.56	0.52	0.50
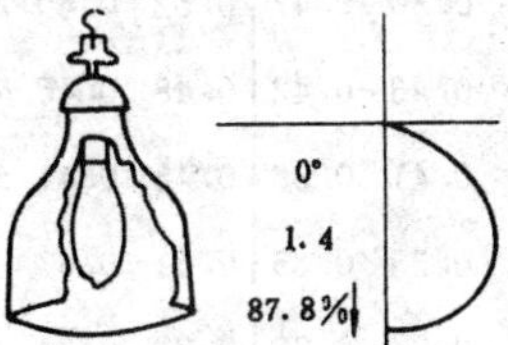	5	0.59	0.52	0.47	0.57	0.51	0.46	0.55	0.50	0.46	0.44
	6	0.53	0.46	0.41	0.51	0.45	0.41	0.50	0.44	0.40	0.38
	7	0.47	0.40	0.35	0.46	0.40	0.35	0.45	0.39	0.35	0.33
	8	0.43	0.36	0.31	0.42	0.36	0.31	0.41	0.35	0.31	0.28
	9	0.39	0.32	0.28	0.38	0.32	0.27	0.37	0.31	0.27	0.26
	10	0.35	0.29	0.24	0.35	0.29	0.24	0.34	0.28	0.24	0.23
38. 高压水银荧光安全照明灯 GAOC-400 400W	1	0.50	0.47	0.44	0.47	0.44	0.42	0.44	0.42	0.40	0.37
	2	0.42	0.37	0.34	0.40	0.36	0.32	0.37	0.34	0.31	0.28
	3	0.36	0.31	0.27	0.34	0.30	0.26	0.32	0.28	0.25	0.23
	4	0.31	0.26	0.22	0.29	0.25	0.21	0.28	0.24	0.20	0.18
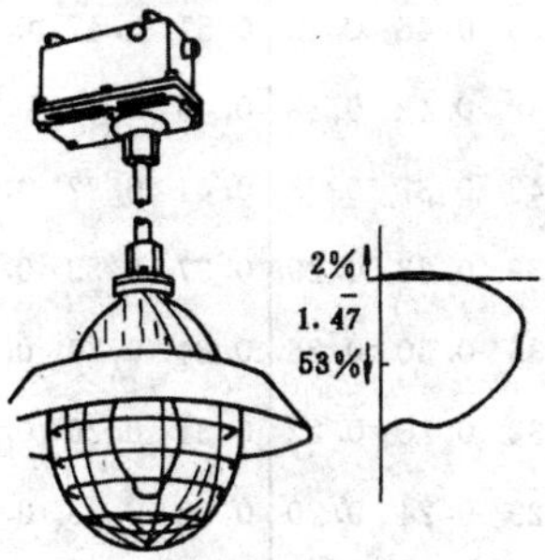	5	0.27	0.22	0.18	0.26	0.21	0.17	0.24	0.20	0.17	0.15
	6	0.24	0.19	0.15	0.23	0.18	0.15	0.22	0.18	0.15	0.13
	7	0.22	0.17	0.13	0.21	0.16	0.13	0.320	0.15	0.12	0.11
	8	0.19	0.14	0.11	0.18	0.14	0.11	0.18	0.13	0.11	0.09
	9	0.18	0.13	0.10	0.17	0.12	0.09	0.16	0.12	0.09	0.08
	10	0.15	0.11	0.08	0.15	0.10	0.08	0.14	0.10	0.07	0.06
39. 高压水银荧光防爆灯 GB3C-125 125W	1	0.45	0.42	0.40	0.43	0.40	0.38	0.41	0.39	0.37	0.34
	2	0.38	0.34	0.30	0.36	0.32	0.29	0.34	0.31	0.28	0.26
	3	0.33	0.28	0.24	0.31	0.27	0.23	0.29	0.26	0.23	0.21
	4	0.28	0.23	0.19	0.27	0.22	0.19	0.25	0.21	0.18	0.17
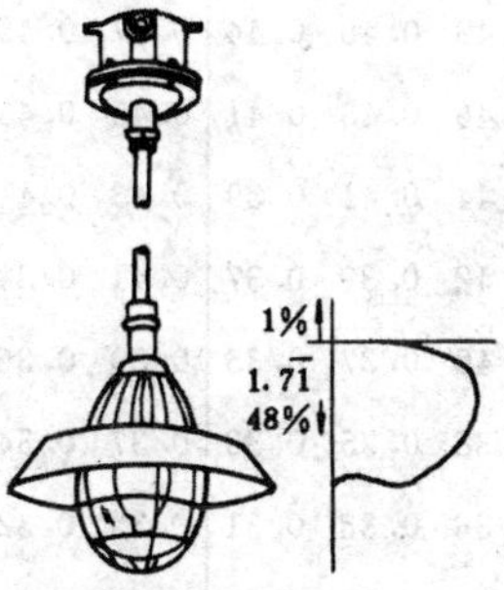	5	0.25	0.20	0.16	0.23	0.19	0.16	0.22	0.18	0.15	0.14
	6	0.22	0.17	0.13	0.21	0.16	0.13	0.20	0.16	0.13	0.12
	7	0.19	0.15	0.11	0.18	0.14	0.11	0.18	0.14	0.11	0.10
	8	0.17	0.13	0.10	0.16	0.12	0.09	0.16	0.12	0.09	0.08
	9	0.16	0.11	0.08	0.15	0.11	0.08	0.14	0.11	0.08	0.07
	10	0.14	0.09	0.07	0.13	0.09	0.07	0.12	0.09	0.06	0.05

续表 35-26

Ⅱ. 带有卤钨灯光源的灯具											
灯具名称、型号、外形图及保护角、最大允许 L/H 值、灯效率、光分布、光源容量（W）	ρ_{cc}%	70			50			30			0
	ρ_w%	50	30	10	50	30	10	50	30	10	0
	RCR										
40. 简易卤钨灯 1000W 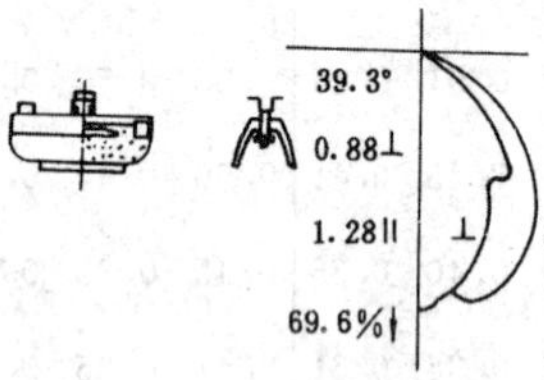	1	0.74	0.67	0.65	0.67	0.65	0.63	0.64	0.62	0.61	0.57
	2	0.68	0.61	0.58	0.63	0.60	0.57	0.60	0.58	0.56	0.53
	3	0.63	0.56	0.52	0.58	0.55	0.52	0.56	0.53	0.51	0.49
	4	0.57	0.51	0.47	0.54	0.50	0.47	0.52	0.49	0.46	0.44
	5	0.86	0.46	0.43	0.50	0.46	0.42	0.48	0.45	0.42	0.40
	6	0.48	0.42	0.39	0.46	0.41	0.38	0.45	0.41	0.38	0.36
	7	0.44	0.38	0.35	0.42	0.38	0.35	0.41	0.37	0.34	0.33
	8	0.40	0.34	0.31	0.38	0.34	0.31	0.38	0.34	0.31	0.29
	9	0.37	0.31	0.28	0.35	0.31	0.28	0.34	0.30	0.28	0.26
	10	0.32	0.28	0.25	0.32	0.28	0.25	0.32	0.28	0.25	0.23
41. 搪瓷配照卤钨灯 LTP-1000-1 1000W 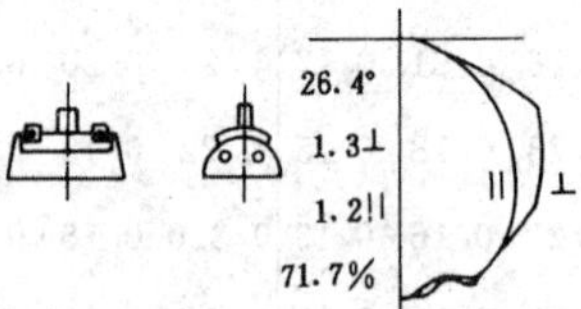	1	0.71	0.67	0.64	0.68	0.65	0.62	0.65	0.62	0.60	0.57
	2	0.62	0.58	0.54	0.60	0.56	0.52	0.58	0.54	0.51	0.48
	3	0.55	0.50	0.45	0.53	0.48	0.45	0.51	0.47	0.44	0.41
	4	0.49	0.43	0.39	0.48	0.42	0.38	0.46	0.41	0.38	0.36
	5	0.44	0.38	0.34	0.43	0.37	0.33	0.41	0.37	0.33	0.31
	6	0.40	0.34	0.29	0.39	0.33	0.29	0.37	0.33	0.29	0.27
	7	0.36	0.30	0.26	0.35	0.30	0.26	0.34	0.29	0.26	0.24
	8	0.33	0.27	0.23	0.32	0.26	0.22	0.31	0.26	0.22	0.21
	9	0.30	0.24	0.20	0.29	0.24	0.20	0.28	0.23	0.20	0.18
	10	0.27	0.21	0.18	0.26	0.21	0.18	0.26	0.21	0.17	0.16
42. 搪瓷深照卤钨灯 LTS-1000-1 1000W 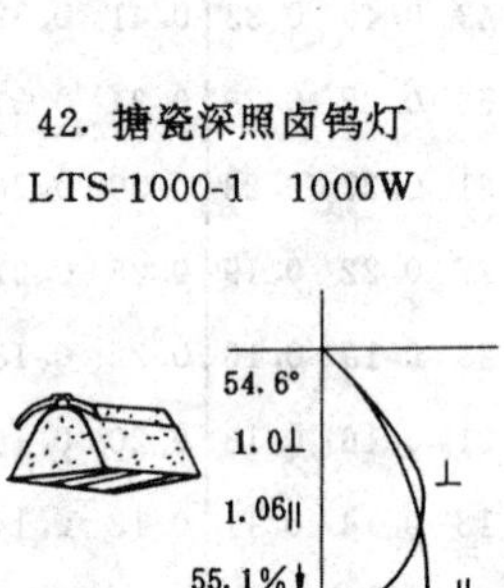	1	0.56	0.54	0.52	0.53	0.52	0.50	0.51	0.50	0.48	0.46
	2	0.53	0.50	0.48	0.51	0.49	0.47	0.49	0.48	0.46	0.44
	3	0.50	0.47	0.45	0.49	0.46	0.44	0.47	0.45	0.43	0.42
	4	0.47	0.44	0.42	0.46	0.43	0.41	0.45	0.43	0.41	0.39
	5	0.45	0.42	0.39	0.44	0.41	0.39	0.43	0.41	0.39	0.37
	6	0.42	0.39	0.37	0.42	0.39	0.37	0.41	0.38	0.36	0.35
	7	0.40	0.37	0.35	0.40	0.37	0.35	0.39	0.36	0.35	0.34
	8	0.38	0.35	0.33	0.38	0.35	0.33	0.37	0.34	0.33	0.32
	9	0.36	0.33	0.31	0.36	0.33	0.31	0.35	0.32	0.31	0.30
	10	0.34	0.31	0.29	0.34	0.31	0.29	0.33	0.31	0.29	0.28

续表 35-26

灯具名称、型号、外形图及保护角、最大允许L/H值、灯效率、光分布、光源容量（W）	ρ_{cc}%	70			50			30			0
	ρ_w%	50	30	10	50	30	10	50	30	10	0
	RCR										
43. 搪瓷斜照卤钨灯	1	0.72	0.69	0.66	0.69	0.66	0.64	0.66	0.64	0.62	0.59
LTX-1000-1 1000W	2	0.66	0.62	0.58	0.63	0.60	0.57	0.61	0.58	0.56	0.53
	3	0.60	0.55	0.51	0.58	0.54	0.50	0.56	0.52	0.50	0.47
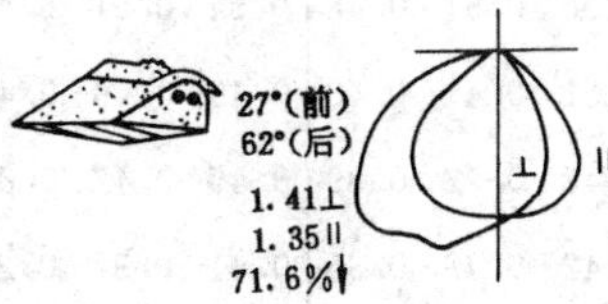 	4	0.54	0.49	0.45	0.53	0.48	0.45	0.51	0.47	0.44	0.42
	5	0.50	0.44	0.40	0.48	0.44	0.40	0.47	0.43	0.40	0.38
	6	0.45	0.40	0.36	0.44	0.39	0.36	0.43	0.39	0.35	0.34
	7	0.41	0.36	0.32	0.40	0.35	0.32	0.39	0.35	0.32	0.30
	8	0.37	0.32	0.28	0.37	0.32	0.28	0.36	0.31	0.28	0.27
	9	0.34	0.29	0.25	0.33	0.29	0.25	0.33	0.28	0.25	0.24
	10	0.31	0.26	0.22	0.30	0.26	0.22	0.30	0.25	0.22	0.21
44. 搪瓷斜照卤钨灯	1	0.58	0.55	0.53	0.55	0.53	0.51	0.53	0.51	0.50	0.47
LTX-1000-1 1000W	2	0.52	0.49	0.46	0.50	0.48	0.45	0.49	0.46	0.44	0.42
	3	0.48	0.44	0.41	0.46	0.43	0.40	0.45	0.42	0.40	0.38
	4	0.44	0.39	0.36	0.42	0.39	0.36	0.41	0.38	0.35	0.34
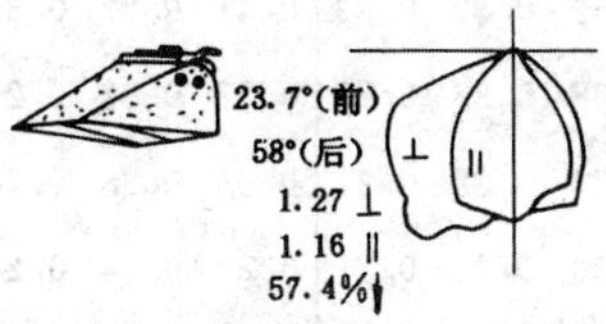 	5	0.40	0.36	0.32	0.39	0.35	0.32	0.38	0.34	0.32	0.30
	6	0.37	0.32	0.29	0.36	0.32	0.29	0.35	0.31	0.29	0.27
	7	0.34	0.29	0.26	0.33	0.29	0.26	0.32	0.29	0.26	0.25
	8	0.31	0.27	0.24	0.30	0.26	0.24	0.29	0.26	0.23	0.22
	9	0.28	0.24	0.22	0.28	0.24	0.21	0.27	0.24	0.21	0.20
	10	0.26	0.22	0.19	0.26	0.22	0.19	0.25	0.22	0.19	0.18
45. 搪瓷罩卤钨灯	1	0.80	0.78	0.75	0.77	0.75	0.73	0.74	0.72	0.71	0.67
DD3-1000 1000W	2	0.71	0.67	0.63	0.69	0.65	0.62	0.66	0.63	0.60	0.57
	3	0.64	0.58	0.54	0.61	0.57	0.53	0.59	0.55	0.52	0.50
	4	0.56	0.50	0.46	0.54	0.49	0.45	0.53	0.48	0.44	0.42
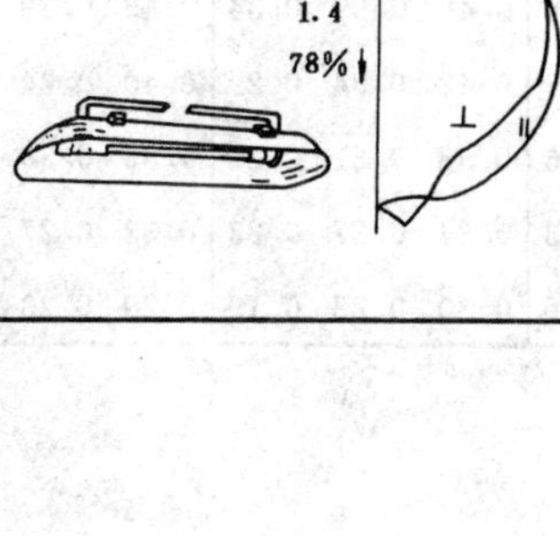 	5	0.50	0.44	0.39	0.49	0.43	0.39	0.47	0.42	0.38	0.36
	6	0.45	0.39	0.34	0.44	0.38	0.34	0.43	0.38	0.34	0.32
	7	0.41	0.35	0.30	0.40	0.34	0.30	0.39	0.33	0.30	0.28
	8	0.37	0.31	0.26	0.36	0.30	0.26	0.35	0.30	0.26	0.24
	9	0.34	0.27	0.23	0.33	0.27	0.23	0.32	0.27	0.23	0.22
	10	0.29	0.23	0.19	0.29	0.23	0.19	0.28	0.23	0.19	0.18

续表 35-26

灯具名称、型号、外形图及保护角、最大允许 L/H 值、灯效率、光分布、光源容量（W）	ρ_{cc}%	70			50			30			0
	ρ_w%	50	30	10	50	30	10	50	30	10	0
	RCR										
46. 简式双层卤钨灯 DD6-500　500W	1	0.75	0.73	0.71	0.72	0.70	0.69	0.69	0.68	0.66	0.63
	2	0.68	0.65	0.62	0.66	0.63	0.61	0.64	0.61	0.59	0.57
	3	0.62	0.58	0.55	0.60	0.57	0.54	0.58	0.56	0.53	0.51
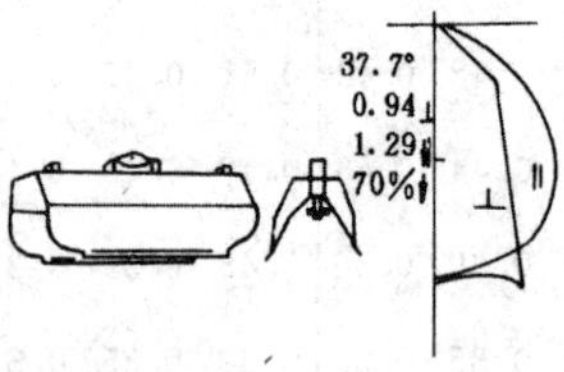	4	0.57	0.53	0.49	0.55	0.51	0.48	0.54	0.51	0.48	0.46
	5	0.52	0.47	0.44	0.51	0.47	0.43	0.49	0.46	0.43	0.41
	6	0.48	0.43	0.39	0.46	0.42	0.39	0.45	0.42	0.39	0.37
	7	0.43	0.38	0.35	0.42	0.38	0.35	0.41	0.37	0.34	0.33
	8	0.40	0.35	0.31	0.39	0.34	0.31	0.38	0.34	0.31	0.30
	9	0.36	0.31	0.28	0.36	0.31	0.28	0.35	0.31	0.28	0.27
	10	0.33	0.29	0.25	0.33	0.28	0.25	0.32	0.28	0.25	0.24
47. 简式双层卤钨灯 DD6-2000　2000W	1	0.75	0.73	0.71	0.72	0.70	0.68	0.69	0.68	0.66	0.63
	2	0.68	0.64	0.61	0.65	0.62	0.59	0.63	0.60	0.58	0.55
	3	0.61	0.56	0.53	0.59	0.55	0.52	0.57	0.54	0.51	0.49
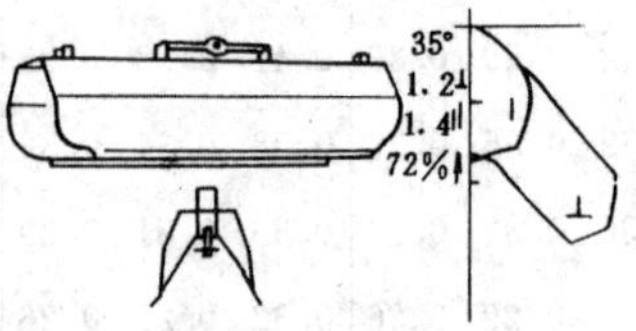	4	0.54	0.49	0.45	0.53	0.48	0.45	0.51	0.47	0.44	0.42
	5	0.49	0.43	0.39	0.47	0.42	0.39	0.46	0.42	0.38	0.36
	6	0.44	0.38	0.34	0.42	0.37	0.33	0.41	0.37	0.33	0.32
	7	0.39	0.33	0.29	0.38	0.33	0.29	0.37	0.32	0.29	0.27
	8	0.34	0.29	0.25	0.34	0.28	0.25	0.33	0.28	0.24	0.23
	9	0.31	0.25	0.21	0.30	0.25	0.21	0.29	0.24	0.21	0.20
	10	0.26	0.21	0.17	0.25	0.20	0.17	0.25	0.20	0.17	0.15
Ⅳ. 带有荧光灯光源的灯具											
	RCR										
48. 简易控照荧光灯 YJK-1/40-2　1×40W	1	0.85	0.80	0.76	0.83	0.79	0.75	0.79	0.76	0.73	0.66
	2	0.75	0.69	0.63	0.73	0.67	0.63	0.70	0.65	0.61	0.56
	3	0.66	0.59	0.54	0.65	0.58	0.53	0.62	0.57	0.52	0.48
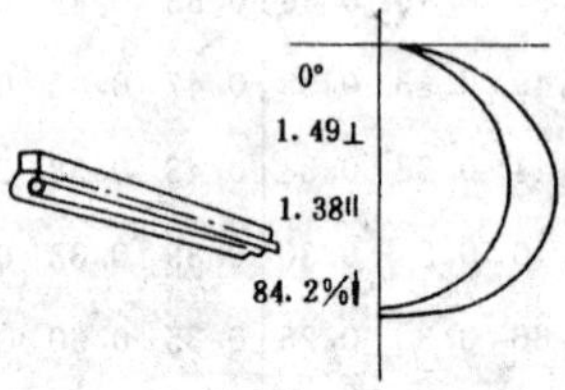	4	0.59	0.51	0.45	0.57	0.50	0.45	0.55	0.49	0.44	0.41
	5	0.52	0.44	0.39	0.51	0.44	0.39	0.49	0.43	0.38	0.35
	6	0.47	0.39	0.34	0.46	0.39	0.34	0.45	0.38	0.33	0.31
	7	0.42	0.35	0.29	0.42	0.34	0.29	0.40	0.34	0.29	0.27
	8	0.38	0.31	0.26	0.38	0.31	0.25	0.36	0.30	0.25	0.24
	9	0.35	0.28	0.23	0.34	0.27	0.23	0.33	0.27	0.22	0.21
	10	0.30	0.23	0.19	0.30	0.23	0.19	0.29	0.23	0.19	0.17

续表 35-26

灯具名称、型号、外形图及保护角、最大允许 L/H 值、灯效率、光分布、光源容量（W）	ρ_{cc}%	70			50			30			0
	ρ_w%	50	30	10	50	30	10	50	30	10	0
	RCR										
49. 简易控照荧光灯 YJK-2/40-2　2×40W 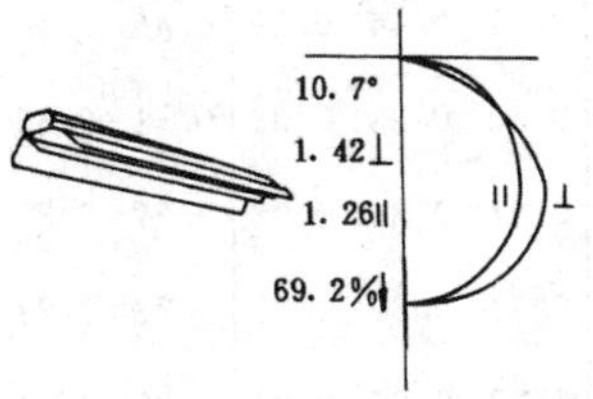	1	0.70	0.67	0.64	0.69	0.66	0.63	0.66	0.63	0.61	0.56
	2	0.63	0.58	0.54	0.61	0.57	0.53	0.59	0.55	0.52	0.48
	3	0.56	0.51	0.46	0.55	0.50	0.46	0.53	0.49	0.45	0.42
	4	0.50	0.44	0.40	0.49	0.44	0.39	0.47	0.43	0.39	0.36
	5	0.45	0.39	0.34	0.44	0.38	0.34	0.43	0.38	0.34	0.32
	6	0.40	0.34	0.30	0.40	0.34	0.30	0.39	0.33	0.30	0.28
	7	0.36	0.30	0.26	0.36	0.30	0.26	0.35	0.30	0.26	0.24
	8	0.33	0.27	0.23	0.32	0.27	0.23	0.32	0.26	0.23	0.21
	9	0.30	0.24	0.20	0.30	0.24	0.20	0.29	0.23	0.20	0.19
	10	0.26	0.21	0.17	0.27	0.21	0.17	0.25	0.20	0.17	0.15
50. 简式木底板荧光灯 YG6-2　1×40W 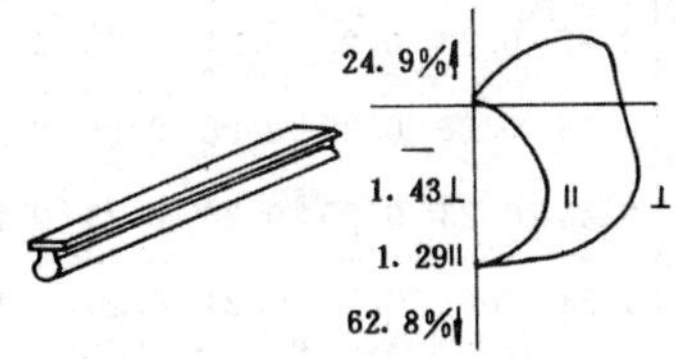	1	0.81	0.76	0.71	0.76	0.72	0.68	0.68	0.64	0.61	0.45
	2	0.69	0.62	0.56	0.65	0.59	0.54	0.58	0.53	0.49	0.36
	3	0.60	0.52	0.46	0.57	0.50	0.44	0.51	0.45	0.40	0.30
	4	0.53	0.44	0.38	0.50	0.42	0.37	0.44	0.38	0.33	0.24
	5	0.47	0.38	0.32	0.44	0.37	0.31	0.39	0.33	0.28	0.21
	6	0.42	0.34	0.28	0.40	0.32	0.27	0.35	0.29	0.24	0.18
	7	0.37	0.29	0.24	0.35	0.28	0.23	0.32	0.26	0.21	0.15
	8	0.34	0.26	0.21	0.32	0.25	0.20	0.29	0.23	0.18	0.13
	9	0.30	0.23	0.18	0.29	0.22	0.17	0.26	0.20	0.16	0.12
	10	0.27	0.20	0.15	0.26	0.19	0.15	0.23	0.17	0.13	0.09
51. 吸顶式荧光灯 YG6-2　2×40W 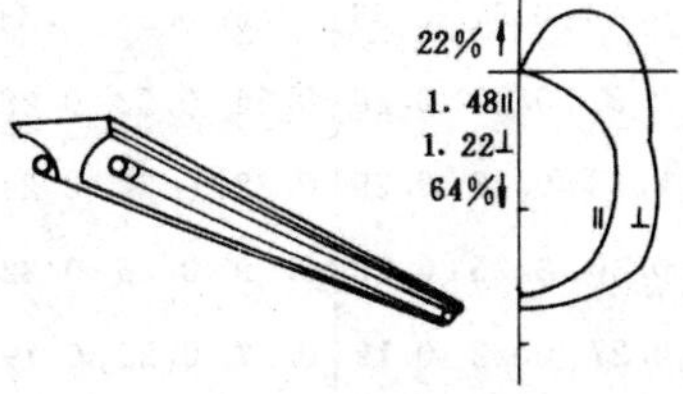	1	0.82	0.77	0.73	0.78	0.74	0.70	0.70	0.67	0.64	0.49
	2	0.71	0.64	0.59	0.67	0.62	0.57	0.61	0.56	0.52	0.40
	3	0.62	0.55	0.49	0.59	0.53	0.47	0.53	0.48	0.44	0.34
	4	0.55	0.47	0.41	0.52	0.45	0.40	0.47	0.41	0.37	0.28
	5	0.49	0.41	0.35	0.46	0.39	0.34	0.42	0.36	0.31	0.24
	6	0.44	0.36	0.30	0.42	0.35	0.29	0.38	0.32	0.27	0.21
	7	0.39	0.32	0.26	0.37	0.30	0.25	0.34	0.28	0.24	0.18
	8	0.35	0.28	0.23	0.34	0.27	0.22	0.31	0.25	0.21	0.16
	9	0.32	0.25	0.20	0.31	0.24	0.19	0.28	0.22	0.18	0.14
	10	0.28	0.21	0.17	0.27	0.21	0.16	0.25	0.19	0.15	0.11

续表 35-26

灯具名称、型号、外形图及保护角、最大允许 L/H 值、灯效率、光分布、光源容量（W）	ρ_{cc}%	70			50			30			0
	ρ_w%	50	30	10	50	30	10	50	30	10	0
	RCR										
52. 吸顶式荧光灯 YG6-3	1	0.81	0.77	0.73	0.77	0.73	0.69	0.70	0.66	0.63	0.49
3×40W	2	0.70	0.64	0.58	0.67	0.61	0.56	0.60	0.55	0.51	0.40
	3	0.61	0.54	0.48	0.58	0.52	0.46	0.53	0.47	0.43	0.33
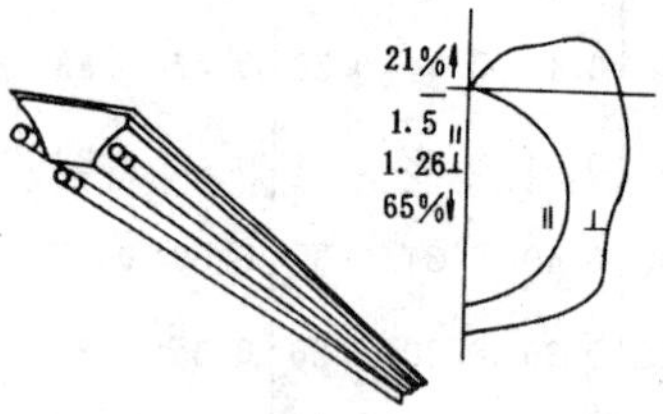	4	0.54	0.40	0.34	0.51	0.44	0.39	0.46	0.40	0.36	0.28
	5	0.48	0.40	0.34	0.46	0.38	0.33	0.41	0.35	0.30	0.24
	6	0.43	0.35	0.29	0.41	0.34	0.28	0.37	0.31	0.26	0.21
	7	0.38	0.31	0.25	0.37	0.30	0.25	0.33	0.27	0.23	0.18
	8	0.35	0.27	0.22	0.33	0.26	0.21	0.30	0.24	0.20	0.15
	9	0.31	0.24	0.19	0.30	0.23	0.19	0.28	0.22	0.18	0.13
	10	0.28	0.21	0.16	0.27	0.20	0.16	0.24	0.19	0.15	0.11
53. 嵌入式格栅荧光灯 YG701-3	1	0.49	0.48	0.46	0.48	0.47	0.45	0.46	0.45	0.44	0.40
3×40W	2	0.44	0.42	0.40	0.43	0.41	0.39	0.42	0.40	0.38	0.36
	3	0.40	0.37	0.34	0.39	0.36	0.34	0.38	0.35	0.33	0.31
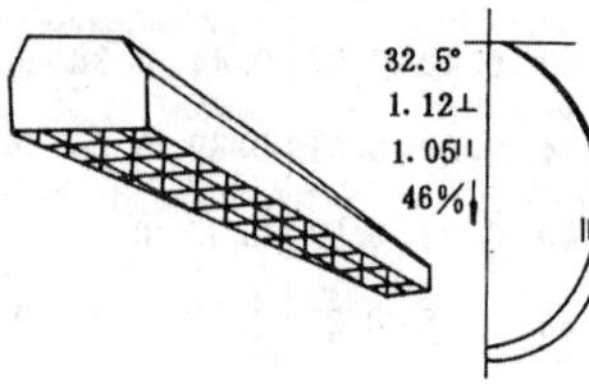	4	0.36	0.33	0.30	0.36	0.32	0.30	0.34	0.32	0.29	0.28
	5	0.33	0.29	0.26	0.32	0.29	0.26	0.31	0.28	0.26	0.25
	6	0.30	0.26	0.23	0.29	0.26	0.23	0.28	0.25	0.23	0.22
	7	0.27	0.23	0.21	0.26	0.23	0.20	0.26	0.23	0.20	0.19
	8	0.25	0.21	0.18	0.24	0.21	0.18	0.24	0.20	0.18	0.17
	9	0.22	0.19	0.16	0.22	0.19	0.16	0.22	0.18	0.16	0.15
	10	0.20	0.17	0.15	0.20	0.17	0.15	0.20	0.17	0.15	0.14
54. 嵌入式铝格栅荧光灯 YG15-2	1	0.67	0.64	0.62	0.65	0.63	0.61	0.63	0.61	0.59	0.55
2×40W	2	0.59	0.56	0.52	0.58	0.55	0.52	0.56	0.53	0.51	0.47
	3	0.43	0.48	0.44	0.52	0.47	0.44	0.50	0.46	0.43	0.40
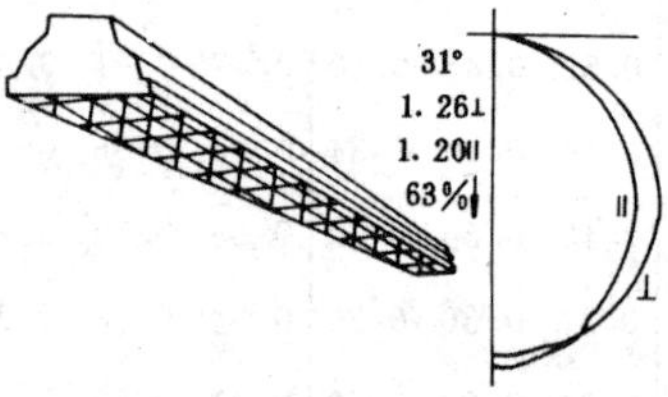	4	0.47	0.42	0.38	0.46	0.42	0.38	0.45	0.41	0.38	0.35
	5	0.42	0.37	0.33	0.42	0.37	0.33	0.40	0.36	0.33	0.31
	6	0.38	0.32	0.29	0.37	0.32	0.29	0.36	0.32	0.28	0.27
	7	0.34	0.28	0.25	0.33	0.28	0.25	0.32	0.28	0.24	0.23
	8	0.31	0.25	0.22	0.30	0.25	0.22	0.29	0.25	0.22	0.20
	9	0.28	0.23	0.19	0.27	0.22	0.19	0.27	0.22	0.19	0.18
	10	0.25	0.20	0.17	0.25	0.20	0.17	0.24	0.20	0.17	0.16

续表 35-26

灯具名称、型号、外形图及保护角、最大允许 L/H 值、灯效率、光分布、光源容量（W）	ρ_{cc}%	70			50			30			0
	ρ_w%	50	30	10	50	30	10	50	30	10	0

55. 嵌入式塑料格栅荧光灯

YG15-3　3×40W

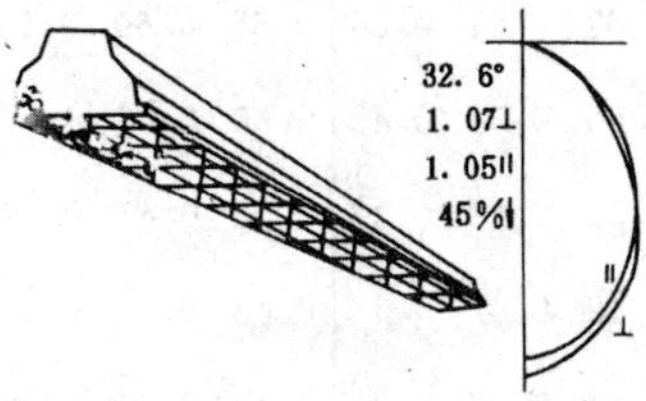

RCR										
1	0.48	0.46	0.45	0.47	0.45	0.44	0.45	0.44	0.43	0.39
2	0.43	0.40	0.38	0.42	0.40	0.38	0.41	0.39	0.37	0.34
3	0.39	0.35	0.33	0.38	0.35	0.33	0.37	0.34	0.32	0.30
4	0.35	0.32	0.29	0.34	0.31	0.29	0.33	0.31	0.29	0.27
5	0.32	0.28	0.26	0.31	0.28	0.25	0.30	0.27	0.25	0.24
6	0.29	0.25	0.23	0.28	0.25	0.23	0.28	0.25	0.22	0.21
7	0.26	0.22	0.20	0.26	0.22	0.20	0.25	0.22	0.20	0.19
8	0.24	0.20	0.18	0.24	0.20	0.18	0.23	0.20	0.18	0.17
9	0.22	0.18	0.16	0.21	0.18	0.16	0.21	0.18	0.16	0.15
10	0.20	0.17	0.14	0.20	0.17	0.14	0.19	0.16	0.14	0.13

56. 简式荧光灯

YG1-1　1×40W

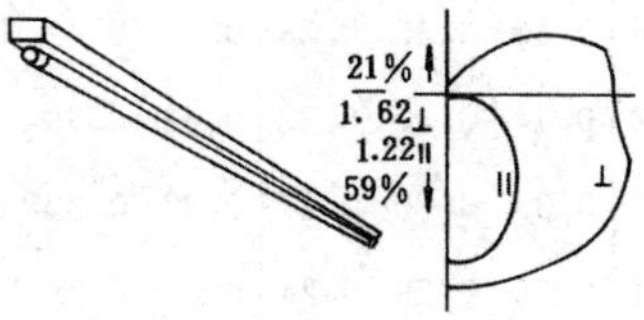

1	0.71	0.67	0.63	0.63	0.60	0.57	0.56	0.54	0.52	0.43
2	0.61	0.55	0.50	0.54	0.50	0.46	0.48	0.45	0.41	0.34
3	0.53	0.46	0.41	0.47	0.42	0.38	0.42	0.38	0.34	0.28
4	0.46	0.39	0.34	0.41	0.36	0.31	0.37	0.32	0.28	0.23
5	0.41	0.34	0.29	0.37	0.31	0.26	0.33	0.28	0.24	0.20
6	0.37	0.30	0.25	0.33	0.27	0.23	0.29	0.25	0.21	0.17
7	0.33	0.26	0.21	0.30	0.24	0.20	0.26	0.22	0.18	0.14
8	0.29	0.23	0.18	0.27	0.21	0.17	0.24	0.19	0.16	0.12
9	0.27	0.20	0.16	0.24	0.19	0.15	0.22	0.17	0.14	0.11
10	0.24	0.17	0.13	0.21	0.16	0.12	0.19	0.15	0.11	0.09

57. 简式荧光灯

YG2-1　1×40W

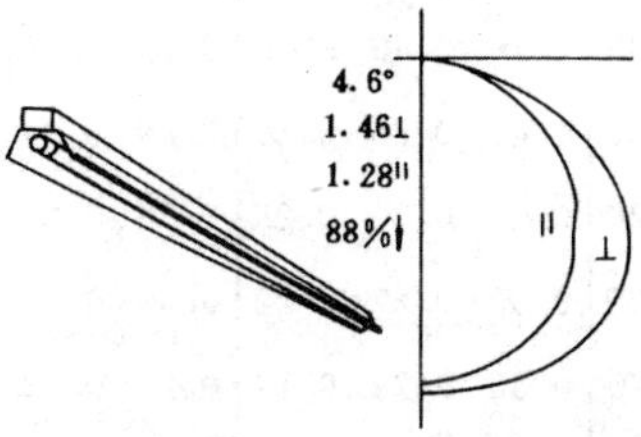

1	0.89	0.86	0.83	0.85	0.83	0.80	0.82	0.80	0.78	0.73
2	0.79	0.73	0.69	0.75	0.71	0.67	0.73	0.69	0.65	0.62
3	0.70	0.63	0.58	0.67	0.61	0.57	0.65	0.60	0.56	0.53
4	0.61	0.54	0.49	0.59	0.53	0.48	0.57	0.52	0.47	0.45
5	0.55	0.47	0.42	0.53	0.46	0.41	0.51	0.45	0.41	0.39
6	0.49	0.42	0.36	0.48	0.41	0.36	0.46	0.40	0.36	0.34
7	0.44	0.37	0.32	0.43	0.36	0.31	0.42	0.36	0.31	0.29
8	0.40	0.33	0.27	0.39	0.32	0.27	0.37	0.32	0.27	0.25
9	0.36	0.29	0.24	0.35	0.29	0.24	0.34	0.28	0.24	0.22
10	0.32	0.25	0.20	0.31	0.24	0.20	0.30	0.24	0.20	0.18

续表 35-26

灯具名称、型号、外形图及保护角、最大允许 L/H 值、灯效率、光分布、光源容量（W）	ρ_{cc}%	70			50			30			0
	ρ_w%	50	30	10	50	30	10	50	30	10	0
	RCR										
58. 筒式荧光灯	1	1.00	0.96	0.93	0.96	0.93	0.90	0.92	0.89	0.87	0.83
YG2-2 2×40W	2	0.88	0.83	0.78	0.85	0.80	0.76	0.82	0.78	0.74	0.71
	3	0.79	0.72	0.67	0.76	0.70	0.65	0.73	0.68	0.64	0.61
	4	0.70	0.62	0.57	0.67	0.61	0.56	0.65	0.60	0.55	0.
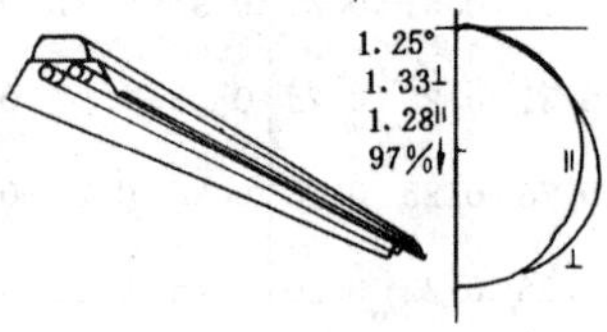	5	0.63	0.55	0.49	0.60	0.54	0.48	0.59	0.52	[illegible]	[illegible]
	6	0.56	0.48	0.43	0.55	0.48	0.42	0.53	0.47	0.42	0.40
	7	0.51	0.43	0.37	0.49	0.42	0.37	0.48	0.41	0.37	0.34
	8	0.46	0.38	0.32	0.44	0.37	0.32	0.43	0.37	0.32	0.30
	9	0.42	0.34	0.29	0.40	0.33	0.29	0.39	0.33	0.28	0.26
	10	0.36	0.29	0.24	0.35	0.28	0.24	0.34	0.28	0.23	0.22
	1	0.85	0.82	0.79	0.81	0.79	0.76	0.78	0.76	0.74	0.70
59. 密封型荧光灯	2	0.74	0.69	0.64	0.71	0.67	0.63	0.68	0.65	0.61	0.58
YG4-1 1×40W	3	0.65	0.58	0.53	0.62	0.57	0.52	0.60	0.55	0.51	0.48
	4	0.57	0.50	0.45	0.55	0.49	0.44	0.53	0.48	0.44	0.41
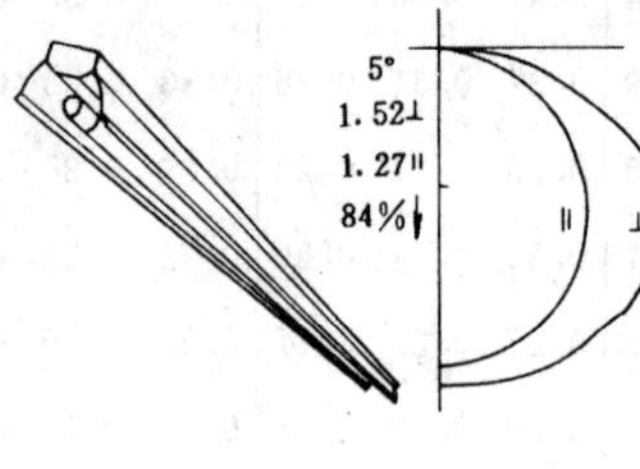	5	0.51	0.44	0.38	0.49	0.43	0.38	0.47	0.42	0.37	0.35
	6	0.45	0.38	0.32	0.44	0.37	0.32	0.42	0.36	0.32	0.30
	7	0.40	0.33	0.28	0.39	0.32	0.27	0.37	0.32	0.27	0.25
	8	0.36	0.29	0.24	0.35	0.29	0.24	0.34	0.28	0.24	0.22
	9	0.33	0.26	0.21	0.32	0.25	0.21	0.31	0.25	0.21	0.19
	10	0.29	0.23	0.18	0.29	0.22	0.18	0.28	0.22	0.18	0.16
	1	0.80	0.77	0.74	0.77	0.74	0.71	0.74	0.71	0.69	0.65
60. 密封型荧光灯	2	0.70	0.64	0.60	0.67	0.62	0.58	0.64	0.60	0.57	0.54
YG4-2 2×40W	3	0.61	0.54	0.49	0.58	0.53	0.48	0.56	0.51	0.47	0.45
	4	0.54	0.47	0.42	0.52	0.46	0.41	0.50	0.45	0.40	0.38
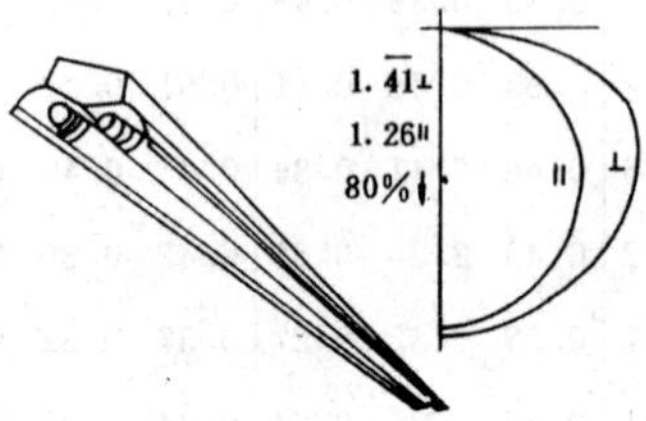	5	0.48	0.41	0.35	0.46	0.40	0.35	0.44	0.39	0.34	0.32
	6	0.42	0.35	0.30	0.41	0.35	0.30	0.39	0.34	0.29	0.27
	7	0.38	0.31	0.26	0.36	0.30	0.25	0.35	0.29	0.25	0.23
	8	0.34	0.27	0.22	0.33	0.27	0.22	0.32	0.26	0.22	0.20
	9	0.31	0.24	0.20	0.30	0.24	0.19	0.29	0.23	0.19	0.18
	10	0.28	0.22	0.17	0.27	0.21	0.17	0.26	0.21	0.17	0.15

续表 35-26

灯具名称、型号、外形图及保护角、最大允许 L/H 值、灯效率、光分布、光源容量（W）	ρ_{cc}%	70			50			30			0
	ρ_w%	50	30	10	50	30	10	50	30	10	0
	RCR										
61. 隔爆型荧光防爆灯	1	0.61	0.58	0.55	0.57	0.54	0.52	0.53	0.51	0.49	0.45
B3E-1-30 1×30W	2	0.53	0.48	0.45	0.49	0.46	0.43	0.46	0.43	0.41	0.37
	3	0.47	0.41	0.37	0.44	0.39	0.36	0.41	0.37	0.34	0.31
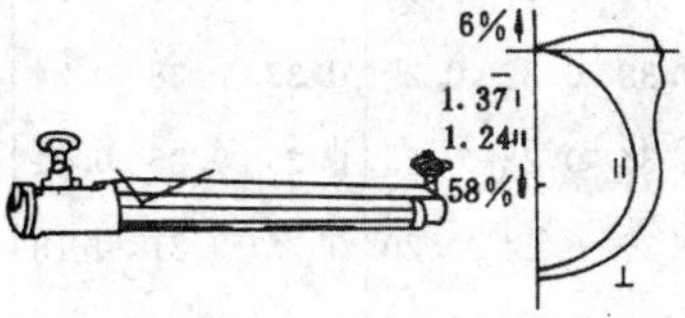	4	0.41	0.36	0.31	0.39	0.34	0.30	0.36	0.32	0.29	0.26
	5	0.37	0.31	0.27	0.35	0.30	0.26	0.33	0.29	0.25	0.23
	6	0.33	0.28	0.24	0.31	0.26	0.23	0.30	0.25	0.22	0.20
	7	0.30	0.24	0.21	0.28	0.23	0.20	0.27	0.23	0.19	0.17
	8	0.27	0.22	0.18	0.26	0.21	0.17	0.24	0.20	0.17	0.15
	9	0.25	0.19	0.16	0.23	0.19	0.15	0.22	0.18	0.15	0.13
	10	0.22	0.17	0.13	0.21	0.16	0.13	0.20	0.15	0.12	0.11
62. 隔爆型荧光防爆灯	1	0.55	0.52	0.49	0.50	0.48	0.46	0.46	0.44	0.43	0.37
B3E-2-60 2×30W	2	0.48	0.44	0.40	0.44	0.40	0.38	0.40	0.37	0.35	0.31
	3	0.42	0.37	0.34	0.39	0.35	0.32	0.35	0.32	0.30	0.26
	4	0.37	0.32	0.28	0.34	0.30	0.27	0.31	0.28	0.25	0.22
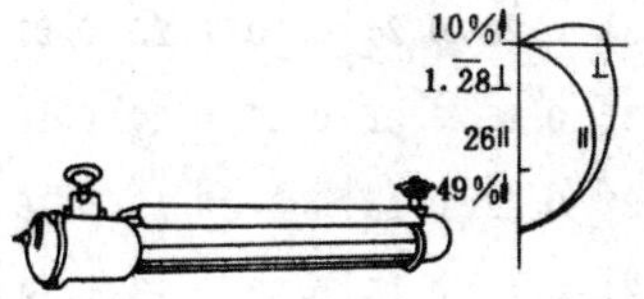	5	0.33	0.28	0.24	0.30	0.26	0.23	0.28	0.25	0.22	0.19
	6	0.30	0.25	0.21	0.28	0.23	0.20	0.26	0.22	0.19	0.17
	7	0.27	0.22	0.18	0.25	0.21	0.17	0.23	0.19	0.17	0.14
	8	0.24	0.19	0.16	0.23	0.18	0.15	0.21	0.17	0.15	0.13
	9	0.22	0.17	0.14	0.21	0.16	0.14	0.19	0.16	0.13	0.11
	10	0.19	0.15	0.12	0.18	0.14	0.11	0.17	0.13	0.11	0.09
63. 隔爆型快速起动荧光防爆灯	1	0.54	0.52	0.50	0.51	0.50	0.48	0.49	0.48	0.47	0.44
YB3E-40KS 1×40W	2	0.47	0.43	0.40	0.45	0.42	0.40	0.43	0.41	0.38	0.36
	3	0.41	0.37	0.33	0.40	0.36	0.33	0.38	0.35	0.33	0.31
	4	0.36	0.32	0.29	0.35	0.31	0.28	0.34	0.30	0.28	0.26
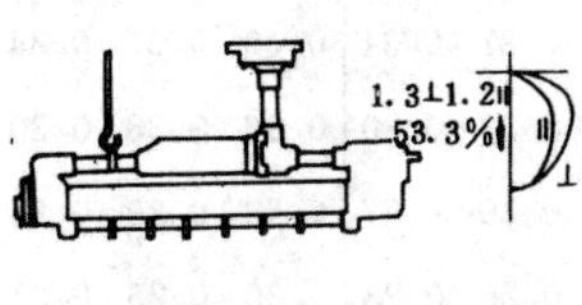	5	0.32	0.27	0.24	0.31	0.27	0.24	0.30	0.26	0.23	0.22
	6	0.29	0.24	0.21	0.28	0.24	0.20	0.27	0.23	0.20	0.19
	7	0.26	0.21	0.18	0.25	0.21	0.18	0.24	0.20	0.18	0.16
	8	0.23	0.19	0.16	0.22	0.18	0.15	0.22	0.18	0.15	0.14
	9	0.21	0.16	0.13	0.20	0.16	0.13	0.20	0.16	0.13	0.12
	10	0.19	0.15	0.12	0.18	0.14	0.12	0.18	0.14	0.12	0.11

续表 35-26

灯具名称、型号、外形图及保护角、最大允许 L/H 值、灯效率、光分布、光源容量（W）	ρ_{cc}%	70			50			30			0
	ρ_w%	50	30	10	50	30	10	50	30	10	0
	RCR										
64. 荧光灯　YG31-1×40W YZ-40 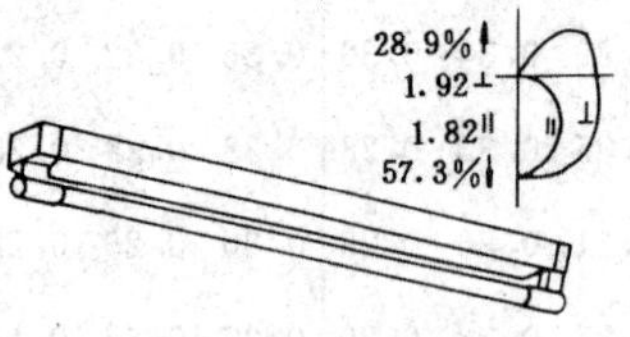 	1	0.75	0.71	0.67	0.66	0.63	0.60	0.58	0.56	0.53	0.43
	2	0.64	0.57	0.53	0.56	0.52	0.48	0.49	0.46	0.42	0.34
	3	0.56	0.49	0.44	0.49	0.44	0.39	0.43	0.39	0.35	0.28
	4	0.49	0.41	0.36	0.43	0.37	0.33	0.38	0.33	0.29	0.23
	5	0.43	0.36	0.30	0.38	0.32	0.27	0.33	0.28	0.24	0.19
	6	0.38	0.31	0.26	0.34	0.28	0.23	0.29	0.25	0.21	0.16
	7	0.34	0.27	0.22	0.30	0.24	0.20	0.26	0.21	0.18	0.14
	8	0.31	0.24	0.19	0.27	0.21	0.17	0.24	0.19	0.15	0.12
	9	0.28	0.20	0.16	0.24	0.19	0.15	0.21	0.17	0.13	0.10
	10	0.25	0.19	0.14	0.22	0.17	0.13	0.20	0.15	0.11	0.08
65. 双管荧光灯　YG31-2×40W YZ-40×2 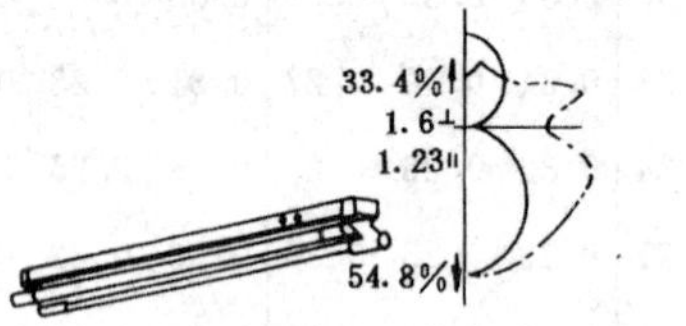 	1	0.77	0.73	0.69	0.67	0.64	0.61	0.58	0.55	0.53	0.42
	2	0.65	0.60	0.55	0.57	0.52	0.49	0.49	0.47	0.42	0.33
	3	0.57	0.50	0.45	0.50	0.44	0.40	0.43	0.39	0.35	0.27
	4	0.50	0.43	0.38	0.44	0.38	0.33	0.38	0.33	0.30	0.23
	5	0.44	0.37	0.31	0.38	0.32	0.28	0.33	0.28	0.25	0.19
	6	0.69	0.32	0.27	0.34	0.28	0.24	0.30	0.25	0.21	0.16
	7	0.35	0.28	0.23	0.31	0.25	0.21	0.26	0.20	0.18	0.14
	8	0.31	0.25	0.20	0.27	0.22	0.18	0.24	0.19	0.16	0.12
	9	0.28	0.22	0.17	0.24	0.19	0.15	0.22	0.17	0.14	0.10
	10	0.26	0.19	0.15	0.23	0.17	0.13	0.20	0.15	0.12	0.09
V. 带有高压钠灯和混光光源											
66. 深罩型防震灯 GC-39　NG-400W 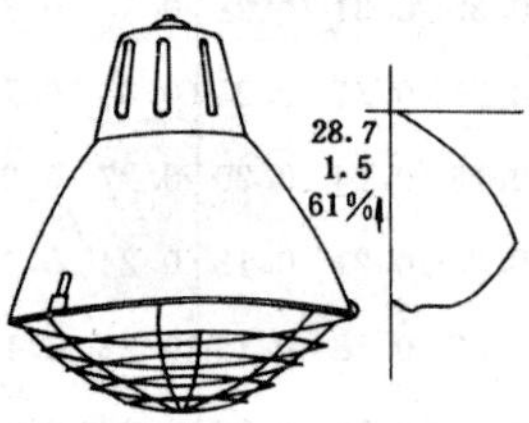 	1	0.64	0.62	0.60	0.61	0.60	0.58	0.59	0.57	0.56	0.53
	2	0.58	0.55	0.52	0.55	0.53	0.51	0.54	0.51	0.50	0.47
	3	0.52	0.48	0.45	0.50	0.47	0.45	0.49	0.46	0.44	0.42
	4	0.47	0.43	0.39	0.46	0.42	0.39	0.44	0.41	0.38	0.37
	5	0.42	0.38	0.35	0.41	0.37	0.34	0.40	0.37	0.34	0.32
	6	0.38	0.34	0.31	0.37	0.33	0.30	0.36	0.33	0.30	0.29
	7	0.35	0.30	0.27	0.34	0.30	0.27	0.33	0.29	0.26	0.25
	8	0.31	0.27	0.23	0.31	0.26	0.23	0.30	0.26	0.23	0.22
	9	0.28	0.24	0.21	0.28	0.23	0.21	0.27	0.23	0.20	0.19
	10	0.25	0.20	0.17	0.24	0.20	0.17	0.23	0.19	0.17	0.16

续表 35-26

灯具名称、型号、外形图及保护角、最大允许 L/H 值、灯效率、光分布、光源容量（W）	ρ_{cc}%	70			50			30			0
	ρ_w%	50	30	10	50	30	10	50	30	10	0
	RCR										
67. 混光照明器 G-N型 GGY-400W NG-250W	1	0.78	0.76	0.74	0.74	0.73	0.71	0.72	0.70	0.69	0.66
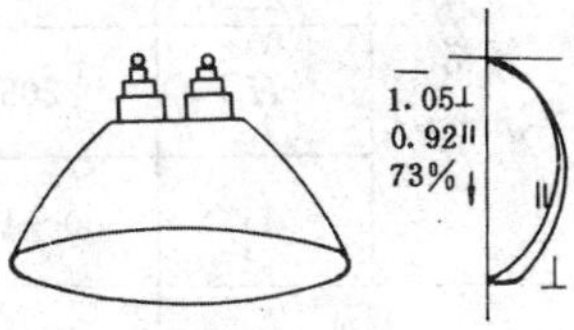	2	0.71	0.68	0.65	0.69	0.66	0.64	0.67	0.64	0.62	0.60
	3	0.65	0.61	0.58	0.64	0.60	0.57	0.61	0.58	0.56	0.54
	4	0.60	0.56	0.52	0.58	0.54	0.51	0.57	0.53	0.51	0.49
	5	0.55	0.50	0.46	0.53	0.50	0.46	0.52	0.48	0.46	0.44
	6	0.50	0.45	0.42	0.49	0.45	0.41	0.48	0.44	0.41	0.40
	7	0.46	0.41	0.37	0.45	0.40	0.37	0.44	0.40	0.37	0.35
	8	0.42	0.37	0.34	0.41	0.37	0.33	0.40	0.36	0.33	0.32
	9	0.39	0.34	0.30	0.38	0.33	0.30	0.37	0.33	0.30	0.28
	10	0.35	0.31	0.27	0.35	0.30	0.27	0.34	0.30	0.27	0.26

注：所有利用系数均按 ρ_f=20%算出。

35.6.1.2 概算曲线计算法

概算曲线计算法是根据利用系数法计算结果得出的灯数与房间面积的关系绘成的曲线。概算曲线计算法适用于一般均匀的照度计算，其准确度优于单位容量法。

常用照明器的空间等照度曲线见图 35-22 至图 35-34；概算曲线见图 35-35 至图 35-50。

使用概算曲线时应注意以下几点：

（1）由于概算曲线是按 100lx 为基准绘成的，因此，不同要求的照度值应按下式换算

$$n=\frac{E_{av}}{100}N \qquad (35\text{-}7)$$

式中 E_{av}——设计要求的平均照度值，lx；

N——由概算曲线查出的灯具数量；

n——设计中应该安装的灯具数量。

（2）顶棚、墙、地面的反射率近似值见表 35-27；

（3）曲线上所标的高度 H 为灯具悬挂计算高度；

（4）当光源瓦数不同时，灯数应乘以概算曲线图中说明给出的系数。

在设计工作中，本手册推荐的概算图表的计算条件与实际选用的条件有出入时，可按近似条件选用，然后对计算出的灯数酌情增减。

例 同上例。用概算曲线法计算灯具数。已知：$S=60\times15=900\text{m}^2$，$h_{RC}=H=10\text{m}$，$\rho_{cc}=50\%$，$\rho_w=30\%$，$\rho_f=20\%$，$E_{av}=50\text{lx}$，灯具选 GC5-A 配 GGY-400W。

查图 35-42，得 N=16 盏。按式 35-7

$$n=\frac{E_{av}}{100}N=\frac{50}{100}\times16=8\text{盏}$$

因柱距为 6m，故选用 10 盏。

表 35-27 顶棚、墙、地面及玻璃窗反射系数近似值

反射面条件	反射系数 ρ_{cc}、ρ_w、ρ_f、ρ_c（%）	反射面条件	反射系数 ρ_{cc}、ρ_w、ρ_f、ρ_c（%）
抹灰并大白粉刷顶棚或墙面	70～80	混凝土地面	10～25
砖墙或混凝土屋面喷白	50～60	钢板地面	10～30
墙、顶棚为水泥砂浆抹面	30	油漆地面	10
混凝土屋面板	30	铸铁地面	16
红砖墙	30	沥清地面	11～12
灰砖墙	20	无色透明玻璃	8～10

注：ρ_{cc}—顶棚反射系数；ρ_w—墙面反射系数；ρ_f—地面反射系数；ρ_c—玻璃窗反射系数。

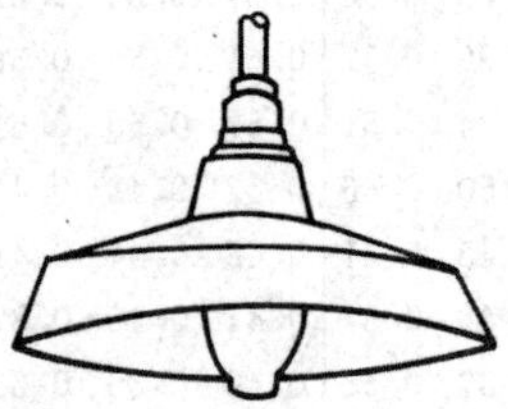

配照型工厂灯 GC1-A、B-1

安装灯泡	GGY125	灯具质量		2.0kg
保护角		规格 (mm)	*D*	355
灯具效率	72%		*H*	205
最大允许 L/H	1.41		*L*	500～1200
灯头型式	E27			

发光强度值（cd）

θ (°)	I_θ	θ (°)	I_θ
0	169	50	148
5	166	55	143
10	166	60	134
15	169	65	126
20	168	70	108
25	168	75	82
30	167	80	54
35	159	85	19
40	159	90	0
45	154		

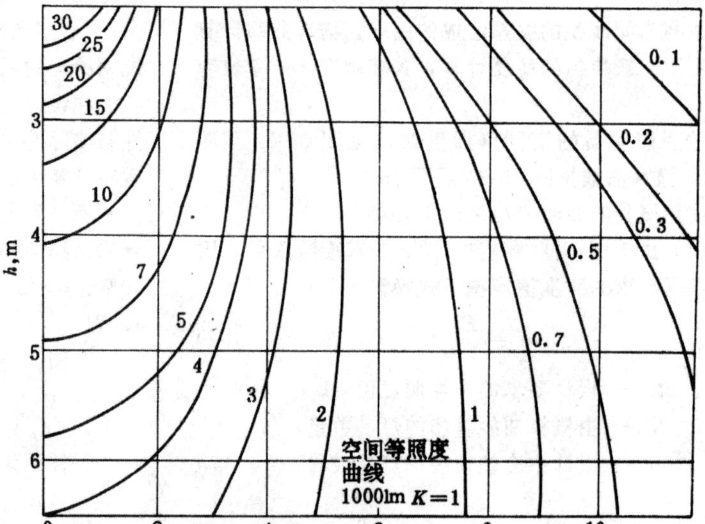

图 35-22 配照型工厂灯 GC1-A、B-1，GGY-125W 空间等照度曲线

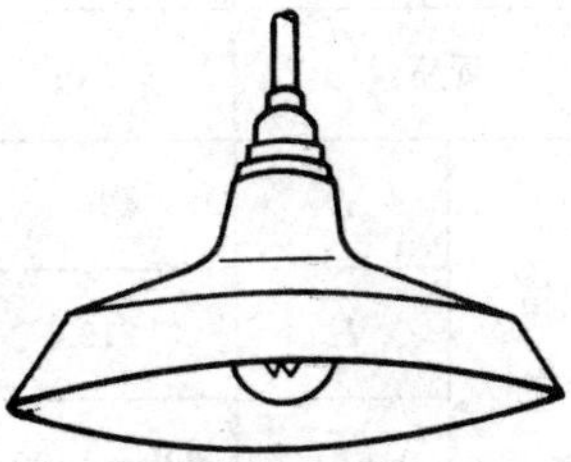

配照型工厂灯 GC1-A、B-2

安装灯泡	白炽灯 200、150W	灯具质量		2.2kg
保护角	11.7°	规格 (mm)	D	406
灯具效率	68%		H	215
最大允许 L/H	0.88		L	
灯头型式	E27			

发光强度值（cd）

θ (°)	I_θ	θ (°)	I_θ
0	246	45	156
5	238	50	143
10	186	55	130
15	179	60	123
20	169	65	108
25	164	70	99
30	164	75	93
35	162	80	26
40	164	85	0

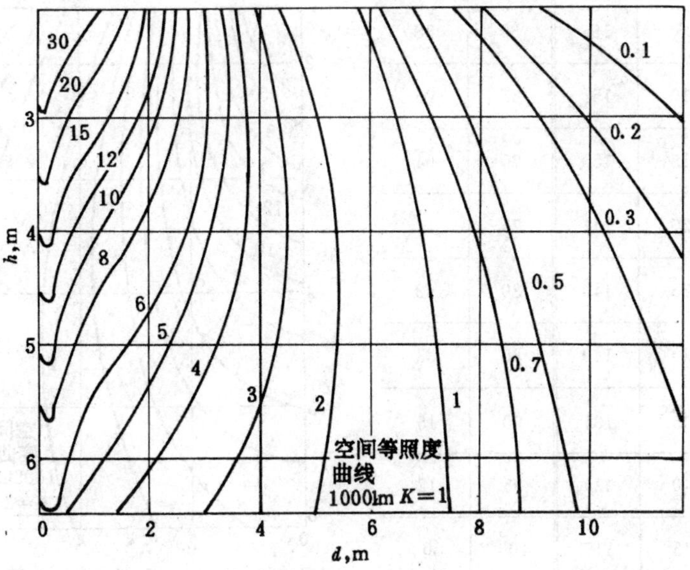

图 35-23　配照型工厂灯 GC1-A、B-2，白炽灯 200W、150W 空间等照度曲线

双罩型工厂灯（原万能型）GC19-A、B-2

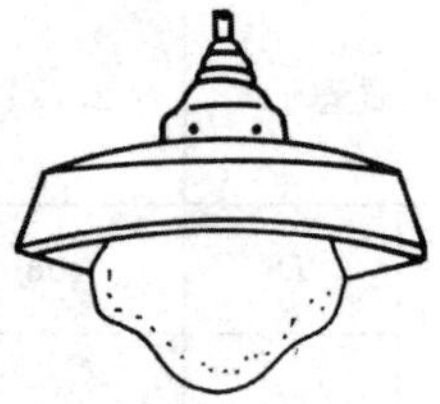

安装灯泡	白炽灯 150、200W	灯头型式		E27
保护角		灯具质量		3.1kg
灯具效率	55%	规格 (mm)	D	406
上射光通比	1%		H	219
下射光通比	54%		L	300～1200
最大允许 L/H	1.37			

发光强度值（cd）

θ (°)	I_θ	θ (°)	I_θ
0	153	55	98
5	153	60	88
10	151	65	75
15	150	70	64
20	147	75	52
25	143	80	42
30	140	85	33
35	131	90	15
40	124	95	12
45	117	100	0
50	108		

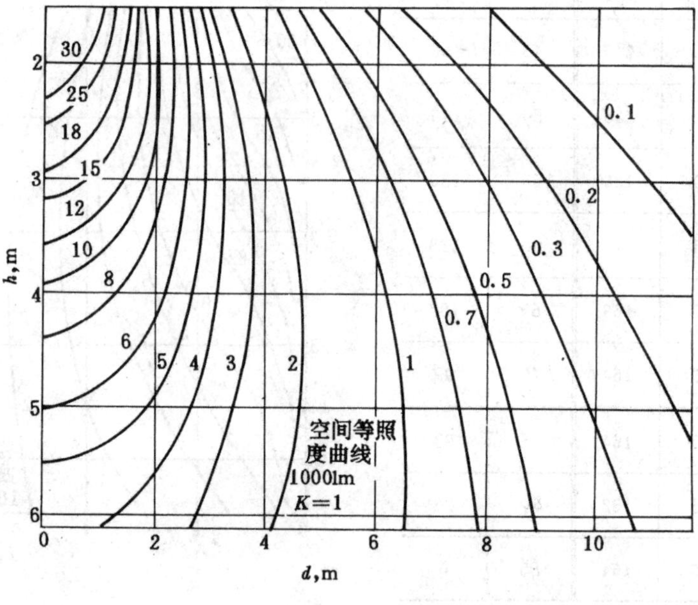

图 35-24 双罩型工厂灯 GC19-A、B-2，白炽灯 150、200W 空间等照度曲线

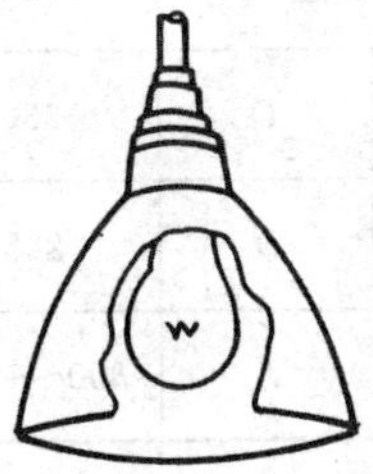

深照型工厂灯 GC5-A、B-2

安装灯泡	白炽灯 150、200W	灯具质量		2.2kg
保护角	32.7°	规格 (mm)	D	250
灯具效率	63%		H	265
最大允许 L/H	1.37		L	300～1000
灯头型式	E27			

发光强度值（cd）

θ (°)	I_θ	θ (°)	I_θ
0	231	40	208
5	228	45	204
10	226	50	171
15	225	55	144
20	224	60	74
25	216	65	44
30	210	70	17
35	203	75	0

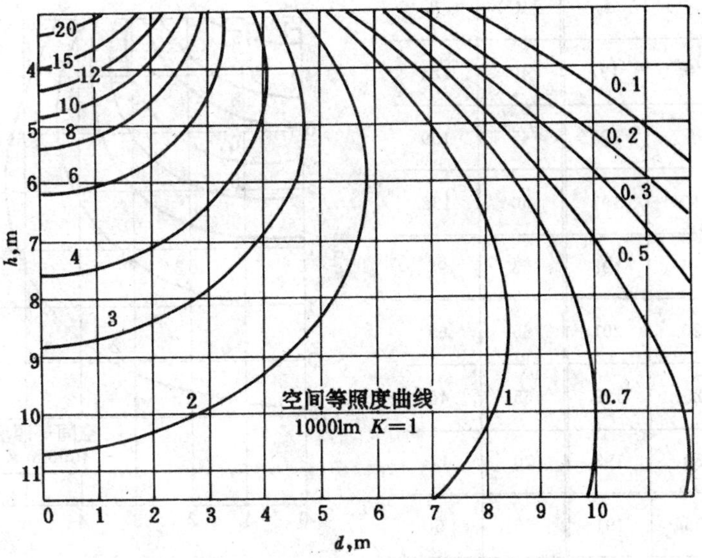

图 35-25　深照型工厂灯 GC5-A、B-2，白炽灯 150、200W 空间等照度曲线

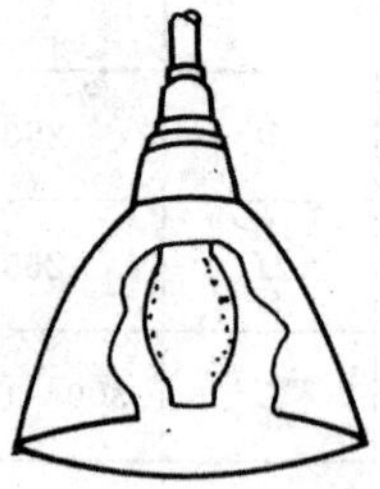

深照型工厂灯 GC5-A、B-2

安装灯泡	GGY125	灯具质量		2.2kg
保护角	16.7°	规格(mm)	D	250
灯具效率	54%		H	265
最大允许 L/H	1.5		L	300～1000
灯头型式	E27			

发光强度值（cd）

θ (°)	I_θ	θ (°)	I_θ
0	197	40	184
5	195	45	159
10	197	50	132
15	198	55	98
20	201	60	68
25	199	65	46
30	197	70	17
35	191	75	0

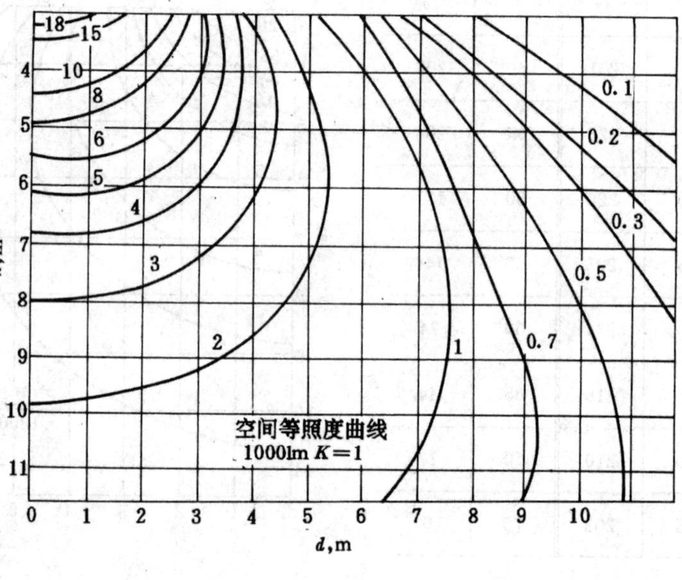

图 35-26 深照型工厂灯 GC5-A、B-2，GGY-125W 空间等照度曲线

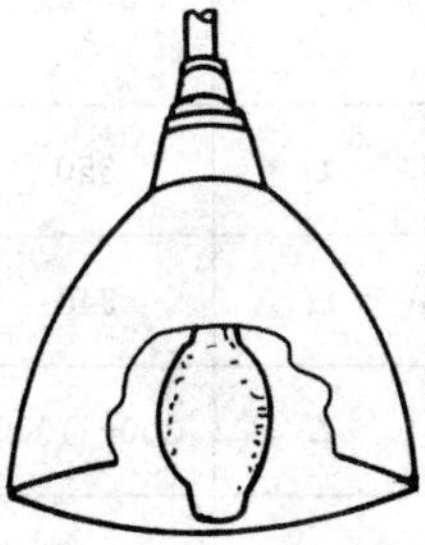

深照型工厂灯 GC5-A、B-3

安装灯泡	GGY250	灯具质量		3.0kg
保护角	1.3°	规格(mm)	D	310
灯具效率	69%		H	315
最大允许 L/H	1.45		L	300～1000
灯头型式	E40			

发光强度值（cd）

θ (°)	I_θ	θ (°)	I_θ
0	174	45	165
5	174	50	162
10	173	55	155
15	172	60	137
20	171	65	110
25	169	70	81
30	168	75	56
35	167	80	36
40	166	85	0

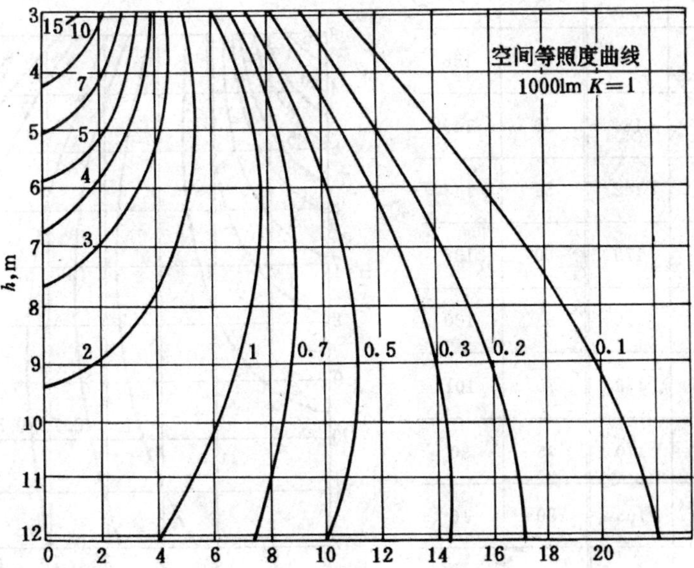

图 35-27 深照型工厂灯 GC5-A、B-3、GGY-250W 空间等照度曲线

深照型工厂灯 GC5-A、B-4

安装灯泡	白炽灯 300、500W	灯具质量		3.4kg
保护角	18.6°，15.8°	规格（mm）	D	350
灯具效率	67%		H	345
最大允许 L/H	1.4		L	300～1000
灯头型式	E40			

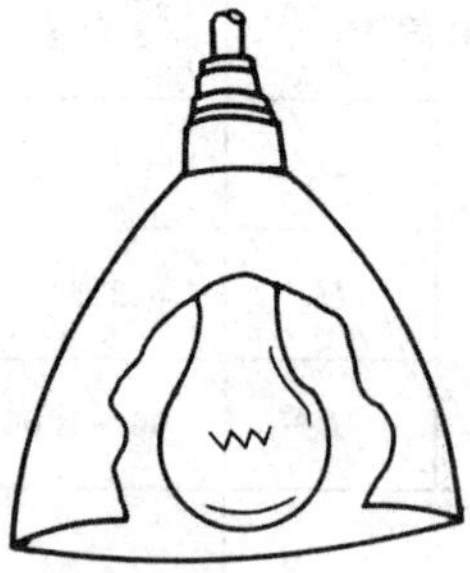

发光强度值（cd）

θ（°）	I_θ	θ（°）	I_θ
0	184	45	156
5	184	50	149
10	182	55	143
15	179	60	137
20	176	65	130
25	173	70	101
30	170	75	30
35	165	80	16
40	160	85	0

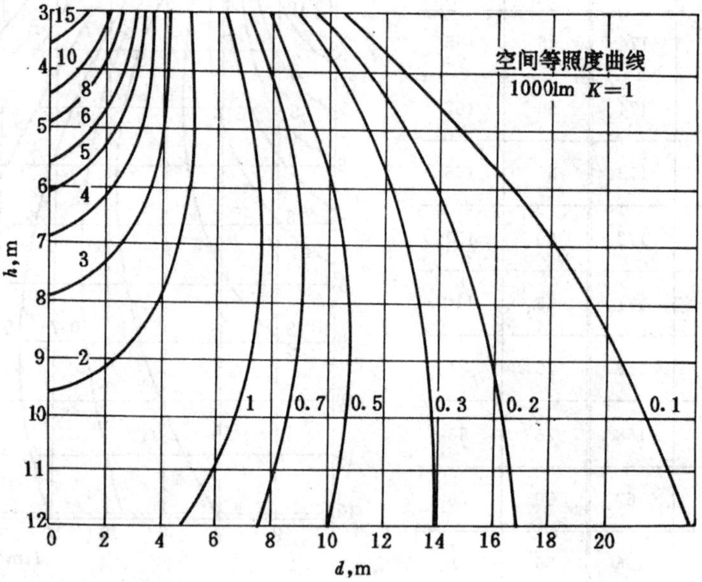

图 35-28 深照型工厂灯 GC5-A、B-4 白炽灯 300、500W 空间等照度曲线

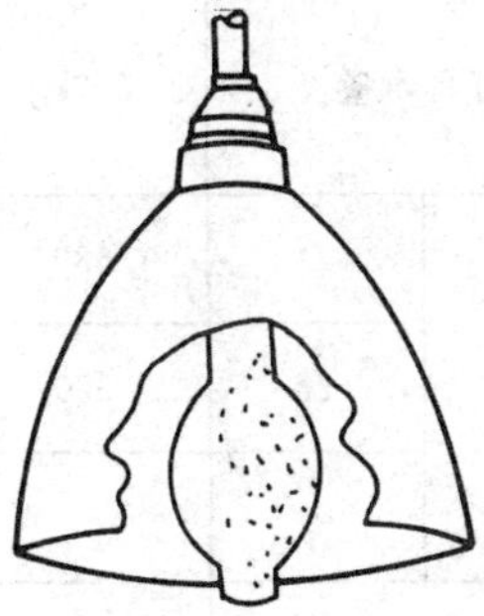

深照型工厂灯 GC5-A、B-4

安装灯泡	GGY400	灯具质量		3.4kg
保护角		规格 (mm)	D	350
灯具效率	65%		H	345
最大允许 L/H	1.23		L	300～1000
灯头型式	E40			

发光强度值（cd）

θ (°)	I_θ	θ (°)	I_θ
0	'171	50	142
5	161	55	139
10	145	60	131
15	142	65	115
20	144	70	91
25	144	75	67
30	142	80	41
35	143	85	20
40	146	90	0
45	143		

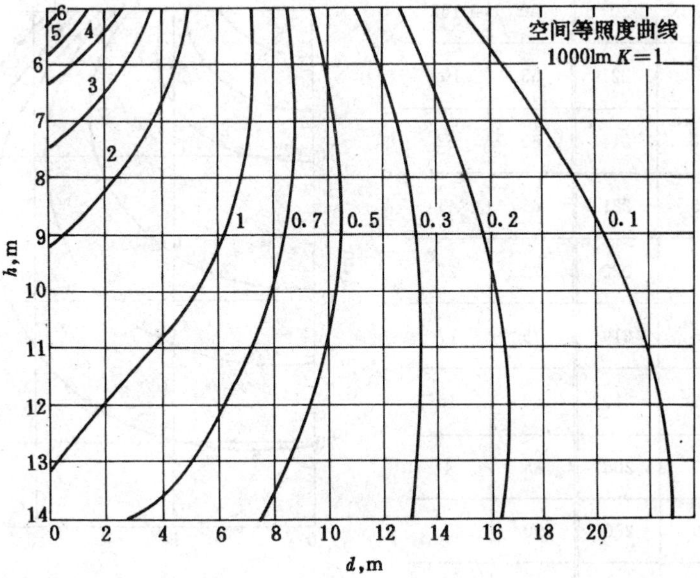

图 35-29 深照型工厂灯 GC5-A、B-4，GGY-400W 空间等照度曲线

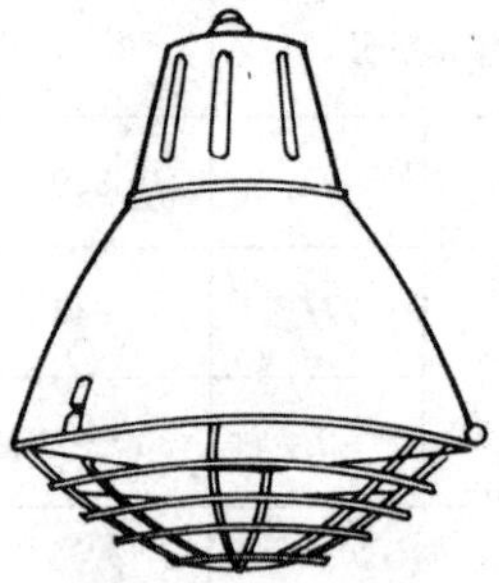

深照型防震灯 GC39

安装灯泡	高压钠灯 400W	灯具质量		5.7kg
保护角	28.7°	规格 (mm)	*D*	530
灯具效率	61%		*H*	620
最大允许 *L/H*	1.5			
灯头型式	E40			

发光强度值 (cd)

θ (°)	I_θ	θ (°)	I_θ
0	207	50	152
5	221	55	100
10	214	60	58
15	221	65	41
20	222	70	27
25	219	75	17
30	210	80	10
35	206	85	4
40	200	90	3
45	192	95	0

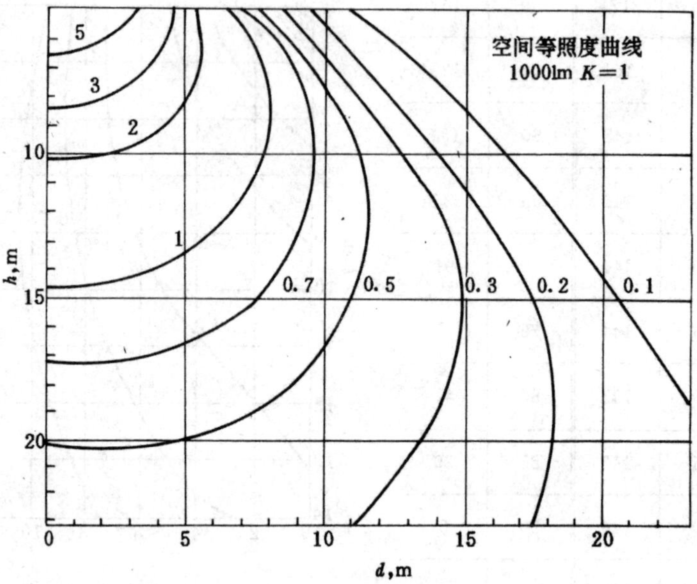

图 35-30 深照型防震灯 GC39、NG-400W 空间等照度曲线

高压水银荧光防爆灯 GB3C-125

安装灯泡	GGY125	灯具质量		13kg
保护角		规格(mm)	D	414
灯具效率	49%		H	721＋杆长
最大允许 L/H	1.71			
灯头型式	E27			

发光强度值（cd）

θ (°)	I_θ	θ (°)	I_θ
0	74	55	85
5	70	60	84
10	72	65	81
15	74	70	79
20	80	75	77
25	84	80	73
30	85	85	55
35	84	90	28
40	83	95	11
45	86	100	0
50	86		

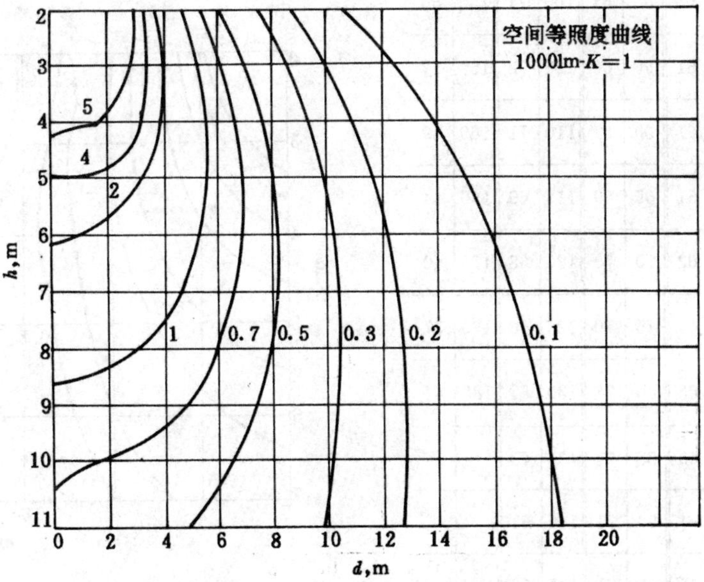

图 35-31 高压水银荧光防爆灯 GB3C-125、GGY-125W 空间等照度曲线

60
直附天棚灯 TP-3-100
200

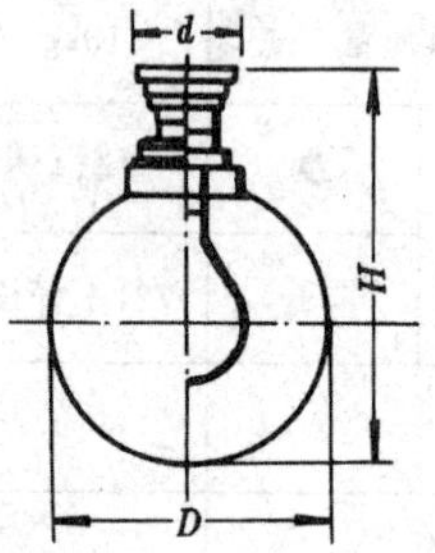

安装灯泡	白炽灯 60、100、200W	规格 (mm)	D	200，250，300
保护角			H	200，245，400
灯具效率	83%		d	145，175，185
最大允许 L/H	1.53			
灯头型式	E27			

发光强度值（cd）

θ(°)	I_θ	θ(°)	I_θ	θ(°)	I_θ	θ(°)	I_θ
0	61	50	65	100	71	150	56
5	61	55	66	105	72	155	52
10	61	60	67	110	71	160	49
15	61	65	69	115	69	165	44
20	62	70	70	120	68	170	40
25	62	75	70	125	66	175	37
30	62	80	71	130	65	180	41
35	63	85	71	135	63		
40	64	90	71	140	61		
45	64	95	71	145	59		

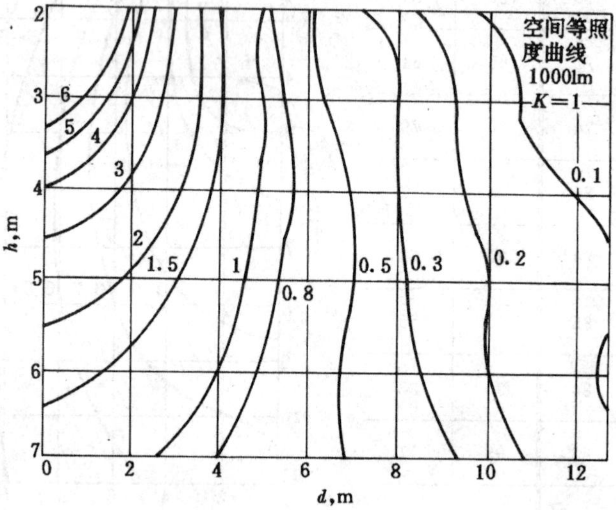

图 35-32　直附天棚灯 TP-3、白炽灯 60、100、200W 空间等照度曲线

半圆天棚灯（半圆罩顶灯）TP-2-100
60
2×60

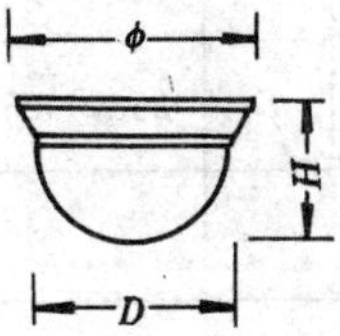

安装灯泡	60、100、2×60W	规格(mm)	D	150,200,250,300
保护角			H	130,155,180,210
灯具效率	40%		ϕ	265,315,365,420
最大允许 L/H	1.54			
灯头型式	E27			

发光强度值（cd）

θ(°)	I_θ	θ(°)	I_θ	θ(°)	I_θ
0	71	45	60	90	33
5	71	50	58	95	28
10	70	55	55	100	26
15	69	60	53	105	22
20	68	65	50	110	18
25	67	70	47	115	14
30.	65	75	43	120	9
35	64	80	41	125	2
40	62	85	37	130	0

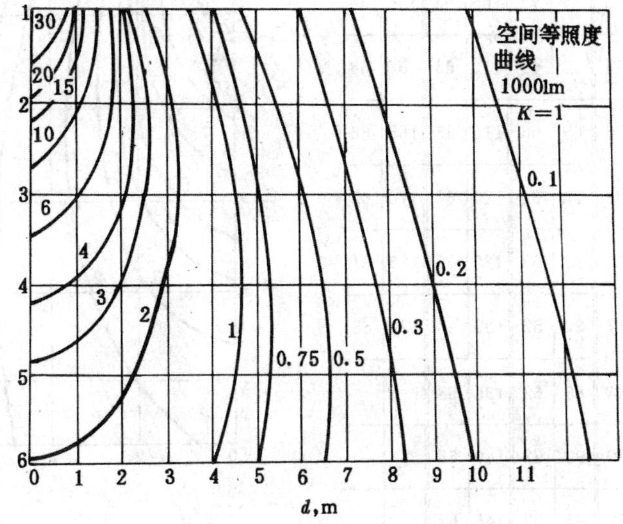

图 35-33　半圆天棚灯 TP-2、白炽灯 60、100、2×60W 空间等照度曲线

明月罩 DH-22-$\substack{1\\2\\3}$

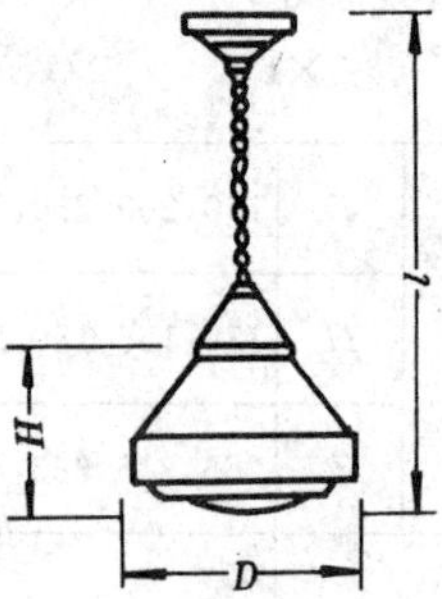

安装灯泡	白炽灯 60、100W	规格(mm)	l	按工程设计
保护角			H	
灯具效率	86.6%		D	255，305，356
最大允许 L/H	1.3			
灯头型式	E27			

发光强度值（cd）

$\theta(°)$	I_θ	$\theta(°)$	I_θ	$\theta(°)$	I_θ	$\theta(°)$	I_θ
0	96	50	74	100	63	150	69
5	95	55	72	105	63	155	69
10	94	60	69	110	65	160	68
15	93	65	66	115	66	165	66
20	91	70	64	120	67	170	62
25	89	75	63	125	68	175	61
30	87	80	62	130	68	180	63
35	84	85	62	135	68		
40	80	90	62	140	68		
45	77	95	62	145	68		

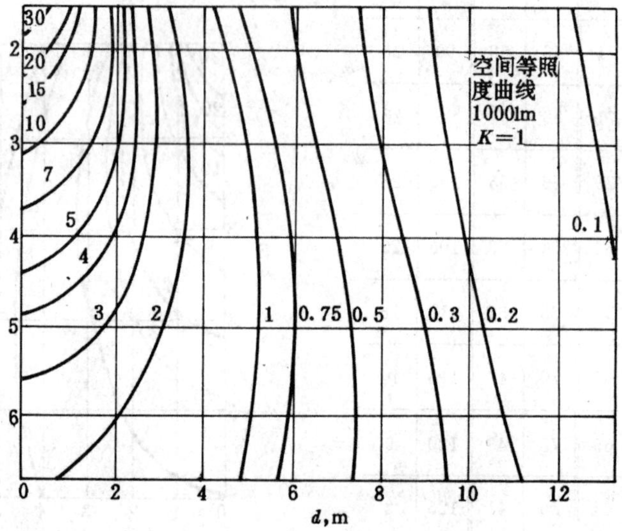

图 35-34　明月罩 DH-22-$\substack{1\\2\\3}$，白炽灯 60、100W 空间等照度曲线

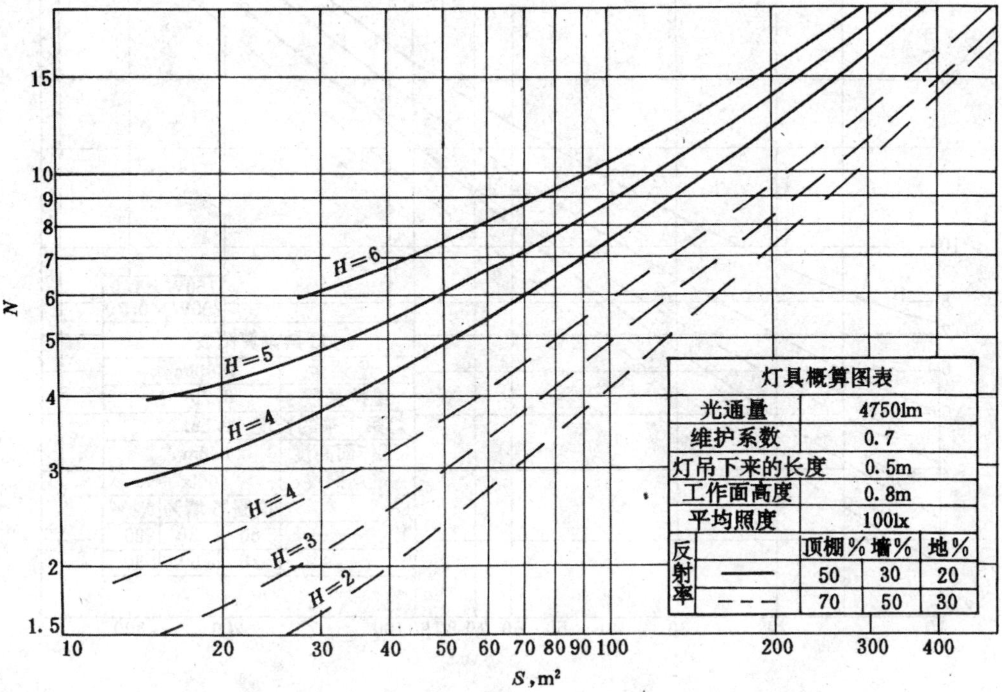

图 35-35 配照型工厂灯 GC1-A、B-1、GGY-125W 概算曲线

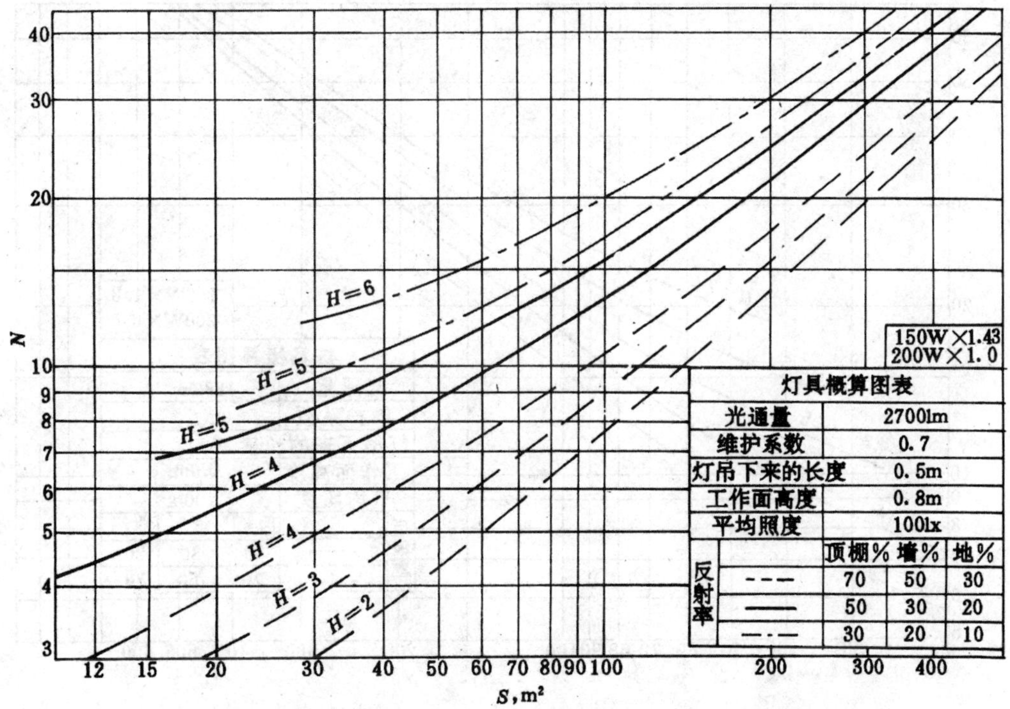

图 35-36 配照型工厂灯 GC1-A、B-2，白炽灯 150W、200W 概算曲线

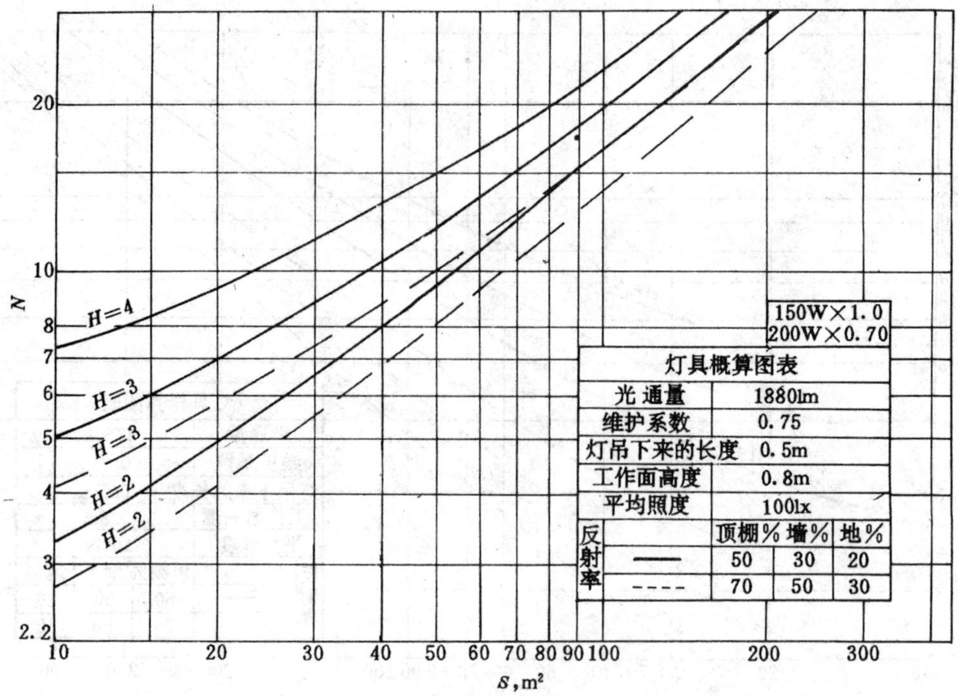

图 35-37 双罩型工厂灯 GC19-A、B-2，白炽灯 150W、200W 概算曲线

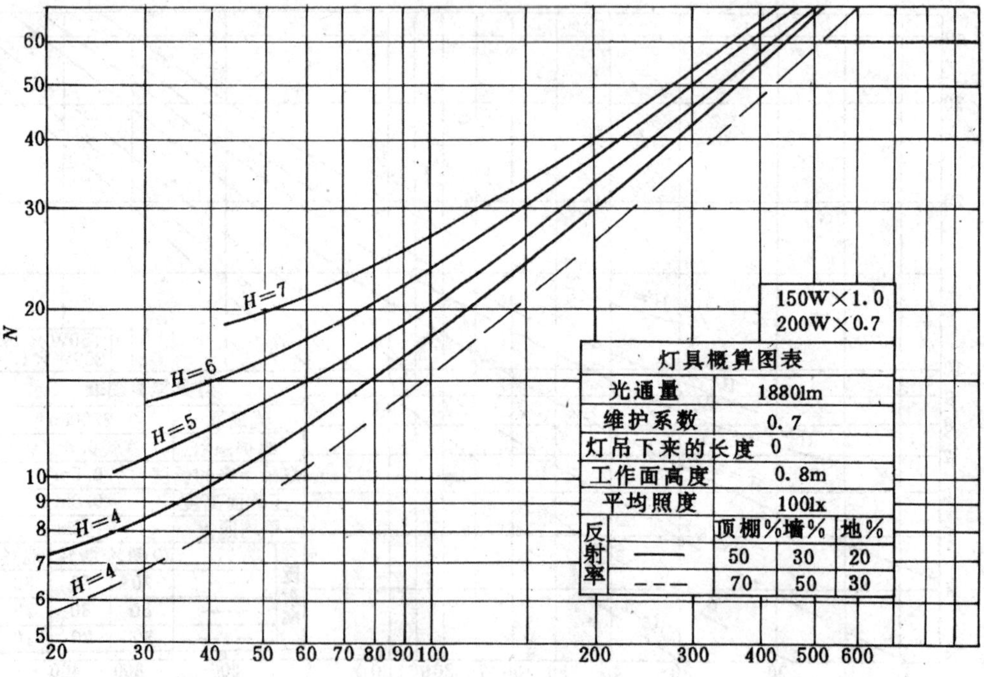

图 35-38 深照型工厂灯 GC5-A、B-2，白炽灯 150W、200W 概算曲线

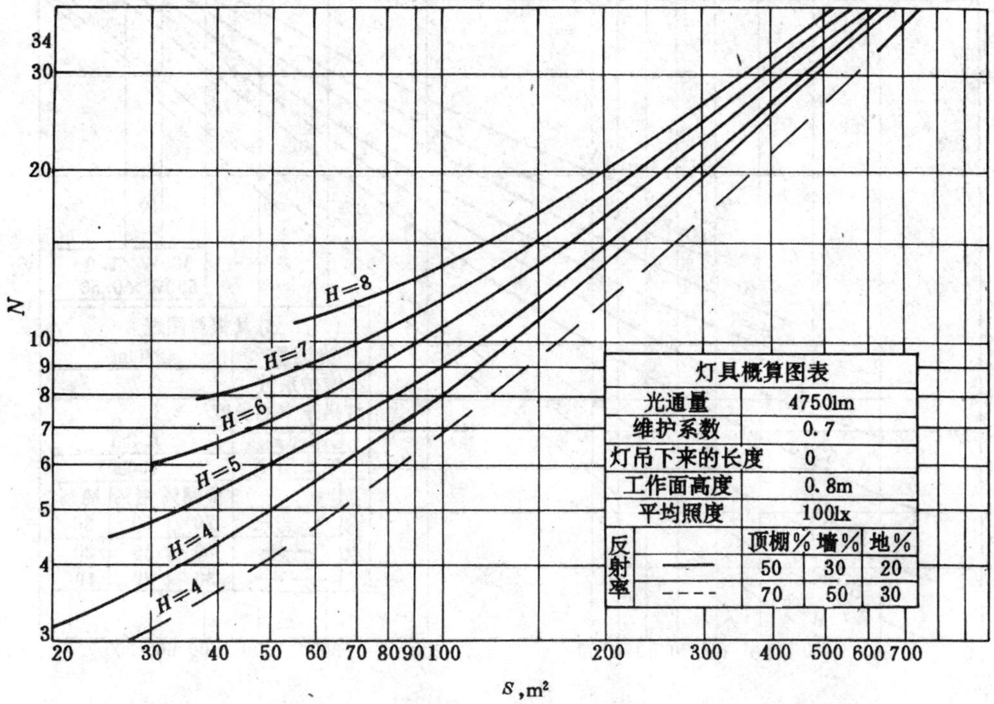

图 35-39　深照型工厂灯 GC5-A、B-2，GGY-125W 概算曲线

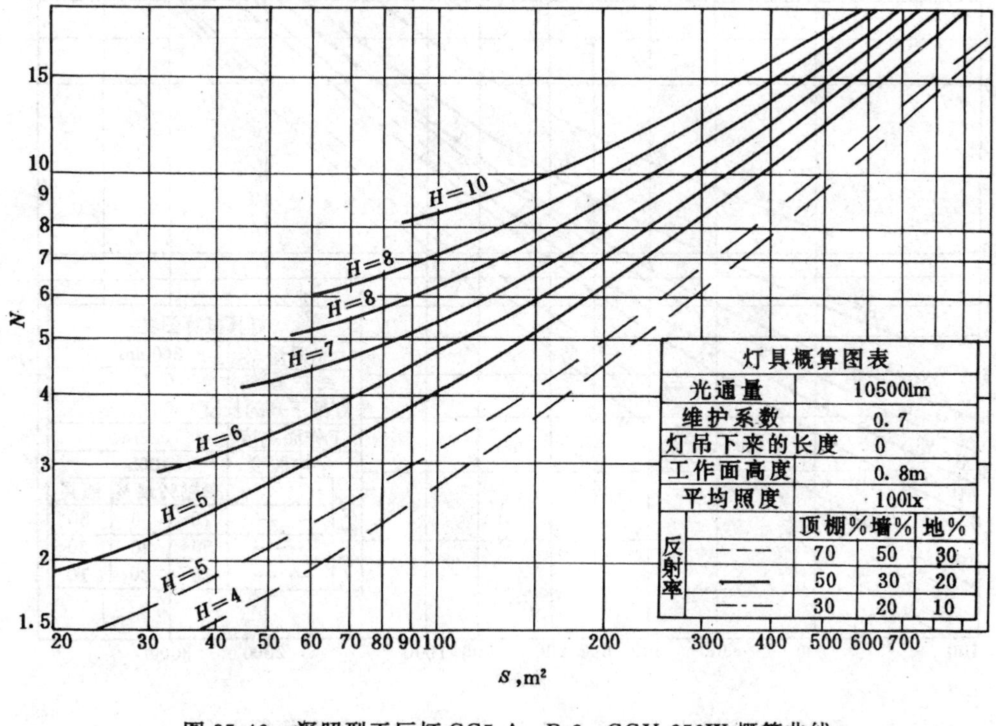

图 35-40　深照型工厂灯 GC5-A、B-3、GGY-250W 概算曲线

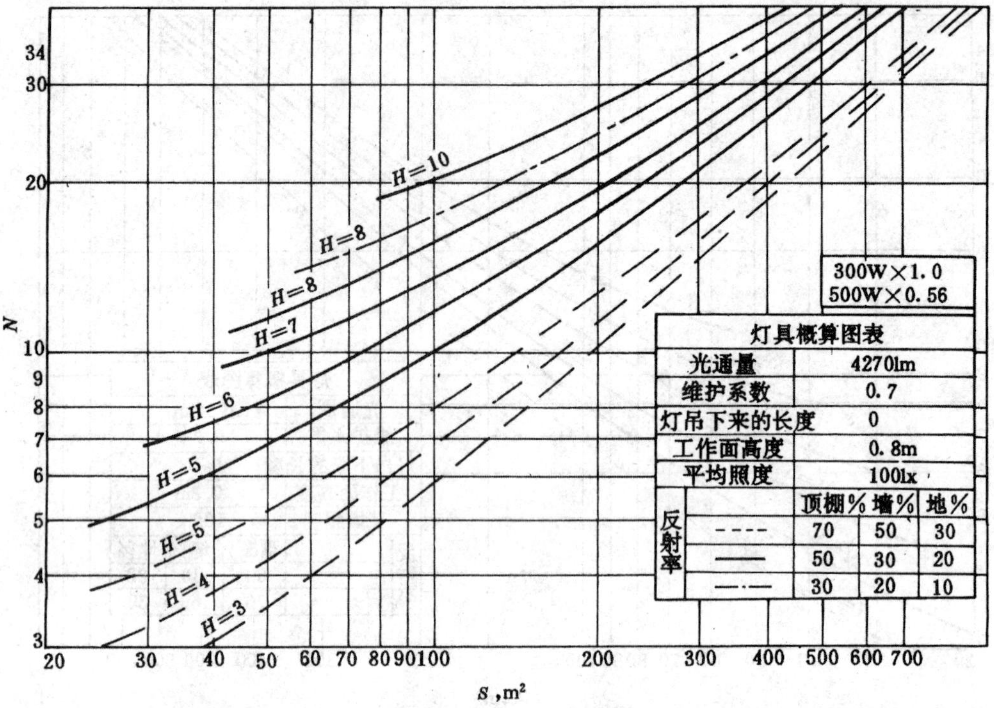

图 35-41 深照型工厂灯 GC5-A、B-4，白炽灯 300W、500W 概算曲线

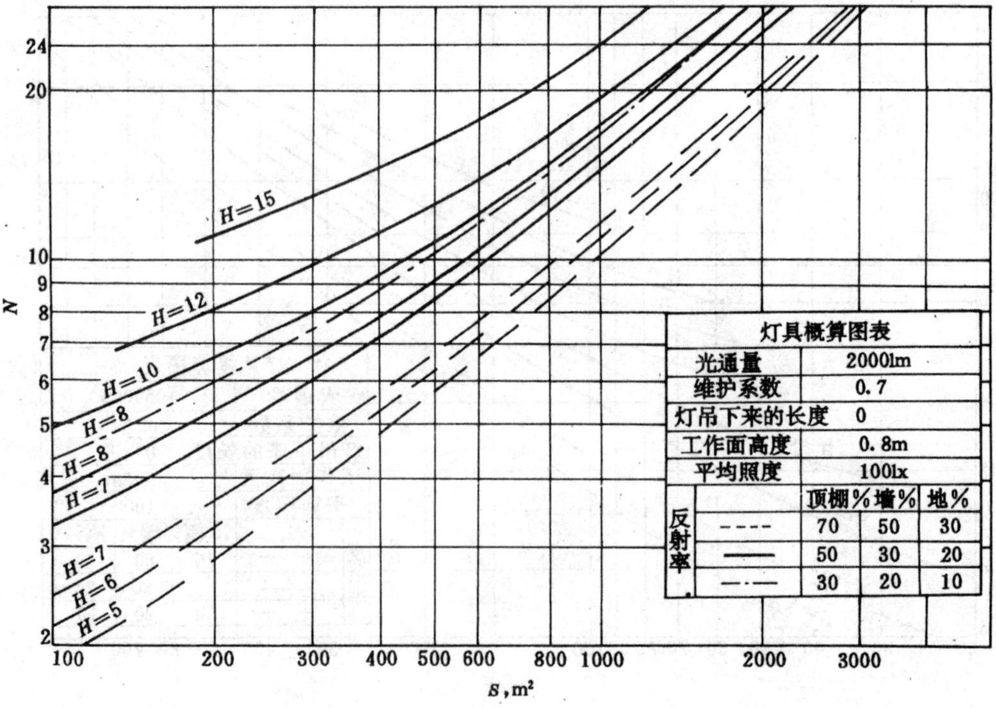

图 35-42 深照型工厂灯 GC5-A、B-4、GGY-400W 概算曲线

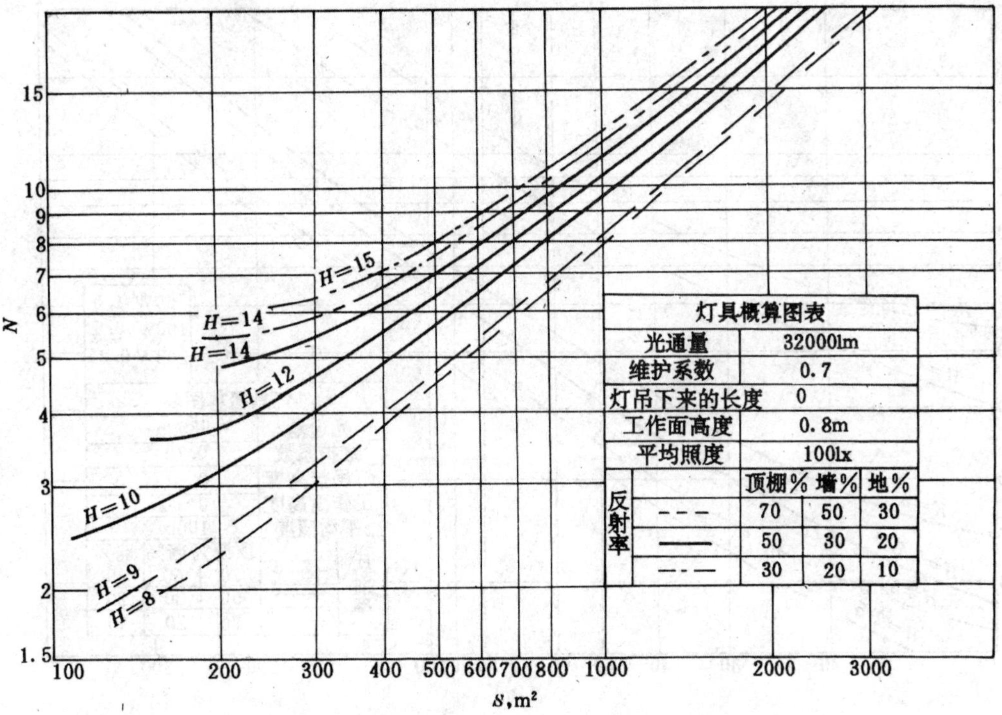

图 35-43　深照型防震灯 GC39，NG-400W 概算曲线

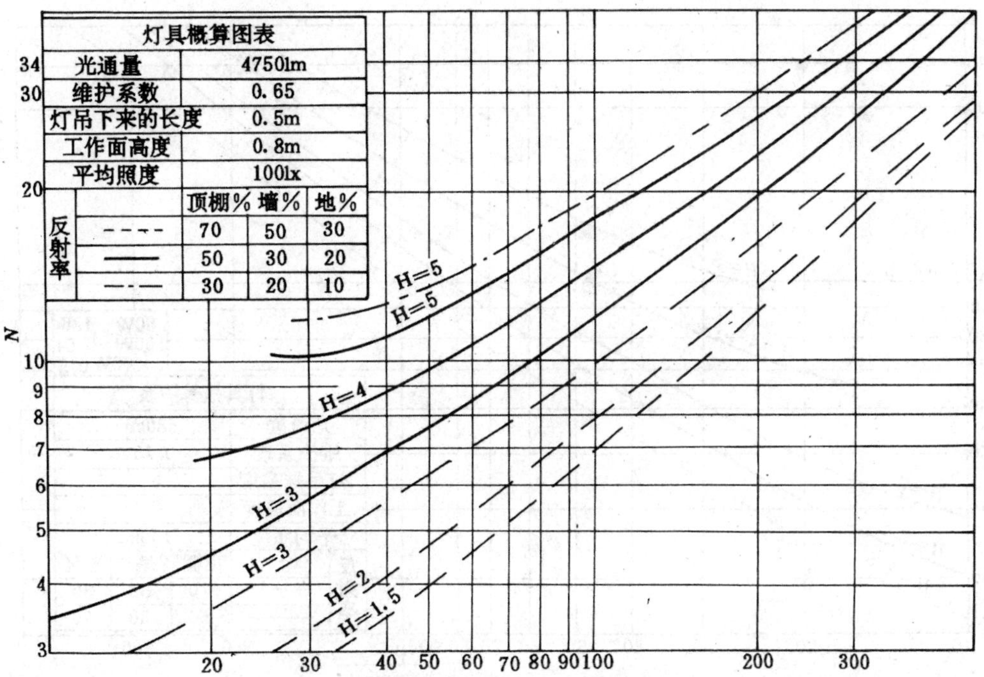

图 35-44　高压水银荧光防爆灯 GB3C-125，GGY-125W 概算曲线

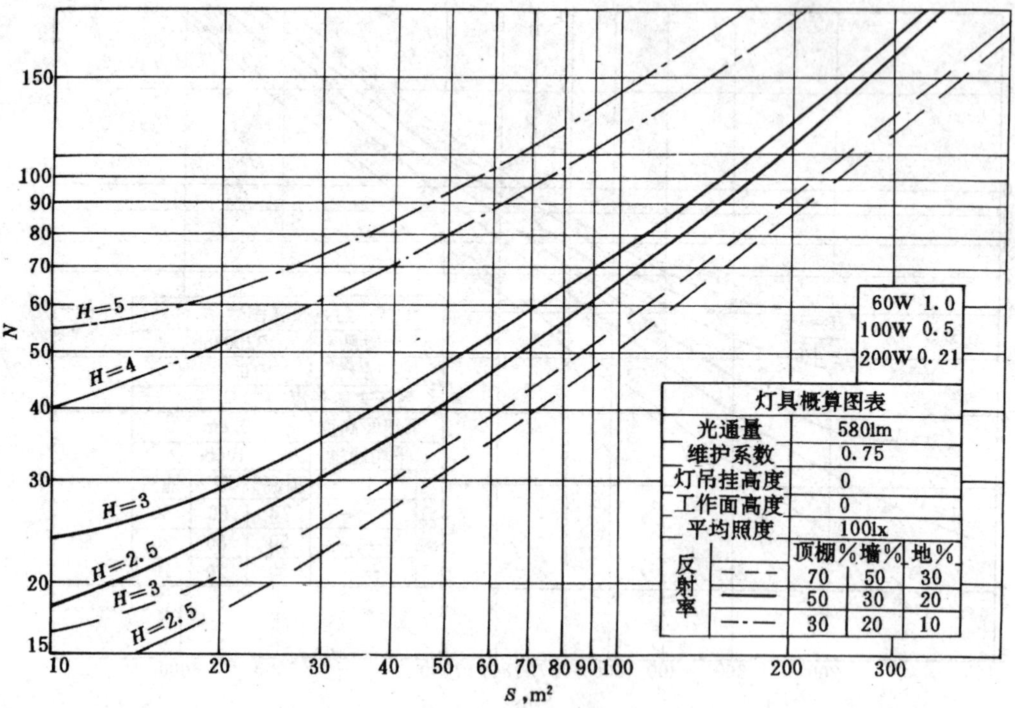

图 35-45 直附天棚灯 TP-3 白炽灯 60W、100W、200W 概算曲线

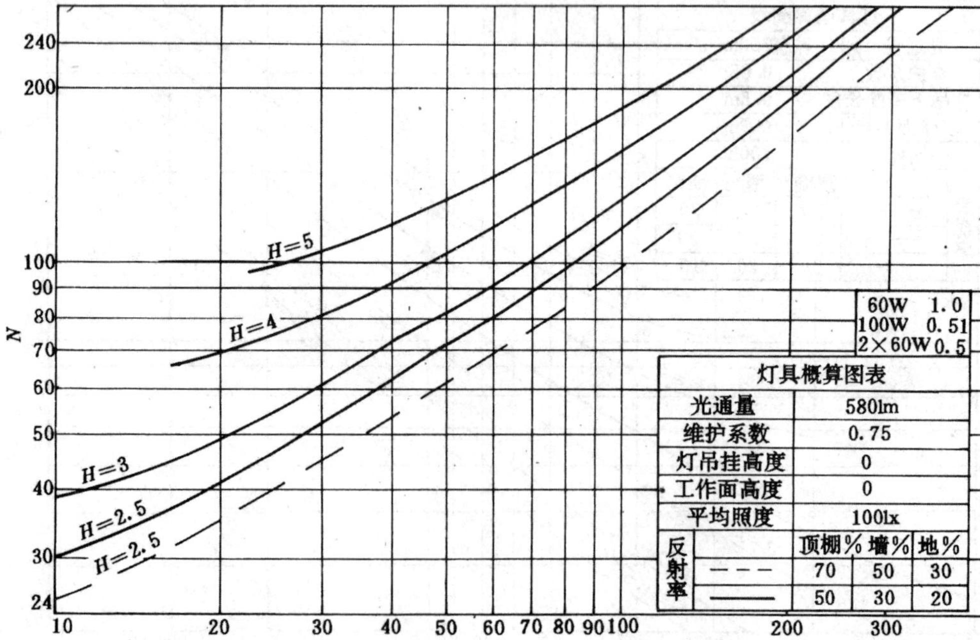

图 35-46 半圆天棚灯（半圆罩顶灯）TP-2，白炽灯 60W、100W、2×60W 概算曲线

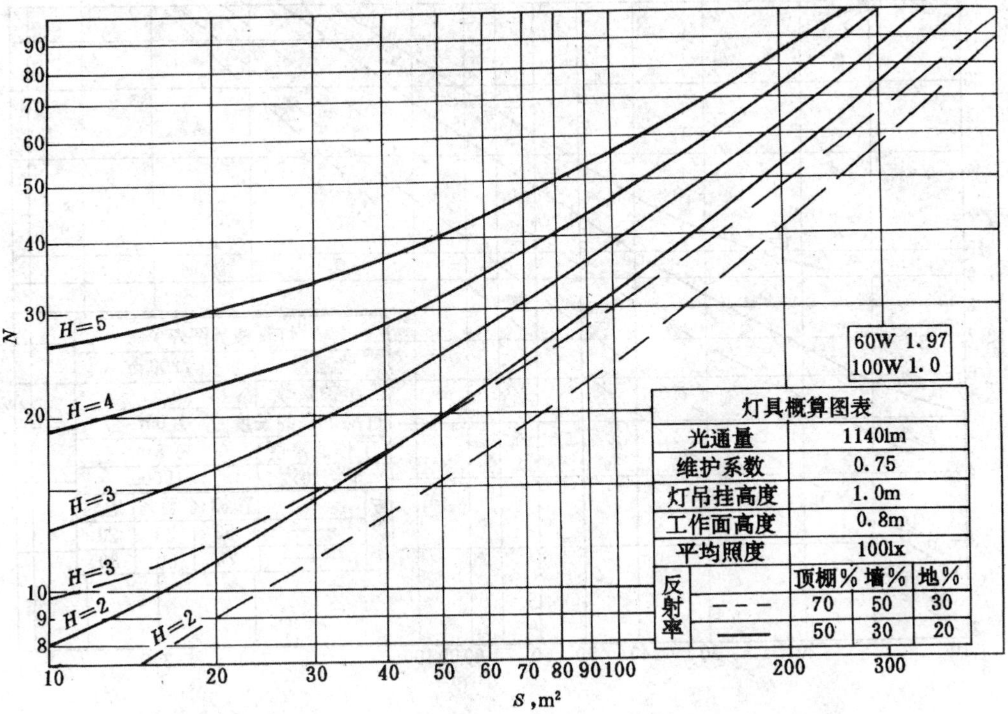

图 35-47 简式荧光灯 YG1-1、1×40W 概算曲线

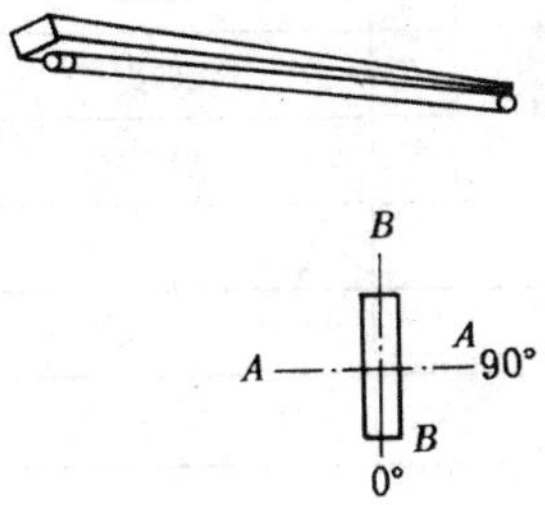

简式荧光灯 YG1-1

安装灯管	1×40W	灯具质量		2.6kg
保护角		规格(mm)	L	1280
灯具效率	81%		b	70
最大允许 L/H	A-A 1.62		h	45（未包括灯管）
	B-B 1.22			

发光强度值(cd)	A-A	θ (°)	0	5	10	15	20	25	30	35	40	45	50	55	60	65	70
		I_θ	140	140	141	142	142	144	146	149	150	151	152	151	149	145	141
		θ (°)	75	80	85	90	95	100	105	110	115	120	125	130	135	140	145
		I_θ	136	129	124	121	121	122	122	116	103	88	75	60	45	18	19
		θ (°)	150	155	160												
		I_θ	6.4	0.8	0												
	B-B	θ (°)	0	5	10	15	20	25	30	35	40	45	50	55	60	65	70
		I_θ	124	122	120	116	112	107	101	94	85	77	68	58	47	37	27
		θ (°)	75	80	85	90											
		I_θ	17	9	2.8	0											

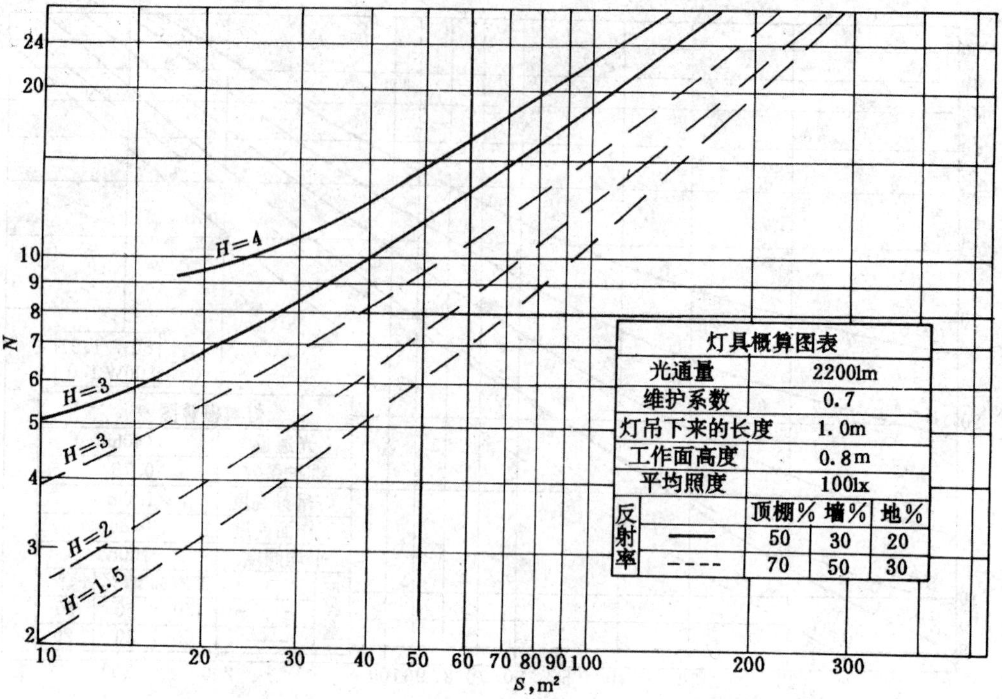

图 35-48 筒式荧光灯 YG2-1，1×40W 概算曲线

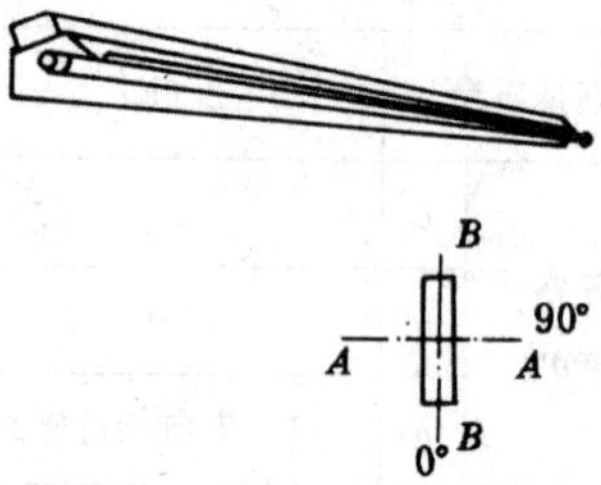

筒式荧光灯 YG2-1

		规格(mm)		
安装灯管	1×40W		L	1280
保护角	4.6°		b	168
灯具效率	88%		h	90
最大允许 L/H	A-A 1.46			
	B-B 1.28			
灯头质量	4.9kg			

发光强度值(cd)	A-A	θ(°)	0	5	10	15	20	25	30	35	40	45
		I_θ	269	268	267	267	266	264	260	254	247	234
		θ(°)	50	55	60	65	70	75	80	85	90	
		I_θ	214	196	173	139	102	65	31	6.7	0	
	B-B	θ(°)	0	5	10	15	20	25	30	35	40	45
		I_θ	260	258	255	250	243	233	224	208	194	176
		θ(°)	50	55	60	65	70	75	80	85	90	
		I_θ	156	141	120	99	77	54	31	8.8	0	

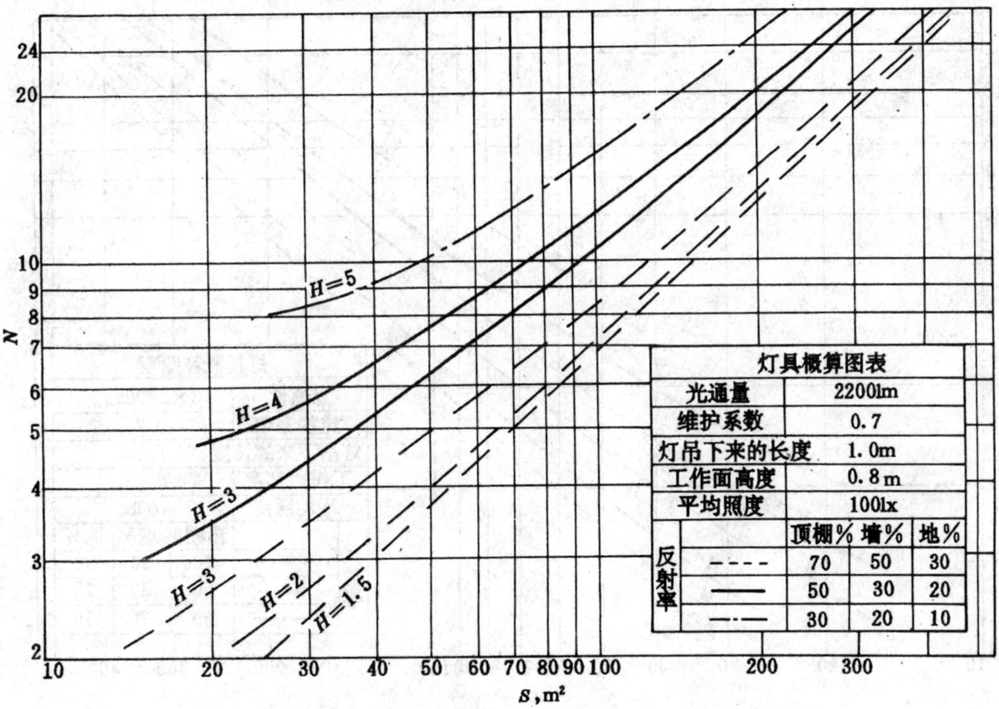

图 35-49　筒式荧光灯 YG2-2，2×40W 概算曲线

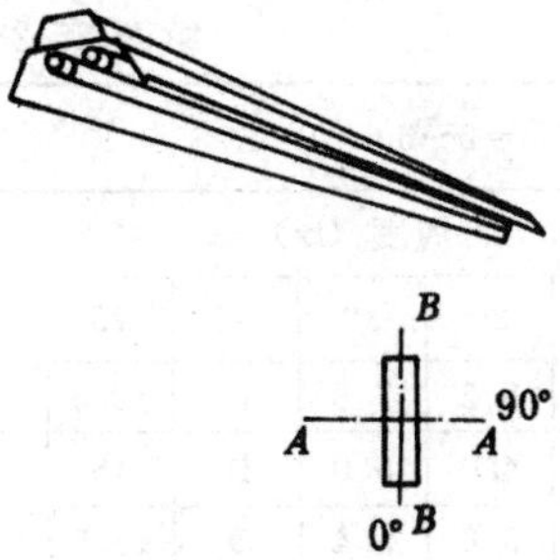

筒式荧光灯 YG2-2

安装灯管	2×40W	灯具质量		7.2kg
保护角	12.5°	规格(mm)	L	1300
灯具效率	97%		b	300
最大允许 L/H	A-A 1.33		h	150
	B-B 1.28			

发光强度值(cd)	A-A	θ (°)	0	5	10	15	20	25	30	35	40	45	50	55	60	65	70	75	80
		I_θ	316	315	314	311	306	303	293	283	270	242	226	193	159	116	78	35	14
		θ (°)	85	90	95	100													
		I_θ	6.7	0.8	0.4	0													
	B-B	θ (°)	0	5	10	15	20	25	30	35	40	45	50	55	60	65	70	75	80
		I_θ	315	314	310	303	295	283	270	255	237	217	197	174	150	123	91	66	38
		θ (°)	85	90	95	100													
		I_θ	14	1.2	0.3	0													

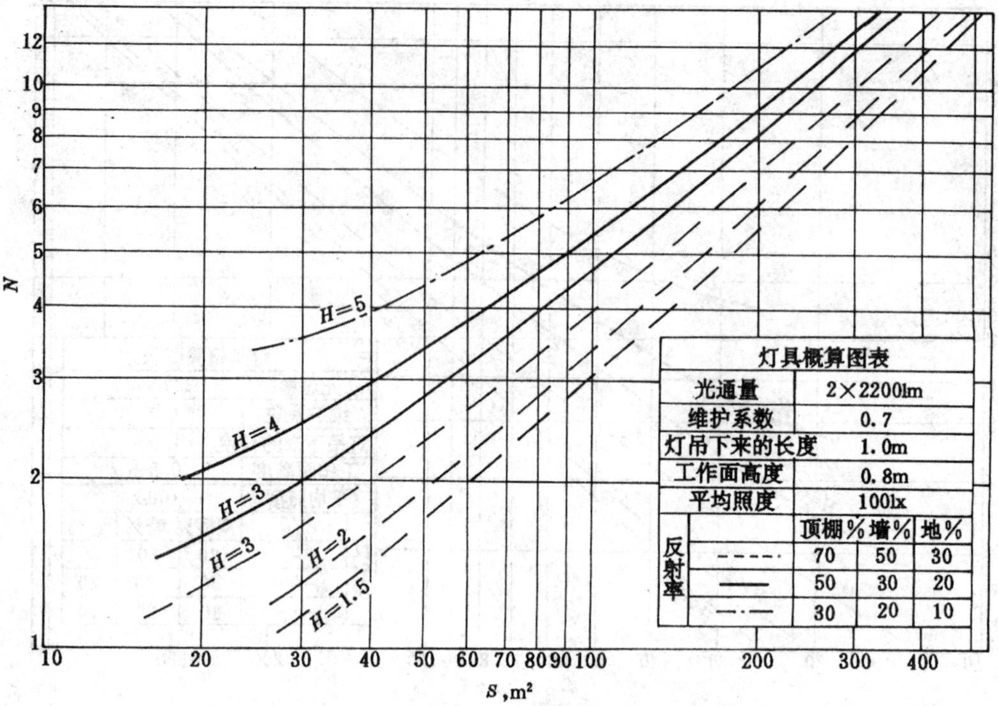

图 35-50 明月罩 DH-22-1/2/3，白炽灯 60W、100W 概算曲线

35.6.2 单位容量计算法

单位容量计算法适用于均匀的一般照明设计计算，一般在生活福利设施及较小型生产车间内反射条件好的房间中，采用此法。

在单位面积上安装功率 N（W）

$$N=\frac{P}{S} \tag{35-8}$$

式中 P——全部灯泡或灯管安装的总功率，W；

S——房间面积，m²。

现将常用照明器单位容量的参考数值列表 35-28～35-42 中。

表 35-28 配照型灯单位容量表

（天棚及墙壁反射条件好）

$H=2\sim3$m

面积 (m²)	照度 (lx)						
	5	10	20	30	50	75	100
10～20	1.8	3.5	7.0	10.5	18	26	35
20～30	1.5	3.0	6.0	9.0	15	22.5	30
30～50	1.3	2.6	5.2	7.8	13	19.5	26
50～120	1.0	2.0	4.0	6.0	10	15	20
120～300	0.9	1.8	3.6	5.4	9	13.5	18
300 以上	0.8	1.6	3.2	4.8	12	12	16

续表 35-28

$H=3\sim4$m

面积 (m²)	照度 (lx)						
	5	10	20	30	50	75	100
10～20	2.5	5.0	10.0	15	25	37.5	50
20～30	1.9	3.8	7.6	11.4	19	28.5	38
30～50	1.6	3.2	6.4	9.6	16	24	32
50～120	1.3	2.6	5.2	7.8	13	19.5	26
120～300	1.1	2.2	4.4	6.6	11	16.5	22
300 以上	1	2	4	6	10	15	20

注：以 GC1-A、B-1，100B 为准计算。

表 35-29 双罩型工厂灯单位容量表

（原万能型，天棚及墙壁反射条件好）

$H=2\sim3m$							
面积（m²）	照度（lx）						
	5	10	20	30	50	75	100
10～20	2.7	5.4	10.8	16.2	27	40.5	54
20～30	2.4	4.8	9.6	14.4	24	36	48
30～50	2.0	4.0	8.0	12	20	30	40
50～120	1.6	3.2	6.4	9.6	16	24	32
120～300	1.4	2.8	5.6	8.4	14	21	28
300 以上	1.1	2.2	4.4	6.6	11	16.5	22
$H=3\sim4m$							
面积（m²）	照度（lx）						
	5	10	20	30	50	75	100
10～20	3.3	6.6	13.2	19.8	33	49.5	66
20～30	2.8	5.6	11.2	16.8	28	42	56
30～50	2.3	4.6	9.2	13.8	23	34.5	46
50～120	1.8	3.6	7.2	10.8	18	27	36
120～300	1.5	3.0	6.0	9.0	15	22.5	30
300 以上	1.4	2.8	5.6	8.4	14	21	28

注：以 GC19-A、B-1，100B 为准计算。

表 35-30 配照型工厂灯单位容量表

（安装高压汞灯，天棚及墙壁反射条件一般）

$H=4m$							
面积（m²）	照度（lx）						
	5	10	20	30	50	75	100
20～30	0.9	1.8	3.6	5.4	9	13.5	18
30～50	0.7	1.4	2.8	4.2	7	10.5	14
50～100	0.5	1.0	2.0	3.0	5	7.5	10
100～200	0.4	0.8	1.6	2.4	4	6.0	8
200～300	0.35	0.7	1.4	2.1	3.5	5.3	7
300	0.33	0.66	1.3	2.0	3.3	5.0	6.6
$H=5m$							
面积（m²）	照度（lx）						
	5	10	20	30	50	75	100
30～50	0.9	1.8	3.6	5.4	9.0	13.5	18

续表 35-30

$H=5m$							
面积（m²）	照度（lx）						
	5	10	20	30	50	75	100
50～100	0.6	1.2	2.4	3.6	6.0	9	12
100～200	0.5	1.0	2.0	3.0	5.0	7.5	10
200～300	0.4	0.8	1.6	2.4	4.0	6	8
300	0.39	0.78	1.56	2.34	3.9	5.9	7.8
$H=6m$							
面积（m²）	照度（lx）						
	5	10	20	30	50	75	100
30～50	1.1	2.2	4.4	6.6	11	16.5	22
50～100	0.8	1.6	3.2	4.8	8	12	16
100～200	0.54	1.1	2.2	3.3	0.54	8.3	11
200～300	0.45	0.9	1.8	2.7	4.5	6.8	9
300	0.43	0.86	1.7	2.6	4.3	6.5	8.6

注：以 GC1-A、B-1，GGY125 为准计算。

表 35-31 深照型工厂灯单位容量表

（天棚及墙壁反射条件一般）

$H=6\sim7m$							
面积（m²）	照度（lx）						
	5	10	20	30	50	75	100
50～100	0.78	1.56	3.1	4.7	7.8	11.7	15.6
100～200	0.54	1.08	2.2	3.2	5.4	8.1	10.8
200～300	0.45	0.9	1.8	2.7	4.5	6.8	9.0
300～500	0.40	0.8	1.6	2.4	4.0	6	8.0
500～700	0.36	0.72	1.44	2.2	3.6	5.4	7.2
700 以上	0.34	0.68	1.36	2.0	3.4	5.1	6.8
$H=8m$							
面积（m²）	照度（lx）						
	5	10	20	30	50	75	100
50～100	0.93	1.86	3.7	5.6	9.3	14	18.6
100～200	0.65	1.3	2.6	3.9	6.5	9.8	13
200～300	0.51	1.02	2.0	3	5.1	7.7	10.2
300～500	0.43	0.86	1.70	2.6	4.3	6.5	8.6
500～700	0.38	0.76	1.5	2.3	3.8	5.7	7.6
700 以上	0.37	0.74	14.8	2.2	3.7	5.6	7.4

续表 35-31

面积 (m²)	照度 (lx)						
H＝10m	5	10	20	30	50	75	100
90～200	0.82	1.64	3.3	4.9	8.2	12.3	16.4
200～300	0.63	1.26	2.5	3.8	6.3	9.5	12.6
300～500	0.51	1.02	2.0	3.0	5.1	7.7	10.2
500～700	0.45	0.9	1.8	2.7	4.5	6.8	9.0
700 以上	0.39	0.78	1.6	2.3	3.9	5.9	7.8

注：以 GC5-A，B-2，GGY250 为准计算。

表 35-32 广照型防水防尘灯单位容量表

（天棚及墙壁反射条件一般）

$H=2\sim3$m

面积 (m²)	照度 (lx)						
	5	10	20	30	50	75	100
10～20	2.4	4.8	9.6	14.4	24	36	48
20～30	1.9	3.8	7.6	11.4	19	28.5	38
30～50	1.7	3.4	6.8	10.2	17	25.5	34
50～100	1.4	2.8	5.6	8.4	14	21	28
100～300	1.1	22	4.4	6.6	11	16.5	22
300 以上	0.9	1.8	3.6	5.4	9	13.5	18

$H=3\sim4$m

面积 (m²)	照度 (lx)						
	5	10	20	30	50	75	100
10～20	3.4	6.8	13.6	20.4	34	51	68
20～30	2.6	5.2	10.4	15.6	26	39	52
30～50	2.2	4.4	8.8	13.2	22	33	44
50～100	1.6	3.2	6.4	9.6	16	24	32
100～300	1.2	2.4	4.8	7.2	12	18	24
300 以上							

$H=4\sim5$m

面积 (m²)	照度 (lx)						
	5	10	20	30	50	75	100
20～30	3.4	6.8	13.6	20.4	34	51	68
30～50	2.6	5.2	10.4	15.6	26	39	52

续表 35-32

$H=4\sim5$m

面积 (m²)	照度 (lx)						
	5	10	20	30	50	75	100
50～100	2.0	4.0	8.0	12	20	30	40
100～300	1.3	2.6	5.2	7.8	13	19.5	26
300 以上							

注：以 GC9-A、B-2 150B 为准计算。

表 35-33 高压水银荧光防爆灯单位容量表

（天棚及墙壁反射条件一般）

$H=3$m

面积 (m²)	照度 (lx)						
	5	10	20	30	50	75	100
10～20	1.7	3.4	6.8	10.2	17	25.5	34
20～30	1.3	2.6	5.2	7.8	13	19.5	26
30～50	1.1	2.2	4.4	6.6	11	16.5	22
50～100	0.8	1.6	3.2	4.8	8	12	16
100～300	0.6	1.2	2.4	3.6	6	9	12
300 以上	0.56	1.1	2.2	3.3	5.6	8.3	11

$H=4$m

面积 (m²)	照度 (lx)						
	5	10	20	30	50	75	100
20～30	1.8	3.6	7.2	10.8	18	27	36
30～50	1.3	2.6	5.2	7.8	13	19.5	26
50～100	1.0	2.0	4.0	6.0	10	15	20
100～300	0.73	1.46	2.9	4.4	7.3	11	14.6
300 以上	0.66	1.3	2.6	3.9	6.6	9.8	13

$H=5$m

面积 (m²)	照度 (lx)						
	5	10	20	30	50	75	100
30～50	1.7	3.4	6.8	10.2	17	25.5	34
50～100	1.3	2.6	5.2	7.8	13	19.5	26
100～300	0.86	1.7	3.4	5.1	8.6	12.8	17
300 以上	0.74	1.48	2.96	4.4	7.4	11	14.8

注：以 GB3C-125G 为准计算。

表 35-34 耐腐蚀高压汞灯单位容量表

（天棚及墙壁反射条件一般）

H =3～4m							
面积 (m²)	照 度 (lx)						
	5	10	20	30	50	75	100
10～20	2.3	4.6	9.2	13.8	23	34.5	46
20～30	1.7	3.4	6.8	10.2	17	25.5	34
30～50	1.3	2.6	5.2	7.8	13	19.5	26
50～100	1.0	2.0	4.0	6.0	10	15	20
100～200	0.8	1.6	3.2	4.8	8.0	12	16
200 以上	0.7	1.4	2.8	4.2	7.0	10.5	14
H =4～5m							
面积 (m²)	照 度 (lx)						
	5	10	20	30	50	75	100
20～30	2.3	4.6	9.2	13.8	23	34.5	46
30～50	1.9	3.8	7.6	11.4	19	28.5	38
50～100	1.3	2.6	5.2	10.8	13	19.5	26
100～200	0.96	2.0	4.0	6.0	9.6	15	20
200 以上	0.94	1.8	3.6	5.4	9.4	13.5	18
H =5～6m							
面积 (m²)	照 度 (lx)						
	5	10	20	30	50	75	100
30～50	2.7	5.4	10.8	16.2	27	40.5	54
50～100	1.7	3.4	6.8	10.2	17	25.5	34
100～200	1.3	2.6	5.2	7.8	13	19.5	26
200 以上							

注：以 GC-125 为准计算。

表 35-35 圆球形工厂灯单位容量表

（天棚及墙壁反射条件一般）

H =2m							
面积 (m²)	照 度 (lx)						
	5	10	20	30	50	75	100
10～20	4.4	8.8	17.6	26.4	44	66	88
20～30	3.5	7.0	14	21	35	52.5	20
30～50	2.8	5.6	11.2	16.8	28	42	56
50～100	2.4	4.8	9.6	14.4	24	36	48

续表 35-35

H =2m							
面积 (m²)	照 度 (lx)						
	5	10	20	30	50	75	100
100～300	1.8	3.6	7.2	10.8	18	27	36
300 以上	1.7	3.4	6.8	10.2	17	25.5	34
H =3m							
面积 (m²)	照 度 (lx)						
	5	10	20	30	50	75	100
10～20	6.4	12.8	25.6	38.4	64	96	128
20～30	5.0	10	20	30	50	75	100
30～50	3.9	7.8	15.6	23.4	39	58.5	78
50～100	3.2	6.4	12.8	19.2	32	48	64
100～300	2.3	4.6	9.2	13.8	33	34.5	4.6
300 以上	2.0	4	8	12	20	30	40
H =4m							
面积 (m²)	照 度 (lx)						
	5	10	20	30	50	75	100
10～20	10	20	40	60	100	150	200
20～30	6.7	13.4	26.8	40.2	67	100.5	134
30～50	5.2	10.4	20.8	31.2	52	78	104
50～100	3.9	7.8	15.6	23.4	39	58.5	78
100～300	2.7	5.4	10.8	16.2	27	40.5	54
300 以上	2.4	4.8	9.6	14.4	24	36	48

注：以 GC17-A、B-2，100B 为准计算。

表 35-36 棱形罩吊灯单位容量表

（天棚及墙壁反射条件一般）

H =2m							
面积 (m²)	照 度 (lx)						
	5	10	20	30	50	75	100
10～20	3	6	12	18	30	45	60
20～30	2.7	5.4	10.8	16.2	27	40.5	54
30～50	2.3	4.6	9.2	13.8	23	34.5	46
50～100	2	4	8	12	20	30	40
100～200	1.7	3.4	6.8	10.2	17	25.5	34
200～300	1.6	3.2	6.4	9.6	16	24	32

续表 35-36

H=3m							
面积 (m²)	照　度 (lx)						
	5	10	20	30	50	75	100
10～20	4.7	9.4	18.8	28.2	47	70.5	94
20～30	3.6	7.2	14.4	21.6	36	54	72
30～50	3.0	6.0	12	18	30	45	60
50～100	2.5	5.0	10	15	25	37.5	50
100～200	2.0	4.0	8.0	12	20	30	40
200～300	1.8	3.6	7.2	10.8	18	27	36

H=4m							
面积 (m²)	照　度 (lx)						
	5	10	20	30	50	75	100
10～20	6.6	13.2	26.4	39.6	66	99	132
20～30	4.8	9.6	19.2	28.8	48	72	96
30～50	3.8	7.6	15.2	22.8	38	57	76
50～100	3.0	6.0	12.0	18.0	30	45	60
100～200	2.4	4.8	9.6	14.4	24	36	48
200～300	2.1	4.2	8.4	12.6	21	31.5	42

注：以 JDD12、100B 为准计算。

表 35-37　筒式无反射罩荧光灯单位容量表

（天棚及墙壁反射条件好）

H=2m							
面积 (m²)	照　度 (lx)						
	30	50	75	100	150	200	300
10～20	2.6	4.4	6.6	8.8	13.2		
20～30	2.2	3.6	5.4	7.2	10.8		
30～50	1.9	3.2	4.7	6.3	9.5	12.6	
50～100	1.6	2.7	4.0	5.3	8.0	10.6	
100～200	1.4	2.3	3.5	4.6	6.9	9.2	
200～300	1.3	2.1	3.2	4.2	6.3	8.4	12.6

H=2.5m							
面积 (m²)	照　度 (lx)						
	30	50	75	100	150	200	300
10～20	3.3	5.5	8.3	11			
20～30	2.6	4.8	6.4	8.5	12.8		

续表 35-37

H=2.5m							
面积 (m²)	照　度 (lx)						
	30	50	75	100	150	200	300
30～50	1.8	3.0	4.4	5.9	8.9	11.8	
50～100	1.7	2.9	4.3	5.8	8.7	11.6	
100～200	1.5	2.5	3.7	4.9	7.4	9.8	
200～300	1.4	2.3	3.4	4.5	6.8	9.0	13.5

H=3m							
面积 (m²)	照　度 (lx)						
	30	50	75	100	150	200	300
10～20	3.7	6.2	9.4	12.4			
20～30	2.9	4.9	7.4	9.8			
30～50	2.4	4.1	6.1	8.1	12.2		
50～100	2.0	3.3	5.0	6.6	9.9	13.2	
100～200	1.7	2.8	4.2	5.5	8.3	11	
200～300	1.5	2.5	3.8	5.0	7.5	10	15

注：以 YG1-1 1×40W 为准计算。

表 35-38　筒式有反射罩荧光灯单位容量表

（天棚及墙壁反射条件好）

H=2.0m							
面积 (m²)	照　度 (lx)						
	30	50	75	100	150	200	300
20～30	1.4	2.3	3.4	4.5	6.8	9.0	13.5
30～50	1.2	2.1	3.1	4.1	6.2	8.2	12.3
50～100	1.1	1.8	2.6	3.5	5.2	7.0	10.5
100～200	1.0	1.6	2.4	3.2	4.8	6.4	9.6
200～300	0.9	1.5	2.3	3.0	4.6	6.0	9.0
300～500	0.9	1.4	2.2	2.9	4.4	5.8	8.7

H=2.5m							
面积 (m²)	照　度 (lx)						
	30	50	75	100	150	200	300
20～30	1.5	2.5	3.8	5.0	7.6	10.0	
30～50	1.3	2.2	3.3	4.4	6.6	8.8	13.2
50～100	1.1	1.9	2.9	3.8	5.8	7.6	11.4
100～200	1.0	1.7	2.6	3.4	5.2	6.8	10.2
200～300	1.0	1.6	2.4	3.2	4.8	6.4	9.6
300～500	0.9	1.5	2.3	3.1	4.6	6.2	9.3

续表 35-38

H =3m

面积 (m²)	照　度（lx）						
	30	50	75	100	150	200	300
20～30	1.7	2.8	4.2	5.6	8.4	11.2	
30～50	1.4	2.4	3.6	4.8	7.2	9.6	
50～100	1.2	2.0	3.0	4.0	6.0	8.0	12.0
100～200	1.1	1.8	2.7	3.6	5.4	7.2	10.8
200～300	1.0	1.7	2.6	3.4	5.2	6.8	10.2
300～500	0.9	1.6	2.4	3.2	4.8	6.4	9.6

注：以 YG2-1 1×40W 为准计算。

表 35-39　筒式有反射罩荧光灯单位容量表

（天棚及墙壁反射条件好）

H =2m

面积 (m²)	照　度（lx）						
	30	50	75	100	150	200	300
20～30	1.7	2.8	4.2	5.6	8.4	11.2	16.8
30～50	1.6	2.6	3.9	5.2	7.8	10.4	15.6
50～100	1.4	2.3	3.5	4.6	6.9	9.2	13.8
100～200	1.3	2.1	3.2	4.2	6.3	8.4	12.6
200～300	1.2	2.0	3.0	4.0	6.0	8.0	12
300～500	1.1	1.8	2.7	3.6	5.6	7.6	11.2

H =2.5m

面积 (m²)	照　度（lx）						
	30	50	75	100	150	200	300
20～30	1.9	3.2	4.8	6.4	9.6	12.8	19.2
30～50	1.6	2.7	4.1	5.4	8.1	10.8	16.2
50～100	1.5	2.5	3.8	5.0	7.5	10	15
100～200	1.3	2.2	3.3	4.4	6.6	8.8	13.2
200～300	1.23	2.1	3.1	4.1	6.2	8.2	12.3
300～500	1.11	1.9	2.8	3.7	5.6	7.4	11.1

H =3m

面积 (m²)	照　度（lx）						
	30	50	75	100	150	200	300
20～30	2.5	4.2	6.2	8.3	12.5	16.6	24.9
30～50	1.9	3.2	4.7	6.3	9.5	12.6	18.9
50～100	1.6	2.7	4.0	5.3	8.0	10.6	15.9

续表 35-39

H =3m

面积 (m²)	照　度（lx）						
	30	50	75	100	150	200	300
100～200	1.4	2.3	3.5	4.6	6.9	9.2	13.8
200～300	1.3	2.2	3.2	4.3	6.5	8.6	12.9
300～500	1.2	2.0	2.9	3.9	4.9	5.8	9.7

注：以 YG2-2、2×40W 为准计算。

表 35-40　嵌入式荧光灯单位容量表

（带铝格栅天棚及墙壁反射条件好）

H =2m

面积 (m²)	照　度（lx）						
	30	50	75	100	150	200	300
20～30	1.6	2.6	3.9	5.3	7.9	10.6	15.9
30～50	2.3	2.4	3.6	4.8	7.2	9.6	14.4
50～100	1.3	2.1	3.4	4.3	6.9	8.6	12.9
100～200	1.2	1.9	2.8	3.8	5.7	7.6	11.4
200～300	1.1	1.8	2.8	3.7	5.6	7.4	11.1
300～500	1.1	1.8	2.7	3.6	5.4	7.2	10.8

H =3m

面积 (m²)	照　度（lx）						
	30	50	75	100	150	200	300
20～30	1.9	3.2	4.8	6.4	9.6	12.8	19.2
30～50	1.7	2.8	4.3	5.8	8.7	11.6	17.4
50～100	1.5	2.5	3.7	5.0	7.5	10.0	15.0
100～200	1.3	2.1	3.2	4.3	6.4	8.6	12.9
200～300	1.2	2.0	3.0	4.1	6.1	8.2	12.3
300～500	1.1	1.8	2.8	3.7	5.6	7.4	11.1

H =4m

面积 (m²)	照　度（lx）						
	30	50	75	100	150	200	300
20～30	2.6	4.4	6.4	8.5	12.8	17.0	
30～50	2.0	3.4	5.1	6.8	10.2	13.6	
50～100	1.7	2.8	4.3	5.7	8.6	11.4	17.1
100～200	1.4	2.4	3.6	4.8	7.2	9.6	14.4
200～300	1.3	2.2	3.4	4.5	6.8	9.0	13.5
300～500	1.2	2.1	3.1	4.2	6.3	8.4	12.6

注：以 YG15-2、2×40W 为准计算。

表 35-41 嵌人式荧光灯单位容量表
（带塑料格栅、天棚及墙壁反射条件好）

$H=2m$

面积 (m^2)	照度 (lx)						
	30	50	75	100	150	200	300
20～30	2.1	3.5	5.3	7.0	10.5	14.0	21.0
30～50	1.9	3.2	4.8	6.4	9.5	12.8	19.0
50～100	1.7	2.9	4.3	5.8	8.5	11.6	17.0
100～200	1.6	2.7	4.0	5.4	8.0	10.8	16.0
200～300	1.5	2.6	3.8	5.1	7.5	10.2	15.0
300～500	1.5	2.5	3.7	4.9	7.5	9.8	15.0

$H=3m$

面积 (m^2)	照度 (lx)						
	30	50	75	100	150	200	300
20～30	2.6	4.3	6.5	8.6	13.0	16.3	26.0
30～50	2.3	3.9	5.8	9.7	11.5	15.4	23.0
50～100	2.0	3.3	5.0	6.5	10.0	13.0	20.0
100～200	1.7	2.9	4.3	5.8	8.5	11.6	17.0
200～300	1.7	2.8	4.2	5.6	8.5	11.2	17.0
300～500	1.6	2.7	4.0	5.3	8.0	10.6	16.0

$H=4m$

面积 (m^2)	照度 (lx)						
	30	50	75	100	150	200	300
20～30	3.2	5.4	8.0	10.8	16.0	21.6	32.0
30～50	2.7	4.4	6.8	8.9	13.5	17.8	27.0
50～100	2.3	3.8	5.8	7.5	11.5	15.0	23.0
100～200	2.0	3.3	5.0	6.5	10.0	13.0	20.0
200～300	1.8	3.0	4.5	6.0	9.0	12.0	18.0
300～500	1.7	2.8	4.3	5.6	8.5	11.2	17.0

注：以 YG15-3、3×40W 为准计算。

表 35-42 嵌人式格栅荧光灯单位容量表
（带凸式塑料格栅、天棚及墙壁反射条件好）

$H=2m$

面积 (m^2)	照度 (lx)						
	30	50	75	100	150	200	300
20～30	2	3.3	5.0	6.7	10.0	13.4	20.0
30～50	1.9	3.1	4.8	6.2	9.5	12.4	19.0
50～100	1.7	2.8	4.3	5.6	8.5	11.2	17.0
100～200	1.6	2.7	4.0	5.3	8.0	10.6	16.0
200～300	1.5	2.5	3.8	5.0	7.5	10.0	15.0
300～500	1.4	2.4	3.5	4.8	7.0	9.6	14.0

$H=3m$

面积 (m^2)	照度 (lx)						
	30	50	75	100	150	200	300
20～30	2.6	4.3	6.5	8.5	13.0	17.0	26.0
30～50	2.2	3.4	5.5	7.4	11.0	14.8	22.0
50～100	1.9	3.2	4.8	6.3	9.5	12.6	19.0
100～200	1.7	2.8	4.3	5.7	8.5	11.4	17.0
200～300	1.6	2.7	4.0	5.4	8.0	10.8	16.0
300～500	1.5	2.6	3.8	5.2	7.5	10.4	15.0

$H=4m$

面积 (m^2)	照度 (lx)						
	30	50	75	100	150	200	300
20～30	3.1	5.2	5.2	10.4	15.5	20.8	31.0
30～50	2.7	4.4	4.5	8.9	13.5	17.8	27.0
50～100	2.1	3.5	3.5	7.0	10.5	14.0	21.0
100～200	1.9	3.2	3.2	6.3	9.5	12.6	19.0
200～300	1.7	2.9	2.9	5.8	8.5	8.5	11.6
300～500	1.6	2.8	2.8	5.5	8.0	11.0	16.0

注：以 YG701-3、3×40W 为准计算。

35.6.3 点光源逐点计算法

在逐点计算法中，有平方反比法、空间等照度曲线法、方位系数法和图表法，这种计算办法主要考虑直射光的作用，而不计入反射光的作用。当车间内采用多盏灯具时，计算点的照度应为各灯具对该点产生照度的总和。现对平方反比法和空间等照度曲线法分述如下：

35.6.3.1 用平方反比法计算点光源的照度

平方反比法仅适用于点光源。只有当光源尺寸与光源到计算点之间的距离相差很多时，才允许把非点光源看作点光源进行计算。

平方反比定律即在离开光源为 D 的某一点的照度 E (lx)，等于光源在该点方向的光强 I (cd) 除以光源与测量点之间距离 D 的平方，用公式表示为

$$E = \frac{I}{D^2}$$

平方反比定律只适用于同入射光垂直平面。当被照平面与光强发光方向不垂直时，该平面上的照度即等于垂直于光强方向平面上的照度乘以光强与被照面法线交角的余弦。据此，可导出水平面 A 点照度公式（见图 35-51a）

当 $\beta=\theta$ 时

$$E_h = \frac{I_\theta}{D^2}\cos\beta = \frac{I_\theta}{D^2}\cos\theta \qquad (35\text{-}9)$$

垂直面 A 点照度公式（见图 35-51b）

当 $\cos\beta=\sin\theta$ 时

$$E_v = \frac{I_\theta}{D^2}\cos\beta = \frac{I_\theta}{D^2}\sin\theta = E_h \mathrm{tg}\theta \qquad (35\text{-}10)$$

为了计算方便，常用灯的悬挂高度 H 来表达，则水平面 A 点照度公式变成下面形式

$$E_h = \frac{I_\theta \cos^3\theta}{H^2} \qquad (35\text{-}11)$$

考虑系数和光通量折算关系，水平照度计算公式又可写成下列实用计算公式

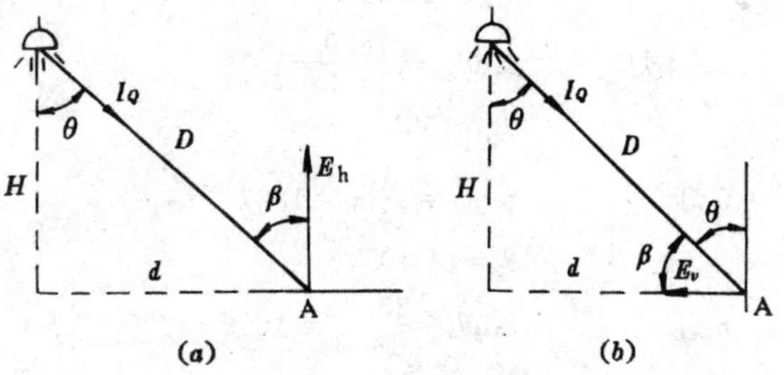

图 35-51 计算水平面与垂直面照度的基本关系

(a) —水平；(b) —垂直

$$E_h = \frac{K\Phi I_\theta \cos^3\theta}{1000h^2} \qquad (35\text{-}12)$$

式中 E_h——计算点水平照度，lx；

Φ——每个灯具中光源的总光通量 lm；

I_θ——当光源光通量为 1000lm 时，灯具在 θ 方向的光强，cd；

h——灯具的计算高度，m；

K——照度维护系数，见表 35-25。

例 某厂房跨距为 21m，厂房灯具悬挂高度为 15m，要求照度为 50lx，布灯方案如图 35-52 所示。

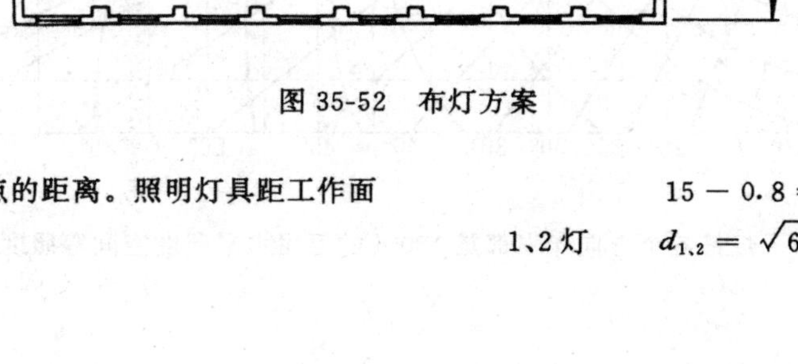

图 35-52 布灯方案

解 求各灯距验算点的距离。照明灯具距工作面距离为

$$15 - 0.8 = 14.2\text{m}$$

1、2 灯 $\quad d_{1,2} = \sqrt{6^2 + 3.2^2} = 6.8\text{m}$

3、4 灯 $d_{3、4}=\sqrt{6^2+15.8^2}=16.9\text{m}$

5 灯 $d_5=\sqrt{18^2+3.2^2}=18.3\text{m}$

6 灯 $d_6=\sqrt{18^2+15.8^2}=23.95\text{m}$

求各灯 θ 角

1、2 灯 $\tan\theta_{1、2}=\dfrac{6.8}{14.2}=0.4789$

$\theta_{1、2}=25°35'$

3、4 灯 $\tan\theta_{3、4}=\dfrac{16.9}{14.2}=1.19$

$\theta_{3、4}=50°$

5 灯 $\tan\theta_5=\dfrac{18}{14.2}=1.27$

$\theta_5=51°40'$

6 灯 $\tan\theta_6=\dfrac{23.95}{14.2}=1.69$

$\theta_6=59°20'$

本设计选用 GCLW3-GY400-0.8 型号灯具查表 35-17，各灯具的光强值为

$I_{\theta_{1、2}}=500\text{cd}$

$I_{\theta_{3、4}}=20\text{cd}$

$I_{\theta_5}=13\text{cd}$

$I_{\theta_6}=0\text{cd}$

求各灯具的计算照度：

1、2 灯 $E_{1、2}=\dfrac{\Phi I_\theta\cos^3\theta_{1、2}}{1.5\times1000h^2}\times2$

$=\dfrac{20000\times500\times\cos^3 25°35'}{1.5\times1000\times14.2^2}\times2$

$=48.7\text{lx}$

3、4 灯 $E_{3、4}=\dfrac{20000\times20\times\cos^3 50°}{1.5\times1000\times14.2}\times2$

$=0.71\text{lx}$

5 灯 $E_5=\dfrac{20000\times13\times\cos^3 51°40'}{1.5\times1000\times14.2^2}$

$=0.21$

$\Sigma E=E_{1、2}+E_{3、4}+E_5$

$=48.7+0.71+0.21=49.62\text{lx}$

考虑选用方案的方便，取 50lx。

为了应用方便，现将各种方案计算结果表示在图 35-20 及表 35-24 中。

35.6.3.2 用空间等照度曲线计算点光源在水平面上的照度

在布灯方案初步确定之后，为验算照度值是否满足要求或计算出应该选用的光源灯泡瓦数时，可以采用空间等照度曲线计算点光源在水平面上的照度的办法。其计算条件是先确定布灯方案，并在已知灯的计算高度 h 和计算点到灯具轴线的水平距离 d 后，利用空间等照度曲线可查出该点的照度值 e，如果多个照明器投射到同一被照点上，应分别查出每个灯的照度值 e，然后求和 Σe，按公式 35-13 计算出实际照度。

$$E_h=\frac{\Phi\Sigma eK}{1000} \tag{35-13}$$

式中 E_h——计算点上的水平照度，lx；

Φ——光源的总光通量，lm；

Σe——各灯对计算点的水平照度之和，lx；

K——照度维护系数（见表 35-25）。

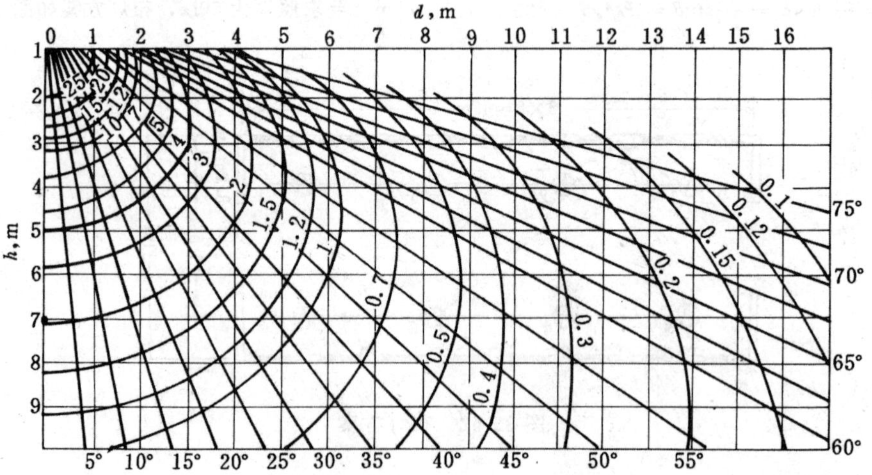

图 35-53 灯具各个方向光强都是 100cd 的万用水平照度空间等照度曲线

如果没有取得灯具空间等照度曲线，也可借助于各方向光强都是100cd的万用空间等照度曲线（见图35-53）算出各点的照度。在该图上查出假想照度 e_{100}，在所选灯具配光曲线上查出 θ 方向上光强 I_θ，并用式35-14求出该点的水平照度，此法极为方便。

$$e = e_{100}\frac{I_\theta}{100} \qquad (35\text{-}14)$$

例 两只GC5-$\frac{A}{B}$-3型灯具布置如图35-54所示，

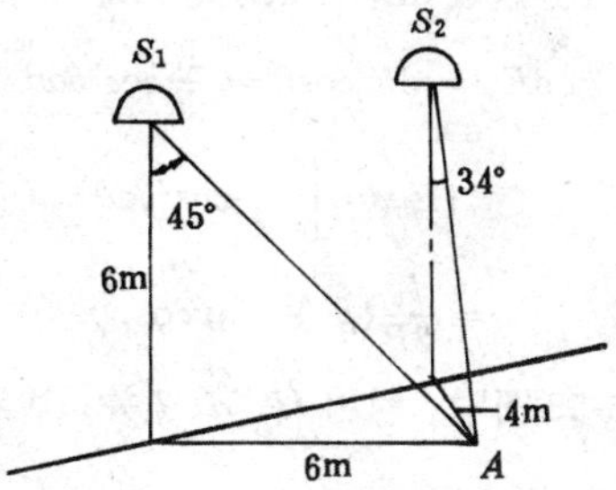

图 35-54 空间等照度曲线计算应用举例

光源为250W荧光高压汞灯，光通 Φ=10500lm；K=0.7，试利用空间等照度曲线（参见图35-27）求A点直射水平照度。

解 由图35-27中查出 e 值

当 h=6m，d=6m时，e_1=1.7

h=6m，d=4m时，e_2=2.7

Σe=1.7+2.7=4.4

按式35-11得

$$E = \frac{10500\times4.4\times0.7}{1000} = 32.34\text{lx}$$

35.6.3.3 *点光源在斜面上的照度计算*

在实际工作中，往往需要计算倾斜面的照度，可先计算被照点水平面照度，再乘以系数 ψ 得出该点倾斜面的照度。

$$E_i = \frac{\psi\Phi\Sigma eK}{1000} = \psi E_h \qquad (35\text{-}15)$$

式中 ψ——倾斜照度换算系数，可通过图表曲线查出（见图35-55）。

当倾斜面位于图35-56有划线范围内时应查虚线表示的直线族。d_m 为光源在水平面投影点距水平面与交线的距离；H_m 为光源到水平面距离。

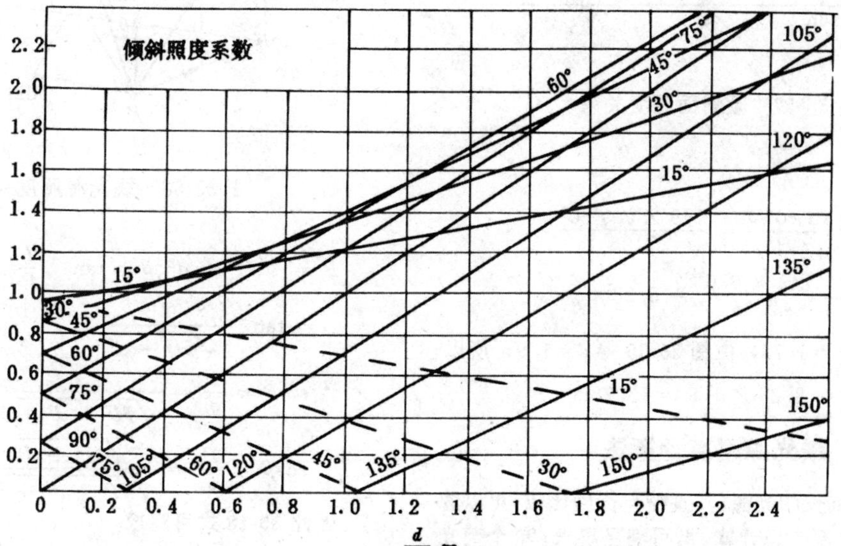

图 35-55 倾斜照度换算系数曲线

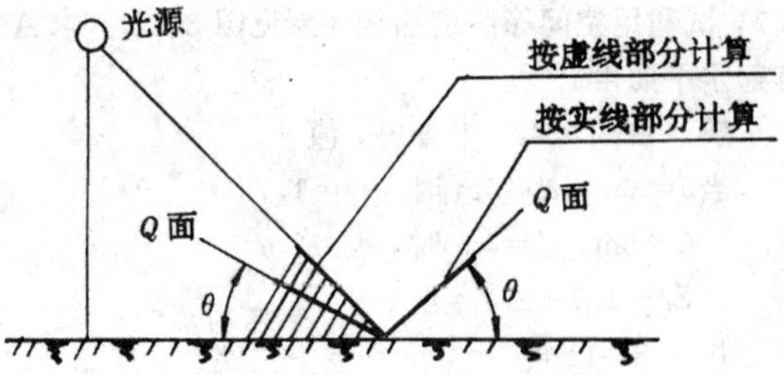

图 35-56 倾斜面各种位置与 θ 角的关系

例 图 35-57 中，在 S 处装一支 GC1-A、B-1 型配照工厂灯，光源为 150W 白炽灯，灯具光轴垂直水平面，在 $\theta=60°$ 方向的光强为 149cd，A 点有一控制台，其倾斜面 B 为 45°倾角，求照射在该斜面上 A 点的照度。

解：根据式 35-11，A 点的水平照度为

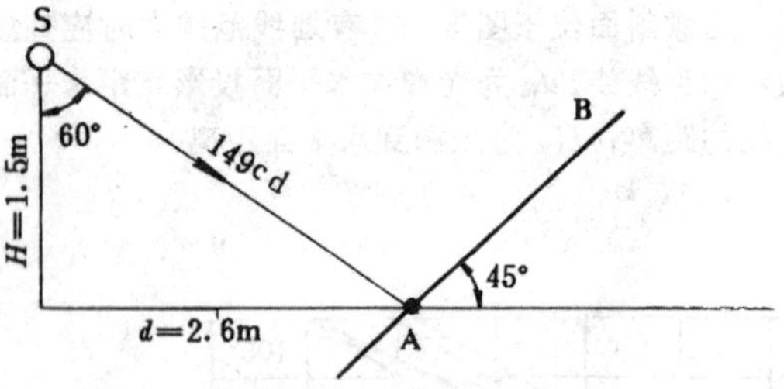

图 35-57 倾斜面照度关系

$$E_h=\frac{I_\theta\cos^3\theta}{H^2}=\frac{149\times\cos^3 60°}{2.25}$$

$$=\frac{149\times0.5^3}{2.25}=8.28\text{lx}$$

又 $\frac{d}{H}=\frac{2.6}{1.5}=1.73$，由图 35-55 得 $\psi=1.9$，所以

$$E_i=8.28\times1.9=15.73\text{lx}$$

35.6.4 线光源逐点计算法

荧光灯是细长的光源，其直径与长度比较，可以忽略不计，按线光源考虑计算，即可满足要求。单个荧光灯也可以视为线光源。如图 35-58 所示，直径为 D (m)，长度为 l (m)，亮度为 L (cd/m²)。由于 l 与 D 相比 D 值很小，现在取荧光灯管极小一段长度为 dl，在 P 点法线照度为

$$dE_0=\frac{dI_\theta}{r^2}=\frac{I_0\cos\theta dl}{r^2}$$

$$=\frac{I_0\cos\theta P\frac{d\theta}{\cos^2\theta}}{\frac{P^2}{\cos^2\theta}}=\frac{I_0}{P}\cos\theta d\theta \tag{35-16}$$

将 dE_0 分解成 dE_n 和 dE_y 则 dE_n 可写成

$$dE_n=dE_0\cos\theta=\frac{I_0}{P}\cos^2\theta d\theta \tag{35-17}$$

$$\therefore E_n=\int_0^\beta\frac{I_0}{P}\cos^2\theta d\theta$$

$$=\frac{I_0}{2P}(\beta+\sin\beta\cos\beta) \tag{35-18}$$

从 35-58 图中，利用 H、d、l 关系表示 E_n，由于

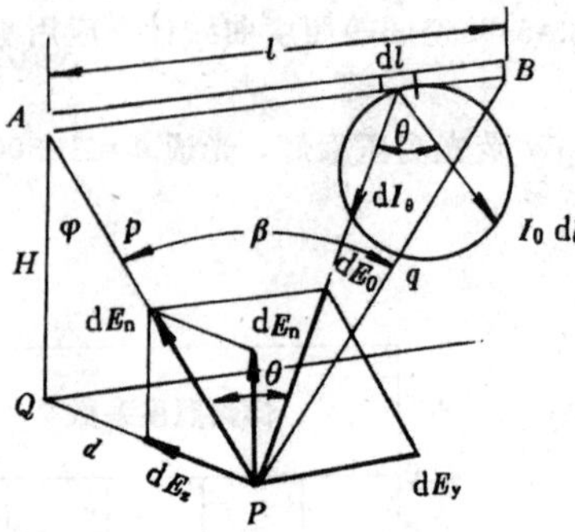

图 35-58 线光源照度关系

$$P=\sqrt{H^2+d^2}、\beta=\tan^{-1}\frac{l}{P}$$

$$=\tan^{-1}\frac{l}{\sqrt{H^2+d^2}}$$

$$\therefore \sin\beta=\frac{l}{q}=\frac{l}{\sqrt{H^2+d^2+l^2}}$$

$$\cos\beta=\frac{P}{q}=\frac{\sqrt{H^2+d^2}}{\sqrt{H^2+d^2+l^2}}$$

因此 35-18 式可写成

$$E_n=\frac{I_0}{2}\left[\frac{l}{H^2+d^2+l^2}+\frac{1}{\sqrt{H^2+d^2}}\tan^{-1}\frac{l}{\sqrt{H^2+d^2}}\right] \tag{35-19}$$

水平照度和垂直照度又可以分别写成：

$$E_{\mathrm{n}}=E_{n}\cos\varphi=\frac{I_0}{2}\frac{H}{\sqrt{H^2+d^2}}\left[\frac{l}{H^2+d^2+l^2}+\frac{1}{\sqrt{H^2+d^2}}\tan^{-1}\frac{l}{\sqrt{H^2+d^2}}\right] \tag{35-20}$$

$$E_{\mathrm{v}}=E_{\mathrm{n}}\sin\varphi=\frac{I_0}{2}\frac{d}{\sqrt{H^2+d^2}}\left[\frac{l}{H^2+d^2+l^2}+\frac{1}{\sqrt{H^2+d^2}}\tan^{-1}\frac{l}{\sqrt{H^2+d^2}}\right] \tag{35-21}$$

例　今有一电子计算机房，长为 13m，宽为 6m，高为 4m，采用 YG701-3 荧光灯嵌入顶棚布置成两条光带，如图 35-59 示，要求照度为 200lx，试计算 0.8m 高处 A 点的直射水平照度是否满足所要求的照度值。

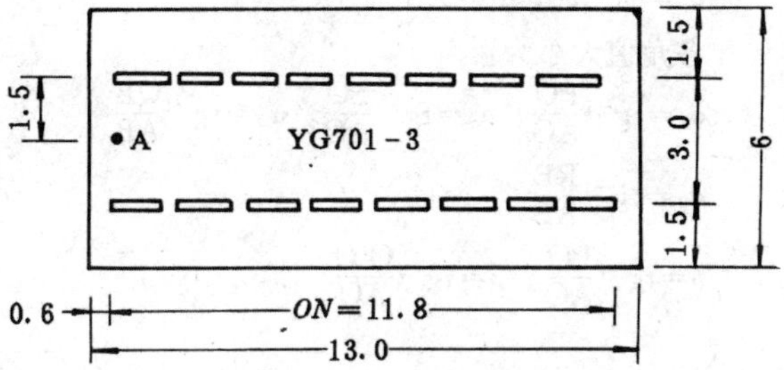

图 35-59　荧光灯嵌入顶棚布置

解　(1) 首先求 P 及 β 角

$$P=\sqrt{H^2+d^2}=\sqrt{3.2^2+1.5^2}=3.53\mathrm{m}$$

$$\beta=\tan^{-1}\frac{ON}{\sqrt{H^2+P^2}}=\tan^{-1}\frac{11.8}{3.53}=73.3°$$

(2) 求 I_0

$$I_0=\frac{3\times2400}{1.3\pi^2}=561.73\mathrm{cd/m}$$

(3) 代入式 35-18

$$E_{\mathrm{n}}=\frac{I_0}{2P}(\beta+\sin\beta\cos\beta)=\frac{561.73}{2\times3.53}(73.3°+\sin73.3°\cos73.3°)=79.57\times(1.279+0.275)=79.57\times1.554=123.64\mathrm{lx}$$

(4) 水平照度为

$$E_{\mathrm{h}}=E_{\mathrm{n}}\cos\varphi=123.64\times\frac{3.2}{\sqrt{3.2^2+1.5^2}}=112.1\mathrm{lx}$$

(5) 两排荧光灯对 A 点照度为

$$E_{\mathrm{A}}=2E_{\mathrm{n}}=2\times112.1=224.2\mathrm{lx}$$

计算照度与设计要求照度近似，满足设计要求。

35.6.5　投光照明的照度计算

在广场、堆场等需大面积照明或在照度要求高的室外运动场地等地点一般采用投光灯来解决场地的照明问题。由于过去的设计资料是以白炽灯为主进行布灯计算，而这种光源，不论对节能或提高场地照度，均不能满足要求。因此这里推荐采用以高压汞灯、高压钠灯和金属卤化物灯为主的光源，作为设计对象，并建议在今后大面积的外部照明设计中，不采用白炽灯的投光灯照明。

投光灯照明的照度计算方法有多种，现着重介绍有效光通量法进行计算。

投光灯所发出的所有光线中，光强值大于最大光强值 10%的这部分光束所包含的光通量称为有效光通量，以 Φ_{a} 表示。小于 10%的光强值，因光束较弱，计算时可以不计。有效光通量计算法的特点是以合理的利用有效光通量考虑布灯及计算照度。

35.6.5.1　估算投光灯数量

当场地面积的大小，需要照度和灯具的光技术参数已知时，可按下式估算需要的投光灯数量。

$$N=\frac{E_{\mathrm{av}}S}{\Phi\eta\mu K} \tag{35-22}$$

式中　E_{av}——被照面上所需要的水平照度，lx；

S——场地面积，m^2；

Φ——每一盏照明器中光源的光通量，lm；

K——照度维护系数（见表 35-24）；

η——投光灯灯具有效效率（灯具制造厂提供）；

μ——投光灯有效光通量利用系数，可由下式求得，并要求 μ 值在 90% 以上。

$$\mu=\frac{\Phi_S}{\Phi_a} \tag{35-23}$$

式中 Φ_S——投光灯照射到指定受照面上的光通量 lm，即图 35-61 中被虚线所包围的面积内的光通量；

Φ_a——投光灯有效光通量 lm（灯具制造厂提供）。

35.6.5.2 投光灯的布灯

投光灯光束的光强分布，可参见图 35-61，纵轴表示垂直角 θ，横轴表示横向角 α，投光灯的光轴经过原点 O，图分左右两部分，由于投光灯的配光是对称的，光强和光通量分别用一半表示即可。图中左边表示光强曲线，右边表示各单元区域内的光通量数值。

已知按公式 35-22 计算灯数是在预选拟用光源和灯具型号的基础上进行的，因此光度数据图也随着被确定下来（尽管只是初选，不一定满足设计要求）。按计算公式估算出投光灯数量之后，应按下列顺序进行：

(1) 根据灯数，场地形状确定杆位。并划分每盏投光灯的大致照明范围。

(2) 根据所采用的投光灯型号、光源、瓦数和场地的长、宽距离，初步确定杆高。

(3) 根据图 35-60，计算受照面上横向角 α_1 和 α_2，垂直角 θ，并把它们与选定的投光灯光度数据图上 α、θ 角值进行比较，使有效光通量利用系数在 90% 以上。这时说明选择的杆位，杆高及灯型是合理的。

角度计算参照图 35-60，并按下面办法进行。

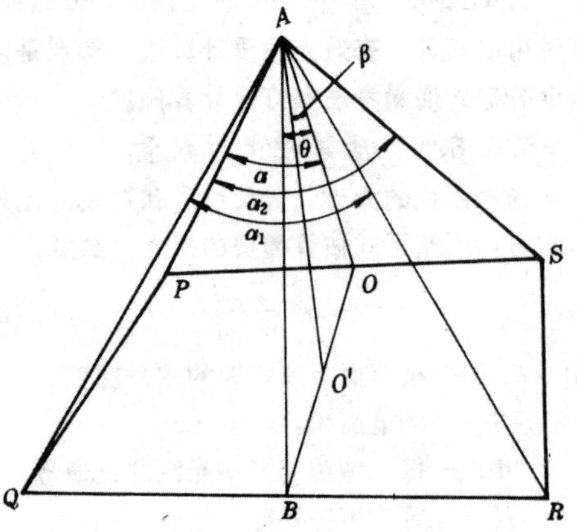

图 35-60 投光灯在受照面上的角度关系

OA$=H$，为投光灯杆高，O 为杆位，O′A 为光轴，$\angle OAD'=\beta$ 为投光灯仰角，图中直角三角形有：

$\angle AOB$、$\angle AOP$、$\angle AOS$、$\angle QBA$ 及 $\angle RBA$ 等，其纵向角为 θ，即 $\angle OAB=\theta$，$\angle OAO'=\beta$，AO′为投光灯光轴，因此：

θ-β 为等光强曲线 O 点上部坐标角；

β 角为等光强曲线 O 点下部坐标角为仰角。

横向角为 α 有：

$\angle OAP=\alpha_P$、$\angle OAS=\alpha_S$、$\alpha_P=\alpha_S$、$\angle BAQ=\alpha_Q$、$\angle BAR=\alpha_R$、$\alpha_Q=\alpha_R$。

横向角范围为：

$\alpha_1=\alpha_Q+\alpha_R$，$\alpha_2=\alpha_P+\alpha_S$。

各角值大小为：

$\alpha_P=\mathrm{tg}^{-1}\dfrac{PO}{AO}$、$\alpha_S=\mathrm{tg}^{-1}\dfrac{SO}{AO}$、$\alpha_Q=\mathrm{tg}^{-1}\dfrac{QB}{AB}$

$\alpha_R=\mathrm{tg}^{-1}\dfrac{RB}{AB}$

$\theta=\mathrm{tg}^{-1}\dfrac{BO}{AO}$、$\beta=\mathrm{tg}^{-1}\dfrac{O'O}{AO}$

由上面公式计算出照射面上横向角及纵向角的范围，再根据初步确定的杆高及场地被照范围，能算出 PQRS 各有关点的角度 α_P、α_S、α_Q 和 α_R 值。以这些角度值制成的投光灯受照范围，再与选用的投光灯光强曲线相比较，如果近似表示光通量基本被利用，杆高合理。如果二者相差较大，可修正安装高度，重复以上的计算。如果改变高度仍不能满足要求（杆太高或过低），就应选择其它扩散角的投光灯即改变投光灯的型号。

上面为一个受照面由单灯照射，在多灯照明场合，可画出单灯投照的受照面，再按上述方法计算。

35.6.5.3 安装仰角的确定

将受照面按其对于投光灯位置 A 点和图 35-61 光度数据图 O 点相重合，在图上可以画出 P′Q′R′S′和 O′。

将 P′Q′R′S′O′五点向下平移，使它们尽可能与投光灯有效光通区域接近，即为 PQRSO。

平移前后杆位的垂直角度差值，就是投光灯应取的安装仰角 β，即：$\beta=\theta_0-\theta_0'$。

各种投光灯光束的光强分布图见图 35-61 至图 35-66。

例 有一场地长 18m，宽 16m，要求照度为 50lx，求选用灯数、型号和瓦数。

外形尺寸 (mm)	φ—380 l—390 h—570	光强曲线	光源数据		光度数据	
TG7 -GY400 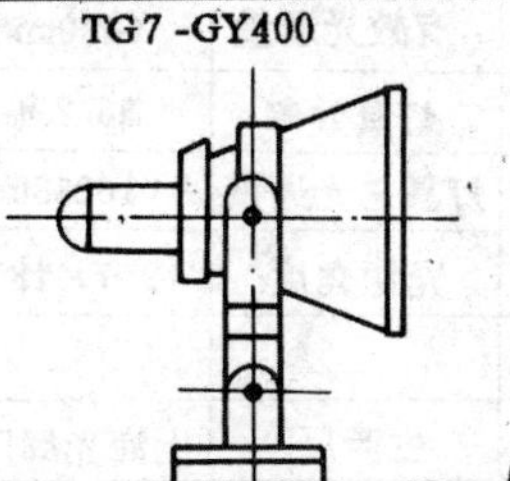 12kg		×1000cd 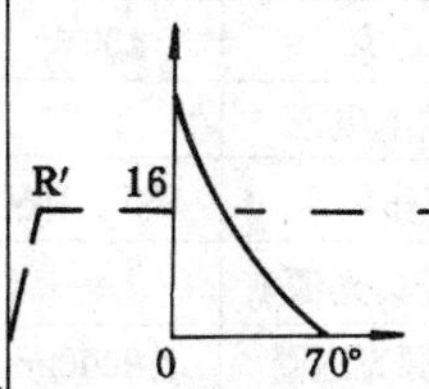	型号	GG Y-400	有效光通量	8892lm
			功率	400W	灯具效率	52.3%
			供电电压	220V	灯具总光通量	10456lm
			工作电压	135±15V	光束角度	98°H×98°V
			每灯具光源数	1		
			光源光通量	20000lm	生产厂	上海光辉厂

等光强曲线(以1000cd为单位)

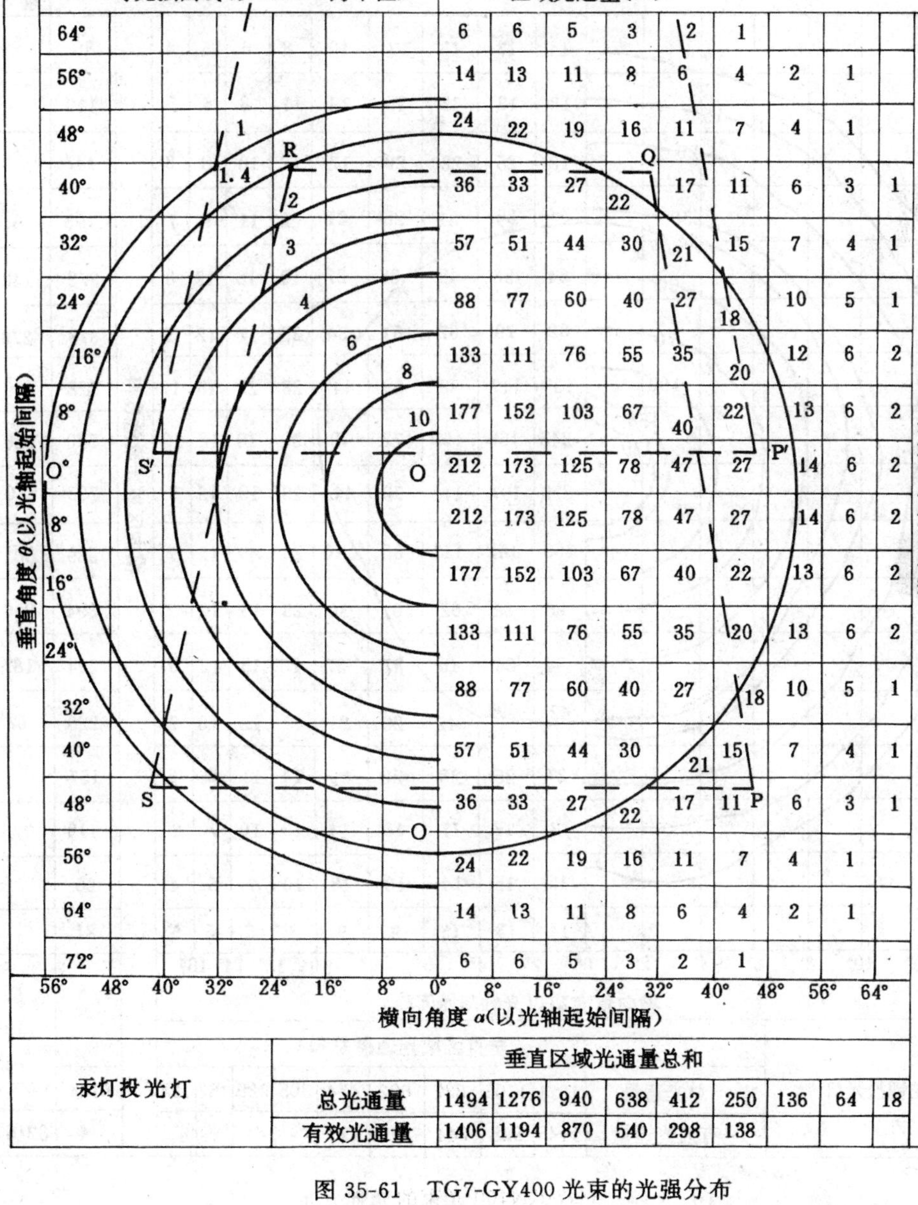

区域光通量(lm)

垂直角度θ	0°–8°	8°–16°	16°–24°	24°–32°	32°–40°	40°–48°	48°–56°	56°–64°	64°–	横向区域光通量总和：总光通量	有效光通量
64°	6	6	5	3	2	1				23	
56°	14	13	11	8	6	4	2	1		59	
48°	24	22	19	16	11	7	4	1		104	
40°	36	33	27	22	17	11	6	3	1	156	96
32°	57	51	44	30	21	15	7	4	1	230	182
24°	88	77	60	40	27	18	10	5	1	326	292
16°	133	111	76	55	35	20	12	6	2	450	430
8°	177	152	103	67	40	22	13	6	2	582	561
0°	212	173	125	78	47	27	14	6	2	684	662
8°	212	173	125	78	47	27	14	6	2	684	662
16°	177	152	103	67	40	22	13	6	2	582	561
24°	133	111	76	55	35	20	13	6	2	450	430
32°	88	77	60	40	27	18	10	5	1	326	292
40°	57	51	44	30	21	15	7	4	1	230	182
48°	36	33	27	22	17	11	6	3	1	156	96
56°	24	22	19	16	11	7	4	1		104	
64°	14	13	11	8	6	4	2	1		59	
72°	6	6	5	3	2	1				23	

横向角度α(以光轴起始间隔)：56° 48° 40° 32° 24° 16° 8° 0° 8° 16° 24° 32° 40° 48° 56° 64°

汞灯投光灯	垂直区域光通量总和										
	总光通量	1494	1276	940	638	412	250	136	64	18	10456
	有效光通量	1406	1194	870	540	298	138				8892

图 35-61　TG7-GY400 光束的光强分布

外形尺寸 (mm)	ϕ—380 l—390 h—570	光强曲线	光源数据		光度数据	
TG7—KN400		×1000cd	型号	NTY—400	有效光通量	6430lm
			功率	400W	灯具效率	36.7%
			供电电压	220V	灯具总光通量	10288lm
			工作电压	135±15V	光束角度	19°H×18°V
			每灯具光源数	1		
12kg			光源光通量	28000lm	生产厂	上海光辉厂

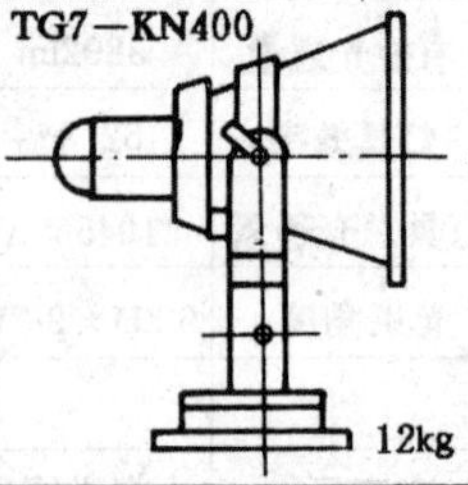

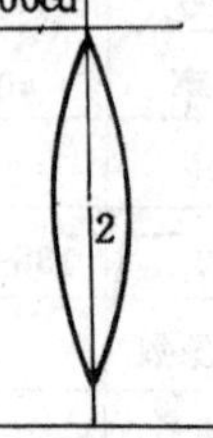

等光强曲线（以 1000cd 为单位）

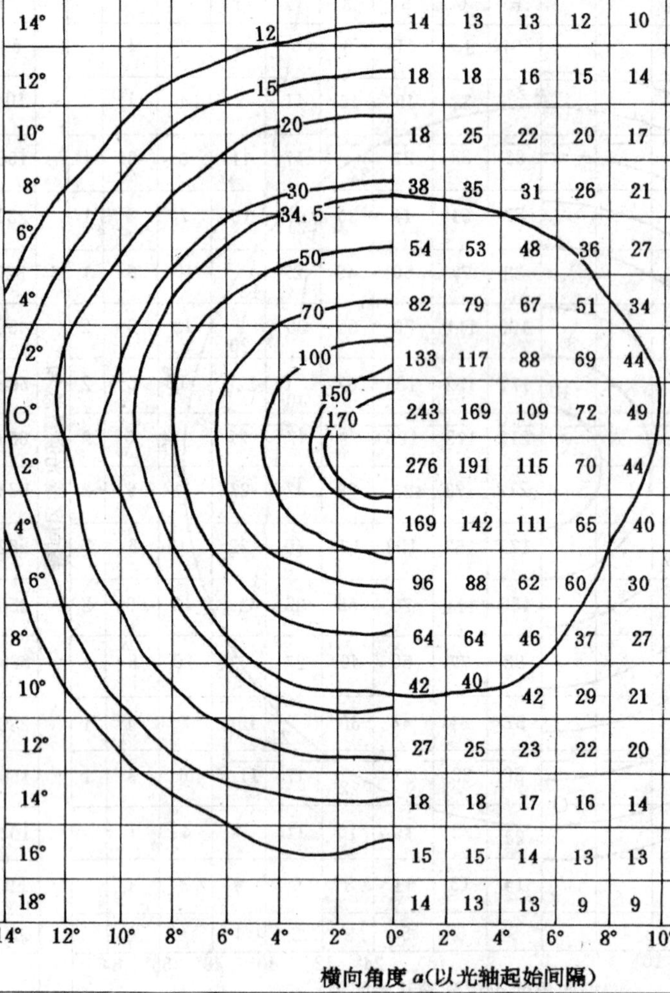

区域光通量(lm)

垂直角度θ(以发光轴起始间隔) \ 横向角度α(以光轴起始间隔)	0°	2°	4°	6°	8°	10°	12°	14°	16°	横向区域光通量总和 总光通量	有效光通量
14°	14	13	13	12	10	8	6	5	4	85	
12°	18	18	16	15	14	11	8	5	5	110	
10°	18	25	22	20	17	12	10	8	6	147	
8°	38	35	31	26	21	15	11	9	7	193	9
6°	54	53	48	36	27	19	15	12	8	272	143
4°	82	79	67	51	34	25	17	12	9	376	276
2°	133	117	88	69	44	28	22	15	12	528	430
0°	243	169	109	72	49	30	19	16	13	720	636
2°	276	191	115	70	44	26	19	13	9	763	680
4°	169	142	111	65	40	26	17	12	7	589	501
6°	96	88	62	60	30	23	16	12	7	394	296
8°	64	64	46	37	27	20	15	12	9	294	187
10°	42	40	42	29	21	17	12	10	7	220	57
12°	27	25	23	22	20	14	11	9	6	157	
14°	18	18	17	16	14	13	10	7	6	119	
16°	15	15	14	13	13	10	7	5	4	96	
18°	14	13	13	9	9	8	5	5	5	81	

横向角度α(以光轴起始间隔)：14° 12° 10° 8° 6° 4° 2° 0° 2° 4° 6° 8° 10° 12° 14° 16°

钠铊铟投光灯	垂直区域光通量总和										
	总光通量	1321	1105	837	622	434	305	220	167	124	5144	
	有效光通量	1145	925	644	390	111						3215

图 35-62 TG7-KN400 光束的光强分布

外形尺寸 (mm)	$l=470$ $b=400$ $h=380$	光强曲线	光源数据		光度数据	
TGFX$_1$－N400		×1000cd	型号	NG－400	有效光通量	15774lm
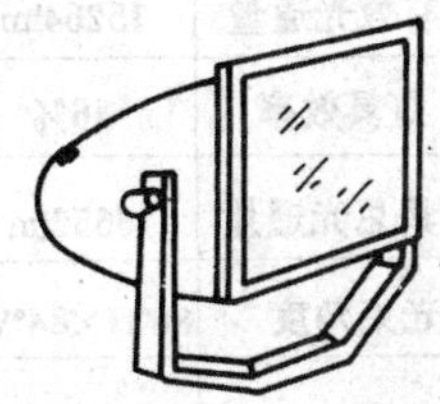		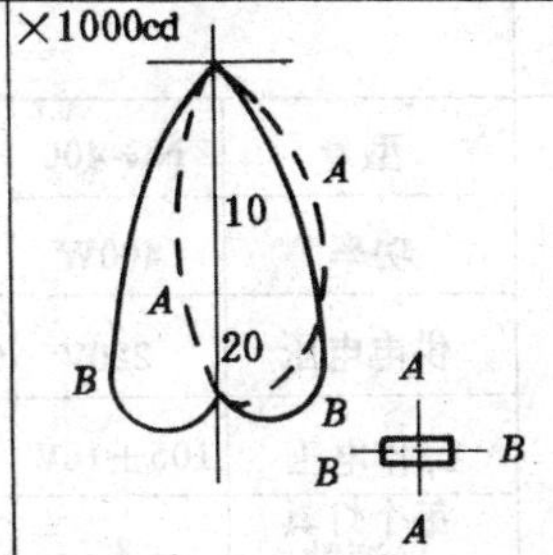	功率	400W	灯具效率	47%
			供电电压	220V	灯具总光通量	16958lm
			工作电压	105±15V	光束角度	58°V×84°H
			每灯具光源数	1		
			光源光通量	36000lm	生产厂	上海光辉厂

等光强曲线（以1000cd为单位）

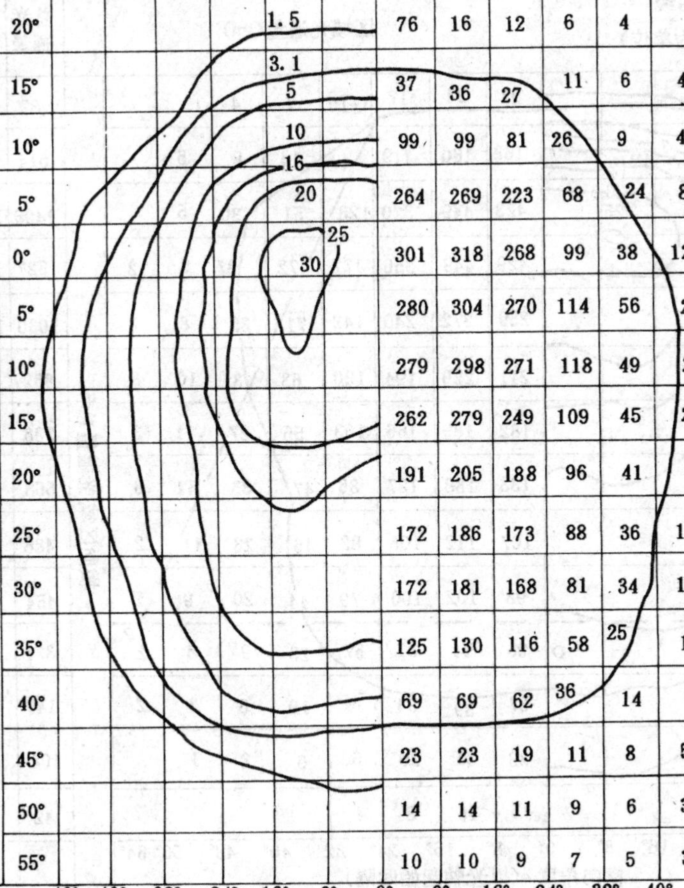

垂直角度 θ（以光轴起始间隔）	区域光通量(lm) 0°–8°	8°–16°	16°–24°	24°–32°	32°–40°	40°–48°	48°–56°	56°–	横向区域光通量总和 总光通量	有效光通量
20°	76	16	12	6	4				54	
15°	37	36	27	11	6	4			121	53
10°	99	99	81	26	9	4	3		321	297
5°	264	269	223	68	24	8	3	1	860	831
0°	301	318	268	99	38	12	4	1	1041	1019
5°	280	304	270	114	56	21	4	1	1050	1030
10°	279	298	271	118	49	23	5	1	1044	1024
15°	262	279	249	109	45	22	5	1	972	952
20°	191	205	188	96	41	9	6	1	747	725
25°	172	186	173	88	36	17	6	2	680	655
30°	172	181	168	81	34	15	5	2	658	628
35°	125	130	116	58	25	11	5	2	472	439
40°	69	69	62	36	14	6	3	1	260	225
45°	23	23	19	11	8	5	2	1	92	10
50°	14	14	11	9	6	3	2	1	60	
55°	10	10	9	7	5	3	2	1	47	

横向角度 α（以光轴起始间隔）：56° 48° 40° 32° 24° 16° 8° 0° 8° 16° 24° 32° 40° 48° 56°

50°斜照投光灯 高压钠灯	垂直区域光通量总和									
	总光通量	2314	2437	2147	937	400	173	55	16	8479	
	有效光通量	2240	2361	2083	873	302	28				7887

图 35-63 TGFX$_1$-N400 光束的光强分布

外形尺寸 (mm)	$l=370$ $b=400$ $h=300$	光强曲线	光源数据		光度数据	
TGFX$_2$-N400		×1000cd	型号	NG-400	有效光通量	15254lm
			功率	400W	灯具效率	46%
			供电电压	220V	灯具总光通量	16652lm
			工作电压	105±15V	光束角度	88°H×84°V
			每个灯具光源数	1		
			光源光通量	36000lm	生产厂	上海光辉厂

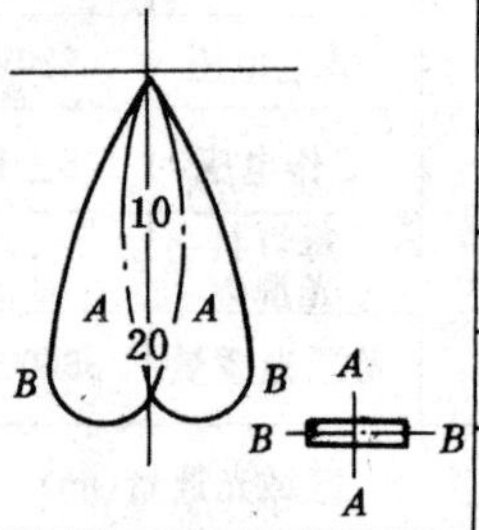

等光强曲线（以1000cd 为单位）

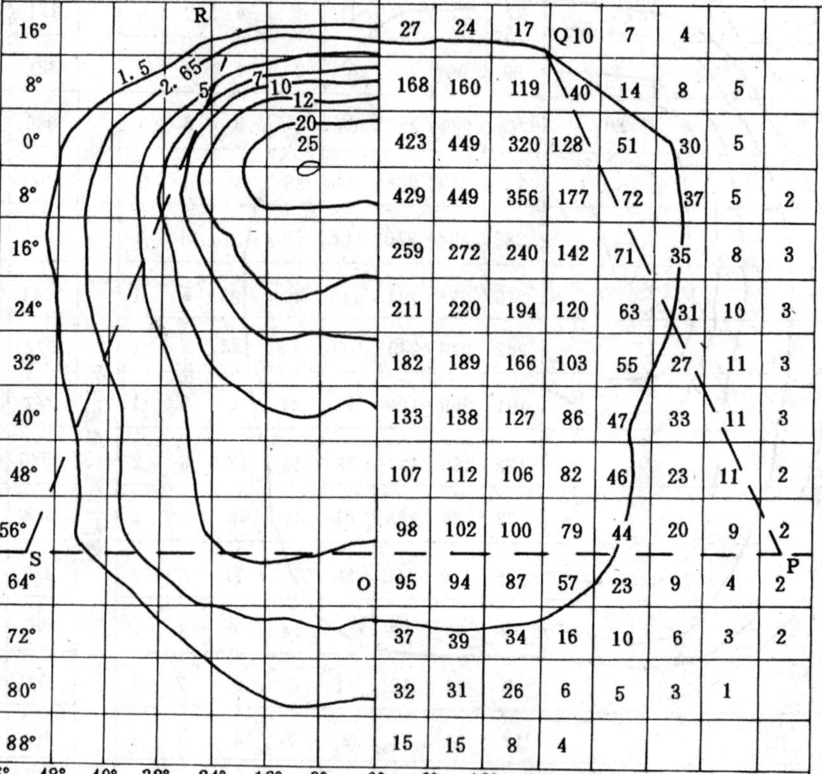

区域光通量(lm)

垂直角度 θ	0°–8°	8°–16°	16°–24°	24°–32°	32°–40°	40°–48°	48°–56°	56°–64°	横向区域光通量总和：总光通量	横向区域光通量总和：有效光通量
16°	27	24	17	10	7	4			89	26
8°	168	160	119	40	14	8	5		514	480
0°	423	449	320	128	51	30	5		1406	1375
8°	429	449	356	177	72	37	5	2	1527	1501
16°	259	272	240	142	71	35	8	3	1030	1000
24°	211	220	194	120	63	31	10	3	852	818
32°	182	189	166	103	55	27	11	3	736	698
40°	133	138	127	86	47	33	11	3	568	527
48°	107	112	106	82	46	23	11	2	486	441
56°	98	102	100	79	44	20	9	2	454	409
64°	95	94	87	57	23	9	4	2	371	325
72°	37	39	34	16	10	6	3	2	147	27
80°	32	31	26	6	5	3	1		104	
88°	15	15	8	4					42	

横向角度 α(以光轴起始间隔)：56° 48° 40° 32° 24° 16° 8° 0° 8° 16° 24° 32° 40° 48° 56° 64°

70°斜照投光灯 高压钠灯	垂直区域光通量总和										
	总光通量	2216	2294	1900	1050	508	253	83	22	16652	
	有效光通量	2125	2205	1827	993	424	53				15254

图 35-64 TGFX$_2$-N400 光束的光强分布

外形尺寸 (mm)	l=500 b=470 h=280	光强曲线	光源数据		光度数据	
灯具型号 $TGFX_6$-KN1000 重量 13.5kg		×1000cd	型号	NTY－1000	有效光通量	40652 lm
			功率	1000W	灯具效率	62.9%
			供电电压	220V	灯具总光通量	44010lm
			工作电压	90~120V	光束角度	96°H×87°V
			每灯具光源数	1		
			光源光通量	70000lm	生产厂	上海光辉厂

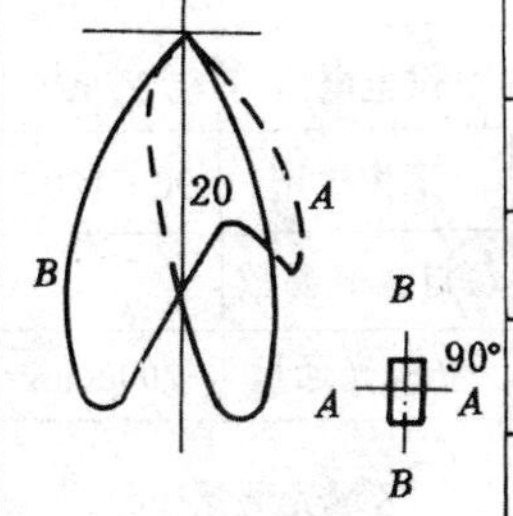

等光强曲线（以 1000cd 为单位）

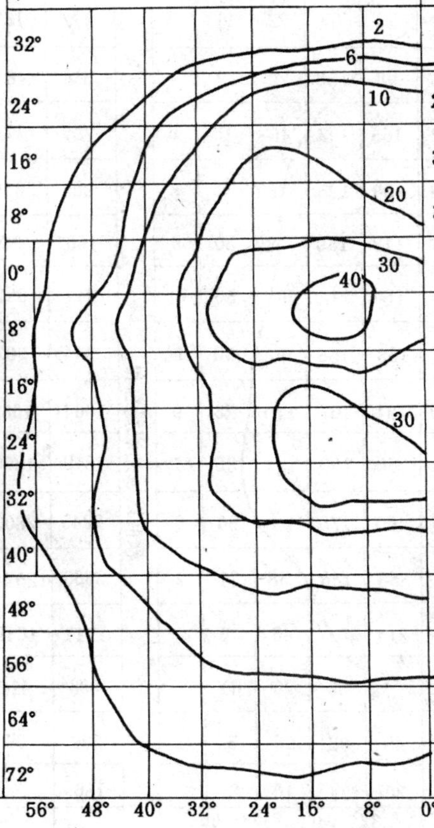

区域光通量(lm)

垂直角度 θ	0°~8°	8°~16°	16°~24°	24°~32°	32°~40°	40°~48°	48°~56°	56°~	总光通量	有效光通量
32°	34	30	25	12	8	7	6		122	14
24°	224	286	208	110	41	17	10	7	903	811
16°	318	365	388	317	141	43	12	3	1587	1512
8°	385	407	407	391	198	58	25	3	1874	1803
0°	653	726	622	555	239	87	25	5	2912	2856
8°	734	893	726	644	288	138	37	13	3473	3416
16°	462	529	476	448	236	106	31	7	2295	2233
24°	570	670	596	412	223	109	27	18	2625	2566
32°	704	673	546	406	231	114	29	18	2721	2660
40°	265	256	243	216	171	126	27	20	1324	1269
48°	188	181	161	148	122	58	14	10	882	799
56°	127	125	114	110	90	48	17	10	641	387
64°	90	89	85	80	71	31	12	7	465	
72°	23	30	35	30	27	19	10	7	181	

横向角度 α(以光轴起始间隔)：0° 8° 16° 24° 32° 40° 48° 56°

横向区域光通量总和

体育馆高杆照明（内圈用）	垂直区域光通量总和									
总光通量	4777	5260	4632	3879	2086	961	282	128	22005	
有效光通量	4608	5085	4463	3704	1847	619				20326

图 35-65　$TGFX_6$-KN1000 光束的光强分布

外形尺寸(mm)	l=450 b=300 h=220	光强曲线	光源数据		光度数据	
灯具型号 YGFX_7-KN1000		×1000cd	型号	NTY－1000	有效光通量	29474lm
			功率	1000W	灯具效率	46%
			供电电压	220V	灯具总光通量	32452lm
			工作电压	90～120V	光束角度	92°H×65°V
			每灯具光源数	1		
重量 13.5kg			光源光通量	70000lm	生产厂	上海光辉厂

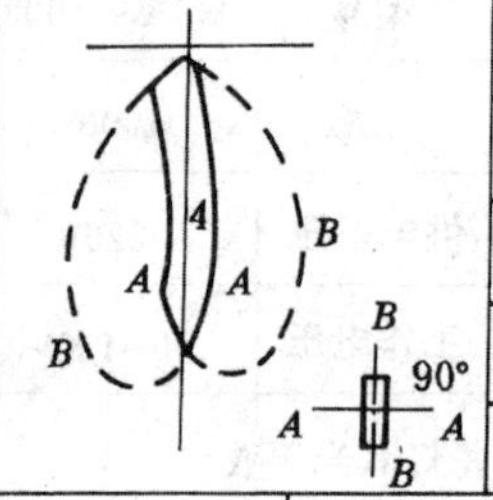

等光强曲线(以1000cd为单位)

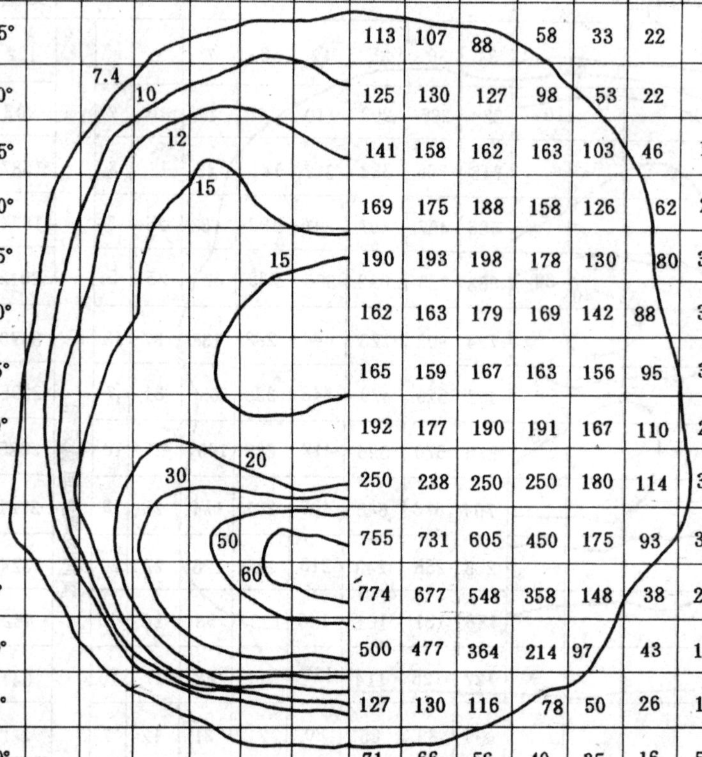

垂直角度θ(以光轴起始间隔)	区域光通量(lm)								总光通量	有效光通量
50°	26	23	22	14	14	14	4		117	
45°	113	107	88	58	33	22	6		427	185
40°	125	130	127	98	53	22	9		564	484
35°	141	158	162	163	103	46	18	6	797	726
30°	169	175	188	158	126	62	25	5	908	848
25°	190	193	198	178	130	80	30	8	1007	949
20°	162	163	179	169	142	88	30	11	944	892
15°	165	159	167	163	156	95	30	9	944	907
10°	192	177	190	191	167	110	28	9	1064	1032
5°	250	238	250	250	180	114	30	7	1319	1290
0°	755	731	605	450	175	93	30	6	2845	2806
5°	774	677	548	358	148	38	21	2	2566	2521
10°	500	477	364	214	97	43	16		1711	1646
15°	127	130	116	78	50	26	11		538	412
20°	71	66	56	40	35	16	5		289	39
	46	41	35	28	24	10	2		186	

横向区域光通量总和

56° 48° 40° 32° 24° 16° 8° 0° 8° 16° 24° 32° 40° 48° 56°

横向角度α(以光轴起始间隔)

体育馆高杆照明(外圈用)	垂直区域光通量总和										
	总光通量	3806	3645	3925	2610	1633	879	295	63	16226	
	有效光通量	3639	3492	3136	2425	1430	598	17			14737

图 35-66 TGFX_7-KN1000 光束的光强分布

解 首先估算灯数，并初步确定选用 $TGFX_2$-N400 型投光灯（光度数据图见 35-64）杆高为 6m，可根据公式 35-22 计算灯数

$$N=\frac{50\times 18\times 16\times 1.5}{36000\times 0.46\times 0.9}=1.45\ 只$$

采用一只投光灯，可基本满足要求，其后验算选用的灯型是否合理。场地及投光灯布置如图 35-67。

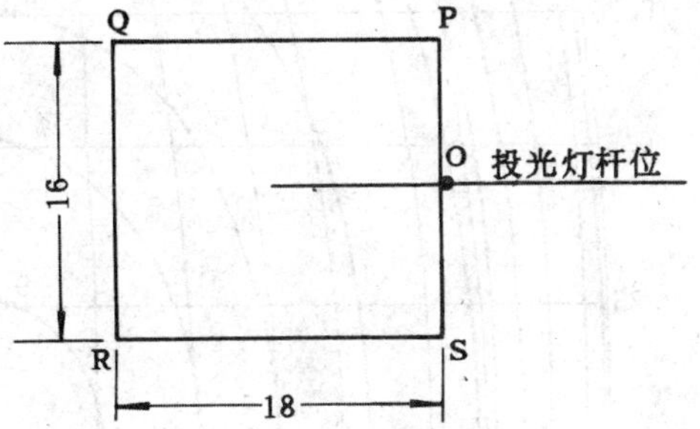

图 35-67　场地及投光灯布置

求　$\alpha_P=\alpha_S$、$\alpha_R=\alpha_Q$ 及 Q 等角度

$$\alpha_P=\alpha_S=tg^{-1}\frac{8}{6}=53°$$

$$\alpha_R=\alpha_Q=tg^{-1}\frac{8}{\sqrt{18^2+6^2}}$$

$$=23°$$

$$Q=tg^{-1}\frac{18}{6}=72°$$

在图 35-64 上 S、P、Q、R 点画线所包括的范围，即为受照面积。为了使有效光通量利用系数在 90%以上，查 35-64 图上右半部各单元点画线区域内光通量数值为：

$$2\times 7191=14382lm$$

与有效光通量之比为

$$\mu=\frac{\Phi_s}{\Phi_s}=\frac{14382}{15254}=0.94$$

μ 值在 94%以上，说明选用灯型及安装高度合理。O 点在图 35-64 上坐标位置是在 56°线上，因此表明该投光灯安装仰角为 56°。

35.6.5.4　受照面上任一点的照度计算

受照面上任一点的照度计算如图 35-68 所示。

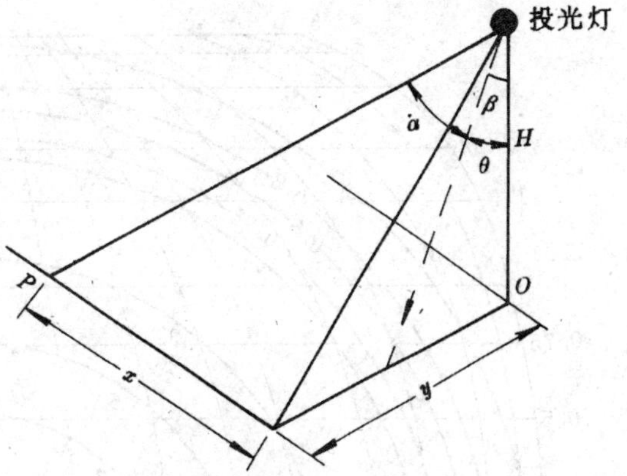

图 35-68　受照面任一点照度与投光灯位置、夹角关系

把与投光灯具有相同角度间隔的迭加等照度曲线，重迭到光度数据图上（如投光灯采用 $8°V\times 8°H$ 的间隔角度，而迭加等照度曲线也要选 $8°V\times 8°H$ 才可以），使迭加等照度曲线的垂直中心轴 $\left(\frac{x}{H}=0\right)$ 和光度数据图的垂直中心轴（$a=0$）重合，并使迭加等照度曲线的原点即投光灯杆位点，落在光度数据图的实际灯的杆点上。

欲求照度点的 $\frac{x}{H}$ 和 $\frac{y}{H}$ 值，可查出该点在迭加等照度曲线上的位置，同时也确定了在光度数据图左边等光强曲线中的位置。

通过二者重迭在一个位置上可分别查出光度数据图上光强 I_G 值。迭加等照度曲线上查出此点的 e_d 值并在高度修正系数数表中查出 C_n 值。表 35-43 为不同安装高度的修正系数。

表 35-43　投光灯安装高度修正系数

安装高度 H（m）	3	6	10	12	15	18	21	24	27	30	35
修正系数 C_n	11.11	2.78	1	0.69	0.45	0.31	0.23	0.17	0.14	0.11	0.08

照度值的计算，可根据下式进行

$$E=I_G e_d C_n/1000 \qquad (35\text{-}24)$$

图 35-69、图 35-70 分别为 $8°V\times 8°H$ 及 $5°V\times 8°H$ 迭加等照度曲线。

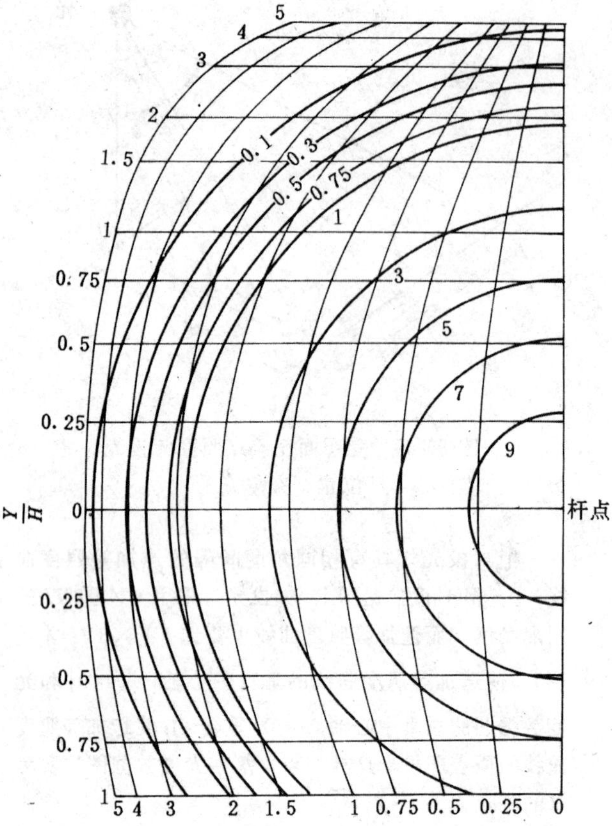

图 35-69 8°V×8°H 迭加等照度曲线图

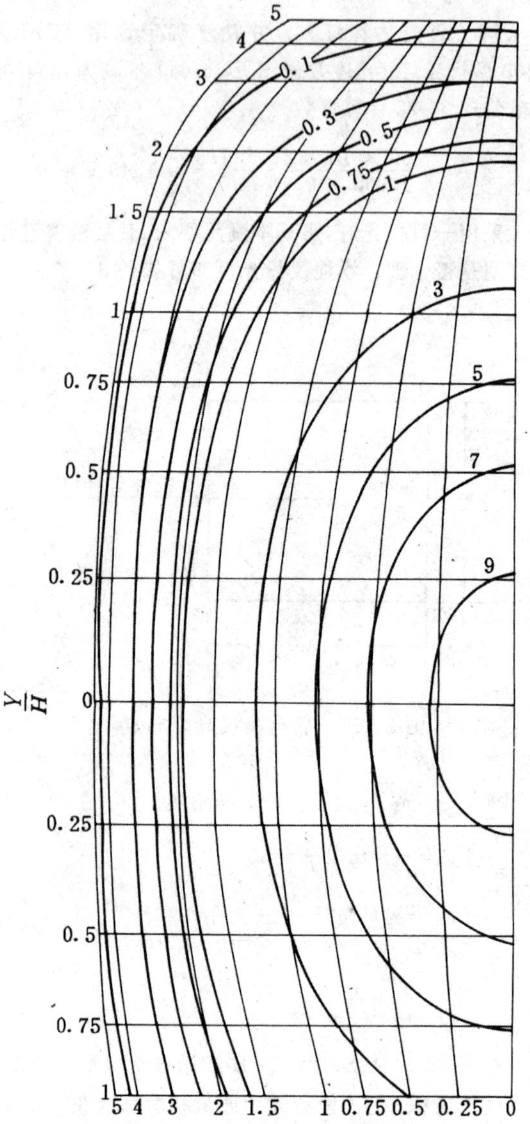

图 35-70 5°V×8°H 迭加等照度曲线

式中 I_G——光度数据图上查出的光强值，cd；

e_d——迭加等照度曲线上所示的照度值，lx。

例 仍以 18×16m 场地为例，求图 35-71 上各点照度值。利用光度数据和迭加等照度曲线，求 A、B、C、D 各点照度值。

解 杆高 6m，采用 TGFX$_2$-N400，即 400W 高压钠灯。其计算结果如下：

计算点	x/H	y/H	e_d (lx)	I_G (cd)	C_n	E (lx)
A	0.67	2	0.75	16	2.67	32
B	0.67	0.67	4.5	7	2.67	84
C	0	2.5	0.6	12	2.67	20
D	1.33	1.5	0.7	4	2.67	7.5

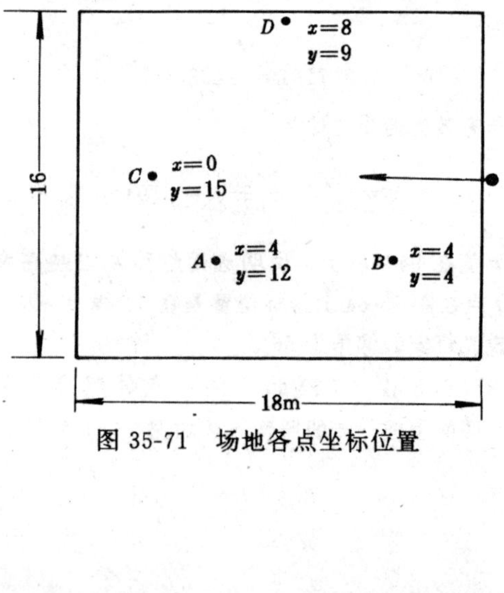

图 35-71 场地各点坐标位置

参考文献

[1] 北京钢铁设计院等编，钢铁企业电力设计参考资料，冶金工业出版社，1976.

[2] 赵振民主编，航空工业部第四规划设计研究院，照明工程设计手册，天津科学技术出版社，1983.

[3] 李恭慰等编著，混光照明设计手册，中国建筑工业出版社，1990.

[4] 机械工程手册　电机工程手册编辑委员会编，电机工程手册，机械工业出版社，1982.

[5] GBJ133—90　民用建筑照明设计标准.

[6] GB50034—92　工业企业照明设计标准.

第36章

照明装置供电

照明负荷应根据其中断供电所造成的影响和损失，合理地确定其负荷等级，并应正确地选择供电电源。

36.1 照明网络电压

钢铁企业一般照明网络应采用380/220V三相四线制的照明线路。但在工厂的生活设施及生产辅助建筑物内应按安全规定要求采用380/220V三相五线制照明线路供电。气体放电灯的大功率灯泡如镝灯、氙灯等照明电压应采用交流单相380V电压。

对于容易触及而又无防止触电措施的固定式或移动式灯具，其安装高度距地面为2.2m及以下，且具有下列条件之一时，其使用电压不应超过24V。

(1) 特别潮湿的场所；

(2) 高温场所；

(3) 具有导电灰尘的场所；

(4) 具有导电地面的场所。

在工作场所的狭窄地点，且作业者接触大块金属面，如在锅炉、金属容器内等，使用的手提行灯电压不应超过12V。

其他有触电危险的一般危险场所，可以使用36V或42V。

由蓄电池供电时，可根据容量大小、电源条件，使用要求等因素分别采用220V、36V、24V、12V电压。

表36-1列出了各种情况下灯具的电压选择。

表 36-1 灯具电压选择

房间性质	电压（V）	装用灯具的条件		
		一般照明	局部照明	手提照明
普通房间	220	白炽灯和气体放电灯灯具		
		与灯具的安装高度和结构型式无关	任何结构型式的灯具	
	36，12	适用于一切情况		
		荧光灯灯具		
	220	(1) 灯具安装高度不低于2.2m (2) 偶然接触时摸不到灯具的导电部分，其安装高度可低于2.2m	满足偶然碰触摸不到灯具带电部分的条件时可使用	

续表 36-1

<table>
<tr><th rowspan="2">房间性质</th><th rowspan="2">电压(V)</th><th colspan="3">装用灯具的条件</th></tr>
<tr><th>一般照明</th><th>局部照明</th><th>手提照明</th></tr>
<tr><td rowspan="6">有触电危险和的房间</td><td></td><td colspan="3">白炽灯和气体放电灯灯具</td></tr>
<tr><td>220</td><td>(1) 任何结构型式的灯具安装高度不低于2.2m
(2) 在能从吊车或只有专业人员能去的平台上进行维修的条件下，可使用任何结构的灯具
(3) 当灯具安装高度低于2.2m时，没有工具不能触到灯具的灯泡；引入灯具的导线要防止机械损伤（电缆导线穿管）</td><td>(1) 采用封闭结构型式的灯具（如用绝缘材料或金属材料做成的支臂和封闭壳体）
(2) 任何结构型式的灯具，安装在活动立柱上，安装高度不低于2.2m</td><td></td></tr>
<tr><td>24</td><td colspan="2">适用于一切情况</td><td>见本章36.1</td></tr>
<tr><td>12</td><td colspan="3">适用于一切情况</td></tr>
<tr><td rowspan="2">220</td><td colspan="3">荧光灯灯具</td></tr>
<tr><td>灯具安装高度不低于2.2m</td><td>采用封闭结构型式的灯具</td><td></td></tr>
</table>

注：台灯和落地灯等在选择电压方面与局部照明灯具相似。

36.2 照明网络供电电源

36.2.1 一般照明

目前钢铁企业的照明用电一般与其他用电负荷共用变压器。设计时照明负荷和其它负荷应各用专线配电。如果企业内有较大冲击性负荷，对照明质量有严重影响，引起严重的电压偏移或波动，宜分别由不同变压器供电。在经过技术经济比较认为合理或照明负荷较大的情况下，照明亦可采用专用变压器供电。

当生产厂房采用"变压器—干线"式供电而外部又无低压联络线时，照明电源宜接自变压器低压侧总开关之前；如外部引进低压联络线时，则照明电源宜接自变压器低压侧总开关之后；当车间变电所低压侧采用放射式配电系统时，照明电源一般接在低压配电屏上的照明专用线上。

个别情况下蓄电池可作为特别重要照明设备和特殊电气装置的备用电源。

36.2.2 应急照明

应急照明按其用途一般分为三种情况：

(1) 在正常照明因故障熄灭，将造成爆炸、火灾和人身伤亡等严重事故的场所，装设供暂时继续工作用的应急照明，应按一级负荷要求供电。如接自供电网络中有效地独立于正常电源的专门馈电线、干电池、蓄电池、独立于正常电源的发电机组等。

(2) 供人员疏散用的应急照明，其供电宜按下列情况之一选用：

1) 当装有两台及以上变压器时，宜与正常照明的供电干线分别接自不同的变压器。

2) 仅装有一台变压器时，宜与正常照明的供电干线自变电所的低压配电屏（或母线上）分开。当建筑物内未设变压器，则应在建筑物进户线处与正常照明回路分开，并不得与正常照明共用一个总开关。

3) 采用带有直流逆变器的应急照明灯。

4) 采用蓄电池作备用电源时，连续供电时间不应少于20min。

(3) 在钢铁企业照明设计中，经常将应急照明作为正常照明的一部分同时使用时，二者的配电线路及控制开关应分开装设。此时，二者互为备用。

36.2.3 局部照明

机床和固定工作台的局部照明电源可接自动力电源。移动式局部照明应接自正常照明线路。

36.2.4 室外照明

室外照明线路应与室内照明线路分开供电。当室外照明的供电距离较远时，可采用由不同地区的变电所分区供电的方式。

露天工作场所、堆场等的照明电源，应视具体情况可由邻近车间供电。

道路照明、警卫照明的电源应接自有人值班的变电所低压配电屏的专用回路。由于夜间电压一般偏高，在有条件的情况下，电源宜引自采用有载自动调压装置的变电所或自身采用调压措施解决。

36.2.5 电压损失的一般规定

灯具端电压的电压偏移值一般不高于其额定电压的105%。最远一个灯具的端电压一般不宜低于其额定电压的下列数值：

(1) 对视觉要求较高的工业和建筑其室内工作照明为97.5。

(2) 外部照明为96%，当采用气体放电灯时允许降低至95%。

(3) 人员疏散用应急照明、道路照明、警卫照明及电压为12～36V的照明为90%。

(4) 对于远离变电所和电动力网络供电的辅助建筑物、构筑物、小面积工作场所及年利用小时数少的灯具，若难以满足95%的电压偏移值时，端部电压可降低到90%，但此时要考虑光源因电压不足而减少的光通量因素。

(5) 在特殊情况下，当不能满足上述要求时，允许降低要求，但光源的光通量应乘以系数，以弥补照度下降。电压每下降1%时，光通量下降系数粗略值如表36-2所示。

表36-2 电压在100～90%额定值范围内，每下降1%时，光通量下降的概略系数

白炽灯	卤钨灯	荧光灯	高压水银荧光灯	金属卤化物灯	高压钠灯
0.032	0.03	0.021	0.029	0.028	0.037

36.3 供电系统及控制方式

36.3.1 供电系统

当车间低压供电系统采用放射式系统时，照明负荷由低压配电屏引出；当车间只安装一台变压器时，其供电系统如图36-1所示；安装有两台变压器时则如图36-2所示。

当车间低压供电采用“变压器—干线”制系统时，照明负荷的电源应接在变压器二次侧出线和总隔离开关之前，以便当一台变压器故障时，能将照明负荷暂时转换到另一台变压器供电，参见图36-3。

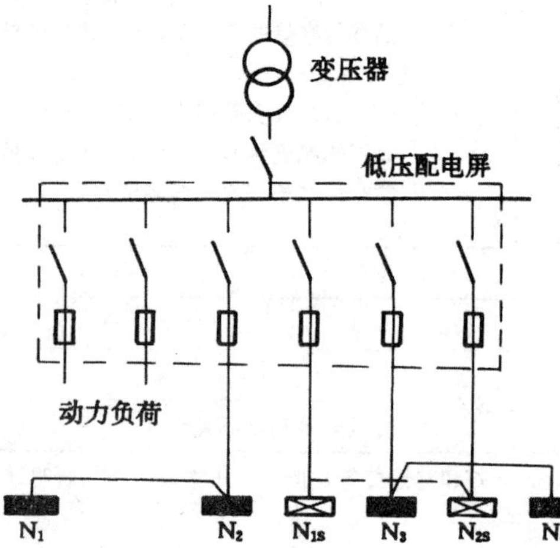

图36-1 放射式供电系统

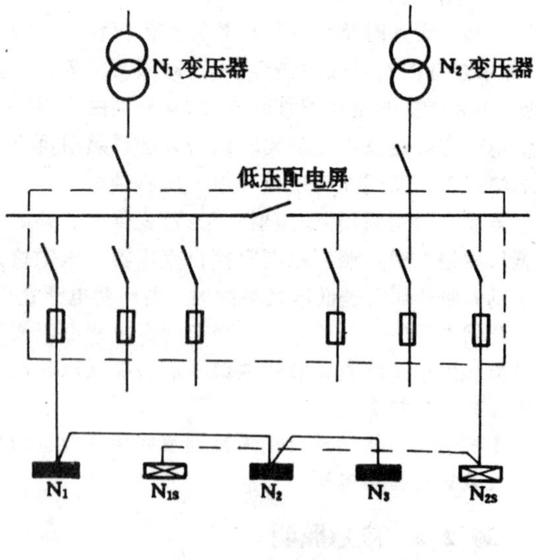

图36-2 两台变压器供电放射式供电系统

由于两台变压器不安装在一处，因此，作为正常照明的一部分经常点燃的应急照明，宜采用交叉供电的方式。

重要工作场所照明负荷的电源，可分别引自两个变电所的变压器，且各变压器的电源是互相独立的，如图 34-4 *a*；也可引自同一变电所的两台变压器，但两台变压器的电源为独立的。

重要照明负荷的应急照明电源可为蓄电池等小型电源。也可从附近引来的另一独立电源供电，如图 36-4 *b*，并应自动转换。

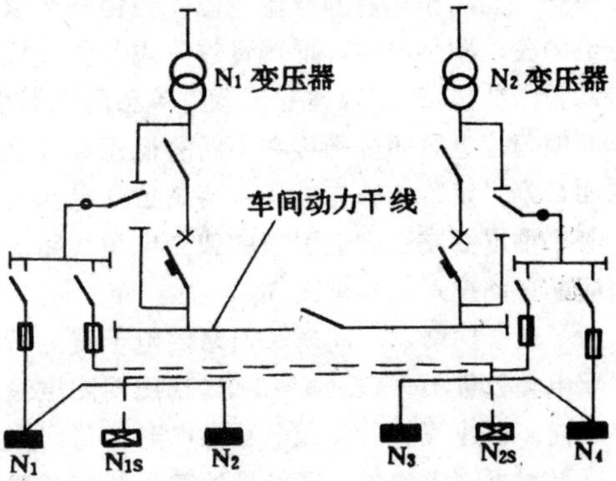

图 36-3 车间采用变压器—干线制供电系统

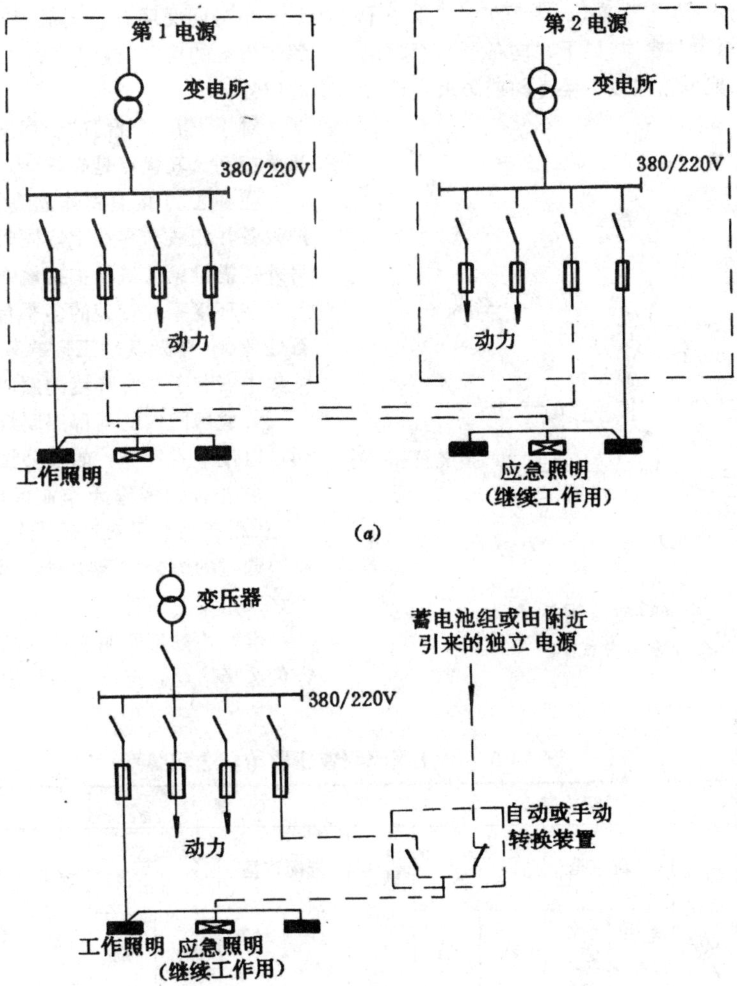

图 36-4 重要照明负荷供电系统

特殊重要工作场所的照明电源，当由一个以上单变压器的变电所供电时，低压母线分段开关应设置电源自动投入装置(BZT)，各变压器由单独的电源供电，工作照明与应急照明分别接在不同的低压母线上。应急照明最好另设第3独立电源，第3独立电源可为蓄电池等小型电源或由附近引来的独立电源线路。应急电源应能自动投入，参见图36-5。

为了便于检修，车间内每回路供电干线上所接的照明配电箱数量不宜超过4～5个。当照明配电箱负载较小或向多层建筑的照明配电箱供电时，每回路所接配电箱数量可适当增加。室外用架空干线向各建筑物供电时可不受此限，但在每个建筑物进线处应装设刀开关和熔断器。

在多层建筑物内（如办公楼、试验室）一般采用干线式供电，总配电箱装在底层，以干线向各层照明配电箱供电。各层照明配电箱宜装于楼梯间或附近合适位置。

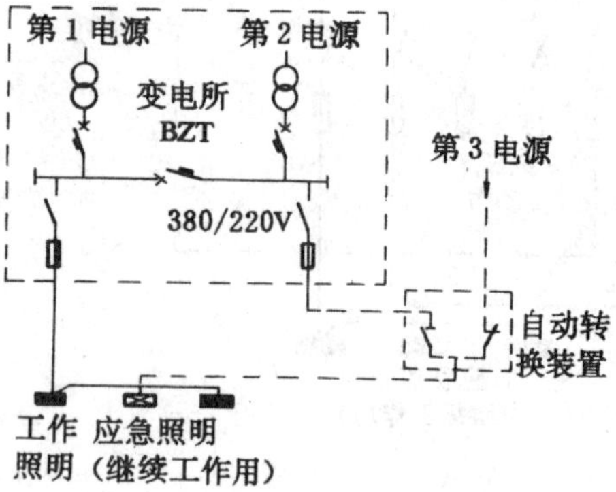

图36-5 特殊重要照明负荷供电的接线方式

36.3.2 控制方式

生产厂房内的照明一般按生产组织(如生产工段、不同流水线等）分组集中在分配电箱上控制，但在出、入门口应安装局部分开关。分配电箱宜选用带分路开关和保护设备，可直接用分路单极开关实行分相控制。大型厂房或车间宜采用带自动开关的分配电箱，当选用大功率气体放电灯时，要注意其启动电流。

室内装有带旋转部件的设备，且采用气体放电灯照明时，宜将同一或不同灯具的相邻灯管（灯泡）分别接在不同的相线上，以降低频闪效应。此外，还应做到使三相供电的分支回路负荷平衡。无上述特殊要求时，不宜在同一灯具（多灯管）内用多相线路供电。

小房间照明开关一般装在入口处门把手的旁边。偶尔出入的房间(通风室、贮藏室等)开关宜装在本室的门外。

对于设有多个门的长房间或楼梯间中宜采用双控开关控制。其优点是在任一入口处都可开闭灯具。

在0区、1区有爆炸危险的场所，灯具的控制和保护设备在相线和零线上应同时安装，并应能同时断开。另外还需设第3根保护接地线（PE线）。

在环境条件较差的多平台建筑物内(如钢铁厂、矿石处理、化学及其他工厂的某些车间)，可以将照明开关集中安装于正常环境的照明分配电箱上。

普通房间内的局部照明灯可用插座代替开关的开闭，以便节省投资，如办公楼、民用住宅等。

户外有较多露天作业区段的生产装置的上部照明，长距离生产用料运输线的普通照明(材料验收、运输和贮藏的综合建筑物的照明)、文化娱乐场所的照明等宜采用集中遥控。

供给检修用照明变压器的分组网络，应按变压器容量选择熔丝。选配关系见表36-3。

表36-3 检修用照明变压器熔丝选配关系

变压器容量(VA)	380V侧					220V侧					36V侧				
	额定电流(A)	选配依据		熔丝直径(mm)		额定电流(A)	选配依据		熔丝直径(mm)		额定电流(A)	选配依据		熔丝直径(mm)	
		电流(A)	时间(s)	铅	铜		电流(A)	时间(s)	铅	铜		电流(A)	时间(s)	铅	铜
50	0.132	0.5	1	0.1		0.227	0.9		0.16		1.39	1.39	∞	0.224	0.071

续表 36-3

变压器容量（VA）	380V 侧					220V 侧					36V 侧				
	额定电流（A）	选配依据		熔丝直径（mm）		额定电流（A）	选配依据		熔丝直径（mm）		额定电流（A）	选配依据		熔丝直径（mm）	
		电流（A）	时间（s）	铅	铜		电流（A）	时间（s）	铅	铜		电流（A）	时间（s）	铅	铜
100	0.263	1	1	0.16		0.454	1.8		0.224		2.78	2.78	∞	0.4	0.125
200	0.326	2	1	0.25		0.908	3.6		0.315		5.56	5.56	∞	0.71	0.18
500	1.32	5	1	0.4		2.27	9		0.5		13.9	13.9	∞	1.4	0.355
1000	2.63	3.2	∞	0.45	0.125	4.54	5.5	∞	0.71	0.18	27.8	27.8	∞	2.5	0.56
2000	5.26	6.3	∞	0.8	0.2	9.08	11	∞	1.25	0.315	55.5	55.5	∞	4.5	0.9
5000	13.2	16	∞	1.6	0.4	22.7	27	∞	2.5	0.56	139	139	∞		1.6

控制分组回路配电箱的安装位置，应选择在便于操作和便于维修的地方，即要求设在靠近电源又能避开辐射热、机械损伤、导电尘埃或腐蚀气体影响的地方。配电箱严禁装设在有爆炸危险的场所内，具体安装地点及配电箱形式应满足国家有关安全防火规程、规范的要求。

36.4 外部照明供电及控制方式

36.4.1 外部照明供电

全厂道路照明宜分区集中在有人值班变电所供电并控制。为了避免过多的占用低压配电屏上的回路，可在变电所内装设外部照明配电箱进行配电和控制。

露天工作场地和露天堆场的照明，可由附近车间

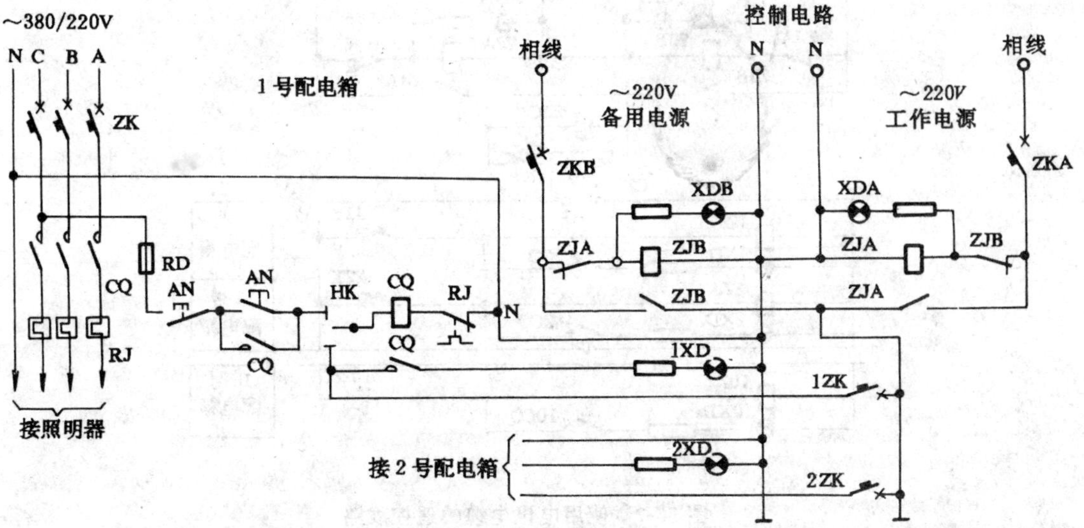

图 36-6 无中间继电器用控制电缆进行遥控的线路

ZK、1ZK、2ZK、ZKA、ZKB—自动开关；CQ—磁力起动器；HK—转换开关（作遥控转为局部控制用）；RD—熔断器；RJ—热继电器；AN—控制按钮；ZJA、ZJB—交流中间继电器；1XD、2XD、XDA、XDB—信号灯

变电所供电，并就地设配电箱控制。若场地紧靠车间，且照明容量不大时，也可由室内照明配电箱中分出单独回路供电并控制。

铁路调车场照明一般由站房室内照明配电箱中分出单独回路供电并控制。

36.4.2 控制方式

钢铁企业室外的警卫照明、露天料堆场照明、道路照明、车间户外生产场所照明及高大建筑物的户外灯光装置均应单独控制。

钢铁企业的道路和警卫照明宜集中控制，控制点一般设在有值班人员的变电所或警卫室内。大、中型企业采用分区控制方式。

为节约电能，宜在后半夜切断部分的道路照明，如切断间隔灯杆上的灯具电源；或切断同一灯杆上的部分灯具电源；对大型企业的主要干道，可切断自行车和人行道的照明，保留车道照明。

室外照明集中遥控通道可用交流电力电缆或导线，也可用路灯线路按变电所顺序遥控，还可用 48V 直流电通过电话电缆线芯控制等。

图 36-6、图 36-7、图 36-8 所示为采用电力电缆时，控制电路可以直接由控制线路供电。无过负荷保护要

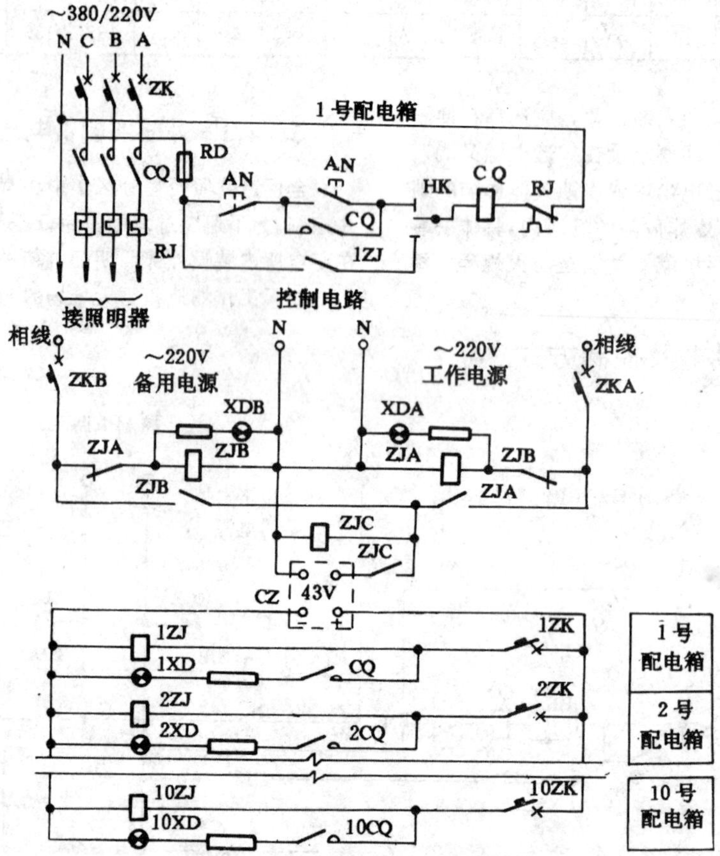

图 36-7 使用电讯电缆的遥控线路

ZK、1ZK、2ZK、10ZK、ZKA、ZKB—自动开关；CQ—磁力起动器；HK—转换开关（作遥控转为局部控制用）；RD—熔断器；RJ—热继电器；AN—控制按钮；GZ—整流器；ZJA、ZJB、ZJC—交流中间继电器；1ZJ、2ZJ、10ZJ—直流中间继电器；1XD、2XD、10XD、XDA、XDB—信号灯

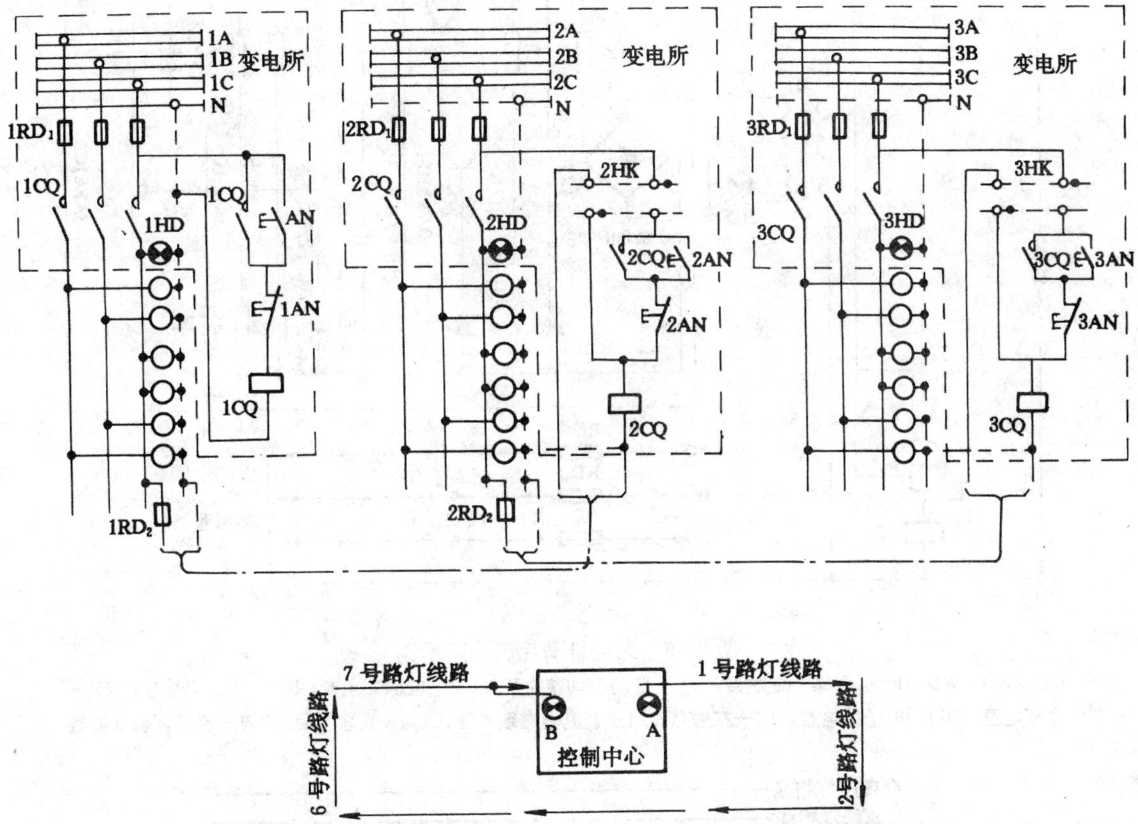

图 36-8 利用路灯线路按变电所顺序遥控的线路

1RD、2RD、3RD—熔断器；1CQ、2CQ、3CQ—磁力起动器；1AN、2AN、3AN—控制按钮；2HK、3HK—转换开关（作遥控转为局部控制用）；1HD、2HD、3HD—红色信号灯

求的场所，如图 36-6、图 36-7 中的热继电器可以不装，自动开关也可使用熔断器和刀开关代替。

室外照明装置也可采用自动控制线路，图 36-9 是光电自动控制线路的一种方案。线路主要由 WY 稳压电源和 DZJ 电子继电器组成。DZJ 电子继电器采用射偶双稳触发电路，利用光敏电阻对室外自然光的强弱，改变 BG_3 的基极电位，从而使输出继电器动作。信号输入部分有延时环节，可消除闪电及其他瞬时强光引起的误动作，调节电位器 DW 可改变 DZJ 动作的照度值。

图 36-10 是为考虑节约电能，后半夜时切断部分道路灯具的线路。

定时钟 TC 可选定在后半夜至天明前这段时间，其触点按要求断开(时间可任意调整)。傍晚天黑时，控制线路通电，全夜路灯相线和半夜路灯相线同时接通电源。后半夜时，定时钟 TC 触点断开，切断后半夜相线上所带的负荷。

道路照明除各分支回路设有保护外，每个灯具上还应安装单独的熔断器保护，以便于查找事故，并且减小事故造成的影响范围。

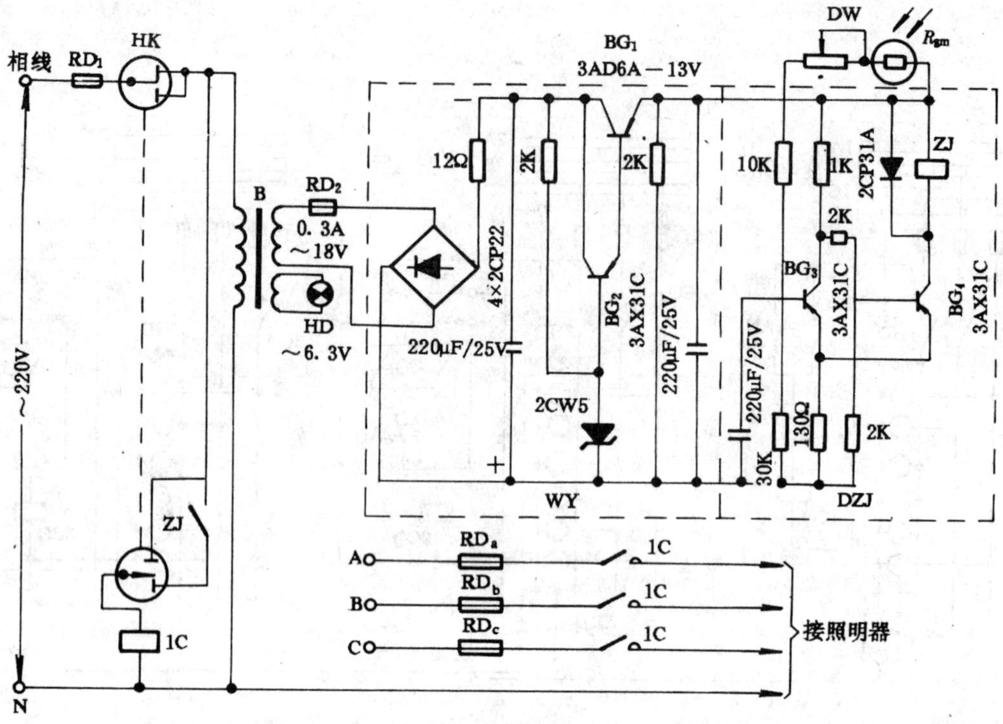

图 36-9　光电自动控制线路示例

RD_1、RD_2、RD_a、RD_b、RD_c—熔断器；HK—自动手动转换开关；B—电源变压器；HD—红色信号灯；WY—稳压电源；DZJ—电子继电器；1C—接触器；ZJ—直流电磁继电器；R_{gm}—光敏电阻；DW—照度调整电位器

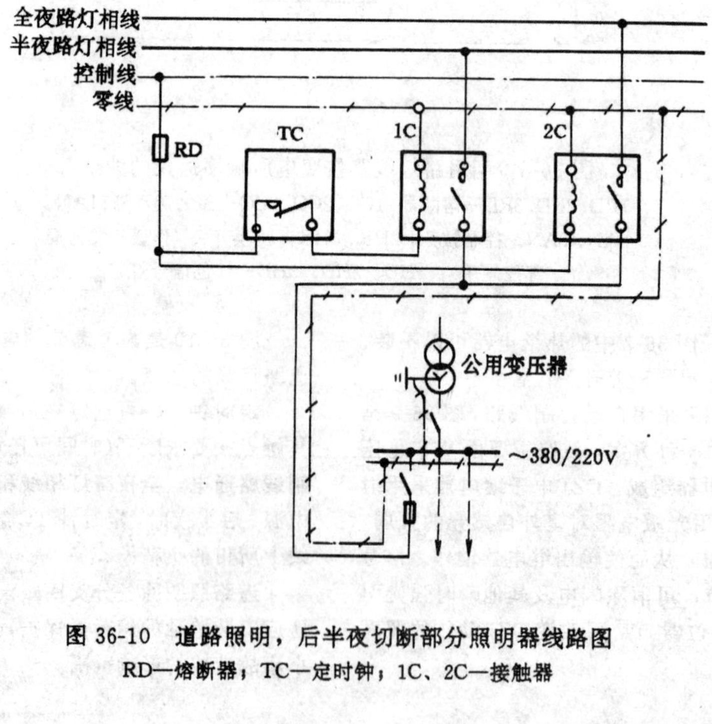

图 36-10　道路照明，后半夜切断部分照明器线路图

RD—熔断器；TC—定时钟；1C、2C—接触器

36.5 配电箱、开关及插座

36.5.1 配电网络

室内照明分组回路的每一单相回路，一般采用不大于25A的自动开关保护。当电流超过30A时，应以380/220V三相供电。在125W以上气体放电灯和500W以上白炽灯的支线里，保护设备电流不宜超过60A。

对无补偿的气体放电灯，应考虑功率因数较低和起动电流大、起动时间长等因素选择保护开关容量。

每一单相回路所接灯头数(包括插座)最多不超过25个；给发光檐、发光板或给两管以上荧光灯管的照明供电时，灯数不应超过50个。但供给多灯头的艺术花灯、节日彩灯的照明回路除外。

每盏大功率灯泡(如10～20kW)均应配有专用保护设备，而保护设备的电流不加限制。当主干线或分支线上的接灯数大大超过上述规定时，接单个灯或成组灯的支线均应分别安装保护设备。

建议按下列相序连接灯具：为减少光通量的脉动，或要求断开一两相后在部分被照射面积上仍能保持较均匀的照明时，可采用A—B—C，A—B—C相序接线；在室外照明中，一般不考虑光通量的脉动，分相方式一般采用A—B—C，C—B—A接线；如要求分地段或场地控制照明，可采用A—A—A，B—B—B，C—C—C相序接线。

插座容易引起故障，影响同回路灯具断电，因此插座应尽可能采用单独回路配电。

对较长成列布置的灯具，可采用干线配电系统，如图36-11所示，在这样的系统中一般不设照明分配电箱，干线的电流和灯数不加限制，但在接灯的支线上应安装保护设备(一般用自动开关)，其支线所接灯泡应分别接在不同相序上。

选择母线作干线时，保护设备一般装在干线系统内，也可采用由主(一次)干线和二次干线组成的系统，如图36-12所示。

36.5.2 配电箱

36.5.2.1 分配电箱选择

在钢铁企业的生产厂房、辅助生产设施建筑物中，从操作、使用和维护方便的观点出发，推荐优先选用带自动开关控制的配电箱。在次要厂房和建筑物内也可选用带转换开关和熔断器的配电箱。分配电箱应根据其使用环境分别选用封闭、防尘和防爆等型式。

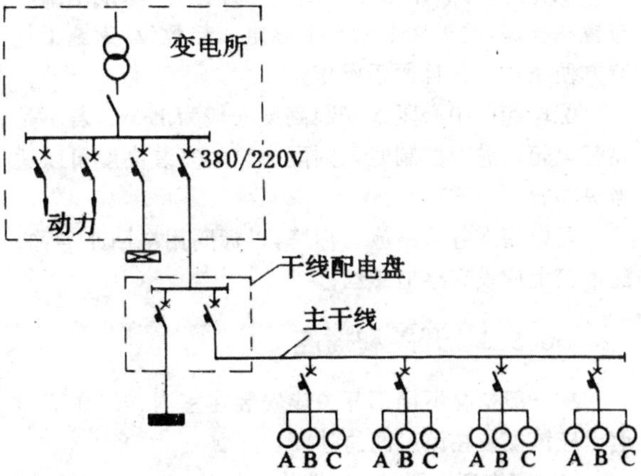

图36-11 由主干线供电的照明配电系统

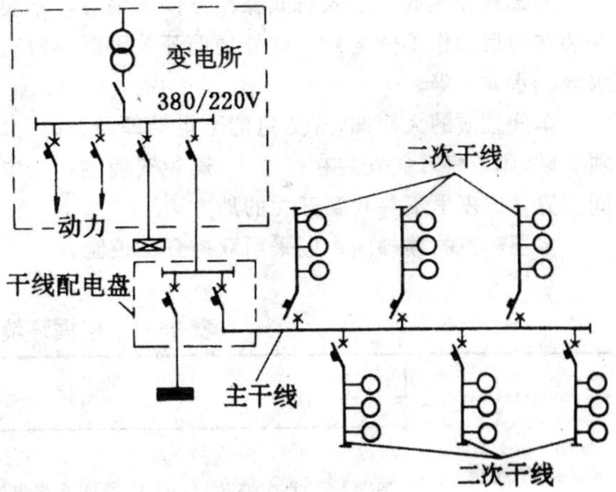

图36-12 由二次干线供电的照明配电系统

由一路干线供电的分配电箱不要多于4～5个，否则当一路干线断电，将影响大面积照明工作面，但由室外照明干线向分散的小房间供电时，不受此限。

在民用住宅设计中，考虑计量方便，应选用一户一表的配电箱，并选用多倍表电度表。

民用住宅及高层建筑应尽量采用漏电保护开关(遵照中华人民共和国国家标准有关规定)。

在分配电箱前应装设总断电开关，主要是为了在检修前完全断开带电回路。

36.5.2.2 分配电箱安装

工作和应急(作为正常照明一部分)照明配电最好布置在一起，便于立上或立下管组一起敷设，为施工创造方便条件，并且便于操作。

配电箱的中心距地安装高度一般为1.5m，若不是在配电箱内进行控制时，则配电箱的安装高度可以适当提高。

配电箱上各回路应有标牌，以标明用电回路名称。配电箱上应设有接地螺丝。

36.5.3 开关和插座

在一般情况下局部开关应安装在室内，但在下列地点应该安装在该房间的外面：

(1) 室内环境恶劣（如爆炸、火灾、腐蚀或潮湿的房间等)；

(2)人员短暂停留的场所(如厕所和不常开门的库房)；

(3) 需要在室外管理的场所（如医院、旅馆等)。

局部开关应放在进入房间操作方便的地方，不要安装在门后操作不便之处。此外局部开关附近不应有水池、水龙头等。

车间性质的大房间，应尽可能不设局部开关。如必须安装，则应将开关安装在柱子上，避免安装在厂房中间位置，或夜里不易找到开关的地方。

多层建筑的楼梯间，应采用双控开关控制。

局部开关最好与配置的灯具位置相对应。

局部开关要注意其容量与所控制的灯泡功率相配合，尤其是在选用大功率气体放电灯时，更应注意，否则将烧毁开关。

当检修插座采用220V线路时，为了与36V线路区别开来，应采用单相三孔的插座。

一般插座不应安装在有防爆或防火要求以及多粉尘场所的厂房内。

地坑插座应有保护盖板。

民用住宅的起居室及卧室，应在两侧墙壁上两处安装插座(每个插座装单相二孔、单相三孔插座多个)。厨房或卫生间应安装单相三孔插座，插座上最好配带局部开关。

有儿童活动的场所应采用安全插座。如采用普通插座时，安装高度应不低于1.8m。

36.6 布线方式、导线截面的计算与选择

36.6.1 布线方式

布线方式选用的原则，应根据环境条件、建筑结构、经济投资及维修方便等特点选择线路敷设方式。按环境条件选择敷设方式见表36-4。

布线可采用瓷（塑料）夹、瓷柱、瓷瓶等。绝缘导线在瓷夹、瓷柱、瓷瓶上敷设时有关尺寸的规定参见表36-5～表36-8。

表36-4 根据环境条件选择线路敷设方式

环境特征	导线型号及敷设方式				
	BLV导线在瓷夹或瓷柱上敷设	BLV导线在瓷瓶上敷设	BLV导线穿钢管或塑料管（明、暗敷)	BLVV导线用卡子固定敷设	BX导线穿钢管
正常	+①	✓①	+	✓	
潮湿		+	✓	+	
多尘		✓	+	✓	
高温		+②	✓②		
有腐蚀性		✓	+③	+③	

续表 36-4

环境特征		导线型号及敷设方式				
		BLV 导线在瓷夹或瓷柱上敷设	BLV 导线在瓷瓶上敷设	BLV 导线穿钢管或塑料管（明、暗敷）	BLVV 导线用卡子固定敷设	BX 导线穿钢管
有火灾危险	21 区			+	+	
	22 区			+	+	
	23 区		✓		+	
有爆炸危险	0 区					+
	1 区			+	✓	✓
	2 区			+	✓	
	10 区					
	11 区			+	✓	
外部敷设				✓	✓	

注：+—推荐采用；✓—允许采用。

①天棚内禁止采用；

②导线应采用 BLX 型；

③最好穿塑料管。

表 36-5 绝缘导线对地最小允许距离（m）

布线方式	室内		室外	
	水平敷设	垂直敷设	水平敷设	垂直敷设
瓷（塑料）夹，瓷柱	2.5	1.3	2.7	2.7
瓷瓶	2.5	1.8	2.7	2.7

注：此表适用于工业建筑。

表 36-6 室内绝缘导线固定点间及线间距离（mm）

布线方式	导线截面（mm^2）		
	1～2.5	4～10	16～25
线间最小允许距离：			
（1）瓷（塑料）夹			
（2）瓷柱	35	50	50
固定点间最大允许距离：			
（1）瓷（塑料）夹	600	800	
（2）瓷柱	1500	2000	2500

表 36-7 用瓷瓶固定在支架上布线时绝缘导线间最小允许距离（mm）

固定点间距离	室内布线	室外布线
2m 及以下	70	
6m 及以下	100	100
6m 以上	150	150

表 36-8 室外布线时绝缘导线至建筑物最小允许距离

布线方式	最小允许距离（mm）
水平敷设时的垂直距离：	
（1）在阳台，平台上和跨越建筑物屋顶	2500
（2）在窗户上	300
（3）在窗户下	800
垂直敷设时至阳台、窗户的水平距离	750
导线至墙壁和构架的距离（遮檐下除外）	50

当绝缘导线经过伸缩缝时，应在跨越处的两侧将导线固定，并应留有适当裕量。而且少贴平顶走线，多沿墙壁敷设，并要少分散而多集中走线。

照明线路穿管可采用钢管或塑料管。一般应优先采用硬塑料管或半硬塑料管。钢管一般使用电线管，但明设于潮湿场所或埋地敷设在有爆炸危险的场所应采用水煤气钢管。硬塑料管可用于有酸、碱腐蚀介质及潮湿的场所。但不应在高温和易受机械损伤场所明设。在建筑物顶棚内敷设时应采用阻燃型硬塑料管。

对暗配管应按最近的路线敷设，并应尽量减少弯曲。配管埋入抹灰层内的深度应不少于15mm。在钢铁企业高温厂房中，一定避免在辐射热严重地点的上方或钢水包、铁水包通过的地方敷设管线。

有机械损伤和立上、立下的线路均应穿管保护。

同类照明的几个回路或照明花灯的所有回路可敷设于同一管中，但管内导线不宜多于8根。不同电压等级如220V、36V、12V和不同用途如工作照明、应急照明等照明回路，其线路不应敷设在同一根管内。

导线不应在管内接头和扭结，而应在接线盒内连接。

配管的管路穿过建筑物基础时，应加保护管，当通过建筑物的伸缩沉降缝时，应装设相适应的伸缩装置。

钢管及硬塑料管采用吊架、支架或贴墙明设时(垂直或水平)，其固定点间最大允许距离见表36-9及36-10所示。

表36-9 钢管明敷固定点间最大允许距离(mm)

名称	钢管公称口径(mm)			
	15～20	25～32	40～50	70～100
电线钢管	1000	1500	2000	
水、煤气钢管	1500	2000	2500	3500

表36-10 硬塑料管明敷固定点间最大允许距离(mm)

塑料管公称口径(mm)		
20及以下	25～40	50及以上
1000	1500	2000

钢索布线适用于一般屋内、外场所。屋内的钢索布线，用于绝缘导线明敷时，应采用瓷夹、瓷柱、瓷瓶固定；用护套绝缘导线、电缆、金属管或硬塑料管布线时，可直接固定在钢索上。屋外的钢索布线，用绝缘导线明敷时，应采用瓷柱、瓷瓶固定；用电缆、金属管或硬塑料管布线时，可直接固定于钢索上。钢索布线采用的钢索，一般用镀锌钢索，而不应采用含油线芯的钢索。在潮湿或含有腐蚀性气体的场所应采用塑料护套钢索，钢索的单根钢丝直径应小于0.5mm，并应无扭曲和断股现象。钢索截面应根据其跨距、荷重和机械强度选择，最小截面不宜小于10mm²。采用圆钢作钢索时，在安装前应做调直和预伸处理。

在钢索上各种布线的支持点间距和线间距离应符合表36-11所列数值。

表36-11 钢索上各种布线的支持点间距和线间距离

布线类别	支持最大间距(mm)	距灯头盒最大距离(mm)	线间最小距离(mm)
钢管	1500	200	
硬塑料管	1000	150	
塑料护套线	200	100	
鼓形绝缘子布线	1500	100	50

36.6.2 导线截面计算及选择

36.6.2.1 照明负荷计算

照明负荷计算是以该线路连接的照明安装容量并乘以需要系数而得

$$P_{js}=K_xP_d \tag{36-1}$$

式中 P_{js}——照明计算负荷，kW；

P_d——线路上装灯容量，kW；

K_x——需要系数，对于照明支线为1；对于供电线见表36-12。

当三相负荷不平衡时

$$P_{js}=3K_xP_{dxg} \tag{36-2}$$

式中 P_{dxg}——最大一相的装灯容量，kW。

当采用各种气体放电光源时，还应计入镇流器的功率损耗。

$$P_{js}=K_xP_d(1+a) \tag{36-3}$$

式中 a——镇流器功率损耗系数，见表36-13。

表 36-12 照明负荷需要系数值

建筑物分类	需要系数 K_x
小车间	1.0
由几个大跨度组成的车间	0.95
由很多房间组成的车间	0.85
公用设施	0.9
试验室，办公楼及其他生活设施	0.8
变电所，仓库	0.6
外部照明	1.0

表 36-13 功率损耗系数

光源种类	损耗系数 a
荧光灯	0.2
荧光高压汞灯	0.07～0.3
金属卤化物灯	0.14～0.22
高压钠灯	0.12～0.2
低压钠灯	0.2～0.8
自镇流荧光高压汞灯	

36.6.2.2 线路电流计算

采用一种光源时，线路计算电流如下：白炽灯或卤钨灯照明线路：

单相线路 $$I_{js}=\frac{P_{js}}{V_{xg}} \tag{36-4}$$

三相线路 $$I_{js}=\frac{P_{js}}{\sqrt{3}V_x} \tag{36-5}$$

带有镇流器的气体放电灯照明线路：

单相线路 $$I_{js}=\frac{P_{js}}{V_{xg}\cos\varphi} \tag{36-6}$$

三相线路 $$I_{js}=\frac{P_{js}}{\sqrt{3}V_x\cos\varphi} \tag{36-7}$$

式中 V_x——额定线电压，V；

V_{xg}——额定相电压，V；

$\cos\varphi$——光源的功率因数。

采用两种混合光源时，线路计算电流应按各自不同的功率因数进行计算。如果是三相负荷，应尽量使各相上不同光源的容量相等，同时各相负荷力求平衡，计算方法如下：

解析法：

$$I_j=\sqrt{(I_{a1}+I_{a2})^2+(I_{r1}+I_{r2})^2}$$
$$=\sqrt{(I_{js1}\cos\varphi_1+I_{js2}\cos\varphi_2)^2+(I_{js1}\sin\varphi_1+I_{js2}\sin\varphi_2)^2} \tag{36-8}$$

式中 I_{js1}、I_{js2}——分别为两种光源的计算电流，A；

$\cos\varphi_1$、$\cos\varphi_2$——分别为两种光源的功率因数。

例 三相供电线路，采用混光光源，在A相上接有高压汞灯1.2kW，高压钠灯2kW，在B相、C相上均接有高压汞灯0.8kW，高压钠灯2kW，求三相电流。

解析法：

解 因A相负荷最大，故按A相计算

高压汞灯计算电流

$$I_{js1}=\frac{P_{js1}}{V_{xg}\cos\varphi_1}=\frac{1200}{220\times0.6}=9.09\text{A}$$

高压钠灯计算电流

$$I_{js2}=\frac{P_{js2}}{V_{xg}\cos\varphi_2}=\frac{2000}{220\times0.4}=22.7\text{A}$$

高压汞灯功率因数

$$\cos\varphi_1=0.6,\varphi_1=\cos^{-1}0.6=53°,$$
$$\sin\varphi_1=\sin53°=0.799$$

高压钠灯功率因数

$$\cos\varphi_2=0.4,\varphi_2=\cos^{-1}0.4=66.4°$$
$$\sin\varphi_2=\sin66.4°=0.916$$

代入式36-8

$$I_j=\sqrt{(9.09\times0.6+22.7\times0.4)^2+(9.09\times0.799+22.7\times0.916)^2}=31.5\text{A}$$

图解法：

采用图解法计算电流是根据矢量相加的原理制成。图36-13为白炽灯和荧光高压汞灯的混合电流计算图，图36-14为高压钠灯和高压汞灯混合电流计算图。使用时先将白炽灯在横轴上找到容量千瓦数，再沿斜线和由纵轴上水平引来的高压汞灯容量相交处，即为两种混光光源的计算电流。当三相负荷不平衡时，取最大一相为线路计算电流。

上面例子用图解法直接从图36-14中查得计算电流为31A。同解析法算式计算结果相接近。

36.6.2.3 导线截面选择

A 按发热量选择导线截面。

导线的发热决定于它的电阻和线路计算电流，计算电流应小于导线长期允许电流值。几种常用电缆长期连续允许电流值见表36-14和表36-15。

对于不同的环境温度及线路并列根数，表中数值

还需乘以下列校正系数：

(1) 电缆电线载流量温度校正系数，见第 31 章表 31-11；

(2) 电缆电线在空气中多根并列敷设时载流量校正系数，见第 31 章表 31-13；

(3)多根并列电缆埋地敷设时载流量校正系数，见第 31 章表 31-14；

(4) 不同土壤热阻系数的载流量校正系数，见第 31 章表 31-15；

(5) 导线穿铁管或塑料管在空气中多根并列时载流量校正系数，见第 31 章表 31-12。导线穿管管径选择，见第 31 章表 31-90～表 31-97。

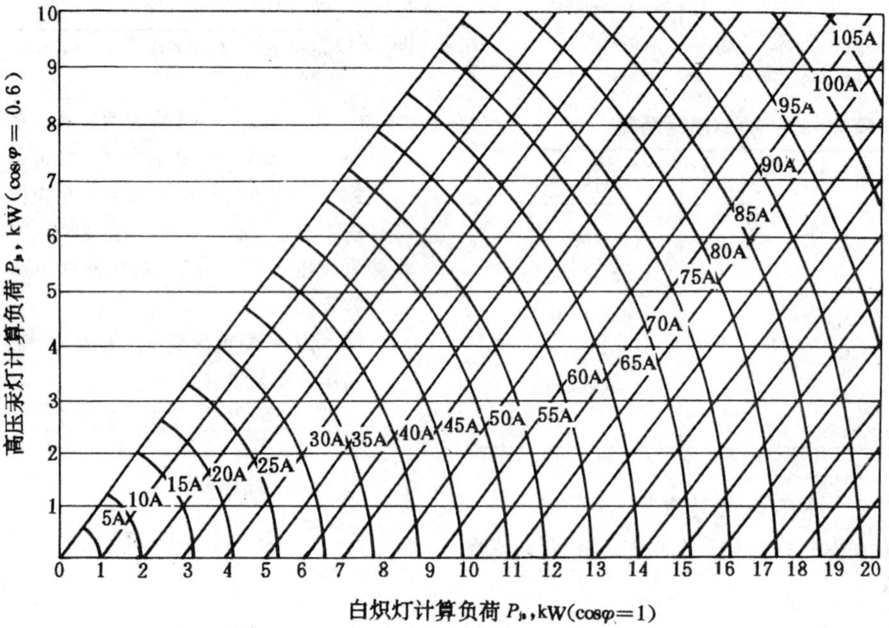

图 36-13　白炽灯和荧光灯的混合电流计算图

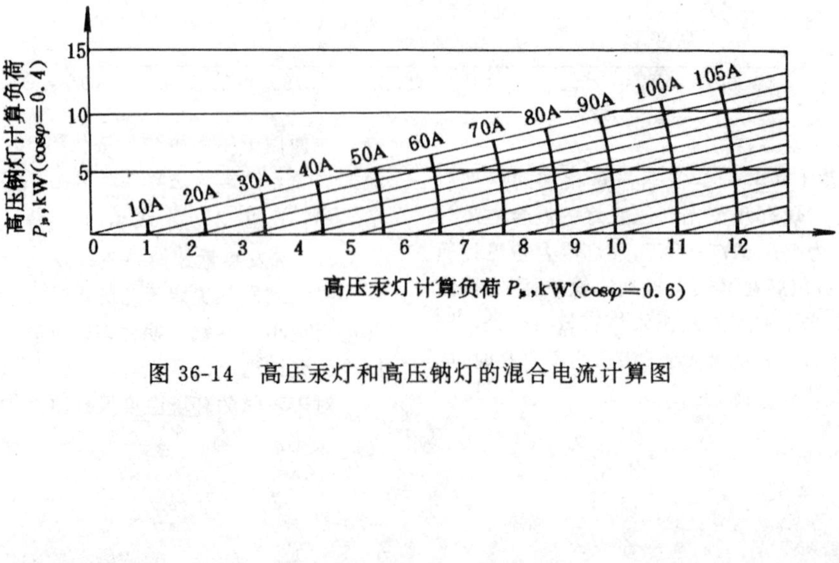

图 36-14　高压汞灯和高压钠灯的混合电流计算图

表 36-14 油浸纸绝缘电缆、聚氯乙烯绝缘电缆、橡皮绝缘电缆在空气中敷设载流量表（周围环境温度 25℃）

截面 (mm²)	长期连续负荷允许电流(A)											
	铜芯						铝芯					
	油浸纸绝缘	聚氯乙烯绝缘	橡皮绝缘				油浸纸绝缘	聚氯乙烯绝缘	橡皮绝缘			
	1kV $T=+80℃$	1kV $T=+65℃$	500V $T=+65℃$				1kV $T=+80℃$	1kV $T=+65℃$	500V $T=+65℃$			
	ZQ20、ZQ30、ZL120、ZL130、ZQP20、ZQP30 型	VV 型	XV 型	XF 型	XQ 型	XQ20 型	ZLQ20、ZLQ30、ZLL120、ZLL130、ZLQP20、ZLQP30 型	VLV 型	XLV 型	XLF 型	XLQ 型	XLQ20 型
3×2.5+1×1.5	30		24	26	25	26						
3×2.5+1×2.5							24		19	21		
3×4+1×2.5	40	29	32	35	34	35	32	22	25	27	27	27
3×6+1×4	52	38	40	44	40	44	40	29	32	35	34	35
3×10+1×6	70	51	57	62	60	61	55	40	45	49	47	48
3×16+1×6	95	68	76	84	81	83	70	53	59	65	63	64
3×25+1×10	125	92	101	112	107	109	95	71	79	87	84	85
3×35+1×10	155	115	124	136	131	133	115	89	97	107	107	104
3×50+1×16	190	144	158	173	170	169	145	111	124	136	132	133
3×70+1×25	235	178	191	209	205	205	180	136	150	164	161	161
3×95+1×35	285	218	234	254	251	251	220	168	184	200	197	197
3×120+1×35	335	252	269	292	289	288	255	195	212	230	228	227
3×150+1×50	390	297	311	337	337	333	300	228	245	266	265	263
3×185+1×50	450	341	359	388	388	382	345	263	284	307	307	303

表 36-15 油浸纸绝缘电缆、聚氯乙烯绝缘电缆、橡皮绝缘电缆埋地敷设时载流量表（土壤温度 25℃，土壤热阻系数 $\rho=0.8℃\cdot m/W$）

截面 (mm²)	长期连续负荷允许电流(A)									
	铜芯					铝芯				
	油浸纸绝缘	聚氯乙烯绝缘		橡皮绝缘		油浸纸绝缘	聚氯乙烯绝缘		橡皮绝缘	
	1kV $T=+80℃$	1kV $T=+65℃$		500V $T=+65℃$		1kV $T=+80℃$	1kV $T=+65℃$		500V $T=+65℃$	
	ZQ2、ZQ3、ZL12、ZL13、ZQP2、ZQP3 型	VV 型	VV20 型	XV29 型	XQ2 型	ZLQ2、ZLQ3、ZLL12、ZLL13、ZLQP2、ZLQP3 型	VLV 型	VLV29 型	XLV29 型	XLQ2 型
3×2.5+1×1.5	37			32	33					
3×2.5+1×2.5						28				

续表 36-15

截面(mm²)	长期连续负荷允许电流(A)									
	铜芯					铝芯				
	油浸纸绝缘	聚氯乙烯绝缘		橡皮绝缘		油浸纸绝缘	聚氯乙烯绝缘		橡皮绝缘	
	1kV $T=+80℃$	1kV $T=+65℃$		500V $T=+65℃$		1kV $T=+80℃$	1kV $T=+65℃$		500V $T=+65℃$	
	ZQ2、ZQ3、ZL12、ZL13、ZQP2、ZQP3 型	VV 型	VV20 型	XV29 型	XQ2 型	ZLQ2、ZLQ3、ZLL12、ZLL13、ZLQP2、ZLQP3 型	VLV 型	VLV29 型	XLV29 型	XLQ2 型
3×4+1×2.5	47	38	37	41	43	37	29	29		34
3×6+1×4	60	48	48	52	54	46	37	37	41	43
3×10+1×6	80	65	64	71	74	60	50	50	56	58
3×16+1×6	105	84	85	93	99	80	65	65	72	76
3×25+1×10	140	111	115	120	126	105	86	85	94	99
3×35+1×10	170	139	143	145	151	130	107	110	113	119
3×50+1×16	205	173	175	178	188	160	133	135	140	148
3×70+1×25	250	208	211	213	224	190	160	162	168	176
3×95+1×35	300	249	254	255	267	230	191	196	200	210
3×120+1×35	345	285	290	286	302	265	220	223	225	238
3×150+1×50	390	329	327	326	342	300	253	252	257	270
3×185+1×50	445	370	369	365	385	340	286	284	289	300

B　按机械强度要求选择导线截面

按机械强度要求选择导线截面时，其允许的最小导线截面见表 36-16。

C　按电压损失选择导线截面

按电压损失选择导线截面，详见本节有关内容，此处不再重述。其负荷矩表见表 36-17、36-18、36-19。电流矩表见表 36-21、36-22。

D　按保护要求选择导线截面

按保护要求选择导线截面时，所选导线截面必须满足短路时保护设备动作的要求，对于有过负荷保护的网络，导线截面应与保护设备整定电流相配合。保护装置的额定电流限值见表 36-20。

为了避免导线或电缆过热，在下列场所宜装设过负荷保护：

选用易燃外层的无保护型导线构成的照明分支回路如 BX、BLX、BXS 型电线安装在瓷柱上；

工业企业服务性房间、民用住宅、0 区、1 区、10 区有爆炸危险的厂房，虽选用有保护外层导线（如 XV、XQ 等），并敷设在钢管中，也应有过负荷保护。

E　零线（中性线）截面的选择

当三相负荷平衡时，负荷为白炽灯的网络内，其零线电流为零。在两相三线线路中，当负荷平衡时，如光源为白炽灯，则零线电流等于相线电流，所以，零线与相线截面应相等。

在气体放电灯线路中，既使三相负荷平衡，零线中也会流过三的倍数的奇次谐波电流，有可能达到或超过相电流的数值。因此，对气体放电灯供电的三相四线制照明线路，其零线截面按最大一相电流选择；

相线负荷不均衡的两相和三相线路，则零线截面应由计算确定。

表 36-16 机械强度允许的最小导线截面

导线用途及敷设条件	线芯最小截面(mm²)		
	铜芯软线	铜线	铝线
照明用灯头引线			
工业厂房	0.5①	0.8	2.5
民用建筑	0.4①	0.5	1.5
室　外	1.0	1.0	2.5
移动式用电设备			
生活用	0.2		
生产用	1.0		
用绝缘物固定明敷的绝缘导线，固定点间距：			
1m 以下			
室内		1.0	1.5
室外		1.5	2.5
1～2m			
室内		1.0	2.5
室外		1.5	2.5
3～6m		2.5	4.0
7～12m		2.5	6.0
接户线			
10m 以下		2.5	4.0
10～25m		4.0	6.0
绝缘导线和电缆穿管敷设	1.0	1.0	2.5
固定敷设的护套线及电缆		1.0	2.5
厂区架空线		6.0	16
接地线			
裸导线		4.0	6.0 （钢：$D=5mm$ —户内安装 $D=6mm$ —户外安装）
绝缘线		1.5	2.5
电缆的接地芯或与相线包在同一保护外壳内的多芯导线的接地芯		1.0	1.5

①灯具用吊链或钢管悬挂时，可适当减小截面。

表 36-17 380/220V 系统铝导线负荷矩(kW·m)

导线电压降 ΔU%	三相带零线											
	导线截面(mm²)											
	2.5	4	6	10	16	25	35	50	70	95	120	150
0.2	25	40	60	100	160	250	350	500	700	950	1200	1500
0.4	50	80	120	200	320	500	700	1000	1400	1900	2400	3000
0.6	75	120	180	300	480	750	1050	1500	2100	2850	3600	4500
0.8	100	160	240	400	640	1000	1400	2000	2800	3800	4800	6000
1.0	125	200	300	500	800	1250	1750	2500	3500	4750	6000	7500
1.2	150	240	360	600	960	1500	2100	3000	4200	5700	7200	9000
1.4	175	280	420	700	1120	1750	2450	3500	4900	6650	8400	10500
1.6	200	320	480	800	1280	2000	2800	4000	5600	7600	9600	12000
1.8	225	360	540	900	1440	2250	3150	4500	6300	8550	10800	13500
2.0	250	400	600	1000	1600	2500	3500	5000	7000	9500	12000	15000
2.2	275	440	660	1100	1760	2750	3850	5500	7700	10450	13200	16500
2.4	300	480	720	1200	1920	3000	4200	6000	8400	11400	14400	18000
2.6	325	520	780	1300	2080	3250	4550	6500	9100	12350	15600	19500
2.8	350	560	840	1400	2240	3500	4900	7000	9800	13300	16800	21000
3.0	375	600	900	1500	2400	3750	5250	7500	10500	14250	18000	22500
3.2	400	640	960	1600	2560	4000	5600	8000	11200	15200	19200	24000
3.4	425	680	1020	1700	2720	4250	5950	8500	11900	16150	20400	25500
3.6	450	720	1080	1800	2880	4500	6300	9000	12600	17100	21600	27000
3.8	475	760	1140	1900	3040	4750	6650	9500	13300	18050	22800	285000
4.0	500	800	1200	2000	3200	5000	7000	10000	14000	19000	24000	30000
4.2	525	840	1260	2100	3360	5250	7350	10500	14700	19950	25200	31500
4.4	550	880	1320	2200	3520	5500	7700	11000	15400	20900	26400	33000
4.6	575	920	1380	2300	3680	5750	8050	11500	16100	21850	27600	34500
4.8	600	960	1440	2400	3840	6000	8400	12000	16800	22800	28800	36000
5.0	625	1000	1500	2500	4000	6250	8750	12500	17500	23750	30000	37500

表 36-18 380/220V 系统铝导线负荷矩(kW·m)

导线电压降 ΔU%	单相带零线						两相带零线						
	导线截面(mm²)												
	2.5	4	6	10	16	25	2.5	4	6	10	16	25	35
0.2	4	7	10	17	26	41	11	18	26	44	70	110	154
0.4	8	13	20	33	53	83	22	35	53	88	140	220	308

续表 36-18

导线电压降 ΔU %	单相带零线						两相带零线						
	导线截面(mm²)												
	2.5	4	6	10	16	25	2.5	4	6	10	16	25	35
0.6	12	19	30	50	79	124	33	53	79	132	210	330	460
0.8	16	26	40	66	106	166	44	71	105	176	280	440	620
1.0	20	33	50	83	133	207	55	88	132	220	350	550	770
1.2	25	39	60	100	160	248	66	106	158	264	420	660	920
1.4	29	46	70	116	185	290	77	123	185	308	490	770	1080
1.6	33	53	80	133	212	331	88	141	210	352	560	880	1240
1.8	37	59	90	150	238	373	99	158	237	396	630	990	1400
2.0	41	66	100	160	266	415	110	176	265	440	700	1100	1540
2.2	45	73	110	183	292	456	121	194	290	484	770	1210	1700
2.4	49	79	120	200	320	498	132	212	315	528	840	1320	1850
2.6	53	85	130	217	346	539	143	228	340	572	910	1430	2000
2.8	58	93	140	234	372	581	154	246	370	616	980	1540	2160
3.0	62	100	150	250	398	622	165	264	395	660	1050	1650	2300
3.2	66	105	160	267	424	664	176	282	425	704	1120	1760	2500
3.4	70	113	170	284	450	705	187	300	450	748	1190	1870	2630
3.6	74	120	180	300	477	747	198	318	475	792	1260	1980	2800
3.8	78	125	190	316	503	788	209	336	500	836	1330	2090	2950
4.0	83	133	200	333	530	830	220	354	530	880	1400	2200	3100
4.2	81	140	210	350	556	871	231	372	550	924	1470	2310	3250
4.4	91	146	220	366	582	913	242	387	580	960	1540	2420	3400
4.6	95	153	230	382	610	954	253	405	610	1012	1610	2530	3550
4.8	99	160	240	399	636	996	264	423	630	1056	1680	2640	3700
5.0	103	165	250	416	662	1037	275	440	660	1100	1750	2750	3850

表 36-19 低电压系统铝导线负荷矩(kW·m)

电压损失 ΔU %	直流和单相 12V					直流和单相 36V					三相 36V				
	导线截面(mm²)														
	2.5	4	6	10	16	2.5	4	6	10	16	2.5	4	6	10	16
1	0.06	0.10	0.15	0.25	0.40	0.55	0.88	1.32	2.20	3.52	1.1	1.76	2.64	4.4	7
2	0.13	0.20	0.30	0.50	0.80	1.10	1.76	2.64	4.40	7.04	2.2	3.5	5.3	8.8	14
3	0.19	0.30	0.45	0.75	1.20	1.65	2.64	3.96	6.60	10.6	3.3	5.3	7.9	13.2	21
4	0.25	0.40	0.60	1.0	1.60	2.20	3.52	5.28	8.80	14.1	4.4	7	10.6	17.6	28
5	0.31	0.50	0.75	1.25	2.0	2.75	4.40	6.60	11.0	17.6	5.5	8.8	13.2	22	35

续表 36-19

电压损失 ΔU %	直流和单相 12V					直流和单相 36V					三相 36V				
	导线截面(mm^2)														
	2.5	4	6	10	16	2.5	4	6	10	16	2.5	4	6	10	16
6	0.38	0.60	0.90	1.50	2.40	3.30	5.28	7.92	13.2	21.1	6.6	10.6	15.8	26	42
7	0.44	0.70	1.05	1.75	2.80	3.85	6.16	9.24	15.4	26.2	7.7	12.3	18.5	31	49
8	0.50	0.80	1.20	2.0	3.20	4.40	7.04	10.6	17.6	28.2	8.8	14.1	21	35	56
9	0.56	0.90	1.30	2.25	3.60	4.95	7.92	11.9	18.8	31.7	9.9	15.8	24	40	63
10	0.63	1.00	1.50	2.5	4.0	5.50	8.80	13.2	22.0	35.2	11	17.6	26	44	70

表 36-20 保护装置额定电流限值

保护设备类型	荧光灯、白炽灯、卤钨灯、金属卤化物灯灯泡额定工作电流(A)	汞 灯	高压钠灯
熔断器 RL1 型	I_e	$1.3\sim1.7I_e$	$1.5I_e$
熔断器 RC1 型	I_e	$1\sim1.5I_e$	$1.1I_e$
自动开关带热脱扣器	I_e	$1.1I_e$	I_e
自动开关带瞬时脱扣器	I_e	I_e	I_e

表 36-21 380/220V 三相四线网络电流矩 1A·km 时的电压损失 ΔU %

网络结构型式	截面(mm^2)	功率因数						
		0.4	0.5	0.6	0.7	0.8	0.9	1.0
铝芯电缆和铝导线穿管	2.5	2.46	3.1	3.7	4.3	4.9	5.5	6.05
	4	1.56	1.94	2.31	2.69	3.06	3.44	3.8
	6	1.05	1.3	1.55	1.8	2.09	2.30	2.53
	10	0.64	0.77	0.94	1.09	1.23	1.38	1.51
	16	0.41	0.5	0.60	0.69	0.78	0.87	0.95
	25	0.275	0.33	0.39	0.45	0.505	0.56	0.60
	35	0.205	0.245	0.285	0.34	0.37	0.405	0.43
	50	0.15	0.18	0.22	0.235	0.29	0.285	0.30
	70	0.12	0.14	0.155	0.175	0.19	0.21	0.22
	95	0.09	0.105	0.125	0.135	0.145	0.155	0.16
	120	0.08	0.09	0.1	0.11	0.12	0.13	0.13

续表 36-21

网络结构型式	截面 (mm^2)	功率因数						
		0.4	0.5	0.6	0.7	0.8	0.9	1.0
铝导线在瓷柱和瓷瓶上敷设	2.5	2.57	3.22	3.76	4.35	4.93	5.53	6.05
	4	1.66	2.03	2.4	2.77	3.13	3.49	3.8
	6	1.15	1.4	1.635	1.88	2.15	2.341	2.58
	10	0.734	0.856	1.02	1.16	1.295	1.424	1.515
	16	0.58	0.59	0.675	0.76	0.84	0.91	0.95
	25	0.36	0.41	0.465	0.515	0.56	0.60	0.605
	35	0.285	0.32	0.36	0.39	0.42	0.44	0.435
	50	0.23	0.25	0.275	0.295	0.31	0.32	0.30
	70	0.19	0.205	0.22	0.23	0.24	0.245	0.215
	95	0.16	0.17	0.18	0.19	0.195	0.19	0.16
	120	0.15	0.155	0.16	0.16	0.16	0.16	0.13
架空铝导线	16	0.55	0.585	0.66	0.74	0.81	0.87	0.89
	25	0.37	0.42	0.465	0.51	0.55	0.58	0.57
	35	0.30	0.33	0.365	0.39	0.415	0.42	0.41
	50	0.245	0.27	0.285	0.30	0.315	0.32	0.285
	70	0.21	0.22	0.235	0.24	0.25	0.245	0.20
	95	0.185	0.19	0.20	0.20	0.20	0.19	0.15
	120	0.17	0.175	0.18	0.18	0.175	0.165	0.12

表 36-22 220V 单相网络电流矩为 1A·km 时的电压损失 ΔU%

网络结构型式	截面 (mm^2)	功率因数						
		0.4	0.5	0.6	0.7	0.8	0.9	1.0
铝芯电缆和导线穿管	2.5	4.25	5.35	6.4	7.44	8.46	9.5	10.5
	4	2.70	3.36	4	4.65	5.29	5.95	6.56
	6	1.815	2.25	2.68	3.12	3.62	3.98	4.37
	10	1.107	1.33	1.625	1.885	2.13	2.39	2.62
	16	0.71	0.865	1.04	1.18	1.349	1.50	1.64
	25	0.475	0.57	0.675	0.775	0.87	0.97	1.04
	35	0.354	0.424	0.493	0.57	0.64	0.70	0.74

续表 36-22

网络结构型式	截面(mm²)	功率因数						
		0.4	0.5	0.6	0.7	0.8	0.9	1.0
铝导线在瓷柱和瓷瓶上敷设	2.5	4.45	5.61	6.5	7.52	8.52	9.56	10.5
	4	2.88	3.51	4.15	4.8	5.41	6.04	6.56
	6	1.99	2.42	2.83	3.26	3.72	4.05	4.37
	10	1.27	1.48	1.765	2.01	2.24	2.46	2.62
	16	0.865	1.02	1.165	1.31	1.45	1.57	1.64
	25	0.635	0.71	0.804	0.89	0.965	1.04	1.04
	35	0.494	0.555	0.624	0.675	0.725	0.76	0.74
架空铝导线	16	0.95	1.01	1.14	1.28	1.4	1.5	1.64
	25	0.64	0.725	0.804	0.883	0.95	1.0	1.05
	35	0.52	0.57	0.631	0.675	0.718	0.725	0.74
	50	0.425	0.467	0.493	0.52	0.545	0.55	0.493

注：表 36-21，36-22 黑框内电压损失值受感抗影响较大，必须按电流矩法计算，黑框外可按近似地负荷矩法计算。

36.6.2.4 电压损失计算

A 照明网络允许电压损失值计算

线路末端的电压损失，是由负荷电流在变压器内部和线路上所引起的。照明网络中允许的电压损失可用下式计算

$$\Delta U\% = \Delta U_0\% + \Delta U_s\% - a\Delta U_T\% \tag{36-9}$$

式中 $\Delta U\%$——线路中电压损失允许值；

$\Delta U_0\%$——变压器空载电压高于额定电压值，一般按 5% 考虑；

$\Delta U_s\%$——灯泡允许电压损失值；

a——变压器空载电压与线路额定电压之比，即为$\frac{U_0}{U_e}$；

$\Delta U_T\%$——负荷电流在变压器绕组内引起的电压损失值。

电压损失 $\Delta U_T\%$ 可近似按下式计算：

$$\Delta U_T\% = \frac{S_2}{S_e}(U_r\cos\varphi_2 + U_x\sin\varphi_2) \tag{36-10}$$

式中 S_e——变压器额定容量，kVA；

S_2——变压器实际负荷，kVA；

$\cos\varphi_2$——变压器二次绕组端子上功率因数；

U_r、U_x——分别为变压器短路电压的有功电压和无功电压百分数，%。

U_r、U_x 可由下式计算

$$U_r = \frac{P}{10S_e} \tag{36-11}$$

$$U_x = \sqrt{U^2 - U_r^2} = \sqrt{U^2 - \left(\frac{P}{10S_e}\right)^2} \tag{36-12}$$

式中 U——变压器短路电压，%；

P——变压器额定负荷时短路损耗，W。

综合上述，36-9 式可写成：

$$\Delta U\% = \Delta U_0\% + \Delta U_s\% - \frac{V_0}{V_e} \times \left\{\frac{S_2}{S_e}\left[\frac{P}{10S_e}\cos\varphi_2 + \sqrt{U^2 - \left(\frac{P}{10S_e}\right)^2}\sin\varphi_2\right]\right\}\% \tag{36-13}$$

例 一台 SL7 型铝线变压器，$S_e = 1000$kVA，$\cos\varphi_2 = 0.6$，$S_2 = 900$kVA，给照明负荷供电。当灯泡允许电压损失 $\Delta U_s\%$ 为 2.5% 时，求线路上允许的电压损失。

解 从变压器产品目录中查出 SL7 型 1000kVA 铝线变压器的短路电压 U 为 4.5%，短路损耗 P 为 11600W，$\Delta U_0\%$ 按 5% 考虑。

将已知各数据代入式 36-13 中

$$\Delta U\% = 5\% + 2.5\% - \frac{230}{220}\left\{\frac{900}{1000}\left[\frac{11600}{10\times1000}\times 0.6 + \sqrt{4.5^2 - \left(\frac{11600}{10\times1000}\right)^2}\times 0.8\right]\right\}\%$$

$$= 3.5\%$$

当 SJL1 变压器负荷率为 0.9 时，灯泡额定电压损

失按 2.5%计算时，各种不同容量变压器在不同功率因数时，线路上允许电压损失见表 36-23。

B 线路电压损失计算

线路电压损失的计算，应了解负荷大小、线路长度、功率因数、导线种类及其敷设方式等，再根据计算电流和电流矩的电压损失，选择出适宜的导线截面。

表 36-23 SJL1 变压器负荷率为 0.9 时照明线路上允许电压损失(%)

<table>
<tr><th rowspan="2">变压器容量(kVA)</th><th colspan="7">总负荷的功率因数</th></tr>
<tr><th>1</th><th>0.9</th><th>0.8</th><th>0.7</th><th>0.6</th><th>0.5</th><th>0.4</th></tr>
<tr><td>20</td><td rowspan="2">5.0</td><td rowspan="2">4.0</td><td rowspan="9">4.0</td><td rowspan="15">4</td><td rowspan="15">4</td><td rowspan="15">4</td><td rowspan="15">4</td></tr>
<tr><td>30</td></tr>
<tr><td>40</td><td rowspan="5">5.5</td><td rowspan="9">4.5</td></tr>
<tr><td>50</td></tr>
<tr><td>63</td></tr>
<tr><td>80</td></tr>
<tr><td>100</td></tr>
<tr><td>125</td><td rowspan="10">6.0</td></tr>
<tr><td>160</td></tr>
<tr><td>200</td></tr>
<tr><td>250</td><td rowspan="6">4.5</td></tr>
<tr><td>315</td><td rowspan="4">5.0</td></tr>
<tr><td>400</td></tr>
<tr><td>500</td></tr>
<tr><td>630</td></tr>
<tr><td>800</td><td rowspan="4">4.5</td><td rowspan="4">4</td><td rowspan="4">3.5</td><td rowspan="4">3.5</td><td rowspan="4">3.5</td><td rowspan="4">3.5</td></tr>
<tr><td>1000</td></tr>
<tr><td>1250</td><td rowspan="2">6.5</td></tr>
<tr><td>1600</td></tr>
</table>

注：当灯泡允许电压损失不为额定电压的 2.5%时，表列数值应相应增减。

(1)单相线路的电压损失计算：在单相线路中，由于负荷电流流过相线和中性线，因此中性线的电阻和感抗也将造成电压损失。电压损失计算可写成：

$$\Delta U\% = \frac{2\times 100}{U_{xg}}\Sigma(r\cos\varphi + x\sin\varphi)I_{js}L = \Sigma\Delta U\% I_{js}L \tag{36-14}$$

式中 r、x——线路单位长度的电阻和感抗值，Ω/km；

$\cos\varphi$——线路功率因数；

L——线路长度，km；

$\Delta U\%$——线路每安·公里的电压损失，A·km；

U_{xg}——额定线电压，V；

I_{js}——线路计算电流，A。

(2)三相四线制平衡线路的电压损失计算：

$$\Delta U\% = \frac{\sqrt{3}\times 100}{U_{xg}}\Sigma(r\cos\varphi + x\sin\varphi)I_{js}L = \Sigma\Delta U\% I_{js}L \tag{36-15}$$

式中 U_{xg}——额定线电压，V。

例 一照明线路，电压 380/220V，已知线路计算电流为 25.67A，功率因数为 0.6，线路长度为 100m，如线路压降要求在 2.5%以内，求线路导线截面，按铝线穿管计算。

解 按公式 36-15 计算，首先计算 $I_{js}L$：

$$I_{js}L = 25.67\times 0.1 = 2.567\text{A}\cdot\text{km}$$

查表 36-21 选用 10mm^2 导线每 A·km 的电压损失为 0.94，代入式 36-15 得：

$$\Delta U\% = \Sigma\Delta U\% I_{js}L = 0.94\times 2.567 = 2.42\%$$

线路电压损失及导线载流量均满足要求。

C 电压损失的简化计算

如果设计中选用白炽灯或卤钨灯等光源，线路负荷功率因数 $\cos\varphi=1$，且负荷为均匀分布时，则单相线路电压损失可按下式计算：

$$\Delta U\% = \frac{2\times 100}{U_{xg}}\Sigma I_{js}rL \tag{36-16}$$

导线和电缆单位有效电阻按下式决定：

$$r = \frac{1}{\gamma S}$$

式中 r——单位有效电阻，Ω/m；

γ——电导率，$\text{m}/\Omega\cdot\text{mm}^2$；

S——线路截面，mm^2。

线路计算电流按下式决定：

$$I_{js} = \frac{P}{U_{xg}}\times 10^3$$

式中 P——线路负荷，W。

则式36-16可写成

$$\Delta U\% = \frac{2\times 10^5}{U_{xg}^2\gamma S}\Sigma PL = \frac{\Sigma PL}{CS} = \frac{\Sigma M}{CS} \tag{36-17}$$

式中 M——负荷矩，kW·m，即负荷 P 与线路长度 L 的乘积；

C——计算系数，不同电压和导线材料的 C 值列于表36-24。

表 36-24 电压损失计算公式中 C 值

线路额定电压（V）	供电系统	C 值计算公式	C 值	
			铜	铝
380/220	三相四线	$\frac{3\gamma U^2}{10^5}\times 10^6$	83×10^6	50×10^6
220	单相或直流	$\frac{\gamma U^2}{2\times 10^5}\times 10^6$	14×10^6	8.3×10^6
380/220	三相四线不平衡系统	$\frac{\gamma U^2}{10^5}\times 10^6$	28×10^6	16.6×10^6
36 24 12	单相或直流	$\frac{\gamma U^2}{2\times 10^5}\times 10^6$	0.37×10^6 0.165×10^6 0.04×10^6	0.21×10^6 0.1×10^6 0.025×10^6

D 导体最小金属消耗量的计算

为使线路金属消耗量为最小，照明网络应按最小金属消耗量的方法进行计算。此时照明网络各段线路上分配的电压损失值需在计算过程中决定。在实际工作中可采用下述按换算负荷矩比例分配导线截面的简化计算方法。

当 $\cos\varphi=1$时照明网络的计算，当计算有支线的照明网络的导线截面时，可用下列公式

$$M_c=\Sigma M+\Sigma am \qquad (36\text{-}18)$$

$$S=\frac{M_c}{C\Delta U\%} \qquad (36\text{-}19)$$

式中 ΣM——该线段沿电流方向所有导线数相同的接续线段的负荷矩总和，kW·m；

Σm——与该线段的导线数不同的通过该线段的负荷矩总和，kW·m；

a——负荷矩换算系数，见表36-25；

M_c——换算负荷矩；

C——计算系数；

$\Delta U\%$——由该线段起点至线路终点（即至线路最远的灯泡）的允许电压损失。

例 一照明线路采用橡皮绝缘铝线，线路电压380/220V，允许电压损失 $\Delta U\%=3.5\%$，$\cos\varphi=1.0$，线路负荷分布如图36-15所示，试求在最小金属消耗量条件下的线路截面和线路各段实际电压损失值。

表 36-25 负荷矩换算系数

供电干线	分支回路	负荷矩系数 a	备 注
三相四线	单相	1.85	中性线50%
同上	单相	1.74	中性线100%
同上	二相带零	1.39	中性线50%
同上	二相带零	1.31	中性线100%
同上	三相带零	1.00	中性线100%

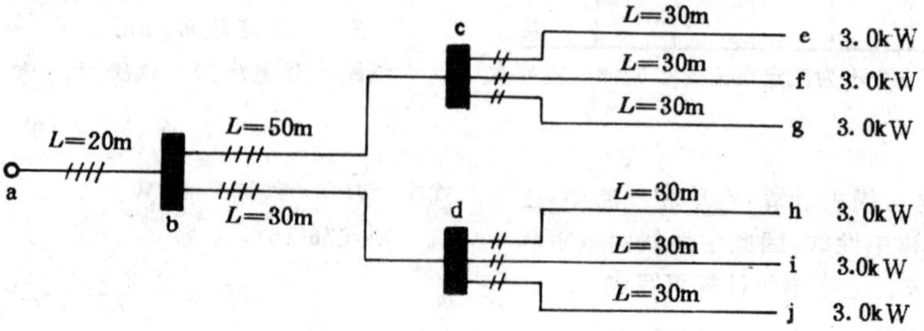

图36-15 用简化法求导线材料最小消耗量典型计算系统图

解 当不计入负荷需要系数时

$M_{ab}=18\times20=360\quad kW\cdot m$

$M_{bc}=9\times50=450\quad kW\cdot m$

$M_{bd}=9\times30=270\quad kW\cdot m$

$m_{ce}=3\times30=90\quad kW\cdot m$

$m_{cf}=3\times30=90\quad kW\cdot m$

$m_{cg}=3\times30=90\quad kW\cdot m$

$m_{dh}=3\times30=90\quad kW\cdot m$

$m_{di}=3\times30=90\quad kW\cdot m$

$m_{dj}=3\times30=90\quad kW\cdot m$

查表36-25得 $a=1.85$。

对于ab线段：

$$\begin{aligned}M_c&=M_{ab}+M_{bc}+M_{bd}+a(m_{ce}+m_{cf}+m_{cg}+m_{dh}+m_{di}+m_{dj})\\&=360+450+270+1.85(90+90+90+90+90+90)\\&=2079\quad kW\cdot m\end{aligned}$$

查表36-17当要求 $\Delta U\%=3.5$，负荷矩为2079kW·m 时，选择 $S_{ab}=16mm^2$。$M_{ab}=360kW\cdot m$，$\Delta U_{ab}\%=0.6$。

则从 b 点到线路终点的允许电压损失为 $\Delta U\%-\Delta U_{ab}\%=3.5-0.6=2.9$。

对于 bc 线段

$$\begin{aligned}M_c&=M_{bc}+a(m_{ce}+m_{cf}+m_{cg})\\&=450+1.85(90+90+90)\\&=949.5kW\cdot m\end{aligned}$$

查表36-17当要求允许电压损失为2.9%时，选择 $S_{bc}=10m^2$。$M_{bc}=450kW\cdot m$，$\Delta U_{bc}\%=1.0$。

则从C点到线路终点的允许电压损失为2.9%－1.0%＝1.9。

对于 ce 线段：

$m_{ce}=90kW\cdot m$，查表36-18，选择 $S_{ce}=6mm^2$，$\Delta U_{ce}\%=1.8$。

从 a 点至 e 点的电压损失为

$$\Delta U_{ab}\%+\Delta U_{bc}\%+\Delta U_{ce}\%=0.6+1.0+1.8=3.4$$

在允许范围之内。

同理：$S_{cf}=6mm^2$，　$\Delta U_{cf}\%\approx1.8$；

$S_{cg}=6mm^2$，　$\Delta U_{cg}\%\approx1.8$；

$S_{bd}=6mm^2$，　$\Delta U_{bd}\%\approx1.0$；

$S_{dh}=6mm^2$，　$\Delta U_{dh}\%\approx1.8$；

$S_{di}=6mm^2$，　$\Delta U_{di}\%\approx1.8$；

$S_{dj}=6mm^2$，　$\Delta U_{dj}\%\approx1.8$。

参考文献

[1]北京钢铁设计院等编，钢铁企业电力设计参考资料，下册，冶金工业出版社，1976.

[2]赵振民主编，航空工业部第四规划设计研究院，照明工程设计手册，天津科学技术出版社，1983.

[3]机械工程手册　电机工程手册编辑委员会编，电机工程手册，机械工业出版社，1982.

[4]李恭慰等编著，混光照明设计手册，中国建筑工业出版社，1990.

第37章

电　修

企业电气维修系统除电机、变压器修理、备品备件加工制造(以下简称电修)之外，还包括变电所及线路维修、电工仪表维修、继电保护整定、电气传动调整等。本章只针对电修进行阐述，其他不属本章范围。

37.1　概述

37.1.1　电修的生产性质

电修是为保证企业正常生产，对企业拥有的电机、变压器在运行中损坏后或计划检修的修理，通过修理恢复其原有技术性能。因此电修是保证企业持续生产的重要组成部分之一。

由于电修的上述生产性质，便决定了它的生产任务是修理，而不是制造，是为企业正常生产服务。

同时，一个企业拥有的电控设备中的电器元件，其种类和数量繁多，电修的备品备件加工制造不可能是包罗万象的，只能是局限于某些制造工艺较为简单，易于损坏且需要量又大的电器元件中的铁芯、线圈、触点、弹簧等零件。

37.1.2　电修的规模及其装备水平

37.1.2.1　规模的划分

电修的规模取决于钢铁企业的规模，但钢铁企业的规模大小相差甚为悬殊，车间组成也千差万别，因此电修的规模不能按钢的年产量来划分。

现代钢铁企业又有一个共同点，越是产量高、技术先进、自动化水平高的企业，其电机、变压器拥有量相应越多，单机容量也相差很大。因此，结合当前钢铁企业技术发展的水平，以企业拥有或可能安装的电机、变压器总台数作为划分电修型类的依据。现将电修规模划分为三型七类，见表37-1。

表 37-1　电修型类划分

电修型类		电机台数	变压器台数
大型	Ⅰ	25000以上	1500以上
	Ⅱ	20000～25000	1000～1500
	Ⅲ	15000～20000	500～1000
中型	Ⅳ	10000～15000	100～500
	Ⅴ	5000～10000	50～100
小型	Ⅵ	2000～5000	20～50
	Ⅶ	2000以下	20以下

下文所提到的大型、中型、小型电修，均指上述范围而言。

37.1.2.2　装备水平

电修属于非批量生产单位，因此，其装备水平只能在这一前提下考虑，但应尽可能地提高其工艺设备的完善程度和机械化程度，以提高修理的质量和产量。

电修的装备水平按下述原则考虑：

(1)大型电修应设置较为完善的工艺系统，不仅可以承担绝大部分电机、变压器的全工艺过程的修理，还应考虑具有一定的电器备件加工制造能力。

(2) 中型电修可以承担中、小型交、直流电机和变压器的全工艺过程的修理，在上级主管部门或企业有明确文件要求时，方能考虑大型交、直流电机的修理和一定数量的电器备件加工制造能力。

(3) 小型电修只考虑低压小型交流电机和变压器全工艺过程的修理。

(4)无论何种型类的电修，均不包括废旧电磁线的再制、变压器油的再生及电控装置的制造。

(5)电修装备的机械设备，其利用率较低，因此应根据调查分析确定。一般设备利用率低于20%者可不予设置，但对修理质量确有较大影响或企业的关键电机、变压器的修理需用的机械设备则不受此限。

37.2 电修设计一般原则

37.2.1 设计依据

37.2.1.1 指导性文件

指导性文件有：

(1) 上级有关指示性文件；

(2) 企业的有关设计委托任务书；

(3) 已批准的高阶段设计文件；

(4) 下一阶段设计需对上一阶段设计内容作出重大修改或补充时，应有主管部门的批文。

上述(1)、(2)两项应包括电修生产任务范围或修理范围的具体内容。

37.2.1.2 设计条件

A 新建企业的电修设计条件

上级文件或企业设计委托任务书应明确写明在电修厂内可修理的最大电机、变压器的容量。

B 改、扩建的电修设计条件

改、扩建的电修，企业设计委托任务书应提供：

(1)企业已有的电机情况，包括：高压交流电机容量范围及总台数；低压交流电机容量范围及总台数；直流电机容量范围及总台数。

(2)企业已有的变压器情况，包括：电力变压器容量及总台数；电炉变压器容量范围及总台数；整流变压器容量范围及总台数。

(3)在电修厂内修理的最大电机、变压器的容量。

C 应与企业协商确定的设计条件

应与企业协商确定的设计条件包括：

(1) 企业电机年平均检修率 K_m；

(2) 企业电力变压器年平均检修率 K_c；

(3) 企业电炉变压器年平均检修率 K_F；

(4) 企业整流变压器年平均检修率 K_Z。

37.2.2 厂址选择

电修的厂址选择一般需遵循下列几点：

(1)位于企业内金属粉尘、烟尘、尘土较少的地区；

(2) 尽可能远离噪音、震动较大的地区；

(3)便于公路运输，对于需要铁路运输的大型电修易于铁路接轨的地区；

(4)靠近企业的机修区，对于轧钢车间较多的大型联合企业，建议靠近轧钢区；

(5)应留有一定的发展余地，设计中可按下述原则考虑：

1) 主厂房是单跨或两跨的厂房，应留有扩建一跨的场地；

2) 主厂房是三跨的厂房，应预留两端或一端可以扩建的场地；

3) 其他建筑物的四周，亦应留有扩建的场地；

4) 整个电修的厂区，其建筑系数最好不超过0.35～0.5。

37.2.3 车间组成

无论电修规模大小，一般由下列部分组成：

(1) 吹灰、清洗；

(2) 钳工拆卸、修理和装配；

(3) 线圈绕制；

(4) 嵌线与绑扎；

(5) 绝缘处理和干燥浸漆；

(6) 备件加工制造；

(7) 变压器油处理及贮存；

(8) 电气试验检查；

(9) 机械加工及锻焊；

(10) 成品、原材料仓库和汽车库；

(11) 生活福利及办公设施。

37.2.4 协作原则

所有钢铁企业的电修，由于修理品种繁多，某些工艺设备利用率很低，因此电修配备的工艺设备，不可能也不应当包罗万象，而应当充分考虑在企业内、外协作，以克服装备种类上的不足。

协作的原则如下：

(1)通用性较强、利用率极低而又不是电修工艺的专用设备应首先考虑协作；

(2) 大型机械加工件、锻件、铸件应考虑与企业内部的机修设施协作；

(3) 电镀件应考虑在企业内部或外部协作；

(4) 中型Ⅴ类和小型电修的机械加工除设置部分小型金属切削机床外，应较多地考虑企业内部的协作；

(5) 超出电修厂内部修理能力的电机、变压器应考虑与企业外部协作。

37.3 电修的主要生产大纲

37.3.1 主要生产工艺

37.3.1.1 电机修理主要工艺

需要修理的电机，大体上有下列主要工艺内容：

(1) 外观检查，找出缺陷；

(2) 解体，抽出转子（或电枢）；

(3) 吹灰或清洗；

(4) 需要更换线圈者，拔出定、转子故障绕组；

(5) 机械修理；

(6) 线圈绕制及线圈成形；

(7) 嵌线和绑扎；

(8) 干燥浸漆；

(9) 装配；

(10) 检查试验（含半成品及成品）；

(11) 合格成品表面喷漆。

37.3.1.2 变压器修理主要工艺

需要修理的变压器，大体上有下列主要工艺内容：

(1) 外观检查，判断缺陷；

(2) 吊芯检查；

(3) 检查散热器、温度计、瓦斯继电器等附件；

(4) 放出变压器油并化验油质；

(5) 铁芯及油箱冲洗，擦拭绝缘套管；

(6) 线圈绕制及绝缘包扎；

(7) 干燥和浸油；

(8) 变压器油过滤处理；

(9) 铁芯装配；

(10) 外壳装配及注油；

(11) 检查试验（含半成品及成品试验）。

37.3.2 生产大纲的含义

所谓生产大纲，系指电修每年的修理工作量及可修理的最大电机、变压器容量。对于前者，包括：每年大修、中修各种类型电机、变压器的台数；制造电器备件的件数及变压器油的处理量等。

37.3.3 确定生产大纲的要素

确定生产大纲，必须有下列几个方面的依据：

(1) 准确掌握企业所拥有的各种类型电机及变压器的数量。要做到这点，有两种可能：

1) 对于新建企业，在各阶段设计中从有关专业所提供的设计资料中进行细致的统计分析。

2) 对于改、扩建企业的电修或单独委托设计的电修，企业原有生产设施所拥有的电机、变压器应由企业提供，或与企业的有关部门联合搜集，所取得的数据，应得到企业正式认可文件。而改扩建新增加的生产设施所拥有的电机、变压器数量，仍从有关专业提供的资料中进行统计。

(2) 电修厂内修理的最大电机、变压器的规格。

(3) 企业内、外部协作条件及内容。

37.3.4 电机、变压器年修理量的计算

电修的年修理量是确定电修生产大纲的重要原始条件。如何计算其年修理量，关键有两条，一是准确掌握企业所拥有或可能安装的各种类型电机、变压器总台数；二是合理地确定年检修率。

电修年修理量的计算推荐下列两种方法：综合指标法；等效大修台数法。

37.3.4.1 综合指标法

综合指标法只考虑总台数及年检修率，不区分大修、中修，对于电机，也不作分类及区分容量大小；对于变压器，只区分用途，如电力、整流或电炉变压器，不区分容量。

计算公式如下：

(1) 电机年修理量的计算

$$n_m = [N_m(1 + K_{m1})]K_m \qquad (37\text{-}1)$$

式中 n_m——电机年修理台数，台；

N_m——企业拥有或可能安装的电机总台数；

K_{m1}——未预见系数，可取0.1～0.5；

K_m——电机的年平均检修率，可取0.15～0.2。

对于 N_m 值，在高阶段设计无法统计时，可按企业每万吨产品所拥有的电机、变压器台数估算，详见表37-2。

表 37-2 钢铁企业每万吨产品可能拥有的电机、变压器台数参考表

企业类别	电机（台）		变压器（台）	说明
	可能数	其中直流电机占有比例（%）		
钢铁联合企业	65～85	0～25	1～6	(1) 包括公用及辅助设施 (2) 联合企业组成车间较多或自动化程度较高时可取上限
炼铁系统	10～20	0～1	0.2～0.5	(1) 包括原料供应胶带运输系统及相应的公用辅助设施 (2) $1500m^3$以上大型高炉可取上限
炼钢系统	8～16	0～2	0.2～0.5	(1) 包括散状料供应系统及相应的公用及辅助设施 (2) 大型转炉、电炉可取上限 3. 带有连铸的炼钢可取上限
轧钢系统	20～30	0～20	0.3～8①	(1) 包括相应的公用辅助设施 (2) 自动化程度较高的现代连轧、可逆轧机可取上限 (3) 一般交流传动的轧机可取下限 (4) 现代连轧、可逆轧机其辅助传动用直流电机较多时，可取直流电机所占比例的上限
炼焦系统				
耐火材料				

①这里指的是单一的轧钢厂，故其数据比联合企业为大。

对于 K_{m1}，大型联合企业可取上限，小型联合企业及单一生产工艺的企业可取下限。

对于 K_m，由于各地区、各企业的检修制度和生产习惯不同，因而应与企业的有关部门协商选取。

在年平均检修率 K_m 中，包括了大修及中修，若需区分时，大修按10～15%计算。

(2) 变压器年修理量的计算

$$n_B = (K_L N_{LB} + K_Z N_{ZB} + K_F N_{FB}) K_{B1} \quad (37\text{-}2)$$

式中 n_B——变压器年修理台数，台；

N_{LB}、N_{ZB}、N_{FB}——分别为企业拥有或可能安装的电力变压器、整流变压器、电炉变压器总台数；

K_L——电力变压器年平均检修率，可取0.1～0.13；

K_Z——整流变压器年平均检修率，可取0.12～0.14；

K_F——电炉变压器年平均检修率，可取0.35～0.5；

K_{B1}——未预见系数，可取1.1～1.2。

无论是电力、整流、电炉变压器，企业拥有或可能安装的总台数都是有限的，N_{LB}、N_{ZB}、N_{FB}都应按实际台数取值。但统计电力变压器数量时，可按单台容量为100kVA及以上者；对整流变压器只统计用于电枢回路者，励磁回路的变压器不予计入。

年检修率中，包括大修和中修，其中大修约占3%。

37.3.4.2 等效大修台数法❶

等效大修台数计算方法，对于电机，统一折算到低压交流电机大修台数，并考虑了低压交流电机、高压交流电机、直流电机的总台数及其平均容量；各种电机的大修、中修所需工时；未预见系数等计算条件。对于变压器，则将大修、中修统一折算到大修台数，但不区分变压器种类。根据上述定义，称之为等效大修台数法。

(1) 电机年等效大修台数的计算。

1) 计算选用的台数 n_{ms}。

$$n_{ms} = N_m (1 + K_{m1}) \quad (37\text{-}3)$$

式中 n_{ms}——计算选用的台数，台；

N_m——企业拥有或可能安装的各种电机台数；

K_{m1}——未预见系数，可取0.1～0.5。

2) 各种电机大修、中修台数。

❶ 此法原名综合定额法，稍加完善后改名为等效大修台数法。

低压交流电机大修台数 n_{JD}

$$n_{JD} = K_{m2}(n_{ms} - N_Z) \tag{37-4}$$

式中 n_{JD}——低压交流电机大修数量，台；

N_Z——企业拥有或可能安装的直流电机台数；

K_{m2}——低压交流电机大修率，可取0.08～0.1；

n_{ms}——符号意义同前。

低压交流电机中修台数 n_{JZ}

$$n_{JZ} = K_{m3}(n_{ms} - N_Z - n_{JD}) \tag{37-5}$$

式中 n_{JZ}——低压交流电机中修数量，台；

K_{m3}——低压交流电机中修率，可取0.2～0.5；

n_{ms}——符号意义同前；

N_Z——符号意义同前；

n_{JD}——符号意义同前。

直流电机大修台数 n_{ZD}

$$n_{ZD} = K_{m4}N_Z \tag{37-6}$$

式中 n_{ZD}——直流电机大修数量，台；

K_{m4}——直流电机大修率，可取0.08～0.1。

直流电机中修台数 n_{ZZ}

$$n_{ZZ} = K_{m5}(N_Z - n_{ZD}) \tag{37-7}$$

式中 n_{ZZ}——直流电机中修数量，台；

K_{m5}——直流电机中修率，可取0.2～0.3。

高压交流电机大修台数 n_{GD}

$$n_{GD} = K_{m6}N_G \tag{37-8}$$

式中 n_{GD}——高压交流电机大修数量，台；

N_G——企业拥有或可能安装的高压交流电机台数，取电机总台数的1%～3%；

K_{m6}——高压交流电机大修率，可取0.04～0.05。

高压交流电机中修台数 n_{GZ}

$$n_{GZ} = K_{m7}(N_G - n_{GD}) \tag{37-9}$$

式中 n_{GZ}——高压交流电机中修数量，台；

K_{m7}——高压交流电机中修率，可取0.08～0.12；

N_G——符号意义同前；

n_{GD}——符号同前。

3）电机的等效大修台数。

$$n_m = \frac{n_{JD}H_{JD} + n_{JZ}H_{JZ} + n_{ZD}H_{ZD} + n_{ZZ}H_{ZZ} + n_{GD}H_{GD} + n_{GZ}H_{GZ}}{H_{JD}} \tag{37-10}$$

式中 H_{JD}、H_{JZ}、H_{ZD}、H_{ZZ}、H_{GD}、H_{GZ}——分别为交流低压、直流、高压交流电机的大修、中修工时，其值可参考表37-3；

n_{JD}、n_{JZ}、n_{ZD}、n_{ZZ}、n_{GD}、n_{GZ}——符号意义同前。

按表37-3选用各种电机大修、中修工时数据时，可按企业拥有或可能安装的不同类型电机的平均功率来确定。

一般来说，低压交流电机平均功率约为20～40kW；高压交流电机平均功率，因为数量有限，设计过程中应作详细统计，并求出平均功率；直流电机平均功率约为10～20kW。

在高阶段设计中，无法统计直流电机数量时，可按电机总台数中所占比例考虑，见表37-2估算。

表 37-3 不同功率范围电机修理工时

电机的平均功率范围	工时（h）		
	小修	中修	大修
5kW 以下电机	5.5	9	29
5～10kW 交流电机 2～5kW 直流电机	17	31	54
10～20kW 交流电机 5～10kW 直流电机	31	39	60

续表 37-3

电机的平均功率范围	工时（h）		
	小修	中修	大修
20～30kW 交流电机 10～20kW 直流电机	27	48	109
30～60kW 交流电机 20～30kW 直流电机	41	59	163
60～100kW 交流电机 30～60kW 直流电机	49	71	203
100～200kW 交流电机 60～100kW 直流电机	69	106	338
200～500kW 交流电机 500kW 以下高压交流电机 100～200kW 直流电机	109	161	625
500～1000kW 高压交流电机 200～1000kW 直流电机	146	258	1077

（2）变压器等效大修台数的计算。

1）计算选用的台数 n_{BS}

$$n_{BS} = N_B(1 + K_{B1}) \tag{37-11}$$

式中 n_{BS}——计算选用的数量，台；

N_B——企业拥有或可能安装的电力、整流、电炉变压器总台数；

K_{B1}——未预见系数，可取0.1～0.2。

2）变压器大修、中修台数。

大修台数 n_{BD}

$$n_{BD}=K_{B2}n_{BS} \tag{37-12}$$

式中 n_{BD}——变压器大修数量，台；

K_{B2}——变压器大修率，可取0.04～0.06。

中修台数 n_{BZ}

$$n_{BZ}=K_{B3}(n_{BS}-n_{BD}) \tag{37-13}$$

式中 n_{BZ}——变压器中修数量，台；

K_{B3}——变压器中修率，可取0.1～0.2；

n_{BD}——符号意义同前。

3）变压器等效大修台数。

$$n_B=\frac{n_{BD}H_{BD}+n_{BZ}H_{BZ}}{H_{BD}} \tag{37-14}$$

式中 H_{BD}、H_{BZ}——分别为变压器大修、中修工时，见表37-4。

表 37-4 变压器修理工时

变压器平均容量范围	大修（h）	中修（h）
500kVA 以下	160～200	60～70
500～800kVA	200～300	80～100
800～1000kVA	320～380	120～140
1250kVA 以上	420～450	150～180

按表37-4选择工时数据时，变压器的平均容量是对企业拥有或可能安装的变压器进行统计所求平均容量值；对于大型钢铁联合企业（整流变压器较多时），在高阶段设计时，可取1250kVA 作为估算依据。

37.3.4.3 电修的年修理量

电修的年修理量

$$n=n_m+n_B \tag{37-15}$$

式中 n——年修理量，台；

n_m——电机年修理量，见式37-1或式37-10；

n_B——变压器年修理量，见式37-2或式37-14。

按上述两种方法计算电机、变压器年修理量时，综合指标法简捷，等效大修台数法较为繁琐，但从理论上说，等效大修台数法考虑了多种因素，如果有关系数及计算条件取值准确时更趋合理，设计中值得优先采用。

37.3.5 备品备件加工制造工作量的计算

电修的备品备件年自制量按下式估算

$$m=QK(m_1+m_2+m_3) \tag{37-16}$$

式中 m——备品备件年自制数量，件；

Q——企业年产量，联合企业以钢年产量计，单一的生产企业以铁或钢（钢材、焦炭、耐火材料）年产量计，万 t；

K——自制率，一般为40%～60%；

m_1——触头接点每万吨产品需要量，其值可取1000～1500件；

m_2——线圈、铁芯每万吨产品需要量，其值可取100～150件；

m_3——线辫及其他，每万吨产品需要量其值可取30～60件。

上述 m_1、m_2、m_3及 K 值，对于大型联合企业可取上限，小型联合企业或单一产品的企业可取下限。

37.3.6 变压器油处理量的计算

变压器油处理量按下式计算

$$Q=Kn_BS_Pq \tag{37-17}$$

式中 Q——变压器油处理量，t；

q——变压器每千伏安所需油量，可按0.0005～0.0014t/kVA；

n_B——变压器的年修理台数，按式37-2或式37-14计算，台；

S_P——变压器的平均容量，kVA；

K——未预见系数，可取1.3～1.5。

对于 q 值，10kV 级以下，容量较小的电力变压器，用油量较多，q 值约为0.001t/kVA；35kV 级以上，容量较大，用油量较少，q 值约为0.0005t/kVA；电炉变压器用油量也较多，q 值约为0.0014t/kVA；整流变压器 q 值约为0.00098t/kVA。因此，当企业变压器平均容量在1000kVA 以下，或者整流变压器、电炉变压器较多时，q 值可取上限。

对于 K 值，大型联合企业可取上限。

37.3.7 现场工程检修

现场工程检修方式，是在某生产厂的现场对其生产线上的电机、变压器、电控装置、电气管线等进行计划大修、中修或对上述某项进行抢修。

现场工程检修也是电修的主要生产任务之一。但工程量很难计算，一般在生产大纲中只提出项目，而不提出工程量的数据。设计中，在计算电修的面积、定员时，应同时考虑现场检修工程部分的定员及其所需面积。

37.3.8 电修内部修理的最大电机、变压器的确定原则

电修内部修理的最大电机、变压器是确定电修检修能力的重要标志，根据钢铁企业的电机、变压器的单机容量不断增大，现推荐如下：

大型电修　电机为5000kW，变压器为50000kVA

中型电修　电机为2500kW，变压器为31500kVA

小型电修　电机为1500kW，变压器为10000kVA

对于以电弧炉炼钢为主的企业及电冶炼铁合金企业，最大检修变压器的容量，不受上述数据所限，须与企业的有关部门商定，可将检修的最大变压器容量适当提高。

上述推荐数据仅作为参考，在进行电修的各阶段设计中，应对企业拥有或可能安装的电机、变压器情况及投资条件作必要的分析，并且与相同的企业作必要的对比，同时与企业有关部门商定并取得书面文字的依据。

37.4 电修的主要工艺设备[1]

电修工艺设备的规格及数量，随企业规模大小、电修型类不同而异。本节所述及的工艺设备，对工艺过程而言，并非一成不变，某些设备可按修理量进行计算确定，而某些设备只能根据需要考虑。特别是小型电修，由于修理量较少，有些工艺依靠手工操作或采取临时措施解决，故无需设置专用设备。

37.4.1 钳工拆卸

37.4.1.1 拆卸清洗

拆卸清洗内容有电机、变压器解体，清除电机内、外部积聚的灰尘与油垢。

电机解体内容包括：轴、换向器、滑环、定子磁极和铁芯的拆卸，定、转子线圈绕组的拔出等。

变压器的解体内容包括：变压器套管、油枕及其他附件的拆卸，变压器油的排放，吊芯及取出绕组等。

对于清除电机内、外部积聚的灰尘、油垢，通常采用压缩空气吹扫方法，故需设置一套除尘设施，但对清除油垢无效，且往往容易污染环境。现在采用化学清洗剂掺水加热，用压力清洗机进行冲洗，既可除灰尘又可除油垢，并可避免污染环境。

为使电机线圈从定、转子线槽内取出，过去普遍采用焚烧方法，其缺点是污染环境，而且有损电机铁芯。比较成熟的方法是：对于定子采用车削线圈端部，然后加温软化，用拔线机将线圈一一拔出；对转子的棒绕组，则采用拔线机直接拉拔。这种操作工艺在电修厂均有较为成熟的经验，可供借鉴。

37.4.1.2 设备选型

A　油压机

油压机是用于电机解体的主要设备，其技术规格按检修电机的机座号考虑。一般来说，油压机的压力有1000kN或2000kN即可；加压速度应小于5mm/s；工作台面尺寸的长、宽不小于1000mm；开口距离、活塞行程分别在1500mm、500mm左右，这样可满足15号机座以下电机的压轴和定子铁芯拆装，也可满足压装滑环、换向器的需要。

油压机的配备数量：大型电修可配备2000kN1台；1000kN2台；中型电修可各配备1台；小型电修可配备1000kN1台。

B　清洗设备

电机运进电修后，推荐采用化学洗涤剂加水、加温、加压冲洗工艺。

其工艺设施有：

(1) 移动式压力清洗机。

(2) 清洗室及烘干室。清洗室为砖结构，四周带排水沟的小室，布置于厂房的辅跨，地坪安装平板车轨道。

清洗后的工件如需快干，将工件送入烘干室。烘干室同样为砖结构，室内装有蒸汽加热器，室温控制在40℃左右。小室安装排风扇，以便排出水蒸汽。

(3) 清洗液贮水池。水池容积1～3m^3，液温80℃～140℃，可用蒸汽加热。

(4) 平板车。清洗室内的平板车用于运送工件，该平板车可设计成带有平面慢速旋转的圆盘，转速不超过10r/min。

烘干室内可用平面慢速旋转圆盘，或不旋转的一般平板车。

清洗设备，无论何种型类电修均需配备。清洗室净空尺寸、贮水池大小、平板车载重量及轨距等，应根据具体工程而定。烘干室的净空尺寸，平板车载重量及轨距与清洗室所用者相同。

---

[1] 洛阳精密机床厂已有专供电修使用的成套定型标准系列产品。

对于小型电修，清洗及烘干可共用，此时的清洗室须设置加热器及排风扇。

移动式压力清洗机有高温、常温两种。

高温、高压化学清洗机主要技术参数见表37-5。

表 37-5 清洗机主要技术规格

型号	流量(L/min)	压力(MPa)	介质温度(℃)	射流型式	喷嘴数	移动方式
QX-1000	热水高压级 14.16	热水高压级 13	热水高压级 85	束形射流和扇形射流	单	车轮
LQX-850	6.66～14.16	2～10	常温	同上	单	车轮
ZQX-2000	33.33	7	常温～70	扇形射流	双	固定或搬动
ZQX-3000	46.66	6	同上	同上	双	同上
QXJ	550	20～30	常温			

注：摘自机械工业出版社1991年版《机械产品目录》第3册。

C 拔线机

拔线机用于拔出电机定、转子线圈，系非标准设备，一般参数如下：

可拔工件为电机的定子、转子，定子内径与转子外径500mm；工件最长1600mm；拔线拉力不超过12kN；拔线速度小于150mm/s。

大型电修可配备3台；中型电修可配备1～2台；小型电修可配备1台。

37.4.2 线圈绕制与成形

37.4.2.1 线圈绕制与成形

对电机而言，电磁线经绕线机制成一定形状的线圈后，尚需包扎绝缘带，再经涨形机涨成一定的几何尺寸。如果包扎的绝缘是云母带，还须热压成形。线圈绕制与成形所需工艺设备有绕线机、包带机、涨形机及热压成型机等，而变压器只须绕线机即可。

37.4.2.2 设备选型

A 绕线机

绕线机的型号及数量不仅决定于电修的型类，也决定于电机、变压器容量大小以及在年修理总台数中分别所占比例。

用于绕制电机线圈的绕线机有下列四种，见表37-6。

表 37-6 电机线圈绕线机主要技术规格

型号	主要技术规格			适用范围
	中心高(mm)	花盘直径(mm)	主轴转速(r/min)	
RX2-03	950	390	40，60，120	小型电机线圈绕制
RX2-1510	1000	450	10，16，25，40，63，100	电机线圈绕制
RX2-4010	1000	560	6.3，10，16，25，40，63	电机线圈绕制
RX2-30014	1400	1000	2.5，4，6.3，10，16，25	大型电机线圈绕制

注：摘自机械工业出版社1991年版《机械产品目录》第10册。

绕线机所需的数量按式37-18估算

$$N=\frac{abn_m}{2248} \quad 台 \qquad (37\text{-}18)$$

式中 n_m——电机年修理台数，见式37-1或式37-10；
a——年修理台数中不同容量所占百分比，10kW以下电机取60%～70%，100kW以下电机取15%～20%，300kW以下电机取10%～15%，300kW以上电机取5%；
b——系数，其值可取4～7，大型电修取小值，小型电修取大值。

当 N 值<1时，则取1台。

用于绕制变压器线圈的绕线机可采用下列四种，见表37-7。

表 37-7 变压器线圈绕线机主要技术规格

型号	中心高（mm）	花盘直径（mm）	花盘与尾座可调范围（mm）	主转转速（r/min）	适用范围
RX02-1510	1000	450	1000～1600	10，16，25，40，63，100	变压器线圈
RX02-4010	1000	560	1000～2000	6.3，10，16，25，40，63	变压器线圈
RX02-1410	1000	450	1000～1600	30，48，75，120，189，300	变压器高压线圈
RX02-16014	1400	1200	1000～2800	3.5，5.5，14，22，35	变压器线圈

注：摘自机械工业出版社1991年版《机械产品目录》第10册。

绕线机的数量只能根据经验估计，表37-8仅供参考。

表 37-8 变压器线圈绕线机选用参考表

电修型类		绕线机型号及台数			
		RX02-1510	RX02-4010	RX02-1410	RX02-16014
大型	Ⅰ类	3～4	2～3	1～2	1
	Ⅱ类	2～3	1～2	1	1
	Ⅲ类	1～2	1	1	1
中型	Ⅳ类	1～2	1	1	0或1
	Ⅴ类	1～2	1	1	0
小型	Ⅵ类	1	1	1	0
	Ⅶ类	1	1	1	0

B 绝缘带包带机

一般来说，线圈包扎绝缘带可用手工操作，高压电机或大、中型电机可采用机械包扎绝缘带，以减轻劳动强度，提高修理质量，但尚存在利用率不高，无电修使用的包带机两个问题。目前可供选用的只有两种，见表37-9。

表 37-9 包带机技术规格

技术规格项目	圈式线圈包带机	大型圈式线圈包带机
线圈直线长（mm）	200～1300	650～1600
线圈节距（mm）	200～600	400～760
转角 R（mm）	30	
包带节距（mm）	12.5	12.5
包带盘转速（r/min）	130	270
包带盘摆角（°）	±15	±7
带盘内径（mm）	25	
带盘外径（mm）	120	ϕ100
带宽（mm）	300	
线圈截面（mm）		7×21～10×60
包带盘芯轴（mm）		ϕ38
包带盘数量（个）		2
包带头移动距离(mm)		±12
包带小车行驶速度(mm/min)		3375

注：摘自机械工业出版社1991年版《机械产品目录》第10册。

包带机只有大型电修可以考虑设置，中、小型电修不宜设置。

C 涨形机

电机线圈在绕制完毕经包扎绝缘带后，再用涨形机涨成电机所需的形状，但是，小型硬绕组涨型可用手工操作。

可供电修使用的涨型机见表37-10。

表 37-10 涨型机技术规格

技术规格 \ 型式	小型船式线圈涨形机	中型船式线圈涨形机	大型气动涨形机
夹钳调节范围：最大 (mm) 最小	16×60 5×15	16×60 5×15	
线圈拉开节距：最大 (mm) 最小	600 100	800	800 150
线圈梭形长（mm）	1800	最大2200	2800
线圈张开角度（°）	0～130		0～120
直线可调长度（mm）	220～800		
线圈槽部长：最大 (mm) 最小		1200	1700 600
适用范围	电机船式线圈成形		

注：摘自机械工业出版社1991年版《机械产品目录》第10册。

大型电修应根据需要选用，中型电修应慎重选用，小型电修不宜设置。

D 热压成形机

当电机线圈所包绝缘带为云母绝缘材料时，则线圈涨形之后，尚须经热压成形。

热压成形机的热源为蒸汽，热压成形所需温度80℃～160℃可调，压力0.2～1MPa可调。

热压成形机无定型产品，可以参照武钢、鞍钢电修厂的现有设备进行设计。

热压成形机，大型电修可配备2～3台；中型电修可配备1～2台；小型电修可配备1台。

37.4.3 嵌线与绑扎

37.4.3.1 嵌线与绑扎

线圈绕制成型后（或经热压成型后），下道工序便是将线圈嵌入电机定子或转子的铁芯槽内。

对绕线式电机的转子或直流电机的电枢，嵌线完毕后，转子或电枢的端部尚需绑扎固定。

37.4.3.2 设备选型及数量

电机的嵌线均为手工操作，只需根据需要设置若干个定子嵌线工作台和转子嵌线架。

电机嵌线工作台的台面一般采用木质包以镀锌钢板。转子嵌线架为型钢焊接而成，移动式，托轮可以自由转动，属于非标准设备。

电机嵌线工作台及嵌线架的数量估算公式如下：

工作台的数量

$$N = 0.0015 \sim 0.0025 n_m \qquad (37\text{-}19)$$

嵌线架的组数（两个为一组）

$$N = 0.0015 \sim 0.0025 a n_m \qquad (37\text{-}20)$$

式中 n_m——电机年修理台数，见式37-1或式37-10；

a——电机年修理台数 n_m 中100kW以上电机所占百分比，取0.2～0.15。

在上述计算中不足1台（或1组）时，应取1台（或1组）。

工作台或嵌线架的承重量，应视具体情况而定，不一定要按最重的定子或转子考虑。

电机转子（或电枢）绑扎钢丝，可用扎钢丝机，可供电修选用的扎钢丝机见表37-11。

表 37-11 扎钢丝机技术规格

型号	中心高（mm）	中心距（mm）
RZ2-1020	550	2000
RZ1-5015	350	1500
RZ1-1457	180	880

扎钢丝机也可用旧车床改制。

当采用环氧无纬玻璃丝带作为绑扎材料时，在绑扎后可加热固化。这种新工艺完全是手工操作，无须任何机械。

扎钢丝机的数量，大、中型电修最多只设1台。

37.4.4 电机的绝缘处理

37.4.4.1 电机绝缘处理

电机绝缘处理包括干燥与浸漆两部分。干燥的目的是为了排除浸漆工件中的水分；浸漆的目的是为了填充绕组内部或铁芯线槽在嵌线后的剩余空隙并覆盖表面，将绕组固定在线槽内，以提高电机的耐潮性和电气、机械的性能。

电机的绝缘处理，根据高、低压绕组，一般有下列两种工艺操作顺序：

高压线圈：干燥——→浸漆——→干燥——→嵌线——→干燥；

低压线圈：嵌线——→干燥——→浸漆——→干燥。

被处理的工件一般有下列两种形态：

(1) 嵌线前电机的线圈；

(2) 已嵌线完毕的整个电机的定子或转子。

电机（或线圈）的干燥温度：B级绝缘一般不大于130℃；F级绝缘一般不大于155℃。

电机的线圈或整个定子、转子应全部浸入漆槽的绝缘漆中，漆面至少高出工件200mm。大于漆槽尺寸的定子或转子，可采用滴漆、滚漆或浇漆。

浸漆时，工件一般保持在50℃～70℃，不宜过高或过低。

浸漆前，应对漆液进行加热，以降低粘度，增加其流动性。加热温度一般不超过50℃。

37.4.4.2 干燥、浸漆设备选型及数量

A 干燥炉

电修用的干燥炉一般是非标准的。加热方式应采用热风循环。加热热源可为蒸汽或电热。蒸汽加热成本虽低，但难以实现温度自动控制，电加热则与其相反。

采用电加热时，干燥炉所需电功率可按炉子容积乘以5～8kW/m^{3}计算。

干燥炉由炉子本体、平板车、热风循环系统、温度检测及控制系统、绝缘电阻测量接线柱等部分组成。

干燥炉炉膛净空尺寸应考虑下列两个因素：

(1)每次入炉干燥的电气设备台数所占有的容积，一般按电机的平均容量估算。大型电修每台电机的平均容量可取40kW；中型电修每台电机平均容量可取20kW；小型电修可取10kW。

(2) 可能入炉干燥的最大电机（包括定子和转子）的外形尺寸。

当考虑炉膛净空尺寸时，还应计及平板车外形尺寸。

干燥炉的数量按式37-21计算

$$N = \frac{n_m h(1 + K_Z)}{8640K} \tag{37-21}$$

式中 N——干燥炉数量，座；

n_m——电机年修理台数，见式37-1或37-10；

h——电机一次干燥所需时间，按24h 计算；

K_Z——绕线型和直流电机在年修理电机总台数中所占百分比，在缺少统计数据时可取10%～25%，大型电修取上限，小型电修取下限；

K——每次入炉干燥电机台数，由工程设计确定。

钢铁企业的电修中常用的干燥炉按炉膛净空尺寸（长（mm）×宽（mm）×高（mm））区分有三级：

A级 8095×4000×4200 平板车载重65t

B级 4000×2600×4000 平板车载重15t

C级 2500×1800×1600 平板车载重3t

沈阳电工机械厂有C级的标准设备，BH-75型防爆电热干燥箱。其主要技术规格为：箱内有效尺寸2500×1800×1600mm，一次烘干工作量3000kg，箱内温度200℃，升温时间，在箱内工件3000kg 时从室温升至200℃所需时间为3～3.5h。外型尺寸为3600×2800×3500mm。

大型电修可设置A级、B级、C级各1座；中型电修可设置B级、C级各1座；小型电修只设置C级1座。

干燥炉是电修的一项主要设备，投资也较多，究竟如何设置应慎重考虑，特别是大型电修的Ⅱ类、Ⅲ类，中型电修的Ⅵ类更不能按上述一刀切。最为妥善的办法是充分掌握企业拥有的电机构成情况，与同类企业的电修比较，作有根据的分析，并征求企业有关部门的意见。

工件干燥温度一般宜控制在高于浸漆工件绝缘等级的极限温度约10℃，并应逐渐升温，升温速度一般约为20℃/h。为此干燥炉应设计成200℃以下可调，以满足不同绝缘材料极限温度和升温的要求。

工件干燥过程尚需定时测量其绝缘电阻，为此在炉墙上应设有接线柱，对炉内可连接工件，对外可连接绝缘电阻测量仪表。一座炉子设多少点，可根据工程需要而定，但不宜少于10点。

干燥炉的载重平板车，一般采用电动卷扬机牵引。

某些电修现有的干燥炉炉型均较好，可供参考。

B 浸漆设备

电修采用的浸漆工艺有两种：

(1) 真空压力浸漆；

(2) 漆槽浸漆。

真空压力浸漆适用于对绝缘处理质量要求较高的中、小型高、低压交流电机和直流电机的整体（定子或转子）以及线圈的浸漆处理。

真空压力浸漆设备可选用沈阳电工机械厂制造的真空浸漆设备，其主要技术规格见表37-12。

表 37-12 真空压力浸漆设备技术规格

技术规格项目	真空压力浸漆设备	真空浸漆设备	真空浸渍设备	真空浸漆设备	浸漆罐
用途	适用于高压电机、牵引电机、特种电机及高绝缘要求的电器元件在真空状态下进行浸漆	供中、小型电机定、转子及电器线圈真空压力浸漆用	适用于中、小型电机、牵引电机或15号机座以下电机线圈真空压力浸渍	适用于直流电机、牵引电机及16号以下的电机真空压力浸漆	供电机定、转子及电器线圈压力浸漆用
浸漆罐规格：					
内径×有效高度	ϕ2.4×2m	400×500mm	700×850mm	1500×2000mm	2600×2000mm
罐内漆胆尺寸	ϕ2.1×1.4m				
工作真空度（Pa）	13.33	100658.11	99991.5	99991.5	1333.2
工作压力（MPa）	0.7	0.5	0.6	0.6	0.6
罐内温度（℃）		130	140	140	130
贮漆罐规格：					
内径×有效高度	ϕ1.6×2m	400×500mm	700×850mm	1500×2000mm	2600×2400mm
有效容积（m³）	4	0.7	0.36	3.5	
工作真空度（Pa）	133.3				
工作压力（MPa）	0.5			0.1	0.1
冷藏温度（℃）	5～10				
加热温度（℃）	20～30	80			130
贮气罐规格：					
工作温度（℃）					0～40
工作压力（MPa）		0.6	0.6	0.6	0.6
容积（m³）		0.5	0.5	0.5	2
冷凝器规格：					
冷凝面积（mm²）		1.5	1.5	5.5	
气水分离器规格：					
工作压力（MPa）		0.6	0.6	0.6	
容积（m³）		0.25	0.5	0.025	
真空泵规格：					
真空度（Pa）		0.067	6.7	6.7	
抽气率（1/s）			154	70	

注：摘自机械工业出版社《机械产品目录》第10册。

由于真空浸漆设备投资较大，只有大型电修的Ⅰ、Ⅱ类可设置；Ⅲ类及中型电修宜慎重考虑。

漆槽浸漆是电修常用的绝缘处理工艺，各种型类的电修均可采用。设备组成应包括：带槽边抽风和槽盖的浸漆槽；通风系统；带蒸汽加热和压力输漆的储漆罐、溶剂罐。工作过程为：漆液储存在漆罐内，浸漆前在漆罐内对漆液加热到适当的温度，使之易于流动，然后在漆罐内充压，漆液被加压输送入漆槽。浸漆完毕后，漆液自流回罐。浸漆设备系统如图37-1。

加热热源采用蒸汽。加压介质可用压缩空气或氮气。压缩空气中一般含有水分和油，且易使绝缘漆产生氧化，因此不够理想。由于氮气是惰性气体，可避免氧化，且不含油和水分，因此氮气对绝缘漆的绝缘性能无影响。使用氮气作加压介质时，可采用瓶装氮气。

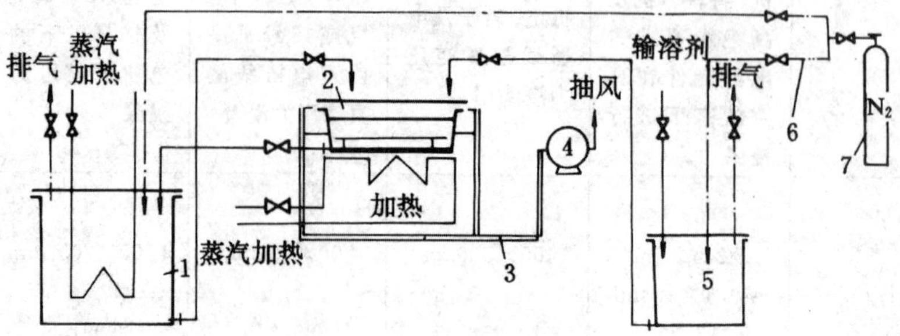

图37-1　浸漆设备系统

1—储漆罐；2—浸漆槽；3—通风管道；4—抽风机；5—溶剂罐；6—输液管道及阀门；7—高压氮气瓶

漆槽浸漆工艺在某些电修均有成熟经验，可作为非标设计的参考。

漆槽的尺寸可按定子或转子(包括轴伸)外形尺寸而定，对于某些转子外形超过漆槽尺寸时，可考虑只将铁芯的一部分浸入漆面内，而转子轴伸则放置于槽外，另外可用转子嵌线架使转子在漆槽的上部转动。这种工艺方法称为滚漆，而更大的电机只能采用浇漆的办法。

漆槽浸漆设备，大型电修可设置2～3套；中型电修可设置1～2套；小型电修只设置1套。

37.4.5　变压器的绝缘处理

37.4.5.1　变压器绝缘处理

变压器绝缘处理包括两个内容，一是变压器线圈的绝缘处理；二是变压器器身的绝缘处理，前者对变压器线圈进行干燥浸漆，后者对已装好线圈的变压器器身整体进行干燥、注油。

A　变压器线圈干燥浸漆

变压器线圈在绕制成形后，为了提高其机械强度、绝缘强度，便于保管以及注油之前易于清除线圈表面的尘埃污垢，可采用干燥浸漆处理。所用漆液为绝缘清漆。浸漆对绝缘强度不利，故110kV 以上电压等级的线圈不宜采用浸漆处理。

线圈干燥温度为100～115℃，浸漆的漆液温度不低于10℃。

干燥可采用热风循环方式或采用真空干燥方式。

真空干燥的真空度，在预热时为0.06MPa 左右，均匀期为0.1MPa 以上。

B　变压器器身干燥及注油

为了使变压器的绝缘具有较高的电气强度，一般应对油浸式变压器器身进行干燥并在热状态下注油处理。

干燥注油有真空干燥注油、热风真空干燥注油、热油真空干燥、气热干燥等多种方法。其中热油真空干燥又可分为一般的、带油循环的和喷油的三种。这些方法都各有其优缺点，从缩短处理时间、提高处理质量等综合因素考虑，钢铁企业电修采用带喷油的热油真空干燥工艺较好。

真空喷油干燥是器身装入真空罐后，对罐体进行工频感应加热，并将110℃热油喷到器身上，使器身温度达到105℃后，进行真空状态下干燥。真空干燥的真空度为0.1MPa 以下（可调）。

37.4.5.2　干燥、浸漆设备选型及数量

用于电机干燥的干燥炉，其温度、平板车载重等参数均可满足变压器线圈干燥用，但炉膛尺寸应按设计中所确定检修的最大变压器的线圈尺寸核实。

用于电机浸漆的浸漆槽一般也可用于变压器线圈

浸漆，但槽的尺寸应按修理的最大变压器线圈的尺寸核实。由于电机与变压器所使用的绝缘漆不同，最好需另设置一台专用的圆筒立式浸漆槽，圆筒的直径与高度按修理的最大变压器线圈尺寸考虑。

变压器真空喷油干燥罐由带有工频感应加热的罐体、抽真空系统、油加热及供油系统、热工及电气控制系统组成。

喷油真空干燥系统见图37-2。

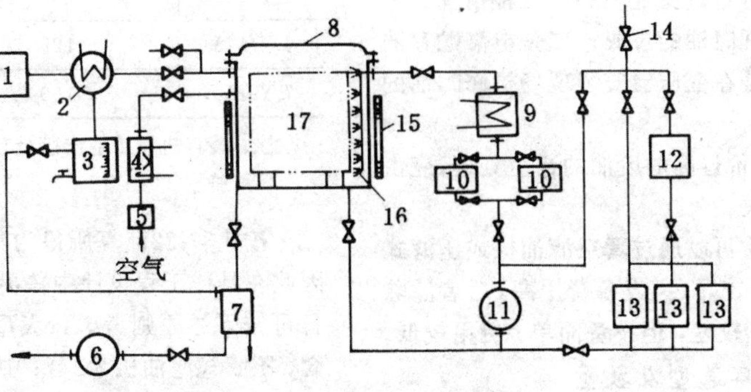

图37-2 喷油真空干燥系统

1—真空泵；2—冷却器；3—分离器；4—空气加热器；5—空气过滤器；6—油泵；7—收集罐；8—真空干燥罐；9—油加热器；10—油过滤器；11—油泵；12—油净化器；13—油箱；14—阀门；15—工频感应加热线圈；16—喷油嘴；17—变压器铁芯线圈

喷油真空干燥在某些电修厂已有成功的经验，可供非标准设备设计参考。真空干燥罐罐体直径、高度应按进厂修理的最大变压器器身尺寸设计。真空干燥罐也有标准产品，其技术规格见表37-13。

表 37-13 真空干燥罐技术规格

技术规格项目	卧式真空干燥罐	卧式真空干燥罐	真空干燥罐SB73型
用途	供变压器器身干燥及真空注油用	供变压器线圈真空干燥用	适用于35kV、5600kVA以下的变压器器身或线圈真空干燥处理
罐内有效尺寸长×宽×高(m)	4.6×2.3×3.4	3.6×2.8×4	3.8×2.5×2.5
加热面积(m²)	75	45	52
热风循环面积(m²)	84		

续表 37-13

技术规格项目	卧式真空干燥罐	卧式真空干燥罐	真空干燥罐SB73型
工作温度（℃）	110	110	120（预热温度）
蒸汽压力(MPa)	0.6	0.6	0.5
真空度（Pa）	266.5	98658.28～99324.89	666.61
小车平台尺寸(mm)	4200×2500	3000×2500	3500×2200
小车载重（t）	3	2.5	2

注：摘自机械工业出版社1991年版《机械产品目录》第10册。

真空干燥设备由于设备复杂，费用大，只有大型Ⅰ、Ⅱ类电修可以设置；Ⅲ类电修应慎重处理；中型及小型电修不宜设置。某些大型电冶炼厂（包括电弧炉及铁合金炉），由于电炉变压器数量较多，故障率较高，在取得企业明确的意见后也可设置1套。

37.4.6 变压器油处理

37.4.6.1 油处理

变压器油处理是对变压器油进行过滤，去除油中的水分和杂质。

需要对变压器油进行过滤处理的有三种情况：一是变压器运进电修修理时油的过滤；二是电修贮存的变压器油的过滤；三是在变压器安装现场检修时油的过滤。

对于油质老化、酸价过高的废油的再生处理，应由企业材料供应部门解决。

油中的水分及杂质可以通过真空滤油机或压滤式滤油机排除，前者效果较好，但设备费用高，后者滤除杂质较好，滤除水分则较差，但设备简单、费用较低。

37.4.6.2 设备选型及数量

变压器油处理由滤油机、油罐、油泵、油化验设备等组成。

A 滤油机

真空滤油机采用真空蒸发——过滤的方法分离油中的水分和杂质，过滤效率可达压滤的20～30倍，特别适用于过滤大量变压器油的场合。其主要技术规格见表37-14。

表 37-14 真空滤油机主要技术规格

型号	产量 (L/h)	工作压力 (MPa)	真空度 (Pa)
ZJC063	630	0.35	9500
ZJC1	1000	0.35	≤9500
ZLC3KY	3000		
ZLC6KY	6000		

注：摘自机械工业出版社1991年版《机械产品目录》第4册。

压滤式滤油机为移动式，其主要技术规格见表37-15。

滤油机台数可按式37-22估算

$$N=\frac{KQ}{0.001\alpha hq} \quad (37\text{-}22)$$

式中 N——滤油机台数，台；

Q——变压器油年处理量，t（见式37-17）；

α——变压器油的比重，可取0.92t/m³；

h——年工作小时数，可取2448h；

q——滤油机小时产量，L/h；

K——需要系数，$K=1.1\sim1.2$。

表 37-15 压滤式滤油机主要技术规格

型号	产量 (L/min)	工作压力 (MPa)
LY-50	50	0.3
LY-100	100	0.3
LY-125	125	0.3
LY-150	150	0.3

注：摘自机械工业出版社1991年版《机械产品目录》第4册。

按式37-22计算所得为平均值，其数值可能很小，因此在具体工程设计中需灵活掌握，一般滤油机的配备可按下述原则考虑：大型电修所需真空滤油机为1套、压滤式滤油机为3台；中型电修所需压滤式滤油机为2～3台；小型电修所需压滤式滤油机为1台。

B 油罐

油罐供贮存变压器油用。一般电修应设有固定式油罐和移动式油罐两种。前者包括新油罐、脏油罐、过滤后的贮油罐以及供随时进行油过滤处理的空油罐等四个油罐，这样方能在生产过程中倒换使用。移动式油罐供现场检修变压器使用。

固定式油罐的容积应按修理的最大变压器的油量考虑。移动式油罐应视企业安装的最大变压器的油量考虑，单个油罐的容量按拖运的汽车载重量考虑。

C 油泵

油泵一般采用齿轮油泵，供输送新油及脏油用。电修常用的齿轮油泵见表37-16。

表 37-16 齿轮油泵主要技术规格

型号	流量 (m³/h)	压力 (MPa)
KCB-18.3	1.1	1.48
KCB-55	3.3	0.33
KCB-83.3	5	0.33
2CY-2.1	2.1	2.55
2CY-3	3	2.55
2CY-4.2	4.2	2.55

注：摘自机械工业出版社1991年版《机械产品目录》第3册。

大型电修可配备 KCB-55、KCB-83.3各1台；中型电修可配备 KCB-18.3、KCB-55各1台；小型电修可配备 KCB-18.3 1台。

D 油化验设备

变压器油在过滤处理前、后或新油均须作化验，以鉴定油的质量。但电修仅作油的简化化验。油的简化化验项目见表37-17。

表 37-17 变压器油简化化验项目及标准

简化化验项目	新油	运行中的油
闪点（℃）	不低于135	不低于130
机械混合物	无	无
游离碳	无	无
酸价	不大于0.05	不大于0.4
酸碱反应	无	无
水分	无	无
电气击穿强度（kV）：		
6kV 以下	不低于25	不低于20
6～35kV	不低于30	不低于25

简化化验所需主要设备如下：

(1) 闭环式闪点测试仪；

(2) 分析天平；

(3) 工作天平；

(4) 电热干燥箱80～100℃；

(5) 电热恒温水浴箱；

(6) 电热板；

(7) 油耐压试验器。

37.4.7 冲压和剪切

37.4.7.1 冲压和剪切

钢铁企业的电修需要冲压和剪切设备的生产内容有：低压电器铁芯的硅钢片、各种触头和接点；直流机的刷握；电机、变压器少量局部被机械故障损坏而需要更换的铁芯硅钢片和线圈垫块等。

冲压设备：用于冲制各种触头、接点、刷握，各种异形零件、低压控制电器铁芯、电机铁芯硅钢片。

剪切设备：用于剪切各种金属板材、硅钢片等。

37.4.7.2 设备选型及数量

A 冲床

冲床所需的冲压力按下式计算

$$p = 13\delta lh \times 10^{-3} \qquad (37\text{-}23)$$

式中 p——冲压力，kN；

δ——材料抗剪强度，N/mm^2，硅钢片及钢材为5.6；

l——冲压工件的周边长度，mm，取最大工件冲口的周边长度为依据；

h——被冲材料厚度，mm，取最厚工件的厚度为依据。

选用的冲床见表37-18。

表 37-18 冲床主要技术规格

技术数据 \ 型号	J21-40	JA21-100	J90-5A	YYB2-10	E2S400-MB
用途	一般冲压	一般冲压	以硅钢片内孔定位冲制各种规格的定、转子冲片	以硅钢片内孔定中心冲制电机定、转子冲片及1.5mm 以下的钢板槽孔	薄板冲压加工
公称压力（kN）	400	1000	50	100	400
台面尺寸（mm）	700×460	700×1080		240×450	
滑块行程次数（min^{-1}）			300～350	300，400，600	13
最大封闭高（mm）			140	200	
滑块行程（mm）				20	
冲片直径（mm）			φ45～480	990（最大）	

注：摘自机械工业出版社1991年版《机械产品目录》第10册。

选用冲床的规格及数量较难确定，设计中，应注意调查分析，与同类电修进行比较，并与企业的有关部门商定。

B 剪切设备

剪切设备一般可选用：

硅钢片多功能横剪机：M132型，剪切厚度小于0.5mm，宽度40～440mm，长度500～1200mm，可用于生产30～6300kVA 的变压器。

普通剪板机：Q11-2.5×2000型，剪板规格为厚2.5mm，宽2000mm。

大型电修可各设置1台剪板机；中、小型电修只设置普通剪板机1台。

37.4.8 钳工装配及动、静平衡试验

37.4.8.1 钳工装配及动、静平衡试验

电机的转子（电枢）在嵌线、绝缘处理、转轴安装完毕后，都应进行静平衡试验。1000r/min 以上的大、中型交、直流电机或某些转速虽然较低；容量不大但生产较为重要的直流电机还需做动平衡试验。通过动、静平衡试验，检查电机的转子（或电枢）在修理后的偏心度，动、静平衡合格，方能进行组装。

所谓静平衡，是为了检查电机转子（电枢）修理后，质量中心是否在轴心上，如图37-3*a*；所谓动平衡，是为了检查修理后质量中心虽在轴心上，但在轴向质量是否分布均匀（特别是转子铁芯较长的电机），若不均匀，在转速较高时，将会产生不平衡力偶，如图37-3*b* 所示。

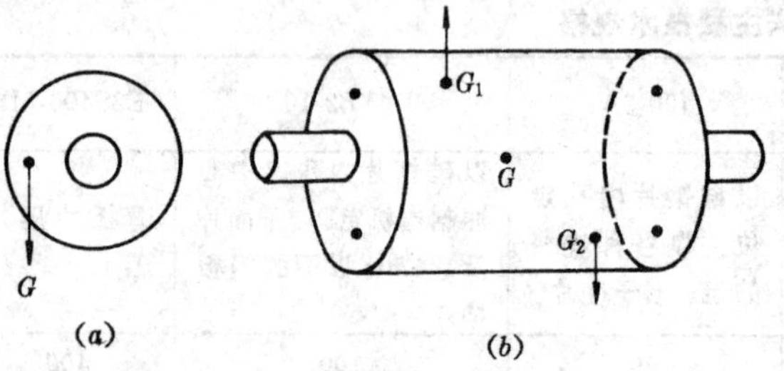

图37-3 动、静不平衡示意图

(*a*) —静不平衡；(*b*) —动不平衡

电机的组装除了电机的转轴、定子铁芯装配需使用压力机装配外，其他基本是手工操作。

变压器的组装也基本为手工操作。

37.4.8.2 设备选型及数量

用于钳工拆卸的压力机可以用于装配。因此无须另外再添置压力机。

各型类电修可设置不同数量的固定式砂轮机，其规格在 φ200～φ400mm 中选取，另外再配2～3台手提式砂轮。

静平衡架的技术规格见表37-19。

表 37-19 静平衡架主要技术规格

静平衡架吨位 / 规格名称	2～3t	5t	16t
用途	供电机转子、换向器做静平衡用		
平衡转子最大质量（kg）	2000～3000	5000	16000
平衡转子最大直径（mm）	φ850	φ850	φ1850

注：摘自机械工业出版社，1991年版《机械产品目录》第10册。

静平衡架应根据进电修修理的最大电机的转子直径及质量考虑。大型电修可选用5t1台，16t1台；中型电修可选用5t1台；小型电修可选用3t1台。

动平衡机上海试验机厂有标准产品，其中有三种型号可供电修选用。主要技术规格见表37-20。

表 37-20 动平衡试验机主要技术规格

型号 / 技术规格项目	YYW-100	YYW-3000	YYW-10000
工件质量范围（kg）	1～100	100～3000	1000～10000
工件最大直径（mm）	φ850	φ2000	φ3000
工件轴径范围（mm）	φ60～φ120	φ40～φ300	φ60～φ300
工件轴颈支承间距（mm）	60～1000	400～3000	600～6500
平衡转速（r/min）	1850/850/400	1120/560/280	850/400/250
最小可达剩余不平衡量（μm）	0.5～1	0.5～1	2
不平衡减少率（%）	≥85	≥85	≥85

注：摘自上海试验机厂产品样本。

从上表可见，被试工件质量、直径范围、间距一般都可满足电修的需要，但转速范围尚嫌不足，且投资费大，利用率很低，在选用时应与企业有关方面认真商讨确定。一般大、中、小型电修均可配备1台（但规格可不同），以保证电机修理的质量。

37.4.9 电器备件制造及其设备

为了保证企业的正常生产，电修必须制造一部分消耗量大，或已经淘汰而其电器元件还在使用、市场上又难以购置的高、低压电器的易损零部件，这些零部件概括为点、片、簧、线圈、铁芯、刷握、电刷、接触垫片等。

电器备件加工制造所需的专用设备有：冲压、剪切、绕线、点焊、电火花、弹簧缠绕等机械；通用设备有砂轮、台钻等，其主要技术规格见表37-21。

表 37-21 电器备件制造设备主要技术规格

机械类别	主要技术规格						
	型号	公称力 (kN)	滑块行程 (mm)	行程次数 (min^{-1})	最大封闭高度 (mm)	封闭高度调节量 (mm)	工作台尺寸 (mm)
台式压力机	J04-0.5	5	26	260	115	10	266×262
	JB04-1	10	40	250	150	150	270×270
	J04-2A	20	30	200	125	20	160×270

机械类别	型号	剪板尺寸（厚×宽）(mm)	上刀架行程 (mm)
手动剪板机	Q01-1.5×610	1.5×610	27
	Q01-0.8×900	0.8×900	
	Q01-1×1000	1×1000	

机械类别	名称	型号	最小内径 (mm)	最大外径 (mm)	最大高度 (mm)
绕线机	小型环绕机	HRTY-0802	$\phi 8$	$\phi 85$	30
	中小型环绕机	HRTY-12150	$\phi 13$	$\phi 120$	50
	中型环绕机	HRTY-32	$\phi 32$	$\phi 143$	150
	大型环绕机	HRTY-60	$\phi 60$	$\phi 250$	130

机械类别	名称	型号	额定容量 (kVA)	初级电压 (V)	用途
点焊机	贮能点焊机	DR-100-1	110 (J)	220/380	适用于小型电器设备零部件组装
	点焊机	DN-10	10	220	电子部件点焊

机械类别	名称	型号	工作台尺寸 (mm)	工作台行程 纵×横 (mm)	最大工件尺寸 长×宽×高 (mm)
电火花机	电火花成型机床	D7125A	320×500	160×200	320×500×200
	同上	D7125	250×400	120×80	320×200×150
	同上	D5540	400×500		500×400×250

机械类别	型号	砂轮尺寸 (mm)
台式砂轮	SIST-150	$\phi 150$
	SIST-175	$\phi 175$
	SIST-200	$\phi 200$

机械类别	型号	最大钻孔直径 (mm)
台式钻床	Z515	15
	DP-16	16

注：摘自机械工业出版社1991年版《机械产品目录》第5册、第8册、第10册。

除表37-21外，尚可配备台式手摇绕线机、弹簧缠绕机。

上列各种电器备件加工制造所需设备，在大型电修可配备较全；中型电修电火花机可不考虑，小型电修可设置手动剪板机、台式钻床、砂轮机、台式手摇绕线机、台式压力机。

37.4.10 电机喷漆

电机修理后经成品试验合格，最后工序便是喷漆。

喷漆为手工操作。喷漆所需压缩空气在主厂房的喷漆区设一压缩空气使用点。当小型电修无法取得压缩空气时，可设置1台小型移动式空气压缩机。

喷漆区设在主跨的成品存放处附近，四周设砖墙与其它部分隔开，但不应设顶盖，以便电机的吊运，并加装漆雾的排出设施。

37.5 电气试验及设备选择

37.5.1 试验项目及试验电源

37.5.1.1 试验种类及试验项目

按照电机制造行业的统一称谓，电机（包括异步、同步、直流）的试验种类分为型式试验与检查试验两种；变压器试验分半成品试验与成品试验两种，分述于下。

A 电机

符合下列情形之一者，需进行型式试验：

(1) 试制的新产品；

(2) 设计或工艺变更而引起某些性能与原产品有明显的变化；

(3) 成批生产的产品定期抽试；

(4) 检查试验中的结果与以前的型式试验结果对比，超出允许偏差范围的产品。

检查试验系指每台装配完成的电机对其进行的试验，其目的是检查每台产品是否合格。

对电修而言，一般不做型式试验，只有检查试验。

电机的试验项目见表37-22。

B 变压器

变压器的半成品试验包括部件与工序试验；成品试验包括型式与出厂试验。而型式试验是对新绝缘结构或新型产品而言的。这种试验是在已通过半成品及出厂试验的基础上，对已组装完毕的变压器增加冲击电压及温升两项试验内容的试验。可见，电修不含有型式试验内容。

变压器试验项目和试验程序见表37-23。

表 37-22 电机试验项目表

试验项目	直流电机		异步电机		同步电机	
	型式试验	检查试验	型式试验	检查试验	型式试验	检查试验
电刷中性位置确定	○	○				
绕组对机壳及相互间绝缘电阻的测定	○	○	○	○	○	○
空载特性测定或空载试验	○		○	○	○	○
绕组冷态直流电阻测定	○	○	○	○	○	○
温升试验	○		○		○	
额定负载试验	○	○	○			
短时过载试验	○	○	○		○	
换向检查	○	○				
额定转速变化率的测定	○	○				
效率的测定	○				○	
无花换向区域的测定	○					
超速试验	○				○	

续表 37-22

试验项目	直流电机		异步电机		同步电机	
	型式试验	检查试验	型式试验	检查试验	型式试验	检查试验
绕组匝间绝缘强度试验	○	○			○	○
绕组对机壳及其相互间绝缘强度试验	○	○	○	○	○	○
转子开路电压的测定			○	○		
最大转矩的测定			○			
起动过程中最小转矩的测定			○			
堵转试验			○	○		
起动电流起动转矩的测定					○	
牵入转矩的测定					○	
最大转矩的测定					○	
额定励磁电流和电压变化率的测定					○	

注：○——表示需作该项试验。

表 37-23 变压器试验项目及试验程序

试验项目		半成品试验		成品试验	
		部件	工序	出厂试验	型式试验
电压比试验		线圈	引线组装前、后	所有变压器	
线圈联接组测定			引线装配后	同上	
线圈直流电阻测定		线圈	同上	同上	
绝缘特性测量	绝缘电阻 R_{60}			同上	
	吸收比 R_{60}/R_{15}			35kV、4000kVA 及以上和60kV 及以上的变压器	
	介质损失角 $tg\delta$			35kV、8000kVA 及以上和60kV 及以上变压器	
	变压器油击穿电压			所有变压器	
短路试验				同上	
空载试验		特大变压器铁芯必要时	引线装配前	同上	
外施高压试验				同上	
感应高压试验				同上	

续表 37-23

试验项目	半成品试验		成品试验	
	部件	工序	出厂试验	型式试验
冲击电压试验				新型绝缘结构产品
温升试验				每一新型产品

37.5.1.2 电气试验所需电源

A 交流高压直通试验电源

电源电压的选择应根据企业拥有的高压电机及变压器的电压等级而定。

当企业供电电压等级为10kV时，企业拥有电机的电压可能有10kV、6kV、3kV或其中的一种。此时高压直通试验电源电压，可采用10/6(或3)kV降压获得，按变压器——电动机组的试验方法进行。

试验变压器的容量按下式估算

$$S_B = 1.6P_m \tag{37-24}$$

式中 S_B——试验变压器容量，kVA；

P_m——电修厂内修理的6kV或3kV最大电机容量，kW。

当企业供电电压为6kV时，直通试验电源可选定为6kV并直接从企业供电系统中取得。

直通试验电源电压可作为电修的配电电压，只是在高压配电系统中设一个高压开关柜供试验之用。断路器应为电动操作。

B 交流低压直通试验电源

交流低压直通试验电源一般为380/220V，供低压交流电动机的空载和负载试验用。它可与试验站所需的其他低压配电系统混合供电，因此试验站可设置1台专用的降压变压器供电。

C 交流工频调压试验电源

交流工频调压试验电源由三相感应调压器提供，供电机、变压器短路和匝间绝缘试验用。

感应调压器的一次电压380V，二次电压为0～650V可调。

D 直流调压试验电源

直流调压试验电源需要两个，一是供直流电机的空载和负载主电源用，也可用于匝间绝缘直流耐压试验；二是供被试的直流电机励磁用。

E 交流调压调频试验电源

交流调压调频试验电源主要是供交流电动机的超速、启动；变压器匝间耐压试验用。

上述五种试验电源，除了交流调频、调压电源在37.5.3.2节尚需讨论之外，其他四种电源对于大、中型电修的电气试验都是必不可少的；而小型电修，对于高压直通电源、直流调压试验电源则应视企业有、无高压电机、直流电机及其多寡而定。

37.5.2 试验设备的选择

37.5.2.1 三相感应调压器

三相感应调压器的额定输出电压、容量按被试的最大单台电机、变压器在进行匝间和短路试验时所需的电压、容量来选择。

A 匝间绝缘试验所需的电压及容量

用于交流电机：被试电机在空载情况下，把施加的电压升高至额定电压的1.3倍运行3分钟，对被试电机的电源来说，试验电压

$$U_Z = 1.3U_e \tag{37-25}$$

所需容量

$$S_Z = \frac{1.3KP_e}{\eta\cos\varphi_e} \tag{37-26}$$

式中 S_Z——所需试验容量，kVA；

U_e、P_e、η、$\cos\varphi_e$——分别为被试电机的额定电压，V；容量，kW，效率，%及功率因数；

K——系数，即在$1.3U_e$的电压下被试电机空载电流与额定电流之比值。

K值因电机的空载电流不同而异，当无法获得电机的空载电流I_0时，中、小型电机的I_0值可按下式计算

$$I_0 = kI_e(\sqrt{1-\cos^2\varphi_e} - \cos\varphi_e\sqrt{1-\cos^2\varphi_e}) \tag{37-27}$$

$$k = I_0/I_e = k(1-\cos\varphi_e)\sqrt{1-\cos^2\varphi_e} \tag{37-28}$$

式中 I_e、$\cos\varphi_e$——被试电机额定电流，A、功率因数；

k——常数，见表37-24。

表 37-24 k 值表

电机的极数	$\cos\varphi_e$	k
2，4	≥0.85	5
4，6，8	0.81～0.9	4
4，6，8	0.76～0.809	3
6，8	≤0.759	2.8

YZR 系列电动机的额定电流 I_e、空载电流 I_0 见《中小型电机产品样本》（机械工业出版社1984年版）；Y 系列电机的 K 值见表37-25。

表 37-25 普通系列电机 K 值表

电机大小	机座号	K 值	备注
大型	16号以上	0.45～0.65	
中型	11～15号	0.65～0.75	
小型	9号以下	1～1.3	有的 K 值更大，个别可达1.4

异步电机匝间试验时的功率因数 $\cos\varphi$ 约为0.1，同步电动机匝间试验时，可调节 $\cos\varphi=1$，因此，其空载电流很小，所需的试验容量远比同容量的异步电机为小。

在按上述计算所得的感应调压器容量是二次电压下的容量，当试验电压小于调压器二次额定电压时，所需容量是可以满足的，但电流则有可能超过，因此，还必须校验调压器输出电流是否满足要求。

用于变压器：被试变压器施加1.3倍额定电压的工频电压。故调压器的电压仍可按式37-25考虑。

B 短路试验所需的电压及容量

用于交流电机：异步电机在转子堵转的情况下，施加比被试电机额定电压低的短路试验电压进行短路试验，此时在定子绕组中流过1～1.2倍额定电流的短路电流。

短路试验电压施加值见表37-26。

表 37-26 短路试验施加电压值

被试电机的额定电压 U_e（V）	220	380	3000	6000
短路试验施加电压 U_k（V）	58	100	800	1600

短路试验所需容量

$$S_k=\frac{K_1P_e}{\eta\cos\varphi_e}\left(\frac{U_k}{U_e}\right)^2 \qquad (37\text{-}29)$$

式中 S_k——短路试验所需容量，kVA；

P_e、U_e、$\cos\varphi_e$——见式37-26；

U_k——短路试验施加电压，V；

K_1——被试电机的起动电流倍数，笼形电机为6～7；绕线电机为2～2.5。

同步电动机的短路试验是采用拖动电动机来拖动同步电动机作同步发电机运转下进行的，或者拖动同步电动机旋转至额定转速后，切断拖动电动机的电源，在同步电动机惯性运行时使其三相短路，因此短路试验就与试验电源的电压及容量无关。

由上述可见，短路试验用的调压器容量只须按笼型电机来考虑。但是由于试验电压很低，有时虽然试验所需容量很小，而流过调压器二次绕组的电流却较大。所以还应按下式校验调压器二次绕组的电流

$$I_k=\frac{S_k}{\sqrt{3}\,U_k}\times10^3 \qquad (37\text{-}30)$$

用于变压器：变压器在短路试验时，高压侧施加被试变压器阻抗压降的试验电压、低压侧则令其短路，此时高、低压侧均流过等于额定电流的短路电流。

施加于变压器的短路电压为

$$U_{Bk}=U_eU_d\% \qquad (37\text{-}31)$$

高压侧短路电流 $I_{Bk}=I_e$

所需的短路试验容量为

$$S_{Bk}=\sqrt{3}\,U_{Bk}I_{Bk}\times10^{-3} \qquad (37\text{-}32)$$

式中 U_e——被试变压器高压侧额定电压，V；

$U_d\%$——被试变压器阻抗压降。

经上述计算后，应将 U_z、S_z、U_k、S_k、U_{Bk}、S_{Bk} 结果进行比较，确定三相感应调压器的调压范围，并按最大的试验容量进行选择，最后以最大试验电流校验调压器二次电流是否可以满足试验需要。

对于钢铁企业来说，由于电机、变压器数量多，而且容量相差悬殊，故大型电修需要配备数台容量不等的三相感应调压器。

三相感应调压器的技术规格见表37-27。

表 37-27 三相感应调压器主要技术规格

型号	额定容量(kVA)	相数	额定电压(V)		额定电流(A)		稳压范围(V)
			输入	输出	输入	负荷	
TWSA-25	25			0～500 0～650		29 22.22	100～400 130～580
TWSA-35	35			0～400		48	84～336
TWSA-40	40			0～500 0～650		46 35.5	100～400 130～520
TWSA-63	63			0～500 0～650		73 56	100～400 130～520
TWSA-100	100			0～500 0～650		115 89	100～400 130～520
TWSA-150	150	三相	380V	0～420 0～500 0～650		206 173 133	84～336 100～400 130～520
TWSA-200	200			0～420 0～650		275 178	84～336 130～520
TWSA-250	250			0～500 0～650		289 222	100～400 130～520
TSJA-300/0.5	300			0～650	552	267	
TSJA-400/0.5	400			42～420	723	550	
TSJA-500/0.5	500			0～650	897	444	
TSJA-560/0.5	560			0～650	938	496	
TSJA-630/0.5	630			0～650	1142	560	
TSJA-800/0.5	800			0～650	1149	710	

37.5.2.2 工频高压耐压试验变压器

工频高压耐压试验变压器用于电气设备的绝缘强度耐压试验，为电气试验的关键设备之一。

电机、变压器进行试验时，是将工频高电压加在被试品的绝缘介质上并历时1分钟。因此在未击穿以前，流过被试品的是电容电流，也即是容性负载。故工频高压试验变压器的容量按下式计算

$$S_s = \omega C U_s^2 \times 10^{-6} \qquad (37\text{-}33)$$

式中 S_s——试验变压器的容量，kVA；

ω——常数，即角频率为$2\pi f = 314$；

C——被试品的电容值，pF，见表37-28；

U_s——被试品需要的试验电压，kV，见表37-29、表37-30。

表 37-28 电力变压器、互感器电容 C 值

电气设备名称	规格	电容C值(pF)
电力变压器	1000kVA 以下	1000～4200
	1800kVA	4500
	2400kVA	4600
	3200kVA	4800
	5600kVA	6900
	10000kVA	7000
	20000kVA	8000～10000
互感器		100～1000

表 37-29 电机绝缘强度耐压试验电压 U_s

电机规格范围	试验电压（有效值）
1kW 以下	500V＋$2U_e$
1kW 以上至10000kW 以下	1000V＋$2U_e$，最低为1500V
10000kW 以上，当 U_e 为 2000V 及以下	1000V＋$2U_e$
大于2000V 小于6000V	$2.5U_e$
大于6000V 小于17000V	3000V＋$2U_e$
同步电动机励磁绕组，起动时励磁绕组短路或接一个阻值小于励磁绕组电阻1/10的电阻	$10U_{fe}$ 最低为1500V 最高为3500V
绕线型电机的转子绕组 可逆转的	1000V＋$4U_2$
不逆转的	1000V＋$2U_2$
直流电机的他激绕组	1000V＋$2U_{Le}$最低为1500V

注：表中 U_e—— 为额定电压，V；

U_{fe}—— 为同步电机额定励磁电压，V

U_a—— 转子开路电压，V；

U_{Le}—— 他激绕组额定励磁电压，V。

表 37-30 变压器绝缘强度试验电压 U_s

施压条件	按额定电压所取的试验电压（kV）					
	0.4以下	3	10	35	60	110
制造厂出厂	5	18	25	85	140	220
大修出厂	4.25	15	21	72	120	170
出厂试验不明		10	16	64	94	

由于电机没有供参考的电容值，故对中、小型电机可按下列原则考虑试压变压器的容量：

低压电动机绕组，每1kV 试验电压，不小于1kVA；高压电动机绕组，每5kV 试验电压，不小于1kVA。

在选择工频高压耐压试验变压器时，根据计算或其他参考数据得到的 S_s、U_s 应适当考虑富裕量，再选择标准的高压耐压试验装置。

耐压试验装置，一般按大型电修可选用三台；中型电修可选用二台（不同规格）；小型电修选用一台。

工频高压耐压试验变压器的标准产品见表37-31。

表 37-31 工频耐压试验变压器技术规格

型号	容量（kVA）	电压（kV）		阻抗电压（%）
		低压	高压	
YDJ-5/10	5	0.22	50	6.5
YDJ-10/100	10	0.22	100	7.8
YDJ-25/150	25	0.22	150	8.5
YDJ-40/300	40	0.4	125	9
YDJ-100/150	100	0.38	150	7.5
YDJ-750/50	750	0.38	50	6

注：本装置型号中 D 为单相。

37.5.2.3 直流调压试验电源装置

直流调压试验电源装置可采用成套的晶闸管变流装置。

晶闸管变流装置的直流电压和容量按下式计算

$$U_z \geqslant U_e \tag{37-34}$$

$$P_z \geqslant P_e/\eta_e \tag{37-35}$$

式中 U_e、P_e、η_e——分别为被试电机的额定电枢（或励磁）电压，V；功率，kW；效率，%。

钢铁企业直流电机电压一般为220V、440V、750V，个别可达800V 以上；励磁电压一般为220V、180V。

在确定晶闸管整流装置的容量、电压时，应按进电修修理的多数大型电机额定参数确定，个别最大的电机可以不考虑。一般讲，对电枢供电的直流试验电源，由于晶闸管整流装置的输出电压可任意设定，只要整流功率、直流输出电流满足被试电机的需要，整流直流电压按被试电机中最大一级选择就可以了。但为了试验的灵活性，大、中型电修可设置440V、750V（或800）V的整流装置各一套；小型电修应视工程的具体情况而定。此外，还应设置一套小功率交流电压可调的硅整流装置，供固定励磁用。直流可调电源一律采用三相全控不可逆线路，且只需电流、电压环即可。

电修不做直流电动机弱磁超速试验。

用晶闸管整流装置作匝间绝缘试验时，电压仍应按被试品额定电压的1.3倍考虑。此时选用750V或800V的晶闸管整流装置则是必要的。

37.5.2.4 陪试设备的选择

A 倍试电机

按电机的试验项目，交流电机（包括异步和同步）在检修后需进行空载试验，直流电机除空载试验外，还需进行负载试验。

空载试验只需接通相应的电源即可，而负载试验则必须在有负载的条件下进行。

被试电机为交流或直流电动机时，则须有陪试的直流发电机。此时被试电动机拖动陪试发电机运转，发出的电能消耗在金属电阻或水电阻中转换成热能。

陪试发电机容量仍可按前述式37-35计算。并可以从电修修理后待出厂的直流电动机中选取作为代用。也可设置专用的直流发电机。

专用的直流发电机规格，如功率、转速如何确定，是一个十分困难的问题，应当进行全面的综合分析，但进电修修理的个别最大功率的交、直流电动机不应考虑。

上述陪试用的发电机的转速均应与被试电机的转速相匹配。

B 陪试变压器

高压电机在进行匝间及短路试验时，需要电压可调的高压试验电源，以便获得1.3倍额定电压的试验电压。高压电机的额定电压为3、6、10kV，这时就需要采用陪试变压器来解决。其方法是将陪试变压器的低压侧与感应调压器串接，高压侧接被试电机，调节感应调压器的输出电压，在陪试变压器的高压侧即可获得所需要的试验电压。

陪试变压器采用一般的电力变压器，当电机额定电压为3或6kV时，电力变压器的电压为10/0.4kV即可满足需要。当电机电压10kV时，电力变压器就需要特殊制造，其高压侧的电压以15kV为宜。

陪试变压器的容量可按式37-26及式37-29计算，取其大者作为选择变压器的依据。

C 试验用负载电阻

一般讲，试验站应配备足够数量的不同阻值，不同额定电流的ZX9系列铁铬铝元件组成的电阻箱，以满足试验时不同组合的要求。

37.5.2.5 直流耐压和漏泄试验装置

漏泄试验的主要对象是额定电压高于1kV的1000kW以上的直流电机，500kW以上的异步电机，1000kW以上的同步电机以及变压器绕组的绝缘和电气设备的预防性试验等。

电机、变压器漏泄试验所需的试验电压见表37-32、表37-33。

表 37-32 电机漏泄试验所需试验电压

被试对象	施压条件	直流试验电压(V)
直流电机：	未装配前	(2～3) U_e
容量1000kW以上 电压1kV以上	全部更换绕组	$3U_e$
异步电机：	局部更换绕组	$2.5U_e$
容量500kW以上 电压1kV以上	小修	$2U_e$
同步电机	大修	$3U_e$
	局部修理	$2.5U_e$
	小修	$2U_e$

注：表中U_e为额定电压。

表 37-33 变压器漏泄试验所需电压

额定电压(kV)	2～3	6～13	22～35	44～66	110～220
试验电压(kV)	5	10	20	30	40

直流耐压和漏泄试验装置可选用带高压真空二极管的成套装置TDM型，2.5kVA，60kV。该装置所需的交流高压由前述耐压试验变压器提供。

本试验装置大、中、小型电修均可配备1台。

37.5.2.6 介质损失角测量电桥

为了检查电气设备绝缘变化、发现绝缘缺陷，通常是测量绝缘介质的介质损失角。可选用 QS1型，tgδ=0.005～0.6，5～10kV 的交流电桥，大、中、小型电修都可配备1套。

37.5.2.7 低电压大电流试验设备

为了对直流电机换向器整流片间的电压降进行测定，以及对串励或他励直流电机中的串励绕组进行试验，大、中型电修设置1套低电压、大电流电源装置是必要的。

该装置所需的参数为直流电压6～12V、电流500～1000A 即可满足要求。可选用一套不可逆晶闸管整流装置，其规格为：

GDA-1000/0-24型，交流输入3相380V，直流输出0～24V，1000A。

37.5.2.8 试验平台

电机进行试验时，应给予固定，为此，试验站应设置试验平台。试验平台除了有足够的强度和面积外，还应使安装、拆卸电机方便灵活。

试验平台设计成铸钢件，且纵向与横向都带燕尾槽，燕尾螺栓在槽内可以任意方向移动，以便固定电机用。

对试验平台的强度，可以根据被试电机的最高转速、最大功率及质量，委托冶金设备进行设计。

试验平台的面积：大型电修约需100m²；中型电修需70m²；小型电修需30m²，并由多块拼合而成。

37.5.2.9 试验用操作台

所有试验都应在操作台上进行操作、操作台的外形应不影响观测被试品的试验状态，且有放置有关试验仪表及作记录的位置。

37.5.2.10 试验用仪表

电气试验所需要的仪表选用，一般考虑下述原则：

精度一般为0.5～1.0级，仪用电流互感器则为0.2级；便于携带、耐震并具较强的磁屏蔽性能；交直流两用；多量程、尽量考虑采用数字式。

电气试验所需的仪表一般有下列类型：

(1)电压电流表类——交直流电压、电流表及毫安表、直流多量限表等；

(2)钳式表类——交、直流钳形表、交流电压、电流表；

(3)电能测量表类——交、直流瓦特表、低功率因数瓦特表等；

(4)相序相位表类——相序表、单相、三相相位表、频率表等；

(5)其他表类——万用表、兆欧表、高、低压摇表、转速表；

(6)电桥类——直流电桥、变压比电桥等；

(7)携带式电流互感器；

(8)高、低压检电笔。

37.5.3 匝间绝缘和变压器短路试验

37.5.3.1 电机的匝间绝缘试验

电机的匝间绝缘试验已在37.5.2.1节中作了介绍，但是对被试电机施加1.3U_e的试验方法，由于电压太低，只能发现金属短路或低电阻短路之类的匝间故障，其他隐蔽性的绝缘缺陷则发现不了，因此其效果是有限的，建议对中小型电机可选用专用的匝间耐压试验器，其技术规格见表37-34。

表 37-34 匝间耐压试验器主要技术规格

型号	试验脉冲电压	重复频率	波头时间	误差设定
ZJ-5	500～5000V	25Hz		
ZJ-12	1000～10000V		0.5μs	1%～5%

注：摘自机械工业出版社1991年版《机械产品目录》第10册。

对于大型电机可参考“感应击穿法”，试验原理见水利电力出版社1984年版《高压电气设备试验方法》第34章，若需采用应自行设计和制造非标准设备。

37.5.3.2 变压器的匝间绝缘试验

变压器的匝间绝缘试验也在37.5.2.1节中作了介绍，此外也可采用施加（2～3）倍工频电压，试验原理见水利电力出版社1984年版《高压电气设备试验方法》第7章。不论是1.3U_e或（2～3）倍工频的方法，其施加的电压同样都较低，试验不够理想。

除此之外，还可采用冲击试验法，可选用《机械产品目录》第10册所列的BC-35型冲击耐压试验装置，主要技术规格：直流高压0.5～35kV，最大充电能量120J，峰值测试精度≤±5%，波形1.2/50μs，极性+/—。

37.5.3.3 特大型变压器的短路试验

对于超过31500kVA 的特大容量变压器作此项试验时，施加的短路试验电压可以为阻抗压降的1/4，相应的试验电流亦为额定电流的1/4即可。

37.5.4 试验站供电系统设计

试验站的高压3kV、6kV或10kV电源可与电修的动力电源共用。

大型电修应采用2回路，小型电修1回路，中型电修应斟酌处理。

试验站的低压试验电源应与电修的低压动力及照明电源分开，即试验站应设置独立的降压变压器作为它的低压试验电源。

试验站的高压直通试验电源可直接取自电修的高压配电系统。

试验站的直流试验电源交流侧可采用高压整流，也可采用低压整流，决定性的因素是晶闸管整流装置的容量。但直流侧应设置多回路的直流配电装置，以供不同容量的直流电机试验用。

试验站的交流低压试验电源应设置多回路的低压配电装置，以供不同容量的低压交流电机试验用。

图37-4～图37-8是试验站交、直流试验供电系统的主接线，可供大、中型电修设计参考。但该系统由于历史的原因，仍然采用了一部分直流发电机组作为直流电机电枢供电和磁场供电的试验电源，在工程设计中可根据具体条件修改。

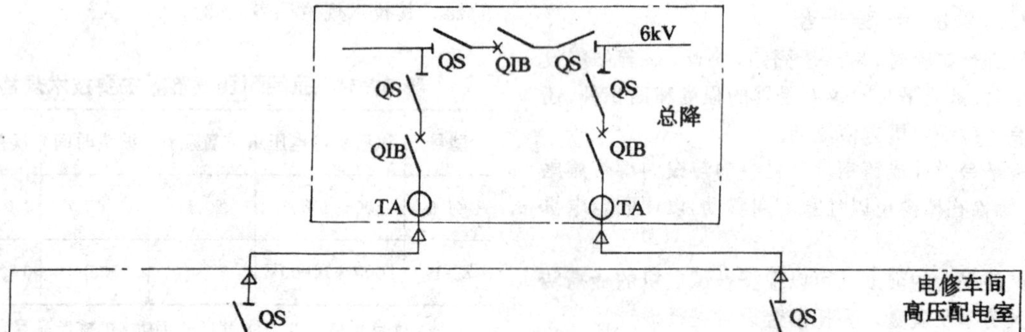

图 37-4 电修高压供电系统图

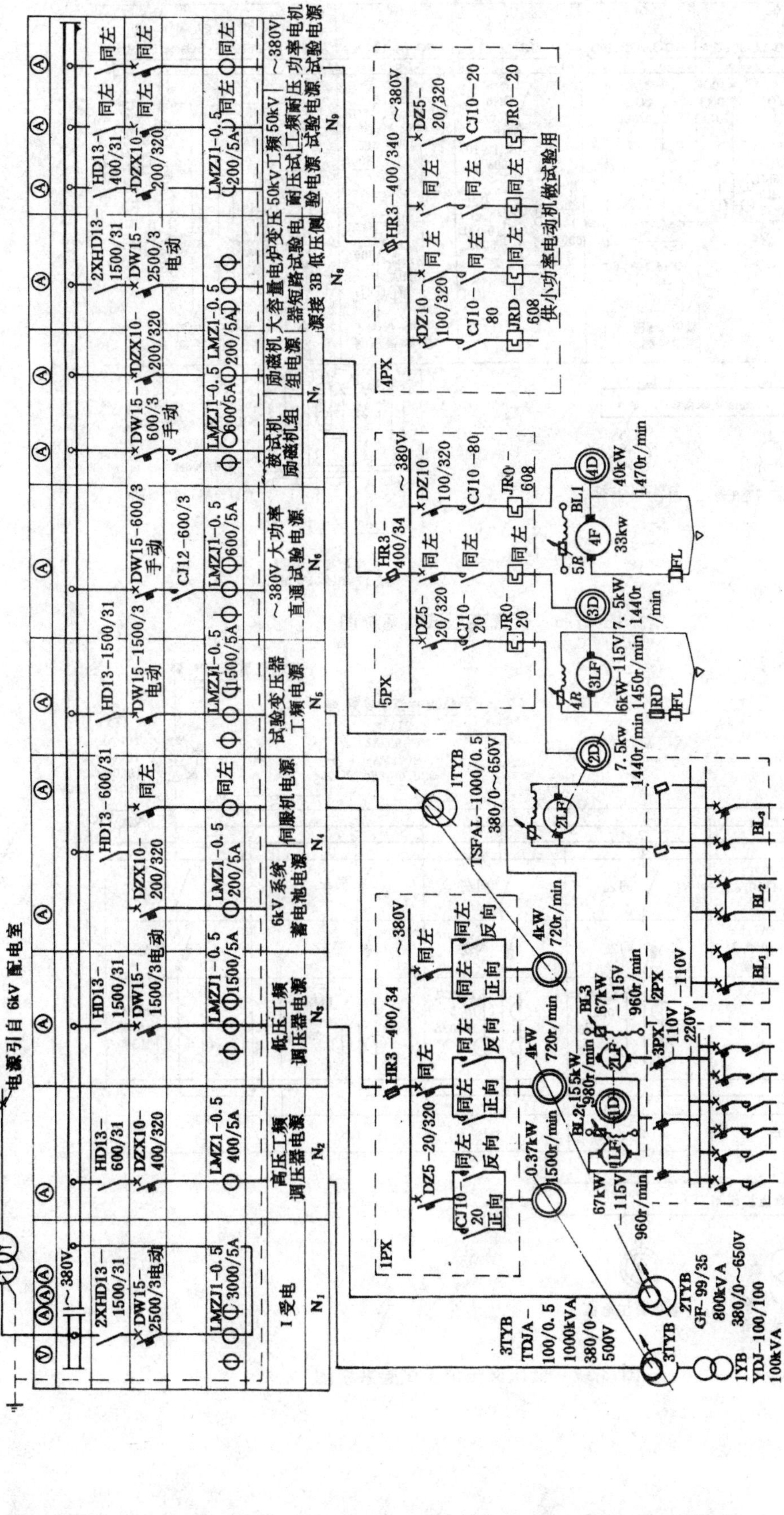

图 37-5 低压交流、直流励磁试验系统图

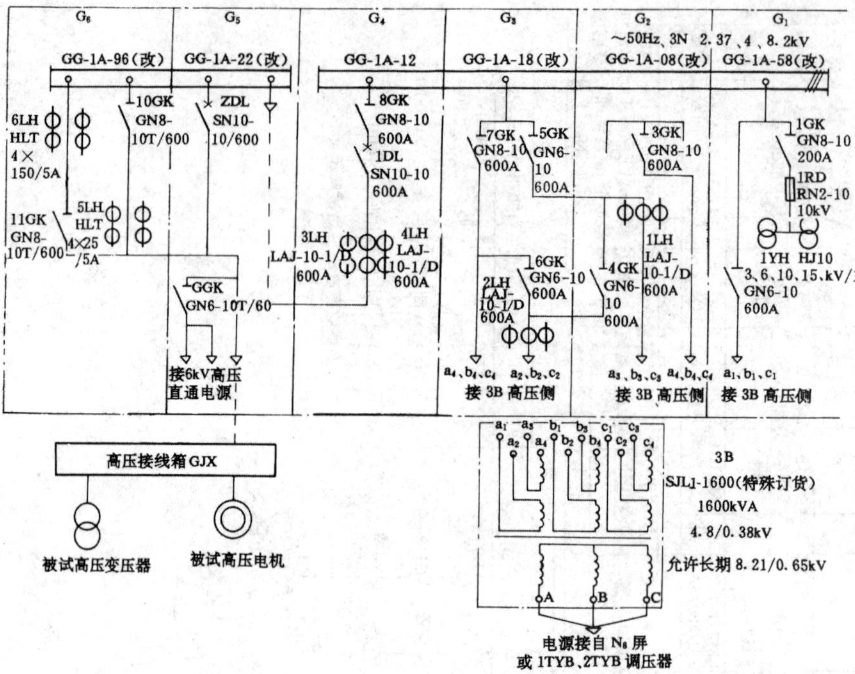

图 37-6 交流高压试验系统图

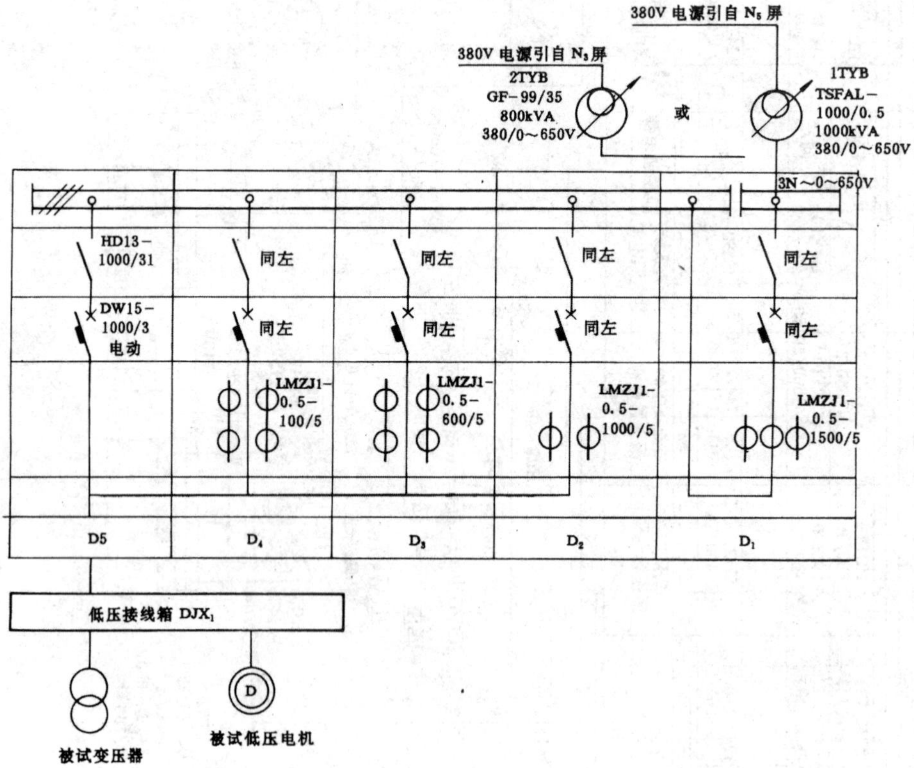

图 37-7 低压交流调压试验系统图

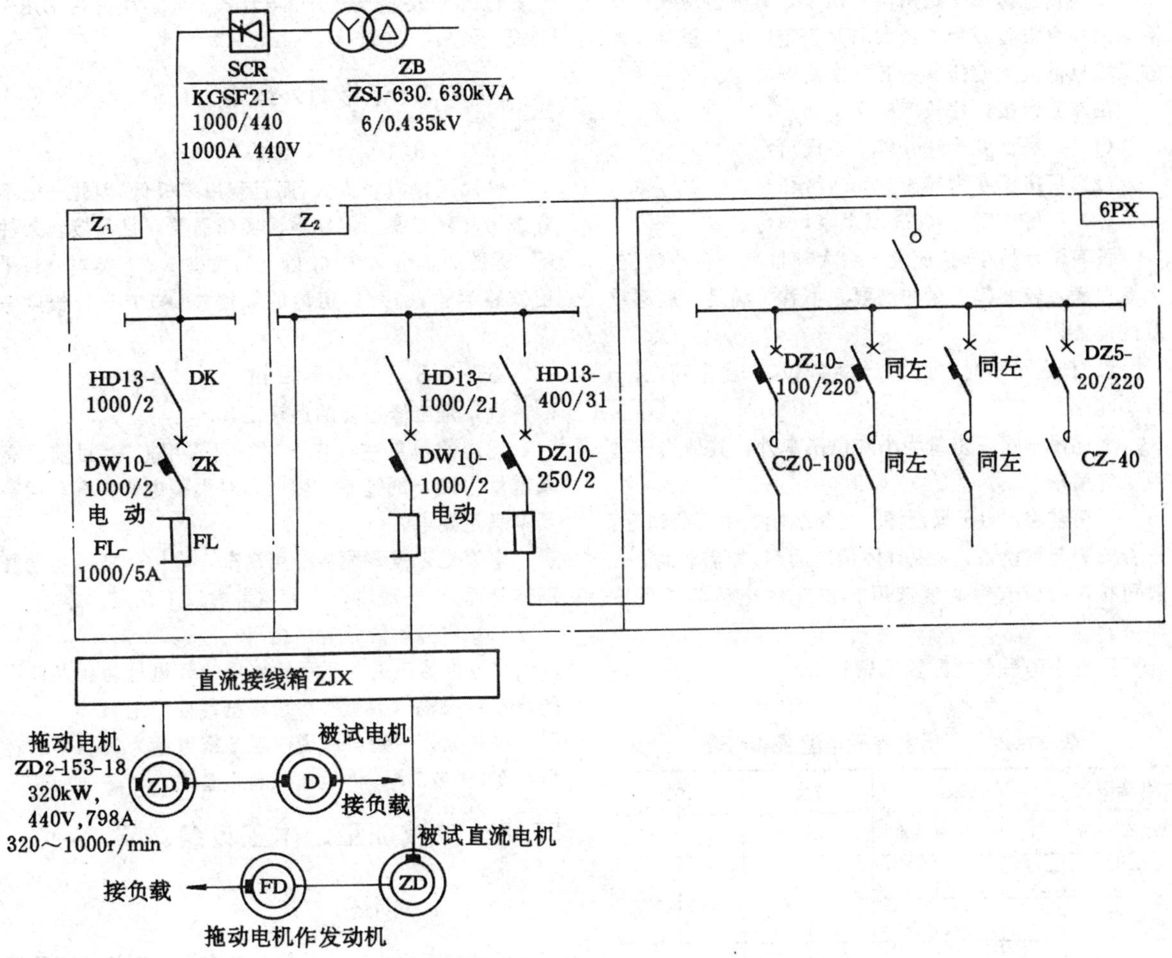

图 37-8 直流调压试验系统图

37.6 仓库设施

各种型类的电修仓库设施，包括原材料库、钢材库、变压器油，各类油脂及其它漆类贮存库、电机，变压器成品临时存放库等。原材料库所需面积见37.10.1.3节。

原材料库在总图上应为独立的建筑物，且应有良好的通风条件，并设置1台3t 电动单梁吊车，对钢材库亦应考虑一定场地面积，存放各类钢材。

变压器油贮存库可以与油处理设施共用一个建筑物，油罐的贮油量按企业最大一台变压器用油量考虑。同时尚应考虑存放各类油脂及其他漆类的贮存库。

电机、变压器成品临时存放库面积考虑的原则是：临时存放的电机、变压器，其质量不超过3t，存放时间不宜超过15天。

37.7 起重运输设备

37.7.1 吊车

吊车是厂房内主要的起重运输设备，但其所需数量难以按台时进行计算，只能根据需要及厂房长度来估计。一般按下列原则配置：

厂房内主跨吊车选用桥式吊车，其吨位应按进厂检修的单台设备或部件最大质量确定；其起重高度按进厂检修的最大变压器抽芯所需高度决定。

吊车数量按厂房长度确定：

(1) 厂房长度为70m以下者设1台；

(2) 厂房长度为70～200m者设2台；

(3) 厂房长度为200m以上者设3台。

设有两台吊车时，应设一台大吨位和一台小吨位。大者可满足较大起重量的需要，小者可满足一般起重量的需要。

设有3台吊车时，可设一台大吨位、一台中吨位、一台小吨位。

上述吊车除起重量为小吨位吊车外，其他均应选用双钩吊车。

厂房辅跨，如干燥浸漆、线圈绕制、冲压剪切等，是否安装起重设备，应视具体情况而定。如需要时，一般可按吨位及起重高度选用3t或5t的电动单梁吊车即可。

厂房主跨吊车的配置见表37-35。

表 37-35 厂房主跨吊车配置参考表

电修型类	大型			中型		小型	
吊车吨位	Ⅰ	Ⅱ	Ⅲ	Ⅳ	Ⅴ	Ⅵ	Ⅶ
75/20t	○						
50/10t		○	○				
20/5t				○			
15/3t	○	○			○	○	
5t	○	○	○	○	○		○

注：○——表示可配置。

37.7.2 过跨平板车

过跨平板车供主跨与辅跨间运输设备、材料用。当干燥浸漆设在辅跨时，过跨平板车的载重量应按干燥浸漆工件的最大质量来考虑。其它部分的过跨平板车采用3t或5t即可。

若厂房是由多跨组成，则跨与跨之间可用一台过跨平板车贯通。

当厂房长度在150m以上时，为了避免空中运输与地面运输的交叉干扰，厂房的两端各设一台过跨平板车较为合理。

过跨平板车一般采用电动式，5t以下的可采用手动式。

37.7.3 电修对外运输

37.7.3.1 铁路运输

铁路运输投资太大，而且利用率极低，因此一般不宜采用此种方案，但在运输实属需要，且易接轨条件下，运送的单重又在30t以上的大型Ⅰ、Ⅱ类电修可采用铁路运输。铺入厂房内的铁路按1.5个车身长度考虑。

37.7.3.2 汽车运输

汽车是电修主要的运输工具。

运送的单重在4t以上时，可采用拖车。目前已有载重量为100t的拖车，因此，对大型电修，汽车运输基本满足要求。

电修是否需要配备专用汽车，应由企业的运输管理体制而定。一般讲，应着重考虑以下几点：

(1) 电修不配备专用拖车；

(2) 电修应配备工程检修用的载重量为4t及以下的汽车1～3辆（数量多少应根据需要而定）；

(3) 大、中型电修尚应配备载重量为1t以下的轻型汽车1辆或2辆，供运输试验设备用。

37.8 机械加工、木工设备

37.8.1 简述

机械加工设备在电修的生产中用途广泛，而且是缩短检修时间，提高检修质量不可缺少的手段之一，一般用于：

(1) 修理中所需的各种工具、夹具或模具加工；

(2) 电机修理中所需零部件的加工；

(3) 低压电器备件的加工。

但为加工零部件确定所需配备各种机床的规格及数量难以用台时及吨位来计算，因此，电修的加工机床只能按下列原则考虑：

(1) 加工设备的类型应较全，但数量不宜多；

(2) 应满足一般大件加工需要，特大件应考虑外协；

(3) 参照国内现有电修所配机械加工设备比照配置。

电修尚需一些木模，如绕线所需木模等，应配备必要的木工机械，以满足生产上的需要。

37.8.2 机械加工设备

37.8.2.1 金属切削类设备

金属切削类机床可参照表37-36配置。表中所列各种机床规格及数量，应按工程实际需要进行修正。

37.8.2.2 焊接设备

表 37-36 各型类电修机械加工设备配置参考表

设备名称及简要规格 \ 电修型类		大型			中型		小型	
		Ⅰ	Ⅱ	Ⅲ	Ⅳ	Ⅴ	Ⅵ	Ⅶ
立式车床	最大工件直径1250mm 高度1250mm	1	1	1	1			
普通车床	最大工件直径500mm 长度1500mm	1	1	1	1	1	1	
	最大工件直径360mm 长度1000mm	2	2	2	1	1	1	1
	最大工件直径280mm 长度750mm	4～5	3～4	2～3	2	2	1	1
	最大工件直径800mm 长度3000mm	1	1	1	1	1		
摇臂钻床	最大钻孔直径50mm	1	1	1				
	最大钻孔直径32mm	1	1	1	1	1		
立式钻床	最大钻孔直径18mm	2～3	1～2	1	1	1	1	1
	最大钻孔直径32mm	1	1	1	1	1	1	1
龙门刨床	最大刨削长×宽 1×3m	1	1					
	最大刨削长×宽 2×0.8m			1	1			
牛头刨床	最大刨削长度1000mm	1	1	1	1	0或1		
	最大刨削长度650mm				1	1	1	1
	最大刨削长度350mm	3	3	2	2	2	1	1
万能铣床	工作台尺寸长×宽 0.9×0.2m	1	1	1	1	1		
	工作台尺寸长×宽 1.32×0.32m	1	1	1	1			
插床	最大插削长度320mm	1	1	1	1	1		
弓锯床	最大锯料直径220mm	1	1	1	1	1	1	1
砂轮机		4～5	4～5	3～4	2～3	2	1～2	1～2

焊接设备包括电焊、氧焊设备；其配置见表37-37。

表 37-37 焊接设备配置数量参考表

设备名称及规格	电修型类						
	大型			中型		小型	
	Ⅰ	Ⅱ	Ⅲ	Ⅳ	Ⅴ	Ⅵ	Ⅶ
	数量（台）						
交流电焊机21kVA	5	4	3	2	1	1	1
直流电焊机	2	1	1	1	1	1	1
氧焊	3	2	2	1	1	1	1

37.8.2.3 锻造类设备

用于电机修理过程中所需零部件毛坯的锻造，锻造设备包括空气锻锤、铁钻及锻造加热炉。常用的空气锻锤有65～400kg。

大型电修可设置400kg，中型电修可设置150kg 空气锻锤一套，包括铁钻及加热炉，小型电修只设置铁钻及加热炉，供手工锻造用。

37.8.3 木工设备

木工设备的配置见表37-38。

表 37-38 木工设备配置参考表

电修规模		大型			中型		小型	
类别		Ⅰ	Ⅱ	Ⅲ	Ⅳ	Ⅴ	Ⅵ	Ⅶ
机械名称	圆盘锯	1	1	1	1			
	木工钻床	1	1	1	1	1	1	1
	木工车床	1	1	1	1	1	1	1
	木工刨床	1	1	1	1	1	1	1

37.9 电修的平面布置

电修的平面布置包括两个方面：一为总图布置，一为电修主厂房内部的工艺平面布置。

37.9.1 总图布置

企业的电修大体上可分为下面几个部分：主厂房、油处理及油库、锻焊、木工、原材料库、办公室、生活设施及汽车库等。

上述各部分对大型电修原则上可设计成独立的建筑物。

中型电修可将主厂房、办公及生活设施合并为一个建筑物，其他均为各自独立的建筑物。

小型电修除锻焊、木工为独立建筑物外，其他可合并为一个建筑物。

这里所指的生活设施不包括食堂、浴室，但包括托儿所，如需要食堂、浴室，可另行考虑。

上述各建筑物应优先考虑在总图上集中布置，且应留有适当发展余地，总的建筑系数在0.35左右，不宜超过0.5。

在作总图布置时应遵循下列几点：

(1)位于企业烟尘污染源的上风侧，并保持较远距离；

(2)尽量与机修设施在同一区域内，并避开繁忙运输的铁路线；

(3)便于与企业厂区内的公路网(需要铁路运输时还包括铁路）相接通；

(4) 电修易引起火灾的建筑物，如锻焊、木工、油处理及油库应布置在主厂房的下风侧，但油处理及油库应靠近主厂房变压器修理区，而锻造应与主厂房试验站保持一定距离。

37.9.2 主厂房工艺布置

37.9.2.1 主厂房建筑结构型式

大型电修，特别是大型Ⅰ、Ⅱ类电修的主厂房按两个主跨、一个辅跨考虑，其中一个主跨主要用于大型电机及变压器的检修，一个主跨用于中小型电机的检修。

大型Ⅲ类电修及中型电修的主厂房按一个主跨、两侧均为辅跨考虑。

小型电修的主厂房按一个主跨带一个辅跨考虑。

对主跨、辅跨的跨度按下面考虑：

大型电修主跨为18～24m

中型电修主跨为15～18m

小型电修主跨为12～15m

辅跨一般为6、7、9、12m，但应按干燥炉的具体深度选定。

无论何种型类电修，主厂房的辅跨一般都不宜设计成二层，以免妨碍主跨采光及通风。

37.9.2.2 工艺平面布置的设计原则

工艺平面布置的设计原则有以下几点：

(1)为了避免工艺上在厂房内交叉往返运输，平面布置应按工艺流程考虑，当厂房较长时尤为必要。

(2) 电机、变压器的拆卸、装配；修理；嵌线及平衡试验；待修及成品堆放区；试验站的试验平台及试验区域等需要吊车的工艺应设置在主跨。

(3)加工件需要使用吊车的机床设在主跨，不使用吊车的机床设在辅跨，但主、辅跨之间应畅通。

(4)变压器检修区、待修及成品堆放、电机喷漆应设在主跨的端部，且喷漆应靠近成品堆放区。

(5)试验站的试验设备设在辅跨端部并与主厂房端部的试验平台、试验区畅通。

(6)电机清洗、烘干、线圈绕制成形、冲压剪切、备件加工制造、干燥浸漆绝缘处理等工序设置在辅跨。其中清洗、烘干室、干燥炉与主跨以轨道接通。浸漆间与其他工艺间应以墙严格分开并与主跨之间加设密封门。

(7)小型电修的油处理及油库设在辅跨且靠近变压器修理区。

(8)建议变压器检修区，不设置检修坑，但变压器真空干燥罐及其辅助设备则需设置在地坪以下的坑内，坑上部加盖板。

(9)办公室及更衣室可布置在两跨之间的柱间。

(10)吊车运输过道布置在主跨的中部位置。

37.9.3 试验站的平面布置

试验站的平面布置一般遵循下列几点：

(1)大、中型电修的低压试验区应与高压耐压试验区分开。小型电修的试验站有条件亦应这样考虑。

(2)高压直通试验电源的高压开关柜可与高压供电系统的开关柜布置在同一高压配电室内，低压试验用配电装置与厂用动力的配电装置应分别布置。

(3)低压试验、直流试验的配电装置和直流试验电源的晶闸管整流装置可布置在同一电气室内，并与试验站间设玻璃窗以便观察。

(4)感应调压器、陪试变压器应设置在专用的变压器室内。负载试验用的电阻可设置在专用的电阻器室内，并设有玻璃窗便于观察。

(5)试验操作台应布置在既可直接观察被试对象，又可方便地观察电气室、变压器室、电阻室的设备情况。

(6)试验站内应设有仪器仪表存放室。

37.9.4 油处理及油库的平面布置

油处理设备及变压器油的贮罐建议布置在同一个建筑物内。油处理及油库建筑物的一侧应留有足够的汽车停靠面积，以便装卸油用。移动油罐宜存放在室内。室内设一油化验室。

油处理及油库与主厂房的变压器修理区，应设油泵加压及输油管路，而且应分别设置可用油与脏油的管路。

37.10 建筑指标、工程概算

37.10.1 建筑面积指标

37.10.1.1 主厂房建筑面积

主厂房建筑总面积可按单台修理所需面积指标计算，参考指标见表37-39。

表 37-39 主厂房单台修理所需面积指标参考表

电修型类		电机 (mm²/台)	变压器 (mm²/台)
大型	Ⅰ	0.7～0.8	7～8
	Ⅱ	0.8～0.9	8～9
	Ⅲ	0.9～1.0	9～10
中型	Ⅳ	1.0～1.1	10～11
	Ⅴ	1.1～1.2	11～12
小型	Ⅵ	1.2～1.3	12～13
	Ⅷ	1.3～1.4	13～14

电机、变压器年修理量见式37-1或式37-10及式37-2或式37-14。主厂房内各工艺区所需面积按占有主厂房总面积的百分比考虑。

37.10.1.2 各工艺区面积

各工艺区面积按所占主厂房总面积的比例计算。比例系数参考如下：

待修及成品存放	0.063
钳工拆卸	0.12
线圈绕制成型	0.10
清洗烘干	0.015
嵌线	0.10
干燥浸漆	0.08
钳工装配	0.12
试验站	0.06
电机喷漆	0.007
冲压剪切	0.02
备件制造	0.05
金属机械加工	0.04
变压器修理	0.12
办公及更衣室	0.01～0.02
运输及人行通道	0.02～0.08

小型电修的油处理及油库可根据需要另加面积。

面积系数并非一成不变的值。安排主厂房工艺平面布置时，可适当调整。

37.10.1.3 其他辅助生产设施的面积

电修设施除主厂房外，尚有油处理及油库、锻焊、木工、原材料仓库、汽车库及办公生活设施等。其中油处理及变压器油库面积按年每修一台变压器需要0.5～1.5m²计算。大型电修取下限，小型电修取上限。原材料仓库按年修理一台工作量（包括电机、变压器）需0.05～0.1m²计算。其他如锻焊、木工、汽车库及办公生活设施根据工程需要而定。

37.10.2 工程概算

工程概算指标是一个较复杂的问题，加之这方面的数据积累及分析不多，因而要有一个准确的指标是困难的。这里列出的有关数据仅供高阶段估算投资的参考。

电修按年修理一台工作量（包括电机、变压器）所需投资费按1987年0.4～0.75万元估算。大型电修取下限、小型电修取上限，其中设备费占50～53%；建筑工程费占37～40%，安装及其他费用占12～15%。

投资指标应按设计的当年物价指数进行调整。

37.11 人员定额及工作制度

37.11.1 生产人员定额

37.11.1.1 分析估算法

电机修理包括钳工拆卸、装配；线圈绕制；干燥浸漆，按每修理一台电机需0.05～0.07人估算，大型电修取下限，小型电修取上限。

变压器修理包括钳工拆卸、装配、线圈绕制；油处理，按每修理一台变压器需0.4～1.8人估算，大型电修取下限，小型电修取上限。但小型电修由于每年修理的变压器台数很有限，估算结果可能偏小，对此，在具体工程设计中可作适当调整，或由电机修理定员中弥补。

备件制造包括钳工、冲压、绕线，按每万件需要0.5～4人估算，大型电修取下限，小型电修取上限。

试验站可按修理每千台（包括电机、变压器）需3～7人估算，小型电修每年检修工作量可能不足200台，但最少不少于3人。

机械加工及起重运输可按设备定点，原则如下：

立式车床可配2人，其他机床每台设1人，锻锤2人，砂轮不配人。

吊车及电动平板车每台1人。

现场工程检修按企业每安装一台电机需0.003～0.005人计算。

木工、焊接工、原材料仓库等按工程需要而定。

37.11.1.2 综合指标法

按企业电机、变压器安装总台数来估算全部生产人员的总数。

估算指标为0.025～0.05人/台，大型电修取下限；小型电修取上限。

按上述估算求得总数后，再按比例进行分配：

(1) 电机修理定员占总数的35%；

(2) 变压器修理定员占总数的13%；

(3) 备件制造定员占总数的2.5%；

(4) 试验站定员占总数的2%；

(5) 现场工程检修定员占总数的10%。

机械加工、起重运输、木工、焊接、原材料库等在多余部分中按工种岗位定员。

在生产人员定额总数中，女工可占25～30%。

37.11.2 管理及技术人员定额

行政管理定员按生产定员总数的4%计算，工程技术人员按生产定员总数的6%计算。

37.11.3 工作班制

电修的年工作天数为306天，年工作小时为2448h。

电修除干燥浸漆、仓库管理为三班制外，其余工艺均为一班制。

37.12 相关专业的设计条件

37.12.1 工业炉

干燥炉的技术要求见37.4.4.2节。

炉膛净长 $L=l+2$（100～200）mm

炉膛净宽 $B=b+2$（100～200）mm

炉膛净高 $H=h+$（200～300）mm

其中l、b为平板车的长及宽，h为平板车高度加上干燥工件最大高度。

干燥工件的质量以电机单台重为等效质量计算。

当企业拥有电机10000台以上时，取40kW的交流异步电机的质量为计算依据；4000台以上取20kW的异步电机质量为计算依据；4000台以下，取10kW的异步电机的质量为计算依据，再乘以每次的装炉量，即得一次装炉的总重。

每次的装炉量（台数）由工程设计确定。

装炉总重中，铁重/铜重值：电机为5～8；变压器为2～2.5。

含湿量，按总重的0.6%计算，其中水分约占20%、漆约占80%，漆的挥发量为漆重的0.6%。

37.12.2 冶金设备

许多非标准设备是由冶金设备专业完成设计的，如电机转子下线架、电机试验平台、浸漆槽、线圈绕组热压成形机、拔线机、清洗室用平板车、干燥炉用平板车、变压器贮油罐、移动油罐、变压器真空干燥罐等。

关于变压器真空干燥罐、浸漆槽补充如下：

真空干燥罐的罐体内腔为圆形，其尺寸应比被干燥的最大变压器器身外形尺寸大200～300mm。具体设计时，可参照某些电修厂的真空干燥设备。

浸漆槽的设计，可对某些电修厂进行调查，以确定有关参数。

37.12.3 采暖通风

干燥炉的热风循环及有害气体的排除、浸漆槽的槽边抽风等由工业炉、冶金设备专业自行设计或由这两个专业向通风专业提出要求。

工艺卫生通风及采暖的设计条件见表37-40及表37-41。

表 37-40 工艺卫生通风条件参考表

工艺区名称	生产特征	每小时换气次数	备注
油处理区	变压器油的挥发物	5	按房间容积计算
浸漆间	绝缘漆及溶剂挥发物	5	同上
喷漆间	雾状漆及溶剂挥发物		喷漆过程进行排气
热压成形机	绝缘材料在热态时挥发物		加通风罩排气

表 37-41 工艺采暖设计条件参考表

工艺区名称	工艺要求	温度范围	备注
线圈绕制及嵌线	避免绝缘材料硬化，提高生产效率	14～18℃	用蒸汽采暖
干燥浸漆间	绝缘漆温度低，不易流动	14～16℃	同上
油处理	油温低、影响油的流动性	14～18℃	同上
其它工艺区	提高生产效率	5～10℃	同上

37.12.4 通讯

大、中型电修应有调度电话总机，与电修设施各工序（段）及企业的总调度、计划部门、检修管理部门进行调度电话通讯。行政电话根据需要设置。

小型电修只需根据需要设置行政电话。

37.12.5 热工仪表自动化

由工业炉、冶金设备等有关专业提供设计条件。如是标准设备而仪表热工控制又非成套供货，则由电修工艺根据产品的制造厂家的要求提供设计条件。

37.12.6 热力

热力设计条件包括蒸气、压缩空气。

需要使用蒸汽的工艺设备有：干燥炉、浸漆槽、贮漆罐、变压器真空干燥罐的油加热器、线圈热压成形机、清洗用水的加热等。这些设备的蒸汽消耗量及压力参数由有关设备的技术性能确定，但在高阶段设计中无法获得这些数据时，可按电修的电机年修理量计算，蒸汽消耗量参考指标见表37-42。

压缩空气在电修一般用于电机吹扫及某些临时需要，用量很小，其参考指标见表37-42。

37.12.7 燃气

燃气包括氮气、乙炔气、煤气。

只有贮漆罐加压输漆使用氮气，但消耗量极小，可用瓶装定期更换。

乙炔只用于氧焊，消耗量小，可选用标准的小型乙炔发生装置。

需要使用煤气的工艺，只有对大、中型电机无法拔出旧的线圈时，才用煤气焚烧其绝缘层。煤气消耗指标见表37-42。

37.12.8 水道

需要用水的工艺设备有电机清洗、真空干燥罐的真空泵、干燥炉、热压成形机等，其设备的用水量及压力参数由有关设备的技术性能确定，在高阶段设计时可按表37-42计算。

37.12.9 电力

电修用电设备的总装机容量应由工艺设备统计确定。在高阶段设计时也可按表37-42计算。

37.12.10 总图运输

有关总图布置已在37.9.1节中作了阐述。但对电修而言，不象一般生产厂的产量稳定，因此，其吞、吐运输量难以估计。

37.12.11 主要能源消耗指标

电修的能源消耗以单位时间单台的消耗量为指标列于表37-42，供高阶段及施工设计参考。

表 37-42 修理一台电机的能源消耗指标

能源名称	单位消耗量	压力	备注
蒸汽①	2kg/h	0.8MPa	加热时使用
压缩空气	$0.5m^3/h$	0.3MPa	需要时使用
煤气	$0.3m^3/h$		需要时使用
生产用水②	0.05t/h	0.5MPa	间断使用
电力③	1.5kW		电修厂装机容量

①不包括采暖用蒸汽。

②不包括生活用水。

③不包括高、低压直通试验用电。

37.13 环境保护、安全与工业卫生

电修的污染源主要是绝缘漆及其溶剂在电机干燥和浸漆过程中挥发出来的有害物质。绝缘漆的种类很多，参见《电机工程手册》第19、20、21篇的有关章节。常用的溶剂有二甲苯、甲酚、对苯二甲酚。

电修全年有害物质的排放量按下式计算

$$Q = 1.2n_m qk \quad (37\text{-}36)$$

式中 Q——有害物质排放量，kg；

n_m——电机年修理台数，见式37-1或式37-10；

q——绝缘漆及溶剂的每台电机平均消耗量，取4.5～7kg/台；

k——挥发量，取0.6%。

其次是电机清洗过程废水中含有的化学洗涤剂及油污，这些废水都排入下水道。废水中洗涤剂及油污含量按每台电机2～4kg 计算。

一般说，洗涤剂是无毒的。

电修的干燥浸漆、喷漆、油处理及油贮存、原材料库等处易引起火灾，其建筑物都应按《建筑设计防火规范》（GBJ16—87）的丙类三级考虑。

为了保证电修生产安全，电机、变压器试验区域，特别是高压耐压试验区域应设置红色围栅与其他部分隔开。吊车吊运的地面通道地坪应以红色标志标出。

在电修厂房外部适当场所焚烧电机定、转子绝缘层，绝不允许在厂房内部进行这一工序，以免污染环境。

37.14 生产厂（车间）电气维修

37.14.1 电气维修的生产任务

电气维修的生产任务有：

(1) 对该厂（车间）电气设备（包括电机、变压器、高低压配电及电控设备）、电气照明的日常维护和检查（包括巡检或点检）。

(2) 电气设备的小修及故障处理。

(3) 在大、中修期间，配合电修对本厂（车间）的电气设备进行检修。

(4) 电气系统技术改进与开发。

37.14.2 维修设备的配备

生产厂(车间)的电气维修间为满足日常维修与小修的基本需要，可配备下列设备：

(1) RX2-03型及HRTY-12150型绕线机（技术规格见表37-6及表37-21）各1台；

(2) 台式绕线机2～3台；

(3) 台式钻床1台；

(4) 砂轮机1台；

(5) 感应加热箱1个，箱体有效尺寸，1000×1000×1200，温度110～150℃；

(6) 浸漆槽1个；

(7) 三相，380/0～650V，15kVA 左右感应调压器1台；

(8) 交流稳压电源；

(9) 试验用低压配电箱（附开关、接触器及保护元

件)；

(10) 必要的测试仪表，包括交直流电压表、交直流电流表、钳式表、摇表、转速表、万用表、万用电桥等。

37.14.3 电气维修定员

生产厂(车间)电气维修定员按每个定员应维修本厂（车间）电机、变压器台数定额进行估算

$$n=\frac{N}{K} \tag{37-37}$$

式中 n——电气维修定员总数，人；

N——该厂（车间）安装的电机、变压器总台数；

K——每名定员维修定额台/人，见表37-43。

表 37-43 每台定员维修台数定额参考表

生产厂名	炼铁	炼钢	轧钢	机修	公用	焦化	耐火
K（台/人）	12～15	8～16	15～18	30～35	6～8	10～12	10～12

注：1. 安装电机、变压器多的厂取上限，反之取下限；

2. 大型钢铁联合企业取上限，较小企业或单一生产的企业取下限；

3. 炼铁、炼钢、轧钢包括为其服务的公用辅助设施。

所谓安装电机、变压器多者，系指该厂（车间）所安装的电机、变压器总数超过1000台的生产厂(车间)。

在式37-37中的 N，若无法统计其数量时，除机修及公用设施外，其他可按表37-2估算。

在定员总数确定之后，再按该厂(车间)生产班制进行分配，一般按白班为50%、中班为30%、晚班为20%，替换在总数中调剂。

电气维修定员中不包括变电所、配电室、电气室等的值班人员。

定员总数中，工程技术人员应根据工艺的技术装备水平确定。对于技术装备水平高的工厂(车间)，工程技术人员不低于30%，一般交流传动水平为5%，但最少不能少于2人。

女工可按15%考虑。

应当说明，定员与人员技术素质、生产管理体制及习惯的管理方法有一定关系，以上所述，只是给出了一个确定生产厂（车间）电气维修定员的方法。

37.14.4 电气维修间建筑面积

生产厂（车间）的电气维修间建筑面积，按最大班每人4m²计算。

在建筑面积确定后，电气维修建筑物，可根据该厂（车间）的大小、技术装备的复杂程度，分别设置修理室、试验室、仪表存放室及办公室。

当修理室超过150m²时，可设置1台3t 电动单梁吊车。

电气维修间的场地，应与生产厂(车间)的工艺设计专业商量确定。在某些特定条件下，例如：电气维修的定员较少、建筑面积不大或生产工艺本来就很简单等，也可与机修间合并统一考虑。

附录37.1 某钢铁企业电修主厂房平面布置

某钢铁企业电修主厂房平面布置见附图37-1。

附录37.2 钢铁联合企业电修测算表

钢铁联合企业电修测算表见表附表37-1。

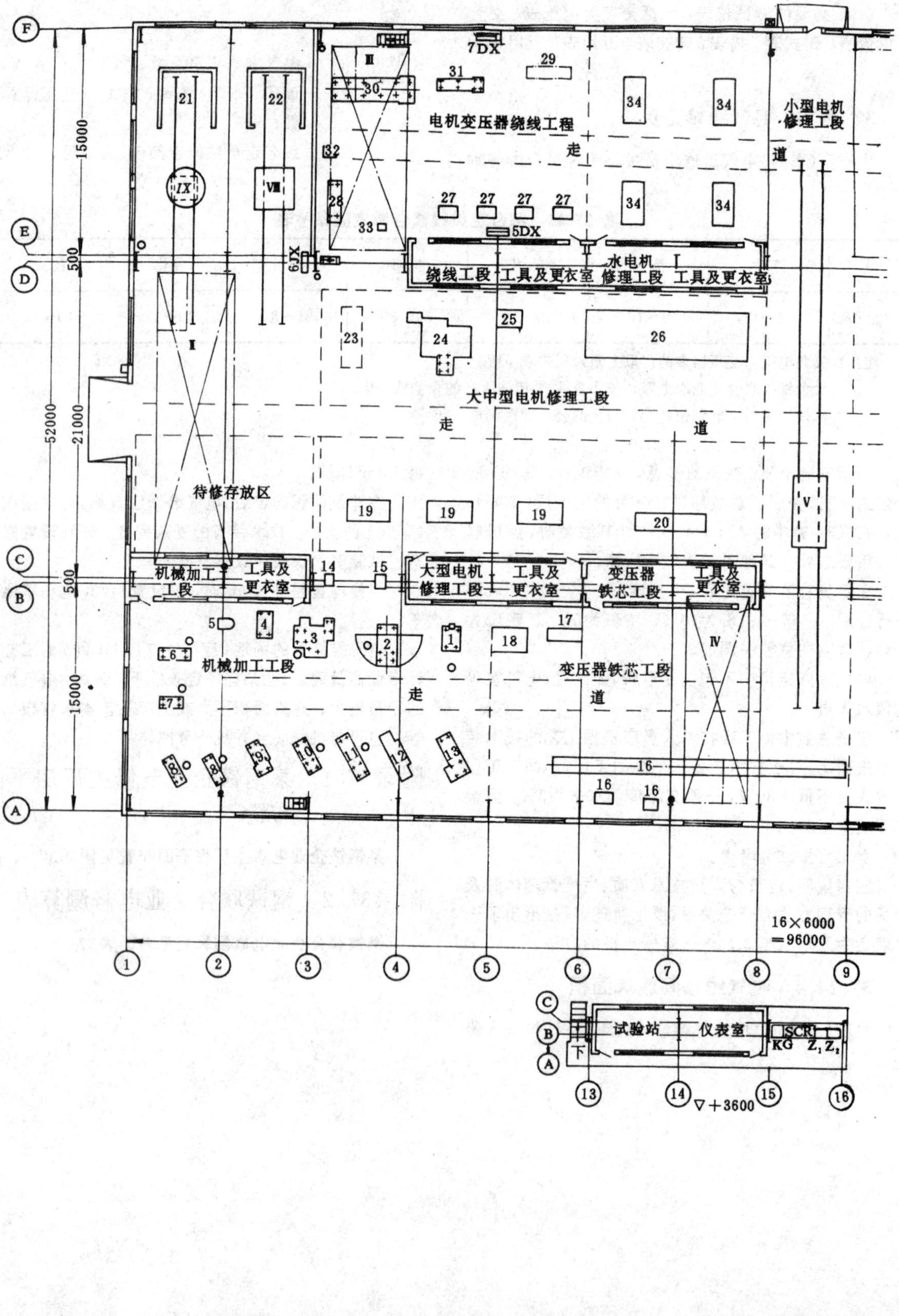
电机变压器绕线工程
小型电机
修理工段
绕线工段
工具及更衣室
水电机
修理工段
工具及更衣室
大中型电机修理工段
待修存放区
机械加工
工段
工具及
更衣室
大型电机
修理工段
工具及
更衣室
变压器
铁芯工段
工具及
更衣室
机械加工工段
变压器铁芯工段
走
道
7DX
5DX
6JX
15000
500
21000
52000
16×6000
=96000
试验站
仪表室
SCR
KG
Z_1 Z_2
下
▽+3600

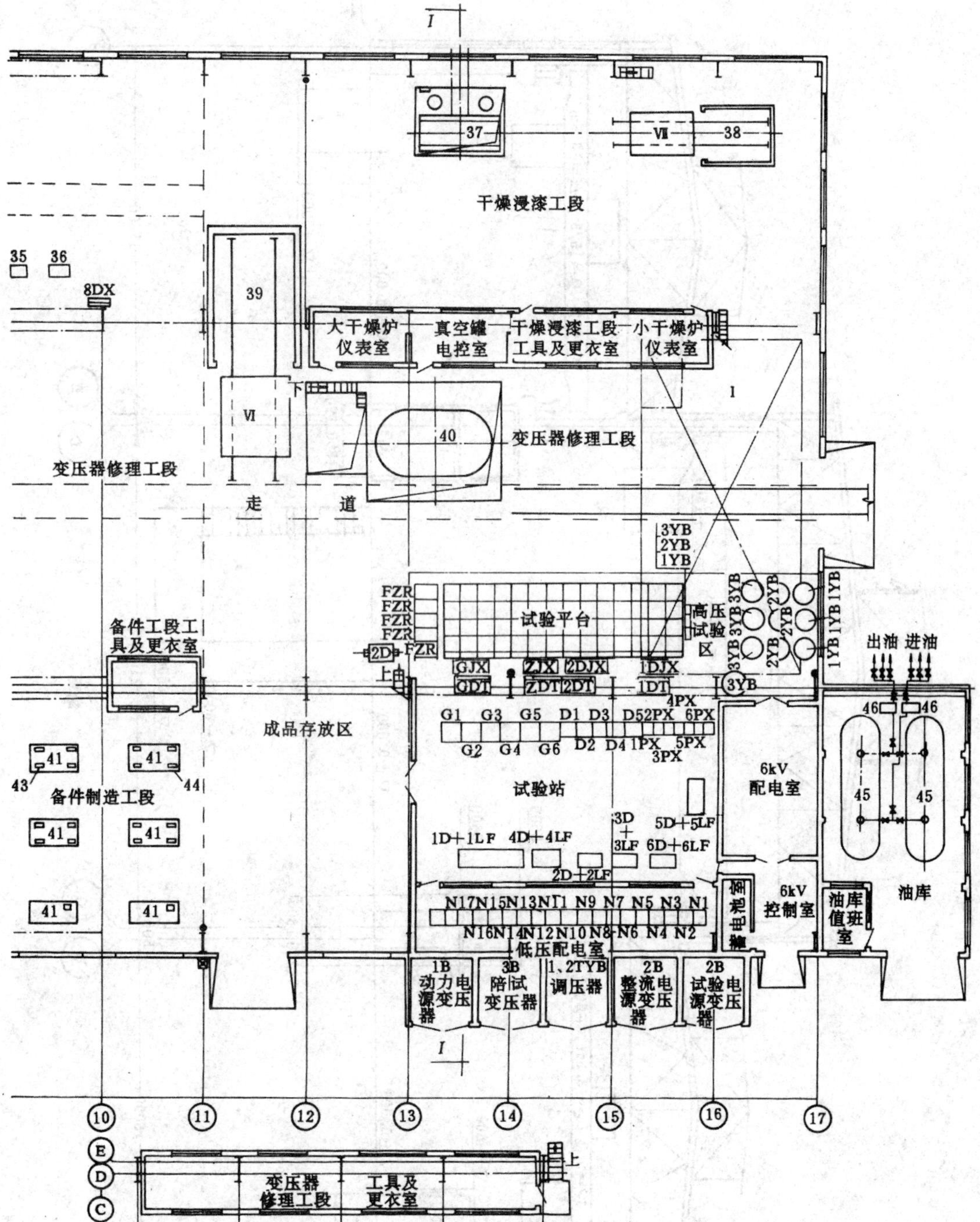
干燥浸漆工段
37
38
35
36
8DX
39
大干燥炉仪表室
真空罐电控室
干燥浸漆工段工具及更衣室
小干燥炉仪表室
40
变压器修理工段
变压器修理工段
走 道
3YB
2YB
1YB
FZR
试验平台
高压试验区
2D
GJX
ZJX
2DJX
1DJX
GDT
ZDT
2DT
1DT
3YB
备件工段工具及更衣室
成品存放区
G1 G3 G5 D1 D3 D52PX 6PX
G2 G4 G6 D2 D4 1PX 5PX 3PX
41
43
44
备件制造工段
试验站
6kV配电室
出油 进油
46
45
3D+3LF
5D+5LF
1D+1LF 4D+4LF
6D+6LF
2D+2LF
N17 N15 N13 N11 N9 N7 N5 N3 N1
N16 N14 N12 N10 N8 N6 N4 N2
低压配电室
蓄电池室
6kV控制室
油库值班室
油库
1B动力电源变压器
3B陪试变压器
1、2TYB调压器
2B整流电源变压器
2B试验电源变压器
10 11 12 13 14 15 16 17
E D C
变压器修理工段
工具及更衣室
12 13 14 15 16
▽+3600

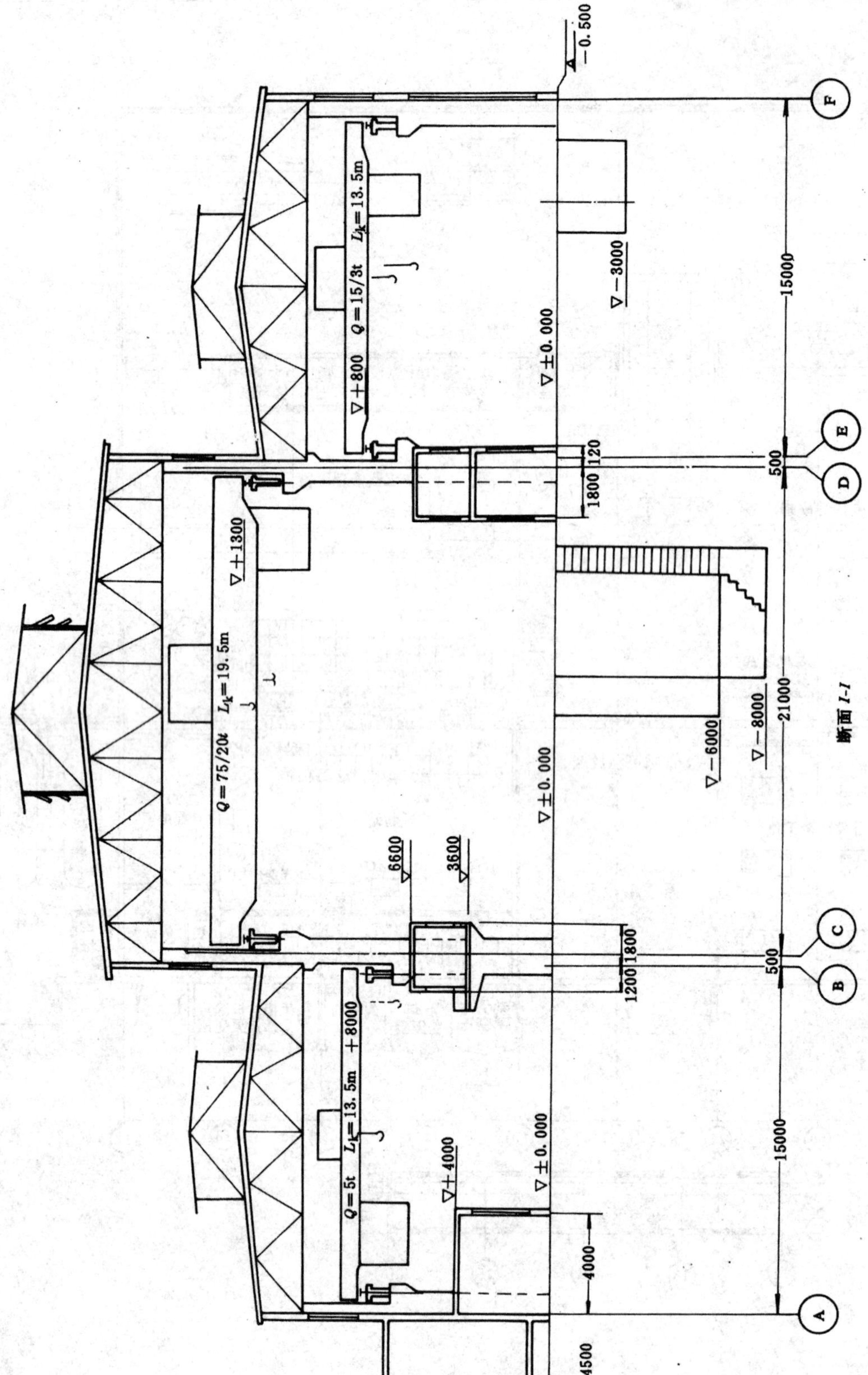

−0.500
Q=15/3t L_k=13.5m
▽+800
▽−3000
▽±0.000
15000
500
120
1800
▽+1300
Q=75/20t L_k=19.5m
▽−6000
▽−8000
21000
6600
3600
1200
1800
Q=5t L_k=13.5m +8000
▽+4000
4000
4500
A
B
C
D
E
F

断面 I-I

附图 37-1　某钢铁企业电修主厂房平面布置及断面图

Ⅰ—75/20t 桥式起重机；Ⅱ—20/5t 桥式起重机；Ⅲ—15/3t 桥式起重机；Ⅳ—5t 桥式起重机；Ⅴ～Ⅸ—平板车；1—万能铣床；2—旋臂钻床；3—单柱立式车床；4—插床；5—磨床；6～7—牛头刨床；8～13—车床；14—砂轮机；15—立式钻床；16—多功能横剪机；17～18—剪板机；19—工作台；20—绕线机；21—清洗间；22—烘干室；23—拔线机；24—200t 电机专用油压机；25—双柱压力机；26—硬支承动平衡机；27—绕线机；28—中型船式线圈涨形机；29—热压成形机；30～32—绕线机；33—电动绕线机；34—工作台；35～36—压力机；37—浸漆系统；38—中干燥炉；39—大干燥炉；40—真空干燥罐；41—钳工台；42—台钻；43—台式绕线机；44—台钳；45—贮油罐；46—油泵；2B—试验电源变压器；3B—陪试变压器；1TYB～3TYB—感应调压器；1DF—被试机励磁机组；2DF—公共励磁机组；3DF—拖动机励磁机组；4DF—大电流发电机组；5DF—直流发电机组；1D～5D—交流电动机；1LF～3LF—直流发电机；4F～5F—直流发电机；ZD—直流陪试电动机；1YB～3YB—高压耐压试验变压器；N1～N9—试验电源配电屏；G1～G6—高压试验开关柜；D1～D5—调压电源配电屏；2PX～3PX—励磁电源配电箱；4PX—小功率交流试验配电箱；6PX—小功率直流试验配电箱；1PX，5PX—动力配电箱；ZB—整流变压器；SCR—晶闸管整流装置；KG—控制柜；Z1～Z2—直流试验配电屏；1DT～2DT—交流试验操作台；ZDT—直流试验操作台；GDT—高压试验操作台；1DJX～2DJX—低压接线箱；ZJX—直流接线箱；GJX—高压接线箱；FZR—负载电阻及接线箱；1B—动力电源变压器；N10～N17—变流配电屏；1DX～8DX—低压动力配电箱（部分设备在图中未表示）

附表 37-1　钢铁联合企业电修测算表

项目 \ 企业钢产量（万 t）			600	400	300	150	80	50	30	10
企业拥有电机数量（按表 37-2）		总数	51000	34000	22500	11250	4800	3250	1950	650
		直流电机数	12700	8500	3375	1687	480	325	195	
企业拥有变压器数（按表 37-2）			3600	2400	1800	750	240	150	30	10
电修设施型类（按表 37-1）			大型Ⅰ类	大型Ⅰ类	大型Ⅱ类	中型Ⅳ类	中型Ⅴ类	小型Ⅵ类	小型Ⅶ类	小型Ⅶ类
年修理量（台）	综合指标法（按式 37-1、式 37-2）	电机	9945	6630	4380	2194	936	634	380	127
		变压器	414	276	207	86	28	17	3	1
	等效大修台数法（按式 37-10、式 37-14）	电机	11090	6068	4809	2207	1005	646	387	133
		变压器	428	285	214	89	17	17	4	1
备件年自制量（按式 37-16）（万件）			85.20	56.80	42.60	21.30	11.36	7.10	4.26	1.42
变压器年油处理量（按式 37-17）（t）			186/192	124/128	93/96	38/40	17/8	8/8	1.5/2	0.5/0.5
厂内检修的最大规格		电机（kW）	4000	4000	4000	2500	2500	1500	1500	1500
		变压器（kVA）	50000	50000	50000	31500	31500	10000	10000	10000
主厂房面积（按表 37-39 及 37.10.1.2 节）综合指标法/等效大修台数法	总面积（万 m^2）		1.00/1.15	0.7/0.67	0.48/0.52	0.23/0.18	0.09/0.09	0.06/0.06	0.03/0.03	0.01/0.01
	待修及成品存放（m^2）		667/724	441/422	302/327	145/114	56.7/56.7	37.8/37.8	19/19	6.3/6.3
	钳工拆卸（m^2）		1272/1380	840/804	576/624	276/216	108/108	72/72	36/36	12/12
	线圈绕制成形（m^2）		1060/1150	700/670	480/520	230/180	90/90	60/60	30/30	10/10
	清洗烘干（m^2）		159/172	105/100	72/78	34.5/27	13.5/13.5	9/9	4.5/4.5	—

续附表 37-1

项目	企业钢产量（万t）	单位	600	400	300	150	80	50	30	10
主厂房面积（按表 37-39 及 37.10.1.2 节）	嵌线	（m²）	1060/1150	700/670	480/520	230/180	90/90	60/60	36/36	10/10
	干燥浸漆	（m²）	848/920	560/536	384/416	184/144	72/72	48/48	24/24	8/8
	钳工装配	（m²）	1272/1380	840/804	576/624	276/216	108/108	72/72	36/36	12/12
	试验站	（m²）	636/690	420/402	288/312	138/108	54/54	36/36	18/18	6/6
	电机喷漆	（m²）	74/80	49/47	34/36	16/12.6	6/6	4/4	4/4	3/3
	冲压剪切	（m²）	212/230	140/134	96/104	46/36	18/18	12/12	6/6	2/2
	备件制造	（m²）	530/575	350/335	240/260	115/90	45/45	30/30	15/15	5/5
	金属机械加工	（m²）	424/460	280/268	192/208	92/72	36/36	24/24	12/12	4/4
	变压器修理	（m²）	1272/1380	840/804	576/624	276/216	108/108	72/72	36/36	12/12
	办公室及更衣室	（m²）	159/172	105/100	72/78	35/27	18/18	12/12		
	运输及人行通道	（m²）	212/230	140/134	96/104	69/54	45/45	30/30	24/24	8/8
辅助设施面积（按 37.10.1.3 节）综合指标法/等效大修台数法	油处理及油库	（m²）	207/214	138/143	104/107	45/45	28/28	17/17	17/17	17/17
	锻焊	（m²）	按需要	按需要	按需要	按需要	按需要	按需要	按需要	按需要
	木工	（m²）	同上	同上	同上	同上	同上	同上	同上	同上
	原材料仓库	（m²）	518/575	345/318	223/251	114/114	96/96	65/65	77/77	13/13
	汽车库	（m²）	按需要	按需要	按需要	按需要	按需要	按需要	按需要	按需要
	办公及生活设施	（m²）	同上	同上	同上	同上	同上	同上	同上	同上
投资（按 37.10.2 节）	总投资	（万元）	4144/4607	2762/2541	1840/2009	1140/1148	482/511	390/398	230/235	90/94
	设备费	（万元）	2072/2304	1381/1271	920/1005	570/574	241/256	195/199	115/117	45/47
	建筑工程	（万元）	1533/1705	1022/940	681/743	422/425	178/189	144/147	85/87	33/35
	安装及其他	（万元）	539/598	359/330	239/261	148/149	63/66	51/52	30/31	12/12

续附表 37-1

项目 \ 企业钢产量（万 t）		600	400	300	150	80	50	30	10
生产定员（按 37.11.1.1 及 37.11.1.2 节）分析法/综合指标法	总定员（人）	/1365	/910	/608	/420	/202	/170	/99	/33
	电机修理（人）	497/478	332/319	219/213	131/147	56/70	44/60	27/37	9/12
	变压器修理（人）	166/177	110/118	83/79	52/55	19/26	14/22	5/13	2/4
	备件制造（人）	43/34	28/23	21/15	8/10	5/5	6/4	3/2	2/2
	试验站（人）	30/27	21/18	13/12	11/9	4/4	4/4	3/3	2/2
	金属机械加工（人）	按需要	按需要	按需要	按需要	按需要	按需要	按需要	按需要
	起重运输（人）	同上	同上	同上	同上	同上	同上	同上	同上
	现场工程检修（人）	153/136	102/91	68/60	34/42	19/20	16/17	10/10	4/4
	其他（人）	按需要	按需要	按需要	按需要	按需要	按需要	按需要	按需要
管理及技术人员，分析法/综合指标法	行政管理（人）	/41	/27	/18	/13	/6	/5	/3	/3
	工程技术（人）	/82	/55	/36	/25	/12	/10	/6	/3
定员总数，分析法/综合指标法（人）		/1488	/992	/662	/458	/251	/185	/108	/39
个人产量，分析法/综合指标法	综合指标法（台/人）	/6.96	/6.96	/6.92	/4.97	/3.84	/3.51	/3.54	/3.28
	等效大修台数法（台/人）	/7.74	/6.4	/7.58	/4.88	/4.07	/3.58	/3.62	/3.43

参考文献

[1]机械工程手册 电机工程手册编辑委员会编，电机工程手册，机械工业出版社，1982年.

第38章

爆炸危险环境的电力设计

38.1 概述

爆炸危险环境的电力装置设计，必须认真执行国家的技术经济政策，并应贯彻“以防为主”的方针，因地制宜地采取措施，做到保障国家和人民生命财产的安全、技术先进、经济合理。

38.2 适用范围

本章适用于工业企业新建、扩建和改建的爆炸危险环境的电力设计，但不适用于下列环境和装置：

(1) 矿井井下；

(2) 制造、使用或贮存爆炸物质（如炸药和起爆药等）的地方；

(3) 利用电能进行生产并与生产工艺过程直接关联的电解、蓄电池等电气装置；

(4) 使用强氧化剂（如氯、臭氧等）以及不用外来点火源就能自行起火的物质（如金属钠、钾、黄磷等）；

(5) 水、陆交通运输工具。

本章适用于在生产、加工、处理、转运或贮存过程中出现或可能出现下列爆炸性混合物环境的电力设计：

(1) 在大气条件下，易燃气体、易燃液体的蒸气或薄雾等易燃物质与空气混合形成的爆炸性气体混合物（以下简称爆炸性气体混合物）；

(2) 闪点低于或等于环境温度的可燃液体的蒸气或薄雾与空气形成的爆炸性气体混合物；

(3)在物料操作温度高于可燃液体闪点的情况下，可燃液体有可能泄漏时，其蒸气与空气形成的爆炸性气体混合物；

(4) 爆炸性粉尘与空气形成的爆炸性混合物；

(5)可燃性导电粉尘与空气形成的可燃性混合物；

(6) 可燃性非导电粉尘与空气形成的可燃性混合物。

38.3 气体或粉尘产生爆炸的条件及防止措施

38.3.1 气体产生爆炸的必要条件

气体产生爆炸必须同时存在以下三个条件：

(1) 存在易燃气体、易燃液体的蒸气或薄雾；

(2) 上述物质与空气混合，其浓度在爆炸极限以内；

(3)存在足以点燃爆炸性混合物的火花、电弧或高温。

38.3.2 粉尘产生爆炸的必要条件

粉尘产生爆炸必须同时存在以下三个条件：

(1)存在爆炸性粉尘或可燃性粉尘的特性（悬浮状或堆积状的）；

(2)上述物质与空气相混合，并呈悬浮状，其浓度在爆炸极限以内；

(3)存在足以点燃爆炸性混合物的火花、电弧或高温。

38.3.3 防止产生爆炸的基本措施

防止产生爆炸的基本措施就是防止产生爆炸的三个条件同时出现或将其同时出现的可能性减到最小程

度。

防止和减少爆炸性混合物的形成。这种方法称为"第一次预防措施"，达此目的可采取下列措施：

(1)减少释放源。在工艺设计中，采取密闭、隔离、防漏泄等措施，消除或减少易燃气体、易燃液体的蒸气或薄雾的产生及积聚；采取密闭、防漏泄等措施，消除粉尘的积聚，以减少释放源的数量及每个释放源的释放量；

(2)防止爆炸性混合物的形成。采用露天或开敞式布置、机械通风、经常打扫，勿使粉尘积聚以及对粉尘洒水等措施，以防止和减少爆炸性混合物的形成。

消除或控制电气设备产生火花、电弧或高温的可能性，可采取下列措施：

(1)根据爆炸危险区域等级及爆炸性气体混合物的级别和组别，采用相应类型或高于上述级别和组别的电气设备；

(2)限制危险温度及火花的产生，特别是由电气设备或线路产生的过热及火花，应选用防爆或其他防护类型（适用于粉尘性危险环境）的电气设备及线路；

(3)在爆炸危险环境工程设计中采取有效的预防性措施。

38.4 爆炸危险环境的分区

38.4.1 分区的意义

工艺、通风、电气设计人员共同磋商，切实确定爆炸危险环境的分区，对电力设计具有很大的意义。电气设计人员根据分区的不同，合理地选择电气设备，并对变电所和配电室的设置、电气线路和接地采取防范措施，使爆炸性混合物和点火源（电气原因引起的）两者同时出现的概率减至最低。

38.4.2 爆炸危险环境的分区

气体或蒸气爆炸危险环境应根据爆炸性气体混合物出现的频繁程度和持续时间进行分区：

(1)0区。在正常运行时，爆炸性气体环境连续出现或长期出现以及短时间频繁出现的区。除了封闭的空间，如密闭的容器、贮油罐等内部气体空间外，很少存在0区。

(2)1区。在正常运行时，可能出现爆炸性气体环境的区。

(3)2区。在正常运行时，不可能出现爆炸性气体环境，即使出现也仅可能是短时存在的区。

粉尘爆炸危险环境应根据爆炸性或可燃性粉尘出现的频繁程度和持续时间进行分区。

(1)10区。爆炸性粉尘混合物环境连续出现或长期出现以及短时间频繁出现的区。

(2)11区。有时会将积留下的粉尘扬起而偶然出现爆炸性粉尘混合物危险环境的区。

符合下列条件之一时，可划为非爆炸危险区域：

(1)没有释放源并不可能有易燃物质侵入的区域。

(2)易燃物质可能出现的最大体积浓度不超过爆炸下限值的10%。

(3)在生产过程中使用明火的设备或炽热部件，其表面温度超过该区域易燃物质引燃温度的设备或炽热部件附近。

(4)在生产装置外，露天或开敞安装的输送爆炸危险物质的架空管道地带（但其阀门处须按具体情况另行考虑）。

(5)为爆炸危险环境服务，并用墙隔绝的送风机室，当其通向爆炸危险环境的风道设有能防止爆炸性粉尘或可燃性粉尘侵入的安全装置时（如单向流通风道及能阻火的安全装置）。

(6)区域内使用爆炸危险性物质的量不大，且在排风柜内或风罩下进行操作的。

38.5 爆炸危险环境的电气装置

38.5.1 一般要求

对爆炸危险环境下电气装置的一般要求：

(1)爆炸危险环境的电力设计应根据实际情况，尽量把大部分电气设备，特别是正常运行时发生火花的电气设备，布置在危险性较小或非爆炸危险的环境内，做到经济合理，安全可靠。

(2)在满足工艺生产及安全的情况下，应尽量减少防爆电气设备的使用量。

(3)爆炸危险环境内的电气设备，必须符合国家标准并取得国家检验部门的防爆合格证。

(4)应尽量少用携带式电气设备。

(5)可采用建筑上的措施如隔墙等方法把爆炸危险环境限制在一定范围内，尽量将电气装置与爆炸危险环境隔开。

(6)在粉尘爆炸危险环境内，电气设备外壳表面温度不应超过125℃。当必须采用外壳温度超过125℃的电气设备时，其外壳表面温度不应超过下列规定：

1)粉尘在堆积5mm厚时的自燃温度减75℃。有更厚的粉尘堆积时，则采用相应允许的表面温度值(指粉尘覆盖、散热不良时的电气设备表面温度，下同)。

2) 粉尘自燃温度的三分之二。

(7) 在爆炸危险环境采用非防爆型电气设备进行隔墙机械传动时，应符合下列要求：

1) 安装电气设备的房间，应采用非燃烧体的实体墙与爆炸危险环境隔开。

2)应采用通过隔墙由填料密封或同等效果密封措施的传动轴传动。

3) 安装电气设备房间的出口，应通向非爆炸和无火灾危险的环境。当安装电气设备的房间必须与爆炸危险环境相通时，应对爆炸危险环境保持相对的正压。

(8) 在爆炸危险环境内，有可能过负荷的电气设备，应装设可靠的过负荷保护。

(9)在爆炸危险环境内的事故排风用电动机，其事故起动按钮等控制设备应设置在生产发生事故情况下便于操作的地方。

(10) 在粉尘爆炸危险环境内，应少装插座和局部照明灯具。如必须采用时，插座宜布置在爆炸性及可燃性粉尘不易积聚的地点，局部照明灯宜布置在事故时气流不易冲击的位置。

(11) 防爆充油型电气设备，除有专门结构外，一般仅在没有振动、倾斜和固定安装的情况下使用。

38.5.2 爆炸性气体混合物的分级和分组

按《爆炸性环境用防爆电气设备通用条件》(GB3836.1—83) 规定，爆炸性气体混合物，按其最大试验安全间隙和最小点燃电流分级，按引燃温度分组，见表38-1～表38-3。

表 38-1 按最大试验安全间隙 MESG 分级

组别	最大试验安全间隙 (MESG) (mm)
ⅡA	MESG≥0.9
ⅡB	0.5<MESG<0.9
ⅡC	MESG≤0.5

表 38-2 按最小点燃电流 MICR 分级

组别	最小点燃电流比 MICR①
ⅡA	MICR≥0.8
ⅡB	0.45<MICR<0.8
ⅡC	MICR≤0.45

①最小点燃电流比 MICR 为各种气体和蒸气按照他们最小点燃电流值与实验室点燃甲烷的最小电流值之比。

表 38-3 按引燃温度分组

组别	引燃温度 t (℃)
T1	t>450
T2	300<t≤450
T3	200<t≤300
T4	135<t≤200
T5	100<t≤135
T6	85<t≤100

爆炸性气体混合物分级、分组举例见表38-4。

表 38-4 气体或蒸气爆炸性混合物分类、分级、分组举例

类和级	最大试验安全间隙 MESG (mm)	最小点燃电流比 MICR	引燃温度(℃)与组别					
			T1	T2	T3	T4	T5	T6
			t>450	300<t≤450	200<t≤300	135<t≤200	100<t≤150	85<t≤100
ⅡA	MESG≥0.9	MESG≥0.8	甲烷、乙烷、丙烷、二甲苯、苯乙烯、二氯乙烯、甲苯、苯、氨、一氧化碳、丙酮、萘、甲苯胺、苯胺	丁烷、乙醇、丙醇、丁醇、丙烯、甲醇、氯乙烯、乙苯	戊烷、己烷、庚烷、癸烷、辛烷、汽油、环己烷、柴油、煤油	乙醛、三甲胺		亚硝酸乙酯

续表 38-4

类和级	最大试验安全间隙 MESG (mm)	最小点燃电流比 MICR	引燃温度（℃）与组别					
			T1	T2	T3	T4	T5	T6
			$t>450$	$300<t\leqslant450$	$200<t\leqslant300$	$135<t\leqslant200$	$100<t\leqslant150$	$85<t\leqslant100$
ⅡB	0.5<MESG<0.9	0.45<MICR<0.8	民用煤气、环丙烷、焦炉煤气	环氧乙烷、3-丁二烯、乙烯	二甲醚、硫化氢	二乙醚、二丁醚、四氟乙烯		
ⅡC	≤0.5	≤0.45	水煤气、氢	乙炔			二硫化碳	硝酸乙酯

注：1. 表中未列入的爆炸性气体见《爆炸和火灾危险环境电力设计规范》(GB50058－92)。

2. 对爆炸性气体的分级方法有两种：一是根据气体的传爆能力得出的最大试验安全间隙；二是按最小点燃电流与甲烷点燃电流相比较而得出的最小点燃电流之比。这两种分级方法对大多数爆炸性气体是近似相等的。

3. 防爆电气设备的分类、分级、分组与爆炸性物质的分类、分级、分组方法相同，其等级参数及符号亦相同。

38.5.3 电气设备的选择

电气设备选择的基础资料应包括：

(1) 爆炸危险区域等级和范围的划分；

(2)爆炸危险区域内气体或蒸气的级别、组别及有关特性数据。

爆炸危险区域内的电气设备和线路，应在布置上或在防护上采取措施，防止周围环境内化学的、机械的和热的因素的影响。所选择的产品应符合对环境温度、空气湿度、海拔高度、水、外来固体物、腐蚀或污染性物质、机械应力、日光辐射、霉菌、风砂以及地震等各种不同环境条件的要求。电气设备的结构应满足在规定的运行条件下不会降低防爆性能的要求。

应根据爆炸危险区域的等级、电气设备的种类和使用条件，选择相应的电气设备。所选用的防爆电气设备的级别或组别，不应低于该爆炸危险环境内爆炸性混合物的级别和组别，当存在有两种以上爆炸性混合物时，应按混合后的爆炸性混合物的级别、组别选用，如无据可查又不可能进行试验时，可按危险程度较高的级别和组别选用。

按国家标准GB3836.1—83规定，电气设备的各种防爆类型的标志如下：

(1) 隔爆型d。具有隔爆外壳的电气设备，是指把能点燃爆炸性混合物的部件封闭在一个外壳内，该外壳能承受内部爆炸性混合物的爆炸压力并阻止向周围的爆炸性混合物传爆的电气设备。

(2) 增安型e。正常运行条件下，不会产生点燃爆炸性混合物的火花或危险温度，并在结构上采取措施，提高其安全程度，以避免在正常和规定过载条件下出现点燃现象的电气设备。

(3) 本质安全型ia；ib。在正常运行或在标准试验条件下所产生的火花或热效应均不能点燃爆炸性混合物的电气设备；

(4) 正压型p。具有保护外壳，且壳内充有保护气体，其压力保持高于周围爆炸性混合物气体的压力，以避免外部爆炸性混合物进入外壳内部的电气设备；

(5) 充油型o。全部或某些带电部件浸在油中使之不能点燃油面以上或外壳周围的爆炸性混合物的电气设备。

(6) 充砂型q。外壳内填充细颗粒材料，以便在规定使用条件下，外壳内产生的电弧、火焰传播，壳壁或颗粒材料表面的过热温度均不能够点燃周围的爆炸性混合物的电气设备。

(7) 无火花型n。在正常运行条件下不产生电弧或火花，也不产生能够点燃周围爆炸性混合物的高温表面或灼热点，且一般不会发生有点燃作用的故障的电气设备。

(8) 特殊型s。电气设备或部件采用《爆炸性环境用防爆电气设备　通用条件》(GB3836.1—83)未包括的防爆型式时，由主管部门制定暂行规定。送劳动部备案，并经指定的鉴定单位检验后，按特殊电气设备处理。

防爆电气设备分为以下两类：

Ⅰ类：煤矿井下用防爆电气设备

Ⅱ类：工厂用防爆电气设备

电气设备的防爆标志举例如下：

(1) Ⅱ类隔爆型B级下T3组：dⅡBT3。Ⅱ类本质安全型ia等级A级Ts组：iaⅡAT5。

(2)采用一种以上的复合型式时，应先标出主体防爆型式，后标出其他防爆型式。如：Ⅱ类主体增安型并具有正压型部件T4组：epⅡT4。

(3) 对只允许使用一种爆炸性气体或蒸气环境中的电气设备，其标志可用该气体或蒸气的化学分子式或名称表示，这时可不必注明级别和温度组别。例如：Ⅱ类用于氨气环境的隔爆型：dⅡ (NH_3) 或dⅡ氨。

(4) 对于Ⅱ类电气设备的标志，可以标温度组别，也可以标最高表面温度，或两者都标出。例如：最高表面温度为125℃的工厂用增安型：eⅡT5；eⅡ (125℃) 或eⅡ (125℃) T5。

(5)复合型电气设备，应分别在不同防爆型式的外壳上，标出相应的防爆型式。

(6)为保证安全，应指明在规定条件下使用的电气设备，例如：指明具有抗低冲击能量的电气设备，在其合格证号之后加符号“X”，××××—X。

38.5.4 防爆电气设备的选型

旋转电机防爆结构选型应符合表38-5的规定。

表 38-5 旋转电机防爆结构的选型

序号	电气设备	爆炸危险区域						
		1区			2区			
		防爆结构						
		隔爆	正压	增安	隔爆	正压	增安⑤	无火花⑥
1	三相鼠笼型感应电动机①	○	○	×	○	○	○	○
2	三相绕线型感应电动机②	△	△	—	○	○	○④	×
3	单相鼠笼型感应电动机	○		×	○	○	○	○
4	带制动器的鼠笼型感应电动机	△③		×	○		△	×
5	三相同步电动机	○	○	×	○	○	○④	
6	直流电动机	△	△	—	○	○	—	—
7	电磁滑差离合器（无电刷）	○	△	×	○	○	○	△

注：表中符号意义（下表同）：

○——适用；△——尽量避免；×——不适用；

——结构上不现实；无符号——一般不用。

①三相鼠笼型感应电动机原则上是具有连续使用的连续额定和短时间使用的短时间额定特性的电动机。

②三相绕线型感应电动机应将其起动电流限制在必要的最小限度。额定值按序号1选择。

③带制动器的鼠笼型感应电动机一般多为断续使用和反复使用。因此特别有必要对其负荷条件、运行特性进行充分研究后再选型。1区隔爆栏的③符号，是指包括控制危险温度的制动器的隔爆型结构。

④是指发生电火花部分为隔爆或正压型防爆结构，而其主体为增安型防爆结构。

⑤对增安型电动机需选择合适的过电流保护装置，防止堵转时产生不允许的高温。

⑥表中无火花电动机在用于通风不良及户内具有比空气重的介质的区域内时需慎重考虑。

低压变压器防爆结构选型应符合表38-6的规定。

表 38-6 低压变压器类防爆结构的选型

序号	电气设备	爆炸危险区域					
		1区			2区		
		防爆结构					
		隔爆	正压	增安	隔爆	正压	增安
1	干式变压器（包括起动用）	×	×	×	○	○	○
2	干式电抗线圈（包括起动用）	×	×	×	○	○	○
3	仪表用互感器	×		×	○		○

低压开关和控制器类防爆结构选型应符合表38-7 的规定。

表 38-7 低压开关和控制器类防爆结构选型

序号	电气设备	爆炸危险区域										
		0区	1区					2区				
		防爆结构										
		本质安全	本质安全	隔爆	正压	充油	增安	本质安全	隔爆	正压	充油	增安
1	刀开关、断路器			○					○			
2	熔断器			△					○			
3	控制开关及按钮	○[3]	○	○		○[1]		○	○		○	
4	二次起动用空气控制器			△					○			
5	电抗起动器和起动补偿器			△				○				○[2]
6	起动用金属电阻器			△	△		×		○	○		○
7	电磁阀用电磁铁			○			×		○			○
8	电磁摩擦制动器			△			×		○			△
9	操作箱、柱			○	○				○	○		
10	控制盘			△	△				○	○		
11	配电盘			△					○			

①控制开关是指按钮开关、操作开关等。此外，与控制用小型开关相类似的压力开关、浮动开关、限位开关也同样适用。
②是指将隔爆结构的起动运转开关操作部件和增安型防爆结构的电机线圈或单绕组变压器，组成一体的结构。
③仅允许采用 ia。

照明灯具类防爆结构选型应符合表38-8的规定。

表 38-8 照明灯具类防爆结构选型

序号	电气设备	爆炸危险区域			
		1区		2区	
		防爆结构			
		隔爆	增安	隔爆	增安
1	固定式白炽灯	○	×	○	○
2	移动式白炽灯	△	—	○	—
3	固定式荧光灯	○	×	○	○
4	固定式高压水银灯	○	×	○	○
5	携带式电池灯	○	—	○	—
6	指示灯类	○	×	○	○

其他电气设备防爆结构选型应符合表38-9的规定。

表 38-9 其他电气设备防爆结构选型

序号	电气设备	爆炸危险区域							
		0区	1区				2区		
		防爆结构							
		本质安全	本质安全	隔爆	正压	增安	本质安全	隔爆	正压	增安
1	信号、报警装置	○①	○	○	○	×	○	○	○	○
2	半导体整流器	—	—	△	△	×	—	○	○	△
3	插座式连接器	—	—	○	—	—	—	○	—	—
4	接线盒	—	—	○		×	—	○	—	○
5	车辆用蓄电池					×		○	—	○

①仅允许用 ia。

粉尘爆炸危险环境电气设备防爆结构选型应符合表38-10的规定。

表 38-10 粉尘爆炸危险环境电气设备防爆结构选型

序号	电气设备		爆炸危险区域						
			10区			11区			
			防爆结构						
			尘密	正压	充油	正压	尘密	IP65	IP54
1	变压器		○	○		○	○	○	
2	配电装置		○	○		○	○	○	
3	电动机	鼠笼型	○	○		○	○	○	○
		绕线型				○	○	○	○

续表 38-10

序号	电气设备		爆炸危险区域						
			10区			11区			
			防爆结构						
			尘密	正压	充油	正压	尘密	IP65	IP54
4	电器和仪表	固定安装	○	○	○	○	○	○	
5		移动式	○				○	○	
6		携带式	○				○	○	
7	照明灯具		○				○	○	

注：IP65——尘密（无尘埃进入）、防喷水（任何方向喷水无有害影响）；

IP54——防尘（不能完全防止尘埃进入，但进入量不能达到妨碍设备正常运转的程度）、防溅水（任何方向溅水无有害影响）。

由于目前我国防爆电气产品的生产，正处于执行新旧标准的过渡时期，即按新标准(GB3836·1—83)生产的产品与按旧标准（GB1336—77）生产的产品同时并存，又鉴于目前生产厂所提供的防爆电气产品的实际情况，为了方便、正确地选用防爆电气设备，现将有关新、旧标准的类型、标志、分级、分组等的区别列于表38-11，供选用时参考。

表 38-11　防爆电气设备类型和标志的新、旧标准对比

GB3836·1—83（新标准）		GB1336—77（旧标准）		
类型	标志	类型	标志	
			工厂用	煤矿用
隔爆型电气设备	d	隔爆型	B	KB
增安型电气设备	e	隔爆安全型	A	KA
本质安全型电气设备	ia、ib	安全火花型	H	KH
正压型电气设备	p	防爆通风、充气型	F	KF
充油型电气设备	o	防爆充油型	C	KC
充砂型电气设备	q			
无火花型电气设备	n			
特殊型电气设备	s	防爆特殊型	T	KT

防爆电气设备分级新、旧标准对比，见表38-12。

表 38-12　防爆电气设备分级新、旧标准对比

GB3836.1—83（新标准）				GB1336—77（旧标准）	
级别	最大试验安全间隙 MESG（mm）	级别	最小点燃电流比 MICR	级别	试验最大不传爆间隙 δ（mm）
ⅡA	MESG≥0.9	ⅡA	MICR≥0.8	2	0.6<δ≤1.0
ⅡB	0.5<MESG<0.9	ⅡB	0.45<MICRR<0.8	3	0.4<δ≤0.6
ⅡC	MESG≥0.5	ⅡC	MICR≤0.45	4	δ≤0.4

防爆电气设备按引燃温度分组新、旧标准对比，见表38-13。

表 38-13 防爆电气设备引燃温度分组新、旧标准对比

GB3836.1—83（新标准）		GB1336—77（旧标准）	
组别	可燃气体、蒸气引燃温度 t（℃）	组别	爆炸性混合物的自燃温度 T（℃）
T1	$t>450$	a	$T>450$
T2	$300<t\leqslant450$	b	$300<T\leqslant450$
T3	$200<t\leqslant300$	c	$200<T\leqslant300$
T4	$135<t\leqslant200$	d	$135<T\leqslant200$
T5	$100<t\leqslant135$	e	$100<T\leqslant135$
T6	$85<t\leqslant100$		

为了便于工程技术人员正确选择现行的防爆电气设备，将一部分产品结合具体名称、型号及防爆标志，按照环境条件进行选用，见表38-14。

表 38-14 防爆电气设备选择举例

设备型号及名称	防爆标志		适用环境	备注
	GB3836.1—83（新标准）	GB1336—77（旧标准）		
dB3-200（125）隔爆型防爆灯	dⅡBT3		1区、ⅡB级、T3组及以下	
BK2-G250型增安型块板防爆工厂灯	eⅡT2		2区、Ⅱ级、T2组及以下	外壳防护等级为IP54
dJB5-G125（250）汞灯防爆接线盒	dⅡBT5		1区、ⅡB级、T5组及以下	
dB4-N150型隔爆型高压钠灯	dⅡBT4		1区、ⅡB级、T4组及以下	
SW-10型隔爆型照明开关	dⅡBT6		1区、ⅡB级、T6组及以下	
SW-16WF2全塑防爆防腐开关（照明用）	deⅡCT6		1区、ⅡC级、T6组及以下	
AH-系列 WF2型防爆防腐接线盒	eⅡT6		2区、Ⅱ级、T6组及以下	
BXL-100b 增安型吸顶式防爆灯	eⅡT2		2区、Ⅱ级、T2组及以下	
BGL-400荧光高压汞灯增安型防爆灯	edⅡBT1		2区、ⅡB级、T1组及以下	

续表 38-14

设备型号及名称	防爆标志		适用环境	备注
	GB3836.1—83（新标准）	GB1336—77（旧标准）		
B200 BdA-G125隔爆型防爆灯 N110	dⅡBT4		1区、ⅡB级、T4组及以下	
AH系列隔爆型防爆接线盒	dⅡBT6		1区、ⅡB级、T6组及以下	
BYS-80型增安型全塑荧光防爆灯	eⅡT5		2区、Ⅱ级、T5组及以下	
BJYD、BKYD系列隔爆型节能、快启荧光防爆灯	dⅡBT6		1区、ⅡB级、T6组及以下	
BPYD-A系列隔爆型荧光防爆灯	dⅡBT6		1区、ⅡB级、T6组及以下	
BJ-125型隔爆型125W防爆接线盒	dⅡBT6		1区、Ⅱ级、T6组及以下	
WS55-11型防爆微动开关		B2AC	2区、2级、c组及以下	《工厂常用电气设备手册》下册1318页
SW10型防爆照明开关		AB3d A3d *	2区、3级、d组及以下	《工厂常用电气设备手册》下册1318页
BHZ51-10型防爆照明转换开关		B3d	2区、3级、d组及以下	《工厂常用电气设备手册》下册1320页
LA53系列防爆控制按钮		B3Ad	2区、3级、d组及以下	《工厂常用电气设备手册》下册1330页
GHG2722□□□V0型防爆照明开关	deⅡCT6		1区、ⅡC级、T6组及以下	《工厂常用电气设备手册》补充本815页
8030/51型工厂用防爆照明开关	deⅡCT6		1区、ⅡC级、T6组及以下	《工厂常用电气设备手册》补充本816页
SW-10系列工厂用隔爆型照明开关		B3d	1区、3级、d组及以下	《工厂常用电气设备手册》补充本819页
FLK型防爆拉线开关	dⅡBT4		1区、ⅡB级、T4组及以下	《工厂常用电气设备手册》补充本821页
S-2型工厂用隔爆型自动空气开关		B3d	1区、3级、d组及以下	《工厂常用电气设备手册》补充本821页
BH3型防爆闸刀开关	dⅡBT4		1区、ⅡB级、T4组及以下	《工厂常用电气设备手册》补充本826页

续表 38-14

设备型号及名称	防爆标志		适用环境	备注
	GB3836.1—83（新标准）	GB1336—77（旧标准）		
BZA51型工厂用隔爆型控制按钮		B3d	1区、3级、d组及以下	《工厂常用电气设备手册》补充本832页
XMHB31系列防爆照明配电箱	dⅡBT4		1区、ⅡB级、T4组及以下	《工厂常用电气设备手册》补充本853页
BX64-Y2×20增安型单插头双管荧光灯	eⅡT5		2区、Ⅱ级、T5组及以下	《工厂常用电气设备手册》补充本859页
BSD5-125隔爆型汞灯		B3d	1区、3级、d组及以下	《工厂常用电气设备手册》补充本859页

焦化厂的下列各车间、工段在生产过程中含有不同的爆炸性物质（供参考使用）。

精苯车间含有：苯、甲苯、苯乙烯、环已烷、硫化氢及二硫化碳。

粗苯工段含有：苯、甲苯、环已烷、硫化氢及二硫化碳。

ADA脱硫、鼓风冷凝、硫铵及洗涤各工段在煤气中含有：乙烷、丙烷、一氧化碳及氨。

溶剂法脱酚工段，当用轻苯作溶剂时，轻苯中含有：苯、甲苯、苯乙烯、环已烷、硫化氢及二硫化碳。

蒸氨脱酸工段，在酸气中含有：氨及硫化氢。

无水氨工段含有：氨。

硫酸工段含有：硫化氢。

黄血盐工段含有：氨及硫化氢。

煤气发生站含有：水煤气。

炼焦车间含有：焦炉煤气。

38.5.5 爆炸危险环境的电气线路

爆炸危险环境电气线路的设计和安装应符合下列要求：

(1) 电气线路应在危险性较小的环境或离释放源较远的地方敷设。例如：

1) 当气体、蒸气比空气重时，电气线路应在较高处敷设或直接埋地。架空敷设时宜用电缆桥架。电缆沟敷设时沟内应充砂，并宜设置有效的防水措施。

2) 当气体、蒸气比空气轻时，电气线路宜在较低处敷设或电缆沟敷设。

(2) 电气线路宜在爆炸危险建、构筑物的墙外敷设。

(3) 敷设电气线路的沟道、电缆或钢管，在穿过不同区域之间墙或楼板处的孔洞，应采用非燃烧性材料严密堵塞。

当电气线路沿输送易燃气体或液体的管道栈桥敷设时，应符合下列要求：

(1) 尽量沿危险程度较低的管道一侧；

(2) 当易燃气体或蒸气比空气重时，在管道上方；比空气轻时，在管道的下方。

敷设电气线路时宜避开可能受到机械损伤、振动、腐蚀以及可能受热的地方，如不可能时，应采取预防措施。

在爆炸危险环境内，低压电力、照明线路用的绝缘导线和电缆的额定电压，必须不低于工作电压，且不应低于500V。工作零线的绝缘的额定电压应与相线的相等，并应在同一保护套或管子内敷设。

在1区内应采用铜芯电缆；在2区内宜采用铜芯电缆。当2区内采用铝芯电缆时，必须采取可靠的铜铝过渡接头等措施。

选用电缆应考虑环境腐蚀、鼠类和白蚁危害；周围环境温度及用电设备进线盒方式等因素。建议采用阻燃电缆。

对3～10kV电缆线路，宜装设零序保护；在1区和10区内保护装置宜动作于跳闸；在2区和11区内宜作用于信号。

在1区和10区内，两线制单相网络中的相线及零线均应装设短路保护，并使用双极开关同时切断相线和零线。

除本质安全系统的电路外，在1区、2区、10区和11区内电缆配线的技术要求，应符合表38-15的规定。

表 38-15 爆炸危险环境电缆配线技术要求

爆炸危险区域	项目				
	电缆明敷或在沟内敷设时的最小截面			接线盒	移动电缆
	技术要求				
	电力	照明	控制	防爆结构	型号
1区	铜芯2.5mm²及以上	铜芯2.5mm²及以上	铜芯2.5mm²及以上	隔爆型	重型
2区	铜芯1.5mm²及以上或铝芯4mm²及以上	铜芯1.5mm²及以上或铝芯2.5mm²及以上	铜芯1.5mm²及以上	隔爆型、增安型	中型
10区	铜芯2.5mm²及以上	铜芯2.5mm²及以上	铜芯2.5mm²及以上	尘密型	重型
11区	铜芯1.5mm²及以上或铝芯2.5mm²及以上	铜芯1.5mm²及以上或铝芯2.5mm²及以上	铜芯1.5mm²及以上	尘密型，也可采用防尘型	中型

注：1. 铝芯绝缘导线或电缆的连接与封端应采用压接、熔接或钎焊；当与电气设备（照明灯具除外）连接时，应采用适当的过渡接头。

2. 在1区内电缆线路严禁有中间接头，在2区、10区、11区内不应有中间接头。

除本质安全系统的电路外，在1区、2区、10区和11区内电压为1000V以下的钢管配线的技术要求，应符合表38-16的规定。

表 38-16 爆炸危险环境钢管配线技术要求

爆炸危险区域	项目				
	钢管明配线路用绝缘导线的最小截面			接线盒、分线盒	钢管
	技术要求				
	电力	照明	控制	防爆结构	钢管连接
1区	铜芯2.5mm²及以上	铜芯2.5mm²及以上	铜芯2.5mm²及以上	隔爆型	对D_g25mm以下的钢管螺纹啮合不少于5扣；对D_g32mm及以上的钢管不少于6扣并有锁紧螺母
2区	铜芯1.5mm²及以上或铝芯4mm²及以上	铜芯1.5mm²及以上或铝芯2.5mm²及以上	铜芯1.5mm²及以上	隔爆型、增安型	对D_g25mm以下钢管的螺纹啮合不少于5扣；对D_g32mm及以上的钢管不少于6扣

续表 38-16

爆炸危险区域	项目				
	钢管明配线路用绝缘导线的最小截面			接线盒、分线盒	钢管
	技术要求				
	电力	照明	控制	防爆结构	钢管连接
10区	铜芯2.5mm²及以上	铜芯2.5mm²及以上	铜芯2.5mm²及以上	尘密型	螺纹啮合不少于5扣
11区	铜芯1.5mm²及以上或铝芯2.5mm²及以上	铜芯1.5mm²及以上或铝芯2.5mm²及以上	铜芯1.5mm²及以上	尘密型、防尘型	螺纹啮合不少于5扣

注：1.钢管应采用《低压流体输送用镀锌焊接钢管》(GB3091—82) 规定的；
2.为了防腐蚀，钢管连接的螺纹部分应涂以铅油或磷化膏；
3.在可能凝结冷凝水的地方，管线上应装设排除冷凝水的密封接头。

在1区、2区、10区内，绝缘导线和电缆截面的选择，应符合下列要求：

(1)导体允许载流量，不应小于熔断器熔体额定电流的1.25倍和自动开关长延时过电流脱扣器整定电流的1.25倍（属于下列第（2）项情况除外）；

(2) 引向电压为1000V 以下鼠笼型感应电动机支线的长期允许载流量，不应小于电动机额定电流的1.25倍。

为将爆炸性混合物或火焰隔离切断，防止传播到管子的其他部分，在1区、2区和10区内的电气线路必须作好隔离密封，且应符合下列要求：

(1) 在1区、2区和10区内下列各处必须作隔离密封：

1) 导体引向电气设备接头部件处前（如电气设备本身的接头部件中无隔离密封时)；

2) 直径50mm 以上钢管距引入的接线箱45cm 以内处，以及直径50mm 以上钢管每距15m 处；

3) 相邻的1区、2区、10区之间；1区、2区、10区与相邻的其他危险环境或正常环境之间。

(2) 进行密封时密封内部应用纤维作填充层的底或隔层，以防止密封混合物流出，填充层的有效厚度必须大于钢管的内径。

(3)供隔离密封用的连接部件，不应作为导线的连接或分线用。

10kV 及以下架空线路，严禁跨越爆炸危险环境，当架空线路与爆炸危险环境接近时，在一般情况下，架空线路与爆炸危险环境的水平距离，不应小于杆塔高度的1.5倍。在特殊情况下采取有效措施后，可适当减少距离。

10区内高压配线应采用铜芯电缆；11区内高压配线除用电设备和线路有剧烈振动者外，可采用铝芯电缆。10区内全部和11区内有剧烈振动，用电设备的电压为1000V 以下的线路，均应采用铜芯绝缘导线或电缆。

在爆炸危险环境内，严禁采用绝缘导线或塑料管明设。

38.6 接地

第34章中规定不需要接地的下列部分，在爆炸危险环境内仍应进行接地：

(1) 在不良导电地面处，交流额定电压为380V 及以下和直流额定电压为440V 及以下的电气设备正常不带电的金属外壳；

(2)在干燥环境，交流额定电压为127V 及以下，直流额定电压为110V 及以下的电气设备正常不带电的金属外壳；

(3) 安装在已接地的金属结构上的电气设备。

在爆炸危险环境内，电气设备的金属外壳应可靠接地。在1区、10区内所有电气设备以及2区内除照明灯具以外的其他电气设备，应采用专门的接地线。该接地线若与相线敷设在同一保护管内时，应具有与相线相等的绝缘。此时爆炸危险环境的金属管线、电缆的金属外皮等，只能作为辅助接地线。

在2区内的照明灯具和在11区内的所有电气设备的金属外壳，均可利用有可靠电气连接的金属管线系统作为接地线；但不得利用输送爆炸危险物质的管道。

为了提高接地的可靠性，接地干线宜在爆炸危险区域不同方向不少于两处与接地体相连。

为了保证自动切断故障线段，在1区、2区和10区内具有中性点直接接地的电压为1000V以下的线路上，接地线截面的选择，应使单相接地的最小短路电流，不小于保护该段线路的熔断器熔体额定电流的5倍，或自动开关瞬时或短延时过电流脱扣器整定电流的1.5倍；或每回路装设单相接地保护装置。

在1区和10区内，电气设备的接地装置与防止直接雷击的独立避雷针的接地装置应分开设置，与装设在建筑物上防止直接雷击的避雷针的接地装置可合并设置；也可与防感应雷的接地装置合并设置。在2区内，当与防雷接地装置分开有困难时，可与防雷接地装置合并设置。此时，接地电阻值应取其中最低值。无论分开设置还是合并设置，电气设备的接地电阻不应大于10Ω。

38.7 变电所和配电所

大型工厂的总变电所、总配电所与爆炸危险环境的建筑物和构筑物或露天装置的距离，应大于事故时爆炸性混合物可能达到的距离，在一般情况下，不应小于30m。

一般工厂的总变电所或总配电所采取有效措施（如防火墙等）后，允许适当减小上述规定的距离，但不应小于20m。

上述两条是为保障总变电所和总配电所的安全而规定的距离，但在“焦化安全规程”中，为保障油库的安全，对易燃、可燃油库的距离，应如表38-17的数据。

表 38-17 易燃可燃油库至建（构）筑物的防火距离

建、构筑物名称	油库类型和容量					
	易燃油类总容量（m^3）			可燃油类总容量（m^3）		
	<200	201～1000	1001～5000	<1000	1001～5000	5001～25000
	至最近贮罐壁的最小间距（m）					
室外总变、配电装置	30	40	50	30	40	50
架空电力线路	电杆高度的1.5倍					

为确保工厂的安全，在工程设计中参照表38-17规定的距离为宜。

10kV及以下的变电所、配电所（包括配电室，下同）不应设在爆炸危险环境的正上面或正下面；当符合下列要求时，可与爆炸危险环境的建筑物和构筑物毗连：

（1）配电所与1区或10区环境毗连时，最多只能有两面相连的实体墙与爆炸危险环境共用，见图38-1；与2区或11区环境毗连时，最多只能有三面墙与爆炸危险环境共用，见图38-2。

（2）与爆炸危险环境建筑物和构筑物共用的隔墙应是非燃烧体的实体墙，并应抹灰。

与1区或10区环境共用的隔墙上，不应有任何管道、沟道穿过。

与2区、11区环境共用的隔墙上，只可穿过与配电所有关的管道、沟道，其穿过处的孔洞，应采用非燃烧性材料严密堵塞。

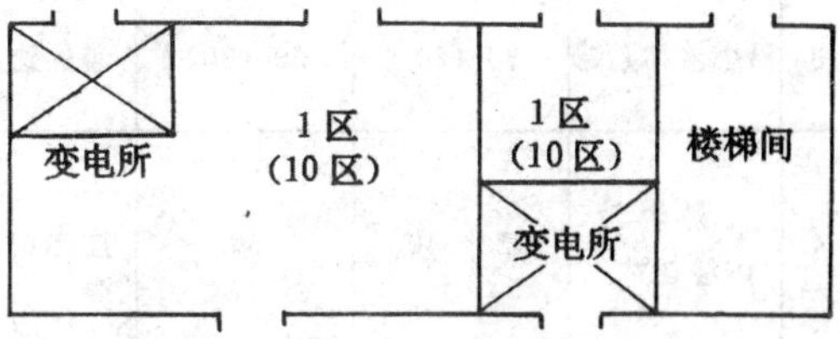

图 38-1 配电所与1区或10区环境毗连示意图

图 38-2 配电所与2区或11区环境毗连示意图

（3）门、窗应按下列要求设置：

1）门应向外开启；

2）门、窗应通向既无爆炸又无火灾危险的环境；

3）变电所、配电所的门、窗与1区或10区环境建筑物和构筑物的门、窗或孔洞之间的最短路径，应大于15m，与2区环境应大于10m；

4）位于1区、2区或10区附近的变电所、配电所和控制室的室内地面，宜高出室外地面0.6m左右。

独立变电所或配电装置与爆炸危险环境的安全距离，如表38-18所示。

表 38-18 独立变电所或配电装置与爆炸危险环境的安全距离（m）

序号	名称	封闭式变电所或配电装置室	敞露式变压器或配电装置	计算点
1	非敞开的建、构筑物	10	15	建、构筑物的边缘凸出部分
2	露天装置/开敞的建、构筑物	10（20）	25	设备边缘/危险区边缘
3	易燃液体贮罐	30（20）	50（30）	罐的边缘
4	易燃液体注送站	25～40	60	注送口
5	可燃气体贮罐	30～40（20）	60（30）	罐的边缘
6	液化可燃气体贮罐	80	100	罐的边缘

注：1. 序号2中括号内的数值是指开敞式的工艺设备；

2. 序号3及序号5括号内的数值是指容量为250m³以下贮罐的距离；

3. 对地下式贮罐，上述距离允许减少50%；若为半地下式贮罐，上述距离允许减少25%；

4. 开敞式建、构筑物中的易燃液体注送站的距离要求同序号4；

5. 工厂总变电所应视其重要性，适当增加其安全距离；

6. 序号4、5中的下限值，是对封闭式变电所的门、窗孔背向贮罐注送站而言；

7. 在不能满足上述距离要求的情况下，必须经有关主管部门批准。

参考文献

[1] 刘海亮，杨志尧，徐博文，李赴，爆炸危险场所电气安全规程（试行）及讲析，劳动人事出版社，1987.

[2] JBJ6－80　工厂电力设计技术规程（试行）.

[3] GBJ58－83　爆炸和火灾危险场所电力装置设计规范（试行）.

[4] 北京钢铁设计院等编，钢铁企业电力设计参考资料，冶金工业出版社，1976.

[5] HGJ21－89　化工企业爆炸和火灾危险环境电力设计规程.

[6] GB 50058－92　爆炸和火灾危险环境电力装置设计规范.

第39章

火灾危险环境的电力设计

39.1 概述

近年来,火灾发生的次数有上升的趋势,特别是由于电气原因造成的火灾,几乎增加了一倍,给国民经济造成了巨大损失。因此,在进行火灾危险环境的电力设计时,必须认真执行国家的技术经济政策和有关规程、规定,并应贯彻“以防为主,消防结合”的方针,实事求是地制定防火技术措施,做到保障国家和人民生命财产的安全,且技术先进,经济合理。

火灾危险环境的电力设计必须注意以下两点:一是合理地选择电气设备及正确地布置线路,无论是在正常运行或故障情况下,设备或线路所产生的温度、火花、电弧等均不能点燃周围的可燃物。二是对电气设施中,本身就是可燃物的部分,如变压器油、导线和电缆的绝缘物等,采取隔离、排放(故障时)、涂防火涂料、用非可燃物代替可燃物等措施,来防止其燃烧或限定其燃烧范围。

同时应该指出,在绝缘物燃烧时,往往会产生对人体有危害的气体。设计时,对电缆集中的场所应设自然或人工通风的措施,对消防人员也应有必要的保护装备。

39.2 适用范围

本章适用于新建、扩建和改建工业企业中的火灾危险环境的电力设计,不适用于下列环境和装置:

(1) 矿井井下、地下铁道、公路隧道、剧场及人防等工程;

(2) 制造、使用或贮存火药和起爆药等地方;

(3) 水、陆交通运输工具。

本章可适用于在生产、加工、处理、转运或贮存过程中,出现或可能出现下列火灾危险物质的环境的电力设计:

(1)闪点高于环境温度的可燃液体;在物料操作温度高于可燃液体闪点的情况下,有可能泄漏,但不能形成爆炸性混合物的可燃液体;

(2)不可能形成爆炸性粉尘混合物的悬浮状、堆积状可燃性粉尘及其它粉尘和固体状可燃物质。

39.3 火灾危险环境的分区

39.3.1 分区的意义

根据国家设计规范的规定以及工艺设计人员按生产条件对火灾危险环境进行了分区。这有助于电气设计人员按照火灾危险的严重性,恰当地选择电气设备,并对变电所和控制站的设置,电气线路的布设和接地等进行合理的防范措施。

39.3.2 火灾危险环境的分区

根据火灾事故发生的可能性和后果,按照危险程度及物质的状态不同,将火灾危险区域划分如下:

(1) 21区。具有闪点高于环境温度的可燃性液体,在数量和配置上能引起火灾危险的区。

(2) 22区。具有悬浮状、堆积状的可燃性粉尘,虽不能形成爆炸混合物,但在数量和配置上能引起火灾危险的区。

(3) 23区。具有固体状可燃物质,在数量和配置上能引起火灾危险的区。

39.3.3 可能引起火灾危险的可燃物质

可能引起火灾危险的可燃物质一般有：

(1) 可燃性液体。如柴油、润滑油、变压器油等。

(2) 可燃性粉尘。如铝粉、焦炭粉、煤粉、合成树脂粉等。

(3) 固体状可燃物质。如煤、焦炭、木材等。

39.3.4 生产物品的火灾危险性分类

生产物品的火灾危险性分类见表 39-1。

表 39-1 生产物品的火灾危险性分类

生产类别	火灾危险性特征
甲	使用或产生下列物质的生产环境： (1) 闪点小于 28℃的液体 (2) 爆炸下限小于 10%的气体 (3) 常温下能自行分解或在空气中氧化即能导致迅速自燃或爆炸的物质； (4) 常温下受到水或空气中水蒸气的作用，能产生可燃气体并引起燃烧或爆炸的物质 (5) 遇酸、受热、撞击、摩擦、催化以及遇有机物或硫磺等易燃的无机物，极易引起燃烧或爆炸的强氧化剂； (6) 受撞击、摩擦或与氧化剂、有机物接触时，能引起燃烧或爆炸的物质 (7) 在密闭设备内，操作温度等于或超过物质本身自燃点的生产环境
乙	使用或产生下列物质的生产环境： (1) 闪点小于 60℃大于等于 28℃的液体 (2) 爆炸下限大于等于 10%的气体 (3) 不属于甲类的氧化剂 (4) 不属于甲类的化学易燃危险固体 (5) 助燃气体 (6) 能与空气形成爆炸性混合物的浮游状态的粉尘、纤维、闪点大于等于 60℃的液体雾滴
丙	使用或产生下列物质的生产环境： (1) 闪点大于等于 60℃的液体 (2) 可燃固体
丁	具有下列情况的生产环境： (1) 对非燃烧物质进行加工，并在高温或熔化状态下，经常产生强辐射热、火花或火焰的生产环境； (2) 利用气体、液体、固体作为燃料或将气体、液体进行燃烧作其它用的各种生产环境； (3) 常温下使用或加工难燃烧物质的生产环境
戊	常温下使用或加工非燃烧物质的生产环境

注：1. 在生产过程中，如使用或产生易燃、可燃物质的量较少，不足以构成爆炸或火灾危险时，可以按实际情况确定其火灾危险性的类别。

2. 一座厂房内或防火分区内，有不同性质的生产时，其分类应按火灾危险性较大的部分确定，但火灾危险性大的部分占本层或本防火区面积的比例小于 5%（丁、戊类生产厂房的油漆工段小于 10%），且发生事故时，不足以蔓延到其它的部位，或采取防火设施能防止火灾蔓延时，可按火灾危险性较小的部分确定。

39.3.5 贮存物品的火灾危险性分类及举例

贮存物品的火灾危险性分类见表 39-2。

表 39-2 贮存物品的火灾危险性分类

贮存物品类别	火灾危险性的特征
甲	(1) 闪点小于 28℃的液体 (2) 爆炸下限小于 10%的气体，以及受到水或空气中水蒸气的作用，能产生爆炸下限小于 10%气体的固体物质 (3) 常温下能自行分解或在空气中氧化即能导致迅速自燃或爆炸的物质 (4) 常温下受到水或空气中水蒸气的作用能产生可燃气体并引起燃烧或爆炸的物质 (5) 遇酸、受热、撞击、摩擦以及遇有机物或硫磺等易燃的无机物，极易引起燃烧或爆炸的强氧化剂 (6) 受撞击、摩擦或与氧化剂、有机物接触时，能引起燃烧或爆炸的物质
乙	(1) 闪点小于 60℃大于等于 28℃的液体 (2) 爆炸下限大于等于 10%的气体 (3) 不属于甲类的氧化剂 (4) 不属于甲类的化学易燃危险固体 (5) 助燃气体 (6) 常温下与空气接触能缓慢氧化、积热不散，引起自燃的物品
丙	(1) 闪点大于等于 60℃的液体 (2) 可燃固体
丁	难燃烧物品
戊	非燃烧物品

贮存物品的火灾危险性分类举例见表 39-3。

表 39-3 贮存物品的火灾危险性分类举例

贮存物品类别	举例
甲	(1) 己烷、戊烷、石脑油、环戊烷、苯、二甲苯、二硫化碳、甲醇、乙醇、乙醚、蚁酸甲脂、醋酸甲脂、硝酸乙脂、汽油、丙酮、丙烯腈、乙醛、60 度以上的白酒 (2) 赤磷、五硫化磷、三硫化磷 (3) 乙炔、氢、甲烷、乙烯、丙烯、丁二烯、环氧乙烷、水煤气、硫化氢、氯乙烯、电石、液化石油气、碳化铝 (4) 硝化棉、硝化纤维胶片、喷漆棉、火胶棉、赛璐珞棉、黄磷 (5) 金属钾、钠、锂、钙、锶、氢化锂、四氢化锂铝、氢化钠 (6) 氯酸钾、氯酸钠、过氧化钾、过氧化钠、硝酸铵
乙	(1) 煤油、松节油、丁烯醇、异戊醇、丁醚、醋酸丁脂、硝酸戊脂、乙酰丙酮、环己胺、蚁酸、冰醋酸、溶剂油、樟脑油 (2) 氨气、液氯 (3) 硝酸铜、铬酸、亚硝酸钾、重铬酸钠、硝酸、铬酸钾、硝酸汞、硝酸钴、发烟硫酸、漂白粉 (4) 硫磺、镁粉、铝粉、赛璐珞板（片）、生松香、樟脑、萘、硝化纤维漆布、硝化纤维色片 (5) 氧气、氟气 (6) 漆布及其制品、桐油漆布及其制品、油纸及其制品、油绸及其制品

续表 39-3

贮存物品类别	举 例
丙	(1) 动物油、植物油、沥青、蜡、润滑油、机油、重油、闪点大于等于60℃的柴油、大于50度小于60度的白酒 (2) 化学或人造纤维及其织物、纸张、棉、毛、丝、麻及其织物、谷物、面粉、天然橡胶及其制品、竹（或木）及其制品、电视机（或收录机）等电子产品、计算机房已录数据的磁盘
丁	自熄性塑料及其制品、酚醛泡沫塑料及其制品、水泥刨花板
戊	钢材、铝材、玻璃及其制品、搪瓷制品、不燃气体、玻璃棉、岩棉、陶瓷棉、硅酸铝纤维、矿棉、石膏及其无纸制品、水泥、石、膨胀珍珠岩

39.4 火灾危险环境的电气装置

39.4.1 火灾危险环境的电气设备

火灾危险环境的电气设备，在布置上应使其免受机械损伤，并应符合防腐、防潮、防日晒、防雨雪、防风沙等环境条件的要求；在火灾危险环境内，正常运行时有火花的和外壳表面温度较高的电气设备，应远离可燃物质；在火灾危险环境内，不宜使用电热器；如生产必须使用电热器时，应将其安装在非燃烧材料的底板上；在火灾危险环境内，应根据区域等级和使用条件，按照表 39-4 选择相应类型的电气设备。

表 39-4 电气设备防护结构的选型

电气设备及其安装型式		火灾危险区域 21 区	火灾危险区域 22 区	火灾危险区域 23 区
		防护结构		
电机	固定安装	IP44①	IP54	IP21②
	移动式和携带式	IP54		IP54
电器和仪表	固定安装	充油、IP56、IP65、IP44③	IP54	IP44
	移动式和携带式	IP54		IP44
照明灯具	固定安装	IP2X	IP5X	IP2X
	移动式和携带式	IP5X		
配电装置				
接线盒				

注：移动式和携带式照明灯具的玻璃罩，应有金属网保护。

表中防护等级的标志见总附录的附录 8——国家标准《外壳防护等级的分类》。

①在 21 区内，固定安装的 IP44 型电机正常运行时，有火花的部分（如滑环），应装在全封闭罩子内。

②在 23 区内，固定安装的正常运行时有火花（如滑环）的电机，不应采用 IP21 型，而应采用 IP44 型。

③在 21 区内，固定安装的电器和仪表，在正常工作有火花时，不宜采用 IP44 型。

39.4.2 火灾危险环境的电气线路

在火灾危险环境内，可采用非铠装电缆，穿钢管明敷。在21区或22区内，电压为500V以下的线路，可采用不延燃性护套的绝缘导线，穿硬塑料管明敷。当远离可燃物质时，可采用绝缘导线在针式或鼓形瓷绝缘子上敷设，但不应敷设在下列各处：

(1) 沿未抹灰的木质吊顶和木质墙壁等处；

(2) 木质吊顶内；

(3) 可燃液体管道栈桥上。

在火灾危险环境内，电力、照明线路的绝缘导线和电缆的额定电压，不应低于网络的额定电压，且不低于500V。

在火灾危险环境内，当采用铝芯绝缘导线和电缆时，应有可靠的连接和封端。

在21区或22区内，电动起重机不应采用滑触线供电；在23区内，电动起重机可采用滑触线供电，但在滑触线下方不应堆置可燃物质。

移动式和携带式电气设备的线路应采用移动式电缆或橡套电缆。

在火灾危险环境内，须采用裸铝、裸铜母线时，应符合下列要求：

(1)不需拆卸检修的母线连接时，应采用熔焊或钎焊。

(2)螺栓连接(如母线与电气设备的连接)应可靠，并应防止自动松脱。

(3) 在21区和23区内，母线宜装设保护罩，如果用金属网保护罩，其孔眼直径应能防止直径大于12mm的固体异物进入壳内；在22区内，母线应有防尘外罩。

(4) 当露天安装时，应有防雨、雪措施。

10kV及以下架空线路不应跨越屋面属可燃材料的建筑物。架空线路与甲类物品仓库、可燃易燃液体贮罐、可燃助燃气体贮罐、易燃材料堆场的防火水平间距，不应小于电杆高度的1.5倍；与散发可燃气体、蒸气、粉尘的场所，不应小于30m；35kV及以上的电力架空线路与储量超过200m^{3}的液化石油气单罐的水平距离不应小于40m。

电力电缆不应与输送甲、乙、丙类液体管道、可燃气体管道、热力管道敷设在同一管沟内。但电力电缆可与地上输送甲、乙、丙类液体管道同架敷设，电缆与管道之间的净距不应小于0.2m。

消防用电设备的配电线路应穿金属保护管。暗敷时应敷设在非燃烧体内，其保护层厚度不应小于30mm；明敷时必须在金属管外壁上采取防火措施；采用非延燃性绝缘保护线时，可直接敷设在电缆沟槽内。

消防水泵、火灾自动报警和自动灭火装置、应急照明、疏散指示标志等消防用电的配电线路，必须与其它动力、照明等一般配电线路分开设置。

39.5 防止电缆火灾蔓延的措施

防止电缆火灾蔓延的措施有：

(1) 对于下列系统中所使用的电缆应选用不延燃性电缆。

1) 火灾消防系统。

2) 火灾报警系统。

3) 采用蓄电池电源的应急照明系统。

4) 电缆构筑物内的通风系统。

(2) 在下列情况下，通过技术经济比较后，认为理由充分时，可选用不延燃性电缆。

1) 电缆数量很多的车间或站所。

2) 电缆发生火灾后经济损失大的车间或站所。

3) 电缆发生火灾后造成危害大的车间或站所；

4) 当没有不延燃性高压电缆时，可将电缆设置于难燃FRP（玻璃纤维增强塑料）密封式电缆槽盒内或敷设于电缆管内以保护电缆。

(3)应采用耐火材料板材和耐燃堵料(如孝感师范阻燃材料厂产FFZ型防火枕）堵封下列场所的电缆孔、洞，以防止烟、火流窜。

1) 电缆室、电缆夹层、电缆沟等通向主电室、高低压配电室、控制室的孔洞。

2) 由电缆隧道通向电缆夹层、电缆室 、电缆沟等不走人的连接处。

3) 电缆竖井的入口和出口处。

耐火板材一般为10～20mm厚的硅酸钙或硫酸铝板材或再增加1.5mm厚钢板的加固硅酸铝板材。

耐火堵料一般有两类：一类是软质胶状堵料，适用于电缆比较少的场所；另一类是自熄性密封填料，适用于电缆数量比较多的，软质胶状堵料无法施工而可采用浇注方式施工的场所。

(4) 下列部位应设耐火墙和耐火门。

1) 电缆隧道与电缆室、电缆夹层间需要留有走人的连接处。

2) 当电缆隧道长度超过100m时，除了在电缆隧道的进出口处外，还可设置在电缆隧道的拐角和交叉处，也可设置在每隔100m处。

3）耐火墙和耐火门的耐火极限为12h，否则当选用非耐燃性电缆（即氧指数在30以下）时，应在其隔墙两侧的电缆上分别涂刷1m长的耐火涂料或分别包缠1m长的耐火包带，以防止火灾蔓延；若选用耐燃性电缆（即氧指数大于45）时，则不需要涂刷或包缠。

4）在大型电缆室的设计中，应选择恰当的地点设置耐火隔墙或间壁。当遇到困难时，可在电缆桥架组设置由硅酸钙板和耐燃堵料制成的耐燃间壁或涂刷耐燃涂料。

（5）选用氧指数高的电缆材料。

目前，广泛采用氧指数（O.I）作为材料耐燃性的一个标准尺度。

$$氧指数 = \frac{氧气流量}{氧气流量 + 氮气流量} \times 100$$

氧指数越高，材料的难燃性和耐火性越好。表39-5为一般国产电缆材料的氧指数。

表39-5 电缆材料的氧指数

材料		氧指数	
		一般用	高度难燃性品种
绝缘材料	聚氯乙烯	24	～30
	聚乙烯	18	～25
	交联聚乙烯	18	～28
	乙丙橡胶	21	～28
护套、填充材料	聚氯乙烯	24	～40
	耐热聚氯乙烯	24	～40
	聚乙烯	18	～25
	氯丁橡胶	30	～40
	黄麻纤维素	23	～35
	聚丙烯纤维	18	

（6）电缆材料燃烧性能、防火涂料及堵料性能。

1）电缆材料燃烧性能见表39-6

表39-6 电缆材料燃烧性能表

材料	熔融温度（℃）	自燃温度（℃）	引燃温度（℃）
聚氯乙烯	200	455	390
聚乙烯	200	355	340
电缆油			160
油浸纸			
橡胶		400	220
交联聚乙烯	200		
铅	330		
铝	660		
纸			130

2）防火涂料性能见表39-7。

表39-7 防火涂料性能表

名称	氧指数	火焰传播比值	阻燃性	耐火性（min）	电缆阻燃试验
A60-1①	>38	10	失重2.2g 炭化体积9.8cm³	43	IEEE－283 延燃0.5m4min
G60-3②	60	10	失重1.7g 炭化体积1.5cm³	22	

①A60-1改性氧基膨胀防火涂料适用于塑料、橡胶外护套电缆的涂抹，可直接涂抹3～5次，厚度达到0.5～1mm，对于油浸纸绝缘电缆，则应先包一层玻璃丝布，再涂抹3～5次，厚度达到0.5～1mm。

②G60-3膨胀型过滤乙烯防火涂料适用于塑力型电缆。

3）防火堵料性能见表39-8。

表39-8 防火堵料性能表

指标	7551Ⅱ 发泡型 防火堵料	DMT-J_2 嵌塞型 密封填料	DFD-$\frac{1}{2}$型 电线电缆 阻火填料	DMT灌注型 电缆耐燃 密封填料
密度（kg/m^3）	90	1500	1700	1300

续表 39-8

指　标	7551 Ⅱ 发泡型 防火堵料	DMT-J_2 嵌塞型 密封填料	DFD-$\frac{1}{2}$型 电线电缆 阻火填料	DMT 灌注型 电缆耐燃 密封填料
吸水率	<0.2			
氧指数	≥26	≥45	>60	≥27
体积电阻系数(Ω·m)			2.2×10^7	
耐火性能	A-60 级	A-60 级		A-60 级
滞燃率（mm）		≤60		<60
电缆占据率	40%			
耐酸油碱	无变化			室温下，三个月无异常
使用部位	成束电缆密封	电缆通道密封	电缆良好阻火剂	电缆穿孔密封

4）电缆防火阻燃包带性能见表 39-9；

表 39-9　电缆防火阻燃包带性能表

项　目		性　能	备　注
尺寸（宽×厚）(mm)		35×0.7，45×0.7，55×0.7	在电缆隧道中，凡电缆明敷时，每根电缆每距 20m 左右，应用防火包带包扎两层，每段包扎长度为 0.3～0.5m
氧指数		>55	
抗拉强度（N/mm^2）		>7.35	
伸长率（%）		>448	
热老化	K_1	>0.80	
	K_2	>0.80	
难燃性		符合 IEC－332－3，IEEE－383，JCS－366	

5）阻火墙的材料应用特性见表 39-10。

表 39-10　阻火墙的材料应用特性表

内　容	类　型			
	絮状类	型　块　类		
	矿渣棉	岩棉板	泡沫棉块	硅酸铝纤维毡
使用温度（℃）	780～830	700	500	1790
导热系数（W/m·K）	0.0324～0.0406	0.0348	0.0441～0.0499	0.0661～0.1056
容重（kg/m^3）	110～132	80，100，150	50～70	227

续表 39-10

内容		类型			
		絮状类	型块类		
		矿渣棉	岩棉板	泡沫棉块	硅酸铝纤维毡
规格	长（mm）		910，1000	1000	600
	宽（mm）		910	750	400
	厚（mm）		50，60，80	30，40，50，60	10～30
填充密度（kg/m^3）		521～625	104～118	65～71	184～204
当阻火墙为0.24m厚，0.6m宽，2m高时的材料消耗量（kg）		150～180	30～40	19～21	53～58

39.6 防火电缆有关资料和参考数据

电线电缆章（第31章）中，已列有阻燃电线电缆的技术数据，本章仅将补充部分列出。

（1）乙丙橡皮绝缘阻燃电力电缆的型号、名称及使用条件见表39-11。

表39-11 乙丙橡皮绝缘阻燃电力电缆
（沈阳电缆厂）

型号	名称	使用条件
ZR-XEYH	铜芯乙丙橡皮绝缘氯磺化聚乙烯护套阻燃电力电缆	用于要求阻燃场所，固定敷设于室内、电缆沟、托架及管道中。电缆导体长期允许工作温度不超过+90℃，电缆敷设温度不低于－20℃，电缆弯曲半径不小于电缆外径的10倍
ZR-XELYH	铝芯乙丙橡皮绝缘氯磺化聚乙烯护套阻燃电力电缆	
ZR-XEF	铜芯乙丙橡皮绝缘氯丁橡皮护套阻燃电力电缆	
ZR-XELF	铝芯乙丙橡皮绝缘氯丁橡皮护套阻燃电力电缆	

乙丙橡皮绝缘阻燃电力电缆适用于交流额定电压为0.6/1.0kV及以下的输配电线路上。

成品多芯电缆芯间（单芯电缆应浸水1h后）能经受交流50Hz，3500V，5min的耐压试验。

成品电缆通过《电线电缆成束燃烧试验》（IEC332—3）中规定的成束电缆燃烧试验。也可根据用户要求按美国IEEE383标准及日本JCS366标准进行成束燃烧试验。

单芯、双芯及三芯电缆的规格与普通型同类产品相同。沈阳电缆厂还可承接四芯及五芯阻燃电力电缆的生产。

（2）乙丙橡皮绝缘阻燃控制电缆的型号、名称及使用条件见表39-12。

表39-12 乙丙橡皮绝缘阻燃控制电缆

型号	名称	使用条件
ZR-KEYH	乙丙橡皮绝缘氯磺化聚乙烯护套阻燃控制电缆	用于要求阻燃场所，固定敷设于室内、电缆沟、托架及管道中。电缆导体长期允许工作温度不超过+90℃，电缆敷设温度不低于－20℃，电缆弯曲半径不小于电缆外径的10倍
ZR-KEF	乙丙橡皮绝缘氯丁橡皮护套阻燃控制电缆	
ZR-KEYHP	乙丙橡皮绝缘氯磺化聚乙烯护套屏蔽阻燃控制电缆	用于要求阻燃且需防干扰的场所，固定敷设于室内、电缆沟、托架及管道中。电缆导体长期允许工作温度不超过+90℃，电缆敷设温度不低于－20℃，电缆弯曲半径不小于电缆外径的15倍
ZR-KEFP	乙丙橡皮绝缘氯丁橡皮护套屏蔽阻燃控制电缆	

电缆的规格与普通型同类产品相同。

(3) 矿物绝缘电缆的型号、名称及使用条件见表39-13。

表 39-13 矿物绝缘电缆

型号	名称	使用说明
MIB-TT	铜芯铜护套矿物绝缘电缆	长期工作环境温度为250℃及以下，瞬间可达950℃。适用于钢铁企业、发电厂、化工厂、船舶、油库、高层建筑、采油平台、核电站、冷库等，固定敷设
MIB-LL	铝芯铝护套矿物绝缘电缆	长期工作环境温度为400℃及以下。适用于钢铁企业、发电厂、化工厂、船舶、油库、高层建筑、采油平台、核电站、冷库等，固定敷设

(4) 矿物绝缘电缆规格见表 39-14。

表 39-14 矿物绝缘电缆规格表

型号	芯数	导体截面 (mm^2)	材料			电压等级 (V)
			线芯	绝缘	护套	
MIB-TT	1～7	1～150	铜	氧化镁	铜	500
	1～7	1～4	铜	氧化镁	铜	250
MIB-LL	1～4	16～150	铝	氧化镁	铝	500

(5) 橡皮绝缘非燃性橡套控制电缆有：

1) KXHF 型由铜导电线芯、橡皮绝缘及非燃性橡皮护套组成。绝缘线芯成缆时放有填充物，成缆后包有玻璃布带。线芯数为 4、5、6、7、8、10、14、19、24、30、37；线芯截面为 0.75、1.0、1.5、2.5mm^2；其中线芯数为 4、5、6、7、8、10 者，还有线芯截面为 4、6、10mm^2 的电缆。

2) KXHF2 型由铜导电线芯、橡皮绝缘、非燃性橡皮护套及两层钢带铠装组成。绝缘线芯成缆时放有填充物，成缆后包有玻璃布带，铠装层与橡套之间有垫层。线芯数与截面和 KXHF 型完全相同。

3) KXHF20 及 KXHF30 型的组成同 KXHF2 型，但前者为裸钢带，后者为裸细钢丝。

(6) DYFB 型不燃烧电缆只有单芯，截面由 1.0～95mm^2，适用于 450～750V 电气网络中供仪表、照明配线用及高温易燃场所。固定敷设，遇火不燃烧。

39.7 对电力设施建筑物的防火要求

电力设施建筑物的防火等级不应低于表 39-15 的要求。

表 39-15 电力设施建筑物的耐火等级

序号	建筑名称	火灾危险性类别	最低耐火等级
1	控制室（包括蓄电池室）	戊	二级
2	高压配电装置室：		
	每台设备充油量为 90kg 及以上	丙	二级
	每台设备充油量为 90kg 以下	丁	二级
3	变压器室	丙	一级
4	高压电容器室（有可燃性介质的电容器）	丙	二级
5	高压电容器室（非燃性介质的电容器）	丙	三级
6	低压电容器室 材料库、工具库（不贮藏燃料、润滑油及可爆炸材料）	戊	三级
7	电缆隧道、电缆沟、电缆汇线桥架		二级
8	低压配电室		三级

39.8 电力设施的火灾报警

电力设施火灾报警系统应以生产管理和消防方便为原则。

火灾报警系统应设有自动和手动两种触发装置。

火灾报警系统根据需要可以选用三种基本形式，即区域报警系统、集中报警系统、控制中心报警系统。

变电所、电气室、电子计算机室、电气控制站、电缆室、电缆夹层、电缆隧道等处应设自动火灾报警装置，它们的出、入口处应设手动火灾报警按扭。

电梯的电气室宜装设火灾自动报警装置。

火灾报警控制器应设在主管人员的值班室内。

安装火灾报警控制器处应设有能够和消防部门联系的电话。

对于环境湿度大于85%的场所、隧道宜使用红外线探测器或线性探测器作为传感器。

电缆隧道应按直线段、弯曲段和隔离段单独划分探测区，探测区的长度一般为80～100m。

在长距离的电缆隧道内和大型电缆室内可设置消防装置(包括水雾灭火装置)，消防设施可以是自动的，也可以是手动的。

39.9 电力设施的灭火器材

一般电力设施集中的场所均应设有砂箱和气体灭火装置，如附近已有消防管道，可同时设置消防栓。

目前，可用于扑灭电气火灾的国产灭火机及其性能见表39-16。

表39-16 几种不导电灭火机的性能表

性能	种类			
	二氧化碳灭火机	四氯化碳灭火机	干粉灭火机	1211灭火机
规格	2kg以下 2～3kg 5～7kg	2kg以下 2～3kg 5～8kg	8kg 50kg	1kg 2kg 3kg
药剂	瓶内装有压缩成液态的二氧化碳	瓶内装有四氯化碳液体，并加有一定压力	钢筒内装有钾盐或钠盐干粉，并备有盛装压缩气体的小钢瓶	钢筒内装有二氟一氯一溴甲烷，并充填压缩氮
用途	不导电 可扑灭电气、精密仪器、油类和酸类火灾，不能扑灭钾、钠、镁、铝等物质的火灾	不导电 可扑灭电气设备火灾，不能扑灭钾、钠、镁、铝、乙炔、二硫化碳等火灾	不导电 可扑灭电气设备火灾，但不宜扑灭旋转电机火灾，还可扑灭石油、石油产品、油漆、有机溶剂、天然气和天然气设备火灾	不导电 可扑灭电气设 备、油类、化工化纤原料等初起时的火灾
效能	接近着火地点，保持3m远	3kg喷射时间30s，射程7m	8kg喷射时间14～18s，射程4.5m 50kg喷射时间50～55s，射程6～8m	1kg喷射时间6～8s，射程2～3m
使用方法	一手拿好喇叭筒对着火源，另一手打开开关即可	只要打开开关，液体就会喷出	提起圈环，干粉即可喷出	拔下铅封或横销，用力压下压把即可
检查	每月测量一次，当小于原重的1/10时应充气	应检查压力情况，少于规定压力时应充气	每年抽查一次干粉是否受潮或结块。每半年检查一次小钢瓶内的气体压力，如质量减少1/10时应换气	每年检查一次质量

续表 39-16

性能	种类			
	二氧化碳灭火机	四氯化碳灭火机	干粉灭火机	1211 灭火机
保管	(1) 置于取用方便的地方 (2) 注意使用期限 (3) 防止喷嘴堵塞; (4) 冬季防冻，夏季防晒	置于干燥通风处，防受潮、日晒	置于干燥处，勿摔碰	

39.10 接地

有关接地要求与作法见第 34 章，在这里仅提以下两点：

(1) 在火灾危险环境内的电气设备的金属外壳应可靠接地。

(2) 接地干线应有不少于两处与接地网连接。

39.11 变电所和配电所

电压为 10kV 及以下的变电所、配电所、不宜设在有火灾危险区域的正上面或正下面。若与火灾危险区域的建筑物毗连时，应符合下列要求：

(1) 电压为 1～10kV 配电所可通过走廊或套间与火灾危险环境的建筑物相通，走廊或套间的门应是难燃烧体。除 23 区外，门应有自动关闭装置。电压为 1000V 以下的配电所可通过难燃烧体的门与火灾危险环境相通。

(2) 变电所与火灾危险环境建筑物共用的隔墙和楼板，应是密实的非燃烧体。管道和沟道穿过墙和楼板处，应采用非燃烧性材料严密堵塞。

(3) 变压器室的门、窗应通向非火灾危险环境。

易沉积可燃性粉尘的地方，不应在露天设置变压器或配电装置，但密封型变压器或配电装置除外。

露天安装的变压器或配电装置的外廓距火灾危险环境建筑物的外墙在 10m 以内时，应符合下列要求：

(1) 火灾危险环境建筑物靠变压器或配电装置一侧的墙应为非燃烧体的；

(2) 在变压器或配电装置高度加 3m 及外廓两侧各加 3m 范围内的墙上，不应有门、窗和孔洞；

(3) 在变压器或配电装置高度加 3m 的水平线以上（其宽度为变压器或配电装置外廓两侧各加 3m）的墙上，可安装非燃烧体的镶有铁丝玻璃的固定窗。

油浸电力变压器、高压电容器及多油断路器，如必须布置在汽车库及修理库内时，应采取下列防火措施：

(1)变压器室应布置在底层靠外墙部位，且应在外墙开口部位的上方(单层车库除外)设置耐火极限不低于 1h，挑出宽度不小于 1m 的防火挑檐；

(2)变压器、高压电容器及多油断路器室应用耐火极限不低于 3h 的隔墙（包括变压器室之间的墙）和耐火极限不低于 2h 的楼板与其它部位隔开；

(3) 变压器下面应有贮存变压器全部油量的事故贮油设施。

变、配电所与易燃油品泵房相毗邻时，应采取下列措施：

(1)变、配电所与泵房的隔墙应为非燃烧材料建造的实体墙，且与变、配电所无关的管线不得穿过隔墙；

(2)变、配电所应设向外开的门、窗，但与泵房门、窗之间的路径，不应小于 6m；否则变、配电所的门应设自动关闭装置，窗应为固定的；

(3) 变、配电所的地坪，应高于泵房地坪 0.6m。

户外变、配电所与建筑物、堆场以及贮罐间的防火间距不应小于表 39-17 所列数据。

表 39-17 户外变、配电所与建筑物、堆场、贮罐间的防火间距

名称			防火间距 (m) 变压器总油量 (t) <10	10～50	>50
民用建筑	耐火等级	一、二级	15	20	25
		三 级	20	25	30
		四 级	25	30	35
丙、丁、戊类厂房及库房		一、二级	12	15	20
		三 级	15	20	25
		四 级	20	25	30

续表 39-17

名称		防火间距（m） 变压器总油量（t） ＜10	10～50	＞50
甲、乙类厂房		25		
甲、乙类库房	贮量不超过10t的甲类4、5、6项物品和乙类物品	25		
	贮量不超过5t的甲类1、2、3项物品和贮量超过10t的甲类4、5、6项物品	30		
	贮量超过5t的甲类1、2、3项物品	40		
稻草、麦秸、芦苇等易燃材料堆场		50		

名称			防火间距（m）
甲、乙类液体贮罐	总贮量（m^3）	1～50	25
		51～200	30
		201～1000	40
		1001～5000	50
丙类液体贮罐		5～250	25
		251～1000	30
		1001～5000	40
		5001～25000	50
液化石油气贮罐		＜10	35
		10～30	40
		31～200	50
		201～500	60
		501～1000	70
		＞1000	90
湿式可燃气体贮罐		≤1000	25
		1001～10000	30
		10001～50000	35
		＞50000	40
湿式氧气贮罐		≤1000	25
		1001～50000	30
		＞50000	35

注：1. 防火间距应从距建筑物、堆场最近的变压器外壳算起，但户外变、配电所的构架距堆场和甲、乙类厂房和库房不宜小于25m，距其它建筑物不宜小于10m。

2. 本表是指电力系统电压为35～500kV，且每台变压器的容量在10000kVA以上的户外变、配电所，以及工业企业中变压器总油量超过5t的户外总降压变电所。

3. 发电厂内的主变压器，其油量可按单台确定。

4. 干式可燃气体贮罐的防火间距应按本表中湿式或燃气体贮罐的防火间距增加25％。

参考文献

[1]《电气防火》编写组，电气防火，水利电力出版社，1978.

[2] 程世玉，丁财根，防火防爆，电子工业出版社，1988.

[3]《防火检查手册》编委会，防火检查手册，上海科学技术出版社，1982.

[4] TJ16－74　建筑设计防火规范.

[5] JGJ16－83　建筑电气设计技术规程（试行）.

[6] GB6222－86　工业企业煤气安全规程.

[7] GBJ16－87　建筑设计防火规范.

[8] GB50058－92　爆炸和火灾危险环境电力装置设计规范.

第40章

腐蚀环境的电力设计

40.1 概述

冶金工厂在生产过程中，常会排放出腐蚀性气体和液体，污染大气及周围环境，从而腐蚀会随时随地发生。由于腐蚀，将缩短设备、材料的使用寿命，而提前更换要耗费许多资金，并且影响正常生产。所以控制腐蚀，预防腐蚀，具有很大的现实意义和重大的经济意义。

腐蚀也称作化学腐蚀，可分为干腐蚀和湿腐蚀两类。前者往往和高温联系在一起，后者往往有液体存在，而且该液体有一定的导电性，因此伴有电流产生，故又称电化学腐蚀。在工程中经常遇到的，实际是湿腐蚀。

腐蚀环境不但会对金属材料产生腐蚀，而且对电气领域中大量使用的有机材料也产生腐蚀作用。因此必须根据各种腐蚀环境的特点，选择相适应的防腐型设备和材料，以消除或减弱对电气设备和材料的腐蚀，保证生产的正常进行。

40.2 腐蚀环境的划分

化学腐蚀性介质的释放严酷程度分为1级、2级、3级，在工程设计中常遇到的腐蚀性介质的分级见表40-1。

表40-1 化学腐蚀性介质释放严酷度分级

化学腐蚀性介质名称		级别		
		1级	2级	3级
气体及其释放浓度(mg/m³)	氯气（Cl_2）	＞0.1～0.3	＞0.3～1	＞1～3
	氯化氢（HCl）	＞0.1～0.5	＞0.5～1	＞1～5
	二氧化硫（SO_2）	＞0.1～1	＞1～10	＞10～40
	氮氧化物（折算成NO_2）	＞0.1～1	＞1～10	＞10～20
	硫化氢（H_2S）	＞0.01～0.5	＞0.5～10	＞10～70
	氟化物（折算成HF）	＞0.003～0.03	＞0.03～0.3	＞0.3～2
	氨气（NH_3）	＞0.3～3	＞3～35	＞35～175
雾	酸雾（硫酸、盐酸、硝酸） 碱雾（氢氧化钠）		有时存在	经常存在
液体	硫酸、盐酸、硝酸 氢氧化钠、食盐水、氨水		有时滴漏	经常滴漏

续表 40-1

化学腐蚀性介质名称		级别		
		1级	2级	3级
粉尘	腐蚀性悬浮粉尘	微量	少量	大量
土壤	pH值	>6.5~≤8.5	4.5~6.5	<4.5和>8.5
	有机质（%）	<1	1~1.5	>1.5
	硝酸根离子（%）	$<1\times10^{-4}$	$1\times10^{-4}\sim1\times10^{-3}$	$>1\times10^{-3}$
	电阻系数（Ω·m）	>50~100	23~50	<23

注：1. 本表摘自《化工企业腐蚀环境电力设计技术规定》。

2. 化学腐蚀性气体释放浓度是历年最湿月在电气装置安装现场所实测到的平均最高浓度值。实测处距化学腐蚀性气体释放口一般要求在1m范围外，不应紧靠释放源。

表 40-1 是确定腐蚀环境类别的基础。该表数据符合 IEC 标准。

腐蚀环境的分类主要根据化学腐蚀性介质的释放严酷度及地区最湿月平均最高相对湿度两项条件来确定。

腐蚀环境划分的主要依据见表 40-2。

表 40-2 腐蚀环境划分的主要依据

主要依据	类别		
	0类	1类	2类
	轻腐蚀环境	中等腐蚀环境	强腐蚀环境
化学腐蚀性介质的释放状况	一般无泄漏现象，任一种腐蚀性介质的释放严酷度经常为1级，有时（如事故或不正常操作时）可能达2级	有泄漏现象，任一种腐蚀性介质的释放严酷度经常为2级，有时（如事故或不正常操作时）可能达3级	泄漏现象较严重，任一种腐蚀性介质的释放严酷度经常为3级，有时（如事故或不正常操作时）偶而超过3级
地区最湿月平均最高相对湿度（25℃）	60%及以上	75%及以上	85%及以上

注：1. 本表摘自《化工企业腐蚀环境电力设计技术规定》(CD90A6—85)。

2. 如果地区最湿月平均温度低于25℃时，其同时月平均最高相对湿度必须换算到25℃时的相对湿度。

当缺乏化学腐蚀性介质的定量释放数据时，可按表 40-3 所示的依据来划分腐蚀环境的类别，但定性判断的依据，不一定同时具备。

表 40-3 腐蚀环境划分的参考依据

主要依据	类别		
	0类	1类	2类
	轻腐蚀环境	中等腐蚀环境	强腐蚀环境
操作条件	由于风向关系，有时可闻到化学介质气味	经常能感到化学介质的刺激，但不需配戴防护器具进行正常的工艺操作	对眼睛或外呼吸道有强烈刺激，有时需配戴防护器具才能进行正常的工艺操作

续表 40-3

主要依据	类别		
	0类	1类	2类
	轻腐蚀环境	中等腐蚀环境	强腐蚀环境
表观现象	建筑物和工艺、电气设施只有一般锈蚀现象，工艺和电气设施只须正规维修	建筑物和工艺、电气设施腐蚀现象明显，工艺和电气设施一般须年度大修	建筑物和工艺、电气设施腐蚀现象严重，设备大修间隔期较短
	一般树木生长正常	一般树木生长不好	树木成活率低
通风情况	通风条件正常	自然通风良好	通风条件不好

注：本表摘自《化工企业腐蚀环境电力设计技术规定》(CD90A6—85)。

腐蚀环境类别的具体划分是电气专业设计人员根据工艺专业所提条件，如化学腐蚀性介质的释放情况，地区最湿月平均最高相对湿度数据，并协同环境保护、采暖通风等专业设计人员在初步设计时共同研究确定，作为日后施工设计的依据。

为了划分腐蚀环境类别，既要着眼于化学腐蚀性介质的释放情况，也要着眼于该地区的最湿月平均最高相对湿度（25℃），这个最湿月平均最高相对湿度是在同时月平均温度为25℃时的数据。如果最湿月平均最高相对湿度与其相对应的同时月平均温度不为25℃时，还要进行换算，换算为同时月平均温度为25℃时的相对湿度。当相对湿度值小于表40-2的要求值时，腐蚀环境的类别可降低一级处理。如腐蚀环境的化学腐蚀性介质的释放情况已达1类，而地区最湿月平均最高相对湿度在75%（25℃）以下时，可降低一类，即划分为0类腐蚀环境；同样，腐蚀环境的化学腐蚀性介质的释放严酷度达2类，而地区最湿月平均最高相对湿度在85%（25℃）以下时，可降低一类，即划分为1类腐蚀环境。为了日后设计方便，有关各地区最湿月平均最大(高)相对湿度及同时月平均温度值列于表40-4。

表 40-4 各地区最湿月平均最大相对湿度及同时月平均温度

地	名	R_M/t (%/℃)	地	名	R_M/t (%/℃)
	北京	94/21.4		南阳	96/23.6
	天津	94/23.2		信阳	96/24.5
	上海	96/25.2	山西	太原	92/18.3
河南	郑州	94/23.4		大同	83/15.4

续表 40-4

地	名	R_M/t (%/℃)	地	名	R_M/t (%/℃)
陕西	西安	92/22.8		岷县	92/10.3
	汉中	96/22.8	宁夏	银川	81/17.0
江苏	南京	95/25.4	青海	西宁	85/11.1
浙江	杭州	97/25.5		格尔木	50/9.6
	温州	95/25.7		玉树	89/5.8
江西	南昌	93/26.1		清水河	91/1.3
福建	福州	94/25.3	内蒙古	呼和浩特	84/14.3
	厦门	95/25.6		包头	77/15.7
海南	海口	94/25.5		多伦	90/11.1
贵州	贵阳	91/20.9	广东	广州	96/25.5
	遵义	93/21.5	广西	南宁	95/25.3
湖北	武汉	92/26.4		桂林	94/25.3
	宜昌	95/24.5	云南	昆明	93/15.9
湖南	长沙	90/6.1		大理	93/15.7
四川	成都	96/22.9		玉溪	94/17.0
	重庆	94/24.7	新疆	吐鲁番	51/24.0
	宜宾	96/23.7		和田	56/17.9
	西昌	88/18.1		喀什	58/17.8
	康定	93/11.2		且末	63/15.7
	松潘	91/8.6	西藏	拉萨	86/8.9
	乾宁	94/6.8		林芝	92/10.6
安徽	合肥	95/25.2			
甘肃	兰州	80/15.4			
	天水	85/17.4			
	张掖	73/13.9			

注：1. 上面资料仅供参考。

2. 表中 R_M(%)为最湿月平均最高相对湿度；t(℃)为同时月平均温度。

在应用表 40-4 数据时，需将最湿月平均最高相对湿度换算成 25℃时的相对湿度值。该项换算可用查图方法解决，即查湿空气焓湿图可得。

湿空气焓湿图见图 40-1。

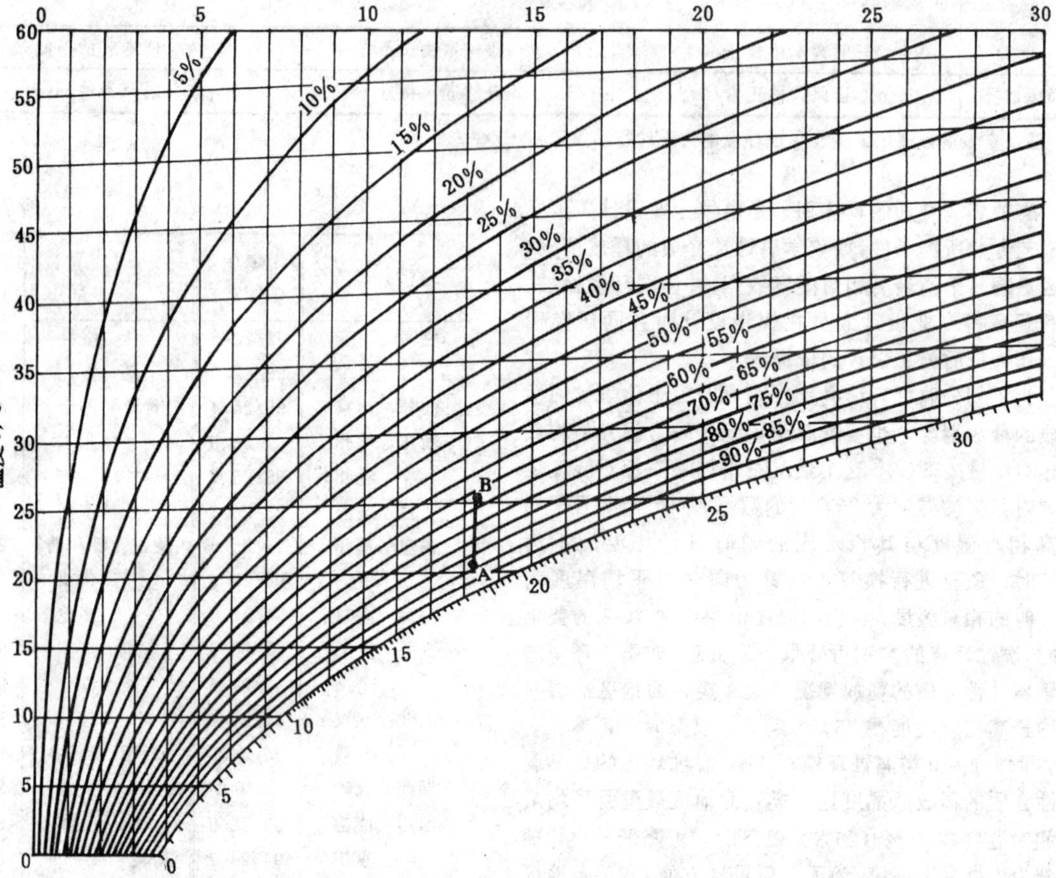

图 40-1 湿空气焓湿图

例 设某地最湿月平均最高相对湿度为 90%，同时月平均温度为 20℃。当平均温度为 25℃时，相应的最湿月平均最高相对湿度的数值，按下述步骤查得：

(1) 根据最湿月平均最高相对湿度 90%，与同时月平均温度 20℃两条线，在图 40-1 上查得其交点为 A；

(2) 由 A 点向上与 25℃的直线相交于 B；

(3)根据 B 点查得相对湿度曲线为 67%，即 90%/20℃变换为 67%/25℃。

按所得最湿月平均最高相对湿度为 67%（25℃），则作为确定腐蚀环境类别（0 类、1 类、2 类）的条件之一。

40.3 车间、工段腐蚀环境等级分类

车间、工段的分类有的参照实测数据，有的按现场实际经验确定的，具体分类见表 40-5。

表 40-5 腐蚀环境类别确定

序号	腐蚀环境	腐蚀环境类别
1	电镀车间、酸洗车间： 电镀、酸洗工部	强腐蚀（2类）
2	电镀车间、酸洗车间： 酸液配制间、酸液贮存间	中等腐蚀（1类）
3	二氧化碳站、液泵站、贮碱间	中等腐蚀（1类）
4	贮氯化物间	中等腐蚀（1类）
5	氧气站、碱液间	中等腐蚀（1类）
6	酸性蓄电池间	中等腐蚀（1类）
7	酸库、碱库	中等腐蚀（1类）
8	酸液间	强腐蚀（2类）
9	轧钢车间： 镀锌、镀锡 酸洗、酸再生、废酸处理	 中等腐蚀（1类） 强腐蚀（2类）
10	金属制品车间： 酸洗、镀铜工段 镀锌、镀镉、镀铬工段	 中等腐蚀（1类） 中等腐蚀（1类）
11	硫铵工段	中等腐蚀（1类） 强腐蚀（2类）
12	脱硫	强腐蚀（2类）
13	粗苯工段	中等腐蚀（1类）
14	硫酸工段： 户外 户内	 中等腐蚀（1类） 强腐蚀（2类）
15	含酸、碱污水处理	中等腐蚀（1类）
16	无水氨	中等腐蚀（1类）
17	苯精制： 户外 户内	 中等腐蚀（1类） 强腐蚀（2类）
18	苯加氢	中等腐蚀（1类）
19	古马隆	中等腐蚀（1类）
20	焦油蒸馏	轻腐蚀（0类）
21	工业萘蒸馏	轻腐蚀（0类）
22	酚精制	强腐蚀（2类）
23	吡啶精制	中等腐蚀（1类）
24	萘精制	中等腐蚀（1类）

40.4 腐蚀环境的电气设备、材料选择原则

腐蚀环境的电气设备、材料选择，除按一般要求外，尚应根据腐蚀环境的类别来考虑。

户内腐蚀环境用电气设备、材料的选择原则见表40-6；户外腐蚀环境用电气设备、材料的选择原则见表40-7。

表 40-6 户内腐蚀环境用电气设备、材料的选择原则

电气设备、材料名称	腐蚀环境类别		
	0类（轻腐蚀）	1类（中等腐蚀）	2类（强腐蚀）
电力变压器	普通型或全封闭型	全封闭型或防腐型	
电动机	基本系列 （或Y系列电动机）	F1级专用系列	F2级专用系列
配电装置和控制装置	封闭型	F1级防腐型	F2级防腐型
控制电器和仪表（包括按钮、信号灯、电表、插座等）	保护型、封闭型或密闭型	F1级防腐型	F2级防腐型
灯具	普通型或防水防尘型	防腐型（如GC-51、GC-57、BYG-1-1FF等）	

续表 40-6

电气设备、材料名称	腐蚀环境类别		
	0类（轻腐蚀）	1类（中等腐蚀）	2类（强腐蚀）
电线	塑料绝缘电线	橡皮绝缘电线或塑料护套电线	
电缆	塑料外护套电缆		
电缆桥架	普通型	F1级防腐型	F2级防腐型

注：1. 湿热带地区应考虑生物腐蚀；

2. 本表摘自《化工企业腐蚀环境电力设计技术规定》(CD90A6—85)。

表 40-7 户外腐蚀环境用电气设备、材料的选择原则

电气设备、材料名称	腐蚀环境类别		
	0类（轻腐蚀）	1类（中等腐蚀）	2类（强腐蚀）
电力变压器	普通型或全密闭型（W型）	全密闭型或防腐型（WF1型）	
电动机	W级户外型	WF1级专用系列	WF2级专用系列
配电装置和控制装置	W级户外型	WF1级户外防腐型	WF2级户外防腐型
控制电器和仪表（包括按钮信号灯、电表、插座等）	W级户外型	WF1级户外防腐型	WF2级户外防腐型
灯具	防水防尘型	户外防腐型	
电线	塑料绝缘电线	塑料绝缘电线（1kV以上架空线路采用防腐钢芯铝绞线）	
电缆		塑料外护套电缆	
电缆桥架	普通型	WF1级防腐型	WF2级防腐型

注：本表摘自《化工企业腐蚀环境电力设计技术规定》(CD90A6-85)。

户外防腐电工产品技术条件规定的最低环境温度为-25℃。对于户外环境低于-25℃的地区或化学腐蚀性介质的释放严酷度高出3级范围上限值的环境所使用的电工产品，须提出特殊订货要求，由用户和制造厂家协商解决。

40.5 电缆对各种腐蚀介质的适应与腐蚀车间、工段的电缆选择

腐蚀环境的电缆选择，主要根据电缆的绝缘、护套材料对各种腐蚀介质的适应情况来决定。

40.5.1 各种常用电缆和电气材料对腐蚀性气体、液体环境的适应情况

常用电缆在腐蚀性气体、液体环境里的适应情况见表40-8。

表 40-8 腐蚀环境与电缆绝缘材料适应情况

腐蚀性气体或液体种类	电缆种类													
	RN	RV	RE	BN	BV	BE	VV	VE	EV	EE	B.R V.E P L	B.R P LN	B.R V.E P LV	B.R V.E P LE
10%硝酸	×	○	○	×	○	○	○	○	○	○	×	×	○	○
10%硫酸	○	○	○	○	○	○	○	○	○	○	×	○	○	○
10%盐酸	×	○	○	×	○	○	○	○	○	○	×	×	○	○
10%苛性碱	△	○	○	△	○	○	○	○	○	○	×	△	○	○
绝缘油	×	△	×	×	○	×	○	○	○	○	○	×	○	△
OF 电缆油	×	△	×	×	△	×	○	○	○	○	○	×	○	△
杂酚油	×	×	×	×	×	×	×	△	×	△	○	×	×	△
柴油（重油）	×	×	×	×	△	×	△	△	△	△	○	×	△	△
聚异丁烯	○	○	○	○	○	○	○	○	○	○	○	○	○	△
机械油	×	△	×	×	△	×	○	○	○	○	○	×	○	△
二硫化碳	×	×	×	×	×	×	×	△	×	△	○	×	×	△
甲　醇	×	○	○	×	○	○	○	○	○	○	○	×	○	○
ASTM　No. 1 油	×	△	×	×	△	×	○	○	○	○	○	×	○	△
ASTM　No. 2 油	×	△	×	×	△	×	○	○	○	○	○	×	○	△
ASTM　No. 3 油	×	△	×	×	△	×	○	○	○	○	○	×	○	△
苯	×	×	×	×	×	×	△	△	△	○	○	×	△	△
混合二甲苯	×	×	×	×	×	×	△	△	△	△	○	×	△	△
汽　　油	×	×	×	×	×	×	△	△	△	○	○	×	△	○
丙　　酮	×	×	×	×	×	×	×	×	×	△	○	×	×	○
乙二醇	○	○	○	○	○	○	○	○	○	○	○	○	○	○
氯　　气	×	×	×	×	×	×	△	△	○	○	×	△	○	△
亚硫酸气	×	×	×	×	×	×	△	△	△	△	×	×	△	×
二硫化碳气	△	△	△	△	△	△	△	△	△	△	○	△	△	○
氨　　气	×	×	×	×	×	×	△	△	△	△	○	△	○	○
氯化氢	×	×	×	×	×	×	△	△	△	△	×	△	△	△

注：1. R—天然橡胶；B—丁基橡胶；V—乙烯树脂；E—聚乙烯；P—油浸纸；N—聚丁二烯；L—铅包。

2. 前面符号表示绝缘体，后面符号表示护套材料。

例：BV—丁基橡胶绝缘乙烯护套电缆，再有 LN、LV、LE 的 N、V、E 表示防蚀层的材料。

3. ○—适用；×—不适用；△—表示按条件而定。

常用电气材料的耐腐蚀情况见表 40-9。

表 40-9 常用电气材料耐腐蚀情况

介质	常用电气材料												
	铜	铝	铅	聚氯乙烯	聚乙烯	聚丙烯	聚苯乙烯	环氧树脂	酚醛树脂	天然橡胶	氯丁橡胶	乙丙橡胶	玻璃
醋酸	○		×	1	1	1		○		×	×	1	○
醋酸酐	○	○	○	×	×	×		○	○	×			
乙醛		○		×	1	1			○	×	×		
丙酮	○	○	○	×	○	○	1	×	×	×	○	○	○
乙炔	×	○	○	○	○	○				1			○
氨	湿×	1	○	○	○	○		○	×	1	×		○
醋酸戊酯	○	○		×	1	×		○	○	×			
苯胺	×	○	○	×	1	1		1	×	1	×	1	○
王水				×	×	×			×	×			
苯	○	○	○	×	1	×	×	1	○	×	×	×	○
丁烷	○	○		○				○		×			
丁醛											×		
丁酸	○		×	×	×			1	○	×	×		
醋酸丁酯		○		×	1	1		1	○	×			
丁二烯				×				○					
硼酸	○	○	○	○	○	○		○	○	×			
二硫化碳	○	○		1	1	×		1	○	×	×	×	
四氯化碳				1	1	×	×	1	○	×	×	×	
氯	×	×	×	1	○	○		1	1	×	×	×	
氯仿	干1	1	○	×	1	1	×	○	1	×	×	×	○
甲酚		○	×	1	1	×					1	1	
环己烷		○		×						×			
环己醇				×	○	×		1		×			
环己酮				×	×	×		×					
巴豆醛		○		×		1							
醋酸乙酯	○	○	○	×	1	○		○	×	×			
乙醚			○	×	1	1		1		×			
氯乙醇				×	×	×			×				
二氯乙烷		干1	○	×	×	×	○	×	×	○			
乙二醇	○	○	○	○	○	○		○	○	○	○	○	
环氧乙烷		○		×		1		×		×			
脂肪酸	○	1		○	○	○		○	○	×			
糠醛	○	○	○	×	×	×			×	×	×	○	

续表 40-9

介质	常用电气材料												
	铜	铝	铅	聚氯乙烯	聚乙烯	聚丙烯	聚苯乙烯	环氧树脂	酚醛树脂	天然橡胶	氯丁橡胶	乙丙橡胶	玻璃
三氯化铁	×	×	×	○	○	○		1	○	×			
汽　油	○	○	○	○	1	×		○	○	×	1	×	
庚　烷				○	1	×		○	○				
盐　酸	×	×	×	○	○	○	○	1	1	1	1	1	○
氢氟酸	×	×	1	○	○	○			○	×			×
过氧化氢	1	1	×	1	○	1		○		○			
硫化氢	干 1	1	○	○	○	○			○	×	×		○
煤　油	○	○	○	○	1	1		○					
甲乙酮		○		×	×	×			○	×			
二氯甲烷				×	×	○				×			
萘		○	○	×	1	1			○	×			
硝　酸	×	×	×	1	1	×	○	1	×	×	×	×	○
硝基苯		○		×	×	○				×			
发烟硫酸			×	×	×	×				×	×	×	○
稀硫酸	×	×	○	○	1		○	1	1	1	○	1	○
苛性碱	○	×	×	○	○			○	×	○	○	×	×
苯酚		○	○	1		1			×	×			
甲　苯	○	○	○	×	×	×		1	○	×			
三氯乙烯	干○	○		×	×	×		×	○	×	×	×	
松节油		○	○	○	×	×				×			
醋酸乙烯		○		×		○		○					
二甲苯		○		×	×	×		○	○	×	×		

注：1. ○—耐；1—尚可以；×—不耐；

2. 当介质随温度、浓度不同而使材料的耐腐蚀程度有很大差异时，则按常温浓度稀时的状况选入本表；

3. 注有"干 1"、"湿×"表示："在干时尚可以"，"湿时不耐"。

常用电缆护套受腐蚀气体的影响见表 40-10。

表 40-10　电缆护套受腐蚀性气体的影响

电缆护套种类	腐蚀性气体				电缆护套种类	腐蚀性气体			
	氯　气	二氧化硫	二硫化碳	氨　气		氯　气	二氧化硫	二硫化碳	氨　气
氯丁橡胶护套	△	○	△	○	聚乙烯护套	◎	◎	○	○
乙烯树脂护套	◎	◎	○	◎	天然橡胶护套	×	×	○	△

注：◎—基本不受影响；△—性能降低；○—受一定影响；×—性能显著下降。

40.5.2 腐蚀车间、工段的电缆选择

根据 40.5.1 所述，按腐蚀车间、工段选择电缆的　　型号见表 40-11。

表 40-11　腐蚀车间、工段的电缆型号选择

序号	腐蚀车间、工段	腐蚀介质	腐蚀类别	拟选电缆型号	
				动力电缆	控制电缆
1	电镀、酸洗车间： 电镀工部 酸洗工部	酸、碱	强腐蚀 （2类）	YJV、YJV-FR YJ22、YJ22-FR	KYJV、KYJV-FR KYJ22、KYJ22-FR
2	电镀、酸洗车间： 酸洗配制间 酸液贮存间	酸、碱	强腐蚀 （2类）	YJV、YJV-FR YJ22、YJ22-FR	KYJV、KYJV-FR KYJ22、KYJ22-FR
3	二氧化碳站： 液泵站、贮碱间	碱	轻腐蚀 （0类）	VV、VV22	KVV、KVV29
4	贮氯化物间	氯	轻腐蚀 （0类）	VV、VV22	KVV、KVV29
5	氧气站： 碱液间	碱	轻腐蚀 （0类） 中等腐蚀 （1类）	VV、VV22	KVV、KVV29
6	蓄电池间	酸	强腐蚀 （2类）	YJV、YJV-FR YJ22、YJ22-FR	KYJV、KYJV-FR KYJ22、KYJ22-FR
		碱	强腐蚀 （2类）	YJV、YJV-FR YJ22、YJ22-FR	KYJV、KYJV-FR KYJ22、KYJ22-FR
			轻腐蚀 （0类）	VV、VV22	KVV、KVV29
7	酸库、碱库	酸	强腐蚀 （2类）	YJV、YJV-FR YJ22、YJ22-FR	KYJV、KYJV-FR KYJ22、KYJ22-FR
		碱	强腐蚀 （2类）	YJV、YJV-FR YJ22、YJ22-FR	KYJV、KYJV-FR KYJ22、KYJ22-FR
			轻腐蚀 （0类）	VV、VV22	KVV、KVV29
8	酸液间	酸	强腐蚀 （2类）	YJV、YJV-FR YJ22、YJ22-FR	KYJV、KYJV-FR KYJ22、KYJ22-FR

续表 40-11

序号	腐蚀车间、工段	腐蚀介质	腐蚀类别	拟选电缆型号	
				动力电缆	控制电缆
9	轧钢车间：镀锌、镀锡 酸 洗	酸	强腐蚀（2类）	YJV、YJV-FR YJ22、YJ22-FR	KYJV、KYJV-FR KYJ22、KYJ22-FR
		酸	强腐蚀（2类）	YJV、YJV-FR YJ22、YJ22-FR	KYJV、KYJV-FR KYJ22、KYJ22-FR
10	金属制品车间：酸洗、镀铜 磷化工段 镀锌工段	酸、碱	强腐蚀（2类）	YJV、YJV-FR YJ22、YJ22-FR	KYJV、KYJV-FR KYJ22、KYJ22-FR
			中等腐蚀（1类）	VV、VV22	KVV、KVV29
11	焦化厂 化产回收车间：硫铵工段	硫酸	强腐蚀（2类）	YJV、YJV-FR YJ22、YJ22-FR	KYJV、KYJV-FR KYJ22、KYJ22-FR
			轻腐蚀（0类）	VV、VV22	KVV、KVV29
12	粗苯工段	苯及洗油	轻腐蚀（0类）	VV、VV22	KVV、KVV29
	其中回流泵房	苯及洗油	强腐蚀（2类）	XQ、XQ2	KXQ、KXQ03
13	硫酸工段	硫酸	强腐蚀（2类）	YJV、YJV-FR YJ22、YJ22-FR	KYJV、KYJV-FR KYJ22、KYJ22-FR
			轻腐蚀（0类）	VV、VV22	KVV、KVV29
14	无水氨	氨 气	轻腐蚀（0类）	VV、VV22	KVV、KVV29
15	苯精制	苯族芳香烃、酸、碱	强腐蚀（2类）	XQ、XQ2	KXQ、KXQ03
		二硫化碳	轻腐蚀（0类）	XQ、XQ2	KXQ、KXQ03
16	苯加氢精制	苯族芳香烃	轻腐蚀（0类）	XQ、XQ2	KXQ、KXQ03
17	古马隆树脂制造	硫酸、碱液、重苯	轻腐蚀（0类）	VV、VV22	KVV、KVV29
18	焦油蒸馏	焦油蒸气	轻腐蚀（0类）	VV、VV22	KVV、KVV29
19	粗蒽结晶分离	蒽油	轻腐蚀（0类）	VV、VV22	KVV、KVV29

续表 40-11

序号	腐蚀车间、工段	腐蚀介质	腐蚀类别	拟选电缆型号	
				动力电缆	控制电缆
20	焦油馏分、脱酚	脱酚油、碱液、酸液	强腐蚀（2类）	YJV、YJV-FR YJ22、YJ22-FR	KYJV、KYJV-FR KYJ22、KYJ22-FR
21	工业萘蒸馏	萘	轻腐蚀（0类）	YJV、YJV-FR YJ22、YJ22-FR	KYJV、KYJV-FR KYJ22、KYJ22-FR
22	酚精制	酚	强腐蚀（2类）	YJV、YJV-FR YJ22、YJ22-FR	KYJV、KYJV-FR KYJ22、KYJ22-FR
23	吡啶精制	吡啶	轻腐蚀（0类）	YJV、YJV-FR YJ22、YJ22-FR	KYJV、KYJV-FR KYJ22、KYJ22-FR
24	萘精制	萘、洗油、酸、碱	轻腐蚀（0类）	YJV、YJV-FR YJ22、YJ22-FR	KYJV、KYJV-FR KYJ22、KYJ22-FR

表 40-11 中拟选电缆型号是根据目前生产厂所能提供的电缆考虑的。

40.6 腐蚀环境用电气设备简介

40.6.1 防腐型电力变压器

防腐型电力变压器系用于腐蚀环境中的供电设备。

A 型号含义

在普通的 S7 或 S9 系列变压器型号后面加 W 或 WF1，表示污秽地区用变压器。

B 使用条件

1）户外防轻腐蚀型（代号为 W）的环境条件等级为 4K1/4Zn2/4Za4/4Zw7/4B1/4C2/4S2。

2）户外防中等腐蚀型（代号为 WF1）的环境条件等级为 4K1/4Zn2/4Za4/4Zw7/4B1/4C3/4S3。

环境条件分为 6 类，环境条件类别见表 40-12。

表 40-12 环境条件类别

外界条件		有气候防护场所	无气候防护场所
		等级代号	
气候（K）		3K5L、3K6L、3K6、3K7	4K1、4K2、4K3
特殊气候（Z）	热辐射（Zn）	3Zn1、3Zn3	4Zn1、4Zn2
	周围空气运动（Za）	3Za5、3Za6	4Za3、4Za4、4Za5
	降雨以外的水源条件（Zw）	3Zw7、3Zw9、3Zw 10	4Zw6、4Zw7、4Zw8
生物（B）①		3B2	4B1
生物活性物质（C）		3C2、3C3、3C4	4C2、4C3、4C4
机械活性物质（S）		3S2、3S3、3S4	4S2、4S3、4S4
机械（M）		按基本系列产品规定	

注：1. 外界条件栏中，括号内的字母为环境条件类别代号。

2. 等级代号栏内，字母前面数字“3”表示“有气候防护场所”（包括户内、棚下等遮蔽场所的条件）；“4”表示“无气候防护场所”（相当于户外条件，不能遮蔽风、雨、太阳辐射的过道、走廊等建筑结构下面也可按无气候防护考虑）；后面的数字表示严酷程度的等级，数字越大，表示可适应于环境条件越严酷的场所。

①生物条件只在当化学活性物质条件为 3C2 或 4C2 时考虑。

C 防腐型电力变压器的技术数据

防腐型电力变压器的技术数据见表 40-13。

表 40-13 W、WF1 型 6～10kV 防腐电力变压器技术数据

防腐类型代号	型号规格	额定容量(kVA)	额定电压(kV)		损耗(W)		阻抗电压(%)	空载电流(%)	联接组标号	外形尺寸 $L\times W\times H$ (mm)	安装轨距(mm)	器身吊高(mm)
			高压	低压	空载	负载						
WF1	S9-630/10	630			1220	6200	4.5	0.9			820	
	S9-800/10	800	6；		1470	7500	4.5	0.8		2200×1410×2436	820	4500
	S9-1000/10	1000	6.3；	0.4	1730	10300	5	0.7	D，y11	2280×1440×2626	820	5000
	S9-1250/10	1250	10		2000	12000	5	0.6			1070	
	S9-1600/10	1600			2450	14500	5	0.6			1070	
W 或 WF1	S7-630/10	630			1300	8100	4.5	1.8		1730×1142×1890	660	3750
	S7-800/10	800	6；		1540	9900	4.5	1.5		2120×1230×2430	820	3900
	S7-1000/10	1000	6.3；	0.4	1800	11600	4.5	1.2	Y，yno	2250×1350×2250	820	4050
	S7-1250/10	1250	10		2200	13800	4.5	1.2		2300×1360×2680	820	4300
	S7-1600/10	1600			2650	16500	4.5	1.1			820	

40.6.2 防腐型电动机

Y-W、Y-F、Y-WF 系列电动机是在 Y 系列 (IP44) 电动机基础上，在制造工艺和材料选择上考虑防腐措施而派生的电动机。

A 型号含义

在 Y 系列电动机型号后面，加写环境代号 W、WF1、F1、F2，其含义为：

W—户外防轻腐蚀；WF1—户外防中等腐蚀；F1—户内防中等腐蚀；F2—户内防强腐蚀。

B 电动机使用环境条件

电动机使用环境条件见表 40-14。

表 40-14 防腐型电动机使用环境条件

环境参数		严酷程度分级			
		轻腐蚀	中等腐蚀		强腐蚀
		电动机防护类型			
		Y-W	Y-F1	Y-WF1	Y-F2
温度	最高	+40℃	+40℃		+40℃
	最低①	−25℃		−25℃	
空气相对湿度		90%（25℃）	90%（25℃）		90%（25℃）
最大降雨强度（10min）		50mm		50mm	
太阳辐射最大强度（W/m^2）		1000		1000	
砂尘		有		有	
冰、雪、霜、露		有	有凝露		有凝露

续表 40-14

环境参数		严酷程度分级			
		轻腐蚀	中等腐蚀		强腐蚀
		电动机防护类型			
		Y-W	Y-F1	Y-WF1	Y-F2
化学气体浓度②（mg/m^3）	氯气	<0.1	0.1～1.0		>1～3
	氯化氢	<0.1	0.1～1.0		>1～5
	二氧化硫	<0.1	0.1～10		>10～40
	氮的氧化物	<0.1	0.1～10		>10～30
	硫化氢	<0.01	0.01～10		>10～70
	氟化氢及氢氟酸盐	<0.003	0.003～2.0		>2～10
	氨气	<0.3	0.3～35		>35～175
雾	酸（硫、盐、硝酸）		有时存在		经常存在
	碱（氢氧化钠）				
液体	盐酸、硫酸		偶而滴落		有时滴落
	硝酸				
	氢氧化钠				
	食盐水	偶而滴落	有时滴落		经常滴落
腐蚀性粉尘		微量	少量		有

①户外型电动机最低温度−40℃时，应在订货时提出。

②环境条件中化学腐蚀介质（包括气体、雾、液体或粉尘）是指有一种或一种以上经常或不定期存在。

表中气体浓度仅从防腐蚀要求考虑的，有关防爆要求未加考虑。表 40-14 与表 40-1 的数据，稍有出入，使用时请注意正确选择。

C 技术数据

电动机的额定电压为 380V，额定频率为 50Hz。技术数据见 Y 系列电动机中心高为 80～315mm 的各型电动机的技术数据，外形及安装尺寸均同 Y 系列电动机。

生产厂：北京电机总厂、广东东莞电机厂、丹东电机厂、长沙电机厂、四川宜宾电机厂、江苏靖江电机厂。

40.6.3 防腐型控制电器

各种防腐型控制电器对化学腐蚀性气体的浓度允许值见表 40-15。

表 40-15 防腐型控制电器对化学腐蚀性气体的浓度允许值

序号	化学腐蚀性气体名称	允许浓度（mg/m^3）	备注
1	氯气	3	
2	氯化氢	15	
3	二氧化硫及三氧化硫	40	换算为二氧化硫浓度
4	氮的氧化物	10	换算为五氧化二氮浓度
5	氨气	40	
6	氟化物	15	包括空气中可溶于水面呈氟离子的气态氟化物（如氟化硅）的混合物，都换算为氟化氢浓度

将表 40-1 的数据与表 41-15 的数据进行比较，说明各种防腐型控制电器均能满足强腐蚀环境的要求，但耐氨气及氮的氧化物腐蚀稍差，选用时应注意。

各种防腐型控制电器的工作条件见表 40-16。

表 40-16　各种防腐型控制电器工作条件

设备名种		透明全绝缘防护型综合起动装置	动力配电箱	操作箱	控制按钮箱
型号		FD10-QZ/▭F2	JLX-$\frac{I}{III}$(C)-▭/F	LF-3	LF-4
温度	上限值	+40℃	+40℃	+40℃	+40℃
	下限值	不低于−5℃	不低于−25℃	不低于−25℃	不低于−25℃
相对湿度		不超过 50%（+40℃）	不超过 95%	不超过 85%	不超过 85%
腐蚀环境		F2	F2	F2	F2
外壳防护等级		IP55			
安装地点（海拔高度）		不超过 2000m	不超过 2000m	不超过 2000m	不超过 200m
爆炸危险介质			无	无	无
安装倾斜度			不超过 5°	不超过 5°	可垂直安装 可倾斜安装
冲击振动				无明显冲击振动	无明显冲击振动
其他					无雨、雪侵袭

防腐型控制电器种类繁多，这里仅取几种作为示例而已。

(1) FD10-QZ▭F2 透明全绝缘防护型综合起动装置。FD10-QZ▭F2 透明全绝缘防护型综合起动装置适用于交流 50Hz，额定工作电压不超过～380V 的低压配电系统中，供现场或远距离控制电动机的起动、停车及可逆运转。同时具有短路、欠电压、断相和过载保护，另可装各种测量仪表。

其主要技术参数：

额定电压：～380V

额定频率：50Hz

装置额定工作电流：320A 以下

(2) JLX-$\frac{I}{III}$(C)-▭/F2 系列防腐型动力配电箱。JLX-$\frac{I}{III}$(C)-▭/F2 型动力配电箱适用于化工、冶金、纺织、轻工及其他工业企业，具有多尘潮湿及化学腐蚀性介质的现场，作为 500V 以下，50 或 60Hz 的交流三相系统的动力、照明配电用。

(3) LF-3 型操作箱。LF-3 型系列防腐型控制按钮箱适于化工、冶金、纺织、轻工、建材和其他工矿企业中及隧道中，有化学腐蚀性介质、潮湿及粉尘的场所中，对低压电器设备控制、配电用。

(4) LF-4 型防腐型控制按钮箱。LF-4▭/F2 系列防腐型控制按钮箱适用于含有腐蚀性气体的工厂、企业、生产车间供交流 50Hz，电压 380V 及直流 220V，电流为 5A，在控制线路中作远距离及手动控制用。同时适用于尘埃较多潮湿严重的冶金厂、水泥厂、水泵房及锅炉房等环境。

(5) JPK (F^1_2) 型紧急停车拉绳开关。JLK (F^1_2) 型紧急停车拉绳开关是为了防止胶带机在运行过程中发生异常情况或人身安全事故。紧急停车拉绳开关一般装在胶带输送机机架的两侧，拉绳开关的钢丝绳沿机架全长安装。

JLK (F^1_2) 型紧急停车拉绳开关的外壳防护等级为

IP65，防腐等级为 F1 级或 F2 级。

JLK（F_2^1）型紧急停车拉绳开关的技术数据见表 40-17。

（6）JPK(F_2^1）型胶带输送机防偏保护开关。JPK

表 40-17　JLK（F_2^1）型紧急停车拉绳开关技术数据

开关型号	成套供应附件	外壳防护等　级	外壳防腐等　级	控制长度(m)	触点数量	触点容量	复位方式
JLK(F_2^1)-100	钢丝绳拉紧弹簧两只	IP65	F1、F2	<100	一常开 一常闭	～380V 3A	手动或 自动
JLK(F_2^1)-60	同上	同上	同上	<60	同上	同上	同上
JLK(F_2^1)-30	同上	同上	同上	<30	同上	同上	同上

(F_2^1)型胶带输送机防偏保护开关能使输送机在受到损伤和影响运行之前，便能发出予警信号，以及进一步的自动停车，防止跑偏事故扩大。

JPK(F_2^1）型防偏保护开关，一般安装在胶带输送机两侧，距离胶带机首、尾端部 1～3m 的地方。

JPK(F_2^1)-1、2 型防偏保护开关的外壳防护等级为 IP65，其他有关技术数据见表 40-18 及表 40-19。

表 40-18　JPK(F_2^1)-1 型防偏保护开关

开关触点用　途	摇杆的偏转工作角度	开关触点数　量	触点容量	复位方式	质量(kg)
联锁停车用	30°	一常开、 一常闭	～380V 3A	手　动 (或自动)	3

表 40-19　JPK(F_2^1)-2 型防偏保护开关

开关触点用　途	摇杆的偏转工作角度	开关触点数　量	触点容量	复位方式	质量(kg)
第 1 组触点发送预告信号用	15°	一常开 一常闭	～380V 3A	自动	3
第 2 组触点联锁停车用	30°	一常开 一常闭	～380V 3A	手动 (或自动)	

（7）SHZ10-▭/F2 型系列防腐型组合开关。SHZ10-▭/F2 型系列防腐型组合开关是在 HZ10 系列组合开关本体上加装特制的防腐密封外壳及附件所组成。这种开关适用于有化学腐蚀性介质，腐蚀环境为二类，即强腐蚀环境中，或潮湿、有粉尘及导电尘埃等特殊环境中。对照明设备或小容量交流电动机进行手动操作，作不频繁地接通和分断，亦可作换接电路、测量电路用。

SHZ10-▭/F2 型系列防腐型组合开关的额定电压与额定电流见表 40-20；该产品直接控制电机参数见表 40-21。

表 40-20　SHZ10 系列组合开关的额定电压和额定电流

额定电压(V)	型　　号			
	SHZ10-10	SHZ10-25	SHZ10-60	SHZ10-100
	额　定　电　流　(A)			
－220V； ～380V	10	25	60	100

表 40-21　SHZ10 系列组合开关直接控制电机参数

型号	380V 时极限操作电流				380V 时允许起动及控制的 Y 系列电机容量	
	闭　合		断　开			
	电流(A)	次数	电流(A)	次数	容量(kW)	电流(A)
SHZ10-10/3	94	100	62	10	3	7
SHZ10-25/3	155	100	108	10	5.5	12

在既是腐蚀环境、又是爆炸危险环境的场合，应首着眼于防爆问题，同时注意防腐蚀问题，故选用控制器时，应选用具有防爆性能兼备防腐蚀性能的控制器。

防腐控制电器生产厂：江苏靖江防腐电器厂、江苏州低压电器厂、江苏常州湾城电器厂、四川自贡电器、江苏阜宁电器成套厂、上海电器厂、南京机床电器、桂林达宏低压开关厂等。

40.6.4 防腐型照明配电箱

X^{X}_{R}MF1-2F 密封防腐型照明配电箱，主要用于含腐蚀性介质的工矿、企业中的生产现场，供电电压为0V 以下的户内照明。对尘埃多、潮湿严重的冶金厂同样适用。

其使用条件为：

(1) 使用环境海拔高度不超过 2000m；

(2) 环境温度不超过+40℃，不低于-25℃；

(3) 安装面的垂直倾斜度不超过 5°；

(4) 无爆炸危险性介质；

(5) 无明显冲击振动；

(6) 防腐等级为 F2 级。

照明配电箱为三相进线（另含零线），箱内有总开，出线回路用单相自动开关作保护。X^{X}_{R}MF1-2F-01 3 个回路；X^{X}_{R}MF1-02 为 6 个回路；X^{X}_{R}MF1-2F-03 9 个回路；X^{X}_{R}MF1-2F-04 为 12 个回路。

40.6.5 防腐型灯具

40.6.5.1 GC57-1F 防腐灯

GC57-1F 防腐灯适用于化工、电镀车间及含有、碱、氯气等腐蚀性气体的场所照明，并能在环境温-30℃～+50℃情况下正常运行。

其技术数据：

1) 电压：～220V；

2) 功率：125W 汞灯或 200W 白炽灯、110W 高压灯；

3) 外壳防护等级达 IP54 级。

40.6.5.2 GC、FS01 型三防灯具（防腐、尘、防潮）

GC、FS01 型三防灯具具有防腐、防潮、防尘等性，适用于化工、冶金、机械、电力、建材、轻工、纺织、采掘等工矿企业中有化学腐蚀性介质、潮湿或粉尘场所。对港口、码头、仓库等无爆炸危险的场所也同样适用。

其技术数据：

(1) 工作电压：～220V；

(2) 功率：自镇流汞灯 125W、160W；
白炽灯 200W、300W；
高压钠灯 110W；

(3) 外壳防护等级：IP55；

(4) 防腐性能：防腐等级为 F2 级。

40.6.5.3 GC81 照明灯具

GC81 照明灯具结构为敞开式，选用密闭螺旋型防腐、防潮灯座，灯罩采用耐蚀不锈钢或钢板涂塑处理，其他全部部件系浮塑处理。

密闭螺旋型防腐防潮灯座，系采用高频瓷质灯座，其两端套接特制橡胶密封盖和密封圈，当灯头旋入灯座后，自然压紧密封圈，防止外界腐蚀介质的侵蚀。

密封螺旋型防腐、防潮灯座的防护等级为 IP55。

灯具的防腐等级为 WF1。

该灯具在温度为-30℃～+50℃环境中正常工作。

GC81 照明灯具适用于化工、石油、轻工、纺织、冶金等部门户内、户外中等腐蚀环境。

40.7 腐蚀环境的电力设计

40.7.1 腐蚀环境电力设计的一般要求

腐蚀环境电力设计的一般要求有以下两点：

(1) 正确划分腐蚀环境和对腐蚀环境进行正确地分类。电力设计人员应与工艺、通风、土建等专业密切配合，正确划分腐蚀环境和对腐蚀环境进行分类。在电气设备比较集中的地方，工艺专业应采取对策，尽量消除或减少化学腐蚀性介质的释放和积聚，使电气设备在比较好的环境中工作；另一方面，电力设计人员应尽量避免将电气设备布置在腐蚀环境和腐蚀严酷程度高的场所。

(2)根据腐蚀环境的类别，正确选择与之相适应的电气设备和材料。

40.7.2 腐蚀环境的变、配电所设计

不宜在有腐蚀性气体、液体场所设置变、配电所。自备电站、总降压变电所、中央配电所、35～110kV 架空输电线路等的最小防腐间距见表 40-22。

表 40-22 最小防腐间距（m）

名称	1类	2类
	中等腐蚀环境	强腐蚀环境
自备电站	30	50
总降压变电所	50	80
中央配电所	30	50
35～110kV 架空输电线路	30～50	50～100

注：与户内腐蚀环境的距离从相距最近的门口或窗口算起；户外腐蚀环境从释放源的释放口算起。

自备电站、总降压变电所、中央配电所等应尽量设在工厂全年主导风向的上风侧或最小风频的下风侧，不应设在有化学腐蚀性介质的生产装置的下风侧。

靠近腐蚀环境的自备电站、总降压变电所、中央配电所等应采用户内式布置方式。总降压变电所的主变压器靠近粉尘环境者，其建筑结构可采用开敞式或半开敞式。如果主变压器为露天设置时，宜采用户外防腐型变压器。

靠近腐蚀环境的自备电站、总降压变电所的建筑造形，应避免形成窝风处所，以利于化学腐蚀性介质的扩散，并随之降低浓度。

车间变（配）电所应尽量不附设在 2 类（强腐蚀环境）腐蚀性厂房内，当与腐蚀环境相毗邻时，不宜向 1 类或 2 类腐蚀性厂房开门或开窗。如果必须开门时，宜用套间或走廊隔开，并采用自动门(即能自动关闭者)。

车间变(配)电所的上方不应设置可能滴漏的化工设备，严禁与变（配）电所无关的管线穿过变（配）电所。

配电室和控制站应设空调装置，保证要求室温，必要时保证室内正压，以增加防腐蚀效果。

为防止腐蚀废液渗入，建议车间变电所与控制站地坪应高出腐蚀车间地坪 0.6m 以上，同时采用防腐型电缆桥架配线，以利出线。

变电所、控制站的门，应属甲级（应为 1.2h）或乙级（应为 0.9h）防火门，门应严密，以防化学腐蚀性介质侵入（或做成套间式）。

腐蚀性气体或液体又属爆炸性气体或液体时，对车间变电所、控制站除满足防腐蚀要求外，尚须满足防爆要求。有关防爆要求详见第 38 章。

40.7.3 腐蚀环境的电缆敷设

鉴于在腐蚀环境中，地下渗入极为复杂的腐蚀废液，致使直埋电缆极易受腐蚀。因此应将直埋敷设方式改为桥架配线。并在不同的环境中选用不同的桥架：

(1) 在轻腐蚀环境中应采用镀锌桥架；

(2) 在中等腐蚀环境中应采用环氧粉末喷涂的桥架或采用先镀锌再在表面喷防腐漆的桥架；

(3) 在强腐蚀环境中应采用玻璃钢桥架或热镀锌的桥架。

生产厂：江苏省扬中县长旺邻丰玻璃钢厂、水利电力部华东列车电站基地（镇江电力机械厂）。

40.7.4 腐蚀环境的厂区外线和防雷、接地

40.7.4.1 腐蚀环境的厂区外线

厂区的外线主要采用电缆桥架敷设。电缆桥架的选择应考虑不同类别的腐蚀环境要求，一般不推荐电缆沟敷设方式。

厂区外线采用直埋电缆方式时，其走向与路径尽量避开易受化学废液腐蚀的场所。电缆埋设深度不小于 1.2m，原土壤不是中性土壤时，应将回填土改换为中性土壤。

腐蚀环境的电缆线路，应尽量避免中间接头。当电缆与电气设备连接时，一定要采用接线端子，使之可靠连接。

厂区内腐蚀环境的 10kV 及以下线路，如必须采用架空线路时，应尽量采用水泥电杆，角钢横担和耐污绝缘子。水泥电杆有可能遭受腐蚀而胀裂时，水泥电杆可定期刷耐腐蚀涂料。角钢横担应予以镀锌并涂防腐漆。当采用一般绝缘子时，悬式绝缘子个数比常规增加一个；针式绝缘子和穿墙套管的额定电压可酌情提高一级或两级。

1kV 及以下架空线路宜选用塑料绝缘电线或防腐铝绞线，不宜选用裸铝线；1kV 以上架空线路宜选用防腐钢芯铝绞线（LGJF、LGJQF、LGJFF）。

40.7.4.2 腐蚀环境的防雷、接地

腐蚀环境建、构筑物上裸露的防雷装置，应作防腐措施。如接闪器应镀锌，适当加大截面，并应尽量利用建筑物的内部钢筋（连接要可靠）作引下线和接地体。

在 1 类和 2 类腐蚀环境中，宜采用铜芯塑料绝缘电线作为接地干线和接地支线（不包括接地体）。如果采用常规型钢作接地线，其厚度或直径应比正常环境加大一级。

型钢接闪器、接地线和接地体应采取镀锌处理。接地体不应喷涂塑料或涂漆。

接地装置的要求见第 34 章。接地装置所有连接处

应焊接，如不能焊接可采用螺栓连接，但应可靠防腐。

40.7.5 腐蚀环境的电气安装

有关安装的技术问题参见有关规程和规定，但对防腐处理应考虑：

(1) 选用相应防腐类型的产品；

(2) 保持密封的完整性，包括进出线处的密封；

(3) 裸露的金属部件（包括配线用钢管）需作防腐处理，如喷涂耐腐材料，或选用有防腐性能的材料，如不锈钢。

附录 40.1 耐酸涂料与耐碱涂料

当选用耐酸涂料时，在常温情况下，底漆可选用氯磺化聚乙烯防腐涂料，颜色为棕红色，标准使用量为 $150g/m^2$。面漆仍采用氯磺化聚乙烯防腐涂料，标准使用量为 $150\sim200g/m^2$，颜色为指定色。

当选用耐碱涂料时，在常温情况下，底漆采用氯磺化聚乙烯防腐涂料，标准使用量为 $150g/m^2$，颜色为棕红色。面漆采用环氧防腐漆，经稀释剂（二甲苯）与面漆调和使用，标准使用量为 $140g/m^2$，颜色为指定色。一般涂底漆、面漆各两遍。

J52-1 氯磺化聚乙烯防腐涂料为防化工大气腐蚀涂料，用于化工建筑、水泥墙面、钢架、桥梁、化工管线及一切受化工大气腐蚀的设备和设施。

J52-2 氯磺化聚乙烯防腐涂料为防酸、碱、盐类腐蚀涂料，用于酸、碱贮罐内外壁，尿素、硝铵造粒塔内外壁，车间、贮库墙面、地面以及各种防腐结构和其他化工设备等方面。

附录 40.2 防腐封泥材料的性能

防腐封泥材料的性能见附表 40-1。

附表 40-1 防腐封泥材料的性能

（摘自 JB/Z100—67）

序号	封泥种类	耐温范围（℃）	厚度 (mm)
1	30 号真空封泥	−40～+80	≥1
2	211 丁基橡胶封泥	−40～+80	≥1

注：1. 30 号真空封泥可用在防腐电动机接线盒接口四周衬垫处。

2. 211 丁基橡胶封泥可用在腐蚀环境沉头螺钉的沉头上方作堵封材料。

参考文献

[1] 池田荣一，山本，男监修，电气工事设计实务デークブック，改订 3 版，オーム社，1981.

[2] 美国腐蚀工程师协会编，腐蚀与防护技术基础，冶金工业出版社，1987.

[3] 胜利石油化工总厂炼油厂主编，炼油厂设备的腐蚀与防蚀，石油工业出版社，1979.

第41章

电气设备及电气设施的防震措施

41.1 概述

地震是一种自然灾害，强烈的地震会给人类带来巨大的灾难。但是科学技术的发展，已能预测地震的动态，以减少它对人类的危害。针对地震的发生可能性，应积极加 强抗震工作——即工程抗震对策。所以抗震在我们设计工作中，已提到议事日程。

为了作好电气方面的抗震，在抗震设计上应注意以下几点：

(1) 对基本烈度为7度、8度、9度地区，须进行抗震设计，而基本烈度高于10度地区(含10度地区)，应经特别研究进行设计；

(2)对新建工程的抗震设计，不得随意提高或降低抗震烈度和标准，但因地震而引起次生灾害特别严重的工程项目以及工业的特大型工程，应提高一度进行抗震设计，基本烈度为9度时，则不再予以提高；

(3)建设项目的设防烈度，按国家颁布的地震基本烈度；

(4) 加强工程抗震是减轻地震灾害的现实可靠的对策，在现有科学技术水平和经济条件下，有效地进行抗御地震灾害。

41.2 地震对电气设备的危害

强烈地震给电气设施和电气设备所造成的危害见表41-1。

表41-2所列破坏率是某地区发生震级为M7.5，震源深度为40km的地震，电气设施与电气设备所遭受的损坏情况。

表41-1 因地震电气设施和电气设备所受危害

序号	电气设施(设备)名称	电气设施(设备)所遭受危害
1	输电线路	(1) 输电线路断线：因混线造成短路，致使导线烧断 (2) 个别铁塔倾斜、基础下沉 (3)个别钢筋混凝土电杆基础下沉、根部断裂、倒杆 (4)个别构件及绝缘子损坏
2	变压器	(1) 线圈烧损 (2) 散热器油管折断 (3) 防爆筒喷油 (4) 绝缘套管断裂 (5) 移位、旋转移位 (6) 倾倒 (7)杆塔上变压器有滑动现象 (8) 母线支架由墙内拔出 (9)瓦斯继电器因地震误动
3	高压电器 (电流互感器、油断路器、避雷器、隔离开关)	(1) 瓷套烧损、折断 (2) 金属件烧熔 (3) 油箱龟裂、喷油、烧损 (4)隔离开关因震开产生电弧烧损
4	继电器盘	单面盘上安装的保护继电器易产生误动
5	蓄电池、电容器	(1) 倾倒砸坏 (2) 引线拉弯、拉断
6	高、低压电机	因砸伤而损坏

续表 41-1

序号	电气设施（设备）名称	电气设施（设备）所遭受危害
7	母线 电缆	(1) 母线、绝缘子烧损 (2) 电缆烧损
8	低压配电线路	(1) 混线短路 (2) 进户线拉断

从表 41-2 可看出，破坏率最大者为变压器，其次是进线和空气断路器。变压器与空气断路器的破坏率高的原因，是由于有机械强度低的瓷套；进线的破坏率高也是由于机械强度低的原因。蓄电池的破坏率高是由于受震倾倒或跌落所造成。

表 41-2 主要电气设施与电气设备的破坏率

序号	电气设施（设备）类别	电气设施（设备）名称	单位	设施数	烈度（按 12 度）	破坏数	破坏率（%）
1	发、变电站	(1) 空气断路器（超高电压用）	台	499	8	4	0.80
		(2) 电瓷型断路器（超高电压用）	台	307	8	0	0
		(3) 油断路器（超高电压用）	台	699	7	1	0.14
		(4) 线路断路器（66kV 以上）	台	2301	8	1	0.04
		(5) 避雷器（66kV 以上）	台	1155	7	2	0.17
		(6) 主变压器	台	465	8	8	1.72
		(7) 蓄电池	个	15224	8	52	0.34
2	架空输电线路所含范围	(1) 铁塔	座	25732	8～9	63	0.24
		(2) 木杆（含混凝土杆）	根	27275	8	27	0.099
3	架空配电线路所含范围	(1) 支承物	根	1538081		7068	0.459
		(2) 高压电线部分	根	2580200		4551	0.176
		(3) 低压电线部分	根	3538400		9864	0.279
		(4) 变压器	台	282686	7～8	5193	1.837
		(5) 开关	台	49830		13	0.026
		(6) 避雷器	组	84360		3	0.004
		(7) 进线	根	5984151		50562	0.84

注：本表内容摘自《电气设备抗震设计指南》。

综上所述，为提高抗震效果，必须对电气设备作必要的强度计算或加固设施的强度计算。

41.3 电气设备的抗震计算方法

电气设备是否能经得起地震的考验，需对其进行抗震校验计算。

41.3.1 地震荷载和抗震强度计算

41.3.1.1 地震荷载计算

对于质量和刚度沿高度分布比较均匀，并以剪切变形为主或可简化为单质点体系的设备：

(1) 其水平地震荷载按式 41-1 进行计算，其计算简图见图 41-1。

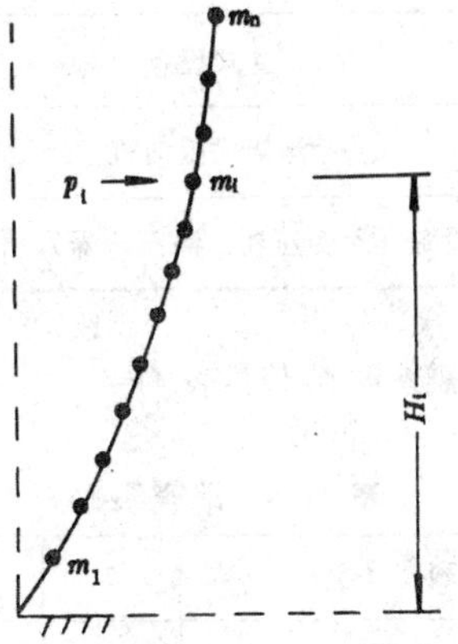

图 41-1 地震荷载计算简图

地震时设备底部所受剪力计算

$$Q_0 = C_Z \alpha_1 mg \qquad (41\text{-}1)$$

式中 Q_0——地震时设备底部所受剪力，N；

C_Z——综合影响系数，取值见表 41-3；

α_1——相当于设备基本自振周期 T_1 的地震影响系数 α 值，对于机械设备（含电气设备）取 $\alpha_1 = K\beta$（K 值见表 41-4，β 值见表 41-5）；

m——产生地震荷载的设备总质量，kg；

g——重力加速度，$g=9.81\text{m/s}^2$。

(2) 沿高度作用于质点 i 的水平地震荷载按式 41-2 计算：

$$P_i = \frac{m_i\, g\, H_i}{\sum_{i=1}^{n} m_i\, g\, H_i} Q_0 \qquad (41\text{-}2)$$

式中 P_i——作用于质点 i 的水平地震荷载，N；

m_i——集中于质点 i 的质量，kg；

H_i——质点 i 的高度，m；

其它符号同前。

(3) 综合影响系数 C_Z 值见表 41-3。

表 41-3 综合影响系数 C_Z

序号	设 备 分 类	C_Z
1	气柜	0.3
2	常压立式贮罐	0.4
3	球罐	0.45
4	管式加热炉	0.45
5	立式设备	0.50
6	构架式压力机	0.50
7	机械设备（含变压器、高压电器）、仪器仪表	1.00

(4) 地震系数 K 值见表 41-4。

表 41-4 地震系数 K

基本烈度（度）	7	8	9
K	0.1	0.2	0.4

(5) 动力系数 β 值见表 41-5。

表 41-5 动力系数 β

序号	设 备 分 类	β
1	砧座、工作台	1.0
2	刚度较大的机床床身	1.5
3	机械设备（含变压器、高压电器）仪器仪表、构架式压力机	2.25

(6) 地震影响系数 α 值按图 41-2 查得。

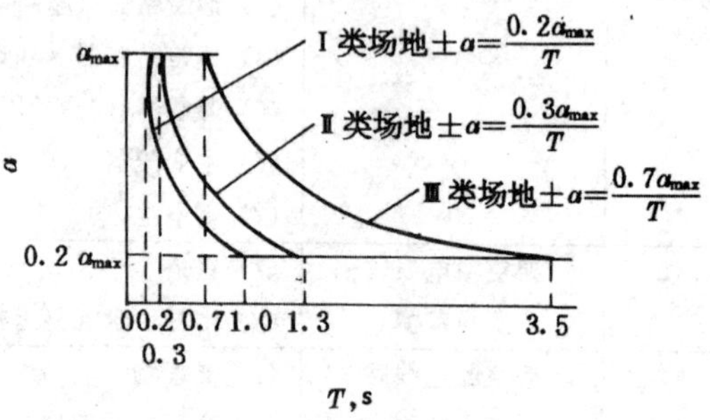

图 41-2 地震影响系数 α

α_{max}—地震影响系数 α 的最大值；

T—设备自振周期

(7) 场地土（指地基的土层类型）可分为下列三类：

Ⅰ类：稳定岩石、密实的碎石土；

Ⅱ类：中密、稍密的碎石土、砾砂、粗砂、中砂稳定土；

Ⅲ类：饱和松砂、软塑至流塑的轻亚粘土、淤泥质土、冲填土以及其它松软的人工填土。

(8) 地震影响系数 α 的最大值见表 41-6。

表 41-6 地震影响系数的最大值 α_{max}

基本烈度（度）	7	8	9
α_{max}	0.23	0.45	0.9

对于质量和刚度沿高度分布不均匀的或高柔的设备：

(1) j 振型❶ 质点 i 的水平地震荷载按式 41-3 进行计算

$$P_{ji} = C_z \alpha_j r_j X_{ji} m_i g \tag{41-3}$$

式中 α_j ——相应于设备 j 振型自振周期 T_j 的地震影响系数 α 值，根据 T_j 与场地土类型按图 41-2 查得或计算而得；

r_j——振型参与系数；

X_{ji}——设备 j 振型质点 i 的相对水平位移。

其它符号同前。

(2) 振型参与系数计算

$$r_j = \frac{\sum_{i=1}^{n} X_{ji} m_i g}{\sum_{i=1}^{n} X_{ji}^2 m_i g} \tag{41-4}$$

式中 n——取质点的个数；

其它符号同前。

(3) 由水平地震荷载产生的结构内力 S

$$S = \sqrt{\sum_{j=1}^{m} S_j^2} \tag{41-5}$$

式中 S——水平地震荷载产生的结构内力，N；

S_j——由 j 振型水平地震荷载产生的结构内力，N；

m——振型的个数，一般取 1、2 振型，即 $m=1$ 或 $m=2$，3 以上振型影响小，故不予考虑。

(4) 当立式设备 H/D❷ $\leqslant 15$ 时

$$P_i = C_Z \alpha_1 r_1 H_i m_i g \tag{41-6}$$

式中 r_1——振型参与系数，见式 41-7；

H_i——质点 i 的高度，m；

其它符号同前。

$$r_1 = \frac{\sum_{i=1}^{n} H_i m_i g}{\sum_{i=1}^{n} H_i^2 m_i g} \tag{41-7}$$

(5) 当立式设备 $H/D > 15$ 时：

$$P_i = C_Z \alpha_1 r_1' H_i^2 m_i g \tag{41-8}$$

式中 r'_1——振型参与系数，见式 41-9

其它符号同前。

$$r'_1 = \frac{\sum_{i=1}^{n} H_i^2 m_i g}{\sum_{i=1}^{n} H_i^4 m_i g} \tag{41-9}$$

(6) 当立式设备 $H/D > 5$ 时，地震弯矩应增加 25%。

41.3.1.2 基本烈度不同时对水平地震荷载的考虑

当基本烈度为 7 度、8 度区时，一般只需计算水平地震荷载的作用；9 度区时，还应验算竖向地震荷载的作用。验算时按最不利的情况进行考虑，即按水平地震荷载与竖向地震荷载同时作用于设备上。竖向地震荷载可取设备总质量的 20%，并应考虑上、下两个方向的作用。

41.3.1.3 荷载组成

验算设备和地基的抗震强度时，地震荷载应与下列荷载组合：

(1) 恒载取全部；

(2) 当需要考虑风荷载时取 25%，但一般不予考虑。

41.3.1.4 强度验算

验算设备抗震强度时，如采用安全系数法，安全系数值应取不考虑地震荷载时的 80%，但不应小于 1.1；如采用容许应力法，容许应力应取不考虑地震荷载时数值的 125%。

当只验算竖向地震荷载作用下设备抗震强度时，安全系数或容许应力应按不考虑地震荷载时数值采用。

41.3.2 少油断路器及避雷器的抗震验算

少油断路器及避雷器有安装在地面上、支架上之分。

41.3.2.1 安装在地面上电气设备的抗震验算

(1) 少油断路器及无绝缘拉杆的避雷器。

1) 设备基本自振周期计算

---

❶ j 振型——设备受地震而激起的设备振动，是一个复杂的振动，一般认为复杂振动是由几个基本振动类型叠加而成，振型取决于设备的固有特性，用 n 个质点模型表示的设备，则存在有 n 个振型，如取其中第 j 个振型，则称为 j 振型。

❷ H——由基础顶面至设备顶面的高度，m。当设备支承在框架上时，尚应包括框架的高度；

D——设备内直径，m。当设备是由多段不同直径的筒体组成时，应为各段高度与该段直径乘积的总和与 H 的比值。

$$T = 1.787\sqrt{\frac{mH^3}{EI\beta}} \qquad (41\text{-}10)$$

式中 T——设备的基本自振周期，s；

m——设备的总质量（包括所有装置及油的质量），kg；

H——设备的总高度，m；

E——瓷件材料的弹性模量，Pa，一般可取 $E=75\times10^9$Pa；

I——瓷件根部的惯性矩，m^4；

β——考虑节点等因素的刚度折减系数，计算少油断路器时，$\beta=0.2$；计算避雷器时，$\beta=0.22$。

2）瓷件根部的惯性矩计算

$$I = \frac{\pi}{64}(D^4 - d^4) \qquad (41\text{-}11)$$

式中 I——瓷件根部的惯性矩，m^4；

D——瓷件的外径，m；

d——瓷件的内径，m。

3）地震力及计算断面的弯矩计算

$$F = 0.75\alpha mg \qquad (41\text{-}12)$$

式中 F——少油断路器（或无绝缘拉杆的避雷器）所受地震力，N；

α——地震影响系数。

其它符号同前。

$$M = F\left(\frac{2}{3}H - h\right)$$
$$= 0.75\alpha mg\left(\frac{2}{3}H - h\right) \qquad (41\text{-}13)$$

式中 M——计算断面的弯矩，N·m；

h——计算断面距设备根部高度，m；

其它符号同前。

（2）有绝缘拉杆的避雷器。

1）设备的基本自振周期计算

$$T = 1.835\sqrt{\frac{mH^3}{EI}} \qquad (41\text{-}14)$$

2）计算断面的弯矩计算

拉杆以上部位

$$M = 0.75\alpha mg(0.88H - h) \qquad (41\text{-}15)$$
$$\left(h \geqslant \frac{5}{8}H\right)$$

拉杆以下部位

$$M = 0.75\alpha mg(0.612h - 0.1275H) \qquad (41\text{-}16)$$
$$\left(\frac{5}{8}H > h \geqslant 0\right)$$

（3）少油断路器及有、无绝缘拉杆的避雷器抗震验算。

各种设备的抗震验算应满足式 41-17 的要求

$$\sigma = \frac{[K]M}{W} \leqslant [\sigma] \qquad (41\text{-}17)$$

式中 σ——设备计算断面的应力，Pa；

$[K]$——不均衡系数，一般取 $[K]=1.5$；

M——计算断面的弯矩，N·m；

W——计算断面的截面模量，m^3；

$[\sigma]$——验算部位材料的许用应力，瓷件材料可取 $[\sigma]=11.2\times10^6$Pa。

计算断面的截面模量计算

$$W = \frac{\pi}{32D}(D^4 - d^4) \qquad (41\text{-}18)$$

式中 D——瓷件的外径，m；

d——瓷件的内径，m；

其它符号同前。

41.3.2.2 安装在支座上电气设备的抗震验算

安装在支座上的设备计算示意图见图 41-3。

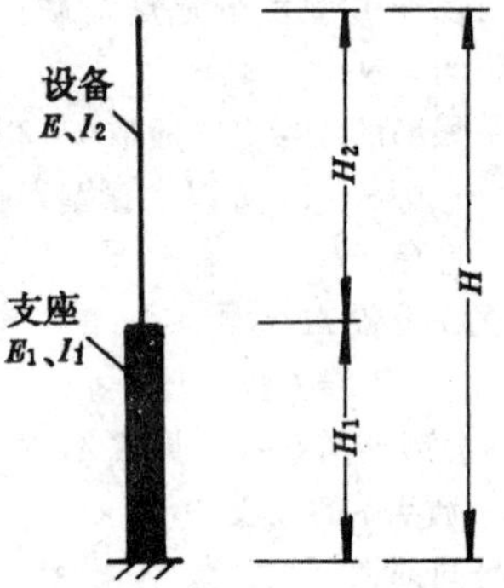

图 41-3 安装在支座上的设备计算示意图

少油断路器、避雷器抗震验算

设备的基本自振周期计算

$$T = 2\pi\sqrt{\frac{m'}{K}} \qquad (41\text{-}19)$$

式中 T——少油断路器或避雷器的基本自振周期，s；

m'——体系的计算质量，取设备的总质量 m_1（包括所有装置和油的质量）和支座质量 m_2 的 $\frac{1}{3}$ 值，即 $m'=m_1+\frac{1}{3}m_2$，kg；

K——体系的水平刚度，N/m。

K 值计算

$$K=\frac{\beta_1}{\frac{1}{K_1}+\frac{1}{K_2}+\frac{1}{K_3}} \tag{41-20}$$

式中　K——体系的水平刚度，N/m；

β_1——考虑节点 等因素的刚度折减系数，少油 断路器取 $\beta_1=0.16$；避雷器取 $\beta_1=0.19$；

K_1、K_2、K_3——刚度 N/m，见式 41-21、41-22、41-23。

K_1 值计算　$K_1=\frac{3E_1I_1}{H_1^3}$　(41-21)

式中　K_1——刚度，N/m；

E_1——支座材料的弹性模量，Pa；

I_1——支座截面的惯性矩，m^4；

H_1——支座高度，m；

K_2 值计算　$K_2=\frac{24EI_2}{H_2^3}$　(41-22)

式中　K_2——刚度，N/m；

E——瓷件材料的弹性模量，Pa，一般取 $E=75\times10^9$Pa；

I_2——瓷件计算断面的惯性矩，m^4；

H_2——设备高度，m。

K_3 值计算　$K_3=\frac{4E_1I_1}{H_1H_2(2H_1+H_2)}$　(41-23)

式中　K_3——刚度，N/m；

其它符号同前。

体系计算断面的弯矩计算

$$M=\alpha m'g\left(H_1+\frac{H_2}{2}-h\right) \tag{41-24}$$

式中　h——计算断面离设备根部高度，m；

其它符号同前。

抗震验算：

抗震验算见式 41-17。

钢筋混凝土支座的截面模量计算

$$W=\frac{b^3}{6} \tag{41-25}$$

式中　W——支座的截面模量，m^3；

b——钢筋混凝土支座正方形边长，m。

混凝土材料的抗压许用应力〔σ〕$=18\times10^6$Pa（250号混凝土）。

41.3.3　三相垂直布置水泥电抗器抗震加固及抗震验算

41.3.3.1　抗震加固方式

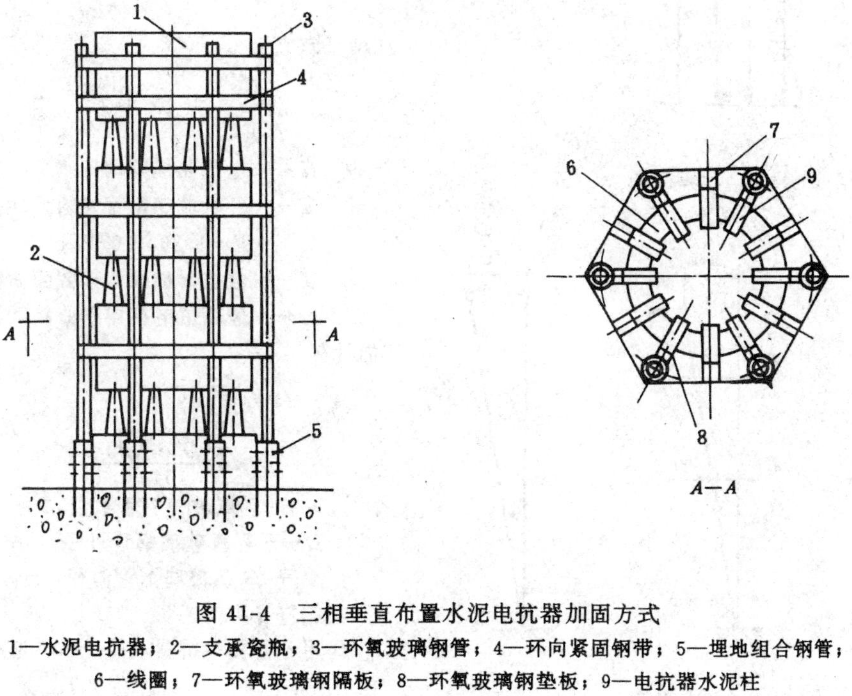

A—A

图 41-4　三相垂直布置水泥电抗器加固方式

1—水泥电抗器；2—支承瓷瓶；3—环氧玻璃钢管；4—环向紧固钢带；5—埋地组合钢管；6—线圈；7—环氧玻璃钢隔板；8—环氧玻璃钢垫板；9—电抗器水泥柱

水泥电抗器的抗震加固方式(不是唯一的方式)见图 41-4。

环氧玻璃钢垫板与环氧玻璃钢管及水泥电抗器必须联接紧固形成整体。

水泥电抗器的抗震加固方式采用环氧玻璃钢管、环氧玻璃钢隔板、环向紧固钢带、垫板和埋地组合钢管等组成的。

环氧玻璃钢管长度 L 按式 41-26 计算

$$L = 3H + h - 0.1 \tag{41-26}$$

式中 L——环氧玻璃钢管长度，m；

H——电抗器单相高度（含瓷瓶高度），m；

h——电抗器基础高度，m。

41.3.3.2 地震荷载计算

地震荷载计算简图见图 41-5、图 41-6。

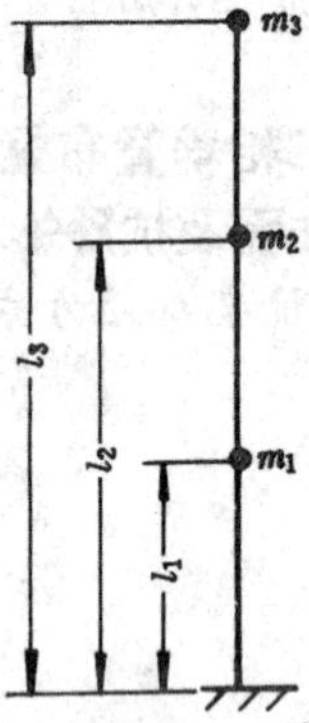

图 41-5 计算简图

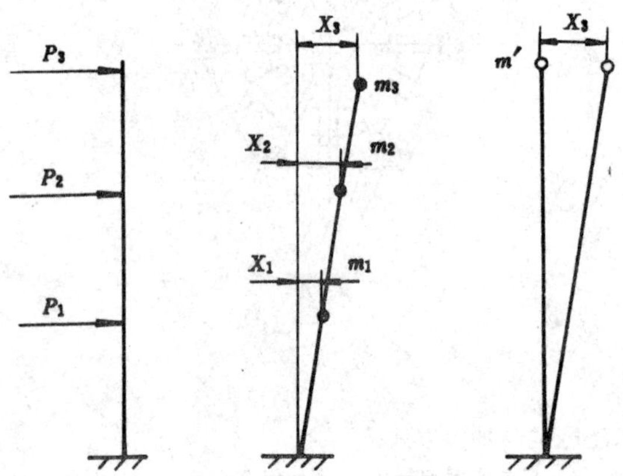

图 41-6 计算简图

三相垂直布置电抗器的基本自振周期 T 的计算

$$T = 2\pi\sqrt{\frac{m'}{K}} \tag{41-27}$$

式中 T——加固后的三相垂直布置水泥电抗器的基本自振周期，s；

m'——三相垂直布置水泥电抗器顶部等效质量，kg；

K——电抗器加固构架水平刚度，N/m。

m'值计算

$$\left.\begin{aligned} m' &= m''_1 + m''_2 + m''_3 \\ m''_1 &= \left(\frac{l_1}{l_3}\right)^2\left(m_1 + \frac{1}{3}m_o\right) \\ m''_2 &= \left(\frac{l_2}{l_3}\right)^2\left(m_2 + \frac{1}{3}m_o\right) \\ m''_3 &= m_3 + \frac{1}{3}m_o \end{aligned}\right\} \tag{41-28}$$

式中 m''_1、m_2''、m_3''——各相电抗器等效质量，kg；

m_1、m_2、m_3——各相电抗器质量，kg；

l_1、l_2、l_3——各相电抗器质心高度，m；

m_o——全部环氧玻璃钢管质量，kg。

K 值计算

$$K = \frac{3EI}{l_3^3} \tag{41-29}$$

式中 K——电抗器加固构架水平刚度，N/m；

E——环氧玻璃钢管材料弹性模量，Pa，取值 $E=1.36\times10^{10}$Pa；

I——电抗器加固构架截面惯性矩，m^4。

l_3——最高位电抗器质心高度，m。

I 值计算

$$\begin{aligned} I &= \sum_{i=1}^{n} I_i \\ &= n\frac{\pi(D^4 - d^4)}{64} \end{aligned} \tag{41-30}$$

式中 n——环氧玻璃钢管数量；

D——环氧玻璃钢管外径，m；

d——环氧玻璃钢管内径，m；

其它符号同前。

作用于各相电抗器质心处水平地震荷载计算

$$P_i = C_Z \alpha r X(i) m_i g \tag{41-31}$$

式中 P_i——第 i 相电抗器所受水平地震荷载，N；

C_Z——地震综合影响系数，取 $C_Z=1$；

α——相应于加固后电抗器第 1 自振周期 T 的地震影响系数，根据场地土类别和自振周期 T，由图 41-2 查得或计算而得；

r——第 1 振型的振型参与系数；

$X(i)$——电抗器第 1 振型时，质点 i 处相对水平位移：

$X(1)=\frac{l_1}{l_3}$；

$X(2)=\frac{l_2}{l_3}$；

$X(3)=1$；

m_i——第 i 相电抗器质量加上 $\frac{1}{3}$ 全部环氧玻璃钢管质量，kg。

其它符号同前。

第 1 振型的振型参与系数计算

$$r=\frac{\sum_{i=1}^{3}X(i)m_i}{\sum_{i=1}^{3}X^2(i)m_i} \tag{41-32}$$

环氧玻璃钢管底部弯矩计算

$$M=\sum_{i=1}^{3}P_il_i=P_1l_1+P_2l_2+P_3l_3 \tag{41-33}$$

式中 M——环氧玻璃钢管底部弯矩，N·m；

P_1、P_2、P_3——底部、中部、顶部各相电抗器所受水平地震荷载，N；

l_1、l_2、l_3——底部、中部、顶部各相电抗器质心距地面高度，m。

41.3.3.3 环氧玻璃钢管加固构架抗震验算

对三相垂直布置水泥电抗器构架进行下列部位的强度验算：

(1) 环氧玻璃钢管底部强度验算；

(2) 埋地组合钢管底部强度验算；

(3) 环氧玻璃钢管 和埋地组合钢管连接螺栓强度验算；

(4) 地脚螺栓强度计算。

进行电抗器加固构架强度验算时，如果采用安全系数法，安全系数值应取不考虑地震荷载时的 80%；如果采用许用应力法时，许用应力值应取地震荷载时数值的 125%。

组合钢管与楼板连接见图 41-7。

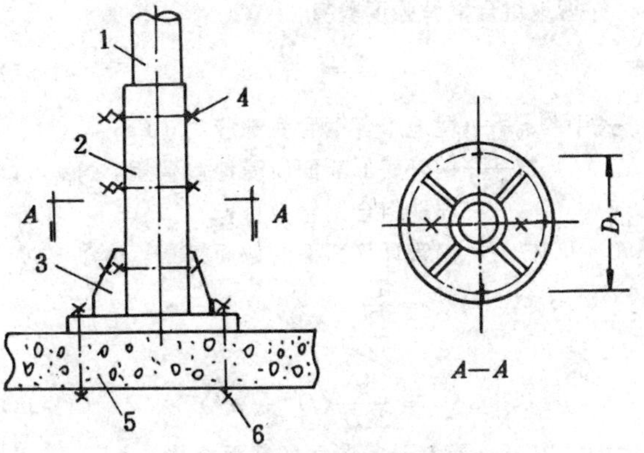

图 41-7 组合钢管与楼板连接图

1—加固环氧玻璃钢管；2—加固组合钢管；3—筋板；4—螺栓；5—楼板；6—连接螺栓

环氧玻璃钢管底部强度验算：

$$\sigma=\frac{M}{nW} \tag{41-34}$$

式中 σ——环氧玻璃钢管底部拉应力，Pa；

M——环氧玻璃钢管底部截面地震弯矩，N·m；

n——环氧玻璃钢管数目；

W——环氧玻璃钢管计算断面的截面模量，m^3。

环氧玻璃钢管计算断面的截面模量 W 值计算

$$W=\frac{I_i}{\frac{D}{2}}=\frac{\pi}{32D}(D^4-d^4) \tag{41-35}$$

式中 W——环氧玻璃钢管计算断面的截面模量，m^3。

I_i——电抗器加固构架截面惯性矩，m^4；

D——环氧玻璃钢管外径，m；

d——环氧玻璃钢管内径，m。

σ 应满足下面条件：

$$\sigma\leqslant[\sigma]$$

$$[\sigma]=\frac{1.25\sigma_n}{n_b} \tag{41-36}$$

式中 $[\sigma]$——环氧玻璃钢许用应力，Pa；

σ_n——环氧玻璃钢拉伸强度试验数据平均值，$\sigma_n=155\times10^6$，Pa；

n_b——环氧玻璃钢拉伸强度安全系数，取 $n_b=4$。

埋地组合钢管强度验算：

$$\sigma_0 = \frac{M}{nW'} \quad (41\text{-}37)$$

式中 σ_0——埋地组合钢管底部应力，Pa；

M——钢管底部断面所受地震弯矩，N·m；

n——埋地组合钢管数目；

W'——钢管计算断面的截面模量，m^3。

$$W' = \frac{I'}{\frac{D'}{2}} = \frac{\pi}{32D'}(D'^4 - d'^4) \quad (41\text{-}38)$$

式中 W'——钢管计算断面的截面模量，m^3；

I'——钢管截面惯性矩，m^4；

D'——埋地组合钢管外径，m；

d'——埋地组合钢管内径，m。

$$\sigma_0 \leqslant [\sigma_0] \quad (41\text{-}39)$$

式中 $[\sigma_0]$——埋地组合钢管的许用应力，Pa，$[\sigma_0] = 133\times10^6$Pa；

σ_0——埋地组合钢管底部应力，Pa。

当满足式 43-39 时，则埋地组合钢管抗震无问题。

组合钢管与棱板连接螺栓强度验算：

连接螺栓按 4 个考虑，其强度验算时，见图 41-7。

螺栓所受拉应力：

$$\sigma_1 = \frac{M_1}{D_1F} \quad (41\text{-}40)$$

式中 σ_1——每根螺栓所受最大拉应力，Pa；

M_1——一根钢管所受地震荷载弯矩，N·m；

D_1——底板固定螺栓安装位置圆直径，m；

F——每根螺栓截面积，m^2。

螺栓所受剪应力计算

$$\tau = \frac{P_L}{4F} \quad (41\text{-}41)$$

（4 系指 4 个螺栓固定时）

式中 τ——每根螺栓所受最大剪应力，Pa；

P_L——单根钢管底部所受水平地震力，N；

F——每根螺栓截面积，m^2。

$$P_L = \frac{\sum_{i=1}^{3} P_i}{n} \quad (41\text{-}42)$$

式中 P_L——单根钢管底部所受水平地震力，N；

$\sum_{i=1}^{3} P_i$——底部、中部、顶部各相电抗器所受水平地震荷载之和，N；

n——钢管的数目。

螺栓的强度验算：

$$\sigma_a = \sqrt{\sigma_1^2 + 3\tau^2} \quad (41\text{-}43)$$

式中 σ_a——地脚螺栓相当应力，Pa；

σ_1——螺栓所受最大拉应力，Pa；

τ——螺栓所受最大剪应力，Pa。

$$\sigma_a < [\sigma'] \quad (41\text{-}44)$$

式中 σ_a——地脚螺栓相当应力，Pa；

$[\sigma']$——地脚螺栓许用应力，Pa。

当不能满足式 41-44 要求时，增大螺栓截面积，再重新验算，直至满足要求为止。

41.3.4 防止变压器移位、倾倒加固验算

在地震时，为防止变压器移位、倾倒，需对变压器进行加固。加固措施是：将变压器拆下滚轮，直接安装在钢轨上，采用槽钢将变压器牢固地与钢轨联接在一起，安装与加固方式见图 41-8。

41.3.4.1 变压器固定螺栓强度验算

水平地震荷载：

按式 41-1 计算，

即 $Q_0 = C_z\alpha_1 mg = C_zK\beta mg \ (\alpha_1 = K\beta)$

螺栓所受拉力 R_B 计算

根据图 41-8，对 A 点取 $\Sigma M_A = 0$，取 $W_B = \frac{mg}{4}$（即变压器按 4 处固定考虑）。

$$\Sigma M_A = \frac{Q_0}{2}H_0 - W_B(L + L_1) - R_B(L + 2L_1) = 0$$

$$R_B = \frac{\frac{Q_0}{2}H_0 - W_B(L + L_1)}{L + 2L_1} = \frac{\frac{Q_0}{2}H_0 - \frac{mg}{4}(L + L_1)}{L + 2L_1} \quad (41\text{-}45)$$

式中 ΣM_A——作用于变压器加固螺栓 A 处的力矩和；

H_1、H_2、H_3——如图 41-8 所示的变压器各部位高度，m；

R_B——1 个螺栓所受的拉力，N；

Q_0——水平地震荷载，N；

H_0——变压器质心至轨面的垂直距离，m，$H_0 = \frac{H_1 + H_3}{2} + H_2$；

W_B——平均分配在 1 个固定处所承受变压器的重力，N；

L_1——钢轨中心距固定处的距离（见图

41-8)，m；

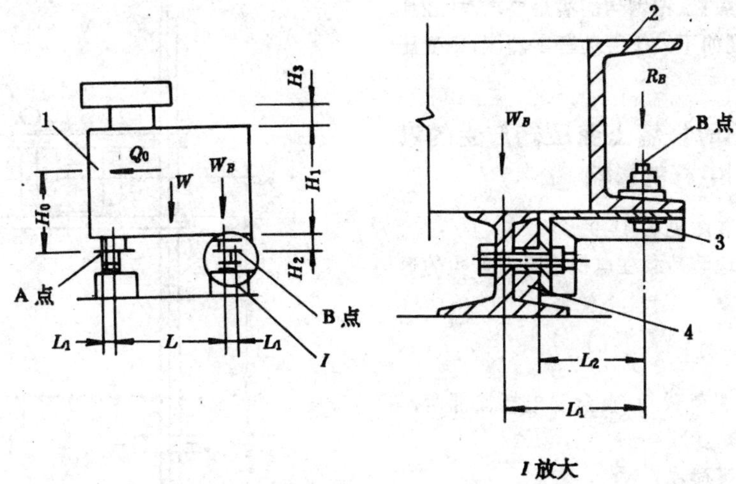

图 41-8　变压器加固和计算示意图

1—变压器；2—变压器底座；3—固定槽钢；4—鱼尾板

螺栓的截面积 F_1：

$$F_1 = \frac{R_B}{[\sigma]} \qquad (41\text{-}46)$$

式中　F_1——按拉应力固定螺栓所需的截面积，m^2；

$[\sigma]$——螺栓的许用应力，Pa；

其它符号同前。

螺栓的直径 d_1：

$$d_1 = \sqrt{\frac{4F_1}{\pi}} \qquad (41\text{-}47)$$

式中　d_1——螺栓的直径，m；

其它符号同前。

螺栓所受剪切应力时荷载截面 F_2：

$$F_2 = \frac{\frac{Q_0}{4}}{[\tau]} \qquad (41\text{-}48)$$

式中　F_2——按剪切应力所需螺栓的截面积，m^2；

Q_0——水平地震荷载，N；

$[\tau]$——许用剪应力，Pa。

螺栓的直径 d_2：

$$d_2 = \sqrt{\frac{4F_2}{\pi}} \qquad (41\text{-}49)$$

式中　d_2——螺栓的直径，m；

其它符号同前。

按 d_1、d_2 较大者，选标准螺栓直径 d，按标准螺栓进行校验：

L——两条钢轨中心距（见图 41-8），m。

$$\sigma = \frac{R_B}{F} \quad \tau = \frac{\frac{Q_0}{4}}{F}$$

$$\sigma_a = \sqrt{\sigma^2 + 3\tau^2} < [\sigma']$$

式中　σ——标准螺栓所受拉应力，Pa；

τ——标准螺栓所受剪应力，Pa；

$[\sigma']$——标准螺栓的许用应力，Pa；如为 3 号钢，$[\sigma'] = 190\times10^6$Pa；

F——标准螺栓的截面积，m^2。

如满足 $\sigma_a < [\sigma']$，则固定螺栓无问题。

41.3.4.2　变压器固定槽钢强度验算

固定槽钢所受最大弯矩：

$$M_{max} = R_B L_2 \qquad (41\text{-}50)$$

式中　M_{max}——槽钢所受最大弯矩，N·m；

其它符号同前。

槽钢所受的弯曲应力：

$$\sigma_w = \frac{M_{max}}{\frac{I_y}{Z}} \qquad (41\text{-}51)$$

式中　σ_w——槽钢的弯曲应力，Pa；

I_y——槽钢 y 轴的惯性矩，m^4；

Z——槽钢 y 轴边距，m。

满足条件：

$$\sigma_w < [\sigma_w] \qquad (41\text{-}52)$$

式中　$[\sigma_w]$——槽钢的许用弯曲应力，Pa。

其它符号同前。

如果变压器固定螺栓、槽钢均能满足要求时，在地震情况下，其地震烈度如不大于所选基本烈度，则变压器便不会移位、倾倒。

41.3.5 地震时杆塔上变压器产生的弯矩对电杆的影响

杆塔上变压器安装图见图 41-9。

由于地震，水平地震荷载在电杆根部所产生的弯矩：

$$M = Q_0\left(\frac{H}{2} + h\right) \tag{41-53}$$

式中 M——水平地震荷载 Q_0 在全部电杆根部所产生的弯矩，N·m；

Q_0——水平地震荷载，N；

H——变压器的高度，m；

h——变压器的台面距地面的高度，m。

地震时，电杆应满足的条件

$$M_c \geqslant K\frac{M}{n} \tag{41-54}$$

式中 M_c——钢筋混凝土电杆许用弯矩，N·m，其值见第 21.5 节；

K——安全系数取 1.8；

n——电杆根数。

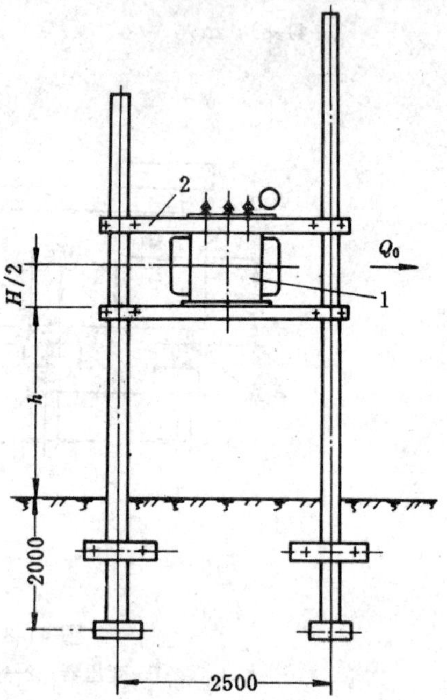

图 41-9 杆塔上变压器安装图

1—变压器；2—加固角钢

41.3.6 常用截面的力学特性表

常用截面的力学特性见表 41-7。

表 41-7 常用截面的力学特性表

简图	面积 F	惯性矩 I	截面模量 $W=\frac{I}{e}$	重心 s 到相应边的距离 e
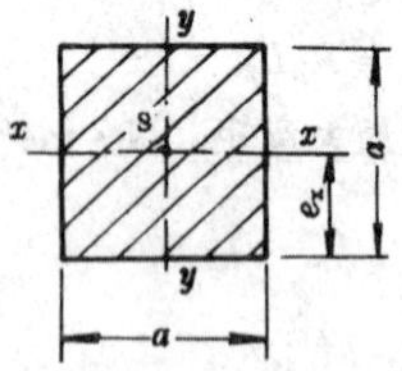	a^2	$\frac{a^4}{12}$	$W_x=\frac{a^3}{6}$	$e_x=\frac{a}{2}$
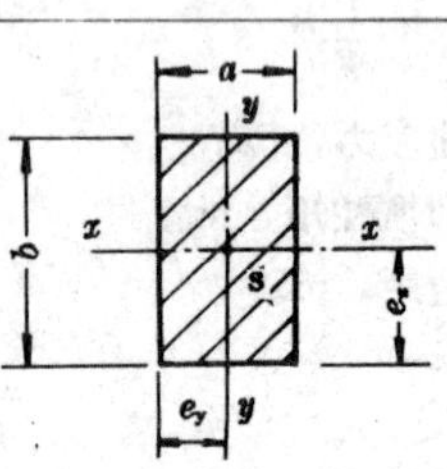	ab	$I_x=\frac{ab^3}{12}$ $I_y=\frac{a^3b}{12}$	$W_x=\frac{ab^2}{6}$ $W_y=\frac{a^2b}{6}$	$e_x=\frac{b}{2}$ $e_y=\frac{a}{2}$

续表 41-7

简图	面积 F	惯性矩 I	截面模量 $W=\frac{I}{e}$	重心 s 到相应边的距离 e
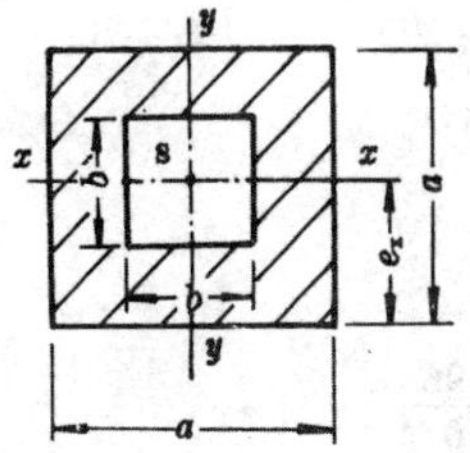	a^2-b^2	$\frac{a^4-b^4}{12}$	$W_x=\frac{a^4-b^4}{6a}$	$e_x=\frac{a}{2}$
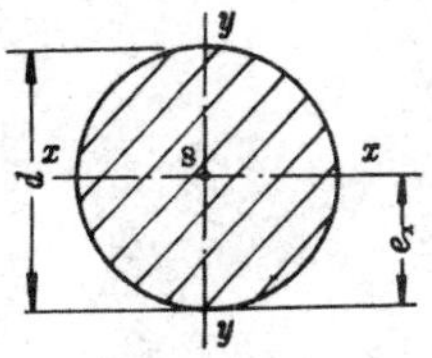	$\frac{\pi d^2}{4}$	$I_x=I_y=\frac{\pi d^4}{64}$	$\frac{\pi d^3}{32}$	$e_x=\frac{d}{2}$
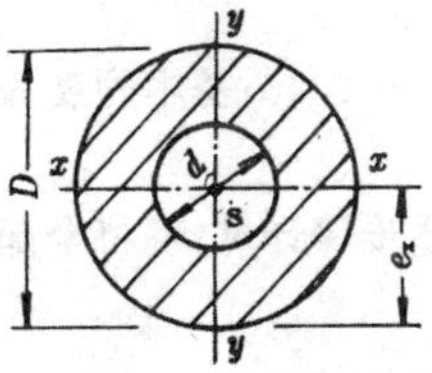	$\frac{\pi}{4}(D^2-d^2)$	$I_x=I_y=\frac{\pi(D^4-d^4)}{64}$	$\frac{\pi(D^4-d^4)}{32D}$	$e_x=\frac{D}{2}$

41.4 电气设备的抗震计算实例

在本节中，将分别列出少油断路器、避雷器、水泥电抗器、变压器等的抗震计算实例，以便更好的掌握电气设备的抗震计算。

41.4.1 安装在地面上并具有绝缘拉杆的避雷器的抗震计算

避雷器的计算简图见图 41-10。

避雷器的有关数据：

避雷器的型号：FZ-220J 型；

避雷器的总高度 $H=6.935$m；

拉杆以上高度为 2.6m；

总质量 $m=736$kg；

瓷瓶外径 $D=0.16$m；

瓷瓶内径 $d=0.11$m；

自振周期 T 按式 41-14 计算。

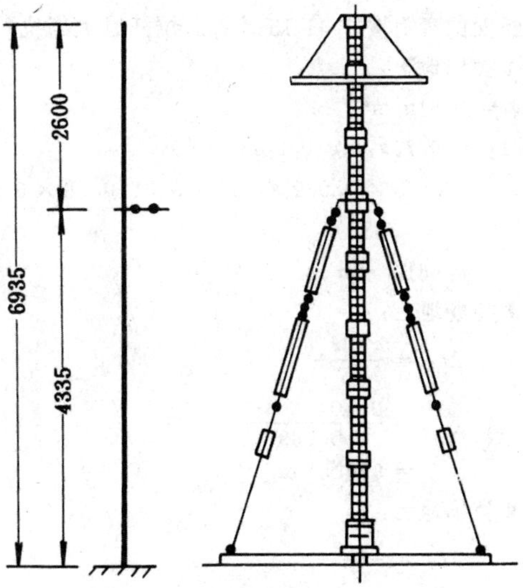

图 41-10 具有绝缘拉杆的避雷器的计算简图

$$T=1.835\sqrt{\frac{mH^3}{EI}}$$

$$= 1.835\sqrt{\frac{736 \times 6.935^3}{75 \times 10^9 \times 2.498 \times 10^{-5}}}$$

$$= 0.664\text{s}$$

$$E = 75 \times 10^9\text{Pa}$$

$$I = \frac{\pi}{64}(D^4 - d^4)$$

$$= 2.498 \times 10^{-5}\text{m}^4$$

求地震影响系数 α

基本烈度按 7 度考虑，见表 41-6，$\alpha_{max}=0.23$，另见图 41-2。

当安装在 I 类场地土时：

$T_m=0.2\text{s}$，$T_m<T$

则 $$\alpha_I = \frac{0.2\alpha_{max}}{T}$$

$$= \frac{0.2 \times 0.23}{0.664}$$

$$= 0.069$$

当安装在 II 类场地土时：

$T_m=0.3\text{s}$　$T_m<T$

则 $$\alpha_{II} = \frac{0.3\alpha_{max}}{T}$$

$$= \frac{0.3 \times 0.23}{0.664}$$

$$= 0.104$$

当安装在 III 类场地土时：

$T_m=0.7\text{s}$，$T_m>T$

则 $\alpha_{III} = \alpha_{max} = 0.23$

断面的弯矩按式 41-15 计算（拉杆以上部位）：

I 类场地土：

$g = 9.81\text{m/s}^2$

$$M_I = 0.75\alpha_I mg(0.88H - h)$$

$$= 0.75 \times 0.069 \times 736 \times 9.81(0.88 \times 6.935 - 4.335)$$

$$= 661\text{N} \cdot \text{m}$$

II 类场地土：

$$M_{II} = \frac{\alpha_{II} M_I}{\alpha_I}$$

$$= \frac{0.104 \times 661}{0.069}$$

$$= 996\text{N} \cdot \text{m}$$

III 类场地土：

$$M_{III} = \frac{\alpha_{III} M_{II}}{\alpha_{II}}$$

$$= \frac{0.23 \times 996}{0.104}$$

$$= 2202\text{N} \cdot \text{m}$$

拉杆以上一节瓷瓶的应力按式 41-17 计算。

I 类场地土：

$$\sigma_I = \frac{[K]M_I}{W}$$

$$= \frac{1.5 \times 661}{3.12 \times 10^{-4}}$$

$$= 3.18 \times 10^6\text{Pa}$$

$$[K] = 1.5$$

$$W = \frac{\pi}{32D}(D^4 - d^4)$$

$$= 3.12 \times 10^{-4}$$

II 类场地土：

$$\sigma_{II} = \frac{[K]M_{II}}{W}$$

$$= \frac{1.5 \times 996}{3.12 \times 10^{-4}}$$

$$= 4.79 \times 10^6\text{Pa}$$

III 类场地土：

$$\sigma_{III} = \frac{[K]M_{III}}{W}$$

$$= \frac{1.5 \times 2202}{3.12 \times 10^{-4}}$$

$$= 10.59 \times 10^6\text{Pa}$$

计算结果：

基本烈度为 8 度时，$\alpha_{max} = 0.45$；基本烈度为 9 度时，$\alpha_{max} = 0.9$。

8 度、9 度时，同样按上述步骤计算，现将全部计算结果列表如下：

I 类场地土

基本烈度(度)	7	8	9
M_I (N·m)	661	1302	2594
σ_I (×10⁶Pa)	3.18	6.26	12.47

II 类场地土

基本烈度(度)	7	8	9
M_{II} (N·m)	996	1943	3896
σ_{II} ($\times 10^6$Pa)	4.79	9.34	18.73

III 类场地土

基本烈度(度)	7	8	9
M_{III} (N·m)	2202	4308	8616
σ_{III} ($\times 10^6$Pa)	10.59	20.7	41.42

瓷件的许用应力 $[\sigma] = 11.2 \times 10^6\text{Pa}$，能满足 $\sigma < [\sigma]$ 条件者，具有绝缘拉杆的避雷器只能安装在基本

烈度为7度的Ⅰ类、Ⅱ类、Ⅲ类场地土和基本烈度为8度的Ⅰ类、Ⅱ类场地土的地区。

41.4.2 安装在圆钢管柱上的少油断路器的抗震计算

少油断路器的计算简图见图41-11。

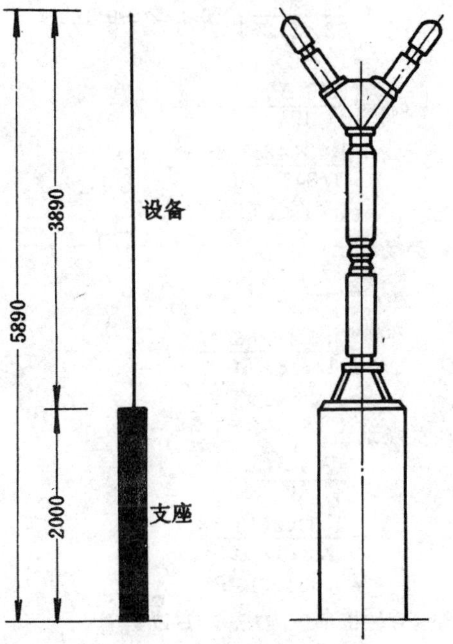

图41-11 少油断路器的计算简图

少油断路器的有关数据：

少油断路器型号：SW6-220型；

少油断路器总高度 $H_2 = 3.89\text{m}$；

少油断路器质量为1600kg；

油质量为267kg；

总质量 $m_1 = 1600 + 267 = 1867\text{kg}$；

瓷瓶外径 $D = 0.263\text{m}$；

瓷瓶内径 $d = 0.185\text{m}$。

圆钢管柱的有关数据：

柱高 $H_1 = 2\text{m}$；

圆钢管外径 $D = 0.5\text{m}$；

圆钢管内径 $d = 0.476\text{m}$；

圆钢管质量
$$m_2 = 7800\,\frac{\pi}{4}\,(D^2 - d^2)\,H_1 = \frac{\pi}{4}\,(0.5^2 - 0.476^2) \times 2 \times 7800 = 287\text{kg}$$

计算自振周期 T：

$$m' = m_1 + \frac{1}{3}m_2 = 1867 + \frac{1}{3} \times 287 = 1962.67\text{kg}$$

K_1、K_2、K_3、K 值按式41-21、式41-22、式41-23、式41-20计算

$$E_1 = 21 \times 10^{10}\text{Pa}$$

$$I_1 = 5.48 \times 10^{-4}\text{m}^4$$

$$K_1 = \frac{3E_1I_1}{H_1^3} = \frac{3 \times 21 \times 10^{10} \times 5.48 \times 10^{-4}}{2^3} = 43.16 \times 10^6\ \text{N/m}$$

$$E = 75 \times 10^9\text{Pa}$$

$$I_2 = 1.77 \times 10^{-4}\text{m}^4$$

$$K_2 = \frac{2EI_2}{H_2^3} = \frac{24 \times 75 \times 10^9 \times 1.77 \times 10^{-4}}{3.89^3} = 5.41 \times 10^6\ \text{N/m}$$

$$K_3 = \frac{4E_1I_1}{H_1H_2\,(2H_1 + H_2)} = \frac{4 \times 21 \times 10^{10} \times 5.48 \times 10^{-4}}{2 \times 3.89\,(2 \times 2 + 3.89)} = 7.5 \times 10^6\ \text{N/m}$$

$$\beta_1 = 0.16$$

$$K = \frac{\beta_1}{\frac{1}{K_1} + \frac{1}{K_2} + \frac{1}{K_3}} = \frac{0.16}{\frac{1}{43.16 \times 10^6} + \frac{1}{5.41 \times 10^6} + \frac{1}{7.5 \times 10^6}} = 0.469 \times 10^6\ \text{N/m}$$

$$T = 2\pi\sqrt{\frac{m'}{K}} = 2\pi\sqrt{\frac{1962.67}{0.469 \times 10^6}} = 0.406\ \text{s}$$

求地震影响系数 α：

基本烈度按7度考虑，见表41-6，$\alpha_{max} = 0.23$，另见图41-2。

当安装在Ⅰ类场地土时：

$T_m = 0.2\text{s}$，$T_m < T$

则
$$\alpha_1 = \frac{0.2\alpha_{max}}{T} = \frac{0.2 \times 0.23}{0.406}$$

$=0.113$

当安装在Ⅱ类场地土时：

$T_m=0.3s, T_m<T$

则 $\alpha_{Ⅱ}=\dfrac{0.3\alpha_{max}}{T}$

$=\dfrac{0.3\times0.23}{0.406}$

$=0.17$

当安装在Ⅲ类场地土时：

$T_m=0.7s, T_m>T$

则 $\alpha_{Ⅲ}=\alpha_{max}$

$=0.23$

少油断路器瓷瓶根部弯矩计算

弯矩按式 41-24 计算。

Ⅰ类场地土：

$h=2$

$M_{dⅠ}=\alpha_{Ⅰ}m'g\left(H_1+\dfrac{H_2}{2}-h\right)$

$=0.113\times1962.67\times9.81\left(2+\dfrac{3.89}{2}-2\right)$

$=4231.69N\cdot m$

Ⅱ类场地土：

$M_{dⅡ}=\alpha_{Ⅱ}m'g\left(H_1+\dfrac{H_2}{2}-h\right)$

$=0.17\times1962.67\times9.81\left(2+\dfrac{3.89}{2}-2\right)$

$=6366.27N\cdot m$

Ⅲ类场地土：

$M_{dⅢ}=\dfrac{\alpha_{Ⅲ}M_{Ⅱ}}{\alpha_{Ⅱ}}$

$=0.23\times6366.27$

$=8613.18N\cdot m$

圆钢管柱根部的弯矩按式 41-24 计算。

Ⅰ类场地土：

$h=0$

$M_{gⅠ}=\alpha_{Ⅰ}m'g\left(H_1+\dfrac{H_2}{2}-h\right)$

$=0.113\times1962.67\times9.81\left(2+\dfrac{3.89}{2}-0\right)$

$=8583.05\ N\cdot m$

Ⅱ类场地土：

$M_{gⅡ}=\dfrac{\alpha_{Ⅱ}M_{gⅠ}}{\alpha_{Ⅰ}}$

$=\dfrac{0.17\times8583.05}{0.113}$

$=12912.56\ N\cdot m$

Ⅲ类场地土：

$M_{gⅢ}=\dfrac{\alpha_{Ⅲ}M_{gⅠ}}{\alpha_{Ⅰ}}$

$=\dfrac{0.23\times8583.05}{0.113}$

$=17469.9\ N\cdot m$

少油断路器的瓷件根部应力按式 41-17 计算。

Ⅰ类场地土：

$W=\dfrac{\pi}{32D}(D^4-d^4)$

$=\dfrac{\pi}{32\times0.263}(0.263^4-0.185^4)$

$=1.348\times10^{-3}m^3$

$\sigma_{dⅠ}=\dfrac{[K]\ M_{dⅠ}}{W}$

$=\dfrac{1.5\times4231.69}{1.348\times10^{-3}}$

$=4.71\times10^6Pa$

Ⅱ类场地土：

$\sigma_{dⅡ}=\dfrac{[K]\ M_{dⅡ}}{W}$

$=\dfrac{1.5\times6366.27}{1.348\times10^{-3}}$

$=7.08\times10^6Pa$

Ⅲ类场地土：

$\sigma_{dⅢ}=\dfrac{[K]\ M_{dⅢ}}{W}$

$=\dfrac{1.5\times8613.18}{1.348\times10^{-3}}$

$=9.584\times10^6Pa$

圆钢管柱根部应力按式 41-17 计算。

Ⅰ类场地土：

$W=\dfrac{\pi}{32D}(D^4-d^4)$

$=\dfrac{\pi}{32\times0.5}(0.5^4-0.476^4)$

$=2.19\times10^{-3}m^3$

$\sigma_{gⅠ}=\dfrac{[K]\ M_{gⅠ}}{W}$

$=\dfrac{1.5\times8583.1}{2.19\times10^{-3}}$

$=5.88\times10^6Pa$

Ⅱ类场地土：

$\sigma_{gⅡ}=\dfrac{[K]\ M_{gⅡ}}{W}$

$=\dfrac{1.5\times12912.56}{2.19\times10^{-3}}$

$=8.84\times10^6Pa$

Ⅲ类场地土：

$\sigma_{gⅢ}=\dfrac{[K]\ M_{gⅢ}}{W}$

$=\dfrac{1.5\times17469.9}{2.19\times10^{-3}}$

$=11.965\times10^6Pa$

计算结果：

基本烈度为 8 度时，$\alpha_{max} = 0.45$；

基本烈度为 9 度时，$\alpha_{max} = 0.9$；

8 度、9 度时，同样按上述步骤计算，其结果列表于下：

Ⅰ 类场地土

基本烈度(度)		7	8	9
瓷件	M_{dI}(N·m)	4321.69	8298.6	16589.7
	σ_{dI}($\times 10^6$Pa)	4.71	9.234	18.46
圆钢管柱	M_{gI}(N·m)	8583.1	16831	33648.6
	σ_{dI}($\times 10^6$Pa)	5.88	11.53	23.05

Ⅱ 类场地土

基本烈度(度)		7	8	9
瓷件	M_{dII}(N·m)	6366.27	12452	24904.2
	σ_{dII}($\times 10^6$Pa)	7.08	13.86	27.712
圆钢管柱	M_{gII}(N·m)	12912.56	25255.4	50510.9
	σ_{gII}($\times 10^6$Pa)	8.84	17.298	34.596

Ⅲ 类场地土

基本烈度(度)		7	8	9
瓷件	M_{dIII}(N·m)	8613.18	16851.87	33703.7
	σ_{dIII}($\times 10^6$Pa)	9.584	18.75	37.5
圆钢管柱	M_{dIII}(N·m)	17469.9	34180.03	68360.6
	σ_{dIII}($\times 10^6$Pa)	11.965	23.41	46.82

瓷件的许用应力$[\sigma] = 11.2 \times 10^6$Pa，满足$\sigma < [\sigma]$条件者：

(1) 瓷件能满足基本烈度为 7 度时任何场地土；

(2) 瓷件只能满足基本烈度为 8 度时 Ⅰ 类场地土；

(3) 瓷件不能满足基本烈度为 9 度时任何场地土。

钢管的许用应力$[\sigma] = 150 \times 10^6$Pa，满足$\sigma < [\sigma]$条件者：

圆钢管柱能满足基本烈度为 7、8、9 度时任何场地土。

41.4.3 三相垂直布置水泥电抗器抗震加固计算

电抗器垂直安装外形图见图 41-12。

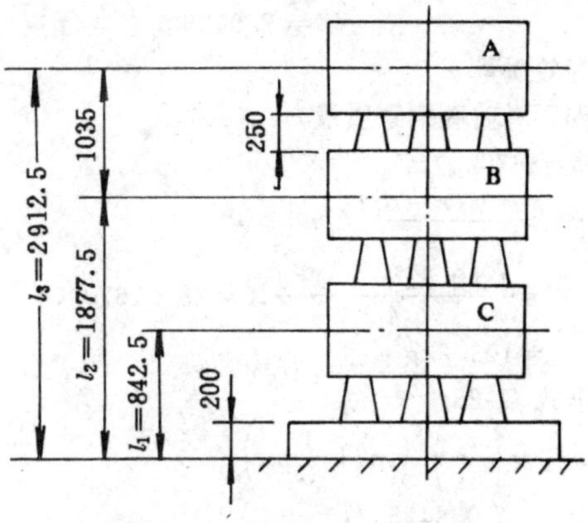

图 41-12 电抗器垂直安装外形图

电抗器有关数据：

水泥电抗器型号：NKL10-1000-10 型；

单相高度(含瓷瓶)$H = 1.035$m；

单相质量 $m_1(= m_2 = m_3) = 1130$kg；

电抗器有 12 根水泥柱；

三相垂直布置，其间距为 0.25m；

基础高度 $h = 0.2$m。

抗震计算条件：

Ⅱ 类场地土；

基本烈度为 7 度。

环氧玻璃钢管选择：

选用环氧玻璃钢管作水泥电抗器加固用。

环氧玻璃钢管的技术数据：

内径 $d = 0.09$m；

外径 $D = 0.11$m；

拉伸强度 $\sigma_n = 232 \times 10^6$Pa；

弹性模量 $E = 1.36 \times 10^{10}$Pa；

环氧玻璃钢管长度按式 41-26 确定：

$$h = 0.2\text{m}$$

$$L = 3H + h - 0.1 = 3 \times 1.035 + 0.2 - 0.1 = 3.205\text{m}$$

取标准长度 $L = 3.28$m

环氧玻璃钢管数量确定：

$$n = \frac{\text{水泥柱数量}}{2} = \frac{12}{2} = 6$$

加固后电抗器自振周期计算：

根据图 41-12： $l_1 = 0.8425$m；

$l_2 = 1.8775$m

$$l_3 = 2.9125\text{m}$$

求等效质量 m_o'

全部环氧玻璃钢管质量 m_o：

$$\rho = 1670\text{kg/m}^3$$

$$m_o = \frac{\pi\ (D^2 - d^2)}{4} L\rho n$$

$$= \frac{\pi\ (0.11^2 - 0.09^2)}{4} \times 3.28 \times 1670 \times 6$$

$$= 103.2\text{kg}$$

根据式 41-28

$$m''_1 = \left(\frac{l_1}{l_3}\right)^2 \left(m_1 + \frac{1}{3} m_o\right)$$

$$= \left(\frac{0.8425}{2.9125}\right)^2 \left(1130 + \frac{1}{3} \times 103.2\right)$$

$$= 97.43\ \text{kg}$$

$$m''_2 = \left(\frac{l_2}{l_3}\right)^2 \left(m_2 + \frac{1}{3} m_o\right)$$

$$= \left(\frac{1.8775}{2.9125}\right)^2 \left(1130 + \frac{1}{3} \times 103.2\right)$$

$$= 483.87\ \text{kg}$$

$$m''_3 = m_3 + \frac{1}{3} m_o$$

$$= 1130 + \frac{1}{3} \times 103.2$$

$$= 1164.4\ \text{kg}$$

$$m' = m''_1 + m''_2 + m''_3$$

$$= 97.43 + 483.87 + 1164.4$$

$$= 1746\ \text{kg}$$

K 值计算

按式 41-30 计算 I 值：

$$I = n \frac{\pi\ (D^4 - d^4)}{64}$$

$$= 6\pi \frac{(0.11^4 - 0.09^4)}{64}$$

$$= 2.4 \times 10^{-5} m^4$$

按式 41-29 计算 K 值：

$$E = 1.36 \times 10^{10}\text{Pa}$$

$$K = \frac{3EI}{l_3^3}$$

$$= \frac{3 \times 1.36 \times 10^{10} \times 2.4 \times 10^{-5}}{2.9125^3}$$

$$= 39634.5\ \text{N/m}$$

按式 41-27 计算 T 值：

$$T = 2\pi \sqrt{\frac{m'}{K}}$$

$$= 2\pi \sqrt{\frac{1746}{39634.5}}$$

$$= 1.318\ \text{s}$$

求地震影响系数 α：

因 Ⅱ 类场地土，$T_m = 0.7\text{s}$，$T_m < T$

$$\alpha_{max} = 0.23$$

则 $$\alpha = \frac{0.7\alpha_{max}}{T}$$

$$= \frac{0.7 \times 0.23}{1.318}$$

$$= 0.122$$

加固后电抗器所受地震力计算。

第一振型的振型参与系数按式 41-32 计算

$$r = \frac{\sum_{i=1}^{3} X\ (i)\ m_i}{\sum_{i=1}^{3} X^2\ (i)\ m_i}$$

$$= \frac{X\ (1)\ m_1 + X\ (2)\ m_2 + X\ (3)\ m_3}{X^2\ (1)\ m_1 + X^2\ (2)\ m_2 + X^2\ (3)\ m_3}$$

$$= \frac{X\ (1)\ + X\ (2)\ + X\ (3)}{X^2\ (1)\ + X^2\ (2)\ + X^2\ (3)}$$

$$= \frac{0.289 + 0.6446 + 1}{0.289^2 + 0.6446^2 + 1^2}$$

$$= \frac{1.9336}{1.499}$$

$$= 1.29$$

（$m_1 = m_2 = m_3$ = 单相电抗器质量 + 1/3 环氧玻璃钢管质量）

$$X\ (1) = \frac{l_1}{l_3} = \frac{0.8425}{2.9125}$$

$$= 0.289$$

$$X\ (2) = \frac{l_2}{l_3} = \frac{1.8775}{2.9125}$$

$$= 0.6446$$

$$X\ (3) = \frac{l_3}{l_3}$$

$$= 1$$

P_i 按式 41-31 计算：

$$C_Z = 1$$

$$m_1 = 1164.4\ \text{kg}$$

$$g = 9.81\ \text{m/s}^2$$

$$m_2 = m_1$$

$$P_1 = C_Z \alpha r X\ (1)\ m_1 g$$

$$= 1 \times 0.122 \times 1.29 \times 0.289 \times 1164.4 \times 9.81$$

$$= 519.54\ \text{N}$$

$$P_2 = C_Z \alpha r X\ (2)\ m_2 g$$

$$= 1 \times 0.122 \times 1.29 \times 0.6446 \times 1164.4 \times 9.81$$

$$= 1158.8\ \text{N}$$

$$m_3 = m_1$$

$$P_3 = C_Z \alpha r X\ (3)\ m_3 g$$

$$= 1 \times 0.122 \times 1.29 \times 1 \times 1164.4 \times 9.81$$

$$= 1797.7\ \text{N}$$

环氧玻璃钢管底部弯矩按式 41-33 计算。

$$M=\sum_{i=1}^{3}P_il_i$$
$$=P_1l_1+P_2l_2+P_3l_3$$
$$=519.54\times0.8425+1158.8\times1.8775+1797.7\times2.9125$$
$$=7849.2\ \mathrm{N\cdot m}$$

强度计算

环氧玻璃钢管底部应力按式 41-34 计算。

$$W=\frac{\pi}{32D}\ (D^4-d^4)$$
$$=\frac{\pi}{32D\times0.11}\ (0.11^4-0.09^4)$$
$$=7.2\times10^{-5}\mathrm{m}^3$$
$$\sigma=\frac{M}{nW}$$
$$=\frac{7849.2}{6\times7.2\times10^{-5}}$$
$$=18.17\times10^6\mathrm{Pa}$$
$$[\sigma]=\frac{1.25\sigma_n}{n_b}$$
$$=\frac{1.25\times155\times10^6}{4}$$
$$=48.43\times10^6\mathrm{Pa}$$
$$\sigma_n=155\times10^6\mathrm{Pa}$$
$$n_b=4$$

$\sigma<[\sigma]$，故满足强度要求。

埋地组合钢管强度计算：

埋地组合钢管选用 $\phi127\times8$ 钢管，其 $D'=0.127\mathrm{m}$，$d'=0.111\mathrm{m}$，钢管套在环氧玻璃钢管外面。

σ_o 按式 41-37 计算

$$W'=\frac{\pi}{32D'}\ (D'^4-d'^4)$$
$$=\frac{\pi}{32\times0.127}\ (0.127^4-0.111^4)$$
$$=8.37\times10^{-5}\mathrm{m}^3$$
$$\sigma_o=\frac{M}{nW'}$$
$$=\frac{7849.2}{6\times8.37\times10^{-5}}$$
$$=15.63\times10^6\mathrm{Pa}$$

钢管的许用应力 $[\sigma]=133\times10^6\mathrm{Pa}$，因此 $\sigma_o<[\sigma]$，故钢管能满足强度要求。

41.4.4 变压器加固强度计算

变压器加固示意图见图 41-8。

变压器有关数据：

变压器型号：SFL1-15000/35 型

变压器总质量：$m=24200\mathrm{kg}$

变压器的高度：$H_1=2.868\mathrm{m}$

$H_2=0.2\mathrm{m}$；

$H_3=0.385\mathrm{m}$；

$$H_o=\frac{H_1+H_3}{2}+H_2$$
$$=1.827\mathrm{m}。$$

$L=1.435\mathrm{m}$

$L_1=0.1\mathrm{m}$

$L_2=0.052\mathrm{m}$

水平地震荷载计算。

基本烈度按 8 度考虑。水平地震荷载计算按式 41-1：

$$C_Z=1$$
$$K=0.2$$
$$\beta=2.25$$
$$g=9.81\mathrm{m/s^2}$$
$$Q_0=C_Z\alpha_1mg$$
$$=C_ZK\beta mg$$
$$=1\times0.2\times2.25\times24200\times9.81$$
$$=106831\ \mathrm{N}$$

一个固定螺栓在地震时所受拉力 R_B 按式 41-45 计算。

$$R_B=\frac{\frac{Q_0}{2}H_0-\frac{mg}{4}(L+L_1)}{L+2L_1}$$
$$=\frac{\frac{106831}{2}\times1.827-\frac{24200\times9.81}{4}\times(1.435+0.1)}{1.435+2\times0.1}$$
$$=3967.6\mathrm{N}$$

螺栓的截面积 F_1 按式 41-46 计算。

$$F_1=\frac{R_B}{[\sigma]}\qquad[\sigma]=132.4\times10^6\mathrm{Pa}$$
$$=\frac{3967.6}{132.4\times10^6}$$
$$=0.00003\mathrm{m}^2$$

螺栓直径 d_1：

$$d_1=\sqrt{\frac{4F_1}{\pi}}$$

$$= \sqrt{\frac{4 \times 0.00003}{\pi}}$$
$$= 0.00618\text{m}$$
$$= 0.617\text{cm}$$

一个螺栓所受剪切应力时荷载截面 F_2 按式 41-48 计算。

$$[\tau] = 98.1 \times 10^6\text{Pa}$$

$$F_2 = \frac{\frac{Q_0}{4}}{[\tau]}$$
$$= \frac{106831}{4 \times 98.1 \times 10^6}$$
$$= 0.000272\text{m}^2$$

螺栓直径 d_2：

$$d_2 = \sqrt{\frac{4F_2}{\pi}}$$
$$= \sqrt{\frac{4 \times 0.000272}{\pi}}$$
$$= 0.0186\text{m}$$
$$= 1.86\text{cm}$$

根据 d_1、d_2 选择标准螺栓 M22（按有效直径）。

重新校验：

选用 M22 螺栓，其有效面积：

$$F = 2.815\text{cm}^2$$
$$= 0.0002815\text{m}^2$$

$$\sigma = \frac{R_B}{F}$$
$$= \frac{3967.6}{0.0002815}$$
$$= 14.09 \times 10^6\text{Pa}$$

$$\tau = \frac{Q_0}{4F}$$
$$= \frac{106831}{4 \times 0.0002815}$$
$$= 94.88 \times 10^6\text{Pa}$$

$$\sigma_a = \sqrt{\sigma^2 + 3\tau^2}$$
$$= \sqrt{(14.09 \times 10^6)^2 + 3(94.88 \times 10^6)^2}$$
$$= \sqrt{14.09^2 + 3 \times 94.88^2} \times 10^6$$
$$= 164.94 \times 10^6\text{Pa}$$

选用 Q235 钢材螺栓时，$[\sigma'] = 190 \times 10^6\text{Pa}$，则 $\sigma_a < [\sigma']$，故选用 M22 螺栓能满足强度要求。

固定槽钢强度计算：

固定槽钢所受最大弯矩 M_{max} 按式 41-50 计算

$$M_{max} = R_B L_2$$
$$= 3967.6 \times 0.052$$
$$= 206.3\text{N} \cdot \text{m}$$

固定槽钢所承受的弯曲应力按式 41-51 计算

$$\sigma_w = \frac{M_{max}}{\frac{I_y}{Z}}$$

选用热轧普通槽钢：10 号槽钢，其 $I_y = 0.256 \times 10^{-6}\text{m}^4$；$Z = 0.0152\text{m}$。

$$\sigma_w = \frac{206.3}{\frac{0.256 \times 10^{-6}}{0.0152}}$$
$$= 12.25 \times 10^6\text{Pa}$$
$$[\sigma_w] = 13.5 \times 10^6\text{Pa}$$

则 $\sigma_w < [\sigma_w]$，故槽钢能满足强度要求。

41.5 电气设备的抗震要求和抗震措施

对基本烈度为 7 度、8 度、9 度的地区，电气设备的安装除须进行必要的强度计算外，还要采取一些相应的措施来提高抗震水平，以满足抗震要求。

41.5.1 电气设备的抗震要求

对电气设备的防震，抗震设计应进行综合考虑：

(1) 尽量选用抗震型电气设备；

(2)在条件允许的情况下，尽量降低电气设备的安装高度；

(3)配电装置的布置，应优先考虑户外布置；当采用户内布置时，除对设备采取必要的抗震措施外，还应做好建、构筑物的抗震设计；

(4)为了减少绝缘子、设备套管等瓷件在地震时所承受的导线拉力，其连接导线宜选用软导线，导线所留的裕度要适宜，即不过紧，也不过松；当采用硬导线连接时，应经软连接的过渡接头与硬导线连接。

由于电气设备类型较多，且其抗震要求也各异，因此本节仅列举一些常用电气设备的抗震要求，供设计时参考。

变压器应满足下列抗震要求：

(1) 应防止变压器部分零件损坏、本体倾倒及位移；

(2) 110kV 及以上的变压器套管瓷套与法兰的连接宜加固，以防其根部断裂；

(3)变压器与冷却器分开布置时，其连接管道在靠近变压器侧应依次设置切断阀和柔性接头；

(4) 变压器排油设施应畅通；

(5) 变压器潜油泵及其管道与基础台的净距应大于 0.2m；

(6) 变压器的基础台宽一般不小于 0.8m。

断路器、隔离开关应满足下列抗震要求：

(1) 对水平回转式隔离开关应有防止接点震开的

措施；

(2)断路器等设备与基础连接时，应采用高强度螺栓固定，并加弹簧垫圈或减震胶垫；

(3) 对手车式断路器应对底座及滚轮采取防滑措施；

(4)当采用高压开关柜型式的配电设备时，应向制造厂提出对设备的抗震要求；安装时相邻柜间用螺栓连接成整体；

(5) 断路器本体与操动机构的基础应设在同一底板上，以防断路器之间、断路器和操动机构之间发生错动。

其它一些电气设备及线路的抗震要求：

(1) 屏柜上的仪表和继电器等应设置减震垫；

(2) 垂直布置的水泥电抗器应防止倾倒和跌落；

(3)蓄电池应采用涂防酸漆的钢支架固定，电池与支架之间应加防震胶垫，支架与放置蓄电池的底座应连成整体，并与基础或墙固定；

(4)钢筋混凝土电杆及其混凝土基础在地震时，不应断裂或下沉；

(5) 线路的陶瓷横担应采用V型横担；

(6)桥架配线应牢固可靠，其桥架本身应满足抗震要求。

41.5.2 电气设备的抗震措施

变压器的抗震措施有：

(1) 对大型变压器，应采用角钢加固各散热器，防止散热器因地震晃动而断裂；

(2) 拆下变压器的滚轮来进行加固安装。图 41-13、图 41-14、图 41-15 所示为变压器加固安装的三个

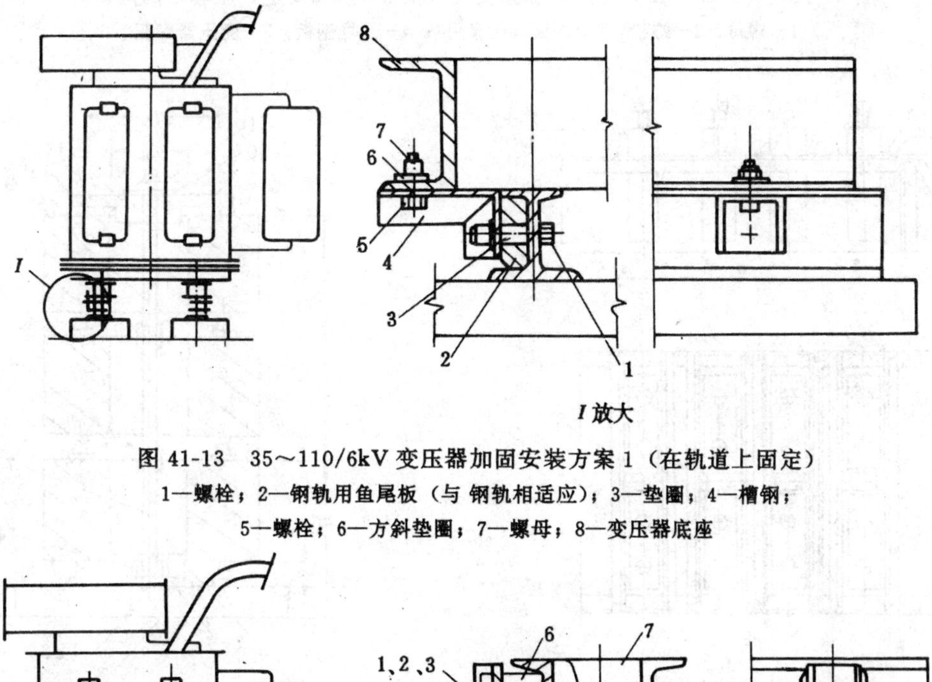

图 41-13 35～110/6kV 变压器加固安装方案 1（在轨道上固定）

1—螺栓；2—钢轨用鱼尾板（与 钢轨相适应）；3—垫圈；4—槽钢；5—螺栓；6—方斜垫圈；7—螺母；8—变压器底座

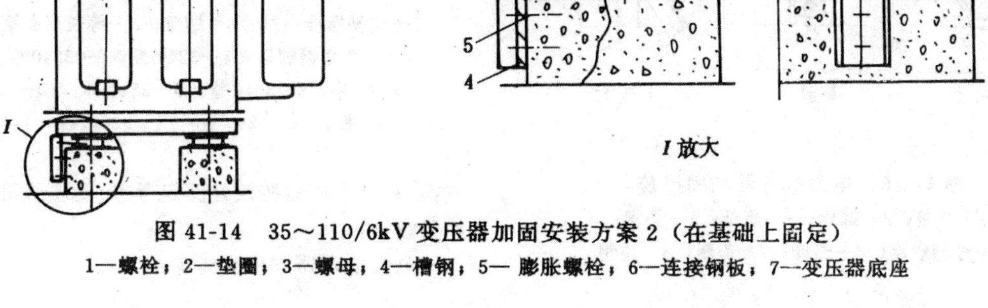

图 41-14 35～110/6kV 变压器加固安装方案 2（在基础上固定）

1—螺栓；2—垫圈；3—螺母；4—槽钢；5— 膨胀螺栓；6—连接钢板；7—变压器底座

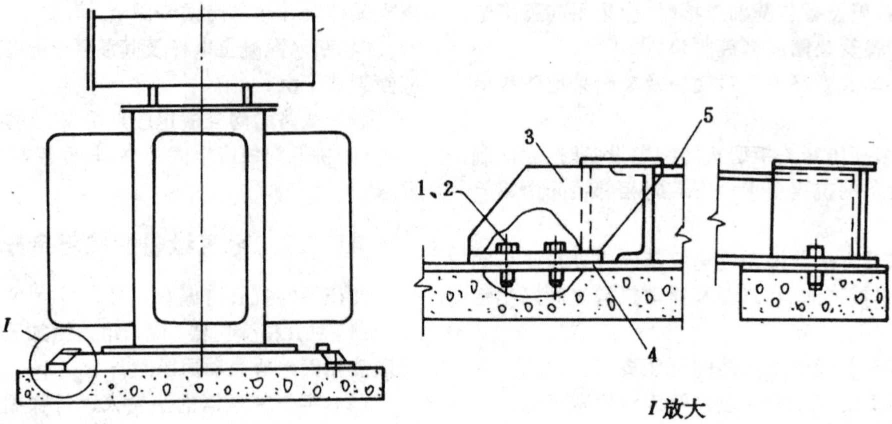

图 41-15 6～10/0.4kV 变压器加固安装方案 3（压套固定，压套要两两对称）

1—螺母；2—螺栓；3—钢板（压套用）；4—预埋钢板；5—变压器底座

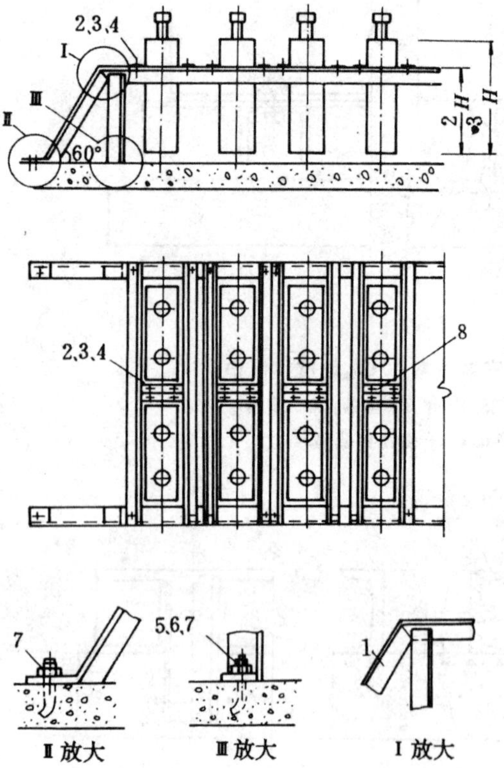

图 41-16 电力电容器加固措施

1—角钢；2—螺栓；3—螺母；4—垫圈；

5—地脚螺栓；6—螺母；7—垫圈；8—扁钢

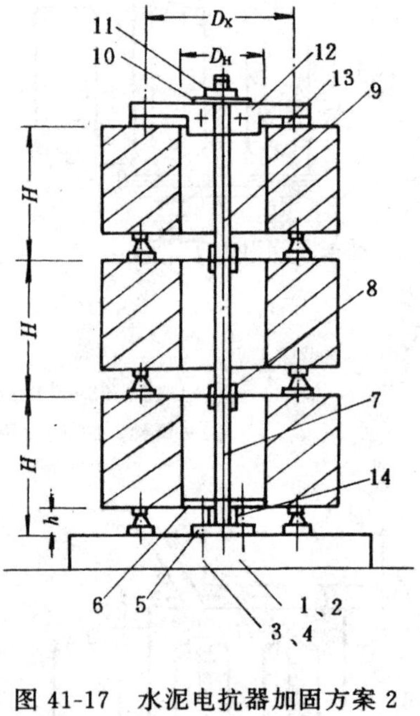

图 41-17 水泥电抗器加固方案 2

1—地脚螺栓；2—六角螺母；3—等长双头铜螺栓；

4—六角铜螺母；5—3240 板；6—3240 板条；

7—3840 棒；8—3640 管；9—3840 棒；10—3240 板；

11—3240 板；12—3240 板；13—32 40 板；14—3240 板

方案。每台变压器按四处固定考虑，安装所用全部零部件要镀锌。

电力电容器抗震措施有：

(1)浮放的电力电容器，将其耳环用螺栓固定在与基础相连的支架上。

(2)安装在柜中的电力电容器，可用支架将电容器夹固在柜的支架上，如为成套订货时，此项加固工作应由制造厂承担，但在订货时应提出地震的基本烈度要求。

电力电容器的加固措施见图 41-16。

水泥电抗器的抗震措施有：

(1) 水泥电抗器的抗震加固方案 1 见图 41-4；

(2) 水泥电抗器的抗震加固方案 2 见图 41-17。

3240 板系 3240 环氧酚醛层压玻璃布板；38 40 棒系 3840 环氧酚醛层压玻璃布棒。

蓄电池的抗震措施有：

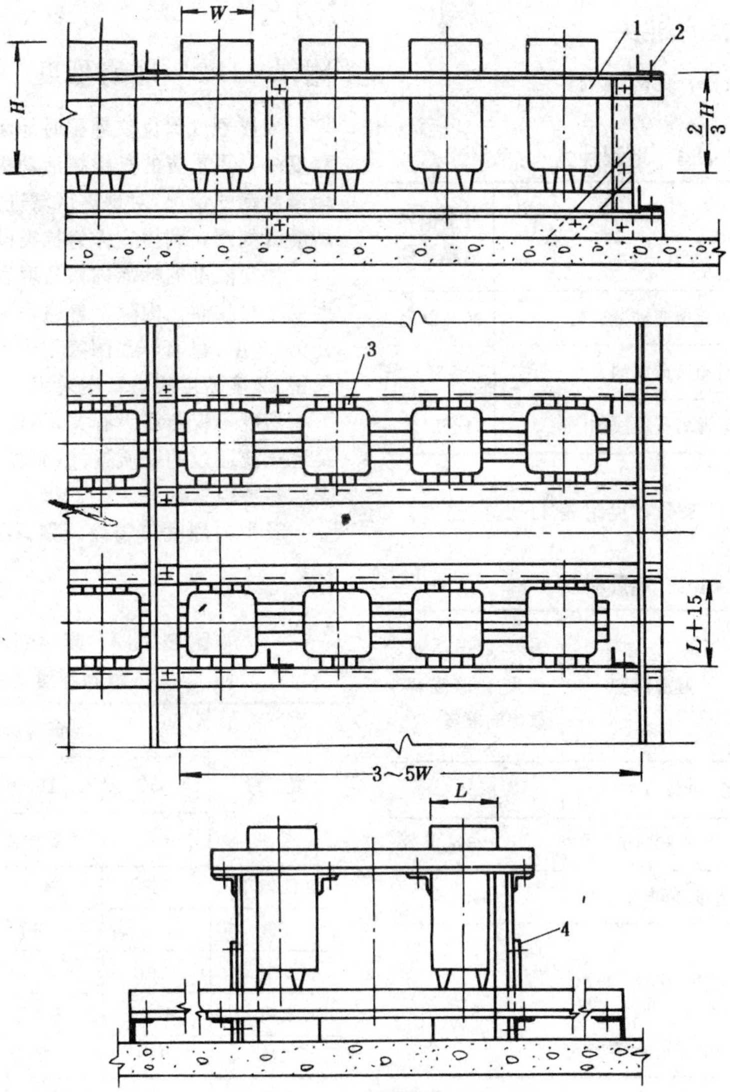

图 41-18　蓄电池加固措施

1—角钢；2—螺栓；3—橡胶垫；4—扁钢

(1) 蓄电池加固应在不破坏地面的条件下进行;

(2) 蓄电池容量超过188Ah时，角钢和螺栓可适当放大;

(3) 装在混凝土台上的蓄电池，当框架与混凝土台能卡住时，取消框架脚撑;

(4) 角钢、扁钢等金属件在安装前应除锈，刷樟丹漆一道，防酸漆一道，安装后刷防酸漆一道。

蓄电池的加固措施见图41-18。

附录41.1 地震的种类

按地震的成因来分，见附表41-1。

附表41-1 地震种类

种类	成因	占全世界地震总数
构造地震	由于地壳的断裂变动造成的	90%以上
火山地震	由于火山活动所造成的	7%
陷落地震	由于溶洞等坍塌所造成的	1～2%

按地震震源的深浅来分，见附表41-2。

附表41-2 地震种类

种类	震源深度	占一年中全世界所有地震释放出的能量
浅源地震	震源在70km以内	85%
中源地震	震源在70～300km	12%
深源地震	震源超过300km	3%

按地震震级来分，见附表41-3。

附表41-3 地震种类

种类	震级	地震程度
大地震	$M\geqslant7$	破坏性地震
强震或中震	$7>M\geqslant5$	
弱震或小震	$5>M\geqslant3$	有感地震
微震	$3>M\geqslant1$	人们感觉不到
超微震	$1>M$	

注：M为震级，震级每相差一级，其能量大小相差约30倍。

附录41.2 地震烈度

地震烈度除反映地震时地面所受到的影响和破坏程度外，更重要的是根据活动构造带的特点和历史上地震活动的情况，对地震区域进行烈度划分，编制地震烈度区划图，利用它作为抗震设计的依据。

评定烈度的标准称作烈度表。世界各国所编制的烈度不尽相同，国际上普遍采用的烈度表是将烈度划分为12度，也有一些国家划分为10度和7度的。我国采用12度烈度表，日本采用7度烈度表。

烈度不仅与震级有关，而且跟震源深度、震中距以及地震波通过的介质条件(如岩石的性质、岩石的构造等)多种因素有关。

震中的烈度与震级、震源深度的关系见附表41-4。

附表41-4 震中烈度与震级、震源深度关系

震级	震源深度(km) 5	10	15	20
	震中烈度(度)			
3级以下	5	4	3.5	3
4级	6.5	5.5	5	4.5
5级	8	7	6.5	6
6级	9.5	8.5	8	7.5
7级	11	10	9.5	9
8级	12	11.5	11	10.5

注：本表摘自《地震问答》。

我国编制的地震烈度表见附表41-5。

附表 41-5 中国地震烈度表

烈度	人的感觉	一般房屋		其它现象	参考物理指标	
		大多数房屋震害程度	平均震害指数		加速度(cm/s²)(水平向)	速度(cm/s)(水平向)
1	无感					
2	室内个别静止中的人感觉					
3	室内少数静止中的人感觉	门、窗轻微作响		悬挂物微动		
4	室内多数人感觉，室外少数人感觉，少数人梦中惊醒	门、窗作响		悬挂物明显摆动，器具作响		
5	室内普遍感觉，室外多数人感觉，多数人梦中惊醒	门窗、屋顶、屋架颤动作响，灰土掉落，抹灰出现微细裂缝		不稳定器物翻倒	31 (22～44)	3 (2～4)
6	惊慌失措，仓惶逃出	损坏——个别砖瓦掉落，墙体出现微细裂缝	0～0.10	河岸和松软土上出现裂缝，饱和砂层出现喷砂冒水，地面上有的砖烟囱轻度裂缝、掉头	63 (45～89)	6 (5～9)
7	大多数人仓惶逃出	轻度破坏——局部破坏，开裂，但不妨碍使用	0.11～0.30	河岸出现坍方，饱和砂层常见喷砂冒水，松软土上地裂缝较多，大多数砖烟囱中等破坏	125 (90～177)	13 (10～18)
8	摇晃颠簸，行走困难	中等破坏——结构受损，需要修理	0.31～0.5	干硬土上亦有裂缝，大多数砖烟囱严重破坏	250 (178～353)	25 (19～35)
9	坐立不稳，行动的人可能摔跤	严重破坏——墙体龟裂，局部倒坍，修复困难	0.51～0.70	干硬土上有许多地方出现裂缝，基岩上可能出现裂缝。滑坡、坍方常见，砖烟囱出现倒塌	500 (354～707)	
10	骑自行车的人会摔倒，处于不稳状态的会摔出几尺远，有抛起感	倒塌——大部分倒塌，不堪修复	0.71～0.90	出崩和地震断裂出现，基岩上的拱桥破坏，大多数烟囱从根部破坏或倒毁	1000 (708～1414)	100 (72～141)

续附表 41-5

烈度	人的感觉	一般房屋		其它现象	参考物理指标	
		大多数房屋震害程度	平均震害指数		加速度(cm/s²)(水平向)	速度(cm/s)(水平向)
11		毁灭	0.91～1.00	地震断裂延续很长，山崩常见，基岩上的拱桥毁坏		
12				地面剧烈变化，山河改观		

注：1. 1～5 度以地面上人的感觉为主；6～10 度以房屋震害为主，人的感觉仅供参考；11、12 度以地表现象为主，11、12 度的评定，需专门研究。

2. 一般房屋包括土构架和土、石、砖墙构造的旧式房屋和单层或多层未经抗震设防的新式砖房。对于质量特别差或特别好的房屋，可根据具体情况，对表列各烈度的震害程度和震害指数予以提高或降低。

3. 震害指数以房屋“完好”为 0；“毁灭”为 1，中间按表列震害程度分级，平均震害指数指所有房屋的震害指数的总平均值而言，可以用普查或抽查的方法确定。

4. 使用本表时，可根据地区的具体情况，作出临时的补充规定。

5. 在农村可以自然村为单位，在城镇可以分区进行烈度的评定，但面积以 1km² 左右为宜。

6. 烟囱指工业或取暖用的锅炉房烟囱。

7. 表中数量词的说明：个别指 10%以下；少数指 10%～50%；多数指 50%～70%；大多数指 70%～90%；普遍指 90%以上。

8. 本表摘自《地震现场工作大纲和震情分析指南》。

参考文献

[1] 地震问答编写组，地震问答，地质出版社，1975.

[2] 郭增建、阵鑫连主编，地震对策，地震出版社，1986.

[3] 国家地震局科技监测司编，地震现场工作大纲和震情分析指南，地震出版社，1990.

[4] 〔日〕电气技术标准委员会编著，电气设备抗震设计指南，技术标准出版社，1984.

总 附 录

附录1 法定计量单位及冶金常用单位对照表

我国的法定计量单位包括：

(1) 国际单位制（SI）的基本单位，见附表 1-1；

(2) 国际单位制的辅助单位，见附表 1-2；

(3) 国际单位制中具有专门名称的导出单位，见附表 1-3；

(4) 国家选定的非国际单位制单位，见附表 1-4；

(5) 由以上单位构成的组合形式的单位；

(6) 由词头和以上单位所构成的十进倍数和分数单位，见附表 1-5。

附表 1-1 SI 的基本单位

量的名称	量的符号	单位名称	单位符号
长度	l (L)	米	m
质量	m	千克（公斤）	kg

续附表 1-1

量的名称	量的符号	单位名称	单位符号
时间	t	秒	s
电流	I	安［培］	A
热力学温度	T	开［尔文］	K
物质的量	n	摩［尔］	mol
发光强度	I (I_v)	坎［德拉］	cd

附表 1-2 SI 辅助单位

量的名称	量的符号	单位名称	单位符号
平面角	α，β，γ，θ，φ	弧度	rad
立体角	Ω	球面度	sr

附表 1-3 具有专门名称的SI导出单位及组合形式的单位

量的名称	量的符号	SI 导出单位			
		名称	符号	其他表示式	
				用 SI 单位示例	用 SI 基本单位
力；重力	F，W	牛［顿］	N		$m \cdot kg \cdot s^{-2}$
压力；压强；应力	P	帕［斯卡］	Pa	N/m^2	$m^{-1} \cdot kg \cdot s^{-2}$
频率	f	赫［兹］	Hz		s^{-1}
能量；功；热	W，E，Q	焦［耳］	J	$N \cdot m$	$m^2 \cdot kg \cdot s^{-2}$
功率；辐射通量	P	瓦［特］	W	J/s	$m^2 \cdot kg \cdot s^{-3}$
电荷量	Q	库［仑］	C		$A \cdot s$
电压；电动势	U，E	伏［特］	V	W/A	$m^2 \cdot kg \cdot s^{-3} \cdot A^{-1}$
电位［电势］	V，φ	伏［特］	V	W/A	$m^2 \cdot kg \cdot s^{-3} \cdot A^{-1}$

续附表 1-3

量的名称	量的符号	SI 导出单位			
		名称	符号	其他表示式	
				用 SI 单位示例	用 SI 基本单位
电阻	R	欧［姆］	Ω	V/A	$m^2 \cdot kg \cdot s^{-3} \cdot A^{-2}$
电导	G	西［门子］	S	A/V	$m^{-2}kg^{-1}s^3A^2$
电容	C	法［拉］	F	C/V	$m^{-2}kg^{-1}s^4A^2$
电感	L	亨［利］	H	Wb/A	$m^2 \cdot kg \cdot s^{-2} \cdot A^{-2}$
磁通量	Φ	韦［伯］	Wb	V·s	$m^2 \cdot kg \cdot s^{-2} \cdot A^{-1}$
磁通密度，磁感应强度	B	特［斯拉］	T	Wb/m^2	$kgs^{-2} \cdot A^{-1}$
摄氏温度	t，θ	摄氏度	℃		
光通量	F	流明	lm		cd·sr
光照度	E	勒［克斯］	lx	lm/m^2	
放射性活度		贝可［勒尔］	Bq	s^{-1}	
吸收剂量		戈［瑞］	Gy	J/kg	
剂量光量		希［沃特］	Sv	J/kg	
电流［强度］	I	安［培］	A		A
有功功率	P	瓦［特］	W		$m^2 \cdot kg \cdot s^{-3}$
无功功率	Q	乏［尔］	var		$m^2 \cdot kg \cdot s^{-3}$
视在功率	S	伏安	VA		$m^2 \cdot kg \cdot s^{-3}$
有功电能	W_a	瓦时	Wh		
无功电能	W_r	乏时	varh		
电场强度	E	伏/米	V/m		$m \cdot kg \cdot s^{-3} \cdot A^{-1}$
电阻率	ρ	欧·米	Ω·m		$m^3 \cdot kg \cdot s^{-3} \cdot A^{-2}$
电抗	X	欧［姆］	Ω		
阻抗	Z	欧［姆］	Ω		
电流密度	J (S，δ)	安［培］/毫米²	A/mm^2		
磁场强度	H	安/米	A/m		$m^{-1} \cdot A$
介电常数	ε	法/米	F/m		$m^{-3} \cdot kg^{-1} \cdot s^4 \cdot A^2$
磁势（磁化力）	F	安［培］	A		A
磁阻	R_m	安/韦	A/Wb		$m^{-2} \cdot kg^{-1} \cdot s^2 \cdot A^2$
磁导率	μ	亨/米	H/m		$m \cdot kg \cdot s^{-2} \cdot A^{-2}$
互感	M	亨［利］	H		$m^2 \cdot kg \cdot s^{-2} \cdot A^{-2}$
发光强度	I	坎［德拉］	cd		
光度	R	流明/米²	lm/m^2		

续附表 1-3

量的名称	量的符号	SI 导出单位			
		名称	符号	其他表示式	
				用 SI 单位示例	用 SI 基本单位
亮度	B	坎〔德拉〕/米²	cd/m^2		
相位差	φ				
功率因数	$\cos\varphi$				
转速	n	转/分	r/min		
面积	A (S)	平方米	m^2		m^2
体积	V	立方米	m^3		m^3
密度	ρ	千克/米³	kg/m^3		$kg\cdot m^{-3}$
速度	v	米/秒	m/s		ms^{-1}
角速度	ω	弧度/秒	rad/s		s^{-1}
加速度	a	米/秒²	m/s^2		ms^{-2}
角加速度	α	弧度/秒²	rad/s^2		s^{-2}
转动惯量	I (J)	千克·米²	$kg\cdot m^2$		$m^2\cdot kg$
比热［容］	c	焦/公斤·开	$J/(kg\cdot K)$		$m^2\cdot s^{-2}\cdot K^{-1}$
传热系数	h, α, k, K	瓦/米²·开	$W/(m^2\cdot K)$		$kg\cdot s^{-3}\cdot K^{-1}$
导热系数	λ, k	瓦/米·开	$W/(m\cdot K)$		$m\cdot kg\cdot s^{-3}\cdot k^{-1}$
膨胀系数	α_l	1/开	1/K		K^{-1}

注：1. 圆括号中的名称、符号，是它前面名称、符号的同义词；
2. 方括号中的字，在不致引起混淆、误解情况下，可以省略。去掉方括号中的字即为简称。无方括号的单位名称，简称与全称同；
3. 表中所称的符号，均指我国法定计量单位中规定的符号；
4. 人民生活和贸易中，质量习惯称为重量。表示力的概念时，应称为重力。

附表 1-4 国家选定的非国际单位制单位

量的名称	单位名称	单位符号	换算关系和说明
时间	分	min	1min=60s
	［小］时	h	1h=60min=3600s
	天（日）	d	1d=24h=86400s
平面角	［角］秒	(″)	1″=（π/648000）rad（π为圆周率）
	［角］分	(′)	1′=60″=（π/10800）rad
	度	(°)	1°=60′=（π/180）rad
旋转速度	转每分	r/min	1r/min=1r/60s
长度	海里	n mile	1n mile=1852m（只用于航程）
速度	节	kn	1kn=1n mile/h=（1852/3600）m/s（只用于航行）

续附表 1-4

量的名称	单位名称	单位符号	换算关系和说明
质量	吨 原子质量单位	t u	$1t=10^3kg$ $1u\approx 1.6605655\times 10^{-27}kg$
体积	升	L (l)	$1L=1dm^3=10^{-3}m^3$
能	电子伏	eV	$1eV\approx 1.6021892\times 10^{-19}J$
级差	分贝	dB	
线密度	特［克斯］	tex	1tex=1g/km

注：1. 周、月、年（年的符号为 a），为一般常用时间单位；

2. 角度单位，度、分、秒的符号不处于数字后时，用括弧；

3. r 为"转"的符号；

4. 升的符号中，小写字母 l 为备用符号。

附表 1-5 构成十进倍数和分数单位的词头

因数	词头名称		符号
	原文（法）	中文	
10^{18}	exa	艾［可萨］	E
10^{15}	peta	拍［它］	P
10^{12}	tera	太［拉］	T
10^{9}	gega	吉［咖］	G
10^{6}	mega	兆	M
10^{3}	kilo	千	k
10^{2}	hecto	百	h
10^{1}	deca	十	da
10^{-1}	deci	分	d
10^{-2}	centi	厘	c
10^{-3}	milli	毫	m
10^{-6}	micro	微	μ
10^{-9}	nano	纳［诺］	n
10^{-12}	pico	皮［可］	p
10^{-15}	femto	飞［母托］	f
10^{-18}	atto	阿［托］	a

注：10^4 称为万，10^8 称为亿，10^{12}称为万亿，这类数词的使用不受词头名称的影响，但不应与词头混淆。

冶金常用单位对照表见附表 1-6。

附表 1-6　冶金常用单位对照表

量	法定计量单位符号	应淘汰的单位符号	说明或换算关系
长度	m，米 km，千米，公里 dm，分米 cm，厘米 mm，毫米 nm，纳米	M，　公尺 KM，KMS， DM，　公寸 CM，　公分 MM，M/M，m/m，　公厘 mμm，　毫微米 dmm，　丝米 cmm，　忽米 in，(″)，英寸 ft，　英尺 yd，　码	米的国际符号和词头千、分、厘、毫的国际符号应小写，不加复数S，毫米也不能写为M/M，m/m 1mμm=10^{-9}m=1nm 1dmm=0.1mm 1cmm=0.01mm 1in=2.54cm，1cm=0.394in 1ft=30.48cm，1m=3.28ft 1yd=0.9144m，1m=1.0936yd
面积	m^2，米^2	M^2，平米，平方，平，平方米	平方米、立方米是单位名称不能记为符号
体积	m^3，米^3	M^3，立米，立方，立，立方米 cum	升本身是容积单位不应加“立”、“公”等
容积	L，l，升 mL，ml，毫升	立升，公升 cc，c.c.	
质量	kg，千克，公斤 t，吨 g，克	KG，KGS，Kilog T，公吨 G，斤，市两，旧市两（金衡） oz，盎司（药、金衡）	吨，千克，克的国际符号均为小写字母 1斤=500g，1市两=50g 1g=0.02市两 1旧市两=31.25g 1g=0.032旧市两 1oz=31.1035g 1g=0.03215oz
力	N，牛［顿］	kgf，千克力 dyn，达因	1kgf=9.80665N 1N=0.101972kgf 1dyn=10^{-5}N 1N=10^5dyn
力矩	N·m，牛·米	kgf-m 公斤米	1kgf-m=9.80665N·m 1N·m=0.101972kgf-m
时间	s，秒 min，分 h，［小］时 a，年	S，(″)，Sec (′) hr y，yr	

续附表 1-6

量	法定计量单位符号	应淘汰的单位符号	说明或换算关系
压力 压强 应力 抗拉、屈服 蠕变强度 比例极限 弹性模量	Pa，帕［斯卡］ kPa，千帕 MPa，兆帕	kgf/cm^2 kgf/mm^2 bar，b，巴 Torr，托 mmHg，毫米汞柱 mmH_2O，毫米水柱 atm，760mmHg	$1kgf/cm^2=98.0665kPa$ $1kPa=0.010197kgf/cm^2$ $1kgf/mm^2=9.80665MPa$ $1MPa=0.101972kgf/mm^2$，1bar＝0.1MPa 1MPa＝10bar 1Torr＝133.322Pa 1Pa＝0.007501Torr 1mmHg＝133.322Pa 1Pa＝0.007501mmHg $1mmH_2O=9.80665Pa$ $1Pa=0.101972mmH_2O$ 1atm＝101.325kPa 1kPa＝0.009869atm
功能热	J，焦［耳］ kJ，千焦 MJ，兆焦 GJ，吉焦 kW·h，千瓦时	erg，尔格 cal，卡（20℃卡） kcal，大卡（20℃卡） 百万大卡（20℃卡） （电能）度	$1erg=10^{-7}J$ $1J=10^7erg$ 1cal＝4.1819J 1J＝0.239126cal 1kcal＝4.1819kJ 1kJ＝0.239126kcal 1 百万大卡＝4.1819GJ 1GJ＝0.239126 百万大卡 1 度＝1 千瓦·时＝3.6MJ 1MJ＝0.277778 度
功率	W，瓦［特］ kW，千瓦	HP，PS，马力 千瓦	1HP＝735.499W 1kW＝1.359621HP 1 千瓦＝1kW 1kW＝1 千瓦＝1 瓦
电磁学	kΩ，千欧 T，特［斯拉］ Wb，韦［伯］ A/m，安/米	kΩ，K，k Gs，高斯 Mx，麦克斯韦 Oe，奥斯特	$1Gs=10^{-4}T$ $1T=10^4Gs$ $1Mx=10^{-8}Wb$ $1Wb=10^8Mx$ 1Oe＝79.5775A/m 1A/m＝0.012566Oe
冲击功	J，焦［耳］	kgf-m 千克力米	1kgf-m＝9.80665J 1J＝0.101972kgf-m 1J＝1N·m

续附表 1-6

量	法定计量单位符号	应淘汰的单位符号	说明或换算关系
物质的量	mol，摩尔	克分子，克原子 克当量，克式量	
温度	K，开［尔文］ ℃，摄氏度	deg °K 摄氏××度 °F，华氏度	1°F＝0.555556K 1K＝1.8°F
线胀系数	K^{-1}	mm/（mm·℃）	1mm/（mm·℃）＝$1K^{-1}$
导热系数	W/（m·K）	cal/（cm·s·℃）	1cal/（cm·s·℃）＝418.68W/（m·K） 1W/（m·K）＝2.3884×10^{-3}cal/（cm·s·℃）
热容	J/K	cal/℃	1cal/℃＝4.1868J/K 1J/K＝0.23884cal/℃
比热	J/（kg·K）	cal/（kg·℃）	1cal/（kg·℃）＝4.1868J/（kg·K） 1J/（kg·K）＝0.23884cal/（kg·℃）
动力粘度	Pa·s	$kgf\cdot s/m^2$	$1kgf\cdot s/m^2=9.80665Pa\cdot s$ $1Pa\cdot s=0.101972kgf\cdot s/m^2$
运动粘度 热扩散率	m^2/s	St，斯托克斯 m^2/h	$1St=1cm^2/s=10^{-4}m^2/s$ $1m^2/h=2.77778\times10^{-4}m^2/s$
炉子利用系数	t/（m^3·d） 吨/（米³·天）	吨/立方米·昼夜	

附录 2 常见国内、国外标准代号

常见国内标准代号，见附表 2-1。

附表 2-1 常见国内标准代号

代 号	含 义	代 号	含 义
CECS	中国工程建设标准化委员会推荐性标准	GBJ	国家标准（工程建设方面）
DZ	地质矿产部标准	GN	公安部标准
FJ	纺织工业部标准	GYJ	广播电影电视部标准
GB	国家标准	HG（CB）	化学工业部标准

续附表 2-1

代 号	含 义	代 号	含 义
JB	机械工业部标准	SC	农牧渔业部标准（水产方面）
JBJ	机械工业部标准（工业建设方面）	SD	水利电力部标准
JC	国家建材局标准	SDJ	水利电力部标准（工业建设方面）
JGJ	城乡建设环境保护部标准（工程建设方面）	SJ	电子工业部标准
JJ	城乡建设环境保护部标准	SY	石油工业部标准
JJG	国家计量检定规程	SYJ	石油工业部标准（工程建设方面）
JT	交通部标准	TB	铁道部标准
LY	林业部标准	TJ	全国通用建筑设计标准
MT	煤炭工业部标准	WS	卫生部标准
NDGJ	能源部标准	YB	冶金工业部标准
QB	轻工业部标准	YBJ	冶金工业部标准（工程建设方面）
SB	商业部标准	YD	邮电部标准
SBJ	商业部标准（工程建设方面）	ZB	专业标准

常见国外标准代号，见附表 2-2。

附表 2-2 常见国外标准代号

代 号	含 义	代 号	含 义
AEIC	爱迪生照明公司协会标准	DIN	德国工业标准
AISE	美国钢铁工程师协会标准	IOS	伊拉克标准规范
AISI	美国钢铁学会标准	IS	印度国家标准
ANSI	美国国家标准	I. S. D/ D. G. I 和 S/D. SRD	印度尼西亚规范
AS	澳大利亚国家标准		
BDS	孟加拉国家标准	ISIRI	伊朗标准
BS	英国国家标准	JEC	日本电气学会标准
BSC	英国钢铁公司标准	JEM	日本电机工业会标准
CAN	加拿大国家标准	JEUS	日本电气事业联合会标准
CSA	加拿大标准	JIS	日本工业标准
CSN	捷克斯洛伐克国家标准	JUS	南斯拉夫国家标准
DGNT	秘鲁国家技术标准	KSS	科威特标准规范

续附表 2-2

代 号	含 义	代 号	含 义
MS	马来西亚标准	SNV	瑞士国家标准
MSZ	匈牙利国家标准	SS	新加坡标准
NC	古巴标准	STAS	罗马尼亚国家标准
NCH	智利标准	TIS	泰国工业标准
NEC	美国电气规程	TS	土耳其标准
NEN	荷兰国家标准	UNI	意大利国家标准
NF	法国国家标准	UTE	法国电工联合会标准
NI	阿曼规范	VDE	德国电气工程师协会标准
PaS	巴基斯坦标准	VDEH	德国钢铁工程师协会标准
PhS	菲律宾标准	VDI	德国工程师协会标准
SEV	瑞士电工协会标准	БДС	保加利亚国家标准
SIS	瑞典国家标准	ГОСТ	前苏联国家标准
SLS	斯里兰卡标准		

常见国际标准代号，见附表 2-3。

附表 2-3 常见国际标准代号

代 号	含 义	代 号	含 义
CEE	国际电气设备合格认证委员会	IEC	国际标准（国际电工委员会发布）
CIE	国际照明委员会	ISO	国际标准（国际标准化组织发布）
COB	经互会标准	OIML	国际法定度量衡组织
EN	欧洲标准化委员会标准		

部分国外标准代号英文全称及中文注释，见附表 2-4。

附表 2-4 部分国外标准代号英文全称及中文注释

代号	英文全称及中文注释
ANSI	American National Standards Institute 美国国家标准协会，负责发行包括电气工程在内的大多数工程领域的技术规范和标准，在低压开关装置方面，ANSI 技术规范是以 NEMA 和 UL 标准作为基础
AS	Australian Standards 澳大利亚标准，该标准与 IEC 标准的部分内容相一致

续附表 2-4

代号	英文全称及中文注释
BS	British Standard 英国标准，其部分内容已经和 IEC 标准一致
CEE	International Commission on Rules for the approval of Electrical Equipment 国际电气设备合格认证委员会，负责签发设备安装方面的国际技术标准（斯堪的那维亚半岛的国家将该标准作为额定电流 63A 以下的低压开关装置的基本标准）
CSA	Canadian Standards Association 加拿大标准协会，负责发行标准和授予许可证书
DIN	Deutsche Industrial Norm 德国工业标准
EN	European Norm 欧洲标准
IEC	International Electrotechnical Commission 国际电工委员会，所有的主要工业国都加入这个委员会，由该委员会建议发行的标准，可以编入国家标准，也可以使国家标准向这些内容靠拢
JIS	Japanese Industrial Standards 日本工业标准
NEMA	National Electrical Manufacturers Association 国家电气制造者协会，美国当地标准
UL	Underwriter's Laboratories 保险商实验室，美国为火灾保险商所设的试验机构，负责测试电气设备并颁布试验规则

附录 3 电机、电器绝缘材料常用数据

普通型低压电器的绝缘电阻：

(1) 冷态时，即温度为 20±5℃，相对湿度为 50～70%时，不小于 10MΩ。

(2) 在温度为 20±5℃，相对湿度为 95±3%的恒湿箱中进行潮湿试验 72 小时后，不小于 0.5MΩ。

(3) 某些产品也规定了热态时，即在温度下加热至稳定温升后，绝缘电阻不小于 5MΩ。

普通型成套电器设备的绝缘电阻，见附表 3-1。

附表 3-1 普通型成套电器设备的绝缘电阻

电器类别	回 路	绝缘电阻不小于 (MΩ)
电力传动控制站	一次及二次回路	2
控制屏（台）、低压配电屏、高压开关柜	二次回路	2
	直流小母线和电压小母线（断开其他支路时）	10

特殊电器的绝缘电阻，见附表 3-2。

附表 3-2　特殊电器的绝缘电阻

电器类别	测试条件			绝缘电阻不小于（MΩ）
热带型低压电器	湿热试验前			同普通型低压电器
	湿热试验后	电器额定电压（V）	≤100	0.25
			100～500	0.5
			＞500	每伏额定电压 1kΩ
湿热带型控制站	湿热试验前			同普通型控制站
	湿热试验过程中，每一周期冷却前			0.5
化工防腐蚀低压电器	化工气体腐蚀试验后			2
工厂用防爆电气设备				同普通型低压电器

电机绕组的绝缘电阻：

(1) 普通型电机绕组在热态时的绝缘电阻按下式求出

$$R=\frac{U_N}{1000+R_N/1000}$$

式中　R——绝缘电阻，MΩ；

U_N——电机绕组的额定电压，V；

P_N——电机的额定功率，kW。

(2) 湿热带型电机绕组的绝缘电阻，额定电压在 220V 及以上时按下式求出

$$R=\frac{U_N}{1000}$$

额定电压在 220V 以下，36V 及以上的电机 $R=0.22\text{M}\Omega$；36V 以下的电机 $R=0.1\text{M}\Omega$。

3～10kV 一次回路的电气间隙见附表 3-3。

附表 3-3　3～10kV 一次回路的电气间隙

电气间隙所处的位置	额定电压（kV） 3	6	10
	电气间隙不小于（mm）		
(1) 不同相的裸导体之间及裸露带电部分至接地骨架	75	100	125
(2) 裸露带电部分至金属封板或金属门	105	130	155
(3) 裸露带电部分至金属网状封板或网门	175	200	225
(4) 无遮拦裸导体至地（楼）板高度	2500	2500	2500

电力传动控制站、控制屏（台）、低压配电屏等的电气间隙和漏电距离见附表 3-4。

附表 3-4　电力传动控制站、控制屏（台）、低压配电屏等电气间隙和漏电距离

电器类别	额定电压或回路	电气间隙不小于（mm）	漏电距离不小于（mm）
(1) 电力传动控制站	≤500V	8	12
	501～1000V	14	28
(2) 低压配电屏、动力箱、电容器屏	一次回路	12	20
(3) 照明配电箱	一次回路	10	15
(4) 高压开关柜、控制屏（台）、低压配电屏	二次回路	4	6

注：成套电器设备的电气间隙和漏电距离是指导电零部件之间，一个电器元件与另一个电器元件的导电零部件之间的电气间隙和漏电距离。

湿热带型控制站的电气间隙和漏电距离见附表 3-5。

附表 3-5　湿热带型控制站的电气间隙和漏电距离

额定电压(V)	电气间隙（mm）	漏电距离（mm）
≤500	6	14
＞500～1000	10	30

绝缘材料的允许工作温度，见附表 3-6。

附表 3-6 绝缘材料的允许工作温度

级别	主要绝缘材料	允许工作温度（℃）
Y级	棉花、天然丝、再生纤维素、醋酸纤维素和聚酰胺为基础的纺织品、纸、纸板、木质板有机填料的塑料（脲醛树脂）等	90
A级	棉花、天然丝、再生纤维素、聚酰胺为基础的纺织品、纸、纸板等，用植物油改良的天然树脂漆、虫胶等作为浸渍或覆盖漆如漆布、漆包线的绝缘	105
E级	漆包线的绝缘（高强度）、有机填料的塑料、以纤维树脂和布为基础的层状制品、用热固性树脂和胶类作为浸渍和覆盖物	120
B级	同上	130
F级	以有机纤维材料补强和不带补强的云母片制品、玻璃丝和石棉、绝缘导线的绝缘、玻璃漆布（用耐温达155℃的树脂和漆）、以玻璃丝布和石棉纤维为基础的层压制品、以无机材料作补强和不带补强的云母粉制品	155
H级	无补强或以无机材料为补强的云母制品（用耐温180℃的硅有机漆）、玻璃丝、导线的绝缘、玻璃漆布、以玻璃丝布和石棉纤维为基础的层压制品，以无机材料为填料的塑料、浸渍过的石棉水泥、无补强或以无机材料作补强的硅有机弹性体、石棉材料（石棉丝线、石棉布、石棉纸）	180
C级	云母、玻璃和玻璃纤维材料、电瓷、石英、未浸渍的石棉水泥、电工用石板、无补强或以玻璃纤维材料作补强的云母制品、玻璃云母模压制品	180以上

电机的温升限度见附表3-7。

附表 3-7 电机的温升限度

绝缘材料的耐热等级	温度测量方法	电机部件					
		5000kVA及以上或铁芯长度在1m以上的异步电动机和显极同步电机的交流绕组	5000kVA以下或铁芯长度在1m以下的异步电动机和显极同步电机的交流绕组	用直流励磁的交流和直流电机的磁场绕组	有换向器的电枢绕组	与绕组接触的铁芯及其他部件	换向器或集电环
		温升限度（℃）					
A级	温度计法		50	50	50	60	60
	电阻法	60	60	60	60		
	埋检法	60	60				
E级	温度计法		65	65	65	75	70
	电阻法	70	75	75	75		
	埋检法	70	75				

续附表 3-7

绝缘材料的耐热等级	温度测量方法	电机部件					
		5000kVA 及以上或铁芯长度在 1m 以上的异步电动机和显极同步电机的交流绕组	5000kVA 以下或铁芯长度在 1m 以下的异步电动机和显极同步电机的交流绕组	用直流励磁的交流和直流电机的磁场绕组	有换向器的电枢绕组	与绕组接触的铁芯及其他部件	换向器或集电环
		温升限度（℃）					
B 级	温度计法		70	70	70	80	80
	电阻法	80	80	80	80		
	埋检法	80	80				
F 级	温度计法		85	85	85	100	90
	电阻法	100	100	100	100		
	埋检法	100	100				
H 级	温度计法		105	105	105	125	100
	电阻法	125	125	125	125		
	埋检法	125	125				

注：埋检法是埋置检温计法的简称。

低压电器的触头等在海拔 1000m 时的允许温升，　见附表 3-8。

附表 3-8　低压电器的触头等在海拔 1000m 时的允许温升

名称和材料		最高允许温度（℃）	在环境温度为 40℃ 时的允许温升（℃）
在空气中各类触头	铜及其合金制成的刷形或掉销式楔形触头	70	30
	铜及其合金制成的指形滑动式、桥式或插入式触头	90	50
	铜及其合金制成的，但接触面镀锡的插入式触头	100	60
	铜及其合金制成的，但接触面镀银的插入式触头	120	80
在油中的各类触头	铜、银或镶有银片者	105	65
其它	油浸电器的油面	100	60
	油浸电器的零部件	100	60
	康铜、新康铜、铁铬铝合金电阻元件	340	300
	铸铁电阻元件	390	350

在环境温度为40℃时，绝缘线圈及包有绝缘材料的金属导体的允许温升，见附表3-9。

附表 3-9 在环境温度 40℃时绝缘线圈及包有绝缘材料的金属导体的允许温升

绝缘材料耐热等级	线圈在空气中允许温升（℃）		线圈在油中允许温升（℃）
	长期工作制	反复短时、间断长期及短时工作制	
A	65	80	60
E	80	95	60
B	90	105	60
F	115	130	
H	140	155	

普通型成套电器设备的最高允许温度、温升，见附表3-10。

附表 3-10 普通型成套电器设备的最高允许温度、温升

名称和材料		普通型成套电器设备					
		高压开关柜		低压配电屏		电力传动控制站	
		最高允许温度（℃）	环境温度为+40℃时的允许温升（℃）	最高允许温度（℃）	环境温度为+40℃时的允许温升（℃）	最高允许温度（℃）	环境温度为+40℃时的允许温升（℃）
分支母线相互连接处及分支母线与电器端子连接处	铝-铝	70	30	70	30	80	40
	铝-铜	70	30	70	30		
	铜-铜	80	40	90	50	90	50
	铜镀锡-铜镀锡			100	60	100	60
	铜镀银-铜镀银			120	80	120	80
母线本体		70	30	70	30		

热带型电器的允许温升，见附表3-11。

附表 3-11 热带型电器的允许温升

电器类别	名称	环境温度（℃）	最高允许温度（℃）	允许温升（℃）
湿热带型低压电器	触头、软连接、导电螺钉、线圈	40	同普通型低压电器	
干热带型低压电器	触头、软连接、导电螺钉	50		
	线圈	45		
湿热带型高压电器		40	同普通型高压电器	
湿热带型控制站	管形电阻元件（安装在绝缘板上）	40	100	
	板形电阻		较普通型低25%	
	主回路母线及其螺钉连接处			50
	控制回路导线及其连接处			30

附录4 常用电气数据

物质的电阻率及电阻温度系数见附表4-1。

附表4-1 物质的电阻率及电阻温度系数

材质名称	电阻率 ρ (Ω·m)	电阻温度系数	
		确定 α 的温度 (℃)	电阻温度系数 α (1/℃)
铝	0.029×10^{-6}	18～100	0.0038
硬铝	0.0335×10^{-6}		
安装电线的铝线芯	0.031×10^{-6}	20	0.0041
铝圆线、扁线、母线	0.0295×10^{-6}	20	0.0041
工业用铝（含Al99.5%）	$(0.027\sim0.03)\times10^{-6}$		
铜	0.017×10^{-6}	18	0.0043
安装电线的铜线芯	0.0184×10^{-6}	20	0.00395
铜圆线、扁线、母线（硬）	$(0.0179\sim0.0182)\times10^{-6}$	20	0.00395
铜圆线、扁线、母线（软）	0.01754×10^{-6}	20	0.00395
工业用铜、硬棒	0.0179×10^{-6}		
工业用铜、软棒	0.01748×10^{-6}	20	0.00433
黄铜	0.08×10^{-6}	15	0.001
青铜	0.18×10^{-6}	20	0.0005
金	0.023×10^{-6}	0～100	0.0034～0.0025
锡	0.113×10^{-6}	20	0.0042
汞	0.958×10^{-6}	0～25	0.0009
铅	0.208×10^{-6}	18	0.0042
银	0.016×10^{-6}	0～100	0.0036
锌	0.061×10^{-6}	20	0.0037
铬	0.131×10^{-6}		
碳	13.75×10^{-6}		
锰镍铜合金	0.43×10^{-6}	18	0.000001
铜镍合金	0.49×10^{-6}		
高镍钢	0.45×10^{-6}	0	0.003
石墨	8×10^{-6}		
石棉	10^{6}		
电木	10^{9}		
云母（片）	10^{13}		
瓷	2×10^{13}		
火漆	5×10^{13}		

续附表 4-1

材质名称	电阻率 ρ (Ω·m)	电阻温度系数	
		确定 α 的温度 (℃)	电阻温度系数 α (1/℃)
虫胶	10^{14}		
聚苯乙烯	10^{15}		
硬橡胶	10^{16}		
康铜	0.49×10^{-6}	25	0.000002
白铜	0.42×10^{-6}		
铁	0.1×10^{-6}	45	0.0062
钢	0.15×10^{-6}	0～100	0.00625
钨	0.053×10^{-6}	0～170	0.0051
镍	0.07×10^{-6}	0～100	0.0062

注：1. 对金属，表列数值是指在温度 18～20℃时，纯金属及合金的电阻率。对绝缘体，表列数值是指在温度 18～20℃时，电阻率的近似值；

2. 金属电阻与温度的关系为：$R_t=R_0(1+\alpha t)$，其中 R_t 和 R_0 分别是温度为 t℃和 0℃时，金属的电阻值。

集肤效应 $K_{se}=1$ 的母线截面范围见附表 4-2。

附表 4-2　$K_{se}=1$ 的母线截面范围

钢和铜矩形母线	铝矩形母线	铜和铝的圆形母线
截面在 600mm² 以下	截面在 100mm² 以下	直径在 20mm 以下

矩形铜、铝母线的 K_{se} 值见附表 4-3。

附表 4-3　矩形铜、铝母线的 K_{se} 值

$b\times h$ (mm×mm)	K_{se}		$b\times h$ (mm×mm)	K_{se}	
	铜	铝		铜	铝
60×6	≈1.0	≈1.0	80×10	1.14	≈1.0
60×8	≈1.0	≈1.0	100×6	1.1	≈1.0
60×10	≈1.0	≈1.0	100×8	1.14	≈1.0
80×6	≈1.0	≈1.0	100×10	1.14	1.1
80×8	1.1	≈1.0	120×10	1.18	1.1
2 (80×6)	1.15	1.1	3 (100×8)	1.5	1.28
2 (80×8)	1.27	1.12	3 (100×10)	1.7	1.4
2 (80×10)	1.30	1.14	3 (120×10)	1.78	1.47
2 (100×8)	1.30	1.14	4 (100×10)	2	1.62
2 (100×10)	1.42	1.20	4 (120×10)	2.1	1.7

续附表 4-3

$b\times h$ (mm×mm)	K_{se}		$b\times h$ (mm×mm)	K_{se}	
	铜	铝		铜	铝
2 (120×10)	1.42	1.24			
3 (80×8)	1.44	1.22			
3 (80×10)	1.60	1.28			

圆形铜、铝母线 K_{se}值见附表 4-4。

附表 4-4 圆形铜、铝母线 K_{se}值

d (mm)	K_{se}		d (mm)	K_{se}	
	铜	铝		铜	铝
6	≈1.0	≈1.0	21	1.05	≈1.0
7	≈1.0	≈1.0	22	1.05	≈1.0
8	≈1.0	≈1.0	25	1.05	1.04
10	≈1.0	≈1.0	27	1.07	1.04
12	≈1.0	≈1.0	28	1.08	1.05
14	≈1.0	≈1.0	30	1.10	1.06
15	≈1.0	≈1.0	35	1.13	1.07
16	≈1.0	≈1.0	38	1.22	1.08
18	≈1.0	≈1.0	40	1.3	1.10
19	≈1.0	≈1.0	42	1.3	1.12
20	≈1.0	≈1.0	45	1.44	1.13

管形铜、铝母线 K_{se}值见附表 4-5。

附表 4-5 管形铜、铝母线 K_{se}值

d/D (mm)	K_{se} (铜)	d/D (mm)	K_{se} (铜)	d/D (mm)	K_{se} (铝)	d/D (mm)	K_{se} (铝)
12/15	1.0	40/45	1.0	13/16	1.0	45/50	1.0
14/18	1.0	45/50	1.0	17/20	1.0	50/55	1.0
16/20	1.0	49/55	1.0	18/22	1.0	54/60	1.013
18/22	1.0	53/60	1.0	27/30	1.0	64/70	1.0
20/24	1.0	62/70	1.0	26/30	1.0	74/80	1.013
22/26	1.0	72/80	1.0	25/30	1.0	72/80	1.011
25/30	1.0	75/85	1.0	36/40	1.0	75/85	1.0
29/34	1.0	90/95	1.0	35/40	1.0	90/95	1.0
35/40	1.0	93/100	1.0	40/45	1.0	90/100	1.0

绝缘材料特性见附表 4-6。

附表 4-6 绝缘材料特性

名称	绝缘强度（kV/mm）	介电常数 ε（F/m）	名称	绝缘强度（kV/mm）	介电常数 ε（F/m）
300、400号石棉水泥	1.5	7	空气（在20℃及0.1013MPa）	3～4	1.0
石板	1.5～3	4.16	干桦木	3～5	2～3
大理石	1.5～5.5	8～10	玄武岩	3～6	9～12
石棉纸	2～5		玻璃布	4	
A及B级夹布胶木	2～6		隔电纸	4～11	3.5
变压器油	5～18	2～2.5	石蜡	15～30	2.2～2.3
干电缆纸	6～9	2.3～3.5	云母片	15～30	4.6～6
石棉电木	6～14	20～25	有机玻璃	17～18	3.2～3.6
硬橡皮	8～10	2.4～4.5	陶瓷	18～25	5～7.5
蜂蜡	8～15	2.8～2.9	漆布	30～40	3.5～5
A及B级胶纸板	10～15	7～8	聚氯乙烯塑胶	45	3.1～3.5
橡皮薄片	10～15	2.6～3.5	金云母	60～125	4～5.5
电木卷筒	10～15	3.8～5	白云母	120～200	6～7.5
油浸电缆纸	10～25	3.4～3.7	虫胶		3.1～3.7
玻璃	10～40	5.5～10	电木		3～5
天然沥清	13～16	2～4			

铜与铝的特性见附表 4-7。

附表 4-7 铜与铝的特性

性质	铜	铝
符号	Cu	Al
原子量	63.54	26.98
熔点（℃）	1083	660
导热系数（对于银100）	90	50
线膨胀温度系数（K^{-1}）	17×10^{-6}	23×10^{-6}
比重（t/m^3）	8.89	2.7
抗拉强度（MPa）	（硬）（35～47）×9.81	（硬）（15～18）×9.81
抗拉强度（MPa）	（软）（20～28）×9.81	（软）（7～14）×9.81
弹性系数（MPa）	（9140～12650）×9.81	6300×9.81
固有电阻（Ω·m）	（硬）0.01777×10^{-6}	（硬）0.02873×10^{-6}

续附表 4-7

性 质	铜	铝
固有电阻（Ω·m）	（软）0.01724×10^{-6}	（软）0.0232×10^{-6}
电阻温度系数（20℃）（1/℃）（软）	0.00393	0.00403
导电率（20℃）（软）	100	61

铜导体与铝导体比较见附表 4-8。

附表 4-8 铜导体与铝导体比较

条 件	比较项目	铜导体	铝导体
电阻恒定时	面积比	100	159
	直径比（圆导体）	100	127
	质量比	100	48
电流容量恒定时	面积比	100	139
	直径比（圆导体）	100	118
	质量比	100	42

附录 5 电工学的基本定律及关系式

（1）克希荷夫第一定律

对任意节点流入或流出此节点的电流代数和恒等于零，即

$$\Sigma I = 0$$

（2）克希荷夫第二定律

回路各段电压的代数和恒等于零，即

$$\Sigma U = \Sigma(IR) = 0$$

（3）电阻串联

$$R = R_1 + R_2 + R_3 + \cdots$$

$$U = U_1 + U_2 + U_3 + \cdots$$

$$I = I_1 = I_2 = I_3 = \cdots$$

$$U : U_1 : U_2 : U_3 : \cdots = R : R_1 : R_2 : R_3 : \cdots$$

（4）电阻并联

$$\frac{1}{R} = \frac{1}{R_1} + \frac{1}{R_2} + \frac{1}{R_3} + \cdots$$

$$U = U_1 = U_2 = U_3 = \cdots$$

$$I = I_1 + I_2 + I_3 + \cdots$$

$$I : I_1 : I_2 : I_3 : \cdots = \frac{1}{R} : \frac{1}{R_1} : \frac{1}{R_2} : \frac{1}{R_3} : \cdots$$

式中 R ——串联或并联电路中总电阻，Ω；

U——串联或并联电路中总电阻压降，V；

I——串联或并联电路中总电流，A；

R_1、R_2、R_3——串联或并联支路电阻，Ω；

U_1、U_2、U_3——串联或并联支路电阻上的压降，V；

I_1、I_2、I_3——流过串联或并联支路的电流，A。

（5）正弦交流电路的频率 f、周期 T、角速度 ω、转速 n、极对数 p 的关系

$$T = \frac{1}{f}$$

$$\omega = \frac{2\pi}{T} = 2\pi f$$

$$n = \frac{60f}{p}$$

当 $f = 50\text{Hz}$ 时，$T = 0.02\text{s}$，$\omega = 314\text{rad/s}$

（6）交流电路中的功率与能量

单相电路：

$$P = UI\cos\varphi \times 10^{-3}$$

$$Q = UI\sin\varphi \times 10^{-3}$$

$$S = UI \times 10^{-3} = \sqrt{P^2 + Q^2}$$

三相电路：

$$P = \sqrt{3}\, UI\cos\varphi \times 10^{-3}$$

$$Q = \sqrt{3}\, UI\sin\varphi \times 10^{-3}$$

$S = \sqrt{3}UI \times 10^{-3} = \sqrt{P^2 + Q^2}$

$W_a = \sqrt{3}UI\cos\varphi \times 10^{-3}t$

$W_r = \sqrt{3}UI\sin\varphi \times 10^{-3}t$

式中 P——有功功率，kW；

Q——无功功率，kvar；

S——视在功率，kVA；

U——线电压，V；

I——线电流，A；

W_a——有功电能，kWh；

W_r——无功电能，kvarh；

t——时间，h；

φ——功率因数角，rad、°；

$\cos\varphi = \frac{P}{S}$；

$\sin\varphi = \frac{Q}{S}$。

(7) 交流电路中的电压及电流

$U = \sqrt{U_a^2 + U_r^2}$

$I = \sqrt{I_a^2 + I_r^2}$

$U_a = U\cos\varphi$

$I_a = I\cos\varphi$

$U_r = U\sin\varphi$

$I_r = I\sin\varphi$

式中 U——电压的有效值，V；

I——电流的有效值，A；

U_a——电压的有功分量，V；

U_r——电压的无功分量，V；

I_a——电流的有功分量，A；

I_r——电流的无功分量，A。

(8) 三相线路中的功率损耗

$\Delta P = 3I^2R \times 10^{-3}$

$\Delta Q_l = 3I^2X_l \times 10^{-3}$

$\Delta Q_C = 3U^2B_C \times 10^{-3}$

式中 ΔP——在电阻（R）中的功率损耗，kW；

ΔQ_l——在感抗（X_l）中的功率损耗，kvar；

ΔQ_C——在容抗（X_C）中的功率损耗，kvar；

U——电网电压，V；

I——负载电流，A；

B_C——容性电纳，S。

(9)正弦交流电路每相的瞬时值、有效值、平均值、最大值之间的关系：

瞬时值： $e = U_m\sin\omega t$

$i = I_m\sin(\omega t + \varphi)$

正弦电流瞬时值与 ωt 的关系，见附表 5-1。

附表 5-1 正弦电流瞬时值与 ωt 的关系

角度 ωt	电流瞬时值 i	电流瞬时值平方 i^2
5°及 175°	$0.087I_m$	$0.007I_m^2$
15°及 165°	$0.259I_m$	$0.067I_m^2$
25°及 155°	$0.423I_m$	$0.179I_m^2$
35°及 145°	$0.574I_m$	$0.329I_m^2$
45°及 135°	$0.707I_m$	$0.5I_m^2$
55°及 125°	$0.819I_m$	$0.671I_m^2$
65°及 115°	$0.906I_m$	$0.821I_m^2$
75°及 105°	$0.966I_m$	$0.933I_m^2$
85°及 95°	$0.996I_m$	$0.993I_m^2$
90°	I_m	I_m^2

有效值：$U = \frac{1}{\sqrt{2}}U_m = 0.707U_m$

$I = \frac{1}{\sqrt{2}}I_m = 0.707I_m$

平均值：$U_{mv} = \frac{2}{\pi}U_m = 0.637U_m$

$I_{mv} = \frac{2}{\pi}I_m = 0.637I_m$

最大值：$U_m = \sqrt{2}U = 1.414U$

$U_m = \frac{\pi}{2}U_{mv} = 1.571U_{mv}$

$I_m = \sqrt{2}I = 1.414I$

$I_m = \frac{\pi}{2}I_{mv} = 1.571I_{mv}$

(10) 三相星形连接和三角形连接时，电压、电流的关系

星形连接： $U_l = \sqrt{3}U_\phi$

$I_l = I_\phi$

三角形连接： $U_l = U_\phi$

$I_l = \sqrt{3}I_\phi$

式中 U_l、U_ϕ、I_l、I_ϕ——分别为线电压、相电压、线电流、相电流。

(11) 电路的阻抗与导纳

导体电阻：

在温度为 t ℃时，导体的欧姆电阻（直流电阻）

$$R_{DC} = \rho \frac{L}{S}$$

在温度为 t ℃时，导体的有效电阻（交流电阻）

$$R_{AC} = KR_{DC}$$

式中 ρ——电阻率，$\Omega \cdot m$；

L——导体长度，m；

S——导体截面积，m^2；

K——除考虑集肤效应外，尚计及磁导体中激磁现象的系数。

当温度 t℃不是规定温度时，按 ρ 值求出 R 值应按下式校正：

$$R_2 = R_1[1 + \alpha(t_2 - t_1)]$$

式中 R_1——按 18～20℃的 ρ 值求出的电阻值，Ω；

t_1——换算前的温度 18～20℃，℃；

t_2——换算后的温度（实际温度），℃；

α——电阻温度系数，1/℃。

电路的阻抗：

感抗： $X_l = \omega L = 2\pi f L$

容抗： $X_C = \frac{1}{\omega C} = \frac{1}{2\pi f C}$

全电抗：$X = X_l - X_C$

交流电路的阻抗：

$$Z = \sqrt{R^2 + (X_l - X_C)^2} = \sqrt{R^2 + (\omega L - \frac{1}{\omega C})^2}$$

式中 ω——角速度（当 f=50Hz 时，ω=314）；

f——频率，Hz；

L——电感，H；

C——电容，F。

电路的导纳：

电导： $G = \frac{1}{R}$

感性电纳： $B_l = \frac{1}{X_l} = \frac{1}{\omega L}$

容性电纳： $B_C = \frac{1}{X_C} = \omega C$

全电纳： $B = B_l - B_C$

由 RLC 并联的总导纳：

$$Y = \sqrt{G^2 + (B_l - B_C)^2} = \frac{1}{Z} = \frac{I}{U}$$

或 $$Y = \sqrt{(\frac{1}{R})^2 + (\frac{1}{\omega L} - \omega C)^2}$$

式中 U——线电压，V；

I——线电流，A。

具有多个并联支路的导纳（每支路由 RLC 串联）：

$$G_1 = \frac{R_1}{Z_1^2};\ G_2 = \frac{R_2}{Z_2^2};\ \cdots\ G_n = \frac{R_n}{Z_n^2}$$

$$B_1 = \frac{X_1}{Z_1^2};\ B_2 = \frac{X_2}{Z_2^2};\ \cdots\ B_n = \frac{X_n}{Z_n^2}$$

总导纳： $Y = \sqrt{G^2 + B^2}$

总阻抗： $Z = \frac{1}{Y} = \frac{1}{\sqrt{G^2 + B^2}} = \frac{U}{I}$

式中 G_1、G_2、…G_n——各支路的电导，S；

B_1、B_2、…B_n——各支路的电纳，S；

R_1、R_2、…R_n——各支路的电阻，Ω；

X_1、X_2、…X_n——各支路的电抗，Ω；

Z_1、Z_2、…Z_n——各支路的阻抗，Ω。

（12）电感（自感系数）

有铁芯线圈的电感：

$$L = \frac{1.25 n^2 S \mu}{l} \times 10^{-8}$$

公式适用于单层线圈，另外 $\frac{l}{r_x} < 6$ 时，应乘校正系数 K，K 与 $\frac{l}{r_x}$ 的关系，见附图 5-1。

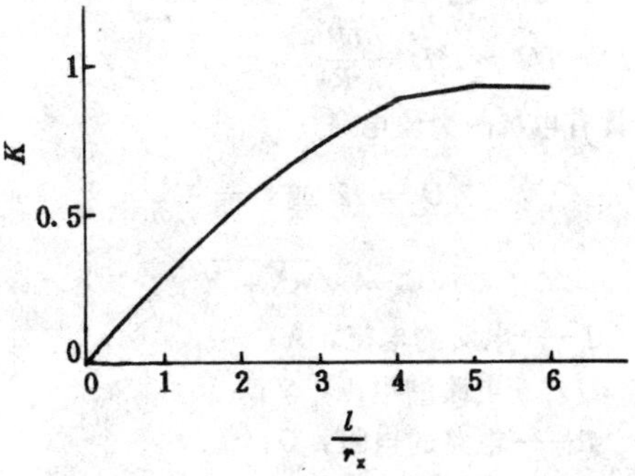

附图 5-1 K 与 $\frac{l}{r_x}$ 的关系曲线

三相线路每公里的电感：

$$L_0 = (4.6\log\frac{D_p}{r} + 0.5\mu) \times 10^{-4}$$

$$D_p = \sqrt[3]{D_1 D_2 D_3}$$

式中 μ——介质的导磁系数；

n——线圈的匝数；

S——线圈的截面，cm^2；

l——磁路的长度，cm；

r_x——线圈的半径，cm；

r——导线的外半径，cm；

D_p——线路导线间的几何均距，cm；

D_1、D_2、D_3——每两根导线中心线间的距离，cm。

(13) 电容

三相线路每公里的电容：

$$C_0 = \frac{24}{\log \frac{D_p}{r} \times 10^9}$$

数个电容串联时，电路的总电容：

$$C = \frac{1}{\frac{1}{C_1} + \frac{1}{C_2} + \cdots + \frac{1}{C_n}}$$

数个电容并联时，电路的总电容：

$$C = C_1 + C_2 + \cdots + C_n$$

式中 r——导线或电缆芯线的半径，cm；

C_1、C_2、C_n——电路的各个电容，F。

(14)欧姆定律及一般关系式在直流或纯电阻负载的单相交流电路中

$$U = IR = \frac{P}{I} = \sqrt{PR}$$

$$I = \frac{U}{R} = \frac{P}{U} = \sqrt{\frac{P}{R}}$$

$$R = \frac{U}{I} = \frac{P}{I^2} = \frac{U^2}{P}$$

$$P = UI = I^2R = \frac{U^2}{R}$$

具有电抗的交流电路

$$U = IZ \text{ 或 } I = \frac{U}{Z}$$

$$Z = \sqrt{R^2 + X^2}$$

式中 I——电路的电流，A；

U——电路的电压，V；

R——电路的电阻，Ω；

Z——电路的阻抗，Ω；

X——电路的电抗，Ω。

(15) 导磁系数

真空、空气和铜、木材、橡胶等一般非磁性物质：

$$\mu_0 = 4\pi \times 10^{-7}$$

磁性物质（铁磁物质）：

$$\mu = \mu_r \mu_0$$

式中 μ_r——相对导磁系数，生铁不超过200；铸钢不超过1000左右；电工钢或硅钢在6000～7000之间；坡莫合金在弱磁场下达90000。

(16) 磁路的基本公式

磁通量： $\Phi = BS$， $B = \mu H$

直流磁路的磁化力：

$$IW = \Sigma Hl = \Phi \Sigma \frac{l}{\mu S}$$

交流磁路中的电磁感应定律：

$$U = 4.44fWBS$$

式中 Φ——磁通量，Wb；

B——磁感应强度，T；

H——磁场强度，A/m；

S——铁芯截面，m^2；

l——磁路平均长度，m；

μ——导磁系数；

W——绕组匝数；

I——电流，A；

U——电压，V；

f——频率，Hz。

(17) 电流的热效应

$$Q = 1.00366I^2Rt$$

式中 Q——发热量，J；

t——通电时间，s。

(18) 电流的动效应

$$F = 20i_1i_2\frac{l}{a} \times 10^{-8}$$

式中 F——作用于平行导体上的力，N；

i_1、i_2——平行导体中电流的幅值，A；

l——导体的长度，m；

a——导体间的距离，m。

(19) 电磁铁的吸力（起重力）

直流： $P \approx 40B^2S \times 10^4$

交流： $P \approx 20B_{max}^2S \times 10^4$

式中 P——电磁铁的起重力，N；

B——磁感应强度，T；

B_{max}——磁感应强度的幅值，T；

S——铁芯截面，m^2。

(20) 电流的化学效应

$$m = 10.36\frac{A}{n}It \times 10^{-6}$$

式中 m——在电极上收取的物质质量，g；

A——物质的原子量；

n——物质的原子价；

I——电流，A；

t——时间，s。

附录6 金属及非金属材料

常用镀锌铁线技术数据见附表6-1。

附表 6-1 常用镀锌铁线技术数据

直径 (mm)	直径公差 (mm)	截面 (mm^2)	质量 (kg/km)	20℃时最大电阻 (Ω/km)	抗张力 (N)	伸长率 (%)
1.6	0.05	2.011	15.69	65.95	691	7
1.8	0.06	2.545	19.85	52.11	873	7
2.0	0.06	3.142	24.51	42.21	1079	7
2.3	0.06	4.155	32.41	31.92	1426	7
2.6	0.06	5.309	41.42	24.98	1823	7
2.9	0.08	6.605	51.52	20.08	2268	10
3.2	0.08	8.042	62.73	16.49	2762	10
3.5	0.1	9.621	75.04	13.78	3303	10
4.0	0.1	12.57	98.05	10.55	4316	10
4.5	0.1	15.9	124	8.341	5459	10
5.0	0.13	19.64	153.2	6.753	6743	12
5.5	0.13	23.76	185.3	5.581	8158	12
6.0	0.13	28.27	220.5	4.691	9707	12

镀锌钢绞线技术数据见附表 6-2。

附表 6-2 镀锌钢绞线技术数据

钢丝 1×7 股				
钢绞线直径 (mm)	钢丝直径 (mm)	截面 (mm^2)	质量 (kg/100m)	钢绞线破断拉力不小于 (kN)
4.2	1.4	10.77	9.23	17.9
5.1	1.7	15.88	13.6	26.3
6.0	2.0	21.98	18.82	36.5
6.6	2.2	26.6	22.77	44.2
7.2	2.4	31.65	27.09	52.7
7.8	2.6	37.15	31.82	61.8
9.0	3.0	49.46	42.37	75
9.6	3.2	56.27	48.10	77
10.5	3.6	67.31	57.65	92
12	4.0	87.92	75.33	107.7
钢丝 1×19 股				
钢绞线直径 (mm)	钢丝直径 (mm)	截面 (mm^2)	质量 (kg/100m)	钢绞线破断拉力不小于 (kN)
5.0	1.0	14.92	12.7	24.7
6.0	1.2	21.48	18.59	35.7
6.5	1.3	25.21	21.49	41.9
7.0	1.4	29.23	24.92	48.6
9.0	1.8	48.32	41.11	80.4
10	2.0	59.66	50.82	98.9

续表 6-2

钢丝 1×19 股				
钢绞线直径 (mm)	钢丝直径 (mm)	截面 (mm^2)	质量 (kg/100m)	钢绞线破断拉力不小于 (kN)
11	2.2	72.19	61.5	120
12	2.4	85.91	73.15	143
13	2.6	100.83	85.94	167.5
14	2.8	116.93	99.5	177.3
15	3.0	134.24	114.4	203.8

热轧圆钢技术数据见附表 6-3。

附表 6-3 热轧圆钢技术数据

直径 (mm)	理论质量 (kg/m)	直径 (mm)	理论质量 (kg/m)	直径 (mm)	理论质量 (kg/m)
5.0	0.154	11	0.746	19	2.23
5.5	0.187	12	0.888	20	2.47
6.0	0.222	13	1.04	21	2.72
6.5	0.26	14	1.21	22	2.98
7.0	0.302	15	1.39	23	3.26
8.0	0.395	16	1.58	24	3.55
9.0	0.499	17	1.78	25	3.85
10	0.617	18	2.0	26	4.17

热轧扁钢技术数据见附表 6-4。

附表 6-4 热轧扁钢技术数据

宽度（mm）	理论质量（kg/m） 厚度（mm）							
	3	4	5	6	7	8	9	10
10	0.24	0.31	0.39	0.47	0.55	0.63		
12	0.28	0.38	0.47	0.57	0.66	0.75		
14	0.33	0.44	0.55	0.66	0.77	0.88		
16	0.38	0.5	0.63	0.75	0.88	1.00	1.15	1.26
18	0.42	0.57	0.71	0.85	0.99	1.13	1.27	1.41
20	0.47	0.63	0.79	0.94	1.10	1.26	1.41	1.57
22	0.52	0.69	0.86	1.01	1.21	1.38	1.55	1.73
25	0.59	0.79	0.98	1.18	1.37	1.57	1.77	1.86
28	0.66	0.88	1.10	1.32	1.54	1.76	1.98	2.20
30	0.71	0.94	1.18	1.41	1.65	1.88	2.12	2.36
32	0.75	1.01	1.25	1.50	1.76	2.01	2.26	2.54
36	0.85	1.13	1.41	1.69	1.97	2.26	2.51	2.82
40	0.94	1.26	1.57	1.88	2.20	2.51	2.83	3.14
45	1.06	1.41	1.77	2.12	2.47	2.83	3.18	3.53
50	1.18	1.57	1.96	2.36	2.75	3.14	3.53	3.93
56	1.32	1.76	2.20	2.64	3.08	3.52	3.95	4.39
60	1.41	1.88	2.36	2.83	3.30	3.77	4.24	4.71
63	1.48	1.98	2.47	2.97	3.46	3.95	4.45	4.94
65	1.53	2.04	2.53	3.06	3.57	4.08	4.59	5.10
70	1.65	2.20	2.75	3.30	3.85	4.40	4.95	5.50
75	1.77	2.36	2.94	3.53	4.12	4.71	5.30	5.89
80	1.88	2.51	3.14	3.77	4.40	5.02	5.65	6.28
85	2.00	2.67	3.34	4.00	4.67	5.34	6.01	6.67
90	2.12	2.83	3.53	4.24	4.95	5.65	6.36	7.07
95	2.24	2.98	3.73	4.47	5.22	5.97	6.71	7.46
100	2.36	3.14	3.93	4.71	5.50	6.28	7.07	7.85

热轧等边角钢技术数据见附表 6-5。

附表 6-5 热轧等边角钢技术数据

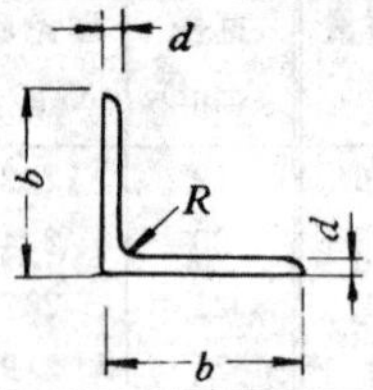

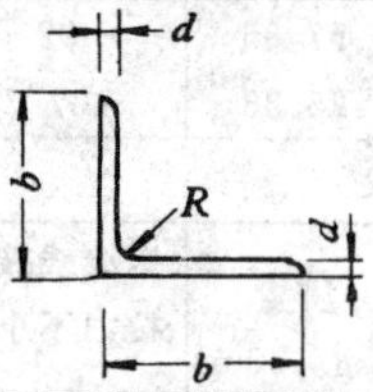

尺寸 (mm) b	d	R	截面面积 A (cm^2)	质量 (kg/m)	尺寸 (mm) b	d	R	截面面积 A (cm^2)	质量 (kg/m)
20	3	3.5	1.132	0.889	30	3	4.5	1.749	1.373
	4		1.459	1.145		4		2.276	1.787
25	3	3.5	1.432	1.124	36	3	4.5	2.109	1.656
	4		1.859	1.459		4		2.756	2.163
						5		3.382	2.655

续附表 6-5

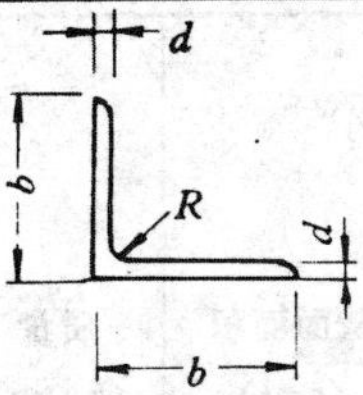

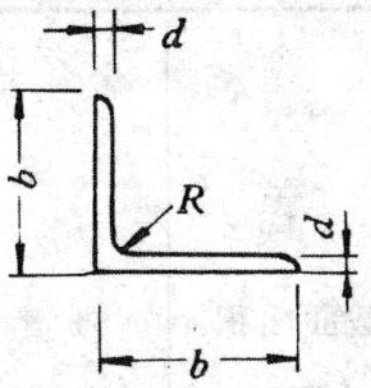

尺寸 (mm)			截面面积 A (cm^2)	质量 (kg/m)
b	d	R		
40	3	5	2.359	1.852
	4		3.086	2.423
	5		3.792	2.977
45	3	5	2.659	2.083
	4		3.486	2.737
	5		4.292	3.369
	6		5.076	3.985
50	3	5.5	2.971	2.332
	4		3.897	3.059
	5		4.803	3.770
	6		5.688	4.465
56	3	6	3.343	2.624
	4		4.390	3.446
	5		5.415	4.251
	8		8.367	6.568
63	4	7	4.978	3.907
	5		6.143	4.822
	6		7.288	5.721
	8		9.515	7.469
	10		11.657	9.151
70	4	8	5.570	4.372
	5		6.875	5.397
	6		8.160	6.406
	7		9.424	7.398
	8		10.667	8.373
75	5	9	7.412	5.818
	6		8.797	6.905
	7		10.160	7.976
	8		11.503	9.030
	10		14.126	11.089
80	5	9	7.912	6.211
	6		9.397	7.376
	7		10.860	8.525
	8		12.303	9.658
	10		15.126	11.874
90	6	10	10.637	8.350
	7		12.301	9.656
	8		13.944	10.946
	10		17.167	13.476
	12		20.306	15.940
100	6	12	11.932	9.367
	7		13.796	10.830
	8		15.639	12.276
	10		19.261	15.120
100	12	12	22.800	17.898
	14		26.256	20.611
	16		29.627	23.257
110	7	12	15.196	11.929
	8		17.239	13.532
	10		21.261	16.690
	12		25.200	19.782
	14		29.056	22.809
125	8	14	19.750	15.504
	10		24.373	19.133
	12		28.912	22.696
	14		33.367	26.193
140	10	14	27.373	21.488
	12		32.512	25.522
	14		37.567	29.490
	16		42.539	33.393
160	10	16	31.502	24.729
	12		37.441	29.391
	14		43.296	33.987
	16		49.067	38.518
180	12	16	42.241	33.159
	14		48.896	38.383
	16		55.467	43.542
	18		61.955	48.635
200	14	18	54.642	42.894
	16		62.013	48.680
	18		69.301	54.401
	20		76.505	60.056
	24		90.661	71.168

热轧不等边角钢技术数据见附表 6-6。

附表 6-6 热轧不等边角钢技术数据

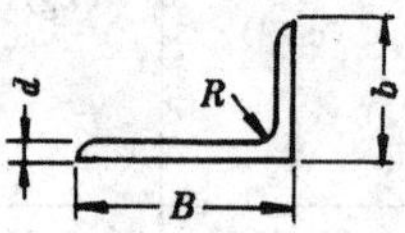

尺寸 (mm)				截面面积 (cm^2)	质量 (kg/m)
B	*b*	*d*	*R*		
25	16	3	3.5	1.162	0.912
		4		1.499	1.176
32	20	3		1.492	1.171
		4		1.939	1.522
40	25	3	4	1.890	1.484
		4		2.467	1.936
45	28	3	5	2.149	1.687
		4		2.806	2.203
50	32	3	5.5	2.431	1.908
		4		3.177	2.494
56	36	3	6	2.743	2.153
		4		3.590	2.818
		5		4.415	3.466
63	40	4	7	4.058	3.185
		5		4.993	3.920
		6		5.908	4.638
		7		6.802	5.339
70	45	4	7.5	4.553	3.574
		5		5.609	4.403
		6		6.644	5.215
		7		7.657	6.011
75	50	5	8	6.125	4.808
		6		7.260	5.699
		8		9.467	7.431
		10		11.590	9.098
80	50	5		6.375	5.005
		6		7.560	5.935
		7		8.724	6.848
		8		9.867	7.745
90	56	5	9	7.212	5.661
		6		8.557	6.717
		7		9.880	7.756
		8		11.183	8.779

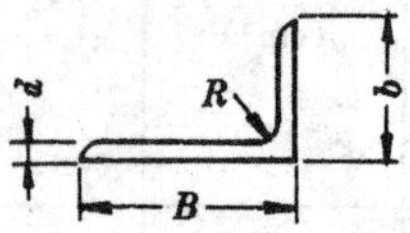

尺寸 (mm)				截面面积 (cm^2)	质量 (kg/m)
B	*b*	*d*	*R*		
100	63	6	10	9.617	7.550
		7		11.111	8.722
		8		12.584	9.878
		10		15.467	12.142
100	80	6	10	10.637	8.350
		7		12.301	9.656
		8		13.944	10.946
		10		17.167	13.476
110	70	6		10.637	8.350
		7		12.301	9.656
		8		13.944	10.946
		10		17.167	13.476
125	80	7	11	14.096	11.066
		8		15.989	12.551
		10		19.712	15.474
		12		23.351	18.330
140	90	8	12	18.083	14.160
		10		22.261	17.475
		12		26.400	20.724
		14		30.456	23.908
160	100	10	13	25.315	19.872
		12		30.054	23.592
		14		34.709	27.247
		16		39.281	30.835
180	110	10	14	28.373	22.273
		12		33.712	26.464
		14		38.967	30.589
		16		44.139	34.649
200	125	12	14	37.912	29.761
		14		43.867	34.436
		16		49.739	39.045
		18		55.526	43.588

热轧普通槽钢技术数据见附表 6-7。

附表 6-7 热轧普通槽钢技术数据

槽钢型号	尺寸 (mm)					截面面积 (cm^2)	质量 (kg/m)
	h	*d*	*b*	*t*	*R*		
5	50	4.5	37	7	7	6.93	5.44
6.3	63	4.8	40	7.5	7.5	8.44	6.63
8	80	5	43	8	8	10.24	8.04
10	100	5.3	48	8.5	8.5	12.74	10.00
12.6	126	5.5	53	9	9	15.69	12.37
14_a	140	6	58	9.5	9.5	18.51	14.53
14_b	140	8	60	9.5	9.5	21.31	16.73
16_a	160	6.5	63	10	10	21.95	17.23
16	160	8.5	65	10	10	25.15	19.74
18_a	180	7	68	10.5	10.5	25.69	20.17
18	180	9	70	10.5	10.5	29.29	22.99
20_a	200	7	73	11	11	28.83	22.63
20	200	9	75	11	11	32.83	25.77
22_a	220	7	77	11.5	11.5	31.84	24.99
22	220	9	79	11.5	11.5	36.24	28.45
25_a	250	7	78	12	12	34.91	27.47
25_b	250	9	80	12	12	39.91	31.39
25c	250	11	82	12	12	44.91	35.32
28_a	280	7.5	82	12.5	12.5	40.02	31.42
28_b	280	9.5	84	12.5	12.5	45.62	35.81
28c	280	11.5	86	12.5	12.5	51.22	40.21
32_a	320	8	88	14	14	48.7	38.22
32_b	320	10	90	14	14	55.1	43.25
32c	320	12	92	14	14	61.5	48.28
36_a	360	9	96	16	16	60.89	47.80
36_b	360	11	98	16	16	68.09	53.45
36c	360	13	100	16	16	75.29	59.10
40_a	400	10.5	100	18	18	75.05	58.91
40_b	400	12.5	102	18	18	83.05	65.19
40c	400	14.5	104	18	18	91.05	71.47
* 6.5	65	4.8	40	7.5	7.5	8.54	6.7
* 12	120	5.5	53	9	9	15.36	12.06
* 24_a	240	7	78	12	12	34.21	26.55
* 27_a	270	7.5	82	12.5	12.5	39.27	30.83
* 30_a	300	7.5	85	13.5	13.5	43.89	34.45

注：* 者为暂时保留品种。

热轧普通工字钢技术数据见附表 6-8。

附表 6-8 热轧普通工字钢技术数据

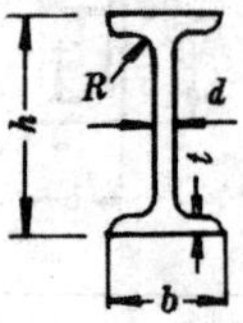

工字钢型号	尺寸 (mm)					截面面积 (cm^2)	质量 (kg/m)
	h	*b*	*t*	*d*	*R*		
10	100	68	7.6	4.5	6.5	14.3	11.2
12.6	126	74	8.4	5	7	18.1	14.2
14	140	80	9.1	5.5	7.5	21.5	16.9
16	160	88	9.9	6	8	26.1	20.5
18	180	94	10.7	6.5	8.5	30.6	24.1
20_a	200	100	11.4	7	9	35.5	27.9
20_b	200	102	11.4	9	9	39.5	31.1
22_a	220	110	12.3	7.5	9.5	42	33
22_b	220	112	12.3	9.5	9.5	46.4	36.4
25_a	250	116	13	8	10	48.5	38.1
25_b	250	118	13	10	10	53.5	42
28_a	280	122	13.7	8.5	10.5	55.45	43.4
28_b	280	124	13.7	10.5	10.5	61.05	47.9
32_a	320	130	15	9.5	11.5	67.05	52.7
32_b	320	132	15	11.5	11.5	73.45	57.7
32_c	320	134	15	13.5	11.5	79.95	62.8
36_a	360	136	15.8	10	12	76.3	59.9
36_b	360	138	15.8	12	12	83.5	65.6
36_c	360	140	15.8	14	12	90.7	71.2
40_a	400	142	16.5	10.5	12.5	86.1	67.6
40_b	400	144	16.5	12.5	12.5	94.1	73.8
40_c	400	146	16.5	14.5	12.5	102	80.1
45_a	450	150	18	11.5	13.5	102	80.4
45_b	450	152	18	13.5	13.5	111	87.4
45_c	450	154	18	15.5	13.5	129	94.5
50_a	500	158	20	12	14	119	93.6
50_b	500	160	20	14	14	129	101
50_c	500	162	20	16	14	139	109
56_a	560	166	21	12.5	14.5	135.25	106.2
56_b	560	168	21	14.5	14.5	146.45	115
56_c	560	170	21	16.5	14.5	157.85	123.9
63_a	630	176	22	13	15	154.9	121.6
63_b	630	178	22	15	15	167.5	131.5

续附表 6-8

工字钢型号	尺寸 (mm) 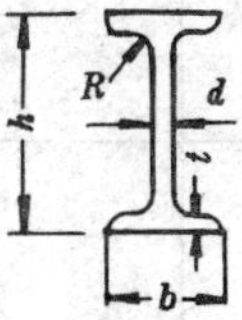					截面面积 (cm^2)	质量 (kg/m)
	h	*b*	*t*	*d*	*R*		
63_c	630	180	22	17	15	180.1	141
＊12	120	74	8.4	5	7	17.8	14
＊24_a	240	116	13	8	10	47.7	37.4
＊27_a	270	122	13.7	8.5	10.5	54.6	42.8
＊30_a	300	126	14.4	9	11	61.2	48
＊55_a	550	166	21	12.5	14.5	134	105

注：＊者为暂时保留品种。

电线管技术数据见附表 6-9。

附表 6-9　电线管技术数据

公称直径（mm）	外径（mm）	壁厚（mm）	质量（kg/m）
12	12.7	1.6	0.451
15	15.87	1.6	0.562
20	19.05	1.8	0.765
25	25.4	1.8	1.035
32	31.75	1.8	1.335
40	38.1	1.8	1.611
50	50.8	2.0	2.4
64	63.5	2.5	3.76
75	76.2	3.2	5.75

注：电线管每 6m 附带 1 个管接头，如计算电线管理论质量时，应另加管接头质量；
电线管通常长度：3～9m。

普通镀锌金属软管技术数据见附表 6-10。

附表 6-10　普通镀锌金属软管技术数据

公称直径 (mm)	外径 (mm)	内外径允许偏差 (mm)	节距 (mm)	自然弯曲直径不大于	最大轴向拉力 (N)	理论质量 (kg/km)
4	6.1	±0.2	2.65	30	235.2	44.9
6	8.2	±0.25	2.7	40	352.8	68.5
8	11	±0.3	4	45	470.4	111
10	13.5	±0.3	4.7	55	588	141

续表 6-10

公称直径(mm)	外径(mm)	内外径允许偏差(mm)	节距(mm)	自然弯曲直径不大于	最大轴向拉力(N)	理论质量(kg/km)
12	15.5	±0.35	4.7	60	705.6	164
13	16.5	±0.35	4.7	65	764.4	176
15	19	±0.35	5.7	80	882	236
16	20	±0.35	5.7	85	940.8	249
19	23.3	±0.4	6.4	95	1117.2	327
20	24.3	±0.4	6.4	100	1176	342
22	27.3	±0.45	8.5	105	1293.6	384
25	30.3	±0.45	8.5	115	1470	432
32	38	±0.5	10.5	140	1881.6	585
38	45	±0.6	11.4	160	2234.4	807
51	58	±1.0	11.4	190	2998.8	1055
64	72.5	±1.5	14.2	280	3763.2	1599
75	83.5	±2.0	14.2	320	4410	1850
100	108.5	±3.0	14.2	380	5880	2430

注：计量软管长度，应使软管处于平直状态，用量尺逐根进行；
长度以 10cm 起算，每根最短长度不少于 3m；
外压塑料膜的金属软管，公称直径可参照普通金属软管，但价格比普通镀锌金属软管稍贵；
生产厂：上海金属软管厂。

防湿镀锌金属软管（P_3 型防湿软管）技术数据见 附表 6-11。

附表 6-11 防湿镀锌金属软管技术数据

公称内径(mm)	最小内径(mm)	最大外径(mm)	带钢厚度(mm)	自然弯曲直径不大于(mm)
13	12.5	17.5	0.3	100
15	14.5	20.5	0.35	110
16	15.5	21.5	0.35	120
18	17.5	24	0.4	130
19	18.5	25	0.4	140
20	19.5	26	0.4	150
25	24.5	32	0.4	160

注：表内未列入的规格，根据用户需要也可供应，其技术条件由双方协议规定；
每根软管最短长度不少于 2m。

软管接头（蛇皮管接头）是用聚酰胺（尼龙）塑料 制成。管形一端可与同规格金属软管相配合，另一端为外螺纹可与螺纹规格相同的电气设备进线管口、管路接头等连接。接头的规格以配用金属软管的公称内径大小来区分。

软管接头技术数据见附表 6-12。

附表 6-12 软管接头技术数据

型号	结构型式	规格(mm)	外螺纹端规格(mm)	穿线孔径(mm)	最大外径(mm)	长度(mm)
TJ-38	封闭式	10	15	10	32	40
		12～13	15	12	36	40
		15～16	15	15	40	45
		20	20	20	46	45
TJ-350	简易式	6	8	6	20	26
		8	8	8	24	26
		8	10	8	24	27
		10	15	10	29	34
		13	15	13	31	34
		16	20	16	34	38
		19	20	19	36	40
		25	25	25	46	47
		32	32	32	54	52
		38	40	38	66	61
		51	50	51	89	71

附录 7 《外壳防护等级的分类》(GB4208－84)

GB4208－84 标准中的分类系统所包括的防护型式：

(1) 防止人体触及或接近外壳内部的带电部分及运动部件(光滑的旋转轴和类似部件除外)，防止固体异物进入外壳内部。

(2) 防止水进入外壳内部达到有害程度。

标志(分类分级系统)，表示防护等级的标志通常由特征字母 IP 和两个特征数字组成。第 1 位数字指上述(1)项中所述防护等级；第 2 位数字指上述(2)项中所述防护等级。特征数字的含义分别见附表 7-1 和附表 7-2。

如仅需用 1 个特征数字表示防护等级时，被省略的数字位置用字母 X 代替，例如：IPX5、IP2X。

附表 7-1 第 1 位特征数字所代表的防护等级含义

第 1 位特征数字	简短说明	防护等级含义
0	无防护	没有专门防护

续附表 7-1

第1位特征数字	简短说明	防护等级含义
1	防止大于50mm的固体异物	能防止直径大于50mm的固体异物进入壳内，能防止人体的某一部分（如手）偶然或意外地触及壳内带电部分或运动部件，不能防止有意识地接近这些部分
2	防止大于12mm的固体异物	能防止直径大于12mm的固体异物进入壳内，能防止手指触及壳内带电部分或运动部件、
3	防止大于2.5mm的固体异物	能防止直径大于2.5mm的固体异物进入壳内，能防止厚度（或直径）大于2.5mm的工具、金属线等触及壳内带电部分或运动部件
4	防止大于1mm的固体异物	能防止直径大于1mm的固体异物进入壳内，能防止厚度（或直径）大于1mm的工具、金属线等触及壳内带电部分或运动部件
5	防尘	不能完全防止尘埃进入、但进入量不能达到妨碍设备正常运行的程度
6	尘密	无尘埃进入

注：1. 表中第2栏“简短说明”不应用来规定防护型式，只能作为概要介绍；

2. 第1位特征数字为1至4的设备应能防止三维尺寸都超过第3栏相应数字，形状规则或不规则的固体异物进入壳内；

3. 对具有泄水孔或通风孔的设备第1位特征数字为3和4时，其具体要求由有关专业的相应标准规定；

4. 对具有泄水孔的设备第1位数字为5时，其具体要求由有关专业的相应标准规定。

附表 7-2　第2位特征数字所代表的防护等级含义

第2位特征数字	简短说明	防护等级含义
0	无防护	没有专门防护
1	防滴	滴水（垂直滴水）无有害影响
2	15°防滴	当外壳与正常位置倾斜在15°以内时，垂直滴水无有害影响
3	防淋水	与垂直线成45°范围以内的淋水无有害影响
4	防溅水	任何方向溅水无有害影响
5	防喷水	任何方向喷水无有害影响
6	防猛烈海浪	猛烈海浪或强烈喷水时，进入外壳内水量不致达到有害程度
7	防浸水	浸入规定压力的水中经规定时间后进入外壳内水量不致达到有害程度
8	防潜水	能按制造厂规定的条件长期潜水

注：1. 表中第2栏“简短说明”不应用来规定防护型式，只能作为概要介绍。

2. 表中第2位特征数字8，通常指水密型，但对某些类型设备也可以允许水进入，但不能达到有害程度。

标志举例：

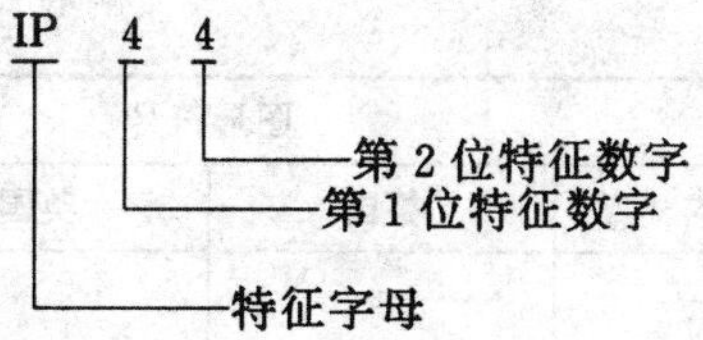

此标志指外壳能防止大于 1mm 的固体进入内部，并且防溅。

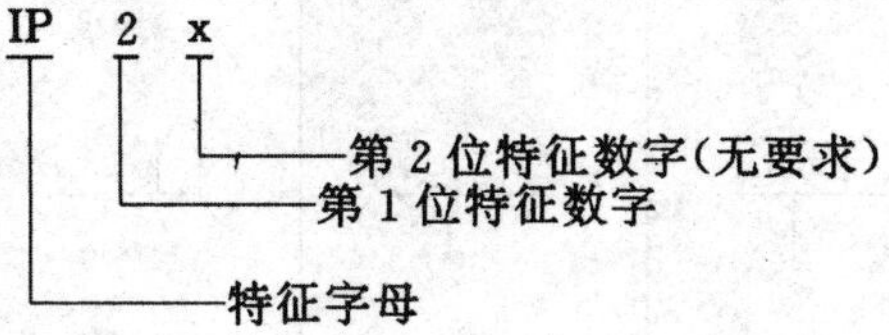

此标志指外壳能防止大于 12mm 的固体进入内部，对水、滴、溅等无要求。

附录 8　国内、外电气图形符号对照表

国内、外电气图形符号对照表，见附表 8-1。

附表 8-1　国内、外电气图形符号对照表

名称	图形符号					
	中国	日本	德国	英国	美国	IEC
直流	或		或	或	或	或
交流						
交直流						
接地						
接机壳	或					或
导线 电缆 母线						

续附表 8-1

名称	图形符号					
	中国	日本	德国	英国	美国	IEC
软导线	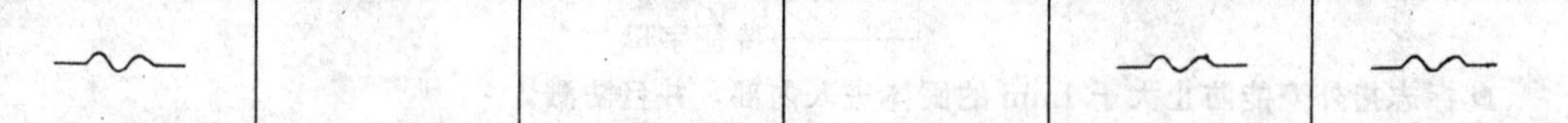					
导线连接	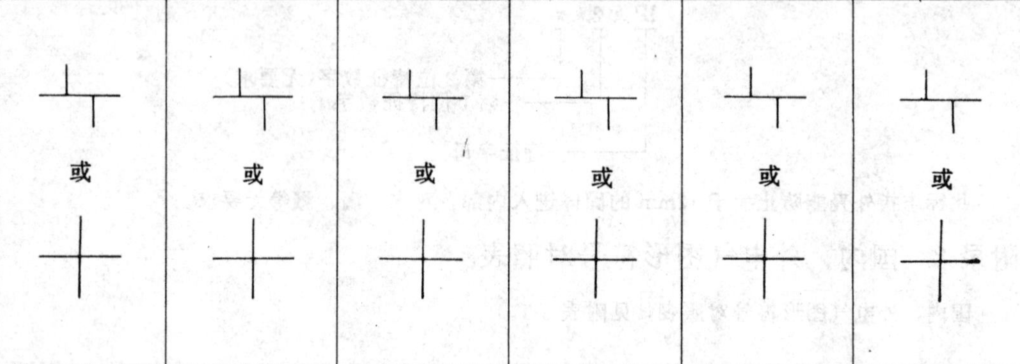					
导线不连接	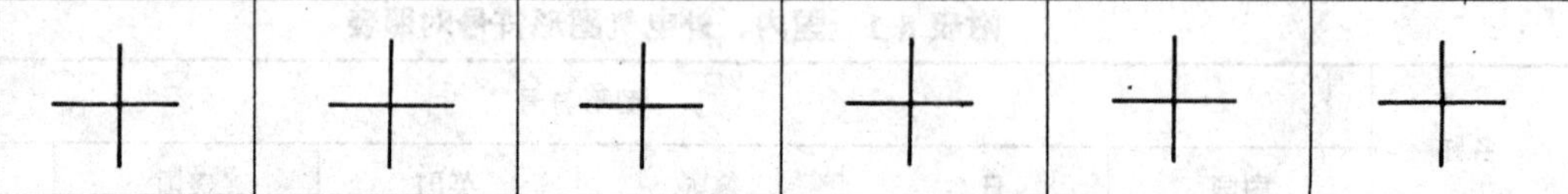					
端子	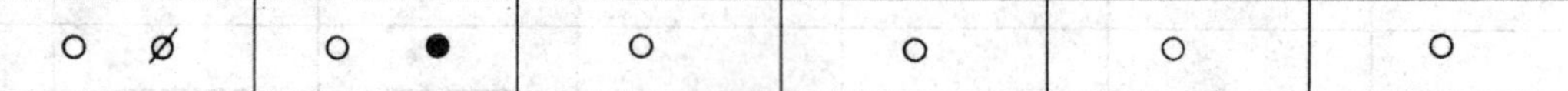					
插头插座	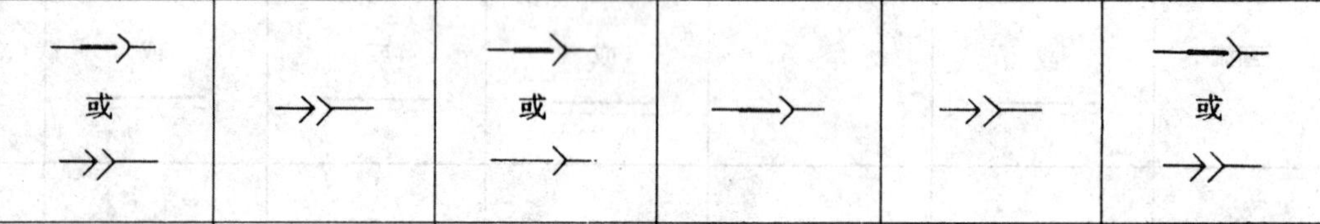					
连接片	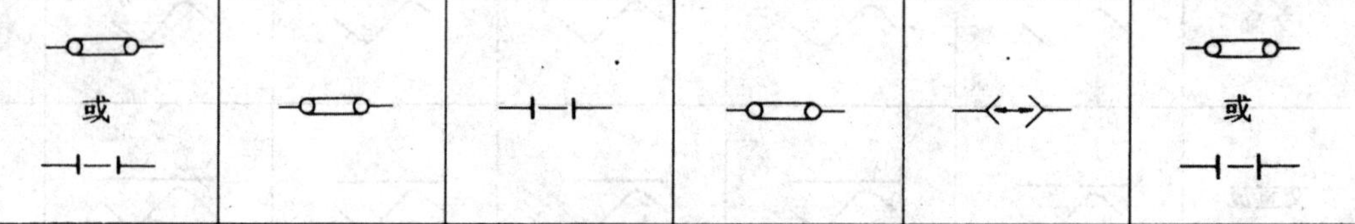					
同轴电缆	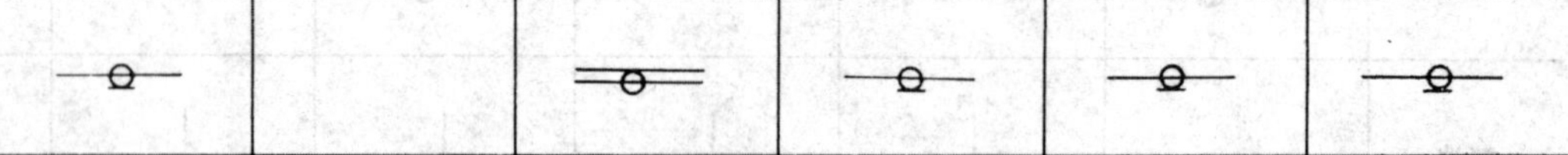					
屏蔽电缆	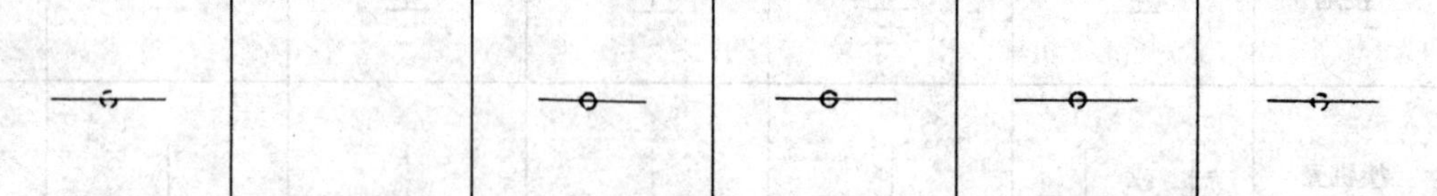					
电阻器	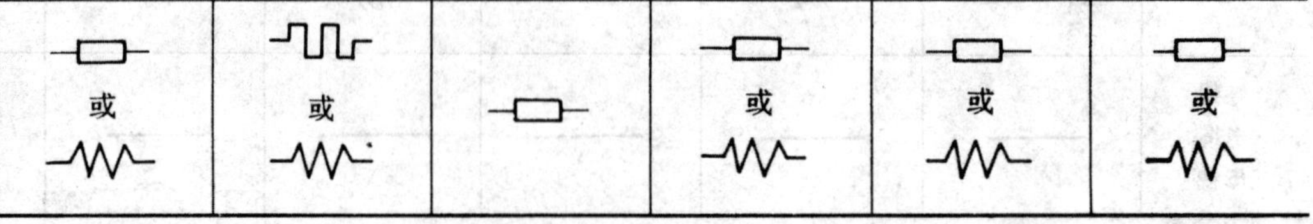					

续附表 8-1

名称	图形符号					
	中国	日本	德国	英国	美国	IEC
有两个固定抽头的电阻器		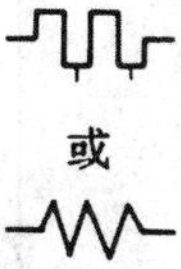				
电感器				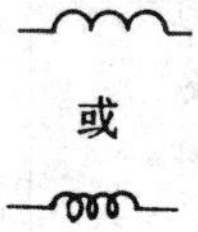		
有两个抽头的电感器						
电容器		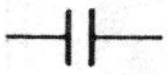	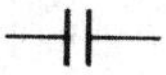	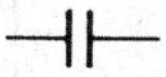	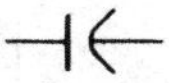	
极性电容器			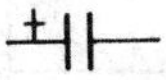	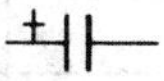	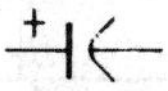	
可变电容器						
可变电感器						
可变电阻器	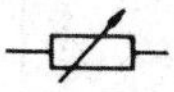					

续附表 8-1

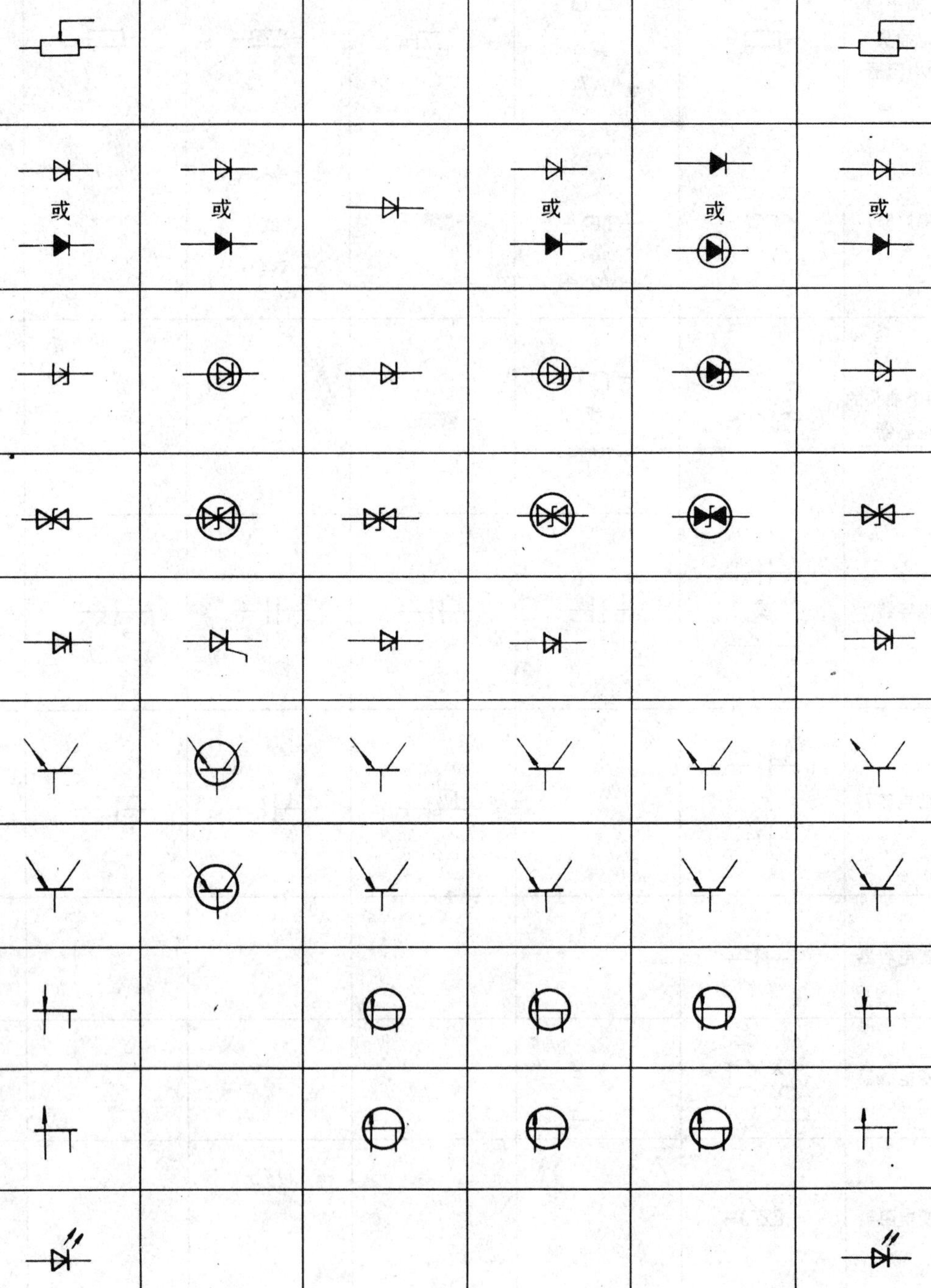

名称	图形符号					
	中国	日本	德国	英国	美国	IEC
滑动触头电位器						
半导体二极管	或	或		或	或	或
单向击穿二极管						
双向击穿二极管						
三极晶体闸流管						
NPN 型半导体管						
PNP 型半导体管						
N 型沟道结型场效应管						
P 型沟道结型场效应管						
发光二极管						

续附表 8-1

名称	图形符号					
	中国	日本	德国	英国	美国	IEC
光电二极管						
光敏电阻						
光电池					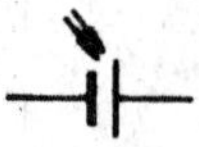	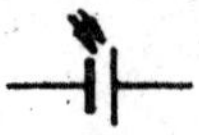
两相绕组		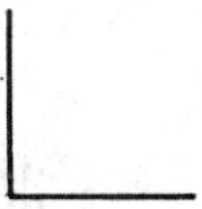				
三个独立绕组	3 或	3 或	3 或	3 或	3 或	3 或
三角形连接的三相绕组	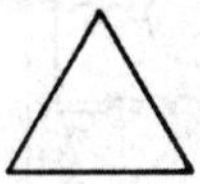	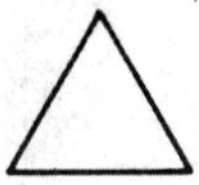	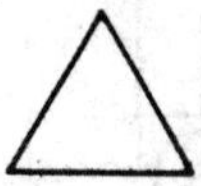	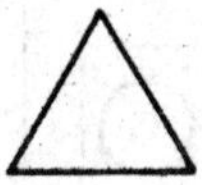	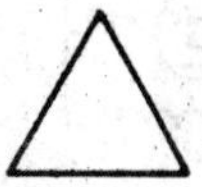	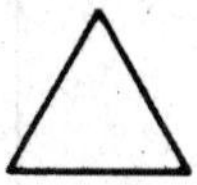
开口三角形连接的三相绕组	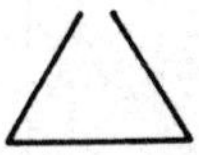	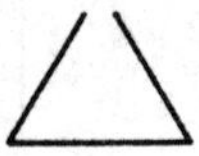	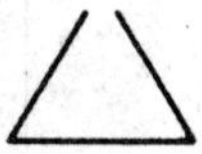		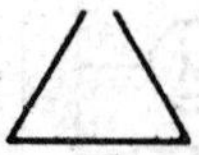	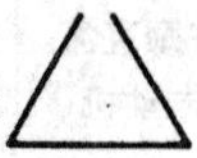
星形连接的三相绕组		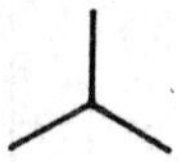	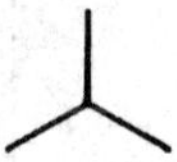	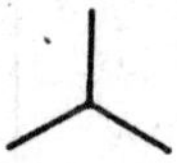	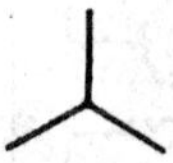	

续附表 8-1

名称	图形符号					
	中国	日本	德国	英国	美国	IEC
中性点引出的星形三相绕组					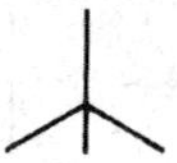	
曲折型连接的三相绕组	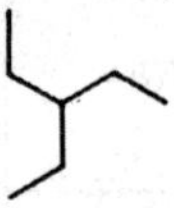	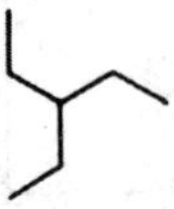	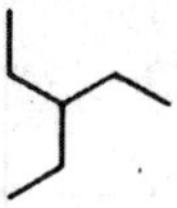	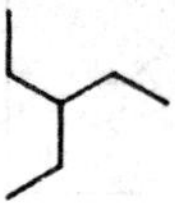	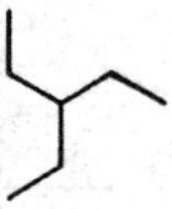	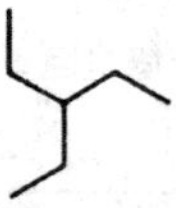
串励直流电动机	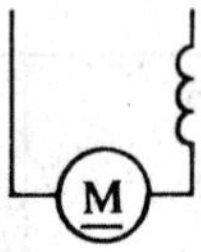	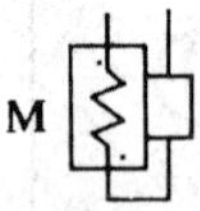 或 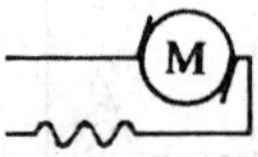	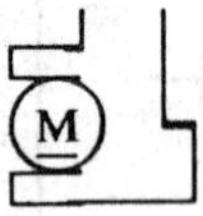 或 			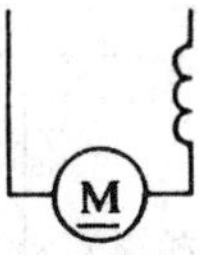
并励直流发电机		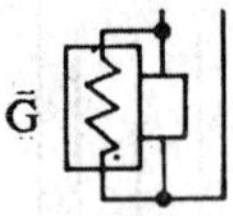 或 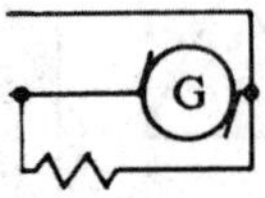	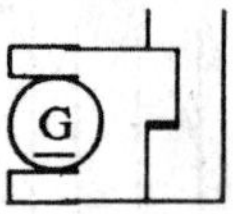 或 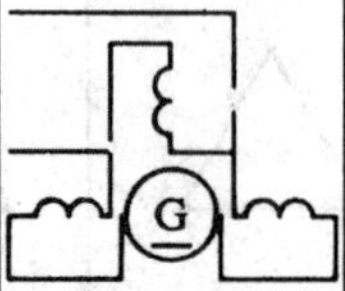			
并励直流电动机	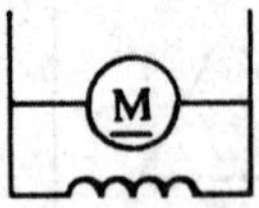					
他励直流电动机	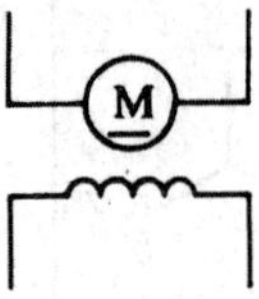					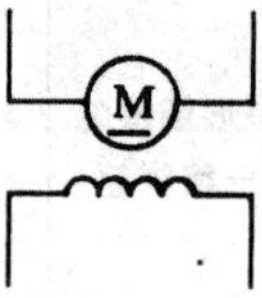

续附表 8-1

名称	图形符号					
	中国	日本	德国	英国	美国	IEC
永磁直流电动机	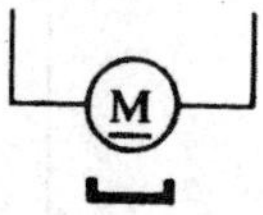					
单相交流串励电动机						
三相串励换向器电动机	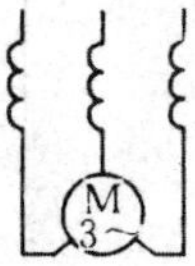	 或 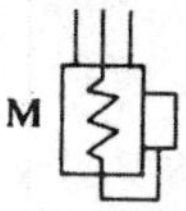	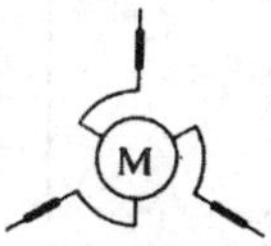	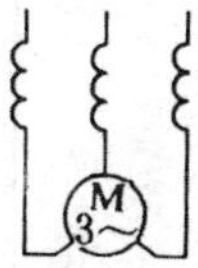	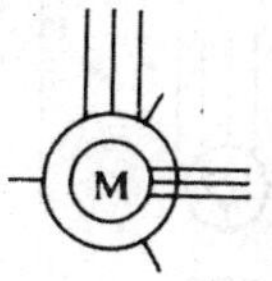	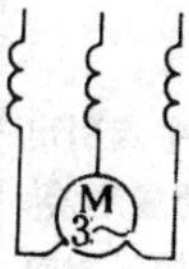
三相笼型异步电动机		 或 				
三相绕线异步电动机		 或 	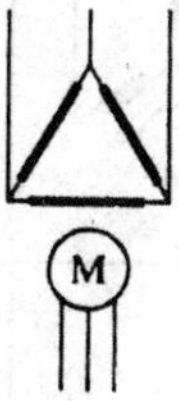			
永磁直流发电机	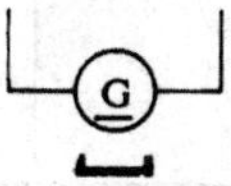					

续附表 8-1

名称	图形符号					
	中国	日本	德国	英国	美国	IEC
无中点引出的星形接线的三相同步发电机	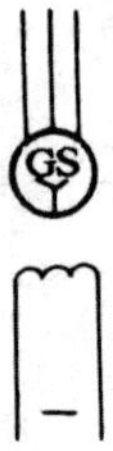		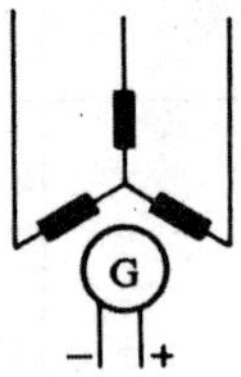		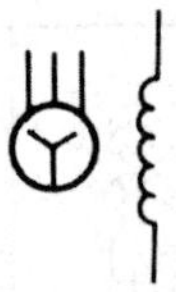	
有中点引出的星形接线的三相同步发电机						
单相永磁同步发电机						
三相永磁同步发电机			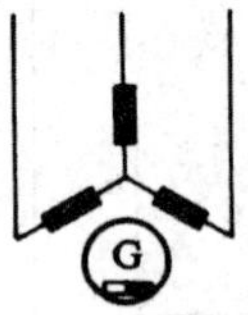			
单极开关						

续附表 8-1

名称	图形符号					
	中国	日本	德国	英国	美国	IEC
双绕组变压器		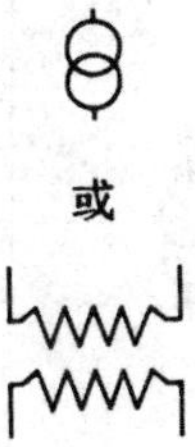		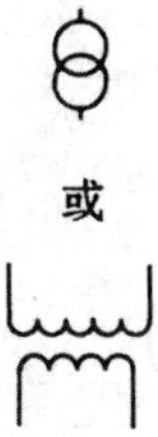		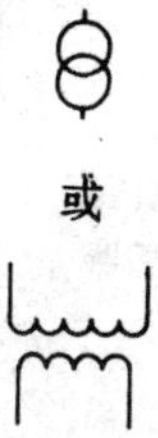
三绕组变压器				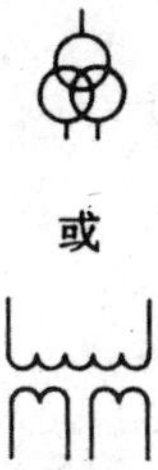	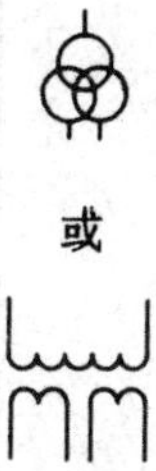	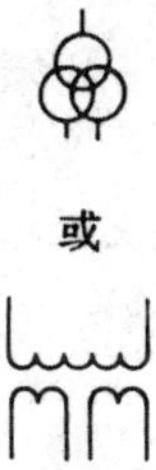
三相变压器星形/三角形连接						
有载分接开关三相变压器						
自耦变压器					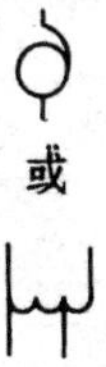	
电抗器	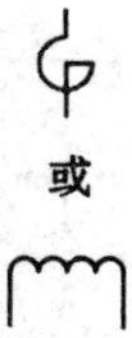		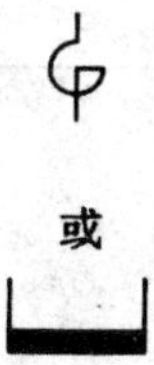	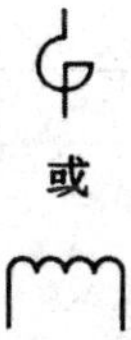		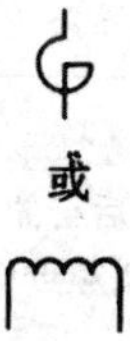

续附表 8-1

名称	图形符号					
	中国	日本	德国	英国	美国	IEC
电压互感器	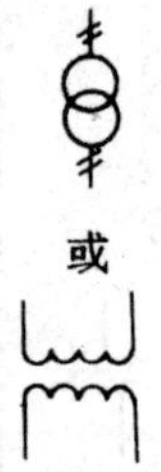	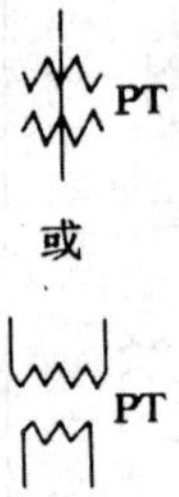	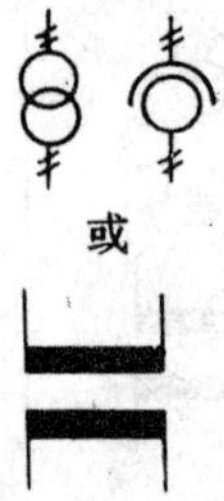	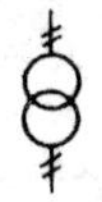		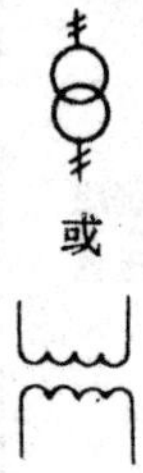
电流互感器	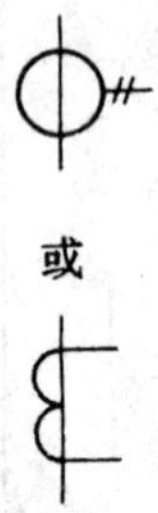	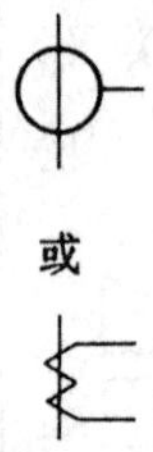	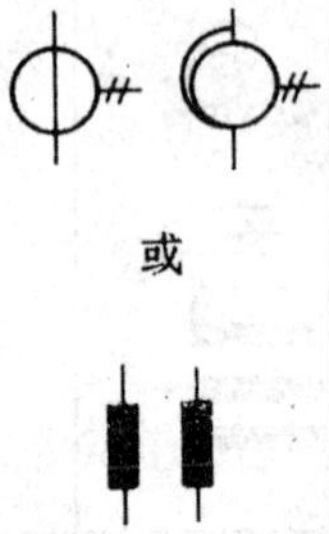	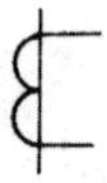		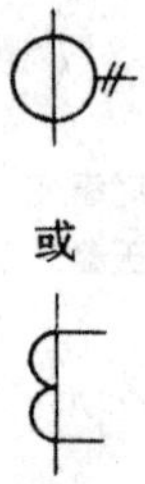
动合（常开）触点				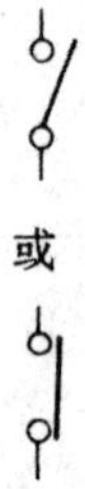		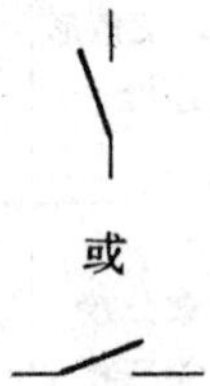
动断（常闭）触点				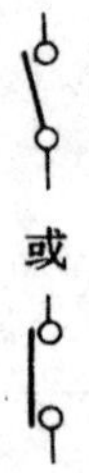		
先断后合的转换触点				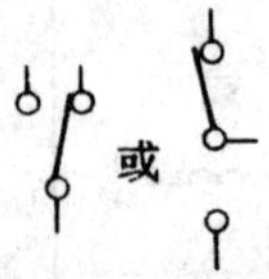	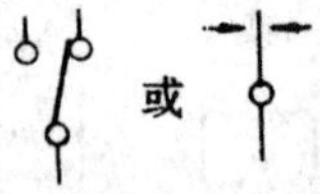	

续附表 8-1

名称	图形符号					
	中国	日本	德国	英国	美国	IEC
先合后断的转换接点	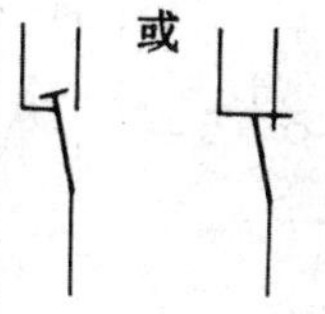 或	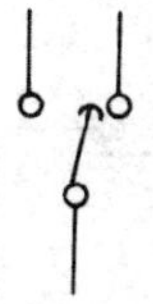	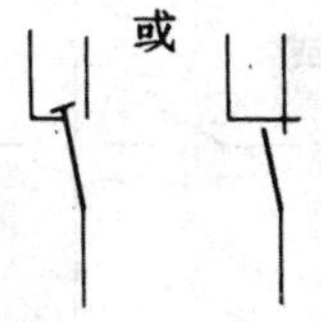 或	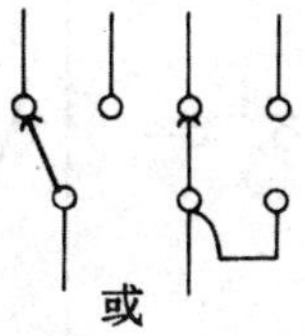 或	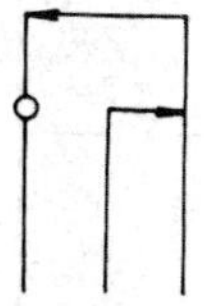	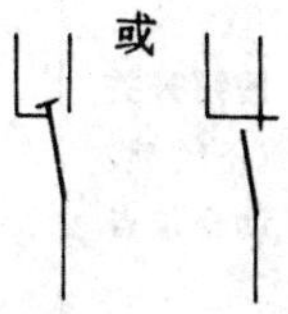 或
吸合时延时闭合的动合触点	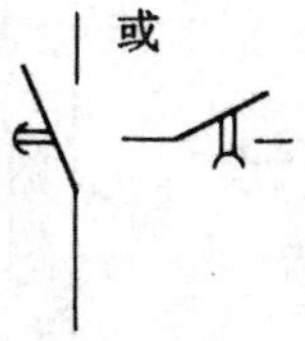 或	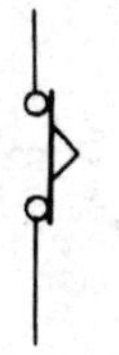			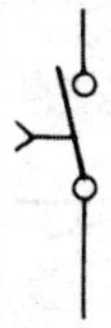	 或
释放时延时断开的动合触点	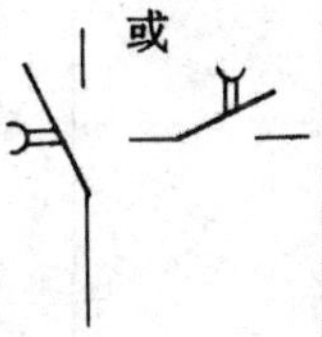 或	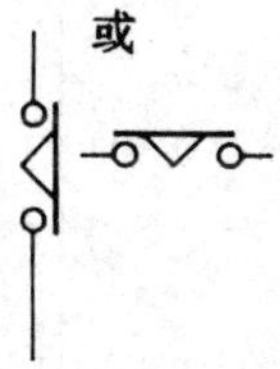 或				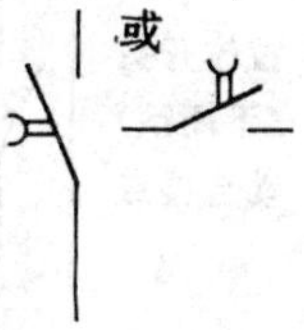 或
释放时延时闭合的动断触点	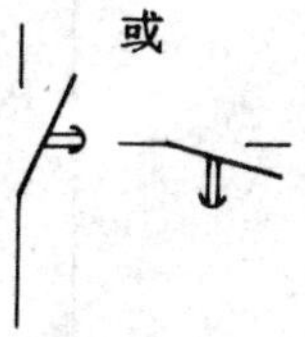 或	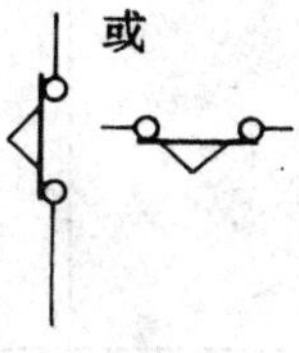 或	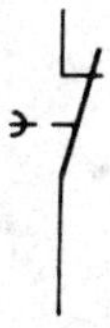	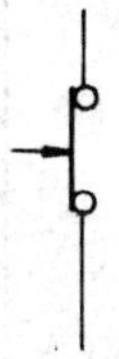		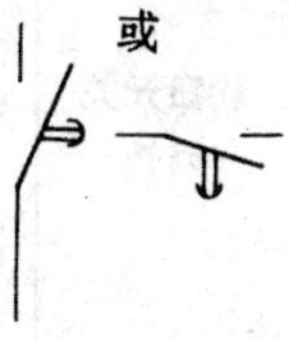 或
吸合时延时断开的动断触点	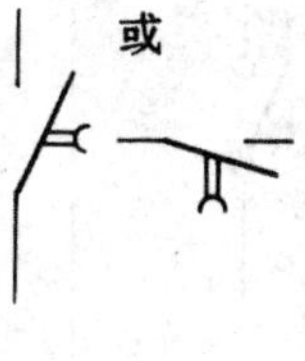 或	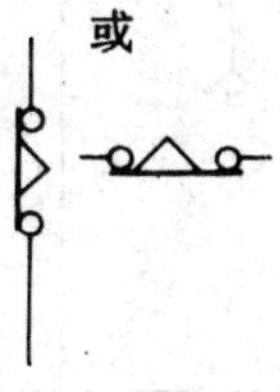 或	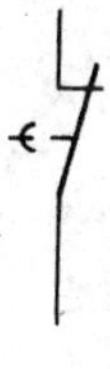	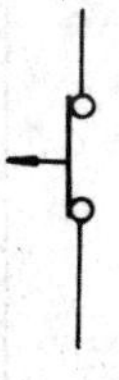		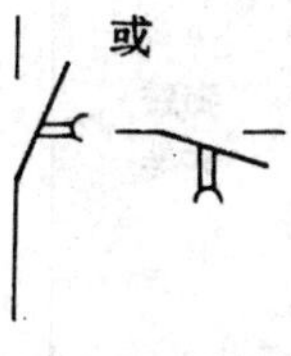 或
手动开关	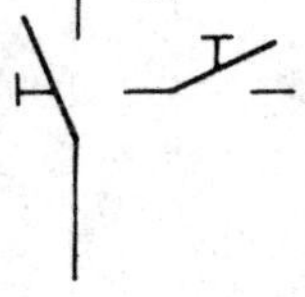 或					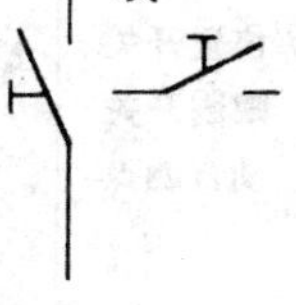 或

续附表 8-1

名称	图形符号					
	中国	日本	德国	英国	美国	IEC
按钮开关（不闭锁）动合接点	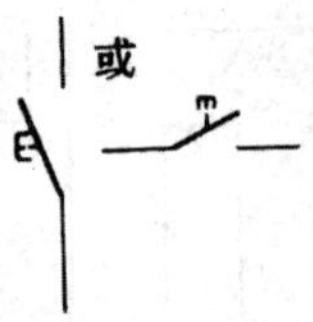		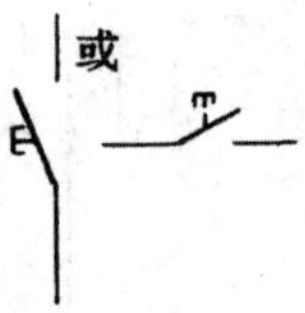	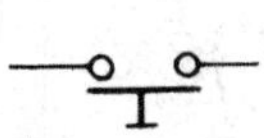		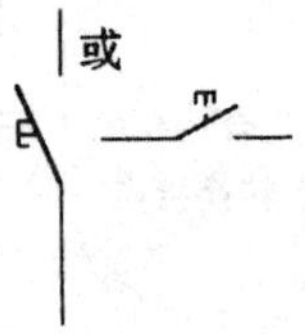
按钮开关（不闭锁）动断接点		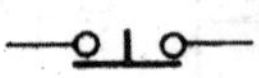	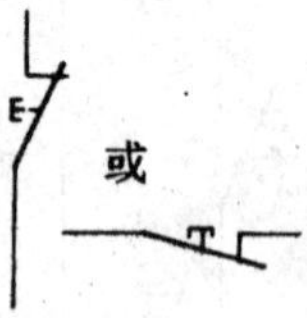	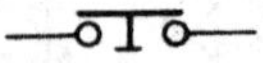		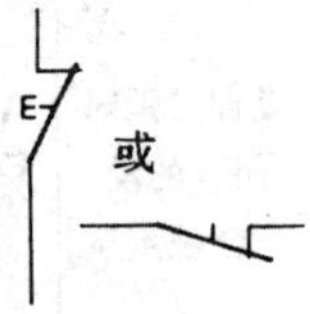
拉拔开关（不闭锁）动合接点	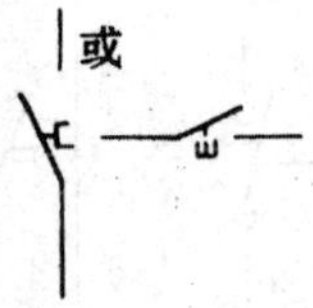					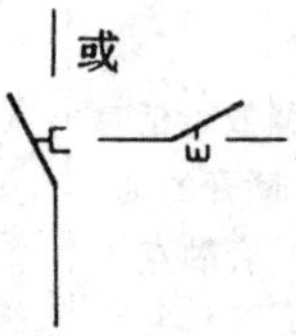
旋钮开关（闭锁）	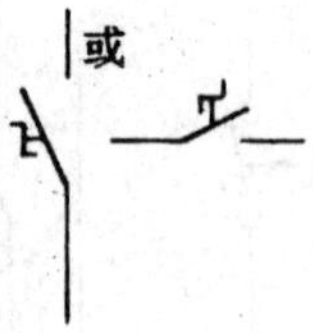					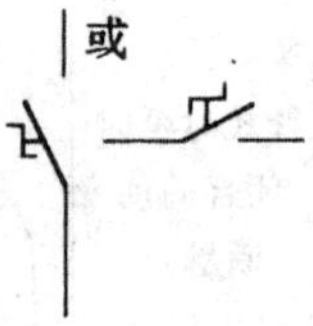
脚踏开关			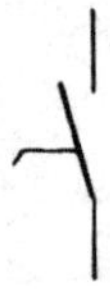			
位置开关 限制开关 动合触点						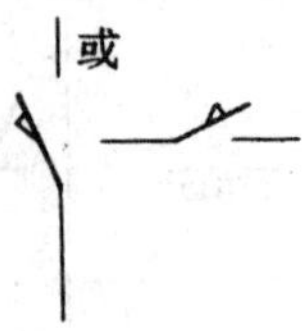

续附表 8-1

名称	图形符号					
	中国	日本	德国	英国	美国	IEC
位置开关限制开关动断触点						
热敏自动开关动断触点						
热继电器触点						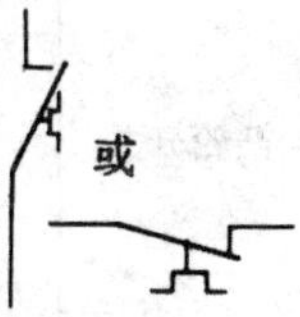
接近开关动合触点						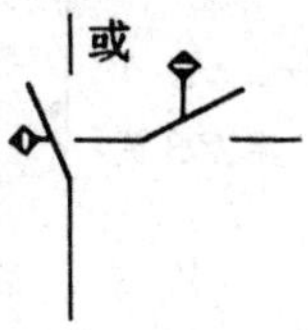
接触敏感开关动合触点	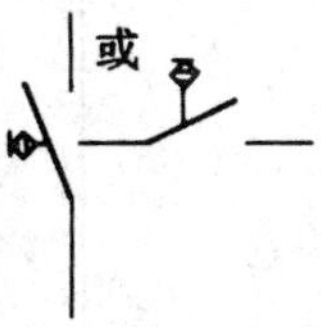					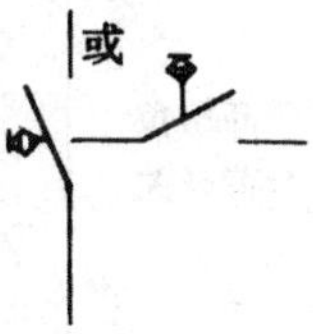
紧急开关动合触点	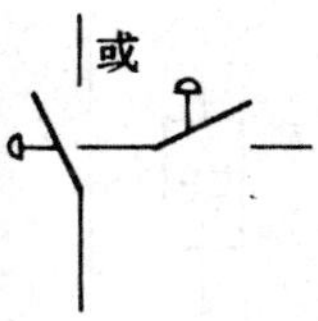					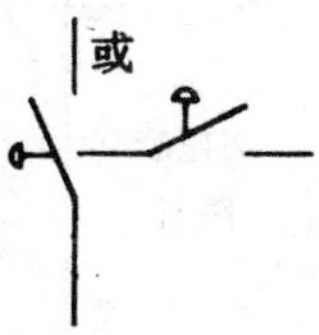

续附表 8-1

名称	图形符号					
	中国	日本	德国	英国	美国	IEC
三端水银开关三端液位开关						
液位开关	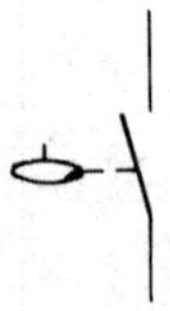		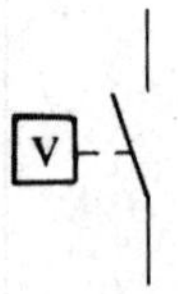	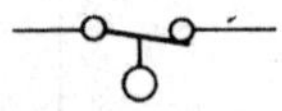	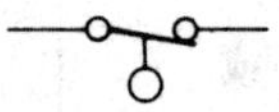	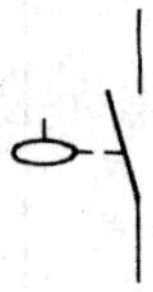
凸轮开关			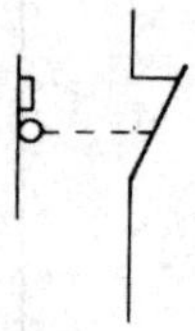	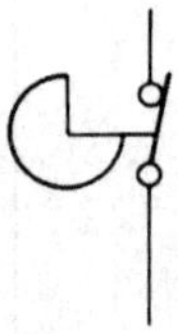	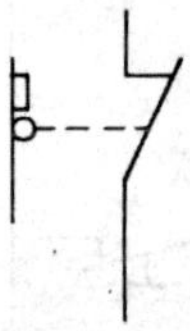	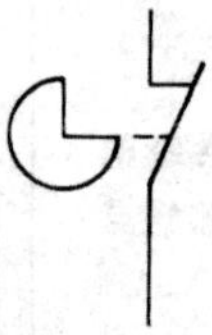
温度开关	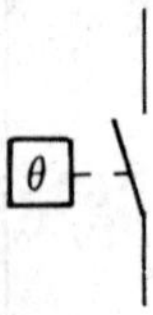		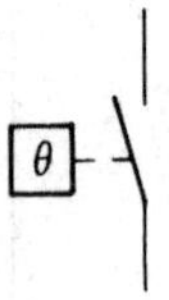	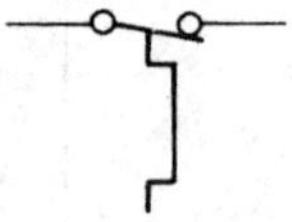	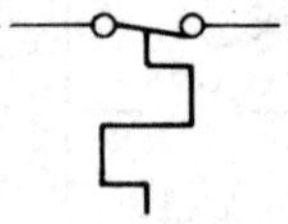	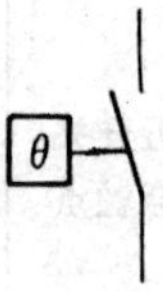
高压负荷开关						
高压断路器		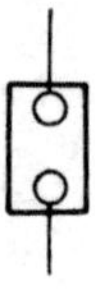	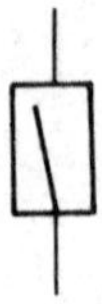	或 或 或 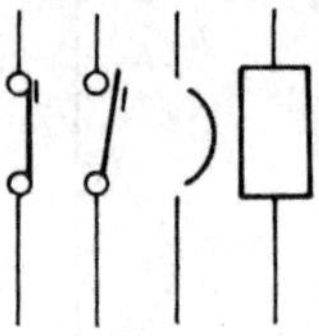	 或 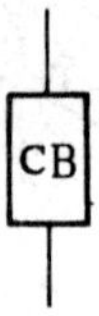	

续附表 8-1

名称	图形符号					
	中国	日本	德国	英国	美国	IEC
三极高压负荷开关	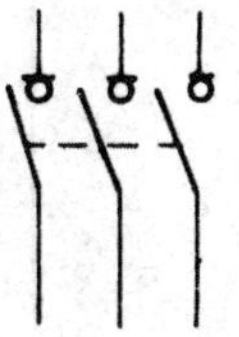	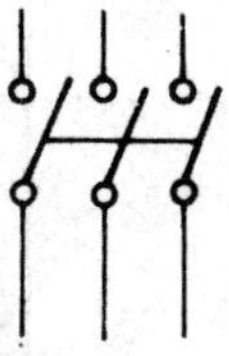	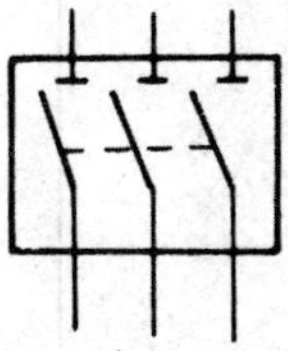	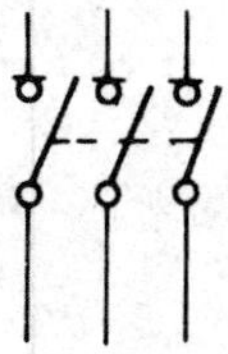		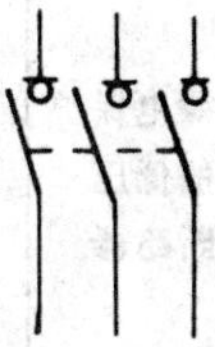
三极熔断器式隔离开关	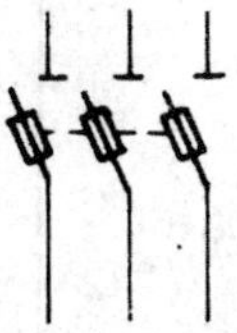		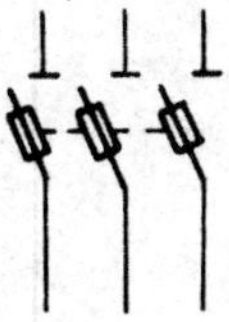	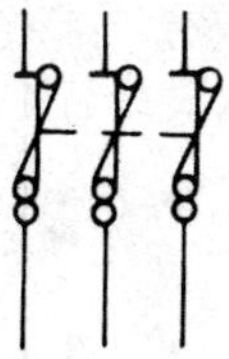	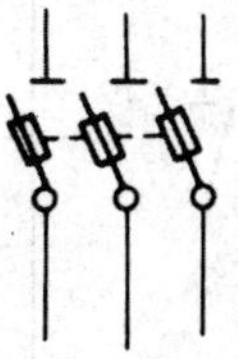	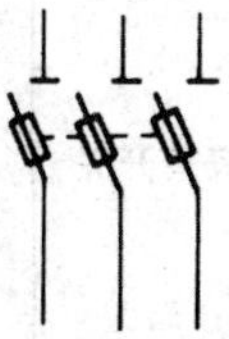
三极高压隔离开关	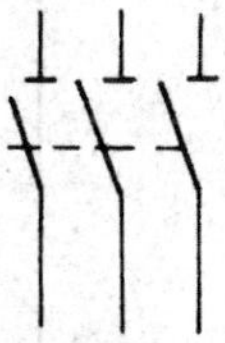	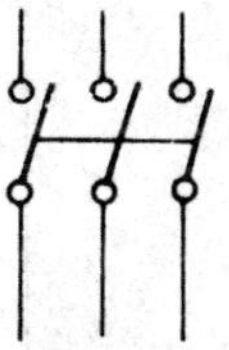	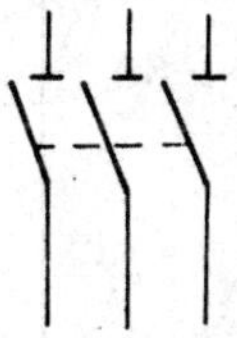	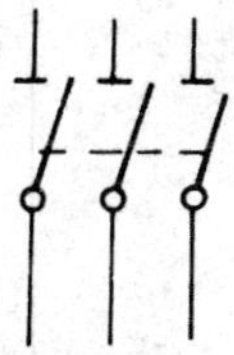	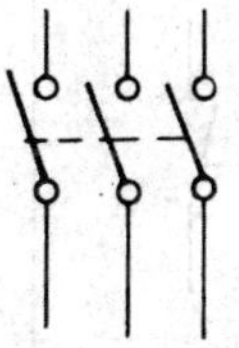	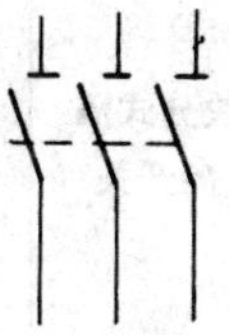
接触器常闭触点	 或 					
自动脱扣接触器						
接触器常开触点	 或 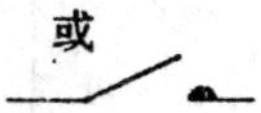					

续附表 8-1

名称	图形符号					
	中国	日本	德国	英国	美国	IEC
带漏电保护的低压断路器						
隔离开关						
快分式隔离开关						
负荷隔离开关						
中间断开的双向隔离开关	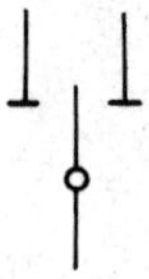					
低压断路器						

续附表 8-1

名称	图形符号					
	中国	日本	德国	英国	美国	IEC
熔断器	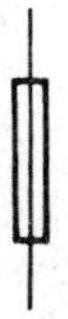	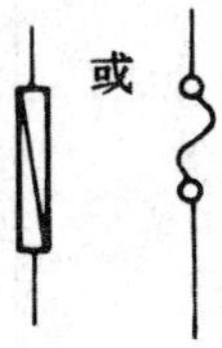	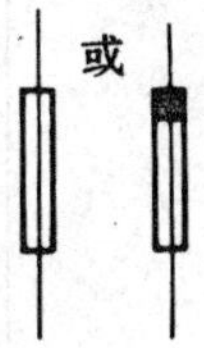	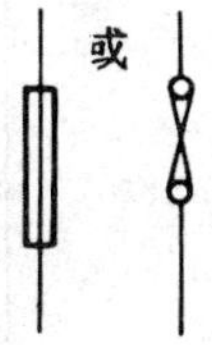	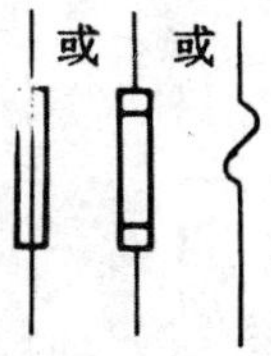	
有独立报警电路的熔断器	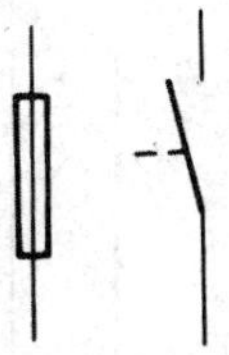					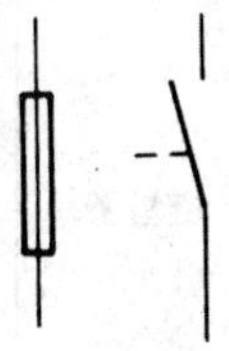
跌开式熔断器						
熔断器式负荷开关						
熔断式刀开关						
火花间隙					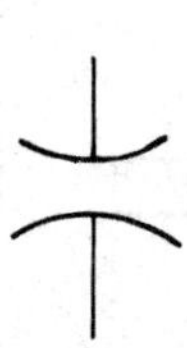	

续附表 8-1

名称	图形符号					
	中国	日本	德国	英国	美国	IEC
双火花间隙						
避雷器		 或 			 或	
线圈的一般形式	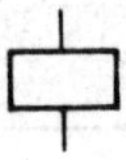	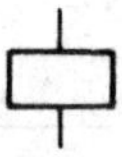	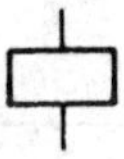	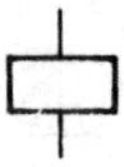	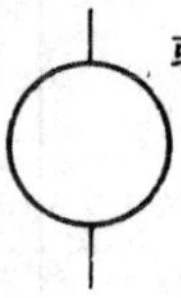 或  或 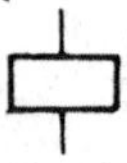	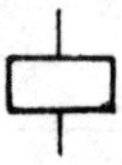
缓放继电器线圈	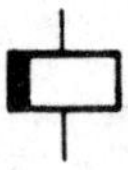	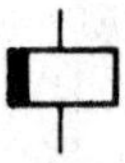	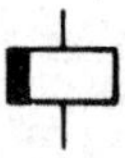		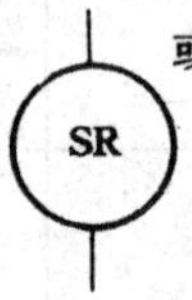 或  或 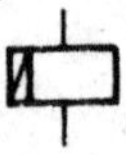	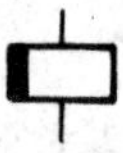
缓吸继电器线圈	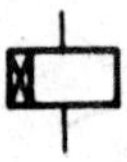	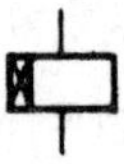	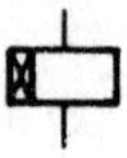	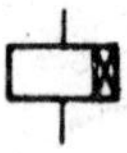	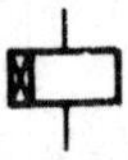 或 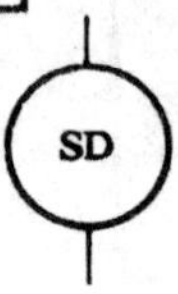	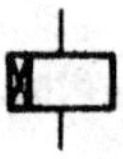

续附表 8-1

名称	图形符号					
	中国	日本	德国	英国	美国	IEC
缓吸和缓放继电器线圈	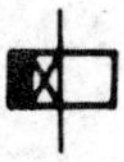	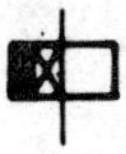		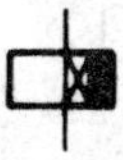	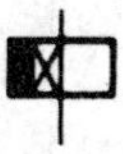 或 	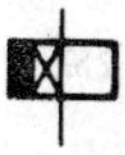
极化继电器线圈	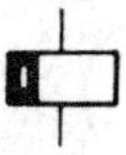	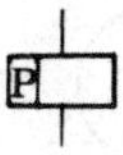	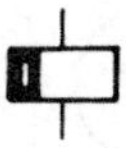	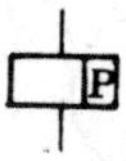	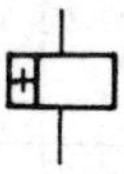 或 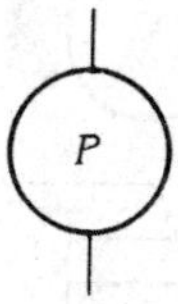	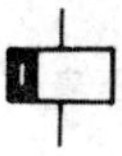
剩磁继电器线圈	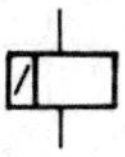 或 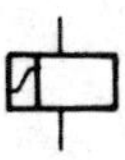		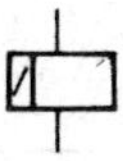	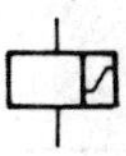		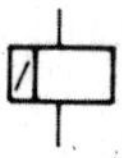 或 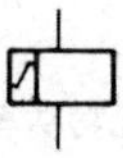
热继电器的驱动器件	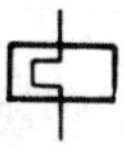		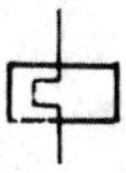	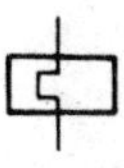	 或 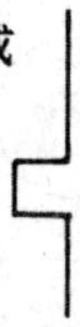	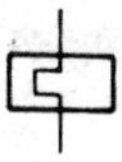
过流继电器线圈	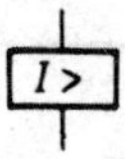	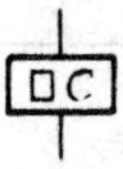	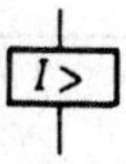			

续附表 8-1

名称	图形符号					
	中国	日本	德国	英国	美国	IEC
欠压继电器线圈	U<	UV	U<	UV	UV	U<
电流表	A	A	A	A	A	A
电压表	V	V	V	V	V	V
电能表	kWh	kWh	kWh	kWh	kWh	kWh
无功电流表	A I_{sinb}					A I_{sinb}
无功功率表	var					var
功率因数表	$\cos\varphi$					$\cos\varphi$
相位表	φ					φ
频率表	Hz					Hz

续附表 8-1

名称	图形符号					
	中国	日本	德国	英国	美国	IEC
同步表	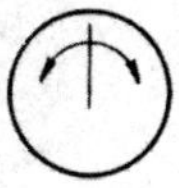					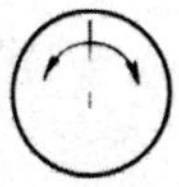
电　钟				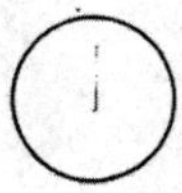	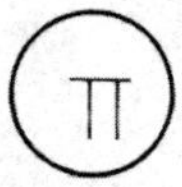